T0222927

Verlag von J. F. Bergmann in München und Wiesbaden.

Klinik der Darmkrankheiten. Von † Prof. Adolf Schmidt.

Zweite Auflage neubearbeitet und herausgegeben von Geh. Rat Prof. Dr. **C. v. Noorden,** Frankfurt, unter Mitarbeit von Dr. **Horst Strassner.** Mit zahlreichen meist farbigen Abbildungen. 1921.

Mk. 180.—, geb. Mk. 192.—.

. . . . . Man kann sich aus dieser kurzen Aufstellung einen Begriff von dem Umfang eigner Arbeit machen, die in der neuen Auflage steckt. Nur ein so schaffensfreudiger Forscher wie v. Noorden konnte dies in der kurzen Zeit eines Jahres zustande bringen.

Aber nicht nur die Quantität, sondern mehr noch die Qualität der neubearbeiteten Kapitel ist über jedes Lob erhaben. Welches Kapitel wir auch aufschlagen mögen, überall begegnen wir einer vollkommenen Beherrschung des Stoffes, einer ausgezeichneten Gliederung, einer bei aller Schlichtheit fesselnden, nie ermüdenden Darstellung. Was die neue Auflage über die erste weit hinaus hebt, sind die großen therapeutischen Erfahrungen v. Noordens. Hier spricht in jeder Zeile der anerkannte Diätetiker. Aber auch die Pharmakologie kommt zu ihrem Recht. In dieser Hinsicht ist besonders die Vorliebe für das Atropin zu bemerken, das in v. Noorden, im Gegensatz zum Referenten, einen warmen und beredten Fürsprecher findet. . . . . .

Die neue „Klinik der Darmkrankheiten" ist und wird für alle Kenner dieses Gebietes sein und bleiben ein Werk, für das das alte Horazische Wort gilt: „Vos exemplaria graeca nocturna versate manu, versate diurna".

Zum Schluß noch eine kurze Bemerkung über die Ausstattung der neuen Auflage. Wir beglückwünschen den Verleger zu dieser geradezu vorbildlichen Leistung, was Druck, Papier und Abbildungen betrifft. Das ist Friedensausstattung in optima forma. *Boas im Arch. f. Verdauungskrankheiten.*

Zur Frage der Hochschulreform. Von Geh. Rat Professor Dr.

O. Lubarsch in Berlin. 1919. Mk. 3.60.

Krankheiten des Herzens und der Gefäße. Für die Praxis

bearbeitet von Dr. **Oskar Burwinkel** in Bad Nauheim. 1920.

Mk. 12.—.

Beurteilung und Behandlung der Gicht. Aus der Praxis

für die Praxis. Von Geh. San.-Rat Dr. **Gemmel** in Bad Salzschlirf. 1919. Mk. 12.— geb. Mk. 15.—.

Grundriß der Entwicklungsgeschichte des Menschen.

Von Prof. Dr. **Ivar Broman** in Lund. Mit 208 Abbildungen im Text und 3 Tafeln. 1921. Geb. Mk. 80.—.

Bewußtseinsvorgang und Gehirnprozeß. Eine Studie

über die energetischen Korrelate der Eigenschaften der Empfindungen. Von **Richard Semon.** Nach dem Tode des Verfassers herausgegeben von **Otto Lubarsch.** Mit Porträt. 1920. Mk. 20.—.

Hierzu Teuerungszuschlag.

LEHRBUCH

DER

PHYSIOLOGISCHEN CHEMIE

LEHRBUCH

DER

PHYSIOLOGISCHEN CHEMIE

UNTER MITWIRKUNG VON

PROF. S. G. HEDIN IN UPSALA, PROF. J. E. JOHANSSON
IN STOCKHOLM UND PROF. T. THUNBERG IN LUND

HERAUSGEGEBEN VON

OLOF HAMMARSTEN

EHEM. PROFESSOR DER MEDIZINISCHEN UND PHYSIOLOGISCHEN CHEMIE
AN DER UNIVERSITÄT UPSALA

NEUNTE VÖLLIG UMGEARBEITETE AUFLAGE

MIT EINER SPEKTRALTAFEL

SPRINGER-VERLAG BERLIN HEIDELBERG GMBH
1922

ISBN 978-3-662-33354-9   ISBN 978-3-662-33750-9 (eBook)
DOI 10.1007/978-3-662-33750-9

Nachdruck verboten.

Das Recht der Übersetzung, auch ins Ungarische, bleibt vorbehalten;
eine englische, italienische und russische Übersetzung sind erschienen.

Vorwort zur neunten Auflage.

Die seit der Herausgabe der achten Auflage neu erschienenen, außerordentlich zahlreichen Publikationen auf dem Gebiete der Biochemie haben eine gründliche Revision und Umarbeitung sämtlicher Kapitel nötig gemacht, wobei wir uns besonders bemüht haben, den Umfang des Buches nicht zu vergrößern. Zu dem Ende mußten natürlich mehrere ältere oder weniger wichtige Angaben ausgehen, und außerdem schien eine Abkürzung bezüglich der Methoden zum Nachweis wie zur Darstellung und Bestimmung der verschiedenen Substanzen geboten und berechtigt zu sein. Dieser Teil der Biochemie erfordert nämlich nunmehr besondere Handbücher, und aus dem Grunde sind in dieser Auflage im allgemeinen die Hauptzüge der Methoden noch kürzer als früher angegeben, während im übrigen nur auf größere Werke hingewiesen wird. Eine Verminderung des Umfanges der neuen Auflage und damit auch eine nicht zu große Erhöhung des Preises hat auch der Verleger erstrebt durch die technische Änderung, daß der Haupttext mit undurchschossener Schrift gedruckt ist. Hinsichtlich des Planes weicht diese Auflage sonst von der vorigen darin ab, daß die endokrinen Drüsen in einem besonderen Kapitel (7) abgehandelt sind, wodurch die Anzahl der Kapitel 18 ist, wie auch darin, daß zwei neue Mitarbeiter, nämlich Professor T. THUNBERG in Lund, für das Kapitel 17 über Respiration und Oxydation, und Professor J. E. JOHANSSON in Stockholm, für das Kapitel 18 über Stoffwechsel und Nahrungsbedarf, eingetreten sind. Die Bearbeitung der Kapitel 1, 3, 9 und 13 nebst dem Autorenregister hat Professor HEDIN und die der Kapitel 2, 4, 5, 6, 7, 8, 10, 11, 12, 14, 15, 16 nebst dem Sachregister der unterzeichnete, HAMMARSTEN, übernommen. Die zu berücksichtigende Literatur sollte ursprünglich bis zu dem Jahre 1920 sich erstrecken; in dem Maße, wie dies im Laufe der Arbeit möglich wurde, ist aber auch die neuere Literatur berücksichtigt worden.

Upsala, im März 1921.

Olof Hammarsten.

Kapitelübersicht.

Seite

Erstes Kapitel (HEDIN).
Allgemeines und Physikalisch-chemisches 1

Zweites Kapitel (HAMMARSTEN).
Die Proteine 60

Drittes Kapitel (HEDIN).
Die Kohlehydrate 149

Viertes Kapitel (HAMMARSTEN).
Tierische Fette, Phosphatide und Sterine 179

Fünftes Kapitel (HAMMARSTEN).
Das Blut 198

Sechstes Kapitel (HAMMARSTEN).
Chylus, Lymphe, Transsudate, und Exsudate 271

Siebentes Kapitel (HAMMARSTEN).
Milz und endokrine Drüsen 289

Achtes Kapitel (HAMMARSTEN).
Die Leber 304

Neuntes Kapitel (HEDIN).
Die Verdauung 353

Zehntes Kapitel (HAMMARSTEN).
Gewebe der Bindesubstanzgruppe 425

Elftes Kapitel (HAMMARSTEN).
Die Muskeln 442

Zwölftes Kapitel (HAMMARSTEN).
Gehirn und Nerven 474

Dreizehntes Kapitel (HEDIN).
Die Fortpflanzungsorgane 489

Vierzehntes Kapitel (HAMMARSTEN).
Die Milch 508

Fünfzehntes Kapitel (HAMMARSTEN).
Der Harn 533

Seite

Sechzehntes Kapitel (HAMMARSTEN).
Die Haut und ihre Ausscheidungen 665

Siebzehntes Kapitel (THUNBERG).
Atmung und Oxydation. 676

Achtzehntes Kapitel (JOHANSSON).
Der Stoffwechsel bei verschiedener Nahrung und der Bedarf des
Menschen an Nahrungsstoffen 706

Tabelle   I.   Nahrungsmittel 763
Tabelle   II.   Malzgetränke 765
Tabelle III.   Weine und andere alkoholische Getränke 766
Tabelle IV.   Die gewöhnlichen Nahrungsmittel als Träger der Vitamine 766

Nachträge und Berichtigungen 768
Alphabetisches Sachregister 773
Alphabetisches Autorenregister. 799

Erstes Kapitel.

Allgemeines und Physikalisch-chemisches.

I. Osmotischer Druck.

Wenn gewisse Substanzen mit Wasser in Berührung gelassen werden, lösen sie sich darin auf, so daß schließlich eine Flüssigkeit erhalten wird, die in jeder Volumeinheit die gleiche Menge des gelösten Stoffes einschließt. Es existiert demnach zwischen Wasser und den wasserlöslichen Stoffen eine gewisse Anziehungskraft. Auf dieser Kraft beruht auch die sogenannte Diffusion, welche sich darin äußert, daß wenn zwei verschiedene Lösungen derselben oder verschiedener Substanzen miteinander in unmittelbare Berührung gebracht werden, die gelösten Moleküle und das Wasser sich derart gegeneinander ver- *Freie Diffusion.* schieben, daß am Ende die gelösten Stoffe sämtlich auf die ganze Wassermenge gleich verteilt sind. Denken wir uns eine Rohrzuckerlösung mit reinem Wasser in Berührung, so kann das Gleichgewicht oder die Homogenität des Systems in zweierlei Weise hergestellt werden: einmal können die Zuckermoleküle zum Teil in das Wasser hineinwandern und zweitens kann das Wasser in die Lösung eindringen. Wenn die zwei Flüssigkeiten vom Anfang miteinander in unmittelbarer Berührung sind, finden die zwei Prozesse gleichzeitig statt.

Anders stellt sich aber die Sache, wenn die zwei Flüssigkeiten von einander durch eine Membran geschieden sind, die zwar Wasser durchläßt, aber dem gelösten Stoff (in diesem Fall Rohrzucker) keinen Durchtritt gewährt. In Gegenwart von einer solchen sogen. halbdurchlässigen oder semipermeablen Membran kann das Gleichgewicht nur in der Weise hergestellt werden, daß Wasser in die Rohrzuckerlösung eindringt. Halbdurchlässige Membranen sind *Halbdurchlässige Membranen.* einerseits künstlich dargestellt worden, andererseits kommen solche oder in der gleichen Weise wirkende Einrichtungen in der Natur vor. Zu jenen gehören die TRAUBEschen sogenannten Niederschlagsmembranen[1]). Eine solche läßt sich z. B. durch vorsichtiges Eintröpfeln einer konzentrierten Kupfersulfatlösung in eine verdünnte Lösung von Ferrozyankalium erzeugen. Dabei umgeben sich die Tropfen von Kupfersulfat mit einer braunen Membran von Ferrozyankupfer, die sowohl für Kupfersulfat wie für Ferrozyankalium undurchlässig ist, aber Wasser passieren läßt; die Tropfen behalten in der gelben Lösung ihre blaue Farbe, nur vergrößern dieselben durch Wasseraufnahme

---

[1]) Arch. f. (Anat. u.) Physiol. 1867, S. 87 u. 129:

ihr Volumen, bis die Spannung der Membran der weiteren Vergrößerung eine Grenze setzt. Ist der Konzentrationsunterschied der zwei Lösungen zu groß, so wird die Membran durch den Druck gesprengt.

Um der Ferrozyankupfermembran eine größere Festigkeit zu verleihen, ließ PFEFFER dieselbe gleich bei ihrer Bildung sich einer porösen, starren Wand anlehnen[1]. Zu dem Zwecke wandte er kleine, poröse Tonzellen an, die nach sorgfältiger Reinigung mit Kupfersulfat und Ferrozyankalium derart behandelt wurden, daß die Membran auf der Innenwand der Zelle ausgefällt wurde. Die so erhaltene Membran erwies sich für Rohrzucker undurchlässig. Wenn die Zelle mit einer Rohrzuckerlösung gefüllt und in reines Wasser eingestellt wird, so verläßt kein Zucker die Zelle, wohl aber dringt Wasser in die Zelle hinein, was so lange andauert, bis ein etwa entstandener Gegendruck das weitere Eindringen verhindert. War also die Zelle allseitig geschlossen und mit einem Manometer in Verbindung gesetzt, so gibt nach eingetretenem Gleichgewicht das Manometer die Kraft an, mit welcher die eingeschlossene Lösung Wasser anzieht.

Pfeffers Versuch.

Da aber der Zucker mit der gleichen Kraft vom Wasser angezogen wird wie das Wasser vom Zucker, und da ferner der Zucker nicht durch die Membran passieren kann, so übt der Zucker gegen die Membran einen ebenso starken Druck aus wie das Manometer angibt. Dieser Druck wird der osmotische Druck der eingeschlossenen Lösung genannt. Für verdünnte Rohrzuckerlösungen erwies sich bei PFEFFERS Messungen der osmotische Druck der Konzentration annähernd proportional; mit der Temperatur stieg derselbe langsam.

Dann sind Versuche mit anderen semipermeablen Membranen von DE VRIES ausgeführt worden, die weiter unten (S. 4) abgehandelt werden. DE VRIES' Versuche haben zu dem Resultate geführt, daß *Lösungen analog gebauter Stoffe der gleichen molekularen Konzentration den nämlichen osmotischen Druck ergeben.*

de Vries' Versuche.

Es ist das Verdienst VAN'T HOFFS zuerst auf die Analogie hingewiesen zu haben, welche zwischen den Gesetzen des osmotischen Druckes einer gelösten Substanz und denen des Gasdruckes besteht[2]. Daß der osmotische Druck der Konzentration proportional (oder dem Volumen der Lösung umgekehrt proportional) ist, entspricht vollkommen dem BOYLE-MARIOTTE schen Gesetze über den Zusammenhang zwischen Volumen und Druck für Gase. Daß äquimolekulare Lösungen den gleichen osmotischen Druck zeigen, entspricht dem AVOGADRO schen Gesetze, nach welchem gleiche Volumina verschiedener Gase, welche unter demselben Drucke stehen, die nämliche Anzahl Moleküle enthalten.

Vergleich mit den Gas-gesetzen.

Aus dem von PFEFFER für Rohrzuckerlösungen gefundenen osmotischen Druck hat VAN'T HOFF berechnet, daß derselbe gleich groß ist wie der Druck eines beliebigen Gases von derselben molekulären Konzentration und Temperatur. Ganz allgemein läßt sich also sagen:

Gelöste Stoffe üben in der Lösung denselben Druck als osmotischen aus, welchen sie bei der gleichen Temperatur und in gleichem Volumen als Gase ausüben würden.

Osmoti-scher Druck gleich dem Gasdruck.

Die neuerdings von MORSE, FRAZER und ihren Mitarbeitern nach der Methode von PFEFFER aber mit sehr verfeinerter Technik ausgeführten Messungen haben in glänzendster Weise die Theorie von VAN'T HOFF für Lösungen von Rohrzucker und Traubenzucker bestätigt[3].

---

[1] Osmotische Untersuchungen. Leipzig 1877.   [2] Zeitschr. f. physik. Chem. 1, 481 (1887).   [3] Amer. Chem. Journ. 37, 425, 558 (1907), 41, 1, 257 (1909).

Nach dem Gesagten äußert sich der osmotische Druck einer Lösung, welche durch eine halbdurchlässige Membran gegen das reine Lösungsmittel abgegrenzt ist, in zweierlei Weise. Einerseits ist das reine Lösungsmittel bestrebt in die Lösung einzudringen, andererseits drückt der aufgelöste Stoff mit einer dem Gasdruck gleichen Kraft gegen die Membran. Je nach dem man die eine oder die andere dieser Erscheinungen ins Auge faßt, wird der osmotische Druck einer Lösung als deren Vermögen das Lösungsmittel anzuziehen oder als ein nach außen gerichteter Druck betrachtet. Die letztere Anschauungs- weise dürfte wohl gegenwärtig die vorherrschende sein; indessen läßt der Um- stand, daß das reine Lösungsmittel durch eine nicht verschiebbare halbdurch- lässige Membran in die Lösung eindringt (wie im PFEFFERschen Versuche), durch diese Betrachtungsweise nur sehr schwer sich erklären. Anschaulicher und für physiologische Fragen zweckmäßiger scheint es deshalb die oben ge- brauchte Betrachtungsweise anzuwenden, nach welcher der osmotische Druck als Maß der Kraft, mit welcher eine Lösung das Lösungsmittel anzieht, an- gesehen wird.

Wesen des osmotischen Druckes.

PFEFFERS oben erwähnte Methode, den Druck direkt zu messen, kann nur in Ausnahmefällen gebraucht werden, einmal weil die Herstellung der semipermeablen Membranen mit Schwierigkeiten verbunden ist und zweitens weil es nur wenige kristalloide Stoffe gibt, für die impermeable Membranen gefunden worden sind. Es gibt aber indirekte Wege, auf die der osmotische Druck schneller und bequemer ermittelt werden kann.

Lösungen von nichtflüchtigen Stoffen sieden bei einer höheren Temperatur als das reine Lösungsmittel. Dies liegt daran, daß die gelöste Substanz infolge des osmotischen Druckes mit einer gewissen Kraft das Lösungsmittel festhält. Da beim Kochen ein Teil des Lösungsmittels vom gelösten Stoffe geschieden wird, und der osmotische Druck als Maß des Anziehungsvermögens zwischen dem Lösungsmittel und dem gelösten Stoff aufgefaßt werden kann, so wird es auch verständlich, daß Lösungen, welche mit dem gleichen Lösungsmittel her- gestellt sind und den gleichen osmotischen Druck besitzen (isosmotische Lösungen) auch bei der gleichen Temperatur sieden müssen. Der Betrag, mit welchem der Siedepunkt einer Lösung den des reinen Lösungsmittels übersteigt (die Siedepunktserhöhung), ist auch, wie der osmotische Druck, für verdünnte Lösungen der Konzentration proportional.

Osmoti- scher Druck und Siede- punkt.

Lösungen haben einen niedrigeren Gefrierpunkt als das reine Lösungs- mittel, und da in verdünnten Lösungen das Lösungsmittel durch Ausfrieren vom gelösten Stoff geschieden werden kann, so haben isosmotische Lösungen den gleichen Gefrierpunkt; die Gefrierpunktserniedrigung ist auch der Konzen- tration der Lösung proportional.

Osmoti- scher Druck und Gefrier- punkt.

Die Ermittelung der Siedepunktserhöhung ist für die Bestimmung des osmotischen Druckes tierischer Flüssigkeiten nur in Ausnahmefällen brauchbar, weil beim Erhitzen sehr oft Niederschläge entstehen; eine um so größere An- wendung hat aber die Bestimmung der Gefrierpunktserniedrigung gefunden. Dieselbe läßt sich in bequemer Weise mit einem von BECKMANN konstruierten Apparat ermitteln. Bezüglich der Anwendung wird auf ausführlichere Werke verwiesen [1]).

Die oben gegebene Regel, nach welcher äquimolekulare Lösungen ver- schiedener Stoffe den gleichen osmotischen Druck besitzen, ist nur für Nicht- leiter gültig. Die Elektrolyte (Basen, Säuren, Salze) zeigen in Wasserlösungen

---

[1]) OSTWALD-LUTHER, Hand- und Hilfsbuch zur Ausführung physiko-chemischer Messungen. 3. Aufl. 1910.

einen viel größeren osmotischen Druck (z. B. eine viel tiefere Erniedrigung des
Gefrierpunktes) als äquimolekulare Lösungen von Nichtleitern. Bekanntlich
hat ARRHENIUS diese mangelnde Übereinstimmung durch die Annahme erklärt,
daß die Moleküle der Elektrolyte zum Teil in entgegengesetzt elektrisch geladene
sog. Ionen aufgeteilt oder dissoziiert sind. Ein Ion übt auf den osmotischen
Druck den gleichen Einfluß aus wie ein nichtdissoziiertes Molekül. Je größer
die Zahl dissoziierter Moleküle ist, desto mehr übersteigt der osmotische Druck
der Lösung den Druck einer äquimolekularen Lösung eines nichtdissoziierten

Stoffes. Die osmotische Wirkung eines dissoziierten Stoffes ist also gleichwertig
mit der eines nichtdissoziierten, welcher in einem gegebenen Volumen so viele
Moleküle enthält wie der dissoziierte Stoff Ionen + nichtdissoziierte Moleküle.
Nehmen wir an, daß α der Dissoziationsgrad ist, d. h. den Bruchteil der Moleküle angibt, der dissoziiert ist, so ist $1 - \alpha$ der Bruchteil der nichtdissoziierten
Moleküle. Wenn bei der Dissoziation eines Moleküls n Ionen entstehen, so ist
das Verhältnis der vor der Dissoziation vorhandenen Moleküle zu den nach der
Dissoziation vorhandenen Moleküle + Ionen $= 1 : (1 - \alpha + n\alpha)$ oder $= 1 : (1 +
(n - 1)\alpha)$. Die Zahl $(1 + (n - 1)\alpha)$ wird gewöhnlich mit dem Buchstaben i
bezeichnet und kann durch Bestimmung des Gefrierpunktes einer Lösung von
bekannter mol. Konzentration direkt ermittelt werden.

Eine grammolekulare Lösung (die im Liter so viele Gramme enthält wie das Molekulargewicht des Stoffes angibt) eines beliebigen Nichtleiters gefriert bei etwa $-1,86^0$
oder die Gefrierpunktserniedrigung $\varDelta$ ist $= 1,86^0$. Nehmen wir an, daß für eine gramm-

molekulare NaCl-Lösung $\varDelta = 3,40^0$ gefunden wird, so haben wir nach dem Gesagten
$1 : (1 + (n - 1)\alpha) = 1,86 : 3,40$. Bei der Dissoziation von NaCl werden zwei Ionen
gebildet; also n $= 2$, und aus der obigen Gleichung berechnet sich der Dissoziationsgrad
$\alpha = 0,83$. Der Dissoziationsgrad kann auch aus dem elektrischen Leitvermögen berechnet
werden. Nur die Ionen beteiligen sich nämlich an der Leitung der Elektrizität und die
molekulare Leitfähigkeit $\left(= \dfrac{\text{Leitfähigkeit}}{\text{molekulare Konzentration}} \right)$ ist dem Dissoziationsgrade proportional. Der Dissoziationsgrad steigt mit der Verdünnung, und bei unbegrenzter Ver-
dünnung sind alle Moleküle dissoziiert ($\alpha = 1$). Bezeichnet man daher mit μ_∞ den Grenzwert, welchem sich die molekulare Leitfähigkeit bei unbegrenzter Verdünnung nähert,
und mit μ_v die molekulare Leitfähigkeit bei irgendwelcher endlichen Verdünnung v, so
ist der Dissoziationsgrad bei eben dieser Verdünnung $\alpha = \dfrac{\mu_v}{\mu_\infty}$.

Die positiv geladenen Ionen werden Kationen und die negativ geladenen
Anionen genannt. Gemeinsam für alle Säuren sind die positiv geladenen
H-Ionen, ebenso wie alle Basen die negativ geladenen OH-Ionen abdissoziieren.

Osmotische Versuche mit Pflanzenzellen. In der Literatur begegnet man
oft dem Worte Osmose, ohne daß in klarer Weise angegeben wird, was man
darunter versteht. Im allgemeinen dürften wohl Diffusionsströme gemeint

werden, die durch die Permeabilitätsverhältnisse eingeschalteter
Membranen modifiziert sind. Über die Triebkraft sind wir nunmehr
im klaren: die Strömungen sind durch Konzentrationsdifferenzen d. h.
durch Differenzen des osmotischen Druckes zu beiden Seiten der Membranen
bedingt.

Nachdem NÄGELI gefunden hatte, daß geeignete Pflanzenzellen, wenn sie
mit genügend konzentrierten Lösungen gewisser Stoffe behandelt werden, ihr
Aussehen derart ändern, daß das Protoplasma sich von der Zellwand zurück-
zieht[1]), hat DE VRIES dieses Phänomen einem eingehenden Studium unter-
zogen[2]). Das Phänomen wurde von DE VRIES Plasmolyse genannt. Die

---

[1]) Pflanzenphysiol. Unters. (1855).   [2]) Eine Analyse der Turgorkraft, Jahresber.
f. wissensch. Botanik 14, 427 (1884).

wichtigsten Substanzen, welche imstande sind Plasmolyse hervorzurufen, sind die Salze der Alkalien und alkalischen Erden, Zuckerarten, mehrwertige Alkohole und neutrale Aminosäuren. Eine unerläßliche Bedingung für das Zustandekommen der Plasmolyse ist, daß die Lösung nicht schädlich auf die Zellen einwirkt. Die richtige Deutung der Plasmolyse war schon von NÄGELI gegeben und lautet, daß diejenigen Stoffe, welche Pflanzenzellen plasmolysieren, zwar durch die Zellulosemembran der Zellen zu dringen vermögen, aber nicht durch die darauffolgende Protoplasmaschicht. Deshalb saugen die fraglichen Substanzen Wasser zu sich aus dem Innern der Zelle. Der von dem Protoplasma umschlossene Zellinhalt muß infolgedessen sein Volumen vermindern, und das Protoplasma zieht sich also von der Zellmembran mehr oder weniger zurück. Hieraus folgt, daß nur diejenigen Lösungen, deren Wasseranziehungsvermögen größer ist als das des Zellinhaltes Plasmolyse hervorrufen können. Da das Wasseranziehungsvermögen (oder der osmotische Druck) mit der Konzentration wächst, muß es also für jeden Stoff eine Grenzlösung geben, von der ab alle höhere Konzentrationen plasmolysieren. Die Grenzlösung wird mit den Zellen isotonisch genannt, schwächere Lösungen sind hypotonisch, stärkere hypertonisch. DE VRIES bestimmte mit Hilfe der gleichen Zellen (z. B. Zellen der Epidermis der Blattunterseite von Tradescantia discolor) für verschiedene Stoffe die Konzentration dieser Grenzlösung; es stellte sich heraus, daß die Grenzlösungen analog gebauter Salze die gleiche molekulare Konzentration besaßen. So plasmolysieren die Alkalisalze vom Typus NaCl (Haloidsalze, Nitrate, Azetate) bei der gleichen molekularen Konzentration und die vom Typus Na_2SO_4 (Sulfate, Oxalate, Diphosphate, Tartrate) bei einer anderen. Wird das plasmolysierende Vermögen eines Moleküls der ersten Gruppe = 3 gesetzt, so wird das eines Moleküls der zweiten = 4. Die Konzentration der Grenzlösung schwankte bei DE VRIES' Versuchen zwischen Grenzen, die einer NaCl-Lösung von 0,6—1,3 Prozent entsprachen.

Wie eben erwähnt wurde, rufen nur diejenigen Substanzen Plasmolyse hervor, welche selbst nicht imstande sind durch die Protoplasmahülle des Zellinhaltes zu dringen, und diese Substanzen nur in dem Falle, daß die Konzentration eine genügende ist. Wenn ein Stoff vom Protoplasma aufgenommen wird, verursacht derselbe deshalb keine Plasmolyse, weil seine Neigung Wasser zu sich zu nehmen durch sein eigenes Eindringen in die Zelle befriedigt werden kann. Die fraglichen Substanzen ergeben bei keiner Konzentration Plasmolyse. Wenn ein Stoff langsam eindringt, erzeugt derselbe zuerst Plasmolyse, die aber später parallel mit dem Eindringen zurückgeht. Die plasmolytische Methode, die Permeabilitätsverhältnisse zu untersuchen, ist unter anderen von DE VRIES und namentlich von OVERTON[1]) angewandt worden.

Versuche mit Blutkörperchen. Schon vor mehr als einem Jahrhundert observierte HEWSON, daß die Blutkörperchen in Wasser zerstört werden und daß Salze in geeigneter Konzentration dieselben vor Zerstörung schützen[2]). HAMBURGER[3]) unterwarf die Einwirkung der Salze der Alkalien und Erdalkalien einer systematischen Untersuchung, wobei es sich herausstellte, daß wenn Blut mit einem bestimmten Volumen verschieden konzentrierter Lösungen desselben Salzes vermischt wird, alle Lösungen, deren Konzentration unter einer gewissen Grenze liegen, das Hämoglobin aus den Blutkörperchen austreten lassen. Beim Vergleichen der molekularen Konzentrationen der Grenzlösungen verschiedener Salze ergab sich, daß dieselben sich zueinander so verhielten, wie

Margin notes: Plasmolyse. Plasmolytisches Vermögen und mol. Konzentration. Plasmolyse und Permeabilität. Hamburgers Versuche.

[1]) Vierteljahrsschr. d. Naturf.-Gesellsch. in Zürich **40**, 1 (1895); **41**, 383 (1896). [2]) Phil. Trans. 1773, S. 303. [3]) Arch. f. (Anat. u.) Physiol. 1888. 31; Zeitschr. f. Biol. **26**, 414 (1889).

die von DE VRIES gefundenen molekularen Konzentrationen der eben plas-
molysierenden Salzlösungen. Hiermit war es sehr wahrscheinlich gemacht,
daß die schützende Wirkung der Salze auf Blutkörperchen an Ursachen liegt,
die denen der Plasmolyse ähnlich sind. Diese Schlußfolgerung wurde auch
durch den Befund unterstützt, daß diejenigen Substanzen, welche nach DEVRIES
in genügender Konzentration lebende Pflanzenzellen zu plasmolysieren vermögen, auch unter ähnlichen Bedingungen das Austreten des Hämoglobins
zu verhindern imstande sind. Diejenigen Stoffe dagegen, welche keine Plasmolyse hervorrufen, wirken in Wasserlösung im allgemeinen auf die Blutkörperchen
in derselben Weise wie reines Wasser ein, was besonders aus Untersuchungen
von GRYNS hervorgeht[1]).

Verschiedene Forscher haben versucht, mit tierischen Zellen plasmolytische Versuche auszuführen, aber ohne besonderen Erfolg. Mit dem Mikroskop kann man wohl beobachten, daß z. B. rote Blutkörperchen unter dem
Einfluß von starken Salzlösungen schrumpfen, aber die Grenzlösung, wo das
Schrumpfen eben beginnt, läßt sich nicht genau ermitteln; dafür sind die Veränderungen des Volumens zu gering. Wenn man aber die Volumveränderungen
von mehreren Blutkörperchen sich summieren läßt, was dadurch gemacht
werden kann, daß man Blutmischungen in graduierten Röhrchen zentrifugiert,
Volumver-
änderungen
der Blut-
körperchen. können ganz geringe Veränderungen nachgewiesen werden. Derartige Bestimmungen sind von HAMBURGER[2]), HEDIN[3]), KÖPPE[4]) u. a. ausgeführt
worden. Zunächst wurde gefunden, daß die Blutkörperchen in einer schwachen
Salzlösung schwellen und in einer starken schrumpfen; es gibt auch eine gewisse Konzentration, welche das Volumen unverändert läßt. Durch Bestimmung des Gefrierpunktes fand HEDIN, daß diese Konzentration für NaCl dem
Serum der angewandten Blutkörperchen annähernd isosmotisch ist. Die Gefrierpunktserniedrigung beträgt etwa 0,56⁰ und die Konzentration der NaCl-
Lösung ist 0,9% oder rund 0,15 norm.

Gefrier-
punktser-
niedrigung
undPermea-
bilität. Durch Vergleichen der Gefrierpunktserniedrigungen, welche im Serum
erzeugt werden, wenn eine Substanz einerseits im Serum anderseits in dem
gleichen Volumen an Blut (wie vorher an Serum) aufgelöst wird, hat HEDIN
die Verteilung von verschiedenen Substanzen zwischen Serum und Blutkörperchen studiert.

Mit Rindsblut wurden folgende Resultate erhalten[5]):

Die Salze der fixen Alkalien und Erdalkalien, neutrale Aminosäuren,
Zuckerarten, sowie sechs- und fünfwertige Alkohole dringen nur in beschränktem
Grade in die Blutkörperchen ein. Erythrit (4-wertiger Alkohol) dringt langsam
ein und Glyzerin (3-wertiger) auch langsam, aber schneller als Erythrit. Äthylenglykol (2-wertiger Alkohol) dringt ziemlich rasch ein, und die einwertigen
Permeabili-
tät der Blut-
körperchen. Alkohole verteilen sich schnell gleich auf gleiche Volumina Serum und Blutkörperchen. Äther, Esterarten, Azeton und Aldehyde scheinen ebenfalls
in bedeutenden Mengen von den Blutkörperchen aufgenommen zu werden.
Ammoniumsalze mit einwertigen Anionen dringen rasch ein, während die mit
zwei- oder mehrwertigen Anionen zum größten Teil im Serum bleiben; doch
dringen dieselben in größerem Umfang ein als die entsprechenden Salze der
fixen Alkalien.

Zu etwa den gleichen Resultaten war bereits vorher OVERTON mit
Pflanzenzellen gelangt, und zwar hauptsächlich mit der plasmolytischen

---

[1]) PFLÜGERS Arch. 63, 86 (1896). [2]) Zeitschr. f. Physiol. 1893. [3]) Skand. Arch.
f. Physiol. 5, 207, 238, 377 (1895). [4]) Arch. f. (Anat. u.) Physiol. 1895. 154. [5]) PFLÜGERS
Arch. 68, 229 (1897); 70, 525 (1898).

Methode. Der Harnstoff wird wahrscheinlich durch die Blutkörperchen Permeabili-
tät der
Pflanzen-
zellen. schneller aufgenommen als durch Pflanzenzellen, und auch Ammoniumsalze scheinen in die Blutkörperchen leichter einzudringen als in Pflanzenzellen.

In bezug auf einige Salze sind HEDINS Resultate von OKER-BLOM durch Bestimmung der elektrischen Leitfähigkeit des Blutes nachgeprüft und bestätigt worden[1]).

Es mag auch hervorgehoben werden, daß nach HEDIN nur diejenigen Stoffe, welche nicht oder langsam in die Zellen eindringen, das Volumen derselben wesentlich zu beeinflussen imstande sind. Es besteht in dieser Beziehung eine nahe Übereinstimmung zwischen pflanzlichen und tierischen Zellen.

GÜRBER fand, daß wenn Blutkörperchen wiederholt mit Kochsalzlösung gewaschen werden, bis die Waschlösung keine alkalische Reaktion mehr aufweist, und dann, in Kochsalzlösung aufgeschwemmt, mit CO_2 behandelt werden, die Lösung alkalische Reaktion annimmt, während die Blutkörperchen eine Bereicherung an Cl erfahren. Irgendwelcher Austausch von K oder Na findet nicht statt[2]). GÜRBER deutete den Versuch so, daß die Kohlensäure aus dem Kochsalz eine geringe Menge Salzsäure frei machte, die von den Blutkörperchen aufgenommen wurde. Das gleichzeitig gebildete Na_2CO_3 verlieh der Lösung Permeabili-
tät für
Ionen. alkalische Reaktion. KOEPPE[3]) sowie HAMBURGER und v. LIER[4]) nehmen dagegen an, daß ein Austausch von HCO_3-Ionen und Cl-Ionen zwischen den Blutkörperchen und der Lösung stattfindet, und die letzteren glauben auch bewiesen zu haben, daß die Blutkörperchen überhaupt für Anionen permeabel sind, während die Kationen nicht eindringen. Nach neueren Untersuchungen von HAMBURGER sollen dagegen die Blutkörperchen für K-Ionen etwas permeabel sein[5]).

Etwa die gleichen osmotischen Erscheinungen, welche die roten Blutkörperchen ergeben haben, sind von HAMBURGER und seinen Mitarbeitern auch für andere frei bewegliche Zellen, z. B. Leukozyten, Spermatozoen gefunden worden[6]). Auch sind Versuche mit ganzen zusammenhängenden Organteilen, also Zellen in ihrer Verbindung mit anderen Gewebsbestandteilen, in osmotischer Beziehung geprüft worden. Durch Untersuchungen über die Gewichtsverände- Muskel-
versuche. rungen (anstatt Volumveränderungen bei den schon erwähnten Versuchen mit Pflanzenzellen und Blutkörperchen), welche Froschmuskeln in Lösungen erfahren, haben verschiedene Forscher die Aufnahmefähigkeit der Muskeln für verschiedene Stoffe geprüft (NASSE, LOEB, OVERTON[7])). OVERTON fand, daß so lange die Erregbarkeit des Muskels erhalten bleibt, derselbe die gleichen Stoffe aufnimmt wie die Pflanzenzellen. Maßgebend für die Permeabilität ist nicht das Sarkolemm, sondern die äußerste Grenzschicht des Muskelprotoplasmas.

Auch die Haut von Amphibien scheint nach OVERTON in bezug auf die Permeabilität sich wie die Muskeln zu verhalten[8]).

Theorien über Aufnahmefähigkeit. Woran liegt nun die Durchlässigkeit resp. Nichtdurchlässigkeit der Membranen und der Zellen für gewisse Stoffe? Der Entdecker der Niederschlagsmembranen M. TRAUBE sah in der Membran

---

[1]) PFLÜGERS Arch. 81, 167 (1900). [2]) Sitzungsber. d. med.-phys. Gesellsch. zu Würzburg, 25. Febr. 1895. [3]) PFLÜGERS Arch. 67, 189 (1897). [4]) Arch. f. (Anat. u.) Physiol. 1902. 492. [5]) Wiener med. Wochenschr., Festnummer f. EXNER, Nr. 14 u. 15 (1916). [6]) Osmotischer Druck und Ionenlehre, Wiesbaden 1902, I, 401. [7]) NASSE: PFLÜGERS Arch. 2, 114 (1869); LOEB, Ebenda 69, 1; 71, 457 (1898); OVERTON, Ebenda 92, 115 (1902); 105, 176 (1904). [8]) Verhandl. d. phys.-med. Gesellsch. zu Würzburg, N. F. 36, 277 (1904).

M. Traubes
Theorie.

eine Art von Molekülsieb; es würde demnach das Verhältnis zwischen der Größe der eindringenden Teilchen und der Weite der Membranporen ausschlaggebend sein[1]). Diese Ansicht ist nicht ohne weiteres von der Hand zu weisen. Die Ferrozyankupfermembran dürfte wohl in dieser Weise wirksam sein, und die Nichtdurchlässigkeit der meisten Membranen für kolloide Stoffe liegt daran, daß die Poren für die Partikelchen zu eng sind.

Be-
grenzungs-
schicht
der Zelle.

Für das Verständnis des Stoffwechsels in den Zellen, wie auch für die Kenntnis der Art und Weise, in welcher die Aufnahme, bzw. Abgabe von Stoffen von seiten der Zelle zustande kommt, ist die Frage nach dem Vorkommen einer besonderen äußeren Begrenzungsschicht der Zelle von Interesse. In dieser Hinsicht ist daran zu erinnern, daß man beim Protoplasma gewisser Zellen eine äußere verdickte Schicht oder eine wahre Membran findet, die aus Proteinsubstanz zu bestehen scheint. Aber selbst in Zellen, in welchen keine besondere äußere Grenzschicht zu sehen ist, hat man auf Grund der Permeabilitätsverhältnisse geglaubt, eine solche äußere Schicht annehmen zu müssen.

NERNST[2]) hatte durch einen besonderen Versuch gezeigt, daß die Durchlässigkeit einer Membran für einen bestimmten Stoff wesentlich von dem Lösungsvermögen der Membran für denselben Stoff abhängig ist. Diese, für die Lehre von den osmotischen Erscheinungen in lebenden Zellen sehr wichtige Frage ist darauf von OVERTON[3]) besonders studiert worden. Aus dem Verhalten der lebenden Zellen zu Farbstoffen wie aus dem besonders leichten Eindringen in tierische und pflanzliche Protoplasmen von gewissen Stoffen, die

Theorie von
Overton.

in Wasser nicht oder nur wenig, in Fetten oder fettartigen Stoffen dagegen reichlich löslich sind, hat OVERTON den Schluß gezogen, daß die Protoplasmagrenzschicht wie eine Substanzschicht sich verhält, die in ihrem Lösungsvermögen den fetten Ölen nahe kommt. Nach ihm ist die Protoplasmagrenzschicht wahrscheinlich imprägniert mit Lipoiden, d. h. Stoffen, welche hinsichtlich ihrer Löslichkeit und Lösungsfähigkeit für gewisse Stoffe den Fettarten mehr oder weniger ähnlich sind. Die Lipoide stellen keine chemisch definierbare Klasse von Körpern dar. Einige von ihnen dürften wohl von noch nicht näher bekannter Natur sein; unter den bekannten Stoffen hat man aber besonders dem Lezithin (den Phosphatiden überhaupt) und dem Cholesterin eine große Bedeutung zuerkannt.

Daß eine Anhäufung von Lipoiden als eine besondere äußere Begrenzungsschicht in den Zellen vorkommen würde, ist wohl eine nicht hinreichend begründete und für die tierischen Zellen jedenfalls nicht allgemein gültige Annahme, die übrigens für ein Verständnis der Lipoidwirkung im obigen Sinne nicht unbedingt notwendig sein dürfte. Gegen die Theorie OVERTONS, welche im allgemeinen große Zustimmung gefunden hat, sind auch von einigen Seiten Einwendungen erhoben worden[4]). So paßt sie, was übrigens OVERTON selbst hervorgehoben hat, nicht für alle Fälle, nach COHNHEIM z. B. nicht zur Erklärung der Resorptionsverhältnisse im Darmkanale, und nach MOORE und

Einwände
gegen die
Overton-
sche
Theorie.

ROAF ist sie nicht imstande, gewisse Eigenschaften der Zelle, z. B. die verschiedene Zusammensetzung der Elektrolyte inner- und außerhalb der Zelle und die selektive Aufnahme gewisser löslichen Substanzen, wie Nahrungsmittel, Arzneistoffe, Toxine und Antitoxine seitens der Zelle zu erklären. Die Untersuchungen der letztgenannten Forscher basieren wesentlich auf Untersuchungen

---

[1]) Arch. f. Anat., Physiol. u. Med. 1867, 87.   [2]) Zeitschr. f. physikal. Chem. **6**, 37 (1890).   [3]) Vierteljahrsschr. d. Naturf.-Gesellsch. in Zürich 44 (1899) und OVERTON, Studien über die Narkose. Jena 1901.   [4]) Vgl. O. COHNHEIM, Die Physiologie der Verdauung und Ernährung (1908). J. LOEB in OPPENHEIMERS Handbuch der Biochemie, Bd. **2**, 1. S. 105.   T. B. ROBERTSON, Journ. of biol. Chem. 4 (1908); B. MOORE und H. ROAF, Bioch. Journ. **3** (1908).

über das Verhalten der Mineralstoffe, und sie zeigen, daß die obige Theorie gewisse Schwierigkeiten für das Verständnis des ungemein wichtigen Austausches von Mineralstoffen zwischen Zelle und Außenflüssigkeit darbietet. Auch läßt sich die Tatsache, daß die Zellen für Wasser leicht durchlässig sind, durch die OVERTONsche Theorie nur sehr schwer erklären.

Besonders hat J. TRAUBE gegen die OVERTONsche Theorie Stellung genommen[1]). Nach ihm ist das Übertreten einer Substanz aus wässeriger Lösung in die Zellen in erster Linie an deren sog. Haftdruck in der Wasserlösung bedingt. Der Haftdruck ist nach TRAUBE die Anziehung zwischen Lösungsmittel und Gelöstem; derselbe soll nicht mit dem osmotischen Drucke identisch sein, sondern wird durch die Oberflächenspannung der Lösung gemessen. Nun hat es sich herausgestellt, daß diejenigen Stoffe, welche von den Zellen nicht oder nur spärlich aufgenommen werden, den Oberflächendruck des Wassers beim Auflösen nicht erniedrigen. Diejenigen Stoffe dagegen, welche die Oberflächenspannung erniedrigen, dringen in die Zellen ein. Aus einem Satz von GIBBS ergibt sich ferner, daß Stoffe, welche beim Auflösen in Wasser dessen Oberflächenspannung erniedrigen, an der Oberfläche der Lösung in größerer Konzentration vorkommen als im Innern. Nach TRAUBE ist folglich der Haft- Theorie von
J. Traube. druck geringer, je niedriger die Oberflächenspannung der Wasserlösung ausfällt. Sonst muß eigentlich für die Bewegungsrichtung eines Stoffes an der Grenze zwischen zwei Phasen (Wasserlösung und Zelle) das Verhältnis zwischen dem Haftdrucke des Stoffes in den beiden Phasen bestimmend sein. Indessen kann der Haftdruck des Stoffes nur in der Wasserlösung direkt gemessen werden. TRAUBE stützt seine Theorie durch verschiedene Versuche, nach welchen Glieder derselben homologen Reihen, in Wasser in solchen Konzentrationen aufgelöst, daß die Lösungen dieselbe Oberflächenspannung besitzen, auch dasselbe Vermögen zeigen in Zellen einzudringen. Die Nichtübereinstimmung in anderen Fällen wird von TRAUBE auf die Reibung in der Grenzschicht zwischen der Zelle und der umspülenden Lösung zurückgeführt[2]). Wie wir weiter unten ersehen werden, erinnern die Ausführungen von TRAUBE sehr an die herrschende Ansicht über das Zustandekommen der Adsorptionsphänomene Adsorption. oder der Aufnahme von gelösten Stoffe durch feste Körper. Auch hat LÖWE beim Studium der Aufnahme verschiedener gelöster Substanzen seitens der Lipoide gefunden, daß der Prozeß nicht wie die OVERTONsche Theorie verlangt, dem HENRYschen Absorptionsgesetz folgt, sondern eher eine Adsorption darstellt[3]).

Von verschiedenen Seiten wird behauptet, daß die Volumänderungen der Zellen und Gewebe als Quellungs- oder Entquellungserscheinungen aufzufassen seien. Indessen dürften wohl auch bei den letztgenannten Prozessen osmotische Kräfte wirksam sein.

Gewisse Substanzen, welche für den Lebensprozeß von allergrößter Bedeutung sind und wahrscheinlich innerhalb der Zellen in großem Umfang verbrannt werden, haben nach den obigen Versuchen nur ein begrenztes Vermögen in die Zellen einzudringen. Diese Stoffe sind die Zuckerarten und die Aminosäuren. Auch ist die Gegenwart von Salzen innerhalb der Zellen nach den obigen Versuchen nicht leicht verständlich. Das Verhalten von Traubenzucker ist von mehreren Forschern untersucht worden und zwar mit verschiedenen Ergebnissen[4]). Neuerdings hat EGE gefunden, daß die roten Blutkörperchen von Ziege, Rind, Kaninchen und Hund den Zucker nicht einlassen,

---

[1]) PFLÜGERS Arch. 105, 541 (1904); 123, 419 (1908); 132, 511 (1910); 140, 109 (1911). [2]) Intern. Zeitschr. f. phys. chem. Biol. 1, 275 (1914). [3]) Bioch. Zeitschr. 42, 150, 190, 205, 207 (1912.) [4]) Literaturangabe bei FALTA und RICHTER-ZUITTNER, Bioch. Zeitschr. 100, 148 (1919).

wohl aber die vom Menschen[1]). Mit Rücksicht hierauf ist hervorzuheben, daß die Versuche über die Permeabilität animaler Zellen mit Zellen ausgeführt wurden, welche aus ihrem Zusammenhang mit dem lebenden Tiere entfernt waren. Auch wenn man dieselben nicht als in physiologischem Sinne tot angesehen werden können, so ist es sehr wahrscheinlich, daß in denselben gewisse Lebensfunktionen aufgehört waren. Besonders läßt sich wohl denken, daß die Oxydationsprozesse, wodurch aufgenommene organische Substanzen innerhalb der Zellen in einfachere Produkte verwandelt werden, mindestens teilweise zum Stillstand gekommen waren. Daß indessen mindestens Salze und Zucker auch in dem lebenden Organismus wasseranziehend wirken und folglich in die Zellen

Permeabilität und Oxydation.

nur in geringen Mengen eindringen, geht aus Versuchen von HEIDENHAIN hervor, nach welchen eben diese Stoffe als lymphtreibende Mittel zweiter Ordnung bezeichnet werden (Kap. 6). Diese Wirkung wurde auch von HEIDENHAIN auf ihr Vermögen, den Geweben Wasser zu entziehen, zurückgeführt.

Nehmen wir also an, daß die Zellen auch normalerweise nur geringe Mengen von Zucker und Aminosäuren auf einmal enthalten können, so würden, wenn diese Stoffe innerhalb der Zellen stetig verbrannt werden, immerhin neue Mengen nachkommen können, und es würden in der Weise allmählich große Mengen der genannten Stoffe aufgenommen und verbrannt werden. Hört aber die Verbrennung auf, so können keine neue Mengen aufgenommen werden. Die Tatsache, daß gewisse Stoffe nur in geringen Mengen auf einmal aufgenommen werden, beweist also nicht, daß dieselben nicht innerhalb der Zellen verbrannt werden.

Adsorption.

Nach MOORE und ROAF sind die Salze der Blutkörperchen in Form von „Adsorbaten" vorhanden; dieselben werden von den festen Bestandteilen der Blutkörperchen adsorbiert[2]). Wie wir weiter unten lernen werden (S. 22), kann eine adsorbierende Substanz nur eine begrenzte Menge einer anderen aufnehmen. Wird, nachdem die Sättigungsgrenze erreicht ist, von dem adsorbierten Stoff noch mehr zugesetzt, so wird davon praktisch nichts mehr aufgenommen. In der Weise könnte es also erklärt werden, daß die Blutkörperchen von zugesetzten Salzen nur sehr wenig aufnehmen. Das geringe Aufnahmevermögen in bezug auf Zuckerarten und Aminosäuren läßt sich vielleicht in ähnlicher Weise erklären.

Daß Adsorptionsprozesse bei der Aufnahme von Nahrungsstoffen seitens der Organzellen teilnehmen, wird auch von RUBNER angenommen[3]).

Osmotischer Druck tierischer Flüssigkeiten. Wie aus dem Obigen ersichtlich, übt eine Substanz auf lebende Zellen einen ganz verschiedenen Einfluß aus, je nachdem dieselbe in die Zellen einzudringen imstande ist oder nicht, indem diejenigen Substanzen, welche nicht eindringen, den Zellen Wasser zu entziehen vermögen, die anderen nicht. Daher wird auch der von den nicht eindringenden Stoffen herrührende Teil des osmotischen Druckes der Körper-

Effektiver osm. Druck.

flüssigkeiten als **effektiver osmotischer Druck** bezeichnet. In dieser Weise wirken folglich vor allem die Salze der Alkalien und Erdalkalien sowie die Zuckerarten. Da Zucker sowie auch die Stoffe, welche nach eben erwähnten Versuchen leicht von den Zellen aufgenommen werden, unter gewöhnlichen Verhältnissen nur in sehr geringen Mengen im Blute vorkommen und ferner die Eiweißkörper praktisch ohne Belang für den osmotischen Druck sind, so wird der normale osmotische Druck des Blutes hauptsächlich an dessen Salzen liegen. Da die Methode der Gefrierpunktsbestimmung für tierische Flüssig-

---

[1]) Studiei over Glukosens fordeling mellem Plasmaet og de [röde Blodlegemer, Köbenhavn, 1919; vgl. auch S. KOZAWA, Zentralbl. f. Physiol. 27, Nr. 15 (1913) und H. C. HAGEDORN, Bioch. Zeitschr. 107, 248 (1920).   [2]) Bioch. Journ. 3, 55 (1908).
[3]) Arch. f. (Anat. u.) Physiol. 1913. 240.

keiten fast die einzige ist, die zur Anwendung kommt, so wird gewöhnlich die Gefrierpunktserniedrigung ($\varDelta$) als Maß des osmotischen Druckes angegeben. Für das Blut der Säugetiere ist $\varDelta$, abgesehen von geringen von der Nahrung und vielleicht auch von anderen Umständen abhängigen Schwankungen, konstant und rund $= 0{,}56^0$[1]), was einer $0{,}90\%$ NaCl-Lösung und einem osmotischen Druck von etwa $6\frac{1}{2}$ Atmosphären entspricht. Bei niederen Tieren kann $\varDelta$ einen geringen Wert betragen, z. B. beim Frosch ($\varDelta = 0{,}46^0$). Bei den wirbellosen Meerestieren haben die Körperflüssigkeiten den gleichen osmotischen Druck wie das umgebende Meereswasser ($\varDelta = 2{,}3^0$) und schwankt mit dem Salzgehalt des Wassers (Bottazzi). Bei niederen Fischen (Selachier) ist auch der osmotische Druck des Blutes gleich dem des umgebenden Mediums; bei höheren Fischen (Teleostier) niedriger ($\varDelta = 1{,}0^0$, Bottazzi). Bei den Selachiern soll der osmotische Druck des Blutes hauptsächlich durch Harnstoff bedingt sein (Schröder)[2]).

Osm. Druck des Blutes und der des Außenmediums.

Bei Fischen, die sowohl im Meere wie in süßem Wasser leben, z. B. beim Aale, findet man bei Süßwasseraufenthalt einen niedrigeren osmotischen Druck ($\varDelta = 0{,}41^0$) als bei Aufenthalt in Meereswasser ($\varDelta = 0{,}55^0$)[3]). Bei niederen Wassertieren ist also der osmotische Druck der gleiche wie der des umgebenden Mediums; bei höher stehenden hält sich derselbe mehr unabhängig von der Umgebung. Höber macht auf diesen Umstand aufmerksam und weist auf die Analogie mit der Körperwärme verschiedener Tiere hin[4]).

Gehen wir zu anderen Körperflüssigkeiten über, so ist zunächst zu erwähnen, daß die Lymphe einen etwas höheren osmotischen Druck zeigt als das Blut und zwar aus dem Grunde, daß die Lymphe aus den Geweben Stoffwechselprodukte von niedrigem Molekulargewicht aufnimmt[5]). Von anderen Flüssigkeiten haben die Milch und die Galle den gleichen osmotischen Druck wie das Blut[6]), der Speichel einen niedrigeren[7]). Der Harn des Menschen und der Säugetiere hat gewöhnlich einen weit höheren osmotischen Druck als das entsprechende Blut[8]). Für Menschenharn schwankt $\varDelta$ zwischen $1{,}3^0$ und $2{,}3^0$. Nach reichlichem Trinken sowie unter gewissen pathologischen Verhältnissen (z. B. Diabetes insipidus) kann der osmotische Druck des Harnes unter dem des Blutes liegen. Die Frage nach dem osmotischen Drucke tierischer Flüssigkeiten unter normalen und pathologischen Bedingungen wird in „Physikalische Chemie und Medizin" (herausgegeben von Korányi und Richter) von verschiedenen Verfassern ausführlich behandelt.

Lymphe.
Milch, Galle.
Speichel.

Harn.

II. Kolloide.

Das Wort Kolloid rührt von Graham her, der unter diesem Namen verschiedene Substanzen zusammenfaßte, welchen die Fähigkeit abgeht, durch eine tierische Membran zu diffundieren. Im Gegensatz dazu bezeichnete Graham diejenigen Stoffe, welche eine Membran durchzudringen imstande sind, als Kristalloide, da dieselben in der Regel kristallisieren, welche Eigenschaft mit wenigen Ausnahmen den Kolloiden nicht zukommt[9]). Zu den Kolloiden rechnete Graham lösliche Kieselsäure und analoge Formen von

Grahams Versuche.

---

[1]) Hamburger, Osmotischer Druck und Ionenlehre. I. 456.   [2]) Bottazzi, Archives ital. de biol. 28, 61 1897); Schröder, Zeitschr. f. physiol. Chem. 14, 576 (1890). [3]) Dekhuisen, Arch. néerland 10, 121 (1905); Quinton, Compt. rend. soc. biol. 57, 470, 513 (1904).   [4]) Physik. Chem. der Zelle und der Gewebe. 3. Aufl. S. 353 (1911). [5]) Leathes, Journ. of Physiol. 19, 1 (1895).   [6]) Dreser, Arch. f. exp. Pathol. u. Pharm. 29, 303 (1892),   [7]) Nolf, Travaux du lab. de phys. de Liège 6, 225 (1901).   [8]) Korányi, Zeitschr. klin. Med. 33, 1 (1897); 34, 1 (1898).   [9]) Ann. d. Chem. u. Pharm. 121, 1 (1862), sowie Ann. de Chim. et de Phys. (4) 3, 147 (1864).

Zinnsäure, Titansäure, Molybdänsäure und Wolframsäure, die Hydrate von Tonerde und analogen Metalloxyden, wenn sie in der löslichen Form existi eren ferner Stärke, Dextrin, die Gummiarten, Karamel, Gerbsäure, Albumin, Leim.

Einige Kolloide zeichnen sich dadurch aus, daß sie unter gewissen Bedingungen in stark wasserhaltiger, gallertartiger Form erstarren. Für den Fall, daß Wasser als Lösungsmittel angewandt wird, bezeichnet man mit GRAHAM die gelöste Form als Hydrosol und die gallertartige als Hydrogel.

Sole und Gele.

Durch Diffusion durch eine Membran (von GRAHAM Dialyse genannt) kann man also kolloide Substanzen von Kristalloiden trennen. Kolloide Kieselsäure sowie entsprechende Formen gewisser anderer Säuren werden dadurch erhalten, daß lösliche Alkalisalze mit Salzsäure versetzt werden, worauf die überschüssige Salzsäure sowie die Chloride durch Dialyse entfernt werden. Die kolloide Tonerde erhielt GRAHAM durch Auflösen von Tonerdehydrat in Aluminiumchlorid. Durch Dialyse wurde das letztere Salz entfernt und das Hydrat blieb mit wenig oder keiner Salzsäure verbunden in Lösung.

Herstellung durch Dialyse.

Verschiedene Metallsulfide sind in kolloider Lösung erhalten worden. So werden kolloide Lösungen von As_2S_3 und Sb_2S_3 dadurch erhalten, daß Schwefelwasserstoff in die verdünnten Lösungen der entsprechenden Oxyde eingeleitet wird [1]), und kolloides CuS läßt sich durch Auswaschen der gefällten Verbindung mit Wasser darstellen, durch welche Behandlung das CuS schließlich in Wasser löslich wird [2]).

Herstellung der koll. Sulfide.

Endlich können auch die Metalle als Hydrosole erhalten werden, und zwar in zweierlei Weise:

1. Durch Behandlung eines Salzes mit verschiedenen Reduktionsmitteln (z. B. Formaldehyd, hydroschwefliger Säure, Hydrazin, Hydroxylamin) sind verschiedene Metalle in kolloider Lösung erhalten worden [3]). Da die erhaltenen Lösungen in vielen Fällen sich als sehr unbeständig erwiesen haben, hat man es zweckmäßig gefunden, ihre Haltbarkeit durch Zugeben von organischen Kolloiden (z. B. Leim) zu erhöhen. Auf die Wirkungsweise dieser sogen. Schutzkolloide wird später eingegangen werden.

Koll. Metalle durch Reduktion.

2. Zunächst hat BREDIG ein Verfahren entdeckt, welches ermöglicht durch Kathodenzerstäubung von Metalldrähten unter Wasser reine Metallsole herzustellen [4]). Dann lehrte SVEDBERG bei Anwendung von Induktionsströmen das Erwärmen der bei der Zerstäubung angewandten Flüssigkeit zu vermeiden. Dies hat es ermöglicht die Zerstäubung auch unter organischen Flüssigkeiten auszuführen und sogar Sole von Leichtmetallen zu erhalten [5]). Praktisch liegt nunmehr die Möglichkeit vor alle Metalle und auch Metalloide als Sole zu bekommen.

Elektrische Zerstäubung.

Unter denjenigen Stoffen, welche als Kolloide erhalten worden sind, gibt es Säuren sowie auch Basen, und die chemischen Elemente sind als Kolloide bekannt, ebenso wie Körper von so kompliziertem molekularem Bau wie Eiweißstoffe und Stärke. Die kolloiden Stoffe haben also in chemischer Beziehung nichts Gemeinsames. Vielmehr sind die Kolloide und Kristalloide nur als verschiedene physikalische Zustände der Materie zu betrachten, und die Grenze zwischen beiden Zuständen ist oft ziemlich verwischt. Einige chemisch definierbare Körperklassen, z. B. die Eiweißkörper, treten nur oder vorzugsweise im kolloiden Zustand auf, andere z. B. lösliche anorganische Salze im kristalloiden. Schließlich gibt es wieder andere, welche in beiden Formen vorkommen können, z. B. Seifen (S. 15). Kurz läßt sich der Unterschied zwischen dem kristalloiden und dem kolloiden Zustand dahin zusammenfassen, daß die kristalloiden Stoffe in Lösung als Moleküle von mäßiger Größe vorkommen, während die Kolloide entweder sehr große Moleküle, Molekülaggregate oder jedenfalls Teilchen von einer größeren räumlichen Ausdehnung als die Kristalloide bilden. Aus einer solchen Betrachtungsweise ergeben sich ohne weiteres viele Eigenschaften der Kolloide. Wenn, wie nunmehr wohl allgemein angenommen wird, die Kolloidlösungen als in einer homogenen Flüssigkeit aufgeschlemmte feste oder flüssige Teilchen aufzufassen sind,

Unterschied zwischen krist. und koll. Stoffen.

---

[1]) H. SCHULZE, Journ. prakt. Chem. Neue Folge. **25**, 431 (1882) u. **27**, 320 (1883). [2]) SPRING, Ber. d. deutsch. chem. Gesellsch. **16**, 1142 (1883). [3]) MÜLLER, Allgemeine Chemie der Kolloide. Leipzig 1907, S. 6. [4]) Anorganische Fermente. Leipzig 1901, S. 24. [5]) Ber. d. deutsch. chem. Gesellsch. **38**, 3616 (1905); **39**, 1705 (1906).

finden sich in der „Lösung" mindestens zwei räumlich gegeneinander ab- Heterogene
gegrenzte Bestandteile: die Kolloidteilchen und das Lösungsmittel. Dies wird Systeme.
in der Weise ausgedrückt: das System enthält zwei Phasen. Das Lösungsmittel wird oft richtiger als Dispersionsmittel bezeichnet und die Kolloidteilchen als disperse Phase. Eine kolloide Lösung ist also heterogen. Eine
Kristalloidlösung ist dagegen in dem Sinne homogen, daß es nicht gelungen
ist, mit unseren gegenwärtigen physikalischen Hilfsmitteln darin verschiedene
Phasen nachzuweisen.

Der besseren Übersichtlichkeit wegen sei schon hier eine Einteilung der
Kolloide gegeben, in bezug auf welche jetzt eine gewisse Einigkeit erreicht
zu sein scheint. Dieselbe wurde zuerst von PERRIN aufgestellt und derselben
haben sich später verschiedene Forscher angeschlossen[1]).

Die eine der zwei Kolloidgruppen wird als hydrophile Kolloide
(Emulsionskolloide, Emulsoide) bezeichnet, weil in den Wasserlösungen noch
eine gewisse Beziehung zwischen gelöster Substanz und Lösungsmittel angenommen wird, was sich besonders durch eine gewisse Zähigkeit der Lösungen
kundgibt. Die hydrophilen Kolloide gelatinieren oft beim Abkühlen, das Gel Hydrophile
ist wieder in Wasser löslich (reversibel), und im allgemeinen lassen sich die Kolloide.
hydrophilen Kolloide durch Elektrolyte schwieriger aus ihren Lösungen ausscheiden als die folgende Klasse. Zu den hydrophilen Kolloiden gehören Substanzen, welche für die physiologische Chemie von allergrößter Bedeutung sind,
z. B. Proteinkörper, Stärke, Glykogen, Seifen in Wasserlösung.

Im Gegensatz zu den hydrophilen Kolloiden werden die Kolloide vom
Typus der kolloiden Metalle unter der Benennung Suspensionskolloide
(Suspensoide, hydrophobe Kolloide) zusammengefaßt, da dieselben als im
Lösungsmittel suspendierte feste Partikelchen betrachtet werden können und
keine nähere Beziehung zum Lösungsmittel angenommen zu werden braucht.
Die Zähigkeit der Lösungen soll von der des reinen Lösungsmittels nur wenig
verschieden sein; außerdem sind die Suspensionskolloide nicht gelatinierbar, Suspen-
nicht quellbar und leicht durch Elektrolyte fällbar. Zu dieser Gruppe gehören sions-
außer den Metallsolen auch die kolloiden Metallsulfide sowie gewisse typische kolloide.
Suspensionen, welche dadurch erhalten werden, daß wasserunlösliche Substanzen in anderen Flüssigkeiten (Alkohol, Azeton) aufgelöst werden und die
Lösung dann in viel Wasser eingegossen wird. Dabei fallen die Stoffe in fein
verteiltem Zustand aus. Solche Suspensionen verhalten sich in vielen Beziehungen wie Suspensionskolloide. Hierher gehören Suspensionen von
Mastix[2]), Kolophonium[3]), Cholesterin[4]).

Die hydrophilen Kolloide stehen den Kristalloiden näher als die Suspensionskolloide, und der Übergang zwischen den Kristalloiden und den hydrophilen Kolloiden ist nur ein allmählicher. Auf der Grenze stehen z. B. die
Peptone und Albumosen, welche zwar zu den Eiweißkörpern gerechnet werden,
aber zum Teil recht gut dialysieren. Andererseits gibt es auch Kolloide, die
gewissermaßen Übergänge zwischen den hydrophilen Kolloiden und den Übergangs-
Suspensionskolloiden bilden. Schließlich gibt es auch zwischen den Suspensions- formen.
kolloiden und im Wasser suspendierten feinpulverigen Substanzen (z. B.
Kaolin) zahlreiche Zwischenglieder.

Osmotischer Druck. Wie bereits hervorgehoben wurde, läßt sich der
osmotische Druck der Lösungen der Kristalloide nur ausnahmsweise durch
Anwendung semipermeabler Membranen ermitteln und zwar aus dem Grunde,
daß Membranen, die für Kristalloide impermeabel sind, sich nur sehr schwer dar-

---

[1]) PERRIN, Journ. de Chimie phys. **3**, 84 (1905). [2]) Zeitschr. f. physik. Chem. **57**,
47 (1906). [3]) Ebenda **38**, 385 (1901). [4]) Bioch. Zeitschr. **7**, 152 (1908).

Osmometri-
sche
Methode.
stellen lassen. Für Kolloide sind dagegen die meisten Membranen impermeabel, und für diese Stoffe läßt sich in der Tat der osmotische Druck am besten mit Hilfe einer Membran in einem sog. Osmometer direkt bestimmen. Wie MOORE und ROAF hervorheben, lassen sich mit einem solchen Apparat Druckunterschiede bestimmen, die durch Ermittelung des Gefrierpunktes nicht nachweisbar sind[1]).

Äquimolekulare Lösungen verschiedener Nichtleiter ergeben den gleichen osmotischen Druck. Daraus folgt, daß wenn verschiedene Nichtleiter in Lösungen gleicher prozentischer Konzentrationen vorhanden sind, diese Lösungen osmotische Spannungen besitzen müssen, welche den Molekulargewichten umgekehrt proportional sind. Gewisse Kolloide, die in anderem

Osmoti-
scher Druck
und Mole-
kulargröße.
Zusammenhange abgehandelt werden (Proteinkörper, Glykogen u. a.), müssen offenbar ein sehr großes Molekül besitzen. Es läßt sich also voraussagen, daß diese Stoffe einen sehr geringen osmotischen Druck ergeben müssen. Die Proteinstoffe enthalten immer in geringen Mengen Salze, die entweder in irgend eine Verbindung mit den Kolloiden eingetreten sind oder als schwer zu beseitigende Verunreinigungen zu betrachten sind. Deshalb wurde es wiederholt behauptet, daß diese Salze wohl für kleine osmotische Druckdifferenzen verantwortlich sein könnten. Auch konnte REID durch sorgfältiges Waschen kristallisierter Eiweißkörper aus Serum und Eierklar Präparate gewinnen, die im Osmometer zum Schluß keinen osmotischen Druck ergaben[2]). Demgegenüber wird aber von verschiedenen Seiten betont, daß der osmotische Druck von Eiweißlösungen sehr an der Behandlung liegt, welche die Eiweißkörper vor der Bestimmung erfahren haben. Mit Eiweißpräparaten, welche einer weniger eingreifenden Vorbehandlung ausgesetzt worden waren (Serumproteine, Eieralbumin), haben STARLING[3]) und andere Forscher, sowie auch REID (mit

Größe des
osmotischen
Druckes.
Hämoglobin) einen geringen osmotischen Druck nachweisen können, und zwar mit Hilfe der osmometrischen Methode[4]). Nach STARLING entsprechen die Eiweißstoffe des Serums einem Drucke von 30—40 mm Hg und REID fand für 1%ige Hämoglobinlösungen einen Druck von 3—4 mm Hg.

Der Einfluß von zugesetzten Stoffen auf den osmotischen Druck wurde von LILLIE in der Weise geprüft, daß die zu prüfende Substanz in gleicher prozentischer Konzentration der Innen- und Außenflüssigkeit zugesetzt wurde. Es wurde gefunden, daß Nichtleiter ohne Einwirkung waren, daß aber Alkalien und Säuren den osmotischen Druck von Gelatinelösungen vermehren, während Salze den Druck von Gelatine sowie von Eieralbumin erniedrigen[5]). Zu dem gleichen Ergebnis kam SÖRENSEN mit Ammoniumsulfat, das den osmotischen Druck von Eieralbumin erniedrigt[6]). Zu ähnlichen Resultaten

Einfluß zu-
gesetzter
Stoffe.
in bezug auf Alkalien und Säuren gelangten ADAMSON und ROAF[7]). Außerdem findet LILLIE den osmotischen Druck abhängig von der Vorgeschichte des Kolloids. Erwärmen sowie Schütteln der Lösungen scheinen Veränderungen des Aggregatzustandes hervorzurufen, welche nicht oder nur sehr langsam rückgängig sind. Auch die durch Salze hervorgerufenen Änderungen des osmotischen Druckes führt LILLIE auf veränderte Aggregatzustände zurück, indem die Kolloide durch Zugeben von Salzen näher ihrem Fällungspunkt gebracht und wohl zu größeren Aggregaten vereinigt werden. Infolgedessen wird die Zahl der Partikelchen vermindert und, da diese Zahl für den osmotischen Druck entscheidend sein muß, dieser Druck erniedrigt. In Übereinstimmung hiermit wird der eben erwähnte Einfluß von Säuren und Alkalien auf den osmotischen Druck von Gelatine durch eine Vermehrung der Teilchen erklärt[8]).

Wie wir oben gefunden haben, ist die Ermittelung der Siedepunktserhöhung oder der Gefrierpunktserniedrigung die einfachste Weise den osmotischen Druck der Lösung eines kristalloiden Stoffes aufzufinden. Versucht man eine solche Bestimmung mit einer kolloiden Lösung auszuführen, so erhält

---

[1]) Biochem. Journ. **2**, 34 (1900).   [2]) Journ. of Physiol. **31**, 438 (1904).   [3]) Ebenda **19**, 322 (1896).   [4]) REID, Journ. of Physiol. **33**, 12 (1905).   [5]) Amer. Journ. of Physiol. **20**, 127 (1907).   [6]) Zeitschr. f. physiol. Chem. **106**, 1 (1918).   [7]) Bioch. Journ. **3**, 422 (1908).   [8]) PAULI, Koll. Zeitschr. **7**, 241 (1910).

man für die Erhöhung des Siedepunktes oder die Erniedrigung des Gefrierpunktes kaum meßbare Größen. Dies bedeutet nach dem oben Gesagten, daß
die Moleküle oder die Teilchen sehr groß sein müssen. F. KRAFT fand für
Seifen in Wasserlösung keine Siedepunktserhöhung, aber für dieselben Stoffe
in Alkohollösung Werte, welche mit den aus den Formeln berechneten Mole-
kulargrößen übereinstimmten. In Wasserlösung verhalten sich folglich die
Seifen als kolloide, in Alkohollösung als kristalloide Stoffe[1]). *Teilchen-
größe der
Seifen.*

Filtrierbarkeit. In einer Flüssigkeit suspendierte, grobe Partikel lassen
sich durch jedes Filter von der Flüssigkeit trennen. Je feiner die suspendierten
Teilchen sind, desto dichtere Filtra müssen angewandt werden. Umfassende
Studien über das Filtrieren von Kolloiden sind von BECHHOLD ausgeführt
worden[2]). BECHHOLD wandte Papierfiltra an, welche mit in Eisessig aufge-
löstem Kollodium imprägniert waren. Je nach der Konzentration der Kollodium-
lösung wurden Filtra von verschiedener Porenweite erhalten. Die kolloiden
Lösungen wurden unter einem Druck von bis 5 Atmosphären durch die Filtra
gepreßt. Es zeigte sich zunächst, daß alle kolloide Lösungen Teilchen von
verschiedener Größe enthalten. Trotzdem läßt sich für jede Lösung ein Filter
auftreiben, dessen Poren eben eng genug sind um alle Partikelchen zurückzuhalten. In der Weise konnte BECHHOLD die Kolloide in einer Reihe nach
fallender Größe der kleinsten Partikelchen ordnen. Es stellte sich heraus, daß
im allgemeinen die anorganischen Kolloide (Berlinerblau, Platin, Eisenoxyd, *Relative
Größe der
Kolloid-
teilchen.*
Gold, Silber) gröbere Teilchen bilden als die organischen (Gelatine, Hämoglobin,
Serumalbumin, Albumosen, Dextrin). Hierbei ist doch zu bemerken, daß nach
ZSIGMONDY die Teilchengröße desselben Kolloids bei der einen Herstellung
größer ausfällt als bei der anderen, sowie daß die Größe beim Aufbewahren
sich ändern kann[3]).

Durch Filtrieren von Albumoselösungen durch ungleich dichte Filtra *Teilchen-
größe und
Fällbarkeit.*
konnte BECHHOLD nachweisen, daß je größere Teilchen die Albumosen bilden,
desto leichter sind dieselben durch Ammoniumsulfat fällbar.

Diffusion. Wir haben bereits gesehen, daß der osmotische Druck der
kolloiden Lösungen ein sehr geringer ist. Da ferner der osmotische Druck
einer Lösung die Triebkraft für die Diffusion der Teilchen abgibt, so ist sofort
zu ersehen, daß die Diffusionsfähigkeit nur eine sehr begrenzte sein kann.
Dies gilt sowohl für die freie Diffusion wie vor allem für die Diffusion durch *Diffusion
und Dia-
lyse.*
eine Membran. Beide wurden zuerst von GRAHAM studiert. Erstere wurde sehr
gering, aber in mehreren Fällen meßbar gefunden, während die Tatsache, daß
die Kolloide nicht durch Membrane diffundierten (nicht dialysierten) eben
als der konstanteste Unterschied zwischen den Kolloiden und den Kristalloiden
angeführt wurde. Indessen gibt es auch hier keine scharfe Grenze, und die
Dialyse hängt vor allem von der Größe der Teilchen sowie auch von der Beschaffenheit der Membran ab.

Innere Reibung. Unter der inneren Reibung einer Flüssigkeit versteht
man die Kraft, welche der Verschiebung der Teilchen der Flüssigkeit gegeneinander Widerstand leistet. Die innere Reibung ist folglich ein Ausdruck
für die Zähigkeit oder die Viskosität der Flüssigkeit.

Für physiologische Zwecke bestimmt man die innere Reibung, indem
man die Zeit ermittelt, welche ein gegebenes Volumen Flüssigkeit braucht, um
unter dem Druck seines eigenen Gewichtes durch eine Kapillare auszufließen.
Diese Zeit, dividiert mit der entsprechenden für Wasser bestimmten Ziffer,
ergibt die relative Viskosität der Lösung.

---

[1]) Ber. d. deutsch. Gesellsch. **29**, 1328 (1896); **32**, 1584 (1899). [2]) Zeitschr. f. phys-
sik. Chem. **60**, 257 (1907). [3]) Zur Erkenntnis d. Koll. 1905, S. 104; sowie Zeitschr. f.
Elektrotechn. **12**, S. 631 (1906).

Innere
Reibung.

Es wird allgemein angenommen, daß die innere Reibung der Suspensionskolloide der des reinen Lösungsmittels gleich oder jedenfalls von derselben nur
wenig verschieden ist. Dagegen sind die hydrophilen Kolloide in genügend
konzentrierten Lösungen sehr zähflüssig, was wahrscheinlich damit in Zusammenhang steht, daß dieselben unter Umständen gelatinieren. PAUL sowie
PAULI und HANDOVSKY haben stark dialysiertes Serum in bezug auf die innere
Reibung untersucht[1]. Zugabe von wenig Salz (bis 0,05 norm.) bewirkt ein
Absinken der inneren Reibung unter die der reinen Eiweißlösung, während
Säuren und Alkalien in geringen Mengen eine mächtige Steigerung der Viskosi-
tät hervorrufen.

Die Oberflächenspannung einer Lösung besteht in einer auf die
Oberfläche durch das Innere der Lösung ausgeübten Anziehung und resultiert
darin, daß die Oberfläche sich auf ein Minimum zu reduzieren bestrebt ist.
Eine Äußerung dieser Spannung ist die Erscheinung, daß gewisse Flüssigkeiten
in Kapillarröhrchen, deren eines Ende darin eingetaucht ist, emporsteigen.
Aus der Höhe, bis zu welcher eine Flüssigkeit steigt, läßt sich deren Ober-

Ober-
flächen-
spannung.

flächenspannung berechnen. In anderer Weise wird dieselbe aus der Tropfenzahl berechnet, welche ein gegebenes Volumen beim Ausfließen aus einer Röhre
mit gegebener Abrißfläche bildet. Die Ausflußzeit ist also für die Viskosität
maßgebend, und die Tropfenzahl für die Oberflächenspannung[2]. Die Lösungen
von Suspensionskolloiden besitzen die gleiche Oberflächenspannung wie das
Dispersionsmittel, während die hydrophilen Kolloide eine niedrigere Oberflächenspannung als das Lösungsmittel ergeben.

Optische Eigenschaften. Kolloide Lösungen zeigen bei seitlicher Beleuchtung Opaleszenz, was daran liegt, daß das Licht an den suspendierten
Teilchen reflektiert wird. Das reflektierte Licht ist zum Teil polarisiert. Dieses

Tyndall-
Phänomen.

Phänomen (TYNDALL-Phänomen) rührt also von der Gegenwart kleiner Teilchen
in der Flüssigkeit her und wird als Kennzeichen kolloider Lösungen betrachtet.
Doch gibt es kolloide Lösungen (z. B. gewisse Goldlösungen, ZSIGMONDY),
welche das TYNDALLsche Phänomen nicht zeigen, und andererseits sollen auch
Lösungen von gewissen hochmolekularen Kristalloiden (Rohrzucker, Raffinose)
das Phänomen hervorrufen können[3].

Das sog. Ultramikroskop von SIEDENTOPF und ZSIGMONDY hat es
ermöglicht, kolloide Partikelchen einer direkteren Beobachtung zu unter-
werfen[4]. In diesem Apparat werden die kolloiden Teilchen durch direktes
Licht möglichst stark beleuchtet, aber derart, daß kein Strahl der Beleuchtung

Ultra-
mikroskop.

direkt in das Auge des Beobachters gelangt. Die Teilchen werden dadurch
sichtbar, daß im seitlich abgebeugten Licht Beugungsscheiben entstehen, welche
innerhalb der Grenzen mikroskopischer Sichtbarkeit liegen. Von kolloiden
Lösungen, wo die Teilchen dicht beieinander liegen, bekommt man im Mikroskop
einen mehr oder weniger intensiven, homogenen, polarisierten Lichtkegel, wo
die einzelnen Teilchen nicht voneinander zu unterscheiden sind. Dies wird
erst durch Verdünnen der Lösung erreicht. Diejenigen Teilchen, welche durch
Verdünnung der Lösung einzeln sichtbar gemacht werden können, werden
Submikronen genannt; diejenigen, deren Lichteindruck beim Verdünnen
allmählich verschwindet, Amikronen.

Auch in Lösungen organischer Kolloide sind Submikronen nachgewiesen worden.
Unter diesbezüglichen Arbeiten sei nur eine von GATIN-GRUŽEWSKA und W. BILTZ erwähnt, die mit besonders reinem Glykogen ausgeführt wurde[5]. Es wurde gefunden,

---

[1]) Koll. Zeitschr. **3**, S. 5 (1908); Bioch. Zeitschr. **18**, S. 340 (1909); **24**, S. 239 (1910).
[2]) TRAUBE, Int. Zeitschr. f. phys. chem. Biol. **1**, 485. [3]) LOBRY DE BRUYN und WOLFF,
Rec. trav. chim. des Pays-Bas **23**, 155 (1904). [4]) ZSIGMONDY, Zur Erkenntnis der Koll.
Jena 1905, S. 83. [5]) PFLÜGERS Arch. **105**, 115 (1904).

daß die wäßrige Lösung von Glykogen neben leicht erkennbaren Submikronen auch Amikronen enthält, die zunächst ihre Gegenwart nur durch einen homogenen Lichtkegel kundgeben, aber durch Zugeben von Alkohol zu einzeln nachweisbaren Submikronen zusammengeballt wurden.

Brownsche Bewegung. Zuerst wurde von R. Brown gefunden, daß kleine in Wasser suspendierte Teilchen eine zitternde Bewegung zeigen können, und das Phänomen wird oft nach seinem Entdecker die Brownsche Molekularbewegung genannt, obwohl die Teilchen in keiner Weise als Moleküle zu betrachten sind[1]). Das Phänomen ist seitdem von vielen Forschern sowohl bei in Flüssigkeiten suspendierten festen Körpern wie bei kolloid gelösten Substanzen beobachtet worden. {Molekularbewegung.}

Die Brownsche Bewegung der Kolloide wird von einigen als eine Äußerung einer allgemeinen Molekularbewegung der Materie angesehen. Dieselbe ist nach dieser Ansicht mit der nach der kinetischen Gastheorie supponierten Bewegung der Gasmoleküle zu vergleichen. Auch behaupten sowohl Perrin wie Svedberg, daß die Gasgesetze auch für sehr verdünnte kolloide Lösungen in Geltung sind[2]).

Elektrische Fortführung suspendierter Teilchen. Ein nicht zu schwacher elektrischer Strom besitzt das Vermögen, kleine Flüssigkeitsmengen, die sich in einer Kapillare oder in einem porösen Diaphragma befinden, in Bewegung zu setzen. In einer Flüssigkeit suspendierte Teilchen wandern auch unter dem Einfluß des elektrischen Stromes und zwar je nach der Natur der Flüssigkeit und der Teilchen zur Anode oder Kathode. Diese Erscheinung wird Kataphorese genannt. Solche Bewegungen sind auch in kolloiden Lösungen nachgewiesen worden. Nach W. Biltz wandern in dialysierten Wasserlösungen im allgemeinen die kolloiden Metallhydroxyde zur Kathode und die übrigen Kolloide (Metalle, Schwefelmetalle, Säuren) zur Anode[3]). Die Kolloidteilchen sind demnach wahrscheinlich in Wasser elektrisch geladen, infolgedessen die negativ geladenen zur Anode, die positiv geladenen zur Kathode wandern. Dialysierte Eiweißlösungen zeigen nach älteren Untersuchungen keine Kataphorese. Zusatz von Säure oder Alkali erteilt aber dem Eiweiß positive resp. negative Ladung, infolgedessen das Eiweiß in alkalischer Lösung zur Anode, in saurer zur Kathode wandert (Hardy, Pauli)[4]). Nach Angaben von Michaelis wandert das Eiweiß in vollkommen neutraler Lösung eindeutig nach der Anode, für den Fall, daß eine solche Versuchsanordnung getroffen wird, wodurch die Ausbildung von saurer bzw. alkalischer Reaktion an der Anode bzw. Kathode vermieden wird[5]). Wird die neutrale Eiweißlösung mit einer Spur von Säure versetzt, so wandern die Teilchen kathodisch. Bei einem gewissen, sehr schwachem Säuregrade kehrt sich also die Wanderungsrichtung der Teilchen um. Bei dieser Reaktion ist keine Wanderung bzw. eine doppelseitige Wanderung des Proteinkörpers wahrzunehmen. Diesen sog. isoelektrischen Punkt haben Michaelis, Rona und ihre Mitarbeiter für verschiedene Proteinstoffe bestimmt[6]). Michaelis und Rona glauben im isoelektrischen Punkt die günstigste Reaktion für die Hitzekoagulation der Proteinkörper gefunden zu haben, die aber auch von anderen Ionen beeinflußt wird. Reines Glykogen wandert nach Gatin-Gruzewska deutlich und regelmäßig zur Anode[7]). {Kataphorese. / Elektrische Ladung der Teilchen. / Isoelektrischer Punkt}

Ausfällung der Kolloide.

Die kolloid gelösten Stoffe können auf verschiedene Wege aus ihren Lösungen ausgeschieden werden. Manche kolloide Lösungen sind so unbe-

---

[1]) Edinb. Phil. Journ. **5**, 358 (1828); **8**, 41 (1830). 　[2]) Perrin, Kolloidchem. Beihefte **1**, 221 (1910); Svedberg, Koll. Zeitschr. **7**, 1 (1910). 　[3]) Ber. d. deutsch. chem. Gesellsch. **37**, 1095 (1904). 　[4]) Hardy, Journ. of Physiol. **24**, 288 (1899); Pauli, Hofmeisters Beiträge **7**, 531 (1906). 　[5]) Bioch. Zeitschr. **16**, 81 (1909); **19**, 181 (1909); **24**, 79; **27**, 38; **28**, 193; **29**, 439 (1910); **33**, 456 (1911); **41**, 373 (1912); **47**, 260 (1912); **94**, 240 (1919). 　[6]) Siehe Anhang dieses Kap. 　[7]) Pflügers Arch. **403**, 287 (1904).

ständig, daß dieselben nach kurzer oder längerer Zeit ohne jedes Hinzutun ausflocken (z. B. Kieselsäure, Metallhydroxyde). Einige Kolloide scheiden sich beim Erhitzen der Lösungen als flockige Niederschläge aus (gewisse Protein-substanzen, vgl. Kapitel 2). Andere erstarren beim Abkühlen von heiß konzen-trierten Lösungen zu sehr wasserhaltigen, halbfesten Formen, sog. Gallerten oder Hydrogelen (Leim, Stärke, Agar).

Beim Eintrocknen der Hydrosole bei gewöhnlicher Temperatur bekommt man einen Rückstand, und je nachdem dieser in Wasser wieder löslich ist oder nicht, unterscheidet ZSIGMONDY zwischen reversiblen und irreversiblen Kol-loiden [1]. Nach dieser Definition gehören Stärke, Dextrin, Agar, Gummi, Eiweiß zu den reversiblen Kolloiden, dagegen kolloide Kieselsäure, Zinnsäure, kolloide Metallhydroxyde und Sulfide, ferner die reinen kolloiden Metalle zu

Reversible und irre-versible Kolloide. den irreversiblen Kolloiden. Die ersteren sind relativ unempfindlich gegen Elektrolytzusätze, während die letzteren schon durch geringe Elektrolytzusätze ausgeflockt werden, und zwar wiederum in irreversibler Form. Diese Einteilung deckt sich ziemlich gut mit der oben (S. 13) gegebenen, indem die reversiblen Kolloide mit den hydrophilen Kolloiden und die irreversiblen mit den Sus-pensionskolloiden einigermaßen zusammenfallen.

Elektrolytfällung der Suspensionskolloide. Beim Studium der Ausfällung der Kolloide durch Elektrolyte wird von jedem fällenden Elektrolyt die minimale Konzentration angegeben, bei welcher eben sichtbare Trübung erfolgt. Diese Konzentration wird in Millimol (0,001 Grammolekül pro Liter) ausgedrückt. Je geringer diese Konzentration ausfällt, um so größer ist das Fällungsvermögen des Stoffes.

Nun hat HARDY gefunden, daß anodisch wandernde Kolloide vorwiegend durch die Kationen, kathodisch wandernde Kolloide vorwiegend durch die Anionen der fällenden Elektrolyte ausgeflockt werden [2]. H. SCHULZE stellte

Fällungs-vermögen und Wertigkeit. fest, daß das fällende Vermögen sehr durch die Wertigkeit der fällenden Ionen bedingt ist, indem die zweiwertigen Ionen viel stärker wirken als die ein-wertigen und dreiwertige Ionen noch viel wirksamer sind als zweiwertige [3].

Die Wertigkeitsregel wird überaus klar durch folgende, von FREUNDLICH aus-geführte Versuche zum Ausdruck gebracht. Die Ziffern geben die fällende Konzentration in Millimol pro Liter an [4]. Das Hydrosol war As_2S_3 (negativ), und die Wertigkeit der Kationen sollte demnach hauptsächlich für die fällende Wirkung be-stimmend sein.

$\frac{K_2SO_4}{2}$	65,6	$MgCl_2$	0,717
		$MgSO_4$	0,810
KCl	49,5	$CaCl_2$	0,649
KNO_3	50,0	$SrCl_2$	0,635
NaCl	51,0	$BaCl_2$	0,961
LiCl	58,4	$Ba(NO_3)_2$	0,687
$\frac{H_2SO_4}{2}$	30,1	$ZnCl_2$	0,685
		$UO_2(NO_3)_2$	0,642
HCl	30,8		
		$AlCl_3$	0,0932
		$Al(NO_3)_3$	0,0982

Die fällende Wirkung von Anionen auf ein positives Hydrosol ($Fe(OH)_3$) ist aus folgendem Versuch von FREUNDLICH zu ersehen:

KCl	9,03	K_2SO_4	0,204
KNO_3	11,9	Tl_2SO_4	0,219
$NaCl_2$	9,25	$MgSO_4$	0,117
$\frac{BaCl_2}{2}$	9,64	$K_2Cr_2O_7$	0,194

---

[1] Zur Erkenntnis d. Koll. S. 21.   [2] Zeitschr. f. physik. Chem. **33**, 385 (1900). [3] Journ. prakt. Chem. (2), **25**, 431 (1882).   [4] Koll. Zeitschr. **1**, 323 (1907).

In der gleichen Weise wie die Suspensionskolloide verhalten sich gewisse schon erwähnte Suspensionen (z. B. Mastix) wie auch andere in Wasser aufgeschlämmte Teilchen. So fand SCHULZE, daß Trübungen von Tonteilchen mit klärenden Zusätzen (Alaun, Kalk) einen voluminöseren Bodensatz geben als ohne solche[1]. SCHLOESSING fand, daß Tontrübungen, welche sonst monatelang nicht sedimentierten, durch minimale Mengen von Kalk oder Magnesia in 24—48 Stunden gefällt wurden[2]. Derselbe wies auch auf die wesentliche Rolle hin, welche die Salze des Meerwassers bei der Sedimentation des einfließenden, getrübten Flußwassers spielen müssen (Deltabildung). *Einfluß von Elektrolyten auf Suspensionen.*

Mit Rücksicht auf die eben erwähnten Verhältnisse, unter welchen die Suspensionskolloide durch Elektrolyte ausgefällt werden, ist das gegenseitige Fällungsvermögen von Suspensionskolloiden von erheblichem Interesse. Nach dem schon Gesagten können die Kolloide als Träger von Elektrizität betrachtet werden, und es hat sich herausgestellt, daß entgegengesetzt geladene Kolloide einander ausfällen können. Diese Regel wurde zuerst von LINDER und PICTON aufgestellt[3] und ist seitdem von vielen Forschern bestätigt worden. Besonders hat W. BILTZ systematische Untersuchungen hierüber angestellt, wobei auch konstatiert wurde, daß gleichartig geladene Kolloide sich nicht ausfällen[4]. Zur gegenseitigen völligen Ausfällung elektrisch entgegengesetzt geladener Kolloide ist die Innehaltung bestimmter Mengenverhältnisse nötig. Bei der Einwirkung zweier entgegengesetzt geladener Kolloide in wechselnden Mengenverhältnissen ist ein Optimum der Fällungswirkung zu bemerken; bei Überschreiten der günstigen Fällungsbedingungen nach beiden Richtungen hin findet überhaupt keine Fällung statt. *Ausfällung entgegengesetzt geladener Kolloide.*

In Analogie mit dem gegenseitigen Fällungsvermögen von Kolloiden nimmt W. BILTZ an, daß das besonders große Vermögen der meisten Schwermetallsalze Kolloide auszufällen an den hydrolytisch abgespaltenen und kolloid aufgelösten Metallhydroxyden liegt.

Schutzkolloide. Gewisse hydrophile Kolloide, welche nach dem bereits Gesagten nur schwer durch Elektrolyte fällbar sind, besitzen das Vermögen Suspensionskolloide gegen die fällende Wirkung der Elektrolyte zu schützen. Zunächst haben E. v. MEYER und LOTTERMOSER bei Silberhydrosol gefunden, daß die Gegenwart von Eiweißsubstanzen die Ausflockung durch Elektrolyte hindert[5]. Dann hat ZSIGMONDY die relative Wirkung der schützenden Kolloide untersucht und dabei beträchtliche Unterschiede gefunden[6]. Diejenige Anzahl von Milligramm Kolloid, welche eben nicht mehr ausreichte, um 10 ccm einer für den Zweck hergestellten Goldlösung (0,0053—0,0058%) gegen die Wirkung von 1 ccm 10% NaCl-Lösung zu schützen, wurde als Goldzahl des betreffenden Kolloids bezeichnet. Am besten schützt Leim; dann kommen an die Reihe Hausenblase, Kasein, Eieralbumin, Gummiarabikum, Karagheen, Dextrin, Stärke. In der gleichen Weise werden auch kolloide Sulfide (As_2S_3, Sb_2S_3, CdS) gegen Elektrolyteinflüsse geschützt, wie A. MÜLLER und ARTMANN gezeigt haben[7]. Auch anorganische Kolloide können als Schutzkolloide dienen. So wies W. BILTZ nach, daß Zirkoniumhydroxyd Gold besser zu schützen vermag als sogar Leim[8]. *Schutzkolloide.*

Durch Zusatz von organischen Schutzkolloiden kann die sonst irreversibel verlaufende Eintrocknung von anorganischen Kolloiden reversibel geleitet werden, indem der trockene Rückstand sich wieder in Wasser löst. Hierauf beruht die Anwendung der Schutzwirkung zur Herstellung haltbarer anorganischer Hydrosole, die sich in zahlreichen Fällen bewährt hat. *Schutzkolloide und Reversibilität.*

---

[1]) Ann. Phys. (2), **129**, 366 (1866). [2]) Compt. rend. **70**, 1345 (1870). [3]) Journ. chem· Soc. **71**, 572 (1897). [4]) Ber. d. deutsch. chem. Gesellsch. **37**, 1095 (1904). [5]) Journ· prakt. Chem. (2), **56**, 241 (1897). [6]) Zeitschr. analyt. Chem. **40**, 697 (1901). [7]) Österr. Chem.-Ztg. **7**, 149 (1904). [8] Ber. d. deutsch. chem. Gesellsch. **35**, 4431 (1902).

Nach BECHHOLD wird auch die Filtrierbarkeit von Suspensionskolloiden
durch Kollodiumfiltra beim Zugeben von organischen Kolloiden erhöht[1]). Auch
dürfte es allgemein bekannt sein, daß gewisse pulverförmige Substanzen (z. B.
Kohle) in Gegenwart von Eiweißstoffen leichter durch ein Filter passieren als
ohne Eiweiß.

Die Wirkung der Schutzkolloide wird gewöhnlich nach einer Theorie von
QUINCKE auf die gegenseitigen Oberflächenspannungen der beteiligten Stoffe
zurückgeführt[2]) und der Prozeß gehört nach dieser Theorie zu den später zu
erörternden Adsorptionserscheinungen. Nach der Theorie breitet sich unter
gewissen Bedingungen das Schutzkolloid wie eine Hülle um die zu schützenden
Teilchen aus. Hierdurch nimmt das Ganze die Eigenschaften des Schutz-
kolloids an und wird infolgedessen ebensowenig wie das Schutzkolloid durch
Elektrolyte gefällt; beim Filtrieren wirkt das Schutzkolloid gewissermaßen wie
ein Schmiermittel. Diese Theorie der Kolloidumhüllung hat eine gewisse Stütze
in Versuchen von MICHAELIS und PINCUSSOHN erhalten. Diese Forscher fanden
nämlich, daß wenn Suspensionen von Indophenol und Mastix miteinander
vermischt werden, die ultramikroskopisch wahrnehmbaren Teilchen an Zahl
abnehmen; nach dem Mischen kommen die physikalischen Eigenschaften des
Indophenols (Pseudofluoreszenz, positive Kataphorese) nicht mehr zum Vorschein[3]).

Elektrolytfällung der hydrophilen Kolloide. Die Salze der Alkalien fällen
nach dem Gesagten die Suspensionskolloide schon bei schwacher Konzentration.
Gegen die hydrophilen Kolloide verhalten sich aber die Alkalisalze ganz verschieden. Zum Teil mag wohl dies darin seinen Grund haben, daß die hydrophilen Kolloide viel weniger als die Suspensionskolloide eine bestimmte
elektrische Ladung besitzen. Indessen werden auch die hydrophilen Kolloide
vielfach durch Alkalisalze aus ihren Lösungen gefällt. Aber dafür sind erstens
meist beträchtliche Konzentrationen erforderlich und zweitens sind die Niederschläge der hydrophilen Kolloide wieder in Wasser löslich (reversibel) in Gegensatz zu denjenigen der Suspensionskolloide. In bezug auf die Fähigkeit verschiedener Alkalisalze fällend zu wirken sind gewisse Gesetzmäßigkeiten aufgefunden worden, die sich aber keiner allgemeinen Regel unterordnen lassen.

Durch Vergleichen der eben fällenden Konzentrationen verschiedener Salze, wobei
einerseits dasselbe Anion mit verschiedenen Kationen, andererseits das gleiche Kation
mit wechselnden Anionen geprüft wurde, hat PAULI die Kationen und Anionen in folgenden
Reihenfolgen steigendes Fällungsvermögen ordnen können:
$$CNS < I < Br < NO_3 < Cl < OCO \cdot CH_3 < HPO_4 < SO_4$$
$$NH_4 < K < Na < Li.$$
Das bei den Versuchen benutzte Eiweiß war Eierklar. Nach PAULI wirken einige Ionen
fällend, andere lösend. Die Wirkung eines Salzes entspricht der algebraischen Summe der
Wirkungen der Ionen. Die Versuche PAULIS, das Fällungsvermögen der Salze in Zusammenhang mit deren Einwirkung auf die Koagulationstemperatur zu bringen, haben
zu keinen einfachen Beziehungen geführt.

Indessen hat SPIRO darauf hingewiesen, daß die Art des Eiweißstoffes, sowie dessen
Konzentration für die Fällungswirkung von Belang sind, und HÖBER findet, daß die
Stufenfolgen: $I < Br < Cl < SO_4$ und $Li < Na < K < Rb < Cs$ bei alkalischer Reaktion
gültig sind, daß aber die Reihenfolgen bei saurer Reaktion umgekehrt lauten. Bei annähernd neutraler Reaktion kommen gelegentlich unregelmäßige Ionenreihen vor, welche
als Übergangsreihen zwischen den eben genannten Endreihen aufzufassen sind. Daß
die Reaktion für die Fällbarkeit des Eiweißes von größter Bedeutung sein muß, scheint
eigentlich von vornherein wahrscheinlich in Anbetracht der Tatsache, daß das Eiweiß
erst durch Zusatz von Säure oder Alkali eine entschiedene elektrische Ladung annimmt[4]).

---

[1]) Zeitschr. f. physik. Chem. 60, 301 (1907).   [2]) Ann. Phys. (3) 35, 580 (1888).
[3]) Bioch. Zeitschr. 2, 251 (1907).   [4]) PAULI, HOFMEISTERS Beiträge 3, 225 (1902). PFLÜGERS
Arch. 78, 315 (1899).   SPIRO, HOFMEISTERS Beiträge 4, 300 (1903).   HÖBER, Ebenda 11,
35 (1908).

In bezug auf die Fällbarkeit durch Schwermetalle scheinen die hydrophilen Kolloide nicht wesentlich von den Suspensionskolloiden sich zu unterscheiden[1]).

Beim Kochen einer Eiweißlösung erleidet das Eiweiß irreversible Veränderungen und wird unter Umständen ausgeflockt. Gekochtes, nicht ausgeflocktes Eierklar verhält sich zu fällenden Substanzen wie ein Suspensionskolloid[2]). Über die Ausfällung von Eiweiß siehe ferner Kapitel 2.

Theorien der Fällungserscheinungen.

Zum mindesten für die Suspensionskolloide dürfte es wohl außer Zweifel gestellt sein, daß dieselben einerseits durch Ionengattungen, die eine elektrische Ladung tragen, welche der der Kolloidteilchen entgegengesetzt ist, andererseits durch andere Kolloide entgegengesetzten Ladungssinnes ausgeflockt werden. Dieser Tatsache trägt die Theorie von HARDY Rechnung, nach welcher die Ausflockung ein Neutralisationsvorgang ist, bei welchem die Ladung des Kolloids eben neutralisiert wird und das Kolloid deswegen ausfällt[3]). In dieser Weise wird es auch leicht verständlich, daß mehrwertige Ionen stärker fällend wirken als einwertige, da die elektrische Ladung von z. B. dreiwertigen Ionen dreimal so groß ist wie die der einwertigen. Sonst könnte auch das größere Fällungsvermögen mehrwertiger Ionen auf die größere hydrolytische Spaltung der Salze zurückgeführt werden (S. 19). — *Hardys Theorie.*

Den Mechanismus der in der HARDYschen Theorie angenommenen Ausfällung der isoelektrischen Lösung erklärt BREDIG folgendermaßen[4]). An der Grenze zwischen suspendierten Teilchen und Lösungsmittel herrscht eine gewisse Oberflächenspannung, welche bestrebt ist, die gesamte Berührungsfläche zwischen den zwei Medien zu verkleinern, was dadurch geschehen kann, daß kleine Teilchen sich zu größeren vereinigen, wodurch andererseits Ausflockung herbeigeführt wird. Der Oberflächenspannung entgegen wirkt die elektrische Ladung der Teilchen, infolge welcher gleichsinnig geladene Teilchen einander abstoßen. Wird die elektrische Ladung aufgehoben, erreicht die Oberflächenspannung ihren größten Wert und die günstigen Bedingungen für die Ausflockung werden hergestellt. — *Bredigs Ergänzung der Hardyschen Theorie.*

Die Tatsache, daß die Fällung von Kolloiden eine Äußerung von Vorgängen ist, die in einem heterogenen Medium vor sich gehen, macht das Verständnis derselben besonders schwierig. Wird einem solchen System eine neue Substanz zugesetzt, so hängen die darauf folgenden Reaktionen wesentlich von der Verteilung der neuen Substanz zwischen den zwei Phasen ab. In bezug auf die mögliche Verteilung seien zwei Fälle hervorgehoben:

1. Einmal könnte der Prozeß so vor sich gehen wie ein löslicher Stoff auf zwei Lösungsmittel sich verteilt. Wenn eine Substanz zugleich mit zwei Lösungsmitteln in Berührung gebracht wird, so verteilt sich dieselbe so, daß das Verhältnis zwischen deren Konzentration in den zwei Lösungsmitteln dasselbe bleibt, unabhängig von der Gesamtmenge der aufgelösten Substanz. Wird die Menge Substanz in je 100 ccm der beiden Lösungen 1 und 2 mit c_1 und c_2 bezeichnet, ergibt sich also $\frac{c_1}{c_2} = k$, wo k eine Konstante bedeutet[5]). Das erste Beispiel, wo dieses Gesetz als gültig nachgewiesen wurde, war die Verteilung von Bernsteinsäure zwischen Wasser und Äther (BERTHELOT und JUNGFLEISCH)[6]). Dasselbe Gesetz hat sich auch für die Verteilung eines Gases zwischen einer — *Verteilung zwischen Lösungsmitteln.*

[1]) PAULI, Ebenda **6**, 233 (1905).   [2]) HARDY, Proc. Roy. Soc. **66**, 110 (1900).
[3]) Zeitschr. f. physik. Chem. **33**, 385 (1900).   [4]) Anorganische Fermente 1901, S. 15.
[5]) NERNST, Zeitschr. f. physik. Chem. **8**, 110 (1891).   [6]) Ann. chim. phys. (4) **26**, 396 (1872).

Absorption. gasförmigen und einer flüssigen Phase, d. h. für die **Absorption** eines Gases in einer Flüssigkeit bewährt (HENRYS Absorptionsgesetz). Bedingung für die Gültigkeit des Gesetzes ist, daß die Temperatur bei Versuchen mit verschiedenen Substanzmengen dieselbe bleibt, sowie daß die Substanz in den zwei Phasen die gleiche Molekulargröße besitzt.

2. In solchen Fällen, wo fein verteilte feste Stoffe gelöste Substanzen oder Gase aufnehmen, ist die Verteilung meistens nicht von der Gesamtmenge der gelösten Substanz oder des Gases unabhängig. Solche Prozesse werden oft Adsorption. mit dem Namen **Adsorption** bezeichnet[1]. Handelt es sich z. B. um die Aufnahme einer gelösten Substanz durch einen in der Lösung befindlichen, fein verteilten, festen Stoff, so wird aus einer verdünnten Lösung prozentisch mehr aufgenommen als aus einer konzentrierteren. Bei steigender Konzentration nimmt der aufgenommene Bruchteil kontinuierlich ab, so daß die absolute aufgenommene Menge sich einem Maximum nähert, das der größten Aufnahmefähigkeit des festen Stoffes entspricht.

Dies wird annähernd durch die empirische Formel $\frac{c_1^n}{c_2} = k$ ausgedrückt, wo c_1 und c_2 die Konzentration auf dem festen Stoff und in der Lösung bedeuten; n und k sind Konstanten, und zwar ist n immer > 1. (Wäre $n = 1$, würde diese Formel die Form $\frac{c_1}{c_2} = k$ annehmen, und es würde sich um eine sogenannte feste Lösung handeln.)

APPLEYARD und WALKER haben die Aufnahme von organischen Säuren aus wässerigen und alkoholischen Lösungen durch Seide studiert; die Verteilung konnte durch die obige Formel für Adsorption wiedergegeben werden[2]. Dann Adsorption hat FREUNDLICH die Aufnahme von Kristalloiden durch Kohle einer ein- von Kristalloiden durch gehenden Prüfung unterworfen[3]. Es stellte sich heraus, daß das Gleichgewicht Seide und rasch von beiden Seiten sich erreichen läßt, d. h. daß der Prozeß leicht reversibel Kohle. ist. Die oben gegebene Formel wurde ausreichend genau gefunden für den Fall, daß nur die Gesamtmenge des gelösten (zu adsorbierenden) Stoffes variiert wurde. Der Temperatureinfluß ist gering.

Nach KÜSTER ist die Verbindung zwischen Stärke und Jod als eine Adsorptionsverbindung zu betrachten[4], und BILTZ findet für die Verteilung von As_2O_3 zwischen Eisenhydroxyd (1) und Wasser (2) die Formel $\frac{c_1^5}{c_2} = 0.631$[5].

Die theoretische Grundlage der Adsorptionserscheinungen ist nicht besonders klar. Meistens wird die Adsorption mit Benetzungs- und Oberflächenerscheinungen in Zusammenhang gestellt. An der Berührungsfläche zwischen einem festen Körper und einer Flüssigkeit besteht eine Oberflächenspannung, welche als positiv anzusehen ist, d. h. dieselbe strebt die Berührungsfläche zu vermindern. Die dadurch bedingte Oberflächenenergie strebt als potentielle Energie einem Minimum zu. Da dieselbe das Produkt aus Oberflächengröße und Spannung ist und erstere sich nicht ändern kann, wird die Oberflächenenergie sich nur durch Reduktion der Spannung vermindern können. Wird daher die Spannung mit steigender Konzentration einer in der Flüssigkeit aufgelösten Substanz vermindert, so wird diese Substanz bestrebt sein, sich Theoreti- an der Oberfläche in größerer Konzentration anzusammeln als in anderen Teilen sches über der Flüssigkeit (OSTWALD[6]), FREUNDLICH)[7]. Nach dieser Theorie würde also Ad- sorption.

[1] Es mag bemerkt werden, daß in der älteren Literatur oft kein Unterschied zwischen Absorption und Adsorption gemacht wird, in welchem Falle beide Prozesse unter dem Namen Absorption zusammengefaßt werden. [2] Journ. chem. Soc. **69**, 1334 (1896). [3] Über die Adsorption in Lösungen. Leipzig 1906. [4] Ann. d. Chem. u. Pharm. **283**, 360 (1894). [5] Ber. d. deutsch. chem. Gesellsch. **37**, 3138 (1904). [6] Lehrb. d. allg. Chem. 2. Aufl., **2**. Bd., 3. Tl., S. 237 (1906). [7] Über Ads. in Lös. S. 50—51.

die Tatsache, daß gewisse feste Substanzen das Vermögen besitzen, gelöste
Stoffe zu adsorbieren, daran liegen, daß die adsorbierten Stoffe die Oberflächenspannung fest-flüssig erniedrigen, und zwar um so mehr, in je größerer
Konzentration sie vorkommen. Daß besonders Kohle und kolloide Substanzen
adsorbierende Stoffe sind, liegt ferner auch daran, daß sie wegen ihrer feinen
Verteilung oder porösen Beschaffenheit eine besonders große Oberfläche
besitzen, woraus eine große Oberflächenenergie erfolgen muß.

Daß Eiweißkörper bei der Ausfällung mit Begierde andere Stoffe mit-
reißen, ist wohl bekannt; auch anorganische Hydrogele nehmen mit großer
Energie gelöste Stoffe auf. Die von van BEMMELEN für die letzteren Vorgänge *Adsorption durch Hydrogele.*
erhaltenen Kurven lassen eine weitgehende Analogie mit den für Adsorptionsverbindungen charakteristischen Kurven erkennen[1]. Nur gelegentlich kommt
es vor, daß die aufgenommene Substanz das Hydrogel homogen durchdringt,
in welchem Falle $\dfrac{c_1}{c_2} = k$, und eine Art von fester Lösung vorliegen würde.
In gewissen Fällen bilden sich unzweifelhaft chemische Verbindungen mit
ganz bestimmten Verhältnissen.

Auch die Fällung von Kolloiden durch Elektrolyte wird vom Stand-
punkte der Adsorptionshypothese diskutiert (FREUNDLICH)[2]. Dabei kommt *Adsorption und Fäl-lungser-scheinun-gen.*
für das Fällungsvermögen eines Elektrolyts einerseits die elektrische Ladung
der fällenden Ionen in Betracht, andererseits auch das Vermögen des zu fällenden Kolloids, dieselben zu adsorbieren. Nach MOORE und ROAF sollen die
Salze der roten Blutkörperchen als Adsorptionsverbindungen (Adsorbate) durch
die Eiweißkörper zurückgehalten werden[3].

Bisher war nur von der Adsorption von Kristalloiden die Rede. Indessen
werden auch Kolloide durch feste Substanzen oder durch andere Kolloide aufgenommen. Doch sind in solchen Fällen die Verhältnisse verwickelter als bei
den schon erwähnten Adsorptionserscheinungen, indem die gebildeten Verbindungen in besonders vielen Fällen irreversibel sind oder allmählich irreversibel werden. Daß Kohle kolloide, färbende Substanzen aufnimmt, ist wohl
bekannt, und für die Kombination gelöster Kolloide mit festen Kolloiden
finden sich zahlreiche Beispiele in der Technik. So hat BILTZ nachweisen
können, daß viele Färbungsprozesse als Adsorptionserscheinungen aufzufassen *Adsorption und Färbung.*
sind[4] und später haben FREUNDLICH und LOSEV die Adsorption von basischen
und sauren Farbstoffen einerseits durch Kohle, andererseits durch Fasern
(Wolle, Seide, Baumwolle) gemessen und die Übereinstimmung beider Vorgänge nachweisen können[5]. Bei den basischen Farbstoffen, welche als Salze
verwendet werden, tritt eine Spaltung ein in Farbstoffbase, die von Fasern
wie von Kohle aufgenommen wird, und Säure, die quantitativ zurückbleibt.

Die Gerbung soll auch durch Adsorptionsvorgänge vollbracht werden, insofern
als die gehörig präparierte Haut den Gerbstoff adsorbiert[6].

Auf Adsorptionsprozesse ist ferner zurückzuführen die Ausfällung von
Eiweiß auf zugesetzte fein pulverisierte feste Stoffe (Kohle, Kaolin)[7] oder auf *Adsorption von Kolloiden durch feste Stoffe.*
ausgefällte, in der Flüssigkeit suspendierte Stoffe (Mastix)[8] sowie auch nach
dem bereits Gesagten die Wirkung der Schutzkolloide. Als Oberflächenwirkung
ist wohl auch die Ausfällung von Eiweiß aufzufassen, welche beim Schütteln
von Eiweißlösungen mit Flüssigkeiten, die nicht im Wasser löslich sind, zustande kommt (RAMSDEN)[9].

---

[1] Zeitschr. anorg. Chem. **23**, 111, 321 (1900).   [2] Koll. Zeitschr. **1**, 321 (1907).   [3] Bioch.
Journ. **3**, 55 (1908).   [4] Ber. d. deutsch. chem. Gesellsch. **37**, 1766 (1904); **38**, 2963, 2973,
4143 (1905).   [5] Zeitschr. f. physik. Chem. **59**, 284 (1907).   [6] Siehe hierüber koll. Zeitschr. **2**, 257 (1908).   [7] Bioch. Zeitschr. **5**, 365 (1907).   [8] Ebenda **2**, 219; **3**, 109 (1906).
[9] Zeitschr. f. physik. Chem. **47**, 343, 1904).

BECHHOLD hat bei seinen schon erwähnten Versuchen über die Filtration
von Kolloiden Verhältnisse beobachtet, die er als Adsorptionserscheinungen
deutet. Unter Umständen kann nämlich ein Kolloid ein anderes Kolloid am
Nachweis
von Adsorp-
tion durch
Filtrieren. Filtrieren hindern. Ein Filter, das für kolloides As_2S_3 durchgängig war, aber
kolloides Berlinerblau zurückhielt, ließ eine klare Mischung von beiden nicht
durch. Die Teilchen von As_2S_3 waren durch die Teilchen von Berlinerblau
adsorbiert worden und konnten deswegen das Filter nicht passieren[1].

Die Fällungserscheinungen des Eiweißes lassen sich gegenwärtig
nicht in befriedigender Weise erklären. Gewöhnlich betrachtet man das
Eiweiß als einen amphoteren Elektrolyten oder Ampholyten, d. h. einen Stoff,
der sich unter Umständen als Säure oder Base verhalten kann und entsprechend
H- oder OH-Ionen abspaltet. In saurer Lösung verhält es sich wie eine Base
und in alkalischer wie eine Säure. Im isoelektrischen Punkt ist es am wenigsten
dissoziiert und die Menge der Anionen und die der Kationen sind gleich
(MICHAELIS)[2]. Man kann sich das nicht dissoziierte Eiweiß und die Salze
mit Säure und mit Alkali folgendermaßen denken:

$$R\left\langle\begin{matrix}NH_3 . OH\\COOH\end{matrix}\right. , \quad R\left\langle\begin{matrix}NH_3 . Cl\\COOH\end{matrix}\right. , \quad R\left\langle\begin{matrix}NH_3 . OH\\COONa\end{matrix}\right.$$

Ausfällung
von Ei-
weiß. Die Eiweißionen, welche nach dem Gesagten am meisten in saurer oder
alkalischer Lösung vorhanden sind, verursachen durch Wasserbindung (Hy-
dration, PAULI und Mitarbeiter)[3] eine stärkere Viskosität (S. 15) als die
Lösungen des nicht dissoziierten Eiweißes darbieten. Dieses soll dagegen
leichter ausgefällt werden als das dissoziierte Eiweiß. Die optimale H-
Konzentration für die Koagulation wird aber von verschiedenen anderen
Ionen beeinflußt, indem dieselben das Koagulationsoptimum verschieben,
wahrscheinlich infolge Adsorptionserscheinungen (MICHAELIS und RONA)[4].
In diesem Zusammenhang mag auch angeführt werden, daß nach SÖRENSEN
das aus Am_2SO_4-Lösungen auskristallisierte Eieralbumin bei H-Konz. =
13×10^{-6} weder NH_3 noch H_2SO_4 in Überschuß enthält, während dieselben
bei größerer H-Konz. mit ein wenig überschüssiger Säure und bei geringer
H-Konz. mit überschüssigem NH_3 ausgeschieden werden[5].

Über Gele. Von Gelen oder Gallerten war bereits die Rede (S. 12).
Nur gewisse Kolloide können in Form von Gelen auftreten. Einige Gele
entstehen in hinlänglich konzentrierten Lösungen spontan (Kieselsäure, gewisse
Metallhydroxyde) und diese lösen sich nicht wieder in Wasser auf. Andere
Gele, wie die von Leim und Agar, entstehen durch Abkühlen von heißen
Lösungen und sind wieder in Wasser löslich.

Nach HARDY ist die Gelbildung des Leims als ein Entmischungsvorgang
zu betrachten, wobei eine Scheidung in zwei Flüssigkeiten erfolgt, von denen
die eine im weiteren Verlauf erstarrt[6]. Die zwei Phasen sind nur mikroskopisch voneinander unterscheidbar, und die chemische Prüfung der Theorie
scheitert an dem Umstand, daß die zwei Phasen nicht jede für sich analysiert
Struktur
der Gele. werden können. Dieser Ansicht gegenüber behauptet PAULI, daß die Gele
durch alle Zwischenstufen in das entsprechende Sol übergehen und folglich
in demselben Sinne wie dieses homogen sind[7].

Wenn Gele durch Erhitzen oder in anderer Weise möglichst von Wasser
befreit sind, zeigen dieselben gegen Wasser ein besonderes Aufnahmevermögen,
welches durch verschiedene Prozesse bedingt sein mag, die aber unter dem

---

[1] Zeitschr. f. physik. Chem. **60**, 299 (1907).   [2] Bioch. Zeitschr. **47**, 250 (1912).
[3] HOFMEISTERS Beiträge **11**, 415 (1908); Bioch. Zeitschr. **24**, 239 (1910); **27**, 296 (1910).
[4] Bioch. Zeitschr. **94**, 225 (1919)· [5] Zeitschr. physiol. Chem. **103**, 211 (1918).   [6] Ebenda.
33, 326 (1900).   [7] Bioch. Zeitschr. **18**, 367 (1909).

gemeinsamen Begriff der Quellung zusammengefaßt werden. Die Ansichten Quellung. über die Quellung sind sehr unklar. Einerseits spielen dabei Oberflächenerscheinungen eine Rolle. Nach VAN BEMMELEN ist das Wasser nicht chemisch nach bestimmten Proportionen gebunden, sondern dessen Menge ändert sich kontinuierlich mit der Temperatur und dem Dampfdruck[1]). Andererseits steht die Quellung zu dem osmotischen Drucke in naher Beziehung, was sofort einleuchtet, wenn man den osmotischen Druck einer Substanz als deren Wasseranziehungsvermögen definiert. Besonders dürfte wohl der Zusammenhang zwischen Quellung und osmotischem Druck in solchen Fällen ein enger sein, wo die Substanz sich schließlich in Wasser auflöst.

Wird ein Hydrogel anstatt in reines Wasser in eine Salzlösung gebracht, so erfahren die Quellungserscheinungen wesentliche Veränderungen. Diese sind zuerst von F. HOFMEISTER unter Benutzung von Leimplatten studiert worden[2]). Der Prozeß ist ein ziemlich verwickelter, da einerseits Salz und andererseits Wasser durch die Leimplatte aufgenommen werden, und die Aufnahme von Wasser durch die aufgenommene Salzmenge beeinflußt wird. Zunächst wurde gefunden, daß wenn Leimplatten mit Lösungen steigender Konzentration desselben Salzes behandelt werden, die Aufnahme von Salz anfangs mit der Salz- Quellung in Salzlösungen. konzentration wächst, dann verlangsamt sie sich schnell und strebt einem Maximum zu, um dann annähernd stationär zu bleiben. Solange die Salzaufnahme steigt, wächst auch die Menge des in den Leim eintretenden Wassers; mit dem Aufhören des Salzeintrittes fällt sie. Ferner wurde gefunden, daß das Maximum von Salzaufnahme für Sulfate, Tartrate und Zitrate bei viel niedrigerer mol. Konzentration erreicht wurde als für die Chloride, Nitrate und Bromide. Daraus folgt, daß innerhalb gewisser Konzentrationsgrenzen die Sulfate, Tartrate und Zitrate hemmend, die Chloride, Nitrate und Bromide begünstigend auf die Quellung einwirken.

Ferner hat PAULI den Einfluß von Salzlösungen auf den Erstarr- und Einfluß von Salzen auf den Erstarrpunkt. Schmelzpunkt von Gelatine untersucht[3]). Ordnet man die Salze nach ihrer steigenden Fähigkeit, den Erstarrpunkt von Leimgallerte zu erniedrigen, so gelangt man zu der Reihe Sulfat, Zitrat, Tartrat, Azetat (Wasser), Chlorid, Chlorat, Nitrat, Bromid, Jodid, also im großen zu der gleichen Reihenfolge wie HOFMEISTER.

Einen ganz besonderen Einfluß auf Leim üben Säuren und Alkalien aus, Einfluß von Alkalien und Säuren. indem beide in sehr verdünnten Lösungen die Quellung mächtig begünstigen (SPIRO[4]), WO. OSTWALD)[5]). Bemerkenswert ist, daß nach den schon erwähnten Untersuchungen von LILLIE über die osmotische Spannung von Leimlösungen diese durch Zugabe von Säuren und Alkalien erhöht wurde (S. 14).

Seit GRAHAMS grundlegenden Versuchen war man lange der Ansicht, daß kolloide Sole in Gele nicht hineindiffundieren, während Kristalloide fast ebenso rasch in Gele eindringen wie in reines Wasser. Indessen hat SPIRO Diffusion in Gele. beobachtet, daß sowohl aufgelöstes Eieralbumin wie Hämoglobin in Leimplatten eindringen; andererseits haben K. MEYER sowie BECHHOLD und ZIEGLER gefunden, daß die von Kristalloiden zurückgelegte Wegstrecke in Gelatine bedeutend kürzer sein kann als in reinem Wasser[6]). Indessen kommen bei solchen Versuchen auch Adsorptionsprozesse mit in Betracht.

---

[1]) Zeitschr. anorg. Chem. 13, 233 (1896); 20, 185 (1899). [2]) Arch. f. exp. Pathol. u. Pharm. 28, 210 (1891). [3]) PFLÜGERS Arch. 71, 333 (1898). [4]) HOFMEISTERS Beiträge 5, 276 (1904). [5]) PFLÜGERS Arch. 108, 563 (1905). [6]) SPIRO, HOFMEISTERS Beiträge 5, 294 (1904); MEYER, Ebenda 7, 393 (1905); BECHHOLD und ZIEGLER, Zeitschr. f. physik. Chem. 56, 105 (1906).

III. Über Katalyse.

Wenn zwei Körper, die chemisch aufeinander einzuwirken imstande sind, in Berührung miteinander gebracht werden, so verläuft die Reaktion in gewissen Fällen so schnell, daß sich dieselbe der Messung entzieht; in anderen Fällen kann man durch geeignete Mittel beobachten, wie die Reaktion allmählich fortschreitet. Wenn Rohrzucker durch eine schwache Säure invertiert wird, kann die Abnahme des Drehungsvermögens der Lösung mit dem Polariskop verfolgt werden, und wenn ein Ester durch Alkali zerlegt wird, kann die Menge des noch frei gebliebenen Alkalis durch Titration ermittelt werden. Die Menge Substanz, gemessen in Gram-Moleküle pro Liter (Mole), welche sich in der Zeiteinheit umsetzt, wird die **Reaktionsgeschwindigkeit** des Systems genannt. Nun besagt das zuerst von GULDBERG und WAAGE ausgesprochene sog. **Massenwirkungsgesetz**, daß die Reaktionsgeschwindigkeit in jedem Augenblicke der mol. Konzentration der reagierenden Stoffe proportional ist. Eine Mischung von Alkohol und Essigsäure setzt sich, besonders bei Gegenwart von etwas Mineralsäure, zu Essigäther und Wasser um. Werden die mol. Konzentrationen des Alkohols und der Säure mit C_A und C_S bezeichnet, so ist nach dem Massenwirkungsgesetz die Reaktionsgeschwindigkeit $v_1 = k_1 \cdot C_A \cdot C_S$, wo k_1 eine von den Mengen der reagierenden Substanzen unabhängige Konstante bedeutet und die Zeiteinheit so kurz gewählt ist, daß die Konzentrationen als konstant betrachtet werden können. Diese Reaktion ist aber, wie viele andere, reversibel, d. h. es gehen gleichzeitig zweierlei Reaktionen vor sich, indem einerseits Alkohol und Essigsäure sich zu Essigäther und Wasser umsetzen und andererseits aus Essigäther und Wasser Alkohol und Essigsäure zurückgebildet werden. Dies wird folgendermaßen ausgedrückt:

Reaktionsgeschwindigkeit.

$$C_2H_5 \cdot OH + HO \cdot CO \cdot CH_3 \rightleftarrows C_2H_5 \cdot O \cdot CO \cdot CH_3 + H_2O.$$

Oben wurde die Geschwindigkeit der Reaktion, wenn dieselbe von links nach rechts verläuft, mit v_1 bezeichnet. Wird die Geschwindigkeit der umgekehrten Reaktion mit v_2 und die mol. Konzentrationen von Essigäther und Wasser mit C_E und C_W bezeichnet, so erhalten wir $v_2 = k_2 \cdot C_E \cdot C_W$. Zu Anfang, wenn sowohl C_E wie $C_W = 0$ sind, wird die Geschwindigkeit der Esterbildung durch die Formel $v_1 = k_1 \cdot C_A \cdot C_S$ wiedergegeben; nachher wird dieselbe durch die Differenz $v_1 - v_2$ oder $k_1 \cdot C_A \cdot C_S - k_2 \cdot C_E \cdot C_W$ ausgedrückt. Von den beiden Reaktionsgeschwindigkeiten v_1 und v_2 nimmt anfangs v_1 stetig ab, während v_2 zunimmt. Wenn $k_1 \cdot C_A \cdot C_S = k_2 \cdot C_E \cdot C_W$ geworden ist, ist die Geschwindigkeit der beiden Reaktionen die gleiche; es findet dann keine meßbare Umsetzung statt und das System befindet sich im Gleichgewicht. Der Gleichgewichtszustand wird derselbe, gleichgültig von welcher Seite man ausgeht, ob von Alkohol + Essigsäure oder von den entsprechenden Mengen Essigäther + Wasser. Beim Gleichgewicht ist also

Reversible Reaktionen.

$$k_1 \cdot C_A \cdot C_S = k_2 \cdot C_E \cdot C_W \text{ oder } \frac{C_A \cdot C_S}{C_E \cdot C_W} = \frac{k_2}{k_1} = K.$$

K wird die **Gleichgewichtskonstante** genannt; wie ersichtlich kann dieselbe in zweierlei Weise ermittelt werden: entweder aus den beim Gleichgewichte vorhandenen Konzentrationen der reagierenden Stoffe oder aus den in unten zu erörternder Weise bestimmten Geschwindigkeitskoeffizienten k_1 und k_2.

Gleichgewichtskonstante.

Bei der oben erwähnten Umsetzung von Alkohol und Essigsäure werden diese zwei Stoffe gleichzeitig verbraucht. Die Reaktion wird deshalb bimolekular genannt, und überhaupt wird eine Reaktion mono-, bi-, tri- usw. mole-

Ordnung einer Reaktion.

kular genannt je nach der Anzahl der Molekülgattungen, die dabei ihre Konzentration vermindern[1]).

Schon BERZELIUS hatte gefunden, daß gewisse Körper durch ihre bloße Gegenwart und nicht durch ihre Verwandtschaft die bei einer gewissen Temperatur schlummernden Verwandtschaften zu erwecken, d. h. Reaktionen einzuleiten vermögen[2]). Solche Erscheinungen werden nach BERZELIUS katalytische genannt. *Katalyse.*

Nach OSTWALD ist Katalyse die Beschleunigung (oder Verlangsamung) eines auch sonst verlaufenden chemischen Vorganges durch die Gegenwart eines fremden Stoffes[3]). Diejenige Substanz, welche in eben genannter Weise eine Reaktion beeinflußt, wird Katalysator genannt. Dieselbe erleidet durch die Reaktion keine wesentliche Änderungen. *Katalysator.*

Die katalytischen Reaktionen sind namentlich von WILHELMY, VAN'T HOFF, OSTWALD, ARRHENIUS und BREDIG[4]) studiert worden. Vor allen anderen Substanzen scheinen Säuren und Alkalien katalytisch wirken zu können. Ein wohl bekanntes Beispiel einer durch Säure ausführbaren Reaktion besitzen wir in der Inversion des Rohrzuckers. Weil dabei in verdünnter Lösung nur der Rohrzucker seine Konzentration merkbar verändert, ist die Reaktion monomolekular. Beträgt die Konzentration des Rohrzuckers zu Anfang C Mole und sind zur Zeit t bereits x Mole umgewandelt, so sind zu der Zeit t noch (C−x) Mole übrig. Bedeutet dx die Menge, welche in der Zeit dt umgesetzt wird, so ist $\frac{dx}{dt}$ die Reaktionsgeschwindigkeit. Nach dem Massenwirkungsgesetz wird diese in jedem Augenblicke der Konzentration der sich umsetzenden Substanz proportional sein, oder *Reaktionsgeschwindigkeit monomolekularer Reaktionen.*

$$\frac{dx}{dt} = k \cdot (C - x) \ldots \ldots (1).$$

Für den praktischen Gebrauch wird diese Gleichung durch Integration in die folgende übergeführt:

$$k = \frac{1}{t} \log. \text{nat.} \frac{C}{C - x} \ldots \ldots (2).$$

Wenn die theoretischen Erwägungen, auf welche die Formel sich gründet, richtig sind, müssen die nach verschiedenen Zeiten mit dem Polariskop bestimmten x-Werte für k die gleiche Zahl ergeben. Dies ist auch der Fall[5]). k wird der Geschwindigkeitskoeffizient (auch Geschwindigkeitskonstante oder spezifische Reaktionsgeschwindigkeit) genannt. Wird in der Gleichung (1) C−x oder die Konzentration des noch untersetzten Rohrzuckers = 1 gesetzt, so bekommt die Gleichung die Form $\frac{dx}{dt} = k$, woraus folgt, daß k die Reaktionsgeschwindigkeit bedeuten würde, wenn die Konzentration des Substrates die ganze Zeit = 1 gehalten werden könnte.

In demselben Versuche behält also k den nämlichen Wert. Wird aber in verschiedenen Versuchen die Menge des Katalysators (der Säure) verschieden gewählt, so erweisen sich die erhaltenen Werte für k der Konzentration der H-Ionen proportional. Dies ist so gedeutet worden, daß die katalytische

---

[1]) Hierbei wird stillschweigend vorausgesetzt, daß von jeder Molekülgattung je ein Molekül in der Reaktion teilnimmt. [2]) BERZELIUS, Arsberättelse om framstegen i Fysik och Kemi. 13, 245 (1836). [3]) Lehrbuch der allgemeinen Chemie, 2. Aufl., II, 1, 515. [4]) WILHELMY, Poggend. Ann. 81, 413 (1850); VAN'T HOFF, Études de dynam. chim. 1884; OSTWALD, Lehrbuch der allgemeinen Chemie, 2. Aufl., II, 2, 199; ARRHENIUS, Zeitschr. f. physik. Chem. 4, 226 (1889); BREDIG, Anorganische Fermente 1901; Bioch. Zeitschr. 6, 283 (1907). [5]) Siehe z. B. Poggend. Ann. 81, 413 u. 499 (1850).

Geschwin-
digkeits-
koeffizient
der Kataly-
satormenge
proportio-
nal.

Wirkung der Säuren durch die H-Ionen bedingt ist (ARRHENIUS)[1]. Allerdings kommen hier Unregelmäßigkeiten vor, indem die Anionen der Säuren ebenso wie vorhandene Salze die Wirkung der H-Ionen unter Umständen beeinflussen können (Salzwirkung, S. 55).

Wie die katalytische Wirkung der Säuren durch die H-Ionen bedingt ist, so liegen die katalytischen Eigenschaften der Basen an den OH-Ionen. Der erste kinetisch gemessene Fall dieser Art war die Umwandlung von Hyoscyamin in das stabilere Atropin[2].

Einen besonders schönen Fall von katalytischer Wirkung der OH-Ionen hat KOELICHEN bei dem Zerfall des Diazetonalkohols zu Azeton untersucht[3]:

$$CH_3 . CO . CH_2 . C(CH_3)_2 . OH = 2 CH_3 . CO . CH_3.$$

Die Reaktion ist reversibel und aus folgender Tabelle ist zu ersehen, daß die Gleichgewichtskonstante für verschiedene Konzentrationen desselben Katalysators, sowie auch beim Gebrauch verschiedener Basen die nämliche bleibt.

Katalysator	Konz. des Katalysators	Gleichgewichts-konstante
Piperidin	0,109	0,038
Triäthylamin	0,49	0,036
Ammoniak	0,55	0,038
Tetraäthylammoniumhydroxyd .	0,076	0,037
	0,0076	0,037
Natriumhydroxyd	0,0725	0,036
	0,0072	0,035

Gleichge-
wichtskon-
stante und
Kata-
lysator.

Hierdurch wird ein nach VAN'T HOFF und OSTWALD auf thermodynamischem Weg bewiesener Satz bestätigt, daß das Gleichgewicht bei konstanter Temperatur mit der Menge und Art des Katalysators sich nicht verschieben kann, wenn der Katalysator durch die Reaktion nicht verändert wird[4].

Unter anderen Ionengattungen, welche als Katalysatoren wirken können, sind zu erwähnen:

1. Jodionen, welche H_2O_2 ihrer Konzentration proportional zerlegen[5] und
2. Zyanionen, die Benzaldehyd zu Benzoin nach folgender Gleichung überführen:

$$2 C_6H_5 . COH = C_6H_5 . CO . CH(OH) . C_6H_5 [6].$$

Wenn diejenigen Stoffe, welche eine Reaktion beschleunigen, als Katalysatoren betrachtet werden sollen, dann gehören gewissermaßen auch die Lösungsmittel mit zu den Katalysatoren. Bemerkenswert ist, wie enorm der Einfluß des Lösungsmittels auf die Geschwindigkeit einer Reaktion unter sonst gleichen Umständen sein kann. So fand MENSCHUTKINS für die Geschwindigkeit der Reaktion.

$$(C_2H_5)_2 . N + C_2H_5 . J = (C_2H_5)_4 . N . J$$

Einfluß des
Lösungs-
mittels.

in verschiedenen Lösungsmitteln folgende Zahlen[7]:

Hexan	0,00018
Heptan	0,000235
Xylol	0,00287
Benzol	0,00584
Äthylalkohol	0,0366
Benzylalkohol	0,133

Vor einiger Zeit ist es BREDIG und FAJANS gelungen nachzuweisen, daß ein optisch aktives Lösungsmittel den Zerfall von optischen Antipoden in ungleichem Grade begünstigen kann. So zerfällt von den optischen Antipoden der Kamphokarbonsäure, wenn dieselbe in Nikotin aufgelöst sind oder wenn Nikotin als mitgelöster Katalysator vorhanden ist, der d-Form um 17 % schneller als der l-Form, während dieselben in optisch

Asymme-
trische
Spaltung
und Syn-
these.

indifferenten Lösungsmitteln und ohne Nikotin als Katalysator gleich schnell zerlegt werden[8]. Die Spaltung geschieht folglich in Gegenwart von Nikotin asymmetrisch. Die Reaktion nimmt mit und ohne Katalysator einen verschiedenen Verlauf und der Katalysator wirkt nicht nur auf die Geschwindigkeit der Reaktion ein. Wie ersichtlich paßt dies nicht gut mit OSTWALDS oben angeführter Definition eines Katalysators (S. 27). Zu

---

[1] Zeitschr. f. physik. Chem. **4**, 226 (1889).   [2] Ber. d. deutsch. chem. Gesellsch. **21**, 2777 (1888).   [3] Zeitschr. f. physik. Chem. **33**, 129 (1900).   [4] VAN'T HOFF, Vorlesungen **1**, 211.   [5] WALTON, Zeitschr. f. physik. Chem. **47**, 185 (1904).   [6] STERN, Ebenda **50**, 513 (1905).   [7] Ebenda **6**, 41 (1890).   [8] Ber. d. deutsch. chem. Gesellsch. **41**, 752 (1908).

erwähnen ist noch, daß es BREDIG und FISKE gelungen ist mit Chinin und Chinidin als Katalysatoren die Synthese von Benzaldehyd und Zyanwasserstoff asymmetrisch zu leiten (S. 47).

Katalyse in heterogenen Systemen. Die oben behandelten katalytischen Vorgänge finden alle in homogenen Systemen statt, d. h. in Systemen, die durch mechanische Mittel nicht in verschiedene Bestandteile gesondert werden können. In heterogenen Systemen mit mechanisch voneinander trennbaren Phasen können auch katalytische Reaktionen sich abspielen, und zwar befinden sich in dem Falle die in der Reaktion teilnehmenden Substanzen und der Katalysator zu Anfang in verschiedenen Phasen. Als solche Reaktionen sind zu erwähnen die Synthese von SO_3 (aus $SO_2 + O$) und die Zerlegung von H_2O_2 an Platin. Für den Fall, daß das System zweiphasig ist und die Reaktion nur an der Grenze zwischen beiden Phasen oder in der einen statt- findet, kann man zwei einfache Grenzfälle unterscheiden:

Heterogene Katalyse.

1. Die Ansammlung der Stoffe, welche für die Reaktion notwendig sind, an geeigneter Stelle nimmt eine so kurze Zeit in Anspruch, daß dieselbe im Vergleich mit der eigentlichen chemischen Reaktion vernachlässigt werden kann. In diesem Falle kann die Reaktionsgeschwindigkeit sich annähernd so verhalten, wie in einem homogenen System[1]).

2. Die chemische Reaktion verläuft in einer Zeit, die im Vergleich mit der für die Ansammlung notwendigen Zeit vernachlässigt werden kann. In diesem Falle ist der zeitliche Verlauf am meisten mit einem Diffusionsprozeß zu vergleichen[2]).

Die katalytischen Prozesse in heterogenen Systemen haben an Interesse gewonnen, seitdem BREDIG nachweisen konnte, daß die von ihm hergestellten kolloiden Metalle katalytische Eigenschaften zeigen können. Der am besten studierte hierher gehörende Verlauf ist die Zerlegung von H_2O_2 durch kolloides Platin, Gold und andere Metalle oder Oxyde (z. B. MnO_2, PbO_2)[3]). Zunächst ist die geringe Quantität Katalysator zu betonen, die hinreicht, um H_2O_2 zu zersetzen. So ist noch die Wirkung von 1 g Atom Pt in 70 Millionen Liter Reaktionsgemisch wahrnehmbar. Dann hat die Zersetzung von H_2O_2 bei der Platinkatalyse in nahezu neutraler oder schwach saurer Lösung als eine mono- molekulare Reaktion sich erwiesen.

Katalyse an kolloiden Metallen.

Doch bestehen gewisse Abweichungen von den bei der homogenen Kata- lyse gefundenen Verhältnissen. Einmal steigt in gewissen Versuchen der Wert für k nicht unbedeutend im Verlauf der Katalyse, und zweitens ist k nicht der Fermentkonzentration proportional, sondern steigt rascher wie diese.

Im Anschluß an diesen Versuchen hat BREDIG die Ansicht ausgesprochen, daß eine Analogie besteht zwischen den katalytischen Prozessen der anorgani- schen Welt und den Enzymwirkungen in der organischen.

Die wichtigsten Tatsachen, die BERDIG als Stützen für diese Ansicht anführt, sind die folgenden:

1. In beiden Fällen handelt es sich um katalytische Vorgänge, indem die Metall- sole und die Enzyme schon in sehr geringen Mengen wirksam sind und während der Reak- tion keinen wesentlichen Veränderungen unterworfen sind.

Kolloide Metalle und Enzyme.

2. Bei der Zerlegung von H_2O_2 sowohl durch Platinsol wie durch das Enzym Hämase ist die Reaktion eine monomolekulare.

3. Sowohl Metallsole wie Enzyme werden durch gewisse Gifte (z. B. HCN, H_2S) in ihrer Wirksamkeit gelähmt.

4. Beide Körperklassen sind kolloide Substanzen und besitzen also eine ungeheure Oberflächenentwicklung, wodurch die katalytischen Eigenschaften bedingt werden könnten.

---

[1]) GOLDSCHMIDT, Zeitschr. f. physik. Chem. **31**, 235 (1899). [2]) NERNST und BRUNNER, Ebenda **47**, 52 u. 56 (1904). [3]) Anorganische Fermente. Leipzig 1901, S. 42.

Nach NEILSON werden noch folgende Reaktionen sowohl durch Platinschwarz wie durch Enzyme vermittelt, nämlich die Zerlegung von Äthylbutyrat, von Salizin und von Amygdalin [1]).

IV. Enzyme.

Chemische Vorgänge in Pflanzen und Tieren. Aus dem Gesetze von der Erhaltung der Materie und der Energie ergibt sich, daß die lebenden Wesen, die Pflanzen und Tiere, weder neue Materie hervorbringen, noch neue Energie erzeugen können. Sie sind nur darauf hingewiesen, die schon vorhandene Materie von außen aufzunehmen und zu verarbeiten, die schon ergebenen Energieformen in neue umzusetzen.

Aus nur wenigen, ihr als Nährstoffe dienenden, verhältnismäßig einfachen Verbindungen, hauptsächlich Kohlensäure und Wasser nebst Ammoniakverbindungen oder Nitraten und einigen Mineralstoffen, baut die Pflanze die ungemein mehr zusammengesetzten Bestandteile ihres Organismus — Eiweißstoffe, Kohlehydrate, Fette, Harze, organische Säuren u. a. — auf. Die

Chemische Vorgänge in der Pflanze. chemische Arbeit innerhalb der Pflanze muß also, wenigstens der Hauptsache nach, eine Synthese sein, und daneben kommen in ihr in großem Umfange auch Reduktionsprozesse vor. Durch die strahlende Energie der Sonne wird nämlich in den grünen Teilen der Pflanze aus der Kohlensäure und dem Wasser Sauerstoff abgespalten und diese Reduktion wird allgemein als Ausgangspunkt der folgenden Synthesen betrachtet. In erster Linie soll hierbei nach einer von A. v. BAEYER [2]) herrührenden Hypothese Formaldehyd entstehen, $CO_2 + H_2O = CH_2O + O_2$, welcher darauf durch Kondensation in Zucker übergeht. Aus dem Zucker können dann andere Stoffe aufgebaut werden.

Es ist in der Tat auch W. LOEB [3]) gelungen, durch stille elektrische Entladungen aus Kohlensäure und Wasser Formaldehyd und daneben als Polymerisationsprodukt Glykolaldehyd, $CH_2OH . CHO$, aus welchem Zucker leicht entstehen kann, zu erhalten; aber die Bedingungen, unter welchen diese Stoffe entstanden, dürften nicht auf die Verhältnisse in den Pflanzen übertragbar sein. Von größerem Interesse sind die Untersuchungen von USHER und PRISTLEY [4]), nach welchen eine Formaldehydbildung bei der photolytischen Zersetzung von feuchter Kohlensäure bei Gegenwart von Chlorophyll stattfinden soll; aber diese Untersuchungen scheinen kaum ganz einwandfrei zu sein. Auch bezüglich des näheren Verlaufes bei der Zuckerbildung aus dem Aldehyde stellt man sich oft die Sache in anderer Weise als v. BAEYER vor,

Assimilation der Kohlensäure. und seine Ansicht von der Assimilation der Kohlensäure ist also nur eine weiter zu prüfende Hypothese. Der Kern derselben, eine Bildung von Formaldehyd mit nachfolgender Zuckerbildung durch Kondensationen von Aldehydgruppen, wird jedoch allgemein als wahrscheinlich richtig anerkannt. Unabhängig von der Art und Weise, wie die Assimilationsprozesse in den Pflanzen zustande kommen, ist es übrigens offenbar, daß die freie, strahlende Energie der Sonne hierbei gebunden und in einer neuen Form, als chemische Energie, in den durch Synthese neugebildeten Verbindungen aufgespeichert wird.

Anders liegen die Verhältnisse bei den Tieren. Für ihr Dasein sind diese entweder direkt, wie die Pflanzenfresser, oder indirekt, wie die Fleischfresser, auf die Pflanzenwelt hingewiesen, aus welcher sie die drei Hauptgruppen organischer Nährsubstanz, Proteinstoffe, Kohlehydrate und Fette aufnehmen.

---

[1]) Amer. Journ. of Physiol. **10**, 191 (1904); **15**, 148 (1906).   [2]) Ber. d. deutschen chem. Gesellsch. **3**.   [3]) Zeitschr. f. Elektrochem. **12**.   [4]) FR. USHER und J. H. PRISTLEY, Proc. Roy. Soc. London **78**. Ser. B.

Diese Stoffe, von denen die Proteinsubstanzen und die Fette die Hauptmasse der festen Stoffe des Tierkörpers darstellen, unterliegen nun ihrerseits in dem tierischen Organismus einer Spaltung und Oxydation, welche als wesentlichste Endprodukte gerade die obengenannten sauerstoffreichen und energiearmen Hauptbestandteile der Pflanzennahrung, Kohlensäure, Wasser und Ammoniak-derivate liefern. Die chemische Energie, welche teils von dem freien Sauer-stoffe und teils von den obengenannten, zusammengesetzten chemischen Ver-bindungen repräsentiert ist, wird dabei in andere Energieformen, in Wärme und mechanische Arbeit umgesetzt. Während in der Pflanze vorwiegend Reduktionsprozesse und Synthesen verlaufen, durch welche unter äußerer Energiezufuhr komplizierte Verbindungen mit großem Energieinhalt entstehen, kommen also umgekehrt in dem Tierreiche vorwiegend Spaltungs-und Oxydationsprozesse vor, welche zu einer Umsetzung von — wie man früher sagte — chemischer Spannkraft in lebendige Kraft führen. *Chemische Vorgänge im Tier-körper.*

Dieser Unterschied zwischen Tieren und Pflanzen darf jedoch nicht über-schätzt oder so gedeutet werden, als bestände ein scharfer Gegensatz zwischen ihnen. Dies ist nicht der Fall. Es gibt nicht nur niedere, chlorophyllfreie Pflanzen, welche hinsichtlich der chemischen Prozesse gewissermaßen Zwischen-glieder zwischen höheren Pflanzen und Tieren darstellen, sondern es sind über-haupt die zwischen höheren Pflanzen und Tieren bestehenden Unterschiede mehr quantitativer als qualitativer Art. Wie für die Tiere ist auch für die Pflanzen der Sauerstoff unentbehrlich. Wie das Tier nimmt auch die Pflanze — im Dunkeln und durch ihre nicht chlorophyllführenden Teile — Sauerstoff auf und scheidet Kohlensäure aus, während im Lichte in den grünen Teilen der Oxydationsprozeß von dem intensiveren Reduktionsvorgange verdeckt wird. Wie bei Tieren findet auch bei Gärungen durch pflanzliche Organismen eine Wärmebildung statt, und selbst bei höheren Pflanzen — wie bei den Aroideen bei der Fruchtsetzung — ist eine nicht unbedeutende Wärmeent-wickelung beobachtet worden. Umgekehrt kommen im Tierorganismus neben Oxydationen und Spaltungen auch Reduktionsprozesse und zahlreiche Syn-thesen vor. Der Gegensatz, welcher anscheinend zwischen Tieren und Pflanzen sich vorfindet, besteht also eigentlich nur darin, daß bei jenen vorwiegend Oxydations- und Spaltungsprozesse, bei diesen dagegen vorwiegend Reduk-tionsprozesse und Synthesen bisher beobachtet worden sind. *Kein durch-greifender Unterschied zwischen Pflanzen und Tieren.*

Das erste Beispiel synthetischer Prozesse innerhalb des tierischen Organismus lieferte WÖHLER[1]) im Jahre 1824, indem er zeigte, daß in den Magen eingeführte Benzoesäure nach einer Paarung mit Glykokoll (Amino-essigsäure) als Hippursäure im Harne wieder erscheint. Nach der Entdeckung dieser Synthese, welche durch die folgende Gleichung ausgedrückt werden kann: *Hippur-säuresyn-these.*

$$C_6H_5 . COOH + NH_2 . CH_2 . COOH = C_6H_5 . CO . NH . CH_2 . COOH + H_2O$$
Benzoesäure   Glykokoll   Hippursäure

und welche gewöhnlich als Typus einer ganzen Reihe von anderen, mit Wasser-austritt verbundenen, im Tierkörper verlaufenden Synthesen betrachtet wird, ist die Zahl der bekannten Synthesen im Tierreiche allmählich bedeutend vermehrt worden. Eine große Anzahl solcher Synthesen hat man auch außer-halb des Organismus künstlich durchgeführt und wir werden in dem Folgenden wiederholt tierische Synthesen kennen lernen, über deren Verlauf wir völlig im klaren sind. Außer diesen näher studierten Synthesen kommen jedoch im Tierkörper auch andere solche vor, welche von der allergrößten Bedeutung für das Tierleben sind, über deren Art wir aber nichts Sicheres wissen oder *Synthesen im Tier-körper.*

[1]) BERZELIUS, Lehrbuch der Chemie, übersetzt von WÖHLER 4, Dresden 1831, Abt. I, S. 356.

höchstens Vermutungen hegen können. Zu diesen Synthesen sind beispielsweise zu zählen: die Neubildung des roten Blutfarbstoffes (des Hämoglobins), die Entstehung der verschiedenen Eiweißstoffe aus einfacheren Substanzen und die Fettbildung aus Kohlehydraten. Dieser letztgenannte Vorgang, die Fettbildung aus Kohlehydraten, liefert auch das Beispiel eines in großem Maßstabe im Tierkörper verlaufenden Reduktionsvorganges.

Zu den innerhalb des lebenden Organismus vor sich gehenden chemischen Umsetzungen gehören gewisse Reaktionen, welche mit totem Material entweder nicht ausgeführt worden sind oder nur unter Verhältnissen, welche das Leben der Zellen vernichten würden. So ist die Synthese von Glykogen und von Eiweiß außerhalb des Organismus und ohne Zuhilfenahme von innerhalb der Zellen hergestellten Agenzien noch nicht gelungen. Anderseits kann man wohl ohne solche Agenzien Eiweiß und Stärke in einfachere Produkte spalten, aber hierfür ist die Einwirkung von Säuren oder Alkalien in solchen Konzentrationen erforderlich, daß dieselben die lebenden Zellen töten würden. Dagegen ist es für gewisse Fälle gelungen, solche Reaktionen auch außerhalb des Organismus und ohne Anwendung schädigender Einflüsse auszuführen; dies geschieht mit Hilfe von Stoffen, welche innerhalb der lebenden Zellen gebildet werden, aber ihre Wirkung auszuüben vermögen, auch nachdem sie die Zellen verlassen haben. Solche Stoffe, welche im folgenden näher erörtert werden, nennt man Enzyme oder Fermente.

Enzyme oder Fermente.

Enzymatische Prozesse. Zunächst mögen einige Gruppen von Reaktionen erwähnt werden, welche mehr oder weniger vollständig auf die Wirkung von Enzymen zurückzuführen sind.

Hierher gehören in erster Linie die sogenannten hydrolytischen Spaltungsvorgänge, bei welchen kompliziert gebaute Stoffe unter Zersetzung von Wasser und Aufnahme von dessen Bestandteilen in einfachere Stoffe aufgeteilt werden. Solche Prozesse sind von außerordentlich großer Bedeutung für die Verdauung der Nährstoffe und ihr Nutzbarmachen, aber auch für die Stoffwechselvorgänge überhaupt. Beispiele solcher Spaltungen sind die Aufteilung von Eiweiß in einfachere Produkte, die Umsetzung von Stärke in Zucker und die Spaltung von Neutralfett in die entsprechende Fettsäure und Glyzerin:

Hydrolytische Spaltungsprozesse.

$$C_3H_5 (C_{18}H_{35}O_2)_3 + 3 H_2O = C_3H_5 (OH)_3 + 3 (C_{18}H_{36}O_2).$$

Tristearin   Glyzerin   Stearinsäure.

Die Bedeutung der hydrolytischen Spaltungsprozesse für die Verdauung wird in Kapitel 9 des näheren besprochen.

Gärungsprozesse.

Andere Spaltungsvorgänge sind gewisse sogenannte Gärungsprozesse, welche an die Gegenwart von lebenden Organismen, Pilzen und Bakterien verschiedener Art gebunden sind. Hierher können vor allem die Alkoholgärung und die Milchsäuregärung von Kohlehydraten gerechnet werden. Einer auf den Untersuchungen von Pasteur gegründeten Ansicht gemäß hatte man allgemein diese Vorgänge als Lebensäußerungen derartiger Organismen aufgefaßt, und solchen Organismen, in erster Linie den gewöhnlichen Hefepilzen, hatte man den Namen organisierte Fermente oder schlechthin Fermente gegeben.

Ein Ferment würde somit nach dieser Anschauung ein lebendes Wesen sein. Unter dem von Kühne eingeführten Namen Enzym wurde dagegen ein Produkt der chemischen Vorgänge in der Zelle verstanden, ein Produkt, welches auch von der Zelle getrennt noch wirken konnte. Die Umsetzung des Invertzuckers in Kohlensäure und Alkohol bei der Gärung betrachtete man also als einen fermentativen Prozeß, mit dem Leben des Hefepilzes eng verbunden. Die der Gärung vorangehende Invertierung des Rohrzuckers war dagegen ein enzymatischer Prozeß, welcher von einem in dem Pilze gebildeten Stoffe oder Gemenge von Stoffen, welches, von dem Pilze getrennt, nach dem Tode des letzteren noch wirken kann, vermittelt wurde. Diesem Unterschiede entsprechend, zeigen auch Fermente und Enzyme einigen chemischen Reagenzien gegenüber ein verschiedenes Verhalten. Es gibt nämlich eine Menge von Stoffen, unter anderen arsenige Säure, Phenol, Toluol, Salizylsäure, Borsäure, Fluornatrium, Chloroform, Äther und Protoplasmagifte überhaupt, welche in bestimmter Konzentration die Fermente töten oder zum mindesten lähmen können, ohne die Wirkung der Enzyme stärker zu beeinträchtigen. Frühere Ansichten über Fermente und Enzyme.

Die eben besprochene Anschauung von dem Unterschiede zwischen Fermenten und Enzymen kann indessen infolge der Untersuchungen von E. BUCHNER und seinen Schülern nicht länger aufrecht erhalten werden. Es ist nämlich BUCHNER[1]) gelungen, aus der Bierhefe durch Zerreiben und Auspressen unter starkem Druck einen eiweißreichen Zellsaft zu gewinnen, der in Lösungen von gärungsfähigem Zucker eine kräftige Gärung einleitet. Die von mehreren Seiten erhobenen Einwände, die alle hauptsächlich darauf hinausgehen, daß der ausgepreßte Saft noch lebende, gelöste Zellsubstanz enthalten soll, sind von BUCHNER und seinen Mitarbeitern so erfolgreich zurückgewiesen worden, daß wohl nunmehr kein Zweifel darüber bestehen kann, daß die alkoholische Gärung durch ein in der Hefezelle gebildetes, besonderes Enzym oder Gemenge von Enzymen, die Zymase, zustande kommen kann. Dagegen behauptet aber RUBNER, daß die lebenden Hefezellen eine viel lebhaftere Gärung erregen, als das in denselben enthaltene Enzym und nach ihm ist die Gärung in wesentlichem Grade von der organischen Struktur der Zelle abhängig[2]). Zuckergärung und Zymase.

Wie bei den Hefezellen ist es auch bei einigen anderen, niederen Organismen, wie Milchsäurebazillen und Bieressigbakterien, gelungen, die spezifisch gärungserregende Wirkung dieser Organismen von dem Leben derselben zu trennen und mit den abgetöteten Organismen hervorzurufen (E. BUCHNER, MEISENHEIMER und GAUNT, HERZOG[3]). Inwieweit es überhaupt Fermentprozesse gibt, die im Sinne PASTEURS als biologische, an den Stoffwechsel der Mikroorganismen gebundene Erscheinungen, die man direkt mit dem Lebensprozesse hat identifizieren wollen, aufzufassen sind, ist allerdings eine schwer zu entscheidende Frage; gegenwärtig wird kein besonderer Unterschied zwischen geformten Fermenten und Enzymen gemacht. Die als Gärungserscheinungen erkennbaren Stoffwechselvorgänge der lebenden Organismen dürften wohl nämlich immer in letzter Hand auf innerhalb der Zelle wirkende Enzyme zurückzuführen sein. Wenn solche Prozesse eng an das Leben der Zelle gebunden sind, so liegt dies teils daran, daß die fraglichen Enzyme nur von lebenden Zellen produziert werden, und teils daran, daß sie nicht von den lebenden Zellen getrennt werden konnten oder bei deren Tode leicht zugrunde gehen. Die Namen Enzym und Ferment werden nunmehr meistens in dem gleichen Sinne benutzt. Fermente und Enzyme.

Die tierischen Oxydations- und Reduktionsprozesse, welche mindestens zum Teil auf die Wirksamkeit von Enzymen zurückzuführen sind, werden in Kapitel 17 Erwähnung finden.

Außer den eben erwähnten Prozessen sind auch folgende ganz oder zum Teil auf Enzymwirkungen zurückzuführen, nämlich die Autolyse und die Fäulnis.

---

[1]) E. BUCHNER und Mitarbeiter, Ber. d. deutsch. Chem.-Gesellsch. **30**—**35** (1897 bis 1903). [2]) Arch. f. Anat. u. Physiol. 1912; Suppl. [3]) BUCHNER und MEISENHEIMER, Ber. d. deutsch. chem. Gesellsch. **36**, 634 (1903) u. Annal. d. Chem. u. Pharm. **349**; mit GAUNT, ebenda **349**; HERZOG, Zeitschr. f. physiol. Chem. **37**.

Wenn ein animales Organ unter solchen Verhältnissen mit Wasser bei
37⁰ aufbewahrt wird, daß keine Mikroorganismen dabei in Wirksamkeit treten
können, so wird das Organ unter dem Einfluß darin enthaltener Enzyme
allmählich zum größten Teil aufgelöst. Dieser Prozeß wird Autodigestion
oder Autolyse genannt. Die Wirksamkeit von Mikroorganismen kann entweder dadurch vermieden werden, daß die Organe aseptisch herausgenommen
und digeriert werden, oder dadurch, daß die Digestion in der Gegenwart von
antiseptischen Stoffen (Toluol, Chloroform u. a.) von statten geht. Da die

Autolyse. animalen Organe hauptsächlich aus Proteinstoffen bestehen, so liegt die Autolyse wesentlich an der Wirksamkeit eiweißlösender Enzyme. Die Autolyse
wurde zuerst von SALKOWSKI und seinen Schülern beobachtet und studiert
und zwar mit Leber, Muskeln und Nebennieren[1]). BIONDI fand, daß Salzsäure
die Autolyse von Leber günstig beeinflußt; HEDIN und ROWLAND beobachteten,
daß organische Säuren die Autolyse fast aller Organe fördern[2]). Dies ist
nachher von mehreren Autoren bestätigt worden. In Übereinstimmung mit
dem fördernden Einfluß von saurer Reaktion fanden LANE-CLAYPTON und
SCHRYVER, daß die Autolyse von Leber und Nieren erst nach einer latenten
Periode von 2—4 Stunden, als die postmortale Säurebildung eine genügende
Höhe erreicht hatte, ihren Anfang nimmt[3]).

Bedeutung
der Reak-
tion für die
Autolyse. Die Autolyse wird durch alkalische Reaktion in hohem Grade behindert.
Dies geht sowohl aus Versuchen von SCHWIENING mit Leber wie aus denen von
HEDIN und ROWLAND mit mehreren anderen Organen hervor. Indessen hat
HEDIN durch Versuche an verschiedenen Organen gezeigt, daß eine Vorbehandlung mit Essigsäure die Autolyse bei alkalischer Reaktion bedeutend fördert,
was mindestens für die Milz auf eine durch die Essigsäurebehandlung herbei-
geführte Zerstörung einer in alkalischer Lösung wirkenden hemmenden Sub-

Einfluß von
Serum. stanz zurückzuführen ist. Ein solcher durch Essigsäure zerlegbarer Hemmungs-
körper fand sich auch im Serum[4]). Das Serum hemmt auch die Autolyse von
Leber (BAER, LONGCOPE u. a.), sowie unter Umständen auch die von Thymus
(RHODIN)[5]).

Die Erfahrung hat ferner gezeigt, daß die postmortalen autolytischen
Prozesse auch von vielen anderen Stoffen beeinflußt werden können, und
zwar in verschiedener Weise. So soll die arsenige Säure nach HESS und SAXL
eine hemmende Wirkung auf die ersten Stadien der Autolyse ausüben, während

Einfluß
fremder
Stoffe auf
die
Autolyse. Phosphor dieselben beschleunigen soll[6]). LAQUEUR erhielt mit Sauerstoff
Hemmung und mit Kohlensäure Begünstigung[7]). Radiumbestrahlung sowie
Radiumemanation fördern die postmortale Autolyse sowohl normaler wie
karzinomatöser Gewebe (WOHLGEMUTH, NEUBERG, LÖWENTHAL und EDEL-
STEIN)[8]).

Die Produkte der Wirksamkeit verschiedener bei der Autolyse wirkender
eiweißlösender Enzyme sind von HEDIN und seinen Mitarbeitern studiert
worden, wobei die Einwirkung von Organpreßsäften auf zugesetztes Eiweiß
und auf das im Saft vorhandene Eiweiß untersucht wurde. Es wurden dabei
in der Hauptsache die gleichen Spaltungsprodukte gefunden wie bei tief-

---

[1]) Zeitschr. f. klin. Med. 1890; Suppl.; SCHWIENING, VIRCHOWS Arch. 136, 444
(1894), BIONDI, Ebenda 144, 373 (1896). [2]) Zeitschr. f. physiol. Chem. 32, 341, 531 (1901).
[3]) Journ. of Physiol. 31, 169 (1904). [4]) HAMMARSTEN-Festschr. 1906. [5]) BAER, Arch.
f. exp. Pathol. u. Pharmakol. 56, 68 (1906); LONGCOPE, Journ. med. research 13, 45
(1908); RHODIN, Zeitschr. f. physiol. Chem 75, 197 (1911). [6]) HESS und SAXL, Zeitschr.
f. exper. Pathol. u. Therapie 5 (1908). [7]) Zeitschr. f. physiol. Chem. 79, 82 (1912).
[8]) WOHLGEMUTH, Berl. klin. Wochenschr. 26, 704; NEUBERG, Zeitschr. f. Krebsforschung
2, 171 (1904); LÖWENTHAL und EDELSTEIN, Bioch. Zeitschr. 14, 484 (1908).

gehender Spaltung des Eiweißes im Verdauungskanal[1]). Ähnliche Untersuchungen sind auch von LEVENE und von JONES ausgeführt worden, welche ihre Aufmerksamkeit besonders der Umsetzung der Nukleinsubstanzen zugewendet haben[2]). Das Zusammenwirken von verschiedenen Enzymen bei der Autolyse macht es verständlich, warum, wie besonders LEVENE und JONES gezeigt haben, die bei der hydrolytischen Säurespaltung aus einem Organe erhaltenen Produkte zum Teil andere als die bei der Autolyse entstandenen sind. Bei der Autolyse handelt es sich nämlich nicht nur um Spaltung von Eiweißkörpern, sondern es können hier mehrere andere enzymatische Prozesse stattfinden wie Spaltung von Fetten und Kohlehydraten, Abspaltung von NH_2-Gruppen aus Aminokörpern, Oxydationen, Reduktionen und vielleicht auch Synthesen. Produkte
der
Autolyse.

Inwieweit auch im Leben unter physiologischen Verhältnissen autolytische Vorgänge von statten gehen, ist gegenwärtig nicht möglich zu sagen, und hierüber kann man höchstens Vermutungen hegen. Bei der Autolyse in einem ausgeschnittenen oder von dem Blute nicht mehr durchströmten Organe sind die Verhältnisse in vielen Hinsichten ganz andere als im Leben. Die erst nach wochen- oder monatelanger Autolyse, bisweilen in sehr kleinen Mengen auftretenden Produkte gestatten gar keine Rückschlüsse bezüglich der vitalen Prozesse, und überhaupt müssen die Schlüsse hier mit großer Vorsicht gezogen werden. Physiologi-
sche
Autolyse.

Wenn es also augenblicklich nicht möglich ist, die Bedeutung der bei der Autolyse wirksamen Enzyme für die physiologischen Verhältnisse zu beurteilen, so widerspricht dies jedoch nicht der herrschenden Vorstellung, daß im normalen Zellenleben Enzyme eine äußerst wichtige Rolle spielen. Es sprechen im Gegenteil zahlreiche Beobachtungen hierfür, und man neigt wohl immer mehr zu der Ansicht, daß die chemischen Umsetzungen in den lebenden Zellen durch Enzyme ausgelöst werden und daß die letzteren als chemische Werkzeuge der Zellen zu betrachten sind (HOFMEISTER u. a.)[3]). Enzym-
wirkung in
Zellen.

Von diesem Gesichtspunkte sind auch die Enzyme von einem ganz besonderen Interesse, denn man ist heutzutage allgemein der Ansicht, daß fast sämtliche chemischen Prozesse von größerer Bedeutung nicht in den tierischen Säften, sondern vielmehr in den Zellen, welche die eigentlichen chemischen Werkstätten des Organismus zu sein scheinen, vonstatten gehen. Es sind auch hauptsächlich die Zellen, die durch ihre mehr oder weniger lebhafte Wirksamkeit den Umfang der chemischen Vorgänge und damit auch die Intensität des Gesamtstoffwechsels beherrschen. Für die Wirkung solcher Enzyme unter pathologischen Verhältnissen hat man besondere Beispiele angeführt. Als solches betrachtet man die Veränderungen der Leber und des Blutes bei der akuten Phosphorintoxikation und der akuten gelben Leberatrophie, wo man auch im Harne enzymatische Abbauprodukte des Eiweißes findet[4]). Ein anderes Beispiel liefert die von FR. MÜLLER[5]) studierte Lösung des pneumonischen Infiltrates durch die Enzyme der eingewanderten und eingeschlossenen Leukozyten, und dies ist zugleich ein Beispiel von „Heterolyse", d. h. von einer Auflösung oder einem Zerfalle in einem Organe durch demselben nicht zugehörige, sondern ihm von außen zugeführte Enzyme. Eine wenn auch weniger deutliche Autolyse tritt übrigens in solchen Organen oder Organteilen Zellen und
Stoff-
wechsel. Patholo-
gische
Autolyse.

---

[1]) LEATHES, Journ. of Physiol. 28, 360 (1902); DAKIN, Ebenda 30, 84; HEDIN, Ebenda 30, 155 (1904); CATHCART, Ebenda 32, 299 (1905). [2]) LEVENE, Amer. Journ. of Physiol. 10, 11, 12 (1904); JONES, Zeitschr. f. physiol. Chem. 42, 35 (1904). [3]) F. HOFMEISTER, Die chemische Organisation der Zelle. Braunschweig 1901. [4]) JACOBY, Zeitschr. f. physiol. Chem. 30, 174 (1900). [5]) Verhandl. d. naturforsch. Gesellsch. in Basel 1901. Vgl. auch O. SIMON, Deutsch. Arch. f. klin. Med. 1901.

auf, welche infolge Zirkulationsstörungen nicht normalerweise ernährt werden und hierdurch einem allmählichen Schwund entgegengehen. Die geschädigten Teile fallen hier der Einschmelzung anheim, während die gesunden nicht angegriffen werden.

Die chemischen Vorgänge bei Tieren und Pflanzen stehen, wie oben erwähnt, nicht wie Gegensätze einander gegenüber. Sie bieten zwar Verschiedenheiten dar, sind aber im Grunde in qualitativer Hinsicht einerlei Art, und alle lebenden Zellen der Tier- und Pflanzenwelt sind, wie Pflüger sagt, blutsverwandt, aus derselben Wurzel stammend. Da der Tierkörper ein Komplex von Zellen ist, muß deshalb auch das Studium der chemischen Vorgänge nicht nur in höheren Pflanzen, sondern auch bei den einzelligen Organismen wesentlich zur Aufklärung der chemischen Vorgänge im Tierorganismus dienen können. Wenn schon aus diesem Gesichtspunkte ein biochemisches Studium der Mikroorganismen sehr bedeutungsvoll ist, muß in Anbetracht der wichtigen Rolle, welche solche Organismen für das Tierleben überhaupt und namentlich als Krankheitserreger spielen, das Studium der Lebensbedingungen der Mikroorganismen und der von ihnen gebildeten Produkte eine ungemein wichtige Aufgabe der chemischen Forschung sein.

Einzellige Organismen.

Wenn bei der Autolyse tierischer Gewebe Mikroorganismen zugegen sind und keine Antiseptika der Entwickelung derselben in dem Wege stehen, so vermehren sich dieselben massenhaft infolge der dafür sehr geeigneten Bedingungen. Zur selben Zeit werden eben die Enzyme in großen Mengen gebildet, mit welcher Hilfe der Stoffumsatz innerhalb der Bakterien nach der herrschenden Ansicht stattfindet. Daraus folgen alsdann viele chemische Prozesse, welche je nach der Art der Bakterien verschieden und für die bakterienfreie Autolyse fremd sind. Der ganze Prozeß wird Fäulnis genannt. Unter den dabei gebildeten Produkten seien hier zunächst Schwefelwasserstoff, Indol und Skatol erwähnt, welche Stoffe hauptsächlich für den Geruch faulenden Eiweißes verantwortlich sind. Bezüglich anderer Fäulnisprodukte wird auf Kapitel 9 verwiesen. Unter Umständen können bei der Fäulnis auch Verbindungen basischer Natur entstehen. Zu diesen gehören die in menschlichen Leichen zuerst von Selmi gefundenen und dann besonders von Brieger und Gautier[1]) studierten Leichenalkaloide oder Ptomaine, von denen einige, wie die Toxine, giftig, andere ungiftig sind. Beispiele solcher basischen Substanzen sind die beiden Diamine, das Kadaverin oder Pentamethylendiamin, $C_5H_{14}N_2$, und das Putreszin oder Tetramethylendiamin, $C_4H_{12}N_2$, welche ein besonderes Interesse auch dadurch gewonnen haben, daß sie bei gewissen pathologischen Zuständen, nämlich bei Cholera und Zystinurie[2]) im Darminhalte und im Harne gefunden worden sind. Hierher gehören ferner die von D. Ackermann isolierten Fäulnisbasen Marcitin, $C_8H_{19}N_3$, Putrin, $C_{11}H_{26}N_2O_3$ und Viridinin, $C_8H_{12}N_2O_3$. Ein besonders großes Interesse bietet aber das von Faust[3]) isolierte Bakteriengift, das Sepsin, $C_8H_{14}N_2O_2$, welches als Träger der für faulende Massen charakteristischen toxischen Wirkungen anzusehen ist. Das Sepsin wurde von Faust als kristallisierendes Sulfat dargestellt, welches bei wiederholtem Eindampfen seiner Lösung leicht in Kadaverinsulfat übergeht.

Fäulnis.

Ptomaine.

Fäulnisbasen.

---

[1]) Selmi, Sulle ptomaine od alcaloidi cadaverici e loro importanza in tossicologia, Bologna 1878, nach Ber. d. deutsch. chem. Gesellsch. 11. Korrespond. v. H. Schiff; Brieger, Über Ptomaine. Teil 1, 2 u. 3 (Berlin 1885—1886; A. Gautier, Traite de chimie appliquée à la physiologie 2, 1873 u. Compt. rend 94. [2]) Vgl. Brieger, Berl. klin. Wochenschr. 1887; Baumann und Udranszky, Zeitschr. f. physiol. Chem. 13 u. 15; Brieger und Stadthagen, Berl. klin. Wochenschr. 1889. [3]) Faust, Arch. f. exp. Path. u. Pharm. 51; Ackermann, Zeitschr. f. physiol. Chem. 54 u. 57.

Von erheblichem Interesse sind ferner zahlreiche, in höheren Pflanzen und Tieren, wie in Abrus- und Rizinussamen, in den Giften von Schlangen und Spinnen, im Blutserum usw. vorkommenden toxischen Stoffe, vor allem aber die von Mikroorganismen, insbesondere von Krankheitserregern, gebildeten Toxine, welche eine unverkennbare Verwandtschaft mit den Enzymen zeigen. **Toxine.** Ein näheres Eingehen auf diese verschiedenartigen Stoffe, Lysine, Agglutinine, Toxine usw. wie auch auf die Antitoxine und die Immunitätslehre überhaupt liegt allerdings außerhalb des Rahmens dieses Buches, aber infolge der ungemein großen Wichtigkeit des Gegenstandes werden auch diese Verhältnisse eine kurze Besprechung weiter unten (S. 52) finden.

Einteilung der Enzyme. Wenn wir von solchen Prozessen absehen, welche offenbar als Folgen von mehreren enzymatischen Reaktionen aufzufassen sind (z. B. Autolyse, Fäulnis), so sind nach dem Gesagten die wichtigsten der bis jetzt studierten enzymatischen Prozesse die folgenden:

1. Hydrolytische Spaltungsprozesse,
2. Anderweitige Spaltungsvorgänge (Gärungen),
3. Oxydationen bzw. Reduktionen.

Es gibt keine für alle Enzyme oder Fermente gemeinschaftlichen chemischen Reaktionen im gewöhnlichen Sinne, und ein jedes Enzym ist nur durch seine Wirkung und die Verhältnisse, unter welchen die letztere sich entfaltet, charakterisiert. Da die Wirkung eines Enzyms auf einen Stoff oder wenige **Termino-** verwandte Stoffe bzw. Gruppen beschränkt ist, so wird dieser Stoff bzw. **logie.** Stoffgruppe als das Substrat des Enzyms bezeichnet.

In bezug auf die Terminologie sei ferner bemerkt, daß ein Enzym oft nach dem Substrat genannt wird (Amylase, Protease, Lipase); in anderen Fällen ist die Art der Wirkung das bestimmende (Oxydase, Redukase), und schließlich wird auch ein bei der Wirkung entstehendes Produkt dem Namen zugrunde gelegt (Alkoholase).

Von den eben genannten enzymatischen Reaktionen sind die hydrolytischen Spaltungsvorgänge die am besten studierten, und die hier zu erwähnenden allgemeinen Eigenschaften der Enzyme beziehen sich deshalb hauptsächlich auf die hydrolytisch spaltenden Enzyme. Unter diesen sind in erster Linie folgende zu erwähnen:

1. Enzyme, welche Fett und andere Ester unter Bildung von dem entsprechenden Alkohol und Säure spalten. Diese werden Lipasen und Esterasen genannt.

2. Enzyme, welche zusammengesetzte Kohlehydrate unter Bildung von einfacher gebauten aufspalten. Hierher gehören:

a) Disaccharide zerlegende Enzyme, z. B. Saccharase (Invertase, Invertin), Maltase, Laktase, welche auf die entsprechenden Disaccharide, Saccharose (Rohrzucker), Maltose und Laktose (Milchzucker) einwirken.

b) Polysaccharide spaltende Enzyme, z. B. Amylase, Ptyalin. **Hydrolysie-** Oft wird der Name Diastase für alle derartig wirkende Enzyme benutzt. **rende** In naher Beziehung zu diesen Enzymen stehen auch die besonders in höheren **Enzyme.** Pflanzen vorkommenden glykosidspaltenden Enzyme, unter welchen das in Mandeln vorkommende Emulsin am besten bekannt ist.

3. Enzyme, welche auf Proteinstoffe oder ihre nächsten Spaltungsprodukte einwirken. Zu diesen sind zu rechnen:

a) Peptidasen und Erepsin, welche Polypeptide bzw. Peptone aufspalten und

b) Proteasen, welchen Proteinstoffe als Substrat dienen (Pepsin, Trypsin, autolytische Enzyme).

Zu den hydrolytischen Enzymen des Tierreiches sind ferner zu rechnen die Arginase, welche das Arginin in Harnstoff und Ornithin spaltet und das hippursäurespaltende Histozym. Hierher gehören wahrscheinlich auch folgende zwei Gruppen, nämlich die Nukleasen, welche Nukleinsäuren spalten, und in Kapitel 2 abgehandelt werden, und die koagulierenden Enzyme, Lab und Trombin, welche wahrscheinlich als Proteasen wirksam sind. Die desamidierenden Enzyme, welche aus Aminoverbindungen die Gruppe NH₂ abspalten, sind mindestens in gewissen Fällen zu den hydrolytischen Enzymen zu rechnen. Dies ist z. B. der Fall mit der Adenase und der Guanase, welche unter Abspaltung von Ammoniak die beiden Stoffe Adenin und Guanin in Hypoxanthin bzw. Xanthin überführen; hierher gehört ferner die harnstoff-spaltende Urease.

Allgemeine Eigenschaften der Enzyme. Die Enzyme werden, wo möglich, in Form von Wasserlösungen für Versuche gebraucht. Die in Wasser unlöslichen (z. B. gewisse Lipasen) werden entweder als einigermaßen gereinigte Pulver oder zusammen mit dem Gewebe, wo dieselben gebildet wurden, für Versuche verwendet. Für die Herstellung der Enzymlösungen gibt es keine allgemeine Methode. In gewissen Fällen sind dieselben in Sekreten enthalten (Magen- und Pankreasenzyme), in anderen werden dieselben aus den Zellen

Bereitung von Enzym-lösungen. durch Zerquetschen und Auspressen des Zellensaftes bereitet (Zymase, Organ-enzyme), und schließlich können die meisten Enzyme aus den Zellen mit Wasser oder Glyzerin ausgezogen werden, und letzteres, welches sehr haltbare Lösungen liefert, hat große Verwendung als Extraktionsmittel gefunden. Die Wasserlösungen können bei niederer Temperatur nach Zugabe von Toluol oder Chloroform eine ziemliche Zeit aufbewahrt werden.

In allen diesen Fällen werden die Enzyme durch andere Stoffe besonders durch Eiweißkörper stark verunreinigt erhalten. Nur in Ausnahmefällen ist es gelungen, aus Enzymlösungen das Eiweiß so weit zu entfernen, daß die Lösung die üblichen Eiweißreaktionen nicht ergibt. Dies ist z. B. der Fall mit einer durch Wasserbehandlung von Hefe erhaltenen Lösung von Saccharase; wird dieselbe mit Kaolin geschüttelt, so adsorbiert dieses das Eiweiß, während das Enzym in der Lösung zurückbleibt[1].

In nachweisbar reiner Form ist bis jetzt kein Enzym erhalten worden und die chemische Zusammensetzung sowie der Bau derselben ist folglich auch unbekannt. Die Enzyme gehören wahrscheinlich zu den Kolloiden; wenn sie nicht selbst Kolloide sind, kommen sie jedenfalls mit Kolloiden zusammen vor, von welchen sie nicht oder nur sehr schwer getrennt werden können. Die Enzyme zeichnen sich nämlich dadurch aus, daß sie durch andere fein verteilte Substanzen (anorganische Niederschläge, Kohle, Kaolin, Kieselgur und andere Kolloide, wie Tonerde, Eisenhydroxyd, Eiweißkörper) leicht aufgenommen werden. Dieser Prozeß kann selektiv wirken, indem aus einer Lösung gewisse Enzyme aufgenommen werden, andere nicht oder in geringerem Grade (HEDIN, MICHAELIS und EHRENREICH[2]). Der Adsorptionsprozeß ist mehr oder weniger irreversibel und unterscheidet sich dadurch von der Adsorption kristalloider

Adsorption von Enzymen. Stoffe. Doch kann durch Kohle adsorbiertes Trypsin und Lab mit Hilfe von anderen durch Kohle adsorbierbaren Substanzen (Kasein, Albumin) von der Kohle zum geringen Teil verdrängt werden (HEDIN[3]). Durch Kohle aufgenommenes Lab kann in sehr geringen Mengen durch zugesetzten Traubenzucker in Freiheit gesetzt werden (HEDIN); ebenso von Kohle adsorbierte Saccharase durch Rohrzucker (ERIKSSON[4]). Auch die sog. Schüttelinaktivierung von

---

[1] MICHAELIS, Bioch. Zeitschr. 7, 488 (1907). [2] Literatur bei DAUWE, HOFMEISTERS Beiträge 6, 426 (1905); HEDIN, Bioch. Journ. 2, 112 (1907); MICHAELIS und EHRENREICH, Bioch. Zeitsch. 10, 283 (1908). [3] Bioch. Journ. 2, 81 (1906); Zeitschr. f. physiol. Chem. 63, 143 (1909). [4] HEDIN, Zeitschr. f. physiol. Chem. 63, 143 (1909); ERIKSSON, Ebenda 72, 313 (1911).

Enzymen oder die Verminderung der wirksamen Enzymmenge, welche beim
Schütteln der Lösung zustande kommt, scheint an Adsorption von Enzym zu
liegen, indem das Enzym entweder an Niederschläge verfestigt wird, welche
beim Schütteln etwa gebildet werden (ABDERHALDEN und GUGGENHEIM) oder
an der Berührungsfläche zwischen Lösung und Luftblasen (im Schaume)
angesammelt wird (S. und S. SCHMIDT-NIELSEN)[1]). Letztere fanden, daß
die Schüttelinaktivierung von Lab zum Teil zurückgeht, wenn der Schaum
wieder in Flüssigkeit verwandelt wird.

Enzyme verlieren bei genügender Erhitzung ihrer wässerigen Lösungen
ihre spezifische Wirkung und bereits bei gewöhnlicher Temperatur werden die
Enzyme allmählich zerlegt. Im allgemeinen verlieren die Enzyme in kurzer
Zeit ihre Wirksamkeit bei 70°. MADSEN und WALBUM haben diesen Prozeß Zerstörung durch Hitze.
bei verschiedenen Temperaturen verfolgt und gefunden, daß die Zersetzung
von Trypsin, Pepsin und Lab bei gegebener Temperatur monomolekular verläuft, d. h., daß die Geschwindigkeit der Reaktion in jedem Augenblicke der
Konzentration des Enzyms proportional ist (S. 26)[2]). Die Leichtigkeit, mit
welcher ein Enzym zerlegt wird, ist indessen in hohem Grade von anderen
anwesenden Stoffen abhängig (S. 42).

Auch gegen Licht sind gewisse Enzyme empfindlich. Nach SCHMIDT-
NIELSEN wird Chymosin durch Licht geschädigt und zwar durch die ultra-
violetten Strahlen[3]). Zu dem gleichen Resultate kamen bei Versuchen mit Verhalten gegen Licht.
Saccharase JODLBAUER und TAPPEINER[4]); auch die sichtbaren Strahlen können
indessen in gewissen Fällen (Peroxydase, Hämase) in Gegenwart von Sauerstoff
oder gewissen fluoreszierenden Substanzen eine schädigende Wirkung ausüben[5]).

Versuche über die Kataphorese von Enzymen sind von BIERRY,
HENRI und SCHAEFFER sowie von MICHAELIS ausgeführt worden. Übereinstimmend fanden diese Forscher, daß die Saccharase anodisch wandert. Die
Wanderungsrichtung anderer Enzyme fand MICHAELIS von der Reaktion
abhängig, indem dieselben bei schwach saurer Reaktion kathodisch, bei schwach
alkalischer anodisch wandern, und neuerdings beobachteten PEKELHARING und Kata-
W. E. RINGER, daß die Wanderungsrichtung des Schweinepepsins durch Zu- phorese von
gabe einer geringen Menge von Albumosen sehr wesentlich beeinflußt wird[6]), Enzymen.
und man könnte deshalb fragen, ob nicht auch in anderen Fällen die Wanderungsrichtung von Enzymen durch Verunreinigungen bestimmt werde. Nach
dem oben (S. 17) Gesagten würde die Saccharase negative Ladung besitzen.
Da MICHAELIS anderseits gefunden hat, daß die Saccharase wohl durch das
positiv geladene Tonerdehydrat aber nicht durch das negativ geladene Kaolin
adsorbiert wird[7]), so schließt er, daß die Bildung von Adsorptionsverbindungen
mindestens in gewissen Fällen an entgegengesetzter elektrischer Ladung der
beiden Komponenten liegen kann.

Wie die Kolloide diffundieren die Enzyme nur sehr langsam und die
Diffusion durch Membrane findet in den meisten Fällen nicht statt; nur
gewisse Membrane z. B. Kollodiumhäute sollen einige Enzyme durchlassen.
Die Kollodiumhäute können aber derart mit Lezithin oder Cholesterin impräg-

---

[1]) ABDERHALDEN und GUGGENHEIM, Zeitschr. f. physiol. Chem. 54, 352 (1907);
S. und S. SCHMIDT-NIELSEN, Ebenda 68, 317 (1910), wo auch die Literatur. [2]) ARRHENIUS,
Immunochemie, Leipzig 1907, S. 58. [3]) HOFMEISTERS Beiträge 5, 355 (1904); 8, 481
(1906); Zeitschr. f. physiol. Chem. 58, 233 (1908). [4]) Arch. f. klin. Med. 87, 373 (1906).
[5]) Bioch. Zeitschr. 8, 61 u. 84 (1908). Vgl. auch AGULHON, Compt. rend. 153, 979 (1911).
[6]) BIERRY, HENRY und SCHAEFFER, Compt. rend. soc. biol. 63, 226 (1907); MICHAELIS,
Biochem. Zeitschr. 16, 81, 486; 17, 231 (1909); PEKELHARING und RINGER, Zeitschr.
f. physiol. Chem. 75, 282 (1911). [7]) Bioch. Zeitschr. 10, 299 (1908).

niert werden, daß die Diffusion in hohem Grade erschwert wird. In der gleichen Weise verhält sich die Filtration durch Kollodiummembrane (BIERRY und SCHAEFFER)[1]). Bei derartigen Versuchen darf man aber nicht vergessen, daß das Membranmaterial einen bedeutenden Teil der Enzyme adsorbieren kann (BECHHOLD)[2]).

Ebensowenig wie es bis jetzt gelungen ist, ein Enzym frei von nicht-enzymatischen Verunreinigungen herzustellen, ebensowenig darf man behaupten, daß nicht ein sog. Enzym ein Gemenge von mehreren verwandten Enzymen Kompli-
zierte
Enzyme. sein könnte. In der Tat geschehen mehrere enzymatische Prozesse stufen-weise, und es wäre wohl möglich, daß die verschiedenen Stufen durch ungleiche Enzyme bedingt wären. So könnte die Zersetzung von Eiweiß bis zur Bildung von Aminosäuren über Albumosen, Peptone und Polypeptide als Zwischen-produkte das Resultat der Wirksamkeit mehrerer Enzyme sein, die nach-einander oder miteinander parallel in Wirksamkeit treten. Vermag doch das Erepsin genuine Eiweißkörper im allgemeinen nicht anzugreifen wohl aber den Spaltungsprozeß fortzusetzen, wenn derselbe durch andere Enzyme (Pepsin, Trypsin) angefangen worden ist.

Die Enzyme werden innerhalb der lebenden Zellen gebildet; in einigen Fällen sondern die Zellen nicht die fertigen Enzyme ab, sondern Substanzen, welche erst außerhalb der Zellen in wirksame Enzyme übergeführt werden. Diese Vorstufen oder Muttersubstanzen der Enzyme hat man Proenzyme Zymogene. oder Zymogene genannt. Diese gehen unter bestimmten Bedingungen in Enzyme über, und in einigen Fällen geschieht dies durch die Einwirkung besonderer, noch nur wenig bekannter Stoffe, die man Kinasen genannt hat (vgl. Kapitel 5 und 9). In anderen Fällen wird die Verwandlung des Zymogens in das wirksame Enzym durch wohl definierte chemische Substanzen herbei-geführt. So werden die Proenzyme von Pepsin und von Lab durch Säuren aktiviert (vgl. weiter unten über die Hemmung der Enzymwirkung sowie Kapitel 9). In gewissen anderen Fällen ist die Gegenwart von hitzebeständigen und dialysablen, also nicht enzymatischen Stoffen neben dem eigentlichen, organischen Enzym für dessen Wirksamkeit notwendig oder günstig. R. MAGNUS hat aus einer Lösung von Leberlipase durch Dialysieren einen Stoff entfernen können, der für die Wirkung auf Amylsalizylat notwendig war. Das durch Dialyse unwirksam gewordene Enzym konnte durch Zugeben von gekochtem Enzym oder konzentriertem Dialysat wieder aktiviert werden[3]). HARDEN und YOUNG haben nach Filtrieren von Hefepreßsaft durch mit Gelatine gedichtete Tonfilter verschiedene Bestandteile der Zymase auf dem Filter und im Filtrate gefunden. Auf dem Filter findet sich das eigentliche Enzym. Dieses ist für sich unwirksam, wird aber gärungserregend, wenn der andere Teil, der durch das Akti-
vierende
Stoffe. Filter geht, dialysabel und hitzebeständig ist, zugesetzt wird. Dieser Teil wird während der Gärung verbraucht und infolgedessen wird das Enzym unwirksam. Nach neuem Zusatz, am besten in Form von gekochtem Preßsaft, fängt aber die Gärung wieder an[4]). (Siehe hierüber ferner Kapitel 3.) Ähn-liche Verhältnisse fand N. UMEDA bei der Pankreaslipase und H. HAEN bei der Tyrosinase[5]). Gewisse der eben erwähnten hitzebeständigen Substanzen, deren Gegenwart für die Wirkung einiger Enzyme notwendig ist, werden gewöhnlich als Co-Enzyme bezeichnet. Da dieselben gewiß nicht mit den Enzymen in gleicher Linie zu stellen sind, dürfte es wohl richtiger sein, die-selben als Aktivatoren zu bezeichnen. Ihre Wirkung dürfte wohl in ver-

---

[1]) Compt. rend. soc. biol. **62**, 723 (1907).   [2]) Zeitschr. f. physik. Chem. **60**, 257 (1907).   [3]) Zeitschr. f. physiol. Chem. **42**, 149 (1904).   [4]) Proc. physiol. Soc. **32** (1904); Proc. chem. Soc. **21**, 189 (1905). Proc. roy Soc. **77** (Ser. B.), S. 405; **78**, 369 (1906). [5]) Bioch. Journ. **9**, 38 (1915); Bioch. Zeitschr. **105**, 169 (1920).

schiedenen Fällen verschieden zu deuten und auch von der aktivierenden Wirkung der Kinasen zu unterscheiden sein.

Mehrere Enzyme werden als solche oder als Proenzyme von Zellen nach außen sezerniert. Sie wirken, eventuell nach vorausgegangener Umwandlung in Enzyme, außerhalb derjenigen Zelle, von welcher sie gebildet wurden, und werden dementsprechend Sekretenzyme oder extrazelluläre Enzyme genannt. Diesen extrazellulär wirkenden Enzymen gegenüber gibt es aber andere, welche innerhalb der Zelle, also intrazellulär wirken und die man deshalb intrazelluläre Enzyme oder Endoenzyme genannt hat. Zu dieser Gruppe gehören außer der Hefezymase wahrscheinlich auch mehrere andere Enzyme. *Extra- und intrazelluläre Enzyme.*

Bildung und Absonderung der Enzyme. Über die Bildung und Sekretion der im Digestionskanale wirksamen Enzyme liegen Untersuchungen von PAWLOW und seinen Schülern vor, nach welchen die Menge der Drüsensekrete und das Verhältnis zwischen den in den Sekreten enthaltenen Enzymen von der Menge und Zusammensetzung der zugeführten Nahrung abhängig ist, und zwar in der Weise, daß die Art und Menge der Enzyme für die zweckmäßige Verdauung der Nahrung angepaßt sein soll[1]) (vgl. Kapitel 9). Ähnliche Resultate bekam auch WEINLAND, welcher fand, daß die Bauchspeicheldrüse normalerweise keine Laktase enthält, wohl aber nach Ausfütterung des Tieres mit Milch oder Milchzucker[2]), was auch von BAINBRIDGE bestätigt wurde[3]). Analoge Versuche mit dem Ptyalin der Mundspeichel wurden von NEILSON und LEWIS angestellt und zwar mit entsprechendem Resultate[4]). Anderseits wird die Richtigkeit dieser Beobachtungen von BIERRY[5]), PLIMMER[6]), WOHLGEMUTH[7]) und POPIELSKI[8]) in Frage gestellt, da diese Forscher selbst keine Anpassung finden konnten. Ferner haben MENDEL und seine Mitarbeiter bei eingehenden Untersuchungen über gewisse im embryonalen Darm und anderen embryonalen Geweben enthaltenen Enzymen keinen markierten Unterschied finden können zwischen diesen und den Enzymen des erwachsenen Tieres[9]). Diese Ergebnisse sprechen gegen den angenommenen Einfluß von der Nahrung und den von der Nahrungsaufnahme abhängigen Prozessen auf die Bildung der Enzyme. Neuerdings haben Untersuchungen von LONDON und seinen Mitarbeitern in bezug auf den Einfluß der Nahrung auf die Verdauungssäfte ergeben, daß wohl die Mengen der abgesonderten Säfte von den Bestandteilen der Nahrung abhängig sind aber nicht der Fermentgehalt derselben[10]). Auch berechnet ARRHENIUS aus den Ziffern von LONDON und seinen Schülern, daß die Gesamtmenge der abgesonderten Verdauungssäfte der Menge des Nahrungsmittels proportional sein soll[11]). *Bildung der Enzyme.*

In diesem Zusammenhang mögen auch Untersuchungen über das Auftreten von enzymähnlichen Stoffen im Blute nach subkutaner oder intravenöser (parenteraler) Zufuhr von gewissen Nährstoffen besprochen werden. Zuerst wies WEINLAND nach, daß nach parenteraler Einspritzung von Rohrzucker ein diesen Zucker spaltender Stoff im Serum auftrat[12]). ABDERHALDEN und KAPFBERGER bestätigten und erweiterten diese Beobachtungen. Ähnlich wirkende Stoffe treten auch nach Injektion von Milchzucker und von Stärke auf[1]). RÖHMANN fand nach Einspritzung von Rohrzucker nur gelegentlich Invertin im Serum, aber außerdem noch ein Enzym, das Milchzucker zu bilden

---

[1]) PAWLOW, Arbeit der Verdauungsdrüsen, Wiesbaden 1898, S. 51. [2]) Zeitschr. f. Biol. **38**, 607 (1899); **40**, 386 (1900). [3]) Journ. of Physiol. **31**, 98 (1904). [4]) Journ. biol. Chem. **4**, 501 (1908). [5]) Compt. rend. soc. biol. **58**, 701 (1905). [6]) Journ. of Physiol. **34**, 93 (1906). [7]) Bioch. Zeitschr. **9**, 1 (1908). [8]) PFLÜGERS Arch. **127**, 443 (1909). [9]) Amer. journ. of Physiol. **20**, 81, 97 (1907); **21**, 64, 69, 85, 95 (1908). [10]) Zeitschr. f. physiol. Chem. **68**, 366 (1910). [11]) Ebenda **63**, 323 (1909); vgl. auch LONDON, Ebenda **65**, 189 ff. (1910). [12]) Zeitschr. f. Biol. **47**, 279 (1905). [13]) Zeitschr. f. physiol. Chem. **69**, 23 (1910).

Bildung von Enzymen. vermag. Neuerdings gibt ABDERHALDEN zu, daß Invertin nicht immer nach Einspritzung von Rohrzucker im Serum erscheint und E. O. FOLKMAR konnte überhaupt kein Invertin nachweisen[1]). Ferner haben ABDERHALDEN und seine Mitarbeiter gefunden, daß nach parenteraler Zufuhr von Eiweiß oder Pepton, das Blutserum der Tiere die Fähigkeit erwirbt, Eiweißstoffe abzubauen, welches Vermögen beim Erhitzen auf 60—65° verloren geht[2]). Zufuhr von Zucker oder Eiweißstoffen in sehr großen Mengen per os (Überfütterung) hatte den gleichen Erfolg wie die parenterale Einführung. ABDERHALDEN faßt die so erhaltenen wirksamen Stoffe als Enzyme auf; freilich bleibt dabei unentschieden, ob die zugeführten Substanzen die Neubildung von Enzymen veranlassen oder ob diese in bereits fertiger Form nur in das Blut transportiert werden.

Ausgehend von der Anschauung, daß zwar körpereigene aber jedoch blutfremde Stoffe in gleicher Weise wie vollständig fremdartige Proteinstoffe bewirken, daß Enzyme mobil gemacht werden, die einen Abbau der etwa ins Blut eingedrungenen Stoffe herbeiführen, hat ABDERHALDEN nach solchen Enzymen bei Schwangeren gesucht. Nach diesen Versuchen bewirkt Blutplasma oder Serum Schwangerer einen Abbau von zugesetztem Plazentaeiweiß oder Plazentapepton, was am meisten durch Dialysieren des Plasma-bzw. Serumsubstratgemisches und Nachweisen von Abbauprodukten im Dialysate dargetan wird. Für diesen Nachweis wird am besten Triketohydrindenhydrat (Ninhydrin) Abwehr-fermente. angewandt, das mit allen Verbindungen, die in α-Stellung eine NH_2-Gruppe und mindestens ein Karboxyl besitzen, eine charakteristische Farbenreaktion geben soll. Das im Blute Schwangerer zirkulierende Enzym soll streng spezifischer Natur sein, indem dasselbe nur das Plazentaeiweiß bzw. Pepton angreifen soll[3]). Der Nachweis der Schwangerschaftsenzyme scheint eine ziemlich große Übung in der Methodik vorauszusetzen und besonders soll das Präparieren des Plazentaeiweißes mit Schwierigkeiten verbunden sein. Auch werden von verschiedenen Seiten Einwände gegen ABDERHALDENS Versuche und Schlußfolgerungen erhoben[4]), während andere Forscher die Ergebnisse bestätigen konnten[5]).

Wirkungsweise der Enzyme. Die Enzyme erleiden infolge der Reaktion keine wesentliche Veränderungen und eine verschwindend kleine Menge Enzym ist imstande, eine verhältnismäßig ungeheure Menge Substrat umzusetzen. Es können beispielsweise 1 Teil Saccharase, 100000 Teile Rohrzucker invertieren (O'SULLIVAN und TOMPSON)[6]) und 1 Teil Lab mehr als 400000 Teile Kasein umsetzen (HAMMARSTEN)[7]). Aus diesen Gründen werden die Enzyme schon lange zu den katalytischen Substanzen gerechnet. Indessen finden die Enzymreaktionen immer in heterogenen Medien statt, indem einerseits die Enzyme als Kolloide auftreten und andererseits auch die Substrate in vielen Fällen zu den Kolloiden gehören (Stärke, Eiweißstoffe). Wie schon erwähnt, werden die enzymatischen Zersetzungen oft dadurch kompliziert, daß dieselben über mehrere Zwischenstufen zu den Endprodukten gelangen. Dazu kommt noch, daß, wie mehrere Umstände wahrscheinlich machen, die Enzyme vor ihrer Einwirkung auf die Substrate, in irgendwelcher Weise mit denselben Verbindung zwischen Substrat u. Enzym. sich verbinden. Für eine solche Annahme spricht besonders die Tatsache, daß die Wirkung eines Enzyms von dem sterischen Bau des Substrats abhängig ist (S. 48) und ferner die Beobachtung, daß das Substrat gewisse Enzyme gegen schädliche Einflüsse (Hitze, Alkalien) zu schützen vermag[8]). Nach

---

[1]) ROEHMANN, Bioch. Zeitschr. **61**, 464 (1914); **72**, 26 (1915); ABDERHALDEN, Zeitschr. physiol. Chem. **90**, 388 (1914); FOLKMAR, Bioch. Zeitschr. **76**, 1 (1916). [2]) Zeitschr. f. physiol. Chem. **61**, 200; **62**, 120, 243 (1909); **64**, 100, 423, 426, 427; **66**, 88; **69**, 23 (1910); **71**, 110, 367, 385 (1911). Vgl. auch **77**, 250 (1912). [3]) ABDERHALDEN, Abwehrfermente des tierischen Organismus, Berlin 1913, 2. Aufl., wo auch die Literatur. [4]) C. LANGE, Bioch. Zeitschr. **61**, 193 (1914); A. und A. PEIPER, Deutsche med. Wochenschr. 1914, 1467 und viele andere; über die Ninhydrinreaktion siehe ferner NEUBERG, Bioch. Zeitschr. **56**, 500 (1913). [5]) z. B. F. PREGL, Fermentforschung **1**, 1 (1914); DE CRINIS, Ebenda **1**, 13 (1914). [6]) Journ. chem. Soc. **57**, 926 (1890). [7]) Vgl. MALYs Jahresber. 7. [8]) O'SULLIVAN und TOMPSON, Journ. chem. Soc. **57**, 926 (1890); BAYLISS und STARLING, Journ. of Physiol.

dieser Betrachtungsweise würde nur derjenige Teil des zugesetzten Enzyms, welcher mit dem Substrat kombiniert ist, wirksam sein. Bei der Beurteilung der Geschwindigkeit von Enzymreaktionen haben wir also folgendes zu berücksichtigen:

1. Die Geschwindigkeit, mit welcher das Enzym mit dem Substrat sich verbindet.

2. Das Resultat der Verteilung, d. h. wieviel von dem zugesetzten Enzym durch das Substrat gebunden wird, und

3. die Geschwindigkeit des durch das Enzym vermittelten chemischen Prozesses.

Mit Rücksicht auf 1 sei bemerkt, daß die Zeit, welche für die Bindung des Enzyms am Substrat gebraucht wird, mindestens in vielen Fällen im Vergleich mit der für die chemische Reaktion erforderliche Zeit vernachlässigt werden kann (vgl. S. 29). Dies trifft z. B. in solchen Fällen zu, wo der chemische Umsatz bei einem Überschuß an Substrat im Anfang des Prozesses während gleicher aufeinanderfolgender Zeitintervalle derselbe bleibt. Wenn die Bildung der Verbindung Enzym-Substrat eine merkliche Zeit in Anspruch nähme, würde die Menge dieser Verbindung offenbar mit der Zeit zunehmen und folglich auch der Umsatz des Substrates. Gleicher Umsatz für gleiche Zeiten im Anfang des Prozesses ist für mehrere Enzyme gefunden worden, z. B. invertierende Enzyme[1]), Diastase[2]), Trypsin mit Kasein als Substrat[3]). $\qquad$ *Bindung des Enzyms.*

Die Frage (2) nach der Verteilung des Enzyms zwischen verschiedenen Phasen läßt sich an dieser Stelle nur schwer behandeln. Wir werden dieselbe etwas berühren, nachdem wir die Geschwindigkeit der eigentlichen chemischen Reaktion behandelt haben (S. 45).

In bezug auf die chemische Reaktion gestaltet sich der Verlauf wahrscheinlich verschieden je nach der Art der Verbindung zwischen Substrat und Enzym. Einmal läßt sich denken, daß das Enzym mit dem Substrat derart sich verbindet, daß beide eine homogene Phase bilden und das eine gleichsam als Lösungsmittel für das andere dient (vgl. S. 21). In diesem Falle findet die durch das Enzym vermittelte chemische Reaktion in einem homogenen Medium statt. Zweitens kann man die Verbindung Substrat-Enzym als eine Adsorptionsverbindung sich denken (vgl. S. 22), in welchem Falle die Verbindung keine homogene Phase bildet, und die Reaktion von einer in homogenem Systeme stattfindenden mehr oder weniger sich unterscheiden wird. Mit Rücksicht hierauf ist es von großem Interesse zu untersuchen, ob die für enzymatische Reaktionen gefundenen Tatsachen mit katalytischen Reaktionen in homogenem Medium übereinstimmen. $\qquad$ *Enzym-Substrat-Verbindung.*

Für letztere wurden oben (S. 27 ff.) folgende Gesetzmäßigkeiten gefunden:

1. Bei konstant gehaltener Katalysatormenge ist die Reaktionsgeschwindigkeit in jedem Augenblicke der vorhandenen Konzentration des sich umsetzenden Stoffes proportional, was dadurch bewiesen wurde, daß der Geschwindigkeitskoeffizient in demselben Versuch nach verschiedenen Zeiten konstant gefunden wurde. $\qquad$ *Katalytische Wirkungsgesetze.*

2. Der Geschwindigkeitskoeffizient, oder die Reaktionsgeschwindigkeit bei konstant gehaltener Substratkonzentration, ist der Katalysatormenge proportional.

Das erste Gesetz ist für gewisse Enzyme für den Fall bewiesen, daß ein Überschuß an Enzym vorhanden ist und die Enzymmenge aus dem Grunde als konstant angesehen werden kann, nämlich für Saccharase[4]),

---

30, 71 (1903); HEDIN, Ebenda 30, 173 (1903); 32, 474 (1905); TAYLOR, Journ. of biol. Chem. 2, 90 (1906).

[1]) O'SULLIVAN und TOMPSON, Journ. chem. Soc. 57, 926 (1890); DUCLEAU, Traité de microbiologie II, S. 137; A. J. BROWN, Trans. chem. Soc. 81, 373, 1902; ARMSTRONG, Proc. roy. Soc. 73, 500 (1904); HUDSON, Journ. amer. chem. Soc. 30, 1160, 1564 (1908). [2]) H. BROWN und GLINDINNING, Proc. chem. Soc. 18, 43 (1902). [3]) HEDIN, Journ. of Physiol. 32, 471 (1905). [4]) A. J. BROWN, Proc. chem. Soc. 18, 14 (1902).

Laktase[1]) und Trypsin[2]). Es wurde nämlich der Umsatz in einer gewissen Zeit der Substratmenge proportional gefunden. In anderen Fällen wird der Nachweis der Gültigkeit des Gesetzes in verschiedener Weise erschwert. Einmal kann während eines Versuches ein Teil des Enzyms entweder zerstört oder in anderer Weise (Bindung an die Produkte) außer Wirkung gesetzt werden; dann können entgegengesetzte Reaktionen stattfinden (S. 45 ff.), und schließlich

Geschwin-
digkeits-
koeffizient. genügen in vielen Fällen unsere analytischen Hilfsmittel nicht, um für verschiedene Umsätze vergleichbare Zahlen zu erhalten, zumal die Reaktion in vielen Fällen stufenweise verläuft oder mehrere Reaktionen gleichzeitig stattfinden können[3]). In einigen Fällen mit besonders einfachem Reaktionsverlauf hat man zu Anfang, solange die Menge der Reaktionsprodukte gering und die wirksame Enzymmenge unverändert ist, konstante Werte für den Geschwindigkeitskoeffizient nach der Formel $k = \dfrac{1}{t} \cdot \log \dfrac{C}{C - x}$ (S. 27) bekommen[4]).

Neuerdings hat indessen HUDSON mit Rohrzucker und Saccharase bei schwach saurer Reaktion konstante k-Werte für den ganzen Inversionsprozeß gefunden unter der Voraussetzung, daß die Anfangskonzentration des Rohrzuckers unter 0,1 normal lag[5]). Daß frühere Forscher abweichende Ergebnisse erhielten[6]), liegt nach HUDSON zum Teil daran, daß die Mutarotation des gebildeten Traubenzuckers bei deren Versuchen nicht aufgehoben wurde vor der polarimetrischen Bestimmung der Größe der Inversion. Bei der Spaltung von Salizin durch Emulsin bekamen HUDSON und PAINE auch konstante k-Werte für den ganzen Verlauf[7]).

Das zweite Gesetz für katalytische Reaktionen, welches wir so formulierten, daß bei konstant gehaltener Substratmenge die Reaktionsgeschwindigkeit der Enzymmenge proportional ist, hat sich zunächst für einige Fälle bewährt, wo das Substrat in Überschuß (also praktisch konstanter Menge)

Geschwin-
digkeits-
koeffizient
und Enzym-
menge. vorhanden ist (Kefirlaktase[8]), Trypsin mit Kasein als Substrat[9]). In gewissen monomolekular verlaufenden Enzymreaktionen wurde der Geschwindigkeitskoeffizient in einigen Fällen der Enzymmenge proportional gefunden (Katalase aus Blut[10]), Erepsin mit Glyzylglyzin als Substrat[11]), Pankreas-Lipase)[12]), in anderen nicht (Katalase aus Boletus scaber[13]), Lipase aus Schweinefett)[13]). Es hat sich für mehrere enzymatische Reaktionen herausgestellt, daß bei gleicher Substratmenge der gleiche Umsatz erhalten wird, wenn die Zeiten der Einwirkung den zugegebenen Enzymmengen umgekehrt proportional variiert werden. Ist p die Enzymmenge und t die Zeit der Einwirkung, ist also der Umsatz derselbe in allen Proben, die für p . t die gleiche Zahl ergeben. Diese Regel wurde für folgende Enzyme gültig gefunden: Saccharase (O'SULLIVAN und TOMPSON sowie HUDSON)[14]), Pepsin (SJÖQVIST)[15]), Lab (besonders

---

[1]) ARMSTRONG, Proc. roy. Soc. 73, 500 (1904). [2]) HEDIN, Journ. of Physiol. 32, 475 (1905). [3]) HEDIN, Zeitschr. f. physiol. Chem. 57, 468 (1908). [4]) SENTER, Zeitschr. f. physik. Chem. 44, 257 (1903); ISSAJEW, Ebenda 42, 102; 44, 546; EULER, HOFMEISTERS Beiträge 7, 1 (1906); DIETZ, Zeitschr. f. physiol. Chem. 52, 301 (1907); TAYLOR, Journ. of biol. Chem. 2, 93 (1906); NICLOUX, Compt. rend. soc. biol. 56, 840 (1904); RONA, Bioch. Zeitschr. 33, 413 (1911); 39, 21 (1912); EULER, Zeitschr. f. physiol. Chem. 51, 213 (1907). [5]) Journ. amer. chem. Soc. 30, 1160, 1564 (1908). [6]) Vgl. z. B. HENRI, Zeitschr. f. physik. Chem. 39, 194 (1901), auch A. J. BROWN, Trans. chem. Soc. 81, 373 (1902). [7]) Journ. amer. chem. soc. 31, 1242 (1909). [8]) ARMSTRONG, Proc. roy. Soc. 73, 500 (1904). [9]) HEDIN, Journ. of Physiol. 32, 471 (1905). [10]) SENTER, Zeitschr. f. physik. Chem. 44, 257 (1903). [11]) EULER, Zeitschr. f. physiol. Chem. 51, 213 (1907). [12]) KASTLE und LOEVENHART, Amer. chem. Journ. 24, 491 (1900). [13]) EULER, HOFMEISTERS Beiträge 7, 1 (1906). [14]) Trans. chem. soc. 57, 926 (1890); Journ. amer. chem. soc. 30, 1160, 1564 (1908). [15]) Skand. Arch. f. Physiol. 5, 358 (1895).

FULD)[1]), peptonspaltende Enzyme (VERNON)[2]), Fibrinfermente von Schlangengiften (MARTIN)[3]), Trypsin (HEDIN[4])), Pepsin, Lab, Trypsin, Pyozyaneus-protease (MADSEN[5])). Bei der Einwirkung des Trypsins auf Kasein hat sich dieses Gesetz für verschiedene Stadien der Reaktion als gültig erwiesen[4]). Dies bedeutet, daß der Verlauf der ganzen Reaktion derselbe bleibt bei verschiedenen Enzymmengen, nur daß die Zeiten gleichen Umsatzes sich umgekehrt wie die Enzymmengen verhalten. Wie HEDIN des näheren dargelegt hat, bedeutet dies wiederum, daß die Geschwindigkeitskoeffizienten den Enzymmengen proportional sind, wie das zweite der obigen Gesetze verlangt[6]). Wenn wir von der oben gemachten Annahme ausgehen, daß nur der mit dem Substrat verbundene Teil des Enzyms wirksam ist, so folgt aus der Proportionalität zwischen Geschwindigkeitskoeffizient und Enzymmenge, daß der gleiche Bruchteil der am Anfang zugesetzten Enzymmengen bei demselben Umsatz mit dem Substrat verbunden ist, oder daß die Verteilung des Enzyms von deren Menge unabhängig dieselbe bleibt.

Bedeutung des Enzym-Zeit-Gesetzes.

Bei der Bestimmung von Enzymmengen spielt die sogenannte SCHÜTZsche Regel eine gewisse Rolle. In ihrer neuesten Form besagt dieselbe, daß der Umsatz der Quadratwurzel aus der Enzymmenge und der Zeit proportional ist oder Umsatz $= k \cdot \sqrt{p \cdot t}$, wo k eine Konstante, p die Enzymmenge und t die Zeit der Einwirkung bedeutet. Dieselbe wurde zuerst von E. SCHÜTZ für das Pepsin aufgestellt, und zwar in der Form Umsatz $= k \sqrt{p}$, da die Zeit (t) konstant gehalten wurde[7]). Die Form Umsatz $= k \sqrt{p \cdot t}$ wurde ihr von E. SCHÜTZ und HUPPERT gegeben[8]). Nach PAWLOW soll die Regel sich auch für die Trypsinverdauung bewähren[9]). Die SCHÜTZsche Regel ist nur für ein gewisses Stadium der Verdauung gültig, und es leuchtet sofort ein, daß der Gültigkeitsbereich sehr von der für die Bestimmung des Umsatzes angewandten Methode abhängig sein muß, da mit verschiedenen Methoden verschiedene Digestionsprodukte bestimmt werden. Ferner sei bemerkt, daß innerhalb des ganzen Bereichs, wo die SCHÜTZsche Regel sich bewährt, dem gleichen Wert für p . t auch der gleiche Umsatz entsprechen muß, und folglich auch das eben behandelte Enzym-Zeit-Gesetz gültig sein muß. Die SCHÜTZsche Regel ist auch für die Wirkung von Magen- und Pankreas-Lipase bestätigt worden[10]). Nach ARRHENIUS läßt die Gültigkeit der Regel unter der Annahme sich erklären, daß das Enzym mit den Reaktionsprodukten sich verbindet, so daß die aktive Masse des Enzyms der Menge der Reaktionsprodukte umgekehrt proportional sich ändert[11]).

Schützsche Regel.

Reversibilität der Enzymreaktionen und enzymatische Synthesen. Viele katalytische Prozesse haben als reversibel sich erwiesen, d. h. der gleiche Katalysator kann die Reaktion in verschiedener Richtung beeinflussen je nach der Konzentration der vorhandenen Substanzen. Bisher war nur von enzymatischen Spaltungen die Rede; nach dem Gesagten läßt sich aber erwarten, daß auch synthetische Prozesse durch die Enzyme vermittelt werden können.

Das erste Beispiel einer solchen Reaktion wurde von CROFT-HILL erbracht. Derselbe behandelte eine 40%ige Traubenzuckerlösung mit Maltase bei 30° während einer sehr langen Zeit und schloß aus der dabei stattgehabten Veränderung des Drehungs- und Reduktionsvermögens, daß etwas Maltose aus dem Traubenzucker gebildet worden war[12]). Indessen konnte bald darauf EMMERLING konstatieren, daß es nicht um die Synthese von Maltose, sondern um die von einem isomeren Kohlehydrat, Isomaltose sich handelte, das nicht durch Maltase gespalten wird[13]). Nach F. ARMSTRONG soll Emulsin Isomaltose spalten, aber nicht Maltose, dafür aber aus Traubenzucker Maltose syntheti-

Synthese von Kohlehydraten.

[1]) HOFMEISTERS Beiträge 2, 169 (1902). [2]) Journ. of Physiol. 30, 334 (1903). [3]) Ebenda 32, 207 (1905). [4]) Ebenda 32, 468 (1905); 34, 370 (1906). [5]) ARRHENIUS, Immunochemie. Leipzig 1907, S. 46 ff. [6]) Zeitschr. f. physiol. Chem. 57, 478 (1908). [7]) Zeitschr. f. physiol. Chem. 9, 577 (1895). [8]) PFLÜGERS Arch. 80, 470 (1900). [9]) Arbeit der Verdauungsdrüsen. Wiesbaden 1898, S. 33. [10]) STADE, HOFMEISTERS Beiträge 3, 318 (1903); ENGEL, Ebenda 7, 77 (1906). Vgl. FROMME, Ebenda 7, 51 (1906). [11]) Immunochemie 1907, S. 43. [12]) Journ. chem. Soc. 73, 634 (1898). [13]) Ber. d. deutsch. chem. Gesellsch. 34, 600 u. 2207 (1901).

sieren können [1]). Eine ähnliche Reaktion hatten schon vorher E. FISCHER und ARMSTRONG nachgewiesen, indem Kefirlaktase aus Galaktose und Dextrose nicht Laktose, sondern Isolaktose aufbaut [2]). Nach CREMER besitzt Hefepreßsaft das Vermögen, aus Traubenzucker oder Fruchtzucker Glykogen zu bilden [3]).

A. DANILEWSKI soll zuerst beobachtet haben, daß konzentrierte Lösungen peptischer Spaltungsprodukte von Proteinstoffen unter dem Einfluß von Lab eine unlösliche Substanz abscheiden. Das Phänomen ist seitdem von verschiedenen Forschern beobachtet worden, und der Niederschlag ist von SAWJALOW [4]) Plastein, von LAWROW [5]) Koagulose genannt worden. Das Phänomen wird auch mit anderen proteolytischen Enzymen erhalten [6]). Die Plasteine sind von verschiedenen Forschern als synthetisch gebildetes Eiweiß betrachtet worden. Die besten Beweise für eine solche Ansicht sind von HENRIQUES und GJALDBÄCK geliefert worden. Dieselben wiesen mit der Formoltitrierungsmethode (Kapitel 2) nach, daß der formoltitrierbare Stickstoff bei der Reaktion abnimmt; ferner fanden sie, daß der mit Gerbsäure fällbare Stickstoff bei der Plasteinbildung vermehrt wird. In einer späteren Arbeit teilen dieselben Autoren mit, daß peptische Spaltungsprodukte des Eiweißes unter dem Einfluß von Pepsin-Salzsäure in konzentrierter Lösung Plasteinbildung zeigen, in verdünnter dagegen weiter gespalten werden, aus welchem Befunde sie folgern, daß der Prozeß reversibel verläuft. Sogar Eiweiß, das durch Säure oder Alkali zum Teil aufgespalten ist, soll mit Pepsin-Salzsäure Plasteinbildung zeigen [7]).

Das Verhalten des Amygdalins und seiner Spaltungsprodukte zu Enzymen verdient besonders bepsrochen zu werden. Die Spaltung geschieht stufenweise folgendermaßen:

$$C_{20}H_{27}NO_{11} + H_2O = C_6H_5 . CH(OC_6H_{11}O_5) . CN + C_6H_{12}O_6 \quad \ldots \ldots \ldots 1.$$
Amygdalin   Mandelsäurenitrilglykosid   Dextrose

$$C_6H_5 . CH(O . C_6H_{11}O_5) . CN + H_2O = C_6H_5 . CH{\overset{CN}{\underset{OH}{}}} + C_6H_{12}O_6 \quad \ldots \ldots 2.$$
Mandelsäurenitrilglykosid   Mandelsäurenitril   Dextrose

$$C_6H_5 . \overset{*}{C}H{\overset{CN}{\underset{OH}{}}} = C_6H_5 . C{\overset{O}{\underset{H}{\diagup \diagdown}}} + HCN \quad \ldots \ldots \ldots \ldots \ldots 3.$$
Mandelsäurenitril   Benzaldehyd   Zyanwasserstoff

Der ganze Verlauf bis zur Bildung der Endprodukte Zucker, Benzaldehyd und Zyanwasserstoff findet unter dem Einfluß von Emulsin aus Mandeln statt. Der Teilprozeß 1 geschieht gesondert unter dem Einfluß von Hefe (FISCHER) [8]), und das dabei wirksame Enzym wird Amygdalase genannt, die Prozesse 2 und 3 unter dem Einfluß von Prunase aus den Blättern von Prunaceen [9]). Von den drei oben angegebenen Teilreaktionen sind 1 und 3 mit Hilfe von Enzymen rückgängig geleitet worden und zwar 1 unter Benutzung von Hefe (EMMERLING) [10]) und 3 mit Emulsin (ROSENTHALER) [11]). Im letzteren Falle verlief die Reaktion asymmetrisch, indem vorzugsweise die d-Form des Mandelsäurenitrils gebildet wurde. Das asymmetrische C-Atom ist in der Reaktionsformel markiert. Es scheint ROSENTHALER gelungen zu sein, die Aufteilung vom Emulsin in eine spaltende Komponente (δ-Emulsin

Marginal notes: Plastein.   Amygdalin.

[1]) Proc. roy. Soc. (Ser. B.) **76**, 592 (1905).   [2]) Ber. d. deutsch. chem. Gesellsch. **35**, 3151 (1902).   [3]) Ebenda **32**, 2062 (1899).   [4]) Zeitschr. f. physiol. Chem. **54**, 119 (1907). [5]) Ebenda **51**, 1; **53**, 1 (1907); **56**, 343 (1908); **60**, 520 (1909).   [6]) KURAJEFF, HOFMEISTERS Beiträge **4**, 476 (1904); NÜRNBERG, Ebenda **4**, 543 (1904).   [7]) Zeitschr. f. physiol. Chem. **71**, 485 (1911); **81**, 439 (1912).   [8]) Ber. d. deutsch. chem. Gesellsch. **28**, 1508 (1896). [9]) H. E. ARMSTRONG, E. F. ARMSTRONG und HORTON, Proc. Roy. Soc. **85**, 359, 363, 370 (1912).   [10]) Ber. d. deutsch. chem. Gesellsch. **34**, 3810 (1901).   [11]) Bioch. Zeitschr. **14**, 238 (1908).

= Amygdalase + Prunase) und eine synthetisierende (σ-Emulsin, auch Oxynitrilese) durchzuführen. Als Oxynitrilase wird das die Oxynitrilspaltung beeinflussende Enzym bezeichnet. In diesem Falle scheint also die spaltende und die synthetische Wirkung durch verschiedene Bestandteile derselben Enzymlösung vermittelt zu werden[1]. Mit Rücksicht auf die Ansichten über den Bau und die Wirkungsart der Enzyme ist es von erheblichem Interesse, daß es neuerdings BREDIG und FISKE gelungen ist mit Hilfe von optisch aktiven Katalysatoren aus Benzaldehyd und Zyanwasserstoff die zwei optischen Antipoden des Mandelsäurenitrils herzustellen. Neben der Racemform wurde unter Benutzung von Chinin· als Katalysator das rechtsdrehende und unter Benutzung des (mit Chinin isomeren aber im Drehungsvermögen entgegengesetzten) Chinidins das linksdrehende Nitril gebildet[2]. Dies deutet darauf hin, daß möglicherweise auch die Enzyme einen asymmetrischen Bau besitzen. Die synthetische Bildung von Glykosiden mit Hilfe von Emulsin ist auch von VAN'T HOFF erzielt worden[3].

Eine unzweifelhafte Synthese ist für Fett und andere esterartigen Verbindungen der Fettsäuren bekannt. Zunächst wiesen KASTLE und LOEVENHART die Bildung von Äthylbutyrat aus Äthylalkohol und Buttersäure unter Einfluß von einem Pankreasenzym nach[4]. In analoger Weise erhielt HANRIOT aus Buttersäure und Glyzerin mit Blutserum Monobutyrin[5]. Ebenso gelang es POTTEVIN mittelst eines Pankreasenzymes Ölsäure und Glyzerin bei Abwesenheit von Wasser in Mono- und Triolein umzuwandeln, sowie Ölsäureester mit einatomigen Alkoholen zu erhalten[6]. Die synthetische Wirkung von Pankreas ist eingehend von DIETZ studiert worden[7].

Synthese von Estern.

Das von ihm angewandte Enzym war in Wasser unlöslich, und dessen Wirkung wurde mit i-Amylalkohol und n-Buttersäure oder dem entsprechenden Ester geprüft. Zunächst wurde festgestellt, daß die Reaktion auf der unlöslichen Phase (Enzym) stattfand. Aus der Reaktionsformel Alkohol + Säure $\rightleftarrows$ Ester + Wasser ergibt sich, wenn die molekularen Konzentrationen von Alkohol, Säure, Ester und Wasser mit C_A, C_S, C_E, C_W bezeichnet werden, die Reaktionsgeschwindigkeit der Esterbildung für ein homogenes System $\frac{dx}{dt} = k_1 \cdot C_A \cdot C_S - k_2 \cdot C_E \cdot C_W$ (S. 26), welche Gleichung, da Alkohol und Wasser in Überschuß vorhanden waren und ihre Konzentrationen also als Konstante betrachtet und in den Konstanten k_1 und k_2 einbegriffen werden können, sich vereinfacht zu $\frac{dx}{dt} = k_1 \cdot C_S - k_2 \cdot C_E$. Beim Gleichgewicht haben wir also $k_1 C_S = k_2 C_E$ oder $\frac{k_1}{k_2} = \frac{C_E}{C_S} = K$ (S. 26). Es stellte sich heraus, daß dasselbe Gleichgewicht erreicht wird, gleichgültig, ob man von Alkohol + Säure oder von Ester + H_2O ausgeht. Ferner ist das Gleichgewicht von der Vorgeschichte sowie von der Menge des Enzyms unabhängig.

Spaltung und Synthese von Estern.

Beim Vergleichen der Gleichgewichtskonstanten (K), die mit verschiedenen Mengen Ester oder Säure erhalten wurden, zeigte es sich, daß man in die obigen Gleichungen $\sqrt{C_E}$ anstatt C_E einführen mußte, um für K konstante Werte zu erhalten. Bei der Esterverseifung wird also die Reaktionsgeschwindigkeit nicht C_E, sondern $\sqrt{C_E}$ proportional. Dies liegt nach DIETZ daran, daß das System ein heterogenes ist und daß nur der Teil des Esters, der durch die feste Phase (Enzym) adsorbiert wird, in der Reaktion teilnimmt. Die Geschwindigkeitskonstante der Esterbildung erwies sich der Enzymmenge proportional.

Nach dem oben (S. 28) Gesagten muß das Gleichgewicht bei einer reversiblen Reaktion von der Natur des Katalysators unabhängig sein. Dies war bei DIETZs Versuchen nicht der Fall. Mit Pikrinsäure als Katalysator wurde ein anderes Gleichgewicht erhalten als mit dem Pankreasenzym. Mit der Säure als Katalysator war das Gleichgewicht nach der Esterseite verschoben. Dies ist vorderhand nicht zu erklären, dürfte

[1] Bioch. Zeitschr. 17, 257 (1909); 50, 486 (1913).   [2] Ebenda 46, 7 (1912).
[3] Sitzungsber. preuß. Akad. Wiss. 1909, S. 1065; 1910, S. 963.   [4] Amer. chem. Journ. 24, 491 (1900).   [5] Compt. rend. 132, 212 (1901).   [6] Compt. rend. 136, 1152; 138, 378 (1903); Ann. Inst. Past. 20, 901, 1906.   [7] Zeitschr. f. physiol. Chem. 52, 279 (1907).

aber wohl daran liegen, daß das System in dem einen Fall homogen und in dem anderen heterogen war.

Falsche Gleichgewichte. Ähnliche Beobachtungen, daß der enzymatische Endzustand ein anderer sein kann als der stabile Endzustand desselben Systems, hat schon vorher TAMMANN gemacht[1]), aber dabei hat es sich meistens um sogenannte falsche Gleichgewichte gehandelt, die z. B. durch Zugabe von mehr Enzym sich ändern, indem die Spaltung weitergeht. Solche falsche Gleichgewichte liegen meistens daran, daß das Enzym entweder zerstört oder in anderer Weise außer Wirkung gesetzt wird.

Phosphorsäureester. Zu den enzymatischen Estersynthesen ist auch die zuerst von HARDEN und YOUNG beobachtete Bildung von Kohlehydratphosphorsäureester in gärenden Zuckerlösungen bei Gegenwart von löslichem Phosphat zu rechnen[2]). Siehe das Nähere hierüber in Kapitel 3.

Synthese und Reversibilität. Es ergibt sich somit, daß enzymatische Synthesen wohl bekannt sind. Hieraus folgt aber nicht ohne weiteres, daß die fraglichen Enzymreaktionen als reversibel zu betrachten sind. In gewissen Fällen wird nämlich bei der Synthese eine andere Substanz gebildet als diejenige, welche dasselbe Enzym zu spalten vermag; in anderen Fällen werden die entgegengesetzten Richtungen einer Reaktion nachweisbar durch verschiedene Bestandteile derselben Enzymlösung vermittelt.

Spezifizität der Enzymwirkung. Daß ein grober Unterschied in bezug auf die Wirkung der Enzyme existiert in dem Sinne, daß verschiedene Enzymgruppen nur auf bestimmte Körperklassen (Proteinstoffe, Kohlehydrate, Fett) einwirken, ist schon lange bekannt. Dann existieren aber Differenzen in der Weise, daß ungleiche Enzyme derselben Gruppe verschiedene Vertreter derselben Körperklasse beeinflussen (z. B. Maltase, Laktase, Saccharase). Schließlich kann es auch eintreffen, daß ein Enzym die eine von zwei optischen Antipoden angreift und die andere entweder nicht zu beeinflussen vermag oder nur in geringerem Grade. Daß optische Antipoden im Organismus verschieden **Spezifische Enzymwirkungen auf Kohlehydrate.** leicht verbrannt werden können, war schon bekannt, als es E. FISCHER gelang nachzuweisen, zunächst daß von den vielen bekannten Aldohexosen nur drei, d-Glukose, d-Mannose und d-Galaktose und von den Ketohexosen nur eine, d-Fruktose vergärbar sind, und dann, daß synthetisch hergestellte, wahrscheinlich stereoisomere Glykoside sich zu Enzymen verschieden verhalten. So wird von zwei isomeren Methyl-d-Glykosiden das eine (α-) nur durch Hefe und das andere (β-) nur durch Emulsin angegriffen, während die entsprechenden Methyl-l-Glykoside durch keines von diesen Enzymen gespalten werden. In der gleichen Weise verhalten sich die entsprechenden, aus Galaktose erhaltenen Glykoside[3]). Über das Verhalten von Amygdalin zu verschiedenen Enzymen **Fischers Theorie.** siehe S. 46. Im Anschluß an diese Beobachtungen sprach FISCHER die Theorie aus, daß für die Wirkung eines Enzyms eine gewisse Übereinstimmung des sterischen Baus von Enzym und Substrat vorhanden sein muß; das Enzym muß für das Substrat passen etwa wie ein Schlüssel zum Schloß.

Dann kamen ähnliche Beobachtungen von DAKIN, welcher fand, daß razemische Mandelsäureester bei unvollständiger Hydrolyse durch Leberpreßsaft eine stark rechtsdrehende Säure liefern, während die zurückbleibenden **Spezifische Enzymwirkung auf Ester.** Ester linksdrehend sind. Der rechtsdrehende Ester war also schneller hydrolysiert worden als der linksdrehende[4]). Schließlich sind die Untersuchungen von E. FISCHER und ABDERHALDEN über die Spaltung von Polypeptiden durch Pankreassaft zu erwähnen. Aus einem reichhaltigen Material wird der Schluß gezogen, daß diejenigen Polypeptide, welche ausschließlich aus den in der

---

[1]) Zeitschr. f. physiol. Chem. **16**, 271 (1892). [2]) Proc. roy. Soc. B, 1908, **80**, 209.
[3]) Zeitschr. f. physiol. Chem. **26**, 60 (1898). (Zusammenfassung von FISCHERS Arbeiten.)
[4]) Journ. of Physiol. **30**, 253 (1903); **32**, 199 (1905).

Natur vorkommenden optischen Formen der Aminosäuren bestehen, hydrolysiert werden, andere nicht; kommt in einer razemischen Form neben einem aus natürlichen Aminosäuren bestehenden Polypeptid auch ein anderes vor; so wird nur das erstere hydrolysiert. Außerdem sind aber auch andere Faktoren von Belang. So wird l-Leuzyl-glyzin nicht hydrolysiert, obwohl beide Bestandteile in der Natur vorkommen. Auch die Molekulargröße scheint von Bedeutung zu sein, indem Mono-, Di- und Triglyzylglyzin keine Änderung erleiden aber Tetraglyzylglyzin gespalten wird. Das Erepsin soll alle Polypeptide spalten, welche aus in der Natur vorkommenden Aminosäuren aufgebaut sind[1]. Spezifische Spaltung von Polypeptiden.

Hemmung der Enzymwirkung. Es wurden bereits mehrere Gründe für die Ansicht dargelegt, daß die hydrolysierenden Enzyme nur wirken können, nachdem sie mit dem Substrat sich verbunden haben. Hieraus folgt, daß diejenigen Stoffe, welche das Zustandekommen einer solchen Verbindung verhindern, auch die Enzymwirkung zu hemmen imstande sind. Aus dem Grunde wird die Enzymwirkung durch solche Substanzen gehemmt, welche die Enzyme adsorbieren (S. 22). Über die Hemmung der Wirkung von Trypsin auf Kasein und von Lab auf Milch durch Kohle hat HEDIN Versuche angestellt, aus welchen hervorgeht, daß die Hemmung beträchtlicher wird, wenn man Pulver und Enzym aufeinander einwirken läßt vor der Zugabe des Substrates, als wenn dieses vom Anfang ab zugegen ist[2]. Dieses Reihenfolgephänomen beweist, daß der Adsorptionsprozeß nur sehr schwer reversibel ist oder daß das Enzym gewissermaßen an der Kohle verfestigt wird. Daß das Substrat die Bildung der Adsorptionsverbindung beeinträchtigt, liegt daran, daß auch das Substrat durch die Kohle adsorbiert wird. Eine geringe Menge des bereits adsorbierten Enzyms kann sogar nachträglich durch andere adsorbierbare Substanzen von der Kohle verdrängt und somit wieder wirksam werden. Da verschiedene Substrate in ungleichem Maße durch Kohle adsorbiert werden, gestaltet sich auch die Hemmung in entsprechendem Grade verschieden. In der gleichen Weise wie die Hemmung der Trypsin- und Labwirkung verhält sich die Hemmung der Saccharasewirkung durch Kohle (ERIKSSON)[3]. Hemmung durch Adsorption.

Die Wirkung mehrerer Enzyme wird durch normales Serum gehemmt. Dies wurde zuerst von HAMMARSTEN und RÖDÉN für die Labwirkung beobachtet[4]. Außerdem hemmen gewisse Bestandteile des Serums sowie auch andere eiweißhaltige Flüssigkeiten, und in mehreren solchen Fällen ist das Reihenfolgephänomen vorhanden. Überhaupt stimmt die Hemmung durch Kohle mit dieser Hemmung in mehreren Beziehungen überein, was HEDIN zu der Annahme veranlaßt hat, daß die Hemmung in beiden Fällen durch eine kolloide Reaktion (Adsorption) zwischen dem Enzym und einer festen bzw. kolloiden Phase zustande kommt[5]. Mit dieser Annahme stimmt vor allem die Tatsache überein, daß die während der Einwirkung der hemmenden Substanz auf das Enzym anwesende Menge Wasser für den schließlichen Betrag der Hemmung ohne Belang ist. Eine solche Hemmung durch normales Serum bzw. eiweißhaltige Flüssigkeiten ist in folgenden Fällen beobachtet worden: Hemmung der Trypsinverdauung von Kasein durch natives Serumalbumin[6], der Labwirkung durch neutrales Serum und durch Eierklar[7]. Außerdem fand HEDIN eine ebensolche Hemmung durch Serumalbumin bei Normales Serum und Eiweiß.

---

[1] Zeitschr. f. physiol. Chem. **46**, 52 (1905); **51**, 264, 294 (1907). [2] Bioch. Journ. **1**, 484; **2**, 81 (1906); Zeitschr. f. physiol. Chem. **50**, 497 (1907); **60**, 364; **63**, 143 (1909). Vgl. auch JAHNSON-BLOHM, Ebenda **82**, 178 (1912). [3] Ebenda **72**, 313 (1911). [4] Upsala läkaref'ör. förh. **22**, 546 (1887). [5] Bioch. Journ. **1**, 484 (1906); Zeitschr. f. physiol. Chem. **60**, 364 (1909); Ergebn. d. Physiol. **9**, 433 (1910). [6] Journ. of Physiol. **32**, 390 (1905); Bioch. Journ. **1**, 474 (1906). [7] Zeitschr. f. physiol. Chem. **60**, 85, 364; **63**, 143 (1909).

der Verdauung von Kasein durch die α-Protease aus der Milz[1]). Die Hemmung durch normales Serum bzw. Serumalbumin hat in den untersuchten Fällen als nicht art-spezifisch sich gezeigt, d. h. ein gegebenes Enzym wird in etwa dem gleichen Umfang gehemmt, gleichgültig aus welchem Tierspezies es hergestellt wurde.

Art-spezifische Hemmung ist dagegen in folgenden Fällen beobachtet worden:

Art-spezifische Hemmung. 1. Durch Immunisierung (siehe S. 52) erhaltene Antienzyme hemmen in den untersuchten Fällen nur oder vorzugsweise das bei der Immunisierung angewandte Enzym. HILDEBRANDT erzeugte als erster ein Antienzym nämlich gegen Emulsin[2]); in der gleichen Weise erhielt MORGENROTH ein Antilab im Ziegeserum[3]); BORDET und GENGOU immunisierten gegen Fibrinferment[4]), SACHS gegen Pepsin[5]), SCHÜTZE sowie BERTARELLI gegen verschiedene pflanzliche Lipasen[6]), SCHÜTZE gegen Laktase[7]), PRETI sowie SCHÜTZE und BRAUN gegen Diastase[8]), K. MEYER gegen die Proteasen des Bacillus prodigiosus und Bacillus pyocyaneus[9]).

2. Von HEDIN nachgewiesene Hemmungskörper der Labenzyme, welche durch Behandlung einer neutralen Infusion der Magenschleimhaut mit schwachem Ammoniak und Neutralisieren erhalten wurden, hemmen nur oder vorzugsweise das arteigene Enzym[10]) (Kapitel 8). Auch in diesem Falle ist das Reihenfolgephänomen vorhanden.

Zerlegung der Hemmungskörper. Die meisten der im Serum enthaltenen hemmenden Substanzen verlieren bei genügendem Erhitzen ihr Hemmungsvermögen. Dies geschieht auch in gewissen Fällen bei der Behandlung mit Säure. So verliert normales Pferdeserum sowie Eierklar beim Behandeln mit sehr schwacher Salzsäure ihre Fähigkeit die Labwirkung zu hemmen und aus dem Grunde wird durch Serum oder Eierklar bereits inaktiviertes Lab mit Hilfe von Salzsäure wieder in Freiheit gesetzt (HEDIN)[11]). Natives Serumalbumin verliert bei der Behandlung mit schwacher Essigsäure das Vermögen das Trypsin an sich zu verfestigen.

Natur der Hemmungskörper. Bei allen Versuchen über Enzymhemmung muß darauf geachtet werden, daß die verminderte Enzymwirkung nicht auf eine etwaige Änderung der Reaktion der Lösung liegen kann. Über die Natur der Hemmungskörper ist nichts Sicheres bekannt. Einmal könnte man sich denken, daß die Hemmung, welche z. B. durch die Serumalbuminfraktion des Serums herbeigeführt wird, an einer etwaigen physikalischen Beschaffenheit des Eiweißes beruhe, anderseits könnte irgendwelche dem Eiweiß anhaftende Substanz dafür verantwortlich sein. So behaupten J. W. JOBLING und W. F. PETERSEN, daß die Hemmung, welche Serum auf die Trypsinwirkung ausübt, durch Seifen von ungesättigten Fettsäuren und ungesättigte Lipoide zustande kommt, und sie gründen diese Ansicht hauptsächlich auf die Tatsache, daß die Hemmung durch Extraktion des Serums mit Äther oder Chloroform beseitigt wird; dazu soll die Hemmung in direktem Verhältnis zu der Jodzahl der Fettsäuren stehen[12]).

Gewisse schwer verdauliche Eiweißkörper hemmen die Verdauung leichter verdaulicher, ohne daß das Reihenfolgephänomen beobachtet wurde.

---

[1]) HAMMARSTENS Festschr. 1906.   [2]) VIRCHOWS Arch. **131**, 33 (1893).   [3]) Zentralbl. f. Bakt. **26**, 349 (1899); **27**, 357 (1900).   [4]) Ann. inst. Past. **15**, 129 (1901).   [5]) Fortschr. d. Med. **20**, 593 (1901).   [6]) Deutsch. med. Wochenschr. 1904, H. 9, 10; Zentralbl. f. Bakt. **40**, 231 (1905).   [7]) Zeitschr. f. Hyg. 48, 457 (1904).   [8]) Bioch. Zeitschr. 4, 6 (1907); Zeitschr. exp. Pathol. u. Therap. **6**, 307 (1909).   [9]) Bioch. Zeitschr. **32**, 280 (1911).   [10]) Zeitschr. f. physiol. Chem. **72**, 187; **74**, 242; **76**, 355 (1911).   [11]) Zeitschr. f. physiol. Chem. **60**, 85, 364 (1909).   [12]) Zeitschr. f. Immunitätsforsch. **23**, 71 (1914).

In solchen Fällen wird die totale Verdauung wahrscheinlich aus dem Grunde vermindert, weil das schwer verdauliche Eiweiß als Substrat einen Teil des Enzyms für sich in Anspruch nimmt. Da das Reihenfolgephänomen nicht vorhanden ist, wird das Enzym in völlig und leicht reversibler Weise aufgenommen (Enzymablenkung, HEDIN)[1]). Es ist leicht verständlich, daß die Hemmung weniger effektiv sein muß als in solchen Fällen, wo das Enzym an der hemmenden Substanz verfestigt wird. Durch Enzymablenkung wird die tryptische Verdauung von Kasein in der Gegenwart von säurebehandeltem Serumalbumin vermindert, sowie auch die Verdauung leicht spaltbarer Eiweißkörper durch das sehr schwer verdauliche Eierklar gehemmt (DELEZENNE und POZERSKI[2]), VERNON[3]), GOMPEL und HENRI[4]), HEDIN[5]). *(margin: Enzymablenkung)*

An dieser Stelle soll auch die hemmende Wirkung erwähnt werden, welche die proteolytischen, primären Spaltungsprodukte (Albumosen, Peptone) auf die Verdauung von Eiweiß ausüben. Dieselben werden nämlich weiter gespalten; ein Teil des Enzyms wird also an den Produkten gebunden und dadurch verhindert, neues Eiweiß aufzulösen (z. B. HEDIN[5]). Ähnlich verhält sich wahrscheinlich die Hemmung der Labwirkung durch Albumosen und Peptone[6]).

Schließlich wirken auch die Endprodukte der enzymatischen Wirksamkeit, d. h. Stoffe, welche durch das Enzym nicht weiter aufgespalten werden können, hemmend auf die Enzymwirkung. Daß die Inversion von Rohrzucker durch Invertzucker gehemmt wird, wird von mehreren Seiten behauptet (HENRI[7]), A. J. BROWN[8]), BARENDRECHT[9]), ARMSTRONG[10])), und zwar gibt BARENDRECHT an, daß sowohl Dextrose wie Lävulose hemmend wirken und dann auch Galaktose, welche stärker hemmen soll wie die direkten Spaltungsprodukte des Rohrzuckers. H. E. und E. F. ARMSTRONG[11]) fanden, daß Invertin, Maltase und Laktase eben durch diejenigen Zuckerarten, in ihrer Wirksamkeit gehemmt werden, welche dabei entstehen. Die Anhäufung von amylolytischen Spaltungsprodukten wirken nach SH. LEA hemmend auf die Wirkung des Speichels[12]). *(margin: Hemmung durch die Produkte.)*

Die hemmende Wirkung von Aminosäuren auf die Zersetzung von Glyzyl-1-Tyrosin durch Hefepreßsaft ist von ABDERHALDEN und GIGON studiert worden[13]). Dabei ergab sich, daß die Spaltung des Peptids durch diejenigen optisch aktiven Aminosäuren, welche in dem Eiweiß vorkommen, gehemmt wird. Dieser Befund ist bemerkenswert in Anbetracht der Beobachtung von FISCHER und ABDERHALDEN, daß nur diejenigen Polypeptide durch Pankreassaft gespalten werden, welche aus natürlichen optisch aktiven Aminosäuren bestehen (S. 48).

Mit Hinsicht auf das oben S. 45 ff. über enzymatische Synthesen Gesagte scheint es sehr möglich, daß es bei der Hemmung der enzymatischen Spaltungen durch Spaltungsprodukte um synthetische Prozesse, für welche die Spaltungsprodukte das Material abgeben, sich handeln könne. Besonders ist es nach den bereits angeführten Versuchen von ROSENTHALER über das Emulsin sehr wahrscheinlich, daß die von TAMMANN beobachtete Hemmung der Emulsinwirkung durch Benzaldehyd oder durch Blausäure[14]) auf eine Synthese zurück- *(margin: Hemmung durch Synthese.)*

---

[1]) Zeitschr. f. physiol. Chem. 52, 412 (1907). [2]) Compt. rend. soc. biol. 55, 935 (1903). [3]) Journ. of Physiol. 31, 495 (1904). [4]) Compt. rend. soc. biol. 58, 457 (1906). [5]) Zeitschr. f. physiol. Chem. 52, 422 (1907). [6]) Zeitschr. f. physiol. Chem. 46, 307. [7]) Zeitschr. f. physik. Chem. 39, 194 (1901). [8]) Journ. chem. Soc. 81, 382 (1902). [9]) Zeitschr. f. physik. Chem. 49, 456 (1904). [10]) Proc. roy. Soc. (Ser. B.) 73, 516 (1904). [11]) Proc. roy. Soc. (Ser. B.) 79, 360 (1907). [12]) Journ. of Physiol. 1911. [13]) Zeitschr. f. physiol. Chem. 53, 251 (1907). [14]) Zeitschr. f. physiol. Chem. 16, 271 (1892).

zuführen ist. Lichwitz deutet die Einwirkung der Produkte als eine reversible Lähmung der Enzyme[1]).

Anhang: Antigene und Antikörper. Im Anschluß an die Hemmung der Enzymwirkung sollen auch andere ähnliche Prozesse etwas berührt werden.

Antigene. Unter dem Namen Antigene werden solche Substanzen zusammengefaßt, welche, Tieren wiederholt eingespritzt, im Organismus die Bildung von Stoffen veranlassen, mit welchen sie in irgendwelcher Weise zu reagieren vermögen.

Anti-
körper. Der Prozeß wird Immunisierung und die gebildeten Stoffe werden Antikörper oder in gewissen Fällen Immunkörper genannt. Meistens sind diese Substanzen spezifisch in dem Sinne, daß dieselben nur mit dem entsprechenden Antigen reagieren. Die chemische Zusammensetzung der Antigene sowie die der Antikörper ist nicht bekannt; dieselben dürften wohl immer zu den Kolloiden gehören oder zum mindesten mit Kolloiden vergesellschaftet auftreten.

Die Antigene sind entweder in Wasser lösliche Substanzen oder treten dieselben als Bestandteile von Zellen auf. Zuerst sollen die wasserlöslichen Antigene besprochen werden.

Lösliche
Antigene. Zu diesen gehören in erster Linie gewisse giftige Substanzen tierischen oder vegetabilischen Ursprungs (Toxine), z. B. Schlangengifte, Bakteriengifte, Rizin (aus dem Samen von Ricinus communis), ferner Enzyme sowie auch gewisse Eiweißkörper ohne spezielle Wirkungen. Die Reaktion mit den Antikörpern (welche im Blutserum der Tiere enthalten sind) äußert sich bei den Giften durch Aufhebung der Giftwirkung, bei den Enzymen durch Hemmung der Enzymwirkung und bei gewissen Eiweißkörpern durch Bildung eines Niederschlages, der sowohl das Antigen wie den Antikörper enthält. Antikörper vom letzten Typus werden Präzipitine genannt.

Am längsten bekannt (durch die bahnbrechenden Untersuchungen von v. Behring)[2]) und am besten studiert sind diejenigen Antikörper, welche durch Toxine erzeugt werden und welche die Wirkung der Toxine auf den animalen

Antitoxine. Organismus neutralisieren (Antitoxine). Nach einer älteren Ansicht geschah dies durch irgendwelche Einwirkung des Antikörpers auf die gegen die Toxine empfindlichen Zellen. Nachdem es sich aber herausgestellt hat, daß die Toxine auch in vitro durch die Antikörper neutralisiert werden, ist man nunmehr fast allgemein der Ansicht, daß die Neutralisierung durch die Bildung irgendwelcher Verbindung zwischen dem Toxin und dem Antikörper zustande kommt. Über die Natur dieser Verbindung und über die Weise, wie dieselbe gebildet wird, darüber gehen die Ansichten sehr auseinander.

Die älteste Theorie, welche sehr zur Kenntnis hierhergehöriger Verhältnisse beigetragen hat, rührt von P. Ehrlich her, dem man die Methode verdankt, eine Toxinmenge durch Einspritzung an Tieren zu messen. Als Einheit wird diejenige Toxinmenge gewählt, welche eben genügt, um ein Meerschweinchen von gegebenem Gewicht in einer gewissen Zeit zu töten. Nach der sog. Seitenkettentheorie von Ehrlich[3]) besitzen die Toxine einerseits eine sog. haptophore Gruppe, mittelst welcher das Toxin sich an gewissen Zellen

Ehrlichs
Seiten-
ketten-
theorie. festzuhalten vermag, und andererseits eine sog. toxophore Gruppe, durch die das Toxin seine giftige Wirkung ausübt. Die Bildung der Antikörper nach dem Einspritzen der Toxine liegt nach Ehrlich daran, daß diejenigen Zellen, welche durch die Toxine angegriffen werden, mit sog. Rezeptoren ausgerüstet sind, welche für die Haftorgane der Toxine eben passen; die Toxine werden also an den fraglichen Zellen verankert und können erst dann mit Hilfe der

---

[1]) Zeitsch. f. physiol. Chem. 78, 128 (1912).   [2]) Deutsch. med. Wochenschr. 1892; Zeitschr. f. Hyg. 12 (1892).   [3]) Siehe z. B. Michaelis, Die Bindungsgesetze von Toxin und Antitoxin, Berlin 1905.

toxophoren Gruppe ihre Wirkung anfangen. Durch die Inanspruchnahme der Rezeptoren werden die Zellen zu erneuerter Produktion von Rezeptoren gereizt, und zwar werden so viele Rezeptoren hergestellt, daß dieselben abgestoßen werden und frei im Blutplasma erscheinen. Diese im Blute zirkulierenden Rezeptoren sind die Antikörper. Da dieselben imstande sind, das Toxin, unter dessen Einfluß sie gebildet wurden, zu binden, vermögen sie die mit solchen Rezeptoren versehenen Zellen gegen das Toxin zu schützen. Die toxophore Gruppe der Toxine kann beim Aufbewahren allmählich zerstört werden. Ein so verändertes Toxin kann sich fortwährend an Zellrezeptoren verankern und dadurch die Bildung von Antikörpern auslösen, aber keine giftige Wirkung ausüben. Ein Toxin ohne toxophore Gruppe wird von EHRLICH Toxoid genannt. Aus dem Gesagten folgt auch, daß die Toxoide mit dem Antikörper sich verbinden können. Toxide.

Beim Neutralisieren eines Toxins entsteht nach EHRLICH eine chemische Verbindung zwischen dem Toxin und dem Antikörper und zwar wird von dieser Verbindung so viel gebildet, daß entweder das Toxin oder der Antikörper vollständig verbraucht wird. Nun sind aber die Bakteriengifte keine einfachen Körper, sondern Mischungen von mehreren Giften von verschiedener Giftigkeit und verschiedener Avidität zum Antikörper. Meistens werden die giftigsten zuerst neutralisiert, aber es kommt auch vor, daß ein weniger giftiger oder sogar ungiftiger Körper zunächst durch den Antikörper gebunden wird (Prototoxoide) oder daß ungiftige Körper parallel mit den eigentlichen Toxinen gebunden werden (Syntoxoide). Die erst nach der Bindung der eigentlichen Toxine gebundenen weniger giftigen oder ungiftigen Stoffe werden Toxone (auch Epitoxoide) genannt. Je nach den relativen Mengen und der Avidität der verschiedenen Bestandteile der Giftlösungen kann der Erfolg der Zugabe einer gewissen Menge Antikörper ganz verschieden ausfallen. Reihen-
folge des
Neutrali-
sierens.

Der Theorie von EHRLICH gegenüber vertritt ARRHENIUS die Ansicht, daß die Verbindung zwischen Toxin und Antikörper zwar chemischer Natur ist, aber daß deren Bildung nicht bis zum Verbrauch des einen Komponenten verläuft. Vielmehr stellt sich zwischen einerseits dem freien Toxin und dem freien Antikörper und andererseits der Verbindung von beiden ein Gleichgewicht ein, wie es das Massenwirkungsgesetz verlangt.

Die Giftwirkung, welche Mischungen aus Toxin und Antikörper geben, rührt von denjenigen Toxinmengen her, welche immer frei bleiben müssen[1]. Nach dieser Theorie ist also das Toxin ein einheitliches Gift; indessen nimmt ARRHENIUS nunmehr mit EHRLICH an, daß das Gift langsam in eine ungiftige oder weniger giftige Substanz sich verwandelt, die dasselbe Bindungsvermögen für Antitoxin hat, wie das Toxin selbst[2]. Theorie
von
Arrhenius.

Sowohl die Theorie von EHRLICH, ebenso wie die von ARRHENIUS, nehmen also eine chemische Bindung zwischen dem Antigen und dem Antikörper an. Nach EHRLICH kann außerdem noch das Substrat (oder die gegen das Antigen empfindlichen Zellen) mit dem Antigen sich verbinden, was mit der Theorie von ARRHENIUS unvereinbar ist. Bindung
des Anti-
gens am
Substrat.

Die Verbindung Toxin-Antikörper entsteht erst allmählich und zwar wird es nunmehr von allen Seiten angenommen, daß das Toxin durch einen sekundären Prozeß am Antikörper verfestigt wird (Ausnahme: Kobragifte). Die Verbindung Toxin-Antitoxin ist also nicht in gewöhnlichem Sinne reversibel. Dies wird am einfachsten dadurch bewiesen, daß bis zu einer gewissen Grenze um so mehr Toxin neutralisiert wird, eine je längere Zeit verfließt, bevor die freigebliebene Toxinmenge durch Einspritzung an Tieren oder in anderer Weise

---

[1] Zeitschr. f. physik. Chem. 44, 7 (1903). [2] Immunochemie, Leipzig 1907. S. 132.

Verfesti-
gung und
Freiwerden
des
Antigens.

bestimmt wird[1]). Aus der Toxin-Antitoxinverbindung ist es in einigen Fällen gelungen, das Toxin wieder in wirksamer Form zu gewinnen und zwar durch Behandlung mit sehr verdünnter Salzsäure (MORGENROTH[2])). Vgl. auch S. 50 über das Freiwerden von Lab aus der Verbindung mit normalem Serum und mit Eierklar. Aus der Verbindung von Lab mit Antilab, erhalten durch Immunisierung, konnte HEDIN ebenfalls durch Behandlung mit Salzsäure und Neutralisieren das Lab wieder in wirksamer Form erhalten[3]).

Adsorp-
tions-
theorie.

Neuerdings ist eine dritte Betrachtungsweise der Toxin-Antitoxinreaktion hervorgetreten, welche der Tatsache Rechnung trägt, daß die Reaktion in einem heterogenen System sich abspielt. Nach dieser wäre die Reaktion als ein Adsorptionsprozeß zu betrachten, und als Stütze für diese Auffassung lassen sich mehrere Beispiele anführen, wo fein verteilte feste Stoffe oder kolloide Substanzen Toxine aufnehmen und zwar in irreversibler Weise (NERNST[4]), BILTZ[5]), LANDSTEINER)[6]).

Mit Rücksicht auf die geformten Antigene sei folgendes bemerkt.

Zellen als
Antigene.

Werden gewisse Zellen, z. B. Bakterien, Blutkörperchen, Spermatozoen Tieren eingespritzt, so werden Antikörper gebildet, welche Immunkörper (auch Ambozeptoren oder Sensibilisatoren) genannt werden. An und für sich sind die Immunkörper unwirksam, bilden aber zusammen mit normal im Serum vorkommenden Substanzen, Komplementen (oder Alexinen), sog. Zytotoxine, welche die ihre Bildung auslösenden Zellengattungen zerstören. Solche Zytotoxine werden Bakteriolysine, Hämolysine usf. genannt, je nach der Art der angewandten Zellen. Die Immunkörper sind in ihrer Wirkung spezifisch, indem dieselben zusammen mit dem Komplement nur diejenige Zellenart angreifen, auf deren Anregung sie gebildet wurden, und dazu gegen Hitze beständig; die Komplemente können mit verschiedenen Immunkörpern zusammen arbeiten und sind sehr labil, indem dieselben meist bei 56° in einer halben Stunde zerlegt werden. Andere unter dem Einfluß von eingespritzten Zellen erzeugten Antikörper zeigen dadurch ihre Wirkung, daß die ihre Bildung auslösenden Zellen sich zusammenflocken und aneinander kleben. Solche Antikörper werden Agglutinine genannt.

Immun-
körper
und Kom-
plemente.

Ambozep-
toren.

In bezug auf die Immunkörper nimmt EHRLICH an, daß dieselben einerseits mit der Zellengattung, unter dessen Einwirkung sie entstanden sind, sich verbinden und andererseits auch mit den Komplementen. Sie dienen also dazu, die Komplemente, welche die eigentliche Giftwirkung ausüben, an die Zellen zu verfestigen (Ambozeptoren). Die Immunkörper entsprechen also der haptophoren Gruppe bei den Toxinen und die Komplemente der toxophoren. Nach der Ansicht von BORDET wirken die Immunkörper in der Weise auf die Zellen ein, daß die letzteren gegen die Komplemente empfindlich werden (Sensibilisatoren).

Wird ein gegebenes Immunserum auf 56° erhitzt, so wird nach dem Gesagten das Komplement zerlegt, und das Serum enthält nunmehr von dem ursprünglichen Zytotoxin nur den Ambozeptor, welcher aber nach Zugabe von normalem Serum (Komplement) wieder wirksam wird. Wird also ein Antigen, das entsprechende Immunserum auf 56° erhitzt (Ambozeptor) und normales Serum (Komplement) in passenden Mengen miteinander vermischt, so wird das Komplement gebunden, so daß, wenn nachträglich serumfreie rote Blutkörperchen und eine bestimmte Menge eines durch Immunisieren mit diesen

---

[1]) MARTIN und CHERRY, Proc. roy. soc. 1898, S. 420.   [2]) Berl. klin. Wochenschr. 1905, Nr. 5; Festschr. z. Eröffnung d. pathol. Instit. Berlin 1906; VIRCHOWS Arch. 190, 371 (1907).   [3]) Zeitschr. f. physiol. Chem. 77, 229 (1912).   [4]) Zeitschr. f. Elektrochem. 10, 379 (1904).   [5]) Ber. d. deutsch. chem. Gesellsch. 37, 3147 (1904); Beitr. z. exp. Therapie 1, 30 (1905).   [6]) Koll. Zeitschr. 3, 221 (1908); Bioch. Zeitschr. 15, 33 (1908).

gewonnenen Immunserums, das ebenfalls durch Erhitzen auf $56°$ seines Kom- Komple-
mentablen-
kung.
plements beraubt ist, zugesetzt werden, keine Auflösung der roten Blutkörper-
chen (Hämolyse) stattfindet. Fehlte dagegen im ersten Gemenge entweder
das Antigen oder die entsprechenden Ambozeptoren, so wurde das Komplement
nicht gebunden und es tritt nachträglich Hämolyse ein, weil das Komplement
mit den zugesetzten hämolytischen Ambozeptoren sich verbinden kann. Auf
diesem Wege hat man versucht, die Gegenwart von einem Antigen oder von
Ambozeptoren, welche für das Antigen angepaßt sind, nachzuweisen (Methode
der Komplementablenkung).

Die durch Immunisierung gebildeten Schutzstoffe können den Organismus
gegen vielfach tödliche Dosen des Antigens schützen, und die Wehrkraft kann
durch parenterale Einführung des Immunserums anderen Organismen mitgeteilt werden. Man bezeichnet die erworbene Immunität dann als aktive, Aktive und
wenn der Organismus die Antigene erhalten und selber die entsprechenden Immunität.
Schutzstoffe produziert hat. Im Gegensatz dazu wird die Immunität dann als
passive bezeichnet, wenn der Organismus die von einem anderen Lebens-
wesen bei aktiver Immunisierung gebildeten Antikörper zugeführt erhält.

Bei der Immunisierung wird unter gewissen Verhältnissen beobachtet,
daß ein Zustand, von Überempfindlichkeit gegen das Antigen dem Auftreten
des refraktären Zustandes vorangeht. Diese Überempfindlichkeit gilt nur Anaphy-
gegen das angewandte Antigen und ist folglich spezifisch. Dieselbe ist bei der laxie.
Anwendung von sowohl löslichen wie von geformten Antigenen beobachtet
worden. Das rätselhafte Phänomen wird Anaphylaxie genannt.

V. Ionen- und Salzwirkungen.

Wir haben schon verschiedene Prozesse erwähnt, welche auf den Einfluß
von Ionen zurückzuführen waren. Hierher gehören z. B. die Ausfällung von
Suspensionskolloiden durch Elektrolyte, sowie auch verschiedene katalytische
Prozesse. Daß es sich in dem letzteren Falle um Ionenwirkung handelt, wurde
dadurch bewiesen, daß der Geschwindigkeitskoeffizient der Konzentration
einer bestimmten Ionengattung proportional sich erwies. Indessen hat es sich
gezeigt, daß der Geschwindigkeitskoeffizient z. B. bei der Inversion des Rohrzuckers durch Säure nur beim Gebrauch von verdünnten Säuren der Konzentration der H-Ionen proportional ist. Bei größeren Konzentrationen treten Ionen als
Störungen ein, welche der Einwirkung der negativen Ionen der Säuren zu- Katalysa-
geschrieben werden. In ähnlicher Weise können katalytische Prozesse durch toren.
zugesetzte Salze beeinflußt werden (Salzwirkung).

In bezug auf die Enzyme vertritt MICHAELIS die Ansicht, daß dieselben
Ampholyte (S. 24) sind, welche als Anionen, Kationen oder nicht dissoziierte
Moleküle ihre Wirkung entfalten. Die Form, in welcher sie wirken, wird bestimmt durch die Konzentration der Wasserstoffionen einerseits im isoelek- Ferment-
trischen Punkt, anderseits bei der optimalen Wirkung[1]). Indessen hat W. E. ionen.
RINGER gezeigt, daß die Lage des isoelektrischen Punktes in hohem Grade
durch verunreinigendes Eiweiß bedingt sein kann und auch daß die Lage der
optimalen Wirkung in hohem Grade vom angewandten Substrate abhängt[2]).

Viele enzymatische Prozesse werden durch die Gegenwart von Salzen
der Alkalien oder alkalischen Erden beeinflußt. So ist nach Beobachtungen
von BIERRY, GIAJA und HENRI sowie von PRETI[3]) lange dialysierter Pankreas-

---

[1]) Die Wasserstoffionenkonzentration, Berlin 1914, wo auch Literaturverzeichnis.
[2]) Koll. Zeitschr. **19**, 253 (1916). [3]) Compt. rend. soc. biol. **60**, 479 (1906); **62**, 432 (1907);
Bioch. Zeitschr. **4**, 1 (1907); **40**, 357 (1912).

Salze und
Enzyme.

saft fast ohne Einfluß auf Stärke, wird aber durch Zugabe von NaCl oder anderen Salzen wieder wirksam. Nach WOHLGEMUTH kann die diastatische Kraft des Speichels durch Zusatz von NaCl um das 10-fache gesteigert werden[1]). Das Wirksame ist in beiden Fällen das Anion. (Vgl. S. 40 über Co-Enzyme.) Bemerkenswert ist auch die stark hemmende Wirkung, welche NaFl auf die enzymatische Spaltung von Estern ausübt (LOEVENHART und PEIRCE, AMBERG und LOEVENHART)[2]).

Giftwir-
kungen
durch
Ionen.

Auch andere Wirkungen von Salzen werden auf Ionenwirkungen zurückgeführt. Hierher gehören die Versuche von DRESER, nach welchen Quecksilbersalze, welche verhältnismäßig stark dissoziiert sind, auf organische Gebilde (Hefe, Froschherz) giftig wirken, während das Kaliumquecksilberhyposulfit fast ungiftig ist. Da das letztere Salz sehr wenig freie Hg-Ionen enthält, wird die Giftwirkung im ersteren Falle den Ionen zugeschrieben[3]). Zu ähnlichen Resultaten gelangten PAUL und KRÖNIG, welche die Giftigkeit von Quecksilbersalzen für Sporen untersuchten. Dieselben fanden z. B., daß K_2Cy_4Hg, das kaum Hg-Ionen enthält, weit weniger giftig ist, als eine äquivalente Lösung von $HgCy_2$[4]). Ähnliche Verhältnisse wurden von MAILLARD mit Kupfersalzen nachgewiesen[5]).

Für das Zellenleben und den Stoffwechsel ist die Bedeutung des Wassers und der Mineralstoffe ebenso groß, wie die der organischen Zellbestandteile. Bezüglich des Wassers geht dies schon daraus hervor, daß der Tierkörper zu etwa $2/3$ aus Wasser besteht. Erinnert man sich ferner, daß das Wasser für die normale physikalische Beschaffenheit der Gewebe von der allergrößten Be-

Bedeutung
des
Wassers.

deutung ist, daß die Lösung zahlreicher Stoffe und die Dissoziation chemischer Verbindungen, alle Saftströmung, aller Stoffumsatz, alle Zufuhr von Nahrung, aller Zuwachs oder Zerfall und alle Abfuhr der Zerfallsprodukte an die Gegenwart von Wasser gebunden ist, und daß das letztere außerdem durch seine Verdunstung zu einem wichtigen Regulator der Körpertemperatur wird, so ist es ohne weiteres ersichtlich, daß das Wasser ein notwendiges Lebensbedingnis sein muß.

Die in den Zellen von höheren Pflanzen und Tieren regelmäßig gefundenen Mineralstoffe sind **Kalium, Natrium, Kalzium, Magnesium, Eisen, Phosphorsäure, Schwefelsäure, Chlor** und vielleicht auch **Jod** (JUSTUS). Hierzu kommen in gewissen Zellen oder Organen auch **Mangan, Lithium, Barium, Silizium, Fluor, Brom** und **Arsen**[6]).

Mineral-
stoffe.

Es ist hauptsächlich das Verdienst LIEBIGS, den Nachweis geführt zu haben, daß die Mineralstoffe für die normale Zusammensetzung der Organe und Gewebe wie auch für den normalen Verlauf der Lebensvorgänge ebenso notwendig wie die organischen Körperbestandteile sind. Diese Bedeutung der Mineralbestandteile erhellt schon daraus, daß es kein tierisches Gewebe und keine tierische Flüssigkeit gibt, in welchen nicht Mineralstoffe enthalten sind, und ferner daraus, daß gewisse Gewebe und Gewebselemente regelmäßig vorwiegend gewisse und nicht andere Mineralstoffe enthalten. Diese Verteilung ist bezüglich der Alkaliverbindungen im allgemeinen derart, daß die Natriumverbindungen vorzugsweise in den Säften, die Kaliumverbindungen dagegen

---

[1]) Bioch. Zeitsch. **9**, 1 (1908).   [2]) Journ. of biol. Chem. **2**, 397 1(907); **4**, 149 (1908).   [3]) Arch. exp. Pathol. u. Pharm. **32**, 456 (1893). [4]) Zeitschr. f. physik. Chem. **31**, 411 (1896).   [5]) Compt. rend. soc. biol. **50**, 1210 (1898).   [6]) JUSTUS, VIRCHOWS Arch. **170**, 176 u. **190**. Bezüglich des Arsens vgl. man die Arbeiten von GAUTIER, Compt. rend. **129**, **130**, **131**, **139**; BERTRAND, Ebenda **134**; SEGALE, Zeitschr. f. physiol. Chem. **42**; KUNKEL, Ebenda **44**. Hinsichtlich des Bariums s. SCHULTZE und THIERFELDER, Sitzungsber. d. Gesellsch. naturforsch. Freunde 1905, Nr. 1 (Separat); bezüglich des Lithiums E. HERMANN, PFLÜGERS Arch. **109**, und bezüglich des Mangans H. C. BRODLEY, Journ. of biol. Chem. **3**.

hauptsächlich in den Formelementen vorkommen. Dementsprechend enthält die Zelle in der Regel Kalium, hauptsächlich als Phosphat, während sie weniger reich an Natrium- und Chlorverbindungen ist. Durch die grundlegenden Versuche von FORSTER wissen wir, daß anorganische Salze auch als Bestandteile der Nahrung für den tierischen Organismus unentbehrlich sind[1]).

Antagonistische Salzwirkung.

Wir haben bereits die Bedeutung der Salze für die Herstellung eines für jeden Organismus ziemlich konstanten osmotischen Druckes besprochen. Daß die Bedeutung der Salze nicht zu der Erhaltung des osmotischen Druckes beschränkt ist, geht zur Genüge daraus hervor, daß verschiedene Salzlösungen desselben osmotischen Druckes für die Erhaltung der Funktionsfähigkeit ausgeschnittener Organe nicht gleichwertig sind. Nachdem S. RINGER nachgewiesen hatte, daß verschiedene organische Gebilde am besten funktionsfähig erhalten bleiben in einer Lösung, die zur selben Zeit NaCl, $CaCl_2$ und KCl enthält[2]), haben verschiedene Forscher die zweckmäßige Zusammensetzung solcher Lösungen angegeben. Für die Durchströmungsflüssigkeit des Säugetierherzens gibt LOCKE folgende Zusammensetzung an: 0,9—1% NaCl, 0,02—0,024% $CaCl_2$, 0,02—0,042% KCl, 0,01—0,03% $NaHCO_3$[3]). Jedes der Salze NaCl, $CaCl_2$ und KCl übt für sich eine giftige Wirkung auf die Organe aus; diese Wirkung wird aber durch die Gegenwart der beiden anderen Salze aufgehoben (antagonistische Salzwirkung). Nach ZWAARDEMAKER liegt der Einfluß des Kaliums an dessen Radioaktivität, und das Kalium kann durch äquiradioaktiven Mengen anderer Elemente ersetzt werden[4]).

Die Wirkung der Salze ist in den letzten Jahren namentlich von J. LOEB und seinen Mitarbeitern studiert worden. Als allgemeines Resultat hat sich dabei ergeben, daß das für die Erhaltung des Lebens günstigste Mengenverhältnis der drei Salze NaCl, KCl und $CaCl_2$ dasselbe ist wie das im Blute vorhandene. Besonders interessant sind die Versuche mit einem Meeresteleostier, Fundulus heteroclitus. Dieser Fisch kann merkwürdigerweise auch in destilliertem Wasser leben und ist also innerhalb weiter Grenzen von dem osmotischen Druck des umgebenden Mediums unabhängig. Folglich ist derselbe für das Studium der Giftwirkung von Salzen oder Salzmischungen besonders geeignet. Auf diesen Fisch wirkt KCl in Konzentrationen, in welchen es im Seewasser vorhanden ist giftig, wenn es allein in der Lösung ist. Dasselbe gilt für NaCl. Dagegen leben die Fische beliebig lange in reinen Lösungen von $CaCl_2$ von der Konzentration, in welcher dieses Salz im Seewasser enthalten ist. 1 Mol. KCl kann durch 17 Mol. NaCl ziemlich vollständig entgiftet werden oder durch 8½ Mol. Na_2SO_4. ½ Mol. K_2SO_4 ist ebenso giftig wie 1 Mol. KCl. Die Giftigkeit der Kaliumsalze ist folglich an den K-Ionen gebunden und die entgiftende Substanz ist das Na-Ion. $CaCl_2$ entgiftet eine KCl-Lösung bereits, wenn $^1/_{30}$ Mol. $CaCl_2$ auf 1 Mol. KCl vorhanden ist. $SrCl_2$ weist ein fast so großes Entgiftungsvermögen auf wie $CaCl_2$. NaCl in Konzentrationen, in welchen dieses Salz im Seewasser enthalten ist, läßt sich nur unvollständig durch KCl entgiften; erst durch Zugabe von $CaCl_2$ läßt sich eine vollständige Entgiftung herbeiführen. Die giftige Wirkung von Säuren auf Fundulus kann ebenso durch Neutralsalze aufgehoben werden[5]).

Fundulusversuche.

Die befruchteten Eier von Fundulus entwickeln sich nach LOEB ebensogut in salzfreiem Wasser wie in Meereswasser. Bringt man aber die befruchteten Eier in eine NaCl-Lösung von dem osmotischen Druck des Meereswassers, so sterben dieselben ab; die Giftigkeit der NaCl-Lösung kann aber durch

Funduluseier.

[1]) Zeitschr. f. Biol. 9, 297 (1873); 12, 464 (1877). [2]) Journ. of Physiol. 6, 154, 361 (1885); 7, 118 (1886); 16, 1; 17, 23 (1895); 18, 425 (1896). [3]) Zentralbl. f. Physiol. 14, 672 (1900). [4]) PFLÜGERS Arch. 173, 29 (1918). [5]) Bioch. Zeitschr. 31, 450; 32, 155, 308; 33, 480, 489 (1911); 39, 167; 43, 181 (1912).

Theoretisches.

geringe Mengen eines fast beliebigen Salzes mit mehrwertigem Kation aufgehoben werden. Nicht nur die Salze der Erdalkalien, sondern auch die der Schwermetalle (z. B. Zinksulfat oder Bleiazetat) können in passender Konzentration die Giftigkeit der NaCl-Lösung neutralisieren[1]). Die Eier können also in Lösungen sich entwickeln, welche den fertigen Fisch töten.

Die antagonistische Wirkung von Salzen auf organische Gebilde liegt nach LOEB daran, daß die Salze in passenden Verhältnissen vermischt gleichsam eine „Gerbung" der Protoplasmaoberfläche der Zellen bewirken, infolge welcher die Zellen für gewisse schädliche Substanzen, zu welchen auch die Salze selbst zu rechnen sind, undurchlässig werden. Die befruchteten Eier von Fundulus werden bereits durch NaCl + ein Schwermetallsalz gegerbt, nicht aber die fertigen Fische[2]). Mehrere Beobachtungen deuten darauf hin, daß die Eier nach der Befruchtung leichter permeabel sind als vor derselben[3]).

Anhang: Bestimmung der Reaktion einer Lösung. Die Reaktion der Lösung, in welcher eine chemische Reaktion stattfindet, spielt in vielen Fällen eine wichtige Rolle. Da andererseits die saure oder alkalische Reaktion einer Lösung an deren Gehalt an H- bzw. OH-Ionen liegt, ist es oft von Bedeutung, die Konzentration der genannten Ionengattungen bestimmen zu können. Diese läßt sich besonders in der Gegenwart von organischen Salzen nicht durch Titration mit Alkali bzw. Säure bestimmen. Bei dieser Titration wird nämlich das in der Lösung bestehende Gleichgewicht gestört, und es finden folglich auch andere Umsetzungen statt als die Neutralisation der H- bzw. OH-Ionen. Die verbrauchte Menge an Alkali bzw. Säure entspricht folglich nicht der ursprünglichen Konzentration der H- bzw. OH-Ionen.

Nach dem Massenwirkungsgesetze besteht zwischen den bei der Dissoziation des Wassers gebildeten Ionen H und OH einerseits und der Konzentration der nicht dissoziierten Moleküle andererseits folgende Gleichung:

$$C_H \cdot C_{OH} = K_1 \cdot C_{H2O},$$

wo C_H, C_{OH}, die Konzentrationen der H- und OH-Ionen, C_{H2O} die der nicht dissoziierten Wassermoleküle und K_1 eine Konstante bedeuten. Da C_{H2O} in nur einigermaßen verdünnten Lösungen als konstant zu betrachten ist, so haben wir

$$C_H \cdot C_{OH} = K,$$

wo K die Dissoziationskonstante des Wassers genannt wird. Da K eine konstante Größe ist, läßt sich folglich die eine von den Zahlen C_H und C_{OH} berechnen, wenn die andere bekannt ist. Da C_H gewöhnlich bequemer als C_{OH} sich bestimmen läßt, wird C_H gewöhnlich auch für alkalisch reagierende Lösungen bestimmt. Umfassende Untersuchungen über diesen Gegenstand sind von SÖRENSEN ausgeführt worden[4]). Derselbe findet für K bei 18⁰ den Wert $10^{-14,14}$. C_H wird in zweierlei Weise bestimmt. Die bessere Methode, die elektromotorische, gründet sich auf die von NERNST entwickelte Theorie für die elektromotorische Kraft der Gasketten[5]). Wird nämlich ein mit Platinschwarz beladenes Platinblech mit Wasserstoff gesättigt und in eine wäßrige Lösung getaucht, so entsteht zwischen dem Platin und der Lösung eine elektrische Potentialdifferenz, deren Größe gesetzmäßig von der Konzentration der Wasserstoffionen in der Lösung abhängt. Auf diese Theorie und die Ausführung der Messung der Potentialdifferenz soll hier nicht des Näheren eingegangen werden[6]). Wird die Konzentration der Wasserstoffionen C_H in Gramionen pro Liter durch die Zahl 10^{-p} ausgedrückt, so wird nach dem

[1]) PFLÜGERS Arch. **88**, 68 (1901). [2]) Science **34**, 653 (1911). [3]) LILLIE, Amer. Journ. of Physiol. **27**, 289 (1911); MC CLENDON, Ebenda **27**, 240; Science **32**, 122, 317; LYON und SHACKELL, Ebenda **32**, 249 (1910). [4]) Bioch. Zeitschr. **21**, 131 (1909); auch Ergebn. d. Physiol. **11**. [5]) Zeitschr. f. physik. Chemie **4**, 129 (1889). [6]) Die Literatur bezüglich der Bestimmung findet man in der zitierten Arbeit von SÖRENSEN, S. 151.

Vorschlag von Sörensen der Name **Wasserstoffionenexponent** und die Bezeichnung p_H für den numerischen Wert des Exponenten dieser Potenz benutzt. Das Verhältnis zwischen p_H und der elektromotorischen Kraft π an der Berührung zwischen dem Platin und der Lösung läßt sich graphisch durch eine Gerade ausdrücken, infolgedessen, wenn π bekannt ist, p_H sehr leicht gefunden werden kann (die Exponentiallinie). Wasser-
stoffionen-
exponent.

    Die andere Methode, deren Sörensen für die Bestimmung von C_H sich bedient, ist eine kolorimetrische und beruht auf Anwendung von Indikatoren. Es werden nach vielen Prüfungen 20 Indikatoren empfohlen, von denen aber den einzelnen ein ganz bestimmtes Anwendungsgebiet zufällt[1]. Sobald es um mehr als eine qualitative Schätzung sich handelt, müssen die durch die Indikatoren hervorgerufenen Farbenuancen mit den in Lösungen von bekannten Konzentrationen der H-Ionen durch dieselben Indikatoren erzeugten Nuancen verglichen werden. Solche Standardlösungen, welche es erlauben, die Konzentrationen der H-Ionen in beliebiger Weise zu variieren, werden von Sörensen angegeben, und der Abhandlung wird eine Kurventafel beigegeben, aus welcher, wenn die Zusammensetzung einer Standardlösung bekannt ist, der entsprechende Wert von p_H abgelesen werden kann. Die Ziffer p_H ist für die Standardlösungen mit Hilfe der elektrometrischen Methode bestimmt. Die Standardlösungen sind so gewählt, daß dieselben als natürliche Schutzwehr gegen zu schroffe Änderungen von p_H dienen (sog. **Puffer**)[2]. Indi-
katoren.

Standard-
lösungen.

    Wie oben gesagt, ist nach Sörensen die Dissoziationskonstante des Wassers $= 10^{-14,14}$ bei 18^0 oder $C_H \cdot C_{OH} = 10^{-14,14}$. Bei neutraler Reaktion ist $C_H = C_{OH}$ und folglich $C^2_H = 10^{-14,14}$, $C_H = 10^{-7,07}$ oder $p_H = 7,07$. Geringere Werte für p_H entsprechen saurer und größere alkalischer Reaktion.

    Für elektrometrische Reaktionsbestimmungen kohlensäurehaltiger Flüssigkeiten hat Hasselbalch eine Abänderung der Sörensenschen Methodik vorgeschlagen[3]. Mit Hilfe derselben haben Hasselbalch und Lundsgaard Messungen über die Reaktion des Blutes ausgeführt[4]. Aus denselben geht hervor, daß bei einer Temperatur von $38,5^0$, wo der Wert $p_H = 6,78$ der neutralen Reaktion entspricht, für defibriniertes Ochsenblut die Zahl $p_H = 7,36$ erhalten wird und die Reaktion folglich schwach alkalisch ist. Der Einfluß der respiratorischen Schwankungen der CO_2-Spannung auf die H-Ionenkonzentration des Blutes ist von meßbarer Größe. Das Gesamtblut besitzt größere H-Ionenkonzentration als das Serum bei gleicher CO_2-Spannung aber kleiner als die Blutkörperchen. Für Menschenblut, mit CO_2 unter 40 mm Spannung bei 38^0 gesättigt, fand Lundsgaard $p_H = 7,19$[5]. Als Mittelwert des normalen Venenblutes des Menschen fanden Michaelis und Davidoff $p_H = 7,35$ für $37,5$[6]. Reaktion
des Blutes.

---

[1] Sörensen, Enzymstudien, Biochem. Zeitschr. **21**, 253. [2] Ebenda S. 167. [3] Ebenda **30**, 317 (1910). [4] Ebenda **38**, 77 (1911). [5] Ebenda ·**41**, 264 (1912). [6] Ebenda **46**, 131 (1912).

Zweites Kapitel.

Die Proteine.

Proteine.

Die Hauptmasse der organischen Bestandteile der tierischen Gewebe besteht aus amorphen, stickstoffhaltigen, sehr zusammengesetzten Stoffen von hohem Molekulargewichte. Diese Stoffe, welche entweder Eiweißstoffe im engeren Sinne oder auch ihnen nahe verwandte Stoffe sind, nehmen durch ihr reichliches Vorkommen unter den organischen Bestandteilen des Tierkörpers **Proteine.** den ersten Rang ein. Aus diesem Grunde sind sie auch zu einer besonderen Gruppe zusammengeführt worden, der man den Namen die Proteingruppe (aus πρωτενω, ich bin der erste, nehme den ersten Rang ein) gegeben hat. Sämtliche dieser Gruppe angehörigen Stoffe nennt man Proteinstoffe oder Proteine, wenn auch in einzelnen Fällen die Eiweißstoffe im engeren Sinne mit demselben Namen bezeichnet werden.

Proteine im allgemeinen. Sämtliche Proteine[1]) enthalten Kohlenstoff, Wasserstoff, Stickstoff und Sauerstoff. Die meisten enthalten auch Schwefel, einige daneben Phosphor und einige auch Eisen. Kupfer, Chlor, Jod und Brom sind auch in einigen Fällen gefunden worden. Beim Erhitzen werden alle Proteine allmählich zersetzt. Sie entwickeln dabei einen starken Geruch nach verbranntem Horn oder verbrannter Wolle. Gleichzeitig geben sie brennbare Gase, Wasser, Kohlensäure, Ammoniak, stickstoffhaltige Basen nebst mehreren anderen Stoffen ab und hinterlassen eine reichliche Menge Kohle. Bei tiefgreifender hydrolytischer Spaltung liefern sie als Zersetzungsprodukte namentlich reichlich α-Monoaminosäuren verschiedener Art.

Verteilung des Stickstoffes. Der Stickstoff kommt in den Proteinen in verschiedenartiger Bindung vor, und dies macht sich auch in der Verteilung des Stickstoffes auf den Spaltungsprodukten derselben kund. Beim Sieden mit verdünnten Mineralsäuren erhält man 1. den als Ammoniak abspaltbaren sog. Amidstickstoff, 2. einen mit Diaminovaleriansäure zu Arginin verbundenen Guanidinrest, den man auch als harnstoffbildende Gruppe bezeichnet hat, 3. den in basischen, durch Phosphorwolframsäure fällbaren Produkten (zu welchen auch der Guanidinrest im Arginin gehört) enthaltenen sog. Basenstickstoff, „Diaminosäurenstickstoff" oder „Hexonbasenstickstoff", 4. den Monoaminosäurenstickstoff und 5. den Stickstoff der in wechselnden Mengen auftretenden

---

[1]) Die Literatur über die Proteine bis zum Jahre 1885 findet man bei E. Drechsel in seinem Aufsatze über Eiweißstoffe in Ladenburgs Handwörterbuch der Chemie 3, S. 534—589. Die neuere Literatur findet man bei O. Cohnheim, Chemie der Eiweißkörper. 3. Aufl. Braunschweig 1911; und die neueste, bis zu 1915, in Abderhalden, Biochem. Handlexikon 9 (Ergänzungsband).

humusähnlichen Melanoidine, die indessen nur sekundär entstandene Laborationsprodukte sein dürften.

Die quantitative Verteilung des Gesamtstickstoffes auf die obigen fünf Gruppen ist in verschiedenen Proteinen eine verschiedene, kann aber infolge der obengenannten Melanoidinbildung und gewisser Mängel der bisher gebrauchten Methoden nicht ganz sicher angegeben werden. Das Folgende dürfte jedoch wenigstens eine ungefähre Vorstellung geben können. Der locker gebundene sog. Amidstickstoff scheint in den Protaminen gänzlich zu fehlen. Im Leime beträgt er 1—2, in anderen tierischen Proteinen 5—10, in gewissen pflanzlichen Eiweißstoffen, den Prolaminen (vgl. S. 81), dagegen 13—25 p. c. von dem Gesamtstickstoffe. Der Guanidinstickstoff kann in den Protaminen 22—44, in den Histonen 12—13, im Leime etwa 8 und in anderen Proteinen etwa 2—5 p. c. vom Gesamtstickstoffe betragen. Für den durch Phosphorwolframsäure fällbaren Basenstickstoff (einschließlich des Guanidinrestes) hat man bei den Protaminen rund 35—88, in den Histonen 35—42,5 und in anderen tierischen Proteinen 15—30 p. c. erhalten. In den Prolaminen hat man 3—6, aber in pflanzlichem Globulin (Globulin aus Weizen) sogar 37 p. c. von dem Gesamtstickstoffe als phosphorwolframsäurefällbar gefunden. Die Hauptmenge des Stickstoffes, 55—76 p. c., kommt in allen Proteinen, außer den Protaminen, auf die Monoaminosäuregruppe. Die Zahlen für den Melanoidinstickstoff schwanken zu bedeutend, um hier Erwähnung zu finden.

Verteilung des Stickstoffes.

Als Hauptresultat sowohl älterer wie neuerer Untersuchungen hat sich ergeben, daß der Stickstoff in den Proteinen in solcher Bindung vorkommt, daß seine Hauptmenge bei Hydrolyse mit Säuren in der Form von Aminosäuren abgespalten wird. Die Amidgruppen dieser Aminosäuren reagieren regelmäßig mit salpetriger Säure nach dem Schema: $RNH_2 + HNO_2 = ROH + N_2 + H_2O$, und die Menge des hierbei freigewordenen Stickstoffes kann mittels eines von D. van SLYKE[1]) konstruierten Apparates bestimmt werden. Das von ihm ausgearbeitete Verfahren hat auch vielfach zur Untersuchung der Hydrolyseprodukte der Proteine und der Stickstoffverteilung in ihnen Anwendung gefunden.

Desamidierung.

Daß auch bei der Einwirkung von salpetriger Säure direkt auf Proteine eine teilweise Desamidierung stattfinden kann, ist schon längst bekannt gewesen. Die Menge des freigewordenen Stickstoffes war indessen in diesen Fällen meist eine geringe, 1—2 p. c., und hieraus zog man den Schluß, daß NH_2-Gruppen nur in geringen Mengen in den Proteinen vorkommen. Dies dürfte allerdings für eine große Anzahl von solchen zutreffend sein, gilt aber nicht für alle, z. B. nicht für die an Arginin und Lysin reichen einfachen Proteine, die sog. Protamine. So haben KOSSEL und CAMERON[2]) gefunden, daß die beiden Protamine Salmin und Klupein, welche keine andere Hexonbase (vgl. unten) als Arginin enthalten, trotz der Gegenwart von einer endständigen NH_2-Gruppe in dem Guanidinkomponente dieser Aminosäure bei dem v. SLYKEschen Verfahren keinen Stickstoff entwickeln. Dies rührt daher, daß, wie v. SLYKE gezeigt hat, das Guanidin bei dem angegebenen Verfahren nicht mit salpetriger Säure reagiert. Die lysinhaltigen Protamine geben dagegen die Hälfte des Lysinstickstoffes ab, nämlich denjenigen Stickstoff, welcher in der freien ε-Amidgruppe des Lysins (vgl. Lysin) enthalten ist. v. SLYKE und BIRCHARD[3]) haben ferner gezeigt, daß die Menge des mit der HNO_2-Methode

Amidgruppen in den Proteinen.

---

[1]) Ber. d. d. chem. Gesellsch. **43** u. **44** und Journ. of biol. Chem. **9, 10, 12, 16**.
[2]) KOSSEL u. CAMERON, Zeitschr. f. physiol. Chem. **76**; KOSSEL und F. WEISS ebenda **78**.
[3]) Journ. of biol. Chem. **16**.

aus einigen Proteinen freigemachten Stickstoffes gerade der Hälfte des in ihnen enthaltenen Lysinstickstoffes entspricht.

OSBORNE, LEAVENWORTH und BRAUTLECHT, welche mit Pflanzenproteinen arbeiteten, haben es wahrscheinlich gemacht, daß in dem Bau der Proteine auch Säureamide — Glutamin und Asparagin — eingehen können. Derselben Ansicht sind auch A. C. ANDERSEN und R. ROED, und diese Annahme hat in den Untersuchungen von THIERFELDER und E. v. CRAMM[1]) über glutaminhaltige Polypeptide eine weitere Stütze erhalten.

Ein Teil des Stickstoffes in den Proteinen kommt nach dem obigen wohl unzweifelhaft in NH_2-Gruppen vor; die Größe dieses Teiles, welche in verschiedenen Proteinen eine verschiedene ist, läßt sich indessen nicht ganz sicher angeben. Daß die Hauptmasse des Stickstoffes in den Proteinen, wenn auch andere Bindungsformen daneben vorkommen, in imidartig untereinander verknüpften Aminosäuren enthalten ist, soll in dem Folgenden ausführlicher entwickelt werden.

Bindung des Stickstoffes

Der Schwefel kommt in den verschiedenen Proteinen in sehr verschiedener Menge vor. Einzelne, wie die Protamine und angeblich auch gewisse Bakterieneiweißkörper[2]), sind schwefelfrei. Andere, wie der Leim und das Elastin, sind sehr arm an Schwefel, während andere, namentlich die Hornsubstanzen, verhältnismäßig reich daran sind. Bei hydrolytischer Spaltung mit Mineralsäuren wird der Schwefel der Proteine regelmäßig, wenigstens zum Teil, als Zystin (K. MÖRNER) oder bei schwefelarmen Stoffen als Zystein (EMBDEN), welch letzteres jedoch nach MÖRNER und PATTEN erst sekundär entsteht, abgespalten. Aus einigen Proteinen hat man auch α-Thiomilchsäure (SUTER, FRIEDMANN, FRÄNKEL), die nach K. MÖRNER ebenfalls sekundär entsteht, Merkaptane und Schwefelwasserstoff (SIEBER und SCHOUBENKO, RUBNER) und einen nach Äthylsulfid riechenden Körper (DRECHSEL) erhalten[3]).

Schwefel in Proteinen.

Bei der Einwirkung von siedender Kali- oder Natronlauge scheidet sich regelmäßig ein Teil des Schwefels als Schwefelalkali ab, welches mit Bleiazetat nachgewiesen und quantitativ bestimmt werden kann. Der Rest läßt sich dagegen nur nach dem Schmelzen mit Alkali und Salpeter als Sulfat nachweisen. Die Relation zwischen dem mit Alkali abspaltbaren und nicht abspaltbaren Schwefel ist bei verschiedenen Proteinen eine verschiedene[4]); hieraus lassen sich aber keine bestimmten Schlüsse bezüglich der Anzahl Bindungsformen des Schwefels im Proteinmoleküle ziehen. Aus dem Zystin können nämlich, wie K. MÖRNER gezeigt hat, rund nur $3/4$ des Schwefels mit Alkali abgespalten werden, und ähnliches gilt auch für den zystinliefernden Komplex der Proteine.

Bindungsformen des Schwefels.

Bei der Oxydation von Proteinen mit Salpetersäure wird immer nur ein Teil des Schwefels zu Schwefelsäure oxydiert. Der zu Schwefelsäure nicht oxydierte Rest besteht, wie C. TH. MÖRNER[5]) gezeigt hat, aus Methylsulfosäure $\begin{matrix} HO \\ CH_3 \end{matrix} > SO_2$. Die Säure wurde in verschiedener Menge aus verschiedenen

Methylsulfosäure.

---

[1]) OSBORNE u. Mitarbeiter, Amer. Journ. of Physiol. 23; ANDERSEN u. ROED, Biochem. Zeitschr. 70; THIERFELDER u. CRAMM, Zeitschr. f. physiol. Chem. 105. [2]) Vgl. M. NENCKI u. FR. SCHAFFER, Journ. f. prakt. Chem. (N. F.) 20 und NENCKI, Ber. d. d. chem. Gesellsch. 17. [3]) K. MÖRNER, Zeitschr. f. physiol. Chem. 28, 34 u. 42; PATTEN ebenda 39; G. EMBDEN ebenda 32; SUTER ebenda 20; FRIEDMANN, HOFMEISTERS Beitr. 3; SIEBER u. SCHOUBENKO, Arch. d. scienc! biol. de St. Petersbourg 1; RUBNER, Arch. f. Hygiene 19; DRECHSEL, Zentralbl. f. Physiol. 10, S. 529; S. FRÄNKEL, Sitz.-Ber. d. Wien. Akad. 112, II. b, 1903. [4]) Vgl. FR. SCHULZ, Zeitschr. f. physiol. Chem. 25; OSBORNE, Connect. agric. exp. Stat. Ann. Rep. 1900. New Haven; K. MÖRNER l. c. [5]) Zeitschr. f. physiol. Chem. 93.

Proteinen — in größter Menge aus Ovomukoid und in kleinster aus Leim — erhalten. Die Säure ist nicht durch Oxydation des Zystins entstanden.

Ebenso wie man in den Produkten der sauren Hydrolyse von Proteinen die zwei Bindungsformen des Sauerstoffes, die Hydroxylform OH und die Karbonylform in CONH kennt, kann man nach TREAT B. JOHNSON[1]) zwei analoge Bindungsformen des Schwefels in den Proteinen, nämlich die Merkaptoform SH, wie in dem Zystin, und die, der Sauerstoffbindung in den Polypeptiden (s. unten S. 67) entsprechende Bindungsform NH . CH . CS . NH annehmen. Er hat in der Tat auch Thiopolypeptide aus Glykokoll dargestellt, welche den entsprechenden Glyzinpolypeptiden analog gebaut sind (vgl. S. 68) und welche, wie gewisse Proteine, bei der Säurehydrolyse H_2S abgeben. Schwefel in den Proteinen.

Die Konstitution der Proteine ist noch nicht vollständig ermittelt worden, wenn auch die großen Fortschritte der neueren Zeit diese Frage ihrer Lösung wesentlich näher geführt haben. Zur Erforschung dieser Konstitution hat man die Proteine in verschiedener Weise in einfachere Bruchstücke aufzuspalten versucht, und die hierzu benutzten Methoden sind verschiedener Art. Bei diesen Zersetzungen, zu welchen nur möglichst gereinigte Proteine zu verwenden sind, erhält man meistens erst größere Atomkomplexe, Albumosen (und Peptone), welche noch den Proteincharakter tragen, die dann aber weiter zerfallen, bis man zuletzt einfachere, meistens kristallisierende Endprodukte erhält. Spaltung der Proteine.

Über die bei hydrolytischer Spaltung durch Mineralsäuren darstellbaren Produkte haben zahlreiche ältere und jüngere Forscher[2]) wichtige Untersuchungen ausgeführt. Außer einigen, später zu erwähnenden, mehr vereinzelt gefundenen Säuren hat man dabei erhalten: Monoaminosäuren wie Glykokoll, Alanin, Aminobuttersäure, Aminovaleriansäure, Leuzin, Isoleuzin, Norleuzin, Serin, Asparagin- und Glutaminsäure, Oxyglutaminsäure, Zystein und dessen Disulfid Zystin, Phenylalanin, Tyrosin, Pyrrolidin- und Oxypyrrolidinkarbonsäure, Tryptophan und ferner die drei Hexonbasen Histidin, Arginin und Lysin, von welchen die zwei letztgenannten Diaminosäuren sind. Außerdem hat man auch Ammoniak, Schwefelwasserstoff, Äthylsulfid und Melanoidine, welch letztere indessen sekundär gebildete Produkte sein dürften, erhalten. Produkte der Säurehydrolyse.

Bei der Hydrolyse mit Alkalien entstehen, nach vorhergehender Bildung von später zu besprechenden Zwischenstufen, hauptsächlich die gleichen Spaltungsprodukte wie bei der Säurehydrolyse mit dem Unterschiede jedoch, daß bei der Alkalihydrolyse ein bedeutender Teil der Aminosäuren razemisiert und also in optisch inaktiver Form erhalten wird, während man bei der Säurehydrolyse hauptsächlich optisch aktive Säuren erhält. Infolge der Alkaliwirkung kann auch zum Teil eine weitere Zersetzung stattfinden, welche zur Bildung von einfacheren Spaltungsprodukten und Ammoniak führen kann. Alkalihydrolyse.

Bei Schmelzen von Eiweiß mit Ätzkali entweichen Ammoniak, Methylmerkaptan und andere flüchtige Produkte, und es entstehen unter anderem: Leuzin, aus welchem dann flüchtige Fettsäuren, wie Essigsäure, Valeriansäure und auch Buttersäure hervorgehen, ferner Tyrosin, aus welchem später Phenol gebildet wird, Indol und Skatol.

Durch proteolytische Enzyme können die meisten Proteine in derselben Weise wie bei der Hydrolyse mit Säuren oder Alkalien, je nach der Art des Enzymes mehr oder weniger vollständig, gespalten werden. Es entstehen in erster Linie Albumosen und Peptone (s. unten), dann auch Polypeptide und Aminosäuren verschiedener Art, in einzelnen Fällen auch Oxyphenyläthylamin, Diamine, ein wenig Ammoniak u. a. Enzymatische Hydrolyse.

---

[1]) Journ. of biol. Chem. **9.** [2]) Die Literatur und die historische Entwickelung dieser Frage findet man in dem Buche von O. COHNHEIM, „Chemie der Eiweißkörper". 3. Aufl. 1911.

Bei der **Fäulnis** entsteht eine große Menge von Substanzen. Auch hier werden in erster Linie dieselben Stoffe wie bei der Zersetzung durch proteolytische Enzyme gebildet; aber es folgt dann eine weitere Zersetzung, wobei, außer Ammoniak, Kohlensäure und Wasserstoff, eine große Anzahl von Stoffen, die teils der aliphatischen und teils der aromatischen und heterozyklischen Reihe angehören, entstehen.

Zu der aliphatischen Reihe gehören flüchtige Fettsäuren, und zwar nicht nur Fettsäuren mit normalen, sondern auch mit verzweigten Ketten, auch optisch aktive Säuren, ferner Bernsteinsäure, Methan, Methylmerkaptan u. a. Hierher gehören auch die aus den Diaminosäuren entstehenden Produkte, wie die zwei Fäulnisbasen Kadaverin und Putreszin, und ferner die sog. Ptomaine oder Leichenalkaloide, die jedoch wahrscheinlich wenigstens zum Teil von anderen Gewebsbestandteilen als Eiweiß herrühren dürften.

Die Fäulnisprodukte der aromatischen und heterozyklischen Reihen rühren von den entsprechenden Aminosäuren her. Aus dem Tyrosin entstehen die aromatischen Oxysäuren, wie p-Oxyphenylpropionsäure, das p-Kresol, Phenol und Oxyphenyläthylamin. Das Phenylalanin ist die Muttersubstanz der Phenylpropionsäure, der Phenylessigsäure und des Phenyläthylamins. Indolpropionsäure, Indolessigsäure, Skatol und Indol stammen von dem Tryptophan (Indolaminopropionsäure); Imidazolylpropionsäure und Imidazolyläthylamin von dem Histidin her.

Bei nicht zu tiefgreifender Einwirkung von Chlor, Brom oder Jod auf Eiweiß tritt das Halogen in mehr oder weniger fester Bindung in das Eiweiß hinein, und je nach der Verfahrungsweise kann man Derivate von verschiedenem, aber konstantem Halogengehalt darstellen. Hierbei wird das Eiweiß derart verändert, daß es keinen durch Alkali abspaltbaren Schwefel enthält und ferner die Reaktionen von MILLON und von ADAMKIEWICZ-HOPKINS nicht gibt. Hierbei können Nebenprozesse, Oxydationen und Spaltungen auftreten. Das Wesentliche bei der Einwirkung von Jod scheint eine Substitution von Wasserstoff durch Jod in dem aromatischen Kerne des Tyrosins, vielleicht auch in dem Indolkerne des Tryptophans und dem Imidazolkerne des Histidins zu sein. Ähnliches scheint auch für die Einwirkung von Brom zu gelten[1]).

M. SIEGFRIED und H. REPPIN[2]) haben die Mengen Brom bestimmt, welche die drei Aminosäuren Tyrosin, Tryptophan und Histidin unter geeigneten Versuchsbedingungen aufnehmen können. Sie fanden ferner, daß gewisse Proteine, wie Leim, einige Peptone und Edestin, eine größere Menge Brom als die Summe ihrer Spaltungsprodukte aufnehmen, was darauf hindeutet, daß diese Proteine ringförmige Komplexe enthalten, die mit Brom reagieren und bei der Hydrolyse derart aufgespalten werden, daß das Brom nicht mehr auf sie einwirkt.

Halogenproteine kommen, wie später gezeigt werden soll, in dem Tierreiche, besonders in der Albumoidgruppe, vor, und aus solchen hat man Jod- und Bromtyrosin isolieren können.

Eine **Methylierung** hat man in verschiedener Weise ausgeführt. Ein besonderes Interesse bietet die, namentlich von KOSSEL und S. EDLBACHER[3]) studierte Einwirkung von Dimethylsulfat dar. Hierbei findet wohl meistens eine Trimethylierung der reaktionsfähigen freien Amidgruppen statt, während die an der Peptidbindung beteiligten Imidgruppen in der Regel nicht angegriffen werden. Als N-Methylzahl bezeichnet man hierbei diejenige Zahl, welche angibt, wieviel Methylgruppen auf je 100 Atome Stickstoff bei erschöpfender Behandlung mit Dimethylsulfat in alkalischer Lösung an Stickstoff gebunden werden. Die Bestimmung dieser Zahl hat, namentlich bezüglich der Protamine, sehr auffallende Resultate gegeben, wie unten (s. die Protamine) des näheren gezeigt werden soll.

Salpetersäure gibt verschiedene, gelb und in alkalischer Lösung rotbraun gefärbte Produkte, darunter das sog. Xanthoprotein nebst nitrierten

---

[1]) Bezüglich der älteren Literatur über halogenierte Proteine vgl. man das Werk von O. COHNHEIM (Fußnote 1, S. 60). [2]) Zeitschr. f. physiol. Chem. **95**. [3]) Ebenda **107**, wo auch die Arbeiten anderer Forscher zitiert sind.

Marginal notes:
Fäulnis.
Fäulnisprodukte.
Fäulnisprodukte.
Eiweiß und Halogene.
Bromierung von Proteinen.
Methylierung der Proteine.

Albumosen und Peptonen, welche die sog. Xanthoproteinsäurereaktion bedingen. Bei Einwirkung von starker Säure in der Wärme findet ein tiefgreifender Abbau unter Bildung von oxydierten und nitrierten Spaltungsprodukten statt. C. TH. MÖRNER erhielt, außer reichlichen Mengen Oxalsäure, p- und m-Nitrobenzoesäure, besonders die erstere, welche einen Beweis für das Vorkommen von Phenylalanin liefert. Ferner fand er Trinitrophenol, Pikrinsäure, Nitroimidazolkarbonsäure, Imidazolglyoxylsäure, Phenylessigsäure, Benzoesäure, Terephthalsäure, α-Oxybuttersäure, welche das Vorkommen von α-Aminobuttersäure in den Proteinen anzeigt, und, wie oben angegeben, Methylsulfosäure. T. B. JOHNSON und Mitarbeiter haben o- und m-Nitrotyrosin erhalten und ferner haben KOSSEL und Mitarbeiter gezeigt, daß eine Nitrierung in der Guanidingruppe der Proteine stattfinden kann[1]. Einwirkung von Salpetersäure.

Durch Oxydation von Eiweiß mit Kaliumpermanganat hat MALY eine Säure, die „Oxyprotsulfonsäure", C 51,21; H 6,89; N 14,59; S 1,77; O 23,24 p. c. erhalten, welche kein Spaltungs-, sondern ein Oxydationsprodukt, in welchem die Gruppe SH in SO_2OH übergegangen ist, sein soll. Die Säure gibt nicht die MILLONsche Reaktion, liefert kein Tyrosin oder Indol, gibt aber in der Kalischmelze Benzol. Bei fortgesetzter Oxydation erhielt MALY eine andere Säure, die „Peroxyprotsäure", welche noch die Biuretreaktion gibt, von den meisten eiweißfällenden Reagenzien aber nicht gefällt wird. Das von SCHULZ bei Oxydation von Eiweiß mit Hydroperoxyd erhaltene „Oxyprotein" steht betreffs der Zusammensetzung und der allgemeinen Charaktere der Oxyprotsulfonsäure nahe, enthält aber bleischwärzenden Schwefel und gibt die MILLONsche Reaktion. Das Oxyprotein soll ein reines Oxydationsprodukt sein, während bei der Entstehung der Oxyprotsulfonsäure nach SCHULZ auch eine Spaltung stattfindet. Die Peroxyprotsäuren (aus Kasein) sind ihrerseits nach v. FÜRTH[2] auch mindestens drei, welche durch eine verschiedene Verteilung des Stickstoffes in dem Moleküle voneinander sich unterscheiden. Bei Behandlung mit Barytwasser spalten sich aus ihnen basische Komplexe und Oxalsäuregruppen ab und es entstehen neue, die Biuretreaktion gebende Stoffe, die „Desaminoprotsäuren". Die letzteren, welche bei der Hydrolyse Benzoesäure aber keine Diaminosäuren geben, können im Gegensatz zu den Peroxyprotsäuren weiter oxydiert werden, und sie liefern hierbei eine neue Gruppe von Säuren, die „Kyroprotsäuren", welche die Biuretprobe geben, etwa die Hälfte des Stickstoffes (11,08% p. c. Gesamtstickstoff) in säureamidartiger Bindung enthalten, aber weder basische Produkte noch Benzoesäure liefern. Oxydationen des Eiweißes.

Bei der Oxydation von Leim oder Eiweiß mit Permanganat hat man ferner Oxaminsäure, Oxamid, Oxalsäure, Oxalursäureamid, Bernsteinsäure, mehrere flüchtige Fettsäuren und das zuerst von LOSSEN[3] als Oxydationsprodukt nachgewiesene Guanidin erhalten.

Das Vorkommen von Proteinen, welche eine Kohlehydratgruppe enthalten, ist seit längerer Zeit bekannt. Die Natur dieses, durch Säure abspaltbaren Kohlehydrates ist vor allem durch die Untersuchungen von FRIEDRICH MÜLLER und seinen Schülern, wie von O. SCHMIEDEBERG aufgeklärt worden. Als Spaltungsprodukt hat man hierbei regelmäßig einen Aminozucker, Glukosamin oder Chondrosamin, erhalten. Nach SCHMIEDEBERG stammt dieses Glukosamin von einem mehr komplizierten, von ihm „Hyalodin" genannten Stoff her, der mit Eiweiß verbunden ist und als Hydrolyseprodukte Glukosamin, Hexose und Essigsäure liefert (s. unten Muzine).

Repräsentanten dieser Gruppe von Proteinen sind vor allen die Muzinsubstanzen. Daß aber auch sog. echte Eiweißkörper als Spaltungsprodukte ein Kohlehydrat liefern können, ist zuerst von PAVY an Ovalbumin gezeigt worden. Fortgesetzte Untersuchungen von FR. MÜLLER und anderen[4] haben gelehrt, daß das Kohlehydrat auch in diesem Falle Glukosamin ist. Auch Kohlehydratgruppen in Proteinen.

---

[1] MÖRNER, Zeitschr. f. physiol. Chem. 93, 95, 98, 101, 103; JOHNSON u. Mitarb., Journ. of Amer. Chem. Soc. 37, 38; KOSSEL u. Mitarb., Zeitschr. f. physiol. Chem. 72, 78. [2] Vgl. O. v. FÜRTH, HOFMEISTERS Beiträge 6 (Literatur). [3] Annal. d. Chem. u. Pharm. 201. [4] Hinsichtlich der hier in Frage kommenden Literatur kann auf die Arbeit von FR. MÜLLER, Zeitschr. f. Biol. 42, von LANGSTEIŃ, Ergebn. d. Physiol. Jahrg. 1, HOFMEISTERS Beiträge 6 und SCHMIEDEBERG, Arch. f. exp. Path. u. Pharm. 87, hingewiesen werden. Vgl. ferner ABDERHALDEN, BERGELL u. DÖRPINGHAUS, Zeitschr. f. physiol. Chem. 41.

in einigen anderen Eiweißstoffen, Eiglobulin, Serumglobulin, Serumalbumin, Erbsenglobulin, Albumin der Gramineen, Dottereiweiß und Fibrin hat man Kohlehydratkomplexe, wenn auch bisweilen nur in sehr geringer Menge, nachweisen können. In anderen Eiweißstoffen dagegen, wie in Edestin (aus Hanfsamen) und Kasein, Myosin, reinem Fibrinogen und Ovovitellin hat man mit negativem Erfolge nach Kohlehydraten gesucht. Es enthalten also nicht alle Eiweißstoffe eine Kohlehydratgruppe, und da die Befunde verschiedener Forscher etwas widersprechend sind, müssen fortgesetzte Untersuchungen darüber entscheiden, ob die Kohlehydratgruppe in diesen Fällen dem eigentlichen Eiweißkomplexe angehört oder nur von Beimengung einer Muzinsubstanz herrührt. Mehrere Beobachtungen sprechen nämlich dafür, daß sogar bei Verarbeitung von kristallisierten Eiweißstoffen eine Beimengung von anderen Proteinen leider nicht ausgeschlossen ist, was namentlich in Anbetracht der bisweilen nur sehr geringfügigen Kohlehydratmengen nicht zu übersehen ist. Als Beleg hierfür mag daran erinnert werden, daß Osborne und Mitarbeiter[1]) durch sechsmalige Umkristallisation von Ovalbumin den Glukosamingehalt desselben, welcher von anderen Forschern gleich 7—8—15 p. c. gefunden worden ist, auf 1,23 p. c. herabsetzen konnten. Bei dieser Sachlage dürfte es jedenfalls noch zu früh sein, die Kohlehydratgruppen zu den aus einer Zertrümmerung des eigentlichen Eiweißkomplexes hervorgehenden Kohlenstoffkernen zu rechnen.

Kohlehydratgruppen in Proteinen.

Die oben besprochenen, zum Abbau der Proteine verwendeten Methoden haben einen verschiedenen Wert, ergänzen aber zum Teil einander. Als die, zur Gewinnung der im Proteinmoleküle vorgebildeten Kohlenstoffkerne geeignetsten Methoden dürften aber die Hydrolyse durch siedende, verdünnte Mineralsäuren und die durch proteolytische Enzyme zu bezeichnen sein. Die wichtigsten der nach diesen Methoden bisher erhaltenen Kohlenstoffkerne sind folgende:

I. Der aliphatischen Reihe angehörige Kerne.

A. **Schwefelfreie** aber **stickstoffhaltige:** 1. Ein *Guanidinrest* (mit Ornithin zu Arginin verbunden). 2. *Einbasische Monoaminosäuren:* Glykokoll, Alanin, Aminobuttersäure, Valin, Leuzin, Norleuzin und Isoleuzin. 3. *Zweibasische Monoaminosäuren:* Asparaginsäure, Glutaminsäure und Hydroxyglutaminsäure. 4. *Oxymonoaminosäuren:* Serin, Oxyaminobernsteinsäure und Oxyaminokorksäure. 5. *Einbasische Diaminosäuren:* Diaminoessigsäure, Ornithin (aus dem Arginin) und Lysin. 6. *Oxydiaminosäuren:* Oxydiaminokorksäure, Oxydiaminosebazinsäure, Diaminotrioxydodekansäure, Kasean- und Kaseinsäure.

B. **Schwefelhaltige:** Zystein und dessen Sulfid Zystin, Thiomilchsäure (Merkaptane und Äthylsulfid).

Übersicht der Kohlenstoffkerne im Proteinmoleküle.

II. Der karbozyklischen Reihe angehörige Kerne.

Phenylalanin und Tyrosin.

III. Der heterozyklischen Reihe angehörige Kerne.

Prolin, Oxyprolin, Tryptophan und Histidin.

Bezüglich dieser Kohlenstoffkerne ist zu bemerken, daß sie nicht alle in jedem untersuchten Protein gefunden worden sind, und ferner, daß die verschiedenen Proteine durch einen verschiedenen Gehalt an einem und demselben Spaltungsprodukte, z. B. Glykokoll, Leuzin, Lysin, Tyrosin usw. voneinander sich unterscheiden.

---

[1]) Osborne u. Mitarbeiter, Amer. Journ. of Physiol. 24.

Inwieweit sämtliche obengenannte Kohlenstoffkerne im Proteinmoleküle vorgebildet sind, ist Gegenstand etwas strittiger Ansichten gewesen, denn es ist nicht ausgeschlossen, daß bei der Hydrolyse einzelne Aminosäuren sekundär aus anderen entstehen können. Wenn dem auch so ist, so ändert dies jedoch nichts an dem Sachverhältnisse, daß die unvergleichlich größte Menge der aus den Proteinen erhaltenen Spaltungsprodukte aus präformierten Aminosäuren besteht. EMIL FISCHER hat gezeigt, daß die Aminosäuren die Fähigkeit haben, sich leicht aneinander zu lagern, indem unter Austreten von Wasser die Amidgruppe der einen Aminosäure mit der Karboxylgruppe der anderen sich vereinigt. Diesem Verhalten entsprechend kann man sich, in Übereinstimmung mit einer von F. HOFMEISTER[1]) u. a. ausgesprochenen, aber erst durch die epochemachenden Untersuchungen von EMIL FISCHER näher begründeten Ansicht, die Eiweißstoffe der Hauptsache nach als durch Kondensation von Aminosäuren entstanden vorstellen, wobei man sich die Verknüpfung der letzteren untereinander durch Iminogruppen, etwa nach dem folgenden Schema, zu denken hat. Verkettung von Aminosäuren.

$$- NH.CH.CO - NH.CH.CO - NH.CH.CO - NH.CH.CO -$$

$$\underset{\text{(Leuzin)}}{C_4H_9} \qquad \underset{\text{(Tyrosin)}}{CH_2.C_6H_4(OH)} \quad \underset{\text{(Asparaginsäure)}}{CH_2.COOH} \quad \underset{\text{(Lysin)}}{C_3H_6.CH_2.NH_2}.$$

Solche Verkettungen von Aminosäuren sind für die Synthesen von eiweißähnlichen Stoffen von der allergrößten Bedeutung. Es liegen schon ältere Angaben von GRIMAUX, SCHÜTZENBERGER und PICKERING über künstliche Darstellung von eiweißähnlichen Substanzen vor, indem es nämlich den genannten Forschern gelang, aus verschiedenen Aminosäuren, teils für sich und teils in Gemengen mit anderen Stoffen, wie Biuret, Alloxan, Xanthin oder Ammoniak Substanzen zu erzeugen, die in mehreren Beziehungen den Eiweißstoffen ähneln. Von größerem Interesse sind aber die von CURTIUS und seinen Mitarbeitern herrührenden Untersuchungen, durch welche die sog. „Biuretbase" (Triglyzylglyzinäthylester) und dann viele andere, dem Eiweiß verwandte Stoffe synthetisch dargestellt worden sind. Die unvergleichlich meisten und wichtigsten Arbeiten über Verkettungen von Aminosäuren rühren indessen von E. FISCHER[2]) und seinen Schülern, namentlich ABDERHALDEN, her. Es ist nämlich ihnen gelungen, eine große Menge von zusammengesetzten Stoffen, von FISCHER Polypeptide genannt, darzustellen, die, je nachdem sie zwei oder mehrere Aminosäuregruppen verkuppelt enthalten, Di-, Tri-, Tetrapeptide usw. genannt werden. Beispiele von Polypeptiden sind also unter zahlreichen anderen; Dipeptide: Glyzyltyrosin, Alanylglyzin, Leuzylglyzin, Leuzylzystin, Prolylphenylalanin, Leuzylhistidin; Tripeptide: Diglyzylglyzin, Alanylglyzyltyrosin, Leuzyltryptophylglutaminsäure; Tetrapeptide: Glyzylglutamyldiglyzin, Dileuzylglyzylglyzin; Pentapeptide: Tetraglyzylglyzin und Leuzyltriglyzylglyzin; Hexa- und Heptapeptide: resp. Leuzyltetraglyzylglyzin und Leuzylpentaglyzylglyzin. Das am meisten komplizierte, bisher dargestellte Polypeptid enthält 19 Bausteine und ist als l-Leuzyl- Synthesen von Polypeptiden Polypeptide.

---

[1]) Über den Bau des Eiweißmoleküls. Gesellsch. Deutsch. Naturforscher u. Ärzte, Verhandl. 1902 und Ergebnisse der Physiol., Jahrg. 1, Abt. I, S. 759.   [2]) Vgl. PICKERING, King's College London, Physiol. Laborat. Collect. Papers 1897, wo auch die Arbeiten von GRIMAUX zitiert sind; ferner Journ. of Physiol. 18 und Proc. Roy. Soc. 60, 1897; SCHÜTZENBERGER, Compt. Rend. 106 u. 112; CURTIUS, Journ. f. prakt. Chem. (N. F.) 26 u. 70 und Ber. d. d. chem. Gesellsch. 37; FISCHER (und Mitarbeiter), Unters. über Aminosäuren, Polypeptide und Proteine (1899—1906). Berlin 1906 und, Ber. d. d. chem. Gesellsch. 39, 40, 41, 42 und Annal. d. Chem. u. Pharm. 354, 357, 363, 365, 369, 375; s. auch ABDERHALDEN, Ber. d. d. chem. Gesellsch. 40—43, 49, u. Zeitschr. f. physiol. Chem. 72, 75, 77, 106.

triglyzyl-l-leuzyl-triglyzyl-l-leuzyl triglyzyl-l-leuzyl-pentaglyzyl-glyzin aufzufassen.

Optische Isomerien.

Die große Anzahl von aus Proteinen isolierten Aminosäuren muß natürlich eine sehr große Anzahl von Verkettungen gestatten. Die Anzahl der möglichen Kombinationen wird aber noch weiter dadurch vermehrt, daß sämtliche Aminosäuren mit Ausnahme des Glykokolls mindestens ein asymmetrisches Kohlenstoffatom enthalten und dementsprechend zur Entstehung stereochemisch verschiedener Peptide Veranlassung geben können. So sind, um nur ein einfaches Beispiel anzuführen, aus den zwei optisch aktiven Aminosäuren d- bzw. l-Alanin und l- bzw. d-Leuzin die Bildung folgender Dipeptide theoretisch denkbar, nämlich: d-Alanyl-l-leuzin, d-Alanyl-d-Leuzin, l-Analyl-l-leuzin, l-Analyl-d-leuzin, l-Leuzyl-d-alanin, l-Leuzyl-l-alanin, d-Leuzyl-l-Alanin und d-Leuzyl-d-alanin. Da die Proteine optisch aktiv sind und bei der Hydrolyse hauptsächlich optisch aktive Aminosäuren liefern, sind für das Studium der Konstitution der Proteine besonders diejenigen Polypeptide von Interesse, welche aus den natürlich vorkommenden Aminosäuren der Proteine aufgebaut worden sind.

Polypeptide.

Die meisten künstlichen Polypeptide sind aus Monoaminomonokarbonsäuren aufgebaut; es ist aber auch gelungen, Polypeptide darzustellen, welche Diaminosäuren oder Aminodikarbonsäuren enthalten, und hierdurch wird die Anzahl der möglichen Polypeptide noch größer. Mit einer Aminodikarbonsäure, z. B. der Asparaginsäure, können nämlich andere Aminosäuren mit der einen Karboxylgruppe oder mit beiden, aber auch, wenn man von dem Säureamide, Asparagin, ausgeht, mit der Amidgruppe verkettet werden. Geht man von dem Säureamide aus, so kann man ein Peptid erhalten, welches noch die Gruppe $CONH_2$ enthält und bei totaler Hydrolyse wie die meisten Proteine NH_3 liefert. Solche Polypeptide sind das von E. FISCHER und KOENIGS dargestellte Tripeptid Glyzyl-l-asparaginyl-l-leuzin:

$$NH_2CH_2CO \cdot NHCHCO \cdot NHCH(C_4H_9)COOH$$
$$|$$
$$CH_2CONH_2$$

und die von THIERFELDER und v. CRAMM[1]) dargestellten glutaminhaltigen Polypeptide.

Thiopolypeptide.

Von Interesse mit Rücksicht auf die Bindungsformen des Schwefels in den Proteinen ist die von TREAT B. JOHNSON[2]) ausgeführte Darstellung von Thiopolypeptiden. Als solche hat er dargestellt: das Thioglyzylglyzinthioamid $NH_2CH_2CS \cdot NHCH_2CSNH_2$, welches dem Glyzylglyzinamid $NH_2CH_2CO \cdot NHCH_2CONH_2$ analog ist, und ferner das

Dithiopiperazin $HN \underset{\diagdown CS \cdot CH_2}{\overset{\diagup CH_2 \cdot CS}{\diagup}} NH.$

Lipoproteide.

Polypeptide von höheren Aminofettsäuren, wie das α-Aminolaurylalanin, α-Aminolaurylleuzin u. a., sind von HOPWOOD und WEIZMANN[3]) dargestellt worden. Diese Peptide sind anderer Art als die von BONDI und Mitarbeitern[4]) dargestellten sog. Lipoproteide, welche keine Verkettungen von nur Aminosäuren, sondern Verbindungen zwischen einer höheren Fettsäure — wie Laurin- oder Palmitinsäure — und einer Aminosäure (Glykokoll oder Alanin) oder einem Dipeptide (Lauryl-alanylglyzin) sind.

Methylierte Polypeptide, wie Methyl- und Dimethylleuzylglyzin und Betaindiglyzylglyzin

$$(CH_3)_3N \cdot CH_2CO \cdot NHCH_2CO \cdot NHCH_2CO$$
$$O$$

sind ebenfalls bekannt[5]). Amide von Aminosäuren und Dipeptiden sind von BERGELL und Mitarbeitern[6]) dargestellt worden.

---

[1]) Zeitschr. f. physiol. Chem. 105. [2]) Journ. of biol. Chem. 9. [3]) Vgl. Chem. Zentralbl. 1911. I. [4]) Bioch. Zeitschr. 17 u. 23; s. auch ABDERHALDEN u. C. FUNK, Zeitschr. f. physiol. Chem. 65. [5]) FISCHER u. GLUUD, Annal. d. Chem. u. Pharm. 369; ABDERHALDEN u. KAUTZSCH, Zeitschr. f. physiol. Chem. 72 u. 75. [6]) Ebenda 64, 65, 67, 97, 99.

Durch Erhitzen von Aminosäuren in Glyzerin zu hohen Temperaturen (175⁰) hat

MAILLARD [1]) zyklische Dipeptide wie Zykloglyzylglyzin (2,5-Diaziperazin), $\begin{array}{c} NH \cdot CH_2 \cdot CO \\ | \qquad \cdot \\ CO \cdot CH_2 \cdot NH \end{array}$,
Zykloalaninglyzin u. a. erhalten.

Die von E. FISCHER zur synthetischen Darstellung von Polypeptiden ausgearbeiteten Methoden sind in den Hauptzügen folgende:

Das erste, von ihm dargestellte Dipeptid, das Glyzylglyzin, erhielt er aus dem Glyko- *Polypeptid-* kolläthylester, welcher in Wasser in ein Diketopiperazin, das Glyzinanhydrid, nach dem *synthesen.* folgenden Schema übergeht: $2(NH_2CH_2CO \cdot O \cdot C_2H_5) = 2C_2H_5OH + HN \begin{array}{c} CH_2 \cdot CO \\ \diagdown \\ CO \cdot CH_2 \end{array} NH.$
Durch Einwirkung von verdünntem Alkali wird aus dem Anhydride unter Wasseraufnahme das Glyzylglyzin, $NH_2CH_2CO \cdot NHCH_2COOH$, gebildet, und nach diesem Prinzipe sind auch einige andere Dipeptide dargestellt worden.

Eine andere Methode von viel größerer Anwendbarkeit ist die Kuppelung einer Aminosäure mit einem halogenhaltigen Säureradikal, z. B. durch Einwirkung von Brompropionylbromid oder -Chlorid auf Glykokoll nach dem Schema:

$$CH_3CHBrCOCl + NH_2CH_2COOH = HCl + CH_3CHBrCO \cdot NHCH_2COOH$$

(Brompropionylglyzin). Durch nachträgliche Ammoniakbehandlung wird das Halogen (Br) durch NH_2 ersetzt und das Dipeptid Alanylglyzin

$$CH_3CHNH_2CO \cdot NHCH_2COOH + NH_4Br$$

erhalten. Durch neue Einwirkung von Brompropionylchlorid und darauffolgende NH_3-Behandlung kann man eine neue Alanylgruppe einfügen und das Tripeptid Alanylalanylglyzin darstellen. Durch neue Einwirkung von einem halogenierten Säureradikal kann ein anderer Aminosäurerest eingeführt und die Kette auf der Seite der Aminogruppe verlängert werden.

Eine Verlängerung der Kette nach der anderen Seite, also nach der des Karboxyls, hat FISCHER durch Chlorierung der Aminosäuren durch geeignete Behandlung mit Phosphorpentachlorid bewirkt. Die Karboxylgruppe wird hierbei in COCl übergeführt, während die Säure gleichzeitig ein Molekül HCl fixiert, z. B. $\begin{array}{c} CH_3CHNH_2HCl \\ | \\ COCl \end{array}$. In ähnlicher Weise *Polypeptid-* *synthesen.* wie die Karboxylgruppe einer Aminosäure kann auch diejenige eines Polypeptids, resp. dessen Halogenazylverbindung chloriert und dann eine neue Aminosäure oder ein neues Peptid angekuppelt werden. So hat, um ein Beispiel anzuführen, FISCHER aus α-Bromisokapronyldiglyzylglyzin erst α-Bromisokapronyldiglyzylglyzylchlorid dargestellt und aus ihm mit Diglyzylglyzin das Heptapeptid, Leuzyl-pentaglyzylglyzin $= C_4H_9CH(NH_2)CO \cdot (NHCH_2CO)_5 \cdot NHCH_2COOH$ erhalten.

Für die verschiedenartigen Kombinationen der optisch wirksamen Aminosäuren zu Polypeptiden war es von Wichtigkeit, Methoden zur Darstellung dieser verschiedenen Aminosäuren zu besitzen, und zu dem Zwecke hat FISCHER in vielen Fällen der sog. WALDENschen Umkehrung sich bedient. Diese besteht darin, daß eine optisch aktive Aminosäure, z. B. die l-Form, wenn man sie durch Einwirkung von Nitrosylbromid in die entsprechende Halogenfettsäure überführt, in die optische Antipode, die d-Form, übergeht. Durch Ammoniakbehandlung erhält man aus ihr nun d-Aminosäure, welche in obengenannter Weise wieder in die l-Form zurückverwandelt werden kann. So erhält *Waldensche* man z. B. aus d-Leuzin, erst l-Bromisokapronsäure und dann aus ihr durch Ammoniak- *Umkehrung* einwirkung l-Leuzin, und ähnliches findet bei der Darstellung der Polypeptide statt. Führt man z. B. durch Umkehrung erst das d-Leuzin in l-Bromisokapronylchlorid über und kombiniert dann das letztere mit l-Leuzin, so erhält man das Dipeptid l-Leuzyl-l-leuzin. Durch Kombination mit Diglyzylglyzin entsteht das Tetrapeptid l-Leuzyl-diglyzylglyzin usw. Die WALDENsche Umkehrung gelingt nun allerdings nicht für alle Aminosäuren; zur Gewinnung der optischen Antipoden kann man aber auch anderer Methoden sich bedienen, wie der Darstellung von Alkaloidsalzen der Benzoyl- oder Formylverbindungen der razemischen Aminosäuren.

Die β-Naphthalinsulfoverbindungen der Polypeptide und Peptone können, wie FISCHER, ABDERHALDEN und FUNK [2]) gezeigt haben, in gewissen Fällen zur Aufklärung der Struktur dieser Stoffe dienen. Bei Einwirkung von β-Naphthalinsulfochlorid reagiert nämlich die NH_2-Gruppe der am Anfang der Kette stehenden Aminosäure, und bei der nachfolgenden totalen Hydrolyse bleibt diese Naphthalinsulfoverbindung ungespalten. So kann man z. B. entscheiden, ob Glyzylalanin oder Alanylglyzin vorliegt, indem man

---

[1]) L. C. MAILLARD, Chem. Zentralbl. 1915. [2]) E. FISCHER u. ABDERHALDEN, Ber. d. d. chem. Gesellsch. 40; ABDERHALDEN u. C. FUNK, Zeitschr. f. physiol. Chem. 64.

Ermittelung der Struktur der Polypeptide. nach der Hydrolyse im ersten Falle Naphthalinsulfoglyzin und Alanin, im zweiten dagegen Naphthalinsulfoalanin und Glykokoll (Glyzin) erhält. Das Tyrosin kann, je nachdem sowohl die NH$_2$- wie die OH-Gruppe frei sind oder nur die eine derselben zugänglich ist, Di- oder Mononaphthalinsulfoderivate liefern, und hierdurch kann man auch Aufschlüsse über die Struktur tyrosinhaltiger Peptide gewinnen.

Auch das oben angedeutete Desamidierungsverfahren von VAN SLYKE (S. 61), wobei durch Einwirkung von HNO$_2$ auf die NH$_2$-Gruppen Oxysäuren gebildet werden, kann durch einen Vergleich der Hydrolyseprodukte vor und nach der Desamidierung gewisse Aufschlüsse über die Struktur der Peptide geben.

Zur Erklärung der Polypeptidsynthese aus Aminosäuren unter physiologischen Verhältnissen, also in verdünnter wässeriger Lösung und bei niedrigerer Temperatur hat H. PAULY [1]) eine Hypothese angegeben, auf die indessen hier nur hingewiesen werden kann.

Ein Vergleich der künstlich dargestellten Polypeptide mit den Proteinen und besonders mit den Abbauprodukten derselben, den sog. Albumosen und Peptonen, ist in mehreren Hinsichten und auch bezüglich einiger Reaktionen von großem Interesse. So gibt es unter den Polypeptiden mehrere, welche die Polypeptidreaktionen. für Proteine überhaupt als charakteristisch bezeichnete Biuretreaktion und auch die MILLONsche Reaktion zeigen, und ebenfalls mehrere, welche von Tannin, Phosphorwolframsäure, Ammoniumsulfat und auch Chlornatrium gefällt werden und in ihren Eigenschaften den Albumosen (vgl. unten) recht ähnlich sind.

Von ganz besonderem Interesse ist das Verhalten der Polypeptide zu proteolytischen Enzymen. Da die aus optisch aktiven Aminosäuren aufEnzyme u. Polypeptide. gebauten Polypeptide optisch aktiv sind, hat man in der Kombination der polarimetrischen Untersuchung mit dem enzymatischen Abbau ein, namentlich von ABDERHALDEN näher begründetes und vervollkommnetes Mittel, strukturisomere Polypeptide voneinander zu unterscheiden und die Identität gewisser bei Verdauungsprozessen erhaltener Polypeptide mit den entsprechenden, synthetisch dargestellten zu prüfen.

Die Ansicht, daß in den Proteinen Aminosäureverkettungen derselben Art wie in den Polypeptiden vorkommen, hat in der Tat eine kräftige Stütze darin erhalten, daß man unter den Abbauprodukten gewisser Proteine mittels proteolytischer Enzyme Polypeptide hat nachweisen können. Solche Polypeptide, meistens Di-, aber auch Tri- und Tetrapeptide sind als Hydrolyseprodukte von Seidenabfällen, Seidefibroin und Elastin (FISCHER, ABDERPolypeptide aus Proteinen. HALDEN), Leim (LEVENE, WALLACE und BEATTY) und von Gliadin (OSBORNE und CLAPP) gewonnen worden [2]). Von besonderem Interesse sind hierbei solche Polypeptide, welche wie z. B. Glyzyl-d-Alanin, d-Alanylglyzin, Glyzyl-l-tyrosin, l-Prolyl-l-phenylalanin und d-Alanylglyzyl-l-tyrosin mit den entsprechenden, synthetisch dargestellten Polypeptiden identisch oder ihnen jedenfalls sehr nahe verwandt sind.

Man hat also schwerwiegende Gründe für die Annahme, daß in den Proteinen hauptsächlich Peptidbindungen, d. h. eine Verkuppelung von α-Aminosäuren durch Imidbindung vorkommen. Daß daneben auch andere Bindungen vorkommen, ist offenbar und auch von FISCHER ausdrücklich betont Imidbindungen. worden. Außer der obengenannten Art von Imidbindung kommt in den Proteinen mit Sicherheit auch eine andere solche vor, indem nämlich die harnstoffbildende Gruppe (der Guanidinrest) durch Imidbindung mit dem Ornithin (Diaminovaleriansäure) verkettet ist. Diese Imidbindung wird nicht

---

[1]) PAULY Zeitschr. f. physiol. Chem. **99**; vgl. auch ABDERHALDEN u. H. SPINNER ebenda **106**. [2]) FISCHER u. ABDERHALDEN, Sitz.-Ber. d. k. Berl.-Akad. d. Wissensch. **30** u. Ber. d. d. chem. Gesellsch. **39**, **40**; ABDERHALDEN, Zeitschr. f. physiol. Chem. **62**, **63** u. **72**; LEVENE mit WALLACE ebenda **47**, mit BEATTY, Ber. d. d. chem. Gesellsch. **39** und Biochem. Zeitschr. **4**; OSBORNE u. CLAPP, Amer. Journ. of Physiol. **18**.

wie die der α-Aminosäuren durch das Trypsin, wohl aber durch ein anderes Enzym, die von Kossel und Dakin[1]) entdeckte Arginase, gelöst.

Betrachtet man die Proteine als hauptsächlich aus peptidartig aneinander gebundenen Aminosäuren bestehende Komplexe, die auch mehrere endständige NH₂-Gruppen enthalten, so ist es leicht verständlich, daß die Eiweißstoffe wie die Aminosäuren amphotere Elektrolyte sind, die also sowohl mit Basen wie mit Säuren Salze bilden, die stark hydrolytisch dissoziiert sind. Da man ferner in dem Proteinmoleküle eine größere Anzahl von sowohl COOH- als NH₂-Gruppen annehmen muß, so folgt hieraus, daß die Proteine sowohl vielbasische Säuren wie vielsäurige Basen sein können. In dieser Hinsicht verhalten sich die verschiedenen Proteine etwas verschieden, indem einige, wie die Protamine, stark basisch sind, andere, wie das Kasein, überwiegend wie Säuren sich verhalten, während andere gewissermaßen eine Mittelstellung einnehmen. Auf diesem Verhalten wie auf ihrer chemischen Konstitution überhaupt ist es indessen leider noch nicht möglich, eine Klassifikation der Proteine zu gründen. Die äußeren Eigenschaften derselben, wie die Löslichkeits- und Fällbarkeitsverhältnisse, liefern ihrerseits einen gar zu unsicheren Einteilungsgrund, und zwar um so mehr, als man bei der Untersuchung von Proteinen in der Regel nicht entscheiden kann, ob man mit einem reinen Stoffe oder mit verunreinigten Substanzen bzw. mit Gemengen von solchen zu tun hat. Die Erfahrung hat gezeigt, daß die Löslichkeit bzw. Fällbarkeit der Proteine durch Gegenwart von anderen Stoffen stark beeinflußt werden kann, und es ist unter solchen Umständen nicht möglich, auf Grund solcher Eigenschaften eine, den Anforderungen der Wissenschaft entsprechende Klassifikation der Proteine durchzuführen. Auf der anderen Seite kann man aber der Übersichtlichkeit halber eine Klassifikation nicht gänzlich entbehren, und da man sie bisher allgemein zu wesentlichem Teil auf den Löslichkeits- und Fällbarkeitsverhältnissen gegründet hat, folgt hier eine solche, nach den bisher befolgten Prinzipien ausgearbeitete schematische Übersicht der Hauptgruppen der Proteine.

Die Proteine sind amphotere Elektrolyte.

Schwierigkeiten einer Klassifikation der Proteine.

I. Einfache Proteine.

A. Eigentliche Eiweißstoffe.

Albumine (Serumalbumin, Laktalbumin u. a.)
Globuline (Fibrinogen, Serumglobuline u. a.)
Phosphoproteine (Nukleoalbumine) (Ovovitellin, Kasein u. a.)
(Koagulierte Eiweißstoffe)
Histone
(Protamine?)

B. Albumoide oder Albuminoide.

Keratine.
Elastin.
Kollagen und Glutin.
Retikulin.
(Fibroin, Serizin, Koilin, Kornein, Spongin, Byssus u. a.).

Übersicht der Proteine.

C. Abbauprodukte einfacher Proteine.

Alkali- und Azidalbuminate.
Albumosen, Peptone, Polypeptide.
(Aminosäuren.)

¹) Zeitschr. f. physiol. Chem. 41.

II. Zusammengesetzte Proteine (Proteide).

Glykoproteide	(Muzinsubstanzen, Ichthulin u. a.)
Nukleoproteide	
Chromoproteide	(Hämoglobin, Hämozyanin).

Zu dieser Übersicht ist indessen zu bemerken, daß man bei Untersuchungen von tierischen Flüssigkeiten und Geweben nicht selten Proteinen begegnet, die schwer oder nicht in das obenstehende Schema einzupassen sind. Andererseits darf man nicht übersehen, daß auch Zwischenstufen zwischen den verschiedenen Gruppen von Proteinen vorkommen, wodurch eine scharfe Trennung dieser Gruppen voneinander sehr erschwert oder in gewissen Fällen sogar unmöglich gemacht wird.

I. Einfache Proteine.

A. Eigentliche Eiweißstoffe.

Die Eiweißstoffe sind nie fehlende Bestandteile des tierischen und pflanzlichen Organismus. Insbesondere findet man sie im Tierkörper, wo sie die Hauptmasse der festen Bestandteile der Muskeln und des Blutserums darstellen und wo sie übrigens so allgemein verbreitet sind, daß es überhaupt nur wenige tierische Se- und Exkrete, wie Tränen, Schweiß und Harn gibt, in welchen sie vielleicht fehlen oder jedenfalls nur spurenweise vorkommen.

Sämtliche Eiweißstoffe enthalten Kohlenstoff, Wasserstoff, Stickstoff, Sauerstoff und Schwefel[1]); einige enthalten außerdem auch Phosphor. Eisen findet man gewöhnlich spurenweise in ihrer Asche. Die elementäre Zusammensetzung der verschiedenen Eiweißstoffe ist zwar ein wenig abweichend, aber die Schwankungen bewegen sich doch innerhalb verhältnismäßig enger Grenzen. Für die näher studierten, tierischen Eiweißstoffe hat man für die aschefrei gedachte Substanz folgende Grenzwerte gefunden:

Elementäre Zusammensetzung.

$$
\begin{aligned}
&C \ . \ . \ . \ . \ . \ . \ . \ 50,5 \ -54,6 \ \text{p. c.}\\
&H \ . \ . \ . \ . \ . \ . \ . \ 6,5 \ - \ 7,3 \ \quad,,\\
&N \ . \ . \ . \ . \ . \ . \ . \ 15,0 \ -17,6 \ \quad,,\\
&S \ . \ . \ . \ . \ . \ . \ . \ 0,5 \ - \ 2,2 \ \quad,,\\
&P \ . \ . \ . \ . \ . \ . \ . \ 0,42 \ - \ 0,85 \ \quad,,\\
&O \ . \ . \ . \ . \ . \ . \ . \ 21,50 \ -23,50 \ \quad,,
\end{aligned}
$$

Die Eiweißstoffe sind geruch- und geschmacklos, in den meisten Fällen amorph. Die in den Eiern einiger Fische und Amphibien vorkommenden Kristalloide (Dotterplättchen) bestehen nicht aus reinem, sondern aus stark lezithinhaltigem Eiweiß, wie es scheint an Mineralstoffe gebunden. Aus mehreren Pflanzensamen ist dagegen kristallisierendes Eiweiß[2]) dargestellt worden, und auch die Darstellung von kristallisiertem tierischem Eiweiß gelingt nunmehr leicht (vgl. Serum- und Eialbumin, Kapitel 5 und 13). In trockenem Zustande stellen die Eiweißstoffe ein weißes Pulver oder gelbliche, harte, in dünnen Schichten durchsichtige Lamellen dar. Einige Eiweißstoffe lösen sich in Wasser, andere dagegen nur in salzhaltigen oder schwach alkalischen bzw. sauren Flüssigkeiten, während andere wiederum auch in solchen unlöslich sind. Die Lösungen der Eiweißstoffe sind optisch aktiv und drehen die Ebene des polarisierten Lichtes nach links. Alle Eiweißstoffe hinterlassen bei ihrer Verbrennung etwas Asche, und es ist deshalb auch fraglich, ob es überhaupt

Eigenschaften.

---

[1]) Vgl. Fußnote 2, S. 62. [2]) Vgl. MASCHKE, Journ. f. prakt. Chem. 74; DRECHSEL ebenda (N. F.) 19; GRÜBLER ebenda (N. F.) 23; RITTHAUSEN ebenda (N. F.) 25; SCHMIEDEBERG, Zeitschr. f. physiol. Chem. 1; WEYL ebenda 1.

irgend einen in Wasser ohne Beihilfe von Mineralstoffen löslichen Eiweißstoff Allgemeine Eigen-
gebe. Jedenfalls ist es noch nicht ganz sicher gelungen, einen nativen Eiweiß- schaften der
körper ohne Änderung seiner Zusammensetzung oder Eigenschaften ganz frei Eiweiß-
von Mineralstoffen zu erhalten[1]. stoffe.

Wie oben angegeben, sind die Eiweißstoffe amphotere Elektrolyte und zwar sowohl vielsäurige Basen wie vielbasische Säuren. Über das Basen- und Säurebindungsvermögen verschiedener Eiweißstoffe liegt eine große Anzahl von Untersuchungen vor, die hier nicht kurz wiedergegeben werden können. Bezüglich derselben, der bei solchen Untersuchungen versuchten, verschiedenen Methoden wie auch bezüglich der Dissoziation der Eiweißsalze wird auf größere Handbücher und auf die Arbeiten von T. B. ROBERTSON[2] hingewiesen.

Aus ihren neutralen Lösungen können die Eiweißstoffe durch Neutral-salze (NaCl, Na_2SO_4, $MgSO_4$, $(NH_4)_2SO_4$ und viele andere) in hinreichender Konzentration ausgesalzen werden. Bei diesem Aussalzen bleiben die Eigenschaften unverändert, und der Vorgang ist insoferne reversibel, als durch Verminderung der Salzkonzentration die Fällung wieder gelöst wird. Die einzelnen Aussalzen Eiweißstoffe verhalten sich demselben Salze gegenüber wesentlich verschieden; der Eiweiß- aber auch zu einem und demselben Eiweißstoffe verhalten sich die verschiedenen stoffe. Neutralsalze in verschiedener Weise, indem nämlich einige fällend, andere dagegen trotz ausreichender Löslichkeit überhaupt nicht fällend wirken. Auf Grund der Untersuchungen von P. PFEIFFER[3] und seinen Mitarbeitern über das Verhalten der Aminosäuren zu Neutralsalzen scheint es, als würde für die Beziehungen zwischen Eiweißstoffen und Neutralsalzen vor allem der Aminosäurecharakter der ersteren maßgebend sein.

Das Verhalten verschiedener Eiweißstoffe zu einem und demselben Salze, wie z. B. $MgSO_4$ oder $(NH_4)_2SO_4$, hat man vielfach zur Isolierung derselben benützt und man hat hierauf besondere Methoden zur Trennung derselben durch fraktionierte Fällung gegründet. Es hat sich aber gezeigt, daß diese Methoden an großen Fehlerquellen leiden und nur bei ganz besonderer Versuchsanordnung brauchbare Resultate geben[4].

Anders als beim Aussalzen liegen die Verhältnisse bei der Fällung von Eiweißlösungen mit Salzen der schweren Metalle. Die Art der hierbei entstehenden Niederschläge (oft Metallalbuminate genannt) ist noch nicht hin- Metall- reichend aufgeklärt worden. In einigen Fällen scheint es sich um Verbindungen albuminate. in stöchiometrischen Verhältnissen zu handeln; meistens scheint man aber der Ansicht zu sein, daß man es hier nicht mit echten Verbindungen, sondern eher mit Adsorptionsverbindungen von Eiweiß mit Metallsalzen zu tun hat. Diese Verbindungen sind insoferne irreversibel, als durch Verdünnung mit Wasser oder Entfernung des Salzes mittels Dialyse das unveränderte Eiweiß nicht wiedergewonnen wird. Auf der anderen Seite können die Niederschläge, wenigstens in gewissen Fällen, in einem Überschuß der Salzlösung oder der Eiweißlösung sich wieder auflösen, und in diesem Sinne ist also der Vorgang ein reversibler.

Die Ausfällung der Eiweißstoffe wie auch anderer löslichen Proteine durch Salze steht in naher Beziehung zu ihrer kolloiden Natur, und in dieser Hinsicht kann also auf das in dem Kapitel 1 Gesagte hingewiesen werden. Die Eiweißstoffe diffundieren im allgemeinen nicht oder nur sehr wenig durch

---

[1] Vgl. E. HARNACK, Ber. d. d. chem. Gesellsch. 22, 23, 25 u. 31; WERIGO, PFLÜGERS Arch. 48; BÜLOW, PFLÜGERS Arch. 58; SCHULZ, Die Größe des Eiweißmoleküls, Jena 1903. [2] Ergebnisse d. Physiol. 10; Journ. of physikal. Chem. 14, 15 u. Journ. of biol. Chem. 9. [3] Zeitschr. f. physiol. Chem. 81, 85, 97 und Ber. d. d. chem. Gesellsch. 48. [4] Vgl. COHNHEIM, Chemie der Eiweißkörper, 3. Aufl. 1911; PINKUS, Journ. of Physiol. 27; W. PAULI, HOFMEISTERS Beiträge 3, S. 225; HASLAM, Journ. of Physiol. 32.

Eiweiß-
stoffe sind
Kolloide.

eine tierische Membran und sind dementsprechend in den allermeisten Fällen von ausgeprägter kolloider Natur im Sinne GRAHAMS. Sie gehören zu den hydrophilen Kolloiden; ihre Lösungen zeigen jedoch alle Übergänge von den typischen kolloiden zu den echten Lösungen. Als solche Übergänge sind besonders zu bezeichnen die Lösungen der unten zu besprechenden Albumosen und Peptone, welche Lösungen durch geringere Viskosität, größere Filtrations- und Diffusionsfähigkeit, geringere Fällbarkeit durch Alkohol, Nichtkoagulier- barkeit beim Sieden und geringere Neigung zur Ausflockung durch Salzzusätze ausgezeichnet sind.

Übergang
in
Hydrogele.

Die Lösungen (oder Suspensionen) der Eiweißstoffe in Wasser, die Eiweißhydrosole, können durch verschiedene Mittel in Eiweißhydrogele über- geführt werden. Von diesen Mitteln sind hier besonders zu erwähnen: die Ausflockung durch Salze, die Ausfällung mit Alkohol, das Gelatinieren einer Leimlösung beim Erkalten und die durch Enzyme oder Erhitzen bewirkte Koagulation.

Native und
denatu-
rierte
Eiweiß-
stoffe.

Diejenigen Eiweißstoffe, die der gewöhnlichen Ansicht nach in den tieri- schen Säften und Geweben vorgebildet sind und aus ihnen mit Erhaltung ihrer ursprünglichen Eigenschaften durch indifferente chemische Mittel isoliert werden können, nennt man native Eiweißstoffe. Aus den nativen Eiweißstoffen können durch Erhitzen, durch Einwirkung verschiedener chemischen Reagenzien, wie Säuren, Alkalien, Alkohol u. a., wie auch durch proteolytische Enzyme neue Eiweißmodifikationen mit anderen Eigenschaften entstehen. Diese neuen Eiweißstoffe nennt man zum Unterschied von den nativen denaturierte Eiweißstoffe.

Alkohol-
wirkung.

Bei der Ausfällung mit Alkohol ist der Vorgang reversibel, denn der Niederschlag löst sich wieder bei unmittelbarer Verdünnung mit Wasser. Durch die Einwirkung des Alkohols werden indessen die Eiweißstoffe — einige leicht und rasch, andere schwieriger und mehr langsam — verändert; das Eiweiß löst sich dann nicht mehr in Wasser und ist denaturiert worden.

Verhalten
einer Ei-
weißlösung
beim Er-
hitzen.

Beim Erhitzen der Lösung eines nativen Eiweißstoffes wird das Eiweiß bei einer für verschiedene Eiweißstoffe verschiedenen Temperatur denaturiert. Bei passender Reaktion und im übrigen günstigen äußeren Bedingungen können die meisten Eiweißstoffe dabei in fester Form als geronnenes oder „koaguliertes" Eiweiß sich ausscheiden. Das Hydrosol geht in Hydrogel über; da aber hier- bei wie gesagt eine Denaturierung stattfindet, ist der Vorgang irreversibel. Die Temperatur, bei welcher die Gerinnung erfolgt, ist für denselben Eiweißstoff unter verschiedenen Versuchsbedingungen eine wechselnde. Die Gerinnungs- temperatur bei neutraler Reaktion in neutralsalzhaltiger Lösung ist aber unter sonst gleichen Verhältnissen auch für verschiedene Eiweißstoffe eine verschie- dene, und man hat deshalb in vielen Fällen diese Koagulationstemperatur als gutes Mittel zum Nachweis und zur Trennung verschiedener Eiweißstoffe benützt. Über die Brauchbarkeit dieses Mittels sind indessen die Ansichten geteilt, und ähnlich verhält es sich mit der Frage von dem Wesen der Hitze- gerinnung und den Bedingungen, unter welchen dieselbe stattfindet (vgl. Kapitel 1).

Eine Denaturierung kann, wie gesagt, auch durch Einwirkung von Säuren, Alkalien oder Salzen der schweren Metalle, in gewissen Fällen sogar durch Wasser allein, ferner durch Einwirkung von Alkohol, Chloroform (SALKOWSKI) und Äther, durch starkes Schütteln (RAMSDEN), durch Zerreiben von eingetrocknetem, wasserlöslichem Eiweiß (E. HERZFELD und R. KLINGER) u. a. zustande kommen[1].

---

[1] Vgl. SALKOWSKI, Zeitschr. f. physiol. Chem. **31**; FR. KRÜGER, Zeitschr. f. Biol. **41**; LOEW u. ASO, Bull. Coll. agric. Tokio **4**; W. RAMSDEN, Zeitschr. f. physikal. Chem. **47**

Eine Adsorption von Eiweißkörpern durch Suspensionskolloide, durch Kieselsäure und kolloides Eisenhydroxyd und auch durch Kaolin, kann vielfach stattfinden und zwar in solchem Umfange, daß man zur Enteiweißung einer Lösung des kolloiden Eisenhydroxyds oder des Schüttelns mit Kaolin sich bedienen kann (Rona und Michaelis[1]). Daß die Eiweißstoffe als Schutzkolloide für Suspensionskolloide dienen können, ist schon in dem vorigen Kapitel 1 erwähnt worden. Ebenso wird eine Mastixsuspension durch überschüssige Eiweißlösung gegen die fällende Wirkung von Elektrolyten geschützt, während umgekehrt eine Eiweißlösung, mit reichlicher Menge Mastixemulsion gemischt, von verhältnismäßig geringen Elektrolytmengen gefällt wird. Auf diesem letzteren Verhalten gründet sich eine andere Enteiweißungsmethode von Michaelis und Rona[2]). *Eiweißstoffe als Schutzkolloide.*

Über die elektrische Ladung des Eiweißes unter verschiedenen Verhältnissen und die Wanderung desselben im elektrischen Stromgefälle ist schon im Kapitel 1 berichtet worden.

Das Molekulargewicht der Eiweißstoffe hat man nach verschiedenen, mehr oder weniger unsicheren Methoden zu bestimmen versucht[3]). Daß die Eiweißstoffe ein hohes Molekulargewicht haben, scheint sicher zu sein; aber die Angaben über die Größe desselben schwanken bedeutend, und diese Größe ist natürlich für verschiedene Eiweißstoffe eine verschiedene. Für die bisher untersuchten eigentlichen Eiweißstoffe hat man Werte, die zwischen 4000—6000—10000 schwanken, gefunden. *Molekulargewicht.*

Von allgemeinen Eiweißreaktionen gibt es eine große Anzahl. Hier können nur die wichtigsten angeführt werden. Um die Übersicht derselben zu erleichtern, werden sie hier auf folgende zwei Gruppen verteilt. Hierzu ist jedoch zu bemerken, daß die Fällungsreaktionen nicht nur für lösliche, eigentliche Eiweißstoffe, sondern auch für andere, lösliche Proteine mehr oder weniger allgemein gültig sind. Die Färbungsreaktionen gelten mit einzelnen, später zu erwähnenden Ausnahmen für Proteine, lösliche oder unlösliche, überhaupt.

a) Fällungsreaktionen der Eiweißstoffe.

1. Die Koagulationsprobe. Eine alkalische Eiweißlösung gerinnt beim Sieden nicht, eine neutrale nur teilweise und unvollständig und die Reaktion muß deshalb etwas sauer sein. Man erhitzt die neutralisierte Flüssigkeit zum Sieden und setzt erst nach dem Aufkochen vorsichtig die passende Menge Säure zu. Es entsteht dabei ein flockiger Niederschlag, und das von ihm getrennte Filtrat ist bei richtiger Arbeit wasserklar. Verwendet man zu der Probe verdünnte Essigsäure, so kann man zu der siedend heißen Lösung, je nach dem Eiweißgehalte, auf je 10—15 ccm Flüssigkeit 1, 2 bis 3 Tropfen, wenn vor dem Zusatze jedes neuen Tropfens zum Sieden erhitzt wird, zusetzen. *Koagulationsprobe.* Verwendet man dagegen verdünnte Salpetersäure (von 25 p. c.), so müssen auf die obengenannte Menge Flüssigkeit, ebenfalls erst nach vorausgegangenem Aufkochen, 15—20 Tropfen Salpetersäure zugesetzt werden. Setzt man nur wenige Tropfen Salpetersäure zu, so entsteht eine lösliche Verbindung von Säure und Eiweiß, welche erst von mehr Säure gefällt wird. Einer salzarmen Eiweißlösung soll man erst etwa 1 p. c. NaCl zusetzen, weil die Kochprobe sonst, besonders bei Anwendung von Essigsäure und Gegenwart von nur wenig Eiweiß, leicht mißglückt.

---

und Arch. f. (Anat. u.) Physiol. 1894; E. Herzfeld u. Klinger, Bioch. Zeitschr. 78; W. Wiechowski ebenda 81.
[1]) Bioch. Zeitschr. 5. [2]) Bioch. Zeitschr. 2, 3 u. 4. [3]) Vgl. insbesondere Schulz, Die Größe des Eiweißmoleküls. Jena 1903.

2. **Fällbarkeit durch Alkohol.** Die Lösung darf nicht alkalisch reagieren, sondern muß neutral oder schwach sauer sein. Sie muß außerdem eine genügende Menge Neutralsalz enthalten.

3. Von **Neutralsalzen**, wie Na_2SO_4 oder NaCl, bis zur Sättigung eingetragen, werden einige Eiweißstoffe aber nicht alle, gefällt. Als allgemeines Fällungsmittel gilt jedoch das **Ammoniumsulfat**, bis zur Sättigung in der Flüssigkeit gelöst. Bei Gegenwart von freier Essigsäure oder Salzsäure können jedoch auch die obengenannten Salze, NaCl oder Na_2SO_4, in genügender Konzentration ein allgemeines Fällungsmittel für Eiweißstoffe werden.

Fällungs-reaktionen.
4. **Fällbarkeit durch Metallsalze**, wie Kupfersulfat, Eisenchlorid, neutrales und basisches Bleiazetat (in nicht zu großer Menge), Quecksilberchlorid u. a. Hierauf gründet sich die Anwendung des Eiweißes als Gegengift bei Vergiftungen mit Metallsalzen.

5. **Fällung durch Mineralsäuren bei Zimmertemperatur.** Das Eiweiß wird von den drei gewöhnlichen Mineralsäuren in passender Menge, nicht aber von Orthophosphorsäure gefällt. Wird Salpetersäure in einem Reagenzgläschen vorsichtig mit Eiweißlösung überschüttet, so tritt an der Berührungsstelle eine weiße, undurchsichtige Scheibe oder Schicht von gefälltem Eiweiß auf (HELLERS Eiweißprobe).

6. **Fällbarkeit durch sog. Alkaloidreagenzien.** Hierher gehören: die Fällbarkeit durch **Metaphosphorsäure** und **Ferrozyanwasserstoffsäure**, welch letztere Reaktion gewöhnlich mit Ferrozyankaliumlösung in essigsaurer Flüssigkeit ausgeführt wird; Fällbarkeit durch **Phosphorwolframsäure** oder **Phosphormolybdänsäure** bei Gegenwart von freier
Fällungs-reaktionen. Mineralsäure; Fällbarkeit durch **Kaliumquecksilberjodid** oder **Kaliumwismutjodid** in einer mit Salzsäure angesäuerten Lösung; Fällbarkeit durch **Gerbsäure** in essigsaurer Flüssigkeit, wobei zu beachten ist, daß bei Abwesenheit von Neutralsalz oder bei Gegenwart von freier Mineralsäure die Fällung ausbleiben kann und daß man deshalb, um dieselbe hervorzurufen, in diesen Fällen etwas Natriumazetat zusetzen soll; Fällbarkeit durch **Pikrinsäure** nach Ansäuern mit einer organischen Säure. Das Eiweiß wird ferner gefällt von **Trichloressigsäure** in einer Konzentration von 2—5 p. c., von **Phenol, Salizylsulfonsäure, Nukleinsäure, Taurocholsäure** und **Chondroitinschwefelsäure** bei saurer Reaktion.

b) Färbungsreaktionen der Eiweißstoffe.

1. **Die MILLONsche Reaktion**[1]). Eine Lösung von Quecksilber in Salpetersäure, welche etwas salpetrige Säure enthält, gibt in Eiweißlösungen einen Niederschlag, welcher bei Zimmertemperatur langsamer, beim Kochen dagegen rasch rot gefärbt wird und auch der Flüssigkeit eine stärkere oder schwächere
Färbungs-reaktionen der Eiweiß-stoffe. rote Farbe geben kann. Auch feste Eiweißstoffe werden von dem Reagenze in derselben Weise gefärbt. Diese Reaktion rührt von dem Tyrosin her und wird auch mit anderen monohydroxylierten Benzolderivaten erhalten. Nach O. NASSE[2]) verwendet man am besten eine wässerige Lösung von Merkuriazetat, welcher man beim Ausführen der Probe einige Tropfen einer 1%igen Lösung von Kalium- oder Natriumnitrit und nötigenfalls ein wenig Essigsäure zusetzt.

---

[1]) Das Reagenz erhält man auf folgende Weise: Man löst 1 Teil Quecksilber in 2 Teilen Salpetersäure von 1,42 spez. Gewicht zunächst in der Kälte, dann unter Erwärmen. Nach vollständiger Lösung des Quecksilbers fügt man zu 1 Vol. der Lösung 2 Vol. Wasser, läßt einige Stunden stehen und gießt die Flüssigkeit vom Bodensatze ab. [2]) Vgl. O. NASSE, Sitz.-Ber. d. Naturforsch.-Gesellsch. zu Halle 1879 und PFLÜGERS Arch. 83; vgl. ferner: VAUBEL u. BLUM, Journ. f. prakt. Chem. (N. F.) 57.

2. **Xanthoproteinsäurereaktion.** Mit starker Salpetersäure geben die Eiweißstoffe in der Siedehitze gelbe Flöckchen oder eine gelbe Lösung. Nach Übersättigen mit Ammoniak oder Alkalien wird die Farbe orangegelb, herrührend von der Einwirkung der Säure auf die Tyrosin- und Tryptophangruppen der Proteine. 3. **Die Reaktion von ADAMKIEWICZ.** Setzt man einem Gemenge von 1 Vol. konzentrierter Schwefelsäure und 2 Vol. Eisessig ein wenig Eiweiß zu, so wird die Flüssigkeit, langsamer bei Zimmertemperatur und rascher beim Erwärmen, schön rotviolett. Diese Reaktion kommt nach HOPKINS und COLE [1]) nur bei Anwendung von glyoxylsäurehaltigem Eisessig zum Vorschein. Nach den genannten Forschern ist es auch besser, Glyoxylsäure zu verwenden, die man sich leicht in der Weise bereiten kann, daß man in starke Oxalsäurelösung etwas Natriumamalgam wirft und nach beendeter Gasentwickelung filtriert. Einer verdünnten wässerigen Lösung der Säure setzt man den Eiweißstoff in Lösung oder in Substanz zu und läßt dann an der Seite des Reagenzglases die Schwefelsäure herunterfließen. Die Farbe tritt an der Berührungsstelle beider Flüssigkeiten oder bei fester Substanz nach Umschütteln auf. Diese Farbenreaktion, welche allgemein die Reaktion von ADAMKIEWICZ-HOPKINS genannt wird, rührt von dem Tryptophan her, und dementsprechend gibt der Leim (welcher kein Tryptophan enthält) nicht diese Reaktion. Färbungs-reaktionen

Als weitere Farbenreaktionen sind zu nennen: 4. **Die Biuretprobe.** Setzt man einer Eiweißlösung erst Kali- oder Natronlauge und dann tropfenweise eine verdünnte Kupfersulfatlösung zu, so nimmt sie mit steigenden Kupfersalzmengen eine erst rötliche, dann rotviolette und zuletzt violettblaue Farbe an. 5. **Von konzentrierter Salzsäure** kann das Eiweiß beim Erhitzen mit violetter oder, wenn das Eiweiß erst mit warmem Alkohol ausgekocht und mit Äther gewaschen worden (L. LIEBERMANN [2]), mit einer schön blauen Farbe gelöst werden. Diese blaue Farbe rührt indessen nach COLE [3]) von einer Verunreinigung des Äthers mit Glyoxylsäure her, welche mit der durch die Salzsäure abgespaltenen Tryptophangruppe reagiert. Die violette Farbe des nicht mit Äther gereinigten Eiweißes betrachtet man ebenfalls als eine Tryptophanreaktion mit dem aus (hexosehaltigem) Eiweiß durch Einwirkung der konzentrierten Salzsäure entstandenen Furfurol (Oxymethylfurfurol). In ähnlicher Weise erklärt man auch die Reaktion 6, welche darin besteht, daß Eiweiß mit **konzentrierter Schwefelsäure und Zucker** in geringer Menge eine schöne rote Farbe gibt. 7. **Von p-Dimethylaminobenzaldehyd** und konzentrierter Schwefelsäure werden die Eiweißstoffe schön rotviolett oder dunkelviolett gefärbt (O. NEUBAUER und ROHDE [4])). Auch andere Aldehyde können vermittels der Tryptophangruppe im Eiweiß Farbenreaktionen geben. Weitere Farbenreaktionen sind 8. die ARNOLD sche [5]) Reaktion, Purpurviolettfärbung mit Nitroprussidnatrium und Ammoniak, eine Reaktion, die indessen nicht alle Eiweißstoffe geben und welche zu der Zysteingruppe in Beziehung steht, und 9. die Reaktion von ABDERHALDEN und SCHMIDT [6]), Blaufärbung mit Triketohydrindenhydrat beim Sieden (**Ninhydrinreaktion**). Diese Reaktion wird mit allen Verbindungen erhalten, die in α-Stellung zum Karboxyl eine Amidgruppe enthalten, und sie ist von besonderer Bedeutung für den Nachweis der Abbauprodukte der Proteine geworden. Sie wird aber auch mit vielen anderen Substanzen erhalten und kann zu fehlerhaften Schlüssen führen. Färbungs-reaktionen.

---

[1]) HOPKINS u. COLE, Proc. Roy. Soc. **68.** Bezüglich dieser Reaktion vgl. man ferner A. HOMER, Bioch. Journ. **7;** V. H. MOTTRAM ebenda und E. VOISENET, Chem. Zentralbl. 1919, 1. Techn. Teil. [2]) Zentralbl. f. d. med. Wiss. 1887. [3]) Journ. of Physiol. **30.** [4]) Zeitschr. f. physiol. Chem. **44.** [5]) V. ARNOLD ebenda **70.** [6]) Ebenda **72, 85;** K. NEUBERG, Bioch. Zeitschr. **56;** W. HALLE, E. LÖWENSTEIN und E. PRZIBRAM ebenda **55;** E. HERZFELD, ebenda **59.**

Die Biuretreaktion wird nicht nur mit Proteinen, sondern auch mit vielen anderen Stoffen erhalten. Nach H. Schiff[1]) kommt sie solchen Stoffen zu, welche die Amidogruppen $CONH_2$, $CSNH_2$, $C(NH)NH_2$ oder auch CH_2NH_2 zu einer Anzahl von zwei, entweder direkt durch ihre Kohlenstoffatome oder durch Vermittelung eines dritten Kohlenstoff- oder Stickstoffatomes aneinander gebunden, enthalten. Beispiele solcher Stoffe sind mehrere Diamide oder Aminoamide wie Oxamid, Biuret, Glyzinamid, α- und β-Aminobutyroamid, Asparaginsäureamid u. a., aber die Bedingungen für das Zustandekommen dieser Reaktion in den Eiweißstoffen sind trotzdem noch nicht klar. Die Biuretreaktion ist auch an und für sich kein entscheidender Beweis für die Proteinnatur einer Substanz — abgesehen davon, daß z. B. das Urobilin eine recht ähnliche Farbenreaktion gibt — und umgekehrt kann ein Eiweißstoff seine Proteinnatur beibehalten, trotzdem er, infolge einer Einwirkung von salpetriger Säure oder einer Ammoniakabspaltung durch Alkaliwirkung, die Biuretreaktion nicht mehr gibt.

Einem und demselben Eiweißreagenze gegenüber können verschiedene Eiweißstoffe eine etwas verschiedene Empfindlichkeit zeigen, und es ist aus diesem Grunde nicht möglich, für jede einzelne Reaktion eine für alle Eiweißstoffe zutreffende Empfindlichkeitsgrenze anzugeben. Unter den Fällungsreaktionen nimmt (wenn man von den Peptonen und einigen Albumosen absieht) die Hellersche Probe ihrer Empfindlichkeit (wenn sie auch nicht die empfindlichste Reaktion ist) und leichten Ausführung wegen einen hervorragenden Platz ein. Unter den Fällungsreaktionen dürften sonst die Fällung mit basischem Bleiazetat (bei sehr vorsichtiger und korrekter Arbeit), mit Alkohol, wie auch die Reaktionen unter Nr. 6, die empfindlichsten sein. Die Farbenreaktionen 1—4 zeigen eine mit der Reihenfolge, in welcher sie angeführt worden, abnehmende Empfindlichkeit[2]).

Empfindlichkeit der Eiweißreaktionen.

Keine Eiweißreaktion ist an und für sich charakteristisch, und bei der Untersuchung auf Eiweiß darf man deshalb auch nicht mit einer einzigen Reaktion sich begnügen. Es müssen vielmehr stets mehrere Fällungs- und Färbungsreaktionen in Anwendung kommen.

Zur quantitativen Bestimmung der gerinnbaren Eiweißstoffe kann man mit Vorteil der Kochprobe mit Essigsäure sich bedienen, welche Probe bei sorgfältiger Arbeit so genaue Resultate liefert, daß das Filtrat mit der Hellerschen Probe keine Eiweißreaktion gibt. Die Menge der zugesetzten Säure ist jedoch von großer Bedeutung, und mit Rücksicht hierauf kann auf die Arbeit von Sörensen und E. Jürgensen[3]) hingewiesen werden. Die Fällung kann zur Stickstoffbestimmung nach Kjeldahl verwendet werden, und durch Multiplikation des gefundenen Stickstoffes mit 6,25 erhält man die Menge des Eiweißes. Man kann auch sämtliches Eiweiß mit Gerbsäure ausfällen und den Stickstoff der Fällung nach Kjeldahl bestimmen.

Quantitative Bestimmung.

Zur Abscheidung des Eiweißes aus einer Flüssigkeit eignet sich in vielen Fällen sehr gut die Kochprobe mit Essigsäure. Muß man Erwärmung vermeiden, so kann man die Fällung mit Alkohol oder — wenn die Flüssigkeit alkoholfällbare Stoffe wie Glykogen enthält — die Ausfällung mit Trichloressigsäure verwenden. Sehr zu empfehlen ist für viele Fälle die Ausfällung mit Kaolin, gelöstem kolloidalem Eisenhydroxyd oder Mastixemulsion (vgl. S. 75).

Enteiweißung.

Sowohl bei der Ausscheidung des Eiweißes wie bei der quantitativen Bestimmung desselben durch die Kochprobe hat man darauf zu achten, daß nach Spiro[4]) mehrere stickstoffhaltige Substanzen, wie Piperidin, Pyridin, Harnstoff u. a. die Koagulation des Eiweißes stören können.

---

[1]) Ber. d. d. chem. Gesellsch. **29** u. **30**. [2]) Über die Fällungs- und Färbungsreaktionen der Eiweißstoffe mit Anilinfarbstoffen liegen ausführliche Untersuchungen von M. Heidenhain, Pflügers Arch. **90** u. **96** vor. [3]) Bioch. Zeitschr.**31**. [4]) Zeitschr. f. physiol. Chem. **30**.

Übersicht der wichtigsten Eigenschaften der verschiedenen Hauptgruppen von Eiweißstoffen.

Da man noch nicht die Charakterisierung der verschiedenen Eiweißgruppen auf einer verschiedenen Konstitution basieren kann, legt man im allgemeinen einer solchen Charakterisierung die verschiedenen Löslichkeits und Fällbarkeitsverhältnisse derselben zugrunde. Da aber in diesen Hinsichten keine scharfen Unterschiede zwischen den verschiedenen Gruppen bestehen, können auch keine scharfen Grenzen zwischen ihnen gezogen werden.

Albumine. Diese Eiweißstoffe sind in Wasser bei neutraler Reaktion löslich und werden durch Zusatz von ein wenig Säure oder Alkali nicht gefällt. Von größeren Mengen Mineralsäure wie auch von Metallsalzen werden sie dagegen niedergeschlagen. Die Lösung in Wasser gerinnt beim Sieden bei Gegenwart von Neutralsalzen, während eine möglichst salzarme Lösung dagegen beim Sieden nicht gerinnt. Trägt man in die neutrale Lösung in Wasser NaCl oder $MgSO_4$ bis zur Sättigung bei Zimmertemperatur oder bei $+30^0$ C hinein, so entsteht kein Niederschlag; setzt man dagegen der mit Salz gesättigten Lösung Essigsäure zu, so scheidet sich das Eiweiß aus. Von Ammoniumsulfat in Substanz, bis zur Halbsättigung eingetragen, wird eine Albuminlösung bei Zimmertemperatur nicht, bei Sättigung mit dem Sulfate dagegen vollständig, gefällt. Die Albumine sind unter den bisher untersuchten nativen Eiweißkörpern die schwefelreichsten (1,6—2,2 p. c. Schwefel). Soweit man sie bisher untersucht hat, liefern sie bei der Säurehydrolyse kein Glykokoll. *Eigenschaften der Albumine.*

Globuline. Diese Eiweißkörper sind in der Regel unlöslich in Wasser, lösen sich aber in verdünnten Neutralsalzlösungen. Diese Lösungen scheiden im allgemeinen bei genügender Verdünnung mit Wasser das Globulin wieder unverändert aus; beim Erhitzen gerinnen sie. Die Globuline lösen sich in Wasser bei Zusatz von·sehr wenig Säure oder Alkali und bei Neutralisation des Lösungsmittels scheiden sie sich wieder aus. Die Lösung in Minimum von Alkali wird meistens von Kohlensäure gefällt; von überschüssiger Kohlensäure kann aber der Niederschlag in gewissen Fällen wieder gelöst werden. Die neutralen, salzhaltigen Lösungen werden beim Sättigen mit NaCl oder $MgSO_4$ in Substanz bei Zimmertemperatur je nach der Art des Globulins teilweise oder vollständig gefällt. Von Ammoniumsulfat, bis zur halben Sättigung eingetragen, werden sie regelmäßig gefällt. Die Globuline enthalten eine mittlere Menge Schwefel, meistens nicht unter 1 p. c. Zum Unterschied von den Albuminen liefern sie unter den hydrolytischen Spaltungsprodukten Glykokoll, und nach FR. OBERMAYER und R. WILLHEIM[1]) sollen sie regelmäßig eine im Verhältnis zu der Gesamtzahl der N-Atome kleinere Anzahl von formoltitrierbaren, endständigen NH_2-Gruppen als die Albumine enthalten. *Eigenschaften der Globuline.*

Eine scharfe Grenze zwischen Globulinen und Albuminen kann man aus ihren Eigenschaften nicht ziehen, was besonders daraus hervorgeht, daß, wie namentlich MOLL[2]) gezeigt hat, das Serumalbumin durch schwache Alkalieinwirkung in der Wärme gewisse Eigenschaften der Serumglobuline annimmt. Daß es hier nur um eine Änderung der äußeren Eigenschaften der Albumine zu größerer Ähnlichkeit mit denjenigen der Globuline und nicht um einen wahren Übergang des glykokollfreien Albumins in glykokollhaltiges Globulin sich handelt, ist ohne weiteres offenbar und geht auch aus besonderen Beobachtungen[3]) hervor. Es ist dies also ein lehrreiches Beispiel von der unter *Umwandlung von Albumin in ·Globulin.*

---

[1]) OBERMAYER u. WILLHEIM, Bioch. Zeitschr. 38.   [2]) MOLL, HOFMEISTERs Beiträge 4 u. 7.   [3]) OBERMAYER u. WILLHEIM l. c.; R. GIBSON, Journ. of biol. Chem. 12; H. W. BYWATERS u. Mitarbeiter, Journ. of Physiol. 47.

geordneten Bedeutung der Löslichkeits- und Fällbarkeitsverhältnisse als Unterscheidungsmerkmale zwischen verschiedenen Gruppen von Eiweißstoffen.

Ebenso schwer wie zwischen Globulinen und Albuminen läßt sich auf Grund der Löslichkeitsverhältnisse eine scharfe Grenze zwischen Globulinen und Albuminaten ziehen. Mehrere Globuline gehen äußerst leicht durch Einwirkung von sehr wenig Säure, wie auch beim Stehen unter Wasser in ausgefälltem Zustande, in Albuminate über und werden dabei unlöslich in Neutralsalzlösung. Osborne[1]), welcher diese Verhältnisse am eingehendsten an dem Edestin (aus Hanfsamen) studiert hat, betrachtet das in Salzlösung unlöslich gewordene Globulin, „Globan", als eine Zwischenstufe bei der Albuminatbildung, welche durch die hydrolysierende Wirkung der H-Ionen des Wassers bzw. der Säure entsteht.

Veränderlichkeit der Globuline.

Phosphoproteine bezeichnet eine Gruppe von phosphorhaltigen Eiweißstoffen, die im Tier- und Pflanzenreiche verbreitet vorkommen und welche teils die Nukleoalbumine und teils die wenig studierten Lezithalbumine umfaßt.

Phosphoproteine.

Nukleoalbumine, dessen am meisten studierte Repräsentant das Kasein ist, nennt man Eiweißstoffe, die wie ziemlich starke Säuren sich verhalten, in Wasser fast unlöslich, aber in schwach alkalischen Flüssigkeiten leicht löslich sind und trotz vollständiger Abwesenheit von Phosphatiden noch Phosphor enthalten. Bezüglich ihrer Löslichkeits- und Fällbarkeitsverhältnisse stehen einige den Globulinen sehr nahe. Andere stehen den Alkalialbuminaten näher, unterscheiden sich aber von beiden vor allem dadurch, daß sie Phosphor im Eiweißmoleküle enthalten. Durch ihren Gehalt an Phosphor stehen sie wiederum den Nukleoproteiden näher, unterscheiden sich aber von ihnen dadurch, daß sie bei ihrer Spaltung keine Purinbasen liefern. Bisher hat man auch aus den Nukleoalbuminen keine, den Nukleinsäuren entsprechenden eiweißfreien Pseudonukleinsäuren, sondern nur phosphorreiche Säuren erhalten, die immer Eiweißreaktionen gaben. Aus dem Grunde können die Nukleoalbumine nicht den Proteiden zugezählt werden. Bei der Pepsinverdauung hat man aus den meisten Nukleoalbuminen einen phosphorreicheren Eiweißstoff abspalten können, den man Para- oder Pseudonuklein genannt hat. Die Annahme, daß das Pseudonuklein eine Verbindung von Eiweiß mit Metaphosphorsäure sei, hat durch die Untersuchungen von Giertz[2]) als unrichtig sich erwiesen.

Nukleoalbumine.

Die Abscheidung von Pseudonuklein bei der Pepsinverdauung ist allerdings für die Nukleoalbumingruppe charakteristisch; das Nichtauftreten einer Pseudonukleinfällung schließt aber nicht ganz die Anwesenheit eines Nukleoalbumins aus. Ob und in welchem Umfange eine solche Abspaltung stattfindet, hängt nämlich von der Intensität der Pepsinverdauung, von dem Säuregrade und der Relation zwischen Nukleoalbumin und Verdauungsflüssigkeit ab. Die Ausscheidung eines Pseudonukleins kann also, wie Salkowski gezeigt hat, selbst bei der Verdauung des gewöhnlichen Kaseins ausbleiben, und aus dem Frauenmilchkasein haben einige überhaupt kein Pseudonuklein erhalten (Wróblewski u. a.)[3]). Das für diese Gruppe von Eiweißstoffen wesentlichste ist also der Gehalt an Phosphor und die Abwesenheit von Purinbasen unter den Spaltungsprodukten derselben.

Abspaltung von Pseudonuklein.

Die Nukleoalbumine können leicht teils mit Nukleoproteiden und teils mit phosphorhaltigen Glykoproteiden verwechselt werden. Von jenen unterscheiden sie sich dadurch, daß sie beim Sieden mit Säuren keine Purinbasen liefern, von diesen dagegen dadurch, daß sie bei derselben Behandlung keine reduzierende Substanz geben.

---

[1]) Zeitschr. f. physiol. Chem. **33**. [2]) Zeitschr. f. physiol. Chem. **28**. [3]) Salkowski, Pflügers Arch. **63**; Wróblewski, Beiträge zur Kenntnis des Frauenkaseins. Inaug.-Diss. Bern 1894.

NEUBERG und Mitarbeiter [1]), welche die Phosphorylierung von Aminosäuren, Peptonen, Albumosen und anderen Proteinen durch Einwirkung von POCl$_3$ ausgeführt *Phosphory-* haben, konnten dabei Phosphoproteine darstellen, welche den natürlichen nahe stehen *lierung.* und sogar, dem Kasein ähnelnd, bei Gegenwart löslicher Kalksalze durch Labferment zum Gerinnen gebracht werden können.

Lezithalbumine. Bei der Darstellung gewisser Eiweißstoffe erhält man oft stark lezithinhaltige Produkte, aus denen das Lezithin (bzw. die Phosphatide s. Kapitel 4) äußerst schwierig oder nur unvollständig mit Alkoholäther zu entfernen ist. Ein solcher, stark lezithinhaltiger Eiweißstoff ist das *Lezith-* Ovovitellin (Kapitel 13), welches HOPPE-SEYLER als eine Verbindung zwischen *albumine.* Eiweiß und Lezithin aufgefaßt hat. Andere ähnliche Substanzen kommen im Blutserum und im Fischei vor und sind mit dem von LIEBERMANN eingeführten Namen Lezithalbumine bezeichnet worden. Die Lezithalbumine zeigen oft die Löslichkeitsverhältnisse der Globuline und sind also in verdünnter Kochsalzlösung leicht löslich.

Wie leicht aber diese Löslichkeit verändert werden kann, geht aus dem Verhalten des Nukleoalbumins des Barscheies hervor. Dieses Nukleoalbumin, welches reichliche Mengen Lezithin enthält, ist leicht löslich in verdünnter NaCl-Lösung, wird' aber bei Zimmertemperatur durch 0,1% HCl fast momentan und ohne Abspaltung von Lezithin derart verändert, daß es in verdünnter Kochsalzlösung unlöslich wird (HAMMARSTEN) [2]).

Bezüglich der Menge der durch Hydrolyse abspaltbaren Aminosäuren hat man bisher nichts für die Phosphoproteine besonders Charakteristisches, welches sie von anderen Gruppen unterscheidet, gefunden. Die Glieder dieser Gruppe weichen aber nicht unwesentlich voneinander ab, indem man z. B. Glykokoll aus dem Vitellin, nicht aber aus dem Kasein abgespaltet hat.

Der Übersicht halber folgt auf S. 82 eine tabellarische Übersicht der aus den obigen drei Hauptgruppen von Eiweißstoffen gewonnenen Mengen von Aminosäuren, wobei zu beachten ist, daß die Zahlen, in Anbetracht der großen Schwierigkeiten der quantitativen Bestimmungen, nicht als genaue, sondern wesentlich als Minimalwerte anzusehen sind. Als Vertreter der Globulingruppe ist auch das Fibrin, welches ein geronnenes Globulin ist, und als Vertreter der Phosphoproteingruppe, außer dem Kasein, auch das (allerdings nicht ganz reine) Ovovitellin angeführt worden. Die Zahlen beziehen sich auf 100 Teile Substanz [3]).

Die im Pflanzenreiche, hauptsächlich in Samen und Knollen, vorkommenden Proteine sind zu großem Teil Globuline, welche in ihren wesentlichen Eigenschaften den Tierglobulinen entsprechen. Daneben kommen auch viel weniger reichlich Samenproteine vor, welche, wie die Albumine, in Wasser löslich sind, während sie in ihrem Verhalten zu gewissen Salzen den Globulinen ziemlich nahe stehen. Inwieweit die phosphorhaltigen pflanzlichen Eiweiß- *Pflanzen-* stoffe ihren Phosphorgehalt nur Beimengungen zu verdanken haben oder den *proteine.* tierischen Phosphoproteinen verwandt sind, ist noch nicht hinreichend klargelegt worden. Dagegen kommen in den Samen auch Proteine vor, welche in dem Tierreiche keine entsprechenden Repräsentanten haben, und als solche sind in erster Linie die Prolamine zu nennen. Sie sind in Alkohol löslich und außerdem dadurch charakterisiert, daß sie bei der Hydrolyse nur wenig oder kein Lysin geben.

In der tabellarischen Übersicht der Hydrolyseprodukte vegetabilischer Eiweißstoffe findet man als Beispiele von Globulinen das Edestin aus Hanfsamen und das Legumin aus Erbsen. Zu der Prolamingruppe gehören die

---

[1]) Ber. d. d. chem. Gesellsch. 43 und Bioch. Zeitschr. 26 u. 60. [2]) Skand. Arch. f. Physiol. 17. [3]) Die Zahlen in den Tabellen sind so zahlreichen verschiedenen Arbeiten entnommen, daß besondere Literaturhinweisungen hier nicht Platz finden können.

drei übrigen, das Hordein aus Gerste, das Gliadin aus Weizen und das Zein aus Maiskörnern.

	Laktalbumin	Serumalbumin	Ovalbumin	Serumglobuline	Fibrin	Kasein	Vitellin
Glykokoll	0,0	0,0	0,0	3,5	3,0	0,0	1,1
Alanin	2,5	2,7	2,2	2,2	3,6	1,5	0,75
Valin	0,9	—	2,5	—	1,0	7,20	2,40
Leuzin	19,4	20,0	10,7	18,7	15,0	9,35	11,0
Isoleuzin	—	—	—	—	—	1,43	—
Serin	—	0,6	—	—	0,8	0,5	—
Asparaginsäure . . .	1,0	3,1	2,2	2,5	2,0	1,39	2,13
Glutaminsäure . . .	10,1	7,7	9,1	8,5	10,4	15,55	12,95
Zystin	2,95	4,23	0,3	2,25	1,17	1,75	—
Phenylalanin	2,4	3,1	5,17	3,8	2,5	3,20	2,8
Tyrosin	0,85	2,1	1,77	2,5	3,5	4,50	3,37
Prolin	4,0	1,04	3,56	2,8	3,6	6,70	4,18
Oxyprolin	—	—	—	—	—	0,23	—
Tryptophan	3,07	—	—	—	—	1,50	—
Histidin	2,59	3,4	1,71	2,8	6,4	3,80	1,90
Arginin	3,7	4,9	4,91	3,95	7,40	4,53	7,46
Lysin	10,3	13,2	3,76	8,95	11,1	7,7	4,81
Ammoniak	—	—	1,34	—	—	1,60	1,25

Aminosäuren in tierischem Eiweiß.

	Edestin	Legumin	Hordein	Gliadin	Zein
Glykokoll	3,8	0,38	0,0	0,68	0,0
Alanin	3,6	2,08	0,43	2,0	9,79
Valin	5,6	1,0	0,13	3,34	1,88
Leuzin	20,9	8,0	5,67	6,62	19,55
Serin	0,33	0,53	—	0,13	1,02
Asparaginsäure . .	4,5	5,3	—	0,58	1,71
Glutaminsäure . .	18,74	13,8	43,19	43,66	26,17
Zystin	0,25	—	1,18	1,17	—
Phenylalanin . .	2,40	3,75	5,03	2,35	6,55
Tyrosin	2,1	1,55	1,67	1,20	3,5—10,1
Prolin	1,7	3,22	13,73	13,22	9,04
Oxyprolin	2,0	—	—	—	—
Tryptophan . . .	0,38	—	—	1,00	—
Histidin	1,1	2,42	2,27	2,19	0,82
Arginin	11,7	10,12	2,82	2,97	1,55
Lysin	1,0	4,29	0,89	1,21	0,00
Ammoniak . . .	—	1,49	4,87	5,22	3,61

Aminosäuren in pflanzlichem Eiweiß.

Koagulierte Eiweißstoffe. Das Eiweiß kann auf verschiedene Weise wie durch Erhitzen, durch Einwirkung von Alkohol, besonders bei Gegenwart von Neutralsalz, von Chloroform, Äther, Metallsalzen, ferner durch anhaltendes Schütteln seiner Lösung und in gewissen Fällen, wie bei dem Übergange von Fibrinogen in Fibrin (vgl. Kapitel 5), durch Enzyme in den geronnenen Zustand übergeführt werden. Die Natur des bei der Gerinnung stattfindenden Vorganges ist nicht sicher bekannt. Die geronnenen Eiweißstoffe sind unlöslich in Wasser, Neutralsalzlösung und verdünnten Säuren bzw. Alkalien bei Zimmertemperatur. Von weniger verdünnten Säuren oder Alkalien werden sie besonders in der Wärme gelöst und in Albuminate umgewandelt.

Koagulierte Eiweißstoffe.

Koagulierte Eiweißstoffe scheinen aber auch in den tierischen Geweben vorzukommen. Man findet wenigstens in vielen Organen, wie in der Leber und anderen Drüsen, Eiweißstoffe, die weder in Wasser, verdünnten Salzlösungen oder sehr verdünntem Alkali löslich sind und die erst unter Denaturierung von etwas stärkerem Alkali gelöst werden.

Histone sind basische Eiweißstoffe, die gewissermaßen zwischen den viel stärker basischen Protaminen (s. unten) und den eigentlichen Eiweißstoffen stehen. Ihr Gehalt an Stickstoff wechselt von 16,5—19,8 p. c. und ist in einigen Histonen nicht höher als in anderen, namentlich pflanzlichen, Eiweißstoffen. Dagegen sind sie nach KOSSEL und KUTSCHER und LAWROW reicher an basischem Stickstoff und insbesondere liefern sie mehr Arginin als andere Eiweißstoffe. KOSSEL hat als erster einen besonderen, stickstoffreichen Eiweißstoff (aus den roten Blutkörperchen des Gänseblutes) isoliert, der von Ammoniak gefällt wird und wegen seiner Ähnlichkeit in gewissen Hinsichten mit dem Pepton (im älteren Sinne) von ihm Histon genannt wurde. Dann hat man als Histone untereinander recht verschiedenartige Substanzen beschrieben, die man aus Nukleohiston (LILIENFELD), Hämoglobin (Globin nach SCHULZ), Spermatozoen von Makrele (Skrombron nach BANG), Kabeljau (Gadushiston nach KOSSEL und KUTSCHER), Quappe (Lotahiston, EHRSTRÖM) und Seeigel (Arbacin, MATHEWS) gewonnen hat und die wahrscheinlich nicht alle, besonders nicht das obengenannte Globin, wahre Histone sind [1]. Histone.

Die Histone haben in den Fällen, in welchen man sie darauf geprüft hat, als schwefelhaltig sich erwiesen, aber sie geben nicht (wenigstens nicht alle) die Schwefelbleireaktion mit Alkali und Bleiazetat. Sie geben die Biuretreaktion, aber regelmäßig eine nur schwache MILLONsche Reaktion. Das von KOSSEL zuerst studierte Gänsebluthiston zeigte unter anderen folgende drei Reaktionen. Die neutrale salzfreie Lösung: 1. gerann nicht beim Sieden, 2. gab mit Ammoniak einen im Überschuß des Fällungsmittels unlöslichen Niederschlag, 3. gab mit Salpetersäure einen Niederschlag, der beim Erwärmen verschwand und beim Erkalten wieder zum Vorschein kam. Reaktionen.

Diesen drei Reaktionen gegenüber zeigen indessen die verschiedenen Histone ein ungleiches Verhalten, und diese Reaktionen sind also nicht für das Histon spezifisch. Dagegen scheinen alle Histone durch Alkaloidreagenzien bei neutraler Reaktion gefällt zu werden und sie rufen ferner in Eiweißlösungen Fällungen hervor. Diese zwei Reaktionen sind indessen ebenfalls nicht spezifisch für die Histone, denn die Protamine verhalten sich in derselben Weise. Von diesen letzteren unterscheiden sich jedoch die Histone durch einen viel geringeren Gehalt an Basenstickstoff wie auch wahrscheinlich immer durch einen Gehalt an Schwefel. Auch wahre Eiweißstoffe, wie das „Edestan" OSBORNES [2]), können indessen die obengenannten zwei Reaktionen geben, und es ist also nicht möglich, durch qualitative Reaktionen allein eine Substanz sicher als ein Histon zu charakterisieren. Auch der große Gehalt der Histone an basischem Stickstoff und besonders an Arginin ist kein sicheres Unterscheidungsmerkmal. Das Histon liefert höchstens etwas mehr als 40 p. c. basischen Stickstoff; aber etwa dieselbe Menge, 39 p. c. vom Gesamt-N., liefert eine Heteroalbumose. Das Gadushiston liefert höchstens 14—15,5 p. c. Arginin und das Lotahiston nur 12 p. c. davon. Ebenso reich an Arginin als gewisse Histone ist indessen auch das Pflanzeneiweiß Exzelsin mit 14,14 p. c. Arginin (OSBORNE und Mitarbeiter) [3]). Das für die Histone Charakteristische scheint nach KOSSEL darin zu liegen, daß sie die obengenannten Reaktionen geben und gleichzeitig einen Reaktionen
der ver-
schiedenen
Histone.

---

[1]) KOSSEL, Zeitschr. f. physiol. Chem. 8 und Sitz.-Ber. d. Gesellsch. zur Beförd. d. ges. Wiss. zu Marburg 1897; KOSSEL u. KUTSCHER ebenda 1900 und Zeitschr. f. physiol. Chem. 31; D. LAWROW ebenda 28 und Ber. d. d. chem. Gesellsch. 34; LILIENFELD, Zeitschr. f. physiol. Chem. 18; FR. SCHULZ ebenda 24; BANG ebenda 27; EHRSTRÖM ebenda 32; MATHEWS ebenda 23. [2]) Zeitschr. f. physiol. Chem. 33. [3]) Amer. Journ. of Physiol. 19 u. 23.

hohen Gehalt an Hexonbasen, namentlich Arginin, zeigen. Der Argininstickstoff beträgt etwa 25, der Lysin-N 7—8,5 und der Histidin-N 1,8—4,5 p. c.
von dem Gesamtstickstoffe. Es ist auch bisher kein anderes Eiweiß, außer
gewissen Protaminen, bekannt, welches gleichzeitig so viel Arginin und Lysin
wie die Histone liefert. Bei der Hydrolyse liefern die Histone, wie die eigentlichen Eiweißstoffe und zum Unterschied von den Protaminen, eine große Anzahl von Monoaminosäuren. ABDERHALDEN und RONA[1]) erhielten aus Thymushiston: Leuzin 11,8, Alanin 3,46, Glykokoll 0,50, Prolin 1,46, Phenylalanin 2,20,
Tyrosin 5,20 und Glutaminsäure 0,53 p. c.

Histo-
pepton.

 Bei der Pepsinverdauung liefern nach KOSSEL und PRINGLE[2]) die Histone
sog. Histopepton, welches ebenfalls reichlich 25 p. c. von dem Gesamtstickstoffe
als Argininstickstoff enthält. Dieses Histopepton gibt zum Unterschied von
den Protaminen mit Eiweiß in neutraler oder ammoniakalischer Lösung keine
Niederschläge, wird aber bei neutraler Reaktion von Natriumpikrat gefällt.
Diese Eigenschaft wird zu seiner Isolierung benützt.

 Nach KOSSEL sind die Histone wahrscheinlich Zwischenglieder zwischen
Protaminen und Eiweißstoffen bei dem Abbau der letzteren, und wenn dies der
Fall ist, kann es kein Wunder nehmen, wenn man keine scharfen Unterschiede
zwischen Histon und Eiweiß gefunden hat und wenn man folglich keine klare
und präzise Definition des Begriffes Histon geben kann.

 Protamine. In naher Beziehung zu den eigentlichen Eiweißstoffen stehen
die von MIESCHER entdeckten Protamine, welche von KOSSEL als die einfachsten Eiweißstoffe oder als Kerne der Proteine bezeichnet wurden. Bisher
hat man sie nur in Fischsperma in Verbindung mit Nukleinsäure gefunden[3]),
und die Untersuchungen von KOSSEL und WEISS[4]) haben es sehr wahrscheinlich
gemacht, daß das Material, aus welchem das Protamin entsteht, wenigstens

Protamine.

beim Lachse das abgebaute Muskeleiweiß ist. Man kann auch sehr in Frage
setzen, ob die Protamine an die Seite der eigentlichen Eiweißstoffe zu stellen
sind und ob es nicht viel richtiger wäre, dieselben als abgebautes Eiweiß oder
als Bruchstücke von solchem zu betrachten. Der allgemein üblichen Sitte
gemäß werden sie indessen hier zusammen mit den eigentlichen Eiweißstoffen
abgehandelt.

 Von MIESCHER[5]) wurde das Protamin im Lachssperma entdeckt. Später
haben KOSSEL und seine Schüler ähnliche basische Stoffe aus dem Sperma von
Hering, Stör, Makrele, Barsch, Hecht und anderen Fischen isoliert und näher
studiert. Da alle diese Stoffe nicht identisch sind, benützt KOSSEL den Namen
Protamine als Gruppennamen, und man nennt die verschiedenen Protamine
je nach dem Ursprung Salmin, Klupein, Skombrin, Sturin, Perzin,
Esozin, Zyprinin, Zyklopterin, Krenilabrin usw.

 Die Protamine unterscheiden sich von den anderen Proteinen wesentlich
dadurch, daß sie als Spaltungsprodukte hauptsächlich Diaminosäuren, darunter
immer reichlich — mehrere Protamine ausschließlich — Arginin, aber nur
wenig Monoaminosäure liefern. Eine Ausnahme hiervon machen jedoch die

Protamine.

Zyprinine, welche durch einen verhältnismäßig niedrigen Gehalt an Arginin

---

[1]) Zeitschr. f. physiol. Chem. 41. [2]) Ebenda 49. [3]) In neuerer Zeit hat allerdings
NELSON (Arch. f. exp. Path. u. Pharm. 59) aus der Thymusdrüse einen von ihm „Thym-
amin" genannten Stoff dargestellt, der ein Protamin sein soll. Ganz überzeugende Beweise
für die Protaminnatur dieses Stoffes hat er jedoch nicht geliefert. [4]) Zeitschr. f. physiol.
Chem. 52. [5]) Über die Protamine vergleiche man: MIESCHER in den histochemischen und
physiol. Arbeiten von FR. MIESCHER, Leipzig 1897; SCHMIEDEBERG, Arch. f. exp. Path. u.
Pharm. 37 und vor allem die zahlreichen Arbeiten von KOSSEL und Mitarbeitern (Literatur
bis zu 1912 in ABDERHALDEN, Bioch. Handlexikon IV), KOSSEL u. EDLBACHER, Zeitschr. f. physiol. Chem. 88.

und einen hohen Lysingehalt sich auszeichnen. Ihr Gehalt an Basenstickstoff betrug höchstens 39 p. c. von dem Gesamtstickstoffe, während er in den echten Protaminen gegen 89 p. c. beträgt, und die Zyprinine dürften deshalb eher als Zwischenglieder zwischen Histonen und Protaminen anzusehen sein.

Die echten Protamine sind stark basische Substanzen, reich an Stickstoff (gegen 30 p. c. oder mehr) und von hohem Molekulargewicht. Sie haben untereinander eine verschiedene Zusammensetzung, die man noch nicht durch endgültige Formeln hat ausdrücken können. Beim Sieden mit verdünnter Mineralsäure wie auch bei der Trypsinverdauung liefern die Protamine zuerst peptonähnliche Substanzen, Protone, aus denen durch weitere Spaltung einfachere Produkte (Aminosäuren) hervorgehen. Alle Protamine liefern Arginin. Lysin hat man in dem Sturin und in dem Krenilabrin, welches jedoch kein echtes Protamin zu sein scheint, gefunden. Histidin kommt ebenfalls in Sturin vor und ist außerdem in den Perzinen von KOSSEL nachgewiesen worden. Protamine.

Die Menge des Arginins ist in den zwei echten Protaminen Salmin und Klupein resp. 87,4 und 82,2, in dem Sturin dagegen nur 58,2 p. c. Dieses Protamin enthält 12,9 p. c. Histidin nebst 12 p. c. Lysin und außerdem die zwei Monoaminosäuren Alanin und Leuzin. Das Klupein enthält 4 Monoaminosäuren, nämlich Alanin, Serin, Aminovaleriansäure und Prolin. Außer den nun genannten Aminosäuren hat man auch in einigen Protaminen Tyrosin gefunden, aber nach KOSSEL enthält jedes Protamin in der Regel nur 2 oder 3 Aminosäuren. Das für die Protamine Gemeinsame ist sonst nach ihm, daß in ihnen auf je 3 Bausteine 2 basische Äquivalente entfallen. So erhält man z. B. bei der Hydrolyse des Salmins auf je 2 Moleküle Arginin je 1 Molekül einer Monoaminosäure. Die Protone (von der Salmingruppe) sind nach KOSSEL symmetrisch gebaute Diarginide mit einer Monoaminosäure: Diarginylserin, Diarginylprolin usw., und diese Diarginide sind dann zu Protaminen vereinigt. So hat man nach KOSSEL z. B. in dem Klupein das Vorhandensein von Diarginylalanin, Diarginylserin, Diarginylprolin und Diarginylvalin anzunehmen (KOSSEL und PRINGLE). Wenn man die drei Hexonbasen Arginin, Histidin und Lysin mit resp. a, h, l und die Monaminosäuren mit m bezeichnet, sind die allermeisten Protamine nach dem Typus a_2m, die Perzine nach dem Typus $(ah)_2m$ und das Sturin nach dem Typus $(a.h.l)_2m$ gebaut[1]). Bausteine
der
Protamine.

Wie oben angedeutet, hat die Methylierung der Protamine zu auffallenden Resultaten geführt. So fand nämlich EDLBACHER[2]) für Klupein (Typus a_2m) und Sturin (Typus $(ahl)_2m$) die gleiche Methylzahl 24, für zwei Salmine (ebenfalls Typus a_2m) dagegen die Zahl rund 9, während bei Esozin und Skombrin (beide vom Typus a_2m) überhaupt keine Methylierung stattfand. Eine Erklärung dieser unerwarteten Resultate kann man noch nicht geben; sie zeigen aber, daß man mit Hilfe von der Methylzahl, namentlich bei einem Vergleich mit anderen bekannten Verhältnissen, wie z. B. der Formolzahl, scheinbar ganz gleichartige Eiweißsubstanzen voneinander in exakter Weise unterscheiden kann. Methy-
lierung.

Die Lösungen der Protamine in Wasser reagieren alkalisch und haben die Eigenschaft, mit ammoniakalischen Lösungen von Eiweiß oder primären Albumosen Niederschläge zu geben, die indessen nicht wie man früher annahm als Histone aufzufassen sind. Die Salze mit Mineralsäuren sind in Wasser löslich, aber in Alkohol und Äther unlöslich. Sie können durch Neutralsalze (NaCl) mehr oder weniger leicht ausgesalzen werden. Unter den Salzen der Protamine sind besonders wichtig das Sulfat, das Pikrat und das Platinchloriddoppelsalz, welche für die Darstellung der Protamine benutzt werden können. Die Protamine sind wie die Eiweißstoffe linksdrehend; bei Einwirkung von Alkali nimmt aber die Drehung ab oder verschwindet, was nach KOSSEL und F. WEISS wenigstens zum Teil von einer Razemisierung der Hexonbasen, Eigen-
schaften.

---

[1]) KOSSEL, Zeitschr. f. physiol. Chem. 88.　[2]) Ebenda 107.

insbesondere des Arginins innerhalb des Protaminmoleküls herrührt. Die Protamine geben sehr schön die Biuretprobe aber, mit Ausnahme von Thynnin, Xiphidin, Zyklopterin, β-Zyprinin und Krenilabrin, nicht die MILLONsche Reaktion. Die Protaminsalze werden in neutraler und sogar schwach alkalischer Lösung durch phosphorwolframsaures, pikrinsaures, chromsaures und ferrozyanwasserstoffsaures Alkali gefällt.

Darstellung.   Zur Darstellung der Protamine extrahiert man nach KOSSEL die mit Alkoholäther extrahierten Spermaköpfe mit verdünnter Schwefelsäure (1—2 p. c.), filtriert und fällt mit dem 4fachen Volumen Alkohol. Das Sulfat kann durch wiederholtes Auflösen in Wasser und Ausfällen mit Alkohol — wenn nötig nach vorausgegangener Überführung in das Pikrat — gereinigt werden. Die näheren Angaben findet man in den Arbeiten von KOSSEL. Zur Analyse eignet sich besonders gut das Platindoppelsalz.

B. Albumoide oder Albuminoide.

Unter diesen Namen hat man seit lange eine Anzahl von Proteinen zusammengeführt, die man nicht ohne Schwierigkeit in irgend eine der anderen Gruppen hat einpassen können. Die meisten und am besten studierten unter ihnen sind wichtige Bestandteile des tierischen Gerüstes oder der tierischen Hautgebilde. Andere sind erhärtete Sekrete und alle kommen sie in der Regel *Albumoide.* im Tierreiche im ungelösten Zustande vor. Sie sind ferner in den meisten Fällen durch eine große Resistenz gegen die proteinlösenden Reagenzien oder gegen chemische Agenzien im allgemeinen ausgezeichnet, und sie sind auch auf Grund dieser äußeren Eigenschaften als eine besondere Gruppe zusammengeführt worden. In rein chemischer Hinsicht gibt es gar keinen Grund, diese Stoffe als eine besondere Gruppe von den eigentlichen Eiweißstoffen zu trennen. Die meisten der zu der Albumoidgruppe gehörenden Stoffe sind in der Übersicht S. 71 aufgenommen worden.

Die Keratine. Keratin hat man den Hauptbestandteil der Horngewebe, der Epidermis, der Haare, Wolle, Nägel, Hufe, Hörner, Federn, des Schildpatts usw. genannt. Keratin findet sich auch als Neurokeratin (KÜHNE) in Gehirn und Nerven. Die Schalenhaut des Hühnereies rechnet man auch allgemein zu den Keratinen, und nach NEUMEISTER[1]) gehört die organische Grundsubstanz der Eierschalen verschiedener Wirbeltiere in den meisten Fällen der Keratingruppe an.

Keratine.   Wie es scheint, gibt es mehrere Keratine, welche eine Gruppe von Stoffen bilden. Dieser Umstand, wie auch die Schwierigkeit, das Keratin aus den Geweben in reinem Zustande ohne teilweise Zersetzung zu isolieren, dürfte eine genügende Erklärung für die Schwankungen der gefundenen elementären Zusammensetzung abgeben. Es werden hier als Beispiele die Analysen einiger keratinreichen Gewebe und Keratine angeführt[2]).

	C	H	N	S	O	
Menschenhaare .	43,72	6,34	15,06	4,95	29,93	(RUTHERFORD u. HAWK)
Nägel	51,0	6,94	17,51	2,80	21,85	(MULDER)
Neurokeratin . .	56,11-58,45	7,26-8,02	11,46-14,32	1,63-2,24	—	(KÜHNE)
Neurokeratin . .	56,61	7,45	14,17	2,27	—	(ARGIRIS)
Horn (Mittelzahl)	50,86	6,94	—	3,20	—	(HORBACZEWSKI)
Schildpatt . . .	54,89	6,56	16,77	2,22	19,56	(MULDER)
Schalenhaut (Hühnerei) . .	49,78	6,64	16,43	4,25	22,50	(LINDVALL)
Eihäute (Scyllium)	53,92	7,33	15,08	1,44	—	(PREGL).

[1]) KÜHNE u. A. EWALD, Verhandl. d. naturh.-med. Vereins zu Heidelberg (N. F.) 1, ferner KÜHNE u. CHITTENDEN, Zeitschr. f. biol. **26**, NEUMEISTER ebenda **31**. [2]) TH. A.

Der Schwefel, über dessen Menge in verschiedenen Keratinen Bestimmungen von P. Mohr[1]) vorliegen, ist wenigstens zum allergrößten Teil locker gebunden, und seine Hauptmasse tritt bei Einwirkung von Alkalien (als Schwefelalkali), ein Teil sogar beim Sieden mit Wasser aus. Es können auch Kämme von Blei nach längerem Benutzen durch Einwirkung von dem Schwefel der Haare schwarz gefärbt werden. Beim Erhitzen mit Wasser in zugeschmolzenen Röhren auf 150° C oder höhere Temperatur löst sich das Keratin unter Freiwerden von Schwefelwasserstoff oder Merkaptan (Bauer), und die Lösung enthält albumoseähnliche Substanzen (Krukenberg), von Bauer[2]) „Atmidkeratin" und „Atmidkeratose" genannt.

(Randnotiz: Schwefel der Keratine.)

Außer den schon früher aus Hornsubstanzen isolierten Spaltungsprodukten, Leuzin, Tyrosin, Asparaginsäure, Glutaminsäure, Arginin und Lysin, hatten E. Fischer und Dörpinghaus[3]) als neue: Glykokoll, Alanin, Valin, Prolin, Serin, Phenylalanin und Pyrrolidonkarbonsäure (sekundär aus Glutaminsäure entstanden) erhalten. Als schwefelhaltiges Spaltungsprodukt glaubte Emmerling Zystin gefunden zu haben, aber erst K. Mörner ist es gelungen, das unzweifelhafte und reichliche Vorkommen dieses Spaltungsproduktes ganz sicher zu beweisen. Die Hauptmasse des Schwefels ist auch unzweifelhaft als Zystin vorhanden, dessen Menge man bei verschiedenen Tieren und in verschiedenen Organen wechselnd zwischen einem Minimum von 1,88 p. c. in den Epidermisschuppen von Hühnerzehen (Buchtala) und einem Maximum von 13,92 (K. Mörner) bis 14,5 p. c. (Buchtala) in Menschenhaaren gefunden hat. Aus Schafwolle erhielt C. Mörner Methylsulfosäure, und es haben ferner Suter, K. Mörner und Friedmann[4]) als hydrolytisches Spaltungsprodukt der Keratine α-Thiomilchsäure erhalten. Der letztgenannte Forscher konnte auch unter den Spaltungsprodukten der Wolle Thioglykolsäure wahrscheinlich machen.

(Randnotiz: Zystingehalt der Keratine.)

Zu den Keratinen werden, wie oben erwähnt, gewöhnlich die Schalenhaut der Hühnereier und die Eischalen von Amphibien und einigen Fischen gerechnet. Diese Stoffe zeigen indessen sowohl untereinander wie im Vergleich zu den anderen Keratinen sehr große Unterschiede. Siehe im übrigen die folgende tabellarische Zusammenstellung (S. 88).

Als etwas für die typischen Keratine Charakteristisches kann man ihren großen Gehalt an Zystin bezeichnen, und hierdurch unterscheiden sie sich von anderen Proteinen. Durch ihren großen Gehalt an Zystin, 7,62 p. c. (K. Mörner), verhält sich auch die Schalenhaut des Hühnereies als ein Keratin, während sie durch das Fehlen des Tyrosins wesentlich von dieser Gruppe sich unterscheidet. Auffallend ist es, daß die Eihäute der Selachier, welche biologisch dem „Ovokeratin" analog sind, sowohl von ihm wie von den typischen Keratinen durch Abwesenheit von Zystin sich unterscheiden, während sie dagegen stark tyrosinhaltig sind. Aber selbst die typischen Keratine weichen recht wesentlich in ihrer Zusammensetzung voneinander ab, indem z. B. das Keratin aus Hammelhorn gegen 2 und das aus Manisschuppen 2,6 p. c. Phenylalanin

(Randnotiz: Keratine.)

Rutherford u. Hawk, Journ. of Biol. Chem. 3 (Mittelzahlen aus Analysen von Haaren verschiedener Rassen); Mulder, Versuch einer allgem. physiol. Chem. Braunschweig 1844 bis 1851; Kühne, Zeitschr. f. Biol. 26; Horbaczewski, vgl. Drechsel in Ladenburgs Handwörterb. d. Chem. 3; Lindvall, Malys Jahresb. 1881; Argiris, Zeitschr. f. physiol. Chem. 54; Pregl ebenda 56.
[1]) Zeitschr. f. physiol. Chem. 20. [2]) Krukenberg, Unters. über d. chem. Bau der Eiweißkörper. Sitz.-Ber. der Jenaischen Gesellsch. f. Med. u. Naturw. 1886; R. Bauer, Zeitschr. f. physiol. Chem. 35. [3]) Zeitschr. f. physiol. Chem. 36, wo man auch die ältere Literatur findet. [4]) K. Mörner ebenda 34 u. 42; Emmerling, Ref. in Chemiker-Ztg. Nr. 80, 1894; Buchtala, Zeitschr. f. physiol. Chem. 52, 69, 78 u. 85; C. Mörner ebenda 93; Suter ebenda 20; K. Mörner ebenda 42; Friedmann, Hofmeisters Beiträge 2.

enthält, während diese Aminosäure in dem Keratin aus Haaren und Federn fehlt. Bemerkenswert ist auch der große Gehalt des Schuppenkeratins an Alanin, 12 p. c., und des Schildpatts an Glykokoll, 19,36 p. c., gegen 0,58 p. c. in dem Schafwollekeratin. Diese Unterschiede können schwerlich durch eine ungleiche Reinheit erklärt werden, und die Keratine, soweit sie bisher untersucht sind, stellen jedenfalls eine, chemisch nicht hinreichend charakterisierte Gruppe dar.

Keratine.

	Keratin aus Pferde-haaren[1]	Keratin . aus weißen Menschen-haaren[4]	Keratin aus Schaf-wolle[5]	Keratin aus Hammel-horn[5]	Schuppen von Manis japonica[4]	Eihäute von Scyllium stellare[6]	Schild-patt von Chelone imbri-cata[7]
Glykokoll . .	4,7	9,12	0,58	0,45	1,33	2,6	19,36
Alanin	1,5	6,88	4,4	1,6	12,00	3,2	2,95
Valin	0,9		2,8	4,5	4,00		5,23
Leuzin	7,1	12,12	11,5	15,3	10,25	5,8	3,26
Serin	0,6		0,1	1,1			
Asparaginsäure	0,3		2,3	2,5		2,3	
Glutaminsäure[8]	3,7	8,0	12,9	17,2	3,50	7,2	
Zystin	7,98[2]	11,55	7,3	7,5	4,50	?	5,19
Phenylalanin .	0,0	0,62		1,9	2,67	3,3	1,08
Tyrosin . . .	3,2	3,30	2,9	3,6	13,00	10,6	13,59
Prolin . . .	3,4		4,4	3,7	3,50	4,4	
Histidin . . .	0,61[3]					1,7	
Arginin . . .	4,45[3]			2,7		3,2	
Lysin	1,12[3]			0,2		3,7	

[1] ABDERHALDEN u. WELLS, Zeitschr. f. physiol. Chem. 46.   [2] BUCHTALA ebenda 52.
[3] ARGIRIS ebenda 54.   [4] BUCHTALA ebenda 85.   [5] ABDERHALDEN u. VOITINOVICI ebenda 52.
[6] PREGL ebenda 56.   [7] BUCHTALA ebenda 74.   [8] ABDERHALDEN u. FUCHS haben (Zeitschr. f. physiol. Chem. 57) gezeigt, daß eine und dieselbe Keratinart mit zunehmendem Alter des Horngewebes etwas ärmer an Glutaminsäure wird.

In dem Tierreiche kommen Stoffe vor, die gewissermaßen Zwischenstufen zwischen koaguliertem Eiweiß und Keratin darstellen. Ein solcher Stoff ist das von C. TH. MÖRNER (s. Kapitel 10) in dem Trachealknorpel nachgewiesene **Albumoid**, welches ein netzförmiges Balkengewebe darstellt. Durch ihren

Keratin-ähnliche Substanzen.

Gehalt an bleischwärzendem Schwefel und ihre Löslichkeitsverhältnisse steht diese Substanz den Keratinen nahe, während sie durch Löslichkeit in Magensaft dem Eiweiß näher steht. Eine andere, noch mehr keratinähnliche Substanz ist die, welche die Hornschicht in dem Muskelmagen der Vögel bildet. Diese Substanz ist nach HEDENIUS[1] unlöslich in Magensaft und Pankreassaft und ähnelt hierdurch den Keratinen. HOFMANN und PREGL, welche diese Substanz **Koilin** genannt haben, erhielten bei der Hydrolyse kein Zystin oder jedenfalls nicht sicher bestimmbare Mengen davon. Auch nach anderen ist der Gehalt an Zystin sehr klein. BUCHTALA[2] erhielt nur etwas mehr als 0,5 p. c. reines, kristallisiertes Zystin, und durch diesen niedrigen Zystingehalt wie auch in anderen Hinsichten unterscheidet sich das Koilin von den Keratinen.

Das Keratin ist amorph oder hat die Form der zu seiner Darstellung verwendeten Gewebe. In Wasser, Alkohol oder Äther ist es unlöslich. Beim

Eigen-schaften des Keratins.

Erhitzen mit Wasser auf 150—200° C wird es gelöst. Ebenso löst es sich allmählich in Alkalilauge, besonders beim Erwärmen. Von künstlichem Magensaft oder von Trypsinlösung wird es nicht gelöst. Das Keratin gibt die

[1] Skand. Arch. f. Physiol. 3; K. B. HOFMANN u. PREGL, Zeitschr. f. physiol. Chem. 52.
[2] Zeitschr. f. physiol. Chem. 69, S. 312.

Xanthoproteinsäurereaktion wie auch die MILLONsche Reaktion (wenn auch nicht immer ganz typisch).

Zur Darstellung des Keratins behandelt man die fein zerteilten Horngebilde erst mit siedendem Wasser, dann nacheinander mit verdünnter Säure, Pepsin-chlorwasserstoffsäure und alkalischer Trypsinlösung und zuletzt mit Wasser, Alkohol und Äther. — Darstellung.

Elastin kommt in dem Bindegewebe höherer Tiere, bisweilen in so reichlicher Menge vor, daß es ein besonderes Gewebe bildet. Am reichlichsten findet es sich in dem Nackenbande (Ligamentum nuchae).

Das Elastin ist früher allgemein als eine schwefelfreie Substanz betrachtet worden. Nach den Untersuchungen von CHITTENDEN und HART war es indessen fraglich, ob nicht das Elastin etwas Schwefel enthält, welcher bei der Reindarstellung infolge der Alkalieinwirkung austritt. SCHWARZ hat in der Tat — Elastin. nach einer anderen Methode aus der Aorta ein schwefelhaltiges Elastin dargestellt, dessen Schwefel durch Alkalieinwirkung ohne Änderung der Eigenschaften des Elastins entfernt werden konnte, und dann haben auch ZOJA, HEDIN und BERGH, RICHARDS und GIES[1]) das Elastin schwefelhaltig gefunden. Die Analysen von Elastin (1. und 2. aus Lig. nuchae, 3. aus Aorta) haben folgende Zahlen ergeben, die untereinander recht gute Übereinstimmung zeigen.

	C	H	N	S	O	
1.	54,32	6,99	16,75	—	21,94	(HORBACZEWSKI[2])
2.	54,24	7,27	16,70	—	21,79	(CHITTENDEN u. HART)
3.	53.96	7.03	16.07	0.38	—	(H. SCHWARZ).

Zusammensetzung.

ZOJA fand in dem Elastin 0,276 p. c. Schwefel und 16,96 p. c. Stickstoff. HEDIN und BERGH fanden in dem Aortaelastin, je nachdem es nach der Methode von HORBACZEWSKI oder von SCHWARZ dargestellt worden, etwas abweichende Werte für den Stickstoffgehalt, nämlich beziehungsweise 15,44 und 14,67 p. c. Der Gehalt an Schwefel war 0,55 bzw. 0,66 p. c. RICHARDS und GIES fanden in dem Elastin 0,14 p. c. Schwefel und 16,87 p. c. Stickstoff. Die Frage, ob das Elastin ein einheitlicher Stoff sei, ist noch offen.

Die Menge der hydrolytischen Spaltungsprodukte soll in einer folgenden Tabelle mitgeteilt werden. Hier mag nur die Aufmerksamkeit darauf gelenkt — Hydrolyseprodukte. werden, daß man keine Asparaginsäure und nur wenig Glutaminsäure gefunden hat. Hexonbasen hat man zwar erhalten, aber in so geringer Menge, daß der Basenstickstoff nur 3,34 p. c. des Gesamtstickstoffes betrug (RICHARDS und GIES). Aus einer Elastinalbumose, dem Hemielastin, erhielt jedoch WECHSLER[3]) von Arginin 1,86, von Histidin 0,5 und von Lysin 2,48 p. c.

Bei der Fäulnis des Elastins hat man kein Indol oder Skatol gefunden[4]), während SCHWARZ dagegen aus dem Aortaelastin durch Schmelzen mit Kali, Indol, Skatol, Benzol und Phenole erhielt. Beim Erhitzen mit Wasser in geschlossenen Gefäßen, beim Sieden mit verdünnter Säure oder bei der Einwirkung von proteolytischen Enzymen löst sich das Elastin und spaltet sich in zwei Hauptprodukte, von HORBACZEWSKI Hemielastin und Elastinpepton — Elastinalbumosen. genannt. Nach CHITTENDEN und HART entsprechen diese Produkte zwei Albumosen, von ihnen als Proto- bzw. Deuteroelastose bezeichnet. Die erstere ist in kaltem Wasser löslich, scheidet sich beim Erwärmen aus und löst sich wieder beim Erkalten. Ihre Lösung wird von Mineralsäuren wie auch von Essigsäure und Ferrozyankalium gefällt. Die wässerige Lösung der Deutero-

---

[1]) CHITTENDEN u. HART, Zeitschr. f. Biol. 25; H. SCHWARZ, Zeitschr. f. physiol. Chem. 18; ZOJA ebenda 23; BERGH ebenda 25; HEDIN ebenda; RICHARDS u. GIES, Amer. Journ. of Physiol. 7. [2]) HORBACZEWSKI, Zeitschr. f. physiol. Chem. 6. [3]) Zeitschr. f. physiol. Chem. 67. [4]) Vgl. WÄLCHLI, Journ. f. prakt. Chem. (N. F.) 17.

elastose wird beim Erwärmen nicht getrübt und wird von den obengenannten Reagenzien nicht gefällt.

Das reine Elastin ist, trocken, ein gelblich-weißes Pulver; in feuchtem Zustande wird es als gelblich-weiße Fasern oder Häute erhalten. Es ist unlöslich in Wasser, Alkohol oder Äther und zeigt eine große Resistenz gegen die Einwirkung chemischer Agenzien. Von starker Alkalilauge wird es bei Zimmertemperatur nicht und im Sieden nur langsam gelöst. Von kalter konzentrierter Schwefelsäure wird es sehr langsam angegriffen, von starker Salpetersäure wird es beim Erwärmen verhältnismäßig leicht gelöst. Zu kalter, konzentrierter Salzsäure verhält sich Elastin verschiedener Abstammung etwas verschieden, indem das Aortaelastin darin leicht, das Elastin des Lig. nuchae, wenigstens von alten Tieren, schwer löslich ist. Von warmer konzentrierter Salzsäure wird das Elastin leichter gelöst. Reines Elastin gibt die Xanthoproteinsäure- und die MILLONsche Reaktion, nicht aber die ADAMKIEWICZ-HOPKINSsche Reaktion.

Infolge seiner Resistenz gegen chemische Reagenzien stellt man das Elastin (bisher am öftesten aus Lig. nuchae) in folgender Weise dar. Man kocht erst mit Wasser, dann digeriert man mit Kalilauge von 1 p. c., kocht dann wieder mit Wasser und danach mit Essigsäure aus. Den Rückstand behandelt man mit kalter 5 p. c.-iger Salzsäure während 24 Stunden, wäscht genau mit Wasser aus, kocht wieder mit Wasser und behandelt dann mit Alkohol und Äther.

Bezüglich der von SCHWARZ, RICHARDS und GIES angewandten, etwas abweichenden Methoden wird auf die Originalabhandlungen hingewiesen.

Kollagen oder leimgebende Substanz kommt bei den Wirbeltieren sehr verbreitet vor. Auch das Fleisch der Kephalopoden soll Kollagen enthalten[1]). Das Kollagen ist der Hauptbestandteil der Bindegewebsfibrillen und (als Ossein) der organischen Substanz des Knochengewebes. In dem Knorpelgewebe kommt es auch als die eigentliche Grundsubstanz vor, findet sich aber hier mit anderen Substanzen in einem Gemenge, welches früher Chondrigen genannt wurde. Das Kollagen verschiedener Gewebe hat nicht ganz dieselbe Zusammensetzung und es dürfte anscheinend mehrere Kollagene geben.

Bei anhaltendem Kochen mit Wasser, leichter bei Gegenwart von ein wenig Säure, geht das Kollagen in Leim (Glutin) über. Umgekehrt soll der Leim durch Erhitzen auf 130^0 C in Kollagen zurückverwandelt werden können (HOFMEISTER)[2]). Dieses letztere könnte also als das Anhydrid des Leimes betrachtet werden. Das Kollagen und der Leim haben etwa dieselbe Zusammensetzung[3]).

	C	H	N	S	O	
Kollagen	50,75	6,47	17,86	24,92		(HOFMEISTER)
Käufliche Gelatine . . .	49,38	6,8	17,97	0,7	25,13	(CHITTENDEN)
Glutin aus Sehnen . .	50,11	6,56	17,81	0,26	25,26	(VAN NAME)
Glutin aus Ligament . .	50,49	6,71	17,90	0,57	24,33	(RICHARDS u. GIES)
Fischleim (Hausenblase) .	48,69	6,76	17,68	—		(FAUST)

Glutine verschiedener Herkunft zeigen also eine etwas abweichende Zusammensetzung, was auf das Vorkommen verschiedener Kollagene hinzudeuten scheint. Ob die unter einander etwas wechselnden Zahlen für den Gehalt an Schwefel von der Verunreinigung mit einer schwefelreicheren Substanz oder von einer Abspaltung locker gebundenen Schwefels während der Reinigung herrührt, ist schwer zu sagen. C. MÖRNER[4]) hat ohne eingreifende

---

[1]) HOPPE-SEYLER, Physiol. Chem., S. 97. [2]) Zeitschr. f. physiol. Chem. 2. [3]) HOFMEISTER l. c.; CHITTENDEN u. SOLLEY, Journ. of Physiol. 12; VAN NAME, Journ. of exp. Med. 2, zit. nach Zentralbl. f. Physiol. 11, S. 308; RICHARDS u. GIES, Amer. Journ. of Physiol. 8; FAUST, Arch. f. exp. Path. u. Pharm. 41. [4]) Zeitschr. f. physiol. Chem. 28.

Reinigungsprozeduren einen ganz typischen Leim mit nur 0,2 p. c. Schwefel erhalten.

SADIKOFF [1]) hat Glutine nach verschiedenen Methoden aus Sehnen und aus Knorpel dargestellt und im ersteren Falle ein Glutin mit 0,34—0,53, im letzteren mit 0,53—0,71 p. c. Schwefel erhalten. Er neigt zu der Ansicht, daß die bisher dargestellten Glutine vielleicht nicht alle einheitliche Körper, sondern möglicherweise Gemenge gewesen sind. Die aus Knorpel dargestellten Glutine, die jedoch allem Anscheine nach nicht rein waren, hat er zum Unterschied von anderen Glutinen Gluteine genannt. Gluteine.

Die hydrolytischen Spaltungsprodukte des Kollagens sind dieselben wie die des Leimes, und man findet sie in der später mitgeteilten Tabelle. Als besonders bemerkenswert ist hervorzuheben, daß der Leim kein Tyrosin und Tryptophan aber viel Glykokoll liefert. Das letztere hat infolge hiervon und seines süßen Geschmackes wegen auch den Namen Leimzucker erhalten. Als hydrolytisches Spaltungsprodukt erhielt SKRAUP [2]) eine kristallisierende Säure von der Formel $C_{12}H_{25}N_5O_{10}$, die er Leimsäure nennt. Der Leim liefert viel basischen Stickstoff, nach HAUSMANN [3]) 35,83 p. c. des Gesamtstickstoffes. Er gibt auch viel (9,3 p. c.) Arginin, 5—6 p. c. Lysin, aber nur wenig (0,4 p. c.) Histidin. Die aromatische Gruppe im Leime ist, wie FISCHER und auch SPIRO [4]) gezeigt haben, durch das Phenylalanin repräsentiert. Spaltungs-
produkte.

Das Kollagen ist unlöslich in Wasser, Salzlösungen, verdünnten Säuren und Alkalien, quillt aber in verdünnten Säuren auf. Die am meisten charakteristische Eigenschaft besteht darin, daß es beim Erhitzen mit Wasser in Leim übergeht. Verschiedene Kollagene gehen ungleich leicht in Leim über; die Leimbildung findet jedoch auch bei schwerlöslicherem Kollagen beim anhaltenden Sieden mit Wasser statt. Von Magensaft wird das Kollagen gelöst und ebenso löst es sich in Pankreassaft (Trypsinlösung), wenn man es vorher in Säure hat quellen lassen oder mit Wasser über $+70^0$ C erhitzt hat [5]). Bei der Einwirkung von Eisenvitriol, Sublimat oder Gerbsäure schrumpft es stark. Das mit diesen Stoffen behandelte Kollagen fault nicht, und die Gerbsäure ist deshalb auch von großer Bedeutung für die Herstellung von Leder. Eigen-
schaften des
Kollagens.

Der Leim, auch Glutin oder Colla genannt, ist farblos, amorph, in dünneren Schichten durchsichtig. In kaltem Wasser quillt er auf, ohne sich zu lösen. In warmem Wasser löst er sich zu einer klebrigen Flüssigkeit, welche bei genügender Konzentration beim Erkalten erstarrt. Wie PAULI und RONA [6]) des näheren gezeigt haben, können verschiedene Stoffe hierbei eine wesentlich verschiedene Einwirkung auf den Erstarrungspunkt einer Leimlösung ausüben, indem einige, wie Sulfate, Zitrate, Azetate und Glyzerin, denselben erhöhen, andere dagegen, wie Chloride, Chlorate, Bromide, Alkohol und Harnstoff, ihn herabsetzen. Leim.

Leimlösungen werden nicht beim Sieden, nicht von Mineralsäuren, Essigsäure, Alaun, Bleiessig oder Metallsalzen im allgemeinen gefällt. Von Ferrozyankalium kann eine mit Essigsäure angesäuerte Leimlösung bei vorsichtiger und richtiger Arbeit gefällt werden. Leimlösungen werden ferner gefällt von Gerbsäure bei Gegenwart von Salz und, nach TRUNKEL [7]), vollständig, wenn Leim und Gerbsäure im Verhältnis von 1:0,7 vorhanden sind. Die Fällung beruht nach ihm nicht auf einer chemischen Verbindung, sondern soll eine Adsorptionserscheinung sein. Lösungen von Leim in Wasser werden ferner gefällt von Essigsäure und Chlornatrium in Substanz, von Quecksilberchlorid bei Gegenwart von Chlorwasserstoffsäure und Chlornatrium, von Metaphos- Eigen-
schaften.

---

[1]) Zeitschr. f. physiol. Chem. **39, 41.** [2]) Monatsh. f. Chem. **26.** [3]) Zeitschr. f. physiol. Chem. **27.** [4]) E. FISCHER, LEVENE u. ADERS, Zeitschr. f. physiol. Chem. **35**; SPIRO, HOFMEISTERS Beiträge **1.** [5]) KÜHNE u. EWALD, Verhandl. d. Naturh. Med. Vereins in Heidelberg 1877, 1. [6]) HOFMEISTERS Beiträge **2.** [7]) Bioch. Zeitschr. **26.**

Eigen-
schaften
und Reak-
tionen des
Leimes. phorsäure, Phosphormolybdänsäure bei Gegenwart von Säure und endlich auch von Alkohol, besonders wenn Neutralsalze zugegen sind. Leimlösungen diffundieren nicht. Der Leim gibt die Biuretreaktion, nicht aber die Reaktion von ADAMKIEWICZ-HOPKINS. Die MILLONsche Reaktion und die Xantho-proteinsäurereaktion gibt er gewöhnlich so schwach, daß man dieselben von einer Verunreinigung mit Eiweiß hat herleiten wollen. Nach C. MÖRNER gibt auch der reinste Leim eine schöne MILLONsche Reaktion, wenn man nicht zuviel Reagenz zusetzt; widrigenfalls erhält man keine oder eine nur schwache Reaktion.

Drehung des
Leimes. Bei genügend anhaltendem Kochen mit Wasser geht das Glutin erst in eine nicht gelatinierende Modifikation, von NASSE β-Glutin genannt, über. Nach NASSE und KRÜGER geht dabei die spezifische Drehung beträchtlich herunter, von −167,5 auf etwa −136°[1]). Auch nach TRUNKEL, welcher die Drehungsverhältnisse des Leimes besonders studiert hat, ist die Drehung des β-Glutins schwächer als die des gewöhnlichen α-Glutins. Bei länger fortgesetztem Kochen mit Wasser, besonders leicht bei Gegenwart von verdünnter Säure wie auch bei der Verdauung mit Magensaft oder Trypsinlösung, entstehen aus dem Leime Leimalbumosen, sog. Gelatosen und Leimpeptone, die mehr oder weniger leicht diffundieren (vgl. den Abschnitt Peptone).

Nach HOFMEISTER entstehen zwei neue Stoffe, das Semiglutin und Hemicollin. Das erstere ist unlöslich in Alkohol von 70—80 p. c. und wird von Platinchlorid gefällt. Das letztere, welches von Platinchlorid nicht gefällt wird, löst sich in Alkohol. CHITTENDEN und SOLLEY[2]) haben außer etwas echtem Pepton eine Proto- und eine Deutero-gelatose sowohl bei der Pepsin- wie bei der Trypsinverdauung erhalten. Die elementäre Zusammensetzung dieser Gelatosen unterscheidet sich nicht wesentlich von der des Leimes.

Gelatine-
peptone. Durch Einwirkung von verdünnter Salzsäure auf Leim hat PAAL[3]) Chlorhydrate von Gelatinepeptonen dargestellt. Diese Salze waren teils in Äthyl- und Methylalkohol löslich und teils darin unlöslich. Die aus den Salzen isolierten Peptone hatten einen etwas niedrigeren Kohlenstoff- und etwas höheren Wasserstoffgehalt als das Glutin, was für eine Hydratation spricht. Das Molekulargewicht der Gelatinepeptone bestimmte PAAL nach der RAOULTschen Gefriermethode zu 200—352, während er für das Glutin Zahlen von 878—950 fand. Von größerem Interesse sind jedoch die von SIEGFRIED und seinen Schülern isolierten Glutinpeptone, die in dem Folgenden erwähnt werden sollen.

Darstellung
von Kol-
lagen und
Leim. Das Kollagen kann (von Mukoid verunreinigt) aus Knochen durch Ex-traktion mit Salzsäure (welche die Knochenerde löst) und sorgfältiges Auswaschen der Säure mit Wasser gewonnen werden. Aus Sehnen erhält man es durch Aus-laugen mit Kalkwasser oder verdünnter Alkalilauge (welche das Eiweiß und „Muzin" lösen) und gründliches Auswaschen mit Wasser. Leim erhält man dagegen durch Kochen von Kollagen mit Wasser. Die feinste käufliche Gelatine enthält regel-mäßig ein wenig Eiweiß, welches man nach den von MÖRNER und v. NAME an-gegebenen Verfahren entfernen kann.

Das Chondrin oder Knorpelleim ist nur ein Gemenge von Glutin mit den spezi-fischen Bestandtheilen des Knorpels und deren Umwandlungsprodukten.

Retikulin. **Das Retikulin.** Das Stützgewebe der Lymphdrüsen enthält eine Art von Fasern, die von MALL auch in Milz, Darmmukosa, Leber, Nieren und den Luftbläschen der Lunge gefunden worden sind. Diese Fasern bestehen aus einer besonderen Substanz, dem von SIEGFRIED) näher untersuchten Retikulin.

Das Retikulin hat folgende Zusammensetzung: C 52,88; H 6,97; N 15,63; S 1,88; P 0,34; Asche 2,27. Der Phosphor soll in organischer Bindung vor-kommen. Bei der Spaltung mit Salzsäure liefert es kein Tyrosin. Dagegen

[1]) O. NASSE u. A. KRÜGER, MALYS Jahresb. **19**, S. 29; Über die Drehung des β-Glutins vgl. man FRAMM, PFLÜGERS Arch. **68**; TRUNKEL l. c. [2]) F. HOFMEISTER l. c.; CHITTENDEN u. SOLLEY l. c. [3]) Ber. d. d. chem. Gesellsch. **25**. [4]) MALL, Abhandl. d. Math. phys. Klasse d. Kgl. sächs. Gesellsch. d. Wiss. 1891; SIEGFRIED, Über die chem. Eigensch. des retik. Gew. Habil.-Schrift Leipzig 1892.

liefert es Schwefelwasserstoff, Ammoniak, Lysin, Arginin und Valin. Durch andauerndes Kochen mit Wasser, noch leichter mit verdünntem Alkali, wird es zu einer von Essigsäure fällbaren Substanz gelöst, und dabei spaltet sich der Phosphor ab.

Das Retikulin ist unlöslich in Wasser, Alkohol, Äther, Kalkwasser, kohlensaurem Natron und verdünnten Mineralsäuren. Von verdünnter Natronlauge wird es bei gewöhnlicher Temperatur erst nach Wochen gelöst. Pepsinchlorwasserstoffsäure oder Trypsin lösen es nicht. Es gibt die Biuret-, Xanthoproteinsäure- und ADAMKIEWICZ-HOPKINSsche Reaktion, nicht aber die MILLONsche. *Eigenschaften.*

Nach CH. TEBB soll das Retikulin nur ein etwas verändertes, unreines Kollagen sein, was indessen von SIEGFRIED[1]) bestritten wird.

Das Retikulin wurde nach Verdauung der Darmmukosa mit Trypsin und Entfernung des Kollagens durch Sieden mit Wasser als Rückstand erhalten.

Ichthylepidin hat C. MÖRNER[2]) eine organische Substanz genannt, die neben Kollagen in den Fischschuppen vorkommt und etwa $^1/_5$ der organischen Grundsubstanz derselben beträgt. Das Ichthylepidin enthält 15,9 p. c. Stickstoff und 1,1 p. c. Schwefel. Es ist unlöslich in kaltem und heißem Wasser wie auch in verdünnten Säuren und Alkalien bei Zimmertemperatur. Beim Sieden wird es davon gelöst. Pepsinchlorwasserstoffsäure wie auch eine alkalische Trypsinlösung lösen es ebenfalls. Es gibt schön die MILLONsche Reaktion, die Xanthoproteinsäure- und die Biuretreaktion. Wenigstens ein Teil des Schwefels spaltet sich durch Alkalieinwirkung ab. Durch seine Löslichkeitsverhältnisse steht das Ichthylepidin dem Elastin nahe; in seiner Zusammensetzung unterscheidet es sich aber wesentlich von demselben, indem es bedeutend ärmer an Glykokoll, aber viel reicher an Prolin und Glutaminsäure als das Elastin ist (ABDERHALDEN u. VOITINOVICI[3]). *Ichthylepidin.*

Skeletine hat KRUKENBERG[4]) eine Anzahl stickstoffhaltiger Substanzen genannt, die bei verschiedenen Klassen von Wirbellosen vorkommen und meistens die Grundlage der Stütz- oder Deckgebilde darstellen. Diese Stoffe sind: Chitin, Spongin, Conchiolin, Byssus, Kornein und Rohseide (Fibroin und Serizin). Von diesen gehört das Chitin nicht zu den Proteinsubstanzen, und die Seide ist ebenso wie der Byssus ein erhärtetes Sekret. Hier können nur diejenigen sog. Skeletine besprochen werden, die wirklich der Proteingruppe angehören, und das Chitin soll in einem anderen Kapitel (16) abgehandelt werden. *Skeletine.*

Die elementäre Zusammensetzung einiger der hierher gehörenden Stoffe war die folgende[5]):

	C	H	N	S
Conchiolin (aus Schalen von Pinna) .	52,87	6,54	16,6	0,85 (WETZEL)
Spongin	46,50	6,30	16,20	0,5 (CROOCKEWITT)
„	48,75	6,35	16,40	— (POSSELT)
Kornein	48,96	5,90	16,81	— (KRUKENBERG)
Fibroin	48,23	6,27	18,31	— (CRAMER)
„	48,30	6,50	19,20	— (VIGNON)
Serizin	44,32	6,18	18,30	— (CRAMER)
„	45,00	6,32	17,14	— (BONDI).

Das **Spongin** stellt die Hauptmasse der Hornschwämme, z. B. der Badeschwämme, dar. Es löst sich nur schwer in konzentrierten Mineralsäuren, löst sich aber verhältnismäßig leicht in Alkalilauge. Es gibt nicht die Reaktionen von MILLON und ADAMKIEWICZ. Es ist keine leimgebende Substanz. Als Hydrolyseprodukte gibt es ziemlich viel Glykokoll,

---

[1]) TEBB, Journ. of Physiol. **27**; SIEGFRIED, ebenda **28**. [2]) Zeitschr. f. physiol. Chem. **24** u. **37**. Vgl. auch E. GREEN u. TOWER ebenda **35**. [3]) Ebenda **52**, S. 368. [4]) Grundzüge einer vgl. Physiol. d. tier. Gerüstsubst. Heidelb. 1885. [5]) KRUKENBERG, Ber. d. d. chem. Gesellsch. **17** u. **18** und Zeitschr. f. Biol. **22**; CROOCKEWITT, Annal. d. Chem. u. Pharm. **48**; POSSELT ebenda **45**; E. CRAMER, Journ. f. prakt. Chem. **96**; VIGNON, Compt. Rend. **115**; WETZEL, Zeitschr. f. physiol. Chem. **29** u. Zentralbl. f. Physiol. **13**, S. 113; BONDI, Zeitschr. f. physiol. Chem. **34**.

13,9, Glutaminsäure 18,1, Leuzin 7,5, Prolin 6,3, Lysin 3—4 und Arginin 5—6 p. c.[1]). Tyrosin und Phenylalanin hat man nicht erhalten. Nachdem schon HUNDESHAGEN das Vorkommen von Jod und Brom in organischer Bindung in verschiedenen Hornschwämmen gezeigt und das jodhaltige Albumoid als Jodospongin bezeichnet hatte, ist später von HARNACK[2]) aus dem Badeschwamme durch Spaltung mit Mineralsäuren ein Jodospongin mit gegen 9 p. c. Jod und 4,5 p. c. Schwefel isoliert worden. Aus dem Spongin hat E. STRAUSS[3]) mit verdünnten Säuren Sponginosen verschiedener Art erhalten. Die Heterosponginose enthält die Hauptmenge des Jods und Schwefels, die Deuterosponginose enthält Kohlehydratgruppen. Das Jodospongin wird als Derivat der Heterosponginose aufgefaßt. Das Chonchiolin findet sich in den Schalen von Muscheln und Schnecken wie auch in den Eierschalen derselben Tiere. Es gibt nach WETZEL[4]) Glykokoll, Leuzin und reichlich Tyrosin. Die Menge des Diaminostickstoffes betrug 8,7 p. c. und die des Amidstickstoffes (aus den Schalen von Pinna) 3,47 p. c. Der Byssus enthält ebenfalls eine schwerlösliche, dem Conchiolin nahestehende Substanz, welche nach ABDERHALDEN[5]) viel Glykokoll und Tyrosin und ferner Alanin, Asparaginsäure und auffallend viel Prolin liefert.

Spongin, Conchiolin Byssus.

Kornein hat man die Grundsubstanz des Achsenskelettes bei einigen Anthozoen genannt. Die bei den Gruppen Gorgonacea und Antipathidea vorkommende Grundsubstanz wird von C. MÖRNER[6]) Gorgonin genannt und sie unterscheidet sich von derjenigen der Pennatuliden, von ihm Pennatulin genannt, unter anderem dadurch, daß das letztere leicht von Pepsinsalzsäure gelöst wird. Die Spaltungsprodukte sind noch nicht mehr eingehend untersucht. Ein von KRUKENBERG als „Kornikristallin" bezeichnetes kristallisierendes Produkt ist jedoch, wie MÖRNER gezeigt hat, nichts anderes als Jodkristalle. Nachdem DRECHSEL[7]) in dem Achsenskelette von Gorgonia Cavolini fast 8 p. c. Jod in der Trockensubstanz gefunden hatte, hat dann MÖRNER gezeigt, daß bei den Anthozoen im allgemeinen die organische Gerüstsubstanz Halogene in organischer Bindung enthält. Jod kam bei allen untersuchten Arten, und zwar in Mengen von Spuren bis gegen 7 p. c. vor. Brom wurde — mit Ausnahme von zwei Antipathiden — gefunden in Mengen von 0,25 bis 4 p. c., während Chlor, welches nie vermißt wurde, nur in Mengen von ein paar Zehnteln p. c. vorkam. Die Halogene kommen in der organischen Gerüstsubstanz, dem Gorgonin und Pennatulin, vor.

Kornein.

Spaltungsprodukte.

Als Spaltungsprodukte des Gorgonins erhielt DRECHSEL Leuzin, Tyrosin, Lysin, Ammoniak und eine jodierte Aminosäure, die Jodgorgosäure, welch letztere nach WHEELER und JAMIESON und HENZE mit dem von den zwei erstgenannten synthetisch dargestellten 3,5-Dijodtyrosin $HOJ_2C_6H_2 . CH_2 . CHNH_2 . COOH$ identisch ist. Die entsprechende Bromgorgosäure hat C. MÖRNER[8]) aus einem Gorgonin isoliert und als 3,5-Dibromtyrosin charakterisiert. Als Hydrolyseprodukte erhielt er ferner Glykokoll, Alanin, Leuzin, Tyrosin, Asparagin- und Glutaminsäure. Bei der Säurehydrolyse erhielt HENZE aus Gorgonin die drei Hexonbasen, reichlich Tyrosin und (wie MÖRNER) nur wenig Leuzin, bei Spaltung mit Barythydrat nur Lysin nebst Tyrosin und (viel) Glykokoll.

Jod- und Bromtyrosin.

Das Fibroin und das **Serizin** sind die zwei Hauptbestandteile der Rohseide. Bei der Einwirkung von siedendem Wasser löst sich das Serizin (Seidenleim), welches nach einem von BONDI[9]) angegebenen Verfahren rein gewonnen wird, während das schwer lösliche Fibroin von der Form der ursprünglichen Fäden ungelöst zurückbleibt. Die von E. FISCHER[10]) untersuchte Spinnenseide ähnelt dem Fibroin, enthält aber nicht die Leimsubstanz Serizin.

Fibroin und Serizin.

---

[1]) ABDERHALDEN u. E. STRAUSS, Zeitschr. f. physiol. Chem. **48**; KOSSEL u. KUTSCHER, ebenda **31**, S. 205. [2]) Ebenda **24**; HUNDESHAGEN, MALYS Jahresb. **25**, S. 394; vgl. auch L. SCOTT, Bioch. Zeitschr. **1**. [3]) Bioch. Zentralbl. **3**. [4]) l. c. Fußnote 5 S. 93. [5]) Zeitschr. f. physiol. Chem. **55**. [6]) Ebenda **51** u. **55**. [7]) Zeitschr. f. Biol. **33**. [8]) WHEELER u. JAMIESON, Amer. chem. Journ. **33**; WHEELER ebenda **38**; HENZE, Zeitschr. f. physiol. Chem. **38** u. **51**; MÖRNER ebenda **88**. [9]) Zeitschr. f. physiol. Chem. **34**. [10]) Ebenda **53**.

ABDERHALDEN und seine Mitarbeiter[1]) haben eine große Anzahl von Seidenarten untersucht und in allen Seidenleim in wechselnder Menge (15 bis 28 p. c.) gefunden. Die Zusammensetzung der verschiedenen Seidenarten ist aber besonders durch einen verschiedenen Gehalt an Glykokoll charakterisiert, und man kann in dieser Hinsicht zwei Hauptgruppen unterscheiden. Die eine Gruppe ist, wie die italienische Seide, sehr reich an Glykokoll, während die andere, wie die Tussahseiden, eine bedeutend kleinere Menge davon enthält. Seidearten.

Das Serizin, dessen genügend konzentrierte, warme Lösung beim Erkalten gelatinieren kann, wird von Mineralsäuren und mehreren Metallsalzen, von Essigsäure und Ferrozyankalium gefällt. Hinsichtlich der Hydrolyseprodukte unterscheidet es sich sehr wesentlich von dem Fibroin, indem es viel ärmer als dieses an Glykokoll, Alanin und Tyrosin ist. Serizin.

Das Fibroin ist in konzentrierten Säuren und Alkalien löslich und durch Neutralisation wieder (in denaturierter Form) fällbar. Es gibt die Biuretprobe und die Reaktionen von MILLON und ADAMKIEWICZ-HOPKINS, die letztere jedoch nur schwach. Das Fibroin hat ein besonders großes Interesse durch die von FISCHER und seinen Mitarbeitern ausgeführten Hydrolysen und besonders durch die bei denselben erhaltenen, oben schon besprochenen Polypeptide. Hinsichtlich der Spaltungsprodukte sind für das Fibroin kennzeichnend: der große Gehalt an Glykokoll, Alanin und Tyrosin und die sehr kleinen Mengen von Hexonbasen nebst der bisweilen fast vollständigen Abwesenheit von Monoaminodikarbonsäuren. Die Mengen der hydrolytischen Spaltungsprodukte von drei Seidesubstanzen findet man in der folgenden Tabelle, welche auch die Zahlen für Elastin, Leim und Koilin enthält. Das Fibroin a stammt von gewöhnlicher Seide; das Fibroin b und das Serizin stammen beide von indischer Tussahseide her. Fibroin.

	Elastin[1])	Leim[2])	Koilin[4])	Fibroin a[1])	Fibroin b[6])	Serizin[7])	Spinnenseide[8])
Glykokoll	25,75	19,25	1,2	36,0	9,5	1,5	35,13
Alanin	6,6	3,0	5,8	21,0	24,0	9,8	23,4
Valin	1,0	—	—	—	—	—	
Leuzin	21,4	9,2 [3])	13,2	1,5	1,5	4,8	1,76
Serin	—	0,4	—	1,6	2,0	5,4	—
Asparaginsäure . . .	—	1,2 [3])	2,3	—	2,5	2,8	—
Glutaminsäure . . .	0,8	16,8 [3])	5,2	—	1,0	1,8	11,70
Zystin	—	—	0,70[10])	—	—	—	—
Phenylalanin	3,9	1,0 [3])	2,3	1,5	0,6	0,3	—
Tyrosin	0,34	—	5,4	10,5	9,2	1,0	8,20
Prolin	1,7	7,7	5,5	—	1,0	3,0	3,68
Oxyprolin	—	6,4	—	—	—	—	—
Histidin	—	0,4	0,03 [5])	—	—	—	
Arginin	0,3	9,3	3,60 [5])	1,0	—	—	5,24 [9])
Lysin	—	5,6	1,64 [5])	—	—	—	

Aminosäuren in Albumoiden.

[1]) Zitiert nach ABDERHALDEN, Lehrb., 2. Aufl. 1909. [2]) COHNHEIM, Chemie der Eiweißkörper, 3. Aufl. [3]) SKRAUP u. BIEHLER, Monatsh. f. Chem. 30. [4]) K. B. HOFMANN und PREGL, Zeitschr. f. physiol. Chem. 52. [5]) VON KNAFFL-LENZ, ebenda 52. [6]) ABDERHALDEN u. SPACK ebenda 62. [7]) F. W. STRAUCH ebenda 71. [8]) E. FISCHER ebenda 53. [9]) Als Arginin berechnet. [10]) Die Zahl ist nur eine ungefähre.

C. Abbauprodukte einfacher Proteine.

Bei der Hydrolyse der Proteine, sei es durch Säuren bzw. Alkalien oder durch Enzyme, entstehen Abbauprodukte derselben, welche verschiedene

[1]) Vgl. Zeitsch. f. physiol. Chem. 59, 61, 62, 64, 71, 74, 80.

Zwischenstufen zwischen den nativen Proteinen auf der einen Seite und den einfachsten Abbauprodukten, den Aminosäuren, auf der anderen zeigen. Unter diesen Produkten hat man seit lange her zwei Hauptgruppen, die noch in hohem Grade den Proteincharakter zeigen, unterschieden, nämlich die Albuminate und die Albumosen (und Peptone).

1. Albuminate.

Alkali- und Azidalbuminate. Die nativen Proteine werden bei hinreichend starker Einwirkung von Säuren oder Alkalien denaturiert. Durch Einwirkung von Alkalien können die meisten Proteine und ganz sicher wenigstens sämtliche native Eiweißstoffe unter Austritt von Stickstoff, bei stärkerer Alkalieinwirkung auch unter Austritt von Schwefel neue Produkte, welche man Alkalialbuminate genannt hat, liefern. Läßt man Ätzkali in Substanz oder starke Lauge auf eine konzentrierte Eiweißlösung, wie Blutserum oder Eiweiß, einwirken, so kann man das Alkalialbuminat als eine feste, in Wasser beim Erwärmen sich lösende Gallerte „LIEBERKÜHNS festes Alkalialbuminat", erhalten. Durch Einwirkung von verdünnter Alkalilauge auf mehr verdünnte Eiweißlösungen entstehen — langsamer bei Zimmertemperatur, rascher beim Erwärmen — Lösungen von Alkalialbuminat. Je nach der Natur des ursprünglichen Eiweißes und der Intensität der Alkalieinwirkung können diese Lösungen zwar ein etwas wechselndes Verhalten zeigen, aber es sind ihnen jedoch immer einige Reaktionen gemeinsam.

Löst man Eiweiß in überschüssiger, konzentrierter Salzsäure oder digeriert man eine mit einer Säure, am einfachsten mit 1—2 p. m. Salzsäure, versetzte Eiweißlösung in der Wärme oder digeriert man endlich Eiweiß mit Pepsinchlorwasserstoffsäure kürzere Zeit, so erhält man ebenfalls neue Eiweißmodifikationen, welche zwar unter sich ein abweichendes Verhalten zeigen können, aber auch gewisse Reaktionen gemeinsam haben. Diese Modifikationen nennt man Azidalbuminate oder Azidalbumine, bisweilen auch Syntonine, wenn man auch als Syntonin vorzugsweise dasjenige Azidalbuminat bezeichnet, welches aus den Muskeln bei ihrer Extraktion mit Salzsäure von 1 p. m. erhalten wird.

Den Alkali- und Azidalbuminaten, die aus eigentlichen Eiweißstoffen stammen, sind folgende Reaktionen gemeinsam. Sie sind fast unlöslich in Wasser und verdünnter Kochsalzlösung (vgl. das oben S. 80 Gesagte), lösen sich aber leicht in Wasser nach Zusatz von einer sehr kleinen Menge Säure oder Alkali. Eine solche, möglichst nahe neutrale Lösung gerinnt nicht beim Sieden. Bei Zimmertemperatur wird sie durch Neutralisation des Lösungsmittels mit Alkali bzw. Säure gefällt. Die Lösung eines Alkali- oder Azidalbuminates in Säure wird leicht, eine Lösung in Alkali dagegen, je nach dem Alkaligehalte, schwer oder nicht durch Sättigung mit NaCl gefällt. Mineralsäuren im Überschuß fällen die Lösungen sowohl der Azid- wie der Alkalialbuminate. Die, soweit möglich, neutralen Lösungen dieser Stoffe werden auch von vielen Metallsalzen gefällt.

Trotz dieser Übereinstimmung in Reaktionen sind jedoch die aus einem und demselben Eiweißstoffe mit Säure oder Alkali erhaltenen Albuminate nicht identisch, und durch Auflösung des Alkalialbuminates in Säure erhält man nicht das entsprechende Azidalbuminat, ebensowenig wie umgekehrt das in Wasser mit wenig Alkali gelöste Azidalbuminat die entsprechende Alkalialbuminatlösung darstellt. Im ersteren Falle erhält man die in Wasser lösliche Verbindung des Alkalialbuminates mit der Säure und im letzteren die lösliche Verbindung des Azidalbuminates mit dem zugesetzten Alkali. Der chemische Vorgang bei der Denaturierung des Eiweißes mit einer Säure ist nämlich nicht derselbe wie bei der Denaturierung mit einem Alkali, und dementsprechend sind auch die Denaturierungsprodukte verschiedener Art. Verdünnte Lösungen von Alkalien wirken auf das Eiweiß mehr eingreifend als Säuren von entsprechender Konzentration ein. Im ersteren Falle spaltet sich ein Teil des Stickstoffes und oft auch des Schwefels ab, und es findet, wie namentlich DAKIN und DUDLEY[1]) gezeigt haben, eine Razemisierung innerhalb des Proteinmoleküls statt, wobei das Protein schwer- oder unverdaulich werden kann. Die Alkalialbuminate sind verhältnismäßig starke Säuren. Sie können in Wasser durch Zusatz von $CaCO_3$, unter Austreibung von CO_2, gelöst werden, was mit den typischen Azidalbuminaten nicht gelingt, und sie zeigen, den Azidalbuminaten gegenüber, auch andere Abweichungen, welche mit ihrer stark ausgeprägten Säurenatur im Zusammenhange stehen.

Das Prinzip der Darstellung der Albuminate ist schon oben angegeben Darstellung. worden. Aus einer mit Alkali bzw. mit Säure behandelten Eiweißlösung kann das entsprechende Albuminat durch Neutralisation mit Säure bzw. Alkali ausgefällt und durch wiederholte Umfüllung gereinigt werden.

Bei der Darstellung von sowohl Azid- wie Alkalialbuminaten können auch Albumosen oder denselben nahestehende Albuminate gleichzeitig gebildet werden. Ein solcher Stoff ist die „Alkalialbumose" von MAAS[2]). Zu den Alkalialbuminaten gehören auch die Albuminat-von PAAL[3]) aus Eiereiweiß dargestellten zwei Säuren, Lysalbinsäure und Protalbin- ähnliche säure, welche von SKRAUP und seinen Mitarbeitern[4]) eingehender studiert worden sind. Stoffe. Die Desamidoalbuminsäure von SCHMIEDEBERG[5]) ist ebenfalls ein Alkalialbuminat, welches durch so schwache Alkaliwirkung entstand, daß zwar ein Teil des Stickstoffes austrat, der Gehalt an Schwefel aber unverändert blieb.

Dem Alkalialbuminate ähnelt sehr in bezug auf Löslichkeits- und Fällbarkeitsverhältnisse eine von BLUM durch Einwirkung von Formol auf Eiweiß erhaltene, mit dem Albuminate jedoch nicht identische Eiweißverbindung, die er Protogen genannt hat[6]).

2. Albumosen und Peptone.

Als Peptone bezeichnete man früher die Endprodukte der Zersetzung von Eiweißstoffen durch proteolytische Enzyme, insofern als diese Endprodukte noch Eiweißstoffe sind, während man als Albumosen, Proteosen oder Pro- Albumosen peptone die bei der Peptonisierung des Eiweißes entstehenden Zwischen- und produkte, insofern als sie nicht albuminatähnliche Substanzen sind, bezeichnete. Peptone. Albumosen und Peptone können auch bei der hydrolytischen Zersetzung des Eiweißes mit Säuren oder Alkalien wie auch bei der Fäulnis desselben entstehen. Sie können auch in sehr kleinen Mengen als Laborationsprodukte bei der Untersuchung von tierischen Flüssigkeiten und Geweben auftreten, und die Frage, inwieweit sie in diesen unter physiologischen Verhältnissen vorgebildet sind, ist deshalb schwer zu entscheiden.

Zwischen denjenigen Peptonen, welche die letzten Spaltungsprodukte repräsentieren, und denjenigen Albumosen, welche dem ursprünglichen Eiweiß am nächsten stehen, gibt es eine Reihe von Zwischenstufen. Unter solchen Umständen muß es gewiß eine mißliche Aufgabe sein, eine scharfe Grenze Albumosen zwischen der Pepton- und der Albumosegruppe zu ziehen, und ebenso schwierig und dürfte es auch heutzutage sein, die Begriffe Peptone und Albumosen in exakter Peptone. und befriedigender Weise zu definieren.

---

[1]) Journ. of biol. Chem. 13, 15. [2]) Zeitschr. f. physiol. Chem. 30. [3]) Ber. d. d. chem. Gesellsch. 35. [4]) HUMMELBERGER, H. LAMPEL u. WOEBER, Monatsh. f. Chem. 30. [5]) Arch. f. exp. Path. u. Pharm. 39. [6]) F. BLUM, Zeitschr. f. physiol. Chem. 22. Ältere Untersuchungen rühren von O. LOEW her, vgl. MALYS Jahresb. 1888. Über die Einwirkung des Formaldehydes vgl. man ferner BENEDICENTI, Arch. f. (Anat. u.) Physiol. 1897; L. SCHWARZ, Zeitschr. f. physiol. Chem. 31; BLISS u. NOVY, Journ. of exp. Med. 4.

Wenn man also früher die Peptone als die letzten Endprodukte der Hydrolyse, welche noch wahre Eiweißstoffe sind, betrachtete, so ist daran zu erinnern, daß, seitdem man die polypeptidartigen Spaltungsprodukte der Proteine und ebenso die synthetisch dargestellten Polypeptide kennen gelernt hat, es kaum möglich ist, zu sagen, was man unter dem Begriffe wahrem Eiweiß zu verstehen hat, und ferner, daß es gewiß eine sehr große Anzahl von Zwischenstufen zwischen dem ursprünglichen, denaturierten Eiweiße und den

Albumosen
und
Peptone.

einfachsten Abbauprodukten gibt. Daß diejenigen Stoffe, die man Albumosen und Peptone genannt hat, meistens Gemenge sind, ist wohl auch unzweifelhaft; und man hat sogar in Frage gestellt (ABDERHALDEN)[1]), ob es nicht am besten wäre, den Begriff Albumosen gänzlich fallen zu lassen und sämtliche, früher als Albumosen beschriebenen Produkte nur als durch Ammoniumsulfat usw. fällbare Peptone zu nennen.

Wenn nun auch ein solcher Vorschlag vieles für sich hat, so dürfte es jedoch, in Anbetracht der großen Bedeutung, welche der Begriff Albumosen allgemein gewonnen hat, noch zu früh sein, in einem Lehrbuche den Begriff Albumosen gänzlich über Bord zu werfen, und es werden deshalb hier, wie in den früheren Auflagen, an der Hand der historischen Entwickelung die Albumosen und Peptone in dem gewöhnlichen Sinne abgehandelt.

Als **Albumosen** bezeichnete man früher Eiweißstoffe, deren Lösungen beim Sieden bei neutraler oder schwach saurer Reaktion nicht gerinnen, und welche, zum Unterschied von den Peptonen, hauptsächlich durch folgende Eigenschaften charakterisiert sind. Die wässerige Lösung wird bei Zimmer-

Albumosen

temperatur von Salpetersäure wie auch von Essigsäure und Ferrozyankalium gefällt, und die Niederschläge zeigen das Eigentümliche, daß sie beim Erwärmen verschwinden und beim Abkühlen wieder auftreten. Sättigt man eine Lösung von Albumosen mit NaCl in Substanz, so scheiden sich die Albumosen bei neutraler Reaktion teilweise, bei Zusatz von mit Salz gesättigter Säure mehr vollständig aus.

Peptone.

Als **Peptone** bezeichnete man dagegen früher in Wasser leicht lösliche, in der Hitze ebenfalls nicht gerinnbare Eiweißstoffe, deren Lösungen weder von Salpetersäure, noch von Essigsäure und Ferrozyankalium, noch von NaCl und Säure gefällt wurden.

Als Reaktionen und Eigenschaften, welche den Albumosen und Peptonen gemeinsam sind, bezeichnete man früher folgende: Sie geben sämtliche Farbenreaktionen des Eiweißes, die Biuretprobe aber mit einer schöner roten Farbe als gewöhnliches Eiweiß. Sie werden von ammoniakalischem Bleiessig, von

Gemein-
same
Reaktionen
der Albu-
mosen und
Peptone.

Quecksilberchlorid, Gerbsäure, Phosphorwolfram- resp. Phosphormolybdänsäure, Kaliumquecksilberjodid und Salzsäure und endlich auch von Pikrinsäure gefällt. Von Alkohol werden sie gefällt aber nicht koaguliert, d. h. der Niederschlag ist selbst nach langdauernder Alkoholeinwirkung in Wasser löslich. Die Albumosen und Peptone sind ferner etwas mehr diffusionsfähig als die nativen Eiweißstoffe, und die Diffusionsfähigkeit ist größer in dem Maße, als die fragliche Substanz dem letzten Endprodukte, dem gegenwärtig sog. echten Pepton, näher steht.

Diese ältere Anschauung erfuhr indessen allmählich eine wesentliche Umgestaltung. Nachdem HEYNSIUS[2]) beobachtet hatte, daß das Ammoniumsulfat ein allgemeines Fällungsmittel für Eiweiß, auch Pepton in älterem Sinne, ist, haben nämlich KÜHNE und seine Schüler[3]) in diesem Salz ein Mittel zur

---

[1]) Handb. d. Bioch. von C. OPPENHEIMER 1, 1908.   [2]) PFLÜGERs Arch. 34.   [3]) Vgl. KÜHNE, Verhandl. d. naturh. Vereins zu Heidelberg (N. F.) 3; WENZ, Zeitschr. f. Biol. 22; KÜHNE u. CHITTENDEN ebenda 22; NEUMEISTER ebenda 23; KÜHNE ebenda 29.

Trennung von Albumosen und Peptonen sehen wollen. Diejenigen Verdauungs-produkte, welche durch Sättigen ihrer Lösung mit Ammoniumsulfat sich aus-scheiden oder überhaupt sich aussalzen lassen, werden nach dem Vorgange KÜHNES nunmehr allgemein als Albumosen, diejenigen dagegen, welche dabei in Lösung bleiben, als Peptone oder echte Peptone bezeichnet. Solche echte Peptone entstehen nach KÜHNE rasch und in verhältnismäßig großer Menge bei der Pankreasverdauung, bei der Pepsinverdauung dagegen nur in geringer Menge oder erst bei mehr anhaltender Digestion. *Albumosen u. Peptone in modernem Sinne.*

Wie SCHÜTZENBERGER und dann auch KÜHNE [1]) zeigten, kann das Eiweiß, wenn es mit verdünnten Mineralsäuren oder mit proteolytischen Enzymen zersetzt wird, zwei Hauptgruppen von denaturierten Eiweißstoffen liefern, von denen die eine — die Anti-gruppe — eine größere Resistenz gegen weitere Einwirkung von Säuren und Enzymen als die andere — die Hemigruppe — zeigt. Diese zwei Gruppen sollten nach KÜHNE noch vereint, wenn auch in verschiedenen relativen Mengen, in verschiedenen Albumosen vorhanden sein, und eine Albumose könnte also sowohl die Anti- wie die Hemigruppe enthalten. Dasselbe galt nach ihm auch von dem bei der Pepsinverdauung entstandenen Pepton, welches er aus dem Grunde Amphopepton nannte. Bei der Verdauung mit Trypsin sollte dagegen eine Spaltung des Amphopeptons in Antipepton und Hemi-pepton stattfinden. Von diesen zwei Peptonen konnte dann das Hemipepton weiter in Aminosäuren und andere Stoffe gespalten werden, während das Antipepton unange-griffen blieb. Bei hinreichend energischer Trypsinwirkung sollte zuletzt nur ein Pepton, das sog. Antipepton, welches die MILLONsche Reaktion nicht gibt, zurückbleiben. *Anti- und Hemi-substanzen.*

KÜHNE und seine Schüler, welche sehr umfassende Untersuchungen über Albumosen und Peptone gemacht haben, unterschieden mit Rücksicht auf die verschiedenen Löslichkeits- und Fällbarkeitsverhältnisse zwischen ver-schiedenen Arten von Albumosen. Bei der Pepsinverdauung von Fibrin [2]) hatten sie folgende Albumosen erhalten: a) Heteroalbumose, unlöslich in Wasser aber löslich in verdünnter Salzlösung. b) Protalbumose, in Salz-lösung und in Wasser löslich. Diese zwei Albumosen werden bei neutraler Reaktion von NaCl gefällt, aber nicht vollständig. Die Heteroalbumose kann durch längeres Stehen unter Wasser oder durch Trocknen in eine, in verdünnter Salzlösung unlösliche Modifikation, die c) Dysalbumose übergehen. d) Deuteroalbumose nannten sie eine Albumose, die in Wasser und ver-dünnter Salzlösung sich löst, durch Sättigung mit NaCl gar nicht aus neutraler, sondern erst aus saurer Lösung (unvollständig) gefällt wird. *Die ver-schiedenen Albumosen*

Die aus verschiedenen Proteinen erhaltenen Albumosen sind nicht identisch, sondern unterscheiden sich durch ein etwas abweichendes Verhalten zu Fällungsreagenzien. Man hat diesen verschiedenen Albumosen auch besondere Namen, je nach der Muttersubstanz derselben, gegeben, und man spricht also von Globulosen, Vitellosen, Kaseosen, Myosinosen, Elastosen usw. Auch hier unterscheidet man dann weiter zwischen ver-schiedenen Arten von Albumosen, wie z. B. Proto-, Hetero- und Deuterokaseosen. Alle bei der Verdauung von tierischem oder pflanzlichem Eiweiß entstehende Albumosen werden von CHITTENDEN unter dem gemeinschaftlichen Namen Proteosen zusammen-gefaßt. *Albumosen. Proteosen.*

Atmidalbumose nannte NEUMEISTER [3]) eine durch Einwirkung gespannter Wasserdämpfe auf Fibrin von ihm erhaltene Albumose. Gleichzeitig erhielt er auch eine, gewissermaßen zwischen den Albuminaten und den Albumosen stehende Substanz, das Atmidalbumin.

Von den löslichen Albumosen bezeichnete NEUMEISTER die Proto- und Heteroalbumose als primäre Albumosen, die dem Pepton näher verwandten Deuteroalbumosen dagegen als sekundäre Albumosen. Wesentliche Unter-schiede zwischen beiden Gruppen sind nach ihm folgende [4]). Von Salpetersäure

---

[1]) SCHÜTZENBERGER, Bull. soc. chim. 23; KÜHNE, Verhandl. d. naturh.-med. Vereins zu Heidelberg (N. F.) 1 und KÜHNE u. CHITTENDEN, Zeitschr. f. Biol. 19. [2]) Vgl. KÜHNE u. CHITTENDEN, Zeitschr. f. Biol. 20, 22 u. 26; NEUMEISTER ebenda 23; CHITTENDEN u. HARTWELL, Journ. of Physiol. 11 u. 12; CHITTENDEN u. PAINTER, Studies from the laborat etc. Yale University. 2. New Haven 1887; CHITTENDEN ebenda 3. [3]) Zeitschr. f. Biol. 26. [4]) NEUMEISTER, Zeitschr. f. Biol. 24 u. 26.

werden die primären Albumosen in salzfreier, die sekundären dagegen erst in salzhaltiger Lösung gefällt, wobei zu bemerken ist, daß einige Deuteroalbumosen wie die Deuterovitellose und die Deuteromyosinose, von Salpetersäure erst nach

Primäre und
sekundäre
Albumosen. Sättigung der Lösung mit NaCl gefällt werden. Kupfersulfatlösung (2:100) wie auch NaCl in Substanz in neutraler Flüssigkeit fällen die primären, nicht aber die sekundären Albumosen. Aus einer mit NaCl gesättigten Lösung werden nach Zusatz von salzgesättigter Essigsäure die primären vollständig, die sekundären dagegen nur teilweise gefällt. Essigsäure und Ferrozyankalium fällen die primären Albumosen leicht, die sekundären nur teilweise und erst nach einiger Zeit. Die primären Albumosen werden ferner nach E. PICK[1]) von Ammoniumsulfat (bis zu halber Sättigung der Lösung zugesetzt) vollständig gefällt, während die sekundären Albumosen hierbei in Lösung bleiben.

Primäre und
sekundäre
Albumosen. Die Hetero- und Protalbumosen sind nicht die einzigen primären Albumosen, und in einer, durch Ammoniumsulfatsättigung in neutraler Flüssigkeit erhältlichen Albumosefraktion, welche eigentlich nur sekundäre Albumosen enthalten sollte, können auch primär gebildete Albumosen, wie die „Glukoalbumose" (PICK), welche eine Kohlehydratgruppe enthält, und die sog. „Synalbumose" HOFMEISTERS[2]) vorkommen. Es ist also nicht möglich, eine ungleiche Aussalzbarkeit als wesentlichen Unterschied zwischen primären und sekundären Albumosen gelten zu lassen.

Albumosen-
fraktionen. Durch fraktionierte Fällung mit Ammoniumsulfat hat PICK aus dem WITTE-Pepton verschiedene Hauptfraktionen von Albumosen erhalten. Die erste enthält die Proto- und Heteroalbumose, deren Fällungsgrenzen bei 24—42 prozentiger Sättigung mit Ammoniumsulfatlösung, d. h. also bei Gegenwart von 24—42 ccm gesättigter Ammoniumsulfatlösung in 100 ccm Flüssigkeit, liegen. Dann folgt die Fraktion A mit der prozentigen Sättigung 54—62, darauf die dritte Fraktion B mit der Sättigung 70—95 und endlich Fraktion C, fällbar aus salzgesättigter Lösung beim Ansäuern mit salzgesättigter Schwefelsäure.

Echte
Peptone. Die echten Peptone (nach KÜHNE) sind ungemein hygroskopisch, leicht löslich in Wasser, diffundieren leichter als die Albumosen und werden von Ammoniumsulfat nicht gefällt. Zum Unterschied von den Albumosen werden die echten Peptone ferner nicht gefällt von Salpetersäure (selbst in salzgesättigter Lösung), von salzgesättigter Essigsäure und Chlornatrium, von Ferrozyankalium und Essigsäure, Pikrinsäure, Trichloressigsäure, Quecksilberjodidjodkalium und Salzsäure. Sie werden gefällt von Phosphorwolframsäure (Phosphormolybdänsäure), Sublimat (bei Abwesenheit von Neutralsalz), absolutem Alkohol und von Gerbsäure, welch letztere indessen im Überschuß den Niederschlag wieder löst.

Diese, während einiger Zeit noch geltenden Anschauungen über die hydrolytischen Spaltungsprodukte der peptischen und tryptischen Verdauung sind dann später in mehreren Punkten vervollständigt oder geändert worden.

Produkte
der Pepsin-
verdauung. Die alte Anschauung, daß bei der Pepsinverdauung nur Albumosen und Peptone, aber keine einfacheren Spaltungsprodukte entstehen können, hat als nicht ganz zutreffend sich erwiesen. Die Arbeiten von ZUNZ, PFAUNDLER, SALASKIN, LAWROW, LANGSTEIN[3]) u. a. haben nämlich gezeigt, daß bei sehr langdauernder Verdauung teils Aminosäuren verschiedener Art und teils auch andere Produkte, wie Oxyphenyläthylamin, Tetra- und Pentamethylendiamin, entstehen können. Die Biuretreaktion verschwindet jedoch nicht, und übrigens scheinen die obengenannten Produkte nur unter besonderen Verhältnissen zu entstehen. Bei der gewöhnlichen, nicht zu langdauernden Pepsinverdauung werden jedenfalls, wie man allgemein annimmt, keine Aminosäuren, sondern nur Albumosen und Peptone gebildet.

Ver-
dauungs-
produkte. Zu den angeführten Versuchsergebnissen ist jedoch zu bemerken, daß offenbar nicht alle die gefundenen Produkte, z. B. das Oxyphenyläthylamin und die Diamine, durch eine Pepsinwirkung, sondern durch die Wirkung anderer Enzyme entstanden sind. In einigen Fällen hat man mit unzweifelhaft sehr unreinem Pepsin gearbeitet oder sogar Selbstverdauungsversuche mit der Magenschleimhaut ausgeführt, und die Wirkung auch anderer

---

[1]) Zeitschr. f. physiol. Chem. 24.   [2]) Ergebn. d. Physiol. 1, Abt. 1, S. 783.
[3]) ZUNZ, Zeitschr. f. physiol. Chem. 28 u. HOFMEISTERS Beiträge 2; PFAUNDLER, Zeitschr. f. physiol. Chem. 30; SALASKIN ebenda 32; SALASKIN u. KOWALEWSKY ebenda 38; D. LAWROW ebenda 33; LANGSTEIN, HOFMEISTERS Beiträge 1 u. 2.

Enzyme ist folglich in solchen Versuchen nicht ausgeschlossen. In anderen Fällen wiederum hat man sehr lange, selbst ein ganzes Jahr, mit Pepsin und viel Säure (sogar 1 p. c. Schwefelsäure) verdaut, ohne den Einfluß einer protrahierten Säurewirkung allein auf die Albumosen zu kontrollieren.

KÜHNE war der Ansicht, daß bei der Trypsinverdauung (Pankreasverdauung) immer ein nicht weiter spaltbares Pepton, das sog. Antipepton, zurückbleibt, aber diese Ansicht ist, insoferne als es um ein die Biuretreaktion gebendes Pepton sich handelt, nicht richtig. Durch hinreichend lange dauernde Selbstverdauung der Pankreasdrüse konnte nämlich KUTSCHER[1]) als Endprodukt ein die Biuretreaktion nicht mehr gebendes Gemenge von Verdauungsprodukten erhalten, und ähnliche Erfahrungen haben auch andere gemacht. FISCHER und ABDERHALDEN[2]) haben ferner gezeigt, daß bei der Trypsinverdauung polypeptidartige Stoffe, welche die Biuretreaktion nicht geben — also abiurete Stoffe —, entstehen, welche zwar der weiteren Trypsinwirkung widerstehen, aber bei der Hydrolyse mit Säuren Aminosäuren liefern. Auf der anderen Seite hat aber SIEGFRIED (vgl. unten) Fibrintrypsinpeptone dargestellt, welche die Biuretreaktion geben, aber trotzdem der weiteren Aufspaltung durch Trypsin hartnäckig widerstehen und demnach Antipeptone im Sinne KÜHNES sind. *(Antipepton u. abiurete Produkte.)*

Die Ansichten über die primär entstehenden Produkte haben ebenfalls eine wesentliche Veränderung erfahren. Entgegen der Ansicht von HUPPERT[3]), daß die Albumosen bei der Pepsinverdauung immer aus primär gebildetem Azidalbuminat hervorgehen, sollen nach PICK und ZUNZ sowohl das Azidalbuminat wie mehrere Albumosen schon im Anfange der Verdauung, also primär, auftreten. Nach GOLDSCHMIDT[4]) soll übrigens bei Einwirkung von verdünnter Säure allein eine Abspaltung von Albumosen gleichzeitig mit der Azidalbuminatbildung stattfinden. Außer den Albumosen entstehen sogar nach ZUNZ und PFAUNDLER schon von Anfang an, also ebenfalls primär, andere, nicht aussalzbare Produkte, welche nicht die Biuretreaktion geben und nur zum Teil durch Phosphorwolframsäure fällbar sind. Bemerkenswert ist es ferner, daß bei der Trypsinverdauung gewisse Aminosäuren, wie z. B. Tyrosin, Tryptophan und Leuzin früher und leichter als andere von dem Eiweißmoleküle abgespaltet werden. *(Primäre Abbauprodukte.)*

Daß die durch Sättigung mit Ammoniumsulfat fällbaren, als Albumosen bezeichneten Substanzen Gemengen von verschiedenen Abbauprodukten der Proteine sind, steht ohne weiteres fest; und in dem Maße, als man sie mehr eingehend untersucht, treten immer neue Unterschiede zutage. So werden z. B. nach MICHAELIS und RONA[5]) einige Albumosen von Mastixemulsion gefällt, andere dagegen nicht. Die Hetero- und Protalbumosen wirken nach ZUNZ[6]) dem kolloidalen Golde gegenüber als starke Schutzkolloide, was nicht mit den anderen Albumosen der Fall ist. Nach HUNTER[7]) sollen ferner nur die primären, nicht aber die sekundären Albumosen durch Protamine ausgefällt werden. Es ist wohl auch unzweifelhaft, daß zwischen denjenigen Albumosen, welche dem ursprünglichen Eiweiß am nächsten stehen, und den stärker abgebauten Albumosen zahlreiche Zwischenglieder bestehen. Die Schwierigkeiten, welche einer Isolierung und Reindarstellung dieser verschiedenen Glieder im Wege stehen, sind aber so außerordentlich groß, daß man die bisher isolierten Albumosen nicht als chemische Individuen betrachten *(Unterschiede zwischen verschiedenen Albumosen.)*

---

[1]) Zeitschr. f. physiol. Chem. 25, 26, 28 und: Die Endprodukte der Trypsinverdauung, Habilit.-Schrift Straßburg 1899.   [2]) Zeitschr. f. physiol. Chem. 39.   [3]) E. SCHÜTZ u. HUPPERT, PFLÜGERS Arch. 80.   [4]) F. GOLDSCHMIDT, Über die Einwirkung von Säuren auf Eiweißstoffe. Inaug.-Diss. Straßburg 1898.   [5]) Bioch. Zeitschr. 3.   [6]) Arch. internat. d. Physiol. 1 u. 5, auch Bull. Soc. Roy. Scienc. med. et natur. Bruxelles 64.   [7]) Journ. of Physiol. 37.

kann. Unter solchen Umständen ist die oben besprochene Differenzierung und Klassifikation der verschiedenen Albumosen von geringem Wert, und ein näheres Eingehen auf die Eigenschaften der zahlreichen, bisher dargestellten Albumosen dürfte von wenig Interesse sein.

Von größerem Interesse wäre es allerdings, wenn man bestimmte Unterschiede in dem chemischen Bau der verschiedenen Albumosen sicher nachweisen könnte. Solche Unterschiede glaubt man auch in der Tat in einigen Fällen gefunden zu haben. So hat HART die Heteroalbumose (aus Muskelsyntonin) bedeutend reicher an Arginin und ärmer an Histidin als die Protalbumose gefunden, und auch zwischen der Hetero- und Protalbumose aus Fibrin hat PICK bestimmte Unterschiede beobachtet. Die Heteroalbumose soll nämlich nur sehr wenig Tyrosin und Indol, aber reichlich Leuzin und Glykokoll liefern und etwa 39 p. c. des Gesamtstickstoffes in basischer Form enthalten. Die Protalbumose liefert dagegen nach PICK reichlich Tyrosin, bzw. Indol, nur wenig Leuzin und kein Glykokoll, und sie enthält nur etwa 25 p. c. basischen Stickstoff. In der Hauptsache ähnliche Resultate bezüglich der Menge des Basenstickstoffes in den zwei Albumosen haben auch FRIEDMANN, HART und LEVENE erhalten, während der letztgenannte dagegen ebensowenig wie ADLER [1] die Angaben PICKS über den verschiedenen Gehalt der zwei Albumosen an Monoaminosäuren bestätigen konnte. Die Arbeiten von LEVENE, D. V. SLYKE und BIRCHARD [2] stehen auch in vielen wichtigen Punkten in bestimmtem Widerspruch zu den Angaben von PICK, und diese abweichenden Resultate dürften wohl dadurch zu erklären sein, daß man nicht mit reinen Substanzen sondern mit Gemengen gearbeitet hat.

Die Heteroalbumose soll ferner nach PICK auch viel resistenter gegen die Trypsinverdauung als die Protalbumose sein, ein Verhalten, welches mit der Annahme KÜHNES von einem widerstandsfähigeren Atomkomplex, einer Antigruppe, im Eiweiß im Einklange ist. KÜHNE und CHITTENDEN [3] erhielten in der Tat bei der Trypsinverdauung von Heteroalbumose regelmäßig eine Abscheidung von sog. Antialbumid, einem Körper, der bei der Trypsinverdauung sehr schwer angreifbar ist, dabei als eine Gallerte sich ausscheidet und reicher an Kohlenstoff (57,5—58,09 p. c.) aber ärmer an Stickstoff (12,61 bis 13,94 p. c.) als das ursprüngliche Eiweiß ist. Das Auftreten von solchen widerstandsfähigen Komplexen bei der Verdauung ist auch von anderen wiederholt beobachtet worden.

Das Antialbumid erhielt später ein erhöhtes Interesse dadurch, daß, wie DANILEWSKI [4] als erster fand und andere Forscher dann weiter gezeigt haben, Lablösung, Magensaft, Pankreassaft und Papayotinlösung ähnliche Gerinnsel in nicht zu verdünnten Albumoselösungen hervorrufen können. Diese Gerinnsel, von SAWJALOW „Plasteine" (Gerinnsel mit Lab) und von KURAJEFF „Koagulosen" (Gerinnsel mit Papayotin) genannt, ähneln in mehreren Beziehungen dem Antialbumid und haben oft einen hohen Kohlenstoffgehalt, 57—60 p. c., und einen Gehalt von 13—14,6 p. c. Stickstoff. In anderen Fällen ist der Gehalt sowohl an Kohlenstoff wie an Stickstoff niedriger (LAWROW).

Proto- und Heteroalbumosen.

Antialbumid.

Plasteine.

---

[1] HART, Zeitschr. f. physiol. Chem. **33**; PICK ebenda **28**; FRIEDMANN ebenda **29**; LEVENE, Journ. of biol. Chem. **1**; R. ADLER, Die Heteroalbumose und Protalbumose des Fibrins. Dissert. Leipzig 1907. [2] Journ. of biol. Chem. **8** u. **10**. [3] Zeitschr. f. Biol. **19** u. **20**. [4] Die Arbeiten von A. DANILEWSKI u. OKUNEW findet man zitiert und zum Teil referiert bei den folgenden: SAWJALOW, PFLÜGERS Arch. **85**, Zentralbl. f. Physiol. **16** u. Zeitschr. f. physiol. Chem. **54**; M. LAWROW u. SALASKIN, Zeitschr. f. physiol. Chem. **36**; D. LAWROW ebenda **51**, **53**, **56** u. **60**; KURAJEFF, HOFMEISTERS Beiträge **1** u. **2**.

Die Bedeutung und Entstehungsweise der Koagulosen oder Plasteine sind noch nicht vollständig bekannt; man neigt aber recht allgemein zu der Ansicht, daß sie durch eine Synthese entstehen, eine Ansicht, welche in den Untersuchungen von V. HENRIQUES und GJALDBÄK wie von GLAGOLEW [1]) eine Stütze erhalten hat. Nach SAWJALOW soll bei der Plasteinbildung ein Plastein nicht aus einer einzigen Albumose, sondern stets aus einem Gemenge von solchen hervorgehen. Nach LAWROW können sie übrigens sowohl aus Albumosen wie aus Polypeptidsubstanzen hervorgehen, und dementsprechend kann man zwischen Koagulosen bzw. Koagulosogenen aus der Albumosegruppe, „Koalbumosen", und aus der Polypeptidgruppe, „Koapeptiden", unterscheiden. Die letzteren liefern bei der Hydrolyse hauptsächlich nur Monoaminosäuren, die ersteren daneben auch basische, stickstoffhaltige Produkte. Zu den Koapeptiden gehört vielleicht ein von BAYER [2]) untersuchtes, bezüglich seiner elementären Zusammensetzung sowohl von den eigentlichen Eiweißstoffen wie von anderen Koagulosen wesentlich abweichendes Plasteinogen. *Plasteine oder Koagulosen.*

Als wesentliches Unterscheidungsmerkmal zwischen Albumosen und Peptonen benutzt man, wie oben bemerkt, seit vielen Jahren allgemein ihr verschiedenes Verhalten beim Sättigen ihrer Lösungen mit Ammoniumsulfat, indem man nämlich die durch dieses Salz fällbaren Stoffe als Albumosen und die nicht fällbaren als Peptone bezeichnet. Dieses Einteilungsprinzip, welches nie hinreichend begründet und ganz willkürlich gewesen ist, kann man nicht länger aufrecht halten. Man weiß nämlich nunmehr, dank den bahnbrechenden Arbeiten von EMIL FISCHER und seinen Mitarbeitern, daß es sowohl künstlich dargestellte wie unter den Spaltprodukten des Eiweißes vorkommende Polypeptide gibt, welche von Ammoniumsulfat gefällt werden. Man ist wohl nunmehr auch darüber einig, daß die Peptone im gewöhnlichen Sinne nur Gemenge von verschiedenartigen Stoffen sind. Die Hauptaufgabe der Forschung muß also die sein, aus diesen Gemengen einheitliche, chemisch gut charakterisierbare Stoffe soweit möglich zu isolieren. Als solche Stoffe sind, außer den in dem vorigen schon besprochenen, von FISCHER und einigen anderen isolierten Polypeptiden, die von SIEGFRIED und seinen Schülern isolierten Produkte zu nennen. *Albumosen und Peptone.*

Diese sog. Peptone sind teils Pepsin- und teils Trypsinpeptone und sie sind teils aus Eiweiß (Fibrin) und teils aus Leim dargestellt worden. Die Trypsinfibrinpeptone sind, wie schon oben gesagt wurde, Antipeptone im Sinne KÜHNES, indem sie nämlich der weiteren Aufspaltung durch Trypsin hartnäckig widerstehen. Sie sind nach NEUMANN gleichzeitig zweibasische Säuren und einsäurige Basen. Sie geben die Biuretreaktion, aber nicht die MILLONsche Reaktion; sie enthalten kein Tyrosin und lieferten als hydrolytische Spaltprodukte Arginin, Lysin, Glutaminsäure und wie es scheint auch Asparaginsäure. Ein von SIEGFRIED und SCHMITZ isoliertes Pepsin-Glutinpepton lieferte Arginin, Lysin, Glutaminsäure, Glykokoll und außerdem auch sicher Leuzin und Prolin, wenn auch nicht in sicher bestimmbarer Menge. Von dem Gesamtstickstoff kamen auf Arginin 19,7, Lysin 9,1, Glykokoll 49,2, Glutaminsäure 9,3, Prolin und Leuzin zusammen 12,7 p. c. Für die Reinheit und Einheitlichkeit der von ihm isolierten Peptone hat SIEGFRIED [3]) nach verschiedenen Methoden Beweise erbracht. *Peptone.*

In anderer Weise, nämlich durch fraktionierte Fällung mit Metallsalzen, namentlich mit Quecksilberjodidjodkalium und Darstellung von Phenylisozyanatverbindungen haben HOFMEISTER und seine Schüler STOOKEY, RAPER und ROGOZINSKI [4]) aus Bluteiweiß Peptone oder polypeptidartige Stoffe isoliert. Eine solche, als „Arginin-Histidinpepton" bezeichnete Substanz lieferte als basische Hydrolyseprodukte Arginin und Histidin, während eine andere als basisches Produkt hauptsächlich Lysin lieferte und dementsprechend auch als „Lysinpepton" bezeichnet wurde. *Peptone.*

---

[1]) HENRIQUES u. GJALDBÄK, Zeitschr. f. physiol. Chem. 71 u. 81; P. GLAGOLEW, Bioch. Zeitschr. 50 u. 56. [2]) HOFMEISTERS Beiträge 4; LUKOMINK ebenda 9. [3]) Die Arbeiten von SIEGFRIED und seinen Schülern findet man in Arch. f. (Anat. u.) Physiol. 1894, Zeitschr. f. physiol. Chem. 21, 41, 43, 45, 48, 50, 65 u. 90 u. PFLÜGERS Arch. 136. [4]) HOFMEISTERS Beiträge 7, 9, 11.

Aus Leimpepton erhielt SIEGFRIED durch Erwärmen mit Salzsäure eine, auch aus Leim direkt erhältliche Base, die als ein „Kyrin" bezeichnet wurde, weil sie als ein basischer Proteinkern anzusehen ist, und die er deshalb Glutokyrin nannte. Das Glutokyrin gibt die Biuretreaktion und wird als ein basisches Pepton betrachtet. Bei vollständiger hydrolytischer Spaltung lieferte es Arginin, Lysin, Glutaminsäure und Glykokoll. Von dem Gesamtstickstoffe entfallen $^2/_3$ auf die Basen und $^1/_3$ auf die Aminosäuren. Später hatte er mit seinen Mitarbeitern durch weitere Hydrolyse ein β-Glutokyrin dargestellt,

Protokyrine. welches nur Arginin, Lysin und Glutaminsäure lieferte und dessen Formel $C_{17}H_{33}N_7O_6$ geschrieben werden kann. Ähnliche basische Kerne, „Protokyrine", hatte SIEGFRIED[1]) nach demselben Prinzipe aus Fibrin und Kasein darstellen können. Das Kaseinokyrin gibt ein nicht kristallisierendes Sulfat, aber ein kristallisierendes Phosphorwolframat. Das freie Kaseinokyrin reagiert alkalisch, es gibt die Biuretreaktion und seine Zusammensetzung entspricht der Formel $C_{27}H_{47}N_9O_8$. Als Spaltungsprodukte lieferte es nur Arginin, Lysin und Glutaminsäure. Der Basenstickstoff betrug gegen 85 p. c. von dem Gesamtstickstoffe, und das Kaseinokyrin verhielt sich also in dieser Beziehung wie ein Protamin.

Unter den bisher bekannten Spaltungsprodukten des Eiweißes ist das Arginin das einzige, welches man bis heute in keinem Eiweißstoffe vermißt

Die einfachsten Eiweißstoffe. hat. Wenn man aus dem Grunde nur solche Atomkomplexe als Eiweißstoffe bezeichnen will, die außer verketteten Monoaminosäuren auch Arginin enthalten oder, einfacher, die zwei obengenannten Arten der Imidbindung zeigen, sind also solches Kyrin, welches nur Arginin, Lysin und Glutaminsäure enthält, und solche Protamine, welche wie das Skombrin nur 3 Aminosäuren liefern, die einfachsten bisher bekannten Eiweißstoffe. In dem Auftreten basischer Protokyrine bei dem hydrolytischen Abbau sowohl des genuinen Eiweißes wie des Leimes, hat in der Tat auch die KOSSELsche Annahme von einem basischen Kern in den Proteinstoffen eine Stütze gefunden.

Infolge der bei der Hydrolyse stattfindenden Spaltung müssen die Ver

Molekulargewicht. dauungsprodukte, die Albumosen und Peptone, ein niedrigeres Molekulargewicht als das ursprüngliche Eiweiß haben. Dies ist auch, wie die Molekulargewichtsbestimmungen gezeigt haben, der Fall; da es aber hier nicht um reine Substanzen sondern um Gemengen sich gehandelt hat, sind die gefundenen Zahlen ohne Interesse. Dasselbe gilt auch meistens von den Elementaranalysen von Albumosen und Peptonen im gewöhnlichen Sinne[2]).

Bei der Darstellung und Trennung der verschiedenen Albumosen und Peptone nach den jetzt gebräuchlichsten Methoden wird immer zuerst alles durch Neutralisation und durch Kochen fällbare Eiweiß entfernt. Dann können die

Darstellungsmethoden. Albumosen mittels Ammoniumsulfat nach dem Verfahren von KÜHNE von den Peptonen getrennt und nach PICK und der HOFMEISTERschen Schule in verschiedene Fraktionen aufgeteilt werden. Die Trennung und Reindarstellung der Hetero- und Protalbumose kann man nach dem Verfahren von Pick mit Beachtung der von HASLAM[3]) gegebenen Vorschriften versuchen. Im übrigen kann hier auf die schon in dem vorigen zitierten Arbeiten von Kühne und Mitarbeitern, von E. ZUNZ und namentlich von der HOFMEISTERschen und der SIEGFRIEDschen Schule hingewiesen werden.

---

[1]) Kgl. Sächs. Gesellsch. d. Wiss. Math. Physik. Klasse 1903 und Zeitschr. f. physiol. Chem. 43, 58, 84 u. 97.   [2]) Elementaranalysen von Albumosen und Peptonen findet man in den in der Fußnote 2, S. 99 zitierten Arbeiten von KÜHNE und CHITTENDEN und deren Schülern; ferner bei HERTH, Zeitschr. f. physiol. Chem. 1 und Monatsh. f. Chem. 5; MALY, PFLÜGERS Arch. 9 u. 20; HENNINGER, Compt. Rend. 86.   [3]) Journ. of Physiol. 32 u. 36.

Will man eine mit Ammoniumsulfat gesättigte Lösung mit der Biuret-reaktion auf die Gegenwart von sog. echtem Pepton prüfen, so muß man eine möglichst konzentrierte Natronlauge unter Abkühlung in geringem Überschuß zusetzen und nach dem Absitzen des Natriumsulfates der Flüssigkeit tropfen-weise eine 2prozentige Kupfersulfatlösung zufügen. Biuret-
probe.

Zur quantitativen Bestimmung der Albumosen und Peptone hat man die Stickstoffbestimmung, die Biuretprobe (kolorimetrisch) und die polari-metrische Methode verwendet. Diese Methoden geben indessen keine genauen Resultate.

Von den Polypeptiden ist schon oben S. 67—70 das Wichtigste gesagt worden, und es bleiben also unter den Abbauprodukten nur die Aminosäuren zu besprechen übrig.

3. Die Aminosäuren [1]).

Glykokoll (Aminoessigsäure) $C_2H_5NO_2 = \dfrac{CH_2(NH_2),}{COOH}$, auch Glyzin

oder Leimzucker genannt, ist in den Muskeln von Evertebraten gefunden worden, hat aber sein hauptsächlichstes Interesse als hydrolytisches Zer-setzungsprodukt der Proteine — namentlich Fibroin, Spinnenseide, Elastin, Leim und Spongin — wie auch der Hippursäure und der Glykocholsäure. Glykokoll

Das Glykokoll stellt farblose, oft große, harte Kristalle von rhomboedri-scher Form oder vierseitige Prismen dar. Die Kristalle schmecken süß und lösen sich leicht in kaltem (4,3 Teilen) Wasser. In absolutem Alkohol und in Äther sind sie unlöslich; in warmem Weingeist lösen sie sich schwer. Das Glykokoll verbindet sich wie die Aminosäuren überhaupt mit Säuren und Basen. Unter den letztgenannten Verbindungen sind zu nennen die Ver-bindungen mit Kupfer und Silber. Das Glykokoll löst Kupferoxydhydrat in alkalischer Flüssigkeit, reduziert es aber nicht in der Siedehitze. Eine siedend heiße Lösung von Glykokoll löst eben gefälltes Kupferoxydhydrat zu einer blauen Flüssigkeit, aus welcher nach genügender Konzentration beim Erkalten blaue Nadeln von Glykokollkupfer herauskristallisieren. Die Ver-bindung mit Chlorwasserstoffsäure ist in Wasser leicht, in Alkohol wenig löslich. Eigen-
schaften
und Ver-
bindungen.

Von Phosphorwolframsäure wird es nach SÖRENSEN [2]) nicht aus ver-dünnter, sondern nur aus konzentrierter Lösung gefällt. Bei Einwirkung von Salzsäuregas auf Glykokoll in absolutem Alkohol entsteht der schön kristalli-sierende, bei 144° C schmelzende salzsaure Glykokolläthylester, aus dem man nach E. FISCHERS [3]) Verfahren den zur Trennung des Glykokolls von anderen Aminosäuren sehr geeigneten Glykokolläthylester gewinnen kann. Durch Schütteln mit Benzoylchlorid und Natronlauge entsteht Hippursäure, die ebenfalls zur Isolierung und zum Nachweis des Glykokolls in verschiedener Weise geeignet ist. Von großer Bedeutung ist auch das β-Naphthalinsulfo-glyzin mit dem Schmelzpunkte 159°. Zu nennen sind ferner das 4-Nitrotoluol-2-sulfoglyzin, Schmelzpunkt 180°, und das α-Naphthylisozyanatglyzin mit dem Schmelzpunkte 190,5—191,5°. Bei der Fäulnis kann wahrscheinlich aus dem Glykokoll Methan entstehen. Eigen-
schaften.

d-Alanin (α-Aminopropionsäure) $C_3H_7NO_2 = \dfrac{\overset{\displaystyle CH_3}{CH(NH_2)}}{COOH}$. Das d-Alanin Alanin.

ist in verhältnismäßig geringer Menge aus den eigentlichen Eiweißstoffen,

---

[1]) Bezüglich der Verteilung der aus Proteinen erhaltenen Aminosäuren auf die drei Hauptgruppen von organischen Verbindungen vgl. man die Übersicht S. 66.
[2]) Meddelelser fraa Carlsberg-laboratoriet 6, 1905. [3]) Ber. d. d. chem. Gesellsch. 34.

aber in größerer Menge aus den Albumoiden, namentlich aus Fibroin, Spinnenseide und Keratin aus Manisschuppen (S. 88) erhalten worden.

Das d-Alanin ist von E. FISCHER und RASKE[1]) aus l-Serin dargestellt worden, und FISCHER hat es aus dem razemischen Alanin, nach Aufspaltung desselben als Benzoylverbindungen oder nach Aufspaltung durch Hefe, durch die WALDENsche Umkehrung aus dem l-Alanin dargestellt.

Alanin.
Das Alanin kristallisiert meistens in Nadeln oder schiefrhombischen Säulen. Es löst sich leicht in Wasser, die Lösung schmeckt süß und löst Kupferoxydhydrat beim Kochen mit tiefblauer Farbe zu kristallisierbarem Kupfersalz. Das Alanin ist unlöslich in absolutem Alkohol. Die Drehung des Alanins bei 20⁰ ist für die Lösung in Wasser $(\alpha)D = + 2,7^0$ und für die Lösung der Salzsäureverbindung (9—10prozentige Lösung) $(\alpha)D = + 10,3^0$. Das Alanin wird aus seiner gesättigten Lösung in Wasser zu 19 p. c. von Ammoniumsulfat ausgesalzen [2]).

Das β-Naphthalinsulfo-d-alanin schmilzt getrocknet bei gegen 123⁰ und sintert bei 117⁰ C. Die Phenylisozyanatverbindung schmilzt bei 168⁰ und das d,l-α-Naphthylisozyanatalanin bei 198⁰ C. Bei der Fäulnis liefert das Alanin Propionsäure.

$$l\text{-Serin} \quad (\alpha\text{-Amino-}\beta\text{-oxypropionsäure, Oxyalanin}) \quad C_3H_7NO_3 = \begin{array}{c} CH_2(OH) \\ \dot{C}H(NH_2), \\ \dot{C}OOH \end{array}$$

Serin.
ist von E. FISCHER und seinen Mitarbeitern als Spaltungsprodukt aus mehreren Proteinen, meistens in nur geringer Menge, erhalten worden. Die größte Menge, 6,6 p. c., erhielten FISCHER und SKITA aus Serizin; noch größere Mengen, 7,8 p. c., erhielten KOSSEL und DAKIN[3]) aus dem Salmin. Hierbei hat man im allgemeinen razemisches Serin erhalten. Aus dem Fibroin erhielt jedoch E. FISCHER[4]) ein Gemenge von aktivem und inaktivem Serinanhydrid, aus dem er durch Hydrolyse dann l-Serin dargestellt hat. Das Serin ist auch von G. EMBDEN und TACHAU[5]) in frischem Schweiß gefunden worden.

Serin-synthesen.
Synthetisch ist das dl-Serin von FISCHER und LEUCHS aus Ammoniak, Zyanwasserstoff und Glykolaldehyd und später auch in anderer Weise von anderen[6]) dargestellt worden. Aus dem dl-Serin haben FISCHER und W. JACOBS[7]) durch Darstellung der Alkaloidsalze der p-Nitrobenzoylverbindung das l-Serin dargestellt.

Durch Reduktion geht das Serin in Alanin und durch Oxydation mit salpetriger Säure in Glyzerinsäure über. Die Beziehungen des Serins zu dem Alanin, der Milchsäure und der Glyzerinsäure sind aus den folgenden Formeln ersichtlich.

$CH_2(OH)$	CH_3	CH_3	$CH_2(OH)$
$\dot{C}H(NH_2)$	$\dot{C}H(NH_2)$	$\dot{C}H(OH)$	$\dot{C}H(OH)$
$\dot{C}OOH$	$\dot{C}OOH$	$\dot{C}OOH$	$\dot{C}OOH$
Serin	Alanin	Milchsäure	Glyzerinsäure

Eigen-schaften.
Das l-Serin kristallisiert in dünnen Blättchen, Krusten oder, bei langsamer Kristallisation, in Prismen oder sechsseitigen Tafeln. Es löst sich ziemlich leicht in Wasser; das dl-Serin in 23 Teilen Wasser von 20⁰ C. Die Lösung des l-Serins schmeckt süß mit fadem Nachgeschmack. Die spezifische Drehung ist in wässeriger Lösung bei 20⁰ C $(\alpha)D = - 6,83^0$ und in salzsaurer Lösung bei 25⁰ $(\alpha)D = - 14,45^0$. Das β-Naphthalinsulfo-l-serin schmilzt, wasserfrei,

---

[1]) Ber. d. d. chem. Gesellsch. 40. [2]) P. PFEIFFER u. FR. WITTKA, Ber. d. d. chem. Gesellsch. 48. [3]) FISCHER u. SKITA, Zeitschr. f. physiol. Chem. 35; KOSSEL u. DAKIN ebenda 41. [4]) Ber. d. d. chem. Gesellsch. 40. [5]) Bioch. Zeitschr. 28. [6]) FISCHER u. LEUCHS, Ber. d. d. chem. Gesellsch. 35; ERLENMEYER u. STOOP ebenda 35; LEUCHS u. GEIGER ebenda 39. [7]) Ber. d. d. chem. Gesellsch. 39.

bei 214⁰ C. Das l-Serinanhydrid soll mit dem aus Fibroin erhaltenen identisch sein.

Das **Isoserin** (β-Amino-α-Oxypropionsäure) ist von ELLINGER aus Bromwasserstoffdiaminopropionsäure und Silbernitrit und nach demselben Prinzipe von NEUBERG und SILBERMANN aus der Chlorwasserstoffverbindung der Diaminopropionsäure dargestellt worden. Andere Synthesen rühren von NEUBERG und MAYER wie von NEUBERG und ASHER[1]) her. Isoserin.

In naher Beziehung zu dem Alanin steht ferner das Zystein, die α-Aminothiomilchsäure, deren Disulfid das Zystin ist.

l-Zystin, $C_6H_{12}N_2S_2O_4$, (α-Diamino-β-dithiodilaktylsäure

$$CH_2-S-S-CH_2$$
$$\dot{C}H(NH_2) \quad \dot{C}H(NH_2) \text{ oder das Disulfid des Zysteins } (\alpha\text{-Amino-}\beta\text{-thio-}$$
$$\dot{C}OOH \quad \dot{C}OOH$$

milchsäure) = $CH_2(SH) . CH(NH_2) . COOH$) ist als unzweifelhaftes Spaltungsprodukt von Proteinen zuerst von K. MÖRNER und dann auch von EMBDEN erhalten worden. KÜLZ[2]) hat es auch einmal als Produkt der tryptischen Fibrinverdauung erhalten. Die von MÖRNER und von BUCHTALA in den verschiedenen Proteinen gefundenen Mengen sind in dem Vorigen in den Tabellen und S. 88 mitgeteilt worden. Zystin.

Nach NEUBERG und MAYER[3]) kommt in der Natur auch ein zweites, von ihnen als „Steinzystin" bezeichnetes β-Zystin neben dem obigen „Proteinzystin", dem α-Zystin, vor. Das Steinzystin soll das Disulfid der β-Amino-α-Thiomilchsäure sein. Stein-
zystin.

Das Proteinzystin würde überwiegend in Proteinen, aber auch in Steinen, das „Steinzystin" dagegen nur in Harnsteinen vorkommen.

Gegen die Richtigkeit dieser Behauptung hat man indessen von vielen Seiten Einwände erhoben. ROTHERA konnte keinen Unterschied zwischen dem Steinzystin und dem von ihm aus Haaren dargestellten Zystin finden, und zu ähnlichen Resultaten gelangten FISCHER und SUZUKI und später auch ABDERHALDEN[4]), welche deshalb auch die Existenz eines besonderen Steinzystins in Zweifel ziehen. Das Vorkommen von zwei strukturisomeren Zystinen war allerdings auch durch einige Beobachtungen von K. MÖRNER nicht unwahrscheinlich geworden, aber FRIEDMANN und BAER[5]) haben gezeigt, daß diese Beobachtungen zu einer solchen Annahme nicht nötigen, und man hat gegenwärtig keinen hinreichenden Grund, das Vorkommen von zwei verschiedenen Zystinen anzunehmen. Ver-
schiedene
Zystine.

Das Zystin kommt normalerweise in Spuren im Harne vor. In größerer Menge tritt es in seltenen Fällen bei Zystinurie im Harne, im Sedimente oder in Harnsteinen auf. Es ist außerdem in der Rindsniere, in der Leber von Pferd und Delphin und in der Leber eines Säufers in Spuren gefunden worden. ABDERHALDEN[6]) hat in einem Falle von familiärer Zystindiathese diesen Stoff außer im Harne auch reichlich in den Organen (Milz) gefunden. Vor-
kommen.

Die Konstitution des Zystins ist von FRIEDMANN[7]) klargelegt worden und er hat auch die Beziehung desselben zu dem Taurin festgestellt. Das Zystin ist nämlich das Disulfid des Zysteins, welches α-Amino-β-thiomilchsäure ist. Aus diesem Zystein hat FRIEDMANN als Oxydationsprodukt Zystein- Konstitu-
tion.

$$CH_2(SO_2OH)$$
säure $C_3H_7NSO_5$ = $\dot{C}H(NH_2)$ erhalten, aus der unter CO_2-Abspaltung
$$\dot{C}OOH$$

Taurin $\begin{array}{l} CH_2(SO_2OH) \\ \dot{C}H_2(NH_2) \end{array}$ entsteht.

---

[1]) ELLINGER, Ber. d. d. chem. Gesellsch. **37**; NEUBERG u. M. SILBERMANN ebenda **37**; NEUBERG u. P. MAYER, Bioch. Zeitschr. **3**; NEUBERG u. ASHER ebenda **6**. [2]) K. MÖRNER, Zeitschr. f. physiol. Chem. **28**, **34** u. **42**; G. EMBDEN ebenda **32**; E. KÜLZ, Zeitschr. f. Biol. **27**. [3]) Zeitschr. f. physiol. Chem. **44**. [4]) ROTHERA, Journ. of Physiol. **32**; E. FISCHER u. SUZUKI, Zeitschr. f. physiol. Chem. **45**; ABDERHALDEN ebenda **51** u. **104**. [5]) FRIEDMANN, HOFMEISTERS Beiträge **3**. Mit J. BAER ebenda **8**. [6]) Zeitschr. f. physiol. Chem. **38**. [7]) HOFMEISTERS Beiträge **3**.

Das Zystin ist in verschiedener Weise synthetisch dargestellt worden. So haben beispielsweise E. FISCHER und RASKE[1]), ausgehend von dem l-Serin, α-Amino-β-Chlorpropionsäure und aus der letzteren durch Erhitzen mit Baryumhydrosulfid und nachfolgende Oxydation an der Luft Zystin darstellen können.

Eigenschaften. Das l-Zystin kristallisiert in dünnen, farblosen, sechsseitigen Täfelchen. Es löst sich nicht in Wasser, Alkohol, Äther oder Essigsäure, löst sich aber in Mineralsäuren und Oxalsäure. Es löst sich ferner in Alkalien, auch in Ammoniak, nicht aber in Ammoniumkarbonat. Das Zystin ist optisch aktiv, und zwar linksdrehend. K. MÖRNER fand $(a)D = -224,3^0$. Durch Erhitzen mit Salzsäure kann es nach ihm in eine andere, in Nadeln kristallisierende Modifikation von schwächerer Linksdrehung oder sogar Rechtsdrehung, ein Gemenge von den zwei optisch aktiven Zystinen, übergehen. Durch Erhitzen mit Salzsäure auf 165⁰ während 12—15 Stunden erhielten NEUBERG und MAYER das inaktive Zystin. Durch Pilzgärung unter Benutzung von Aspergillus niger erhielten sie daraus das rechtsdrehende Zystin. Das Zystin hat keinen bestimmten Schmelzpunkt und zersetzt sich langsam bei 258—261⁰. Kocht man Zystin mit Alkalilauge, so zersetzt es sich und liefert Schwefelalkali, welches mit Bleiazetat oder Nitroprussidnatrium nachgewiesen werden kann. Nach MÖRNER[2]) treten hierbei höchstens 75 p. c. des Gesamtschwefels aus. Beim Behandeln des Zystins mit Zinn und Salzsäure entwickelt es nur wenig Schwefelwasserstoff und geht in Zystein über. Bei der Fäulnis liefert es Schwefelwasserstoff und Methylmerkaptan.

Beim Erhitzen auf einem Platinbleche fängt es Feuer und verbrennt mit blaugrüner Flamme unter Entwickelung eines eigentümlichen scharfen Geruches. Mit Salpetersäure in der Wärme gelöst, hinterläßt es beim Verdunsten einen rotbraunen Rückstand, der die Murexidprobe nicht gibt.

Eigenschaften. Von Phosphorwolframsäure wird es aus schwefelsaurer Lösung fast quantitativ gefällt. Mit Mineralsäuren und Basen bildet das Zystin kristallisierende Salze, und zur Isolierung und Abscheidung desselben eignet sich besonders die Ausfällung mit Merkuriazetat. Das Benzoylzystin (E. BAUMANN und GOLDMANN)[3]) schmilzt bei 180—181⁰; die Phenylisozyanatverbindung bei 160⁰ C. Durch Kochen mit Salzsäure von 25 p. c. geht diese Verbindung in das Anhydrid, ein bei 117—119⁰ schmelzendes Hydantoin über. Durch Einwirkung von Zyankalium erhielt MAUTHNER[4]) α-Amino-β-rhodanpropionsäure.

$$CH_2(SCN) . CH(NH_2) . COOH.$$

Steinzystin. Das Steinzystin unterscheidet sich nach NEUBERG und MAYER von dem gewöhnlichen in mehreren Hinsichten, unter denen folgende zu nennen sind. Das optisch aktive Steinzystin kristallisiert in Nadeln; die sp. Drehung ist $(a) D = -206^0$, es schmilzt unter deutlichem Aufblähen bei 190—192⁰. Die Benzoylverbindung schmilzt bei 157—159⁰; die Phenylzyanatverbindung schmilzt bei 170—172⁰ und wird durch Kochen mit Salzsäure nicht verändert.

Zum Nachweis und zur Erkennung des Zystins dienen die Kristallform, das Verhalten beim Erhitzen auf einem Platinbleche und die Schwefelreaktionen nach dem Sieden mit Alkali.

Zystein. **Zystein** (α-Amino-β-Thiomilchsäure), $C_3H_7NSO_2 = \begin{matrix} CH_2(SH) \\ CH(NH_2) \\ COOH \end{matrix}$, entsteht aus Zystin durch Reduktion mit Zinn und Salzsäure. Es entsteht auch bei der Spaltung von Proteinen, aber nicht, wie EMBDEN meinte, primär, sondern, wie MÖRNER und PATTEN[5]) gezeigt haben, nur sekundär. Das Zystein kann leicht durch Oxydation in Zystin übergeführt werden.

---

[1]) Vgl. ERLENMEYER u. STOOP, Ber. d. d. chem. Gesellsch. **36**; GABRIEL ebenda **38**; FISCHER u. RASKE ebenda **41**. [2]) Zeitschr. f. physiol. Chem. **34**. [3]) Zeitschr. f. physiol. Chem. **12**. [4]) Ebenda **78**. [5]) Vgl. Fußnote 3 S. 62.

Nach V. Arnold [1]) kommt Zystein als Bestandteil der Extrakte oder Preßsäfte verschiedener tierischer Organe vor. Namentlich in der Leber hat er es gefunden, und es soll nach ihm ein primärer Zellbestandteil sein.

Zu Alkali und Bleiazetat verhält es sich wie Zystin. Mit Nitroprussidnatrium und Alkali gibt es eine stark purpurrote Färbung; mit Eisenchlorid gibt die Lösung eine indigoblaue Färbung, die rasch verschwindet.

Thiomilchsäure (α-Thiomilchsäure), $C_3H_6SO_2 = \begin{matrix} CH_3 \\ CH(SH) \\ COOH \end{matrix}$, haben einmal Bau- Thiomilch-
säure.

mann und Suter als Spaltungsprodukt aus Rinderhorn erhalten. Mörner und Friedmann und Baer erhielten sie aus Zystin. Daß die Säure ein regelmäßiges Spaltungsprodukt der Keratinsubstanzen ist, welches man auch aus Eiweiß erhalten kann, ist erst von Friedmann gezeigt worden. Fränkel [2]) hat die Säure aus Hämoglobin erhalten. Die von Mörner aus mehreren Proteinen als Zersetzungsprodukt erhaltene Brenztraubensäure stammt nach ihm nur zum Teil aus dem Zystin her.

Taurin (Aminoäthansulfonsäure), $C_2H_7NSO_3 = \begin{matrix} CH_2(NH_2) \\ CH_2(SO_2OH) \end{matrix}$ hat Taurin.

man allerdings nicht als hydrolytisches Spaltungsprodukt der Proteine erhalten. Seine Abstammung aus Eiweiß hat aber Friedmann durch die nahe Beziehung des Taurins zu dem Zystin erwiesen, und dies ist der Grund, warum es hier in Anschluß an die Aminosäuren abgehandelt wird.

Das Taurin ist vorzugsweise als Spaltungsprodukt der Taurocholsäure bekannt und kann in geringer Menge in dem Darminhalte vorkommen. Man hat das Taurin ferner in Lungen und Nieren von Rindern und im Blute und besonders reichlich in den Muskeln kaltblütiger Tiere gefunden.

Das Taurin kristallisiert in farblosen, oft sehr großen, glänzenden, 4—6-seitigen Prismen. Es löst sich in 15—16 Teilen Wasser von gewöhnlicher Temperatur, bedeutend leichter in warmem Wasser. In absolutem Alkohol und in Äther ist es unlöslich; in kaltem Weingeist löst es sich wenig, leichter in warmem. Beim Sieden mit starker Alkalilauge liefert es Essigsäure und Eigen-
schaften. schweflige Säure, nicht aber Schwefelalkali. Der Gehalt an Schwefel kann als Schwefelsäure nach dem Schmelzen mit Salpeter und Soda nachgewiesen werden. Das Taurin verbindet sich mit Metalloxyden. Die Verbindung mit Quecksilberoxyd ist weiß, unlöslich und entsteht, wenn eine Taurinlösung mit eben gefälltem Quecksilberoxyd gekocht wird (J. Lang). Diese Verbindung kann zum Nachweis von Taurin verwertet werden. Durch Einwirkung von β-Naphthalinsulfochlorid erhielt Bergell [3]) die bei 247° schmelzende β-Naphthalinsulfoverbindung, die ebenfalls zu Abscheidung und Erkennung des Taurins geeignet sein dürfte. Das Taurin wird nicht von Metallsalzen gefällt.

Die Darstellung gelingt leicht aus Galle durch Kochen mit Salzsäure und Fällung des stark konzentrierten, von ausgefälltem Chlornatrium befreiten Filtrates mit Alkohol und Umkristallisation.

Das Taurin erkennt man hauptsächlich an der Kristallform, der Löslichkeit in Wasser und Unlöslichkeit in Alkohol, ferner an der Verbindung mit Quecksilberoxyd, der Naphthalinsulfoverbindung, der Nichtfällbarkeit durch Metallsalze und dem Schwefelgehalte.

α-**Aminobuttersäure**, $C_4H_9NO_2 = CH_3 . CH_2 . CH(NH_2) . COOH$. Diese Säure, Amino-
butter-
säure. als Aminoisobuttersäure, glaubt Foreman [4]) als Spaltungsprodukt aus Kasein erhalten zu haben, und das Vorkommen von α-Aminobuttersäure in Proteinen ist von C. Mörner

---

[1]) Zeitschr. f. physiol. Chem. 70. [2]) Mörner ebenda 42; Suter ebenda 20; Friedmann, Hofmeisters Beiträge 3, S. 184; mit Baer ebenda 8; Fränkel, Sitz.-Ber. d. Wien. Akad. d. Wiss. 112, II. b. 1903. [3]) Lang, Malys Jahresber. 6; Bergell, Zeitschr. f. physiol. Chem. 97. [4]) F. W. Foreman, Bioch. Zeitschr. 56; C. Mörner, Zeitschr. f. physiol. Chem. 98.

in indirekter Weise wahrscheinlich gemacht, indem er unter den Produkten der Salpetersäureeinwirkung a-Oxybuttersäure erhielt. Die Säure kristallisiert in Blättchen und ist rechtsdrehend.

$$\text{d-Valin (a-Aminoisovaleriansäure) } C_5H_{11}NO_2 = \begin{array}{c} CH_3\ CH_3 \\ \diagdown\diagup \\ CH \\ CH(NH_2) \\ COOH \end{array} \text{, ist in meh-}$$

Valin.

reren Fällen als Spaltungsprodukt von Proteinen, meistens nur in geringer Menge, erhalten worden. KOSSEL und DAKIN erhielten jedoch aus Salmin 4,3 und FISCHER und DÖRPINGHAUS[1]) aus Hornsubstanz 5,7 p. c. Valin. Die größten Mengen hat man sonst aus Kasein und Edestin, resp. 7,20 und 5,6 p. c. erhalten. Infolge der großen Schwierigkeiten bei der Trennung des Valins von den beiden Leuzinen[2]) sind die Zahlen indessen etwas unsicher. Die von H. und E. SALKOWSKI[3]) aus gefaultem Eiweiß oder Leim isolierte Aminovaleriansäure scheint δ-Amino-n-Valeriansäure gewesen zu sein.

Das d-Valin kann in mikroskopischen Kristallblättchen erhalten werden. Es löst sich ziemlich leicht in Wasser, die Lösung schmeckt schwach süß und gleichzeitig etwas bitter, sie ist rechtsdrehend, $(\alpha)D$ bei 20^0 C $= + 6,42^0$. In Salzsäure von 20 p. c. gelöst, zeigt es nach E. FISCHER die Drehung $(\alpha)D$ bei 20^0 C $= + 28,8^0$. Das Kupfersalz, welches in Wasser ziemlich leicht lösliche Blättchen darstellt, soll nach E. SCHULZE und WINTERSTEIN[4]) leicht löslich in Methylalkohol sein.

Die Phenylisozyanatverbindung schmilzt bei 147^0 und geht bei kurzem Aufkochen mit Salzsäure von 20 p. c. in das bei $131-133^0$ schmelzende d-Phenylisopropylhydantoin über.

Bei der Fäulnis liefert das Valin Isobutylamin und Isovaleriansäure.

$$\text{l-Leuzin (Aminokapronsäure oder, näher bestimmt, } \alpha\text{-Aminoiso-}$$

Leuzin.

$$\text{butylessigsäure) } C_6H_{13}NO_2 = \begin{array}{c} CH_3\ CH_3 \\ \diagdown\diagup \\ CH \\ CH_2 \\ CH(NH_2) \\ COOH \end{array} \text{, entsteht aus Proteinen. bei deren}$$

hydrolytischen Spaltung, beim Schmelzen mit Alkalihydrat und bei der Fäulnis. Es gibt aber auch Beobachtungen, die darauf hindeuten, daß bei der Hydrolyse neben dem gewöhnlichen Leuzin auch ein normales Leuzin entstehen kann (HECKEL, SAMEC)[5]).

Infolge der Leichtigkeit, mit welcher Leuzin aus Proteinen entsteht, ist es schwierig, sicher zu entscheiden, inwieweit dieser Stoff, wenn er in Geweben gefunden wird, als Bestandteil des lebenden Körpers oder nur als nach dem Tode entstandenes Zersetzungsprodukt anzusehen ist. Das Leuzin ist indessen angeblich als normaler Bestandteil in Pankreas und dessen Sekret, in Milz, Thymus und Lymphdrüsen, in der Schilddrüse, in Speicheldrüsen, Leber und Nieren gefunden worden. In der Schafwolle, im Schmutze auf der Haut (gefaulter Epidermis) und zwischen den Zehen kommt es auch vor und trägt durch seine Zersetzungsprodukte wesentlich zum üblen Geruche des

---

[1]) KOSSEL u. DAKIN, Zeitschr. f. physiol. Chem. 41; FISCHER u. DÖRPINGHAUS ebenda 36.   [2]) Vgl. LEVENE u. v. SLYKE, Journ. of biol. Chem. 6.   [3]) Ber. d. d. chem. Gesellsch. (16 u.) 31.   [4]) Zeitschr. f. physiol. Chem 35.   [5]) HECKEL, Monatsh. f. Chem. 29; SAMEC ebenda 29.

Fußschweißes bei. Pathologisch ist es in Atherombälgen, Ichthyosisschuppen. Eiter, Blut, Leber und Harn (bei Leberkrankheiten, Phosphorvergiftung) gefunden worden. Es ist ein häufig gefundener Bestandteil bei den Evertebraten und kommt auch häufig in dem Pflanzenreiche vor. Bei der hydrolytischen Spaltung liefern verschiedene Proteine verschiedene Mengen Leuzin, wie aus den oben mitgeteilten Tabellen zu ersehen ist. Außer den dort angeführten Zahlen mögen auch folgende erwähnt werden: ERLENMEYER und SCHÖFFER erhielten aus dem Nackenbande 36—45, E. FISCHER und ABDERHALDEN aus Hämoglobin 20 und FISCHER und DÖRPINGHAUS aus Hornsubstanz 18,3 p. c. Leuzin[1]. Vorkommen des Leuzins.

Das durch Spaltung der Proteine erhaltene Leuzin ist meistens das in wässeriger Lösung linksdrehende, in saurer Lösung rechtsdrehende l-Leuzin. Das synthetisch von HÜFNER[2]) aus Isovaleraldehyd, Ammoniak und Zyanwasserstoff dargestellte Leuzin ist dagegen optisch inaktiv. Ebenso erhält man inaktives Leuzin bei Spaltung des Eiweißes mit Baryt bei 160—180° C, infolge der leichten Razemisierung des Leuzins. Das dl-Leuzin kann umgekehrt in verschiedener Weise, wie durch Darstellung der Formylverbindungen, in die zwei Komponenten gespaltet werden[3]). Verschiedene Leuzine.

Bei der Oxydation geben die Leuzine die entsprechenden Oxysäuren (Leuzinsäuren). Beim Erhitzen zersetzt sich das Leuzin unter Entwickelung von Kohlensäure, Ammoniak und Amylamin. Beim Erhitzen mit Alkali wie auch bei der Fäulnis liefert es Valeriansäure und Ammoniak. Bei der Fäulnis liefert es Isoamylamin und Isokapronsäure.

Das Leuzin kristallisiert in reinem Zustande in glänzenden, weißen, außerordentlich dünnen Blättchen. Gewöhnlich erhält man es jedoch als runde Knollen oder Kugeln, die entweder hyalin erscheinen oder auch abwechselnd hellere oder dunklere, konzentrische, aus radial gruppierten Blättchen bestehende Schichte zeigen. Bei langsamem Erhitzen schmilzt das Leuzin und sublimiert in weißen wolligen Flocken, welche dem sublimierten Zinkoxyde ähnlich sind. Gleichzeitig entwickelt es auch einen deutlichen Geruch nach Amylamin. Bei raschem Erhitzen im geschlossenen Kapillarrohr schmilzt es unter Zersetzung bei 293—295° C. Eigenschaften.

Das Leuzin, wie es aus tierischen Flüssigkeiten und Geweben gewonnen wird, ist regelmäßig nicht rein; es löst sich leicht in Wasser und ziemlich leicht in Alkohol. Das reine Leuzin ist schwerlöslicher. Die reinen l- und d-Leuzine lösen sich in 40—46 Teilen Wasser, leichter in heißem, sehr schwer in kaltem Alkohol. Das dl-Leuzin ist bedeutend schwerlöslicher. Nach HABERMANN und EHRENFELD[4]) lösen 100 Teile Eisessig im Sieden 29,23 Teile Leuzin. Die spezifische Drehung des in Salzsäure von 20 p. c. gelösten l-Leuzins ist nach FISCHER und WARBURG $(\alpha)D$ bei 20° C = + 15,6°. In wässeriger Lösung ist nach EHRLICH und WENDEL[5]) $(\alpha)D$ bei 20° C = — 10,4°. Kristalle und Löslichkeit.

Die Lösung des Leuzins in Wasser wird im allgemeinen von Metallsalzen nicht gefällt. Die siedend heiße Lösung kann jedoch von einer ebenfalls siedend heißen Lösung von Kupferazetat gefällt werden, was zur Abscheidung des Leuzins benutzt werden kann. Kocht man die Lösung des Leuzins mit Bleizucker und setzt dann der nicht abgekühlten Lösung vorsichtig Ammoniak zu, so können glänzende Kristallblättchen von Leuzinbleioxyd sich absetzen. Das Leuzin löst Kupferoxydhydrat, ohne es beim Kochen zu reduzieren. Leuzinlösungen.

---

[1]) ERLENMEYER und SCHÖFFER. Zit. nach MALY, Chem. d. Verdauungssäfte in L. HERMANNS Handb. d. Physiol. 5, Teil 2, S. 209; FISCHER und Mitarbeiter, Zeitschr. f. physiol. Chem. 36. [2]) Journ. f. prakt. Chem. (N. F.) 1. [3]) E. FISCHER u. O. WARBURG, Ber. d. d. chem. Gesellsch. 38. [4]) Zeitschr. f. physiol. Chem. 37. [5]) FISCHER u. WARBURG, Ber. d. d. chem. Gesellsch. 38; F. EHRLICH u. WENDEL, Bioch. Zeitschr. 8.

Von Alkalien und Säuren wird das Leuzin leicht gelöst. Mit den Mineralsäuren gibt es kristallisierende Verbindungen. Der in langen schmalen Prismen kristallisierende salzsaure Leuzinäthylester hat den Schmelzpunkt 134⁰ C. Das Pikrat des Leuzinesters schmilzt bei 128⁰ C. Die Phenylisozyanatverbindung des dl-Leuzins schmilzt bei 165⁰ und ihr Anhydrid bei 125⁰ C. Das β-Naphthalinsulfo-l-leuzin schmilzt bei 68⁰ und das α-Naphthylisozyanatleuzin bei 163,5⁰ C.

Leuzinverbindungen.

Das Leuzin erkennt man an dem Aussehen der Kugeln oder Knollen unter dem Mikroskope, durch das Verhalten beim Erhitzen (Sublimationsprobe) und durch seine Verbindungen, namentlich das Hydrochlorat und Pikrat des Äthylesters, die Phenylisozyanatverbindung des durch Erhitzen mit Barytwasser razemisierten Leuzins, die α-Naphthylisozyanatverbindung und das β-Naphthalinsulfoleuzin. Man kann auch nach dem Verfahren von LIPPICH[1]) das Leuzin durch Kochen mit überschüssigem Harnstoff und Barytwasser in Isobutylhydantoin von dem Schmelzpunkte 205⁰ überführen.

Erkennung des Leuzins.

$$\text{Leuzinimid } C_{12}H_{22}N_2O_2 = \frac{C_4H_9 \cdot CH \cdot NH \cdot CO}{CO \cdot NH \cdot CH \cdot C_4H_9} \text{ ist als hydrolytisches Spal-}$$

tungsprodukt beim Sieden von Proteinen mit Säuren zuerst von RITTHAUSEN und dann von COHN erhalten worden. SALASKIN[2]) erhielt es bei peptischer und tryptischer Verdauung von Hämoglobin. Als Anhydrid des Leuzins (2,5 Diazipiperazin) dürfte es wahrscheinlich sekundär aus dem Leuzin entstanden sein.

Leuzinimid.

Es kristallisiert in langen Nadeln und sublimiert leicht und reichlich. Den Schmelzpunkt hat man in den verschiedenen Fällen nicht ganz konstant gefunden. Das von E. FISCHER[3]) synthetisch aus Leuzinäthylester dargestellte Leuzinimid (3.6-Diisobutyl-2.5-Diazipiperazin) schmilzt bei 271⁰ C.

$$\text{d-Isoleuzin } (\beta\text{-Methyl-äthyl-}\alpha\text{-aminopropionsäure}) \; C_6H_{13}NO_2 = \begin{array}{c} CH_3 C_2H_5 \\ \diagdown \diagup \\ CH \\ | \\ CH(NH_2) \\ | \\ COOH \end{array}$$

ist ein von F. EHRLICH[4]) entdecktes, isomeres Leuzin, welches von ihm zuerst aus Melasseentzuckerungslaugen isoliert wurde. Er fand es ferner bei der Hydrolyse von mehreren Eiweißstoffen, und später ist es auch von anderen unter den Hydrolyseprodukten des Eiweißes gefunden worden. Die größte bisher gefundene Menge, 2,96 p. c., fanden LEVENE, V. SLYKE und BIRCHARD[5]) in einer Heteroalbumose. Das Isoleuzin scheint ein regelmäßiger Begleiter des Leuzins, mit dem es Mischkristalle bildet, die den Eindruck einer chemischen Verbindung machen und von dem es sehr schwer zu trennen ist, zu sein. Aus diesen Gründen sind die älteren Angaben über die Menge des Leuzins etwas unsicher, indem sie wohl fast immer auf isoleuzinhaltiges Leuzin sich beziehen.

Isoleuzin.

Die Konstitution des Isoleuzins ist von F. EHRLICH durch die Beziehungen desselben zu dem d-Amylalkohol klargemacht worden. Ebenso wie nach F. EHRLICH das Valin den bei der Alkoholgärung auftretenden Isobutylalkohol liefert, so liefert das Isoleuzin bei der Vergärung mit Zucker und Hefe den d-Amylalkohol. Auf der anderen Seite kann das Isoleuzin aus d-Amylalkohol synthetisch gewonnen werden. Die Synthese des Isoleuzins ist auch in anderer

Konstitution.

---

[1]) Ber. d. d. chem. Gesellsch. **39**. [2]) RITTHAUSEN, Die Eiweißkörper der Getreidearten etc. Bonn 1872; R. COHN, Zeitschr. f. physiol. Chem. **22** u. **29**; SALASKIN ebenda **32**. [3]) Ber. d. d. chem. Gesellsch. **34**. [4]) FELIX EHRLICH, Ber. d. d. chem. Gesellsch. **37**. [5]) Journ. of biol. Chem. **8**.

Weise von mehreren Forschern[1]) ausgeführt worden. Bei der Fäulnis hat man[2]) aus dem Isoleuzin d-Kapronsäure und d-Valeriansäure erhalten.

Das Isoleuzin kristallisiert in Blättchen oder Stäbchen und Täfelchen von rhombischer Form. Es löst sich leichter in Wasser (1:25,8) als Leuzin. Die Lösung schmeckt bitter und adstringierend. Es ist sowohl in wässeriger wie in saurer Lösung rechtsdrehend. In wässeriger Lösung ist $(a)D$ bei 20^0 C $= + 9,74^0$; in Salzsäure von 20 p. c. $(a)D$ bei 20^0 C $= + 36,8^0$. Das Kupfersalz ist ebenso wie das des Valins leicht löslich in Methylalkohol. Die Benzoylverbindung schmilzt bei $116-117^0$, das Benzolsulfoisoleuzin bei $149-150^0$, die Phenylisozyanatverbindung bei $119-120^0$ und die Naphthylisozyanatverbindung bei 178^0 C. *Eigenschaften.*

d-**Norleuzin**, d, a-Amino-n-Kapronsäure $C_6H_{13}NO_2 = CH_3(CH_2)_3 . CH . NH_2 . COOH$. Aus Eiweißstoffen, die am Aufbau des Nervengewebes beteiligt sind, haben ABDERHALDEN und A. WEIL[3]) ein Leuzin dargestellt, dem die Struktur einer n-a-Aminokapronsäure zukommt. Diese Säure kristallisiert aus Wasser in sechsseitigen, zu Drusen vereinigten Blättchen. Der Geschmack ist schwach süß. Sie ist schwerlöslich in Wasser (ca. 1,5:100), unlöslich in *Norleuzin.* absolutem Äthyl- und Methylalkohol. Spezifische Drehung in wässeriger Lösung: $(a)D$ bei 20^0 C $= + 6,53^0$. Das Kupfersalz kristallisiert aus Wasser in dunkelblauen, zu Büscheln vereinigten Nadeln. Es ist sehr schwerlöslich in kaltem Wasser, unlöslich in Alkohol.

l-**Asparaginsäure** (Aminobernsteinsäure), $C_4H_7NO_4 = \begin{matrix} COOH \\ CH(NH_2), \text{ hat} \\ CH_2 \\ COOH \end{matrix}$ *Asparaginsäure.*

man bei der Spaltung von Proteinen durch proteolytische Enzyme wie auch durch Sieden mit verdünnten Mineralsäuren, meistens in nur verhältnismäßig kleinen Mengen, erhalten. Sie kommt auch im Sekrete von Meeresschnecken vor (HENZE)[4]) und ist übrigens sehr verbreitet im Pflanzenreiche als **Asparagin** (Aminobernsteinsäureamid), dem man eine große Bedeutung für die Entwickelung der Pflanzen und die Entstehung ihrer Eiweißstoffe zugeschrieben hat. Synthetisch ist die dl-Asparaginsäure unter anderem aus Fumarsäure und alkoholischem Ammoniak dargestellt worden. Als Produkte der Bakterienwirkung hat man β-Aminopropionsäure, Propionsäure, Bernsteinsäure und Ameisensäure erhalten.

Die l-Asparaginsäure löst sich in 256 Teilen Wasser von $+10^0$ C und in 18,6 Teilen siedendem Wasser und sie kristallisiert beim Erkalten in rhombischen Prismen. In von Salzsäure saurer, etwa 4prozentiger Lösung ist $(a)D = +25,7^0$; in alkalischer Lösung ist die Säure linksdrehend. Mit Kupferoxyd *Eigenschaften.* geht sie eine, in siedend heißem Wasser lösliche, in kaltem Wasser fast unlösliche, kristallisierende Verbindung ein, welche zur Reindarstellung der Säure aus einem Gemenge mit anderen Stoffen verwendet werden kann.

Die Benzoyl-l-asparaginsäure schmilzt bei $184-185^0$. Zum Nachweis der Asparaginsäure dient die Analyse der freien Säure und des Kupfersalzes wie auch die spezifische Drehung.

---

[1]) EHRLICH, Ber. d. d. chem. Gesellsch. 40 u. 41; BRASCH u. FRIEDMANN, HofMEISTERS Beiträge 11; BOUVEAULT u. LOCQUIN, Compt. rend. 141 u. Bull. soc. chim. (3) 35; LOCQUIN, Bull. soc. chim. (4) 1. [2]) C. NEUBERG; vgl. Bioch. Zeitschr. 37. [3]) Zeitschr. f. physiol. Chem. 81 u. 84. [4]) Ber. d. d. chem. Gesellsch. 34.

$$\text{d-Glutaminsäure, } (\alpha\text{-Aminoglutarsäure) } C_5H_9NO_4 = \begin{array}{c} COOH \\ \dot{C}H(NH_2) \\ \dot{C}H_2 \\ \dot{C}H_2 \\ \dot{C}OOH \end{array} \text{, wird aus}$$

Proteinen unter denselben Verhältnissen wie die anderen Monoaminosäuren (s. die Tabellen) und regelmäßig aus den Peptonen (SIEGFRIED) erhalten. In den Protaminen fehlt sie, und in den Seidenarten mit Ausnahme von der Spinnenseide kommt sie nur in kleiner Menge vor. SKRAUP und TÜRK erhielten

Glutamin-
säure.

aus Kasein 20,3—22,3 p. c. Glutaminsäurechlorhydrat, d. h. rund 17 p. c. Glutaminsäure, und DAKIN 21 p. c. Säure. ABDERHALDEN und SASAKI[1]) er-erhielten aus Fleischsyntonin 13,6 p. c. Glutaminsäure. Am reichlichsten hat man die Säure aus pflanzlichem Eiweiß erhalten, wo ihre Menge mehr als 40 p. c. betragen kann. Eine auffallend große Menge Glutaminsäure, 25 p. c., haben LEVENE und MANDEL aus einem tierischen Protein, einem Nukleoproteid aus der Milz, erhalten.

Durch Erhitzen von Glutaminsäure auf 180—190⁰ und ebenso durch Kochen ihrer wässerigen Lösung geht sie in Pyrrolidonkarbonsäure über.

Pyrrolidon-
karbonsäure

Die Umsetzung wird bei Gegenwart von einer Base im Überschuß wie bei Gegenwart von Säure verhindert (FOREMAN)[2]). Umgekehrt kann die Pyrro-lidonkarbonsäure durch starke Chlorwasserstoffsäure in Glutaminsäure um-gewandelt werden. Eine Entstehung der ersteren Säure aus der letzteren bei der Hydrolyse ist nicht ausgeschlossen.

Als Fäulnisprodukte der Glutaminsäure sind zu nennen γ-Aminobutter-säure, n-Buttersäure und Bernsteinsäure.

Die d-Glutaminsäure kristallisiert in rhombischen Tetraedern oder Oktaedern oder in kleinen Blättchen. Sie löst sich in 100 Teilen Wasser bei 16⁰ C, die Lösung schmeckt sauer mit eigentümlichem Nachgeschmack. In Alkohol und Äther ist sie unlöslich.

In Wasser ist $(\alpha)D = + 12,04^0$; starke Säuren steigern die Drehung und in einer Lösung von 5 p. c. Glutaminsäure und 9 p. c. HCl ist $(\alpha)D = + 31,7^0$. Die durch Erhitzen mit Barythydrat gewonnene Säure ist optisch

Glutamin-
säure,
Eigen-
schaften.

inaktiv. Mit Salzsäure bildet die d-Säure eine schön kristallisierende, in kon-zentrierter Salzsäure fast unlösliche Verbindung, die zur Isolierung der Säure benutzt werden kann. Beim Sieden mit Kupferhydroxyd entsteht das schwer-lösliche, schön kristallisierende Kupfersalz. Zum Nachweis dient das Hydro-chlorat, die bei 236—237⁰ schmelzende α-Naphthylisozyanatglutaminsäure, die Analyse der freien Säure und die spezifische Drehung.

Unter den Spaltungsprodukten des Eiweißes hat man auch Monoamino-oxydikarbonsäuren gefunden. Zu diesen gehören die folgenden.

$$\beta\text{-Oxyglutaminsäure } (\alpha\text{-Amino-}\beta\text{-hydroxyglutarsäure) } C_5H_9NO_5 = \begin{array}{c} COOH \\ \dot{C}HNH_2 \\ \dot{C}H(OH) \\ \dot{C}H_2 \\ \dot{C}OOH \end{array}$$

hat DAKIN[3]) nach einem besonderen Verfahren zur Isolierung der Hydrolyse-produkte aus Kasein in einer Ausbeute von 10,5 p. c. erhalten.

---

[1]) ABDERHALDEN mit SASAKI, Zeitschr. f. physiol. Chem. 51; SKRAUP u. TÜRK, Monatsh. f. Chem. 30; DAKIN, Bioch. Journ. 12.   [2]) Bioch. Journ. 8.   [3]) Bioch. Journ. 12.

Die Säure, welche in Wasser äußerst leichtlöslich ist, kristallisiert langsam in dicken Prismen. Die Lösung ist schwach rechtsdrehend und die Drehung wird durch Chlorwasserstoffsäure verstärkt. Die Säure hat keinen scharfen Schmelzpunkt, geht aber bei 140—150⁰ in eine glasige Masse über, wobei sie zum Teil in Hydroxypyrrolidonkarbonsäure umgesetzt wird. Durch Reduktion kann sie in Glutaminsäure übergehen. Die meisten Salze sind in Wasser sehr leicht löslich. Oxy-
glutamin-
säure.

Das Vorkommen von Oxyaminobernsteinsäure, $C_4H_7NO_5$, unter den hydrolytischen Spaltungsprodukten des Eiweißes hat SKRAUP sehr wahrscheinlich gemacht. Dieselbe Säure ist von NEUBERG und SILBERMANN aus Diaminobernsteinsäure und Baryumnitrit in schwefelsaurer Lösung synthetisch dargestellt worden. Oxyaminokorksäure, $C_8H_{15}NO_5$, hat WOHLGEMUTH [1]) mit Wahrscheinlichkeit als Spaltungsprodukt eines Lebernukleoproteides nachweisen können. Oxyamino-
säuren.

l-Phenylalanin (Phenyl-α-aminopropionsäure), $C_9H_{11}NO_2 =$

C_6H_5
$\dot{C}H_2$
$\dot{C}H(NH_2)$, ist zuerst von E. SCHULZE und BARBIERI [2]) in etiolierten Lupinen-
$\dot{C}OOH$

Phenyl-
alanin.

keimlingen gefunden worden. Es entsteht bei der Säurespaltung von Proteinen in Mengen, die nur selten 5—6 p. c. betragen. Synthetisch ist es in verschiedener Weise von ERLENMEYER jr. [3]) u. a. dargestellt worden. Bei der Fäulnis liefert es Phenyläthylamin, Phenylpropionsäure und Phenylessigsäure.

Das l-Phenylalanin kristallisiert in kleinen, glänzenden Blättchen oder feinen Nadeln, die ziemlich schwer in kaltem, leicht aber in heißem Wasser löslich sind. Der Geschmack der Lösung ist leicht bitter. Eine 5 prozentige, mit Salz- oder Schwefelsäure versetzte Lösung wird von Phosphorwolframsäure gefällt, eine verdünntere Lösung dagegen nicht. Beim Erhitzen mit Kaliumbichromat und Schwefelsäure (von 25 p. c.) tritt ein Geruch nach Phenylazetaldehyd auf und Benzoesäure wird gebildet. In wässeriger Lösung ist $(a)D = -35,1⁰$. Das Phenylisozyanat-l-phenylalanin schmilzt gegen 182⁰ C. Eigen-
schaften.

l-Tyrosin, (p-Oxyphenyl-α-Aminopropionsäure), $C_9H_{11}NO_3 =$

$C_6H_4(OH)$
$\dot{C}H_2$
$\dot{C}H(NH_2)$, hat man bei der Hydrolyse der meisten Proteine erhalten. Die
$\dot{C}OOH$

größten, aus tierischen Eiweißstoffen gewonnenen Tyrosinmengen betragen 10—13 p. c. (vgl. die Tabellen). In Leim und in ein paar Keratinen hat man es nicht gefunden. Das Tyrosin findet sich neben dem Leuzin in besonders reichlicher Menge in gewissen Arten von altem Käse ($T\nu\varrho\acute{o}\varsigma$), wovon der Name hergeleitet ist. Das Tyrosin ist nicht mit Sicherheit in ganz frischen Organen gefunden worden. Tyrosin.

Das Tyrosin ist von ERLENMEYER sen. und LIPP aus p-Amidophenylalanin durch Einwirkung von salpetriger Säure und nach anderen Methoden von ERLENMEYER jr., HALSEY [4]) u. a. dargestellt worden. Beim Schmelzen mit Ätzkali liefert das Tyrosin Oxybenzoesäure, Essigsäure und Ammoniak. Bei der Fäulnis kann es Oxyphenyläthylamin, Oxyphenylpropionsäure, Oxyphenylessigsäure, p-Kresol und Phenol liefern.

---

[1]) SKRAUP, Zeitschr. f. physiol. Chem. **42**; NEUBERG u. SILBERMANN ebenda **44**; WOHLGEMUTH ebenda **44**. [2]) Ber. d. d. chem. Gesellsch. **14** u. Zeitschr. f. physiol. Chem. **12**. [3]) ERLENMEYER, Annal. d. Chem. u. Pharm. **275**. [4]) ERLENMEYER u. LIPP, Ber. d. d. chem. Gesellsch. **15**; E. u. HALSEY ebenda **30**.

Tyrosin.

Das natürlich vorkommende und durch Spaltung von Proteinen mit Säuren oder Enzymen erhaltene Tyrosin ist l-Tyrosin; das durch Zersetzung mit Baryt oder synthetisch gewonnene ist dagegen dl-Tyrosin. Aus Rübenschößlingen hat v. LIPPMANN[1]) angeblich d-Tyrosin erhalten. Die Angaben über die spezifische Drehung des Tyrosins schwanken nicht unbeträchtlich. E. FISCHER hat in salzsaurer Lösung (4 p. c. HCl) die Werte $(\alpha)D = -12{,}56$ à $13{,}2^0$ gefunden, während SCHULZE und WINTERSTEIN[2]) für Tyrosin aus Pflanzen bei demselben Säuregehalte höhere Werte, bis zu $(\alpha)D = -16{,}2^0$ erhielten.

Das Tyrosin kann, in sehr unreinem Zustande, leuzinähnliche Kugeln bilden. Das gereinigte Tyrosin stellt dagegen farblose, seideglänzende, feine Nadeln dar, welche oft zu Büscheln oder Ballen gruppiert sind. Es ist sehr schwer löslich. Es wird von 2454 Teilen Wasser bei $+20^0$ C und 154 Teilen siedendem Wasser gelöst, scheidet sich aber beim Erkalten in Büscheln von Nadeln aus. Bei Gegenwart von Alkalien, Ammoniak oder einer Mineralsäure löst es sich leichter. Aus einer ammoniakalischen Lösung scheidet es sich bei der spontanen Verdunstung des Ammoniaks in Kristallen aus. 100 Teile Eisessig lösen im Sieden nur 0,18 Teile Tyrosin, und hierdurch, namentlich nach Zusatz von dem gleichen Volumen Alkohol vor dem Sieden, kann das Leuzin quantitativ von dem Tyrosin getrennt werden (HABERMANN und EHRENFELD)[3]). Von Phosphorwolframsäure wird es nicht gefällt. Der l-Tyrosinäthylester kristallisiert in farblosen Prismen, die bei $108-109^0$ C schmelzen. Das α-Naphthylisozyanat-l-tyrosin schmilzt bei $205-206^0$. Durch verschiedene pflanzliche, aber auch tierische Oxydasen, sog. Tyrosinasen, kann das Tyrosin unter Bildung von dunklen, gefärbten Produkten oxydiert werden (vgl. Kapitel 16). Bei der alkoholischen Gärung des Zuckers geht gleichzeitig anwesendes Tyrosin, wie F. EHRLICH[4]) gezeigt hat, in Tyrosol (p-Oxyphenyläthylalkohol) (vgl. Kap. 3), über. Man erkennt das Tyrosin an der Kristallform und an den folgenden Reaktionen.

Eigenschaften.

PIRIAS Probe. Man löst das Tyrosin in konzentrierter Schwefelsäure unter Erwärmen auf, wobei Tyrosinschwefelsäure entsteht, läßt erkalten, verdünnt mit Wasser, neutralisiert mit $BaCO_3$ und filtriert. Das Filtrat gibt bei Zusatz von Eisenchloridlösung eine schöne violette Farbe. Die Reaktion wird durch Gegenwart von freier Mineralsäure und durch Zusatz von zu viel Eisenchlorid gestört.

Pirias Probe.

HOFMANNs Probe besteht darin, daß das Tyrosin beim Sieden mit der MILLONschen Reagenzflüssigkeit erst eine rote Lösung und dann einen roten Niederschlag gibt.

DENIGÈS Probe, von MÖRNER modifiziert, wird in folgender Weise ausgeführt. Zu ein paar ccm einer Lösung, welche aus 1 Vol. Formalin, 45 Vol. Wasser und 55 Vol. konzentrierter Schwefelsäure besteht, setzt man ein wenig Tyrosin in Substanz oder in Lösung und erhitzt zum Sieden. Es stellt sich eine schöne, lange andauernde Grünfärbung ein.

Tyrosinreaktionen.

Die Probe von FOLIN und DENIS. Das Reagenz ist eine Lösung, welche 10 p. c. Natriumwolframat, 2 p. c. Phosphormolybdänsäure und 10 p. c. Phosphorsäure enthält. Man mischt $1-2$ ccm des Reagenzes mit dem gleichen Volumen der Tyrosinlösung und setzt dann $3-10$ ccm einer gesättigten Natriumkarbonatlösung hinzu, wobei eine schön blaue Farbe auftritt. Empfindlichkeit bis zu 1:1000000. Das Reagenz ist auch zu kolorimetrischer, quantitativer Bestimmung des Tyrosins in Proteinen benutzt worden.

---

[1]) Ber. d. d. chem. Gesellsch. 17.   [2]) Vgl. HOPPE-SEYLER-THIERFELDER, Handb. d. physiol. u. path. Chem.-Analyse. 7. Aufl. 1903. Ferner E. FISCHER, Ber. d. d. chem. Gesellsch. 32; SCHULZE u. WINTERSTEIN, Zeitschr. f. physiol. Chem. 45.   [3]) Ebenda 37.
[4]) Ber. d. d. chem. Gesellsch. 44.

Nach ABDERHALDEN und D. FUCHS[1]) ist die Probe jedoch nicht zuverlässig, indem auch andere Stoffe wie Tryptophan und l-Oxyprolin Blaufärbung mit dem Reagenze geben.

Das Tyramin (p-Oxyphenyläthylamin) $C_8H_{11}NO = HO . C_6H_4 . CH_2 . CH_2 . NH_2$, welches bei der Fäulnis des Eiweißes aus dem Tyrosin entsteht, hat man in dem Speicheldrüsengifte der Kephalopoden, in reifem Käse, in Mutterkorn und in einigen Mistelarten gefunden. Es ist giftig und wirkt erregend auf glatte Muskeln.

Oxyphenyläthylamin.

$$\begin{array}{c} H_2C\text{---}CH_2 \\ | \quad\quad | \end{array}$$

l-Prolin (α-Pyrrolidinkarbonsäure) $C_5H_9NO_2 = H_2C\quad CH . COOH$

$$NH$$

ist zuerst von E. FISCHER und dann von ihm und Mitarbeitern[2]) aus mehreren Proteinen als Spaltungsprodukt und zwar als primäres Abbauprodukt (ABDERHALDEN und KAUTZSCH) erhalten worden. Das hierbei gewonnene Prolin war meistens das linksdrehende Prolin. Die größten Mengen Prolin hat man aus vegetabilischem Eiweiß, aus Gliadin und Hordein und ferner aus Leim (vgl. die Tabellen) erhalten. Aus Salmin erhielten KOSSEL und DAKIN[3]) 11 p. c. Außer in dem Salmin kommt das Prolin auch in Skombrin, Klupein, Thynnin und Perzin vor. Dagegen fehlt es in dem Sturin, was nach KOSSEL gegen die sonst naheliegende Annahme eines gemeinsamen Ursprunges von Ornithin und Prolin spricht.

Prolin.

Das Prolin ist von E. FISCHER, von WILLSTÄTTER und auch von SÖRENSEN[4]) in verschiedener Weise synthetisch dargestellt worden. Bei der Fäulnis liefert es δ-Aminovaleriansäure und n-Valeriansäure[5]).

Das l-Prolin kristallisiert in flachen Nadeln. Es löst sich leicht sowohl in Wasser wie in Alkohol. Die Lösung schmeckt süß; die spezifische Drehung bei 20⁰ ist $(\alpha)D = -77,40⁰$. Die mit Schwefelsäure angesäuerte Lösung wird von Phosphorwolframsäure gefällt. Zur Erkennung dient das kristallisierende Kupfersalz, das Anhydrid der Phenylisozyanatverbindung (Schmelzp. 144⁰) und das bei 153—154⁰ schmelzende Pikrat. Die inaktive Säure und ihre Verbindungen zeigen etwas abweichende Eigenschaften.

Prolin.

l-Oxyprolin (γ-Oxypyrrolidin-α-Karbonsäure) $C_5H_9NO_3 =$ (HO)CH---CH₂

CH₂ CH . COOH hat zuerst E. FISCHER[6]) bei der Hydrolyse von Kasein

$$NH$$

und Leim erhalten. Die Konstitution dieser Säure haben zuerst H. LEUCHS und J. F. BREWSTER auf synthetischem Wege festgestellt, und sie ist seitdem auch von anderen synthetisch dargestellt worden[7]). Die Säure kristallisiert schön in farblosen Tafeln und gibt eine starke Pyrrolreaktion. In Wasser löst sie sich leicht; die Lösung schmeckt süß; bei 20⁹ ist $(\alpha) D = -76⁰$. In Alkohol ist sie wenig löslich. Die Phenylisozyanatverbindung schmilzt bei 175⁰ und die β-Naphthalinsulfoverbindung bei 91—92⁰. Sie gibt ein in Wasser leichtlösliches Kupfersalz.

Oxyprolin.

---

[1]) DENIGÈS, Compt. Rend. **130**; C. TH. MÖRNER, Zeitschr. f. physiol. Chem. **37**; FOLIN u. W. DENIS, Journ. of biol. Chem. **12**; ABDERHALDEN u. FUCHS, Zeitschr. f. physiol. Chem. **83** u. **85**.   [2]) E. FISCHER ebenda **33** u. **35**; vgl. auch FISCHER, Fußnote 2, S. 67 und ABDERHALDEN u. KAUTZSCH, Zeitschr. f. physiol. Chem. **78**.   [3]) Ebenda **41**.   [4]) R. WILLSTÄTTER, Ber. d. d. chem. Gesellsch. **33**; E. FISCHER u. R. BÖHNER ebenda **44**; SÖRENSEN, Zeitschr. f. physiol. Chem. **44**, mit A. C. ANDERSEN ebenda **56**.   [5]) NEUBERG, Bioch. Zeitschr. **37**; ACKERMANN, Zeitschr. f. Biol. **57**.   [6]) Ber. d. d. chem. Gesellsch. **35** u. **36**.   [7]) LEUCHS u. BREWSTER ebenda **46**; E. HAMMARSTEN, Meddel. fra Carlsberg Laborat. **11** (1916).

l-Tryptophan (Indol-α-aminopropionsäure), $C_{11}H_{12}N_2O_2 =$
C . CH$_2$. CH(NH$_2$)COOH

C_6H_4⟨ ⟩CH   ist ein bei der Trypsinverdauung und anderen,
NH
tiefer gehenden Zersetzungen der Eiweißstoffe, wie bei Fäulnis, Hydrolyse
mit Barytwasser oder Schwefelsäure, auftretendes Spaltungsprodukt, welches
mit Chlor oder Brom ein rötlichviolettes Produkt, das sog. Proteinochrom
gibt. NENCKI[1]) betrachtete das Tryptophan, wie man noch allgemein diese
Säure nennt, als den Mutterstoff verschiedener tierischer Farbstoffe.

Die Reindarstellung des Tryptophans ist zuerst HOPKINS und COLE[2])
gelungen, und durch die Synthese des dl-Tryptophans von ELLINGER und
FLAMAND[3]) ist die Natur dieser Substanz als Indolaminopropionsäure sichergestellt worden.

Das bei der Verdauung entstehende Tryptophan ist das in wässeriger
Lösung linksdrehende l-Tryptophan (HOPKINS und COLE). Razemisches dl-
Tryptophan ist allerdings in einigen Fällen von ALLERS und NEUBERG auch
bei der Verdauung erhalten worden; es ist aber vielleicht hierbei aus l-Tryptophan entstanden (ABDERHALDEN und BAUMANN)[4]), welch letzteres sehr leicht
razemisiert wird.

Das Tryptophan kristallisiert in seideglänzenden, rhombischen oder sechsseitigen Blättchen. Es schmilzt nicht scharf, und der Schmelzpunkt liegt nach
verschiedenen Angaben und je nach der Geschwindigkeit des Erwärmens bei
252°, 273° und 289° C. Das Tryptophan ist in heißem Wasser leicht, in kaltem
schwieriger und in Alkohol nur wenig löslich. Die Lösung des dl-Tryptophans
hat einen schwach süßlichen, die des l-Tryptophans einen leicht bitteren Geschmack. Die Angaben über das optische Verhalten des Tryptophans differieren
etwas, was nach ABDERHALDEN wahrscheinlich durch die Leichtigkeit, mit
welcher es razemisiert, zu erklären ist. Nach ABDERHALDEN und BAUMANN[5])
ist bei 20° C in wässeriger Lösung $(\alpha)D = -30,33°$. HOPKINS und COLE

gaben für die Drehung: $(\alpha)D = -33°$ an. In Natronlauge $\frac{n}{1}$ oder $\frac{n}{2}$ wie auch

in Salzsäure $\frac{n}{1}$ ist es rechtsdrehend.

Das Tryptophan liefert bei hinreichend starkem Erhitzen Indol und
Skatol. Es gibt die Reaktion von ADAMKIEWICZ-HOPKINS[6]) und eine rosarote
Farbe bei Zusatz von Chlor- und Bromwasser (Tryptophanreaktion). Das
Bromtryptophan löst sich leicht in Amylalkohol oder Essigester und durch
Ausschütteln mit solchem kann die Reaktion verschärft werden. Taucht man
einen in Salzsäure eingetauchten und mit Wasser abgespülten Fichtenspan in
die konzentrierte Tryptophanlösung hinein, so nimmt er nach dem Trocknen
eine Purpurfarbe an (Pyrrolreaktion). Die Schmelzpunkte des Benzolsulfo-
tryptophans, des β-Naphthalinsulfo- und des Naphthylisozyanattryptophans
sind nach ELLINGER und FLAMAND[7]) resp. 185°, 180° und 158° C. Von ABDER-

---

[1]) Über das Tryptophan vgl. man STADELMANN, Zeitschr. f. Biol. 26; NEUMEISTER
ebenda 26; M. NENCKI, Ber. d. d. chem. Gesellsch. 28; BEITLER ebenda 31; KURAJEFF.
Zeitschr. f. physiol. Chem. 26; KLUG, PFLÜGERS Arch. 86.   [2]) Journ. of Physiol. 27.
[3]) ELLINGER, Ber. d. d. chem. Gesellsch. 37 u. 38, mit FLAMAND ebenda 40 und Zeit-
schr. f. physiol. Chem. 55.   [4]) ALLERS, Bioch. Zeitschr. 6; NEUBERG ebenda 6; ABDER-
HALDEN u. L. BAUMANN, Zeitschr. f. physiol. Chem. 55. (Literatur über sp. Drehung des
Tryptophans.)   [5]) Zeitschr. f. physiol. Chem. 55. (Literatur.)   [6]) Bezüglich dieser
Reaktion vgl. man ferner DAKIN, Journ. of biol. Chem. 2 (1907) und O. ROSENHEIM,
Bioch. Journ. 1 (1906), zitiert, nach DAKIN.   [7]) l. c.

HALDEN und KEMPE sind mehrere Verbindungen des Tryptophans dargestellt worden. Unter diesen ist hier zu nennen das chlorwasserstoffsaure Trypto-phanchlorid, weil es als Ausgangsmaterial für die Synthese der Tryptophan-polypeptide gedient hat. Bei der alkoholischen Gärung des Zuckers geht, wie EHRLICH[1]) gefunden hat, gleichzeitig anwesendes Tryptophan in Tryptophol (β-Indoxyläthylalkohol) über.

Trypto-phan.

Bezüglich der etwas umständlichen Darstellung des Tryptophans wird auf die Originalabhandlungen von HOPKINS und COLE, von NEUBERG und von ABDERHALDEN und KEMPE hingewiesen. Zur quantitativen Bestimmung haben FASAL und E. HERZFELD[2]) kolorimetrische Methoden angegeben.

Das Tryptophan liefert, wie HOPKINS und COLE[3]) zeigten, bei anaerober Fäulnis Indolpropionsäure und bei aerober Fäulnis Indolessigsäure, Indol und Skatol. Unter diesen Fäulnisprodukten sind hier besonders Indol und Skatol zu erwähnen.

$$\text{Indol, } C_8H_7N = C_6H_4 \diagdown \begin{matrix} CH \\ \diagup \\ NH \end{matrix} \diagup CH, \text{ und } \textbf{Skatol} \text{ oder } \beta\text{-Methylindol,}$$

$$C_9H_9N = C_6H_4 \diagdown \begin{matrix} C \cdot CH_3 \\ \diagup \\ HN \end{matrix} \diagup CH, \text{ welche unter verschiedenen Bedingungen in wech-}$$

Indol und Skatol.

selnden Mengen aus den Proteinstoffen entstehen, kommen regelmäßig im Darmkanale des Menschen vor und gehen, wenigstens zum Teil, nach ge-schehener Oxydation zu Indoxyl resp. Skatoxyl als die entsprechenden Äther-schwefelsäuren, aber auch als Glukuronsäuren, in den Harn über.

Indol und Skatol kristallisieren in glänzenden Blättchen, deren Schmelz-punkte bei $+52$ bzw. 95^0 C liegen. Das Indol riecht eigentümlich exkrement-ähnlich, das Skatol hat einen intensiven fäkalen Geruch. Beide Stoffe sind mit Wasserdämpfen leicht flüchtig, das Skatol jedoch leichter als das Indol. Aus dem wässerigen Destillate können beide mit Äther ausgeschüttelt werden. In siedendem Wasser ist das Skatol bedeutend schwerlöslicher. Beide sind in Alkohol leicht löslich. Beide geben mit Pikrinsäure eine in roten Nadeln kristallisierende Verbindung. Wird ein Gemenge von den zwei Pikraten mit Ammoniak destilliert, so gehen die beiden Stoffe unzersetzt über; destilliert man dagegen mit Natronlauge, so wird das Indol zersetzt, das Skatol nicht. Die wässerige Lösung des Indols gibt mit rauchender Salpetersäure eine rote Flüssigkeit und dann einen roten Niederschlag von Nitrosoindolnitrat (NENCKI[4]). Man kann noch besser erst ein paar Tropfen Salpetersäure zufügen und dann tropfenweise eine zweiprozentige Lösung von Kaliumnitrit zusetzen (SAL-KOWSKI[5]). Das Skatol gibt nicht diese Reaktion. Eine mit Salzsäure versetzte alkoholische Lösung von Indol färbt einen Fichtenspan kirschrot. Das Skatol gibt unter denselben Verhältnissen nicht diese Reaktion. Indol gibt mit Nitro-prussidnatrium und Alkali eine tief rotviolette Farbe (LEGALS Reaktion). Beim Ansäuren mit Salzsäure oder Essigsäure wird die Farbe rein blau. Skatol verhält sich anders. Die alkalische Lösung ist gelb und wird nach dem An-

Eigen-schaften.

[1]) ABDERHALDEN u. KEMPE, Zeitschr. f. physiol. Chem. **52** und Ber. d. d. chem. Gesellsch. **40**; F. EHRLICH ebenda **45**. [2]) HOPKINS u. COLE, Journ. of Physiol. **27** u. **29**; NEUBERG u. POPOWSKY, Bioch. Zeitschr. **2**; ABDERHALDEN u. KEMPE l. c.; FASAL, Bioch. Zeitschr. **44**; HERZFELD ebenda **56**. [3]) Journ. of Physiol. **29**. [4]) Ber. d. d. chem. Ge-sellsch. **8**, S. 727 und ebenda S. 722 u. 1517. [5]) Zeitschr. f. physiol. Chem. **8**, S. 447. Bezüglich einiger neuen Reaktionen auf Indol und Skatol vgl. man STEENSMA ebenda **47**; SALKOWSKI, Bioch. Zeitschr. **97** und DENIGÈS, Compt. rend. soc. biol. **64**.

säuren mit Essigsäure und Sieden violett. Mit ein paar Tropfen einer 4 prozentigen Lösung von Formaldehyd und konzentrierter Schwefelsäure gibt Indol eine prachtvoll violette, Skatol dagegen eine gelbe oder braune Färbung (KONDO)[1]). Beim Erwärmen mit Schwefelsäure gibt Skatol eine prachtvoll purpurrote Färbung (CIAMICIAN und MAGNANINI)[2]). Nach SASAKI gibt Skatol in aldehydfreiem Methylalkohol, mit ferrisalzhaltiger konzentrierter Schwefelsäure unterschichtet, einen violettroten Ring an der Grenze beider Flüssig-

Reaktionen. keiten. Indol und Tryptophan sollen nicht die Reaktion geben. Über das Verhalten der beiden Stoffe zu dem EHRLICHschen Reagenze, Dimethylaminobenzaldehyd, oder zu Zimtaldehyd und Vanillin hat DENIGÈS eingehende Untersuchungen gemacht. Vergleichende Untersuchungen über das Verhalten des Indols und Skatols zu aromatischen Aldehyden überhaupt sind von BLUMENTHAL[3]) ausgeführt worden.

Das Prinzip des Nachweises und der Trennung der beiden Stoffe ist Destillation bei Gegenwart von Essigsäure, Redestillation nach Zusatz von Alkali, Fällung

Nachweis. des Destillates mit Pikrinsäure, Destillation der Pikratfällung mit Ammoniak, Ausschütteln mit Äther, Lösung des Rückstandes in sehr wenig absolutem Alkohol und nachfolgender Zusatz von Wasser, wobei das Skatol ausfällt und das Indol in Lösung bleibt[4]).

Skatosin. **Skatosin**, $C_{10}H_{16}N_2O_2$, ist eine erst von BAUM bei der Pankreasselbstverdauung erhaltene, später von SWAIN weiter studierte Base, die beim Schmelzen mit Kaliumhydroxyd einen indol- oder skatolähnlichen Geruch entwickelt. Eine mit dem Skatosin vielleicht identische Substanz hat LANGSTEIN[5]) bei sehr anhaltender peptischer Verdauung von Bluteiweiß erhalten.

l-Histidin, (β-Imidazol-α-aminopropionsäure), $C_6H_9N_3O_2 =$

CH—NH
Ċ —N >CH
ĊH₂
ĊH(NH₂)
ĊOOH

Histidin. Das Histidin wurde zuerst von KOSSEL als Spaltungsprodukt des Sturins entdeckt. Gleichzeitig wurde es von HEDIN unter den Spaltungsprodukten des Eiweißes bei Säurehydrolyse, ferner von KUTSCHER unter den Produkten der Trypsinverdauung und endlich auch von vielen anderen als Spaltungsprodukt verschiedener tierischer und pflanzlicher Proteine gefunden. In den Protaminen, mit Ausnahme von dem Sturin und den Perzinen kommt es nicht vor. Unter den Eiweißstoffen scheint das Globin (aus Pferdebluthämoglobin) besonders reich daran zu sein, indem nämlich ABDERHALDEN darin 10,96 p. c. Histidin fand. Auch in Keimpflanzen hat man es gefunden (SCHULZE)[6]). Synthetisch ist es von PYMAN[7]) nach verschiedenen Methoden dargestellt worden.

Bei der anaeroben Fäulnis des Histidins werden nach ACKERMANN[8]) β-Imidazoläthylamin (Histamin) und Imidazolpropionsäure gebildet. Bei

---

[1]) Zeitschr. f. physiol. Chem. 48. [2]) Ber. d. d. chem. Gesellsch. 21, S. 1928.
[3]) SASAKI, Bioch. Zeitschr. 23, 29; DENIGÈS, Compt. rend. soc. biol. 64; BLUMENTHAL, Bioch. Zeitschr. 19. [4]) Über quantitative, kolorimetrische Indolbestimmung vgl. man EINHORN u. HUEBNER, SALKOWSKI-Festschr., Berlin 1904; C. A. HERTER und FOSTER, Journ. of biol. Chem. 2, S. 267. [5]) BAUM, HOFMEISTERS Beiträge 3; SWAIN ebenda; LANGSTEIN, vgl. HOFMEISTER, Über Bau und Gruppierung der Eiweißkörper, in Ergebnisse d. Physiol. 1, Abt. 1, 1902. [6]) KOSSEL, Zeitschr. f. physiol. Chem. 22; HEDIN ebenda, KUTSCHER ebenda 25; KOSSEL u. KUTSCHER ebenda 31; ABDERHALDEN ebenda 37; E. SCHULZE ebenda 24 u. 28. [7]) Zitiert nach chem. Zentralbl. 1911, 2, S. 760 und nach MALYS Jahresber. 46. [8]) Zeitschr. f. physiol. Chem. 65.

der Fäulnis durch Bakterien der Coli-Typhusgruppe kann das Histidin nach H. RAISTRICK[1]) in Urokaninsäure übergehen.

Das Histidin ist eine, in Wasser leicht, in Alkohol wenig lösliche, alkalisch reagierende Substanz, die in nadel- und tafelförmigen, farblosen Kristallen auftritt. Es wird von Phosphorwolframsäure gefällt, ist aber im Überschuß des Fällungsmittels löslich (FRÄNKEL). Von Silbernitrat allein wird die wässerige Lösung nicht gefällt; bei vorsichtigem Zusatz von Ammoniak oder Barytwasser entsteht dagegen ein amorpher, in überschüssigem Ammoniak leicht löslicher Niederschlag. Von Quecksilberchlorid, aber noch besser von dem Sulfate in schwefelsaurer Lösung kann es gefällt und von Arginin und gewissen Aminosäuren getrennt werden (KOSSEL und PATTEN). Das Chlorhydrat kristallisiert in schönen tafelförmigen Kristallen (BAUER), löst sich ziemlich leicht in Wasser, ist aber unlöslich in Alkohol und Äther. Mit Salzsäure und Methylalkohol gibt es das kristallisierende, bei 196° C schmelzende Dichlorhydrat des Histidinmethylesters. Das Histidin ist linksdrehend, $(\alpha)D = -39,74°$, seine Lösung in Salzsäure dagegen rechtsdrehend. Eine Histidinlösung gibt die Biuretreaktion (HERZOG) und das Histidin gibt nach dem Verfahren von E. FISCHER (vgl. unten, Xanthin) die WEIDELsche Reaktion (FRÄNKEL)[2]). Durch Zusatz von Bromwasser in geeigneter Menge und Erwärmen kann man nach F. KNOOP[3]) eine rötliche und darauf dunkelweinrote Lösung erhalten, welche dann von dunklen, amorphen Partikelchen schmutzig trübe wird. Mit Diazobenzolsulfosäure in von Natriumkarbonat alkalischer Lösung gibt es eine schöne Diazoreaktion, die nach PAULY in der Verdünnung 1:20000 dunkel kirschrot und bei 1:100000 noch deutlich blaßrot ist (Tyrosin gibt eine recht ähnliche Reaktion). Bezüglich des Verhaltens sowohl des Histidins wie des Tyrosins zu dem Diazoreagenze vgl. man ferner die Arbeiten von K. INOUYE und G. TOTANI. Auf der genannten Reaktion gegründete kolorimetrische Methoden zu quantitativer Histidinbestimmung haben M. WEISS und N. SSOBELEW und K. KOESSLER und M. HANKE[4]) angegeben.

Eigenschaften und Reaktionen.

Diazoreaktion.

Mehrere Salze und Derivate des Histidins sind bekannt; über die jodierten Abkömmlinge des Histidins und Imidazols liegen Untersuchungen von H. PAULY[5]) vor.

Durch Verfütterung von dl-Histidin an Kaninchen erhielten ABDERHALDEN und WEIL[6]) aus dem Harne das d-Histidin, welches kristallisiert, süß wie Rohrzucker schmeckt und die spezifische Drehung $(\alpha)D = +40,15°$ bei 20° C zeigte.

d-Histidin.

$$\text{Hißtamin } (\beta\text{-Imidazoläthylamin}), \quad C_5H_9N_3 = HC \underset{N - C \cdot CH_2 \cdot CH_2 \cdot NH_2}{\overset{NH - CH}{\bigg\langle}}$$

Histamin.

welches aus dem Histidin bei Fäulnis entsteht, kommt in Muskeln, in der Hypophyse, in vielen anderen tierischen Organen und im Pflanzenreiche, in Mutterkorn vor. Es ist giftig und wirkt erregend auf glatte Muskeln.

Das Histidin wird bisweilen mit den zwei folgenden Diaminosäuren, Arginin und Lysin, zu einer Gruppe, von KOSSEL Hexonbasen genannt, zusammengeführt.

---

[1]) Bioch. Journ. 11. [2]) KOSSEL u. PATTEN, Zeitschr. f. physiol. Chem. 38; M., BAUER ebenda 22; HERZOG ebenda 37; FRÄNKEL, Sitz.-Ber. d. Wien. Akad. 112, II. b. 1903 und HOFMEISTERS Beiträge 8. [3]) HOFMEISTERS Beiträge 11. [4]) INOUYE, Zeitschr. f. physiol. Chem. 83; TOTANI, Bioch. Journ. 9; WEISS u. SSOBELEW, Bioch. Zeitschr. 58; KOESSLER u. HANKE, Journ. of biol. Chem. 39. [5]) Ber. d. d. chem. Gesellsch. 43. [6]) Zeitschr. f. physiol. Chem. 77.

d-Arginin (δ-Guanido-α-Aminovaleriansäure),

$$C_6H_{14}N_4O_2 = \begin{array}{l} \quad NH_2 \\ (HN)C\diagdown \\ \qquad NH.CH_2 \\ \qquad (CH_2)_2 \\ \qquad CH(NH_2) \\ \qquad COOH \end{array} ,$$

Arginin. welches zuerst von SCHULZE und STEIGER in etiolierten Lupinen- und Kürbiskeimlingen entdeckt wurde, ist später auch in anderen Keimpflanzen, in Knollen und Wurzeln gefunden worden. GULEWITSCH fand es in der Milz vom Rinde, TOTANI und KATSUYAMA fanden es in Stierhoden. Von HEDIN als erstem wurde es als Spaltungsprodukt von Hornsubstanz, Leim und mehreren Eiweißstoffen und dann von KOSSEL und seinen Schülern als Spaltungsprodukt der Proteine überhaupt nachgewiesen. In größter Menge erhält man es aus den Protaminen; aber auch die Histone und einige pflanzliche Eiweißstoffe, Edestin und Eiweiß aus Kiefersamen und namentlich Exzelsin (14,14 p. c.), geben reichlich Arginin. Auch unter den Produkten der Trypsinverdauung kommt das Arginin vor (KOSSEL und KUTSCHER)[1]).

Beim Kochen mit Barytwasser wie auch durch Einwirkung von dem von KOSSEL und DAKIN[2]) entdeckten Enzyme Arginase spaltet sich das Arginin in Harnstoff und Ornithin.

Synthesen. Von SCHULZE und WINTERSTEIN ist es synthetisch aus Ornithin (α-δ-Diaminovaleriansäure) und Zyanamid dargestellt worden, und SÖRENSEN und HÖYRUP[3]) haben dl-Arginin mit der Ornithursäure als Ausgangsmaterial dargestellt.

Das Arginin ist eine, in rosettenartigen Drusen von Tafeln oder dünnen Prismen kristallisierende, in Wasser leicht lösliche, alkalisch reagierende, in Alkohol fast unlösliche Substanz, welche mit mehreren Säuren und Metallsalzen kristallisierende Salze und Doppelsalze bildet. Die Lösung in angesäuertem Wasser wird von Phosphorwolframsäure gefällt. Unter den Salzen sind namentlich von Bedeutung das Kupfernitrat $(C_6H_{14}N_4O_2)_2 . Cu(NO_3)_2 + 3 H_2O$, die Silbersalze $C_6H_{14}N_4O_2 . HNO_3 + AgNO_3$ (das leichtlöslichere) und $C_6H_{14}N_4O_2 .$

Eigen-
schaften
des
Arginins. $AgNO_3 + \frac{1}{2}H_2O$ (das schwerlöslichere Salz) und die Verbindung mit Pikrolonsäure (STEUDEL)[4]). Das Arginin ist rechtsdrehend. Für das Arginin-Chlorid in wässeriger Lösung bei genügendem Überschuß von Salzsäure fand GULEWITSCH[5]) bei 20° C $(\alpha)D = + 21,25°$. Bei der Trypsinverdauung von Fibrin hat jedoch KUTSCHER razemisches Arginin erhalten. Wie KOSSEL und WEISS fanden (vgl. S. 85), wird das Arginin oder richtiger das Ornithin besonders leicht innerhalb des Proteinmoleküls durch Alkalieinwirkung razemisiert. Das razemische Arginin kann seinerseits, wie RIESSER[6]) zeigte, durch Spaltung mittels Arginase, welche Spaltung asymmetrisch verläuft, das l-Arginin liefern. Bei der Fäulnis hat man aus Arginin, Ornithin, Guanidin, Putreszin und δ-Aminovaleriansäure erhalten.

Agmatin (Guanidobutylamin),

Agmatin.
$$C_5H_{14}N_4 = HN.C\diagdown\begin{array}{l} NH_2 \\ NH.CH_2.(CH_2)_2.CH_2NH_2, \end{array}$$

hat KOSSEL eine von ihm durch Säurehydrolyse von Heringssperma erhaltene, später

---

[1]) Die Literatur über das Vorkommen des Arginins findet man in ABDERHALDEN, Bioch. Handlexikon IV. [2]) Zeitschr. f. physiol. Chem. 41 und Dakin, Journ. of biol. Chem. 3. [3]) SCHULZE u. WINTERSTEIN, Ber. d. d. chem. Gesellsch. 32 und Zeitschr. f. physiol. Chem. 34; SÖRENSEN u. HÖYRUP, Ber. d. d. chem. Gesellsch. 43 und Zeitschr. f. physiol. Chem. 76. [4]) Zeitschr. f. physiol. Chem. 37 u. 44. [5]) Ebenda 27. [6]) KUTSCHER ebenda 28 u. 32; RIESSER ebenda 49.

von KUTSCHER und ENGELAND [1]) im Mutterkorn gefundene Base genannt. KOSSEL hat sie auch synthetisch aus Zyanamid und Tetramethylendiamin gewonnen und damit ihre oben angegebene Konstitution festgestellt. Sie entsteht aus dem Arginin durch Abspaltung von CO_2 und steht also in derselben Beziehung zu diesem wie das Histamin zu dem Histidin, das Putreszin zu dem Ornithin und das Kadaverin zu dem Lysin (vgl. unten). Das Agmatin gibt mehrere, von KOSSEL beschriebene, kristallisierende Salze. Es wird von Phosphorwolframsäure gefällt.

$$\text{d - Ornithin } (\alpha\text{-}\delta\text{-Diaminovaleriansäure}),\ C_5H_{12}N_2O_2 = \begin{matrix} CH_2(NH_2) \\ (CH_2)_2 \\ CH(NH_2) \\ COOH \end{matrix},\ \text{ist kein pri-}$$

märes Spaltungsprodukt der Eiweißstoffe, entsteht aber aus Arginin beim Kochen mit   *Ornithin.*
Barytwasser. JAFFÉ [2]), welcher diese Substanz entdeckt hat, erhielt sie als Spaltungsprodukt des Dibenzoylornithins, der Ornithursäure, welche in den Harn mit Benzoesäure gefütterter Hühner übergeht. Das Ornithin, welches von E. FISCHER und später von SÖRENSEN [3]) synthetisch dargestellt wurde, liefert, wie ELLINGER gezeigt hat, bei der Fäulnis Putreszin (Tetramethylendiamin) $C_4H_8(NH_2)_2$. Wie LOEWY und NEUBERG [4]) gezeigt haben, geht das Ornithin auch im Organismus des Zystinurikers unter Abspaltung von CO_2 in Putreszin über.

Das Ornithin ist eine nicht kristallisierende, in wässeriger Lösung alkalisch reagierende Substanz, welche mehrere kristallisierende Salze gibt. Es wird von Phosphorwolframsäure und mehreren Metallsalzen, nicht aber von Silbernitrat und Barytwasser   *Ornithin.*
(Unterschied von Arginin) gefällt. Das salzsaure Ornithin ist rechtsdrehend, das synthetisch dargestellte ist inaktiv. Beim Schütteln mit Benzoylchlorid und Natronlauge geht es in Dibenzoylornithin (Ornithursäure) über. Durch Spaltung von künstlich dargestellter razemischer Ornithursäure hat SÖRENSEN gezeigt, daß die natürlich vorkommende Ornithursäure mit der rechtsdrehenden α-δ-Dibenzoyldiaminovaleriansäure identisch ist. Salze und Derivate des Ornithins haben besonders KOSSEL und Mitarbeiter [5]) beschrieben, und sie haben ebenfalls eine Methode zur Isolierung desselben aus Gemengen angegeben.

Putreszin (Tetramethylendiamin) $C_4H_{12}N_2 = NH_2(CH_2)_4NH_2$, ist, außer im Harne   *Putreszin.*
in einigen Fällen von Zystinurie, auch im Emmenthalerkäse gefunden worden. Farblose Flüssigkeit mit spermaähnlichem Geruch; in Wasser leicht löslich, schwerlöslich in Äther. Das Chlorhydrat ist schwerlöslich in Alkohol von 96 p. c.

Diaminoessigsäure, $C_2H_6N_2O_2 = CH(NH_2)_2COOH$, ist von DRECHSEL [6]) als   *Diamino-*
Spaltungsprodukt des Kaseins beim Sieden mit Zinn und Salzsäure erhalten worden.   *essigsäure.*
Sie kristallisiert in Prismen und gibt eine in kaltem Wasser wenig lösliche, in Alkohol fast unlösliche Monobenzoylverbindung, die zur Isolierung der Säure benutzt werden kann.

$$\text{d-Lysin } (\alpha\text{-}\varepsilon\text{-Diaminokapronsäure}),\ C_6H_{14}N_2O_2 = \begin{matrix} CH_2(NH_2) \\ (CH_2)_3 \\ CH(NH_2) \\ COOH \end{matrix},\ \text{ist zuerst}$$

von DRECHSEL als Spaltungsprodukt des Kaseins entdeckt worden. Später hat er und seine Schüler wie auch KOSSEL und andere dasselbe als Spaltungsprodukt verschiedener Proteine gefunden. E. SCHULZE fand Lysin in Keim-   *Lysin.*
pflanzen von Lupinus luteus, WINTERSTEIN in reifem Käse. In größter Menge 28,8 p. c., hat man es aus einem Protamin, dem Zyprinin α, erhalten (KOSSEL und DAKIN) [7]). In einem Protamin, dem Zein, hat man es nicht nachweisen können und in zwei anderen, dem Gliadin (aus Weizen) und dem Hordein (aus Gerste), hat man nur sehr kleine Mengen davon gefunden.

Von E. FISCHER und WEIGERT [8]) ist das Lysin synthetisch dargestellt worden. Dieses Lysin war das razemische, während das aus Eiweiß erhaltene

---

[1]) KOSSEL, Zeitschr. f. physiol. Chem. **66** u. **68**; ENGELAND u. KUTSCHER, Zentralbl. f. Physiol. **24**, S. 479.   [2]) Ber. d. d. chem. Gesellsch. **10** u. **11**.   [3]) FISCHER ebenda **34**; SÖRENSEN, Zeitschr. f. physiol. Chem. **44**.   [4]) ELLINGER, Zeitschr. f. physiol. Chem. **29**. LOEWY u. NEUBERG ebenda **43**.   [5]) KOSSEL u. FR. WEISS ebenda **68**.   [6]) Ber. d. k. sächs. Gesellsch. d. Wiss. **44**.   [7]) DRECHSEL, Arch. f. (Anat. u.) Physiol. 1891 und Ber. d. d. chem. Gesellsch. **25**; s. im übrigen ABDERHALDEN, Bioch. Handlexikon IV.   [8]) Ber. d. d. chem. Gesellsch. **35**.

immer optisch aktiv, und zwar rechtsdrehend, ist. Die Drehung hängt von
der Konzentration und dem Säuregrade ab; und für das Chlorhydrat in 2 bis
5prozentiger Lösung hat man $(\alpha)D = + 14^0$ bis $15,5^0$ gefunden. Durch das
Erhitzen mit Barythydrat wird es razemisiert. Bei der Fäulnis entsteht, wie
ELLINGER gezeigt hat, aus dem Lysin Kadaverin (Pentamethylendiamin),
$C_5H_{10}(NH_2)_2$, und dieselbe Base wird im Organismus des Zystinurikers aus
dem Lysin unter CO_2-Abspaltung gebildet (LOEWY und NEUBERG)[1].

Eigen-schaften.

Das Lysin ist in Wasser leicht löslich, kristallisiert aber nicht. Die
wässerige Lösung wird durch Phosphorwolframsäure, nicht aber von Silbernitrat
und Barytwasser gefällt (Unterschied von Arginin und Histidin). Mit Salzsäure
gibt es zwei Chlorhydrate und mit Platinchlorid ein durch Alkohol fällbares
Chloroplatinat von der Zusammensetzung $C_6H_{14}N_2O_2 . H_2PtCl_6 + C_2H_5OH$. Es
gibt mit $AgNO_3$ zwei Silbersalze, eines von der Formel $AgNO_3 + C_6H_{14}N_2O_2$
und ein anderes von der Formel $AgNO_3 + C_6H_{14}N_2O_2 . HNO_3$. Mit Benzoylchlorid und Alkali geht das Lysin in eine gepaarte Säure, die Lysursäure,
$C_6H_{12}(C_7H_5O)_2N_2O_2$ (DRECHSEL), über, welche der Ornithursäure homolog ist
und deren schwer lösliches saures Baryumsalz zur Abscheidung des Lysins
benutzt werden kann[2]. Zur Erkennung des Lysins eignet sich auch gut das
ziemlich schwerlösliche Pikrat, welches bei Zusatz von Natriumpikrat zu einer
nicht zu verdünnten Lösung des Hydrochlorates sich ausscheidet.

Eigen-schaften.

Kadaverin (Pentamethylendiamin) $C_5H_{14}N_2 = NH_2(CH_2)_5NH_2$ hat dasselbe Vor-
kommnis wie das Putrezin. Farblose, nach Sperma und Piperidin riechende Flüssigkeit,
die in Wasser und Alkohol leicht, in Äther schwer löslich ist. Das Chlorhydrat ist leicht
löslich in Alkohol. Wie das Putreszin wird es von Alkaloidreagenzien gefällt.

Kadaverin.

Zur Darstellung der sog. Hexonbasen kann man erst mit Phosphorwolframsäure sämtliche Basen ausfällen, wobei die Monoaminosäuren in Lösung bleiben.
Der Niederschlag wird in kochendem Wasser mit Baryumhydroxyd zersetzt und
aus dem neuen Filtrate die Basen als Silberverbindungen gewonnen. Bezüglich
der näheren Details und der Methoden zur Trennung der verschiedenen Basen
wird auf den Artikel von STEUDEL in ABDERHALDENS Handbuch der biochemischen Arbeitsmethoden Bd. 2, II, S. 498 hingewiesen.

Darstellung und Trennung der Hexon-basen.

Der Übersicht halber werden hier zuletzt die in einigen, in den vorigen
Tabellen nicht vorkommenden Proteinen gefundenen Mengen der drei Hexonbasen (in Gewichtsprozenten) tabellarisch zusammengestellt.

	Arginin	Lysin	Histidin
Sturin[1]	58,2	12,0	12,9
Zyprinin (a)[4]	4,9	28,8	0
Andere Protamine[1]	62,5—87,4	0	0
Histone[1]	14,36—15,52	7,7—8,3	1,21—2,34
Syntonin (aus Fleisch)[2]	5,06	3,26	2,66
Heterosyntonose[2]	8,53	3,08—7,03	0,37—1,12
Protosyntonose[2]	4,55	3,08	3,35
Eiweiß aus Kiefersamen[3]	10,9—11,3	0,25—0,79	0,62—0,78
Glutenkasein)	4,4	2,15	1,16
Glutenproteine[1]	2,75—3,13	0,0	0,43—1,53

Mengen der Hexon-basen.

[1] KOSSEL u. KUTSCHER, Zeitschr. f. physiol. Chem. 31. [2] HART ebenda 33.
[3] SCHULZE u. WINTERSTEIN ebenda 33; vgl. auch KOSSEL, Ber. d. d. chem. Gesellsch. 34,
S. 3236. [4] KOSSEL u. DAKIN, Zeitschr. f. physiol. Chem. 49.

[1] ELLINGER, Zeitschr. f. physiol. Chem. 29; LOEWY und NEUBERG ebenda 43.
[2] DRECHSEL, Ber. d. d. chem. Gesellsch. 28; vgl. auch WILLDENOW, Zeitschr. f. physiol.
Chem. 25.

Unter den als Hydrolyseprodukten der Eiweißstoffe gefundenen Oxydiaminosäuren sind folgende zu nennen.

Oxydiaminosebazinsäure (?), $C_{10}H_{20}N_2O_5$, hat WOHLGEMUTH [1]) aus einem Nukleoproteid der Leber als Kupfersalz isoliert. Die freie Säure wurde in kleinen weißen Plättchen erhalten. Sie war schwer löslich in heißem Wasser, unlöslich in kaltem und in Alkohol. In Salzsäure gelöst war sie optisch inaktiv. Die schön kristallisierende Phenylzyanatverbindung hatte den Schmelzpunkt 203°. Oxydiaminosebazinsäure.

Dioxydiaminokorksäure, $C_8H_{14}N_2O_6$, hat SKRAUP [2]) bei der Hydrolyse des Kaseins mit Salzsäure erhalten. Das Kupfersalz kristallisiert als dunkelblauviolette Rosetten, die aus langen, unregelmäßigen, rechteckigen Platten zusammengesetzt sind. Es ist in kaltem Wasser recht leicht löslich. Die freie Säure kristallisierte in farrenkrautähnlichen Gebilden. Außer dieser Säure erhielt SKRAUP zwei andere Säuren, die er als **Kaseansäure**, $C_9H_{13}N_2O_7$, und **Kaseinsäure**, $C_{12}H_{24}N_2O_5$, bezeichnet hat. Die Kaseansäure kristallisiert, schmilzt bei 190—191°, ist dreibasisch und wahrscheinlich eine Oxydiaminosäure. Die Kaseinsäure ist zweibasisch und kommt in zwei Modifikationen vor. Die eine, die bei 228° schmilzt, war schwach rechtsdrehend; die andere, bei 245° schmelzende Modifikation war optisch inaktiv. Beide kristallisieren, die inaktive jedoch in weniger gut ausgebildeten Formen. Die Kaseinsäure scheint ebenfalls eine Oxydiaminosäure zu sein. Andere Oxydiaminosäuren.

Diaminotrioxydodekansäure, $C_{12}H_{28}N_2O_5$, ist eine von E. FISCHER und ABDERHALDEN [3]) durch Hydrolyse des Kaseins gewonnene Säure, welche der Kaseinsäure von SKRAUP nahe zu stehen scheint, von ihr jedoch in optischer Hinsicht sich unterscheidet. Die Säure ist nämlich schwach linksdrehend, (α) D ungefähr $= -9°$. Die Säure kristallisiert in Blättchen, die zu Rosetten oder kugeligen Aggregaten verwachsen sind. Sie schmeckt schwach bitter, gibt ein kristallisierendes Chlorhydrat und ein kristallisierendes Kupfersalz. Diaminotrioxydodekansäure.

Nach der Besprechung der verschiedenen Aminosäuren bleibt es noch übrig, gewisse allgemeine Reaktionsverhältnisse der Aminosäuren zu erwähnen.

Durch Einwirkung von Formaldehyd werden die Aminogruppen in Methylengruppen übergeführt nach dem Schema:

$$\begin{array}{c} R.CH.NH_2 \\ | \\ COOH \end{array} + HCOH = \begin{array}{c} R.CH.N:CH_2 \\ | \\ COOH \end{array} + H_2O.$$

Die Aminosäuren verhalten sich wie neutrale Körper, während die Methylenverbindungen Säuren sind, und auf diesem Verhalten basiert die von SÖRENSEN [4]) eingeführte **Formoltitrierung**, welche sowohl zur Bestimmung von Aminosäuren im Harne (Kapitel 15), wie zur Verfolgung des Verlaufes der Proteolyse dienen kann. In dem Maße, wie die Proteolyse fortschreitet und Imidverbindungen gelöst werden, entsteht nämlich eine größere Anzahl von Atomkomplexen mit freien NH_2- und COOH-Gruppen. Wenn nun die NH_2-Gruppen durch Formolzusatz als Methylengruppen fixiert werden, verhalten sich diese Komplexe wie Säuren, und die Anzahl ihrer COOH-Gruppen kann mittelst $\frac{n}{5}$ Baryum- oder Natriumhydroxydlösung (unter Anwendung von Phenolphthalein oder Thymolphthalein als Indikator) titrimetrisch bestimmt werden. Unter der Voraussetzung, daß auf je eine freigemachte COOH-Gruppe eine freigemachte NH_2-Gruppe kommt, kann der Grad der Proteolyse auch in mgm N (durch Multiplikation der verbrauchten Anzahl Ccm $\frac{n}{5}$ Alkali mit 2,8) ausgedrückt werden. Formoltitrierung.

Mittels dieser Titrierungsmethode gelingt es auch, die endständigen Aminogruppen in einer bestimmten Eiweißmenge zu titrieren und damit das sog. **Aminoindex** nach FR. OBERMAYER und R. WILLHEIM [5]), d. h. die Anzahl Gesamt-N-Atome, die auf je eine Aminoindex.

---

[1]) Ber. d. d. chem. Gesellsch. **37** und Zeitschr. f. physiol. Chem. **44**. [2]) Ebenda **42**. [3]) Ebenda **42**. [4]) SÖRENSEN, Bioch. Zeitschr. **7**; mit JESSEN HANSEN ebenda **7** mit V. HENRIQUES, Zeitschr. f. physiol. Chem. **63** u. **64**; HENRIQUES u. GJALDBÄK ebenda **67** u. **75**. [5]) Bioch. Zeitschr. **50**.

endständige NH_2-Gruppe kommen, zu bestimmen. Dieser Index soll als Unterscheidungs-merkmal zwischen einander nahestehenden Proteinen, z. B. Globulinen, dienen können.

M. SIEGFRIED hat gefunden, daß Aminosäuren bei Gegenwart von Alkalien oder alkalischen Erden Kohlensäure entionieren und Salze von dem Typus der Karbaminosalze bilden, SIEGFRIEDS „Karbaminoreaktion". Als Bei-spiel kann das Glykokoll dienen, welches bei Gegenwart von Kalk mit Kohlen-säure karbaminoessigsaures Kalzium CH_2 . $NHCOO$ gibt. Bestimmt man auf

$$\begin{array}{ccc} | & & | \\ COO & - & Ca \end{array}$$

der einen Seite den Stickstoff und auf der anderen die Menge der gebundenen Kohlensäure (durch Ermittelung des beim Kochen der filtrierten Lösung ab-gespaltenen Kalziumkarbonates), so zeigt der Quotient $\dfrac{CO_2}{N}$ wie viele N-Atome auf je 1 Molekül aufgenommene CO_2 fallen. Dieser Quotient ist bei Glykokoll und bei den aliphatischen Aminosäuren überhaupt $= 1$, weil die letzteren quantitativ in Karbaminosäuren übergehen können. Bei der Diaminosäure Arginin, welche 4 Stickstoffatome enthält, ist er dagegen nur $1/4$, wahrscheinlich weil diese Säure nur mit einer Aminogruppe, derjenigen der a-Aminovalerian-säurekette, reagiert.

Diese, von SIEGFRIED [1]) und seinen Schülern ausgearbeitete und vielfach angewandte Reaktion ist von großem Werte für die Charakterisierung von Peptonen, Kyrinen und Albumosen, für ihre Abscheidung und fraktionierte Ausfällung und für Konstitutionsbestimmungen. Die Bindung der Kohlen-säure als Karbaminosalze scheint auch in mehreren Hinsichten, wie für die Löslichkeit von Kalziumkarbonat in alkalischer Flüssigkeit, für die Kohlen-säurebindung im Blute usw. von physiologischer Bedeutung zu sein.

Die Aminosäuren können auch durch Methylierung Betaine bilden, wie z. B. das Trimethylglykokoll oder Betain

$$\begin{array}{ccc} CH_2 & - & N(CH_3)_3 \\ | & & | \\ CO & - & O \end{array}$$

. Betaine kommen besonders verbreitet im Pflanzenreiche vor. Im Tierreiche hat man solche unter physiologischen Verhältnissen hauptsächlich bei Kaltblütern gefunden, und sie gehören derjenigen Gruppe von Stoffen an, welche von ACKERMANN und KUTSCHER [2]) Aporrhegmen genannt worden sind. Als Aporrhegmen bezeichnen sie nämlich alle diejenigen Bruchstücke der Aminosäuren aus Eiweiß, welche aus ihnen auf physiologischem Wege und zwar im Leben sowohl der Tiere wie der Pflanzen entstehen können. Zu dieser Gruppe gehören mehrere der oben bei Besprechung der verschiedenen Aminosäuren erwähnten Fäulnisprodukte und folglich auch die von GUGGENHEIM [3]) als „proteinogene Amine" bezeichneten Stoffe.

Aminosäuren können durch Neutralsalze mehr oder weniger vollständig ausgesalzen werden und mit ihnen Verbindungen eingehen. Über diese Ver-hältnisse und die Art der hierbei entstehenden Neutralsalzverbindungen liegen Untersuchungen von P. PFEIFFER [4]) und seinen Mitarbeitern vor.

Das Verhalten der Aminosäuren bei der Hefegärung soll in einem späteren Kapitel (3) besprochen werden.

Bezüglich derjenigen Methoden, welche zur Trennung und Reindarstellung der verschiedenen Aminosäuren und anderen Produkte der Eiweißhydrolyse

Marginal notes: Karbamino-salze. Karbamino-reaktion. Betaine und Apor-rhegmen.

---

[1]) Bezüglich der Literatur vgl. man SIEGFRIED in Ergebnissen d. Physiol. Bd. 9.
[2]) Zeitschr. f. physiol. Chem. **69**; vgl. auch ENGELAND ebenda **69**.   [3]) Therap. Monatsh. **27** und Bioch. Zeitschr. **51**.   [4]) Zeitschr. f. physiol. Chem. **81, 85** u. **97** und Ber. d. d. chem. Gesellsch. **48**.

dienen, wird auf das Handbuch der biochemischen Arbeitsmethoden von
E. ABDERHALDEN Bd. 2 (1909—1910) hingewiesen.

II. Zusammengesetzte Proteine (Proteide).

Als zusammengesetzte Proteine oder, mit dem von HOPPE-SEYLER eingeführten Namen, Proteide werden hier Stoffe bezeichnet, welche als organische
Spaltungsprodukte einerseits Eiweißstoffe (mit deren Zerfallsprodukten) und
andererseits irgendwelche andere, nicht eiweißartige Stoffe, Kohlehydrate,
Nukleinsäuren oder Farbstoffe liefern.

Die bisher bekannten Proteide können auf drei Hauptgruppen verteilt **Proteide.**
werden, nämlich: Glykoproteide, Nukleoproteide und Chromoproteide. Von
diesen dürften die letztgenannten (Hämoglobin und Hämozyanin) am passendsten in einem folgenden Kapitel (Kapitel 5 über das Blut) abgehandelt werden.

A. Glykoproteide.

Als Glykoproteide bezeichnet man diejenigen Proteide, welche bei ihrer
Zersetzung als nicht eiweißartige Komponenten Kohlehydrate oder Derivate **Glyko-**
von solchen, aber keine Purinkörper liefern. Die Glykoproteide sind teils **proteide.**
phosphorfrei (Muzinsubstanzen, Chondroproteide und Hyalogene), teils
phosphorhaltig (Phosphoglykoproteide).

Die phosphorfreien Glykoproteide können je nach der Natur des abspalt-
baren Kohlehydratpaarlings auf zwei Hauptgruppen verteilt werden, nämlich
Muzinsubstanzen und Chondroproteide. Die ersteren liefern bei hydrolytischer
Spaltung zuletzt einen Aminozucker, das Glukosamin, welches teils als eine **Glyko-**
gepaarte Schwefelsäure, Mukoitinschwefelsäure, und teils in anderer **proteide.**
Weise an dem Eiweiß gebunden in dem Glykoproteidmoleküle enthalten ist.
In den Chondroproteiden dagegen ist der mit Eiweiß verbundene Paarling eine
Chondroitinschwefelsäure, die einen anderen Aminozucker, das Chon-
drosamin, enthält (LEVENE und J. LÓPEZ-SUÁREZ)[1]). Diese Aminozucker und
gepaarten Säuren sollen in den Kapiteln 3 und 10 näher besprochen werden.

1. Muzinsubstanzen.

Den einfachen Proteinen gegenüber sind die Muzinsubstanzen ärmer an
Stickstoff und in der Regel auch nicht unbedeutend ärmer an Kohlenstoff.
Der Kohlehydratkomplex, dessen Natur (insoferne als er nicht Mukoitinschwefelsäure ist) durch die Untersuchungen von FR. MÜLLER[2]) und seinen **Muzinsub-**
Schülern und vor allem durch SCHMIEDEBERG festgestellt worden ist, kommt **stanzen.**
nach SCHMIEDEBERG in den Muzinsubstanzen als ein Hyaloidin vor, d. h.
als eine Substanz, die als Hydrolyseprodukte 2 Glukosamin-, 2 Hexose- und
1 Essigsäuremoekyl liefert und die mit dem Eiweiß fest verbunden ist. Die
Muzinsubstanzen können untereinander sehr verschiedenartig sein, und dementsprechend unterscheidet man auch zwei Gruppen, die echten Muzine
und die Mukoide. Die echten Muzine sind dadurch charakterisiert, daß ihre natürlichen
oder mit einer Spur Alkali dargestellten Lösungen schleimig fadenziehend sind
und mit Essigsäure einen, in einem Überschusse der Säure unlöslichen oder

---

[1]) Journ. of biol. Chem. **36**. [2]) Vgl. FR. MÜLLER, Zeitschr. f. Biol. **42**, wo man
auch die einschlägige Literatur findet, ferner LANGSTEIN, Die Bildung von Kohlehydraten
aus Eiweiß. Ergebnisse d. Physiol. 1, Abt. 1 und O. SCHMIEDEBERG, Arch. f. exp. Path.
u. Pharm. **87**.

jedenfalls sehr schwer löslichen Niederschlag geben. Die Mukoide zeigen entweder diese physikalische Beschaffenheit nicht oder sie haben andere Lös-

Muzine und Mukoide.

lichkeits- und Fällbarkeitsverhältnisse. Wie es Übergangsstufen zwischen verschiedenen Eiweißstoffen gibt, so gibt es auch solche zwischen echten Muzinen und Mukoiden, und eine scharfe Grenze zwischen diesen zwei Gruppen läßt sich nicht ziehen.

Ebensowenig läßt sich gegenwärtig eine scharfe Grenze zwischen eigentlichen Eiweißstoffen und Muzinen bzw. Mukoiden ziehen, seitdem man aus mehreren Eiweißstoffen Kohlehydratkomplexe abgespalten hat, und da man

Glyko-proteid-ähnliches Eiweiß.

aus Eierklar sog. genuine Eiweißstoffe isoliert hat, die auch Glukosamin liefern können. Die sehr schwankenden Mengen Glukosamin, die man aus dem kristallisierten Ovalbumin in verschiedenen Fällen erhalten hat, machen es jedoch zweifelhaft, ob es sich nicht hier um beigemengte Glykoproteide gehandelt hat (vgl. S. 66).

Echte Muzine werden von den großen Schleimdrüsen, von gewissen sog. Schleimhäuten wie auch von der Haut der Schnecken und anderer Tiere abgesondert. Echtes Muzin kommt auch neben Mukoid in dem Nabelstrange vor. Bisweilen, wie bei Schnecken und in der Hülle der Eier von Frosch (GIACOSA) und Barsch (HAMMARSTEN)[1], findet sich eine Muttersubstanz des Muzins, ein Muzinogen, welches von Alkalien in Muzin übergeführt werden kann. Mukoide Substanzen sind dagegen beispielsweise in Ovarialzysten, in

Vorkommen der Muzin-substanzen.

der Kornea, dem Glaskörper, dem Hühnereiweiß (Ovomukoid) und in gewissen Aszitesflüssigkeiten gefunden worden. Das sog. Sehnenmuzin, welches nach Untersuchungen von LEVENE, CUTTER und GIES[2] Chondroitinschwefelsäure oder eine verwandte Substanz enthält, kann nicht zu den Muzinen, sondern muß wie das Chondromukoid und das Osseomukoid zu den Chondroproteiden gerechnet werden. Da die Muzinfrage noch nicht hinreichend studiert ist, können gegenwärtig keine ganz sicheren Angaben über das Vorkommen der Muzine und der Mukoide gemacht werden, und zwar um so weniger, als unzweifelhaft in gewissen Fällen nicht muzinartige Substanzen als Muzine beschrieben worden sind.

Echte Muzine. Bisher sind nur wenige Muzine in, wie es scheint, annähernd reinem, durch die verwendeten Reagenzien nicht verändertem Zustande erhalten worden. Die Elementaranalysen dieser Muzine haben folgende Zahlen gegeben:

Zusammen-setzung.

	C	H	N	S	
Schleimhautmuzin (der Luftwege) .	48,26	6,91	10,7	1,4	(FR. MÜLLER)[3]
Submaxillarismuzin	48,84	6,80	12,32	0,84	(HAMMARSTEN)[3]
Schneckenmuzin	50,32	6,84	13,65	1,75	(HAMMARSTEN)[3]
Synoviamuzin	51,05	6,53	13,01	1.34	(v. HOLST)[4]

Aus dem Schleimhautmuzin erhielt MÜLLER 35 p. c. und aus dem Submaxillarismuzin 23,5 p. c. Glukosamin.

Beim Sieden mit verdünnten Mineralsäuren erhält man aus dem Muzin Azidalbuminat und albumoseähnliche Stoffe nebst reduzierender Substanz, die indessen nicht freies Glukosamin sein soll (STEUDEL, SCHMIEDEBERG)[5].

Spaltungs-produkte.

Durch Einwirkung von stärkeren Säuren auf Muzine oder Mukoide (OTORI[6]) hat man mehrere Spaltungsprodukte der Eiweißstoffe, wie Leuzin, Tyrosin, Glykokoll, Glutaminsäure, Oxalsäure, Guanidin, Arginin, Lysin und Humin-

---

[1] GIACOSA, Zeitschr. f. physiol. Chem. 7; HAMMARSTEN, PFLÜGERS Arch. 36 und Skand. Arch. f. Physiol. 17. [2] LEVENE, Zeitschr. f. physiol. Chem. 31; CUTTER u. GIES, Amer. Journ. of Physiol. 6. [3] FR. MÜLLER, Zeitschr. f. Biol. 42; HAMMARSTEN, Zeitschr. f. physiol. Chem. 12 u. PFLÜGERS Arch. 36. [4] Zeitschr. f. physiol. Chem. 43. [5] SCHMIEDEBERG, l. c.; STEUDEL, Zeitschr. f. physiol. Chem. 34. [6] Ebenda 42 u. 43.

substanzen, und ferner Spaltungsprodukte der Kohlehydratgruppe, wie Lävulinsäure, erhalten. Von sehr verdünnten Alkalien, wie von Kalkwasser, werden
gewisse Muzine, wie das Submaxillarismuzin, leicht, andere wiederum, wie
das sog. Sehnenmuzin, nicht verändert. Läßt man stärkere Alkalilauge einwirken, so erhält man aus dem Submaxillarismuzin Alkalialbuminat, albumose-
oder peptonähnliche Stoffe und eine oder mehrere stark reduzierende und
sauer reagierende Substanzen.

Bei der peptischen Verdauung entstehen Albumosen und peptonähnliche
Stoffe, die noch die Kohlehydratgruppe enthalten. Bei der tryptischen Verdauung werden auch einfachere Spaltungsprodukte wie Leuzin, Tyrosin und
Tryptophan gebildet (POSNER und GIES)[1]. Das Glukosamin wird, soweit
bekannt, nicht durch proteolytische Enzyme, sondern erst bei mehr tiefgreifender Hydrolyse durch Säuren abgespalten.

*Spaltungs-
produkte.*

In der einen oder anderen Hinsicht können die verschiedenen Muzine
etwas verschieden sich verhalten. So sind z. B. Schnecken- und Sputummuzin
in verdünnter Salzsäure von 1—2 p. m. unlöslich, während die Muzine der
Submaxillarisdrüse und des Nabelstranges darin löslich sind. Das eine Muzin
wird von Essigsäure flockig, das andere dagegen als mehr oder weniger faserige,
zähe Massen gefällt. Abgesehen hiervon sind sämtlichen Muzinen jedoch
gewisse Reaktionen gemeinsam.

In trockenem Zustande stellt das Muzin ein weißes oder gelblich-graues
Pulver dar. Feucht dagegen erhält man es als Flöckchen oder gelblich-weiße,
zähe Klumpen oder Massen. Die Muzine reagieren sauer. Sie geben die Farbenreaktionen der Eiweißstoffe. In Wasser sind sie nicht löslich, können aber
mit Wasser und möglichst wenig Alkali neutral reagierende Lösungen geben.
Eine solche Lösung gerinnt nicht beim Sieden; bei Zimmertemperatur gibt sie
mit Essigsäure einen im Überschusse des Fällungsmittels fast unlöslichen
Niederschlag. Setzt man einer Muzinlösung 5—10 p. c. NaCl zu, so kann sie
dann mit Essigsäure vorsichtig angesäuert werden, ohne einen Niederschlag
zu geben. Eine solche angesäuerte Lösung wird von Gerbsäure reichlich gefällt;
mit Ferrozyankalium gibt sie keinen Niederschlag, kann aber bei genügender
Konzentration davon dickflüssig oder zähe werden. Eine neutrale Lösung von
Muzinalkali wird von Alkohol bei Gegenwart von Neutralsalz gefällt; sie gibt
auch mit mehreren Metallsalzen Niederschläge. Wird das Muzin mit verdünnter Salzsäure von etwa 2 p. c. im Wasserbade erwärmt, so wird die
Flüssigkeit allmählich gelbbraun oder schwarzbraun und reduziert dann
Kupferoxydhydrat in alkalischer Flüssigkeit.

*Eigen-
schaften der
Muzine.*

Das in größeren Mengen am leichtesten zu erhaltende Muzin, das Submaxillarismuzin, kann man nach einem von HAMMARSTEN angegebenen Verfahren, welches auf der Löslichkeit dieses Muzins in sehr verdünnter Chlorwasserstoffsäure und Fällbarkeit durch Verdünnung mit Wasser basiert, leicht darstellen. Dasselbe Verfahren ist auch für die Darstellung des Muzins des Nabelstranges brauchbar. Sonst werden die Muzine gewöhnlich durch Ausfällung mit
Essigsäure dargestellt, wobei Verunreinigung mit Nukleoalbuminsubstanzen nicht
zu vermeiden sind. Für die Darstellung des Sputummuzins war ein sehr umständliches Verfahren notwendig (FR. MÜLLER).

*Darstellung
der Muzine.*

Mukoide oder **Muzinoide.** Zu dieser Gruppe muß man bis auf weiteres
alle diejenigen phosphorfreien Glykoproteide rechnen, die weder echte Muzine
noch Chondroproteide sind, .wenn sie auch untereinander ein so verschieden-
artiges Verhalten zeigen, daß man recht wohl mehrere Untergruppen von
Mukoiden unterscheiden könnte. Zu den Mukoiden gehören z. B. das Pseudo-

Mukoide.

---

[1] Amer. Journ. of Physiol. **11.**

muzin und das diesem verwandte Kolloid, das Ovomukoid und andere Stoffe, die ihrer Verschiedenartigkeit wegen am besten je für sich gesondert in den betreffenden Kapiteln abgehandelt werden.

Hyalogene. Mit diesem Namen hat KRUKENBERG[1]) eine Menge verschiedenartiger Stoffe bezeichnet, welche durch folgendes charakterisiert sein sollen. Durch Einwirkung von Alkalien sollen sie — unter Abspaltung von Schwefel und etwas Stickstoff — in lösliche, von ihm Hyaline genannte, stickstoffhaltige Produkte sich umsetzen, welche bei weiterer Zersetzung reine Kohlehydrate liefern sollen. Diese Hyaline dürften dem
Hyalogene. Hyaloidin von SCHMIEDEBERG entsprechen oder diesem Stoffe jedenfalls sehr nahe stehen. Innerhalb dieser Gruppe können also sehr verschiedenartige Substanzen Platz finden, wie das Neossin[2]) in den eßbaren chinesischen Schwalbennestern, die Membranine[3]) der DESCEMETschen Haut und des Linsenkapsels, das Spirographin[4]) in den Spirographishüllen, das Hyalin[5]) der Echinokokkusblasen und das Onuphin[6]) in den Wohnröhren von Onuphis tubicola. Zu den Hyalogenen können auch das sog. Muzin der Holothurien[7]), das Chondrosin[8]) der Gallertschwämme u. a. gerechnet werden.

2. Chondroproteide.

Hierunter versteht man solche Glykoproteide, die als nicht eiweißartigen Komponenten eine kohlehydrathaltige Ätherschwefelsäure, die Chondroitinschwefelsäure, liefern. Als Repräsentant dieser Gruppe ist in erster Linie
Chondro-
proteide. zu nennen das im Knorpel vorkommende Chondromukoid. Zu derselben Gruppe hat man auch gerechnet die Mukoide aus Sehnen, Aorta und Sclerotica und ferner auch das unter pathologischen Verhältnissen auftretende Amyloid. Wegen der eiweißfällenden Fähigkeit der Chondroitinschwefelsäure können auch unter Umständen aus dem Harne Verbindungen von dieser Säure mit Eiweiß, die ebenfalls als Chondroproteide aufzufassen sind, ausgefällt werden.

Das Chondromukoid, das sog. Sehnenmuzin und das Osseomukoid haben ihr größtes Interesse als Bestandteile des Knorpels, des Bindegewebes und der Knochen, und aus dem Grunde sollen sowohl diese Stoffe wie ihr Spaltungsprodukt, die Chondroitinschwefelsäure (und die Mukoitinschwefelsäure) in einem folgenden Kapitel (10) abgehandelt werden. Dagegen dürfte das Amyloid, welches bisher immer mit den Proteinen zusammen beschrieben wurde, hier passend seinen Platz finden.

Amyloid hat VIRCHOW eine unter pathologischen Verhältnissen in inneren Organen, wie Milz, Leber und Nieren als Infiltrationen und auf serösen Membranen als konzentrisch geschichtete Körnchen auftretende Proteinsubstanz
Amyloid. genannt. Vielleicht kommt es auch als Bestandteil einiger Prostatasteine vor. Das in der Arterienwandung physiologisch vorkommende Chondroproteid ist allerdings, wie KRAWKOW zeigte, der echten Amyloidsubstanz verwandt, aber nach NEUBERG[9]) mit ihr nicht identisch.

HANSSEN hat das aus den sog. „Sagokörnchen" der Amyloidmilz mechanisch isolierte intakte Amyloid untersucht und in demselben keine gepaarte Schwefelsäure nachweisen können. Nach seinen Untersuchungen würde also
Amyloid. das wahre Amyloid kein Chondroproteid sein. Auch MAYEDA[10]) hat eine von Chondroitinschwefelsäure freie Amyloidsubstanz dargestellt. Auf der anderen

---

[1]) Verhandl. d. physik.-med. Gesellsch. zu Würzburg 1883 u. Zeitschr. f. Biol. **22**.
[2]) KRUKENBERG, Zeitschr. f. Biol. **22**; H. ZELLER, Zeitschr. f. physiol. Chem. **86**.
[3]) C. TH. MÖRNER, Zeitschr. f. physiol. Chem. **18**. [4]) KRUKENBERG, Würzburg. Verhandl. 1883 u. Zeitschr. f. Biol. **22**. [5]) LÜCKE, VIRCHOWS Arch. **19** und KRUKENBERG, Vergleichende physiol. Stud. Reih. 1 u. 2, 1881; vgl. auch SCHMIEDEBERG in MALYS Jahresb. **46**.
[6]) SCHMIEDEBERG, Mitt. aus d. zool. Stat. zu Neapel. **3**. 1882. Zit. nach HOPPE-SEYLER, Handb. 6. Aufl., S. 153. [7]) HILGER, PFLÜGERS Arch. **3**. [8]) KRUKENBERG, Zeitschr. f. Biol. **22**. [9]) KRAWKOW, Arch. f. exp. Path. u. Pharm. **40**, wo man auch die ältere Literatur findet; NEUBERG, Verh. d. d. path. Gesellsch. 1904. [10]) HANSSEN, Bioch. Zeitschr. **13**; MAYEDA, Zeitschr. f. physiol. Chem. **58**.

Seite hat aber HANSSEN die amyloiden Organe (Leber und Milz) bedeutend reicher an abspaltbarer Schwefelsäure als die normalen gefunden, und es ist also nicht ausgeschlossen, daß die Amyloidbildung Hand in Hand mit der Bildung eines Chondroproteides geht.

Die von KRAWKOW und NEUBERG dargestellten und analysierten Amyloid- Zusammen-präparate hatten ziemlich dieselbe Zusammensetzung: C 49,0—50,1, H 7—7,2, setzung. N 14—14,1 und S 1,8—2,8 p. c. Das Aortaamyloid von Mensch und Pferd enthielt bzw. C 49,6 und 50,5, H 7,2, N 14,4 und 13,8, S 2,3 und 2,5 p. c. Da man indessen keine genügenden Kriterien für die Reinheit des analysierten Amyloids hat, sind diese Zahlen von zweifelhaftem Wert.

Das Amyloid spaltet sich, älteren Untersuchungen zufolge, durch Alkali-einwirkung in Eiweiß und Chondroitinschwefelsäure und sollte dementsprechend nach KRAWKOW eine feste, vielleicht esterartige Verbindung von dieser Säure mit Eiweiß sein. Dieses Eiweiß sollte nach den Untersuchungen NEUBERGS basischer Natur und am meisten den Histonen vergleichbar sein. Mit dieser Angabe stimmen indessen nicht die Untersuchungen von MAYEDA, denn das Natur des von ihm dargestellte „Amyloidprotein" verhielt sich nicht wie ein Histon. Amyloids. Sein Gehalt an Hexonbasen war nicht größer als derjenige der Proteinstoffe des normalen Organes, und dieses Amyloidprotein lieferte kein Histopepton. Allem Anscheine nach haben die verschiedenen Forscher mit verschiedenartigen Substanzen gearbeitet; und es ist wohl möglich, daß in den amyloiddegene-rierten Organen teils Chondroproteide und teils Amyloidproteine vorkommen können, welche beide die Farbenreaktionen geben.

Das Amyloid ist eine amorphe, weiße, in Wasser, Alkohol, Äther, ver-dünnter Salzsäure und Essigsäure unlösliche Substanz. Von konzentrierter Salzsäure oder Alkalilauge wird das Amyloid gelöst und gleichzeitig zersetzt. Beim Sieden mit verdünnter Salzsäure liefert es Schwefelsäure und reduzierende Eigen-Substanz. Vom Magensafte wird es nach KRAWKOW, in Übereinstimmung schaften mit den meisten älteren Angaben, nicht gelöst. Es wird aber dabei derart verändert, daß es in verdünntem Ammoniak löslich wird, während das genuine, typische Amyloid darin unlöslich ist. Nach NEUBERG wird dagegen das Amyloid (der Leber) sowohl von Pepsin wie von Trypsin verdaut, wenn auch langsamer als Fibrin, und es wird auch bei der Autolyse zerlegt, so daß eine Resorption im Leben wohl denkbar ist. Das von HANSSEN untersuchte Amyloid der Sago-milz zeigte gegen Magensaft das von KRAWKOW angegebene Verhalten, während sowohl das Trypsin wie monatelange Autolyse ohne Einwirkung auf dasselbe war. Das Amyloid MAYEDAS wurde allmählich von Magensaft gelöst. Das Amyloid gibt die Xanthoproteinsäurereaktion und die Reaktionen von MILLON Reaktionen und ADAMKIEWICZ-HOPKINS. Eine wichtige Eigenschaft des Amyloids ist sein Verhalten gewissen Farbenreaktionen gegenüber. Es wird also von Jod rotbraun oder schmutzig violett, von Jod und Schwefelsäure violett oder blau, von Jodmethylanilin rot — besonders nach Zusatz von Essigsäure — und von Farben-Anilingrün rot gefärbt. Von diesen Farbenreaktionen sind diejenigen mit reaktionen. Anilinfarbstoffen die wichtigsten. Die Reaktion mit Jod tritt weniger konstant auf und ist sehr von der physikalischen Beschaffenheit des Amyloids abhängig. Die Farbenreaktionen hängen angeblich von dem Chondroitinschwefelsäure-komponenten ab, was jedoch mit dem Verhalten des intakten Amyloids der Sagomilz (HANSSEN) und des Amyloidproteins MAYEDAS nicht stimmt.

Zur Darstellung des Amyloids extrahiert man zuerst die fein zermahlenen Organe mit stark verdünnter Ammoniaklösung, wobei das Amyloid ungelöst Darstellung. zurückbleibt. Wenn das Amyloid der Pepsinverdauung widersteht, wird es mehrere Tage einer solchen Verdauung ausgesetzt und dann in verdünntem Ammoniak oder Barytlösung gelöst. Widersteht es nicht der Pepsinverdauung, so wird es direkt in Barytlösung aufgelöst. Durch wiederholtes Auflösen in Ammoniak oder Barytlösung und Ausfällung mit Chlorwasserstoffsäure wird es gereinigt.

Phosphoglykoproteide. Diese Gruppe umfaßt die phosphorhaltigen Glykoproteide. Diese liefern als Spaltungsprodukte keine Purinbasen (Nukleinbasen). Sie sind also keine Nukleoproteide und dürfen dementsprechend nicht mit ihnen verwechselt werden. Bei der Pepsinverdauung können sie wie die Nukleoalbumine ein Pseudonuklein liefern, unterscheiden sich aber von den Nukleoalbuminen dadurch, daß sie beim Sieden mit verdünnter Säure eine reduzierende Substanz geben. Von den Nukleoproteiden, welche ebenfalls reduzierendes Kohlehydrat liefern, unterscheiden sie sich dadurch, daß sie, wie oben bemerkt, keine Purinbasen liefern.

Es sind bisher nur zwei phosphorhaltige Glykoproteide bekannt; in erster Linie das in Karpfeneiern vorkommende, von WALTER [1]) näher studierte Ichthulin, welches eine Zeitlang als ein Vitellin aufgefaßt wurde. Das Ichthulin hat die Zusammensetzung C 53,52; H 7,71; N 15,64; S 0,41; P 0,43; Fe 0,10 p. c. Den Löslichkeitsverhältnissen nach ähnelt es einem Globulin. Aus dem Pseudonuklein des Ichthulins stellte WALTER eine reduzierende Substanz dar, die mit Phenylhydrazin eine gut kristallisierende Verbindung gab.

Ein anderes Phosphoglykoproteid ist das von HAMMARSTEN [2]) aus der Eiweißdrüse von Helix Pomatia isolierte Helicoproteid. Es hat die Zusammensetzung C 46,99; H 6,78; N 6,08; S 0,62; P 0,47 p. c. Durch Alkalieinwirkung kann ein gummiähnliches, linksdrehendes Kohlehydrat, tierisches Sinistrin, abgespalten werden. Beim Sieden mit einer Säure liefert es eine rechtsdrehende reduzierende Substanz.

Zu dieser Gruppe gehört wahrscheinlich auch ein von SCHULZ und DITTHORN [3]) in der Eiweißdrüse des Frosches gefundenes Proteid, welches nicht Glukosamin sondern Galaktosamin gab.

Marginalia: Phosphoglykoproteide. Ichthulin. Helicoproteid.

B. Nukleoproteide.

Mit dem Namen Nukleoproteide bezeichnet man diejenigen zusammengesetzten Proteine, welche als nächste Spaltungsprodukte Eiweiß und Nukleinsäure liefern.

Die Nukleoproteide scheinen in dem Tierkörper weit verbreitet zu sein. Sie kommen hauptsächlich in den Zellkernen, wie es scheint aber auch oft in dem Protoplasma der Zellen vor. Durch den Zerfall der Zellen können sie in die tierischen Flüssigkeiten übergehen, und man hat auch Nukleoproteide in dem Blutserum und anderen Flüssigkeiten gefunden.

Die Nukleoproteide können aufgefaßt werden als Verbindungen von einem Eiweißstoff mit einer Seitengruppe, welche von KOSSEL als prosthetische Gruppe bezeichnet wird. Diese Seitenkette, welche den Phosphor enthält, kann durch Alkalieinwirkung als Nukleinsäure abgespalten werden. Das Eiweiß kann verschiedener Art sein. Es ist in einigen Fällen Histon, und zu den Nukleoproteiden rechnet man auch die Verbindungen zwischen Nukleinsäure und Protaminen. Die Verbindung zwischen Protamin und Nukleinsäure ist jedoch wie es scheint von salzartiger Natur und ganz anderer Art als die Verbindung zwischen Eiweiß und Nukleinsäure in den anderen Nukleoproteiden. Die hier folgenden Angaben über Nukleoproteide beziehen sich auch nicht auf die Nukleoprotamine, sondern nur auf die aus anderem Eiweiß und Nukleinsäure bestehenden Nukleoproteide. Diese letzteren können indessen nicht nur durch Verschiedenheiten der Eiweißkomponenten, sondern auch durch solche der Nukleinsäuren untereinander verschiedenartig sein. Es gibt nämlich verschiedene Nukleinsäuren, von denen z. B. einige eine Pentose, andere dagegen ein Hexakohlehydrat enthalten. Auch bezüglich des Gehaltes an Purin- und Pyrimidinbasen (s. unten) sind die Nukleinsäuren untereinander verschiedenartig.

Marginalia: Nukleoproteide

---

[1]) Zeitschr. f. physiol. Chem. 15. [2]) HAMMARSTEN, PFLÜGERS Arch. 36. [3]) Zeitschr. f. physiol. Chem. 29.

Die nativen Nukleoproteide haben einen wechselnden, meistens nicht sehr hohen Gehalt an Phosphor, welcher in den meisten, bisher untersuchten Nukleoproteiden zwischen 0,5 und 1,6 p. c. schwankte. Sie enthalten auch regelmäßig Eisen, und bei Oktopoden hat HENZE[1] ein kupferhaltiges aber eisenfreies Nukleoproteid mit 0,96 p. c. Kupfer beobachtet. Die Nukleoproteide verhalten sich wie schwache Säuren, die meistens sehr viel Eiweiß im Moleküle enthalten. Sie geben deshalb die gewöhnlichen Eiweißreaktionen und stehen hierdurch in ihrem Verhalten den Eiweißstoffen nahe. Die aus den an Zellkernen reichen Organen dargestellten Nukleoproteide scheinen jedoch durch einen höheren Phosphorgehalt und einen stärker ausgeprägten sauren Charakter ausgezeichnet zu sein. Sämtliche Nukleoproteide sind in Wasser nicht lösliche Stoffe, deren Verbindungen mit Alkali in Wasser löslich sind. Aus einer solchen Lösung kann das Proteid mit Essigsäure ausgefällt werden, und der Niederschlag löst sich nur mehr oder weniger schwer, in gewissen Fällen fast gar nicht, in einem Überschuß der Säure. In sehr verdünnter Salzsäure löst er sich dagegen regelmäßig leicht. Hierdurch ähneln diese Proteide den Nukleoalbuminen und den Muzinsubstanzen, unterscheiden sich aber von beiden dadurch, daß sie bei der Hydrolyse Purinbasen liefern. Von den Nukleoalbuminen unterscheiden sich ferner die Nukleoproteide nach PLIMMER und SCOTT[2] dadurch, daß Natronhydratlösung von 1 p. c. aus den Nukleoalbuminen, nicht aber aus den Nukleoproteiden, Phosphorsäure abspaltet. Die Nukleoproteide geben die Farbenreaktionen des Eiweißes; sie sind, soweit man sie bisher untersucht hat, nicht links-, sondern rechtsdrehend (GAMGEE und JONES)[3].

Die Nukleoproteide werden leicht denaturiert. Die in Wasser lösliche Alkaliverbindung erfährt beim Erhitzen ihrer möglichst neutralen Lösung eine Zersetzung, wobei geronnenes Eiweiß sich ausscheidet und ein phosphorreicheres, eiweißärmeres Proteid von stärker saurem Charakter in Lösung bleibt. Auch durch Einwirkung von schwachen Säuren und von Magensaft findet ein ähnlicher Abbau statt, wobei das abgespaltene Eiweiß gelöst wird, während das phosphorreichere Nukleoproteid als sog. Nuklein (MIESCHER, HOPPE-SEYLER)[4] oder „echtes Nuklein" ungelöst zurückbleibt. Da das echte Nuklein nichts anderes als ein teilweise abgebautes, eiweißärmeres Nukleoproteid von je nach der Stärke des Eingriffes wechselnder Zusammensetzung ist, so scheint der Name Nuklein als Bezeichnung hierfür eigentlich überflüssig zu sein. Auf der anderen Seite hat aber das Nuklein andere Eigenschaften als die Nukleoproteide, und da es zu den letzteren in derselben Beziehung wie das Pseudonuklein zu den Nukleoalbuminen steht, mögen sowohl die Nukleine wie die Pseudo- oder Paranukleine hier eine kurze Erwähnung finden.

Nukleine oder echte Nukleine entstehen, wie oben gesagt, bei der peptischen Verdauung oder bei schwacher Säurebehandlung der Nukleoproteide. Hierbei ist indessen zu beachten, daß die Nukleine der Wirkung des Magensaftes nicht ganz widerstehen, und ferner, daß wenigstens ein Nukleoproteid, nämlich eines aus der Pankreasdrüse, fast ohne Nukleinrest vom Magensafte gelöst werden kann (UMBER, MILROY)[5]. Die Nukleine sind reich an Phosphor, gegen 5 p. c. und darüber. Nach LIEBERMANN[6] kann man aus echtem Nuklein (Hefenuklein) Metaphosphorsäure abspalten. Durch Alkalilauge werden die Nukleine in Eiweiß und Nukleinsäure zerlegt, und wie es verschiedene Nuklein-

---

[1] Zeitschr. f. physiol. Chem. **55**. [2] PLIMMER u. F. H. SCOTT, Zit. nach Bioch. Zentralbl. 8, S. 109. [3] HOFMEISTERS Beiträge 4. [4] HOPPE-SEYLER, Med. chem. Unters. S. 452. [5] UMBER, Zeitschr. f. klin. Med. 43; MILROY, Zeitschr. f. physiol. Chem. **22**. [6] PFLÜGERS Arch. 47.

säuren gibt, so gibt es auch verschiedene Nukleine. Umgekehrt kann man mit Nukleinsäure Eiweißstoffe in saurer Lösung fällen, und in dieser Weise sind namentlich von MILROY Verbindungen von Nukleinsäure mit Eiweiß dargestellt worden, die den echten Nukleinen in gewissen Hinsichten recht ähnlich sind. Alle Nukleine geben beim Sieden mit verdünnten Säuren Purinbasen (sog. Nukleinbasen). Die Nukleine verhalten sich wie ziemlich starke Säuren.

Eigen-
schaften.
Die Nukleine sind farblos, amorph, unlöslich oder nur sehr wenig löslich in Wasser. In Alkohol und Äther sind sie unlöslich. Von verdünnten Alkalien werden einige leichter und andere schwerer gelöst. Die Nukleine geben die Biuretprobe und die MILLONsche Reaktion. Sie zeigen eine große Affinität zu vielen Farbstoffen, besonders basischen, und nehmen solche aus wässeriger oder schwach alkoholischer Lösung begierig auf. Beim Verbrennen liefern sie eine schwer verbrennliche, sauer reagierende Kohle, welche Metaphosphorsäure enthält. Beim Schmelzen mit Salpeter und Soda geben sie Alkaliphosphat.

Darstellung
und Nach-
weis der
Nukleine.
Zur Darstellung des Nukleins aus Zellen oder Geweben entfernt man zuerst die Hauptmasse des Eiweißes durch künstliche Verdauung mit Pepsinchlorwasserstoffsäure, laugt den Rückstand mit sehr verdünntem Ammoniak aus, filtriert und fällt mit Salzsäure. Der Niederschlag wird ausgewaschen und durch abwechselndes Lösen in äußerst schwach alkalihaltigem Wasser und Fällen mit einer Säure gereinigt. Zum Nachweis von Nuklein wird ebenfalls die geschilderte Methode benutzt und das Produkt zuletzt, nach Schmelzen mit Salpeter und Soda, auf einen Gehalt an Phosphor geprüft. Dabei müssen selbstverständlich zuerst mit resp. Säure, Alkohol und Äther Phosphate und Phosphatide entfernt werden. Eine Prüfung auf Purinbasen ist natürlich notwendig.

Para- oder
Pseudo-
nukleine.
Pseudonukleine oder **Paranukleine**. Diese Stoffe erhält man (vgl. S. 80) als unlöslichen Rückstand bei der Verdauung von gewissen Nukleoalbuminen oder Phosphoglykoproteiden mit Pepsinchlorwasserstoffsäure, wobei man indessen nicht übersehen darf, daß das Pseudonuklein bei zu hohem Säuregehalt und zu energischer Pepsinverdauung allmählich gelöst werden kann. Dementsprechend kann man auch, wenn man die Relation zwischen dem Säuregrade und der Substanzmenge nicht passend wählt, die Entstehung eines Pseudonukleins bei der Verdauung gewisser Nukleoalbumine vollständig übersehen. Die Pseudonukleine enthalten Phosphor, welcher, wie LIEBERMANN[1]) gezeigt hat, durch Mineralsäuren als Metaphosphorsäure abgespalten werden kann.

Eigen-
schaften.
Die Pseudonukleine sind amorphe, in Wasser, Alkohol und Äther unlösliche Stoffe, die von verdünnten Alkalien und Barythydratlösung leicht gelöst werden. Von Baryumhydratlösung werden sie unter Abspaltung von Phosphorsäure leicht zersetzt und unterscheiden sich nach GIERTZ[2]) hierdurch von den echten Nukleinen, welche von Baryt weder gelöst noch zersetzt werden. In sehr verdünnten Säuren sind sie nicht löslich und können dementsprechend aus ihren Lösungen in schwachem Alkali durch Ansäuern ausgefällt werden. Sie geben starke Eiweißreaktionen aber keine Purinbasen.

Darstellung.
Zur Darstellung eines Pseudonukleins löst man die fragliche Muttersubstanz in Salzsäure von 1—2 p. m., filtriert wenn nötig, setzt Pepsinlösung hinzu und läßt gegen 24 Stunden bei Körpertemperatur stehen. Der Niederschlag wird durch abwechselndes Auflösen in äußerst schwach alkalihaltigem Wasser und Ausfällen mit Säure gereinigt.

---

[1]) Ber. d. d. chem. Gesellsch. **21** u. Zentralbl. f. d. med. Wiss. 1889.   [2]) Zeitschr. f. physiol. Chem. **28**.

Abbauprodukte der Nukleoproteide.

1. Die Nukleinsäuren.

Die Nukleinsäuren sind Phosphorsäureverbindungen, von noch nicht ganz sicher erforschter Art, mit Purin- resp. Pyrimidinbasen und einem Kohlehydrat oder Kohlehydratderivat. Von den bisher bekannten, in Organen gefundenen Nukleinsäuren gibt es zwei, die Guanylsäure und die Inosinsäure, die nur je eine Purinbase, nämlich Guanin bzw. Hypoxanthin, enthalten. Man nennt Säuren dieser Art, die nur eine Purin- oder Pyrimidinbase enthalten, einfache Nukleinsäuren oder Mononukleotide. Die übrigen, die eigentlichen Nukleinsäuren oder Polynukleotide, enthalten sowohl Purin- wie Pyrimidinbasen.

Nuklein-säuren.

Die Polynukleotide sind aus mehreren, in der Regel aus je vier Mononukleotiden aufgebaut und sind dementsprechend Tetranukleotide. Aus dem Pankreas hat allerdings FEULGEN eine mehr komplizierte Nukleinsäure, von ihm „Guanylnukleinsäure" genannt, dargestellt, die eine Verbindung zwischen 1 Mol. Guanylsäure und 1 Mol. Tetranukleotid sein soll. E. HAMMARSTEN hat, ebenfalls aus Pankreas, eine noch mehr komplizierte Nuklein-säure, die eine Verbindung zwischen 2 Mol. Guanylsäure und 1 Mol. Tetranukleotid zu sein scheint, erhalten. Sieht man vorläufig von diesen, noch nicht hinreichend studierten, von E. HAMMARSTEN[1]) als „gekoppelte" Nuklein-säuren bezeichneten Verbindungen ab, so kennt. man mit Sicherheit als die am meisten zusammengesetzten Polynukleotide nur solche, die höchstens aus vier Mononukleotiden bestehen, also Tetranukleotide.

Poly-nukleotide und gekoppelte Nuklein-säuren.

Ein Mononukleotid, die Inosinsäure, enthält die Purinbase Hypoxanthin. Sonst hat man in den Nukleinsäuren von Purinbasen nur Guanin und Adenin gefunden. Von Pyrimidinbasen hat man aus den tierischen Nukleinsäuren Thymin und Zytosin, aus der vegetabilischen Urazil und Zytosin erhalten.

Purin- und Pyrimidin-basen.

Das Kohlehydrat ist in den pflanzlichen Nukleinsäuren und in den zwei aus tierischen Organen direkt erhaltenen Mononukleotiden, Guanylsäure und Inosinsäure, eine Pentose, nämlich d-Ribose[2]). Die Natur des in den tierischen Polynukleotiden enthaltenen Kohlehydrates ist noch nicht sicher bekannt. Früher nahm man allgemein das Vorkommen einer Hexose an, nach FEULGEN[3]) soll aber diese Annahme nicht richtig sein. Nach ihm soll es eher Glukal oder ein demselben jedenfalls nahestehender Körper mit einem Furankern und einer echten Aldehydgruppe sein. Glukal, $C_6H_{10}O_4$, ist ein von E. FISCHER[4]) entdecktes und näher studiertes Reduktionsprodukt der Glukose.

Kohle-hydrat-gruppe.

Die Eigenschaften und die Konstitution der Nukleinsäuren, soweit man die letzteren bisher kennt, sind wesentlich durch die Arbeiten von KOSSEL und seinen Schülern, von SCHMIEDEBERG, STEUDEL, LEVENE und Mitarbeitern, wie auch in neuerer Zeit von FEULGEN, W. JONES und Mitarbeitern und von THANNHAUSER und DORFMÜLLER[5]) erforscht worden.

Die Tetranukleotide oder, wie man sie auch genannt hat, die echten Nukleinsäuren, welche also außer den zwei Purinbasen und dem Zytosin, Urazil oder Thymin enthalten, zeigen alle die Relation $P : N = 4 : 15$. In den Mononukleotiden ist die Relation selbstverständlich eine andere je nach

Phosphor u. Stickstoff.

---

[1]) R. FEULGEN, Zeitschr. f. physiol. Chem. **107**; E. HAMMARSTEN ebenda **109**. [2]) LEVENE u. JACOBS, Ber. d. d. chem. Gesellsch. **42** u. **43**; HAISER u. WENZEL, Monatsh. f. Chem. **31**; SCHULZE u. TRIER, Zeitschr. f. physiol. Chem. **70**. [3]) Ebenda **92** u. **100**. [4]) Ber. d. d. chem. Gesellsch. **47**; s. auch **53**. [5]) Da ein vollständiger Hinweis auf die Literatur der Nukleinsäuren hier nicht Platz finden kann, wird in dem Folgenden hauptsächlich nur auf diejenigen Arbeiten hingewiesen, die in Beziehung zu den neueren Untersuchungen stehen.

der Art der vorhandenen Base. In der Guanylsäure ist sie also 1 : 5 und in der Inosinsäure 1 : 4.

Bei der Hydrolyse werden, je nach der Intensität der Einwirkung und der Art des Spaltungsmittels, wesentlich verschiedene Resultate erhalten. Bei vollständiger Hydrolyse erhält man die Hauptkomponenten, Phosphorsäure, Purin- und Pyrimidinbasen und Kohlehydrat, bzw. Umwandlungsprodukte desselben. Hierbei dürfte jedoch auch Urazil sekundär aus dem Zytosin entstehen können. Die Purinbasen spalten sich viel leichter als die Pyrimidinbasen ab, und dementsprechend kann die Hydrolyse so geleitet werden, daß man nur Pyrimidin- und keine Purinnukleotide erhält. Bei besonders milder, kurzdauernder Hydrolyse mit wenig Schwefelsäure hat man aus einer, Thymin enthaltenden echten Nukleinsäure eine Säure, die sog. Thyminsäure (KOSSEL und NEUMANN), erhalten, die noch die vier Kohlehydratgruppen aber keine Purinbasen, sondern nur die beiden Pyrimidinbasen Thymin und Zytosin enthält. Diese Säure gibt ein in Wasser sehr leicht lösliches, durch Alkohol fällbares Bariumsalz von der Formel $C_{33}H_{41}O_{26}N_5P_4Ba_2$. Die Säure selbst zersetzt sich ungemein leicht, und da sie zwei Kohlehydratgruppen enthält, die nicht an Basen gebunden sind, ist sie sehr reaktionsfähig und gibt die Aldehydreaktion des Glukals[1]).

Hydrolyseprodukte.

Thyminsäure.

Von besonderem Interesse ist die von LEVENE und JACOBS ausgeführte Hydrolyse der pentosehaltigen Nukleinsäuren bei neutraler oder, wenn es um die Gewinnung der Pyrimidinkomplexe der vegetabilischen Nukleinsäuren sich handelt, bei von Ammoniak alkalischer Reaktion durch Erhitzen auf höhere Temperatur im Autoklaven oder im Einschmelzrohre. Hierbei wird die Bindung mit Phosphorsäure gelöst, während die Bindung zwischen Pentose und Purinbase bestehen bleibt. Man erhält in dieser Weise Pentoside, d. h. glykosidartige Verbindungen zwischen Pentose und einer Purinbase. Diese Pentoside werden auch Nukleoside genannt, und ein solches Nukleosid ist das zuerst von HAISER und WENZEL[2]) gefundene Inosin, welches das Pentosid aus Inosinsäure und also eine Verbindung von Hypoxanthin mit Pentose (d-Ribose) ist. Auch die drei anderen Purinnukleoside, Adenosin, Guanosin und Xanthosin sind von LEVENE und JACOBS dargestellt worden.

Pentoside oder Nukleoside.

Die Nukleoside sind kristallisierende Körper, die auch kristallisierende Verbindungen geben. Von besonderem Interesse ist das Guanosin, weil es mit der von SCHULZE[3]) entdeckten, im Pflanzenreiche vorkommenden Base Vernin identisch ist, und weil die Identität der in beiden vorkommenden Pentose (d-Ribose) auch sichergestellt ist. Das Guanosin ist auch von LEVENE und JACOBS[4]) im Pankreas gefunden worden. Bei der Säurehydrolyse zerfällt jedes Nukleosid in Purinbase und Pentose. Durch Einwirkung von Nitrit und Eisessig kann das Guanosin in Xanthosin und das Adenosin in Inosin übergeführt werden.

Vernin und Guanosin.

Aus einem käuflichen Hefepräparate haben MANDEL und DUNHAM eine den Pentosiden entsprechende kristallisierende Adenin-Hexoseverbindung dargestellt, über deren Beziehung zu den Spaltungsprodukten von Nukleinsäuren nichts bekannt ist. Aus Thymusnukleinsäure haben später LEVENE und JACOBS[5]) ein Guaninhexosid isoliert.

Adeninhexose.

Die den Nukleosiden entsprechenden Pyrimidinkomplexe sollen nach LEVENE und LA FORGE[6]) ebenfalls (in den Pflanzennukleinsäuren) Ribose enthalten, aber in viel festerer Bindung. Hiermit hängt es zusammen, daß

---

[1]) Vgl. R. FEULGEN, Zeitschr. f. physiol. Chem. **101**, wo auch die anderen Arbeiten zitiert sind. [2]) Monatsh. f. Chem. **29**. [3]) E. SCHULZE u. BOSSHARD, Zeitschr. f. physiol. Chem. **10**; mit TRIER ebenda **70**. [4]) Bioch. Zeitschr. **28**. [5]) MANDEL u. DUNHAM, Journ. of biol. Chem. **11**; LEVENE u. JACOBS ebenda **12**. [6]) Ber. d. d. chem. Gesellsch. **45**.

sie nur eine schwache Orzinreaktion geben, Enzymen gegenüber viel wider- Pyrimidin-
komplexe.
standsfähiger als die Purinnukleoside sind und bei der Destillation mit Salzsäure nur sehr langsam Furfurol abgeben. Sie sollen jedoch Pentose und
Pyrimidinbase in äquimolekularen Verhältnissen enthalten. Die Pyrimidinkomplexe, welche also den obengenannten Nukleosiden entsprechen, werden
Zytidin und Uridin genannt, ersteres enthält Zytosin, letzteres Urazil. Das
Uridin kristallisiert; das Zytidin hat man nicht in Kristallen erhalten, es gibt
aber mehrere kristallisierende Salze. Das Uridin soll in der Hefenukleinsäure
präformiert enthalten sein und nicht erst sekundär aus dem Zytidin entstehen.

Durch geeignete Hydrolyse mit Ammoniak hat man echte Nukleinsäuren,
Tetranukleotide, in die vier einfachen Nukleotide aufspalten können. Dies
gilt wenigstens für die Hefenukleinsäure, aus der man also Adenosin-, Guanosin-,
Zytidin- und Uridinphosphorsäure erhalten und genau untersucht hat (LEVENE) [1].
Diese Mononukleotide geben mit Bruzin kristallisierende Salze mit je zwei Mono-
nukleotide.
Molekülen Bruzin. Diese Salze, welche einen konstanten Schmelzpunkt
haben, sind zur Reindarstellung und Identifizierung der Mononukleotide sehr
geeignet. Bei der Hydrolyse haben indessen einige Forscher unter anderen
Verhältnissen kristallisierende Bruzinverbindungen erhalten, die nach der
Zusammensetzung und den Spaltungsprodukten zu urteilen, als Di- oder
Trinukleotide sich verhalten.

So haben W. JONES und Mitarbeiter [2] bei der Hydrolyse mit Ammoniak
aus der Hefenukleinsäure Adenosin-Uridin-Dinukleotid und bei der Hydrolyse
mit Säure Uridin-Zytidin-Dinukleotid, welches vierbasisch ist, erhalten. Das
letztere kann weiter in Uridin- und Zytidin-Phosphorsäure aufgespalten werden.
J. THANNHAUSER und G. DORFMÜLLER [3] erhielten aus Hefenukleinsäure, Di- und Tri-
nukleotide.
sowohl durch enzymatische Spaltung mit Duodenalsaft wie durch Ammoniak-
hydrolyse, neben dem zweibasischen Mononukleotide Uridinphosphorsäure ein
bei 205° C schmelzendes Bruzinsalz, welches sie als das Salz einer sechsbasischen
Triphosphonukleinsäure — nämlich des Adenosin-, Guanosin-, Zytidin-
trinukleotides — betrachteten.

Durch wiederholtes fraktioniertes Umkristallisieren der Bruzinsalze und
weitere Verarbeitung der anscheinend zusammengesetzten Nukleotide erhielt
aber LEVENE [4] die reinen Bruzin- und Baryumsalze der entsprechenden
Mononukleotide, und nach seiner Ansicht handelt es sich in den obengenannten Poly-
nukleotide.
Fällen nicht um Di- oder Trinukleotide, sondern um Gemengen von zwei
oder drei Mononukleotiden. Inwieweit es hier um Gemengen oder um einen
stufenweisen Abbau mit Zwischenprodukten sich handelt, mag dahin gestellt
sein. Sicher ist, daß man die fraglichen Tetranukleotide in die vier Mononukleotide aufspalten kann. Wie aber diese Mononukleotide miteinander zu
Tetranukleotiden verknüpft sind, ist noch nicht sicher ermittelt worden. Eine
Anhydridbindung zwischen den Phosphorsäuregruppen muß man jedenfalls
annehmen, wenn die Tetranukleotide, wie man recht allgemein annimmt [5],
vierbasisch und die Mononukleotide zweibasisch sind.

Von proteolytischen Enzymen, wie Pepsin und Trypsin, werden die
Nukleoproteide mehr oder weniger tiefgehend zersetzt; die Nukleinsäuren
scheinen jedoch hierbei nicht besonders angegriffen oder jedenfalls nicht bis
zur Abspaltung von Phosphorsäure und Purinbasen abgebaut zu werden.
Ein solcher Abbau kann dagegen, wenn auch langsam, durch Erepsin (Na- Nukleasen.
kayama) oder andere, demselben nahestehende, in den verschiedensten

---

[1] LEVENE, Journ. of biol. Chem. **40** u. **41**.   [2] JONES mit A. E. RICHARDS ebenda
20; mit B. E. READ ebenda **29** u. **31**.   [3] Zeitschr. f. physiol. Chem. **95, 100, 104** u. **107**.
[4] Journ. of biol. Chem. **41**.   [5] Vgl. FEULGEN, Zeitschr. f. physiol. Chem. **101**.

Organen gefundene Enzyme, die man Nukleasen genannt hat, bewirkt werden. Auch Mikroorganismen können die Nukleinsäuren mehr oder weniger tiefgehend zersetzen (SCHITTENHELM und SCHRÖTER)[1]).

LEVENE und MEDIGRECEANU [2]) unterscheiden zwischen drei verschiedenen Arten von Nukleasen, nämlich Nukleinasen, Nukleotidasen und Nukleosidasen. Die Nukleinasen, welche sie im Pankreassafte und in allen untersuchten Organen, nicht aber im Magensafte fanden, wirken nur auf zusammengesetzte

Verschie-
dene Nukle-
inenzyme. Nukleinsäuren und spalten sie in Nukleotide auf. Die Nukleotidasen, welche, mit Ausnahme des Magen- und Pankreassaftes, überall und besonders in der Darmschleimhaut vorkommen, spalten die einfachen Nukleinsäuren (die Mononukleotide) in Phosphorsäure einerseits und das entsprechende Nukleosid andererseits. Die Nukleosidasen, welche sie weder in Magen-, Pankreas- oder Darmsaft noch im Blute und in der Pankreasdrüse aber in anderen Organen fanden, spalten die Nukleoside in Purinbase und Kohlehydrat (Pentose).

Nach W. JONES [3]) können die Purinbasen der Nukleinsäuren desamidiert werden, ohne vorher als freie Basen aus den Säuren abgespalten zu sein. So

Nukleosid-
desami-
dasen. soll z. B. der Schweinepankreas eine Adenosindesamidase enthalten, welche das noch gebundene Adenin desamidiert. Dagegen enthält dasselbe Organ zwar Guanase, welche das freie Guanin desamidiert, aber keine Guanosin-desamidase. Die Schweineleber, in welcher Guanase höchstens spurenweise vorkommt, soll dagegen eine Guanosindesamidase enthalten. Untersuchungen von SCHITTENHELM und K. WIENER [4]) zeigen auch, daß man neben Purin-desamidasen auch Nukleosiddesamidasen annehmen muß.

Auf Grundlage der bisher ausgeführten Untersuchungen kann man sich gegenwärtig den Bau der Nukleinsäuren in folgender Weise vorstellen.

Die einfachen Nukleinsäuren sind esterartige Verbindungen zwischen Phosphorsäure und einem Nukleosid.

Gruppen
von
Nuklein-
säuren. Die zusammengesetzten echten Nukleinsäuren sind je ein aus vier ein-fachen Nukleinsäuren (Mononukleotiden) zusammengesetztes Molekül. Hin-sichtlich der zusammengesetzten Nukleinsäuren hat man jedoch zwischen zwei Gruppen von solchen zu unterscheiden.

Die Säuren der **Thymonukleinsäuregruppe** sind nach STEUDEL vier-basische Phosphorsäureester, die, jedem Phosphoratom entsprechend, eine Hexosegruppe und eine der vier Basen, Guanin, Adenin, Zytosin und Thymin enthalten. Durch den Namen dieser Gruppe wird angegeben, daß die Säuren Thymin enthalten.

Die **Pflanzennukleinsäuregruppe** unterscheidet sich von der vorigen durch folgendes. Sie enthält kein Thymin, aber statt dessen Urazil. Sie enthält kein Hexakohlehydrat aber Pentose. In den Säuren dieser Gruppe kommt auf je 1 Atom Phosphor 1 Mol. Pentose, und zwar an je einer der Purin- oder Pyrimidinbasen gebunden, vor.

Von einfachen Nukleinsäuren hat man in tierischen Organen bisher nur die zwei folgenden gefunden, nämlich die Inosin- und die Guanyl-säure.

Inosinsäure. **Inosinsäure** ist eine zuerst von LIEBIG aus dem Fleische einiger Tiere isolierte und dann von HAISER weiter studierte, namentlich aus dem Fleisch-extrakte erhältliche Säure, die auf Grund der Untersuchungen von NEUBERG und BRAHN und von BAUER [5]) als eine einfache Nukleinsäure sich erwiesen hat.

---

[1]) NAKAYAMA, Zeitschr. f. physiol. Chem. 41; IWANOFF ebenda 39; FRITZ SACHS, Ist die Nuklease mit dem Trypsin identisch? Inaug.-Dissert. Heidelberg 1905; SCHITTENHELM u. SCHRÖTER, Zeitschr. f. physiol. Chem. 41. [2]) Journ. of biol. Chem. 9. [3]) Ebenda 9. [4]) Zeitschr. f. physiol. Chem. 77. [5]) LIEBIG, Annal. d. Chem. u. Pharm. 62; HAISER, Monatsh. f. Chem. 16; NEUBERG u. BRAHN, Bioch. Zeitschr. 5 und Ber. d. d. chem.

Ihre Formel ist $C_{10}H_{13}N_4PO_8$ und als Hydrolyseprodukte liefert sie Phosphorsäure, Hypoxanthin und Pentose nach dem Schema: $C_{10}H_{13}N_4PO_8 + 2H_2O =$ $H_3PO_4 + C_5H_4N_4O + C_5H_{10}O_5$. Diese Pentose ist glykosidartig mit dem Hypoxanthin zu dem Pentoside Inosin gebunden, welch letzteres seinerseits nach LEVENE und JACOBS durch das δ-ständige Kohlenstoffatom der Pentose (Ribose) mit der Phosphorsäure esterartig verknüpft sein soll.

Die Säure ist amorph, sirupartig, leicht löslich in Wasser und fällbar Inosinsäure. durch Alkohol. Sie ist lävogyr; in salzsäurehaltiger Lösung des Ba-Salzes fanden NEUBERG und BRAHN $(\alpha)D = -18,5^0$ bei 16^0 C. Sie gibt mehrere kristallisierende Salze, unter denen das in Wasser schwerlösliche Baryumsalz besonders zu nennen ist.

Bezüglich der Darstellung dieser Säure vgl. man die in der Fußnote (S. 138) zitierten Arbeiten von HAISER, NEUBERG und BRAHN.

Guanylsäure. Diese Säure, welche zuerst von BANG aus dem Pankreas dargestellt wurde, ist später von JONES und ROWNTREE in der Milz und von LEVENE und MANDEL[1]) in der Leber gefunden worden. Als Spaltungsprodukte liefert sie Guanin, d-Ribose und Phosphorsäure, und dementsprechend würde ihre einfachste Formel $C_{10}H_{14}N_5PO_8$ sein. Diese Formel wird auch allgemein angenommen. Wenn nun, wie man behauptet hat, im Pankreas ein Tetra- Guanylnukleotid von dem Thymonukleinsäuretypus vorkommt, muß es aber auch säure. ein Guaninmononukleotid geben, welches nicht Pentose, sondern ein Hexakohlehydrat enthält. Eine solche Guanylsäure ist indessen bisher nicht isoliert und studiert worden.

Die von BANG beschriebene Säure war sehr schwerlöslich in kaltem Wasser, ziemlich leicht löslich in siedendem und schied sich beim Erkalten aus, so daß die Lösung erstarrte. Aus ihrer in Wasser gelösten Alkaliverbindung wurde sie von Essigsäure leicht gefällt. STEUDEL und FEULGEN[2]) haben dann aber gezeigt, daß die BANGsche Säure nicht die freie Guanylsäure, sondern ein Alkalisalz war, und daß man durch Reinigung eine gelatinierende Form der Säure, ein saures Alkalisalz erhalten kann, dessen Lösung nicht von Eigenschaften der Essigsäure gefällt wird. Diese Angaben beziehen sich aber ebenfalls auf die Guanylamorphe und folglich nicht reine Säure. LEVENE[3]), welcher schon früher mit säure. JACOBS das kristallisierende Bruzinsalz dargestellt hatte, hat nunmehr auch reine kristallisierende Guanylsäure aus der Hefenukleinsäure dargestellt. Die Säure kristallisiert aus konzentrierter, wässeriger Lösung in langen prismatischen Nadeln, die (lufttrocken) 2 Mol. Kristallwasser enthalten. Sie hat (lufttrocken) den Schmelzpunkt 180^0 nach Erweichen bei 175^0 C. In wässeriger Lösung war $(\alpha) \dfrac{25}{D} = -7,5^0$ bis -8^0 und in 5prozentiger ammoniakalischer Lösung $= -44^0$. Das aus ihr dargestellte Bruzinsalz war ebenfalls linksdrehend: $(\alpha) \dfrac{20}{D}$ (in verdünntem Alkohol) $= -26^0$. Die Lösung der Säure gelatinierte nur bei Gegenwart von mineralischen Beimengungen.

Bezüglich der Darstellung der Säure wird auf die zitierten Arbeiten von BANG, FEULGEN und LEVENE und bezüglich der Eigenschaften der Adenosin-, Zytidin- und Uridinphosphorsäure auf die Arbeiten von LEVENE und THANNHAUSER hingewiesen.

Gesellsch. 41, S. 3376; FR. BAUER, HOFMEISTERs Beiträge 10; LEVENE u. JACOBS, Ber. d. d. chem. Gesellsch. 42, 43, 44.

[1]) BANG, Zeitschr. f. physiol. Chem. 26, 69 und Bioch. Zeitschr. 26; mit RAASCHOU, HOFMEISTERs Beiträge 4; JONES u. ROWNTREE, Journ. of biol. Chem. 4; LEVENE u. MANDEL, Bioch. Zeitschr. 10. [2]) STEUDEL u. BRIEGL, Zeitschr. f. physiol. Chem. 68; FEULGEN ebenda 106. [3]) LEVENE, Journ. of biol. Chem. 40, mit JACOBS ebenda 12.

Thymo-
nuklein-
säuren.

Thymonukleinsäuren. Aus der Thymusdrüse des Kalbes haben KOSSEL und NEUMANN zwei Nukleinsäuren dieser Gruppe, die a- und b-Thymusnukleinsäure isoliert. Diese Säuren sollen nach SCHMIEDEBERG mit der an Protamin gebundenen Salmonukleinsäure aus Lachsmilch und nach STEUDEL[1] wahrscheinlich auch mit der Säure aus Heringsmilch identisch sein. Andere, jedenfalls nahe verwandte Säuren sind aus Sperma von Quappe, Stör und Seeigel, aus Stierhoden, Gehirn, Milz, Pankreas und anderen Organen dargestellt worden.

Thymus-
nuklein-
säure.

Die am genauesten untersuchte unter diesen Nukleinsäuren ist die aus der Thymusdrüse. Ihre Formel kann man noch nicht sicher angeben, wesentlich aus dem Grunde, daß die Natur des in ihr eingehenden Kohlehydratkomplexes nicht sicher bekannt ist; und da man die Anzahl der Wasser- und Sauerstoffatome nicht genau kennt, kann man ihr vorläufig nur die Formel $C_{43}H_xN_{15}P_4O_y$ geben.

Eigenschaften der
Thymo-
nuklein-
säuren.

Die Thymonukleinsäuren sind amorph, weiß, von saurer Reaktion, schwer löslich in kaltem Wasser und rechtsdrehend. In Alkohol und Äther sind sie unlöslich. Von Ammoniak oder Alkali werden sie leicht gelöst, und aus den Lösungen ihrer Alkalisalze können sie von Chlorwasserstoffsäure, besonders bei Gegenwart von Alkohol, gefällt werden. Mit schweren Metallen geben sie unlösliche Verbindungen, und die Lösungen ihrer Alkalisalze können auch von basischen Farbstoffen wie Malachitgrün und Kristallviolett gefällt werden (FEULGEN). Infolge der Löslichkeit solcher Farbstoffverbindungen in Alkohol kann man sie nach FEULGEN[2] mit Vorteil zur Reinigung der Säuren verwenden. Die Lösungen der Alkalisalze in Wasser werden nicht von Essigsäure gefällt; eine solche saure Lösung gibt aber mit einer Eiweißlösung eine Fällung von Nukleinsäureeiweiß. Die Nukleinsäuren geben weder die Biuretreaktion noch die MILLONsche Reaktion.

Thymus-
nuklein-
säuren.

Die zwei Thymusnukleinsäuren unterscheiden sich wesentlich durch das verschiedene Verhalten ihrer Alkalisalze. Das Natriumsalz der a-Nukleinsäure gelatiniert beim Erkalten ihrer 5prozentigen Lösung, und die erstarrte Masse schmilzt beim Erwärmen auf 55—60° C. Die b-Säure entsteht aus der a-Säure unter teilweiser Zersetzung beim Erwärmen mit Natronlauge. Dagegen kann man sie nach FEULGEN[3] ohne Zersetzung erhalten, wenn man das bis zu 100° C vorsichtig getrocknete Salz der a-Säure vier Tage auf 110° C erhitzt. Es findet hierbei eine Abgabe von Wasser aus der a-Säure statt.

Hefe-
nuklein-
säure.

Pflanzliche Nukleinsäuren. Die zwei bisher bekannten Säuren dieser Gruppe sind die Hefenukleinsäure und die aus Weizenembryonen isolierte Tritikonukleinsäure. Die schon von OSBORNE und HARRIS[4] vermutete Identität der beiden Säuren ist immer mehr wahrscheinlich geworden. Hinsichtlich der Struktur der Hefenukleinsäure ist man allerdings nicht ganz einig, indem man nämlich die Bindungsweise der Mononukleotide aneinander nicht sicher kennt und auch die Basizität der Säure etwas umstritten ist. Wie oben erwähnt, betrachtet man aber diese Säure wohl fast allgemein als ein Tetranukleotid von Ribose mit Adenin, Guanin, Zytosin und Urazil. Unter der Voraussetzung, daß diese Auffassung richtig ist, würde ihr also die Formel $C_{38}H_xN_{15}P_4O_y$ zukommen.

Die Tritikonukleinsäure liefert, wie OSBORNE und HEYL, WHEELER und JOHNSON und in neuerer Zeit LEVENE und LA FORGE[5] zeigten, ganz dieselben

---

[1] A. NEUMANN, Arch. f. (Anat. u.) Physiol. 1898 u. 1899, Supplb.; SCHMIEDEBERG, Arch. f. exp. Path. u. Pharm. **37**, 43 u. 57; STEUDEL, Zeitschr. f. physiol. Chem. **49** u. **53**. [2] Ebenda **84** u. **91**. [3] Zeitschr. f. physiol. Chem. **91**. [4] OSBORNE u. I. F. HARRIS; Zeitschr. f. physiol. Chem. **36**. [5] OSBORNE u. HEYL, Amer. Journ. of Physiol. **21**;

Hydrolyseprodukte wie die Hefenukleinsäure und beide sollen d-Ribose ent- halten. Der bei der Elementaranalyse gefundenen, etwas abweichenden elementären Zusammensetzung beider, welche übrigens keine größere Differenz als die zwischen verschiedenen Hefenukleinsäurepräparaten gefundene zeigt, kann man keine größere Bedeutung zumessen, und es spricht also Vieles für die Identität beider Säuren.

Die pflanzlichen Nukleinsäuren haben die allgemeinen Reaktionen der Reaktionen. zusammengesetzten Nukleinsäuren, können aber auch von überschüssiger Essigsäure gefällt werden. Sie sind rechtsdrehend.

Die Darstellung der Nukleinsäuren basiert in erster Linie immer auf der Spaltung der Nukleoproteide in Eiweiß und Nukleinsäure durch Alkalieinwirkung und darauffolgender Trennung der Nukleinsäuren von dem Eiweiß. Die zur Darstellung. Reinigung von dem beigemengten Eiweiße nötigen Operationen sind jedoch recht kompliziert, und bezüglich des näheren Details kann auf ABDERHALDEN, Handbuch der biochemischen Arbeitsmethoden, II, 2, und auf die oben zitierten neueren Arbeiten von LEVENE, FEULGEN und THANNHAUSER hingewiesen werden.

Plasminsäure haben ASCOLI und KOSSEL[1]) eine Säure genannt, welche durch Plasmin- Einwirkung von Alkali auf Hefe entsteht. Sie enthält Eisen und wird von sehr verdünnter säure. Salzsäure (1 p. m.) gelöst. Ob hier ein chemisches Individuum oder ein Gemenge vorliegt, steht noch dahin.

2. Purinbasen.

Die als Spaltungsprodukte der Nukleinsäuren erhaltenen „Nukleinbasen", von KOSSEL und KRÜGER auch „Alloxurbasen" genannt, sind Glieder der großen Gruppe der Purine, zu welcher, unter den im Tierkörper gefundenen Substanzen auch die Harnsäure gehört. Die Konstitution dieser Stoffe ist von E. FISCHER[2]) aufgeklärt worden und er hat eine Menge dieser Stoffe synthetisch Purine. dargestellt. Man kann sie alle aus dem von FISCHER synthetisch dargestellten Purin, $C_5H_4N_4$, dem man die untenstehende Formel gibt und welches man als eine Kombination von einem Pyrimidin- und einem Imidazolring auffassen kann, herleiten.

Durch Substitution verschiedener Wasserstoffatome in dem Purin durch Hydroxyl-, Kon- Amid- oder Alkylgruppen entstehen die verschiedenen Purine. Um die Stellung der ver- stitution. schiedenen Substituenten anzugeben, hat FISCHER vorgeschlagen, die neun Glieder des Purinkernes in folgender Weise zu numerieren.

$$
\begin{array}{c}
1\ N = C\ 6 \\
| \quad | \\
2\ C\ 5\ C{-}N\ 7 \\
\| \quad \| \quad {>}C\ 8 \\
3\ N - C{-}N\ 9 \\
4
\end{array}
$$

WHEELER u. JOHNSON, Amer. chem. Journ. **29**; LEVENE u. LA FORGE, Ber. d. d. chem. Gesellsch. **43**.

[1]) ASCOLI, Zeitschr. f. physiol. Chem. **28**. [2]) Vgl. E. FISCHER, Untersuchungen in der Puringruppe (1882—1906). Berlin 1907. (J. Springer).

$$\text{Die Harnsäure} \quad \begin{matrix} HN-CO \\ | \quad\quad | \\ OC-C-NH \\ | \quad\quad \| \\ HN-C-NH \end{matrix} \Big\rangle CO$$ ist also beispielsweise 2, 6, 8-Trioxypurin, das

Adenin $$\begin{matrix} N=CNH_2 \\ | \quad\quad | \\ HC \quad C-NH \\ \| \quad\quad \| \\ N-C-N \end{matrix} \Big\rangle CH$$ = 6-Aminopurin und das Heteroxanthin $$\begin{matrix} HN-CO \\ | \quad\quad | \\ OC \quad C-N\,.\,CH_3 \\ | \quad\quad \| \\ HN-C-N \end{matrix} \Big\rangle CH$$ = 7-Methyl-, 2, 6-Dioxypurin usw.

Der Ausgangspunkt für die von FISCHER ausgeführte synthetische Darstellung der Purinbasen war das 2, 6, 8-Trichlorpurin, welches mit dem 8-Oxy- 2, 6-Dichlorpurin als Zwischenstufe aus harnsaurem Kali und Phosphoroxychlorid erhalten wurde.

Die im Tierkörper oder dessen Exkreten gefundenen Purine oder Alloxurkörper, wie man sie bisweilen auch nennt, sind folgende: Harnsäure, Xan-
Purine.   thin, Heteroxanthin, 1-Methylxanthin, Paraxanthin, Guanin, Epiguanin, Hypoxanthin, Episarkin und Adenin. In naher Beziehung zu ihnen stehen die im Pflanzenreiche vorkommenden Stoffe, Theobromin, Theophyllin und Koffein.

Die Zusammensetzung der in physiologisch chemischer Hinsicht wichtigsten Purine ist folgende:

Harnsäure	$C_5H_4N_4O_3$		2, 6, 8-Trioxypurin
Xanthin	$C_5H_4N_4O_2$		2, 6-Dioxypurin
1-Methylxanthin	$C_6H_6N_4O_2$	1-Methyl-	„ „ „
Heteroxanthin	$C_6H_6N_4O_2$	7 „	„ „ „
Theophyllin	$C_7H_8N_4O_2$	1, 3-Dimethyl-	„ „ „
Paraxanthin	$C_7H_8N_4O_2$	1, 7 „	„ „ „
Theobromin	$C_7H_8N_4O_2$	3, 7-Dimethyl	„ „ „
Koffein	$C_8H_{10}N_4O_2$	1, 3, 7-Trimethyl-	„ „ „
Hypoxanthin	$C_5H_4N_4O$		6-Oxypurin
Guanin	$C_5H_5N_5O$	2-Amino-	„ „
Epiguanin	$C_6H_7N_5O$	7-Methyl- „ „	„ „
Adenin	$C_5H_5N_5$		6-Aminopurin
Episarkin	$C_4H_6N_3O$ (?)		

Nachdem schon G. SALOMON [1]) das Vorkommen von sog. Xanthinstoffen in jungen Zellen nachgewiesen hatte, ist die Bedeutung der Purinbasen als Zersetzungsprodukte des Zellkernes und der Nukleine besonders durch die bahnbrechenden Untersuchungen von KOSSEL, welcher das Adenin und das Theophyllin entdeckt hat, dargetan worden. In solchen Geweben, in welchen, wie z. B. in den Drüsen, die Zellen ihre ursprüngliche Beschaffenheit bewahrt haben, finden sich die Purinbasen nicht als solche frei, sondern in Verbindung mit anderen Atomgruppen (in den Nukleinsäuren) vor. In solchen Geweben
Vor-   dagegen, welche, wie die Muskeln, arm an Zellkernen sind, findet man sie
kommen.   bisweilen auch im freien Zustande. Da die Purinbasen, wie KOSSEL gezeigt hat, in naher Beziehung zu dem Zellkerne stehen, ist es leicht zu verstehen, warum die Menge dieser Stoffe reichlich vermehrt wird, wenn reichliche Mengen von kernhaltigen Zellen an solchen Stellen auftreten, welche früher verhältnismäßig arm daran waren. Ein Beispiel dieser Art liefert das an Leukozyten äußerst reiche Blut bei Leukämie. In solchem Blut fand KOSSEL [2]) 1,04 p. m. Purinbasen gegen nur Spuren davon in normalem Blute. Daß diese Basen auch Zwischenstufen bei der Entstehung der Harnsäure im Tierorganismus darstellen, ist, wie später (vgl. Kapitel 15) gezeigt werden soll, unzweifelhaft.

Von den Purinbasen sind einige nur im Harne oder in Pflanzen gefunden worden. Als Spaltungsprodukte der Nukleine hat man aber bisher

---

[1]) Sitz.-Ber. d. Bot. Vereins der Provinz Brandenburg 1880 (Separatabzug). [2]) Zeitschr. f. physiol. Chem. 7, S. 22.

nur die vier Basen, Xanthin, Guanin, Hypoxanthin und Adenin erhalten, welche nicht alle immer primär vorhanden sind. Während hinsichtlich der übrigen Purine auf die bezüglichen Kapitel hingewiesen wird, können deshalb auch nur die obigen vier Stoffe, die eigentlichen sog. Nukleinbasen, hier besprochen werden.

Von diesen vier Stoffen bilden das Xanthin und Guanin in gewisser Purinbasen. Hinsicht eine besondere Gruppe, das Hypoxanthin und Adenin eine andere. Durch Einwirkung von salpetriger Säure geht das Guanin in Xanthin und das Adenin in Hypoxanthin über.

$$C_5H_4N_4O \cdot NH + HNO_2 = C_5H_4N_4O_2 + N_2 + H_2O \text{ und}$$
Guanin $\qquad\qquad$ Xanthin
$$C_5H_4N_4 \cdot NH + HNO_2 = C_5H_4N_4O + N_2 + H_2O$$
Adenin $\qquad\qquad$ Hypoxanthin

Ähnliche Umsetzungen, wobei Xanthin und Hypoxanthin sekundär entstehen, können auch bei der Hydrolyse der Nukleinsäuren wie auch bei der Fäulnis und durch die Einwirkung besonderer Enzyme stattfinden. Zahlreiche Untersuchungen (vgl. Kapitel 15) haben nämlich gezeigt, daß in verschiedenen Enzymatische Umsetzungen. Organen teils Desamidierungsenzyme, Guanase und Adenase, welche Guanin tische Umsetzungen. und Adenin in Xanthin bzw. Hypoxanthin überführen, und teils Oxydasen, welche das Hypoxanthin zu Xanthin und das letztere zu Harnsäure oxydieren, vorkommen. Diese Entstehung der Harnsäure aus den Purinbasen ist wie im Kapitel 15 näher entwickelt werden soll, von sehr großem Interesse.

Die Purinbasen bilden mit Mineralsäuren kristallisierende Salze, die mit Ausnahme von den Adeninsalzen von Wasser zersetzt werden. Von Alkalien werden sie leicht gelöst, während sie zu Ammoniak etwas verschieden sich verhalten. Aus saurer Lösung werden sie alle durch Phosphorwolframsäure gefällt, ebenso scheiden sie sich alle nach Zusatz von Ammoniak und ammonia-Eigenkalischer Silberlösung als Silberverbindungen aus. Diese Niederschläge sind in schaften siedender Salpetersäure von 1,1 sp. Gew. löslich. Von FEHLINGscher Lösung der Purin-(vgl. Kapitel 3) bei Gegenwart von einem Reduktionsmittel, wie dem Hydr-basen. oxylamin, werden die Purinbasen, wie DRECHSEL und BALKE gezeigt haben, ebenfalls gefällt. Zur Fällung kann man nach KRÜGER[1]) ebensogut Kupfersulfat und Natriumbisulfit brauchen. Dieses Verhalten der Purinbasen eignet sich ebensogut wie das zu Silberlösung zur Abscheidung und Reingewinnung derselben.

$$
\text{Xanthin, } C_5H_4N_4O_2 = \begin{array}{c} HN - CO \\ | \qquad | \\ CO \quad C-NH \\ | \qquad || \qquad \diagdown \!\!\! C H \\ HN - C - N \diagup \end{array} \quad (2,\ 6\text{-Dioxypurin}), \text{ ist in}
$$

mehreren zellenreichen Organen gefunden worden. Im Harne kommt es als physiologischer Bestandteil in äußerst geringer Menge vor, und nur selten hat man es in Harnsedimenten oder in Blasensteinen gefunden. In einem solchen Xanthin. Stein wurde es zuerst (von MARCET) beobachtet. In größter Menge findet man das Xanthin in einigen Guanosorten (Jarvisguano).

Aus Harnsäure kann man Xanthin darstellen, entweder nach E. FISCHER durch Kochen mit 25prozentiger Salzsäure oder nach SUNDWIK[2]) durch Erhitzen von Harnsäure mit wasserfreier Oxalsäure in Glyzerin auf etwa 200⁰ C.

---

[1]) BALKE, Zur Kenntnis der Xanthinkörper. Inaug.-Diss. Leipzig 1893; M. KRÜGER, Zeitschr. f. physiol. Chem. 18. [2]) E. FISCHER, Ber. d. d. chem. Gesellsch. 43; SUNDWIK, Zeitschr. f. physiol. Chem. 76. Bezüglich der Synthese von Xanthin und anderen Purinen vgl. man E. FISCHER, Fußnote 2, S. 141.

Eigen-
schaften
und Ver-
bindungen. Das Xanthin ist amorph oder stellt körnige Massen von Kristallblättchen dar, kann aber nach HORBACZEWSKI[1]) auch in Drusen aus glänzenden, dünnen großen rhombischen Platten mit 1 Mol. Kristallwasser sich ausscheiden. Es ist sehr wenig löslich in Wasser, in 14151—14600 Teilen bei +16° C und in 1300—1500 Teilen bei 100° C (ALMÉN)[2]). In Alkohol oder Äther ist es unlöslich, von Alkalien wird es leicht, von verdünnten Säuren dagegen schwer gelöst. Mit Chlorwasserstoffsäure gibt es eine kristallisierende, schwer lösliche Verbindung. Mit sehr wenig Natronlauge gibt es eine leicht kristallisierende Verbindung, die von mehr Alkali leicht gelöst wird. In Ammoniak gelöst, gibt das Xanthin mit Silbernitrat einen unlöslichen, gelatinösen Niederschlag von Xanthinsilber. Von heißer Salpetersäure wird dieser Niederschlag gelöst, und es entsteht dabei eine verhältnismäßig wenig schwerlösliche, kristallisierende Doppelverbindung. Eine wässerige Xanthinlösung wird durch essigsaures Kupferoxyd beim Kochen gefällt. Bei gewöhnlicher Temperatur wird das Xanthin von Quecksilberchlorid und von ammoniakalischem Bleiessig gefällt. Bleiessig allein fällt es nicht.

Reaktionen. Mit Salpetersäure in einer Porzellanschale zur Trockne abgedampft, gibt das Xanthin einen gelben Rückstand, welcher bei Zusatz von Natronlauge erst rot und dann beim Erwärmen purpurrot gefärbt wird. Bringt man in Natronlauge in einer Porzellanschale etwas Chlorkalk, rührt um und trägt das Xanthin ein, so bildet sich um die Xanthinkörnchen ein erst dunkelgrüner, bald aber sich braunfärbender Hof, der dann wieder verschwindet (HOPPE-SEYLER). Wird das Xanthin in einer kleinen Schale auf dem Wasserbade mit Chlorwasser und einer Spur Salpetersäure erwärmt und eingetrocknet, so färbt sich der Rückstand, wenn er unter einer Glasglocke mit Ammoniakdämpfen in Berührung kommt, rot oder purpurviolett (Reaktion von WEIDEL). E. FISCHER[3]) führt die WEIDELsche Reaktion in folgender Weise aus. Er kocht im Reagenzgläschen mit Chlorwasser oder mit Salzsäure und ein wenig Kaliumchlorat, verdampft dann vorsichtig die Flüssigkeit und befeuchtet den trockenen Rückstand mit Ammoniak.

$$\text{Guanin, } C_5H_5N_5O = \begin{array}{c} HN - CO \\ | \quad \ | \\ H_2N \cdot C - C - NH \\ \| \quad \ \| \quad \diagdown CH \\ N - C - N \diagup \end{array} \qquad \text{(2-Amino-6-Oxypurin)}.$$

Guanin. Das Guanin kommt in allen zellenreichen Organen vor. Es findet sich ferner in den Muskeln (in sehr kleiner Menge), in Fischschuppen und in der Schwimmblase einiger Fische als irisierende Kristalle von Guaninkalk, im Retinaepithel von Fischen, in Guano und in Spinnenexkrementen (als Hauptbestandteil derselben) und endlich angeblich auch in Menschen- und Schweineharn. Unter pathologischen Verhältnissen hat man es im leukämischen Blute und bei der Guaningicht der Schweine in deren Muskeln, Gelenken und Bändern gefunden.

Das Guanin ist ein farbloses, gewöhnlich amorphes Pulver, welches indessen aus seiner Lösung in konzentriertem Ammoniak bei der freiwilligen Verdunstung des letzteren in sehr kleinen Kristallen sich ausscheiden kann. Unter Umständen kann es nach HORBACZEWSKI auch in Drusen, die dem Kreatininchlorzink ähnlich sehen, kristallisieren. In Wasser, Alkohol und Äther ist es unlöslich. Von Mineralsäuren wird es ziemlich leicht, von Alkalien leicht, von Ammoniak aber nur äußerst schwer gelöst. Nach WULFF[4]) lösen sich in 100 ccm kalter Ammoniaklösung von resp. 1, 3 und 5 p. c. NH_3 bzw.

---

[1]) Zeitschr. f. physiol. Chem. **23**. [2]) Journ. f. prakt. Chem. **96**. [3]) Ber. d. d. chem. Gesellsch. **30**, S. 2236. [4]) Zeitschr. f. physiol. Chem. **17**.

9, 15 und 19 mg Guanin. In heißer Ammoniaklösung ist die Löslichkeit relativ bedeutend größer. Das salzsaure Salz kristallisiert leicht und ist, seines charakteristischen Verhaltens im polarisierten Lichte wegen, zur mikroskopischen Erkennung des Guanins von Kossel[1]) empfohlen worden. Das Sulfat enthält 2 Mol. Kristallwasser, die beim Erhitzen auf 120° C vollständig entweichen, und hierdurch sowie dadurch, daß das Guanin beim Zersetzen mit Chlorwasser Guanidin liefert, unterscheidet es sich von dem 6-Amino-2-Oxypurin, welches als ein Oxydationsprodukt des Adenins aufzufassen ist und möglicherweise als Produkt des chemischen Stoffwechsels vorkommt (E. Fischer). Das 6-Amino-2-Oxypurinsulfat enthält nur 1 Mol. Kristallwasser, das bei 120° C nicht entweicht. Von Pikrinsäure, wie auch von Metaphosphorsäure, werden selbst sehr verdünnte Guaninlösungen gefällt. Die Niederschläge können zur quantitativen Bestimmung benutzt werden. Die Silberverbindung wird von siedender Salpetersäure sehr schwer gelöst und beim Erkalten kristallisiert die Doppelverbindung leicht aus. Zu der Salpetersäureprobe verhält sich das Guanin wie das Xanthin, gibt aber mit Alkali beim Erwärmen eine mehr blauviolette Farbe. Eine warme Lösung von salzsaurem Guanin gibt mit kalt gesättigter Lösung von Pikrinsäure einen aus seideglänzenden Nadeln bestehenden, gelben Niederschlag (Capranica). Mit einer Lösung von Kaliumdichromat gibt eine salzsäurehaltige Guaninlösung eine kristallinische, orangerote und mit einer konzentrierten Lösung von Ferrizyankalium eine gelbbraune, kristallinische Fällung (Capranica). Mit Pikrolonsäure gibt es auch eine Verbindung (Levene)[2]); es gibt die Weidelsche Reaktion.

Verbindungen und Reaktionen.

$$
\begin{array}{l}
\text{HN—CO} \\
\quad | \quad | \\
\textbf{Hypoxanthin (Sarkin)} \ C_5H_4N_4O = \text{HC} \quad \text{C—NH} \quad\quad \text{(6-Oxypurin),} \\
\quad\quad\quad\quad\quad\quad\quad\quad\quad || \quad || \quad\quad\text{CH} \\
\quad\quad\quad\quad\quad\quad\quad\quad\quad \text{N—C—N}
\end{array}
$$

hat man in allen kernhaltigen Organen, in Muskeln und im Fleischextrakt, als Spaltungsprodukt der Inosinsäure, gefunden. Besonders reichlich wurde dasselbe im Sperma von Lachs und Karpfen gefunden. Das Hypoxanthin fand man auch im Knochenmark, in sehr geringer Menge im normalen Harn und, wie es scheint, auch in der Milch. Im Blut und Harn Leukämischer ist es in nicht unbedeutender Menge gefunden worden.

Hypoxanthin.

Das Hypoxanthin kann man nach Sundwiks[3]) Verfahren aus Harnsäure oder Xanthin durch Erhitzen mit ameisensaurem Salz, am einfachsten durch Erhitzen mit Chloroform in alkalischer Lösung erhalten.

Das Hypoxanthin bildet farblose, sehr kleine Kristallnadeln. Es löst sich schwer in kaltem Wasser; die Angaben über seine Löslichkeit darin sind aber einander widersprechend[4]). In siedendem Wasser löst es sich leichter, in etwa 70—80 Teilen. In Alkohol löst es sich fast gar nicht, wird aber von Säuren und Alkalien gelöst. Die Verbindung mit Chlorwasserstoffsäure kristallisiert, ist aber weniger schwer löslich als die entsprechende Xanthinverbindung. Von Ammoniak wird es leicht gelöst. Die Silberverbindung löst sich schwer in siedender Salpetersäure. Beim Erkalten scheidet sich ein aus zwei Hypoxanthinsilbernitratverbindungen bestehendes Gemenge von nicht konstanter Zusammensetzung aus. Behandelt man dieses Gemenge in der Wärme mit

Eigenschaften, Verbindungen und Reaktionen.

---

[1]) Über die chem. Zusammensetzung der Zelle. Verhandl. d. physiol. Gesellsch. zu Berlin 1890—91, Nr. 5 u. 6. [2]) Capranica, Zeitschr. f. physiol. Chem. 4; Levene, Bioch. Zeitschr. 4. [3]) l. c. und Skand. Arch. f. Physiol. 25. [4]) Vgl. E. Fischer, Ber. d. d. chem. Gesellsch. 30.

Ammoniak und überschüssigem Silbernitrat, so entsteht eine Hypoxanthin-
silberverbindung, die nach dem Trocknen bei 120⁰ C die konstante Zusammensetzung $2(C_5H_2Ag_2N_4O) + H_2O$ hat und zur quantitativen Bestimmung des
Hypoxanthins sich eignet. Das Hypoxanthinpikrat ist schwerlöslich, bringt
man aber eine siedende Lösung desselben mit einer neutralen oder nur schwach
sauren Lösung von Silbernitrat zusammen, so wird das Hypoxanthin fast
quantitativ ausgefällt als die Verbindung $C_5H_3AgN_4O \cdot C_6H_2(NO_2)_3OH$. Das
Hypoxanthin gibt mit Metaphosphorsäure keine schwerlösliche Verbindung.
Mit Salpetersäure, wie das Xanthin behandelt, gibt das Hypoxanthin einen
fast ungefärbten Rückstand, welcher von Alkali beim Erwärmen nicht rot wird.
Gibt nicht die WEIDELsche Reaktion. Nach Einwirkung von Salzsäure und
Zink nimmt eine Hypoxanthinlösung bei Zusatz von überschüssigem Alkali
eine erst rubinrote und dann braunrote Farbe an (KOSSEL). Nach FISCHER[1])
tritt Rotfärbung schon in der sauren Lösung auf.

$$
\begin{array}{c}
\mathrm{N = C \cdot NH_2} \\
| \quad | \\
\mathbf{Adenin,}\ C_5H_5N_5 = \mathrm{HC \quad C - NH} \\
\| \quad \| \quad \diagdown \mathrm{CH} \\
\mathrm{N - C - N} \diagup
\end{array}
$$

(6-Aminopurin), wurde zuerst

Adenin. von KOSSEL[2]) in der Pankreasdrüse gefunden. Es findet sich in allen kernhaltigen Zellen, kommt aber in größter Menge im Sperma von Karpfen und
in der Tymusdrüse vor. Es ist auch in leukämischem Harne gefunden worden
(STADTHAGEN)[3]). In reichlichen Mengen kann man es aus Teeblättern gewinnen.

Das Adenin kristallisiert mit 3 Mol. Kristallwasser in langen Nadeln, die
allmählich an der Luft, aber viel rascher beim Erwärmen undurchsichtig
werden. Erwärmt man die Kristalle langsam in einer zur Lösung ungenügenden
Menge Wasser, so werden sie bei +53⁰ C plötzlich getrübt — eine für das
Adenin charakteristische Reaktion. Das Adenin löst sich in 1086 Teilen kalten
Wassers, in warmem Wasser ist es viel leichter löslich. Es ist unlöslich in Äther,
aber etwas löslich in heißem Alkohol. In Säuren und Alkalien löst es sich leicht.
Von Ammoniaklösung wird es leichter als Guanin, aber schwerer als Hypoxanthin gelöst. Die Silberverbindung des Adenins ist schwer löslich in warmer
Salpetersäure und beim Erkalten scheidet sich ein kristallisierendes Gemenge
von Adeninsilbernitraten aus. Mit Pikrinsäure gibt das Adenin eine schwerlösliche Verbindung, $C_5H_5N_5 \cdot C_6H_2(NO_2)_3OH$, welche leichter als das Hypoxanthinpikrat sich ausscheidet und zur quantitativen Bestimmung des Adenins
benutzt werden kann. Es gibt ebenfalls ein Adeninquecksilberpikrat. Mit
Metaphosphorsäure gibt das Adenin, wenn die Lösung nicht zu verdünnt ist,
einen im Überschuß der Säure löslichen Niederschlag. Das salzsaure Adenin
gibt mit Goldchlorid eine, teils in blattförmigen Aggregaten und teils in würfel-
förmigen oder prismatischen Kristallen, oft mit abgestumpften Ecken, sich
ausscheidende Doppelverbindung, die zur mikroskopischen Erkennung des
Adenins geeignet ist. Der Salpetersäureprobe und der WEIDELschen Probe
gegenüber verhält sich das Adenin wie das Hypoxanthin. Dasselbe gilt auch
von dem Verhalten zu Salzsäure und Zink mit darauffolgendem Alkalizusatz.

Bezüglich der Darstellung der Purinbasen aus tierischen Organen und
ihrer quantitativen Bestimmung wird auf ABDERHALDEN, Handbuch der
biochemischen Arbeitsmethoden und andere größere Handbücher hingewiesen.
Bezüglich der Purinstoffe im Harne vgl. man Kapitel 15.

Eigen-
schaften.

Verbin-
dungen und
Reaktionen.

---

[1]) KOSSEL, Zeitschr. f. physiol. Chem. **12**, S. 252; E. FISCHER, l. c.   [2]) Vgl. Zeitschr. f. physiol. Chem. **10** u. **12**.   [3]) VIRCHOWS Arch. **109**.

3. Pyrimidinbasen.

Diese Stoffe stehen in naher Beziehung zu den Purinen und als ihre

Muttersubstanz kann man das Pyrimidin, $C_4H_4N_2 =$
$$\begin{array}{cc} N = CH \\ | \quad\quad | \\ HC \quad\quad CH \\ || \quad\quad || \\ N - CH \end{array}$$ annehmen.

Die aus Nukleinsäuren erhaltenen Pyrimidinbasen sind Zytosin, Urazil **Pyrimidinbasen.**
und Thymin.

Zytosin, $C_4H_5N_3O =$
$$\begin{array}{cc} N = C . NH_2 \\ | \quad\quad | \\ CO \quad\quad CH \\ | \quad\quad || \\ HN - CH \end{array}$$ (6-Amino-2-Oxypyrimidin), ist zu-

erst von KOSSEL und NEUMANN aus Thymusnukleinsäure und darauf von
KOSSEL und STEUDEL u. a. aus verschiedenen Nukleinsäuren dargestellt worden.
WHEELER und JOHNSON[1]) haben es auch synthetisch dargestellt. Von salpetriger Säure wird es in Urazil übergeführt.

Die freie Base ist schwerlöslich in Wasser (129 Teilen) und kristallisiert
in dünnen perlmutterglänzenden Blättchen. Sie ist unlöslich in Äther, schwerlöslich in Alkohol. Die Platinchloriddoppelverbindung, das ebenfalls kristallisierende Pikrat, das Nitrat und das Pikrolonat sind für die Erkennung des **Zytosin.**
Zytosins von Bedeutung. Die Base wird von Phosphorwolframsäure und von
Silbernitrat (mit überschüssigem Baryumhydroxyd) gefällt, was zum Nachweis
derselben von Bedeutung ist (KUTSCHER). Jodwismut-Jodkalium gibt einen
ziegelroten Niederschlag. Das Zytosin gibt mit Chlorwasser und Ammoniak die
Murexidreaktion (vgl. Kapitel 15) und ebenso die unten (s. Urazil) zu be-
schreibende Reaktion von WHEELER und JOHNSON. Bezüglich der Darstellung
vergleiche man KOSSEL und STEUDEL (Zeitschrift für physiologische Chemie
Bd. 37 und 38) und KUTSCHER (ebenda Bd. 38)[2]).

Urazil, $C_4H_4N_2O_2 =$
$$\begin{array}{cc} HN - CO \\ | \quad\quad | \\ CO \quad\quad CH \\ | \quad\quad || \\ HN - CH \end{array}$$ (2, 6-Dioxypyrimidin), wurde zuerst von

ASCOLI und KOSSEL aus Hefenukleinsäure gewonnen und ist später aus verschiedenen zusammengesetzten Nukleinsäuren, wahrscheinlich oft als sekundäres, aus dem Zytosin entstandenes Spaltungsprodukt erhalten worden. Die
synthetische Darstellung desselben wurde zuerst von E. FISCHER und ROEDER[3])
ausgeführt.

Das Urazil kristallisiert in rosettenförmig angeordneten Nadeln. Beim
vorsichtigen Erhitzen sublimiert es zum Teil unzersetzt, entwickelt aber auch **Urazil.**
rote Dämpfe und zersetzt sich zum Teil. Es ist leicht löslich in heißem und
schwer in kaltem Wasser, löst sich aber fast gar nicht in Alkohol und Äther.
Von Ammoniak wird es leicht gelöst. Es wird von Merkurinitrat gefällt, nicht

---

[1]) Amer. chem. Journ. **29.** [2]) Da es nicht ausgeschlossen, sondern nach WHEELER
vielmehr wahrscheinlich ist, daß bei der hydrolytischen Spaltung der Nukleinsäuren
neben dem Thymin auch andere verwandte Pyrimidinbasen wie Isozytosin, 6-Amino-
pyrimidin und 6-Oxypyrimidin entstehen können, hat WHEELER Salze und Verbindungen
dieser Stoffe dargestellt und des Vergleiches halber beschrieben (Journ. of Biol. Chem. **3**).
[3]) ASCOLI, Zeitschr. f. physiol. Chem. **31**; KOSSEL u. STEUDEL ebenda **37**; LEVENE ebenda
38 u. **39** u. Fußnote 3, S. 144; FISCHER u. ROEDER, Ber. d. d. chem. Gesellsch. **34.**

aber von Phosphorwolframsäure. Von Silbernitratlösung wird es erst nach vorsichtigem Zusatz von Ammoniak oder Barytwasser gefällt. Der Niederschlag ist in überschüssigem Ammoniak leicht löslich. Urazil gibt die WEIDELsche Reaktion und die folgende Reaktion von WHEELER und T. B. JOHNSON[1]). Versetzt man die Urazillösung mit Bromwasser bis zu bleibender Trübung und setzt darauf überschüssiges Barytwasser hinzu, so entsteht fast augenblicklich ein purpurfarbener oder violetter Niederschlag bzw. bei stärkerer Verdünnung eine entsprechende Färbung. Diese Reaktion, welche, wie oben bemerkt, auch das Zytosin gibt, beruht darauf, daß erst Dibromoxyhydrourazil und dann aus ihm durch das Barythydrat erst Isodialur- und darauf Dialursäure entstehen, welche beide die Färbung geben. Bezüglich der Darstellung des Urazils vergleiche man KOSSEL und STEUDEL (Zeitschrift für physiologische Chemie Bd. 37, S. 245).

$$\text{Thymin, } C_5H_6N_2O_2 = \begin{array}{ccc} HN & - & CO \\ | & & | \\ CO & & C \, . \, CH_3, \\ | & & \| \\ HN & - & CH \end{array} \quad (5\text{-Methylurazil}).$$ Dieser Stoff,

Thymin. welcher mit dem von SCHMIEDEBERG aus Salmonukleinsäure dargestellten Nukleosin identisch ist, wurde aus Thymusnukleinsäure zuerst von KOSSEL und NEUMANN isoliert und ist dann von anderen Forschern, namentlich LEVENE, aus verschiedenen tierischen Nukleinsäuren dargestellt worden. E. FISCHER und ROEDER und später GERNGROSS[2]) haben es synthetisch dargestellt.

Das Thymin kristallisiert in sternförmig oder dendritisch gruppierten kleinen Blättchen oder (selten) in kurzen Nadeln (GULEWITSCH)[3]). Es sintert bei 318°, schmilzt bei gegen 321° und sublimiert. In kaltem Wasser ist es schwer, in heißem leicht und in Alkohol ziemlich schwer löslich. Zu Silbernitratlösung und Ammoniak oder Barytwasser verhält es sich wie Urazil. Von Phosphorwolframsäure kann das Thymin wenigstens in unreinem Zustande gefällt werden. Bromwasser wird entfärbt unter Bildung von Bromthymin. Zur Erkennung dient die Sublimierbarkeit, das Verhalten zu Silbernitrat und die Elementaranalyse.

Von MYERS[4]) sind Verbindungen von Pyrimidinbasen mit mehreren Metallen, wie K, Na, Pb, Hg, dargestellt worden, und er findet es weniger korrekt, die Pyrimidinstoffe als Basen zu bezeichnen.

Bezüglich der Darstellungsmethode vergleiche man KOSSEL und NEUMANN (l. c.) und W. JONES (Zeitschr. f. physiol. Chemie. Bd. 29, S. 461).

Purin- und Pyrimidin-stoffe. Die Purin- und Pyrimidinstoffe stehen sowohl chemisch als physiologisch in enger Beziehung zueinander, und aus dem Grunde hat man wiederholt die Frage aufgeworfen, ob nicht die Pyrimidinbasen, wenigstens zum Teil, als Laborationsprodukte aus den Purinbasen durch Säurewirkung entstehen. Bisher liegen aber keine überzeugenden Untersuchungen zugunsten dieser Ansicht vor, während dagegen andere, namentlich diejenigen von STEUDEL[5]) einer solchen Ansicht widersprechen.

---

[1]) Journ. of biol. Chem. 3. [2]) SCHMIEDEBERG, Arch. f. exp. Path. u. Pharm. 87; KOSSEL u. NEUMANN, Ber. d. d. chem. Gesellsch. 26 u. 27; FISCHER u. ROEDER ebenda 34; GERNGROSS ebenda 38. [3]) Zeitschr. f. physiol. Chem. 27. [4]) Journ. of Biol. Chem. 7. [5]) Zeitschr. f. physiol. Chem. 51 u. 53 (gegen BURIAN).

Drittes Kapitel.

Die Kohlehydrate.

Die mit diesem Namen bezeichneten Stoffe kommen besonders reichlich in dem Pflanzenreiche vor. Wie die Proteinstoffe die Hauptmasse der festen Teile der tierischen Gewebe bilden, so stellen nämlich die Kohlehydrate ihrerseits die Hauptmasse der Trockensubstanz des Pflanzenleibes dar. In dem Tierreiche kommen sie dagegen verhältnismäßig spärlich, teils frei und teils als Bestandteile mehr komplexer Moleküle, der Proteide, vor. Als Nahrungsmittel sind sie sowohl für Menschen wie für Tiere von außerordentlich großer Bedeutung.

Vorkommen der Kohlehydrate.

Die Kohlehydrate enthalten nur Kohlenstoff, Wasserstoff und Sauerstoff. Die zwei letztgenannten Elemente finden sich in der Regel in ihnen in derselben Relation wie im Wasser, also in der Relation 2:1; und dies ist der Grund, warum man ihnen seit alters her den Namen Kohlehydrate gegeben hat. Dieser Name ist indessen nicht ganz zutreffend, denn abgesehen davon, daß es Stoffe gibt, welche, wie die Essigsäure und Milchsäure, keine Kohlehydrate sind und dennoch Sauerstoff und Wasserstoff in derselben Relation wie das Wasser enthalten, kennt man auch Zucker (die Methylpentosen $C_6H_{12}O_5$), welche die fraglichen Elemente in einem anderen Verhältnisse enthalten. Früher glaubte man auch die Kohlehydrate als Stoffe charakterisieren zu können, die im Moleküle 6 Atome Kohlenstoff oder ein Vielfaches davon enthalten, aber auch diese Anschauung ist nicht stichhaltig. Man kennt nämlich wahre Kohlehydrate, die weniger als 6, aber auch solche, die 7, 8 und 9 Kohlenstoffatome im Moleküle enthalten.

Definition der Kohlehydrate.

Äußere Eigenschaften oder Charaktere, welche allen Kohlehydraten gemeinsam sind und sie als eine besondere Gruppe von anderen Stoffen unterscheiden, gibt es ebenfalls nicht, denn die verschiedenen Kohlehydrate sind hinsichtlich ihrer äußeren Eigenschaften in vielen Fällen sehr verschiedenartig. Unter solchen Umständen muß es schwierig sein, eine zutreffende Definition der Kohlehydrate zu geben.

In chemischer Hinsicht kann man indessen sagen, daß alle Kohlehydrate aldehyd- oder ketonartige Derivate mehrwertiger Alkohole sind. Die einfachsten Kohlehydrate, die einfachen Zuckerarten oder Monosaccharide, sind nämlich entweder Aldehyde oder Ketone derartiger Alkohole, und die mehr zusammengesetzten Kohlehydrate scheinen durch Anhydridbildung aus jenen entstanden zu sein. Tatsache ist es jedenfalls, daß die mehr zusammengesetzten Kohlehydrate bei der Hydrolyse entweder je zwei oder auch mehrere Moleküle von einfachen Zuckerarten liefern können.

Aldehyd- oder Keton- derivate.

Dem nun Gesagten entsprechend kann man auch die Kohlehydrate auf drei Hauptgruppen verteilen, nämlich: 1. *Einfache Zuckerarten*, Monosaccharide, 2. *zusammengesetzte Zuckerarten*, Disaccharide, Trisaccharide und kristallisierende Polysaccharide und 3. nicht kristallisierende oder *kolloide Polysaccharide*. Unter diesen Gruppen sind die Monosaccharide, Disaccharide und kolloiden Polysaccharide von besonderer tierphysiologischer Bedeutung.

Kohlehydratgruppen.

Unsere Kenntnis von den Kohlehydraten und deren Strukturverhältnissen ist in neuerer Zeit, dank den bahnbrechenden Untersuchungen von Kiliani[1]), und ganz besonders von E. Fischer[2]), höchst bedeutend erweitert worden.

Da die Kohlehydrate hauptsächlich im Pflanzenreiche vorkommen, kann es selbstverständlich nicht hier am Platze sein, eine ausführliche Besprechung der zahlreichen bekannten Kohlehydrate zu geben. Dem Plane dieses Buches gemäß wird hier nur eine kurzgedrängte Übersicht geliefert und es können hierbei nur diejenigen Kohlehydrate berücksichtigt werden, die entweder im Tierreiche vorkommen oder als Nährstoffe für Menschen und Tiere von besonderer Bedeutung sind.

I. Monosaccharide.

Sämtliche Zuckerarten werden hinsichtlich der Nomenklatur durch die Endung „ose" charakterisiert, die an einen die Herkunft oder andere Beziehungen andeutenden Stamm angefügt wird. Je nach der Anzahl der in dem Moleküle vorkommenden Kohlenstoffatome kann man dementsprechend auch die Monosaccharide in Triosen, Tetrosen, Pentosen, Hexosen. Heptosen usw. einteilen.

Aldosen und Ketosen.

Sämtliche Monosaccharide sind entweder Aldehyde oder Ketone mehrwertiger Alkohole. Jene Zuckerarten werden *Aldosen*, diese dagegen *Ketosen* genannt. Die gewöhnliche Glukose ist also z. B. eine Aldose, die Fruktose dagegen eine Ketose. Diese Verschiedenheit findet in den Strukturformeln der zwei Zuckerarten ihren Ausdruck:

$$\text{Glukose} = CH_2(OH) . CH(OH) . CH(OH) . CH(OH) . CH(OH) . CHO$$
$$\text{Fruktose} = CH_2(OH) . CH(OH) . CH(OH) . CH(OH) . CO . CH_2(OH).$$

Auch bei der Oxydation kommt dieser Unterschied zum Vorschein. Die Aldosen kann man nämlich hierbei in Oxysäuren von gleicher Kohlenstoffzahl überführen, die Ketosen dagegen nur in Säuren von niederer Kohlenstoffzahl. Bei milder Oxydation liefern die Aldosen Monokarbonsäuren, bei kräftiger Oxydation dagegen Dikarbonsäuren. So liefert die gewöhnliche Glukose im ersteren Falle Glukonsäure und im letzteren Zuckersäure.

Säuren aus Zuckern.

$$\text{Glukonsäure} = CH_2(OH) . [CH(OH)]_4 . COOH$$
$$\text{Zuckersäure} = COOH . [CH(OH)]_4 . COOH.$$

Die Monokarbonsäuren gehen leicht in ihre Anhydride (Laktone) über, welch letztere dadurch von besonderem Interesse sind, daß sie, wie Fischer gezeigt hat, durch naszierenden Wasserstoff in die entsprechenden Aldehyde, d. h. in die entsprechenden Aldosen, übergehen.

Durch naszierenden Wasserstoff kann man die Monosaccharide in die entsprechenden mehrwertigen Alkohole überführen. So geht die Arabinose,

---

[1]) Vgl. Ber. d. d. chem. Gesellsch. 18, 19 u. 20.   [2]) Vgl. besonders E. Fischers Vortrag: „Synthesen in der Zuckergruppe" ebenda 23, S. 2114. Vorzügliche Arbeiten über die Kohlehydrate sind: „Kurzes Handb. der Kohlehydrate" von B. Tollens, 3. Aufl., Leipzig 1914, welche Arbeit auch ein sehr vollständiges Literaturverzeichnis enthält,

welche eine Pentose, $C_5H_{10}O_5$, ist, in den fünfwertigen Alkohol **Arabit**, $C_5H_{12}O_5$, über. Die zwei Hexosen **Glukose** und **Galaktose**, $C_6H_{12}O_6$, gehen in die entsprechenden zwei Hexite **Sorbit** und **Dulzit**, $C_6H_{14}O_6$, über. Die Ketosen dagegen liefern, infolge ihrer Konstitution, unter ähnlichen Verhältnissen ein Gemenge von zwei Alkoholen; aus der d-Fruktose entsteht z. B. ein Gemenge von l-Sorbit und d-Mannit. Durch vorsichtige Oxydation der mehrwertigen Alkohole kann man umgekehrt die entsprechenden Zucker darstellen. Die entsprechenden Alkohole.

Unter den Monosacchariden kommen zahlreiche Isomerien vor. Diese können, wie bei den Aldosen und Ketosen, durch eine verschiedene Konstitution bedingt sein; in den meisten Fällen handelt es sich aber um durch die Gegenwart von asymmetrischen Kohlenstoffatomen bedingte Stereoisomerien. Isomerien.

Da die Monosaccharide, von den Triosen an, sog. asymmetrische Kohlenstoffatome enthalten, müssen sie als optisch aktive Stoffe in einer l-, einer d- und einer Razemform, r- oder dl-Form, welche ein Gemisch oder eine Verbindung von der l- und der d-Form zu gleichen Teilen darstellt, auftreten können. Mit der Anzahl der asymmetrischen Kohlenstoffatome wächst bekanntlich die Anzahl der möglichen stereoisomeren Formen; und da die Anzahl derselben nach VAN'T HOFF 2^n ist, wenn n die Anzahl der asymmetrischen Kohlenstoffatome bezeichnet, so müssen also z. B. von den Aldohexosen, welche 4 asymmetrische Kohlenstoffatome enthalten, $2^4 = 16$ stereochemisch verschiedene Formen existieren können. Es sind in der Tat von diesen schon 12 dargestellt worden, deren geometrischer Aufbau aufgeklärt ist und für welche FISCHER Konfigurationsformeln aufgestellt hat. Isomerien.

Da man diese Verhältnisse als allgemein bekannt voraussetzen kann, werden hier als Beispiele nur die Konfigurationsformeln der in tierphysiologischer Hinsicht wichtigsten Pentosen und Hexosen angeführt.

COH	COH		COH	COH		COH	COH	
HOĊH	HĊOH		HOĊH	HĊOH		HĊOH	HOĊH	
HĊOH	HOĊH		HĊOH	HOĊH		HĊOH	HOĊH	
HĊOH	HOĊH		HOĊH	HĊOH		HĊOH	HOĊH	
CH₂OH	CH₂OH		CH₂OH	CH₂OH		CH₂OH	CH₂OH	
d-Arabinose	l-Arabinose		d-Xylose	l-Xylose		d-Ribose	l-Ribose	

COH	COH		COH	COH		CH₂OH	CH₂OH	
HĊOH	HOĊH		HĊOH	HOĊH		CO	CO	
HOĊH	HĊOH		HOĊH	HĊOH		HOĊH	HĊOH	
HĊOH	HOĊH		HĊOH	HOĊH		HĊOH	HOĊH	
HĊOH	HOĊH		HĊOH	HOĊH		HĊOH	HOĊH	
CH₂OH	CH₂OH		CH₂OH	CH₂OH		CH₂OH	CH₂OH	
d-Glukose	l-Glukose		d-Galaktose	l-Galaktose		d-Fruktose	l-Fruktose	

Konfigurationsformeln einiger Zuckerarten.

Es liegt nahe zur Hand, die Kohlehydrate, je nachdem sie linksdrehend (lävogyr), rechtsdrehend (dextrogyr) oder razemisch sind, mit den Buchstaben l, d und r zu bezeichnen. Dies trifft nun auch allerdings in gewissen Fällen zu, indem z. B. die rechtsdrehende Glukose als d-Glukose und die linksdrehende als l-Glukose bezeichnet wird; aber diese Zeichen haben, in Übereinstimmung mit dem Vorschlage von E. FISCHER, nicht diesen, sondern einen ganz anderen Sinn. FISCHER bezeichnet nämlich hierdurch nicht das Vorzeichen der Zuckerarten.

optische Verhalten, sondern die Zusammengehörigkeit verschiedener Zuckerarten untereinander. So bezeichnet er z. B. die linksdrehende Fruktose nicht
als l-Fruktose, sondern als d-Fruktose, um dadurch ihre nahe Beziehung im
sterischen Bau (siehe oben) zu der rechtsdrehenden d-Glukose anzuzeigen.
Diese Bezeichnungsweise ist allgemein akzeptiert worden, und die obengenannten
Zeichen sagen also nur in gewissen Fällen etwas über das optische Verhalten aus.

Als „spez. Drehung" bezeichnet man die Ablenkung in Kreisgraden, welche bei
einer Röhrenlänge von 1 dcm bewirkt wird durch eine Lösung, die in 1 ccm 1 g Substanz
enthält. Die Ablesung geschieht nunmehr allgemein bei $+ 20^0$ C und meistens bei homogenem Natronlicht. Die sp. Drehung, bei dieser Beleuchtung mit (α)D bezeichnet, drückt
man also durch die Formel $(\alpha)D = \pm \dfrac{\alpha}{p \cdot l}$ aus, in welcher α die abgelesene Drehung,
l die Länge der Röhre in dcm und p die Gewichtsmenge Substanz in g in 1 ccm Lösung
bedeutet. Umgekehrt läßt sich, wenn die sp. Drehung bekannt ist, der Gehalt P an
Substanz in 100 ccm nach der Formel $P = \dfrac{100\,\alpha}{s \cdot l}$ berechnen, in welcher s die bekannte
sp. Drehung bedeutet.

Sp. Drehung.

Zur Bestimmung der Änderungen der sp. Drehung bei verschiedenen Konzentrationen muß man den Gehalt an Substanz in Grammen in 1 g der Lösung (p) und das
sp. Gewicht der letzteren (d) bis 20⁰ C kennen. Man berechnet die Drehung nach der
Formel $(\alpha)\ D = \pm \dfrac{\alpha}{p \cdot l \cdot d}$.

Eine frisch bereitete Lösung einer Substanz zeigt oft eine andere Drehung als
wenn sie einige Zeit gestanden hat (Mutarotation). Den richtigen Wert, welcher nach
hinreichend langem Stehen auftritt, erhält man sogleich nach dem Aufkochen oder nach
Zusatz von sehr wenig Ammoniak.

Um die Multirotation zu erklären nimmt HUDSON an, daß die Aldosen in zwei
isomere Formen von verschiedener sp. Drehung existieren, welche beim Auflösen durch
eine reversible Reaktion ineinander übergehen können [1]). Die zwei Formen kommen
dadurch zustande, daß zwischen dem endständigen Kohlenstoffatom in der Aldehydgruppe und dem γ-Kohlenstoffatom eine laktonartige Bindung existiert nach der Formel

Muta-
rotation.

$$\text{CH}_2\text{OH}\,.\,\text{CHOH}\,.\,\text{CH}\,.\,\text{OHOH}\,.\,\text{CHOH}\,.\,\text{C}\underset{\text{O}}{\overset{\text{H}}{\diagdown}}\text{OH}$$

Dadurch wird auch das endständige Kohlenstoffatom asymmetrisch, und je nachdem die
Lagerung der an diesem Kohlenstoffatom gebundenen Atome

$$\underset{O}{\overset{C}{\diagdown}}\,\underset{OH}{\overset{H}{\diagup}}\,C \qquad \text{oder} \qquad \underset{O}{\overset{C}{\diagdown}}\,\underset{H}{\overset{OH}{\diagup}}\,C$$

ist, erhält man die zwei Formen. Auch erhielt TANRET von Glukose, Galaktose, Arabinose
und Laktose zwei isomere Formen, welche ineinander übergingen [2]). Die zwei Formen
von Glukose entsprechen nach E. F. ARMSTRONG den von E. FISCHER synthetisch hergestellten α- und β-Methyl-Glykosiden [3]). (Vgl. S. 48.)

Ebenso wie die gewöhnlichen Aldehyde und Ketone können auch die
Zuckerarten Zyanwasserstoff aufnehmen. Es werden hierbei Zyanhydrine
gebildet. Diese Additionsprodukte sind von besonderem Interesse dadurch,
daß sie die künstliche Darstellung von kohlenstoffreicheren Zuckerarten aus
kohlenstoffärmeren ermöglichen.

Geht man z. B. von der Glukose aus, so entsteht aus ihr durch Anlagerung von Zyanwasserstoff Glukozyanhydrin nach dem Schema: $\text{CH}_2(\text{OH})\,.$

Zyan-
hydrine.

$[\text{CH(OH)}]_4\,.\,\text{COH} + \text{HCN} = \text{CH}_2(\text{OH})\,.\,[\text{CH(OH)}]_4\,.\,\text{CH(OH)}\,.\,\text{CN}.$ Durch Verseifung geht aus ihm die entsprechende Oxysäure hervor: $\text{CH}_2(\text{OH})\,.\,[\text{CH(OH)}]_4\,.$
$\text{CH(OH)}\,.\,\text{CN} + 2\,\text{H}_2\text{O} = \text{CH}_2(\text{OH})\,.\,[\text{CH(OH)}]_4\,.\,\text{CH(OH)}\,.\,\text{COOH} + \text{NH}_3.$ Aus

---

[1]) Journ. amer. chem. soc. **31**, 66, 955 (1909). [2]) Bull. soc. chim. **13**, 728 (1895);
15, 195, 349 (1896). [3]) Journ. chem. soc. **83**, 1305 (1903).

dem Lakton dieser Säure erhält man dann durch Einwirkung von naszieren-
dem Wasserstoff die Glukoheptose, $C_7H_{14}O_7$, und nach diesem Prinzipe ist
der Aufbau von Zuckern bis zur Neun-Kohlenstoffreihe durchgeführt worden.

Mit Hydroxylamin geben die Monosaccharide die entsprechenden Oxime,
die Glukose z. B. Glukosoxim $CH_2(OH) . [CH(OH)]_4 . CH : N . OH$. Diese   *Oxime.*
Verbindungen sind von Wichtigkeit dadurch, daß sie, wie WOHL[1]) gefunden
hat, einen Ausgangspunkt für den Abbau der Zuckerarten, d. h. für die Darstellung von kohlenstoffärmeren Zuckerarten aus kohlenstoffreicheren, z. B.
Pentosen aus Hexosen, darstellen. (Vgl. WOHL a. a. O.)

Ausgehend von den Kohlehydratmonokarbonsäuren kann man ferner
unter Abspaltung von den Elementen der Ameisensäure, teils nach RUFF mit   *Abbau von*
Hydroperoxyd und katalytisch wirkendem Ferrisalz und teils nach NEU-   *Zuckern.*
BERG[2]) durch Anwendung der Elektrolyse, eine Verkürzung der Kohlenstoffkette mit Bildung der nächstniedrigeren Aldose bewirken. In der letztgenannten Weise kann man nach NEUBERG den stufenweisen Abbau der
Glukose bis zu Formaldehyd durchführen.

Durch die Einwirkung von Alkalien, selbst in kleinen Mengen, wie auch
von Karbonaten und Bleihydroxyd kann, wie LOBRY DE BRUYN und ALBERDA
VAN EKENSTEIN[3]) gezeigt haben, eine wechselseitige Umwandlung von Zuckerarten wie d-Glukose, d-Fruktose und d-Mannose ineinander stattfinden, und
hierbei entsteht aus je einer dieser drei Zuckerarten die beiden anderen, so
daß man nach einiger Zeit alle drei Zucker in der Lösung hat.

Ein Übergang verschiedener Zuckerarten ineinander kommt auch im   *Übergang*
Tierkörper vor. NEUBERG und MAYER[4]) haben nämlich in Versuchen an   *der Zucker-*
                                                                       arten inein-
Kaninchen den direkten teilweisen Übergang der verschiedenen Mannosen in   *ander.*
die entsprechenden Glukosen verfolgen können. Ein anderes Beispiel liefert,
wie es scheint, die Bildung von Galaktose (bzw. Milchzucker) aus der Glukose
in der Milchdrüse.

Durch stärkere Alkalieinwirkung werden die Zuckerarten zersetzt; es
können dabei Milchsäure und viele andere Produkte entstehen.

Mit Ammoniak können Zuckerarten Verbindungen eingehen, die man
als Osamine aufgefaßt hat (LOBRY DE BRUYN), die aber nach E. FISCHER[5])
zum Unterschied von den wahren Osaminen besser Osimine genannt werden.
Aus einem solchen Osimin kann man durch Einwirkung von Ammoniak und
Blausäure die entsprechende Osaminsäure erhalten, aus deren Salzsäurelakton   *Osimine und*
durch Reduktion mit Natriumamalgam Osamin entsteht. In dieser Weise haben   *Osamine.*
E. FISCHER und LEUCHS, ausgehend von d-Arabinose, erst d-Arabinosimin,
dann d-Glukosaminsäure und endlich aus ihrem Lakton, das im Tierreich
vorkommende d-Glukosamin künstlich dargestellt. In ähnlicher Weise erhielten
sie[6]) aus l-Arabinose l-Glukosamin.

Aus Glukose erhielten KNOOP und WINDAUS[7]) durch Einwirkung von
Zinkhydroxyd in Ammoniak bei Zimmertemperatur in großer Menge Methyl-

$$H_3C - C - NH$$

imidazol, $\|$ $>CH$, dessen Bildung man in der Weise sich

$$CH - N$$

vorstellen kann, daß aus dem Zucker Methylglyoxal entsteht. Aus diesem   *Imidazol-*
oder aus dem Zucker wird dann Formaldehyd gebildet, welcher mit dem   *bildung.*

---

[1]) Ber. d. d. chem. Gesellsch. **26**, S. 730.   [2]) O. RUFF ebenda **31** u. **32**; C. NEU-
BERG, Bioch. Zeitschr. **7**.   [3]) Ber. d. d. chem. Gesellsch. **28**, S. 3078; Bull. soc.
chim. (3) **15**; Chem. Zentralbl. 1896 **2**, u. 1897 **2**.   [4]) Zeitschr. f. physiol. Chem. **37**.
[5]) LOBRY DE BRUYN, Ber. d. d. chem. Gesellsch. **28**; E. FISCHER ebenda **35**.   [6]) Ebenda
35, 3787; **36**, 24 (1903).   [7]) Ebenda **38** u. HOFMEISTERS Beiträge **6**.

Methylglyoxal unter Bildung von Methylimidazol nach der folgenden Gleichung reagiert:

$$CH_3CO \quad NH_3 \quad H \diagdown \quad \quad \quad H_3C . C - NH$$
$$\underset{\text{Methylglyoxal}}{|} + \underset{\text{Formaldehyd}}{NH_3} + \underset{O \diagup}{CH} = \underset{\text{Methylimidazol.}}{\| \diagup} CH + 3H_2O$$
$$COH \quad NH_3 \quad O \diagup CH \quad \quad CN-N$$

Durch diese Imidazolbildung ist eine genetische Beziehung der Kohlehydrate zu dem Histidin und den Purinstoffen wahrscheinlich geworden.

Als Derivate mehrwertiger Alkohole bilden die Zucker auch Ester, **Säureester der Kohlehydrate.** unter denen man besonders die Benzoylester zum Nachweis und Isolierung von Zuckerarten und auch anderen Kohlehydraten benutzt hat. Zu den Säureestern der Zuckerarten gehören wahrscheinlich die Nukleinsäuren, welche in dem Falle als komplizierte Phosphorsäureester anzusehen sind, und ferner, als Schwefelsäureester, vielleicht die Chondroitinschwefelsäure und die Glukothionsäuren. Die Natur dieser zwei Gruppen von Schwefelsäureestern ist jedoch fast ganz unbekannt.

Die Zuckerarten können aber auch mit anderen Stoffen und miteinander zu ätherartigen Verbindungen zusammentreten. Durch Einwirkung von Salzsäure als Katalysator können, wie E. Fischer und seine Mitarbeiter gezeigt haben, Zuckerarten unter Austritt von Wasser mit anderen Stoffen zu laktonartig gebauten Verbindungen, die man Glykoside nennt, sich vereinigen (vgl. S. 48 und 152). Solche Glykoside, welche meistens Verbindungen mit aromatischen Substanzen sind, kommen sehr verbreitet im Pflanzenreiche vor. Anch die mehr zusammengesetzten Kohlehydrate können nach Fischer als Glykoside der Zucker angesehen werden. So ist beispielsweise die Maltose das Glukosid und der Milchzucker das Galaktosid des Traubenzuckers. Die **Glykoside.** Glykoside können sowohl durch chemische Agenzien — Sieden mit verdünnten Mineralsäuren — wie durch Enzyme in ihre Komponenten aufgespalten werden. Die zusammengesetzten Zucker liefern dabei einfache Zuckerarten und die anderen neben einer Zuckerart Verbindungen, welche der aromatischen Reihe oder der Fettreihe angehören. Ein längst bekanntes Beispiel einer Zersetzung der letzteren Art ist die Spaltung des Amygdalins (vgl. S. 46).

Mit Phenylhydrazin oder substituierten Phenylhydrazinen geben die Zuckerarten unter Wasserbildung erst Hydrazone, aus denen dann unter weiterer Einwirkung von Hydrazin beim Erwärmen in essigsaurer Lösung Osazone entstehen. Die Reaktion verläuft für die Aldosen nach folgendem Schema:

a) $CH_2(OH) [CH(OH)]_3 CH(OH) CHO + H_2N . NH . C_6H_5$
$= CH_2(OH) [CH(OH)]_3 CH(OH) CH : N . NH . C_6H_5 + H_2O.$
Phenylglukoshydrazon.

b) $CH_2(OH) [CH(OH)]_3 CH(OH) CH : N . NH . C_6H_5 + H_2N . NH . C_6H_5$
$= CH_2(OH) [CH(OH)]_3 C . CH : N . NH . C_6H_5$
$\ddot{N} . NH . C_6H_5 \quad\quad + H_2O + H_2$
Phenylglukosazon

und für Ketosen nach dem Schema:

$$CH_2(OH)[CH(OH)]_3CO . CH_2(OH) + H_2N . NH . C_6H_5 =$$
$$CH_2(OH)[CH(OH)]_3 C . CH_2(OH) \quad + H_2O$$
$$\ddot{N} . NH . C_6H_5$$

Phenylhydrazinreaktion. und $CH_2(OH)[CH(OH)]_3 . C . CH_2(OH) + H_2N . NH . C_6H_5$
$$\ddot{N} . NH . C_6H_5$$
$$= CH_2(OH)[CH(OH)]_3 . C . CH : N . \ddot{N}H . C_6H_5 + H_2O + H_2$$
$$\ddot{N} . NH . C_6H_5$$

Der Wasserstoff wird indessen nicht frei, sondern wirkt auf ein zweites Molekül Phenylhydrazin ein und spaltet es in Anilin und Ammoniak. $H_2N . NH . C_6H_5 + H_2 = H_2N . C_6H_5 + NH_3.$

Wie aus dem Reaktionsschema ersichtlich ist, liefern die Aldosen und Ketosen dasselbe Osazon, während die Hydrazone verschiedenartig sind.

Die Osazone, welche von noch größerer Bedeutung als die Hydrazone sind, erhält man meistens als gelbgefärbte, kristallinische Verbindungen, die durch Schmelzpunkt, Löslichkeit und optisches Verhalten voneinander sich unterscheiden und infolge hiervon für die Charakterisierung der einzelnen Zuckerarten eine große Bedeutung gewonnen haben. Sie sind aber auch in anderen Hinsichten von großer Wichtigkeit für das Studium der Kohlehydrate geworden. Sie eignen sich nämlich sehr gut zur Abscheidung der Zucker- **Osazone.** arten aus Lösungen, in denen diese zusammen mit anderen Stoffen vorkommen, und sie sind ferner auch für die künstliche Darstellung der Zuckerarten von Bedeutung. Bei der Spaltung durch kurzdauerndes gelindes Erwärmen mit rauchender Salzsäure (für Disaccharide noch besser mit Benzaldehyd [1]), geben sie nämlich sog. O s o n e, welche durch Reduktion in Zuckerarten, am öftesten in Ketosen übergehen. Viel leichter können die Hydrazone in die entsprechenden Zucker zurückverwandelt werden, besonders leicht durch Zersetzung mit Benzaldehyd (HERZFELD) oder Formaldehyd (RUFF und OLLENDORFF [2]), wobei der Zucker gegen den verwendeten Aldehyd ausgetauscht wird.

Eine wichtige, allerdings nicht allen Zuckerarten gemeinsame Eigenschaft ist ihre G ä r f ä h i g k e i t, in erster Linie ihre Fähigkeit durch die Alkoholhefe in alkoholische Gärung übergehen zu können. Ganz unzweifelhaft ist die Gärfähigkeit mit reiner Hefe für mehrere Hexosen bewiesen; sie kommt aber nicht allen Hexosen zu und die letzteren vergären nicht alle mit derselben Leichtigkeit. d-Glukose und d-Mannose vergären leicht, die d-Galaktose schwieriger. Die l-Formen der genannten Zucker vergären nicht, und aus den razemischen Formen solcher Zuckerarten hat man durch Vergärung des **Gärfähig-** d-Zuckers die optische l-Antipode darstellen können. Unter den Ketosen **keit der** vergärt die d-Fruktose, aber nicht die Sorbose. Unter den Zuckern mit 9 Atomen **arten.** Kohlenstoff, den Nonosen, soll die Mannononose, nicht aber die Glukononose gärfähig sein. Über die Gärfähigkeit der Triose Dioxyazeton siehe S. 156. Dieses verschiedene Verhalten der Zuckerarten gegen Hefe steht in bestimmter Beziehung zu ihrer Konfiguration, welche übrigens nicht nur für das Verhalten der Zucker zu niederen Lebewesen, sondern auch für ihr Verhalten innerhalb der höher entwickelten Organismen von großer Bedeutung ist. So haben z. B. die Untersuchungen von NEUBERG und WOHLGEMUTH [3] über Arabinosen **Bedeutung** und von NEUBERG und MAYER [4] über Mannosen gelehrt, daß vom Kaninchen **figuration.** die l-Arabinose und die d-Mannose viel besser als die d- und r-Arabinosen bzw. l- und r-Mannosen verwertet werden. Vgl. ferner S. 48.

Bei der alkoholischen Gärung zerfällt der Zucker nach der allgemeinen Gleichung: $C_6H_{12}O_6 = 2C_2H_6O + 2CO_2$. Der nähere Vorgang ist indessen nicht klar und scheint ziemlich verwickelt zu sein. Seite 40 wurde bereits erwähnt, daß für die Wirkung des Gärungsenzyms die Gegenwart einer dialysablen in dem gekochten Preßsaft vorhandenen Substanz notwendig war (HARDEN und YOUNG) [5]. Anderseits wird die Gärkraft des Preßsaftes auch durch Zugabe von sekundärem Natriumphosphat beträchtlich gesteigert. Die Phosphorsäure ist nach Ablauf der Preßsaftgärung zum Teil nicht mehr durch Magnesiamischung fällbar (HARDEN und YOUNG). Nach diesen Forschern hat man sich die Einwirkung von gekochtem Preßsaft und von Phosphaten

---

[1] E. FISCHER u. ARMSTRONG, Ber. d. d. chem. Gesellsch. 35. [2] HERZFELD, Ber. d. d. chem. Gesellsch. 28; RUFF u. OLLENDORFF ebenda 32. [2] Zeitschr. f. physiol. Chem. 35. [4] Ebenda 37. [5] Literatur bei HARDEN u. YOUNG, Bioch. Zeitschr. 32, 173 (1911).

so zu denken, daß zunächst ein Hexosephosphorsäureester unter gleichzeitiger Bildung von Kohlensäure und Alkohol nach folgender Formel entsteht:

$$2 C_6H_{12}O_6 + 2 R_2HPO_4 = 2 CO_2 + 2 C_2H_6O + C_6H_{10}O_4(PO_4R_2)_2 + 2 H_2O.$$

Das Hexosephosphat kann nachher durch ein besonderes Enzym in Phosphat und Hexose gespalten werden. Die Hexosephosphorsäure ist von YOUNG in Form von Bleisalz isoliert worden. Dextrose, Fruktose und Mannose erzeugen bei ihrer Vergärung die gleiche Hexosephosphorsäure. Nach IWANOFF ist die Phosphorsäureverbindung ein Triosephosphat[1]), das durch abgetötete aber nicht durch lebende Hefe unter Bildung von CO_2, Alkohol und Phosphorsäure vergoren wird. Sowohl IWANOFF wie auch EULER und seine Mitarbeiter nehmen an, daß die Bildung des Phosphorsäureesters durch ein besonderes Enzym herbeigeführt wird[2]). Nach den Ansichten von IWANOFF und von LEBEDEW wird der Zucker vergoren erst nachdem er mit der Phosphorsäure sich verbunden hat. In welcher Weise die Hexosephosphorsäure für die Gärung von Bedeutung ist, bleibt unentschieden. NEUBERG und Mitarbeiter heben hervor, daß deren Bildung am besten mit abgetöteter Hefe geschieht und da dieselbe nicht durch lebende Hefe vergoren wird, sprechen dieselben der Säure jede Bedeutung für die eigentliche alkoholische Gärung ab[3]). Daß bei der Gärung eine Hexose direkt in Alkohol und CO_2 zerfällt, ist nicht wahrscheinlich. Vielmehr nimmt man allgemein an, daß der Prozeß über Zwischenstufen geht. Als eine solche ist Milchsäure aufgefaßt worden, wogegen indessen die Tatsache spricht, daß die Säure nicht unter Alkoholbildung vergoren wird. BUCHNER und MEISENHEIMER nahmen als wahrscheinliche Zwischenstufe das Dioxyazeton ($HO . CH_2 . CO . CH_2 . OH$) an[4]). In der Tat fanden sie, daß Dioxyazeton leicht durch Preßsaft in der Gegenwart von Kochsaft vergoren wird und zwar unter Bildung von Alkohol und Kohlensäure. Dies wurde von LEBEDEW bestätigt[5]). Indessen bestreiten HARDEN und YOUNG, daß Dioxyazeton ein Zwischenprodukt bei der alkoholischen Zuckergärung sein kann, da dasselbe langsamer vergoren wird als die Zuckerarten[6]).

Neuerdings ist es NEUBERG und Mitarbeitern gelungen, die Bildung von Azetaldehyd bei der Gärung nachzuweisen, indem sie durch Bindung desselben an schwefligsauren Salzen dessen weitere Vergärung verhinderten. Zur selben Zeit konnte eine dem Aldehyd äquivalente Menge Glyzerin nachgewiesen werden. Als Vorstufe des Azetaldehyds betrachtet NEUBERG die Brenztraubensäure, welche wohl durch Hefe unter Bildung von Azetaldehyd und Kohlensäure vergoren wird (unter Einwirkung der sog. Carboxylase) aber noch nicht unter den Gärungsprodukten nachgewiesen wurde.

Nach NEUBERG kann man deshalb folgende Stufen der Alkoholgärung unterscheiden:

$$C_6H_{12}O_6 = CH_3 . CO . COOH + C_3H_8O_3$$
$$\text{Brenztraubensäure} \qquad \text{Glyzerin}$$

$$CH_3 . CO . COOH = CH_3 . COH + CO_2.$$
$$\text{Azetaldehyd}$$

$$CH_3 . COH + H_2 = CH_3 . CH_2 . OH.$$

Der Wasserstoff für die Reduktion des Aldehyds soll vom Glyzerin geliefert werden, das wahrscheinlich in eine Triose übergeht. Bei alkalischer

[1]) Zentralbl. f. Bakt. 24, 1 (1909). [2]) EULER u. KULLBERG, Zeitschr. f. physiol. Chem. 74, 15 (1911); 80, 175 (1912); Bioch. Zeitschr. 37, 133 (1911). [3]) Bioch. Zeitschr. 83, 244 (1917). [4]) Über die Zwischenprodukte der Alkoholgärung siehe BUCHNER u. MEISENHEIMER. Ber. d. d. chem. Gesellsch. 43, 1773 (1910), wo auch die Literatur. [5]) Compt. rend. 153, 136 (1911). [6]) Bioch. Zeitschr. 40, 458 (1912).

Reaktion geht die Zerlegung vom Aldehyd zum Teil in der Weise, daß zwei Moleküle Azetaldehyd unter Bildung von Alkohol und Essigsäure zerfallen:

$$2 CH_3 . COH + H_2O = CH_3 . CH_2 . OH + HOCO . CH_3.$$

In diesem Falle treten Essigsäure und Glyzerin im Reaktionsgemisch im Verhältnis 1: 2 Mol. auf[1]).

Neben Äthylalkohol und Kohlensäure entstehen bei der Zuckergärung auch in geringen Mengen andere Stoffe namentlich mehrere höhere Alkohole, welche das sog. Fuselöl bilden. Die wichtigsten Bestandteile des Fuselöls sind Isoamylalkohol, d-Amylalkohol, Isobutylalkohol und Normalpropylalkohol in wechselnden Mengenverhältnissen. Die Bildung des Fuselöls wurde lange der Einwirkung von Bakterien zugeschrieben, bis F. EHRLICH fand, daß die höheren Alkohole aus bestimmten Aminosäuren infolge der Lebenstätigkeit der Hefe selbst entstehen können[2]). Aus einer Aminosäure wird wahrscheinlich zunächst unter Abspaltung von Ammoniak die entsprechende Oxysäure gebildet, welche dann unter Verlust von CO_2 in den Alkohol verwandelt wird. Das Ammoniak wird von der Hefe assimiliert. Ist die Aminosäure in razemischer Form vorhanden, so wird nur die eine Komponente, nämlich die natürlich vorkommende in Alkohol verwandelt, die andere bleibt zum größten Teil unverändert zurück. In der angedeuteten Weise wird aus Leuzin Isoamylalkohol nach folgender Reaktionsgleichung gebildet:

$$HOCO . CH(NH_2) . CH_2 . CH {\Large\langle} {\begin{matrix} CH_3 \\ CH_3 \end{matrix}} + H_2O =$$
$$\text{Leuzin}$$

$$NH_3 + CO_2 + HOCH_2 . CH_2 . CH {\Large\langle} {\begin{matrix} CH_3 \\ CH_3 \end{matrix}}$$
$$\text{Isoamylalkohol.}$$

Bildung höherer Alkohole.

Andere Beispiele des gleichen Verlaufes sind die Bildung von d-Amylalkohol aus dem d-Isoleuzin und von Isobutylalkohol aus der α-Aminoisovaleriansäure. Diese Bildung von höheren Alkoholen geschieht am besten mit stickstoffarmer Hefe und viel Zucker. In analoger Weise erfolgt unter dem Einfluß von Hefe und in Gegenwart von Zucker und anorganischen Nährsalzen die Bildung von Tyrosol (p-Oxyphenyläthylalkohol) $HO . C_6H_4 . CH_2 . CH_2 . OH$

aus Tyrosin und von Tryptophol (β-Indoxyläthylalkohol) $C_6H_4 {\Large\langle} {\begin{matrix} C . CH_2 . CH_2 . OH \\ \diagdown\diagup \\ NH \end{matrix}} CH$

aus Tryptophan[3]).

Eine Art von Umwandlung, welcher gewisse Kohlehydrate unterliegen können, ist die Milchsäurebildung. Dieselbe findet unter dem Einfluß von verschiedenen Bakterienformen statt und wird dann als Milchsäuregärung bezeichnet, aber eine ähnliche Aufspaltung kann auch im tierischen Organismus ohne die Gegenwart von Mikroorganismen vor sich gehen. So haben LEVENE und G. M. MEYER gefunden, daß Leukozyten verschiedene Hexosen, aber keine untersuchte Pentose in Milchsäure umwandeln können[4]), und Untersuchungen von G. EMBDEN und Mitarbeiter sprechen auch für eine solche Umwandlung von Zucker innerhalb des Organismus[5]). Die Milchsäure, um

---

[1]) Bioch. Zeitschr. 89, 365 (1918); 96, 175 (1919); 106, 304 (1919). [2]) Zeitschr. d. Ver. d. d. Zuckerind. 55, 539 (1905); auch Ber. d. d. chem. Gesellsch. 40, 1027, 2538 (1907); Bioch. Zeitschr. 1, 8 (1906); 8, 438 (1908); 18, 391 (1909). [3]) Ber. d. d. chem. Gesellsch. 44, 139 (1910); 45, 883 (1912). [4]) Journ. of biol. Chem. 11, 353, 361 (1912); 14, 149, 551 (1913). [5]) Biochem. Zeitschr. 45 (1912).

deren Bildung es sich in diesen Fällen handelt, ist die Äthylidenmilchsäure HO . CO . CH(OH) . CH$_3$. Von den zwei optischen Antipoden der Säure kommt die rechtsdrehende Form, Paramilchsäure oder Fleischmilchsäure in den Muskeln und verschiedenen anderen Organen oder Flüssigkeiten vor und wird an gehörigen Stellen abgehandelt, während die Linksmilchsäure von SCHARDINGER durch Gärung von Rohrzucker mittels einer besonderen Art von Bazillen erhalten wurde. Sonst wird unter dem Einfluß von Bakterien sowie unter Einwirkung der in Bakterien enthaltenen Enzyme (S. 33) stets die razemische d-l-Form (Gärungsmilchsäure) gebildet (BUCHNER und MEISENHEIMER)[1]. Gewöhnlich wird angenommen, daß aus einem Moleküle Hexose zwei Moleküle Milchsäure gebildet werden nach der Formel

Milchsäure-bildung.

$$C_6H_{12}O_6 = 2\,HOCO . CH(OH) . CH_3.$$

In bezug auf die Zwischenstufen, welche dabei passiert werden, finden EMBDEN und Mitarbeiter, daß die Milchsäurebildung wahrscheinlich über Glyzerinaldehyd, HOC . CH(OH) . CH$_2$. OH, oder in geringer Menge vielleicht auch über Dioxyazeton, HO . CH$_2$. CO . CH$_2$. OH, stattfindet, und eine Milchsäurebildung aus Glyzerinaldehyd (und Dioxyazeton) kann in der Tat, wie A. LOEB und W. GRIESBACH gezeigt haben, auf enzymatischem Wege durch die Formelemente des Blutes zustande kommen. Es scheinen jedoch bei der Milchsäurebildung aus Glukose mehrere Enzyme wirksam zu sein. So können nach LOEB auch solche Blutarten, welche keine oder keine nennenswerte Milchsäurebildung zeigen, trotzdem Milchsäure aus Glyzerinaldehyd bilden, und nach GRIESBACH ist bei dem letztgenannten Prozeß ein wasserlösliches, gegen die Hämolyse des Blutes mit Wasser resistentes Enzym wirksam, während die Wirkung des Blutes auf Glukose bei der Zerstörung der Formelemente durch Hämolyse verloren geht[2].

Eine andere Substanz, welche bei der Milchsäurebildung möglicherweise als Zwischenstufe entsteht, ist das Methylglyoxal HOC . CO . CH$_3$. Eine reichliche Milchsäurebildung aus Methylglyoxal ist in der Tat von DAKIN und H. W. DUDLEY sowie von NEUBERG in Versuchen mit Geweben, Organextrakten und Organbrei und von LEVENE und MEYER in Versuchen mit Leukozyten und Nierengewebe erhalten worden. Der Vorgang ist enzymatischer Natur und das wirksame Enzym, welches auch Phenylglyoxal, HOC . CO . C$_6$H$_5$ in Mandelsäure, HOCO . CH(OH) . C$_6$H$_5$ überführt, wird von DAKIN und DUDLEY Glyoxylase, von NEUBERG Ketonaldehydmutase genannt. Der Vorgang ist nach DAKIN und DUDLEY reversibel, indem sie auch die Zurückverwandlung von Milchsäure in Methylglyoxal haben zeigen können[3]. Der Beweis, daß die genannten möglichen Zwischenprodukte bei der Milchsäurebildung wirklich entstehen, fehlt indessen noch und der nähere Verlauf bei dem Abbau des Zuckers zu Milchsäure bleibt fortwährend unbekannt.

Milchsäure-bildung.

Die Milchsäuren sind amorph. Sie haben das Aussehen eines farblosen oder schwach gelblichen, sauer reagierenden Sirups, welcher in allen Verhältnissen mit Wasser, Alkohol und Äther sich mischen läßt. Die Salze sind löslich in Wasser, die meisten auch in Alkohol. Die zwei Säuren unterscheiden sich durch ihr verschiedenes optisches Verhalten — die Paramilchsäure ist dextrogyr, die Gärungsmilchsäure optisch inaktiv — wie auch durch die ver-

---

[1] Ann. d. Chem. u. Pharm. 349, 125 (1906). [2] LOEB, Zeitschr. 49, 413; 50, 451 (1913); GRIESBACH ebenda 50, 457. [3] DAKIN u. DUDLEY, Journ. of biol. Chem. 14, 423 (1913); NEUBERG, Bioch. Zeitschr. 49, 502; 51, 484 (1913); LEVENE u. MEYER, Journ. of biol. Chem. 14.

schiedene Löslichkeit und den verschiedenen Kristallwassergehalt der Kalk- und Zinksalze. Das Zinksalz der Gärungsmilchsäure löst sich bei 14—15° C in 58—63 Teilen Wasser und enthält 18,18 p. c. Kristallwasser, entsprechend der Formel $Zn(C_3H_5O_3)_2 + 3H_2O$. Das Zinksalz der Paramilchsäure löst sich bei der obigen Temperatur in 17,5 Teilen Wasser und enthält regelmäßig 12,9 p. c. H_2O, entsprechend der Formel $Zn(C_3H_5O_3)_2 + 2H_2O$. Das Kalk- salz der Gärungsmilchsäure löst sich in 9,5 Teilen Wasser und enthält 29,22 p. c. (= 5 Mol.) Kristallwasser, während das Kalziumparalaktat in 12,4 Teilen Wasser sich löst und 24,83 oder 26,21 p. c. (= 4 oder 4½ Mol.) Kristallwasser enthält. Beide Kalksalze kristallisieren dem Tyrosin nicht unähnlich in Kugeln oder Büscheln von sehr feinen mikroskopischen Nadeln. Nach HOPPE-SEYLER und ARAKI, welche genaue Angaben über die optischen Eigenschaften der Milchsäuren und der Laktate gegeben haben, sollen die Lithiumlaktate, mit 7,22 p. c. Li, für die Darstellung und quantitative Bestimmung der Milch- säuren sehr geeignet sein. Weiteres über Salze und spez. Drehung der Milchsäuren findet man in HOPPE-SEYLER-THIERFELDERS Handb. 8. Aufl. 1909[1]). Salze der Milch- säuren.

Der Nachweis der Milchsäuren in Organen und Geweben geschieht nach folgendem Prinzip. Nach vollständiger Extraktion mit Wasser entfernt man das Eiweiß durch Koagulation in der Siedehitze unter Zusatz von einer kleinen Menge Schwefelsäure. Die Flüssigkeit wird darauf mit Ätzbaryt im Sieden genau neutrali- siert und nach der Filtration zum Sirup eingedampft. Der Rückstand wird mit absolutem Alkohol gefällt und der Niederschlag mit Alkohol vollständig erschöpft. Aus den vereinigten alkoholischen Extrakten wird der Alkohol vollständig ab- destilliert und der neutrale Rückstand mit Äther zur Entfernung des Fettes geschüttelt. Dann nimmt man den Rückstand in Wasser auf, setzt Phosphorsäure zu und schüttelt wiederholt mit neuen Mengen Äther, welcher die Milchsäure aufnimmt. Aus den vereinigten Ätherextrakten wird der Äther abdestilliert, der Rückstand in Wasser gelöst und diese Lösung auf dem Wasserbade, um den etwa zurückgebliebenen Äther und flüchtige Säuren zu entfernen, vorsichtig erwärmt. Aus der filtrierten Lösung wird dann durch Kochen mit Zinkkarbonat eine Lösung des Zinklaktates dargestellt, welche zu beginnender Kristallisation eingedampft und dann über Schwefelsäure stehen gelassen wird. Zum sicheren Nachweis ist eine Analyse des Salzes unbedingt notwendig. Bezüglich der Methoden zum Nachweis und zur quantitativen Bestimmung der Milchsäure wird im übrigen auf größere Handbücher hingewiesen. Nachweis der Milch- säuren.

Die Monosaccharide sind farb- und geruchlose, neutral reagierende und süß schmeckende, in Wasser leicht, in absolutem Alkohol im allgemeinen schwerlösliche und in Äther nicht lösliche Stoffe, die wenigstens zum Teil in reinem Zustande gut kristallisierbar sind. Sie sind stark reduzierende Stoffe. Aus ammoniakalischer Silberlösung scheiden sie metallisches Silber ab und ebenso reduzieren sie beim Erwärmen in alkalischer Lösung mehrere andere Metalloxyde, wie Kupfer-, Wismut- und Quecksilberoxyd. Dieses Verhalten ist von großer Bedeutung für den Nachweis und die quantitative Bestimmung der Zuckerarten. Eigen- schaften der Mono- saccharide.

Die einfachen Zuckerarten kommen zum Teil in der Natur als solche fertig gebildet vor, was namentlich mit den beiden sehr wichtigen Zucker- arten dem Traubenzucker und dem Fruchtzucker der Fall ist. In reichlichen Mengen kommen sie ferner in der Natur als mehr zusammengesetzte Kohle- hydrate (Di- und Polysaccharide), aber auch als Ester oder als verschieden- artige Glykoside vor. Vorkommen der Mono- saccharide.

---

[1]) Vgl. ferner: JUNGFLEISCH, Compt. rend. 139, 140, 142; HERZOG u. SLANSKY, Zeitschr. f. physiol. Chem. 73.

Unter den bisher bekannten Gruppen von Monosacchariden sind diejenigen, welche weniger als fünf oder mehr als sechs Atome Kohlenstoff im Moleküle enthalten, zwar von hohem wissenschaftlichem Interesse, aber ohne größere Bedeutung für die Tierchemie. Von den zwei übrigen Gruppen ist die Hexosengruppe die größte und sie bietet ein ganz besonderes Interesse dar. Aber auch die Pentosen gewinnen immer mehr an Bedeutung und Interesse nicht nur für die Chemie der Pflanzen, sondern auch für die chemischen Vorgänge im Tierkörper.

Pentosen ($C_5H_{10}O_5$).

Die Pentosen sind meistens nicht als solche in der Natur gefunden worden. Aus tierischen Geweben, Organen und Flüssigkeiten erhält man sie am öftesten als Spaltungsprodukte von Nukleinsäuren bzw. Nukleoproteiden.

Pentosen und Pentosane. Die Pentosen aus dem Pflanzenreiche, die ebenfalls in Nukleinsäuren vorkommen können, erhält man hauptsächlich aus mehr komplexen Kohlehydraten, den sog. Pentosanen, durch hydrolytische Spaltung mit verdünnter Mineralsäure. Die Pentosane kommen im Pflanzenreiche sehr verbreitet vor und sind besonders für den Aufbau gewisser Pflanzenbestandteile von großer Bedeutung. Es finden sich aber in den Pflanzen auch Methylpentosane und Methylpentosen, unter denen die in mehreren Glykosiden vorkommende Methylpentose, die Rhamnose, besonders zu nennen ist.

Vorkommen. Im Tierreiche sind die Pentosen zuerst von SALKOWSKI und JASTROWITZ in dem Harne eines Morphinisten und darauf von SALKOWSKI und anderen mehrmals im Harne des Menschen gefunden worden. In mehreren Fällen von Diabetes beim Menschen, wie auch bei Hunden mit Pankreasdiabetes oder Phlorhizindiabetes, haben KÜLZ und VOGEL[1]) kleine Mengen von Pentose im Harne nachweisen können. Pentose scheint nach den Beobachtungen von BLUMENTHAL ein Bestandteil von Nukleoproteiden verschiedener Organe, Thymus, Thyreoidea, Gehirn, Milz und Leber zu sein. Ihr Vorkommen in den Nukleinsäuren ist schon in dem vorigen besprochen worden. Über die Mengen der aus verschiedenen Organen erhältlichen Pentosen liegen Angaben von GRUND, von BENDIX und EBSTEIN und von MANCINI[2]) vor.

Nährwert der Pentosen. Als Nahrungsmittel für die pflanzenfressenden Tiere sind sowohl die Pentosane (STONE, SLOWTZOFF) wie die Pentosen von großer Bedeutung. Über den Wert der letzteren liegen von SALKOWSKI, CREMER, NEUBERG und WOHLGEMUTH[3]) an Kaninchen und Hühnern angestellte Versuche vor, aus welchen hervorgeht, daß diese Tiere Pentosen verwerten können. Inwieweit die Pentosen als Glykogenbildner wirksam sind, ist dagegen eine strittige Frage (vgl. Kap. 8). Beim Menschen scheinen zwar die Pentosen resorbiert und zum Teil verwertet zu werden, sie gehen aber, selbst in kleinen Mengen eingenommen, zum Teil in den Harn über[4]).

Die natürlich vorkommenden Pentosen sind reduzierende Aldosen, die allgemein zu den mit Hefe nicht gärenden Zuckerarten gerechnet werden.

---

[1]) SALKOWSKI u. JASTROWITZ, Zentralbl. f. d. med. Wiss. 1892, S. 337 u. 593; SALKOWSKI, Berlin. klin. Wochenschr. 1895; BIAL, Zeitschr. f. klin. Med. 39; BIAL u. BLUMENTHAL, Deutsch. med. Wochenschr. 1901, Nr. 2; KÜLZ u. VOGEL, Zeitschr. f. Biol. 32.
[2]) BLUMENTHAL, Zeitschr. f. klin. Med. 34 (1898); GRUND, Zeitschr. f. physiol. Chem. 35; BENDIX u. EBSTEIN, Zeitschr. f. allg. Physiol. 2; MANCINI, Chem. Zentralbl. 1906, 2.
[3]) STONE, Amer. chem. Journ. 14, zitiert bei NEUBERG u. WOHLGEMUTH, Zeitschr. f. physiol. Chem. 35; SLOWTZOFF ebenda 34; SALKOWSKI ebenda 32; CREMER, Zeitschr. f. Biol. 29 u. 42; NEUBERG u. WOHLGEMUTH l. c. [4]) Vgl. EBSTEIN, VIRCHOWS Arch. 129; TOLLENS, Ber. d. d. chem. Gesellsch. 29, S. 1208; CREMER l. c.; LINDEMANN u. MAY, Deutsch. Arch. f. klin. Med. 56; SALKOWSKI, Zeitschr. f. physiol. Chem. 30.

Von Fäulnisbakterien werden sie leicht zersetzt. Mit Phenylhydrazin und Eigen-
schaften. Essigsäure geben sie gelbgefärbte, kristallisierende Osazone, die in heißem Wasser verhältnismäßig leicht löslich sind und deren Schmelzpunkte und optisches Verhalten für die Erkennung der verschiedenen Pentosen wichtig sind. Beim Erhitzen mit Salzsäure liefern sie Furfurol aber keine Lävulinsäure. Aus dem Pentosemolekül entsteht hierbei unter Wasseraustritt das fünf-

$$HC - CH$$
$$\underset{\displaystyle O}{HC \qquad C} . CHO$$

gliedrige Furfuran, dessen Aldehyd das Furfurol HC C . CHO ist. Das bei

Destillation mit Salzsäure übergehende Furfurol kann mit Anilin- oder Xylidin-azetatpapier, welches vom Furfurol schön rot gefärbt wird, nachgewiesen werden. Zur quantitativen Bestimmung kann man nach der Methode von TOLLENS das überdestillierte Furfurol mit Phlorogluzin in Phloroglzid über- Furfurol-
bildung. führen und als solches wägen (vgl. TOLLENS und KRÖBER, GRUND, BENDIX und EBSTEIN) oder nach JOLLES mit Bisulfit und Zurücktitrierung mit Jod-lösung bestimmen[1]). Bei Anwendung dieser Methoden ist indessen zu be-achten, daß die Glukuronsäureverbindungen unter denselben Bedingungen ebenfalls Furfurol geben können. Als brauchbare Pentosereaktionen sind die zwei folgenden von TOLLENS zu bezeichnen.

Die Orzin-Salzsäureprobe. Man vermischt die Lösung bzw. das Wasser, in welches die Substanz eingetragen wurde, mit dem gleichen Volumen konzentrierter Salz- Orzinprobe. säure, fügt etwas Orzin in Substanz hinzu und erhitzt. Bei Gegenwart von Pentose wird die Farbe der Lösung rötlichblau, später blaugrün, und bei spektroskopischer Unter-suchung sieht man einen Absorptionsstreifen zwischen C und D. Kühlt man bis zur Lauwärme ab und schüttelt mit Amylalkohol, so erhält man eine blaugrüne Lösung, welche denselben Streifen zeigt.

Die Phlorogluzin-Salzsäureprobe wird in derselben Weise mit Anwendung von Phlorogluzin ausgeführt. Die beim Erhitzen schön kirschrot werdende Flüssigkeit Phloro-
gluzin-
probe. wird bald trübe und ein Ausschütteln mit Amylalkohol ist deshalb hier besonders zweck-mäßig. Die rote amylalkoholische Lösung zeigt einen Streifen zwischen D und E. Die Orzinprobe ist aus mehreren Gründen besser als die Phlorogluzinprobe (SALKOWSKI, NEUBERG)[2]). Über die Anwendbarkeit dieser Proben bei Harnuntersuchungen vgl. man Kap. 15.

Mehrere Modifikationen dieser Reaktionen sind vorgeschlagen worden. BRAT[3]) hat durch Zusatz von NaCl und Erhitzen auf nur 90—95° C die Orzinreaktion verfeinert. BIAL[4]) verwendet zu der Orzinprobe eine eisenchloridhaltige Salzsäure, wodurch jedoch die Reaktion eine fast zu große Empfindlichkeit erlangt. Bei Anwendung dieser Modifi-kation kann man bei zu starkem oder langdauerndem Erhitzen ($1\frac{1}{2}$—2 Minuten) eine leicht zu verwechselnde Reaktion auch mit Zuckern der Sechskohlenstoffreihe erhalten (BIAL, VAN LEERSUM)[5]). Nach R. ADLER und O. ADLER kann man die Phlorogluzin-und Orzinprobe statt mit Salzsäure mit Eisessig und ein paar Tropfen Salzsäure ausführen. Dieselben Forscher benutzten ferner als Reagenz auf Pentosen ein Gemenge von gleichen Volumina Anilin und Eisessig. Nach Zusatz von ein wenig Pentose zu dem siedenden Gemenge erhält man eine prächtig rote Farbe von essigsaurem Furfurolanilin. A. NEU- Pentose-
reaktionen MANN[6]) stellt die Orzinprobe mit Eisessig und tropfenweisem Zusatz von konzentrierter Schwefelsäure an. Hierbei geben, bei genauem Einhalten der gegebenen Vorschriften, nicht nur die Pentosen, sondern auch die Glukuronsäure, Glukose und Fruktose charak-teristisch gefärbte Lösungen mit besonderen Absorptionsstreifen, welche zur Erkennung der verschiedenen Zuckern dienen können. FR. SACHS hat die BIALsche Probe nachgeprüft und besondere Vorschriften, namentlich um Verwechslung mit Glukuronsäure zu ver-

---

[1]) BENDIX u. EBSTEIN l. c., wo man die Literatur findet; JOLLES Ber. d. d. chem. Gesellsch. 39 u. Zeitschr. f. anal. Chem. 46. [2]) SALKOWSKI, Zeitschr. f. physiol. Chem. 27; NEUBERG ebenda 31. [3]) Zeitschr. f. klin. Med. 47. [4]) Deutsch. med. Wochenschr. 1902 u. 1903 und Zeitschr. f. klin. Med. 50. [5]) BIAL, Zeitschr. f. klin. Med. 50; VAN LEERSUM, HOFMEISTERS Beitr. 5. [6]) R. u. O. ADLER, PFLÜGERS Arch. 106; A. NEUMANN, Berl. klin. Wochenschr. 1904.

hindern, gegeben. JOLLES[1]) fällt (aus Harn) die Pentosen als Osazone, destilliert den Niederschlag mit Salzsäure und prüft das Destillat mit BIALS Reagenz.

Bei der Ausführung der obengenannten zwei Proben hat man zu beachten, daß die Glukuronsäure ganz dieselben Reaktionen gibt, und ferner, daß die Farben an und für sich nicht beweisend sind. Man darf deshalb nie die spektroskopische Prüfung unterlassen. Beide Proben sind übrigens mehr als orientierende als wie definitive Pentosereaktionen aufzufassen, und behufs einer sicheren Erkennung der Pentosen muß man deshalb auch die Osazone oder andere Verbindungen derselben darstellen.

Arabinosen. Die von NEUBERG aus Menschenharn isolierte Pentose ist r-Arabinose. Sie konnte aus dem Harne als Diphenylhydrazon isoliert werden, aus dem darauf durch Spaltung mit Formaldehyd die Arabinose regeneriert *Arabinosen.* wurde. Die inaktive r-Arabinose scheint die bei Pentosurie regelmäßig auftretende Pentose zu sein, und bisher ist nur in einzelnen Fällen l-Arabinose beobachtet worden. Die letztere soll dagegen nach Genuß von gewissen Früchten wie Pflaumen (in größeren Mengen) in den Harn in kleinen Mengen übergehen können (C. BARSZCZEWSKI)[2]).

r-Arabi- Die r-Arabinose kristallisiert, schmeckt rein süß und schmilzt bei
nose. 163—164° C. Ihr Diphenylhydrazon, welches nach NEUBERG und WOHLGEMUTH[3]) auch zur quantitativen Bestimmung verwendbar ist, schmilzt bei 206° C, ist unlöslich in kaltem Wasser und Alkohol, leicht löslich in Pyridin. Das Osazon schmilzt bei 166—168° C.

l-Arabinose. Die rechtsdrehende l-Arabinose erhält man durch Kochen von arabischem Gummi oder Kirschgummi mit verdünnter Schwefelsäure. Die d-Arabinose ist synthetisch dargestellt worden. Das Phenylosazon der l-Arabinose schmilzt bei 166° (LEVENE und LA FORGE)[4]). Die in Tafeln oder Prismen kristallisierende l-Arabinose schmilzt bei etwa 164°. Sp. Drehung $(\alpha)D = + 104{,}5°$.

Xylose. Die l-Xylose findet sich im Pflanzenreiche sehr verbreitet und wird z. B. aus Holzgummi mit verdünnter Säure erhalten. Die Xylose kristallisiert, schmilzt bei 150—153° C, löst sich sehr leicht in Wasser, schwer in Alkohol und ist schwach rechtsdrehend, $(\alpha)D = + 18{,}1°$. Sie gibt ein Phenylosazon, welches bei 155—158° C schmilzt und ein, nach TOLLENS und MÜTHER, bei 107—108° schmelzendes Diphenylhydrazon. Mit Bromwasser kann man nach BERTRAND die Xylose in Xylonsäure, $CH_2(OH)[CH(OH)]_3COOH$, über-
Xylose. führen, deren Bromkadmiumdoppelverbindung oder deren Bruzinsalz (NEUBERG) zum Nachweis und zur Isolierung der l-Xylose geeignet ist. Durch Oxydation mit Salpetersäure wird eine optisch inaktive Trioxyglutarsäure vom Schmelzpunkt 152° erhalten.

Nach NEUBERG und nach REWALD ist die Pentose aus einem Pankreasnukleoproteide und nach NEUBERG und BRAHN die aus der Inosinsäure isolierte Pentose mit der l-Xylose identisch[5]).

Ribose. Synthetisch ist die Ribose von E. FISCHER hergestellt worden. Das Phenylhydrazon schmilzt bei 154—155°, das p-Bromphenylhydrazon bei 164—165°. Das Osazon ist identisch mit dem Arabinosazon. Oxydation mit *Ribose.* Salpetersäure ergibt eine optisch inaktive Trioxyglutarsäure, welche bei 170 bis 171° schmilzt. Die d-Ribose ist nach LEVENE und JACOBS die Pentose in der Inosinsäure, Guanylsäure und Hefenukleinsäure. Die Pentose findet sich nach diesen Autoren in den genannten Nukleinsäuren in glykosidartiger

---

[1]) FRITZ SACHS, Bioch. Zeitschr. 1 u. 2; JOLLES ebenda 2; Zentralbl. f. inn. Med. 1907 u. Zeitschr. f. anal. Chem. 46. [2]) NEUBERG, Ber. d. d. chem. Gesellsch. 33; BARSZCZEWSKI, MALYS Jahresb. 27, S. 733. [3]) Zeitschr. f. physiol. Chem. 35. [4]) Journ. of biol. Chem. 20, 429 (1915). [5]) TOLLENS u. MÜTHER, Ber. d. d. chem. Gesellsch. 37; G. BERTRAND, Bull. soc. chim. (3) 5; NEUBERG, Ber. d. d. chem. Gesellsch. 35; NEUBERG u. BRAHN, Bioch. Zeitschr. 5, 438 (1907); REWALD, Ber. d. d. chem. Gesellsch. 42, 3134 (1909).

Bindung mit Purinbasen als sog. Nukleoside. Zu bemerken ist, daß Neuberg seine Ansicht insofern aufrecht hält, daß zum mindesten im Pankreas l-Xylose vorkommen soll[1]).

Hexosen ($C_6H_{12}O_6$).

Zu dieser Gruppe gehören die wichtigsten und am besten bekannten einfachen Zuckerarten. Die allermeisten übrigen, seit alters her als Kohlehydrate betrachteten Stoffe sind Anhydride derselben. Einige Hexosen, wie der Traubenzucker und der Fruchtzucker, kommen teils als solche in der Natur fertig gebildet vor und teils entstehen sie durch hydrolytische Spaltung anderer, mehr zusammengesetzter Kohlehydrate oder Glykoside. Andere, wie die Mannose oder Galaktose, entstehen durch hydrolytische Spaltung anderer Naturprodukte und wiederum einige, wie die Gulose, die Talose u. a., sind bisher nur künstlich gewonnen worden. *(Vorkommen der Hexosen.)*

Alle Hexosen, wie auch die Anhydride derselben, geben beim Sieden mit passend verdünnten Mineralsäuren neben Ameisensäure und Huminsubstanzen Lävulinsäure, $C_5H_8O_3$. Als Zwischenstadium tritt hierbei Oxymethylfurfurol, $C_6H_6O_3$, auf, das nahezu quantitativ in Lävulinsäure und Ameisensäure zerfällt[2]). Einige Hexosen sind, wie oben erwähnt wurde, mit Hefe vergärbar.

Die Hexosen sind teils Aldosen und teils Ketosen. Zu jener Gruppe gehören Glukose, Galaktose und Mannose, zu dieser die Fruktose (und die Sorbose). *(Hexosen.)*

Die meisten und wichtigsten Synthesen von Kohlehydraten rühren von E. Fischer und seinen Schülern her und sie fallen hauptsächlich innerhalb der Hexosengruppe. Aus diesem Grunde muß hier die Synthese der Hexosen, wenn auch nur in größter Kürze, besprochen werden.

Die erste künstliche Darstellung von Zucker rührt von Butlerow her. Bei der Behandlung von Trioxymethylen, einem Polymeren des Formaldehyds, mit Kalkwasser erhielt er nämlich einen schwach süß schmeckenden Sirup, Methylenitan. Von viel größerer Bedeutung waren indessen die Arbeiten von O. Loew[3]), dem es gelang durch Kondensation von Formaldehyd bei Gegenwart von Basen ein Gemenge von mehreren Zuckerarten darzustellen, aus dem er einen gärungsfähigen, von ihm Methose genannten Zucker isolierte. Die wichtigsten und umfassendsten Zuckersynthesen rühren aber von E. Fischer[4]) her.

Der Ausgangspunkt derselben ist die α-Akrose, die unter den Kondensationsprodukten des Formaldehydes vorkommt, die aber ihren Namen dadurch erhalten hat, daß sie aus Akroleinbromid durch Einwirkung von Basen entsteht (Fischer). Man erhält sie auch neben β-Akrose durch Oxydation von Glyzerin mit Brom bei Gegenwart von Natriumkarbonat und Behandlung des entstandenen Gemenges mit Alkali. Bei der Oxydation mit Brom entsteht nämlich ein Gemenge von Glyzerinaldehyd, $CH_2OH \cdot CH(OH) \cdot CHO$, und Dioxyazeton, $CH_2OH \cdot CO \cdot CH_2OH$, welche beide Stoffe als wahre Zucker — Glyzerosen oder Triosen — bezeichnet werden können. Durch die Alkalieinwirkung findet, wie es scheint, eine Kondensation zu Hexosen statt.

Die α-Akrose kann durch Umwandlung in ihr Osazon und Zurückverwandlung desselben in Zucker aus dem obigen Gemenge isoliert und rein gewonnen werden. Die α-Akrose ist wie es scheint, identisch mit der r-Fruktose. Mit Hefe vergärt die eine Hälfte derselben, die linksdrehende d-Fruktose, während die rechtsdrehende l-Fruktose zurückbleibt. In dieser Weise gelingt also die Darstellung der r- und l-Fruktose. *(Synthesen der Hexosen.)*

Durch Reduktion der α-Akrose entsteht α-Akrit, welcher mit dem r-Mannit identisch ist. Durch Oxydation von r-Mannit erhält man r-Mannose, von welcher bei der

---

[1]) F. Fischer, Ber. d. d. chem. Gesellsch. **24**, 4214; Levene u. Jacobs ebenda **42**, 2102, 2469, 2474, 3247 (1909); **43**, 3147 (1910); Neuberg ebenda **42**, 2806 (1909); **43**, 3501 (1910). [2]) Kiermayer, Chem. Zeitung 1895, 1004; van Ekenstein u. Blanksma, Ber. d. d. chem. Gesellsch. **43**, 2355 (1910). [3]) Butlerow, Ann. d. Chem. u. Pharm. **120**; Compt. rend. **53**; O. Loew, Journ. f. prakt. Chem. (N. F.) **33** u. Ber. d. d. chem. Gesellsch. **20**, 21 u. 22. [4]) Ber. d. d. chem. Gesellsch. **21** u. l. c. S. 149ff. dieses Buches.

Gärung nur die l-Mannose zurückbleibt. Durch weitere Oxydation liefert die r-Mannose
r-Mannonsäure. Durch Überführung dieser Säure in Strychnin- oder Morphinsalz können
durch fraktionierte Kristallisation die Salze der zwei aktiven Mannonsäuren getrennt
werden. Aus diesen zwei Säuren, der d- und l-Mannonsäure, kann man die zwei entsprechenden Mannosen durch Reduktion gewinnen.

Aus der d-Mannose erhält man, mit dem Osazon als Zwischenstufe, die d-Fruktose,
und es bleibt also nur noch übrig, die Entstehung der Glukosen zu besprechen. Die d- und
l-Mannosäuren gehen durch Erhitzen mit Chinolin zum Teil in d- und l-Glukonsäuren
Synthesen. über, und durch Reduktion dieser Säuren erhält man d- bzw. l-Glukose. Diese letztere
stellt man indessen noch besser aus l-Arabinose durch die Zyanhydrinreaktion und mit
der l-Glukonsäure als nächste Zwischenstufe dar. Aus der Verbindung der l- und d-Glukonsäure zu r-Glukonsäure erhält man durch Reduktion die r-Glukose.

Ein besonderes Interesse hat die künstliche Darstellung von Zucker durch Kondensation von Formaldehyd gewonnen, indem nämlich nach der Assimilationshypothese
von BAEYER in der Pflanze bei der Reduktion der Kohlensäure zuerst Formaldehyd
gebildet wird, aus dem darauf durch Kondensation der Zucker entstehen soll. Durch
besondere Versuche an der Alge Spirogyra hat BOKORNY[1]) gezeigt, daß formaldehyd-
schwefligsaures Natron von den lebenden Algenzellen gespalten wird. Das freigewordene
Formaldehyd wird sofort zu Kohlehydrat kondensiert und als Stärke niedergeschlagen[2]).

Unter den bisher bekannten Hexosen sind eigentlich nur die Glukose,
Fruktose und Galaktose von physiologisch-chemischem Interesse, weshalb
auch von den übrigen in dem Folgenden nur die Mannosen beiläufig erwähnt
werden.

d-Glukose (Traubenzucker), auch Dextrose und Harnzucker genannt, findet sich reichlich in den Trauben und kommt ferner sehr häufig
zugleich mit der d-Fruktose (Lävulose) in der Natur, wie in Honig, süßen
Vor- Früchten, Samen, Wurzeln usw. vor. Bei Menschen und Tieren findet sie
kommen
der sich im Darmkanale während der Verdauung, ferner in geringer Menge in
Glukose. Blut und Lymphe und spurenweise auch in anderen tierischen Flüssigkeiten
und Geweben. Im Harne kommt sie unter normalen Verhältnissen nur spurenweise, bei dem Diabetes dagegen in reichlicher Menge vor. d-Glukose entsteht
auch durch hydrolytische Spaltung von Stärke, Dextrin und anderen zusammengesetzten Kohlehydraten wie auch durch Spaltung gewisser Glykoside.
Die Frage, ob Zucker aus Eiweiß oder aus Fett im Tierkörper gebildet werden
kann, ist streitig und soll in einem folgenden Kapitel (8) besprochen werden.

Die d-Glukose kristallisiert teils mit 1 Mol. Kristallwasser in warzigen
Massen aus kleinen Blättchen oder Täfelchen und teils wasserfrei in feinen
Kristalle. Nadeln oder Prismen. Die kristallwasserhaltige Glukose schmilzt schon unter
100° C und verliert das Kristallwasser bei 110° C. Die wasserfreie schmilzt
bei 146° C und geht bei 170° C unter Wasserabgabe in das Anhydrid Glukosan, $C_6H_{10}O_5$, über. Bei stärkerem Erhitzen geht sie in Karamel über und
wird dann weiter zersetzt.

Die Glukose ist in Wasser leicht löslich. Diese Lösung, welche weniger
stark süß schmeckt als eine Rohrzuckerlösung entsprechender Konzentration,
Eigen- ist rechtsdrehend und zeigt starke Mutarotation. Die sp. Drehung ist von
schaften.
der Konzentration abhängig, indem sie nämlich mit steigender Konzentration
zunimmt. In einer 10prozentigen Lösung von wasserfreier Glukose wird
jedoch allgemein $(a)D$ zu $+ 52,5°$ bei 20° C angegeben[3]). Die Glukose löst
sich wenig in kaltem, leichter in siedend heißem Alkohol. 100 Teile Alkohol
vom sp. Gewicht 0,837 lösen bei $+ 17,5°$ C 1,95 und im Sieden 27,7 Teile
wasserfreie Glukose (ANTHON)[4]). In Äther ist die Glukose unlöslich.

---

[1]) Biol. Zentralbl. **12**, 321, 481.   [2]) Vgl. über die Zuckersynthese ferner W. LÖB
u. PULVERMACHER, Bioch. Zeitschr. **23**, 10 (1909); **26**, 231 (1910).   [3]) Genaueres hierüber
findet man bei TOLLENS, Handb. d. Kohlehydrate. 3. Aufl. S. 175.   [4]) Zitiert nach
TOLLENS Handb.

Setzt man einer alkoholischen Glukoselösung eine alkoholische Ätzkalilösung zu, so scheidet sich ein amorpher Niederschlag von unlöslichem Zuckerkali aus. Beim Erwärmen zersetzt sich das Zuckerkali leicht unter Gelb- oder Braunfärbung und hierauf gründet sich die MOOREsche Zuckerprobe. Die Glukose geht auch Verbindungen mit Kalk und Baryt ein.

Die MOOREsche Zuckerprobe. Versetzt man eine Glukoselösung mit etwa $\frac{1}{4}$ Volumen Kali- oder Natronlauge und erwärmt, so wird die Lösung erst gelb, dann orange, darauf gelbbraun und zuletzt dunkelbraun. Sie riecht gleichzeitig auch schwach nach Karamel, und dieser Geruch wird nach dem Ansäuern noch deutlicher[1]). Die Mooresche Zuckerprobe.

Mit NaCl geht die Glukose mehrere kristallisierende Verbindungen ein, von denen die am leichtesten zu erhaltende, $(C_6H_{12}O_6)_2 \cdot NaCl + H_2O$, große, ungefärbte, sechsseitige Doppelpyramide oder Rhomboeder mit 13,52 p. c. NaCl darstellt.

Mit Bierhefe geht die Glukose, wie oben angegeben, in Alkoholgärung über. $C_6H_{12}O_6 = 2C_2H_5OH + 2CO_2$. Bei Gegenwart von saurer Milch oder von Käse geht sie, besonders bei Gegenwart einer Base wie ZnO oder CaCO_3, in Milchsäuregärung über. Die Milchsäure kann dann ihrerseits wieder in Buttersäuregärung übergehen: $2C_3H_6O_3 = C_4H_8O_2 + 2CO_2 + 4H$. Gärung der Glukose.

Die Glukose reduziert in alkalischer Flüssigkeit mehrere Metalloxyde, wie Kupferoxyd, Wismutoxyd, Quecksilberoxyd, und hierauf gründen sich einige wichtige Zuckerreaktionen[2]).

Die TROMMERsche Probe gründet sich auf der Eigenschaft des Zuckers, Kupferoxydhydrat in alkalischer Lösung zu Oxydul zu reduzieren. Man versetzt die Zuckerlösung mit etwa $\frac{1}{5} - \frac{1}{8}$ Vol. Natronlauge und fügt dann vorsichtig eine verdünnte Kupfersulfatlösung zu. Das Kupferoxydhydrat wird hierbei zu einer schön lazurblau gefärbten Flüssigkeit gelöst und man fährt mit dem Zusatze des Kupfersalzes fort, bis eine sehr kleine Menge Hydrat in der Flüssigkeit ungelöst bleibt. Man erwärmt darauf, und es scheidet sich dann schon unterhalb der Siedehitze gelbes Oxydulhydrat oder rotes Oxydul aus. Setzt man zu wenig Kupfersalz zu, so wird die Probe durch das Auftreten der MOOREschen Reaktion mißfarbig braun gefärbt, während umgekehrt bei Zusatz von überschüssigem Kupfersalz das überschüssige Hydrat beim Sieden in ein wasserärmeres, schwarzbraunes Hydrat sich umsetzt und dadurch die Probe stört. Um diese Unannehmlichkeiten zu vermeiden, kann man als Reagens die sog. FEHLINGsche Flüssigkeit verwenden. Dieses Reagens erhält man, wenn man gleiche Volumina einer alkalischen Seignettesalzlösung (173 g Seignettesalz und etwa 50—60 g NaOH im Liter) und einer Kupfersulfatlösung (34,65 g kristallisiertes Kupfersulfat im Liter) eben vor dem Gebrauche vermischt. Diese Lösung (FEHLINGsche Lösung) wird beim Sieden nicht reduziert oder merkbar verändert, das Tartrat hält das überschüssige Kupferoxydhydrat in Lösung und ein Überschuß des Reagenzes wirkt also nicht störend. Bei Gegenwart von Zucker findet dagegen Reduktion statt. Die Trommersche Probe.

Nach ST. BENEDIKT[3]) wird die TROMMERsche Probe viel empfindlicher, wenn man statt Natronlauge Natriumkarbonat zur Darstellung der FEHLINGschen Lösung verwendet.

Die BÖTTGER-ALMÉNsche Probe gründet sich auf der Eigenschaft der Glukose, Wismutoxyd in alkalischer Flüssigkeit zu reduzieren. Das geeignetste

---

[1]) Über die bei Einwirkung von Alkali entstehenden Produkte vgl. man: FRAMM, PFLÜGERS Arch. 64; J. U. NEF, Annal. d. Chem. u. Pharm. 357; BUCHNER u. MEISENHEIMER, Ber. d. d. chem. Gesellsch. 39; MEISENHEIMER ebenda 41. [2]) Über die hierbei entstehenden Produkte vgl. man: J. NEF, Annal. d. Chem. u. Pharm. 357. [3]) Journ. of biol. Chem. 3.

Reagens erhält man nach der, von NYLANDER [1]) nur unbedeutend veränderten Angabe ALMÉNs durch Auflösen von 4 g Seignettesalz in 100 Teilen Natronlauge von 10 p. c. NaOH und Digerieren mit 2 g Bismuthum subnitricum auf dem Wasserbade, bis möglichst viel von dem Wismutsalze gelöst worden ist. Setzt man einer Traubenzuckerlösung etwa $1/_{10}$ Vol. oder bei großem Zuckergehalte eine etwas größere Menge dieser Lösung zu und kocht etwa zwei Minuten, so färbt sich die Flüssigkeit erst gelb, dann gelbbraun und zuletzt fast schwarz, und nach einiger Zeit setzt sie einen schwarzen Bodensatz von Wismut (?) ab.

Die Böttger-Alménsche Probe.

Auf der Fähigkeit der Glukose, eine alkalische Quecksilberlösung beim Sieden zu reduzieren, basieren die Reaktion von KNAPP mit einer alkalischen Quecksilberzyanid- und die von SACHSSE mit einer alkalischen Jodquecksilberkaliumlösung.

Beim Erwärmen mit essigsaurem Phenylhydrazin gibt eine Traubenzuckerlösung eine in feinen gelben Nadeln kristallisierende, in Wasser fast unlösliche, in siedendem Alkohol aber lösliche und aus der mit Wasser versetzten alkoholischen Lösung beim Entweichen des Alkohols wieder sich ausscheidende Fällung von Phenylglukosazon (vgl. S. 154). Diese Verbindung schmilzt in reinem Zustande bei gegen 108° C. Hierbei ist indessen zu beachten, daß ihr Schmelzpunkt ebenso wie derjenige anderer Osazone mit der Geschwindigkeit des Erhitzens, der Weite des Röhrchens und der Dicke der Glaswand etwas wechseln kann [2]). Das Osazon löst sich leicht in Pyridin (0,25 g in 1 g), scheidet sich aber auf Zusatz von Benzol, Ligroin oder Äther aus dieser Lösung wieder kristallinisch ab. Dieses Verhalten kann nach NEUBERG [3]) zur Reinigung des Osazons benutzt werden. Von Interesse sind ferner auch das Diphenyl- und das Methylphenylhydrazon.

Osazone und Hydrazone.

Von Bleizuckerlösung wird die Glukose nicht, von ammoniakalischem Bleiessig dagegen ziemlich vollständig gefällt. Beim Erwärmen färbt sich der Niederschlag fleischfarben bis rosarot. Reaktion von RUBNER [4]).

Versetzt man eine wäßrige Lösung von Glukose mit Benzoylchlorid und einem Überschuß von Natronlauge und schüttelt, bis der Geruch nach Benzoylchlorid verschwunden ist, so entsteht ein in Wasser und in der Lauge unlöslicher Niederschlag von den schon oben genannten Benzoesäureestern der Glukose (BAUMANN) [5]).

Verhalten zu Benzoylchlorid und Alkali.

Versetzt man ½ ccm einer verdünnten wäßrigen Glukoselösung mit 1 Tropfen einer 10prozentigen Lösung von α-Naphthol in azetonfreiem Alkohol und läßt darauf 1 ccm konzentrierter Schwefelsäure langsam zufließen, so wird die Berührungsschicht schön rotviolett, und beim Umschütteln nimmt das Gemenge eine schöne rotviolette Farbe an (MOLISCH) [6]). Die Reaktion beruht nach VILLE und DERRIEN, sowie nach VAN EKENSTEIN und BLANKSMA auf der Bildung von Oxymethylfurfurol, das mit dem α-Naphthol reagiert [7]). Da Oxymethylfurfurol aus allen Hexosen gebildet wird, ist die MOLISCHsche Reaktion eine allgemeine Reaktion der Hexosen.

Naphtholprobe.

Diazobenzolsulfosäure gibt in einer, mit fixem Alkali alkalisch gemachten Zuckerlösung nach 10—15 Minuten eine rote, allmählich etwas violett werdende Farbe. Orthonitrophenylpropiolsäure liefert mit wenig Zucker und kohlensaurem Natron

Zuckerreaktionen.

---

[1]) Zeitschr. f. physiol. Chem. 8. [2]) Vgl. E. FISCHER, Ber. d. d. chem. Gesellsch. 41; LEVENE u. LA FORGE, Journ. of biol. Chem. 20, 429 (1915). [3]) Ber. d. d. chem. Gesellsch. 32, S. 3384. [4]) Zeitschr. f. Biol. 20. [5]) Ber. d. d. chem. Gesellsch. 16. Vgl. auch KUENY, Zeitschr. f. physiol. Chem. 14 und SKRAUP, Wien. Sitz.-Ber. 89 (1888). [6]) Monatsh. f. Chem. 7 u. Zentralbl. f. d. med. Wiss. 1887, S. 34 u. 49. [7]) Bull. soc. chim. (4) 5, 895 (1909); Ber. d. d. chem. Gesellsch. 43, 2358 (1910).

beim Sieden Indigo, welcher von überschüssigem Zucker in Indigweiß übergeführt wird. Eine alkalische Traubenzuckerlösung wird beim Erwärmen und Zusatz von verdünnter Pikrinsäurelösung tief rot. Das Verhalten der Glukose bei einigen Pentosereaktionen ist schon oben (S. 161) besprochen worden.

Zur der näheren Ausführung der obengenannten Reaktionen werden wir in einem folgenden Kapitel (über den Harn) zurückkommen.

Die Darstellung von reiner Glukose geschieht am einfachsten durch Inversion von Rohrzucker nach der folgenden, von Soxhlet und Tollens etwas abgeänderten Methode von Schwarz [1]). Darstellung der Glukose. Man versetzt 12 Liter Alkohol von 90 p. c. mit 480 ccm rauchender Salzsäure, erwärmt auf 45—50° C, trägt 4 Kilo gepulverten Rohrzucker allmählich ein und läßt nach 2 Stunden, nach welcher Zeit der Zucker gelöst und invertiert ist, erkalten. Man rührt darauf etwas Glukoseanhydrid ein, um die Kristallisation anzuregen, saugt nach einigen Tagen das Glukosepulver mit der Luftpumpe ab, wäscht mit verdünntem Alkohol die Salzsäure weg und kristallisiert aus Alkohol oder Methylalkohol um. Nach Tollens ist es hierbei am besten, den Zucker in der Hälfte seines Gewichtes an Wasser im Wasserbade zu lösen und das doppelte Volumen von 90—95prozentigem Alkohol hinzuzufügen.

Zum Nachweis der Glukose in tierischen Flüssigkeiten oder Gewebeextrakten dienen die obengenannten Reduktionsproben, die optische Untersuchung, die Gärungs- und die Phenylhydrazinprobe. Bezüglich der quantitativen Bestimmungsmethoden wird auf das Kapitel über den Harn verwiesen. In eiweißhaltigen Flüssigkeiten muß zuerst das Eiweiß durch Koagulation in der Siedehitze unter Essigsäurezusatz oder durch Ausfällen mit Alkohol oder Metallsalzen entfernt werden. Hinsichtlich der Schwierigkeiten, die hierbei bei Verarbeitung von Blut und serösen Flüssigkeiten entstehen, wird auf größere Handbücher verwiesen. Nachweis der Glukose.

Mannose. Die d-Mannose, auch Seminose genannt, entsteht neben d-Fruktose bei vorsichtiger Oxydation von d-Mannit. Man erhält sie aber auch durch Hydrolyse natürlicher Kohlenhydrate wie Salepschleim und Reservezellulose (besonders aus Steinnußspänen). Sie ist rechtsdrehend, gärt leicht mit Bierhefe, gibt ein in Wasser schwer lösliches Hydrazon und ein mit dem aus d-Glukose entstehenden identisches Osazon. Mannose.

d-Galaktose (nicht zu verwechseln mit Laktose oder Milchzucker) entsteht durch hydrolytische Spaltung von Milchzucker und durch Hydrolyse von vielen anderen Kohlehydraten, besonders Gummiarten und Schleimstoffen. Sie entsteht auch beim Erhitzen der aus dem Gehirne darstellbaren stickstoffhaltigen Glykoside, der Zerebroside, mit verdünnter Mineralsäure. Galaktose

Sie kristallisiert in Nadeln oder Blättchen, die bei 168° C schmelzen. In Wasser löst sie sich etwas schwerer als Glukose. Sie ist stark rechtsdrehend, (a)D nach Neuberg [2]) $= + 81°$. Mit gewöhnlicher Hefe kann die Galaktose zwar langsam aber fast vollständig vergären. Sie vergärt mit einer großen Anzahl Hefearten (E. Fischer und Tierfelder), nicht aber, was für physiologisch chemische Untersuchungen wichtig ist, mit Saccharomyces apiculatus [3]). Sie reduziert Fehlings Lösung etwas schwächer als Glukose, und 10 ccm dieser Lösung entsprechen nach Soxhlet 0,0511 g Galaktose in 1prozentiger Lösung. Ihr Phenylosazon, welches in heißem Wasser sehr wenig, in heißem Alkohol dagegen verhältnismäßig leicht löslich ist, schmilzt nach Levene und la Forge bei 201° C [2]). Seine Lösung in Eisessig ist optisch inaktiv. Bei der Probe mit Salzsäure und Phloroglucin gibt die Galaktose eine ähnliche Farbe wie die Pentosen; die Lösung zeigt aber nicht das Band im Spektrum. Bei der Oxydation gibt die Galaktose erst Galaktonsäure und dann Schleimsäure, welch letztere auch zum Nachweis der Galaktose dienen kann. Eigenschaften.

---

[1]) Tollens, Handb. d. Kohlehydrate. 3. Aufl. S. 169.   [2]) Journ. of biol. Chem. **20**, 429 (1915).   [3]) Vgl. F. Voit, Zeitschr. f. Biol. **28** u. **29**.

d-Fruktose (Fruchtzucker), auch Lävulose genannt, kommt, wie schon oben hervorgehoben wurde, mit Glukose gemengt reichlich verbreitet in dem Pflanzenreiche und auch im Honig vor. Sie entsteht bei der hydrolytischen Spaltung des Rohrzuckers und mehrerer anderen Kohlehydrate, wird aber besonders leicht durch hydrolytische Spaltung des Inulins gewonnen. In einigen Fällen ist bei Diabetes mellitus ihr Vorkommen im Harne erwiesen worden. NEUBERG und STRAUSS[1]) haben diesen Zucker auch in einigen Fällen in Blutserum und Exsudaten von Menschen nachweisen können.

Fruktose. Die Fruktose kristallisiert verhältnismäßig schwer in derben Krusten oder Warzen oder in feinen Nadeln. C. MÖRNER[2]) erhielt Kristalle von 2—3 mm Größe, welche dem rhombischen Systeme angehörten und bei 100° C weder schmolzen noch an Gewicht verloren. Schmelzpunkt gegen 110° C. In Wasser löst sich die Fruktose leicht, in kaltem absolutem Alkohol fast gar nicht, in siedendem dagegen ziemlich reichlich. Die Lösung in Wasser ist linksdrehend. C. MÖRNER fand für die Konzentrationen 10 und 20 p. c. $(\alpha) D = -93°$ bzw. $-94,1°$. Mit Hefe vergärt die Fruktose und sie gibt dieselben Reduktionsproben und dasselbe Osazon wie die Glukose. Mit Kalk gibt sie Verbindungen, die schwerlöslicher als die entsprechenden Glukoseverbindungen sind. Ihre Lösung wird weder von Bleizucker noch von Bleiessig gefällt.

Die Fruktose reduziert Kupfer weniger stark als die Glukose. Unter gleichen Bedingungen verhält sich die Reduktionsfähigkeit der Glukose zu der der Fruktose wie 100:92,08.

Zur Erkennung der Fruktose und solcher Zuckerarten, die bei ihrer Spaltung Fruktose liefern, kann man die Reaktion von SELIWANOFF mit Salzsäure und Resorzin benutzen. Diese beruht auf die Bildung von Oxymethylfurfurol und wird folglich mit allen Hexosen erhalten. Da aber die Ketosen etwa 20%, Oxymethylfurfurol und die Aldosen nur 1% ergeben, wird die Reaktion mit den Ketohexosen viel leichter erhalten als mit den Aldohexosen (VAN EKENSTEIN und BLANKSMA, vgl. S. 166). Zu einigen ccm eines Gemenges von Salzsäure und Wasser setzt man eine kleine Menge der Zuckerlösung oder des Zuckers in Substanz, fügt einige Kriställchen Resorzin hinzu und erhitzt. Die Flüssigkeit wird hierbei schön tiefrot und setzt allmählich einen in Alkohol mit schön *Reaktion* roter Farbe löslichen Niederschlag ab. Nach OFNER[3]) darf das Gemenge nicht mehr *von* als 12% Chlorwasserstoff enthalten und das Kochen soll nicht länger als 20 Sekunden *Seliwanoff.* fortdauern, weil bei zu starkem Säuregehalte und zu anhaltendem Erhitzen auch die Aldosen die Reaktion geben können. R. und O. ADLER[4]) stellen die Reaktion mit Eisessig, einigen Tropfen Salzsäure und etwas Resorzin an, wobei man die Reaktion nicht mit Aldosen erhalten soll. Die SELIWANOFFsche Reaktion wird nach ROSIN zweckmäßig mit der spektroskopischen Untersuchung kombiniert[5]). Bezüglich ihrer Brauchbarkeit bei Harnuntersuchungen vgl. man Kapitel 15.

Naphtho- Die Naphthoresorzinreaktion von B. TOLLENS und F. RORIVE[6]) führt man *resorzin-* in der Weise aus, daß man einige Körnchen des Zuckers und zirka die gleiche Menge *reaktion.* Naphthoresorzin mit ungefähr 10 ccm eines Gemenges gleicher Volumina Wasser und konzentrierter Salzsäure von 1,19 spez. Gewicht langsam über einer kleinen Flamme zum Kochen erhitzt und dies 1—3 Minuten gelinde anhält. Die Flüssigkeit wird mehr purpur- oder violettgefärbt als bei der SELIWANOFFschen Resorzinprobe. Im Spektrum sieht man ein schwaches Band im Grün.

Von besonderem Wert für die Abscheidung und den Nachweis der Fruktose ist nach NEUBERG[7]) das Methylphenylhydrazin, welches mit ihr das charakteristische Fruk-*Nachweis.* tosemethylphenylosazon gibt. Dieses Osazon, aus Alkohol umkristallisiert, hat den Schmelzpunkt 153°. Im Pyridinalkoholgemisch (0,2 g Osazon in 4 ccm Pyridin + 6 ccm absolutem Alkohol) zeigt es eine Rechtsdrehung $= 1° 40'$.

Gegen die Brauchbarkeit des Methylphenylhydrazins zum Nachweis der Fruktose hat indessen OFNER Einwände erhoben. Er hat nämlich auch mit Glukose und Methyl-

---

[1]) Zeitschr. f. physiol. Chem. **36**, wo man auch die ältere Literatur findet. [2]) Svensk Farmac. Tidskr. Nr. 6, 1907; vgl. auch MALYS Jahresb. Bd. **37**, S. 95. [3]) Monatsh. f. Chem. **25**. [4]) Vgl. Fußnote 6, S. 161. [5]) Ber. d. d. chem. Gesellsch. **38**. [6]) Ebenda **41**, S. 1783 u. TOLLENS ebenda S. 1788. [7]) Ber. d. d. chem. Gesellsch. **35**; ferner NEUBERG und STRAUSS ebenda **36**.

phenylhydrazin das Osazon erhalten, wenn auch das letztere viel rascher aus Fruktose als aus Glukose gebildet wird. Erst wenn die Ausscheidung von Osazonkristallen mit dem Methylphenylhydrazin nach Zusatz von Essigsäure innerhalb von höchstens 5 Stunden bei Zimmertemperatur sich vollzogen hat, ist nach OFNER [1]) die Gegenwart von Fruktose sicher bewiesen.

Auch die Brauchbarkeit der sekundären, asymmetrischen Hydrazine als allgemeines Reagens auf Ketosen und als Mittel zur Trennung derselben von den Aldosen wird von OFNER bestritten.

d-Sorbose hat man eine andere Ketose genannt, die aus Vogelbeersaft unter gewissen Bedingungen erhalten wird. Sie kristallisiert, ist linksdrehend und kann durch Reduktion in d-Sorbit übergeführt werden.

Osazon.

Sorbose.

Anhang zu den Monosacchariden.

a) Aminozucker.

Der wichtigste unter den Aminozuckern ist das bereits mehrmals besprochene Glukosamin.

$$\text{d-Glukosamin (Chitosamin) } C_6H_{13}NO_5 = \overset{\text{H}}{\underset{\text{OH}}{\text{HOCH}_2.\text{C}}} . \overset{\text{H}}{\underset{\text{OH}}{\text{C}}} . \overset{\text{OH}}{\underset{\text{H}}{\text{C}}} . \text{CH}(NH_2).\text{COH},$$

dessen synthetische Darstellung schon in dem Vorigen (S. 153) besprochen wurde, ist zuerst von LEDDERHOSE [2]) aus Chitin durch Einwirkung konzentrierter Salzsäure dargestellt worden. In neuerer Zeit hat man es als Spaltungsprodukt aus mehreren Muzinsubstanzen und Eiweißstoffen erhalten (vgl. Kap. 2). Wie die Formel angibt, ist das Amin ein α-Aminozucker und je nach dem unbekannten Bau der Gruppe CH(NH₂) wird es als ein Derivat der d-Glukose oder der d-Mannose zu betrachten sein [3]).

Glukosamin. Chitosamin.

Die freie Base, welche in Nadeln kristallisieren kann, ist leicht löslich in Wasser mit alkalischer Reaktion und zersetzt sich rasch. Das charakteristische chlorwasserstoffsaure Salz bildet farblose, luftbeständige Kristalle, die in Wasser leicht, in Alkohol sehr schwer und in Äther nicht löslich sind. Die Lösung ist rechtsdrehend, $(\alpha)D = + 70{,}15$ à $74{,}64^0$ bei verschiedener Konzentration [4]). Das Glukosamin wirkt reduzierend wie die Glukose und gibt dasselbe Osazon, gärt aber nicht. Mit Benzoylchlorid und Natronlauge gibt es kristallisierbare Ester. In alkalischer Lösung gibt es mit Phenylisozyanat eine Verbindung, die durch Essigsäure in ihr Anhydrid übergeführt wird und zur Abscheidung und zum Nachweis des Glukosamins wertvoll ist (STEUDEL) [5]). Durch Oxydation mit Salpetersäure liefert es Norisozuckersäure, welche als Bleisalz abgetrennt werden kann und deren in Wasser schwerlösliche Salze mit Cinchonin oder Chinin man ebenfalls sehr vorteilhaft zur Erkennung des Glukosamins benutzt (NEUBERG und WOLFF) [6]). Bei der Oxydation mit Brom entsteht Chitaminsäure (d-Glukosaminsäure), welche durch salpetrige Säure in Chitarsäure, $C_6H_{10}O_6$, übergeht. Durch Einwirkung von salpetriger Säure auf Glukosamin kann man den nicht gärenden Zucker Chitose erhalten.

Eigenschaften u. Verbindungen.

Eine Reaktion, welche nicht dem freien Glukosamin wohl aber den Muzinen und anderen Proteinstoffen, welche ein azetyliertes Glukosamin enthalten, zukommt, ist die Reaktion von EHRLICH [7]), welche darin besteht, daß die fraglichen Substanzen, nach vorhergehender Behandlung mit Alkali, mit einer salzsauren Lösung von Dimethylaminobenzaldehyd erwärmt, eine prachtvolle rote Farbe geben.

Reaktion von Ehrlich

---

[1]) Ber. d. d. chem. Gesellsch. 37 und Zeitschr. f. physiol. Chem. 45.   [2]) Zeitschr. f. physiol. Chem. 2 u. 4.   [3]) Ber. d. d. chem. Gesellsch. 36.   [4]) Vgl. hierüber HOPPE-SEYLER-THIERFELDERS Handb. 8. Aufl.; SUNDWIK, Zeitschr. f. physiol. Chem. 34. [5]) Ebenda 34.   [6]) Ber. d. d. chem. Ges. 34.   [7]) Med. Woch. 1901, Nr. 15; zit. nach LANGSTEIN, Ergeb. d. Physiol. 1. I. S. 63.

Die Darstellung des Glukosamins geschieht am besten aus entkalkten Hummerschalen mit heißer konzentrierter Salzsäure (vgl. Hoppe-Seyler-Thierfelders Handbuch 8. Aufl.). Bezüglich seiner Darstellung aus Proteinsubstanzen wird auf Kap. 2 hingewiesen.

Chondros-
amin. **Chondrosamin.** Bei der Zersetzung von Chondroitinschwefelsäure erhielten Levene und la Forge ein Hexosamin, das nicht mit dem Glukosamin identisch war. Dasselbe wurde Chondrosamin genannt. Später hat Levene dasselbe aus d-Lyxose in der Hauptsache nach der Methode, deren Fischer und Leuchs zur Herstellung von Glukosamin aus d-Arabinose sich bedienten, synthetisch hergestellt. Seine Konfiguration wäre also:

$$\overset{\text{H}\quad\text{OH}\,\text{OH}}{\underset{\text{OH}\,\text{H}\quad\text{H}}{\text{HO}\,.\,\text{CH}_2\,.\,\text{C}\,.\,\text{C}\,.\,\text{C}\,.\,\text{CH(NH}_2)\,.\,\text{COH},}}$$

wo immerhin die Stellung der Gruppe CH(NH₂) unsicher ist. Nach Levene soll dieselbe unter verschiedenen Verhältnissen entweder $\overset{\text{H}}{\underset{\text{NH}_2}{\text{C}}}$ oder $\overset{\text{NH}_2}{\underset{\text{H}}{\text{C}}}$ sein können und er will in dieser Weise die starke Mutarotation erklären, welche sowohl das chlorwasserstoffsaure Salz wie die durch Oxydation erhaltene Chrondrosaminsäure zeigen. Ersteres Salz ist in Wasser und Alkohol leicht löslich, krystallisiert in langen Nadeln und schmilzt bei 182°. Das Osazon ist leicht löslich in Alkohol und unterscheidet sich hierdurch vom Osazon des Glukosamins; Schmelzpunkt 201°[1]).

Galaktos-
amin. **Galaktosamin** glaubten Schulz und Ditthorn in einem Glykoproteid der Eiweißdrüse des Frosches nachweisen zu können. Ganz sicher anerkannt scheint der Befund nicht zu sein. Durch Hydrolyse der schleimigen Umhüllung von Froscheiern erhielten A. v. Ekenstein und J. Blanksma [2]) Galaktose.

b) Glukuronsäuren.

Die im Tierkörper sowohl physiologisch wie pathologisch vorkommenden Glukuronsäuren sind gepaarte Säuren, die in dem Kapitel 15 (Harn) näher besprochen werden sollen. Hier wird nur im Anschluß an die Kohlehydrate die d-Glukuronsäure beschrieben.

Glukuron-
säure. **d-Glukuronsäure,** $C_6H_{10}O_7 = \overset{\text{CHO}}{\underset{\text{COOH}}{(\text{CH}\,.\,\text{OH})_4}}$, ist ein Derivat der Glukose und sie ist von E. Fischer und Piloty [3]) durch Reduktion der Zuckerlaktonsäure synthetisch dargestellt worden. Bei ihrer Oxydation mit Brom entsteht Zuckersäure, bei ihrer Reduktion Gulonsäurelakton. Durch fermentative Kohlensäureabspaltung mittelst Fäulnisbakterien haben Salkowski und Neuberg [4]) aus Glukuronsäure l-Xylose erhalten.

In freiem Zustande ist die Glukuronsäure nicht im Tierkörper gefunden worden. Neuerdings ist dieselbe von Levene und Mitarbeiter als Bestandteil von sowohl Chondroitinschwefelsäure als von gewissen Mucoitinschwefelsäuren aufgefunden worden [5]). Als gepaarte Säure, Phenol- und wahrscheinlich auch Indoxyl- und Skatoxylglukuronsäure, kommt sie in geringer Menge im normalen Harne vor (Mayer und Neuberg). In viel größerer Menge geht sie

---

[1]) Journ. of biol. Chem. 18, 123 (1914); 26, 143, 155 (1916); 31, 609 (1917).
[2]) Schulz u. Ditthorn, Zeitschr. f. physiol. Chem. 29; Ekenstein u. Blanksma, Chem. Zentralbl. 1907. 2, S. 1001. [3]) Ber. d. d. chem. Gesellsch. 24. [4]) Zeitschr. f. physiol. Chem. 36. [5]) Journ. of biol. Chem. 15, 69 (1913); 36, 105 (1918).

als gepaarte Säure nach Einnahme von mehreren aromatischen und auch
fetten Substanzen, darunter z. B. Kampfer oder Chloralhydrat, in den Harn
über. Sie wurde auch zuerst von SCHMIEDEBERG und MEYER aus Kamphoglukuronsäure und dann von v. MEHRING [1]) aus Urochloralsäure durch Spaltung
mit verdünnter Säure gewonnen. Nach P. MAYER [2]) nimmt die Oxydation   Vor-
der Glukose zum Teil ihren Weg über Glukuronsäure und Oxalsäure, und   kommen.
deshalb kann nach ihm auch eine vermehrte Ausscheidung gepaarter Glukuronsäuren in gewissen Fällen der Ausdruck einer unvollkommenen Oxydation
der Glukose sein (vgl. Kap. 15). Gepaarte Glukuronsäuren kommen auch
regelmäßig im Blute (P. MAYER, LÉPINE und BOULUD) [3]), angeblich auch in
den Fäzes und der Galle [4]) vor. NEUBERG und NEIMANN [5]) haben einige gepaarte Glukuronsäuren (vgl. Kap. 15), unter ihnen auch die Euxanthinsäure,
synthetisch dargestellt. Dieselbe kommt sonst in reichlicher Menge als Magne-
siumsalz in der Malerfarbe ,,Jaune indien'', welche gewöhnlich als Material
zur Reindarstellung der Glukuronsäure benutzt wird, vor.

    Die Glukuronsäure ist nicht in Kristallen, sondern nur als Sirup erhalten
worden. Sie löst sich in Alkohol und ist in Wasser leicht löslich. Wird die
wäßrige Lösung eine Stunde gekocht, so geht die Säure zum Teil (20 p. c.)
in das kristallisierende, in Wasser lösliche und in Alkohol unlösliche Lakton,
Glukuron, $C_6H_8O_6$, vom Schmelzpunkte 175—178[0] über. Die Alkalisalze   Eigen-
der Säure kristallisieren. Sättigt man eine konzentrierte Lösung der Säure   Glukuron-
mit Barythydrat, so scheidet sich basisches Baryumsalz aus. Das neutrale   säure.
Bleisalz ist in Wasser löslich, das basische dagegen unlöslich. Das leicht
kristallisierende Cinchoninsalz kann zur Isolierung der Glukuronsäure dienen
(NEUBERG) [6]). Die Glukuronsäure ist rechtsdrehend, während die gepaarten
Säuren regelmäßig linksdrehend sind; sie verhält sich zu den Reduktionsproben wie die Glukose, gärt aber nicht mit Hefe. Bei der Phenylhydrazinprobe hat man mehrere kristallisierende, aber nicht hinreichend charakteristische Verbindungen erhalten (THIERFELDER, P. MAYER) [7]). Durch Ein-   Osazone.
wirkung von 3 Mol. Phenylhydrazin und der erforderlichen Menge Essigsäure
auf je 1 Mol. Glukuronsäure bei 40[0] C während ein paar Tage erhielten jedoch
NEUBERG und NEIMANN das bei 200—205[0] C schmelzende, dem Glukosazon
sehr ähnliche Glukuronsäureosazon. Mit salzsaurem p-Bromphenylhydrazin
und Natriumazetat gibt die Glukuronsäure das durch seine Unlöslichkeit
in absolutem Alkohol und seine außerordentlich starke Linksdrehung gut
charakterisierte glukuronsaure p-Bromphenylhydrazin, welches zur Erkennung
der Säure sehr geeignet ist [8]). Im Alkohol-Pyridingemisch (0,2 g Substanz in
4 ccm Pyridin und 6 ccm Alkohol) ist die Drehung $= 7^0, 25'$, was $(a)_D^{20} = -369^0$
entspricht. Bei der Destillation mit Salzsäure liefert die Glukuronsäure
Furfurol und auch Kohlensäure und auf diesem Verhalten haben B. TOLLENS
und LEFÈVRE [9]) eine Methode zu ihrer quantitativen Bestimmung gegründet.

    Die Glukuronsäure gibt die Pentosereaktionen mit Phlorogluzin- und
Orzinsalzsäure und ebenfalls eine gute Reaktion mit dem Naphthoresorzin-
reagenze von TOLLENS-ÑORIVE (vgl. S. 168). Das hierbei gebildete Produkt wird von Reaktionen.
Äther mit lebhaft blauer, blauvioletter oder rötlichvioletter Farbe aufgenommen, und
die Lösung zeigt ein, etwas rechts an und auf der D-Linie liegendes Absorptionsband.

---

[1]) MAYER u. NEUBERG, Zeitschr. f. physiol. Chem. **29**; SCHMIEDEBERG u. MEYER
ebenda **3**; v. MERING ebenda **6**. [2]) Zeitschr. f. klin. Med. **47**. Bezüglich abweichender
Angaben vgl. man Kap. 14. [3]) MAYER, Zeitschr. f. physiol. Chem. **32**; LÉPINE u. BOULUD,
Comp. rend. **133, 134, 138**. [4]) Vgl. BIAL, HOFMEISTERS Beiträge **2** und v. LEERSUM
ebenda **3**. [5]) Zeitschr. f. physiol. Chem. **44**. [6]) Ber. d. d. chem. Gesellsch. **33**. [7]) THIER-
FELDER, Zeitschr. f. physiol. Chem. **11, 13, 15**; P. MAYER ebenda **29**. [8]) Vgl. NEU-
BERG, Ber. d. d. chem. Gesellsch. **32** und MAYER u. NEUBERG, Zeitschr. f. physiol.
Chem. **29**. [9]) Ber. d. d. chem. Gesellsch. **40**.

Diese Reaktion, die nach Mandel und Neuberg [1]) allerdings nicht für die Glukuronsäure charakteristisch ist, indem viele Aldehyd- und Ketosäuren dieselbe geben, soll ein wichtiges Unterscheidungsmerkmal von den Pentosen sein.

Die Darstellung geschieht am besten aus Euxanthinsäure, welche durch einstündiges Erhitzen mit Wasser auf 120° C zerfällt. Das vom Euxanthon getrennte Filtrat wird bei + 40° konzentriert, wobei das nach und nach auskristalli-
Darstellung. sierende Anhydrid abgetrennt wird. Durch Kochen der Mutterlauge einige Zeit und neue Verdunstung werden weitere Kristalle des Laktons erhalten. Bezüglich der quantitativen Bestimmung wird auf die Arbeiten von Tollens und seinen Mitarbeitern und von Neuberg und Neimann [2]) hingewiesen.

II. Disaccharide.

Die zu dieser Gruppe gehörenden Zuckerarten kommen zum Teil in der Natur fertig gebildet vor. Dies ist z. B. der Fall mit dem Rohrzucker und
Disaccha-   dem Milchzucker. Zum Teil entstehen sie dagegen, wie die Maltose und die
ride.   Isomaltose, erst durch partielle hydrolytische Spaltung komplizierterer Kohlehydrate. Die Isomaltose ist außerdem auch aus Glukose durch Reversion (vgl. unten) gewonnen worden.

Die Disaccharide oder Hexobiosen sind als Glykoside zu betrachten, die je aus zwei Monosacchariden unter Austritt von 1 Mol. Wasser entstanden sind. Dementsprechend ist ihre allgemeine Formel auch $C_{12}H_{22}O_{11}$. Bei der hydrolytischen Spaltung liefern sie unter Aufnahme von Wasser 2 Mol. Hexose, und zwar entweder zwei Mol. derselben Hexose oder zwei verschiedene Hexosen. Es sind also: Rohrzucker + H_2O = Glukose + Fruktose; Maltose + H_2O = Glukose + Glukose und Milchzucker + H_2O = Glukose + Galaktose. Die Konfiguration der Disaccharide ist jedoch noch nicht ganz sicher festgestellt.

Die Fruktose dreht stärker nach links als die Glukose nach rechts, und das bei der Spaltung des Rohrzuckers entstehende Gemenge von Hexosen dreht also umgekehrt wie der Rohrzucker selbst. Aus diesem Grunde hat man dieses Gemenge Invertzucker genannt und die hydrolytische Spaltung
Inversion   als Inversion bezeichnet. Den Namen Inversion benutzt man indessen nicht
und   nur für die Spaltung des Rohrzuckers, sondern auch für die hydrolytische
Reversion. Spaltung der zusammengesetzten Zuckerarten in Monosaccharide überhaupt. Die umgekehrte Reaktion, durch welche Monosaccharide zu komplizierteren Kohlehydraten kondensiert werden, nennt man Reversion.

Unter den Disacchariden kann man zwei Gruppen unterscheiden. Die eine, zu welcher der Rohrzucker gehört, hat nicht die Fähigkeit der Monosaccharide, gewisse Metalloxyde zu reduzieren, während die andere Gruppe dagegen, zu welcher die Maltose und der Milchzucker gehören, zu den gewöhnlichen Reduktionsproben wie die Monosaccharide sich verhält. Die Zuckerarten dieser letzteren Gruppe zeigen noch den Charakter der Aldehydalkohole, und in dem Milchzucker sind die Aldehydeigenschaften an dem Glukosereste gebunden.

Rohrzucker (Saccharose) kommt im Pflanzenreiche sehr verbreitet vor.
Vor-   In größter Menge findet er sich in den Stengeln der Zuckerhirse und des
kommen.   Zuckerrohres, den Wurzeln der Zuckerrübe, dem Stamme einiger Palmen und Ahornarten, in der Mohrrübe usw. Als Nahrungs- und Genußmittel hat der Rohrzucker eine ungemein große Bedeutung.

---

[1]) Bioch. Zeitschr. 13.   [2]) Tollens, Zeitschr. f. physiol. Chem. 44, wo auch die früheren Arbeiten zitiert sind; Neuberg u. Neimann ebenda 44; Neuberg ebenda 45.

Der Rohrzucker bildet große, farblose, monokline Kristalle. Beim Er- | Eigen-
hitzen schmilzt er gegen 160⁰ C, bei stärkerem Erhitzen bräunt er sich und
bildet das sog. Karamel. In Wasser löst er sich sehr leicht und nach Herz-
feld[1]) enthalten 100 Teile gesättigter Zuckerlösung bei 20⁰ C 67 Teile Zucker. | Eigen-
In starkem Alkohol löst er sich schwer. Der Rohrzucker ist stark rechts- | schaften.
drehend. Die sp. Drehung, welche durch Änderung der Konzentration nur
wenig, durch die Gegenwart anderer, inaktiver Stoffe dagegen wesentlich
beeinflußt werden kann, ist: $(a)D = + 66,5^0$.

Der Mooreschen Zuckerprobe und der gewöhnlichen Reduktionsproben
gegenüber verhält sich der Rohrzucker indifferent. Bei mehr langdauerndem
Sieden reduziert er jedoch alkalische Kupferlösung, wahrscheinlich infolge
partieller Inversion. Der Rohrzucker vergärt mit Hefe, aber nicht direkt, | Reaktionen.
sondern erst nach vorausgegangener Inversion, welch letztere durch ein in
der Hefe enthaltenes Enzym, das Invertin, zustande kommt. Eine Inversion
des Rohrzuckers kommt auch im Darmkanale vor. Der Rohrzucker verbindet sich nicht mit Hydrazinen. Konzentrierte Schwefelsäure schwärzt
ihn sehr bald, selbst bei Zimmertemperatur, wasserfreie Oxalsäure verhält
sich ebenso beim Erwärmen auf dem Wasserbade. Bei der Oxydation entstehen je nach der Art des Oxydationsmittels und der Intensität der Einwirkung verschiedene Produkte, unter denen besonders Zuckersäure und
Oxalsäure zu nennen sind.

Hinsichtlich der Darstellung und der quantitativen Bestimmung des
Rohrzuckers wird auf die ausführlicheren Lehrbücher der Chemie verwiesen.

Maltose (Malzzucker) entsteht bei der hydrolytischen Spaltung von
Stärke mit Malzdiastase, Speichel oder Pankreassaft. Unter denselben Ver-
hältnissen entsteht sie auch aus dem Glykogen (vgl. Kap. 8). Die Maltose | Maltose.
entsteht vorübergehend bei der Einwirkung von Schwefelsäure auf Stärke
und sie stellt den gärungsfähigen Zucker der Kartoffel- oder Getreidebrannt-
weinmaischen und der Bierwürzen dar.

Die Maltose kristallisiert mit 1 Mol. Kristallwasser in feinen weißen
Nadeln. Sie ist leicht löslich in Wasser, ziemlich leicht löslich in Alkohol
und unlöslich in Äther. Die Lösung ist rechtsdrehend. Die sp. Drehung ist
veränderlich, von der Konzentration und Temperatur abhängig, bedeuteud
stärker als die der Glukose[2]) und wird gewöhnlich zu 137 à 138⁰ angegeben.
Die Maltose gärt mit Hefe leicht und vollständig und verhält sich zu den
gewöhnlichen Reduktionsproben wie die Glukose. Mit Phenylhydrazin gibt
sie nach 1½stündigem Erwärmen Phenylmaltosazon, welches etwas unter
205⁰ C schmilzt und weniger schwerlöslich in heißem Wasser als das Glukosazon
ist. Von dem Traubenzucker unterscheidet sich die Maltose hauptsächlich | Maltose.
durch folgendes. Sie ist etwas schwerlöslicher in Alkohol, dreht stärker nach
rechts, reduziert aber Fehlings Lösung schwächer. 10 ccm Fehlingsche
Lösung werden nach Soxhlet[3]) von 77,8 mg wasserfreier Maltose in annähernd 1prozentiger Lösung reduziert.

Isomaltose. Diese Zuckerart entsteht, wie Fischer[4]) gezeigt hat, durch
Reversion neben dextrinähnlichen Produkten bei der Einwirkung von rauchen-
der Salzsäure auf Glukose. Eine Zurückbildung von Isomaltose und anderem
Zucker aus Glukose kann aber auch durch die Hefemaltase zustande kommen

---

[1]) Zitiert nach Tollens, Handb. d. Kohlehydrate. 3. Aufl. 1, S. 383.   [2]) Ebenda
S. 417.   [3]) Ebenda S. 425.   [4]) Ber. d. d. chem. Gesellsch. 23 u. 28.

Isomaltose. (CROFT-HILL, EMMERLING, vgl. S. 45). Isomaltose entsteht sonst gewöhnlich umgekehrt neben Maltose bei der hydrolytischen Spaltung des Stärkekleisters durch Diastase und sie kommt im Biere und im technischen Stärkezucker vor. Auch bei der Einwirkung von Speichel oder Pankreassaft (KÜLZ und VOGEL) oder von Blutserum (RÖHMANN)[1]) auf Stärke soll neben Maltose auch Isomaltose entstehen. Die Entstehung von Isomaltose bei der Hydrolyse der Stärke wird indessen von einigen Forschern geleugnet, indem sie nämlich die Isomaltose nur als verunreinigte Maltose betrachten[2]).

Eigen-
schaften.
Die Isomaltose löst sich sehr leicht in Wasser, schmeckt stark süß und vergärt nicht oder, nach anderen Angaben, nur sehr langsam. Sie ist rechtsdrehend und hat fast dasselbe optische Drehungsvermögen wie die Maltose. Sie ist charakterisiert durch ihr Osazon. Dieses bildet feine gelbe Nadeln, die bei 140° C zu sintern beginnen und bei 150—153° schmelzen. Es ist in heißem Wasser ziemlich leicht löslich und löst sich in heißem absolutem Alkohol viel leichter als das Maltosazon. Die Isomaltose reduziert sowohl Kupfer- als Wismutlösung.

Milchzucker (Laktose). Da dieser Zucker wohl ausschließlich in dem Tierreiche, und zwar in der Milch des Menschen und der Tiere, vorkommt, wird er passender erst in einem folgenden Kapitel (über die Milch) besprochen werden.

III. Kolloide Polysaccharide.

Sieht man von den wenigen bekannten Trisacchariden und dem Tetrasaccharide „Stachyose" ab, so umfaßt die Gruppe der Polysaccharide eine große Anzahl von hochmolekularen zusammengesetzten Kohlehydraten, die meistens nur in amorphem Zustande vorkommen oder nicht in Kristallen in gewöhnlichem Sinne erhalten worden sind. Im Gegensatz zu den Stoffen

Poly-
saccharide.
der vorigen Gruppen haben sie keinen süßen Geschmack. Sie sind zum Teil in Wasser löslich, zum Teil quellen sie stark darin auf, besonders in warmem Wasser, und zum Teil endlich werden sie davon weder gelöst noch sichtbar verändert. Durch hydrolytische Spaltung können sie alle zuletzt in Monosaccharide übergeführt werden.

Zu dieser Gruppe gehören die Stärkearten mit den Dextrinen, die pflanzlichen Gummi- und Schleimarten und die Zellulosen.

Die Stärkegruppe.

Stärke. Amylum. $(C_6H_{10}O_5)x$. Dieser Stoff kommt in dem Pflanzenreiche sehr verbreitet in den verschiedensten Pflanzenteilen, besonders aber als Reservenährstoff in Samen, Wurzeln, Knollen oder Stammorganen vor.

Die Stärke ist ein weißes, geruch- und geschmackloses Pulver, welches aus kleinen Körnchen besteht, die eine geschichtete Struktur und eine bei

Stärke.
verschiedenen Pflanzen verschiedene Form und Größe haben. In kaltem Wasser ist die Stärke so gut wie unlöslich. In warmem Wasser quellen die Körner stark auf, platzen und geben Kleister.

Nach den Arbeiten von MAQUENNE und ROUX nimmt man nunmehr allgemein an, daß die Stärkekörnchen aus zwei Bestandteilen, Amylose

---

[1]) KÜLZ u. VOGEL, Zeitschr. f. Biol. **31**; RÖHMANN, Zentralbl. f. d. med. Wiss. 1893, S. 849. [2]) BROWN u. MORRIS, Journ. of chem. Soc. 1895, Chem. News **72**. Vgl. ferner OST, ULRICH u. JALOWETZ, Ref. in Ber. d. d. chem. Gesellsch. **28**, S. 987—989; LING u. BAKER, Journ. of chem. Soc. 1895; POTTEVIN, Chem. Zentralbl. 1899. II. S. 1023.

und Amylopektin, aufgebaut sind, deren Mengen verschieden angegeben werden. Die Amylose kann in zwei Formen vorkommen. Die eine ist löslich, wird durch Jod blau gefärbt und ist durch Malz sofort in Zucker verwandelbar. Die andere ist eine feste Substanz, die von Jod nicht gefärbt wird und der Wirkung von Malzinfusion widersteht. Die eine Modifikation kann in die andere übergehen. In dem Kleister kommt lösliche Amylose vor, und diese kann durch einen Prozeß, den MAQUENNE und ROUX [1] „Retrogradation" nennen, in die feste Modifikation, in „künstliche Stärke" übergehen. Diese feste Form kommt auch in den Stärkekörnchen vor. Da die Stärkekörnchen direkt von Jod blau gefärbt werden, müssen sie aber daneben auch lösliche Amylose enthalten. Das Amylopektin ist eine schleimartige, in kochendem Wasser und verdünntem Alkali nicht lösliche, sondern nur quellbare, mit Jod sich nicht blau färbende Substanz, und der Kleister soll dieser Ansicht zufolge eine durch Amylopektin verdickte Lösung von Amylose sein. Das Amylopektin soll ferner im Gegensatz zu der löslichen Amylose nur sehr langsam, unter Dextrinbildung, in Zucker übergehen. In Alkohol und Äther ist die Stärke unlöslich. Durch Überhitzen mit Wasser allein, beim Erhitzen von Stärke mit Glyzerin auf 190° C oder beim Behandeln der Stärkekörner mit 6 Teilen verdünnter Salzsäure von 1,06 sp. Gew. bei gewöhnlicher Temperatur während 6—8 Wochen [2] erhält man lösliche Stärke (Amylodextrin, Amidulin). Lösliche Stärke entsteht auch als Zwischenstufe bei der Verzuckerung der Stärke mit verdünnter Säure oder diastatischen Enzymen. Die lösliche Stärke kann durch Barytwasser, selbst aus sehr verdünnter Lösung gefällt werden [3].

Bestand-
teile der
Stärke-
körnchen.

Kleister.

Eigen-
schaften der
Stärke.

Kristallisierte Stärke wird nach BEIJERINCK in folgender Weise erhalten: Eine 10prozentige, in destilliertem Wasser verkleisterte Stärkelösung wird ¼—½ Stunde im Autoklaven bis auf 150—160° erhitzt. Dabei lösen sich sowohl die Amylose wie das Amylopektin zu einer wasserklaren Flüssigkeit, aus welcher bei allmählicher Abkühlung ein Brei von sehr feinen mikroskopischen Kristallnadeln sich ausscheidet, welche Nadeln zu Büscheln vereinigt sind. 40 p. c. der ursprünglichen Stärke wird als Kristalle erhalten. Am besten gelingt das Verfahren mit Kartoffelstärke [4].

Dextrine und Gummiarten.

Die Dextrine stehen in naher Beziehung zu der Stärke und entstehen aus ihr als Zwischenstufen bei der Verzuckerung mit Säuren oder diastatischen Enzymen. Als Endprodukte liefern sie bei vollständiger Hydrolyse nur Glukose. Die pflanzlichen Gummiarten, die Pflanzenschleime und die Pektinstoffe, welche alle den Hemizellulosen nahe stehen, liefern dagegen als Hydrolyseprodukte reichlich Pentosen und, unter den Hexosen, sehr allgemein Galaktose.

Dextrine
und
Pflanzen-
gummi.

Dextrin (Stärkegummi) entsteht beim Erhitzen von Stärke auf 200 bis 210° C (Röstgummi) wie auch beim Trocknen auf (100—110°C) von Stärke, die vorher mit wenig salpetersäurehaltigem Wasser angerührt wurde. Dextrine entstehen ebenfalls bei der Verzuckerung von Stärke mit verdünnten Säuren oder diastatischen Enzymen. Über den im letztgenannten Falle stattfindenden Vorgang hat man zahlreiche Untersuchungen angestellt und ist dabei zu

---

[1] MAQUENNE u. ROUX, Compt. rend. 138, 140, 142, 146 u. Bull. soc. chim. 33 u. 35. [2] Vgl. TOLLENS, Handb. 3. Aufl. 1, S. 518. Über andere Methoden vgl. man WRÓBLEWSKY, Ber. d. d. chem. Gesellsch. 30; SYNIEWSKI ebenda. [3] Über die Verbindungen der löslichen Stärke und der Dextrine mit Barythydrat vgl. man BÜLOW, PFLÜGERS Arch. 62. [4] Zitiert nach MALY 45 (1915).

abweichenden Ansichten gelangt. Eine solche, früher recht allgemein akzeptierte Ansicht war die folgende: Als erstes Produkt wird mit Jod sich blau färbende lösliche Stärke, Amylodextrin, gebildet, aus welchem darauf durch hydrolytische Spaltung Zucker und mit Jod sich rot färbendes Dextrin, Erythrodextrin, gebildet wird. Aus dem Erythrodextrin entsteht dann durch neue Spaltung Zucker und mit Jod sich nicht färbendes Dextrin, Achroodextrin. Aus diesem entstehen darauf durch sukzessive Spaltungen Zucker und Dextrine von niedrigerem Molekulargewicht, bis man endlich neben Zucker ein nicht weiter sich spaltendes Dextrin, das Maltodextrin, erhält. Über die Anzahl der als Zwischenstufen auftretenden Dextrine gingen indessen die Ansichten ziemlich auseinander. Der gebildete Zucker ist Maltose (oder in erster Linie Isomaltose), neben welcher höchstens nur sehr wenig Glukose entsteht. Nach einer anderen Ansicht sollten durch sukzessive Spaltungen unter Aufnahme von Wasser erst verschiedene Dextrine nacheinander entstehen und dann erst durch Spaltung des letzten Dextrins der Zucker hervorgehen. Nach MOREAU sollten dagegen schon im ersten Anfangsstadium der Verzuckerung Amylodextrin, Erythro- und Achroodextrin und Zucker gleichzeitig gebildet werden. Andere Forscher, unter ihnen SYNIEWSKI, stellten sich wiederum den Vorgang in anderer Weise vor[1]).

Dextrine.

Diese Frage ist indessen in eine neue Lage getreten durch die obengenannten Untersuchungen von MAQUENNE. Nach ihm geht nämlich die Amylose durch Einwirkung von Malzinfusion direkt ohne Dextrinbildung in Maltose über. Die gebildeten Dextrine sollen nur von dem Amylopektin herrühren, welches nicht von frisch bereiteter, sondern nur von älterer oder besonders aktivierter Malzinfusion verzuckert werden soll. Dies soll auch erklären, warum in älteren Versuchen die Verzuckerung nur gegen 80 p. c. betrug, während es MAQUENNE gelungen ist, eine vollständige enzymatische Verzuckerung der Stärke zu bewirken.

Dextrin-bildung.

Die verschiedenen Dextrine sind sehr schwer als chemische Individuen zu isolieren und voneinander zu trennen. YOUNG[2]) hat ihre Trennung mit Hilfe von Neutralsalzen, insbesondere Ammoniumsulfat, und MOREAU mit Hilfe einer Baryt-Alkoholmethode versucht. Auf die Unterschiede der so getrennten Dextrine kann indessen hier nicht des näheren eingegangen werden, und es werden hier nur die für Dextrine im allgemeinen charakteristischen Eigenschaften und Reaktionen angeführt.

Die Dextrine stellen amorphe, weiße oder gelblichweiße Pulver dar, die in Wasser leicht löslich sind. Bei genügender Konzentration sind die Lösungen dickflüssig und klebend wie Gummilösungen. Die Dextrine sind rechtsdrehend. In Alkohol sind sie unlöslich oder fast ganz unlöslich, in Äther unlöslich. Von Bleiessig werden die wäßrigen Lösungen nicht gefällt. Die Dextrine lösen Kupferoxydhydrat in alkalischer Flüssigkeit zu einer schön blauen Lösung, die, wie man allgemein angibt, auch von reinen Dextrinen reduziert wird. Nach MOREAU soll dagegen das reine Dextrin nicht reduzierend wirken. Die Dextrine sind nicht direkt gärungsfähig.

Eigen-schaften der Dextrine.

F. SCHARDINGER hat einen aus Stärke Azeton bildenden Bazillus entdeckt, bei dessen Einwirkung auf Stärke außerdem zwei krystallisierende Substanzen, Dextrin

---

[1]) Man vgl. MUSCULUS u. GRUBER, Zeitschr. f. physiol. Chem. 2, S. 177; LINTNER u. DÜLL, Ber. d. d. chem. Gesellsch. 26, 28; BROWN u. HERON, Journ. of chem. Soc. 1879; BROWN u. MORRIS ebenda 1885 u. 1889; MOREAU, Bioch. Zentralbl. 3, S. 648; SYNIEWSKI, Annal. d. Chem. u. Pharm. 309 und Chem. Zentralbl. 1902, 2, S. 984. [2]) Journ. of Physiol. 22, wo auch die älteren Arbeiten von NASSE u. KRÜGER, NEUMEISTER, POHL u. HALLIBURTON erwähnt sind. MOREAU l. c.

α und β erhalten wurden, welche mit Hefe nicht vergoren wurden und mit Salzsäure Kristalli- Glukose ergaben. Mit Jod gehen dieselben krystallisierende Verbindungen ein. Für das sierende Dextrin α haben H. Pringsheim und A. Langhans kryoskopisch die Formel $(C_6H_{10}O_5)_4$ Stoffe. ermittelt, während W. Biltz und Truthe für das Dextrin β die Formel $(C_6H_{10}O_5)_6$ fanden. Die Substanzen werden nicht durch diastatische Fermente angegriffen und sind auch nicht unter den Abbauprodukten der Stärke mit Diastase angetroffen worden. Möglicherweise sind bei deren Bildung auch andere Prozesse als Spaltungen mit ins Spiel getreten[1].

Die **Pflanzengummiarten** sind in Wasser löslich zu dicklichen aber filtrierbaren Flüssigkeiten. Als **Pflanzenschleime** bezeichnet man dagegen solche Gummiarten, die in Wasser nicht oder nur teilweise löslich sind und darin mehr oder weniger stark auf- Pflanzen- quellen. Die natürlichen Gummiarten und Pflanzenschleime, zu welchen mehrere all- gummi und gemein bekannte und wichtige Stoffe, wie arabisches Gummi, Holzgummi, Kirschgummi, Pflanzen- Salep- und Quittenschleim gehören, können, da sie in tierphysiologischer Hinsicht von schleim. untergeordnetem Interesse sind, hier nicht weiter besprochen werden. Dasselbe gilt von den im Pflanzenreiche vorkommenden **Pektinstoffen**.

Die Zellulosegruppe $(C_6H_{10}O_5)x$.

Zellulose (Zellstoff) nennt man dasjenige Kohlehydrat oder richtiger Kohlehydratgemenge, welches den Hauptbestandteil der pflanzlichen Zell- wandungen darstellt. Dies gilt wenigstens von der Wand der jungen Zellen, Zellulose. während in der Wand der älteren Zellen die Zellulose reichlich von inkru- stierender Substanz, sog. **Lignin** und vielen anderen Zellulosederivaten und Verbindungen durchwachsen ist.

Die eigentliche Zellulose zeichnet sich durch ihre Schwerlöslichkeit aus. Sie ist unlöslich in kaltem und heißem Wasser, in Alkohol und Äther, ver- dünnten Säuren und Alkalien. Überhaupt gibt es nur ein spezifisches Lösungs- Eigen- mittel für Zellulose, nämlich das Schweizersche Reagens, eine Lösung von schaften. Kupferoxydammoniak. Aus diesem Lösungsmittel kann die Zellulose durch Säuren wieder ausgefällt und nach dem Waschen mit Wasser als ein amorphes Pulver erhalten werden.

Bei der Einwirkung von konzentrierter Schwefelsäure wird die Zellulose in eine mit Jod sich blau färbende Substanz, sog. **Amyloid**, verwandelt. Nitrozellu- Mit Oxydationsmitteln (Salpetersäure usw.) entstehen Oxyzellulosen; mit losen. starker Salpetersäure oder einem Gemenge von Salpetersäure und konzen- trierter Schwefelsäure liefert die Zellulose Salpetersäureester oder Nitro- zellulosen, die äußerst explosiv sind und eine große praktische Verwendung gefunden haben.

Wenn gewöhnliche Zellulose erst mit starker Schwefelsäure bei gewöhn- licher Temperatur behandelt und darauf nach Verdünnung mit Wasser längere Zeit gekocht wird, so tritt Verzuckerung ein und man erhält Glukose. Hierbei ist jedoch zu beachten, daß nach Maquenne als Zwischenstufe nicht Maltose, sondern ein anderes Disaccharid, die **Zellose** oder **Zellobiose**, entsteht. Neuerdings haben R. Willstätter und L. Zachmeister die Verzuckerung von Zellulose mit Salzsäure ausgeführt. Hierzu wird am besten 41 p. c. Säure angewandt, von welcher 100 ccm 1 g Baumwolle bei Zimmertemperatur in 1 Tage praktisch vollständig in Traubenzucker umwandelt[2].

Die Zellulose fällt, wenigstens zum Teil, in dem Darmkanale des Menschen Zellulose und der Tiere einer Zersetzung anheim. Auf die Bedeutung als Nährstoff, welche die Zellulose hierdurch gewinnt, wird in einem folgenden Kapitel (über

---

[1] Schardinger, Zentralbl. f. Bakt. u. Parasitenkunde II, **22**, 98 (1909); **29**, 188 (1911); Pringsheim u. Langhans, Ber. d. d. chem. Ges. **45**, 2533 (1912); Biltz u. Truthe, ebenda **46**, 1377 (1913); vgl. auch Ber. d. d. chem. Ges. **46**, 2959 (1913) und **47**, 2565 (1914).
[2] Ber. d. d. chem. Gesellsch. **46**, 2401 (1913).

die Verdauung) des näheren eingegangen werden. Ebenso werden wir in den folgenden Kapiteln wiederholt zu der großen Bedeutung der Kohlehydrate für den tierischen Haushalt und den tierischen Stoffwechsel zurückkommen.

Hemizellulosen hat E. Schulze diejenigen der Zellulose verwandten Zellbestandteile genannt, welche zum Unterschied von gewöhnlicher Zellulose beim Sieden mit stark verdünnter Mineralsäure, wie Schwefelsäure von 1,25 p. c., gespalten werden und dabei andere Zuckerarten als Glukose, wie Arabinose, Xylose, Galaktose und Mannose geben. Solche Hemizellulosen, welche teils als Reservenahrung und teils als Stützsubstanzen dienen, kommen im Pflanzenreiche sehr verbreitet vor. Bemerkenswert ist, daß nach Bierry und Giaja die Verdauungsorgane verschiedener Wirbellosen (Helix, Astacus, Maja, Hommarus) Enzyme enthalten, welche auf solche Polysaccharide sowie auf natürliche Zellulose energisch spaltend einwirken können [1].

Hemizellulosen.

---

[1] Bioch. Zeitschr. **40,** 370 (1912).

Viertes Kapitel.

Tierische Fette, Phosphatide und Sterine.

I. Neutralfette und Fettsäuren.

Die Fette stellen die dritte Hauptgruppe der organischen Nährstoffe des Menschen und der Tiere dar. Sie kommen sehr verbreitet sowohl im Tier- wie im Pflanzenreiche vor. Im Tierorganismus findet sich das Fett in allen Organen und Geweben; die Menge desselben ist aber eine so wechselnde, daß eine tabellarische Übersicht über den Fettgehalt der verschiedenen Organe von wenig Interesse ist. Am reichsten an Fett ist das Knochenmark, mit über 960 p. m. Die drei wichtigsten Hauptdepots des Fettes im Tierorganismus sind: das intermuskuläre Bindegewebe, das Fettgewebe der Bauchhöhle und des Unterhautbindegewebes. Unter den Pflanzenteilen sind besonders die Samen und Früchte, in einigen Fällen aber auch die unterirdischen Teile reich an Fett, welches auch im Stamme von Holzgewächsen während der Winterruhe abgelagert vorkommt. Vor-
kommender
Fette.

Die Fette bestehen fast ganz aus sogenannten Neutralfetten mit nur sehr kleinen Mengen freien Fettsäuren. Die Neutralfette sind ihrerseits Ester eines dreiatomigen Alkohols, des Glyzerins, mit einbasischen Fettsäuren. Diese Ester sind Triglyzeride, und die allgemeine Formel ist also $C_3H_5 . O_3 . R_3$. Die Tierfette sind, wenn wir vorläufig von den Ölen der Seetiere absehen, regelmäßig ihrer Hauptmasse nach Ester der drei Fettsäuren Stearin-, Palmitin- und Ölsäure. Dies ist jedoch nicht so zu verstehen, als beständen die Neutralfette aus Gemengen von Estern mit je nur einer Fettsäure, z. B. aus Gemengen von Tristearin, Tripalmitin und Triolein. Sowohl in tierischen wie in pflanzlichen Fetten kommen nämlich reichlich gemischte Triglyzeride wie Distearopalmitin, Distearoolein, Dipalmitostearin, Dipalmitoolein, Oleo-palmitostearin, Oleobutyropalmitin (in Butter) u. a. vor, und es scheint, als würde vielleicht die Hauptmasse der tierischen Fette aus gemischten Glyzeriden bestehen. In einigen Tierfetten, namentlich im Milchfett, kommen auch in ziemlicher Menge Glyzeride der flüchtigen Fettsäuren, Buttersäure, Kapron-, Kapryl- und Kaprinsäure vor. Außer den obengenannten drei gewöhnlichsten Fettsäuren, Stearin-, Palmitin- und Ölsäure, hat man im Fette von Menschen und Tieren — abgesehen von einigen bisher nur wenig studierten oder nur selten vorkommenden Fettsäuren — als Glyzeride auch folgende nicht flüchtige, gesättigte Fettsäuren, nämlich Laurinsäure $C_{12}H_{24}O_2$, Myristinsäure $C_{14}H_{28}O_2$ und Arachinsäure, $C_{20}H_{40}O_2$, gefunden. Von ungesättigten Fettsäuren kommen außer der Ölsäure als Glyzeride wahrscheinlich in kleinen Mengen auch Säuren der Linolsäurereihe $C_nH_{2n-4}O_2$ und der Linolensäurereihe, $C_nH_{2n-6}O_2$ vor. In dem Pflanzenreiche kommen außer den gewöhnlichsten drei Glyzeriden bis- Gemischte
Triglyze-
ride. Die ver-
schiedenen
Fette.

weilen auch reichlich Triglyzeride von anderen Fettsäuren, wie z. B. Laurinsäure, Myristinsäure, Leinölsäure, Erukasäure u. a. vor. In vielen Pflanzenfetten
sind außerdem auch Oxyfettsäuren und hochmolekulare Alkohole gefunden
worden. Inwieweit Spuren von Oxyfettsäuren im Tierreiche vorkommen,
bleibt noch zu untersuchen; das Vorkommen von Monoxystearinsäure scheint
jedoch bewiesen zu sein[1]). Das Vorkommen von hochmolekularen Alkoholen,
wenn auch gewöhnlich nur in kleinen Mengen, im Tierfett ist ebenfalls sicher
erwiesen. Auch trocknende Fette hat man bei einigen höheren Tieren, wie
Hasen, Wildkaninchen, Wildschwein und Auerhahn gefunden[2]).

Das Fett hat nicht nur bei verschiedenen Tierarten, sondern auch in
den verschiedenen Körperteilen derselben Tierart eine wesentlich verschiedene,
von den relativen Mengenverhältnissen der verschiedenen Fette abhängige
Konsistenz. In den festeren Fetten — den Talgarten — überwiegen Glyzeride

Verschie-
dene Tier-
fette. mit Stearin- und Palmitinsäure, während die weniger festen und die flüssigen
Fette durch einen größeren Reichtum an ölsäurereichen Glyzeriden aus-
gezeichnet sind. Fette dieser Art finden sich in verhältnismäßig reichlicher
Menge bei Kaltblütern, und dies ist der Grund, warum das Fett der letzteren
bei solchen Wärmegraden noch flüssig bleibt, bei welchen das Fett der Warmblüter erstarrt. Im Menschenfett aus verschiedenen Organen und Geweben
sollen angeblich rund 650—850 p. m. Ölsäure vorhanden sein. Bei Kindern
ist der Gehalt des Fettes an Ölsäure kleiner, nimmt aber mit dem Alter zu[3]).
Der Schmelzpunkt der Fette wird durch die verschiedene Zusammensetzung
des Gemenges bedingt und er ist dementsprechend nicht nur für das Fett
verschiedener Gewebe desselben Individuums, sondern auch für das Fett
desselben Gewebes bei verschiedenen Tieren ein verschiedener.

Die Fette von Seetieren, Fischen, Seehunden und Walfischen, weichen
in vielen Beziehungen von denen der Landtiere ab. Bei den Haifischen enthält das Fett reichliche Mengen, bis zu 50—90 p. c., unverseifbare Stoffe,
unter denen man teils einen Kohlenwasserstoff Spinacen oder Squalen

Fette bei
Seetieren. von der Formel $C_{30}H_{50}$ (CHAPMAN, TSUJIMOTO) und teils einen Alkohol $C_{25}H_{42}O$
oder $C_{25}H_{40}O$ (SCHMIDT-NIELSEN) gefunden hat. Das Fett der Walfische
enthält Fettsäureester von höheren Alkoholen (s. Walrat), und in dem Fette
von Seehunden und Fischen, wie Hering und Dorsch, kommen Glyzeride
von sowohl gesättigten wie insbesondere von mehr oder weniger ungesättigten
Säuren vor. BULL hat solche Säuren aus Dorschleberöl und BONNEVIE-
SVENDSEN[4]) aus Heringsöl isoliert.

Aus Heringsöl erhielt der letztgenannte Forscher außer Myristin-, Palmitin-,
Stearin-, Öl- und Erukasäure, die letztere in reichlicher Menge, folgende ungesättigte
Säuren. Von der Reihe $C_nH_{2n-2}O_2$, die von BULL in Dorschlebertran gefundene Säure
$C_{16}H_{30}O_2$, die nunmehr, wegen ihres reichlichen Vorkommens bei Seetieren, von ihm
Zoomarinsäure genannt wird, und ferner Gadoleinsäure, $C_{20}H_{38}O_2$. Von der Reihe
$C_nH_{2n-4}O_2$ erhielt er Isolinolsäure, $C_{18}H_{32}O_2$, von der Reihe $C_nH_{2n-8}O_2$ Klupanodonsäure, $C_{18}H_{28}O_2$, die schon früher aus japanischem Heringsöl isoliert worden war, und
aus der Reihe $C_nH_{2n-10}O_2$ zwei neue Säuren $C_{20}H_{30}O_2$ und $C_{22}H_{34}O_2$, nebst einer wahrscheinlich neuen Säure von der Formel $C_{21}H_{32}O_2$. In Lebertran fand ELLMER die Therapinsäure, $C_{18}H_{28}O_2$, welche dieselbe Zusammensetzung wie die Klupanodonsäure hat,

---

[1]) ERBEN, Zeitschr. f. physiol. Chem. 30; BERNERT, Arch. f. exp. Path. u. Pharm. 49.
[2]) Vgl. AMTHOR u. ZINK, Zeitschr. f. anal. Chem. 36; KURBATOFF, MALYS Jahresb. 22.
[3]) Bezüglich der Literatur über Fette s. man. A. JOLLES, Chemie der Fette. 2. Aufl.
1912 und W. GLIKIN, Chemie der Fette, Lipoide und Wachsarten 1913. Vgl. ferner:
KNÖPFELMACHER, Untersuchungen über das Fett im Säuglingsalter usw. Jahrb. f. Kinderheilk. (N. F.) 45; JAECKLE, Zeitschr. f. physiol. Chem. 36. [4]) A. CHASTON CHAPMAN,
MALYS Jahresb. 47; M. TSUJIMOTO, Chem. Zentralbl. 1918. I.; S. SCHMIDT-NIELSEN,
Förhandl. vid 16 skand. Naturforskarmötet, Christiania 1916; BULL, Ber. d. d. chem.
Gesellsch. 39; J. A. BONNEVIE-SVENDSEN, vgl. MALYS Jahresb. 46.

und die Jekoleinsäure, die mit der Gadoleinsäure BULLS identisch sein dürfte. Die
im Trane von Balaena rostrata gefundene Döglingsäure, $C_{19}H_{36}O_2$, ist nach BULL wahrscheinlich nur ein Gemenge von Ölsäure und Gadoleinsäure, und die im Walratöl vorkommende Physetölsäure, $C_{16}H_{30}O_2$, die nach LJUBARSKY [1]) in reichlicher Menge
auch in Seehundfett vorkommt, hat dieselbe Zusammensetzung wie die Zoomarinsäure.

Die gewöhnlichen Neutralfette sind farblos oder gelblich, in möglichst
reinem Zustande geruch- und geschmacklos. Sie sind leichter als Wasser, auf
welchem sie im geschmolzenen Zustand als sogenannte Fettaugen schwimmen.
Sie sind unlöslich in Wasser; in siedendem Alkohol lösen sie sich, scheiden
sich aber beim Erkalten — oft kristallinisch — aus. In Äther, Benzol, Chloroform, Schwefelkohlenstoff und Petroleumäther sind sie leicht löslich. Mit
Lösungen von Gummi oder Eiweiß geben die flüssigen Neutralfette beim
Schütteln eine Emulsion. Zur Emulsionsbildung mit Wasser allein ist ein
starkes und anhaltendes Schütteln erforderlich, und die so erhaltene Emulsion
ist wenig dauerhaft. Bei Gegenwart von etwas Seife entsteht dagegen äußerst
leicht eine sehr feine und dauerhafte Emulsion. Das Fett gibt auf Papier
nicht verschwindende Flecke; es ist nicht flüchtig, siedet bei etwa 300°C
unter teilweiser Zersetzung und verbrennt mit leuchtender und rußender
Flamme. Die Fettsäuren haben die meisten der obengenannten Eigenschaften
mit den Neutralfetten gemeinsam, unterscheiden sich aber von ihnen dadurch,
daß sie, in Alkohol-Äther gelöst, sauer reagieren und die Akroleinprobe nicht
geben. Die Neutralfette entwickeln nämlich bei genügend starkem Erhitzen
allein, noch leichter aber beim Erhitzen mit Kaliumbisulfat oder anderen,
Wasser entziehenden Stoffen stark reizende Dämpfe von Akrolein, von der
Zersetzung des Glyzerins herrührend: $C_3H_5(OH)_3 - 2H_2O = C_2H_3 . CHO$.

Die Neutralfette können unter Aufnahme von den Bestandteilen des
Wassers nach dem folgenden Schema gespalten werden $C_3H_5(OR)_3 + 3H_2O =$
$C_3H_5(OH)_3 + 3HOR$. Diese Spaltung kann durch das Pankreasenzym und
andere im Tier- und Pflanzenreiche vorkommende Enzyme, Lipasen genannt,
z. B. die Rizinuslipase, bewirkt werden. Umgekehrt kann man aber auch
(vgl. Kapitel 1) Synthesen von Fettsäureestern mittels Enzyme, wie Pankreaslipase, zustande bringen. Die Spaltung der Neutralfette kann auch durch
gespannte Wasserdämpfe oder verdünnte Säuren geschehen. Am häufigsten
zerlegt man sie jedoch durch Sieden mit nicht zu konzentrierter Alkalilauge
oder noch besser (bei zoochemischen Arbeiten) mit alkoholischer Kalilösung
oder Natriumalkoholat. Bei diesem Verfahren, welches Saponifikation genannt wird, entstehen die Alkalisalze der Fettsäuren (Seifen). Geschieht die
Saponifikation mit Bleioxyd, so wird Bleipflaster, fettsaures Bleioxyd, erhalten.
Als Verseifung oder Saponifikation bezeichnet man indessen nicht nur die
Spaltung der Neutralfette durch Alkalien, sondern die Spaltung derselben
in Fettsäuren und Glyzerin überhaupt.

Bei längerem Aufbewahren unter Luftzutritt erleiden die Fette eine
Veränderung; sie werden gelblich, reagieren sauer und nehmen einen unan-
genehmen Geruch und Geschmack an. Sie werden „ranzig", und bei diesem
Ranzigwerden findet erst eine teilweise Spaltung in Glyzerin und Fettsäuren
und dann eine Oxydation der freien Fettsäuren zu flüchtigen, unangenehm
riechenden Stoffen statt.

Unter den im Tierreiche vorkommenden Glyzeriden sind wenigstens
beim Menschen und den Landtieren diejenigen mit Palmitin-, Stearin- und
Ölsäure die allerwichtigsten. Da diese Glyzeride zu großem Teil, vielleicht
größtenteils, gemischte Glyzeride sein dürften, und da Triglyzeride von nur

---

[1]) ELLMER, Bioch. Zentralbl. 9, S. 614; LJUBARSKY, Journ. f. prakt. Chem.
(N. F.) 57.

einer einzigen Fettsäure z. B. Tristearin oder Tripalmitin weniger reichlich vorkommen, werden hier in erster Linie diese drei Fettsäuren und nur mehr beiläufig ihre Neutralfette erwähnt. Glyzeride anderer Art sollen im Zusammenhang mit den betreffenden Organen oder Flüssigkeiten besprochen werden.

Palmitin-
säure.

Die **Palmitinsäure**, $C_{16}H_{32}O_2$ oder $CH_3(CH_2)_{14}COOH$, welche die im Menschenfett in größter Menge eingehende feste Fettsäure sein soll, kommt unter anderem auch reichlich in Butter und in Palmöl (wovon der Name herrührt) vor. Sie kristallisiert aus alkoholischer Lösung in Büscheln von feinen Nadeln. Der Schmelzpunkt ist $+ 61^0$ C, doch ändert die Beimengung von Stearinsäure, je nach dem wechselnden relativen Mengenverhältnisse der zwei Säuren, den Schmelz- bzw. Erstarrungspunkt wesentlich. Die Palmitinsäure ist in kaltem Alkohol etwas weniger schwer löslich als die Stearinsäure; in siedendem Alkohol, Äther, Chloroform und Benzol sind beide dagegen etwa gleich löslich. Das Baryumsalz $= 21,17$ p. c. Ba; das Silbersalz enthält 29,72 p. c. Silber.

Tripal-
mitin.

Das **Tripalmitin**, $C_{51}H_{98}O_6 = C_3H_5 . O_3 . (C_{16}H_{31}O)_3$, kristallisiert beim Erkalten seiner warm gesättigten Lösung in Äther oder Alkohol in sternförmigen Rosetten von feinen Nadeln. Es hat etwas verschiedene Schmelz- und Erstarrungspunkte je nach der Art und Weise wie es vorher behandelt worden ist. Als Schmelzpunkt wird oft $+ 62^0$ C angegeben, nach GLIKIN soll er $63-65^0$ C sein. Nach dem Erstarren schmilzt es jedoch bei weiterem Erwärmen nach einstimmigen Angaben bei 66,5^0 C.

Stearin-
säure.

Die **Stearinsäure**, $C_{18}H_{36}O_2 = CH_3 . (CH_2)_{16} . COOH$, kommt besonders in den festeren Talgarten aber auch in anderen tierischen wie vegetabilischen Fetten vor. Sie ist auch wie die Palmitinsäure in freiem Zustande in zersetztem Eiter, in dem Auswurfe bei Lungengangrän und in käsiger Tuberkelmasse gefunden worden. Als Kalksalz kommt sie in Exkrementen und Leichenwachs und als Alkalisalz in Galle, Blut, Transsudaten und Eiter in geringer Menge vor. Sie ist hierbei regelmäßig von Palmitinsäure begleitet.

Die Säure kristallisiert (aus siedendem Alkohol beim Erkalten) in großen, glänzenden, länglichen rhombischen Schüppchen oder Blättern. Sie ist schwerlöslicher als die anderen Fettsäuren und hat den Schmelzpunkt 69,2^0 C. Ihr Baryumsalz enthält 19,49 p. c. Baryum, das Silbersalz 27,59 p. c. Silber.

Stearin.

Das **Tristearin**, $C_{57}H_{110}O_6 = C_3H_5 . O_3 . (C_{18}H_{35}O)_3$, ist das festeste und schwerlöslichste der drei gewöhnlichen Neutralfette. In kaltem Alkohol ist es fast unlöslich und in kaltem Äther sehr schwer löslich (in 225 Teilen). Aus warmem Alkohol scheidet es sich beim Erkalten in rektangulären, seltener in rhombischen Tafeln aus. Bezüglich des Schmelzpunktes differieren die Angaben etwas. Das reine Stearin schmilzt nach HEINTZ[1]) vorübergehend bei $+ 55^0$ und dauernd bei 71,5^0.

Margarin-
säure.

Margarinsäure, $C_{17}H_{34}O_2 = CH_3(CH_2)_{15}COOH$. Die unter diesem Namen beschriebene, in altem Eiter, in dem Auswurfe bei Lungengangrän usw. als oft sehr langgezogene, dünne, um ihre Längenachse gedrehte, kristallinische Blättchen gefundene Säure scheint ein Gemenge von Stearin- und Palmitinsäure zu sein. Ein Gemenge von Palmitin und Stearin wurde früher Margarin genannt.

Die **Ölsäure**, $C_{18}H_{34}O_2 = CH_3 . (CH_2)_7 . CH : CH . (CH_2)_7 . COOH$, auch Oleinsäure oder Elainsäure genannt, kommt als Glyzerinester in den meisten tierischen und pflanzlichen Fetten, namentlich in den Ölen, vor. Sie ist eine ungesättigte Säure der Reihe $C_nH_{2n-2}O_2$ und nimmt dementsprechend an der Stelle der Doppelbindung zwei Halogenatome, z. B. Jod

---

[1]) Annal. d. Chem. u. Pharm. **92**, S. 300.

auf, ein Verhalten, welches der Bestimmung der Jodzahl zugrunde liegt. Durch Aufnahme von Wasserstoff — wie durch Erhitzen mit Jodwasserstoff und rotem Phosphor oder Einleiten von Wasserstoff in die ätherische Lösung der Säure bei Gegenwart von kolloidalem Palladium — geht sie in die entsprechende gesättigte Säure, die Stearinsäure, über. Durch Oxydation mit Kaliumpermanganat in verdünnter alkalischer Lösung in der Kälte liefert sie Dioxystearinsäure $CH_3(CH_2)_7 . CHOH . CHOH . (CH_2)_7 . COOH$. An der Luft oxydiert sich die Ölsäure leicht unter Bildung saurer Produkte, und durch ihre Oxydation dürfte auch die Entstehung der in einzelnen Fällen im Tierfett gefundenen **Monoxystearinsäure** zu erklären sein. Beim Erhitzen liefert die Ölsäure neben flüchtigen Fettsäuren die bei 127⁰ C schmelzende **Sebazinsäure**, $C_{10}H_{18}O_4$, und von salpetriger Säure wird sie in die isomere, feste, bei 45⁰ schmelzende **Elaidinsäure** übergeführt.

Ölsäure.

Die Ölsäure ist bei gewöhnlicher Temperatur eine farb-, geschmack- und geruchlose, ölige Flüssigkeit, die bei etwa + 4⁰ C kristallinisch erstarrt und dann erst bei + 14⁰ C wieder schmilzt. Sie ist unlöslich in Wasser, löst sich aber in Alkohol, Äther, Chloroform und Petroleumäther. Mit konzentrierter Schwefelsäure und etwas Rohrzucker gibt sie eine prachtvoll rote oder rotviolette Flüssigkeit, deren Farbe der bei der PETTENKOFERschen Gallensäureprobe entstehenden ähnlich ist. Wird die Lösung der Ölsäure in Eisessig mit ein wenig Chromsäure (in Eisessig gelöst) und dann mit konzentrierter Schwefelsäure versetzt, so wird die grüne Lösung allmählich violett oder kirschrot und zeigt ein charakteristisches Spektrum mit zwei Streifen in Grün, einen breiten dicht am Blau und einen schwächeren näher dem Gelb (LIFSCHÜTZ)[1]. Das Baryumsalz der Ölsäure enthält 19,65 p. c. Baryum; das Silbersalz 27,73 p. c. Silber.

Eigenschaften.

Wird die wäßrige Lösung der Alkaliverbindung der Ölsäure mit Bleiazetat gefällt, so erhält man eine weiße, zähe, klebrige Masse von ölsaurem Blei, welche in Wasser nicht, in Alkohol wenig, aber in Äther löslich ist. In Benzol ist dieses Salz leichter löslich als die Bleisalze der Stearin- und Palmitinsäure, und man benutzt dieses Verhalten der Bleisalze zu Äther und Benzol zur Trennung der Ölsäure von den anderen Fettsäuren.

Das **Triolein**, $C_{57}H_{104}O_6 = C_3H_5 . O_3 . (C_{18}H_{33}O)_3$, ist bei gewöhnlicher Temperatur ein fast farbloses Öl von 0,914 spez. Gewicht, ohne Geruch und eigentlichen Geschmack. Bei — 6⁰ C erstarrt es zu kristallinischen Nadeln. An der Luft wird es leicht ranzig. Es löst sich schwer in kaltem Alkohol, leichter in warmem oder in Äther. Von salpetriger Säure wird es in das isomere **Elaidin** übergeführt. Das Olein ist ein Lösungsmittel für Stearin und Palmitin.

Olein.

Wie die Ölsäure resp. das Olein können auch die noch mehr ungesättigten Fettsäuren und deren Glyzeride durch Einwirkung von Wasserstoff bei Gegenwart von geeigneten Katalysatoren hydriert und dadurch in neue Produkte von ganz anderen physikalischen Eigenschaften übergeführt werden. In dieser Weise können flüssige tierische Öle und Trane in gehärtete Fette übergeführt und dadurch in geeignete Speisefette umgewandelt werden, was von besonders großem praktischem Interesse ist.

Gehärtete Fette.

Zum Nachweise von Fett in einer tierischen Flüssigkeit oder in tierischen Geweben muß man erst in passender Weise das Fett mit Äther ausschütteln oder extrahieren. Nach dem Verdunsten des Äthers wird der Rückstand auf Fett und Fettsäuren geprüft. Das Neutralfett erkennt man zum Unterschied von den Fettsäuren durch die Akroleinprobe, und die letzteren daran, daß sie bei ihrer

Nachweis und Untersuchung der Fette.

---

[1] Zeitschr. f. physiol. Chem. **56.**

Auflösung in einem Alkohol-Äthergemenge diesem eine saure Reaktion geben. Zur Trennung der Fette von Cholesterin und anderen nicht verseifbaren Stoffen, wie auch zur Ermittlung der Art der verschiedenen Fettstoffe, muß man die Fette mit Lauge, alkoholischer Kalilauge oder mit Natriumalkoholat verseifen. Bezüglich dieser Operationen wie auch der weiteren Untersuchung und der Trennung verschiedener Fettsäuren voneinander wird auf ausführlichere Handbücher hingewiesen.

Es gibt auch einige andere chemische Prozeduren, welche für die Untersuchung der Fette von Wichtigkeit sind. Außer dem Schmelz- bzw. Erstarrungspunkte bestimmt man nämlich auch folgendes: Die Säurezahl, welche ein Maß für den Gehalt eines Fettes an freien Fettsäuren gibt und die man durch Titration des in Alkohol-Äther gelösten Fettes mit $\frac{n}{10}$ alkoholischer Kalilauge unter Anwendung von Phenolphthalein als Indikator findet. Die Verseifungszahl, welche angibt, wie viele mg Kalihydrat bei der Verseifung von 1 g Fett mit $\left(\text{z. B. } \frac{n}{2} \right)$ alkoholischer Kalilauge von den Fettsäuren gebunden werden.

Unter-
suchung der
Fettarten. Die REICHERT-MEISSLsche Zahl, welche die Menge flüchtiger Fettsäuren angibt, die in einer bestimmten Menge Neutralfett (z. B. 5 g) enthalten ist. Das Fett wird verseift, darauf mit einer Mineralsäure übersäuert und destilliert, wobei die flüchtigen Fettsäuren übergehen und in titriertes Alkali aufgefangen werden. Die Jodzahl (nach HÜBL oder WIJS) gibt die Menge Jod an, die von einer bestimmten Menge Fett durch Addition aufgenommen wird. Sie ist hauptsächlich ein Maß für den Gehalt des Fettes an ungesättigten Fettsäuren, in erster Linie an Ölsäure bzw. Olein. Es können aber auch andere Stoffe (wie das Cholesterin) Jod und andere Halogene durch Addition aufnehmen. Es ist ferner zu nennen die Azetylzahl, welche eine Schätzung der Menge solcher Fettbestandteile, welche OH-Gruppen enthalten, ermöglicht und welche eine Überführung der letztgenannten Stoffe (Oxyfettsäuren, Alkohole u. a.) in die entsprechenden Azetylester durch Kochen mit Essigsäurehydrid voraussetzt.

Bezüglich dieser Operationen wie auch der weiteren Untersuchung, der Trennung verschiedener Fettsäuren voneinander und der quantitativen Bestimmung sowohl des Fettes wie der einzelnen Fettsäuren wird auf ausführlichere Handbücher hingewiesen.

Bedeutung
der Fette. Die Fette sind arm an Sauerstoff, aber reich an Kohlenstoff und Wasserstoff. Sie repräsentieren also eine große Summe von chemischer Energie, und dementsprechend liefern sie auch bei ihrer Verbrennung reichliche Mengen Wärme. In dieser Hinsicht nehmen auch die Fette unter den Nahrungsstoffen den ersten Rang ein und sie werden hierdurch von sehr großer Bedeutung für das Tierleben. Zu dieser Bedeutung, wie auch zu der Fettbildung und dem Verhalten des Fettes im Tierkörper, werden wir in einigen der folgenden Kapitel zurückkommen.

An die gewöhnlichen Tierfette schließen sich die tierischen Wachsarten, die wesentlich Ester von Fettsäuren mit hochmolekularen Alkoholen sind, nahe an. Zu den Tierwachsen gehören der Walrat, das Bienenwachs, die in Kapitel 16 zu besprechenden Hautfette, Wollfett, Hauttalg, Burzeldrüsenfett und Psyllawachs.

Walrat. **Walrat.** Beim Pottwale findet sich in einer großen Vertiefung der Schädelknochen eine beim lebenden Tiere ölige Flüssigkeit, der Walrat, welcher nach dem Tode beim Erkalten in einen festen kristallinischen Anteil, den Walrat im eigentlichen Sinne, und in einen flüssigen, das Walratöl sich scheidet. Das letztere wird durch Auspressen von jenem getrennt. Der Walrat findet sich auch bei anderen Walfischen und bei einigen Delphinarten.

Der gereinigte feste Walrat, welcher Zetin genannt wird, ist ein Gemenge von Fettsäureestern. Der Hauptbestandteil ist der Palmitinsäure-Zetylester, dem geringe Mengen von Estern der Laurinsäure, Myristinsäure und Stearinsäure mit Radikalen der Alkohole Lethal, $C_{12}H_{25}\cdot OH$, Methal $C_{14}H_{29}\cdot OH$ und Stethal, $C_{18}H_{37}\cdot OH$, beigemengt sind.

Zetin. Das **Zetin** ist eine schneeweiße, perlmutterglänzende, blättrig kristallinische, spröde, dem Anfühlen nach fettige Masse, welche je nach der Reinheit einen verschiedenen Schmelzpunkt $+ 30$ bis $+ 50^{0}$ C zeigt. Das Zetin ist unlöslich in Wasser, löst sich aber leicht in kaltem Äther, flüchtigen und fetten Ölen. Es löst sich in siedendem Alkohol, kristallisiert aber beim Erkalten aus. Von einer Lösung von Kalihydrat in Wasser wird es schwierig, von alkoholischer Kalilösung dagegen leicht verseift, und es werden dabei die obengenannten Alkohole frei gemacht.

Äthal oder Zetylalkohol, $C_{16}H_{34}O = \begin{matrix} CH_3 \\ (CH_2)_{14} \\ CH_2OH \end{matrix}$, welches auch in kleinen Mengen im Bienenwachse und nach Ludwig und v. Zeynek auch im Dermoidzystenfett vorkommen soll, was indessen von Ameseder [1]) bezweifelt wird, stellt weiße, durchsichtige, geruch- und geschmacklose Kristallmassen dar, welche in Wasser unlöslich, in Alkohol und Äther aber leicht löslich sind. Das Äthal schmilzt bei + 49,5° C.

Äthal.

Das Walratöl soll bei der Verseifung Valeriansäure, kleine Mengen fester Fettsäuren und Physetölsäure (s. oben S. 181) liefern.

Das Bienenwachs enthält als Hauptbestandteile: 1. Die Zerotinsäure, $C_{26}H_{52}O_2$ [2]), welche als Zerylester in chinesischem und als freie Säure in gewöhnlichem Wachs vorkommt. Sie löst sich in siedendem Alkohol und scheidet sich beim Erkalten kristallinisch aus. Der von ihr getrennte, erkaltete, alkoholische Auszug des Wachses enthält 2. das Myrizin, welches den Hauptbestandteil des in Alkohol, warmem wie kaltem, unlöslichen Teiles des Wachses darstellt. Das Myrizin besteht hauptsächlich aus dem Palmitinsäureester des Melissyl-(Myrizyl)-Alkohols, $C_{30}H_{61}\cdot OH$ oder $C_{31}H_{64}O$. Dieser Alkohol ist ein bei + 85° C schmelzender, seideglänzender, kristallinischer Stoff. 3. Außerdem enthält das Wachs mehrere, nicht näher studierte Stoffe, die zu großem Teil unverseifbar sind und auch Kohlenwasserstoffe enthalten.

Bienen-
wachs.

II. Phosphatide.

In naher Beziehung zu den Fetten steht eine Gruppe von stickstoffhaltigen, Phosphorsäure- und Fettsäureradikale enthaltenden Estern, deren am längsten bekannte Repräsentant das Lezithin ist. Das letztere hat man allgemein als eine Esterverbindung von einer stickstoffhaltigen Base, dem Cholin, mit einer Fettsäure-Glyzerinphosphorsäure betrachtet, und nach Thudichum [3]) sollen im Tierkörper, namentlich im Gehirne, auch andere mehr oder weniger analog gebaute Stoffe vorkommen. Sämtlichen diesen Stoffen hat er den Gruppennamen *Phosphatide* gegeben.

Phos-
phatide.

Diejenigen Phosphatide, welche nur 1 Phosphorsäureradikal im Moleküle enthalten, nannte er Monophosphatide, die mit zwei solchen Radikalen Diphosphatide. Die Monophosphatide können ihrerseits ein, zwei oder mehrere Atome Stickstoff im Moleküle enthalten, und dementsprechend unterscheidet man zwischen Monoamino- ($P:N = 1:1$), Diamino- ($P:N = 1:2$), Triaminomonophosphatiden ($P:N = 1:3$) usw.

Ebenso können, wie man annimmt, die Diphosphatide auf je 2 Atome Phosphor resp. 1, 2 oder 3 Atome Stickstoff enthalten (Mono-, Di- oder Triaminodiphosphatide). Phosphatide mit 4 oder mehreren Atomen Stickstoff auf je 1 Atom Phosphor sollen angeblich auch vorkommen, aber diese Angaben dürften weiterer Prüfung bedürftig sein. Nach Thudichum soll es auch (in dem Gehirne) stickstofffreie Phosphatide geben; aber solche Stoffe, wenn sie überhaupt vorkommen, dürfte man jedenfalls vorläufig nicht zu den eigentlichen Phosphatiden rechnen können.

Gruppen
von Phos-
phatiden.

Die bisher am genauesten untersuchten Phosphatide scheinen Esterverbindungen zwischen Stickstoffbasen und Fettsäureglyzerinphosphorsäure zu sein; nach Thudichum soll es aber auch Phosphatide geben, die keine Glyzeringruppe enthalten. Ein solches ist das im Gehirne und anderen Organismen gefundene Sphingomyelin und das in Nieren gefundene Kar-

---

[1]) Ludwig u. v. Zeynek, Zeitschr. f. physiol. Chem. **23**; Ameseder ebenda **52**.
[2]) Vgl. Henriques, Ber. d. d. chem. Gesellsch. **30**, S. 1415. [3]) Die chemische Konstitution des Gehirns des Menschen und der Tiere. Tübingen 1901.

naubon, dessen Existenz jedoch in neuerer Zeit geleugnet worden ist. Zu den Phosphatiden rechnet man auch einen neuerdings von FRÄNKEL und KAFKA aus dem Gehirn isolierten Phosphorsäureester (vgl. Kapitel 12), der weder Glyzerin noch einen anderen Alkohol und als Base Diglykosamin enthält. Dieser Ester ist jedenfalls nach einem ganz anderen Typus als die Phosphatide THUDICHUMS gebaut, und in diesem Kapitel werden nur die Phosphatide im Sinne THUDICHUMS abgehandelt.

Die in den Phosphatiden vorkommenden Fettsäuren können verschiedener Art sein. Meistens kommt wohl, wie man annimmt, ein Radikal der Ölsäure oder einer anderen, noch weniger gesättigten Fettsäure vor; es sind aber auch Phosphatide bekannt, die nur gesättigte Fettsäuren enthalten. Dementsprechend kann man auch die Phosphatide in gesättigte und ungesättigte einteilen. Die ungesättigten addieren Jod, nehmen Sauerstoff aus der Luft auf, sind autoxydabel und verändern sich leicht. Sie geben auch eine schöne Reaktion mit der PETTENKOFERschen Gallensäureprobe. Die basischen Bestandteile der am genauesten studierten Phosphatide sind das Cholin und der Aminoäthylalkohol (das Kolamin).

Gesättigte und ungesättigte Phosphatide.

Die Phosphatide haben eine sehr große Verbreitung sowohl im Pflanzen- wie im Tierreiche und sie sind primäre Zellbestandteile, die unzweifelhaft von sehr großer Bedeutung für das Leben und die Funktionen der Zellen sind. Die Bedeutung der Phosphatide (oder Lipoide) für die Begrenzungsschicht der Zelle, wie für die osmotischen Prozesse und den Stoffwechsel in derselben, ist schon im Kapitel 1 besprochen worden. Die ungesättigten, leicht oxydablen Phosphatide spielen auch möglicherweise eine Rolle als Sauerstoffüberträger, und als Bestandteile der Nahrung haben die Phosphatide ebenfalls eine sehr wichtige Aufgabe zu. erfüllen. Für gewisse Toxinwirkungen, für die serologische Hämolyse wie für die Resistenz und Permeabilität der roten Blutkörperchen sind sie von großer Bedeutung. Auf die Gerinnung resp. das Flüssigbleiben des Blutes können sie einen unverkennbaren Einfluß ausüben und sie stehen auch in naher Beziehung zu gewissen Enzymwirkungen. Daß sie für die Entwicklung und das Wachstum sehr wichtig sind, unterliegt wohl auch keinem Zweifel. Man hat nämlich gefunden, daß die Menge der Phosphatide besonders bei Neugeborenen reichlich ist und daß die letzteren gewissermaßen einen Vorrat an Phosphatiden mit zur Welt bringen, welcher Vorrat dann während des Zuwachses stetig abnimmt[1]).

Bedeutung der Phosphatide.

Die Phosphatide hat man meistens in amorphem (unreinem) Zustande erhalten. Sie sind farblos oder schwach gelblich gefärbt, schmelzen beim Erwärmen und verbrennen unter Hinterlassung von phosphorhaltiger Kohle. Mit Alkali und Salpeter geschmolzen liefern sie Alkaliphosphat. Die Phosphatide werden zu den Lipoiden gerechnet, und dies aus dem Grunde, daß jedes Phosphatid wenigstens von einigen der gewöhnlichen Lösungsmittel der Fette (Alkohol, Äther, Benzol, Petroläther usw.) gelöst wird. Die Lipoidgruppe läßt sich indessen nicht chemisch hinreichend charakterisieren, indem man nämlich zu dieser Gruppe chemisch so verschiedenartige Stoffe, wie Phosphatide, Sterine und Zerebroside rechnet. Vom chemischen Gesichtspunkte aus ist der Name Lipoide nicht berechtigt.

Lipoide.

---

[1]) Bezüglich Menge und Bedeutung der Phosphatide (des Lezithins) vgl. man: GLIKIN, Bioch. Zeitschr. 4 u. 7; NERKING ebenda 10; STOKLASA, Ber. d. d. chem. Gesellsch. 29, Wien. Sitz.-Ber. 104, Zeitschr. f. physiol. Chem. 25; W. DANILEWSKY, Compt. Rend. 121 u. 123; W. KOCH, Zeitschr. f. physiol. Chem. 37; J. BANG, Chemie und Biochemie der Lipoide, 1911 und ABDERHALDEN, Bioch. Handlexikon III.

Zu den Lösungsmitteln für Lipoide zeigen die verschiedenen Phosphatide ein ungleiches Verhalten, indem z. B. das eine in Äther löslich, das andere darin unlöslich ist usw., und derartige Verschiedenheiten sind für ihre Darstellung von Wichtigkeit. Von Azeton werden wenigstens die meisten aus ihrer Lösung, wenn auch nicht vollständig, gefällt, und auch dieses Verhalten kann für ihre Darstellung von besonderer Bedeutung sein. Die Löslichkeits- und Fällbarkeitsverhältnisse eines Phosphatids können indessen durch andere Stoffe, durch die eigenen Zersetzungsprodukte und durch die gleichzeitige Gegenwart von einem anderen oder von mehreren Phosphatiden wesentlich geändert werden. Die Phosphatide werden von mehreren Metallsalzen, besonders Platinchlorid und Kadmiumchlorid gefällt, ein Verhalten, welches man ebenfalls oft zu ihrer Reindarstellung benutzt hat. *Lösungs- und Fällungs- mittel.*

Die Phosphatide sind in Wasser nicht löslich, quellen aber in Wasser zu einer kleisterähnlichen Masse auf, die unter dem Mikroskope schleimig- ölige Tropfen oder Fäden, sog. Myelinformen (vgl. Kapitel 12) zeigen können. Mit viel Wasser geben sie Emulsionen oder kolloide Lösungen, die von Neutralsalzen der Alkalien und noch leichter der Erdalkalien gefällt werden. Von anderen Stoffen, wie von Eiweißstoffen, werden sie leicht mit nieder- gerissen und sie können hierdurch die Löslichkeit anderer Stoffe wesentlich verändern. Inwieweit es hierbei um eine Adsorption oder um chemische Verbindungen sich handelt, ist nicht klar, und die Verhältnisse dürfen nicht in allen Fällen dieselben sein. Die „Verbindungen" mit Eiweiß, die Vitelline und Lezithalbumine, sind schon in einem vorigen Kapitel besprochen worden, und die Notwendigkeit mehr eingehender Untersuchungen auf diesem Gebiete wurde dort hervorgehoben. Ebenso erwünscht sind aber auch fortgesetzte Untersuchungen über die sogenannten Lezithinzucker (BING), über deren Natur man nicht einig ist. Nach den Untersuchungen von WINTERSTEIN, HIESTAND und E. SCHULZE sollen im Pflanzenreiche kohlehydrathaltige Lezithine (Phosphatide) vorkommen, die bis gegen 20 p. c. Kohlehydrat ent- halten können. Inwieweit es hier um Verbindungen oder Beimengungen sich handelt, ist jedoch nicht klar[1]). *Eigen- schaften.*

Die Phosphatide scheinen einander sehr nahe zu stehen; sie beeinflussen, wie oben erwähnt, gegenseitig ihre Löslichkeit und Fällbarkeit und werden meistens als Gemenge ausgefällt, die außerordentlich schwer in ihre Bestand- teile zu trennen sind. Da sie ferner meistens amorph und leicht oxydabel sind, ist es leicht verständlich, daß ihre Reindarstellung mit den allergrößten Schwierigkeiten verknüpft sein muß. Wie groß diese Schwierigkeiten sind, geht namentlich aus den sehr wertvollen Untersuchungen von H. MACLEAN wie von LEVENE[2]) und ihren Mitarbeitern hervor. Während man meistens eine recht große Anzahl von Phosphatiden verschiedener Art im Tierorganismus angenommen hat, ist LEVENE der Ansicht, daß die Anzahl der Phosphatide mit Verbesserungen der Darstellungs- und Reinigungsmethoden eine immer kleinere sein wird, und daß alle tierische Organe praktisch dieselben Phospha- tide enthalten. Die Aufklärung dieser Frage muß fortgesetzten Unter- suchungen überlassen werden; da man aber keine Gewähr für die Rein- heit und die chemische Individualität der meisten bisher beschriebenen Phosphatide hat, dürfte es von wenig Interesse sein, hier eine Übersicht über die Verteilung der bisher angeblich isolierten Phosphatide auf verschiedene Gruppen zu geben. Es werden in diesem Kapitel nur die drei bisher am *Schwierig- keiten der Darstellung.*

---

[1]) WINTERSTEIN u. HIESTAND, Zeitschr. f. physiol. Chem. **47** u. **54**; SCHULZE ebenda **52** u. **55**. [2]) Bezüglich der Arbeiten von H. MACLEAN und Mitarbeitern s. man: Zeitschr. f. physiol. Chem. **59** und Bioch. Journ. **8** u. **9**; bezüglich der von LEVENE und Mitarbeitern: Journ. of biol. Chem. **24, 33, 34, 35, 39, 40**.

meisten studierten Phosphatide Lezithin, Kephalin und Cuorin besprochen; die übrigen sollen in den entsprechenden Kapiteln erwähnt werden.

Lezithin und Kephalin. Diese zwei Monoaminomonophosphatide scheinen regelmäßig nebeneinander in tierischen Organen, Geweben und Flüssigkeiten vorzukommen, und Lezithin in gewöhnlichem Sinne ist wohl regelmäßig ein Gemenge von beiden gewesen. Beide sind Ester von der durch zwei Fettsäureradikale substituierten Glyzerinphosphorsäure, die nach den neuesten Untersuchungen von LEVENE und J. ROLF[1]) dieselbe in beiden zu sein scheint.

Lezithin u. Kephalin. Auch die Fettsäuren sollen in beiden Fällen dieselben sein, nämlich Stearinsäure und eine der Linolsäurereihe angehörige Säure, die vielleicht mit Leinölsäure identisch ist und von THUDICHUM, der sie als erster aus dem Kephalin erhielt, Kephalinsäure genannt wurde. Die beiden Phosphatide sollen sich voneinander nur dadurch unterscheiden, daß das Lezithin ein Ester des Cholins und Kephalin ein Ester des Aminoäthylalkohols ist. Infolge der optischen Aktivität beider Stoffe nimmt man, in Übereinstimmung mit der Ansicht von WILLSTÄTTER und LÜDECKE[2]) an, daß die Phosphorsäure an die endständige CH_2-Gruppe des Glyzerins angeknüpft ist. Dem nun Gesagten entsprechend würden die Strukturformeln dieser Phosphatide die folgenden sein:

$$H_2C - O - C_{18}H_{35}O \qquad\qquad H_2C - O - C_{18}H_{35}O$$

$$H C - O - C_{18}H_{31}O \qquad\qquad H C - O - C_{18}H_{31}O$$

$$H_2C - O - P = O \qquad OH \qquad H_2C - O - P = O$$

$$HO \quad O . CH_2 . CH_2 . N : (CH_3)_3 \qquad HO \quad O . CH_2 . CH_2 . NH_2$$

$$\text{Lezithin} = C_{44}H_{86}NPO_9 \qquad\qquad \text{Kephalin} = C_{41}H_{78}NPO_8.$$

Man hat angenommen, daß in dem Lezithinmoleküle verschiedene Fettsäuren einander vertreten können und daß es dementsprechend eine Gruppe von Lezithinen, wie Stearyl-, Palmityl-, Distearyllezithin usw. geben würde. Verschiedene Lezithine. Ähnliches würde wohl in dem Falle auch für das Kephalin gelten können. Inwieweit diese Möglichkeiten in der Natur verwirklicht sind, kennt man jedoch nicht. Nach THUDICHUM soll jedes Lezithin wenigstens ein Radikal einer ungesättigten Fettsäure enthalten, und dies gilt auch für das Lezithin aus Eigelb, welches man früher nach HOPPE-SEYLER und DIAKONOW[3]) als ein Distearyllezithin betrachtete. Das Eilezithin hat nämlich die durch obige Formel angegebene Zusammensetzung.

Den obigen Formeln entsprechend zerfällt das Lezithin, bzw. Kephalin bei der Verseifung mit Alkali oder Barytwasser in Fettsäuren, Glyzerinphosphorsäure und Cholin, bzw. Aminoäthylalkohol (Kolamin). Nach einem, zuerst von C. PAAL und H. OEHME[4]) angegebenen Verfahren kann man mit Wasserstoff und kolloidalem Palladium sowohl das Lezithin wie das Kephalin hydrieren, und diese hydrierten Phosphatide liefern als einzige Fettsäure Stearinsäure.

Das Lezithin in gewöhnlichem Sinne, also das Gemenge der beiden Phosphatide, findet sich nach HOPPE-SEYLER[5]) in fast allen bisher darauf untersuchten tierischen und pflanzlichen Zellen und ebenso in fast allen tierischen Säften. Besonders reichlich kommt es in Gehirn, Nerven, was besonders von dem Kephalin gilt, in Fischeiern, Eidotter, elektrischen Organen von Rochen, im Sperma und Eiter vor, und es findet sich ferner in den Muskeln und Blutkörperchen, in Blutplasma, Lymphe, Milch, namentlich Frauenmilch,

---

[1]) Journ. of biol. Chem. 40.   [2]) Ber. d. d. chem. Gesellsch. 37.   [3]) HOPPE-SEYLER, Med.-chem. Unters. H. 2 u. 3.   [4]) Ber. d. d. chem. Gesellsch. 46.   [5]) Physiol. Chem. Berlin 1877—1881, S. 57.

und Galle. Auch in den verschiedensten pathologischen Geweben oder Flüssigkeiten ist das Lezithin gefunden worden. Hierzu ist indessen zu bemerken, daß man in den meisten Fällen nur indirekt, durch Nachweis des organisch gebundenen Phosphors, zu der Anwesenheit von Lezithin geschlossen hat, und daß die obigen Angaben hauptsächlich auf das Vorkommen von Phosphatiden sich beziehen. *Vorkommen des Lezithins.*

Dasselbe gilt auch für die Angaben über die Mengenverhältnisse des Lezithins in verschiedenen Organen und Geweben, wie auch in verschiedenen Altern. Auch in diesen Fällen ist das Lezithin nicht rein dargestellt worden, und die Bestimmungen gelten also nur für die ungefähren Mengen der Phosphatide. Derartige Bestimmungen von GLIKIN und NERKING [1]) zeigen, daß, außer im Rückenmark, Gehirn und Ei, Lezithine (Phosphatide) reichlich vorkommen in Knochenmark, Nebennieren, Herz und Lungen, daß aber die Mengen bei verschiedenen Tierarten recht verschieden sind. So fand z. B. NERKING beim Igel im Knochenmark 417 und in den Nebennieren 212,3 p. m. Lezithin, auf lebendes Organ berechnet, während die entsprechenden Werte beim Kaninchen 27,1 bzw. 23,9 p. m. waren. *Quantitative Verhältnisse.*

In festem Zustande erhielt man das Lezithin früher meistens als eine wachsähnliche, knetbare Masse. Nunmehr kann man sowohl das Lezithin wie das Kephalin in kleinen Kristallen erhalten, die wiederholt umkristallisiert und dadurch gereinigt werden können. Dasselbe gilt von den beiden hydrierten Phosphatiden. Das Lezithin ist löslich in Alkohol oder Äther, und in reinem Zustande unlöslich in Azeton. Das Kephalin ist löslich in Äther aber unlöslich in Azeton und, wenn rein, unlöslich in Alkohol. Es wird jedoch bei gleichzeitiger Gegenwart von Lezithin von Alkohol gelöst. Beide Phosphatide sind rechtsdrehend; aus alkoholischer Lösung werden sie als Doppelsalze von Kadmiumchlorid gefällt. Das Kadmiumsalz des Kephalins ist in Äther löslich, das des Lezithins darin unlöslich. Aus dem Kadmiumsalze in Alkohol kann das entsprechende Phosphatid mit Ammoniumkarbonat freigemacht werden. Die NH_2-Gruppe im Kephalin reagiert mit dem v. SLYKEschen Reagenze (s. S. 61) und eine Beimengung von Kephalin in einem Lezithinpräparate kann man in dieser Weise nachweisen. *Eigenschaften des Lezithins und Kephalins.*

Das Hydrolezithin kristallisiert gut beim Erkalten seiner heißen Lösung in Methyl-Äthylketon. Beide Hydrophosphatide sind dextrogyr und von derselben Stärke: (α) D bei 20^0 C $= + 5,2$ à $5,4^0$ in Chloroformlösung. *Hydrophosphatide.*

Für die Trennung und Reindarstellung des Lezithins und Kephalins sind ihre verschiedene Löslichkeit in Alkohol und anderen Lösungsmitteln, die Darstellung der Chlorkadmiumverbindungen, die ungleiche Löslichkeit der letzteren in Äther und ferner auch die Hydrierung beider Stoffe von Bedeutung. Bezüglich des näheren Verfahrens wird auf die zitierten Arbeiten von Maclean wie von Levene und Mitarbeitern hingewiesen. *Darstellung.*

Cuorin, $C_{71}H_{125}NP_2O_{21}$, ist ein von ERLANDSEN [2]) aus dem Herzmuskel des Ochsens dargestelltes Monoaminodiphosphatid, dessen Jodzahl 101 ist. Als Spaltungsprodukte lieferte es 3 Mol. Fettsäuren unbekannter Natur, aber zum Teil oder ganz den Reihen $C_nH_{2n-4}O_2$ und $C_nH_{2n-6}O_2$ angehörend, ferner Glyzerin, Phosphorsäure und eine nicht näher bekannte Base, die jedenfalls nicht Cholin ist. Das Cuorin ist autoxydabel und gibt die PETTENKOFERsche Gallensäureprobe. *Cuorin.*

Das Cuorin ist amorph, gelbbraun, harzähnlich. Mit Wasser gibt es eine neutrale, emulsionsähnliche Lösung. Es reduziert nicht die FEHLINGsche

---

[1]) Vgl. Fußnote 1, S. 186.   [2]) Zeitschr. f. physiol. Chem. 51, wo man auch die Darstellungsmethode findet.

Eigen-
schaften.

Lösung, selbst nicht nach Kochen mit einer Säure. Es ist löslich in Äther, Chloroform, Petroleumäther und Schwefelkohlenstoff. In Benzol löst es sich schwerer; es ist unlöslich in Äthyl- und Methylalkohol und Azeton. Aus Alkohol-Ätherlösung wird es gefällt von Kadmium- oder Platinchlorid.

Cuorin.

Nach den Untersuchungen von sowohl MACLEAN wie LEVENE und KOMATSU[1]) soll indessen das Cuorin kein chemisches Individuum, sondern ein Gemenge, welches hauptsächlich Kephalin, etwas Lezithin und verschiedene Zersetzungsprodukte enthält, sein. Das Cuorin liefert nach LEVENE und KOMATSU sowohl Cholin wie Aminoäthylalkohol. Aus einer Substanz von der Zusammensetzung des Cuorins kann man nach ihnen eine Substanz von den Eigenschaften des Kephalins und umgekehrt aus diesem eine dem Cuorin ähnliche Substanz darstellen.

Wie oben angegeben, hat man als Spaltungsprodukte aus den obengenannten Phosphatiden, außer den Fettsäuren, Cholin, Aminoäthylalkohol und Glyzerinphosphorsäure erhalten.

Cholin (Trimethyloxäthylammoniumhydroxyd) $C_5H_{15}NO_2 =$

$$HO . N \begin{cases} CH_2 . CH_2(OH) \\ \\ (CH_3)_3. \end{cases}$$

Das Cholin steht in naher Beziehung zu der giftigen Base Neurin (Trimethyl-

vinylammoniumhydroxyd), $HO . N \begin{cases} (CH_3)_3 \\ \\ CH : CH_2 \end{cases}$, welche nach BRIEGER durch Bakterien-

Cholin und
verwandte
Basen.

wirkung aus dem Cholin entstehen soll, und ferner zu dem im Fliegenpilze vorkommenden

Muskarin $HO . N \begin{cases} CH_3)_3 \\ \\ CH_2CHO \end{cases}$, dem Aldehyde des Cholins, und dem Betain, Trimethyl-

glykokoll, $(CH_3)_3N \begin{cases} O \\ \\ CH_2 \end{cases} CO$, welches als Anhydrid der dem Cholin entsprechenden

Säure aufgefaßt werden kann. Muskarin und Betain können durch Oxydation des Cholins gewonnen werden. Das Cholin liefert als Zersetzungsprodukt Trimethylamin, welches auch bei seiner Umsetzung im Tierkörper zu entstehen scheint.

Das Cholin kommt sowohl im Pflanzen- wie im Tierreiche vor. MOTT und HALLIBURTON haben es wiederholt im Blute bei degenerativen Krankheiten des Nervensystems gefunden; aber auch im normalen Blute ist es, wie MARINO ZUCO[2]) zuerst zeigte, vorhanden. In den Nebennieren wurde es zuerst von MARINO ZUCO (als Neurin bezeichnet) und später von LOHMANN gefunden, und endlich ist es von verschiedenen Forschern, unter denen

Cholin,
Vor-
kommen.

C. SCHWARZ und v. FÜRTH besonders zu nennen sind, in verschiedenen Organen gefunden worden. Es ist die blutdruckerniedrigende Substanz der Nebennieren, ist in gewisser Hinsicht ein Antagonist des Adrenalins und kann hierdurch wie durch seine anregende Wirkung auf gewisse Sekretionen (LOHMANN, THEISSIER und THÉVENOT, v. FÜRTH und SCHWARZ)[3]), und besonders auf die Darmperistaltik, für welche es nach R. MAGNUS[4]) ein besonderes Hormon ist, von physiologischer Bedeutung sein. Die physiologische Wirkung des Cholins ist jedoch noch etwas umstritten. Nach GUGGENHEIM und W. LÖFFLER[5]) soll besonders das Azetylcholin kräftig wirken und den biologischen Nachweis des Cholins in äußerst kleinen Mengen ermöglichen.

---

[1]) MACLEAN, Bioch. Journ. 8; LEVENE u. S. KOMATSU, Journ. of biol. Chem. **39**.
[2]) MOTT u. HALLIBURTON, Philos. Trans. Ser. B, **191** (1901); MARINO ZUCO, vgl. MALYS Jahresb. **24**, S. 181 u. 698.   [3]) A. LOHMANN, PFLÜGERS Arch. 118 u. **122**; v. FÜRTH u. SCHWARZ ebenda **124**, wo man auch die Literatur findet.   [4]) Chem. Zentralbl. 1920, III.
[5]) Bioch. Zeitschr. 74 u. 77.

Das Cholin ist eine sirupartige, mit absolutem Alkohol oder Wasser leicht mischbare, stark alkalisch reagierende Flüssigkeit. Mit Salzsäure gibt es eine, in Wasser und Alkohol sehr leicht lösliche, in Äther, Chloroform und Benzol unlösliche Verbindung, die mit Platinchlorid eine in Wasser leicht lösliche, in absolutem Alkohol und Äther unlösliche, gelb- oder orangerote Verbindung gibt. Das Platindoppelsalz kristallisiert aus Wasser im monoklinen System, und diese Form ist stark doppeltbrechend; aus einem Gemenge von Wasser und Alkohol kristallisiert es in regulären Formen (Oktaedern). Beide Formen können wechselseitig ineinander übergeführt werden und dienen nach KAUFFMANN und VORLÄNDER[1]) zum Nachweis des Cholins. Mit Quecksilber- und Goldchlorid gibt es ebenfalls kristallisierende Doppelverbindungen. Von Jodjodkalium wird das Cholin gefällt (GULEWITSCH), und nach STANEK[2]) kann man das Kaliumtrijodid zur quantitativen Bestimmung desselben benutzen. Beim Kochen seiner wäßrigen Lösung zerfällt es in Trimethylamin, Äthylenoxyd und Äthylenglykol.

Eigenschaften.

Bezüglich Darstellung und Nachweis — sowohl auf chemischem wie biologischem Wege — wird auf größere Handbücher hingewiesen.

Aminoäthylalkohol (auch **Kolamin** genannt), $C_2H_7NO = \begin{matrix} CH_2 . NH_2 \\ CH_2 . OH \end{matrix}$, wurde zuerst von TRIER[3]) aus einem Bohnenphosphatid und dann aus käuflichem Eilezithin und ferner aus Erbsen- und Hafer-„lezithin" erhalten. Er ist aber, wie oben erwähnt, ein Bestandteil des Kephalins und nicht des Lezithins. Die freie Base hat L. KNORR[4]) durch Eintragen von Äthylenoxyd in überschüssiges, starkes Ammoniak erhalten.

Aminoäthylalkohol.

Der Aminoäthylalkohol ist ein farbloses, dickflüssiges Öl, das sich mit Wasser und Alkohol in jedem Verhältnis mischt und auch in Äther etwas löslich ist. Er reagiert stark alkalisch. Unter den Salzen sind besonders von Bedeutung das in langen Nadeln kristallisierende Chloraurat, das Chloroplatinat, das Pikrat und das in kaltem Alkohol sehr schwerlösliche Pikrolonat. Als die letztgenannte Verbindung kann der Aminoäthylalkohol auch quantitativ bestimmt werden. Zur Trennung von dem Cholin haben THIERFELDER und O. SCHULZE[5]) ein Verfahren ausgearbeitet, welches darauf basiert, daß man aus einem (festen) Gemenge der Chloride mit Kalziumoxyd den Aminoäthylalkohol mit Äther extrahiert (wobei das Cholinchlorid ungelöst zurückbleibt) und dann die Ätherlösung mit Pikrolonsäure fällt.

Eigenschaften.

Die Glyzerinphosphorsäure $C_3H_9PO_6 = \begin{matrix} CH_2(OH) \\ CH(OH) \\ CH_2 - O \end{matrix} \Big\rangle \begin{matrix} \\ OH \\ OH \end{matrix} PO$ ist eine zweibasische Säure, die in tierischen Säften und Geweben wahrscheinlich nur als Spaltungsprodukt des Lezithins vorkommt. Die aus Lezithin abgespaltene Glyzerinphosphorsäure ist nach WILLSTÄTTER und LÜDECKE[6]) linksdrehend. Nach LEVENE und ROLF[7]) gilt dies auch von der Glyzerinphosphorsäure aus Kephalin. Die von ihnen gefundene sp. Drehung der Säure sowohl aus Lezithin wie Kephalin war bei 20° C: (a) D $= -0,69$ bis $0,74°$, während man früher für die Säure aus Lezithin $-1,71°$ gefunden hatte. Die niedrigeren Werte erklären sie durch die Annahme einer partiellen Razemisierung. In Übereinstimmung mit S. FRÄNKEL und L. DIMITZ[8]) fanden LEVENE und ROLF das Baryumsalz der Säure aus Kephalin rechtsdrehend. Diese Rechtsdrehung soll aber von einer stickstoffhaltigen Verunreinigung herrühren, und die Annahme von FRÄNKEL und DIMITZ, daß die Glyzerinphosphorsäuren der beiden Phosphatide nicht identisch, sondern isomer sein sollen,

Glyzerinphosphorsäure.

[1]) Vgl. GULEWITSCH, Zeitschr. f. physiol. Chem. **24**; M. KAUFFMANN u. VORLÄNDER, Ber. d. d. chem. Gesellsch. **43**.   [2]) GULEWITSCH l. c.; STANEK, Zeitschr. f. physiol. Chem. **46**.   [3]) Ebenda **73, 76, 80.**   [4]) Ber. d. d. chem. Gesellsch. **30.**   [5]) Zeitschr. f. physiol. Chem. **96.**   [6]) Ber. d. d. chem. Gesellsch. **37.**   [7]) Journ. of biol. Chem. **40.**   [8]) Bioch. Zeitschr. **21.**

Glyzerin-
phosphor-
säure. betrachten sie deshalb als nicht hinreichend begründet. Die Ba- und Ca-Salze der Säure kristallisieren und sind leichter löslich in kaltem als in warmem Wasser. Die Säure selbst ist eine sirupöse Flüssigkeit.

III. Sterine.

Mit diesem Namen bezeichnet man eine Gruppe von Stoffen, deren am längsten bekannte und am eingehendsten studierte Repräsentant das Cholesterin ist. Die anderen Sterine sind dem letztgenannten Stoffe mehr oder weniger nahe verwandt. Die Sterine, welche sowohl frei wie als Ester vorkommen können, kommen sowohl im Tier- wie im Pflanzenreiche vor, und dement-
Sterine. sprechend unterscheidet man zwischen tierischen und pflanzlichen Sterinen, zwischen Zoosterinen und Phytosterinen. Von der letztgenannten Gruppe kennt man eine recht große Anzahl verschiedener Repräsentanten, während man bei den Wirbeltieren nur Cholesterin und einige Umwandlungs-produkte desselben: Oxycholesterin (Metacholesterin), Isocholesterin, Koprosterin und Hippokoprosterin (welch letzteres jedoch aus dem Pflanzen-reiche stammen dürfte), gefunden hat. Bei niederen Tieren sind einige andere Sterine, wie Bombicesterin, Stellasterin und Spongosterin ge-funden worden.

Cholesterin, $C_{27}H_{46}O$, ist, wie in dem Kapitel 8 gezeigt werden soll, der
Cholesterin. Cholsäure in der Galle nahe verwandt, indem beide zu der hydroaromatischen Gruppe gehören und als Oxydationsprodukt dieselbe Säure, Cholankarbon-säure, geben können.

Die Konstitution des Cholesterins ist allerdings noch nicht vollständig klargelegt worden; es liegen aber über dieselbe sehr mühsame und eingehende Untersuchungen von vielen Forschern, in erster Linie von MAUTHNER und SUIDA, WINDAUS, STEIN, DIELS mit ABDERHALDEN[1]) vor. Aus diesen Unter-suchungen hat man den Schluß gezogen, daß das Cholesterin ein einwertiger, einfach ungesättigter, sekundärer Alkohol mit vier hydrierten Ringen ist. Es wird ferner allgemein behauptet, daß es nur eine Doppelbindung enthält, die nach WINDAUS wahrscheinlich in einem Fünfring sich vorfindet. Das
Kon-
stitution. Cholesterin enthält ferner eine Isopropylgruppe und nach WINDAUS enthält es wahrscheinlich, außer den vier hydrierten Ringen, als Seitenkette einen Oktylrest $(CH_3)_2 . CH(CH_2)_3 . CH . CH_3$. Man kann noch keine ganz sichere Konstitutionsformel aufstellen; nach WINDAUS kann man sich aber den Bau des Cholesterins vorläufig in folgender Weise vorstellen:

$$(CH_3)_2 . CH(CH_2)_3 . CH . CH_3$$

Durch Reduktion von Cholesterin oder Cholestenon (dem Keton des Cholesterins) hat man mehrere isomere Dihydrocholesterine, Cholestanole

---

[1]) Die Literatur über Cholesterin findet man bei A. WINDAUS, Arch. d. Pharm. **246**, H. 2 und besonders bei WINDAUS in ABDERHALDENS Bioch. Handlexikon **3** und ferner bei W. GLIKIN, Bioch. Zentralbl. **7**, S. 372—377. Die neueren Arbeiten von WINDAUS findet man in Ber. d. d. chem. Gesellsch. **46, 47, 49, 50** u. **52.**

genannt, erhalten. Ein solches **Dihydrocholesterin** ist das im Darmkanale durch Bakterien aus dem Cholesterin gebildete Koprosterin, welches WINDAUS aus dem Cholesterin über das δ-Cholestanol (= Pseudokoprosterin) hat künstlich darstellen können. Dehydro-cholesterine.

Aus dem Cholesterin hat man durch verschiedene Eingriffe Kohlenwasserstoffe erhalten, die man als „Cholesteriline", Cholesterone" und „Cholesterilene" bezeichnet hat. **Cholesten** ist ein Kohlenwasserstoff von der Formel $C_{27}H_{46}$, und **Cholestan**, $C_{27}H_{48}$, ist der reduzierte Stammkohlenwasserstoff des Cholesterins. Durch Oxydation von dem mit dem Cholestan stereoisomeren **Pseudocholestan** haben WINDAUS und K. NEUKIRCHEN[1]) eine, mit der aus Cholsäure erhaltenen vollkommen identische **Cholankarbonsäure** erhalten, was die nahe Verwandtschaft der Gallensäure und des Cholesterins zeigt. Kohlen-wasser-stoffe.

Durch Oxydation des Cholesterins mit Benzoylsuperoxyd erhielt LIFSCHÜTZ[2]) das **Oxycholesterin**, welches er auch aus Cholesterindibromid durch Kochen zusammen mit Natriumazetat in Alkohol erhielt. In dem letztgenannten Falle erhielt er auch ein anderes, von ihm **Metacholesterin** genanntes Produkt, welches ebenfalls bei direkter, gelinder Oxydation des Cholesterins entstehen kann und von dem weiter unten die Rede sein soll. Oxy- und Meta-cholesterin.

Beim Erhitzen des Cholesterins auf 300—320° geht es nach DIELS und LINN[3]), wenn es mit Eisen verunreinigt ist, teils in Cholestenon und teils in ein isomeres Cholesterin, das **β-Cholesterin**, über. Das letztere kann über das Cholesterylbenzoat durch Verseifung in Cholesterin zurückverwandelt werden. β-Chole-sterin.

Das Cholesterin bildet mit Fettsäuren Ester. Unter diesen ist der Propionsäureester als Mittel zur Erkennung des Cholesterins (vgl. unten) von Interesse. Von größerer Bedeutung sind jedoch die Ester mit nicht flüchtigen Fettsäuren, Palmitin-, Stearin- und Oleinsäure, indem diese Ester im Blute und den verschiedenen Organen vorkommen. Solche Ester scheinen besonders bei Verfettung von Organen vorzukommen, wobei sie sich als doppeltbrechende Stoffe kundgeben. Cholesterin-ester.

Von besonderem Interesse sind auch die Verbindungen des Cholesterins mit Saponinen. So erhält man durch Zusatz von einer 1 prozentigen Lösung von Digitonin zu einer Lösung von Cholesterin in siedendem Alkohol das **Digitonincholesterid**, welches, wie WINDAUS[4]) u. a. gezeigt haben, ein vorzügliches Mittel zur quantitativen Cholesterinbestimmung ist. Die Cholesterinester werden nicht von Digitonin gefällt. Digitonin-cholesterid.

Das Cholesterin gehört zu den sog. Lipoiden, denen man, wie schon in dem Vorigen (Kapitel 1) angegeben wurde, eine große Bedeutung als Bestandteile der äußeren Hülle der Erythrozyten und der Zellen überhaupt zuerkennt. Das Cholesterin ist auch von großem Interesse, indem es die Hämolyse durch gewisse Stoffe hemmt oder aufhebt und also eine gewisse Schutzwirkung im Tierkörper entfalten kann. Diese Wirkung des Cholesterins, insofern als sie die von RANSOM entdeckte Hemmung der Saponinhämolyse betrifft, wird, wie HAUSMANN gezeigt hat, durch Besetzung der Hydroxylgruppe aufgehoben. Solche Verbindungen zwischen Cholesterin und Saponinen sind von MADSEN und NOGUCHI, von WINDAUS[5]) u. a. studiert worden. Cholesterin und Hämolyse.

Das Cholesterin kommt in geringer Menge in fast allen tierischen Säften und Flüssigkeiten vor. Im Harne ist es jedoch nur selten und immer nur in

---

[1]) Ber. d. d. chem. Gesellsch. **52**.   [2]) Ebenda **41**; Zeitschr. f. physiol. Chem. **96** u. 106.   [3]) Ber. d. d. chem. Gesellsch. **41**.   [4]) WINDAUS, Zeitschr. f. physiol. Chem. **65**; YAGI, Arch. f. exp. Path. u. Pharm. **64**.   [5]) RANSOM, Deutsche med. Wochenschr. 1901; HAUSMANN, HOFMEISTERS Beitr. **6**; MADSEN u. NOGUCHI, Kgl. Dansk. Vidensk. Selskabs Forh. 1904; WINDAUS, Ber. d. d. chem. Gesellsch. **42**.

sehr geringer Menge gefunden worden. Es ist ein regelmäßiger Begleiter des tierischen Fettes und kommt wohl in allen Zellen vor. Dementsprechend findet es sich auch in den verschiedensten Geweben und Organen — besonders reichlich in dem Gehirne und dem Nervensysteme — ferner in Eidottern, Sperma, Wollfett (neben Isocholesterin), in der Hautsalbe, in dem Darminhalte, den Exkrementen und dem Mekonium. Pathologisch kommt es besonders in Gallensteinen, ferner in Atherombälgen, Eiter, Tuberkelmasse, alten Transsudaten, Zystenflüssigkeiten, Auswurf und Geschwülsten vor. Das Cholesterin kommt nicht nur frei, sondern auch, wie in Drüsen und anderen Organen, in Blut, Lymphe, Milch, Epidermisbildungen, Wollfett und Vernix caseosa als Fettsäureester vor.

Vorkommen des Cholesterins.

Das im Darme vorkommende Cholesterin rührt teils von der Nahrung, teils von der Galle und teils, wie aus dem Inhalte unterbundener Darmschlingen (Ringkot, Kapitel 9) hervorgeht, auch von den Epithelzellen bzw. den Sekreten der Darmschleimhaut her. Daß eine Resorption des mit der Nahrung eingeführten Cholesterins aus dem Darme namentlich als Cholesterinester stattfindet, kann nunmehr nicht bezweifelt werden, und nach Verfütterung von Cholesterin hat man insbesondere bei Pflanzenfressern eine Anhäufung von Cholesterin, hauptsächlich als Estern, in dem Rinde der Nebennieren, in der Leber und auch in anderen Organen beobachtet[1]). Von Interesse ist es in diesem Zusammenhange, daß nach L. WACKER und W. HUECK[2]) die Zunahme des Cholesterins infolge der Nahrung (beim Kaninchen) von einer gleichzeitigen Vermehrung der Phosphatide begleitet ist.

Resorption.

Das Cholesterin und die Phosphatide kommen auch, wie es scheint, immer nebeneinander in tierischen Organismen vor und zwar, wie ANDRÉ MAYER und GEORGE SCHAEFFER[3]) gezeigt haben, in einer ziemlich konstanten Relation, welche sie als den lipozytischen Koeffizienten (Coefficient lipocytique), $\dfrac{\text{Cholesterin}}{\text{Totalfettsäuren}}$, bezeichnen. Die Fettsäuren bedeuten jedoch in diesem Falle nicht nur die Fettsäuren der Phosphatide, welche man nicht leicht gesondert bestimmen kann, sondern auch die gesamten, durch Saponifikation erhaltenen Fettsäuren des Organfettes. Der Organismus ist, wie es scheint, bestrebt, diesen Koeffizienten konstant zu erhalten, was wohl in naher Beziehung zu den zwischen Cholesterin- und Phosphatidwirkung bestehenden Antagonismus steht. Dieser Antagonismus kommt namentlich in der serologischen Hämolyse, aber auch unter anderen Verhältnissen zum Vorschein, und in neuester Zeit haben R. BRINKMAN und E. VAN DAM[4]) gezeigt, daß die Relation Cholesterin : Lezithin (Phosphatid) als eine wichtige zelluläre Konstante aufzufassen ist, von welcher die Resistenz der Blutkörperchen, die elektrische Isolation der Zelle, die Ionenpermeabilität der Zelloberfläche und auch, wie schon MAYER und SCHAEFFER gezeigt haben, der Wassergehalt der Gewebe abhängig sind.

Beziehung. von Cholesterin und Phosphatiden zueinander.

Das Cholesterin, wie es aus warmem Alkohol beim Erkalten auskristallisiert oder in alten Transsudaten u. dgl. vorkommt, enthält ein Mol. Kristallwasser, schmilzt nach dem Trocknen in Vakuum bei 148,5° C und stellt ungefärbte, durchsichtige Tafeln dar, deren Ränder und Winkel nicht selten

Cholesterin-kristalle.

---

[1]) M. LANDAU u. J. W. MC NEE, MALYS Jahresb. 44; O. WELTMANN u. P. BIACH, Zeitschr. f. exp. Path. u. Ther. 14; M. A. ROTHSCHILD, MALYS Jahresb. 45. [2]) Bioch. Zeitschr. 100. [3]) Journ. de Physiol. et de Pathol. génér. 15 u. 16 und Compt. Rend. 156 u. 159; vgl. auch E. TERROINE u. J. WEILL, Journ. de physiol. et de Pathol. génér. 15 und TERROINE, Physiologie des Substances grasses et lipoidiques. Annal. d. Scienc. natur. Zool. 10. Série IV. [4]) Biochem. Zeitschr. 108.

ausgebrochen erscheinen und deren spitze Winkel oft 76⁰ 30′ oder 87⁰ 30′ betragen. In größerer Menge gesehen, erscheint es als eine weiße, perlmutterglänzende, aus fettig sich anfühlenden Blättchen bestehende Masse. Es ist doppeltbrechend.

Das Cholesterin ist unlöslich in Wasser, verdünnten Säuren und Alkalien. Von siedender Alkalilauge wird es weder gelöst noch verändert. In siedendem Alkohol löst es sich leicht und kristallisiert beim Erkalten aus. Es löst sich leicht in Äther, Chloroform und Benzol und löst sich ferner auch in flüchtigen und fetten Ölen. Von gallensauren Alkalien wird es auch in geringer Menge gelöst, besser bei Gegenwart von Ölseife (GERARD)[1]. Die Lösungen (in Äther, Chloroform) sind linksdrehend (α) $D = -31,12^0$ (konz. $= 2$ proz. in Ätherlösung). $\qquad$ **Eigenschaften.**

Läßt man ein Gemenge von fünf Teilen konz. Schwefelsäure und einem Teil Wasser auf Cholesterinkristalle einwirken, so werden die letzteren von den Rändern aus erst lebhaft karminrot und dann violett gefärbt. Dieses Verhalten eignet sich gut zur mikroskopischen Erkennung des Cholesterins. Ein anderes, ebenfalls sehr gutes Verfahren zum mikroskopischen Nachweis des Cholesterins besteht darin, daß man erst die, wie oben angegeben, verdünnte Schwefelsäure und dann etwas Jodlösung zusetzt. Die Kristalle werden nach und nach violett, blaugrün und schön blau gefärbt. Unter den Cholesterinreaktionen sind besonders die folgenden zu erwähnen: $\qquad$ **Mikrochemische Reaktionen.**

SALKOWSKIs Reaktion[2]. Löst man Cholesterin in Chloroform und setzt dann ein gleiches Volumen konzentrierter Schwefelsäure zu, so wird die Cholesterinlösung erst blutrot und dann allmählich mehr violettrot, während die Schwefelsäure dunkelrot mit grüner Fluoreszenz erscheint. Gießt man dieselbe Chloroformlösung in eine Porzellanschale, so wird sie violett, ferner grün und zuletzt gelb. $\qquad$ **Reaktion von Salkowski.**

LIEBERMANN-BURCHARDS Reaktion[3]. Man löst das Cholesterin in etwa 2 ccm Chloroform und setzt darauf erst 10 Tropfen Essigsäureanhydrid und dann tropfenweise konzentrierte Schwefelsäure hinzu. Das Gemenge wird erst schön rot, dann blau und zuletzt, wenn man nicht zuviel Cholesterin oder. Schwefelsäure zugesetzt hat, dauernd schön grün. Bei Gegenwart von sehr wenig Cholesterin kann die Grünfärbung direkt auftreten. $\qquad$ **Liebermann-Burchards Reaktion.**

NEUBERG-RAUCHWERGERS Reaktion[4]. Mit Rhamnose oder noch besser mit δ-Methylfurfurol und konzentrierter Schwefelsäure gibt eine alkoholische Lösung von Cholesterin einen himbeerfarbenen Ring oder, nach Mischung der Flüssigkeiten unter Abkühlung, eine himbeerfarbene Flüssigkeit. Bei passender Verdünnung sieht man bei spektroskopischer Untersuchung einen Streifen, der kurz vor E scharf beginnt und dessen anderes Ende mit b koindiziert. Diese Reaktion, bezüglich deren Ausführung auf das Original hingewiesen wird, ist auch dadurch von Interesse, daß man sie ebenfalls mit Gallensäuren, Kampferarten, Abietinsäure und einem Hydrur des Retens erhält. $\qquad$ **Neuberg-Rauchwergers Reaktion.**

J. LIFSCHÜTZ' Reaktion[5]. Man löst einige Milligramm Cholesterin in 2—3 ccm Eisessig, fügt ein wenig Benzoylsuperoxyd hinzu und kocht ein- bis zweimal auf. In der abgekühlten Lösung erzeugen 4 Tropfen konz. Schwefelsäure beim Durchschütteln ein reines Grün, welches entweder sofort oder über Violettrot und Blau entsteht. Im Spektrum findet man einen Absorptionsstreifen zwischen C und d und ein breites Band auf D. Bei dieser Reaktion findet eine Oxydation des Cholesterins statt, und es handelt sich also hier offenbar um eine Oxycholesterinreaktion. $\qquad$ **Lifschütz' Reaktion.**

Bezüglich der Reaktion von ROSENHEIM s. Oxycholesterin.

---

[1] Compt. rend. soc. biol. 58. [2] PFLÜGERS Arch. 6. [3] C. LIEBERMANN, Ber. d. d. chem. Gesellsch. 18, S. 1804; H. BURCHARD, Beiträge zur Kenntnis der Cholesterine, Rostock 1899. [4] SALKOWSKI-Festschrift 1904. [5] Ber. d. d. chem. Gesellsch. 41.

Reines, trockenes Cholesterin in einem trockenen Probierröhrchen mit 2—3 Tropfen Propionsäureanhydrid über kleiner Flamme geschmolzen, liefert eine Masse, die beim Abkühlen zuerst violett, dann blau, grün, orange, karminrot und zuletzt kupferrot erscheint. Am besten ist es, die Masse an einem Glasstab bis zum neuen Schmelzen zu erhitzen und dann den Glasstab während des Abkühlens vor einem dunklen Hintergrunde zu betrachten (OBERMÜLLER) [1]).

SCHIFFS Reaktion. Bringt man ein wenig Cholesterin mit ein paar Tropfen eines

Schiffs-
Reaktion.

Gemenges von 2—3 Vol. konzentrierter Salzsäure oder Schwefelsäure und einem Volumen mäßig verdünnter Eisenchloridlösung in eine Porzellanschale und dampft vorsichtig über einer kleinen Flamme zur Trockne ein, so erhält man einen zuerst rotvioletten und dann blauvioletten Rückstand.

Verdunstet man eine kleine Menge Cholesterin mit einem Tropfen konzentrierter Salpetersäure zur Trockne, so erhält man einen gelben Fleck, welcher von Ammoniak und Natronlauge tief orangerot wird (nicht charakteristische Reaktion).

Zur Darstellung des Cholesterins benutzt man am einfachsten Cholesterin-gallensteine. Das Prinzip ist folgendes: Das Pulver wird mit Alkohol ausgekocht, und die nach dem Erkalten ausgeschiedenen Kristalle zur Verseifung von verunreini-gendem Fette mit alkoholischer Alkalilauge im Sieden behandelt. Den von Alkohol

Dar-
stellung.

befreiten Rückstand behandelt man mit Äther, welcher das Cholesterin löst. Um-kristallisation aus Alkohol oder Äther. Zur Darstellung und zum Nachweis in Geweben oder Flüssigkeiten kann man nach E. RITTER [2]) verfahren. Hinsichtlich der quantitativen Bestimmung (die teils durch Wägen des Digitonincholesterids und teils kolorimetrisch geschehen kann) vgl. man größere Handbücher.

Metacholesterin nennt LIFSCHÜTZ [3]) ein Cholesterin, welches er neben dem gewöhnlichen in tierischen Organen und Flüssigkeiten gefunden hat und welches er auch aus dem gewöhnlichen Cholesterin hat künstlich darstellen können. Dieses Cholesterin kristallisiert nicht in rhombischen Kristallen, sondern in elliptischen Blättern, deren

Meta-
cholesterin.

nach außen gebogene Ränder nach unten und oben in einen spitzen oder auch stumpfen Winkel auslaufen. Der Schmelzpunkt war 139—141⁰. Dieses Cholesterin soll etwas leichtlöslicher in Alkohol sein und ein Digitonid in schiefwinkligen Blättchen geben. Das Cholesterin des Blutes soll fast ausschließlich aus Metacholesterin bestehen und ebenso das der Nieren. Das Gehirncholesterin soll überwiegend aus Metacholesterin bestehen, während dasjenige aus Leber und Pankreas überwiegend aus dem gewöhnlichen besteht und das aus Gallensteinen und Eieröl rhombisches Cholesterin ist.

Diesen Angaben gegenüber haben indessen WINDAUS und H. LÜDERS [4]) gezeigt, daß jedenfalls das von LIFSCHÜTZ künstlich erhaltene Metacholesterin wenigstens haupt-sächlich aus unreinem, gewöhnlichem Cholesterin besteht. Die Existenz eines Meta-cholesterins ist also nicht sicher bewiesen.

$$\text{Oxycholesterin, } C_{27}H_{46}O_2 = C_{25}H_{43}(OH)\!\!\begin{array}{c}\diagup CH \\ \| \\ \diagdown C(OH)\end{array}\quad \text{hat LIFSCHÜTZ [5]) durch}$$

gelinde Oxydation des Cholesterins, wie bei Einwirkung von Benzoylsuperoxyd, erhalten; es soll aber auch durch Oxydation im Tierkörper durch Einwirkung des Blutes entstehen. Das Oxycholesterin ist nach LIFSCHÜTZ ein zweiwertiger

Oxy-
cholesterin.

Alkohol, welcher mit keinem der von WESTPHALEN [6]) durch Oxydation des Cholesterins mit Benzoepersäure erhaltenen Cholesterinoxyden identisch ist. Die letzteren verhalten sich in mehreren Beziehungen anders und sind noch nicht im Tierkörper gefunden worden.

Das Oxycholesterin kommt im Blute und in verschiedenen Organen, in der Leber jedoch nur in geringer Menge, vor. Es ist mehr reaktionsfähig als das Cholesterin und ist wohl als eine Zwischenstufe bei dem Abbau des letzteren im Tierkörper anzusehen.

Oxy-
cholesterin.

Das Oxycholesterin ist ein amorpher, spröder, hellgelb-bernsteinähnlicher Körper, der in allen Lösungsmitteln außer Wasser löslich ist. Es wird unter 100⁰ C weich, verflüssigt sich langsam zwischen 107—113 und gibt ein in

---

[1]) Zeitschr. f. physiol. Chem. **15**. [2]) Ebenda **34**. Vgl. auch CORPER, Journ. of biol. Chem. **11**. [3]) Bioch. Zeitschr. **83** und Zeitschr. f. physiol. Chem. **106**. [4]) Zeitschr. f. physiol. Chem. **109**. [5]) Ebenda **50, 53, 58, 91—93, 96, 101, 106**; Bioch. Zeitschr. **48, 52, 54, 62, 83**; Ber. d. d. chem. Gesellsch. **41, 47**. [6]) TH. WESTPHALEN ebenda **48**.

rhombischen Blättchen kristallisierendes Digitonid. Es gibt die Cholesterinreaktionen von LIEBERMANN und SALKOWSKI und außerdem die zwei folgen
den Farbenreaktionen.

LIFSCHÜTZ' Essigschwefelsäurereaktion. Mit einem Gemenge von
10 Vol. Eisessig und 1 Vol. konzentrierter Schwefelsäure gibt das Oxycholesterin
(in Chloroform) eine über Violett und Blau mehr oder weniger rasch in Grün
übergehende Farbe. Die blauviolette Farbe geht durch Zusatz von ein wenig
Eisenchlorid rasch in ein echtes Grün über, und diese Lösung zeigt einen
scharfen Streifen im Rot zwischen C und d. Diese Reaktion kann zu kolorimetrischer, quantitativer Bestimmung dienen.

Lifschütz'
Reaktion.

M. ROSENHEIMS Reaktion[1]). Eine Lösung von Oxycholesterin in
Chloroform gibt mit einigen Tropfen einer (unreinen, technischen) Dimethyl-
sulfatlösung ohne Erwärmen eine purpurfarbige Lösung, die nach Zusatz von
ein wenig Eisenchlorid in Eisessig erst blaugrün, dann smaragdgrün wird und
einen scharfen Streifen in Rot zeigt. Eine entsprechende Lösung von Cholesterin
wird nicht bei Zimmertemperatur von dem Reagenze gefärbt und gibt beim
Erwärmen eine himbeerfarbige Lösung, die von Eisenchlorid in Eisessig purpurfarbig wird.

Rosen-
heims
Reaktion.

Koprosterin nennt BONDZYNSKI ein von ihm aus Menschenfäzes isoliertes Cholesterin, welches, wie es scheint, schon früher in unreinem Zustande von FLINT als Sterkorin
dargestellt worden ist. Das Koprosterin löst sich in kaltem, absolutem Alkohol und sehr
leicht in Äther, Chloroform und Benzol. Es kristallisiert in feinen Nadeln, schmilzt bei
95—96° C, nach HAUSMANN bei 89—90°, und ist rechtsdrehend, $(a) D = + 24°$. Es
gibt die Farbenreaktionen des Cholesterins, obwohl mit einigen Abweichungen, gibt
aber nicht die Reaktion mit Propionsäureanhydrid. Nach BONDZYNSKI und HUMNICKI
ist es ein Dihydrocholesterin, von der Formel $C_{27}H_{48}O$, welches im Darme des Menschen
durch Reduktion des gewöhnlichen Cholesterins entsteht. Das von H. FISCHER aus
Menschenkot dargestellte Koprosterin scheint identisch mit dem von BONDZYNSKI dargestellten zu sein. Dagegen ist es auffallend, daß BOEHM in dem Inhalte eines während
14 Jahre aus dem Zusammenhange mit dem übrigen Darme ausgeschalteten Teiles des
Ileums ein anderes Dihydrocholesterin fand, welches dieselbe optische Drehung und
denselben Schmelzpunkt, 142—143° C, wie das von DIELS und ABDERHALDEN, WILL-
STÄTTER und MAYER[2]) dargestellte Dihydrocholesterin (β-Cholestanol) hatte.

Kopro-
sterin.

Hippokoprosterin ist ein anderes, noch wasserstoffreicheres Cholesterin, welches
BONDZYNSKI und HUMNICKI in den Fäzes von Pferden fanden. Die Formel ist nach ihnen
$C_{27}H_{54}O$. Nach DORÉE und GARDNER ist es kein tierisches Spaltungsprodukt, sondern
ein Bestandteil des als Futter dienenden Grases. Schmelzpunkt 78,5—79,5° C.

Hippo-
kopro-
sterin.

Isocholesterin hat SCHULZE[3]) ein Cholesterin von der Formel $C_{26}H_{44}O$ genannt,
welches im Wollfett vorkommt und infolgedessen in reichlicher Menge in dem sogenannten
Lanolin enthalten ist. Gibt die Reaktion von LIEBERMANN-BURCHARD, nicht aber die
von SALKOWSKI. Schmelzpunkt 138—138,5° C. Sp. Drehung $(a) D = + 59,1°$ in gegen
7 prozentiger Lösung in Äther.

Iso-
cholesterin.

Spongosterin, $C_{27}H_{48}O$, ist ein von HENZE[4]) aus einem Kieselschwamm isoliertes
Cholesterin. Es ähnelt sehr dem Cholesterin, ist aber weder mit ihm noch mit einem
Phytosterin identisch. Es gibt die LIEBERMANN-BURCHARDsche Reaktion und ebenso
die Reaktion von SALKOWSKI, obwohl mit weniger schön roter Farbe. Die OBERMÜLLER-
sche Reaktion fällt negativ aus. Schmelzpunkt 123—124° C.

Spongo-
sterin.

Bombicesterin nannten A. MENOZZI und A. MORESCHI[5]) ein von ihnen aus Puppen
des Seidenwurmes isoliertes Cholesterin von dem Schmelzpunkte 148° C und der sp.
Drehung $(a) D = - 34°$. Ein anderes Cholesterin, das Stellasterin, $C_{27}H_{44}O$, von dem
Schmelzpunkte 149—150° C und den Löslichkeitsverhältnissen des Cholesterins haben
KOSSEL und EDLBACHER[6]) aus den Blinddärmen und Testikeln von dem Echinodermen
Astropekten isoliert.

Bombi-
cesterin und
Stellasterin.

---

[1]) Biochem. Journ. 10. [2]) Die Literatur findet man bei ABDERHALDEN, Biochem.
Handlexikon 3. [3]) Ber. d. d. chem. Gesellsch. 6; Journ. f. prakt. Chem. (N. F.) 25 und
Zeitschr. f. physiol. Chem. 14, S. 522. Vgl. auch SCHULZE u. J. BARBIERI, Journ. f. prakt.
Chem. (N. F.) 25, S. 159. [4]) Zeitschr. f. physiol. Chem. 41 u. 55. [5]) Zitiert nach chem.
Zentralbl. 1908, I, S. 1377 u. 1910, I, S. 872. [6]) Zeitschr. f. physiol. Chem. 94.

Fünftes Kapitel.

Das Blut.

Haupt-
bestandteile
des Blutes. Das Blut ist in gewisser Hinsicht als ein flüssiges Gewebe zu betrachten und es besteht aus einer durchsichtigen Flüssigkeit, dem *Blutplasma*, in welchem eine ungeheure Menge von festen Partikelchen, die *roten* und *farblosen Blutkörperchen* und die *Blutplättchen*, suspendiert sind.

Außerhalb des Organismus gerinnt das Blut bekanntlich rascher oder langsamer, im allgemeinen aber binnen einigen Minuten nach dem Aderlasse. Alle Blutarten gerinnen nicht mit derselben Geschwindigkeit. Die einen gerinnen rascher, die anderen langsamer. Bei den Wirbeltieren mit gekernten Blutkörperchen (Vögeln, Reptilien, Batrachiern und Fischen) gerinnt das Blut, wie DELEZENNE gezeigt hat, äußerst langsam, wenn man es unter sorgfältiger Vermeidung der Berührung mit den Geweben auffängt. Bei Berührung mit den Geweben oder mit Gewebsextrakten gerinnt es dagegen nach wenigen Minuten. Das Blut mit kernlosen Blutkörperchen (von Säugetieren) gerinnt im allgemeinen sehr rasch. Doch kann auch hier die Gerinnung durch sorgfältige Vermeidung jeder Berührung mit den Geweben etwas verzögert werden (SPANGARO, ARTHUS)[1]. Unter den bisher näher untersuchten Blutarten von
Gerinnung
des Blutes. Säugetieren gerinnt das Pferdeblut am langsamsten. Durch rasches Abkühlen kann die Gerinnung mehr oder weniger verzögert werden, und wenn man Pferdeblut direkt aus der Ader in einen nicht zu weiten, stark abgekühlten Glaszylinder einströmen und dann bei etwa 0° C abgekühlt stehen läßt, kann das Blut mehrere Tage flüssig bleiben. Es trennt sich dabei allmählich in eine obere, bernsteingelbe, aus Plasma, und eine untere rote, aus Blutkörperchen mit nur wenig Plasma bestehende Schicht. Zwischen beiden sieht man eine weißlich graue Schicht, welche aus weißen Blutkörperchen besteht.

Das so gewonnene Plasma ist nach dem Filtrieren eine klare, bernsteingelbe, gegen Lackmus alkalische Flüssigkeit, welche bei etwa 0° C längere Zeit flüssig gehalten werden kann, bei Zimmertemperatur aber bald gerinnt.

Die Gerinnung des Blutes kann auch in anderer Weise verhindert werden. Nach Injektion von Pepton- oder richtiger Albumoselösung in die Blutmasse (an lebenden Hunden) gerinnt das Blut nach dem Aderlasse nicht (FANO, SCHMIDT-MÜLHEIM)[2]. Das aus solchem Blute durch Zentrifugieren gewonnene Plasma wird „Peptonplasma" genannt. Wie die Fibrinalbumosen wirken nach ARTHUS und HUBER[3] beim Hunde auch die Kaseosen und Gelatosen. In analoger Weise wirken auch das Aalserum und einige lymphtreibende

---

[1] DELEZENNE, Compt. rend. soc. biol. **49**; SPANGARO, Arch. ital. de Biol. **32**; ARTHUS, Journ. d. Physiol. et Pathol. **4**. [2] FANO, Arch. f. (Anat. u.) Physiol. 1881; SCHMIDT-MÜLHEIM ebenda 1880. [3] Arch. de Physiol. (5) **8**.

Organextrakte (vgl. Kap. 6). Auch durch Injektion in den Blutstrom von einer Infusion auf die Mundteile des offizinellen Blutegels oder von einer Lösung der wirksamen Substanz einer solchen Infusion, des Hirudins (FRANZ), wird die Gerinnung des Blutes warmblütiger Tiere verhindert (HAYCRAFT)[1]. Läßt man das Blut direkt aus der Ader in Neutralsalzlösung, z. B. in eine gesättigte Magnesiumsulfatlösung (1 Vol. Salzlösung und 3 Vol. Blut), unter Umrühren einfließen, so erhält man ein Blut-Salzgemenge, welches tagelang ungeronnen bleibt. Die Blutkörperchen, welche infolge ihrer Elastizität sonst leicht durch die Poren eines Papierfiltrums hindurchschlüpfen, werden durch das Salz mehr fest und steif, so daß sie leicht abfiltriert werden können. Das so gewonnene, nicht spontan gerinnende Plasma wird „Salzplasma" genannt.

Verhinderte Gerinnung.

Eine besonders gute Methode zur Verhinderung der Gerinnung des Blutes besteht darin, daß man nach dem Verfahren von ARTHUS und PAGÈS[2]) das Blut in so viel einer verdünnten Kaliumoxalatlösung auffängt, daß das Gemenge 0,1 p. c. Oxalat enthält. Die löslichen Kalksalze des Blutes werden von dem Oxalate gefällt und hierdurch verliert das Blut seine Gerinnungsfähigkeit. Andererseits können aber auch die Chloride von Kalzium, Baryum und Strontium, wie HORNE[3]) fand, wenn sie in größerer Menge, bis zu 2 bis 3 p. c., vorhanden sind, die Gerinnung mehrere Tage verhindern. Zur Gewinnung eines nicht gerinnenden Blutplasmas eignet sich nach ARTHUS[4]) ganz besonders das Auffangen des Blutes in Fluornatriumlösung, bis zu einem Gehalte von 0,3 p. c. NaFl.

Kalksalze und Gerinnung.

Bei der Gerinnung scheidet sich in dem vorher flüssigen Blute ein unlöslicher oder sehr schwer löslicher Eiweißstoff, das Fibrin, aus. Wenn diese Ausscheidung in der Ruhe geschieht, gerinnt das Blut zu einer festen Masse, welche, wenn sie am oberen Rande von der Wandung des Gefäßes vorsichtig getrennt wird, allmählich unter Auspressung von einer klaren, gewöhnlich gelbgefärbten Flüssigkeit, dem Blutserum, sich zusammenzieht. Das feste Gerinnsel, welches die Blutkörperchen einschließt, nennt man Blutkuchen (Placenta Sanguinis). Wird das Blut während der Gerinnung geschlagen, so scheidet sich das Fibrin als elastische Fasern oder faserige Massen ab, und das von ihnen getrennte defibrinierte Blut, bisweilen auch Cruor[5]) genannt, besteht aus Blutkörperchen und Blutserum. Das defibrinierte Blut besteht also aus Blutkörperchen und Serum, das ungeronnene Blut dagegen aus Blutkörperchen und Blutplasma. Der wesentlichste chemische Unterschied zwischen Blutserum und Blutplasma liegt darin, daß in dem Blutserum die im Blutplasma vorkommende Muttersubstanz des Fibrins — das Fibrinogen — nicht oder nur spurenweise vorkommt, während das Serum verhältnismäßig reich an einem anderen Stoffe, dem Fibrinfermente (vgl. unten), ist.

Fibrin.

Blutserum, Blutkuchen, Cruor.

I. Blutplasma und Blutserum.

Das Blutplasma.

Bei der Gerinnung des Blutes findet in dem Plasma eine chemische Umsetzung statt. Ein Teil von dem Eiweiße desselben scheidet sich als un-

---

[1]) HAYCRAFT, Proc. physiol. Soc. 1884, S. 13 und Arch. f. exp. Path. u. Pharm. 18; FRANZ, Arch. f. exp. Path. u. Pharm. 49. [2]) Arch. d. Physiol. (5) 2 und Compt. Rend. 112. [3]) Journ. of Physiol. 19. [4]) Journ. de Physiol. et Path. 3 und 4. [5]) Der Name Cruor wird jedoch in verschiedenem Sinne gebraucht. Man versteht darunter bisweilen nur das zu einer roten Masse fest geronnene Blut, in anderen Fällen dagegen den Blutkuchen, nach der Abtrennung des Serums, und endlich bisweilen auch den aus defibriniertem Blute durch Zentrifugieren gewonnenen oder nach einigem Stehen auftretenden, aus roten Blutkörperchen bestehenden Bodensatz.

löslicher Faserstoff ab. Die Eiweißstoffe des Plasmas müssen also in erster Linie besprochen werden, und diese Eiweißstoffe sind — insoweit als sie bisher näher studiert worden sind — Fibrinogen, Nukleoproteid, Serumglobuline und Serumalbumine.

Das **Fibrinogen** kommt in Blutplasma, Chylus, Lymphe, einigen Trans- und Exsudaten, ferner im Knochenmark (P. MÜLLER) und vielleicht auch in anderen lymphoiden Organen vor. Die Bildungsstätten des Fibrinogens sind nach MATHEWS die Leukozyten, namentlich des Darmes, nach MÜLLER das Knochenmark und wahrscheinlich andere lymphoide Organe, wie Milz und Lymphdrüsen, und nach DOYON und Mitarbeitern und NOLF die Leber. Für die Annahme, daß die Darmwand eine Bildungsstätte des Fibrinogens sei, eine Ansicht, die schon DASTRE ausgesprochen hat, könnte man außer den direkten Untersuchungen von MATHEWS auch die alten, mehrfach bestätigten Angaben, daß das Blut der Mesenterialvenen reicher an Fibrinogen als das arterielle Blut ist, ins Feld führen. Dieser Ursprung des Fibrinogens

ist trotzdem durch spätere Untersuchungen von DOYON, CL. GAUTIER und MOREL unwahrscheinlich geworden. Für eine Fibrinogenbildung im Knochenmark und in den anderen, lymphoiden Organen spricht das von P. MÜLLER nachgewiesene Vorkommen des Fibrinogens in dem erstgenannten Organe und die Vermehrung desselben sowohl in Blut wie in Knochenmark bei mit gewissen Bakterien, namentlich Eiterstaphylokokken, immunisierten Tieren. Hierfür spricht ferner auch die von vielen Forschern, wie LANGSTEIN und MAYER, MORAWITZ und REHN nachgewiesene Beziehung zwischen Fibrinmenge und Leukozytose. Gegen eine besonders große Bedeutung der Milz und des Knochenmarks für die Fibrinogenbildung spricht indessen, daß DOYON, GAUTIER und MAWAS eine rasche Neubildung von Fibrinogen bei entmilzten Tieren ohne irgend welche Veränderungen im Knochenmark beobachtet haben. Eine Beteiligung der Leber an der Fibrinogenbildung wird dadurch wahrschein-

lich, daß die Menge des Fibrinogens im Blute nach Leberexstirpation stark abnimmt (NOLF) und bei Phosphorvergiftung sogar im Blute fehlen kann (CORIN und ANSIAUX, JACOBY, DOYON, MOREL und KAREFF)[1]), daß das Lebervenenblut nach DOYON, MOREL und KAREFF reicher an Fibrinogen als das Blut anderer Gefäße sein soll, und endlich daß, nach WHIPPLE und HURWITZ[2]) bei der Chloroformvergiftung der Fibrinogengehalt des Blutes mit der Schädigung der Leber abnimmt und mit der Restitution des Organes wieder ansteigt.

Das Fibrinogen hat die allgemeinen Eigenschaften der Globuline, unterscheidet sich aber von anderen Globulinen durch folgendes. In feuchtem Zustande stellt es weiße, zu einer zähen, elastischen Masse oder Klümpchen leicht sich zusammenballende, in verdünnter Kochsalzlösung lösliche Flöckchen dar. Die Lösung in NaCl von 5—10 p. c. koaguliert beim Erwärmen auf + 52 à 55⁰ C, und die kochsalzarme, äußerst schwach alkalische oder fast neutrale Lösung gerinnt bei + 56⁰ C oder ganz derselben Temperatur, bei welcher das Blutplasma selbst gerinnt. Fibrinogenlösungen werden von einem gleichen Volumen gesättigter Kochsalzlösung gefällt, und von NaCl in Substanz im

---

[1]) P. TH. MÜLLER, HOFMEISTERS Beiträge 6; MATHEWS, Amer. Journ. of Physiol. 3; NOLF, Bull. Acad. Roy. Belg. 1905 u. Arch. intern. d. Physiol. 3, 1905; LANGSTEIN u. M. MAYER, HOFMEISTERS Beiträge 5; MORAWITZ u. REHN, Arch. f. exp. Path. u. Pharm. 58; CORIN u. ANSIAUX, MALYS Jahresber. 24; JACOBY, Zeitschr. f. physiol. Chem. 30; DOYON, MOREL u. KAREFF, Compt. Rend. 140; DOYON, MOREL u. PÉJU, Compt. rend. soc. biol. 58; DOYON, CL. GAUTIER u. MOREL ebenda 62; DOYON, CL. GAUTIER u. MAWAS ebenda 64.
[2]) DOYON, MOREL u. KAREFF, Journ. de Physiol. 8 (1906); WHIPPLE u. HURWITZ, Journ. of exp. Med. 13. Vgl. auch WHIPPLE, Amer. Journ. of Physiol. 33 und MEEK ebenda 30.

Überschusse können sie ganz vollständig gefällt werden (Unterschied von Serumglobulin). Eine, mit möglichst wenig Alkali bereitete salzfreie Lösung von Fibrinogen gibt mit $CaCl_2$ einen bald unlöslich werdenden kalkhaltigen Niederschlag. Bei Gegenwart von NaCl oder bei Zusatz von überschüssigem $CaCl_2$ tritt der Niederschlag nicht auf[1]. Von konzentrierter Fluornatrium- lösung in genügender Menge kann eine neutrale Fibrinogenlösung gefällt werden. Fibrinogene aus verschiedenen Blutarten verhalten sich hierbei etwas verschieden. Die Fällung des Pferdeblutfibrinogens löst sich nach HUISKAMP in NaCl-Lösung von 3—5 p. c. kaum bei Zimmertemperatur, da- gegen bei 40—45°C. Sie löst sich ferner in Ammoniak von 0,05 p. c., und nach Zusatz von 3—5 p. c. NaCl kann diese Lösung neutralisiert werden. Das so nach HUISKAMP[2] dargestellte Fibrinogen hat seine typischen Eigen- schaften bewahrt. Von dem Myosin, welches bei etwa derselben Temperatur wie das Fibrinogen gerinnt, wie auch von anderen Eiweißstoffen unterscheidet sich das letztere durch die Eigenschaft, unter gewissen Verhältnissen in Faser- stoff übergehen zu können. Durch Ausfällung mit Wasser oder mit ver- dünnter Säure wird es bald unlöslich. Die sp. Drehung ist nach MITTELBACH[3] für Fibrinogen aus Pferdeblut: $(α)D = - 52,5°$.

Eigen-
schaften des
Fibrino-
gens.

Aus dem Salzplasma oder Oxalatplasma kann das Fibrinogen leicht nach dem von Hammarsten ausgearbeiteten Verfahren, das von anderen später mehr oder weniger modifiziert worden ist, dargestellt werden. Das Prinzip besteht darin, daß man das Fibrinogen aus dem Plasma mit dem gleichen Volumen ge- sättigter, kalkfreier Chlornatriumlösung fällt, den Niederschlag in Chlornatrium- lösung von etwa 8 p. c. löst, mit gesättigter Salzlösung wieder fällt und dieses Verfahren ein paarmal wiederholt. Zuletzt wird mit Hilfe des in der ausgepreßten Fällung restierenden Chlornatriums in Wasser gelöst. Hierbei ist jedoch zu be- achten, daß man das Oxalatplasma erst dann verarbeiten soll, wenn es in der Kälte einen (proenzymhaltigen) Niederschlag abgesetzt hat, welcher abfiltriert werden muß. Tut man dies nicht, so erhält man regelmäßig ein unreines Fibrinogen. Zur Entfernung des später zu erwähnenden Fibringlobulins kann man des oben genannten Verhaltens des Fibrinogens zu konzentrierter Fluornatriumlösung (nach Huiskamp) sich bedienen. Um ein von Prothrombin (vgl. unten) freies Fibrinogen zu erhalten, kann man nach Bordet und Delange[4] das Oxalatplasma mit einer genügenden Menge von in Wasser aufgeschlemmtem Baryumsulfat (welches das Prothrombin adsorbiert) schütteln und dann mit gesättigter Chlornatriumlösung fällen. Nach Bordet kann man es auch mit einer dicken Emulsion von $Ca_3(PO_4)_2$ behandeln.

Darste ung
des Fibrino-
gens.

Die Methoden zum Nachweis und zur quantitativen Bestimmung des Fibrinogens in einer Flüssigkeit gründen sich im allgemeinen auf der Eigenschaft desselben bei Zusatz von ein wenig Blut, von Serum oder Fibrinferment Faser- stoff zu liefern. Zur quantitativen Bestimmung hat Reye[5] die fraktionierte Fällung mit Ammoniumsulfat vorgeschlagen. Die Brauchbarkeit dieser Methode ist noch nicht hinreichend geprüft worden.

Dem Fibrinogen schließt sich das Umwandlungsprodukt desselben, das Fibrin, nahe an.

Fibrin oder Faserstoff nennt man denjenigen Eiweißstoff, welcher bei der sogenannten spontanen Gerinnung von Blut, Lymphe und Transsudaten wie auch bei der Gerinnung einer Fibrinogenlösung nach Zusatz von Serum oder Fibrinferment (vgl. unten) sich ausscheidet.

Fibrin.

---

[1] Vgl. HAMMARSTEN, Zeitschr. f. physiol. Chem. 22 und CRAMER ebenda 23.
[2] HUISKAMP, Zeitschr. f. physiol. Chem. 44 (u. 46). Bezüglich des Fibrinogens wird im übrigen auf die Aufsätze von HAMMARSTEN in PFLÜGERS Arch. 19 u. 22 und Zeitschr. f. physiol. Chem. 28 verwiesen. [3] Zeitschr. f. physiol. Chem. 19. [4] Annal. Instit. PASTEUR 26; s. auch BORDET, Compt. rend. soc. biol. 83. [5] W. REYE, Über Nach- weis und Bestimmung des Fibrinogens. Inaug.-Dissert. Straßburg 1898.

Wird das Blut während der Gerinnung geschlagen, so scheidet sich der Faserstoff als elastische, faserige Massen aus. Das Fibrin des Blutkuchens kann dagegen leicht zu kleinen, weniger elastischen und nicht besonders faserigen Klümpchen zerrührt werden. Bei der Gerinnung des klar zentrifugierten Oxalatplasmas oder einer Fibrinogenlösung mit Thrombin, entstehen, wie SCHIMMELBUSCH als erster, darauf STÜBEL und später auch andere[1]) gezeigt haben, zuerst feine kristallähnliche Nadeln, die dann später ein kristallinisches Gel bilden. Der gewöhnliche, typische, faserige und elastische, nach dem Auswaschen weiße Faserstoff steht bezüglich seiner Löslichkeit den koagulierten Eiweißstoffen nahe. In Wasser, Alkohol oder Äther ist er

Eigen-
schaften des
Fibrins. unlöslich. In Salzsäure von 1 p. m., wie auch in Kali- resp. Natronlauge von 1 p. m. quillt er stark zu einer gallertähnlichen Masse auf, die bei Zimmertemperatur erst nach mehreren Tagen, bei Körpertemperatur zwar leichter aber jedenfalls auch nur langsam sich löst. Bei der Lösung in Alkali findet eine Denaturierung unter Ammoniakabspaltung statt. Von verdünnten Neutralsalzlösungen kann der Faserstoff nach längerer Zeit bei Zimmertemperatur, bei 40°C viel leichter, gelöst werden und die Lösung findet, wie ARTHUS und HUBER und auch DASTRE[2]) gezeigt haben, ohne Mitwirkung von Mikroorganismen statt. Dagegen ist hierbei eine Wirkung von proteolytischen, vielleicht von dem Fibrin mit niedergerissenen oder von eingeschlossenen Leukozyten herrührenden Enzymen (RULOT)[3]) anzunehmen. Bei der Lösung des Fibrins in Neutralsalzlösung entstehen nach GREEN und DASTRE[4]) zwei Globuline, bei der Lösung von leukozytenhaltigem Fibrin nach RULOT auch Albumosen (und Peptone). Das Fibrin zerlegt wie das Fibrinogen, infolge Verunreinigung mit Katalase, Hydroperoxyd, büßt aber diese Fähigkeit durch Erhitzen oder durch Einwirkung von Alkohol ein.

Fibrin. Das oben von der Löslichkeit des Faserstoffes Gesagte bezieht sich nur auf das typische, aus dem arteriellen Blute von Rindern oder Menschen durch Schlagen gewonnene, erst mit Wasser, dann mit Kochsalzlösung und zuletzt wieder mit Wasser gewaschene Fibrin. Das Blut verschiedener Tierarten liefert einen Faserstoff von etwas abweichenden Eigenschaften, und nach FERMI[5]) löst sich also beispielsweise das Schweinefibrin in Salzsäure von 5 p. m. viel leichter als Rinderfibrin. Fibrine von ungleicher Reinheit oder von Blut aus verschiedenen Gefäßbezirken stammend, können auch eine ungleiche Löslichkeit zeigen.

Läßt man das Fibrin mit dem Blute, in welchem es entstanden ist, einige Zeit in Berührung, so wird es nach DASTRE[6]) zum Teil gelöst (Fibrinolyse). Für eine genaue quantitative Bestimmung des Fibrins ist die Vermeidung dieser Fibrinolyse von Wichtigkeit (DASTRE). Die bei der Fibrinolyse wirksamen Blutbestandteile sind noch nicht näher bekannt, sind aber zweifelsohne enzymatischer Natur. Es ist bemerkenswert, daß eine starke Fibrinolyse im Blute bei akuter Phosphorvergiftung (JACOBY u. a.), nach Exstirpation der Leber (NOLF) und auch wenn die Gerinnungsfähigkeit des Blutes durch Albumoseeinspritzung in vivo aufgehoben worden ist (NOLF, RULOT)[7]) auftreten kann.

Das durch Schlagen des Blutes gewonnene, wie oben gereinigte Fibrin ist stets von eingeschlossenen entfärbten roten Blutkörperchen oder Resten davon

[1]) C. SCHIMMELBUSCH, VIRCHOWS Arch. 101; H. STÜBEL, PFLÜGERS Arch. 156; W. H. HOWELL, Amer. Journ. of Physiol. 35; F. HEKMA, Biochem. Zeitschr. 73. [2]) ARTHUS u. HUBER, Arch. de Physiol. (5) 5; DASTRE ebenda (5) 7. [3]) Arch. intern. de Physiol. 1. [4]) GREEN, Journ. of Physiol. 8; DASTRE l. c. [5]) Zeitschr. f. Biol. 28. [6]) Arch. de Physiol. (5) 5 u. 6. [7]) JACOBY, Zeitschr. f. physiol. Chem. 30; NOLF, Arch. intern. de Physiol. 3, 1905; RULOT l. c.

und von lymphoiden Zellen verunreinigt. Rein wird es nur aus filtriertem Plasma oder filtrierten Transsudaten gewonnen. Zur Reindarstellung wie auch zur quantitativen Bestimmung des Fibrins werden die spontan gerinnenden Flüssigkeiten direkt, die nicht spontan gerinnenden erst nach Zusatz von Blutserum oder Fibrinfermentlösung mit einem Fischbeinstabe stark geschlagen, die ausgeschiedenen Gerinnsel erst mit Wasser, dann mit einer 5prozentigen Kochsalzlösung, darauf wieder mit Wasser gewaschen und zuletzt mit Alkohol und Äther extrahiert. Darstellung des Fibrins.

  Eine reine Fibrinogenlösung kann bei Zimmertemperatur bis zu beginnender Fäulnis aufbewahrt werden, ohne die Spur einer Faserstoffgerinnung zu zeigen. Wird dagegen in eine solche Lösung ein mit Wasser ausgewaschenes Fibringerinnsel eingetragen oder setzt man ihr ein wenig Blutserum zu, so gerinnt sie bald und kann einen ganz typischen Faserstoff liefern. Zur Umsetzung des Fibrinogens in Fibrin ist also die Gegenwart eines anderen, in den Blutgerinnseln und im Serum enthaltenen Stoffes erforderlich. Dieser Stoff, dessen Bedeutung für die Faserstoffgerinnung zuerst von BUCHANAN[1]) beobachtet wurde, ist später von ALEX SCHMIDT[2]), welcher ihn von neuem entdeckte, als „Fibrinferment" oder Thrombin bezeichnet worden. Die Natur dieses, wie man meistens annimmt, enzymartigen Stoffes ist nicht bekannt[3]). Auch nach möglichst sorgfältiger Reinigung gibt es noch sehr schwache Eiweißreaktionen, und man hat recht viel darüber gestritten, ob es ein Globulin oder ein Nukleoproteid sei. Tatsache ist, daß man kräftig wirkende Thrombinlösungen erhalten kann, welche weder die Reaktionen der Globuline noch die der Nukleoproteide geben. Das Fibrinferment entsteht nach PEKELHARING unter dem Einflusse von löslichen Kalksalzen aus einem, in dem spontan nicht gerinnenden Plasma vorhandenen Zymogen. Auch SCHMIDT nahm eine derartige Muttersubstanz des Fibrinfermentes im Blute an und er nannte sie Prothrombin. Die Ansicht, daß das Thrombin bei Gegenwart von Kalksalz aus einem Prothrombin entsteht, ist auch sehr allgemein angenommen. Bei der Entstehung des Thrombins sind indessen, wie unten bei Besprechung der Gerinnung des Blutes näher auseinander gesetzt werden soll, die Verhältnisse sehr komplizierter Art. Gerinnung.
Thrombin und Prothrombin.

  Die Frage, ob die Umwandlung des Fibrinogens in Fibrin durch das Thrombin ein enzymatischer Vorgang sei oder nicht, ist noch eine offene. Zugunsten der Ansicht von der enzymatischen Natur des Thrombins hat man angeführt, daß das Thrombin, dessen optimale Wirkung bei etwa 40°C liegt, thermolabil ist. Dies ist insofern richtig, als es in Serum oder Plasma durch ziemlich kurzdauerndes Erwärmen auf 60—64°C unwirksam wird. Auf der anderen Seite wird aber das etwas gereinigte Thrombin erst bei höherer Temperatur 70—75° unwirksam, und nach HOWELL und RETTGER[4]) kann bei genügender Reinheit seine wässerige Lösung mehrere Minuten gekocht werden, ohne die Wirksamkeit einzubüßen. Ein anderer Grund für die Enzymnatur des Thrombins ist der, daß es bei der Gerinnung weder verbraucht werden noch mit dem Substrate eine bestehende Verbindung eingehen, sondern nach Art eines Katalysators wirken soll. Diese Wirkungsart wird jedoch von anderer Seite geleugnet. Sowohl RETTGER[5]) wie HOWELL haben gefunden, daß die Menge des Fibrins mit der Menge des Thrombins (allerdings nicht proportional) zunimmt, und mehrere Forscher sind der Ansicht, daß das Wirkungsart des Thrombins.

---

[1]) London med. Gazette 1845, S. 617. Zit. nach GAMGEE, Journ. of Physiol. 1879. [2]) PFLÜGERS Arch. 6; ferner: Zur Blutlehre 1892 und Weitere Beiträge zur Blutlehre 1895. [3]) Vgl. PEKELHARING, Unters. über das Fibrinferment. Verhandl. d. Kon. Akad. d. Wetens. Amsterdam 1892 Deel. 1, ebenda 1895 und Zentralbl. f. Physiol. 9; mit HUISKAMP, Zeitschr. f. physiol. Chem. 39. [4]) HOWELL, Amer. Journ. of Physiol. 26 u. 32 und HARVEY, Lectures 1916—1917, Ser. XII. [5]) Amer. Journ. of Physiol. 24.

Fibrin eine chemische Verbindung von Fibrinogen und Thrombin ist. Hierzu ist jedoch zu bemerken, daß 1 Teil Thrombin (welches gewiß nicht rein ist) aus dem Fibrinogen reichlich 200 Teile Fibrin erzeugen kann, was eine andere Entstehungsweise des Fibrins wahrscheinlich macht. Ein näheres Eingehen auf diese Verhältnisse kann jedoch erst später, bei Besprechung der Blutgerinnung, geschehen.

Die Geschwindigkeit der Gerinnung ist von der Thrombinmenge abhängig, und man hat sogar ein Zeitgesetz für die Wirkung des Thrombins festzustellen versucht. Nach FULD folgt die Wirkung des Thrombins wenigstens innerhalb gewisser Grenzen der SCHÜTZschen Regel, und nach STROMBERG folgt das Thrombin in seiner Wirkung einem Zeitgesetz, welches wenigstens anfangs der SCHÜTZ-FULDschen Regel entspricht, während es mit steigender Verdünnung immer mehr von derselben abweicht und zuletzt einen verhältnismäßig langsamen, mehr regellosen Verlauf zeigt. MARTIN[1]) hat in Versuchen mit Plasma und thrombinhaltigem Schlangengift ein anderes Gesetz gefunden. In neuerer Zeit hat auch J. BARRATT[2]) Formeln für die Wirkung des Thrombins auf Fibrinogen bei Gegenwart von Chlorkalzium angegeben. Bei der gegenwärtigen unklaren Lage der ganzen Gerinnungsfrage ist aber der Wert solcher Formeln schwer zu beurteilen.

Gesetz der Thrombin-wirkung.

Die Isolierung des Thrombins ist auf mehrere Weise versucht worden. Früher wurde es oft nach der folgenden, von Alex. Schmidt angegebenen Methode dargestellt. Man fällt Serum oder defibriniertes Blut mit dem 15—20 fachen Volumen Alkohol und läßt es einige Monate stehen. Der Niederschlag wird dann abfiltriert und über Schwefelsäure getrocknet. Aus dem getrockneten Pulver kann das Ferment mit Wasser extrahiert werden. Andere Methoden sind von Hammarsten, Pekelharing und Howell[3]) beschrieben worden. Nach einem von Hammarsten[4]) angegebenen Verfahren kann man kalkarme Thrombinlösungen darstellen, die nur 0,3—0,4 p. m. feste Stoffe und etwa 0,0007 p. m. CaO enthalten, und nach Howells Methode kann man eine Thrombinlösung erhalten, die frei von koagulablem Protein ist. Auch für die Darstellung des Prothrombins aus Blutplasma haben Howell und Mellanby[5]) Methoden ausgearbeitet.

Thrombin-darstellung.

Wird eine, wie oben angegeben dargestellte, salzhaltige Lösung von Fibrinogen mit einer Lösung von Thrombin versetzt, so gerinnt sie bei Zimmertemperatur mehr oder weniger rasch und liefert dabei ein ganz typisches Fibrin. Außer dem Thrombin ist dabei jedoch auch die Gegenwart von Neutralsalz ein notwendiges Bedingnis, ohne welches, wie ALEX. SCHMIDT gezeigt hat, die Faserstoffgerinnung überhaupt nicht vonstatten geht. Die Gegenwart von löslichem Kalksalz ist dagegen nicht, wie man einige Zeit angenommen hat, eine unerläßliche Bedingung für die Fibrinbildung, indem nämlich das Thrombin auch bei Abwesenheit von mit Oxalat fällbarem Kalksalz das Fibrinogen in typisches Fibrin umsetzt[4]). Das Fibrin ist auch, wenn man von möglichst kalkarmen Fibrinogen- und Thrombinlösungen ausgeht, nicht reicher an Kalk als das verwendete Fibrinogen (HAMMARSTEN), und die Annahme, daß die Fibrinbildung mit einer Kalkaufnahme verbunden ist, hat also als nicht stichhaltig sich erwiesen. Die Menge Faserstoff, welche bei der Gerinnung entsteht, ist stets kleiner als die Menge Fibrinogen, aus welcher das Fibrin hervorgeht, und es bleibt dabei immer eine kleine Menge Proteinsubstanz in Lösung zurück. Es ist deshalb wohl auch möglich, daß die Faserstoffgerinnung, in Übereinstimmung mit einer zuerst von DENIS ausgesprochenen Ansicht, ein Spaltungsvorgang sei, bei welchem das lösliche Fibrinogen in einen unlöslichen Eiweißstoff, das Fibrin, welches die Hauptmasse darstellt, und eine lösliche Proteinsubstanz, welche nur in geringer Menge gebildet wird,

Fibrin-bildung

---

[1]) MARTIN, Journ. of Physiol. **32**; FULD, HOFMEISTERs Beiträge **2**; STROMBERG, Bioch. Zeitschr. **37**. [2]) BARRATT, Bioch. Journ. **9**. [3]) HAMMARSTEN, PFLÜGERS Arch. **18**, S. 89; PEKELHARING l. c.; HOWELL l. c. [4]) Vgl. HAMMARSTEN, Zeitschr. f. physiol. Chem. **22**, wo die Arbeiten von SCHMIDT und PEKELHARING zit. sind, und ebenda **28**. [5]) HOWELL, Amer. Journ. of Physiol. **35**; MELLANBY, Journ. of Physiol. **38**.

sich spaltet. Man findet in der Tat auch sowohl im Blutserum wie in dem Serum geronnener Fibrinogenlösungen eine, bei etwa + 64° C gerinnende, globulinähnliche Substanz, die von HAMMARSTEN Fibringlobulin genannt wurde. Diese Substanz scheint indessen, wie Untersuchungen von HUISKAMP gezeigt haben, schon im Plasma oder in mit Fluornatrium nicht gereinigten Fibrinogenlösungen neben dem Fibrinogen oder vielleicht in lockerer Verbindung mit demselben vorzukommen, und die Annahme, daß bei der Fibrinogengerinnung eine Spaltung stattfindet [1]), hat durch diese Untersuchungen nicht an Wahrscheinlichkeit gewonnen. Fibrin-bildung aus dem Fibrinogen.

Über die Enzymnatur des Thrombins und die enzymatische Natur der Fibrinbildung überhaupt ist man wie gesagt nicht einig, und es gibt mehrere Forscher, welche die Gerinnung als einen Vorgang ganz anderer Art bezeichnen. Ein näheres Eingehen auf diese Frage kann jedoch erst später bei Besprechung der Blutgerinnung geschehen.

Nukleoproteid. Diese Substanz, welche von PEKELHARING und HUISKAMP als mit dem Prothrombin oder Thrombin identisch angesehen wurde, findet sich sowohl in dem Blutplasma wie in dem Serum und wird aus dem letzteren regelmäßig mit dem Globulin ausgefällt. Es ähnelt dem Globulin darin, daß es durch Sättigung mit Magnesium-sulfat vollständig ausgesalzen werden kann und bei der Dialyse nur unvollständig sich ausscheidet. Es wird viel schwerer als Serumglobulin von überschüssiger, verdünnter Essigsäure gelöst und es gerinnt bei + 65 à 69° C. G. LIEBERMEISTER [2]) fand in dem Nukleoproteide nur 0,08—0,09 p. c. Phosphor, was entschieden dafür spricht, daß sein Nukleoproteid von anderem Eiweiß stark verunreinigt war. Er fand die Substanz ebenfalls schwer löslich in Essigsäure, und diese Eigenschaft ist schon von PEKELHARING als wichtiges Trennungsmittel des Proteides von den Globulinen benutzt worden. Nukleo-proteid.

Serumglobuline (Paraglobulin KÜHNE, fibrinoplastische Substanz ALEX. SCHMIDT, Serumkasein PANUM) [3]) kommen in Plasma, Serum, Lymphe, Trans- und Exsudaten, weißen und roten Blutkörperchen und wahrscheinlich in mehreren tierischen Geweben und Formelementen, wenn auch in kleiner Menge vor; sie gehen auch in mehreren Krankheiten in den Harn über. Vorkommen der Serum-globuline.

Das sogenannte Serumglobulin ist keine einheitliche Substanz, sondern ein Gemenge von zwei oder mehreren Proteinsubstanzen, deren vollständige und sichere Trennung voneinander noch nicht gelungen ist. In dem aus dem Blutplasma oder Blutserum durch Sättigung mit Magnesiumsulfat oder Halb-sättigung mit Ammoniumsulfat erhältlichen Globulingemenge finden sich nämlich Nukleoproteid, Fibringlobulin und das eigentliche Serum-globulin bzw. Gemenge von Globulinen.

Das Nukleoproteid ist schon oben abgehandelt worden. Das Fibrin-globulin, welches in dem Serum nur in geringer Menge vorkommt, kann durch NaCl vollständig ausgefällt werden. Es hat die allgemeinen Eigenschaften der Globuline, unterscheidet sich aber von den Serumglobulinen durch eine niedrigere Gerinnungstemperatur, 64—66° C, wie auch dadurch, daß es schon bei 28 prozentiger Sättigung mit $(NH_4)_2SO_4$-Lösung gefällt wird. Fibrin-globulin.

Serumglobuline. Wird das durch Sättigung mit Magnesiumsulfat ausgeschiedené Globulin der Dialyse unterworfen, so scheidet sich, wie längst bekannt und von MARCUS weiter bestätigt wurde, nur ein Teil des Globulins aus, während ein Rest in Lösung bleibt und auch durch Säurezusatz nicht gefällt wird. Aus diesem Grunde sah sich auch MARCUS [4]) berechtigt, zwischen

---

[1]) Vgl. HAMMARSTEN, Zeitschr. f. physiol. Chem. 28; HEUBNER, Arch. f. exp. Path. u. Pharm. 49 und Zeitschr. f. physiol. Chem. 45; HUISKAMP ebenda 44 u. 46. [2]) HOFMEISTERS Beiträge 8; PEKELHARING u. HUISKAMP l. c., Fußnote 3, S. 203. [3]) KÜHNE, Lehrb. d. physiol. Chem. Leipzig 1866—68; AL. SCHMIDT, Arch. f. (Anat. u.) Physiol. 1861 u. 1862; PANUM, VIRCHOWS Arch. 3 u. 4. [4]) Zeitschr. f. physiol. Chem. 28.

wasserlöslichem und in Wasser nicht löslichem Globulin zu unterscheiden. Spätere Untersuchungen von HOFMEISTER und PICK[1]), PORGES und SPIRO[2]), FREUND und JOACHIM[3]) haben die Frage weitergeführt, indem sie zeigten, daß das Globulin in noch weitere Fraktionen aufgeteilt werden kann, wenn auch die Schwierigkeiten einer genauen Trennung außerordentlich groß sind.

Ver-
schiedene
Globulin-
fraktionen. Als hauptsächlichstes Resultat ging aus diesen Untersuchungen hervor, daß man jedenfalls zwischen wasserunlöslichem, leichter fällbarem und wasser-löslichem, schwerer fällbarem Globulin unterscheiden muß. Das erstere, welches schon bei der Dialyse wie bei Zusatz von wenig Säure und Verdünnung mit Wasser sich ausscheidet, wird als Euglobulin bezeichnet, und das letztere, welches unter den genannten Verhältnissen nicht und von Ammoniumsulfat schwer gefällt wird, hat man Pseudoglobulin genannt. Zu ähnlichen Resultaten führten auch die Untersuchungen von HASLAM[4]) und von H. CHICK[5]), welche ebenfalls zwischen Eu- und Pseudoglobulin unterscheiden. Das in Wasser nicht lösliche, durch Ammoniumsulfat bis zu $\frac{1}{3}$-Sättigung fällbare Euglobulin enthält etwa 0,1 p. c. Phosphor und verhält sich wie ein Lezithalbumin. Das wasserlösliche Pseudoglobulin, welches erst bei $\frac{1}{2}$-Sättigung mit Ammoniumsulfat gefällt wird, ist phosphorfrei.

Inwieweit diese zwei Hauptfraktionen weiter in verschiedene Stoffe zerlegt werden können, steht noch dahin[6]). Die Globulinfraktionen sind nämlich stets von anderen Serumbestandteilen verunreinigt, welche die Löslichkeit und Fällbarkeit wesentlich beeinflussen können. So kann, wie HAMMARSTEN gezeigt hat, ein wasserlösliches Globulin Fällbarkeit
und verun-
reinigende
Stoffe. durch geeignete Reinigung in ein wasserunlösliches umgewandelt werden, und umgekehrt geht das wasserunlösliche Globulin bisweilen an der Luft in ein wasserlösliches über. Ein in Neutralsalzlösung unlöslicher Eiweißstoff, wie das Kasein, kann auch nach HAMMARSTEN[7]) durch Verunreinigung mit Serumbestandteilen die Löslichkeit eines Globulins annehmen, und endlich hat K. MÖRNER[8]) gezeigt, daß eine Verunreinigung des Serumglobulins mit Seifen die Fällbarkeit desselben wesentlich verändern kann.

Die Globulinfraktionen, wie man sie bisher meistens erhalten hat, sind — abgesehen von den Enzymen, Antienzymen, Immunkörpern und anderen, ungenügend bekannten Stoffen, welche von den verschiedenen Fraktionen mit niedergerissen werden — wohl regelmäßig Gemenge, die mit Ausnahme von der obengenannten, etwas ungleichen Löslichkeit und Fällbarkeit etwa dasselbe Verhalten zeigen.

In feuchtem Zustande stellt das Globulingemenge eine schneeweiße, feinflockige, gar nicht zähe oder elastische Masse dar, welche regelmäßig Thrombin enthält und dementsprechend eine Fibrinogenlösung zum Gerinnen bringt. Die neutral reagierenden Lösungen werden von NaCl, bis zur Sättigung eingetragen, nur unvollständig und von dem gleichen Volumen gesättigter Kochsalzlösung gar nicht gefällt. Ebenso werden sie durch Dialyse oder durch Säurezusatz nur teilweise gefällt. Durch Sättigung mit Magnesiumsulfat oder Halbsättigung mit Ammoniumsulfat kann man dagegen in reinen Lösungen eine vollständige Ausfällung bewirken. Die Gerinnungstemperatur Eigen-
schaften der
Serum-
globuline. ist bei einem Gehalte der Lösung an 5—10 p. c. NaCl 69—76⁰, am öftesten aber etwa + 75⁰ C. Die sp. Drehung in salzhaltiger Lösung ist für Serumglobulin aus Rinderblut nach FREDERICQ[9]) $(a) D = -47,8^0$. Die verschiedenen Globulinfraktionen unterscheiden sich hinsichtlich Gerinnungstemperatur, sp. Drehung, Brechungskoeffizient (REISS)[10]) und elementärer Zusammensetzung nicht wesentlich voneinander. Nach OBERMAYER und WILLHEIM[6])

---

[1]) HOFMEISTERS Beiträge 1.   [2]) Ebenda 3.   [3]) Zeitschr. f. physiol. Chem. 36. [4]) Journ. of Physiol. 44 und Bioch. Journ. 7.   [5]) Ebenda 8.   [6]) Vgl. F. OBERMAYER u. ROB. WILLHEIM, Bioch. Zeitschr. 50.   [7]) Ergebn. d. Physiol. 1, Abt. 1.   [8]) Zeitschr. f. physiol. Chem. 34.   [9]) Bull. Acad. Roy. Belg. (2) 50.   Vgl. über das Paraglobulin im übrigen HAMMARSTEN, PFLÜGERS Arch. 17 u. 18 und Ergebn. d. Physiol. 1, Abt. 1. [10]) HOFMEISTERS Beiträge 4.

sollen sie indessen Verschiedenheiten betreffend das Aminoindex zeigen. Die mittlere Zusammensetzung ist nach HAMMARSTEN C 52,71, H 7,01, N 15,85, S 1,11 p. c. K. MÖRNER[1]) fand 1,02 p. c. Gesamtschwefel und 0,67 p. c. bleischwärzenden Schwefel.

Das Serumglobulin enthält, wie K. MÖRNER zuerst gezeigt hat, eine abspaltbare Kohlehydratgruppe. LANGSTEIN[2]) hat aus dem Blutglobulin mehrere Kohlehydrate erhalten, nämlich Glukose, Glukosamin und Kohlehydratsäuren unbekannter Art. Inwieweit diese, nur in sehr kleiner Menge gefundenen Kohlehydrate von dem Globulin oder von anderen beigemengten Stoffen herrühren, steht noch dahin. Nach ZANETTI und nach BYWATERS enthält das Blutserum ein Glykoproteid, „Seromukoid", und die Untersuchungen von EICHHOLZ[3]) sprechen ebenfalls dafür, daß die Globuline von einem Glykoproteide verunreinigt sein können. Nach LANGSTEIN ist dagegen der Zucker nicht dem Globulin nur beigemengt, sondern er ist in ihm in gebundener Form, wahrscheinlich in lockerer Bindung, enthalten.

Das „Euglobulin" kann verhältnismäßig leicht aus Blutserum durch Neutralisation oder schwaches Ansäuren desselben mit Essigsäure und darauffolgende Verdünnung mit 10—20 Vol. Wasser als eine feinflockige Fällung ausgeschieden werden, die durch wiederholte Auflösung und Fällung weiter gereinigt wird. Sehr schwierig und mühsam ist dagegen die Trennung des Euglobulins und Pseudoglobulins, wenn man das fraktionierte Fällen mit Ammoniumsulfat benutzt (vgl. hierüber die Arbeiten von Haslam, Journ. of Physiol. 32 u. 44 und Biochem. Journ. 7).

Das aus Blutserum dargestellte Serumglobulin ist stets von Phosphatiden und Thrombin verunreinigt. Ein von Fibrinferment nicht verunreinigtes Serumglobulin kann aus fermentfreien Transsudaten, wie bisweilen aus Hydrozeleflüssigkeiten, dargestellt werden, was also zeigt, daß Serumglobulin und Thrombin verschiedene Stoffe sind. Zum Nachweise und zur quantitativen Bestimmung des Serumglobulins hat man die Ausfällung mit Magnesiumsulfat bis zur Sättigung (HAMMARSTEN) oder mit dem gleichen Volumen einer gesättigten neutralen Ammoniumsulfatlösung (HOFMEISTER und KAUDER und POHL)[4]) benutzt. Diese Methode scheint indessen, infolge der Untersuchungen von WIENER[5]) nur bei genügender Verdünnung des Serums mit Wasser brauchbar zu sein.

Serumalbumine finden sich in reichlicher Menge in Blutserum, Blutplasma, Lymphe, Ex- und Transsudaten. Wahrscheinlich finden sie sich auch in anderen tierischen Flüssigkeiten und in Geweben. Dasjenige Eiweiß, welches unter pathologischen Verhältnissen in den Harn übergeht, besteht zu großem, oft zum größten Teil aus Serumalbumin.

Wie das Serumglobulin scheint auch das Serumalbumin ein Gemenge von mindestens zwei Eiweißstoffen zu sein. Die Darstellung von kristallisiertem Serumalbumin (aus Pferdeblutserum) ist zum ersten Male GÜRBER gelungen. Aus anderen Blutsera kristallisiert es schwer (GATIN-GRUZEWSKA). Selbst aus dem Pferdeblutserum wird aber immer nur ein Teil, nach ROBERTSON[6]) nicht mehr als 40 p. c., des Albumins in Kristallen erhalten, und es ist also wohl möglich, daß das amorphe, von Ammoniumsulfat etwas schwerer fällbare Albumin ein zweites Serumalbumin repräsentiert (MAXIMOWITSCH). Nach den Angaben von GÜRBER und MICHEL schien es, als wäre das kristalli-

Margin notes:
Kohlehydratgruppen.

Darstellung

Quantitative Bestimmung.

Vorkommen des Serumalbumins.

Kristallisiertes und amorphes Serumalbumin.

---

[1]) Zeitschr. f. physiol. Chem. 34. [2]) MÖRNER, Zentralbl. f. Physiol. 7; LANGSTEIN, Münch. med. Wochenschr. 1902, S. 1876; Wien. Sitz.-Ber. 112, Abt. IIb, 1903; Monatsh. f. Chem. 25 und HOFMEISTERS Beiträge 6; vgl. im übrigen Fußnote 4, S. 65. [3]) ZANETTI, Chem. Zentralbl. 1898, 1, S. 624; BYWATERS, Journ. of Physiol. 35 und Bioch. Zeitschr. 15; EICHHOLZ, Journ. of Physiol. 23. [4]) HAMMARSTEN l. c.; HOFMEISTER, KAUDER u. POHL, Arch. f. exp. Path. u. Pharm. 20. [5]) Zeitschr. f. physiol. Chem. 74. [6]) Journ. of biol. Chem. 13.

sierende Serumalbumin ein Gemenge, was indessen, auf Grund ihrer Beobachtungen, von SCHULZ, WICHMANN und KRIEGER verneint wird[1]). Wie es in dieser Hinsicht mit der amorphen Fraktion des Serumalbumins sich verhält, steht noch dahin. Auf Grund der verschiedenen Gerinnungstemperaturen glaubte HALLIBURTON drei verschiedene Albumine in dem Blutserum annehmen zu können, eine Annahme, die indessen von mehreren Seiten und neuerdings von HOUGARDY bestritten worden ist. Auf der anderen Seite sprechen sowohl ältere Untersuchungen von KAUDER wie neuere von OPPENHEIMER[2]) für die nicht einheitliche Natur der Serumalbumine, und diese Frage ist also noch eine offene.

Albuminfraktionen.

Das kristallisierte Serumalbumin dürfte eine Verbindung mit Schwefelsäure sein (K. MÖRNER, INAGAKI). Das aus der wässerigen Lösung der Kristalle mit Alkohol koagulierte Albumin hat fast dieselbe elementäre Zusammensetzung (MICHEL) wie das aus Pferdeblutserum dargestellte, amorphe Albumingemenge (HAMMARSTEN und K. STARKE)[3]). Die mittlere Zusammensetzung war C 53,06, H 6,98, N 15,99, S 1,84 p. c. K. MÖRNER fand in dem kristallisierten Albumin nach Entfernung der Schwefelsäure 1,73 p. c. Gesamtschwefel, der nach ihm wahrscheinlich nur als Zystin vorhanden ist. Aus kristallisiertem Serumalbumin hat LANGSTEIN[4]) ein stickstoffhaltiges Kohlehydrat (Glukosamin) abspalten können. Die Menge war indessen so gering, daß es fraglich bleibt, ob das Kohlehydrat nicht von einer Verunreinigung herrührt. Für eine solche Auffassung spricht entschieden der Umstand, daß ABDERHALDEN, BERGELL und DÖRPINGHAUS[5]) ein ganz kohlehydratfreies Serumalbumin darstellen konnten, welches die äußerst empfindliche Kohlehydratreaktion von MOLISCH nicht gab. Für die sp. Drehung des kristallisierten Serumalbumins aus Pferdeserum fand MICHEL $(a) D = - 61$ bis $61,2^0$, MAXIMOWITSCH dagegen $(a) D = - 47,47^0$.

Zusammensetzung.

Das kristallisierte und amorphe Serumalbumin zeigt in wässeriger Lösung die gewöhnlichen Albuminreaktionen. Die Gerinnungstemperatur liegt in 1 prozentiger Lösung des salzarmen Albumins etwa bei 50^0 C, steigt aber mit dem Kochsalzgehalte. Die salzhaltige Lösung des aus Serum ausgefällten Gemenges gerinnt gewöhnlich bei $70—85^0$ C; die Gerinnungstemperatur hängt aber wesentlich von Salzgehalt und Reaktion ab. Eine Lösung von Serumalbumin ist noch nie mit Sicherheit ganz frei von Mineralstoffen erhalten worden. Eine möglichst salzfreie Lösung gerinnt aber weder beim Kochen noch nach Zusatz von Alkohol. Nach Zusatz von ein wenig Kochsalz gerinnt sie dagegen in beiden Fällen[6]).

Eigenschaften.

Zur Darstellung des Serumalbumingemenges, also des Gesamtalbumins, entfernt man erst das Globulin durch Halbsättigung des Serums mit Ammoniumsulfat und fällt dann das Serumalbumin durch Sättigung mit dem Salze aus, löst die ausgepreßte Fällung in Wasser und entfernt das Salz durch Dialyse. Das kristallisierte Serumalbumin erhält man aus dem durch halbe Sättigung mit Ammoniumsulfat von Globulin befreiten Serum durch Zusatz von mehr Salz bis zur Trübung und weiteres Verfahren, wie in den Arbeiten von GÜRBER und

Darstellung und quantitative Bestimmung.

---

[1]) Bezüglich der Literatur über kristallisiertes Serumalbumin vgl. man SCHULZ, Die Kristallisation von Eiweißstoffen, Jena 1901; MAXIMOWITSCH, MALYS Jahresb. **31**, S. 35.   [2]) HALLIBURTON, Journ. of Physiol. **5** u. 7; HOUGARDY, Zentralbl. f. Physiol. **15**, S. 665; OPPENHEIMER, Verh. d. physiol. Gesellsch. Berlin 1902.   [3]) MICHEL, Verhandl. d. phys.-med. Gesellsch. z. Würzburg **29**, Nr. 3; K. STARKE, MALYS Jahresb. **11**; K. MÖRNER l. c.; INAGAKI, Bioch. Zentralbl. **4**, S. 515.   [4]) K. MÖRNER l. c.; LANGSTEIN, HOFMEISTERS Beiträge **1**.   [5]) Zeitschr. f. physiol. Chem. **41**.   [6]) Über die Bezieh. d. Neutralsalze zur Hitzegerinnung vgl. man: J. STARKE, Sitz.-Ber. d. Gesellsch. f. Morph. u. Physiol. in München 1897.

MICHEL näher angegeben ist. Durch Ansäuren mit Essigsäure oder Schwefelsäure [1]) kann die Kristallisation wesentlich beschleunigt werden. Die Menge des Serumalbumins wird gewöhnlich als Differenz zwischen dem Gesamteiweiß und dem Globulin berechnet. Eine Methode zur quantitativen Bestimmung der Globuline und Albumine im Blutserum auf refraktometrischem Wege hat ROBERTSON [2]) angegeben.

Übersicht der elementären Zusammensetzung der oben geschilderten und besprochenen Eiweißstoffe (aus Pferdeblut).

	C	H	N	S	O	
Fibrinogen	52,93	6,90	16,66	1,25	22,26	(HAMMARSTEN)
Fibrin	52,68	6,83	16,91	1,10	22,48	,,
Fibringlobulin	52,70	6,98	16,06	—	—	,,
Serumglobulin	52,71	7,01	15,85	1,11	22,32	,,
Serumalbumin	53,08	7,1	15,93	1,9	21,86	(MICHEL).

Elementäre Zusammensetzung.

In dem Blutserum sind von mehreren Forschern albumoseähnliche Substanzen gefunden worden, und NOLF [3]) hat gezeigt, daß nach reichlicher Einführung von Albumosen in den Darm solche in das Blut übergehen. L. BORCHARDT [4]) hat ferner nachweisen können, daß nicht nur nach Einführung von Elastinalbumose per os, sondern auch nach Verfütterung von nicht überreichlichen Mengen Elastin bei Hunden eine Albumose, das Hemielastin, in das Blut übergeht und sogar mit dem Harne ausgeschieden werden kann. Inwieweit aber Albumosen unter gewöhnlichen Verhältnissen zu den normalen Blutbestandteilen gehören, ist Gegenstand sehr strittiger Ansichten. Die Schwierigkeit, diese Frage sicher zu entscheiden, liegt darin, daß bei der Enteiweißung einerseits kleine Mengen albumoseähnlicher Substanz aus anderen Proteinstoffen (namentlich aus dem Globin des Blutfarbstoffes) entstehen und andererseits umgekehrt von anderen Stoffen vielleicht mit ausgefällt werden können. Die Frage nach dem physiologischen Vorkommen von Albumosen im Blute bzw. im Plasma muß man also als eine noch offene bezeichnen [5]).

Albumosen im Blute.

In naher Beziehung zu den „Albumosen" steht vielleicht das schon oben genannte, von ZANETTI entdeckte und besonders von BYWATERS studierte Glykoproteid, „Seromukoid", welches in siedendem Wasser löslich und von Alkohol fällbar ist. Das Seromukoid enthält nach BYWATERS [6]) 11,6 p. c. N, 1,8 p. c. S und liefert rund 25 p. c. Glukosamin. Seine Menge im Blute ist 0,2—0,9 p. m.

Seromukoid.

Das Blutserum.

Wie oben gesagt, ist das Blutserum die klare Flüssigkeit, welche aus dem Blutkuchen bei der Zusammenziehung desselben ausgepreßt wird. Von dem Plasma unterscheidet sich das Blutserum in mehreren Hinsichten, aber hauptsächlich durch die Abwesenheit von Fibrinogen und die Gegenwart von reichlichen Mengen Fibrinferment. Im übrigen enthalten Blutserum und Blutplasma, qualitativ genommen, im wesentlichen dieselben Hauptbestandteile.

Blutserum.

Das Blutserum ist eine klebrige Flüssigkeit, welche gegen Lackmus stärker alkalisch als das Blutplasma reagiert. Das spezifische Gewicht ist

---

[1]) Vgl. HOPKINS u. PINKUS, Journ. of Physiol. 23; KRIEGER, Über Darstellung kristallinischer tierischer Eiweißstoffe, Inaug.-Dissert. Straßburg 1899. [2]) Journ. of biol. Chem. 11. [3]) Bull. Acad. Roy. Belg. 1903 u. 1904. [4]) Zeitschr. f. physiol. Chem. 51 u. 57. [5]) Man vgl. namentlich ABDERHALDEN, Zeitschr. f. physiol. Chem. 51 und Bioch. Zeitschr. 8 u. 10 und E. FREUND ebenda 7 u. 9, wo man auch die Literatur findet. [6]) Bioch. Zeitschr. 15.

Eigen-
schaften des
Serums. beim Menschen 1,027 bis 1,032, im Mittel 1,028 und Δ als Mittel $= 0,560^0$. Die Farbe ist oft stärker oder schwächer gelblich, beim Menschen blaßgelb mit einem Stiche ins Grünliche, beim Pferde oft bernsteingelb. Das Serum ist gewöhnlich klar; nach der Mahlzeit kann es jedoch, je nach dem Fettgehalte der Nahrung, opalisierend, trübe oder milchig weiß sein.

Außer den oben besprochenen Stoffen sind im Blutplasma oder Blutserum folgende Bestandteile gefunden worden, die bei Besprechung des Gesamtblutes etwas ausführlicher behandelt werden sollen und deshalb hier nur aufgezählt oder mehr kurz erwähnt werden.

Fett kommt in etwas wechselnder Menge sowohl als Neutralfett wie als Fettsäuren resp. Seifen, selbst im nüchternen Zustande, vor, und die Menge ist nach Aufnahme von fettreicher Nahrung mehr oder weniger stark ver- Lipoide. mehrt. Zu den Lipoiden gehören ferner Phosphatide, die wenigstens zum Teil an Eiweiß gebunden sind, und Cholesterin, welches in dem Serum bzw. Plasma hauptsächlich als Cholesterinester vorkommt. Auch Glyzerin hat man im Serum gefunden (NICLOUX, TANGL und ST. WEISER)[1].

Zucker ist als physiologischer Bestandteil im Plasma und Serum vorhanden, und nach den Untersuchungen von vielen Forschern[2] ist dieser Zucker Glukose. Im Blutserum wie in Transsudaten und Exsudaten hat ferner STRAUSS Fruktose nachweisen können. Dagegen ist die Frage nach dem Vorkommen von anderen Zuckern im Blutserum, wie Isomaltose (PAVY und SIAU) und Pentose (LÉPINE und BOULUD)[3], noch eine offene. Daß Zucker und wenigstens ein bedeutender Teil des Zuckers durch Dialyse aus dem Blute entfernt werden kann und also wahrscheinlich in frei gelöstem Zustande darin sich vorfindet, haben ASHER und ROSENFELD und in noch mehr überzeugender Weise MICHAELIS und RONA gezeigt. Diese Beobachtung schließt aber nicht die Möglichkeit aus, daß ein anderer Teil, dem oben Gesagten entsprechend, von Eiweiß gebunden ist. LÉPINE und BOULUD[4] konnten übrigens bei einer, allerdings nur kurzdauernden Dialyse eine Diffusion von Zucker nur aus dem 12 Stunden alten, nicht aber aus dem ganz frischen Serum erhalten, eine Beobachtung, welche die Beweiskraft der Versuche von MICHAELIS und reduzierende
Stoffe. RONA mit 24stündiger Dialyse etwas schmälert. Eine fortgesetzte Prüfung dieser Frage dürfte also erwünscht sein. Außer dem Zucker enthält das Serum (bzw. das Blut) auch andere reduzierende Stoffe, welche die sog. Restreduktion bedingen. Zu der Frage von diesen Stoffen wie auch von dem sog. virtuellen Zucker, der Glykolyse und der Menge des Zuckers im Serum bzw. Blute sollen wir später zurückkommen. Dasselbe gilt auch von den gepaarten Glukuronsäuren.

Das Blutplasma und das Serum, wie auch die Lymphe, enthalten auch Enzyme verschiedener Art. Nach zahlreichen Beobachtungen kommt darin sowohl Diastase, welche Stärke und Glykogen in Maltose bzw. Isomaltose überführt, wie auch Maltase vor. Die Diastase, deren Menge im Blute verschiedener Tiere eine sehr wechselnde ist, scheint wenigstens zum großen Teil von der Pankreasdrüse zu stammen, sie kann aber auch von anderen Enzyme im
Serum. Organen und nach HABERLANDT[5] auch von den Leukozyten stammen. Im Serum hat man auch Lipase oder Esterase nachgewiesen. Das Vorkommen

---

[1] NICLOUX, Compt. rend. soc. biol. 55; TANGL u. WEISER, PFLÜGERS Arch. 115.
[2] Vgl. namentlich v. MERING, Arch. f. (Anat. u.) Physiol. 1877, wo man Literaturangaben findet; SEEGEN, PFLÜGERS Arch. 40; MIURA, Zeitschr. f. Biol. 32.   [3] STRAUSS, Fortschr. d. Med. 1902; PAVY u. SIAU, Journ. of Physiol. 26; LÉPINE et BOULUD, Compt. Rend. 133, 135 u. 136.   [4] ROSENFELD, Zentralbl. f. Physiol. 19, S. 449; LÉPINE u. BOULUD, Compt. Rend. 143; ASHER, Bioch. Zeitschr. 3; MICHAELIS u. RONA ebenda 14.   [5] PFLÜGERS Arch. 132.

von Butyrinasen, welche sowohl Mono- wie Tributyrin und Triglyzeride anderer flüchtigen Fettsäuren spalten, kann nicht bezweifelt werden, wogegen die Fähigkeit der Serumlipase Olein und andere Neutralfette von nicht flüchtigen Fettsäuren zu zerlegen einer weiteren Prüfung bedürftig zu sein scheint.

Außer den nun genannten Enzymen, dem Thrombin und dem später zu besprechenden glykolytischen Enzyme hat man im Blutserum oder Blut mehrere andere Enzyme, darunter proteolytische Enzyme verschiedener Art gefunden. Zu diesen gehören angeblich das Pepsin, ferner nach HEDIN[1]) sowohl primäre wie sekundäre Proteasen, welche von den verschiedenen Eiweißfraktionen in ungleichem Grade mit niedergerissen werden, endlich auch die von ABDERHALDEN und Mitarbeitern[2]) studierten polypeptidspaltenden Enzyme und Chymosin und Nuklease. Außerdem sind zu nennen Oxydase, Peroxydase und Katalase. Das Serum enthält außerdem Antienzyme oder jedenfalls die Enzymwirkungen hemmende Stoffe. Es ist nicht nötig auf diese Stoffe, welche in anderen Kapiteln abgehandelt werden, hier des näheren einzugehen, und dasselbe gilt von den vielen, noch nicht chemisch charakterisierbaren Stoffen, die man Toxine und Antitoxine, Immunkörper, Alexine, Hämolysine, Zytotoxine usw. genannt hat und die schon in Kap. 1 besprochen worden sind. Diese Enzyme, Antienzyme und übrigen, oben aufgezählten Stoffe werden im allgemeinen mit dem Globulin und mehr selten mit dem Albumin ausgefällt, verhalten sich aber insoferne verschieden, als einige von der Euglobulin-, andere von der Pseudoglobulinfraktion mit niedergerissen werden.

Die nicht eiweißartigen, stickstoffhaltigen Bestandteile des Serums sind in neuerer Zeit Gegenstand zahlreicher und eingehender Untersuchungen von einer großen Anzahl von Forschern gewesen. Diese Substanzen repräsentieren den sog. Reststickstoff, d. h. denjenigen Stickstoff, welcher nach vollständiger Entfernung der koagulablen Proteinstoffe noch in der filtrierten Lösung zurückbleibt. Als Repräsentanten des Reststickstoffes sind viele schon längst bekannte Serumbestandteile, in erster Linie der Harnstoff zu nennen. Hierher gehören ferner Kreatin, Kreatinin, Harnsäure, Purinbasen, Allantoin, Karbaminsäure, Ammoniak, Hippursäure und Indikan. Über das Vorkommen von Aminosäuren liegen mehrere ältere Untersuchungen vor, welche ein solches Vorkommen sehr wahrscheinlich machten, und es gelang auch BINGEL[3]) das Vorhandensein von Glykokoll im normalen Rinderblute beweisen zu können. Den entscheidenden Beweis für das Vorkommen von Aminosäuren in Blut und Blutserum unter physiologischen Verhältnissen hat indessen ABDERHALDEN[4]) geliefert. Durch Verarbeitung von großen Mengen Blut oder Serum in verschiedener Weise, auch durch Dialyse, gelang es ihm nämlich, die Gegenwart von Glykokoll, Alanin, Valin, Leuzin, Prolin, Asparagin- und Glutaminsäure, Arginin, Lysin und Histidin zu beweisen. Unter pathologischen Verhältnissen hatte man schon früher Leuzin, Tyrosin und Lysin im Blute gefunden. Die obengenannten, den Reststickstoff repräsentierenden Stoffe und deren Mengenverhältnisse sollen in dem Abschnitte Gesamtblut weiter besprochen werden.

Nach J. BROWINSKI kommen Oxyproteinsäuren (s. Kap. 15) im Serum vor, und W. CZERNECKI[5]) hat Untersuchungen über die Menge des Proteinsäurestickstoffes in Serum und Transsudaten unter verschiedenen Verhältnissen ausgeführt. Das Vorkommen von Albumosen ist, wie oben erwähnt, etwas strittig.

Marginalia:
Enzyme.

Antienzyme, Toxine und andere Stoffe.

Repräsentanten des Reststickstoffes.

---

[1]) Zeitschr. f. physiol. Chem. **104.** [2]) Ebenda **51, 53, 55.** [3]) Zeitschr. f. physiol. Chem. **57.** [4]) Ebenda **88.** [5]) J. BROWINSKI ebenda **54** u. **58**; W. CZERNECKI, MALYS Jahresb. **39** u. **40.**

Die Farbstoffe des Blutserums sind verschiedener Art. Im Pferdeblutserum kommt neben anderem Farbstoff oft, wie HAMMARSTEN als erster zeigte, Bilirubin vor, welches nach A. RANC sogar der einzige Farbstoff des Serums bei diesem Tiere sein soll. Derselbe Farbstoff kommt, wenn auch in nur geringer Menge, bisweilen im Serum von anderen Tieren und auch von Menschen (HANNEMA) vor, und nach BIFFI und GALLI[1]) soll es besonders reichlich im Blute von Neugeborenen vorkommen. Urobilin ist nach AUCHÉ, ROTH und HERZFELD kein physiologischer Serumfarbstoff. Urobilinogen soll nach HILDEBRANDT[2]) in seltenen Fällen vorkommen können, und beim Stehen des Blutes kann in solchen Fällen Urobilin aus ihm entstehen. Der gelbe Farbstoff des Serums gehört sonst der Gruppe der Luteine an, welche oft auch Lipochrome oder Fettfarbstoffe genannt werden. Dieser gelbe Farbstoff stammt wenigstens bei Pflanzenfressern hauptsächlich von der Nahrung her. So ist, nach L. S. PALMER und C. H. ECKLES[3]) Karotin nebst ein wenig Xanthophyll der wesentliche Farbstoff des Kuhserums. Bei der Henne ist der wesentlichste Farbstoff Xanthophyll nebst ein wenig Karotin.

Farbstoffe.

Die Mineralstoffe sind im Serum und im Blutplasma qualitativ, aber nicht quantitativ, dieselben. Ein Teil des Kalziums, des Magnesiums und der Phosphorsäure wird nämlich bei der Gerinnung mit dem Faserstoffe ausgeschieden. Mittels Dialyse können im Serum Chlornatrium, welches die Hauptmasse oder 60—70 p. c. sämtlicher Mineralstoffe des Serums ausmacht, ferner Kalksalze, Natriumkarbonat nebst Spuren von Schwefelsäure, Phosphorsäure und Kalium direkt nachgewiesen werden[4]). Im Serum hat man auch bisweilen Spuren von Kieselsäure, Fluor, Kupfer, Zink, Eisen und Mangan gefunden. Wie in den tierischen Flüssigkeiten überhaupt, sind im Blutserum Chlor und Natrium vorherrschend gegenüber der Phosphorsäure und dem Kalium (dessen Vorkommen im Serum sogar angezweifelt worden ist). Die in der Asche gefundenen Säuren sind zur Sättigung sämtlicher darin gefundenen Basen nicht hinreichend, ein Verhalten, welches zeigt, daß ein Teil der letzteren an organische Substanzen, hauptsächlich Eiweiß, gebunden ist. Dies stimmt auch damit überein, daß die Hauptmasse des titrierbaren Alkalis nicht als diffusible Alkaliverbindungen, Karbonate und Phosphate, sondern als nicht diffusible Verbindungen, Eiweißalkaliverbindungen, im Serum enthalten ist. Im Pferdeblutserum waren nach HAMBURGER von dem Alkali 37 p. c. diffusibel und 63 p. c. nicht diffusibel. Auch von dem Kalzium sind nach RONA und TAKAHASHI[5]) 25—30 p. c. nicht diffusibel, wahrscheinlich an Eiweiß gebunden.

Mineralstoffe.

Zu den Mineralbestandteilen des Plasmas oder Blutserums werden auch gerechnet das Jod, welches ein regelmäßiger Bestandteil des Serums sein dürfte (GLEY und BOURCET), und das Arsen, welches nicht im Blute im allgemeinen, sondern nur im Menschenblute gefunden worden ist (GAUTIER, BOURCET)[6]). Das Jod soll im Menstrualblute in größerer Menge als in anderem Blut vorkommen und es kommt übrigens im Blutserum nicht als Salz, sondern in organischer Verbindung vor (BOURCET).

Jod und Arsen im Blutserum.

---

[1]) HAMMARSTEN, MALYS Jahresb. 8 (1878); RANC, Compt. rend. soc. biol. 62; L. S. HANNEMA, MALYS Jahresb. 45; BIFFI u. GALLI, Journ. de Phyisol. et Path. 9 (1907). [2]) AUCHÉ, Compt. rend. soc. biol. 67; O. ROTH u. E. HERZFELD, Deutsch. med. Wochenschr. 37; W. HILDEBRANDT, Münch. med. Wochenschr. 57. [3]) Journ. of biol. Chem. 17; PALMER ebenda 23. [4]) Vgl. GÜRBER, Verhandl. d. phys.-med. Gesellsch. zu Würzburg 23. [5]) HAMBURGER, Eine neue Methode usw. Arch. f. (Anat. u.) Physiol. 1898; P. RONA u. D. TAKAHASHI, Bioch. Zeitschr. 31. [6]) GLEY et BOURCET, Compt. Rend. 130; BOURCET ebenda 131; GAUTIER ebenda 131.

Die Gase des Blutserums, welche hauptsächlich aus Kohlensäure mit nur wenig Stickstoff und Sauerstoff bestehen, sollen bei Besprechung der Blutgase abgehandelt werden.

Analysen von Blutplasmen liegen nur in geringer Anzahl vor. Als Beispiele werden hier die für Pferdeblutplasma gefundenen Werte angegeben. Die Analyse Nr. 1 ist von HOPPE-SEYLER ausgeführt worden[1]). Nr. 2 enthält die Mittelzahlen von drei von HAMMARSTEN herrührenden Analysen. Die Zahlen beziehen sich auf 1000 Teile Plasma.

	Nr. 1	Nr. 2	
Wasser	908,4	917,6	
Feste Stoffe	91,6	82,4	
Gesamteiweiß	77,6	69,5	
Fibrin	10,1	6,5	
Globulin	—	38,4	Zusammensetzung des Plasmas.
Serumalbumin	—	24,6	
Fett	1,2		
Extraktivstoffe	4,0		
Lösliche Salze	6,4	} 12,9	
Unlösliche Salze	1,7		

LEWINSKY[2]) hat Bestimmungen des Gesamteiweißes und der verschiedenen Eiweißstoffe im Blutplasma von Menschen und Tieren ausgeführt und dabei folgende Mittelzahlen für 1000 ccm erhalten.

	Gesamteiweiß	Albumin	Globulin	Fibrinogen
Mensch	72,6	40,1	28,3	4,2
Hund	60,3	31,7	22,6	6,0
Schaf	72,9	38,3	30,0	4,6
Pferd	80,4	28,0	47,9	4,5
Schwein	80,5	44,2	29,8	6,5

Ausführliche Analysen des Blutserums von mehreren Haussäugetieren hat ABDERHALDEN ausgeführt. Aus diesen Analysen, wie aus den von HAMMARSTEN am Serum von Menschen, Pferd und Rind ausgeführten geht hervor, daß der Gehalt an festen Stoffen gewöhnlich um 70—97 p. m. schwankt. Die Hauptmasse der festen Stoffe besteht aus Eiweiß, etwa 55—84 p. m. Beim Huhn fand HAMMARSTEN viel niedrigere Werte, nämlich 54 p. m. feste Stoffe mit nur 39,5 p. m. Eiweiß, und beim Frosch fand HALLIBURTON nur 25,4 p. m. Eiweiß. Die Relation zwischen Globulin und Serumalbumin ist, wie die Analysen von HAMMARSTEN, HALLIBURTON und RUBBRECHT[3]) gezeigt haben, bei verschiedenen Tieren eine sehr verschiedene, kann aber auch bedeutend bei derselben Tierart schwanken. Beim Menschen fand HAMMARSTEN mehr Serumalbumin als Globulin und die Relation Serumglobulin: Serumalbumin war gleich 1:1,5. LEWINSKY fand ebenfalls die Relation beim Menschen größer als 1 und zwar 1:1,39—2,13. Neuere Untersuchungen über den Gehalt der Blutseren verschiedener Tiere an Gesamteiweiß, Globulin, Albumin und Nichteiweiß hat R. M. JEWETT[4]) mitgeteilt.

Beim Hungern scheint, wie BURCKHARDT als erster fand und spätere Forscher bestätigt haben, die Menge der Globuline im Verhältnis zum Albumin beim Hunde, und nach ROBERTSON auch bei der Ratte, vermehrt zu werden. Beim Pferd, Ochsen und Kaninchen soll umgekehrt nach ROBERTSON[5]) die

Quantitative Zusammensetzung des Blutserums.

---

[1]) Zit. nach v. GORUP-BESANEZ, Lehrb. d. physiol. Chem. 4. Aufl. S. 346. [2]) PFLÜGERS Arch. 100. [3]) ABDERHALDEN, Zeitschr. f. physiol. Chem. 25; HAMMARSTEN, PFLÜGERS Arch. 17; HALLIBURTON, Journ. of Physiol. 7; RUBBRECHT, Travaux du laboratoire de l'institut de physiologie de Liége 5, 1896. [4]) Journ. of biol. Chem. 25. [5]) BURCKHARDT, Arch. f. exp. Path. u. Pharm. 16; GITHENS, HOFMEISTERS Beiträge 5; vgl. auch MORAWITZ ebenda 7 und INAGAKI, Zeitschr. f. Biol. 49; ROBERTSON, Journ. of biol. Chem. 13.

Eiweiß-
stoffe des
Serums.
Menge der Albumine im Verhältnis zu den Globulinen im Hunger zunehmen. Eine Änderung der Relation mit Verminderung des Albumins und Zunahme des Globulins soll ferner bei Tieren vorkommen, welche durch Impfung mit pathogenen Mikroorganismen teils krank gemacht und teils immunisiert worden sind (LANGSTEIN und MAYER[1] u. a.). Der Gesamteiweißgehalt stieg hierbei fast in allen Fällen. Der Gehalt des Plasmas an Fibrinogen wurde besonders durch Pneumokokken, Streptokokken und Eiterstaphylokokken vermehrt (P. MÜLLER)[2].

Gehalt des
Serums an
Mineral-
stoffen.
Die Menge der Mineralstoffe im Serum ist von mehreren Forschern bestimmt worden. Aus den Analysen ergibt sich, daß zwischen dem Serum von Menschen und höheren Tieren eine recht große Übereinstimmung besteht. Um dies zu beleuchten, werden die von C. SCHMIDT[3] an (1) Menschenblutserum und die von BUNGE und ABDERHALDEN (2) für Serum von Rind, Stier, Schaf, Ziege, Schwein, Kaninchen, Hund und Katze gefundenen Zahlen hier mitgeteilt. Sämtliche Zahlen beziehen sich auf 1000 Gewichtsteile Serum.

	1	2
K_2O	0,387—0,401	0,225—0,270
Na_2O	4,290—4,290	4,251—4,442
Cl	3,565—3,659	3,627—4,170
CaO	0,155—0,155	0,119—0,131
MgO	0,101	0,040—0,046
P_2O_5 (anorg.)		0,052—0,085

A. MACALLUM[4] hat die Menge der Mineralstoffe in dem Serum einiger kaltblütigen Tiere (Fische, Haifische, Hummer u. a.) bestimmt. Der Gehalt des Serums an Natrium und Chlor war bei diesen, im Meerwasser lebenden Tieren bedeutend größer als bei warmblütigen Tieren.

Zu den Aschenanalysen nicht nur von Blutserum, sondern von eiweißhaltigen Flüssigkeiten überhaupt und Organen ist zu bemerken, daß einerseits gewisse Stoffe, wie Kohlensäure und Chlor, bei dem Einäschern entweichen und andererseits Stoffe, wie Schwefel- und Phosphorsäure, aus schwefel- und phosphorhaltigen organischen Substanzen entstehen können, was zu fehlerhaften Schlüssen Veranlassung geben kann.

Molekulare
Kon-
zentration.
Der Dissoziationsgrad (vgl. Kap. 1) des Serums ist von mehreren Forschern bestimmt worden, und nach HAMBURGER[5] kann man annehmen, daß er zwischen 0,65 und 0,82 liegt. Die molekulare Konzentration, welche die Gesamtanzahl der Moleküle und Ionen im Liter angibt, fanden BUGARSZKY und TANGL durchschnittlich gleich 0,320 Mol. pro 1 Liter. Sie fanden ferner, daß etwa $\frac{3}{4}$ sämtlicher gelösten Moleküle des Blutserums elektrolyte sind (das Serum enthält etwa 70—80 p. m. Eiweiß und 10 p. m. anorganische Stoffe) und weiter, daß von den Elektrolyten etwa $\frac{3}{4}$ auf das NaCl kommen.

Über die Änderungen des osmotischen Druckes bzw. der molekularen Konzentration des Blutserums unter verschiedenen physiologischen Verhältnissen wie in Krankheiten liegt allerdings schon ein ziemlich reichliches Untersuchungsmaterial vor, es dürfte jedoch schwer sein, hieraus ganz bestimmte Schlüsse zu ziehen.

II. Die Formelemente des Blutes.

Die roten Blutkörperchen.

Bei Menschen und Säugetieren (mit Ausnahme des Lamas, Kamels und deren Verwandten, bei welchen sie eine mehr oder weniger elliptische Form

---

[1] HOFMEISTERS Beiträge 5. [2] Ebenda 6. [3] Zit. nach HOPPE-SEYLER, Physiol. Chem. 1881, S. 439. [4] Proc. Roy. Soc. Ser. B 82. [5] Osmotischer Druck und Ionenlehre, Wiesbaden 1902—1904, wo man auch die etwas ältere Literatur über physikalische Chemie des Blutes findet.

haben), sind die voll entwickelten Blutkörperchen nach der gewöhnlichsten Auffassung runde, bikonkave Scheiben ohne einen Kern. Bei den Vögeln, Amphibien und Fischen (mit Ausnahme von den Zyklostomen) sind sie dagegen mehr oder weniger elliptisch, im allgemeinen kernführend. Die Größe ist bei verschiedenen Tieren wechselnd. Beim Menschen haben sie einen Durchmesser von im Mittel 7—8 μ ($\mu = 0{,}001$ mm) und eine größte Dicke von 1,9 μ. Die Anzahl der roten Blutkörperchen ist im Blute verschiedener Tierarten wesentlich verschieden. Beim Menschen kommen gewöhnlich in je 1 ccm beim Manne 5 und beim Weibe 4—4,5 Millionen vor. Rote Blut-
körperchen.

Das spez. Gewicht der Blutkörperchen ist größer als das des Plasmas, und infolge hiervon senken sie sich im gelassenen Blute. Dieses Senken geschieht mit ungleicher Geschwindigkeit in verschiedenen Blutarten, und im Pferdeblut senken sie sich verhältnismäßig rasch. Im Menschenblute senken sie sich langsamer; unter besonderen Verhältnissen, wie während der Schwangerschaft, kann jedoch nach R. FÅHREUS[1]) die Senkungsgeschwindigkeit erheblich, sogar 50—100fach, über die Normalwerte erhöht sein. Nach G. LINZENMEIER[2]), welcher diese Frage weiter verfolgt hat, ist diese beschleunigte Sedimentierung und verstärkte Hämagglutination abhängig von einer relativen Entladung der negativ geladenen Blutkörperchen durch einen bei der Gravidität im Blutplasma auftretenden, vermutlich positiv geladenen Körper. Senkung
der
Erythro-
zyten.

In dem entleerten Blute lagern sich bisweilen die Erythrozyten mit den Oberflächen aneinander und können dabei geldrollenähnliche Bildungen darstellen. Da dieses Phänomen auch in dem defibrinierten Blute auftritt, hat es nichts mit der Fibrinbildung zu tun. Nach FR. SCHWYZER[3]) rührt es von einer Entladung der mit OH-Ionen beladenen Körperchen her, welche dabei zufolge von Oberflächenkräften möglichst dicht aneinander sich lagern, analog der Ausflockung von Kolloiden bei Entladung. Geldrollen
bildung.

Die Blutkörperchen bestehen im wesentlichen aus zwei Hauptbestandteilen, nämlich dem Stroma und dem intraglobularen Inhalte, dessen Hauptbestandteil das Hämoglobin ist. Über die nähere Anordnung läßt sich gegenwärtig nichts ganz Sicheres sagen, und die Ansichten divergieren mehr oder weniger stark. In der Hauptsache stehen jedoch zwei Ansichten einander gegenüber. Nach der einen besteht das Blutkörperchen aus einer Membran, welche eine Hämoglobinlösung einschließt, nach der anderen stellt das Stroma ein protoplasmatisches, von Hämoglobin durchtränktes Gerüstwerk dar. Diese letztere Ansicht läßt sich übrigens gut mit der Annahme einer äußeren Begrenzungsschicht vereinbaren. So bildet nach HAMBURGER das Stroma ein Protoplasmanetz, in dessen Maschen eine flüssige oder halbflüssige rote, zum allergrößten Teil aus Hämoglobin bestehende Masse sich vorfindet, und außerdem hat man sich auch vorzustellen, daß die äußere protoplasmatische Begrenzung semipermeabel, d. h. also für Wasser permeabel, für gewisse Kristalloide aber nicht permeabel ist. Für die Annahme einer besonderen Hülle oder Begrenzungsschicht sprechen mehrere Untersuchungen von KÖPPE, ALBRECHT, PASCUCCI, RYWOSCH[4]) u. a., und es ist wohl sehr wahrscheinlich, daß, wenn eine solche Schicht besteht, in ihr sog. Lipoide, Cholesterin, Lezithin und ähnliche Stoffe enthalten sind. Bau der
Blut-
körperchen.

Die roten Blutkörperchen behalten unverändert ihr Volumen in einer Salzlösung, welche denselben osmotischen Druck wie das Serum desselben Blutes hat, wenn sie auch in einer solchen Lösung ihre Form etwas verändern, der Kugelform mehr zustreben und auch eine chemische Veränderung durch

---

[1]) Bioch. Zeitschr. 89. [2]) PFLÜGERS Arch. 181. [3]) Bioch. Zeitschr. 60. [4]) Vgl. HAMBURGER, Osmotischer Druck und Ionenlehre 1902; KÖPPE, PFLÜGERS Arch. 99 u. 107; ALBRECHT, Zentralbl. f. Physiol. 19; PASCUCCI, HOFMEISTERS Beiträge 6; RYWOSCH, Zentralbl. f. Physiol. 19.

Abgabe von Stoffen erfahren können. Eine solche Salzlösung ist mit dem Blutserum isotonisch und ihre Konzentration ist (für eine Kochsalzlösung),
für Menschen- und Säugetierblut, rund 9 p. m. NaCl. An Lösungen größerer Konzentration, hypertonische Lösungen, geben die Blutkörperchen Wasser ab, bis das osmotische Gleichgewicht hergestellt wird, sie schrumpfen und ihr Volumen wird also kleiner. In Lösungen von geringerer Konzentration, sog. hypotonischen Lösungen, quellen sie umgekehrt unter Aufnahme von Wasser, und diese Quellung kann, wie beim Verdünnen des Blutes mit Wasser, so weit gehen, daß das Hämoglobin von dem Stroma sich trennt und in die wässerige Lösung übergeht. Diesen Vorgang nennt man Hämolyse (vgl. Kap. 1).

Eine Hämolyse kann auch durch abwechselndes Gefrierenlassen und Wiederauftauen des Blutes wie auch durch Einwirkung verschiedener chemischen Substanzen zustande kommen. Solche Stoffe sind Äther, Chloroform, Alkalien, Gallensäuren, Solanin, Saponin und die sehr stark hämolytisch wirkenden Saponinsubstanzen überhaupt, ferner Stoffwechselprodukte von Bakterien, höheren Pflanzen und Tieren (Schlangen, Kröten, Bienen, Spinnen u. a.) und auch im Blutserum normal vorkommende oder immunisatorisch erzeugte Stoffe.

Wenn das Hämoglobin durch hinreichend starke Verdünnung mit Wasser von dem sog. Stroma getrennt worden ist, kann das letztere bei Durchleitung von Kohlensäure, bei vorsichtigem Zusatz von Säure, sauren Salzen, Jod-
tinktur oder einigen anderen Stoffen verdichtet werden und nimmt dann in mehreren Fällen die Form des Blutkörperchens wieder an. Diesen Rest, die sog. Schatten oder Stromata der Blutkörperchen, welcher auch direkt im verdünnten Blute mit Methylviolett gefärbt und sichtbar gemacht werden kann, hat man behufs chemischer Untersuchung zu isolieren versucht. In dem Folgenden soll auch unter dem Namen Stroma nur dieser, nach Entfernung des Hämoglobins und anderer wasserlöslichen Stoffe zurückbleibende Rest verstanden sein.

Zur Isolierung der Stromata der Blutkörperchen werden sie zuerst mit Chlornatriumlösung von 9 p. m. und wiederholtem Zentrifugieren von Serum
vollständig befreit. Die so gereinigten Blutkörperchen werden nach WOOLDRIDGE mit dem 5—6fachen Volumen Wasser gemischt und dann ein wenig Äther zugesetzt, bis anscheinend vollständige Lösung eingetreten ist. Die Leukozyten setzen sich allmählich zum Boden, was durch Zentrifugieren beschleunigt werden kann, und die von ihnen getrennte Flüssigkeit wird dann sehr vorsichtig mit einer einprozentigen Lösung von $KHSO_4$ versetzt, bis sie etwa so dickflüssig wie das ursprüngliche Blut wird. Die ausgeschiedenen Stromata werden auf Filtrum gesammelt und rasch ausgewaschen.

PASCUCCI[1]) versetzt dagegen den Blutkörperchenbrei mit 15—20 Vol. einer $1/5$-gesättigten Ammoniumsulfatlösung, läßt die Blutscheiben sich absetzen, hebert die Flüssigkeit ab, zentrifugiert anhaltend, läßt den Bodensatz — auf flachen Porzellantassen ausgebreitet — bei Zimmertemperatur rasch eintrocknen und wäscht dann mit Wasser bis der Blutfarbstoff und die übrigen löslichen Stoffe ausgelöst worden sind.

Als Bestandteile des Stromas fand WOOLDRIDGE Lezithin (Phosphatide), Cholesterin, Nukleoalbumin und ein Globulin, welches von HALLIBURTON als Zellglobulin bezeichnet wurde und nach ihm ein Nukleoproteid ist. Sonst konnten aber von HALLIBURTON und FRIEND keine Nukleinsubstanzen, ebensowenig wie Serumalbumin und Albumosen, nachgewiesen werden. Nach PASCUCCI bestehen die Stromata (aus Pferdeblut) zu $1/3$ aus Cholesterin und Lezithin (neben ein wenig Zerebrosid) und zu $2/3$ aus

---

[1]) HOFMEISTERS Beiträge 6.

Proteinsubstanzen und Mineralstoffen. Die kernhaltigen roten Blutkörperchen der Vögel enthalten nach PLOSZ und HOPPE-SEYLER[1]) einen in Kochsalzlösung von 10 p. c. zu einer schleimigen Masse aufquellenden Eiweißkörper (Nukleoproteid?), welcher der in den lymphoiden Zellen vorkommenden hyalinen Substanz (hyaline Substanz von ROVIDA) nahe verwandt zu sein scheint. In der mit Alkohol erschöpften Kernmasse der Hühnerblutkörperchen fand ACKERMANN 3,93 p. c. Phosphor und 17,2 p. c. Stickstoff, aus welchen Werten er einen Gehalt von 42,10 p. c. Nukleinsäure und 57,82 p. c. Histon berechnete. PIETTRE und VILA[2]) fanden in der Stromasubstanz — als aschefrei berechnet — 0,3 p. c. Phosphor beim Pferde und 2,3—2,6 p. c. bei Vögeln (Ente und Huhn). Den Gehalt an Stickstoff fanden sie gleich 11,7 bzw. 13,21 p. c. bei Pferd und Hund. Die kernfreien, roten Blutkörperchen sind im allgemeinen sehr arm an Eiweiß und reich an Hämoglobin; die kernhaltigen sind reicher an Eiweiß und ärmer an Hämoglobin als die kernfreien. Zu den Bestandteilen des Stromas gehören reduzierende Stoffe, bei einigen Tieren Zucker, wahrscheinlich auch gepaarte Glukuronsäuren, und mehrere Enzyme, darunter auch die von ABDERHALDEN und Mitarbeitern[3]) studierten peptolytischen Enzyme. Inwieweit die im Blute gefundenen Enzyme der Blutflüssigkeit oder den verschiedenen Arten von Formelementen angehören, ist jedoch sonst in vielen Fällen schwer zu entscheiden. *Stroma-bestand-teile.*

Gallertartige, dem Aussehen nach fibrinähnliche Eiweißstoffe können unter Umständen aus den roten Blutkörperchen erhalten werden. Derartige fibrinähnliche Massen hat man beobachtet nach Gefrierenlassen und Wiederauftauen des Blutkörperchensedimentes, nach starken Entladungen einer Leydenerflasche durch das Blut, beim Auflösen der Blutkörperchen einer Tierart in dem Serum einer anderen (LANDOIS' „Stromafibrin"), d. h. also bei der sog. Hämagglutination, bei welcher eine Verklumpfung der roten Blutkörperchen zu Haufen geschieht. Diese Agglutination kann durch Stoffe ähnlicher Art wie die Hämolysine und also durch sowohl normale wie auf immunisatorischem Wege erzeugte Serumbestandteile zustande gebracht werden. Daß es hier um eine auf Kosten des Stromas stattfindende Fibrinbildung sich handeln würde, ist weder bewiesen noch wahrscheinlich. Nur in den roten Blutkörperchen des Froschblutes scheint ein Gehalt an Fibrinogen nachgewiesen zu sein (ALEX. SCHMIDT und SEMMER)[4]). *Hämagglutination*

In naher Beziehung zu dem anatomischen und chemischen Bau der Erythrozyten steht die für den Stoffwechsel im Blute wichtige Frage von der Permeabilität derselben. Diese Frage, wie auch die von der Permeabilität der Blutkörperchen für Anionen unter dem Einflusse von Kohlensäure ist jedoch schon in einem vorigen Kapitel (1, S. 6 und 7) besprochen worden. *Permeabilität.*

Die Mineralstoffe der roten Blutkörperchen sollen im Zusammenhange mit der quantitativen Zusammensetzung der letzteren abgehandelt werden.

Der in größter Menge vorkommende Bestandteil der Blutkörperchen ist der rote Farbstoff Hämoglobin.

Blutfarbstoffe.

In den roten Blutkörperchen kommt, wie HOPPE-SEYLER annahm, der Farbstoff nicht frei, sondern an eine andere Substanz gebunden vor. Der kristallisierende Farbstoff, das Hämoglobin, bzw. Oxyhämoglobin, welcher aus dem Blute isoliert werden

---

[1]) WOOLDRIDGE, Arch. f. (Anat. u.) Physiol. 1881, S. 387; HALLIBURTON u. FRIEND, Journ. of Physiol. 10; HALLIBURTON ebenda 18; PLÓSZ, HOPPE-SEYLER, Med. chem. Unters. S. 510. [2]) ACKERMANN, Zeitschr. f. physiol. Chem. 43; PIETTRE u. VILA, Compt. Rend. 143. [3]) Zeitschr. f. physiol. Chem. 51, 53 u. 55. [4]) LANDOIS, Zentralbl. f. d. med. Wiss. 1874, S. 421; SCHMIDT, PFLÜGERS Arch. 11, S. 550—559.

kann, ist nach ihm als ein Spaltungsprodukt dieser Verbindung aufzufassen, welches in mehreren Hinsichten anders als die fragliche Verbindung selbst sich verhält. So ist z. B. die letztere in Wasser unlöslich und nicht kristallisierbar. Sie wirkt stark zersetzend auf Hydroperoxyd, ohne dabei selbst oxydiert zu werden; sie zeigt einigen chemischen Reagenzien (wie Kaliumferrizyanid) gegenüber eine größere Resistenz als der freie Farbstoff und endlich soll sie wesentlich leichter als dieser an das Vakuum ihren locker gebundenen Sauerstoff abgeben. Zum Unterschiede von den Spaltungsprodukten, dem Hämoglobin und dem Oxyhämoglobin, nannte HOPPE-SEYLER die Blutfarbstoffverbindung der venösen Blutkörperchen Phlebin und die der arteriellen Arterin. Auch andere Forscher wie H. U. KOBERT und BOHR[1]), welch letzterer den Farbstoff in den Blutkörperchen Hämochrom nannte, waren einer ähnlichen Ansicht. Da indessen eine solche Verbindung des Blutfarbstoffes mit einem anderen Stoffe, wie z. B. dem Lezithin, wenn sie überhaupt existiert, nicht näher studiert worden ist, beziehen sich die folgenden Angaben nur auf den freien Farstoff, das Hämoglobin.

Farbstoffe der Blutkörperchen.

Die Farbe des Blutes rührt teils von *Hämoglobin* und teils von der molekularen Verbindung desselben mit Sauerstoff, dem *Oxyhämoglobin*, her. In dem Erstickungsblute findet sich fast ausschließlich Hämoglobin, im arteriellen Blute unverhältnismäßig überwiegend Oxyhämoglobin und in dem venösen Blute ein Gemenge der genannten Farbstoffe. Blutfarbstoff findet sich außerdem in quergestreiften wie auch in einigen glatten Muskeln und endlich auch in Lösung bei verschiedenen Evertebraten, wenn auch dieser Farbstoff nicht ganz identisch mit dem der höheren Tiere sein dürfte. Die Menge des Hämoglobins im Menschenblute kann zwar unter verschiedenen Verhältnissen etwas schwanken, beträgt aber im Mittel etwa 14 p. c. oder, auf 1 kg Körpergewicht berechnet, 8,5 g.

Vorkommen des Hämoglobins.

Das Hämoglobin gehört zu der Gruppe der Proteide und als nächste Spaltungsprodukte liefert es, nebst sehr kleinen Mengen von flüchtigen fetten Säuren und anderen Stoffen, hauptsächlich Eiweiß, Globin, und einen eisenhaltigen Farbstoff, Hämochromogen (gegen 4 p. c.), welches bei Gegenwart von Sauerstoff leicht zu Hämatin oxydiert wird.

Spaltungsprodukte des Hämoglobins.

Schon durch ältere Arbeiten von SCHUNCK und MARCHLEWSKI war die nahe Verwandtschaft zwischen Chlorophyll und Blutfarbstoff im höchsten Grade wahrscheinlich gemacht worden. Durch fortgesetzte Untersuchungen von NENCKI, aber besonders von MARCHLEWSKI und Mitarbeitern wurden dann schwerwiegende Beweise hierfür geliefert, und endlich ist durch die Untersuchungen von WILLSTÄTTER[2]) (s. unten, Hämin) die biologisch äußerst interessante Tatsache, daß Chlorophyll und Blutfarbstoff nahe verwandte Stoffe sind, endgültig bewiesen worden.

Blatt- und Blutfarbstoff.

Das aus verschiedenen Blutarten dargestellte Hämoglobin hat nicht ganz dieselbe Zusammensetzung, was möglicherweise auf das Vorkommen von verschiedenen Hämoglobinen hindeutet. Leider stimmen jedoch nicht immer die von verschiedenen Forschern ausgeführten Analysen von Hämoglobin derselben Blutart gut untereinander, was vielleicht von der etwas abweichenden Darstellungsmethode und der Schwierigkeit ganz reine Präparate zu gewinnen, herrühren kann. Als Beispiele von der Zusammensetzung verschiedener Hämoglobine werden folgende Analysen hier angeführt.

---

[1]) HOPPE-SEYLER, Zeitschr. f. physiol. Chem. **13**, S. 479; H. U. KOBERT, Das Wirbeltierblut in mikro-kristallogr. Hinsicht, Stuttgart 1901; BOHR, Zentralbl. f. Physiol. **17**, S. 688. [2]) SCHUNCK u. MARCHLEWSKI, Annal. d. Chem. u. Pharm. **278, 284, 288, 290**; NENCKI, Ber. d. d. chem. Gesellsch. **29**; MARCHLEWSKI u. NENCKI ebenda **34**; MARCHLEWSKI, Chem. Zentralbl. 1902, I. S. 1016; ZALESKI, Zeitschr. f. physiol. Chem. **37**. Die weitere Literatur und namentlich die Arbeiten von WILLSTÄTTER sollen bei Besprechung der Porphyrine und der Abbauprodukte des Blutfarbstoffes angeführt werden.

Hämoglobin von	C	H	N	S	Fe	O	
Hund	53,85	7,32	16,17	0,39	0,43	21,84	(Hoppe-Seyler)
„	54,57	7,22	16,38	0,568	0,336	20,93	(Jaquet)
Pferd	54,87	6,97	17,31	0,650	0,470	19,73	(Kossel)
„	51,15	6,76	17,94	0,390	0,335	23,43	(Zinoffsky)
Rind	54,66	7,25	17,70	0,447	0,400	19,543	(Hüfner)
Schwein	54,17	7,38	16,23	0,660	0,430	21,360	(Otto)
„	54,71	7,38	17,43	0,479	0,399	19,602	(Hüfner)
Meerschweinchen. .	54,12	7,36	16,78	0,580	0,480	20,680	(Hoppe-Seyler)
Eichhörnchen . . .	54,09	7,39	16,09	0,400	0,590	21,440	„
Gans	54,26	7,10	16,21	0,540	0,430	20,690	„
Huhn	52,47	7,19	16,45	0,857	0,335	22,500	(Jaquet).

(Marginalie: Zusammensetzung des Hämoglobins.)

Daß der wiederholt beobachtete Gehalt des Vogelbluthämoglobins an Phosphor (INOKO u. a.) von einer Verunreinigung herrührt, ist wahrscheinlich (ABDERHALDEN und MEDIGRECEANU). In dem Hämoglobin vom Pferde (ZINOFFSKY), Schweine und Rind (HÜFNER) kommen auf je 1 Atom Eisen 2, in dem Hundehämoglobin dagegen (JAQUET) 3 Atome Schwefel. Aus den elementaranalytischen Daten wie auch aus der Menge des locker gebundenen Sauerstoffes hat HÜFNER für das Hundebluthämoglobin das Molekulargewicht 14129 und die Formel $C_{636}H_{1025}N_{164}FeS_3O_{181}$ berechnet. Das Rinderhämoglobin hat nach den Bestimmungen von HÜFNER und JAQUET einen Gehalt von als Mittel 0,336 p. c. Eisen und das Menschenhämoglobin nach BUTTERFIELD[1]) 0,334 p. c. Aus dem Eisengehalte ist das Molekulargewicht zu 16669 berechnet worden. Zu ganz demselben Werte sind BARCROFT und HILL nach einer ganz anderen Methode gelangt, und HÜFNER und GANSSER[2]) haben nach einem anderen Verfahren für das Pferdehämoglobin die Zahl 15115 und für das Rinderhämoglobin 16321 gefunden. Das Hämoglobin verschiedener Blutarten hat nicht nur, wie oben gezeigt, eine verschiedene Zusammensetzung, sondern auch eine verschiedene Löslichkeit und Kristallform und einen verschiedenen Kristallwassergehalt, was gewöhnlich durch die Annahme, daß es mehrere verschiedene Hämoglobine gibt, erklärt wird.

(Marginalie: Formel und Molekulargewicht.)

Diese Annahme hatte in BOHR einen eifrigen Vertreter gefunden. Durch fraktionierte Kristallisation von Hunde- und Pferdeblutoxyhämoglobin war es BOHR gelungen, Hämoglobinpräparate von ungleicher sauerstoffbindender Fähigkeit und ein wenig verschiedenem Eisengehalte darzustellen. Aus dem Pferdeblut hatte schon früher HOPPE-SEYLER zwei verschiedene Formen von Hämoglobinkristallen erhalten, und aus sämtlichen diesen Beobachtungen zog BOHR den Schluß, daß das Hämoglobin derselben Tierart ein Gemenge verschiedener Hämoglobine sei. Diesen Angaben gegenüber hat indessen HÜFNER[3]) gezeigt, daß wenigstens im Rinderblute nur ein Hämoglobin vorhanden ist und daß ähnliches wahrscheinlich auch für das Blut mehrerer anderen Tiere gilt.

(Marginalie: Oxyhämoglobine.)

Oxyhämoglobin, früher auch Hämatoglobulin oder Hämatokristallin genannt, ist eine molekulare Verbindung von Hämoglobin und Sauerstoff. Auf je 1 Molekül Hämoglobin kommt, wie namentlich die Untersuchungen von HÜFNER, wie von HÜFNER und GANSSER, gezeigt haben, 1 Mol. Sauerstoff, und die Menge locker gebundenen Sauerstoffes, welche von 1 g Hämoglobin (von Rindern) gebunden wird, ist von HÜFNER[4]) zu 1,34 ccm (bei 0° C und 760 mm Hg berechnet) bestimmt worden.

(Marginalie: Oxyhämoglobin.)

---

[1]) HOPPE-SEYLER, Med. chem. Unters. S. 370; JAQUET, Zeitschr. f. physiol. Chem. 14; KOSSEL ebenda 2, S. 150; ZINOFFSKY ebenda 10; HÜFNER, Beitr. z. Physiol., Festschr. f. C. LUDWIG 1887, S. 74—81, Journ. f. prakt. Chem. (N. F.) 22; OTTO, Zeitschr. f. physiol. Chem. 7; INOKO ebenda 18; ABDERHALDEN u. MEDIGRECEANU ebenda 59; HÜFNER u. JAQUET, Arch. f. (Anat. u.) Physiol. 1894; E. BUTTERFIELD, Zeitschr. f. physiol. Chem. 62. [2]) J. BARCROFT u. A. V. HILL, Journ. of Physiol. 39; HÜFNER u. GANSSER, Arch. f. (Anat. u.) Physiol. 1907. [3]) BOHR, Sur les combinaisons de l'hémoglobine avec l'oxygène. Extrait du Bull. Acad. Roy. Danoise des scienc. 1890. Vgl. auch Zentralbl. f. Physiol. 4, S. 249; HOPPE-SEYLER, Zeitschr. f. physiol. Chem. 2; HÜFNER, Arch. f. (Anat. u.) Physiol. 1894. [4]) Arch. f. (Anat. u.) Physiol. 1901. Supplbd.

Nach Bohr sollte die Sache indessen anders liegen. Er unterschied je nach der absorbierten Sauerstoffmenge vier verschiedene Oxyhämoglobine, nämlich α-, β-, γ- und δ-Oxyhämoglobin, welche alle dasselbe Absorptionsspektrum zeigen, von denen aber 1 g Hämoglobin, resp. zirka 0,4, 0,8, 1,7 und 2,7 ccm Sauerstoff bei Zimmertemperatur und einem Sauerstoffdruck von 150 mm Quecksilber bindet. Das Oxyhämoglobin γ ist das gewöhnliche, welches nach der üblichen Darstellungsmethode erhalten wird. Als α-Oxyhämoglobin bezeichnete Bohr das durch Lufttrocknung des γ-Oxyhämoglobins erhaltene Kristallpulver. Wird dieses α-Oxyhämoglobin in Wasser gelöst, so geht es unter Erhöhung des Eisengehaltes (ohne Zersetzung?) in β-Hämoglobin über. Eine, in einer zugeschmolzenen Röhre aufbewahrte Lösung von γ-Oxyhämoglobin kann unter nicht näher bekannten Umständen in δ-Oxyhämoglobin übergehen. Nach Hüfner[1]) handelt es sich indessen hier nur um Gemenge von genuinem und teilweise zersetztem Hämoglobin.

Verschiedene Oxyhämoglobine.

Die Fähigkeit des Hämoglobins, Sauerstoff aufzunehmen, scheint eine Funktion von dem Eisengehalte desselben zu sein, und wenn dieser letztere zu etwa 0,33—0,40 p. c. berechnet wird, würde also nach dem oben Gesagten bei Sättigung mit Sauerstoff 1 Atom Eisen in dem Hämoglobin am nächsten etwa 2 Atomen = 1 Mol. Sauerstoff entsprechen. Mit steigendem Sauerstoffpartiardruck, also mit einer größeren Masse des Sauerstoffes, nimmt das in Lösung befindliche Hämoglobin mehr Sauerstoff auf, bis bei vollständiger Sättigung von je 1 Mol. Hämoglobin 1 Mol. Sauerstoff gebunden ist. Bei vermindertem Sauerstoffdruck muß folglich durch Dissoziation eine Abgabe von Sauerstoff und eine Rückbildung von Hämoglobin stattfinden, und dies ermöglicht das vollständige Austreiben des Sauerstoffes aus einer Oxyhämoglobinlösung oder dem Blute mittels des Vakuums oder mittels Durchleitung von einem indifferenten Gase. Das Gleichgewicht zwischen Oxyhämoglobin, Hämoglobin und Sauerstoff hängt also nach Hüfner von einer Massenwirkung entsprechend der Formel $Hb + O_2 \rightleftarrows HbO_2$ ab. Bohr[2]) war dagegen auf Grund seiner Untersuchungen zu der Ansicht von einer doppelten Dissoziation gelangt, indem er nämlich neben einer Dissoziation der Sauerstoff-Eisenverbindung im Oxyhämoglobin auch eine Dissoziation des Hämoglobins in einem eisenhaltigen und einem eisenfreien Teil annahm. Dementsprechend hatte er auch eine andere Formel angegeben, und die Dissoziationskurven für das Oxyhämoglobin von Hüfner und Bohr waren verschieden.

Hämoglobin und Sauerstoff.

Über diese Fragen sind später von Barcroft und seinen Mitarbeitern Camis und Roberts wichtige Untersuchungen ausgeführt worden, aus welchen hervorgeht, daß man eine allgemeingültige Dissoziationskurve überhaupt nicht aufstellen kann, indem der Kurvenverlauf von der Natur und Konzentration der in Lösung vorhandenen Salze abhängt. Eine Hämoglobinlösung mit den Salzen der Hundeblutkörperchen gibt die Dissoziationskurve des Hundeblutes, mit den Salzen der Menschenblutkörperchen gibt sie die Kurve des Menschenblutes. Bei Gegenwart von Salzen folgt die Dissoziation der Bohrschen Formel, in salzfreien Hämoglobinlösungen folgt dagegen die Sauerstoffbindung dem von Hüfner angegebenen Massenwirkungsgesetze[3]).

Dissoziation des Oxyhämoglobins.

Daß die gasbindende Fähigkeit des isolierten reinen Hämoglobins nicht direkt auf die Gasbindungsfähigkeit des sog. nativen Hämoglobins im Blute übertragbar ist, hat man übrigens von mehreren Seiten hervorgehoben. Hierher gehören die Beobachtungen von W. Manchot[4]), nach denen die Bindungsfähigkeit des Blutes für Gase, O_2, CO, NO, C_2H_4, mit steigender Verdünnung desselben wenigstens bis zu einer gewissen Grenze so stark anwachsen kann, daß bei 8—10facher Verdünnung das Bindungsvermögen dem Grenzwerte

Gasbindung im Blute.

---

[1]) Arch. f. (Anat. u.) Physiol. 1894.   [2]) Bohr, Zentralbl. f. Physiol. **17**, S. 682 u. 688.   [3]) Barcroft mit M. Camis, Journ. of Physiol. **39**, mit F. Roberts ebenda.
[4]) Annal. d. Chem. u. Pharm. **370** und Zeitschr. f. physiol. Chem. **70**.

von 2 Mol. Gas auf je 1 Atom Fe sich nähert. Diesen Beobachtungen gegenüber ist indessen zu erwähnen, daß J. W. Burn[1]), welcher Sauerstoffabsorptionsbestimmungen nach der Ferrizyanidmethode und auf volumetrischem Wege in reinem, verdünntem Blut ausgeführt hat, eine Änderung in der Aufnahmefähigkeit des Hämoglobins für Sauerstoff bei verschiedenen Verdünnungen nicht konstatieren konnte.

Die Klarlegung der nun besprochenen Verhältnisse ist äußerst wichtig, denn die Kenntnis der verschiedenen Umstände, welche die Aufnahme und Abgabe des Sauerstoffes von dem Hämoglobin beeinflussen, ist von der allergrößten Bedeutung für das Verständnis der Aufnahme von Sauerstoff in den Lungen und Abgabe desselben in den Geweben.

Das Oxyhämoglobin, welches allgemein als eine schwache Säure aufgefaßt wird und im Blute als Alkaliverbindung vorkommt, ist nach Gamgee[2]) rechtsdrehend. Die sp. Drehung für Licht mittlerer Wellenlänge von C ist, was ebenfalls von Kohlenoxydhämoglobin gilt, $(\alpha) C = $ rund $+ 10^0$. Das Hämoglobin ist ferner, ebenso wie Kohlenoxydhämoglobin (COHb) und Methämoglobin (MHb), diamagnetisch, während das eisenreiche Hämatin stark magnetisch ist (Gamgee)[3]). Bei Durchleitung von einem elektrischen Strome durch eine Oxyhämoglobinlösung wird, wie Gamgee[4]) gefunden hat, der Farbstoff erst in kolloidaler, aber noch löslicher Form unverändert an der Anode ausgeschieden und dann allmählich kolloidal an die Kathode übergeführt. Nach Gamgee ist das Hämoglobin wahrscheinlich in solcher kolloidaler Form in den Blutkörperchen enthalten, und H. Hartridge[5]) hat gezeigt, daß man durch Dialyse von Blutkörperchen in Kollodiumschläuchen gegen strömendes Wasser Oxyhämoglobinlösungen von 35 p. c. erhalten kann. Bei geeigneter Versuchsanordnung konnte er sogar 48 prozentige Lösungen als eine gelatinöse Masse erhalten, und das Hämoglobin kann also allem Anscheine nach in einfacher Lösung in den Blutkörperchen vorkommen.

Physikalische Eigenschaften.

Das Oxyhämoglobin ist aus mehreren Blutarten in Kristallen erhalten worden. Die Kristalle sind blutrot, durchsichtig, seideglänzend und können 2—3 mm lang sein. Das Oxyhämoglobin des Eichhörnchenblutes kristallisiert in sechsseitigen Tafeln des hexagonalen Systemes, die übrigen Blutarten dagegen liefern Nadeln, Prismen, Tetraeder oder Tafeln, welche dem rhombischen Systeme angehören. Der Gehalt an Kristallwasser ist in verschiedenen Oxyhämoglobinen ein verschiedener, 3—10 p. c. Bei niedriger Temperatur über Schwefelsäure vollständig getrocknet, können die Kristalle ohne Zersetzung auf 110—115⁰ C erhitzt werden. Bei höherer Temperatur, etwas über 160⁰ C, zersetzen sie sich, geben einen Geruch nach verbranntem Horn ab und hinterlassen nach vollständiger Verbrennung eine aus Eisenoxyd bestehende Asche. Die Oxyhämoglobinkristalle der schwer kristallisierenden Blutarten, wie Menschen-, Rinder- und Schweineblut, sind in Wasser leicht löslich. Schwerer löslich sind in folgender Ordnung die leicht kristallisierenden Oxyhämoglobine aus Pferde-, Hunde-, Eichhörnchen- und Meerschweinchenblut. In sehr verdünnter Lösung von Alkalikarbonat löst sich das Oxyhämoglobin leichter als in reinem Wasser und jene Lösung scheint etwas haltbarer zu sein. Bei Gegenwart von ein wenig zu viel Alkali wird das Oxyhämoglobin jedoch rasch zersetzt. In absolutem Alkohol können die Kristalle ohne Entfärbung unlöslich werden. Nach Nencki[6]) sollen sie dabei in eine isomere oder polymere Modifikation, von ihm Parahämoglobin genannt, übergehen. In Äther, Chloroform, Benzol und Schwefelkohlenstoff ist das Oxyhämoglobin unlöslich.

Oxyhämoglobinkristalle.

---

[1]) Journ. of Physiol. 45. [2]) Hofmeisters Beiträge 4. [3]) Proceed. Roy. Soc. 68. [4]) Ebenda 70. [5]) Journ. of Physiol. 51. [6]) Nencki u. Sieber, Ber. d. d. chem. Gesellsch. 18.

Eine Lösung von Oxyhämoglobin in Wasser wird von vielen Metall-salzen, nicht aber von Bleizucker oder Bleiessig gefällt. Beim Erwärmen der wässerigen Lösung zersetzt sich das Oxyhämoglobin bei gegen 70° C und bei hinreichend starkem Erhitzen spalten sich hauptsächlich Eiweiß und Hämatin ab. Ebenso wird es leicht von Säuren, Alkalien und· mehreren Metallsalzen zersetzt. Es gibt auch mit mehreren Eiweißreagenzien die gewöhnlichen Eiweißreaktionen, wobei erst eine Zersetzung mit Abspaltung von Eiweiß

Verhalten zu Reagen-zien. stattfindet. Das Oxyhämoglobin wirkt ebensowenig wie die anderen Blut-farbstoffe direkt oxydierend auf Guajaktinktur. Dagegen hat es, wie alle eisenhaltigen Blutfarbstoffe, die Fähigkeit als Katalysator („Ozonüber-träger") bei gleichzeitiger Anwesenheit von peroxydhaltigen Reagenzien, wie Terpentinöl, Guajaktinktur zu bläuen.

Eine genügend verdünnte Lösung von Oxyhämoglobin, bzw. von arte-riellem Blut zeigt in dem Spektrum zwei Absorptionsstreifen zwischen den FRAUNHOFERschen Linien D und E (Spektraltafel 1). Der eine Streifen *a*, welcher weniger breit, aber dunkler und schärfer ist, liegt an der Linie D, der zweite, breitere aber weniger scharf begrenzte und weniger dunkle Streifen *β* liegt bei E. Die Mitte des ersten Streifens entspricht einer Wellenlänge

Spektrum des Oxyhä-moglobins. $\lambda = 579$, die des zweiten $\lambda = 542$ oder nach O. SCHUMM bzw. 577,5 und 541,7. Bei Verdünnung verschwindet erst der Streifen *β*. Bei zunehmender Konzen-tration der Lösung werden die zwei Streifen breiter, der Zwischenraum zwischen ihnen wird kleiner oder schwindet ganz, und gleichzeitig werden die blauen und violetten Teile des Spektrums mehr verdunkelt. Außer diesen zwei Streifen kann man auch mit Hilfe besonderer Vorrichtungen (L. LEWIN, A. MIETHE und E. STENGER) den zuerst von SORET und dann von GAMGEE beschriebenen Streifen an der Ultraviolettgrenze beobachten. Dieser Violettstreifen, $\lambda = 415$, ist besonders für den Nachweis sehr kleiner Blutmengen von Bedeutung. Während die zwei Oxyhämoglobinstreifen bei einer Verdünnung 1:14700 noch nachweisbar sind, kann man nämlich nach LEWIN, MIETHE und STENGER[1] den Violettstreifen in der Verdünnung 1:40000 nachweisen.

Die Beobachtung von PIETTRE und VILA, daß sog. lackfarbiges Blut und Oxy-hämoglobinlösungen in dickeren Schichten außer den gewöhnlichen zwei Streifen auch einen dritten im Rot ($\lambda = 634$) zeigen können, beruht allem Anscheine nach, wie auch VILLE u. DERRIEN behaupten, auf einer teilweisen Bildung von Methämoglobin, welches übrigens nach H. ARON[2] in allem Blut präformiert vorkommen soll.

Zur Darstellung der Oxyhämoglobinkristalle ist eine große Zahl von ver-schiedenen Verfahrungsweisen angegeben worden, von welchen indessen die meisten in den Hauptzügen mit dem folgenden, von HOPPE-SEYLER angegebenen Ver-fahren übereinstimmen. Die gewaschenen Blutkörperchen (am besten aus Hunde-oder Pferdeblut), werden mit 2 Vol. Wasser ausgerührt und dann mit Äther ge-

Dar-stellung. schüttelt. Nach Abgießen des Äthers und Verdunstenlassen des von der dunkel lackfarbigen Blutlösung zurückgehaltenen Äthers in offenen Schalen an der Luft kühlt man die filtrierte Blutlösung auf 0° C ab, setzt $^1/_4$ Vol. ebenfalls abgekühlten Alkohols unter Umrühren zu und läßt einige Zeit bei —5° bis —10° C stehen. Die abgeschiedenen Kristalle können durch Auflösung in Wasser von etwa 35° C, Abkühlen und Zusatz von abgekühltem Alkohol, wie oben, wiederholt umkristalli-siert werden. Zuletzt werden sie mit abgekühltem alkoholhaltigem Wasser ($^1/_4$ Vol. Alkohol) gewaschen und im Vakuum bei 0° C oder einer niedrigeren Temperatur getrocknet[3].

---

[1] O. SCHUMM, Zeitschr. f. physiol. Chem. **83**; J. SORET, Zitiert nach MALYS Jahresb. 8; GAMGEE, Zeitschr. f. Biol. **34**; LEWIN, MIETHE u. STENGER, PFLÜGERS Arch. **118**; LEWIN u. MIETHE ebenda **121**. [2] PIETTRE u. VILA, Compt. Rend. **140**; VILLE u. DERRIEN ebenda **140**; ARON, Bioch. Zeitschr. **3**. [3] Bezüglich der Darstellung des Oxyhämoglobins vgl. man: HOPPE-SEYLER-THIERFELDERS Handb. 8. Aufl. und E. ABDERHALDEN, Die biochemischen Arbeitsmethoden II, 1.

Zur Darstellung von Oxyhämoglobinkristallen im kleinen aus leicht kristallisierenden Blutarten ist es oft genügend, ein Tröpfchen Blut auf dem Objektglase mit ein wenig Wasser anzurühren und das Gemenge dermaßen eintrocknen zu lassen, daß der Tropfen von einem eingetrockneten Ringe umgeben ist. Nach dem Auflegen des Deckgläschens treten dann allmählich, von dem getrockneten Ringe ausgehend, Kristalle auf. Noch sicherer kommt man zum Ziele, wenn man ein wenig, mit etwas Wasser vermischtes Blut in einem Reagenzglase mit Äther schüttelt und dann einen Tropfen der unteren dunkelgefärbten Flüssigkeit wie oben auf dem Objektglase behandelt. Darstellung
der Oxyhä-
moglobin-
kristalle.

Hämoglobin, auch reduziertes Hämoglobin oder pourple Cruorin (STOKES)[1] genannt, kommt nur in sehr geringer Menge in dem arteriellen, in größerer Menge in dem venösen Blute und als überwiegender Blutfarbstoff in dem Erstickungsblute vor. Hämo-
globin.

Das Hämoglobin ist viel leichter löslich als das Oxyhämoglobin und es kann deshalb nur schwierig in Kristallen erhalten werden. Diese Kristalle sind in der Regel den entsprechenden Oxyhämoglobinkristallen isomorph, sind aber dunkler, haben einen Stich ins Bläuliche oder Purpur und sind bedeutend stärker pleochromatisch. Das Hämoglobin aus Pferdeblut hat UHLIK[2] auch in hexagonalen, sechsseitigen Tafeln erhalten. Die Lösung in Wasser ist, einer Oxyhämoglobinlösung von derselben Konzentration gegenüber, dunkler, mehr violett oder purpurfarbig. Sie absorbiert weniger stark die blauen und violetten Lichtstrahlen im Spektrum, absorbiert aber stärker das Licht in den zwischen C und D gelegenen Teilen desselben. Bei passender Verdünnung zeigt die Lösung im Spektrum einen einzigen, breiten, nicht scharf begrenzten Streifen zwischen D und E, dessen dunkelste Stelle der Wellenlänge $\lambda = 559$ entspricht, (Spektraltafel 2). Dieser Streifen liegt jedoch nicht mitten zwischen D und E, sondern ist nach dem roten Teile des Spektrums etwas über die Linie D verschoben. Auch dieser Farbstoff gibt einen Streifen nach der Ultraviolettseite, $\lambda = 429$. Eine Hämoglobinlösung nimmt begierig Sauerstoff aus der Luft auf und geht in eine Oxyhämoglobinlösung über. Farbe und
Spektrum
des Hämo-
globins.

Eine Lösung von Oxyhämoglobin kann leicht durch Anwendung von dem Vakuum, durch Hindurchleiten von einem indifferenten Gase oder durch Zusatz von einer reduzierenden Substanz, z. B. einer ammoniakalischen Ferrotartratlösung (der STOKESschen Reduktionsflüssigkeit) oder Hydrazin, in eine Lösung mit dem Spektrum des Hämoglobins übergeführt werden. Nach G. A. BUCKMASTER[3] reagiert das Hydrazinhydrat mit Oxyhämoglobin nach dem Schema: $NH_2 . NH_2 . H_2O + HbO_2 = N_2 + 3H_2O + Hb$, und diese Reaktion ermöglicht eine Bestimmung der Menge des Oxyhämoglobins im Blute. Wird eine Oxyhämoglobinlösung oder arterielles Blut in einem zugeschmolzenen Glasrohre aufbewahrt, so findet auch allmählich eine Sauerstoffzehrung und Reduktion des Oxyhämoglobins zu Hämoglobin statt. Hat die Lösung eine genügende Konzentration, so kann dabei, bei niedriger Temperatur, eine Kristallisation von Hämoglobin in dem Rohre stattfinden (HÜFNER)[4]. Darstellung
des Hämo-
globins.

Methämoglobin nennt man einen Farbstoff, welcher leicht aus dem Oxyhämoglobin entsteht, und welchen man dementsprechend in bluthaltigen Transsudaten und Zystenflüssigkeiten, im Harne bei Hämaturie oder Hämoglobinurie, wie auch im Harne und Blute bei Vergiftungen mit Kaliumchlorat, Amylnitrit oder Alkalinitrit und mehreren anderen Stoffen gefunden hat. Methämo-
globin.

Das Methämoglobin enthält keinen Sauerstoff in molekularer oder dissoziabler Bindung, aber dennoch scheint der Sauerstoff für die Entstehung des

---

[1] Zit. nach Zentralbl. f. d. med. Wiss. 3, S. 230. [2] PFLÜGERS Arch. 104. [3] Journ. of Physiol. 46. [4] Zeitschr. f. physiol. Chem. 4; vgl. auch UHLIK l. c.

Methämoglobins insoferne von Bedeutung zu sein, als das Methämoglobin zwar aus Oxyhämoglobin, nicht aber aus Hämoglobin bei Abwesenheit von Sauerstoff oder oxydierenden Agenzien entsteht. Wird arterielles Blut in ein Rohr eingeschmolzen, so verbraucht es allmählich seinen Sauerstoff, es wird venös und bei dieser Sauerstoffzehrung wird ein wenig Methämoglobin gebildet. Dasselbe findet bei Zusatz von sehr wenig Säure zu dem Blute statt.

Entstehung des Methämoglobins. Bei der spontanen Zersetzung des Blutes wird etwas Methämoglobin gebildet, und bei Einwirkung von Ozon, Kaliumpermanganat, Ferrizyankalium, Chloraten, Nitriten, Nitrobenzol, Hydroxylamin, Pyrogallol, Brenzkatechin, Azetanilid und vielen anderen Stoffen auf das Blut findet ebenfalls eine reichliche Methämoglobinbildung statt. Auch durch Einwirkung von Licht, namentlich von Strahlen von einer Wellenlänge unter 310 $\mu\mu$, kann nach HASSELBALCH[1]) Methämoglobin aus Oxyhämoglobin, nicht aber aus Hämoglobin bei Abwesenheit von Sauerstoff, entstehen, und auf diesem Verhalten kann man eine Methode zur Darstellung von reinem Methämoglobin basieren.

Nach den Untersuchungen von HÜFNER, KÜLZ und OTTO[2]) soll das Methämoglobin dieselbe Menge Sauerstoff wie das Oxyhämoglobin, aber fester gebunden, enthalten, eine Ansicht, welche wohl von den meisten Forschern **Methämoglobinbildung und Sauerstoff.** akzeptiert worden ist. Nach HÜFNER und v. ZEYNEK kann man ein Austreten von Sauerstoff und eine Bindung von zwei Hydroxylgruppen bei der Methämoglobinbildung annehmen; das Methämoglobin wäre dann $= \mathrm{Hb}\Big\langle{\mathrm{OH} \atop \mathrm{OH}}$.

Nach anderen, HOPPE-SEYLER, KÜSTER, LETSCHE, soll das Methämoglobin weniger Sauerstoff als das Oxyhämoglobin enthalten und HbO oder HbOH sein. Nach B. v. REINBOLD[3]) verläuft die Methämoglobinbildung mit Kalium-

$$\text{ferrizyanid nach dem Schema:} \quad \mathrm{Hb}\Big\langle{\mathrm{O} \atop \mathrm{O}} + \mathrm{K_3FeCy_6} + \mathrm{H_2O} = \mathrm{HbOH} +$$

$\mathrm{K_3HFeCy_6} + \mathrm{O_2}$. Von reduzierenden Stoffen wird eine Methämoglobinlösung in eine Hämoglobinlösung übergeführt.

Die Menge des von 1 g Methämoglobin aufgenommenen Stickoxydes beträgt nach HÜFNER und REINBOLD[4]) 2,685 ccm.

Methämoglobin. Das Methämoglobin kristallisiert, was zuerst von HÜFNER und OTTO gezeigt wurde, in braunroten Nadeln, Prismen oder sechsseitigen Tafeln. Es löst sich leicht in Wasser; die Lösung ist braun gefärbt und wird durch Alkalizusatz schön rot. Die Lösung der reinen Substanz wird nicht von Bleiessig allein, wohl aber von Bleiessig und Ammoniak gefällt. Das Absorptionsspektrum einer wässerigen oder angesäuerten Lösung von Methämoglobin ähnelt nach JÄDERHOLM und BERTIN-SANS sehr demjenigen des Hämatins in saurer Lösung, unterscheidet sich aber leicht von diesem dadurch, daß es bei Zusatz von wenig Alkali und einer reduzierenden Substanz in das Spektrum des reduzierten Hämoglobins übergeht, während eine Hämatinlösung unter denselben Umständen das Absorptionsspektrum einer alkalischen Hämochromogenlösung (s. unten) gibt. Nach ARAKI und DITTRICH zeigt eine neutrale oder schwach saure Methämoglobinlösung nur einen charakteristischen **Spektrum des Methämoglobins.** Streifen a zwischen C und D, dessen Mitte etwa $\lambda = 634$ entspricht, und die zwei Streifen zwischen D und E sollen nur bei Verunreinigung mit Oxyhämoglobin zu sehen sein (MENZIES, LEWIN, MIETHE und STENGER). Nach HASSEL-

---

[1]) Bioch. Zeitschr. **19**. [2]) Vgl. OTTO, Zeitschr. f. physiol. Chem. **7**; v. ZEYNEK, Arch. f. (Anat. u.) Physiol. 1899; HÜFNER ebenda. [3]) KÜSTER, Zeitschr. f. physiol. Chem. **66**; LETSCHE ebenda 80; v. REINBOLD ebenda 85. [4]) Arch. f. (Anat. u.) Physiol. 1904. Supplbd.

BALCHS[1]) Erfahrung zeigt jedoch eine neutrale reine Lösung von Methämoglobin 4 Absorptionsstreifen, deren Maxima $\lambda = 630$, 580, 540 und 500 entsprechen. In schwach alkalischer Lösung zeigt das Methämoglobin zwei Absorptionsstreifen, welche den zwei Oxyhämoglobinstreifen ähnlich sind, von diesen aber dadurch sich unterscheiden, daß der Streifen β stärker als a ist. Neben dem Streifen a und mit ihm wie durch einen Schatten verbunden liegt ein dritter, schwacher Streifen zwischen C und D, nahe bei D (Spektraltafel 3).

Methämoglobin erhält man leicht in Kristallen, wenn eine konzentrierte Lösung von Oxyhämoglobin mit nur so viel einer konzentrierten Ferrizyankaliumlösung versetzt wird, daß die Mischung porterbraun wird. Nach dem Abkühlen auf 0^0 C setzt man $^1/_4$ Vol. abgekühlten Alkohols zu und läßt einige Tage kalt stehen. Die Kristalle kann man leicht aus Wasser durch Zusatz von Alkohol umkristallisieren und reinigen. Nach HASSELBALCH gibt diese Methode jedoch gewöhnlich ein unreines Präparat, während man durch Lichteinwirkung (s. oben) ein reines Präparat erhalten soll. *Darstellung des Methämoglobins.*

Zyanmethämoglobin. (Zyanhämoglobin) ist nach HALDANE identisch mit dem Photomethämoglobin (BOCK), welches durch Einwirkung von Sonnenlicht auf ferrizyankaliumhaltiges Methämoglobin entsteht. Es ist zuerst von R. KOBERT genauer beschrieben und von v. ZEYNEK[2]) kristallisiert erhalten worden. Es entsteht sofort in der Kälte bei Einwirkung von Zyanwasserstofflösung auf Methämoglobin, dagegen bei Einwirkung auf Oxyhämoglobin erst bei Körpertemperatur. Die neutralen oder schwach alkalischen Lösungen zeigen ein Spektrum, welches demjenigen des Hämoglobins sehr ähnlich ist. Die Frage, ob es ein besonderes Zyanmethämoglobin gibt, ist jedoch strittig. *Zyanmethämoglobin.*

Azidhämoglobin ist ein aus Blutfarbstoff durch Einwirkung sehr schwacher Säuren entstehender Farbstoff, welcher nach HARNACK[3]) nicht, wie man früher annahm, mit dem Methämoglobin identisch ist.

Kohlenoxydhämoglobin[4]) nennt man eine molekulare Verbindung zwischen 1 Mol. Hämoglobin und 1 Mol. CO, die nach HÜFNER[5]) auf je 1 g Hämoglobin 1,34 ccm Kohlenoxyd (auf 0^0 und 760 mm Hg reduziert) enthält. Diese Verbindung ist fester als die Sauerstoffverbindung des Hämoglobins. Der Sauerstoff wird infolge hiervon leicht aus dem Oxyhämoglobin durch Kohlenoxyd verdrängt, und hierdurch erklärt sich die giftige Wirkung des Kohlenoxydes, welches also durch Austreiben des Blutsauerstoffes tötet. Über die Verteilung des Blutfarbstoffes zwischen Kohlenoxyd und Sauerstoff bei verschiedenen Partiardrücken der beiden Gase in der Luft liegen Untersuchungen von HÜFNER, DOUGLAS und HALDANE[6]) vor. *Kohlenoxydhämoglobin.*

Durch das Vakuum wie durch anhaltendes Durchleiten von einem indifferenten Gase oder von Sauerstoff oder Stickoxydgas kann das Kohlenoxyd ausgetrieben werden, und es werden in diesen Fällen bzw. Hämoglobin, Oxyhämoglobin oder Stickoxydhämoglobin gebildet. Durch Ferrizyankalium wird das Kohlenoxyd ausgetrieben und es entsteht Methämoglobin (HALDANE)[7]). Für das Kohlenoxydhämoglobin wie für das unten zu besprechende Stickoxydhämoglobin soll das oben schon erwähnte, von MANCHOT gefundene Verhalten *Verhalten zu Gasen.*

---

[1]) JÄDERHOLM, Zeitschr. f. Biol. **16**; BERTIN-SANS, Compt. Rend. **106**; ARAKI, Zeitschr. f. physiol. Chem. **14**; DITTRICH, Arch. f. exp. Path. u. Pharm. **29**; MENZIES, Journ. of Physiol. **17**; LEWIN u. Mitarbeiter Fußnote 1, S. 222; HASSELBALCH, Bioch. Zeitschr. **19** und Proc. of the 7th internat. Congr. of appl. chem. London 1909. Ältere Literatur bei OTTO, PFLÜGERS Arch. **31**. [2]) HALDANE, Journ. of Physiol. **25**; BOCK, Skand. Arch. f. Physiol. **6**; KOBERT, PFLÜGERS Arch. **82**; v. ZEYNEK, Zeitschr. f. physiol. Chem. **33**. Vgl. auch O. LEERS, Bioch. Zeitschr. **12**. [3]) Zeitschr. f. physiol. Chem. **26**. [4]) Hinsichtlich des Kohlenoxydhämoglobins vgl. man besonders: HOPPE-SEYLER, Med. chem. Unters. S. 201. Zentralbl. f. d. med. Wiss. 1864 u. 1865 und Zeitschr. f. physiol. Chem. 1 u. 13. [5]) Arch. f. (Anat. u.) Physiol. 1894. Über die Dissoziationskonstante des Kohlenoxydhämoglobins ebenda 1895. [6]) HÜFNER, Arch. f. exp. Path. u. Pharm. **48**; DOUGLAS u. HALDANE, Journ. of Physiol. **44**. [7]) Journ. of Physiol. **22**.

der Sauerstoffaufnahme, daß nämlich bei Verdünnung des Blutes die aufgenommene Gasmenge zunimmt, so daß auf je 1 Atom Fe gegen 2 Moleküle des Gases kommen können, gültig sein.

Das Kohlenoxydhämoglobin entsteht beim Sättigen von Blut oder einer Hämoglobinlösung mit Kohlenoxyd, und es kann nach demselben Prinzipe wie das Oxyhämoglobin in Kristallen gewonnen werden. Diese Kristalle sind den Oxyhämoglobinkristallen isomorph, sind aber schwerer löslich, beständiger und mehr ins Blaurot gefärbt. Für den Nachweis des Kohlenoxydhämoglobins ist dessen Absorptionsspektrum von großer Bedeutung. Dieses Spektrum zeigt zwei Streifen, welche denjenigen des Oxyhämoglobins sehr ähnlich, aber etwas mehr nach dem violetten Teile des Spektrums verschoben sind. Die Mitte des ersteren entspricht $\lambda = 570$, die des zweiten $\lambda = 542$ (Lewin, Miethe und Stenger). Diese Streifen verändern sich nicht merkbar durch Zusatz von reduzierenden Stoffen, was ein wichtiger Unterschied von dem Oxyhämoglobin ist. Enthält das Blut gleichzeitig Oxyhämoglobin und Kohlenoxydhämoglobin, so erhält man nach Zusatz von reduzierender Substanz (ammoniakalischer Ferrotartratlösung) ein von Hämoglobin und Kohlenoxydhämoglobin herrührendes, gemischtes Spektrum. Das Kohlenoxydhämoglobin zeigt auch einen Violettstreifen $\lambda = 416$.

Zum gerichtlich-chemischen Nachweise von Kohlenoxydhämoglobin ist eine Menge von Proben vorgeschlagen worden. Eine solche, ebenso einfache wie bewährte Probe ist die Hoppe-Seylersche Natronprobe. Das Blut wird mit dem doppelten Volumen Natronlauge von 1,3 spezifischem Gewicht versetzt. Gewöhnliches Blut wandelt sich dabei in eine schmutzigbraune Masse um, welche, auf einen Portellanteller aufgestrichen, braun mit einem Stiche ins Grünliche ist. Kohlenoxydblut gibt dagegen unter ähnlichen Verhältnissen eine schön rote Masse, welche, auf Porzellan aufgestrichen, eine schöne rote Farbe zeigt. Mehrere Modifikationen dieser Probe sind vorgeschlagen worden. Ein anderes, sehr gutes Reagenz ist Gerbsäure, welche mit verdünntem normalem Blut einen braungrauen, mit Kohlenoxydblut dagegen einen hell karmoisinroten Niederschlag gibt[1]). Auch andere Methoden sind vorgeschlagen und zur Anwendung gekommen.

Wie es nach Bohr mehrere Oxyhämoglobine gibt, so soll es auch nach ihm und Bock[2]) mehrere Kohlenoxydhämoglobine von verschiedenem Kohlenoxydgehalt geben. Wie das Hämoglobin nach Bohr und Torup (vgl. unten) gleichzeitig Sauerstoff und Kohlensäure binden kann, so soll es nach Bock Kohlenoxyd und Kohlensäure gleichzeitig und unabhängig voneinander binden können.

Kohlenoxydmethämoglobin soll nach Weyl und v. Anrep bei der Einwirkung von Kaliumpermanganat auf Kohlenoxydhämoglobin entstehen, was indessen von Bertin-Sans und Moitessier[3]) entschieden bestritten wird. **Schwefelmethämoglobin** wurde von Hoppe-Seyler ein Farbstoff genannt, welcher bei Einwirkung von Schwefelwasserstoff auf Oxyhämoglobin entsteht und welcher nunmehr allgemein Sulfhämoglobin genannt wird. Die Lösung hat eine grünlichrote, schmutzige Farbe und zeigt zwei Absorptionsstreifen zwischen C und D. Dieser Farbstoff soll die grünliche Farbe auf der Oberfläche faulenden Fleisches bedingen. Etwas anders liegen nach Harnack[4]) die Verhältnisse, wenn man Schwefelwasserstoff durch sauerstofffreie Lösungen von Hämoglobin leitet. Das hierbei gebildete Sulfhämoglobin zeigt einen Streifen im Rot zwischen C und D. Nach Clarke und Hurtley soll der Bildung des Sulfhämoglobins stets eine Reduktion zu Hämoglobin vorangehen.

Kohlensäurehämoglobin, Karbohämoglobin. Auch mit Kohlensäure geht das Hämoglobin nach Bohr und Torup[5]) molekulare Verbindungen

---

[1]) Bezüglich dieser Probe (von Kunkel) und anderer solchen wird auf die Arbeit von Kostin (Pflügers Arch. 84), wo man ein sehr reichhaltiges Literaturverzeichnis findet, hingewiesen. Vgl. auch A. de Domenicis, Chem. Zentralbl. 1908, 2, S. 66. [2]) Zentralbl. f. Physiol. 8 und Malys Jahresb. 25. [3]) v. Anrep, Arch. f. (Anat. u.) Physiol. 1880; Sans u. Moitessier, Compt. Rend. 113. [4]) Hoppe-Seyler, Med. chem. Unters. S. 151. Vgl. Araki, Zeitschr. f. physiol. Chem. 14; Harnack l. c.; Clarke u. Hurtley, Journ. of Physiol. 36. [5]) Bohr, Extrait du Bull. de l'Acad. Danoise 1890; Zentralbl. f. Physiol. 4 u. 17; Torup, Malys Jahresb. 17.

ein, deren Spektra demjenigen des Hämoglobins ähnlich sind, und nach Buck-master[1]) sollen die Hämoglobinlösungen Kohlensäure in mit der Konzentration der Lösung steigender Menge aufnehmen. Nach der Ansicht von Bohr sollte es drei verschiedene Karbohämoglobine geben, nämlich α-, β- und γ-Karbohämoglobin, von denen je 1 g bei $+ 18^0$ C und 60 mm Hg-Druck bzw. 1,5, 3 und 6 ccm CO_2 (bei 0^0 und 760 mm gemessen) binden soll. Wird eine Hämoglobinlösung mit einer Mischung von Sauerstoff und Kohlensäure geschüttelt, so nimmt nach Bohr das Hämoglobin in lockerer Verbindung sowohl Sauerstoff als Kohlensäure auf, unabhängig voneinander, als ob jedes Gas für sich allein da wäre. Bohr glaubt deshalb, daß die beiden Gase an verschiedene Teile des Hämoglobins, nämlich der Sauerstoff an den Farbstoffkern und die Kohlensäure an den Eiweißkomponenten, gebunden sind. Zu beachten ist jedoch, daß nach Torup das Hämoglobin, wenigstens zum Teil, leicht unter Abscheidung von etwas Eiweiß durch Kohlensäure zersetzt werden kann.

Kohlen-säurehämo-globin.

Stickoxydhämoglobin ist eine ebenfalls kristallisierende molekulare Verbindung, welche noch fester als das Kohlenoxydhämoglobin ist. Die Lösung zeigt zwei Absorptionsstreifen, welche weniger scharf und mehr blaß als die Kohlenoxydhämoglobinstreifen sind, wie diese aber durch Zusatz von reduzierenden Stoffen nicht verschwinden. Das Hämoglobin geht auch mit Äthylen und Azetylen molekulare Verbindungen ein.

Stickoxyd-hämoglobin.

Hämorhodin hat Lehmann einen in Alkohol und Äther löslichen, schön roten Farbstoff genannt, welcher aus Fleisch und Fleischwaren mit siedendem Alkohol extrahierbar ist, und, wie es scheint, durch Einwirkung sehr kleiner Nitritmengen entsteht. Bei mit Phenylhydrazin vergifteten Tieren isolierte Lewin[2]) aus dem Blute einen Farbstoff, den er Hämoverdin genannt hat. Durch Erhitzen einer mit Alkohol gemischten und mit etwas Kalilauge versetzten Blutfarbstofflösung auf 60^0 kann man nach v. Klaveren einen Farbstoff, von ihm Kathämoglobin, von Arnold[3]) aber, welcher als erster ihn erhielt, neutrales Hämatin genannt, erhalten, welcher unter Abspaltung eines eisenhaltigen Komplexes entsteht. Dieser Farbstoff enthält noch Eiweiß, ist aber ärmer an Eisen als Hämoglobin oder Methämoglobin und stellt gewissermaßen ein Zwischenglied bei dem Übergange des letzteren in Hämatin dar.

Denatu-rierte Blut-farbstoffe.

Zersetzungsprodukte der Blutfarbstoffe. Als Hauptprodukte liefert das Hämoglobin, wie oben gesagt, bei seiner Zersetzung Eiweiß, welches man Globin genannt hat (Preyer, Schulz), und eisenhaltigen Farbstoff. Nach Lawrow entstehen hierbei 94,09 p. c. Eiweiß, 4,47 p. c. Hämatin und 1,44 p. c. andere Stoffe. Das Globin, welches von Schulz[4]) isoliert und näher untersucht wurde, zeichnet sich den meisten anderen Eiweißstoffen gegenüber durch einen hohen Kohlenstoffgehalt, 54,97 p. c. bei 16,89 p. c. Stickstoff, aus. Es ist unlöslich in Wasser, aber äußerst leicht löslich in etwas Säure oder Alkali. In Ammoniak wird es bei Gegenwart von Chlorammonium nicht gelöst. Salpetersäure fällt es in der Kälte, nicht aber in der Wärme. Es kann durch Erhitzen koaguliert werden, das Koagulum ist aber leicht löslich in Säuren. Hauptsächlich auf Grund dieser Reaktionen wird es von Schulz als ein Histon betrachtet.

Zer-setzungs-produkte der Blut-farbstoffe.

Bei hydrolytischer Spaltung liefert das Globin (aus Pferdeblut) nach Abderhalden[5]) die gewöhnlichen Spaltungsprodukte der Eiweißstoffe und besonders viel Leuzin, 29 p. c. Bemerkenswert ist es ferner, daß es bedeutende Mengen Histidin, 10,96 p. c., gab, während die Menge des Arginins und Lysins bzw. nur 5,42 und 4,28 p. c. war.

Globin.

---

[1]) Journ. of Physiol. **51**. [2]) K. B. Lehmann, Sitz.-Ber. d. phys.-med. Gesellsch. Würzburg 1899; Lewin, Compt. Rend. **133**. [3]) v. Klaveren, Zeitschr. f. physiol. Chem. **33**; Arnold ebenda **29**. [4]) Lawrow ebenda **26**; Schulz ebenda **24**; Preyer, Die Blutkristalle. Jena 1871. [5]) Zeitschr. f. physiol. Chem. **37**, mit Baumann ebenda **51**.

Der abgespaltene Farbstoff ist je nach den Verhältnissen, unter welchen die Spaltung stattfindet, verschieden. Findet die Zersetzung bei Abwesenheit von Sauerstoff statt, so erhält man einen Farbstoff, welcher von HOPPE-SEYLER Hämochromogen, von anderen Forschern (STOKES) reduziertes Hämatin genannt worden ist. Bei Gegenwart von Sauerstoff wird das Hämochromogen rasch zu Hämatin oxydiert, und man erhält deshalb in diesem Falle als farbiges Zersetzungsprodukt einen anderen Farbstoff, das Hämatin. Wie das Hämochromogen durch Sauerstoff leicht in Hämatin übergeführt wird, so kann letzteres umgekehrt durch reduzierende Stoffe in Hämochromogen zurückverwandelt werden.

Hämochromogen. Das **Hämochromogen** oder reduziertes Hämatin ist nach HOPPE-SEYLER[1]) die gefärbte Atomgruppe des Hämoglobins und seiner Verbindungen mit Gasen, und diese Atomgruppe ist in dem Farbstoffe mit Eiweiß verbunden. Die charakteristischen Lichtabsorptionen hängen von dem Hämochromogen ab, und diese Atomgruppe ist es auch, welche in dem Oxyhämoglobin 1 Mol. Sauerstoff und in dem Kohlenoxydhämoglobin 1 Mol. Kohlenoxyd auf je 1 Atom Eisen bindet. Das Hämochromogen entsteht aus einer alkalischen Hämatinlösung durch Einwirkung reduzierender Stoffe. Durch Reduktion von Hämatin in ammoniakhaltigem Alkohol mittels Hydrazin hat v. ZEYNEK[2]) die braunrote Ammoniakverbindung in festem Zustande erhalten, und durch Zusatz von ein wenig Natriumhydrosulfit zu einer Lösung von Hämatin in Methylalkohol und Erwärmen in zugeschmolzenem Gefäß auf 60—65° erhielten DHÉRÉ und Mitarbeiter[3]) Kristalle, welche sie als saures Hämochromogen auffaßten. Eine kristallisierende Verbindung zwischen Pyridin und Hämochromogen erhält man nach KALMUS und v. ZEYNEK[4]) aus Hämoglobin und Pyridin beim Kochen oder aus Hämatin oder Hämin und Pyridin nach Zusatz von Hydrazinhydrat.

Hämochromogen. Das Hämochromogen verbindet sich, wie HOPPE-SEYLER als erster zeigte, auch mit Kohlenoxyd. Diese Verbindung, welche in wässeriger Lösung ein Spektrum von dem Aussehen des Oxyhämoglobins zeigt, ist von PREGL[5]) in festem Zustande als ein dunkelviolettes, in absolutem Alkohol unlösliches Pulver dargestellt worden. Im Gegensatz zu dem Hämoglobin bindet das Hämochromogen den Sauerstoff fester als das Kohlenoxyd. Die Annahme HOPPE-SEYLERS, daß diese Verbindung auf 1 Mol. Hämochromogen und also auf 1 Atom Eisen 1 Mol. Kohlenoxyd enthält, ist von HÜFNER und KÜSTER und von PREGL[6]) experimentell bestätigt worden.

Spektrum des Hämochromogens. Eine alkalische Hämochromogenlösung ist schön kirschrot. Sie zeigt zwei, zuerst von STOKES beschriebene Absorptionsstreifen (Spektraltafel 6), von denen der eine, welcher mehr dunkel ist und dessen Mitte $\lambda = 556,4$ entspricht, zwischen D und E liegt, und der andere, welcher breiter aber weniger dunkel ist, die FRAUNHOFERschen Linien E (und b) einschließt. Die Mitte dieses Streifens entspricht einer Wellenlänge von $\lambda = 526$ à 530 nach LEWIN, MIETHE und STENGER. In saurer Lösung zeigt das Hämochromogen vier Streifen, die jedoch nach JÄDERHOLM[7]) von einem Gemenge von Hämochromogen und Hämatoporphyrin (vgl. unten), das letztere durch eine teilweise Zersetzung infolge der Einwirkung der Säure entstanden, herrühren sollen.

Aus einer oxalsäurehaltigen Lösung von Hämatin in Alkohol erhielt MILROY[8]), nach Austreiben der Luft durch H-Gas, mittelst Zinkstaub all-

---

[1]) Zeitschr. f. physiol. Chem. **13**. [2]) Ebenda **25**. [3]) CH. DHÉRÉ, L. BAUDOUX u. A. SCHNEIDER, Compt. Rend. **165**. [4]) E. KALMUS, Zeitschr. f. physiol. Chem. **70**; v. ZEYNEK ebenda **70**. [5]) Ebenda **44**. [6]) HÜFNER u. KÜSTER, Arch. f. (Anat. u.) Physiol. 1904, Supplbd.; PREGL l. c. [7]) Nord. Med. Arkiv **16**. [8]) Journ. of Physiol. **32** (Febr.-Heft S. XII).

mählich eine saure Lösung von reduziertem Hämatin (Hämochromogen). Diese Lösung zeigte einen Absorptionsstreifen zwischen D und E.

Das Hämochromogen kann bei vollständiger Abwesenheit von Sauerstoff durch Einwirkung von Natronlauge auf Hämoglobin bei 100° C in Kristallen gewonnen werden (HOPPE-SEYLER). Bei Zersetzung von Hämoglobin mit Säuren, selbstverständlich ebenfalls bei gehindertem Luftzutritt, erhält man gewöhnlich das Hämochromogen von ein wenig Hämatoporphyrin verunreinigt. Eine alkalische Hämochromogenlösung erhält man leicht durch Einwirkung von einer reduzierenden Substanz (der STOKESschen Reduktionsflüssigkeit) auf eine alkalische Hämatin- lösung. Zur Darstellung des Hämochromogens eignet sich besonders eine ammoniaka- Darstellung lische Hämatinlösung, die mit Hydrazin reduziert wird (v. ZEYNEK). Eine chromo- alkoholische, alkalische Hydrazinlösung ist auch von RIEGLER[1]) als Reagenz gens. auf Blutfarbstoff, welches hierbei in Hämochromogen übergeht, empfohlen worden.

Trotz der obengenannten nahen Beziehungen zwischen Hämatin und Hämochromogen wird das erstere im allgemeinen nicht aus dem letzteren, sondern aus Hämin dargestellt. Aus dem Grunde dürfte es auch ange- messen sein, das Hämin vor dem Hämatin zu besprechen.

Hämin (Häminkristalle oder TEICHMANNS Kristalle) entsteht aus dem Blutfarbstoffe bei dessen Zersetzung unter geeigneten Verhältnissen Hämin. bei Gegenwart von Chlorwasserstoffsäure und ist dementsprechend eine chlorhaltige Substanz.

Die Angaben über die Zusammensetzung des Hämins differierten bis in neuerer Zeit recht bedeutend, und man hatte verschiedene Hämine ange- nommen, was wohl zum Teil daher rührte, daß das Hämin, wie NENCKI und ZALESKI zuerst zeigten, mit Säuren und Alkylradikalen Verbindungen ein- geht, welche auch mit anderen Stoffen Additionsprodukte geben können. Durch die Arbeiten von mehreren Forschern, namentlich KÜSTER, sind diese Verhältnisse dann weiter aufgeklärt worden, und KÜSTER[2]) hat gezeigt, daß alle Hämine dieselbe prozentige Zusammensetzung haben. Die Formel des Hämins wird nun auch allgemein $C_{34}H_{32}O_4N_4FeCl$ geschrieben, wobei jedoch zu bemerken ist, daß die Anzahl der Kohlenstoffatome bisweilen auch sowohl in Hämin wie Hämatin zu 33 angenommen wird, eine Ansicht, welche auch von WILLSTÄTTER[3]) vertreten ist. Bezüglich der elementären Zusammen- setzung unterscheidet sich das Hämin von dem Hämatin dadurch, daß das Hämin. letztere statt Cl eine OH-Gruppe enthält. In dem Hämin kann auch das Chlor gegen Brom und auch Jod ausgetauscht werden, und namentlich KÜSTER hat eingehende Untersuchungen über die Bromhämine und die Methylierung derselben ausgeführt.

Alles Hämin hat, wie oben gesagt, dieselbe elementäre Zusammen- setzung; dies schließt aber nicht aus, daß es verschiedene Hämine gibt. KÜSTER[4]) hat in neuerer Zeit mehrere Arbeiten über Mono- und Dimethyl- hämine, über Bromhämine und ihre Alkylester, über das Entstehen von Häminen verschiedener Kristallform und Eigenschaften bei Anwendung ver- schiedener Darstellungsmethoden wie auch aus Blut verschiedener Tierarten und Tieren derselben Art aber verschiedenen Alters, über die Einwirkung von Anilin und andere Lösungsmittel u. a. ausgeführt. Diese Untersuchungen,

---

[1]) Zeitschr. f. anal. Chem. 43. [2]) NENCKI u. ZALESKI, Zeitschr. f. physiol. Chem. 30; NENCKI u. SIEBER, Arch. f. exp. Path. u. Pharm. 18 u. 20 und Ber. d. d. chem. Gesellsch. 18; SCHALFEJEFF bei NENCKI u. ZALESKI l. c.; K. MÖRNER, Nord. Med. Arkiv, Festband 1897 Nr. 1 u. 26 und Zeitschr. f. physiol. Chem. 41; ZALESKI ebenda 37; CLOETTA, Arch. f. exp. Path. u. Pharm. 36; KÜSTER, Zeitschr. f. physiol. Chem. 40. [3]) Mit MAX FISCHER, Zeitschr. f. physiol. Chem. 87. [4]) Die neuen Arbeiten von KÜSTER findet man ebenda 82, 86, 88, 91, 95, 99, 101, 109, 110 und in Ber. d. d. chem. Ge- sellsch. 45, 53.

die von sehr großer Bedeutung auch für die Frage von dem inneren Bau des Hämins und Hämatins sind, können noch nicht Gegenstand einer kurzgedrängten Darlegung in einem Lehrbuche werden; aus ihnen mag aber hier hervorgehoben werden, daß es unzweifelhaft isomere Hämine gibt. In Übereinstimmung mit einem, von K. Mörner herrührendem Vorschlage bezeichnet Küster das nach Mörners Verfahren mit Chlorwasserstoffsäure und Alkohol (s. unten) erhaltene Hämin als β-Hämin und das nach Schalfejeffs Verfahren mit Eisessig und Chlornatrium (s. unten) erhaltene, als α-Hämin. Diese zwei Hämine wie auch ihre Bromhämine, ihre Ester und Umscheidungsprodukte kristallisieren in verschiedener Weise und zeigen in mehreren Hinsichten ein verschiedenes Verhalten.

Verschiedene Hämine.

Das Hämin enthält zwei Karboxylgruppen und kann sowohl Mono- wie Dialkylester geben. Die beiden Karboxyle verhalten sich indessen nach Küster nicht gleich, indem das eine frei und leicht zu verestern, das andere dagegen (schwer zu verestern) mit einem Stickstoffatom in betainartiger Bindung sich vorfindet. Dementsprechend kann man auch bei Anwendung von Methylalkohol bei dem Mörnerschen Verfahren zwei isomere Monomethylester erhalten. Durch Einwirkung von kaltem Anilin tritt Chlorwasserstoff aus und man erhält De(hydrochlorid)hämin, das, in Chinin- oder Pyridin-Chloroform gelöst und in mit NaCl gesättigten Eisessig eingetragen, zu Hämin zurückgewandelt werden kann. In ähnlicher Weise kann auch Bromwasserstoff austreten unter Bildung von De(hydrobromid)hämin, so daß man nach diesem Verfahren überhaupt De(hydrohalogen)hämine erhält. Bei der Einwirkung von Anilin, welche, wie auch das Umkristallisieren aus anderen Lösungsmitteln, welche eine chemische Umsetzung verursachen, als Umscheidung bezeichnet wird, ist indessen nach Küster[1] das Verhalten etwas komplizierter. Neben einem, als Hydroxyhämin bezeichneten Körper wird nämlich ein Gemisch von zwei De(hydrohalogen)häminen gebildet, die je nach der Art der Bindung des Eisens in ihnen unterschieden werden.

Dehydrohalogenhämine.

Die Häminkristalle, wie man sie gewöhnlich unter Anwendung von Eisessig erhält, stellen in größerer Menge ein blauschwarzes Pulver dar, sind aber so klein, daß sie nur mit dem Mikroskope erkannt werden können. Sie bestehen aus dunkel braungefärbten oder fast braunschwarzen, isolierten oder zu schiefen Kreuzen, Rosetten oder sternförmigen Bildungen gruppierten, länglichen, rhombischen oder spulförmigen Kriställchen. Würfelförmige Kristalle können auch vorkommen, und das Vorkommen von solchen deutet auf die Anwesenheit von β-Hämin hin. Das letztgenannte Hämin gibt nämlich auch als Ester und Bromverbindungen würfelförmige Kristalle, während das α-Hämin auch in Verbindungen, wie z. B. in dem Bromhämin, Teichmannsche Kristalle liefert. Die Häminkristalle sind unlöslich in Wasser, verdünnten Säuren bei Zimmertemperatur, Alkohol, Äther und Chloroform. Von Eisessig werden sie in der Wärme etwas gelöst. In säurehaltigem Alkohol, wie auch in verdünnten kaustischen oder kohlensauren Alkalien lösen sie sich, und im letzteren Falle entsteht neben Chloralkalien lösliches Hämatinalkali, aus welchem das Hämatin dann mit einer Säure ausgefällt werden kann.

Eigenschaften der Häminkristalle.

Das Prinzip der Darstellung von Hämin in größeren Mengen nach Schalfejeffs[2] Verfahren (in der Ausführung nach Nencki und Zaleski) ist: Eintragen des defibrinierten Blutes in mit gepulvertem Chlornatrium gesättigten Eisessig unter Erwärmung auf 90—95° C. Die Kristalle können aus heißem Chlornatrium-

---

[1] Zeitschr. f. physiol. Chem. **40** u. **101**.   [2] Vgl. Fußnote 2 S. 229.

Eisessig (nach SCHALFEJEFF durch Auflösung in chininhaltigem Chloroform) umkristallisiert werden. Das von K. Mörner [1]) befolgte Prinzip besteht darin, daß man das koagulierte Blutkörperchensediment mit 90—95 volumprozentigem Alkohol, dem man vorher $\frac{1}{2}$—1 Volumprozent konzentrierte Chlorwasserstoffsäure zugesetzt hat, einige Zeit bei Zimmertemperatur stehen läßt, dann das Filtrat auf 70° C erwärmt, mit Chlorwasserstoffsäure versetzt und in der Kälte stehen läßt. Nähere Angaben findet man in den Arbeiten von Nencki und Zaleski, Mörner und besonders Küster.

Darstellung des Hämins.

Zur Darstellung von Häminkristallen im kleinen verfährt man auf folgende Weise. Das Blut wird nach Zusatz von sehr wenig Kochsalz eingetrocknet, oder auch wird das schon trockene Blut mit einer Spur Kochsalz zerrieben. Das trockene Pulver wird auf ein Objektglas gebracht, mit Eisessig befeuchtet und nun das Deckgläschen aufgelegt. Mit einem Glasstabe setzt man nun am Rande des Deckgläschens mehr Eisessig zu, bis der Zwischenraum davon vollständig ausgefüllt worden ist. Hierauf erwärmt man über einer sehr kleinen Flamme mit der Vorsicht jedoch, daß der Eisessig nicht ins Sieden gerät und mit dem Pulver an der Seite des Deckgläschens austritt. Sollten nach dem ersten Erwärmen in dem erkalteten Präparate keine Kristalle sichtbar sein, so erwärmt man von neuem, wenn nötig nach Zusatz von etwas mehr Eisessig. Nach dem Erkalten sieht man bei richtigem Arbeiten in dem Präparate eine Menge von schwarzbraunen oder fast schwarzen Häminkristallen von wechselnden Formen.

Darstellung von Hämin-kristallen im kleinen.

Hämatin, auch **Oxyhämatin** genannt, findet man bisweilen in alten Transsudaten. Es entsteht auch bei Einwirkung von Magen- und Pankreassaft auf Oxyhämoglobin und findet sich deshalb in den Darmentleerungen nach Blutungen im Darmkanale, wie auch nach Fleischkost und blutreicher Nahrung. Im Blute kommt es nach SCHUMM bei vielen Krankheiten und nach Vergiftungen mit gewissen Stoffen vor. Ähnliche Beobachtungen, namentlich nach Vergiftungen, hat auch FEIGL mitgeteilt. Im Harne, wo man es früher nur nach Vergiftung mit Arsenwasserstoff beobachtet hatte, kommt es nach SCHUMM [2]) ebenfalls in krankhaften Zuständen vor und soll oft zu beträchtlichem Teil als Sediment auftreten.

Hämatin.

In der Zusammensetzung unterscheidet sich das Hämatin von dem Hämin dadurch, daß es statt 1 Atom Cl 1 Mol. OH enthält, und wenn man wie in dem Hämin 34 Kohlenstoffatome annimmt, würde also die Formel $C_{34}H_{33}O_5N_4Fe$ sein.

Zusammen-setzung.

v. ZEYNEK hat durch Verdauung von Oxyhämoglobinlösung mit Pepsinsalzsäure ein Hämatin dargestellt, aus welchem er dann ein Hämin erhielt. Da dieses Hämatin v. ZEYNEKs leicht in Hämin übergeht, während man im allgemeinen das gewöhnliche, aus Hämin dargestellte Hämatin nicht in Hämin hat zurückverwandeln können, betrachtet KÜSTER die beiden Hämatine als nicht identisch. Das erstere nennt er α-Hämatin und das gewöhnliche β-Hämatin. Das aus Blut mit konzentrierter Natronlauge erhaltene Hämatin läßt sich nach A. HAMSIK leicht in Hämin überführen.

α- und β-Hämatin.

Nach PILOTY und EPPINGER [3]) soll eine reichliche Rückbildung von Hämin aus dem gewöhnlichen (aus Hämin dargestellten) Hämatin möglich sein, was jedoch nicht mit den Erfahrungen von KÜSTER und auch anderen Forschern stimmt. Dagegen kann man, wie WILLSTÄTTER und MAX FISCHER [4]) gezeigt haben, aus dem kristallisierten Hämatindimethylester, in Äther gelöst, durch Einwirkung von verdünnter Chlorwasserstoffsäure den kristallisierenden Hämindimethylester gewinnen. Daß man das typische Hämatin nicht in

Zurück-bildung von Hämin aus Hämatin.

---

[1]) Vgl. Fußnote 2 S. 229. [2]) O. SCHUMM, Zeitschr. f. physiol. Chem. **80**, 87 u. 97; J. FEIGL, Bioch. Zeitschr. **74** u. **85**. [3]) R. v. ZEYNEK, Zeitschr. f. physiol. Chem. **30** u. **49**; A. HAMSIK ebenda **80**; KÜSTER ebenda **66** und Ber. d. d. chem. Gesellsch. **43**; PILOTY, Annal. d. Chem. u. Pharm. **377**; EPPINGER, Unters. über den Blutfarbstoff. Dissert. München 1907. [4]) Zeitschr. f. physiol. Chem. **87**.

Hämin, jedenfalls lange nicht quantitativ, zurückverwandeln kann, liegt wohl daran, daß nach KÜSTER die beiden Stoffe einen wesentlich verschiedenen inneren Bau haben.

Hämatin. Das Hämatin enthält zwei Karboxylgruppen und eine Hydroxylgruppe, die an dem Esen gebunden zu sein scheint und bei der Häminbildung durch Chlor ersetzt wird. Durch die Karboxylgruppen kann es sowohl Salze mit Metallen wie auch Alkylderivate bilden, welche letztere von NENCKI und ZALESKI und besonders von KÜSTER[1]) studiert worden sind. Das Hämatin löst sich in konzentrierter Schwefelsäure und geht dabei unter Abspaltung von Eisen in Hämatoporphyrin über. Beim Erhitzen liefert das trockene Hämatin reichlich Pyrrol. Die bei Oxydation oder Reduktion aus dem Hämatin entstehenden Produkte und die daran sich anknüpfende Frage von der Konstitution desselben sollen im Zusammenhang mit der Besprechung der Porphyrine abgehandelt werden.

Eigenschaften des Hämatins. Das Hämatin ist amorph, schwarzbraun oder blauschwarz. Es kann ohne Zersetzung auf 180° C erhitzt werden; beim Verbrennen hinterläßt es einen aus Eisenoxyd bestehenden Rückstand. In Wasser, verdünnten Säuren, Alkohol, Äther und Chloroform ist es unlöslich, löst sich aber ein wenig in warmem Eisessig. In angesäuertem Alkohol oder Äther löst es sich. In Alkalien, selbst in sehr verdünntem Alkali, löst es sich leicht. Die alkalischen Lösungen sind dichroitisch; in dickeren Schichten erscheinen sie in durchfallendem Lichte rot, in dünnen Schichten grünlich. Von Kalk oder Barytwasser, wie auch von Lösungen der neutralen Salze der Erdalkalien werden die alkalischen Lösungen gefällt. Die sauren Lösungen sind stets braun. Aus dem Hämin erhält man es durch Lösung des ersteren mit Alkali und Ausfällung mit einer Säure.

Absorptionsspektrum des Hämatins. Eine saure Hämatinlösung (Spektraltafel 4) absorbiert am schwächsten den roten und am stärksten den violetten Teil des Spektrums. Die Lösung zeigt zwischen C und D einen recht scharfen Streifen, dessen Lage jedoch mit der Art des sauren Lösungsmittels etwas wechseln kann. Zwischen D und F findet sich ein zweiter, viel breiter, weniger scharf begrenzter Streifen, welcher bei passender Verdünnung in zwei Streifen sich auflöst. Der eine, zwischen b und F neben F gelegene, ist dunkler und breiter, der andere, zwischen D und E, nahe an E gelegene, ist heller und weniger breit. Endlich beobachtet man auch bei einer passenden Verdünnung einen vierten, sehr schwachen, zwischen D und E, neben D gelegenen Streifen. Das Hämatin kann also in saurer Lösung vier Absorptionsstreifen zeigen; gewöhnlichenfalls sieht man aber recht deutlich nur den Streifen zwischen C und D und den breiten dunklen Streifen — bzw. die zwei Streifen — zwischen D und F. In alkalischer Lösung (Spektraltafel 5) zeigt das Hämatin einen breiten Absorptionsstreifen, welcher zum unverhältnismäßig größten Teil zwischen C und D gelegen ist, sich aber ein wenig über die Linie D nach rechts in den Raum zwischen D und F hinein erstreckt. Da die Lage der Hämatinstreifen im Spektrum eine recht veränderliche ist, können die entsprechenden Wellenlängen nicht genau angegeben werden.

Mesohämin. Mesohämin, $C_{34}H_{36}O_4N_4FeCl$, ist ein Stoff, den man am einfachsten nach H. FISCHER und AM. HAHN durch direkte Wasserstoffaddition an Hämin bei Gegenwart von kolloidalem Palladium erhält. Es ist aber auch in anderer Weise von anderen Forschern, und zwar von ZALESKI[2]) als erstem aus Mesoporphyrin (vgl. unten), dessen

---

[1]) M. NENCKI u. J. ZALESKI, Zeitschr. f. physiol. Chem. **30**; W. KÜSTER, Ber. d. d. chem. Gesellsch. **43** u. **45** und die vorher zitierten Arbeiten. [2]) H. FISCHER u. AM. HAHN. Zeitschr. f. physiol. Chem. **91**; ZALESKI ebenda **43**.

Eisenverbindung es ist, dargestellt worden. Es hat sein größtes Interesse durch seine Beziehung zu dem Mesoporphyrin.

Porphyrine. Mit diesem Namen bezeichnet man eine Gruppe von untereinander sehr nahe verwandten, eisenfreien, komplizierten Pyrrolfarbstoffen, die man sowohl aus Blutfarbstoff wie aus Chlorophyll dargestellt hat und die durch ihre Farbe und Absorptionsspektra ausgezeichnet sind. Der am längsten bekannte Farbstoff dieser Gruppe ist das zuerst von HOPPE-SEYLER[1]) durch Einwirkung von konzentrierter Schwefelsäure auf Blutfarbstoff erhaltene und näher studierte Hämatoporphyrin, und das längst bekannte, aus Chlorophyll dargestellte Porphyrin ist das Phylloporphyrin. Zu dieser Gruppe gehören u. a. außerdem die tierischen Porphyrine Mesoporphyrin, Hämoporphyrin, Koproporphyrin, Uroporphyrin und das sowohl aus Blut- wie Blattfarbstoff erhaltene sog. Stammporphyrin, das Äthioporphyrin. *Porphyrine.*

Hämatoporphyrin, $C_{34}H_{38}N_4O_6$, kommt nach MAC MUNN[2]) als physiologischer Farbstoff bei gewissen Tieren vor. Ob es hierbei um echtes Hämatoporphyrin oder um ein anderes Porphyrin sich handelt, ist jedoch zweifelhaft, und ähnliches gilt von dem spurenweise in normalem Menschenharn vorkommenden Porphyrin. Das bei Hämatoporphyrinuria congenita wie nach Vergiftung mit Trional im Harne gefundene Porphyrin ist jedenfalls anderer Art (vgl. unten). Reines, kristallisiertes Hämatoporphyrin, als Chlorwasserstoffverbindung, erhielten zuerst NENCKI[3]) und Mitarbeiter durch Einwirkung von mit Bromwasserstoff gesättigtem Eisessig auf Häminkristalle. *Hämato-porphyrin.*

Bei der Entstehung des Hämatoporphyrins aus Hämin wird das Eisen abgespaltet, und es werden 2 Sauerstoffatome aufgenommen. Über den hierbei stattfindenden Vorgang ist man noch nicht ganz im klaren. Aus den Untersuchungen von KÜSTER und P. DEIHLE[4]), wie von WILLSTÄTTER und MAX FISCHER[5]) weiß man jedoch, daß zuerst halogenierte Zwischenprodukte entstehen, aus denen dann das Hämatoporphyrin durch Eintritt von Hydroxyl statt des Broms hervorgeht. *Ent-stehungs-weise.*

Das Hämatoporphyrin gibt, wie oben erwähnt, mit Chlorwasserstoff eine Verbindung, die in langen braunroten Nadeln kristallisiert. Wird die Lösung in Chlorwasserstoffsäure mit Natronlauge fast neutralisiert und darauf mit Natriumazetat versetzt, so scheidet sich der Farbstoff als amorphe, braune, in Amylalkohol, Äther und Chloroform nur wenig, in Äthylalkohol, Alkalien und verdünnten Mineralsäuren dagegen leicht lösliche Flocken aus. WILLSTÄTTER und MAX FISCHER haben es aber aus Äther als glänzende, violette Kristallisation erhalten, die aus schön gerundeten, in der Durchsicht rotbraunen Blättchen bestand. Es gibt eine schwerlösliche, kristallisierende Natriumverbindung, und es sind auch Verbindungen mit schweren Metallen bekannt. Unter diesen soll nach MILROY[6]) die Zinnverbindung infolge ihrer Beständigkeit und der Schärfe ihres Spektrums zum Nachweis von Blut sehr geeignet sein. Von dem Hämatoporphyrin sind mehrere Ester bekannt, und es bildet eine schön kristallisierende Tetramethylverbindung. Von großer Wichtigkeit sind die optischen Eigenschaften der Hämatoporphyrinlösungen. *Eigen-schaften u. Ver-bindungen.*

Die sauren alkoholischen Lösungen haben eine prachtvolle Purpurfarbe, die bei Zusatz von größeren Säuremengen violettblau wird. Die alkalischen Lösungen sind ebenfalls, wenigstens bei nicht zu großem Alkaligehalte, von einer schön roten Farbe.

Eine von Salzsäure oder Schwefelsäure saure, alkoholische Hämatoporphyrinlösung zeigt zwei Absorptionsstreifen (Spektraltafel 7), von denen

---

[1]) Med.-chem. Unters. S. 528. [2]) Journ. of Physiol. 7. [3]) NENCKI u. SIEBER, Monatsh. f. Chem. 9 und Arch. f. exp. Path. u. Pharm. 18, 20 u. 24; mit ZALESKI, Zeitschr. f. physiol. Chem. 30. [4]) Ebenda 86. [5]) Ebenda 87. [6]) Bioch. Journ. 12.

Spektrum
desHämato-
porphyrins. der eine, welcher schwächer und weniger breit ist, zwischen C und D, nahe an D gelegen ist. Der zweite, welcher dunkler, schärfer und breiter als jener ist, liegt etwa in der Mitte zwischen D und E. Von diesem Streifen erstreckt sich rotwärts eine Absorption, die mit einem dunkleren Rande endet, welcher als ein dritter Streifen zwischen den beiden anderen aufgefaßt werden kann. Nach SCHUMM, welcher sehr genaue Untersuchungen der Spektra verschiedener Porphyrine gemacht hat, zeigt das Spektrum des Hämatoporphyrins, in wässeriger Lösung mit 25 p. c. Chlorwasserstoffsäure, fünf Streifen, von denen nur zwei genau bestimmbar sind, und bei der stärksten Verdünnung nur einen sechsten scharfen Streifen in violett.

Eine verdünnte alkalische Lösung zeigt vier Streifen, einen zwischen C und D, einen zweiten, breiteren um D herum mit dem größten Teile zwischen D und E, einen dritten zwischen D und E fast an E und endlich einen vierten, breiten und dunklen Streifen zwischen b und F. Die Lage der Hämato-

Spektra der Hämato-porphyrine. porphyrinstreifen im Spektrum wechselt je nach der Darstellungsweise und anderen Verhältnissen, so daß die Streifen nicht immer derselben Wellenlänge entsprechen. Ausführlichere und mehr genaue Angaben über die Absorptionsspektra sowohl für das Hämatoporphyrin wie für das Meso-, Kopro- und Urohämatoporphyrin findet man übrigens in den Arbeiten von O. SCHUMM [1] auf die hier hingewiesen wird.

Nach Zusatz von alkalischer Chlorzinklösung verändert sich das Spektrum der alkalischen Hämatoporphyrinlösung mehr oder weniger rasch [2]

Spektra der Metallver-bindungen. und zuletzt erhält man ein Spektrum mit nur zwei Streifen, dem einen um D herum und dem anderen zwischen D und E. Hier ist übrigens zu bemerken, daß die Metallverbindungen auch anderer Porphyrine ein ganz anderes Spektrum als die Porphyrine selbst zeigen.

Die Beziehungen des Hämatoporphyrins und der Blutfarbstoffe überhaupt zu den Gallenfarbstoffen sollen an anderer Stelle, nämlich im Kapitel 8, abgehandelt werden.

Durch Versuche an Kaninchen haben NENCKI und ROTSCHY [3] gezeigt, daß eingeführtes Hämatoporphyrin im Tierkörper zum Teil in eine urobilinähnliche Substanz umgewandelt werden kann. Betreffend das Verhalten des Hämatoporphyrins im Tierkörper ist jedoch von besonderem Interesse die von HAUSMANN entdeckte, und dann von anderen Forschern weiter studierte Giftwirkung des Hämatoporphyrins sowohl auf niedere Organismen (Para-

Photo-sensibili-sierende Wirkung. mäcien) wie auf Warmblüter. Diese Wirkung äußert sich bei den letzteren wie eine photobiologische Sensibilisation. HAUSMANN [4] hat nämlich gefunden, daß weiße Mäuse, denen Hämatoporphyrin subkutan beigebracht wird, im Lichte typische Krankheitserscheinungen zeigen und zugrunde gehen können, während die im Dunkeln gehaltenen Tiere gesund bleiben. FR. MEYER-BETZ [5] hat dann in einem Selbstversuche gezeigt, daß Gegenwart von Hämatoporphyrin im Blute des Menschen zu einer hochgradigen Sensibilisierung führt. Über die Wirkung anderer Porphyrine s. unten.

Bezüglich der Darstellung des Hämatoporphyrins wird auf das Handbuch von HOPPE-SEYLER-THIERFELDER, 8. Aufl., und auf die in den Fußnoten zitierten Originalarbeiten hingewiesen.

Mesopor-phyrin. **Mesoporphyrin**, $C_{34}H_{38}N_4O_4$, erhielten NENCKI und ZALESKI [6] durch gelinde Reduktion des Hämins in Eisessig mit Jodwasserstoff und Jodphos-

---

[1] Zeitschr. f. physiol. Chem. 90 u. 98 (S. 171). [2] Vgl. HAMMARSTEN, Skand. Arch. f. Physiol. 3 und GARROD, Journ. of Physiol. 13. [3] Monatsh. f. Chem. 10. [4] Bioch. Zeitschr. 30, 67 u. 77. [5] Deutsch. Arch. f. klin. Med. 112. [6] Ber. d. d. chem. Gesellsch. 34.

phonium. Es ist später nach einem anderen Verfahren von H. FISCHER und H. RÖSE[1]) dargestellt worden.

Das Mesoporphyrin kristallisiert, gibt mit Chlorwasserstoffsäure eine kristallisierende Verbindung und mehrere kristallisierende Salze. Unter den Metallverbindungen ist besonders die mit Eisen von Interesse, indem sie, wie oben erwähnt, mit Mesohämin identisch ist. Das Natriumsalz ist unlöslich in ^{n}/10-Natronlauge, von welcher die entsprechende Hämatoporphyrinverbindung gelöst wird. Von dem Mesoporphyrin kennt man mehrere Ester und ferner sowohl Tetrachlor- wie Tetrabrommesoporphyrin. Die Absorptionsspektra haben fast dasselbe Aussehen wie die des Hämatoporphyrins. In saurer Lösung (25 p. c. Chlorwasserstoffsäure) liegen jedoch die Absorptionsstreifen des Mesoporphyrins nach SCHUMM[2]) etwa 2,5 $\mu\mu$ weiter nach violett und in alkalischer Lösung sind die Unterschiede noch etwas größer. Nach H. FISCHER und MEYER-BETZ[3]) hat das Mesoporphyrin nur eine sehr schwache sensibilisierende Wirkung. *Eigenschaften und Verbindungen.*

Mesoporphyrinogen, $C_{34}H_{42}N_4O_4$, die Leukoverbindung des Mesoporphyrins, erhielten H. FISCHER und Mitarbeiter[4]) durch mehrtägige Einwirkung von Eisessig-Jodwasserstoff (in Gegenwart von Jodphosphonium) auf Hämin bei Zimmertemperatur. Es ist eine kristallisierende, farblose Substanz, die aus Hämatoporphyrin und Mesoporphyrin (nicht aus Hämin) bei alkalischer Reduktion mit Natriumamalgam entsteht und durch Luftoxydation oder durch Oxydation in anderer Weise leicht in Mesoporphyrin zurückgewandelt wird. Es wirkt (auf Meerschweinchen) sensibilisierend, aber schwächer als Hämatoporphyrin. *Mesoporphyrinogen*

Hämoporphyrin von der Formel $C_{33}H_{36}N_4O_4$ oder $C_{33}H_{38}N_4O_4$ nach WILLSTÄTTER und MAX FISCHER[5]), welche es aus Hämatoporphyrin durch Reduktion in konzentrierter methylalkoholischer Kalilauge und Pyridin bei 200° C erhielten, kristallisiert und hat sein besonderes Interesse als Ausgangsmaterial für die Darstellung des Äthioporphyrins aus Blutfarbstoff. *Hämoporphyrin.*

Koproporphyrin (Kotporfyrin), $C_{36}H_{38}N_4O_8$, und **Uroporphyrin**[6]) (Harnporphyrin), $C_{40}H_{36}N_4O_{16}$, sind zwei zuerst von HANS FISCHER[7]) in einem Falle von angeborener Porphyrinurie aus Harn und Kot isolierte und dann eingehend studierte Porphyrine. Auch in einem anderen Falle von idiopathischer Porphyrinurie sind sie von WILH. LÖFFLER[8]) aus Harn und Kot isoliert worden. Nach SCHUMM[9]) ist auch der in Knochen bei Porphyrinuria congenita vorkommende Farbstoff, nach dem spektroskopischen Verhalten zu urteilen, Uroporphyrin. Auch nach Vergiftung mit Trional hat man (A. ELLINGER und O. RIESSER)[10]) das Uroporphyrin im Harne nachgewiesen, und wahrscheinlich sind es wohl auch diese Porphyrine, die im Harne nach Sulfonalvergiftung vorkommen. FISCHER, welcher auch das Kotporphyrin im Harne fand, ist der Ansicht, daß in allen Fällen von Porphyrinurie der Kot auch Porphyrin enthält. *Kopro- und Uroporphyrin.*

[Das Koproporphyrin enthält drei und das Uroporphyrin sieben Karboxylgruppen, und beide können von derselben Grundsubstanz, $C_{33}H_{36}N_4O_2$, hergeleitet werden. FISCHER hat auch aus dem Uroporphyrinmethylester durch Absprengung von vier Karboxylgruppen den Koproporphyrinmethylester erhalten. Nach ihm ist das Koproporphyrin die primäre Substanz, aus welcher im Tierkörper durch Angliederung von vier Karboxylgruppen das mehr harnfähige Uroporphyrin entsteht. *Beziehung der zwei Porphyrine zu einander.*

---

[1]) Zeitschr. f. physiol. Chem. **87.** [2]) l. c. **90.** [3]) Zeitschr. f. physiol. Chem. **82.** [4]) H. FISCHER mit E. BARTHOLOMÄUS u. H. RÖSE ebenda **84.** [5]) Zeitschr. f. physiol. Chem. **87.** [6]) Mit Genehmigung des Herrn Professor FISCHERS hat Verfasser die beiden Porphyrine, Kot- und Harnporphyrin bzw. Kopro- und Uroporphyrin genannt. [7]) Zeitschr. f. physiol. Chem. **95, 96, 97, 98.** [8]) Bioch. Zeitschr. **98.** [9]) Zeitschr. f. physiol. Chem. **96, 98** u. **105.** [10]) Ebenda **98.**

Methyl-
ester.

Beide Porphyrine kristallisieren und geben auch kristallisierende Ester. Der Methylester des Koproporphyrins schmilzt bei 250⁰, der des Harnporphyrins bei 293⁰ C. Der Methylester des Koproporphyrins gibt auch ein schön kristallisierendes, komplexes Kupfersalz, welches bei 284⁰ schmilzt, während das entsprechende Kupfersalz des Uroporphyrins bis 305⁰ C noch keinen Schmelzpunkt zeigt.

Löslich-
keit.

Amorphes Koproporphyrin löst sich auch nach langem Aufbewahren im Exsikator leicht und restlos in Wasser auf, während betreffend das Uroporphyrin dies nur bei frisch dargestellten Präparaten in feuchtem Zustande gelingt. Bezüglich der Löslichkeitsverhältnisse zeigen die beiden reinen, kristallisierten Porphyrine sonst keinen anderen wesentlichen Unterschied als den, daß das Koproporphyrin in Äther relativ leicht sich löst. Beide sind unlöslich in den gewöhnlichen Lösungsmitteln, außer Pyridin. Sie sind mit Hilfe von Bikarbonat löslich in Wasser.

Absorp-
tions-
spektra.

Die Absorptionsspektra, die besonders SCHUMM näher studiert hat, sind denjenigen des Hämato- und Mesoporphyrins sehr ähnlich. In saurer Lösung sind die Differenzen in den Spektra des Hämato-, Kopro- und Uroporphyrins nicht kleiner, als daß sie eine Erkennung eines jeden dieser Stoffe gestattet. Die Spektra des Meso- und Koproporphyrins in saurer Lösung sind dagegen einander so ähnlich, daß man sie nicht unterscheiden kann. Man muß deshalb diese Spektra in alkalischer ($^n/10$ Kalilauge) Lösung untersuchen (vgl. SCHUMM l. c. Bd. 90, S. 171).

Giftigkeit.

Sowohl das Kopro- wie das Uroporphyrin wirkt giftig und das Koproporphyrin zweimal so giftig wie das Uroporphyrin beim Aufenthalt der Tiere im Dunkeln. Im Lichte ist umgekehrt das Uroporphyrin viel giftiger als das Koproporphyrin.

Bezüglich der Darstellung dieser Porphyrine aus Harn oder Kot und ihres Verhaltens im Harn wird auf die zitierten Arbeiten von H. FISCHER und O. SCHUMM hingewiesen.

Äthio-
porphyrin.

Äthioporphyrin, $C_{31}H_{36}N_4$, ist ein kristallisierendes Abbauprodukt der Porphyrine, welches WILLSTÄTTER sowohl aus Chlorophyll wie aus Blutfarbstoff dargestellt hat und welches von ihm als gemeinsame Stammsubstanz der Porphyrine betrachtet wird.

Chloro-
phyll.

Das Chlorophyll ist der Phytol-Monomethylester einer, Chlorophyllin genannten Trikarbonsäure von der Formel $C_{34}H_{32}O_6N_4Mg$ oder $C_{34}H_{34}O_6N_4Mg$, welche Magnesium in komplexer Bindung enthält und deren eine Karboxylgruppe mit dem Alkohol Phytol, $C_{20}H_{40}O$, verestert ist. Aus den Chlorophyllinsalzen entstehen durch Alkalieinwirkung andere Karbonsäuren, Phylline genannt, die nach Entfernung des Magnesiums durch eine Säure die Porphyrine der Chlorophyllreihe darstellen. Das längst bekannte dieser Porphyrine ist das Phylloporphyrin, welches von SCHUNCK[1]) und MARCHLEWSKI vielseitig studiert worden ist. Ein anderes Porphyrin der Chlorophyllreihe ist das von WILLSTÄTTER und A. PFANNENSTIEL[2]) dargestellte, mit dem obengenannten Hämoporphyrin isomere Rhodoporphyrin. Durch Einführung von Magnesium in das

Äthiopor-
phyrin aus
Blut- und
Blattfarb-
stoff.

Hämoporphyrin haben WILLSTÄTTER und M. FISCHER[3]) das entsprechende Phyllin erhalten, und durch Erhitzen von dem Kaliumsalze dieses Phyllins mit Natronkalk gelang es ihnen, unter Absprengung der beiden Karboxylgruppen, das Äthioporphyrin zu erhalten. Da WILLSTÄTTER das letztere schon früher aus Chlorophyllderivaten dargestellt hatte, war hiermit zum ersten Male ein gemeinsames, hochmolekulares Abbauprodukt der beiden Farbstoffe erhalten und damit die nahe Verwandtschaft von Blut- und Blattfarbstoff sicher bewiesen.

Infolge der nahen Verwandtschaft des Blutfarbstoffes mit sowohl den Gallenfarbstoffen wie dem Chlorophyll ist die Frage von der Konstitution des Hämins und der Blutporphyrine durch das gleichzeitige und vergleichende

---

[1]) Vgl. Fußnote 2 S. 218.   [2]) Annal. d. Chem. 358.   [3]) Ebenda 400 und Zeitschr. f. physiol. Chem. 87.

Studium aller diesen Farbstoffgruppen wesentlich gefördert worden. Über die Konstitution des Hämins und der Porphyrine liegen sehr eingehende und wichtige Untersuchungen von W. KÜSTER, H. FISCHER, O. PILOTY, R. WILLSTÄTTER [1]) und ihren Mitarbeitern vor. Die Konstitution des Chlorophylls ist hauptsächlich durch WILLSTÄTTER und seine Mitarbeiter [2]) erforscht worden. Die Untersuchungen über Gallenfarbstoffe sollen im Kapitel 8 weiter abgehandelt werden, und hier handelt es sich hauptsächlich um den Blutfarbstoff und seine Abbauprodukte. Diese Abbauprodukte hat man teils durch Oxydation und teils durch Reduktion kennen gelernt.

Durch Oxydation erhielt KÜSTER aus Hämatin zwei Hämatinsäuren

$$HN\begin{cases} CO - C.CH_2.CH_2.COOH \\ \parallel \\ CO - C.CH_3 \end{cases} \quad \text{und} \quad O\begin{cases} CO - C.CH_2.CH_2.COOH \\ \parallel \\ CO - C.CH_3 \end{cases}, \text{ von}$$

denen die erste das Imid und die zweite das Anhydrid einer substituierten Maleinsäure ist. Durch Kohlensäureabspaltung erhielt er aus der ersteren

Methyläthylmaleinimid $HN\begin{cases} CO - C.CH_2.CH_3 \\ \parallel \\ CO - C.CH_3 \end{cases}$, und aus der zweiten

Methyläthylmaleinsäureanhydrid $O\begin{cases} CO - C.CH_2.CH_3 \\ | \\ CO - C.CH_3 \end{cases}$, und er stellte

Hämatin-
säuren.

durch Synthese die Konstitution dieser Stoffe fest. Neuerdings hat er auch mit J. WELLER [3]) durch Synthese die stickstofffreie Hämatinsäure dargestellt, die durch Einwirkung von alkoholischem Ammoniak in die stickstoffhaltige übergeht. Die Beziehung der Hämatinsäure zu den Pyrrolen zeigte er ferner, indem er aus dem bald zu erwähnenden Pyrrolgemenge durch Oxydation Methyläthylmaleinimid erhielt.

Die Natur des von NENCKI und ZALESKI [4]) durch Reduktion mit Eisessig-Jodwasserstoff erhaltenen Pyrrolgemenges, welches Hämopyrrol genannt wurde, haben hauptsächlich H. FISCHER, PILOTY und WILLSTÄTTER mit ihren Mitarbeitern aufgeklärt. Aus diesem Gemenge hat man die drei durch Pikrinsäure fällbaren Pyrrole: Hämopyrrol (Isohämopyrrol nach WILLSTÄTTER),

Hämo-
pyrrole.

2,3-Dimethyl-4-Äthylpyrrol $\begin{array}{c} H_3C.C - C.C_2H_5 \\ | \quad \parallel \\ H_3C.C \quad CH \\ \diagdown \diagup \\ NH \end{array}$; Kryptopyrrol, 3,5-Dime-

thyl-4-Äthylpyrrol $\begin{array}{c} H_3C.C - C.C_2H_5 \\ \parallel \quad \parallel \\ HC \quad C.CH_3 \\ \diagdown \diagup \\ NH \end{array}$ und Phyllopyrrol 2,3.5 Trimethyl-

4-Äthylpyrrol, $\begin{array}{c} H_3C.C - C.C_2H_5 \\ \parallel \quad \parallel \\ H_3C.C \quad C.CH_3 \\ \diagdown \diagup \\ NH \end{array}$, erhalten. Sicher nachgewiesen ist außer-

---

[1]) Eine sehr reichhaltige Zusammenstellung der hierher gehörenden Literatur findet man bei H. FISCHER, Über Blut- und Gallenfarbstoff. Ergebnisse d. Physiol. 15 (1916). [2]) Vgl. WILLSTÄTTER u. A. STOLL, Untersuchungen über Chlorophyll. Berlin 1913. [3]) Zeitschr. f. physiol. Chem. 99. [4]) Ber. d. d. chem. Gesellsch. 34.

dem ein durch Pikrinsäure nicht fällbares Pyrrol, das **Methyl-Äthyl-**

$$H_3C \cdot C - C \cdot C_2H_5$$

pyrrol,

$$HC \quad CH$$
$$\diagdown \diagup$$
$$NH$$

Unter den von PILOTY als erstem entdeckten Pyrrolkarbonsäuren sind sicher nachgewiesen: die **Hämopyrrolkarbonsäure** (Phonopyrrolkarbon-

$$H_3C \cdot C---------C \cdot CH_2 \cdot CH_2COOH$$

säure nach PILOTY) $\quad \| \qquad \qquad \|$, welche durch

$$H_3C \cdot C - NH - CH$$

Oxydation in Hämatinsäure übergeht und dem Hämopyrrol zu entsprechen scheint. Eine zweite Säure ist die sowohl aus Gallen- wie aus Blutfarbstoff erhaltene **Isophonopyrrolkarbonsäure**, der man die Formel

$$H_3C \cdot C------C \cdot CH_2 \cdot CH_2 \cdot COOH$$

Pyrrol-
karbon-
säuren. $\qquad \qquad \qquad$ gegeben hat und die man also **Krypto-**

$$H C - NH - C \cdot CH_3$$

pyrrolkarbonsäure nennen könnte. Eine dritte Säure ist die, ebenfalls sowohl aus Blut wie aus Gallenfarbstoff erhaltene und auch durch Methylierung der Hämopyrrolkarbonsäure von FISCHER und BARTHOLOMÄUS synthetisch dargestellte **Phyllopyrrolkarbonsäure**

$$H_3C \cdot C------C \cdot CH_2 \cdot CH_2 \cdot COOH$$

$\qquad \qquad \qquad \qquad$, welche also dem Phyllopyrrol ent-

$$H_3C \cdot C - NH - C \cdot CH_3$$

spricht. Eine dem Methyl-Äthylpyrrol entsprechende Säure hat man nicht gefunden. Die Frage von der Natur und des Vorkommens überhaupt von einer, von PILOTY Xanthopyrrolkarbonsäure genannten Säure ist noch nicht erledigt.

Aus den nun mitgeteilten Hauptresultaten der genannten Untersuchungen hat man den Schluß gezogen, daß sowohl dem Chlorophyll wie dem Hämin (und auch dem Gallenfarbstoffe Bilirubin) vier Pyrrolkerne zugrunde liegen. Konsti-
tution der
Farbstoffe. Über die Art, wie diese Pyrrolkerne miteinander verknüpft sind, ist man jedoch nicht einig, und es liegen in dieser Hinsicht drei verschiedene Konstitutionsformeln für das Hämin von KÜSTER, WILLSTÄTTER und H. FISCHER[1] vor. In allen nimmt man jedoch eine Bindung in einer oder anderer Weise zwischen Eisen und Stickstoff an. Da eine Diskussion der verschiedenen Formeln in einem Lehrbuche von diesem Umfange nicht möglich ist, werden sie hier nicht wiedergegeben. Daß das Eisen in dem Hämatin und dem Hämin dreiwertig ist, wird allgemein angenommen. In dem Hämochromogen ist es dagegen nach HOPPE-SEYLER und KÜSTER[2] zweiwertig.

Eine Frage von großem Interesse ist die schon von älteren Forschern behauptete Möglichkeit, den Blutfarbstoff aus seinen Spaltungsprodukten zu Regenera-
tion der
Blutfarb-
stoffe. regenerieren. Eine solche Regeneration von Hämatin aus Hämatoporphyrin ist nach LAIDLAW möglich. Löst man Hämatoporphyrin in verdünntem Ammoniak und erwärmt mit der STOKESschen Lösung und etwas Natriumhydrazinhydrat, so soll nämlich Eisen wieder aufgenommen werden und Hämochromogen, welches beim Schütteln mit Luft in Hämatin übergeht, entstehen. Nach HAM und BALEAN soll es endlich möglich sein, aus Hämochromogen und Globin Hämoglobin zu regenerieren, und es soll sogar mög-

---

[1] Vgl. FISCHER, Ergebnisse d. Physiol. **15** und außerdem KÜSTER, Zeitschr. f. physiol. Chem. **110**. [2] Zeitschr. f. physiol. Chem. **71** u. **110**.

lich sein, das Globin hierbei durch anderes Eiweiß zu ersetzen. J. A. MENZIES[1]), welcher Versuche dieser Art unter den verschiedensten Bedingungen sowohl mit Globin wie mit anderen Eiweißstoffen ausgeführt hat, konnte indessen nicht das Hämoglobin synthetisieren.

Hämatoidin hat VIRCHOW einen in orangefarbigen rhombischen Tafeln kristallisierenden Farbstoff genannt, welcher in alten Blutextravasaten vorkommt und dessen Ursprung aus dem Blutfarbstoffe sichergestellt zu sein scheint (LANGHANS, CORDUA, QUINCKE u. a.)[2]). Eine Lösung von Hämatoidin zeigt keinen Absorptionsstreifen, sondern nur eine starke Absorption von Violett bis Grün (EWALD)[3]). Nach den meisten Forschern soll das Hämatoidin mit dem Gallenfarbstoffe Bilirubin identisch sein. Mit dem kristallisierenden Lutein aus den Corpora lutea der Kuhovarien ist es dagegen nicht identisch (PICCOLO und LIEBEN[4]), KÜHNE und EWALD). Hämatoidin.

Zum Nachweise der oben geschilderten verschiedenen Blutfarbstoffe ist das Spektroskop das einzige ganz zuverlässige Hilfsmittel. Handelt es sich nur um den Nachweis von Blut im allgemeinen, gleichgültig ob der Farbstoff als Hämoglobin, Methämoglobin oder Hämatin vorhanden ist, so liefert die Darstellung von Häminkristallen, bei positivem Erfolge, einen absolut entscheidenden Beweis. Über den Nachweis von Blut im Harne vgl. man Kapitel 15, und bezüglich des Nachweises von Blut im Darminhalte, in pathologischen Flüssigkeiten und in gerichtlich chemischen Fällen wird auf ausführlichere Handbücher hingewiesen. Nachweis von Blut u. Blutfarbstoffen.

Zur quantitativen Bestimmung der Blutfarbstoffe sind verschiedene, teils **chemische** und teils **physikalische Methoden** vorgeschlagen worden.

Unter den **chemischen Methoden** ist besonders zu nennen die Einäscherung des Blutes mit der Bestimmung des Eisengehaltes, aus welchem dann die Hämoglobinmenge berechnet wird. Bezüglich dieser Methode wird auf die Handbücher der chemischen Untersuchungsmethoden hingewiesen. Bestimmungsmethoden.

Die **physikalischen Methoden** bestehen entweder in einer kolorimetrischen oder einer spektroskopischen Untersuchung.

Das Prinzip der **kolorimetrischen Methode** von HOPPE-SEYLER besteht darin, daß eine abgemessene Menge Blut mit genau abgemessenen Mengen Wasser verdünnt wird, bis die verdünnte Blutlösung dieselbe Farbe wie eine reine Oxyhämoglobinlösung von bekannter Stärke angenommen hat. Aus dem Grade der Verdünnung läßt sich dann der Farbstoffgehalt des unverdünnten Blutes berechnen. Statt einer Oxyhämoglobinlösung verwendet man oft als Vergleichsflüssigkeit eine Kohlenoxydhämoglobinlösung, die mehrere Jahre unverändert aufbewahrt werden kann. Die Blutlösung wird in diesem Falle ebenfalls mit Kohlenoxyd gesättigt. Zu kolorimetrischem Vergleiche der Lösungen sind verschiedene Apparate konstruiert worden, wie aus größeren Handbüchern zu ersehen ist. Kolorimetrische Bestimmung.

Die quantitative Bestimmung des Blutfarbstoffes mittels des Spektroskopes kann auf verschiedene Weise geschehen, wird aber nunmehr wohl ausschließlich nach der **spektrophotometrischen Methode**, welche überhaupt die zuverlässigste von allen zu sein scheint, ausgeführt. Diese Methode basiert darauf, daß der Extinktionskoeffizient einer gefärbten Flüssigkeit für einen bestimmten Spektralbezirk der Konzentration direkt proportional ist, so daß also $C : E = C_1 : E_1$, wenn C und C_1 verschiedene Konzentrationen und E und E_1 die entsprechenden Extinktionskoeffizienten bezeichnen. Aus der Gleichung $\dfrac{C}{E} = \dfrac{C_1}{E_1}$ folgt also, daß für einen und denselben Farbstoff diese Relation, welche das „Absorptions- Prinzip der Spektrophotometrie.

---

[1]) LAIDLAW, Journ. of Physiol. **31**; HAM u. BALEAN ebenda **32**; J. A. MENZIES ebenda **49**. [2]) Eine reichhaltige Literaturübersicht über das Hämatoidin findet man bei STADELMANN, Der Ikterus usw. Stuttgart 1891, S. 3 u. 45. [3]) Zeitschr. f. Biol. **22**, S. 475. [4]) Zitiert nach v. GORUP-BESANEZ, Lehrb. d. physiol. Chem. 4. Aufl. 1878.

verhältnis" genannt wird, eine konstante sein muß. Wird das Absorptionsverhältnis mit A, der gefundene Extinktionskoeffizient mit E und die Konzentration (der Gehalt an Farbstoff in Gm in 1 ccm) mit C bezeichnet, so ist also $C = A \cdot E$.

Der Extinktionskoeffizient, welcher dem negativen Logarithmus derjenigen Lichtstärke, welche nach der Passage des Lichtes durch eine absorbierende Flüssigkeitsschicht von 1 cm Dicke übrig bleibt, gleich ist, wird der Kontrolle halber in zwei verschiedenen Spektralregionen bestimmt. Hüfner [1] hat hierzu gewählt: a) die Mittelregion zwischen den beiden Absorptionsbändern des Oxyhämoglobins, speziell das Intervall zwischen den Wellenlängen 554 $\mu\mu$ und 565 $\mu\mu$ und b) die Gegend des zweiten Bandes, speziell das Intervall zwischen den Wellenlängen 531,5 $\mu\mu$ und 542,5 $\mu\mu$. Die Konstanten oder die Absorptionsverhältnisse für diese zwei Bezirke werden von Hüfner mit A bzw. A' bezeichnet. Vor der Bestimmung muß das Blut mit Wasser verdünnt werden, und wenn man das Verdünnungsverhältnis des Blutes mit V bezeichnet, wird also die Konzentration oder der Gehalt des unverdünnten Blutes an Farbstoff in 100 Teilen sein:

$$C = 100 \cdot V \cdot A \cdot E \text{ und}$$
$$C = 100 \cdot V \cdot A' \cdot E'.$$

Spektrophotometrische Methode.

Die Absorptionsverhältnisse oder die Konstanten in den zwei obengenannten Spektralbezirken sind nach Hüfner für Oxyhämoglobin, Hämoglobin, Kohlenoxydhämoglobin und Methämoglobin folgende:

Oxyhämoglobin . . . . . $A_o = 0{,}002070$ und $A'_o = 0{,}001312$
Hämoglobin . . . . $A_r = 0{,}001354$ „ $A'_r = 0{,}001778$
Kohlenoxydhämoglobin . . $A_c = 0{,}001383$ „ $A'_c = 0{,}001263$
Methämoglobin . . . . . $A_m = 0{,}002077$ „ $A'_m = 0{,}001754$.

Ähnliche Werte haben auch andere Forscher wie v. Zeynek, E. Letsche und B. v. Reinbold [2] erhalten, während P. Hári [3] etwas abweichende Werte erhielt. Nach Hári ist besonders für das Methämoglobin das Absorptionsverhältnis ein wesentlich verschiedenes in neutraler und in sodaalkalischer Lösung.

Aus dem oben von dem Absorptionsverhältnisse, der Konzentration und den Extinktionskoeffizienten Gesagten läßt sich herleiten, daß der Quotient zweier an verschiedenen Stellen im Spektrum gemessenen Extinktionskoeffizienten $\dfrac{E'}{E}$ eine von der Konzentration unabhängige, für den betreffenden

Farbstoffkonstante.

Farbstoff charakteristische Konstante ist. Nach den Hüfnerschen Zahlen ist dieser Quotient für Oxyhämoglobin 1,58, für Hämoglobin 0,76, für Kohlenoxydhämoglobin 1,10 und für das Methämoglobin 1,19. Butterfield [4], welcher eingehende Untersuchungen über diese Verhältnisse ausgeführt hat, fand bei der von ihm eingehaltenen Versuchsanordnung für normales und pathologisches Menschenblut sowie auch für kristallisiertes Menschen-, Pferde- und Rinderoxyhämoglobin die Zahl 1,58. Hári fand dagegen einen Wert von etwas über 1,60 und er erklärt den etwas niedrigeren Wert anderer Forscher durch eine Bildung von Methämoglobin.

Auch in Gemengen von zwei Blutfarbstoffen kann die Menge eines jeden nach der spektrophotometrischen Methode bestimmt werden, was von besonderer Bedeutung für die Bestimmung der Menge des gleichzeitig anwesenden Hämoglobins und Oxyhämoglobins ist.

Zur Erleichterung solcher Bestimmungen dienen, von Hüfner ausgearbeitete Tabellen, welche die in einer Lösung, welche gleichzeitig Oxyhämoglobin und einen anderen Blutfarbstoff (Hämoglobin, Methämoglobin oder Kohlenoxydhämoglobin) enthält, vorhandene Relation zwischen den zwei Farbstoffen und damit auch die absolute Menge eines jeden derselben zu berechnen gestattet.

Unter den vielen, für klinische Zwecke konstruierten Apparaten zur quantitativen Hämoglobinbestimmung sind zu nennen: das Hämometer von Fleischl, welches zahlreiche Modifikationen erfahren hat, das Hämatoskop von Hénogque

---

[1] Arch. f. (Anat. u.) Physiol. 1894 u. 1900 und Zeitschr. f. physiol. Chem. 3.
[2] Ebenda 85, wo auch andere Forscher zitiert sind. [3] Bioch. Zeitschr. 82 u. 103.
[4] Zeitschr. f. physiol. Chem. 62 u. 79.

und das Hämometer von SAHLI. Bezüglich dieser und anderer Apparate vergleiche man größere Handbücher und die Lehrbücher der klinischen Untersuchungsmethoden.

In dem Blute der Evertebraten sind außer dem oft vorkommenden Hämoglobin mehrere andere Farbstoffe gefunden worden. Bei einigen Arachniden, Crustaceen, Gastropoden und Kephalopoden hat man einen, dem Hämoglobin analogen, kupferhaltigen, von FREDERICQ Hämozyanin genannten Stoff gefunden. Unter Aufnahme von locker gebundenem Sauerstoff geht dieser Stoff in blaues Oxyhämozyanin über und wird durch das Entweichen des Sauerstoffes wieder entfärbt. Nach DHÉRÉ zeigt das Oxyhämozyanin einen deutlichen Absorptionsstreifen zwischen 571—581 $\mu\mu$ bei alkalischer Reaktion. Nach HENZE bindet 1 g Hämozyanin etwa 0,4 ccm Sauerstoff. Es kristallisiert und hat nach ihm folgende Zusammensetzung: C 53,66, H 7,33, N 16,09, S 0,86, Cu 0,38, O 21,67 p. c. Bei hydrolytischer Spaltung mit Salzsäure fand HENZE folgende Verteilung des Stickstoffes in dem Hämozyanin. Von dem Gesamtstickstoffe wurden abgespalten: als Ammoniak 5,78, als Huminstickstoff 2,67, als Diaminostickstoff 27,65 und als Monoaminostickstoff 63,39 p. c. Unter den Spaltungsprodukten fand er kein Arginin, konnte aber Histidin, Lysin, Tyrosin und Glutaminsäure nachweisen. Ein von LANKESTER Chlorokruorin genannter Farbstoff findet sich bei einigen Chaetopoden. Hämerythrin hat KRUKENBERG einen roten Farbstoff bei einigen Gephyreen genannt. Neben dem Hämozyanin findet sich in dem Blute einiger Crustaceen auch der im Tierreiche weit verbreitete rote Farbstoff Tetronerythrin (HALLIBURTON). Echinochrom hat MAC MUNN [1] einen braunen, in der Periviszeralflüssigkeit einer Echinusart vorkommenden Farbstoff genannt. Bei den Aszidien enthalten nach HENZE [2] die von Schwefelsäure stark sauer reagierenden Blutkörperchen einen braunen Farbstoff, welcher Vanadium enthält, aber keinen Sauerstoff in dissoziierbarer Form aufnimmt.

Farbstoffe niederer Tiere.

Die quantitative Zusammensetzung der roten Blutkörperchen. Ihr Gehalt an Wasser schwankt in verschiedenen Blutsorten zwischen 570 und 644 p. m., mit einem entsprechenden Gehalte von 430 bzw. 356 p. m. festen Stoffen. Die Hauptmasse besteht aus Hämoglobin, gegen $^8/_{10}—^9/_{10}$ der Trockensubstanz (im Menschen- und Säugetierblut).

Nach den Analysen von HOPPE-SEYLER und seinen Schülern [3] sollen die roten Blutkörperchen auf je 1000 Teile Trockensubstanz enthalten:

	Hämoglobin	Eiweiß	Lezithin	Cholesterin
Menschenblut	868—944	122—51	7,2—3,5	2,5
Hundeblut	865	126	5,9	3,6
Gänseblut	627	364	4,6	4,8
Schlangenblut	467	525	—	—

Zusammensetzung der roten Blutkörperchen.

ABDERHALDEN fand für die Blutkörperchen der von ihm untersuchten Haussäugetiere folgende Zusammensetzung: Wasser 591,9—644,3; feste Stoffe 408,1—355,7; Hämoglobin 303,3—331,9; Eiweiß 5,32 (Hund) — 7,85 (Schaf), Cholesterin 0,388 (Pferd) — 3,593 (Schaf) und Lezithin 2,296 (Hund) — 4,855 p. m.

Von besonderem Interesse ist das verschiedene Verhältnis zwischen dem Hämoglobin und dem Eiweiße in den kernführenden und nicht kernhaltigen Blutkörperchen. Diese letzteren sind nämlich nach den gewöhnlichen Angaben bedeutend reicher an Hämoglobin und ärmer an Eiweiß als jene. Nach G. FRITSCH sollen dagegen die Erythrozyten des Huhn- und Taubenblutes reicher an Hämoglobin als die des Kaninchenblutes sein.

Der Gehalt an Mineralstoffen ist bei verschiedenen Tierarten verschieden. Nach BUNGE und ABDERHALDEN enthalten die roten Blutkörperchen von

---

[1] FREDERICQ, Extrait des Bulletins de l'Acad. Roy. Belgique. (2) **46**, 1878; CH. DHÉRÉ, Compt. Rend. **157**; mit A. BURDEL, Compt. rend. soc. biol. **76** u. Journ. de physiol. et de path. gén. **18**; LANKESTER, Journ. of Anat. and Physiol. **2** u. **4**; HENZE, Zeitschr. f. physiol. Chem. **33**, 43; KRUKENBERG, Vgl. physiol. Stud., Reihe 1, Abt. 3, Heidelberg 1880; HALLIBURTON, Journ. of Physiol. **6**; MAC MUNN, Quart. Journ. of Microsc. science 1885. [2] Zeitschr. f. physiol. Chem. **72**, **79** u. **86**. [3] Med. chem. Unters. S. 390 u. 393; G. FRITSCH, PFLÜGERS Arch. **181**.

Schwein, Pferd und Kaninchen kein Natron, welches dagegen in den Blutkörperchen von Mensch, Rind, Schaf, Ziege, Hund und Katze verhältnismäßig reichlich vorkommt. Bei den fünf letztgenannten Tierarten war der Gehalt an Natron 2,135—2,856 p. m. Der Gehalt an Kali war 0,257 (Hund) — 0,744 (Schaf) p. m. Beim Pferd, Schwein und Kaninchen war der Gehalt an Kali 3,326 (Pferd) — 5,229 (Kaninchen) p. m. Beim Menschen sollen nach WANACH die Blutkörperchen etwa fünfmal soviel Kali als Natron, als Mittel 3,99 bzw. 0,75 p. m. enthalten. Die kernhaltigen Erythrozyten von Fröschen, Kröten und Schildkröten enthalten nach BOTTAZZI und CAPPELLI[1]) ebenfalls bedeutend mehr Kalium als Natrium. Kalk soll bei einigen Tierarten fehlen, kommt aber in den Blutkörperchen anderer, wie beim Rinde (HAMBURGER)[2]) und der Katze (W. HEUBNER und P. RONA)[3]), vor. Die Menge der Magnesia ist klein, 0,016 (Schaf) bis 0,150 (Schwein) p. m. Die Blutkörperchen sämtlicher untersuchten Tiere enthalten Chlor, 0,460—1,949 (beides beim Pferde), meistens 1 bis gegen 2 p. m., und Phosphorsäure. Die Menge der anorganischen Phosphorsäure zeigt ebenfalls große Schwankungen, 0,275 (Schaf) bis 1,916 (Pferd) p. m., sämtliche Zahlen auf die frischen, wasserhaltigen Blutkörperchen berechnet.

Mineralstoffe der Blutkörperchen.

Durch quantitative Bestimmung der Quellung und Schrumpfung der Zellen, unter dem Einflusse von NaCl-Lösungen verschiedener Konzentration oder von Serum verschiedener Verdünnung, hat HAMBURGER für sowohl Erythrozyten wie Leukozyten das prozentuale Verhältnis zwischen den zwei Hauptbestandteilen der Zellen (Gerüst und intrazellulärer Flüssigkeit) festzustellen versucht. Er fand das Volumen der Gerüstsubstanz für beide Blutkörperchenarten beim Pferde gleich 53—56,1 p. c. Für die roten Blutkörperchen war das fragliche Volumen: beim Kaninchen 48,7—51, beim Huhn 52,4 bis 57,7 und beim Frosche 72—76,4 p. c. Gegen diese Bestimmungen sind indessen von anderer Seite (KOEPPE) Einwendungen erhoben worden[4]).

Menge des Gerüstes und der Intrazellularflüssigkeit.

Die farblosen Blutkörperchen und die Blutplättchen.

Die **farblosen Blutkörperchen**, auch Leukozyten oder Lymphkörperchen genannt, sind bekanntlich verschiedener Art, und gewöhnlich unterscheidet man die kleinen, protoplasmaarmen Formen als Lymphozyten von den größeren, granulierten, oft mehrkörnigen Formen, die man Leukozyten nennt. In dem Menschen- und Säugetierblute sind die allermeisten weißen Blutkörperchen größer als die roten. Sie haben auch ein niedrigeres spezifisches Gewicht als diese, bewegen sich in dem zirkulierenden Blute näher an der Gefäßwand und bewegen sich auch langsamer.

Weiße Blutkörperchen.

Die Zahl der farblosen Blutkörperchen schwankt bedeutend nicht nur in verschiedenen Gefäßbezirken, sondern auch unter verschiedenen physiologischen Verhältnissen. Als Mittel kommt auf 350—500 rote Blutkörperchen je ein farbloses. Nach VITALI[5]) ist die Relation 666:1. Unter physiologischen Verhältnissen, wie nach einer eiweißreichen Mahlzeit, kann die Anzahl der Leukozyten vermehrt sein. Unter pathologischen Zuständen und namentlich in der Leukämie, in welcher Krankheit ihre Anzahl nicht nur absolut, sondern auch im Verhältnis zu der Anzahl der roten stark vermehrt ist, kann dies im hohen Grade der Fall werden.

Menge der weißen Blutkörperchen.

Zur Trennung der Leukozyten von den Erythrozyten kann man des fraktionierten Zentrifugierens sich bedienen, und J. DE HAAN[6]) hat ein, auf der Verdünnung des Blutes mit dem gleichen Volumen einer natriumzitrathaltigen physiologischen Chlornatrium-

---

[1]) BUNGE, Zeitschr. f. Biol. 12 und ABDERHALDEN, Zeitschr. f. physiol. Chem. 23 u. 25; WANACH, MALYS Jahresb. 18, S. 88; BOTTAZZI u. CAPPELLI, Arch. Ital. de Phys. 32. [2]) HAMBURGER, Zeitschr. f. physik. Chem. 69. [3]) Bioch. Zeitschr. 93. [4]) HAMBURGER, Arch. f. (Anat. u.) Physiol. 1898; KOEPPE ebenda 1899 u. 1900. [5]) Chem. Zentralbl. 1919, I, S. 887. [6]) Bioch. Zeitschr. 86 und HEKMA ebenda 11.

lösung (nach HEKMA) gegründetes Verfahren zur Trennung beider Arten von Formelementen angegeben.

Vom histologischen Gesichtspunkte aus unterscheidet man bekanntlich
verschiedene Arten von farblosen Blutkörperchen. In chemischer Hinsicht
sind jedoch keine durchgreifenden Unterschiede zwischen ihnen bekannt,
und das wenige, was man von ihrer chemischen Natur kennt, bezieht sich
hauptsächlich auf die eigentlichen Leukozyten. Mit Rücksicht auf ihre Bedeutung für die Faserstoffgerinnung unterschieden ALEX. SCHMIDT und seine
Schüler zwischen solchen weißen Blutkörperchen, welche bei der Gerinnung
zugrunde gehen, und solchen, welche dabei nicht zerstört werden. Die letzteren
sollten mit Alkalien oder Kochsalzlösung eine schleimige Masse geben; die
ersteren zeigten ein solches Verhalten nicht.

*Ver-
schieden-
artige
Leukozyten.*

Das Protoplasma der eigentlichen Leukozyten (und auch der Lymphozyten) ist während des Lebens amöboider Bewegungen fähig, welche sowohl
Wanderungen der Zellen wie die Aufnahme kleiner Körnchen oder Fremd-
körperchen ins Innere derselben und die Phagozytose ermöglichen. Für diese
Bewegungen ist nach U. FRIEDEMANN und A. SCHÖNFELD [1]) die durch das
Eiweiß bedingte Viskosität des Plasmas von großer Bedeutung. In physiologischer Chlornatriumlösung kommen sie deshalb auch erst nach Zusatz
von etwas Gummiarabikum, Leim oder Dextrin zum Vorschein. Die Einwirkung von verschiedenen Agenzien, wie von hyper- und hypotonischen
Salzlösungen, von fremden Ionen, wie Jod und Brom, und von Erdalkali-
salzen auf die Chemotaxis und die phagozytäre Tätigkeit der Leukozyten
haben HAMBURGER und DE HAAN [2]) eingehend studiert, und es hat sich dabei
unter anderem gezeigt, daß das Ca einen befördernden Einfluß auf die Phagozytose ausübt, welcher für das Ca eigenartig und nicht von seiner Eigenschaft
als zweiwertiges Ion herzuleiten ist.

*Amöboide
Bewegungen
und Phago-
zytose.*

Infolge der Kontraktionsfähigkeit des Leukozytenprotoplasmas hat man
auch das Vorkommen von Myosin in ihm angenommen, ohne indessen irgend
welche Beweise hierfür liefern zu können. Inwieweit sonst in den Leukozyten wie in Zellen überhaupt Globuline neben Spuren von Albuminen vorkommen, ist nicht sicher bekannt, indem man nämlich früher nicht immer
zwischen Globulinen auf der einen Seite und Nukleoalbuminen oder Nukleoproteiden auf der anderen unterschieden hat. Als ein wahres Globulin hat
man indessen nach HALLIBURTON [3]) eine in allen Zellen vorkommende, bei
+ 47 à 50⁰ gerinnende Eiweißsubstanz aufzufassen. In den mit eiskaltem
Wasser ausgewaschenen Leukozyten des Pferdeblutes glaubt auch ALEX.
SCHMIDT Serumglobulin gefunden zu haben.

*Proteine des
Proto-
plasmas.*

Die Proteinsubstanzen der Leukozyten, wie der Zellen im allgemeinen,
dürften jedoch ihrer Hauptmasse nach *Proteïde* sein. Inwieweit auch Nukleoalbumine in den Leukozyten oder Zellen überhaupt vorkommen, ist gegenwärtig nicht möglich zu sagen, da man bisher in vielen Fällen keinen genauen
Unterschied zwischen ihnen und den Nukleoproteiden gemacht hat. Als
Hauptbestandteil des Protoplasmas der weißen Blutkörperchen hat man
jedenfalls wahrscheinlich die Nukleoproteide zu betrachten, und ein solches
ist zweifelsohne die, mit Alkalien oder Kochsalzlösung eine schleimig aufquellende Masse liefernde Proteinsubstanz, welche mit der in Eiterzellen
vorkommenden sog. hyalinen Substanz von ROVIDA identisch zu sein scheint.

Bei dem Auslaugen der Leukozyten mit Wasser erhält man eine durch
Essigsäure füllbare Proteinsubstanz, welche ein Hauptbestandteil der Leuko-

---

[1]) Bioch. Zeitschr. **80**. [2]) Ebenda **24** u. **26**. [3]) Vgl. HALLIBURTON, On the
chem. Physiol. of the animal Cell. Kings College London, Physiol. Laborat. Collected
papers Nr. 1, 1893.

zyten sein dürfte. Diese Substanz, welche in Beziehung zu der Blutgerinnung zu stehen scheint und welche man unter verschiedenen Namen, wie Gewebs-fibrinogen (WOOLDRIDGE), Zytoglobin und Präglobulin (ALEX. SCHMIDT) oder Nukleohiston (KOSSEL und LILIENFELD) beschrieben hat[1]), besteht wenigstens ihrer Hauptmasse nach aus Nukleoproteid. Die gewöhnliche Annahme, daß sie Nukleohiston sein soll, kann nach BANG[2]) kaum richtig sein, und sie ist jedenfall einer erneuerten Prüfung sehr bedürftig.

Proteïde.

Zu den Bestandteilen des Leukozytenprotoplasmas sind ferner zu rechnen Lezithin oder Phosphatide überhaupt, Cholesterin, Glukothion-säure (in Eiterkörperchen nach LEVENE und MANDEL)[3]), die von Nuklein-substanzen herrührenden Purinstoffe und das Glykogen. Nach HOPPE-SEYLER soll das letztere in den Zellen, soweit sie amöboide Bewegungen zeigen, ein nie fehlender Bestandteil sein, und er fand es in den farblosen Blutkörperchen aber nicht in den bewegungslosen Eiterkörperchen. Von SALOMON[4]) und danach von anderen ist indessen Glykogen auch in Eiter gefunden worden. Von den Leukozyten stammt wahrscheinlich auch das im Blute vorkommende Glykogen her. In den Leukozyten finden sich auch Enzyme, darunter, außer einem glykolytischen Enzym, besonders proteo-lytische Enzyme. Nach OPIE und BARKER kommen in den Leukozyten zwei proteolytische Enzyme vor, von denen das eine, welches bei alkalischer Reaktion wirksam ist, in den polynukleären und das andere, bei saurer Reaktion wirkende, in den großen mononukleären Zellen enthalten ist. Nach FIESSINGER und MARIE enthalten die Leukozyten ein proteolytisches Enzym, welches aus Eiweiß Pepton, Leuzin und Tyrosin bildet und welches wohl mit dem früher von ACHALME im Eiter entdeckten proteolytischen Enzyme identisch sein dürfte. Es wirkt am besten bei schwach alkalischer aber auch bei schwach saurer Reaktion und wird bei 75—80° C zerstört. Es findet sich in den poly-nukleären Leukozyten und überhaupt in denjenigen, welche einen medul-laren Ursprung haben, während es in den Leukozyten der Lymphreihe völlig fehlt. Es soll von großer Bedeutung für die Verflüssigung des Eiters sein. Die sowohl im Eiter wie im Blute vorkommende Lipase scheint nach den genannten Forschern aus den Lymphozyten zu stammen. Ein Lipoidase genanntes, Lezithin unter Abspaltung von Cholin zersetzendes Enzym kommt nach FIESSINGER und CLOGNÉ in den Leukozyten vor, und in den poly-nukleären Leukozyten des Hundes hat TSCHERNORUZKI[5]) Amylase (Diastase), Katalase, Nuklease und Peroxydase nachgewiesen.

Extraktiv-stoffe.

Enzyme.

Blut-plättchen.

Die **Blutplättchen** (BIZZOZERO), Hämatoblasten (HAYEM), über deren Natur, präformiertes Vorkommen im Blute und physiologische Bedeutung man viel gestritten hat, sind blasse, farblose, klebrige Scheibchen von runder Form, welche im allgemeinen einen zwei- bis dreimal kleineren Durchmesser als die roten Blutkörperchen haben. Ihre Anzahl bei den Säugetieren hat man als Mittel zu 500000 in 1 cmm angegeben. Sie verändern leicht ihre Form, haften an Fremdkörpern an, können agglutinieren und sind gegen

---

[1]) Vgl. L. C. WOOLDRIDGE, Die Gerinnung des Blutes (herausgegeben von M. v. FREY. Leipzig 1891, VEIT u. Comp.); A. SCHMIDT, Zur Blutlehre Leipzig 1892, Verlag von Vogel; LILIENFELD, Zeitschr. f. physiol. Chem. **18**. [2]) J. BANG, Studier over Nukleo-proteïder, Kristiania 1902. [3]) Bioch. Zeitschr. **4**. [4]) Hinsichtlich der Literatur über Glykogen vgl. man Kap. 8. [5]) Vgl. über die Enzyme: ERBEN, JOCHMANN u. E. MÜLLER bei G. JOCHMANN und G. LOCKEMANN, HOFMEISTERS Beiträge **11**, wo man die Literatur findet. E. L. OPIE, Journ. of exper. Medic. **8**; mit BERTHA BARKER ebenda **9**; N. FIES-SINGER u. P. L. MARIE, Journ. de physiol. et de pathol. **11**, wo man auch die Literatur findet, und Compt. rend. soc. biol. **66, 67** u. **82**; mit R. CLOGNÉ, Compt. Rend. **165**; M. TSCHERNORUZKI, Zeitschr. f. physiol. Chem. **75**.

Alkalien sehr empfindlich. Die Blutplättchen des Menschen zerfallen bei einer Konzentration der Hydroxylionen $C_{OH} = 1 \times 10^{-5}$ und bei einer Konzentration von H-Ionen $C_H = 2 \times 10^{-4}$.

Nach den Untersuchungen von KOSSEL und LILIENFELD[1]) bestehen die Blutplättchen aus einer chemischen Verbindung zwischen Eiweiß und Nuklein. Dementsprechend werden sie auch von LILIENFELD Nukleinplättchen genannt und als Derivate des Zellkernes betrachtet. Über ihre Beziehung zu der Blutgerinnung vgl. man Abschnitt 3.

Blutplättchen.

III. Das Blut als ein Gemenge von Plasma und Blutkörperchen. Das Gesamtblut.

Das Blut als solches ist eine dicke, klebrige, heller oder dunkler rote, selbst in dünnen Schichten undurchsichtige Flüssigkeit von salzigem Geschmack und schwachem, bei verschiedenen Tierarten verschiedenem Geruch. Nach Zusatz von Schwefelsäure zum Blute tritt der Geruch deutlicher hervor. Das spezifische Gewicht zeigt beim gesunden erwachsenen Menschen Schwankungen von 1,045—1,075. Beim erwachsenen Manne beträgt es als Mittel etwa 1,058. Beim Weibe ist es etwas niedriger. Nach LLOYD JONES ist das spez. Gewicht am höchsten bei der Geburt, am niedrigsten dagegen bei Kindern bis zum zweiten Jahre und bei Schwangeren. Aus den Bestimmungen von LLOYD JONES, HAMMERSCHLAG[2]) und anderen Forschern geht es übrigens hervor, daß die bei gesunden Personen beobachteten, von dem Alter und dem Geschlechte abhängigen Schwankungen des spez. Gewichtes mit den Schwankungen der Hämoglobinmenge wesentlich zusammenfallen.

Spez. Gewicht.

Die Bestimmung des spez. Gewichtes wird am genauesten mit dem Pyknometer ausgeführt. Wenn es um kleine Blutmengen, wie für klinische Zwecke, sich handelt, kann man des folgenden, von HAMMERSCHLAG herrührenden Verfahrens sich bedienen. Man bereitet sich ein Gemenge von Chloroform und Benzol, von etwa dem spez. Gewichte 1,050, und bringt einen Tropfen des Blutes in dieses Gemenge hinein. Steigt der Tropfen, so wird Benzol, sinkt er, so wird dagegen Chloroform zugesetzt, bis der Tropfen in der Mischung gerade schwebt, und darauf wird das spez. Gewicht der Mischung mit einem Aräometer bestimmt.

Bestimmung des spez. Gewichtes.

Die Reaktion des Blutes ist gegen Lackmus alkalisch, und an dem Zustandekommen der normalen Reaktion beteiligen sich verschiedene Stoffe, wie die Alkalikarbonate, die Phosphate, die Proteinalkaliverbindungen, das Ammoniak und die Kohlensäure. Nach HENDERSON[3]) wird auch die normale Reaktion wesentlich teils durch Ammoniakbildung und teils durch die Phosphate erhalten, indem nämlich die Nieren durch Absonderung von sauren Salzen (Phosphaten) Alkali an das Blut zurückgeben und die Reaktion des Blutes regulieren.

Reaktion des Blutes.

Wenn es um die Alkaleszenz des Blutes sich handelt, muß man indessen, wie schon oben bemerkt, zwischen dem Gehalte des Blutes an titrierbarem Alkali und der wahren Alkaleszenz, d. h. dem Gehalte des Blutes an Hydroxyl- bzw. Wasserstoffionen, unterscheiden.

Über den Gehalt sowohl des frischen wie des defibrinierten Blutes an titrierbarem Alkali, als Na_2CO_3 berechnet, hat man eine große Anzahl von Bestimmungen sowohl bei Tieren wie beim Menschen und beim letzteren

---

[1]) LILIENFELD, Hämatolog. Unters., Arch. f. (Anat. u.) Physiol. 1892 und: Leukozyten und Blutgerinnung, Verhandl. d. physiol. Gesellsch. zu Berlin 1892. [2]) LLOYD JONES, Journ. of Physiol. 8; HAMMERSCHLAG, Wien. klin. Wochenschr. 1890 und Zeitschr. f. klin. Med. 20. [3]) Amer. Journ. of Physiol. 21 und Journ. of biol. Chem. 9; vgl. auch ROBERTSON ebenda 6 u. 7.

sowohl im gesunden wie im kranken Zustande ausgeführt. Da diese Bestimmungen indessen nach verschiedenen, nicht anerkannt einwandfreien Methoden ausgeführt worden sind, kann man ihnen keine größere Bedeutung *Menge des* zuerkennen. Die gefundenen Zahlen bewegen sich jedoch meistens zwischen *titrierbaren* 3 und 6 p. m. Na_2CO_3, und für den Menschen hat man angegeben, daß Zahlen *Alkalis.* unter 3,3 p. m. und über 5,3 p. m. als pathologisch zu betrachten sind. Außerhalb des Körpers nimmt die Blutalkaleszenz ab, und zwar um so rascher je größer sie ursprünglich war. Dies rührt von einer Säurebildung her, an welcher die roten Blutkörperchen in irgend einer Weise beteiligt zu sein scheinen. Nach starker Muskeltätigkeit soll die Alkaleszenz angeblich abnehmen (PEIPER, COHNSTEIN) und ebenso nimmt sie nach anhaltender Einnahme von Säure (LASSAR, FREUDBERG u. a.[1]) ab.

Die Methoden zur Bestimmung der wahren Reaktion tierischer Flüssigkeiten, auch des Blutes, sind schon im Kapitel 1 abgehandelt worden. Für die wahre Alkaleszenz des Blutes ist, wie zuerst HÖBER und dann besonders HASSELBALCH und LUNDSGAARD gezeigt haben, die Kohlensäure von der allergrößten Bedeutung, indem mit wachsender Kohlensäurespannung die Konzentration der H-Ionen zunimmt. So haben HASSELBALCH und LUNDS-GAARD gefunden, daß eine Steigerung der Kohlensäurespannung von 30 zu *Reaktion* 50 m. m., also eine Steigerung um 20 m. m., die Konzentration der H-Ionen *des Blutes.* um etwa 36 p. c. erhöhen kann. Für die Bestimmung der wahren Reaktion ist aber auch die Temperatur, bei welcher die Messung stattfindet, von sehr großer Bedeutung, und unter Beachtung dieser Verhältnisse fand LUNDS-GAARD[2]) für Menschenblut, mit Kohlensäure und 40 m. m. Spannung bei 38^0 C gesättigt, $P_H = 7,19$. Als Mittelwert des normalen Venenblutes des Menschen bei $37,5^0$ C fanden MICHAELIS und W. DAVIDOFF $P_H = 7,35$. Die Frage von den verschiedenen Faktoren, welche die Reaktion des Blutes regulieren, soll im Kapitel 17 noch weiter behandelt werden.

Das Alkali des Blutes findet sich, wie oben erwähnt, außer als Karbonat und Phosphat auch als Verbindungen mit Eiweiß bzw. Hämoglobin. Jenes Alkali wird oft als leicht diffusibles, dieses als nicht oder schwer diffusibles Alkali bezeichnet (vgl. oben S. 212). Sowohl das leicht wie das schwer diffusible Alkali ist auf Blutkörperchen und Plasma verteilt, und die Blutkörperchen sind, wie es scheint, reicher an schwer diffusiblem Alkali als das Plasma bzw. Serum. Nach RONA und P. GYÖRGY[3]) soll die allergrößte Menge des Natriums *Verteilung* im Serum diffusibel sein, und die durch Kohlensäure aus nicht diffusibler *des Alkalis.* Bindung freigemachte Alkalimenge soll 10—15 p. c. des gesamten Serumnatriums betragen. Die Verteilung des Alkalis auf Plasma und Blutkörperchen kann unter dem Einflusse von selbst sehr kleinen Säuremengen, auch Kohlensäure, und folglich auch, wie ZUNTZ, LOEWY und ZUNTZ, HAMBURGER, LIMBECK und GÜRBER[4]) gezeigt haben, unter dem Einflusse des respiratorischen Gaswechsels verändert werden. Durch die Einwirkung der Kohlensäure geben die Blutkörperchen einen Teil des an Eiweiß gebundenen Alkalis an das Serum ab, welches infolge hiervon stärker alkalisch wird. Das Gleichgewicht der osmotischen Spannung in den Blutkörperchen und im Serum wird hierdurch gestört; die Blutkörperchen quellen auf, indem sie Wasser aus dem Serum

---

[1]) PEIPER, VIRCHOWS Arch. 116; COHNSTEIN ebenda 130, wo auch die Arbeiten anderer, wie MINKOWSKI, ZUNTZ u. GEPPERT zitiert sind; FREUDBERG ebenda 125 (Literaturangaben). [2]) Die Literatur findet man in den Fußnoten S. 59. [3]) Bioch. Zeitschr. 48 u. 56. [4]) ZUNTZ in HERMANNS Handb. d. Physiol. 4, Abt. 2; LOEWY u. ZUNTZ, PFLÜGERS Arch. 58; HAMBURGER, Arch. f. (Anat. u.) Physiol. 1894 u. 1898 und Zeitschr. f. Biol. 28 u. 35; v. LIMBECK, Arch. f. exp. Path. u. Pharm. 35; GÜRBER, Sitz.-Ber. d. phys.-med. Gesellsch. zu Würzburg 1895.

aufnehmen, und das letztere wird hierdurch mehr konzentriert und reicher an Alkali, Eiweiß und Zucker. Unter dem Einfluß des Sauerstoffes nehmen die Blutkörperchen ihre ursprüngliche Form wieder an, und die obigen Veränderungen gehen zurück. Dementsprechend sind auch die Blutkörperchen weniger bikonkav und von kleinerem Durchmesser im venösen als im arteriellen Blute (HAMBURGER). Blutkörperchen und Kohlensäure.

HAMBURGER und G. A. v. LIER[1]) hatten beobachtet, daß rote Blutkörperchen unter dem Einflusse der Kohlensäure aus einer Natriumsulfatlösung die Sulfation unter Abgabe von Chlor aufnehmen. S. DE BOER[2]) hat nun gezeigt, daß eine Aufnahme des Sulfations aus den Sulfaten des Blutplasmas ebenfalls unter dem Einflusse der Kohlensäure stattfindet, und er ist der Meinung, daß hierdurch eine Aufnahme von SO_4 in den Geweben und eine Abgabe desselben an das Plasma in den Lungen ermöglicht wird. Sulfation.

Die Einwirkung der Kohlensäure und des Sauerstoffes auf die Blutkörperchen ist auch von KORANYI und BENCE[3]) weiter studiert worden, indem sie die Beziehungen untersuchten, welche zwischen Änderungen des Blutkörperchenvolumens, der elektrischen Leitfähigkeit, der Refraktion des Serums und der Viskosität des Blutes bestehen. Mit steigendem Kohlensäuregehalt nimmt der Brechungskoeffizient des Serums zu, während er am kleinsten ist, wenn das Blut reich an Sauerstoff und arm an Kohlensäure ist. Sie fassen dies als eine Säurewirkung auf, indem nach Säurezusatz eine ähnliche Zunahme, durch Zusatz von Lauge dagegen eine ähnliche Abnahme des Brechungskoeffizienten des Serums wie durch CO_2 bzw. einen O-Strom herbeigeführt wird. Mit steigendem Kohlensäuregehalt nimmt die Leitfähigkeit des Blutes ab; die Viskosität des Blutes ist dagegen am größten, wenn das Blut an Kohlensäure am reichsten ist. Wird die CO_2 durch O ausgetrieben, so nimmt die Viskosität bis zu einem Minimum ab, um nach weiterer Sauerstoffzufuhr wieder zuzunehmen. Die Veränderungen der Viskosität des Blutes verlaufen im großen und ganzen den Volumensänderungen der Blutkörperchen parallel, und die Änderung der Viskosität, welche durch die Entfernung der Kohlensäure bewirkt wird, führen v. KORANYI und BENCE auf veränderte elektrische Ladung der Blutkörperchen zurück. Wirkung von Sauerstoff und Kohlensäure.

Die Gesamtviskosität des Menschenblutes hat nach O. JOSUÉ und M. PARTURIER[4]) den Koeffizienten etwa 4. Für das Plasma war der Koeffizient 1,5—2,2 und Werte gleich 1,65 à 1,7 kann man als normal ansehen. Die totale Viskosität hängt nach diesen Untersuchungen mehr von den Formelementen als von dem Plasma ab. Nach A. GULLBRING[5]) steigt die Viskosität mit dem Prozentgehalte des Blutes an polymorphkernigen Leukozyten, welche einen hochviskösen Stoff produzieren sollen. Die Viskosität des Blutes ist übrigens eine veränderliche Größe, welche außer von dem Gasgehalte des Blutes auch von vielen anderen Umständen abhängt (ADAM) und welche dementsprechend in verschiedenem Alter und unter ungleichartigen physiologischen und pathologischen Verhältnissen eine verschiedene ist[6]). Viskosität des Blutes.

Die Farbe des Blutes ist rot, hell scharlachrot in den Arterien und dunkel blaurot in den Venen. Das sauerstofffreie Blut ist dichroitisch, in auffallendem Lichte dunkelrot, in durchfallendem grün. Der Blutfarbstoff findet sich in den Blutkörperchen. Das Blut ist aus diesem Grunde in dünnen Schichten undurchsichtig oder, wie man oft sagt, „deckfarbig". Wird auf irgend eine

---

[1]) Archiv f. (Anat. u.) Physiol. 1902. [2]) Journ. of Physiol. 51. [3]) PFLÜGERS Arch. 110. [4]) Compt. rend. soc. biol. 79. [5]) Hygiea (1913) 75 und MALYS Jahresber. 43. [6]) Bezüglich der Viskosität des Blutes und der zugehörigen Literatur wird auf größere Werke und auf den Aufsatz von R. HÖBER in OPPENHEIMERS Handb. d. Bioch. 2, 2, S. 12—18 hingewiesen. Vgl. auch H. ADAM, Zeitschr. f. klin. Med. 68.

der obengenannten Weisen (vgl. S. 216) das Hämoglobin von dem Stroma getrennt und von der Blutflüssigkeit gelöst, so wird das Blut durchsichtig und verhält sich somit als eine „Lackfarbe". Es wird nun weniger Licht aus seinem Innern heraus reflektiert, und das durchsichtige Blut ist deshalb in dickeren Schichten dunkler. Werden umgekehrt durch Zusatz von Salzlösung die Blutkörperchen zum Schrumpfen gebracht, so wird mehr Licht als vorher reflektiert und die Farbe erscheint heller. Ein größerer Reichtum an roten Blutkörperchen macht das Blut dunkler, wogegen es durch Verdünnung mit Serum oder bei großem Gehalte an farblosen Blutkörperchen heller wird. Die verschiedene Farbe des arteriellen und venösen Blutes rührt wesentlich von dem verschiedenen Gasgehalte dieser zwei Blutarten, bzw. von ihrem verschiedenen Gehalte an Oxyhämoglobin und Hämoglobin, her.

Deckfarbe und Lackfarbe.

Die auffallendste Eigenschaft des Blutes besteht darin, daß es binnen mehr oder weniger kurzer Zeit, im allgemeinen aber sehr bald nach dem Aderlasse gerinnt. Verschiedene Blutarten gerinnen mit verschiedener Geschwindigkeit; in dem Menschenblute treten aber die ersten deutlichen Zeichen einer Gerinnung nach etwa 2—3 Minuten auf, und binnen 7—8 Minuten ist das Blut durch und durch in eine gallertähnliche Masse umgewandelt.

Gerinnung des Blutes.

Bei mehr langsamer Gerinnung gewinnen die roten Blutkörperchen Zeit, vor der Gerinnung mehr oder weniger stark nach unten zu sinken, und der Blutkuchen zeigt dann eine obere, mehr oder weniger mächtige, gelbgraue oder rötlich-graue, aus Faserstoff mit eingeschlossenen, hauptsächlich farblosen Blutkörperchen bestehende Schicht. Diese Schicht hat man Crusta inflammatoria oder phlogistica genannt, weil sie besonders bei inflammatorischen Prozessen beobachtet und als für solche charakteristisch angesehen worden ist. Diese Crusta oder „Speckhaut" ist indessen für keine besondere Krankheit charakteristisch und sie kommt überhaupt dann vor, wenn das Blut langsamer als sonst gerinnt oder die Blutkörperchen rascher als gewöhnlich heruntersinken. Eine Speckhaut beobachtet man deshalb auch oft in dem langsam gerinnenden Pferdeblute. Das Blut der Kapillaren soll gerinnungsunfähig sein.

Speckhaut.

Die Gerinnung wird verzögert durch Abkühlen, durch Verminderung des Sauerstoff- und Vermehrung des Kohlensäuregehaltes, weshalb auch das venöse Blut und in noch höherem Grade das Erstickungsblut langsamer als das arterielle Blut gerinnt. Durch Zusatz von Säuren, Alkalien oder Ammoniak, selbst in geringen Mengen, von konzentrierten Lösungen neutraler Salze der Alkalien und alkalischen Erden, von Alkalioxalaten oder Fluoriden, ferner von gewissen Schlangengiften, von Hühnereiweiß, Zucker- oder Gummilösung, Glyzerin und einigen anderen Stoffen oder von viel Wasser, wie auch durch Auffangen des Blutes in Öl kann die Gerinnung verzögert oder verhindert werden. Durch Einspritzen in das zirkulierende Blut von Albumoselösung oder Blutegelinfus, welch letzteres auch auf das eben gelassene Blut einwirkt, wie auch von Kobragift und Bakterientoxinen kann man auch die Gerinnung verhindern. Für eine verhinderte Gerinnung des normalen Blutes ist es sehr wichtig, jede Verunreinigung mit Gewebssäften zu vermeiden, und so kann man, wie DELEZENNE gezeigt hat, Vogelblutplasma lange flüssig erhalten, wenn man das Blut beim Aufsammeln von Berührung mit Geweben oder Verunreinigung mit Gewebssäften schützt.

Verzögerte oder verhinderte Gerinnung.

Beschleunigt wird dagegen die Gerinnung durch Erhöhung der Temperatur, durch Berührung mit fremden Körpern, an welchen das Blut adhäriert, durch Umrühren oder Schlagen desselben, durch Luftzutritt, durch Verdünnung mit kleinen Mengen Wasser, durch Zusatz von Platinmohr oder feingepulverter Kohle, Zusatz von lackfarbenem Blut, welches jedoch nicht durch den gelösten Blutfarbstoff, sondern durch die Stromata der Blutkörperchen wirkt, und ferner durch Zusatz von besonderen Schlangengiften, von Lymphdrüsenleukozyten oder einem kochsalzhaltigen Wasserextrakt auf

Beschleunigte Gerinnung.

Lymphdrüsen, Hoden, Thymus und verschiedene andere Organe (DELEZENNE, WRIGTH, ARTHUS[1]) u. a.).

Eine wichtige Frage ist die, warum das in den Gefäßen kreisende Blut flüssig bleibt, während das gelassene Blut der Gerinnung rasch anheimfällt. Den Grund hierzu sucht man allgemein in dem Umstande, daß das letztere dem Einflusse der lebendigen, unverletzten Gefäßwand entzogen wird. Für diese Ansicht sprechen auch die Beobachtungen mehrerer Forscher. Durch Beobachtungen von HEWSON, LISTER und FREDERICQ weiß man, daß wenn eine an zwei Stellen unterbundene, mit Blut gefüllte Vene herauspräpariert wird, das in ihr enthaltene Blut längere Zeit flüssig bleiben kann. BRÜCKE[2] ließ ein ausgeschnittenes, mit Blut gefülltes Schildkrötenherz bei 0° C arbeiten und er fand das Blut nach mehreren Tagen ungeronnen. Das aus einem anderen Herzen entleerte, über Quecksilber aufgesammelte Blut gerann dagegen rasch. In einem toten Herzen, wie auch in toten Blutgefäßen, gerinnt das Blut bald, und ebenso gerinnt es, wenn die Gefäßwand durch pathologische Prozesse verändert worden ist. Bedeutung der Gefäßwand für das Flüssigbleiben des Blutes.

Welcher Art ist nun dieser, von der Gefäßwand ausgehende Einfluß auf das Flüssigbleiben des kreisenden Blutes? FREUND hat gefunden, daß das Blut flüssig bleibt, wenn es durch eine gefettete Kanüle unter Öl oder in mit Vaselin ausgegossene Gefäße aufgefangen wird. Wird das in ein eingefettetes Gefäß aufgefangene Blut mit einem eingeölten Glasstabe geschlagen, so gerinnt es nicht, gerinnt aber rasch beim Schlagen mit einem uneingefetteten Glasstabe oder wenn es in ein nicht eingefettetes Gefäß gegossen wird. Die Nichtgerinnung des Blutes beim Auffangen desselben unter Öl ist später wiederholt bestätigt worden. FREUND fand durch weitere Versuche, daß die Austrocknung der obersten Blutschichte oder die Verunreinigung mit geringen Staubmengen sogar im Vaselingefäße die Gerinnung hervorrief. Nach FREUND[3] ist es also das Vorhandensein von Adhäsion zwischen dem Blute und einer Fremdsubstanz — und als solche wirkt auch die krankhaft veränderte Gefäßwand — welches den Anstoß zur Gerinnung gibt, während der Mangel an Adhäsion das Blut vor der Gerinnung schützt. Man ist nun allgemein der Ansicht gewesen, daß es hierbei um eine Adhäsion der Formelemente sich handelte. Demgegenüber haben allerdings BORDET und GENGOU[4] gezeigt, daß ein von allen Formelementen durch starkes Zentrifugieren befreites Plasma, welches in einem paraffinierten Gefäße ungeronnen bleibt, in ein nicht paraffiniertes Gefäß übergeführt dagegen gerinnt, und die Adhäsion des Plasmas an einem Fremdkörper kann also auch bei Abwesenheit von Formelementen den Anstoß zur Gerinnung geben. Fraglich ist es aber, ob nicht auch in diesen Fällen ein Austritt von die Gerinnung beeinflussenden Bestandteilen schon vor beendetem Zentrifugieren stattgefunden hat. A. GRATIA[5] hat nämlich gezeigt, daß ein von Formelementen freies Plasma, welches einen für die Gerinnung notwendigen, von den Formelementen stammenden Stoff enthält, ebenfalls rascher in einem nicht paraffinierten Gefäße gerinnt. Daß die Adhäsion der Formelemente von großer Bedeutung ist, läßt sich jedenfalls nicht leugnen, und bei dieser Adhäsion unterliegen, wie man annimmt, die Formelemente gewissen Veränderungen, welche in bestimmter Beziehung zu der Gerinnung zu stehen scheinen. Bedeutung der Adhäsion für die Gerinnung. Adhäsion und Gerinnung.

---

[1] DELEZENNE, Arch. de Physiol. (5) 8; WRIGHT, Journ. of Physiol. 28; ARTHUS Journ. de Physiol. et Pathol. 4. [2] HEWSONS Works, ed. by GULLIVER, London 1876, zitiert nach GAMGEE, Text Book of physiol. Chem. 1, 1880; LISTER, zitiert nach GAMGEE ebenda; FREDERICQ, Recherches sur la constitution du plasma sanguin Gand 1878; BRÜCKE, Virchows Arch. 12. [3] FREUND, Wien. med. Jahrb. 1886. [4] Annal. de l'Institut PASTEUR 17. [5] Journ. de Physiol. et de Path. générale 17.

Über die Art dieser Veränderungen gehen die Ansichten leider sehr auseinander. Alex. Schmidt[1]) und die Dorpaterschule waren der Ansicht, daß bei der Gerinnung ein massenhafter Zerfall von weißen Blutkörperchen, namentlich von polynukleären Leukozyten stattfindet, und dabei sollten für

Veränderungen der Formelemente.

die Faserstoffgerinnung wichtige Bestandteile derselben in das Plasma übertreten. Ein Zugrundegehen von Leukozyten bei der Gerinnung wird jedoch von vielen Forschern geleugnet und dürfte jedenfalls kaum in größerem Umfange vorkommen. Nach anderen ist das Wesentliche nicht ein Zerfall der weißen Blutkörperchen, sondern vielmehr ein Austritt von Bestandteilen aus den Zellen in das Plasma, ein Vorgang, der von Löwit[2]) als „Plasmoschise" bezeichnet wurde. Ein Austritt von Bestandteilen aus den Zellen vor der Gerinnung darf übrigens nicht ohne weiteres als ein Absterbephänomen angesehen werden, denn es kann hier ebensogut um einen sekretorischen Vorgang sich handeln (Arthus, Morawitz, Dastre)[3]).

Auch die Blutplättchen haben mehrere Forscher in Beziehung zu der Gerinnung gesetzt, eine Frage, zu der wir unten zurückkommen werden.

Eine ganz besondere Stellung zu der Frage von der Rolle der Formelemente hatte allerdings Wooldridge[4]) eingenommen, indem er nämlich den Formelementen nur eine sehr untergeordnete Bedeutung für die Gerinnung zuerkannte. Wie er gefunden hatte, kann nämlich ein Peptonplasma, welches durch Zentrifugieren von sämtlichen Formbestandteilen befreit worden ist, reichliche Mengen von Faserstoff liefern, wenn es nur

Wooldridges Ansicht.

nicht von einer, beim Abkühlen ausfallenden Substanz getrennt wird. Diese Substanz, welche von Wooldridge A-Fibrinogen genannt wurde, ist indessen allem Anscheine nach ein unreines Nukleoproteid, welches nach der einstimmigen Ansicht mehrerer Forscher von den Formelementen des Blutes, sei es den Blutplättchen oder den Leukozyten, stammt, und die Erfahrungen Wooldridges widersprechen also eigentlich nicht der allgemein akzeptierten Ansicht von der großen Bedeutung der Formelemente des Blutes für die Gerinnung desselben.

Über die Art derjenigen Stoffe, welche aus den Formelementen des Blutes vor und bei der Gerinnung austreten, sind die Ansichten ebenfalls sehr geteilt.

Nach Alex. Schmidt sollten die Leukozyten, wie die Zellen überhaupt, zwei Hauptgruppen von Bestandteilen, von denen die einen beschleunigend, die anderen dagegen verlangsamend oder hemmend auf die Gerinnung wirken, enthalten. Jene können aus den Zellen mit Alkohol extrahiert werden, diese dagegen nicht. Das Blutplasma enthielt nach Schmidt höchstens Spuren von Thrombin, enthielt aber die Vorstufe desselben, das Prothrombin. Die

Alex. Schmidts Theorie.

gerinnungsbeschleunigenden Stoffe sollten selbst weder Thrombin noch Prothrombin sein und sie wirkten in der Weise, daß sie das Thrombin aus dem Prothrombin abspalteten. Aus diesem Grunde wurden sie von Alex. Schmidt zymoplastische Substanzen genannt. Die in Alkohol-Äther unlöslichen Proteide der Zellen, die Alex. Schmidt Zytoglobin und Präglobulin nannte, bedingten nach ihm die gerinnungshemmende Wirkung.

Während des Lebens war nach Schmidt die gerinnungshemmende Wirkung der Zellen die vorherrschende, während außerhalb des Körpers oder bei der Berührung mit Fremdkörpern die gerinnungsbeschleunigende Wirkung vorzugsweise zur Geltung kommen würde. Die Parenchymmassen der Organe und Gewebe, durch welche das Blut in den Kapillaren fließt, waren nach

---

[1]) Pflügers Arch. 11. Die Arbeiten Alexander Schmidts finden sich sonst im Arch. f. (Anat. u.) Physiol. 1861 u. 1862; Pflügers Arch. 6, 9, 11, 13. Vgl. besonders Alex. Schmidt, Zur Blutlehre, Leipzig 1892, wo auch die Arbeiten seiner Schüler referiert sind, und weitere Beiträge zur Blutlehre 1895. [2]) Ref. in Zentralbl. f. d. med. Wiss. 28 (1890), S. 265. [3]) Morawitz, Hofmeisters Beiträge 5; Arthus, Compt. rend. soc. biol. 55; Dastre ebenda 55. [4]) Die Gerinnung des Blutes (herausgegeben von M. v. Frey, Leipzig 1891).

ihm diejenigen mächtigen Zellenmassen, welche in erster Linie das Flüssigbleiben des Blutes bedingen. In diesem Zusammenhange ist daran zu erinnern, daß die Zellen reichlich Nukleoproteide enthalten und daß in neuerer Zeit Doyon[1]) und Mitarbeiter die gerinnungshemmende Wirkung der Nukleinsäuren und der Nukleoproteide gezeigt haben.

Schon vor längerer Zeit hat Brücke gezeigt, daß der Faserstoff eine kalziumphophathaltige Asche liefert. Daß die Kalksalze die Gerinnung beschleunigen oder in fermentarmen Flüssigkeiten sogar hervorrufen können, ist eine durch die Untersuchungen von Hammarsten, Green, Ringer und Sainsbury seit längerer Zeit bekannte Tatsache; aber erst durch die wichtigen Untersuchungen von Arthus und Pagès[2]) ist die Notwendigkeit der Kalksalze für die Gerinnung des Blutes oder Plasmas sicher bewiesen worden.

Bedeutung der Kalksalze.

Nach einer früher allgemein akzeptierten Ansicht sollten die löslichen, durch Oxalat fällbaren Kalksalze notwendige Bedingnisse für die fermentative Umwandlung des Fibrinogens sein, indem nämlich das Thrombin bei Abwesenheit von löslichem Kalksalz unwirksam sein sollte. Diese Ansicht ist indessen, wie die Untersuchungen von Alex. Schmidt, Pekelharing und Hammarsten[3]) gezeigt haben, unhaltbar. Das Thrombin wirkt nämlich sowohl bei Ab- wie bei Anwesenheit von fällbarem Kalksalz.

Theorie von Arthus.

Nach Pekelharing[4]) ist das Thrombin die Kalkverbindung des Prothrombins, und man könnte deshalb auch geneigt sein, das Wesen der Gerinnung in einer Überführung von Kalk auf das Fibrinogen und der Ausscheidung der unlöslichen Kalkverbindung, des Fibrins, zu suchen. Hiergegen kann man indessen unter anderem einwenden, daß man das Fibrin, wenn auch noch nicht absolut kalkfrei, jedoch so arm an Kalk erhalten hat (Hammarsten)[5]), daß, wenn der Kalk dem Fibrinmoleküle angehörte, das Fibrinmolekül mehr als zehnmal größer als das Hämoglobinmolekül sein sollte, was nicht anzunehmen ist.

Bedeutung der Kalksalze.

Wenn der Kalk also für die Umwandlung des Fibrinogens in Fibrin bei Gegenwart von Thrombin ohne Bedeutung zu sein scheint, so widerspricht dies jedoch, wie oben bemerkt, nicht der Beobachtung von Arthus und Pagèz von der Unentbehrlichkeit der Kalksalze für die Gerinnung des Blutes und des Plasmas. Es ist wohl nämlich nunmehr sicher, daß die Kalksalze, in Übereinstimmung mit der Annahme Pekelharings, notwendige Bedingnisse für die Entstehung des Thrombins sind.

Bedeutung der Kalksalze.

Versucht man eine Zusammenfassung der in dem Vorigen angeführten, etwas älteren Untersuchungen und Ansichten zu machen, so dürfte man wohl folgendes als das Wesentlichste ansehen können. Für die Gerinnung sind in erster Linie zwei Stoffe erforderlich, das Fibrinogen und das Thrombin. Das Fibrinogen ist in dem Plasma präformiert vorhanden. Das Thrombin kommt dagegen im lebendigen Blute nicht, wenigstens nicht in nennenswerter Menge als solches vor, sondern wird aus einer anderen Substanz, dem Prothrombin, welches nach einigen in dem Plasma präformiert vorkommt, nach anderen dagegen aus den Formelementen heraustritt, gebildet. Für das Zustandekommen dieser Thrombinbildung ist die Gegenwart von Kalksalzen notwendig, während die letzteren für die enzymatische Umwandlung des Fibrinogens in Fibrin nicht notwendig sind. Für die Entstehung des Thrombins aus seiner Muttersubstanz, dem Prothrombin, sind aber außer den Kalk-

Notwendige Bedingungen für die Blutgerinnung.

---

[1]) Compt. rend. soc. biol. 73 u. 74.   [2]) Hammarsten, Nova Acta reg. Soc. Scient. Upsal. (3) 10, 1879; Green, Journ. of Physiol. 8; Ringer u. Sainsbury ebenda 11 u. 12; Arthus et Pagès und Arthus, vgl. Fußnote 2, S. 199 und Hammarsten, Zeitschr. f. physiol. Chem. 22.   [3]) Hammarsten, Zeitschr. f. physiol. Chem. 22, wo die anderen Forscher zitiert sind.   [4]) Vgl. Fußnote 3, S. 203 und besonders Virchow - Festschr. 1, 1891.   [5]) Zeitschr. f. physiol. Chem. 28.

salzen auch andere, zymoplastisch wirkende Substanzen, die von den Formelementen stammen, notwendig.

Der Ausgangspunkt für die neueren Untersuchungen über die Natur
dieser zymoplastischen Substanzen war die seit lange bekannte, besonders
von DELEZENNE am Vogelblutplasma studierte gerinnungsbeschleunigende
Wirkung verschiedener Gewebsextrakte. Nach MORAWITZ sollen diese Extrakte eine, bezüglich ihrer Natur noch nicht bekannte, von ihm Thrombokinase genannte Substanz enthalten, welche bei Gegenwart von Kalksalz
das Prothrombin in Thrombin überführt. Nach MORAWITZ sind also für die
Blutgerinnung folgende Stoffe erforderlich, nämlich: Fibrinogen, Prothrombin, Kalksalze und Kinase; die zwei letztgenannten sollten für
den Umsatz des Prothrombins in Thrombin notwendig sein. Diese Ansicht
dürfte wohl auch — jedenfalls in ihren Hauptzügen — die gegenwärtig von
den allermeisten Forschern akzeptierte Theorie der Blutgerinnung sein. Man
hat aber den einzelnen Substanzen verschiedene Namen gegeben. Das Prothrombin hat MORAWITZ Thrombogen, FULD Plasmozym, BORDET und
DELANGE Serozym genannt; die Thrombokinase (MORAWITZ) nennen die
letztgenannten Forscher Zytozym. Das Thrombin hat FULD Holozym
genannt, während er die Kinase als Zytozym bezeichnet[1]).

Theorie von Morawitz. (margin note)

Das Thrombogen ist jedoch nach MORAWITZ nicht identisch mit dem Prothrombin
(anderer Autoren), welches er α-Prothrombin nennt, sondern ist eine Muttersubstanz
des letzteren. Den Vorgang bei der Thrombinbildung kann man sich nach ihm in der
Weise vorstellen, daß die Kinase erst das Thrombogen in α-Prothrombin umsetzt, welch
letzteres dann durch die Kalksalze in Thrombin (α) übergeführt wird. BORDET und DE-
LANGE nehmen ebenfalls eine Vorstufe des Serozyms, ein Proserozym, an, welches
in unbekannter Weise in Serozym übergeführt wird.

Pro-thrombin. (margin note)

Welcher Art ist nun die als Thrombokinase (Zytozym) wirkende Sub-
stanz (bzw. Substanzen)? Nach ALEX. SCHMIDT sind die zymoplastischen
Substanzen hitzebeständig und alkohollöslich, und er nahm das Vorkommen
von Lezithin in ihren Lösungen an. Auch WOOLDRIDGE war einer ähnlichen
Ansicht, und es haben dann ZAK, BORDET und DELANGE und besonders
HOWELL[2]) gezeigt, daß Phosphatide zymoplastisch wirksam sein können.
Dies gilt jedoch nicht von allen Phosphatiden, und die zymoplastische Substanz,
d. h. die Thrombokinase (Zytozym), soll nach HOWELL und J. MAC LEAN
Kephalin[3]) sein.

Phos-phatide als Kinasen. (margin note)

Daß das Kephalin diese Wirkung hat, ist nicht zu bezweifeln. Dies
steht aber in einem gewissen Widerspruch zu der Erfahrung, daß die stark
zymoplastisch wirkenden Organextrakte alkoholfällbar und nicht hitzebeständig sind. Dieser Widerspruch dürfte indessen vielleicht nur scheinbar
sein, indem, wie HOWELL näher ausgeführt hat, das abweichende Verhalten
der Organextrakte durch den Gehalt derselben an alkoholfällbarem und hitze-
koagulablem Eiweiß, welches das Kephalin mit niederreißt, erklärt werden
könnte.

Kephalin als Kinase. (margin note)

Der Nachweis, daß das Kephalin zymoplastisch wirkt, bedeutet einen
wesentlichen Fortschritt in der Forschung auf diesem Gebiete, indem man
sonst leider gar zu oft mit unreinen Lösungen von meistens unbekannten
Stoffen gearbeitet hat. Diese Wirkung des Kephalins schließt jedoch nicht

---

[1]) Die Arbeiten von MORAWITZ findet man in HOFMEISTERS Beiträge 4 u. 5 und
Deutsch. Arch. f. klin. Med. 79 u. 80 und in Handb. d. Bioch. von OPPENHEIMER 2;
FULD, Zentralbl. f. Physiol. 17, S. 529, mit SPIRO, HOFMEISTERS Beiträge 5; J. BORDET
et L. DELANGE, Compt. rend. soc. biol. 75 u. 82 und Annal. de l'Institut PASTEUR 27.
[2]) E. ZAK, Arch. f. exp. Path. u. Pharm. 70 u. 74; BORDET et DELANGE l. c.; H.
HOWELL, Amer. Journ. of Physiol. 24, 26, 31, 35, 36, 40, 47 und The HARVEY-Lectures
1916—1917. [3]) Amer. Journ. of Physiol. 41, 43.

die Möglichkeit aus, daß auch andere Stoffe zymoplastisch wirken können. So sollen nach B. STUBER und R. HEIM[1]) Fettsäuren und nach K. SCHILLING[2]) auch Fette imstande sein, nahezu die gleiche Wirkung wie Thrombokinase hervorzurufen, und nach ZUNZ und P. GYÖRGY[3]) sollen Aminosäuren und Peptide ähnlich wie die Kinase, wenn auch schwächer wirken können. Die Ansicht, daß die Thrombokinase ein Phosphatid sei, steht übrigens nicht unbestritten da. FR. RUMPF[4]), der allerdings nicht bestreitet, daß Lipoide bei der Gerinnung eine Rolle spielen können, bestreitet ihre Identität mit der Thrombokinase, weil sie in gewissen Fällen, in denen die Gewebssäfte eine rasche Gerinnung hervorrufen, unwirksam sind. Auch PEKELHARING[5]), der für die Thrombinbildung nur zwei Stoffe, Prothrombin und Kalksalz, als notwendig erachtet, ist der Ansicht, daß die Lipoide nicht als Thrombokinase wirken, gibt aber zu, daß sie durch Beseitigung hemmender Stoffe eine die Gerinnung fördernde Wirkung ausüben können. Sieht man vorläufig von der Frage ab, ob die zymoplastischen Stoffe direkt oder indirekt (durch Beseitigung hemmender Einflüsse) wirken, so steht es jedenfalls fest, daß Phosphatide — wenigstens das Kephalin — eine kräftige zymoplastische Wirkung zeigen. *(Randnotiz: Kinasewirkungen. / Kinasewirkungen.)*

Woher stammen nun die an der Gerinnung beteiligten Stoffe? Der Ursprung des Fibrinogens ist schon oben (S. 200) besprochen worden. Bezüglich des Prothrombins divergierten die Ansichten früher insoferne, als es nach ALEX. SCHMIDT in dem zirkulierenden Plasma präformiert vorhanden sein sollte, während nach PEKELHARING das Plasma keine nennenswerten Mengen davon enthielt und das Prothrombin vor der Gerinnung aus den Formelementen heraustreten würde. Nunmehr scheint man allgemein der Ansicht zu sein, daß das Prothrombin präformiert in dem Plasma vorkommt. Ein Übergang von etwas Prothrombin aus den Formelementen des Blutes vor der Gerinnung ist jedoch hierdurch nicht ausgeschlossen. MORAWITZ[6]) hat nämlich aus den Blutplättchen Prothrombin erhalten und zu ähnlichen Resultaten ist auch S. BAYNE JONES[7]) gekommen. Bei dem sehr leichten Zerfalle der Plättchen muß wohl also etwas Prothrombin in das Plasma übergehen. Für den Ursprung des Prothrombins aus den Blutplättchen spricht ferner der Umstand, daß das Knochenmark, in welchem die Plättchen anscheinend gebildet werden, das einzige Organ ist, in dem man sowohl nach älteren (von WRIGHT u. a.) wie neueren Untersuchungen (von C. und K. DRINKER[8]) und M. YAMADA[9]) Thrombin und Prothrombin nachgewiesen hat. *(Randnotiz: Ursprung des Prothrombins.)*

Da man zymoplastisch wirkende Extrakte aus den verschiedensten Geweben und Organen erhalten hat, scheint die Bildung solcher Substanzen eine allgemeine Funktion der Zellen zu sein, und man könnte also das Vorkommen von Thrombokinase in den verschiedenen Formelementen des Blutes erwarten. Inwieweit dies der Fall ist, kann man noch nicht sagen. Da aber BORDET et DELANGE[10]) ihr Zytozym aus den Plättchen haben darstellen können, ist es jedenfalls sicher, daß die Blutplättchen diese Substanz enthalten. *(Randnotiz: Ursprung der Thrombokinase.)*

Über die Art und Weise, wie die drei Stoffe Prothrombin, Kalksalz und Thrombokinase (Zytozym) zusammenwirken, gibt es hauptsächlich zwei verschiedene Ansichten, indem man nämlich teils eine direkte und teils eine indirekte Wirkung der Thrombokinase annimmt.

Nach der älteren, von MORAWITZ herrührenden aber auch von neueren Forschern wie BORDET und DELANGE und J. MELLANBY[11]) akzeptierten An-

[1]) Münch. med. Wochenschr. 61 und Bioch. Zeitschr. 77. [2]) Ebenda 92. [3]) Compt. rend. soc. biol. 76 und MALYs Jahresb. 44. [4]) Bioch. Zeitschr. 55. [5]) Zeitschr. f. physiol. Chem. 89. [6]) Arch. f. klin. Med. 79. [7]) Amer. Journ. of Physiol. 30. [8]) Ebenda 41. [9]) Bioch. Zeitschr. 87. [10]) l. c. [11]) Journ. of Physiol. 51.

Direkte Kinasewirkung. sicht soll die Wirkung eine direkte sein, und die Kinase soll bei Gegenwart von Kalksalz das Prothrombin in irgend einer Weise in Thrombin überführen. Da auch das gereinigte Kephalin diese Umwandlung bewirkt, kann man keine enzymatische Wirkung dieser Kinase annehmen. Gegen eine solche Annahme spricht auch, daß eine bestimmte Menge Kinase stets eine bestimmte Menge Prothrombin in Thrombin überführt (BARRATT, GASSER)[1].

Die andere Ansicht, welche eine indirekte Wirkung der Kinase annimmt, rührt von HOWELL her. Nach ihm ist es nicht eine Kinase, sondern **Indirekte Kinasewirkung.** das Kalzium, welches (als Katalysator) auf das Prothrombin wirkt; und die Wirkung der Kinase, d. h. des Kephalins, besteht nach ihm darin, daß sie als Antikörper auf eine Substanz einwirkt, welche unter normalen Verhältnissen die aktivierende Wirkung des Kalziums auf das Prothrombin verhindert. In naher Beziehung zu dieser Theorie steht die oben (S. 253) erwähnte Ansicht von PEKELHARING.

Seit lange ist man darüber einig, daß im Blute mindestens eine, die Blutgerinnung hemmende Substanz, ein Antithrombin[2], vorkommt. Mit Recht hat jedoch HOWELL hervorgehoben, daß man hier zwischen zwei Arten von Hemmungswirkung unterscheiden kann. Die eine Hemmungswirkung kann **Anti-thrombin u. Antiprothrombin.** der Art sein, daß sie die Einwirkung des fertigen Thrombins auf das Fibrinogen, analog der Wirkung des Hirudins, aufhebt — also eine wahre Antithrombinwirkung. Die andere Art von Hemmungswirkung könnte eine verhinderte Umwandlung des Prothrombins in Thrombin sein, und eine in dieser Weise wirkende Substanz könnte man Antiprothrombin nennen. Nach HOWELLs Untersuchungen, auf die hier nicht ausführlicher eingegangen werden kann, würde das Kephalin in doppelter Weise gerinnungsbeschleunigend wirken können. Einerseits könnte es auf das Antithrombin, vielleicht durch Bindung desselben, einwirken und die hemmende Wirkung dadurch aufheben. Andererseits könnte es auf ein Antiprothrombin einwirken, welches vielleicht durch eine Verbindung mit dem Prothrombin die Umwandlung des letzteren in Thrombin verhinderte.

Heparin. Das Kephalin könnte also auch auf ein Antiprothrombin wirken, und HOWELL und Mitarbeiter glauben in der Tat, ein solches gefunden zu haben. In Herzmuskeln, Leber und Lymphdrüsen haben sie nämlich ein anderes Phosphatid gefunden, welches infolge seines Vorkommens besonders in der Leber Heparin genannt wurde, und welches im Gegensatz zu. dem Kephalin gerinnungshemmend wirkt. Das Heparin wirkt nicht als ein Antithrombin, sondern als ein Antiprothrombin, und seine Wirkung kann durch Kephalin aufgehoben werden. Das Heparin, welches offenbar keine reine Substanz war, hat man noch nicht im Blute nachgewiesen.

Aktivierung des Serums. Ein schwach wirkendes, fermentarmes Serum kann durch Zusatz von Alkali oder Säure (ALEX. SCHMIDT, MORAWITZ) reaktiviert werden, und hierbei entsteht nach MORAWITZ ein Thrombin (β), welches von dem gewöhnlichen α-Thrombin etwas verschieden ist. Das β-Thrombin entsteht aus einem besonderen β-Prothrombin, welches nie im Plasma, sondern nur im Serum vorkommt. FULD erklärt diese Verhältnisse durch die Annahme, daß das α-Thrombin im Serum in Metazym (β-Prothrombin) übergeht, welches darauf durch Alkali oder Säure in Neozym (= β-Thrombin) übergeführt wird. Nach der Ansicht von HOWELL, die WEYMOUTH und RICH[3] weiter gestützt haben, soll es hier um eine Thrombin-Antithrombinverbindung sich handeln, die durch Einwirkung von Alkali oder Säure unter Freiwerden von Thrombin zerlegt wird.

L. LOEB[4], welcher umfassende Untersuchungen über die Blutgerinnung, meistens bei den Krustazeen, ausgeführt hat, ist zu folgender Ansicht gelangt. Die Gerinnung bei den Krustazeen kann nach ihm zweierlei Art sein. Es kann teils eine Agglutination

---

[1] J. O. W. BARRATT, Bioch. Journ. 9 und H. GASSER, Amer. Journ. of Physiol. 42.   [2] Betreffend die Darstellung von antithrombinhaltigem Plasma vgl. man HOWELL l. c.; HARVEY - Lectures u. GASSER l. c.   [3] Bezüglich MORAWITZ und FULD s. Fußnote 1 S. 252; F. W. WEYMOUTH, Amer. Journ. of Physiol. 32 und A. R. RICH ebenda 48. [4] The medic. News, New-York 1903 und VIRCHOWS Arch. 176; HOFMEISTERS Beiträge 5, 6, 8, 9 und Bioch. Zentralbl. 6, S. 829 u. 889.

der Amöbozyten und teils eine Fibrinbildung auf Kosten eines Fibrinogens in dem Plasma stattfinden. Diese letztere Gerinnung soll im wesentlichen derselben Art wie die bei Wirbeltieren vorkommende sein. Die hierbei gerinnungserregend wirkende Substanz ist aber auch bei Abwesenheit von Kalksalzen wirksam und verhält sich also wie ein Thrombin. Die Gewebe enthalten gerinnungsbeschleunigende Bestandteile, von LOEB Koaguline genannt, die nicht mit den Koagulinen der Blutgerinnsel und des Blutserums identisch sind, und diese Koaguline sollen ebenfalls, wenn auch nur bei Gegenwart von Kalksalzen (wenn Verf. die Arbeiten LOEBS richtig verstanden hat) direkt auf das Fibrinogen koagulierend wirken. Nach LOEB wirken die Gewebskoaguline jedenfalls nicht als Kinasen bei den Wirbellosen, und er findet es auch wenig wahrscheinlich, daß sie bei den Wirbeltieren als Kinasen wirken sollten. Unter günstigen Umständen kann zwar die Kombination von Blut und Gewebskoagulinen stärker wirksam sein als die Summe der Einzelwirkungen. Daß dies von einer Aktivierung durch eine Kinase herrühren sollte, ist allerdings eine Erklärungsmöglichkeit, ist aber nach LOEB nicht bewiesen. Loebs Untersuchungen.

Die Koaguline aus Blut sind, wie oben erwähnt, nach LOEB verschieden von den Gewebskoagulinen. Die letzteren sind für verschiedene Tierklassen derart adaptiert, daß sie das Blut einer bestimmten Tierklasse zur rascheren Koagulation als das einer anderen Klasse bringen. Die Erythrozyten der Säugetiere (Katze, Hund, Kaninchen) enthalten dagegen nach LOEB und FLEISCHER [1] Koaguline von so weitgehender spezifischer Adaptierung, daß sie es möglich machen, zwischen Blutkörperchen verschiedener Arten von Säugetieren zu unterscheiden oder, falls die Erythrozyten bekannt sind, ein unbekanntes Plasma zu erkennen. Koaguline.

Für die Wirkung der zymoplastischen Substanzen und das Wesen der Gerinnung überhaupt hat P. NOLF [2] eine besondere Theorie aufgestellt.

Nach NOLF, der ebenfalls eine Beteiligung sowohl des Fibrinogens wie des Prothrombins, der Thrombokinase und der Kalksalze an der Gerinnung annimmt, handelt es sich bei der Gerinnung des Plasmas (die Gerinnung einer Fibrinogenlösung mit Thrombin soll ein anderer Prozeß sein) um eine gegenseitige Ausfällung der drei Kolloide Fibrinogen, Thrombogen (= Prothrombin) und Thrombozym (= Thrombokinase), welche alle drei in dem Fibringerinnsel enthalten sein sollen. Das Fibringerinnsel kann also, je nach der relativen Menge der drei Substanzen eine wechselnde Zusammensetzung haben. Das Thrombin ist nach NOLF kein Gerinnungserreger, sondern ein Produkt der Gerinnung, ein Rest von in Lösung gebliebenem Fibrin. Es ist eine fibrinogenarme, das Fibrin dagegen eine fibrinogenreiche Verbindung der drei Kolloide. Sowohl das Prothrombin wie die Kinase (das Thrombozym) finden sich in jedem Plasma und die Gewebsextrakte enthalten keine für die Gerinnung notwendigen Stoffe, sondern nur gerinnungsbeschleunigende, thromboplastische Substanzen, welche der Thrombokinase (von MORAWITZ) beigemengt sind. Das Plasma enthält auch Antithrombin. Theorie von Nolf.

Die Gerinnung besteht nach NOLF darin, daß der labile Gleichgewichtszustand zwischen den verschiedenen Plasmabestandteilen gestört wird. Der erste Anstoß hierzu geht von den thromboplastischen Substanzen aus, und als thromboplastische Wirkung bezeichnet er jeden Einfluß physikalischer oder chemischer Art, z. B. eine Glasgefäßwand, einen suspendierten Körper, ein Kolloid usw., welcher eine Verbindung der drei Stoffe ermöglicht. Durch diesen thromboplastischen Einfluß soll die hemmende Wirkung des Antithrombins aufgehoben werden können. Das Thrombin wirkt nach NOLF als ein proteolytisches Enzym. Auf die Gründe, welche für diese Theorie sprechen, und die Einwände, die man gegen sie erheben kann, ist es nicht möglich hier einzugehen. Theorie von Nolf.

Eine andere Theorie rührt von HEKMA [3] her. Nach ihm kommt das Fibrinogen im Plasma als eine durch Wasserimbibition stark gequollene Alkaliadsorptionsverbindung des Fibrins vor. Das Fibrin ist nämlich nach HEKMA als ein reversibles Gel anzusehen, dessen mit Hilfe des Blutalkalis erzeugte Solphase mit dem in Blut und Körperflüssigkeiten vorhandenen Fibrinogen identisch sein soll. Jede Einwirkung, durch welche Alkali oder Wasser dem Fibrinogen entzogen wird, führt es in den Gelzustand über und ruft also Gerinnung hervor, und in dieser Weise wirken als alkalibegierige Substanzen das Thrombin, Phosphatide u. a., beim Zerfall der Formelemente freigewordene oder in den Gewebsextrakten enthaltene Stoffe. Das Fibrin wird, zum Unterschied von anderem Eiweiß, nach Ausflockung aus der Solphase in Fadenform als elastisches Gel ausgeschieden, und HEKMA hat die verschiedenen Phasen dieser Ausscheidung auch von kolloidchemischem Standpunkt studiert. Hierzu ist jedoch zu bemerken, daß wenn man von typischem, faserigen Fibrin ausgeht, der Vorgang nicht reversibel ist, denn solches Fibrin löst sich nicht in verdünntem Alkali ohne Denaturierung und Austritt von Stickstoff. Die äußerst kleinen Thrombinmengen, die zur Koagulation einer Fibrinogenlösung hinreichend sind, Theorie von Hekma.

[1] L. LOEB u. FLEISCHER, Bioch. Zeitschr. 28. [2] Arch. internat. de Physiol. Vol. 6, Fasc. 1, 2 u. 3 und Vol. 7 u. 9. [3] Bioch. Zeitschr. 62, 63, 64, 73, 74, 77.

wirken ferner nicht durch Alkalientziehung; und die Verhältnisse sind übrigens so kompliziert, daß man aus den Beobachtungen HEKMAS noch keine sicheren Schlüsse ziehen kann.

Es gibt auch andere Theorien der Blutgerinnung, die indessen so wenig begründet sind, daß eine Besprechung derselben hier nicht notwendig ist.

Nach der oben gelieferten Übersicht der, im Anschluß an die Theorie von MORAWITZ ausgeführten, neueren Untersuchungen würden also als Ursachen des Flüssigbleibens des Blutes im Leben hauptsächlich die folgenden zwei Momente — die Gegenwart von Antithrombin und die Abwesenheit von Thrombokinase — in Betracht kommen. In dem Maße wie das Blut reicher an Antithrombin (d. h. gerinnungshemmenden Stoffen) ist, gerinnt, wie

Ursachen
des Flüssig-
bleibens und
der Ge-
rinnung des
Blutes. namentlich HOWELL gezeigt hat, das Fibrinogen langsamer, und deshalb gerinnt das an Antithrombin besonders reiche Blut von Vögeln und Schlangen sehr langsam. Im Blute etwa vorhandene kleine Thrombinmengen werden durch das Antithrombin unwirksam gemacht. Als die wesentlichste Ursache der Nichtgerinnung des Blutes im Leben betrachtet man jedoch die Abwesenheit von Thrombokinase. Im gelassenen Blute tritt, wahrscheinlich durch den Zerfall der Blutplättchen, Kinase in reichlicher Menge auf. Hierdurch wird in noch nicht bekannter Weise eine reichliche Umwandlung von Prothrombin in Thrombin ermöglicht, gleichzeitig wird wahrscheinlich auch die hemmende Wirkung des Antithrombins aufgehoben und die Gerinnung erfolgt. Die Wirkung der Kinase kann nämlich teils eine direkte, also eine Umwandlung des Prothrombins in Thrombin, und teils eine indirekte, eine Aufhebung gewisser Hemmungswirkungen, welche die Wirkung des Thrombins oder die Umwandlung des Prothrombins in Thrombin verhindern, sein. Ob das gebildete Thrombin als ein Enzym oder in anderer Weise wirkt, muß man bis auf weiteres als eine offene Frage betrachten.

Der Grund, warum das Plasma keine Thrombokinase enthält, würde darin liegen, daß das gesunde Gefäßendothel nicht als Reiz auf die Formelemente (Blutplättchen) wirkt und daß die letzteren folglich unter diesen

Wirkung
von Fremd-
körpern. Umständen keine nennenswerte Menge Kinase abgeben. Eine solche Abgabe geschieht erst außerhalb der Gefäße, und zwar rasch in Berührung mit Fremdkörpern, die übrigens auch bei Gegenwart von nur Thrombin gerinnungsbeschleunigend wirken dürften. Als Fremdkörper wirkt auch die geschädigte Gefäßwand, welche deshalb einen Zerfall von Formelementen und eine lokale Gerinnung auch im Leben bewirken kann.

Aus der obigen Darstellung dürfte es deutlich hervorgehen, daß es in der Lehre von der Blutgerinnung so viele einander widersprechende Angaben

Gerinnungs-
theorien. und Beobachtungen und so viele unklare Punkte gibt, daß es augenblicklich kaum möglich sein dürfte, eine klare Zusammenfassung der verschiedenen Ansichten zu geben und eine aus ihnen hervorgehende, dieselben einigermaßen vermittelnde Gerinnungstheorie aufzustellen. Die oben etwas ausführlicher besprochene Theorie, welche wahrscheinlich die meisten Autoren akzeptiert haben, ist ebenfalls in mehreren Punkten recht lückenhaft und einer weiteren Prüfung, namentlich mit möglichst reinen Stoffen, sehr bedürftig.

Von den gerinnungsbeschleunigenden Stoffen ist es in dem Vorigen wiederholt die Rede gewesen. Die Wirkungsweise der die Gerinnung hemmen-

Gerinnungs-
hemmende
Wirkungen. den oder verzögernden Stoffe ist allerdings nicht klar und vielfach umstritten, kann aber, wie es scheint, entweder von einer mehr direkten oder von einer indirekten Art sein. So können z. B. die Oxalate durch Ausfällung des Kalkes die Thrombinbildung verhindern. Kobra- und Krotalusgift scheinen die Entstehung des Thrombins durch hemmende Wirkung auf die Thrombokinase zu verhindern; das Hirudin[1]) kann, wie man allgemein annimmt, als Antithrombin das Thrombin unwirksam machen, und in ähnlicher Weise wirken vielleicht die normalen, hemmenden Plasmabestandteile. In anderen Fällen können die Hemmungsstoffe indirekt wirken, indem sie, wie die Albumosen u. a., den Körper zur Bildung besonderer Stoffe veranlassen, ein Verhalten, welches in nächster Beziehung zu der intravaskulären Gerinnung steht.

Intravaskuläre Gerinnung. Durch die Untersuchungen von ALEX. SCHMIDT und seinen Schülern, wie auch von WOOLDRIDGE, WRIGHT[2]) u. a. weiß man, daß eine intravaskuläre Gerinnung durch intravenöse Injektion einer reichlichen Menge Thrombinlösung, wie auch durch Injektion von Leukozyten oder von Gewebefibrinogen (unreinem Nukleoproteid) in das kreisende Blut zustande kommen kann. Auch unter anderen Verhältnissen, wie nach Injektion von Schlangengift (MARTIN u. a.)[3]), von einigen nach dem Prinzipe von GRIMAUX synthetisch dargestellten, eiweißähnlichen Kolloidsubstanzen (HALLIBURTON und PICKERING)[4]) und auch von anderen Stoffen kann eine intravaskuläre Gerinnung auftreten. Wird von den genannten Stoffen zu wenig injiziert, so beobachtet man oft nur eine bedeutend herabgesetzte Gerinnungstendenz des Blutes. Nach WOOLDRIDGE kann man im allgemeinen behaupten, daß nach einem kurzdauernden Stadium gesteigerter Gerinnungsfähigkeit, welches zu totaler oder partieller intravaskulärer Gerinnung führen kann, ein zweites Stadium herabgesetzter oder aufgehobener Gerinnungsfähigkeit des Blutes folgt. Jenes Stadium wurde von WOOLDRIDGE als „positive" und dieses als „negative Phase" der Gerinnung bezeichnet. Diese Angaben sind von mehreren Forschern bestätigt worden. *(Randnotiz: Intravaskuläre Gerinnung.)*

Zur Erklärung der positiven Phase liegt es am nächsten, an die Wirkung des reichlich eingeführten, bzw. durch die eingeführten Substanzen in reichlichen Mengen gebildeten Thrombins zu denken. Die Entstehung der negativen Phase, welche besonders leicht, außer durch Pepsinalbumosen, durch Extrakte auf Krebsmuskeln und andere Gewebe, durch Aalserum, Enzyme, Bakterientoxine, gewisse Schlangengifte u. a. hervorgerufen werden kann, hat man dagegen in verschiedener Weise zu erklären versucht. Am eingehendsten ist wohl die Wirkung der Albumosen, namentlich von GLEY und PACHON, SPIRO, MORAWITZ, NOLF, DELEZENNE, DOYON und Mitarbeitern, ARTHUS[5]) u. a. studiert worden. Bisher ist man zu keinen ganz entscheidenden Resultaten gelangt; man dürfte aber mit Sicherheit sagen können, daß die Wirkung eine indirekte und daß die Leber für den Vorgang von Bedeutung ist.

Die Ursachen der Nichtgerinnbarkeit des „Peptonblutes" scheinen mehrere zu sein, sind aber noch nicht vollständig aufgeklärt. Einerseits soll nämlich solches Blut ein Antithrombin enthalten, aber andererseits scheint auch in ihm die Thrombinbildung nicht in gehöriger Weise zustande zu kommen, trotzdem das Plasma die Bedingungen für eine Thrombinbildung enthält — es gerinnt nämlich in der Regel durch Verdünnung mit Wasser *(Randnotiz: Wirkungsweise der Albumosen.)*

---

[1]) Die Wirkungsweise des Hirudins ist indessen etwas unklar. Vgl. SCHITTENHELM u. BODONG, Arch. f. exp. Path. u. Pharm. 54. [2]) A Study of the intravascular Coagulation etc. Proc. Roy. Irish Acad. (3) 2; vgl. auch WRIGHT, Lecture on tissue or Cellfibrinogen, The Lancet 1892, und: On WOOLDRIDGES Method of producing immunity etc. British medic. Journ. Sept. 1891. [3]) Journ. of Physiol. 15. [4]) Journ. of Physiol. 18. [5]) Man vgl. hierüber GROSJEAN, Travaux du laboratoire de L. FREDERICQ 4. Liége 1892; LEDOUX ebenda 5, 1896; NOLF, Bull. Acad. Roy. Belgique, 1902 u. 1905; Bioch. Zentralbl. 3; SPIRO u. ELLINGER, Zeitschr. f. physiol. Chem. 23; FULD u. SPIRO l. c.; MORAWITZ l. c. Die Arbeiten mehrerer französischer Forscher findet man in Compt. rend. soc. biol. 46, 47, 48, 50 u. 51 und Arch. de Physiol. (5) 7, 8, 9, 10; DELEZENNE, Arch. de Physiol. (5) 10; Compt. rend. soc. biol. 51 und Compt. Rend. 130; DOYON, Compt. rend. soc. biol. 68; mit MOREL u. POLICARD ebenda 70.

oder durch Zusatz von ein wenig Säure. Der letztere Umstand spricht nach
MELLANBY [1]) für die Annahme, daß die Leber infolge der Albumoseinjektion
einen Überschuß von Alkali an das Blut abgibt, welches die Gerinnung des
„Peptonblutes" verhindert. Über das Vorkommen von einem Antithrombin
in dem Peptonplasma scheint man einig zu sein, und über die Entstehung
dieses Antithrombins hat man auch eine ziemlich reichliche Erfahrung gesammelt. Nach NOLF sollen durch das Pepton (richtiger die Albumosen) die
Leukozyten und die Gefäßwand alteriert werden und eine Substanz absondern,
welche in der Leber eine Antithrombinbildung erzeugt. Nach DELEZENNE
bewirken die Albumosen eine Zerstörung von Leukozyten, und hierbei wird
teils eine die Gerinnung befördernde und teils eine dieselbe hemmende Substanz frei. Die erstere soll durch die Leber zerstört werden und hierdurch
kommt die Wirkung der hemmenden Substanz (des Antithrombins) zur
Geltung. DOYON und Mitarbeiter haben gezeigt, daß auch die isolierte ausgewaschene Leber bei Durchleitung von normalem, arteriellem Blut ein thermo-
stabiles Antithrombin abgibt, welches wie ein Nukleoproteid sich verhält.
Daß die Leber an der Gerinnungshemmung sich beteiligt, dürfte wohl also
sicher sein, aber man ist nicht darüber einig, ob die Leber das einzige hierbei
wirksame Organ ist oder nicht.

Wirkung der Albumosen. (margin)

Nach DOYON [2]) soll bei Hunden die Leber das einzige Organ sein, welches unter
dem Einflusse gewisser Gifte (z. B. einer großen Peptondose) Antithrombin an das Blut
abgibt. Nach Ausschaltung der Leber aus der Zirkulation soll nämlich die intravenöse
Einspritzung einer großen Peptondosis die Gerinnung nicht mehr aufheben. Diese Ansicht findet eine Stütze in Untersuchungen von G. P. DENNY und G. R. MINOT [3]).
Nach ARTHUS soll es dagegen für alle, durch Stoffe eiweißartiger Natur hervorgerufene
Vergiftungen gemeinsam sein, daß die Gerinnbarkeit des Blutes aufhört, und dies sogar
nach Elimination der Leber, die also nicht allein bestimmend für die Entstehung der
gerinnungshemmenden Substanz sein kann.

Bedeutung der Leber. (margin)

Die Ursachen der langsamen Gerinnung des Blutes bei der Hämophilie
sind noch nicht hinreichend bekannt. Die Untersuchungen von MORAWITZ
und LOSSEN, SAHLI, NOLF, HERRY und HOWELL [4]) machen es jedoch sehr
wahrscheinlich, daß die Thrombokinase hierbei eine Rolle spielt. Nach SAHLI
soll der Gehalt an Kinase herabgesetzt sein, nach NOLF und HERRY soll außerdem die Kinase qualitativ verändert sein können, so daß sie weniger wirksam
ist. In beiden Fällen würde hierdurch die wiederholt beobachtete Beziehung
der Gefäßwand zu der Hämophilie verständlich werden, indem nach NOLF
die Thrombokinase (sein Thrombozym) auch von den Endothelzellen abgesondert wird.

Hämo- philie. (margin)

Die Nichtgerinnbarkeit des Leichenblutes rührt nach MORAWITZ [5]) fast immer
daher, daß es infolge einer Fibrinolyse kein Fibrinogen enthält.

Die Gase des Blutes sollen in dem Kapitel 17 (Über die Respiration)
abgehandelt werden.

IV. Die quantitative Zusammensetzung des Blutes.

Die quantitative Blutanalyse kann nicht für das Blut als Ganzes allein
gelten. Sie muß einerseits das Verhältnis von Plasma und Blutkörperchen
zueinander und andererseits auch die Zusammensetzung eines jeden dieser
zwei Hauptbestandteile für sich zu ermitteln haben. Die Schwierigkeiten,

Quanti- tative Analysen. (margin)

---

[1]) Journ. of Physiol. **38**.   [2]) Compt. rend. soc. biol. **82**; ARTHUS ebenda **82**.
[3]) Amer. Journ. of Physiol. **38**.   [4]) MORAWITZ u. J. LOSSEN, Deutsch. Arch. f. klin.
Med. **94**; SAHLI ebenda **99**; NOLF u. HERRY, Revue de médecine **29**, Jahrg. 1909;
HOWELL l. c.   [5]) HOFMEISTERS Beiträge **8**.

welche einer solchen Aufgabe im Wege stehen, sind besonders mit Rücksicht auf das lebende, noch nicht geronnene Blut nicht ganz überwunden worden. Da nun weiter die Zusammensetzung des Blutes nicht nur in verschiedenen Gefäßbezirken, sondern auch in demselben Bezirke unter verschiedenen Umständen eine verschiedene sein kann, sind auch aus diesem Grunde eine Menge von Blutanalysen erforderlich.

Das relative Volumen der Blutkörperchen und des Serums hat man nach verschiedenen Methoden zu bestimmen versucht. Hierher gehören die Methoden von L. und M. BLEIBTREU [1]), gegen welche indessen von mehreren Forschern, wie EYKMAN, BIERNACKI und HEDIN [2]), Einwendungen erhoben worden sind; ferner die auf die verschiedene Leitfähigkeit des Blutes und des Plasmas basierte Methode von ST. BUGARSZKY und TANGL und die kolorimetrische Methode von STEWART [3]), bezüglich welcher Methoden hier auf die Originalarbeiten hingewiesen wird.

Für klinische Zwecke hat man versucht das relative Volumen der körperlichen Elemente des Blutes durch Anwendung einer kleinen, von BLIX konstruierten und von HEDIN näher beschriebenen und geprüften, Hämatokrit genannten Zentrifuge zu bestimmen. Eine abgemessene Menge Blut wird mit einer ebenfalls genau abgemessenen Menge einer die Gerinnung verhindernden Flüssigkeit gemischt, die Mischung in die Röhren eingeführt und dann zentrifugiert. Nach HEDIN ist es am besten, das durch 1 p. m. Oxalat flüssig erhaltene Blut mit dem gleichen Volumen einer Lösung von 9 p. m. NaCl zu verdünnen. Nach beendetem Zentrifugieren liest man die Höhe der Blutkörperchenschicht in den graduierten Röhren ab und berechnet daraus das Volumen, welches die roten Blutkörperchen (richtiger die Blutkörperchenschicht) in 100 Vol. des fraglichen Blutes einnehmen. Durch vergleichende Zählungen haben HEDIN und DALAND gefunden, daß unter physiologischen Verhältnissen eine annähernd konstante Relation zwischen dem Volumen der Blutkörperchenschicht und der Anzahl der roten Blutkörperchen besteht, so daß man also aus dem Volumen diese Zahl berechnen kann. Daß eine solche Berechnung auch in Krankheiten, wenn nur die Größe der roten Blutkörperchen nicht wesentlich von der Norm abweicht, zu annähernd richtigen Zahlen führen kann, hat DALAND [4]) gezeigt. Bei gewissen Krankheiten, wie z. B. bei der perniziösen Anämie, kann die Methode dagegen so fehlerhafte Resultate hinsichtlich der Anzahl der Blutkörperchen geben, daß sie nicht brauchbar wird.

Der Hämatokrit.

KÖPPE [5]) hat gezeigt, daß man durch Zentrifugieren des Blutes bei hoher Tourenzahl — mehr als 5000 pro Minute — die Blutkörperchen so vollständig abtrennen kann, daß alle Zwischenflüssigkeit entfernt wird. Infolge der Abwesenheit der Zwischenflüssigkeit ändern sich die Lichtbrechungsverhältnisse, und die Blutkörperchensäule wird durchsichtig, lackfarbig. Wird das Volumen der so abgetrennten Blutkörperchenschicht bestimmt und andererseits die Anzahl der roten Blutkörperchen durch Rechnung ermittelt, so kann man nach diesem Verfahren das absolute Volumen der letzteren bestimmen. Diese Methode von Köppe scheint die zur Bestimmung des Volumens von Blutkörperchen und Plasma bzw. Serum zuverlässigste zu sein.

Absolutes Volumen der Blutkörperchen.

Bei Bestimmungen des Verhältnisses zwischen Blutkörperchen und Blutflüssigkeit dem Gewichte nach kann man von den folgenden Erwägungen ausgehen.

Findet sich in dem Blute irgend eine Substanz, welche dem Plasma ausschließlich angehört und in den Blutkörperchen nicht vorkommt, so läßt sich der Gehalt des Blutes an Plasma berechnen, wenn man die Menge der fraglichen Substanz in 100 Teilen Plasma bzw. Serum einerseits und in 100 Teilen Blut andererseits bestimmt. Bezeichnet man die Gewichtsmenge dieser Substanz in dem Plasma mit p und in dem Blute mit b, dann wird also die Menge x des Plasmas in 100 Teilen Blut: $x = \dfrac{100 \cdot b}{p}$ sein.

Bestimmung der Menge des Plasmas.

[1]) PFLÜGERS Arch. 51, 55 u. 60. [2]) BIERNACKI, Zeitschr. f. physiol. Chem. 19; EYKMAN, PFLÜGERS Arch. 60; HEDIN ebenda und Skand. Arch. f. Physiol. 5. [3]) BUGARSZKY u. TANGL, Zentralbl. f. Physiol. 11; STEWART, Journ. of Phsyiol. 24. [4]) HEDIN, Skand. Arch. f. Physiol. 2, S. 134 u. 361 u. 5; PFLÜGERS Arch. 60; DALAND, Fortschr. d. Med. 9. [5]) PFLÜGERS Arch. 107.

Zusammensetzung des Blutes.

	Schweineblut		Rinderblut		Pferdeblut		Hundeblut		Menschenblut (Mann)		Menschenblut (Weib)	
	Blutkörperchen 435,09	Serum 564,91	Blutkörperchen 395,5	Serum 674,5	Blutkörperchen 397,7	Serum 602,3	Blutkörperchen 442,8	Serum 577,2	Blutkörperchen 513,02	Serum 486,98	Blutkörperchen 396,24	Serum 608,76
Wasser	272,20	518,36	192,65	616,25	243,86	551,14	277,71	514,30	349,69	439,02	272,56	551,99
Feste Stoffe	162,89	46,54	132,85	58,249	153,84	51,15	165,10	42,89	163,33	47,96	123,68	51,77
Hämoglobin	142,2	—	103,10	—	125,8	—	145,6	—				
Eiweiß	8,35	38,26	20,89	48,901	20,05	42,65	2,36	34,05	Org. Stoffe 159,59	Org. Stoffe 43,82	Org. Stoffe 120,13	Org. Stoffe 46,70
Zucker	—	0,684	—	0,708	—	0,90	—	0,74				
Cholesterin	0,213	0,231	1,100	0,835	0,26	0,31	0,56	0,37				
Lezithin	1,504	0,805	1,220	1,129	1,93	1,05	1,02	0,98				
Fett	0,027	1,104	—	0,625	—	0,50	—	0,91				
Fettsäuren		0,448	—	—	0,02	0,36	—	0,70				
Phosphorsäure als												
Nuklein	0,0455	0,0123	0,0178	0,0089	0,05	0,01	0,05	0,01	Anorg. Stoffe 3,74	Anorg. Stoffe 4,14	Anorg. Stoffe 3,45	Anorg. Stoffe 5,07
Natron	—	2,401	0,7266	2,9084	—	2,62	1,27	2,39	0,24	1,66	0,65	1,92
Kali	2,157	0,152	0,2356	0,1719	1,32	0,15	0,11	0,14	1,59	0,15	1,41	0,20
Eisenoxyd	0,696	—	0,514	—	0,59	—	0,71	—				
Kalk	—	0,0689	0,0056	0,0805	0,04	0,07	0,03	0,06				
Magnesia	0,0656	0,0233	0,5901	0,0300	0,18	0,03	0,60	0,03	0,90	1,72	0,36	0,14
Chlor	0,642	2,048	0,2392	2,4889	0,98	2,20	0,67	2,31				
Phosphorsäure	0,8956	0,1114	0,1140	0,1646	0,76	0,15	0,54	0,14				
Anorg. P_2O_5	0,7194	0,0296		0,0571		0,05		0,05				

Als solche Substanz, welche in dem Plasma allein vorkommen soll, ist von HOPPE - SEYLER das Fibrin und von BUNGE das Natrium (in gewissen Blutarten) bezeichnet worden. Von diesen Substanzen ausgehend haben auch die genannten Forscher die Menge des Plasmas, bzw. der Blutkörperchen, dem Gewichte nach in verschiedenen Blutarten zu bestimmen versucht.

Die in der Tabelle (S. 260) enthaltenen Tierblutanalysen sind von ABDERHALDEN [1]) nach den Methoden von BUNGE und HOPPE-SEYLER ausgeführt worden. Die Analysen von Menschenblut sind vor längerer Zeit von C. SCHMIDT [2]) nach einer anderen Methode ausgeführt worden, die vielleicht ein wenig zu hohe Werte für die Gewichtsmenge der Blutkörperchen geliefert hat. Sämtliche Zahlen beziehen sich auf 1000 Teile Blut.

Zu diesen Analysen ist zu bemerken, daß sie keine allgemeingültigen Werte enthalten, sondern mehr als Beispiele angeführt sind [3]).

Die Relation zwischen Blutkörperchen und Plasma kann, selbst bei derselben Tierart, unter verschiedenen Verhältnissen recht bedeutend wechseln. Bei Tieren hat man indessen in den meisten Fällen bedeutend mehr Plasma, bisweilen reichlich $2/3$ von der Gewichtsmenge des Blutes, gefunden [4]). Für Menschenblut fand ARRONET als Mittel von neun Bestimmungen beim Manne 478,8 p. m. Blutkörperchen und 521,2 p. m. Serum in defibriniertem Blute. Beim Weibe fand SCHNEIDER [5]) bzw. 349,6 und 650,4 p. m. W. BIE und PAUL MÖLLER [6]) fanden nach der Hämatokritmethode bei 10 gesunden Männern und 10 Weibern als Mittel für die Blutkörperchen beim Manne 464 und beim Weibe 387 Vol. p. m. *Plasma und Blutkörperchen.*

In den ersten Lebenstagen ist die Anzahl der roten Blutkörperchen größer als bei Erwachsenen, und im Hunger kann sie zunehmen, indem die Blutkörperchen weniger rasch als das Blutplasma umgesetzt werden, und zum Teil auch weil ein Wasserverlust des Blutes stattfindet. Bei vollständigem Hungern findet auch in der Regel keine Verminderung der festen Stoffe statt. *Vermehrung der Erythrozyten.*

Eine Vermehrung der Anzahl der roten Blutkörperchen hat man auch unter dem Einflusse des verminderten Luftdruckes oder des Höhenklimas beobachtet. VIAULT hatte zuerst die Aufmerksamkeit darauf gelenkt, daß bei in hochgelegenen Regionen lebenden Menschen und Tieren die Anzahl der roten Blutkörperchen eine sehr große ist. So hat nach ihm z. B. das Lama etwa 16 Millionen Blutkörperchen im cmm. Durch Beobachtungen an sich selbst und anderen Personen wie auch an Tieren fand VIAULT als ersten Effekt des Aufenthaltes in hochgelegenen Orten eine sehr bedeutende Zunahme der Anzahl der roten Blutkörperchen, bei ihm selbst von 5—8 Millionen. Eine ähnliche Vermehrung der roten Blutkörperchen wie auch eine Steigerung des Hämoglobingehaltes unter dem Einflusse des verminderten Luftdruckes ist dann von vielen anderen Forschern sowohl an Menschen wie an Tieren beobachtet worden. Über die Ursache dieser Vermehrung hat man recht viel gestritten und man hat sogar angenommen, daß die Vermehrung nur eine relative sei, die man durch verschiedene Annahmen zu erklären versucht *Wirkung des Höhenklimas.*

---

[1]) Zeitschr. f. physiol. Chem. **23** u. **25**.   [2]) Zitiert und zum Teil umgerechnet nach v. GORUP-BESANEZ, Lehrb. d. physiol. Chem. 4. Aufl. S. 345.   [3]) Bezüglich der Methoden zur Bestimmung der verschiedenen Blutbestandteile wird, außer auf das Werk von HOPPE-SEYLER-THIERFELDER, Handb. d. phys. u. pathol.-chem. Analyse, 8. Aufl., auch auf ABDERHALDEN, Die biochemischen Arbeitsmethoden, hingewiesen. Vgl. ferner J. BANG, Methoden zur Mikrobestimmung einiger Blutbestandteile, 2. Aufl., München 1920, wie auch FOLIN u. WU und DENIS, BENEDIKT, BLOOR, deren Arbeiten meistens im Journ. of biol. Chem. veröffentlicht sind und auf die in dem Folgenden z. T. näher hingewiesen wird.   [4]) Vgl. SACHARJIN in HOPPE-SEYLER, Physiol. Chem. S. 447; OTTO, PFLÜGERS Arch. **35**; BUNGE, Zeitschr. f. Biol. **12**; L. u. M. BLEIBTREU, PFLÜGERS Arch. **51**.   [5]) ARRONET, MALYS Jahresb. **17**; SCHNEIDER, Zentralbl. f. Physiol. **5**, S. 362.   [6]) MALYS Jahresb. **43**.

hat. Nunmehr kann es aber nicht bezweifelt werden, daß unter dem Einflusse
des verminderten Luftdruckes eine wirkliche Vermehrung der roten Blutkörperchen stattfinden kann, wenn auch die Frage noch nicht ganz klargelegt ist[1]).

Eine Verminderung der Zahl der roten Blutkörperchen kommt bei
Anämien aus verschiedenen Ursachen und folglich auch nach einem stärkeren
Aderlasse vor. Über die Veränderungen, welche die Anzahl, das Volumen
und der Hämoglobingehalt der Erythrozyten sowohl nach dem Aderlasse
wie während der Regeneration unterworfen sind, hat C. INAGAKI[2]) eingehende
Untersuchungen gemacht, auf die allerdings hier nicht näher eingegangen
werden kann, die aber unter anderem die schon vorher bekannte Beobachtung
bestätigen, daß während der Regeneration Unregelmäßigkeiten in dem Verhalten zwischen Hämoglobinmenge und Erythrozytenzahl vorkommen können.
Eine bedeutende Verminderung der Zahl der roten Blutkörperchen kommt
auch bei chronischer Anämie und Chlorose vor; doch kann in solchen Fällen
eine wesentliche Abnahme des Hämoglobingehaltes ohne eine wesentliche
Abnahme der Zahl der Blutkörperchen vorkommen. Für die Chlorose als
kennzeichnend betrachtet man auch allgemein eher eine Verminderung des
Hämoglobingehaltes als eine verminderte Anzahl der roten Blutkörperchen.

Eine höchst bedeutende Abnahme der Anzahl der roten Blutkörperchen
(auf 300000—400000 in 1 cmm) und Verminderung des Hämoglobingehaltes
(auf $^1/_8$ — $^1/_{10}$) kommt bei der perniziösen Anämie vor. Dagegen sollen dabei
die einzelnen roten Blutkörperchen größer und reicher an Hämoglobin als
gewöhnlich sein.

Das Blut als Ganzes enthält in gewöhnlichen Fällen 770—820 p. m.
Wasser mit 180—230 p. m. festen Stoffen; unter diesen sind 173—220 p. m.
organische und 6—10 p. m. anorganische. Die organischen bestehen, mit
Abzug von 6—12 p. m. Extraktivstoffen, aus Eiweiß und Hämoglobin. Der
Gehalt des Blutes an diesem letztgenannten Stoffe ist beim Menschen 130 bis
150 p. m. Bei Hund, Katze, Schwein und Pferd ist der Hämoglobingehalt
etwa derselbe; im Blute von Rind, Stier, Schaf, Ziege und Kaninchen war
er niedriger (ABDERHALDEN).

Den größten prozentischen Gehalt an Hämoglobin hat das Blut nach
den übereinstimmenden Beobachtungen von COHNSTEIN und ZUNTZ, OTTO,
WINTERNITZ, ABDERHALDEN, SCHWINGE u. a., unmittelbar oder sehr bald
nach der Geburt, jedenfalls innerhalb der ersten Tage. Beim Menschen hat
man 2—3 Tage nach der Geburt ein Maximum (200—210 p. m.) beobachtet,
welches größer als in irgend einer anderen Lebensperiode ist. Auf diesem
Verhalten beruht auch der von mehreren Forschern beobachtete größere
Reichtum an festen Stoffen in dem Blute Neugeborener. Von diesem ersten
Maximum sinkt der Gehalt an Hämoglobin und Blutkörperchen allmählich
zu einem Minimum von etwa 110 p. m. Hämoglobin herab, welches Minimum
beim Menschen zwischen dem vierten und achten Jahre auftritt. Dann steigt
der Hämoglobingehalt wieder, bis bei etwa 20 Jahren ein zweites Maximum
von 137—150 p. m. erreicht wird. Auf dieser Höhe bleibt der Hämoglobingehalt nun bis gegen das 45. Jahr stehen und nimmt dann langsam und allmählich ab (LEICHTENSTERN, OTTO)[3]).

Verminde-
rung der
Erythro-
zytenzahl.

Perniziöse
Anämie.

Zusammen-
setzung.

Gehalt an
Hämoglobin
in ver-
schiedenen
Altern.

[1]) Die einschlägige Literatur findet man bei ABDERHALDEN, Zeitschr. f. Biol. 43;
VAN VOORNVELD, PFLÜGERS Arch. 92. Vgl. ferner Höhenklima und Bergwanderungen
von N. ZUNTZ, A. LOEWY, FRANZ MÜLLER u. W. CASPARI. Berlin 1906; O. COHNHEIM,
G. KREGLINGER, L. TOBLER u. O. H. WEBER, Zeitschr. f. physiol. Chem. 78 und COHNHEIM,
Ergebn. d. Physiol. 1912, 12. [2]) Zeitschr. f. Biol. 49. [3]) COHNSTEIN u. ZUNTZ, PFLÜGERS
Arch. 34; WINTERNITZ, Zeitschr. f. physiol. Chem. 22; LEICHTENSTERN, Unters. über

Die Beschaffenheit der Nahrung kann wesentlich auf den Hämoglobingehalt des Blutes einwirken. Subbotin beobachtete wenigstens bei Hunden
bei einseitiger Fütterung mit kohlehydratreicher Nahrung ein Herabsinken
des Hämoglobingehaltes von dem physiologischen Mittelwerte 137,5 p. m. zu
103,2—93,7 p. m. Tsuboi[1]) hat ebenfalls in Versuchen an Kaninchen und
Hunden gefunden, daß bei unrichtiger Ernährungsweise mit Brot und Kartoffeln, wobei der Körper unter Abgabe von Eiweiß verhältnismäßig viel
Kohlehydrat erhält, der Hämoglobingehalt herabgesetzt und das Blut reicher
an Wasser wird. Nach Leichtenstern findet eine allmähliche Zunahme des
Hämoglobingehaltes im Blute des Menschen bei Verbesserung der Nahrung
statt, und nach demselben Forscher soll ferner bei mageren Personen das
Blut im allgemeinen etwas reicher an Hämoglobin als bei fetten desselben
Alters sein. Daß eine herabgesetzte Menge von Erythrozyten in der Regel
auch einen verminderten Hämoglobingehalt zur Folge hat, ist schon oben
bemerkt worden.

(marginal note: Wirkung der Nahrung.)

Die Menge des Fettes kann nach einer fettreichen Mahlzeit ziemlich
stark zunehmen, zeigt aber auch unabhängig davon bedeutende Schwankungen. Bang[2]) fand bei nüchternen Menschen als Mittel 0,2 p. m. A. O.
Gettler und W. Baker[3]) fanden bei 30 gesunden Personen rund 0,66—1,87,
in einem Falle sogar 3,2 p. m. Unter besonderen Verhältnissen, wie z. B. in
der Schwangerschaft und im Diabetes kann die Menge mehr oder weniger
stark vermehrt sein. Den Gehalt an Lezithin (Phosphatiden) fand Bloor
durchschnittlich gleich 3 und Bang gleich 2 p. m. Die Menge der Phosphatide
soll nach Bloor durchschnittlich etwa doppelt so groß in den Blutkörperchen,
nämlich 4,2 p. m., wie in dem Plasma, 2,0 p. m., sein. Als Mittel für die Menge
des Cholesterins fand Bang 0,9 p. m. Bloor und A. Knudsen fanden
als Mittel rund 2 p. m., Gettler und Baker 0,17—0,61 p. m. Das Plasma
enthält nach einstimmigen Angaben mehr Cholesterin als die Blutkörperchen.
Die letzteren enthalten überwiegend freies Cholesterin, nach Hess-Thaysen[4])
nur etwa $^1/_{11}$ als Ester, während in dem Plasma umgekehrt die Cholesterinester nach mehreren Angaben etwa $^2/_3 — ^4/_5$ des Gesamtcholesterins betragen.
Am Ende der Schwangerschaft und in Krankheiten, wie z. B. bei Cholämie,
diabetischer Lipämie, Stauungsikterus, akuter gelber Leberatrophie u. a.,
kann die Gesamtmenge der Lipoide bedeutend vermehrt und die Relation
der verschiedenen Lipoide zueinander wesentlich verändert sein (Bloor,
Bürger und Beumer, Feigl)[5]).

(marginal note: Menge des Fettes und der Lipoide.)

Nach E. Terroine[6]) zeigt der lipämische Koeffizient, d. h. die
Relation zwischen Cholesterin und Gesamtfettsäuren (aus sowohl Fett wie
aus Phosphatiden) $= \dfrac{\text{Cholesterin}}{\text{Fettsäuren}}$, sehr große Schwankungen bei verschiedenen
Individuen derselben Art (Hund), ist aber bei demselben Tier bemerkenswert
konstant. Während der Resorption von Fett steigt mit der Menge des Fettes
auch die des Cholesterins im Blute. Die Vermehrung des Cholesterins ist
jedoch bei etwas größerer Vermehrung des Fettes nicht hinreichend, um

(marginal note: Lipäm scher Koef-fizient.)

---

den Hämoglobingehalt des Blutes etc. Leipzig 1878; Otto, Malys Jahresb. 15 u. 17;
Abderhalden, Zeitschr. f. physiol. Chem. 34; Schwinge, Pflügers Arch. 73 (Literatur).
Vgl. auch Fehrsen, Journ. of Physiol. 30.

[1]) Subbotin, Zeitschr. f. Biol. 7; Tsuboi ebenda 44.   [2]) Bioch. Zeitschr. 94.
[3]) Journ. of biol. Chem. 25.   [4]) Bloor, Journ. of biol. Chem. 25; mit A. Knudsen
ebenda 29; Th. Hess-Thaysen, vgl. Malys Jahresb. 43.   [5]) Bloor, Journ. of biol.
Chem. 25, 26; M. Bürger u. H. Beumer, Arch. f. exp. Path. u. Pharm. 71; J. Feigl,
Bioch. Zeitschr. 86, 90, 92, 94.   [6]) Contribution à la Connaissance de la physiol. des
substances grasses et lipoidiques, Annal. d. scienc. natur., Zoologie, Ser. 10, Tome IV.

den lipämischen Koeffizienten konstant zu erhalten. Zur Erhaltung dieses Koeffizienten bei größerer Zufuhr von Fett an das Blut ist der Körper bestrebt, das Blut von den großen Fettmengen zu befreien.

GREENWALD und FEIGL [1]) haben Methoden zur gesonderten Bestimmung des Lipoidphosphors, des säurelöslichen Phosphors (Phosphat- und Restphosphor) ausgearbeitet und das Verhalten dieser verschiedenen Phosphorfraktionen in Krankheiten studiert.

Der Zucker sollte nach der älteren Ansicht nur dem Plasma oder dem Serum und nicht den Blutkörperchen angehören. Einen Zuckergehalt der letzteren sollten jedoch schon LÉPINE und BOULUD nachgewiesen haben, und RONA und MICHAELIS haben Zucker in den Blutkörperchen des Hundes nachgewiesen. Die Frage von dem Zuckergehalte der Blutkörperchen ist dann Gegenstand zahlreicher Untersuchungen von BANG, seinen Schülern LYTTKENS und SANDGREN, von RONA, MICHAELIS, TAKAHASHI, MASING, FRANK, FALTA und M. RICHTER-QUITTNER, EGE [2]) u. a. gewesen. Die Resultate dieser Untersuchungen sind einander so widersprechend, daß es kaum möglich ist, aus ihnen sichere Schlüsse zu ziehen, um so mehr, als das Verhalten beim Menschen und den verschiedenen Tierarten nicht dasselbe ist. Nach LYTTKENS und SANDGREN enthalten die Blutkörperchen des Menschen Zucker, während die

Glukose in Blutkörperchen und Plasma.

von Rind, Schaf, Pferd, Schwein, Katze und Meerschweinchen keinen Zucker enthalten. Nach MASING sollen die Blutkörperchen von Gans, Kaninchen, Schwein und Schaf für Glukose impermeabel, die des Ochsen, des Hundes und des Menschen dagegen permeabel sein. FALTA und RICHTER-QUITTNER, welche mit durch Hirudin ungerinnbar gemachtem Blut von Menschen, Pferd, Ochs, Hund, Kaninchen und Gans arbeiteten, kamen zu dem Resultate, daß im strömenden Blute der Zucker (ebenso wie Chloride und Reststickstoffkörper) ausschließlich im Blutplasma vorhanden ist. Auch nach BRINKMANN und E. v. DAM sind die ganz intakten Blutkörperchen impermeabel für Zucker. R. EGE [2]), welcher in Versuchen mit Hirudinmenschenblut diese Angaben von FALTA und RICHTER-QUITTNER nicht bestätigen konnte, ist durch eingehende Untersuchungen, in welchen etwaige Fehlerquellen möglichst vermieden wurden, zu dem Resultate gelangt, daß zwar die Blutkörperchen des Menschen, nicht aber die des Kaninchens, der Ziege, des Rindes und des Hundes für Glukose permeabel sind. Die roten Blutkörperchen der drei erstgenannten Tierarten enthielten keinen Zucker. Die des Hundes enthielten kleine Mengen, etwa $\frac{1}{3}$ von dem Prozentgehalte im Plasma. Beim Menschen war der Zuckerprozentgehalt der Blutkörperchen 70—80 p. c. von dem des Plasmas.

Die Menge der Glukose in dem Blute hat man nicht exakt bestimmen können. Da das Blut außer Glukose auch andere reduzierende Stoffe enthält, kann die Gesamtreduktion selbstverständlich nicht als exaktes Maß des Glukosegehaltes dienen; und hierzu kommt noch, daß die verschiedenen Methoden nicht übereinstimmende Resultate geben. So erhält man nach den Methoden von KNAPP und BANG, welche die Totalreduktion angeben, höhere Werte als nach den ALLIHNschen oder BERTRANDschen Methoden, in welchen man

Zuckerbestimmung im Blute.

nur die Menge des ausgefällten Kupferoxyduls bestimmt. Die Polarisationsmethode kann, infolge der Anwesenheit von anderen, optisch aktiven Substanzen, keine exakten Resultate geben, und auch gegen die Gärungsmethode kann man Einwände erheben. Bei Anwendung der letzteren Methode hat

---

[1]) J. GREENWALD, Journ. of biol. Chem. 21, 25 und J. FEIGL, Bioch. Zeitschr. 81, 84, 86, 87.   [2]) R. EGE, Studier over Glukosens Fordeling mellem Plasmaet og de röde Blodlegemer. Dissert. Köbenhavn 1919 (wo man die gesamte Literatur findet) und Bioch. Zeitschr. 107 u. 111.

indessen OTTO [1]) als erster die später auch von anderen, namentlich BANG und seinen Mitarbeitern konstatierte Tatsache beobachtet, daß das Blut nicht vergärbare Stoffe enthält, die reduzierend wirken und die man z. B. nach der Methode von BANG bestimmen kann. Diese, nach möglichst vollständiger Vergärung des Blutzuckers zurückgebliebene Reduktionsfähigkeit hat man Restreduktion genannt.

Die Natur dieser, die Restreduktion bedingenden Stoffe ist nur zum Teil bekannt. Zu den bekannten Stoffen gehören Kreatinin, Harnsäure und wohl auch gepaarte Glukuronsäuren. Es ist verständlich, daß diese Restreduktion unter pathologischen Verhältnissen, wie bei Nierenaffektionen, ansteigen kann; über ihre Größe unter normalen Verhältnissen liegen aber sehr abweichende Angaben vor [2]). *Restreduktion.*

Der Grund dieser abweichenden Angaben kann ein verschiedener sein. Verschiedene Methoden geben, wie oben gesagt, abweichende Werte und es können auch verschiedene Fehlerquellen sich geltend machen. Unter diesen hat EGE besonders die unvollständige Vergärung des Zuckers und den Gehalt der Hefe an reduzierender Substanz hervorgehoben. Er hat die Größe der Fehlerquellen bestimmt und er hat, unter Beachtung derselben, gefunden, daß die Restreduktion, nach der Mikromethode von BANG bestimmt, bei Rind, Ziege, Kaninchen und Mensch sehr gering ist, nämlich durchschnittlich 0,004—0,005 p. c. oder, nach Korrektion für die noch nicht vergorene Glukose, etwa 0,001—0,002 p. c. niedriger. *Größe der Restreduktion.*

Von Bedeutung ist es auch, daß im Blute Proteine vorhanden sind, die nach dem Sieden mit einer Säure Glukosamin liefern können und die vielleicht nicht immer vollständig entfernt worden sind. So haben z. B. FRANK und BRETSCHNEIDER [3]) sowohl in den Blutkörperchen wie im Plasma einen Stoff nachgewiesen, welcher nach dem Sieden mit einer Säure einen reduzierenden Zucker gab, während O. ADLER [4]) und G. KROK [5]) nach dem Kochen des enteiweißten Filtrates mit einer Säure keine Zunahme der Reduktionsfähigkeit beobachten konnten.

In naher Beziehung zu dem nun Gesagten steht auch die Frage von dem „Sucre immédiat" und dem „Sucre virtuel" von LÉPINE und BOULUD [6]). Als „Sucre immédiat" bezeichnen sie die im Blute unmittelbar nach dessen Entleerung vorhandene Reduktionsfähigkeit — als Zucker berechnet — und als „Sucre virtuel" die Zunahme an Reduktionsfähigkeit, welche teils beim Stehen des Blutes nach dem Aderlasse, teils durch Einwirkung von Invertase oder Emulsin bei 39° C und teils durch Sieden mit Fluorwasserstoffsäure zustande kommt. Die Menge des virtuellen Zuckers beträgt bei Hunden als Mittel 70 p. c. von der des Sucre immédiat. Die Angaben von LÉPINE und BOULUD sind aber nicht von anderer Seite bestätigt worden, und EGE [7]), welcher in neuerer Zeit besondere Versuche in dieser Richtung angestellt hat, konnte die Angabe von dem Vorkommen eines virtuellen Zuckers, welcher enzymatisch freigemacht werden sollte, nicht bestätigen. In Anbetracht der sehr umfassenden Untersuchungen von LÉPINE muß man jedoch noch weitere Untersuchungen abwarten. Daß man aus den Plasmaproteinstoffen durch Sieden mit Säure reduzierende Stoffe erhalten kann, ist jedenfalls sicher und oben hervorgehoben worden. *Sucre immédiat et virtuel.*

---

[1]) PFLÜGERS Arch. 35. [2]) Die Literatur findet man bei EGE, Studier over Glukosens fordeling etc., Fußnote 2 S. 264. Vgl. ferner EGE, Bioch. Zeitschr. 107. [3]) E. FRANK, Zeitschr. f. physiol. Chem. 70, mit BRETSCHNEIDER ebenda 71 u. 76. [4]) Bioch. Zeitschr. 88. [5]) Ebenda 92; vgl. bezüglich der Restreduktion auch O. SCHUMM, Zeitschr. f. physiol. Chem. 96 u. 100. [6]) Compt. Rend. 137, 144, 147 und Journ. de Physiol. et de Path. générale 11, 13, 17. [7]) Bioch. Zeitschr. 87.

Die Menge des wirklichen Zuckers im Blute beträgt nach LYTTKENS und SANDGREN beim Menschen 0,63, beim Schaf 0,64, Schwein 0,82, Rind 0,86, Pferd 0,98, Kaninchen 2,22, Meerschweinchen 2,48 und bei der Katze 2,91 p. m.

Menge des
Zuckers. Kleinere Tiere mit einem regeren Stoffwechsel sollen mehr Zucker im Blute als größere Tiere enthalten. Nach E. FRANK liegt der Zuckergehalt des Blutplasmas beim Menschen zwischen 0,8 und 1,1 p. m., nach ihm und COBLINER[1]) ist er bei Neugeborenen 1,19—1,26 p. m. Die Reduktionsfähigkeit des Menschenblutes, als Glukose berechnet, wird im allgemeinen zu rund 1 p. m. angeschlagen.

Der Blutzuckergehalt scheint von der Beschaffenheit der Nahrung fast unabhängig zu sein. Nach Einnahme von einer größeren Zuckermenge steigt der Zuckergehalt des Blutes nicht besonders stark und nur vorübergehend. Nach Fütterung mit großen Mengen Zucker oder Dextrin hatte indessen BLEILE eine bedeutende Vermehrung des Zuckers beobachtet. Der Zuckergehalt ist übrigens nicht nur bei verschiedenen Tieren etwas verschieden, sondern er schwankt auch bei demselben Tiere unter verschiedenen äußeren Bedingungen ein wenig. Wenn er mehr als 3 p. m. beträgt, sollte nach einer

Zucker-
gehalt des
Blutes. von CL. BERNARD[2]) herrührenden Angabe Zucker in den Harn übergehen und also eine Glykosurie auftreten, eine Ansicht, die man indessen nunmehr nicht aufrecht halten kann. Auf der einen Seite kann nämlich Glykosurie bei niedrigerem Zuckergehalt des Blutes auftreten und andererseits kann eine solche auch bei höherem Blutzuckergehalt einige Zeit ausbleiben. Eine Vermehrung des Zuckergehaltes findet, wie zuerst BERNARD beobachtete und andere später bestätigten, nach Blutentziehungen statt. Hierbei soll aber nicht allein die Menge des Zuckers, sondern auch die der anderen reduzierenden Substanzen — nach einigen besonders die Menge der letzteren — vermehrt werden (HENRIQUES, N. ANDERSSON, LYTTKENS und SANDGREN, LÉPINE und BOULUD). Diese Angaben dürften jedoch einer Revision bedürftig sein, denn nach dem Aderlaß bei Urethannarkose fand EGE[3]) eine bedeutende Steigerung der totalen Reduktionsfähigkeit ohne Steigerung der Restreduktion.

In dem gelassenen Blute nimmt, wie schon BERNARD[4]) zeigte, der Zuckergehalt mehr oder weniger rasch ab. LÉPINE, welcher gemeinschaftlich mit BARRAL diese Abnahme der Zuckermenge besonders studiert hat, nennt sie Glykolyse. LÉPINE und BARRAL und ebenso ARTHUS haben gezeigt,

Glykolyse
im Blute. daß die Glykolyse auch bei vollständiger Abwesenheit von Mikroorganismen stattfindet. Sie scheint durch ein lösliches, glykolytisches Enzym bedingt zu sein, dessen Wirksamkeit durch Erhitzen auf $+ 54^0$ C vernichtet wird. Dieses Enzym stammt nach den einstimmigen Beobachtungen mehrerer Forscher jedenfalls zum allergrößten Teil aus den weißen Blutkörperchen her und soll nicht im Plasma vorhanden sein. Nach LÉPINE[5]) soll es in Beziehung zu dem Pankreas stehen. Neuere Untersuchungen von SLOSSE, von EMBDEN und seinen Mitarbeitern KRASKE, KONDO und K. v. NOORDEN[6]) jr., von LEVENE

---

[1]) LYTTKENS u. SANDGREN, Bioch. Zeitschr. 36; FRANK u. COBLINER, Zeitschr. f. physiol. Chem. 70, S. 142. [2]) BLEILE, Arch. f. (Anat. u.) Physiol. 1879; BERNARD, Lecons sur le diabète. Deutsch von POSNER 1878. [3]) HENRIQUES, Zeitschr. f. physiol. Chem. 23; N. ANDERSSON, Bioch. Zeitschr. 12; LYTTKENS u. SANDGREN ebenda 26; LÉPINE u. BOULUD, Journ. de Physiol. 13; EGE, Bioch. Zeitschr. 107. [4]) Leçons sur le diabète. [5]) ARTHUS, Arch. de Physiol. (5) 3 u. 4; DOYON u. MOREL, Compt. rend. soc. biol. 55. Bezüglich der zahlreichen Aufsätze von LÉPINE und LÉPINE et BARRAL vgl. man: Lyon médical. 62 u. 63; Compt. Rend. 110, 112, 113, 120 u. 139; LÉPINE: le ferment glycolytique et la pathogénie du diabète. Paris 1891, ferner: Revue analytique et critique des travaux etc. in Arch. de méd. expér. Paris 1892 und Revue de méd. 1895, État actuel de la question de la glycolyse, Semaine médicale 1911. [6]) SLOSSE, Arch. internat. d. Physiol. 11; KRASKE, KONDO u. K. v. NOORDEN jr., Bioch. Zeitschr. 45.

und G. H. Meyer[1]) haben gezeigt, daß bei der Glykolyse eine Milchsäure- Glykolyse.
bildung aus dem Zucker geschieht. Während der Glykolyse findet übrigens
nach Lépine und Boulud ein doppelter Vorgang statt. Auf der einen Seite
wird nämlich Zucker zerstört und auf der anderen kann auf Kosten des virtuellen Zuckers eine Neubildung von Zucker stattfinden. Hierdurch kann
die wirkliche Glykolyse größer als die scheinbare sein, und die genannten
Forscher haben deshalb auch ein Verfahren zur Ermittelung der Größe der
wirklichen Glykolyse angegeben.

Milchsäure kommt im Blute in kleiner Menge vor. Berlinerblau Milch-
fand im Hundeblute 0,71 p. m. Im Hühnerblute fanden Saito und Katsu- säure.
yama[2]) als Mittel 0,269 p. m.; nach Vergiftung mit Kohlenoxyd stieg aber die
Menge auf 1,227 p. m.

Die Menge des Reststickstoffes (vgl. S. 211) ist von vielen Forschern,
in erster Linie von Bang und von Folin bestimmt worden. In 1000 ccm
Menschenblut kommen nach Bang 190—390, als Mittel 250, nach Folin[3])
280 à 300 oder sogar 417 und nach Gettler und Baker[4]) 300—450 mgm
Reststickstoff vor. Die Menge steigt etwas im Hunger und nach Nahrungsaufnahme. Die Vermehrung betrifft hauptsächlich den Harnstoff-Stickstoff,
dessen Menge unter normalen Verhältnissen etwa die Hälfte des Reststickstoffes, 150—250 mgm, entsprechend 0,321—0,536 p. m. Harnstoff, beträgt.
Beim Fleischfresser sind die Werte etwas höher, was mit den von Schöndorff[5])
bei direkter Bestimmung des Harnstoffes gemachten Erfahrungen stimmt. Reststick-
Folin und Denis fanden im Blute von Katzen 0,30—0,77 p. m. Beim Menschen stoff und
fand v. Jaksch[6]) für normales Blut 0,5—0,6 p. m. Die gleichmäßige Ver- Harnstoff.
teilung des Harnstoffes auf Blutkörperchen und Plasma hatte schon Schöndorff nachgewiesen. Die Menge des Harnstoffes soll im Fieber und überhaupt bei vermehrtem Eiweißumsatz und darauf beruhender vermehrter
Harnstoffbildung vermehrt sein. Eine weit bedeutendere Vermehrung der
Harnstoffmenge im Blute kommt bei gehemmter Harnausscheidung, wie in
der Cholera, auch der Cholera infantum, und bei Affektionen der Nieren und
der Harnwege vor. Nach Unterbindung der Ureteren oder nach Exstirpation
der Nieren bei Tieren findet eine Anhäufung von Harnstoff in dem Blute statt.

Das Blut der Selachier ist, wie v. Schröder als erster zeigte, sehr reich
an Harnstoff, und die Menge davon kann sogar 26 p. m. betragen. Baglioni[7]) Harnstoff
hat nun ferner gezeigt, daß dieser hohe Harnstoffgehalt von großer Bedeutung bei
ist, indem nämlich der Harnstoff bei diesen Tieren eine notwendige Lebens- Selachiern.
bedingung für das Herz und sehr wahrscheinlich für alle Organe und Gewebe
darstellt.

Die Menge des Aminosäurestickstoffes war nach den Bestimmungen
von Zunz und György[8]) beim Hunde im Gesamtblut 0,046, im Plasma
0,028 und in den Blutkörperchen 0,0795 p. m. Beim Menschen fanden
M. Gorchkoff, M. Grigorieff und A. Koutourska[9]) 0,12—0,13 und
J. Bock[10]) 0,071 p. m. Beim Hunde war die Menge 0,075, beim Schwein 0,084, Amino-
beim Ochsen 0,0058, bei der Katze 0,087, Gans 0,186 und Henne 0,21 p. m. säure-
In Krankheiten kann die Menge bedeutend steigen, und Feigl[11]) welcher im stickstoff.
Blute bei akuter gelber Leberatrophie Leuzin und Tyrosin in beträchtlichen

---

[1]) Annal. de l'Institut Pasteur 30. [2]) Die ältere Literatur bei Irisawa, Zeitschr. f. physiol. Chem. 17; Saito und Katsuyama ebenda 32. [3]) Bang, Methode zur
Mikrobestimmung etc.; Folin, Recent bioch. Investigations. Mellon Lecture 1917 und
Journ. of biol. Chem. 38; mit Denis ebenda 11 u. 12. [4]) l. c. S. 263. [5]) Pflügers
Arch. 54 u. 63. [6]) Leyden, Festschr. 1 (1901). [7]) Schröder, Zeitschr. f. physiol. Chem.
14; Baglioni, Zentralbl. f. Physiol. 19. [8]) Journ. of biol. Chem. 21. [9]) Compt. rend. soc.
biol. 76. [10]) Journ. of biol. Chem. 29. [11]) Bioch. Zeitschr. 79.

Mengen nachweisen konnte, fand 1,15—1,6 p. m. Aminosäurestickstoff bei einem Gehalte von resp. 1,82 und 2,56 p. m. Reststickstoff.

Über den Gehalt des Blutes an Ammoniak liegen mehrere Untersuchungen vor. Nach HORODYNSKI, SALASKIN und ZALESKI[1]) ist die Menge davon im arteriellen Hundeblute 0,004 p. m. Besonders genaue Bestimmungen von HENRIQUES und E. CHRISTIANSEN[2]) ergaben als Mittel für das Blut verschiedener Tiere 0,0027 p. m. Die Blutkörperchen sind reicher an Ammoniak als das Plasma. Im Pfortaderblute der Pflanzenfresser ist die Menge größer, 0,0057—0,0091 p. m., als im Karotisblute. Das Blut der Vena lienalis und femoralis hat denselben Gehalt an Ammoniak wie das Karotisblut.

Ammoniak.

Das Blut enthält sowohl Kreatin wie Kreatinin. Nach FOLIN, DENIS, FEIGL u. a. ist die Menge des Kreatinins etwa 0,010 bis höchstens 0,020 p. m. Die Menge des Kreatins ist 0,030—0,100 p. m., meistens weniger als 0,060 p. m. Nach A. HUNTER und W. R. CAMPBELL[3]) soll das Kreatinin auf Plasma und Blutkörperchen gleich verteilt sein, während das Kreatin hauptsächlich in den Blutkörperchen vorkommt. In Krankheiten, wie in Nephritis mit starker Retention (FOLIN und DENIS, MYERS und FINE) oder akuter gelber Leberatrophie kann die Menge des Kreatins und Kreatinins stark vermehrt sein (FEIGL)[4]).

Kreatin und Kreatinin.

Die Menge der Harnsäure beträgt nach mehreren Untersuchungen 0,020—0,030 p. m. Ihre Menge kann bei Gicht, Leukämie, vermehrtem Zellzerfall, gehinderter Exkretion u. a. vermehrt sein[5]). Die Menge des Purinbasenstickstoffes soll nach R. BASS[6]) rund 0,050 p. m. betragen. Die Menge des Indikans im Menschenblute ist nach G. HAAS[7]) durchschnittlich 0,45 p. m.

Harnsäure.

Das Kalzium kommt mit Ausnahme für die Blutkörperchen des Rindes und der Katze nur im Plasma vor, während die Blutkörperchen reicher an Magnesium sein dürften. Die Menge des Kalziums im Gesamtblute des Menschen ist nach mehreren einstimmigen Angaben rund 0,06 p. m. Die Verteilung der Alkalien auf Blutkörperchen und Plasma ist eine verschiedene, indem nämlich die Blutkörperchen von Schwein, Pferd und Kaninchen kein Natrium enthalten, die des Menschen reicher an Kalium und die von Rind, Schaf, Ziege, Hund und Katze bedeutend reicher an Natrium als an Kalium sind. Das Chlor kommt überall in größerer Menge im Serum als in den Blutkörperchen vor und die Relation soll nach R. SIEBECK[8]) regelmäßig gleich 2:1 sein. Das Jod ist nur im Serum enthalten, während das Eisen regelmäßig fast ausschließlich in den Formelementen, in erster Linie in den Erythrozyten vorkommt. Da die Nukleoproteide eisenhaltig sind, kommt immer etwas Eisen in den Leukozyten und Spuren von Eisen auch im Serum vor. Diese Mengen sind unter normalen Verhältnissen sehr klein, wogegen in Krankheiten die Relation zwischen Hämoglobineisen und anderem Bluteisen wie es scheint nicht unwesentlich sich ändern kann. In dem Blute sind auch Mangan sowie Spuren von Lithium, Zink, Kupfer, Blei, Silber und im Menstrualblute auch Arsen gefunden worden.

Mineralstoffe.

Daß das Blut in verschiedenen Gefäßbezirken eine ungleiche Zusammensetzung haben soll, ist ohne weiteres verständlich, und es liegen auch mehrere

---

[1]) Zeitschr. f. physiol. Chem. **35.**   [2]) Bioch. Zeitschr. **78** u. **80.**   [3]) Journ. of biol. Chem. **33.**   [4]) Bioch. Zeitschr. **81,** wo man reichhaltige Literaturangaben über Kreatin und Kreatinin im Blute findet.   [5]) Vgl. FOLIN, Mellon Lecture 1917; GETTLER u. BAKER l. c. und E. STEINITZ, Zeitschr. f. physiol. Chem. **90.**   [6]) Arch. f. exp. Path. u. Pharm. **76.**   [7]) Deutsch. Arch. f. klin. Med. **119, 121.**   [8]) Arch. f. exp. Path. u. Pharm. **85.**

ältere Angaben hierüber vor. Diese Angaben stützen sich indessen meistens auf einer zu kleinen Anzahl von Analysen und haben schon aus diesem Grunde und in Anbetracht der recht großen individuellen Schwankungen nur wenig Interesse. Hierzu kommt noch, daß sie nach älteren, nunmehr nicht brauchbaren Methoden ausgeführt worden sind. Erst nachdem eine größere Anzahl Analysen — ausgeführt nach neueren, feineren Methoden — vorliegen, dürfte eine Besprechung der gewonnenen Resultate angemessen sein.

Die Menge des Blutes ist zwar bei verschiedenen Tierarten und bei verschiedenen Körperzuständen etwas schwankend; im allgemeinen wurde aber die ganze Blutmenge bei Erwachsenen früher zu etwa $^1/_{13}$ — $^1/_{14}$ und bei Neugeborenen zu etwa $^1/_{19}$ von dem Körpergewichte angeschlagen. HALDANE und LORRAIN SMITH[1]), welche nach einer besonderen Methode Bestimmungen der Blutmenge ausgeführt haben, fanden bei 14 Personen Schwankungen zwischen $^1/_{16}$ und $^1/_{30}$ des Körpergewichtes. Nach derselben Methode bestimmte OERUM[2]) die Blutmenge zu im Mittel bei Männern rund $^1/_{19}$ und bei Weibern $^1/_{22}$ von dem Körpergewichte. Fette Individuen sollen relativ blutärmer als magere sein. Während der Inanition nimmt die Blutmenge weniger rasch als das Körpergewicht ab (PANUM)[3]) und sie kann deshalb auch verhältnismäßig größer bei hungernden als bei gut genährten Individuen sein.

(Marginalie: Blutmenge.)

Durch vorsichtige Aderlässe kann die Blutmenge ohne gefahrdrohende Symptome bedeutend vermindert werden. Ein Blutverlust bis zu $^1/_4$ der normalen Blutmenge hat kein dauerndes Sinken des Blutdruckes in den Arterien zur Folge, weil nämlich die kleineren Arterien dabei durch Kontraktion der kleineren Blutmenge sich anpassen (WORM MÜLLER)[4]). Blutverluste bis zu $^1/_3$ der Blutmenge setzen dagegen den Blutdruck erheblich herab, und Erwachsenen kann ein Verlust von der halben Blutmenge lebensgefährlich werden. Je schneller die Blutung erfolgt, um so gefährlicher ist sie. Neugeborene sind gegen Blutverluste sehr empfindlich, und ebenso sind fette Personen, Greise und Schwächlinge gegen solche weniger widerstandsfähig. Frauen ertragen Blutverluste besser als Männer.

(Marginalie: Blutverluste.)

Die Blutmenge kann auch durch Injektion von Blut derselben Tierart bedeutend vermehrt werden. Nach WORM MÜLLER kann sogar die normale Blutmenge bis zu 83 p. c. vermehrt werden, ohne daß ein abnormer Zustand oder ein dauernd erhöhter Blutdruck eintritt. Eine Vermehrung der Blutmenge bis zu 150 p. c. kann jedoch unter beträchtlichen Blutdrucksschwankungen direkt das Leben gefährden (WORM MÜLLER). Wird durch Transfusion von Blut derselben Tierart die Blutmenge eines Tieres vermehrt, so findet eine reichlichere Lymphbildung statt. Das überschüssige Wasser wird durch den Harn ausgeschieden; und da das Eiweiß des Blutserums rasch zersetzt wird, während die roten Blutkörperchen weit langsamer zerfallen (TSCHIRJEW, FORSTER, PANUM, WORM MÜLLER)[5]), kommt allmählich eine Polyzythämie zustande.

(Marginalie: Bluttransfusion.)

Die Blutmenge der verschiedenen Organe hängt wesentlich von der Tätigkeit derselben ab. Während der Arbeit ist der Stoffwechsel in einem Organe lebhafter als während der Ruhe, und der regere Stoffwechsel ist mit einem reichlicheren Blutzufluß verbunden. Während die Gesamtblutmenge des Körpers konstant bleibt, kann also die Blutverteilung in den verschiedenen

(Marginalie: Blutverteilung der Organe.)

---

[1]) Journ. of Physiol. **25**. [2]) Deutsch. Arch. f. klin. Med. **93** (1908). [3]) VIRCHOWS Arch. **29**. [4]) Transfusion und Plethora. Christiania 1875. [5]) WORM MÜLLER, Transfusion und Plethora; TSCHIRJEW, Arbeiten aus der physiol. Anstalt zu Leipzig 1874, S. 292; FORSTER, Zeitschr. f. Biol. **11**; PANUM, VIRCHOWS Arch. **29**.

Organen bei verschiedenen Gelegenheiten eine verschiedene sein. Im allgemeinen dürfte jedoch der Blutgehalt eines Organes einen ungefähren Maßstab für den mehr oder weniger lebhaften Stoffwechsel in demselben abgeben können, und von diesem Gesichtspunkte aus dürfte es von Interesse sein, die Blutverteilung in den verschiedenen Organen und Organgruppen kennen zu lernen. Nach RANKE[1]), dem wir besonders unsere Kenntnis von der Beziehung des Blutfüllungswechsels zum Tätigkeitswechsel der Organe zu verdanken haben, soll von der gesamten Blutmenge (beim Kaninchen) etwa $\frac{1}{4}$ auf sämtliche Muskeln in der Ruhe, $\frac{1}{4}$ auf das Herz und die großen Blutgefäße, $\frac{1}{4}$ auf die Leber und $\frac{1}{4}$ auf sämtliche übrige Organe kommen.

---

[1]) Die Blutverteilung und der Tätigkeitswechsel der Organe. Leipzig 1871.

Sechstes Kapitel

Chylus, Lymphe, Transsudate und Exsudate.

I. Chylus und Lymphe.

Die Lymphe vermittelt wenigstens zum Teil den Austausch von Bestandteilen zwischen Blut und Geweben. Aus dem Blute treten in die Lymphe zur Ernährung der Gewebe nötige Stoffe über, während die Gewebe ihrerseits an die Lymphe Wasser, Salze und Stoffwechselprodukte abgeben. Die Lymphe stammt also teils von dem Blute und teils von den Geweben her. Vom Standpunkte rein theoretischer Erwägungen kann man folglich mit HEIDENHAIN je nach dem Ursprunge der Lymphe zwischen Blutlymphe und Gewebelymphe unterscheiden, wenn es auch noch nicht möglich ist, was der einen und was der anderen Quelle entströmt, zu sondern. Ursprung
der Lymphe.

Die in verschiedenen Organen und Geweben gebildete Lymphe hat eine verschiedene Zusammensetzung, und da man regelmäßig nicht solche Lymphe direkt, sondern die aus größeren Lymphgefäßen erhaltene Lymphe untersucht, ist die zur Untersuchung kommende Lymphe regelmäßig ein Gemenge, dessen Zusammensetzung unter verschiedenen Verhältnissen wechseln kann. Am leichtesten zugänglich und am meisten untersucht ist die Lymphe aus dem Ductus thoracicus. Bei Individuen im nüchternen Zustande unterscheidet sich diese Lymphe, sog. „Hungerlymphe", nicht wesentlich von anderer Lymphe. Nach Aufnahme von einer fettreichen Nahrung unterscheidet sich diese Lymphe, die „Verdauungslymphe" oder Chylus, dagegen von anderer Lymphe durch ihren großen Reichtum an äußerst fein verteiltem Fett, welches ihr ein milchähnliches Aussehen gibt und zu dem alten Namen „Milchsaft" Veranlassung gegeben hat. Lymphe
verschiede-
ner Art.

In chemischer Hinsicht verhält sich die Lymphe wie das Plasma und sie enthält, wenigstens in der Hauptsache, qualitativ dieselben Stoffe wie dieses. Die Beobachtung von ASHER und BARBÈRA[1]), daß die Lymphe giftig wirkende Stoffwechselprodukte enthält, widerspricht einer solchen Behauptung nicht, indem nämlich nicht daran zu zweifeln ist, daß diese Produkte mit der Lymphe dem Blute zugeführt werden. Wenn das Blut nicht dieselben giftigen Wirkungen wie die Lymphe zeigt, kann dies an der starken Verdünnung, in welcher diese Stoffe im Blute vorhanden sind, liegen, und der Unterschied zwischen Blutplasma und Lymphe der größeren Lymphstämme dürfte also wesentlich quantitativer Art sein. Dieser Unterschied besteht vor allem darin, daß die Lymphe ärmer an Eiweiß ist. Überein-
stimmung
zwischen
Lymphe
und Blut-
plasma.

---

[1]) Zeitschr. f. Biol. **36**.

Die Lymphe enthält wie das Plasma Serumalbumin, Serumglobuline, Fibrinogen und Fibrinferment. Besonders die zwei letztgenannten Stoffe finden sich jedoch nur in geringer Menge, weshalb auch die Lymphe nur langsam („spontan") gerinnt und nur eine kleine Menge Fibrin gibt. Nach HOWELL[1]) liegt die Ursache ihrer langsamen Gerinnung auch darin, daß sie einen relativen Überschuß an Antithrombin enthält. Wie andere, an Fibrinferment arme Flüssigkeiten gerinnt die Lymphe nicht auf einmal vollständig, sondern es treten in ihr wiederholt neue Gerinnungen auf.

Eiweiß-stoffe.

Die Extraktivstoffe scheinen dieselben wie in dem Plasma zu sein. Zucker oder jedenfalls reduzierende Substanz kommt in etwa derselben Menge wie in dem Blutserum, also bis gegen 1 p. m. vor. Das in der Lymphe von DASTRE[2]) nachgewiesene Glykogen kommt, wie er gezeigt hat, nur in den Leukozyten vor. Wie das Blutplasma enthält auch die Lymphe nach RÖHMANN und BIAL ein diastatisches Enzym, und der Chylus eines verdauenden Hundes besitzt nach LÉPINE[3]) eine große glykolytische Fähigkeit. Lipase kann auch in der Lymphe vorkommen. Der Gehalt an Harnstoff beträgt nach WURTZ[4]) bei verschiedenen Tieren 0,12—0,28 p. m. Die Mineralstoffe scheinen dieselben wie in dem Plasma zu sein.

Extraktiv-stoffe und Enzyme.

Als Formelemente kommen Leukozyten und in einzelnen Fällen rote Blutkörperchen vor. Der Chylus hat bei nüchternen Tieren das Aussehen der Lymphe. Nach fettreicher Nahrung ist er dagegen milchig trübe, teils von kleineren Fettkügelchen wie in der Milch, teils, und zwar hauptsächlich, von staubförmig fein verteiltem Fett. Die Natur des im Chylus vorhandenen Fettes hängt von der Art des Fettes in der Nahrung ab. Zum unverhältnismäßig größten Teile besteht es aus Neutralfett, und selbst nach Fütterung mit reichlichen Mengen freien Fettsäuren hat man im Chylus hauptsächlich Neutralfette mit nur kleinen Mengen Fettsäuren oder Seifen gefunden (MUNK)[5])

Das Fett des Chylus.

Die Gase einer völlig normalen menschlichen Lymphe hat man bisher nicht Gelegenheit gehabt zu untersuchen. Die Gase der Hundelymphe enthalten nach HAMMARSTEN höchstens Spuren von Sauerstoff und bestehen aus 37,4—53,1 p. c. CO_2 und 1,6 p. c. N., bei 0⁰ und 760 mm Hg-Druck berechnet. Die Hauptmasse der Kohlensäure in der Lymphe scheint fest chemisch gebunden zu sein. Vergleichende Analysen von Blut und Lymphe haben gezeigt, daß die Lymphe mehr Kohlensäure als das arterielle, aber weniger als das venöse Blut enthält. Die Tension der Kohlensäure ist nach PFLÜGER und STRASSBURG[6]) in der Lymphe geringer als in dem venösen, aber größer als in dem arteriellen Blute.

Die Gase der Lymphe.

Die quantitative Zusammensetzung des Chylus kann selbstverständlich nicht unbedeutend wechseln. Das spez. Gewicht schwankt zwischen 1,007 und 1,043. Als Beispiele von der Zusammensetzung des Chylus von Menschen werden hier zwei Analysen mitgeteilt. Die erste ist von OWEN-REES am Chylus eines Hingerichteten und die zweite von HOPPE-SEYLER[7]) in einem Falle von Ruptur des Ductus thoracicus ausgeführt worden. In dem letzten Falle war der Faserstoff vorher abgeschieden. Die Zahlen beziehen sich auf 1000 Teile.

---

[1]) Amer. Journ. of Physiol. **35**. [2]) Compt. rend. soc. biol. **47** und Compt. Rend. **120**; Arch. de physiol. (5) **7**. [3]) RÖHMANN u. BIAL, PFLÜGERS Arch. **52, 53** u. **55**; LÉPINE, Compt. Rend. **110**. [4]) Compt. Rend. **49**. [5]) VIRCHOWS Arch. **80** u. **123**. Bezüglich des Chylusfettes siehe ferner ERBEN, Zeitschr. f. physiol. Chem. **30**. [6]) HAMMARSTEN, Die Gase der Hundelymphe. Arbeiten aus der physiol. Anstalt zu Leipzig, Jahrg. 1871; STRASSBURG, PFLÜGERS Arch. **6**. [7]) OWEN-REES, Zit. nach HOPPE-SEYLER, Physiol. Chem. S. 595; HOPPE-SEYLER ebenda S. 597; ferner CARLIER, Brit. med. Journ. 1902, S. 175 und T. SOLLMANN, Amer. Journ. of Physiol. **17**.

	Nr. 1	Nr. 2	
Wasser	904,8	940,72 Wasser	Zusammensetzung des Chylus.
Feste Stoffe	95,2	59,28 Feste Stoffe	
Fibrin	Spuren	—	
Albumin	70,8	36,67 Albumin	
Fett	9,2	7,23 Fett	
		2,35 Seifen	
		0,83 Lezithin	
Übrige organische Stoffe	10,8	1,32 Cholesterin	
		3,63 Alkoholextraktstoffe	
		0,58 Wasserextraktstoffe	
Salze	4,4	6,80 Lösliche Salze	
		0,35 Unlösliche Salze.	

Die Menge des Fettes wechselt sehr und kann nach Einnahme von großen Fettmengen mit der Nahrung bedeutend vermehrt werden. J. Munk und A. Rosenstein[1]) haben Lymphe bzw. Chylus aus einer Lymphfistel am Ende des oberen Drittels vom Unterschenkel eines 18jährigen, 60 kg schweren Mädchens untersucht, und der höchste von ihnen nach Fettgenuß beobachtete Fettgehalt der chylösen Lymphe war 47 p. m. In der Hungerlymphe derselben Patientin war der Fettgehalt dagegen nur 0,6—2,6 p. m. Die Menge der Seifen war stets gering und nach Aufnahme von 41 g Fett war die Menge derselben nur etwa $^1/_{20}$ von der des Neutralfettes. O. Schumm[2]) fand in dem rahmähnlichen Inhalte einer von dem Mesenterium ausgehenden Chyluszyste den hohen Gehalt von 357,8 p. m. Fett und verhältnismäßig viel Kalziumseifen. Fettgehalt.

Analysen des Chylus von Tieren sind auch zu wiederholten Malen ausgeführt worden. Da aber aus diesen Analysen als hauptsächlichstes Resultat die Tatsache hervorzugehen scheint, daß der Chylus eine Flüssigkeit von sehr wechselnder Zusammensetzung ist, welche dem Blutplasma am nächsten steht und von ihm hauptsächlich durch einen größeren Fettgehalt und einen geringeren Gehalt an festen Stoffen unterschieden ist, dürfte es genügend sein, bezüglich dieser Analysen auf ausführlichere Lehr- oder Handbücher, wie z. B. das Lehrbuch der physiologischen Chemie von v. Gorup-Besanez, 4. Auflage, hinzuweisen. Chylus von Tieren.

Die Zusammensetzung der Lymphe ist auch eine sehr wechselnde und das spezifische Gewicht zeigt etwa dieselben Schwankungen wie das des Chylus. Von den hier unten angeführten Analysen beziehen sich Nr. 1 und 2 (von Gubler und Quevenne) auf Lymphe aus dem Oberschenkel einer 39jährigen Frau und Nr. 3 (v. Scherer) auf Lymphe aus den sackartig ausgedehnten Lymphgefäßen des Samenstranges. Nr. 4 ist eine von C. Schmidt[3]) ausgeführte Analyse von Lymphe aus dem rechten Halslymphstamme eines Füllen. Die Zahlen beziehen sich auf 1000 Teile.

	1	2	3	4	
Wasser	939,9	934,8	957,6	955,4	
Feste Stoffe	60,1	65,2	42,4	44,6	
Fibrin	0,5	0,6	0,4	2,2	Zusammensetzung der Lymphe.
Albumin	42,7	42,8	34,7	} 35,0	
Fett, Cholesterin, Lezithin	3,8	9,2	—		
Extraktivstoffe	5,7	4,4	—		
Salze	7,3	8,2	7,2	7,5	

Die Menge der Salze in der von C. Schmidt untersuchten Pferdelymphe, ebenfalls auf 1000 Teile Lymphe berechnet, war folgende:

---

[1]) Virchows Arch. 123. [2]) Zeitschr. f. physiol. Chem. 49. [3]) Gubler und Quevenne, Zit. nach Hoppe-Seyler, Physiol. Chem. S. 591; Scherer ebenda S. 591; C. Schmidt ebenda S. 592. Vgl. auch Fr. Zaribnicky, Zeitschr. f. physiol. Chem. 78.

Chlornatrium 5,67
Natron 1,27
Kali 0,16
Schwefelsäure 0,09
An Alkalien gebundene Phosphorsäure . . 0,02
Phosphorsaure Erden 0,26

In dem von MUNK und ROSENSTEIN untersuchten Falle schwankte die Menge der festen Stoffe in der Lymphe im nüchternen Zustande der Patientin zwischen 37,7 und 57,2 p. m. Diese Schwankungen hängen wesentlich von der Sekretionsgröße ab, so daß die niedrigen Werte mit einer lebhafteren Sekretion zusammenfielen und umgekehrt. Die Hauptmasse der festen Stoffe bestand aus Eiweiß, und die Relation zwischen Globulin und Albumin war
Zusammen-
setzung der
Lymphe. gleich 1 : 2,4 bis 4. Die Mineralstoffe in 1000 Teilen (chylöser) Lymphe waren NaCl 5,83; Na_2CO_3 2,17; K_2HPO_4 0,28; $Ca_3(PO_4)_2$ 0,28; $Mg_3(PO_4)_2$ 0,09 und $Fe(PO_4)$ 0,025. Der Gehalt der Lymphe an titrierbarem Alkali ist wesentlich kleiner als der des Blutes. CARLSON, GREER und LUCKHARDT[1]) haben ferner vergleichende Bestimmungen der NaCl-Menge in Blutserum und Lymphe von demselben Individuum (Pferd und Hund) gemacht und dabei gefunden, daß die Lymphe regelmäßig reicher an Chloriden ist, ein Verhalten, welches für die Frage von der Bildungsweise der Lymphe von Interesse ist.

In diesem Zusammenhange mag daran erinnert werden, daß nach vielen Forschern die Lymphe einen etwas größeren osmotischen Druck und also eine etwas höhere molekulare Konzentration als das Serum hat. CARLSON, GREER und BECHT[2]) fanden indessen, daß der osmotische Druck der Halslymphe beim Hunde oft auch niedriger als der des Serums ist.

Patho-
logische
Lymphe. Unter besonderen Verhältnissen kann die Lymphe so reich an fein verteiltem Fett werden, daß sie dem Chylus ähnlich wird. Solche Lymphe ist von HENSEN in einem Falle von Lymphfistel bei einem 10jährigen Knaben und von LANG[3]) in einem Falle von Lymphfistel am linken Oberschenkel eines 17jährigen Mädchens untersucht worden. In der von HENSEN untersuchten Lymphe schwankte die Menge des Fettes in 19 Analysen zwischen 2,8 und 36,9 p. m.; die von LANG untersuchte Lymphe enthielt als Mittel 24,85 p. m. Fett.

Die Mengen der abgesonderten Lymphe können selbstverständlich unter verschiedenen Verhältnissen bedeutend wechseln und wir haben kein Mittel sie zu messen. Die Mächtigkeit des Lymphstromes ist nämlich kein Maß der gebildeten Lymphmenge und weder ein Maß für die Ergiebigkeit der Zufuhr von Ernährungsmaterial zu den Organelementen noch für die Abfuhr von Stoffwechselprodukten. Die Lymphröhren spielen nach HEIDENHAIN nur „die Rolle von Drainröhren, dazu bestimmt, überschüssige Flüssigkeit aus den Lymphspalten abzuführen, sobald der Druck in den letzteren eine gewisse Höhe überschreitet". Die Menge der aus dem Ductus thoracicus ausfließenden, 24stündigen Lymphmenge hat man indessen an Tieren zu bestimmen ver-
Menge der
Lymphe. sucht. Diese Menge beträgt für einen 10 Kilo schweren Hund nach HEIDENHAIN als Mittel 640 ccm.

Bestimmungen der Lymphmenge an Menschen liegen ebenfalls vor. Aus dem durchtrennten Ductus thoracicus eines 60 Kilo schweren Kranken konnte NOËL-PATON[4]) als Mittel pro 1 Minute 1 ccm Lymphe gewinnen. Aus dieser Menge kann indessen die Menge pro 24 Stunden nicht berechnet werden. In dem Falle von MUNK und ROSENSTEIN wurden innerhalb 12—13 Stunden nach der Nahrungsaufnahme im ganzen 1134—1372 g Chylus aufgefangen. Auch im nüchternen Zustande oder nach 18stündigem Hungern fanden sich

---

[1]) Amer. Journ. of Physiol. **22** (1908). [2]) Ebenda **19** (1907). [3]) HENSEN, PFLÜGERS Arch. **10**; LANG, vgl. MALYS Jahresb. **4**. [4]) Journ. of Physiol. **11**.

noch 50—70 g pro Stunde, zuweilen 120 g und darüber, besonders in der ersten Stunde nach vorausgegangener kräftiger Bewegung.

Auf die Größe der Lymphabsonderung üben mehrere Umstände einen merkbaren Einfluß aus. Während des Hungerns wird weniger Lymphe als nach Aufnahme von Nahrung gebildet. Bei Versuchen an Hunden beobachtete NASSE[1]), daß bei Fütterung mit Fleisch etwa 36 p. c. mehr Lymphe als nach Fütterung mit Kartoffeln und etwa 54 p. c. mehr als nach 24stündigem Hungern gebildet wurden. Hierher gehört auch die wichtige Beobachtung von ASHER und BARBÈRA[2]), daß bei reiner Eiweißnahrung der Lymphstrom aus dem Brustgange vermehrt ist, und ferner, daß die Steigerung der Lymphabscheidung der Stickstoffausscheidung im Harne, d. h. also auch der Resorption des Eiweißes aus dem Magen-Darmkanale, parallel geht.

Einfluß
der
Nahrung.

Vermehrung der gesamten Blutmenge, wie z. B. durch Transfusion von Blut, besonders aber verhinderter Abfluß des Blutes durch Unterbindung der Venen hat eine Vermehrung der Lymphmenge zur Folge. Sogar sehr erhebliche Änderungen des Aortendruckes beeinflussen dagegen nach HEIDENHAIN die Ergiebigkeit des Lymphstromes nur wenig. Durch kräftige aktive und passive Bewegungen der Glieder kann man die Lymphmenge steigern (LESSER). Unter dem Einflusse der Curarevergiftung findet eine Vermehrung der Lymphabsonderung statt (PASCHUTIN, LESSER)[3]), und es nimmt hierbei auch die Menge der festen Stoffe in der Lymphe zu.

Wirkung
des Blut-
druckes und
anderer
Umstände.

Von besonders großem Interesse sind die lymphtreibenden Stoffe, die sog. Lymphagoga, von denen es nach HEIDENHAIN[4]) zwei verschiedene Hauptgruppen gibt. Die Lymphagoga erster Ordnung — Extrakte auf Krebsmuskeln, Blutegeln, Anodonten, Leber und Darm von Hunden, ferner Pepton, Hühnereiweiß, Erdbeerenextrakt, Stoffwechselprodukte von Bakterien u. a. — bewirken eine reichliche Lymphabsonderung ohne Erhöhung des Blutdruckes, und hierbei wird das Blutplasma ärmer, die Lymphe dagegen reicher an Eiweiß als vorher. Für die Bildung dieser Lymphe, die von ihm als Blutlymphe bezeichnet wurde, glaubte HEIDENHAIN eine besondere sekretorische Wirkung des Kapillarwandendothels annehmen zu müssen. Die Lymphagoga zweiter Ordnung — wie Zucker, Harnstoff, Kochsalz und andere Salze — rufen ebenfalls eine reichliche Lymphbildung hervor. Hierbei werden aber sowohl das Blut wie die Lymphe reicher an Wasser als vorher. Dieser vermehrte Wassergehalt rührt nach HEIDENHAIN von einer vermehrten Wasserabgabe der Gewebselemente her, und diese Lymphe soll also nach ihm hauptsächlich Gewebelymphe sein. Für die Bildung dieser Lymphe muß allerdings die Diffusion eine große Bedeutung haben; daneben sollen aber auch — nach HEIDENHAIN wenigstens für gewisse Stoffe wie den Zucker — die Endothelzellen sekretorisch wirksam sein.

Lymph-
agoga und
Lymph-
bildung.

Während man früher die Lymphbildung in rein physikalischer Weise, hauptsächlich durch Filtration und ferner durch Osmose zwischen Blut und Gewebeflüssigkeit zu erklären versucht hatte, war es also nach HEIDENHAIN, dem sich auch HAMBURGER[4]) später anschloß, notwendig, außerdem auch eine aktive, sekretorische Tätigkeit des Kapillarendothels anzunehmen. Zugunsten dieser Ansicht sprechen auch die oben angeführten Beobachtungen von dem

Lymph-
bildung.

---

[1]) Zit. nach HOPPE-SEYLER, Physiol. Chem. S. 593. [2]) Die Arbeiten von ASHER und Mitarbeitern, BARBÈRA, GIES und BUSCH über die Lymphbildung findet man in Zeitschr. f. Biol. 36, 37, 40. [3]) LESSER, Arbeiten aus der physiol. Anstalt zu Leipzig, Jahrg. 6; PASCHUTIN ebenda 7. [4]) HEIDENHAIN, PFLÜGERS Arch. 49. Vgl. auch HAMBURGER, Zeitschr. f. Biol. 27 u. 30 und besonders ZIEGLERS Beitr. zur path. Anat. u. zur allgem. Path. 14, S. 443, ferner Arch. f. (Anat. u.) Physiol. 1895 u. 1896.

größeren NaCl-Gehalte in der Lymphe als in dem Plasma und der wohl regelmäßig höhere osmotische Druck der Lymphe.

Nach ASHER und seinen Mitarbeitern (BARBÈRA, GIES und BUSCH) ist die Lymphe ein Produkt der Arbeit der Organe. Ihre Menge ist von der größeren oder geringeren Tätigkeit der Organe abhängig, und die Lymphe ist dadurch ein Maß der Arbeit der letzteren. Die nahe Beziehung zwischen Lymphbildung und Organarbeit ist auch für mehrere Organe, insbesondere für die Leber, bewiesen worden. STARLING hatte gezeigt, daß nach Einführung von Lymphagoga erster Ordnung hauptsächlich Leberlymphe sezerniert wird, was er als einen Beweis gegen die Ansicht HEIDENHAINS verwertete und durch die Annahme einer, infolge der giftigen Reizwirkung dieser Stoffe, erhöhten Permeabilität der Gefäßwand erklären zu können glaubte. Nach ASHER dagegen rührt dieser gesteigerte Lymphfluß daher, daß die fraglichen Stoffe

Lymph-
bildung
nach Ashers
Ansicht. — wie überhaupt diejenigen Einflüsse, welche die Tätigkeit der Leber anregen — zu einer vermehrten Lymphbildung in diesem Organe führen. Diese Annahme findet eine Stütze in den Erfahrungen über die Einwirkung der Lymphagoga auf Blutgerinnung und Lebertätigkeit (DELEZENNE u. a.), und nach GLEY haben diese Stoffe gleichzeitig eine lymphagoge und eine, die Sekretion der Drüsen anregende Wirkung. Ein direkter Beweis für die Einwirkung der Lymphagoga erster Ordnung auf die Organe liegt ferner darin, daß nach KUSMINE Pepton, Blutegelextrakt und die Extraktivstoffe der Krebsmuskeln direkt auf die Leberzellen einwirken und morphologische Veränderungen derselben hervorrufen. Der Zusammenhang zwischen Organarbeit und Lymphbildung ist übrigens außer von den genannten Forschern auch von anderen an Muskeln und Drüsen (HAMBURGER, BAINBRIDGE) gezeigt worden[1]).

Die Größe der Organarbeit übt also gewiß einen wesentlichen Einfluß auf Menge und Beschaffenheit der Lymphe aus. Hieraus lassen sich aber keine bestimmten Schlüsse darüber ziehen, ob die Lymphbildung durch physikalisch-chemische Vorgänge allein zustande kommt, oder ob hierbei besondere, nicht näher definierbare, sog. sekretorische Kräfte mitwirken. Hinsichtlich

Filtrations-
hypothese. dieser viel umstrittenen Frage ist in erster Linie daran zu erinnern, daß durch wichtige Arbeiten von HEIDENHAIN, HAMBURGER, LAZARUS-BARLOW u. a., wie auch durch die Untersuchungen von ASHER und GIES und von MENDEL und HOOKER[2]) über den stundenlang anhaltenden postmortalen Lymphfluß, die der Filtration früher zuerkannte einseitig große Bedeutung unhaltbar geworden ist.

Daß osmotische Vorgänge eine Rolle bei der Lymphbildung spielen, ist ferner allgemein anerkannt worden; aber man scheint allgemein der Ansicht zu sein, daß sie ebenfalls nicht alle bei der Lymphbildung beobachteten Erscheinungen erklären können. Man kann auch gegenwärtig der Annahme nicht entbehren, daß die lebendige Kapillarwand in irgend einer Weise bei der Lymphbildung sekretorisch beteiligt ist.

Anhang.

Die Lymphdrüsen. In den Zellen der Lymphdrüsen finden sich die schon oben (Kapitel 5) besprochenen, in Zellen überhaupt vorkommenden Proteinsubstanzen. Nach BANG enthalten die Lymphdrüsen zwar nuklein-

---

[1]) Hinsichtlich der hier zitierten Arbeiten wie bezüglich der Literatur über Lymphbildung überhaupt kann auf die Arbeit von ELLINGER, „Die Bildung der Lymphe", Ergebn. d. Physiol. 1, Abt. 1, 1902, und ASHER, Bioch. Zentralbl. 4 hingewiesen werden.
[2]) Amer. Journ. of Physiol. 7. Siehe im übrigen Fußnote 1.

saures Histon (Nukleohiston), aber in geringerer Menge und von etwas anderer Art als das bisher am besten studierte sog. Nukleohiston aus der Thymusdrüse. Als Produkte einer Autolyse können auch Albumosen vorkommen. Bei langandauernder tiefgreifender Autolyse von Lymphdrüsen fand REH[1]) als Spaltungsprodukte: Ammoniak, Tyrosin, Leuzin (etwas weniger), Thymin und Urazil. Außer den übrigen gewöhnlichen Gewebsbestandteilen, wie Kollagen, Retikulin, Elastin und Nuklein, hat man in den Lymphdrüsen auch Cholesterin, Fett, Glykogen, Fleischmilchsäure, Purine und Leuzin gefunden. In den Inguinaldrüsen einer alten Frau fand OIDTMANN 714,32 p. m. Wasser, 284,5 p. m. organische und 1,16 p. m. anorganische Substanz. In den Zellen der Mesenteriallymphdrüsen vom Ochsen fand BANG[2]) 804,1 p. m. Wasser, 195,9 feste Stoffe, 137,9 Gesamtproteinstoffe, 6,9 nukleinsaures Histon, 10,6 Nukleoproteid, 47,6 alkohollösliche Stoffe und 10,5 p. m. Mineralstoffe.

Lymph-drüsen.

II. Transsudate und Exsudate.

Die serösen Häute werden normalerweise von Flüssigkeit feucht erhalten, deren Menge jedoch nur an wenigen Orten, wie in der Perikardialhöhle und den Arachnoidealräumen, so groß ist, daß sie der chemischen Analyse zugänglich gemacht werden kann. Unter krankhaften Verhältnissen dagegen kann ein reichlicherer Übertritt von Flüssigkeit aus dem Blute in die serösen Höhlen, in das Unterhautzellgewebe oder unter die Epidermis stattfinden und in dieser Weise können pathologische Transsudate entstehen. Dergleichen, der Lymphe nahe verwandte, echte Transsudate sind im allgemeinen arm an Formelementen, Leukozyten, und liefern nur wenig oder fast gar kein Fibrin, während die entzündlichen Transsudate, die sog. Exsudate, im allgemeinen reich an Leukozyten sind und verhältnismäßig viel Fibrin liefern. In dem Maße, wie ein Transsudat reicher an Leukozyten ist, steht es dem Eiter näher, während es mit abnehmendem Gehalte an solchen den eigentlichen Transsudaten oder der Lymphe ähnlicher wird.

Transsudate und Exsudate.

Es wird gewöhnlich angenommen, daß für die Entstehung der Transsudate und Exsudate die Filtration von großer Bedeutung sei. Als Stütze für diese Anschauung hat man auch den Umstand angeführt, daß diese sämtlichen Flüssigkeiten die im Blutplasma vorkommenden Salze und Extraktivstoffe in ungefähr derselben Menge wie das Blutplasma selbst enthalten, während der Gehalt an Eiweiß regelmäßig kleiner als in dem Blutplasma ist. Während die verschiedenen, zu dieser Gruppe gehörenden Flüssigkeiten etwa denselben Gehalt an Salzen und Extraktivstoffen haben, unterscheiden sie sich nämlich voneinander hauptsächlich durch einen verschiedenen Gehalt an Eiweiß und Formelementen wie auch durch einen verschiedenen Gehalt an den Umsetzungs- und Zerfallsprodukten der letzteren — verändertem Blutfarbstoff, Cholesterin usw. Die Übereinstimmung in dem Gehalte an Salzen und Extraktivstoffen zwischen Blut und Transsudaten kann allerdings nicht als einen entscheidenden Beweis für eine Filtration dienen, aber trotzdem kann aus anderen Gründen nicht daran gezweifelt werden, daß außer der Osmose auch die Filtration oft von großer Bedeutung für das Zustandekommen eines Transsudates ist. In welchem Umfange die Filtration bei ganz normaler Gefäßwand wirksam ist, steht · aber noch dahin.

Ent-stehungs-weise der Trans-sudate.

---

[1]) HOFMEISTERs Beiträge 3. [2]) Studier over Nucleoproteider. Kristiania 1902 und HOFMEISTERs Beiträge 4.

Als ein weiteres wichtiges Moment für das Zustandekommen einer Transsudation hat man allgemein auch eine krankhaft veränderte Permeabilität der Kapillarwände angenommen. Durch diese Annahme erklärt man oft den Umstand, daß der größte Gehalt an Eiweiß in den Transsudaten bei entzündlichen Vorgängen vorkommt, wobei man indessen auch dem reichlicheren Gehalte solcher Transsudate an Formelementen gebührende Rechnung trägt.

Aus dem großen Gehalte an zerfallenden Formelementen erklärt sich auch zum großen Teil der hohe Eiweißgehalt der Transsudate bei formativer Reizung überhaupt. Durch die Gegenwart von Formelementen ist wohl auch die von PAIJKULL[1]) gemachte interessante Beobachtung zu erklären, daß in vielen Fällen, in welchen eine entzündliche Reizung stattgefunden hat, die Flüssigkeit Nukleoalbumin (oder Nukleoproteid?) enthält, während diese Substanz in den Transsudaten bei Abwesenheit von entzündlichen Prozessen zu fehlen scheint. Eine solche phosphorhaltige Proteinsubstanz kommt jedoch nicht in allen entzündlichen Exsudaten vor.

Wenn eine sekretorische Funktion dem Kapillarendothel, entsprechend den Anschauungen von HEIDENHAIN, zukommen würde, hätte man a priori als noch eine Ursache der Transsudation eine abnorm gesteigerte Sekretionsfähigkeit dieses Endothels anzunehmen, und durch eine verschiedene Beschaffenheit des Kapillarendothels hat man auch den von C. SCHMIDT[2]) beobachteten verschiedenen Eiweißgehalt der Gewebeflüssigkeiten in verschiedenen Gefäßbezirken zu erklären versucht. So ist beispielsweise der Eiweißgehalt der Perikardial-, Pleura- und Peritonealflüssigkeit bedeutend größer als derjenige der sehr eiweißarmen Flüssigkeiten der Arachnoidealräume, des Unterhautzellgewebes oder der vorderen Augenkammer. Einen großen Einfluß übt auch die Beschaffenheit des Blutes aus. So ist bei Hydrämie der Eiweißgehalt des Transsudates niedrig, und mit zunehmendem Alter eines Transsudates, wie z. B. einer Hydrozeleflüssigkeit, kann der Gehalt desselben an Eiweiß durch Resorption von Wasser bedeutend ansteigen.

Die Eiweißstoffe der Transsudate sind hauptsächlich Serumalbumin, Serumglobulin und ein wenig Fibrinogen. Albumosen und Peptone kommen, mit Ausnahme vielleicht für die Zerebrospinalflüssigkeit und für diejenigen Fälle, wo eine Autolyse in der Flüssigkeit stattgefunden hat[3]), nicht vor. Die nicht entzündlichen Transsudate gerinnen in der Regel nicht spontan oder nur äußerst langsam. Nach Zusatz von Blut oder Blutserum gerinnen sie. Die entzündlichen Exsudate gerinnen dagegen regelmäßig spontan und sie enthalten, wie besonders PAIJKULL gezeigt hat, oft Nukleoproteid (oder Nukleoalbumin). In den entzündlichen Exsudaten hat man auch regelmäßig eine andere, durch Essigsäure fällbare Proteinsubstanz beobachtet, die in Transsudaten nicht oder höchstens nur in kleiner Menge vorkommt. Diese von MORITZ, STAEHELIN, UMBER und RIVALTA beobachtete und studierte Substanz ist nach den drei erstgenannten Forschern phosphorfrei, während sie nach RIVALTA ein phosphorhaltiges Preudoglobulin sein soll. Von UMBER wird sie als Serosamuzin bezeichnet, trotzdem sie nur äußerst wenig reduzierendes Kohlehydrat gibt. Nach JOACHIM[4]) soll sie nur ein Teil des Globulins sein, eine Ansicht, die indessen wenigstens nicht für alle Fälle richtig sein

Marginalia: Permeabilität der Gefäßwand. — Entstehung der Transsudate. — Eiweißstoffe der Transsudate und Exsudate.

---

[1]) Vgl. MALYS Jahresb. 22. [2]) Zit. nach HOPPE-SEYLER, Physiol. Chem. S. 607. [3]) UMBER, Münch. med. Wochenschr. 1902 und Berl. klin. Wochenschr. 1903. Bezüglich der Autolyse in Transsudaten vgl. man ferner GALDI, Bioch. Zentralbl. 3; EPPINGER, Zeitschr. f. Heilk. 25 und ZAK, Wien. klin. Wochenschr. 1905. [4]) PAIJKULL l. c.; MORITZ, Münch. med. Wochenschr. 1902; STAEHELIN ebenda 1902; UMBER, Zeitschr. f. klin. Med. 48; F. RIVALTA, Bioch. Zentralbl. 2 u. 5; JOACHIM, PFLÜGERS Arch. 93.

kann. v. HOLST[1]) hat nämlich die Angaben von UMBER insoferne bestätigt, als er aus einer Aszitesflüssigkeit bei Karzinom des Magens und des Bauchfells eine Muzinsubstanz isolieren konnte, die sowohl mit dem UMBERschen Serosamuzin wie mit dem Synoviamuzin identisch zu sein schien. Allem Anscheine nach kommen in den Trans- und Exsudaten unter verschiedenen Verhältnissen verschiedene Proteinsubstanzen vor, wenn auch gewöhnlichenfalls die Globuline neben dem Serumalbumin die Hauptmenge derselben bilden. Eiweiß-
stoffe. Mukoide Substanzen, welche zuerst von HAMMARSTEN in einigen Fällen von Aszites ohne Komplikation mit Ovarialtumoren als Spaltungsprodukte einer mehr komplizierten Substanz beobachtet wurden, scheinen nach PAIJKULL[2]) regelmäßige Bestandteile der Transsudaten zu sein und sie stehen wahrscheinlich in naher Beziehung zu dem obengenannten Serosamuzin. Dem Vorkommen der obengenannten durch Essigsäure fällbaren Substanzen, des Globulins (RIVALTA) und des Nukleoproteids, in Punktionsflüssigkeiten hat man eine recht große Bedeutung für die Differentialdiagnose zwischen Transsudat und Exsudat zuerkannt. Bezüglich derartiger Reaktionen zur Unterscheidung von Trans- und Exsudaten vgl. man u. a. M. VILLARET (Journ. de Physiol. et Pathol. générale 15 und Compt. rend. soc. biol. 74).

Über die Relation zwischen Globulin und Serumalbumin sind zahlreiche Untersuchungen, von JOACHIM sogar über die Relation zwischen „Euglobulin" Eiweiß-
stoffe. und Gesamtglobulin, ausgeführt worden. Irgendwelche sichere und bestimmte Schlüsse lassen sich jedoch aus diesen Bestimmungen noch nicht ziehen. Die Relation schwankt in verschiedenen Fällen bedeutend, scheint aber nach HOFFMANN und PIGEAND[3]) in jedem Falle dieselbe wie in dem Blutserum des fraglichen Individuums zu sein.

Das spez. Gewicht geht dem Eiweißgehalte ziemlich parallel. Man hat auch versucht, das verschiedene spez. Gewicht als Unterscheidungsmerkmal Spez.
Gewicht. zwischen Transsudaten und Exsudaten zu benutzen (REUSS)[4]), indem nämlich jene oft ein spez. Gewicht unter 1015—1010 zeigen, während bei diesen das spez. Gewicht bis 1018 oder darüber steigen soll. Diese Regel trifft allerdings in vielen, aber nicht in allen Fällen zu.

Die Gase der Transsudate bestehen aus Kohlensäure nebst nur kleinen Mengen von Stickstoff und höchstens Spuren von Sauerstoff. Die Kohlensäurespannung ist in den Transsudaten größer als in dem Blute. Beimengung ase. von Eiter setzt den Gehalt an Kohlensäure herab.

Die Extraktivstoffe sind, wie oben gesagt, dieselben wie in dem Blutplasma. Harnstoff scheint in sehr wechselnder Menge vorzukommen. Zucker kommt ebenfalls in den Transsudaten vor. Nach C. HEYLER und O. SCHUMM soll in Stauungstranssudaten der Zuckergehalt oftmals höher, in entzündlichen, speziell tuberkulösen Exsudaten dagegen niedriger als der des Vollblutes sein, und auch nach U. FEDREZZONI[5]) soll im Verhältnis zum Blute das Exsudat einen niedrigeren, das Transsudat dagegen einen höheren Zuckergehalt haben. Man weiß aber noch nicht, inwieweit die Reduktionsfähigkeit hier wie in dem Blutserum auch von anderen Stoffen herrührt. Eine Extraktiv-
stoffe. reduzierende, nicht gärungsfähige Substanz ist indessen von PICKARDT in Transsudaten gefunden worden. Der Zucker ist meistens Glukose; in mehreren Fällen kommt aber auch Lävulose vor[6]). Fleischmilchsäure hat man in

---

[1]) Zeitschr. f. physiol. Chem. 43.   [2]) HAMMARSTEN, Zeitschr. f. physiol. Chem. 15; PAIJKULL l. c.   [3]) JOACHIM l. c.; HOFFMANN, Arch. f. exp. Path. u. Pharm. 16; PIGEAND, vgl. MALYs Jahresb. 16.   [4]) Deutsch. Arch. f. klin. Med. 28. Vgl. ferner OTT, Zeitschr. f. Heilk. 17.   [5]) HEYLER u. SCHUMM, MALYs Jahresber. 43; FEDREZZONI ebenda 44. [6]) PICKARDT, Berl. klin. Wochenschr. 1897. Vgl. ferner ROTMANN, Münch. med. Wochenschr. 1898; NEUBERG u. STRAUSS, Zeitschr. f. physiol. Chem. 36; SITTIG, Bioch. Zeitschr. 21.

der Perikardialflüssigkeit vom Ochsen gefunden, und Bernsteinsäure ist in einigen Fällen in Hydrozeleflüssigkeiten gefunden worden, während man sie in anderen Fällen gänzlich vermißt hat. Leuzin und Tyrosin hat man bei Leberleiden, in eitrigen, in Zersetzung übergegangenen Transsudaten und nach der Autolyse gefunden. Unter anderen in Transsudaten gefundenen Extraktivstoffen sind zu nennen: Oxyproteinsäuren (CZERNECKI), Allantoin (MOSCATELLI)[1]), Harnsäure, Purinbasen, Kreatin, Inosit, Brenzkatechin (?), Gallenfarbstoff und Enzyme verschiedener Art.

Die Untersuchungen über die molekularen Konzentrationsverhältnisse haben gezeigt, daß zwischen Exsudaten und Transsudaten keine wesentlichen und konstanten Unterschiede bestehen. Die osmotische Konzentration und die Konzentration der Elektrolyte sind im allgemeinen etwa dieselben wie beim Blutserum, wenn man auch bisweilen ziemlich abweichende Werte

Molekulare Konzentration. gefunden hat. Die Konzentration der Elektrolyse zeigt nach BODON[2]) ebenso wie bei dem Blutserum viel geringere Schwankungen als die Gesamtkonzentration. Die titrimetrische Alkaleszenz ist in Trans- und Exsudaten etwa dieselbe und derjenigen des Blutserums gleich. Die Ermittlung der HO-Ionenkonzentration hat gezeigt, daß die Trans- und Exsudate etwa von derselben wirklichen Alkaleszenz wie das Blutserum sind (BODON).

Aus dem oben Mitgeteilten folgt, daß außer einem verschiedenen Gehalte an Formelementen ein verschiedener Gehalt an Eiweiß den wesentlichsten, bisher bekannten chemischen Unterschied in der Zusammensetzung der verschiedenen Trans- und Exsudate darstellt. Aus dem Grunde sind auch die quantitativen chemischen Analysen hauptsächlich insoferne von Interesse, als sie auf den Eiweißgehalt bezug nehmen, und dies ist auch der Grund, warum in der Folge bezüglich der quantitativen Zusammensetzung das Hauptgewicht auf den Eiweißgehalt gelegt wird.

Perikardialflüssigkeit. Die Menge dieser Flüssigkeit ist auch unter physiologischen Verhältnissen so groß, daß man von Hingerichteten eine für die chemische Untersuchung genügende Menge derselben hat erhalten können.

Perikardialflüssigkeit. Diese Flüssigkeit ist zitronengelb, etwas klebrig und liefert angeblich mehr Faserstoff als andere Transsudate. Der Gehalt an festen Stoffen war in den von v. GORUP-BESANEZ, WACHSMUTH und HOPPE-SEYLER[3]) ausgeführten Analysen 37,5—44,9 p. m. und der Gehalt an Eiweiß 22,8—24,7 p. m. In einer von HAMMARSTEN unternommenen Analyse einer frischen Perikardialflüssigkeit von einem hingerichteten jungen Manne war die Zusammensetzung folgende, auf 1000 Gewichtsteile berechnet:

Zusammensetzung.

Wasser	960,85		
Feste Stoffe	39,15		
Eiweiß	28,60	Fibrin	0,31
		Globulin	5,95
		Albumin	22,34
Lösliche Salze	8,60	NaCl	7,28
Unlösliche Salze	0,15		
Extraktivstoffe	2,00		

Fast dieselbe Zusammensetzung hatten die von FRIEND[4]) analysierten Perikardialflüssigkeiten von Pferden, mit der Ausnahme jedoch, daß diese Flüssigkeiten relativ reicher an Globulin waren. Die gewöhnliche Angabe, daß die Perikardialflüssigkeit reicher an Fibrinogen als andere Transsudate

[1]) MOSCATELLI, Zeitschr. f. physiol. Chem. 13; CZERNECKI, MALYS Jahresber. 39. [2]) PFLÜGERS Arch. 104, wo man auch die Literaturhinweisungen findet. [3]) v. GORUP-BESANEZ, Lehrb. d. physiol. Chem. 4. Aufl., S. 401; WACHSMUTH, VIRCHOWS Arch. 7; HOPPE-SEYLER, Physiol. Chem. S. 605. [4]) HALLIBURTON, Text-Book of chem. Physiol. etc. London 1891, S. 347.

ist, dürfte kaum genügend begründet sein. In einem Falle von Chyloperikardium, bei welchem es wahrscheinlich um Berstung eines Chylusgefäßes oder um einen kapillaren Austritt von Chylus infolge von Stauung sich handelte, enthielt die von HASEBROEK[1]) analysierte Flüssigkeit in 1000 Teilen 103,61 feste Stoffe, 73,79 Albuminstoffe, 10,77 Fett, 3,34 Cholesterin, 1,77 Lezithin und 9,34 Salze.

Die **Pleuraflüssigkeit** kommt unter physiologischen Verhältnissen in so geringer Menge vor, daß man eine chemische Analyse derselben noch nicht hat ausführen können. Unter pathologischen Verhältnissen kann diese Flüssigkeit eine sehr wechselnde Beschaffenheit zeigen. In einigen Fällen ist sie fast ganz serös, in anderen wieder serofibrinös und in anderen endlich eitrig. In Übereinstimmung hiermit schwanken auch das spezifische Gewicht und die Eigenschaften im übrigen. Ist ein eitriges Exsudat längere Zeit in der Pleurahöhle eingeschlossen gewesen, so kann eine mehr oder weniger vollständige Mazeration und Auflösung der Eiterkörperchen stattgefunden haben. Die entleerte, gelblich-braune oder grünliche Flüssigkeit kann dann ebenso reich an festen Stoffen als das Blutserum sein, und bei Zusatz von Essigsäure kann man einen reichlichen, grobflockigen, in überschüssiger Essigsäure sehr schwer löslichen Niederschlag von einem Nukleoproteid (dem Pyin älterer Autoren) erhalten. *Pleuraflüssigkeit.*

Hinsichtlich der quantitativen Zusammensetzung der Pleuraflüssigkeiten unter pathologischen Verhältnissen liegen zahlreiche Analysen von mehreren Forschern[2]) vor. Aus diesen Analysen geht hervor, daß bei Hydrothorax das spez. Gewicht niedriger und der Gehalt an Eiweiß geringer als bei Pleuritis ist. Im ersteren Falle ist das spez. Gewicht meistens niedriger als 1015 und der Gehalt an Eiweiß 10—30 p. m. Bei akuter Pleuritis ist das spez. Gewicht meistens höher als 1020, und der Gehalt an Eiweiß beträgt 30—65 p. m. Der Gehalt an Fibrinogen, welcher beim Hydrothorax meistens kaum 0,1 p. m. beträgt, kann bei Pleuritis mehr als 1 p. m. betragen. Bei Pleuritis mit reichlicher Eiteransammlung kann das spez. Gewicht nach den Beobachtungen des Verf. sogar auf 1030 steigen. Der Gehalt an festen Stoffen ist oft 60—70 p. m., kann aber auch 90—100 p. m. betragen (HAMMARSTEN). Mukoide Substanzen sind von PAIJKULL auch in Pleuraflüssigkeiten nachgewiesen worden. Auch Fälle von chylöser Pleuritis sind bekannt; in einem solchen Falle fand MÉHU[3]) bis zu 17,93 p. m. Fett und Cholesterin in der Flüssigkeit. *Quantitative Zusammensetzung.*

Die Menge der **Peritonealflüssigkeit** ist unter physiologischen Verhältnissen sehr gering. Die Untersuchungen beziehen sich nur auf die Flüssigkeit unter krankhaften Verhältnissen (Aszitesflüssigkeit). Diese kann hinsichtlich ihrer Farbe, Durchsichtigkeit und Konsistenz große Schwankungen darbieten.

Bei kachektischen Zuständen oder hydrämischer Blutbeschaffenheit ist die Flüssigkeit wenig gefärbt, milchig opaleszierend, wasserdünn, nicht spontan gerinnend, von sehr niedrigem spez. Gewicht, 1006—1010—1015, und fast frei von Formelementen. Auch bei Portalstase oder allgemeiner venöser Stase hat die Aszitesflüssigkeit ein niedriges spez. Gewicht und gewöhnlich weniger als 20 p. m. Eiweiß, wenn auch in einzelnen Fällen der Eiweißgehalt auf 35 p. m. steigen kann. Bei karzinomatöser Peritonitis kann die Flüssigkeit *Aszitesflüssigkeit.*

---

[1]) Zeitschr. f. physiol. Chem. 12. [2]) Man vgl. die Arbeiten von MÉHU, RUNEBERG, F. HOFFMANN, REUSS, welche alle von BERNHEIM in seinem Aufsatze in VIRCHOWS Arch. **131,** S. 274 zitiert sind. Vgl. ferner PAIJKULL l. c. und HALLIBURTON, Text-Book, S. 346; JOACHIM l. c. [3]) Arch. gén. de méd. 1886, **2.** Zit. nach MALYS Jahresb. **16;** vgl. auch G. PATEIN, MALYS Jahresber. **47,** S. 387.

durch Reichtum an Formelementen verschiedener Art ein trübes, schmutzig-
gräuliches Aussehen erhalten. Das spez. Gewicht ist dann höher, der Gehalt
an festen Stoffen größer und die Flüssigkeit gerinnt oft spontan. Bei entzündlichen Prozessen ist sie stroh- oder zitronengelb, von Leukozyten nebst roten
Blutkörperchen etwas trübe oder rötlich und bei größerem Reichtum an ersteren

Die Aszites-
flüssigkeit
in verschie-
denen
Krank-
heiten. mehr eiterähnlich. Sie gerinnt spontan und kann verhältnismäßig reich an
festen Stoffen sein. Sie enthält regelmäßig 30 p. m. Eiweiß oder darüber
(wenn auch Ausnahmefälle mit niedrigerem Eiweißgehalt vorkommen) und
sie kann ein spez. Gewicht von 1,030 oder mehr haben. Durch Berstung eines
Chylusgefäßes kann die Aszitesflüssigkeit reich an sehr fein emulgiertem Fett
werden (chylöser Aszites). In solchen Fällen hat man in der Aszitesflüssigkeit 3,86—10,30 p. m. (GUINOCHET, HAY)[1] oder sogar 17—43 p. m. Fett
(MINKOWSKI) gefunden.

Pseudo-
chylöse
Flüssigkeit. Auch ohne Gegenwart von viel Fett kann eine Aszitesflüssigkeit, wie
GROSS als erster gezeigt hat, ein chylöses Aussehen haben („pseudochy-
löse" Ergüsse). Die Ursache dieser chylösen Beschaffenheit eines Transsudates
kennt man, trotz Untersuchungen von mehreren Forschern wie GROSS, BERNERT
MOSSE, STRAUSS noch nicht, es sprechen aber mehrere Beobachtungen dafür,
daß sie in irgend einer Beziehung zu dem Lezithingehalte steht. In einem
von H. WOLFF[2] untersuchten Falle handelte es sich um Cholesterinölsäure-
ester, welcher von dem Euglobulin chemisch gebunden oder molekular an
dasselbe angelagert war.

Mukoid-
substanzen. Durch Beimengung von Flüssigkeit aus einem Ovarialkystome kann eine
Aszitesflüssigkeit bisweilen pseudomuzinhaltig werden (vgl. Kapitel 13). Es
gibt jedoch auch andere Fälle, in welchen in Aszitesflüssigkeiten Mukoide vorkommen können, die man, nach der Entfernung des Eiweißes durch Koagulation
in der Siedehitze, aus dem Filtrate mit Alkohol fällen kann. Solche Mukoide,
welche nach dem Sieden mit Säuren reichlich reduzierende Substanz liefern,
sind vom Verf. bei tuberkulöser Peritonitis und bei Cirrhosis hepatis syphilitica
auch bei Männern gefunden worden. Nach den Untersuchungen von PAIJKULL
scheinen sie oft, vielleicht regelmäßig, in den Aszitesflüssigkeiten vorzukommen.

Da der Gehalt an Eiweiß in Aszitesflüssigkeiten von denselben Umständen wie in anderen Trans- und Exsudaten abhängig ist, dürfte es genügend
sein, als Beispiel folgende, der Abhandlung von BERNHEIM[3] entlehnte Zusammenstellung mitzuteilen. Die Zahlen beziehen sich auf 1000 Teile Flüssigkeit:

	Maximum	Minimum	Mittel
Cirrhosis hepatis	34,50	5,60	9,69—21,06
Morbus Brightii	16,11	10,10	5,60—10,36
Peritonit. tuberculos. und idiopathic. .	55,80	18,72	30,70—37,95
Peritonit. carcinomatos.	54,20	27,00	35,10—58,96

Eiweiß-
gehalt.

JOACHIM fand in der Zirrhose die höchsten relativen Globulinwerte und die nied-
rigsten Albuminwerte; beim Karzinom dagegen die niedrigsten Globulin- und die höchsten
Albuminwerte. Zwischen der Zirrhose und dem Karzinom standen die Werte bei kardialer
Stauung.

In Aszitesflüssigkeiten hat man Harnstoff, bisweilen nur in Spuren, bisweilen
in größerer Menge (4 p. m. bei Albuminurie), ferner Harnsäure, Allantoin bei Leber-

---

[1] GUINOCHET, vgl. STRAUSS, Arch. de physiol. 18 und MALYS Jahresb. 16, S. 475.
[2] GROSS, Arch. f. exp. Path. u. Pharm. 44; BERNERT ebenda 49; MOSSE, LEYDEN-
Festschr. 1901; STRAUSS, zit. nach Bioch. Zentralbl. 1, S. 437; WOLFF, HOFMEISTERS
Beiträge 5. [3] l. c. Da es nicht gestattet ist, aus den von B. angeführten, von verschie-
denen Forschern erhaltenen Mittelzahlen neue Mittelzahlen zu ziehen, habe ich hier die
Maxima und Minima der Mittelzahlen BERNHEIMS angeführt.

zirrhose (MOSCATELLI), Xanthin, Kreatin, Cholesterin, Zucker, diastatische und proteolytische Enzyme, nach HAMBURGER[1]) auch eine Lipase, gefunden.

Hydrozele- und Spermatozeleflüssigkeiten. Diese Flüssigkeiten unterscheiden sich in verschiedener Hinsicht wesentlich voneinander: Die Hydrozeleflüssigkeiten sind regelmäßig gefärbt, heller oder dunkler gelb, bisweilen bräunlich mit einem Stich ins Grünliche. Sie haben ein verhältnismäßig hohes spez. Gewicht, 1,016—1,026, mit einem wechselnden, aber im allgemeinen verhältnismäßig hohen Gehalt an festen Stoffen, im Mittel 60 p. m. Sie gerinnen bisweilen spontan, bisweilen erst nach Zusatz von Fibrinferment oder Blut. In einzelnen Fällen sind sie überhaupt nicht gerinnbar. Als Formbestandteile enthalten sie hauptsächlich Leukozyten. Bisweilen enthalten sie auch eine kleinere oder größere Menge von Cholesterinkristallen.

Die Spermatozeleflüssigkeiten dagegen sind in der Regel farblos, dünnflüssig, trübe, wie ein mit Milch vermischtes Wasser. Bisweilen reagieren sie schwach sauer. Sie haben ein niedriges spez. Gewicht, 1,006 à 1,010, einen nur geringen Gehalt an festen Stoffen — im Mittel etwa 13 p. m. — und gerinnen weder spontan noch nach Zusatz von Blut. Sie sind in der Regel arm an Eiweiß und enthalten als Formbestandteile Spermatozoen, Zelldetritus und Fettkörnchen. Um die ungleiche Zusammensetzung dieser zwei Arten von Flüssigkeiten zu zeigen, werden hier die Mittelzahlen (auf 1000 Teile Flüssigkeit berechnet) der von HAMMARSTEN[2]) ausgeführten Analysen von 17 Hydrozele- und 4 Spermatozeleflüssigkeiten mitgeteilt.

(Randnotiz: Hydrozele- und Spermatozeleflüssigkeiten)

	Hydrozele	Spermatozele
Wasser	938,85	987,83
Feste Stoffe	61,15	12,17
Fibrin	0,59	—
Globulin	13,25	0,59
Serumalbumin	35,94	1,82
Ätherextraktstoffe	4,02	
Lösliche Salze	8,60	10,76
Unlösliche Salze	0,66	

In den Hydrozeleflüssigkeiten sind Spuren von Harnstoff und einer reduzierenden Substanz, in einigen Fällen auch Bernsteinsäure und Inosit gefunden worden. Eine Hydrozeleflüssigkeit kann bisweilen auch, nach einer Angabe von DEVILLARD[3]), Paralbumin oder Metalbumin (?) enthalten. Auch Fälle von chylöser Hydrozeleflüssigkeit sind bekannt.

Zerebrospinalflüssigkeit. Diese Flüssigkeit ist dünnflüssig, wasserhell, von niedrigem spez. Gewicht, das zwischen 1,004 und 1,008 wechseln kann. Dementsprechend wechselt auch, namentlich unter verschiedenen pathologischen Zuständen, der Gehalt an festen Stoffen von 8—19 p. m. Der Gehalt an Eiweiß, der ebenfalls stark wechseln kann, ist regelmäßig sehr klein und scheint unter normalen Verählnissen etwa 0,1—0,2 p. m. zu betragen. In der ganz frischen Flüssigkeit von normalen Kälbern fand NAWRATZKI[4]) als Mittel 0,22 p. m. Nach A. BISGAARD[5]) liegt der physiologische Grenzwert für den Gesamtstickstoff der Spinalflüssigkeit beim Menschen zwischen 0,1 und 0,25 p. m., und der Gehalt an Eiweißstickstoff kann zu 10—20 p. c. davon angeschlagen werden. Die Natur des Eiweißes ist noch nicht ganz sicher erforscht, daß es aber jedenfalls zum Teil aus Globulin besteht, ist sicher. Das von HALLIBURTON behauptete Vorkommen von Albumose ist dagegen umstritten[6]). Bei allgemeiner Paralyse soll die Flüssigkeit nach

(Randnotiz: Zerebrospinalflüssigkeit.)

[1]) Arch. f. (Anat. u.) Physiol. 1900, S. 433.   [2]) Upsala Läkaref. Förh. 14 und MALYs Jahresb. 8, S. 347.   [3]) Bull. soc. chim. 42, S. 617.   [4]) Zeitschr. f. physiol. Chem, 23 (ältere Literatur). [5]) Bioch. Zeitschr. 58.   [6]) HALLIBURTON, Text-Book, S. 355—361; PANZER, Wien. klin. Wochenschr. 1899; SALKOWSKI, JAFFÉ-Festschr. S. 265.

HALLIBURTON und MOTT[1]) ein Nukleoproteid enthalten. Harnstoff hat man regelmäßig, aber in sehr wechselnder Menge gefunden. G. E. CULLEN und A. W. ELLIS fanden etwa dieselben Mengen wie im Blute, nämlich 0,22 bis 0,46, als Mittel rund 0,29 p. m. In Krankheiten hat man viel höhere Werte erhalten[2]). Cholin soll in Krankheiten, wie bei allgemeiner Paralyse, Gehirntumoren, Tabes dorsalis u. a. vorkommen, aber die Angaben hierüber sind strittig[3]). Glukose oder jedenfalls eine vergärbare Zuckerart kommt regelmäßig in der Zerebrospinalflüssigkeit vor, und ihre Menge entspricht nach

Zerebro-spinal-flüssigkeit. N. C. BORBERG[4]) als Mittel 0,65 p. m. Glukose. Milchsäure hat man in vielen pathologischen Fällen gefunden, und unter den Enzymen sind zu nennen: Lipase, diastatisches Enzym (unter normalen Verhältnissen höchstens in sehr kleinen Mengen), glykolytisches Enzym, Thrombin, Katalase und Oxydase. Proteolytische Enzyme scheinen im allgemeinen zu fehlen. Die Menge des NaCl ist regelmäßig viel größer als die des KCl, 6—7 p. m. NaCl gegen etwa 0,4 p. m. KCl, und die in verschiedenen Fällen wechselnde Relation zwischen Kalium und Natrium steht nach SALKOWSKI[5]) wahrscheinlich in Beziehung zu der Ab- bzw. Anwesenheit von Fieber bei der Entstehung des Exsudates. Der Gehalt an Kalium ist nämlich hoch in den akuten und niedrig in den chronischen Fällen. Nach A. LANDAU und H. HALPERN[6]) scheint auch ein gewisser Antagonismus zwischen Stickstoff und Chlornatrium zu bestehen, indem nämlich die höchsten Werte für den ersteren, den niedrigsten für das letztere entsprechen. Nach CAVAZZANI[7]), welcher besonders eingehend die Zerebrospinalflüssigkeit von Hunden studiert hat, ist die Alkaleszenz derselben bedeutend geringer als die des Blutes und von der letzteren unabhängig. Aus diesen und mehreren anderen Gründen zieht CAVAZZANI den Schluß, daß die Zerebrospinalflüssigkeit durch einen echten Sekretionsvorgang entsteht. Über die Sekretion der Zerebrospinalflüssigkeit und die Wirkung verschiedener Stoffe auf dieselbe haben W. E. DIXON und HALLIBURTON[8]) besondere Untersuchungen ausgeführt.

Die meisten Untersuchungen über die Zerebrospinalflüssigkeit gelten ihre Beschaffenheit und Zusammensetzung in verschiedenen Krankheiten. Auf diese Verhältnisse wie auf den diagnostischen Wert der Goldsol- und anderer Untersuchungsmethoden, kann hier nicht eingegangen werden.

Eine große Anzahl von Untersuchungen über Zerebrospinalflüssigkeit beziehen sich auf die von Leichen erhaltene Flüssigkeit, und mit Rücksicht darauf ist daran zu erinnern, daß diese Flüssigkeit nach dem Tode rasch verändert wird und daß die erhaltenen Resultate demnach nicht ohne weiteres auf die Flüssigkeit während des Lebens übertragbar sind.

Hautblasenflüssigkeit. Der Inhalt der Brand- und Vesikatorblasen und der Blasen des Pemphigus chronicus ist im allgemeinen eine an festen Stoffen und Eiweiß (40—65 p. m.) reiche Flüssigkeit. Besonders gilt dies oft von dem Inhalte der Vesikatorblasen. In der Flüssigkeit einer Brandblase

Hautblasen-flüssigkeit. fand K. MÖRNER[9]) 50,31 p. m. Eiweiß, darunter 13,59 p. m. Globulin und 0,11 p. m. Fibrin. Die Flüssigkeit enthielt eine Kupferoxyd reduzierende Substanz, aber kein Brenzkatechin. Die Flüssigkeit des Pemphigus soll alkalisch reagieren. Ein von LIEBLEIN[10]) untersuchtes, aseptisch aufgesammeltes Wundsekret war eine alkalisch reagierende Flüssigkeit von geringerem Eiweißgehalte

---

[1]) Phil. Transact. Roy. Soc. London, Ser. B, Vol. **191**.   [2]) CULLEN u. ELLIS, Journ. of biol. Chem. **20**; vgl. auch FRENKEL-HEIDEN, Bioch. Zeitschr. **2**.   [3]) Vgl. HALLIBURTON u. MOTT l. c. und R. V. STANFORD, Zeitschr. f. physiol. Chem. **86**, S. 230 (Literatur).   [4]) Zeitschr. f. Neurol. **32**, zitiert nach MALYS Jahresber. **47**.   [5]) JAFFÉ-Festschr. l. c.   [6]) Bioch. Zeitschr. **9**.   [7]) Vgl. MALYS Jahresb. **22**, S. 346 und Zentralbl. f. Physiol. **15**, S. 216.   [8]) Journ. of Physiol. **47**.   [9]) Skand. Arch. f. Physiol. **5**.   [10]) Habilit.-Schrift. Prag 1902. Druck von H. Laupp, Tübingen.

als das Blutserum. Sie setzte nur selten Blutgerinnsel ab und enthielt nur anfangs oder als Vorläufer der Abszeßbildung Albumosen. Mit zunehmender Wundheilung änderte sich die Relation zwischen Globulin und Albumin, und schon am dritten Tage der Wundheilung betrug der Albumingehalt mindestens $^9/_{10}$ des gesamten Eiweißes.

Anasarkaflüssigkeit. Diese ist in der Regel sehr arm an festen Stoffen, rein serös, d. h. nicht fibrinogenhaltig, von dem spez. Gewichte 1,005—1,013. Der Gehalt an Eiweiß ist in den meisten Fällen geringer als 10 p. m., 1—8 p. m. (HOFFMANN), und ein Eiweißgehalt von weniger als 1 p. m. soll auf schwere Nierenaffektionen, meist mit amyloider Degeneration, hinweisen (HOFFMANN)[1]. Die Anasarkaflüssigkeit soll regelmäßig Harnstoff, 1—2 p. m., und auch Zucker enthalten.

Anasarka-flüssigkeit.

Den eiweißarmen Transsudaten verwandt ist die Flüssigkeit der Echino-kokkuszystensäcke, welche dünnflüssig, farblos und vom spez. Gewichte 1,005—1,015 ist. Die Menge der festen Stoffe ist 14—20 p. m. Die chemischen Bestandteile sind angeblich Zucker, bis zu 2,5 p. m., Inosit, Spuren von Harnstoff, Kreatin, Bernsteinsäure und Salze, 8,3—9,7 p. m. Von Eiweiß finden sich nur Spuren, es sei denn, daß eine entzündliche Reizung stattgefunden hätte. In dem letztgenannten Falle hat man bis zu 7 p. m. Eiweiß gefunden.

Echino-kokkus-flüssigkeit.

Synovia und Sehnenscheidenflüssigkeit. Die Synovia ist wohl eigentlich kein Transsudat; sie wird aber oft als Anhang zu den Transsudaten abgehandelt.

Die Synovia ist eine gegen Lackmus alkalische, klebrige, fadenziehende, gelbliche, von Zellkernen und Überbleibseln von zerfallenen Zellen getrübte, aber auch bisweilen klare Flüssigkeit. Sie enthält außer Eiweiß und Salzen auch eine Muzinsubstanz, das Synoviamuzin (v. HOLST)[2]. In pathologischer Synovia fand HAMMARSTEN eine muzinähnliche Substanz, die indessen kein Muzin war. Sie verhielt sich ähnlich wie ein Nukleoalbumin oder ein Nukleoproteid und gab beim Sieden mit Säure keine reduzierende Substanz. Auch SALKOWSKI[3] fand in pathologischer Synovia eine muzinähnliche Substanz, welche indessen weder Muzin noch Nukleoalbumin war. Er nannte diese Substanz „Synovin".

Synovia.

Die Zusammensetzung der Synovia ist nicht konstant, sondern wechselt je nach Ruhe und Bewegung. Im letzteren Falle ist ihre Menge geringer und ihr Gehalt an dem muzinähnlichen Stoffe, an Eiweiß und Extraktivstoffen größer, während der Gehalt an Salzen vermindert ist. Dieses Verhalten wird aus den folgenden, von FRERICHS[4] ausgeführten Analysen ersichtlich. Die Zahlen beziehen sich auf 1000 Teile.

	I. Synovia eines im Stall gemästeten Ochsen	II. Synovia eines auf die Weide getriebenen Ochsen
Wasser	969,9	948,5
Feste Stoffe	30,1	51,5
Muzinähnlicher Stoff	2,4	5,6
Albumin und Extraktivstoffe	15,7	35,1
Fett	0,6	0,7
Salze	11,3	9,9

Zusammen-setzung.

Die Synovia Neugeborener soll mit der von ruhenden Tieren übereinstimmen. Die Flüssigkeit der Bursae mucosae wie auch die der Sehnenscheiden soll in qualitativer Hinsicht der Synovia ähnlich sein.

---

[1] Deutsch. Arch. f. klin. Med. 44. [2] Zeitschr. f. physiol. Chem. 43. [3] HAMMARSTEN, MALYs Jahresb. 12; SALKOWSKI, VIRCHOWS Arch. 131. [4] WAGNERS Handwörterb. 3, Abt. 1, S. 463.

III. Der Eiter.

Der Eiter ist eine gelbgraue oder gelbgrüne, rahmähnliche Masse von schwachem Geruch und einem faden, süßlichen Geschmack. Er besteht aus einer Flüssigkeit, dem *Eiterserum*, und den in ihr aufgeschwemmten festen Partikelchen, den *Eiterzellen*. Die Menge dieser Zellen schwankt so bedeutend, daß der Eiter das eine Mal dünnflüssig, das andere Mal dagegen so dick ist, daß kaum ein Tropfen Serum erhalten werden kann. Diesem Verhalten entsprechend schwankt auch das spez. Gewicht sehr, zwischen 1,020 und 1,040, ist aber gewöhnlich 1,031—1,033. Die Reaktion des frischen Eiters ist regelmäßig alkalisch, kann aber durch Zersetzung unter Bildung von freien Fettsäuren, Glyzerinphosphorsäure und auch Milchsäure, neutral oder sauer werden.

Allgemeine Eigenschaften des Eiters.

Bei der chemischen Untersuchung des Eiters müssen das Eiterserum und die Eiterkörperchen gesondert analysiert werden.

Das Eiterserum. Der Eiter gerinnt weder spontan noch nach Zusatz von defibriniertem Blut. Die Flüssigkeit, in welcher die Eiterkörperchen aufgeschwemmt sind, ist also nicht mit dem Plasma, sondern eher mit dem Serum zu vergleichen. Das Eiterserum ist blaßgelb, gelblich-grün oder bräunlich-gelb und reagiert gegen Lackmus alkalisch. Es enthält hauptsächlich dieselben Bestandteile wie das Blutserum, daneben aber bisweilen, wenn nämlich der Eiter längere Zeit in dem Körper verweilt hat, ein wie es scheint durch Mazeration der Eiterzellen aus der hyalinen Substanz derselben entstandenes Nukleoproteid, welches von Essigsäure gefällt und von überschüssiger Säure nur sehr schwer gelöst wird (Pyin älterer Autoren). Das Eiterserum enthält ferner, wenigstens in mehreren Fällen, auffallenderweise kein Fibrinferment. In den Analysen Hoppe-Seylers[1]) enthielt das Eiterserum in 1000 Teilen:

Das Eiterserum.

Zusammensetzung.

	I	II
Wasser	913,7	905,65
Feste Stoffe	86,3	94,35
Eiweißstoffe	63,23	77,21
Lezithin	1,50	0,56
Fett	0,26	0,29
Cholesterin	0,53	0,87
Alkoholextraktstoffe	1,52	0,73
Wasserextraktstoffe	11,53	6,92
Anorganische Stoffe	7,73	7,77

Die Asche des Eiterserums hatte folgende Zusammensetzung, auf 1000 Teile Serum berechnet:

	I	II
NaCl	5,22	5,39
Na_2SO_4	0,40	0,31
Na_2HPO_4	0,98	0,46
Na_2CO_3	0,49	1,13
$Ca_3(PO_4)_2$	0,49	0,31
$Mg_3(PO_4)_2$	0,19	0,12
PO_4 (zu viel gefunden)		0,05

Die Eiterkörperchen betrachtet man als ausgewanderte Leukozyten, und ihre chemische Beschaffenheit ist damit auch in der Hauptsache angegeben. Als mehr zufällige Formelemente des Eiters sind Molekularkörnchen, Fettkügelchen und rote Blutkörperchen anzusehen.

Eiterkörperchen

Die Eiterzellen können von dem Serum durch Zentrifugieren oder Dekantation, direkt oder nach Verdünnung mit einer Lösung von Glaubersalz in

---

[1]) Med.-chem. Unters. S. 490.

Wasser (1 Vol. gesättigter Glaubersalzlösung und 9 Vol. Wasser), getrennt und dann mit derselben Lösung in analoger Weise wie die Blutkörperchen gewaschen werden.

Die Hauptbestandteile der Eiterkörperchen sind Eiweißstoffe, unter denen ein in Wasser unlösliches Nukleoproteid, welches mit Kochsalzlösung von 10 p. c. zu einer zähen, schleimigen Masse aufquillt, in größter Menge vorzukommen scheint. Diese Proteidsubstanz, welche auch in verdünntem Alkali sich löst, davon aber rasch verändert wird, nennt man die hyaline Substanz ROVIDAS und von ihr rührt die Eigenschaft des Eiters, von einer Kochsalzlösung in eine schleimähnliche Masse umgewandelt zu werden, her. Außer dieser Substanz, zu welcher das von F. STRADA[1]) untersuchte Nukleoproteid der Eiterzellen in naher Beziehung zu stehen scheint, hat man auch in den Eiterzellen gefunden: ein bei 48—49⁰ C gerinnendes Globulin, ferner Serumglobulin (?), Serumalbumin, eine dem geronnenen Eiweiße nahestehende Substanz (MIESCHER) und endlich auch Pepton oder Albumose (HOFMEISTER)[2]). Auffallenderweise hat man in den Eiterzellen kein Nukleohiston oder Histon nachweisen können, trotzdem Histon in den Zellen der Lymphdrüsen vorkommt. Eiweiß-
stoffe der
Eiterzellen.

Außer dem Eiweiße sind in dem Protoplasma der Eiterzellen auch Lezithin, Cholesterin, Glukothionsäure, Purinbasen, Fett und Seifen gefunden worden. Als Zersetzungsprodukt einer protagonähnlichen Substanz (vgl. Kapitel 12) fand HOPPE-SEYLER im Eiter Zerebrin. KOSSEL und FREYTAG[3]) haben aus Eiter zwei andere, zu der Zerebringruppe (vgl. Kapitel 12) gehörende Stoffe, das Pyosin und das Pyogenin isoliert. Glykogen soll nach HOPPE-SEYLER[4]) nur in der lebenden, kontraktilen, weißen Blutzelle, nicht aber in den toten Eiterkörperchen vorkommen. Mehrere andere Forscher haben indessen auch im Eiter Glykogen gefunden. Die Zellkerne enthalten Nuklein und Nukleoproteide. Extraktiv-
stoffe.

Hinsichtlich des Vorkommens von Enzymen in den Eiterzellen ist es besonders bemerkenswert, daß man in denselben weder Thrombin noch Prothrombin gefunden hat, trotzdem diese Stoffe nach einer recht verbreiteten Ansicht aus den Leukozyten stammen und auch aus den Thymusleukozyten erhältlich sind. Von großem Interesse ist ferner das Vorkommen in den Eiterzellen, außer von Katalase und Oxydase, von proteolytischem Enzym, welches nicht nur für die intrazelluläre Verdauung und den Gehalt der Eiterzellen an Albumose, sondern auch für die Lösung der Fibringerinnsel und pneumonischen Infiltrationen von großer Bedeutung ist (F. MÜLLER, O. SIMON)[5]). Eine Lipase, welche auch Neutralfette spaltet, soll nach FIESSINGER und MARIE auch in dem Eiter vorkommen können. Enzyme.

Die Mineralstoffe der Eiterkörperchen sind Kalium, Natrium, Kalzium, Magnesium und Eisen. Ein Teil des Alkalis findet sich als Chloride, der Rest, wie die Hauptmenge der übrigen Basen, als Phosphate.

Die quantitative Zusammensetzung der Eiterzellen war in den Analysen HOPPE-SEYLERS die unten folgende. Sämtliche Zahlen beziehen sich auf 1000 Teile Trockensubstanz. Auch die Zahlen für die Mineralstoffe sind auf 1000 Teile Trockensubstanz berechnet.

---

[1]) Bioch. Zeitschr. 16. [2]) MIESCHER in HOPPE-SEYLER, Med.-chem. Unters. S. 441; CH. PONS, MALYS Jahresb. 39, S. 818; HOFMEISTER, Zeitschr. f. physiol. Chem. 4. [3]) Ebenda 17, S. 452. [4]) HOPPE-SEYLER, Physiol. Chem. S. 790. [5]) FR. MÜLLER, Verhandl. Nat. Gesellsch. zu Basel 1901; O. SIMON, Deutsch. Arch. f. klin. Med. 70.

	I		II	Mineralstoffe

	I		**II**	**Mineralstoffe**
Eiweißstoffe	137,62			NaCl. . . . 4,34
Nuklein	342,57	685,85	673,69	$Ca_3(PO_4)_2$. 2,05
Unlösliche Stoffe . . .	205,66			$Mg_3(PO_4)_2$. 1,13
Lezithin	143,83		75,64	$FePO_4$ . . . 1,06
Fett			75,00	PO_4 9,16
Cholesterin	74,0		72,83	Na 0,68
Zerebrin	51,99		102,84	K . . . Spuren (?)
Extraktivstoffe	44,33			

Zusammensetzung.

MIESCHER hat dagegen andere Zahlen für die Alkaliverbindungen gefunden. Er fand nämlich: Kaliumphosphat 12, Natriumphosphat 6,1, Erdphosphate und Eisenphosphat 4,2, Chlornatrium 1,4 und Phosphorsäure in organischer Verbindung 3,14—2,03 p. m.

In längere Zeit in Kongestionsabszessen stagniertem Eiter hat man Pepton (Albumose), Leuzin und Tyrosin, freie fette Säuren und flüchtige Fettsäuren, wie Ameisensäure, Buttersäure und Valeriansäure *Abnorme Bestandteile.* gefunden. Im Eiter sind ferner Harnstoff, Traubenzucker (bei Diabetes), Gallenfarbstoffe und Gallensäuren (bei katarrhalem Ikterus) gefunden worden.

Als mehr spezifische aber nicht konstante Bestandteile des Eiters sind folgende Stoffe angegeben worden: Pyin, welches ein von Essigsäure fällbares *Pyin, Pyinsäure, Chlorrhodinsäure.* Nukleoproteid zu sein scheint, und ferner Pyinsäure und Chlorrhodinsäure, welche jedoch als gar zu wenig studierte Stoffe hier nicht weiter abgehandelt werden können.

Man hat in mehreren Fällen eine blaue, seltener eine grüne Farbe des Eiters beobachtet. Dies rührt von der Gegenwart von Mikroorganismen (Bacillus pyocyaneus) her. Aus solchem Eiter haben FORDOS und LÜCKE[1] teils einen kristallisierenden blauen Farbstoff, Pyozyanin, und teils einen *Pyozyanin.* gelben, Pyoxanthose, welcher durch Oxydation aus ersterem entsteht, isoliert.

---

[1] FORDOS, Compt. Rend. **51** u. **56**; LÜCKE, Arch. f. klin. Chir. **3**.

Siebentes Kapitel

Milz und endokrine Drüsen.

Wie bei der Besprechung der Lymphe erwähnt wurde, findet ein stetiger Austausch von Bestandteilen zwischen den Formelementen der Gewebe und der umgebenden Flüssigkeit, eine Aufnahme und eine Abgabe von Stoffen, statt. Die an Blut und Lymphe abgegebenen Stoffe sind teils Abfallsprodukte des Stoffwechsels in den Zellen, teils sind sie aber durch Synthesen oder in anderer Weise gebildete Stoffwechselprodukte, die noch wichtige Aufgaben in dem Organismus zu erfüllen haben. In das Blut übergegangen und mit diesem weitergeführt, können sie auf die Funktionen anderer Organe kräftig einwirken; und in dieser Weise kann zwischen den verschiedenen Organen eine chemische Korrelation derart stattfinden, daß ein Stoff, welcher ein spezifisches Produkt eines Organes, z. B. einer Drüse ist, auf die Funktionen eines anderen Organes erweckend oder regulierend wirken kann. Solchen, in bestimmten Organen gebildeten Substanzen, welche die Tätigkeit anderer Organe erwecken oder regulieren, hat STARLING den Gruppennamen Hormone (ὁρμάω = ich erwecke oder errege) gegeben.

Chemische Korrelation der Organe.

Die Hormone werden besonders in den Drüsen ohne Ausführungsgang gebildet. Sie sind den spezifischen Sekretbestandteilen der anderen Drüsen analog, werden aber nicht nach außen entleert, sondern gehen direkt oder indirekt (durch die Lymphe) in das Blut über. Da sie also nicht nach außen, sondern nach innen abgegeben werden, nennt man diese Art von Sekretion eine innere; die Drüsen werden „endokrine Drüsen" und die Sekretions-produkte „Inkrete" genannt. Nun ist es allerdings so, daß auch sekretorische Drüsen in gewöhnlichem Sinne, wie z. B. die Pankreasdrüse, Inkrete produzieren können; im allgemeinen bezeichnet man aber als „endokrine" nur die Drüsen ohne Ausführungsgang.

Hormone und innere Sekretion.

Zu den endokrinen Drüsen im gewöhnlichen Sinne gehören, außer den im Kapitel 13 zu besprechenden Geschlechtsdrüsen, die Schilddrüse, die Nebenschilddrüsen, die Nebennieren, die Hypophyse und wohl auch die Thymus. Ob die Milz auch zu den endokrinen Drüsen gerechnet werden kann, ist wohl zweifelhaft; da sie aber in naher Beziehung zu Blut und Lymphe steht, wird sie im Anschluß an die beiden vorigen Kapitel zusammen mit Thymus und den eigentlichen endokrinen Drüsen hier abgehandelt.

Die Milz. Die Milzpulpe kann nicht ganz von Blut befreit werden. Diejenige Masse, welche man von der Milzkapsel und dem Balkengewebe durch Auspressen trennen kann und welche in gewöhnlichen Fällen das Material der chemischen Untersuchung dargestellt hat, ist auch ein Gemenge von Blut- und Milzbestandteilen. Aus diesem Grunde sind auch die Eiweißkörper der Milz nicht näher bekannt. Als einen wahren Milzbestandteil hat man jedoch

Protein-stoffe der Milzpulpe.

in erster Linie ein von LEVENE und MANDEL isoliertes Nukleoproteid zu betrachten, welches bei der Hydrolyse besonders viel (25 p. c.) Glutaminsäure
liefert[1]). Histon hat man in der Milz nicht direkt nachgewiesen; sein Vorkommen hat man aber aus dem Grunde anzunehmen, daß T. KRASNOSSELSKY[2])
aus der Milz Histopepton als Sulfat isolieren konnte. Als gewissermaßen
spezifische Milzbestandteile betrachtet man seit alters her eisenhaltige
Protein- Albuminate und besonders eine, in der Siedehitze nicht gerinnende, von
stoffe. Essigsäure fällbare Proteinsubstanz, welche beim Einäschern viel Phosphorsäure und Eisenoxyd liefert. Diese Substanz, welche als ein Nukleoproteid
bzw. ein Gemenge von solchen sich verhält, dürfte wohl in der Hauptsache
mit den Nukleoproteiden identisch sein, welche spätere Forscher wie SATO
und CAPEZZUOLI[3]) aus der Milz dargestellt haben. Diese Nukleoproteide,
welche denaturierte Produkte sind, enthalten Eisen in wechselnder Menge
und mehr oder weniger fest gebunden.

Die Milzpulpe reagiert in frischem Zustande alkalisch, wird aber bald
sauer, was wenigstens zum Teil von der Entstehung freier Fleischmilchsäure, zum Teil auch vielleicht von Glyzerinphosphorsäure herrührt.
Außer diesen zwei Säuren sind in der Milz auch flüchtige Fettsäuren,
wie Ameisensäure, Essigsäure und Buttersäure, ferner Bernsteinsäure,
Neutralfette, Phosphatide, Cholesterin, Spuren von Leuzin, Inosit
(in der Ochsenmilz), Scyllit, ein dem Inosit isomerer Stoff (in der Milz der
Plagiostomen), Glykogen (in der Hundemilz), Harnsäure, Purinbasen
und Jekorin gefunden worden. LEVENE hat in der Milz eine Glukothion-
Übrige Be- säure, d. h. eine der Chondroitinschwefelsäure in gewissen Hinsichten ver-
standteile. wandte, mit ihr aber nicht identische Säure, welche mit Orzinsalzsäure eine
prächtig violette Färbung gibt, nachgewiesen. Diese Glukothionsäure, deren
einheitliche Natur noch nicht erwiesen worden ist, scheint eines weiteren
Studiums bedürftig zu sein[4]).

In der Milz von Rind und Menschen hat R. BUROW[5]) drei Phosphatide
gefunden, welche alle Eisen in organischer Bindung enthalten sollen. Unter
diesen soll eines ein gesättigtes Diaminomonophosphatid und die zwei anderen
Phos- ungesättigte Phosphatide sein. In Anbetracht der großen Schwierigkeiten,
phatide. mit welchen die Reindarstellung der Phosphatide verknüpft ist, kann man
aber über die Existenz dieser Phosphatide wie auch über die eines schwefelhaltigen Phosphatides, des Jekorins, das auch in der Milz vorkommen soll,
nichts Sicheres aussagen.

In der Milz finden sich mehrere Enzyme, von denen besonders einige
von Interesse sind. Zu diesen gehören das in der Milz von mehreren Tieren,
nicht aber beim Menschen gefundene, harnsäurebildende Enzym, die Xan-
thinoxydase (BURIAN), welche die Oxypurine, Hypoxanthin und Xanthin,
in Harnsäure überführt, und ferner die Desamidierungsenzyme Guanase
Enzyme. und Adenase (SCHITTENHELM, JONES und PARTRIDGE, JONES und WINTER-
NITZ), von welchen das erstere das Guanin in Xanthin und das letztere das
Adenin in Hypoxanthin überführt. Die Guanase kommt jedoch zwar in der
Milz von Rind und Pferd, nicht aber (JONES) oder nur in geringer Menge
(SCHITTENHELM) in der Schweinemilz vor[6]). Nukleasen verschiedener Art
kommen ebenfalls vor, und außerdem enthält die Milz zwei von HEDIN (und
ROWLAND) nachgewiesene proteolytische Enzyme, Lienasen, von denen das

---

[1]) Bioch. Zeitschr. 5.   [2]) Zeitschr. f. physiol. Chem. 49.   [3]) SATO, Bioch. Zeitschr.
22; CAPEZZUOLI, Zeitschr. f. physiol. Chem. 60.   [4]) LEVENE, Zeitschr. f. physiol. Chem. 37
und mit MANDEL 45 u. 47; vgl. auch MANDEL u. NEUBERG, Bioch. Zeitschr. 13; LEVENE
ebenda 16; NEUBERG ebenda 16; LEVENE u. JACOBS, Journ. of experim. Medic. 10.
[5]) Bioch. Zeitschr. 25.   [6]) Über die hierher gehörige Literatur vgl. man Kapitel 15.

eine, die α-Lienase, hauptsächlich in alkalischer Lösung wirkt, während das andere, die β-Lienase, nur bei saurer Reaktion wirksam ist. Diese Enzyme, welche zweifelsohne in naher Beziehung zu den in den Leukozyten vorkommenden stehen, wirken nicht nur autolytisch auf die Eiweißkörper der Milz, sondern auch lösend auf Fibrin und koaguliertes Blutserum. Die Milz, jedenfalls die Schweinemilz, enthält außerdem, wie TANAKA[1]) angegeben hat, Diastase, Invertin, Lipase, Urease, Trypsin und erepsinähnliches Enzym. *(Enzyme.)*

Zu erwähnen sind ferner unter den Bestandteilen der Milz die von H. NASSE näher studierten eisenreichen Ablagerungen, welche angeblich aus einer Umwandlung der roten Blutkörperchen hervorgehen und aus eisenreichen Körnchen oder Konglomeraten von solchen bestehen. Diese Ablagerungen kommen nicht in gleicher Menge in der Milz aller Tierarten vor; besonders reichlich finden sie sich in der Milz der Pferde. Die von NASSE[2]) analysierten Körner (aus Pferdemilz) enthielten 840—630 p. m. organische und 160—370 p. m. anorganische Substanz. Diese letztere bestand aus 566 bis 726 p. m. Fe_2O_3, 205—388 p. m. P_2O_5 und 57 p. m. Erden. Die organische Substanz bestand hauptsächlich aus Eiweiß (660—800 p. m.), Nuklein (52 p. m. als Maximum), einem gelben Farbstoffe, Extraktivstoffen, Fett, Cholesterin und Lezithin. *(Eisenhaltige Ablagerungen in der Milz.)*

Hinsichtlich der Mineralbestandteile ist zu bemerken, daß die Menge des Eisens bei neugeborenen und jungen Tieren klein (LAPICQUE, KRÜGER und PÉRNOU), bei erwachsenen größer und bei alten Tieren bisweilen sehr bedeutend ist. So fand H. NASSE in der trockenen Milzpulpe alter Pferde nahe an 50 p. m. Eisen. GUILLEMONAT und LAPICQUE[3]) fanden beim Menschen keinen regelmäßigen Zuwachs mit dem Alter und sie fanden in den meisten Fällen 0,17—0,39 p. m. (mit Abzug des Bluteisens), auf frische Substanz berechnet. Ein ungewöhnlich hoher Eisengehalt hängt nicht vom Alter ab, sondern ist ein Residuum chronischer Krankheiten. MAGNUS-LEVY fand in der frischen Menschenmilz 0,72 p. m. Eisen. *(Mineralstoffe.)*

Die Menschenmilz enthielt in den Analysen von MAGNUS-LEVY 784,7 Wasser, 215,3 Trockensubstanz, 27,7 Fett und 27,9 Stickstoff in 1000 Teilen des frischen Organs. In der Hundemilz fand CORPER[4]) 750—770 p. m. Wasser und 120—150 p. m. ätherlösliche Stoffe, von denen etwa ¼ aus Cholesterin und ¾ aus Lezithin bestanden. Als Purinbasen wurden 1,1 p. m. Guanin, 0,6 p. m. Adenin, 0,15 p. m. Hypoxanthin und 0,04 p. m. Xanthin gefunden. *(Quantitative Zusammensetzung.)*

Bezüglich der in der Milz verlaufenden pathologischen Prozesse ist besonders an die reichliche Neubildung von Leukozyten bei der Leukämie und das Auftreten der Amyloidsubstanz (vgl. S. 130) zu erinnern.

Die physiologischen Funktionen der Milz sind, außer ihrer Bedeutung für die Neubildung von Erythrozyten und Myelozyten im Embryonalleben und von Lymphozyten im postembryonalen Leben, nur wenig bekannt. Die Milz ist kein für das Leben ganz notwendiges Organ, denn ihre Exstirpation kann gut ertragen werden. Wird einem entmilzten Tiere mit der Nahrung genügend Eisen zugeführt, so steigt die Neubildung von roten Blutkörperchen schnell an, wahrscheinlich durch eine gesteigerte Tätigkeit des Knochenmarks. Die Milz ist auch ein Organ, in welchem rote Blutkörperchen, namentlich unter besonderen pathologischen Verhältnissen reichlich zugrunde gehen, *(Funktionen der Milz.)*

---

[1]) HEDIN u. ROWLAND, Zeitschr. f. physiol. Chem. **32**; HEDIN, Journ. of Physiol. **30** und HAMMARSTEN-Festschr. 1906; T. TANAKA, Bioch. Zeitschr. 37. [2]) MALYS Jahresb. **19**, S. 315. [3]) LAPICQUE, MALYS Jahresb. **20**; L. u. GUILLEMONAT, Compt. rend. soc. biol. 48 und Arch. de Physiol. (5) 8; KRÜGER u. PERNOU, Zeitschr. f. Biol. 27; NASSE, zit. nach HOPPE-SEYLER, Physiol. Chem. S. 720. [4]) MAGNUS-LEVY, Bioch. Zeitschr. 24; H. J. CORPER, Journ. of biol. Chem. 11.

wodurch die Milz auch in Beziehung zu der Leber und der Gallenbildung steht. Nach ASHER [1]) und seinen Mitarbeitern GROSSENBACHER, ZIMMERMANN und H. VOGEL soll die Milz ein besonderes Organ des Eisenstoffwechsels sein, indem bei entmilzten Hunden die Eisenausscheidung wesentlich größer als bei Hunden mit Milz ist. Ähnliches hat R. BAYER an einem splenektomierten Menschen beobachtet, und die Milz dürfte also wie es scheint die Aufgabe haben, das Eisen, welches im Stoffwechsel, auch im Hungerstoffwechsel, frei wird, dem Organismus zu erhalten. Das Vorkommen der obengenannten eisenreichen Ablagerungen steht auch vielleicht im Zusammenhang mit dem Zerfall von Erythrozyten in der Milz und der Fähigkeit dieses Organes, das Eisen zurückzuhalten.

Milz und Eisenstoffwechsel.

Abgesehen davon, daß die Milz der Leber Material zur Gallenfarbstoffbildung zuführt, soll sie auch in anderer Weise in Beziehung zu der Leber stehen, indem nämlich nach ASHER und G. EBNÖTHER [2]) ein Milzwasserextrakt die hämolytische Fähigkeit des Leberextraktes wesentlich erhöhen soll. Früher nahm man auch eine Beziehung der Milz zu der Verdauung, nämlich zu der Trypsinbildung im Pankreas, an; aber diese Ansicht ist nicht hinreichend begründet. Es ist jedoch nicht ausgeschlossen, daß die Milz eine Bedeutung für die Ausnutzung der Nahrung hat, denn nach RICHET [3]) sollen milzlose Hunde einen größeren Nahrungsbedarf als normale Tiere haben.

Funktionen der Milz.

Eine Vermehrung der ausgeschiedenen Harnsäuremenge kommt nach der einstimmigen Erfahrung vieler Forscher oft bei der linealen Leukämie vor, während umgekehrt eine Verminderung der Harnsäure im Harne unter dem Einflusse großer Dosen des Milzabschwellung bewirkenden Chinins stattfinden soll. Man hat hierin einen Wahrscheinlichkeitsbeweis für eine nähere Beziehung der Milz zu der Harnsäurebildung sehen wollen. Diese Beziehung ist von HORBACZEWSKI näher studiert worden. Er fand, daß, wenn man Milzpulpe und Blut von Kälbern bei einer bestimmten Versuchsanordnung bei Bluttemperatur und Gegenwart von Luft aufeinander einwirken läßt, erhebliche Mengen von Harnsäure gebildet werden, und er hat ferner gezeigt, daß diese Harnsäure aus dem Nuklein der Milz stammt. Diese Verhältnisse sind durch die oben erwähnten Untersuchungen von BURIAN, SCHITTENHELM und JONES u. a. über die enzymatische Harnsäurebildung und Desamidierung der Purinstoffe aufgeklärt worden, und eine Beziehung der Milz zur Harnsäurebildung ist also unzweifelhaft. Daß aber die Milz vor anderen Organen eine besondere Beziehung zu der Harnsäurebildung zeigt, soll damit nicht gesagt sein (vgl. Kapitel 15).

Beziehung zu der Harnsäurebildung.

Wie die Leber hat auch die Milz die Fähigkeit, fremde Stoffe, Metalle und Metalloide, zurückzuhalten.

Nach ASHER [4]) und Mitarbeitern soll in einigen Hinsichten ein gewisser Antagonismus derart zwischen Milz und Thyreoidea bestehen, daß die erstgenannte Drüse eine hemmende Wirkung auf die letztere ausübt. So soll nach Milzexstirpation eine vermehrte Bildung von Blutkörperchen und Hämoglobin dadurch zustande kommen, daß die hemmende Wirkung der Milz auf die Thyreoidea wegfällt, wodurch die stimulierende Wirkung der letzteren auf das Knochenmark gesteigert wird. Diese Hemmung soll sich auch in der Weise kundgeben, daß nach Splenektomie die reizende Wirkung des Sauerstoffmangels auf Thyreoidea noch stärker als unter normalen Verhältnissen zur Geltung kommt. Dieser Antagonismus ist indessen nicht allgemein anerkannt worden.

Beziehung zu anderen Organen.

Die Thymus. Die Zellen dieser Drüse sind sehr reich an Nukleinstoffen und verhältnismäßig arm an gewöhnlichem Eiweiß, dessen Natur übrigens

---

[1]) L. ASHER u. GROSSENBACHER, Zentralbl. f. Physiol. 22, S. 375 und Bioch. Zeitschr. 17; R. ZIMMERMANN ebenda; R. BAYER, Bioch. Zentralbl. 9, S. 815.   [2]) MALYS Jahresber. 45 und ASHER, Bioch. Zeitschr. 72.   [3]) Journ. d. Physiol. et d. Pathol. générale 15.   [4]) Bioch. Zeitschr. 87, 93, 97.

noch nicht näher studiert ist. Das Hauptinteresse knüpft sich wesentlich an die Nukleinsubstanzen an. Aus dem Wasserextrakte der Drüse haben zuerst KOSSEL und LILIENFELD durch Ausfällen mit Essigsäure und weiteres Reinigen eine Proteinsubstanz, das allgemein bekannte Nukleohiston, dargestellt. Außer diesem Nukleohiston scheint die Thymus ein anderes Nukleoproteid zu enthalten, welches viel ärmer an Phosphor (nur gegen 1 p. c.) ist und als nächste Spaltungsprodukte ein Nuklein und Eiweiß anderer Art liefern soll. Sowohl über das Nukleoproteid wie das Nukleohiston liegen, außer von KOSSEL und LILIENFELD, auch von BANG, MALENGREAU, HUISKAMP und GOUBAN[1] mehr oder weniger eingehende Untersuchungen vor, deren Resultate nicht miteinander zu vereinbaren sind und die es sehr wahrscheinlich machen, daß es hier um Gemenge von verschiedenen Substanzen sich handelt.

Diese Vermutung ist durch die neueren Untersuchungen von STEUDEL[2] gestützt worden. Nach ihm soll nämlich, bei der Ausfällung des „Nukleohistons" aus dem Wasserextrakte der Thymusdrüse mit Essigsäure, die Nukleinsäure eine Reihe von basischen Eiweißstoffen in wechselnden Mengen mit niederreißen, und die Zusammensetzung dieser Eiweißkörper soll in hohem Grade von enzymatischen Vorgängen in dem Wasserextrakte abhängig sein. Nach STEUDEL enthält das Nukleohiston jedenfalls allen Phosphor in der Form von echter Nukleinsäure, und das Histon soll mit Chlorwasserstoffsäure von 0,8 p. c. nur unvollständig extrahierbar sein. Die Frage von der Natur der Nukleinsubstanzen der Thymus ist also einer erneuten eingehenden Prüfung bedürftig.

Das Nukleohiston sollte nach KOSSEL und LILIENFELD durch Einwirkung von verdünnter Chlorwasserstoffsäure in Histon und Leukonuklein gespalten werden. Das Leukonuklein würde ein echtes Nuklein sein. Nach BANG und MALENGREAU, welch letzterer das eigentliche Nukleohiston B-Nukleoalbumin nennt, soll das Nukleohiston dagegen sich glatt in Nukleinsäure und Histon (ohne anderes Eiweiß) aufspalten, weshalb BANG es nicht als ein Nukleoproteid, sondern als nukleinsaures Histon betrachtet. Die Salze des Nukleohistons, namentlich die Kalziumsalze, sind zuerst von HUISKAMP näher studiert worden. Für das Kalziumsalz fand BANG die Zusammensetzung C 43,69, H 5,60, N 16,87, S 0,47, P 5,23, Ca 1,71 p. c. Bei der Elektrolyse einer Lösung von Nukleohistonnatrium in Wasser fand HUISKAMP, daß das Nukleohiston bis auf Spuren an der Anode sich ansammelt und daß die Natriumverbindung in der Lösung also ionisiert ist.

Das Nukleoproteid (mit nur gegen 1 p. c. Phosphor), wird von HUISKAMP einfach als Nukleoproteid und von MALENGREAU als A-Nukleoalbumin bezeichnet. Nach dem letztgenannten liefert es als Spaltungsprodukte Nuklein und Histon, nach BANG dagegen Nuklein und Albuminat. Nach GOUBAN soll das „Nukleohiston" ein Gemenge von drei Stoffen sein. Es enthält nach ihm ein Nukleoproteid, welches kein Histon liefert, und zwei Nukleohistone, welche (als ein Gemenge) das Kalknukleohiston von HUISKAMP darstellen.

Bezüglich der von den genannten Forschern zur Isolierung der fraglichen Stoffe eingeschlagenen Methoden muß auf die Originalaufsätze hingewiesen werden.

Im Anschluß an das sog. Nukleohiston dürfte auch an den von anderen Forschern als Gewebefibrinogen und Zellfibrinogen bezeichneten, zu der Blutgerinnung in

Nuklein-
substanzen.

Nukleo-
histon.

Nukleo-
histon.

Nukleo-
proteid.

---

[1] LILIENFELD, Zeitschr. f. physiol. Chem. 18; KOSSEL ebenda 30 u. 31; BANG ebenda 30 u. 31, ferner Arch. f. Math. og Naturvidenskab 25, Kristiania 1902 und HOFMEISTERS Beiträge 1 u. 4; MALENGREAU, La Cellule 17 u. 19; HUISKAMP, Zeitschr. f. physiol. Chem. 32, 34 u. 39; F. GOUBAN, Bioch. Zentralbl. 9, S. 803.   [2] Zeitschr. f. physiol. Chem. 87 u. 90.

naher Beziehung gesetzten Proteiden zu erinnern sein, die z. T. Nukleoproteide und
z. T. wohl auch Nukleohiston sein dürften. Zu derselben Gruppe gehören auch die von
ALEX. SCHMIDT als wichtige Zellbestandteile beschriebenen Stoffe Zytoglobin und
Präglobulin, von denen das Zytoglobin wohl als die in Wasser lösliche Alkaliverbindung
des Präglobulins anzusehen ist. Den nach vollständiger Erschöpfung mit Alkohol, Wasser
und Kochsalzlösung zurückbleibenden Rest der Zellen nannte ALEX. SCHMIDT Zytin.

Außer den nun genannten und den gewöhnlichen, zu der Bindesubstanzgruppe gehörenden Stoffen hat man in der Thymus kleine Mengen Fett,
Phosphatide, Leuzin, Bernsteinsäure, Milchsäure, Inosit, Zucker
und Spuren von Jodothyrin gefunden. Arsen kommt nach GAUTIER[1])
in sehr kleiner Menge vor und dürfte wohl hier wie in anderen Organen in
Beziehung zu den Nukleinsubstanzen stehen. Aus dem Reichtum an Nuklein-

Übrige Bestand- teile. stoffen erklärt sich der große Gehalt an Purinbasen, hauptsächlich Adenin,
dessen Menge nach KOSSEL und SCHINDLER[2]) 1,79 p. m. in der frischen Drüse
oder 19,19 p. m. in der Trockensubstanz beträgt, und Guanin. Desselben
Ursprunges ist wohl auch das von KUTSCHER als Produkt der Selbstverdauung
der Drüse, neben Lysin und Ammoniak, erhaltene Thymin (und Urazil?).
Unter den Enzymen ist außer Arginase, Guanase, Adenase und proteolytischem Enzym besonders zu nennen ein von JONES[3]) näher studiertes
Enzym bzw. Enzymgemenge, welches wie die Nukleasen die Nukleoproteide
unter Abspaltung von Phosphorsäure und Purinbasen zersetzt. Dieses Enzym
wirkt im Gegensatz zu dem Trypsin am besten in saurer Flüssigkeit und wird
leicht von Alkalien bei Körpertemperatur zerlegt. Die Thymus enthält auch
angeblich Urease, Esterase, Lezithase und Katalase. Unter den Mineralstoffen
der Drüse scheinen Kalium und Phosphorsäure vorherrschend zu sein. LILIEN-
FELD fand unter den alkohollöslichen Stoffen KH_2PO_4.

Zusammen- setzung. Die Thymus, dessen durchschnittliches Gewicht bei jungen Männern
im Alter von 19—34 Jahren nach den Bestimmungen von E. ZUNZ[4]) 16,18 gm
war, enthielt nach demselben Forscher in p. m. der frischen Drüse 119,1 ätherlösliche Stoffe, 180 andere feste Stoffe und durchschnittlich rund 700 Wasser.
In der Drüse eines 14 Tage alten Kindes fand OIDTMANN[5]) 807,06 p. m. Wasser,
192,74 p. m. organische und 0,2 p. m. anorganische Stoffe.

Die quantitative Zusammensetzung der Lymphozyten aus der Thymus
vom Kalbe ist nach LILIENFELDS Analyse folgende. Die Zahlen sind auf
1000 Teile Trockensubstanz berechnet.

Zusammen- setzung.

Eiweißstoffe	17,7
Leukonuklein	687,9
Histon	86,7
Lezithin	75,1
Fette	40,2
Cholesterin	44,0
Glykogen	8,0

Die Trockensubstanz der Lymphozyten betrug im Durchschnitt 114,9 p. m.

Bemerkenswert ist es, daß nach den Analysen von BANG[6]) die Thymus
etwa ebensoviel Nukleoproteid, aber etwa fünfmal soviel Nukleinsäurehiston
wie die Lymphdrüsen enthält — in beiden Fällen auf dieselbe Menge Trockensubstanz berechnet.

Als Neubildungsorgan für Lymphozyten gehört die Thymus zu den
lymphoiden Organen; auf der anderen Seite dürfte man sie aber wahrscheinlich
auch zu den endokrinen Drüsen rechnen können. Die mit der Pubertätsperiode
beginnende Altersinvolution der Drüse spricht dafür, daß sie von Bedeutung

---

[1]) Compt. Rend. 129.   [2]) SCHINDLER, Zeitschr. f. physiol. Chem. 13; KUTSCHER
ebenda 34.   [3]) Ebenda 41.   [4]) Compt. rend. soc. biol. 82.   [5]) Zit. nach v. GORUP-
BESANEZ, Lehrb. d. physiol. Chem. 4. Aufl., S. 732.   [6]) l. c. Arch. f. Math. usw.

für die Entwicklung des jugendlichen Organismus ist. Diese Bedeutung äußert sich als ein Einfluß auf das Wachstum, namentlich der Knochen. Nach der Thymektomie bei Hunden werden die Tiere, den Kontrolltieren gegenüber, im Wachstum zurück; die Verkalkung der Knochen ist mangelhaft, die Epiphysen der Röhrenknochen verdicken sich, Verbiegungen der Extremitäten treten auf, die Skelettmuskulatur wird atrophisch und es können allgemeine Störungen der Ernährung auftreten. Hierbei kann angeblich auch eine Hypertrophie anderer Drüsen, wie der Schilddrüse, des Nebennierenmarkes und der Milz auftreten. Nach ASHER und Mitarbeitern sollen auch bezüglich des respiratorischen Gaswechsels Beziehungen zwischen Thymus und Thyreoiden bestehen. Funktionen der Thymus.

Eine Beziehung der Thymus zu den Geschlechtsorganen wird auch dadurch wahrscheinlich, daß die Drüse mit auftretender Pubertät zurückgeht und umgekehrt nach Kastration zuwächst. Nach Thymektomie ist auch bei Säugetieren eine Hemmung der Spermatogenese und der Ovulation beobachtet worden.

Die Schilddrüse. Die Natur der verschiedenen, in der Schilddrüse vorkommenden Proteinsubstanzen ist allerdings noch nicht hinreichend aufgeklärt worden; gegenwärtig kennt man aber, hauptsächlich durch die Untersuchungen von OSWALD, wenigstens zwei Stoffe, welche Bestandteile des sog. Sekretes der Drüse, des Kolloides, sind. Der eine, das Jodthyreoglobulin, verhält sich wie ein Globulin; der andere ist ein Nukleoproteid (vgl. auch GOURLAY) [1]. Das in der Drüse vorkommende Jod, insoferne als es überhaupt an Proteinstoffen gebunden ist, kommt ausschließlich in dem ersteren vor, während dagegen das von GAUTIER und BERTRAND [2] als normaler Bestandteil nachgewiesene Arsen in Beziehung zu den Nukleinsubstanzen zu stehen scheint. Bestandteile der Schilddrüse.

Nach OSWALD kommt indessen das Jodthyreoglobulin nur in solchen Drüsen, welche Kolloid führen, vor, während die kolloidfreien Drüsen, die parenchymatösen Kröpfe und die Drüsen Neugeborener, jodfreies Thyreoglobulin enthalten. Das Thyreoglobulin jodiert sich nach ihm erst beim Austritt aus den Follikelzellen zu Jodthyreoglobulin. Außer den nun genannten Stoffen hat man in der Thyreoidea Thyroxin, Leuzin, Xanthin, Hypoxanthin, Cholin, Jodothyrin, Milchsäure, Bernsteinsäure und Enzyme, wie Lipase und Katalase, gefunden. Schilddrüse.

Bei denselben jungen Männern, deren Thymusdrüsen er analysiert hatte, fand ZUNZ [3] in den Schilddrüsen durchschnittlich 247,6 p. m. feste Stoffe und 752,4 p. m. Wasser. MAGNUS-LEVY [4] fand in Schilddrüsen von Menschen 757 p. m. Wasser, 243 Trockensubstanz, 43,8 Fett, 26,8 Stickstoff und 0,058 p. m. Eisen. Zusammensetzung.

Bei „Struma cystica" fand HOPPE-SEYLER in den kleinen Drüsenräumen fast kein Eiweiß, sondern vorzugsweise Muzin; in den größeren dagegen fand er viel Eiweiß, 70—80 p. m. [5]. In solchen Zysten kommt regelmäßig Cholesterin vor, bisweilen in so großer Menge, daß der gesamte Inhalt einen dünnen Brei von Cholesterintäfelchen darstellt. Auch Kristalle von Kalziumoxalat kommen nicht selten vor. Der Inhalt der Strumazysten hat bisweilen eine von zersetztem Blutfarbstoff, Methämoglobin (und Hämatin?), herrührende, braune Farbe. Auch Gallenfarbstoffe sind in solchen Zysten gefunden worden. (Bezüglich des Paralbumins und des Kolloids, welche man auch bei Struma cystica und Kolloidentartung gefunden haben soll, vgl. Kapitel 13.) Struma cystica.

Der Gehalt der Schilddrüsen an Jod ist sowohl bei verschiedenen Personen wie in verschiedenen Gegenden ein sehr wechselnder und er ist auch

---

[1] GOURLAY, Journ. of Physiol. 16; OSWALD, Zeitschr. f. physiol. Chem. 32 und Bioch. Zentralbl. 1, S. 249; Arch. f. exp. Path. u. Pharm. 60. [2] GAUTIER, Compt. Rend. 129. Vgl. ferner ebenda 130, 131, 134, 135; BERTRAND ebenda 134, 135. [3] Compt. rend. soc. biol. 82. [4] Bioch. Zeitschr. 24. [5] Physiol. Chem. S. 721.

von der Nahrung abhängig. ZUNZ fand für die frische Drüse pro 1 g Substanz Schwankungen zwischen 0,11—1,21 mgm, meistens 0,46 à 0,84 mgm; es bestand aber keine bestimmte Relation zwischen dem Gewichte und dem Jodgehalte der Drüse. Jolin hat eine große Anzahl von Schilddrüsen gesunder und kranker Personen (in Schweden) auf ihren Jodgehalt untersucht. Bei 28 Kindern in dem Alter von 1—10 Jahren fand er in den Drüsen als Mittel

Jodgehalt
der Drüse. 0,28 p. m. Jod. In 108 normalen Drüsen von mehr als 10 Jahre alten oder von erwachsenen Personen schwankte der Jodgehalt allerdings, als Mittel betrug er aber 1,56 p. m. In Drüsen von mit Jodpräparaten behandelten Leuten (34 Fälle) war der Jodgehalt 2,56 p. m. Den Gehalt der normalen Schilddrüsen an Kieselsäure, auf Trockensubstanz berechnet, fand H. SCHULZ[1] als Mittel gleich 0,084 p. m. In Kröpfen aus Greifswald und Zürich fand er bzw. 0,175 und 0,434 p. m. Für eine Beziehung zwischen dem Kieselsäuregehalte des Trinkwassers und dem Auftreten der Strumen finden sich jedoch keine Anhaltspunkte.

Unter den Bestandteilen der Thyreoidea sind namentlich diejenigen von besonderem Interesse, die man in mehr oder weniger naher Beziehung zu den Funktionen der Drüse gesetzt hat. Diese Substanzen sind das Jodthyreoglobulin, das Jodothyrin und das Thyroxin.

Jodthyreoglobulin erhielt OSWALD aus dem Wasserauszuge der Drüse durch Halbsättigung mit Ammoniumsulfat. Es hat die Eigenschaften der Globuline und, abgesehen von dem Jodgehalte, etwa dieselbe Zusammensetzung wie die Eiweißstoffe überhaupt. Der Gehalt an Jod ist schwankend, 0,46 p. c. beim Schwein, 0,86 beim Ochsen und 0,34 beim Menschen. In dem Jodthyreoglobulin vom Ochsen fand A. NÜRENBERG[2] 0,59—0,86 p. c. Jod

Thyreo-
globulin. und 1,83—2,0 p. c. Schwefel. Bei jungen Tieren, welche kein Jod in der Drüse haben, ist das Thyreoglobulin jodfrei. Das Thyreoglobulin geht unter Jodaufnahme in Jodthyreoglobulin über. Durch Zufuhr von Jodsalzen kann man beim lebenden Tiere den Jodgehalt des Thyreoglobulins erhöhen und damit auch dessen physiologische Tätigkeit steigern (OSWALD). F. BLUM und R. GRÜTZNER[3], welche eine Methode zur Trennung und gesonderten Bestimmung des Jods in Eiweißverbindungen und in ionisierter Form ausgearbeitet haben, betrachten diese Umwandlung von anorganisch gebundenem Jod in organisch (als Jodeiweiß) gebundenes, als einen für die Schilddrüse spezifischen Prozeß.

Jodothyrin wurde von E. BAUMANN, welcher als erster den Jodgehalt der Schilddrüse gefunden und, namentlich zusammen mit ROOS[4], die Bedeutung desselben für die physiologische Wirksamkeit der Drüse studiert hat, als die einzig wirksame Substanz betrachtet. Das Jodothyrin erhielt BAUMANN nach dem Sieden der Drüsenmasse mit

Jodo-
thyrin. verdünnter Schwefelsäure als eine amorphe, braune, in Wasser fast unlösliche Masse, die in Alkalien leicht löslich ist und durch Säurezusatz wieder gefällt wird. Das Jodothyrin, welches offenbar keine einheitliche Substanz ist, hat einen wechselnden Jodgehalt und ist kein Eiweißkörper. Nach v. FÜRTH und C. SCHWARZ ist es wahrscheinlich ein durch die Säurewirkung entstandenes melanoidinartiges Umwandlungsprodukt des jodierten Drüseneiweißes.

Thyroxin, $C_{11}H_{10}NJ_3O_3$ oder $C_{11}H_{12}NJ_3O_4$ = Trijod-trihydro-oxy-β-indol-

Thyroxin. propionsäure, kann teils als Keto-(1), teils als Enolform (2) und teils, nach Aufnahme von Wasser, als zweibasische Säure mit offenem Pyrrolring (3) vorkommen.

---

[1] ZUNZ l. c.; S. JOLIN, HAMMARSTEN-Festschr. 1906; H. SCHULZ, Bioch. Zeitschr. **46.** [2] Ebenda **16.** [3] Zeitschr. f. physiol. Chem. **85, 91, 92, 110.** [4] Vgl. BAUMANN u. ROOS, Zeitschr. f. physiol. Chem. **21** u. **22**; BAUMANN, Münch. med. Wochenschr. 1896; mit GOLDMANN ebenda; ROOS ebenda; O. v. FÜRTH u. C. SCHWARZ, PFLÜGERS Arch. **124.**

$$
\begin{array}{ccccc}
& \text{CJH} & & & \text{CJH} \\
& \diagdown\diagup & & & \diagdown\diagup \\
& \text{CJH C} = \text{C.CH}_2.\text{CH}_2.\text{COOH} & & & \text{CJH C} = \text{C.CH}_2.\text{CH}_2.\text{COOH} \\
\text{(1)} & \text{CJH C} \quad\;\; \text{C:O} & & \text{(2)} & \text{CJH C} \quad\;\; \text{C.OH} \\
& \diagup\;\;\diagdown & & & \diagup\;\;\diagdown \\
& \text{CH} \quad \text{NH} & & & \text{CH} \quad \text{N}
\end{array}
$$

$$
\begin{array}{cc}
& \text{CJH} \\
& \diagdown\diagup \\
& \text{CJH C} = \text{C.CH}_2.\text{CH}_2.\text{COOH} \\
\text{(3)} & \text{CJH C} \quad\;\; \text{CO.OH} \\
& \diagup\;\;\diagdown \\
& \text{CH} \quad \text{NH}_2
\end{array}
$$

In der dritten Form soll es in der Drüse vorkommen. Das Thyroxin ist zuerst von E. C. KENDALL aus der Schilddrüse isoliert und dann von ihm und A. E. OSTERBERG[1]) eingehend studiert worden.

Das Thyroxin, welches 65,1 p. c. Jod enthält, ist eine kristallisierende, geruch- und geschmacklose Substanz, dessen Schmelzpunkt (für die Ketoform) gegen 250⁰ liegt. Es ist unlöslich in Wasser und den gewöhnlichen organischen Lösungsmitteln, löst sich aber in Alkohol bei Gegenwart von Mineralsäuren oder Alkali. Es ist unlöslich in wäßriger Lösung von allen Säuren, löst sich aber in Alkalihydraten oder Ammoniak. In Karbonatlösungen ist es nur sehr wenig löslich. Es bildet Salze mit verschiedenen Metallen und gibt auch mehrere andere Verbindungen oder Derivate. Auf Grund seiner basischen Eigenschaften gibt es auch Verbindungen mit Mineralsäuren. **Thyroxin.**

Bezüglich der sehr umständlichen Darstellungsmethode wird auf die Originalabhandlungen hingewiesen.

Die vollständige Exstirpation wie auch die pathologische Verödung der Schilddrüse kann bei verschiedenen Tierarten wesentlich verschiedene Wirkungen zur Folge haben, was, wie zahlreiche Forscher, namentlich GLEY, VASSALE und GENERALI[2]) gezeigt haben, vor allem davon abhängt, ob die von SANDSTRÖM[3]) entdeckten Glandulae parathyreoideae (Epithelkörper) mit entfernt worden sind oder nicht. Bei Hunden, bei welchen die Nebenschilddrüsen infolge ihrer Lage leicht mitexstirpiert werden, stellen sich nach der totalen Exstirpation leicht Störungen von seiten des Nerven- und Muskel- **Folgen der** systems wie Zittern und Krämpfe ein, und der Tod erfolgt meistens inner- **Exstirpa-** halb kurzer Zeit, am öftesten während eines Krampfanfalles. Werden aber **tion der** bei ihnen die Nebenschilddrüsen geschont, so bleibt die Tetanie aus, und es **Drüse.** treten nur Störungen des Stoffwechsels auf. Bei Pflanzenfressern (Kaninchen), bei welchen infolge der anatomischen Verhältnisse die Parathyreoidealdrüsen nur selten mitexstirpiert wurden, fehlte regelmäßig die Tetanie, und die Stoffwechselstörungen traten in den Vordergrund. Es ist deshalb notwendig, zwischen den Wirkungen der Epithelialkörper und der Schilddrüse zu unterscheiden; und wenn auch die Beziehungen dieser zwei Drüsenarten zueinander noch nicht vollständig aufgeklärt sind, dürfte man wohl kaum fehlgehen, wenn man die Tetanie von der Entfernung der Epithelkörper und die Wachstums- und Ernährungsstörungen von dem Wegfallen der Funktionen der Thyreoidea herleitet.

Bei dem nach Parathyreoidektomie auftretenden Tetanus haben viele Forscher eine vermehrte Ausscheidung von Kalzium, Stickstoff und Ammoniak

---

[1]) KENDALL, Journ. of biol. chem. **39**; mit OSTERBERG ebenda **40**. [2]) E. GLEY, Compt. rend. soc. biol. 1891 u. Arch. de Physiol. (5) **4**; G. VASSALE u. F. GENERALI, Arch. Ital. d. Biol. **25** u. **26**. [3]) J. SANDSTRÖM, Upsala Läkaref. Förh. **15** (1880).

Tetanie und
Kalksalze.
beobachtet, und man hat die Hypothese aufgestellt, daß die Tetanie von einer, durch Kalkmangel bedingten, zu starken Reizbarkeit des Nervensystems herrührt. Gegen diese Theorie spricht indessen unter anderem, daß viele Forscher einen verminderten Kalkgehalt der fraglichen Organe nicht finden konnten. Dagegen scheint man darüber einig zu sein, daß Kalksalze den Tetanus abschwächen oder verhindern können, und nach FROUIN soll dies darauf beruhen, daß sie die gebildete Karbaminsäure, welche nach ihm die Ursache des Tetanus ist, binden. Nach NOEL PATON und Mitarbeitern[1] scheint indessen die Ursache der Tetanie eine andere zu sein. Sie haben nämlich gezeigt, daß die Symptome bei Tetania parathyreopriva dieselben sind

Ursache der
Tetanie.
wie nach Vergiftung mit Guanidin und Methylguanidin ebenso wie bei der Tetania idiopathica bei Kindern, und sie haben ferner eine merkliche Vermehrung der genannten Stoffe in Blut und Harn von parathyreoidektomierten Hunden und im Harne von Kindern bei idiopathischer Tetanie nachweisen können. Es dürfte deshalb vielleicht in diesen beiden Formen von Tetanie um einen Wegfall des regulierenden Einflusses der Glandulae parathyreoideae auf den Guanidinstoffwechsel sich handeln.

Kachexia
thyreo-
priva.
Bezüglich der Bedeutung der Schilddrüse hat man gefunden, daß beim Menschen nach dem Wegfalle der Funktion der Drüse infolge einer Operation oder anderer Verhältnisse verschiedene Störungen auftreten, wie nervöse Symptome, Abnahme der Intelligenz, Trockenheit der Haut, Ausfallen der Haare und überhaupt diejenigen Symptome, die man unter dem Namen „Kachexia thyreopriva" zusammengefaßt hat und die allmählich zum Tode führen. Unter diesen Symptomen ist besonders die eigentümliche, als Myxödem bezeichnete schleimige Infiltration und Wucherung des Bindegewebes zu nennen.

Exstir-
pation bei
Tieren.
Bei erwachsenen Tieren findet man nach der Exstirpation der Drüse allerdings nicht das Myxödem, aber schwere Stoffwechselstörungen verschiedener Art mit stark herabgesetztem sowohl Eiweiß- wie Fettansatz, Abmagerung, herabgesetzter Widerstandsfähigkeit gegen schädigende Einflüsse und einer Kachexie, der die Tiere schließlich erliegen. Exstirpation der Drüse bei jugendlichen Individuen hat zur Folge eine schwere Störung des Stoffwechsels, die in verschiedener Weise, vor allem aber als eine Wachstumshemmung, insbesondere der Extremitäten (Zwergwuchs), sich kundgibt und auch hier allmählich in eine Kachexie übergeht.

Innere
Sekretion.
Alle diese Verhältnisse deuten darauf hin, daß die Thyreoidea zu den Drüsen mit sog. innerer Sekretion, den endokrinen Drüsen, gehört. Ein schlagender Beweis hierfür liegt darin, daß die nach Exstirpation der Drüse sonst auftretenden Störungen ausbleiben, nicht nur wenn man ein kleines Stückchen von der Drüse im Körper hinterläßt, sondern auch, wenn ein Stück Drüse an irgend einen Ort des Körpers transplantiert wird. Ein weiterer Beweis von praktischer Bedeutung liegt darin, daß man der schädlichen Wirkung der Thyreoideaausschaltung durch künstliche Einführung von Extrakten der Schilddrüse in den Körper oder durch Verfütterung von Schilddrüsensubstanz entgegenwirken kann.

Unter den Störungen des Stoffwechsels, welche bei dem Wegfalle oder der Herabsetzung der Thyreoideafunktionen (Athyreoidismus oder Hypothyreoidismus) auftreten, ist besonders zu nennen die Herabsetzung des Eiweißumsatzes, welch letzterer bei hungernden schilddrüsenlosen Hunden bis auf nur etwas mehr als die Hälfte des Hungereiweißumsatzes bei gleichgroßen

---

[1] NOEL PATON mit L. FINDLEY, D. BURNS, J. S. SHARPE u. G. M. WISKART, Quaterl. Journ. of Exper. Physiol. **10**; FROUIN, Compt. Rend. **148**.

normalen Hunden herabgehen kann (FALTA und Mitarbeiter)[1]). Umgekehrt Eiweiß-
umsatz. beobachtet man bei Verabreichung von größeren Mengen Schilddrüsensubstanz eine starke Steigerung des Eiweißumsatzes neben gewissen anderen Symptomen. Als eine Form von Hyperthyreoidismus betrachtet man auch den Morbus Basedowii, welcher auf eine vermehrte Tätigkeit der Drüse, eine Überproduktion von dem spezifischen Sekrete, zurückgeführt wird.

G. MANSFELD und FR. MÜLLER[2]) sind der Ansicht, daß Sauerstoffmangel als Thyreoidea
und Sauer-
stoffmangel. Reizmittel auf die Thyreoidea wirkt, und daß die gesteigerte Eiweißzersetzung, welche bei Sauerstoffmangel mäßigen Grades auftritt, von einer hierdurch bedingten Hyperfunktion der Schilddrüse herrührt. Diese Ansicht scheint jedoch nicht hinreichend begründet zu sein.

Die Steigerung des Stoffwechsels nach Thyreoideaverfütterung betrifft auch die Kohlehydrate (das Glykogen). W. CRAMER mit R. A. KRAUSE und Kohle-
hydrat-
umsatz. R. M'CALL[3]) haben gefunden, daß bei Ratten und Katzen Thyreoideafütterung nach 2—3 Tagen ein vollständiges Verschwinden des Glykogens aus der Leber, selbst bei kohlehydratreicher Nahrung, bewirkt und zwar ohne Auftreten von Glykosurie. Der gesteigerte Kohlehydratumsatz ist nach ihnen das Primäre, dem dann ein gesteigerter Umsatz von Eiweiß und Fett folgt.

Die starke Steigerung des Stoffwechsels infolge von Thyreoideafütterung äußert sich bei Kaulquappen nach J. F. GUNDERNATSCH[4]) in einer Hemmung des Wachstums des Gesamtkörpers mit beschleunigter Bildung und Hervorbrechung der Extremitäten, so daß Zwergfrösche entstehen.

Von welcher Substanz, bzw. von welchen Substanzen rühren nun die obengenannten Wirkungen her? Die Erfahrungen über die Wirkungen des Thyroxins sind noch nicht so zahlreich und eingehend, daß man ganz bestimmte Schlüsse ziehen kann. Im allgemeinen leitet man die spezifischen Die wirk-
samen Be-
standteile. Wirkungen von dem Jodthyreoglobulin her; wenn es sich aber bestätigen würde, daß das Thyroxin die wesentlichen Wirkungen der Schilddrüsensubstanz zeigt, hätte man wohl die Wirkung sowohl des Jodthyreoglobulins wie des Jodothyrins durch deren Gehalt an Thyroxin zu erklären. Da aber auf der anderen Seite nach ASHER und J. ABELIN[5]) eiweißfreie jodarme Präparate wenigstens auf den Stoffwechsel dieselbe Wirkung wie die Drüse haben sollen, muß man die Resultate fortgesetzter Untersuchungen abwarten, bevor man eine bestimmte Ansicht in dieser Frage aussprechen kann.

Die Frage, inwieweit eine Wechselwirkung zwischen der Thyreoidea und anderen Organen besteht, werden wir zum Teil in dem folgenden Kapitel besprechen.

Die Nebennieren. Wie andere Organe enthalten die Nebennieren Proteine verschiedener Art, darunter auch ein Nukleoproteid, welches nach W. JONES und G. W. WHIPPLE[6]) mit einem Proteide aus Pankreas praktisch identisch sein soll. Von diesem Nukleoproteide stammen wohl die in den Drüsen ge- Chemische
Bestand-
teile. fundenen Purinbasen her. Die Marksubstanz ist reich an Lipoiden, und das Vorkommen von Kephalin und Lezithin ist nicht zu bezweifeln. Inwieweit aber auch andere Phosphatide, wie Cuorin, Sphingomyelin und Jekorin vorkommen[7]), muß Gegenstand fortgesetzter Untersuchungen werden. Außer

---

[1]) H. EPPINGER, W. FALTA u. C. RUDINGER, Zeitschr. f. klin. Med. 66. [2]) PFLÜGERS Arch. 143, 161 u. 181; MANSFELD mit Z. ERNST ebenda 161; vgl. auch P. HARI ebenda 176. [3]) Proced. roy. soc. 86 und Quaterl. Journ. of exper. Physiol. 11 u. 12. [4]) Zentralbl. f. Physiol. 26; vgl. auch ABDERHALDEN, PFLÜGERS Arch. 162, 176, 182, 183 und C. O. JENSEN, Oversigt. kgl. Danske Viden. Selsk. Forh. Nr. 3 (1920). [5]) Bioch. Zeitschr. 80. Über die Funktionen der Thyreoidea vgl. man übrigens Sw. VINCENT, Ergeb. d. Physiol. 11, S. 218—302. [6]) Amer. Journ. of Physiol. 7. [7]) Vgl. H. BEUMER, Arch. f. exp. Path. u. Pharm. 77 und R. WAGNER, Bioch. Zeitschr. 64.

den Phosphatiden enthält die Rinde reichlich Cholesterinester, deren Menge man in der Schwangerschaft oft stark vermehrt gefunden hat, und daneben freie Fettsäuren. Nach BORBERG · und Mitarbeitern[1]) kommen dagegen Fettsäuretriglyzeride nicht vor, und die Fettsäuren sind zum Teil ungesättigte. In der Rinde hat außerdem LOHMANN[2]) Cholin, Neurin und andere, nicht näher bekannte Basen gefunden. Inosit und Glyzerinphosphorsäure sind auch von früheren Forschern gefunden worden.

Die Marksubstanz enthält sog. chromaffines Gewebe, d. h. Zellen, deren Substanz mit Chromsäure oder chromsauren Salzen sich braunfärben. In dieser Marksubstanz haben schon ältere Forscher, VULPIAN und ARNOLD ein *Chromogen.* Chromogen gefunden, welches man schon lange in Beziehung zu der abnormen Pigmentierung der Haut bei der ADDISON schen Krankheit gestellt hat. Dieses Chromogen, welches durch die Einwirkung von Luft, Licht, Alkalien, Jod und anderen Stoffen in ein rotes Pigment umgewandelt wird, scheint in naher Beziehung zu der blutdrucksteigernden Substanz der Drüse, dem Adrenalin, zu stehen oder mit ihm identisch zu sein.

Daß ein Wasserextrakt der Nebennieren eine stark blutdrucksteigernde Wirkung hat, ist namentlich von OLIVER und SCHÄFER, CYBULSKI und *Blutdruck-* SZYMONOVICZ gezeigt worden. Die hierbei wirksame Substanz, welche ur- *steigernde* sprünglich „Sphygmogenin" genannt wurde und Gegenstand zahlreicher *Substanz.* Untersuchungen gewesen ist, hat v. FÜRTH Suprarenin, ABEL Epinephrin und TAKAMINE Adrenalin genannt[3]). Der letztgenannte Name ist nunmehr allgemein akzeptiert worden.

Adrenalin (Methylaminoäthanolpyrokatekin)

$$C_9H_{13}NO_3 = \begin{array}{c} CH \\ \diagup\diagdown \\ (HO)C \quad\quad C \cdot CH(OH) \cdot CH_2 \cdot NH \cdot CH_3 \\ | \quad\quad\quad | \\ (HO)C \quad\quad CH \\ \diagdown\diagup \\ CH \end{array}$$

Adrenalin.

Die Konstitution des Adrenalins ist wesentlich durch FRIEDMANN[4]) klargelegt worden und er hat die Richtigkeit der obigen, von PAULY herrührenden Formel gezeigt. In Übereinstimmung hiermit steht auch die Synthese des Adrenalins, die zuerst von FR. STOLZ[5]) ausgeführt wurde. Durch Einwirkung von Methylamin auf Chlorazetobrenzkatechin entsteht Methylaminoazetobrenzkatechin:

$$C_6H_3(OH)_2 \cdot COCH_2Cl + NH_2CH_3 = C_6H_3(OH)_2 \cdot COCH_2 \cdot NHCH_3 \cdot HCl,$$

aus dem dann durch Reduktion Adrenalin gebildet wird.

Das Adrenalin kommt nicht nur in den Nebennieren, sondern, nach J. ABEL und D. MACHT[6]) in reichlicher Menge, 6—7 p. c., in dem giftigen Sekrete der Parotiden einer tropischen Kröte (Bufo Agua) vor. Das syn- *Adrenalin.* thetisch dargestellte Adrenalin ist das optisch inaktive dl-Adrenalin, während das in den Nebennieren vorkommende das optisch aktive l-Adrenalin ist. ABDERHALDEN und Mitarbeiter[7]) haben gezeigt, daß das l-Adrenalin sowohl auf Blutdruck wie in anderen Hinsichten viel stärker als das dl-Adrenalin

---

[1]) Skand. Arch. f. Physiol. 32.   [2]) Zentralbl. f. Physiol. 21, Nr. 5; PFLÜGERS Arch. 118 und Zeitschr. f. Biol. 56.   [3]) OLIVER u. SCHÄFER, Proc. physiol. Soc. London 1895. Sehr vollständige Literaturangaben über die Nebennieren und deren Funktionen findet man bei Sw. VINCENT: Innere Sekretion und Drüsen ohne Ausführungsgang, Ergeb. d. Physiol. 9, S. 505—585 und bei ABDERHALDEN, Bioch. Handlexikon Bd. V, S. 454—495. [4]) HOFMEISTERS Beiträge 8.   [5]) Ber. d. d. chem. Gesellsch. 37.   [6]) MALYs Jahresber. 42, S. 1317.   [7]) ABDERHALDEN u. FRANZ MÜLLER, Zeitschr. f. physiol. Chem. 58; mit THIES ebenda 59; mit SLAVU ebenda; mit KAUTZSCH u. MÜLLER ebenda 61 u. 62.

wirkt. Das reine d-Adrenalin soll nach ABDERHALDEN[1]) vollständig unwirksam sein.

Das Adrenalin kristallisiert in Drusen von Nadeln oder rhombischen Blättchen. Es ist löslich in Wasser und kann aus seiner Lösung durch Ammoniakzusatz als eine kristallisierende Substanz ausgeschieden werden. Die wäßrige, salzsäurehaltige Lösung ist linksdrehend (α) D $= -50{,}72^0$ (ABDER-HALDEN und M. GUGGENHEIM)[2]). Beim Erhitzen wird das Adrenalin gelbbraun bei gegen 205^0 und zersetzt sich bei gegen 218^0. Seine Lösung wird mit Eisenchlorid bei saurer Reaktion smaragdgrün und bei alkalischer karminrot. Das Adrenalin reduziert FEHLINGs Lösung und ammoniakalische Silberlösung. *Eigenschaften.*

Unter den Reaktionen des Adrenalins in Lösung ist besonders zu nennen die Rotfärbung, welche bei Zusatz von einem Oxydationsmittel, wie Jod oder Bijodat und verdünnter Phosphorsäure beim Erwärmen (FRÄNKEL und ALLERS), oder von Quecksilberchlorid bei Gegenwart von einem Katalysator, wie dem Kalksalze in Wasserleitungswasser (COMESATTI), auftritt. Diese Reaktionen sind äußerst empfindlich 1:1 000 000—2 000 000. Noch empfindlicher (1:5 000 000) ist die Reaktion von EWINS[3]), Zusatz von Kaliumpersulfatlösung von etwa 0,1 p. c. und Erwärmen kurze Zeit in siedendem Wasserbade, wo man die charakteristische Rotfärbung erhält. *Reaktionen.*

Mit dem FOLIN-DENISschen Harnsäurereagenze (Phosphorwolframsäure vgl. Kapitel 15) gibt das Adrenalin ebenfalls Blaufärbung, die dreimal so stark wie die Harnsäurefärbung bei derselben Konzentration der Lösung ist, und die man deshalb zu kolorimetrischer Bestimmung des Adrenalins benutzen kann[4]).

Das Adrenalin bewirkt schon in sehr kleinen Dosen eine starke Steigerung des Blutdruckes, die durch eine maximale Kontraktion der kleinen und kleinsten Arterien bedingt ist. Es hat aber auch andere Wirkungen, die zum Nachweis desselben dienen können. Hierher gehören die mydriatische Wirkung auf das enukleierte Froschauge, die kontrahierende und tonisierende Wirkung auf Uterus, bzw. Uterusstücke von Kaninchen, und die hemmende Wirkung auf den ausgeschnittenen Darm. Eine physiologisch besonders wichtige Wirkung ist seine zuerst von BLUM beobachtete Fähigkeit, eine Glykosurie hervorzubringen. Diese Fähigkeit soll im Zusammenhange mit dem Pankreasdiabetes abgehandelt werden. *Wirkungen.*

Wie oben angegeben, hat man schon längst die Färbung der Haut bei der ADDISONschen Krankheit in Beziehung zu den Nebennieren und deren Chromogenen gebracht. Über diese Beziehung weiß man allerdings noch nichts Sicheres; man hat sie aber in Zusammenhang mit einer etwaigen Melaninbildung durch enzymatische Einwirkung auf Adrenalin oder Tyrosin (vgl. Kapitel 16) setzen wollen. Nach den Untersuchungen von BR. BLOCH[5]) (und W. LÖFFLER) sollen jedoch die Verhältnisse etwas anders liegen. In der Epidermis der höheren Tiere soll nämlich in den Teilen, welche Melanin bilden, keine Tyrosinase, sondern ein anderes ganz spezifisches Oxydationsferment vorkommen, welches weder auf Tyrosin, Adrenalin oder andere untersuchte aromatische Substanzen mit Ausnahme von dem 3,4-Dioxyphenylalanin einwirkt. Dieses Oxydationsenzym, welches von BLOCH als das melaninbildende Hautenzym betrachtet wird, bildet aus der von GUGGENHEIM[6]) in den Samen von Vicia faba gefundenen Aminosäure Dioxyphenylalanin („Dopa") *Melaninbildung.*

[1]) Lehrbuch 4. Aufl., S. 673. [2]) Zeitschr. f. physiol. Chem. **57**. [3]) S. FRÄNKEL u. ALLERS, Bioch. Zeitschr. 18; COMESATTI, Münch. med. Wochenschr. 1908 und Physiol. Zentralbl. **23**, S. 175; EWINS, Journ. of Physiol. 40. [4]) O. FOLIN, W. B. CANNON u. W. DENIS, Journ. of biol. chem. **13**. [5]) Zeitschr. f. physiol. Chem. 98; mit LÖFFLER, Deutsch. Arch. f. klin. Med. **121**. [6]) Zeitschr. f. physiol. Chem. 88.

Dopa-oxydase. das „Dopamelanin" und wird deshalb „Dopaoxydase" genannt. Man sollte sich nun nach BLOCH vorstellen können, daß sowohl der Hautfarbstoff wie das Adrenalin aus Dioxyphenylalanin oder einem nahestehenden Stoffe hervorgeht und daß es bei herabgesetzter Nebennierenfunktion zu einer Anhäufung der Pigmentvorstufe in der Haut mit vermehrter Pigmentbildung kommt.

Die Wechselbeziehung, welche angeblich zwischen Nebennieren, Thyreoidea und Pankreas bestehen soll, werden wir in dem folgenden Kapitel besprechen.

Hypo-physe. Die **Hypophyse** ist in chemischer Hinsicht nur wenig untersucht worden. Sie enthält Proteine nicht näher bekannter Art neben nicht unbeträchtlichen Mengen Kolloid. Nach FR. FENGER[1]) enthält die Hypophyse von Kälbern etwa dieselben Mengen von Wasser und festen Stoffen in der vorderen wie in der hinteren Lobe, nämlich 776 resp. 778 p. m. Wasser. Die Menge der in Petroläther löslichen Stoffe war 13 bzw. 26 und die der lipoid-freien Stoffe 211 resp. 196 p. m.

Die Drüse besteht aus drei Teilen: einem Vorderlappen (Pars glandularis), einem Hinterlappen, dem Infundibularteile (Pars nervosa) und einem kleinen mittleren Teil (Pars intermedia), welcher für die Bildung des Kolloids und die Absonderung der spezifischen Stoffe von besonderer Bedeutung zu sein scheint.

Folgen der Drüsen-exstir-pation. Die Exstirpation der Drüse führt bei jungen Tieren unter anderem zu vollständiger Wachstumshemmung. Das Skelett behält seinen infantilen Charakter, die Epiphysenfugen bleiben offen, das Milchgebiß bleibt, die Genitalien bleiben auf einem infantilen Stadium stehen, und eine starke Vermehrung des Fettes in dem Unterhautbindegewebe findet statt. Bei erwachsenen oder nahezu erwachsenen Tieren (Hunden) fehlen erheblichere Störungen der Organfunktionen, aber der Stoffwechsel ist etwas herabgesetzt; stärkerer Fettansatz tritt auf, die Genitalien bieten pathologische Veränderungen dar, und es kann eine hochgradige Atrophie des gesamten Genitalapparates auftreten. Nach Bindung des Stieles der Drüse und dadurch bedingte Degeneration der Zellen in dem Vorderlappen und der Pars intermedia fand BLAIR BELL[2]) Fettsucht mit Atrophie der Genitalien (Dysatrophia adiposo-genitalis). Die Hypophysenextrakte zeigen verschiedenartige Wirkungen, wie Steigerung des Blutdruckes, Tonussteigerung an der Gebärmutter, vor allem Wehenverstärkung am schwangeren Uterus, Darmkontraktionen, vermehrte (unter Umständen aber auch verminderte) Harn- und vermehrte Milchabsonderung. Die Drüse scheint auch in Beziehung zu dem Kohlehydratstoffwechsel zu stehen, und nach Reizung der Drüse hat man Glykosurie beobachtet.

Wirkung der ver-schiedenen Lappen. Bezüglich des Anteils, den die verschiedenen Teile der Drüse an diesen Wirkungen haben, liegen zahlreiche Untersuchungen vor[3]). Aus diesen scheint hervorzugehen, daß der Vorderlappen hauptsächlich einen Einfluß auf das Wachstum, speziell das Knochenwachstum und die Entwicklung der Geschlechtsorgane ausübt. Man hat auch von einigen Seiten die Akromegalie und das Riesenwachstum in Beziehung zu diesem Teile gesetzt. Die Pars intermedia scheint bei der exzessiven Fettablagerung wirksam zu sein und sie liefert vielleicht auch die Stoffe, durch deren Abgabe an den Hinterlappen dieser auf Blutdruck, Darm- und Uterusmuskulatur und Harnabsonderung wirkt. Die laktagoge Wirkung scheint dagegen von dem vorderen Lappen herzuleiten sein.

---

[1]) Journ. of biol. Chem. **21** u. **25**.   [2]) Quaterl. Journ. of exp. Physiol. **11**.
[3]) Vgl. u. a. P. T. HERRING ebenda 8.

Über die Bestandteile der Drüse, welche diese verschiedenen Wirkungen hervorrufen, weiß man nur wenig. Aus dem Vorderlappen hat BRAILSFORD ROBERTSON[1]) einen, von ihm Tethelin genannten Stoff dargestellt, der eine das Wachstum regelnde Substanz sein soll. Das Tethelin ist eine amorphe, in Wasser und Alkohol lösliche, in einer Mischung von wasserfreiem Alkohol und Äther unlösliche Substanz, die 1,4 p. c. Phosphor und 4 Atome N auf je 1 Atom P enthält. Unter den Hydrolyseprodukten findet sich Inosit. **Tethelin.**

Aus den Extrakten auf dem Hinterlappen hat man eine Anzahl von mehr oder weniger reinen Substanzen erhalten, die teils durch Phosphorwolframsäure fällbar und teils nicht fällbar sind. Unter diesen Substanzen hat man sowohl amorphe wie solche, die selbst kristallisieren oder kristallisierende Sulfate geben, gefunden. Offenbar handelt es sich aber hier um Gemengen[2]), welche die Wirkungen der im Handel vorkommenden Präparate „Pituitrin", „Hypophysin", „Pituglandol" u. a. bedingen. **Wirksame Bestandteile.**

Trotz ihrer blutdrucksteigernden Wirkung scheint die Hypophyse kein Adrenalin zu enthalten. Dagegen enthält sie, und zwar in dem hinteren Lappen, wie J. ABEL und S. KUBOTA[3]) gezeigt haben, Histamin. Da dieser Stoff indessen in verschiedenen anderen Organen vorkommt, gehört er nicht zu den spezifischen Bestandteilen der Hypophyse.

---

[1]) Journ. of biol. Chem. **24.** [2]) Vgl. H. FÜHNER, Deutsch. med. Wochenschr. **39.** [3]) Chem. Zentralbl. 1919, III.

Achtes Kapitel.

Die Leber.

Den in dem Vorigen besprochenen Drüsen schließt sich die größte aller Drüsen des Organismus, die Leber, nahe an. Die Bedeutung dieses Organes für die Assimilation der Nahrungsstoffe und die physiologische Zusammensetzung des Blutes ist schon daraus ersichtlich, daß das vom Verdauungskanal kommende, mit den daselbst resorbierten Stoffen beladene Blut die Leber erst durchströmen muß, bevor es durch das Herz in die verschiedenen Organe und Gewebe getrieben wird. Eine Assimilation von Nährstoffen in der Leber ist in erster Linie für die Kohlehydrate sicher bewiesen, indem nämlich die Leber aus Hexosen ein Polysaccharid, das Glykogen, aufbaut, **Die Leber.** welches dann nach Maßgabe des Bedürfnisses wieder in Glukose umgewandelt wird. Für das Fett ist die Leber ein Aufspeicherungsorgan, welches sowohl Nahrungsfett wie (im Hunger) Fett aus den Depots aufnimmt und, wie es scheint, wenigstens zum Teil so verändert, daß es für die weitere Verwertung im Tierkörper vorbereitet wird.

In welchem Umfange eine Assimilation von den Produkten der Eiweißverdauung in der Leber stattfindet, ist noch nicht klar, wie bei Besprechung der Resorption (Kapitel 9) näher auseinander gesetzt werden soll. Daß die Leber in dem Sinne als Aufspeicherungsorgan für Eiweiß dienen kann, daß sie nach reichlicher Verfütterung von Eiweiß oder gewissen Abbauprodukten desselben Eiweiß aufnehmen und dadurch ihr Gewicht stark vermehren kann, ist von SEITZ und anderen gezeigt worden. Inwieweit es sich hierbei um eine wahre Eiweißspeicherung oder um eine Zellvermehrung und eine Gewichts- **Eiweiß-** zunahme der ganzen Zellmasse des Organs infolge der durch die Eiweiß- **speiche-** mästung stark gesteigerten Arbeit der Leber sich handelt, ist indessen nicht **rung.** ganz klar[1]. Daß die Leber fremdartiges Eiweiß, welches ihr mit dem Blute zugeführt wird, zurückhalten kann, ist sicher[2], und diese Retention von fremdem Eiweiß steht wahrscheinlich in naher Beziehung zu der Fähigkeit der Leber, fremde Stoffe überhaupt aus dem Blute aufnehmen und zurückhalten zu können. Diese Fähigkeit gilt nicht nur für verschiedene Metalle, sondern auch, wie mehrere Forscher gezeigt haben, für Alkaloide, welche vielleicht zum Teil in der Leber umgesetzt werden. Auch Toxine werden von der Leber zurückgehalten, und dieses Organ übt also, den Giften gegenüber eine Schutzwirkung aus[3].

---

[1] Vgl. hierüber SEITZ, PFLÜGERS Arch. **111**; GRUND, Zeitschr. f. Biol. **54**; ASHER u. P. BOEHM ebenda **51**; N. TICHMENEFF, Bioch. Zeitschr. **59**; W. BERG u. C. CAHN-BRONNER ebenda **61**. [2] Vgl. F. REACH, Bioch. Zeitschr. **16** und D. PACCHIONI u. C. CARLINI, MALYS Jahresb. **39**, S. 549. [3] Vgl. ROGER, Action du foie sur les poisons, Paris 1887, wo auch SCHIFF, HEGER und andere Forscher zitiert sind; ferner W. N. WORONZOW, MALYS Jahresb. **40**, S. 406 und Z. VAMOSSY ebenda **40**, S. 407.

Die Glykogenbildung aus Glukose ist eine der zahlreichen, in der Leber vorkommenden Synthesen, und sie ist wohl auch diejenige, welche im größten Umfange stattfindet. Andere Synthesen in der Leber sind beispielsweise die Bildung von Harnstoff, bzw. Harnsäure (bei Vögeln) aus Ammoniaksalzen, die Bildung von Ätherschwefelsäuren und gepaarten Glukuronsäuren aus bei der Darmfäulnis entstandenen Phenolen und die Synthese von Aminosäuren. Auf der anderen Seite kommen in der Leber Desamidierungen von Aminosäuren und Purinstoffen, Hydrolysen, Oxydationen, Reduktionen und enzymatische Prozesse verschiedener Art vor. Durch diese verschiedenartigen Prozesse, unter deren Resultate die Gallenbereitung besonders zu nennen ist, wie auch durch ihre Stellung als ein zwischen dem Darme und dem großen Kreislaufe eingeschaltetes Organ ist die Leber als ein Zentralorgan des Stoffwechsels anzusehen. *Chemische Prozesse.*

Unter den zahlreichen chemischen Prozessen, welche in der Leber vonstatten gehen, sind es besonders zwei, welche diesem Organe ein ganz spezielles Interesse verleihen, nämlich die Glykogenbildung oder der Kohlehydratstoffwechsel in der Leber und die Gallenbereitung. Aus diesem Grunde finden nur diese zwei Prozesse eine besondere Besprechung in diesem Kapitel, während die anderen in anderen Kapiteln und in anderem Zusammenhange besprochen werden. Bevor wir zur Besprechung dieser zwei Prozesse übergehen, möchte jedoch eine kurze Übersicht der Bestandteile und der chemischen Zusammensetzung der Leber zweckmäßig sein. *Glykogen- und Gallenbildung.*

Die Reaktion der Leberzellen ist während des Lebens gegen Lackmus alkalisch, wird aber nach dem Tode sauer infolge einer Bildung von Milchsäure und anderen organischen Säuren (MORISHIMA, MAGNUS-LEVY)[1]. Dabei findet vielleicht auch eine Gerinnung des Protoplasmaeiweißes in der Zelle statt. Einen bestimmten Unterschied zwischen den Eiweißstoffen des toten und des noch lebenden, nicht geronnenen Protoplasmas hat man jedoch nicht sicher finden können. *Veränderungen nach dem Tode.*

Die Eiweißstoffe der Leber sind zuerst von PLÓSZ etwas näher untersucht worden. Er fand in der Leber eine in das wäßrige Extrakt übergehende, bei + 45° C gerinnende Eiweißsubstanz (Globulin HALLIBURTONS?), ferner ein bei + 75° C koagulierendes Globulin, ein bei + 70° C koagulierendes Nukleoalbumin (Nukleoproteid?) und endlich einen, dem geronnenen Eiweiße nahestehenden, bei Zimmertemperatur in verdünnten Säuren oder Alkalien unlöslichen, in der Wärme dagegen in Alkali unter Umwandlung in Albuminat sich lösenden Eiweißkörper. HALLIBURTON[2] fand in den Leberzellen zwei Globuline, von denen das eine bei 68—70° C, das andere dagegen bei + 45 bis 50° C koagulierte. Er fand ferner neben Spuren von Albumin ein Nukleoproteid mit einem Gehalte von 1,45 p. c. Phosphor und einer Gerinnungstemperatur von 60° C. POHL hat aus mit NaCl-Lösung von 8 p. m. sorgfältig durchgespülten und völlig entbluteten Lebern durch Extraktion des zum feinsten Brei zerkleinerten Organs mit solcher Lösung „Organplasma" erhalten, in welchem er Globuline von niedriger Koagulationstemperatur hat nachweisen können. Der äußerst wechselnde Phosphorgehalt (0,28—1,3 p. c.) dieser Globuline wie auch die Unlöslichkeit der mit wenig Säure erzeugten Niederschläge in überschüssiger Säure und in Neutralsalz sprechen entschieden dafür, daß es hier um Gemengen sich gehandelt hat. H. WIENER[3] hat ferner gezeigt, daß die in Chlornatriumlösung löslichen Leberproteide z. T. durch *Proteinstoffe.*

---

[1] MORISHIMA, Arch. f. exp. Path. u. Pharm. 43; MAGNUS-LEVY, HOFMEISTERS Beiträge 2. [2] PLÓSZ, PFLÜGERS Arch. 7; HALLIBURTON, Journ. of Physiol. 18, Suppl.-Bd. 1892. [3] POHL, HOFMEISTERS Beiträge 7; H. WIENER, Bioch. Zeitschr. 56.

Formol fällbar, z. T. nicht fällbar sind. Unsere Kenntnis von den aus der Leber ohne Denaturierung extrahierbaren löslichen Eiweißstoffen ist also recht unvollständig.

Außer den obengenannten, leicht löslichen Eiweißstoffen enthalten indessen die Leberzellen, wovon man sich leicht überzeugen kann und wie schon PLÓSZ gefunden hatte, in reichlicher Menge schwerlösliche Proteinstoffe. Die Leber enthält auch, wie zuerst besonders von ST. ZALESKI gezeigt und darauf von vielen anderen bestätigt wurde, eisenhaltige Eiweißkörper verschiedener Art[1]. Ein großer Teil der Proteinsubstanzen in der Leber scheint auch in der Tat aus eisenhaltigen Nukleoproteiden zu bestehen. Beim Sieden der Leber mit Wasser spalten sich die letzteren und es bleibt in der Lösung ein nukleinsäurereicheres Nukleoproteidgemenge, welches mit Säure ausgefällt **Protein-** werden kann, zurück. Dieses, von SCHMIEDEBERG[2] Ferratin genannte **substanzen** Proteidgemenge ist von WOHLGEMUTH[3] untersucht worden. Der Gehalt **der Leber.** an Phosphor war 3,06 p. c. Als hydrolytische Spaltungsprodukte fand er l-Xylose oder jedenfalls eine Pentose, die vier Nukleinbasen und ferner Arginin, Lysin (u. Histidin?), Tyrosin, Leuzin, Glykokoll, Alanin, α-Prolin, Glutamin- und Asparaginsäure, Phenylalanin, Oxyaminokorksäure und Oxydiaminosebazinsäure (vgl. Kapitel 2). Die Annahme, daß das Ferratin nur ein Gemenge ist, steht mit den Arbeiten von V. SCAFFIDI und E. SALKOWSKI[4] in guter Übereinstimmung.

Der gelbe oder braune Farbstoff der Leber ist bisher nur wenig untersucht worden. **Farbstoffe.** DASTRE und FLORESCO[5] unterscheiden bei den Rückgratstieren und einigen Evertebraten einen wasserlöslichen, eisenhaltigen Farbstoff, Ferrine, und einen in Chloroform löslichen, in Wasser unlöslichen Farbstoff, Chlorochrome. Sie haben indessen diese Farbstoffe nicht in reinem Zustande isoliert. Bei einigen Evertebraten kommt auch von der Nahrung stammendes Chlorophyll in der Leber vor.

Das Fett der Leber kommt teils als sehr kleine Kügelchen und teils, besonders bei säugenden Kindern und Tieren wie auch nach einer fettreichen Nahrung, als etwas größere Fetttröpfchen vor. Das Auftreten einer Fettinfiltration, d. h. also eines Fetttransportes in die Leber, kommt indessen nicht nur bei Aufnahme von überschüssigem Fett mit der Nahrung (NOEL-PATON), bisweilen auch im Hunger und (bei Katzen) während der Schwangerschaft (COOPE und MOTTRAM), sondern auch durch Einwanderung aus anderen Körperteilen unter abnormen Verhältnissen, wie bei der Vergiftung mit Phosphor, Phlorhizin und einigen anderen Stoffen, vor (LEBEDEFF, LEO, ROSEN- **Das Fett in** FELD u. a.)[6]. Bei der durch Vergiftungen auftretenden Fettinfiltration, welche **der Leber.** mit degenerativen Veränderungen in den Zellen einhergeht, kann der Gehalt an Eiweiß herabgehen und der Gehalt an Wasser ansteigen. Wird die Fettmenge in der Leber durch Fettinfiltration stark vermehrt, so nimmt das Wasser sonst entsprechend ab, während die Gesamtmenge der übrigen festen Stoffe verhältnismäßig wenig verändert wird. Dagegen kann eine Änderung derart eintreten, daß infolge des zwischen Glykogen und Fettgehalt bestehenden Gegensatzes (ROSENFELD, BOTTAZZI)[7] eine fettreiche Leber regelmäßig arm

---

[1] ST. ZALESKI, Zeitschr. f. physiol. Chem. **10**, S. 486; WOLTERING ebenda **21**; SPITZER, PFLÜGERS Arch. **67**. [2] Arch. f. exp. Path. u. Pharm. **33**; vgl. auch VAY, Zeitschr. f. physiol. Chem. **20**. [3] WOHLGEMUTH, Zeitschr. f. physiol. Chem. **37**, **42** u. **44** und Ber. d. d. chem. Gesellsch. **37**. Vgl. bezüglich der Lebernukleoproteide ferner: SALKOWSKI, Berl. klin. Wochenschr. 1895; HAMMARSTEN, Zeitschr. f. physiol. Chem. **19** und BLUMENTHAL, Zeitschr. f. klin. Med. **34**. [4] V. SCAFFIDI, Zeitschr. f. physiol. Chem. **58**; SALKOWSKI ebenda **58**. [5] Arch. de Physiol. (5) **10**. [6] NOEL-PATON, Journ. of Physiol. **19**; R. COOPE u. W. H. MOTTRAM ebenda **49**; LEO, Zeitschr. f. physiol. Chem. **9**; LEBEDEFF, PFLÜGERS Arch. **31**; ROSENFELD, Zeitschr. f. klin. Med. **36**. Vgl. ferner ROSENFELD, Ergebn. d. Physiol. **1**, Abt. 1 und Berl. klin. Wochenschr. 1904. [7] Arch. Ital. d. Biol. **48** (1908), zit. nach Bioch. Zentralbl. **7**, S. 833.

an Glykogen ist. Umgekehrt ist die nach reichlicher Kohlehydratfütterung glykogenreiche Leber arm an Fett.

Die Zusammensetzung des Leberfettes ist bei verschiedenen Tieren eine verschiedene, kann aber auch bei derselben Tierart, je nach der Art des verfütterten Fettes eine verschiedene sein. Die größten Eigentümlichkeiten zeigt das Leberfett bei den Seetieren, wie schon in einem vorigen Kapitel (4) erwähnt wurde.

Mehrere Forscher, HARTLEY, LEATHES und MOTTRAM, haben als einen Unterschied zwischen dem Fette der Leber und des Bindegewebes den größeren Gehalt des ersteren an ungesättigten höheren Fettsäuren angegeben. Nach HARTLEY[1]) enthält das Fett der Schweineleber Palmitin- und Stearinsäure, eine Ölsäure, die mit der gewöhnlichen nicht identisch ist, ferner Linoleinsäure und eine Säure von der Formel $C_{20}H_{32}O_2$. Zum Teil können wohl diese ungesättigten Fettsäuren von den Phosphatiden herrühren; da aber die ungesättigten Säuren etwa die Hälfte sämtlicher Fettsäuren ausmachen, müssen sie wohl auch in dem Fette selbst vorkommen. Die reichlich vorkommenden ungesättigten Fettsäuren betrachten die genannten Forscher als die erste Stufe des Abbaues der für den Verbrauch im Körper bestimmten, aus dem Fettgewebe zur Leber transportierten Fettmengen. Daß für diese Umwandlung des Fettes die Phosphatide von großer Bedeutung sind, läßt sich kaum bezweifeln.

Leberfett.

Phosphatide, welche bisher als Lezithin bezeichnet und der Menge nach als solches berechnet worden sind, gehören ebenfalls zu den normalen Bestandteilen der Leber. Die Menge derselben (als Lezithin) beträgt nach NOEL-PATON[2]) über 23,5 p. m. Im Hungerzustande macht das Lezithin nach ihm den größten, bei fettreicher Nahrung dagegen den kleinsten Teil des Ätherextraktes aus. In der Leber von gesunden Hunden fand BASKOFF[3]) 84 p. m. Phosphatide (Lezithin und Jekorin), auf die Trockensubstanz berechnet. Die Phosphatide sind unzweifelhaft verschiedener Art, sind aber noch nicht hinreichend studiert worden. Daß in der Leber Kephalin vorkommt, welches dieselbe Zusammensetzung wie das Gehirnkephalin hat, haben LEVENE und WEST[4]) gezeigt. Daß die Leber auch Lezithin enthält, ist wohl ebenfalls sicher; aber sonst muß man die Angaben über das Vorkommen von besonderen Phosphatiden in der Leber mit einer gewissen Vorsicht aufnehmen. Zu diesen, weniger bekannten Phosphatiden gehören, außer dem schon erwähnten Heparin (Kapitel 5) das Jekorin und das Heparphosphatid (BASKOFF).

Phos-phatide.

Das Jekorin ist ein von DRECHSEL zuerst in der Pferdeleber, dann auch in der Leber eines Delphines und ferner von BALDI in Leber und Milz von anderen Tieren, in Muskeln und Blut vom Pferde und im Menschengehirn gefundener, seiner Zusammensetzung nach noch nicht sicher bekannter, schwefel- oder phosphorhaltiger Stoff. Das Jekorin löst sich in Äther, wird aber aus der Lösung von Alkohol gefällt. Es reduziert Kupferoxyd und gibt mit ammoniakalischer Silberlösung eine weinrote Färbung. Nach dem Sieden mit Alkali kann es beim Abkühlen wie eine Seifengallerte erstarren. In dem Kohlenhydratkomplex des Jekorins hat MANASSE als erster Glukose als Osazon nachweisen können.

Jekorin.

Die Annahme von BING, daß das Jekorin eine Verbindung von Lezithin und Glukose sei, läßt sich offenbar mit den bisher bekannten Analysen des Jekorins nicht vereinbaren. Nach BASKOFFS[5]) Analysen soll nämlich die Relation P:N nicht 1:1 wie

---

[1]) HARTLEY, Journ. of Physiol. **38**; LEATHES u. MEYER-WEDELL ebenda **38**; MOTTRAM ebenda **38**. [2]) l. c.; vgl. auch HEFFTER, Arch. f. exp. Path. u. Pharm. **28**. [3]) Zeitschr. f. physiol. Chem. **62**. [4]) Journ. of biol. Chem. **24**. [5]) DRECHSEL, Ber. d. k. sächs. Ges. d. Wiss. 1886, S. 44 und Zeitschr. f. Biol. **33**; BALDI, Arch. f. (Anat. u.) Physiol. 1887, Supplbd. S. 100; MANASSE, Zeitschr. f. physiol. Chem. **20**; BING, Zentralbl. f. Physiol. **12** und Skand. Arch. f. Physiol. **9**; BASKOFF, Zeitschr. f. physiol. Chem. **57, 61** u. **62**.

in Lezithin, sondern 1:2 sein. Außerdem enthält das Jekorin bis zu 2,75 p. c. Schwefel, über dessen Herkunft man nichts kennt. Das Jekorin dürfte vielleicht nur ein Gemenge sein.

Heparphos-
phatid.

Das Heparphosphatid, welches in gewissen Hinsichten dem Cuorin ähnelt, zeigte die Relation P:N = 1,45:1 und ist offenbar keine reine einheitliche Substanz.

Cholesterin.

Die Leber enthält auch Cholesterin und Fettsäurecholesterin-ester. Dagegen ist sie sehr arm an Oxycholesterin, welches nach LIFSCHÜTZ in der Leber weiter verarbeitet zu werden scheint. Als Kohlehydrate enthält die Leber außer Glykogen auch ein wenig Glukose.

Extraktiv-
stoffe der
Leber.

Unter den Extraktivstoffen hat man in der Leber Purinbasen in ziemlich reichlicher Menge gefunden. In 1000 Teilen Trockensubstanz fand KOSSEL[1]) 1,97 Guanin, 1,34 Hypoxanthin und 1,21 Xanthin. Auch Adenin findet sich in der Leber. Ferner hat man in der normalen Leber Harnstoff und Harnsäure (besonders in der Vogelleber), und zwar in größerer Menge als im Blute, Paramilchsäure, Cholin, Leuzin, Taurin und Zystin nachgewiesen. In pathologischen Fällen hat man in der Leber Inosit und Aminosäuren gefunden. Das Vorkommen von Gallenfarbstoffen in den Leberzellen unter normalen Verhältnissen ist angezweifelt worden; bei Retention der Galle können die Zellen dagegen den Farbstoff aufnehmen und von ihm gefärbt werden.

Leber-
enzyme.

In der Leber hat man eine große Anzahl von Enzymen gefunden. Hierher gehören Katalase, Oxydasen, Aldehydase und hydrolytisch wirkende Enzyme verschiedener Art, wie die auf das Glykogen wirkende Diastase, die Lipasen und verschiedene proteolytische Enzyme. Nukleasen und die im Kapitel 2 erwähnten nukleinsäurespaltenden Enzyme verschiedener Art hat man in der Leber gefunden, und in ihr kommen auch Desamidasen sowohl für Aminosäuren wie für Purinbasen vor. Die letztgenannten Desamidasen zeigen jedoch bezüglich ihres Vorkommens ein wesentlich verschiedenes Verhalten bei verschiedenen Tieren, und ähnliches gilt auch für die bei der Harnsäurebildung und Harnsäurezerstörung beteiligten Enzyme (Kapitel 15). Zu erwähnen ist auch die Arginase, welche aus dem Arginin Harnstoff abspaltet.

Autolyse.

Die proteolytischen Enzyme der Leber sind von besonderem Interesse im Hinblick auf die, besonders an diesem Organe studierte Autolyse. Als eine intravital gesteigerte Autolyse betrachtet man auch die Vorgänge in der Leber bei Phosphorvergiftung und bei der akuten gelben Leberatrophie. Hierbei findet eine Erweichung des Organes statt und es entstehen Albumosen, Mono- und Diaminosäuren und andere Stoffe, die man zum Teil auch im Harne gefunden hat und welche, wenn sie auch nicht von der Leber allein herrühren (NEUBERG und RICHTER), jedenfalls wenigstens zum Teil aus diesem Organe stammen. WAKEMAN hat gefunden, daß bei der Phosphorvergiftung nicht nur der Gehalt der Leber (bei Hunden) an Stickstoff bedeutend herabgeht, sondern auch, daß besonders die Menge des Hexonbasenstickstoffes vermindert ist, und daß also der stickstoffreichere Teil des Eiweißmoleküls unter diesen Verhältnissen am ehesten losgelöst und eliminiert wird. Ein ähnliches Verhalten beobachtete auch WELLS bei der idiopathischen, akuten gelben Leberatrophie. In Anbetracht der, auch unter normalen Verhältnissen wechselnden Werte für den Diaminosäurestickstoff (GLIKIN und A. LOEWY)[2]) dürfte jedoch eine größere Anzahl von Beobachtungen über diese Frage erwünscht sein. Als eine gesteigerte Autolyse kann man auch den, unter den

---

[1]) Zeitschr. f. physiol. Chem. 8. [2]) NEUBERG u. RICHTER, Deutsch. med. Wochenschr. 1904; WAKEMAN, Zeitschr. f. physiol. Chem. 44; H. G. WELLS, Journ. of exper. Medic. 9; GLIKIN u. LOEWY, Bioch. Zeitschr. 10.

obengenannten pathologischen Verhältnissen gesteigerten Glykogenverbrauch betrachten, wogegen die von einigen Seiten behauptete Neubildung von Fett bei der Leberautolyse nach P. SAXL[1]) nur als ein mehr deutliches Hervortreten des schon vorher im Organe befindlichen Fettes anzusehen ist.

Außer den in dem Vorigen besprochenen organischen Bestandteilen ist auch zu nennen die nach MANDEL und LEVENE[2]) in der Leber vorkommende Glukothionsäure, deren chemische Individualität jedoch zweifelhaft ist.

Die Mineralstoffe der Leber bestehen aus Phosphorsäure, Kalium, Natrium, alkalischen Erden und Chlor. Das Kalium herrscht dem Natrium gegenüber vor. Eisen ist ein regelmäßiger Bestandteil, dessen Menge sehr zu wechseln scheint. BUNGE fand in den blutfreien Lebern von Katzen und Hunden, meistens von jungen Tieren, 0,01—0,355 p. m. Eisen, auf die frische, mit einprozentischer Kochsalzlösung durchgespülte Lebersubstanz berechnet. Auf 10 Kilo Körpergewicht berechnet, betrug die Eisenmenge in den Lebern 3,4—80,1 mg. Spätere Bestimmungen des Eisengehaltes der Leber sind von GUILLEMONAT und LAPICQUE bei Kaninchen, Hund, Igel, Schwein und Mensch und von SCAFFIDI bei Kaninchen ausgeführt worden. Beim Menschen waren die Schwankungen groß. Beim männlichen Geschlechte beträgt nach LAPICQUE der Eisengehalt der blutfreien Leber (Blutpigment in Rechnung abgezogen) regelmäßig 0,23, beim weiblichen 0,09 p. m. (auf das frische, wasserhaltige Organ berechnet), und dieses Verhältnis soll nach dem 20. Jahre nicht geändert werden. Ein Gehalt über 0,5 p. m. wurde als pathologisch angesehen. Nach BIELFELD[3]), welcher nach einer anderen Methode arbeitete, soll ebenfalls ein größerer Eisengehalt beim Manne vorkommen.

Der Gehalt der Leber an Eisen kann durch Eisenmittel, auch anorganische Eisensalze, vermehrt werden. Eine Vermehrung des Eisengehaltes kann auch durch einen reichlichen Zerfall von roten Blutkörperchen oder durch reichliche Zufuhr von gelöstem Hämoglobin zustande kommen, wobei auch eine Zufuhr von in anderen Organen, wie Milz und Knochenmark, aus dem Blutfarbstoffe entstandenen Eisenverbindungen zu der Leber stattzufinden scheint[4]). Ein Zerfall von Blutfarbstoff unter Abspaltung von eisenreichen Verbindungen findet regelmäßig bei der Bildung von Gallenfarbstoff in der Leber statt. Aber selbst bei den Evertebraten, die kein Hämoglobin haben, ist die sog. Leber reich an Eisen, weshalb auch nach DASTRE und FLORESCO[5]) der Eisengehalt der Leber bei den Evertebraten gänzlich und bei den Vertebraten zum Teil von einer Zersetzung von Blutfarbstoff unabhängig ist. Nach den genannten Forschern hat die Leber durch ihren Gehalt an Eisen eine besonders wichtige oxydative Funktion, welche sie als „fonction martiale" der Leber bezeichnen.

Von besonderem Interesse ist der Reichtum der Leber der neugeborenen Tiere an Eisen, ein Verhalten, welches schon aus den Analysen ST. ZALESKIS hervorgeht, besonders aber von KRÜGER und MEYER studiert worden ist. Bei Ochsen und Kühen fanden sie 0,246—0,276 p. m. Eisen (auf die Trockensubstanz berechnet) und bei Rindsföten etwa zehnmal so viel. Die Leberzellen des ca. eine Woche alten Kalbes haben noch einen etwa siebenmal größeren Eisengehalt als die erwachsener Tiere; dieser Gehalt sinkt aber im Laufe der vier ersten Lebenswochen so weit herab, daß nahezu derselbe Wert wie beim

---

[1]) HOFMEISTERS Beiträge 10.   [2]) Zeitschr. f. physiol. Chem. 45.   [3]) BUNGE, Zeitschr. f. physiol. Chem. 17, S. 78; GUILLEMONAT u. LAPICQUE, Compt. rend. soc. biol. 48, mit A. BAILLE ebenda 68, vgl. auch Arch. de Physiol. (5) 8; BIELFELD, HOFMEISTERS Beiträge 2; V. SCAFFIDI, Zeitschr. f. physiol. Chem. 54.   [4]) Vgl. LAPICQUE, Compt. Rend. 124 und SCHURIG, Arch. f. exp. Path. u. Pharm. 41.   [5]) Arch. de Physiol. (5) 10.

erwachsenen Tiere erreicht wird. Ebenso hat LAPICQUE[1]) gefunden, daß beim
Kaninchen der Gehalt der Leber an Eisen in der Zeit von acht Tagen bis
drei Monaten nach der Geburt stetig abnimmt, nämlich von 10 bis zu 0,4 p. m.,
Eisengehalt auf die Trockensubstanz berechnet. „Die fötalen Leberzellen bringen also
der Leber. einen Reichtum an Eisen mit auf die Welt, um ihn dann innerhalb einer
gewissen Zeit zu einem, noch näher zu untersuchenden Zweck anderweitig
abzugeben." Das Eisen findet sich in der Leber teils als Phosphat und teils
— und zwar zum allergrößten Teile — in den eisenhaltigen Proteinstoffen
(ST. ZALESKI).

Der Gehalt der frischen, wasserhaltigen Leber von Pferd, Rind und
Schwein an Kalziumoxyd beträgt nach TOYONAGA 0,148—0,192 p. m., also
mehr als in der Menschenleber (0,101 p. m. nach MAGNUS-LEVY). Der Gehalt
an Magnesiumoxyd war auffallend hoch, nämlich in den Lebern von Pferd,
Rind und Schwein bzw.: 0,168, 0,198 und 0,158 p. m., aber bedeutend nied-
riger als in der Menschenleber, wo er nach MAGNUS-LEVY 0,292 p. m. betrug.
Gehalt an KRÜGER[2]) fand den Gehalt an Kalzium bei ausgewachsenen Rindern gleich
Kalzium. 0,71 p. m. und bei Kälbern dagegen gleich 1,23 p. m. der Trockensubstanz.
Bei Rindsföten ist er niedriger als bei Kälbern. Während der Tragzeit sind
Eisen und Kalzium beim Fötus Antagonisten derart, daß beim Ansteigen des
Kalziumgehaltes der Leber ein Sinken des Eisengehaltes stattfindet und um-
gekehrt. Kupfer scheint ein physiologischer Bestandteil zu sein, der nament-
lich bei den Kephalopoden in reichlicher Menge vorkommt (HENZE)[3]). Fremde
Metalle, wie Blei, Zink, Arsen u. a. werden leicht von der Leber aufgenommen
und gebunden (SLOWTZOFF, v. ZEYNEK u. a.)[4]).

In der Leber eines jungen, des plötzlichen Todes verstorbenen Mannes
fand v. BIBRA[5]) in 1000 Teilen: 762 Wasser und 238 feste Stoffe, darunter
25 Fett, 152 Eiweiß, leimgebende und unlösliche Substanz und 61 Extraktivstoffe.

In der Leber eines gesunden Selbstmörders fand MAGNUS-LEVY[6]) 606 p. m.
Wasser und 394 p. m. feste Stoffe, darunter 212,8 p. m. Fett. Wenn man den
Quanti- gesamten N-Gehalt, 27 p. m., in Eiweiß umrechnet, würde der Gehalt an
tative Zu- Proteinstoffen rund 169 p. m. betragen. G. HOPPE-SEYLER[7]), welcher nament-
sammen- lich den Gehalt der Leber an Bindegewebe in Krankheiten studiert hat, fand
setzung. bei einem ganz gesunden, durch Unglücksfall rasch gestorbenen 23 jährigen
Mann in der Leber: Wasser 708, Trockensubstanz 292, Fett 28, Bindegewebe
15,8 und Asche 12 p. m.

W. PROFITLICH[8]) fand in der Hundeleber 682—751,7 und in der Ochsenleber
707,6—728,6 p. m. Wasser. Die Relation N:C in der Fett- und glykogenfreien Trockensubstanz war beim Hunde = 1:3,21 und beim Ochsen = 1:3,13, also etwa dieselbe wie
im Fleische (vgl. Kapitel 11).

Die quantitative Zusammensetzung der Leber kann je nach der Art
und Menge der zugeführten Nahrung bedeutende Schwankungen zeigen.
Namentlich kann der Gehalt an Kohlehydrat (Glykogen) und Fett bedeutend
wechseln, was damit zusammenhängt, daß die Leber ein Aufspeicherungsorgan für diese Stoffe, namentlich für das Glykogen, ist.

---

[1]) ST. ZALESKI l. c.; KRÜGER und Mitarbeiter, Zeitschr. f. Biol. 27; LAPICQUE,
MALYS Jahresb. 20.   [2]) KRÜGER, Zeitschr. f. Biol. 31; TOYONAGA, Bull. of the College of
Agric. Tokyo 6; A. MAGNUS-LEVY, Bioch. Zeitschr. 24.   [3]) Zeitschr. f. physiol. Chem.
33. [4]) SLOWTZOFF, HOFMEISTERS Beiträge 1; v. ZEYNEK, vgl. Zentralbl. f. Physiol. 15.
[5]) Vgl. v. GORUP-BESANEZ, Lehrb. d. physiol. Chem. 4. Aufl. 1878, S. 711. [6]) Bioch.
Zeitschr. 24. [7]) Zeitschr. f. physiol. Chem. 98. [8]) PFLÜGERS Arch. 119.

Das Glykogen und die Glykogenbildung.

Das **Glykogen** ist ein zuerst von BERNARD entdecktes, den Stärkearten oder Dextrinen nahe verwandtes Kohlehydrat von der allgemeinen Formel $m(C_6H_{10}O_5)$. Sein Molekulargewicht ist nicht bekannt, scheint aber sehr groß zu sein (GATIN-GRUZEWSKA und v. KNAFFL-LENZ)[1]. Bei erwachsenen Tieren kommt das Glykogen in größter Menge in der Leber, in kleinerer Menge in den Muskeln vor (BERNARD, NASSE). Es findet sich übrigens in den allermeisten Geweben des Tierkörpers, wenn auch nur in geringen Mengen. Sein Vorkommen in lymphoiden Zellen, Blut und Eiter ist schon in den vorigen Kapiteln besprochen worden, und es scheint ein regelmäßiger Bestandteil aller entwicklungsfähigen tierischen Zellen zu sein. In vielen embryonalen Geweben ist es, wie BERNARD und KÜHNE zuerst gezeigt haben, reichlich vorhanden und es kommt auch in rasch sich entwickelnden pathologischen Geschwülsten vor (HOPPE-SEYLER). Einzelne Tiere, wie Austern und gewisse Muscheln (BIZIO), Tänien und Askariden (WEINLAND)[2] sind sehr reich an Glykogen. Auch im Pflanzenreiche, besonders in vielen Pilzen und in der Hefe kommt das Glykogen vor.

Vorkommen
des
Glykogens.

Die Menge des Glykogens in der Leber wie auch in den Muskeln hängt wesentlich von der Nahrung ab. Beim Hungern nimmt seine Menge stark ab, rascher bei kleineren als bei größeren Tieren und rascher in der Leber als in den Muskeln. Es verschwindet jedoch, wie C. VOIT, E. KÜLZ und besonders E. PFLÜGER[3] gezeigt haben, nie ganz vollständig im Hunger, indem hierbei stets eine Neubildung von Glykogen geschieht (PFLÜGER). Nach Aufnahme von Nahrung, besonders wenn diese reich an Kohlehydraten ist, wird die Leber wiederum reich an Glykogen, und die größte Menge davon soll dieses Organ nach KÜLZ im allgemeinen 14—16 Stunden nach der Nahrungsaufnahme enthalten. Der Gehalt der Leber an Glykogen kann nach Aufnahme von reichlichen Mengen Kohlehydraten 120—160 p. m. betragen, und bei Hunden, die besonders auf Glykogen gemästet wurden, fanden SCHÖNDORFF und GATIN-GRUZEWSKA in mehreren Fällen noch höhere Werte, sogar mehr als 180 p. m. Gewöhnlich ist der Glykogengehalt viel niedriger, 12—30 bis 40 p. m. Die höchste, bisher beobachtete Glykogenmenge in der Leber, 201,6 p. m., hat E. MANGOLD[4] beim Frosch beobachtet. Die Selachier, deren Lebern sehr reich an Fett sind, haben, in Übereinstimmung mit dem zwischen Glykogen und Fett in der Leber bestehenden Gegensatz, selbst bei gut ernährten Tieren nur einen verhältnismäßig niedrigen Gehalt an Glykogen in der Leber, 9,3—23,8 p. m. (BOTTAZZI)[5]. Wie bei Tieren soll auch bei Pflanzen (Hefezellen) der Glykogengehalt von der Nahrung abhängig sein, und dementsprechend soll nach CREMER das in der Karenz bei der Selbstgärung der Hefe aus den Zellen verschwundene Glykogen nach dem Eintragen der letzteren in Zuckerlösung wieder auftreten.

Glykogen-
gehalt der
Leber.

Der Glykogengehalt der Leber (wie auch der Muskeln) hängt auch von der Ruhe und der Arbeit ab, indem er nämlich während der Ruhe wie im Winterschlafe zu-, während der Arbeit dagegen abnimmt. Angestrengte Bewegung kann den Glykogengehalt der Leber in wenigen Stunden (bei Hunden)

---

[1] GATIN-GRUZEWSKA, PFLÜGERS Arch. **103**; v. KNAFFL-LENZ, Zeitschr. f. physiol. Chem. **46**. [2] Zeitschr. f. Biol. **41**. Die umfangreiche Literatur über Glykogen findet man bei E. PFLÜGER „Glykogen", 2. Aufl., Bonn 1905 und bei M. CREMER „Physiologie des Glykogens" in „Ergebn. d. Physiol.", Jahrg. 1, Abt. 1. In dem Folgenden wird auch bezüglich der nicht besonders angeführten Literaturangaben auf diese zwei Arbeiten hingewiesen. [3] PFLÜGERS Arch. **119**, wo man die diesbezügliche Literatur findet. [4] PFLÜGERS Arch. **121**. [5] Arch. Ital. d. biol. **48**; Zit. nach Bioch. Zentralbl. **7**, S. 833.

auf ein Minimum reduzieren. Das Muskelglykogen nimmt hierbei weniger
stark als das Leberglykogen ab. Bei Kaninchen und Fröschen ist es indessen
gelungen (KÜLZ, ZUNTZ und VOGELIUS, FRENTZEL u. a.), durch geeignete

Wirkung
der Arbeit. Strychninvergiftung die Tiere fast glykogenfrei zu machen, und zu demselben
Ziele führt auch Hungern mit nachfolgender starker Arbeit. Nach GATIN-
GRUZEWSKA[1]) kann man beim Kaninchen nach eintägigem Hungern die
Leber und die Muskeln durch Adrenalin in 36—40 Stunden glykogenfrei machen.
Durch Vergiftung mit Phlorhizin kann man auch die Leber ganz oder fast
ganz glykogenfrei erhalten.

Das Glykogen stellt ein amorphes, weißes, geschmack- und geruchloses
Pulver dar, kann aber bei vollständiger Reinheit durch geeignete Alkohol-
fällung auch als Stäbe und starre Prismen, die den Eindruck von Kristallen
machen, erhalten werden (GATIN-GRUZEWSKA). Mit Wasser gibt es eine
opalisierende Lösung, die beim Verdunsten auf dem Wasserbade mit einer,
nach dem Erkalten wieder verschwindenden Haut sich überzieht. Wie mehrere
andere Kolloide wandert, nach GATIN-GRUZEWSKA, das in Wasser gelöste
reine Glykogen unter dem Einflusse des elektrischen Stromes zur Anode,
an der es sich anhäuft. Nach BOTTAZZI[2]), welcher zu demselben Resultate
gelangt ist, ändert dagegen ein wenig Säure oder Alkali das Verhalten, so
daß das Glykogen isoelektrisch wird. Die wäßrige Lösung ist dextrogyr und

Eigen-
schaften
und Reak-
tionen. HUPPERT fand den Wert: (α) D = + 196,63. Denselben Wert hat später
GATIN-GRUZEWSKA für ganz reine Glykogenlösungen erhalten. Von Jod
wird die Lösung, besonders nach Zusatz von etwas NaCl, weinrot gefärbt.
Das Glykogen kann Kupferoxydhydrat in alkalischer Flüssigkeit in Lösung
halten, reduziert aber dasselbe nicht. Eine Lösung von Glykogen in Wasser
wird nicht von Quecksilberjodidjodkalium und Salzsäure, wohl aber von
Alkohol (nötigenfalls nach Zusatz von etwas NaCl) oder von ammoniakalischem
Bleiessig gefällt. Eine durch Kalihydrat (15 p. c. KOH) alkalisch gemachte,
wäßrige Glykogenlösung wird von dem gleichen Volumen Alkohol von 96 p. c.
vollständig gefällt. Gerbsäure fällt ebenfalls das Glykogen. Mit Benzoylchlorid und Natronlauge erhält man einen weißen körnigen Niederschlag von
benzoyliertem Glykogen. Das Glykogen wird durch Sättigung seiner Lösung
mit Magnesium- oder Ammoniumsulfat bei gewöhnlicher Temperatur vollständig gefällt. Dagegen wird es nicht gefällt von Chlornatrium oder durch
halbe Sättigung mit Ammoniumsulfat (NASSE, NEUMEISTER, HALLIBURTON,
YOUNG)[3]). Bei anhaltendem Sieden mit verdünnter Kalilauge von 1—2 p. c.
kann das Glykogen mehr oder weniger verändert werden, insbesondere wenn
es vorher der Einwirkung von Säure oder vom BRÜCKEschen Reagenze (vgl.
unten) ausgesetzt gewesen ist (PFLÜGER). Durch Sieden mit starker Kalilauge
(sogar von 36 p. c.) wird es dagegen nicht geschädigt (PFLÜGER). Von diastatischen Enzymen wird das Glykogen, je nach der Natur des Enzyms, in Maltose
oder Glukose übergeführt. Verdünnte Mineralsäuren führen es in Glukose
über. Als Zwischenstufen bei der Saccharifikation treten nach CHR. TEBB[4])
verschiedene Dextrine auf, je nachdem die Hydrolyse mittels Mineralsäuren
oder Enzymen bewirkt wird. Bei dem Abbau durch den Bacillus macerans

Eigen-
schaften. haben H. PRINGSHEIM und ST. LICHTENSTEIN[5]) ebenso wie SCHARDINGER
(s. Kapitel 3) beim Abbau der Stärke Hexa- und Tetraamylose nachweisen
können. Das Glykogen verschiedener Tiere und verschiedener Organe soll

---

[1]) Compt. Rend. 142.   [2]) F. BOTTAZZI, Chem. Zentralbl. 1909, 2, S. 1423; BOTTAZZI
u. G. D'ERRICO (PFLÜGERs Arch. 115) haben Untersuchungen über die Viskosität, die
elektrische Leitfähigkeit und den Gefrierpunkt der Glykogenlösungen bei verschiedener
Konzentration ausgeführt.   [3]) YOUNG, Journ. of Physiol. 22, wo die anderen Forscher
zitiert sind.   [4]) Journ. of Physiol. 22.   [5]) Berichte d. d. chem. Gesellsch. 49.

nach PFLÜGER dasselbe sein. Dagegen steht es noch dahin, ob alles Glykogen in der Leber als freies vorkommt oder zum Teil an Eiweiß gebunden ist (PFLÜGER, NERKING). Die Untersuchungen von LOESCHCKE[1]) haben jedoch gezeigt, daß jedenfalls kein zwingender Grund zu der letztgenannten Annahme vorliegt.

Sowohl bei der Reindarstellung wie vor allem bei der quantitativen Glykogenbestimmung soll man in dem unmittelbar nach dem Tode des Tieres herausgenommenen Organ jede Enzymwirkung durch Einwirkung von siedendem Wasser oder starker Kalilauge verhindern. Aus den konzentrierten Wasserextrakten wird das Eiweiß durch abwechselnden Zusatz von Quecksilberjodid-Jodkaliumlösung und Chlorwasserstoffsäure (BRÜCKES Reagens) entfernt und dann das Glykogen mit 60 Vol. p. c. Alkohol gefällt (BRÜCKES Verfahren). Weitere Reinigung durch wiederholtes Lösen und Fällen. Das Verfahren kann auch zur quantitativen Bestimmung dienen. Behufs quantitativer Bestimmung ist jedoch das PFLÜGERsche Verfahren besser. Man erhitzt das zerkleinerte Organ, bei Gegenwart von 30 p. c. Kalihydrat in dem Gemenge, 2—3 Stunden im Wasserbade und fällt, nach Verdünnung mit Wasser und Filtration, mit Alkohol. Das wieder gelöste Glykogen kann man teils polarimetrisch und teils nach vorausgegangener Invertierung als Zucker bestimmen. Die Alkalimethode eignet sich auch sehr gut zur Reindarstellung des Glykogens. Betreffend die detaillierte Ausführung der genannten Methoden wird auf das Werk von PFLÜGER: Das Glykogen und seine Beziehungen zur Zuckerkrankheit, 2. Aufl., Bonn 1905, und auf ausführlichere Handbücher hingewiesen.

Darstellung und Bestimmung.

Die große Bedeutung der Nahrung für den Glykogengehalt des Tierkörpers erweckt die Frage von dem Einfluß verschiedener Nährstoffe auf die Glykogenbildung. In dieser Hinsicht ist es sicher festgestellt, daß in erster Linie die Zuckerarten der Hexosereihe und deren Anhydride Dextrine und Stärke die Fähigkeit haben, den Glykogengehalt des Körpers zu vermehren. Die Wirkung des Inulins scheint indessen etwas unsicher zu sein[2]). Die Angaben über die Wirkung der Pentosen sind ebenfalls etwas strittig gewesen; man scheint aber nunmehr darüber einig zu sein, daß eine Glykogenbildung aus Pentosen[3]) jedenfalls nicht bewiesen ist.

Glykogenbildner.

Die Hexosen und die von ihnen hergeleiteten Kohlehydrate besitzen indessen nicht alle die Fähigkeit einer Glykogenbildung oder Glykogenanhäufung in gleich hohem Grade. Am kräftigsten wirken Glukose und Lävulose, welch letztere, wie auch gewisse andere Monosaccharide, von der Leber in Glukose übergeführt werden kann, und nach C. VOIT[4]) und seinen Schülern hat der Traubenzucker eine kräftigere Wirkung als der Rohrzucker, während der Milchzucker schwächer (bei Kaninchen und Hühnern) als Glukose, Lävulose, Rohrzucker oder Maltose wirkt.

Das Fett dürfte vielleicht als Material der Glykogenbildung bei niederen Tieren dienen können, wenn auch die Angaben hierüber noch strittig sind[5]). Das Glyzerin kann auch bei höheren Tieren ein kräftiger Glykogenbildner sein, wogegen man noch keine sicheren Gründe für eine Glykogenbildung bei ihnen aus dem zweiten Komponenten der Fette, nämlich den Fettsäuren, kennt. Es ist wohl auch eine allgemeine Erfahrung, daß das Fett, trotz der Möglichkeit einer Kohlehydratbildung aus Glyzerin, nicht den Glykogengehalt der Leber oder des Tierkörpers überhaupt erhöht.

Fett als Glykogenbildner.

---

[1]) PFLÜGERS Arch. 102. [2]) MIURA, Zeitschr. f. Biol. 32 und NAKASEKO, Amer. Journ. of Physiol. 4; ALF. OPPENHEIM, Zentralbl. f. Physiol. 27. [3]) SALKOWSKI, Zeitschr. f. physiol. Chem. 32; NEUBERG u. WOHLGEMUTH ebenda 35; J. FRENTZEL, PFLÜGERS Arch. 56. Vgl. im übrigen PFLÜGER l. c. und CREMER l. c. [4]) Zeitschr. f. Biol. 28. [5]) BOUCHARD et DESGREZ, Compt. Rend. 130; COUVREUR, Compt. rend. soc. biol. 47; Y. KOTAKE u. Y. SERA, Zeitschr. f. physiol. Chem. 62.

Die Frage, ob die Proteinstoffe die Fähigkeit haben, den Glykogengehalt der Leber oder des Tierkörpers zu vermehren, ist ebenfalls lange unentschieden gewesen. Seitdem man aber nunmehr weiß, (vgl. unten), daß Glukose

Protein-
stoffe als
Glykogen-
bildner.

in reichlicher Menge aus Eiweiß entstehen kann, ist eine Glykogenbildung
aus Eiweiß schon aus theoretischen Gründen anzunehmen, und sie ist auch
durch besondere Versuche direkt bewiesen worden. PFLÜGER und JUNKERS-
DORF[1]) verfütterten Hunde, welche vorher durch Hunger und Phlorhizin-
injektionen fast glykogenfrei gemacht worden waren, reichlich mit Kabliau-
fleisch und fanden dann so reichliche Glykogenmengen (6,46 p. c. in der Leber
und 1 p. c. in den Muskeln), daß eine Neubildung von Glykogen unzweifelhaft
war. Durch besondere Kontrollversuche mit Fettfütterung konnten sie ferner
zeigen, daß das Glykogen nicht aus Fett entstanden war, sondern unzweifelhaft von dem Eiweiß herrühren mußte. Es ist wohl also unzweifelhaft, daß
Glykogen aus Eiweiß entstehen kann.

Außer den genannten Nahrungsstoffen gibt es eine Menge von anderen Stoffen,
nach deren Einführung in den Körper man glaubt einen vermehrten Glykogengehalt
der Leber beobachtet zu haben. Hierher gehören Erythrit, Querzit, Dulzit, Mannit,
Inosit, Äthylen- und Propylenglykol, Glukuronsäureanhydrid, Zucker-

Glykogen-
bildner.

säure, Schleimsäure, weinsaures Natrium, Saccharin, Isosaccharin und
Harnstoff. Auch Ammoniumkarbonat, Glykokoll und Asparagin sollen nach
RÖHMANN einen vermehrten Glykogengehalt der Leber hervorrufen können. Nach NEBEL-
THAU können auch andere Ammoniaksalze und einige Amide, ferner gewisse Narkotika,
Hypnotika und Antipyretika eine Vermehrung des Glykogengehaltes in der Leber
bewirken. Für die Antipyretika (besonders das Antipyrin) ist dasselbe schon früher von
LÉPINE und PORTERET [2]) behauptet worden.

In welcher Weise alle nun aufgezählten Stoffe, vorausgesetzt, daß sie den Glykogen-
gehalt der Leber wirklich vermehren können, hierbei wirken, ist unmöglich zu sagen.
Einige üben vielleicht eine hemmende Wirkung auf die Umsetzung des Glykogens in der
Leber aus, während andere vielleicht als leichter verbrennlich das Glykogen vor der
Verbrennung schützen. Einige regen vielleicht die Leberzellen zu einer lebhafteren
Glykogenbildung an, während andere das Material liefern, aus dem das Glykogen gebildet
wird, und also Glykogenbildner im eigentlichen Sinne des Wortes sind.

Fragt man, in welcher Weise ein Stoff überhaupt eine Glykogenanhäufung
in der Leber bewirken könne, so hat man sich zunächst zu erinnern, daß in

Glykogen-
bildung.

der Leber sowohl eine Neubildung von Glykogen wie auch ein Verbrauch von
solchem stattfindet. Ein Nährstoff könnte dementsprechend entweder das
Material sein, aus welchem das Glykogen entsteht, oder er könnte in irgend
einer Weise den Verbrauch des aus anderem Material entstandenen Glykogens
herabsetzen, oder er könnte endlich in beiderlei Weise wirken.

In früherer Zeit standen auch in der Tat zwei Theorien für die Wirkung der Kohlehydrate einander gegenüber. Nach der einen, der Anhydridtheorie, würde das Glykogen
durch Synthese unter Wasseraustritt aus der Glukose in der Leber entstehen. Nach

Anhydrid-
und
Ersparnis-
theorie.

der anderen, der Ersparnistheorie, würde alles Glykogen aus Eiweiß entstehen, welches
dabei in einen stickstoffhaltigen und einen stickstofffreien Anteil sich spaltete, welch
letzterer zu Glykogen sein würde. Die Kohlehydrate sollten nach dieser Theorie nicht
direkt in Glykogen übergehen, sondern nur in der Weise wirken, daß sie das Eiweiß und
das aus ihm entstandene Glykogen sparten.

Daß die Kohlehydrate „echte" Glykogenbildner und also ein Material
sind, aus welchem das Glykogen entsteht, haben schon längst C. und E. VOIT
und ihre Schüler und dann viele andere bewiesen. Die erstgenannten
zeigten nämlich, daß nach Aufnahme von großen Kohlehydratmengen die
im Körper aufgespeicherte Glykogenmenge bisweilen so groß werden kann,
daß sie, unter der Annahme einer Glykogenbildung aus Eiweiß, lange nicht
durch das in der gleichen Zeit zersetzte Eiweiß hätte gedeckt werden können,

---

[1]) PFLÜGERS Arch. **131**. [2]) RÖHMANN, PFLÜGERS Arch. **39**; NEBELTHAU, Zeitschr.
f. Biol. **28**; LÉPINE u. PORTERET, Compt. Rend. **107**.

und in diesen Fällen muß man also eine Glykogenbildung aus dem Kohlehydrate annehmen. Solche echte Glykogenbildner sind nach CREMER wahrscheinlich nur die gärenden Zucker der Sechskohlenstoffreihe resp. die Di- und Polysaccharide. Gegenwärtig hat man jedenfalls nur Glukose, Lävulose, in viel geringerem Maße Galaktose (WEINLAND)[1]) und auch d-Mannose (CREMER) als echte Glykogenbildner zu bezeichnen. Andere Monosaccharide können nach CREMER zwar die Glykogenbildung in positivem Sinne beeinflussen, gehen aber nicht in Glykogen über und sind demnach nur Pseudoglykogenbildner. Glykogen-
bildung aus
Kohle-
hydraten.

Die Poly- und Disaccharide können erst nach vorausgegangener Spaltung in die entsprechenden, gärenden Monosaccharide zur Glykogenbildung dienen. Dies gilt wenigstens von dem Rohrzucker und Milchzucker, welche vorerst im Darme invertiert werden müssen. Diese zwei Zuckerarten können deshalb auch nicht, wie die Glukose und Lävulose, nach subkutaner Einführung als Glykogenbildner dienen, sondern gehen fast vollständig in den Harn über (DASTRE, FR. VOIT). Von der Maltose, welche durch ein im Blute vorhandenes Enzym invertiert werden kann, geht dagegen nur wenig in den Harn über (DASTRE und BOURQUELOT u. a.), und sie kann, wie die Monosaccharide, selbst nach subkutaner Injektion für die Glykogenbildung verwertet werden (FR. VOIT)[2]). Von den Disacchariden sind übrigens die Maltose und der Rohrzucker starke Glykogenbildner, während der Milchzucker nur eine schwache Wirkung hat. Verhalten
der Disac-
charide.

Die Fähigkeit der Leber, Glykogen aus Monosacchariden zu bilden, ist in interessanter und direkter Weise von K. GRUBE in Perfusionsversuchen mit Lösungen verschiedener Kohlehydrate und ferner auch von J. PARNAS und J. BAER[3]) mit anderen Stoffen, die Zuckerbildner sind, bewiesen worden. In solchen Perfusionsversuchen an Schildkrötenlebern bewirkte nämlich Glukose eine reichliche, Lävulose und Galaktose eine weniger reichliche Glykogenbildung. Wirksam waren ferner Glyzerin, Glyzerinsäure, Milchsäure, Äthylenglykol, Glykolaldehyd und Glykolaldehydkarbonsäure. Unwirksam waren Pentosen, Disaccharide, Kasein und Aminosäuren (Glykokoll, Alanin und Leuzin). H. BARRENSCHEEN[4]), welcher ähnliche Versuche an überlebenden Warmblüterlebern angestellt hat, fand ebenfalls, daß Glukose und Lävulose, nicht aber Galaktose und Maltose unter diesen Verhältnissen Glykogen liefern. Direkte
Glykogen-
bildung.

Nachdem PÁVY[5]) als erster das Vorkommen einer Kohlehydratgruppe in dem Ovalbumin nachgewiesen hatte, und nachdem dann späteren Forschern die Abspaltung von Glukosamin aus dieser und einigen anderen Proteinsubstanzen gelungen war (vgl. Kapitel 2), entstand die Frage, ob auch dieser Aminozucker der Glykogenbildung dienen könne. Die in dieser Richtung von mehreren Seiten ausgeführten Untersuchungen haben bisher keine sicheren Anhaltspunkte für die Annahme einer Glykogenbildung aus dem Glukosamin geliefert[6]). Ob, und in dem Falle in welchem Umfange Glykoproteide überhaupt an der Glykogenbildung sich beteiligen, ist gegenwärtig nicht bekannt. Glukos-
amin als
Glykogen-
bildner.

---

[1]) E. VOIT, Zeitschr. f. Biol. 25, S. 543 und C. VOIT ebenda 28. Vgl. ferner KAUSCH u. SOCIN, Arch. f. exp. Path. u. Pharm. 31; WEINLAND, Zeitschr. f. Biol. 40 u. 38; CREMER ebenda 42 und Ergebn. d. Physiol. 1. [2]) DASTRE, Arch. de Physiol. (5) 3, 1891; DASTRE u. BOURQUELOT, Compt. Rend. 98; FRITZ VOIT, Verhandl. d. Gesellsch. f. Morph. u. Physiol. in München 1896 und Deutsch. Arch. f. klin. Med. 58. Über Glykogenbildung nach intravenöser Zuckerinjektion vgl. man E. FREUND u. H. POPPER, Bioch. Zeitschr. 41. [3]) K. GRUBE, PFLÜGERS Arch. 118, 121, 122, 126 u. 139; PARNAS u. BAER, Bioch. Zeitschr. 41. [4]) Ebenda 58. [5]) The Physiology of the Carbohydrates, London 1894. [6]) FABIAN, Zeitschr. f. physiol. Chem. 27; FRÄNKEL u. OFFER, Zentralbl. f. Physiol. 13; CATHCART, Zeitschr. f. physiol. Chem. 39; BIAL, Berl. klin. Wochenschr. 1905; J. FORSCHBACH, HOFMEISTERS Beiträge 8; KURT MEYER ebenda 9; K. STOLTE ebenda 11.

Die Glykogenbildung aus Zucker scheint eine allgemeine Funktion der Zellen zu sein und dementsprechend sind alle Körperzellen als Glykogenspeicher zu betrachten. Besonders wichtig sind in dieser Hinsicht die Muskeln, die ebenfalls, wie direkte Perfusionsversuche erwiesen haben, Glykogen aus Zucker bilden. Der Prozentgehalt der Muskeln an Glykogen ist allerdings regelmäßig bedeutend niedriger als der der Leber; infolge der großen Masse der ersteren kann indessen die Gesamtmenge Glykogen in der ganzen Muskelmasse ebenso groß oder noch größer als die in der Leber sein.

Glykogenbildung in Muskeln.

Die Leber ist ein Zentralorgan des Kohlehydratstoffwechsels, dem infolge seiner anatomischen Lage in erster Linie die Aufgabe zukommt, die aus dem Darmkanale resorbierte Glukose, in dem Maße wie sie nicht direkt zu anderen Zwecken verwendet wird, in Glykogen umzuwandeln und als Reservenährstoff zurückzuhalten.

Daß die Leber hierbei jedoch nicht das allein wirksame Organ ist, zeigen schon mit großer Wahrscheinlichkeit die Versuche an Tieren mit der sog. ECKschen Fistel. Bei der ECKschen Fisteloperation wird die Vena portae nahe am Leberhilus unterbunden, an der Vena cava inferior festgenäht und eine Öffnung zwischen beiden etabliert, so daß das Pfortaderblut mit Umgehung der Leber direkt in die Vena cava fließt. Bei in dieser Art operierten Tieren wird der Kohlehydratstoffwechsel nicht wesentlich gestört, wobei zu beachten ist, daß die Leber allerdings durch die Arteria hepatica mit Blut versorgt wird. Mehr beweisend sind die Versuche von N. BURDENKO[1]), welche zeigen, daß bei Kompression von sowohl der Vena portae wie der Arteria hepatica von dem eingegebenen Zucker noch erhebliche Mengen vom Organismus assimiliert resp. ausgenutzt werden können. Daß auch andere Organe, wie z. B. die Muskeln, Glykogenspeicher sind, ist übrigens schon in dem Vorigen erwähnt worden.

Leber und Kohlehydratstoffwechsel.

Das Glykogen kann natürlich wie andere Kohlehydrate im Körper in Fett umgewandelt werden. Das in der Leber aufgestapelte Glykogen wird aber nach Maßgabe des Bedürfnisses wieder in Zucker zurückverwandelt und den verschiedenen Organen mit dem Blute zugeführt. Die zuerst von CLAUDE BERNARD beobachtete postmortale Zuckerbildung in der Leber führte ihn zu der Annahme einer Zuckerbildung aus Glykogen in der Leber auch im Leben; und diese Ansicht, welcher auch andere hervorragende Forscher beitraten, führte zu zahlreichen Untersuchungen, durch welche man diese Anschauung sowohl zu bestätigen wie zu widerlegen suchte[2]). Es dürfte überflüssig sein, auf diese Untersuchungen, welche nunmehr hauptsächlich historisches Interesse haben, hier des näheren einzugehen, denn ein hinreichender Beweis für die Möglichkeit einer vitalen Zuckerbildung aus dem Glykogen liegt schon darin, daß es, wie wir unten finden werden, Gifte und operative Eingriffe gibt, welche eine erhebliche Zuckerausscheidung bewirken können, aber nur in dem Falle, daß die Leber glykogenhaltig ist.

Zuckerbildung in der Leber.

Eine vitale Zuckerbildung auf Kosten des Leberglykogens betrachtet man auch allgemein als sicher bewiesen. Da die von Blut und Lymphe befreite Leber ein diastatisches Enzym enthält, welches kräftig verzuckernd auf Glykogen wirkt, betrachtet man allgemein die vitale Zuckerbildung als eine durch die Leberdiastase bewirkte enzymatische Umwandlung des Leberglykogens.

Enzymatische Zuckerbildung.

---

[1]) MALYS Jahresber. **43**. [2]) Bezüglich der älteren Literatur vgl. man BERNARD, Leçons sur le diabète; Deutsch von POSNER. 1878; SEEGEN, Die Zuckerbildung im Tierkörper. 2. Aufl. Berlin 1900; M. BIAL, PFLÜGERS Arch. **55**, S. 434; BOCK u. HOFFMANN, vgl. SEEGEN l. c.; KAUFMANN, Arch. de Physiol. (5) 8; PAVY, Journ. of Physiol. **29**; MINKOWSKI, Arch. f. exp. Path. u. Pharm. **21**; SCHENCK, PFLÜGERS Arch. **57**.

Es gibt jedoch auch Forscher[1]), welche dieselbe durch eine besondere Tätigkeit des Protoplasmas erklären wollen.

In welcher Beziehung steht nun die unter verschiedenen Verhältnissen, wie bei Diabetes mellitus, bei gewissen Vergiftungen, Läsionen des Nervensystems usw. auftretende vitale Zuckerbildung bzw. Zuckerausscheidung mit dem Harne zu dem Leberglykogen und den Funktionen der Leber?

Es entspricht weder dem Plane noch dem Umfange dieses Buches, auf die verschiedenen Ursachen einer Hyperglykämie bzw. Glykosurie und des Diabetes hier des näheren einzugehen. Das Auftreten von Traubenzucker im Harne ist nämlich ein Symptom, welches bei verschiedenen Gelegenheiten wesentlich verschiedene Ursachen haben kann. Es können hier nur einige der wichtigeren Gesichtspunkte ganz kurz besprochen werden. *Glykosurie und Diabetes.*

Das Blut enthält stets etwas Zucker, beim Menschen als Mittel etwas weniger als 1 p. m., während der Harn höchstens Spuren von Zucker enthält. Wenn aber der Zuckergehalt des Blutes über diesen Mittelwert steigt, kann, bisweilen schon bei ziemlich geringer, in anderen Fällen erst bei stärkerer Steigerung, Zucker in den Harn übergehen. Die Nieren haben also bis zu einem gewissen Grade die Fähigkeit, den Übergang des Blutzuckers in den Harn zu verhindern, und hieraus folgt also, daß eine Zuckerausscheidung durch den Harn ihre Ursache teils darin haben kann, daß die obige Fähigkeit der Nieren herabgesetzt bzw. aufgehoben ist, und teils darin, daß der Zuckergehalt des Blutes abnorm vermehrt wird. *Zucker in Blut und Harn.*

Für die Frage von der Fähigkeit der Nieren den Blutzucker zurückzuhalten sind die Untersuchungen von H. J. HAMBURGER und R. BRINKMAN[2]) sehr bedeutungsvoll. In Durchströmungsversuchen mit RINGER-Lösung an Froschnieren fanden sie nämlich, daß das Retentionsvermögen der Niere für Glukose in hohem Grade von kleinen Änderungen in der Zusammensetzung der Durchströmungsflüssigkeit, namentlich in der Relation zwischen $CaCl_2$ und $NaHCO_3$ abhängig ist. Bei einer bestimmten Zusammensetzung der Lösung konnte aller Zucker von dem Glomerulusepithel zurückgehalten werden, während bei anderen Mischungen größere oder kleinere Zuckermengen durchtraten. Andere Zuckerarten, wie Lävulose, Mannose, Galaktose, l-Glukose und Laktose, welch letztere ein größeres Molekül hat, wurden dagegen durchgelassen unter denselben Bedingungen, welche ein vollständiges Zurückhalten der Glukose ermöglichten, und das Epithel hat also eine spezifische Wirkung auf die Glukose. Wird aber der Gehalt des Plasmas an diesem Zucker erhöht, so gehen steigende Mengen desselben in den Harn über. *Durchlässigkeit der Nieren für Glukose.*

Eine veränderte Durchlässigkeit der Niere für den Zucker muß also eine wichtige Ursache einer Glykosurie sein können, und eine solche Form von Glykosurie soll nach v. MERING, MINKOWSKI u. a. der **Phlorhizin-diabetes**[3]) sein. v. MERING hat gefunden, daß beim Menschen und Tieren nach Verabreichung von dem Glukoside Phlorhizin eine starke Glykosurie auftritt. Der hierbei ausgeschiedene Zucker stammt nicht allein von dem Zuckerkomponenten des Glukosides her. Er wird im Tierkörper gebildet, *Phlorhizin-diabetes.*

---

[1]) Man vgl. hierüber DASTRE, NOEL-PATON, E. CAVAZZANI, deren Arbeiten neben anderen bei F. PICK, HOFMEISTERS Beiträge **3**, S. 182, zitiert sind und MC GUIGAN u. BROOKS, Amer. Journ. of Physiol. **18**; R. G. PEARCE ebenda **25**. [2]) Bioch. Zeitschr. **88**, **94** und HAMBURGER, Brit. Medic. Journ. 1919. [3]) Bezüglich der Literatur über Phlorhizindiabetes vgl. man: v. MERING, Zeitschr. f. klin. Med. **14** u. **16**; MINKOWSKI, Arch. f. exp. Path. u. Pharm. **31**; LUSK, Zeitschr. f. Biol. **36** u. **42**; PAVY, Journ. of Physiol. **20** und mit BRODIE u. SIAU **29**; N. ZUNTZ, Arch. f. (Anat. u.) Physiol. 1895; STILES u. LUSK, Amer. Journ. of Physiol. **10**; LUSK ebenda **22**; A. ERLANDSEN, Bioch. Zeitschr. **23** u. **24**. Vgl. auch die Monographien über Diabetes.

teils aus Kohlehydraten, in erster Linie aus dem Glykogen, und teils, wenigstens
bei anhaltendem Hungern, aus den infolge des stark gesteigerten Eiweißumsatzes (LUSK) reichlicher zerfallenden Proteinstoffen des Tierkörpers. Beim
Phlorhizindiabetes ist ferner nach MINKOWSKI der Zuckergehalt des Blutes
nicht vermehrt, sondern eher herabgesetzt. Es findet also regelmäßig nicht
eine Hyperglykämie statt, dagegen kommt bisweilen eine Hypoglykämie vor.

Phlorhizin- Ein Beweis für eine direkte Beteiligung der Niere bei dieser Form von Diabetes
diabetes. liegt darin, daß nach Injektion von Phlorhizin in die Nierenarterie der einen
Seite der von der entsprechenden Niere abgesonderte Harn früher und stärker
zuckerhaltig wird als der der anderen Niere (ZUNTZ). Besondere, von PAVY,
BRODIE und SIAU ausgeführte Versuche mit phlorhizinhaltigem Blut und
überlebenden Nieren sprechen ebenfalls dafür, daß das Phlorhizin auf die
Nieren wirkt, und zu demselben Schlusse führen auch die nach einem anderen
Prinzipe ausgeführten Untersuchungen von ERLANDSEN. Während man also
allgemein eine direkte Einwirkung des Phlorhizins auf die Nieren annimmt,
war LÉPINE[1]) der Ansicht, daß das Phlorhizin eine Bildung von Glukose aus
dem „virtuellen Zucker" in den Nieren bewirkt.

Eine andere Form von Glykosurie, welche gewisse Forscher mit einer
vermehrten Permeabilität der Nieren im Zusammenhang gestellt haben (UNDER-
Salz- HILL und Mitarbeiter), ist die zuerst von BOCK und HOFFMANN nach intra-
glykosurie. vaskulärer Einführung von großen Mengen 1 prozentiger Kochsalzlösung
beobachtete Glykosurie, welche auch in der Hinsicht von Interesse ist, daß
sie, wie MARTIN FISCHER[2]) als erster zeigte, durch Injektion von CaCl$_2$-haltiger
Kochsalzlösung wieder aufgehoben werden kann. Es gibt jedoch auch Forscher,
welche diese Glykosurie in Beziehung zu einer Reizung des Zuckerzentrums
(s. unten) bringen wollen. Ob die sog. Schwangerschaftsglykosurie ein Nieren-
diabetes ist oder nicht, darüber ist man nicht einig, sie ist aber jedenfalls
nicht mit Hyperglykämie verbunden.

Sieht man von diesen drei Arten von Glykosurie — dem Phlorhizindiabetes, der Salzglykosurie und der Schwangerschaftsglykosurie — und auch
vielleicht von durch gewisse Nierengifte erzeugten Glykosurien ab, so rühren
wohl sonst, soweit bekannt, die übrigen Formen von Glykosurie oder Diabetes
von einer Hyperglykämie her.

Eine Hyperglykämie kann aber ihrerseits auf verschiedene Weise zustande kommen. Sie kann also z. B. daher rühren, daß dem Körper von außen
mehr Zucker zugeführt wird, als er zu bewältigen vermag.

Die Fähigkeit des Tierkörpers, die verschiedenen Zuckerarten zu assimilieren, ist selbstverständlich keine unbegrenzte. Wenn man auf einmal eine so
große Menge Zucker in den Darmkanal einführt, daß man die sogenannte
Alimentäre Assimilationsgrenze (vgl. Kapitel 9 über die Resorption) überschreitet, so
Glykosurie. geht der im Überschuß resorbierte Zucker in den Harn über. Man bezeichnet
diese Form von Glykosurie als alimentäre, und sie rührt daher, daß auf
einmal mehr Zucker in das Blut hineingelangt als die Leber und die anderen
Organe bewältigen können.

Wie die Leber bei dieser gewissermaßen physiologischen, alimentären
Glukosurie all den ihr zugeführten Zucker nicht in Glykogen umzuwandeln
vermag, so kann auch unter pathologischen Verhältnissen sogar bei einer

---

[1]) Compt. rend. soc. biol. **68**. [2]) C. BOCK u. F. A. HOFFMANN, Arch. f. (Anat.
u.) Physiol. 1871; M. FISCHER, University of California publications, Physiol. 1903 u.
1904 und PFLÜGERS Arch. **106** u. **109**; F. P. UNDERHILL u. O. CLOSSON, Amer. Journ.
of Physiol. **15** und Journ. of biol. Chem. **4**; J. S. KLEINER ebenda 4 und L. MC. DANELL
ebenda **29**.

mäßigen, von einem Gesunden leicht zu bewältigenden Kohlehydratzufuhr (von z. B. 100 g Glukose), eine Glykosurie dadurch zustande kommen, daß die Assimilationsgrenze herabgesetzt ist. Dies ist unter anderem der Fall bei verschiedenen Zerebralaffektionen und gewissen chronischen Vergiftungen. Zu dieser Form von Glykosurien würde auch nach einigen Forschern die leichtere Form von Diabetes, in welcher der Zucker nach möglichster Ausschaltung der Kohlehydrate aus der Nahrung aus dem Harne verschwindet, zu rechnen sein. *Alimentäre Glykosurie.*

Eine Hyperglykämie, welche zu einer Glykosurie führt, kann auch dadurch zustande kommen, daß innerhalb des Tierkörpers eine übermäßige oder plötzlich gesteigerte Zuckerbildung aus Glykogen oder anderen Stoffen stattfindet.

Eine solche Form von Glykosurie ist vielleicht die bei hungernden Tieren auftretende, die nach neueren Untersuchungen von H. ELIAS und L. KOLB im Zusammenhange mit der Säuerung des Blutes beim Hungern zu stehen scheint. Diese Hyperglykämie konnte nämlich durch Eingabe von Alkali beseitigt werden, während umgekehrt nach ELIAS[1]) schon sehr kleine Säuremengen eine hepatogene Hyperglykämie hervorrufen können. Zufuhr von Säure scheint in der Tat das Glykogen der Leber zu mobilisieren, während Zufuhr von Alkali die entgegengesetzte Wirkung hat. Schon PAVY und BYWATERS[2]) hatten gefunden, daß die Injektion von Säure in die Portalvene den postmortalen Glykogenabbau in der Leber beschleunigt, während Injektion von Alkali in umgekehrter Weise wirkt, und es haben dann später J. MURLIN und Mitarbeiter[3]) die Wirkung von Säure und Alkalikarbonat bei pankreaslosen Hunden studiert. Sie fanden, daß bei solchen Tieren Natriumkarbonat per os oder intravenös zugeführt die Glykosurie herabsetzt, während Chlorwasserstoffsäure per os oder subkutan eingeführt eine entgegengesetzte Wirkung hat. Sie konnten auch zeigen, daß der Chlorwasserstoffsäure des Magensaftes eine ähnliche Wirkung zukommt, welche durch das Alkali des Pankreassaftes normalerweise aufgehoben werden dürfte. *Glykosurie im Hunger und nach Säurezufuhr.*

Zur der Gruppe von Glykosurien, welche durch eine infolge gesteigerter Zuckerbildung auftretende Hyperglykämie hervorgerufen werden, gehört die nach dem BERNARDschen Zuckerstiche, der Piqûre, auftretende Glykosurie. Die in diesem Falle auftretende Hyperglykämie rührt von einem gesteigerten Umsatz des Leberglykogens her, was daraus hervorgeht, daß der Zuckerstich ohne Wirkung ist, wenn die Leber durch Hungern oder in anderer Weise glykogenfrei gemacht worden ist. Es handelt sich hier um einen Reiz, welcher das Zuckerzentrum trifft und zu einer gesteigerten Zuckerbildung auf Kosten des Leberglykogens führt. *Zuckerstichglykosurie.*

Die Glykosurie nach dem Zuckerstiche steht in naher Beziehung zu der Adrenalinglykosurie, bei welcher ebenfalls das Glykogen unter Zuckerbildung aus der Leber verschwindet. Daß eine nahe Beziehung der nach dem Zuckerstiche auftretenden Hyperglykämie und Glykosurie zu den Nebennieren besteht, folgt daraus, daß der Zuckerstich nach der Exstirpation beider Nebennieren wirkungslos bleibt. Bei Ratten fand SCHWARZ nach einer solchen doppelseitigen Nebennierenexstirpation die Leber glykogenfrei, und er betrachtete diesen Mangel an Glykogen als den Grund, warum die Piqûre unter diesen Verhältnissen unwirksam war. Nach KAHN und STARKENSTEIN[4]) *Adrenalinglykosurie.*

---

[1]) ELIAS, Bioch. Zeitschr. 48; mit KOLB ebenda 52. [2]) Journ. of Physiol. 41. [3]) Journ. of biol. Chem. 27 u. 28. [4]) SCHWARZ, PFLÜGERS Arch. 134; A. MAYER, Compt. rend. soc. biol. 58; KAHN u. STARKENSTEIN, PFLÜGERS Arch. 139; KAHN ebenda 140; STARKENSTEIN, Arch. f. exp. Path. u. Ther. 10.

müssen aber die Verhältnisse anders liegen, denn sie fanden, daß Kaninchen die doppelseitige Exstirpation der Nebennieren ein Jahr überleben können, daß die Leber dabei einen normalen Glykogengehalt haben kann und daß der Zuckerstich trotzdem unwirksam ist. Dagegen bewirkte Adrenalin bei solchen Tieren Glykosurie.

Man nimmt auch recht allgemein an, daß der Reiz, welcher das Zuckerzentrum im 4. Ventrikel trifft, durch den Sympathikus die Nebennieren erreicht und eine Adrenalinsekretion hervorruft, welche die Zuckerbildung aus Glykogen steigert. Der Mechanismus der Zuckerstichglykosurie ist allerdings noch in einigen Punkten unklar, man kann aber nicht bezweifeln, daß die Zuckerstichglykosurie in naher Beziehung zu den Nebennieren steht[1]), und sie wird auch recht allgemein als eine Adrenalinglykosurie betrachtet. Ähnliches gilt von der Glykosurie nach Splanchnikusreizung und auch von mehreren anderen Glykosurien.

Als Adrenalinglykosurien oder jedenfalls als durch Reizung des Zuckerzentrums bedingte Glykosurien betrachten nämlich viele Forscher die nach Auftreten von Dyspnoe[2]) aus verschiedenen Gründen und die nach gewissen Vergiftungen, wie mit Kohlenoxyd, Curare, Äther, Chloroform, Strychnin, Morphin, Piperidin u. a. auftretenden Glykosurien. Daß auch in vielen solchen Fällen die Glykosurie durch einen gesteigerten Umsatz des Leberglykogens hervorgerufen wird, ist nicht zu bezweifeln. In gewissen Fällen, wie bei der Vergiftung mit Kohlenoxyd, hat man jedoch auch eine Zuckerbildung aus Eiweiß angenommen, indem nämlich nach STRAUB und ROSENSTEIN[3]) diese Glykosurie nur in dem Falle auftritt, daß dem vergifteten Tiere eine genügende Eiweißmenge zur Verfügung steht. Eiweißhunger bei gleichzeitiger, reichlicher Kohlehydratzufuhr soll diese Glykosurie zum Schwinden bringen.

Eine Hyperglykämie und Glykosurie kann aber auch dadurch zustande kommen, daß die Fähigkeit des Tierkörpers den Zucker zu verbrennen oder zu verwerten, bzw. in Glykogen umzusetzen, herabgesetzt ist. Auch unter diesen Verhältnissen muß der Zucker im Blute sich anhäufen können, und durch solche Vorgänge erklärt man allgemein die Entstehung des Pankreasdiabetes und der schweren Formen von Diabetes mellitus.

Die Untersuchungen von MINKOWSKI und v. MERING, DOMINICIS und später auch von vielen anderen Forschern[4]) haben gezeigt, daß man bei mehreren Tieren und besonders beim Hunde durch totale oder fast totale Pankreasexstirpation einen Diabetes der schwersten Art hervorrufen kann. Wie beim Menschen in den schwersten Formen des Diabetes, so findet auch bei Hunden mit Pankreasdiabetes eine reichliche Zuckerausscheidung auch bei vollständigem Ausschluß der Kohlehydrate aus der Nahrung statt.

Daß die Leber in naher Beziehung zu dem Pankreasdiabetes steht, geht aus mehreren wichtigen Beobachtungen hervor; und eine Ursache dieser Hyperglykämie liegt, wie es scheint, in der Unfähigkeit der Leber, das Glykogen in genügendem Grade aus dem Zucker aufzubauen. Nach der Pankreasexstirpation ist die Leber arm an Glykogen. Dies kann wohl zum Teil von

Seitlich am Text stehende Stichworte:
Zuckerstich und Nebennieren

Glykosurien nach Dyspnoe und Vergiftungen.

Pankreasdiabetes.

Leber und Pankreasdiabetes.

---

[1]) Vgl. besonders KAHN, PFLÜGERS Arch. 169, wo man auch die Literatur findet. [2]) Über die Bedeutung des Sauerstoffes und des Kohlensäuregehaltes des Blutes für das Ausbleiben bzw. Auftreten der Glykosurie vgl. man UNDERHILL, Journ. of biol. Chem. 1; PENZOLDT u. FLEISCHER, VIRCHOWS Arch. 87; SAUER, PFLÜGERS Arch. 49, S. 425, 426; MACLEOD, Amer. Journ. of Physiol. 19, mit BRIGGS, Cleveland med. Journ. 1907; EDIE, Bioch. Journ. 1, mit MOORE u. ROAF ebenda 5; HENDERSON u. UNDERHILL, Amer. Journ. of Physiol. 28. [3]) STRAUB, Arch. f. exp. Path. u. Pharm. 38; ROSENSTEIN ebenda 40. [4]) Vgl. O. MINKOWSKI, Untersuchungen über Diabetes mellitus nach Exstirpation des Pankreas, Leipzig 1893; man vgl. ferner die Monographien über Diabetes.

einem gesteigerten Glykogenverbrauch herrühren, dürfte aber wesentlich auf einer verminderten Glykogenbildung beruhen. Der Zucker geht nämlich, jedenfalls zum Teil, mit dem Blute durch die Leber hindurch, ohne in Glykogen umgesetzt zu werden. In den Versuchen von BARRENSCHEEN[1]) ließ sich auch in Durchblutungsversuchen mit der Leber von pankreaslosen Hunden, im Gegensatz zu dem Verhalten der Leber normaler Tiere, keine Glykogenbildung aus Glukose und Lävulose erzielen.

Als eine andere Ursache der Hyperglykämie nach Pankreasexstirpation betrachtet man die Unfähigkeit des Tierkörpers, die Glukose zu verwerten bzw. zu verbrennen. Die Untersuchungen, auf welchen diese Ansicht basiert, haben jedoch nicht immer ganz eindeutige und klare Ergebnisse geliefert. J. FORSCHBACH und H. SCHÄFFER[2]) untersuchten den Kohlehydratumsatz in tetanisierten, in der Zirkulation noch befindlichen Muskeln normaler und pankreasloser Hunde. Sie fanden, daß bei den normalen Tieren eine Abnahme der Gesamtkohlehydratmenge auf 33,3 p. c. des Ausgangswertes stattgefunden hatte, während bei den pankreasdiabetischen Hunden die Gesamtkohlehydratmenge unverändert blieb. Es fand allerdings eine Veränderung derart statt, daß das Glykogen zu Zwischenprodukten abgebaut und zum Teil in Glukose umgewandelt wurde; die ursprünglich vorhandene und die neugebildete Glukose wurde jedoch nicht angegriffen, und der Gesamtbestand an Kohlehydraten wurde, wie gesagt, im diabetischen Tiere nicht herabgesetzt. *Kohlehydratverbrauch im Pankreasdiabetes.*

Andere Forscher haben indessen andere Resultate erhalten. S. PATTERSON und STARLING[3]) wie auch CRUICKSHANK und PATTERSON[4]) fanden in Untersuchungen über den Zuckerverbrauch von Hunde- und Katzenherzen, daß bei den diabetischen Tieren allerdings ein herabgesetzter Kohlehydratverbrauch vorkommt, daß die Herabsetzung aber sehr unbedeutend sein kann. J. MACLEOD und R. PEARCE[5]) zeigten, daß bei Hunden, denen die Bauchorgane nach einem besonderen Verfahren entfernt wurden, die in die Blutbahn eingeführte Glukose gleich rasch aus dem Blute verschwindet, gleichgültig, ob die Tiere pankreasdiabetisch sind oder nicht. Versuche von F. VERZÁR und Mitarbeitern[6]) führten ebenfalls zu dem Resultate, daß auch die pankreasdiabetischen Tiere Glukose in irgend einer Weise verbrauchen können, daß dies jedoch nicht bedeutet, daß eine Verbrennung der Glukose zu den Endprodukten stattfindet. *Kohlehydratverbrauch im Pankreasdiabetes.*

Untersuchungen über das Verhalten des respiratorischen Quotienten sprechen auch entschieden dafür, daß im Pankreasdiabetes die Fähigkeit des Tierkörpers, die Glukose zu verbrennen, stark herabgesetzt oder sogar aufgehoben sein kann.

Das Verhältnis zwischen aufgenommenem Sauerstoff und abgegebener Kohlensäure, also die Relation $\frac{CO_2}{O}$ nach Volumina berechnet, bezeichnet man als den respiratorischen Quotienten. Bei der Verbrennung von reinem Kohlenstoff liefert ein Volumen Sauerstoff ein Volumen Kohlensäure, und der Quotient ist in diesem Falle gleich 1. Dasselbe muß auch bei Verbrennung von Kohlehydraten der Fall sein, und bei vorwiegender Kohlehydratzersetzung im Tierkörper muß also der respiratorische Quotient der Größe 1 sich nähern. Bei vorwiegendem Eiweißumsatz nähert er sich der Zahl 0,80 und bei vorwiegender Fettzersetzung der Größe 0,7. Nun haben STARLING und C. L. EVANS[7]) den respiratorischen Gaswechsel des Herzens von sowohl normalen *Der Respirationsquotient im Pankreasdiabetes.*

---

[1]) Bioch. Zeitschr. 58. [2]) Arch. f. exp. Path. u. Pharm. 82 (Literatur). [3]) Journ. of Physiol. 47. [4]) Ebenda. [5]) Amer. Journ. of Physiol. 32. [6]) Bioch. Zeitschr. 66. [7]) Journ. of Physiol. 49.

wie pankreasdiabetischen Hunden untersucht; und während der Respirationsquotient normaler Hundeherzen als Mittel 0,845 war, fanden sie ihn für Herzen der diabetischen Tiere als Mittel gleich 0,71. Zusatz von Zucker zu der Perfusionsflüssigkeit (Blut) erhöhte nicht den Quotienten. Bei normalen Tieren steigt der Respirationsquotient nach Zufuhr von Zucker, und in Experimenten an pankreasdiabetischen Hunden fanden V. MOORHOUSE, PATTERSON und A. M. STEPHENSON[1]), daß nach Verabreichung von Glukose oder Lävulose per os dieser Anstieg bei den diabetischen Tieren stark herabgesetzt war oder fehlte. VERZÁR[2]) hat gefunden, daß eine Glukoseinjektion den Quotienten um so weniger erhöht, je längere Zeit nach der Pankreasexstirpation sie erfolgt, und nach ihm und A. v. FEJÉR[3]) wird beim pankreasdiabetischen Hunde von dem fünften Tage ab keine Spur Zucker mehr verbrannt.

Pankreas-diabetes.
So weit man aus den bisherigen Untersuchungen erschließen kann, dürfte wohl also eine mehr oder weniger reichliche Aufnahme von Zucker aus dem Blute und eine Umsetzung desselben in den Geweben auch bei den pankreaslosen Tieren stattfinden können, während die Verbrennung der Glukose zu Kohlensäure und Wasser mehr oder weniger stark herabgesetzt zu sein scheint.

Diabetes mellitus.
Die schweren Formen von Diabetes mellitus zeigen in mehreren Hinsichten eine große Ähnlichkeit mit dem Pankreasdiabetes. Auch beim Diabetiker findet man Hyperglykämie, Glykosurie, Armut an Glykogen in der Leber und eine herabgesetzte oder aufgehobene Fähigkeit, die Glukose zu verbrennen. Dagegen ist beim Diabetes des Menschen der Stoffwechsel überhaupt und besonders der Eiweißumsatz nicht so stark gesteigert wie bei dem akuten Diabetes nach totaler Pankreasexstirpation, in welchem, wie bei dem Phlorhizindiabetes, die Fettinfiltration der Leber auch viel stärker als beim Diabetes mellitus ist (GEELMUYDEN)[4]).

Diabetes mellitus.
Betreffend das Wesen des Diabetes beim Menschen stehen hauptsächlich zwei Theorien einander gegenüber. Nach der einen handelt es sich um eine Überproduktion von Glukose, welch letztere nach mehreren Forschern nicht aus Kohlehydraten und Eiweiß allein, sondern auch aus Fett gebildet werden kann. Nach der anderen, welche wohl die gewöhnlichste Ansicht repräsentiert, würde es wie in dem Pankreasdiabetes um eine mangelhafte Verwertung bzw. Verbrennung der Glukose sich handeln. Untersuchungen über das Verhalten des respiratorischen Quotienten im Diabetes mellitus[5]) haben auch gezeigt, daß in schweren Fällen von Diabetes der im nüchternen Zustande niedrige Quotient nicht, wie bei Gesunden, nach dem Genusse von Glukose ansteigt.

Oxyda-tionen im Diabetes.
Wenn aber beim Diabetiker eine verminderte Fähigkeit die Glukose zu verbrennen besteht, kann dies schwerlich an einer verminderten Oxydationsenergie der Zellen liegen. SCHULTZEN, NENCKI und SIEBER hatten schon gezeigt, daß die Oxydationsprozesse im allgemeinen beim Diabetiker nicht darniederliegen, und dies ist dann durch BAUMGARTEN[6]) weiter bestätigt worden. BAUMGARTEN hat nämlich in Versuchen mit mehreren Stoffen, welche durch ihre Aldehydnatur dem Zucker nahe stehen oder als Abbau- bzw. Oxydationsprodukte desselben aufzufassen sind, nämlich Glukuronsäure, d-Glukonsäure, d-Zuckersäure, Glukosamin, Schleimsäure u. a., gefunden, daß der Diabetiker diese Stoffe in demselben Maße wie ein Gesunder zersetzt

---

[1]) Bioch. Journ. **9**. [2]) Bioch. Zeitschr. **66**. [3]) Ebenda **53**. [4]) Norsk. Magaz. f. Lægev. 1920. [5]) Man vgl. die Monographien über Diabetes. [6]) SCHULTZEN, Berl. klin. Wochenschr. 1872; NENCKI u. SIEBER, Journ. f. prakt. Chem. (N. F.) **26**, S. 35; BAUM-GARTEN, Ein Beitrag zur Kenntnis des Diabetes mellitus. Habilit.-Schrift, Sonderabdr. aus Zeitschr. f. exp. Path. u. Therap. **2**, 1905.

oder verbrennt. Außerdem ist zu bemerken, daß die zwei Zuckerarten Dextrose und Lävulose, welche beide etwa gleich leicht oxydiert werden, im Körper des Diabetikers sich verschieden verhalten. Die Lävulose wird nämlich nach KÜLZ und anderen Forschern im Gegensatz zu der Dextrose zum großen Teil im Organismus verwertet, was jedoch wenigstens beim Menschen nicht immer und jedenfalls nur in geringerem Grade als bei gewissen Tieren der Fall ist. Bei Tieren mit Pankreasdiabetes kann die Lävulose[1]) sogar eine Glykogenablagerung in der Leber bewirken, was nicht mit der Glukose der Fall ist, und nach VERZÁR[2]) kann beim pankreasdiabetischen Hunde die Lävulose noch verbrannt werden zu einer Zeit, wo die Fähigkeit Glukose zu verbrennen, längst verschwunden war.

Für das Verständnis des ungleichen Verhaltens der Lävulose und Glukose könnte man vielleicht Anhaltspunkte in den Untersuchungen von S. ISAAC[3]) über die Bildung von Glukose aus Lävulose in überlebenden Hundelebern finden. Er lenkt nämlich die Aufmerksamkeit darauf, daß bei dieser Umwandlung wahrscheinlich eine leichter als die Glukose verbrennliche Zwischenstufe, etwa die Enolform, entsteht, die gleichsam in statu nascendi auch leichter als die fertige d-Glukose zu Glykogen fixiert werden könnte. Sei dem aber wie ihm wolle; sowohl beim Diabetes mellitus wie bei pankreasdiabetischen Tieren ist es also, wie es scheint, die Fähigkeit des Körpers die Glukose in normaler Weise zu verarbeiten, welche besonders Not leidet. Da nun die Verbrennung der Glukose, wie man allgemein annimmt, nicht direkt, sondern erst nach vorausgegangener Spaltung mit Bildung von Zwischenstufen geschieht, liegt die Annahme nahe, daß die der Oxydation vorangehenden Spaltungen oder Umsetzungen der Glukose beim Diabetiker nicht in normaler Weise verlaufen. {.margin-note}*Glukosebildung aus Lävulose.*

Die große Ähnlichkeit, welche in mehreren Hinsichten zwischen dem Pankreasdiabetes und den meisten schweren Fällen von Diabetes mellitus beim Menschen besteht, macht eine nahe Beziehung auch dieser Krankheit zu den Funktionen des Pankreas sehr wahrscheinlich, und es entsteht deshalb die Frage, in welcher Weise die Wirkung des Pankreas auf den Kohlehydratstoffwechsel zustande kommt. Eine allgemein angenommene Ansicht hierüber ist die, daß es in den fraglichen Diabetesformen um den Wegfall eines oder mehrerer Hormone sich handelt, die in unbekannter Weise den Zuckerabbau oder Kohlehydratstoffwechsel regulieren. {.margin-note}*Hormonwirkung.*

Die Annahme einer Hormonwirkung basiert wesentlich auf den Untersuchungen von MINKOWSKI, HÉDON, LANCERAUX, THIROLOIX u. a.[4]) über die Wirkungen der subkutanen Transplantation der Drüse. Nach diesen Untersuchungen kann nämlich ein subkutan transplantiertes Drüsenstück die Funktion des Pankreas, dem Zuckerumsatze und der Zuckerausscheidung gegenüber, vollständig erfüllen, denn nach Entfernung des intraabdominalen Drüsenrestes werden die Tiere in diesem Falle nicht diabetisch. Wird aber das subkutan eingeheilte Pankreasstück nachträglich entfernt, so tritt die Zuckerausscheidung sofort mit großer Intensität auf. Da dies nun bei völliger Unterbrechung aller Nervenverbindungen geschieht, erklärt man die Sache durch die Annahme einer Bildung von besonderen Produkten in der Drüse, die in das Blut übergehen. Nach ZUELZER, DOHRN und MARXER[5]), wie auch {.margin-note}*Hormonbildung.*

---

[1]) Vgl. KÜLZ, Beiträge zur Pathol. u. Therap. des Diabet. mellit. Marburg 1874, 1; WEINTRAUD u. LAVES, Zeitschr. f. physiol. Chem. 19; HAYCRAFT ebenda; MINKOWSKI, Arch. f. exp. Path. u. Pharm. 31. [2]) l. c. 66. [3]) Zeitschr. f. physiol. Chem. 89. [4]) Vgl. MINKOWSKI, Arch. f. exp. Path. u. Pharm. 31; HÉDON, Diabète pancréatique. Travaux de Physiologie (Laboratoire de Montpellier 1898) und die Werke über Diabetes. [5]) Deutsch. med. Wochenschr. 1908.

nach VAHLEN [1]) soll man auch aus dem Pankreas Präparate darstellen können,
welche sowohl bei Hunden wie bei Menschen eine Herabsetzung der Ausscheidung von Zucker (und Azetonkörpern) im Diabetes und eine Besserung
des Allgemeinzustandes bewirken. Diese Angaben dürften allerdings einer
weiteren Bestätigung bedürftig sein; aber es liegen Untersuchungen von
J. FORSCHBACH [2]) und HÉDON [3]) vor, welche zeigen, daß das Blut oder Blutserum eines gesunden Tieres, in ein pankreasloses Tier eingeführt, das Auftreten der Glykosurie verhindern bzw. das Aufhören derselben bewirken kann.
Das Pankreas scheint also an das Blut — nach A. BIEDL [4]) wahrscheinlich
nicht direkt, sondern durch die Lymphe — Stoffe abzugeben, welche in unbekannter Weise auf den Kohlehydratstoffwechsel regulierend einwirken.

*Wirkungs-
weise des
Pankreas.*

Diese innere Sekretion des Pankreas hat man von vielen Seiten in nahe
Beziehung zu den sog. LANGERHANSschen Inseln bringen wollen, eine Ansicht,
die immer mehr an Wahrscheinlichkeit gewinnt. Welcher Art die hierbei
wirkenden Hormone sind, ist noch unbekannt. Die von LÉPINE nachgewiesene
glykolytische Fähigkeit des Blutes glaubte man von einem, im Pankreas
gebildeten, glykolytischen Enzym herleiten zu können, und man suchte die
Ursache des Pankreasdiabetes in einem Wegfallen dieser Enzymwirkung
infolge der Exstirpation der Drüse. Diese Glykolyse im Blute reicht aber,
selbst wenn sie von dem Pankreas herrührte, offenbar nicht hin, um die Umsetzung der im Körper unter normalen Verhältnissen vorhandenen großen
Zuckermengen zu erklären, und für den Abbau des Zuckers hat man deshalb
auch eine Glykolyse in den Organen und Geweben zu Hilfe genommen. Eine
Glykolyse oder, allgemein gesagt, ein Abbau der Glukose findet in der Tat
in den verschiedenen Organen, namentlich in den Muskeln, statt, und es kann
hier vielleicht um ein Zusammenwirken mehrerer Organe sich handeln.

Glykolyse.

COHNHEIM [5]) hat gefunden, daß man aus einem Gemenge von Pankreas und Muskel
eine zellenfreie Flüssigkeit gewinnen kann, welche Traubenzucker zerstört, während das
Pankreas allein nicht und die Muskeln nur in geringerem Grade eine solche Wirkung
entfalten. Das Pankreas enthält nach ihm kein glykolytisches Enzym, sondern eine
andere, kochbeständige, in Wasser und Alkohol lösliche Substanz, welche vielleicht nach
Art eines Ambozeptors ein in dem Muskelsafte vorhandenes, an und für sich unwirk-
sames glykolytisches Proenzym aktivieren sollte.

Diese Angaben COHNHEIMS sind indessen umstritten [6]), und so haben z. B. LEVENE
und MEYER angegeben, daß es hier nicht um ein Verschwinden der Glukose durch Glykolyse, sondern vielmehr um ein Verschwinden infolge einer Synthese, wobei ein Disaccharid
gebildet wird, sich handelt. Nach J. DE MEYER [7]) sollen weder Pankreas noch die Gewebe
überhaupt ein glykolytisches Enzym enthalten. Nach ihm ist es nur das Blut, welches
glykolytisch wirksam ist, und seine Wirkung wird durch einen in dem Pankreas gebildeten,
als Ambozeptor wirkenden Stoff unterstützt.

*Glykolyse,
Pankreas
und
Muskeln.*

Durch die Untersuchungen über die Glykolyse, sei es im Blute oder
in den Geweben, hat man also die Wirkung des Pankreas auf den Kohlehydratstoffwechsel nicht erklären können, und die Wirkungsweise der Pankreas-
hormone ist fortwährend unbekannt.

Betreffend das Entstehen der Hyperglykämie und der Glykosurien hat
man auch eine Wechselwirkung zwischen verschiedenen Organen angenommen.
Außer der Leber, dem Pankreas und den Nebennieren hat man nämlich sowohl
der Thyreoidea wie der Hypophyse eine bestimmte Beziehung zu der Zuckerbildung und dem Kohlehydratstoffwechsel zuerkennen wollen.

[1]) Zeitschr. f. physiol. Chem. **90** u. **106**.   [2]) Deutsch. med. Wochenschr. 1908.
[3]) Compt. rend. soc. biol. **71** und Arch. intern. de Physiol. **13**.   [4]) Zentralbl. f. Physiol.
12.   [5]) Zeitschr. f. physiol. Chem. **39, 42, 43** u. **47**.   [6]) Vgl. STOKLASA und Mitarbeiter,
Zentralbl. f. Physiol. **17** und Ber. d. d. chem. Gesellsch. **36** u. **38**; FEINSCHMIDT, HOF-
MEISTERS Beiträge **4**; HIRSCH ebenda; CLAUS u. EMBDEN ebenda; ARNHEIM u. ROSEN-
BAUM, Zeitschr. f. physiol. Chem. **40**; BRAUNSTEIN, Zeitschr. f. klin. Med. **51**; LEVENE
u. G. M. MEYER, Journ. of biol. Chem. **9**.   [7]) Zitiert nach Zentralbl. f. Physiol. **20** u. **23**.

Anregende Anschauungen über die Beziehungen des Pankreasdiabetes zu den Nebennieren und der Thyreoidea haben FALTA, EPPINGER und RUDINGER [1]) ausgesprochen. Nach ihnen sollen zwischen Pankreas und Thyreoidea wie zwischen Pankreas und Nebennieren gegenseitige Hemmungen, zwischen Thyreoidea und Nebennieren dagegen gegenseitige befördernde Wirkungen bestehen. Bei pankreaslosen Hunden fällt die vom Pankreas ausgehende hemmende Wirkung auf die Thyreoidea weg, und hierdurch ist die beim Pankreasdiabetes beobachtete starke Steigerung des Eiweiß-, Fett- und Salzstoffwechsels (FALTA und WHITNEY) [2]) zu erklären. Durch Wegfall der Pankreashemmung auf Nebennieren wird durch das Adrenalin die Mobilisierung der Kohlehydrate gesteigert, und hierin, wie in der herabgesetzten Zuckerverwertung ist die starke Zuckerausscheidung begründet. Die Beziehungen zwischen den drei obigen Drüsen werden von den genannten Autoren weiter auseinandergesetzt, aber die Richtigkeit ihrer Anschauungen ist nicht allgemein anerkannt, sondern von einigen Seiten sogar bestritten worden [3]). Nach TH. STENSTRÖM [4]) enthält die Hypophyse Substanzen, welche die Adrenalinhyperglykämie hemmen.

Beziehungen zwischen Pankreas, Thyreoidea und Nebennieren.

Die Frage, warum in den verschiedenen Formen von Diabetes ein vollständiger Abbau der Glykose nicht stattfindet, steht natürlich in allernächster Beziehung zu der Frage, in welcher Weise die Glukose unter physiologischen Bedingungen im Körper abgebaut wird. Hierüber kann man, wie oben bemerkt wurde, gegenwärtig nur sagen, daß, so weit unsere bisherigen Erfahrungen reichen, nicht eine direkte Oxydation, sondern ein stufenweiser Abbau stattfindet. Unter diesen Zwischenstufen hat man mit Sicherheit d-Milchsäure nachweisen können, und in einem vorigen Kapitel (3, S. 158) sind auch die Ansichten über die Entstehungsweise der Milchsäure aus Glukose besprochen worden. Ein Abbau der Glukose mit Glukuronsäure als Zwischenstufe kommt auch vor; aber sonst dürfte die d-Milchsäure die einzige ganz sicher bekannte Zwischenstufe bei dem Abbau der Glukose im Tierkörper sein.

Abbau der Glykose.

Da die bei der Milchsäurebildung aus Glukose stattfindenden Vorgänge reversibel sein sollen, hat man zu erwarten, daß in umgekehrter Weise auch Glukose aus d-Milchsäure entstehen soll, und die Fähigkeit der Milchsäure, Glukose zu bilden, ist wiederholt bewiesen worden. Nach EMBDEN und Mitarbeitern sollen bei der Milchsäurebildung aus Glukose als Zwischenstufen (s. S. 158) Glyzerinaldehyd und Dioxyazeton entstehen, und in Perfusionsversuchen an durch Phlorhizinvergiftung völlig oder annähernd von Glykogen befreiten Hundelebern konnte EMBDEN [5]) mit E. SCHMITZ und M. WITTENBERG umgekehrt zeigen, daß sowohl Dioxyazeton wie d,l-Glyzerinaldehyd unter diesen Verhältnissen Zucker bilden. Aus Dioxyazeton entstand d-Glukose, aus dem Glyzerinaldehyd dagegen hauptsächlich d-Sorbose. Die Entstehung der letzteren denkt er sich durch Kondensation eines Moleküls Dioxyazeton mit einem Molekül l-Glyzerinaldehyd zustande zu kommen; und in den genannten Versuchsresultaten erblickt er jedenfalls einen Beweis dafür, daß die Zuckerbildung aus Milchsäure direkt aus Glyzerinaldehyd und Dioxyazeton, also aus Triosen, ohne vorhergehenden Abbau zu einer kürzeren Kohlenstoffkette geschehen kann.

Zuckerbildung aus Milchsäure.

Nach DAKIN kann man das Methylglyoxal als Zwischenstufe bei der Milchsäurebildung aus Zucker betrachten (s. S. 158), und nach seiner Theorie soll also auch umgekehrt Zucker aus Milchsäure mit Methylglyoxal als Zwischenstufe entstehen können. In zwei Versuchen an Phlorhizinhunden fanden DAKIN und DUDLEY [6]) nach Einführung von Methylglyoxal in den Magen oder subkutan eine reichliche Bildung von „Extraglukose" (vgl. unten S. 327).

Zuckerbildung aus Milchsäure.

---

[1]) Zeitschr. f. klin. Med. **66**, wo man auch Literatur über Adrenalindiabetes findet. [2]) L. MOHR, Zeitschr. f. exp. Path. u. Therap. 4; W. FALTA u. J. L. WHITNEY, HOFMEISTERS Beiträge **11**. [3]) E. GLEY, Compt. rend. soc. biol. 78; mit A. QUINQUAUD, Arch. internat. de Physiol. **14**; vgl. ferner P. T. HERRING, Quaterl Journ. of exp. Physiol. 9 u. 11. [4]) Bioch. Zeitschr. **58**. [5]) Zeitschr. f. physiol. Chem. 88. [6]) Journ. of biol. Chem. **15**.

In dem einen Falle lieferten 9 g Methylglyoxal ein wenig mehr als 7 g Extraglukose; in dem zweiten stieg der Quotient D:N von 3,7 zu 7,66 an, und das Methylglyoxal soll also ein Zuckerbildner sein.

J. PARNAS und J. BAER[1]) nehmen dagegen eine Zuckerbildung durch Kondensation von drei Molekülen Glykolaldehyd, 3 CHO . CH$_2$OH = C$_6$H$_{12}$O$_6$, an. Die Milchsäure wird nämlich nach ihnen erst über Glyzerinsäure, CH$_2$OH . CHOH . COOH und Glykolaldehyddikarbonsäure COOH . CHOH . CO . COOH zu Glykolaldehyd abgebaut. Außer der Milchsäure erwiesen sich in der Tat auch die drei letztgenannten Stoffe bei phlorhizinvergifteten Kaninchen als Zuckerbildner. Als Beweise gegen die Ansicht von PARNAS und BAER werden von EMBDEN und seiner Schule die oben erwähnten Versuche mit Dioxyazeton und besonders mit d,l-Glyzerinaldehyd ins Feld geführt, und hierzu kommt, daß K. BALDES und F. SILBERSTEIN[2]) in Durchströmungsversuchen an (phlorhizinvergifteten) Hundelebern eine Zuckerbildung aus Glyzerinsäure und Glykolaldehyd nicht nachweisen konnten. Gegenüber ihren negativen Resultaten in 4 resp. 5 Versuchen steht allerdings je 1 Versuch von BARRENSCHEEN[3]) mit positivem Resultat mit Glyzerinsäure bzw. Glykolaldehyd; aber es dürfte nicht möglich sein, hier ein Urteil zu fällen, um so weniger, als man die Resultate von Durchströmungsversuchen an überlebenden Organen nur mit der allergrößten Vorsicht auf die Verhältnisse im Tierkörper unter normalen Verhältnissen übertragen darf.

Zucker-bildung.

Woher stammt nun der beim Diabetes ausgeschiedene Zucker? Rührt er ausschließlich von den Kohlehydraten der Nahrung bzw. von dem Kohlenhydratvorrate des Körpers her, oder hat der letztere die Fähigkeit, Zucker aus anderem Material zu erzeugen? Es ist das Verdienst LÜTHJES, diese letztgenannte Frage endgültig entschieden zu haben. Er hat nämlich an pankreasdiabetischen Hunden Versuche ausgeführt, in welchen bei kohlehydratfreier Eiweißnahrung so große Zuckermengen ausgeschieden wurden, daß sie unmöglich aus dem Vorrate des Körpers an Glykogen und anderen kohlehydrathaltigen Substanzen hergeleitet werden konnten. Ähnliche Versuche hat später auch PFLÜGER[4]) mitgeteilt, und die Fähigkeit des Tierkörpers, Zucker aus nicht kohlehydrathaltigem Material zu erzeugen, ist nunmehr definitiv bewiesen.

Neubildung von Zucker.

Wird nun dieser Zucker aus Eiweiß oder Fett oder aus beiden gebildet? Eine Zuckerbildung aus Eiweiß ist nuumehr ganz sicher bewiesen, und zwar teils durch Versuche an phlorhizin- oder pankreasdiabetischen Tieren, die reichlich und einseitig mit Eiweiß verfüttert wurden, und teils durch den Nachweis von einer Zuckerbildung aus Aminosäuren. Einen Beweis erstgenannter Art liefert z. B. der folgende Versuch von LÜTHJE[5]) an einem pankreasdiabetischen Hunde. Das Tier, dessen Anfangsgewicht vor dem Hungern 18 kg war, schied bei 19tägigem Hungern während der letzten sechs Hungertage als Mittel 10,4 g Zucker mit dem Harne aus. Durch ausschließliche Eiweißnahrung konnte die Zuckerausscheidung pro Tag als Maximum bis zu 123,8 g gesteigert werden, als Mittel betrug sie während der 10 Eiweißtage 97,5 g, und den Ursprung dieses Zuckers hat man also in dem Eiweiß zu suchen. Mehrere andere Beobachtungen haben zu ähnlichen Schlußfolgerungen geführt.

Zucker-bildung aus Eiweiß.

Von großem Interesse sind diejenigen Versuche, welche eine Zuckerbildung aus Aminosäuren beweisen.

---

[1]) Bioch. Zeitschr. **41**. Vgl. auch C. OPPENHEIMER, Handb. d. Bioch., Ergänzungsband. „Der Zuckerumsatz der Zelle" (Literatur). [2]) Zeitschr. f. physiol. Chem. **100**. [3]) Bioch. Zeitschr. **58**. [4]) LÜTHJE, Deutsch. Arch. f. klin. Med. **79** und PFLÜGERS Arch. **106**; PFLÜGER ebenda **108**. [5]) l. c. **79**.

Daß im Tierkörper Desamidierungen vorkommen, ist schon durch ältere Untersuchungen von BAUMANN und BLENDERMANN bekannt. Weitere Beweise hierfür lieferten später NEUBERG und LANGSTEIN durch Fütterungsversuche mit Alanin, wobei Milchsäure in reichlichen Mengen im Harne auftrat, und P. MAYER, welcher nach subkutaner Einfuhr von Diaminopropionsäure den Übergang von Glyzerinsäure in den Harn beobachtete. Da nun aus Amino-säuren durch Desamidierung Ketonsäuren oder Oxysäuren entstehen können (vgl. Kapitel 15), war es von Interesse, die Wirkung der Aminosäuren auf den Kohlehydratstoffwechsel zu prüfen. Mehrere der in dieser Absicht aus-geführten Untersuchungen, wie die von LANGSTEIN und NEUBERG, R. COHN und F. KRAUS[1]) machten allerdings eine Kohlehydratbildung unter dem Einflusse von Aminosäuren sehr wahrscheinlich; aber erst die Untersuchungen von EMBDEN und SALOMON und von EMBDEN und ALMAGIA haben unzwei-deutig gezeigt, daß beim pankreaslosen Tiere Aminosäuren eine Neubildung von Kohlehydrat bewirken können. Dasselbe hat LUSK[2]), teils allein und teils mit RINGER in Versuchen an phlorhizinvergifteten Hunden und dann auch mehrere andere Forscher bewiesen. In solchen Versuchen, in welchen das nach Einführung der verschiedenen Stoffe im Harne auftretende Plus an Zucker „Extraglukose" bestimmt wurde, haben Glykokoll, Alanin, Serin, Zystein, Asparagin- und Glutaminsäure, Prolin, Arginin und Ornithin als Zucker-bildner sich erwiesen, während andere, wie Phenylalanin, Tyrosin, Tryptophan, Leuzin, Lysin und Histidin in dieser Hinsicht nicht oder nur sehr schwach wirksam zu sein scheinen[3]). Wie die Zuckerbildung aus den Aminosäuren geschieht, ist noch nicht klar. Als eine Zwischenstufe kann man sich indessen, jedenfalls in gewissen Fällen, die Milchsäure denken, indem sie einerseits im Tierkörper aus Alanin entsteht und andererseits in der Leber in Zucker resp. Glykogen umgewandelt werden kann.

Wieviel Zucker kann aus dem Eiweiß gebildet werden? Die größte, theoretisch denkbare Menge hat man zu 8 g Zucker auf je 1 g Eiweißstickstoff berechnet, wenn man nämlich die Annahme macht, daß aller Eiweißkohlen-stoff mit Ausnahme desjenigen, welcher zur Bildung von Ammoniumkarbonat notwendig ist, zur Zuckerbildung verwendet wird. Diese Zahl ist jedoch für den durchschnittlichen Kohlen- und Stickstoffgehalt des Eiweißes etwas zu hoch, und der Wert 6,6 g dürfte mehr berechtigt sein[4]). Nun hat man wiederholt in den verschiedenen Formen von Diabetes die tatsächliche Relation zwischen Dextrose und Stickstoff im Harne, d. h. den Quotienten D:N, bestimmt, und man hat ihn für pankreaslose Hunde meistens gleich 2,8 und bei phlor-hizinvergifteten hungernden oder mit Eiweiß gefütterten Hunden gleich 3,65 gefunden (LUSK). Er kann aber bedeutend schwanken. Er ist in einzelnen Fällen niedriger als 1 oder höher als 8 gefunden worden, und besonders in Fällen von menschlichem Diabetes hat man wiederholt hohe Werte erhalten. Aus diesem Quotienten hat man nun Schlüsse bezüglich sowohl der Menge des gebildeten Zuckers wie der Abstammung desselben gezogen; nach der Ansicht des Verfassers sind aber solche Schlüsse in vielen Fällen recht unsicher. Der mit dem Harne ausgeschiedene Zucker repräsentiert die Differenz zwischen der Gesamtmenge des im Körper produzierten und der Menge des in ihm

Marginal notes:

Amino-säuren und Kohle-hydratstoff-wechsel.

Zucker aus Amino-säuren.

Zucker aus Eiweiß.

[1]) BAUMANN, Zeitschr. f. physiol. Chem. 4; BLENDERMANN ebenda 6; P. MAYER ebenda 42; NEUBERG u. LANGSTEIN, Arch. f. (Anat. u.) Physiol. 1903. Supplbd.; COHN, Zeitschr. f. physiol. Chem. 28; F. KRAUS, Berl. klin. Wochenschr. 1904. [2]) EMBDEN u. SALOMON, HOFMEISTERS Beiträge 5 u. 6; mit ALMAGIA ebenda 7; LUSK, Amer. Journ. of Physiol. 22 und Ergebn. d. Physiol. 1912; RINGER u. LUSK, Zeitschr. f. physiol. Chem. 66; J. A. RINGER, E. M. FRANKEL u. L. JONAS, Journ. of biol. Chem. 14. [3]) H. D. DAKIN ebenda 14. [4]) Vgl. FALTA, Zeitschr. f. klin. Med. 65, Heft 5 u. 6; vgl. auch GIGON, Deutsch. Arch. f. klin. Med. 97.

verbrannten oder verwerteten Zuckers. Nur unter der Voraussetzung, daß der Körper keinen Zucker zerstören oder verwerten kann, ist der Harnzucker ein Maß der produzierten Zuckermenge. Dies scheint nun beim Phlorhizindiabetes der Fall zu sein können, inwieweit aber diese Voraussetzung in den verschiedenen Diabetesformen zutrifft, ist schwer zu entscheiden. Mehrere Beobachtungen sprechen jedoch dafür, daß meistens ein in den verschiedenen Fällen von Diabetes wechselnder Teil des Zuckers verbrannt oder jedenfalls nicht ausgeschieden wird, und nur in besonderen Fällen könnte man also annähernd richtige Schlüsse ziehen.

Eine Kohlehydratbildung aus Fett kommt unzweifelhaft im Pflanzenreiche vor, und da die chemischen Prozesse in der Tier- und Pflanzenwelt im Grunde dieselben sind, gewinnt die Möglichkeit einer Zuckerbildung aus Fett hierdurch an Wahrscheinlichkeit. Ein solcher Ursprung des Zuckers im Tierkörper ist auch von vielen Forschern, namentlich von PFLÜGER und mehreren französischen Autoren, unter denen CHAUVEAU und KAUFMANN[1]) zu nennen sind, angenommen worden.

Wenn in einem Falle bei möglichst kohlehydratfreier Nahrung der Quotient D:N hoch, vor allem höher als 8 ist, wie auch wenn die ausgeschiedenen Zuckermengen so groß sind, daß sie nicht durch den berechneten Eiweiß- (und Kohlehydrat-) Umsatz gedeckt werden können, hat man, wenn die Beobachtungen sonst einwandfrei sind, eine Zuckerbildung aus Fett anzunehmen. Es sind nun mehrere solche Fälle von Diabetes bei Menschen (RUMPF, ROSENQVIST, MOHR, v. NOORDEN, ALLARD, FALTA und Mitarbeiter u. a.) und auch bei Tieren (HARTOGH und SCHUMM) veröffentlicht worden[2]); man kann zwar nicht diesen Versuchen volle Beweiskraft zuerkennen, man kann aber andererseits nicht leugnen, daß einige von ihnen die Zuckerbildung aus Fett höchst wahrscheinlich machen. Es gibt ferner mehrere Verhältnisse, welche
dafür sprechen, daß im Phlorhizindiabetes nach Schwund des Leberglykogens die in die Leber hineingewanderten Fettmengen als Material der Zuckerbildung dienen (PFLÜGER). Diese Beobachtungen können jedoch eine Zuckerbildung aus Fett nur höchstens wahrscheinlich machen und dasselbe gilt von den Beobachtungen von JUNKERSDORF[3]). Er fand, daß bei durch Hunger und Phlorhizinvergiftung glykogenfrei gemachten Tieren nach dem Tode zu sowohl die Stickstoff- wie die Zuckerausscheidung zunahm, daß aber dabei der Wert D:N höher als bei Zuckerbildung aus Eiweiß allein war. Seine Berechnungen sind jedoch nicht ganz einwandfrei, und auf der anderen Seite gibt es sowohl Beobachtungen an Tieren wie klinische Beobachtungen, welche gegen die Zuckerbildung aus Fett im Diabetes sprechen. So hat LUSK[4]) an Hunden mit Phlorhizindiabetes gefunden, daß der Quotient D:N = 3,65:1 durch Zufuhr von Fett nicht geändert wird, und Zufuhr von Fett vermehrt im allgemeinen nicht die Zuckerausscheidung beim Diabetiker.

Auch durch Bestimmung des Respirationsquotienten und durch Vergleichung desselben mit dem Quotienten D:N hat man die Frage von dem
Material der Zuckerbildung zu lösen versucht. Die in dieser Hinsicht ausgeführten Berechnungen haben indessen zu nicht entscheidenden Resultaten geführt[5]). Da der Quotient D:N kein zuverlässiges Maß der gebildeten

---

[1]) KAUFMANN, Arch. de Physiol. (5) 8, wo auch CHAUVEAU zitiert ist.   [2]) RUMPF, Berl. klin. Wochenschr. 1899; ROSENQVIST ebenda; MOHR ebenda 1901; v. NOORDEN, Die Zuckerkrankheit. 3. Aufl. Berlin 1901; ED. ALLARD, Arch. f. exp. Path. u. Pharm. 57; FALTA und Mitarbeiter, Zeitschr. f. klin. Med. 66; HARTOGH u. SCHUMM, Arch. f. exp. Path. u. Pharm. 45. Man vgl. auch die widersprechenden Arbeiten von O. LOEWI ebenda 47 und LUSK, Zeitschr. f. Biol. 42.   [3]) PFLÜGERS Arch. 137.   [4]) l. c.   [5]) Vgl. MAGNUS-LEVY, Zeitschr. f. klin. Med. 56; PFLÜGER in seinem Arch. 108; L. MOHR, Zeitschr. f. exp. Path. u. Ther. 4.

Zuckermenge ist, und da man die zu einer Zuckerbildung aus Eiweiß erforderliche Sauerstoffmenge gegenwärtig nicht sicher kennt, läßt sich nach der Ansicht des Verfassers mittels des Respirationsquotienten eine Zuckerbildung aus Fett ebensowenig wie eine aus Eiweiß sicher beweisen.

Es gibt also keine ganz sicheren Beweise für eine Zuckerbildung aus Fett bei den höheren Tieren; man kann aber Wahrscheinlichkeitsbeweise dafür anführen. Es steht auch, wenigstens vom theoretischen Standpunkte, nichts der Annahme im Wege, daß der Körper die Fähigkeit besitzt, Zucker sowohl aus Eiweiß wie aus Fett zu produzieren, und eine solche Fähigkeit scheint sehr wahrscheinlich zu sein.

Zucker-
bildung.

Die Galle.

Durch das Anlegen von Gallenfisteln, eine Operation, welche zuerst von SCHWANN im Jahre 1844 ausgeführt wurde und welche in neuerer Zeit besonders von DASTRE und PAWLOW[1]) vervollkommnet worden ist, wird es möglich, die Absonderung der Galle zu studieren. Diese Absonderung geht kontinuierlich aber mit wechselnder Intensität vor sich. Sie findet unter einem sehr geringen Drucke statt, weshalb auch ein anscheinend sehr geringfügiges Hindernis für den Abfluß der Galle — ein Schleimpfropf in dem Ausführungsgange oder die Absonderung einer reichlichen Menge dickflüssiger Galle — eine Stagnation und Resorption der Galle durch die Lymphgefäße (Resorptionsikterus) herbeiführen kann.

Gallenab-
sonderung.

Die Menge der im Laufe von 24 Stunden abgesonderten Galle läßt sich bei Hunden genau bestimmen. Diese Menge scheint bei verschiedenen Individuen ungemein schwankend zu sein, und als Grenzwerte hat man bisher 2,9—36,4 g Galle pro Kilo Tier und 24 Stunden beobachtet[2]).

Die Angaben über die Größe der Gallenabsonderung beim Menschen sind spärlich und unsicher. NOEL-PATON, MAYO-ROBSON, HAMMARSTEN, PFAFF und BALCH und BRAND[3]) haben Schwankungen von 514—1083 ccm pro 24 Stunden gefunden. Derartige Bestimmungen sind indessen von zweifelhaftem Wert, weil es aus der Zusammensetzung der aufgesammelten Galle in den meisten Fällen deutlich hervorgeht, daß es nicht um die Absonderung einer normalen Lebergalle sich gehandelt hat.

Die Größe der Gallenabsonderung ist übrigens, was besonders STADELMANN[4]) hervorgehoben hat, selbst unter physiologischen Verhältnissen so großen Schwankungen unterworfen, daß das Studium derjenigen Umstände, welche dieselbe beeinflussen, sehr schwer und unsicher wird. Hieraus erklären sich wohl auch die oft ganz widersprechenden Angaben verschiedener Forscher.

Gallenab-
sonderung.

Beim Hungern nimmt die Absonderung ab. Nach LUKJANOW und ALBERTONI[5]) sinkt hierbei die absolute Menge der festen Stoffe, während deren relative Menge ansteigt. Nach der Nahrungsaufnahme steigt die Absonderung wieder an. Hinsichtlich des Zeitpunktes nach der Nahrungsaufnahme, in welchem das Maximum der Absonderung auftritt, gehen die Angaben sehr auseinander. Nach einer genauen Durchsicht und Zusammenstellung aller

---

[1]) SCHWANN, Arch. f. (Anat. u.) Physiol. 1844; DASTRE, Arch. de Physiol. (5) 2; PAWLOW, Ergebn. d. Physiol. 1, Abt. 1. [2]) Hinsichtlich der Größe der Gallenabsonderung bei Tieren vgl. man: HEIDENHAIN, Die Gallenabsonderung, in HERMANNS Handb. d. Physiol. 5, und STADELMANN, Der Ikterus und seine verschiedenen Formen, Stuttgart 1891. [3]) NOEL-PATON, Rep. Lab. Roy. Coll. Phys. Edinb. 3; MAYO-ROBSON, Proc. Roy. Soc. 47; HAMMARSTEN, Nova Act. Reg. Soc. Scient. Upsal (3) 16; PFAFF u. BALCH, Journ. of exp. Medic. 1897; BRAND, PFLÜGERS Arch. 90. [4]) STADELMANN, Der Ikterus usw. Stuttgart 1891. [5]) LUKJANOW, Zeitschr. f. physiol. Chem. 16; ALBERTONI, Recherches sur la sécrétion biliaire, Turin 1893.

vorhandenen älteren Angaben war HEIDENHAIN[1]) zu dem Schlusse gekommen, daß bei Hunden die Kurve der Absonderungsgeschwindigkeit zwei Maxima zeigt, das erste um die 3. bis 5., das zweite um die 13. bis 15. Stunde nach der Nahrungsaufnahme. Nach BARBÉRA ist der Zeitpunkt, wo das Maximum auftritt, auch von der Art der Nahrung abhängig. Bei Kohlehydratnahrung fällt es in der 2. bis 3., nach Eiweißnahrung in der 3. bis 4. und bei Fettnahrung in der 5. bis 7. Stunde nach der Verfütterung. Nach LOEB[2]) trat das Maximum nach Verfütterung von Fleisch, Kasein oder Gliadin bei Hunden 1—2 Stunden nach der Mahlzeit auf.

Wirkung der Nahrungsaufnahme.

Nach älteren Angaben ruft unter den verschiedenen Nährstoffen vor allem das Eiweiß eine vermehrte Gallenabsonderung hervor, während die Kohlehydrate die Absonderung herabsetzen oder jedenfalls viel weniger als das Eiweiß anregen sollen. Dies stimmt auch gut mit den Beobachtungen von BARBÉRA überein. Hinsichtlich der Wirkung des Fettes sind die Angaben etwas divergierend. Während mehrere ältere Forscher keine Steigerung der Gallenabsonderung, sondern eher das Gegenteil nach Fütterung mit Fett beobachteten, hat BARBÉRA nach Fettfütterung eine unzweifelhafte Steigerung der Gallensekretion, die größer als nach Kohlehydratfütterung ist, konstatieren können. Nach einigen Forschern (ROSENBERG u. a.) soll das Olivenöl ein besonders starkes Cholagogum sein, eine Angabe, welche andere Forscher (MANDELSTAMM, DOYON und DUFOURT)[3]) indessen nicht bestätigen konnten.

Wirkung verschiedener Nahrungsstoffe.

Wie BARBÉRA gezeigt hat, besteht eine nahe Beziehung zwischen der Gallenabsonderung und der Menge des gebildeten Harnstoffes, indem eine Steigerung der ersteren mit einer Vermehrung des letzteren Hand in Hand geht. Die Galle ist dementsprechend nach ihm ein Produkt der Desassimilation, dessen Menge mit dem Grade, in welchem die Leber arbeitet, steigt und fällt.

Die Frage, ob es besondere medikamentöse Stoffe, sog. Cholagoga, gibt, die eine spezifisch anregende Wirkung auf die Gallenabsonderung ausüben, ist auch sehr verschieden beantwortet worden. Es haben nämlich mehrere, besonders ältere Beobachter eine vermehrte Gallenabsonderung nach dem Gebrauche von gewissen Arzneimitteln, wie Kalomel, Rhabarber, Jalappe, Terpentinöl, Olivenöl u. a. beobachtet, während andere, besonders neuere Forscher, zu ganz entgegengesetzten Resultaten gelangt sind. Allem Anscheine nach rühren diese Widersprüche von den großen Unregelmäßigkeiten der normalen Sekretion her, die bei Versuchen mit Arzneimitteln leicht zu Täuschungen führen können.

Cholagoga.

Dagegen kann die Angabe SCHIFFS[4]), daß die vom Darmkanale aus resorbierte Galle eine Steigerung der Gallenausscheidung bewirkt und demgemäß als ein Cholagogum wirkt, als eine durch die Untersuchungen mehrerer Forscher sicher festgestellte Tatsache angesehen werden. Das Natriumsalizylat scheint auch ein Cholagogum zu sein, und nach PETROWA[5]) sollen beim Hunde Natriumbenzoat, Thymol, Phenol, Menthol und überhaupt solche Stoffe,

Cholagoga.

---

[1]) HERMANNs Handb. 5 und STADELMANN, Der Ikterus. [2]) BARBÉRA, Zentralbl. f. Physiol. 12 u. 16; A. LOEB, Zeitschr. f. Biol. 55. Man vgl. auch M. G. FOSTER, C. W. HOOPER und S. H. WHIPPLE, Journ. of biol. Chem. 38. [3]) BARBÉRA, Bull. della scienz. med. di Bologna (7) 5; MALYs Jahresb. 24 und Zentralbl. f. Physiol. 12 u. 16; ROSENBERG, PFLÜGERs Arch. 46; MANDELSTAMM, Über den Einfluß einiger Arzneimittel auf Sekretion und Zusammensetzung der Galle, Dissert. Dorpat 1890; DOYON u. DUFOURT, Arch. de Physiol. (5) 9.   Hinsichtlich der Einwirkung verschiedener Nährstoffe und Arzneimittel auf die Gallenabsonderung vgl. man übrigens HEIDENHAIN l. c.; STADELMANN, Der Ikterus, und BARBÉRA l. c. Vgl. ferner die Referate in MALYs Jahresbericht 43. [4]) PFLÜGERs Arch. 3.   Vgl. auch FOSTER, HOOPER u. WHIPPLE l. c.   [5]) Zeitschr. f. physiol. Chem. 74 (Literaturangaben).

welche im Tierkörper zu Ätherschwefelsäuren sich paaren, die Gallenabsonderung vermehren.

Säuren, und in erster Linie unter normalen Verhältnissen die Salzsäure, scheinen ein physiologischer Reiz für die Gallenabsonderung zu sein. Nach FALLOISE und FLEIG wirken die Säuren auf das Duodenum und den obersten Teil des Jejunums, und die Wirkung kommt durch eine Sekretinbildung wie bei der Einwirkung von Säuren auf die Pankreassaftabsonderung zustande (vgl. Kapitel 9). In analoger Weise soll nach FALLOISE[1]) das Chlorhydrat, in das Duodenum eingeführt, durch ein besonderes „Chloralsekretin" die Gallenabsonderung anregen. Säuren und Gallenabsonderung.

Die Galle ist ein Gemenge von dem Sekrete der Leberzellen und dem sog. Schleim, welcher von den Drüsen der Gallengänge und von der Schleimhaut der Gallenblase abgesondert wird. Das Sekret der Leber, welches regelmäßig einen niedrigeren Gehalt an festen Stoffen als die Blasengalle hat, ist dünnflüssig und klar, während die in der Blase angesammelte Galle, infolge einer Resorption von Wasser und der Beimengung von „Schleim", mehr zähe und dickflüssig und durch Beimengung von Zellen, Pigmentkalk und dergleichen trübe wird. Das spez. Gewicht der Blasengalle schwankt bedeutend, beim Menschen zwischen 1,01 und 1,04. Die Reaktion ist alkalisch auf Lackmus. Die Blasengalle hat eine wechselnde, schwach alkalische bis saure Reaktion und bei verschiedenen Tieren ist nach OKADA[2]) $P_H = 7,47$ bis 5,33. Die Farbe ist bei verschiedenen Tieren wechselnd, goldgelb, gelbbraun, olivenbraun, braungrün, grasgrün oder blaugrün. Die Menschengalle, wie man sie von Hingerichteten unmittelbar nach dem Tode erhält, ist gewöhnlich goldgelb oder gelb mit einem Stich ins Bräunliche. Es kommen jedoch auch Fälle vor, in welchen die frische Blasengalle des Menschen eine grüne Farbe hat. Die gewöhnliche Leichengalle hat eine wechselnde Farbe. Die Galle einiger Tiere hat einen eigentümlichen Geruch. So hat z. B. die Rindergalle, besonders beim Erwärmen, einen Geruch nach Moschus. Der Geschmack der Galle ist ebenfalls bei verschiedenen Tieren ein verschiedener. Die Menschen- und Rindergallen schmecken bitter mit einem süßlichen Nachgeschmack. Die Galle von Schweinen und Kaninchen hat einen intensiven, rein bitteren Geschmack. Leber- und Blasengalle.

Beim Erhitzen zum Sieden gerinnt die Galle nicht. Die Rindergalle enthält nur Spuren von echtem Muzin, und ihre schleimige Beschaffenheit rührt nach PAIJKULL hauptsächlich von einem muzinähnlichen Nukleoalbumin her. Ähnlich verhalten sich auch die Gallen mehrerer vom Verfasser untersuchten Tiere. In der Menschengalle hat HAMMARSTEN[3]) dagegen echtes Muzin gefunden. Allem Anscheine nach stammt dieses Muzin aus den Gallengängen, denn einerseits fand Verfasser es in der aus dem Ductus hepaticus ausfließenden Galle und andererseits sondert die Gallenblasenschleimhaut nach WAHLGREN[4]) auch beim Menschen kein Muzin, sondern ein muzinähnliches Nukleoalbumin ab. Physikalische Eigenschaften der Galle.

Als spezifische Bestandteile enthält die Galle *Gallensäuren*, an Alkalien gebunden, und *Gallenfarbstoffe* und als andere Bestandteile in wechselnden Mengen Lezithin und andere Phosphatide, Cholesterin, Seifen, Neutralfette, Harnstoff, Ätherschwefelsäure, ferner Spuren von gepaarten Glukuronsäuren, Enzyme, Mineralstoffe, hauptsächlich Chloride und daneben Phosphate von Kalzium, Magnesium und Eisen. Spuren von Kupfer kommen auch vor. Gallenbestandteile.

---

[1]) FALLOISE, Bull. Acad. Roy. de Belg. 1903; FLEIG ebenda 1903. [2]) Journ. of Physiol. 50. [3]) PAIJKULL, Zeitschr. f. physiol. Chem. 12; HAMMARSTEN l. c. Nova Act. (3) 16 nnd Ergebn. d. Physiol. 4. [4]) MALYS Jahresb. 32.

Gallensaure Alkalien. Die bisher am besten studierten Gallensäuren können auf zwei Gruppen, die Glykochol- und die Taurocholsäure-gruppe, verteilt werden. Wie HAMMARSTEN[1]) gefunden hat, kommt indessen bei Haifischen auch eine dritte Gruppe von Gallensäuren vor, die reich an Schwefel sind und wie die Ätherschwefelsäuren beim Sieden mit Salzsäure Schwefelsäure abspalten. Alle Glykocholsäuren sind stickstoffhaltig, aber schwefelfrei und können unter Wasseraufnahme in Glykokoll und eine stick-stofffreie Säure, eine Cholalsäure, gespalten werden. Alle Taurocholsäuren enthalten Stickstoff und Schwefel und werden unter Wasseraufnahme in schwefelhaltiges Taurin und eine Cholalsäure gespalten. Daß es verschiedene Glykochol- und Taurocholsäuren gibt, liegt also daran, daß es mehrere Cholal-säuren gibt[2]).

Haupt-gruppen von Gallen-säuren.

Die bei Haifischen gefundene gepaarte Gallensäure, von HAMMARSTEN Scymnol-schwefelsäure genannt, liefert als nächste Spaltungsprodukte Schwefelsäure und eine stickstofffreie Substanz, Scymnol ($C_{27}H_{46}O_5$), welche die für die Cholalsäure charakte-ristischen Farbenreaktionen gibt.

Scymnol-säure.

Die verschiedenen Gallensäuren kommen in der Galle als Alkalisalze, und zwar, entgegen älteren Angaben, auch bei Seefischen (ZANETTI)[3]) über-wiegend als Natriumverbindungen vor. In der Galle einiger Tiere findet sich fast nur Glykocholsäure, in der anderer nur Taurocholsäure und bei anderen Tieren ein Gemenge von beiden (vgl. unten).

Sämtliche gallensaure Alkalien sind löslich in Wasser und Alkohol, aber unlöslich in Äther. Ihre Lösung in Alkohol wird deshalb von Äther gefällt, und diese Fällung ist bei hinreichend vorsichtiger Arbeit für fast alle bisher untersuchte Gallen in Rosetten oder Ballen von feinen Nadeln oder 4—6-seitigen Prismen kristallisiert erhalten worden (PLATTNERs kristallisierte Galle). Auch die frische Menschengalle kristallisiert leicht. Die Gallensäuren und deren Salze sind optisch aktiv und rechtsdrehend. Zu Neutralsalzen verhalten sich die Salze der verschiedenen Gallensäuren etwas verschieden. Die Alkali-salze der gewöhnlichsten, am besten studierten Gallensäuren aus Menschen-, Rind- und Hundegalle werden aber nach TENGSTRÖM[4]) von Ammonium- und Magnesiumsulfat wie auch, in reinem Zustande, von Natriumnitrat und Chlor-natrium (bis zur Sättigung eingetragen) gefällt. Kalium- und Natriumsulfat fällen sie dagegen nicht. Aus der Galle direkt können die gallensauren Alkalien infolge der Anwesenheit von fällungshemmenden Stoffen, unter anderen Ölseife, nicht direkt mit NaCl ausgesalzen werden.

Kristalli-sierte Galle.

Verhalten zu Neutral-salzen.

Von konzentrierter Schwefelsäure werden die Gallensäuren bei Zimmer-temperatur zu einer rotgelben, prachtvoll in grün fluoreszierenden Flüssigkeit gelöst. Hierbei findet nach PREGL eine Oxydation unter Reduktion der Schwefelsäure zu Schwefeldioxyd statt. Die fluoreszierende Substanz hat PREGL[5]) Dehydrocholon genannt. Bei vorsichtigem Erwärmen mit konzen-trierter Schwefelsäure und ein wenig Rohrzucker geben die Gallensäuren eine prachtvoll kirschrote oder rotviolette Flüssigkeit. Auf diesem Verhalten gründet sich die PETTENKOFERsche Reaktion auf Gallensäuren.

Fluores-zenzprobe.

Die PETTENKOFERsche Gallensäureprobe führt man in folgender Weise aus. In einer kleinen Porzellanschale löst man eine ganz kleine Menge Galle in Substanz direkt in wenig konzentrierter Schwefelsäure und erwärmt, oder man mischt ein wenig der gallensäurehaltigen Flüssigkeit mit konzentrierter Schwefel-säure unter besonderem Achtgeben darauf, daß in beiden Fällen die Temperatur nicht höher als + 60 bis 70° C steigt. Dann setzt man unter Umrühren vorsichtig

Die Petten-kofersche Gallen-säureprobe.

---

[1]) HAMMARSTEN, Zeitschr. f. Physiol. Chem. 24. [2]) Die Arbeiten von STRECKER über die Gallensäuren findet man in Annal. d. Chem. u. Pharm. 65, 67, 70. [3]) Vgl. Chem. Zentralbl. 1903, 1, S. 180. [4]) Zeitschr. f. physiol. Chem. 41. [5]) Ebenda 45.

mit einem Glasstabe eine 10%ige Rohrzuckerlösung tropfenweise zu. Bei Gegenwart von Galle erhält man nun eine prachtvoll rote Flüssigkeit, deren Farbe bei Zimmertemperatur nicht verschwindet, sondern gewöhnlich im Laufe eines Tages mehr blau-violett wird. Die rote Flüssigkeit zeigt in dem Spektrum zwei Absorptionsstreifen, den einen bei F und den anderen zwischen D und E, neben E.

Pettenkofers Probe.

Diese außerordentlich empfindliche Reaktion mißglückt jedoch, wenn man zu stark erwärmt oder eine nicht passende Menge — besonders zu viel — Zucker zusetzt. In dem letztgenannten Falle verkohlt der Zucker leicht und die Probe wird mißfarbig, braun oder schwarzbraun. Wenn die Schwefelsäure schweflige Säure oder die niedrigen Oxydationsstufen des Stickstoffes enthält, mißglückt die Reaktion leicht. Mehrere andere Stoffe als die Gallensäuren, wie Eiweiß, Ölsäure, Phosphatide, Amylalkohol, Morphin u. a., können eine ähnliche Reaktion geben, und man darf daher in zweifelhaften Fällen die spektroskopische Untersuchung der roten Lösung nicht unterlassen.

Die Reaktion mit Furfurol.

Zu der PETTENKOFERschen Gallensäureprobe kann statt des Zuckers Furfurol benutzt werden (MYLIUS). Nach MYLIUS und v. UDRANSZKY[1] wendet man am besten eine Furfurollösung von 1 p. m. an. Man löst die Galle in Alkohol, welcher jedoch erst mit Tierkohle von Verunreinigungen befreit werden muß. Zu je 1 ccm der alkoholischen Gallenlösung in einem Reagenzgläschen setzt man 1 Tropfen Furfurollösung und 1 ccm konzentrierter Schwefelsäure und kühlt dann, wenn nötig, ab, damit die Probe sich nicht zu sehr erwärme. In dieser Weise ausgeführt, soll die Reaktion noch $1/20$—$1/30$ mg Cholsäure anzeigen (v. UDRANSKY). Auch andere Modifikationen der PETTENKOFERschen Probe sind vorgeschlagen worden.

Furfurolreaktion.

Die Reaktion mit Furfurol ist nach VILLE und DERRIEN nicht identisch mit der, welche man mit Rohrzucker erhält, und die Absorptionsstreifen haben nicht in beiden Fällen dieselbe Lage. Die Reaktion mit Rohrzucker beruht übrigens nach den genannten Forschern nicht auf einer Furfurolbildung aus dem Zucker. Die Säure hydrolysiert den Rohrzucker und aus der hierbei entstandenen Fruktose wird durch weitere Säurewirkung 4-Methyl-2-Oxyfurfurol gebildet, welches mit der Cholalsäure die Farbenreaktion gibt. Statt Furfurol können nach VILLE und DERRIEN[2] auch andere Aldehyde wie Vanillin und Anisaldehyd benutzt werden.

Glykocholsäure.

Glykocholsäure. Die Zusammensetzung der in der Menschen- und Rindergalle vorkommenden, am meisten studierten Glykocholsäure wird durch die Formel $C_{26}H_{43}NO_6$ ausgedrückt. In der Galle der Fleischfresser fehlt die Glykocholsäure ganz oder fast ganz. Beim Sieden mit Säuren oder Alkalien wird die Glykocholsäure, der Hippursäure analog, in Cholsäure und Glykokoll zerlegt.

Glykocholsäuresynthese.

Durch Einwirkung von Hydrazinhydrat auf Cholsäureäthylester haben BONDI und MÜLLER[3] erst Cholsäurehydrazid, dann durch Einwirkung von salpetriger Säure aus ihm Cholsäureazid, $C_{23}H_{39}O_3CO . N_3$, und endlich aus dem letzteren in alkalischer Lösung mit Glykokoll unter Abspaltung von Stickstoffalkali Glykocholsäure synthetisch dargestellt.

Eigenschaften und Verhalten.

Die Glykocholsäure kristallisiert in feinen, farblosen Nadeln oder Prismen. Sie löst sich schwer in Wasser (in etwa 300 Teilen kalten und 120 Teilen siedenden Wassers) und wird daher leicht durch Zusatz von einer verdünnten Mineralsäure zu der Lösung des Alkalisalzes in Wasser ausgefällt. Nach BONDI[4] ist sie eine ziemlich starke Säure, etwa von der Stärke der Milchsäure, aber viel stärker als die Essigsäure. Die letztgenannte Säure fällt aber ebenfalls die Glykocholsäure aus der Lösung ihres Alkalisalzes in Wasser. Die

---

[1] MYLIUS, Zeitschr. f. physiol. Chem. 11; UDRANSZKY ebenda 12. [2] Chem. Zentralbl. 1909, 2, S. 1699 und Compt. rend. soc. biol. 64 u. 66. [3] Zeitschr. f. physiol. Chem. 47. [4] Zeitschr. f. physiol. Chem. 53.

Glykochol-
säure.
Glykocholsäure löst sich leicht in starkem Alkohol, aber schwer in Äther. Die Lösungen haben einen bitteren, gleichzeitig süßlichen Geschmack. Der Schmelzpunkt wechselt je nach der verschiedenen Darstellungsmethode. Nach LETSCHE sintert die kristallwasserhaltige Säure ($1\frac{1}{2}$ Mol. Kristallwasser) bei raschem Erhitzen bei 126^0, und bei 130^0 ist ein lebhaftes Aufschäumen zu beobachten. Die kristallwasserfreie Säure sintert bei $130-132^0$ und zersetzt sich unter Aufschäumen bei $154-155^0$ C. Die mehrmals aus Alkohol durch Wasserzusatz kristallisierte, bei $100-105^0$ getrocknete Säure schmilzt nach Verfasser[1]) bei $126-128^0$ C.

Die Salze mit Alkalien und alkalischen Erden sind in Wasser löslich. Die Lösung der Alkalisalze in Wasser kann durch NaCl, nicht aber durch KCl, ausgesalzen werden. Die Salze der schweren Metalle sind meistens unlöslich oder schwer löslich in Wasser. Die Lösung des Alkalisalzes in Wasser wird von Bleizucker, Kupferoxyd- und Ferrisalzen und Silbernitrat gefällt.

Beim Sieden mit Wasser geht die Säure in die mit ihr nach LETSCHE[2]) wahrscheinlich physikalisch isomere Paraglykocholsäure über, welche in lang-

**Paraglyko-
cholsäure.**
gestreckten Blättchen kristallisiert, in kristallwasserhaltiger Form bei etwa 186^0 ein leichtes Sintern zeigt und bei 198^0 C unter Aufschäumen sich zersetzt. Durch Auflösung in Alkohol oder in verdünnten Alkalien geht die Parasäure in die gewöhnliche Glykocholsäure über.

Glykocholeinsäure (**Glykodesoxycholsäure**) ist eine zweite, zuerst von WAHLGREN[3]) aus Rindergalle isolierte Glykocholsäure von der Formel

**Glykocho-
leinsäure.**
$C_{26}H_{43}NO_5$, und sie ist außer in der Rindergalle auch in Menschengalle und in der Galle des Moschusochsen nachgewiesen worden (HAMMARSTEN)[4]). Diese Säure lieferte bei hydrolytischer Spaltung Choleinsäure, welche nach WIELAND und SORGE eine Additionsverbindung von Desoxycholsäure mit Fettsäure ist (vgl. unten).

**Glykodes-
oxychol-
säure.**
Nach dem von BONDI und MÜLLER (vgl. oben) ausgearbeiteten Verfahren haben WIELAND und STENDER[5]) die Glykodesoxycholsäure synthetisch dargestellt; aber diese Säure war nicht identisch mit der von WAHLGREN dargestellten Säure. Sie hatte nämlich einen bedeutend höheren Schmelzpunkt, $187-188^0$ C, und wich auch in ein paar anderen Beziehungen ein wenig von ihr ab. Spez. Drehung in Alkohol (bei c = 2,389 p. c.) (α) D $= + 48{,}7^0$.

**Eigen-
schaften.**
Die Glykocholeinsäure, wie sie WAHLGREN erhielt, kann wie die Glykocholsäure in Büscheln von feinen Nadeln kristallisieren, wird aber oft in kürzeren dicken Prismen erhalten. Sie ist viel schwerlöslicher in Wasser, auch in siedendem, als die Glykocholsäure und schmilzt bei $175-176^0$ C. Die Alkalisalze sind löslich in Wasser, haben einen fast rein bitteren Geschmack und werden von Neutralsalzen (NaCl) leichter als die Glykocholate gefällt. Die Lösungen der Alkalisalze werden nicht nur von Salzen der schweren Metalle, sondern auch von Baryum-, Kalzium- und Magnesiumsalzen gefällt.

Das Prinzip der **Reindarstellung der Glykocholsäuren** besteht darin, daß man eine 2—3prozentige Lösung der schleimfreien Galle, wenn sie reich an Glykocholsäure ist (sog. HÜFNER-Galle)[6]) mit Äther und darauf mit $2^0/_0$ Salzsäure versetzt. Wird die Galle nicht direkt von Salzsäure gefällt (relativ glykocholsäure-

**Darstellung
der Glyko-
cholsäuren.**
arme Galle), so fällt man erst mit Eisenchlorid- oder (am besten) Bleizuckerlösung die Hauptmasse der Glykocholsäure aus, zersetzt den Niederschlag mit Soda-lösung und versetzt die 2prozentige Lösung wie oben mit Äther und Salzsäure. Die auskristallisierte, gewaschene Masse wird mit Wasser ausgekocht und die

---

[1]) Vgl. ABDERHALDEN, Die biochem. Arbeitsmethode, **2**, 2, S. 648.   [2]) Zeitschr. f. physiol. Chem. **60** u. **73**.   [3]) Ebenda **36**.   [4]) Ebenda **43**.   [5]) H. WIELAND mit H. SORGE ebenda **97**; mit H. STENDER ebenda **106**.   [6]) HÜFNER, Journ. f. prakt. Chem. (N. F.) **10**, 19 u. 25.

beim Erkalten auskristallisierte Glykocholsäure aus heißem Wasser oder aus
Alkohol durch Zusatz von Wasser umkristallisiert. Die nach dem Auskochen mit
Wasser zurückgebliebenen Reste (Paraglykocholsäure und Glykocholeinsäure)
werden in Baryumsalze übergeführt und nach einem umständlichen Verfahren
(vgl. WAHLGREN) auf Glykocholeinsäure verarbeitet. Bezüglich der Darstellung
beider Säuren wird im übrigen auf größere Werke hingewiesen.

Hyoglykocholsäure, $C_{27}H_{43}NO_5$, hat man die kristallisierende Glykocholsäure der
Schweinegalle genannt. Sie ist sehr schwerlöslich in Wasser. Die Alkalisalze, deren
Lösungen einen intensiv bitteren Geschmack ohne süßlichen Nebengeschmack haben, Hyoglyko-
werden von $CaCl_2$, $BaCl_2$ und $MgCl_2$ gefällt und können von Na_2SO_4, in hinreichender cholsäuren.
Menge zugesetzt, wie eine Seife ausgesalzen werden. Nach M. PIETTRE kann man sie
durch Aussalzen mit Alkalilauge ganz schwefelfrei erhalten, was nach anderen Methoden
nicht gelungen ist. Durch Ausfällung mit NaCl in solcher Menge, daß der Niederschlag
beim Erwärmen sich wieder löst, kann man beim Erkalten das Alkalisalz in makroskopi-
schen Kristallen erhalten (HAMMARSTEN)[1]. Neben dieser Säure kommt in der Schweinegalle noch eine zweite, sehr ähnliche Glykocholsäure vor (JOLIN)[2].

Das Glykocholat in der Galle der Nager wird auch von den obengenannten Erd-
salzen gefällt, kann aber, wie das entsprechende Salz der Menschen- oder Rindergalle,
durch Sättigung mit einem Neutralsalz nicht direkt aus der Galle ausgeschieden werden.
Guanogallensäure ist eine der Glykocholsäuregruppe vielleicht angehörige, in Peruguano
gefundene, nicht näher untersuchte Säure.

Taurocholsäure. Die in der Galle von Menschen, Fleischfressern, Rindern
und einigen anderen Pflanzenfressern, wie Schafen und Ziegen, vorkommende Taurochol-
Taurocholsäure hat die Zusammensetzung $C_{26}H_{45}NSO_7$. Beim Sieden mit säure.
Säuren und Alkalien spaltet sie sich in Cholsäure und Taurin. Die Taurocholsäure ist von BONDI und MÜLLER nach demselben Prinzipe wie die Glykocholsäure synthetisch dargestellt worden.

Die Taurocholsäure kann nach dem von HAMMARSTEN[3] angegebenen
Verfahren leicht in Gruppen von feinen Nadeln oder, bei langsamer Kristallisation, in schönen Prismen erhalten werden. Die Kristalle sind luftbeständig,
zersetzen sich aber bei über 100° C. Sie sind löslich in Alkohol, aber unlöslich in Äther, Benzol und Azeton. In Wasser ist die Säure sehr leicht löslich
und die Lösung hat einen überwiegend süßen, nur wenig bitteren Geschmack.
Die Säure kann ihrerseits auch die schwer lösliche Glykocholsäure in Lösung
halten. Dies ist der Grund, warum ein Gemenge von Glykocholat mit einer
genügenden Menge von Taurocholat, wie es oft in der Rindergalle vorkommt,
nicht von einer verdünnten Säure gefällt wird. Die Salze der Taurocholsäure Eigen-
sind im allgemeinen leicht löslich in Wasser, und die Lösungen der Alkalisalze schaften
werden nicht von Kupfersulfat, Silbernitrat oder Bleizucker gefällt. Bleiessig halten.
erzeugt dagegen einen in siedendem Alkohol löslichen Niederschlag. Das Alkalisalz wird aus wäßriger Lösung nicht nur von denselben Neutralsalzen wie das
Glykocholat, sondern außerdem auch von Chlorkalium, Natrium- und Kalium-
azetat gefällt.

Taurocholeinsäure (Taurodesoxycholsäure) ist eine zweite, von HAM-
MARSTEN in der Hundegalle nachgewiesene und von GULLBRING[4] aus Rindergalle isolierte Taurocholsäure von der Formel $C_{26}H_{45}NSO_6$ oder $C_{27}H_{47}NSO_6$.
Die Säure ist bisher nur amorph erhalten worden. Sie ist leicht löslich in Tauro-
Wasser mit widrig bitterem Geschmack. Sie ist auch leicht löslich in Alkohol, cholein-
aber unlöslich in Äther, Azeton, Chloroform und Benzol. Das in Wasser lös- säure.
liche Alkalisalz kann durch NaCl als eine honigähnliche Masse ausgesalzen
werden. Die Lösung des Salzes wird von Eisenchlorid gefällt. Die Spaltungsprodukte sind Taurin und Choleinsäure (vgl. unten, Desoxycholsäure).

---

[1] HAMMARSTEN, Nicht veröffentlichte Untersuchung; M. PIETTRE, Recherches sur
la bile, Laval, 1910. [2] Zeitschr. f. physiol. Chem. 12 u. 13. [3] Ebenda 43. [4] HAM-
MARSTEN ebenda 43; GULLBRING ebenda 45.

Nach dem oben erwähnten Prinzipe (BONDI und MÜLLER) haben WIE-
Taurodes- LAND und STENDER[1]) eine Taurodesoxycholsäure synthetisch dargestellt.
oxychol- Die Säure kristallisiert, hat aber keinen scharfen Schmelzpunkt, schmeckt
säure. intensiv bitter und hat in wäßriger Lösung (c = 1,997 p. c.) (α) D = + 33,04^0.
Da die von GULLBRING isolierte Säure nicht rein war, ist ein Vergleich mit
der synthetisch dargestellten Säure nicht möglich.

Die Darstellung der Taurocholsäuren geschieht am einfachsten aus
einer glykocholsäurefreien oder an dieser Säure sehr armen Galle, wie Fisch- oder
Hundegalle, am einfachsten aus der letzteren. Die Wasserlösung der schleimfreien Galle wird mit Eisenchlorid möglichst vollständig gefällt. Dieser Niederschlag wird auf Taurocholeinsäure und das Filtrat auf Taurocholsäure verarbeitet.
Aus dem Filtrate wird erst das Eisen mit Na_2CO_3 entfernt, und dann wird das
Darstellung schwach alkalische Filtrat mit NaCl gesättigt. Es scheidet sich hierbei das Tauro-
der Tauro- cholat aus, welches, nach weiterer Reinigung, mit salzsäurehaltigem Alkohol zer-
cholsäuren. legt wird. Die Taurocholsäure wird aus dem alkoholischen Filtrate mit Äther
gefällt und aus wasserhaltigem Alkohol durch Ätherzusatz umkristallisiert. Zur
Darstellung der Taurocholeinsäure wird die obige Eisenfällung mit Soda behandelt,
das Alkalisalz der Taurocholeinsäure mit salzsäurehaltigem Alkohol zerlegt, die
Säure aus der alkoholischen Lösung mit Äther gefällt und die Fällung aus Alkohol
mit Äther wiederholt.

Chenotaurocholsäure hat man eine in der Gänsegalle als die wesentlichste Gallensäure derselben vorkommende Säure von der Formel $C_{29}H_{49}NSO_6$ genannt. Diese, wenig
studierte Säure ist amorph, löslich in Wasser und Alkohol.

Die Taurocholsäuren sind zum Unterschied von den Glykocholsäuren
im allgemeinen leicht löslich in Wasser. In der Galle des Walrosses kommt
Taurochol- indessen eine verhältnismäßig schwerlösliche, leicht kristallisierende Taurochol-
säuren. säure vor, die wie eine Glykocholsäure aus der Lösung des Alkalisalzes in
Wasser durch Zusatz einer Mineralsäure ausgefällt werden kann (HAMMAR-
STEN)[2]).

Bei der Hydrolyse spalten sich, wie oben erwähnt, die gepaarten Gallensäuren in stickstofffreie Cholalsäuren und Glykokoll bzw. Taurin. Die am
genauesten studierten Cholalsäuren sind in erster Linie die in Rindergalle
Cholal- und mehreren anderen Gallen vorkommenden zwei Säuren Cholsäure und
säuren. Desoxycholsäure. Hierzu kommt noch die in neuerer Zeit von H. FISCHER[3])
in Rindergallensteinen gefundene und dann von H. WIELAND und P. WEY-
LAND[4]) aus Rindergalle dargestellte und eingehend studierte Lithocholsäure.

Die drei Säuren, Cholsäure $(C_{24}H_{40}O_5 = C_{23}H_{36}(OH)_3 . COOH)$, Desoxycholsäure $(C_{24}H_{40}O_4 = C_{23}H_{37}(OH)_2 . COOH)$ und Lithocholsäure
$(C_{24}H_{40}O_3 = C_{23}H_{38}(OH) . COOH)$ sind gesättigte, einbasische Alkoholsäuren.
Cholal- Sie stammen von demselben Kohlenwasserstoff $C_{24}H_{42}$, von WEILAND[5])
säuren. Cholan genannt, her; und da dieser Kohlenwasserstoff um 4 Wasserstoff-
moleküle ärmer als der entsprechende aliphatische Kohlenwasserstoff ist, muß
es 4 hydroaromatische Ringe enthalten. Für die nähere Kenntnis des chemischen Baues der genannten Säuren ist ihr Verhalten teils bei der Oxydation
und teils bei der Trockendestillation mit nachfolgender Hydrierung sehr
belehrend gewesen.

Bei gelinder Oxydation tritt Wasserstoff aus, und es entstehen die entsprechenden einbasischen Ketosäuren, nämlich Dehydrocholsäure[6]),
$C_{20}H_{33}(CO)_3 . COOH$, Dehydrodesoxycholsäure, früher von LATSCHINOFF[7])

---

[1]) l. c. **106.** [2]) Zeitschr. f. phys. Chem. **61.** [3]) Ebenda **73.** [4]) Ebenda **110.**
[5]) Ebenda **106.** Die übrigen Arbeiten von WIELAND und Mitarbeitern findet man
ebenda **80, 97, 98, 108, 110.** [6]) HAMMARSTEN, Ber. d. d. chem. Gesellsch. **14.** [7]) P.
LATSCHINOFF ebenda **18;** F. PREGL, Wien. Sitzungsber. **111;** Math. Nat. Kl. 1902;
WIELAND (u. SORGE) l. c. **97.**

Dehydrocholeinsäure genannt, $C_{21}H_{35}(CO)_2 . COOH$, und Dehydrolithocholsäure, $C_{22}H_{37}(CO) . COOH$ (WIELAND), was also zeigt, daß die drei Säuren sekundäre Alkoholgruppen enthalten. Bei weiterer Oxydation entstehen, unter Aufsprengung eines sauerstoffhaltigen Ringes mit Bildung von zwei Karboxylgruppen, dreibasische Ketosäuren. Die Cholsäure liefert die zwei isomeren Säuren Bilian- und Isobiliansäure, $C_{24}H_{34}O_8$ (CLEVE, LATSCHINOFF)[1]), die Desoxycholsäure Cholan- und Isocholansäure, $C_{24}H_{36}O_7$ (TAPPEINER, LATSCHINOFF, PREGL)[2]), welche nach WIELAND (s. unten) zweckmäßiger Desoxybilian- und Isodesoxybiliansäure genannt werden, und die Lithocholsäure liefert Lithobiliansäure, $C_{24}H_{38}O_6$ (WIELAND). Eine Isolithobiliansäure hat man noch nicht erhalten. *Oxydations-produkte.*

W. BORSCHE und E. ROSENKRANZ[3]) haben die Bilian- und Isobiliansäure zu (Cholan- und Isocholansäure, d. h. zu) Desoxybilian- und Isodesoxybiliansäure reduzieren können, wodurch gezeigt wurde, daß die beiden sekundären Alkoholgruppen in der Desoxycholsäure auch in der Cholsäure in gleicher Stellung enthalten sind. Diese zwei Gruppen finden sich nach WIELAND[4]) in je einem von zwei kondensierten hydroaromatischen Ringen, die eine in einem Sechsring und die andere höchst wahrscheinlich in einem Fünfring. Die sekundäre Alkoholgruppe der Lithocholsäure findet sich in einem Sechsring, und es ist der Sechsring, welcher bei der Bildung der verschiedenen Biliansäuren geöffnet wird. *Alkohol-gruppen.*

Durch Oxydation kann die Biliansäure in die gegen weitere oxydative Einwirkung sehr resistente Ciliansäure, welche von M. SCHENCK[5]) als eine Diketotetrakarbonsäure von der wahrscheinlichen Formel $C_{24}H_{34}O_{10}$ betrachtet wird, übergeführt werden. Bei sehr kräftiger Oxydation mit Salpetersäure liefert die Biliansäure eine neue, zuerst von LETSCHE erhaltene Säure, die von SCHENCK[6]) Biloidansäure genannt wird und die von LETSCHE angegebene Formel $C_{19}H_{28}O_{10}$ haben soll. *Cilian- und Biloidan-säure.*

Die bei Oxydation von Cholsäure mit Salpetersäure von mehreren älteren Forschern und auch von späteren erhaltene und studierte Choloidansäure, welche LATSCHINOFF Cholekampfersäure genannt hat, entsteht nach WIELAND[7]) nur bei Anwesenheit von Desoxycholsäure. Sie wird nämlich nicht aus reiner Cholsäure oder Biliansäure, wohl aber reichlich aus Desoxycholsäure oder noch leichter aus Desoxybiliansäure erhalten. Die Choloidansäure, $C_{24}H_{36}O_{10}$ (WIELAND), ist eine fünfbasische Säure, die noch zwei Ringe enthält und die aus der als Zwischenstufe bei der Oxydation gebildeten Desoxybiliansäure durch Öffnung auch des Fünfringes unter Bildung von zwei Karboxylen entsteht. *Choloidan-säure.*

Durch elektrolytische Reduktion der Dehydrocholsäure erhielt SCHENCK[8]) die Reduktodehydrocholsäure, $C_{24}H_{36}O_5$, und durch ein anderes Reduktionsverfahren erhielt BORSCHE[9]) eine mit der Dehydrodesoxycholsäure isomere β-Dehydrodesoxycholsäure, die bei der Oxydation eine mit der Desoxybiliansäure isomere Säure $C_{24}H_{36}O_7$ (Pseudocholansäure) lieferte. *Reduktions-produkte.*

Von besonderem Interesse sind die von WIELAND und Mitarbeitern[10]) bei Trockendestillation der Säuren im Vakuum unter Abspaltung von Wasser erhaltenen Produkte. Aus der Cholsäure erhielten sie die dreifach ungesättigte Cholatrienkarbonsäure, $C_{24}H_{34}O_2$, aus der Desoxycholsäure die zweifach ungesättigte Choladienkarbonsäure, $C_{24}H_{36}O_2$, und aus der Lithocholsäure *Unge-sättigte Säuren.*

---

[1]) P. CLEVE, Bull. soc. chim. 35; LATSCHINOFF l. c. 15 u. 19; LASSAR COHN ebenda 32; PREGL l. c. [2]) TAPPEINER, Wien. Sitzungsber. Math. Nat. Kl. 87; PREGL, Monatsh. f. Chem. 24. [3]) Ber. d. d. chem. Gesellsch. 52. [4]) l. c. 108. [5]) Vgl. LASSAR COHN l. c. 32; PREGL, Monatsh. f. Chem. 24; SCHENCK, Zeitschr. f. physiol. Chem. 87, s. auch 107. [6]) LETSCHE ebenda 61; SCHENCK ebenda 110 u. 112. [7]) l. c. 108; vgl. auch PREGL, Zeitschr. f. physiol. Chem. 65. [8]) Ebenda 63, 69. [9]) Ber. d. d. chem. Gesellsch. 52. [10]) WIELAND mit J. WEIL, H. SORGE und E. BOERSCH, Zeitschr. f. physiol. Chem. 80, 97, 98, 106, 110.

die einfach ungesättigte Cholensäure, $C_{24}H_{38}O_2$. Alle drei Säuren können dann durch Hydrierung in die gesättigte Cholankarbonsäure, $C_{24}H_{40}O_2$, welche die Verfasser als Stammsäure betrachten, übergehen.

Nomen-
klatur. WIELAND hat vorgeschlagen, den Kohlenwasserstoff $C_{24}H_{42}$, von welchem man die Säuren ableiten kann, als Cholan zu bezeichnen. Die Stammsäure $C_{24}H_{40}O_2$ (die Cholankarbonsäure) nennt er Cholansäure, wobei er die seit Alters her mit diesem Namen belegten Säuren ($C_{24}H_{36}O_7$), zur Vermeidung von Verwechslungen, Desoxybiliansäure resp. Isodesoxybiliansäure (vgl. oben) nennt. Die Cholsäure wird in Übereinstimmung hiermit als Trioxy-, die Desoxycholsäure als Dioxy- und die Lithocholsäure als Monooxycholansäure bezeichnet.

Cholal-
säuren und
Cholesterin. Durch die neueren Untersuchungen über Cholalsäuren und Cholesterin sind die nahen Beziehungen dieser Stoffe zueinander deutlich geworden. WINDAUS[1] hat auch gezeigt, daß man durch Oxydation von Cholesterin bzw. Cholestan eine Säure von der Zusammensetzung der Cholankarbonsäure, $C_{24}H_{40}O_2$, erhalten kann, und ferner, daß, wenn man von dem isomeren Pseudocholestan, $C_{27}H_{48}$, ausgeht, die durch Oxydation erhaltene Säure mit der Cholansäure (Cholankarbonsäure) ganz identisch ist. Sowohl Cholalsäuren wie Cholesterin gehören zu den hydroaromatischen Verbindungen mit vier hydrierten Ringen. Wahrscheinlich fehlt in den Cholalsäuren die im Cholesterin vorhandene Isopropylgruppe, aus welcher das bei der Oxydation des Cholesterins abgespaltete Azeton entsteht.

Eigenschaften der Cholsäure. Die Säure kristallisiert teils mit 1 Mol. Wasser in rhombischen Tafeln oder Prismen und teils in großen rhombischen Tetraedern oder Oktaedern mit 1 Mol. Kristallalkohol (MYLIUS). Diese Kristalle werden an der Luft bald undurchsichtig, porzellanweiß. Sie lösen sich sehr schwer in Wasser (in 4000 Teilen kaltem und 750 Teilen kochendem), ziemlich leicht in Alkohol, aber sehr schwer in Äther. Die amorphe Cholsäure ist weniger schwerlöslich. Die Lösungen haben einen süßlich-bitteren Geschmack. Die Kristalle verlieren den Kristallalkohol erst bei langdauerndem Erhitzen auf 100—120° C. Die wasser- und alkoholfreie Säure schmilzt nach den meisten Angaben bei etwa 195—196° C. Nach BONDI und MÜLLER liegt Kristalli-
sierte Chol-
säure. dagegen der Schmelzpunkt der ganz reinen Säure bei 198° C. Mit Jod geht sie eine charakteristische blaue Verbindung ein (MYLIUS)[2]. Wird feingepulverte Cholsäure in Salzsäure von 25 p. c. bei Zimmertemperatur eingetragen, so tritt allmählich eine schöne Violett-Blaufärbung auf, die lange stehen bleibt und erst allmählich in Grün und Gelb übergeht. Die blaue Lösung zeigt ein Absorptionsband um die D-Linie herum (HAMMARSTEN)[3]. Die spez. Drehung der tetraedrischen Säure, in Alkohol gelöst, ist, bei einer Konzentration von 1,5 p. c. als Mittel, nach VAHLEN[4] (a) D = + 31,55°. Für das Natriumsalz in Wasserlösung war die spez. Drehung bei der Konzentration von 4 p. c. (a) D = + 27,65°.

Salze der
Cholsäure. Die Alkalisalze sind leicht löslich in Wasser, können aber von konzentrierten Alkalilaugen oder Alkalikarbonatlösungen wie eine ölige, beim Erkalten kristallinisch erstarrende Masse ausgeschieden werden. In Alkohol sind die Alkalisalze weniger leicht löslich und bei genügender Konzentration der heißen Lösung können sie beim Erkalten kristallisieren. Die Lösung der Alkalisalze in Wasser wird, wenn sie nicht zu verdünnt ist, von Bleizucker und von Chlorbaryum sogleich oder nach einiger Zeit gefällt. Das Baryumsalz kristal-

[1] A. WINDAUS u. K. NEUKIRCHEN, Ber. d. d. chem. Gesellsch. 52. [2] Die Arbeiten von MYLIUS findet man ebenda 19 u. 20 und in Zeitschr. f. physiol. Chem. 11 u. 12; S. BONDI u. ERNST MÜLLER ebenda 47. [3] Ebenda 61. [4] Ebenda 21.

lisiert in feinen, seideglänzenden Nadeln; es ist ziemlich schwer löslich in kaltem, etwas leichter löslich in warmem Wasser. In warmem Alkohol ist das Baryumsalz, wie auch das in Wasser unlösliche Bleisalz, löslich.

Eigenschaften der Desoxycholsäure. Diese, von MYLIUS entdeckte Säure kristallisiert aus Eisessig mit 1 Mol. Kristallessigsäure in feinen Nadeln von dem Schmelzpunkte 144—145⁰ C. Sie enthält alle Lösungsmittel, aus denen sie auskristallisiert (außer den Alkoholen), so fest gebunden, daß es tagelangen Trocknens im Hochvakuum bei 130⁰ C bedarf, um Eisessig, Essigester, Äther und Azeton ganz vollständig zu entfernen (WIELAND und SORGE). Aus Alkohol kristallisiert, kann sie leichter, und zwar im Hochvakuum bei 110⁰ C vollständig, alkoholfrei erhalten werden. Die wasserfreie und überhaupt von dem Lösungsmittel vollständig freie Säure schmilzt bei 172⁰ C. Die Säure ist sehr schwer löslich in Wasser, leicht löslich in Alkohol. Geschmack stark bitter. Spez. Drehung der alkoholischen Lösung (2,034 p. c. bei 20⁰ C) (α) D = + 57,02 (WIELAND und SORGE). Die Säure gibt keine blaue Jodverbindung und keine Farbenreaktion mit Chlorwasserstoffsäure. Das Baryumsalz ist sehr schwer löslich in Wasser, löst sich in heißem, verdünntem Alkohol und kristallisiert beim Erkalten. Eigenschaften der Desoxycholsäure.

Die Desoxycholsäure gibt Additionsverbindungen mit Fettsäuren und vielen anderen Stoffen. Eine solche Verbindung ist die zuerst von LATSCHINOFF[1] aus der Rindergalle dargestellte Choleinsäure, $C_{24}H_{40}O_4$, die man einige Zeit als eine mit der Desoxycholsäure isomere Cholalsäure betrachtet hat. WIELAND und SORGE[2] haben aber gezeigt, daß sie keine spezifische Cholalsäure sondern ein Additionsprodukt von 8 Mol. Desoxycholsäure mit 1 Mol. Fettsäure, gewöhnlich ein Gemenge von Stearin- und Palmitinsäure, ist. Die Fettsäure ist so fest an die Desoxycholsäure gebunden, daß das gepaarte System der Choleinsäure nicht nur mit konstantem Schmelzpunkt, 186⁰ C, wiederholt umkristallisiert werden kann, sondern sogar in der gepaarten (Glykodesoxycholsäure) Glykocholeinsäure erhalten bleibt. Choleinsäure.

Die Desoxycholsäure verbindet sich indessen, wie gesagt, nicht nur mit Fettsäuren (von der Essigsäure ab), sondern mit vielen anderen Stoffen wie Xylol, Phenol, Naphthalin, Kampfer, Benzoesäure und Alkaloiden u. a. zu derartigen Additionsverbindungen, die sämtlich Choleinsäuren, wie Stearin-, Phenol-, Kampfer- usw. Choleinsäure genannt werden können. Eine Choleinsäure dieser Art ist die Essigcholeinsäure, d. h. die mit 1 Mol. Eisessig kristallisierte Desoxycholsäure. Die Eigenschaft der Desoxycholsäure derartige Verbindungen von dem Choleinsäuretypus zu bilden, gewinnt eine große physiologische Bedeutung dadurch, daß in dieser Weise mehrere in Wasser unlösliche Stoffe, wie Cholesterin, Fettsäuren und Alkaloide in eine wasserlösliche, resorbierbare Form übergehen können. Additionsverbindungen der Desoxycholsäure.

Eigenschaften der Lithocholsäure. Diese, wie schon oben angegeben, von H. FISCHER entdeckte Säure kommt nach WIELAND und WEYLAND nur in äußerst geringer Menge, kaum mehr als 2 g in 100 Kilo, in der Rindergalle vor. Sie kristallisiert aus Alkohol in hexagonalen Blättchen. Sowohl die aus Alkohol wie die aus Eisessig (in sechseckigen Blättchen) kristallisierte Säure hat den Schmelzpunkt 186⁰ C. Sie ist in Alkohol, besonders in der Hitze, sehr leicht und in Äther leichter als die beiden anderen Cholalsäuren löslich. In Eisessig ist sie schwerlöslich, in Benzol besonders in der Wärme ziemlich löslich; in Gasolin, Ligroin und Wasser unlöslich. Sie ist vollständig geschmacklos. Die spez. Drehung der Säure in absolutem Alkohol in der Konzentration 1,543 p. c. fanden WIELAND und WEYLAND bei 19⁰ C Eigenschaften der Lithocholsäure.

---

[1] Ber. d. d. chem. Gesellsch. **18** u. **20**. [2] Zeitschr. f. physiol. Chem. **97**.

gleich $(\alpha)\, D = +\, 23{,}33^0$. Die Alkalisalze sind schwer löslich, sind aber mit Natriumdesoxycholat spielend in Lösung zu bringen. Bezüglich der Darstellung wird auf die Arbeit von WIELAND und WEYLAND [1] hingewiesen.

Die Darstellung der Cholsäure und Desoxycholsäure geschieht am besten aus Rindergalle, welche 24 Stunden lang mit Natronlauge von 5—10 p. c. gekocht wird. Man fällt dann die Rohsäuren mit Salzsäure, löst sie in ammoniakhaltigem Wasser und fällt mit $BaCl_2$. Der Niederschlag enthält wesentlich (Cholein- und) Desoxycholsäure, während das Filtrat einen Rest von ihnen und daneben die Hauptmenge der Cholsäure enthält. Bezüglich der weiteren, recht umständlichen Trennung der Säuren, wie auch bezüglich der vielen, zur Reindarstellung der Cholalsäuren vorgeschlagenen Methoden muß auf ausführlichere Handbücher, wie das Handbuch der biochemischen Arbeitsmethoden von ABDERHALDEN hingewiesen werden. (Man vergleiche auch die Arbeit von PREGL und BUCHTALA, Zeitschr. f. physiol. Chem. 74, S. 198 und von WIELAND u. SORGE ebenda 97.)

Darstellung der Cholalsäuren.

Fellinsäure, $C_{23}H_{40}O_4$, nennt SCHOTTEN eine Cholalsäure, welche er neben der gewöhnlichen aus Menschengalle dargestellt hat. Die Säure kristallisiert, ist unlöslich in Wasser und liefert sehr schwer lösliche Baryum- und Magnesiumsalze. Sie gibt die PETTENKOFERsche Reaktion weniger leicht und mit einer mehr rotblauen Farbe. Die Existenz dieser Säure ist jedoch zweifelhaft.

Fellinsäure.

Die gepaarten Säuren der Menschengalle sind nicht hinreichend untersucht. Allem Anscheine nach enthält die Menschengalle bei verschiedenen Gelegenheiten verschiedene Mengen der verschiedenen gepaarten Gallensäuren, denn in einigen Fällen werden die gallensauren Salze der Menschengalle von $BaCl_2$ gefällt, in anderen dagegen nicht. Nach den Angaben von LASSAR-COHN [2] konnte er aus Menschengalle drei Cholalsäuren darstellen, nämlich gewöhnliche Cholsäure, Choleinsäure und Fellinsäure.

Lithofellinsäure, $C_{20}H_{36}O_4$, hat man eine in orientalischen Bezoarsteinen vorkommende, in Wasser unlösliche, in Alkohol verhältnismäßig leicht, in Äther dagegen nur wenig lösliche, der Cholsäure verwandte Säure genannt. Nach H. FISCHER [3] ist es jedoch zweifelhaft, ob es hier um eine Gallensäure und nicht vielmehr um eine aus dem Futter der Tiere stammende Substanz sich handelt.

Lithofellinsäure.

Der Hyoglykochol- und Chenotaurocholsäure wie auch der Glykocholsäure der Galle der Nager entsprechen besondere Cholalsäuren. Dies scheint auch mit der Glykocholsäure der Nilpferdgalle, welche der Schweinegalle ziemlich nahe steht (HAMMARSTEN) [4], der Fall zu sein. In der Eisbärengalle kommt neben Cholsäure und Choleinsäure auch eine dritte Cholalsäure, die Ursocholeinsäure, $C_{19}H_{30}O_4$ oder $C_{18}H_{28}O_4$ vor (HAMMARSTEN) [5]. Auch in den Gallen anderer Tiere (Walroß, Seehunde) hat (HAMMARSTEN) [6] besondere Cholalsäuren, Phocaecholalsäuren, gefunden, von denen die eine, die α-Säure aus Benzol oder Petroleumäther als sechsseitige dünne Blättchen kristallisiert, die bei 152 bis 154^0 C schmelzen. Ihre Formel dürfte vielleicht $C_{22}H_{36}O_5$ sein. Die andere, die β-Phocaecholalsäure hat die Formel $C_{24}H_{40}O_5$ und ist mit der Cholsäure isomer. Die Isocholsäure schmilzt jedoch erst bei 220—222^0 C.

Gallensäuren verschiedener Tiere.

Beim Sieden mit Säuren, bei der Fäulnis im Darme und beim Erhitzen verlieren die Cholalsäuren Wasser und gehen in Anhydride, sog. Dyslysine über. Das, der gewöhnlichen Cholsäure entsprechende Dyslysin, $C_{24}H_{36}O_3$, welches in den Exkrementen vorkommen soll, ist amorph, unlöslich in Wasser und Alkalien. Choloidinsäure, $C_{24}H_{38}O_4$, hat man ein erstes Anhydrid oder eine Zwischenstufe bei der Dyslysinbildung genannt. Beim Sieden mit Alkali-

Dyslysin und Choloidinsäure.

---

[1] Zeitschr. f. physiol. Chem. 110. [2] SCHOTTEN, Zeitschr. f. physiol. Chem. 11. LASSAR-COHN, Ber. d. d. chem. Gesellsch. 27. [3] Vgl. JÜNGER u. KLAGES, Ber. d. d. chem. Gesellsch. 28 (ältere Literatur) und H. FISCHER ebenda 49. [4] Zeitschr. f. physiol. Chem. 74. [5] Ebenda 36. [6] Ebenda 61 u. 68.

lauge werden die Dyslysine angeblich in die entsprechenden Cholalsäuren zurückverwandelt. Infolge der neueren Untersuchungen von WIELAND und BOERSCH[1]) über den Mechanismus der Wasserabspaltung aus den Gallensäuren sind aber die älteren Angaben über Anhydridbildung aus Cholalsäuren einer Revision bedürftig.

Betreffend den Nachweis von Gallensäuren in tierischen Flüssigkeiten wird auf ABDERHALDEN, Handb. d. bioch. Arbeitsmethoden und auf Kapitel 15 hingewiesen.

Gallenfarbstoffe. Die bisher bekannten Gallenfarbstoffe sind verhältnismäßig zahlreich, und allem Anscheine nach gibt es deren noch mehrere. Die Mehrzahl der bekannten Gallenfarbstoffe kommt indessen nicht in der normalen Galle, sondern entweder in alter Leichengalle oder auch, und zwar vorzugsweise, in Gallenkonkrementen vor. Die unter physiologischen Verhältnissen in der Menschengalle vorkommenden Farbstoffe sind das rotgelbe Bilirubin, das grüne Biliverdin und bisweilen auch Urobilin (und Urobilinogen) oder ein demselben nahestehender Farbstoff. Die in Gallensteinen gefundenen Farbstoffe sind (außer dem Bilirubin und dem Biliverdin) Choleprasin, Bilifuszin, Biliprasin, Bilihumin, Bilizyanin (und Choletelin?). Außerdem sind von einigen Forschern auch andere, noch weniger studierte Farbstoffe in der Galle von Menschen und Tieren beobachtet worden. Die zwei obengenannten physiologischen Farbstoffe, das Bilirubin und Biliverdin, sind es auch, welche die goldgelbe oder orangegelbe bzw. grüne Farbe der Galle bedingen. Sind, wie dies am öftesten in der Rindergalle der Fall ist, beide Farbstoffe gleichzeitig in der Galle anwesend, so können sie die verschiedenen Nuancen zwischen rotbraun und grün hervorrufen. *Physiologische und pathologische Gallenfarbstoffe.*

Bilirubin. Dieser, von verschiedenen Forschern mit verschiedenen Namen, wie Cholepyrrhin, Biliphäin, Bilifulvin und Hämatoidin bezeichnete Farbstoff soll nach neueren Untersuchungen von H. FISCHER[2]) und W. KÜSTER[3]) die Formel $C_{33}H_{36}N_4O_6$ haben. Das Bilirubin kommt vorzugsweise in Rindergallensteinen, hauptsächlich als Ca- und Mg-Verbindung vor. Es findet sich ferner in der Lebergalle wohl aller Vertebraten, in der Blasengalle besonders beim Menschen und den Fleischfressern, welche jedoch bisweilen im nüchternen Zustande oder beim Hungern in der Blase eine grüne Galle haben. Es kommt auch in dem Dünndarminhalte, im Blutserum der Pferde und einiger anderen Tiere, in alten Blutextravasaten (als Hämatoidin) und beim Ikterus in dem Harne und in den gelbgefärbten Geweben vor. *Bilirubin.*

Daß das Bilirubin aus dem farbigen Komponenten des Hämoglobins, dem Hämatin, gebildet wird, ist allgemein anerkannt, und die Beweise hierfür haben sich im Laufe der Jahre immer vermehrt. Unter den biologischen Beweisen dürfte es hier genügend sein, nur den anzuführen, daß nach den einstimmigen Erfahrungen älterer und neuerer Forscher das Einführen von freiem Hämoglobin in die Blutbahn eine vermehrte Bildung von Gallenfarbstoff zur Folge hat. Es wird dabei nicht nur der Pigmentgehalt der Galle bedeutend vermehrt, sondern es kann sogar unter Umständen Gallenfarbstoff in den Harn übergehen (Ikterus). Nach Injektion von Hämoglobinlösung an einem Hunde, subkutan oder in die Peritonealhöhle, beobachteten STADELMANN und GORODECKI[4]) eine mehr als 24 Stunden andauernde und in einem Falle sogar um 61 p. c. gegenüber der Norm erhöhte Farbstoffausscheidung durch die Galle. *Beziehung zu dem Blutfarbstoffe.*

---

[1]) Zeitschr. f. physiol. Chem. **110**. [2]) Zeitschr. f. Biol. **65** und Ergebn. d. Physiol. **15**. [3]) Zeitschr. f. physiol. Chem. **99**. [4]) Vgl. STADELMANN, Der Ikterus usw. Stuttgart 1891.

Die nahe Beziehung, die in chemischer Hinsicht zwischen dem Hämatin und dem Bilirubin besteht, wurde indessen von KÜSTER als erstem gezeigt, indem er als Oxydationsprodukt von beiden Hämatinsäureimid erhielt. Diese Beziehung ist dann besonders durch die eingehenden Untersuchungen von KÜSTER und von HANS FISCHER und ihren Mitarbeitern[1] näher erforscht worden. Dank dieser Untersuchungen weiß man, daß das Bilirubin ebenso wie der Blutfarbstoff vier Pyrrolkerne enthält, und als gemeinsame Abbauprodukte des Hämins und Bilirubins bzw. ihrer Derivate, hat man erhalten: Hämatinsäure und Methyl-Äthylmaleinimid, Kryptopyrrol und Phyllopyrrol, Kryptopyrrol- (Isophonopyrrol-) und Phyllopyrrolkarbonsäure. Die Konstitution des Bilirubins ist allerdings noch nicht genau klargelegt, aber KÜSTER[2] hat eine Formel angegeben, die jedenfalls den bisher bekannten Verhältnissen gut entspricht.

Beziehung zu dem Blutfarbstoffe.

Ein besonderes Interesse bietet das Verhalten des Bilirubins zu Reduktionsmitteln dar. Durch Reduktion mit Natriumamalgam erhielt MALY[3] ein Reduktionsprodukt von der Formel $C_{32}H_{40}N_4O_7$, welches er Hydrobilirubin nannte und welches mit dem Harnfarbstoffe Urobilin große Ähnlichkeit zeigte. Dieses Reduktionsprodukt ist dann von H. FISCHER und von ihm mit PAUL MEYER und F. MEYER-BETZ näher untersucht worden. Sie haben gefunden, daß das Hydrobilirubin ein Gemenge von zwei Stoffen ist, unter welchen der eine, das Mesobilirubinogen (Hemibilirubin), farblose Kristalle gibt und nach FISCHER und MEYER-BETZ[4] mit dem Urobilinogen des Harnes identisch ist. Die Formel dieses Stoffes ist $C_{33}H_{44}N_4O_6$.

Reduktionsprodukte.

Wie das Hämin durch Reduktion erst in Mesohämin übergeht, welches dann (durch Entfernung des Eisens) in Mesoporphyrin und durch weitere Reduktion in die Leukoverbindung, das Mesoporphyrinogen, übergeführt werden kann, so kommt man auch durch Reduktion des Bilirubins — über das Mesobilirubin $C_{33}H_{40}N_4O_6$ als Zwischenstufe — zu dem Leukokörper Mesobilirubinogen. Wie das Mesoporphyrinogen durch Oxydation in Mesoporphyrin übergeht, so geht auch das Mesobilirubinogen in Mesobilirubin, welches indessen kein Urobilin ist, über. Das Hämin und das Bilirubin geben bei dem Oxydativen Abbau Hämatinsäure; die Leukokörper und ihre nächsten Vorstufen geben daneben auch Methyl-Äthylmaleinimid.

Bei der Reduktion mit Eisessigjodwasserstoff entsteht als Zwischenprodukt eine einbasische Säure, die Bilirubinsäure. $C_{17}H_{24}N_2O_3$ (nach FISCHER und RÖSE)[5], von PILOTY und THANNHAUSER[6] Bilinsäure, $C_{17}H_{26}N_2O_3$, genannt. Durch gelinde Oxydation geht sie in eine intensiv gelb gefärbte Säure, die Dehydrobilinsäure (PILOTY und THANNHAUSER) oder Xanthobilirubinsäure (FISCHER und RÖSE), $C_{17}H_{22}N_2O_3$, über. Bei energischer, anhaltender Eisessigjodwasserstoffbehandlung lieferte die Bilirubinsäure Isophonopyrrolsäure und ein wenig Kryptopyrrol. Bei der Oxydation lieferte sie Hämatinsäure und Methyl-Äthylmaleinimid.

Reduktionsprodukte.

Wird das Bilirubin in Eisessig mit Eisenchlorid oxydiert, so entsteht nach KÜSTER[7] Dehydrooxybilirubin, $C_{32}H_{34}N_4O_7$, und ein schwarzes, in Alkali nicht lösliches Produkt, $C_{16}H_{16}N_2O_5$, das Bilinigrin.

Das Bilirubin besteht, wie KÜSTER[8] gezeigt hat, regelmäßig aus einem Gemenge von mindestens zwei Modifikationen, von denen die eine, die etwas schwerlöslichere, orangegelb und die andere, etwas leichter lösliche, rotbraun ist. Es kristallisiert, und die durch spontane Verdunstung einer Lösung von Bilirubin in Chloroform sich ausscheidenden Kristalle können als rotgelbe,

---

[1] Sehr vollständige Literaturangaben hierüber findet man bei H. FISCHER, Über Blut- und Gallenfarbstoff. Ergebn. d. Physiol. **15**. [2] l. c. **99**. [3] MALY, Wien. Sitzungsber. **57** und Annal. d. Chem. **163**. [4] HANS FISCHER, Zeitschr. f. physiol. Chem. **73**, mit PAUL MEYER ebenda **75**, mit FR. MEYER-BETZ ebenda **75**; vgl. auch Ergebn. d. Physiol. **15**. [5] Zeitschr. f. physiol. Chem. **82**. [6] Annal. d. Chem. u. Pharm. **390** und Ber. d. d. chem. Gesellsch. **45**. [7] Zeitschr. f. physiol. Chem. **91**. [8] Ebenda **99**.

rhombische Tafeln, deren stumpfe Winkel oft abgerundet sind, auftreten. Aus heißem Dimethylanilin kristallisiert es nach KÜSTER[1]) beim Erkalten in breiten, an beiden Enden schief abgeschnittenen Säulen oder in Kegelform. Durch Umlösen aus Chloroform können beide Kristallarten in lange Nadeln oder Wetzsteine übergehen. In Methylalkohol löst es sich beim Einleiten von Ammoniakgas zu schön kristallisierendem Bilirubinammonium, welches teils beim Abkühlen der Lösung und teils bei Zusatz von Äther zu der methylalkoholischen Lösung sich ausscheidet. In dieser Weise kann nach dem von KÜSTER[2]) ausgearbeiteten Verfahren das Bilirubin rein gewonnen und in den zwei Modifikationen erhalten werden.

Bilirubin.

Das Bilirubin ist unlöslich in Wasser, verhält sich wie eine Säure und kommt in tierischen Flüssigkeiten als lösliches Bilirubinalkali vor. Es ist sehr wenig löslich in Äther, Benzol, Schwefelkohlenstoff, Amylalkohol, fetten Ölen und Glyzerin. In Alkohol ist es etwas weniger schwer löslich. Von kaltem Chloroform wird es schwer, von warmem dagegen viel leichter gelöst. Die Löslichkeit in Chloroform wechselt doch, was nach KÜSTER teils daher rührt, daß bei der Darstellung verschiedene leichtlöslichere Umwandlungsprodukte entstehen, und teils daher, daß von dem Bilirubin verschiedene Modifikationen existieren. In kaltem Dimethylanilin löst es sich in dem Verhältnis 1:100, in heißem viel reichlicher. Seine Lösungen zeigen keine Absorptionsstreifen, sondern nur eine kontinuierliche Absorption von dem roten zu dem violetten Ende des Spektrums, und sie haben noch bei starker Verdünnung (1:500000) in einer 1,5 cm dicken Schicht eine deutlich gelbe Farbe. Die Verbindungen des Bilirubins mit Alkali sind unlöslich in Chloroform, und durch Schütteln mit verdünnter Alkalilauge kann man das Bilirubin aus seiner Lösung in Chloroform entfernen (Unterschied vom Lutein). Lösungen von Bilirubinalkali in Wasser werden von den löslichen Salzen der alkalischen Erden wie auch von Metallsalzen gefällt. Setzt man einer verdünnten Lösung von Bilirubinalkali in Wasser Ammoniak in Überschuß und darauf Chlorzinklösung hinzu, so wird die Lösung erst tiefer orange gefärbt, ändert aber allmählich ihre Farbe und wird zuerst olivenbraun und darauf grün. In dem Spektrum, dessen violetter und blauer Teil erst stark verdunkelt wird, sieht man nun die Streifen des alkalischen Cholezyanins (vgl. unten) oder jedenfalls den Streifen dieses Farbstoffes in Rot zwischen C und D, nahe an C. Dies ist eine gute Reaktion auf Bilirubin.

Eigenschaften des Bilirubins.

Die folgende Reaktion rührt von AUCHÉ her[3]). Setzt man zu 5 ccm einer alkoholischen Lösung von Bilirubin (1:20000), welche auf 100 ccm 1 Tropfen Ammoniak enthält, 5—6 Tropfen einer alkoholischen Zinkazetatlösung (1:1000) und darauf 1 Tropfen alkoholischer Jodlösung (1:100), so nimmt die Flüssigkeit beim Umschütteln eine schön bläulichgrüne Farbe an mit gleichzeitiger schön granatroter Fluoreszenz. Das Spektrum zeigt einen dunklen Streifen zwischen B und C und einen blasseren um D herum. Fügt man zu der Lösung einige Tropfen konzentrierter Salzsäure, so wird die Farbe rein violett, die Fluoreszenz verschwindet und die zwei JAFFÉschen Cholezyaninstreifen treten auf. Die Reaktion soll äußerst empfindlich sein.

Auchés Reaktion.

Mit Diazoverbindungen kann das Bilirubin, wie EHRLICH als erster zeigte, Verbindungen eingehen, die von PRÖSCHER, ORNDORFF und TEEPLE[4]) näher studiert wurden. Auf diesem Verhalten basiert eine von EHRLICH angegebene Probe zum Nachweis von Bilirubin mittels Sulfodiazobenzol. Das Reagens ist eine 1prozentige Lösung von Sulfanilsäure in konzentrierter Chlorwasserstoffsäure, mit 2,5 ccm 0,5prozentiger Natriumnitritlösung auf je 100 ccm versetzt. Dieses Reagens gibt bei tropfenweisem Zusatz zu der alkoholischen

. Diazoreaktion.

---

[1]) Ber. d. d. chem. Gesellsch. **30** u. **35** und Zeitschr. f. physiol. Chem. **47**. [2]) Ebenda **99**. [3]) Compt. rend. soc. biol. **64**. [4]) EHRLICH, Zeitschr. f. anal. Chem. **23**; PRÖSCHER, Zeitschr. f. physiol. Chem. **29**; ORNDORFF u. TEEPLE, SALKOWSKI-Festschr. Berlin 1904.

Bilirubinlösung eine rote Farbe, die nach Zusatz von mehr Säure blau wird. Diese Reaktion ist von PRÖSCHER[1]) modifiziert worden. Nach A. HYMANS v. D. BERGH und P. MÜLLER[2]) gibt die Galle direkt diese Reaktion, reines Bilirubin dagegen erst bei Gegenwart von Alkohol, oder nach Zusatz von ein wenig Alkali, Gallensäuren oder sehr schwachen Säuren (indirekte Reaktion).

Läßt man eine alkalische Bilirubinlösung mit der Luft in Berührung stehen, so wird allmählich Sauerstoff aufgenommen und grüner Farbstoff gebildet. Dieser Vorgang wird durch Erwärmen beschleunigt. Hierbei wirkt indessen nach KÜSTER das Alkali auch spaltend auf den Farbstoff ein, und es *Biliverdin.* entsteht unter anderem Hämatinsäure. Nur unter besonderen Verhältnissen entsteht durch Oxydation aus dem Bilirubin Biliverdin (KÜSTER). Dem Aussehen nach ähnliche, grüne Farbstoffe entstehen auch bei Einwirkung von anderen Reagenzien, wie Cl, Br und J. Nach JOLLES[3]) soll hierbei (bei Anwendung der v. HÜBLschen Jodlösung) ebenfalls Biliverdin entstehen, während es nach anderen (THUDICHUM, MALY)[4]) und nach der gewöhnlichen Ansicht um Substitutionsprodukte des Bilirubins sich handelt.

Die GMELINsche Gallenfarbstoffreaktion. Überschichtet man in einem Reagenzglase Salpetersäure, welche etwas salpetrige Säure enthält, vorsichtig mit einer Lösung von Bilirubinalkali in Wasser, so erhält man an der Berührungsstelle beider Flüssigkeiten nacheinander eine Reihe von farbigen *Die Gme-* Schichten, welche von oben nach unten gerechnet folgende Reihenfolge ein- *linsche Re-* *aktion.* nehmen: grün, blau, violett, rot und rotgelb. Diese Farbenreaktion, die GMELINsche Probe, ist sehr empfindlich und gelingt noch gut bei Gegenwart von 1 Teil Bilirubin in 80000 Teilen Flüssigkeit. Der grüne Ring darf nie fehlen, aber auch der rotviolette muß gleichzeitig vorhanden sein, weil sonst eine Verwechslung mit dem Lutein, welches einen blauen oder grünlichen Ring gibt, geschehen kann. Die Salpetersäure darf nicht zu viel salpetrige Säure enthalten, weil die Reaktion dann so rasch verläuft, daß sie nicht typisch wird. Alkohol darf nicht zugegen sein, weil er bekanntlich mit der Säure ein Farbenspiel in Grün oder Blau hervorrufen kann.

Die Reaktion von HAMMARSTEN. Man bereitet sich erst eine Säure, die aus 1 Vol. Salpetersäure und 19 Vol. Salzsäure (jede Säure von etwa 25%) besteht. Von diesem Säuregemenge, welches wenigstens ein Jahr aufbewahrt werden kann, mischt man — jedoch erst, nachdem es durch Stehen gelblich *Reaktion* *von Ham-* geworden ist — vor der Ausführung der Probe 1 Vol. mit 4 Vol. Alkohol. *marsten.* Setzt man nun zu einigen ccm dieser sauren, farblosen Lösung einige Tropfen Bilirubinlösung hinzu, so nimmt sie sogleich eine dauerhafte, schön grüne Farbe an. Durch Zusatz von steigenden Mengen des Säuregemenges zu dieser grünen Flüssigkeit kann man sehr leicht nacheinander und beliebig langsam sämtliche Farben der GMELINschen Skala bis zum Choletelin hervorrufen.

Die HUPPERTsche Reaktion. Wird eine Lösung von Bilirubinalkali mit Kalkmilch oder mit Chlorkalzium und Ammoniak versetzt, so entsteht ein aus Bilirubinkalk bestehender Niederschlag. Bringt man diesen Nieder- *Die Hup-* schlag nach dem Auswaschen mit Wasser noch feucht in ein Reagenzgläschen, *pertsche* *Reaktion.* füllt dieses bis zur Hälfte mit Alkohol, welcher mit Salzsäure angesäuert worden ist, und erhitzt genügend lange zum Sieden, so nimmt die Flüssigkeit eine smaragdgrüne oder blaugrüne Farbe an.

Bezüglich einiger Modifikationen der GMELINschen Probe und einiger anderen Gallenfarbstoffreaktionen wird auf das Kapitel 15 (Harn) verwiesen.

---

[1]) l. c.   [2]) Bioch. Zeitschr. 77.   [3]) KÜSTER l. c. 35 u. 59; JOLLES, Journ. f. prakt. Chem. (N. F.) 59 und PFLÜGERS Arch. 75.   [4]) THUDICHUM, Journ. of chem. Soc. (2) 13 und Journ. f. prakt. Chem. (N. F.) 53; MALY, Wien. Sitzungsber. 72.

Das die GMELINsche Probe charakterisierende Farbenspiel wird der allgemeinen Ansicht nach durch eine Oxydation hervorgerufen. Die erste Oxydationsstufe stellt das grüne Biliverdin dar. Dann folgt ein blauer Farbstoff, welcher von HEINSIUS und CAMPBELL Bilizyanin, von STOKVIS Cholezyanin genannt worden und ein charakteristisches Absorptionsspektrum zeigt. Die neutralen Lösungen dieses Farbstoffes sind nach STOKVIS blaugrün oder stahlblau mit prachtvoller roter Fluoreszenz. Die alkalischen Lösungen sind grün und fluoreszieren unbedeutend. Die alkalischen Lösungen zeigen drei Absorptionsstreifen, einen, scharf und dunkel, in Rot zwischen C und D nahe an C, einen zweiten, weniger scharf, D deckend, und einen dritten zwischen E und F, nahe an E. Die stark sauren Lösungen sind violettblau und zeigen deutlich zwei, von JAFFÉ beschriebene Streifen zwischen den Linien C und E, durch einen schmalen, nahe bei D befindlichen Zwischenraum voneinander getrennt. Ein dritter Streifen zwischen b und F ist schwer zu sehen. Als nächste Oxydationsstufe nach diesem blauen Farbstoffe tritt ein rotes Pigment auf, und endlich erhält man als letztes farbiges Oxydationsprodukt ein gelblich-braunes, von MALY Choletelin genanntes Pigment, welches in neutraler, alkoholischer Lösung keinen, in saurer Lösung dagegen einen Streifen zwischen b und F zeigt. Durch Oxydation des Cholezyanins mit Bleiperoxyd kann man nach STOKVIS[1]) ein von ihm Choletelin genanntes Produkt erhalten, welches dem später zu besprechenden Harnurobilin sehr ähnlich ist. Oxy-
dations-
produkte
des
Bilirubins.

Die Darstellung des Bilirubins geschieht am besten aus Gallensteinen von Rindern, welche Konkremente sehr reich an Bilirubinkalk sind. Die feingepulverten Konkremente werden (hauptsächlich zur Entfernung von Cholesterin und Gallensäuren) erst mit Äther und dann mit siedendem Wasser erschöpft. Zum Herauslösen der Mineralbestandteile soll man dann nach KÜSTER[2]) nicht mit Salzsäure, sondern mit 10prozentiger Essigsäure extrahieren. Darauf wird mit kaltem Alkohol ein grüner Farbstoff entfernt und darauf mit heißem Eisessig extrahiert, um das Choleprasin zu entfernen. Nach dem Auswaschen mit Wasser wird getrocknet und mit siedendem Chloroform anhaltend extrahiert. Aus dem Chloroform scheidet sich das Bilirubin in Krusten ab, die durch Überführung in Bilirubinammonium weiter gereinigt werden. Nähere Angaben findet man bei KÜSTER, Zeitschr. f. physiol. Chem. 59 u. 99. Darstellung
des
Bilirubins.

Die quantitative Bestimmung des Bilirubins kann auf spektrophotometrischem Wege nach den für den Blutfarbstoff angegebenen Gründen geschehen[3]). Auch kolorimetrische Methoden hat man in verschiedener Weise versucht.

Biliverdin. $C_{32}H_{36}N_4O_8$ (?). Dieser Stoff, welcher durch Oxydation des Bilirubins entsteht, kommt in der Galle mehrerer Tiere, in erbrochenem Mageninhalt, in der Plazenta der Hündin (?), in Vogeleierschalen, im Harne bei Ikterus und bisweilen in Gallensteinen, wenn auch nur in untergeordneter Menge, vor. Biliverdin.

Das Biliverdin ist amorph, es ist wenigstens nicht in gut ausgebildeten Kristallen erhalten worden. Es ist unlöslich in Wasser, Äther und Chloroform (dies gilt wenigstens für das aus Bilirubin künstlich dargestellte Biliverdin), löst sich aber in Alkohol oder Eisessig mit schön grüner Farbe. Von Alkalien wird es mit braungrüner Farbe gelöst und es wird aus dieser Lösung von Säuren, wie auch von Kalzium-, Baryum- und Bleisalzen gefällt. Das Biliverdin gibt die HUPPERTsche und GMELINsche Reaktion wie auch die Reaktion von HAMMARSTEN mit der blauen Farbe anfangend. Von Wasserstoff in statu nascendi wird es in Hydrobilirubin übergeführt. Beim Stehen der grünen Galle, wie auch durch Einwirkung von Ammoniumsulfhydrat, soll das Biliverdin zu Bilirubin reduziert werden können (HAYCRAFT und SCOFIELD)[4]). Eigen-
schaften
und Reak-
tionen.

Die Darstellung des Biliverdins geschieht gewöhnlich so, daß man eine alkalische Bilirubinlösung in dünner Schicht in einer Schale an der Luft stehen läßt, bis die Farbe braungrün geworden ist. Die Lösung wird dann mit Chlor-

---

[1]) HEINSIUS u. CAMPBELL, PFLÜGERS Arch. 4; STOKVIS, Zentralbl. f. d. med. Wiss. 1872, S. 785; ebenda 1873, S. 211 u. 449; JAFFÉ ebenda 1868; MALY, Wien. Sitzungsber. 59. [2]) Zeitschr. f. physiol. Chem. 47. [3]) Vgl. auch E. HERZFELD, Zeitschr. f. physiol. Chem. 77. [4]) Zentralbl. f. Physiol. 3, S. 222 und Zeitschr. f. physiol. Chem. 14.

Darstellung
des
Biliverdins.
wasserstoffsäure gefällt, der Niederschlag mit Wasser ausgewaschen, bis keine
HCl-Reaktion mehr erhalten wird, in Alkohol gelöst und durch Zusatz von Wasser
der Farbstoff wieder ausgeschieden. Etwa verunreinigendes Bilirubin kann mit
Chloroform entfernt werden. KÜSTER hat jedoch gezeigt, daß das Biliverdin
nur unter ganz bestimmten Bedingungen (in 2 Mol. kaustischen Alkalis unter
Zusatz von so viel Wasser gelöst, daß die Lösung 0,2prozentig wird) bei einer
Temperatur nicht über 5° C durch den Luftsauerstoff aus Bilirubin entsteht.
HUGOUNENQ und DOYON [1]) stellen das Biliverdin aus dem Bilirubin mit Natrium-
peroxyd und ein wenig Salzsäure dar.

Choleprasin ist ein von KÜSTER [2]) aus Gallensteinen isolierter, grüner Farbstoff,
welcher in Eisessig löslich, aber in Alkohol unlöslich ist. Das Choleprasin unterscheidet
sich von den anderen Gallenfarbstoffen dadurch, daß es Schwefel enthält, und seine
Beziehung zu sowohl dem Hämatin- wie dem Globinkomponenten des Hämoglobins
gibt sich dadurch kund, daß es auf der einen Seite bei der Oxydation Hämatinsäure und
auf der anderen bei der Hydrolyse mit Chlorwasserstoffsäure Histidin und, wie es scheint,
auch andere Bausteine des Globins gibt (KÜSTER und K. REIHLING) [3]).

Bilifuszin hat STÄDELER [4]) einen amorphen, braunen, in Alkohol und Alkalien
löslichen, in Wasser und Äther fast unlöslichen und in Chloroform (wenn nicht gleichzeitig
Bilirubin zugegen ist) sehr schwer löslichen Farbstoff genannt. In reinem Zustande gibt
das Bilifuszin die GMELINsche Reaktion nicht. Dies gilt auch von dem Bilifuszin v. ZUM-
BUSCHS [5]), welches mehr einer Huminsubstanz ähnelt und dessen Formel zu $C_{64}H_{96}N_7O_{14}$
bestimmt wurde. Es ist in Gallensteinen gefunden worden. Biliprasin ist ein grüner,
von STÄDELER aus Gallensteinen dargestellter Farbstoff, welcher gewöhnlich als ein
Gemenge von Biliverdin und Bilifuszin betrachtet wird. Nach DASTRE und FLORESCO [6])
soll dagegen das Biliprasin eine Zwischenstufe zwischen Bilirubin und Biliverdin sein.
Es kommt nach ihnen als physiologischer Farbstoff in der Blasengalle mehrerer Tiere
Sonstige
Gallen-
farbstoffe.
vor und entsteht durch Oxydation des Bilirubins. Diese Oxydation soll auch durch ein
in der Galle vorhandenes Oxydationsferment bewirkt werden können. Bilihumin nannte
STÄDELER den braunen, amorphen Rückstand, welcher nach dem Ausziehen der Gallensteine mit Chloroform, Alkohol und Äther zurückbleibt. Es gibt nicht die GMELINsche
Probe. Das Bilizyanin ist auch in Gallensteinen (vom Menschen) gefunden worden
(HEINSIUS und CAMPBELL). Cholohämatin nannte MAC MUNN einen in Schaf- und
Rindergalle oft vorkommenden, durch viele Absorptionsstreifen gekennzeichneten Farbstoff, den HAMMARSTEN auch in den Gallen des Moschusochsen und des Nilpferdes gefunden hat. Es ist identisch mit dem von LOEBISCH und FISCHLER aus Rindergalle isolierten kristallisierten Bilipurpurin, welches indessen, wie MARCHLEWSKI und H.
FISCHER [7]) gezeigt haben, kein Gallenfarbstoff, sondern ein Chlorophyllderivat, Phylloerythrin, ist.

Nachweis
der Gallen-
farbstoffe.
Zum Nachweis der Gallenfarbstoffe in eiweißhaltigen tierischen Flüssigkeiten oder Geweben kann man meistens das alkoholische Filtrat von der Eiweißfällung bzw. das alkoholische Extrakt der Gewebe, direkt mit den Gallenfarbstoff-
reagenzien prüfen. Ausführlichere Angaben zum Nachweis der Gallenfarbstoffe
im Serum u. dgl. findet man bei A. HYMANS V. D. BERGH und J. DE LA FONTAINE
SCHLUITER. MALYS Jahresber. 44 und in größeren Handbüchern.

Übrige
Gallenbe-
standteile.
Außer den Gallensäuren und den Gallenfarbstoffen sind in der Galle auch
Cholesterin, Lezithin, Jekorin oder andere Phosphatide, Palmitin-,
Stearin-, Olein- und Myristinsäure (LASSAR-COHN) [8]), Seifen, Äther-
schwefelsäuren, gepaarte Glukuronsäuren, diastatisches und pro-
teolytisches Enzym, Oxydase und Katalase gefunden worden. Cholin
und Glyzerinphosphorsäure dürfen wohl, wenn sie vorhanden sind, als
Zersetzungsprodukte des Lezithins zu betrachten sein. Harnstoff kommt,
wenn auch nur spurenweise, als physiologischer Bestandteil der Menschen-,
Rinder- und Hundegalle vor. In der Galle von Haifischen und Rochen kommt

---

[1]) HUGOUNENQ et DOYON, Arch. de Physiol. (5) 8; KÜSTER, Zeitschr. f. physiol.
Chem. 59. [2]) Zeitschr. f. physiol. Chem. 47. [3]) Ebenda 94. [4]) Zit. nach HOPPE-
SEYLER, Physiol. u. path.-chem. Anal. 6. Aufl., S. 225. [5]) Zeitschr. f. physiol. Chem. 31.
[6]) Arch. de Physiol. (5) 9. [7]) MAC MUNN, Journ. of Physiol. 6; LOEBISCH u. FISCHLER,
Wien. Sitzungsber. 112 (1903); MARCHLEWSKI, Zeitschr. f. physiol. Chem. 41, 43 u. 45;
HAMMARSTEN ebenda 43 (und nicht veröffentlichte Untersuchungen); H. FISCHER ebenda
96. [8]) Zeitschr. f. physiol. Chem. 17; HAMMARSTEN ebenda 32, 36 u. 43.

der Harnstoff in so großer Menge vor, daß er einen der Hauptbestandteile der Galle darstellt[1]). Als Mineralbestandteile enthält die Galle außer dem Alkali, an welches die Gallensäuren gebunden sind, Chlornatrium und Chlorkalium, Kalzium- und Magnesiumphosphat und Eisen — in der Menschengalle 0,04—0,115 p. m. Eisen (YOUNG)[2]) — vorzugsweise an Phosphorsäure gebunden. Spuren von Kupfer scheinen regelmäßig und Spuren von Zink nicht gerade selten vorzukommen. Sulfate fehlen fast oder kommen nur in kleinen Mengen vor.

Die Menge des Eisens in der Galle wechselt sehr. Nach NOVI hängt sie von der Art der Nahrung ab, und bei Hunden soll sie am geringsten bei Brotnahrung und am größten bei Fleischkost sein. Nach DASTRE ist dies dagegen nicht der Fall. Trotz konstanter Ernährung schwankt nach ihm der Gehalt an Eisen in der Galle und er hängt vor allem von den blutbildenden und blutzersetzenden Faktoren ab. Nach BECCARI[3]), soll auch während der Inanition das Eisen aus der Galle nicht verschwinden und dem Prozentgehalte nach kein konstantes Absinken zeigen.

Eisen in der Galle.

Da das eisenfreie Bilirubin aus dem eisenhaltigen Hämatin entsteht, muß bei seiner Bildung Eisen abgespaltet werden. Von besonderem Interesse ist hierbei die Frage, in welcher Form oder Verbindung das Eisen abgespaltet wird, und ferner, ob es mit der Galle eliminiert wird. Das letztere scheint nicht, wenigstens nicht in größerem Umfange, der Fall zu sein. Auf je 100 Teile Bilirubin, welche mit der Galle ausgeschieden werden, enthält die letztere nach KUNKEL nur 1,4—1,5 Teile Eisen, während 100 Teile Hämatin etwa 9 Teile Eisen enthalten. Es haben ferner MINKOWSKI und BASERIN[4]) gefunden, daß die reichliche Gallenfarbstoffbildung, welche bei der Vergiftung mit Arsenwasserstoff vorkommt, nicht von einer Vermehrung des Eisengehaltes der Galle begleitet ist. Die Menge des Eisens in der Galle scheint also nicht der Menge des Eisens in dem zersetzten Blutfarbstoffe zu entsprechen. Dagegen scheint es, auf Grund mehrerer Beobachtungen, als würde das Eisen wenigstens in erster Linie von der Leber als eisenreiche Pigmente oder Proteinstoffe zurückgehalten werden.

Verhalten des Eisens bei der Gallenfarbstoffbereitung.

Die Frage, inwieweit das in den Körper eingeführte Eisen durch die Galle ausgeschieden wird, ist verschieden beantwortet worden. Daß die Leber die Fähigkeit hat, das Eisen ebenso wie andere Metalle aus dem Blute aufzunehmen und dann zurückzuhalten, unterliegt keinem Zweifel. Während aber einige Forscher, wie NOVI und KUNKEL, der Ansicht sind, daß das eingeführte und vorübergehend in der Leber abgelagerte Eisen durch die Galle ausgeschieden wird, leugnen dagegen andere, wie E. HAMBURGER, GOTTLIEB und ANSELM[5]) eine solche Eisenausscheidung durch die Galle.

Eisenausscheidung.

Quantitative Zusammensetzung der Galle. Ausführliche Analysen von Menschengallen, die indessen der Blase von Leichen entnommen wurden, und welche Analysen folglich nur untergeordnetes Interesse darbieten, sind von HOPPE-SEYLER und seinen Schülern ausgeführt worden. Ältere, weniger ausführliche Analysen der ganz frischen Blasengalle von Menschen haben FRERICHS und v. GORUP-BESANEZ ausgeführt[6]). Die von ihnen analysierten Gallen stammten von ganz gesunden Personen, welche hingerichtet oder durch Unglücksfälle verstorben waren. Die zwei Analysen von FRERICHS

Quantit. Zusammensetzung.

---

[1]) HAMMARSTEN, Zeitschr. f. physiol. Chem. 24.   [2]) Journ. of Anat. and Physiol. 5, S. 158.   [3]) NOVI, vgl. MALYS Jahresb. 20; DASTRE, Arch. de Physiol. (5) 3; BECCARI, Arch. ital. de Biol. 28.   [4]) KUNKEL, PFLÜGERS Arch. 14; MINKOWSKI u. BASERIN, Arch. f. exp. Path. u. Pharm. 23.   [5]) KUNKEL, PFLÜGERS Arch. 14; HAMBURGER, Zeitschr. f. physiol. Chem. 2 u. 4; GOTTLIEB ebenda 15; ANSELM, Über die Eisenausscheidung der Galle, Inaug.-Dissert. Dorpat 1891.   [6]) Vgl. HOPPE-SEYLER, Physiol. Chem. S. 301; FRERICHS in HOPPE-SEYLERS Physiol. Chem. S. 299; v. GORUP-BESANEZ ebenda.

beziehen sich: Nr. 1 auf einen 18jährigen und Nr. 2 auf einen 22jährigen Mann. Die Analysen von v. GORUP-BESANEZ beziehen sich: Nr. 1 auf einen 49jährigen Mann und Nr. 2 auf eine 29jährige Frau. Die Zahlen sind, wie gewöhnlich, auf 1000 Teile berechnet.

	FRERICHS		v. GORUP-BESANEZ	
	1	2	1	2
Wasser	860,0	859,2	822,7	898,1
Feste Stoffe	140,0	140,8	177,3	101,9
Gallensaure Alkalien .	72,2	91,4	107,9	56,5
Schleim- und Farbstoff .	26,6	29,8	22,1	14,5
Cholesterin	1,6	2,6 }	47,3 }	30,9
Fett	3,2	9,2 }		
Anorganische Stoffe . .	6,5	7,7	10,8	6,2

Zusammensetzung der Blasengalle

Die Lebergalle des Menschen ist ärmer an festen Stoffen als die Blasengalle. In mehreren Fällen hat man nur 12—18 p. m. feste Stoffe gefunden; aber in diesen Fällen ist die Galle kaum als normal anzusehen. JACOBSEN fand in einer Galle 22,4—22,8 p. m. feste Stoffe. HAMMARSTEN, welcher Gelegenheit hatte, in sieben Fällen von Gallenfisteloperation die Lebergalle zu analysieren, hat wiederholt einen Gehalt von 25—28 p. m. feste Stoffe beobachtet. In einem Falle, bei einem kräftig gebauten Weibe, schwankte der Gehalt der Lebergalle an festen Stoffen im Laufe von 10 Tagen zwischen 30,10 und 38,6 p. m. Noch höhere Zahlen von mehr als 40 p. m., sind in ein paar Fällen von BRAND[1]) beobachtet worden. Dieser Forscher hebt auch mit Recht hervor, daß die Galle bei inkompletten Fisteln, wo sie also zum Teil wieder resorbiert wird, reicher an festen Stoffen als bei vollständigen Fisteln ist.

Zusammensetzung.

Die molekulare Konzentration der Menschengalle ist nach den Untersuchungen von BRAND, BONANNI und STRAUSS[2]) trotz des wechselnden Gehaltes an Wasser und festen Stoffen fast immer identisch mit derjenigen des Blutes. Der Gefrierpunkt schwankt nämlich nur zwischen —0,54⁰ und 0,58⁰. Diese Stabilität des osmotischen Druckes erklärt sich dadurch, daß in den konzentrierten Gallen mit größeren Mengen organischer Substanz (mit großen Molekülen) der Gehalt an anorganischen Salzen niedriger ist[3]).

Molekulare Konzentration.

Die Menschengalle enthält bisweilen, aber nicht immer, Schwefel in ätherschwefelsäureähnlicher Bindung (HAMMARSTEN, OERUM, BRAND). Die Menge dieses Schwefels kann sogar $1/4—1/3$ der gesamten Schwefelmenge betragen. Welcher Art diese Ätherschwefelsäuren sind, weiß man nicht. Nach OERUM[4]) werden sie nicht von Bleizucker aber von Bleiessig, besonders mit Ammoniak gefällt. Die Menschengalle ist regelmäßig reicher an Glykochol- als an Taurocholsäure. In sechs von HAMMARSTEN analysierten Fällen von Lebergalle schwankte das Verhältnis von Taurochol- zu Glykocholsäure zwischen 1:2,07 und 1:14,36. Die von JACOBSEN analysierte Galle enthielt gar keine Taurocholsäure.

Lebergalle des Menschen.

Als Beispiele von der Zusammensetzung der Lebergalle des Menschen folgen hier die Analysen von drei, von HAMMARSTEN analysierten Gallen. Die Zahlen sind auf 1000 Teile berechnet[5]).

---

[1]) JACOBSEN, Ber. d. d. chem. Gesellsch. **6**; HAMMARSTEN, Nova Acta. Reg. Soc. Scient. Upsal. **16**; BRAND, PFLÜGERS Arch. **90**. [2]) BRAND l. c.; BONANNI, Ref. in Biochem. Zentralbl. **1**; STRAUSS, Berl. klin. Wochenschr. 1903. [3]) Vgl. BRAND l. c.; HAMMARSTEN l. c. [4]) Skand. Arch. f. Physiol. **16**. [5]) Neuere quant. Analysen findet man bei BRAND l. c.; v. ZEYNEK, Wien. klin. Wochenschr. 1899; BONANNI l. c.

Feste Stoffe	25,200	35,260	25,400	
Wasser	974,800	964,740	974,600	
Muzin und Farbstoff	5,290	4,290	5,150	
Gallensaure Alkalien	9,310	18,240	9,040	Zusammen-
Taurocholat	3,034	2,079	2,180	setzung der
Glykocholat	6,276	16,161	6,860	Lebergalle.
Fettsäuren aus Seifen	1,230	1,360	1,010	
Cholesterin	0,630	1,600	1,500	
Lezithin	0,220	0,574	0,650	
Fett		0,956	0,610	
Lösliche Salze	8,070	6,760	7,250	
Unlösliche Salze	0,250	0,490	0,210	

Unter den Mineralstoffen kamen in allergrößter Menge Chlor und Natrium
vor. Die Relation zwischen Kalium und Natrium schwankte in verschiedenen
Gallen recht bedeutend. Schwefelsäure und Phosphorsäure kamen nur in sehr
geringen Mengen vor.

BAGINSKY und SOMMERFELD [1]) fanden in der Blasengalle von Kindern
echtes Muzin, mit etwas Nukleoalbumin gemischt. Die Gallen enthielten als
Mittel 896,5 p. m. Wasser; 103,5 p. m. feste Stoffe; 20 p. m. Muzin; 9,1 p. m.
Mineralstoffe; 25,2 p. m. gallensaure Salze, darunter 16,3 p. m. Glykocholat
und 8,9 p. m. Taurocholat; 3,4 p. m. Cholesterin; 6 p. m. Lezithin; 6,7 p. m.
Fett und 2,8 p. m. Leuzin [2]).

Kinder-
galle.

Der Farbstoffgehalt der Menschengalle ist in einem Falle von Gallenfistel von NOEL-PATON [3]) nach einer vielleicht doch nicht ganz zuverlässigen
Methode zu 0,4—1,3 und von E. v. CZYHLARZ, A. FUCHS und O. v. FÜRTH [4])
zu 0,5 p. m. bestimmt worden. Für die Hundegalle liegen von STADELMANN [5])
nach der spektrophotometrischen Methode ausgeführte Bestimmungen vor.
Nach ihm enthält die Hundegalle als Mittel 0,6—0,7 p. m. Bilirubin. Pro
1 Kilo Tier werden in 24 Stunden höchstens 7 mg Farbstoff sezerniert.
C. W. HOOPER und G. H. WHIPPLE [6]), welche die Stärke der Farbstoffausscheidung bei Hunden unter dem Einfluß von verschiedener Nahrung wie
unter verschiedenen Verhältnissen studierten, fanden als mittlere Menge 1 mg
pro 1 Pfund Körpergewicht während 6 Stunden, mit Schwankungen für verschiedene Individuen wie pro Tag und Stunde.

Menge des
Gallen-
farbstoffes.

Bei den Tieren ist das relative Mengenverhältnis der Glykochol- und
Taurocholsäure sehr wechselnd. Durch Bestimmungen des Schwefelgehaltes
hat man gefunden, daß, soweit die bisherige Erfahrung reicht, die Taurocholsäure bei fleischfressenden Säugetieren, bei Vögeln, Schlangen und Fischen
die vorherrschende Säure ist. Unter den Pflanzenfressern haben Schafe und
Ziegen eine überwiegend taurocholsäurehaltige Galle. Die Rindergalle enthält
bisweilen überwiegend Taurocholsäure, in anderen Fällen überwiegend Glykocholsäure und wiederum in einzelnen Fällen fast ausschließlich die letztgenannte Säure. Die Gallen von Kaninchen, Hasen, Känguruh, Nilpferd und
Orang-Utang (HAMMARSTEN) [7]) enthalten überwiegend, die des Schweines fast
ausschließlich Glykocholsäure. Irgend einen bestimmten Einfluß verschiedener
Nahrung auf das relative Mengenverhältnis der zwei Gallensäuren hat man
nicht nachweisen können. Nach RITTER [8]) soll jedoch bei Kälbern, wenn sie
von der Milch- zu der Pflanzennahrung übergehen, die Menge der Taurocholsäure abnehmen.

Relatives
Mengen-
verhältnis
der zwei
Gallen-
säuren.

---

[1]) Verhandl. d. physiol. Gesellsch. zu Berlin 1894 bis 1895.   [2]) Analysen von
Kindergallen findet man auch bei HEPTNER, MALYS Jahresbericht 30.   [3]) NOEL-PATON,
Rep. Lab. Roy. Soc. Coll. Edinb. 3.   [4]) Bioch. Zeitschr. 49.   [5]) STADELMANN, Der Ikterus.
[6]) Journ. of Physiol. 40, 42, 43.   [7]) Vgl. Ergebn. d. Physiol. 4.   [8]) Zit. nach MALYS
Jahresber. 6, S. 195.

Zu der obengenannten Berechnung der Taurocholsäure aus dem Schwefelgehalte der gallensauren Salze ist indessen zu bemerken, daß diese Berechnung zu keinen sicheren Schlüssen führen kann. Es hat sich nämlich herausgestellt, daß auch die Gallen anderer Tiere ebenso wie die der Haifische und des Menschen Schwefel in anderer Bindung wie als Taurocholsäure enthalten können [1].

Die phosphorhaltigen Bestandteile der Galle sind wenig bekannt; unzweifelhaft ist es jedoch, daß die Galle auch andere Phosphatide als Lezithin enthalten kann (HAMMARSTEN). Diese Phosphatide werden bei der Ausfällung der gallensauren Alkalien zum Teil mit ausgefällt, zum Teil halten sie aber

Phosphatide. die Gallensalze in Lösung, verhindern deren vollständige Ausfällung und wirken also in doppelter Hinsicht störend bei der quantitativen Analyse. Die an Phosphatiden reichsten Gallen sind, soweit bisher bekannt, in folgender absteigender Ordnung: die von Eisbär, Mensch (in besonderen Fällen), Hund, Landbär, Orang-Utang. Die Gallen einiger Fische enthalten fast gar keine Phosphatide (HAMMARSTEN) [2].

Das Cholesterin, welches nach der Ansicht mehrerer Forscher nicht nur aus der Leber, sondern zum Teil auch aus den Gallenwegen stammt, soll dem-

Cholesterin. entsprechend in größerer Menge in der Blasen- wie in der Lebergalle und reichlicher in der nicht filtrierten als in der filtrierten Galle vorkommen (DOYON und DUFOURT) [3].

Die Gase der Galle bestehen aus einer reichlichen Menge Kohlensäure, welche mit dem Alkaligehalte zunimmt, höchstens Spuren von Sauerstoff und einer sehr kleinen Menge Stickstoff.

Sogenannte pigmentäre Acholie, d. h. die Absonderung einer Gallensäuren aber keine Gallenfarbstoffe enthaltenden Galle hat man mehrmals beobachtet. In allen solchen, von ihm beobachteten Fällen fand RITTER dabei eine Fettdegeneration der Leberzellen, wogegen sogar bei hochgradiger Fettinfiltration eine normale, pigmenthaltige Galle abgesondert wird. Die Absonderung einer an Gallensäuren sehr armen Galle ist

Die Galle in Krankheiten. von HOPPE-SEYLER [4] bei Amyloiddegeneration der Leber beobachtet worden. Bei Tieren, Hunden und besonders Kaninchen, hat man den Übergang von Blutfarbstoff in die Galle infolge von Vergiftungen oder anderen, zu einer Zerstörung der Blutkörperchen führenden Einflüssen, wie auch nach intravenösen Hämoglobininjektionen beobachtet (WERTHEIMER und MEYER, FILEHNE, STERN) [5]. Eiweiß kann nach intravenöser Injektion von körperfremdem Eiweiß (Kasein) in die Galle übergehen (GÜRBER und HALLAUER), ebenso nach Vergiftung mit Phosphor oder Arsenik (PILZECKER), sowie nach Reizung der Leber durch Einführung von Äthyl- oder Amylalkohol (BRAUER). Zucker geht nur in Ausnahmefällen in die Galle über [6].

Das physiologische Sekret der Gallenblase ist nach WAHLGREN [7] beim Menschen eine fadenziehende, alkalisch reagierende Flüssigkeit mit 11,24 bis 19,63 p. m. festen Stoffen. Die fadenziehende Beschaffenheit rührt nicht von Muzin, sondern von einer phosphorhaltigen Proteinsubstanz (Nukleoalbumin oder Nukleoproteid) her.

In der Gallenblase findet man in pathologischen Fällen bisweilen statt der Galle eine mehr oder weniger dickflüssige oder fadenziehende, fast farblose Flüssigkeit, die Pseudomuzine oder andere eigentümliche Proteinsubstanzen enthält [8].

Daß die spezifischen Gallenbestandteile, d. h. also sowohl Gallensäuren wie Gallenfarbstoffe in der Leber gebildet werden können, ist unzweifelhaft.

---

[1] Vgl. Ergebn. d. Physiol. **4.** [2] Zeitschr. f. physiol. Chem. **36** und Ergebn. d. Physiol. **4.** [3] Arch. de Physiol. (5) **8.** [4] RITTER, Compt. Rend. **74** und Journ. de l'anat. et de la physiol. (par Robin) 1872; HOPPE-SEYLER, Physiol. Chem. S. 317. [5] WERTHEIMER u. MEYER, Compt. Rend. **108**; FILEHNE, VIRCHOWS Arch. **121**; STERN ebenda **123.** [6] GÜRBER u. HALLAUER, Zeitschr. f. Biol. **45**; PILZECKER, Zeitschr. f. physiol. Chem. **41**; BRAUER ebenda **40.** [7] Vgl. MALYS Jahresber. **32.** [8] Vgl. WINTERNITZ, Zeitschr. f. physiol. Chem. **21** (Literaturangaben); SOLLMANN, Amer. Medicine **5** (1903) und J. SJÖQVIST, MALYS Jahresber. **46.**

Dagegen kann man fragen, ob die Leber das einzige Organ ist, in welchem Organ der
Gallen-
säure-
bildung.
diese Stoffe gebildet werden. Für die Gallensäuren dürfte man gegenwärtig
diese Frage bejahend beantworten können. Ältere Forscher glaubten allerdings das Vorkommen von Gallensäuren in den Nebennieren nachgewiesen
zu haben, aber diese Angaben sind von späteren Untersuchern nicht bestätigt
worden. Gegenwärtig hat man jedenfalls keinen Grund, eine Bildung von
Gallensäuren anderswo als in der Leber anzunehmen.

Anders verhält es sich mit den Gallenfarbstoffen. Schon die behauptete
Identität von Bilirubin und dem in alten Blutextravasaten gefundenen
Hämatoidin (s. S. 239) spricht für eine Gallenfarbstoffbildung anderswo als
in der Leber; man hat aber andere, mehr direkte Beweise für eine anhepatische Anhepa-
tische
Gallen-
farbstoff-
bildung.
Gallenfarbstoffbildung. Außer dem oben erwähnten Stauungsikterus gibt es
nämlich auch andere Formen von Ikterus mit hämolytischen Anämien, wobei
eine Zerstörung von Blutkörperchen, ein Freiwerden von Blutfarbstoff und
eine Gallenfarbstoffbildung auch in der Milz[1]) vorkommt. Ähnliches findet
auch bei gewissen Vergiftungen, wie mit Phenylhydrazin, statt, während bei
anderen, wie bei der Toluylendiaminvergiftung, die Leber direkt beteiligt sein
dürfte. Eine Bilirubinbildung auf Kosten des Hämoglobins in serösen Höhlen
ist auch mehrmals beobachtet worden. Eine anhepatische Gallenfarbstoffbildung kann man auch gegenwärtig nicht ausschließen.

In welcher Beziehung steht nun die Bildung der Gallensäuren zu derjenigen des Gallenfarbstoffes? Entstehen diese beiden Bestandteile der Galle
gleichzeitig aus demselben Materiale und kann man also einen bestimmten
Zusammenhang zwischen Bilirubin- und Gallensäurebildung in der Leber Beziehung
der Gallen-
farbstoff- zu
der Gallen-
säure-
bildung.
nachweisen? Die Untersuchungen von STADELMANN lehren, daß dies nicht
der Fall ist. Bei gesteigerter Gallenfarbstoffbildung nimmt nämlich die Gallensäurebildung ab, und die Zufuhr von Hämoglobin zur Leber bewirkt zwar
eine stark vermehrte Bilirubinbildung, setzt aber gleichzeitig die Gallensäure-
produktion stark herab. Die Gallenfarbstoff- und die Gallensäurebildung
haben also nach STADELMANN gesonderten Zelltätigkeiten ihren Ursprung zu
verdanken.

Anhang zur Galle. Gallenkonkremente.

Die in der Gallenblase vorkommenden Konkremente, deren Größe, Form
und Anzahl sehr bedeutend wechseln können, sind je nach der Art und Beschaffenheit desjenigen Stoffes, welcher ihre Hauptmasse bildet, dreierlei Art.
Die eine Gruppe von Gallensteinen enthält als Hauptbestandteil Pigmentkalk, Verschie-
dene Arten
von Gallen-
steinen.
die andere Cholesterin und die dritte Kalziumkarbonat und Phosphat. Kon-
kremente der letztgenannten Gruppe sind beim Menschen sehr selten. Die
sog. Cholesterinsteine sind bei ihm die am meisten vorkommenden, aber nicht
selten findet man beim Menschen Steine, die reich sowohl an Cholesterin wie
an Pigment sind. Die bei Menschen weniger oft vorkommenden, zum großen
Teil aus Bilirubinkalzium und Bilirubinmagnesium bestehenden Steine sind
beim Rinde die häufigsten. Außer den nun genannten können die Gallensteine auch andere Stoffe, wie Gallensäuren (Desoxycholsäure oder Lithocholsäure) und Fettsäuren enthalten.

Die Pigmentsteine sind beim Menschen im allgemeinen nicht groß; Pigment-
steine.
bei Rindern und Schweinen dagegen findet man bisweilen Gallensteine, welche
die Größe einer Walnuß haben oder noch größer sind. In den meisten Fällen

---

[1]) Man vgl. hierüber unter anderen HYMANS V. D. BERGH u. J. SNAPPER, MALYS
Jahresber. **45.**

enthalten sie neben anderen Pigmenten (s. S. 341) reichlich Bilirubin als Kalzium- und Magnesiumverbindungen. Karotin hat man ebenfalls gefunden. Beim Menschen findet man bisweilen auch kleine schwarze oder grünschwarze, metallglänzende Steine, welche überwiegend grüne Farbstoffe und Bilifuszin enthalten. Eisen und Kupfer scheinen regelmäßig in Pigmentsteinen vorzukommen. Auch Mangan und Zink sind einige Male in ihnen gefunden worden. Die Pigmentsteine sind regelmäßig schwerer als Wasser.

Cholesterin-
steine.

Die Cholesterinsteine, deren Größe, Form, Farbe und Struktur sehr wechselnd sein können, sind oft leichter als Wasser. Die Bruchfläche ist radiär kristallinisch oder auch zeigt sie, was sehr gewöhnlich ist, kristallinisch konzentrische Schichte. Die Schnittfläche ist wachsglänzend, und ebenso nimmt die Bruchfläche beim Reiben gegen den Nagel Wachsglanz an. Durch Reibung gegeneinander in der Gallenblase werden sie oft fazettiert oder erhalten andere eigentümliche Formen. Die Oberfläche ist bisweilen wachsähnlich, fast weiß, meistens hat sie aber eine sehr wechselnde Farbe. Sie ist bisweilen glatt, in anderen Fällen rauh und höckerig. Der Gehalt der Konkremente an Cholesterin schwankt von 642—981 p. m. (RITTER)[1]. Neben dem Cholesterin enthalten die Cholesterinsteine bisweilen auch wechselnde Mengen von Pigmentkalk, was ihnen ein sehr wechselndes Aussehen erteilen kann.

---

[1] Journ. de l'anat. et de la physiol. (par ROBIN) 1872.

Neuntes Kapitel

Die Verdauung.

Die Verdauung hat zur Aufgabe, die zur Ernährung des Körpers brauchbaren Bestandteile der Nahrung von den unbrauchbaren zu trennen und jene in eine Form überzuführen, welche die Aufnahme derselben aus dem Darmkanale ins Blut und ihre Verwendung für die verschiedenen Zwecke des Organismus ermöglicht. Hierzu ist nicht nur eine mechanische, sondern auch eine chemische Arbeit erforderlich. Jene Art von Arbeit, welche wesentlich durch die physikalischen Eigenschaften der Nahrung bedingt ist, besteht in einem Zerreißen, Zerschneiden, Zerquetschen oder Zermalmen der Nahrung, während diese dagegen hauptsächlich das Überführen der Nahrungsstoffe in eine lösliche, resorbierbare Form und die Spaltung derselben in für den tierischen Organismus brauchbare, einfachere Verbindungen zur Aufgabe hat. Die Auflösung der Nährstoffe kann in einigen Fällen mit Hilfe von Wasser allein geschehen; in den meisten Fällen dagegen ist eine chemische, durch die sauren oder alkalischen, von den Drüsen abgesonderten Säfte vermittelte Umsetzung und Spaltung hierzu erforderlich. Eine Besprechung der Verdauungsvorgänge vom chemischen Gesichtspunkte aus muß deshalb auch vor allem die Verdauungssäfte, ihre qualitative und quantitative Zusammensetzung wie auch ihre Wirkung auf die Nahrungs- und Genußmittel gelten. Aufgabe der
Verdauung.

I. Die Speicheldrüsen und der Speichel.

Die **Speicheldrüsen** sind teils Eiweißdrüsen (Parotis bei Menschen und Säugetieren, Submaxillaris beim Kaninchen), teils Schleimdrüsen (ein Teil der kleinen Drüsen in der Mundhöhle, die Glandula sublingualis und submaxillaris bei vielen Tieren) und teils gemischte Drüsen (Glandula submaxillaris beim Menschen). Die Alveolen der Albumindrüsen enthalten Zellen, welche reich an Eiweiß sind, aber kein Muzin enthalten. Die Alveolen der Muzindrüsen enthalten muzinreiche, eiweißarme Zellen; daneben kommen aber in der Submaxillaris und Sublingualis auch eiweißreiche, in verschiedener Weise angeordnete Zellen vor. Nach einer Analyse von MAGNUS-LEVY [1]) enthalten die Speicheldrüsen beim Menschen 274 p. m. feste Bestandteile, wo das Fett 114 p. m. und das Eiweiß 154 p. m. ausmachen. Unter den festen Stoffen hat man Muzin und Eiweiß, Nukleoproteide, Nuklein, Enzyme und Zymogene derselben, Extraktivstoffe, Leuzin, Purinbasen und Mineralstoffe gefunden. Albumin-
und Muzin-
drüsen.

---

[1]) Bioch. Zeitschr. **24**, 363 (1910).

Der **Speichel** ist ein Gemenge von den Sekreten der obengenannten Drüsengruppen, und es dürfte deshalb auch passend sein, erst ein jedes der verschiedenen Sekrete für sich und dann den gemischten Speichel zu besprechen.

Der **Submaxillarisspeichel** kann beim Menschen leicht durch Einführung einer Kanüle durch die Papillaröffnung in den WHARTONschen Ausführungsgang aufgefangen werden.

Der Submaxillarisspeichel hat nicht immer dieselbe Zusammensetzung oder Beschaffenheit, was, wie Versuche an Tieren gezeigt haben, wesentlich von den Verhältnissen, unter welchen die Sekretion stattfindet, abhängig ist.

Verschiedene Arten von Submaxillarisspeichel. Die Absonderung ist nämlich teils — durch in der Chorda tympani verlaufende Fazialisfasern — von dem zerebralen, teils — durch in die Drüse mit den Gefäßen hineintretenden Fasern — von dem sympathischen Nervensysteme abhängig. In Übereinstimmung hiermit unterscheidet man auch zwei verschiedene Arten von Submaxillarissekret, nämlich Chorda- und Sympathikusspeichel. Hierzu kommt noch eine dritte Art von Speichel, der sog. paralytische Speichel, welcher nach Vergiftung mit Kurare oder nach Durchschneidung der Drüsennerven abgesondert wird.

Unterschiede zwischen Chorda- und Sympathikusspeichel. Der Unterschied zwischen Chorda- und Sympathikusspeichel (beim Hunde) bezieht sich hauptsächlich auf die quantitative Zusammensetzung und er besteht darin, daß der weniger reichlich abgesonderte Sympathikusspeichel mehr dickflüssig, zähe und reich an festen Stoffen, besonders Muzin, als der reichlich abgesonderte Chordaspeichel ist. Nach ECKHARD[1]) hat der Chordaspeichel des Hundes ein spez. Gewicht von 1,0039—1,0056 und einen Gehalt von 12—14 p. m. festen Stoffen. Der Sympathikusspeichel dagegen hat ein spez. Gewicht von 1,0075—1,018 mit 16—28 p. m. festen Stoffen. Der Gefrierpunkt des durch elektrische Reizung erhaltenen Chordaspeichels beim Hunde wechselt nach NOLF[2]) bei einem Gehalte von 3,3—6,5 p. m. Salzen und 4,1—11,5 p. m. organischen Stoffen zwischen $\varDelta = 0,193^0$ und $0,396^0$, und der osmotische Druck ist durchschnittlich ein wenig höher als die Hälfte des osmotischen Druckes des Blutserums. Der spontan abgesonderte Submaxillarisspeichel ist gewöhnlich etwas verdünnter. Bei Änderung von dem osmotischen Drucke des Blutes durch Zugabe von Chlornatriumlösungen wird auch nach JAPPELLI der osmotische Druck des Speichels in derselben Richtung geändert[3]).

Submaxillarisspeichel. Nach DEMOOR ist LOCKES Lösung mit etwas Hundeserum eine geeignete Durchspülungsflüssigkeit um die Submaxillaris des Hundes in normaler Tätigkeit zu erhalten, während Rinderserumzusatz dazu ungeeignet ist[4]). Die Gase des Chordaspeichels sind von PFLÜGER[5]) untersucht worden. Er fand 0,5—0,8 p. c. Sauerstoff, 0,9—1,0 p. c. Stickstoff und 64,73—85,13 p. c. Kohlensäure bei 0^0 und 760 m. m. Die Hauptmasse der Kohlensäure ist fest chemisch gebunden.

Beim Menschen hat man bisher die zwei obengenannten Arten des Submaxillarissekretes nicht gesondert studieren können. Die Absonderung wird bei ihm durch psychische Vorstellungen, durch Kaubewegungen und durch Reizung der Mundschleimhaut, besonders mit sauer schmeckenden Stoffen, hervorgerufen.

Submaxillarisspeichel des Menschen. Der Submaxillarisspeichel des Menschen ist gewöhnlich klar, ziemlich dünnflüssig, ein wenig fadenziehend und leicht schäumend. Die Reaktion ist gegen Lackmus alkalisch. Das spez. Gewicht ist 1,002—1,003 und der Gehalt an festen Stoffen 3,6—4,5 p. m.[6]). Als organische Bestand-

---

[1]) Zit. nach KÜHNE, Lehrb. d. physiol. Chem. S. 7.   [2]) Vgl. MALYS Jahresb. **31**, 494.   [3]) Zeitschr. f. Biol. 48 u. **51**.   [4]) Arch. intern. de Physiol. **10**, 377 (1911).   [5]) PFLÜGERS Arch. 1.   [6]) Vgl. MALY, Chemie der Verdauungssäfte und der Verdauung in L. HERMANNS Handb. **5**, T. 2, S. 18. In diesem Artikel findet man auch die einschlägige Literatur.

teile hat man Muzin, Spuren von Eiweiß und diastatischem Enzym, welch letzteres bei mehreren Tieren fehlt, gefunden. Die anorganischen Stoffe sind Alkalichloride, Natrium- und Magnesiumphosphat nebst Bikarbonaten von Alkalien und Kalzium. Auch Rhodankalium kommt in diesem Speichel vor.

Der Sublingualisspeichel. Die Absonderung dieses Speichels steht ebenfalls unter dem Einflusse des zerebralen und des sympathischen Nervensystemes. Der nur in spärlicher Menge abgesonderte Chordaspeichel enthält zahlreiche Speichelkörperchen, ist aber sonst durchsichtig und sehr zähe. Er reagiert alkalisch und hat nach HEIDENHAIN[1]) 27,5 p. m. feste Bestandteile (beim Hunde). *Sublingualisspeichel.*

Das Sublingualissekret des Menschen ist klar, schleimähnlich, stärker alkalisch als der Submaxillarisspeichel. Es enthält Muzin, diastatisches Enzym und Rhodanalkali.

Der Mundschleim kann nur von Tieren nach dem von BIDDER und SCHMIDT angewendeten Verfahren (Unterbindung der Ausführungsgänge sämtlicher großen Speicheldrüsen und Absperrung ihres Sekretes von der Mundhöhle) rein gewonnen werden. Die Menge der unter diesen Verhältnissen abgesonderten Flüssigkeit ist (beim Hunde) so äußerst gering, daß die genannten Forscher im Laufe von einer Stunde nicht mehr als etwa 2 g Mundschleim erhalten konnten. Der Mundschleim ist eine dicke, fadenziehende, sehr zähe, muzinhaltige Flüssigkeit, welche reich an Formelementen, vor allem Plattenepithelzellen, Schleimzellen und Speichelkörperchen ist. Die Menge der festen Stoffe in dem Mundschleime des Hundes beträgt nach BIDDER und SCHMIDT[2]) 9,98 p. m. *Mundschleim.*

Der Parotisspeichel. Auch die Absonderung dieses Sekrets wird teils von dem zerebralen Nervensysteme (N. glossopharyngeus) und teils von dem sympathischen vermittelt. Die Absonderung kann durch psychische Einflüsse und durch Reizung der Drüsennerven, sei es direkt (bei Tieren) oder reflektorisch durch chemische oder mechanische Reizung der Mundschleimhaut, hervorgerufen werden. Unter den chemischen Reizmitteln nehmen die Säuren den ersten Rang ein. Das Kauen übt auch einen starken Einfluß auf die Absonderung des Parotissekretes aus, was besonders deutlich bei einigen Pflanzenfressern zu sehen ist. *Parotisspeichel.*

Parotisspeichel vom Menschen kann durch Einführen einer Kanüle in den Ductus Stenonianus leicht aufgesammelt werden. Dieser Speichel ist dünnflüssig, schwächer alkalisch als der Submaxillarisspeichel (die ersten Tropfen sind bisweilen neutral oder sauer), ohne besonderen Geruch oder Geschmack. Er enthält ein wenig Eiweiß, aber — was aus dem Baue der Drüse zu erwarten ist — kein Muzin. Er enthält auch ein diastatisches Enzym, welches dagegen bei mehreren Tieren fehlt. Der Gehalt an festen Stoffen schwankt zwischen 5 und 16 p. m. Das spez. Gewicht ist 1,003—1,012. Rhodanalkali scheint, wenn auch nicht konstant, vorzukommen. Im menschlichen Parotisspeichel fand KÜLZ[3]) in Maximo 1,46 p. c. Sauerstoff, 3,8 p. c. Stickstoff und im ganzen 66,7 p. c. Kohlensäure. Die Menge der festgebundenen Kohlensäure war 62 p. c. *Parotisspeichel des Menschen.*

Die Menge und Zusammensetzung des Speichels sowohl von den Muzinwie von den Eiweißdrüsen zeigen bei den verschiedenen Tiergattungen Unterschiede, auf die hier nicht näher eingegangen werden kann. Nach PAWLOW[4])

---

[1]) Studien d. physiol. Instituts zu Breslau, Heft 4. [2]) Die Verdauungssäfte und der Stoffwechsel. Mitau u. Leipzig 1852, S. 5. [3]) Zeitschr. f. Biol. **23**. [4]) Arch. internat. de Physiol. I. 1904. Vgl. auch P. BOOS, MALYS Jahresb. **36**, 390 und NEILSON u. TERRY, Amer. Journ. of Physiol. **15**, sowie die gegen die Angaben der letzteren gerichtete Arbeit von MENDEL u. UNDERHILL, Journ. of biol. Chem. **3**.

Speichel
und dessen
Absonde-
rung. und seinen Schülern soll beim Hunde sowohl Menge wie Beschaffenheit des Speichels der verschiedenen Drüsen und des gemischten Speichels in hohem Grade abhängig von der psychischen Erregung aber auch von der Art der in die Mundhöhle eingeführten Stoffe sein, und es findet nach ihnen eine Adaptation der Drüsen für verschiedene mechanische und chemische Reize statt.

Indessen bestreitet POPIELSKI die Existenz einer derartigen Anpassung (beim Hunde) an die Art des Reizmittels und die Art der Nahrung. Für den Menschen hat man auch eine Anpassung der Speichelsekretion an das Bedürfnis angenommen, die Angaben hierüber sind jedoch nicht einstimmig[1]). Vgl. auch Kapitel 1 (S. 41 ff.).

Der gemischte Mundspeichel ist beim Menschen eine farblose, schwach opalisierende, ein wenig fadenziehende, leicht schäumende Flüssigkeit ohne besonderen Geruch oder Geschmack. Er ist von Epithelzellen, Schleim- und Speichelkörperchen, oft auch von Residuen der Nahrung getrübt. Wie der Submaxillaris- und der Parotisspeichel überzieht er sich an der Luft mit einer aus Kalziumkarbonat mit ein wenig organischer Substanz bestehenden Haut oder wird allmählich etwas trübe. Die Reaktion ist regelmäßig alkalisch gegen Lackmus. Die Stärke der Alkaleszenz schwankt indessen so bedeutend, nicht nur bei verschiedenen Individuen, sondern auch bei demselben Individuum zu verschiedenen Tageszeiten, daß die Angaben über die mittlere Alkaleszenz wenig belehrend sind. Nach CHITTENDEN und ELY entspricht sie einer Lösung von 0,8 p. m. Na_2CO_3, nach COHN einer von 0,2 p. m. Nach FOA ist die wirkliche Alkalität (OH-Ionen-Konzentration) stets bedeutend geringer als die titrimetrisch gefundene, und die elektrometrisch bestimmte Reaktion ist sehr annähernd neutral. Die Reaktion kann auch sauer sein, was nach STICKER einige Zeit nach den Mahlzeiten der Fall sein soll, eine Angabe, die jedoch wenigstens nicht für alle Individuen zutrifft. Das spez. Gewicht schwankt zwischen 1,002 und 1,008 und die Menge der festen Stoffe zwischen 5 bis 10 p. m. Nach COHN[2]) ist $\varDelta$ als Mittel $= 0,20^0$ und der Gehalt an NaCl als Mittel 1,6 p. m. Die festen Stoffe bestehen, abgesehen von den schon genannten Formbestand teilen, aus Eiweiß, Muzin, Oxydasen[3]), Ptyalin und Maltase sowie einem dipeptid- und tripeptid-spaltendem Enzym[4]) und Mineralstoffen. Auch Harnstoff soll ein normaler Bestandteil des Speichels sein. Die Mineralstoffe sind Chloralkalien, Bikarbonate von Alkalien und Kalzium, Phosphate, Spuren von Sulfaten, Nitriten, Ammoniak und Rhodanalkali, dessen Menge nach MUNK und anderen rund 0,1 p. m. beträgt. Bei Nichtrauchern hat man kleinere Mengen 0,04—0,03 p. m. gefunden (SCHNEIDER, KRÜGER), während bei Gewohnheitsrauchern die Rhodanmenge bis auf 0,2 p. m. steigen kann (FLECKSEDER)[5]).

Der Nachweis des Rhodanalkalis, welches, wenn auch nicht ganz konstant, in dem Speichel des Menschen und einiger Tiere vorkommt, kann leicht in der Weise

Gemischter
Mund-
speichel.

Gemischter
Speichel.

---

[1]) POPIELSKI, PFLÜGERS Arch. **127**, 443 (1909). Vgl. ZEBROWSKI, PFLÜGERS Arch. **110**; C. H. NEILSON mit D. H. LEWIS, Journ. of biol. Chem. 4, mit M. H. SCHEELE ebenda 5; CARLSON u. CRITTENDEN, Amer. Journ. of Physiol. **26**. [2]) CHITTENDEN u. ELY, Ber. d. d. chem. Gesellsch. **16**, ref. S. 974; CHITTENDEN u. RICHARDS, Amer. Journ. of Phys. 1, 1898; FOA, Compt. rend. soc. biol. 58; STICKER, Zit. nach Zentralbl. f. Physiol. **3**, 237; COHN, Deutsche med. Wochenschr. 1900. [3]) BOGDANOW-BERESOWSKI, Zit. nach Bioch. Zentralbl. 2, 653; HERLITZKA, Zit. nach MALYS Jahresb. **40**, 356; SPANJER-HERFORD, VIRCHOWS Arch. **205**, 1911. [4]) WARFIELD, JOHN HOPKINS Hosp. Bull. **22**, 150 (1911); KOELKER, Zeitschr. f. physiol. Chem. **76**, 27 (1911). [5]) MUNK, VIRCHOWS Arch. **69**; SCHNEIDER, Amer. Journ. of Physiol. **5**; KRÜGER, Zeitschr. f. Biol. **37**; FLECKSEDER, Zentralbl. f. inn. Med. 1905. Bezüglich Schwankungen in dem Gehalte des Speichels an verschiedenen Bestandteilen, auch Rhodan, vgl. man FLECKSEDER l. c. und TEZNER, Arch. intern. de Physiol. 2.

geführt werden, daß der Speichel mit Salzsäure angesäuert und dann mit einer sehr verdünnten Lösung von Eisenchlorid versetzt wird. Der Kontrolle halber muß dabei jedoch, bei Gegenwart von sehr kleinen Mengen, eine andere Probe mit derselben Menge angesäuerten Wassers und Eisenchlorid damit verglichen werden. Andere Methoden sind von GSCHEIDLEN, SOLERA und GANASSINI angegeben worden. Die quantitative Bestimmung kann nach der Methode von J. Munk[1] ausführen.

Ptyalin oder **Speicheldiastase** nennt man das amylolytische Enzym des Speichels. Dieses Enzym findet sich in dem Speichel des Menschen[2], aber nicht in dem aller Tiere, insbesondere nicht bei den typischen Karnivoren. Es kommt nicht nur bei Erwachsenen, sondern auch bei neugeborenen Kindern vor. Den Angaben von ZWEIFEL entgegen, soll dies nach BERGER[3] nicht nur für die Parotisdrüse, sondern auch für die Muzindrüsen Geltung haben.

Beim Pferde enthält der Speichel (Parotisspeichel) nach H. GOLDSCHMIDT[4], nicht fertiges Ptyalin, sondern das Zymogen desselben, während bei anderen Tieren und beim Menschen das Ptyalin bei der Sekretion aus dem Zymogen entsteht. Beim Pferde wird das Zymogen beim Kauen der Speisen in Ptyalin übergeführt, und der Anstoß hierzu scheint von Bakterien auszugehen. Durch Ausfällung mit Alkohol geht das Zymogen ebenfalls in Ptyalin über.

Das Ptyalin ist bisher nicht in reinem Zustande isoliert worden. Am reinsten erhält man es nach der Methode von COHNHEIM[5], welche darin besteht, daß man es erst mit Kalziumtriphosphat mechanisch niederreißt, dann den Nieder- schlag mit Wasser auswäscht, wobei das Ptyalin vom Wasser gelöst wird, und endlich mit Alkohol fällt. Zum Studium oder zur Demonstration der Wirkungen desselben kann man einen Wasser- oder Glyzerinauszug der Speicheldrüsen oder einfacher den Speichel selbst benutzen.

Das Ptyalin ist wie andere Enzyme durch seine Wirkung charakterisiert. Diese besteht darin, daß es Stärke in Dextrine und Zucker überführt. Über den hierbei stattfindenden Vorgang herrscht dieselbe Unklarheit wie über die Zuckerbildung aus Stärke überhaupt (vgl. oben S. 176); die Natur des hierbei entstehenden Zuckers ist dagegen sicher bekannt. MUSCULUS und v. MERING zeigten, daß der bei der Einwirkung von Speichel, Pankreasferment und Maltdiastase auf Stärke und Glykogen gebildete Zucker zum allergrößten Teil aus Maltose besteht. Dann haben E. KÜLZ und J. VOGEL[6] den Beweis geliefert, daß bei der Saccharifikation der Stärke und des Glykogens Isomaltose, Maltose und etwas Glukose in je nach der Fermentmenge und der Versuchsdauer etwas wechselnden Mengen entstehen. Die Glukosebildung rührt indessen nur von einer Invertierung der Maltose durch die Maltase her. (TEBB, RÖHMANN und HAMBURGER)[7].

Über die Wirkung des Ptyalins bei verschiedener Reaktion liegen zahlreiche Untersuchungen vor. Natürlicher, alkalisch reagierender Speichel wirkt kräftig, aber nicht so kräftig wie neutralisierter. Noch kräftiger kann der Speichel unter Umständen bei äußerst schwach saurer Reaktion wirken. Doch läßt sich keine bestimmte Konzentration der Wasserstoffionen für die optimale Wirkung angeben, weil besonders bei diesem Enzym und anderen animalen Diastasen etwa anwesende Salze von großer Bedeutung sind, was

---

[1] GSCHEIDLEN, MALYS Jahresb. 4; SOLERA vgl. ebenda 7 u. 8; MUNK l. c.; GANASSINI, Bioch. Zentralbl. 2, 361. [2] Über Schwankungen in dem Ptyalingehalte des menschlichen Speichels vgl. man HOFBAUER, Zentralbl. f. Physiol. 10 und CHITTENDEN u. RICHARDS l. c.; SCHÜLE, MALYS Jahresb. 29; TEZNER l. c. [3] ZWEIFEL, Untersuchungen über den Verdauungsapparat der Neugeborenen, Berlin 1874; BERGER, vgl. MALYS Jahresb. 30, 399. [4] Zeitschr. f. physiol. Chem. 10. [5] VIRCHOWS Arch. 28. [6] MUSCULUS u. v. MERING, Zeitschr. f. physiol. Chem. 2; KÜLZ u. VOGEL, Zeitschr. f. Biol. 31. [7] TEBB, Journ. of Physiol. 15; RÖHMANN, Ber. d. d. chem. Gesellsch. 27; HAMBURGER, PFLÜGERS Arch. 60.

besonders aus Untersuchungen von RINGER und H. v. TRIGT[1]) sowie von MICHAELIS und H. PECHSTEIN[2]) hervorgeht. Salzfreie Ptyalinlösungen sind nach den letztgenannten Forschern wirkungslos. Bereits geringe Mengen NaCl aktivieren das Enzym; dasselbe geschieht auch unter dem Einflusse anderer Salze, obwohl verschiedene Salze ungleich wirksam sind. Das aktivierende Vermögen nimmt in folgender Reihenfolge ab:

1. Chlorid, Bromid,
2. Jodid, Nitrat,
3. Sulfat, Azetat, Phosphat.

Einfluß der
Reaktion
auf die
Wirkung
des
Ptyalins.

Für die günstigste Reaktion ergaben sich folgende Werte von p_H:

Nitrat 6,9,
Chlorid, Bromid 6,7,
Sulfat, Azetat, Phosphat . . . . . . 6,1—6,2.

In allen Fällen war also die optimale Reaktion eben sauer und die Ziffer 6,7 dürfte wohl am besten den Verhältnissen im natürlichen Speichel entsprechen.

Von besonderer physiologischer Bedeutung ist in dieser Hinsicht die Salzsäure, welche schon in sehr geringer Menge, 0,03 p. m., die Zuckerbildung verhindern kann. Die Salzsäure hat übrigens nicht nur die Fähigkeit, die Zuckerbildung zu verhindern, sondern sie zerstört auch das Enzym gänzlich, was mit Rücksicht auf die physiologische Bedeutung des Speichels von Wichtigkeit ist. Bezüglich der Wirkung des Speichels ist es ferner von Interesse, daß die gekochte Stärke (der Kleister) rasch, die ungekochte dagegen nur langsam verzuckert wird. Verschiedene Arten von ungekochter Stärke werden übrigens ungleich rasch umgesetzt.

Nachweis
der Ptyalin-
wirkung.

Um die Wirkung des Speichels oder des Ptyalins auf Stärke zu zeigen, kann man die drei gewöhnlichen Zuckerproben, die MOORESche, die TROMMERSche oder die Wismutprobe benutzen (vgl. Kap. 3). Dabei ist es jedoch der Kontrolle halber notwendig, den Kleister und den Speichel zuerst auf die Abwesenheit von Zucker zu prüfen. Man kann auch durch Prüfung mit Jod die stufenweise Umwandlung der Stärke in Amidulin, Erythrodextrin und Achroodextrin verfolgen.

Die Maltase kommt in dem Speichel in nur geringer Menge vor. Sie führt die Maltose in Glukose über. Nach STICKER[3]) hat der Speichel auch die Fähigkeit, aus dem schwefelhaltigen Öle von Rettich, Radieschen, Zwiebel und einigen anderen Küchengewächsen Schwefelwasserstoff abzuspalten.

Zusammen-
setzung des
Speichels.

Die quantitative Zusammensetzung des gemischten Speichels muß natürlich aus mehreren Gründen, nicht nur infolge individueller Verschiedenheiten, sondern auch infolge einer bei verschiedenen Gelegenheiten ungleichen Beteiligung der verschiedenen Drüsen an der Sekretion nicht unbedeutend wechseln können. Als Beispiele von der Zusammensetzung des menschlichen Speichels werden hier einige Analysen angeführt. Die Zahlen beziehen sich auf 1000 Teile. (Siehe Tabelle Seite 359.)

Die Menge des während 24 Stunden vom Menschen abgesonderten Speichels läßt sich nicht genau bestimmen, ist aber von BIDDER und SCHMIDT zu 1400—1500 g berechnet worden. Am lebhaftesten ist die Absonderung während der Mahlzeit. Nach den Berechnungen und Bestimmungen von TUCZEK[4]) soll beim Menschen 1 g Drüse während des Kauens etwa 13 g Sekret im Laufe von einer Stunde liefern können. Diese Zahl stimmt mit den bei

---

[1]) Zeitschr. f. physiol. Chem. 82, 484 (1912). [2]) Bioch. Zeitschr. 59, 77 (1913). [3]) Münch. med. Wochenschr. 43. [4]) BIDDER u. SCHMIDT l. c., S. 13; TUCZEK, Zeitschr. f. Biol. 12.

	BERZELIUS	JACUBOWITSCH	FRERICHS	TIEDEMANN und GMELIN	HETER	LEHMANN	HAMMERBACHER[1]	
Wasser	992,9	995,16	994,1	988,3	994,7		994,2	
Feste Stoffe	7,1	4,84	5,9	11.17	5,3	3,5—8,4 in filtriertem Speichel	5,8	
Schleim und Epithel . .	1.4	1,62	2,13				2,2	Zusammensetzung des Speichels.
Lösliche organ. Substanz . (Ptyalin älterer Forscher)	3,8	1,34	1,42		3,27		1,4	
Rhodanalkali		0,06	0,10			0,064—0,09	0,04	
Salze	1,9	1,82	2,19		1,30		2,2	

1000 Teile Asche von menschlichem Speichel enthielten in den Analysen von HAMMERBACHER 457,2 Kali, 95,9 Natron, 50,11 Eisenoxyd, 1,55 Magnesiumoxyd, 63,8 Schwefelsäure (SO_3), 188,48 Phosphorsäure (P_2O_5) und 183,52 Chlor.

Tieren pro 1 g Drüse gefundenen Mittelzahlen, 14,2 g beim Pferde und 8 g bei Rindern, ziemlich genau überein. Die Menge des Sekretes pro eine Stunde kann also 8—14 mal größer als die ganze Drüsenmasse sein, und es gibt wohl auch, soweit bisher bekannt, im ganzen Körper kaum eine Drüse — die Nieren nicht ausgenommen —, deren absondernde Fähigkeit unter physiologischen Verhältnissen diejenige der Speicheldrüsen übertrifft. Da aber die Speichelsekretion unter verschiedenen Verhältnissen eine sehr verschiedene ist, hat man keine sicheren Angaben über die Größe derselben. Eine außerordentlich reichliche Speichelabsonderung ruft das Pilokarpin hervor, während das Atropin dagegen die Absonderung aufhebt. Menge des abgesonderten Speichels.

Daß die Speichelabsonderung, selbst wenn man von solchen Stoffen wie Ptyalin, Muzin u. dgl. absieht, kein einfacher Filtrationsprozeß ist, geht aus vielen Verhältnissen, unter denen die folgenden als Beispiele zu nennen sind, hervor. Die Speicheldrüsen haben eine spezifische Fähigkeit, gewisse Substanzen wie z. B. Kaliumsalze (SALKOWSKI)[2], Jod- und Bromverbindungen, dagegen nicht andere, wie z. B. Eisenverbindungen und Glukose, zu eliminieren. Der Speichel wird ferner, wenn die Absonderung durch allmählich gesteigerte Reizung rascher und in größerer Menge geschieht reicher an festen Stoffen als bei mehr langsamer und weniger ausgiebiger Sekretion (HEIDENHAIN), und endlich steigt auch mit wachsender Absonderungsgeschwindigkeit der Salzgehalt bis zu einem gewissen Grade an (HEIDENHAIN, WERTHER, LANGLEY und FLETCHER, NOVI)[3]. Speichelabsonderung.

Wie die Absonderungsvorgänge im allgemeinen, so ist also auch die Absonderung des Speichels an besondere, in den Zellen verlaufende Prozesse gebunden. Die Art dieser in den Zellen bei der Absonderung verlaufenden chemischen Vorgänge ist noch unbekannt.

Die physiologische Bedeutung des Speichels. Durch seinen Reichtum an Wasser ermöglicht der Speichel nicht nur die Einwirkung gewisser Stoffe auf die Geschmacksorgane, sondern er wird auch ein wahres

[1] Zeitschr. f. physiol. Chem. 5. Die übrigen Analysen sind zitiert nach MALY, Chem. der Verdauungssäfte in HERMANNS Handb. d. Physiol. 5, T. 2, S. 14. [2] VIRCHOWS Arch. 53. [3] HEIDENHAIN, PFLÜGERS Arch. 17; WERTHER ebenda 38; LANGLEY u. FLETCHER, Proc. Roy. Soc. 45, und besonders Philos. trans. Roy. Soc. London 180; NOVI, Arch. f. (Anat. u.) Physiol. 1888.

Lösungsmittel für einen Teil der Nahrungsstoffe. Die Bedeutung des Speichels für das Kauen ist besonders bei Pflanzenfressern auffallend, und ebenso unzweifelhaft steht es fest, daß der Speichel das Schlucken wesentlich erleichtert. In dieser Hinsicht ist namentlich der muzinhaltige Speichel von Bedeutung, und die PAWLOWsche Schule behauptet, daß auch in dieser Hinsicht die Sekretion dem Bedürfnisse sich anpaßt. Der Speichel ist ferner auch dadurch von Bedeutung, daß er zum Ausspülen der Mundhöhle dient und dadurch zu einem Schutzmittel des Körpers gegen schädliche oder körperfremde, in die Mundhöhle hineingelangte Stoffe wird. Die Fähigkeit, Stärke in Zucker umzuwandeln, kommt nicht dem Speichel aller Tiere zu und sie hat bei verschiedenen Tieren eine ungleiche Intensität. Beim Menschen, dessen Speichel kräftig verzuckernd wirkt, kann eine Zuckerbildung aus (gekochter) Stärke unzweifelhaft schon in der Mundhöhle stattfinden. Inwieweit aber diese Wirkung, wenn der Bissen in den Magen gelangt ist, fortwährend zur Geltung kommen kann, hängt von der Geschwindigkeit, mit welcher der saure Magensaft in die verschluckten Speisen hineindringt und mit denselben sich vermischt, wie auch von dem Mengenverhältnisse des Magensaftes und der Speisen in dem Magen ab. Die reichlichen Mengen Wasser, die man mit dem Speichel verschluckt, müssen wieder resorbiert werden und in das Blut übergehen und sie müssen also in dem Körper einen intermediären Kreislauf durchmachen. In dem Speichel besitzt also der tierische Organismus ein kräftiges Mittel, während der Verdauung einen vom Darmkanal zum Blute gehenden, die gelösten oder fein verteilten Stoffe mitführenden Flüssigkeitsstrom zu unterhalten. Die Beziehungen des Speichels oder der Speicheldrüsen zu der Absonderung des Magensaftes sollen in dem nächsten Abschnitte erwähnt werden.

Physiologische Bedeutung des Speichels.

Speichelkonkremente. Der sog. Zahnstein ist gelb, grau, gelbgrau, braun oder schwarz und hat eine geschichtete Struktur. Er kann mehr als 20 p. m. organische Substanz, darunter Muzin, Epithel und Leptothrixketten enthalten. Die Hauptmasse der anorganischen Bestandteile besteht aus Kalziumkarbonat oder Phosphat. Die Speichelsteine deren Größe sehr, von der Größe kleiner Körnchen bis zu derjenigen einer Erbse oder noch mehr (man hat einen Speichelstein von 18,6 g Gewicht gefunden) wechseln kann, enthalten ebenfalls eine wechselnde Menge, 50—380 p. m., organische Substanz, welche bei der Extraktion der Steine mit Salzsäure zurückbleibt. Der Hauptbestandteil der organischen Substanz ist Kalziumkarbonat.

Speichelkonkremente.

II. Die Drüsen der Magenschleimhaut und der Magensaft.

Seit alters her unterscheidet man zwei verschiedene Arten von Drüsen in der Magenschleimhaut. Die einen, welche in größter Verbreitung vorkommen und besonders im Fundus die bedeutendste Größe haben, nennt man Fundusdrüsen, auch Labdrüsen oder Pepsindrüsen. Die anderen, welche in der Pylorusgegend vorkommen, werden Pylorusdrüsen genannt. Die Verteilung dieser zwei Formen von Drüsen in der Magenschleimhaut ist jedoch bei verschiedenen Tieren eine wesentlich verschiedene. Die Magenschleimhaut ist sonst in ihrer ganzen Ausdehnung mit einem einschichtigen Epithel bekleidet, welches, wie man annimmt, durch eine schleimige Metamorphose des Protoplasmas den Magenschleim produziert. Die Fundusdrüsen enthalten zwei Arten von Zellen: adelomorphe oder Hauptzellen und delomorphe oder Belegzellen. Diese zwei Arten von Zellen bestehen aus einem eiweißreichen Protoplasma; ihr Verhalten zu Farbstoffen scheint aber darauf hinzudeuten, daß die Eiweißstoffe beider nicht identisch sind. Als spezifische Bestandteile enthalten die Fundusdrüsen mehrere Enzyme oder deren Zymogene. Die Pylorusdrüsen enthalten Zellen, welche

Drüsen der Magenschleimhaut.

Fundusdrüsen.

im allgemeinen als den oben genannten Hauptzellen der Fundusdrüsen nahe verwandt betrachtet werden. Diese Drüsen enthalten ebenfalls Enzyme.

Der **Magensaft.** Das Anlegen von einer Magenfistel wurde zum ersten Male 1842 von BASSOW[1]) an einem Hunde ausgeführt. An einem Menschen führte VERNEUIL im Jahre 1876 diese Operation mit glücklichem Erfolge aus. In neuerer Zeit hat namentlich PAWLOW[2]) um die Vervollkommnung der Magenfisteloperation an Tieren und das Studium der Magensaftabsonderung sich sehr verdient gemacht.

Die allermeisten Untersuchungen nicht nur über die Magenverdauung, sondern über die Verdauung überhaupt basieren auf Untersuchungen in erster Linie an Hunden und dann auch an Menschen, und aus dem Grunde bezieht sich auch, wo nicht anders besonders angegeben wird, die in diesem Kapitel gegebene Darstellung der Verdauungslehre auf die Verhältnisse bei Hunden und Menschen. Magensaft.

Die Absonderung des Magensaftes ist nicht kontinuierlich. Sie kommt durch psychische Einflüsse wie auch durch Einwirkung besonderer, Stoffe auf die Schleimhaut des Magens oder des Darmes zustande. Die eingehendsten Untersuchungen über die Sekretion des Magensaftes (beim Hunde) rühren von PAWLOW und seinen Schülern her.

Um einen reinen von Speichel und Speiseresten freien Magensaft zu gewinnen, haben sie außer der Magenfistel auch eine Ösophagusfistel angebracht, durch welche die verschluckte Nahrung, ohne in den Magen zu gelangen, zusammen mit dem Speichel herausfällt, wodurch eine Scheinfütterung möglich wird. In dieser Weise wird es möglich, den Einfluß des psychischen Momentes einerseits und der direkten Einwirkung der Nahrung auf die Magenschleimhaut andererseits zu studieren. Nach einem ursprünglich von HEIDENHAIN angegebenen, später von PAWLOW und CHIGIN verbesserten Verfahren ist es ihnen auch gelungen, durch partielle Resektion des Fundusteiles des Magens einen Blindsack, einen „kleinen Magen", zu erzeugen, in welchem die Sekretionsvorgänge studiert werden können, während die Verdauung im übrigen Magen im Gange ist. In dieser Weise war es ihnen möglich, die Einwirkung verschiedener Nahrung auf die Sekretion zu studieren. Untersuchungs-methoden von Pawlow.

Die wesentlichsten Ergebnisse der Untersuchungen von PAWLOW und seinen Schülern sind folgende: Mechanische Reizung der Schleimhaut ruft keine Sekretion hervor. Ebensowenig vermögen mechanische Reize der Mundschleimhaut eine reflektorische Erregung der sekretorischen Nerven des Magens auszulösen. Es gibt zwei Momente, welche die Sekretion hervorrufen, nämlich das psychische Moment — das leidenschaftliche Verlangen nach Speisen und das Gefühl der Befriedigung und Wonne bei ihrem Genusse, wie auch die, die Geruchs- und Geschmacksorgane angenehm beeinflussenden Reize — und das chemische Moment, die Einwirkung gewisser chemischen Substanzen auf die Magenschleimhaut. Das erste Moment soll das wichtigere sein. Die unter seinem Einflusse auftretende, durch Vagusfasern vermittelte Sekretion tritt früher als die durch chemische Reizmittel vermittelte auf, aber immer erst nach einer Pause von mindestens 4½ Minuten. Diese Sekretion ist reichlicher aber weniger anhaltend als die „chemische"; sie liefert einen mehr sauren und kräftiger wirkenden Saft als diese. Als chemische Reizmittel, die von der Magenschleimhaut aus reflektorisch die Sekretion auslösen, wirken Wasser (schwache Wirkung) und gewisse noch unbekannte Extraktivstoffe, die im Fleisch und Fleischextrakt, in nicht reinem Pepton und auch, wie es scheint, in der Milch enthalten sind. Zu den stark safttreibenden Mitteln Magensaft-absonde-rung beim Hunde.

---

[1]) BASSOW, Zit. nach MALY a. a. O., S. 38; VERNEUIL, vgl. CH. RICHET, Du Suc gestrique chez l'homme etc., Paris 1878, S. 158.   [2]) PAWLOW, Die Arbeit der Verdauungsdrüsen, Wiesbaden 1898, wo die Arbeiten seiner Schüler auch besprochen sind. Vgl. ferner: Ergebn. d. Physiol. 1, Abt. 1.

gehört auch, wie HERZEN und RADZIKOWSKI [1]) u. a. fanden, der Alkohol. Über die Wirkung von Chlornatrium und Alkalikarbonaten sind die Angaben etwas strittig. Daß die Alkalikarbonate die Absonderung verlangsamen oder hemmen, hat man vielfach angegeben; nach neueren Arbeiten [2]) scheint aber sowohl für die Karbonate wie für das Chlornatrium die Konzentration einen bestimmten Einfluß auszuüben, so daß schwächere Konzentrationen indifferent oder hemmend, etwas stärkere dagegen sekretionsbefördernd wirken. Die Angaben differieren jedoch etwas. Bitterstoffe, vor der Mahlzeit gegeben, können in kleinen Mengen die Absonderung vermehren, während sie in größerer Menge hemmend wirken (BORISSOW, STRASHESKO) [3]). Das Fett wirkt verzögernd auf das Auftreten der Sekretion und setzt sowohl die Menge des Saftes wie den Enzymgehalt desselben herab. Durch die „psychische" Sekretion können an sich nicht als chemische Reizmittel wirkende Substanzen, wie z. B. Hühnereiweiß, verdaut werden, um dann in zweiter Hand durch ihre Zersetzungsprodukte eine chemische Sekretion zu erzeugen.

Die Sekretion im Magen kann auch vom Dünndarme aus beeinflußt werden, und in dieser Weise soll nach den Untersuchungen von PAWLOW und seinen Schülern das Fett wirken. Das Fett wirkt reflektorisch, durch Einwirkung auf die Duodenalschleimhaut, hemmend auf die Absonderung des Saftes und die Verdauung ein. Bei Hunden soll durch Zugabe von Fett (Öl) zu einer stärkehaltigen Nahrung die Absonderung des Magensaftes während der ganzen Verdauungsperiode unterdrückt bleiben, und in gleicher Weise wirkt das Fett in Verbindung mit Eiweißnahrung, mit dem Unterschiede

Fett und Magensaftabsonderung. jedoch, daß die hemmende Wirkung des Fettes in diesem Falle nur in den ersten Stunden der Verdauung zur Geltung kommt. Nach PIONTKOWSKI [4]) sollen die Ölseifen im Gegensatz zu dem Neutralfett stark safttreibende Eigenschaften besitzen, und dies ist nach ihm der Grund, warum etwa 5—6 Stunden nach der Mahlzeit, bei Fettnahrung, die Saftsekretion sich einstellt, denn gerade in dieser Zeit soll es zur Seifenbildung kommen. Nach FROUIN rufen die Speisen vom Darme aus eine Magensaftabsonderung hervor, welche noch fortdauert, nachdem die Wirkung des psychischen Reizes schon aufgehört hat. Zu ähnlichen Resultaten gelangte auch LECONTE [5]), welcher übrigens der chemischen Sekretion, der psychischen gegenüber, eine weniger untergeordnete Bedeutung zuerkennt als PAWLOW getan hat.

Von nicht geringem Interesse ist das Verhalten der verschiedenen Teile des Magens bei der Sekretion. In dieser Hinsicht haben die Arbeiten von PAWLOW und seinen Schülern gelehrt, daß das Fleisch und seine Extraktivstoffe ebenso wie die Verdauungsprodukte und die Milch hauptsächlich, wenn nicht ausschließlich, von der pylorischen Abteilung des Magens aus wirken, während sie von dem Fundusteile aus unwirksam sind. Der Alkohol soll jedoch auch von dem Fundusteile aus wirken. Ähnliche Beobachtungen haben später W. SAWITSCH und G. ZELLONY gemacht. POPIELSKA fand, daß Fleischextrakt auf die Magensaftsekretion erregend wirkt, auch wenn

Pylorusteil und Sekretion. dasselbe subkutan zugeführt wird [6]). In naher Beziehung zu dem nun Gesagten steht die Beobachtung von EDKINS [7]), derzufolge in dem Pylorusteile des Magens eine Substanz, ein „Prosekretin", enthalten sein soll, welches durch Säure und einige andere Stoffe, in ein „Sekretin", d. h. in eine Substanz umgewandelt

---

[1]) PFLÜGERS Arch. 84, 513. [2]) Vgl. H. ROZENBLAT, Bioch. Zeitschr. 4; MAYEDA ebenda 2; P. PIMENOW, Bioch. Zentralbl. 6; LÖNNQUIST, MALYS Jahresb. 36. [3]) BORISSOW, Arch. f. exp. Path. u. Pharm. 51; STRASHESKO, vgl. Bioch. Zentralbl. 4, 148. [4]) Vgl. Bioch. Zentralbl. 8, 660. [5]) FROUIN, Compt. rend. soc. biol. 53; LECONTE, La Cellule 17. [6]) SAWITSCH u. ZELLONY, PFLÜGERS Arch. 150, 128 (1913). POPIELSKA ebenda 39, 366. [7]) J. S. EDKINS, Journ. of Physiol. 34.

wird, welche, in das Blutgefäßsystem hineingelangt, eine Sekretion von Magensaft hervorruft.

Über die Magensaftabsonderung beim Menschen liegen nur wenige sichere Angaben vor. Den älteren Angaben gemäß können bei ihm die Reizmittel von mechanischer, thermischer und chemischer Art sein. Zu den chemischen Reizmitteln rechnet man Alkohol und Äther, welche jedoch in zu großer Konzentration keine physiologische Sekretion, sondern die Transsudation einer neutralen oder schwach alkalischen Flüssigkeit hervorrufen. Es gehören hierher ferner angeblich gewisse Säuren, auch Kohlensäure, Neutralsalze, Fleischextrakt, Gewürze und andere Stoffe. Die Angaben hierüber sind aber leider sehr unsicher und einander widersprechend.

Absonderung des Magensaftes.

Von besonderem Interesse ist die Frage, inwieweit die von der PAWLOWschen Schule beobachteten Verhältnisse auf den Menschen übertragbar sind. Man hat nunmehr recht viele Beobachtungen hierüber gesammelt[1]) und im großen und ganzen stimmen sie mit den an Hunden gewonnenen Erfahrungen überein. So kann auch beim Menschen eine psychische Magensaftabsonderung zustande kommen, und man hat auch beobachtet, daß dieselbe durch Affekte zum Stillstand gebracht werden kann. Wie beim Hunde kommt auch beim Menschen nach einer Scheinfütterung eine Sekretion zustande und zwar nach einer Pause, deren Länge in einzelnen Fällen etwas verschieden gewesen ist, in einigen Fällen aber wie beim Hunde nach Fleischfütterung etwa 5 Minuten betrug. Kauen von indifferenten Stoffen ist ohne eigentliche Einwirkung, wogegen auf die Geruchs- oder Geschmacksorgane einwirkende Stoffe erregend wirken. UMBER hat außerdem beobachtet, daß nach Einführung eines Nahrungsklysmas in das Rektum eine Sekretion von Magensaft reflektorisch angeregt werden kann.

Magensaftabsonderung beim Menschen.

Sowohl aus den Beobachtungen von HORNBORG und UMBER wie auch aus den etwas älteren von SCHÜLE, TROLLER, RIEGEL und SCHEUER[2]) scheint es, als würde beim Menschen die psychische Sekretion hinter der durch Einführung von Nahrung oder wohlschmeckenden Stoffen zustande kommenden stehen. Daß die Verarbeitung der Nahrung in der Mundhöhle die Sekretion wesentlich beeinflußt, steht fest; wie aber diese Einwirkung zustande kommt, darüber ist man nicht einig. Als das Wesentlichste betrachten einige die Wirkung des hierbei abgesonderten und verschluckten Speichels, andere das Kauen und wiederum andere die chemische Einwirkung und die Erregung der Geschmacksorgane.

Absonderung beim Menschen.

Bezüglich der Einwirkung des Speichels fand HEMMETER daß nach Exstirpation der Speicheldrüsen Einführung in den Magen von gekautem, mit Hundespeichel durchgetränktem Futter keine besondere Wirkung auf die Saftabsonderung hatte. Auf der anderen Seite hat FROUIN[3]) beobachtet, daß beim Hunde Einführung von Speichel in den großen Magen auf die Absonderung in dem kleinen Magen (vgl. S. 361) günstig wirkt und sowohl die Azidität wie die Verdauungsfähigkeit des Saftes vermehrt. Diese Wirkung rührt nach FROUIN nicht von dem Alkali des Speichels her.

Die qualitative und quantitative Zusammensetzung des Magensaftes. Der Magensaft, welcher beim Menschen nur sehr selten rein und frei von Residuen der Nahrung oder von Schleim und Speichel gewonnen werden kann, ist eine klare oder nur sehr wenig trübe, beim Menschen fast farblose

Magensaft.

---

[1]) HORNBORG, MALYs Jahresb. **33**, 547; UMBER, Berl. klin. Wochenschr. 1905, Nr. 3; CADE u. LATARJET, Compt. rend. soc. biol. **57**; H. KAZNELSON, PFLÜGERS Arch. **118**; H. BOGEN ebenda **117**; A. BICKEL, Deutsche med. Wochenschr. **32** und MALYs Jahresb. **36**, 411. Siehe ferner MALYs Jahresb. **39**, 365 u. 367, **40**, 365; Bioch. Zentralbl. **12**, 799. [2]) Die Literatur findet man bei UMBER l. c. [3]) Compt. rend. soc. biol. **62**.

Flüssigkeit von einem faden, säuerlichen Geschmack und stark saurer Reaktion. Als Formelemente enthält er Drüsenzellen oder deren Kerne und mehr oder weniger veränderte Zylinderepithelzellen.

Die saure Reaktion des Magensaftes rührt von freier Säure her welche, wie die Untersuchungen von C. SCHMIDT, RICHET u. a. gelehrt haben, wenn der Magensaft rein und frei von Nahrungsmitteln ist, ausschließlich oder fast ausschließlich aus Salzsäure besteht. In dem reinen Magensafte von nüchternen Hunden hat indessen CONTEJEAN[1]) regelmäßig Spuren von Milchsäure gefunden. Nach der Aufnahme von Nahrung, besonders nach einer kohlehydratreichen Mahlzeit, kann Milchsäure in reichlicherer Menge, bisweilen auch Essigsäure und Buttersäure, vorkommen. Bei neugeborenen Hunden

Säuren des Magensaftes. ist die Säure im Magen nach GMELIN[2]) Milchsäure. Der Gehalt des Magensaftes an freier Salzsäure ist nach PAWLOW und seinen Schülern beim Hunde 5—6 p. m. und bei der Katze als Mittel 5,20 p. m. HCl. Seitdem man aber nunmehr Gelegenheit gehabt hat, reinen Magensaft von Menschen zu untersuchen, hat man (UMBER, HORNBORG, BICKEL, SOMMERFELD)[3]) auch dessen Gehalt an Salzsäure gleich 4—5 p. m. gefunden. Daß wenigstens ein kleiner Teil der Salzsäure des Magensaftes nicht frei im gewöhnlichen Sinne, sondern an organische Substanzen gebunden ist, kann wohl nicht bezweifelt werden. Der auf physikalischem Wege gefundene Wert für die Säuremenge im Magensafte soll nach P. FRÄNCKEL[4]) fast identisch mit der titrimetrisch gefundenen Menge sein. Auch CARLSON und M. L. MENTEN haben mit unverdünntem menschlichen Magensaft gute Übereinstimmung zwischen titrimetrischen Bestimmungen der Totalazidität (Phenolphthalein als Indikator) und Ermittlung von C_H mit Konzentrationselement (S. 58) gefunden, und zwar stimmen die mit der „psychischen" Sekretion erhaltenen Werte mit den eben angeführten[5]). Aziditätsbestimmungen, welche von MICHAELIS und DAVIDSOHN mit dem nach einem Probefrühstück erhaltenen Mageninhalte ausgeführt wurden, ergaben viel niedrigere Werte, $C_H = 1,7 \times 10^{-2}$ was einem Gehalte an HCl von 0,6 p. m. entspricht[6]). Bei Säuglingen fand DAVIDSOHN noch niedrigere Werte, $C_H = 10^{-5}$ oder 0,00036 HCl p. m.[7]).

R. ROSEMANN[8]), welcher den nach Scheinfütterung abgesonderten Magensaft des Hundes untersucht hat, fand als Mittel 4,22 p. m. feste Stoffe,

Eigenschaften. darunter 1,32 p. m. Mineralstoffe und rund 2,90 p. m. organische Substanz. Der Gehalt an Stickstoff war in einem Falle 0,36, in einem anderen 0,54 p. m. und der Gehalt an HCl etwa 5,6 p. m. Die Asche bestand zum allergrößten Teil, 980 à 990 p. m., aus Chloralkalien. CARLSON fand bei Analyse von unverdünntem menschlichen „psychischen" Magensaft folgende Mittelwerte: Sp. v = 1,008, feste Stoffe = 5,56 p. m., darunter 1,26 p. m. Mineralstoffe und 4,31 p. m. organische Substanz, N = 0,65 p. m. und Azidität = 5 HCl p. m.[9]). Rhodanwasserstoff fand NENCKI im Magensaft des Hundes in einer Menge von 5 mg im Liter[10]).

Die Stärke der Absonderung des Magensaftes kann unter verschiedenen Verhältnissen nicht unbedeutend wechseln. Die Angaben über die Menge

---

[1]) BIDDER u. SCHMIDT, Die Verdauungssäfte usw., S. 44 ff.; RICHET l. c.; CONTEJEAN, Contributions a l'etude de la physiol. de l'estomac, Thèses Paris 1892 (F. Alcan). [2]) PFLÜGERS Arch. 90 u. 103. [3]) Vgl. RICHET l. c.; CONTEJEAN l. c.; VERHAEGEN, „La Cellule" 1896 u. 1897; P. SOMMERFELD, Bioch. Zeitschr. 9 und im übrigen Fußnote 1, S. 363 und die Literatur über Salzsäurebestimmung im Mageninhalte weiter unten; vgl. auch COHNHEIM u. DREYFUS, Zeitschr. f. physiol. Chem. 58, 50 (1908). [4]) Zeitschr. f. exp. Path. u. Therap. 1. [5]) Amer. Journ. of Physiol. 38, 248; Journ. of biol. Chem. 22, 341 (1915). [6]) Zeitschr. f. exp. Path. u. Therap. 8, 398 (1910). [7]) Zeitschr. f. Kinderheilk. 4, 208 (1912). [8]) PFLÜGERS Arch. 118. [9]) Amer. Journ. of Physiol. 38, 248 (1915). [10]) Ber. d. d. chem. Gesellsch. 28.

des in einem bestimmten Zeitraume abgesonderten Saftes sind deshalb auch
unsicher. R. ROSEMANN beobachtete nach Scheinfütterung am Hunde eine
Absonderung von 917 ccm im Laufe von $3\frac{1}{2}$ Stunden, also eine bedeutende
Menge. CARLSON schätzt den in 24 Stunden vom Menschen abgesonderten
Magensaft zu 1500 ccm. KUDO fand in dem abgesonderten Saft um so mehr
Pepsin je geringer die Saftmenge war[1]).

Die neben der freien Salzsäure physiologisch wichtigsten Bestandteile
des Magensaftes sind das Pepsin, das Lab und eine Lipase.

Das Pepsin. Dieses Enzym findet sich, mit Ausnahme von einigen
Fischen, bei allen bisher darauf untersuchten Rückgratstieren.

Das Pepsin kommt bei erwachsenen Menschen und neugeborenen Kindern
vor. Bei neugeborenen Tieren ist dagegen das Verhalten etwas verschieden.
Während bei einigen Pflanzenfressern, wie dem Kaninchen, das Pepsin schon
vor der Geburt in der Schleimhaut vorkommt, fehlt dieses Enzym dagegen
bei der Geburt gänzlich bei den bisher untersuchten Fleischfressern, dem
Hunde und der Katze.

Bei mehreren Evertebraten sind auch Enzyme, welche in saurer Lösung
proteolytisch wirken, gefunden worden. Daß diese Enzyme indessen wenigstens
nicht bei allen Tieren mit dem gewöhnlichen Pepsin identisch sind, dürfte
unzweifelhaft sein. Nach KLUG und WRÓBLEWSKI[2]) sollen selbst die bei
Menschen und verschiedenen höheren Tieren gefundenen Pepsine etwas verschiedenartig sein, was auch nach den Erfahrungen HAMMARSTENS und RA-
KOCZYS sehr wahrscheinlich ist. In verschiedenen Pflanzen und tierischen
Organen kommen übrigens Enzyme vor, die auch bei saurer Reaktion wirken,
aber trotzdem nicht mit dem Pepsin identisch sind. Dem Pepsin sehr nahe-
stehend ist jedenfalls das nur bei saurer Reaktion wirkende eiweißlösende
Enzym bei Nepenthes. Ein dem Trypsin oder Erepsin (vgl. Abschnitte IV
und III) mehr nahestehendes Enzym ist dagegen das Pseudopepsin GLAESS-
NERS, welches nach ihm als alleiniges peptisches Enzym in dem Pylorusteile
vorkommen soll. Das Pseudopepsin, dessen Existenz von KLUG bestritten
wurde, während andere (REACH, PEKELHARING) das Vorkommen desselben
in der Schleimhaut bestätigten, kann jedoch nach den Erfahrungen von
HAMMARSTEN weder das einzige noch das vorherrschende peptische Enzym
des Pylorusteiles sein. Nach GLAESSNER wirkt es auch bei neutraler und
alkalischer Reaktion und liefert als Produkt seiner Wirkung u. a. Tryptophan.
Nach BERGMANN[3]) soll es mit dem Erepsin (s. unten) identisch sein. Zu den
Enzymsubstanzen der Magenschleimhaut gehört auch das von WEINLAND[4])
entdeckte sog. Antipepsin, welches auf die Pepsinverdauung hemmend
wirkt und, wie einige annehmen, die Selbstverdauung der Schleimhaut verhüten soll.

Das Pepsin ist ebensowenig wie andere Enzyme in reinem Zustande
isoliert worden. Das von BRÜCKE und von SUNDBERG[5]) dargestellte Pepsin
verhielt sich den meisten Eiweißreagenzien gegenüber negativ und zeigte
trotzdem eine ungemein kräftige Wirkung, weshalb es als verhältnismäßig
sehr rein betrachtet wird.

---

[1]) ROSEMANN, PFLÜGERS Arch. 118; CARLSON, Amer. Journ. of Physiol. 38, 266
(1915); KUDO, Bioch. Zeitschr. 16, 217 (1909).   [2]) KLUG, PFLÜGERS Arch. 60; WRÓBLEWSKI,
Zeitschr. f. physiol. Chem. 21; HAMMARSTEN ebenda 56, 18 (1908); RAKOCZY ebenda 85,
349 (1913).   [3]) GLAESSNER, HOFMEISTERS Beiträge 1; KLUG, PFLÜGERS Arch. 92; REACH,
HOFMEISTERS Beiträge 4; PEKELHARING, Arch. d. scienc. biol. St. Pétersbourg 11;
PAWLOW-Festband 1904; BERGMANN, Skand. Arch. f. Physiol. 18.   [4]) Zeitschr. f. Biol. 44.
[5]) BRÜCKE, Wien. Sitz.-Ber. 43; SUNDBERG, Zeitschr. f. physiol. Chem. 9.

Da das Pepsin leicht zusammen mit Eiweißstoffen ausgefällt wird und mit solchen sich verbindet, ist es schwer zu entscheiden, ob das Pepsin eine **Natur und** Eiweißsubstanz ist, und die Frage nach der Natur des Pepsins ist also noch **Eigen-** **schaften des** ebensowenig wie die nach der Natur anderer Enzyme endgültig entschieden. **Pepsins.** Wie man es bisher kennt, ist das Pepsin, wenigstens in unreinem Zustande, löslich in Wasser und Glyzerin. Von Alkohol wird es gefällt, aber nur langsam zerstört. In wäßriger Lösung wird seine Wirkung durch Erhitzen zum Sieden rasch vernichtet.

Für das Verhalten des Pepsins beim Erhitzen seiner sauren Lösung ist sowohl der Säuregrad wie die Dauer des Erwärmens und der Gehalt der Lösung an anderen Stoffen von Bedeutung. Wenn man eine saure (0,2% HCl) In- **Einwirkung** fusion auf Kalbsmagen tagelang bei etwa 40° oder bei 45° während weniger **von Säure** **und Wärme.** als 24 Stunden erwärmt, so wird allerdings das Pepsin zum Teil vernichtet; aber man kann in dieser Weise eine Infusion erhalten, welche noch Eiweiß verdaut aber keine labende Wirkung zeigt (HAMMARSTEN)[1]. Das Pepsin verschiedener Tiere verhält sich indessen hierbei etwas verschieden, und das Pepsin des Hechtmagens wird bei 37—40° sehr rasch zerstört.

Gegen Alkali, nicht nur Alkalihydroxyde und Karbonate sondern auch gegen die Hydroxyde der alkalischen Erden ist das Pepsin außerordentlich empfindlich und wird von ihnen leicht unwirksam gemacht. Wenn die Alkali- **Einwirkung** einwirkung nicht zu stark gewesen ist, kann, wie PAWLOW und TICHOMIROW[2]) **von Alkali.** gezeigt haben, das Enzym zum Teil durch Säurezusatz reaktiviert werden, wenn man den größten Teil (etwa $^4/_5$) der Alkaleszenz durch Säurezusatz vermindert und dann erst nach einigen Stunden mehr Säure zusetzt. Setzt man die ganze Säuremenge auf einmal zu, so findet die Reaktivierung nicht statt.

Die einzige Eigenschaft, welche das Pepsin charakterisiert, ist die, daß es in saurer, aber nicht in neutraler oder alkalischer Lösung Eiweißstoffe unter Bildung von Albumosen, Peptonen und anderen Produkten löst.

Die Methoden zur Darstellung eines verhältnismäßig reinen Pepsins gründen sich zum Teil auf der Eigenschaft desselben, von fein verteilten Niederschlägen **Darstellung** anderer Stoffe, wie Kalziumtriphosphat oder Cholesterin, mit niedergerissen zu **des Pepsins.** werden. Hierauf gründen sich auch die ziemlich umständlichen Methoden von BRÜCKE und SUNDBERG. PEKELHARING benutzt im wesentlichen die Dialyse und Ausfällung mit 0,2 p. m. HCl[3]), und HAMMARSTEN erhält durch Halbsättigung der sauren Schleimhautinfusion mit NaCl eine sich abscheidende Substanz, welche sehr kräftige Pepsinwirkung zeigt[4]).

Durch Extraktion mit Glyzerin kann man sehr haltbare Pepsinlösungen erhalten, aus denen das Enzym neben viel Eiweiß durch Alkohol gefällt werden kann. Durch Infusion der Magenschleimhaut eines Tieres mit angesäuertem (2—5 p. m. HCl) Wasser kann man auch kräftig wirkende Lösungen erhalten. Dies ist aber nunmehr überflüssig, weil man nach dem Vorgange Pawlows reinen Magensaft erhalten kann und weil es ferner nunmehr sehr kräftig wirkende käufliche Pepsinpräparate gibt.

Die Wirkung des Pepsins auf Eiweiß. Bei neutraler oder alkalischer Reaktion ist das Pepsin unwirksam; in saurer Flüssigkeit löst es da- **Wirkung** gegen geronnene Eiweißstoffe. Dabei quillt das Eiweiß stets auf und wird **einer sauren** **Pepsin-** durchsichtig, bevor es gelöst wird. Ungekochtes Fibrin quillt in einer Säure **lösung auf** von 1 p. m. HCl zu einer gallertähnlichen Masse, löst sich aber bei Zimmer- **Eiweiß.** temperatur im Laufe von ein paar Tagen nicht. Nach Zusatz von ein wenig Pepsin wird dagegen diese gequollene Masse bei Zimmertemperatur rasch

---

[1]) Zeitschr. f. physiol. Chem. **56**.   [2]) Zeitschr. f. physiol. Chem. **54**.   [3]) Zeitschr. f. physiol. Chem. **22** u. **35**.   [4]) Ebenda **108**, 243 (1919).

gelöst. Hartgesottenes Eiweiß, in dünnen Scheiben mit scharfen Rändern zerschnitten, wird im Laufe von mehreren Stunden von verdünnter Säure (2—4 p. m. HCl) bei Körpertemperatur nicht merkbar verändert. Bei gleichzeitiger Gegenwart von Pepsin werden dagegen die Ränder bald hell und durchsichtig, abgestumpft und gequollen und das Eiweiß löst sich allmählich.

Aus dem oben von dem Pepsin Gesagten folgt, daß Eiweiß als Mittel zum Nachweis von Pepsin in einer Flüssigkeit benutzt werden kann. Es kann hierzu Rinderfibrin ebensogut wie gesottenes Hühnereiweiß, das letztere in Form von Scheibchen mit scharfen Rändern, verwendet werden. Da aber das Fibrin auch bei Zimmertemperatur leicht verdaut wird, während die Pepsinprobe mit Hühnereiweiß Körpertemperatur erfordert, und da die Probe mit Fibrin auch etwas empfindlicher ist, so wird sie oft der Probe mit Hühnereiweiß vorgezogen. Wenn von der „Pepsinprobe" ohne weiteres gesprochen wird, ist darunter auch oft die Probe mit Fibrin zu verstehen. Pepsin-
probe.

Diese Probe erheischt jedoch ein wenig Vorsicht. Das Fibrin soll Rinderfibrin und nicht Schweinefibrin sein, weil letzteres gar zu leicht von verdünnter Säure allein gelöst wird. Das ungekochte Rinderfibrin kann ebenfalls, wenn auch regelmäßig erst nach längerer Zeit, von Säure allein ohne Pepsin gelöst werden. Bei Versuchen mit ungekochtem Faserstoff bei Zimmertemperatur muß deshalb auch stets eine Kontrollprobe mit einer anderen Portion desselben Fibrins und Säure allein ausgeführt werden. Bei Körpertemperatur, bei welcher das ungekochte Fibrin leichter von Säure allein gelöst wird, ist es am besten, ein für allemal nur mit gekochtem Fibrin zu arbeiten.

Da man das Pepsin bisher noch nie mit Sicherheit in reinem Zustande dargestellt hat, ist es auch nicht möglich, die absolute Menge des Pepsins in einer Flüssigkeit zu bestimmen. Man kann nur den relativen Pepsingehalt zweier oder mehrerer Flüssigkeiten miteinander vergleichen, und dabei kann man auf verschiedene Weise verfahren. Bestim-
mung des
Pepsins.

Das älteste Verfahren, dasjenige von Brücke, besteht darin, daß die zwei zu vergleichenden Pepsinlösungen je mit einer Salzsäure von 1 p. m. in bestimmten Verhältnissen verdünnt werden, so daß man, wenn der Pepsingehalt jeder ursprünglichen Lösung gleich 1 gesetzt wird, von jeder Lösung die Verdünnungsgrade $p = 1$, $1/2$, $1/4$, $1/8$, $1/16$ usw. erhält. Es werden dann alle Proben mit je einer Fibrinflocke oder Scheibe aus hartgesottenem Eiweiß beschickt und der Anfang bzw. der Abschluß der Verdauung in jeder Probe notiert. Aus der Geschwindigkeit der Verdauung wird der relative Pepsingehalt berechnet, und zwar so, daß wenn die Proben $p = 1/4$, $1/8$, $1/16$ der einen Reihe ebenso rasch wie die Proben $p = 1$, $1/2$, $1/4$ der anderen verdaut werden, jene als von Anfang an etwa viermal so reich an Pepsin wie diese berechnet werden. Grützner[1]) hat diese Probe dadurch verbessert, daß er mit Karmin gefärbtes Fibrin benützt und durch Vergleich mit Karminlösungen von bekannter Verdünnung die Geschwindigkeit der Verdauung kolorimetrisch beurteilt. Verfahren
von Brücke.

Die Methode von Mett. Man saugt flüssiges Hühnereiweiß in Glasröhrchen von 1 à 2 mm Durchmesser auf, koaguliert das Eiweiß in den Röhrchen durch Erhitzen auf + 95° C, schneidet die letzteren dann scharf ab, legt zwei Röhrchen in je ein Probierröhrchen mit ein paar Kubikzentimeter saurer Pepsinlösung hinein, läßt bei Körpertemperatur verdauen und mißt nach einiger Zeit, gewöhnlich 10 Stunden, die lineare Größe der verdauten Schichte des Eiweißes in den verschiedenen Proben, wobei zu beachten ist, daß die Länge der an jedem Ende verdauten Schicht nie mehr als 6—7 mm betragen darf. Die Pepsinmengen in den zu vergleichenden Proben verhalten sich wie die Quadrate der Millimeter-Eiweißsäule, die in gleicher Zeit in den Proben gelöst wurden. Waren z. B. in der einen 2 mm und in der anderen 3 mm Eiweiß gelöst, so verhielten sich die Pepsinmengen wie 4 : 9. Wenn es um ausgeleerten Mageninhalt handelt, welcher reich an Stoffen sein kann, die störend auf die Pepsinverdauung einwirken, muß die Flüssigkeit erst mit Verdauungssalzsäure passend verdünnt werden (Nierenstein und Schiff)[2]). Methode
von Mett.

---

[1]) Grützner, Pflügers Arch. 8 u. **106**. Vgl. auch A. Korn, Über Methoden Pepsin quantitativ zu bestimmen. Inaug.-Dissert. Tübingen 1902. [2]) Mett bei Pawlow l. c., S. 31; Nierenstein u. Schiff, Berl. klin. Wochenschr. 40; Jastrowitz, Bioch. Zeitschr. **2**.

Gegen dieses sehr viel angewandte Verfahren sind jedoch von mehreren Seiten Einwände erhoben worden und es ist in der Tat sehr unsicher. HUPPERT und E. SCHÜTZ messen die relativen Pepsinmengen aus den unter bestimmten Verhältnissen gebildeten Mengen sekundärer Albumosen, letztere mit dem Polariskope bestimmt. J. SCHÜTZ bestimmt den Gesamtalbumosenstickstoff, und SPRIGGS [1]) hat in der Änderung der Viskosität ein Maß der Pepsinmenge zu finden versucht.

Andere Methoden.

VOLHARD und LÖHLEIN [2]) benutzen zur Pepsinbestimmung eine saure Kaseinlösung und bestimmen nach Fällung mit Natriumsulfat den Säuregrad in dem Filtrate sowohl der ursprünglichen Kontrollelösung wie der verdauten Proben. Das Kasein wird von dem Sulfate als Säureverbindung ausgefällt und das von dem Niederschlage getrennte Filtrat enthält also weniger Säure als die ursprüngliche Lösung. In dem Maße, als die Verdauung weiter fortschreitet, wird weniger Substanz von dem Sulfate ausgefällt, und der Säuregrad des salzhaltigen Filtrates wird dementsprechend höher. Der Azititätszuwachs in den verschiedenen Proben verhält sich innerhalb gewisser Grenzen wie die Quadratwurzeln aus den Fermentmengen.

Volhards Methode.

M. JACOBY hat eine Methode angegeben, welche darauf basiert, daß eine trübe Rizinlösung durch Pepsinsalzsäure aufgehellt wird, und zwar verschieden rasch bei verschiedenen Pepsinmengen. Diese Methode, welche einer fortgesetzten Prüfung wert ist, scheint eine empfindliche und gute zu sein. Dasselbe gilt auch, wie es scheint, von der folgenden Methode von FULD und LEVISON [3]), welche darauf basiert, daß das Edestan, nicht aber die aus demselben gebildeten Albumosen aus saurer Lösung von Kochsalz gefällt wird. Man bereitet eine Lösung von 1 p. m. Edestin in Salzsäure ($^3/_{10}$ Normal.), wobei das Edestin in Edestan übergeht. Die Wirksamkeit eines Magensaftes (oder einer Pepsin-Salzsäurelösung) wird nun in der Weise geprüft, daß man denselben in fallenden Mengen in einer Reihe von Proben auf eine gleiche Menge der Edestanlösung, z. B. 2 ccm, einwirken läßt und das Minimum an Saft ermittelt, welches erforderlich ist, um binnen einer halben Stunde bei Zimmertemperatur die Lösung so weit zu verdauen, daß bei Zusatz von festem NaCl nach Umschütteln keine Ausfällung mehr stattfindet. O. GROSS [4]) hat eine ziemlich nahestehende Methode mit Anwendung von einer sauren Kaseinlösung und Natriumazetatlösung als Fällungsmittel ausgearbeitet.

Andere Methoden.

Edestin-Methode.

Auf die Geschwindigkeit der Pepsinverdauung wirken mehrere Umstände ein. In erster Linie ist hierbei die Konzentration der H-Ionen (C_H) von Bedeutung. (Anstatt C_H wird sehr oft die Zahl p_H (S. 58) angegeben, da $C_H = 10^{-p_H}$.) Außerdem ist aber auch die Natur und der physikalische Zustand des Substrates von Bedeutung. Wenn es um ein ungelöstes Substrat sich handelt, nimmt im allgemeinen die Einwirkung des Pepsins mit dem Quellungsgrad des Substrates zu. Mit Karminfibrin als Substrat fand RINGER die maximale Quellung und das Wirkungsoptimum bei etwa demselben p_H für eine gegebene Säure. Verschiedene Säuren ergaben aber für diesen Punkt verschiedene p_H-Werte, wie folgende Zahlen für p_H bei der maximalen Wirkung zeigen. Salzsäure 2,23, Oxalsäure 2,24, Milchsäure 2,42, Phosphorsäure 2,04, Schwefelsäure 3,16, Essigsäure 2,81, Zitronensäure 2,36 [5]). Mit Azidalbuminat als Substrat fand SÖRENSEN für p_{II} bei der optimalen Pepsinwirkung die Ziffer 1,63 [6]); MICHAELIS und Mitarbeiter erhielten mit Kasein die Ziffer 1,77 und mit Edestin die Zahl 1,4, und zwar im letzteren Falle mit verschiedenen Säuren [7]). Die Ziffer $p_H = 1,63$ entspricht einem Gehalte an HCl von 0,84 p. m. [8]).

Daß bei RINGERS Versuchen mit verschiedenen Säuren das optimale C_H verschieden gefunden wurde, liegt nach RINGER an dem durch die negativen Ionen der Säuren ausgeübten Einfluß auf die Quellung des Fibrins. Eine ähnliche Einwirkung wird auch von Salzen ausgeübt und zwar durch deren

---

[1]) HUPPERT u. SCHÜTZ, PFLÜGERS Arch. **80**; J. SCHÜTZ, Zeitschr. f. physiol. Chem. **30**; SPRIGGS ebenda **35**.   [2]) HOFMEISTERS Beiträge **7**.   [3]) Bioch. Zeitschr. **1**; FULD u. LEVISON ebenda **6**.   [4]) Berl. klin. Wochenschr. **45**.   [5]) Kolloid-Zeitschr. **19**, 253 (1916). [6]) Bioch. Zeitschr. **21**, 295 (1909).   [7]) Zeitschr. f. exp. Pathol. u. Therap. **8**, 2 (1910); Bioch. Zeitschr. **65**, 1 (1914).   [8]) Bei solchen Berechnungen hat man zu berücksichtigen, daß $C_H = 10^{-p_H}$ oder in diesem Falle $C_H = 10^{-1,63}$, $\log C_H = -1,63$, $C_H = 0,023$ normal oder als Salzsäure berechnet $0,023 \times 36,5 = 0,84$ p. m., unter der Voraussetzung, daß die Säure vollständig dissoziiert ist, was nicht ganz zutrifft.

Anionen, welche nach RINGER in dem Maße die Pepsindigestion hindern, in welchem sie der Quellung entgegenwirken. Die Reihenfolge der Salze nach ihrer zunehmenden Hemmung auf die Pepsinwirkung ist Zitrat < Azetat < Chlorid < Chlorat < Nitrat < Rhodanat < Sulfat. Die optimale Azidität für menschliches Pepsin liegt nach J. CHRISTIANSEN niedriger als die für Hundepepsin [1]).

Über die Abhängigkeit des Umsatzes von der Enzymmenge und der Zeit der Verdauung siehe S. 42.

Anhäufung von Verdauungsprodukten wirkt auf die Verdauung verlangsamend ein (vgl. S. 51), während dagegen nach CHITTENDEN und AMERMAN [2]) das Wegdialysieren der Verdauungsprodukte keinen wesentlichen Einfluß auf die Relation zwischen den gebildeten Albumosen und Peptonen hat. Bei niedriger Temperatur wirkt das Pepsin langsamer als bei höherer. Selbst bei nahe 0° C ist es indessen noch wirksam; mit steigender Temperatur wächst dagegen die Geschwindigkeit der Verdauung und sie ist bei etwa 40° am größten.

Geschwindigkeit der Pepsinverdauung.

Alkohol stört in größerer Menge (10 p. c. und darüber) die Verdauung, während kleine Mengen davon fast indifferent sich verhalten.

Die Produkte der Eiweißverdauung mittels Pepsin und Säure. Bei der Verdauung von Nukleoproteiden oder Nukleoalbuminen bleibt regelmäßig ein ungelöster Rest von Nuklein bzw. Pseudonuklein zurück, wenn auch unter Umständen eine vollständige Lösung stattfinden kann. Der Faserstoff gibt ebenfalls einen ungelösten Rset, welcher wenigstens zum wesentlichen Teil aus Nuklein besteht, welches von in den Blutgerinnseln eingeschlossenen Formelementen herrührt. Bei der Verdauung der Eiweißkörper können auch den Azidalbuminaten ähnliche Substanzen entstehen. Nach Abscheidung dieser Stoffe enthält die im Sieden neutralisierte, heiß filtrierte Flüssigkeit als Hauptbestandteile Albumosen und Peptone in älterem Sinne, wogegen das sog. echte Pepton KÜHNES und andere Spaltungsprodukte erst bei mehr anhaltender und intensiver Verdauung erhalten werden. Auch das Verhältnis zwischen den verschiedenen Albumosen wechselt sehr in verschiedenen Fällen und bei der Verdauung verschiedener Eiweißstoffe. So erhält man z. B. eine größere Menge von primären Albumosen aus dem Fibrin als aus hartgesottenem Hühnereiweiß oder aus dem Eiweiß des Fleisches, und überhaupt liefern nach den Untersuchungen von KLUG [3]) verschiedene Eiweißstoffe bei der Pepsinverdauung ungleiche Mengen der verschiedenen Verdauungsprodukte. Bei der Verdauung von ungekochtem Fibrin kann als Zwischenprodukt in einem früheren Stadium ein bei + 55° C koagulierendes Globulin erhalten werden (HASEBROEK) [4]). Bezüglich der verschiedenen Albumosen und Peptone, welche bei der Pepsinverdauung entstehen sollen, wird auf das oben (S. 97—105) Gesagte hingewiesen.

Verdauungsprodukte.

Verdauungsprodukte.

Wirkung der Pepsinchlorwasserstoffsäure auf andere Stoffe. Die leimgebende Substanz des Bindegewebes, des Knorpels und der Knochen, aus welch letzteren die Säure allein nur die anorganischen Substanzen herauslöst, wird von dem Magensafte verdaut und in Leim übergeführt. Dieser letztere wird dann weiter umgewandelt, so daß er die Fähigkeit zu gelatinieren einbüßt und in Gelatosen und Peptone (S. 92) umgesetzt wird. Echtes Muzin (aus der Submaxillardrüse) wird vom Magensafte gelöst und es liefert dabei teils peptonähnliche Substanzen und teils, wie nach dem

Wirkung auf andere Stoffe.

---

[1]) Bioch. Zeitschr. **46**, 257 (1912).   [2]) Journ. of Physiol. **14**.   [3]) PFLÜGERS Arch. **65**. [4]) Zeitschr. f. physiol. Chem. **11**.

Sieden mit einer Mineralsäure, reduzierende Substanz. Mukoide aus Sehnen, Knorpel und Knochen lösen sich nach POSNER und GIES[1]) in Pepsinchlorwasserstoffsäure mit Hinterlassung eines Rückstandes, welcher etwa 10 p. c. des Ausgangsmaterials beträgt. Elastin wird langsam gelöst und liefert dabei die oben (S. 89) genannten Substanzen. Die Keratingebilde sind unlöslich. Das Nuklein ist schwer löslich, und die Zellkerne bleiben deshalb auch zum größten Teil im Magensafte ungelöst. Nach LONDON und seinen

Wirkung des Magensaftes auf andere Stoffe. Mitarbeitern werden auch die Nukleinsäuren im Magen nicht angegriffen[2]). Die tierische Zellmembran wird in dem Maße, wie sie dem Elastin näher steht, leichter, und in dem Maße, wie sie dem Keratin näher verwandt ist, schwieriger gelöst. Die Membran der Pflanzenzellen wird dagegen nicht gelöst. Das Oxyhämoglobin wird in Hämatin und Eiweiß zerlegt, welch letzteres dann weiter verdaut wird. Das Blut wird infolge hiervon in dem Magen in eine schwarzbraune Masse umgewandelt. Auf Fett wirkt die Pepsinsalzsäure nicht, dagegen wirkt sie auf das Fettgewebe, indem sie die Zellmembranen auflöst, so daß das Fett frei wird. Der Magensaft ist ohne Wirkung auf die Stärke und die einfachen Zuckerarten. Über die Fähigkeit des Magensaftes, den Rohrzucker zu invertieren, lauten die Angaben etwas verschieden; die invertierende Wirkung dürfte bei hinreichendem Säuregrade durch die Säure allein zustande kommen können.

Als **Labenzyme** oder **Chymosine** bezeichnet man Enzyme, welche besonders dadurch charakterisiert sind, daß dieselben Milch oder kalkhaltige Kaseinlösungen bei neutraler, sehr schwach alkalischer oder sehr schwach saurer Reaktion zur Gerinnung bringen. In der neutralen wäßrigen Infusion des Labmagens vom Kalbe und Schafe findet man regelmäßig Chymosin, namentlich in einer Infusion auf dem Fundusteile. Bei anderen Säugetieren und bei Vögeln findet sich selten und bei Fischen fast nie ein Labenzym in der neutralen Infusion. Dagegen findet man bei ihnen wie bei Menschen und

Lab und Labzymogen. höheren Tieren überhaupt eine labbildende Substanz, ein Labzymogen, aus welchem das Lab durch Einwirkung einer Säure entsteht (HAMMARSTEN). HEDIN erhielt durch Behandlung einer neutralen Infusion der Mägen verschiedener Tierarten mit schwachem Ammoniak und Neutralisieren eine hemmende Lösung, welche nur oder vorzugsweise die Wirkung des arteigenen Labenzyms hemmte und durch Säure unter Freiwerden von Lab zerlegt wurde. Deshalb betrachtet HEDIN das Labzymogen als eine Verbindung zwischen Lab und einer hemmenden Substanz, in welcher Verbindung der Hemmungskörper durch Behandlung mit Säure zerlegt wird; infolgedessen erscheint das Lab in aktiver Form.

Nach BANG unterscheidet sich das Lab des Menschen- und Schweinemagens insofern von dem Kalbslab, als ersteres gegen Säuren viel widerstandsfähiger, durch Alkali leichter zerstört und in seiner Wirkung durch

Verschiedene Labenzyme. Chlorkalzium ungemein stärker begünstigt wird als das Kalbslab[3]). Wirksames Lab findet sich in dem Magensafte des Menschen unter physiologischen Verhältnissen, kann aber unter besonderen pathologischen Zuständen darin fehlen[4]). Nach den Erfahrungen von HAMMARSTEN ist Lab von Hecht und von Hund von dem Kalbslab verschieden, und HEDIN[5]) findet in der art-

---

[1]) Amer. Journ. of Physiol. **11.**   [2]) Zeitschr. f. physiol. Chem. **70,** 10 (1910), **72,** 459 (1911).   [3]) Deutsch. med. Wochenschr. 1899 und PFLÜGERS Arch. **79.**   [4]) SCHUMBURG, VIRCHOWS Arch. **97.** Vgl. ferner hinsichtlich der Literatur: SZYDLOWSKI, Beitrag zur Kenntnis des Labenzyms nach Beobachtungen an Säuglingen. Jahrb. f. Kinderheilk., N. F. **34;** ferner LÖRCHER, PFLÜGERS Arch. **69,** wo man auch die einschlägige Literatur findet. Eine vorzügliche Zusammenstellung der Literatur über das Labenzym und seine Wirkung findet man bei F. FULD, Ergebn. d. Physiol. 1, Abt. 1, S. 468.   [5]) HAMMARSTEN, Upsala Läkaref. förh. 8, 78 (1872); Zeitschr. f. physiol. Chem. **56,** 18

spezifischen Hemmung der Labwirkung durch ammoniakbehandeltes Zymogen sowie durch Immunserum ein Beweis für die Ansicht, daß überhaupt die Labenzyme verschiedener Tierarten voneinander mehr oder weniger sich unterscheiden. Über die Hemmung siehe ferner S. 49 u. f.

Wie Lab wirkende Enzyme sind übrigens auch im Blut und mehreren Organen höherer Tiere wie auch bei Evertebraten gefunden worden. Ähnliche Enzyme kommen auch im Pflanzenreiche sehr verbreitet vor und zahlreiche Mikroorganismen haben die Fähigkeit Labenzyme zu produzieren.

Das S. 44 erwähnte Gesetz, nach welchem die Gerinnungszeit der angewandten Enzymmenge umgekehrt proportional sich verhält, ist für Kalbslab (namentlich FULD)[1]) und für Schafslab (HEDIN)[2]) in Geltung. Übrige daraufhin untersuchte Labenzyme gehorchen nicht diesem Gesetze bei 37⁰, was nach VAN DAM bei dem Schweinsenzym durch dessen geringe Widerstandsfähigkeit gegen das Alkali der Milch bedingt sein soll[3]). *Lab-Zeit-Gesetz.*

Das Lab ist ebensowenig wie andere Enzyme mit Sicherheit in reinem Zustande dargestellt worden. Das reinste, bisher dargestellte Labenzym gab nicht die gewöhnlichen Eiweißreaktionen. Beim Erhitzen ihrer Lösungen werden die Labenzyme, je nach der Dauer der Erhitzung und der Konzentration, mehr oder weniger rasch zerstört.

Nach den letzten Untersuchungen HAMMARSTENs ist das Kalbslab ein proteolytisches Enzym, das Kasein, Legumin und Muskelsyntonin unter Bildung von Albumosen aufspaltet und zwar geschieht dies bei einer sehr schwach sauren Reaktion, welche die Wirkung des Pepsins noch nicht ermöglicht. Es ist ihm nämlich gelungen, Enzymlösungen herzustellen, welche zwar beide Enzyme enthielten, aber mit welchen bei sehr schwach saurer *Lab.* Reaktion die Bildung von Albumosen der Labmenge (bestimmt durch die Einwirkung auf Milch) parallel ging, während bei stärker saurer Reaktion die gebildeten Albumosen in derselben Weise wie die auf anderem Wege bestimmten Pepsinmenge variierte[4]). Die Gerinnung der Milch unter dem Einfluß von Lab wäre also als eine Aufspaltung des Kaseins zu betrachten, wobei ein Spaltungsprodukt, das Parakasein oder der Käse durch die in der Milch aufgelösten Ca-Salze sofort ausgefällt wird (s. Kapitel 14).

Die eben erwähnten Versuche von HAMMARSTEN sind zugleich die beste Stütze für die Ansicht, daß das Lab und das Pepsin verschiedene Enzyme sind. Nach der Meinung PAWLOWS und seiner Schule würden nämlich die beiden Enzyme identisch sein[5]). Für eine solche Ansicht spricht das in der Tier- und Pflanzenwelt weit verbreitete, gleichzeitige Vorkommen von proteolytisch und labend wirkenden Enzymen und ferner die wiederholt beobachtete Parallelität der Pepsin- und Labwirkung. Die Existenz einer solchen *Lab und Pepsin.* Parallelität, welche stets bei ziemlich stark saurer Reaktion observiert wurde, wird von HAMMARSTEN entschieden bestritten. Er ist nämlich imstande gewesen, auf verschiedene Wege nach Belieben das bei neutraler Reaktion Milch koagulierende Lab oder das bei stark saurer Reaktion Eiweiß aufspaltende Pepsin zum Teil zu zerstören und in der Weise das vorher existierende Verhalten zwischen den beiden Wirkungen entschieden zu ändern. Das Lab wird durch Einwirkung auf die Enzymlösung von 3 p. m. HCl bei 40—45⁰ fast vollkommen zerlegt, während das Pepsin durch Einwirkung von sehr

---

(1908), **68**, 119 (1910); HEDIN, Zeitschr. f. physiol. Chem. **72**, 187, 74, 242, **76**, 355 (1911), **77**, 229 (1912).

[1]) HOFMEISTERs Beitr. 2. [2]) Nicht veröffentlichte Untersuchungen. [3]) Zeitschr. f. physiol. Chem. **64**, 316 (1910). [4]) Zeitschr. f. physiol. Chem. **102**, 33, 105 (1918). [5]) Die Literatur über diesen Gegenstand findet man bei HAMMARSTEN, Zeitschr. f. physiol. Chem. **56**, 18 (1909).

verdünnter Lauge zugrunde geht[1]). PEKELHARING, der sich der PAWLOW-
schen Auffassung anschließt, ist der Meinung, daß die Aufhebung der Labwirkung durch Behandlung mit Salzsäure auf die Bildung einer hemmenden
Substanz beruht[2]). RAKOCZY, dem es auch gelungen ist, die Parallelität der
zwei Enzymwirkungen in Kalbsmageninfusionen aufzuheben, ist der Ansicht,
daß im Kalbsmagen zwei Enzyme existieren, von welchen das Lab mit zunehmendem Alter des Tieres verschwindet[3]). Die Beobachtung von V. DUC-
CESCHI, daß im Magen von Didelphys nur Pepsin aber kein Chymosin vorkommt, spricht ebenfalls gegen die Identität der beiden Enzyme[4]).

Lab und Pepsin.

Eine gewissermaßen vermittelnde Stellung nimmt die Ansicht von
NENCKI und SIEBER[5]) ein. Nach ihnen stellt das Pepsin ein Riesenmolekül
dar, welches verschiedene Seitenketten hat, von denen die eine in saurer
Lösung verdauend wirkt, die andere dagegen die Milch koaguliert. Diese
Ansicht läßt sich mit den meisten bisher gemachten Beobachtungen gut ver-
einbaren.

Über die Bildung von Plastein unter dem Einfluß von Lablösungen
und anderen Enzymlösungen siehe Kapitel 1 und 2.

Magenlipase (Magensteapsin).   F. VOLHARD hat die Entdeckung
gemacht, daß der Magensaft einer Fettspaltung fähig ist, wenn nur das Fett
in feiner Emulsion wie in Eigelb, Milch oder Rahm sich vorfindet. Daß eine
Magenlipase bei Menschen und vielen Tieren vorkommt und mit dem Magensaft abgesondert wird, ist auf Grund zahlreicher übereinstimmenden Angaben nicht zu bezweifeln. Nach M. HULL und R. W. KEETON ist dieselbe
gegen Säure ziemlich empfindlich und wird deshalb bei Hunden mit Magenfistel am besten im säurefreien Hungersaft erhalten. Der Umfang der Fettspaltung im Magen dürfte nicht hoch zu schätzen sein. Nach DAVIDSOHN
wirkt das Enzym bei sehr schwach saurer Reaktion, $p_H = 4 - 5$[6]).

Magen-lipase.

Die Frage, ob bei der Bildung der freien Salzsäure hauptsächlich
die Belegzellen oder die Hauptzellen oder beide beteiligt sind, ist strittig[7]).
Dagegen kann aber kein Zweifel darüber bestehen, daß die Salzsäure des
Magensaftes von den Chloriden des Blutes abstammt, denn es findet bekanntlich eine Absonderung von ganz typischem Magensaft auch im Magen des
nüchternen oder des bis zu einer gewissen Zeit hungernden Tieres statt. Da
die Chloride des Blutes in letzter Hand aus der Nahrung stammen, ist es leicht
verständlich, daß, wie CAHN[8]) gezeigt hat, nach hinreichend anhaltendem
Kochsalzhunger das aus dem Magen gewonnene Sekret (beim Hunde) zwar
Pepsin, aber keine freie Salzsäure enthält. Nach Verabreichung von löslichen
Chloriden wird ein von Salzsäure sauer reagierender Saft wieder abgesondert.
Die Verhältnisse sind jedoch nicht so einfach, daß im ersten Falle nur der
Gehalt an Chlorwasserstoffsäure abnehmen würde, denn es nimmt nach WOHL-
GEMUTH und nach KUDO auch die Menge des Saftes hierbei stark ab, und
nach Zufuhr von NaCl steigt auch die abgesonderte Menge sofort. Nach

Entstehung der freien Salzsäure.

---

[1]) Zeitschr. f. physiol. Chem. **56**, 53 (1908), **68**, 119 (1910), **74**, 142 (1911); **94**, 104,
291 (1915).   [2]) PFLÜGERS Arch. **167**, 254 (1917).   [3]) Zeitschr. f. physiol. Chem. **68**, 421
(1910), **73**, 453 (1911), **84**, 329 (1913).   [4]) Zentralbl. f. Physiol. **22**, 784.   [5]) Zeitschr.
f. physiol. Chem. **32**.   [6]) VOLHARD, Münch. med. Wochenschr. 1900 und Zeitschr. f.
klin. Med. **42**, 43; HULL u. KEETON, Journ. biol. Chem. **32**, 27 (1917), wo auch die
Literatur; DAVIDSOHN, Bioch. Zeitschr. **49**, 249 (1913).   [7]) Vgl. HEIDENHAIN, PFLÜGERS
Arch. **18** u. **19** und HERMANNS Handb. **5**, T. 1, Absonderungsvorgänge; KLEMENSIEWICZ,
Wien. Sitz.-Ber. **71**; FRÄNKEL, PFLÜGERS Arch. **48** u. **50**; CONTEJEAN l. c. Chapitre 2;
KRANENBURG, Archives TEYLER Ser. II. Haarlem 1901 und MOSSE, Zentralbl. f. Physiol.
17, 217; FITZGERALD, Proc. roy. soc. B **82**, 83; LÓPEZ-SUÁREZ, Bioch. Zeitschr. **46**,
490 (1912).   [8]) Zeitschr. f. physiol. Chem. **10**.

PUGLIESE[1]) hat der Magensaft des Hundes im Hunger, von einem gewissen Zeitpunkte ab, neutrale Reaktion, und Zufuhr von NaCl ändert nun seine Beschaffenheit nicht. Voraussetzung für die Absonderung von freier Salzsäure ist nun nach ihm, daß den Drüsenzellen, welche die Chloride zersetzen, eine genügende Quantität Eiweiß zur Verfügung steht. Nach Einführung von Alkalijodiden oder Bromiden kann übrigens, wie KÜLZ, NENCKI und SCHOUMOW-SIMANOWSKI[2]) gezeigt haben, die Salzsäure des Magensaftes durch HBr und in geringerem Grade auch durch HJ ersetzt werden. Die Absonderung der freien Salzsäure aus dem alkalischen Blute hat man auf verschiedene Wege zu erklären versucht, bis jetzt hat man aber keine befriedigende Theorie aufstellen können[3]).

Bezüglich der Absonderung von Pepsin ist daran zu erinnern, daß das letztere nicht als solches fertig produziert wird, sondern aus einer Vorstufe, einem „Pepsinogen" oder „Propepsin" hervorgeht. Es ist nämlich LANGLEY[4]) gelungen, das Vorkommen einer solchen Substanz in der Schleimhaut sicher zu zeigen. Diese Substanz, das Propepsin, zeigt eine verhältnismäßig große Resistenz gegen verdünnte Alkalien (eine Sodalösung von 5 p. m.), durch welche das Pepsin dagegen leicht zerstört wird (LANGLEY). Umgekehrt widersteht das Pepsin leicht der Einwirkung von Kohlensäure, welche das Propepsin leichter zerstört. Daß in der Schleimhaut ein Labzymogen und wahrscheinlich auch ein Zymogen der Lipase vorkommen, ist schon oben hervorgehoben worden. {.mr Pepsinogen oder Propepsin.}

Die Frage, in welchen Zellen die zwei Zymogene, besonders das Propepsin, gebildet werden, ist während mehrerer Jahre vielfach diskutiert worden. Während man in älterer Zeit allgemein die Belegzellen als Pepsinzellen betrachte, hat man später allgemein, hauptsächlich auf den Untersuchungen von HEIDENHAIN und seinen Schülern, von LANGLEY u. a. sich stützend, die Pepsinbildung in die Hauptzellen verlegen wollen[5]). {.mr Bildungsort der Zymogene.}

Das **Pylorussekret.** Denjenigen Teil der Pylorusgegend des Hundemagens, welcher keine Fundusdrüsen enthält, hat KLEMENSIEWICZ reseziert, am einen Ende blindsackförmig zusammengenäht und mit dem anderen Ende in die Bauchwunde eingenäht. Aus der so angebrachten Pylorusfistel konnte das Pylorussekret lebender Tiere gewonnen werden, und später hat man auch in anderer Weise aus Pylorusfisteln das Sekret erhalten. Dieses Sekret ist alkalisch, dickflüssig, fast wie eine dünne Gallerte, reich an Muzin, mit einem spez. Gewichte von 1,009—1,010 und einem Gehalte von 16,5—20,5 p. m. festen Stoffen. Es enthält regelmäßig, was auch HEIDENHAIN durch Beobachtungen an permanenten Pylorusfisteln konstatiert hatte, Pepsin, bisweilen in nicht unbedeutender Menge. CONTEJEAN hatte allerdings gefunden, daß das Pylorussekret sowohl Säure wie Pepsin enthält, und er erklärte die von HEIDENHAIN und KLEMENSIEWICZ beobachtete alkalische Reaktion durch eine infolge des operativen Eingriffes krankhaft veränderte Sekretion; die Angaben von HEIDENHAIN und KLEMENSIEWICZ sind dann aber von ÅKERMAN, KRESTEFF, SCHEMIAKINE[6]) u. a. bestätigt worden. {.mr Das Pylorussekret.}

---

[1]) WOHLGEMUTH, Arbeiten aus d. pathol. Instit. Berlin. Festschr. 1906 (Hirschwald); KUDO, Bioch. Zeitschr. 16, 217 (1909); PUGLIESE, MALYS Jahresb. 36, 394. [2]) KÜLZ, Zeitschr. f. Biol. 23; NENCKI u. SCHOUMOW, Arch. d. scienc. biol. de St. Pétersbourg 3. [3]) KOEPPE, PFLÜGERS Arch. 62; BENRATH u. SACHS ebenda 109; MALY, vgl. v. BUNGE, Lehrb. d. physiol. u. pathol. Chem. 4. Aufl., Leipzig 1898; SCHWARZ, HOFMEISTERS Beiträge 5. [4]) SCHIFF, Leçons sur la physiol. de la digéstion 1867, 2, Leçons 25—27; LANGLEY u. EDKINS, Journ. of Physiol. 7. [5]) Vgl. Fußn. 7, S. 372. [6]) HEIDENHAIN u. KLEMENSIEWICZ l. c.; CONTEJEAN l. c. Chapitre 2 und Skand. Arch. f. Physiol. 6; ÅKERMAN ebenda 5; KRESTEFF, MALYS Jahresb. 30; SCHEMIAKINE, Arch. d. scienc. biol. de St. Pétersbourg 10.

Der Chymus und die Verdauung im Magen. Durch die chemische Reizung, welche die Speisen ausüben, sondert die Schleimhaut fortwährend Magensaft ab, welcher mit den verschluckten Speisen allmählich sich mischt und Chymus. dieselben auch mehr oder weniger stark verdaut. Der im Magen während der Verdauung sich vorfindende, breiige oder dickliche Inhalt, welchen man Chymus nennt, ist jedoch nicht ein homogenes Gemenge der Ingesta miteinander und mit den verschiedenen Verdauungssäften, Magensaft, Speichel und Magenschleim, sondern die Verhältnisse scheinen mehr kompliziert zu sein.

Aus den Untersuchungen von verschiedenen Forschern[1]) über die Bewegungen des Magens geht hervor, daß dieses Organ bei Fleischfressern und auch beim Menschen aus zwei physiologisch differenten Teilen, dem Pylorus- und dem Fundusteile besteht. Der große Fundusteil, welcher wesentlich als ein Reservoir dient, kann durch zeitweise auftretende Kontraktion der wie Be- ein Sphinkter wirkenden Muskulatur zwischen ihm und dem Pylorusteile von wegungen des Magens. dem letzteren abgesperrt werden, nach einigen Forschern so vollständig, daß während dieser Kontraktion fast gar nichts von dem Fundus- in den Pylorusteil hinübergehen kann. Im Gegensatz zum Fundusteile ist der Pylorusteil der Sitz sehr kräftiger Kontraktionen, durch welche sein Inhalt innig mit Magensaft gemischt und auch durch den Pförtner in den Darm hineingetrieben wird.

Der Inhalt des Pylorusteils reagiert sauer und hier findet eine kräftige Pepsinverdauung in dem mit Magensaft durchgemischten Inhalte statt. Der Inhalt des Fundusteiles zeigt dagegen ein anderes Verhalten, indem nämlich, wie ELLENBERGER als erster gezeigt hat, eine besondere Schichtung oder Lagerung der verschiedenen festen Nahrung dort stattfindet. Durch sehr interessante und lehrreiche Untersuchungen an verschiedenen Tieren (Fröschen, Inhalt des Ratten, Kaninchen, Meerschweinchen und Hunden) hat GRÜTZNER[2]) später Fundus- teiles. gezeigt, daß, wenn man den Tieren verschiedenfarbiges festes Futter verabreicht und den nach einiger Zeit herausgeschnittenen Magen mit dem Inhalte durchfrieren läßt, die Gefrierschnitte eine gesetzmäßige Schichtung des Mageninhaltes zeigen. Diese Schichtung ist derart, daß die zuerst eingenommene Nahrung in direkter Berührung mit der Schleimhaut sich befindet, während die später aufgenommene in der ersteren eingeschlossen ist und vor der Berührung mit der Magenwand geschützt wird. Der leere Magen, dessen Wände sich berühren, wird nämlich so aufgefüllt, daß im allgemeinen die später aufgenommenen Nahrungsmittel in die Mitte der alten gelangen oder dieselben vor sich schieben.

Dieser Anordnung zufolge unterliegen die Nahrungsmittel nur der Schleimhautoberfläche entlang dem Prozeß der peptischen Verdauung, und es sind also in erster Linie diese oberflächlich gelegenen, mit Pepsin beladenen und mit Magensaft gemengten Partien der Ingesta, welche dem Pylorusteile Inhalt des zugeschoben, dort gemischt und weiter verdaut und schließlich in den Darm Magens. befördert werden. Der Fundusteil ist also unter diesen Verhältnissen weniger ein Verdauungs- als ein Auffüllungsorgan, und im Inneren desselben können die Speisen stundenlang verweilen, ohne auch mit einer Spur Magensaft in Berührung zu kommen.

Das nun Gesagte gilt wenigstens für die feste Nahrung. Über das Verhalten von Flüssigkeiten oder halbflüssiger Nahrung liegt noch keine hin-

---

[1]) HOFMEISTER u. SCHÜTZ, Arch. f. exp. Path. u. Pharm. 20; MORITZ, Zeitschr. f. Biol. 32; CANNON, Amer. Journ. of Physiol. 1; SCHEMIAKINE l. c.; CATHCART, Journ. of Physiol. 42, 63 (1911). [2]) Vgl. ELLENBERGER, PFLÜGERS Arch. 114 und SCHEUNERT ebenda 144, 169; GRÜTZNER ebenda 106.

reichend große Erfahrung vor. Nach GRÜTZNER sollen aber auch in diesen Fällen ebensowenig wie bei der obengenannten Versuchsanordnung die hinabgeschluckten Nahrungsmittel regellos durcheinander sich mischen. Flüssigkeiten verlassen übrigens rasch den Magen, wie es scheint auch bei gemischter fester und flüssiger Kost. Eine Ausnahme macht die Milch, welche gerinnt und deren Gerinnsel im Magen zurückbleiben, während der dünne Molken rasch den Magen verläßt. **Flüssige Nahrung.**

Der Umstand, daß nur die an der Schleimhaut liegenden Teile der Ingesta mit dem Magensafte sich mischen, während die Masse im Inneren nicht sauer reagiert, ist von besonderer Wichtigkeit für die Verdauung der Amylazeen im Magen. Hierdurch wird es nämlich verständlich, wie die Speicheldiastase, trotz ihrer Empfindlichkeit gegen Säuren, ihre Wirkung lange Zeit im Mageninhalte entfalten kann. Daß dem so ist, hatten schon ELLENBERGER und HOFMEISTER gefunden und dasselbe haben dann auch CANNON und DAY [1] durch besondere Tierversuche gezeigt. Das Vorkommen von Zucker und Dextrin im Mageninhalte von Menschen ist auch wiederholt konstatiert worden. Bei den reinen Fleischfressern, deren Speichel keine oder fast keine diastatische Wirkung zeigt, hat man jedenfalls keine ausgiebigere Stärkeverdauung im Magen zu erwarten. Anders liegen die Verhältnisse bei den Pflanzenfressern, deren bei verschiedenen Gattungen verschieden angeordnete Mägen eine reichliche Stärkeverdauung gestatten. **Stärke- verdauung.**

Der im Pylorusteile verarbeitete Mageninhalt wird durch die Pylorusöffnung schußweise in den Darm entleert. Diese Entleerungen sind flüssig; daß aber dabei auch kleine Stückchen fester Nahrung mit austreten, ist leicht verständlich und auch wiederholt beobachtet worden. Dünnflüssige oder wenig feste Nahrung verläßt den Magen früher als das feste Futter, und es ist also ohne weiteres einleuchtend, daß die Zeit, innerhalb welcher der Magen seines Inhaltes sich entbürdet, wesentlich von der gröberen oder feineren Zerteilung der Nahrung abhängen muß. Sie hängt aber auch wesentlich von dem, reflektorisch von dem Magen und dem Darme aus bewirkten Öffnen, resp. Schließen des Pylorus ab, welches seinerseits von der Menge und Beschaffenheit der Nahrung, dem Fettgehalte und Säuregrade des Magen- und Darminhaltes abhängig ist. Die Ausleerung von Nahrung in den Dünndarm hat nämlich, wie PAWLOW gezeigt, durch Chemoreflex eine Schließung des Pylorus zur Folge, wobei namentlich die Salzsäure und das Fett wirksam sind, und es findet also in dieser Hinsicht eine Wechselwirkung zwischen Magen und Duodenum statt. **Ausleerung des Magens.**

Diese Wechselwirkung soll nach CANNON [2] der Art sein, daß es die Säure in dem Pylorusteile ist, welche erschlaffend auf den Sphinkter wirkt und den Austritt von flüssigem Chymus infolge der Kontraktionen der Magenmuskulatur ermöglicht. Im Darme wirkt dagegen die Säure umgekehrt reizend auf den Sphinkter und bewirkt die Kontraktion desselben. Sobald die Säure durch die alkalischen Säfte im Darme neutralisiert worden ist, hört die Sphinkterkontraktion auf, und die Ausleerung einer neuen Portion Chymus kann stattfinden. Verhindert man den Zufluß von Galle und Pankreassaft und verzögert dadurch die Neutralisation des in den Darm übergetretenen, sauren Mageninhaltes, so entleert auch der Magen weniger oft seinen Inhalt. Die Dauer der Magenverdauung muß also unter verschiedenen Verhältnissen eine sehr verschiedene sein können, und die Angaben hierüber sind dementsprechend sehr wechselnd. In seinen zahlreichen Beobachtungen an dem **Ausleerung und Pylorus- reflex.**

---

[1] ELLENBERGER u. HOFMEISTER, MALYS Jahresb. 15 u. 16; CANNON u. DAY, Amer. Journ. of Physiol. 9. [2] Amer. Journ. of Physiol. 20.

kanadischen Jäger St. Martin fand Beaumont [1]), daß der Magen im allgemeinen, je nach der verschiedenen Beschaffenheit der Nahrung, $1\frac{1}{2}-5\frac{1}{2}$ Stunden nach der Mahlzeit leer geworden war.

Auf die Geschwindigkeit, mit welcher verschiedene Nahrungsmittel den Magen verlassen, übt auch deren Verdaulichkeit einen wichtigen Einfluß aus. Mit Rücksicht auf eine ungleiche Verdaulichkeit im Magen muß man jedoch einen Unterschied machen zwischen der Geschwindigkeit, mit welcher die Nahrungsstoffe einerseits chemisch umgewandelt werden und andererseits den Magen verlassen und in den Darm übergehen. Dieser Unterschied ist besonders von praktischem Gesichtspunkte aus von Bedeutung, und es liegt auf der Hand, daß für die letztere Art von Verdaulichkeit, also die Geschwindigkeit, mit welcher die Nahrung den Magen verläßt, mehrere Umstände, wie die Art und Zerteilung der Nahrung, ihre Einwirkung auf die Magensaftabsonderung, auf den Pylorusreflex usw. von großer Bedeutung sind.

Verdaulichkeit.

Wie sehr die Beschaffenheit der Nahrung und andere Faktoren auf die Verdauung im Magen überhaupt einwirken können, geht sehr schlagend aus den Beobachtungen von W. Boldyreff u. a.[2]) über die Wirkung von Fett, Fettsäuren und nicht zu schwacher Salzsäure (stärker als 0,2%) hervor. Abgesehen von der herabsetzenden Wirkung des Fettes auf Menge und Verdauungskraft des Magensaftes kann nämlich nach Einnahme der genannten Substanzen ein Zurücktreten von Galle, Pankreassaft und Darmsaft aus dem Darme in den Magen stattfinden, so daß die Verdauung im Magen nach Fettzufuhr wesentlich durch den Pankreassaft zustande kommen kann.

Pankreasverdauung im Magen.

Über die Geschwindigkeit, mit welcher die Nahrung im Magen des Hundes verdaut wird, liegen zahlreiche Untersuchungen, besonders von E. Zunz[3]), London[4]) und seinen Mitarbeitern vor. London, Polowzowa und Sagelmann haben beobachtet, daß nicht alle Nahrungsstoffe des Futters den Magen gleich rasch verlassen, indem bei Brotfütterung (Polowzowa) die Kohlehydrate rascher als das Eiweiß und aus einem Gemenge von Gliadin und Rinderfett (Sagelmann) das Eiweiß viel rascher als das Fett den Magen verläßt. Dies stimmt auch mit späteren Untersuchungen von London und Sivré überein, nach welchen das Fett am längsten im Magen bleibt, die Stärke am kürzesten und das Fleisch eine mittlere Stellung einnimmt[5]). Nach diesen Untersuchungen soll also dem Magen eine gewisse „Sortierungsfähigkeit" zukommen, was indessen von Scheunert und von Grimmer[6]) entschieden geleugnet wird. Für eine solche sprechen jedoch die von Cannon[7]), allerdings nach einem anderen Prinzipe, ausgeführten Versuche an Katzen. In diesen Versuchen erhielten die Tiere nach vorhergehendem Hungern verschiedene Nahrung, wie Fleisch, Fett und Kohlehydrate mit Bismuthum subnitricum vermischt, und dann wurde mit Hilfe des Röntgenapparates die Zeit, nach welcher die Nahrung in den Darm überging, studiert. Die Kohlehydrate ver-

Sortierungsfähigkeit.

---

[1]) Vgl. Fußnote 1, S. 434. [2]) Boldyreff, Pflügers Arch. 121, 13, 140, 436 (1911); Migay, Zit. nach Malys Jahresb. 39, 370 (1909); Best u. Cohnheim, Zeitschr. f. physiol. Chem. 69, 125 (1910); Cathcart, Journ. of Physiol. 42, 433 (1911). Vgl. auch Abderhalden u. Medigreceanu, Zeitschr. f. physiol. Chem. 57, 317 (1908). [3]) E. Zunz, Hofmeisters Beiträge 3; Annal. de la soc. roy. des scienc. méd. Bruxelles 12, 13 und Mémoires publ. par l'Acad. roy. Belg. 1906, 1907 u. 1908. Intern. Beitr. z. Path. u. Ther. der Ernährungsstörungen 2 (1910 u. 1911); Bull. de l'Acad. roy. de méd. de Belgique 24 (1910). [4]) Die zahlreichen Arbeiten von London und Mitarbeitern findet man in Zeitschr. f. physiol. Chem. 45—53, 55—58, 60—74. [5]) London mit W. Polowzowa, Zeitschr. f. physiol. Chem. 49, mit A. Sagelmann ebenda 52; London u. Sivré ebenda 60, 194 (1909). [6]) Scheunert, Zeitschr. f. physiol. Chem. 51; Grimmer, Bioch. Zeitschr. 3. [7]) Amer. Journ. of Physiol. 12 u. 20; Amer. Journ. Med. Science 138, 504 (1909).

ließen den Magen am schnellsten, die Eiweißkörper langsamer und am langsamsten das Fett. Wurden die Kohlehydrate vor dem Proteinfutter verabreicht, so verließen sie den Magen mit gewöhnlicher Geschwindigkeit; wurden umgekehrt erst die Proteinstoffe und dann die Kohlehydrate aufgenommen, so wurde die Entleerung der letzteren verzögert. Ein Gemenge von Proteinfutter und Kohlehydraten verließ den Magen langsamer als die reinen Kohlehydrate, aber rascher als das Proteinfutter allein. Das Fett, welches lange im Magen bleibt und nur in dem Maße, wie es aus dem Duodenum resorbiert und entfernt wird, den Magen verläßt, verzögert die Entleerung sowohl der Proteinstoffe wie der Kohlehydrate. In bezug auf verschiedene Fettarten haben TANGL und ERDÉLYI gefunden, daß ein Fett den Magen um so langsamer verläßt, je höher dessen Schmelzpunkt liegt[1]). Bei zusammengesetzter Eiweißnahrung wird nach LONDON und SCHWARZ der Verlauf der Magenverdauung durch diejenige Eiweißart geregelt, welche aus dem Magen bei einzelner Zufuhr langsamer herausbefördert wird[2]).

Verdaulichkeit verschiedener Nahrung.

Den Grund, warum verschiedene Nahrungsstoffe den Magen mit ungleicher Geschwindigkeit verlassen, sucht CANNON in der oben erwähnten erschlaffenden Wirkung der Salzsäure auf den Pylorussphinkter. Die Eiweißstoffe binden Salzsäure und schwächen dadurch die Wirkung der letzteren auf den Pylorusteil, während dies nicht mit den Kohlehydraten der Fall ist. Werden die Kohlehydrate mit Alkali angefeuchtet, so verlassen sie den Magen langsamer als sonst, und umgekehrt verlassen Azidproteine den Magen früher als anderes Eiweiß.

Cannons Untersuchungen.

Wie unsere Kenntnis von der Verdaulichkeit der verschiedenen Nahrungsmittel im Magen überhaupt gering und unsicher ist, so sind auch unsere Kenntnisse von der Einwirkung anderer Stoffe, wie der alkoholischen Getränke, der Bitterstoffe, der Gewürze u. a. auf die natürliche Verdauung recht unsicher und mangelhaft. Die Schwierigkeiten, welche Untersuchungen dieser Art im Wege stehen, sind auch sehr groß, und infolgedessen sind auch die bisher gewonnenen Resultate oft zweideutig oder einander direkt widersprechend. So haben, um nur ein Beispiel anzuführen, einige Forscher keine hemmende, sondern vielmehr eine die Verdauung fördernde Wirkung von kleinen Mengen Alkohols oder alkoholischer Getränke gesehen. Von anderen sind wiederum nur störende Wirkungen beobachtet worden, während wieder andere Forscher dagegen gefunden haben, daß der Alkohol in erster Linie zwar etwas störend wirkt, dann aber in dem Maße, wie er resorbiert wird, eine reichliche Sekretion von Magensaft hervorruft und dadurch im großen und ganzen der Verdauung förderlich wird. Die safttreibende Wirkung des Alkohols ist schon in dem Vorigen erwähnt worden.

Wirkung fremder Stoffe auf die Magenverdauung.

Bezüglich der Bedeutung des Magens ist man früher ziemlich allgemein der Ansicht gewesen, daß eine reichliche Peptonisierung des Eiweißes in dem Magen nicht vorkommt und daß die eiweißreichen Nahrungsmittel vielmehr in dem Magen hauptsächlich nur für die eigentliche Verdauungsarbeit im Darme vorbereitet werden. Daß der Magen, wenigstens der Fundusteil desselben, in erster Linie als Vorratskammer dient, geht schon aus der Form des Organes, namentlich bei gewissen Tieren, hervor, und diese Funktion kommt besonders bei einigen neugeborenen Tieren, Hunden und Katzen, zur Geltung. Bei diesen Tieren enthält das Sekret des Magens nur Säure, aber kein Pepsin, und das Kasein der Milch wird von der Säure allein zu festen Klümpchen oder einem festen, den Magen ausfüllenden Gerinnsel ausgefällt. Von diesem Gerinnsel gehen erst nach und nach kleinere Mengen in den Darm über, und ein Überbürden des Darmes wird hierdurch verhindert. Bei anderen Tieren, wie bei Schlangen und einigen Fischen, welche ganze Tiere verschlucken,

Bedeutung des Magens für die Verdauungsarbeit.

---

[1]) Bioch. Zeitschr. **34**, 94 (1911).   [2]) Zeitschr. f. physiol. Chem. **68**, 378 (1910).

kann man sich jedoch davon überzeugen, daß der Löwenanteil der Verdauungsarbeit auf den Magen trifft. Die Bedeutung des Magens für die Verdauung
kann also nicht ein für allemal festgeschlagen werden. Sie ist bei verschiedenen
Tieren eine verschiedene; und selbst bei einem und demselben Tiere kann sie,
je nach der feineren oder gröberen Zerteilung der Nahrung, der größeren oder
geringeren Geschwindigkeit, mit welcher die Peptonisierung stattfindet, dem
rascheren oder langsameren Anwachsen der Salzsäuremenge usw. eine verschiedene sein.

Über den Umfang der chemischen Verdauungsarbeit, d. h. also in erster
Linie über den Umfang des Eiweißabbaues im Magen liegen zahlreiche, teils
ältere und teils neuere, nach mehr zuverlässigen Methoden ausgeführte Untersuchungen vor. Unter den neueren sind besonders die von ZUNZ, LONDON
Eiweiß-
abbau. und Mitarbeitern, TOBLER, LANG und COHNHEIM[1]) zu nennen. Diese Untersuchungen beziehen sich auf die Verhältnisse beim Hunde, und da bei anderen
Tieren, wie z. B. ROSENFELD[2]) für das Pferd und LÖTSCH[3]) für das Schwein
gezeigt haben, die Verhältnisse etwas anders liegen, beziehen sich die folgenden
Angaben nur auf den Hund.

Für dieses Tier dürfte es durch ABDERHALDEN, LONDON[4]) und Mitarbeiter festgestellt sein, daß im Magen zwar Albumosen und Peptone aber
keine Aminosäuren oder jedenfalls keine nennenswerten Mengen von solchen
gebildet werden. Mit dem spärlichen Vorkommen von Aminosäuren steht
die Beobachtung von ZUNZ u. a., daß der formoltitrierbare Amidstickstoff
im Mageninhalte nur gering ist, in gutem Einklang[5]). Außerdem dürfte man
wohl auch darüber einig sein, daß von dem eingeführten Eiweiß immer ein
Eiweiß-
abbau im
Magen. Teil den Magen unverdaut verläßt, daß aber die Hauptmasse, etwa 80 p. c.,
mehr oder weniger stark verdaut in den Darm übergeht.

In dem Pylorusteile scheinen die Peptone den Albumosen gegenüber
vorzuherrschen, während im Fundusteile ein umgekehrtes Verhalten obwaltet.
In dem Mageninhalte als ganzem kommt dementsprechend, wenigstens in
gewissen Fällen, die Hauptmasse des gelösten Eiweißes, etwa 60 p. c., als
Albumosen vor. Hinsichtlich der Resorption von Abbauprodukten des Eiweißes im Magen stehen auch die Ansichten einander gegenüber. Während
mehrere Forscher, wie TOBLER, LANG, COHNHEIM, ZUNZ u. a. eine solche
Resorption annehmen, wird dieselbe von LONDON und seinen Mitarbeitern
entschieden geleugnet.

Die Verdauung der verschiedenen Nahrungsmittel ist nicht an ein einziges
Organ gebunden, sondern auf mehrere verteilt. Schon aus diesem Grunde
ist es also zu erwarten, daß die verschiedenen Verdauungsorgane sich in der
Verdauungsarbeit wenigstens bis zu einem gewissen Grade vertreten können
und daß dementsprechend die Arbeit des Magens zum kleineren oder größeren
Teil von dem Darme übernommen werden kann. Dem ist in der Tat auch
Anteil des
Magens an
der Ver-
dauungs-
arbeit. so. Man hat nämlich an Hunden und Katzen den Magen vollständig oder
fast vollständig exstirpiert (CZERNY, CARVALLO und PACHON, LONDON und
Mitarbeiter) oder auch dessen Anteil an der Verdauungsarbeit durch Tamponade

---

[1]) TOBLER, Zeitschr. f. physiol. Chem. 45; LANG, Bioch. Zeitschr. 2; COHNHEIM,
Münch. med. Wochenschr. 1907. Bezüglich der Arbeiten von ZUNZ, LONDON u. Mit-
arbeitern vgl. man Fußnote 3, 4 u. 5, S. 376, sowie Zeitschr. f. physiol. Chem. 87, 313
(1913). [2]) E. ROSENFELD, Über die Eiweißverdauung im Magen des Pferdes, Inaug.-
Dissert., Dresden 1908. [3]) E. LÖTSCH, Zur Kenntnis der Verdauung von Fleisch im
Magen und Dünndarm des Schweines, Inaug.-Dissert., Freiburg i. Sa. 1908; vgl. auch
ABDERHALDEN, KLINGEMANN u. PAPPENHUSEN, Zeitschr. f. physiol. Chem. 71, 411 (1911).
[4]) ABDERHALDEN u. LONDON, mit KAUTZSCH, Zeitschr. f. physiol. Chem. 48, mit L. BAU-
MANN ebenda 51 und mit v. KÖRÖSY ebenda 53. [5]) Intern. Beitr. z. Pathol. u. Ther.
d. Ern.-Stör. 2, H. 3; LONDON u. RABINOWITSCH, Zeitschr. f. physiol. Chem. 74, 305.

der Pylorusöffnung eliminiert (LUDWIG und OGATA), und in beiden Fällen ist es gelungen, die Tiere wohl ernährt und kräftig kürzere oder längere Zeit am Leben zu erhalten. Auch beim Menschen[1]) ist dies nach Magenexstirpation wiederholt gelungen. In diesen Fällen ist offenbar der Anteil des Magens an der Verdauungsarbeit von dem Darme übernommen worden; aber es kann hierbei nicht alle Nahrung gleich gut verdaut werden, und namentlich das Bindegewebe des ungekochten Fleisches geht bisweilen in größerer Menge unverdaut in die Darmausleerungen über.

Es ist eine längst bekannte Tatsache, daß der von Salzsäure saure Ventrikelinhalt ziemlich lange Zeit ohne Zersetzung aufbewahrt werden kann, während er dagegen, wenn die Salzsäure neutralisiert wird, bald einer Gärung, bei welcher Milchsäure und andere organische Säuren auftreten, anheimfällt. Nach COHN hebt ein Gehalt von mehr als 0,7 p. m. freier Salzsäure die Milchsäuregärung, selbst unter sonst günstigen Bedingungen, vollständig auf, und nach STRAUSS und BIALOCOUR liegt die Grenze der Milchsäuregärung bei einem Gehalte von 1,2 p. m. organisch gebundener Salzsäure. Die Salzsäure des Magensaftes hat also unzweifelhaft, wie die verdünnten Mineralsäuren überhaupt, eine antiseptische Wirkung. Diese Wirkung ist insoferne von Bedeutung, als dadurch gewisse krankheitserregende Mikroorganismen, wie z. B. der Kommabazillus der Cholera, gewisse Streptokokkusarten u. a. von dem Magensafte getötet werden können, während dagegen andere namentlich im Sporenstadium seiner Wirkung widerstehen. Von großem Interesse ist es übrigens, daß der Magensaft auch die Wirksamkeit gewisser Toxine, wie die des Tetanus- und Diphtherietoxines, abschwächen oder vernichten kann (NENCKI, SIEBER und SCHOUMOWA)[2]).

Antiseptische Wirkung der Salzsäure.

Dieser gärungshemmenden und antitoxischen Wirkung des Magensaftes wegen hat man auch die Annahme gemacht, daß die Hauptbedeutung des Magensaftes in der antiseptischen Wirkung desselben zu suchen sei. Die sowohl an Menschen wie an Tieren gemachten Erfahrungen, daß die Exstirpation des Magens ohne gesteigerte Darmfäulnis möglich ist[3]), sprechen indessen nicht zugunsten einer solchen Ansicht.

Antiseptische Wirkung.

Diejenigen Gase, welche in dem Magen vorkommen, dürften wohl, da die Salzsäure des Magensaftes den mit Gasentwicklung verbundenen Gärungen des Mageninhaltes hinderlich ist, wenigstens zum größten Teil von der verschluckten Luft und dem verschluckten Speichel einerseits und von den durch den Pförtner aus dem Darme vielleicht zurückgetretenen Darmgasen andererseits herrühren. PLANER fand in dem Gasgemenge des Ventrikels beim Hunde 66—68 p. c. N, 23—33 p. c. CO_2 und nur wenig, 0,8—6,1 p. c. Sauerstoff. Hinsichtlich der Kohlensäure hat indessen SCHIERBECK[4]) gezeigt, daß dieses Gas zum Teil von der Magenschleimhaut geliefert wird. Die Tension der Kohlensäure im Magen entspricht nach ihm im nüchternen Zustande 30—40 mm Hg. Sie steigt nach Aufnahme von Nahrung, unabhängig von der Art derselben, und kann während der Verdauung auf 130—140 mm Hg ansteigen. Die Kurve

Gase im Mageninhalte.

---

[1]) CZERNY, zitiert nach dem Lehrb. von BUNGE 1887, S. 150; CARVALLO u. PACHON, Arch. d. Physiol. (5) 7; OGATA, Arch. f. (Anat. u.) Physiol. 1883; GROHÉ, Arch. f. exp. Path. u. Pharm. 49; LONDON u. Mitarbeiter, Zeitschr. f. physiol. Chem. 74, 328 (1911); vgl. bezüglich des Menschen den Fall von SCHLATTER bei WRÓBLEWSKI, Zentralbl. f. Physiol. 11, 665 und die chirurgischen Zeitschriften. [2]) COHN, Zeitschr. f. physiol. Chem. 14; STRAUSS u. BIALOCOUR, Zeitschr. f. klin. Med. 28. Vgl. auch KÜHNE, Lehrb. S. 57; BUNGE, Lehrb., 4. Aufl., S. 148 u. 159; HIRSCHFELD, PFLÜGERS Arch. 47; NENCKI, SIEBER u. SCHOUMOWA, Zentralbl. f. Bakter. usw. 23. Bezüglich der Wirkung des Magensaftes auf pathogene Mikrobien wird im übrigen auf die Handbücher der Bakteriologie verwiesen. [3]) Vgl. CARVALLO u. PACHON l. c. und SCHLATTER bei WRÓBLEWSKI l. c. [4]) PLANER, Wien. Sitz.-Ber. 42; SCHIERBECK, Skand. Arch. f. Physiol. 3 u. 5.

der Kohlensäuretension im Magen hat denselben Verlauf wie die Kurve der Azidität in den verschiedenen Phasen der Verdauung, und SCHIERBECK hat ferner gefunden, daß die Kohlensäuretension durch Pilokarpin bedeutend gesteigert, durch Nikotin dagegen sehr herabgesetzt werden kann. Nach ihm ist dementsprechend die Kohlensäure im Magen ein Produkt der Tätigkeit der sezernierenden Zellen.

Nach dem Tode, wenn der Ventrikel noch Speisen enthält, kann während der nur langsam stattfindenden Abkühlung der Leiche eine ,,Selbstverdauung" nicht nur des Magens, sondern auch der angrenzenden Organe stattfinden. Es hat dies zu der Frage geführt, warum denn der Magen nicht im Leben sich selbst verdaue. Seitdem von PAVY gezeigt worden war, daß nach Unterbindung kleinerer Blutgefäße des Magens beim Hunde die entsprechenden Teile der Magenschleimhaut verdaut werden, hat man die Ursache in einer Neutralisation der Säure des Magensaftes durch das Alkali des Blutes

Selbstverdauung des Magens. gesucht. Daß die Ursache der Nichtverdauung im Leben in der normalen Blutzirkulation zu suchen ist, kann nicht in Abrede gestellt werden; aber die Ursache liegt nicht direkt in einer Neutralisation der Säure. Die Untersuchungen von FERMI und OTTE[1]) sprechen vielmehr dafür, daß die Blutzirkulation in indirekter Weise durch die normale Ernährung des Zellprotoplasmas wirkt und daß infolge hiervon das lebendige Protoplasma den Verdauungsflüssigkeiten, sowohl dem Magen- wie dem Pankreassafte gegenüber anders als das tote sich verhält. Worin diese Widerstandsfähigkeit des lebendigen Protoplasmas begründet ist, weiß man jedoch nicht. Einige stellen sie in nahe Beziehung zum Vorkommen in der Magenschleimhaut von verschiedenen hemmenden Substanzen. Von diesen ist die von WEINLAND gefundene thermolabil, während die von DANILEWSKY, HÄNSEL und O. SCHWARZ beobachteten dem Erhitzen Widerstand leisten[2]). Abgesehen von der noch unbekannten Natur dieser Stoffe wirkt aber sowohl der natürliche Magensaft wie eine saure Infusion der Schleimhaut so außerordentlich kräftig verdauend, daß die hemmende Wirkung der erwähnten Substanzen nur bei besonderer Versuchsanordnung bemerkbar wird, und es ist deshalb schwer einzusehen, wie dieselben eine schützende Wirkung im Leben ausüben könnten.

Unter krankhaften Verhältnissen können Abnormitäten der Sekretion verschiedener Art auftreten. Es kann die Menge der Enzyme herabgesetzt sein, und es können beide Enzyme oder, wie man auch gefunden hat, in einzelnen Fällen das eine (das Chymosin) fehlen. Die Salzsäure kann auch fehlen

Pathologische Verhältnisse. oder der Menge nach bedeutend vermindert sein. Ein pathologisch gesteigerter Säuregrad des reinen Saftes kommt dagegen wohl kaum vor, wogegen eine Hypersekretion von Magensaft in verschiedenen Formen vorkommen kann.

Das Verhalten des leeren Magens ist von verschiedenen Forschern einerseits an Menschen mit Verschluß des Ösophagus und permanenter Magenfistel (CARLSON und Mitarbeiter), anderseits an operierten Hunden (CANNON und Mitarbeiter, CARLSON und Mitarbeiter) studiert worden. Es hat sich

Leerer Magen. herausgestellt, daß ausgehend vom Fundusteile des Magens rythmische Kontraktionen auftreten können, welche mit Empfindungen von Hunger verbunden sind und als Ursache des Hungergefühls aufgefaßt werden. Diese Bewegungen bleiben auch nach vollständiger Trennung des Magens vom zentralen Nervensystem infolge Durchschneidung von Vagus und Sympathikus erhalten und sie beruhen also primär auf einem lokalen Mechanismus. Die

---

[1]) PAVY, Philos. Trans. 153, Part. 1 und GUYS Hospital Rep. 13; OTTE, Travaux du laboratoire de l'institut de Physiol. de Liége 5, 1896, wo man die Literatur findet.
[2]) WEINLAND, Zeitschr. f. Biol. 44; HÄNSEL, Bioch. Zentralbl. 1, 404, 2, 326; SCHWARZ, HOFMEISTERs Beitr. 6.

Kontraktionen können einerseits von der Mundhöhle aus (Geschmackreize, Kauen von schmackhafter Nahrung, Schluckbewegungen), anderseits durch Einbringen in den Magen von Wasser, Tee, Kaffee, Bier, Wein und andere Stoffe zum Stillstand gebracht werden. Auch unter psychische Einflüsse, wie Schreck und Zorn, hören dieselben auf. Im Laufe der Kontraktionen findet sehr langsame Absonderung von Magensaft statt, der etwas weniger Säure und Pepsin zu enthalten scheint als der „psychische" Magensaft[1]).

Zur Prüfung des Magensaftes oder des vorher mit Verdauungssalzsäure verdünnten filtrierten Mageninhaltes auf Pepsin bedient man sich einer der oben S. 367 angegebenen Pepsinproben. Die Prüfung auf Chymosin soll immer nur mit der neutralisierten Flüssigkeit geschehen, und zwar in dem Verhältnisse 1 à 2 ccm auf 10 ccm Milch. Bei Gegenwart von nennenswerten Mengen Chymosin soll die Milch bei Zimmertemperatur in 10—20 Minuten ohne Änderung der Reaktion fest gerinnen. Zusatz von Kalksalz ist überflüssig und kann leicht zu fehlerhaften Schlüssen führen. Prüfung auf
Enzyme.

In mehreren Fällen ist es besonders wichtig, den Säuregrad des Magensaftes oder Mageninhaltes zu bestimmen. Ausgedehnte Untersuchungen über die titrimetrische Bestimmung des Säuregrades sind von JOHANNE CHRISTIANSEN[2]) sowie auch von MICHAELIS[3]) ausgeführt worden und letzterer hat auch eine Methode der elektrometrischen Titration des Magensaftes angegeben. In bezug auf die elektrometrische Bestimmung von p_H wird auf S. 58 hingewiesen. Als Indikator bei der Titration soll nach J. CHRISTIANSEN das GÜNZBURGsche Reagens (1 g Phlorogluzin, 1 g Vanillin, 30 g absol. Alkohol) der beste sein und die damit erhaltenen Werte sollen den elektrometrisch bestimmten am nächsten kommen. (Siehe auch S. 368.) Bestim-
mung der
Azidität.

Von Wichtigkeit ist es auch, die Natur der im Mageninhalte vorkommenden Säure, bzw. Säuren, ermitteln zu können. Zu dem Zwecke und besonders zum Nachweis von freier Salzsäure sind zahlreiche Farbenreaktionen vorgeschlagen worden, welche sämtlich darauf basieren, daß die genannten Farbstoffe schon mit sehr kleinen Mengen Salzsäure eine charakteristische Färbung geben, während sie von Milchsäure und anderen organischen Säuren nicht oder erst bei einer Konzentration der letzteren, welche in dem Mageninhalte kaum vorkommen kann, den charakteristischen Farbenwechsel zeigen. Solche Reagenzien sind: ein Gemenge von Ferriazetat- und Rhodankaliumlösung (das MOHRsche, von mehreren Forschern modifizierte Reagens), Methylanilinviolett, Tropäolin 00, Kongorot, Malachitgrün, Phlorogluzin-Vanillin, Dimethylamidoazobenzol u. a. Als Reagenzien auf freie Milchsäure sind dagegen von UFFELMANN eine stark verdünnte amethystblaue Lösung von Eisenchlorid und Karbolsäure oder auch eine stark verdünnte, fast ungefärbte Lösung von Eisenchlorid vorgeschlagen worden. Diese Reagenzien geben mit Milchsäure, nicht aber mit Salzsäure oder mit flüchtigen fetten Säuren, eine zeisig- oder zitronengelbe Farbe. Reagenze
auf freie
Salzsäure
und
Milchsäure.

Über den Wert dieser Reagenzien auf freie Salzsäure oder Milchsäure ist indessen viel gestritten worden. Unter den Reagenzien auf freie Salzsäure scheinen jedoch insbesondere die von STEENSMA[4]) verschärfte GÜNZBURGsche Phlorogluzin-Vanillinprobe, die Probe mit Tropäolin 00, in der Wärme nach BOAS ausgeführt, und die Probe mit Dimethylamidoazobenzol, welche die empfindlichste sein soll, sich gut bewährt zu haben. Fallen diese Reaktionen positiv aus, so dürfte auch wohl die Anwesenheit von Salzsäure bewiesen sein. Ein negatives Ergebnis schließt dagegen nicht die Gegenwart von Salzsäure aus, weil die Empfindlichkeit dieser Reaktionen einerseits eine begrenzte ist und anderseits auch durch gleichzeitige Gegenwart von Eiweiß, Pepton und angeblich auch anderen Stoffen mehr oder weniger beeinträchtigt werden kann. Die Milchsäurereaktionen

---

[1]) CANNON, Amer. Journ. of Physiol. **29**, 250, 267 (1911), 441 (1912); CARLSON ebenda **31**, **32** (1913), **33**, **34** (1914), **37**, **38** (1915); vgl. auch L. JARNO u. M. HEKS, Wien. klin. Wochenschr. **33**, 578 (1920). [2]) Bioch. Zeitschr. **46**, 24, 50, 71, 82 (1912). [3]) Ebenda **79**, 1 (1916). [4]) Bioch. Zeitschr. 8.

können ihrerseits auch negativ ausfallen bei Gegenwart von einer, der Milchsäuremenge gegenüber, verhältnismäßig großen Menge von Salzsäure in der zu untersuchenden Flüssigkeit. Auch Zucker, Rhodan und andere Stoffe sollen diesen Reagenzien gegenüber wie Milchsäure sich verhalten können.

Um den Wert der verschiedenen Reagenzien auf freie Salzsäure richtig beurteilen zu können, ist es selbstverständlich in erster Linie von der allergrößten Wichtigkeit, darüber im klaren zu sein, was man unter dem Begriffe freie Salzsäure zu verstehen hat. Es ist eine allbekannte Tatsache, daß die Salzsäure von Eiweißstoffen gebunden werden kann, und nach einer eiweißreichen Mahlzeit kann also ein bedeutender Teil der Salzsäure oder, wie man besonders bei Hunden beobachtet hat, die gesamte Salzsäure in Verbindung mit Eiweiß in dem Mageninhalte sich vorfinden. Diese an Eiweiß gebundene Salzsäure kann nicht als frei angesehen werden, und aus diesem Grunde betrachten einige Forscher als weniger brauchbar alle solche Methoden, die, wie die Methode von SJÖQVIST, sämtliche an anorganische Basen nicht gebundene Salzsäure anzeigen. Demgegenüber ist indessen zu bemerken, daß, nach den Erfahrungen vieler Forscher, die an Eiweiß gebundene Salzsäure physiologisch wirksam ist, und in dieser Hinsicht kann bezüglich neuerer Untersuchungen besonders auf diejenigen von ALB. MÜLLER und J. SCHÜTZ [1]) hingewiesen werden. Diejenigen Reaktionen (Farbstoffreaktionen), welche nur die wirklich freie Salzsäure angeben, zeigen also nicht sämtliche „physiologisch wirksame" Salzsäure an. Der Vorschlag, statt der „freien" die „physiologisch wirksame" Salzsäure zu bestimmen, hat also eine gewisse Berechtigung; und da die Begriffe freie und physiologisch wirksame Salzsäure sich gegenseitig nicht decken, muß man bei Beurteilung des Wertes einer bestimmten Reaktion stets damit im klaren sein, ob man die wirklich freie oder physiologisch wirksame Säure bestimmen will.

Zur Bestimmung der freien Salzsäure hat man verschiedene Titrierungsmethoden vorgeschlagen, die jedoch aus den in Kapitel 1 angeführten Gründen nicht zu sicheren Resultaten führen können. Zu dieser Bestimmung sind physikalisch-chemische Methoden notwendig (S. 58), die aber bisher nicht für klinische Zwecke größere Anwendung erfahren haben. Auf Adsorptionsphänomene basiert eine von HOLMGREN vorgeschlagene Methode zur Bestimmung der Salzsäure [2]) Für die quantitative Bestimmung der Gesamtsalzsäure sind auch andere Methoden ausgearbeitet worden, unter denen die von K. MÖRNER und SJÖQVIST eine große Anwendung erfahren hat. Da aber der Wert einer gesonderten Bestimmung der freien und der gesamten Salzsäure zweifelhaft und jedenfalls umstritten ist, und da ferner diese Fragen hauptsächlich klinisches Interesse haben, wird bezüglich derselben auf die Handbücher der klinischen Untersuchungsmethoden von v. JAKSCH, EULENBURG, KOLLE und WEINTRAUD und von SAHLI hingewiesen. Dasselbe gilt auch bezüglich der Prüfung auf Milchsäure und flüchtige Fettsäuren.

Marginal notes: Freie und physiologisch wirksame Salzsäure. — Quantitative Bestimmungen.

III. Die Darmschleimhautdrüsen und ihre Sekrete.

Das Sekret der Brunnerschen Drüsen. Diese Drüsen sind teils als kleine Pankreasdrüsen und teils als Schleim- oder Speicheldrüsen aufgefaßt worden. Ihre Bedeutung dürfte auch bei verschiedenen Tieren eine verschiedene sein. Beim Hunde sind sie nach GRÜTZNER den Pylorusdrüsen am meisten verwandt und sollen Pepsin enthalten. Dies stimmt auch mit den Beobachtungen von GLAESSNER und von PONOMAREW, welche voneinander nur darin abweichen, daß nach PONOMAREW das Sekret bei alkalischer Reaktion unwirksam ist und demnach nur Pepsin enthält, während es nach GLAESSNER sowohl bei saurer wie bei alkalischer Reaktion wirksam ist und Pseudopepsin enthalten soll. Nach ABDERHALDEN und RONA enthält das reine Duodenalsekret des Hundes ein proteolytisches Enzym, welches nicht dem Trypsin- sondern dem Pepsintypus angehört. Die Angaben über das Vorkommen eines diastatischen En-

Marginal note: Brunnersche Drüsen.

---

[1]) ALB. MÜLLER, Deutsch. Arch. f. klin. Med. 88 und PFLÜGERS Arch. 116; J. SCHÜTZ, Wien. klin. Wochenschr. 20 und Wien. med. Wochenschr. 1906 (ältere Literatur). [2]) Deutsch. med. Wochenschr. 1911, 247.

zyms in den BRUNNERschen Drüsen sind streitig. SCHEUNERT und GRIMMER[1]) fanden in den Duodenaldrüsen von Pferd, Rind, Schwein und Kaninchen zwar diastatisches aber kein proteolytisches und kein labendes Enzym.

Das Sekret der Lieberkühnschen Drüsen. Das Sekret dieser Drüsen ist mit Hilfe von am Darme, nach den Methoden von THIRY und VELLA oder von PAWLOW angelegten Fisteln studiert worden. Beim Hunde findet nach BOLDYREFF[2]) bei leerem Magen in regelmäßigen Intervallen, die etwa zwei Stunden betragen, eine ungefähr 15 Minuten dauernde, spärliche Sekretion statt. Nach ihm gewinnt man deshalb den Darmsaft aus einer THIRY-VELLA-schen Fistel außerhalb der Verdauungsperiode in Abwesenheit jeglichen Reizes. Während der Magenverdauung wird nach BOLDYREFF der Saft auch periodisch aber weniger reichlich abgesondert, indem die Zeitintervalle viel länger, 3, 4 bis 5 Stunden sind. Sonst findet man allgemein die Angabe, daß Aufnahme von Nahrung die Sekretion hervorruft oder, wenn diese wie beim Lamme kontinuierlich ist (PREGL), dieselbe verstärkt. Daß der Übertritt des Chymus in den Darm die Absonderung des Darmsaftes vermehrt, ist auch auf Grund der Untersuchungen von DELEZENNE und FROUIN nicht zu bezweifeln. Die Säure bewirkt nämlich eine Bildung von Sekretin (vgl. unten) und dieses erzeugt nach den genannten Forschern eine Sekretion auch des Darmsaftes. Unter den chemisch wirksamen, sekretionserregenden Reizmitteln wird auch allgemein Säure und Magensaft angegeben. Chemisch wirksame Reizmittel sind ferner Seifen, Chloral, Äther und, bei intravenöser Injektion, auch Darm-saft oder ein Extrakt der Schleimhaut (FROUIN). Mehrere Salze, NaCl, Na$_2$SO$_4$ u. a., können sowohl nach intravenöser oder subkutaner Einführung wie nach direkter Applikation auf die Peritonealoberfläche des Darmes eine reichliche Sekretion von Flüssigkeit in den Darm bewirken, und diese Wirkung kann durch die antagonistische, hemmende Wirkung eines Kalksalzes aufgehoben werden (MAC CALLUM). Das gewisse andere Absonderungen stark anregende Pilokarpin vergrößert dagegen nicht die Absonderung beim Lamme, und beim Hunde scheint es wenigstens nicht immer wirksam zu sein (GAMGEE)[3]).

Mechanische Reizung der Schleimhaut wirkt steigernd auf die Sekretion sowohl beim Hunde (THIRY) wie beim Menschen (HAMBURGER und HEKMA); es ist aber zweifelhaft, ob hierbei ein ganz physiologischer Saft abgesondert wird. In dem vom HAMBURGER und HEKMA[4]) beobachteten Falle floß der Saft am reichlichsten des Nachts, sowie zwischen 5 und 8 Uhr nachmittags am spärlichsten zwischen 2 und 5 Uhr nachmittags. Über die Menge des im Laufe von 24 Stunden abgesonderten Darmsaftes liegen keine brauchbaren Angaben vor.

Nach DELEZENNE und FROUIN soll der bei Vermeidung von jeder mechanischen Reizung spontan aus einer Fistel ausfließende Saft beim Hunde 10 mal so reichlich im Duodenum wie in den mittleren oder unteren Teilen von Jejunum sein. Im oberen Teile der Dünndärme ist dagegen nach RÖH-MANN das Sekret beim Hunde spärlicher, schleimig gallertähnlich, in dem unteren mehr dünnflüssig mit gallertähnlichen Klümpchen oder Flöckchen. Der Darmsaft reagiert gegen Lackmus stark alkalisch, entwickelt nach Säure-

Margin notes: Darmsaft. / Absonde-rung des Darmsaftes. / Absonde-rung des Saftes. / Darmsaft.

---

[1]) GRÜTZNER, PFLÜGERS Arch. 12; GLAESSNER, HOFMEISTERS Beiträge 1; PONO-MAREW, Bioch. Zentralbl. 1, 351; ABDERHALDEN u. RONA, Zeitschr. f. physiol. Chem. 47; SCHEUNERT u. GRIMMER, zitiert nach Bioch. Zentralbl. 5, 673. [2]) THIRY, Wien. Sitz.-Ber. 50; VELLA, MOLESCHOTTS, Unters. 13; BOLDYREFF, Zeitschr. f. physiol. Chem. 50; Zentralbl. f. Physiol. 24, 93 (1910). [3]) DELEZENNE u. FROUIN, Compt. rend. soc. biol. 56; FROUIN ebenda 56 u. 58; MAC CALLUM, Univers. of California Publications 1, 1904; GAMGEE, Die physiol. Chem. d. Verdauung, Deutsche Ausgabe 1894, S. 427 u. f. (Literatur). [4]) Journ. de physiol. et d. path. gén. 1902 u. 1904.

zusatz Kohlensäure und enthält (beim Hunde) eine fast konstante Menge NaCl und Na_2CO_3 bzw. 4,8—5 und 4—5 p. m. (GUMILEWSKI, RÖHMANN)[1]. Im Darmsafte des Lammes entsprach die Alkaleszenz 4,54 p. m. Na_2CO_3. Der Darmsaft enthält Eiweiß (THIRY fand 8,01 p. m. davon), dessen Menge mit der Dauer der Absonderung abnehmen soll. Die Menge der festen Stoffe ist schwankend. Sie beträgt bei Hunden 12,2—24,1 p. m., beim Lamme 29,85 p. m. Das spez. Gewicht war beim Hunde (THIRY) 1,010—1,0107 und beim Lamme (PREGL) als Mittel 1,0143. Der Darmsaft des Lammes enthielt 18,097 p. m. Eiweiß, 1,274 p. m. Albumose und Muzin, 2,29 p. m. Harnstoff und 3,13 p. m. übrige organische Stoffe.

Darmsaft vom Menschen. Über den Darmsaft des Menschen liegen Untersuchungen von DEMANT, TURBY und MANNING, H. HAMBURGER und HEKMA und NAGANO[2] vor. Auch beim Menschen ist der Darmsaft von niedrigem spez. Gewicht, etwa 1,007, einem Gehalte von gegen 10—14 p. m. festen Stoffen und gegen Lackmus stark alkalischer Reaktion. Der Gehalt an Alkali, als Natriumkarbonat berechnet, beträgt nach NAGANO, HAMBURGER und HEKMA 2,2 p. m., der Gehalt an NaCl 5,8—6,7 p. m. Die Gefrierpunktsbestimmung ergab $\varDelta = 0,62^{\circ}$ (HAMBURGER und HEKMA).

Enzyme. Der Darmsaft des Hundes enthält nach BOLDYREFF eine Lipase, die besonders auf emulgiertes Fett (Milch) wirkt und von der Pankreaslipase unter anderem auch dadurch verschieden ist, daß ihre Wirkung nicht durch Galle befördert wird. JANSEN fand, daß aus einer THIRY-VELLAschen Fistel die Lipase besonders unter dem Einfluß von Galle + Säure sezerniert wird[3]. Der Darmsaft enthält ferner sowohl bei Tieren wie beim Menschen das von O. COHNHEIM entdeckte Enzym, Erepsin, welches regelmäßig nicht auf natives Eiweiß, sondern nur auf Albumosen und Peptone spaltend wirkt. Er enthält möglicherweise auch eine Nuklease und endlich wirkt er auch schwach amylolytisch. Der Saft und, wie mehrere Forscher behauptet haben, in noch höherem Grade die Schleimhaut enthält ferner, wie die von vielen Forschern bestätigten Beobachtungen von PASCHUTIN, BROWN und HERON, BASTIANELLI und TEBB[4] gezeigt haben, Saccharase und Maltase. Auch ein den Milchzucker invertierendes Enzym, eine Laktase, kommt, wie die Untersuchungen von RÖHMANN und LAPPE, PAUTZ und VOGEL, WEINLAND, ORBÁN[5] gelehrt haben, bei neugeborenen Kindern und jungen Tieren, aber auch bei erwachsenen Säugetieren, welche Milch in der Nahrung erhalten, vor (vgl. Kapitel 1, S. 41). Die Laktase kann ebenfalls reichlicher in der Schleimhaut als in dem Safte enthalten sein und nach einigen kommt sie überhaupt nur in den Zellen vor. Die Angaben über das Vorkommen eines glykosidspaltenden Enzymes sind strittig (FROUIN, OMI)[6].

Enzyme. Antienzyme. Enterokinase. Außer dem Erepsin und den oben genannten Enzymen enthält die Darmschleimhaut auch Substanzen, welche die Wirkung von Pepsin sowie die von Trypsin hemmen (DANILEWSKY, WEINLAND)[7], ferner Enterokinase oder eine Muttersubstanz derselben und endlich auch das sog. Prosekretin.

---

[1]) GUMILEWSKI, PFLÜGERS Arch. **39**; RÖHMANN ebenda **41**. [2]) DEMANT, VIRCHOWS Arch. **75**; TURBY u. MANNING, Zentralbl. f. d. med. Wiss. 1892, S. 945; HAMBURGER u. HEKMA l. c.; NAGANO, Mitt. aus d. Grenzgeb. d. Med. u. Chir. **9**. [3]) BOLDYREFF l. c.; JANSEN, Zeitschr. f. physiol. Chem. **58**, 400 (1910). [4]) PASCHUTIN, Zentralbl. f. d. med. Wiss. 1870, S. 561; BROWN u. HERON, Annal. d. Chem. u. Pharm. **204**; BASTIANELLI, MOLESCHOTTS Unters. **14** (ältere Literatur). Vgl. ferner MIURA, Zeitschr. f. Biol. **32**; WIDDICOMBE, Journ. of Physiol. **28**; TEBB ebenda **15**. [5]) RÖHMANN u. LAPPE, Ber. d. d. chem. Gesellsch. **28**; PAUTZ u. VOGEL, Zeitschr. f. Biol. **32**; WEINLAND ebenda **38**; ORBAN, MALYS Jahresb. **29**. [6]) A. FROUIN u. P. THOMAS, Arch. internat. de Physiol. **7**; K. OMI, Das Verhalten des Salizins im tierischen Organismus. Inaug.-Dissert., Breslau 1907. [7]) Vgl. Fußnote S. 459.

Diese zwei letztgenannten Stoffe, die in inniger Beziehung zu der Absonderung des Pankreassaftes stehen, sollen im Zusammenhange mit dieser Verdauungs-flüssigkeit abgehandelt werden.

Die verschiedenen Enzyme werden nicht in gleicher Menge in allen Ab-schnitten des Darmes gebildet. Diastase und Saccharase kommen nach BOLDYREFF überall im Darme, die Lipase dagegen nicht in den unteren Ab-schnitten vor. Die Kinase findet man nur in den oberen Teilen (BOLDYREFF, BAYLISS und STARLING, DELEZENNE). Nach HEKMA kommt die Kinase im ganzen Darme vor, am reichlichsten jedoch im Duodenum und in den oberen Teilen des Jejunums. Die Enzyme finden sich nach FALLOISE im allgemeinen am reichlichsten in den obersten Teilen des Darmes; das Erepsin soll aber in größerer Menge im Jejunum als im Duodenum vorhanden sein. Bezüglich des Erepsins sind jedoch nach den Untersuchungen von VERNON die Verhält-nisse bei verschiedenen Tieren etwas ungleich. Bei der Katze und dem Igel ist das Duodenum reicher an Erepsin als das Jejunum und Ileum; beim Kaninchen ist umgekehrt das Ileum bedeutend reicher daran als das Duodenum. Das Sekretin wird nach BAYLISS und STARLING ausschließlich im oberen Teile des Darmes gebildet. Als Bildungsstätten der Enzyme werden im allgemeinen die Epithelzellen der Drüsen oder der Schleimhaut bezeichnet, und dasselbe gilt nach BAYLISS und STARLING, HEKMA, FALLOISE u. a. auch für die Entero-kinase, welche dagegen nach DELEZENNE[1]) in den Leukozyten und den PEYER-schen Drüsen gebildet wird.

Entstehungs-ort der Enzyme.

Erepsin. Dieses von O. COHNHEIM entdeckte Enzym wirkt nicht spaltend auf native Eiweißkörper, das Kasein ausgenommen, hat aber die Fähigkeit, Albumosen, Peptone und gewisse Polypeptide zu spalten. Hierbei entstehen sowohl Mono- wie Diaminosäuren. Das Erepsin kommt sowohl in der Schleim-haut wie in dem Darmsafte sowohl von Menschen wie von Hunden vor; die Schleimhaut scheint aber reicher daran als der Saft zu sein (SALASKIN, KUTSCHER und SEEMANN)[2]). Außer im Darme kommt auch im Pankreas ein erepsinähnliches Enzym vor (BAYLISS und STARLING, VERNON), welches auf Kasein, nicht aber oder nur schwach auf frisches Fibrin wirkt. Dieses Erepsin ist vielleicht identisch mit dem in Pankreas von F. SACHS nachgewiesenen, auf Nukleinsäure wirkenden Enzyme, Nuklease, denn nach NAKAYAMA wirkt das Erepsin zum Unterschied von dem Trypsin spaltend auf Nukleinsäure. Das Darmerepsin wird nach GLAESSNER und STAUBER zum Unterschied von dem Trypsin nicht durch Blutserum in seiner Wirkung gehemmt. Das Erepsin zeigt eine große Ähnlichkeit mit bei der Autolyse wirkenden Enzymen, und nach VERNON u. a. kommen Erepsine in den verschiedenen Geweben sowohl bei Evertebraten wie bei Vertebraten vor. Diese Gewebserepsine verhalten sich jedoch etwas anders als das Darmerepsin und ihre Identität mit dem letzteren ist jedenfalls nicht bewiesen. HEDIN fand Erepsin im Blute und auch im Harne. Wie Erepsin wirkende Enzyme kommen auch nach VINES[3]) in allen bisher untersuchten Pflanzen vor.

Erepsin.

Das Erepsin wird beim Erhitzen schon bei $+ 59^{\circ}$ C unwirksam gemacht. Es wirkt am besten bei alkalischer, aber kaum bei schwach saurer Reaktion.

---

[1]) BOLDYREFF, Arch. des scienc. biol. de St. Pétersbourg 11; BAYLISS u. STARLING, Journ. of Physiol. 29, 30; HEKMA l. c.; FALLOISE, vgl. Bioch. Zentralbl. 4, 153; VERNON, Journ. of Physiol. 33; DELEZENNE, Compt. rend. soc. biol. 54 u. 56. [2]) COHNHEIM, Zeitschr. f. physiol. Chem. 33, 35, 36 u. 47; SALASKIN ebenda 35; KUTSCHER u. SEEMANN ebenda 35. [3]) BAYLISS u. STARLING, Journ. of Physiol. 30; VERNON ebenda 30, 32 u. 33. Vgl. auch COHNHEIM u. PLETNEW, Zeitschr. f. physiol. Chem. 69, 108 (1910); F. SACHS, Zeitschr. f. physiol. Chem. 46; NAKAYAMA ebenda 41; GLAESSNER u. STAUBER, Bioch. Zeitschr. 25, 204 (1910); HEDIN, Zeitschr. f. physiol. Chem. 104, 11 (1918), 100, 263 (1917); VINES, Annals of Botany 18, 19, 23.

Hierdurch, wie auch dadurch, daß bei seiner Wirkung auf Peptonsubstanzen nur wenig Ammoniak abgespalten wird, unterscheidet es sich von einigen der bisher etwas näher untersuchten Autolyseenzyme. Das Optimum der Wirkung liegt bei etwa $p_H = 8$ (RONA und F. ARNHEIM)[1]).

Das Sekret der **Drüsen im Dickdarme und Enddarme** scheint hauptsächlich Schleim zu sein. Auch an diesem Teile des Darmes, welcher wohl hauptsächlich wenn nicht ausschließlich als Resorptionsorgan anzusehen ist, sind Fisteln angelegt worden. Die Untersuchungen über die Wirkung des Sekretes auf Nahrungsmittel haben jedoch keine entscheidenden Resultate geliefert.

IV. Die Pankreasdrüse und der Pankreassaft.

Bei den Evertebraten, welchen eine Pepsindigestion fehlt und bei welchen auch keine Gallenbereitung vorkommt, scheint das Pankreas oder wenigstens ein damit analoges Organ die wesentlichste Verdauungsdrüse zu sein. Umgekehrt fehlt bei einigen Vertebraten, wie bei einigen Fischen, ein anatomisch wohl charakterisiertes Pankreas. Diejenigen Funktionen, welche diesem Organe sonst zukommen, scheinen bei diesen Tieren von der Leber, die also

mit Recht als Hepatopankreas bezeichnet werden kann, übernommen zu werden. Beim Menschen und den meisten Vertebraten ist dagegen die Bereitung der Galle und die Absonderung gewisser, für die Verdauung wichtiger Enzyme auf zwei getrennte Organe, Leber und Pankreas verteilt.

Die **Pankreasdrüse** ist in gewisser Hinsicht der Parotisdrüse ähnlich. Die absondernden Elemente derselben bestehen aus kernführenden Zellen, deren Grundsubstanz eine in Wasser stark aufquellende, eiweißreiche Masse darstellt, in welcher wenigstens zwei verschiedene Zonen zu unterscheiden sind. Die äußere Zone ist mehr homogen, die innere durch eine Menge von

Körnchen trübe. Ungefähr an der Grenze zwischen den zwei Zonen liegt der Kern, dessen Lage jedoch mit der wechselnden relativen Größe der zwei Zonen wechseln kann. Nach HEIDENHAIN[2]) soll nämlich in einem ersten Stadium der Verdauung, in welchem die Absonderung lebhaft ist, der innere Teil der Zellen an Größe abnehmen, indem er zu Sekret wird, während gleichzeitig die äußere Zone durch Aufnahme von neuem Material sich vergrößert. In einem späteren Stadium, in welchem die Sekretion abgenommen und die Resorption der Nahrungsstoffe stattgefunden hat, soll die innere Zone wiederum auf Kosten der äußeren sich vergrößern, indem die Substanz der letzteren in

die Substanz der ersteren sich umwandelt. Unter physiologischen Verhältnissen sind also die Zellen einer stetigen Veränderung unterworfen, einem Verbrauche nach innen und einem Zuwachse nach außen. Die körnige, innere Zone soll in das Sekret umgewandelt werden, und die äußere, mehr homogene Zone, welche das Ersatzmaterial enthält, soll dann in körnige Substanz sich umsetzen. Die sog. LANGERHANSschen Zellen hat man in Beziehung zu der inneren Sekretion oder einer bei dem Zuckerumsatze im Tierkörper beteiligten Substanz gesetzt[3]).

Die Hauptmenge der in der Drüse enthaltenen Proteinsubstanzen besteht, wie es scheint, aus in Wasser oder Neutralsalzlösung unlöslichem Eiweiß und aus Nukleoproteiden, denen gegenüber das angeblich in der Drüse vorkommende Globulin und das Albumin jedenfalls nur in geringen Mengen

---

[1]) Bioch. Zeitschr. **57**, 84 (1913).   [2]) PFLÜGERS Arch. **10**.   [3]) Vgl. hierüber auch DIAMARE u. KULIABKO, Zentralbl. f. Physiol. 18 u. 19; RENNIE ebenda 18 und SAUER-BECK, VIRCHOWS Arch. **177**, Suppl.

vorhanden sein können. Unter den Proteiden ist am genauesten studiert die von UMBER isolierte, vorher von O. HAMMARSTEN[1]) gefundene und als α-Proteid bezeichnete Substanz. Dieses Nukleoproteid enthält (als Mittel) 1,67 p. c. P, 1,29 p. c. S, 17,12 p. c. N und 0,13 p. c. Fe. Es liefert beim Sieden das von O. HAMMARSTEN als β-Proteid bezeichnete, viel phosphorreichere Nukleoproteid. Das native Proteid (α) ist die Muttersubstanz der Guanylsäure und auch einer zusammengesetzten Nukleinsäure[2]). Das Proteid kann aus der Drüse mit physikalischer Kochsalzlösung extrahiert und mit Essigsäure gefällt werden.

Nukleoproteide des Pankreas.

Außer diesen Proteinsubstanzen enthält die Drüse mehrere **Enzyme** oder **Zymogene**, von denen unten die Rede sein wird. Unter den Extraktivstoffen, welche übrigens wohl zum Teil durch postmortale Veränderungen und chemische Eingriffe entstanden sein dürften, sind zu nennen **Leuzin**, **Tyrosin**, **Purinbasen** in wechselnden Mengen[3]), **Inosit**, **Milchsäure**, **flüchtige Fettsäuren** und **Fette**. Die Mineralstoffe zeigen der Menge nach sehr bedeutende Unterschiede nicht nur bei Tieren und Menschen, sondern auch bei Männern und Frauen (GOSSMANN). Das Kalzium scheint nach GOSSMANN regelmäßig in bedeutend größerer Menge als das Magnesium vorhanden zu sein. Nach Bestimmungen von MAGNUS-LEVY enthielt das Pankreas von Menschen 278 p. m. Trockensubstanz mit 106 p. m. Fett und 156 p. m. Eiweiß. GOSSMANN[4]) fand bei einem Manne 17,92 und bei einer Frau 13,05 p. m. Asche.

Extraktivstoffe.

Außer ihrer, schon in einem vorigen Kapitel (8) besprochenen Beziehung zu der Umsetzung des Zuckers im Tierkörper hat die Pankreasdrüse die Aufgabe, einen für die Verdauung besonders wichtigen Saft abzusondern.

Der Pankreassaft. Dieses Sekret gewinnt man durch Anlegen einer Fistel an dem Ausführungsgange nach den von BERNARD, LUDWIG und HEIDENHAIN angegebenen, von PAWLOW[5]) vervollkommneten Methoden.

Pankreassaft.

Bei Pflanzenfressern, welche, wie das Kaninchen, ununterbrochen verdauen, ist die Absonderung des Pankreassaftes eine kontinuierliche. Bei den Fleischfressern scheint sie dagegen intermittent und von der Verdauung abhängig zu sein. Beim Hungern hört die Absonderung fast ganz auf, fängt aber nach Aufnahme von Nahrung bald wieder an und erreicht nach BERNSTEIN, HEIDENHAIN und anderen innerhalb der drei ersten Stunden ein Maximum.

PAWLOW und seine Schüler, in erster Linie SCHEPOWALNIKOFF, haben gezeigt, daß die schon oben (S. 384) erwähnte Enterokinase das im Pankreassafte vorhandene Trypsinogen aktivieren, d. h. in Trypsin überführen kann. Diese Beobachtungen sind später von vielen anderen, namentlich von DELEZENNE und FROUIN, POPIELSKI, CAMUS und GLEY, BAYLISS und STARLING, ZUNZ bestätigt und erweitert worden. Der ganz reine Saft enthält, wenigstens in der Regel, Trypsinogen und kein Trypsin. Durch Beimengung von Darmsaft oder Berührung mit der Darmschleimhaut wird aber das Trypsinogen durch die Kinase in Trypsin umgewandelt. Die Enterokinase, welche selbst ohne Wirkung auf Eiweiß und also kein proteolytisches Enzym ist, kennt man nicht näher. Sie wird durch Erhitzen unwirksam und ist deshalb von

Enterokinase.

---

[1]) UMBER, Zeitschr. f. klin. Med. **40** u. **43**; HAMMARSTEN, Zeitschr. f. physiol. Chem. **19**. [2]) FEULGEN, Zeitschr. f. physiol. Chem. **108**, 147 (1919); E. HAMMARSTEN ebenda **109**, 141 (1920). [3]) Vgl. KOSSEL, Zeitschr. f. physiol. Chem. **8**. [4]) MAGNUS-LEVY, Bioch. Zeitschr. **24**, 362 (1910); GOSSMANN, MALYS Jahresb. **30**. [5]) BERNARD, Leçons de Physiol. **2**, 190; LUDWIG, vgl. BERNSTEIN, Arbeiten a. d. physiol. Anstalt zu Leipzig **4**, 1869; HEIDENHAIN, PFLÜGERS Arch. **10**, 604; PAWLOW, Die Arbeit der Verdauungsdrüsen, Wiesbaden 1898 und Ergebn. d. Physiol. **1**, Abt. 1.

vielen Seiten (auch PAWLOW) als ein Enzym angesehen worden. Andere dagegen, wie HAMBURGER und HEKMA, DASTRE und STASSANO stellen die Enzymnatur der Enterokinase aus dem Grunde in Abrede, weil nach ihnen eine bestimmte Menge Darmsaft nur eine bestimmte Menge Trypsin zu aktivieren vermag. Enterokinase hat man beim Menschen und bei allen untersuchten Säugetieren gefunden. Nach den meisten Forschern wird sie von den Drüsen oder den Zellen der Darmmukosa gebildet; nach DELEZENNE stammt sie dagegen von den PEYERschen Haufen und von Lymphdrüsen und Leukozyten überhaupt her, weshalb auch unreines, leukozytenhaltiges Fibrin als eine Kinase wirken soll. Diese Angaben von DELEZENNE sind indessen von BAYLISS und STARLING, HEKMA u. a. bestritten worden.

Wenn nun der nach Aufnahme von Nahrung abgesonderte Saft nach der herrschenden Ansicht regelmäßig trypsinfrei ist, so kann dagegen unter anderen Umständen ein trypsinhaltiger Saft abgesondert werden. So ist nach

Trypsinhaltiger Saft. CAMUS und GLEY der unter dem Einflusse von Sekretin (vgl. unten) abgesonderte Saft nicht immer trypsinfrei und die durch WITTEpepton oder Pilokarpin angeregte Absonderung liefert einen Saft, welcher, wie auch ZUNZ fand, oft oder meistens Trypsin enthält und direkt wirksam ist. Nach CAMUS und GLEY kann also nicht nur eine äußere Aktivierung des Trypsinogens in dem Safte, sondern auch eine innere in der Drüse stattfinden. Eine Selbstaktivierung des Saftes in gewissen Fällen wird auch von anderen, wie von SAWITSCH[1]), angenommen.

Die Umwandlung von Trypsinogen in Trypsin in der ausgeschnittenen Drüse oder in einem Infuse unter dem Einflusse von Luft und Wasser und angeblich auch von anderen Stoffen ist seit lange bekannt. Nach VERNON soll das Trypsin selbst das Trypsinogen kräftig aktivieren, und es soll in dieser Hinsicht noch wirksamer als die Enterokinase sein. Die Richtigkeit dieser

Aktivierung des Trypsinogens. Angabe wird jedoch von BAYLISS und STARLING sowie von HEKMA geleugnet. Die seit den Untersuchungen HEIDENHAINS herrschende Ansicht, daß der Umsatz des Trypsinogens in Trypsin auch durch Säuren befördert wird, soll nach HEKMA[2]) ebenfalls nicht richtig sein. Außer der Enterokinase und den Mikroorganismen, deren aktivierende Wirkung allgemein anerkannt ist, gibt es aber auch andere Aktivatoren des Trypsinogens. Wie zuerst DELEZENNE zeigte und dann ZUNZ durch weitere Untersuchungen bestätigt hat, besitzen vor allem die Kalksalze das Vermögen das Trypsinogen zu aktivieren[3]). Die Aktivierung des Trypsinogens durch Ca-Salze denken sich J. MELLANBY und V. J. WOOLLEY in folgender Weise: Im Saft ist immer etwas Enterokinase vorhanden, die aber infolge der durch Alkalikarbonate erzeugten alkalischen Reaktion nur sehr schlecht wirken kann. Beim Zugeben von $CaCl_2$ wird $CaCO_3$ ausgefällt, das hemmende Alkali neutralisiert und die Enterokinase kann

Wirkung der Kalksalze. wirken. Sz- und Ba-Salze haben nach den genannten Autoren dieselbe Wirkung wie die Ca-Salze[4]). Für die verdauende Wirkung des Saftes sind die Kalksalze nicht notwendig, und wenn die Aktivierung einmal stattgefunden hat, können sie ohne Schaden entfernt werden. Dieselbe Bedeutung wie für die Aktivierung des Trypsinogens haben die Kalksalze nach DELEZENNE auch für die Aktivierung eines Labzymogens in dem Safte. Dieses Zymogen wird

---

[1]) CAMUS u. GLEY, Journ. de Physiol. et de Pathol. gén. Nr. 6, 1907; ZUNZ, Recherches sur l'activation du suc pankréatique par les Sels, Bruxelles 1907; W. SAWITSCH, Zentralbl. f. d. ges. Physiol. u. Path. des Stoffwechsels 1909. Bezüglich der Literatur siehe ükrigens O. COHNHEIM, Bioch. Zentralbl. 1, 169 u. ROSENBERG ebenda 2, 708. [2]) VERNON, Journ. of Physiol. 28, 47; HEKMA, Kon. Akad. v. Wetensch. te Amsterdam 1903 und Arch. f. (Anat. u.) Physiol. 1904; BAYLISS u. STARLING, Journ. of Physiol. 30. [3]) DELEZENNE, Compt. rend. soc. biol. 59, 60, 62, 63; ZUNZ l. c., Fußnote 1 diese Seite. [4]) Journ. of Physiol. 46, 159, 47, 339 (1913).

auch von der Enterokinase aktiviert. Das Erepsin des Pankreassaftes (S. 385) kommt daselbst als wirksames Enzym vor.

Inwieweit die zwei anderen Enzyme, die Diastase und Lipase, als solche oder als Zymogene abgesondert werden, ist noch nicht ganz sicher bekannt. Sie scheinen aber beide jedenfalls zum Teil als fertige Enzyme abgesondert zu werden.

Beim menschlichen Embryo erscheinen das Trypsinogen und das Erepsin (sowie auch das Pepsin) im 4.—5. Fötalmonat. Die Enterokinase erscheint gleichzeitig mit oder kurz nach dem Trypsinogen[1]).

Die Art und Weise, wie das Trypsinogen in Trypsin übergeführt wird, ist noch unbekannt und ist Gegenstand streitiger Ansichten. Nach einer von PAWLOW herrührenden, namentlich von BAYLISS und STARLING verteidigten Ansicht wird das Trypsinogen durch die Einwirkung der Kinase in Trypsin umgewandelt. Nach der Ansicht von DELEZENNE, DASTRE und STASSANO u. a.[2]) ist das Trypsin dagegen eine Verbindung zwischen Kinase und Trypsinogen, analog den Zytotoxinen, welche Verbindungen zwischen einem Komplemente und einem Ambozeptor sind (vgl. S. 54). *Aktivierung des Trypsinogens.*

Als spezifische chemische Reizmittel für die Sekretion des Pankreassaftes wirken nach PAWLOW und seinen Mitarbeitern Säuren verschiedener Art — folglich sowohl die Salzsäure wie die Milchsäure — und Fette, die letzteren wahrscheinlich erst durch die aus ihnen entstandenen Seifen. Alkalien und Alkalikarbonate wirken dagegen eher hemmend ein. Die Säuren rufen durch Einwirkung auf die Duodenalschleimhaut die Sekretion hervor. Nach LONDON und SCHWARZ kann die Sekretion auch vom ganzen Jejunum und oberen Ileum aus ausgelöst werden. Die Sekretion wird aber mit steigender Entfernung der Reizstelle vom Duodenum schwächer[3]). Das Wasser, welches eine Absonderung von saurem Magensaft bewirkt, wird also ein indirektes Reizmittel für die Pankreassekretion, soll aber auch ein selbständiger Erreger sein. Das psychische Moment dürfte, wenigstens in erster Linie, eine indirekte Wirkung (Sekretion von saurem Magensaft) ausüben, und die Nahrungsmittel können ebenfalls durch ihre Wirkung auf die Magensaftabsonderung bei der Pankreassekretion indirekt wirksam sein. *Reizmittel für die Absonderung.*

Das wichtigste chemische Reizmittel für die Absonderung des Saftes ist die Salzsäure. Über den Mechanismus der Säurewirkung ist man nicht einig; nach der PAWLOWschen Schule rufen aber die Säuren reflektorisch vom Darme aus die Sekretion hervor. Daß eine Reflexwirkung hierbei beteiligt ist, läßt sich wohl auf Grund der Untersuchungen von POPIELSKI, WERTHEIMER und LEPAGE, FLEIG[4]) u. a. kaum leugnen; nach den Untersuchungen von BAYLISS und STARLING, die von CAMUS, GLEY, FLEIG, HERZEN, DELEZENNE u. a. bestätigt worden sind, muß aber noch ein zweites wichtiges Moment hierbei wirksam sein. Nach BAYLISS und STARLING kann man nämlich mit Salzsäure von 4 p. m. aus der Darmschleimhaut einen Stoff extrahieren, den sie Sekretin genannt haben und welcher, in das Blut eingeführt, eine Sekretion von Pankreassaft, Galle und nach einigen auch von Speichel und Darmsaft hervorruft. Das Sekretin, welches nach BAYLISS und STARLING[5]) bei allen untersuchten Wirbeltieren dasselbe ist, wird durch Erhitzen nicht zerstört; es ist demnach nicht mit der Enterokinase identisch und wird nicht als ein *Säurewirkung und Sekretin.*

---

[1]) IBRAHIM, Bioch. Zeitschr. **22**, 24 (1909). [2]) BAYLISS u. STARLING, Journ. of Physiol. **30** u. **32**, wo auch die anderen Forscher zitiert sind, und ferner O. COHNHEIM in Bioch. Zentralbl. **1**, S. 169 und S. ROSENBERG ebenda **2**, 708 verwiesen werden. [3]) Zeitschr. f. physiol. Chem. **68**, 346 (1910), wo auch die Literatur. [4]) FLEIG, Zentralbl. f. Physiol. **16**, 681 und Compt. rend. soc. biol. **55**. Vgl. im übrigen Fußnote 2 diese Seite. [5]) Journ. of Physiol. **29**.

Enzym betrachtet. Es entsteht nach ihnen unter der Einwirkung von Säure aus einer anderen Substanz, dem Prosekretin. Nach DELEZENNE und POZERSKI kommt jedoch das Sekretin schon als solches in der Darmschleimhaut vor, und die Säure wirkt nur durch Ausschaltung besonderer, hemmend wirkender Stoffe. Die Sekretinwirkung ist übrigens nach POPIELSKI anderer Art als die Säurewirkung, und man kann sie auch mit WITTEpepton hervorrufen. Nach ihm ist das Sekretin kein spezifischer Bestandteil des Darmes, sondern eine im Körper weit verbreitet vorkommende Substanz. GIZELT leugnet ebenfalls das Vorkommen eines spezifischen Sekretins und er stellt diesen Stoff dem Pepton gleich. GLEY erhielt durch Mazeration der Schleimhaut mit Albumosen eine Lösung, welche kräftiger sekretionserregend wirkte als das Sekretin[1]. v. FÜRTH und C. SCHWARZ[2]) heben auch die hinsichtlich der Natur des Sekretins herrschende Unsicherheit hervor. Nach ihnen ist das Sekretin wahrscheinlich ein Gemenge von Stoffen, unter welchen wohl auch das von ihnen in der Darmwand gefundene Cholin eine Rolle als Sekretionserreger spielt. A. HUSTIN, der Sekretinlösungen durch das Gefäßsystem der isolierten Pankreasdrüse leitete, fand, daß Sekretin allein oder mit LOCKES Lösung zusammen keine Sekretion erregte, wohl aber kam Sekretion zustande, wenn Sekretin und Blut durchgeleitet wurden[3]).

Ein zweites, die Absonderung erregendes Mittel ist das Fett, welches jedoch wohl erst nach stattgefundener Verseifung wirksam sein dürfte. Ölseife direkt in das Duodenum eingeführt, ruft nämlich eine starke Sekretion von Pankreassaft hervor (SAWITSCH, BABKIN)[4]), und gleichzeitig soll auch die Absonderung von Galle, Magensaft und dem Sekrete der BRUNNERschen Drüsen angeregt werden. Der unter diesen Verhältnissen abgesonderte Pankreassaft hat ungefähr denselben Gehalt an Enzymen wie das nach Aufnahme von Nahrung abgesonderte Sekret.

Die Angaben über die Menge des im Laufe von 24 Stunden abgesonderten Pankreassaftes sind sehr wechselnd. Nach den Bestimmungen von PAWLOW und seinen Mitarbeitern KUWSCHINSKI, WASSILIEW und JABLONSKY[5]) beträgt die mittlere Menge des aus permanenten Fisteln (mit normal wirkendem Saft) beim Hunde sezernierten Saftes 21,8 ccm pro 1 Kilo und 24 Stunden.

Der Pankreassaft des Hundes ist eine klare, farb- und geruchlose, alkalisch reagierende Flüssigkeit, die, namentlich wenn sie aus temporären Fisteln stammt, sehr reich, bisweilen so reich an Eiweiß ist, daß sie beim Erhitzen fast wie Hühnereiweiß gerinnt. Neben Eiweiß enthält der Saft die oben genannten Enzyme (oder deren Zymogene), Diastase, vielleicht auch Maltase, Trypsin, Lipase, ferner ein erepsinähnliches Enzym und außerdem ein von KÜHNE zuerst beobachtetes Labenzym. Außer den nun genannten Stoffen enthält der Pankreassaft regelmäßig ein wenig Leuzin, Fett und Seifen. Als Mineralbestandteile enthält er vorzugsweise Chloralkalien und daneben auch ziemlich viel Alkalikarbonat, etwas Phosphorsäure, Kalk, Bittererde und Eisen.

Der Gehalt des Hundepankreassaftes an festen Stoffen schwankt, wie MAZURKIEWICZ, BABKIN und SAWITSCH[6]) gezeigt haben, je nach der Ge-

Sekretin.

Fett und Absonderung.

Menge des Saftes.

Der Pankreassaft.

---

[1]) DELEZENNE u. POZERSKI, Compt. rend. soc. biol. 56; Journ. de Physiol. 14, 521, 540 (1913); POPIELSKI, Zentralbl. f. Physiol. 19; PFLÜGERS Arch. 128; GIZELT, PFLÜGERS Arch. 128; GLEY, Compt. rend. 151, 345. [2]) v. FÜRTH u. SCHWARZ, PFLÜGERS Arch. 124 (Literatur über Sekretin). [3]) Ann. et Bull. soc. roy. de scienc. méd. et nat. Brüssel 70, 178 (1912). [4]) Arch. des scienc. biol. de St. Pétersbourg 11 und Zeitschr. f. physiol. Chem. 56. [5]) Arch. des scienc. biol. de St. Pétersbourg 2, 391. Ältere Angaben von BIDDER u. SCHMIDT u. a. findet man bei KÜHNE, Lehrb. S. 114. [6]) MAZURKIEWICZ l. c.; BABKIN u. SAWITSCH, Zeitschr. f. physiol. Chem. 56.

schwindigkeit der Absonderung und der Art des Reizes. Im allgemeinen verhält sich der Gehalt an festen Stoffen umgekehrt wie die Absonderungsgeschwindigkeit. Der nach Säureeinwirkung abgesonderte Saft hat den
niedrigsten Gehalt an festen Stoffen, 9—37,4 p. m. Der Saft nach Nahrungsaufnahme ist mehr konzentriert, gegen 60—70 p. m., und der nach Vagus-
reizung abgesonderte enthält oft gegen 90 p. m. feste Stoffe. Der von C.
SCHMIDT[1]) analysierte Saft aus temporären Fisteln enthielt 99—116 p. m.
feste Stoffe. Die Menge der Mineralstoffe war 8,8 p. m.

Der Saft vom Hunde.

Die Mineralbestandteile bestanden hauptsächlich aus NaCl, 7,4 p. m., was um so
mehr auffallend ist, als man in dem Safte regelmäßig eine bedeutende Menge Alkalikarbonat
findet. In dem von DE ZILWA[2]) untersuchten Safte war der Gehalt an Alkali in dem
Sekretinsafte 5—7,9 p. m. und in dem Pilokarpinsafte 2,9—5,3 p. m. Na_2CO_3.
In dem Pankreassafte des Kaninchens hat man 11—26 p. m. feste Stoffe gefunden
und in demjenigen des Schafes 14,3—36,9 p. m. In dem Pankreassafte des Pferdes und
der Taube, hat man bzw. 9—15,5 und 12—14 p. m. feste Stoffe gefunden.

Mineral-stoffe.

Physiologisches Sekret aus einer Pankreasfistel eines Menschen ist von
GLAESSNER[3]) untersucht worden. Das Sekret war wasserklar, leicht schaum-
bildend; es reagierte stark alkalisch, auch gegen Phenolphthalein, enthielt
Globulin und Albumin aber keine Albumosen und Peptone. Das spez. Gewicht
war 1,0075 und die Gefrierpunktserniedrigung war $\varDelta = 0,46 - 0,49^0$. Der
Gehalt an festen Stoffen war 12,44—12,71, an Gesamteiweiß 1,28—1,74 und
an Mineralstoffen 5,66—6,98 p. m. Das Sekret enthielt Trypsinogen, welches
durch Darmsaft aktiviert wurde. Diastase und Lipase waren vorhanden;
invertierende Enzyme kamen dagegen nicht vor. Die tägliche Saftmenge war
500—800 ccm. Saftmenge, Fermentgehalt und Alkaleszenz waren im nüchternen Zustande am geringsten, stiegen bald nach Aufnahme einer Mahlzeit
parallel an und erreichten das Maximum etwa in der vierten Stunde.

Mensch-licher Pankreas-saft.

Die **Pankreasdiastase**, welche nach KOROWIN und ZWEIFEL nicht bei
Neugeborenen, sondern erst bei mehr als einen Monat alten Kindern sich
vorfindet, scheint, wenn auch mit dem Ptyalin nicht ganz identisch, jedoch
diesem Enzyme nahe verwandt zu sein. Die Pankreasdiastase wirkt sehr
energisch auf gekochte, nach KÜHNE auch auf ungekochte Stärke, besonders
bei 37—40° C, nach VERNON[4]) am besten bei 35°. Dabei entsteht, wie bei der
Einwirkung von Speichel, neben Dextrin hauptsächlich Isomaltose und Maltose
nebst nur sehr wenig Glukose (MUSCULUS und v. MERING, KÜLZ und VOGEL)[5]).
Auch hier entsteht wahrscheinlich die Glukose durch die Wirkung einer in
der Drüse und dem Safte vorkommenden Maltase. Der Hundepankreassaft
soll in der Tat nach BIERRY und TERROINE[6]) Maltase enthalten, deren Wirkung
jedoch erst nach sehr schwachem Ansäuern des Saftes zur Geltung kommt.
Nach RACHFORD wird die Wirkung der Diastase nicht durch sehr kleine Salz-
säuremengen, wohl aber durch etwas größere verhindert. Nach VERNON,
GRÜTZNER und WACHSMANN wird die Wirkung sogar von sehr kleinen Säuremengen, 0,045 p. m., beschleunigt, wogegen Alkalien schon in sehr kleinen
Mengen hemmend wirken. Sowohl diese als auch die hemmende Wirkung
der Salzsäure kann aber durch Galle aufgehoben werden (RACHFORD). WOHL-

Pankreas-diastase.

Diastase.

[1]) Zit. nach MALY in HERMANNS Handb. d. Physiol. **5**, T. 2, S. 189. [2]) Journ.
of Physiol. **31**. [3]) Zeitschr. f. physiol. Chem. **40**. Vgl. ferner ELLINGER u. COHN ebenda
45; die Untersuchungen von Pankreaszystenflüssigkeit von SCHUMM ebenda **36**; MURRAY
u. GIES, Amer. Medic., Vol. 4, 1902; GLAESSNER u. POPPER, Deutsch. Arch. f. klin. Med.
94, 46; siehe ferner WOHLGEMUTH, Bioch. Zeitschr. **39**, 302 (1912); BRADLEY, Journ.
of biol. Chem. **6**, 133. [4]) KOROWIN, MALYS Jahresb. **3**; ZWEIFEL, Fußnote 3, S. 357;
KÜHNE, Lehrb. S. 117; VERNON, Journ. of Physiol. **27**. [5]) Vgl. Fußnote 6, S. 357.
[6]) Vgl. TEBB, Journ. of Physiol. **15**; BIERRY u. TERROINE, Compt. rend. soc. biol. **58**;
BIERRY ebenda **62**.

GEMUTH sowie auch MINAMI fanden, daß die Wirkung der Diastase durch Galle in hohem Grade verstärkt wird. Der wirksame Bestandteil der Galle war in Wasser und in Alkohol löslich, aber nicht mit den gallensauren Salzen oder Cholesterin identisch[1]). Die Angaben über die Einwirkung von Lezithin sind strittig.

Lipase.

Die **Pankreaslipase** oder das **fettspaltende Enzym**. Die Wirkung des Pankreassaftes auf Fett ist von zweierlei Art. Einerseits spaltet er Neutralfette in Fettsäuren und Glyzerin, was ein enzymatischer Vorgang ist, und andererseits hat er auch die Fähigkeit, das Fett zu emulgieren.

Fettspaltende Wirkung des Pankreas.

Die fettspaltende Wirkung des Pankreassaftes kann auf folgende Weise gezeigt werden. Man schüttelt Olivenöl mit Natronlauge und Äther, hebt die Ätherschicht ab und filtriert sie, wenn nötig, schüttelt den Äther wiederholt mit Wasser und verdunstet ihn dann bei gelinder Wärme. In dieser Weise erhält man als Rückstand ein völlig neutrales, von Fettsäuren freies Fett, welches, in säurefreiem Alkohol gelöst, Alkannatinktur nicht rot färbt. Wird solches Fett mit ganz frischem, alkalischem Pankreassaft oder mit einer frisch bereiteten, mit ein wenig Alkali versetzten Infusion der ganz frischen Drüse oder auch mit einem frisch bereiteten, schwach alkalischen Glyzerinextrakte der ebenfalls ganz frischen Drüse (9 Teile Glyzerin und 1 Teil Sodalösung von 1 p. c. auf je 1 g Drüsenmasse) gemischt, etwas Lackmustinktur zugesetzt und dann das Gemenge auf + 37° C erwärmt, so sieht man die alkalische Reaktion nach und nach abnehmen und zuletzt in eine saure umschlagen. Diese saure Reaktion rührt daher, daß das Neutralfett von dem Enzyme in Glyzerin und freie Fettsäure zerlegt wird. Ein sehr viel geübtes Verfahren besteht darin, daß man durch Titration den Säuregrad des Gemenges vor und nach der Einwirkung des Saftes, bzw. der Infusion bestimmt.

Fettspaltung.

Durch die fettspaltende Wirkung des Pankreassaftes werden die Neutralfette unter Aufnahme von den Bestandteilen des Wassers in Fettsäuren und Glyzerin nach dem folgenden Schema zerlegt: $C_3H_5 . O_3 . R_3$ (Neutralfett) $+ 3H_2O = C_3H_5 . (OH)_3$ (Glyzerin) $+ 3(H . O . R)$ (Fettsäure). Es handelt sich also hier um eine hydrolytische Spaltung, welche zuerst von BERNARD und BERTHELOT sicher dargetan wurde. Wie auf Neutralfette wirkt das, übrigens sehr labile Pankreasenzym auch auf andere Ester zerlegend ein (NENCKI, BAAS, LOEVENHART u. a.)[2]). Die fettspaltende Wirkung der Lipase wird nach PAWLOW, BRUNO und vielen Nachuntersuchern[3]) durch Galle unterstützt. ROSENHEIM und SHAW-MACKENZIE fanden, daß die Lipasewirkung durch hämolysierende Substanzen sowie durch normales Serum befördert wird; diese beschleunigende Einwirkung wird durch Cholesterin gehemmt. Die beschleunigende Serumsubstanz war dialysierbar und hitzebeständig. ROSENHEIM konnte die in einem Glyzerinauszuge des Schweinepankreas vorhandene Lipase in Enzym + Co-Enzym (S. 40) aufteilen; beim Verdünnen mit Wasser entstand ein Niederschlag, welcher das eigentliche, thermolabile Enzym enthielt, während das dialysierbare, hitzebeständige Co-Enzym im Filtrate blieb[4]). Die günstigste Reaktion für die Wirkung der Pankreaslipase wurde von DAVIDSOHN mit Tributyrin als Substrat zu $C_H = 10^{-8}$ bestimmt[5]). Über die synthetische Wirkung von Pankreaslipase siehe S. 47.

Pankreaslipase.

---

[1]) RACHFORD, Amer. Journ. of Physiol. **2**; VERNON l. c.; GRÜTZNER, PFLÜGERS Arch. **91**; WOHLGEMUTH, Bioch. Zeitschr. **21**, 447 (1909); MINAMI ebenda **39**, 339 (1912). [2]) BERNARD, Annal. de chim. et phys. (3) **25**; BERTHELOT, Jahresb. d. Chem. 1855, S. 733; NENCKI, Arch. f. exp. Path. u. Pharm. **20**; BAAS, Zeitschr. f. physiol. Chem. 14, 416; LOEVENHART, Journ. of biol. Chem. **2**; TERROINE u. L. MOREL, Compt. rend. soc. biol. **65** u. **66**. [3]) BRUNO, Arch. des scienc. biol. de St. Pétersbourg 7. [4]) Journ. of Physiol. **40** (1910). [5]) Bioch. Zeitschr. **45**, 284 (1912).

Die Fettsäuren, welche durch eine Wirkung des Pankreassaftes abgespalten worden sind, verbinden sich im Darme mit Alkalien zu Seifen, welche auf das Fett kräftig emulgierend wirken, und der Pankreassaft soll hierdurch von großer Bedeutung für die Emulgierung und die Aufsaugung des Fettes sein.

Das Trypsin. Die von BERNARD beobachtete, vor allem aber von CORVISART[1]) bewiesene, eiweißverdauende Wirkung des Pankreassaftes rührt von einem besonderen, von KÜHNE Trypsin genannten Enzyme her. Dieses Enzym kommt indessen, wie oben auseinandergesetzt wurde, in der Drüse regelmäßig nicht als solches, sondern als Trypsinogen vor. Nach ALBERTONI[2]) findet sich dieses Zymogen in der Drüse im letzten Drittel des intrauterinen Lebens. Dem Trypsin mehr oder weniger nahestehende Enzyme finden sich übrigens in anderen Organen, ferner sehr verbreitet im Pflanzenreiche[3]), in der Hefe und bei höheren Pflanzen, und werden auch von verschiedenen Bakterien gebildet. Die im Pflanzenreiche vorkommenden trypsinähnlichen Enzyme sind jedoch nach VINES ein Gemenge von „Peptasen", welche das Eiweiß in Pepton umsetzen und „Ereptasen", welche die Peptone in Aminosäuren spalten. *Vorkommen des Trypsins.*

Wie man für andere Enzyme sogenannte Antienzyme kennt, so gibt es auch die Trypsinwirkung hemmende Substanzen, und zwar nicht nur im Darmkanale, sondern auch im Blutserum (siehe S. 49 und 50). Über die Möglichkeit, Antitrypsine auf immunisatorischem Wege zu erzeugen, sind die Angaben streitig.

Das Trypsin ist bisher ebensowenig als andere Enzyme in reinem Zustande dargestellt worden. Über seine Natur weiß man also nichts Sicheres; wie man es bisher gewonnen hat, zeigt es aber ein wechselndes Verhalten (KÜHNE, KLUG, LEVENE, MAYS u. a.). Es scheint jedenfalls nicht ein Nukleoproteid zu sein, und man hat ferner auch Trypsin erhalten, welches nicht die Biuretreaktion gab (KLUG, MAYS, SCHWARZSCHILD). Das Trypsin löst sich in Wasser und Glyzerin, das Trypsin KÜHNES war indessen in Glyzerin unlöslich. Gegen Wärme ist es empfindlich und schon bei Körpertemperatur zersetzt es sich allmählich (VERNON, MAYS)[4]). Am besten hält es sich in neutraler Lösung. Gegenwart von Eiweiß oder Albumosen wirkt bis zu einem gewissen Grade schützend beim Erhitzen einer alkalischen Trypsinlösung, was auch durch neuere Untersuchungen (BAYLISS, VERNON) bestätigt worden ist. Die einfacheren Spaltungsprodukte zeigen in noch höherem Grade eine derartige Schutzwirkung (VERNON)[5]). Das Trypsinogen ist nach einstimmigen Angaben mehrerer Forscher widerstandsfähiger gegen Alkali als das Trypsin. Von Magensaft und schon von Verdauungssalzsäure allein wird das Trypsin allmählich vernichtet. *Eigenschaften des Trypsins.*

Die Reindarstellung des Trypsins ist von verschiedenen Forschern versucht worden. Die eingehendsten Arbeiten in dieser Richtung rühren von KÜHNE und MAYS her. Von dem letzteren sind verschiedene Methoden versucht worden, auf die indessen hier nicht eingegangen werden kann. Ein sehr reines Präparat erhielt er durch kombinierte Aussalzung mittels NaCl und $MgSO_4$. Sehr wirksame und lange Zeit (nach der Erfahrung HAMMARSTENS mehr als 20 Jahre) haltbare Lösungen erhält man durch Extraktion mit Glyzerin (HEIDENHAIN)[6]). Eine *Darstellung von Trypsinpräparaten.*

---

[1]) Gaz. hebdomadaire. 1857, Nr. 15, 16, 19. Zit. nach BUNGE, Lehrb. 4. Aufl., S. 185. [2]) Vgl. MALYS Jahresb. 8, 254. [3]) Man vgl. hierüber namentlich die Arbeiten von VINES, Annals of Botany **16**, **17**, **18**, **19**, **22** u. **23** und OPPENHEIMER, Die Fermente. 2. Aufl., 1913. [4]) KÜHNE, Verh. d. naturh.-med. Vereins zu Heidelberg (N. F.) 1, H. 3; KLUG, Math. naturw. Ber. aus Ungarn 18, 1902; LEVENE, Amer. Journ. of Physiol. 5; MAYS, Zeitschr. f. physiol. Chem. **38**; VERNON, Journ. of Physiol. 28 u. **29**; SCHWARZSCHILD, HOFMEISTERS Beiträge 4. [5]) BAYLISS, Arch. des scienc. biol. de St. Pétersbourg 11, Supplbd.; VERNON, Journ. of Physiol. **31**. [6]) PFLÜGERS Arch. **10**.

kräftig wirkende aber unreine Infusion erhält man nach einigen Tagen, wenn man die feinzerschnittene Drüse mit Wasser, welches auf je 1 Liter 5—10 ccm Chloroform enthält (SALKOWSKI), infundiert und bei Zimmertemperatur stehen läßt. Durch anhaltende Dialyse gegen fließendes Wasser unter Zusatz von Toluol kann man solche Infusionen fast eiweißfrei erhalten.

Wie andere Enzyme ist das Trypsin durch seine Wirkung charakterisiert, und diese Wirkung besteht darin, daß es bei alkalischer, neutraler und sogar äußerst schwach saurer Reaktion Eiweiß zu lösen und in einfachere Produkte, **Wirkung.** Mono- und Diaminosäuren, Tryptophan u. a. zu spalten vermag. Diese Wirkung hatte man wenigstens bisher als für das Trypsin charakteristisch angesehen. Neuere Untersuchungen deuten aber darauf hin, daß diese Wirkungen vielleicht nicht von einem einzigen Enzym herrühren, sondern durch ein Zusammenwirken mehrerer Enzyme zustande kommen.

Es ist nämlich trotz gegenteiliger Angaben (MAYS) kaum daran zu zweifeln, daß in der Pankreasdrüse außer dem Trypsin auch ein erepsinähn-**Pankreas-** liches Enzym vorkommt (BAYLYSS und STARLING, VERNON). Nach VERNON[1] **erepsin.** wirkt dieses Erepsin kräftig auf Pepton und nach ihm soll die peptonspaltende Wirkung einer Pankreasinfusion größtenteils durch das Erepsin bedingt sein. Das Pankreas enthält außerdem auch eine Nuklease (vgl. S. 385), deren Beziehung zum Pankreaserepsin noch unklar ist.

Die folgenden Angaben über die Wirkungen des Trypsins gelten mit der Reservation, daß das sog. Trypsin vielleicht kein einheitliches Enzym ist.

Die Wirkung des Trypsins auf Eiweiß ist am leichtesten bei Anwendung von Faserstoff zu demonstrieren. Von diesem Eiweißkörper werden nämlich bei 37—40° C sehr bedeutende Mengen schon von äußerst wenig Trypsin gelöst. Hierbei ist es jedoch nötig, stets eine Kontrollprobe mit Fibrin allein, mit oder ohne Alkalizusatz, zu machen. Das Fibrin wird von dem Trypsin ohne Fäulniserscheinungen gelöst; die Flüssigkeit riecht nicht un-**Wirkung** angenehm, etwa nach Bouillon. Um die Fäulnis vollständig auszuschließen, **des** **Trypsins** muß man jedoch der Flüssigkeit etwas Thymol, Chloroform oder Toluol zu-**auf Eiweiß.** setzen. Die Trypsinverdauung unterscheidet sich, abgesehen von Verschiedenheiten bezüglich der Verdauungsprodukte, wesentlich von der Pepsinverdauung dadurch, daß jene vorzüglich bei neutraler oder alkalischer Reaktion, dagegen nicht bei den für die Pepsinverdauung günstigen Säuregraden vonstatten geht, und weiter dadurch, daß das Eiweiß bei der Trypsinverdauung ohne vorheriges Aufquellen gelöst oder gleichsam angefressen wird.

Da das Trypsin, wie man allgemein angibt, nicht bloß Eiweiß, sondern auch andere Proteinsubstanzen, wie den Leim, verdaut, kann man zum Nachweis des Trypsins auch Leim verwenden. Die Verflüssigung von gehörig desinfizierter Gelatine nach dem Verfahren von FERMI[2] ist deshalb auch ein sehr empfindliches Reagens auf Trypsin und tryptische Enzyme. Man hat auch **Wirkung** andere Vorschriften zur Anwendung von Leim bei der Trypsinprobe gegeben. **auf Leim.** In Anbetracht der Beobachtung von ASCOLI und NEPPI, daß ein auf Fibrin oder anderes Eiweiß nicht wirkendes Trypsin noch Leim verdauen kann, dürfte es jedoch angemessen sein, nie mit Leim oder Eiweiß allein, sondern mit beiden auf die Anwesenheit von Trypsin zu prüfen[3].

Zur quantitativen Trypsinbestimmung durch Messung der Verdauungsgeschwindigkeit verwendet man allgemein das bei der Pepsinverdauung beschriebene METTsche Verfahren. Eine andere Methode ist die von H. R. WEISS, welche darin besteht, daß man den Stickstoffgehalt des Filtrates nach der Koagulation im Sieden mit Essigsäure-

---

[1] BAYLISS u. STARLING, Journ. of Physiol. **30**; VERNON ebenda **30** und Zeitschr. f. physiol. Chem. **50**; MAYS ebenda **49** u. **51**.   [2] Arch. f. Hyg. **12** u. **55**.   [3] Zeitschr. f. physiol. Chem. **56**.

zusatz bestimmt. LÖHLEIN empfiehlt die von VOLHARD zur Pepsinbestimmung ausgearbeitete Titriermethode und hat Vorschriften für die Anwendung derselben gegeben. JACOBY empfiehlt die Anwendung von Rizin und GROSS ein von ihm auf die Fällbarkeit des Kaseins durch Säure gegründetes Verfahren. BAYLISS verfolgt den Verlauf der Verdauung durch Messung der elektrischen Leitfähigkeit und F. WEIS [1]) bestimmt die Menge des durch Gerbsäure nicht fällbaren Stickstoffes. Für die Bestimmung des Umsatzes kann auch die Formoltitrierung mit Vorteil angewandt werden (S. 125).

Quantitative Trypsinbestimmung.

Auf die Geschwindigkeit der Trypsinverdauung übt die Reaktion einen großen Einfluß aus. Die optimale Reaktion bei der tryptischen Wirkung wird verschieden angegeben und dürfte wohl von der Natur des angewandten Substrates abhängig sein. S. PALITSCH und L. E. WALBUM erhielten, indem sie die Erstarrungsfähigkeit des Leims zum Maßstab der Verdauung machten, bei 37^0 $C_H = 2 \times 10^{-10}$. K. MEYER fand mit Kasein als Substrat die ungefähre Ziffer $C_H = 10^{-8}$, und endlich fanden MICHAELIS und DAVIDSOHN für die Umsetzung von Pepton $C_H = 10^{-8}$. [2])

Optimale Reaktion.

Daß die Galle überhaupt günstig auf die Trypsinverdauung einwirkt, ist von vielen Forschern, in neuerer Zeit von BRUNO, ZUNTZ und USSOW u. a. [3]) behauptet worden. Nach H. WEISS [4]) stören die Alkalisalze der Halogene die Trypsinverdauung nur wenig, am stärksten das NaCl. Die Sulfate wirken erheblich stärker hemmend als die Chloride. Die Beschaffenheit des Eiweißes ist auch von Bedeutung. Ungekochtes Fibrin wird im Verhältnis zu den meisten anderen Eiweißstoffen so außerordentlich rasch gelöst, daß die Verdauungsversuche mit rohem Fibrin fast eine unrichtige Vorstellung von der Fähigkeit des Trypsins, geronnene Eiweißkörper im allgemeinen zu lösen geben. Zum Teil dürfte wohl dies daran liegen, daß das Fibrin selbst nach den Beobachtungen vieler Forscher ein bei alkalischer Reaktion wirkendes proteolytisches Enzym enthält [5]). Gekochtes Fibrin wird viel schwerer verdaut. Bemerkenswert ist die Resistenz einiger nativen Eiweißlösungen, wie Serumalbumin, Blutserum überhaupt und Eierklar gegen die Wirkung des Trypsins. Hierüber sowie über die Hemmung der Trypsinwirkung siehe Kapitel 1, S. 49 u. f.

Wirkung verschiedener Verhältnisse.

Die Produkte der Trypsinverdauung. Bei der Verdauung entstehen aus den Eiweißstoffen, die schon im Kapitel 2 erwähnten Produkte. Bei der Trypsinverdauung kann die Spaltung so weit gehen, daß die Biuretreaktion aus dem Gemenge verschwindet. Dies bedeutet, wie E. FISCHER und ABDERHALDEN zeigten, jedoch nicht eine vollständige Spaltung des Eiweißmoleküls in Mono- und Diaminosäuren usw. Bei der Trypsinverdauung findet nämlich, wie ABDERHALDEN mit REINBOLD für das Edestin und mit VOEGTLIN [6]) für das Kasein gezeigt hat, ein stufenweiser Abbau des Eiweißes statt, und es werden hierbei einige Aminosäuren, wie das Tyrosin und Tryptophan, leicht und vollständige, andere, wie Leuzin, Alanin, Asparagin- und Glutaminsäure langsamer und weniger leicht abspalten, während wieder andere, wie α-Prolin, Phenylalanin und Glykokoll der abspaltenden Wirkung des Trypsins hart-

Verdauungsprodukte.

---

[1]) H. WEISS, Zeitschr. f. physiol. Chem. **40**; LÖHLEIN, HOFMEISTERS Beiträge **7**; JACOBY, Bioch. Zeitschr. **10**; GROSS, Arch. f. exp. Path. u. Pharm. **58**; BAYLISS, Arch. des scienc. biol. de St. Pétersbourg **11**, Supplbd. u. Journ. of Physiol. **36**; F. WEIS, Zeitschr. f. physiol. Chem: **31**, 78 (1900). [2]) PALITSCH u. WALBUM, Bioch. Zeitschr. **47**, 1 (1912); MEYER, Bioch. Zeitschr. **32**, 274 (1911); MICHAELIS u. DAVIDSOHN, Bioch. Zeitschr. **36**, 280 (1911). [3]) BRUNO, Arch. d. scienc. biol. de St. Pétersbourg **7**; ZUNTZ und USSOW, Arch. f. (Anat. u.) Physiol. 1900. [4]) WEISS, Zeitschr. f. physiol. Chem. **40**. Vgl. auch KUDO, Bioch. Zeitschr. **15**, 473 (1908). [5]) Siehe z. B. HEDIN u. MASAI, Zeitschr. f. physiol. Chem. **100**, 268 (1917); J. MÖLLERSTRÖM, Upsala läkaref. förh. **25**, 71 (1920). [6]) ABDERHALDEN mit REINBOLD, Zeitschr. f. physiol. Chem. **44** u. **46**, mit VOEGTLIN ebenda **53**.

näckig widerstehen. Als Atomkomplexe, welche der Trypsinwirkung widerstehen, betrachtet man die von FISCHER und ABDERHALDEN entdeckten, bei der Verdauung entstehenden polypeptidartigen Stoffe, welche die Biuretreaktion nicht geben. Diese Peptoide enthalten die Pyrrolidinkarbonsäure- und Phenylalaningruppen des Eiweißes, liefern aber auch andere Monoaminosäuren, wie Leuzin, Alanin, Glutaminsäure und Asparaginsäure. Zu den oben genannten Verdauungsprodukten kommen bei der Selbstverdauung der Drüse noch andere, wie das Oxyphenyläthylamin (EMERSON), welches wahrscheinlich unter fermentativer CO_2-Abspaltung aus dem Tyrosin entsteht, das Urazil (LEVENE), das Guanidin (KUTSCHER und OTORI), die Purinbasen, welche von den Nukleinstoffen stammen, und das Cholin, welches aus dem Lezithin entsteht (KUTSCHER und LOHMANN)[1]). Bei nicht ganz ausgeschlossener Fäulnis treten noch andere Stoffe auf, die erst später im Zusammenhange mit den Fäulnisvorgängen im Darme näher besprochen werden können.

Abbau des Eiweißes durch Trypsin.

Die Wirkung des Trypsins auf andere Stoffe. Die Nukleoproteide und Nukleine werden von Trypsin insoweit verdaut, daß die Eiweißkomponente von der Nukleinsäure getrennt und verdaut wird. Die Nukleinsäuren können allerdings auch etwas verändert werden (ARAKI), was jedoch wahrscheinlich durch ein anderes Enzym, die Nuklease (SACHS), geschieht. Eine Spaltung der Nukleinsäuren unter Abscheidung von Phosphorsäure und Purinbasen scheint nach IWANOFF[2]) nicht durch das Trypsin zustande zu kommen. Diese Spaltung geschieht erst durch Einwirkung von Nuklease oder Erepsin (vgl. S 285). Der Leim wird von dem Pankreassafte gelöst und verdaut. Eine Spaltung unter Abscheidung von Glykokoll und Leuzin soll hierbei jedoch nicht (KÜHNE und EWALD) oder jedenfalls nur in sehr geringem Umfange stattfinden (REICH-HERZBERGE)[3]).

Wirkung auf Nukleine und Leim.

Die leimgebende Substanz des Bindegewebes wird nicht direkt, sondern erst wenn sie zuvor in Säure gequollen oder durch Wasser von $+ 70^0$ C zum Schrumpfen gebracht worden, von dem Trypsin gelöst. Bei der Einwirkung des Trypsins auf hyalinen Knorpel lösen sich die Zellen und die Kerne bleiben zurück. Die Grundsubstanz erweicht und zeigt ein undeutlich konturiertes Netzwerk von kollagener Substanz (KÜHNE und EWALD). Die elastische Substanz, die strukturlosen Membranen und die Membran der Fettzellen werden ebenfalls gelöst. Parenchymatöse Organe, wie die Leber und die Muskeln, werden bis auf Kernreste, Bindegewebe, Fettkörnchen und Reste des Nervengewebes gelöst. Sind die Muskeln gekocht, so wird das Bindegewebe ebenfalls gelöst. Muzin wird gelöst und gespalten; auf Chitin und Hornsubstanz scheint das Trypsin dagegen ohne Wirkung zu sein. Oxyhämoglobin wird von dem Trypsin unter Abspaltung von Hämatin zersetzt. Aus Dijodtyrosin soll Trypsin große Mengen von Jodwasserstoff abspalten (OSWALD[4])). Auf Fett und Kohlehydrate wirkt das Trypsin nicht.

Wirkung des Trypsins auf andere Stoffe.

Von besonders großem Interesse ist die Einwirkung des Trypsins auf einfach gebaute, ihrer Konstitution nach bekannte Stoffe, wie Säureamide und Polypeptide. In dieser Hinsicht liegen einige, schon etwas ältere Untersuchungen von GULEWITSCH, GONNERMANN, SCHWARZSCHILD[5]) vor. Ein ganz

---

[1]) FISCHER u. ABDERHALDEN, Zeitschr. f. physiol. Chem. **39**; EMERSON, HOFMEISTERS Beiträge 1; LEVENE, Zeitschr. f. physiol. Chem. **37**; KUTSCHER u. LOHMANN ebenda **39**; KUTSCHER u. OTORI ebenda **43** und Zentralbl. f. Physiol. 18.   [2]) IWANOFF, Zeitschr. f. physiol. Chem. **39** (wo man die Literatur findet); SACHS ebenda **46**.   [3]) KÜHNE u. EWALD, Verh. d. naturh.-med. Vereins zu Heidelberg (N. F.) 1; REICH-HERZBERGE, Zeitschr. f. physiol. Chem. **34**. [4]) Zeitschr. f. physiol. Chem. **62**, 432 (1909). [5]) HOFMEISTERS Beiträge **4**, wo auch die anderen Arbeiten zitiert sind.

)esonderes Interesse bieten aber die von FISCHER und ABDERHALDEN wie von lem letzteren und seinen Mitarbeitern[1]) ausgeführten Untersuchungen dar. Siehe hierüber S. 48 u. 49 sowie 395 u. 396.

Pankreaslab ist ein in der Drüse und im Safte gefundenes Enzym, welches neutrale oder alkalische Milch zum Gerinnen bringt (KÜHNE und ROBERTS u. a.). Dieses Enzym ist nach der PAWLOWschen Schule identisch mit dem Trypsin, und hierfür spricht teils die bezüglich der Wirkungen beider Enzyme gefundene Parallelität und teils der Umstand, daß beide durch Enterokinase der Kalksalze gleichzeitig aus den Zymogenen aktiviert werden (DELEZENNE, WOHLGEMUTH)[2]). Auf der anderen Seite liegt aber das Optimum der Enzymwirkung für das Pankreaslab nach VERNON bei 60 à 65° C, also viel höher als für das Trypsin, und ferner haben GLAESSNER und POPPER[3]) einen Fall beobachtet, wo der menschliche Pankreassaft kein Labenzym enthielt.

Pankreas-
lab.

Nach HALLIBURTON und BRODIE[4]) wird das Kasein durch den Pankreassaft des Hundes in „pancreatic Casein" übergeführt, eine Substanz, die in bezug auf Löslichkeit gewissermaßen zwischen Kasein und Parakasein (vgl. Kapitel 14) steht und durch Lab in letzteres übergeführt wird. Weitere Untersuchungen über die Wirkung dieses Enzyms auf Milch und namentlich auf reine Kaseinlösungen sind jedoch erwünscht.

Pankreassteine. Die von BALDONI untersuchten Konkremente aus einer zystischen Erweiterung des Ductus Wirsungianus eines Mannes enthielten in 100 Teilen: Wasser 44,4, Asche 126,7, Albuminsubstanzen 34,9, freie Fettsäuren 133, Neutralfette 134, Cholesterin 70,9, Seifen und Pigmenten 499,1. Über Pankreaskonkremente beim Rinde liegen Mitteilungen von SCHEUNERT und BERGHOLZ[5]) vor.

Pankreas-
steine.

In bezug auf die Bedeutung des Pankreas für die Glykolyse wird auf Kapitel 8 hingewiesen.

V. Die chemischen Vorgänge im Darme.

Die Wirkungen, welche einem jeden Verdauungssekrete an sich zukommen, können unter Umständen durch Beimengung von anderen Verdauungsflüssigkeiten aus verschiedenen Gründen, zum Teil auch durch die Wirkung der Enzyme aufeinander[6]), wesentlich verändert werden. Hierzu kommt noch, daß den in den Darm sich ergießenden Verdauungsflüssigkeiten noch eine andere Flüssigkeit, die Galle, sich beimengt. Es ist also im voraus zu erwarten, daß das Zusammenwirken dieser sämtlichen Flüssigkeiten die im Darme verlaufenden chemischen Vorgänge komplizieren wird.

Vorgänge
im Darme.

Da die Säure des Magensaftes auf das Ptyalin zerstörend wirkt, dürfte wohl dieses Enzym, selbst nachdem die Säure des Magensaftes im Darme neutralisiert worden ist, keine weitere diastatische Wirkung entfalten können. ROGER und SIMON[7]) glauben allerdings eine Reaktivierung des durch Magensaft unwirksam gemachten Speichels durch den Pankreassaft beobachtet zu haben; aber diese Untersuchungen scheinen nicht völlig beweisend zu sein. Die Galle hat, wenigstens bei einigen Tieren, eine schwach diastatische Wirkung, die wohl an und für sich von keiner wesentlichen Bedeutung sein dürfte, die aber jedoch zeigt, daß die Galle nicht einen hinderlichen, sondern eher

Verhalten
der Kohle-
hydrate im
Darme.

---

[1]) FISCHER u. BERGELL, Ber. d. d. chem. Gesellsch. **36** u. **37** und ABDERHALDEN, Sitz.-Ber. d. kgl. Pr. Akad. d. Wiss. Berlin 1905. Die Arbeiten von ABDERHALDEN und Mitarbeitern, die nicht alle gesondert zitiert werden können, findet man in Zeitschr. f. physiol. Chem. **47, 48, 49, 51, 52, 53, 54, 55, 57.** [2]) KÜHNE u. ROBERTS, MALYS Jahresb. **9**; vgl. auch EDKINS, Journ. of Physiol. **12** (Literaturangaben); DELEZENNE, Compt. rend. soc. biol. **62** u. **63**; WOHLGEMUTH, Bioch. Zeitschr. **2.** [3]) VERNON, Journ. of Physiol. **12**; GLAESSNER u. POPPER, Deutsch. Arch. f. klin. Med. **94.** [4]) HALLIBURTON u. BRODIE, Journ. of Physiol. **20.** [5]) BALDONI, MALYS Jahresb. **29**, 353; SCHEUNERT u. BERGHOLZ, Zeitschr. f. physiol. Chem. **52.** [6]) Vgl. WROBLEWSKI u. Mitarbeiter, HOFMEISTERS Beiträge **1.** [7]) Compt. rend. soc. biol. **62.**

einen förderlichen Einfluß auf die energische, diastatische Wirkung des Pankreassaftes ausübt. Es haben in der Tat auch mehrere Forscher[1]) eine fördernde Wirkung der Galle auf die diastatische Wirkung von Pankreasinfusen beobachtet. Hierzu kommt noch die Wirkung der im Darme regelmäßig und in der Nahrung bisweilen vorkommenden Mikroorganismen, welche teils eine diastatische Wirkung entfalten und teils eine Milchsäure- und Buttersäuregärung hervorrufen können. Die aus der Stärke entstandene Maltose wird im Darme in Glukose umgesetzt. Ebenso wird der Rohrzucker und wenigstens bei gewissen Tieren der Milchzucker im Darme invertiert. Daß die Zellulose im Hundeorganismus nicht verdaut werden kann, scheint festzustehen[2]).

Verhalten der Kohlehydrate. Nach H. LOHRISCH sollen beim Menschen von der eingeführten Zellulose und Hemizellulose durchschnittlich 50% verdaut und hierbei die entsprechenden Zucker gebildet werden. Daß die Zellulose im Darme durch die Einwirkung von Mikroorganismen zum Teil auch einer Gärung unter Bildung von Sumpfgas, Essigsäure und Buttersäure unterliegen kann, ist besonders von TAPPEINER gezeigt worden; man weiß aber nicht, wie groß der in dieser Weise zerfallende Teil der Zellulose ist[3]).

Die Galle hat, wie von MOORE und ROCKWOOD[4]) und dann insbesondere von PFLÜGER gezeigt wurde, in hohem Grade die Fähigkeit, Fettsäuren, namentlich Ölsäure, die selbst ein Lösungsmittel für andere Fettsäuren ist, zu lösen, und hierdurch wird sie, wie später näher auseinandergesetzt werden soll, von großer Bedeutung für die Fettresorption. Von großer Bedeutung ist es ferner, daß die Galle nicht nur, wie es scheint, das Lipasezymogen unter **Wirkung der Galle.** Umständen aktiviert, sondern auch, wie zuerst NENCKI und RACHFORD[5]) gezeigt haben, die fettspaltende Wirkung der Lipase befördert. Der bei dieser Spaltung wirksame Bestandteil der Galle sind die gallensauren Salze (v. FÜRTH und SCHÜTZ)[6]) und die hierbei freigewordenen Fettsäuren können mit dem Alkali des Darm- und Pankreassaftes und der Galle zu Seifen sich verbinden, welche für die Emulgierung des Fettes von großer Bedeutung sind.

Setzt man einer Sodalösung von etwa 1—3 p. m. Na_2CO_3 reines, wirklich neutrales Olivenöl in nicht zu großer Menge zu, so erhält man erst bei kräftigem Schütteln eine, nicht dauerhafte Emulsion. Setzt man dagegen einer anderen, gleich großen Quantität derselben Sodalösung dieselbe Menge von gewöhnlichem käuflichem Olivenöl (welches stets freie Fettsäuren enthält), so braucht man nur das Gefäß vorsichtig umzustülpen, so daß die beiden **Emulgierung des Fettes.** Flüssigkeiten gemischt werden, um sogleich eine, von einer äußerst feinen und dauerhaften Emulsion milchähnliche Flüssigkeit zu erhalten. Die freien Fettsäuren des stets etwas ranzigen, käuflichen Öles verbinden sich mit dem Alkali zu Seifen, welche ihrerseits die Emulgierung bewirken[7]). Die emulgierende Wirkung der durch den Pankreassaft abgespaltenen Fettsäuren kann durch das regelmäßige Vorkommen von freien Fettsäuren in der Nahrung

---

[1]) MARTIN u. WILLIAMS, Proc. roy. soc. **45** u. 48; BRUNO, Fußnote 3, S. 392; BUGLIA, Bioch. Zeitschr. **25**. [2]) SCHEUNERT, Zit. nach bioch. Zentralbl. **10**, 71; vgl. auch LOHRISCH, Zeitschr. f. physiol. Chem. **69**, 143 (1910), sowie auch bioch. Zentralbl. **8**, 334. [3]) Über die Verdauung der Zellulose vgl. man HENNEBERG u. STROHMANN, Zeitschr. f. Biol. **21**, 613; v. KNIERIEM ebenda S. 67; V. HOFMEISTER, Arch. f. wiss. u. prakt. Tierheilk. **11**; WEISKE, Zeitschr. f. Biol. **22**, 373; TAPPEINER ebenda **20** u. 24; MALLÈVRE, PFLÜGERS Arch. **49**; OMELIANSKY, Arch. des scienc. biol. de St. Pétersbourg 7; E. MÜLLER, PFLÜGERS Arch. **83**; LOHRISCH, Zeitschr. f. physiol. Chem. **47** (Literatur); PRINGSHEIM, Ibid. **78**, 266 (1912). [4]) Proc. roy. soc. **60** und Journ. of Physiol. **21**. Bezüglich der Arbeiten PFLÜGERS vgl. man Abschnitt Resorption. [5]) NENCKI, Arch. f. exp. Path. u. Pharm. **20**; RACHFORD, Journ. of Physiol. **12**. [6]) Zentralbl. f. Physiol. **20**. [7]) BRÜCKE, Wien. Sitz.-Ber. **61**, Abt. 2; GAD, Arch. f. (Anat. u.) Physiol. 1878; LOEVENTHAL ebenda 1897.

wie auch durch Abspaltung von fetten Säuren aus Neutralfett im Magen (vgl. S. 372) unterstützt werden.

Die Galle kann zwar bei künstlichen Verdauungsversuchen die Pepsinverdauung vollständig verhindern, indem sie dem Aufquellen des Eiweißes hinderlich ist. Ein Eindringen von Galle in den Magen während der Verdauung scheint dagegen, wie mehrere Forscher, namentlich ODDI und DASTRE [1]), gezeigt haben, zu keinerlei Störungen Veranlassung zu geben. Nach BOLDY- Galle im
Magen.
REFF [2]) soll bei anhaltendem Hungern, bei Verfütterung von Fett und fettreicher Nahrung wie auch bei abnorm großer Säuremenge ein Gemenge von Galle, Pankreassaft und Darmsaft in den Magen leicht hineintreten. Bei fettreicher Nahrung, welche die Magensaftabsonderung und die motorische Arbeit des Magens hemmt, soll hierdurch sogar im Magen eine Verdauung durch dieses alkalische Gemenge geschehen können.

Die Galle selbst hat bei neutraler oder alkalischer Reaktion keine nennenswerte lösende Wirkung auf das Eiweiß, aber dennoch kann sie auf die Eiweißverdauung im Darme Einfluß üben. Durch das Alkali der Galle und des Pankreassaftes wird nämlich die saure Reaktion des in den Darm eingetretenen Galle und
Eiweißver-
dauung.
Mageninhaltes zum Teil oder vollständig neutralisiert, infolgedessen die Pepsinverdauung nicht weiter vonstatten gehen kann. Nach BAUMSTARK und COHNHEIM soll indessen Bindegewebe auch jenseits des Pylorus im Darm durch Pepsinsalzsäure verdaut werden [3]). Die Wirkung des Pankreassaftes wird aber, wie bereits erwähnt wurde, von der Galle nicht gestört, selbst nicht bei einer von organischen Säuren herrührenden schwach sauren Reaktion; im Gegenteil wird die Wirkung des Trypsins durch die Galle unterstützt. Der gallehaltige, schwach saure Darminhalt von während der Verdauung getöteten Hunden zeigt in der Tat auch regelmäßig eine kräftig verdauende Wirkung auf Eiweiß.

Ein beim Zusammentreffen des sauren Mageninhaltes mit der Galle etwa entstehender Niederschlag von Eiweiß und Gallensäuren löst sich wieder leicht — zum Teil schon bei saurer Reaktion — in einem Überschuß von Galle, wie auch in dem bei der Neutralisation der Salzsäure des Magensaftes entstandenen Chlornatrium. Aus dem Grunde findet man auch regelmäßig keinen Galle im
Darme.
solchen Niederschlag im Darme. Es ist übrigens zweifelhaft, ob beim Menschen, bei welchem die Ausführungsgänge der Galle und des Pankreassaftes nebeneinander einmünden und bei welchem infolgedessen der saure Mageninhalt wahrscheinlich sogleich beim Zutritte der Galle zum Teil neutralisiert wird, überhaupt eine Ausfällung von Eiweiß durch die Galle im Darme vorkommen kann.

Neben den in dem Vorigen besprochenen, durch Enzyme vermittelten Prozessen verlaufen jedoch in dem Darme auch Prozesse anderer Art, die von Mikroorganismen vermittelten Gärungs- und Fäulnisvorgänge. Diese verlaufen weniger intensiv in den oberen Teilen des Darmes, nehmen aber gegen den unteren Teil desselben an Intensität zu, um endlich in dem Dickdarme und Enddarme in dem Maße, wie das gärungsfähige Material verbraucht und Normaler
Dünndarm-
inhalt.
das Wasser durch die Resorption entfernt wird, wieder an Stärke abzunehmen. In dem Dünndarme, wenigstens beim Menschen, kommen zwar Gärungs-, aber kaum Fäulnisprozesse vor. MACFADYEN, M. NENCKI und N. SIEBER [4]) haben einen Fall von Anus praeternaturalis beim Menschen untersucht, in welchem gerade das in das Cökum einmündende Ende des Ileum exzidiert

---

[1]) ODDI, Ref. im Zentralbl. f. Physiol. 1, 312; DASTRE, Arch. de Physiol. (5) 2, 316.
[2]) Zentralbl. f. Physiol. 18, 457; PFLÜGERS Arch. 121; vgl. S. 453 u. 454.   [3]) Zeitschr.
f. physiol. Chem. 65, 477 (1910).   [4]) Arch. f. exp. Path. u. Pharm. 28.

worden war, und sie konnten also den aus der Fistel ausfließenden Inhalt, nachdem er der Einwirkung der ganzen Dünndarmschleimhaut unterworfen worden war, untersuchen. Der von Bilirubin gelb bis gelbbraun gefärbte Speisebrei reagierte sauer und hatte bei gemischter aber vorwiegend animalischer Kost einen Säuregrad, der, auf Essigsäure bezogen, als Mittel etwa 1 p. m. betrug. Der Inhalt war in der Regel fast geruchlos, von etwas brenzlichem und an flüchtige Fettsäuren erinnerndem, seltener schwach fauligem, an Indol erinnerndem Geruch. Die wesentlichste Säure war Essigsäure, neben ihr

Gärungs-
vorgänge. kamen aber auch Gärungsmilchsäure und Paramilchsäure, flüchtige Fettsäuren, Bernsteinsäure und Gallensäuren vor. Koagulables Eiweiß, Peptone, Muzin, Dextrin, Zucker und Alkohol waren vorhanden. Leuzin und Tyrosin konnten dagegen nicht aufgefunden werden.

Nach den genannten Forschern wird im menschlichen Dünndarm das Eiweiß gar nicht oder ausnahmsweise in ganz geringer Menge durch Mikrobien zersetzt. Die im Dünndarm vorhandenen Mikrobien zersetzen vorzugsweise die Kohlehydrate unter Bildung von (Äthylalkohol und) gewissen der eben genannten organischen Säuren.

Weitere Untersuchungen von JAKOWSKY und von AD. SCHMIDT[1]) führten ebenfalls zu dem Schlusse, daß beim Menschen die Eiweißgärung hauptsächlich im Dickdarm stattfindet, und ähnlich ist das Verhalten auch bei Fleisch-

Darminhalt. fressern. Bei diesen hat man durch Untersuchung des Inhaltes in verschiedenen Abschnitten des Darmes wie auch durch Anlegung von Fisteln an den verschiedensten Teilen des Darmkanals der Darmverdauung näher folgen können. In dieser Hinsicht haben wiederum PAWLOW und seine Schüler, besonders aber LONDON[2]) und seine Mitarbeiter unsere Kenntnisse wesentlich erweitert.

Bezüglich der Eiweißverdauung hat man hierbei gefunden, daß dieselbe sowohl nach Verfütterung von Fleisch wie von Brot oder gewissen Eiweißstoffen so vollständig im Magen und Dünndarm geschieht, daß bei dem Übergange des Inhaltes in das Cökum alles Eiweiß verdaut und resorbiert worden ist. Eine Ausnahme macht jedoch z. B. das ungekochte Hühnereiweiß, welches schwerverdaulich ist. In Versuchen mit solchem Eiweiß konnten LONDON und SULEIMA aus einer Ileumfistel (2—3 cm vor dem Cökum) 73 p. c. des koagulierbaren Eiweißes wiedergewinnen. Das Elastin wird nach LONDON

Eiweißver-
dauung im
Darme. im Dünndarme langsamer als andere Proteinstoffe verdaut[3]). KUTSCHER und SEEMANN, ABDERHALDEN, LONDON und Mitarbeiter[4]) haben ferner gefunden, daß im Darme regelmäßig auch abiurete Produkte und Aminosäuren, wahrscheinlich infolge der kombinierten Wirkung von Trypsin und Erepsin, abgespalten werden. Solche Säuren kommen allerdings nur in geringer Menge vor, hieraus lassen sich aber keine Schlüsse bezüglich der Größe der Aminosäureabspaltung ziehen, da man nicht auch die Größe ihrer Resorption kennt. Auch bei der Eiweißverdauung im Darme scheint nach ABDERHALDEN, LONDON, OPPLER und REEMLIN[5]), ähnlich wie bei den künstlichen Verdauungsversuchen mit Trypsin, ein stufenweiser Abbau derart stattzufinden, daß gewisse Aminosäuren, wie z. B. das Tyrosin, früher als andere abgespalten werden. ZUNZ fand das Endresultat des Proteinabbaues im Dünndarme dasselbe bei Brotaufnahme wie bei Fleischnahrung[6]). LONDON, SCHITTENHELM und WIENER

---

[1]) JAKOWSKY, Arch. des Scienc. biol. de St. Petersbourg 1; AD. SCHMIDT, Arch. f. Verdauungskr. 4. [2]) Die Arbeiten von LONDON u. Mitarbeitern, die nicht alle gesondert zitiert werden können, findet man in Zeitschr. f. physiol. Chem. 46—57. [3]) LONDON u. SULEIMA, Zeitschr. f. physiol. Chem. 46; LONDON ebenda 60. [4]) KUTSCHER u. SEEMANN ebenda 34; ABDERHALDEN u. LONDON, mit KAUTZSCH ebenda 48, mit L. BAUMANN ebenda 51, mit v. KÖRÖSY ebenda 53. [5]) Zeitschr. f. physiol. Chem. 55 u. 58. [6]) Intern. Beitr. z. Pathol. u. Ther. d. Ernährungsstörungen 2, 195, 459 (1910 u. 1911).

fanden, daß im unteren Jejunum und Ileum eine Aufspaltung von Nukleinsäure unter Bildung von Nukleosiden vor sich geht[1]).

Die unter der Einwirkung des Magensaftes entstandenen Abbauprodukte
des Eiweißes können übrigens nach LONDON[2]) ohne vorgängigen, mehr tief-
gehenden Abbau durch den Pankreassaft resorbiert werden, und der weitere
Abbau im Darme scheint also mehr im Interesse der Assimilation als in dem
der Resorption zu geschehen.

Auch die Kohlehydrate und die Fette (LEVITES)[3]) können in dem Magen
und Dünndarme so vollständig abgebaut werden, daß ihre Resorption vor dem
Übergange des Inhaltes in das Cökum abgeschlossen ist. Nach LONDON und
POLOWZOWA[4]) findet besonders im Duodenum eine kräftige Spaltung von
Stärke, Dextrinen und Disacchariden statt, während die Resorption hier weniger
kräftig ist. Die Kohlehydrate werden hier wesentlich für die in den übrigen
Teilen des Dünndarmes stattfindende Resorption vorbereitet, doch wird auch
in diesen Teilen, namentlich im Jejunum und den oberen Teil des Ileums,
die Spaltung fortgesetzt.

Kohle-
hydratver-
dauung.

Eine Fäulnis findet, wie oben gesagt, gewöhnlichenfalls nicht im Dünndarm, sondern erst im Dickdarm statt. Diese Eiweißfäulnis verläuft übrigens
anders als die Trypsin- oder Erepsinverdauung. Die Zersetzung geht nämlich
bei der Fäulnis bedeutend weiter und es entstehen eine Menge von Produkten,
welche man vor allem durch die Untersuchungen von NENCKI, BAUMANN,
BRIEGER, H. und E. SALKOWSKI und deren Schülern kennen gelernt hat. Die
bei der Fäulnis von Eiweiß entstandenen Produkte sind (außer Albumosen,
Peptonen, Aminosäuren und Ammoniak) Indol, Skatol, Parakresol, Phenol, Phenylpropionsäure und Phenylessigsäure, ferner
Paraoxyphenylessigsäure und Hydroparakumarsäure (neben Parakresol durch die Fäulnis von Tyrosin entstanden), flüchtige fette Säuren,
Kohlensäure, Wasserstoffgas, Sumpfgas, Methylmerkaptan und
Schwefelwasserstoff. Bei der Fäulnis von Leim entstehen weder Tyrosin
noch Indol, wogegen Glykokoll dabei gebildet wird.

Darmfäul-
nis.

Von diesen Zersetzungsprodukten sind einige von besonderem Interesse
infolge ihres Verhaltens innerhalb des Organismus, indem sie nämlich nach
geschehener Resorption in den Harn übergehen. Einige, wie die Oxysäuren,
gehen hierbei unverändert in den Harn über. Andere, wie die Phenole, gehen
direkt und andere wiederum, wie Indol und Skatol, erst nach erfolgter Oxydation durch eine Synthese in Ätherschwefelsäuren über, welche mit dem
Harne ausgeschieden werden (vgl. bezüglich der weiteren Details Kapitel 15).
Die Menge dieser Stoffe im Harne wechselt auch mit dem Umfange der Fäulnisvorgänge im Darme, wenigstens gilt dies von den Ätherschwefelsäuren. Mit
stärkerer Fäulnis wächst ihre Menge im Harne, und umgekehrt können sie,
wie BAUMANN, HARLEY und GOODBODY[5]) durch Experimente an Hunden
gezeigt haben, wenn der Darm mit Arzneimitteln desinfiziert wird, aus dem
Harne verschwinden oder der Menge nach vermindert werden.

Übergang
der Fäulnis-
produkte
in den Harn.

Die bei den Zersetzungsvorgängen im Darme entstehenden Gase werden
im Verdauungskanale mit der, mit Speichel und Speisen verschluckten atmosphärischen Luft gemischt. Da die Gasentwicklung bei der Zersetzung verschiedener Nährstoffe eine verschiedene ist, so muß das Gasgemenge nach
verschiedener Nahrung voraussichtlich eine verschiedenartige Zusammensetzung haben. Dies ist in der Tat auch der Fall. Von Sauerstoff finden

---

[1]) Zeitschr. f. physiol. Chem. 72, 459 (1911). [2]) Ebenda 49. [3]) Ebenda 49 u.
53. [4]) Zeitschr. f. physiol. Chem. 56. [5]) BAUMANN, Zeitschr. f. physiol. Chem. 10;
HARLEY u. GOODBODY, Brit. med. Journ. 1899.

sich in den Gedärmen höchstens Spuren, was zum Teil von bei den Gärungs-
prozessen entstandenen reduzierenden Substanzen, welche Sauerstoff binden
können, und teils und wahrscheinlich hauptsächlich von einer Diffusion des
Sauerstoffes durch die Gewebe der Darmwand herrühren dürfte. Daß diese
Vorgänge zum größten Teil schon im Magen stattfinden, dürfte aus dem oben
(S. 379) über die Zusammensetzung der Magengase Gesagten ersichtlich sein.
Darmgase. Stickstoff findet sich dagegen regelmäßig im Darme und er dürfte wohl
hauptsächlich von der verschluckten Luft herrühren. Die Kohlensäure
stammt teils von dem Mageninhalte, teils von der Eiweißfäulnis, teils von einer
Buttersäuregärung der Kohlehydrate und teils von einem Freiwerden von
Kohlensäure aus dem Alkalikarbonate des Pankreas- und Darmsaftes bei
dessen Neutralisation durch die Salzsäure des Magensaftes und die bei der
Gärung entstandenen organischen Säuren her. Wasserstoff kommt in
größter Menge nach Milchnahrung und in kleinster Menge bei reiner Fleischnahrung vor. Dieses Gas scheint zum größten Teil bei der Buttersäuregärung
der Kohlehydrate zu entstehen, obgleich es jedoch auch bei der Eiweißfäulnis
unter Umständen in reichlicher Menge auftreten kann. Die Abstammung der
im Darme normalerweise vorkommenden Spuren von Methylmerkaptan
und Schwefelwasserstoff aus dem Eiweiß ist unzweifelhaft. Auch das
Sumpfgas kann unzweifelhaft von der Eiweißfäulnis herrühren. Hierfür
sprechen besonders die großen Mengen, 26,45 p. c., Sumpfgas, welche von
Ruge[1] im Darme des Menschen nach Fleischkost gefunden wurden. Noch
größere Mengen von diesem Gase fand er jedoch nach einer Hülsenfrüchte
enthaltenden Nahrung, was gut mit der Beobachtung stimmt, daß das Sumpfgas durch eine Gärung von Kohlehydraten, besonders aber von Zellulose
(Tappeiner)[2] entstehen kann. Besonders bei den Pflanzenfressern dürfte
wohl auch ein solcher Ursprung des Sumpfgases gewöhnlich sein. Ein kleiner
Teil des Sumpfgases wie auch der Kohlensäure kann auch von einer Zersetzung
des Lezithins herrühren (Hasebroek)[3].

Einer Fäulnis im Darme unterliegen indessen nicht nur die Bestandteile
der Nahrung, sondern auch die eiweißhaltigen Sekrete und die Galle. Unter
den Bestandteilen der Galle werden dabei nicht nur die Farbstoffe — aus dem
Bilirubin entstehen, wie man allgemein annimmt, Urobilin und braune Farbstoffe —, sondern auch die Gallensäuren, vor allem die Taurocholsäure umgewandelt oder zersetzt. Die Glykocholsäure ist beständiger und sie findet
Zersetzung
der Galle im
Darme. sich deshalb bei einigen Tieren in den Exkrementen zum Teil unzersetzt wieder,
während die Taurocholsäure der Zersetzung regelmäßig so vollständig anheim-
fällt, daß sie in den Darmentleerungen gänzlich fehlt. Beim Fötus, in dessen
Verdauungskanal keine Fäulnisprozesse vorkommen, findet man dagegen im
Darminhalte unzersetzte Gallensäuren und Gallenfarbstoffe. Die Umwandlung
des Bilirubins zu Urobilin findet nach dem oben Angeführten beim Menschen
regelmäßig nicht im Dünn- sondern im Dickdarme statt.

Da im Dünndarme unter normalen Verhältnissen keine oder wenigstens
keine nennenswerte Fäulnis stattfindet, und da ferner oft fast alle Nahrungseiweiß in ihm resorbiert wird, folgt hieraus, daß gewöhnlichenfalls es die eiweißreichen Sekrete und Zellen sind, welche der Fäulnis anheimfallen. Einen
Fäulnis der
Sekrete im
Darme. Beweis dafür, daß die Zellen und Sekrete einer Fäulnis unterliegen, findet man
auch darin, daß die Fäulnis auch bei vollständigem Hungern fortbesteht.
Bei seinen Beobachtungen an Cetti fand Müller[4], daß beim Hungern die
Indikanausscheidung rasch abnahm und nach dem 3. Hungertage nicht mehr

[1]) Wien. Sitz.-Ber. 44.   [2]) Zeitschr. f. Biol. 20 u. 24.   [3]) Zeitschr. f. physiol.
Chem. 12.   [4]) Berl. klin. Wochenschr. 1887.

zu beobachten war, wogegen die Phenolausscheidung, welche erst herabging, so daß sie fast minimal wurde, von dem 5. Hungertage ab wieder anstieg und am 8. oder 9. Tage 3—7mal so groß wie beim Menschen unter gewöhnlichen Verhältnissen war. Bei Hunden ist dagegen während des Hungerns die Indikanausscheidung bedeutend, die Phenolausscheidung dagegen minimal. Unter den im Darme faulenden Sekreten dürfte wohl hierbei der Pankreassaft, welcher sehr leicht in Fäulnis übergeht, den hervorragendsten Platz einnehmen.

Aus dem Vorigen ergibt sich, daß die bei der Fäulnis im Darme entstehenden Produkte zum Teil dieselben sind, welche bei der Verdauung entstehen. Insoferne als bei der Fäulnis solche Produkte wie Albumosen, Peptone, Polypeptide und Aminosäuren gebildet werden, kann also die Fäulnis zum Teil im Dienste des Organismus wirksam sein. Man hat sogar in Frage gestellt (PASTEUR), ob die Verdauung überhaupt bei Abwesenheit von Mikroorganismen möglich sei. NUTTAL und THIERFELDER haben in dieser Hinsicht gezeigt, daß Meerschweinchen, die aus dem Uterus der Mutter durch Sectio caesarea herausgenommen wurden, in steriler Luft eine sterilisierte Nahrung (Milch oder Cakes) bei vollständigem Fehlen von Bakterien im Darmkanale gut verdauen und assimilieren konnten, wobei sie vollkommen normal gediehen und an Gewicht zunahmen. Dem gegenüber ist aber SCHOTTELIUS[1]) in Versuchen an Hühnchen zu anderen Resultaten gelangt. Die steril ausgebrüteten Tiere, in steril gehaltenen Räumen mit steriler Nahrung gefüttert, hatten immer Hunger, fraßen reichlich, gingen aber in etwa der gleichen Zeit zugrunde wie Tiere ohne Nahrung. Bei Zumengung in rechter Zeit von einer Bakterienart aus Hühnerfäzes nahmen sie wieder an Gewicht zu und konnten sich erholen. *Bedeutung der Mikroorganismen.*

Die Bakterienwirkung im Darmkanale ist also möglicherweise für gewisse Fälle, namentlich für die Verdauung zellulosereicher Nahrung notwendig und sie kann im Interesse des Organismus wirken. Diese Wirkung kann aber auch durch die Bildung von weiteren Spaltungsprodukten einen Verlust von wertvollem Material für den Organismus bedingen. Es ist darum von Wichtigkeit, daß die Fäulnis im Darme innerhalb gebührender Grenzen gehalten wird. Tötet man ein Tier, während die Verdauung im Darme im Gange ist, so hat der Inhalt der Dünndärme einen eigentümlichen aber nicht fauligen Geruch. Auch der Geruch des im Dickdarme befindlichen Inhaltes ist lange nicht so stinkend wie der einer faulenden Pankreasinfusion oder eines eiweißreichen, faulenden Gemenges. Schon hieraus kann man schließen, daß die Fäulnis im Darme gewöhnlichenfalls lange nicht so intensiv wie außerhalb des Organismus wird. *Intensität der Darmfäulnis.*

Unter physiologischen Verhältnissen scheint also dafür gesorgt zu sein, daß die Darmfäulnis nicht zu weit geht, und diejenigen Faktoren, die hier in Betracht kommen können, dürften verschiedener Art sein. Die Resorption ist unzweifelhaft von großer Bedeutung, und es ist durch direkte Beobachtungen sichergestellt, daß die Fäulnis stärker zunimmt in dem Maße, wie die Resorption gehemmt ist und flüssige Massen in dem Darme sich anhäufen. Die Beschaffenheit der Nahrung übt auch einen unverkennbaren Einfluß aus, und es scheint, als ob eine größere Menge von Kohlehydraten in der Nahrung der Fäulnis entgegenwirken würde (HIRSCHLER)[2]). Eine besonders starke fäulnishemmende Wirkung üben nach den Erfahrungen von PÖHL, BIERNACKI, ROVIGHI, WINTERNITZ, SCHMITZ u. a.[3]) auch Milch und Kefir aus. Diese *Fäulnishemmende Momente im Darme.*

---

[1]) NUTTAL u. THIERFELDER, Zeitschr. f. physiol. Chem. **21** u. **22**; SCHOTTELIUS, Arch. f. Hyg. **34, 42** u. **67**. [2]) HIRSCHLER, Zeitschr. f. physiol. Chem. **10**; ZIMNITZKI ebenda **39** (Literatur). [3]) SCHMITZ ebenda **17, 401**, wo man auch ältere Literaturangaben findet, und **19**. Vgl. auch SALKOWSKI, Zentralbl. f. d. med. Wiss. 1893, S. 467 und SEELIG, VIRCHOWS Arch. **146** (Literaturangaben).

Wirkung rührt nicht von dem Kasein her und sie dürfte hauptsächlich durch den Milchzucker, zum Teil auch durch die Milchsäure bedingt sein.

Eine besonders stark fäulnishemmende Wirkung hat man auch schon längst der Galle zuschreiben wollen. Diese antiputride Wirkung kommt jedoch nicht der neutralen oder schwach alkalischen Galle, welche selbst bald in Fäulnis übergeht, sondern den freien Gallensäuren, besonders der Taurochol-

Antisep-
tische Wir-
kung der
Galle. säure zu (MALY und EMICH, LINDBERGER)[1]. Daß die freien Gallensäuren eine stark fäulnishemmende Wirkung außerhalb des Organismus ausüben können, unterliegt keinem Zweifel, und es dürfte deshalb auch schwierig sein, ihnen eine solche Wirkung im sauer reagierenden Darminhalte abzusprechen. Nichtsdestoweniger kann die antiputride Wirkung der Galle im Darme nach den Untersuchungen von VOIT, RÖHMANN, HIRSCHLER, TERRAY, LANDAUER und ROSENBERG[2] nicht hoch angeschlagen werden.

Um die Bedeutung der Galle für die Verdauung kennen zu lernen, hat man sie durch Anlegen von Gallenfisteln nach außen abgeleitet (SCHWANN, BLONDLOT, BIDDER und SCHMIDT[3] u. a.). Als Folgen eines solchen Eingriffes hat man regelmäßig bei fetthaltiger Nahrung eine mangelhafte Resorption des Fettes und eine von dem größeren Fettgehalte der Exkremente bedingte, hellgraue oder blasse Farbe der letzteren beobachtet. Inwieweit sonstige Abweichungen von dem Normalen nach der Gallenfisteloperation auftreten oder nicht, hängt wesentlich von der Beschaffenheit der Nahrung ab. Füttert man die Tiere mit Fleisch und Fette, so muß man gewöhnlich nach der Operation die Menge des Futters bedeutend vermehren, weil die Tiere sonst stark abmagern und sogar unter den Symptomen des Verhungerns zugrunde gehen.

Verhalten
der Gallen-
fisteltiere. In diesem Falle werden auch die Exkremente regelmäßig aashaft stinkend, was man früher als einen Beweis für die fäulnishemmende Wirkung der Galle angeführt hat. Die Abmagerung und das gesteigerte Nahrungsbedürfnis rühren selbstverständlich von der mangelhaften Resorption des Fettes her, dessen hoher Verbrennungswert hierbei wegfällt und durch Aufnahme von größeren Mengen anderer Nährstoffe ersetzt werden muß. Vermehrt man die Menge des Eiweißes und des Fettes, so muß das letztere, welches ja nur sehr unvollständig resorbiert werden kann, in dem Darme sich anhäufen. Dieses Anhäufen des Fettes im Darme soll seinerseits die Einwirkung der Verdauungssäfte auf das Eiweiß erschweren, und dieses letztere fällt nun in größerer Menge als sonst der Fäulnis anheim. Hierdurch erklärt man das Auftreten von stinkenden Fäzes, welche ihre blasse Farbe eigentlich nicht dem Mangel an Gallenfarbstoffen, sondern dem Reichtume an Fett zu verdanken haben sollen (RÖHMANN, VOIT).

Gallenfistel-
tiere. Füttert man dagegen die Tiere mit Fleisch und Kohlehydraten, so können sie sich ganz normal verhalten und das Ableiten der Galle hat keine gesteigerte Fäulnis zur Folge. Die Kohlehydrate können nämlich ungehindert in so großen Mengen resorbiert werden, daß sie das Fett der Nahrung ersetzen, und dies ist der Grund, warum die Tiere bei einer solchen Diät nicht abmagern. Da nun ferner bei dieser Nahrung die Fäulnis im Darme trotz der Abwesenheit der Galle nicht stärker als unter normalen Verhältnissen ist, sieht man hierin einen Beweis dafür, daß die Galle im Darme keine fäulnishemmende Wirkung ausübt.

---

[1] MALY u. EMICH, Monatsh. f. Chem. 4; LINDBERGER, MALYS Jahresber. 13.
[2] VOIT, Beitr. z. Biol., Jubiläumsschrift, Stuttgart (Cotta) 1882; RÖHMANN, PFLÜGERS Arch. 29; HIRSCHLER u. TERRAY, MALYS Jahresb. 26; LANDAUER, Math. u. Naturw. Ber. aus Ungarn 15; ROSENBERG, Arch. f. (Anat u.) Physiol. 1901. [3] SCHWANN, Arch. f. (Anat. u.) Physiol. 1844; BLONDLOT, zit. nach BIDDER u. SCHMIDT, Die Verdauungssäfte und der Stoffwechsel 1852, S. 98.

Gegen diese Schlußfolgerung könnte man einwenden, daß die Kohle- Wirkung
hydrate an und für sich fäulnishemmend wirken und folglich sozusagen die
fäulnishemmende Wirkung der Galle übernehmen könnten. Da es aber auch Wirkung
der Galle.
Fälle gibt, in welchen beim Gallenfistelhunde die Darmfäulnis bei ausschließlicher Fleischnahrung nicht gesteigert wurde[1]), so steht es also fest, daß die
Abwesenheit von Galle im Darme selbst bei fast kohlehydratfreier Nahrung
nicht immer eine gesteigerte Fäulnis zur Folge hat.

Die Frage, wie die Fäulnisvorgänge im Darme unter physiologischen
Verhältnissen innerhalb gebührender Grenzen gehalten werden, ist also nicht
sicher zu beantworten. Daß in den oberen Teilen der Gedärme eine schwach Darm-
fäulnis.
saure Reaktion und in den übrigen die Resorption von Wasser und daß überhaupt die verhältnismäßig große Geschwindigkeit, mit welcher der Inhalt
den Dünndarm passiert und dort resorbiert wird, dabei von Belang sein können,
ist wohl kaum zu bezweifeln.

Daß zwischen dem Säuregrade des Magensaftes und der Darmfäulnis
Beziehungen bestehen, scheint sicher zu sein. Nachdem nämlich durch die
Untersuchungen und Beobachtungen von KAST, STADELMANN, WASBUTZKI,
BIERNACKI und MESTER das Auftreten einer gesteigerten Darmfäulnis bei
verringertem Salzsäuregehalt des Magensaftes oder bei Mangel an Salzsäure
festgestellt worden war, hat ferner SCHMITZ[2]) gezeigt, daß die beim Menschen Säure und
Darmfäul-
nis.
durch Salzsäureeinnahme erzeugte Hyperazidität des Magensaftes umgekehrt
die Darmfäulnis einschränken kann. Die Frage ist nur, ob die Reaktion im
Dünndarme sauer, und zwar so stark sauer ist, daß die Fäulnis hierdurch verhindert werden kann. In dieser Hinsicht ist erstens daran zu erinnern, daß
der Darminhalt jedenfalls nicht von Salzsäure, sondern höchstens von organischen Säuren, sauren Salzen und freier Kohlensäure sauer ist. Es liegen
über die Reaktion des Darminhaltes mehrere, einander zum Teil widersprechende Angaben von MOORE und ROCKWOOD, MOORE und BERGIN, MATTHES
und MARQUARDSEN, J. MUNK, NENCKI und ZALESKY, HEMMETER[3]) vor. Aus
diesen Angaben kann man den Schluß ziehen, daß die Reaktion nicht nur
bei verschiedenen Tierarten, sondern auch bei derselben Art unter verschiedenen
Bedingungen wechseln kann. Daß die Reaktion in vielen Fällen durch die
Gegenwart von organischen Säuren sauer sein kann, ist nicht zu leugnen. Reaktion
des Darm-
inhaltes.
Die Prüfung mit verschiedenen Indikatoren hat aber gezeigt, daß sie bisweilen
in den oberen und noch öfter in den unteren Teilen nur durch saure Salze,
wie $NaHCO_3$, und freie CO_2 sauer ist, und endlich, daß bei einigen Tieren der
Darminhalt überall im Darme alkalisch sein kann. Wie unter solchen Verhältnissen die Fäulnis trotzdem ausbleibt und wie der Säuregrad des Mageninhaltes die Darmfäulnis beeinflußt, ist vorläufig nicht ganz klar. Höchst-
wahrscheinlich ist die Bakterienflora im Darme von sehr großer Bedeutung,
und es ist wohl möglich, daß es, wie BIENSTOCK hervorgehoben hat, hier um
antagonistische Bakterienwirkungen sich handelt und daß die fäulnishemmen-
den Kohlehydrate, namentlich der Milchzucker, einen günstigen Nährboden
für solche Bakterien bilden, welche die Fäulniserreger töten oder deren Entwicklung hemmen. Nach HOROWITZ kommt beim Hunde eine ungleiche Ver- Bedeutung
der Darm-
flora.
teilung der verschiedenen Bakterienarten auf die verschiedenen Abschnitte
des Darmes vor, und je nach der Art der Nahrung treten gewisse Bakterienarten in größerer Menge als andere auf. Die Abhängigkeit der Darmflora von

---

[1]) Vgl. HIRSCHLER u. TERRAY l. c.   [2]) Zeitschr. f. physiol. Chem. **19**, wo man
auch die einschlägige Literatur findet.   [3]) MOORE u. ROCKWOOD, Journ. of Physiol. **21**;
MOORE u. BERGIN, Amer. Journ. of Physiol. **3**; MATTHES u. MARQUARDSEN, MALYS
Jahresb. **28**; MUNK, Zentralbl. f. Physiol. **16**; NENCKI u. ZALESKI, Zeitschr. f. physiol.
Chem. **27**; HEMMETER, PFLÜGERS Arch. **81**.

der Art der Nahrung ist auch von KENDALL dargetan worden. Es könnten auch vielleicht nach den Erfahrungen von CONRADI und KURPJUWEIT[1]) die von den obligaten Darmbakterien produzierten Toxine infolge ihrer antiseptischen Wirkungen die Fäulnisprozesse im Darme auf das normale Maß einschränken.

Die **Exkremente.** Es ist einleuchtend, daß der Rückstand, welcher nach beendeter Verdauung und Resorption im Darme zurückbleibt, je nach der Art und Menge der Nahrung qualitativ und quantitativ ein verschiedener sein

Menge und
Aussehen
der Exkre-
mente. muß. Während die Menge der Exkremente beim Menschen bei gemischter Kost gewöhnlich 120—150 g, mit 30—37 g festen Stoffen pro 24 Stunden beträgt, war nach VOIT[2]) dagegen bei einem Vegetarier ihre Menge 333 g mit 75 g festen Stoffen. Bei einseitiger Fleischnahrung sind die Exkremente spärlich, pechähnlich, fast schwarz gefärbt. Ein ähnliches Aussehen haben die spärlichen Exkremente beim Hungern. Eine reichliche Menge von gröberem Brot liefert eine reichliche Menge hellgefärbter Exkremente. In diesem Falle sind die Exkremente auch regelmäßig ärmer an Stickstoff als nach einer an

Bestand-
teile der
Exkremente Eiweiß reichen, leicht aufschließbaren Kost. Die Individualität spielt jedoch eine große Rolle bei der Ausnützung der Nahrung und der Kotbildung (SCHIERBECK)[3]). Bei einem größeren Fettgehalte nehmen die Exkremente ein helleres, tonfarbiges Aussehen an. Zu der normalen Farbe der Fäzes scheinen die Zersetzungsprodukte der Gallenfarbstoffe nicht besonders stark beizutragen.

Die Bestandteile der Exkremente können verschiedener Art sein. Es kommen also bisweilen in den Exkrementen verdauliche oder resorbierbare Bestandteile der Nahrung, wie Muskelfasern, Bindegewebe, Kaseinklümpchen, Stärkekörner und Fett vor, welche während des Aufenthaltes im Darmkanale

Exkremente die zur vollständigen Verdauung oder Resorption nötige Zeit nicht gefunden haben. Es enthalten die Exkremente außerdem unverdauliche Stoffe, wie Pflanzenreste, Keratinsubstanzen u. a.; ferner Formelemente, von der Schleimhaut und den Drüsen stammend; Bestandteile der verschiedenen Sekrete, wie Muzin, Cholsäure, Dyslysin, Cholesterin (Koprosterin), Purinbasen[4]) und Enzyme; Mineralstoffe der Nahrung und der Sekrete und endlich Produkte der Fäulnis oder der Verdauung, wie Skatol, Indol, Purinbasen, flüchtige fette Säuren, Kalk- und Magnesiaseifen. Bisweilen kommen auch Parasiten vor, und endlich enthalten die Exkremente in reichlicher Menge Mikroorganismen verschiedener Art.

Daß die Darmschleimhaut selbst durch ihr Sekret und die in reichlicher Menge abgestoßenen Epithelzellen sehr wesentlich zur Bildung der Exkremente beiträgt, geht aus der zuerst von L. HERMANN gemachten, von anderen[5]) bestätigten Beobachtung hervor, daß in reingespülten, isolierten, vollständig geschlossenen Darmschlingen kotähnliche Massen, sog. ,,Ringkot" sich an-

Exkrement-
bildung. sammeln. Diese Massen sind reich an Mineralstoffen und besonders an in Alkohol-Äther löslichen Stoffen, unter welchen auch, wie schon oben erwähnt (Kapitel 8), Cholesterin sich vorfindet. Bei gemischter, überwiegend animalischer Kost besteht beim Menschen der Kot übrigens nur zum geringeren Teil aus Nahrungsresten und größtenteils oder, wie nach Fleisch- oder Milch-

---

[1]) BIENSTOCK, Arch. f. Hyg. **39**; HOROWITZ, Zeitschr. f. physiol. Chem. **52**; KENDALL, Journ. biol. Chem. **6**, 499 (1909); CONRADI u. KURPJUWEIT, Münch. med. Wochenschr. 1905.　[2]) Zeitschr. f. Biol. **25**, 264.　[3]) Arch. f. Hyg. **51**.　[4]) Bezüglich der Purinbasen in den Fäzes vgl. man HALL, Journ. of Path. u. Bakter. **9**; SCHITTENHELM, Arch. f. klin. Med. **81**. Derselbe mit KRÜGER, Zeitschr. f. physiol. Chem. **45**.　[5]) HERMANN, PFLÜGERS Arch. **46**. Vgl. ferner EHRENTHAL ebenda **48**; BERENSTEIN ebenda **53**; KLECKI, Zentralbl. f. Physiol. **7**, 736 und F. VOIT, Zeitschr. f. Biol. **29**; v. MORACZEWSKI, Zeitschr. f. phys. Chem. **25**; F. LIPPICH, Prag. med. Wochenschr. **32**.

ıahrung, fast ausschließlich aus Darmsekreten. Dementsprechend scheinen ıuch viele Nahrungsmittel eine größere Menge Kot hauptsächlich dadurch ıu erzeugen, daß sie eine reichlichere Sekretion. hervorrufen[1]).

Die Reaktion der Exkremente ist sehr wechselnd, beim Menschen aber oei gemischter Kost regelmäßig neutral oder schwach alkalisch. Die inneren Teile können allerdings sauer sein, während die an der Schleimhaut liegenden äußeren Schichten alkalisch reagieren. Bei Säuglingen soll die Reaktion bei Muttermilchnahrung regelmäßig sauer sein. Der Geruch wird hauptsächlich von dem Skatol bedingt, welches zuerst von BRIEGER in Exkrementen ge- funden wurde und nach ihnen seinen Namen erhalten hat. An dem Geruche naben auch Indol und andere Substanzen teil. Die Farbe ist gewöhnlich neller oder dunkler braun und hängt vor allem von Menge und Natur der Nahrung ab. Medikamentöse Stoffe können den Fäzes eine abnorme Farbe geben. Die Exkremente werden also von Wismutsalzen schwarz, von Rhabarber gelb und von Kalomel grün. Diese letztgenannte Farbe erklärte man früher durch die Entstehung von ein wenig Schwefelquecksilber. Nunmehr erklärt man sie dagegen allgemein dadurch, daß das Kalomel die Darmfäulnis und die davon abhängige Zersetzung der Gallenfarbstoffe hemmt, so daß ein Teil des Gallenfarbstoffes als Biliverdin in die Fäzes übergeht. In den eigelben oder grüngelben Exkrementen der Säuglinge kann man Bilirubin nachweisen. Bei Erwachsenen dagegen scheint unter normalen Verhältnissen in den Ex- krementen weder Bilirubin noch Biliverdin vorzukommen. Dagegen findet man das Sterkobilin (MASIUS und VANLAIR), welches mit dem Urobilin (JAFFÉ) identisch sein soll[2]). In pathologischen Fällen kann auch bei Er- wachsenen Bilirubin in den Fäzes vorkommen. Kristallisiert (als Hämatoidin) ist es in den Fäzes sowohl bei Kindern wie bei Erwachsenen beobachtet worden.

Bei Abwesenheit von Galle (sog. acholischen Darmentleerungen) haben die Exkremente, wie oben gesagt, eine von dem großen Fettgehalte herrührende graue Farbe, welche jedoch auch wohl zum Teil von der Abwesenheit von Gallenfarbstoff herrühren dürfte. In diesen Fällen hat man auch in den Ex- krementen eine reichliche Menge von Kristallen beobachtet, welche über- wiegend aus Magnesiaseifen oder Natronseifen bestehen. Blutungen in den oberen Abschnitten des Verdauungskanales liefern, wenn sie nicht zu reichlich waren, von Hämatin schwarzbraune Exkremente.

Exkretin hat MARCET[3]) einen in Menschenexkrementen vorkommenden kristalli- sierenden Stoff genannt, welcher jedoch nach HOPPE-SEYLER vielleicht nichts anderes als unreines Cholesterin (Koprosterin?) ist. Exkretolinsäure hat MARCET einen öl- ähnlichen Stoff von exkrementiellem Geruche genannt.

In Anbetracht der sehr wechselnden Zusammensetzung der Exkremente sind quantitative Analysen derselben von geringem Interesse und sie können deshalb hier beiseite gelassen werden[4]).

Das **Mekonium** oder Kindspech ist eine dunkel braungrüne, pechähnliche, meistens sauer reagierende Masse ohne stärkeren Geruch. Es enthält grüngefärbte Epithelzellen, Zelldetritus, zahlreiche Fettkörnchen und Cholesterintäfelchen. Der Gehalt an Wasser und festen Stoffen ist resp. 720—800 und 280—200 p. m. Unter den festen Stoffen hat man Muzin, Gallenfarbstoffe und Gallensäuren, Cholesterin, Fett, Seifen, Spuren von Enzymen, Kalzium- und Magnesiumphosphat gefunden. Zucker und Milchsäure, lös- liche Eiweißstoffe und Peptone wie auch Leuzin und Tyrosin und die sonst im Darme

Exkremente

Reaktion u. Farbe der Exkremente

Acholische Darmaus- leerungen.

Mekonium.

---

[1]) Über die Beschaffenheit des Kotes nach verschiedener Nahrung vgl. man HAMMERL, KERMAUNER, MOELLER u. PRAUSNITZ in Zeitschr. f. Biol. **35** und PODA, MICKO, PRAUSNITZ u. MÜLLER ebenda **39**. [2]) Vgl. Gallenfarbstoffe Kapitel 8 und Urobilin Kapitel 15. [3]) Annal. de chim. et de phys. **59**. [4]) Hierüber, wie über die Fäzes unter abnormen Verhältnissen, ihre Untersuchung und die hierher gehörende Literatur vgl. man AD. SCHMIDT u. J. STRASSBURGER, Die Fäzes des Menschen usw., Berlin 1901 u. 1902.

vorkommenden Fäulnisprodukte sollen darin fehlen. Das Mekonium kann unzersetzte Taurocholsäure, Bilirubin und Biliverdin enthalten, enthält aber kein Sterkobilin, was als ein Beweis für das Nichtvorhandensein von Fäulnisprozessen in dem Verdauungskanale des Fötus betrachtet wird.

Der Darminhalt unter abnormen Verhältnissen muß immer Gegenstand nicht nur einer chemischen Analyse, sondern auch einer Inspektion und einer mikroskopischen oder bakteriologischen Untersuchung werden. Aus diesem Grunde kann auch die Frage von der Beschaffenheit des Darminhaltes bei den verschiedenen Krankheiten hier nicht des näheren abgehandelt werden [1]).

Anhang. Darmkonkremente.

Im Darme des Menschen oder der Fleischfresser kommen Konkremente weniger oft vor; bei den Pflanzenfressern dagegen sind sie gewöhnlicher. Fremde Stoffe oder unverdaute Reste der Nahrung können, wenn sie aus irgend einer Ursache im Darme längere Zeit zurückbleiben, mit Salzen, besonders mit Ammoniummagnesiumphosphat oder Magnesiumphosphat sich inkrustieren, und diese Salze stellen in der Tat auch oft den eigentlichen Hauptbestandteil der Konkremente dar. Beim Menschen kommen bisweilen rundliche oder ovale, gelbe, gelbgraue oder braungraue Konkremente von wechselnder Größe vor, welche aus konzentrischen Schichten bestehen und welche hauptsächlich Ammoniummagnesiumphosphat und Kalziumphosphat nebst ein wenig Fett oder Pigment enthalten. Der Kern ist gewöhnlich ein fremder Körper, z. B. Kerne von Steinobst, ein Knochenfragment oder ähnliches. Über ein ungewöhnliches, der Hauptsache nach aus Fettsäuren und einer Gallensäure bestehendes Konkrement berichtet SJÖQVIST [2]). In den Gegenden, in welchen Brot aus Haferkleie ein wichtiges Nahrungsmittel ist, findet man nicht selten im Dickdarm des Menschen Ballen, die den sog. Haarballen ähnlich sind (vgl. unten). Solche Konkremente enthalten Kalzium- und Magnesiumphosphat (gegen 70 p. c.), Haferkleie (15—18 p. c.). Seifen und Fett (etwa 10 p. c.). Konkremente, welche sehr viel (gegen 74 p. c.) Fett enthalten, kommen selten vor und ebenso sind Konkremente, die aus mit Phosphaten inkrustierten Fibringerinnseln, Sehnen oder Fleischstückchen bestehen, weniger gewöhnlich.

Bei Tieren, besonders bei mit Kleie gefütterten Pferden, kommen Darmkonkremente öfter vor. Diese Konkremente, welche eine sehr bedeutende Größe erreichen können, sind sehr hart und schwer (bis zu 8 Kilo) und bestehen zum größten Teil aus konzentrischen Schichten von Ammoniummagnesiumphosphat. Eine andere Art von Konkrementen, welche bei Pferden und Rindern vorkommen, besteht aus graugefärbten, oft sehr großen aber verhältnismäßig leichten Steinen, welche Pflanzenreste und Erdphosphate enthalten. Eine dritte Art von Darmsteinen sind endlich die bisweilen mehr zylindrischen, bisweilen sphärischen, glatten, glänzenden, an der Oberfläche braungefärbten, von zusammengefilzten Haaren und Pflanzenfasern bestehenden Haarballen. Zu dieser Gruppe gehören auch die sogenannten „Aegagropilae", welche angeblich von Antilope rupicapra stammen sollen, am öftesten aber wohl nichts anderes als Haarballen von Rindern sein dürften.

Zu den Darmkonkrementen gehören endlich auch die sogenannten orientalischen Bezoarsteine, welche wahrscheinlich aus dem Darmkanale von Capra Aegagrus und Antilope Dorcas stammen. Die Bezoarsteine können zweierlei Art sein. Die einen sind olivengrün, schwach glänzend mit konzentrischen Schichten. Beim Erhitzen schmelzen sie unter Entwicklung von aromatischen Dämpfen. Sie enthalten als Hauptbestandteil eine der Cholsäure verwandte Säure, die Lithofellinsäure, $C_{20}H_{36}O_4$, und daneben auch eine andere Gallensäure, die Lithobilinsäure. Die anderen dagegen sind fast schwarzbraun oder schwarzgrün, stark glänzend mit konzentrischen Schichten und schmelzen beim Erhitzen nicht. Sie enthalten als Hauptbestandteil die Ellagsäure, ein Derivat der Gallussäure von der Formel $C_{14}H_6O_8$, welches nach GRAEBE [3]) das Dilakton der Hexaoxybiphenyldikarbonsäure ist und mit einer Lösung von Eisenchlorid in Alkohol

Marginal notes:
Darmkonkremente bei Menschen.

Darmkonkremente bei Tieren.

Bezoarsteine.

---

[1]) Vgl. Fußnote 4, S. 407.　　[2]) Hygiea, Festband 1908.　　[3]) Ber. d. d. chem. Gesellsch. **86**.

eine tiefblaue Farbe gibt. Die letztgenannten Bezoarsteine stammen allem Anscheine
nach von der Nahrung der Tiere her.

Die Ambra ist nach der allgemeinen Ansicht ein Darmkonkrement des Pottwales. Ambra.
Ihr Hauptbestandteil ist das Ambrain, welches eine stickstofffreie, dem Cholesterin
vielleicht verwandte Substanz ist. Das Ambrain ist unlöslich in Wasser und wird von
siedender Alkalilauge nicht verändert. In Alkohol, Äther und Ölen löst es sich.

VI. Die Resorption.

Durch die Peristaltik oder rhythmische Bewegungen der Darmmuskulatur,
deren Mechanismus nur wenig bekannt ist[1]), wird der Darminhalt im Darmkanale allmählich analwärts geschoben. Während dieses Prozesses wird der Resorption.
Darminhalt innig vermischt, und die für den Organismus wertvollen Bestandteile der Nahrung werden durch die oben abgehandelten chemischen Vorgänge
derart umgewandelt, daß sie den Aufsaugungsvorgängen zugänglich werden.
Bei einer Besprechung der Resorptionsvorgänge handelt es sich also hauptsächlich teils um die Form, in welcher die verschiedenen Nährstoffe zur Aufsaugung gelangen, teils um die Wege, welche die zu resorbierenden Stoffe
einschlagen, und endlich um die Kräfte, welche bei diesen Prozessen wirksam sind.

Bevor man zur Beantwortung der Frage nach der Form, in welcher das
Eiweiß aus dem Darmkanale resorbiert wird, übergeht, ist es von Interesse
zu erfahren, ob der Tierkörper vielleicht auch solches Eiweiß verwerten kann,
welches intravenös, subkutan oder in eine Körperhöhle, also mit Umgehung
des Darmkanales oder, wie man es nennt, parenteral eingeführt wird.

Seit den ersten hierüber ausgeführten Untersuchungen von ZUNTZ und
v. MERING haben mehrere Forscher[2]) ganz unzweifelhaft gezeigt, daß der
Tierkörper verschiedene, parenteral eingeführte Eiweißkörper mehr oder Assimila-
weniger reichlich verwerten kann, wenn auch verschiedene Tierarten in dieser teral einge-
Hinsicht Unterschiede zeigen. Wo und in welcher Weise das artfremde Eiweiß führten
hierbei verändert und assimiliert wird, ist noch unbekannt, nach CRAMER sind Eiweißes.
aber die Leukozyten hierbei von großer Bedeutung. Vgl. hierüber die Versuche
von ABDERHALDEN S. 41 u. 42.

Daß der Tierkörper auch imstande ist, in den Darm direkt eingeführtes,
vorher nicht verdautes oder abgebautes Eiweiß aufzunehmen und zu verwerten,
haben BRÜCKE, BAUER und VOIT, EICHHORST, CZERNY und LATSCHENBERGER,
VOIT und FRIEDLÄNDER u. a.[3]) gezeigt. In den Versuchen der letztgenannten Resorption
zwei Forscher wurde zwar weder das Kasein (als Milch) noch salzsaures Myosin von unver-
oder Azidalbuminat (in saurer Lösung) aufgesaugt. Dagegen wurden von dautem
Eiereiweiß und Serumalbumin etwa 21 und von Alkalialbuminat (in Alkali Eiweiß.
gelöst) 69 p. c. resorbiert. MENDEL und ROCKWOOD konnten dagegen bei Versuchen mit Kasein und Edestin in lebenden Darmschlingen bei möglichst

---

[1]) Siehe hierüber CANNON, Amer. Journ. of Physiol. **6, 12, 29**; MAGNUS, PFLÜGERS
Arch. **102, 103, 108, 111**; BAUMSTARK u. COHNHEIM, Zeitschr. f. physiol. Chem. **65**,
483. [2]) ZUNTZ u. v. MERING, PFLÜGERS Arch. **32**; NEUMEISTER, Verh. d. phys.-med.
Gesellsch. zu Würzburg 1889 und Zeitschr. f. Biol. **27**; FRIEDENTHAL u. LEWANDOWSKY,
Arch. f. (Anat. u.) Physiol. 1899; MUNK u. LEWANDOWSKY ebenda 1899, Supplbd.;
OPPENHEIMER, HOFMEISTERS Beiträge **4**; MENDEL u. ROCKWOOD, Amer. Journ. of
Physiol. **12**; HEILNER, Zeitschr. f. Biol. **50** und Münch. med. Wochenschr. **49**; CRAMER,
Journ. of Physiol. **37**, mit PRINGLE ebenda; RONA u. MICHAELIS, PFLÜGERS Arch. **123**
u. **124**; v. KÖRÖSY, Zeitschr. f. physiol. Chem. **62, 68** (1909), **69**, 313 (1910). [3]) BRÜCKE,
Wien. Sitz.-Ber. **59**; BAUER u. VOIT, Zeitschr. f. Biol. **5**; EICHHORST, PFLÜGERS Arch. **4**;
CZERNY u. LATSCHENBERGER, VIRCHOWS Arch. **59**; VOIT u. FRIEDLÄNDER, Zeitschr. f.
Biol. **33**. Gegenteilige Beobachtungen findet man bei FR. KELLER, Beitr. z. Frage d.
Resorpt. im Dickdarm. Inaug.-Dissert. Breslau 1909.

vollständig ausgeschlossener Verdauung nur eine äußerst geringe Resorption konstatieren, während die entsprechenden Albumosen reichlich resorbiert wurden.

Inwieweit die Eiweißstoffe in derartigen Versuchen wirklich unverändert oder zum Teil denaturiert aufgenommen werden, ist schwer zu entscheiden. Für eine unter Umständen stattfindende Resorption von unverdautem Eiweiß spricht, außer den Versuchen an isolierten Darmschlingen, die wiederholt nach Einführung von großen Eiweißmengen in den Darmkanal beobachtete „alimentäre Albuminurie". Zur Entscheidung dieser Frage hat man sonst **Resorption von unverdautem Eiweiß.** auch die „biologische Methode", die Präzipitinreaktion, zu Hilfe genommen, und mittels dieser Methode glaubten ASCOLI und VIGNO[1]) den Übergang von nicht denaturiertem Eiweiß in Blut und Lymphe nachweisen zu können (S. 52). Auf Grund der vielen über diesen Gegenstand ausgeführten Untersuchungen dürfte man wohl auch behaupten können, daß zwar unter gewissen Umständen, wie bei Überschwemmung des Darmkanales mit Eiweiß, bei größerer Permeabilität der Darmwand, wie bei neugeborenen und saugenden Tieren, und bei mangelhafter Denaturierung durch Magensaft ein Übertritt von nicht denaturiertem Eiweiß in die Blutgefäße geschehen kann, daß aber unter normalen Verhältnissen dies nicht, jedenfalls nicht in nennenswertem Grade der Fall ist. Als Regel geht unzweifelhaft der Resorption des Eiweißes eine Denaturierung desselben voran. Mit Rücksicht hierauf sind Versuche von **Resorption von nicht denaturiertem Eiweiß.** OMI von Interesse, aus welchen hervorging, daß der Hundedarm wohl Serum von Hund aber kaum das von Rind oder Pferd aufnimmt[2]). In bezug auf das bereits aufgespaltene Eiweiß fragt sich, ob das Eiweiß überwiegend als Albumosen bzw. Peptone oder als einfachere Atomkomplexe resorbiert wird.

Man ist, namentlich auf Grund älterer Untersuchungen von LUDWIG und SCHMIDT-MÜLHEIM wie auch von MUNK und ROSENSTEIN[3]), allgemein **Resorptionswege.** der Ansicht, daß die Produkte der Eiweißverdauung nicht durch die Lymphgefäße, sondern durch die Darmkapillaren in das Blut gelangen. Die Frage von der Resorption dieser Produkte betrifft also teils die Form, in welcher sie vom Darme aufgenommen werden, und teils die Form, in welcher sie in das Blut übergehen.

In dem Vorigen wurde erwähnt, daß man im Darminhalte sowohl Albumosen (und Peptone), wie abiurete Produkte und Aminosäuren gefunden hat. Die letzteren kommen jedoch im Verhältnis zu den Albumosen (Peptonen) in **Resorption der Eiweißabbauprodukte.** geringer Menge vor. Dies kann bedeuten, daß Aminosäuren zwar reichlich gebildet aber auch rasch resorbiert werden; aber es kann ebensogut bedeuten, daß eine Bildung von Aminosäuren im Darminhalte nur in geringem Umfange stattfindet. Daß die Aminosäuren als solche resorbiert werden können, unterliegt selbstverständlich keinem Zweifel; eine andere Frage ist aber, ob auch die Albumosen (Peptone) als solche oder erst nach vorgängigem Abbau zu Aminosäuren resorbiert werden.

NOLF und HONORÉ haben gefunden, was später auch von ZUNZ[4]) bestätigt wurde, daß die Albumosen (Peptone) rascher aus dem Darme als die abiureten Produkte verschwinden. Dies beweist nun allerdings nicht, daß die Albumosen als solche resorbiert werden, es spricht aber eher für als gegen **Resorption von Albumosen.** eine solche Ansicht. Ein mehr direkter Beweis für eine Resorption nicht abgebauter Albumosen liegt darin, daß nach NOLF die Albumosen, wenn sie in größerer Menge in den Darm eingeführt werden, in kleinen Mengen in das

---

[1]) Zeitschr. f. physiol. Chem. **39.**   [2]) PELÜGERS Arch. **126,** 428 (1909).   [3]) SCHMIDT-MÜLHEIM, Arch. f. (Anat. u.) Physiol. 1877; MUNK u. ROSENSTEIN, VIRCHOWS Arch. **123.** [4]) P. NOLF u. CH. HONORÉ, Arch. internat. de Physiol. 1905; NOLF, Journ. d. physiol. et pathol. gén. 1907; E. ZUNZ, Mémoires, cour etc. Acad. Roy. Med. Belg. **20,** Fasc. 1.

Blut übergehen. Ein anderer Beweis liegt darin, daß BORCHARDT[1]) nach Verfütterung von nicht übermäßigen Mengen Elastin bei Hunden den Übergang einer Albumose, des Hemielastins, in das Blut hat nachweisen können. Endlich ist daran zu erinnern, daß nach HOFMEISTER[2]) die Magen- und die Darmwand die einzigen Körperteile sind, in welchen Albumosen (Peptone) während der Verdauung konstant vorkommen.

Es sprechen also Gründe dafür, daß vom Darme sowohl Albumosen wie deren Abbauprodukte aufgenommen werden, und wenn dem so ist, muß man sich fragen, in welcher Form diese resorbierten Stoffe den Darm verlassen und in das Blut übergehen.

Zur Entscheidung dieser Frage hat man wiederholt das Blut auf einen Gehalt an Albumosen untersucht. Wie man aus dem Kapitel 5, S. 209, ersieht, hat man hierbei sehr widersprechende Resultate erhalten; wenn man aber von solchen Ausnahmefällen absieht, wo auf einmal größere Albumosemengen in den Darm eingeführt wurden, dürfte man wohl behaupten können, daß ein Vorkommen von Albumosen im Blute oder jedenfalls im Blutplasma unter *Abbau-* physiologischen Verhältnissen nicht sicher bewiesen ist. Nun kann man *produkte im Blute.* sagen, daß solche Untersuchungen wenig beweisen, indem infolge der großen Blutmengen, welche in der Zeiteinheit durch den Darm passieren, die Albumosemengen so klein sein müssen, daß sie, auf die ganze Blutmasse verteilt, kaum nachweisbar sind. Es ist deshalb von Interesse, daß man auch bei Ausschaltung mehrerer Organe oder Organgruppen, so daß das Blut nur durch den Darmkanal, Herz, Lungen, Pankreas und Interkostalmuskeln zirkulierte (KUTSCHER und SEEMANN, K. v. KÖRÖSY)[3]) weder Aminosäuren noch Albumosen im Blute gefunden hat.

Man wird also zu der Annahme genötigt, daß die Albumosen und Aminosäuren in irgend einer Weise in der Darmwand umgewandelt werden. Eine solche Annahme, insoferne als sie die Albumosen betrifft, stimmt auch mit der Beobachtung von HOFMEISTER, daß die in der Schleimhaut während der Verdauung vorkommenden Albumosen bei Körpertemperatur in der ausgeschnittenen, anscheinend noch lebenden Schleimhaut nach einiger Zeit ver- *Aufsaugung* schwinden. Sie stimmt auch gut mit einer alten Beobachtung von LUDWIG *Albumosen* und SALVIOLI[4]). Diese Forscher brachten in eine doppelt abgebundene, heraus- *u. Peptone.* geschnittene Dünndarmschlinge, welche mittels Durchleitens von defibriniertem Blute am Leben erhalten wurde, eine Peptonlösung hinein und beobachteten dann in diesen, allerdings nicht ganz einwandsfreien Versuchen, daß das Pepton zwar aus der Darmschlinge verschwand, daß aber in dem durchgeleiteten Blute kein Pepton sich vorfand.

Was wird nun aus den Aminosäuren in der Darmwand? Schon KUTSCHER und SEEMANN zeigten, daß die kristallinischen Spaltungsprodukte bereits in der Darmwand so umgewandelt werden, daß sie dem Nachweise sich ent- *Schicksal* ziehen. Man hat also hier zunächst an zwei Möglichkeiten zu denken. Die *der Amino-* Aminosäuren werden entweder weiter abgebaut oder sie werden zu Synthesen *säuren.* (von Proteinen?) verwendet oder es werden beide Möglichkeiten verwirklicht.

Es ist eine längst bekannte Tatsache, daß Hand in Hand mit der Verdauung und der Resorption eine vermehrte Stickstoffausscheidung im Harne geht. Die Menge des nach einmaliger Eiweißzufuhr mit dem Harne ausgeschiedenen Stickstoffes entsprach in den Beobachtungen von ASHER und

---

[1]) Bezüglich der Literatur über Albumosen im Blute vgl. man Kapitel 5. [2]) Zeitschr. f. physiol. Chem. 6 und Arch. f. exp. Path. u. Pharm. 19, 20, 22. [3]) KUTSCHER u. SEEMANN, Zeitschr. f. physiol. Chem. 34; v. KÖRÖSY ebenda 57. [4]) Arch. f. (Anat. u.) Physiol. 1880 Supplbd. Vgl. auch CATHCART u. LEATHES, Journ. of Physiol. 33.

HAAS[1]) 65 p. c. von dem eingenommenen Stickstoffe. Man kann nun kaum annehmen, daß diese Stickstoffausscheidung von einem gesteigerten Umsatz von Körpereiweiß herrührt, und es ist viel wahrscheinlicher, daß sie zersetztes Nahrungseiweiß repräsentiert. Da nun nach NENCKI und ZALESKI[2]) nach einer

Resorption und Stickstoffausscheidung. eiweißreichen Nahrung eine reichliche Ammoniakbildung in den Zellen des Verdauungsapparates stattfindet, muß man mit der Möglichkeit rechnen, daß ein bedeutender, vielleicht der allergrößte Teil der Aminosäuren unter Desamidierung in der Darmwand abgebaut wird. Der übrige Teil der Aminosäuren könnte zu der unten zu besprechenden Synthese verwendet werden. Eine solche teilweise Desamidierung der Verdauungsprodukte hat nun auch COHNHEIM[3]) in Resorptionsversuchen an Fischdärmen nachweisen können.

Bezüglich der in die Darmschleimhaut aufgenommenen Albumosen, falls eine solche Aufnahme stattfindet, kann man natürlich in erster Linie einen weiteren Abbau derselben zu Aminosäuren in der Darmwand annehmen. Es gibt aber auch andere Möglichkeiten. Eine direkte Verwertung der Albumosen zu einer Eiweißsynthese im Darme ist nicht unbedingt von der Hand zu weisen;

Schicksal der Albumosen. außerdem wäre es aber möglich, daß die Albumosen behufs eines weiteren Abbaues oder weiterer Verwertung von den Leukozyten aufgenommen und abgeführt werden. Eine solche Annahme hat HOFMEISTER auch schon längst gemacht. Gegen dieselbe hat allerdings HEIDENHAIN Einwände erhoben, indem er auf das Mißverhältnis zwischen der Anzahl der Leukozyten und der großen Menge der zu resorbierenden Peptone (Albumosen) die Aufmerksamkeit lenkte, aber zu jener Zeit war die tiefgehende Spaltung eines großen Teiles des Eiweißes zu Aminosäuren nicht bekannt. In neuerer Zeit sind PRINGLE und CRAMER[4]) wieder für die große Bedeutung der Leukozyten eingetreten, und für die Möglichkeit einer Aufnahme der Albumosen durch die letzteren spricht auch eine Beobachtung von INAGAKI[5]), derzufolge die Albumosen, wie es scheint, von Zellsubstanz fixiert werden können.

In welchem Umfange die Albumosen als solche resorbiert werden, sowie auch welches ihr weiteres Schicksal im Darme ist, kann man augenblicklich nicht ganz bestimmt sagen. Die jetzt moderne Ansicht dürfte wohl indessen die sein, daß sie nicht als solche in das Blut übergehen, und daß sie teils im Darminhalte und teils in der Darmschleimhaut zu Aminosäuren abgebaut werden, aus welchen dann durch Synthese koagulables Eiweiß wieder aufgebaut wird. Zur Stütze der Ansicht von einer Eiweißsynthese aus Aminosäuren führt man auch eine Anzahl von Fütterungsversuchen mit tief oder vollständig abgebautem Eiweiß an. In solchen, von LOEWI, HENDERSON und DEAN, HENRIQUES und HANSEN und insbesondere von ABDERHALDEN und

Eiweißsynthese aus Aminosäuren. Mitarbeitern[6]) an Hunden, Mäusen und Ratten ausgeführten Versuchen ist es gelungen, die Tiere längere Zeit mit Abbauprodukten des Eiweißes nebst stickstofffreien Nährstoffen und Salzen in Stickstoffgleichgewicht zu erhalten und sogar Stickstoffretention bei ihnen zu bewirken. Nach den letzten Versuchen von ABDERHALDEN kann der Organismus Eiweiß aus Aminosäuren aufbauen, wenn nur die einzelnen Aminosäuren in einem Mengenverhältnis

---

[1]) Bioch. Zeitschr. 12.   [2]) Arch. des scienc. biol. de St. Pétersbourg 4; Arch. f. exp. Path. u. Pharm. 37; s. auch SALASKIN, Zeitschr. f. physiol. Chem. 25.   [3]) Zeitschr. f. physiol. Chem. 59.   [4]) HOFMEISTER l. c.; HEIDENHAIN, PFLÜGERS Arch. 43; H. PRINGLE u. W. CRAMER, Journ. of Physiol. 37.   [5]) Zeitschr. f. physiol. Chem. 50.   [6]) O. LOEWI, Arch. f. exp. Path. u. Pharm. 48; HENDERSON u. DEAN, Amer. Journ. of Physiol. 9; ABDERHALDEN u. RONA, Zeitschr. f. physiol. Chem. 42, 44, 47 u. 52; HENRIQUES u. HANSEN ebenda 43, 49; HENRIQUES ebenda 54; ABDERHALDEN mit OLINGER ebenda 57, mit MESSNER u. WINDRATH ebenda 59; ABDERHALDEN 77, 22, 78, 1 (1912).

zugeführt werden, wie sie durchschnittlich die Zellproteinstoffe aufweisen. Gewisse, etwa fehlende Aminosäuren scheinen innerhalb des Organismus bereitet werden zu können (z. B. Glykokoll, Prolin) andere nicht (z. B. Tryptophan). Hierdurch erklärt sich, daß Leim, der kein Tryptophan enthält, als Nährstoff das Eiweiß nicht ersetzen kann. Auch haben Osborne und Mendel gefunden, daß Gliadin, das kein Lysin enthält, als einzige Stickstoffquelle wohl den Eiweißvorrat erhalten kann, aber bei wachsenden Tieren nicht ohne Zugabe von Lysin eine Zunahme des Körpereiweißes ermöglicht; das Zein, dem sowohl Lysin wie Tryptophan abgeht, kann nur nach Zusatz von diesen beiden Stoffen als Ersatz für anderes Eiweiß dienen. Kasein, das nur sehr wenig Zystin enthalten kann, fungiert besser als Stickstoffquelle zusammen mit Zystin als ohne dasselbe, und ebenso Edestin, das sehr wenig Lysin enthält, besser mit zugesetztem Lysin als ohne. Unter den von Osborne und Mendel geprüften Eiweißstoffen scheint Laktalbumin als Stickstoffquelle am besten geeignet zu sein. Zum Erreichen einer gewissen Zunahme eines wachsenden Tieres war vom Kasein 50 p. c und von Edestin 90 p. c. mehr erforderlich als vom Laktalbumin[1]).

Eiweiß-synthese aus Aminosäuren.

Diese Versuchsergebnisse betrachtet man allgemein als einen Beweis für die Fähigkeit des Tierkörpers durch Synthese Eiweiß aus Aminosäuren aufzubauen, und auf dem jetzigen Standpunkte unseres Wissens kann man wohl auch diese Versuche kaum anders deuten oder in einfacherer Weise erklären.

Eiweiß-synthese.

Wo findet nun diese Eiweißsynthese statt? Wenn es ganz sicher wäre, daß die Aminosäuren wirklich nicht in das Blut übergehen, so müßte man ohne weiteres diese Synthese in die Darmwand verlegen. Sonst hätte man wohl in erster Linie an die Leber zu denken; aber dieses Organ scheint wenigstens keine bedeutungsvolle Rolle bei der Synthese zu spielen. Abderhalden und London[2]) stellten an einem Hunde mit einer Eckschen Fistel (vgl. S. 316) einen Fütterungsversuch mit abgebautem Eiweiß an und sie fanden, daß dieses Tier prinzipiell nicht anders als ein normales Tier sich verhielt, indem es 8 Tage nicht nur in Stickstoffgleichgewicht sich erhalten konnte, sondern auch Stickstoff retinierte. Andererseits scheint es aber nicht angängig zu sein, der Leber jede Bedeutung für die Eiweißsynthese abzusprechen. Wie G. Embden und seine Mitarbeiter nachweisen konnten, entsteht nämlich bei Durchblutung der stark glykogenhaltigen Leber d-Alanin, dessen Bildung nach Embden durch den Zerfall von Traubenzucker über Milchsäure und Brenztraubensäure erfolgt. Ganz allgemein gehen nämlich bei Leberdurchblutungsversuchen α-Aminosäuren aus den Ammoniaksalzen der entsprechenden α-Ketosäuren hervor. Die Verbindung $NH_4 . O . CO . CO . R$ geht in $HO . CO . CH(NH_2) . R$ über. In der Leber können also Abbauprodukte von Kohlehydraten in charakteristische Bestandteile des Eiweißmoleküls übergehen[3]). In diesem Zusammenhange mögen auch die Versuche von Lüthje Erwähnung finden, bei welchen nach Verfütterung von nur einer Aminosäure und reichlich Kohlehydrat eine Stickstoffretention stattgefunden haben soll[4]).

Organ der Eiweiß-synthese.

Welcher Art ist nun das durch Synthese neugebildete Eiweiß? Dies weiß man nicht. Nach Abderhalden ist es jedoch wahrscheinlich Plasmaeiweiß, welches bekanntlich bei jeder Tierart, unabhängig von der Art des eingeführten Nahrungseiweißes, dasselbe bleibt, und aus welchem die Zellen des Körpers dann das von ihnen weiter zu verarbeitende Eiweißmaterial zu

---

[1]) Journ. biol. Chem. 17, 325 (1914), 18, 1, 351 (1915), 26, 1, 29, 69 (1916). [2]) Zeitschr. f. physiol. Chem. 54. [3]) Bioch. Zeitschr. 29, 423 (1910), 38, 393, 407, 414 (1911), 45, 1—207 (1912); Zusammenfassung, 45, 201. [4]) Pflügers Arch. 113, 547 (1906).

Art des durch Synthese gebildeten Eiweißes.

schöpfen hätten. Gegen diese Hypothese kann man allerdings Einwände erheben, aber sie ist aller Beachtung wert. Zugunsten derselben könnte man auch anführen, daß nach den Untersuchungen von E. Freund und Körösy das von dem Darme kommende Blut während der Verdauung reicher an koagulablem Eiweiß als sonst ist. Es liegen aber auch andere, wesentlich abweichende Untersuchungsergebnisse vor, nämlich von Pringle und Cramer, und die Frage nach der Eiweißbildung im Darme ist also in vielen Punkten unaufgeklärt[1]).

Eiweißresorption.

Die Ausgiebigkeit der Eiweißresorption hängt wesentlich von der Art der eingeführten Nahrung ab, indem nämlich mit einigen Ausnahmen die Proteinsubstanzen aus animalischen Nahrungsmitteln vollständiger als die aus den vegetabilischen resorbiert werden. Als Belege hierfür mögen folgende Beobachtungen angeführt werden. In seinen Versuchen über die Ausnutzung der Nahrungsmittel im Darmkanale des Menschen fand Rubner bei ausschließlicher animalischer Kost, bei Aufnahme von als Mittel 738—884 g gebratenem Fleisch oder 948 g Eier pro Tag, einen Stickstoffverlust mit den Exkrementen, der nur 2,5—2,8 p. c. von dem gesamten, eingeführten Stickstoff betrug. Bei ausschließlicher Milchnahrung war das Resultat etwas ungünstiger, indem nach Aufnahme von 4100 g Milch der Stickstoffverlust sogar auf 12 p. c. anstieg. Ganz anders liegen die Verhältnisse bei vegetabilischer Nahrung, indem in den Versuchen von Meyer, Rubner, Hultgren und Landergren bei Ernährungsversuchen mit verschiedenen Arten von Roggenbrot der Verlust an Stickstoff durch die Fäzes 22—48 p. c. betrug. Zu ähnlichen Ergebnissen haben auch die Versuche mit einigen anderen vegetabilischen Nahrungsmitteln wie auch die Untersuchungen von Schuster, T. Cramer,

Ausgiebigkeit der Eiweißresorption.

Meinert, Mori[2]) u. a. über die Ausnutzung der Nahrungsstoffe bei gemischter Kost geführt. Mit Ausnahme von Reis, Weizenbrot und einigen sehr fein zerteilten vegetabilischen Nahrungsmitteln zeigt es sich, wie oben gesagt, im allgemeinen, daß der Stickstoffverlust durch die Exkremente mit einem reichlicheren Gehalte der Nahrung an vegetabilischen Nahrungsmitteln steigt.

Der Grund hierzu ist ein vielfacher. Der oft recht große Gehalt der vegetabilischen Nahrungsmittel an Zellulose erschwert die Resorption des Eiweißes. Der stärkere Reiz, den die vegetabilische Nahrung an sich und

Pflanzliche Nahrungsmittel.

durch die bei den Gärungen im Darmkanale entstehenden organischen Säuren ausübt, regt eine stärkere Peristaltik an, durch welche der Darminhalt rascher als sonst durch den Darmkanal getrieben wird. Hierzu kommt noch, daß ein Teil der stickstoffhaltigen pflanzlichen Proteinsubstanzen unverdaulich zu sein scheint, und endlich wird durch die schwerverdaulichen vegetabilischen Nahrungsmittel eine größere Menge an stickstoffhaltigen Verdauungssäften abgesondert.

Bei Besprechung der Funktion des Magens wurde hervorgehoben, daß nach Entfernung oder Ausschaltung dieses Organes eine hinreichend ausgiebige Verdauung und Resorption des Eiweißes noch bestehen kann. Es ist deshalb von Interesse, zu erfahren, wie die Verdauung und Resorption des Eiweißes nach der Ausrottung des zweiten und, wie man annimmt, wichtigsten eiweißverdauenden Organes, des Pankreas, sich verhält. In dieser Hinsicht liegen Beobachtungen an Tieren nach vollständiger oder partieller Exstirpation

[1]) v. Körösy, Zeitschr. f. physiol. Chem. 57; Freund, Zeitschr. f. exp. Path. u. Therap. 4; G. Toepfer u. Freund u. Toepfer ebenda 3; Pringle u. Cramer, Journ. of Physiol. 37. [2]) Rubner, Zeitschr. f. Biol. 15; Meyer ebenda 7; Hultgren u. Landergren, Nord. med. Arch. 21; Schuster bei Voit, Untersuch. d. Kost usw., S. 142; Cramer, Zeitschr. f. physiol. Chem. 6; Meinert, Über Massenernährung, Berlin 1885; Kellner u. Mori, Zeitschr. f. Biol. 25.

(MINKOWSKI und ABELMANN, SANDMEYER, V. HARLEY) wie nach Verödung der Drüse (ROSENBERG) und auch an Menschen bei Verschluß des Ductus pancreaticus (HARLEY, DEUCHER) vor. In diesen verschiedenen Fällen hat man so verschiedene Zahlen für die Ausnutzung des Eiweißes — zwischen 80 p. c. bei angeblich vollständigem Ausschluß des Pankreassaftes beim Menschen (DEUCHER) und 18 p. c. nach Exstirpation der Drüse beim Hunde (HARLEY) gefunden —, daß man hieraus keine klare Vorstellung von dem Umfange und der Bedeutung der Trypsinverdauung im Darme gewinnen kann. Daß bei vollständig gehindertem Zutritt des Pankreassaftes noch eine nur wenig herabgesetzte Eiweißresorption stattfinden kann, geht auch aus den Versuchen von LOMBROSO und NIEMANN[1]) hervor. Für das Verständnis, wie in diesen Fällen die Verdauung und Resorption so reichlich vonstatten gehen können, wäre es von Interesse zu wissen, inwieweit andere Verdauungssäfte vikariierend eintreten. In dieser Hinsicht haben ZUNZ und MAYER[2]) gefunden, daß beim Hunde (Fleischverdauung) Unterbindung der Pankreasgänge durch vermehrte Absonderung von Pepsin und anderen proteolytischen Enzymen wesentlich kompensiert wird, und daß in diesem Falle der Abbau des Eiweißes im Magen weiter als beim normalen Tiere geht.

Bedeutung des Pankreas für die Eiweißresorption.

Die Kohlehydrate werden hauptsächlich als Monosaccharide aufgesaugt. Die Glukose, Lävulose und Galaktose werden wohl als solche resorbiert. Die zwei Disaccharide, der Rohrzucker und die Maltose, erliegen dagegen in dem Darmkanale einer Inversion, durch welche Glukose und Lävulose gebildet werden. Der Milchzucker wird ebenfalls, wenigstens bei gewissen Tieren, zum Teil im Darme invertiert. Bei anderen erwachsenen Tieren wird er dagegen, wenn nicht durch Milchnahrung die (umstrittene) Laktasebildung angeregt wird, im Darme nicht oder nur in geringem Umfange invertiert (VOIT und LUSK, WEINLAND, PORTIER, RÖHMANN und NAGANO) und er dürfte wohl folglich, insoferne als er nicht in Gärung übergeht oder wie RÖHMANN und NAGANO[3]) annehmen, in unbekannter Weise in der Darmschleimhaut umgewandelt wird, bei diesen Tieren als solcher zur Resorption gelangen. Eine Resorption von nicht invertierten Kohlehydraten ist nämlich nicht ausgeschlossen, und nach den Beobachtungen von OTTO und v. MERING kann das Pfortaderblut nach einer kohlehydratreichen Mahlzeit neben Zucker auch dextrinähnliche Kohlehydrate enthalten. Nach G. MOSCATI[4]) soll sogar aus einer intravenös oder subkutan eingeführten homogenen Stärkelösung die Stärke von den Organen, namentlich von Milz, Leber und Lungen aufgenommen und verwertet werden, indem die Stärke nach ihm in Glykogen übergehen soll. Ein Teil der Kohlehydrate dürfte wohl übrigens regelmäßig im Darme einer Gärung anheimfallen, durch welche Milchsäure und andere resorbierbare Stoffe gebildet werden.

Resorption der Kohlehydrate.

Die verschiedenen Zuckerarten werden mit verschiedener Schnelligkeit resorbiert, die Resorption ist aber im allgemeinen eine sehr rasche. Diese Resorption ist in den oberen Abschnitten des Darmes eine raschere als in den unteren (RÖHMANN, LANNOIS und LÉPINE, RÖHMANN und NAGANO)[5]).

---

[1]) ABELMANN, Über die Ausnützung der Nahrungsstoffe nach Pankreasexstirp. usw. Inaug.-Diss. Dorpart 1890, zit. nach MALYS Jahresb. 20; SANDMEYER, Zeitschr. f. Biol. 31; ROSENBERG, PFLÜGERS Arch. 70; HARLEY, Journ. of Path. and Bakter. 1895; DEUCHER, Korresp.-Bl. f. Schweizer Ärzte 28; LOMBROSO, Arch. f. exp. Path. u. Pharm. 60; NIEMANN, Zeitschr. f. exp. Path. u. Therap. 5; vgl. auch BRUGSCH u. PLETNEW, Zeitschr. f. exp. Path. u. Therap. 6, 326. [2]) Mem. l'Acad. roy. de méd. Belg. 18. [3]) VOIT u. LUSK, Zeitschr. f. Biol. 28; RÖHMANN u. NAGANO, PFLÜGERS Arch. 95, wo man die übrige Literatur findet. [4]) OTTO, vgl. MALYS Jahresb. 17; v. MERING, Arch. f. (Anat. u.) Physiol. 1877; MOSCATI, Zeitschr. f. physiol. Chem. 50. [5]) LANNOIS et LÉPINE, Arch. de Physiol. (3) 1; RÖHMANN, PFLÜGERS Arch. 41, vgl. sonst Fußnote 3 diese Seite.

Man ist ferner darüber ziemlich einig, daß die einfachen Zucker rascher als die Disaccharide resorbiert werden, während über die Resorption der verschiedenen
Disaccharide die Angaben etwas differieren (HÉDON, ALBERTONI, WAYMOUTH, REID, RÖHMANN und NAGANO). Daß der Milchzucker langsamer als die zwei anderen Disaccharide resorbiert wird, scheint jedoch nicht zu bezweifeln sein. Nach den umfassenden Untersuchungen von RÖHMANN und NAGANO wird Rohrzucker rascher als Maltose resorbiert. Nach NAGANO [1]) werden die Pentosen langsamer als die Hexosen aufgesaugt.

Beim Einführen von Stärke, selbst in bedeutend großen Mengen, in den Darmkanal geht kein Zucker in den Harn über, was wohl daher rührt, daß in diesem Falle die Resorption und die Assimilation der langsamen Ver-
zuckerung gleichen Schritt halten. Werden dagegen auf einmal größere Zuckermengen eingenommen, so findet leicht eine Zuckerausscheidung durch den Harn statt. Man bezeichnet diese Zuckerausscheidung als alimentäre Glykosurie, und in diesem Falle hält die Assimilation des Zuckers der Resorption desselben nicht gleichen Schritt.

Diejenige Zuckermenge, welche eben eine alimentäre Glykosurie hervorruft, bezeichnet nach HOFMEISTER [2]) die Assimilationsgrenze für denselben Zucker. Diese Grenze ist für verschiedene Zuckerarten eine verschiedene; sie wechselt aber für einen und denselben Zucker nicht nur bei verschiedenen Tieren, sondern auch für verschiedene Individuen derselben Art wie auch
für dasselbe Individuum unter verschiedenen Umständen. Im allgemeinen dürfte man indessen, trotz der widersprechenden Angaben verschiedener Forscher, sagen können, daß bezüglich der gewöhnlichsten Zuckerarten, Glukose, Lävulose, Galaktose, Rohrzucker, Maltose und Milchzucker, die Assimilationsgrenze am höchsten für Glukose und Lävulose, etwas tiefer für Galaktose um am tiefsten für den Milchzucker liegt. Daß bei einem überreichen Gehalt an Zuckerarten in dem Darminhalte die Disaccharide die zur vollständigen Invertierung nötige Zeit nicht finden können, ist a priori anzunehmen und ist von RÖHMANN und NAGANO direkt erwiesen worden. Dementsprechend kann es nicht auffallen, daß man in Fällen von alimentärer Glykosurie mehrmals auch Disaccharide im Harne gefunden hat [3]).

Bezüglich der Wege, auf welchen die Zuckerarten in den Blutstrom hineingelangen, weiß man durch die Untersuchungen von LUDWIG, v. MERING
u. a., daß die Zuckerarten ebenso wie die wasserlöslichen Stoffe überhaupt gewöhnlichenfalls nicht in nennenswerter Menge in die Chylusgefäße übertreten, sondern zum allergrößten Teil von dem Blute in die Kapillaren der Villi aufgenommen werden und auf diesem Wege in die Blutmasse hineingelangen. Diese an Tieren gewonnene Erfahrung ist auch für den Menschen durch die Beobachtungen von J. MUNK und ROSENSTEIN [4]) bestätigt worden.

Der Grund, warum der Zucker wie andere gelöste Stoffe nicht in nennenswerter Menge in die Chylusgefäße übergeht, ist nach HEIDENHAIN [5]) in den anatomischen Verhältnissen, in der Anordnung der Kapillaren dicht unter der
Epithelschicht zu suchen. Gewöhnlichenfalls finden diese Kapillaren die zur Aufnahme des Wassers und der in ihm gelösten Stoffe nötige Zeit. Wenn

---

[1]) Bezüglich der Literatur über Resorption der Zuckerarten vgl. Fußnote 3, S. 415. [2]) Arch. f. exp. Path. u. Pharm. **25** u. **26**. [3]) Hinsichtlich der Literatur über den Übergang verschiedener Zuckerarten in den Harn kann auf den Aufsatz von C. VOIT über die Glykogenbildung in Zeitschr. f. Biol. **28** und F. VOIT, Verh. d. Ges. f. Morph. u. Physiol. in München 1896 und Deutsch. Arch. f. klin. Med. **58** verwiesen werden. Vgl. auch BLUMENTHAL, Zur Lehre von der Assimilationsgrenze der Zuckerarten, Inaug.-Dissert. 1903, Straßburg und W. BRASCH, Zeitschr. f. Biol. **50**. [4]) v. MERING, Arch. f. (Anat. u.) Physiol. 1877; MUNK u. ROSENSTEIN, VIRCHOWS Arch. **123**. [5]) PFLÜGERS Arch. **43**, Supplbd.

aber auf einmal größere Mengen von Flüssigkeit, z. B. von einer Zuckerlösung, in den Darm eingeführt werden, ist dies nicht mehr möglich, und in diesem Falle geht auch ein Teil der gelösten Stoffe in die Chylusgefäße und den Ductus thoracicus über (GINSBERG, RÖHMANN)[1]).

Den Übergang von Zucker in den Harn, wenn auf einmal größere Zuckermengen eingenommen werden und die Assimilationsgrenze überschritten wird, könnte man wohl am einfachsten durch die Annahme erklären, daß ein Teil des Zuckers mit Umgehung der Leber in den großen Kreislauf gelangt, oder daß die Leber nicht Zeit hat, den Zucker zurückzuhalten und zu Glykogen zu verarbeiten. Nach den von DE FILIPPI[2]) an Hunden mit ECKschen Fisteln gemachten Beobachtungen scheint es aber, als wäre die Rolle der Leber für solche Fälle etwas zu hoch geschätzt worden. Die in solcher Weise operierten Tiere konnten nämlich, ohne glykosurisch zu werden, unbegrenzt große Mengen Stärke aufnehmen. Die Assimilationsgrenze lag allerdings bei ihnen etwas tiefer, aber qualitativ verhielten sie sich wie normale Tiere und mit steigender Zuckerzufuhr konnten sie auch steigende Zuckermengen zurückhalten.

Zucker-
resorption
und Eck-
sche Fistel.

Die Einführung von größeren Zuckermengen auf einmal in den Darmkanal kann auch leicht zu Störungen mit diarrhöischen Darmentleerungen führen. Wenn man aber die Kohlehydrate in der Form von Stärke einführt, so können sehr große Mengen davon ohne Störungen resorbiert werden, und die Aufsaugung kann eine sehr vollständige sein. So fand z. B. RUBNER folgendes: Bei Aufnahme von 508—670 g Kohlehydraten, als Weizenbrot, pro Tag betrug der nicht resorbierte Anteil derselben nur 0,8—2,6 p. c. Für Erbsen, in einer Menge von 357—588 g verzehrt, war der Verlust 3,6—7 p. c. und für Kartoffeln (718 g) 7,6 p. c. CONSTANTINIDI fand bei Aufnahme von 367—380 g Kohlehydrat, hauptsächlich als Kartoffeln, einen Verlust an Kohlehydraten von nur 0,4—0,7 p. c. In den Versuchen von RUBNER wie von HULTGREN und LANDERGREN[3]) mit Roggenbrot war die Ausnutzung der Kohlehydrate weniger vollständig, indem nämlich der Verlust in einigen Fällen sogar auf 10,4—10,9 p. c. stieg. Aus den bisherigen Erfahrungen folgt aber jedenfalls, daß der Mensch ohne Schwierigkeit mehr als 500 g Kohlehydrate pro Tag resorbieren kann.

Ausgiebig-
keit der
Resorption
der Kohle-
hydrate.

Für die Verdauung und Resorption der Amylazeen betrachtet man allgemein das Pankreas als das wichtigste Organ, und es fragt sich also, wie die Resorption dieser Stoffe nach der Ausrottung des Pankreas sich verhält. Wie für die Resorption des Eiweißes, so haben auch die bisherigen Beobachtungen wechselnde Zahlen für die Resorption der Stärke ergeben. In einigen Fällen war die Resorption fast nicht, in anderen wiederum ziemlich beeinträchtigt, und bei pankreaslosen Hunden hat man sie sogar bis auf 50 p. c. der eingenommenen Stärkemenge herabgesetzt gefunden (ROSENBERG, CAVAZZANI)[4]).

Pankreas u.
Resorption
der Kohle-
hydrate.

Als die unvergleichlich wichtigste Form für die Resorption des Fettes betrachtete man früher allgemein die Emulsion. Eine solche findet man auch im Chylus nach Einführung nicht nur von Neutralfett, sondern auch von Fettsäuren in den Darm. Die Fettsäuren sind indessen nicht als solche in dem emulgierten Chylusfette enthalten. Durch Untersuchungen von J. MUNK, deren Richtigkeit später von anderen konstatiert wurde, ist es nämlich festgestellt worden, daß die Fettsäuren vor ihrem Übergange in den

Resorption
des
Fettes.

---

[1]) GINSBERG, PFLÜGERS Arch. 44; RÖHMANN ebenda 41. [2]) Zeitschr. f. Biol. 49 u. 50. [3]) RUBNER, Zeitschr. f. Biol. 15 u. 19; CONSTANTINIDI ebenda 23; HULTGREN u. LANDERGREN, Nord. med. Arch. 21. [4]) CAVAZZANI, Zentralbl. f. Physiol. 7. Siehe im übrigen Fußnote 1, S. 416. Vgl. auch LOMBROSO, HOFMEISTERS Beiträge 8.

Chylus zum allergrößten Teil durch eine Synthese in Neutralfett übergeführt und als solche mit dem Chylusstrome dem Blute zugeführt werden. Diese Synthese soll schon in der Schleimhaut verlaufen (MOORE u. a.)[1]).

Die Annahme, daß das Fett hauptsächlich als Emulsion resorbiert werde, war teils in dem reichlichen Vorkommen von emulgiertem Fette im Chylus nach Fettnahrung und teils darin begründet, daß man nach einer solchen Nahrung oft eine Fettemulsion im Darme findet. Da indessen im Darmkanale eine reichliche Spaltung von Neutralfett vorkommt, und da ferner die Fett-

Emul-
gierung und
Resorption
des Fettes. säuren nicht als solche, sondern erst nach einer Synthese mit Glyzerin zu Neutralfett als emulgiertes Fett im Chylus vorkommen, war man im Zweifel darüber, inwieweit das emulgierte Chylusfett von einer Aufnahme schon im Darme emulgierten Neutralfettes herrührte oder von einer nachfolgenden Emulgierung des synthetisch regenerierten Neutralfettes herzuleiten war. Ein solcher Zweifel war um so mehr berechtigt, als, wie FRANK[2]) gezeigt hat, die Fettsäureäthylester zwar vom Darme aus reichlich aufgenommen werden, aber nicht als solche, sondern als abgespaltene Fettsäuren, aus denen dann das neutrale, emulgierte Chylusfett gebildet worden ist.

Die Annahme einer Resorption des Fettes als Emulsion stieß übrigens auch auf die Schwierigkeit, daß die mit Hilfe von Seifen zustande gebrachten Emulsionen in einer sauren Flüssigkeit nicht beständig sind, infolge wovon wohl auch eine solche Emulsion in dem Darminhalte, so lange er noch sauer

Dauer-
haftigkeit
der
Emulsionen. ist, kaum vorkommen dürfte. Diese Schwierigkeit ist indessen nicht zu hoch zu schätzen, weil einerseits die Reaktion oft hauptsächlich von Kohlensäure und Bikarbonat bedingt ist und weil übrigens, wie schon KÜHNE fand und darauf MOORE und KRUMBHOLZ[3]) gezeigt haben, die Eiweißstoffe eine konservierende Wirkung auf Fettemulsionen ausüben.

Die Ansicht über die Fettresorption war also früher die, daß das Fett sowohl in wasserlöslicher Form als Seifen wie auch als emulgiertes Fett resorbiert wird, wobei man allgemein die letztgenannte Form als die wichtigste betrachtete. Diese Ansicht hat indessen in neuerer Zeit durch die Arbeiten von MOORE und ROCKWOOD und vor allem durch die umfassenden Arbeiten von PFLÜGER[4]) eine wesentliche Umgestaltung erfahren.

MOORE und ROCKWOOD haben die große Lösungsfähigkeit der Galle für Fettsäuren gezeigt, und in weiterer Verfolgung dieser Untersuchungen hat MOORE mit PARKER gefunden, daß die Galle die Löslichkeit der Seifen in Wasser erhöht und deren Gelatinieren verhindern kann, ein Umstand, dem sie eine noch größere Bedeutung für die Resorption der Fette als der Löslichkeit der Fettsäuren in Galle zumessen. Für die Löslichkeit sowohl der letzteren wie der Seifen ist übrigens auch der Gehalt der Galle an Lezithin von Wichtig-

Bedeutung
der Galle. keit. Nach den genannten Forschern soll nun die Resorption des Fettes aus dem Darme wesentlich durch die Lösungsfähigkeit der Galle für Seifen und freie Fettsäuren bedingt sein. Das Neutralfett wird gespalten und die freien Fettsäuren werden resorbiert, einerseits als solche in der Galle gelöst, anderseits an Alkali gebunden als Seifen. Aus den Fettsäuren wird darauf Neutralfett regeneriert, und es wird das hierbei freigewordene Alkali der Seifen in

---

[1]) MUNK, VIRCHOWS Arch. 80; vgl. ferner v. WALTHER, Arch. f. (Anat. u.) Physiol. 1890; MINKOWSKI, Arch. f. exp. Path. u. Pharm. 21; FRANK, Zeitschr. f. Biol. 36; MOORE, vgl. Bioch. Zentralblatt 1, 741 FRANK u. RITTER, Zeitschr. f. Biol. 47; NOLL, PFLÜGERS Arch. 136. [2]) Zeitschr. f. Biol. 36. [3]) KÜHNE, Lehrb. d. physiol. Chem. S. 122; MOORE u. KRUMBHOLZ, Journ. of Physiol. 22. [4]) Bezüglich der neueren Literatur über Fettresorption kann auf die Arbeiten von PFLÜGER in seinem Arch. 80, 81, 82, 85, 88, 89 u. 90, wo auch die Arbeiten anderer Forscher zitiert und besprochen worden sind, hingewiesen werden; vgl. auch CRONER, Bioch. Zeitschr. 23; LOMBROSO, Arch. di Fisiol. 5.

den Darm zurück sezerniert und zu neuer Seifenbildung wieder disponibel gemacht. Nach CRONER findet die Resorption von Seifen nur in den unteren Abschnitten des Dünndarms statt.

Die Bedeutung der Galle, der Seifen und des Alkalikarbonates für die Resorption des Fettes ist jedoch vor allem von PFLÜGER durch sehr eingehende Untersuchungen näher studiert worden. Er hat die Lösungsfähigkeit der genannten Stoffe — sowohl eines jeden für sich wie auch verschiedener Gemengen derselben — für die verschiedenen Fettsäuren quantitativ ermittelt und die Wirkungsweise der Galle näher studiert. Auf Grund seiner Unter- *Die Ansicht Pflügers.* suchungen ist er zu der Ansicht gelangt, daß überhaupt kein ungespaltenes Fett resorbiert wird, daß alles Fett vor seiner Resorption erst in Glyzerin und Fettsäuren gespalten werden muß, und daß die Galle infolge ihrer Lösungsfähigkeit für Seifen und Fettsäuren für die Resorption sogar der größten verzehrten Fettmengen ausreichend ist. Der Sinn der Emulsionsbildung ist nach dieser Ansicht der, daß hierdurch das Fett der Lipase oder den fettspaltenden *Resorption im Darme.* Agenzien überhaupt die möglichst größte Oberfläche darbietet. Die Möglichkeit, daß alles Fett erst gespalten werden muß und daß also kein ungespaltenes Fett resorbiert wird, ist nach diesen Untersuchungen nicht in Abrede zu stellen.

Die nächste Frage ist die, ob alles Fett oder die Hauptmasse desselben den Weg durch die Lymphgefäße und den Ductus thoracicus zum Blute einschlägt. K. HALL fand, daß nach Unterbindung der Chylusgefäße einer Darmschlinge bei der Katze die Blutbahnen vertretungsweise für die Chylusgefäße das Fett aufzunehmen vermögen[1]). MUNK und ROSENSTEIN[2]) konnten bei *Resorptionswege des Fettes.* ihren Untersuchungen an einem Mädchen mit Lymphfistel reichlich 60 p. c. von dem eingeführten Fette in dem Chylus wieder finden, und von der ganzen Fettmenge im Chylus waren hierbei nur 4—5 p. c. als Seifen vorhanden. Selbst nach Verfütterung von einer fremden Fettsäure, der Erukasäure, fanden sie 37 p. c. der eingeführten Menge als Neutralfett in dem Chylus wieder. Nie findet man indessen alles eingeführte Fett im Chylus; es gibt immer einen nicht unbedeutenden Teil des resorbierten Fettes, dessen Schicksal man nicht hat verfolgen können.

Die Vollständigkeit, mit welcher das Fett resorbiert wird, hängt unter normalen Verhältnissen wesentlich von der Art des Fettes ab. In dieser Hinsicht weiß man, besonders durch die Untersuchungen von MUNK und ARNSCHINK[3]), daß die Fettarten mit höherem Schmelzpunkt, wie z. B. der Hammeltalg und besonders das Stearin, weniger vollständig als die leicht schmelzbaren *Resorption verschiedener Fette.* Fette, wie Schweine- und Gänsefett, Olivenöl u. dgl. resorbiert werden. Auch auf die Geschwindigkeit der Resorption übt die Art des Fettes Einfluß aus, indem nämlich, wie MUNK und ROSENSTEIN fanden, das feste Hammelfett langsamer als das flüssige Lipanin aufgesaugt wurde. Die Ausgiebigkeit der Fettresorption im Darmkanale ist übrigens unter physiologischen Verhältnissen eine sehr bedeutende. Ein von VOIT untersuchter Hund nahm von 350 g verzehrtem Fett (Butterschmalz) im Tag 346 g aus dem Darmkanale auf, und nach den Versuchen von RUBNER[4]) können im Darme des Menschen bis über 300 g Fett pro Tag zur Aufsaugung gelangen. Das Fett wird, wie die Versuche von RUBNER lehren, weit vollständiger resorbiert, wenn es frei in der Form von Butter oder Schmalz als wenn es als Speck, in den Zellen des Fettgewebes eingeschlossen, mit der Nahrung zugeführt wird.

---

[1]) Zeitschr. f. Biol. **62**, 448 (1913). [2]) VIRCHOWS Arch. **123**. [3]) MUNK, VIRCHOWS Arch. **80** u. **95**; ARNSCHINK. Zeitschr. f. Biol. **26**. [4]) VOIT. Zeitschr. f. Biol. **9**; RUBNER ebenda **15**.

Schon längst hat CLAUDE BERNARD bei Versuchen an Kaninchen, bei welchen Tieren der Ductus choledochus in den Dünndarm oberhalb des Pankreasganges einmündet, gefunden, daß nach fettreicher Nahrung die Chylusgefäße des Darmes oberhalb des Pankreasganges durchsichtig, unterhalb desselben aber milchig weiß sind und daß also die Galle allein ohne den Pankreassaft eine durch eine Emulsion erkennbare Resorption von Fett nicht bewirkt. DASTRE [1] hat an Hunden den umgekehrten Versuch ausgeführt, indem er nämlich den Ductus choledochus unterband und eine Gallenfistel anlegte, durch welche die Galle in den Darm unterhalb der Mündung des pankreatischen Ganges einfließen konnte. Da die Versuchstiere nach einer fettreichen Mahlzeit getötet wurden, waren die Chylusgefäße erst unterhalb der Einmündung der Gallenfistel milchig weiß. Hieraus zieht DASTRE den Schluß, daß für die Resorption des Fettes ein Zusammenwirken von Galle und Pankreassaft von Wichtigkeit sei, eine Annahme, welche mit vielen anderen Erfahrungen im besten Einklange ist.

Wirkung
von Galle
u. Pankreas-
saft auf die
Emul-
gierung des
Fettes.

Durch zahlreiche Beobachtungen von BIDDER und SCHMIDT, VOIT, RÖHMANN, FR. MÜLLER, J. MUNK [2] u. a. ist es sicher festgestellt worden, daß bei Ausschluß der Galle vom Darmkanale die Fettresorption dermaßen herabgesetzt werden kann, daß nur $1/7$ bis etwa $1/2$ des bei Gallenzutritt resorbierten Fettquantums zur Resorption gelangt. Auch bei Ikterischen ist eine beträchtliche Herabsetzung der Fettresorption bei vollständigem Ausschluß der Galle sicher nachgewiesen worden. Wie unter normalen Verhältnissen, so werden auch bei Abwesenheit der Galle im Darme die leichter schmelzenden Anteile eines Fettgemenges vollständiger resorbiert als die schwerer schmelzenden. So fand J. MUNK bei Versuchen mit Schweineschmalz und Hammeltalg an Hunden, daß nach Ausschluß der Galle vom Darm die Resorption von hoch schmelzendem Talg fast um das Doppelte stärker Not leidet als die Aufnahme von Schmalz.

Galle und
Fett-
resorption.

Durch die Untersuchungen von RÖHMANN und J. MUNK weiß man ferner, daß bei Abwesenheit von Galle die Relation zwischen Fettsäuren und Neutralfett derart verändert wird, daß etwa 80—90 p. c. des mit dem Kote unbenutzt ausgestoßenen Fettes aus Fettsäuren bestehen, während unter normalen Verhältnissen in den Fäzes auf 1 Teil Neutralfett etwa $2-2\frac{1}{2}$ Teile freie Fettsäuren oder weniger kommen. Wie der relativ größere Gehalt des Kotfettes an freien Fettsäuren nach Ausschluß der Galle vom Darme zustande kommt, läßt sich noch nicht mit Sicherheit sagen.

Daß die Galle von großer Bedeutung für die Fettresorption ist, steht also jedenfalls fest. Ebenso sicher ist es aber, daß auch bei Abwesenheit von Galle recht bedeutende Fettmengen aus dem Darme resorbiert werden können. Wie steht es aber in dieser Hinsicht mit der Bedeutung des Pankreassaftes?

Es liegen hierüber recht zahlreiche Beobachtungen an Tieren (ABELMANN und MINKOWSKI, SANDMEYER, HARLEY, ROSENBERG, HÉDON und VILLE) und auch an Menschen (von FR. MÜLLER und DEUCHER) [3] vor. Gemeinsam für alle diese Beobachtungen ist eine nach der Exstirpation bzw. Verödung der Drüse oder dem Ausschlusse des Saftes vom Darme eintretende, mehr oder weniger hochgradige Herabsetzung der Fettresorption. Über die Größe dieser

---

[1] Arch. de physiol. (5) **2**. [2] F. MÜLLER, Sitz.-Ber. d. phys.-med. Gesellsch. zu Würzburg 1885; J. MUNK, VIRCHOWS Arch. **122**; vgl. im übrigen die Fußnoten 2 u. 3, S. 404. [3] MÜLLER, Unters. über den Ikterus, Zeitschr. f. klin. Med. **12**; HÉDON u. VILLE, Arch. de physiol. (5) **9**; HARLEY, Journ. of Physiol. **18**; Journ. of Pathol. and Bacter. 1895 und Proc. roy. soc. **61**; bezüglich der anderen Autoren vgl. man Fußnote 1, S. 415.

Herabsetzung gehen aber die Erfahrungen weit auseinander, indem man nämlich in einigen Fällen keine, in anderen dagegen eine noch recht bedeutende Fettresorption bei derselben Tierart (Hund) und sogar demselben Tiere beobachtet hat. Nach Minkowski und Abelmann sollen nach vollständiger Pankreasexstirpation die mit der Nahrung eingeführten Fette überhaupt nicht mehr resorbiert werden, und eine Ausnahme macht nur die Milch, von deren Fettgehalte stets ein mehr oder weniger großer Teil, 28—53 p. c., zur Resorption gelangen soll. Andere Forscher sind indessen zu anderen Resultaten gelangt, und Harley hat Fälle beobachtet, wo bei Hunden von dem Milchfette nur 4 p. c. oder, bei möglichst vollständigem Ausschluß der Darmbakterien, überhaupt gar nichts resorbiert wurde. Die Verhältnisse können also in den verschiedenen Fällen recht. verschiedenartig sich gestalten und auch bei verschiedenen Tierarten ist das Verhalten nicht dasselbe.

Pankreas und Fettresorption.

Es besteht jedoch, wie besonders Lombroso gezeigt hat, ein wesentlicher Unterschied zwischen den Wirkungen einer Exstirpation der Drüse und einem verhinderten Zuflusse des Sekretes zu dem Darme. In dem letzten Falle kann die Resorption, wie z. B. in den von Niemann mitgeteilten Versuchen, ohne wesentliche Störung fortgehen, während die Totalexstirpation der Drüse nach Lombroso[1]) die schwersten Störungen zur Folge hat. Lombroso ist auch der Ansicht, daß das Pankreas unabhängig von der äußeren Sekretion in irgend einer Weise (durch endokrine Stoffe?) die Nährstoffresorption und die Tätigkeit der Pankreasenzyme im Darme beeinflußt. Für die Beurteilung dieser Ansicht wäre es von dem allergrößten Interesse, zu wissen, wie der Ausschluß des Pankreassaftes vom Darme auf die anderen Faktoren der Verdauung, wie auf die Absonderung der anderen Sekrete und ihre Wirksamkeit einwirkt. In dieser Hinsicht weiß man bisher gar zu wenig, die Arbeit von Zunz und Mayer (vgl. S. 415) spricht aber dafür, daß solche Rückwirkungen wohl vorkommen dürften. Unter solchen Umständen ist es noch nicht möglich, zu der Ansicht Lombrosos bestimmte Stellung zu nehmen.

Untersuchungen von Lombroso.

Lombroso hat ferner gefunden, daß nach der Exstirpation des Pankreas die Hunde bisweilen mehr Fett ausscheiden als sie in der Nahrung erhielten, daß dieses ausgeschiedene Fett, welches von einer Fettabsonderung im Darmkanale herrührt, eine andere Zusammensetzung als das eingeführte Fett hat und daß auch in diesen Fällen eine Resorption von Fett stattfindet. Daß selbst bei gleichzeitiger Abwesenheit von sowohl Galle wie Pankreassaft die Tiere noch etwas Fett resorbieren können, haben auch die Untersuchungen von Hédon und Ville sowie die von Cunningham[2]) gelehrt.

Fettresorption.

Der Grund, warum die Fettresorption bei Abwesenheit von Galle im Darme darniederliegt, dürfte wohl in dem oben über die Rolle der Galle bei der Fettresorption Gesagten zu suchen sein. Schwieriger ist es zu sagen, warum bei Abwesenheit von Pankreassaft ebenfalls die Fettresorption herabgesetzt ist. Am nächsten liegt allerdings die Annahme, daß die Spaltung des Neutralfettes hierbei weniger vollständig geschieht; aber dies scheint nicht der Fall zu sein, denn das nicht resorbierte Kotfett besteht bei Ausschluß (sowohl der Galle wie) des Pankreassaftes (Minkowski und Abelmann, Harley, Hédon und Ville, Deucher) zum allergrößten Teil aus freien Fettsäuren. Es muß also auch in diesen Fällen eine, durch die Magen- und Darmlipase, durch Mikroorganismen oder andere noch unbekannte Momente bewirkte ergiebige Fett-

Wirkungsart der Galle und des Pankreassaftes bei der Fettresorption.

---

[1]) Lombroso, vgl. Bioch. Zentralbl. **3**, 67 u. 566 u. **4**, 738, ferner Compt. rend. soc. biol. **57**; Hofmeisters Beiträge 8 u. 11; Pflügers Arch. 112 und Arch. f. exp. Path. u. Pharm. **56** u. **60**; Niemann l. c. [2]) Hédon u. Ville l. c.; Cunningham, Journ. of Physiol. **23**.

spaltung stattgefunden haben. Man könnte ferner vielleicht die mangelhafte Fettresorption nach der Pankreasexstirpation durch den Wegfall eines bedeutenden Teiles des zur Seifenbildung erforderlichen Alkalis erklären wollen; da aber nach SANDMEYER bei pankreaslosen Hunden die Fettresorption durch Zugabe von fein zerhacktem Pankreas zu dem Fette wesentlich erhöht wird, scheint auch diese Erklärung nicht befriedigend zu sein. Die Ursache liegt vielleicht darin, daß nach Pankreasexstirpation die Spaltung des Fettes hauptsächlich durch Bakterien in solchen Abschnitten des Darmkanales geschieht, wo die Verhältnisse für eine Fettresorption nicht günstig sind.

Resorption der Salze. Mit dem Wasser werden auch die löslichen Salze resorbiert. Für die Resorption solcher Salze, welche, wie z. B. die Erdphosphate, bei alkalischer Reaktion in Wasser unlöslich sind, scheint das Eiweiß, welches nicht unerhebliche Mengen solcher Salze lösen kann, von großer Bedeutung zu sein.

Wie andere gelöste Stoffe können auch die löslichen Bestandteile der Verdauungssekrete und namentlich durch die krankhaft veränderte Darmwand auch Toxine und Fermente resorbiert werden. Für eine Resorption von Gallenbestandteilen unter physiologischen Verhältnissen spricht nach der gewöhnlichen Ansicht das Vorkommen von Urobilin im Harne, während die Frage nach dem Vorkommen von sehr kleinen Spuren von Gallensäuren im normalen Harne etwas streitig ist. Besser scheint eine Resorption von Gallensäuren aus dem Darme durch andere Beobachtungen sichergestellt zu sein. So hat TAPPEINER [1]) Lösungen von gallensauren Salzen bekannter Konzentration in eine abgebundene Darmschlinge eingeführt und nach einiger Zeit den Inhalt **Resorption von Gallenbestand- teilen.** untersucht. Er beobachtete hierbei, daß in dem Jejunum und dem Ileum, nicht aber in dem Duodenum, eine Resorption von Gallensäuren stattfindet, und er fand ferner, daß in dem Jejunum von den zwei Gallensäuren nur die Glykocholsäure resorbiert wird. Es ist ferner längst von SCHIFF die Ansicht ausgesprochen worden, daß die Galle einen intermediären Kreislauf derart durchmacht, daß sie aus dem Darme resorbiert, dann mit dem Blute der Leber zugeführt und endlich durch dieses Organ aus dem Blute eliminiert wird. Gegen diese Angabe sind zwar von einigen Seiten Einwände erhoben worden, aber ihre Richtigkeit scheint jedoch durch die Beobachtungen anderer, wie PREVOST und BINET und besonders STADELMANN und seiner Schüler [2]) bewiesen zu sein. Nach Einführung von fremder Galle in den Darm eines Tieres können auch die fremden Gallensäuren in der sezernierten Galle des Versuchstieres wieder erscheinen.

Wie verhält sich die Resorption nach Entfernung größerer Teile der verschiedenen Darmabschnitte? HARLEY [3]) hat an Hunden teils eine partielle und teils eine totale Exstirpation des Dickdarmes ausgeführt. Die vollständige Exstirpation hatte zur Folge eine bedeutende Vermehrung der Exkremente, **Exstir- pation des Dick- darmes.** hauptsächlich wegen der etwa fünffachen Vermehrung des Wassers. Fette und Kohlehydrate wurden ebenso vollständig wie normal resorbiert. Die Resorption der Eiweißstoffe war dagegen herabgesetzt, auf nur 84 p. c. gegenüber 93—98 p. c. bei normalen Hunden. In den Fäzes fanden sich nach der Exstirpation bisweilen kein Urobilin oder nur Spuren davon, während Gallenfarbstoff in reichlicher Menge vorhanden war.

ERLANGER und HEWLETT fanden, daß Hunde, denen 70—83 p. c. von der Gesamtlänge des Jejunums und Ileums entfernt worden waren, ebenso

---

[1]) Wien. Sitz.-Ber. 77. [2]) SCHIFF, PFLÜGERS Arch. 3; PREVOST u. BINET, Compt. Rend. 106; STADELMANN, vgl. Fußnote 1, S. 392. [3]) Proc. roy. soc. 64.

lange als andere Tiere am Leben erhalten werden konnten, wenn nur die Nahrung nicht zu reich an Fett war. Bei großem Fettgehalt der Nahrung wurden bis zu 25 p. c. Fett gegenüber 4—5 p. c. bei normalen Tieren mit den Fäzes entleert. Unter denselben Umständen konnte auch die Stickstoffmenge in den Fäzes bis auf das Doppelte der normalen Menge sich vermehren. LONDON und STASSOW fanden, daß nach. Resektion von Ileum höherliegende Verdauungskanalabschnitte die weggefallene Verdauung und Resorption übernehmen; nach Jejunumresektion scheint der Dickdarm zur Kompensationswirkung herangezogen zu werden[1]. S. F. KAPLAN berichtet über einen Hund, dem zunächst der Magen und dann das Ileum entfernt worden war; 4 Monate später wurde auch das Kolon reseziert. Die Entfernung des Ileums verursachte keinerlei Veränderung in der Ausnutzung der Nahrung und noch 4 Monate nach der Kolonresektion konnte das Tier die Nahrung gut ausnutzen ohne Abmagerung zu zeigen[2]. *Exstirpation des Dünndarmes.*

Nach Ausschaltung des Blinddarmes beim Kaninchen konnten BERGMANN und HULTGREN[3] keine bestimmte Einwirkung auf die Ausnutzung der Zellulose und ebensowenig eine verminderte Ausnutzbarkeit der übrigen Nahrungsbestandteile konstatieren. ZUNTZ und USTJANZEW[4] fanden ebenfalls, daß die Entfernung des Blinddarmes keinen Einfluß auf die Ausnutzung des Stickstoffes hat; aber sonst kamen sie zu anderen Resultaten. Sie fanden nämlich, daß der Blinddarm der Nager von großer Bedeutung für die Verdauung der Rohfaser und der Pentosane ist. Bei Fütterung mit Heu und Weizen fielen also beispielsweise nach Entfernung des Blinddarmes bei Kaninchen die Verdauungskoeffizienten für Rohfaser von 42,8 p. c. auf 23,4 bis 18,7 und für Pentosane von 50 p. c. auf 40 bis 28,7 p. c. *Ausschaltung des Blinddarmes.*

Die Frage nach den Kräften, welche bei der Resorption wirksam sind, ist noch nicht in befriedigender Weise aufgeklärt. Wohl hat man geltend zu machen versucht, daß die Resorption auf Filtration, d. h. auf irgendwelchen hydrostatischen Druckdifferenzen zwischen dem Darminhalt und dem Blut beruhen könne. Eine solche Druckdifferenz von genügender Größe scheint aber nicht vorhanden zu sein, und außerdem kann die resorbierte Lösung in bezug auf ihre Zusammensetzung keineswegs als das Filtrat des Darminhaltes betrachtet werden. Eine größere Rolle spielen ohne Zweifel Diffusionsprozesse, welche die gleiche Konzentration sämtlicher aufgelöster Stoffe zu beiden Seiten des Darmepithels (im Darminhalt und im Blute) herzustellen bestrebt sein müssen. Solche Prozesse müssen aber nach dem in Kapitel 1 über den osmotischen Druck Gesagten in hohem Grade durch die Durchlässigkeit der Darmmembran für die gelösten Stoffe und für Wasser beeinflußt werden. Indessen genügen die Diffusionsströme auch nicht für die Erklärung der Resorption, da nach COHNHEIM der Erfolg ein anderer bleibt, je nachdem der Darm überlebend oder tot ist, und überhaupt im lebenden Darm ganz unabhängig von Konzentrationsdifferenzen eine Strömung von Darmlumen in die Außenflüssigkeit sich merkbar macht; das Zustandekommen dieser Strömung bleibt unaufgeklärt[5]. *Resorptionskräfte.*

Andere Forscher haben die Frage aufgeworfen, ob bei der Resorption Oberflächenkräfte (Adsorptionserscheinungen) wirksam sein können[6]. Indessen ist es noch nicht gelungen, die Resorbierbarkeit eines Stoffes in ein-

[1] ERLANGER u. HEWLETT, Amer. Journ. of Physiol. 6; LONDON u. STASSOW, Zeitschr. f. physiol. Chem. 74, 349 (1911). [2] Zeitschr. f. physiol. Chem. 87, 367 (1913). [3] Skand. Arch. f. Physiol. 14. [4] Verhandl. d. physiol. Gesellsch. zu Berlin 1904 bis 1905. [5] Zeitschr. f. Biol. 36—39. [6] J. TRAUBE, Bioch. Zeitschr. 24, 324 (1910), wo auch Literatur.

facher Beziehung zu dessen Einfluß auf die Oberflächenspannung des Wassers zu bringen.

Unter solchen Umständen und da weder der Umfang noch der Plan dieses Buches ein näheres Eingehen auf die zahlreichen, die Theorie der Resorption betreffenden Untersuchungen gestattet, muß bezüglich dieser Streitfragen auf größere Werke[1]) und auf die Lehrbücher der Physiologie hingewiesen werden.

---

[1]) Man vgl. hierüber wie bezüglich der Literatur: HÖBER, Physik. Chemie der Zelle und Gewebe, Leipzig 1911, sowie in KORÁNYI u. RICHTER, Physikalische Chemie und Medizin, Leipzig 1907, 1, 295; J. MUNK, Ergebn. d. Physiol. 1, Abt. 1; HAMBURGER, Osmotischer Druck und Ionenlehre 2. Wiesbaden 1904.

Zehntes Kapitel

Gewebe der Bindesubstanzgruppe.

I. Das Bindegewebe.

Die Formelemente des typischen Bindegewebes sind Zellen verschiedener Art, von nicht näher erforschter Zusammensetzung, und leimgebende Fibrillen, welche wie die Zellen in einer Grund- oder Interzellularsubstanz eingebettet liegen. Die Fibrillen bestehen aus Kollagen. Die Grundsubstanz enthält hauptsächlich Mukoid (Tendomukoid) und daneben die in der Parenchymflüssigkeit vorkommenden Eiweißstoffe, Serumglobulin und Serumalbumin (LOEBISCH)[1]. Bindegewebe.

Das Bindegewebe enthält auch oft aus Elastin bestehende Fasern oder Bildungen in wechselnder, bisweilen so vorherrschender Menge, daß das Bindegewebe fast in elastisches Gewebe übergeht. Endlich kommt auch eine dritte Art von Fasern, die retikulierten Fasern, welche nach SIEGFRIED aus Retikulin bestehen, in dem retikulierten Gewebe vor.

Werden fein zerschnittene Sehnen mit kaltem Wasser oder Kochsalzlösung extrahiert, so werden die in der Nahrungsflüssigkeit gelösten Eiweißstoffe nebst ein wenig Mukoid herausgelöst. Extrahiert man dann den Rückstand mit halb gesättigtem Kalkwasser, so löst sich das Mukoid und kann mit überschüssiger Essigsäure aus dem filtrierten Auszuge gefällt werden. Der ausgelaugte Rückstand enthält die Bindegewebsfibrillen nebst Zellen und elastischer Substanz. Chemische Bestandteile.

Das sog. Sehnenmuzin ist kein echtes Muzin, sondern ein Mukoid, welches wie zuerst von LEVENE und dann von CUTTER und GIES gezeigt wurde, einen Teil des Schwefels als eine der Chondroitinschwefelsäure verwandte Säure enthält. Dieses Mukoid, welches nach CUTTER und GIES wahrscheinlich ein Gemenge von mehreren Glykoproteiden ist, hat nach den übereinstimmenden Analysen von CHITTENDEN und GIES wie von CUTTER und GIES einen Gehalt von 2,2—2,33 p. c. Schwefel. Die Menge des als Schwefelsäure abspaltbaren Schwefels fanden CUTTER und GIES [2]) gleich 1,33—1,62 p. c. Eine dem Sehnenmukoid jedenfalls sehr nahestehende Substanz hat VAN LIER aus der Lederhaut von Menschen und einigen Tieren dargestellt. Dieses Mukoid gab eine Ätherschwefelsäure (eine Glukothionsäure) mit 1,58—3,03 p. c. Schwefel in dem Baryumsalze, etwas wechselnd bei verschiedenen Tieren. Sie gab die Orzinreaktion der Glukuronsäure. Die Ätherschwefelsäure des Sehnenmukoids ist nach LEVENE und LÓPEZ SUÁREZ [3]) Chondroitinschwefelsäure (vgl. Knorpel). Sehnenmukoid.

---

[1]) Zeitschr. f. physiol. Chem. **10.** [2]) LEVENE, Zeitschr. f. physiol. Chem. **31** u. **39**; CUTTER u. GIES, Amer. Journ. of Physiol. **6**; CHITTENDEN u. GIES, MALYs Jahresb. **26**; VAN LIER, Zeitschr. f. physiol. Chem. **61.** [3]) Journ. of biol. Chem. **36.**

Binde-
gewebe.

Die Bindegewebsfibrillen sind elastisch und quellen etwas in Wasser, stärker in verdünntem Alkali oder Essigsäure. Sie schrumpfen dagegen durch Einwirkung von einigen Metallsalzen (wie Ferrosulfat oder Quecksilberchlorid) und von Gerbsäure, welche Stoffe mit dem Kollagen unlösliche Verbindungen eingehen. Unter diesen Verbindungen, welche die Fäulnis des Kollagens verhindern, hat die Verbindung mit Gerbsäure große technische Verwendung zur Herstellung des Leders gefunden. Bezüglich des Kollagens, des Glutins, des Elastins und des Retikulins vgl. man Kapitel 2, S. 89—93.

Schleim-
oder
Gallert-
gewebe.

Die unter dem Namen Schleim- oder Gallertgewebe beschriebenen Gewebe sind mehr durch ihre physikalischen als durch ihre chemischen Eigenschaften charakterisiert und sie sind überhaupt wenig studiert. Soviel ist jedenfalls sicher, daß das Schleim- oder Gallertgewebe wenigstens in gewissen Fällen, wie bei den Akalephen, kein Muzin enthält.

Das zur Untersuchung der chemischen Bestandteile des Gallertgewebes am leichtesten zugängliche Material ist der Nabelstrang. Das darin vorkommende Muzin soll nach VAN LIER wie das Sehnenmukoid eine Ätherschwefelsäure (Glukothionsäure) geben. Diese Säure soll nach LEVENE und LÓPEZ-SUÁREZ Mukoitinschwefelsäure sein. In dem Glaskörper hat C. TH. MÖRNER[1] ein Mukoid, welches 12,27 p. c. Stickstoff und 1,19 p. c. Schwefel enthält, gefunden. Dieses Mukoid enthält ebenfalls Mukoitinschwefelsäure.

Myxödem.

Junges Bindegewebe ist reicher an Mukoid als älteres. Nach HALLIBURTON[2] enthält die Haut von sehr jungen Kindern als Mittel 7,66 und die von Erwachsenen nur 3,85 p. m. Mukoid. Bei dem sog. Myxödem, bei welchem eine Neubildung von Bindegewebe in der Haut stattfindet, nimmt auch der Gehalt an Mukoid zu.

Das Bindegewebe und ebenso das elastische Gewebe ist bei jungen Tieren reicher an Wasser und ärmer an festen Stoffen als bei erwachsenen Tieren. Dies ist aus den folgenden Analysen[3] von der Achillessehne (BUERGER und GIES) und dem Ligamentum Nuchae (VANDEGRIFT und GIES) ersichtlich.

Ligamente
und
Sehnen.

	Achillessehne		Ligament	
	Kalb	Ochs	Kalb	Ochs
Wasser	675,1 p. m.	628,7 p. m.	651,0 p. m.	575,7 p. m.
Feste Stoffe	324,9	371,3	394,0	424,3
Organische Stoffe . .	318,4	366,6	342,4	419,6
Anorganische Stoffe .	6,1	4,7	6,6	4,7
Fett		10,4		11,2
Eiweiß		2,2		6,16
Mukoid		12,83		5,25
Elastin		16,33		316,70
Kollagen		315,88		72,30
Extraktivstoffe usw. .		8,96		7,99

Mineral-
stoffe.

Bezüglich der Mineralstoffe hatte H. SCHULZ gefunden, daß das Bindegewebe reich an Kieselsäure ist. Den höchsten Gehalt an Kieselsäure fand er im Glaskörper des Rindes, nämlich 0,5814 g in 1 kg Trockensubstanz. Beim Menschen fand er in Sehnen 0,0637, in Faszien 0,1064 und in der WHARTONschen Sulze 0,244 g auf 1 kg Trockensubstanz. Der Kieselsäuregehalt ist höher in der Jugend als im Alter; beim Menschen ist er am höchsten in dem embryonalen Bindegewebe des Nabelstranges. In dem letztgenannten fand SCHULZ außerdem 0,403 g Fe_2O_3, 0,693 g MgO, 3,297 g CaO und 3,794 g P_2O_5 auf 1 kg Trockensubstanz. Die Angaben von SCHULZ über die Menge der Kiesel-

---

[1] Zeitschr. f. physiol. Chem. 18, 250. [2] Mucin in Myxoedema. Further Analyses. Klings College. Collect. Papers Nr. 1, 1893. [3] BUERGER u. GIES, Amer. Journ. of Physiol. 6; VANDEGRIFT u. GIES ebenda 5.

säure stimmen indessen nicht mit den Untersuchungen von FRAUENBERGER[1]), welcher in der WHARTONschen Sulze nur einen Bruchteil der von SCHULZ angegebenen Kieselsäuremenge fand.

II. Das Knorpelgewebe.

Dieses Gewebe besteht aus Zellen und einer ursprünglich hyalinen Grundsubstanz, die jedoch derart verändert werden kann, daß in ihr ein Netzwerk von elastischen Fasern oder auch Bindegewebsfibrillen auftreten.

Die Zellen, welche Alkalien und Säuren gegenüber als sehr widerstandsfähig sich erweisen, sind nicht näher untersucht. Die Grundsubstanz sollte der älteren Anschauung gemäß aus einem, dem Kollagen analogen Stoff, dem Chondrigen, bestehen. Die Untersuchungen von MOROCHOWETZ u. a., besonders aber von C. TH. MÖRNER[2]), haben jedoch dargetan, daß die Grundsubstanz des Knorpels aus einem Gemenge von Kollagen mit anderen Stoffen besteht. *Zellen und Grundsubstanz.*

Die Tracheal-, Thyreoideal-, Krikoideal- und Arytenoidealknorpel erwachsener Rinder enthalten nach MÖRNER in der Grundsubstanz vier Bestandteile, nämlich das **Chondromukoid,** die **Chondroitinschwefelsäure,** das **Kollagen** und das **Albumoid.**

Chondromukoid. Dieser Stoff hat nach C. MÖRNER die Zusammensetzung C 47,30, H 6,42, N 12,58, S 2,42, O 31,28 p. c. Der Schwefel ist zum Teil locker gebunden und kann durch Einwirkung von Alkali abgespalten werden, zum Teil scheidet er sich beim Sieden mit Salzsäure als Schwefelsäure ab. Von verdünnten Alkalien wird das Chondromukoid zersetzt und liefert dabei Alkalialbuminat, Peptonsubstanzen, Chondroitinschwefelsäure, Schwefelalkali und etwas Alkalisulfat. Beim Sieden mit Säuren liefert es Azidalbuminat, Peptonsubstanzen, Chondroitinschwefelsäure und, infolge der weiteren Zersetzung der letzteren, Schwefelsäure und reduzierende Substanzen. *Zusammensetzung und Spaltungsprodukte.*

Das Chondromukoid ist ein weißes, amorphes, sauer reagierendes Pulver, welches in Wasser unlöslich ist, nach Zusatz von wenig Alkali sich aber leicht löst. Diese Lösung wird von Essigsäure in großem Überschuß und schon von kleinen Mengen Mineralsäure gefällt. Die Ausfällung kann von Neutralsalzen und von Chondroitinschwefelsäure verhindert werden. Die NaCl-haltige, mit HCl angesäuerte Lösung wird von Ferrozyankalium nicht gefällt. Fällungsmittel für das Chondromukoid sind dagegen: Alaun, Eisenchlorid, Bleizucker oder Bleiessig. Von Gerbsäure wird das Chondromukoid nicht gefällt, und das letztere kann sogar im Gegenteil die Ausfällung des Leimes durch Gerbsäure verhindern. Das Chondromukoid gibt die gewöhnlichen Farbenreaktionen der Eiweißkörper: mit Salpetersäure, Kupfersulfat und Alkali, dem MILLONschen und dem ADAMKIEWICZ-HOPKINSschen Reagenze. *Eigenschaften des Chondromukoides.*

Chondroitinschwefelsäure und **Mukoitinschwefelsäure.** Die erstgenannte Säure, welche in reinem Zustande aus dem Knorpel zuerst von C. MÖRNER dargestellt und von ihm als eine Ätherschwefelsäure erkannt wurde, kommt nach ihm, außer in allen Arten von Knorpel, in der Tunica intima Aortae und spurenweise in der Knochensubstanz vor. K. MÖRNER[3]) hat sie in der Rinderniere und auch regelmäßig im Menschenharne gefunden. Ihr von mehreren Seiten behauptetes, aber von HANSSEN geleugnetes Vorkommen *Chondroitin- und Mukoitinschwefelsäure.*

---

[1]) SCHULZ, PFLÜGERS Arch. **84** u. **89,** 131 u. 144; FRAUENBERGER, Zeitschr. f. physiol. Chem. **57.** [2]) MOROCHOWETZ, Verhandl. d. naturh.-med. Vereins zu Heidelberg **1,** Heft **5;** MÖRNER, Skand. Arch. f. Physiol. **1.** [3]) C. MÖRNER l. c. und Zeitschr. f. physiol. Chem. **20** u. **23;** K. MÖRNER, Skand. Arch. f. Physiol. **6.**

in dem Amyloid ist schon im Kapitel 2, S. 130 erwähnt worden. Nach LEVENE und LÓPEZ-SUÁREZ[1]) ist die in Knorpel, Sehnen, Aorta und Sklerotika vorkommende Säure Chondroitinschwefelsäure, während die im Nabelstrange, Glaskörper, Kornea, Magenschleimhaut, Serummukoid, Ovomukoid und Ovarialzysten vorkommende Säure Mukoitinschwefelsäure sein soll.

Chondroitinschwefelsäure. Die Chondroitinschwefelsäure hat nach SCHMIEDEBERG[2]) die Formel $C_{18}H_{27}NSO_{17}$, während LEVENE und LÓPEZ-SUÁREZ beiden Säuren, als Baryumsalzen, die gemeinsame Formel $C_{26}H_{44}O_{29}N_2S_2Ba_2$ geben. Als nächste Spaltungsprodukte liefert sie Schwefelsäure und eine stickstoffhaltige, gummiähnliche, Chondroitin genannte Substanz, die bei weiterer Zerlegung Essigsäure und das reduzierend wirkende, stickstoffhaltige Chondrosin, $C_{12}H_{21}O_{11}N$, gibt. Dieses, welches eine gummiähnliche, in Wasser lösliche einbasische Säure ist, reduziert etwas stärker als Glukose, ist dextrogyr und repräsentiert die von älteren Forschern beim Sieden des Knorpels mit einer Säure in unreinem Zustande erhaltene reduzierende Substanz. Die bei der Zerlegung des Chondrosins mit Barythydrat entstehenden Produkte machten es nach SCHMIEDEBERG wahrscheinlich, daß es die Atomgruppen der Glukuronsäure und des Glukosamins enthält.

Chondrosin. Über die Berechtigung dieser Annahme liegen Untersuchungen von ORGLER und NEUBERG, S. FRÄNKEL, PONS, KENDO und HEBTING, besonders aber von LEVENE und LA FORGE[3]) vor. Namentlich durch die Arbeiten der letztgenannten ist die Richtigkeit der SCHMIEDEBERGschen Annahme bewiesen worden, indem nämlich das Chondrosin wie ein Disaccharid sich verhält, welches Glukuronsäure und ein Hexosamin, das Chondrosamin, liefert. Bezüglich des Chondrosamins vgl. man Kapitel 3, S. 170.

Mukoitinschwefelsäure. Die Mukoitinschwefelsäure liefert als entsprechende Spaltungsprodukte in erster Linie Schwefelsäure und Mukoitin, welches bei weiterer Zerlegung unter Abgabe von Essigsäure Mukosin gibt. Das Mukosin liefert endlich Glukuronsäure und Glukosamin (vgl. Kapitel 3, S. 169).

Eigenschaften der Chondroitinschwefelsäure. Die Chondroitinschwefelsäure stellt ein weißes, amorphes Pulver dar, welches sehr leicht in Wasser zu einer sauren, bei genügender Konzentration klebrigen, einer Gummilösung ähnlichen Flüssigkeit sich löst. Fast sämtliche Salze sind in Wasser löslich. Die neutralisierte Lösung wird von Zinnchlorür, basischem Bleiazetat, neutralem Eisenchlorid und von Alkohol, bei Gegenwart von wenig Neutralsalz, gefällt. Dagegen wird die Lösung nicht von Essigsäure, Gerbsäure, Blutlaugensalz und Säure, Bleizucker, Quecksilberchlorid oder Silbernitrat gefällt. In Lösungen von Leim oder Eiweiß rufen angesäuerte Lösungen von den Alkalisalzen der Chondroitinschwefelsäure Niederschläge hervor.

Mukoitinschwefelsäure. Die Mukoitinschwefelsäure kann, je nach dem Ausgangsmateriale, mit etwas verschiedenen Eigenschaften erhalten werden. Die eine Form (aus Nabelstrang, Glaskörper und Kornea) hat eine mehr gelatinöse Beschaffenheit nach der Ausfällung mit Essigsäure, eine leichtere Fällbarkeit für diese Säure und ein mehr schwerlösliches Baryumsalz als die andere (aus Magenschleimhaut, Sero- oder Ovomukoid und Ovarialzysten erhältliche) Form.

Zur Reindarstellung des Chondromukoids und seiner Trennung von Chondroitinschwefelsäure hat C. MÖRNER ein ziemlich umständliches Verfahren ausgearbeitet, bezüglich welches auf seine Originalarbeit hingewiesen wird.

---

[1]) l. c. Journ. of biol. Chem. **36**.   [2]) Arch. f. exp. Path. u. Pharm. **28**.   [3]) ORGLER u. NEUBERG, Zeitschr. f. physiol. Chem. **37**; FRÄNKEL, Annal. d. Chem. u. Pharm. **351**; CH. PONS, Arch. intern. de Physiol. 8 (1909); K. KONDO, Bioch. Zeitschr. **26**; J. HEBTING ebenda **63**; LEVENE und LA FORGE, Journ. of biol. Chem. **15, 18, 20**; LEVENE ebenda **26**.

Die Darstellung der Chondroitinschwefelsäure kann nach dem Verfahren von MÖRNER, nach vorgängiger Spaltung des Mukoids mit Alkalilauge, oder nach SCHMIEDEBERG, nach vorausgegangener Verdauung (des Nasenscheidewandknorpels von Schwein) mit Pepsinchlorwasserstoffsäure, geschehen. Beide Verfahrungsweisen weichen aber auch in der Fortsetzung so wesentlich voneinander ab, daß auf die Originalarbeiten hingewiesen werden muß. Dasselbe gilt von dem Verfahren von KONDO und die Arbeiten von LEVENE und Mitarbeitern, auch bezüglich der Darstellung von Mukoitinschwefelsäure.   *Darstellung.*

Das Kollagen des Knorpels gibt nach C. MÖRNER einen Leim, welcher nur 16,4 p. c. N enthält und welcher wohl kaum mit dem gewöhnlichen Glutin identisch sein dürfte.   *Kollagen des Knorpels.*

In den obengenannten Knorpeln erwachsener Tiere finden sich die Chondroitinschwefelsäure und das Chondromukoid, vielleicht auch das Kollagen, um die Zellen herum gelagert als rundliche Ballen oder Klümpchen, welche die Zellen umschließen. Diese Ballen (Chondrinballen MÖRNERS), welche von Methylviolett blau gefärbt werden, liegen ihrerseits in den Maschen eines Balkenwerkes, welches aus Albumoid besteht und von Tropäolin gefärbt wird.   *Chondrinballen.*

Das Albumoid ist eine stickstoffhaltige Substanz, welche lose gebundenen Schwefel enthält. Das Albumoid ist schwer löslich in Säuren und Alkalien und ist in vieler Hinsicht dem Keratin ähnlich, von dem es indessen durch Löslichkeit in Magensaft sich unterscheidet. In anderer Hinsicht wiederum ähnelt es mehr dem Elastin, unterscheidet sich aber von diesem durch den Gehalt an Schwefel. Das Albumoid gibt die Farbenreaktionen des Eiweißes.   *Albumoid.*

Zur Darstellung des Knorpelleimes und des Albumoids kann man auf folgende Weise verfahren (MÖRNER). Man entfernt zuerst das Chondromukoid und die Chondroitinschwefelsäure durch Extraktion mit schwacher Kalilauge (0,2—0,5 p. c.), wäscht aus den Knorpelresten das Alkali mit Wasser weg und kocht dann mit Wasser im PAPINS Digestor. Das Kollagen geht dabei als Leim in Lösung, während das Albumoid ungelöst (von Knorpelzellen jedoch verunreinigt) zurückbleibt. Der Leim kann durch Ausfällung mit Natriumsulfat — bis zur Sättigung in die schwach angesäuerte Lösung eingetragen — Auflösung des Niederschlages in Wasser, energische Dialyse und Ausfällung mit Alkohol gereinigt werden.   *Darstellung des Knorpelleimes und des Albumoids.*

In dem jungen Knorpel findet sich nach MÖRNER kein Albumoid, sondern nur die drei erstgenannten Bestandteile. Trotzdem enthält der junge Knorpel etwa dieselbe Menge von Stickstoff und Mineralstoffen wie der ältere. Der Knorpel einer Roche (Raja batis. Lin.), welcher von LÖNNBERG[1] untersucht wurde, enthielt kein Albumoid, nur wenig Chondromukoid, aber viel Chondroitinschwefelsäure und Kollagen.

Nach PFLÜGER und HÄNDEL[2] kommt Glykogen in sehr geringer Menge in allen Stützsubstanzen, verhältnismäßig am reichlichsten im Knorpel vor. Sehnen, Nackenband und Knorpel vom Rinde enthielten bzw. 0,06, 0,07 und 2,17 p. m. Glykogen (HÄNDEL).   *Glykogen.*

In frischem Rippenknorpel vom Menschen fand HOPPE-SEYLER 676,7 p. m. Wasser, 301,3 p. m. organische und 22 p. m. anorganische, im Kniegelenkknorpel dagegen 735,9 p. m. Wasser, 248,7 p. m. organische und 15,4 p. m. anorganische Substanz. Im Kehlkopfknorpel vom Rind fand PICKARDT 402 bis 574 p. m. Wasser und 72,86 p. m. Asche, darunter kein Eisen. Die Asche des Knorpels enthält bedeutende Mengen (sogar 800 p. m.) Alkalisulfat, welches indessen nicht als präformiert anzusehen ist, sondern wenigstens zum allergrößten Teil aus der Chondroitinschwefelsäure und dem Chondromukoid beim Einäschern entstanden ist. Die Analysen der Knorpelasche können infolge   *Zusammensetzung des Knorpels.*

---

[1] Vgl. MALYS Jahresb. 19, 325.   [2] PFLÜGER in seinem Arch. 92; HÄNDEL ebenda.

hiervon keine richtige Vorstellung von dem Gehalte des Knorpels an Mineral-
stoffen liefern. Der Knorpel ist jedoch das an Natrium reichste Gewebe des
Körpers, und nach BUNGE[1]) ist der Gehalt an Na und Cl größer bei jüngeren
als bei älteren Tieren. In 1000 Teilen, bei 120° C getrockneten Knorpels fand
BUNGE bei Selachiern 91,26, beim Rindsembryo 33,98, beim 14 Tage alten
Kalb 32,45 und beim 10 Wochen alten 26,4 Na_2O.

Ochronose. Ochronose nennt man eine braune bis schwarze Färbung der Knorpel,
die bisweilen vorkommt und die man auch in mehreren Fällen von Alkaptonurie
(vgl. Kapitel 15) oder nach langdauernder Behandlung mit Karbolumschlägen
(POULSEN, ADLER)[2]) beobachtet hat. Die Natur des melaninartigen Farbstoffes ist unbekannt.

Kornea. Die **Kornea.** Das Kornealgewebe, welches von mehreren Forschern in
chemischer Hinsicht als dem Knorpel verwandt angesehen worden ist, enthält
Spuren von Eiweiß und, als Hauptbestandteil, ein Kollagen, welches nach
C. MÖRNER[3]) 16,95 p. c. N enthält. Daneben kommt nach MÖRNER auch ein
Mukoid von der Zusammensetzung C 50,16, H 6,97, N 12,79 und S 2,07 p. c.
vor. Dieses Mukoid liefert, wie oben erwähnt, Mukoitinschwefelsäure. Die
von anderen Forschern in der Kornea gefundenen Globuline rühren nach
MÖRNER nicht von der Grundsubstanz, sondern von der Epithelialschicht her.
Die DESCEMETsche Haut besteht nach MÖRNER aus einem Membranin
(vgl. Kapitel 2, S. 130), welches 14,77 p. c. N und 0,90 p. c. S enthält.

In der Kornea des Ochsen fand HIS[4]) 758,3 p. m. Wasser, 203,8 p. m.
leimgebende Substanz, 28,4 p. m. andere organische Substanz nebst 8,4 p. m.
löslichen und 1,1 p. m. unlöslichen Salzen.

III. Das Knochengewebe.

Knochen-
gewebe. Das eigentliche Knochengewebe, wenn es von anderen in den Knochen
vorkommenden Bildungen, wie Knochenmark, Nerven und Blutgefäßen frei
ist, besteht aus Zellen und Grundsubstanz.

Die Zellen sind hinsichtlich ihrer chemischen Zusammensetzung nicht
näher untersucht. Beim Sieden mit Wasser liefern sie keinen Leim. Sie enthalten kein Keratin, welches überhaupt in der Knochensubstanz nicht vorkommen soll (HERBERT SMITH)[5]).

Haupt-
bestand-
teile. Die Grundsubstanz des Knochengewebes enthält zwei Hauptbestandteile, nämlich die organische Substanz und die in ihr eingelagerten oder mit
ihr verbundenen Kalksalze, die sog. Knochenerde. Behandelt man Knochen
bei Zimmertemperatur mit verdünnter Salzsäure, so werden die Kalksalze
herausgelöst, und die organische Substanz bleibt als eine elastische Masse von
der Form der Knochen zurück.

Organische
Grund-
substanz. Die organische Grundsubstanz besteht zum allergrößten Teil aus Ossein,
welches man allgemein als mit dem Kollagen des Bindegewebes identisch
betrachtet. Sie enthält aber außerdem, wie HAWK und GIES[6]) nachgewiesen
haben, Mukoid und Albumoid. Nach Entfernung der Kalksalze mit Salzsäure von 2—5 p. m. konnten diese Forscher mit halbgesättigtem Kalkwasser
das Mukoid ausziehen und mit Salzsäure von 2 p. m. ausfällen. Nach Ent-

---

[1]) HOPPE-SEYLER, zit. nach KÜHNES Lehrb. d. physiol. Chem., S. 387; PICKARDT,
Zentralbl. f. Physiol. **6**, 735; BUNGE, Zeitschr. f. physiol. Chem. **28.** [2]) POULSEN, vgl.
MALYS Jahresb. **40**, 424; ADLER, Zeitschr. f. Krebsforschung **11.** [3]) Zeitschr. f. physiol.
Chem. **18.** [4]) Zit. nach GAMGEE, Physiol. Chem. 1880, S. 451. [5]) Zeitschr. f. Biol. **19.**
[6]) Amer. Journ. of Physiol. **5** u. **7.**

fernung des Osseomukoids und Kollagens (durch Sieden mit Wasser) erhielten sie als ungelösten Rückstand das Albumoid.

Das Osseomukoid liefert beim Sieden mit Salzsäure reduzierende Substanz und Schwefelsäure; es traten 1,11 p. c. Schwefel in dieser Form aus. Das Osseomukoid steht dem Chondro- und dem Tendomukoid nahe, auch bezüglich der elementären Zusammensetzung, wie aus der folgenden Zusammenstellung hervorgeht.

Osseomukoid.

	C	H	N	S	O	
Osseomukoid . . .	47,43	6,63	12,22	2,32	31,40	(HAWK u. GIES)
Chondromukoid . .	47,30	6,42	12,58	2,42	31,28	(C. MÖRNER)
Tendomukoid . . .	48,76	6,53	11,75	2,33	30,60	(CHITTENDEN u. GIES)
Korneamukoid . .	50,16	6,97	12,79	2,07	28,01	(C. MÖRNER).

Das Osseoalbumoid ist unlöslich in Salzsäure von 2 p. m. und in Na_2CO_3 von 5 p. m., löst sich aber unter Albuminatbildung in Kalilauge von 10 p. c. Die Zusammensetzung des Chondro- und Osseoalbumoids geht aus der folgenden Zusammenstellung hervor.

Osseoalbumoid.

	C	H	N	S	O	
Osseoalbumoid . .	50,16	7,03	16,17	1,18	25,46	HAWK u. GIES
Chondroalbumoid .	50,46	7,05	14,95	1,86	25,68	

Der anorganische Bestandteil des Knochengewebes, die sog. Knochenerde, welche nach dem vollständigen Verbrennen der organischen Substanz als eine weiße, spröde Masse zurückbleibt, besteht überwiegend aus Kalzium und Phosphorsäure, enthält aber auch Kohlensäure nebst kleinen Mengen Magnesium, Chlor und Fluor. Das Eisen, welches man in der Knochenasche gefunden hat, gehört, wie es scheint, nicht der eigentlichen Knochensubstanz, sondern der Ernährungsflüssigkeit oder den übrigen Bestandteilen der Knochen an. Das in Spuren vorkommende Sulfat rührt von der Chondroitinschwefelsäure her (MÖRNER). Nach GABRIEL sind Kalium und Natrium wesentliche Bestandteile der Knochenerde, eine Angabe, die von ARON[1]) bestätigt worden ist.

Knochenerde.

Bezüglich der Art und Weise, wie die Mineralstoffe des Knochengewebes aneinander gebunden sind, gehen die Ansichten auseinander. Das Chlor soll in apatitähnlicher Bindung vorkommen $3(Ca_3P_2O_8)CaCl_2$. Sieht man von dem Magnesium, dem Chlor und dem Fluor ab, so kann man sich denken, daß die übrigen Mineralstoffe die Verbindung $3(Ca_3P_2O_8)CaCO_3$ darstellen. Nach GABRIEL findet die Zusammensetzung der Knochen- und Zahnasche ihren einfachsten Ausdruck in der Formel $(Ca_3(PO_4)_2 + Ca_5HP_3O_{13} + aqu)$, in welcher 2—3 p. c. Kalk durch Magnesia, Kali und Natron und 4—6 p. c. Phosphorsäure durch Kohlensäure, Chlor und Fluor vertreten sind. In neuerer Zeit hat dagegen GASSMANN wichtige Gründe dafür angeführt, daß es hier um eine komplexe Verbindung

Mineralstoffe der Knochen.

$$\left[Ca\left(\begin{matrix} OPO_3Ca \\ \!\!\!\!\!\!\!\!\!\! \raise1pt\hbox{$>$}Ca \\ OPO_3Ca \end{matrix} \right) 3 \right] CO_3$$

im Sinne WERNERS[2]) sich handelt.

Analysen der Knochenerde haben gelehrt, daß die Mineralbestandteile in einem ziemlich konstanten Mengenverhältnis, welches auch bei verschiedenen Tieren ziemlich dasselbe ist, zueinander stehen. Als Beispiele von der Zu-

---

[1]) MÖRNER, Zeitschr. f. physiol. Chem. 23; GABRIEL ebenda 18, wo auch die einschlägige Literatur sich findet; ARON, PFLÜGERS Arch. 106. [2]) GASSMANN, Zeitschr. f. physiol. Chem. 70 u. 83; WERNER, Ber. d. d. Chem. Gesellsch. 40.

sammensetzung der Knochenerde werden hier folgende Analysen von ZALESKY [1]) angeführt. 1000 Teile Knochenerde enthielten:

	Menschen	Ochsen	Schildkröten	Meer-schweinchen
Kalziumphosphat $Ca_3P_2O_8$	838,9	860,9	859,8	873,8
Magnesiumphosphat $Mg_3P_2O_8$	10,4	10,2	13,6	10,5
Kalzium, an CO_2, Fl und Cl gebunden	76,5	73,6	63,2	70,3
CO_2	57,3	62,0	52,7	—
Chlor	1,8	2,0	—	1,3
Fluor [2])	2,3	3,0	2,0	—

Zusammen-setzung der Knochen-erde.

Bei dem Veraschen entweicht jedoch stets etwas CO_2, so daß die Knochenasche nicht die gesamte CO_2 der Knochensubstanz enthält.

AD. CARNOT [3]) fand für die Asche der Knochen von Mensch, Ochs und Elefant folgende Zusammensetzung:

	Mensch		Ochs	Elefant
	Femur (Körper)	Femur (Kopf)	Femur	Femur
Kalziumphosphat	874,5	878,7	857,2	900,3
Magnesiumphosphat	15,7	17,5	15,3	19,6
Kalziumfluorid	3,5	3,7	4,5	4,7
Kalziumchlorid	2,3	3,0	3,0	2,0
Kalziumkarbonat	101,8	92,3	119,6	72,7
Eisenoxyd	1,0	1,3	1,3	1,5

Zusammen-setzung.

Die Menge der organischen Substanz der Knochen, als Gewichtsverlust beim Glühen berechnet, schwankt etwa zwischen 300—520 p. m. Diese Schwankungen erklären sich teils aus der Schwierigkeit, die Knochensubstanz durch Trocknen ganz wasserfrei zu erhalten, und teils durch den sehr wechseln-den Gehalt verschiedener Knochen an Blutgefäßen, Nerven, Marksubstanz u. dgl. Von einem wechselnden Gehalte an diesen Bildungen hängt wahrschein-lich auch der ungleiche Gehalt an organischer Substanz, welchen man in den kompakten und spongiösen Teilen desselben Knochens, wie auch in Knochen von verschiedenen Entwicklungsperioden derselben Tierart gefunden hat, ab. Das Dentin, welches verhältnismäßig reines Knochengewebe ist, enthält nur 260—280 p. m. organische Substanz, und HOPPE-SEYLER [4]) fand es deshalb wahrscheinlich, daß die ganz reine Knochensubstanz eine konstante Zusammen-setzung hat und nur etwa 250 p. m. organische Substanz enthält. Dieser Wert dürfte jedoch zu niedrig sein. Die Frage, wie diese Substanz mit der Knochenerde verbunden ist, hat man noch nicht entscheiden können.

Menge der organischen Substanz des Knochen-gewebes.

Die Ernährungsflüssigkeit, welche die Masse des Knochens durchtränkt, hat man nicht isolieren können und man weiß nur, daß sie etwas Eiweiß und außerdem auch etwas NaCl und Alkalisulfat enthält.

Das Knochenmark. Man unterscheidet zwischen rotem und gelbem Mark, wozu auch kommt das gelatinöse, fettarme Mark bei hochgradigem Fettschwund und im hohen Alter. Der Unterschied zwischen den zwei erst-genannten Arten von Mark liegt wesentlich in einem etwas größeren Gehalte des roten Markes an Erythrozyten neben einem etwas höheren Gehalt an Eiweiß und einem niedrigeren Fettgehalt. Das Fett des gelben Markes ist nach NERKING [5]) reicher an Ölsäure und ärmer an festen Fetten als dasjenige des roten Markes. Neben dem Fette kommt im Knochenmark auch Lezithin vor, dessen bei verschiedenen Tieren wechselnde Menge schon in Kapitel 4 erwähnt worden ist. Das Eiweiß besteht aus einem bei 47—50° C gerinnenden Globulin (FORREST) und einem Nukleoproteid mit 1,6 p. c. Phosphor

Knochen-mark.

---

[1]) HOPPE-SEYLER, Med.-chem. Unters. S. 19.   [2]) Die Angaben über den Fluor-gehalt sind strittig; vgl. HARMS, Zeitschr. f. Biol. 38; JODLBAUER ebenda 41.   [3]) Compt. Rend. 114.   [4]) Physiol. Chem. S. 102—104.   [5]) Bioch. Zeitschr. 10.

(HALLIBURTON)[1]), nebst Fibrinogen (P. MÜLLER)[2]), Spuren von Albumin, Albumose, Prothrombin und Thrombin. Als Extraktivstoffe hat man gefunden Milchsäure, Inosit, Hypoxanthin, Cholesterin und Stoffe nicht sicher bekannter Art. Die quantitative Zusammensetzung der beiden Arten von Knochenmark wechselt sehr mit dem Fettgehalte, und die Angaben verschiedener Untersucher sind dementsprechend sehr abweichend (NERKING, HUTCHINSON und MACLEOD, BEUMER und BÜRGER)[3]).

Die verschiedene quantitative Zusammensetzung der verschiedenen Knochen des Skeletts rührt wahrscheinlich von einem verschiedenen Gehalte derselben an anderen Bildungen, wie Knochenmark, Blutgefäße u. a. her. Quantitative Zusammensetzung. Derselbe Umstand bedingt auch allem Anscheine nach den größeren Gehalt der spongiösen Knochenpartien an organischer Substanz, den kompakten gegenüber. SCHRODT[4]) hat an einem und demselben Tiere (Hund) vergleichende Analysen der verschiedenen Teile des Skeletts ausgeführt und dabei wesentliche Unterschiede gefunden. Der Wassergehalt der frischen Knochen schwankte zwischen 138 und 443 p. m. Die Knochen der Extremitäten und des Schädels enthielten 138—222, die Rückenwirbel 168—443 und die Rippen 324—356 p. m. Wasser. Der Fettgehalt schwankte zwischen 13 und 269 p. m. Die größte Zusammensetzung der verschiedenen Knochen des Skeletts. Fettmenge, 256—269 p. m., wurde in den langen, rohrförmigen Knochen gefunden, während in den kleinen, kurzen Knochen nur 13—175 p. m. Fett gefunden wurden. Die Menge der organischen Substanz, auf die frischen Knochen berechnet, war 150—300 p. m., und die Menge der Mineralbestandteile 290—563 p. m. Die größte Menge Knochenerde wurde nicht, wie man oft angenommen hat, in dem Femur, sondern in den drei ersten Halswirbeln gefunden. Bei den Vögeln sind die Röhrenknochen reicher an Mineralsubstanzen als die platten Knochen (DÜRING), und den höchsten Gehalt daran hat man in dem Humerus gefunden (HILLER, DÜRING)[5]).

Über die Zusammensetzung der Knochen in verschiedenen Altern liegen nur spärliche Angaben vor. Durch Analysen von E. VOIT an Knochen von Hunden und von BRUBACHER an Knochen von Kindern weiß man indessen, daß das Skelett mit zunehmendem Alter ärmer an Wasser und reicher an Zusammensetzung der Knochen. Asche wird. GRAFFENBERGER[6]) fand, daß bei Kaninchen höheren Alters, nämlich von 6½—7½ Jahren, die Knochen nur 150—140 p. m. Wasser enthalten, während der Gehalt an Wasser in den Knochen ausgewachsener Kaninchen im Alter von 2—4 Jahren 200—240 p. m. beträgt. Die Knochen älterer Kaninchen sollen auch mehr kohlensaures und weniger phosphorsaures Kalzium enthalten. Nach GAUTIER und P. CLAUSMANN[7]) nimmt der Gehalt an Fluor mit dem Alter zu. In 1000 g bei 120° C getrockneter Knochensubstanz (Diaphyse des Femurs) von einem 68jährigen Manne fanden sie 0,566 und in den Diaphysen der langen Knochen eines neugeborenen Kindes 0,223 g Fluor. Die Diaphysen sind nach ihnen reicher an Fluor als die Epiphysen.

Die Zusammensetzung der Knochen verschiedener Tierklassen ist nur wenig bekannt. Die Knochen der Vögel sollen im allgemeinen etwas mehr Wasser als die der Knochen verschiedener Tiere. Säugetiere enthalten, und die Knochen der Fische sollen die wasserreichsten sein. Die Knochen der Fische und Amphibien enthalten außerdem eine größere Menge organische Substanz. Die Knochen der Pachydermen und der Cetaceen sollen viel Kalziumkarbonat enthalten, die der körnerfressenden Tiere enthalten stets Kieselsäure. Die Knochenasche

---

[1]) FORREST, Journ. of Physiol. **17**; HALLIBURTON ebenda **18**. [2]) Vgl. Kapitel 5, Fußnote 1, S. 200. [3]) NERKING l. c.; HUTCHINSON u. MACLEOD, MALYs Jahresb. **32**, 522; H. BEUMER u. M. BÜRGER, Zeitschr. f. exp. Path. u. Pharm. **13**. [4]) Zit. nach MALYS Jahresb. **6**. [5]) HILLER, zit. nach MALYS Jahresb. **14**; DÜRING, Zeitschr. f. physiol. Chem. **23**. [6]) VOIT, Zeitschr. f. Biol. **16**; BRUBACHER ebenda **27**; GRAFFENBERGER in MALYS Jahresbericht **21**. [7]) Compt. Rend. **156**.

der Amphibien und Fische enthält Natriumsulfat. Die Knochen der Fische scheinen im allgemeinen mehr lösliche Salze als die anderer Tiere zu enthalten.

Um den Stoffwechsel der Knochen zu studieren, hat man eine Menge Fütterungsversuche mit kalkreicher bzw. kalkarmer Nahrung ausgeführt, ohne jedoch (vgl. unten) zu ganz entscheidenden Resultaten zu gelangen. Auch die Versuche, den Kalk der Knochen durch andere alkalische Erden, wie Strontium, oder durch Tonerde zu substituieren, haben nicht eindeutige Resultate geliefert[1]). Bei hinreichendem Gehalt an Kalzium und Phosphor in der Nahrung bleibt nach ARON[2]) bei stark vermindertem Natrium- und gleichzeitig hohem Kaliumgehalt derselben das Knochenwachstum hinter der Norm zurück. Nach dem Eingeben von Krapp hat man die Knochen der Versuchstiere nach einigen Tagen oder Wochen rot gefärbt gefunden; aber auch diese Versuche haben zu keinen sicheren Aufschlüssen über das Wachstum der Knochen oder den Stoffwechsel derselben geführt.

Stoffwechsel der Knochen.

Unter pathologischen Verhältnissen, wie bei der Rachitis und der Knochenerweichung, hat man angeblich in den Knochen ein Ossein gefunden, welches beim Sieden mit Wasser keinen typischen Leim gab. Dieser Befund ist jedoch unsicher, und die pathologischen Verhältnisse scheinen hauptsächlich auf die quantitative Zusammensetzung der Knochen und besonders auf das Verhältnis zwischen organischer und anorganischer Substanz einzuwirken. In der Rachitis sind die Knochen ärmer an festen Stoffen, und die letzteren sind ärmer an Mineralstoffen als unter normalen Verhältnissen. Durch Fütterung mit kalkarmer Nahrung hat man versucht, die Tiere rachitisch zu machen. Bei jungen, noch im Wachstum begriffenen Tieren haben ERWIN VOIT, ARON und SEBAUER u. a.[3]) durch Mangel an Kalksalzen in der Nahrung rachitisähnliche Veränderungen hervorrufen können. Die Verhältnisse sind aber dadurch etwas kompliziert, daß bei der Entstehung der echten Rachitis, die Abwesenheit von einem Wachstumsvitamin (dem sog. „Antirachitin") von großer Bedeutung sein dürfte. Bei erwachsenen Tieren werden die Knochen zwar auch infolge des Mangels an Kalksalzen nach längerer Zeit verändert, aber sie werden nicht weich, sondern nur dünner, osteoporotisch. Die Versuche, durch Zusatz von Milchsäure zu der Nahrung die Kalksalze aus den Knochen zu entfernen (HEITZMANN, HEISS, BAGINSKY)[4]), haben zu nicht ganz eindeutigen Resultaten geführt. Dagegen hat WEISKE durch Beigabe von verdünnter Schwefelsäure oder von Mononatriumphosphat zu dem Futter (vorausgesetzt, daß dieses selbst nicht eine alkalische Asche liefert) beim Schafe und Kaninchen den Mineralstoffgehalt der Knochen herabsetzen können. Bei andauernder und ausschließlicher Verabreichung von Futtermitteln, welche eine Asche von saurer Reaktion liefern (Zerealienkörner), hat WEISKE ferner selbst bei ausgewachsenen Herbivoren eine Verarmung der Knochen an Mineralsubstanzen beobachtet[5]). Einige Forscher waren früher übrigens der Ansicht, daß in der Rachitis und ebenso in der Osteomalazie, in welcher Krankheit der Kalkgehalt der Knochen ebenfalls herabgesetzt ist, eine Auflösung der Kalksalze durch Milchsäure in den Knochen geschehe. Man berief sich hierbei auf den Umstand, daß O. WEBER und C. SCHMIDT[6])

Pathologische Veränderungen.

Wirkung kalksalzarmer Nahrung.

[1]) Vgl. H. WEISKE, Zeitschr. f. Biol. **31** und W. STOELTZNER, PFLÜGERS Arch. **122**; H. STOELTZNER, Bioch. Zeitschr. **12**; FR. LEHNERDT, Zeitschr. f. d. ges. exp. Med. **1**. [2]) PFLÜGERS Arch. **106**. [3]) VOIT, Zeitschr. f. Biol. **16**; H. ARON u. R. SEBAUER, Bioch. Zeitschr. **8**; A. BAGINSKY, Arch. f. (Anat. u.) Physiol. 1881; ST. WEISER, Bioch. Zeitschr. **66**. [4]) HEITZMANN, MALYS Jahresb. **3**, 229; Zeitschr. f. Biol. **12**; BAGINSKY, VIRCHOWS Arch. **87**. [5]) Vgl. MALYS Jahresb. **22**; ferner WEISKE, Zeitschr. f. physiol. Chem. **20** und Zeitschr. f. Biol. **31**. [6]) Zit. nach v. GORUP-BESANEZ, Lehrb. d. physiol. Chem. 4. Aufl.

in der zystenartig veränderten Knochensubstanz der osteomalazischen Knochen Milchsäure gefunden hatten.

Gegen die Möglichkeit, daß bei der Osteomalazie Kalksalze von der Milchsäure gelöst und aus den Knochen weggeführt werden, haben hervorragende Forscher sich ausgesprochen. Sie haben nämlich hervorgehoben, daß die von der Milchsäure gelösten Kalksalze bei der Neutralisation der Säure durch das alkalische Blut sich wieder ausscheiden müssen. Ein solcher Einwand ist jedoch von keiner größeren Bedeutung, weil das alkalische Blutserum in nicht geringem Grade die Fähigkeit, Erdphosphate in Lösung zu halten, hat, was in neuerer Zeit besonders F. HOFMEISTER gezeigt hat. Gegen die Annahme einer Lösung der Kalksalze durch Milchsäure bei der Osteomalazie sprechen dagegen die Untersuchungen von LEVY. Er hat nämlich gefunden, daß das normale Verhältnis $6PO_4:10Ca$ auch bei der Osteomalazie in allen Teilen der Knochen erhalten geblieben ist, was natürlich nicht der Fall sein könnte, wenn eine Lösung der Knochenerde durch eine Säure stattfände. Die Abnahme der Phosphate erfolgt in demselben quantitativen Verhältnisse wie die der Karbonate, und bei der Osteomalazie soll also nach LEVY der Knochenabbau nach Art einer wirklichen Entkalkung geschehen, indem ein Molekül des Phosphatkarbonates nach dem anderen entfernt wird. Dies stimmt jedoch nicht mit den Beobachtungen von F. MC CRUDDEN[1]), welcher eine veränderte Relation zwischen Ca und Phosphorsäure bei der Osteomalazie fand.

Die rachitischen Knochen sind immer ärmer an Mineralstoffen als die normalen. Die Relation zwischen Ca, PO_4 und CO_2 fand GASSMANN jedoch gleich der in normalen Knochen, während er eine pathologische Vermehrung des Mg beobachtete. Die organische Substanz hat man bei Rachitis sowohl relativ wie, wenigstens in gewissen Fällen, absolut vermehrt (GASSMANN) gefunden. Über den Wassergehalt differieren die Angaben. Nach BRUBACHER ist er größer, nach GASSMANN dagegen 10 p. m. kleiner als in normalen Knochen. Der Rachitis gegenüber zeichnet sich die Osteomalazie nicht selten durch einen bedeutenden Fettgehalt der Knochen, 230—290 p. m., aus; im übrigen scheint aber die Zusammensetzung so sehr zu schwanken, daß die Analysen nur wenig belehrend sind. In einem Falle von Osteomalazie fand CHABRIÉ[2]) in einem Knochen einen größeren Gehalt an Magnesium wie an Kalzium. Die Asche enthielt nämlich 417 p. m. Phosphorsäure, 222 p. m. Kalk, 269 p. m. Magnesia und 86 p. m. Kohlensäure. MC CRUDDEN fand ebenfalls mehr Magnesium als Kalzium; andere Forscher haben dagegen bedeutend mehr Kalzium als Magnesium gefunden.

Das **Zahngewebe** schließt sich in chemischer Hinsicht an das Knochengewebe nahe an.

Von den drei Hauptbestandteilen der Zähne, dem Dentin, dem Schmelze und dem Zement ist der letztgenannte Bestandteil, das Zement, als echtes Knochengewebe zu betrachten und als solches gewissermaßen schon besprochen worden. Das Dentin hat, der Hauptsache nach, dieselbe Zusammensetzung wie das Knochengewebe, ist aber etwas ärmer an Wasser. Die organische Substanz gibt beim Kochen Leim, dabei werden aber die Zahnröhren nicht gelöst und sie können demnach nicht aus Kollagen bestehen. In dem Dentin hat man 260—280 p. m. organische Substanz gefunden. Der Schmelz ist eine Epithelialbildung mit großem Reichtum an Kalksalzen. Der Natur und Abstammung des Schmelzes entsprechend liefert die organische Substanz desselben keinen Leim. Der vollständig ausgebildete Schmelz ist das wasserärmste, härteste und an Mineralstoffen reichste Gewebe des Körpers. Bei erwachsenen Tieren enthält er fast kein Wasser, und der Gehalt an organischer

Osteomalazie.

Krankheiten der Knochen.

Das Zahngewebe.

[1]) HOFMEISTER, Ergebn. d. Physiol. 10; LEVY, Zeitschr. f. physiol. Chem. 19; MC CRUDDEN, Journ. of biol. Chem. 7. [2]) TH. GASSMANN, Zeitschr. f. physiol. Chem. 70; BRUBACHER, Zeitschr. f. Biol. 27; CHABRIÉ, Les phenomènes chim. de l'ossification, Paris 1895, S. 65; vgl. auch C. CAPPEZZUOLI, Bioch. Zeitschr. 16.

Substanz beträgt nach verschiedenen Angaben 20—40—68 p. m. Das Mengenverhältnis des Kalziums und der Phosphorsäure ist nach HOPPE-SEYLERS
Analysen etwa dasselbe wie in der Knochenerde. Der Gehalt an Chlor ist nach
HOPPE-SEYLER ein auffallend hoher, 3—5 p. m., während BERTZ[1]) die Asche
des Schmelzes fast chlorfrei und die des Dentins sehr arm an Chlor fand.

CARNOT[2]), welcher das Dentin des Elefanten untersucht hat, fand in der Asche
desselben 4,3 p. m. Kalziumfluorid. In dem Elfenbein fand er nur 2,0 p. m. Das Dentin
des Elefanten ist reich an Magnesiumphosphat, was in noch höherem Grade von dem
Elfenbein gilt.

Der Gehalt an Fluor ist nach GABRIEL sehr gering und beträgt in Rinder-
zähnen höchstens 1 p. m. Er ist nach ihm weder in den Zähnen überhaupt
noch in dem Schmelze größer als in den Knochen[3]). GAUTIER und CLAUS-
MANN[4]) fanden in dem Dentin (Hund) in 1000 g 0,615 und im Schmelz 1,8 g
Fluor. Nach GABRIEL ist ferner in dem Phosphate im Schmelze eine auffällig
geringe, im Zahnbein eine auffällig große Menge von Kalk durch Magnesia
ersetzt. Dies steht mit der Angabe von BERTZ im Einklange, derzufolge das
Dentin etwa doppelt soviel Magnesia als der Schmelz enthält.

Nach GASSMANN[5]) haben die Zähne untereinander eine etwas verschiedene
Zusammensetzung, und beim Menschen sind die Weisheitszähne ärmer an
organischer Substanz und reicher an Kalk als die Eckzähne. Hiermit soll
auch die größere Neigung der ersteren zu Karies im Zusammenhange stehen.
Als Ursache der Entartungserscheinungen der Zähne betrachtet C. RÖSE[6])
Erdsalzarmut, und nach ihm findet man die besten Zähne in Gegenden, wo
das Trinkwasser von großer bleibender Härte ist.

IV. Das Fettgewebe.

Die Membran der Fettzellen widersteht der Einwirkung von Alkohol
und Äther. Sie wird weder von Essigsäure noch von verdünnten Mineralsäuren gelöst, löst sich aber in künstlichem Magensaft. Vielleicht besteht sie
aus einer dem Elastin nahe verwandten Substanz. Der Inhalt der Fettzellen
besteht außer von Fett von einem gelben Farbstoff, welcher beim Abmagern
weniger rasch als das Fett schwindet, weshalb auch das Unterhautzellgewebe
sehr magerer Leichen eine dunkelorangerote Farbe hat. Die nach vollständigem
Verschwinden des Fettes zurückbleibenden, fettarmen oder fast fettfreien
Zellen, die „serumhaltigen Fettzellen", haben wie es scheint ein eiweißhaltiges,
wasserreiches Protoplasma. Das Fettgewebe ist reich an fettspaltendem
Enzym und Katalase.

Das Fettgewebe enthält um so weniger Wasser je reicher an Fett es ist,
SCHULZE und REINECKE[7]) fanden in 1000 Teilen

	Wasser	Membrane	Fett
Fettgewebe vom Ochsen . . .	99,7	16,6	883,7
„ „ Schaf . . .	104,8	16,4	878,8
„ „ Schwein . .	64,4	13,6	922,0

Das in den Fettzellen enthaltene Fett besteht hauptsächlich aus Triglyzeriden, auch gemischten Glyzeriden der Stearin-, Palmitin- und Ölsäure.
Außerdem kommen, besonders in gewissen Fetten, Glyzeride anderer Fettsäuren vor (vgl. Kapitel 4). In allem Tierfett sind übrigens, wie zuerst von

---

[1]) Vgl. MALYS Jahresb. **30**.   [2]) Compt. Rend. **114**.   [3]) Vgl. Fußnote 2, S. 432.
[4]) Compt. Rend. **157**.   [5]) Zeitschr. f. physiol. Chem. **55**.   [6]) Deutsch. Monatsh. f. Zahn-
heilk. 1908.   [7]) Annal. d. Chem. u. Pharm. **142**.

Fr. Hofmann[1]) besonders gezeigt wurde, auch freie, nicht flüchtige Fettsäuren in geringer Menge vorhanden.

Das Menschenfett ist verhältnismäßig reich an Olein, dessen Menge im Fette des Unterhautfettgewebes 700—800 p. m. und etwas darüber beträgt[2]). Bei Neugeborenen ist es ärmer an Ölsäure als beim Erwachsenen (Knöpfelmacher, Siegert, Jaeckle); der Gehalt an Olein nimmt aber bis gegen Ende des ersten Jahres zu, wo er etwa derselbe wie beim Erwachsenen ist. Die Zusammensetzung des Fettes ist übrigens beim Menschen wie bei verschiedenen Individuen derselben Tierart eine ziemlich wechselnde, was wohl mit der Nahrung im Zusammenhange steht. Nach den Untersuchungen von Henriques und Hansen ist das Fett des Unterhautfettgewebes reicher an Olein als das der inneren Organe, was auch Leick und Winkler[3]) beobachtet haben. Bei Tieren mit einem dicken Unterhautfettpolster sollen nach Henriques und Hansen die äußeren Schichten desselben reicher an Olein als die inneren sein. Das Fett der kaltblütigen Tiere ist (Kapitel 4) besonders reich an mehr oder weniger ungesättigten Fettarten der Olein-, Linol- und Linolensäurereihen. Bei den Haustieren hat das Fett nach Amthor und Zink eine weniger ölartige Konsistenz und eine niedrigere Jod- und Azetylzahl als bei den entsprechenden, wild lebenden Tieren. Unter pathologischen Verhältnissen kann das Fett recht bedeutende Schwankungen zeigen. Das Fett der Lipome scheint nach Jaeckle etwas ärmer an Lezithin als anderes Fett zu sein.

Fett verschiedener Gewebe.

Das in Organen und Geweben aufgespeicherte Fett kann mit der Zusammensetzung des Nahrungsfettes etwas wechseln, dagegen soll nach Abderhalden und Brahm[4]) das eigentliche, in den Zellen (mit Ausnahme der eigentlichen Fettzellen) vorkommende Fett in seiner Zusammensetzung von der Art des aufgenommenen Nahrungsfettes nicht abhängig sein.

Die Eigenschaften des Fettes im allgemeinen und der drei wichtigsten Fettarten insbesondere sind schon in einem vorigen Kapitel (4) abgehandelt worden, weshalb auch das Hauptinteresse hier an die Entstehung des Gewebefettes sich anknüpft.

Die Abstammung des Fettes im Organismus kann eine verschiedene sein. Das Fett des Tierkörpers kann nämlich teils aus resorbiertem, in den Geweben deponiertem Nahrungsfett und teils aus in dem Organismus aus anderen Stoffen, Eiweißkörpern (?) oder Kohlehydraten, entstandenem Fett bestehen.

Abstammung des Fettes.

Daß das im Darmkanale resorbierte Fett der Nahrung von den Geweben zurückgehalten werden kann, ist auf verschiedene Weise gezeigt worden. Radziejewski, Lebedeff und Munk haben Hunde mit fremdem Fett, wie Leinöl, Hammeltalg und Rüböl gefüttert und danach das verfütterte Fett in den Geweben wiedergefunden. Hofmann ließ Hunde so lange hungern, bis sie anscheinend ihr eigenes Körperfett verloren hatten, und fütterte sie dann mit großen Mengen Fett und nur wenig Eiweiß. Da die Tiere später getötet wurden, fand er in ihnen eine so große Menge Fett, daß sie, eine Fettbildung von Eiweiß angenommen, lange nicht von dem aufgenommenen Eiweiß hätte gebildet sein können, sondern zum wesentlichen Teil von dem mit der Nahrung aufgenommenen Fette herrühren mußte. Zu ähnlichen Resultaten bezüglich des Verhaltens des resorbierten Fettes im Organismus gelangten

Ursprung des Fettes im Tierkörper.

---

[1]) Ludwig-Festschr. 1874. [2]) Vgl. Jaeckle, Zeitschr. f. physiol. Chem. 36 (Literatur) [3]) Knöpfelmacher, Jahrb. f. Kinderheilk. (N. F.) 45 (ältere Literatur); Siegert, Hofmeisters Beiträge 1; Jaeckle, Zeitschr. f. physiol. Chem. 36 (Literatur); Henriques u. Hansen, Skand. Arch. f. Physiol. 11; Leick u. Winkler, Arch. f. exp. Path. u. Pharm. 48. [4]) Zeitschr. f. physiol. Chem. 65.

auch PETTENKOFER und VOIT in ihren, nach einer anderen Methode ausgeführten Versuchen. MUNK hat auch gefunden, daß bei Verfütterung von
freien Fettsäuren diese ebenfalls in den Geweben abgelagert werden, aber
nicht als solche, sondern erst nachdem sie auf dem Wege vom Darme zum
Ductus thoracicus eine Synthese mit Glyzerin zu Neutralfett erfahren haben;
und endlich ist der Zusammenhang zwischen Nahrungs- und Körperfett von
anderen, namentlich von ROSENFELD, erwiesen worden. Es haben ferner
CORONEDI und MARCHETTI und besonders WINTERNITZ[1]) gezeigt, daß auch
jodiertes Fett aus dem Darmkanale aufgenommen wird und in den verschiedenen Organen zum Ansatz gelangen kann.

Ursprung des Fettes. (margin)

Als Mutterstoffe des im Organismus gebildeten Fettes können die Eiweißstoffe und die Kohlehydrate in Betracht kommen.

Einen Beweis für die Fettbildung aus Eiweiß hat man in der Entstehung des sog. Leichenwachses, Adipocire, einer hauptsächlich aus
reichlichen Mengen Fettsäuren mit (Ammoniak- und) Kalkseifen bestehenden
Masse, in welche eiweißreiche Leichenteile bisweilen umgewandelt werden,
sehen wollen. Die Beweiskraft dieser Beobachtung ist jedoch vielfach angezweifelt worden, und man hat die Entstehung des Leichenwachses in verschiedener Weise zu erklären versucht. Nach den Untersuchungen von KRATTER

Leichen- wachs. (margin)

und K. B. LEHMANN will es allerdings scheinen, als wäre es auf experimentellem
Wege gelungen, eiweißreiche tierische Gewebe (Muskeln)) durch anhaltende
Einwirkung von Wasser in Leichenwachs umzuwandeln, aber auch diese
Versuche wirken nicht ganz überzeugend. Abgesehen davon, daß, wie SAL-
KOWSKI gezeigt hat, bei der Entstehung des Leichenwachses das Fett selbst
in der Weise sich beteiligen kann, daß das Olein unter Bildung von festen
Fettsäuren sich zersetzt, ist hierbei nämlich zu bedenken, daß bei der Leichen-
wachsbildung niedere Organismen unzweifelhaft mitbeteiligt sind. Aus diesen
und anderen Gründen kann man der Entstehung des Leichenwachses keine
Beweiskraft für eine Fettbildung aus Eiweiß zuerkennen.

Ein anderer, der pathologischen Chemie entlehnter Beweis für eine
Fettbildung aus Eiweiß war die Fettdegeneration. Besonders auf Grund der
Untersuchungen von BAUER an Hunden und LEO an Fröschen hatte man
nämlich angenommen, daß wenigstens bei der akuten Phosphorvergiftung

Fett- degenera- tion. (margin)

eine Fettdegeneration mit Fettbildung auf Kosten des Eiweißes geschieht.
Sowohl gegen diese älteren wie gegen die von POLIMANTI später ausgeführten
Untersuchungen, welche eine Fettbildung von Eiweiß bei der Phosphorvergiftung beweisen sollen, sind indessen von PFLÜGER so schwerwiegende Einwendungen erhoben worden, daß man eine solche Fettbildung nicht als bewiesen betrachten kann. Die Untersuchungen von LEBEDEFF, ATHANASIU,
TAYLOR, SCHWALBE und anderen Forschern haben es dann wahrscheinlich
gemacht, daß hierbei keine Fettneubildung aus Eiweiß, sondern vielmehr
eine Fetteinwanderung stattfindet, und daß dies wirklich der Fall ist, hat
besonders ROSENFELD und später auch SHIBATA[2]) in überzeugender Weise
gezeigt.

Einen anderen, mehr direkten Beweis für eine Fettbildung aus Eiweiß
hat HOFMANN zu liefern versucht. Er experimentierte mit Fliegenmaden.
Einen Teil derselben tötete er und bestimmte deren Gehalt an Fett. Den Rest

---

[1]) CORONEDI u. MARCHETTI, zit. bei WINTERNITZ, Zeitschr. f. physiol. Chem. 24;
im übrigen kann bezüglich der Literatur über Fettbildung auf ROSENFELD, Fettbildung, in Ergebn. d. Physiol. 1, Abt. 1, verwiesen werden. [2]) Man vgl. ROSENFELD in
Ergebn. d. Physiol. 1, Abt. 1 und N. SHIBATA, Bioch. Zeitschr. 37, wo man die einschlägige Literatur findet.

ließ er in Blut, dessen Gehalt an Fett ebenfalls bestimmt worden, sich entwickeln, tötete sie nach kurzer Zeit und analysierte sie dann. Er fand dabei in ihnen 7—11 mal so viel Fett als die anfangs analysierten Maden und das Blut zusammen enthalten hatten. Gegen die Beweiskraft dieser Versuche hat indessen PFLÜGER[1]), wie es scheint mit Recht, die Einwendung gemacht, daß in dem Blute unter diesen Verhältnissen ungeheure Mengen von niederen Pilzen sich entwickeln, welche den Maden als Nahrung dienen und welche in ihren Zellenleibern Fette und Kohlehydrate aus den verschiedenen Bestandteilen des Blutes und dessen Zersetzungsstoffen gebildet haben können.

Als ein schwerwiegender Beweis für eine Fettbildung aus Eiweiß sind die Untersuchungen von PETTENKOFER und VOIT oft angeführt worden. Diese Forscher fütterten Hunde mit großen Mengen möglichst fettarmen Fleisches und fanden dabei in den Exkreten sämtlichen Stickstoff, aber nur einen Teil des Kohlenstoffes wieder. Zur Erklärung von diesem Verhalten hat man die Annahme gemacht, daß das Eiweiß im Organismus in einen stickstoffhaltigen und einen stickstofffreien Teil sich spalte, von denen jener zuletzt in die stickstoffhaltigen Endprodukte, Harnstoff u. a. zerfallen, dieser dagegen im Organismus als Fett zurückgehalten werden soll (PETTENKOFER und VOIT).

Durch eine eingehende Kritik der von PETTENKOFER und VOIT ausgeführten Versuche und eine sorgfältige Umrechnung ihrer Bilanzrechnungen ist indessen PFLÜGER zu der Ansicht gelangt, daß diese, vor einer langen Reihe von Jahren ausgeführten und für die damalige Zeit sehr verdienstvollen Untersuchungen mit gewissen Mängeln behaftet sind und eine Fettbildung aus Eiweiß nicht beweisen. Gegen diese Untersuchungen machte er besonders geltend, daß die genannten Forscher von einer unrichtigen Annahme über die Elementarzusammensetzung des Fleisches ausgegangen sind, und daß der Gehalt an Stickstoff von ihnen zu niedrig, der Gehalt an Kohlenstoff dagegen zu hoch angenommen wurde. Das Verhältnis von Stickstoff zu Kohlenstoff im fettarmen Fleische wurde nämlich von VOIT gleich 1:3,68 angenommen, während es nach PFLÜGER für fettfreies Fleisch nach Abzug des Glykogens gleich 1:3,22 und nach RUBNER ohne Abzug des Glykogens gleich 1:3,28 ist. Durch Umrechnung der Versuche mit diesen Koeffizienten kam PFLÜGER zu dem Schluß, daß die Annahme einer Fettbildung aus Eiweiß in ihnen keine Stütze findet.

Diesen Einwendungen gegenüber hatten allerdings E. VOIT und M. CREMER durch neue Fütterungsversuche eine Fettbildung aus Eiweiß zu beweisen versucht, aber auch die Beweiskraft dieser neueren Untersuchungen wurde von PFLÜGER in Abrede gestellt. In einem von KUMAGAWA[2]) an einem Hunde ausgeführten Fütterungsversuch mit fettarmem Fleisch (von bekanntem Gehalt an Ätherextrakt, Glykogen, Stickstoff, Wasser und Asche) konnte ebenfalls eine Fettbildung aus Eiweiß nicht konstatiert werden. Nach KUMAGAWA hat der Tierkörper unter normalen Verhältnissen keine Fähigkeit, Fett aus Eiweiß zu bilden.

Trotz der nun erwähnten Versuchsresultaten und der Einwendungen, die man gegen dieselben gemacht hat, ist eine Fettbildung aus Eiweiß von mehreren Forschern angenommen worden, und zu diesen gehören mehrere französische Forscher, unter denen besonders CHAUVEAU, GAUTIER und KAUFMANN zu nenn sind. Namentlich KAUFMANN[3]) hatte nach einer Methode, welche das Studium der Stickstoffausscheidung und des respiratorischen Gas-

Marginal notes:
Fettbildung aus Eiweiß.

Fettbildung aus Eiweiß.

Fettbildung aus Eiweiß.

Fettbildung aus Eiweiß.

---

[1]) Vgl. ROSENFELD, Fettbildung, Ergebn. d. Physiol. 1, Abt. 1. [2]) Vgl. Fußnote 1. [3]) KAUFMANN, Arch. de Physiol. (5) 8, wo auch die Arbeiten von CHAUVEAU u. GAUTIER zitiert sind.

wechsels mit Berücksichtigung der gleichzeitigen Wärmebildung gestattete, weitere Beweise für diese Ansicht zu liefern versucht. Unter neueren Versuchen an höheren Tieren sind auch zu nennen die Untersuchungen von

Fettbildung aus Eiweiß. H. v. ATKINSON und GR. LUSK[1]). In 8 von 13 Respirationsstoffwechselversuchen an Hunden bei sehr reichlicher Fleischfütterung fanden sie für den respiratorischen Quotienten Werte, die eine Fettbildung aus Eiweiß wahrscheinlich machten. J. F. MC CLENDON[2]) fand ferner den Fettgehalt der frisch ausgekrochenen Larven des Riesensalamanders bedeutend höher als den der Eier und Ähnliches fand er bei einem Vergleiche des Fettgehaltes junger Forellen und der Forelleneier. Unter den Versuchen an niederen Tieren sind, außer den obenerwähnten Versuchen an Fliegenmaden, zu nennen die Untersuchungen von WEINLAND[3]) an Kalliphoralarven. In den zu einem Brei zerriebenen Larven beobachtete er nämlich nach Zusatz von WITTE-pepton eine Neubildung von höheren, nicht flüchtigen Fettsäuren.

Gegenwärtig kann man nicht den Wert sämtlicher dieser Untersuchungen sicher beurteilen. Da aber Fette unzweifelhaft aus Kohlehydraten entstehen können, und da ferner eine Kohlehydratbildung aus Eiweiß bewiesen ist, kann die Möglichkeit einer indirekten Fettbildung aus Eiweiß mit einem Kohlehydrate als Zwischenstufe selbstverständlich nicht in Abrede gestellt

Fettbildung aus Eiweiß. werden. Für eine direkte Fettbildung aus Eiweiß, ohne Kohlehydrate als Zwischenstufe, sind aber bisher keine strenge bindenden Beweise angeführt worden. Findet eine solche direkte Fettbildung statt, so ist es jedenfalls wahrscheinlich, daß es hier nicht um eine Abspaltung von Fett aus Eiweiß, wie einige angenommen haben (CHAUVEAU, KAUFMANN, GAUTIER), sondern vielmehr um eine Synthese aus primär entstandenen, kohlenstoffärmeren Spaltungsprodukten des Eiweißes sich handelt.

Eine Fettbildung aus Kohlehydraten im Tierkörper wurde zuerst von LIEBIG angenommen. Diese Ansicht wurde aber eine Zeitlang bekämpft, und man war damals allgemein der Meinung, daß eine direkte Fettbildung aus Kohlehydraten nicht nur unbewiesen, sondern auch unwahrscheinlich sei. Den von LIEBIG beobachteten und bewiesenen, unzweifelhaft großen Einfluß der Kohlehydrate auf die Fettbildung suchte man durch die Annahme zu

Fettbildung aus Kohlehydraten. erklären, daß die letzteren statt des resorbierten oder aus dem Eiweiß gebildeten Fettes verbrannt wurden und also eine das Fett ersparende Wirkung haben würden. Durch eine Menge von Fütterungsversuchen mit einseitig kohlehydratreicher Nahrung an verschiedenen Tierarten ist es indessen nunmehr ganz sicher bewiesen, daß eine direkte Fettbildung aus Kohlehydraten wirklich vorkommt. Die Art und Weise, wie die Fettbildung zustande kommt, ist jedoch unbekannt. Da in den Kohlehydraten keine so vielgliedrigen Kohlenstoffketten wie in den Fettarten enthalten sind, muß die Fettbildung aus den Kohlehydraten eine Synthese sein, bei welcher, da die Gruppe CHOH hierbei in CH_2 übergeführt wird, auch eine Reduktion stattfinden muß.

Nach Verfütterung von sehr großen Kohlehydratmengen hat man in einzelnen Fällen die Relation zwischen eingeatmetem Sauerstoff und ausgeatmeter Kohlensäure,

Respiratorischer Quotient. d. h. den respiratorischen Quotienten $\frac{CO_2}{O}$, größer als 1 gefunden (HANRIOT und RICHET, BLEIBTREU, KAUFMANN, LAULANIÉ[4]). Man erklärt dies durch die Annahme, daß hierbei unter Abspaltung von Kohlensäure und Wasser, ohne Aufnahme von Sauerstoff, Fett

---

[1]) Zitiert nach Chem. Zentralbl. **3**, 1919. [2]) Journ. of biol. Chem. **21**. [3]) Zeitschr. f. Biologie **51** u. **52**. [4]) HANRIOT u. RICHET, Annal. de chim. et de Phys. (6) **22**; BLEIBTREU, PFLÜGERS Arch. **56** u. **85**; KAUFMANN, Arch. de Physiol. (5) **8**; LAULANIÉ ebenda S. 791.

aus den Kohlehydraten gebildet wird. Dieses Ansteigen des respiratorischen Quotienten rührt übrigens zum Teil auch von der gesteigerten Verbrennung der Kohlehydrate her.

Bei sehr fettreicher Nahrung werden reichliche Mengen Fett in das Fettgewebe abgelagert, um bei unzureichender Nahrung rasch verbraucht zu werden. Es ist sehr wahrscheinlich, daß hierbei die Lipase von Bedeutung ist, denn LOEVENHART[1]) hat als erster gefunden, daß überall im Körper, wo Fett in reichlicher Menge abgelagert ist, auch Lipase in reichlicher Menge vorkommt. Es gibt auch kaum irgend eines der verschiedenen Gewebe, welches während des Hungers so rasch abnimmt wie das Fettgewebe. In diesem Gewebe hat der Organismus ein Depot, in welches ein als Kraftquelle dienender, äußerst wichtiger Nährstoff bei reichlicher Nahrungszufuhr abgelagert und von welchem er bei unzureichender Nahrung, in dem Maße wie es nötig ist, wieder abgegeben wird.

Aufgaben des Fettgewebes.

---

[1]) Amer. Journ. of Physiol. 6.

Elftes Kapitel.

Die Muskeln.

Quergestreifte Muskeln.

Beim Studium der Muskeln muß die Hauptaufgabe der physiologischen Chemie die sein, die verschiedenen morphologischen Elemente des Muskels zu isolieren und jedes Element für sich zu untersuchen. Des komplizierten Baues des Muskels wegen ist dies jedoch bisher fast gar nicht möglich gewesen, und bis auf einige mikrochemische Reaktionen hat man sich bisher mit der Untersuchung der chemischen Zusammensetzung der Muskelfaser als Ganzes begnügen müssen.

Muskeln.

Jedes Muskelrohr oder jeder Muskelfaser besteht aus einer Hülle, dem Sarkolemma, welches aus einer elastinähnlichen Substanz zu bestehen scheint, und einem eiweißreichen Inhalt. Dieser letztere besteht aus den zu Bündeln, Muskelsäulchen, vereinigten Muskelfibrillen und dem zwischen den Bündeln sich vorfindenden Sarkoplasma. Beide diese Hauptbestandteile sind reich an Eiweiß. Der Inhalt der Muskelfasern, als ein Ganzes betrachtet, reagiert beim lebenden, ruhigen Muskel alkalisch, oder richtiger amphoter mit vorherrschender Wirkung auf rotes Lackmuspapier. RÖHMANN hat gefunden, daß der frische, ruhende Muskel für rotes Lackmoid eine alkalische und für braunes Kurkumapapier eine saure Reaktion zeigt. Aus dem Verhalten dieser Farbstoffe zu verschiedenen Säuren und Salzen zog er ferner den Schluß, daß in dem frischen Muskel die Alkaleszenz für Lackmoid durch Alkalibikarbonat, Disphosphat und wahrscheinlich auch durch die Alkaliverbindungen von Eiweißkörpern, die saure Reaktion für Kurkuma dagegen hauptsächlich durch Monophosphat bedingt ist. Der tote Muskel reagiert sauer, oder richtiger: die Azidität für Kurkuma nimmt beim Absterben des Muskels zu, die Alkaleszenz für Lackmoid dagegen ab. Der Unterschied rührt jedenfalls zum Teil von einem größeren Gehalte des toten Muskels an Monophosphat her; inwieweit daneben auch freie Milchsäure vorhanden ist, läßt sich noch nicht sicher sagen[1]).

Inhalt der Muskelröhren.

Die Fibrillen der quergestreiften Muskeln zeigen regelmäßig abwechselnde Schichte von doppeltbrechender (anisotroper, aus sog. Disdiaklasten bestehender) und einfachbrechender (isotroper) Substanz und haben einen regelmäßig segmentierten Bau. Jedes Segment ist von den beiden anliegenden

Bau der Fibrillen.

---

[1]) Über die Reaktion des Muskels gegen Indikatoren und die Ursache derselben vgl. man: RÖHMANN, PFLÜGERS Arch. **50** u. **55** und HEFFTER, Arch. f. exp. Path. u. Pharm. **31** u. **38**. In diesen Aufsätzen findet man auch die einschlägige ältere Literatur.

getrennt durch die sog. Zwischenscheibe und enthält in der Mitte die anisotrope Substanz, während die isotrope in zwei Portionen die erstgenannte einschließt und von den Zwischenscheiben trennt.

Behandelt man die Muskelfaser mit eiweißlösenden Reagenzien, wie verdünnter Salzsäure, Sodalösung oder Magensaft, so quillt sie stark und zerfällt in Querscheibchen „BOWMANS Discs". Bei der Einwirkung von Alkohol, Chromsäure, siedendem Wasser oder im allgemeinen von solchen Reagenzien, welche eine Schrumpfung hervorrufen, zerfällt die Faser der Länge nach in Fibrillen; und diese Verhältnisse zeigen also, daß in dem Bau der Muskelfasern mehrere, chemisch differente Substanzen verschiedener Löslichkeit eingehen. *Verhalten der Muskelfasern zu Reagenzien.*

Als Hauptbestandteil der aus doppeltbrechender Substanz bestehenden Querscheibchen gibt man gewöhnlich einen Eiweißkörper, das Myosin (von KÜHNE), an, während die isotrope Substanz die Hauptmasse der übrigen Eiweißstoffe des Muskels wie auch wenigstens die Hauptmasse der Extraktivstoffe desselben enthalten soll. Nach einer Beobachtung DANILEWSKYS, die von J. HOLMGREN [1]) bestätigt wurde, kann man indessen mit 5-prozentiger Salmiaklösung das Myosin vollständig aus dem Muskel extrahieren, ohne die Struktur des letzteren zu verändern, was der obigen Annahme widerspricht. Nach DANILEWSKY soll die Struktur des Muskels wesentlich an die Gegenwart einer anderen, eiweißartigen, in Salmiaklösung nur quellenden aber nicht löslichen Substanz gebunden sein. *Beziehungen der Eiweißstoffe zu der Struktur des Muskels.*

Eiweißkörper des Muskels.

Wie das Blut eine spontan gerinnende Flüssigkeit, das Blutplasma, enthält, welches unter Abscheidung von Fibrin eine nicht gerinnbare Flüssigkeit, das Blutserum, liefert, so enthält auch der lebende Muskel, wenigstens bei Kaltblütern, wie dies zuerst von KÜHNE gezeigt worden, eine spontan gerinnende Flüssigkeit, das Muskelplasma, welches unter Abscheidung eines Eiweißkörpers, des Myosins, gerinnt und dann ebenfalls ein Serum liefert. Diejenige, noch gerinnbare Flüssigkeit, welche durch Auspressen aus dem lebenden Muskel erhalten wird, nennt man Muskelplasma, diejenige dagegen, welche man aus dem toten Muskel erhält, wird Muskelserum genannt. Diese zwei Flüssigkeiten enthalten wenigstens zum Teil verschiedene Eiweißkörper. *Muskelplasma und Muskelserum.*

Das Muskelplasma wurde zuerst von KÜHNE aus Froschmuskeln und später nach derselben Methode von HALLIBURTON aus Muskeln warmblütiger Tiere, besonders Kaninchen, dargestellt. Das Prinzip der Methode ist folgendes: Unmittelbar nach dem Töten des Tieres wird aus den Muskeln das Blut mittels Durchleitens einer stark abgekühlten Kochsalzlösung von 5—6 p. m. ausgewaschen. Dann läßt man die schleunigst zerschnittenen Muskeln schnell durchfrieren, so daß sie in gefrorenem Zustande zu einer feinen Masse „Muskelschnee" zerrieben werden können. Diese Masse wird nun in der Kälte stark ausgepreßt, und die dabei abtropfende Flüssigkeit wird als Muskelplasma bezeichnet. Nach v. FÜRTH ist indessen das Abkühlen oder Gefrierenlassen nicht notwendig. Es ist genügend, die wie oben blutfrei gemachten Muskeln (auch von Warmblütern) mit Kochsalzlösung von 6 p. m. zu extrahieren. *Muskelplasma.*

Das sog. Muskelplasma stellt eine, bei verschiedenen Tieren etwas verschieden, gelblich oder bräunlich, gefärbte Flüssigkeit von alkalischer Reaktion dar. Das Muskelplasma des Frosches gerinnt langsam spontan bei etwas über 0° C, rasch dagegen bei Körpertemperatur. Das Muskelplasma der Säugetiere gerinnt dagegen nach v. FÜRTH selbst bei Zimmertemperatur sehr langsam und so spärlich, daß es nicht von einem der Blutgerinnung vergleichbaren Vorgange die Rede sein kann. Es kann aber fraglich sein, ob überhaupt die aus Muskeln der Warmblüter bisher gewonnene Flüssigkeit das unveränderte Plasma des lebenden Muskels repräsentiert. Nach KÜHNE und v. FÜRTH *Muskelplasma.*

---

[1]) DANILEWSKY, Zeitschr. f. physiol. Chem. 7; J. HOLMGREN, MALYs Jahresb. 23.

bleibt die Reaktion bei der Gerinnung alkalisch, während sie nach HALLI-BURTON, STEWART und SOLLMANN dagegen sauer wird[1]).

Die Lehre von den Eiweißstoffen des Muskels, des lebenden sowohl wie des toten, ist sehr unklar und weiterer Forschung bedürftig. Auch die Nomenklatur ist eine sehr verwickelte geworden.

Muskel-eiweiß-stoffe.

Eine spontane Gerinnung des unveränderten, alkalisch reagierenden Muskelsaftes (Plasmas) ist bisher nur für Kaltblüter sicher beobachtet worden. KÜHNE hat den Eiweißstoff, welcher das Gerinnsel bildet, Myosin genannt; der löslichen Muttersubstanz des Gerinnsels hat er aber keinen besonderen Namen gegeben. HALLIBURTON nannte sie dagegen Myosinogen. Außer dem gelösten Myosin (Myosinogen) enthält nach den älteren Forschern das Plasma bzw. das Muskelserum (außer Spuren von anderem Eiweiß) nur einen zweiten Eiweißstoff, der von NASSE Muskulin und von HALLIBURTON Paramyosinogen genannt worden ist.

Später hat v. FÜRTH, welcher ebenfalls im Muskel zwei Eiweißstoffe annimmt, das Muskulin Myosin genannt, trotzdem ersteres ganz andere Eigenschaften als das KÜHNE sche Myosin hat. Den anderen Eiweißkörper, welcher wohl dem nativen, nicht geronnenen Myosin KÜHNES und dem Myosinogen HALLIBURTONs entsprechen würde, nannte er Myogen. Das Gerinnsel des sog. Muskelplasmas betrachtet er als ein Gemenge von unlöslich gewordenem Muskulin (= Myosinfibrin) und einer unlöslichen Modifikation des Myogens (= Myogenfibrin).

Neuere Unter-suchungen über Muskel-eiweiß-stoffe und deren Ge-rinnung.

Die Frage von der Gerinnung und den Eiweißstoffen des Muskelplasmas ist indessen durch die Untersuchungen von F. BOTTAZZI und G. QUAGLIARIELLO[2]) in eine neue Lage gekommen. Sie fanden nämlich, daß in dem Preßsafte von toten Muskeln in äußerst reichlicher Menge Körnchen, die nur mit dem Ultramikroskope sichtbar sind, vorkommen. Diese Körnchen werden Myosin genannt, während die Flüssigkeit, in der sie suspendiert sind, neben anderen Stoffen nur einen zweiten, wirklich gelösten Eiweißstoff, das Myoprotein, welches mit dem Myogen (v. FÜRTH) identisch zu sein scheint, enthalten soll. Die nur mit dem Ultramikroskope sichtbaren Granula (das Myosin) betrachten sie als von den Fibrillen stammende Zerfallsprodukte, die in nächster Beziehung zu der sog. spontanen Gerinnung stehen. Diese besteht nämlich in einer Aggregation und Ausfällung der Granula, welche eine spontane Koagulation vortäuschen, die durch Verdünnung, Erwärmen und Zusatz von Säuren beschleunigt werden kann. Inwieweit die Fällung nur aus solchen Granulis oder auch aus Eiweiß besteht, ist noch nicht klar, und dasselbe gilt von den bei kurzdauernder Dialyse ausfallenden Massen. Bei 24—48stündiger Dialyse scheidet sich nämlich das Myosin (BOTTAZZIS) aus, während das Myoprotein dagegen erst nach monatelangem Dialysieren ausfällt.

Beziehung der Granula zu Myosin und Ge-rinnung.

Bemerkenswert ist es, daß die obengenannten Granula nicht in Alkali löslich sind, trotzdem man ihre Eiweißnatur angenommen hat. Es können also nur fortgesetzte Untersuchungen zeigen, in welcher Beziehung sie zu dem KÜHNE schen Myosin, dessen alkalische Lösungen nicht Gegenstand ultramikroskopischer Untersuchungen gewesen sind, stehen. Auch die Beziehung der Granula zu der Gerinnung des Plasmas ist weiterer Aufklärung bedürftig. BOTTAZZI hebt scharf hervor, daß er nie Gerinnungsphänomene derselben Art wie die von KÜHNE beschriebenen beobachtet hat, wobei man jedoch nicht übersehen darf, daß KÜHNE mit alkalisch reagierendem Plasma,

---

[1]) Vgl. KÜHNE, Unters. über das Protoplasma, Leipzig 1864, S. 2; HALLIBURTON, Journ. of Physiol. 8; v. FÜRTH, Arch. f. exp. Path. u. Pharm. 36 u. 37, HOFMEISTERS Beiträge 3 und Ergebn. d. Physiol. 1, Abt. 1; STEWART u. SOLLMANN, Journ. of Physiol. 24.
[2]) Arch. intern. d. Physiol. 12 u. BOTTAZZI, Bioch. Bulletin 2.

BOTTAZZI dagegen mit dem mehr oder weniger stark sauer reagierenden Preßsafte der toten Muskeln gearbeitet hat.

Bei der unklaren Lage der Frage von der Gerinnung eines Muskel-
plasmas hat es gegenwärtig keinen Sinn, die Eiweißkörper des Plasmas und   Eiweiß-
stoffe.
des Serums gesondert zu behandeln. Diejenigen Eiweißstoffe, die man bisher
aus den Muskeln isoliert und am meisten studiert hat, sind Myosin (KÜHNE),
Muskulin (NASSE) und Myogen (v. FÜRTH). Hierzu kommen ferner die
in sehr unbedeutender Menge vorkommenden, vielleicht nur von rückständiger
Lymphe herrührenden zwei Stoffe Myoglobulin und Myoalbumin und endlich
auch die Stromasubstanzen des Muskelrohres.

Das Myosin, welches von KÜHNE entdeckt wurde, bildet die Hauptmasse
der in Neutralsalzlösung löslichen Eiweißkörper des toten Muskels, und man
hat es früher allgemein als das wesentlichste Gerinnungsprodukt des Muskel-   Myosin.
plasmas betrachtet. Die Angaben über das Vorkommen von Myosin in anderen
Organen als den Muskeln scheinen einer weiteren Prüfung bedürftig zu sein.
Die Menge des Myosins in den Muskeln verschiedener Tiere soll nach DANI-
LEWSKI[1]) zwischen 30—110 p. m. schwanken.

Das Myosin, wie man es aus toten Muskeln erhält, ist ein Globulin,
dessen elementäre Zusammensetzung nach CHITTENDEN und CUMMINS[2]) im
Mittel die folgende ist: C 52,28; H 7,11; N 16,77; S 1,27 und O 22,03 p. c.
Scheidet sich das Myosin in Fasern aus, oder läßt man eine, mit einer mini-
malen Alkalimenge bereitete Myosinlösung auf dem Objektglase zu einer
Gallerte eintrocknen, so kann das Myosin doppeltbrechend erhalten werden.
Diese Angaben haben allerdings (nach v. FÜRTH) spätere Untersucher nicht
bestätigen können, sie ist aber namentlich im Hinblick auf die Untersuchungen
BOTTAZZIS und QUAGLIARIELLOS unzweifelhaft einer erneuten Prüfung wert.
Das Myosin hat die allgemeinen Eigenschaften der Globuline und wird von   Eigen-
schaften.
verdünnten Säuren oder Alkalien leicht in Albuminat verwandelt. Es wird
von NaCl, bis zur Sättigung eingetragen, wie auch von MgSO$_4$, bei einem
Gehalte der Lösung an 94 p. c. kristallwasserhaltigem Salz, vollständig gefällt
(HALLIBURTON). Das gefällte Myosin wird leicht unlöslich. Wie das Fibrinogen
gerinnt das Myosin in kochsalzhaltiger Lösung bei etwa + 56° C, unterscheidet
sich aber von jenem dadurch, daß es unter keinen Umständen in Faserstoff
übergeht. Die Gerinnungstemperatur soll übrigens nach CHITTENDEN und
CUMMINS nicht nur für Myosin verschiedener Abstammung, sondern auch
für ein und dasselbe Myosin in verschiedenen Salzlösungen eine etwas verschiedene sein.

Die Darstellung des Myosins kann (nach Halliburton) in der Weise geschehen, daß man den Muskel erst mit einer 5-prozentigen Lösung von Magnesium-
sulfat extrahiert und dann durch fraktionierte Fällung des Extraktes mit Magnesium-   Darstellung
des
Myosins.
sulfat erst das Muskulin und darauf das Myosin ausfällt (vgl. Halliburton l. c.).
Die ältere, vielleicht gewöhnlichste Darstellungsmethode besteht darin, daß man
nach Danilewsky[3]) den Muskel mit Salmiaklösung von 5—10 p. c. extrahiert,
durch starkes Verdünnen mit Wasser das Myosin aus dem Filtrate fällt, den
Niederschlag wieder in Salmiaklösung auflöst und das Myosin aus dieser Lösung
entweder durch Verdünnung mit Wasser oder durch Entfernung des Salzes mittels
Dialyse ausscheidet.

HALLIBURTON, welcher in den Muskeln eine dem Fibrinfermente verwandte, aber
damit nicht identische, enzymähnliche Substanz, das „Myosinferment", nachgewiesen   Myosinogen
und Myosin-
ferment.
hat, fand, daß eine Lösung von gereinigtem Myosin in verdünnter Salzlösung (z. B. 5 p. c.
MgSO$_4$), mit Wasser passend verdünnt, nach einiger Zeit gerinnt unter Sauerwerden der
Flüssigkeit und unter Abscheidung von einem typischen Myosingerinnsel. Diese Gerinnung,

---

[1]) Zeitschr. f. physiol. Chem. 7.   [2]) Studies from Yale College, New Haven 3,
1889, S. 115.   [3]) Zeitschr. f. physiol. Chem. 5, 158.

welche durch Erwärmung wie auch durch Zusatz von Myosinferment beschleunigt wird, soll nach HALLIBURTON ein mit der Gerinnung des Muskelplasmas analoger Vorgang sein. Nach diesem Forscher soll auch das Myosin, wenn es in Wasser mit Hilfe von einem Neutralsalz gelöst wird, in Myosinogen zurückverwandelt werden, während nach Verdünnung mit Wasser aus dem Myosinogen wieder Myosin hervorgehen soll.

Das **Muskulin** (NASSE), von HALLIBURTON Paramyosinogen, von v. FÜRTH Myosin genannt, ist eine Globulinsubstanz, welche bei verschiedenen Tieren nicht identisch ist, welche aber immer eine niedrige Gerinnungstemperatur, beim Frosche unterhalb 40°, bei Säugetieren 42—48° und bei Vögeln gegen + 51° zeigt. Es wird leichter als das Myosin von NaCl oder $MgSO_4$ (50 p. c. kristallwasserhaltigem Salz) vollständig gefällt. Nach v. FÜRTH wird es durch Ammoniumsulfat bei einer Konzentration von 12—24 p. c. Salz gefällt. Extrahiert man den toten Muskel mit Wasser, so geht das Muskulin zum Teil auch in Lösung über und kann durch vorsichtiges Ansäuern gefällt werden. Aus einer verdünnten Salzlösung scheidet es sich durch Dialyse aus. Nach v. FÜRTH beträgt seine Menge etwa 20 p. c. von dem Gesamteiweiße des Kaninchenmuskelplasmas. Das Muskulin hat v. FÜRTH Myosin genannt, weil es nach ihm nichts anderes als Myosin sein soll. Da indessen das Muskulin eine niedrigere Gerinnungstemperatur und eine andere Fällbarkeit für Neutralsalze als die seit alters her Myosin genannte Substanz hat, kann Verf. einer solchen Ansicht nicht beipflichten.

Myoglobulin. Nach dem Entfernen des Muskulins und des Myosins aus dem salzhaltigen Auszuge der Muskeln mittels $MgSO_4$ kann das Myoglobulin durch Sättigung des Filtrates mit dem Salze ausgefällt werden. Es ist dem Serumglobulin ähnlich, gerinnt aber bei + 63° C (HALLIBURTON). Das **Myoalbumin** oder Muskelalbumin scheint mit dem Serumalbumin (Serumalbumin α nach HALLIBURTON) identisch zu sein und stammt wahrscheinlich nur von dem Blute oder der Lymphe her. Albumosen und Peptone scheinen nicht in dem frischen Muskel vorhanden zu sein.

Das **Myogen** = Myosinogen (HALLIBURTON) stellt die Hauptmasse 75—80 p. c. der Eiweißstoffe im Kaninchenmuskelplasma dar. Es scheidet sich aus seinen Lösungen durch Dialyse nicht aus und soll kein Globulin, sondern ein Eiweißkörper sui generis sein. Nach BOTTAZZI fällt es jedoch bei hinreichend lange dauernder Dialyse aus. Es gerinnt bei 55—65° C und ist bei Gegenwart von 26—40 p. c. Ammoniumsulfat fällbar. Von Essigsäure wird die Lösung nur bei Gegenwart von etwas Salz gefällt. Durch Alkalien wird es in ein Albuminat umgewandelt, welches von Salmiak gefällt wird. Das Myogen geht, besonders bei etwas höherer Temperatur wie bei Gegenwart von Salz, spontan in eine unlösliche Modifikation, das „Myogenfibrin", über. Als lösliche Zwischenstufe entsteht hierbei eine bei 30—40° C gerinnende Eiweißsubstanz „lösliches Myogenfibrin", welches in reichlicher Menge in nativem Froschmuskelplasma sich vorfindet. Im Muskelplasma der Warmblüter kommt es nicht immer und jedenfalls nur in spärlicher Menge vor. Durch Salzfällung oder Dialyse kann man es zur Ausscheidung bringen. Die Annahme HALLIBURTONS von der Wirkung eines besonderen Myosinfermentes hat v. FÜRTH nicht bestätigen können und er leugnet ferner die oft angenommene Analogie mit der Blutgerinnung. Als Unterschied zwischen dem Unlöslichwerden des Muskulins und des Myogens ist hervorzuheben, daß das Muskulin ohne lösliche Zwischenstufe in das Myosinfibrin übergeht.

Zur Darstellung des Myogens kann man nach v. Fürth das dialysierte und filtrierte Muskelplasma durch kurzdauerndes Erhitzen auf 52° C von den Resten des Muskulins befreien. In dem neuen Filtrate findet sich das Myogen, welches man mit Ammoniumsulfat ausfällen kann. Man kann auch das Muskulin erst durch Zusatz von 28 p. c. Ammoniumsulfat entfernen und dann aus dem Filtrate das Myogen durch Sättigen mit dem Salze ausfällen.

Left margin notes:
Muskulin.

Sonstige Eiweißstoffe des Muskels.

Myogen.

Darstellung des Myogens.

STEWART und SOLLMANN nehmen ebenfalls im wesentlichen nur zwei lösliche Eiweißstoffe in den Muskeln an. Der eine ist das Paramyosinogen, welches sie dem Myosin (v. FÜRTH) + dem löslichen Myogenfibrin gleich setzen. Der andere, den sie Myosinogen nennen, entspricht dem Myogen (v. FÜRTHS) oder dem Myosinogen + Myoglobulin (HALLI-BURTONS). Es ist ein atypisches Globulin, welches bei 50—60⁰ C gerinnt. Sowohl das Paramyosinogen wie das Myosinogen soll leicht in eine unlösliche Modifikation, Myosin, übergehen. Das Myosin der genannten Forscher ist gleich dem Myosinfibrin + Myogen-fibrin (v. FÜRTHS) und entspricht, wie es scheint, auch dem mit Paramyosinogen ge-mengten Myosin von HALLIBURTON. STEWART und SOLLMANN [1]) weichen jedoch darin von dem letzgenannten Forscher ab, daß nach ihnen auch das Paramyosinogen koaguliert und in Myosin übergeführt wird. Das Myosin ist ferner nach ihnen eine in NaCl-Lösung unlösliche Substanz.

Myoproteid hat v. FÜRTH einen, im Plasma von Fischmuskeln gefundenen, beim Sieden nicht gerinnenden, durch Essigsäure fällbaren Eiweißstoff, den er als ein Proteid betrachtet, genannt.

Anknüpfend an die Arbeiten v. FÜRTHS, hat PRZIBRAM [2]) Untersuchungen über das Vorkommen der Muskeleiweißstoffe bei verschiedenen Tierklassen ausgeführt. Das Myosin (v. FÜRTH) und Myogen kommen bei allen Wirbeltierklassen vor; bei Wirbellosen fehlte immer das letztgenannte. Das Myoproteid kommt, wenigstens in reichlicheren Mengen, nur bei Fischen vor. In nach Nervendurchschneidung entarteten Muskeln fand STEYRER [3]) in dem Muskelsafte regelmäßig etwas mehr Muskulin und etwas weniger Myogen als in normalen Muskeln.

Nach dem vollständigen Entfernen sämtlicher in Wasser und Salmiak-lösung löslichen Eiweißkörper des Muskels bleibt ein unlöslicher, in Salmiak-lösung nur aufquellender Eiweißkörper zurück, welcher samt den übrigen unlöslichen Bestandteilen der Muskelfaser das „Muskelstroma" darstellt. Nach den Untersuchungen von J. HOLMGREN [4]) gehört die Stromasubstanz weder der Nukleoalbumin- noch der Nukleoproteidgruppe an. Ebensowenig ist sie als ein Glykoproteid anzusehen, denn sie gibt' beim Sieden mit ver-dünnten Mineralsäuren keine reduzierende Substanz. Sie ähnelt am meisten den geronnenen Eiweißstoffen und löst sich in verdünntem Alkali zu Albuminat auf. Die elementäre Zusammensetzung ist fast dieselbe wie die des Myosins. Daß auch die nach v. FÜRTH bei der Gerinnung des Plasmas entstehenden unlöslichen Stoffe, das Myofibrin und das Myosinfibrin, unter den Strom-substanzen sich vorfinden, unterliegt wohl keinem Zweifel. Die sog. Stroma-substanz ist also zweifelsohne ein Gemenge von verschiedenen, beim Ab-sterben des Muskels unlöslich gewordenen Eiweißstoffen, zu welchen, wenn der Muskel erst mit Wasser ausgelaugt wird, auch ein Teil des hierbei unlös-lich gewordenen Myosins kommt. Mit dieser Auffassung stimmt auch die Beobachtung von SAXL [5]) an Kaninchenmuskeln, daß der frisch in Arbeit genommene Muskel von dem gesamten Eiweiß nur 11,5—21,6 p. c., der toten-starre Muskel dagegen 71,4—73,2 p. c. in unlöslicher Form enthält.

Zu den in Wasser und Neutralsalz nicht löslichen Eiweißstoffen gehört auch ein von PEKELHARING nachgewiesenes, spurenweise vorkommendes, in schwach alkalihaltigem Wasser lösliches Nukleoproteid, welches wahr-scheinlich von den spärlichen Muskelkernen stammt. Nach BOTTAZZI und DUCCESCHI [6]) ist die Herzmuskulatur reicher an Nukleoproteid als die Skelett-muskeln.

Das Muskelsyntonin, welches durch Extraktion von Muskeln mit Salzsäure von 1 p. m. HCl gewonnen wird und welches nach K. MÖRNER eine geringere Löslichkeit bzw. größere Fällbarkeit als anderes Azidalbuminat zeigt, scheint nicht in dem Muskel präformiert vorzukommen. Das Mytolin HEUBNERS [7]) ist denaturiertes Muskeleiweiß, größtenteils Myosin, welches durch Alkalieinwirkung einen Teil seines Schwefels ver-loren hat.

[1]) Vgl. Fußnote 1, S. 444. [2]) HOFMEISTERS Beiträge 2. [3]) Ebenda 4. [4]) Vgl. MALYS Jahresb. 23. [5]) HOFMEISTERS Beiträge 9. [6]) PEKELHARING, Zeitschr. f. physiol. Chem. 22; BOTTAZZI u. DUCCESCHI, Zentralbl. f. Physiol. 12. [7]) Arch. f. exp. Path. u. Pharm. 53.

Muskelfarbstoffe. Daß die rote Farbe der Muskeln, selbst wenn die letzteren vollständig von Blut befreit worden, wenigstens zum Teil von Hämoglobin herrührt, ist unzweifelhaft. Wie K. Mörner gezeigt hat, ist das Muskelhämoglobin indessen nicht ganz identisch mit dem Bluthämoglobin. Die Angabe von Mac Munn, daß in den Muskeln auch ein anderer, dem Hämochromogen verwandter, von ihm Myohämatin genannter Farbstoff präformiert vorkommen soll, haben andere Forscher (Levy und Mörner), wenigstens für Muskeln höherer Tiere, nicht bestätigen können[1]). Dieser Farbstoff soll nach Mac Munn auch in den Muskeln von Insekten, bei welchen kein Hämoglobin vorkommt, sich vorfinden. Der rotgelbe Farbstoff in den Muskeln des Lachses ist bisher nur wenig studiert worden.

In den Muskeln hat man verschiedene Enzyme gefunden. Zu diesen gehören Katalasen, die bei den Oxydationen beteiligten Enzyme (siehe Kapitel 17) und das glykolytische Enzym (vgl. Kapitel 8). Man hat ferner ein amylolytisches, ein proteolytisches Enzym (Hedin und Rowland)[2]), Lipase und endlich die bei der Harnsäurebildung aus Purinbasen und bei der Harnsäurezersetzung wirksamen hydrolysierenden und oxydierenden Enzyme (vgl. Kapitel 15), welche jedoch im Tierreiche eine verschiedene Verbreitung zeigen, gefunden.

Extraktivstoffe des Muskels.

Die stickstoffhaltigen Extraktivstoffe in den Muskeln höherer Tiere sind in erster Linie Kreatin (mit ein wenig Kreatinin), Karnosin, Karnitin, Inosinsäure (und das zu ihr in naher Beziehung stehende Karnin) und Phosphorfleischsäure. Hierzu kommen noch einige unten zu erwähnende Stoffe, die man nur im Fleischextrakt oder (in sehr kleinen Mengen) in Muskeln gefunden hat.

Zu den Extraktivstoffen[3]) gehören ferner mehrere, für die Muskeln weniger charakteristische Stoffe, die man in verschiedenen Organen oder tierischen Flüssigkeiten gefunden hat, wie Purinbasen, besonders Hypoxanthin, Harnsäure (bei Alligatoren), Harnstoff (besonders in Muskeln von Haifischen und Rochen), Taurin (in Muskeln von Fischen, Kephalopoden und Gasteropoden), Cholin, Neurin, Betain, Guanidin, Methylguanidin, Imidazoläthylamin, Aminosäuren wie Glykokoll (bei Gasteropoden), Alanin, Prolin, Leuzin, Tyrosin, Tryptophan, Histidin, Arginin und Lysin.

Bezüglich der Verteilung des Muskelextraktivstickstoffes fanden v. Fürth und Schwarz in 1000 g feuchter Extremitätenmuskulatur von Pferd und Hund (nach Abrechnung der den sekundären Spaltungsvorgängen entstammenden Albumosen) 3,27 bis 3,82 g Extraktivstickstoff. Davon kamen auf Ammoniak 4,5—7, Purinstoffe 6,1—11,1, Kreatin und Kreatinin 26,5—37,1, Karnosinfraktion, die jedoch nicht aus Karnosin allein besteht (v. Fürth und Th. Hryntschak), 30,3—36,3, Basenrest (Karnitin, Methylguanidin usw.) 8,2—15,3, Harnstoff, Polypeptide und Aminosäuren 6,3—16 p. c. Die Menge des Purinbasenstickstoffes betrug nach Burian und Hall in frischem Fleische von Pferd, Rind und Kalb bzw. 0,55, 0,63 und 0,71 p. m., was nahe mit den von Scaffidi, Buglia und Costantino für die quergestreiften Muskeln von Kalb und Stier gefundenen Werten, 0,58—0,68 p. m., stimmt. Nach Rinaldi und Scaffidi[4]) kommen in der quergestreiften Muskulatur die niedrigsten Werte für den Purinstickstoff, 0,436 p. m., im

[1]) Vgl. Mac Munn, Phil. Trans. Roy. Soc. Part. 1. 177; Journ. of Physiol. 8 und Zeitschr. f. physiol. Chem. 13; Levy ebenda 13; K. Mörner, Nord. Med. Archiv, Festband 1897 und Malys Jahresb. 27. [2]) Hedin u. Rowland, Zeitschr. f. physiol. Chem. 32. [3]) Über die Extraktivstoffe der Muskeln vgl. man, außer den in dem folgenden besonders zitierten Arbeiten, Krukenberg u. Wagner, Zeitschr. f. Biol. 21; U. Suzuki u. Mitarbeiter, Zeitschr. f. physiol. Chem. 62 und Chem. Zentralbl. 1913, 1, 1042; A. Suwa, Pflügers Arch. 128 u. 129; Zunz, Zentralbl. f. Physiol. 18, 852. [4]) v. Fürth u. C. Schwarz, Bioch. Zeitschr. 30; mit Hryntschak ebenda 64; Scaffidi ebenda 33; Burian u. Hall, Zeitschr. f. physiol. Chem. 38; G. Buglia u. Costantino ebenda 81 u. 82; Rinaldi u. Scaffidi, Bioch. Zeitschr. 41.

Mantel der Polypen, dann bei Fischen 0,595—0,82 und die höchsten, 1,061 p. m., bei Vögeln vor. Buglia und Costantino haben die Menge des formoltitrierbaren Stickstoffes und daraus die Menge sowohl des Monoaminosäuren- wie des Diaminosäurenstickstoffes bei verschiedenen Tieren bestimmt. Beim Stiere fanden sie in den feuchten, quergestreiften Muskeln 0,18 p. m. Monoamino- und 0,40 p. m. Diaminostickstoff. Im Herzen waren die entsprechenden Zahlen 0,18 und 0,18. In Prozenten von dem Gesamtstickstoffe war der gesamte Aminosäurenstickstoff in den quergestreiften Muskeln 1,70 und im Herzen 1,48.

Kreatin (und Kreatinin). Das Kreatin (Methylguanidinessigsäure),

$$C_4H_9N_3O_2 = HN:C \begin{cases} NH_2 \\ N(CH_3).CH_2.COOH \end{cases}$$, kommt sowohl in quergestreiften

wie in glatten Muskeln vor. In den quergestreiften Muskeln der Rückgratstiere kommt es in einer Menge von 2,5—7, meistens 4—5 p. m., jedoch mit etwas wechselndem Gehalte auch in den verschiedenen Muskeln derselben Tierart, vor[1]). Die Skelettmuskeln sind reicher an Kreatin als der Herzmuskel. Das Kreatin ist auch in Gehirn, Hoden, Blut, Transsudaten, Amniosflüssigkeit und in vielen Fällen auch im Harne gefunden worden. Das Kreatin kann synthetisch aus Zyanamid und Sarkosin (Methylglykokoll) dargestellt werden. Beim Sieden mit Barytwasser zersetzt es sich unter Wasseraufnahme und liefert dabei Harnstoff, Sarkosin und einige andere Produkte. Wegen dieses Verhaltens hat man oft in dem Kreatin eine Vorstufe bei der Harnstoffbildung im Organismus sehen wollen. Beim Sieden mit Säure geht das Kreatin unter Wasseraustritt leicht in das entsprechende Anhydrid, das Kreatinin, $C_4H_7N_3O$, über, welches seinerseits umgekehrt durch Einwirkung von Alkali in Kreatin zurückverwandelt wird.

Margin notes: Kreatin. Vorkommen. — Kreatin.

$$\text{Das } \textbf{Kreatinin,} \ C_4H_7N_3O = NH:C \begin{cases} NH - CO \\ | \\ N(CH_3) - CH_2 \end{cases}$$, kommt in kleinen

Mengen in den Muskeln von sowohl Fischen wie Vögeln, Säugetieren und Menschen vor. Die Menge in Menschenmuskeln war nach Ph. Shaffer 0,1 p. m., bei einem Gehalte von 3,9—4,3 p. m. Kreatin, und nach C. Myers und M. S. Fine [2]) 0,026—0,07 p. m. Das Kreatinin hat man auch in sehr kleinen Mengen in Milch und Blut gefunden. Es kommt vor allem im Harne des Menschen und einiger Säugetiere vor.

Margin notes: Kreatinin. Vorkommen.

Das Kreatinin hat auch sein größtes Interesse als Harnbestandteil, und aus dem Grunde soll es in einem folgenden Kapitel (15, Harn) Gegenstand besonderer Besprechung werden. Da auch das Kreatin ein immer größer werdendes Interesse als Harnbestandteil gewonnen hat, und da die Frage von den gegenseitigen Beziehungen des Kreatins und Kreatinins zu dem Stoffwechsel wie auch die Besprechung der zu ihrer Bestimmung dienenden Methoden ebenfalls in demselben Kapitel am passendsten ihren Platz finden, sollen hier nur die Beziehung des Kreatins zu dem Muskel und dessen Stoffwechsel und die Eigenschaften des Kreatins Gegenstände der Darstellung sein.

Margin note: Kreatin und Kreatinin.

Ein besonderes Interesse in dieser Hinsicht bietet — außer den unten zu besprechenden Beziehungen des Kreatins zu der Muskelarbeit — die Frage nach dem Vorkommen von freiem bzw. gebundenem Kreatin im Muskel. Nachdem Urano auf Grund seiner Dialyseversuche es wahrscheinlich gemacht hatte, daß das Kreatin im Muskel nicht frei sondern als eine labile, nicht

---

[1]) Vgl. C. Myers u. M. S. Fine, Journ. of biol. Chem. **14**; Folin ebenda **17** (methodisches), mit T. E. Buckman ebenda **17**; M. Cabella, Zeitschr. f. physiol. Chem. **84**; J. C. Beker ebenda **87**; J. Smorodinzew ebenda **87** u. **92**. [2]) Ph. Shaffer, Journ. of biol. Chem. **18**; Myers u. Fine ebenda **21**, wo auch die Arbeiten von Dorner, v. Fürth und C. Schwarz zitiert sind.

dialysierbare Verbindung vorkommt, glaubten dann namentlich GOTTLIEB und STANGASSINGER in verschiedenen Arbeiten den Nachweis führen zu können, daß bei der Autolyse von Muskeln und anderen Organen Kreatin gebildet wird, um dann durch besondere Stoffe von enzymatischer Natur erst in Kreatinin übergeführt und darauf zersetzt zu werden. SEEMANN behauptet sogar, durch eine drei Monate dauernde Autolyse 2—3mal und nach Zusatz von kreatininfreier Gelatine sogar 4mal soviel Kreatinin wie direkt aus den Muskeln erhalten zu haben (was nicht zugunsten einer starken enzymatischen Kreatininzerstörung während der Autolyse spricht), und er nimmt eine Entstehung des Kreatins (bzw. Kreatinins) aus dem Eiweiß an. Für eine Neubildung von Kreatin aus einer Vorstufe desselben sprechen auch die Autolyseversuche von ROTHMANN, welche, ebenso wie die Versuche von VAN HOOGENHUYZE und VERPLOEGH, die enzymatische Umsetzung des Kreatins und Kreatinins wahrscheinlich machen. MELLANBY leugnet dagegen entschieden sowohl eine Neubildung von Kreatin wie eine Zerstörung desselben bei vollkommen bakterienfreier Autolyse. Es dürfte schwer sein, aus den Autolyseversuchen bindende Schlüsse zu ziehen; die Durchblutungsversuche von GOTTLIEB und STANGASSINGER an Nieren und Lebern von Hunden sprechen jedoch nicht nur für die Fähigkeit dieser Organe, das Kreatin abzubauen, sondern auch für eine Neubildung von Kreatin in der Leber. Fortgesetzte Untersuchungen hierüber sind jedoch wünschenswert, um so mehr als die Verhältnisse wahrscheinlich nicht bei allen Tieren dieselben sind. So fanden z. B. NOEL PATON und MACKIE[1]), daß die Leberausschaltung bei Vögeln ohne Einfluß auf den Kreatinstoffwechsel war.

Neubildung und Zerstörung von Kreatinin und Kreatin.

Selbst wenn diese Versuche eine Neubildung von Kreatin aus einer Vorstufe desselben im Muskel bewiesen hätten, wäre hiermit natürlich die Frage von dem Vorkommen des Kreatins in freiem oder gebundenem Zustande im Muskel nicht erledigt. Die obige Annahme von URANO hat in der Tat in FOLIN und DENIS[2]) Anhänger erhalten. Sie fanden in Versuchen an Katzen, daß die Muskeln (intravenös oder in Dünndarmschlingen eingeführtes) Kreatin rasch aufnehmen, trotzdem sie — wenn das Kreatin in den Muskeln im Leben frei wäre — einen vielfach höheren Gehalt an Kreatin als das Blut haben würden. Sie nehmen deshalb an, daß der lebende Muskel kein Kreatin als solches, sondern eine labile Kreatinverbindung enthält, die sobald der Muskel getötet wird, zerfällt. Das aus Muskeln gewonnene Kreatin ist nach FOLIN ein postmortales Produkt. FOLIN hatte auch schon früher[3]) gezeigt, daß beim Menschen das eingeführte und resorbierte Kreatin, wenn nicht zu große Mengen eingeführt werden, weder als solches noch als Kreatinin ausgeschieden, sondern im Körper zurückgehalten wird. Im Anschluß an die obige Hypothese könnte man sich auch vorstellen, daß die bei starkem Eiweißumsatz in mehreren Fällen beobachtete Kreatinurie darauf beruhe, daß die Sättigungsgrenze des Muskels für Kreatin erreicht sei und überschritten wäre, so daß nicht alles neugebildete Kreatin vom Muskel zurückgehalten werden künnte (H. STEENBOCK und E. G. GROSS)[4]).

Freies oder gebundenes Kreatin.

Das Kreatin des Tierkörpers kann, wie man annimmt, teils von mit der Nahrung eingeführtem und teils von aus Eiweiß neugebildetem Kreatin herrühren. In welchem Umfange es hierbei um eine Kreatinbildung aus Organ-

---

[1]) F. URANO, HOFMEISTERS Beiträge **9**; GOTTLIEB u. STANGASSINGER, Zeitschr. f. physiol. Chem. **52** u. **55**; STANGASSINGER ebenda **55**; J. SEEMANN, Zeitschr. f. Biol. **49**; A. ROTHMANN, Zeitschr. f. physiol. Chem. **57**; HOOGENHUYZE u. VERPLOEGH ebenda **57**; E. MELLANBY, Journ. of Physiol. **36**; NOEL PATON u. MACKIE ebenda **45**. [2]) Journ. of biol. Chem. 17. [3]) HAMMARSTEN - Festschrift, Wiesbaden 1906. [4]) Journ. of biol. Chem. **36**.

oder Nahrungseiweiß sich handelt, ist umstritten, wogegen kein Zweifel darüber besteht, daß das Eiweiß eine Muttersubstanz des Kreatins ist. In welcher Weise und mit welchen Zwischenstufen das Kreatin aus dem Eiweiß entsteht, ist allerdings unbekannt, als eine Vorstufe des Kreatins hat man aber natürlich das Guanidin in dem Arginin des Proteinmoleküles betrachtet. Gegen die Annahme einer Kreatinbildung aus Arginin spricht allerdings die Beobachtung von JAFFÉ[1]), daß subkutan eingeführtes Arginin keine vermehrte Ausscheidung von Kreatinsubstanzen bewirkt. Da aber das eingeführte Arginin wahrscheinlich durch das Enzym Arginase zersetzt wird, indem es die Harnstoffausscheidung stark vermehrt[2]), schließt dies nicht die Möglichkeit aus, daß in den Muskeln, welche nach KOSSEL und DAKIN[3]) allerdings nur wenig Arginase enthalten, das Arginin in anderer Weise zersetzt wird.

Ursprung des Kreatins.

Geht man von der Beobachtung von JAFFÉ aus, daß Glykozyamin (Guanidinessigsäure) beim Kaninchen unter Methylierung in Kreatin übergeht, so kann man, unter Zugrundelegung der über den Abbau der Aminosäuren und Fettsäuren im Tierkörper herrschenden Vorstellungen einen Abbau des Arginins zu Kreatin in folgender Weise sich denken (JAFFÉ):

Kreatin aus Arginin.

Es gibt in der Tat auch Versuche, die eine Kreatinbildung aus Arginin bzw. Guanidin wahrscheinlich machen. So hat K. INOUYE[4]) in sowohl Autolyse- wie Perfusionsversuchen mit Lebern gezeigt, daß eine Vermehrung des Kreatins auf Kosten des zugesetzten Arginins geschehen kann. Nach KUTSCHER[5]) enthalten die Muskeln des Flußkrebses reichlich Arginin aber kein Kreatin, und MELLANBY[6]) hat gefunden, daß während der Entwicklung des Hühnereies die Menge des Guanidins bis zum 12. Tage, wo das Kreatin zum ersten Male auftritt, zunimmt, von da ab aber abnimmt, um später allmählich zuzunehmen. W. H. THOMPSON[7]) hat ferner gezeigt, daß nach intravenöser Injektion von Argininkarbonat der Gehalt der Muskeln an Kreatin zunimmt, und daß nach subkutaner Injektion von Argininkarbonat, namentlich bei gleichzeitiger Zufuhr von Methylzitrat, bei Hunden eine vermehrte Bildung und Ausscheidung von Kreatin stattfindet. Nach P. S. HENDERSON[8]) soll nach Parathyreoidektomie die Menge des Guanidins in den Muskeln ab-, die des Kreatins dagegen zunehmen, und von JAFFÉ und DORNER[9]) wie von PALLADIN und WALLENBURGER[10]) ist ein Kreatinbildung aus Glykozyamin im Tierkörper beobachtet worden.

Kreatin aus Arginin oder Guanidin.

Über das Organ der Kreatin- bzw. Kreatininbildung ist man nicht einig. Auf Grund mehrerer Untersuchungen wird aber allgemein angenommen, daß

---

[1]) Zeitschr. f. physiol. Chem. 48.   [2]) Vgl. THOMPSON, Journ. of Physiol. 32 u. 33. [3]) Zeitschr. f. physiol. Chem. 41 u. 42.   [4]) Ebenda 81.   [5]) Zeitschr. f. Biol. 64.   [6]) Journ. of Physiol. 36.   [7]) Journ. of Physiol. 51.   [8]) Ebenda 52.   [9]) JAFFÉ, Zeitschr. f. physiol. Chem. 48; DORNER ebenda 52.   [10]) Compt. rend. soc. biol. 78.

die Leber hierbei eine wichtige Rolle spielt. Auch mehrere andere Organe kommen jedoch hierbei in Betracht, und in erster Linie die Muskeln. Nach MELLANBY [1]) wird das Kreatinin wahrscheinlich in der Leber gebildet, in den Muskeln zu Kreatin umgewandelt und dort als solches aufgestapelt. Andere Beobachtungen sprechen jedoch dafür, daß das Kreatin in den Muskeln gebildet und in der Leber in Kreatinin übergeführt wird, während nach NOEL-PATON und MACKIE [2]) die Ausschaltung der Leber bei Vögeln ohne Wirkung auf den Kreatinstoffwechsel sein soll.

Bezüglich der Beziehung des Kreatins zu dem Muskeltonus und der Muskelarbeit siehe weiter unten.

Das Kreatin kristallisiert in harten, farblosen, monoklinen Prismen, welche bei 100° C das Kristallwasser verlieren. Bei Zimmertemperatur löst es sich in 74 Teilen Wasser und 9419 Teilen absolutem Alkohol. In der Wärme löst es sich leichter. Die Wasserlösung reagiert neutral. Von Äther wird es nicht gelöst. Kocht man eine Kreatinlösung mit gefälltem Quecksilberoxyd, so wird letzteres, besonders bei Gegenwart von Alkali, zu Hg reduziert, und es entstehen Oxalsäure und das widrig riechende Methyluramin (Methylguanidin). Die Lösung von Kreatin in Wasser wird nicht von Bleiessig gefällt, gibt aber mit Merkurinitrat, wenn man die saure Reaktion abstumpft, einen weißen, flockigen Niederschlag. Kocht man das Kreatin eine Stunde lang mit verdünnter Salzsäure, so setzt es sich in Kreatinin um und kann durch die Reaktionen desselben erkannt werden. Durch Kochen mit Formaldehyd kann es in leicht kristallisierendes Dioxymethylenkreatinin übergeführt werden (JAFFÉ [3]).

Die Darstellung und der Nachweis des Kreatins können nach der folgenden, von NEUBAUER zur Darstellung von Kreatin aus Muskeln angegebenen Methode geschehen. Das fein zerhackte Fleisch extrahiert man mit der gleichen Gewichtsmenge Wasser bei + 50—55° C während 10—15 Minuten, preßt aus und extrahiert von neuem mit Wasser. Aus den vereinigten Auszügen entfernt man das Eiweiß soweit als möglich durch Koagulation in der Siedehitze, fällt das Filtrat durch vorsichtigen Zusatz von Bleiessig, entbleit das neue Filtrat mit H_2S und konzentriert dann vorsichtig auf ein kleines Volumen. Das nach einigen Tagen auskristallisierte Kreatin reinigt man, wenn nötig, durch Umkristallisieren. Zur Darstellung von größeren Mengen eignet sich besonders das Fleischextrakt (H. STEUDEL) [4]). Die quantitative Bestimmung des Kreatins geschieht gewöhnlich durch dessen Überführung in Kreatinin (vgl. Kapitel 15).

Karnosin (β - Alanylhistidin) $C_9H_{14}N_4O_3 = NH_2 . CH_2 . CH_2 . CO . NH .$
CH . CH$_2$. C = CH

COOH   N   NH, ist eine zuerst von GULEWITSCH und AMIRADZIBI [5]) aus

CH

Fleischextrakt isolierte Base, die dann von anderen auch direkt aus Muskeln dargestellt worden ist. Seine Konstitution ist zuerst durch L. BAUMANN und TH. INGVALDSEN [6]) durch Synthese festgestellt worden. Das Karnosin soll nach GULEWITSCH mit der von KUTSCHER aus Fleischextrakt isolierten Base Ignotin identisch sein, während beide Basen nach KUTSCHER [7]) isomere Stoffe sind. Die Menge des Karnosins in den Muskeln ist bei verschiedenen

[1]) l. c. **36**.   [2]) Journ. of Physiol. **45**.   [3]) Ber. d. d. chem. Gesellsch. **35**.   [4]) Zeitschr. f. physiol. Chem. **112**.   [5]) Zeitschr. f. physiol. Chem. **30**; GULEWITSCH ebenda **50**, **51, 52, 73** u. **87**.   [6]) Journ. of biol. Chem. **35**; vgl. auch G. BARGER u. FR. TUTIN, Bioch. Journ. **12**.   [7]) Zeitschr. f. physiol. Chem. **50** u. **51**.

Tieren allerdings etwas verschieden, kann aber zu etwa 2—3 p. m. angeschlagen werden[1]).

Das **Karnosin** ist eine in Wasser leicht lösliche Base, welche durch Alkoholzusatz aus der konzentrierten wäßrigen Lösung als sternförmige Drusen von kurzen, zarten Nadeln gefällt wird. Die spezifische Drehung für das Licht $\lambda = 546$ ist nach GULEWITSCH in wäßriger Lösung bei c = 12,925 p. c. und 21° C = + 25,3°. Die Base wird von Phosphorwolframsäure, von Merkurinitrat und von Silbernitrat mit überschüssigem Barythydrat gefällt. Das Karnosinsilber ist schwer löslich in kaltem und leicht löslich in heißem Wasser. Das Karnosinnitrat schmilzt bei 219° C. Das Karnosin gibt auch ein kristallisierendes Kupfersalz. *Karnosin.*

Das Prinzip der Darstellung besteht in Fällung mit Phosphorwolframsäure, Abscheidung der freien Base mit Barythydrat, Überführung in Nitrat, Fällung mit Silbernitrat und Barythydrat, Zerlegung des Salzes mit Schwefelwasserstoff und Überführung in Nitrat. Aus dem letzteren, welches leicht in Kristallen erhalten wird, kann man die Base mit Phosphorwolframsäure fällen und dann mit Barythydrat frei machen. *Darstellung.*

Karnitin, $C_7H_{15}NO_3$ (oder $C_7H_{16}NO_3$), ist eine von GULEWITSCH und KRIMBERG aus dem Fleischextrakte isolierte, stark alkalisch reagierende, in Wasser äußerst leicht lösliche Base, welche nach KRIMBERG auch im frischen Fleische vorkommt. SKWORZOW fand in Kalbsmuskeln 0,19, SMORODINZEW im Pferdefleisch 0,2 und im Schweinefleisch 0,3 p. m. Karnitin. Das Karnitin ist, wie KRIMBERG zuerst zeigte, wahrscheinlich ein γ-Trimethyl-

$$\beta\text{-oxybutyrobetain von der Formel } (CH_3)_3 . N \overbrace{\underset{CH_2 - CH(OH) - CH_2}{}}^{\displaystyle O \underline{\hspace{3cm}} CO}$$. Nach ENGELAND

$$\text{ist es dagegen eine } \gamma\text{-Trimethyl-}\alpha\text{-oxybutyrobetain } (CH_3)_3 . N \overbrace{\underset{CH_2 . CH_2 . CH(OH) - CO}{}}^{\displaystyle O}$$

Es ist nach KRIMBERG und ENGELAND [2]) identisch mit dem von KUTSCHER aus Fleischextrakt dargestellten Novain. Das Karnitin gibt kristallisierende Doppelverbindungen mit Platin-, Gold- und Quecksilberchlorid, unter welchen Verbindungen besonders die folgende $C_7H_{15}NO_3.2HgCl_2$ mit dem Schmelzpunkte 196—197° zur Isolierung der Base geeignet sein soll. Das Chlorhydrat und das Nitrat sind leicht löslich, die Lösung des ersteren ist linksdrehend, $(\alpha) D = - 21°$ ungefähr. *Karnitin und Novain.*

Die **Inosinsäure** ist schon im Kapitel 2 abgehandelt worden. In naher Beziehung zu ihr steht das Karnin.

Karnin, $C_7H_8N_4O_3 + H_2O$, hat WEIDEL eine von ihm in amerikanischem Fleischextrakt gefundene Substanz genannt. Das Karnin ist von KRUKENBERG und WAGNER auch in Froschmuskeln und Fischfleisch und von POUCHET im Harne gefunden worden. Das Karnin soll nach HAISER und WENZEL [3]) wahrscheinlich nur ein äquimolekulares Gemenge von Hypoxanthin mit dem, von ihnen Inosin genannten, kristallisierenden, durch Säurewirkung in Hypoxanthin und Pentose leicht spaltbaren Pentoside (Hypoxanthinribosid) sein.

Das Karnin hat man in weißen kristallinischen Massen erhalten. Es ist sehr schwerlöslich in kaltem Wasser, leichtlöslich dagegen in warmem. In Alkohol und Äther ist es unlöslich. Von warmer Salzsäure wird es gelöst und liefert ein in glänzenden Nadeln kristallisierendes Salz, welches mit Platinchlorid eine Doppelverbindung gibt. Von Silbernitrat wird eine wäßrige Lösung gefällt, der Niederschlag löst sich aber weder in Ammoniak noch in warmer Salpetersäure. Die wäßrige Lösung wird von basischem Bleiazetat gefällt, beim Sieden kann jedoch die Bleiverbindung gelöst werden. *Karnin.*

Phosphorfleischsäure [4]) ist eine komplizierte, von SIEGFRIED zuerst aus dem Fleischextrakte isolierte Substanz, die als Spaltungsprodukte Fleischsäure, welche dem Anti-

---

[1]) Vgl. v. FÜRTH mit SCHWARZ und HRYNTSCHAK wie auch SMORODINZEW, Fußnote 4, S. 448; KRIMBERG, Zeitschr. f. physiol. Chem. **48**; SKWORZOW ebenda **68**; F. BUBANOVIC, Bioch. Zeitschr. **92**. [2]) GULEWITSCH u. KRIMBERG, Zeitschr. f. physiol. Chem. **45**; KRIMBERG ebenda **49, 50, 53, 56** und Ber. d. d. chem. Gesellsch. **42**; ENGELAND ebenda **42**; SKWORZOW l. c. [3]) WEIDEL, Annal. d. Chem. u. Pharm. **158**; KRUKENBERG u. WAGNER, Sitz.-Ber. d. Würzb. phys.-med. Gesellsch. 1883; POUCHET, zit. nach NEUBAUER-HUPPERT, Analyse des Harns, 10. Aufl., S. 335; F. HAISER u. F. WENZEL, Monatsh. f. Chem. **29**. [4]) Hinsichtlich der Fleischsäure und Phosphorfleischsäure vgl.

pepton nahe verwandt ist, Bernsteinsäure, Paramilchsäure, Kohlensäure, Phosphorsäure und eine Kohlehydratgruppe lieferte. Sie steht nach SIEGFRIED in naher Beziehung zu den Nukleinen, und da sie Pepton (Fleischsäure) gibt, wird sie von ihm als Nukleon bezeichnet. Die Phosphorfleischsäure kann aus den enteiweißten Extrakten der Muskeln als Eisenverbindung „Carniferrin" ausgefällt werden. Aus dem Stickstoffgehalte dieser Verbindung kann man nach BALKE und IDE durch Multiplikation mit dem

Phosphor-
fleisch-
säure.

Faktor 6,1237 die Menge der Phosphorfleischsäure, als Fleischsäure berechnet, bestimmen. In dieser Weise fand SIEGFRIED in Hundemuskeln in der Ruhe 0,57—2,4 p. m. und M. MÜLLER in Muskeln von Erwachsenen 1—2 p. m. und in solchen von Neugeborenen bis zu höchstens 0,57 p. m. Fleischsäure. Bei den Austern kommt nach CAVAZZANI das Nukleon in viel bedeutenderer Menge vor, im Mittel 3,725 p. m. Die Phosphorfleischsäure ist nach SIEGFRIED ein Energiestoff der Muskeln, der bei der Arbeit verbraucht wird. Durch ihre Fähigkeit, lösliche Salze mit den alkalischen Erden wie auch eine in Alkalien lösliche Eisenverbindung zu bilden, hat sie ferner die Aufgabe, ein Transportmittel für diese Stoffe im Tierkörper zu sein. Die Phosphorfleischsäure ist jedoch allem Anscheine nach ein Gemenge und keine einheitliche Substanz.

Extraktiv-
stoffe.

Aus dem LIEBIGschen Fleischextrakte hat KUTSCHER, außer den schon genannten Stoffen Ignotin und Novain, mehrere andere Stoffe, nämlich das Neosin, $C_6H_{17}NO_2$, welches nach ihm und ACKERMANN ein Homologes des Cholins sein soll, Vitiatin (als das Goldsalz $C_5H_{14}N_6 . 2HCl . 2AuCl_3$), Karnomuskarin, Methylguanidin (auch von GULEWITSCH gefunden), das Oblitin, $C_{18}H_{38}N_2O_5$, welches wahrscheinlich zwei Novaingruppen enthält, was mit einer Annahme KRIMBERGS gut übereinstimmt, und ferner auch Cholin und Neurin isoliert. Kreatosin haben KRIMBERG und L. IZRAILSKY eine von ihnen aus dem Fleischextrakte isolierte Substanz genannt, deren Goldsalz die Zusammensetzung $C_{11}H_{28}N_3O_4Au_2Cl_8$ hatte. Aus Muskeln von Hund und Pferd erhielt ACKERMANN[1]) als Platin- oder Goldverbindung, $C_{11}H_{26}N_2O_2Au_2Cl_8 + 2H_2O$ einen, von ihm Myokynin genannten, basischen Körper. Protsäure hat LIMPRICHT[2]) eine von ihm im Fleische einiger Zypriniden gefundene, stickstoffhaltige Säure genannt. Im Krabbenextrakte fanden KUTSCHER und ACKERMANN kein Kreatin und Kreatinin, aber unter anderen Stoffen Betain und zwei neue Basen Crangitin $C_{13}H_{20}N_2O_4$ und Crangonin $C_{13}H_{26}N_2O_3$. In Krabbenfleisch fanden SUZUKI und Mitarbeiter[3]) eine Base, das Kanirin, welches trotz der ähnlichen Zusammensetzung, $C_6H_{14}N_2O_2$, nicht mit dem Lysin identisch ist.

Die **stickstofffreien Extraktivstoffe** des Muskels sind Inosit, Glykogen, Zucker und Milchsäure.

Inosit.

Inosit, $C_6H_{12}O_6 + H_2O = C_6H_6(OH)_6 + H_2O$. Dieser, von SCHERER entdeckte Stoff ist kein Kohlehydrat, sondern gehört, wie MAQUENNE[4]) gezeigt hat, zu den hydroaromatischen Verbindungen und ist ein Hexahydroxybenzol, welches H. WIELAND und R. S. WISHART[5]) durch Reduktion von Hexaoxybenzol dargestellt haben. Aus dem Inosit erhielt jedoch NEUBERG durch Destillation mit Phosphorsäureanhydrid etwas Furfurol, und ferner hat P. MAYER[6]) nach Einführung von Inosit per os beim Kaninchen Gärungsmilchsäure im Harne gefunden. Schon früher war es übrigens bekannt, daß der Inosit in Milchsäuregärung übergehen kann. Die dabei auftretende Milchsäure sollte nach HILGER Fleischmilchsäure, nach VOHL[7]) dagegen Gärungsmilchsäure sein.

---

man die Arbeiten von SIEGFRIED, Arch. f. (Anat. u.) Physiol. 1894; Ber. d. d. Chem. Gesellsch. 28 und Zeitschr. f. physiol. Chem. 21 u. 28; M. MÜLLER ebenda 22; KRÜGER ebenda 22 u. 28; BALKE u. IDE ebenda 21 und BALKE ebenda 22; MACLEOD ebenda 28; E. CAVAZZANI, Zentralbl. f. Physiol. 18, 666.

[1]) KUTSCHER, Zeitschr. f. Unters. d. Nahrungs- u. Genußmittel 10, 11; Zentralbl. f. Physiol. 19 u. 21; Zeitschr. f. physiol. Chem. 48, 49, 50, 51, mit ACKERMANN ebenda 56; GULEWITSCH ebenda 47; KRIMBERG ebenda 56, mit L. IZRAILSKY ebenda 88; ACKERMANN (über Myokynin), Zeitschr. f. Biol. 59 u. 61. [2]) Annal. d. Chem. u. Pharm. 127. [3]) KUTSCHER u. ACKERMANN, Zeitschr. f. Unters. d. Nahrungs- u. Genußmittel 13 u. 14; SUZUKI, Chem. Zentralbl. 1913, 1, 1042. [4]) Bull. soc. chem. (2) 47 u. 48; Compt. Rend. 104. [5]) Ber. d. d. chem. Gesellsch. 47. [6]) NEUBERG, Bioch. Zeitschr. 9; P. MAYER ebenda 9. [7]) HILGER, Annal. d. Chem. u. Pharm. 160; VOHL, Ber. d. d. chem. Gesellsch. 9.

Der Inosit ist in Muskeln, Leber, Milz, Leukozyten, Nieren, Nebennieren, Lungen, Gehirn und Hoden, in pathologischem und spurenweise auch
in normalem Harne gefunden worden. Im Pflanzenreiche kommt der Inosit
sehr verbreitet vor, besonders in unreifen Früchten der grünen Schnittbohne
(Phaseolus vulgaris), weshalb er auch Phaseomannit genannt worden
ist. In dem Pflanzenreiche kommt auch eine, zuerst von POSTERNAK isolierte
und dann von WINTERSTEIN[1]) als eine Inositphosphorsäure erkannte, inosit-
und phosphorsäurehaltige Substanz vor, deren Mg- und Ca-Verbindung
Phytin genannt wurde. Diese Inositphosphorsäure kann sowohl durch ein
pflanzliches Enzym „Phytase" (SUZUKI, YOSHIMURA und TAKAISHI) wie, nach
STARKENSTEIN[2]), durch Fermente der tierischen Gewebe in Phosphorsäure Vorkommen
und Inosit gespalten werden. Der Inosit findet sich bei den Pflanzen besonders des Inosits.
in den sich entwickelnden Organen (MEILLÈRE), und nach STARKENSTEIN
kommt er in den Organen junger Tiere in größerer Menge als in denen älterer
Tiere vor. Hiernach könnte es wahrscheinlich sein, daß der Inosit kein Abfallsprodukt des Stoffwechsels, sondern ein für die Entwicklung der Zellen
bedeutungsvoller Stoff sei (MEILLÈRE); nach STARKENSTEIN verhält sich aber
die Sache anders.

Nach STARKENSTEIN hat der freie Inosit keine Bedeutung und ist nur
ein Abfallsprodukt des Stoffwechsels. Von Bedeutung, namentlich für jüngere,
wachsende Individuen ist nach ihm nur das Phytin, welches im Darme bak-
teriell und in den Geweben enzymatisch zersetzt wird und dem Organismus
dementsprechend Phosphorsäure und Kalk zuführt, während der Inosit als Inosit aus
wertloses Spaltungsprodukt ausgeschieden werden soll. Der freie Inosit im Phytin.
Tierkörper stammt nach STARKENSTEIN von der Inositphosphorsäure her,
und in diesem Sinne würde also die Angabe von ROSENBERGER[3]), daß im Tierkörper ein Inositogen vorkommt, berechtigt sein.

Der Inosit, welcher fast ausnahmslos inaktiver Mesoinosit ist, kristallisiert in großen, farblosen, rhomboedrischen Kristallen des monoklinoedrischen
Systems oder, in weniger reinem Zustande, und wenn nur kleine Mengen
kristallisieren, in blumenkohlartig gruppierten feinen Kristallen. Das Kristallwasser entweicht bei 110° C, wie auch beim längeren Liegen der Kristalle
an der Luft. Die letzteren verwittern dabei, werden undurchsichtig und
milchweiß. Die getrockneten Kristalle schmelzen bei 225° C. Der Inosit löst
sich in 7,5 Teilen Wasser von Zimmertemperatur; die Lösung schmeckt süß-
lich. In starkem Alkohol wie in Äther ist der Inosit unlöslich. Er löst Kupfer- Eigen-
oxydhydrat in alkalischer Flüssigkeit, reduziert es aber nicht beim Sieden. schaften
Der MOOREschen Probe oder der BÖTTGER-ALMÈNschen Wismutprobe gegen- Verhalten.
über verhält er sich negativ. Mit Bierhefe vergärt er nicht, kann aber in Milch-
säure- und Buttersäuregärung übergehen. Von überschüssiger Salpetersäure
wird der Inosit zu Rhodizonsäure oxydiert und hierauf beruhen folgende
Reaktionen.

Dampft man etwas Inosit mit Salpetersäure auf einem Platinblech zur
Trockne ein, versetzt den Rückstand mit Ammoniak und einem Tropfen
Chlorkalziumlösung und dampft von neuem vorsichtig zur Trockene ein, so
erhält man einen schönen rosaroten Rückstand (Inositprobe von SCHERER).

---

[1]) WINTERSTEIN, Ber. d. d. chem. Gesellsch. **30** und Zeitschr. f. physiol. Chem.
58; POSTERNAK, Contribution a l'étude chim. de l'assimilation chlorophyllienne, Revue
générale botanique Tom. **12** (1900) und Compt. Rend. **137**. [2]) SUZUKI, YOSHIMURA u.
TAKAISHI, Bull. agric. Univers. Tokyo **7**; E. STARKENSTEIN, Bioch. Zeitschr. **30**. [3]) G.
MEILLÈRE, Journ. d. Chim. et Pharm. (6) **28**; STARKENSTEIN, Zeitschr. f. exp. Path. u.
Therap. **5**; Bioch. Zeitschr. **30** und Zeitschr. f. physiol. Chem. **58**; FR. ROSENBERGER
ebenda **56**, **57** u. **58**.

Inosit-
reaktionen.

Verdunstet man eine Inositlösung bis fast zur Trockne und befeuchtet den Rückstand mit ein wenig Merkurinitratlösung, so erhält man beim Eintrocknen einen gelblichen Rückstand, welcher bei stärkerem Erhitzen schön rot wird. Die Färbung verschwindet beim Erkalten, kommt jedoch bei gelindem Erwärmen wieder zum Vorschein (GALLOIS, Inositprobe). Andere Inositreaktionen sind von DENIGÈS [1]) ausgearbeitet worden.

Dar-
stellung.

Die Darstellung des Inosits basiert darauf, daß er nicht von Bleizucker, wohl aber von Bleiessig im Sieden gefällt wird und daß seine konzentrierte Lösung in Wasser durch Zusatz von Alkohol oder jedenfalls von Alkoholäther zur Kristallisation gebracht werden kann. Man vergleiche ferner die Arbeiten von Meillère [2]) und größere Handbücher.

cyllit und
Mytilit.

Scyllit ist nach JOH. MÜLLER [3]) ein dem Inosit isomerer Stoff, den man schon längst besonders in Nieren, Leber und Milz der Plagiostomen gefunden hat und der auch im Pflanzenreiche als Cocosit und Quercinit vorkommt. Der Scyllit kristallisiert in glänzenden Prismen, löst sich in Wasser 1:100 bei 18° C, ähnelt sehr dem Inosit in seinen Reaktionen, hat aber einen bedeutend höheren Schmelzpunkt, gegen 360° C. Mytilit ist ein von B. C. JANSEN [4]) in dem Schließmuskel von Mytilus edulis gefundener Pentaalkohol von der Formel $C_6H_{12}O_5 . 2H_2O$, welcher die SCHERERsche Reaktion gibt.

Muskel-
glykogen.

Das Glykogen ist ein regelmäßiger Bestandteil des lebenden Muskels, während es in dem toten fehlen kann. Die Menge des Glykogens ist in den verschiedenen Muskeln desselben Tieres eine verschiedene, und dies gilt nach MAIGNON nicht nur für gleichnamige Muskeln der beiden Körperhälfte, sondern auch für verschiedene Teile desselben Muskels. Bei Katzen hat BÖHM bis zu 10 p. m. Glykogen in den Muskeln gefunden und er fand eine kleinere Menge davon in den Muskeln der Extremitäten als in denjenigen des Rumpfes. MOSCATI fand in Menschenmuskeln als Mittel 4 p. m. und SCHÖNDORFF [5]) hat in Hundemuskeln als Maximum 37,2 p. m. Glykogen gefunden. Die Angaben über den Glykogengehalt des Herzens divergieren etwas; wenn man aber das Herz im allgemeinen etwas ärmer an Glykogen als die übrige Muskulatur gefunden hat, dürfte der Unterschied jedenfalls nicht groß sein und durch das leichtere Verschwinden des Glykogens aus dem Herzen sowohl nach dem Tode wie im Hunger und bei starker Arbeit zu erklären sein (BORUTTAU, JENSEN) [6]). Die Arbeit und die Nahrung üben einen großen Einfluß auf den Glykogengehalt aus. Bei nüchternen Tieren fand BÖHM 1—4 p. m. Glykogen in den Muskeln, nach Aufnahme von Nahrung dagegen 7—10 p. m. Wie schon in dem vorigen (Kapitel 8) bemerkt wurde, soll bei der Arbeit, beim Hungern oder bei Mangel an Kohlehydraten in der Nahrung das Glykogen früher aus der Leber als aus den Muskeln schwinden.

Muskel-
zucker.

Der Muskelzucker, welcher höchstens spurenweise in dem lebenden Muskel vorkommt und welcher wahrscheinlich nach dem Tode des Muskels aus dem Muskelglykogen entsteht, ist zum Teil Traubenzucker (PANORMOFF); hauptsächlich besteht er aber nach OSBORNE und ZOBEL [7]) aus Maltose, woneben auch etwas Dextrin vorkommt.

Milchsäuren. Diese Säuren sind schon in einem vorigen Kapitel (3) abgehandelt worden und hier kommen deshalb nur ihr Vorkommen in den Muskeln und ihre Beziehungen zu den chemischen Prozessen in denselben in Betracht.

---

[1]) Compt. rend. soc. biol. **62**. [2]) Compt. rend. soc. biol. **60** und Journ. d. Chem. et de Pharm. (6) **24**; vgl. auch STARKENSTEIN, Zeitschr. f. exp. Path. u. Ther. **5**. [3]) Ber. d. d. chem. Gesellsch. **40**. [4]) Zeitschr. f. physiol. Chem. **85**. [5]) MAIGNON, Journ. de physiol. et de path. **10**; BÖHM, PFLÜGERS Arch. **23**, 44; SCHÖNDORFF ebenda **90**; MOSCATI, HOFMEISTERS Beiträge **10**. [6]) BORUTTAU, Zeitschr. f. physiol. Chem. **18**; JENSEN ebenda **35**. [7]) PANORMOFF, Zeitschr. f. physiol. Chem. **17**; OSBORNE u. ZOBEL, Journ. of Physiol. **29**.

Gärungsmilchsäure soll angeblich in sehr kleinen Mengen in den Muskeln vorkommen (HEINTZ), diese Angabe ist aber nicht von anderen bestätigt worden. Die d-Milchsäure oder sog. Paramilchsäure ist jedenfalls die eigentliche Milchsäure des Fleischextraktes und sie allein ist in den Muskeln sicher gefunden worden.

Als Muttersubstanz dieser Säure im Tierkörper hat man teils das Eiweiß und teils die Kohlehydrate zu betrachten. Abgesehen von älteren Untersuchungen, die eine Milchsäurebildung aus Eiweiß wahrscheinlich machten, ist hier daran zu erinnern, daß eine Milchsäurebildung aus Alanin in der Leber bewiesen ist, und es kann ferner auf das im Kapitel 8 von der Zuckerbildung aus Eiweiß Gesagte hingewiesen werden. Die Bildung von d-Milchsäure aus Kohlehydraten ist nämlich sicher bewiesen, und der Weg, über welchen der Abbau der Glukose geht, ist wohl wesentlich der über d-Milchsäure. Eine solche Milchsäurebildung aus Glukose findet bei der Glykolyse im Blute statt (vgl. Kapitel 3 und 5) und ist auch experimentell von EMBDEN und Mitarbeiter [1]) für die überlebende, glykogenreiche Leber bewiesen. Schon HOPPE-SEYLER [2]) hatte übrigens die Ansicht ausgesprochen, daß die Bildung der Milchsäure aus Glykogen oder Glukose bei Abwesenheit von freiem Sauerstoff höchst wahrscheinlich eine Funktion alles lebendigen Protoplasmas sei.

Über die Art und Weise wie die Milchsäure im Muskel entsteht, liegen neue, sehr wichtige Untersuchungen vor. EMBDEN hat mit F. KALBERLAH, H. ENGEL und K. KONDO [3]) gefunden, daß im Muskelpreßsaft (von Hunden) eine reichliche Milchsäurebildung ohne einen entsprechenden Verbrauch von Glykogen oder Glukose stattfinden kann. Sie nahmen deshalb das Vorkommen einer besonderen Muttersubstanz der Milchsäure im Muskelsafte an, und diese Vorstufe nannten sie Laktazidogen. Es wurde ferner von EMBDEN mit W. GRIESBACH und E. SCHMITZ [4]) gezeigt, daß dieses Laktazidogen im Muskelpreßsaft (von Hund) enzymatisch unter Abgabe von Milchsäure und Phosphorsäure, unter Umständen sogar in äquivalenten Mengen, zersetzt wird. Auch Hexosephosphorsäure konnte unter Abspaltung von Milchsäure und Phosphorsäure durch Muskelpreßsaft zerlegt werden. J. PARNAS und R. WAGNER [5]), welche die Beziehungen zwischen Kohlehydratschwund und Milchsäurebildung in Froschmuskeln studiert haben, kamen ebenfalls zu dem Schluß, daß als Vorstufe der Milchsäure im Muskel ein Körper vorkommt, der selbst kein Kohlehydrat ist, aber in den Kohlehydraten seinen Ursprung hat. Einen bestimmten Zusammenhang zwischen Milchsäurebildung und Freiwerden von Phosphorsäure konnten sie aber nicht finden.

Die obigen Untersuchungen von EMBDEN und Mitarbeitern hatten es aber wahrscheinlich gemacht, daß das Laktazidogen eine Kohlehydratphosphorsäure sei, und diese Vermutung ist dann später bestätigt worden. Es ist nämlich EMBDEN und LAQUEUR [6]) gelungen, aus der Laktazidogenfraktion des Muskelpreßsaftes mit Phenylhydrazin eine schön kristallisierende Verbindung darzustellen, die mit dem von A. LEBEDEW [7]) isolierten Phenylhydrazinsalz des Phenylosazons der bei Hefegärung auftretenden Hexosephosphorsäure identisch ist.

Nach diesen Untersuchungen würde also eine große Analogie zwischen der Vergärung des Zuckers durch Hefe und der Milchsäurebildung im Muskel mit Laktazidogen als Zwischenstufe bestehen. Wie bei der alkoholischen

Marginal notes: Milchsäuren. Milchsäurebildung. Laktazidogen. Laktazidogen.

[1]) EMBDEN u. ALMAGIA mit F. KRAUS, Bioch. Zeitschr. **45.** [2]) Festschr. zum VIRCHOWS-Jubiläum; auch Ber. d. d. chem. Gesellsch. **25.** [3]) Bioch. Zeitschr. **45.** [4]) Zeitschr. f. physiol. Chem. **93.** [5]) Bioch. Zeitschr. **61.** [6]) Zeitschr. f. physiol. Chem. **93** u. **98.** [7]) Bioch. Zeitschr. **20** u. **28.**

Gärung mit Hefe die Bildung einer Hexosephosphorsäure geschieht, so würde auch bei dem Kohlehydratabbau im Muskel eine synthetische Anlagerung des Kohlehydrates an Phosphorsäure stattfinden. Diese Kohlehydratphosphorsäure, das Laktazidogen, würde dann enzymatisch unter Abgabe von Milchsäure und Phosphorsäure zerfallen, um im Muskel wieder regeneriert zu werden. Im Muskel würde also sowohl ein Abbau wie ein Aufbau von Laktazidogen, jener Prozeß als „Dissimilation" und dieser als „Assimilation" bezeichnet, stattfinden.

Kohlehydratphosphorsäure.

Bei dem Abbau des Laktazidogens können unter Umständen Milchsäure und Phosphorsäure in äquivalenten Mengen auftreten; aber die Relation kann auch eine andere sein, was, wie man annimmt, von der verschiedenen Intensität, mit welcher der Ab- und Aufbau geschieht, abhängen kann. Wenn also LAQUEUR in Versuchen an Froschmuskeln zwar eine Vermehrung der Milchsäure, nicht aber der Phosphorsäure infolge der Arbeit beobachtete, könnte dies daher rühren, daß die assimilatorische Vereinigung von Kohlehydrat und Phosphorsäure dem dissimilatorischen Zerfall des Laktazidogens die Wage hält. In der Wärmestarre, die ein ganz anderer Prozeß ist, wurde dagegen sowohl Milch- wie Phosphorsäure abgespaltet.

Ab- und Aufbau des Laktazidogens.

In dem Preßsafte von Karpfenmuskeln wird nach M. COHN nur äußerst wenig Milchsäure und Phosphorsäure gebildet, während Hexosephosphorsäure von solchem Saft zerlegt wird, was darauf hindeutet, daß dieser Saft allerdings enzymatisch wirkt, aber nur wenig Laktazidogen enthält Ähnlich verhält sich der Saft von glatten Muskeln (Uterus), der fast kein Laktazidogen enthält aber auf Hexosephosphorsäure wirkt (M. COHN, R. MEYER und H. HAGEMANN). Nach EMBDEN, GRIESBACH und LAQUEUR[1]) kann auch der Preßsaft anderer Organe Laktazidogen zerlegen; die Ablagerung von Laktazidogen in größerer Menge kommt jedoch nur dem Muskel zu. Inwieweit eine Milchsäurebildung aus Glukose ohne das Auftreten von Laktazidogen als Zwischenstufe in dem Muskel stattfinden kann, ist noch unbekannt.

Preßsaft verschiedener Muskeln.

Die Menge der in arbeitenden und starren Muskeln auftretenden Milchsäure ist bei verschiedenen Tierarten und in verschiedenen Muskeln derselben Art eine ungleiche. Nach den meisten Angaben betragen die Mengen 3—6 p. m. Hierbei ist indessen zu beachten, daß nach LAQUEUR die Menge der bei der Wärmestarre gebildeten Milchsäure bei Gegenwart von Natriumbikarbonat bedeutend vermehrt wird, bis zu 8 p. m., was wahrscheinlich daher rührt, daß die Säurebildung, wenn die H-Ionenkonzentration eine gewisse Höhe erreicht hat, zum Stillstand kommt. Es ist übrigens nicht ausgeschlossen, daß die Milchsäurewerte meistens zu klein gefunden worden sind, indem wie J. MONDSCHEIN[2]) gezeigt hat, ein Teil der Milchsäure von dem koagulierten Eiweiß zurückgehalten werden kann.

Menge der Milchsäure.

Die Beziehung der Milchsäure zu der Arbeit und der Starre soll in dem Folgenden weiter besprochen werden.

Zu den stickstofffreien Extraktivstoffen gehören auch **Bernsteinsäure** und **Fumarsäure** (EINBECK). Die Menge der erstgenannten Säure war nach EINBECK[3]) 0,071 p. m. in frischem Rindfleisch.

Fett fehlt nie in den Muskeln In dem intermuskulären Bindegewebe kommt stets etwas Fett vor; aber auch die Muskelfaser selbst soll Fett enthalten. Der Gehalt der eigentlichen Muskelsubstanz an Fett ist stets gering, gewöhnlichenfalls beträgt er gegen 10 p. m. oder etwas darüber. Einen bedeutenden Fettgehalt der Muskelfasern findet man dagegen bei der Fettdegeneration. Ein Teil des Muskelfettes läßt sich leicht, ein anderer nur schwer extrahieren. Der letztere Teil, welcher, wie man annimmt, in der kontraktilen Substanz

Fett und Lezithin.

[1]) Die hier zitierten Arbeiten von EMBDEN und Mitarbeitern findet man in Zeitschr. f. physiol. Chem. **93**. [2]) Bioch. Zeitschr. **42**. [3]) Zeitschr. f. physiol. Chem. **87** u. **90**.

selbst verteilt ist und reicher an freien Fettsäuren sein soll, steht nach Zuntz und Bogdanow[1]) in naher Beziehung zur Tätigkeit der Muskeln, indem er nämlich bei der Arbeit verbraucht werden soll. Lezithin ist ein regelmäßiger Bestandteil des Muskels, und es ist sehr wohl möglich, daß das schwer extrahierbare, an Fettsäuren reichere Fett zum Teil von einer Zersetzung des Lezithins und der Phosphatide überhaupt herrührt. Wie Erlandsen gezeigt hat, kommen nämlich in den Muskeln Phosphatide verschiedener Art vor und zwar in verschiedener Menge in verschiedenen Muskeln. So ist nach ihm beim Ochsen das Herz reicher an Phosphatiden als die Muskeln des Oberschenkels, und nach Rubow[2]) ist beim Hunde das Herz reicher an solchen als die quergestreiften Muskeln. Lezithin und ein Diaminophosphatid fand Erlandsen sowohl im Herzen wie in den Schenkelmuskeln, während das im Herzen verhältnismäßig reichlich vorkommende Monoaminodiphosphatid Cuorin in den Schenkelmuskeln höchstens spurenweise vorkam. Untersuchungen über die Verteilung des anorganischen und organischen Phosphors in quergestreiften und glatten Muskeln hat Costantino[3]) ausgeführt.

Phosphatide.

Die Mineralstoffe des Muskels. Die bei der Verbrennung von Muskeln zurückbleibende Asche, deren Menge etwa 10—15 p. m. auf den feuchten Muskel berechnet beträgt, reagiert sauer. In größter Menge findet man in ihr Kalium, dessen Vorkommen nach Macallum[4]) auf die dunklen Querbänder beschränkt ist, und Phosphorsäure. Danach kommen Natrium und Magnesium und endlich Kalzium, Chlor und Eisenoxyd. Sulfate finden sich meistens nur spurenweise präformiert in dem Muskel, entstehen aber bei dem Einäschern aus dem Muskeleiweiß und kommen deshalb in reichlicherer Menge in der Asche vor. Von Kalium und Phosphorsäure enthält der Muskel so reichliche Mengen, daß das Kaliumphosphat unbedingt das im Muskel vorherrschende Salz zu sein scheint. Von Chlor finden sich nur kleine Mengen, die wenigstens zum Teil von einer Verunreinigung mit Blut oder Lymphe herzuleiten sind. Der Gehalt an Magnesium ist in der Regel bedeutend größer als der an Kalzium. Eisen kommt nur in geringer Menge vor. Das Wasser des Muskels kommt teils als freies und teils als Quellungswasser der Kolloide vor. Nach den Untersuchungen von Jensen und Fischer[5]) ist es nur ein kleiner, wenige Prozente betragender Teil des gesamten Wassers, welcher im Zustande festerer Bindung sich vorfindet.

Mineralstoffe der Muskeln.

F. Urano[6]) hatte am Froschmuskel die Salze der Zwischenflüssigkeit (Blut, Lymphe) durch Behandeln des Muskels mit einer isotonischen Rohrzuckerlösung (von 6 p. c.) entfernt und in dieser Weise gefunden, daß das Natrium nicht der Muskelsubstanz selbst sondern der Zwischenflüssigkeit angehört, während das Chlor wenigstens zu einem sehr kleinen Teil ein wahrer Muskelbestandteil ist. Aus dem Natriumgehalte berechnete er ferner, daß die Zwischenflüssigkeit, wenn sie ungefähr die Zusammensetzung des Muskelplasmas hat, etwa $1/6$ des Muskelvolumens ausmacht. Nach weiteren Untersuchungen von Urano war die Möglichkeit einer Schädigung der osmotischen Eigenschaften der Muskelfasern durch die Zuckerlösung nicht ganz ausgeschlossen, und die Frage, ob die Muskelfasern natriumfrei sind, war deshalb auch nicht ganz sicher entschieden. Spätere Untersuchungen von Fahr[7]) machen jedoch die Abwesenheit von Natrium in Froschmuskeln wahrscheinlich.

Mineralstoffe.

Die Bedeutung der verschiedenen Mineralstoffe für die Funktion des Muskels ist Gegenstand zahlreicher Untersuchungen gewesen, und durch viele

[1]) Arch. f. (Anat. u.) Physiol. 1897. [2]) Erlandsen, Zeitschr. f. physiol. Chem. 51; Rubow, Arch. f. exp. Path. u. Pharm. 52. [3]) Bioch. Zeitschr. 43 und Malys Jahresb. 46. [4]) Journ. of Physiol. 32. [5]) Bioch. Zeitschr. 20. [6]) Zeitschr. f. Biol. 50. [7]) Urano, Zeitschr. f. Biol. 51; Fahr ebenda 52.

von diesen sind weitere Beweise für die schon in einem vorigen Kapitel besprochene Ionenwirkung der Elektrolyten und den Antagonismus verschiedener Ionen geliefert worden. Diese Untersuchungen deuten ferner darauf hin, daß einem jeden der genannten Ionen Na, Ca und K eine bestimmte Rolle für die Erhaltung der Erregbarkeit, für die Kontraktion und die Erschlaffung des Muskels zukommt, wenn auch die Untersuchungen noch nicht zu einem solchen Abschluß gelangt sind, daß man die Ionenwirkungen klar überblicken könnte. Auf alle Fälle scheint es klar zu sein, daß für das normale Funktionieren des Muskels eine Zusammenwirkung verschiedener Ionen ein notwendiges Bedingnis ist. Dementsprechend gelingt es auch, wie allgemein bekannt, mittels einer mit Sauerstoff gesättigten Durchleitungsflüssigkeit von passender Zusammensetzung wie der RINGERschen Lösung, den Muskel (das Herz) lange Zeit in geregelter Tätigkeit zu erhalten. Diese Lösung enthält in 1 Liter 6,5 bis 9,5 g NaCl (je nachdem man mit Kaltblüter- oder Warmblüterorganen zu tun hat) 0,2 g KCl, 0,2 g $CaCl_2$ und 0,19 g $NaHCO_3$.

Mineralstoffe und Funktionieren des Muskels.

Die Gase des Muskels bestehen aus größeren Mengen Kohlensäure nebst Spuren von Stickstoff.

Über die Permeabilität der Muskeln für verschiedene Stoffe liegen umfassende Untersuchungen von OVERTON[1] vor. Die verschiedenen Hüllen des Muskels, das Sarkolemma und Perimysium internum, setzen der Diffusion der meisten gelösten Kristalloidverbindungen keinen größeren Widerstand entgegen, während die Muskelfasern dagegen (exklusive des Sarkolemmas) für die Mehrzahl der anorganischen Verbindungen und für viele organische Verbindungen ganz oder beinahe undurchlässig sind. Nach seiner Ansicht sollen die Muskelfasern von semipermeablen Membranen umgeben sein, und die Muskelfasern selber sind wirklich semipermeable Gebilde, die wohl für Wasser, nicht aber z. B. für die Moleküle, resp. Ionen des Natriumchlorids und des Kaliumphosphates durchlässig sind. Für Kolloide sind sowohl die Muskelfasern wie die verschiedenen Hüllen impermeabel.

Permeabilität der Muskeln.

Das Verhalten der zahlreichen von OVERTON untersuchten Stoffe kann hier nicht wiedergegeben werden. Als allgemeine Regel ergab sich folgendes. Alle Verbindungen, die, neben einer merklichen Löslichkeit in Wasser, sich in Äthyläther, in den höheren Alkoholen, in Olivenöl und in ähnlichen organischen Lösungsmitteln leicht lösen oder wenigstens in den zuletzt genannten Lösungsmitteln nicht viel schwerer löslich sind als in Wasser, dringen äußerst leicht in die lebenden Muskelfasern ein. Je mehr aber das Teilungsverhältnis einer Verbindung zwischen Wasser einerseits und einem der genannten Lösungsmitteln andererseits zugunsten des Wassers sich verschiebt, um so langsamer geschieht das Eindringen der Verbindung in die Muskelfasern. Durch das Absterben ändern sich die Permeabilitätsverhältnisse wesentlich.

Permeabilität der Muskeln.

Für Sauerstoff, Kohlensäure und Ammoniak sind die lebenden Muskelfasern leicht durchdringlich, während sie z. B. für Hexosen und Disaccharide nicht merklich durchlässig sind. Sehr bemerkenswert ist es übrigens, daß ein großer Teil jener Verbindungen, die im normalen Stoffwechsel der Pflanzen und Tiere stark beteiligt sind, zu jenen Stoffen gehört, für welche die Muskelfasern (und auch andere Zellen) fast oder ganz undurchlässig sind. Dagegen lassen sich von solchen Stoffen Derivate darstellen, die sehr leicht in die Zellen eindringen, und OVERTON findet es deshalb auch nicht unmöglich, daß der Organismus zum Teil des Kunstgriffes solche Derivate darzustellen sich bedient, um die Konzentration der Nährstoffe innerhalb des Protoplasmas regulieren zu können (vgl. im übrigen Kapitel 1).

Permeabilität der Muskeln.

---

[1] PFLÜGERS Arch. **92**; vgl. auch HÖBER ebenda **106** und HAMBURGER, Osmotischer Druck und Ionenlehre **3**.

In Anbetracht der Schwierigkeiten, die mit dem Erklärungsversuche OVERTONS verbunden sind, hat M. H. FISCHER statt der Annahme einer impermeablen oder teilweise permeablen Membran die Annahme gemacht, daß die Zellsubstanz aus einem Gemische verschiedener kolloiden Lösungen besteht. Ein Teil besteht aus kolloiden Lösungen der Eiweißstoffe, ein anderer aus kolloiden Lösungen von Lipoiden, die neben einigen Eigenschaften der Eiweißkörper ihre spezifischen Eigenschaften, wie die Fähigkeit lipoidlösliche Stoffe zu lösen, besitzen [1]). Kolloid-gemengen.

Die Muskelstarre. Wird ein Muskel dem Einflusse des zirkulierenden, sauerstoffhaltigen Blutes entzogen, wie nach dem Tode des Tieres oder nach Unterbindung der Aorta oder der Muskelarterien (STENSONscher Versuch), so fällt er rascher oder langsamer der Totenstarre anheim. Die unter diesen Verhältnissen auftretende gewöhnliche Starre wird die spontane, aber auch die fermentative Starre genannt, weil man ihre Ursache wenigstens zum Teil in Enzymwirkungen hat sehen wollen. Ein Muskel kann aber auch in anderer Weise starr werden. So tritt die Starre momentan ein beim Erwärmen des Muskels auf 40° bei Fröschen, auf 48—50° bei Säugetieren und auf 53° C bei Vögeln. Destilliertes Wasser kann auch den Muskel starr machen (Wasserstarre). Säuren, selbst sehr schwache wie Kohlensäure, können rasch die Starre hervorrufen (Säurestarre) oder das Auftreten derselben beschleunigen. Das Auftreten einer Starre bewirken auch eine Menge chemisch differenter Substanzen wie Chloroform, Äther, Alkohol, ätherische Öle, Koffein und mehrere Alkaloide. Muskel-starre.

Bei dem Übergange des Muskels in Totenstarre wird er kürzer und dicker, fester, trübe, undurchsichtig und weniger dehnbar. Der saure Anteil der amphoteren Reaktion wird stärker, ein Verhalten, welches durch die Milchsäurebildung erklärt werden kann. Diese Milchsäure wird zu mehr oder weniger großem Teil von dem im Muskel disponiblen Alkali gebunden, ein Teil des Diphosphates geht in Monophosphat über und es wird außerdem Kohlensäure freigemacht. Die stärker saure Reaktion wird also unzweifelhaft wenigstens zum Teil durch Monophosphat und Kohlensäure bedingt. Ob' und bis zu welchem Grade daneben auch freie Milchsäure vorkommt, ist noch eine strittige Frage [2]). Die Säurebildung wird auch in nächster Beziehung zu dem Starrwerden gesetzt. Während man aber früher als das wesentlichste Moment des Starrwerdens das Auftreten eines aus Myosin (KÜHNE) oder aus Myogen- und Myosinfibrin (v. FÜRTH) bestehenden Gerinnsels betrachtete, hat man später, namentlich auf Grund der Untersuchungen von MEIGS und von v. FÜRTH und LENK [3]), als das Wesentlichste eine durch die Milchsäurebildung eingeleitete, durch Wasserverschiebung hervorgerufene Quellung der anisotropen Substanz angenommen. Die letztere soll dabei in der Längenrichtung verkürzt, in der Querrichtung dagegen breiter werden und dadurch eine Totalverkürzung hervorrufen. Über die Art der Wasserverschiebung divergieren allerdings die Ansichten, indem Mc DOUGALL [4]) einen Übertritt von Wasser aus dem Sarkoplasma, v. FÜRTH dagegen eine Wasserverschiebung innerhalb der kontraktilen Elemente annimmt. Wesen der Muskel-starre.

Diese neuere Anschauung von dem Wesen der Starre steht in bestem Einklang mit den über die Quellung von Kolloiden oder Muskeln in Wasser oder Salzlösungen bei Ab- oder Anwesenheit von Säure gewonnenen Er-

---

[1]) Zitiert nach O. v. FÜRTH, Ergebn. d. Physiol. 17. [2]) Es ist hier nicht möglich, auf die streitigen Angaben über die Reaktion des Muskels und die sie bedingenden Stoffe des näheren einzugehen. Es wird deshalb hier auf die Arbeiten von HEFFTER und RÖHMANN (dieses Kapitel, S. 442), wie auf v. FÜRTH, Ergebn. d. Physiol. 17 und WACKER (s. unten) verwiesen. [3]) MEIGS, Journ. of Physiol. 39 und besonders Amer. Journ. of Physiol. 24 u. 26; v. FÜRTH u. LENK, Bioch. Zeitschr. 33 und Wien. klin. Wochenschr. 24 (1911). [4]) Journ. of Anat. u. Physiol. 31 u. 32.

fahrungen wie auch mit der Tatsache, daß die Starre aufgehoben werden kann durch künstliche Blutzirkulation oder durch Einwirkung von Salzlösungen, namentlich von solchen, welche kleine Mengen von $NaHCO_3$ enthalten. Sie stimmt auch gut mit der alten Erfahrung, daß die Muskelarbeit, welche ebenfalls mit einer Säurebildung verbunden ist, das Auftreten der Starre beschleunigt.

Durch die weiteren postmortalen Veränderungen, namentlich durch weitere Säureanhäufung, kommt es allmählich zu einer fortschreitenden Gerinnung oder Fällung der Eiweißkörper. Bei dieser Gerinnung nimmt nach v. Fürth und Lenk das Wasserbindungsvermögen des kolloidalen Systems ab, es wird Wasser abgegeben, es findet eine Entquellung statt, und diese kommt in der sog. „Lösung der Starre" zum Vorschein. Diese Ansicht ist jedoch nicht allgemein akzeptiert worden.

Lösung der Starre.

H. Winterstein[1]), der ebenfalls die Milchsäurebildung als Ursache der Starre betrachtet, hat durch feine Zerkleinerung der Muskeln versucht, die kolloidalen und osmotischen Erscheinungen gesondert zu studieren, und ist dabei zu der Ansicht gelangt, daß die Wasseraufnahme in saurer Lösung zum Teil osmotischer, zum Teil kolloidaler Natur ist, und daß eine spontane Entquellung bei dem Lösen der Starre nicht vorkommt. Die nachträgliche Wasserabgabe soll osmotischer und nicht kolloidaler Natur sein.

Wintersteins Theorie.

Nach L. Wacker[2]) spielt ebenfalls die Osmose eine Rolle bei der Starre, indem aus dem Glykogenmoleküle eine größere Anzahl Moleküle von kristalloider Natur entstehen, die den osmotischen Druck in den Muskelfasern erhöhen und dadurch eine vermehrte Wasseraufnahme bedingen. Bei der Lösung der Starre findet wieder ein Druckausgleich statt. Als einen Nebenvorgang betrachtet er die Abscheidung der Eiweißkomponente aus den Alkalieiweißverbindungen des Muskels. Die wesentlichste Ursache der Starre liegt aber nach ihm in dem Drucke, welcher durch die, infolge der Milchsäurebildung reichlich freigemachte, Kohlensäure verursacht wird. Die Lösung der Starre ist nach ihm durch das langsame Entweichen der Kohlensäure bedingt.

Wackers Theorie.

Das Wesen der Wärmestarre ist noch nicht vollständig aufgeklärt worden. v. Fürth betrachtete früher diese Starre als eine durch die Gerinnung gewisser Eiweißstoffe bedingte Koagulationsstarre, und ihr Auftreten bei einer niedrigeren Temperatur bei Kalt- als bei Warmblütern sollte nach ihm daher rühren, daß bei jenen das bei $30—40^0$ C koagulierende, lösliche Myogenfibrin präformiert im Muskel vorkommt, während bei Warmblütern die gerinnende Substanz das erst bei höherer Temperatur gerinnende Muskulin (Myosin v. Fürth) ist. Nach Inagaki[3]) entsprechen jedoch (bei Froschmuskeln) die beim Erhitzen eines Muskels auftretenden verschiedenen Kontraktionsstadien nicht denjenigen Eiweißgerinnungen, welche man beim Erwärmen des Muskelsaftes erhält, wobei indessen zu bemerken ist, daß auch beim Erhitzen eines Muskels eine Milchsäurebildung stattfindet, welche einem genauen Vergleiche der Gerinnung der Eiweißstoffe innerhalb des Muskels und außerhalb desselben hinderlich ist. Auch andere Forscher wie Meigs[4]) und Vernon[5]) haben keine besondere Übereinstimmung zwischen den Verkürzungsstadien und den Eiweißgerinnungen im Muskel konstatieren können, und v. Fürth[6]) scheint nunmehr die Wärmestarre in etwas anderer Weise aufzufassen. Nach ihm kommt es schon unterhalb 40^0 C zu einer explosiven Milchsäurebildung, die einen Kontraktionsvorgang auslöst, der zunächst reversibler Natur ist,

Wärmestarre.

[1]) Bioch. Zeitschr. 75. [2]) Ebenda 75, 79 u. 107 und Pflügers Arch. 165. [3]) Zeitschr. f. Biol. 48. [4]) Amer. Journ. of Physiol. 24; s. auch Journ. of Physiol. 39 u. 24. [5]) Ebenda 24. [6]) Ergebn. d. Physiol. 17.

der aber bei Steigerung der Temperatur über die Koagulationstemperatur der Muskeleiweißkörper die Kontraktion irreversibel macht. Auch in diesem Falle kann man sich vorstellen, daß die Milchsäureanhäufung eine Säurequellung bewirkt oder eine Formveränderung der kontraktilen Elemente auf dem Wege des osmotischen Druckes oder der Oberflächenspannung auslöst, die dann durch Gerinnung der Eiweißkörper fixiert wird.

Die durch verschiedene, chemisch wirkende Stoffe bewirkte **chemische Starre** wird wohl nunmehr ebenfalls recht allgemein als eine durch Säurewirkung, infolge der chemischen Schädigung des Muskels, bewirkte Quellungsstarre betrachtet. Chemische Starre.

Da man nunmehr allgemein in erster Linie eine Milchsäurebildung während des Absterbens des Muskels als Ursache der Muskelstarre annimmt, so entsteht die Frage, aus welchem Muskelbestandteil diese Säure gebildet wird. Am nächsten liegt hier gewiß die Annahme zur Hand, daß die Milchsäure aus dem Glykogen mit Glukose als Zwischenstufe entstehe, und eine Abnahme des Glykogens bei der Starre ist in der Tat auch von einigen Autoren wie von NASSE und WERTHER beobachtet worden. Auf der anderen Seite hat jedoch BÖHM Fälle beobachtet, in welchen gar kein Glykogenverbrauch bei der Starre stattgefunden hatte, und er fand ferner, daß die Menge der entstandenen Milchsäure dem Glykogengehalte nicht proportional ist. Nach MOSCATI[1]) soll ebenfalls die Abnahme des Glykogens unabhängig von dem Auftreten der Starre sein, und endlich haben PARNAS und WAGNER gezeigt, daß eine Parallelität zwischen Milchsäurebildung und Kohlehydratschwund nicht besteht, weshalb sie, wie oben erwähnt, auch eine Zwischenstufe zwischen Kohlehydrat und Milchsäure annehmen. Eine solche Zwischenstufe ist das obengenannte Laktazidogen. In welcher Beziehung das letztere zu der Phosphorfleischsäure steht, die man ebenfalls als Muttersubstanz der Milchsäure betrachtet hat, ist noch nicht klar. Muskelstarre und Glykogenverbrauch.

Der Stoffwechsel im ruhenden und arbeitenden Muskel. Von PFLÜGER und COLASANTI, ZUNTZ und RÖHRIG[2]) u. a. ist es dargetan worden, daß der Stoffwechsel im Muskel von dem Nervensysteme reguliert wird. Selbst in der Ruhe im gewöhnlichen Sinne, wenn also keine mechanische Arbeit geleistet wird, befindet sich der Muskel in einem Zustande, welcher von ZUNTZ und RÖHRIG als „chemischer Tonus" bezeichnet wurde. Dieser Tonus scheint ein Reflextonus zu sein, und dementsprechend kann er durch Aufheben der Verbindung zwischen den Muskeln und den nervösen Zentralorganen, durch Durchschneiden des Rückenmarkes und der Muskelnerven herabgesetzt werden. Die Möglichkeit, durch verschiedene Eingriffe den chemischen Tonus des Muskels herabsetzen zu können, liefert ein wichtiges Hilfsmittel zur Entscheidung der Frage, welchen Umfanges und welcher Art die in dem Muskel in der Ruhe in gewöhnlichem Sinne verlaufenden chemischen Prozesse sind. Behufs einer vergleichenden chemischen Untersuchung der in dem arbeitenden und dem ruhenden Muskel verlaufenden Prozesse hat man sonst in verschiedener Weise verfahren. Man hat nämlich teils ausgeschnittene, gleichnamige, arbeitende und ruhende Muskeln, teils das arterielle und venöse Muskelblut in der Ruhe und bei der Arbeit verglichen, und endlich hat man auch den Gesamtstoffwechsel, d. h. die Einnahmen und Ausgaben des Organismus in diesen zwei verschiedenen Zuständen untersucht. Chemischer Tonus. Methoden zur Untersuchung des Stoffwechsels im Muskel.

---

[1]) NASSE, Beitr. z. Physiol. der kontraktil. Substanz; PFLÜGERS Arch. **2**; WERTHER ebenda **46**; BÖHM ebenda **23** u. **46**; MOSCATI, HOFMEISTERS Beiträge **10**. [2]) Vgl. die Arbeiten von PFLÜGER und seinen Schülern in seinem Arch. **4, 12, 14, 16, 18**; RÖHRIG, PFLÜGERS Arch. **4, 57**; vgl. auch ZUNTZ ebenda **12, 522**.

Unter den nach diesen verschiedenen Methoden erhaltenen Resultaten mögen hier folgende erwähnt werden.

Während der Arbeit ist der Stoffwechsel und damit auch der Gaswechsel im Muskel gesteigert. Der Tierorganismus nimmt während der Arbeit bedeutend mehr Sauerstoff als in der Ruhe auf und scheidet auch bedeutend mehr Kohlensäure aus. Die Menge Sauerstoff, welche als Kohlensäure den Körper verläßt, ist während der Arbeit regelmäßig größer als die in derselben Zeit aufgenommene Sauerstoffmenge, und das venöse Muskelblut ist während der Arbeit reicher an Kohlensäure als in der Ruhe. Der arbeitende Muskel

Gas-
wechsel
bei der
Muskel-
arbeit.

gibt also eine Kohlensäuremenge ab, welche der gleichzeitig aufgenommenen Sauerstoffmenge nicht entspricht, sondern größer ist, und schon dies deutet darauf hin, daß bei der Muskelarbeit jedenfalls nicht Oxydationsprozesse allein, sondern auch Spaltungsprozesse verlaufen. Ein mehr direkter Beweis für die Bedeutung der von Oxydationen unabhängigen Spaltungsprozesse für die Muskelarbeit liegt darin, daß, wie L. HERMANN als erster zeigte, ausgeschnittene, blutleere, sauerstofffreie Muskeln einige Zeit in einer sauerstofffreien Atmosphäre arbeiten können und dabei auch Kohlensäure abgeben. Inwieweit diese Kohlensäure von den Spaltungsprozessen oder von einer Kohlensäureaustreibung aus Alkalikarbonat durch die bei der Arbeit produzierte Milchsäure (s. unten) herrührt, muß jedoch weiter untersucht werden[1].

Anoxy-
biotische
Kontrak-
tion.

Daß der Muskel anoxybiotisch arbeiten kann, ist nunmehr auch allgemein anerkannt, und die neueren Untersuchungen über die Wärmebildung bei der Kontraktion[2] zeigen, daß sie unabhängig davon ist, ob eine Oxydation möglich ist oder nicht. Für das Zustandekommen der Kontraktion scheint also die Gegenwart von Sauerstoff nicht notwendig zu sein, während der Sauerstoff dagegen für den Erholungsvorgang von großer Bedeutung zu sein scheint.

Während der Muskelruhe in gewöhnlichem Sinne findet ein Glykogenverbrauch statt. Dies geht daraus hervor, daß die Menge des Glykogens vermehrt und dementsprechend der Glykogenverbrauch herabgesetzt ist in solchen Muskeln, deren chemischer Tonus infolge Nervendurchschneidung oder in

Kohle-
hydrat-
verbrauch
während
der Arbeit.

anderer Weise herabgesetzt worden ist. Bei der Arbeit ist dieser Glykogenverbrauch gesteigert, und durch zahlreiche Untersuchungen ist die Tatsache sicher festgestellt worden, daß die Menge des Glykogens in den Muskeln bei der Arbeit rasch und stark abnimmt. Bei der Arbeit wird auch Zucker aus dem Blute aufgenommen und verbraucht.

Die amphotere Reaktion des ruhenden Muskels schlägt während der Arbeit in eine stärker saure um (DU BOIS-REYMOND u. a.), und diese saure Reaktion nimmt wenigstens bis zu einer gewissen Grenze mit der Arbeit zu. Die rascher sich kontrahierenden blassen Muskeln sollen auch nach GLEISS[3] während der Arbeit mehr Säure als die langsamer sich kontrahierenden roten

Saure
Reaktion.

produzieren. Über die Ursache dieser zunehmenden sauren Reaktion hat man eine große Anzahl von Untersuchungen teils an Muskeln in situ und teils an ausgeschnittenen Muskeln ausgeführt und dabei recht widersprechende Resultate erhalten. Diese älteren Untersuchungen, welche die Frage von einer Milchsäurebildung während der Arbeit galten, haben hauptsächlich ein historisches Interesse, denn man ist nunmehr darüber einig, daß eine Milchsäurebildung

---

[1] L. HERMANN, Unters. über d. Stoffwechsel der Muskeln usw., Berlin 1867. Über Gaswechsel im ausgeschnittenen Muskel vgl. man ferner J. TISSOT, Arch. de Physiol. (5) 6 u. 7 und Compt. Rend. 120; FLETCHER, Journ. of Physiol. 23, 28, 35, 48; F. VERZÁR, Ergebn. d. Physiol. 15; s. auch WACKER, Fußnote 2, S. 462. [2] Vgl. die Arbeiten von A. V. HILL, Journ. of Physiol. 40, 46 u. 48. [3] PFLÜGERS Arch. 41.

ein sehr wichtiger Faktor bei der Arbeit ist, und FLETCHER und HOPKINS[1]) haben den wesentlichsten Grund der widersprechenden Resultate der oben-genannten Untersuchungen gezeigt. Sie fanden nämlich, daß beim Heraus-präparieren der Muskeln und deren Vorbereitung für die Untersuchung auf Milchsäure mehrere Fehlerquellen sich geltend machen können. Es können also sowohl mechanische Reizung wie Erwärmung oder Behandlung der Muskeln mit (nicht eiskaltem) Alkohol zu einer Milchsäurebildung Veranlassung geben. Auf der anderen Seite können aber auch die Milchsäurewerte dadurch zu niedrig ausfallen, daß, wie MONDSCHEIN[2]) gezeigt hat, Milchsäure von dem Eiweiß zurückgehalten werden kann.

Säure-bildung während der Arbeit.

Die Milchsäurebildung bei der Arbeit ist wie gesagt nunmehr allgemein anerkannt; die maximale Milchsäurebildung infolge der Arbeit soll indessen nach den Untersuchungen von FLETCHER und HOPKINS wie von LAQUEUR[3]) nur etwa halb so groß wie die bei der Wärmestarre sein. Durch die bei der Arbeit produzierte Milchsäure wird ein Teil des Alkalidiphosphates in Mono-phosphat übergeführt, und durch dieses Monophosphat wie auch durch die produzierte oder freigemachte Kohlensäure dürfte wohl die infolge der Arbeit beobachtete Vermehrung der Wasserstoffionenkonzentration zu erklären sein. Nach J. GOLDBERGER[4]) soll diese Vermehrung zu großem Teil durch die Kohlensäure verursacht sein.

Milch-säure-bildung.

Als Muttersubstanz der Milchsäure hat man das Glykogen bzw. die aus ihm gebildete Glukose zu betrachten. Inwieweit eine Milchsäurebildung hierbei direkt aus der Glukose oder erst aus dem Laktazidogen als Zwischen-stufe geschieht, dürfte vorläufig unentschieden sein. Nach SIEGFRIED[5]) nimmt die Menge der Phosphorfleischsäure während der Arbeit ab, und diese Säure könnte deshalb vielleicht auch eine Muttersubstanz der Milchsäure sein. Da aber die Existenz der Phosphorfleischsäure als chemisches Individuum zweifelhaft und ihre Beziehung zu dem Laktazidogen jedenfalls unbekannt ist, hat man gegenwärtig kaum mit der Phosphorfleischsäure als Muttersubstanz der Milchsäure im Muskel zu rechnen.

Ursprung der Milch-säure.

So lange die Muskeln, wie unter physiologischen Verhältnissen, von Blut durchgeströmt sind, kann Milchsäure jedenfalls zum Teil als Alkalisalz in das Blut übergehen; und es liegen in der Tat auch Angaben über einen ver-mehrten Milchsäuregehalt des Blutes nach der Arbeit vor[6]). Man hat auch in gewissen Fällen ein reichliches Übertreten von Milchsäure in den Harn nach angestrengter Muskelarbeit nachweisen können[7]). Wie verhält sich aber die Milchsäure, welche, wie z. B. in ausgeschnittenen arbeitenden Muskeln, nicht mit dem Blute weggeführt werden kann? Aus den in dieser Hinsicht ausgeführten Untersuchungen, unter denen besonders die von O. MEYERHOF[8]) hervorzuheben sind, weiß man, daß in der Erholungsperiode ein Teil der Milchsäure durch Oxydation verbrannt wird. Bei Bestimmung der Menge des in dieser Periode verbrauchten Sauerstoffes fand man, aber, daß diese Menge nicht der verschwundenen Menge Milchsäure entsprach. Sie war kleiner und führte zu dem Schlusse, daß (im Froschmuskel) nur etwa $1/3 - 1/4$ der während der Kontraktion gebildeten Milchsäure in der Erholungsperiode verbrannt wird. Der größte Teil der Milchsäure wird in Kohlehydrat, Glykogen bzw. Laktazidogen zurückverwandelt, und hierdurch wird neues Material für die Muskelarbeit geliefert (MEYERHOF).

Milch-säure in arbeiten-den und ruhenden Muskeln.

---

[1]) Journ. of Physiol. **35**.   [2]) Bioch. Zeitschr. **42**.   [3]) Zeitschr. f. physiol. Chem. **93**.
[4]) Bioch. Zeitschr. **84**.   [5]) Zeitschr. f. physiol. Chem. **21**.   [6]) K. SPIRO, Zeitschr. f. physiol. Chem. **1**; H. FRIES, Bioch. Zeitschr. **35**.   [7]) COLASANTI u. MOSCATELLI, MALYS Jahresb. **17**; WERTHER, PFLÜGERS Arch. **46**.   [8]) Ebenda **182**.

Als Material der im Muskel während der Arbeit wie in der Erholungs-periode sich abspielenden Vorgänge stehen, soweit man ersehen kann, die Kohlehydrate und die aus ihnen erzeugte Milchsäure in dem Vordergrunde. Daß neben diesen Vorgängen auch andere verlaufen, ist unzweifelhaft, und man hat deshalb auch das Verhalten anderer Muskelbestandteile geprüft.

Der Gehalt ausgeschnittener Muskeln an Eiweiß soll nach den Angaben älterer Forscher infolge der Arbeit abnehmen. Die Richtigkeit dieser Angabe wird jedoch von anderen bestritten. Ebenso sind die Angaben über die Menge der stickstoffhaltigen Extraktivstoffe im Muskel in der Ruhe und bei der

Eiweiß- und Kreatin-verbrauch. Arbeit etwas strittig. Nach den Untersuchungen von MONARI[1] soll die Ge-samtmenge des Kreatins und Kreatinins bei der Arbeit sich vermehren und zwar bei einem Übermaß von Muskelarbeit besonders die Kreatininmenge. Das Kreatinin entsteht nach ihm dabei im wesentlichen aus dem Kreatin. Für eine vermehrte Kreatin- bzw. Kreatininbildung während der Arbeit sprechen auch Versuche von GRAHAM BROWN und CATHCART an ausge-schnittenen Nervenmuskelpräparaten vom Frosche und die Untersuchungen von S. WEBER[2] am Herzen. Der letztere fand, daß das arbeitende Herz Kreatin (Kreatinin) an die RINGERsche Salzlösung abgab, und zwar in größerer Menge bei stärkerer als bei schwächerer Arbeit. Eine vermehrte Kreatininausscheidung nach der Arbeit findet dagegen nach mehreren Forschern nicht statt (vgl.

Verhalten des Kreatins und der Purinbasen. Kapitel 15), und nach PEKELHARING und v. HOOGENHUYZE soll bei der gewöhn-lichen Muskelarbeit weder eine vermehrte Kreatinbildung noch eine stärkere Kreatininausscheidung stattfinden. Bei der tonischen Kontraktion wird aber Kreatin auf Kosten des Eiweißes gebildet, und dementsprechend wird nach PEKELHARING und HARKINK[3] unter dem Einflusse des Muskeltonus die Kreatininausscheidung vermehrt. Die Purinbasen entstehen nach BURIAN im Muskel selbst, auch in der Ruhe, und durch gesteigerte Neubildung von solchen soll ihre Menge während der Arbeit vermehrt werden. SCAFFIDI[4] fand da-gegen bei Fröschen und Kröten während der Arbeit eine Verminderung der Gesamtmenge der Purinbasen und zwar nicht der freien sondern der gebun-denen Purine.

Die Frage nach dem Verhalten der stickstoffhaltigen Bestandteile des Muskels in Ruhe und während der Arbeit hat man auch durch Bestimmungen der Gesamtstickstoffausscheidung in diesen verschiedenen Körperzuständen

Stickstoff-ausschei-lung wäh-rend der Arbeit. zu entscheiden versucht. Während man früher, in Übereinstimmung mit der Ansicht LIEBIGS, es als feststehend betrachtete, daß die Stickstoffausscheidung durch den Harn infolge der Arbeit sich vermehre, haben spätere Untersuchungen besonders von VOIT an Hunden und von PETTENKOFER und VOIT an Menschen, zu einem ganz anderen Resultate geführt. Sie haben nämlich gezeigt, was auch spätere Forscher, wie J. MUNK, HIRSCHFELD[5] u. a. bestätigt haben, daß die Arbeit ohne eine Steigerung, jedenfalls ohne wesentliche Steigerung der Stickstoffausscheidung vonstatten gehen kann.

Auf der anderen Seite gibt es aber auch Beobachtungen, die eine nicht unbedeutende Steigerung des Eiweißumsatzes während oder nach der Arbeit gezeigt haben. Es gehören hierher die Beobachtungen von FLINT und PAVY an einem Schnelläufer, von v. WOLFF. V. FUNKE, KREUZHAGE und KELLNER

---

[1] MALYS Jahresb. **19**, 296. [2] E. P. CATHCART u. T. GRAHAM BROWN, Journ. of Physiol. **37**; S. WEBER, Arch. f. exp. Path. u. Pharm. **58**. [3] PEKELHARING u. v. HOOGEN-HUYZE, Zeitschr. f. physiol. Chem. **64**, mit HARKINK ebenda **75**; vgl. auch MALYS Jahresb. **43** u. 46. [4] BURIAN, Zeitschr. f. physiol. Chem. **43**; SCAFFIDI, Bioch. Zeit-schr. **30**. [5] VOIT, Unters. über den Einfluß des Kochsalzes, des Kaffees und der Muskelbewegungen auf den Stoffwechsel, München 1860 und Zeitschr. f. Biol. **2**; J. MUNK, Arch. f. (Anat. u.) Physiol. 1890 u. 1896; HIRSCHFELD, VIRCHOWS Arch. **121**.

an einem Pferde, von DUNLOP und seinen Mitarbeitern an arbeitenden Menschen, von KRUMMACHER, PFLÜGER, ZUNTZ und seinen Schülern[1]) u. a. Es gehören hierher ferner die Untersuchungen über die Ausscheidung des Schwefels in der Ruhe und während der Arbeit. Die Ausscheidung von Stickstoff und Schwefel läuft bei ruhenden und arbeitenden Personen dem Eiweißumsatze parallel, und die Menge des mit dem Harne ausgeschiedenen Schwefels ist deshalb auch ein Maß der Eiweißzersetzung. Es liegen nun sowohl ältere Untersuchungen von ENGELMANN, FLINT und PAVY, wie auch neuere von BECK und BENEDICT[2]) von DUNLOP und seinen Mitarbeitern vor, die eine vermehrte Schwefelausscheidung während oder nach der Arbeit konstatiert haben und die also ebenfalls einer gesteigerten Eiweißumsetzung infolge der Muskelarbeit das Wort reden.

Stickstoff- und Schwefel- ausschei- dung.

Daß aber ein gesteigerter Eiweißzerfall keine notwendige direkte Folge der Arbeit ist, geht daraus hervor, daß mehrere Forscher, wie CASPARI, BORNSTEIN, KAUP, WAIT, A. LOEWY, ATWATER und BENEDICT[3]) sogar eine Zurückhaltung von Stickstoff und einen Eiweißansatz während und infolge der Arbeit beobachtet haben. Die widersprechenden Beobachtungen über den Eiweißumsatz während und infolge der Arbeit stehen übrigens nicht unvermittelt einander gegenüber, denn auf die Größe des Eiweißumsatzes wirken viele Nebenumstände, wie die Menge und Zusammensetzung der Nahrung, der Fettbestand des Körpers, die Wirkung der Arbeit auf den Respirationsmechanismus usw. ein, und diese können das Versuchsergebnis wesentlich beeinflussen.

Eiweiß- umsatz und Arbeit.

Das eben von dem Eiweißzerfalle bei der Muskelarbeit Gesagte gilt indessen zunächst nur für die nach den allgemein üblichen Prinzipien angeordneten Stoffwechselversuche. THOMAS[4]) hat unter RUBNERS Leitung einen Versuch über die Wirkung der Arbeit auf die Stickstoffausscheidung, wenn diese zuvor auf das N-Minimum der Abnutzungsquote (vgl. Kapitel 18) herabgesetzt worden war, ausgeführt, und dieser Versuch spricht für eine kleine Vermehrung der Stickstoffausscheidung infolge der Arbeit.

Arbeit und Ab- nutzungs- quote.

Die älteren Untersuchungen über den Fettgehalt ausgeschnittener Muskeln in der Ruhe und während der Arbeit hatten zu keinen entscheidenden Resultaten geführt. Nach den Untersuchungen von ZUNTZ und BOGDANOW[5]) würde dagegen das dem Muskelfaser angehörige, schwer extrahierbare Fett bei der Arbeit beteiligt sein, und es gibt außerdem mehrere Stoffwechselversuche von VOIT, PETTENKOFER und VOIT, J. FRENTZEL[6]) u. a., welche einen vermehrten Fettumsatz während der Arbeit wahrscheinlich machen oder beweisen.

Fett und Muskel- arbeit.

An das nun über die chemischen Veränderungen in dem arbeitenden und ruhenden Muskel Angeführte knüpft sich die Frage nach dem materiellen Substrate der Muskelarbeit, insoferne als diese letztere in chemischen Umsetzungen ihren Grund hat, auf das Innigste an. Früher suchte man mit LIEBIG die Quelle der Muskelkraft in einer Umsetzung von Eiweißstoffen; heutzutage ist man aber einer anderen Ansicht. FICK und WISLICENUS[7])

---

[1]) FLINT, Journ. of Anat. a. Physiol. 11 u. 12; PAVY, The Lancet 1876 u. 1877; WOLFF, v. FUNKE, KELLNER, zit. nach VOIT in HERMANNS Handb. 6, 197; DUNLOP, NOEL-PATON, STOCKMAN u. MACCADAM, Journ. of Physiol. 22; KRUMMACHER, Zeitschr. f. Biol. 33; PFLÜGER in seinem Arch. 50; ZUNTZ, Arch. f. (Anat. u.) Physiol. 1894. [2]) ENGELMANN, Arch. f. (Anat. u.) Physiol. 1871; BECK u. BENEDICT, PFLÜGERS Arch. 54; s. im übrigen Fußnote 1. [3]) CASPARI, PFLÜGERS Arch. 83; BORNSTEIN ebenda; KAUP, Zeitschr. f. Biol. 43; WAIT, U. S. Depart agricult. Bull. 89 (1901); ATWATER u. BENEDICT ebenda, Bull. 69 (1899); LOEWY, Arch. (Anat. u.) Physiol. 1901. [4]) Ebenda 1910, Suppelbd. [5]) Arch. f. (Anat. u.) Physiol. 1897. [6]) PFLÜGERS Arch. 68. [7]) Vierteljahrschr. d. Zürich. naturf. Gesellsch. 10. Zit. nach Zentralbl. f. d. med. Wiss. 1866, S. 309.

bestiegen den Berg Faulhorn und berechneten die Größe der von ihnen dabei geleisteten mechanischen Arbeit. Mit ihr verglichen sie dann das mechanische Äquivalent der in derselben Zeit umgesetzten, aus der Stickstoffausscheidung mit dem Harne zu berechnenden Eiweißmenge, und sie fanden dabei, daß die tatsächlich geleistete Arbeit lange nicht durch den Eiweißverbrauch gedeckt werden konnte. Es war hiermit also bewiesen, daß das Eiweiß allein nicht das materielle Substrat der Muskelarbeit gewesen war und daß diese letztere vielmehr zum allergrößten Teil von dem Umsatz stickstofffreier Substanzen herrührte. Zu ähnlichen Schlüssen führten auch die Stoffwechselversuche von VOIT, von PETTENKOFER und VOIT und anderen Forschern, welche zeigten, daß bei unveränderter Stickstoffausscheidung die Kohlensäureausscheidung während der Arbeit höchst bedeutend vermehrt war. Man betrachtet es nunmehr auch als sicher bewiesen, daß die Muskelarbeit wesentlich durch den Umsatz stickstofffreier Substanzen bedingt sein kann. Dagegen wäre die Annahme nicht berechtigt, daß die Muskelarbeit ausschließlich auf Kosten der stickstofffreien Substanzen geschehe und daß die Eiweißstoffe als Kraftquelle ohne Belang seien.

Quellen der Muskelkraft.

In dieser Hinsicht sind namentlich die Untersuchungen von PFLÜGER[1] von großem Interesse. Er ernährte eine Dogge während mehr als 7 Monate mit Fleisch, dessen Gehalt an Fett und Kohlehydraten so gering war, daß er für die Erzeugung der Herzarbeit allein nicht genügte, und er ließ das Tier während Perioden von 14, 35 oder sogar 41 Tagen schwere Arbeit ausführen. Das unzweifelhafte Resultat dieser Versuchsreihen war, daß volle „Muskelarbeit bei Abwesenheit von Fett und Kohlehydrat in vollendetster Kraft sich vollzieht", und die Fähigkeit des Eiweißes, als Quelle der Muskelkraft zu dienen, läßt sich also nicht leugnen.

Quellen der Muskelkraft.

Es können also sowohl die stickstoffhaltigen wie die stickstofffreien Nährstoffe als Kraftquellen dienen; über den relativen Wert derselben gehen aber die Ansichten auseinander. Nach PFLÜGER geschieht keine Muskelarbeit ohne Eiweißzersetzung, und die lebendige Zellsubstanz bevorzugt in der Wahl immer das Eiweiß und verschmäht das Fett und den Zucker. Erst wenn das Eiweiß fehlt, begnügt sie sich mit diesen. Die meisten Forscher sind dagegen der Ansicht, daß der Muskel in erster Linie von dem Vorrate an stickstofffreien Nahrungsstoffen, namentlich Zucker, zehrt. Nach SEEGEN, CHAUVEAU und LAULANIÉ[2] soll der Zucker sogar die einzige direkte Quelle der Muskelkraft sein. Die letztgenannten Forscher sind dementsprechend der Ansicht, daß auch das Fett nicht direkt, sondern erst nach vorgängiger Umwandlung in Zucker für die Arbeit verwertet wird, eine Ansicht, die indessen nach ZUNTZ und seinen Mitarbeitern nicht hinreichend begründet ist. Wenn das Fett erst in Zucker umgewandelt werden müßte, ehe es der Arbeit dienen könnte, müßte nach ZUNTZ eine bestimmte Kraftleistung bei Fettnahrung etwa 30 p. c. Energie mehr erfordern als bei Kohlehydratzufuhr; aber dies ist nicht der Fall. Es sollen vielmehr nach den Untersuchungen von ZUNTZ und seinen Mitarbeitern[3] alle Nährstoffe annähernd gleich befähigt sein, dem Muskel als Arbeitsmaterial zu dienen. Gegen die Ansicht von CHAUVEAU von dem Fette als Quelle der Muskelkraft sprechen auch die umfassenden Stoffwechseluntersuchungen von ATWATER und BENEDICT[3]. Das Gesetz von der Ver-

Quellen der Muskelkraft.

---

[1] PFLÜGERS Arch. **50.** [2] Vgl. die Arbeiten von SEEGEN, Die Zuckerbildung, Berlin 1890; die Arbeiten von CHAUVEAU wie auch von ihm und seinen Mitarbeitern in den Compt. Rend. **121, 122** u. **123**; LAULANIÉ, Arch. de Physiol. (5) 8. [3] Vgl. LOEB. Arch. f. (Anat. u.) Physiol. 1894; HEINEMANN, PFLÜGERS Arch. **83**; FRENTZEL u. REACH ebenda; ATWATER u. BENEDICT, U. S. Departm. of agricult. Bull. Nr. **136** und Ergebn. d. Physiol. **3**; L. S. FRIDERICIA, Bioch. Zeitschr. **42.**

tretung der Nährstoffe nach ihrem Brennwerte soll also nach ZUNTZ auch bei der Muskelarbeit seine Geltung behalten und das Fett dementsprechend mit seinem ganzen Energieinhalte wirken.

Nach neueren Untersuchungen von A. KROGH und J. LINDHARD[1]) soll dies indessen nicht richtig sein. Durch Respirationsversuche an 6 Personen bei eiweißarmer Kost und konstanter Arbeit untersuchten sie den relativen Wert von Fett und Kohlehydraten als Quelle der Muskelenergie, und sie fanden immer eine mehr ökonomische Verwertung der Kohlehydrate als des Fettes bei der Arbeit. Für die Arbeitseinheit war nämlich der Kalorienverbrauch größer für Fett als für Kohlehydrate, und der Energieverlust für das Fett bewegte sich um etwa 10 p. c. von der Verbrennungswärme des letzteren. Für die Frage, ob das Fett erst in Kohlehydrat übergeführt werden muß, um der Muskelarbeit dienen zu können, sind diese Untersuchungen allerdings, wie die Verfasser hervorheben, nicht entscheidend; aber infolge ihrer Wichtigkeit fordern sie sehr zu fortgesetzter Forschung auf diesem Gebiete auf.

Fett und Kohlehydrate bei der Arbeit.

Betreffend die Theorien der Muskelkontraktion tritt die Frage von der Milchsäurebildung in den Vordergrund. Da aber diese Theorien wesentlich innerhalb des Gebietes der Physiologie fallen, wird bezüglich derselben auf die Lehrbücher der Physiologie und den Aufsatz von O. v. FÜRTH in den Ergebnissen der Physiologie 17 hingewiesen.

Inwieweit es außer der Milchsäure auch andere Ermüdungsstoffe im Muskel gibt, ist noch eine strittige Frage.

Quantitative Zusammensetzung der Muskeln. Für rein praktische Zwecke wie für die Bestimmung des Nährwertes verschiedener Fleischsorten, ist eine Menge Analysen des Fleisches verschiedener Tiere ausgeführt worden. Mehr exakte wissenschaftliche Analysen, mit genügender Rücksicht auf die Menge der verschiedenen Eiweißstoffe und der übrigen Muskelbestandteile ausgeführt, gibt es dagegen nicht; sie sind nämlich unvollständig und beziehen sich nur auf bestimmte Bestandteile. Hier werden deshalb nur einige, den Arbeiten verschiedener Forscher entlehnte Zahlen für quergestreifte Muskeln mitgeteilt. Sämtliche Zahlen sind auf 1000 Teile berechnet.

Muskeln von:	Säugetieren	Vögeln	Kaltblütern
Feste Stoffe	217—278	225—282	200
Wasser	722—783	718—775	800
Organische Stoffe	207—263	217—263	180—190
Anorganische Stoffe	10—15	10—19	10—20
Proteinstoffe	166—200	174—200	144—152
Myosin	30—106	30—110	30—87
Kreatin	3—5,2	3—5	2,3—7?
Kreatinin	0,07—0,1		3,0
Karnosin	2—3		
Karnitin	0,19—0,3		
Purinstoffe	0,7—1,7	0,7—1;3	0,53—0,88
Inosinsäure	0,1	0,1—0,3	
Inosit	0,03		
Glykogen	1—37		

Quantitative Zusammensetzung.

Unter den Mineralstoffen kommen in größter Menge Phosphorsäure, 3,4—4,8 p. m., und Kalium, 3—4 p. m., vor. Der Gehalt an Natrium ist gewöhnlich nur $\frac{1}{3}$—$\frac{1}{4}$ von dem an Kalium. Das Schweinefleisch ist jedoch nach KATZ, welcher ausführliche Untersuchungen über die Mengen der Mineral-

---

[1]) Biochem. Journ. **14.**

bestandteile der Muskeln von Menschen und Tieren ausgeführt hat[1]), bedeutend reicher an Natrium, dem Kalium gegenüber, als andere Fleischsorten. Den Gehalt an Chlor, welcher ebenfalls wechselnd ist, fand MAGNUS-LEVY, als NaCl berechnet, beim Menschen im Herzmuskel gleich 2,04 und in anderen Muskeln gleich 1,004 p. m. Den Gehalt an Ca und Mg fand er im Herzmuskel gleich 0,019 resp. 0,174 und in anderen Muskeln gleich 0,065 resp. 0,215 p. m. Höhere Werte, nämlich 0,07 p. m., für den Gehalt des Herzmuskels an Ca beim Menschen erhielt v. MORACZEWSKI. GLEY und RICHAUD[2]) fanden im Herzmuskel beim Hund 0,25—0,26 und beim Kaninchen 0,089—0,248 p. m. Ca. Der Gehalt an Magnesium scheint — mit Ausnahme von Schellfisch-, Aal- und Hechtfleisch (KATZ) — immer größer als die an Kalzium im Muskel zu sein. Für den Gehalt an Eisen differieren die Angaben recht bedeutend. So fand SCHMEY[3]) im Menschenmuskel 0,0793, MAGNUS-LEVY dagegen 0,253 p. m. und in der Herzmuskulatur des Menschen nur 0,067 p. m. Eisen. Andere Forscher haben im Muskel nur 0,014—0,035 p. m. Eisen gefunden.

Menge der Mineralstoffe.

Unter den in dem Vorigen angeführten Zahlen findet man keine Angaben über die Menge des Fettes. Wegen der sehr schwankenden Menge des letzteren in dem Fleische ist es auch kaum möglich, zuverlässige Mittelwerte[4]) für das Fett anzuführen. Selbst nach möglichst sorgfältigem Wegpräparieren von allem ohne chemische Hilfsmittel aus dem Muskel zu entfernenden Fett bleibt nämlich stets eine wechselnde Menge intermuskulären Fettes, welches nicht dem eigentlichen Muskelgewebe angehört, zurück. Die kleinste Fettmenge im Muskel vom mageren Ochsen beträgt nach GROUVEN 6,1 p. m. und nach PETERSEN 7,6 p. m. Der letztgenannte Forscher fand auch regelmäßig bei Rindern einen geringeren Fettgehalt, 7,6—8,6 p. m., in dem Vorderteil und einen größeren, 30,1—34,6 p. m., in dem Hinterteil der Tiere, ein Verhalten, welches STEIL[4]) jedoch nicht bestätigt fand. Einen verhältnismäßig niedrigen Fettgehalt hat man auch in den Muskeln wilder Tiere gefunden. Es fanden z. B. KÖNIG und FARWICK in den Muskeln der Extremitäten beim Hasen 10,7 und in den Muskeln des Rebhuhnes 14,3 p. m. Fett. Die Muskeln von Schweinen und gemästeten Tieren sind, wenn alles anhängende Fett entfernt worden ist, mehr fettreich, mit 40—90 p. m. Sehr reich an Fett sind die Muskeln einiger Fische. So enthält z. B. nach ALMÉN das Fleisch von Lachs, Makrele und Aal resp. 100, 164 und 329 p. m. Fett[5]).

Fettgehalt der Muskeln.

Die Menge des Wassers in den Muskeln unterliegt bedeutenden Schwankungen. Einen besonderen Einfluß übt der Fettgehalt aus, und zwar derart, daß das Fleisch im allgemeinen in dem Maße ärmer an Wasser als es reicher an Fett ist. Der Gehalt an Wasser hängt jedoch nicht von dem Fettgehalte allein, sondern auch von mehreren Umständen ab, unter welchen auch das Alter der Tiere zu nennen ist. Bei jüngeren Tieren sind die Organe im allgemeinen und sonach auch die Muskeln ärmer an festen Stoffen und reicher an Wasser. Beim Menschen nimmt der Wassergehalt bis zum kräftigen Mannesalter ab, nimmt aber dann gegen das Greisenalter wieder zu. Verschiedene Muskeln haben auch einen ungleichen Gehalt an Wasser und das ununterbrochen arbeitende Herz soll angeblich die wasserreichste Muskulatur haben.

Wassergehalt der Muskeln.

---

[1]) PFLÜGERS Arch. 63. [2]) MAGNUS-LEVY, Bioch. Zeitschr. 24; v. MORACZEWSKI, Zeitschr. f. physiol. Chem. 23; GLEY u. RICHAUD, Journ. de Physiol. et de Path. 12. [3]) Zeitschr. f. physiol. Chem. 39; MAGNUS-LEVY l. c. [4]) Vgl. STEIL, PFLÜGERS Arch. 61. [5]) Bezüglich sowohl der obigen Literaturangaben wie auch der ausführlicheren Angaben über die Zusammensetzung des Fleisches verschiedener Tiere wird auf das Buch von KÖNIG, Chemie der menschlichen Nahrungs- und Genußmittel, verwiesen.

Beim Menschen fand MAGNUS-LEVY im Herzen 748 und in anderen Muskeln 722 p. m. Wasser. Daß der Wassergehalt unabhängig von dem Fettgehalte wechseln kann, zeigt sich deutlich bei einem Vergleich der Muskeln verschiedener Tierklassen. Bei den Kaltblütern haben die Muskeln im allgemeinen einen höheren, bei den Vögeln einen niedrigeren Wassergehalt. Wie verschieden der Wassergehalt (unabhängig von dem Fettgehalte) in dem Fleische verschiedener Tiere sein kann, geht sehr deutlich bei einem Vergleiche von Rinder- und Fischfleisch hervor. Nach den Analysen ALMÉNS[1] enthalten die Muskeln von mageren Ochsen 15 p. m. Fett und 767 p. m. Wasser; das Fleisch des Hechtes enthält dagegen 1,5 p. m. Fett und 839 p. m. Wasser. **Wassergehalt.**

Für gewisse Zwecke und namentlich für die Ausführung von Stoffwechselversuchen ist es von Wichtigkeit, die elementäre Zusammensetzung des Fleisches zu kennen. Bezüglich des Stickstoffgehaltes hat man in dieser Hinsicht für das frische, magere Fleisch nach dem Vorschlage VOITS früher die Zahl 3,4 p. c. als Mittel angenommen. Nach NOWAK und HUPPERT[2] kann jedoch diese Zahl um 0,6 p. c. schwanken, und bei genauen Versuchen ist es deshalb notwendig, besondere Stickstoffbestimmungen auszuführen. Vollständige Elementaranalysen des Fleisches sind später von ARGUTINSKY ausgeführt worden. Als Mittel für das im Vacuo getrocknete, entfettete Ochsenfleisch, nach Abzug des Glykogens, erhielt er dabei folgende abgerundete Zahlen: C 49,6; H 6,9; N 15,3; O + S 23,0 und Asche 5,2 p. c. KÖHLER fand als Mittel für wasser- und fettfreies Rindfleisch C 49,86; H 6,78; N 15,68; O + S 23,3 p. c., also sehr ähnliche Zahlen. Derselbe Forscher hat ähnliche Analysen des Fleisches verschiedener Tiere ausgeführt und auch den Kalorienwert der asche- und fettfreien Fleischtrockensubstanz bestimmt. Dieser Wert war pr. 1 g Substanz 5,509—5,677 Kal. Das Verhältnis von Kohlenstoff zu Stickstoff, welches ARGUTINSKY „Fleischquotient" nennt, ist nach ihm im Mittel gleich 3,24:1. Aus den Analysen KÖHLERS läßt sich als Mittel für Rindfleisch 3,15:1 und für Pferdefleisch 3,38:1 berechnen. Nach den Versuchen von MAX MÜLLER an Hunden kann jedoch das Fleisch von demselben Individuum nach verschiedener Nahrung etwas abweichende Werte für den fraglichen Quotienten zeigen. Von dem Gesamtstickstoffe des Fleisches kamen in den Bestimmungen SALKOWSKIS im Rindfleisch: auf unlösliches Eiweiß 77,4, auf lösliches Eiweiß 10,08 und auf übrige lösliche Stoffe 12,52 p. c. Stickstoff. Nach FRENTZEL und SCHREUER[3] kommen von dem Gesamtstickstoffe etwa 7,74 p. c. auf die stickstoffhaltigen Extraktivstoffe. **Stickstoffgehalt des Fleisches.** **Fleischquotient.**

Glatte Muskeln.

Die glatten Muskeln reagieren in der Ruhe neutral oder alkalisch (DU BOIS-REYMOND). Während der Arbeit reagieren sie sauer, wie aus der Beobachtung BERNSTEINS, daß der fast beständig kontrahierte Schließmuskel von Anodonta im Leben sauer reagiert, hervorgeht. Auch die glatten Muskeln können, wie schon HEIDENHAIN und KÜHNE[4] gezeigt haben, in Totenstarre übergehen und dabei sauer werden. Ein langsam spontan gerinnendes Plasma hat man auch in mehreren Fällen beobachtet. **Glatte Muskeln.**

Über die Eiweißkörper der glatten Muskeln liegen ältere Angaben von HEIDENHAIN und HELLWIG[5] vor; nach neueren Methoden sind sie dann von MUNK und VELICHI[6] genauer untersucht worden. Diese Forscher erhielten nach der Methode von v. FÜRTH aus dem Muskelmagen von Schwein und Gans ein neutral reagierendes Plasma, welches bei Zimmertemperatur, wenn auch

---

[1] Nova Acta Reg. Soc. Scient. Upsal. 1877 und MALYs Jahresb. 7. [2] VOIT, Zeitschr. f. Biol. 1; HUPPERT ebenda 7; NOWAK, Wien. Sitz.-Ber. 64. [3] ARGUTINSKY, PFLÜGERS Arch. 55; KÖHLER, Zeitschr. f. physiol. Chem. 31; SALKOWSKI, Zentralbl. f. die med. Wiss. 1894; FRENTZEL u. SCHREUER, Arch. f. (Anat. u.) Physiol. 1902; MÜLLER, PFLÜGERS Arch. 116. [4] DU BOIS REYMOND bei NASSE in HERMANNS Handb. 1, 339; KÜHNE, Lehrb. S. 331. [5] HEIDENHAIN bei NASSE in HERMANNS Handb. 1, 340, mit HELLWIG ebenda S. 339. [6] MUNK u. VELICHI, Zentralbl. f. Physiol. 12.

langsam, gerann. Das Plasma enthielt ein durch Dialyse fällbares Globulin, welches bei 55—60° C gerann und also gewisse Ähnlichkeit mit dem KÜHNE-schen Myosin zeigte. In noch größerer Menge war in dem Plasma ein spontan

Eiweiß-körper des Plasmas. gerinnendes Albumin vorhanden, welches indessen zum Unterschied von dem Myogen (v. FÜRTH) bei 45—50° C gerann und ohne lösliche Zwischenstufe bei der Spontangerinnung in die geronnene Modifikation überging. Alkalialbuminat kam nicht vor, wohl aber ein Nukleoproteid, welches in fast fünfmal so großer Menge wie in der quergestreiften Muskulatur vorhanden war. Nukleon ist nach PANELLA[1]) ein normaler Bestandteil der glatten Muskeln und kommt in ihnen in größerer Menge als in den quergestreiften vor.

Spätere Untersuchungen von BOTTAZZI und CAPPELLI, VINCENT und LEWIS, VINCENT und v. FÜRTH[2]), teils an Muskeln von Warmblütern und teils an solchen von niederen Tieren, haben zwar in einigen Punkten zu etwas abweichenden Ergebnissen geführt, bestätigen aber im großen und ganzen

Eiweiß-körper und Extraktiv-stoffe. die Beobachtungen von MUNK und VELICHI. Außer dem Nukleoproteide enthalten also die glatten Muskeln zwei, bezüglich der Gerinnungstemperatur dem Myogen und Muskulin nahestehende, wenn auch mit ihnen nicht identische Stoffe. Nach BOTTAZZI und QUAGLIARIELLO[3]) enthält auch der Preß-saft der glatten Muskeln (Retractor Penis beim Stier) die ultramikroskopischen Granula in einer myoproteinhaltigen Lösung. Hämoglobin kommt in einigen glatten Muskeln vor, fehlt aber in anderen. In glatten Muskeln (einiger Tierarten) hat man ferner Kreatin, Kreatinin, Taurin, Inosit, Glykogen und Milchsäure gefunden. Purinbasen, nämlich Hypoxanthin und, nach BUGLIA und COSTANTINO, besonders Xanthin, welches wahrscheinlich prä-formiert ist, kommen ebenfalls vor; ihre Menge ist jedoch kleiner als in den quergestreiften Muskeln. Dies gilt wenigstens von ihrer Gesamtmenge, während die Menge der freien Purinbasen nach SCAFFIDI[4]) in den glatten Muskeln größer als in den quergestreiften sein soll. Kreatin und Karnosin kommen weniger reichlich in glatten als in quergestreiften Muskeln vor. Die ersteren sind wie die letzteren reicher an Diamino- als an Monaminosäurenstickstoff (BUGLIA und COSTANTINO).

Bezüglich der Mineralstoffe hat COSTANTINO gefunden, daß die glatten Muskeln eine größere Menge Chlor, nämlich 0,84—1,3 p. m., als die quer-gestreiften mit 0,25—0,46 p. m. enthalten. Nach älteren Angaben sollten die

Mineral-stoffe. Natriumverbindungen gegenüber den Kaliumverbindungen vorherrschen, was jedoch nach COSTANTINO[5]) nicht der Fall ist. Er fand nämlich keinen all-gemein gültigen Unterschied in dem Verhältnisse K:Na in glatten und quer-gestreiften Muskeln. Das Magnesium kommt nach SAIKI[6]) in den glatten Muskeln des Magens und der Harnblase vom Schwein nicht in größerer Menge als das Kalzium vor. Derselbe Forscher fand in diesen Muskeln 801—811 p. m. Wasser und 199—189 p. m. feste Stoffe.

Der Preßsaft glatter Muskeln hat nach BOTTAZZI und QUAGLIARIELLO, wenigstens beim Stier, keine von der der quergestreiften Muskeln bedeutend

Muskel-preßsaft. abweichende Zusammensetzung. In dem Safte der quergestreiften (a) und der glatten (b) Muskeln vom Stier war nämlich der Gehalt an festen Stoffen in a = 74,3—89,1 und in b = 58,7—68,6, an Proteinstoffen in a = 36,5—45,3

---

[1]) MALYS Jahresb. **34.** [2]) BOTTAZZI, Zentralbl. f. Physiol. **15,** 36; VINCENT u. LEWIS, Journ. of Physiol. **26;** VINCENT, Zeitschr. f. physiol. Chem. **34;** v. FÜRTH ebenda **31.** [3]) l. c. Fußnote 2, S. 444. [4]) SCAFFIDI, Bioch. Zeitschr. **33;** BUGLIA u. COSTANTINO, Zeitschr. f. physiol. Chem. **83,** 81 u. 82. [5]) COSTANTINO, Bioch. Zeitschr. **37;** vgl. auch E. B. MEIGS u. L. A. RYAN, Journ. of biol. Chem. **11.** [6]) Journ. of biol. Chem. **4.**

und in $b = 27,5-36,3$ und an Mineralstoffen resp. 17,39 und 11,5—13,2 p. m. Das spez. Gewicht war resp. 1,027 und 1,021—1,026 und $\varDelta$ resp. 0,868° und 0,730—0,812°. Der Preßsaft von quergestreiften Hundemuskeln war bedeutend reicher an festen Stoffen, nämlich 126,3 p. m., was wesentlich von den nicht proteinartigen organischen Stoffen herrührte.

In den Muskeln der Oktopoden fand HENZE reichlich Taurin, 5 p. m., aber auffallenderweise kein Kreatin, welches dagegen nach FRÉMY und VALENCIENNES [1]) in den Muskeln der Kephalopoden vorkommen soll. Er fand ferner kein Glykogen und keine Fleischmilchsäure, dagegen Gärungsmilchsäure in geringer Menge. Die Muskeln der Oktopoden sollen reicher an Mineralstoffen als die Wirbeltiermuskeln und fast doppelt so reich an Schwefel wie diese sein. Muskeln der Oktopoden.

---

[1]) HENZE, Zeitschr. f. physiol. Chem. **43**; FRÉMY u. VALENCIENNES, zit. nach KÜHNES Lehrb. S. 333.

Zwölftes Kapitel.

Gehirn und Nerven.

Infolge der Schwierigkeiten, welche einer mechanischen Trennung und Isolierung der verschiedenen Gewebselemente der nervösen Zentralorgane und der Nerven im Wege stehen, ist man bis auf einige mikrochemische Reaktionen genötigt gewesen, hauptsächlich durch qualitative und quantitative Untersuchung der verschiedenen Teile des Gehirnes die verschiedene chemische Zusammensetzung der Zellen und Nervenröhren zu erforschen. Aber selbst die chemische Untersuchung dieser Teile ist mit sehr großen Schwierigkeiten verbunden; und wenn auch unsere Kenntnis von der chemischen Zusammensetzung des Gehirnes und der Nerven durch die Untersuchungen der neueren Zeit nicht unwesentlich vorwärts gerückt ist, müssen wir jedoch einräumen, daß dieses Kapitel heutzutage noch als eines der am wenigsten aufgeklärten der physiologischen Chemie anzusehen ist.

Gehirn.

Als chemische Bestandteile des Gehirnes und der Nerven hat man Eiweißkörper verschiedener Art nachgewiesen, und zwar Repräsentanten derselben Hauptgruppen, die man im Protoplasma überhaupt findet. Es kommen also im ,Gehirne teils Eiweißstoffe vor, welche in Wasser und Neutralsalzlösungen unlöslich sind und den Stromasubstanzen der Muskeln und der Zellen gleichen, und teils solche, welche darin löslich sind. Die letzteren sind nach den meisten Angaben wesentlich Nukleoproteide und Globuline. Das von HALLIBURTON und auch von LEVENE [1]) in der grauen Substanz gefundene Nukleoproteid enthielt 0,5 p. c. Phosphor und gerann bei 55—60⁰ C. Als Spaltungsprodukte erhielt LEVENE Adenin und Guanin aber kein Hypoxanthin. Von Globulinen gibt es nach HALLIBURTON zwei, nämlich das Neuroglobulin α, welches bei 47⁰ oder bei Vögeln bei 50—53⁰ C gerinnt, und das Neuroglobulin β, dessen Gerinnungstemperatur bei 70—75⁰, etwas abwechselnd bei verschiedenen Tieren, liegt. Beim Frosch gibt es noch einen Eiweißkörper, der wie im Muskel der Kaltblüter bei noch niedrigerer Temperatur, etwa 40⁰ C gerinnt. Es ist bemerkenswert, daß die Gerinnungstemperatur des α-Globulins mit der Temperatur der ersten Hitzekontraktion der Nerven der verschiedenen Tierklassen zusammenfällt (HALLIBURTON).

Eiweißstoffe.

Nach H. Mc GREGOR [2]) soll dagegen das Gehirn bei Menschen und einigen Säugetieren kein Globulin, sondern nur zwei lösliche, phosphorhaltige Eiweißstoffe enthalten, von denen der eine in Wasser löslich, der andere dagegen darin unlöslich aber in verdünntem Alkali löslich und durch Säure fällbar ist.

---

[1]) HALLIBURTON, On the chemical physiology of the animal cell, Kings college London. Physiological Laboratory, collected papers Nr. 1, 1893 und Ergebn. d. Physiol. 4; LEVENE, Arch. of Neurol. and Psychopathol. 2 (1899).   [2]) Journ. of biol. Chem. 28.

Die graue Substanz ist nur wenig reicher an Proteinstoffen als die weiße. Da aber das Neurokeratin, welches das Spongiosagerüst darstellt und als doppelte Scheiden in den Nerven vorkommt, ganz überwiegend oder nach Koch ausschließlich der weißen Substanz angehört (Kühne und Chittenden, Baumstark) [1]), ist also die graue reicher an eigentlichem Eiweiß. Ähnliches gilt wohl für das Nukleoproteid oder jedenfalls für das Nuklein, welches v. Jacksch in überwiegender Menge in der grauen Substanz fand. Das Aminosäurengemenge aus den Proteinen hat nach Abderhalden und Weil [2]) eine recht ähnliche Zusammensetzung für graue und weiße Substanz. Glykokoll konnte in diesem Gemenge nicht nachgewiesen werden. Als neue Aminosäure fanden sie Norleuzin. Die Proteine der grauen Substanz lieferten übrigens, wie die der weißen, nur wenig Ammoniak.

Proteine und Aminosäuren.

Als einen, der weißen Substanz überwiegend oder vielleicht fast ganz ausschließlich (Baumstark) angehörenden Bestandteil hat man das sog. Protagon betrachtet, welches jedoch nach den meisten Forschern nur ein Gemenge von Phosphatiden mit Zerebron, bzw. mit einem Gemenge von Zerebrosiden (vgl. unten) sein soll. Das Protagon gehört zu den sog. Gehirnlipoiden, welche die drei Hauptgruppen Phosphatide, Zerebroside und Cholesterin umfassen und welche in reichlicherer Menge in der weißen als in der grauen Substanz enthalten sind. Das Gehirn enthält verhältnismäßig viel Kephalin aber auch Lezithin, ferner ein von Thudichum [3]) entdecktes Diaminomonophosphatid, das Sphingomyelin und den von S. Fränkel und F. Kafka [4]) entdeckten Dilignozeryl-diglukosamin-phosphorsäureester. Andere, besonders von Thudichum und von Fränkel beschriebene Gehirnphosphatide sind noch nicht als chemische Individuen sichergestellt. Dasselbe gilt von dem aus dem Gehirne des Menschen und des Ochsen isolierten Jekorin und von den schwefelhaltigen Lipoiden überhaupt. Das Cholesterin kommt größtenteils in der weißen Substanz vor. Oxycholesterin hat M. Ch. Rosenheim [5]) im Gehirne gefunden. Fettsäuren und Neutralfett können zwar aus Gehirn und Nerven dargestellt werden; da aber jene leicht aus einer Zersetzung von Phophatiden hervorgehen können, während dieses in dem Bindegewebe zwischen den Nervenröhren vorkommt, ist es schwer zu entscheiden, inwieweit Fett und Fettsäuren Bestandteile der eigentlichen Nervensubstanz sind.

Gehirnlipoide.

Läßt man das Wasser auf den Inhalt der Markscheide einwirken, so entstehen runde oder längliche, doppelt konturierte Tropfen oder auch den doppeltkonturierten Nerven nicht unähnliche Bildungen. Diese eigentümlichen Gebilde, welche auch in der Markscheide des toten Nerven zu sehen sind, hat man „Myelinformen" genannt, und man leitete sie früher von einem besonderen Stoff, dem „Myelin", her. Solche Myelinformen kann man indessen aus verschiedenen Stoffen, wie unreinem Protagon, Lezithin und unreinem (nicht aus reinem) Cholesterin erhalten, und sie rühren von einer Zersetzung der ungesättigten Phosphatide der Markscheide her.

Myelinformen.

Die Extraktivstoffe scheinen zu großem Teil dieselben wie in den Muskeln zu sein. Es sind also gefunden worden: Kreatin, welches jedoch auch fehlen kann, Purinbasen, Inosit, Cholin, Fleischmilchsäure, Phosphorfleischsäure, Harnsäure und das von Brieger [6]) entdeckte Diamin Neuridin, $C_5H_{14}N_2$, welches durch sein Auftreten bei der Fäulnis tierischer Gewebe oder in Kulturen des Typhusbazillus sein größtes Interesse hat. Unter den Enzymen sind zu nennen Katalase, Peroxydase, Lipase,

Extraktivstoffe. Enzyme.

---

[1]) Koch, Amer. Journ. of Physiol. 11; Kühne u. Chittenden, Zeitschr. f. Biol. 26; Baumstark, Zeitschr. f. physiol. Chem. 9. [2]) v. Jacksch, Pflügers Arch. 13; Abderhalden u. Weil, Zeitschr. f. physiol. Chem. 81 u. 83. [3]) Die chemische Konstitution des Gehirns des Menschen und der Tiere, Tübingen 1901. [4]) Bioch. Zeitschr. 101. [5]) Bioch. Journ. 8. [6]) Brieger, Über Ptomaine, Berlin 1885 u. 1886.

Amylase, glykolytisches Enzym (im Froschrückenmark), proteolytische Enzyme, Nuklease, und ein auf Phosphatide unter Abspaltung von Phosphorsäure wirkendes Enzym. In pathologischen Zuständen hat man in dem Gehirne Leuzin und Harnstoff (welch letzteres jedoch auch ein physiologischer Bestandteil des Gehirnes der Knorpelfische ist) gefunden.

Einige der im Gehirne vorkommenden Lipoide sind schon in früheren Kapiteln abgehandelt worden, und hier sind in erster Linie das Protagon, das Sphingomyelin, der Glukosaminphosphorsäureester und die Zerebroside zu besprechen.

Protagon. Unter diesem Namen beschrieb LIEBREICH eine von ihm in kristallisiertem Zustande dargestellte, stickstoff- und phosphorhaltige Substanz, welche man im Gehirne von Menschen, Säugetieren und auch Vögeln (ARGIRIS), nicht aber im Gehirne von Fischen (ARGIRIS) gefunden hat. Ihre Zusammensetzung ist nach GAMGEE und BLANKENHORN: C 66,39, H 10,69, N 2,39 und P 1,07 p. c. Mit dieser Zusammensetzung gut stimmende Zahlen erhielt CRAMER, welcher, in Übereinstimmung mit früheren Befunden von RUPPEL wie von KOSSEL und FREYTAG, das Protagon schwefelhaltig fand. _Protagon._ In neuerer Zeit haben WILSON und CRAMER[1]) weitere Analysen mitgeteilt und sie fanden für das 4—5mal umkristallisierte Protagon fast ganz dieselben Zahlen wie GAMGEE und BLANKENHORN, nämlich: C 66,53, H 10,97, N 2,37, P 0,95 und S 0,73 p. c. Sie betrachten dementsprechend das Protagon als eine einheitliche Substanz.

Gegen die einheitliche Natur des Protagons sind dagegen besonders GIES, POSNER und ROSENHEIM und TEBB aufgetreten. Sie haben gefunden, daß man bei fraktionierter Fällung oder beim Umkristallisieren des Protagons aus verschiedenen Lösungsmitteln Fraktionen von ungleicher Zusammensetzung, namentlich verschiedenem P- und N-Gehalt erhalten kann. Sie sind deshalb wie LESEM, THUDICHUM, WÖRNER und THIERFELDER[2]) u. a. der Ansicht, daß das Protagon als chemisches Individuum nicht existiert, sondern ein Gemenge von Zerebrosiden und Phosphatiden ist. Es ist nicht leicht, zu dieser Streitfrage Stellung zu nehmen. Auf der einen Seite hat man sich nämlich zu erinnern, daß mehrere Forscher das in warmem Alkohol lösliche, beim Erkalten sich ausscheidende, nicht genügend gereinigte Gemenge _Einheitlich-_ von Gehirnlipoiden Protagon nennen und dieses Gemenge ohne hinreichende _keit des_ Gründe als identisch mit der von GAMGEE und CRAMER isolierten und ana- _Protagons_ _fraglich._ lysierten Substanz angenommen haben. Auf der anderen Seite ist aber nicht zu bestreiten, daß gewisse Untersuchungen, namentlich die von ROSENHEIM und TEBB[3]), gegen die chemische Individualität des Protagons sprechen. Diese Untersuchungen schließen aber nicht die Möglichkeit aus, daß das letztere eine lockere chemische Verbindung zwischen Zerebrosid und Phosphatid sein kann, welche wie andere, leicht dissoziable Verbindungen nur unter gewissen Verhältnissen oder in gewissen Lösungsmitteln besteht. Schwierig ist es auch zu verstehen, wie ein Gemenge von amorphen oder nur schwer kristallisierenden Stoffen so leicht zur Kristallisation zu bringen ist und dabei ein Produkt gibt, welches, wenn man mit genügender Vorsicht arbeitet, wiederholt, ohne seine Zusammensetzung und physikalischen Eigenschaften zu verändern, umkristallisiert werden kann. Nach ROSENHEIM und TEBB kann man allerdings aus den Zersetzungsprodukten des Protagons, wenn

---

[1]) LIEBREICH, Annal. d. Chem. u. Pharm. **134**. Die umfangreiche Literatur über Protagon findet man hauptsächlich bei W. CRAMER in ABDERHALDEN: Bioch. Handlexikon III.   [2]) WÖRNER u. THIERFELDER, Zeitschr. f. physiol. Chem. **30**; s. sonst Fußnote 1.   [3]) Journ. of Physiol. **36** u. **37**.

man dieselben in passenden Mengen in Lösung zusammenbringt, ein kristallisierendes Produkt regenerieren, welches die spez. Drehung des Protagons zeigt und ohne Veränderung wiederholt umkristallisiert werden kann (the artificial protagon mixture can be repeatedly recrystallised without affecting its composition or its optical activity[1]); aber auf der anderen Seite hat das Protagon nach A. L. PEARSON[2] ein viel höheres Molekulargewicht als ein Gemenge von Sphingomyelin, Zerebrin und Homozerebrin, und es ist nach ihm eine chemische Verbindung zwischen Sphingomyelin und Zerebrosid, ein „Phosphorzerebrosid“. Es ist offenbar, daß eine weitere Prüfung dieser einander widersprechenden Angaben von großem Interesse ist.

Protagon.

Da man nicht darüber einig ist, ob das Protagon nur ein Gemenge oder ein, meistens von anderen Substanzen verunreinigter einheitlicher Stoff ist, läßt es sich natürlich nicht entscheiden, inwieweit die aus demselben erhaltenen sog. Zersetzungsprodukte präformierte Bestandteile des Gemenges oder wahre Zersetzungsprodukte sind. Beim Sieden mit Barytwasser hat man indessen aus dem (meistens nicht hinreichend gereinigten) Protagon Zerebroside (vgl. unten) und die Zersetzungsprodukte des Lezithins, also Fettsäuren, Glyzerinphosphorsäure und Cholin, erhalten. KOSSEL und FREYTAG erhielten drei Zerebroside nämlich Zerebrin, Kerasin (Homozerebrin) und Enkephalin. Nach KOCH[3] soll in dem Protagonmoleküle Zerebrosid, Lezithin und Schwefelsäure (in esterartiger Verbindung mit dem Zerebrosid) als Bestandteile nebst überschüssigem Zerebrosid enthalten sein. Von Interesse ist es, daß nach KITAGAWA und THIERFELDER[4] das Protagon, in chloroformhaltigem Methylalkohol gelöst, bei Zimmertemperatur nach einiger Zeit Zerebron (allerdings nicht rein) als Kruste abscheidet, und daß es, wie ROSENHEIM und TEBB zeigten, in Pyridin bei 30° gelöst, beim Erwärmen oder Abkühlen der Lösung einen Niederschlag von einer phosphorreichen Substanz absetzt. Während man allgemein den phosphorhaltigen Komponenten des Protagons als Lezithin auffaßt, soll er dagegen nach den letztgenannten Forschern wahrscheinlich ein Diaminophosphatid, von THUDICHUM Sphingomyelin genannt, sein. Beim Sieden mit verdünnten Mineralsäuren liefert das Protagon infolge der Zersetzung der Zerebroside Galaktose.

Spaltungsprodukte.

Protagon stellt in trockenem Zustande ein weißes, lockeres Pulver dar. In Alkohol von 85 Vol. p. c. bei $+ 45°$ C gelöst, scheidet es sich beim Erkalten als eine schneeweiße, flockige, aus Kugeln oder Gruppen von feinen Kristallnadeln bestehende Fällung aus. Beim Erhitzen wird es gelblich bei 150°, erweicht bei 180° und schmilzt scharf bei 200° zu einer braunen, öligen Flüssigkeit (CRAMER). In kaltem Alkohol oder Äther ist es kaum löslich, löst sich aber, wenigstens frisch gefällt, in warmem Äther. In chloroformhaltigem Methylalkohol löst es sich, scheidet aber wie oben erwähnt Zerebron ab. In Pyridin löst es sich bei 30° C klar und diese Lösung zeigt nach WILSON und CRAMER die spez. Drehung (α) D $= + 6,9$ bis $7,7°$ je nach der Konzentration der Lösung. Beim Erwärmen oder Abkühlen ändert sich die Drehung nach ROSENHEIM und TEBB mit zunehmender Abscheidung von Sphingomyelin, so daß sie erst abnimmt, dann $= 0$ wird und darauf in stark zunehmende Linksdrehung bis zu $- 242°$ übergeht, um zuletzt, wenn fast alles Sphingomyelin ausgefällt worden ist, konstant gleich $- 13,3°$ zu werden. Die starke Linksdrehung rührt von den aufgeschlemmten, in flüssig kristallinem Zustande sich vorfindenden doppeltbrechenden Sphärokristallen des Sphingo-

Eigenschaften.

---

[1] Journ. of Physiol. 37, Proc. physiol. Soc. Jan. 1908, S. 3. [2] Bioch. Journ. 8. [3] Zeitschr. f. physiol. Chem. 53. [4] KITAGAWA u. THIERFELDER, Zeitschr. f. physiol. Chem. 49; ROSENHEIM u. TEBB, l. c.

myelins her. Mit wenig Wasser quillt das Protagon auf und zersetzt sich teilweise. Mit mehr Wasser quillt es zu einer gallert- oder kleisterähnlichen Masse auf, die mit viel Wasser eine opalisierende Flüssigkeit gibt.

Das, der Darstellung des Protagons zugrunde liegende Prinzip besteht darin, daß man die von Blut und Häuten sorgfältig befreite, zerriebene Hirnmasse erst entwässert, was vorteilhaft mit kaltem Azeton oder durch Zerreiben mit gebranntem Gips oder entwässertem Natriumsulfat geschehen kann, und dann mit Äther erschöpft. Die Masse wird darauf mit Alkohol von 85 Vol. p. c. bei etwa 45° extrahiert, bis das Filtrat, auf 0° abgekühlt, keinen Niederschlag mehr absetzt. Sämtliche, durch Abkühlen der Filtrate auf 0° erhaltenen Niederschläge werden mit Äther extrahiert und aus Alkohol umkristallisiert. Nähere Angaben findet man in den oben zitierten Arbeiten von CRAMER, WILSON, GIES, ROSENHEIM und TEBB.

Darstellung.

Sphingomyelin hat THUDICHUM[1]) eine von ihm aus dem Gehirne isolierte Substanz genannt, die allgemein als ein Diaminomonophosphatid betrachtet wird. Das Sphingomyelin erhält man in verhältnismäßig reichlicher Menge aus dem sog. Protagon; nach LEVENE[2]) kommt es aber auch in Nieren, Leber und Eigelb vor. Von den Phosphatiden der Lezithingruppe unterscheidet es sich wesentlich dadurch, daß es kein Glyzerin enthält. Nach THUDICHUM wie auch nach O. ROSENHEIM und TEBB[3]) sollte es als Spaltungsprodukte Phosphorsäure, einen Alkohol, Sphingol, von der Formel $C_9H_{18}O$ oder $C_{28}H_{36}O_2$, zwei Fettsäuren von nicht sicher ermittelter Natur und als Basen Cholin und Sphingosin (s. die Zerebroside) liefern. Nach LEVENE enthält es dagegen keinen Alkohol, wohl aber die zwei genannten Basen und zwei Säuren, von denen die eine Lignozerinsäure (s. die Zerebroside) und die andere eine noch •nicht hinreichend studierte Fettsäure, wahrscheinlich eine Oxysäure von niedrigerem Molekulargewicht, ist. Die elementäre Zusammensetzung des Sphingomyelins ist nach LEVENE als Mittel C 66,59, H 11,34, N 3,66 und P 3,98 p. c. Ob das Sphingomyelin eine einheitliche Substanz oder ein Gemenge ist, steht noch dahin.

Sphingomyelin.

Das Sphingomyelin ist unlöslich in Wasser, schwer löslich in kaltem, leicht in heißem Alkohol, aus welchem es beim Erkalten in Nadeln auskristallisiert, unlöslich in Äther. Aus der Lösung des Protagons in Pyridin scheidet es sich, wie oben erwähnt, unter geeigneten Umständen aus. In einem Gemenge von Chloroform und Methylalkohol gelöst, ist es nach LEVENE dextrogyr, (α) D bei 25° C = + 8°. Die Verbindung mit $CdCl_2$ kann aus heißem Alkohol umkristallisiert werden.

Eigenschaften.

Bezüglich der Darstellung vgl. man die Arbeiten von THUDICHUM, ROSENHEIM und TEBB und LEVENE (Fußnoten 2 u. 3).

Dilignozeryldiglukosaminmonophosphorsäureester ist eine von S. FRÄNKEL und F. KAFKA[4]) aus dem Gehirne dargestellte Substanz von der Formel $C_{60}H_{117}N_2PO_{14}$. Sie wird als Diaminophosphatid bezeichnet, enthält aber weder Glyzerin noch einen anderen Alkohol, und als Base findet sich in ihr nur ein Diglukosamin, dessen zwei Aminogruppen je einen substituierten Lignozerinsäurerest enthalten. Die Substanz ist also der Monophosphorsäureester eines von Lignozerinsäure substituierten Diglukosamins, und da die Phosphorsäure nur mit einer Hydroxylgruppe verestert ist, hat das Phosphatid saure Eigenschaften.

Dilignozeryldiglukosaminphosphorsäureester.

Die Substanz kristallisiert aus der heißen alkoholischen Lösung beim Erkalten und schmilzt scharf bei 190° C. Zu Äther verhält sie sich ähnlich

---

[1]) l. c. [2]) Journ. of biol. Chem. 24; s. auch ebenda 15 u. 18. [3]) Quart. Journ. of Physiol. 1; Journ. of Physiol. 37. [4]) Bioch. Zeitschr. 101.

wie zu Alkohol. In Azeton ist sie, selbst in der Hitze schwer löslich und kristallisiert beim Abkühlen in kugeligen Gebilden aus. In Wasser ist sie unlöslich. In kaltem Benzol löst sie sich und die Lösung ist dextrogyr, (α) D bei 22^0 C $= + 19{,}5^0$. Die PETTENKOFERsche Probe ist negativ und die Substanz enthält also keine Fettsäure mit Doppelbindung; sie reduziert nicht direkt die FEHLINGsche Lösung. Das Bleisalz ist löslich sowohl in Äther wie in Benzol aber unlöslich in Alkohol.

Die Substanz wurde aus dem Bleisalze erhalten, welches, nach der Extraktion des bei niedriger Temperatur getrockneten Gehirnes mit Azeton, aus dem alkohollöslichen Teile des Petroleumätherextraktes mit schwach ammoniakalischer, alkoholischer Bleiazetatlösung ausgefällt wurde. Näheres im Originalaufsatze.

Unter den im Gehirne angeblich vorkommenden Phosphatiden sind, außer den schon vorher besprochenen, folgende zu nennen:

Myelin, $C_{40}H_{75}NPO_{10}$ nach THUDICHUM, ist nicht näher bekannt, soll aber dadurch charakterisiert sein, daß es aus alkoholischer Lösung nicht von $CdCl_2$ oder $PtCl_4$ gefällt wird. Dagegen soll es mit alkoholischer Bleizuckerlösung einen Niederschlag geben, der in Äther oder Benzol unlöslich ist. Die Existenz eines zweiten Monoaminomonophosphatids, des **Paramyelins** $C_{38}H_{25}NPO_9$ nach THUDICHUM, ist sehr unsicher.

Amidomyelin (THUDICHUM) soll ein Diaminomonophosphatid von unbekannter Konstitution und nicht sicher bekannter Zusammensetzung sein. Seine Existenz ist unsicher.

Sahidin, von FRÄNKEL [1]) im Gehirne gefunden, soll ein Triaminodiphosphatid sein, dessen Kadmiumverbindung die Formel $C_{80}H_{167}N_3P_2O_{12}3CdCl_2$ haben soll. Ein kristallinisches Pulver, unlöslich in Wasser, in kaltem Methyl- oder Äthylalkohol und in Äther. Schwerlöslich in warmem Alkohol, leichtlöslich in Chloroform und heißem Benzol. Liefert gesättigte und ungesättigte Fettsäuren, Cholin und Glyzerinphosphorsäure.

Leukopoliin ist ein von FRÄNKEL und ELIAS [2]) im Gehirne gefundenes, ungesättigtes Phosphatid, welches ein Dekaaminodiphosphatid oder Pentaaminomonophosphatid sein soll. Kristallisiert aus siedendem Alkohol beim Erkalten. Soll keine methylierte Base, aber eine Kohlehydratgruppe enthalten.

Sulfatid nennt W. KOCH [3]) ein aus Menschengehirn gewonnenes, schwefel- und phosphorhaltiges Produkt, welches aus warmem Pyridin beim Erkalten in kristallinischen, körnigen Massen sich ausscheidet. Es enthält Phosphatid, Schwefelsäure und Zerebrosid und soll Phosphatidschwefelsäurezerebrosid sein. LEVENE [4]) hat aber aus dem Gehirne ein Sulfatid isoliert, welches phosphorfrei war und C 60,9, H 10,67, N 2,31, S 2,66 und O 23,46 p. c. enthielt. Diese Substanz war rechtsdrehend und hatte den Schmelzpunkt 210^0 C.

Zerebroside.

Bei der Zersetzung des Protagons oder der Gehirnsubstanz durch Einwirkung von Alkalien erhält man unter anderen Produkten einen oder mehrere Stoffe, die von THUDICHUM unter dem Namen Zerebroside zusammengefaßt worden sind. Die Zerebroside, die jedenfalls nicht allein als Zersetzungsprodukte anderer Gehirnbestandteile anzusehen sind, sondern auch präformiert im Gehirne vorkommen, sind stickstoffhaltig und können als Galaktoside aufgefaßt werden. Soweit man sie bisher untersucht hat liefern sie nämlich bei der hydrolytischen Spaltung Galaktose, die stickstoffhaltige Base Sphingosin und eine Fettsäure, die nicht in allen Zerebrosiden dieselbe ist. Allem Anscheine nach stellen die Zerebroside eine Gruppe von nahe verwandten Stoffen dar, denn sowohl THIERFELDER wie LEVENE [5]) haben gezeigt, daß man in verschiedenen Fraktionen Zerebroside von verschiedener Löslichkeit und abweichendem optischem Verhalten erhalten kann. Der Grund dieses verschiedenen Verhaltens ist teils der, daß die Fettsäure nicht immer

Eigenschaften.

Darstellung.

Myelin.

Sahidin.

Leukopoliin.

Sulfatid.

Zerebroside.

---

[1]) Bioch. Zeitschr. **24**. [2]) Ebenda **28**. [3]) Zeitschr. f. physiol. Chem. **70**. [4]) Journ. of biol. Chem. **13**. [5]) H. THIERFELDER u. Mitarbeiter, Zeitschr. f. physiol. Chem. **74**, **77**, **85**, **89**; LEVENE und Mitarbeiter, Journ. of biol. Chem. **12** u. **15**.

dieselbe ist, und teils (nach LEVENE) der, daß stereoisomere Zerebroside vorkommen können.

Die Fettsäure, die soweit man sie bisher kennt, entweder Zerebronsäure oder Lignozerinsäure ist, scheint mit der Base säureamidartig verbunden zu sein, und ein Hydroxyl des Sphingosins ist, wie es scheint, an der Aldehyd-

Bau der Zerebroside. gruppe der Galaktose gebunden. Die Zerebroside wirken nämlich nicht direkt, sondern erst nach der Hydrolyse reduzierend. Mit konzentrierter Schwefelsäure geben die Zerebroside eine erst gelbe und dann purpurrote Färbung. Mit Schwefelsäure und Rohrzucker geben sie direkt Purpurfärbung.

Da es offenbar eine Gruppe von nahe verwandten Zerebrosiden gibt, die voneinander schwer zu trennen und zu reinigen sind, ist es äußerst schwer

Zerebroside. zu sagen, inwieweit die von älteren Forschern dargestellten, mit verschiedenen Namen wie Zerebrin, Homozerebrin, Pseudozerebrin, Phrenosin, Kerasin und Enkephalin belegten Stoffe chemische Individuen oder Gemengen bzw. unreine Substanzen gewesen sind.

Unter dem Namen Zerebrin beschrieb W. MÜLLER [1]) als erster eine stickstoffhaltige, phosphorfreie Substanz, die er durch Extraktion der mit Barytwasser gekochten Gehirnmasse mit siedendem Alkohol erhalten hatte. Nach einer in der Hauptsache ähnlichen, aber jedoch etwas abweichenden Methode hat später GEOGHEGAN aus dem Gehirne ein Zerebrin mit denselben Eigenschaften wie das MÜLLERsche, aber mit einem niedrigeren Stickstoffgehalte dargestellt. Nach den Untersuchungen von PARCUS [2]) soll indessen

Zerebrin. sowohl das von MÜLLER wie das von GEOGHEGAN isolierte Zerebrin ein Gemenge von drei Stoffen, „Zerebrin", „Homozerebrin" und „Enkephalin" sein. KOSSEL und FREYTAG konnten aus dem Protagon zwei Zerebroside isolieren, die mit dem Zerebrin und Homozerebrin von PARCUS identisch waren. Nach denselben Forschern scheinen die zwei von THUDICHUM beschriebenen Stoffe Phrenosin und Kerasin mit dem Zerebrin bzw. Homozerebrin identisch zu sein. Das Zerebrin stellt in trockenem Zustande ein rein weißes, geruch- und geschmackloses Pulver dar. In Wasser wie auch in verdünnter Alkalilauge oder Barytwasser ist es unlöslich. In kaltem Alkohol und in kaltem oder heißem Äther ist es ebenfalls unlöslich. Dagegen löst es sich in siedendem Alkohol und scheidet sich beim Erkalten als ein flockiger Niederschlag aus, welcher bei mikroskopischer Untersuchung als aus radiär gestreiften Kügelchen oder Körnchen bestehend sich zeigt.

Die am reinsten erhaltenen und am genauesten studierten Zerebroside dürften jedenfalls das Zerebron (Phrenosin) und das Kerasin (Homozerebrin?) sein.

Zerebron (Phrenosin). Das von THIERFELDER und WÖRNER isolierte und dann besonders von dem ersteren studierte Zerebron ist nach GIES und anderen identisch mit dem schon früher von THUDICHUM isolierten Stoffe Phrenosin und wird deshalb auch oft Phrenosin genannt. Es scheint auch

Zerebron und Phrenosin. mit dem Pseudozerebrin (GAMGEE) identisch zu sein. Das Zerebron kann ohne Verseifung mit Baryt direkt aus dem Gehirne mit benzol- oder chloroformhaltigem Alkohol bei einer Temperatur unter 50^0 C dargestellt werden und wird demnach als in dem Gehirne präformiert angesehen. Es hat nach THIERFELDER [3]), dem auch andere Forscher beistimmen, die Formel $C_{48}H_{93}NO_9$. Bei der Hydrolyse liefert es Galaktose, Zerebronsäure und Sphingosin, welch letzteres, wenn man zu der Spaltung Schwefelsäure in Methylalkohol verwendet, auch als Methyl- und Dimethylsphingosinsulfat erhalten wird.

Das Zerebron löst sich in warmem Alkohol und scheidet sich beim Erkalten wieder aus. Aus geeigneten Lösungsmitteln (chloroformhaltigem Azeton oder Methylalkohol) kann es in Nädelchen oder Blättchen sich abscheiden. Wird das Zerebron in Alkohol von 85 p. c. suspendiert und einer Temperatur

---

[1]) Annal. d. Chem. u. Pharm. **105.** [2]) GEOGHEGAN, Zeitschr. f. physiol. Chem. **3;** PARCUS, Über einige neue Gehirnstoffe, Inaug.-Diss. Leipzig 1881. [3]) THIERFELDER u. WÖRNER, Zeitschr. f. physiol. Chem. **30;** THIERFELDER ebenda **43, 44, 46,** mit KITAGAWA ebenda **49,** mit H. LOENING ebenda **68, 74, 77;** GAMGEE, Textbook of the Physiol. Chemistry, London 1880; THUDICHUM l. c.; GIES, Journ. of biol. Chem. **1** u. **2.**

von 50° ausgesetzt, so ballt sich die amorphe Masse zusammen und es wachsen aus den Knollen allmählich nadel- und blättchenförmige Kristalle heraus. Es schmilzt nach THIERFELDER bei 212° C. Nach O. ROSENHEIM hat es keinen bestimmten Schmelzpunkt, sondern kommt als flüssige Kristalle zwischen 100−215° vor, und statt eines Schmelzpunktes hat es einen Aufklärungspunkt, wo die anisotrope Phase in die amorphe flüssige übergeht. Das Zerebron ist rechtsdrehend und für etwa 5prozentige Lösungen in (75 p. c. Chloroform enthaltendem) Methylalkohol ist $(a) D = + 7{,}6^0$ (KITAGAWA und THIERFELDER). O. ROSENHEIM[1]) fand für die 10prozentige Lösung in Pyridin bei 20° C $(a) D = + 3{,}7$ à $3{,}8^0$. Eigenschaften.

Kerasin (THUDICHUM), welches mit dem Homozerebrin (PARCUS) identisch sein dürfte, hat nach ROSENHEIM die Formel $C_{47}H_{91}NO_8$. Bei der Hydrolyse liefert es Galaktose, Sphingosin und Lignozerinsäure (= THIERFELDERS Kerasinsäure). Kerasin.

Das Kerasin, welches als äußerst feine Kristallnadeln erhalten werden kann, ähnelt dem Zerebron, ist aber leichter löslich sowohl in warmem Alkohol wie in warmem Äther. Es findet sich deshalb in den leichter löslichen Fraktionen des Zerebrosidgemenges. Der Übergang von der anisotropen zu der isotropen Phase findet nach O. ROSENHEIM zwischen 100 und 180° C statt. Das Kerasin ist linksdrehend, und wie beim Zerebron wechselt die Drehung mit dem Lösungsmittel, der Konzentration und Temperatur. In 10prozentiger Pyridinlösung ist bei 20° C $(a) D = − 2{,}74^0$. Eigenschaften.

Bezüglich der schwierigen und umständlichen Darstellung und Reinigung der beiden Zerebroside, Zerebron und Kerasin, wird auf die Untersuchungen von THIERFELDER und Mitarbeitern (Literatur bei P. BRIGL, Zeitschr. f. physiol. Chem. 95), wie auf die von O. ROSENHEIM (Bioch. Journ. **7**, **8** u. **10**) hingewiesen. Darstellung.

Die Zersetzungsprodukte der beiden Zerebroside sind wie oben erwähnt, als für beide gemeinsam, die Galaktose und das Sphingosin und ferner für das Zerebron die Zerebronsäure und für das Kerasin die Lignozerinsäure.

Das **Sphingosin** (THUDICHUM), $C_{17}H_{35}NO_2$, ist nach THIERFELDER und seinen Mitarbeitern wie nach LEVENE und Mitarbeitern[2]) ein ungesättigter zweiwertiger Monoaminoalkohol, der durch Hydrierung bei Gegenwart von kolloidalem Palladium in die gesättigte Base Dihydrosphingosin übergeht (LEVENE und JACOBS)[3]). Bei der Spaltung der Zerebroside oder des Protagons mit Schwefelsäure und Methylalkohol erhält man auch Methyl-und Dimethylsphingosin, welches kristallisiert. Das Sphingosin, welches selbst nicht kristallisiert, ist unlöslich in Wasser aber leicht löslich in Alkohol, Äther, Azeton und Petroläther. Es bildet kristallisierende Verbindungen mit Schwefelsäure und Chlorwasserstoffsäure, die wie die kristallisierenden Verbindungen des Dimethylsphingosins mit Säuren zur Erkennung desselben dienen können. Noch besser eignet sich hierzu nach LEVENE und WEST[4]) das in Äthylalkohol oder Äther leicht, in Methylalkohol dagegen wenig lösliche Pikrolonat von dem Schmelzpunkte 87−89° C. Das Pikrolonat des Dihydrosphingosins schmilzt bei 120−121° C. Sphingosin.

Bei der Hydrolyse des Sphingomyelins erhielt LEVENE[5]) auch eine Base, $C_{17}H_{35}NO$, die wahrscheinlich sekundär aus dem Sphingosin entsteht und bei der Reduktion Oxyheptadezylamin, $C_{17}H_{34}(OH)NH_2$, Sphingin genannt, liefert. Das in cholesterinähnlichen Blättchen kristallisierende Sphingin hat den Schmelzpunkt 83,5° C. Sphingin.

---

[1]) Bioch. Journ. **8**.   [2]) THIERFELDER u. O. RIESSER u. K. THOMAS, Zeitschr. f. physiol. Chem. **77**; LEVENE u. JACOBS, Journ. of Biol. Chem. **11**, mit C. J. WEST ebenda **16** u. **24**.   [3]) Journ. of biol. Chem. **11**.   [4]) Ebenda **24**.   [5]) Ebenda **24**.

Die **Zerebronsäure** (THIERFELDER), $C_{25}H_{50}O_3$, und die **Lignozerinsäure** (Kerasinsäure THIERFELDERs), $C_{24}H_{48}O_2$, stehen in naher Beziehung zueinander, indem die letztere durch Oxydation aus der ersteren entsteht.

Zerebronsäure.

Die Zerebronsäure ist nach BRIGL[1]) eine α-Oxyfettsäure, die mit der von ihm synthetisch dargestellten n-Oxypentakosylsäure isomer zu sein scheint. Sie kristallisiert, hat den Schmelzpunkt 99—100°, manchmal auch 101° C, und ist dextrogyr: (α) D in Pyridinlösung = + 1,75 à 1,9° (BRIGL). Sie gibt kristallisierende Alkylester.

Neurosäure.

LEVENE und Mitarbeiter[2]) haben eine andere, von ihnen als Zerebronsäure bezeichnete Säure von dem Schmelzpunkte 82—84° erhalten. Die Natur dieser von BRIGL Neurosäure genannten Säure, welche der Neurostearinsäure (THUDICHUMS), $C_{18}H_{36}O_2$, ähnelt, ist noch nicht vollständig aufgeklärt. Sie ist aber jedenfalls nicht, wie LEVENE und JACOBS annahmen, die inaktive Form der Zerebronsäure, die nach BRIGL bei 97 bis 100° C schmilzt.

Lignozerinsäure.

Die Lignozerinsäure ist nach LEVENE und WEST[3]) isomer mit der n-Tetrakosylsäure und liefert bei der Reduktion einen mit dem n-Tetrakosan isomeren Kohlenwasserstoff. Die Säure kristallisiert, hat den Schmelzpunkt 81° C, ist optisch inaktiv und gibt kristallisierende Alkylester.

Sphingosin. Fettsäureverbindungen.

Das Sphingosin und die Lignozerinsäure hat man allerdings als Spaltungsprodukte des Kerasins erhalten; nach den eingehenden Untersuchungen von THIERFELDER über die Zerebroside[4]) ist aber nicht daran zu zweifeln, daß man aus dem Gehirne auch Stoffe gewinnen kann, die keine Galaktose enthalten, sondern Verbindungen von Sphingosin mit Lignozerinsäure oder verschiedenen Fettsäuren von der Größenordnung dieser Säure sind. Ob solche Stoffe präformiert im Gehirne vorkommen oder Abbauprodukte von Zerebrosiden sind, ist noch nicht experimentell entschieden worden.

Das **Neuridin**, $C_5H_{14}N_2$, ist ein von BRIEGER entdecktes, nicht giftiges Diamin, welches von ihm bei der Fäulnis von Fleisch und Leim wie auch in Kulturen des Typhusbazillus erhalten wurde. Es kommt nach ihm unter physiologischen Verhältnissen in dem Gehirne und spurenweise auch im Eidotter vor.

Neuridin.

Das Neuridin löst sich in Wasser und liefert beim Sieden mit Alkalien ein Gemenge von Dimethyl- und Trimethylamin. Es löst sich schwierig in Amylalkohol. In Äther oder absolutem Alkohol ist es unlöslich. In freiem Zustande hat es einen eigentümlichen, an Sperma erinnernden Geruch. Mit Salzsäure gibt es eine in langen Nadeln kristallisierende Verbindung. Mit Platinchlorid oder Goldchlorid gibt es kristallisierende, für seine Darstellung und Erkennung verwertbare Doppelverbindungen.

Die sog. Corpuscula amylacea, welche an der Oberfläche des Gehirnes und in der Glandula pituitaria vorkommen, werden von Jod mehr oder weniger rein violett und von Schwefelsäure und Jod mehr blau gefärbt. Sie bestehen vielleicht aus derselben Substanz wie gewisse Prostatakonkremente, sind aber nicht näher untersucht.

Quantitative Zusammensetzung des Gehirnes. Die Menge des Wassers ist größer in der grauen als in der weißen Substanz und größer bei Neugeborenen oder bei jüngeren Individuen als bei Erwachsenen. Beim Fötus enthält das Gehirn 879—926 p. m. Wasser. Nach Beobachtungen von WEISBACH[5]) ist der Gehalt an Wasser in den verschiedenen Teilen des Gehirnes

Wassergehalt des Gehirnes.

(und des verlängerten Markes) in verschiedenen Altern ein verschiedener. Die folgenden Zahlen beziehen sich auf 1000 Teile, und zwar A bei Männern und B bei Weibern:

---

[1]) Zeitschr. f. physiol. Chem. **95**. [2]) LEVENE mit JACOBS, Journ. of biol. Chem. **12**, mit WEST ebenda **14** u. **15**. [3]) LEVENE, Journ. of biol. Chem. **15**, mit WEST ebenda **15**, **18** u. **26**. [4]) Zeitschr. f. physiol. Chem. **89**. [5]) Zit. nach K. B. HOFMANN, Lehrb. d. Zooch., Wien 1877, S. 121.

	20—30 Jahre		30—50 Jahre		50—70 Jahre		70—94 Jahre	
	A	B	A	B	A	B	A	B
Weiße Substanz des Gehirnes	695,6	682,9	683,1	703,1	701,9	689,6	726,1	722,0
Graue Substanz des Gehirnes	833,6	826,2	836,1	830,6	838,0	838,4	847,8	839,5
Gyri	784,7	792,0	795,9	772,9	796,1	796,9	802,3	801,7
Kleinhirn	788,3	794,9	778,7	789,0	787,9	784,5	803,4	797,9
Pons Varoli	734,6	740,3	725,5	722,0	720,1	714,0	727,4	724,4
Medulla oblongata . .	744,3	740,7	732,5	729,8	722,4	730,6	736,2	733,7

Hiermit stimmen die neueren Untersuchungen von K. Linnert[1]), nach welchen der Pons und das verlängerte Mark nächst der weißen Substanz die wasserärmsten Teile des Menschengehirnes sind.

Quantitative Analysen von dem Gehirne des Menschen in verschiedenen Altern, nämlich 6 Wochen, 2 und 19 Jahren, haben W. Koch und S. Mann[2]) ausgeführt. Diese Analysen zeigen, daß mit zunehmendem Alter Wasser, Proteine, Extraktivstoffe und Salze relativ abnehmen, während Phosphatide, Zerebroside und besonders das Cholesterin eine starke Zunahme zeigen. Der in Lipoiden vorkommende Schwefel war bis zum zweiten Jahre vermehrt, war aber dann und bei 19 Jahren in derselben Menge vorhanden. Bezüglich des Cholesteringehaltes hat auch M. Rosenheim[3]) gefunden, daß er bei Erwachsenen bedeutend größer als bei nur einige Monate alten Kindern ist. Zusammensetzung in verschiedenen Altern.

Baumstark glaubte gefunden zu haben, daß ein Teil des Cholesterins in dem Gehirne in gebundenem Zustande, vielleicht als Ester, vorkommt; diese Ansicht hat indessen infolge neuerer Untersuchungen von Bünz als unrichtig sich erwiesen. Nach Bünz enthält nämlich das Gehirn weder Ester des Cholesterins mit höheren Fettsäuren, noch andere Verbindungen des Cholesterins, welche beim Verseifen gespalten werden. Christine Tebb und M. Rosenheim[4]) haben ebenfalls nur freies Cholesterin gefunden. Cholesterin.

Nach Fränkel[5]), welcher das Menschengehirn fraktioniert mit verschiedenen Lösungsmitteln extrahiert hat, enthält das Gehirn 230 p. m. Trockensubstanz, und dieselbe besteht zu $2/3$ aus Lipoiden und zu $1/3$ aus Proteinstoffen. Von den Lipoiden sind etwa 17 p. c. Cholesterin, 34,482 p. c. gesättigte und 48,293 p. c. ungesättigte Verbindungen. Die Menge des Cholesterins in den verschiedenen Teilen des Gehirnes waren nach Fränkel, Kirschbaum und Linnert folgende. In der Rinde 11,5 in der weißen Substanz 24,7, im Kleinhirn 13,1, in Brücke und verlängertem Mark 40,3 p. m., alles auf feuchte Substanz bezogen. Menschengehirn.

Die Gesamtmenge der Zerebroside war in den Analysen von O. Rosenheim[6]) 98 p. m. von der Trockensubstanz des Gehirnes. Nach I. L. Smith und W. Mair[7]) sind in dem Gehirne des Menschen die Zerebroside in der weißen Substanz in größerer, die Phosphatide in kleinerer Menge enthalten, und die weiße Substanz soll überhaupt etwa zweimal so viel Lipoide wie die graue enthalten. Menschengehirn.

Von einem gewissen Interesse ist die von Koch[8]) ausgeführte Analyse des Gehirnes eines epileptischen Menschen. Da das Protagon von Koch als ein Gemenge aufgefaßt wurde, finden sich in den Analysen keine Angaben über die Menge desselben. Da man ferner keine zuverlässigen Methoden zur Bestimmung der Stoffe Kephalin, Myelin, Phrenosin und Kerasin kennt, haben die für diese Stoffe angeführten Zahlen nur untergeordneten Wert. Die Analysen gaben folgende Zahlen, auf 1000 Teile berechnet.

---

[1]) Wien. klin. Wochenschr. **23**. [2]) Journ. of Physiol. **36**, Proc. physiol. Soc. Nov. 1907. [3]) Bioch. Journ. 8. [4]) F. Baumstark, Zeitschr. f. physiol. Chem. 9; R. Bünz ebenda 46; Chr. Tebb, Journ. of Physiol. **34**; M. Rosenheim l. c. [5]) Bioch. Zeitschr. **19**; mit P. Kirschbaum u. K. Linnert ebenda 46. [6]) Bioch. Journ. 7. [7]) Journ. of Path. u. Bakteriol. **17**, zitiert nach Malys Jahresb. **43**. [8]) Amer. Journ. of Physiol. **11**.

	Corpus callosum	Cortex (praefrontal.)
Wasser	679,7	841,3
Eiweißstoffe	32,0	50,0
Nukleoproteide	37,0	30,0
Neurokeratin	27,0 (Chittenden)	4,0 (Chittenden)
Extraktivstoffe (wasserlöslich)	15,1	15,8
Lezithine	51,9	31,4
Kephalin und Myelin . . .	34,9	7,4
Phrenosin und Kerasin . . .	45,7	15,5
Cholesterin	48,6	7,0
Schwefelhaltige Substanz . .	14,0	14,5
Mineralstoffe	8,2	8,7

*Zusammen-
setzung des
Menschen-
gehirnes.*

PIGHINI und CARBONE fanden das Gehirn bei Paralytikern reicher an Wasser, bedeutend reicher an Cholesterin, aber ärmer an Kephalin als bei Gesunden. Das letztere stimmt mit der Beobachtung von KOCH und MANN [1]), daß die Menge des Lipoidphosphors bei Paralytikern herabgesetzt ist.

Nach FR. FALK [2]) kommen Zerebroside sowohl in markhaltigen wie in marklosen Nervenfasern vor. Die marklosen gaben aber viel weniger Stoffe an die angewandten Extraktionsmittel als die markhaltigen ab, nämlich

Nerven. 115,1 p. m. Extrakt, gegen 465,9 p. m. Das Extrakt der ersteren war ärmer an Zerebrosiden, aber reicher an Cholesterin, Kephalin und Lezithin als das der markhaltigen Nerven, wie folgende Zahlen zeigen.

	Marklose Fasern in p. m. des Gesamtextr.	Markhaltige Fasern in p. m. des Gesamtextr.
Cholesterin	470	250
Kephaline	237	124
Zerebroside	60	182
Lezithine	98	29

Nach S. FRÄNKEL und L. DIMITZ [3]) enthält das Rückenmark des Menschen durchschnittlich 740 p. m. Wasser, 180 p. m.. Lipoide und 80 p. m. Protein-

*Rücken-
mark.* stoffe. Die Menge des Cholesterins (in dem frischen, wasserhaltigen Rückenmarke) ist 40 p. m., die der ungesättigten Phosphatide 120 und die der gesättigten 15 p. m. Das Rückenmark soll der an ungesättigten Phosphatiden reichste Teil des Nervensystems sein und es enthält reichlich Kephalin.

Nach NOLL soll die weiße Substanz des Rückenmarkes etwas reicher an Protagon als die des Gehirnes sein, und bei Nervendegeneration soll die Menge des Protagons abnehmen. Die von ihm verwandte Methode gestattet aber, wie natürlich ist, keine genaue Bestimmung des umstrittenen Stoffes Protagon. MOTT und HALLIBURTON [4]) haben ferner gezeigt, daß bei degenerativen Krank-

*Nerven-
degenera-
tion.* heiten des Nervensystems die Menge der phosphorhaltigen Substanz abnimmt und daß hierbei, namentlich bei allgemeiner Paralyse, Cholin in die Zerebrospinalflüssigkeit und in das Blut übergeht. In degenerierten Nerven nimmt die Menge des Wassers und die des Phosphors ab.

Das Corpus callosum beim Menschen enthält nach W. und M. L. KOCH [5]) 703,1 p. m. Wasser und 296,9 p. m. feste Stoffe. Die letzteren bestanden

*Corpus
Callosum.* aus 29,25 p. c. Protein, 5,12 p. c. organischen und anorganischen Extraktivstoffen und 65,63 p. c. Lipoiden. Die Verteilung der letzteren war folgende: Phosphatide 27,63, Zerebroside 16,6, Sulfatide 7,46 und Cholesterin 10,25 p. c.

Die Menge des Neurokeratins in den Nerven und in verschiedenen Teilen des Zentralnervensystems ist von KÜHNE und CHITTENDEN [6]) näher bestimmt worden. Sie fanden in dem Plexus brachialis 3,16 p. m., in der Kleinhirnrinde 3,12 p. m., in der weißen Substanz des Großhirnes 22,434, in der weißen

---

[1]) G. PIGHINI u. D. CARBONE, Bioch. Zeitschr. **46**, wo auch KOCH u. MANN zitiert sind. [2]) Ebenda **13**. [3]) Bioch. Zeitschr. **28**. [4]) NOLL, Zeitschr. f. physiol. Chem. **27**; MOTT u. HALLIBURTON, Philos. Transact. Ser. B **191** (1899) u. **194** (1901). [5]) Journ. of biol. Chem. **31**. [6]) l. c. Fußnote 1, S. 475.

Substanz des Corpus callosum 25,72—29,02 p. m. und in der grauen Substanz der Großhirnrinde (möglichst frei von weißer Substanz) 3,27 p. m. Neuro- Verteilung des Neuro- keratin. Die weiße Substanz ist also sehr bedeutend reicher an Neurokeratin keratins. als die peripherischen Nerven oder die nicht reine graue Substanz. Nach GRIFFITHS[1]) vertritt bei Insekten und Krustazeen das Neurochitin das Neurokeratin. Die Menge des ersteren betrug 10,6—12 p. m.

A. Weil[2]) fand in 1000 Teilen lebensfrischer Substanz von Menschen folgende Mengen von Mineralstoffen:

	K	Na	Ca	Mg	Fə	Cl	
Graue Gehirnsubstanz . . .	3,45	2,03	0,104	0,196	0,068	1,13	Mineral-
Weiße Gehirnsubstanz . . .	3,38	2,25	0,142	0,260	0,064	1,51	stoffe.
Kleinhirn	3,49	2,20	0,103	0,203	0,050	1,08	
Rückenmark	3,61	2,01	0,179	0,380	0,055	1,52	

Da man aus der Arbeit nicht ersehen kann, inwieweit die Zahlen für P und S von organischer Substanz stammen, sind sie hier weggelassen worden.

Anhang.
Die Gewebe und Flüssigkeiten des Auges.

Die **Retina** enthält als Ganzes 865—899,9 p. m. Wasser; 57,1—84,5 p. m. Proteinstoffe — Myosin, Albumin und Muzin (?); 9,5—28,9 p. m. Lezithin und Die Retina. 8,2—11,2 p. m. Salze (HOPPE-SEYLER und CAHN)[3]). Die Mineralstoffe enthielten 422 p. m. Na_2HPO_4 und 352 p. m NaCl. Die Retina enthält nach N. BARBIERI[4]) zwar Cholesterin aber keine Zerebroside und überhaupt nicht die spezifischen Bestandteile der Gehirnsubstanz.

Diejenigen Stoffe, welche die verschiedenen Segmente der Stäbchen und Zapfen bilden, sind nicht näher erforscht, und das größte Interesse knüpft sich an die Farbstoffe der Retina an.

Sehpurpur, auch Rhodopsin, Erythropsin oder Sehrot genannt, nennt man den Farbstoff der Stäbchen. Im Jahre 1876 beobachtete BOLL[5]), daß die Stäbchenschicht der Retina im Leben eine purpurrote Farbe hat, welche durch Lichteinwirkung erblaßt. KÜHNE[6]) hat später gezeigt, daß diese Sehpurpur. rote Farbe nach dem Tode des Tieres, wenn das Auge vor dem Tageslichte geschützt oder im Natriumlichte untersucht wird, längere Zeit bestehen kann. Durch dieses Verhalten wurde es auch möglich, diese Substanz zu isolieren und näher zu studieren.

Das Sehrot (BOLL) oder der Sehpurpur (KÜHNE) kommt ausschließlich in den Vorkommen des Stäbchen und nur in dem äußersten Teile derselben vor. Bei solchen Tieren, deren Retina Sehpurpurs. keine Stäbchen hat, fehlt der Sehpurpur, welcher selbstverständlich auch in der Macula lutea fehlt. Bei einer Art Fledermaus (Rhinolophus hipposideros), wie auch bei Hühnern, Tauben und neugeborenen Kaninchen hat man in den Stäbchen keinen Sehpurpur gefunden.

Eine Lösung von Sehpurpur in Wasser, welches 2—5 p. c. kristallisierte Galle, welche das beste Lösungsmittel des Sehpurpurs ist, enthält, ist purpurrot, ganz klar, nicht fluoreszierend. Beim Eintrocknen dieser Lösung in Vacuo erhält man einen, karminsaurem Ammoniak ähnlichen Rückstand, welcher Eigen- violette oder schwarze Körner enthält. Dialysiert man die obige Lösung schaften des gegen Wasser, so diffundiert die Galle weg und der Sehpurpur scheidet sich Sehpurpurs.

---

[1]) Compt. Rend. **115**. [2]) Zeitschr. f. physiol. Chem. **89**. Vgl. auch MAGNUS-LEVY, Bioch. Zeitschr. **24**. [3]) Zeitschr. f. physiol. Chem. **5**. [4]) Compt. Rend. **154**. [5]) Monatsber. d. Kgl. Preuß. Akad. 12. Nov. 1876. [6]) Die Untersuchungen über Sehpurpur von KÜHNE und seinen Schülern, EWALD u. AYRES finden sich in: Unters. aus dem physiol. Inst. der Universität Heidelberg **1** u. **2** und in Zeitschr. f. Biol. **32**.

als eine violette Masse aus. Unter allen Verhältnissen, selbst wenn er sich noch in der Retina vorfindet, wird der Sehpurpur von direktem Sonnenlicht rasch und von zerstreutem Licht der Intensität desselben entsprechend gebleicht. Dabei geht er durch Rot und Orange in Gelb über. Das rote Licht bleicht den Sehpurpur langsam, das ultrarote Licht bleicht ihn nicht. Eine Lösung von Sehpurpur zeigt keinen besonderen Absorptionsstreifen sondern nur eine allgemeine Absorption, welche etwas nach der roten Seite von D anfängt und bis zu G sich erstreckt. Die stärkste Absorption findet sich bei E.

KOETTGEN und ABELSDORF [1]) haben gezeigt, daß es, in Übereinstimmung mit der Ansicht von KÜHNE, zwei Arten von Sehpurpur, die eine bei Säugern, Vögeln und Amphibien, die andere, mehr violettrote, bei Fischen gibt. Jene hat ihr Absorptionsmaximum im Grün, diese im Gelbgrün.

Der Sehpurpur wird auch beim Erwärmen, bei 52—53° C nach einigen Stunden und bei + 76° fast momentan, zerstört. Durch Alkalien, Säuren, Alkohol, Äther und Chloroform wird er ebenfalls zerstört. Dagegen widersteht er der Einwirkung von Ammoniak oder Alaunlösung.

Regeneration des Sehpurpurs.

Da der Sehpurpur im Lichte leicht zerstört wird, muß er auch im Leben regeneriert werden können. KÜHNE hat in der Tat auch gefunden, daß die Retina des Froschauges, wenn sie starkem Sonnenlichte längere Zeit ausgesetzt wird, erbleicht, ihre Farbe aber allmählich wieder erhält, wenn man die Tiere im Dunkeln läßt. Diese Regeneration des Sehpurpurs ist eine Funktion der lebenden Zellen in der Pigmentepithelschicht der Retina. Dies geht unter anderem daraus hervor, daß in einem abgelösten Stücke der Retina, welches vom Lichte erbleicht worden ist, der Sehpurpur wieder regeneriert werden kann, wenn man das abgelöste Retinastück vorsichtig auf die der Chorioidea anhaftende Pigmentepithelschicht legt. Mit dem dunklen Pigmente, dem Melanin oder Fuszin, in den Epithelzellen hat die Regeneration, wie es scheint, nichts zu tun. Eine teilweise Regeneration scheint übrigens nach KÜHNE auch in der vollständig lospräparierten Retina stattfinden können. Infolge der Eigenschaft des Sehpurpurs, auch im Leben vom Lichte gebleicht zu werden, kann man, wie KÜHNE gezeigt hat (unter besonderen Verhältnissen und bei Beobachtung von besonderen Kautelen nach einer intensiven oder mehr anhaltenden Lichtwirkung), nach dem Tode auf der Retina zurückbleibende helle Bilder von Fensteröffnungen u. dgl., sog. Optogramme, erhalten.

Optogramme.

Die physiologische Bedeutung des Sehpurpurs ist unbekannt. Daß der Sehpurpur für das Sehen nicht direkt notwendig sein kann, geht daraus hervor, daß er bei einigen Tieren und ebenso in den Zapfen fehlt.

Darstellung.

Die Darstellung des Sehpurpurs muß stets bei ausschließlicher Natriumbeleuchtung geschehen. Aus den freipräparierten Netzhäuten wird der Sehpurpur mit einer wässerigen Lösung von kristallisierter Galle extrahiert. Die filtrierte Lösung wird in Vacuo eingetrocknet oder der Dialyse unterworfen, bis der Sehpurpur sich ausscheidet. Um ganz hämoglobinfreie Lösungen von Sehpurpur zu gewinnen, soll man die Lösung des Sehpurpurs in Cholaten mit Magnesiumsulfat sättigen, den ausgefällten Farbstoff mit gesättigter Magnesiumsulfatlösung auswaschen und dann in Wasser mit Hilfe des gleichzeitig ausgefällten Cholates lösen [2]).

Farbstoffe der Zapfen.

Die Farbstoffe der Zapfen. In dem inneren Segmente der Zapfen findet sich bei Vögeln, Reptilien und Fischen ein kleines Fettkügelchen von wechselnder Farbe. Aus diesem Fette hat KÜHNE [3]) einen grünen, gelben und roten Farbstoff — bzw. Chlorophan, Xantophan und Rhodophan — isoliert.

Melanin oder Fuszin.

Das dunkle Pigment in den Epithelzellen der Netzhaut, welches früher Melanin genannt wurde, von KÜHNE und MAYS [4]) aber Fuszin genannt wird, ist eisenhaltig, löst sich in konzentrierten Alkalilaugen oder konzentrierter Schwefelsäure beim Erwärmen, ist aber wie die sog. Melanine überhaupt nicht viel studiert worden. Das in den Augenhäuten sonst vorkommende dunkle Pigment soll in Zusammenhang mit den Melaninen (Kapitel 16) besprochen werden.

Der **Glaskörper** wird oft als eine Art Gallertgewebe betrachtet. Die Häute desselben bestehen nach C. MÖRNER aus leimgebender Substanz. Die Glasflüssigkeit enthält ein wenig Eiweiß und außerdem, wie MÖRNER gezeigt

---

[1]) Zentralbl. f. Physiol. **9**, auch MALYS Jahresb. **25**, 351. [2]) KÜHNE, Zeitschr. f. Biol. **32**. [3]) KÜHNE, Die nichtbeständigen Farben der Netzhaut. Unters. aus dem physiol. Inst. Heidelberg **1**, 341. [4]) Ebenda **2**, 324.

hat, ein durch Essigsäure fällbares Mukoid, das Hyalomukoid, welches 12,27 p. c. N und 1,19 p. c. S enthält. Unter den Extraktivstoffen hat man ein wenig Harnstoff — nach PICARD 5 p. m., nach RÄHLMANN 0,64 p. m. — nachgewiesen. PAUTZ[1]) hat — außer etwas Harnstoff — Paramilch- Der Glas-
körper. säure und, in Übereinstimmung mit den Angaben von CHABBAS, JESNER und KUHN, Glukose im Glaskörper des Ochsen nachweisen können. Die Reaktion des Glaskörpers ist alkalisch und der Gehalt an festen Stoffen beträgt etwa 9—11 p. m. Die Menge der Mineralstoffe ist etwa 6—9 p. m. und die der Proteinstoffe 0,7 p. m.

Humor aqueus. Diese Flüssigkeit ist klar, gegen Lackmus alkalisch, von 1,003—1,009 spez. Gewicht und nach W. A. OSBORNE[2]) hat sie denselben osmotischen Druck wie das Blut. Der Gehalt an festen Stoffen ist im Mittel 13 p. m. und der Gehalt an Eiweiß nur 0,8—1,2 p. m. Die Proteine bestehen aus Serumalbumin, Globulin, sehr wenig Fibrinogen und Muzin. Nach GRUENHAGEN enthält der Humor aqueus Paramilchsäure, eine andere Humor
aqueus. rechtsdrehende Substanz und einen reduzierenden, nicht zucker- oder dextrinähnlichen Stoff. Im Humor aqueus von Ochsen fand PAUTZ Harnstoff und Zucker. Nach J. ASK[3]) steht der Gehalt an Zucker in naher Beziehung zu dem des Blutplasmas.

Die Kristallinse. Diejenige Substanz, welche die Linsenkapsel darstellt, ist von C. MÖRNER untersucht worden. Sie gehört nach ihm einer besonderen Gruppe von Proteinstoffen an, die er Membranine genannt hat. Die Membranine sind bei gewöhnlicher Temperatur in Wasser, Salzlösungen, verdünnten Säuren und Alkalien unlösliche Stoffe, die wie die Muzine beim Sieden mit einer verdünnten Mineralsäure eine reduzierende Substanz geben. Sie enthalten bleischwärzenden Schwefel. Von dem MILLONschen Reagenze werden sie Die Linsen-
kapsel. sehr schön rot gefärbt, geben aber mit konzentrierter Salzsäure oder dem Reagenze von ADAMKIEWICZ keine charakteristische Färbung. Von Pepsinchlorwasserstoffsäure oder Trypsinlösung werden sie sehr schwer gelöst. In der Wärme werden sie von verdünnten Säuren und Alkalien gelöst. Das Membranin der Linsenkapsel enthält 14,10 p. c. N und 0,83 p. c. S und es ist weniger schwerlöslich als dasjenige der DESCEMETschen Haut.

Die Hauptmasse der festen Stoffe der Kristallinse besteht aus Eiweißstoffen, deren Natur durch die Untersuchungen von C. MÖRNER[4]) näher ermittelt worden ist. Diese Eiweißstoffe sind teils in verdünnter Salzlösung unlöslich und teils darin löslich.

Das unlösliche Eiweiß. Die Linsenfasern bestehen aus einer in Wasser und Salzlösung unlöslichen Eiweißsubstanz, die von MÖRNER Albumoid Linsen-
fasern. genannt wird. Das Albumoid löst sich leicht in sehr verdünnten Säuren oder Alkalien. Die Lösung in Kalilauge von 0,1 p. c. ähnelt sehr einer Alkalialbuminatlösung, gerinnt aber nach fast vollständiger Neutralisation und Zusatz von 8 p. c. NaCl bei gegen 50° C. Das Albumoid hat folgende Zusammensetzung: C 53,12; H 6,8, N 16,62 und S 0,79 p. c. Die Linsenfasern selbst enthielten 16,61 p. c. N und 0,77 p. c. S. Die inneren Teile der Linse sind bedeutend reicher an Albumoid als die äußeren. Die Menge des Albumoids in der ganzen Linse beträgt als Mittel etwa 480 p. m. von dem Gesamtgewichte der Eiweißstoffe der Linse.

---

[1]) MÖRNER, Zeitschr. f. physiol. Chem. **18**; PICARD, zit. nach GAMGEE, Physiol. Chem. **1**, 454; RÄHLMANN, MALYS Jahresb. **6**, 219; PAUTZ, Zeitschr. f. Biol. **31**. Hier findet man auch sehr vollständige Literaturangaben.   [2]) Journ. of Physiol. **52**.   [3]) Bioch. Zeitschr. **59**.   [4]) Zeitschr. f. physiol. Chem. **18**. Hier findet man auch die einschlägige Literatur.

Das lösliche Eiweiß besteht, abgesehen von einer geringen Menge
Albumin, aus zwei Globulinen, dem α- und β-Kristallin. Diese zwei
Globuline unterscheiden sich voneinander durch folgendes. Das α-Kristallin
enthält 16,68 p. c. N und 0,56 p. c. S; das β-Kristallin dagegen bzw. 17,04
und 1,27 p. c. Jenes gerinnt bei etwa $+ 72^0$ C, dieses bei $+ 63^0$ C. Außerdem wird das β-Kristallin aus salzfreier Lösung weit schwieriger und unvollständiger von Essigsäure oder Kohlensäure gefällt. Keines der beiden Globuline
wird von NaCl im Überschuß, sei es bei Zimmertemperatur oder bei $+ 30^0$ C
gefällt. Dagegen fällen Magnesium- oder Natriumsulfat in Substanz bei der
letzgenannten Temperatur die beiden Globuline vollständig. Diese zwei Globuline sind nicht gleichförmig in der Linsenmasse verteilt. Die Menge des
α-Kristallins nimmt nämlich in der Linse von außen nach innen ab, die des
β-Kristallins dagegen umgekehrt von außen nach innen zu.

Als Mittelzahlen von vier Analysen hat Laptschinsky[1]) für die Linse
von Rindern folgende Zusammensetzung, auf 1000 Teile berechnet, gefunden:

Eiweißstoffe	349,3
Lezithin	2,3
Cholesterin	2,2
Fett	2,9
Lösliche Salze	5,3
Unlösliche Salze	2,4

Der Gehalt der frischen, wasserhaltigen Linse von Rindern an den verschiedenen Eiweißstoffen ist nach Mörner folgender:

Albumoid (Linsenfasern)	170 p. m.
β-Kristallin	110 „ „
α-Kristallin	68 „ „
Albumin	2 „ „

Nach A. Jess[2]) ist bei jungen Individuen die Relation Kristalline:
Albumoid = 82:18, im Alter dagegen wie 41:59. Im senilen Katarakt wird
nach ihm jedenfalls die Menge der Kristalline vermindert und die des Albu-
moides vermehrt.

Das Kornealgewebe ist schon früher abgehandelt wurden (S. 430). Die
Sklerotika ist noch nicht näher untersucht, liefert aber Chondroitinschwefel-
säure (s. Kap. 2 u. 10), und die Chorioidea ist hauptsächlich nur durch ihren
Gehalt an Farbstoff, Melanin (vgl. Kap. 16), von Interesse.

Die Tränen bestehen aus einer wasserhellen, alkalisch reagierenden
Flüssigkeit von salzigem Geschmack. Nach den Analysen von Lerch[3]) enthalten sie 982 p. m. Wasser, 18 p. m. feste Stoffe mit 5 p. m. Albumin und
13 p. m. NaCl.

Die Flüssigkeiten des inneren Ohres.

Die Peri- und Endolymphe sind alkalische Flüssigkeiten, welche nebst
Salzen — in derselben Menge wie in den Transsudaten — Spuren von Eiweiß
und bei gewissen Tieren (Dorsch) angeblich auch Muzin enthalten. Die
Menge des Muzins soll größer in der Peri- als in der Endolymphe sein.

Die Otholithen enthalten 745—795 p. m. anorganische Substanz, hauptsächlich kristallisiertes Kalziumkarbonat. Die organische Substanz soll dem
Muzin am meisten ähnlich sein.

---

[1]) Pflügers Arch. 13. [2]) Zeitschr. f. Biol. 61. [3]) Zit. nach v. Gorup-Besanez,
Lehrb. d. physiol. Chem., 4. Aufl., S. 401.

Dreizehntes Kapitel.

Die Fortpflanzungsorgane.

a) Männliche Geschlechtsabsonderungen.

Die **Hoden** sind chemisch wenig untersucht. In den Hoden von Tieren
hat man Eiweißstoffe verschiedener Art, Serumalbumin, Alkalialbuminat (?) und einen der hyalinen Substanz ROVIDAS verwandten Eiweißkörper, ferner Leuzin, Tyrosin, Kreatin, Purinbasen, Cholesterin,
Lezithin, Inosit und Fett gefunden. Bezüglich des Vorkommens von
Glykogen sind die Angaben etwas widersprechend. In den Hoden von Vögeln Die Hoden.
hat DARESTE[1]) stärkeähnliche Körnchen gefunden, die mit Jod, obgleich nur
schwierig, blau gefärbt werden können.

Bei Hodenautolyse fand LEVENE [2]) Tyrosin, Alanin, Leuzin, Aminobuttersäure, Autolyse
Aminovaleriansäure, α-Prolin, Phenylalanin, Asparaginsäure, Glutaminsäure und Hypoxanthin. Pyrimidin- und Hexonbasen konnten nicht nachgewiesen werden.

Der **Samen** ist als ejakulierte Flüssigkeit weiß oder weißlich gelb, dickflüssig, klebrig, von milchigem Aussehen mit weißlichen, undurchsichtigen
Klümpchen. Das milchige Aussehen rührt von den Samenfäden her. Der
Samen ist schwerer als Wasser, eiweißhaltig, von neutraler oder schwach
alkalischer Reaktion und eigentümlichem spezifischem Geruch. Bald nach
der Ejakulation wird der Samen gallertähnlich, als ob er geronnen wäre, wird Der Samen.
dann aber wieder dünnflüssig. Mit Wasser verdünnt, setzt er weiße Flöckchen
oder Fetzen ab (HENLES Fibrin). Nach den Analysen von SLOWTZOFF [3])
enthält der Samen des Menschen als Mittel 96,8 p. m. feste Stoffe mit 9 p. m.
anorganischer und 87,8 p. m. organischer Substanz. Die Menge der Proteinsubstanzen war im Mittel 22,6 p. m. und die der ätherlöslichen Stoffe 1,69 p. m.
Die Proteinsubstanzen bestehen aus Nukleoproteid, Spuren von Muzin,
Albumin und albumoseähnlicher Substanz (schon früher von POSNER
gefunden). Nach CAVAZZANI enthält der Samen verhältnismäßig viel Nukleon,
mehr als irgend ein Organ. v. HOFMANN fand im menschlichen Sperma ein
Protamin, das bei der Spaltung Arginin und vielleicht auch Lysin liefert[4]).
Die Mineralstoffe bestehen hauptsächlich aus Kalziumphosphat und ziemlich
viel Chlornatrium. Kalium kommt in nur geringer Menge vor.

Der Samen in dem Vas deferens unterscheidet sich von dem ejakulierten
Samen hauptsächlich dadurch, daß ihm der eigentümliche Geruch fehlt. Dieser

---

[1]) Compt. rend. **74.** [2]) Amer. Journ. of Physiol. **11.** [3]) Zeitschr. f. physiol. Chem. **35.**
[4]) POSNER, Berl. klin. Wochenschr. 1888, Nr. 21 und Zentralbl. f. d. med. Wiss. 1890,
S. 497; CAVAZZANI, Bioch. Zentralbl. I, 502 und Zentralbl. f. Physiol. **19**; v. HOFMANN,
Zit. nach Bioch. Zentralbl. **9,** 206.

letztere rührt nämlich von der Beimengung des Prostatasekretes her. Das
Sekret der Prostata, welches nach IVERSEN ein milchiges Aussehen und gewöhnlich eine alkalische, nur sehr selten eine neutrale Reaktion hat, enthält kleine
Mengen Eiweiß, besonders Nukleoproteide neben fibrinogen- und muzinähnlicher Substanz (STERN) und Mineralstoffe, besonders NaCl[1]). Außerdem
enthält es das Enzym Vesikulase (vgl. unten), Lezithin, Cholin (STERN)
und eine kristallisierte Verbindung von Phosphorsäure mit einer Base, C_2H_5N.
Diese Verbindung nennt man die BÖTTCHERschen Spermakristalle, und
der spezifische Geruch des Samens soll von einer teilweisen Zersetzung derselben herrühren.

Diese, beim langsamen Eintrocknen des Spermas auftretenden Kristalle,
welche übrigens auch an in Alkohol aufbewahrten anatomischen Präparaten
beobachtet worden sind, scheinen nicht mit den in Blut- und Lymphdrüsen
bei der Leukämie gefundenen CHARCOT-LEYDENschen Kristallen identisch zu
sein (TH. COHN, B. LEWY)[2]). Nach SCHREINER[3]) stellen sie, wie oben angedeutet, eine Verbindung von Phosphorsäure mit einer von ihm entdeckten
Base, dem Spermin, C_2H_5N, dar.

Das Spermin. Über die Natur dieser Base ist man nicht einig. Nach den Untersuchungen von LADENBURG und ABEL war es nicht unwahrscheinlich, daß das Spermin
mit dem Äthylenimin identisch sei, aber diese Identität wird von MAJERT und A. SCHMIDT
wie auch von POEHL geleugnet. Die Verbindung des Spermins mit Phosphorsäure — die
BÖTTCHERschen Spermakristalle — ist unlöslich in Alkohol, Äther und Chloroform, sehr
schwer löslich in kaltem, leichter löslich in heißem Wasser und leicht löslich in verdünnten
Säuren oder Alkalien, auch kohlensauren Alkalien und Ammoniak. Die Base wird gefällt
von Gerbsäure, Quecksilberchlorid, Goldchlorid, Platinchlorid. Kaliumwismutjodid und
Phosphorwolframsäure. Das Spermin hat eine tonisierende Wirkung und nach POEHL[4])
hat es eine ausgesprochene Wirkung auf die Oxydationsvorgänge im Tierkörper.

Durch Zusatz von Jodjodkalium zum Sperma kann man charakteristische dunkelbraun oder blauschwarz gefärbte Kriställchen erhalten, die FLORENCEsche Spermareaktion, welche man vielfach als eine Reaktion auf Spermin aufgefaßt hat. Nach BOCA-
RIUS[5]) soll diese Reaktion jedoch von dem Cholin herrühren.

Nach CAMUS und GLEY[6]) hat bei einigen Nagern die Prostataflüssigkeit die Fähigkeit den Inhalt der Samenblasen zum Gerinnen zu bringen. Diese Fähigkeit soll durch
eine besondere Fermentsubstanz (Vesikulase) der Prostataflüssigkeit bedingt sein.

Die **Samenfäden** (Spermatozoen) des Menschen zeigen eine große Resistenz gegen chemische Reagenzien überhaupt. Sie lösen sich nicht vollständig
in konzentrierter Schwefelsäure, Salpetersäure, Essigsäure oder siedend heißer
Sodalösung. Von einer siedend heißen Lösung von Ätzkali werden sie jedoch
gelöst. Sie widerstehen der Fäulnis und nach dem Eintrocknen können sie
mit Erhaltung ihrer Form von einer 1 prozentigen Kochsalzlösung wieder auf-
geweicht werden. Bei vorsichtigem Erhitzen kann man nach dem Glühen eine
Asche erhalten, in welcher die Formen der Spermatozoen noch zu erkennen
sind. Die Menge der Asche ist etwa 50 p. m. und sie besteht zum größten
Teil, $\frac{3}{4}$, aus Kaliumphosphat.

Die Samenfäden zeigen bekanntlich Bewegungen, deren Ursache indessen
noch nicht aufgeklärt ist. Diese Bewegungen können sehr lange, unter Umständen in der Leiche mehrere Tage nach dem Tode und in dem Sekrete des

---

[1]) IVERSEN, Nord. med. Ark. 6, auch MALYS Jahresb. 4, 358; STERN, Bioch.
Zentralbl. I, 748.   [2]) TH. COHN, Zentralbl. f. allg. Pathol. u. path. Anat. 10 (1899)
und Zeitschr. f. Urolog. 1908, 2; B. LEWY, Zentralbl. f. d. med. Wiss. 1899, S. 479.
[3]) Annal. de Chem. u. Pharm. 194. [4]) LADENBURG u. ABEL, Ber. d. d. chem. Gesellsch.
21; MAJERT u. A. SCHMIDT ebenda 24; POEHL, Compt. Rend. 115; Berl. klin. Wochenschr. 1891 u. 1893; Deutsch. med. Wochenschr. 1892 u. 1895 und Zeitschr. f. klin.
Med. 1894.   [5]) Über die sog. FLORENCEsche Spermareaktion vgl. man unter anderen
POSNER, Berl. klin. Wochenschr. 1897 und RICHTER, Wien. klin. Wochenschr. 1897;
BOCARIUS, Zeitschr. f. physiol. Chem. 34. [6]) Compt. rend. soc. biol. 48, 49.

Uterus angeblich länger als eine Woche andauern. Saure Flüssigkeiten heben die Bewegung auf, ohne die Spermatozoon zu töten; von mehreren Metall- salzen, Antiseptizis, Alkohol, Äther usw. wird die Bewegung vernichtet. In schwach alkalischen Flüssigkeiten, namentlich in alkalisch reagierenden tierischen Sekreten wie auch in passend verdünnten Neutralsalzlösungen erhält sich dagegen die Bewegung längere Zeit[1]). **Bewegungsfähigkeit der Samenfäden.**

Die Spermatozoon sind Kernbildungen und dementsprechend sind sie auch reich an Nukleinsäure, die in den Köpfen enthalten ist. Die Schwänze enthalten Eiweiß und sind außerdem reich an Lezithin, Cholesterin und Fett, welche Stoffe nur in sehr geringen Mengen (wenn überhaupt) in den Köpfen vorkommen. Die Schwänze scheinen in ihrer Zusammensetzung den mark- losen Nerven oder dem Achsenzylinder am nächsten verwandt zu sein. Die Köpfe enthalten bei allen bisher untersuchten Tierarten Nukleinsäure, die bei Fischen teils mit Protaminen und teils mit Histonen verbunden ist. Bei anderen Tieren, wie beim Stier und Eber, kommen neben der Nukleinsäure eiweißartige Substanzen, aber kein Protamin vor. **Spermatozoen.**

Unsere Kenntnis von der chemischen Zusammensetzung der Sperma- tozoen verdanken wir in erster Linie den wichtigen Untersuchungen MIE- SCHERS[2]) über die Lachsmilch. Die Zwischenflüssigkeit der Spermatozoen ist beim Rheinlachse eine verdünnte Salzlösung, die 1,3—1,9 p. m. organische und 6,5—7,6 p. m. anorganische Stoffe enthält. Die letzteren bestehen vorwiegend aus Natriumchlorid und -karbonat nebst etwas Kaliumchlorid und -sulfat. Sie enthält ferner nur Spuren von Eiweiß, aber kein Pepton (Albumose). Die festen Stoffe der Schwänze bestanden aus 419 p. m. Eiweiß, 318,3 p. m. Lezithin und 262,7 p. m. Fett und Cholesterin. Die mit Alkoholäther er- schöpften Köpfe enthielten rund 960 p. m. nukleinsaures Protamin, welches indessen nicht gleichmäßig, sondern derart verteilt sein soll, daß die äußere Schicht aus basischem und das Innere dagegen aus saurem nukleinsaurem Protamin besteht. Außer dem nukleinsauren Protamin können also die Köpfe höchstens sehr geringfügige Mengen organischer Substanz enthalten. Als eine solche ist zu nennen eine stickstoffhaltige eisenreiche Substanz, welche die MILLONsche Reaktion gab und welche von MIESCHER Karyogen genannt wurde. Das unreife, in der Entwicklung begriffene Lachssperma enthält zwar auch Nukleinsäure, aber dagegen kein Protamin, sondern eine Eiweißsubstanz, „Albuminose", die vielleicht eine Vorstufe des Protamins darstellt. Über die Protamine anderer Fischarten siehe S. 85. **Lachsmilch.** **Chemische Zusammensetzung.**

Für ein Verständnis der Befruchtung und der Entwicklung des Eies hat die chemische Untersuchung der Spermatozoon noch keine Anhaltspunkte geliefert.

Spermatin hat man einen nicht näher studierten, alkalialbuminatähnlichen Be- standteil des Spermas genannt.

Prostatakonkremente gibt es zweierlei Art. Die einen sind sehr klein, meistens oval mit konzentrischen Schichten. Bei jüngeren, nicht aber bei älteren Personen werden sie von Jod blau gefärbt (IVERSEN)[3]). Die anderen stellen größere, bisweilen stecknadel- kopfgroße, überwiegend aus Kalziumphosphat (etwa 700 p. m.) mit nur einer geringen Menge — gegen 160 p. m. — organischer Substanz bestehende Konkremente dar. **Prostatakonkremente.**

Außer der Herstellung des Samens kommt den Hoden auch eine innere Sekretion zu, welche von den sog. interstitiellen oder LEYDIGschen Zellen (der sog. männlichen Pubertätsdrüse) ausgehen soll (STEINACH). Diese innere Sekretion beschleunigt die Pubertät und steigert den Geschlechtstrieb. Mittelst Durchschneiden der Samenwege sowie durch Transplantation leben-

---

[1]) Vgl. G. GÜNTHER, PFLÜGERS Arch. **118.**   [2]) Vgl. die Abhandlungen von MIESCHER in „Die histochemischen und physiologischen Arbeiten von FRIEDRICH MIESCHER, gesammelt und herausgegeben von seinen Freunden" (Leipzig, Vogel 1897).
[3]) l. c.

den Hodengewebes soll nach STEINACH und Mitarbeitern sowohl an Tieren wie an Menschen Neubelebung der Pubertätsdrüse erfolgen, wodurch eine Verjüngung alternder Individuen erzeugt wird[1]).

b) Weibliche Fortpflanzungsorgane.

Das Stroma der **Eierstöcke** bietet vom physiologisch-chemischen Gesichtspunkte aus wenig Interesse dar, und der wichtigste Bestandteil des Ovariums, der GRAAFsche Follikel mit dem Ei, hat bisher noch nicht Gegenstand einer genaueren chemischen Untersuchung werden können. Die Flüssigkeit in den Follikeln (der Kühe) enthält nicht, wie man angegeben hat, die in gewissen pathologischen Ovarialflüssigkeiten gefundenen eigentümlichen Stoffe, Paralbumin oder Metalbumin, sondern scheint eine seröse Flüssigkeit

Corpora lutea der Eierstöcke. zu sein. Die Narben der geborstenen Follikeln, die Corpora lutea, sind gelb gefärbt. In denselben haben bereits frühere Forscher (PICCOLO und LIEBEN, KÜHNE und EWALD)[2]) einen kristallisierenden Farbstoff gefunden. Durch neuerdings ausgeführte Untersuchungen von ESCHER ist es sichergestellt worden, daß daselbst ein kristallisierender Kohlenwasserstoff ($C_{40}H_{56}$) vorkommt, welcher mit dem Karotin der Karotten und des grünen Blattes identisch zu sein scheint. Die Farbe der Kristalle sowie die der konzentrierten Lösungen ist rot-orange. Das Karotin ist zum Unterschiede von dem gelben Farbstoff des Eigelbs, dem Lutein, das eine andere Formel besitzt (S. 498) in Alkohol schwer aber in Petroleumäther leicht löslich[3]).

Von besonderem pathologischen Interesse sind die in den Ovarien oft vorkommenden Zysten, welche je nach ihrer verschiedenen Art und Abstammung einen wesentlich verschiedenen Inhalt haben können.

Die **serösen Zysten** (Hydrops folliculorum GRAAFII),¦ welche durch eine Dilatation des GRAAFschen Follikels entstehen, enthalten eine vollkommen

Seröse Zysten. seröse Flüssigkeit, deren spez. Gewicht 1,005—1,022 beträgt. Ein spez. Gewicht von 1,020 ist weniger gewöhnlich. Meistens ist das spez. Gewicht niedriger, 1,005—1,014, mit einem Gehalte an festen Stoffen von 10—40 p. m. Soweit man bisher gefunden hat, scheint der Inhalt dieser Zysten von anderen serösen Flüssigkeiten nicht wesentlich verschieden zu sein.

Die **Kolloid-** oder **Mukoidkystome**, welche aus den PFLÜGERschen Epithelschläuchen sich entwickeln, können einen Inhalt von sehr wechselnder Beschaffenheit haben.

In kleinen Zysten findet man bisweilen eine halbfeste, durchsichtige oder höchstens etwas trübe oder opalisierende Masse, welche erstarrtem Leime oder einer zitternden Gallerte ähnelt und welche auf Grund ihrer physikalischen Beschaffenheit Kolloid genannt worden ist. In anderen Fällen enthalten die Zysten eine dickflüssige, zähe Masse, welche zu langen Fäden ausgezogen werden kann, und je nachdem diese Masse in den verschiedenen Zysten mehr oder weniger mit seröser Flüssigkeit verdünnt ist, kann der Inhalt eine sehr wechselnde Konsistenz zeigen. In anderen Fällen endlich enthalten auch die kleinen Zysten eine dünne, wäßrige Flüssigkeit. Die Farbe des Inhaltes ist

Inhalt der Kolloid-Kystome. auch sehr wechselnd. In einigen Fällen ist der Inhalt bläulich-weiß, opalisierend, in anderen gelb, gelbbraun oder gelblich mit einem Stich ins Grünliche. Oft ist der Inhalt durch zersetzten Blutfarbstoff mehr oder weniger stark schokolade- oder rotbraun gefärbt. Die Reaktion ist alkalisch oder

---

[1]) Verjüngung durch experimentelle Neubelebung der alternden Pubertätsdrüse. Berlin 1920, Ber. über d. ges. Physiol. **2**, 503. [2]) Vgl. Kapitel 5, S. 239. [3]) Zeitschr. f. physiol. Chem. **83**, 198 (1912).

beinahe neutral. Das spezifische Gewicht, welches bedeutend schwanken kann, ist meistens 1,015—1,030, kann aber in selteneren Fällen einerseits 1,005 bis 1,010, andererseits 1,050—1,055 betragen. Der Gehalt an festen Stoffen ist sehr schwankend. In seltenen Fällen beträgt er nur 10—20 p. m.; gewöhnlich wechselt er jedoch zwischen 50—70—100 p. m. In seltenen Fällen hat man auch 150—200 p. m. feste Stoffe gefunden.

Als Formelemente hat man gefunden: rote und farblose Blutkörperchen, Körnchenzellen, teils fettdegenerierte Epithelzellen und teils große sog. GLUGEsche Körperchen, feinkörnige Massen, Epithelzellen, Cholesterinkristalle und Kolloidkörperchen — große, kreisrunde, stark lichtbrechende Gebilde. Form-elemente.

Wenn also der Inhalt der Kolloid- oder Mukoidkystome eine sehr wechselnde Beschaffenheit haben kann, so zeichnet er sich jedoch in den meisten Fällen durch eine stark schleimige oder fadenziehende Konsistenz, eine graugelbe, schokoladebraune oder bisweilen weißgraue Farbe und ein verhältnismäßig hohes spez. Gewicht, 1,015—1,025, aus. Eine solche Flüssigkeit zeigt gewöhnlich keine spontane Fibringerinnung. Typische Beschaffen-heit.

Als für diese Kystome charakteristische Bestandteile hat man das Kolloid, das Meta- und Paralbumin betrachtet.

Kolloid. Dieser Name bezeichnet eigentlich keine chemisch charakterisierbare Substanz, sondern eher nur eine bestimmte physikalische, an Leimgallerte erinnernde Beschaffenheit des Geschwulstinhaltes. Das Kolloid ist als krankhaftes Produkt in mehreren Organen gefunden worden. Kolloid.

Das Kolloid ist eine gallertähnliche, in Wasser und Essigsäure nicht lösliche Masse, welche von Alkali gelöst wird und dabei in der Regel eine von Essigsäure oder von Essigsäure und Ferrozyankalium nicht fällbare Flüssigkeit gibt. Ein solches Kolloid ist von PFANNENSTIEL[1]) als Pseudomuzin β bezeichnet worden. Zuweilen findet man indessen auch ein Kolloid, welches, wenn es mit höchst verdünntem Alkali behandelt wird, eine muzinähnliche Lösung gibt. Das Kolloid ist dem Muzin nahe verwandt und wird von einigen Forschern als ein verändertes Muzin angesehen. Ein von PANZER analysiertes Eierstockkolloid enthielt 931 p. m. Wasser, 57 p. m. organische Substanz und 12 p. m. Asche. Die elementäre Zusammensetzung war C 47,27, H 5,86, N 8,40, S 0,79, P 0,54 und Asche 6,43 p. c. Ein in den Lungen gefundenes, von WURTZ[2]) analysiertes Kolloid enthielt C 48,09, H 7,47, N 7,00, O (+ S) 37,44 p. c. Kolloid verschiedenen Ursprunges scheint jedoch eine ungleiche Zusammensetzung zu haben. Eigen-schaften und Zusammen-setzung.

Metalbumin. Unter diesem Namen hat SCHERER[3]) eine von ihm in einer Ovarialflüssigkeit gefundene Proteinsubstanz beschrieben. Das Metalbumin wurde von SCHERER als ein Eiweißstoff betrachtet; es gehört aber der Muzingruppe an und ist aus diesem Grunde von HAMMARSTEN[4]) Pseudomuzin genannt worden. Met-albumin.

Pseudomuzin. Dieser Stoff, welcher wie die Muzine, beim Sieden mit Säuren eine reduzierende Substanz gibt, ist ein Mukoid, dessen Zusammensetzung nach HAMMARSTEN folgende ist: C 49,75, H 6,98, N 10,28, S 1,25, O 31,74 p. c. Mit Wasser gibt das Pseudomuzin schleimige, fadenziehende Lösungen, und diese Substanz ist es, welche vorzugsweise dem flüssigen Inhalte der Ovarialkystome seine typische fadenziehende Beschaffenheit ver-

---

[1]) Arch. f. Gynäk. **38.**   [2]) PANZER, Zeitschr. f. physiol. Chem. **28**; WURTZ bei LEBERT, Beitr. zur Kenntnis des Gallertkrebses; VIRCHOWS Arch. 4.   [3]) Verh. d. physik.-med. Gesellsch. in Würzburg **2** und Sitz.-Ber. d. physik.-med. Gesellsch. in Würzburg für 1864 u. 1865; Nr. 6 in der Würzb. med. Zeitschr. **7.**   [4]) Zeitschr. f. physiol. Chem. **6.**

Pseudo-
muzin.

leiht. Die Lösungen gerinnen beim Sieden nicht, sondern werden dabei nur milchig opalisierend. Zum Unterschiede von Muzinlösungen werden die Pseudomuzinlösungen von Essigsäure nicht gefällt. Mit Alkohol geben sie eine grobflockige oder faserige, selbst nach längerem Aufbewahren unter Alkohol in Wasser noch lösliche Fällung.

Par-
albumin.

Das Paralbumin ist eine andere, von SCHERER entdeckte, in Ovarialflüssigkeiten vorkommende und auch in Aszitesflüssigkeiten bei gleichzeitiger Gegenwart von Ovarialzysten und Berstung derselben gefundene Substanz. Sie ist indessen nur ein Gemenge von Pseudomuzin mit wechselnden Mengen Eiweiß, und die Reaktionen des Paralbumins sind dementsprechend auch etwas wechselnd.

Paramuzin.

MITJUKOFF[1]) hat aus einer Ovarialzyste ein Kolloid isoliert, dessen Zusammensetzung C 51,76, H 7,76, N 107, S 1,09 und O 28,69 p. c. war und welches von Muzin und Pseudomuzin sich dadurch unterschied, daß es schon vor dem Sieden mit einer Säure die FEHLINGsche Lösung reduzierte. Hierbei ist indessen zu bemerken, daß auch das Pseudomuzin beim Sieden mit hinreichend starkem Alkali oder bei Anwendung von konzentrierter Lauge sich spaltet und eine Reduktion bewirken kann. Diese Reduktion ist indessen, gegenüber der nach vorgängigem Erhitzen mit einer Säure auftretenden, nur schwach. Die von MITJUKOFF isolierte Substanz wurde Paramuzin genannt.

Glukosamin
in Kolloid-
substanzen.

Sowohl das Pseudomuzin wie das Kolloid sind Mukoidsubstanzen, und das aus ihnen erhältliche Kohlehydrat ist, wie namentlich FR. MÜLLER, NEUBERG und HEYMANN[2]) gezeigt haben, Glukosamin (Chitosamin). Aus dem Pseudomuzin erhielt ZÄNGERLE[3]) 30 p. c. Glukosamin, und NEUBERG und HEYMANN haben es wahrscheinlich gemacht, daß Glukosamin das einzige, am Aufbau dieser Substanzen regelmäßig beteiligte Kohlehydrat ist. Es liegen allerdings auch Angaben über das Vorkommen von Chondroitinschwefelsäure (oder einer verwandten Säure) in Pseudomuzin oder Kolloid vor (PANZER); aber ein solches Vorkommen kann nach der Erfahrung HAMMARSTENS wenigstens kein konstantes sein.

Produkte
der
Hydrolyse.

Als hydrolytische Spaltungsprodukte des Pseudomuzins hat OTORI außer Kohlehydratderivaten wie Lävulinsäure und Huminsubstanzen, Leuzin, Tyrosin, Glykokoll, Asparagin- und Glutaminsäure, Valeriansäure, Arginin, Lysin und Guanidin erhalten. Die Menge des Guanidins war, wie es scheint, größer als daß sie von dem Arginin allein herrühren könnte, und dieser Stoff stammte deshalb vielleicht auch von einem anderen Komplexe her. Aus einem Kolloid, welches als Paramuzin sich verhielt, bekam PREGL[4]) bei der Hydrolyse kein Glykokoll und nur Spuren von Diaminosäuren, aber sonst dieselben Aminosäuren wie OTORI und außerdem Alanin, Prolin, Phenylalanin und Tryptophan.

Nachweis
der Pseudo-
muzine.

Der Nachweis des Metalbumins und Paralbumins ist selbstverständlich gleichbedeutend mit dem Nachweise des Pseudomuzins. Eine typische, pseudomuzinhaltige Ovarialflüssigkeit ist in der Regel durch ihre physikalische Beschaffenheit hinreichend charakterisiert, und nur in dem Falle, daß in einer hauptsächlich serösen Flüssigkeit sehr kleine Mengen von Pseudomuzin enthalten sind, dürfte eine besondere chemische Untersuchung nötig werden. Man verfährt dabei auf folgende Weise. Das Eiweiß entfernt man durch Erhitzen zum Sieden unter Essigsäurezusatz, das Filtrat konzentriert man stark und fällt mit Alkohol. Den Niederschlag, ein Umwandlungsprodukt des Pseudomuzins, wäscht man sorgfältig mit Alkohol aus und löst ihn dann in Wasser. Ein Teil der Lösung wird mit Speichel bei Körpertemperatur digeriert und dann auf Zucker (von Glykogen oder Dextrin herrührend) geprüft. Bei Gegenwart von Glykogen führt man dieses

---

[1]) K. MITJUKOFF, Arch. f. Gynäk. 49.   [2]) MÜLLER, Verh. d. Naturf.-Gesellsch. in Basel 12, Heft 2; NEUBERG u. HEYMANN, HOFMEISTERS Beiträge 2. Vgl. ferner LEATHES, Arch. f. exp. Path. u. Pharm. 43.   [3]) Münch. med. Wochenschr. 1900.   [4]) OTORI, Zeitschr. f. physiol. Chem. 42 u. 43; PREGL ebenda 58.

mit Speichel in Zucker über, fällt noch einmal mit Alkohol und verfährt dann wie bei Abwesenheit von Glykogen. In diesem letztgenannten Falle setzt man nämlich der Lösung des Alkoholniederschlages in Wasser erst Essigsäure zu, um etwa vorhandenes Muzin auszufällen. Ein entstandener Niederschlag wird dann abfiltriert, das Filtrat mit 2 p. c. HCl versetzt und im Wasserbade einige Zeit erwärmt, bis die Flüssigkeit stark braun gefärbt worden ist. Bei Gegenwart von Pseudomuzin gibt die Lösung dann die TROMMERsche Probe.

Übrige Proteinstoffe, welche man angeblich in Zystenflüssigkeiten gefunden hat, sind Serumglobulin und Serumalbumin, Pepton (?), Muzin und Muzinpepton (?). Fibrin kommt nur in Ausnahmefällen vor. Die Menge der Mineralstoffe beträgt als Mittel gegen 10 p. m. Die Menge der Extraktivstoffe (Cholesterin und Harnstoff) und des Fettes beträgt gewöhnlich 2—4 p. m. Die übrigen festen Stoffe, welche also die Hauptmasse ausmachen, sind Eiweißkörper und Pseudomuzin. Bestand-
teile der
Zysten-
flüssig-
keiten.

Die **intraligamentären, papillären Zysten** enthalten eine gelbe, gelbgrüne oder braungrünliche Flüssigkeit, welche entweder gar kein oder nur sehr wenig Pseudomuzin enthält. Das spez. Gewicht ist im allgemeinen ein ziemlich hohes, 1,032—1,036, mit 90—100 p. m. festen Stoffen. Die Hauptbestandteile sind die Eiweißkörper des Blutserums. Intraliga-
mentäre
Zysten.

Die seltenen **Tuboovarialzysten** enthalten in der Regel eine wasserdünne, seröse, nicht pseudomuzinhaltige Flüssigkeit.

Die **Parovarialzysten** oder die Zysten der Ligamenta lata können eine sehr bedeutende Größe erreichen. Im allgemeinen und bei ganz typischer Beschaffenheit ist der Inhalt eine wasserdünne, höchstens sehr blaß gelbgefärbte, wasserhelle oder nur wenig opalisierende Flüssigkeit. Das spez. Gewicht derselben ist niedrig, 1,002—1,009, und der Gehalt an festen Stoffen nur 10—20 p. m. Pseudomuzin kommt bei typischer Beschaffenheit nicht vor. Eiweiß fehlt bisweilen, und wenn es vorkommt, ist seine Menge regelmäßig eine sehr kleine. Die Hauptmasse der festen Stoffe besteht aus Salzen und Extraktivstoffen. In Ausnahmefällen kann die Flüssigkeit jedoch eiweißreich sein und ein hohes spez. Gewicht zeigen. Inhalt der
Parovarial-
zysten.

Bezüglich der quantitativen Zusammensetzung der verschiedenen Kystomflüssigkeiten kann auf die Arbeit von OERUM[1]) verwiesen werden.

Das Fett der Dermoidzysten ist von E. LUDWIG und R. v. ZEYNEK untersucht worden. Sie fanden, außer ein wenig Arachinsäure, Olein-, Stearin-, Palmitin- und Myristinsäure, Zetylalkohol und eine cholesterinähnliche Substanz. Bezüglich des Vorkommens von Zetylalkohol vgl. man jedoch die Arbeit von AMESEDER[2]) Kapitel 4, S. 185. Dermoid
zysten.

Das von SOLLMANN[3]) untersuchte Kolloid eines Uterusfibromes enthielt ein wasserlösliches Pseudomuzin und ein wasserunlösliches Kolloid (Paramuzin), die indessen beide gegen Alkohol etwas anders als die entsprechenden Substanzen aus Ovarialzysten sich verhielten. Uterus-
kolloid.

Auch von den Ovarien geht eine innere Sekretion aus, welche an den sog. Theca-luteinzellen (der sog. weiblichen Pubertätsdrüse) gebunden sein soll. Dieser Drüse kommt nach STEINACH eine Wirkung analog der sog. männlichen Pubertätsdrüse zu. Wenn man einem infantilen kastrierten Individuum die Keimdrüse des entgegengesetzten Geschlechtes einpflanzt, wird eine Hemmung der eigenen Geschlechtsmerkmale und eine Förderung der entgegengesetzen sowohl in somatischer wie psychischer Beziehung herbeigeführt. Hohe Temperaturen sowie auch andere äußere Bedingungen können die Entwickelung der Pubertätsdrüsen und der durch sie hervorgerufenen inneren Sekretionen fördern[4]).

---

[1]) Kemiske Studier over Ovariecystevaedsker etc., Koebenhavn 1884. Vgl. auch MALY **14**, 459. [2]) LUDWIG u. v. ZEYNEK, Zeitschr. f. physiol. Chem. **23**; AMESEDER ebenda **52**; vgl. auch SALKOWSKI, Bioch. Zeitschr. **32**, 341. [3]) Amer. Gynecology, March, 1903. [4]) ROUX' Arch. f. Entwickelungsmech. d. Org. **46**, 391 (1920).

Das Ei.

Die kleinen Eier des Menschen und der Säugetiere können aus leicht ersichtlichen Gründen kaum Gegenstand einer eingehenden Untersuchung werden. Bisher hat man auch hauptsächlich die Eier von Vögeln, Amphibien und Fischen, vor allem aber das Hühnerei, untersucht. Mit den Bestandteilen des letzteren werden wir uns auch hier beschäftigen.

Der **Dotter** des Hühnereies. In dem sog. weißen Dotter, welcher die Keimscheibe mit einem bis zum Zentrum des Dotters (Latebra) reichenden Fortsatze derselben und ferner eine zwischen Dotter und Dotterhaut befindliche Schicht bildet, hat man Eiweiß, Nuklein, Lezithin und Kalium nachgewiesen (LIEBERMANN)[1]. Das Vorkommen von Glykogen ist dagegen zweifelhaft. Die Dotterhaut besteht aus einem, dem Keratin in gewisser Hinsicht ähnlichen Albumoid (LIEBERMANN).

Der weiße Dotter.

Die Hauptmasse des Eidotters — der Nahrungsdotter oder das Eigelb — ist eine dickflüssige, undurchsichtige, blaßgelbe oder orangegelbe, alkalisch reagierende Emulsion von mildem Geschmack. Der Dotter enthält Vitellin, Lezithin, Cholesterin, Fett, Farbstoffe, Spuren von Neuridin (BRIEGER)[2], Purinbasen (MESERNITZKI)[3], Glukose in sehr geringer Menge und Mineralstoffe. Das Vorkommen von Zerebrin und von stärkeähnlichen Körnchen (DARESTE)[4] ist nicht ganz sicher bewiesen.

Der gelbe Dotter.

Im Eidotter hat man mehrere Enzyme gefunden, nämlich ein diastatisches (MÜLLER und MASUYAMA), ein glykolytisches (STEPANEK), welches bei Abwesenheit von Luft den Zucker in Alkoholgärung versetzt, bei Luftzutritt dagegen Kohlensäure und Milchsäure bildet, und endlich (WOHLGEMUTH) ein proteolytisches und ein lipolytisches[5].

Enzyme.

Ovovitellin. Dieser Stoff ist oft als ein Globulin aufgefaßt worden, ist aber ein Nukleoalbumin. Die Frage, in welcher Beziehung andere Proteinsubstanzen, welche, wie die Aleuronkristalle gewisser Samen und die sog. Dotterplättchen in den Eiern einiger Fische und Amphibien, dem Ovovitellin verwandt sein sollen, zu diesem Stoffe stehen, ist einer fortgesetzten Prüfung bedürftig.

Ovovitellin.

Das Ovovitellin, wie man es bisher aus dem Eidotter dargestellt hat, ist nicht ein reiner Eiweißstoff, sondern enthält stets Lezithin. HOPPE-SEYLER fand in dem Vitellin 25 p. c. Lezithin, welches allerdings mit siedendem Alkohol entfernt werden kann; dabei wird aber das Vitellin verändert, und es ist darum auch wohl möglich, daß das Lezithin an das Vitellin chemisch gebunden sei (HOPPE-SEYLER)[6]. Nach OSBORNE und CAMPBELL ist das sog. Ovovitellin ein Gemenge verschiedener Vitellin-Lezithinverbindungen mit 15—30 p. c. Lezithin. Die vom Lezithin befreite Eiweißsubstanz ist in allen diesen Verbindungen dieselbe und soll konstant die folgende Zusammensetzung haben: C 51,24, H 7,16, N 16,38, S 1,04, P 0,94, O 23,24 p. c. Diese Zahlen weichen indessen sehr bedeutend von denjenigen ab, welche GROSS für das nach anderer Methode, Fällung mit $(NH_4)_2SO_4$, dargestellte Vitellin fand, nämlich C 48,01. H 6,35, N 14,91—16,97, P 0,32—0,35, S 0,88, und die Zusammensetzung des Ovovitellins ist also noch nicht sicher bekannt. Außer dem Vitellin fand GROSS ein in salzhaltiger Lösung bei 76—77° C gerinnendes Globulin und PLIMMER[7]

Beziehung des Lezithins zu dem Vitellin.

---

[1] PFLÜGERS Arch. **43**. [2] Über Ptomaine, Berlin 1885. [3] MESERNITZKI, Bioch. Zentralbl. I, S. 739. [4] Compt. Rend. **72**. [5] MÜLLER u. MASUYAMA, Zeitschr. f. Biol. **39**; STEPANEK, Zentralbl. f. Physiol. 18, 188; WOHLGEMUTH in SALKOWSKI-Festschr. und Zeitschr. f. physiol. Chem. **44**. [6] Med. chem. Unters. S. 216. [7] OSBORNE u. CAMPBELL, Connect. agric. exp. Stat. **23**; Ann. Rep. New Haven 1900; GROSS, Zur Kenntn. d. Ovovitellins, Inaug.-Dissert. Straßburg 1899; H. A. PLIMMER, Zit. nach chem. Zentralbl. 1908, **2**, 1187.

ein von ihm „Livetin" genanntes Protein, welches nur 0,1% P enthielt und mehr Monoaminosäuren, aber weniger Amid- und Diaminostickstoff als das Vitellin gab.

Bei der Pepsinverdauung des Ovovitellins erhielten OSBORNE und CAMP-BELL ein Pseudonuklein mit schwankendem Phosphorgehalt, 2,52—4,19 p. c. Aus dem Dotter hat BUNGE[1]) durch Verdauung mit Magensaft ein Pseudonuklein dargestellt, welches nach seiner Ansicht von großer Bedeutung für die Blutbereitung sein soll und aus diesem Grunde von ihm Hämatogen genannt Hämatogen. worden ist. Dieses Hämatogen hatte folgende Zusammensetzung: C 42,11, H 6,08, N 14,73, S 0,55, P 5,19, Fe 0,29 und O 31,05 p. c. Die Zusammensetzung kann jedoch selbst bei Anwendung derselben Darstellungsmethode nicht unbedeutend wechseln.

Das Vitellin ähnelt den Globulinen darin, daß es in Wasser unlöslich, in verdünnter Neutralsalzlösung dagegen (wenn auch nicht ganz klar) löslich ist. In Salzsäure von ca. 1 p. m. HCl, wie auch in sehr verdünnten Lösungen von Alkalien oder Alkalikarbonaten ist es ebenfalls löslich. Aus der salzhaltigen Lösung durch Verdünnung mit Wasser ausgefällt und einige Zeit mit Wasser in Berührung gelassen, wird das Vitellin nach und nach verändert und den Albuminaten ähnlicher. Die Gerinnungstemperatur der salzhaltigen (NaCl) Vitellin. Lösung liegt bei $+ 70$ bis 75^{0} C oder, wenn man sehr rasch erwärmt, bei etwa 80^{0} C. Von den Globulinen unterscheidet sich das Vitellin dadurch, daß es bei der Pepsinverdauung ein Pseudonuklein gibt. Von NaCl in Substanz wird es nicht gefällt, wenigstens nicht immer oder nur zum Teil. Das von GROSS isolierte Ovovitellin gab die Reaktion von MOLISCH. Aus dem Eigelb hat ferner NEUBERG[2]) Glukosamin abspalten und als Norisozuckersäure identifizieren können; ob aber dieses Glukosamin von dem Vitellin oder irgend einem anderen Bestandteil des Eigelbs herrührt, läßt sich nicht sagen.

Die Darstellungsmethode des Ovovitellins ist in den Hauptzügen folgende: Das Eigelb schüttelt man vollständig mit Äther aus, löst den Rückstand in Koch- Darstellung des Ovo-vitellins. salzlösung von 10 p. c., filtriert und scheidet das Vitellin durch reichlichen Wasserzusatz aus. Das Vitellin wird dann durch wiederholtes Auflösen in verdünnter Kochsalzlösung und Ausfällen mit Wasser gereinigt.

Das **Ichthulin,** welches in den Eiern von Karpfen und anderen Knochenfischen vorkommt, ist nach KOSSEL u. WALTER eine bei der Verdünnung mit Wasser amorph ausfallende Modifikation des in Karpfeneiern kristallinisch vorkommenden Ichthidins. Das Ichthulin wurde früher als ein Vitellin angesehen. Nach WALTER liefert es aber bei der Pepsinverdauung ein Pseudonuklein, welches beim Sieden mit Schwefelsäure ein reduzierendes Kohlehydrat gibt. Das Ichthulin hat folgende Zusammensetzung: C 53,42, Ichthulin. H 7,63, N 15,63, O 22,19, S 0,41, P 0,43 p. c. Es enthält auch Eisen. Das von LEVENE untersuchte Ichthulin aus Kabeljaueiern von der Zusammensetzung C 52,44, H 7,45, N 15,96, S 0,92, P 0,65, Fe $+ O$ 22,58 lieferte dagegen beim Sieden mit Säure keine reduzierende Substanz. Ähnlich verhielt sich das von HAMMARSTEN isolierte, reine Vitellin aus Barscheiern, welches äußerst leicht durch ein wenig Salzsäure derart verändert wird, daß es in typisches Nukleoalbumin übergeht. Das Kabeljauichthulin gab eine Paranukleinsäure mit 10,34 p. c. Phosphor, diese Säure gab aber noch Eiweißreaktionen. Ein Vitellin aus den Froscheiern wird von MC CLENDON Batrachiolin genannt[3]).

Außer Vitellin und den oben genannten Proteinen soll der Eidotter angeblich auch Albumin enthalten.

Das Fett des Eidotters ist nach LIEBERMANN[4]) ein Gemenge von einem festen und einem flüssigen Fette. Das feste Fett besteht überwiegend aus

---

[1]) Zeitschr. f. physiol. Chem. **9,** 49; vgl. auch L. HUGOUNENQ u. A. MOREL, Compt. Rend. **140** u. **141.** [2]) Ber. d. d. chem. Gesellsch. **34.** [3]) WALTER, Zeitschr. f. physiol. Chem. **15;** LEVENE ebenda **32;** HAMMARSTEN, Skand. Arch. f. Physiol. **17;** MC CLENDON, Amer. journ. of Physiol. **25;** vgl. auch PLIMMER u. SCOTT, Journ. chem. Soc. **93.** [4]) PFLÜGERS Arch. **43.**

Fett des Eidotters. Tripalmitin mit etwas Stearin. Bei Verseifung von dem eigentlichen Eiöle erhielt LIEBERMANN 40 p. c. Ölsäure, 38,04 p. c. Palmitin- und 15,21 p. c. Stearinsäure. Das Fett des Eidotters ist ärmer an Kohlenstoff als anderes Fett, was von einem Gehalte an Mono- und Diglyzeriden oder von einem Gehalte an einer kohlenstoffärmeren Fettsäure herrühren kann (LIEBERMANN). Die Zusammensetzung des Dotterfettes ist übrigens von der Nahrung abhängig, indem nämlich, wie HENRIQUES und HANSEN[1]) zeigten, das Nahrungsfett in das Ei übergehen kann.

Phosphatide. Die Phosphatide des Eigelbs scheinen verschiedener Art zu sein. THIERFELDER und STERN fanden 3 verschiedene Phosphatide. Das eine, welches in Alkohol-Äther löslich war, verhielt sich wie Lezithin. Das zweite war in Alkohol schwer, in Äther dagegen leicht löslich und enthielt 1,37 p. c. N und 3,96 p. c. P. Das dritte war ein in Äther schwerlösliches, aus heißem Alkohol beim Erkalten in Nadeln kristallisierendes Diaminophosphatid, welches 2,77 p. c. N und 3,22 p. c. P enthielt und den Schmelzpunkt 160—170° hatte. FRÄNKEL und BOLAFFIO[2]) fanden ebenfalls eine aus heißem Alkohol kristallisierbare, in Äther unlösliche Substanz mit 2,78 p. c. N und 2,18 p. c. P, die indessen ein Triaminomonophosphatid von der Formel $C_{84}H_{172}N_3PO_{15}$ und von ihnen Neottin genannt, sein soll. Endlich hat BARBIERI ein schwefelhaltiges Phosphatid, „Ovin" genannt, mit 1,35 p. c. P, 3,66 p. c. N und 0,4 p. c. S, dargestellt. Die Beziehungen aller dieser Stoffe zueinander müssen näher studiert werden.

Lutein. Unter der Benennung Lutein wurden früher mehrere gelbe oder orangerote, amorphe Farbstoffe zusammengeführt, welche im Eigelb und an mehreren anderen Orten des Tierorganismus, wie im Blutserum und serösen Flüssigkeiten, Fettgewebe, Milchfett, Corpora lutea und den Fettkügelchen der Retina sowie auch in verschiedenen Pflanzenteilen vorkommen (THUDICHUM). Unter diesen Stoffen ist nunmehr ein in Corpora lutea vorkommender von ESCHER in kristallisiertem, reinen Zustand erhalten worden (S. 492). Derselbe war in Alkohol schwer, aber in Petroleumäther leicht löslich und erwies sich als mit dem von WILLSTÄTTER und MIEG analysierten Pflanzenfarbstoff Karotin ($C_{40}H_{56}$) isomer oder vielleicht identisch. Das Lutein des Eidotters, **Eidotterlutein.** das in Alkohol leichter als das Karotin und in Petroleumäther sehr schwer löslich ist, haben WILLSTÄTTER und ESCHER ebenfalls in reiner, kristallisierter Form hergestellt. Die Analyse ergab die Formel $C_{40}H_{56}O_2$. Wie bereits C. A. SCHUNCK fand, steht das Eidotterlutein zu einem gelben Farbstoff der Pflanzen, dem Xanthophyll, in naher Beziehung. Die von WILLSTÄTTER und ESCHER für das Lutein gefundene Formel war in der Tat dieselbe wie die vorher von WILLSTÄTTER und MIEG für das Xanthophyll gefundene. Auch stimmten die beiden Stoffe in anderen Beziehungen überein; nur war der Schmelzpunkt beider verschieden. Das Karotin einerseits und das Eigelblutein andererseits unterscheiden sich, abgesehen von den Formeln und der verschiedenen Löslichkeit, auch durch die Absorptionsspektra, die aber wiederum in verschiedenen Lösungsmitteln ungleich sich verhalten[3]).

Die Beziehung der übrigen als Luteine bezeichneten Stoffe zueinander und zu dem Eidotterlutein ist unbekannt. Alle sind sie in Alkohol, Äther und Chloroform löslich. Von dem Gallenfarbstoffe, dem Bilirubin, unterscheiden sie sich dadurch, daß sie von alkalihaltigem Wasser aus ihrer Lösung in Chloro-

---

[1]) Skand. Arch. f. Physiol. **14**. [2]) THIERFELDER u. STERN, Zeitschr. f. physiol. Chem. **53**; S. FRÄNKEL u. BOLAFFIO, Bioch. Zeitschr. **9**; BARBIERI, Compt. Rend. **145**. [3]) THUDICHUM, Zentralbl. f. d. med. Wiss. 1869, S. 1; WILLSTÄTTER u. MIEG, Ann. d. Chem. **355**, 1 (1907); WILLSTÄTTER u. ESCHER, Zeitschr. f. physiol. Chem. **64**, 47 (1909); **76**, 214 (1911); SCHUNCK, vgl. Chem. Zentralbl. 1903, **2**, 1195.

form nicht aufgenommen werden, daß sie ferner mit Salpetersäure, welche ein wenig salpetrige Säure enthält, nicht das charakteristische Farbenspiel des Andere
Luteine. Gallenfarbstoffes, sondern eine blaue, rasch verschwindende Farbe geben. Die Luteine widerstehen der Wirkung von Alkalien, so daß sie nicht verändert werden, wenn man durch Verseifung das gleichzeitig anwesende Fett zu entfernen sich bemüht.

In den Eiern einer Wasserspinne (Maja Squinado) hat MALY [1]) zwei eisenfreie Farbstoffe, einen roten, Vitellorubin, und einen gelben, Vitellolutein, gefunden. Von Salpetersäure, welche salpetrige Säure enthält, werden beide Farbstoffe blau und von konzentrierter Schwefelsäure schön grün gefärbt.

Die Mineralstoffe des Eidotters bestehen nach POLECK [2]) auf 1000 Teile Asche berechnet, aus Natron 51,2—65,7, Kali 80,5—89,3, Kalk 122,1 bis 132,8, Bittererde 20,7—21,1, Eisenoxyd 11,90—14,5, Phosphorsäure 638,1 bis 667,0 und Kieselsäure 5,5—14,0 Teilen. Am reichlichsten kommen also Phosphorsäure und Kalk und demnächst Kali, welches in etwas größerer Menge als das Natron sich vorfindet, vor. Diese Zahlen sind jedoch insoferne nicht Mineral-
stoffe des
Dotters. ganz richtig, als erstens im Dotter keine gelösten Phosphate vorkommen sollen (LIEBERMANN) und zweitens bei dem Einäschern Phosphorsäure und Schwefelsäure entstehen und das Chlor, welches in älteren Analysen auch fehlt, austreiben können.

Der Dotter eines Hühnereies wiegt etwa 12—18 g. Der Gehalt an Wasser und festen Stoffen beträgt nach PARKE [3]) 471,9 p. m., resp. 528,1 p. m. Unter den festen Stoffen fand er 156,3 p. m. Eiweiß, 3,53 p. m. lösliche und 6,12 p. m. Zusammen-
setzung des
Dotters. unlösliche Salze. Die Menge des Fettes war nach PARKE 228,4 p. m., die des Lezithins, aus der Menge phosphorhaltiger organischer Substanz in dem Alkohol-Ätherextrakte berechnet, 107,2 p. m. und die des Cholesterins 17,5 p. m.

Das Eierklar ist eine schwach gelbliche, eiweißreiche, in einem Fachwerke von dünnen Häuten eingeschlossene Flüssigkeit, welche an und für sich Das Weiße
des Eies. dünnflüssig ist und nur durch die Anwesenheit der dieselbe durchsetzenden feinen Membranen zähflüssig erscheint. Diejenige Substanz, welche die Häute bildet, scheint wie die, aus welcher die Chalazae bestehen, ein den Hornsubstanzen verwandter Stoff zu sein (LIEBERMANN).

Das Eierklar hat ein spezifisches Gewicht von 1,038—1,045 und reagiert stets gegen Lackmus alkalisch. Es enthält 850—880 p. m. Wasser, 100 bis Bestand-
teile des
Eierklars. 130 p. m. Eiweißstoffe und 7 p. m. Salze. LEHMANN fand eine gärende Zuckerart, welche, wie SALKOWSKI zuerst nachwies, Dextrose ist. C. TH. MÖRNER konnte keinen anderen Zucker im Eierklar finden; die Menge der Dextrose ist nach MÖRNER 3—5 p. m. [4]). Außerdem finden sich im Eierklar Spuren von Fett, Seifen, Lezithin und Cholesterin.

Das Eiweiß der Eier von Nesthockern wird beim Sieden durchsichtig und verhält Tata-
eiweiß. sich in vieler Hinsicht wie Alkalialbuminat. Dieses Eiweiß hat TARCHANOFF [5]) „Tataeiweiß" genannt.

Die Proteine des Eierklars verhalten sich wie Glykoproteide, indem sie alle Glukosamin liefern. Für das Globulin und Albumin ist es jedoch weder bewiesen noch wahrscheinlich, daß das Glukosamin dem Proteinmoleküle Glyko-
proteide im
Eierklar. angehört (vgl. S. 66). Ihren Lösungs- und Fällbarkeitsverhältnissen nach verhalten die Eiweißstoffe des Eierklars sich wie Globuline, Albumine oder Albumosen. Die Repräsentanten der zwei erstgenannten Gruppen sind das

---

[1]) Monatsh. f. Chem. **2**. [2]) Zit. nach v. GORUP-BESANEZ, Lehrb. d. physiol. Chem., 4. Aufl., S. 740. [3]) HOPPE-SEYLER, Med. chem. Unters., Heft 2, 209. [4]) C. G. LEHMANN, Lehrb. d. physiol. Chem. 2. Aufl. 1855, **1**, 271, **2**, 312; SALKOWSKI, Zentralbl. f. d. med. Wissenschaft **31**, 515 (1893); MÖRNER, Zeitschr. f. physiol. Chem. 80, 458 (1912). [5]) PFLÜGERS Arch. **31**, **33**, **39**.

Ovoglobulin und Ovalbumin. Die albumoseähnliche Substanz ist das Ovomukoid.

Ovo-
globulin. Das **Ovoglobulin** scheidet sich beim Verdünnen des Eierklars mit Wasser zum Teil aus. Es wird durch Sättigung mit Magnesiumsulfat und durch Halbsättigung mit Ammoniumsulfatlösung gefällt und gerinnt bei etwa $+ 75^0$ C. Durch wiederholtes Auflösen in Wasser und Ausfällung mit Ammoniumsulfat wird ein Teil des Globulins unlöslich (LANGSTEIN). Dasselbe geschieht auch nach der Ausfällung durch Verdünnung mit Wasser oder durch Dialyse, und es ist also möglich, daß das Globulin ein Gemenge ist. Derjenige Teil, welcher leicht unlöslich wird, scheint mit dem sog. Glykoproteid EICHHOLZS oder dem „Ovomuzin" von OSBORNE und CAMPBELL identisch zu sein. Aus dem löslichen Ovoglobulin erhielt LANGSTEIN 11 p. c. Glukosamin. Die Gesamtmenge des Globulins beträgt nach DILLNER etwa 6,7 p. c. der Gesamtproteine, was mit neueren Bestimmungen von OSBORNE und CAMPBELL stimmt. Über das wahrscheinliche Vorkommen mehrerer Globuline im Eierklar liegen Angaben von CORIN und BERARD wie von LANGSTEIN[1]) vor, die indessen noch keine bestimmten Schlüsse gestatten.

Eialbumin. **Ovalbumin.** Das sog. Albumin des Eierklars ist zweifelsohne ein Gemenge von mindestens zwei albuminähnlichen Proteinen. Über die Anzahl dieser Proteine differieren indessen die Ansichten recht bedeutend (BONDZYNSKI und ZOJA, GAUTIER, BÉCHAMP, CORIN und BERARD, PANORMOFF u. a.). Nachdem es HOFMEISTER gelungen war, das Ovalbumin in kristallinischer Form zu erhalten, und nachdem ferner HOPKINS und PINKUS[2]) gezeigt hatten, daß nur etwas mehr als die Hälfte des Ovalbumins in Kristallen erhalten werden kann, haben OSBORNE und CAMPBELL zwei verschiedene Ovalbumine oder Hauptfraktionen isoliert, von denen sie die kristallisierende als „Ovalbumin" und die nicht kristallisierende als „Konalbumin" bezeichnet haben. Beide Fraktionen haben eine nur wenig abweichende elementäre Zusammensetzung; das Konalbumin gerinnt aber zwischen $50-60^0$ C, näher an 60^0 C, das Ovalbumin bei $+ 64^0$ C oder bei höherer Temperatur. Inwieweit das nicht kristallisierende Konalbumin ein Gemenge sei, darüber liegen noch keine entscheidenden Untersuchungen vor; aber auch die Einheitlichkeit des kristallisierenden Ovalbumins ist eine strittige Frage. Nach BONDZYNSKI und ZOJA soll das kristallisierende Ovalbumin ein Gemenge mehrerer Albumine von etwas abweichender Gerinnungstemperatur, Löslichkeit und spez. Drehung Ovalbumin
und Kon-
albumin. sein, während dagegen HOFMEISTER und LANGSTEIN die Einheitlichkeit des kristallisierenden Ovalbumins annehmen. Die Angaben über spez. Drehung verschiedener Fraktionen differieren leider, und auch die Elementaranalysen haben keine entscheidenden Resultate gegeben, indem man nämlich für den Schwefelgehalt Schwankungen von $1,2-1,7$ p. c. beobachtet hat. Nach den übereinstimmenden Analysen von OSBORNE und CAMPBELL und von LANGSTEIN enthält das Konalbumin etwa 1,7 p. c. Schwefel und etwa 16 p. c. Stickstoff, während das Ovalbumin als Mittel etwa 15,3 p. c. N enthält. Aus dem Ovalbumin erhielt LANGSTEIN[3]) 10—11 und aus dem Konalbumin etwa 9 p. c. Glukosamin. Das Ovalbumin hat übrigens wie das Konalbumin die Eigenschaften der Albumine im allgemeinen, unterscheidet sich aber von dem Serum-

---

[1]) LANGSTEIN, HOFMEISTERS Beiträge I; EICHHOLZ, Journ. of Physiol. **23**; OsBORNE u. CAMPBELL, Connect. agric. Exp. Station. **23** Rep., New Haven 1900; DILLNER, MALYS Jahresb. **15**; CORIN et BERARD ebenda **18**. [2]) HOFMEISTER, Zeitschr. f. physiol. Chem. **14**, 16 u. 24; GABRIEL ebenda **15**; BONDZYNSKI u. ZOJA ebenda **19**; GAUTIER, Bull. soc. chim. **14**; BÉCHAMP ebenda **21**; CORIN et BERARD l. c.; HOPKINS u. PINKUS, Ber. d. d. chem. Gesellsch. **31** und Journ. of Physiol. **23**; OSBORNE u. CAMPBELL l. c.; PANORMOFF, MALYS Jahresb. **27** u. **28**. [3]) Zeitschr. f. physiol. Chem. **31**.

albumin durch folgendes: Die spez. Drehung ist niedriger; es wird von Alkohol bald unlöslich; von einer genügenden Menge Salzsäure wird es gefällt, löst sich aber in einem Überschuß der Säure ungemein schwieriger als das Serumalbumin. Die von ABDERHALDEN und PREGL[1]) isolierten Produkte der Hydrolyse des Ovalbumins bieten nichts von besonderem Interesse dar.

Wenn man schon früher gewisse Zweifel an der Reinheit und chemischen Einheitlichkeit der Ovalbumine, auch des kristallisierten Ovalbumins, hegen konnte, müssen diese Zweifel noch stärker werden, seitdem man das Ovalbumin teils phosphorfrei und teils mit einem von 0,1—3,06 p. c. schwankenden Phosphorgehalte erhalten hat (KAAS, WILLCOCK und HARDY)[2]). Phosphor im Ovalbumin.

Zur Darstellung von kristallisiertem Eialbumin mischt man nach HOFMEISTER das geschlagene, von dem Schaum getrennte Eierklar von ganz frischen Eiern mit dem gleichen Volumen gesättigter Ammoniumsulfatlösung, filtriert von dem Globulin ab und läßt das Filtrat in nicht zu dünner Schicht bei Zimmertemperatur langsam verdunsten. Die nach einiger Zeit ausgeschiedene Masse löst man in Wasser, setzt Ammoniumsulfatlösung zur beginnenden Trübung hinzu und läßt stehen. Nach wiederholtem Umkristallisieren behandelt man entweder die Masse mit Alkohol, wobei die Kristalle unlöslich werden, oder man löst in Wasser und reinigt durch Dialyse. Aus dieser Lösung kristallisiert indessen das Eiweiß beim spontanen Verdunsten nicht wieder. (Vgl. ferner S. 500 Fußnote 2, das Verfahren von HOPKINS und PINKUS.) Wie E. WILLCOCK[3]) in neuerer Zeit gefunden hat, kann man zur Kristallisation des Ovalbumins auch Magnesiumsulfat verwenden. Darstellung.

Das Konalbumin kann, nach vollständiger Auskristallisation des Ovalbumins, aus dem Filtrate nach Entfernung des Sulfates mittels Dialyse durch Koagulation ausgefällt werden. Konalbumin.

GAUTIER[4]) fand im Eierklar eine fibrinogenähnliche Substanz, welche unter dem Einflusse eines Fermentes in einen fibrinähnlichen Stoff übergehen soll.

Ovomukoid. Diese, zuerst von NEUMEISTER beobachtete, von ihm als ein Pseudopepton aufgefaßte und dann ferner von SALKOWSKI studierte Substanz ist nach C. TH. MÖRNER[5]) ein Mukoid, welches 12,65 p. c. Stickstoff und 2,20 p. c. Schwefel enthält. Das Ovomukoid findet sich in reichlicher Menge im Eierklar des Hühnereies sowie in dem vieler anderer Vogelarten, indem es nämlich rund 12 p. c. von den festen Stoffen desselben beträgt. Ovomukoid.

Eine Lösung von Ovomukoid wird weder von Mineralsäuren noch von organischen Säuren, mit Ausnahme von Phosphorwolframsäure und Gerbsäure, gefällt. Von Metallsalzen wird sie ebenfalls nicht gefällt, doch gibt Bleiessig bei Ammoniakzusatz einen Niederschlag. Von Alkohol wird die Lösung gefällt. Chlornatrium, Natriumsulfat und Magnesiumsulfat geben weder bei Zimmertemperatur noch bei + 30° C, bis zur Sättigung eingetragen, Niederschläge. Von dem gleichen Volumen gesättigter Ammoniumsulfatlösung wird die Lösung nicht gefällt, wohl aber durch Eintragen von mehr Salz. Durch Sieden wird die Substanz nicht gefällt, und eine salzfreie Ovomukoidlösung gibt einen in Wasser löslichen Abdampfungsrest. Die Ovomukoide verschiedener Vogelarten verhalten sich in der Weise verschieden, daß einige durch Perkaglobulin gefällt werden, andere nicht (MÖRNER). Aus dem Ovomukoid hat C. ZANETTI durch Spaltung mit konzentrierter Salzsäure Glukosamin erhalten, und SEEMANN[6]) fand die Menge desselben im Ovomukoid gleich 34,9 p. c. Eigenschaften.

[1]) Zeitschr. f. physiol. Chem. **46.** [2]) K. KAAS, Monatsh. f. Chem. **27**; E. WILLCOCK u. W. B. HARDY, Zit. nach chem. Zentralbl. 1907, **2**, 821. [3]) EDITH G. WILLCOCK, Journ. of Physiol. **37.** [4]) Compt. Rend. **135.** [5]) R. NEUMEISTER, Zeitschr. f. Biol. **27**, 369; SALKOWSKI, Zentralbl. f. d. med. Wiss. 1893, S. 513 u. 706; C. MÖRNER, Zeitschr. f. physiol. Chem. **18** u. **80**. Vgl. ferner LANGSTEIN, HOFMEISTERS Beiträge **3** (Literatur). [6]) ZANETTI, Chem. Zentralbl. 1898, **1**, 624; SEEMANN, Zit. nach LANGSTEIN, Ergebn. d. Physiol. I, Abt. 1, S. 86.

Zur Darstellung des Ovomukoids kann man sämtliches Eiweiß durch Sieden *Darstellung.* unter Essigsäurezusatz entfernen und das mäßig konzentrierte Filtrat mit Alkohol fällen. Durch wiederholtes Lösen in Wasser und Fällen mit Alkohol wird die Substanz gereinigt.

Die Eier anderer Vögel, wie Tauben und Enten, enthalten nach PANORMOW im Eierklar besondere Eiweißstoffe, die mit denjenigen des Hühnereies nicht identisch sind. Aus Truthühnereiweiß stellte WORMS [1] ein kristallisierendes Albumin mit 15,37 p. c. N, 1,6 p. c. S und die spez. Drehung $(a) D = -34,9^0$ dar.

Mineral-stoffe des Eierklars. Die Mineralstoffe des Eiweißes sind von POLECK und WEBER [2] analysiert worden. Sie fanden in 1000 g Asche: 276,6—284,5 g Kali, 235,6—329,3 Natron, 17,4—29 Kalk, 17—31,7 Bittererde, 4,4—5,5 Eisenoxyd, 238,4—285,6 Chlor, 31,6—48,3 Phosphorsäure (P_2O_5), 13,2—26,3 Schwefelsäure, 2,8—20,4 Kieselsäure und 96,7—116 g Kohlensäure. Auch Spuren von Fluor hat man gefunden (NICKLÉS) [3]. Die Asche des Eiweißes hat also, derjenigen des Eidotters gegenüber, einen größeren Gehalt an Chlor und Alkalien, aber einen geringeren Gehalt an Kalk, Phosphorsäure und Eisen.

Die Schalenhaut und die Eierschalen. Die Schalenhaut besteht, wie oben (S. 86) gesagt worden, aus einer Keratinsubstanz. Die Schalen bestehen *Schalen-haut und Schalen.* nur zum kleinen Teil, 36—65 p. m., aus organischer Substanz. Die Hauptmasse, mehr als 900 p. m., besteht aus Kalziumkarbonat nebst sehr kleinen Mengen Magnesiumkarbonat und Erdphosphaten.

Farbstoffe der Eier-schalen. Die ungleiche Färbung verschiedener Vogeleierschalen rührt von mehreren verschiedenen Farbstoffen her. Unter diesen findet sich einer von roter oder rotbrauner Farbe, von SORBY [4] „Oorodein" genannt, welcher vielleicht mit dem Hämatoporphyrin identisch ist. Der grüne oder blaue Farbstoff, das Oozyan SORBYS, scheint nach C. LIEBERMANN [5] und KRUKENBERG [6] teils Biliverdin und teils ein blaues Gallenfarbstoffderivat zu sein.

Die Vogeleier enthalten an ihrem stumpfen Pole einen mit Gas gefüllten Raum, dessen Sauerstoffgehalt nach HÜFNER [7] 18,0—19,9 p. c. beträgt.

Gewichts-verhält-nisse. Das Gewicht eines Hühnereies schwankt zwischen 40—60 g und kann sogar bisweilen 70 g betragen. Die Schale und die Schalenhaut zusammen haben in sorgfältig gereinigtem aber noch feuchtem Zustande ein Gewicht von 5—8 g. Das Eigelb wiegt 12—18 und das Eiweiß 23—34 g, d. h. etwa doppelt so viel. Das Ei als ganzes enthält 2,8—7,5. als Mittel 4,6 mgm Eisenoxyd, und durch eisenhaltige Nahrung kann der Gehalt an Eisen erhöht werden (HARTUNG) [8].

Eier anderer Tiere. Das Eiweiß der Eier von Knorpel- und Knochenfischen enthält angeblich nur Spuren von wahrem Eiweiß und es besteht wenigstens bei vielen Fischen, ebenso wie die Hülle des Froscheies (GIACOSA), aus Muzinsubstanz. Die Eier des Flußbarsches enthalten, wie HAMMARSTEN [9] fand, in unreifem Zustande in ihrer Hülle Muzin, in reifem Zustande dagegen fast nur Muzinogen. Die kristallinischen Gebilde (Dotterplättchen), welche man in den Eiern von Schildkröten, Fröschen, Rochen, Haien und anderen Fischen beobachtet hat und welche von VALENCIENNES und FREMY unter dem Namen Emydin, Ichthin, Ichthidin und Ichthulin beschrieben wurden, scheinen nach dem oben von dem Ichthulin Gesagten vielleicht aus Phosphoglykoproteiden zu bestehen. Das Klupeovin [10] aus den Heringeiern, aus welchem HUGOUNENQ die drei sog. Hexonbasen und reichlich Monoaminosäuren besonders Leuzin aber weder Glykokoll noch Glutaminsäure erhielt, ist allem Anscheine nach kein einheitlicher Stoff. Die Eier des Flußkrebses und des Hummers sollen denselben Farbstoff wie die Schalen dieser Tiere enthalten. Dieser Farbstoff, das Zyanokristallin, wird beim Sieden in Wasser rot.

---

[1] PANORMOW, vgl. Bioch. Zentralbl. **5**; W. WORMS, Zit. nach Chem. Zentralbl. 1906, **2**, 1508. [2] Zit. nach HOPPE-SEYLER, Physiol. Chem.. S. 778. [3] Compt. Rend. **43**. [4] Zit. nach KRUKENBERG, Verh. d. phys.-med. Gesellsch. in Würzburg **17**. [5] Ber. d. d. chem. Gesellsch. **11**. [6] l. c. [7] Arch. f. (Anat. u.) Physiol. 1892. [8] Zeitschr. f. Biol. **43**. [9] GIACOSA, Zeitschr. f. physiol. Chem. **7**; HAMMARSTEN, Skand. Arch. f. Physiol. **17**. [10] VALENCIENNES u. FRÉMY, Zit. nach HOPPE-SEYLER, Physiol. Chem., S. 77; L. HUGOUNENQ, Bull. soc. chim. (3) **33** und Compt. Rend. **143**.

Die in den Eierstöcken des Flußbarsches zwischen den unreifen Eiern vorkommende Flüssigkeit enthält eine eigentümliche, von C. Mörner Perkaglobulin genannte Eiweißsubstanz. Sie verhält sich wesentlich wie ein Globulin, hat aber einen stark adstringierenden Geschmack und die auffallende Eigenschaft, gewisse Glykoproteide, wie Ovomukoid und Ovarialmukoide, und Polysaccharide, wie Glykogen, Traganthschleim und Stärkekleister, zu fällen und von ihnen gefällt zu werden. Das Perkaglobulin konnte Mörner nicht aus dem Rogen des Meerbarsches erhalten [1]. Perkaglobulin.

In fossilen Eiern (von Aptenodytes, Pelekanus und Haliaeus) in alten Guanolagern hat man eine gelbweiße, seideglänzende, blättrige, in Wasser leicht lösliche, in Alkohol und Äther unlösliche Verbindung, das Guanovulit. $(NH_4)_2SO_4 + 2K_2SO_4 + 3KHSO_4 + 4H_2O$, gefunden.

Diejenigen Eier, welche außerhalb des mütterlichen Organismus sich entwickeln, müssen alle Elemente des jungen Tieres enthalten. Man findet in der Tat auch im Dotter und Eiweiß in reichlicher Menge Eiweißkörper verschiedener Art und besonders reichlich im Dotter phosphorhaltiges Eiweiß. Man findet ferner im Dotter auch reichlich Phosphatide, welche in den sich entwickelnden Zellen regelmäßig vorzukommen scheinen. Kato und M. Bleibtreu fanden in den Eierstöcken von Fröschen Glykogen, das um die Laichzeit auf Kosten des Leberglykogens zunimmt [2]. Außerdem ist das Ei sehr reich an Fett, welches für den Embryo von großer Bedeutung als Nahrungs- und Respirationsmittel ist. Das Cholesterin oder wenigstens das Lutein dürfen wohl dagegen kaum eine direkte Bedeutung für die Entwicklung des Embryos haben. Auch hinsichtlich der Mineralstoffe scheint das Ei die Bedingungen für die Entwicklung des jungen Tieres zu enthalten. Der Mangel an Phosphorsäure wird durch den reichlichen Gehalt an phosphorhaltiger, organischer Substanz ersetzt, und das eisenhaltige Nukleoalbumin, aus welchem das Hämatogen (vgl. S. 496) entsteht, ist zweifelsohne, wie Bunge annimmt, von großer Bedeutung für die Entstehung des eisenhaltigen Hämoglobins. Auch die für die Entwicklung der Federn nötige Kieselsäure findet sich in dem Ei. Material für die Entwickelung des Embryos.

Während der Bebrütung verliert das Ei an Gewicht, hauptsächlich durch Verlust von Wasser. Auch die Menge der festen Stoffe, in erster Linie des Fettes und in geringerem Grade die des Eiweißes nimmt ab. Das Ei gibt hierbei Kohlensäure aber, wie Tangl entgegen den älteren Angaben von Liebermann [3]) gezeigt hat, weder Stickstoff noch überhaupt eine stickstoffhaltige Substanz ab. Dagegen nimmt es eine entsprechende Menge Sauerstoff auf, und während der Bebrütung findet also ein respiratorischer Gasaustausch statt. Bebrütung.

Wie Bohr und Hasselbach durch genaue Untersuchungen zeigten, ist indessen die Kohlensäureabgabe in den ersten Tagen der Bebrütung sehr klein; vom vierten Tage ab steigt aber die Kohlensäureproduktion allmählich und nach dem neunten Tage nimmt sie in derselben Proportion wie das Gewicht des Fötus zu. Pro 1 Stunde und 1 kg Gewicht berechnet, hat sie von diesem Tage ab etwa dieselbe Größe wie beim erwachsenen Huhn. Hasselbalch [4]) hat ferner gezeigt, daß das befruchtete Hühnerei in den ersten 5—6 Brütestunden auch etwas Sauerstoff abgibt, und daß es hierbei um eine mit der Zellteilung parallel gehende Sauerstoffproduktion sich handelt. Ob diese, an das Leben der Zellen gebundene Sauerstofferzeugung ein fermentativer oder ein sog. vitaler Vorgang sei, steht noch dahin. Produktion von Gasen.

Die Menge der Trockensubstanz in dem Ei nimmt, wie aus dem oben Gesagten folgt, während der Bebrütung stetig ab. gleichzeitig nimmt aber im Embryo der Gehalt an Mineralstoffen, Eiweiß und Fett stetig zu. Die

---

[1] Zeitschr. f. physiol. Chem. 40 u. 58. [2] Kato, Pflügers Arch. 132, 545; Bleibtreu ebenda 132, 580 (1910). [3] Tangl u. A. v. Mituch, Pflügers Arch. 121; Liebermann ebenda 43. [4] Bohr u. Hasselbalch, Malys Jahresb. 29; Hasselbalch, Skand. Arch. f. Physiol. 13.

Zunahme der Fettmenge im Embryo rührt wenigstens zum großen Teil von
einer Aufnahme von Fett aus dem Nahrungsdotter her. PLIMMER und SCOTT
beobachteten während der Bebrütung des Hühnereies einen raschen Schwund
der phosphorhaltigen, ätherlöslichen Substanzen im Ei, während zur selben
Zeit der Gehalt des Hühnchens an anorganischem Phosphor stieg[1].

Das Gewicht der Schalen wie der Gehalt derselben an Kalksalzen bleiben
nach den neuesten Untersuchungen von TANGL[2] nicht, wie man früher annahm, unverändert. Die Eischalen (Kalkschale und Schalenhaut) eines 60 g
schweren Hühnereies verlieren (als trocken berechnet) während der Bebrütung
etwa 0,4 g, von welchen 0,15 g auf Kalzium und 0,2 g auf organische Substanz
entfallen.

Sehr ausführliche und sorgfältige chemische Untersuchungen über die
Entwicklung des Hühnerembryos sind von LIEBERMANN[3] ausgeführt worden.
Aus den Untersuchungen mag folgendes hier angeführt werden. In der ersten
Zeit der Entwicklung entstehen sehr wasserreiche Gewebe; mit fortschreitender
Entwicklung nimmt aber der Wassergehalt ab. Die absolute Menge der wasserlöslichen Stoffe nimmt mit der Entwicklung zu, während ihre relative Menge,
den übrigen festen Stoffen gegenüber, unaufhörlich abnimmt. Die Menge der
in Alkohol löslichen Stoffe nimmt rasch zu. Eine besondere bedeutende Vermehrung erfährt das Fett, dessen Menge am 14. Tage nicht mehr sehr groß
ist, dann aber sehr bedeutend wird. Die Menge der in Wasser löslichen Eiweißstoffe und Albuminoide wächst stetig und regelmäßig in der Weise, daß ihre
absolute Menge zunimmt, während ihre relative Menge fast unverändert
bleibt. Beim Hühnerembryo fand LIEBERMANN kein Glutin. Bis zum 10. Tage
enthält der Embryo überhaupt keine leimgebende Substanz, vom 14. Tage
ab enthält er aber einen Stoff, welcher beim Sieden mit Wasser eine chondrin-
ähnliche Substanz gibt. Ein muzinähnlicher Stoff kommt bei etwa 6 Tage
alten Embryonen vor, verschwindet aber dann. Der Hämoglobingehalt zeigt
im Verhältnis zu dem Körpergewichte ein stetiges Ansteigen. Während das
Verhältnis Hämoglobin:Körpergewicht am 11. Tage = 1:728 war, fand
LIEBERMANN am 21. Tage ein Verhältnis = 1:421.

Mittels der BERTHELOTschen thermochemischen Methode hat TANGL[4]
an Sperlings- und Hühnereiern die am Anfange und Ende der Entwicklung
des Embryos vorhandene chemische Energie bestimmt. Die Differenz wird als
Entwicklungsarbeit bezeichnet. Die zur Entwicklung von je 1 g reifen Hühnchens (Plymoutheier) erforderliche chemische Energie fand er gleich 0,805 Kal.
Diese Energie stammt hauptsächlich von dem Fette her. Von der gesamten
chemischen Energie eines Hühnereies werden rund 70 p. c. von dem Embryo
verwertet, während rund 30 p. c. in dem Dotter bleiben. Von der verwerteten
Energie werden ferner gegen zwei Drittel als solche zum Aufbau des Embryos
verwendet und etwa ein Drittel als Entwicklungsarbeit in andere Energie-
arten umgewandelt.

Bei ihren Untersuchungen über die Entwicklung des Forelleneies haben
TANGL und FARKAS[5] gefunden, daß der Gewichtsverlust je eines Eies, bei
einem mittleren Anfangsgewichte von 88 mgm, während der 42 Tage dauernden
Bebrütung 4,9 mgm, davon 4,11 mgm Wasser und 0,792 mgm Trockensubstanz
mit 0,367 mgm C betrug. Die Eier verloren keinen Stickstoff und kein Fett.
Der Fettgehalt nahm eher ein wenig zu und zwar, wie die Verfasser annehmen,
auf Kosten des Eiweißes. Die während der Entwicklung verbrauchte chemische
Energie betrug 6,68 gm-Kalorien.

---

[1] Journ. of Physiol. **38**, 247. [2] TANGL mit G. HAMMERSCHLAG, PFLÜGERS
Arch. **121**. [3] l. c. [4] PFLÜGERS Arch. **93** u. **121**. [5] Ebenda **104**.

In diesem Zusammenhange mögen die hochinteressanten Untersuchungen von J. LOEB über künstliche Befruchtung von Eiern von niederen Meerestieren etwas besprochen werden. Nach diesen Versuchen werden nach der Befruchtung der Eier infolge einer Art von Zytolyse winzige Tröpfchen einer kolloiden Substanz an der Oberfläche des Eies gebildet. Diese Tröpfchen nehmen an Volumen zu und fließen zu einer kontinuierlichen Masse zusammen, während ihre Oberfläche zu einer straffen, kontinuierlichen Membran — der Befruchtungsmembran — erhärtet. Der Prozeß der Membranbildung ist in der Tat der wesentlichste Schritt bei der Befruchtung. Außer durch Spermatozoen wird die Membranbildung durch verschiedene Eingriffe angeregt. Für manche Eier ist nichts weiteres nötig als die künstliche Hervorrufung des Membranbildungsprozesses, um die Eier zu veranlassen, zu normale Larven sich zu entwickeln (z. B. Eier von Seesternen und gewissen Würmern). In anderen Fällen z. B. bei den Eiern der Seeigel Strongylozentrotus ist ein zweiter Eingriff nötig für die Erzielung normaler Larven. Die Hauptzüge der Behandlung solcher Eier sind folgende: Befruchtungsmembran.

Die Bildung der Befruchtungsmembran kann dadurch erzielt werden, daß die Eier in Seewasser gebracht werden, das mit einer Fettsäure, z. B. Buttersäure, schwach angesäuert ist, und nach $1\frac{1}{2}-2$ Minuten wieder in normales Seewasser eingelegt werden. Die Membranbildung erfolgt alsdann. Weniger wirksam als die Fettsäuren sind Oxysäuren und besonders die anorganischen Säuren. Für die Säurewirkung sind die H-Ionen ohne Belang, und die Wirkung ist nach LOEB durch das Eindringen der undissozierten Moleküle in die Eier bedingt. Parallel mit der Membranbildung setzen chemische Prozesse ein, unter welchen besonders Oxydationen zu bemerken sind. Diese Prozesse führen, wenn dieselben ungestört verlaufen, besonders bei 15^0 und darüber, rasch den Tod der Eier herbei. Dies kann aber dadurch verhindert werden, daß man 40—60 Minuten nach der Membranbildung die Oxydationsprozesse entweder durch Entziehung des Sauerstoffes oder durch Zugabe von etwas Zyankalium hemmt. Hierbei werden wahrscheinlich gewisse für das Ei schädliche Substanzen zerstört. Werden so behandelte Eier nach 2—3 Stunden in normales Seewasser zurückgebracht, so entwickeln sie sich in normaler Weise. Strongylocentrotus.

Die Membranbildung kann auch durch andere Agentien als Säuren hervorgerufen werden, z. B. durch Behandlung der Eier mit Saponin, Solanin, Digitalin, Seifen und fettlösende Stoffe wie Amylen, Benzol, Toluol, Chloroform, Äther, Alkohol. Das Seeigelei wird auch durch das Serum gewisser Tiere zur Membranbildung veranlaßt. Alkalien und Temperaturerhöhung können auch Membranbildung hervorrufen.

Anderseits können die chemischen Prozesse, welche, wenn sie ungestört verlaufen, den Tod des Eies herbeiführen, auch dadurch gehemmt werden, daß man die Eier etwa eine Stunde nach der künstlichen Membranbildung in eine hypertonische Lösung überträgt (z. B. 50 ccm Seewasser und 8 ccm 2,5 norm. NaCl) und sie nach 20—50 Minuten in normales Seewasser zurückbringt. Künstliche Befruchtung.

Nach LOEB beruht also die künstliche Befruchtung der Seeigeleier auf zwei besonderen Eingriffen, von welchen der erste durch Zytolyse die Membranbildung mit Oxydationsprozessen herbeiführt, während der zweite den letzteren Prozessen die für die Erhaltung des Lebens erforderliche Richtung geben.

Die nicht befruchteten, reifen Eier gehen, wie Untersuchungen von LOEB an Seesterneiern zeigten, bei genügend hoher Temperatur in 4—6 Stunden zugrunde. Der Tod des Eies kann indessen dadurch verhindert werden, daß man dem Ei den Sauerstoff entzieht oder die Oxydation durch Zusatz einer

Oxyda-
tionen.
Spur von Zyankalium hemmt. Wird aber das reife Ei durch Spermatozoen befruchtet, so bleibt es ebenfalls am Leben, obwohl der Befruchtungsprozeß, wie WARBURG fand[1]), eine erhebliche Steigerung der Oxydation herbeiführt. Deshalb glaubt LOEB, daß die Spermatozoen das Leben des Eies dadurch retten, daß dieselben außer einem membranbildendem Stoffe noch andere Stoffe mit ins Ei bringen, welche einen schädlichen Stoff oder Bedingungs-komplex des unbefruchteten Eies beseitigt oder unschädlich machen, so daß nunmehr selbst die gesteigerte Oxydation keinen Schaden mehr anrichten kann[1]).

Die Enzyme des Seeigeleies erfahren bei der natürlichen sowohl wie bei der künstlichen Befruchtung eine Bereicherung insofern, als das Glyzyl-tryptophan nach der Befruchtung gespalten wird, nicht aber vor derselben (JACOBY)[3]).

Die **Plazenta** ist in neuerer Zeit Gegenstand mehrerer Untersuchungen gewesen. Ihr Gewebe enthält ein Proteid, welches bei 60—65°C gerinnt (BOTTAZZI und DELFINO), dessen Beziehungen zu den von anderen gefundenen Nukleoproteiden jedoch nicht klar sind. Das von SAVARÉ gefundene Proteid enthielt 0,45% Phosphor. Von diesem Proteide rührt wohl die von KIKKOJI[4]) studierte Nukleinsäure her, welche der Thymusnukleinsäure sehr ähnlich ist. Glykogen kommt regelmäßig in der Plazenta vor, seine Menge beträgt beim Menschen nach MOSCATI 5 p. m., nach der Herausnahme der
Plazenta.
Plazenta nimmt sie aber ab und nach 24 Stunden ist das Glykogen regelmäßig verschwunden. Nach LOCHHEAD und CRAMER[5]) wird der Gehalt der Plazenta an Glykogen nicht durch kohlehydratreiche Kost vermehrt. Beim Fötus (Kaninchen) ist aber nach ihnen die Plazenta ein Vorratsorgan für das Glykogen bis zur zweiten Hälfte der Trächtigkeitsperiode, wo die Leber als solches Organ zu funktionieren anfängt. Von da ab nimmt der Gehalt der Plazenta an Glykogen ab. C. SAKAKI erhielt aus der Plazenta zwei Phosphatide, von welchen das eine ein Diaminomonophosphatid und das andere ein Triamino-diphosphatid zu sein scheint[6]).

Enzyme.
Pigmente.
Enzyme verschiedener Art, sowohl proteolytische wie lipolytische (Mono-butyrase) Amylasen und Oxydasen, hat man in der Plazenta gefunden[7]). In den Rändern der Plazenta der Hündin und der Katze hat man teils einen orangefarbenen, kristallisierenden Farbstoff (Bilirubin) und teils ein grünes, amorphes Pigment, dessen Beziehung zu Biliverdin nicht klar ist, gefunden[8]).

Uterin-
milch.
Aus den Plazentarkotyledonen bei Wiederkäuern kann bekanntlich durch Druck eine weiße oder schwach rosafarbige, rahmähnliche Flüssigkeit, die Uterinmilch, ausgepreßt werden. Sie reagiert alkalisch, wird aber leicht sauer. Das spez. Gewicht ist 1,033—1,040. Als Formelemente enthält sie Fettkügelchen, kleine Körnchen und Epithelzellen. In der Uterinmilch hat man 81,2—120,9 p. m. feste Stoffe, 61,2—105,6 p. m. Eiweiß, gegen 10 p. m. Fett und 3,7—8,2 p. m. Asche gefunden.

Trauben-
molen.
Die in den sog. Traubenmolen (Mola racemosa) vorkommende Flüssigkeit hat ein niedriges spez. Gewicht, 1,009—1,012. Der Gehalt an festen Stoffen ist 19,4—26,3 p. m. mit 9—10 p. m. Proteinstoffen und 6—7 p. m. Asche.

---

[1]) Zeitschr. f. physiol. Chem. **57**, 1, **60**, 443, **66**, 305 (1910). [2]) Zusammenfassende Übersicht der Untersuchungen von LOEB und seiner Mitarbeiter mit Literatur findet man in Vorlesungen über die Dynamik der Lebenserscheinungen, Leipzig 1906, S. 239. Vgl. ferner: Über den chemischen Charakter des Befruchtungsvorganges, Leipzig 1908; Zeitschr. f. physik. Chem. **70**, 220 (1910); Arch. f. Entwicklungsmech. **31**, 658 (1910). [3]) Bioch. Zeitschr. **26**, 333 (1910). [4]) BOTTAZZI u. DELFINO, Zentralbl. f. Physiol. **18**, 114; M. SAVARÉ, HOFMEISTERs Beiträge **11**; KIKKOJI, Zeitschr. f. physiol. Chem. **53**. [5]) G. MOSCATI, Zeitschr. f. physiol. Chem. **53**; J. LOCHHEAD u. W. CRAMER, Proc. roy. soc. **80** B. (1908). [6]) Bioch. Zeitschr. **49**, 317, 326 (1913). [7]) ASCOLI, Zentralbl. f. Physiol. **16**; RAINERI, Bioch. Zentralbl. **4**, 428; BERGELL u. LIEPMANN, Münch. med. Wochenschr. 1905; SAVARÉ, HOFMEISTERs Beiträge **9**; BERGELL u. FALK, Münch. med. Wochenschr. **55**. [8]) Vgl. ETTI, MALYs Jahresb. **2**, 287 und PREYER, Die Blutkristalle, Jena 1871, S. 189.

Die **Amniosflüssigkeit** ist beim Menschen dünnflüssig, weißlich oder blaßgelb; bisweilen ist sie etwas mehr gelbbraun, trübe. Sie setzt weiße Flöckchen ab. Die Formbestandteile sind Schleimkörperchen, Epithel- zellen, Fetttröpfchen und Lanugohaare. Der Geruch ist fade, die Reaktion neutral oder schwach alkalisch. Das spez. Gewicht ist 1,002—1,028.

Amnios- flüssigkeit.

Die Amniosflüssigkeit enthält die gewöhnlichen Transsudatbestandteile. Ihr Gehalt an festen Stoffen beträgt bei der Geburt kaum 20 p. m. In den früheren Perioden der Schwangerschaft soll die Flüssigkeit reicher an festen Stoffen, besonders Eiweiß, sein. Unter den Eiweißkörpern hat WEYL eine, dem Vitellin ähnliche Substanz und mit großer Wahrscheinlichkeit auch Serumalbumin nebst wenig Muzin gefunden. Enzyme verschiedener Art (Pepsin, Diastase, Thrombin, Lipase) kommen nach BONDI vor. Zucker ist regelmäßig in der Amniosflüssigkeit von Kühen, nicht aber in der von Menschen gefunden worden. In dem Fruchtwasser von Rind, Schwein und Ziege haben GÜRBER und GRÜNBAUM auch Fruktose gefunden. Die menschliche Amnios- flüssigkeit enthält auch etwas Harnstoff, Harnsäure, Allantoin und Kreatinin (AMBERG und ROWNTREE). Die Menge dieser Stoffe kann bei Hydramnion vermehrt sein (PROCHOWNIK, HARNACK), was auf einer vermehrten Nieren- resp. Hautsekretion des Fötus beruht. Milchsaure Salze sollen zweifel- hafte Bestandteile der Amniosflüssigkeit sein. Die Menge des Harnstoffes in der Amniosflüssigkeit war in PROCHOWNIKS Analysen 0,16 p. m. In der Flüssigkeit bei Hydramnion fanden PROCHOWNIK und HARNACK bzw. 0,34 und 0,48 p. m. Harnstoff. Die Hauptmasse der festen Stoffe besteht aus Salzen. Die Menge der Chloride (NaCl) beträgt 5,7—6,6 p. m. Die molekulare Konzentration des Fruchtwassers soll nach ZANGEMEISTER und MEISSL[1]) etwas geringer als die des Blutes sein, was nach ihnen durch Verdünnung mit fötalem Harn verursacht ist.

Chemische Bestand- teile der Amnios- flüssigkeit.

---

[1]) WEYL, Arch. f. (Anat. u.) Physiol. 1876; BONDI, Zentralbl. f. Gynäk. 1903; PROCHOWNICK, Arch. f. Gynäk. 11; HARNACK, Berl. klin. Wochenschr. 1888; ZANGE- MEISTER u. MEISSL, Münch. med. Wochenschr. 1903; GÜRBER u. GRÜNBAUM ebenda 1904; AMBERG u. ROWNTREE, Zit. nach Bioch. Zentralbl. 10, 237.

Vierzehntes Kapitel.

Die Milch.

Die chemischen Bestandteile der Milchdrüsen sind wenig studiert. Die Zellen sind reich an Eiweiß und Nukleoproteiden. Unter den letzteren gibt es in der Milchdrüse der Kuh eines, welches beim Sieden mit verdünnter Mineralsäure Pentose und Guanin aber keine andere Purinbase gibt. Dieses, von ODENIUS untersuchte Proteid enthält als Mittel 17,28 p. c. N, 0,89 p. c. S und 0,277 p. c. P. Außer diesem Proteide gibt es mindestens noch eines, denn es haben MANDEL und LEVENE und LOEBISCH [1]) aus der Milchdrüse eine Nukleinsäure isoliert, welche wie die Thymonukleinsäuren sowohl Adenin wie Guanin, Thymin und Zytosin lieferte. Diese Säure gab ebenfalls Pentosereaktionen und lieferte reichliche Mengen Lävulinsäure. Außer dieser Nukleinsäure haben MANDEL und LEVENE aus der Drüse eine sog. Glukothionsäure mit 2,65 p. c. S und 4,38 p. c. N isoliert. Unter den Hydrolyseprodukten des Nukleoproteids erhielt MANDEL [2]) kein Glykokoll, und die Hydrolyseprodukte zeigten überhaupt eine große Übereinstimmung mit denjenigen des Kaseins. Die Beziehung der obengenannten Nukleinsäuren und der Glukothionsäure zu den von BERT und von THIERFELDER [3]) gefundenen, nicht weiter bekannten Drüsenbestandteilen, welche beim Sieden mit verdünnter Mineralsäure eine reduzierende Substanz geben, läßt sich noch nicht sagen. Man könnte vermuten, daß diese Stoffe Vorstufen des Milchzuckers seien; für eine solche Annahme gibt es aber keine Anhaltspunkte, und die neueren Untersuchungen sprechen vielmehr dafür, daß der Milchzucker durch eine Umwandlung des Blutzuckers in der Drüse entsteht. Fett scheint, wenigstens in der absondernden Drüse, ein nie fehlender Bestandteil der Zellen zu sein, und dieses Fett kann als größere oder kleinere Kügelchen von dem Aussehen der Milchkügelchen in dem Protoplasma beobachtet werden. Die Extraktivstoffe der Milchdrüse sind wenig erforscht, es kommen unter ihnen aber nicht unbedeutende Mengen von Purinbasen vor. Die Milchdrüse enthält auch Enzyme, unter welchen außer Katalase, Peroxydase und einem proteolytischen Enzyme, welches nach HILDEBRANDT [4]) in der tätigen Drüse in viel größerer Menge als in der ruhenden vorkommt, besonders die nach RÖHMANN bei der Milchzuckerbildung (vgl. unten) tätigen Enzyme zu nennen sind.

Da die Milch des Menschen und der Tiere im wesentlichen von derselben Beschaffenheit ist, scheint es am besten zu sein, zuerst die am gründlichsten

Bestandteile der Milchdrüsen.

Bestandteile.

---

[1]) ODENIUS, MALYS Jahresb. 30; MANDEL u. LEVENE, Zeitschr. f. physiol. Chem. 46; LOEBISCH, HOFMEISTERS Beiträge 8. [2]) MANDEL u. LEVENE, Zeitschr. f. physiol. Chem. 45; MANDEL, Bioch. Zeitschr. 23. [3]) BERT, Compt. Rend. 98; THIERFELDER, PFLÜGERS Arch. 32 u. MALYS Jahresb. 13. [4]) HOFMEISTERS Beiträge 5.

untersuchte Milch, die Kuhmilch, und dann erst die wesentlichsten Eigenschaften der übrigen, wichtigeren Milchsorten zu besprechen[1]).

Die Kuhmilch.

Die Kuhmilch stellt wie alle Milch eine Emulsion dar, welche sehr fein verteiltes Fett in einer hauptsächlich Eiweißstoffe, Milchzucker und Salze enthaltenden Flüssigkeit suspendiert enthält. Die Milch ist undurchsichtig, weiß, weißlich gelb oder in dünneren Schichten etwas bläulich weiß, von schwachem, fadem Geruch und mildem, schwach süßlichem Geschmack. Das spez. Gewicht bei + 15⁰ C ist 1,028—1,0345. Die Gefrierpunktserniedrigung ist $\Delta = 0,53$ bis 0,58⁰, als Mittel 0,545⁰, und die mol. Konzentration 0,298. *Allgemeine Eigenschaften.*

Die Reaktion der ganz frischen Milch ist regelmäßig gegen Lackmus amphoter. Die Stärke des sauren, resp. des alkalischen Anteiles dieser amphoteren Reaktion ist von verschiedenen Forschern, wie THÖRNER, SEBELIEN und COURANT[2]) bestimmt worden. Die Zahlen fallen bei Anwendung verschiedener Indikatoren etwas verschieden aus, und außerdem sind sie für die Milch verschiedener Tiere wie auch zu verschiedenen Zeiten während der Laktationsperiode etwas schwankend. Auch die erste und letzte Portion derselben Melkung haben eine etwas verschiedene Reaktion. COURANT hat den alkalischen Anteil mit $\frac{n}{10}$ Schwefelsäure unter Anwendung von blauem Lackmoid und den sauren mit $\frac{n}{10}$ Natronlauge unter Anwendung von Phenolphthalein als Indikator bestimmt. Er fand, als Mittel für die erste und letzte Portion der Melkung bei 20 Kühen, daß 100 ccm Milch für blaues Lackmoid ebenso alkalisch wie 41 ccm $\frac{n}{10}$ Lauge und für Phenolphthalein ebenso sauer wie 19,5 ccm $\frac{n}{10}$ Schwefelsäure reagieren. Die wirkliche Reaktion der Kuhmilch, *Reaktion der Kuhmilch.* wie sie nach der elektrometrischen Bestimmung sich ergibt, ist dagegen wie die Reaktion der tierischen Säfte und Gewebe im allgemeinen fast ganz neutral. Nach H. DAVIDSOHN[3]) ist als Mittel $p_H = 6,57$.

An der Luft verändert sich die Milch nach und nach und ihre Reaktion wird mehr sauer, indem nämlich durch die Einwirkung von Mikroorganismen der Milchzucker allmählich in Milchsäure übergeführt wird.

Ganz frische, amphoter reagierende Milch gerinnt beim Sieden nicht, sondern liefert höchstens eine aus geronnenem Kasein und Kalksalzen bestehende Haut, welche nach dem Entfernen rasch sich erneuert. Nach hinreichend starker, spontaner Säurebildung gerinnt sie jedoch beim Sieden, und zuletzt, wenn eine genügende Menge Säure sich gebildet hat, gerinnt sie bei Zimmertemperatur spontan zu einer festen Masse. Es kann dabei, besonders in der Wärme, das Kaseingerinnsel sich zusammenziehen und eine gelbliche oder gelblich-grüne, saure Flüssigkeit (saure Molken) sich ausscheiden. *Verhalten der Milch beim Sieden.*

Bei der spontanen Säuerung der Milch ist eine Milchsäurebildung das Wesentlichste; hierbei kann aber auch eine Bildung von Bernsteinsäure stattfinden. Das Material, aus dem diese Säuren entstehen, ist der Milchzucker (und die Milchphosphorfleischsäure?). *Saure Gärung.*

---

[1]) Eine sehr reichhaltige Zusammenstellung der Literatur über Milch findet man bei RAUDNITZ, „Die Bestandteile der Milch" in Ergebn. d. Physiol 2, Abt. 1. Die Literatur der letzten Jahre findet man in den Sammelreferaten von RAUDNITZ in Monatsschr. f. Kinderheilk. und MALYs Jahresb. bis zu 1918. [2]) THÖRNER, MALYs Jahresb. 22; SEBELIEN ebenda; COURANT, PFLÜGERS Arch. 50. [3]) Zeitschr. f. Kinderheilk. 9.

Außer Milchsäuren, sowohl der optisch inaktiven wie der rechts- oder linksdrehenden Säure, und Bernsteinsäure können bei der bakteritischen Zersetzung der Milch auch flüchtige Säuren wie Essigsäure, Buttersäure u. a. entstehen.

Die Milch unterliegt bisweilen einer besonderen, eigentümlichen Art von Gerinnung, indem sie in eine dicke, zähe, schleimige Masse (dicke Milch) umgewandelt wird. Diese Umwandlung rührt angeblich von einer eigentümlichen Umsetzung des Milchzuckers her, bei welcher dieser eine schleimige Umwandlung erfährt. Diese eigentümliche Veränderung der Milch, deren Natur einer mehr eingehenden Untersuchung bedürftig ist, rührt von besonderen Mikroorganismen her.

Gerinnung
der Milch
durch Lab. Wird frisch gemolkene, amphoter reagierende Milch mit Lab versetzt, so gerinnt sie, besonders bei Körpertemperatur, rasch zu einer festen Masse (Käse), aus welcher allmählich eine gelbliche Flüssigkeit (süße Molken) ausgepreßt wird. Diese Gerinnung der Milch geschieht ohne Änderung der Reaktion und hat folglich mit der Säuregerinnung nichts zu tun.

In der Kuhmilch findet man zwar als Formbestandteile spärliche Kolostrumkörperchen (vgl. das Kolostrum) und einzelne blasse, kernhaltige Zellen. Die Zahl dieser Formbestandteile ist indessen verschwindend klein gegenüber der ungeheuren Menge des wesentlichsten Formbestandteiles, der Milchkügelchen.

Die Milch-
kügelchen. Die **Milchkügelchen**. Diese bestehen aus äußerst kleinen Fetttröpfchen, deren Zahl nach WOLL[1]) 1,06—5,75 Millionen in 1 cmm betragen soll, und deren Diameter nach ihm 0,0024—0,0046 mm und als Mittel für Tiere verschiedener Rassen 0,0037 mm beträgt. Daß die Milchkügelchen Fett enthalten, ist unzweifelhaft, und man betrachtet es als feststehend, daß sämtliches Milchfett in ihnen sich vorfindet. Eine andere, streitige Frage ist dagegen die, ob die Milchkügelchen ausschließlich aus Fett bestehen oder daneben auch Eiweiß enthalten.

Haptogen-
membran. Nach einer Beobachtung ASCHERSONS[2]) sollen Fetttröpfchen in einer alkalischen Eiweißlösung mit einer feinen Eiweißhülle, einer sog. Haptogenmembran, sich überziehen. Im Anschlusse an die Beobachtungen QUINCKES[3]) über das Verhalten der Fettkügelchen in einer mit Gummi bereiteten Emulsion hat man auch recht allgemein angenommen, daß in der Milch jedes Fettkügelchen durch Molekularattraktion von einer Schicht Kaseinlösung umgeben sei, welche das Zusammenfließen der Kügelchen verhindere. Alles, was die physikalische Beschaffenheit des Kaseins in der Milch verändert oder die Ausfällung desselben bewirkt, muß folglich die Lösung des Fettes durch den Äther ermöglichen, und in dieser Weise erklärt man die Lösung des Fettes durch Äther nach Zusatz von Alkalien, Säuren oder Lab.

Membran
der Milch-
kügelchen. Die Untersuchungen von V. STORCH haben es wahrscheinlich gemacht, daß die Milchkügelchen mit einer Membran von einer besonderen schleimigen Substanz umgeben sind. Diese Substanz ist sehr schwer löslich, enthält 14,2 bis 14,79 p. c. Stickstoff und gibt beim Sieden mit Salzsäure Zucker oder jedenfalls einen reduzierenden Stoff. Sie ist also weder Kasein noch Laktalbumin, wogegen sie allem Anscheine nach mit der von RADENHAUSEN und DANILEWSKY nachgewiesenen sog. „Stromsubstanz" identisch ist. Daß diese Substanz wie eine Membran die Fettkügelchen umhüllt, konnte STORCH durch Färbung derselben mit gewissen Farbstoffen wahrscheinlich machen. Später haben VÖLTZ und auch BAUER weitere Gründe für die Annahme einer Membran angeführt. Auf der anderen Seite haben DROOP-RICHMOND und BONNEMA[4]) gewisse Gründe gegen die Ansicht von STORCH geltend zu machen versucht. Wenn aber die Beobachtung von STORCH, daß die gereinigten

---

[1]) F. W. WOLL, On the Conditions influencing the number and size of fat globules in cows milk. Wisconsin exper. station, agric. science **6**, 1892. [2]) Arch. f. (Anat. u.) Physiol. 1840. [3]) PFLÜGERS Arch. **19**. [4]) V. STORCH, vgl. MALYS Jahresb. **27**; RADENHAUSEN u. DANILEWSKI, Forschungen auf dem Gebiete der Viehhaltung, Bremen 1880, Heft 9; VÖLTZ, PFLÜGERS Arch. **102**; H. BAUER, Bioch. Zeitschr. **32**; DROOP RICHMOND, vgl. chem. Zentralbl. 1904, **2**, 356; BONNEMA ebenda 1243.

Fettkügelchen eine besondere, von den gelösten Eiweißstoffen der Milch wesentlich verschiedene Proteinsubstanz enthalten, richtig ist, gewinnt die Annahme eines besonderen Stoffes als Hülle oder Stroma der Fettkügelchen sehr an Wahrscheinlichkeit. Die Richtigkeit dieser Beobachtung von STORCH ist nun in der Tat auch durch ABDERHALDEN und VÖLTZ [1]) bestätigt worden. Bei Säurehydrolyse der Proteinstoffe der Milchkügelchen erhielten sie nämlich Glykokoll, welches sowohl in dem Kasein wie in dem Laktalbumin fehlt, und dies zeigt also, daß die Milchkügelchen jedenfalls nicht diese zwei Eiweißstoffe allein enthalten können. Sie müssen also anderes Eiweiß enthalten, und es steht noch dahin, ob daneben auch Kasein oder Laktalbumin in ihnen vorkommen. Milch-
kügelchen.

Das Milchfett, wie es unter dem Namen Butter erhalten wird, besteht hauptsächlich aus Triglyzeriden von Olein- und Palmitinsäure. Daneben enthält es auch als Triglyzeride Myristinsäure, Stearinsäure, kleine Mengen von Laurinsäure, Arachinsäure und Dioxystearinsäure und außerdem Buttersäure und Kapronsäure, nebst Spuren von Kapryl- und Kaprinsäure. Hierbei ist jedoch zu beachten (was schon im Kap. 4 hervorgehoben wurde) das neben Triglyzeriden aus nur einer Fettsäure, wie z. B. Triolein, auch gemischte Glyzeride, wie z. B. Oleodipalmitin, Stearodipalmitin, Butyrodiolein oder Butyropalmitoolein im Milchfette vorkommen. Das Milchfett enthält auch ein wenig Phosphatide (Lezithin) und Cholesterin und einen gelben Farbstoff. Die Menge der flüchtigen Fettsäuren in der Butter beträgt nach DUCLAUX gegen 70 p. m., darunter 37—51 p. m. Buttersäure und 30—33 p. m. Kapronsäure. Das nicht flüchtige Fett enthält meistens gegen 300—400 p. m. Ölsäure und im übrigen gewöhnlich hauptsächlich Palmitinsäure, beide als Glyzeride. Die Zusammensetzung der Butter ist jedoch nicht konstant, sondern unter verschiedenen Verhältnissen eine recht wechselnde [2]). Ob das Fett der kleineren Milchkügelchen eine etwas andere Zusammensetzung als das der größeren hat, ist eine strittige Frage. Das
Milchfett.

Das **Milchplasma** oder diejenige Flüssigkeit, in welcher die Milchkügelchen suspendiert sind, enthält mehrere verschiedene Eiweißkörper, über deren Anzahl und Natur die Angaben allerdings etwas divergieren, unter denen aber die drei folgenden, Kasein, Laktoglobulin und Laktalbumin die am längsten bekannten sind. Hierzu kommt noch ein alkohollösliches Protein (vgl. unten). Die Milchflüssigkeit enthält mindestens zwei Kohlehydrate, von denen jedoch nur das eine, der Milchzucker, von größerer Bedeutung ist. Sie enthält ferner als sog. Extraktivstoffe Harnstoff, in sehr kleinen Mengen Kreatin und Kreatinin, ferner Orotsäure, Adenin und Guanin [3]), Harnsäure, Cholesterin, Phosphatide, Zitronensäure (SOXHLET und HENKEL) [4]), Spuren von Azeton (ENGFELDT) [5]) und endlich auch Mineralstoffe und Gase. Das Milch-
plasma.

Kasein. Diese Proteinsubstanz, welche bisher mit Sicherheit nur in der Milch nachgewiesen ist, gehört der Nukleoalbumingruppe an und unterscheidet sich von den Albuminaten vor allem durch ihren Phosphorgehalt und durch ihr Verhalten zu dem Labenzyme. Das Kasein der Kuhmilch hat ungefähr folgende Zusammensetzung C 53,0, H 7,0, N 15,7, S 0,8, P 0,7 und O 22,8 p. c. Die spez. Drehung desselben ist nach HOPPE-SEYLER etwas schwankend; in neutraler Lösung soll $(a) D = -80^0$ sein; in schwach alkalischer Lösung ist Kasein.

---

[1]) Zeitschr. f. physiol. Chem. **59**. [2]) DUCLAUX, Compt. Rend. **104**. Die Angaben über die Zusammensetzung des Milchfettes sind indessen sehr abweichend, wie aus der sehr umfangreichen landwirtschaftlichen Literatur zu ersehen ist. [3]) C. VOEGTLIN u. C. P. SHERWIN, Journ. of biol. Chem. **33**. [4]) Zit. nach F. SÖLDNER, Die Salze der Milch. Landw. Versuchsst. **35**. [5]) Zeitschr. f. physiol. Chem. **95**.

die Drehung stärker, nach Long[1]) — 97,8 à 111,8° in einer Lösung von $\frac{n}{10} - \frac{n}{5}$ NaOH. Inwieweit das Kasein der verschiedenen Milchsorten identisch ist, bzw. inwieweit es mehrere verschiedene Kaseine gibt, läßt sich schwer durch die Elementaranalyse entscheiden. Nach Tangl und J. Csókás[2]) scheinen jedoch die Pferde- und Eselkaseine etwas reicher an Stickstoff (bzw. 16,44 und 16,28 p. c.) aber ärmer an Schwefel (bzw. 0,528 und 0,588 p. c. und Kohlenstoff (bzw. 52,36 und 52,57 p. c.) als das Kasein der Wiederkäuer zu sein. Das Eselkasein war reicher an Phosphor (1,057 p. c.) als die Pferde- und Kuhkaseine (beide mit 0,887 p. c.). Es ist indessen zu bemerken, daß selbst wenn die Elementaranalyse und der Gehalt an Aminosäuren große Übereinstimmung zeigen, die Kaseine trotzdem verschiedener Art sein können. So konnten H. W. Dudley und H. E. Woodman[3]) durch Razemisierung des Kaseins mit Alkali nach Dakin zeigen, daß Kuh- und Schafkasein bezüglich der optischen Aktivität gewisser durch Hydrolyse erhaltenen Aminosäuren verschieden sich verhalten, was auf eine Spezifität gleich zusammengesetzter Kaseine hindeutet.

Das Kasein stellt trocken ein staubfeines, weißes Pulver dar, welches in reinem Wasser keine meßbare Löslichkeit hat (Laqueur und Sackur). Auch in Lösungen der gewöhnlichen Neutralsalze ist es nur sehr wenig löslich. Von einer 1prozentigen Lösung von Fluornatrium, Ammonium- oder Kaliumoxalat wird es dagegen nach Arthus ziemlich leicht gelöst. Ebenso ist es nach B. Robertson löslicher in Kaliumzyanid und in den Alkalisalzen einiger flüchtigen Fettsäuren, namentlich Buttersäure und Valeriansäure, als in den Lösungen der gewöhnlichen Neutralsalze. Es ist nach L. v. Slyke und Bosworth eine achtbasische Säure, deren Molekulargewicht rund 8888 ist und deren Äquivalentgewicht nach ihnen, Laqueur und Sackur[4]) und anderen um etwa 1100 sich bewegt und gleich 1111 gesetzt worden ist.

Das Kasein löst sich leicht in Wasser mit Hilfe von Alkalien oder alkalischen Erden, auch Kaziumkarbonat, aus welchem es die Kohlensäure austreibt, und es kann hierbei Kaseinate von verschiedener Zusammensetzung bilden. Löst man das Kasein in Kalkwasser und setzt dann dieser Lösung vorsichtig stark verdünnte Phosphorsäure bis zu (für Lackmus) neutraler Reaktion zu, so bleibt das Kasein als kolloidale Verbindung in Lösung. Die kalkhaltigen Kaseinlösungen sind opalisierend und nehmen beim Erwärmen das Aussehen der fettarmen Milch an (was übrigens von den Salzen des Kaseins mit alkalischen Erden überhaupt gilt). Es ist deshalb auch kaum zu bezweifeln, daß die weiße Farbe der Milch zum Teil auch von Kasein und Kalziumphosphat herrührt. Verbindungen von Kasein mit Alkalien, Kalzium und Magnesium sind von vielen Forschern, neuerdings von L. v. Slyke[5]) und Mitarbeitern dargestellt worden. Die Letztgenannten haben 4 Reihen von Salzen mit Erdalkalien erhalten. Das Monokalziumkaseinat, mit 0,22 p. c. Ca, ist unlöslich in Wasser, löst sich aber in 5prozentiger NaCl-Lösung unter Umwandlung zu Natriumkaseinat und Chlorkalzium. Das gegen Lackmus neutral reagierende Salz, mit 1,07 p. c. Ca, und das gegen Phenolphthalein neutral reagierende, basische Salz, mit 1,78 p. c. Ca (und 8 gesättigten Valenzen),

Marginalia: Kasein. Eigenschaften. Kaseinate. Kalziumkaseinate.

[1]) Hoppe-Seyler, Handb. d. physiol. u. pathol.-chem. Anal. 6. Aufl., S. 259; Long, Journ. amer.-chem. Soc. 27. [2]) Pflügers Arch. 121. [3]) Bioch. Journ. 9. [4]) E. Laqueur u. O. Sackur, Hofmeisters Beiträge 3; M. Arthus, Thèses prensentées à la faculté des sciences de Paris, 1. thèse Paris 1893; L. v. Slyke u. A. W. Bosworth, Journ. of biol. Chem. 14. Vgl. auch T. B. Robertson ebenda 2 und L. u. D. v. Slyke, Amer. chem. Journ. 38. [5]) Mit Bosworth, Journ. of biol. Chem. 14, mit O. B. Winter ebenda 17.

scheinen dem neutralen, resp. basischen Kalziumkaseinate von SÖLDNER [1]) zu entsprechen.

Außer den nun genannten und einigen älteren Untersuchungen über die Salze des Kaseins liegen auch von B. ROBERTSON [2]) Untersuchungen und theoretische Auseinandersetzungen über die Zusammensetzung, Natur und Dissoziation der Kaseinate vor. Auf diese wie auf die älteren Arbeiten kann hier nur hingewiesen werden.

Kaseinatlösungen gerinnen nicht beim Sieden, die Kaseinkalklösungen überziehen sich aber dabei wie die Milch mit einer Haut. Von sehr wenig Säure werden sie gefällt, aber gleichzeitig anwesende Neutralsalze wirken der Ausfällung etwas entgegen. Eine salzhaltige Kaseinlösung oder gewöhnliche Milch erfordert deshalb auch zur Fällung etwas mehr Säure als eine salzfreie Kaseinlösung derselben Konzentration. Das gefällte Kasein löst sich sehr leicht wieder in einem kleinen Überschuß von Salzsäure, weniger leicht in überschüssiger Essigsäure. Die Verbindungen zwischen Kasein und Säure werden wie andere Eiweiß-Säureverbindungen durch Neutralsalze gefällt. Von Mineralsäuren im Überschuß werden die obengenannten sauren Lösungen ebenfalls gefällt [3]). Von kalkhaltigem Kochsalz oder Magnesiumsulfat in Substanz wird das Kasein mit unveränderten Eigenschaften aus der neutralen Kaseinlösung oder aus der Milch gefällt [4]). Metallsalze, wie Alaun-, Zink- oder Kupfersulfat fällen eine neutrale Kaseinlösung vollständig. *(Kasein-lösungen.)*

Beim Trocknen auf 100° C wird das Kasein nach LAQUEUR und SACKUR zersetzt und in zwei Körper gespalten. Der eine, von ihnen Kaseid genannt, ist in verdünnten Alkalien unlöslich, der andere, das Isokasein, ist darin löslich. Das Isokasein ist eine etwas stärkere Säure, hat andere Fällungsgrenzen und ein etwas geringeres Äquivalentgewicht als das Kasein. *(Spaltung des Kaseins.)*

Dasjenige, was das Kasein am meisten charakterisiert, ist seine Eigenschaft bei Gegenwart von einer hinreichend großen Menge Kalksalz mit Lab zu gerinnen. In kalksalzfreier neutraler Lösung gerinnt das Kasein nicht mit Lab; aber es wird hierbei derart verändert, daß die Lösung nunmehr (selbst wenn das zugesetzte Enzym durch Erhitzen zerstört wird) bei Zusatz von einer Menge Kalksalz, welche in der mit Lab nicht behandelten Kaseinlösung keine Fällung erzeugt, eine geronnene Masse von den Eigenschaften des Käses gibt. Die Einwirkung des Labenzymes, des Chymosins, auf das Kasein findet also auch bei Abwesenheit von Kalksalzen statt. Die letzteren sind nur für die Gerinnung, d. h. die Ausscheidung des Käses notwendig, und der Gerinnungsprozeß verläuft also in zwei Stadien. Das erste ist die Umwandlung des Kaseins durch das Chymosin, das zweite ist die durch Kalksalze bewirkte sichtbare Gerinnung. Diese, zuerst von HAMMARSTEN festgestellten Tatsachen sind später wiederholt, namentlich von ARTHUS und PAGÈS, von FULD, SPIRO und LAQUEUR u. a. [5]) bestätigt und eingehend studiert worden. *(Wirkung des Chymosins.)*

Der bei der Gerinnung der Milch gebildete Käse enthält reichliche Mengen von Kalziumphosphat. Nach SOXHLET und SÖLDNER sind trotzdem nur die löslichen Kalksalze von wesentlicher Bedeutung für die Gerinnung, während das Kalziumphosphat bedeutungslos sein soll. Nach COURANT kann das Kalziumkasein bei der Gerinnung

---

[1]) Die Salze usw. l. c.　[2]) Journ. of physikal. Chem. 11 u. 12 u. Journ. of biol. Chem. 5.　[3]) Über die Säureverbindungen des Kaseins und die Säureaufnahme durch dasselbe vgl. man: LAXA, Milchwirtsch. Zentralbl. 1905, Heft 12; J. H. LONG, Journ. of amer. chem. Soc. 29; L. u. D. VAN SLYKE, Amer. chem. Journ. 38; T. B. ROBERTSON, Journ. of biol. Chem. 4.　[4]) Vgl. hierüber die Arbeiten von HAMMARSTEN und von SCHMIDT-NIELSEN, HAMMARSTEN-Festschr. 1906.　[5]) HAMMARSTEN, vgl. MALYS Jahresb. 2 u. 4; ferner, Zur Kenntnis des Kaseins usw. Nova Acta Reg. Soc. Scient. Upsal. 1877. Festschr., u. Zeitschr. f. physiol. Chem. 22; ARTHUS et PAGÈS, Arch. de Physiol. 1; SPIRO, Mém. Soc. biol. 43; FULD, HOFMEISTERS Beiträge 2 und Ergebn. d. Physiol. 1; SPIRO, HOFMEISTERS Beiträge 6, 7 u. 8; LAQUEUR ebenda 7.

wenn Dikalziumphosphat in der Lösung enthalten ist, einen Teil desselben als Trikalziumphosphat mit niederreißen, wobei in dem Labserum Monokalziumphosphat in Lösung
Kalksalze bleibt. Eine neutral reagierende Lösung von Kaseinkalzium gerinnt nicht mit Lab allein,
und Lab- sondern erst wenn lösliches Kalksalz zugesetzt wird. Gegenüber der allgemein herrschen-
gerinnung. den Ansicht, daß die löslichen Kalksalze von wesentlicher Bedeutung für die Gerinnung
sind, ist indessen VAN DAM [1]) auf Grund seiner Untersuchungen zu der Ansicht gelangt,
daß im Gegenteil die Menge des an Kasein gebundenen Kalkes das für den Gerinnungs-
vorgang Maßgebende ist. Die Rolle der Kalksalze bei der Gerinnung ist also nicht ganz
klar und dasselbe gilt von dem chemischen Verlaufe bei der Labgerinnung.

Wenn man mit reinen Lösungen von Kasein und möglichst reinem Lab
arbeitet, findet man immer nach beendeter Gerinnung in dem Filtrate in sehr
kleinen Mengen einen Eiweißkörper, das Molkeneiweiß, welches in irgend-
einer Beziehung zu der Gerinnung steht. Dieses, zuerst von HAMMARSTEN
nachgewiesene Verhalten ist später von vielen anderen, wie von FULD, SPIRO
und SCHMIDT-NIELSEN, bestätigt worden. Das Molkeneiweiß wird meistens
Gerinnung als eine Albumosesubstanz betrachtet. und KÖSTER [2]) fand in ihm 13,2 p. c.
mit Lab. Stickstoff. In Übereinstimmung mit diesen Beobachtungen wird die Kaseingerinnung mit Lab in neutralem Medium von einigen als ein Spaltungsvorgang
aufgefaßt, bei welchem die Hauptmasse des Kaseins, angeblich bisweilen mehr
als 90 p. c. desselben, als ein dem Kasein nahestehender Stoff, das Parakasein [3]), abgespalten und bei Gegenwart von genügenden Mengen Kalksalzen als Parakaseinkalk (Käse) ausgefällt wird, während die abgespaltene
Albumosesubstanz (Molkeneiweiß) in Lösung bleibt.

Für die Richtigkeit dieser Annahme glaubte J. FREID [4]) neue Wahr-
scheinlichkeitsgründe anführen zu können, indem er unter anderem fand,
daß das Parakasein eine andere elementäre Zusammensetzung, namentlich
einen niedrigeren Stickstoffgehalt als das Kasein hat. Dem gegenüber hat
Wesen aber BOSWORTH [5]) für beide Stoffe dieselbe Zusammensetzung gefunden,
der Lab- und bei der Labgerinnung findet nach ihm eine Spaltung des Kaseins in zwei
gerinnung. Moleküle Parakasein statt. Die ein- und zweibasischen Salze des Parakaseins
enthalten nach ihm und L. v. SLYKE doppelt soviel Base wie die entsprechenden Kaseinate, und das Molekulargewicht des Parakasein soll nur halb so groß
wie das des Kaseins sein.

Das Parakasein ähnelt sehr dem Kasein, kann aber nicht von neuem
mit Lab gerinnen. Eine Lösung von Alkaliparakaseinat wird viel leichter
als eine Alkalikaseinatlösung derselben Konzentration von $CaCl_2$ gefällt,
Parakasein. und die Fällungsgrenzen für gesättigte Ammoniumsulfatlösung, sowohl die
obere wie die unterste Grenze, liegen nach LAQUEUR niedriger für eine Para-
kasein- als für eine Kaseinlösung. Die innere Reibung der Parakaseinlösungen
ist ferner nach ihm wie nach FREID geringer als die der Kaseinlösungen, und
zwar, nach LAQUEUR, um 20 p. c.

Bei fortgesetzter Einwirkung von Labenzym auf das Parakasein hat man in
mehreren Fällen (PETRY, SLOWTZOFF, v. HERWERDEN) [6]) eine weitere Umwandlung des

---

[1]) Zeitschr. f. physiol. Chem. **58**.   [2]) SCHMIDT-NIELSEN, HAMMARSTEN-Festschrift
1906; KÖSTER, vgl. MALYS Jahresb. **11**, 14. Zusammenstellung der Literatur über
die Kaseingerinnung findet man bei E. FULD, Ergebn. d. Physiol. **1**; RAUDNITZ
ebenda **2** und E. LAQUEUR, Bioch. Zentralbl. **4**, 344.   [3]) In Analogie mit den Namen
Fibrinogen und Fibrin nennen mehrere englische und amerikanische Forscher die Muttersubstanz des Käses Kaseinogen statt Kasein. Dieser Name ist indessen nicht besonders
glücklich gewählt, da der lateinische Name für Käse bekanntlich Caseus und nicht Caseinum
ist. Da es außerdem zu Verwirrung führt, wenn einige als Kasein den Käse, andere dagegen die Muttersubstanz desselben bezeichnen, liegen nach der Ansicht des Verfassers
keine triftigen Gründe vor, die alten Namen Kasein und Parakasein zu verlassen. [4]) Über
den Unterschied von Kasein und Parakasein. Diss. Breslau 1914.   [5]) Journ. of biol.
Chem. **15** u. **19**.   [6]) PETRY, HOFMEISTERS Beiträge **8**; SLOWTZOFF ebenda **9**; M. v. HER-
WERDEN, Zeitschr. f. physiol. Chem. **52**; W. VAN DAM ebenda **61**.

letzteren gefunden, welches Verhalten man in verschiedener Weise gedeutet und auch durch die Annahme von der Anwesenheit anderer proteolytischen Enzyme in den (unreinen) Labpräparaten erklärt hat. Diese letztere Annahme hat vieles für sich, und wie es scheint handelt es sich hier jedenfalls nur um sekundäre Prozesse, die mit der eigentlichen Parakaseinbildung nichts zu tun haben. Man findet nämlich auch nach der kürzesten Einwirkung des Labes das Molkeneiweiß, und die fortgesetzte Abspaltung geschieht mit ganz anderer Geschwindigkeit. So fand z. B. SCHMIDT-NIELSEN, daß die Menge des Molkeneiweißes schon nach der Einwirkung von Lab während 15 Minuten 3 p. c., nach 6stündiger Einwirkung dagegen nur 4,25 p. c. von dem Kaseinstickstoffe betrug. Die Möglichkeit ist übrigens nicht ausgeschlossen, daß das Molkeneiweiß nur eine das Kasein verunreinigende Substanz ist, die bei der Gerinnung in Lösung bleibt. *Parakaseinbildung und Spaltungen.*

Frische, unveränderte Milch gerinnt bekanntlich nicht beim Erhitzen; bei nicht zu rascher Labwirkung kann man aber ein Stadium beobachten, in welchem die Milch beim Erhitzen gerinnt (Metakaseinreaktion).

Bei der Gerinnung in einem sauren Medium liegen die Verhältnisse etwas anders als bei der Gerinnung bei neutraler Reaktion. In ersterem Falle findet selbst bei sehr niedrigen Säuregraden und bei Abwesenheit von freier, auf Kongopapier reagierender Chlorwasserstoffsäure in der Kaseinlösung sehr rasch eine tiefgreifende Spaltung mit Bildung von reichlichen Albumosemengen statt. Eine Albumosebildung findet allerdings auch in Alkalikaseinatlösungen statt, in nur geringer Menge bei neutraler Reaktion aber in steigender Menge mit abnehmendem Alkaligehalte der Lösung; und in den stark sauer (auf Lackmus) reagierenden Dialkalikaseinatlösungen kann sie innerhalb einer Stunde bei Körpertemperatur sogar 50 p. c. von der Kaseinmenge betragen. In einer Dikalziumkaseinatlösung kann sogar ohne Zusatz von löslichem Kalziumsalz eine Koagulation, d. h. eine Ausfällung von Parakasein, auftreten infolge davon, daß das Parakasein eine größere Kalziummenge zur Lösung als das Kasein erfordert[1]. *Labwirkung bei verschiedener Reaktion.*

Bei der Verdauung einer Lösung von Kasein in Pepsinchlorwasserstoffsäure findet neben der Albumosebildung mehr oder weniger rasch eine Ausscheidung von Pseudonuklein statt. Diese Ausscheidung kommt früher und reichlicher zum Vorschein bei niedrigerem als bei höherem Säuregrade und die Pseudonukleinfällung hat im ersteren Falle einen niedrigeren Phosphorgehalt als im letzteren. Nach SALKOWSKI ist die Menge des abgespaltenen Pseudonukleins von der Relation zwischen Kasein und Verdauungsflüssigkeit derart abhängig, daß sie mit steigenden Mengen Pepsinsalzsäure abnimmt. Bei Gegenwart von 500 Pepsinsalzsäure auf 1 g Kasein konnte SALKOWSKI eine vollständige Verdauung des Kaseins ohne irgend welchen Rückstand von Pseudonuklein erhalten[2]. *Pepsinverdauung des Kaseins.*

Sowohl bei der Pepsin- wie bei der Trypsinverdauung spaltet sich ein mit anhaltender Verdauung zunehmender Teil des organisch gebundenen Phosphors als Orthophosphorsäure ab, während ein anderer Teil des Phosphors in organischer Bindung sowohl in den Albumosen wie in den echten Peptonen zurückbleibt. *Verhalten des Phosphors.*

Aus den peptischen Verdauungsprodukten des Kaseins, nach Abtrennung des Pseudonukleins, hat SALKOWSKI[3] eine phosphorreiche Säure isoliert, die von ihm als eine Paranukleinsäure bezeichnet wurde. Diese Säure, welche die Biuretprobe und eine schwache Xanthoproteinsäurereaktion gab, enthielt 4,05—4,31 p. c. Phosphor. Ein noch phosphorreicheres Produkt, mit 6,9 p. c. P, welches Polypeptidphosphorsäure genannt wurde, hat REH aus den peptischen Verdauungsprodukten des Kaseins dargestellt. Dieses Produkt, welches ebenfalls die obengenannten Proteinreaktionen gab und also nicht mit den Nukleinsäuren vergleichbar ist, zeichnete sich durch einen auffallend hohen Gehalt an Amidostickstoff — 23,8 p. c. — aus. Unter den von REH erhaltenen Produkten fand DIETRICH[4] ein Gemenge von mindestens vier verschiedenen Kalksalzen *Phosphorhaltige Verdauungsprodukte.*

---

[1] Vgl. HAMMARSTEN, Zeitschr. f. physiol. Chem. **102**.   [2] PFLÜGERS Arch. **63** und Zeitschr. f. physiol. Chem. **27**.   [3] Ebenda **32**.   [4] A. REH, HOFMEISTERS Beiträge **11**; M. DIETRICH, Bioch. Zeitschr. **22**.

von Peptoncharakter und welche er als polypeptidartige Verbindungen mit P_2O_5, Kaseonphosphorsäuren, betrachtete. Der Gehalt an Phosphor war bzw. 10,0, 4,1, 3,84 und 3,88 p. c.

Darstellung des Kaseins. Die Darstellung des Kaseins kann in folgender Weise geschehen. Die Milch wird mit 4 Vol. Wasser verdünnt und das Gemenge mit Essigsäure zu 0,75—1 p. m. versetzt. Das hierbei sich ausscheidende Kasein wird durch wiederholtes Auflösen in Wasser mit Hilfe von möglichst wenig Alkali, Filtration, Ausfällung mit Essigsäure und gründliches Auswaschen mit Wasser gereinigt. Die Hauptmasse des Milchfettes wird bei der ersten Filtration von dem Filtrum zurückgehalten, und die das Kasein verunreinigenden Spuren von Fett werden zuletzt durch Alkohol-Ätherbehandlung entfernt. Um ein fast aschefreies, phosphorärmeres Präparat zu erhalten, kann man nach einem von L. v. SLYKE und BOSWORTH angegebenen Verfahren den Kalk mit Ammoniumoxalat entfernen. v. SLYKE und BAKER[1]) haben auch ein anderes Verfahren zur Reindarstellung des Kaseins ausgearbeitet.

Laktoglobulin. Laktoglobulin hat zuerst SEBELIEN[2]) aus der Kuhmilch durch Sättigung derselben mit Kochsalz in Substanz (wobei das Kasein ausgefällt wird) und Sättigung des Filtrates mit Magnesiumsulfat dargestellt. OSBORNE[3]) und Mitarbeiter fanden für das Laktoglobulin folgende mittlere Zusammensetzung C 51,88, H 6,96, N 15,44, S 0,86 und P 0,24 p. c. Der Phosphor rührt jedenfalls zum Teil von einem Phosphatid her, und das Laktoglobulin dürfte vielleicht ein Lezithalbumin sein. Ein von TIEMANN[4]) aus Kolostrum isoliertes Globulin hatte einen wesentlich niedrigeren Kohlenstoffgehalt, 49,83 p. c.

Laktalbumin. Laktalbumin ist ebenfalls zuerst von SEBELIEN aus der Milch in reinem Zustande dargestellt worden. Seine Zusammensetzung ist nach SEBELIEN folgende: C 52,19, H 7,18, N 15,77, S 1,73, O 23,13 p. c., und das von OSBORNE und Mitarbeitern isolierte Laktalbumin hatte eine nur wenig abweichende Zusammensetzung. Das Laktalbumin hat die Eigenschaften der Albumine und es kristallisiert nach WICHMANN in ähnlicher Form wie das Serum- oder Ovalbumin. Es gerinnt je nach der Konzentration und dem Salzgehalte bei + 72 bis + 84° C. Es steht dem Serumalbumin nahe, unterscheidet sich aber von ihm durch eine bedeutend niedrigere spez. Drehung. $(\alpha)D = -37°$. Nach FASAL[5]) soll es besonders reich an Tryptophan, 3,07 p. c. sein.

Darstellung des Laktalbumins. Das Prinzip für die Darstellung des Laktalbumins ist dasselbe wie für die Darstellung des Serumalbumins aus dem Serum. Das Kasein und das Globulin scheidet man mit $MgSO_4$ in Substanz aus und behandelt dann das Filtrat wie oben (S. 208) angegeben. Ein methodisches Verfahren zur Trennung und Reinigung der drei Eiweißstoffe Kasein, Laktoglobulin und Laktalbumin haben OSBORNE und Mitarbeiter[6]) angegeben.

Alkohollösliches Protein. Die von OSBORNE und Mitarbeitern isolierte, alkohollösliche und in dieser Hinsicht dem Gliadin ähnelnde Proteinsubstanz hatte als Mittel die Zusammensetzung C 54,91, H 7,17, N 15,71, S 0,95 und P 0,08 p. c. Sie lieferte als Hydrolyseprodukte: Arginin 2,92, Histidin 2,28, Lysin 3,98 und Tyrosin 2,47 p. c. In Alkohol von 50—80 p. c. löst sie sich reichlich bei Temperaturen über + 30°, in absolutem Alkohol ist sie unlöslich. In Wasser ist sie zum Teil (als Säureverbindung) löslich und wird sowohl von sehr verdünntem Alkali wie von verdünnter Essigsäure gelöst.

Das Vorkommen von Albumosen und Peptonen in der Milch ist nicht bewiesen. Dagegen entstehen solche Stoffe leicht als Laborationsprodukte aus den anderen Eiweißstoffen der Milch. Ein solches Laborationsprodukt ist das Laktoprotein von MILLON

---

[1]) L. v. SLYKE mit BOSWORTH, Journ. of biol. Chem. 14; mit J. C. BAKER ebenda 35. [2]) Zeitschr. f. physiol. Chem. 9. [3]) Journ. of biol. Chem. 33. [4]) Zeitschr. f. physiol. Chem. 25. [5]) WICHMANN, Zeitschr. f. physiol. Chem. 27. FASAL, Bioch. Zeitschr. 44. [6]) TH. OSBORNE u. A. J. WAKEMAN (mit C. S. LEAVENWORTH u. O. L. NOLAN), Journ. of biol. Chem. 33.

und COMAILLE, ein Gemenge von wenig Kasein mit verändertem Albumin und durch die chemischen Operationen entstandener Albumose[1]). Bezüglich des Opalisins vgl. man die Menschenmilch.

Die Milch enthält ferner nach SIEGFRIED ein der Phosphorfleischsäure verwandtes Nukleon, welches als Spaltungsprodukte Gärungsmilchsäure (statt Paramilchsäure) und eine besondere Fleischsäure, die Orylsäure (statt der Muskelfleischsäure) geben soll. Die Milchphosphorfleischsäure soll als Eisenverbindung aus der von Kasein und koagulablem Eiweiß wie auch von Erdphosphaten befreiten Milch ausgefällt werden können. Das Vorkommen des Nukleons als chemisches Individuum wird jedoch von anderer Seite geleugnet[2]). *Milchnukleon.*

Nach OSBORNE und WAKEMAN[3]) enthält die Kuhmilch zwei Phosphatide, die (nach der Ausfällung des Kaseins) von dem koaguliertem Milcheiweiß mit ausgefällt werden. Das eine soll ein Monoaminomonophosphatid von dem Lezithintypus, das andere ein Diaminomonophosphatid, welches vielleicht mit einem in Eidotter, Nieren und anderen Organen vorkommenden Phosphatid identisch ist, sein. *Phosphatide.*

Die Milch enthält auch Enzyme verschiedener Art. Als solche hat man angegeben Katalase, Peroxydase und Reduktasen, Oxydasen oder Dehydrasen, über deren Vorkommen in der Milch verschiedener Tiere, wie auch über die Art ihrer Wirkungen, die Angaben indessen nicht ganz einstimmig sind. Unter diesen Enzymwirkungen hat man ein besonderes Interesse der SCHARDINGERschen Reaktion gewidmet, welche darin besteht, daß die Milch bei 70° C bei Gegenwart von Formaldehyd oder Azetaldehyd gewisse Farbstoffe, wie Methylenblau, zu Leukobasen reduziert. Ein amylolytisches Enzym, welches Stärke in Maltose überführt, kommt besonders in der Frauenmilch vor, während es in der Kuhmilch fehlen kann und sonst nur in geringer Menge vorhanden ist. Gärungsenzyme, welche bei Abwesenheit von Mikroorganismen die Laktose unter Bildung von Milchsäure, Alkohol und CO_2 zersetzen, kommen nach STOKLASA[4]) und seinen Mitarbeitern sowohl in Kuhmilch wie in Menschenmilch vor. Eine Lipase, welche wenigstens auf Monobutyrin wirkt, soll sowohl in der Kuh- wie besonders in der Frauenmilch vorkommen. Sowohl in den nun genannten zwei Milchsorten wie in einigen anderen fanden BABCOCK und RUSSEL[5]) ein proteolytisches, von ihnen Galaktase genanntes Enzym, welches dem Trypsin nahe steht, von ihm aber unter anderem dadurch sich unterscheidet, daß es in der Milch, selbst in den früheren Digestionsstadien, Ammoniak entwickelt. Das Vorkommen eines solchen Enzyms ist allerdings von ZAITSCHEK und v. SZONTAGH[6]) geleugnet worden, auf der anderen Seite haben aber VANDEVELDE, DE WAELE und SUGG[7]) das Vorkommen eines proteolytischen Enzymes in der Milch konstatieren können. *Enzyme.*

Orotsäure, $C_5H_{11}N_2O_4 . 2H_2O$, haben BISCARO und BELLONI[8]) einen von ihnen entdeckten, neuen Bestandteil der Milch genannt. Diese Säure, welche aus den enteiweißten Molken mit basischem Bleiazetat ausgefällt werden kann, ist wenig löslich in Wasser, kristallisiert und gibt mehrere kristallisierende Salze. Die Monomethyl- und Äthylester der Säure sind ebenfalls bekannt. Mit Kaliumpermanganat liefert die Säure Harnstoff. *Orotsäure.*

Milchzucker, Laktose $C_{12}H_{22}O_{11} + H_2O$. Dieser Zucker kann unter Aufnahme von Wasser in zwei Glukosen — Dextrose und Galaktose — sich spalten. Bei der Einwirkung von verdünnter Salpetersäure gibt er außer *Milchzucker.*

---

[1]) Vgl. HAMMARSTEN, MALYS Jahresb. **6**, 13.   [2]) SIEGFRIED, Zeitschr. f. physiol. Chem. **21** u. **22**. Vgl. auch OSBORNE und Mitarbeiter l. c. **33**.   [3]) Journ. of biol. Chem. **21**.   [4]) Chem. Zentralbl. 1905, **1**, 107.   [5]) MALYS Jahresb. **31**.   [6]) PFLÜGERS Arch. **104**. [7]) VANDEVELDE, DE WAELE u. SUGG, HOFMEISTERS Beiträge **5**.   [8]) Vgl. Chem. Zentralbl. 1905, **2**, 63.

anderen organischen Säuren Schleimsäure. Bei stärkerer Einwirkung von
Säuren entsteht neben Ameisensäure und Huminsubstanzen Lävulinsäure.
Durch Alkalieinwirkung können unter anderen Produkten Milchsäure und
Brenzkatechin entstehen.

Milchzucker kommt in der Regel nur in der Milch vor, doch hat man
ihn auch im Harne der Wöchnerinnen bei Milchstauung wie auch im Harne
nach Einnahme größerer Mengen dieses Zuckers gefunden.

Der Milchzucker kommt gewöhnlich als farblose, rhombische Kristalle
mit 1 Mol. Kristallwasser, welches bei langsamem Erhitzen auf 100^0 C, leichter
bei $130-140^0$ C entweicht, vor. Kocht man eine Milchzuckerlösung rasch ein,
so scheidet sich wasserfreier Milchzucker aus. Der gewöhnliche Milchzucker
(das Hydrat) löst sich in 6 Teilen kaltem und in 2,5 Teilen siedendem
Wasser; er schmeckt nur schwach süß. In Äther oder in absolutem Alkohol
löst er sich nicht. Die Lösungen sind dextrogyr. Das Drehungsvermögen.
welches durch Erhitzen der Lösung auf 100^0 C konstant wird, ist: $(a)D =
+ 52,5^0$. Der Milchzucker verbindet sich mit Basen, die Alkaliverbindung
ist unlöslich in Alkohol.

Eigen-
schaften des
Milch-
zuckers.

Von reiner Hefe wird Milchzucker nicht in Gärung versetzt. Mit gewissen
Schizomyzeten geht er dagegen in Alkoholgärung über, und hierbei wird
der Milchzucker erst durch ein in der Hefe vorhandenes Enzym, eine Laktase,
in Glukose und Galaktose gespalten. Auf der Alkoholgärung des Milchzuckers
gründet sich die Bereitung von Milchbranntwein „Kumys", aus Stutenmilch und „Kefir" und „Yoghurt" aus Kuhmilch. Hierbei sind indessen
auch andere Mikroorganismen beteiligt, die eine Milchsäuregärung des Zuckers
bewirken.

Gärung des
Milch-
zuckers.

Der Milchzucker verhält sich den Traubenzuckerreaktionen (der
Mooreschen[1]), der Trommerschen oder Rubnerschen Reaktion und der
Wismutprobe) gegenüber positiv. Er reduziert auch Quecksilberoxyd in
alkalischer Lösung. Nach dem Erwärmen mit essigsaurem Phenylhydrazin
gibt er beim Erkalten eine gelbe, kristallisierende Fällung von Phenyllaktos-
azon $C_{24}H_{32}N_4O_9$. Von dem Rohrzucker unterscheidet sich der Milchzucker
durch positives Verhalten zu der Mooreschen Probe, der Kupfer- und der
Wismutprobe, wie, auch dadurch, daß er beim Erhitzen mit entwässerter
Oxalsäure auf 100^0 C sich nicht schwärzt. Von Traubenzucker und Maltose
unterscheidet er sich durch andere Löslichkeit und Kristallform, besonders
aber dadurch, daß er mit Hefe nicht vergärt und mit Salpetersäure Schleimsäure gibt.

Reaktionen.

Durch das mit essigsaurem Phenylhydrazin erhaltene, bei 200^0 C schmelzende Osazon, von dem 0,2 gm in 4 ccm Pyridin und 6 ccm absolutem Alkohol
gelöst in 10 cm langer Schicht optisch inaktiv sind (Neuberg)[2], unterscheidet
sich dieser Zucker ferner von anderen solchen.

Osazon.

Zur Darstellung des Milchzuckers benutzt man die als Nebenprodukt bei
der Käsebereitung erhaltenen süßen Molken. Das Eiweiß entfernt man durch
Koagulation in der Hitze und das Filtrat verdunstet man zum Sirup. Die nach
einiger Zeit sich ausscheidenden Kristalle kristallisiert man, nach Entfärbung mit
Tierkohle, aus Wasser um.

Darstellung.

Aus der Nichtübereinstimmung zwischen der durch Polarisation und
der gewichtsanalytisch bestimmten Menge Zucker in der Milch, indem nämlich

---

[1] Die wohl längst allgemein bekannte, schöne Rotfärbung, welche die Milch
nach Zusatz von Alkali auch bei Zimmertemperatur annimmt und auf welche in neuerer
Zeit Gautier, Morel u. Monod (Compt. rend. soc. biol. **60** u. **62**) und Fr. Krüger
(Zeitschr. f. physiol. Chem. **50**) die Aufmerksamkeit gelenkt haben, ist eine durch die
Gegenwart von Eiweiß und vielleicht auch anderen Milchbestandteilen modifizierte
Mooresche Reaktion. [2] Ber. d. d. chem. Gesellsch. **32**.

die Polarisation höhere Werte ergab, hat SEBELIEN[1]) den Schluß gezogen, daß in der Milch eine zweite, reduzierende, aber stärker als Milchzucker polarisierende Substanz vorkommen muß. Zum Teil ist diese Substanz eine Pentose, die aber in sehr kleiner Menge, 0,25—0,35 p. m., in gewöhnlicher Milch und (SEBELIEN und SUNDE) in etwas größerer Menge, 0,5 p. m., im Kolostrum vorkommt.

RITTHAUSEN hat in der Milch ein anderes, in Wasser lösliches, nicht kristallisierendes Kohlehydrat gefunden, welches zwar direkt schwach reduzierend wirkt, nach dem Sieden mit einer Säure aber eine größere Reduktionsfähigkeit erlangt. Von BÉCHAMP[2]) wird es als Dextrin betrachtet. Andere Kohle-hydrate.

Die Mineralstoffe der Milch sollen im Zusammenhang mit der quantitativen Zusammensetzung abgehandelt werden.

Die Methoden zur quantitativen Analyse der Milch sind sehr zahlreich, aber es können hier nur die Hauptzüge einiger der allgemein geübten Methoden angegeben werden.

Zur Bestimmung der festen Stoffe mischt man die genau abgewogene Menge Milch mit einer ebenfalls gewogenen Menge ausgeglühten Quarzsandes, feinen Glaspulvers oder Asbests. Das Eintrocknen der Milch geschieht zuerst im Wasserbade und dann in einem Kohlensäure- oder Wasserstoffstrome bei nicht über 100° C. Be-stimmung der festen Stoffe.

Zur Bestimmung der Mineralstoffe äschert man die Milch unter Beachtung der in den Handbüchern angegebenen Kautelen ein. Die für die Phosphorsäure erhaltenen Zahlen werden jedoch durch die Verbrennung der phosphorhaltigen Stoffe, des Kaseins, Lezithins u. a., dabei unrichtig. Man muß deshalb nach SÖLDNER von der gesamten Phosphorsäuremenge der Kuhmilch rund 25 p. c. abziehen. Ein Gehalt der Asche an Sulfat rührt ebenfalls von dem Einäschern (Verbrennung des Eiweißes) her. Be-stimmung der Mineral-stoffe.

Zur Bestimmung des Gesamteiweißes kann man die Methode RITTHAUSENS, die Milch mit Kupfersulfat zu fällen, nach der von J. MUNK[3]) angegebenen Modifikation verwenden. MUNK fällt sämtliches Eiweiß mittels aufgeschlemmten Kupferoxydhydrates in der Siedehitze aus und bestimmt den Stickstoffgehalt des Niederschlages nach KJELDAHL. Diese Modifikation gibt genaue Resultate. Methode von Ritt-hausen und Munk.

Nach dem Verfahren von SEBELIEN verdünnt man 3—4 g Milch mit einigen Vol. Wasser, setzt ein wenig Kochsalzlösung zu und fällt mit Gerbsäure im Überschuß. Die in dem Niederschlage nach KJELDAHL gefundene Stickstoffmenge mit 6,37 multipliziert (Kasein und Laktalbumin enthalten beide 15,7 p. c. Stickstoff) gibt die Gesamtmenge der Eiweißstoffe an. Diese leicht ausführbare Methode gibt sehr gute Resultate. J. MUNK hat die Zuverlässigkeit derselben auch für die Analyse von Frauenmilch dargetan. In diesem Falle multipliziert man den gefundenen Eiweiß-N mit 6,34. G. SIMON[4]) hat ebenfalls gefunden, daß die Fällung mit Gerbsäure und ebenso mit Phosphorwolframsäure das einfachste und sicherste Verfahren ist. Gegen diese Methode, wie auch gegen die übrigen Methoden zur Ausfällung der Proteinstoffe, läßt sich einwenden, daß vielleicht auch andere Stoffe (Extraktivstoffe) mit niedergerissen werden (CAMERER und SÖLDNER)[5]). Inwieweit dies der Fall ist, bleibt aber vorläufig unentschieden. Methode von Sebelien.

Ein Teil des Stickstoffes in der Milch kommt als Extraktivstoffe vor, und dieser Stickstoff wird als Differenz zwischen dem Gesamtstickstoffe und dem Proteinstickstoffe berechnet. Nach den Analysen von J. MUNK entfallen von dem gesamten Stickstoff der Kuhmilch knapp $\frac{1}{16}$ auf den Extraktivstickstoff. CAMERER und SÖLDNER bestimmten in dem Filtrate von dem Eiweißgerbsäureniederschlag teils den Stickstoff nach KJELDAHL und teils nach HÜFNER (mit Bromlauge). In dieser Weise fanden sie in 100 g Kuhmilch 18 mg Stickstoff nach HÜFNER (Harnstoff usw.). DENIS und MINOT[6]), welche nach neueren, besseren Methoden gearbeitet haben, fanden für den Nichtproteinstickstoff sehr schwankende Werte, 190—380 mg in 1000 ccm Kuhmilch. Stickstoff der Milch.

Zur getrennten Bestimmung des Kaseins und Albumins kann man das zuerst von HOPPE-SEYLER und TOLMATSCHEFF[7]) geübte Verfahren, das Kasein mit Magnesiumsulfat auszufällen, verwenden. In dem Niederschlage bestimmt man den Stickstoff nach KJELDAHL und erfährt durch Multiplikation mit 6,37 die Kaseinmenge (+ Globulin). Gesonderte Bestim-mung von Kasein und Albumin.

[1]) SEBELIEN, HAMMARSTEN-Festschr. 1906, mit E. SUNDE, Zeitschr. f. angew. Chem. 21.   [2]) RITTHAUSEN, Journ. f. prakt. Chem. (N. F.) 15; BÉCHAMP, Bull. soc. chim. (3) 6.   [3]) RITTHAUSEN, Journ. f. prakt. Chem. (N. F.) 15; J. MUNK, VIRCHOWS Arch. 134.   [4]) SEBELIEN, Zeitschr. f. physiol. Chem. 13; SIMON ebenda 33.   [5]) Zeitschr. f. Biol. 33 u. 36.   [6]) Journ. of biol. Chem. 37 u. 38.   [7]) HOPPE-SEYLER, Med.-chem. Unters., Heft 2.

Die Menge des Laktalbumins kann als Differenz zwischen Kasein und Gesamteiweiß berechnet werden.

Zur Trennung des Kaseins von dem übrigen Eiweiße benutzt SCHLOSSMANN [1]) eine Alaunlösung, von der nur das Kasein gefällt wird. Aus dem Filtrate fällt man Globulin und Albumin mit Gerbsäure. Die Niederschläge werden zur Stickstoffbestimmung nach KJELDAHL verwendet. Dieses Verfahren ist später von SIMON geprüft und empfohlen worden.

Bestimmung des Fettes. Das Fett kann gewichtsanalytisch, durch erschöpfende Extraktion der eingetrockneten Milch mit Äther, Verdunsten des Äthers aus dem Extrakte und Wägung des Rückstandes oder auf aräometrischem Wege durch Alkalizusatz zu der Milch, Schütteln mit Äther und Bestimmung des spez. Gewichtes der Ätherfettlösung mit dem Apparate von SOXHLET bestimmt werden. Zur Ausführung von Fettbestimmungen in größerem Maßstabe eignet sich vorzüglich die volumetrische Bestimmung mit dem Laktokrit von DE LAVAL. Es gibt übrigens zahlreiche andere Methoden zur Bestimmung des Milchfettes, auf die hier nicht eingegangen werden kann.

Zur Bestimmung des Milchzuckers entfernt man zuerst das Eiweiß, was in verschiedener Weise geschehen kann. In dem Filtrate kann der Milchzucker titrimetrisch oder polarimetrisch bestimmt werden, wie aus den Handbüchern zu ersehen ist.

Die quantitative Zusammensetzung der Kuhmilch kann bedeutenden Schwankungen unterliegen. Im Mittel enthält die Kuhmilch jedoch nach KÖNIG [2]) in 1000 Teilen:

Wasser	Feste Stoffe	Kasein	Albumin	Fett	Zucker	Salze
871,7	128,3	30,2	5,3	36,9	48,8	7,1
		35,5				

Die Menge der Phosphatide wird am besten im Zusammenhange mit dem Vergleiche von Kuh- und Frauenmilch (s. unten) besprochen. Die Menge des Cholesterins wechselte in den Analysen von W. DENIS und A. S. MINOT [3]) zwischen 0,105 und 0,176 p. m. Von Adenin und Guanin enthält die Kuhmilch nach VOEGTLIN und SHERWIN [4]) als Minimiwerte resp. 0,005 und 0,010 p.m.

Mengen der Extraktivstoffe. DENIS und MINOT (vgl. S. 519) fanden, daß die Menge des Nichtproteinstickstoffes, des Harnstoffstickstoffes und des Aminostickstoffes (nach v. SLYKE) von der Menge des Eiweißes in der Nahrung abhängig war und mit steigenden Eiweißmengen zunimmt. Für die fraglichen drei Stickstofffraktionen fanden sie Schwankungen von resp., 190—350, 52—200 und 26—73 mg Stickstoff in 1000 ccm Milch. Die Mengen der drei Stoffe Harnsäure, Kreatinin und Kreatin waren von der Nahrung unabhängig und betrugen für 1000 ccm Milch resp. 13—20, 10—15 und 20—26 mg.

Menge der Mineralstoffe. Die Menge der Mineralstoffe in 1000 Teilen Kuhmilch war in SÖLDNERS Analysen folgende: K_2O 1,72, Na_2O 0,51, CaO 1,98, MgO 0,20, P_2O_5 1,82 (nach Korrektion für das Pseudonuklein), Cl 0,98 g. BUNGE [5]) fand 0,0035, EDELSTEIN und CSONKA 0,0007—0,001 g Fe_2O_3. Nach SÖLDNER finden sich K, Na und Cl in derselben Menge in der ganzen Milch wie in dem Milchserum. Von der Gesamtphosphorsäure sind 36—56 p. c. und von dem Kalk 53—72 p. c. nicht einfach in der Flüssigkeit gelöst. Ein Teil dieses Kalkes ist an Kasein gebunden, der Rest findet sich an Phosphorsäure gebunden als ein Gemenge von Di- und Trikalziumphosphat, welches von dem Kasein gelöst oder suspendiert gehalten wird. RONA und MICHAELIS [6]) fanden etwa 40—50 p. c. von der gesamten Kalkmenge diffusibel; nach ihnen soll dagegen fast die Hälfte des Kalziums als eine nicht dissoziierbare Kaseinverbindung in der Milch enthalten sein, während die letztere nur eine kaum nennenswerte Menge suspendiertes Kalziumphosphat enthält. Die Frage von der Verteilung des Kalziums und der Phosphorsäure in der Milch ist indessen noch nicht hin-

---

[1]) Zeitschr. f. physiol. Chem. **22.** [2]) Chemie der menschl. Nahrungs- u. Genußmittel, 3. Aufl. [3]) Journ. of biol. Chem. **36.** [4]) Ebenda **33.** [5]) G. BUNGE, Zeitschr. f. Biol. **10;** F. EDELSTEIN u. F. v.CSONKA, Bioch. Zeitschr. **38.** [6]) Bioch. Zeitschr. **21.**

reichend aufgeklärt. Nach L. v. SLYKE und BOSWORTH[1]), welche Untersuchungen über den Zustand des Kaseins und der Salze in der Milch wie auch vergleichende Analysen von Kuh-, Ziegen- und Menschenmilch ausgeführt haben, soll die Kuhmilch kein Trikalziumphosphat, sondern nur Dikalziumphosphat (1,75 p. m.) und Kalziumchlorid (1,19 p. m.) enthalten. Sie enthält ferner 1,03 p. m. Monomagnesiumphosphat, 2,3 p. m. Dikaliumphosphat, 2,22 p. m. Natrium- und 0,52 p. m. Kaliumzitrat. Die Gesamtmenge der Phosphorsäure (P_2O_5) war also 2,52 p. m. und folglich viel größer als in den Analysen SÖLDNERS (1,82 p. m.). In dem Milchserum überwiegen die Basen über die Mineralsäuren. Der Überschuß der ersteren ist an organische Säuren, welche einer Menge von 2,5 p. m. Zitronensäure entsprechen (SÖLDNER), gebunden.

Die Gase der Milch bestehen hauptsächlich aus CO_2 nebst ein wenig N und Spuren von O. PFLÜGER[2]) fand 10 Vol. p. c. CO_2 und 0,6 Vol. p. c. N, bei 0^0 C und 760 mm Hg-Druck berechnet. Die Milchgase.

Die Schwankungen in der Zusammensetzung der Milch rühren von mehreren Umständen her.

Das **Kolostrum** oder die Milch, welche vor dem Kalben und in den nächsten Tagen nach demselben abgesondert wird, ist gelblich, bisweilen alkalisch aber oft auch sauer, von höherem spez. Gewicht, 1,046—1,080, und einem größeren Gehalte an festen Stoffen als gewöhnliche Milch. Außer Fettkügelchen enthält das Kolostrum als wesentlichste Formelemente zahlreiche Kolostrumkörperchen — kernhaltige, granulierte Zellen von 0,05—0,025 mm Durchmesser mit zahlreichen Fettkörnchen und Fettkügelchen. Das Fett des Kolostrums hat einen etwas höheren Schmelzpunkt und ist ärmer an flüchtigen Fettsäuren als das Fett der gewöhnlichen Milch (NILSON)[3]). Die Jodzahl des Kolostralfettes ist höher als die des Milchfettes. Der Gehalt an Cholesterin und Lezithin ist regelmäßig größer. Der augenfälligste Unterschied von gewöhnlicher Milch liegt jedoch darin, daß das Kolostrum wegen seines absolut und relativ größeren Gehaltes an Globulin und Albumin beim Erhitzen zum Sieden gerinnt. Die Zusammensetzung des Kolostrums ist sehr schwankend. Als Mittel gibt KÖNIG folgende Zahlen für 1000 Teile an: Kolostrum.
Kolostrum.

Wasser	Feste Stoffe	Kasein	Albumin u. Globulin	Fett	Zucker	Salze
746,7	253,3	40,4	136,0	35,9	26,7	15,6

Die Werte für Nichtprotein-, Harnstoff- und Aminostickstoff sind nach DENIS und MINOT im Kolostrum höher als in gewöhnlicher Milch und nähern sich erst am vierten Tage nach dem Kalben den Werten der letzteren.

Die Frage von dem Einfluß der Nahrung auf die Zusammensetzung der Milch soll im Zusammenhange mit der Frage von dem Chemismus der Milchsekretion abgehandelt werden.

Im nächsten Anschluß an die Zusammensetzung der Milch werden Mittelzahlen für abgerahmte Milch und einige andere Milchpräparate hier angeführt.

	Wasser	Eiweiß	Fett	Zucker	Milchsäure	Salze
Abgerahmte Milch . .	906,6	31,1	7,4	47,5	—	7,4
Rahm	655,1	36,1	267,5	35,2	—	6,1
Buttermilch	902,7	40,6	9,3	37,3	3,4	6,7
Molken	932,4	8,5	2,3	47,0	3,3	6,5

Kumys, Kefir und Yoghurt erhält man, wie oben erwähnt, durch Alkohol- und Milchsäuregärung des Milchzuckers, im ersteren Falle aus Stutenmilch, in den letzteren aus Kuhmilch. Es werden dabei reichliche Mengen Kohlensäure gebildet, und die Eiweißkörper der Milch sollen dabei angeblich teilweise in Albumosen und Peptone übergehen, Kumys und Kefir.

---

[1]) Journ. of biol. Chem. **20** u. **24**.   [2]) PFLÜGERS Arch. **2**.   [3]) Vgl. MALYs Jahresb. **21**. Vgl. auch ENGEL u. BODE, Zeitschr. f. physiol. Chem. **74**.

wodurch die Verdaulichkeit erhöht werden soll. Der Gehalt an Milchsäure in Kumys und Kefir kann etwa 10—20 p. m. betragen. Der Gehalt an Alkohol schwankt recht bedeutend, von 10—35 p. m.

Milch anderer Tierarten. Die Ziegenmilch hat eine mehr gelbliche Farbe und einen anderen, mehr spezifischen Geruch als die Kuhmilch. Die mit Säure oder Lab erhaltenen Gerinnsel sollen fester oder härter als die der Kuhmilch sein. Die Schaf-milch hat ein höheres spez. Gewicht und nach den meisten Analysen einen größeren Gehalt an sowohl Eiweiß wie Fett als die Kuhmilch.

Die Stutenmilch reagiert alkalisch und enthält angeblich ein Kasein, welches von Säure nicht in Klümpchen oder festeren Massen, sondern wie das Kasein der Frauen-milch als feine Flöckchen gefällt werden soll. Von Lab soll dieses Kasein nur unvollständig koaguliert werden und es ähnelt übrigens auch in anderer Hinsicht sehr dem Kasein der Menschenmilch. Nach BIEL [1] ist indessen das Kasein der Kuh- und der Stutenmilch dasselbe, und das in gewisser Hinsicht verschiedene Verhalten der zwei Milchsorten soll nur durch einen verschiedenen Salzgehalt und eine verschiedene Relation zwischen Kasein und Albumin bedingt sein. Dies stimmt jedoch weder mit den oben (S. 512) angeführten Kaseinanalysen von TANGL und CSÓKÁS noch mit den Untersuchungen von ZAITSCHEK und v. SZONTAGH, nach welchen das Kasein der Eselin- und Stutenmilch von Pepsinsalzsäure ohne Rückstand verdaut wird. Nach ENGEL und DENNEMARK [2] zeichnet sich das Kolostrum der Stute wie das der Eselinnen dadurch aus, daß es reicher an Kasein als die Milch ist. Die Eselinnenmilch soll älteren Angaben zufolge der Menschenmilch ähnlich sein: nach SCHLOSSMANN ist sie indessen bedeutend ärmer an Fett. Zu ähnlichen Resultaten führten auch die Untersuchungen von ELLENBERGER, der ebenfalls sonst eine große Ähn-lichkeit zwischen Eselin- und Frauenmilch fand. Der mittlere Gehalt an Eiweiß war 15 p. m. mit 5,3 p. m. Albumin und 9,4 p. m. Kasein. Letzteres soll, wie dasjenige der Frauenmilch, bei der Pepsinverdauung kein Pseudonuklein geben, was mit den obenge-nannten Untersuchungen von ZAITSCHEK gut stimmt. Der Gehalt an Nukleon war etwa derselbe wie in der Frauenmilch. Der Gehalt an Fett war 15 und derjenige an Zucker 50—60 p. m. Die Renntiermilch zeichnet sich nach WERENSKIOLD [3] durch einen großen Gehalt an Fett, 144,6—197,3 p. m., und an Kasein, 80,6—86,9 p. m., aus.

Die Milch der Fleischfresser, der Hündinnen und Katzen, soll sauer reagieren und sehr reich an festen Stoffen sein. Die Zusammensetzung der Milch dieser Tiere schwankt jedoch mit der Zusammensetzung der Nahrung sehr. Die Walfischmilch soll nach SCHEIBE auffallenderweise keinen Milchzucker oder anderen Zucker enthalten.

Um die Zusammensetzung der Milch einiger Tiere näher zu beleuchten, werden hier einige, zum Teil den Zusammenstellungen KÖNIGS entlehnte Zahlen mitgeteilt. Da die Milch jeder Tierart eine wechselnde Zusammensetzung haben kann und da verschiedene Autoren abweichende Zahlen erhalten haben, sind indessen diese Zahlen mehr als Beispiele wie als allgemeingültige Ausdrücke für die Zusammensetzung der verschiedenen Milch-sorten zu betrachten [4]).

Marginalia: Ziegen- und Schafmilch. / Stuten- und Eselinnenmilch. / Zusammensetzung der Milch verschiedener Tierarten.

Milch von	Wasser	Feste Stoffe	Eiweiß	Fett	Zucker	Salze
Hund	754,4	245,6	99,1	95,7	31,9	7,3
Katze	816,3	183,7	90,8	33,3	49,1	5,8
Ziege	869,1	130,9	36,9	40,9	44,5	8,6
Schaf	835,0	165,0	57,4	61,4	39,6	6,6
Kuh	871,7	128,3	35,5	36,9	48,8	7,1
Pferd	900,6	99,4	18,9	10,9	66,5	3,1
Esel	900,0	100,0	21,0	13,0	63,0	3,0
Schwein . . .	823,7	176,3	60,9	64,4	40,4	10,6
Elefant	678,5	321,5	3,09	195,7	88,5	6,5
Delphin . . .	486,7	513,3		437,6		4,6
Walfisch [5]) . .	698,0	302,0	94,3	194,0		9,9

Menschenmilch.

Die Frauenmilch reagiert amphoter. Nach COURANT reagiert sie relativ stärker alkalisch als die Kuhmilch, zeigt aber dieser gegenüber einen niedrigeren

---

[1]) Studien über die Eiweißstoffe des Kumys und Kefirs, St. Petersburg 1886 (RICKER). [2]) ENGEL u. DENNEMARK, Zeitschr. f. physiol. Chem. **76**. [3]) ZAITSCHEK l. c.; SCHLOSSMANN, Zeitschr. f. physiol. Chem. **22**; ELLENBERGER, Arch. f. (Anat. u.) Physiol. 1899 u. 1902; WERENSKIOLD, MALYS Jahresb. **25**. [4]) Ausführlicheres über die Milch verschiedener Tiere findet man bei PRÖSCHER, Zeitschr. f. physiol. Chem. **24**; ABDER-HALDEN ebenda **27**; bezüglich der Schweinemilch vgl. man ZUNTZ u. OSTERTAG, Landw. Jahresb. **37**. [5]) A. SCHEIBE, zit. nach MALYS Jahresb. **39**, 202.

absoluten Grad sowohl der Alkaleszenz wie der Azidität. COURANT fand für die Zeit zwischen dem 10. Tage und 14. Monate nach der Entbindung in der Milch ziemlich konstante Zahlen, die sowohl für die Alkaleszenz wie für die Azidität nur wenig niedriger als im Wochenbett waren. 100 ccm Milch reagierten als Mittel alkalisch wie 10,8 ccm $\frac{n}{10}$ Lauge und ebenso sauer wie 3,6 ccm $\frac{n}{10}$ Säure. Die Relation zwischen Alkaleszenz und Azidität war also in der Frauenmilch gleich 3:1, in der Kuhmilch dagegen gleich 2,1:1. Die wirkliche, elektrometrisch bestimmte Reaktion ist jedoch ebenso wie die der anderen Milcharten fast neutral. H. DAVIDSOHN[1]) fand als Mittel in 20 Fällen $p_H = 6,97$. Reaktion.

Die Frauenmilch soll ferner eine geringere Menge von Fettkügelchen als die Kuhmilch enthalten, wogegen jene in der Frauenmilch größer sein sollen. Das spez. Gewicht der Frauenmilch schwankt zwischen 1026 und 1036, meistens jedoch zwischen 1028 und 1034. Bei gut genährten Frauen findet man übrigens die höchsten, bei schlecht ernährten dagegen die niedrigsten Werte. Die Gefrierpunktserniedrigung ist im Mittel 0,589°, nach WINTER und PARMENTIER[2]) konstant 0,55°, und die molekulare Konzentration etwa 0,318. Frauen-
milch.

Das Fett der Frauenmilch ist von RUPPEL untersucht worden. Es stellte eine gelblich-weiße, der Kuhbutter ähnliche Masse dar, deren spez. Gewicht bei $+ 15°$ C 0,966 betrug. Der Schmelzpunkt lag bei 34,0° und der Erstarrungspunkt bei 20,2° C. Aus dem Fette konnten folgende Fettsäuren in Substanz dargestellt werden, nämlich Buttersäure, Kapronsäure, Kaprinsäure, Myristinsäure, Palmitinsäure, Stearinsäure und Ölsäure. Das Fett der Frauenmilch ist nach RUPPEL und nach LAVES[3]) verhältnismäßig arm an flüchtigen Säuren. Die nicht flüchtigen bestehen fast zur Hälfte aus Ölsäure, während unter den festen Fettsäuren die Myristin- und Palmitinsäure der Stearinsäure gegenüber vorherrschen. Fett.

Der wesentlichste qualitative Unterschied zwischen Frauenmilch und Kuhmilch betrifft, wie es scheint, das Eiweiß oder näher bestimmt das Kasein. Eine Menge von älteren und jüngeren Forschern[4]) haben hervorgehoben, daß das Kasein der Frauenmilch andere Eigenschaften als das Kasein der Kuhmilch hat. Die wesentlichsten Unterschiede sollten folgende sein. Das Frauenmilchkasein ist schwieriger mit Säuren oder Salzen auszufällen. Es gerinnt nicht regelmäßig in der Milch nach Labzusatz, was übrigens wesentlich von dem geringen Gehalte der Milch an Kalksalzen und Kasein abhängen dürfte. Es kann freilich von Magensaft gefällt werden, löst sich aber leicht vollständig in einem Überschusse davon; der durch Säure erzeugte Kaseinniederschlag löst sich leichter in überschüssiger Säure, und endlich stellen die aus Frauenmilchkasein bestehenden Gerinnsel nicht so große und derbe Massen wie die aus Kuhkasein dar, sondern sind mehr locker und feinflockig. Diesem letztgenannten Umstande mißt man eine große Bedeutung bei, indem man hierdurch die allgemein angenommene leichtere Verdaulichkeit des Frauenmilchkaseins erklären will. Frauen- und
Kuhmilch-
kasein.

Die Frage, inwieweit die oben genannten Unterschiede von einer bestimmten Verschiedenheit der zwei Kaseine oder nur von einer ungleichen

---

[1]) l. c. Fußnote 3, S. 509; vgl. auch A. SZILI, Bioch. Zeitschr. 84 und FOÀ, Compt. rend. soc. biol. 58.   [2]) Vgl. MALYS Jahresb. 34.   [3]) RUPPEL, Zeitschr. f. Biol. 31; LAVES, Zeitschr. f. physiol. Chem. 19.   [4]) Vgl. hierüber BIEDERT, Unters. über die chem. Unterschiede der Menschen- und Kuhmilch, Stuttgart 1884; LANGGAARD, VIRCHOWS Arch. 65 und MAKRIS, Studien über die Eiweißkörper der Frauen- und Kuhmilch, Inaug.-Dissert., Straßburg 1876.

Relation zwischen Kasein und Salzen in den zwei Milchsorten bzw. von anderen Umständen herrühren, ist übrigens noch nicht erledigt worden. Nach SZONTAGH und ZAITSCHEK und nach WRÓBLEWSKY soll das Kasein der Menschenmilch bei der Pepsinverdauung kein Pseudonuklein liefern und demnach kein Nukleoalbumin sein. Nach KOBRAK liefert das Frauenmilchkasein etwas Pseudonuklein, und durch wiederholtes Auflösen in Alkali und Ausfällen mit einer Säure wird es dem Kuhmilchkasein mehr und mehr ähnlich. Er findet es deshalb wahrscheinlich, daß das Frauenmilchkasein eine Verbindung zwischen einem Nukleoalbumin und einem basischen Eiweißstoffe ist. Nach

Frauen- und Kuhmilchkasein. WRÓBLEWSKY hat das Frauenmilchkasein eine andere Zusammensetzung, nämlich C 52,24, H 7,32, N 14,97, P 0,68, S 1,117 p. c. Wesentlich niedrigere Werte für N, S und namentlich P, nämlich bzw. 14,34, 0,85 und 0,27 p. c. haben LANGSTEIN und BERGELL erhalten. Nach LANGSTEIN und EDELSTEIN soll der Phosphorgehalt nur 0,22—0,29 p. c. sein. BOSWORTH und GIBLIN[1] fanden dagegen im Menschenkasein dieselben Werte für Stickstoff, Schwefel und Phosphor wie im Kuhkasein, nämlich resp. 15,75, 0,7 und 0,7 p. c. Es wird nach ihnen von Lab wie gewöhnliches Kasein koaguliert, liefert dabei 2 Mol. Parakasein und soll ferner bezüglich der Alkali- und Kalziumkaseinate wie das Kuhkasein sich verhalten. Bei der Hydrolyse konnten auch ABDERHALDEN und LANGSTEIN keine sicher feststellbaren Unterschiede zwischen Kuh- und Frauenmilchkasein finden.

Neben dem Kasein enthält die Frauenmilch auch Laktalbumin und eine andere, sehr schwefelreiche (4,7 p. c.) und verhältnismäßig kohlenstoffarme Proteinsubstanz, welche WRÓBLEWSKY Opalisin nennt. Nach FÜRTH[2] und Mitarbeitern soll das Molkeneiweiß in der Frauenmilch viel reicher an Tryptophan, etwa 6 p. c., als das der Kuhmilch, gegen 3 p. c., sein.

Darstellung. Die Ausfällung des Kaseins aus der Frauenmilch mit einer Säure und seine Reindarstellung ist oft recht schwer, gelingt jedoch gewöhnlich leichter nach der Dialyse. Zu seiner Darstellung ist auch eine Menge von Methoden vorgeschlagen worden. In neuerer Zeit haben FULD und WOHLGEMUTH ein vorgängiges Gefrieren der Milch empfohlen, wodurch das Kaseinkorn gewissermaßen eine Vergröberung, welche die Ausfällung erleichtert, erfahren soll. ENGEL[3] empfiehlt die Verdünnung mit Wasser auf das Fünffache und Zusatz von 60—80 ccm $\frac{n}{10}$ Essigsäure (auf je 100 ccm Milch). Die Mischung wird erst 2—3 Stunden abgekühlt und dann, nach Umschütteln, bei 40° im Wasserbade einige Minuten erwärmt. BOSWORTH und GIBLIN konnten das Kasein mit 0,6 p. c. Essigsäure ausfällen.

Zusammensetzung der Frauenmilch. Die quantitative Zusammensetzung der Frauenmilch ist, selbst wenn man von denjenigen Differenzen absieht, welche von der Unvollkommenheit der angewendeten analytischen Methoden herrühren, recht schwankend. Durch zahlreiche Analysen, von denen einige, wie die von PFEIFFER, ADRIANCE, CAMERER und SÖLDNER[4], an einer großen Anzahl von Milchproben angestellt wurden, ist es indessen sicher festgestellt worden, daß die Frauenmilch wesentlich ärmer an Eiweiß, aber reicher an Zucker als die Kuhmilch ist. Die Menge

---

[1] SZONTAGH, MALYS Jahresb. 22; ZAITSCHEK l. c.; WRÓBLEWSKY, Beitr. z. Kenntn. des Frauenkaseins, Inaug.-Diss. Bern 1894 und „Ein neuer eiweißartiger Bestandteil der Milch", Anzeiger der Akad. d. Wiss. in Krakau 1898; KOBRAK, PFLÜGERS Arch. 80; L. LANGSTEIN u. BERGELL, zit. nach Bioch. Zentralbl. 8, 323; LANGSTEIN u. EDELSTEIN, MALYS Jahresb. 40, 254; BOSWORTH u. L. GIBLIN, Journ. of biol. Chem. 35. [2] ABDERHALDEN u. LANGSTEIN, Zeitschr. f. physiol. Chem. 66; FÜRTH, Bioch. Zeitschr. 109. [3] FULD u. WOHLGEMUTH, Bioch. Zeitschr. 5; ENGEL ebenda 14. [4] PFEIFFER, Jahrb. f. Kinderheilk. 20, auch MALYS Jahresb. 13; V. ADRIANCE and J. ADRIANCE, a. chem. report etc., Arch. of Pediatr. 1897, New-York; CAMERER u. SÖLDNER, Zeitschr. f. Biol. 33 u. 36.

des Eiweißes schwankt gewöhnlich zwischen 10—20 p. m., beträgt oft nur 15—17 p. m. oder darunter, ist aber von der Dauer der Laktation abhängig (s. unten). Die Menge des Fettes schwankt ebenfalls bedeutend, beträgt aber gewöhnlichenfalls 30—40 p. m. Der Gehalt an Zucker dürfte kaum unter 50 p. m. herabgehen, kann aber bis gegen 80 p. m. betragen. Als Mittel dürfte er zu etwa 60 p. m. angeschlagen werden können, wobei indessen zu beachten ist, daß auch die Milchzuckermenge von der Laktation abhängig ist, indem sie mit der Dauer derselben ansteigt. Die Menge der Mineralstoffe schwankt zwischen 2 und 4 p. m. Frauen-
milch.

Die Verteilung des Gesamtstickstoffes in der Frauenmilch ist nach A. Frehn [1]) eine recht schwankende. Als ungefähre Durchschnittszahlen kann man jedoch auf Grund seiner Bestimmungen für das Kasein 40—45, für übrige Proteine 35—40 und für den Reststickstoff etwa 20 p. c. des Gesamtstickstoffes berechnen. Denis und Mitarbeiter [2]) fanden in 71 Milchproben in je 1000 ccm Milch 200—370 mg Gesamtreststickstoff, 83—160 mg Harnstoff-stickstoff, 30—89 mg Aminostickstoff, als Kreatin 19—39 und als präformiertes Kreatinin 11—16 mg Stickstoff. Die Menge der Harnsäure war 0,017—0,044 p. m. Camerer und Söldner [3]) fanden in 1000 Frauenmilch 110—120 mg Harnstoff-stickstoff, Schöndorff [4]) dagegen etwa doppelt so viel, nämlich 230 mg. Stickstoff-
verteilung.

Die Menge des Cholesterins in der Milch von 44 Frauen schwankte in den Analysen von Denis und Minot [5]) zwischen 0,096 und 0,380 p. m.

Die wesentlichsten Unterschiede zwischen Frauenmilch und Kuhmilch gelten die quantitativen Verhältnisse. Die Menge des Kaseins ist nicht nur absolut, sondern auch relativ — im Verhältnis zu der Menge des Albumins — kleiner in der Frauenmilch als in der Kuhmilch, wogegen letztere ärmer an Milchzucker ist. Die Frauenmilch ist reicher an Phosphatiden, als Lezithin berechnet, namentlich im Verhältnis zu dem Eiweißgehalte. Burow fand in der Kuhmilch 0,49—0,58 und in der Frauenmilch 0,58 p. m. Lezithin, was, in Proz. der Eiweißmenge berechnet, in jener Milch 1,40 und in dieser 3,05 p. c. entspricht. Nerking und Haensel fanden als Mittelwerte für das Lezithin in Kuhmilch 0,63 und in Frauenmilch 0,50 p. m. Glikin fand als Mittel in der Kuhmilch 0,765 und in der Frauenmilch 1,329 p. m. Lezithin (Phosphatide). Nach Koch enthalten Frauen- und Kuhmilch sowohl Lezithin wie Kephalin. Die Gesamtmenge der beiden Stoffe war in der Frauenmilch 0,78 und in der Kuhmilch 0,72—0,86 p. m. Der Gehalt an Nukleon soll größer in der Frauen-milch sein. Nach Wittmaack enthält die Kuhmilch 0,566 p. m., die Frauen-milch dagegen 1,24 p. m. Nukleon, und nach Valenti soll die Menge Nukleon in der Frauenmilch sogar noch größer sein. Nach Siegfried beträgt in der Kuhmilch der Nukleonphosphor 6,0 p. c., in der Frauenmilch 41,5 p. c. des Gesamtphosphors, und übrigens soll in der Frauenmilch fast nur organisch gebundener Phosphor vorhanden sein. Dies stimmt jedoch nicht mit dem Befunde von Sikes, nach welchem im Mittel rund nur 42 p. c. der gesamten P_2O_5 als organisch gebunden vorkommen sollen. Infolge ihres großen Gehaltes an Kasein (und Kalziumphosphat) ist die Kuhmilch immer viel reicher an Phosphor als die Frauenmilch. Die Relation $P_2O_5 : N$ ist nach Schlossmann [6]) in der Frauenmilch $= 1:5,4$ und in der Kuhmilch $= 1:2,7$. Die Frauen- Unter-
schiede
zwischen
Frauen-
milch und
Kuhmilch.

[1]) Zeitschr. f. physiol. Chem. **65**; vgl. auch Engel u. Frehn, Malys Jahresb. **40**. [2]) Denis mit F. Talbot und A. S. Minot, Journ. of biol. Chem. **39**. [3]) Zeitschr. f. Biol. **39**. [4]) Pflügers Arch. **81**. [5]) Journ. of biol. Chem. **36**. [6]) Burow, Zeitschr. f. physiol. Chem. **30**; Koch ebenda 47; Wittmaack ebenda 22; Siegfried ebenda 22; Nerking u. E. Haensel, Bioch. Zeitschr. **13**; W. Glikin ebenda **21**; Valenti, Bioch. Zentralbl. **4**; Schlossmann, Arch. f. Kinderheilk. **40**; A. W. Sikes, Journ. of Physiol. **34**.

milch ist ärmer an Mineralstoffen, namentlich Kalk, und sie enthält nur $\frac{1}{6}$ von der entsprechenden Menge dieses Stoffes in der Kuhmilch. Die Mineralstoffe der Frauenmilch sollen vom Säuglingsorganismus besser als die der Kuhmilch ausgenutzt werden. Die Menge der Zitrate ist in der Frauenmilch absolut kleiner, aber relativ, im Verhältnis zu den übrigen Mineralstoffen, größer als in der Kuhmilch. In der letzteren betragen sie etwa 30 und in der ersteren etwa 50 p. c. von der Gesamtmenge der Salze (L. v. SLYKE und BOSWORTH).

Umikoffs Reaktion. Ein anderer Unterschied zwischen Frauenmilch und anderen Milchsorten, die, wie es scheint, mit der quantitativen Zusammensetzung, namentlich der Relation zwischen Milchzucker, Zitronensäure, Kalk und Eisen zusammenhängt (SIEBER) [1], ist die UMIKOFFsche Reaktion. Diese besteht darin, daß, wenn man 5 ccm Frauenmilch nach Zusatz von 2,5 ccm Ammoniak (von 10 p. c.) 15—20 Minuten auf 60° C erhitzt, das Gemenge violettrot wird. Kuhmilch gibt hierbei höchstens eine gelblichbraune Farbe.

Über die Menge der Mineralstoffe in der Frauenmilch liegen Analysen namentlich von BUNGE (Analysen A und B) und von SÖLDNER und CAMERER (Analyse C) vor [2]. BUNGE analysierte die Milch derselben Frau, teils 14 Tage nach der Entbindung nach einer 4tägigen Periode von sehr kochsalzarmer Nahrung (A), teils 3 Tage später nach einem täglichen Zusatze von 30 g NaCl zu der Nahrung (B). Die Zahlen sind auf 1000 g Milch berechnet.

	A	B	C
K_2O	0,780	0,703	0,884
Na_2O	0,232	0,257	0,357
CaO	0,328	0,343	0,378
MgO	0,064	0,065	0,053
Fe_2O_3	0,004	0,006	0,002
P_2O_5	0,473	0,469	0,310
Cl	0,438	0,445	0,591

Die Mineralstoffe der Frauenmilch.

Das Verhältnis der zwei Stoffe, des Kaliums und des Natriums, zueinander kann nach den Bestimmungen BUNGES recht bedeutend schwanken (1,3—4,4 Äqv Kali auf je 1 Äqv Natron). Durch Zusatz von Kochsalz zu der Nahrung steigt der Gehalt der Milch an Natrium und Chlor etwas, während ihr Gehalt an Kalium abnimmt. DE LANGE fand im Anfange der Laktation mehr Na als K in der Milch. JOLLES und FRIEDJUNG fanden in der Frauenmilch durchschnittlich 5,9 mg Eisen im Liter, CAMERER und SÖLDNER [3] etwa dieselbe Menge, nämlich 10—20 mg $F_2O_3 = 3,5—7$ mg Eisen, in 1000 g Frauenmilch.

Nach BOSWORTH und L. v. SLYKE [4] enthält die Frauenmilch überhaupt kein Kalziumphosphat, und die Phosphorsäure kommt nur als Monomagnesiumphosphat, 0,27, und Monokaliumphosphat, 0,69 p. m., vor. Das Chlor würde nur als Kalziumchlorid, 0,59 p. m., vorkommen.

Gase. Die Gase der Frauenmilch sind von E. KÜLZ [5] untersucht worden. Er fand in 100 ccm Milch 1,07—1,44 ccm Sauerstoff, 2,35—2,87 ccm Kohlensäure und 3,37—3,81 ccm Stickstoff.

Inwieweit die Kuhmilch durch Verdünnung mit Wasser und passende Zusätze geeignet gemacht werden kann, die Frauenmilch als Nahrung für den Säugling zu ersetzen, ist nicht sicher zu entscheiden, bevor die Verschiedenheiten des Eiweißes dieser zwei Milchsorten eingehender studiert worden sind.

---

[1] Zeitschr. f. physiol. Chem. **30.**   [2] BUNGE, Zeitschr. f. Biol. **10**; CAMERER u. SÖLDNER ebenda **39** u. **44.**   [3] DE LANGE, MALYS Jahresb. **27**; JOLLES u. FRIEDJUNG, Arch. f. exp. Path. u. Pharm. **46**; CAMERER (u. SÖLDNER), Zeitschr. f. Biol. **46.**   [4] l. c. Fußnote 1, S. 521.   [5] Zeitschr. f. Biol. **32.**

Das **Kolostrum** hat ein höheres spez. Gewicht, 1,040—1,060, einen größeren Reichtum an koagulablem Eiweiß und eine mehr gelbliche Farbe als gewöhnliche Frauenmilch. Schon einige Tage nach der Entbindung wird Kolostrum. jedoch die Farbe mehr weiß und der Albumingehalt kleiner, und ebenso nimmt die Anzahl der Kolostrumkörperchen ab.

Über die Veränderungen in der Zusammensetzung der Milch nach der Entbindung liegen, außer den älteren Analysen von CLEMM[1]), mehrere andere Untersuchungen, von PFEIFFER, V. und J. ADRIANCE, CAMERER und SÖLDNER vor. Aus diesen Untersuchungen geht als einstimmiges Resultat hervor, daß der Eiweißgehalt, welcher in den zwei ersten Tagen mehr, zuweilen wesentlich mehr als 30 p. m. betragen kann, zuerst ziemlich rasch und dann mit der Dauer der Laktation mehr allmählich abnimmt, so daß er in der dritten Zusammensetzung und Woche meistens etwa 10—18 p. m. beträgt. Wie die Proteinstoffe nehmen Laktation. auch die Mineralbestandteile allmählich ab. Die Menge des Fettes zeigt keine regelmäßigen und konstanten Schwankungen während der Laktation, wogegen der Milchzucker, namentlich nach den Beobachtungen von V. und J. ADRIANCE (120 Analysen), während der ersten Tage ziemlich rasch und dann nur sehr langsam bis zum Ende der Laktation ansteigt. Auch die Analysen von PFEIFFER, CAMERER und SÖLDNER lassen ein Ansteigen der Milchzuckermenge erkennen.

Die beiden Brüste derselben Frau können, wie SOURDAT und später auch BRUNNER[2]) gezeigt haben, eine etwas verschiedene Milch liefern. Ebenso können verschiedene Milchportionen derselben Melkung eine abweichende Zusammensetzung haben. Die zuerst austretende Portion wird regelmäßig ärmer an Fett gefunden.

Das Alter der Frau soll nach VERNOIS und BECQUEREL[3]) derart auf die Zusammen- Einwirkung setzung der Milch einwirken, daß man bei Frauen von 15—20 Jahren den größten Eiweiß- verschie- und Fettgehalt und den kleinsten Zuckergehalt findet. Der kleinste Eiweiß- und der dener Umgrößte Zuckergehalt sollen in dem Alter von 20 oder von 25—30 Jahren vorkommen. die Zusam- Nach V. und B. soll die Milch von Erstgebärenden wasserreicher — mit einer gleich- mensetzung förmigen Verminderung des Kasein-, des Zucker- und Fettgehaltes — als die von Mehr- der Frauengebärenden sein. milch.

Hexenmilch nennt man das Sekret der Brustdrüsen bei Neugeborenen beider Geschlechter unmittelbar nach der Geburt. Dieses Sekret hat in qualitativer Hinsicht Hexen- dieselbe Beschaffenheit wie die Milch, kann aber in quantitativer Hinsicht bedeutende milch. Abweichungen und Schwankungen zeigen. Von älteren Forschern ausgeführte Analysen der Hexenmilch von Kindern haben für dieselbe einen Gehalt von 10,5—28 p. m. Eiweiß, 8,2—14,6 p. m. Fett und 9—16 p. m. Zucker ergeben.

Da die Milch während einer bestimmten Periode des Lebens ein für Menschen und Säugetiere ausreichendes Nahrungsmittel ist, so muß sie auch sämtliche für das Leben notwendige Nährstoffe enthalten. Dementsprechend findet man auch in der Milch Repräsentanten der drei Hauptgruppen organischer Nährsubstanz, Eiweiß, Kohlehydrate und Fette, welche zwei letztere hier wie sonst einander gegenseitig zum Teil vertreten können. Außerdem Die Mineralenthält alle Milch Phosphatide und Vitamine (s. Kapitel 18). Auch die Mineral- bestandstoffe müssen in ihr in einem passenden Mengenverhältnis vorkommen, und Milch und von diesem Gesichtspunkte aus ist es von Interesse, daß, wie BUNGE nach- organismus gewiesen hat, die Milch der Hündin die Mineralstoffe in ziemlich demselben des Säugrelativen Verhältnis enthält, in welchem sie in dem Körper des säugen- lings. den jungen Tieres vorkommen. Es kommen nach BUNGE[4]) auf 1000 Gewichtsteile Asche in dem neugeborenen Hunde (A) und in der Hundemilch (B):

---

[1]) Vgl. HOPPE-SEYLER, Physiol. Chem. S. 734. [2]) SOURDAT, Compt. Rend. **71**; BRUNNER, PFLÜGERS Arch. 7. [3]) VERNOIS u. BECQUEREL, Du lait chez la femme dans l'état de santé etc., Paris 1853. [4]) Zeitschr. f. physiol. Chem. **13**, 399.

	A	B
K_2O	114,2	149,8
Na_2O	106,4	88,0
CaO	295,2	272,4
MgO	18,2	15,4
Fe_2O_3	7,2	1,2
P_2O_5	394,2	342,2
Cl	83,5	169,0

Milchasche. Daß die Milchasche etwas kalireicher und natronärmer als die Asche des neugeborenen Tieres ist, findet nach BUNGE eine teleologische Erklärung darin, daß in dem wachsenden Tiere die kalireiche Muskulatur relativ zunimmt und die natronreichen Knorpel dagegen relativ abnehmen. Das unerwartete Verhalten, daß der Gehalt an Eisen in der Milchasche sechsmal geringer als in der Asche des Säuglings ist, erklärt BUNGE durch die von ihm und ZALESKY gefundene Tatsache, daß der Eisengehalt des Gesamtorganismus und der Organe bei der Geburt am höchsten ist. Der Säugling hat also einen Eisenvorrat für das Wachstum der Organe schon bei der Geburt mit auf den Lebensweg erhalten.

Die Untersuchungen von HUGOUNENQ, DE LANGE, CAMERER und SÖLDNER[1]) haben indessen gezeigt, daß beim Menschen die Verhältnisse anders als beim Hunde liegen, indem die Asche des Kindes eine wesentlich andere Zusammensetzung als die der Milch hat. Als Beispiele mögen folgende Analysen (von CAMERER und SÖLDNER) von der Asche, A des Säuglings und B der Milch. dienen. Die Zahlen beziehen sich auf 1000 Teile Asche.

	A	B
K_2O	78	314
Na_2O	91	119
CaO	361	164
MgO	9	26
Fe_2O_3	8	6
P_2O_5	389	135
Cl	77	200

Asche der Milch und des Säuglings.

Es kann auch nicht von einer übereinstimmenden Zusammensetzung der Asche des Säuglings und der entsprechenden Milch als von einem allgemeinen Gesetz die Rede sein. Dagegen besteht nach BUNGE[2]) ein Gesetz der Art. daß die Säuglinge der verschiedenen Säugetiere zwar alle nahezu die gleiche Aschenzusammensetzung haben, daß aber die Milchasche um so mehr von der Säuglingsasche abweicht, je langsamer der Säugling wächst, indem sie **Gesetzmäßigkeit zwischen Milchasche und Wachstum.** nämlich hierbei immer reicher an Chloralkalien und relativ ärmer an Phosphaten und Kalksalzen wird. Die Aschenbestandteile der Milch haben nach ihm eine doppelte Aufgabe zu erfüllen, nämlich teils den Aufbau der Gewebe und teils die Bereitung der Exkrete, vor allem des Harnes. Je schneller der Säugling wächst, um so mehr muß die erste, je langsamer desto mehr die zweite hervortreten.

Die Menge der Mineralstoffe in der Milch und namentlich die Menge des Kalkes und der Phosphorsäure steht in der Tat, wie BUNGE und PRÖSCHER und PAGÈS des näheren gezeigt haben, in naher Beziehung zu der Schnelligkeit **Die Milch und das Wachstum.** des Wachstums, indem nämlich die Menge dieser Mineralbestandteile in der Milch der rasch sich entwickelnden und wachsenden Tiere größer als bei langsam wachsenden Tierarten ist. Ein ähnlicher Zusammenhang besteht auch, wie aus den Untersuchungen von PRÖSCHER und namentlich von ABDERHALDEN[3]) hervorgeht, zwischen dem Eiweißgehalte der Milch und der Wachs-

---

[1]) HUGOUNENQ, Compt. Rend. **128**; DE LANGE, Zeitschr. f. Biol. **40**; CAMERER u. SÖLDNER ebenda **39, 40** u. **44**. [2]) BUNGE, Die zunehmende Unfähigkeit der Frauen ihre Kinder zu stillen, München 1900, zit. nach CAMERER, Zeitschr. f. Biol. **40**. [3]) PRÖSCHER, Zeitschr. f. physiol. Chem. **24**; ABDERHALDEN ebenda **27**; PAGÈS, Arch. de Physiol. (5) **7**, 591.

tumsgeschwindigkeit des Säuglings.   Der Eiweißgehalt ist nämlich größer in der Milch der rascher sich entwickelnden Tiere.

Der Einfluß der Nahrung auf die Zusammensetzung der Milch ist Gegenstand vieler Untersuchungen gewesen.   Aus diesen Untersuchungen ergibt sich, daß beim Menschen wie bei Tieren unzureichende Nahrung die Menge der Milch und den Gehalt derselben an festen Stoffen herabsetzt, während reichliche Nahrung beide vermehrt. Reichlicher Eiweißgehalt der Nahrung vermehrt die Menge der Milch, ihren Gehalt Einfluß der an festen Stoffen und nach den meisten Angaben auch den Fettgehalt. Die Menge des Nahrung auf
Menge und Zuckers in der Frauenmilch fanden einige Forscher nach eiweißreicher Nahrung vermehrt, Zusammen- andere dagegen vermindert.   Reichlicher Fettgehalt der Nahrung kann, wie die setzung
der Milch. Fütterungsversuche von vielen Forschern gezeigt haben, den Fettgehalt der Milch wesentlich vermehren, wenn das Fett in aufnahmsfähiger, leicht verdaulicher Form verabreicht wird.   Die Gegenwart von größeren Mengen Kohlehydraten in der Nahrung scheint keine konstante, direkte Einwirkung auf die Menge der Milchbestandteile auszuüben. Aus den Fütterungsversuchen mit verschiedener Nahrung kann man übrigens wesentlich den Schluß ziehen, daß die Beschaffenheit des Futters von verhältnismäßig geringer Einwirkung ist, während die Rasse und andere Verhältnisse eine wichtige Rolle spielen[1]).

Chemismus der Milchabsonderung.   Daß die in der Milch vorkommenden, wirklich gelösten Bestandteile nicht durch eine Filtration oder Diffusion allein in das Sekret übergehen, sondern vielmehr durch eine spezifisch sekretorische Wirksamkeit der Drüsenelemente abgesondert werden, geht schon daraus hervor, daß der Milchzucker, welcher in dem Blute nicht gefunden Chemismus worden ist, allem Anscheine nach in der Drüse selbst gebildet wird.   Ein der Milch-
absonde- weiterer Beweis liegt darin, daß das Laktalbumin nicht mit dem Serumalbumin rung. identisch ist, und endlich darin, daß, wie BUNGE[2]) gezeigt hat, die mit der Milch abgesonderten Mineralstoffe in ihr in ganz anderen Mengenverhältnissen als in dem Blutserum sich vorfinden.

Über die Entstehung und Absonderung der spezifischen Milchbestandteile ist nur wenig bekannt.   Die ältere Angabe, daß das Kasein aus dem Laktalbumin durch die Einwirkung eines Enzymes entstehe, ist unrichtig und rührt zum Teil von einer Verwechselung von Alkalialbuminat und Kasein her. Besser begründet scheint die Ansicht zu sein, daß das Kasein aus dem Protoplasma der Drüsenzellen abstamme.   Nach den Untersuchungen von BASCH soll das Kasein in der Milchdrüse dadurch entstehen, daß die Nukleinsäure Entstehung des frei gewordenen Kernes intraalveolär mit dem transsudierten Serum zu des Kaseins. einem Nukleoalbumin, dem Kasein, sich verbindet.   Die Unhaltbarkeit dieser Annahme hat jedoch LÖBISCH gezeigt.   Auch die Untersuchungen von HILDEBRANDT[3]) über das proteolytische Enzym der Milchdrüse und die Autolyse der letzteren haben keine Aufschlüsse über die Entstehungsweise des Kaseins geben können.   Dagegen spricht zugunsten der Annahme einer Entstehung des Kaseins aus dem Nukleoproteide der Milchdrüse die oben (S. 508) erwähnte Beobachtung von MANDEL, daß die Hydrolyseprodukte aus dem Eiweißkomponenten des fraglichen Nukleoproteides eine große Übereinstimmung mit denjenigen des Kaseins zeigen.   Das Wahrscheinlichste dürfte jedoch sein, daß das Kasein wie andere Eiweißstoffe durch eine Synthese entsteht, und hierfür sprechen auch die Beobachtungen von C. A. CARY[4]).   Er fand nämlich, daß der Aminosäurestickstoff des Blutes der Eutervene bei nichtmilchenden Kühen etwa derselbe, bei milchenden Kühen dagegen 16—34 p. c. geringer als der des Jugularvenenblutes war.

Daß das Milchfett durch eine Fettbildung im Protoplasma entsteht und daß die Fettkügelchen bei dem Zerfalle desselben frei werden, ist eine

---

[1]) Bezüglich der umfangreichen Literatur über die Wirkung verschiedener Nahrung auf die Milchproduktion vgl. man die Referate in MALYS Jahresb., Abschnitte Milch und Landwirtschaftliches.   [2]) Lehrb. 3. Aufl., S. 93.   [3]) BASCH, Jahrb. f. Kinderheilk. 1898; HILDEBRANDT, HOFMEISTERS Beiträge 5; LÖBISCH ebenda 8.   [4]) Journ. of biol. Chem. 43.

Milchfett. recht verbreitete Ansicht, welche jedoch die Möglichkeit nicht ausschließt, daß das Fett zum Teil von der Drüse aus dem Blute aufgenommen und mit dem Sekrete eliminiert werden kann. Daß ein Übergang von Nahrungsfett in die Milch möglich ist, hat WINTERNITZ durch seine Untersuchungen wahrscheinlich gemacht, indem er nämlich den Übergang von jodiertem Fett in die Milch hat nachweisen können, und diese Beobachtung ist durch weitere Untersuchungen von CASPARI und PARASCHTSCHUK[1]) bestätigt worden. Die reichlichen Mengen Jodfett, welche in diesen Fällen mit der Milch ausgeschieden wurden, rührten nämlich zweifelsohne, wenigstens zum großen Teil, von jodiertem Nahrungsfett her, womit jedoch nicht gesagt sein soll, daß das jodhaltige Milchfett ganz unverändertes jodiertes Nahrungsfett war. Für

Ursprung des Milchfettes. einen Übergang von Nahrungsfett in die Milch sprechen übrigens sowohl ältere wie neuere Untersuchungen über den Übergang von fremden Fetten in die Milch, wenn auch in diesem Punkte noch nicht volle Einigkeit herrscht. Nach SOXHLET soll das aufgenommene Nahrungsfett nicht direkt in die Milch übergehen, sondern an Stelle des Körperfettes zerstört werden, welch letzteres dadurch disponibel und gleichsam in die Milch geschoben wird. HENRIQUES und HANSEN konnten auch nach Verfütterung von Leinöl keine nennenswerte Menge davon in der Milch nachweisen; das Milchfett war aber nicht von normaler Beschaffenheit, sondern hatte eine höhere Jodzahl und einen anderen Schmelzpunkt, weshalb sie geneigt sind, eine Umwandlung des Nahrungsfettes in den Drüsenzellen anzunehmen. Wie das Nahrungsfett, kann wohl auch das Körperfett in der Drüse zu Milchfett verarbeitet werden. Die Versuche von GOGITIDSE[2]) mit Seifen sprechen ferner dafür, daß die Milchdrüse die Fähigkeit hat, durch Synthese Fett aus dessen Komponenten zu bilden.

Eine ganz andere Ansicht von dem Ursprunge des Milchfettes und dessen Bildung aus Nahrungsfett rührt von E. MEIGS, N. R. BLATHERWICK und C. A. CARY[3]) her. In Übereinstimmung mit BLOOR[4]) u. a. nehmen sie eine Synthese von Phosphatiden aus dem Neutralfette der Nahrung und Phosphaten im Tierkörper an, und das Milchfett soll nach ihnen durch einen Zerfall von Phosphatiden in der Drüse entstehen. Untersuchungen von gleichzeitig entnommenen Proben des Blutes der Eutervene und einer Jugularis Milchfett aus Phosphatiden. von sowohl milchenden wie nichtmilchenden Kühen zeigten, daß die Drüse stetig Phosphatide aus dem Blute aufnimmt und anorganische Phosphate an dasselbe abgibt. Während des ersten Monats der Milchabsonderung steigt der Phosphatidgehalt des Plasmas an und hält sich auf dieser Höhe bis zum Schluß der Milchperiode. Aus diesem Verhalten wie aus Parallelbestimmungen des Fettgehaltes in der Milch und des organischen Phosphors in dem Euterblute schließen sie, daß das Fett der Milch nicht von den Triglyzeriden des Blutes, sondern eher von den Phosphatiden herrührt, die in der Drüse in Fett, welches in die Milch übergeht, und anorganische Phosphate, welche an das Blut abgegeben werden, zerfallen.

Ursprung des Milchfettes. Da eine Fettbildung aus Kohlehydraten im Tierkörper als sicher bewiesen angesehen wird, bleibt ferner die Möglichkeit offen, daß die Milchdrüse auch Fett aus Kohlehydraten, die ihr mit dem Blute zugeführt werden, erzeugen könne. Daß wenigstens ein Teil des mit der Milch ausgeschiedenen Fettes irgendwo im Körper gebildet wird, geht in der Tat unzweifelhaft daraus hervor, daß ein Tier während längerer Zeit täglich mit der Milch eine be-

<hr>

[1]) WINTERNITZ, Zeitschr. f. physiol. Chem. **24**; CASPARI, Arch. f. (Anat. u.) Physiol. 1899, Supplbd. u. Zeitschr. f. Biol. **46**, mit WINTERNITZ ebenda **49**; PARASCHTSCHUK, Chem. Zentralbl. 1903, I. [2]) HENRIQUES u. HANSEN, MALYS Jahresb. **29**; GOGITIDSE, Zeitschr. f. Biol. **45**, **46** u. **47**. [3]) Journ. of biol. Chem. **37**. [4]) Ebenda **19**, **23**—**25** u. **31**.

deutend größere Menge Fett als die, welche es mit der Nahrung aufnimmt, abgeben kann. Inwieweit dieses Fett in der Milchdrüse selbst direkt entsteht oder aus anderen Organen und Geweben mit dem Blute der Drüse zugeführt wird, läßt sich jedoch nicht entscheiden.

Der Ursprung des Milchzuckers ist nicht sicher bekannt. Münz erinnert daran, daß eine Menge in dem Pflanzenreiche sehr verbreiteter Stoffe — Pflanzenschleim, Gummi, Pektinstoffe — als Zersetzungsprodukt Galaktose liefern, und er glaubte deshalb, daß der Milchzucker bei den Pflanzenfressern durch eine Synthese aus Dextrose und Galaktose entstehen könne. Diese Entstehungsweise trifft aber jedenfalls für die Fleischfresser nicht zu, weil diese auch bei ausschließlicher Fütterung mit magerem Fleisch Milchzucker produzieren können. Die Beobachtungen von BERT und THIERFELDER[1]), daß in der Drüse eine Muttersubstanz des Milchzuckers, ein Saccharogen, vorkommen soll, können, da die Natur dieser Muttersubstanz noch unbekannt ist, keine weiteren Aufschlüsse über die Entstehungsweise des Milchzuckers geben. Da der Tierkörper unzweifelhaft die Fähigkeit hat, die Umwandlung einer Zuckerart in eine andere auszuführen, kann man dagegen am einfachsten den Ursprung des Milchzuckers in dem mit der Nahrung zugeführten oder im Körper gebildeten Traubenzucker suchen. Für einen solchen Ursprung sprechen gewisse Beobachtungen von PORCHER, welcher bei Schafen, Kühen und Ziegen, deren Milchdrüsen exstirpiert worden, nach der Entbindung Glukose im Harne auftreten sah. Er fand ferner, daß bei milchenden Tieren auf die Entfernung der Brustdrüsen eine Glykosurie folgt, und die so entstandenen Glykosurien erklärt er durch den Wegfall der laktosebildenden Wirkung der Drüse auf die zur Zeit der Entbindung reichlich produzierte Glukose. Für eine Zuckerbildung aus der Glukose sprechen ferner die Untersuchungen von KAUFMANN und MAGNE an Kühen, indem sie fanden, daß die Drüse während der Sekretion Zucker aus dem Blute aufnimmt, so daß das venöse „Drüsenblut" ärmer an Zucker als sonst wird. NOEL-PATON und CATHCART[2]) haben weiter Versuche an phlorhizinvergifteten Tieren ausgeführt, welche für eine Laktosebildung aus Glukose sprechen.

Nach RÖHMANN[3]) sind bei dieser Laktosebildung aus Glukose mehrere Enzyme wirksam, und er hat gefunden, daß die von THIERFELDER[4]) beobachtete Zunahme des Reduktionsvermögens in einem Milchdrüsenextrakte von einer Bildung von d-Glukose aus einer anderen Substanz herrührt. Man kann sich nach ihm den Vorgang der Laktosebildung in folgender Weise vorstellen. Der mit dem Blutstrom zugeführte Traubenzucker wird nicht immer, vielleicht überhaupt nicht unmittelbar, weiter verarbeitet, sondern zunächst in eine bisher noch unbekannte Zwischensubstanz übergeführt, die aufgespeichert werden kann und durch Enzymwirkung wieder unter Bildung von d-Glukose zerfällt. Die Glukose kann dann durch eine Glukofruktokinase in Lävulose übergeführt werden, die darauf durch eine andere Stereokinase in Galaktose übergeht. Durch eine Galaktosidoglucese wird zuletzt aus der Galaktose und schon vorhandener oder aus Lävulose zurückgebildeter d-Glukose der Milchzucker synthetisch gebildet. Diese verschiedenen Vorgänge hat RÖHMANN durch Änderungen des Drehungs- und Reduktionsvermögens und der Eigenschaften der Osazone verfolgen können.

Ursprung des Milchzuckers.

Enzymatische Laktosebildung.

---

[1]) MÜNTZ, Compt. Rend. 102; BERT u. THIERFELDER, Fußnote 3, S. 508. [2]) PORCHER, Compt. Rend. 138 u. 141 und Bioch. Zeitschr. 23; M. KAUFMANN u. H. MAGNE, Compt. Rend. 143; D. NOEL PATON u. E. P. CATHCART, Journ. of Physiol. 42. [3]) Bioch. Zeitschr. 72 u. 93. [4]) PFLÜGERS Arch. 32.

Im nächsten Anschlusse an die Frage von den chemischen Vorgängen der Milchabsonderung steht die Frage von dem Übergange fremder Stoffe in die Milch.

Übergang
fremder
Stoffe.
Daß die Milch einen fremden, von dem Futter der Tiere herrührenden Geschmack annehmen kann, ist eine altbekannte Tatsache, welche schon an und für sich ein Zeugnis von dem Übergange fremder Stoffe in die Milch ablegt. Von besonderer Bedeutung sind jedoch vor allem die Angaben über den Übergang solcher schädlich wirkenden Stoffe in die Milch, die mit der Milch dem Säuglinge zugeführt werden können.

Übergang
fremder
Stoffe in die
Milch.
Unter solchen Stoffen sind zu nennen: Opium und Morphin, welche nach größeren Gaben in die Milch übergehen und auf das Kind einwirken sollen. Auch Alkohol soll in die Milch übergehen können, obwohl doch wahrscheinlich nicht in so großer Menge, daß er eine direkte Wirkung auf den Säugling ausüben könne. Nach Fütterung mit Schlempe glaubt man ebenfalls das Auftreten von Alkohol in der Milch beobachtet zu haben.

Unter den anorganischen Stoffen hat man Jod, Arsen, Wismut, Antimon, Zink, Blei, Quecksilber, Eisen und Borsäure in der Milch gefunden. Bei Ikterus gehen weder Gallensäuren noch Gallenfarbstoffe in die Milch über.

Durch die Entwicklung von Mikroorganismen kann die Milch eine blaue oder rote Farbe annehmen.

Konkremente in den Ausführungsgängen des Kuheuters hat man nicht selten beobachtet. Sie bestehen überwiegend aus Kalziumkarbonat oder aus Karbonat und Phosphat mit nur einer geringen Menge organischer Substanz.

Fünfzehntes Kapitel.

Der Harn.

Für die stickstoffhaltigen Stoffwechselprodukte wie auch für das Wasser und die gelösten Mineralstoffe ist der Harn das wichtigste Exkret des menschlichen Organismus, und er muß also in vielen Fällen wichtige Aufschlüsse über den Verlauf des Stoffwechsels, seine Abweichungen in quantitativer und, beim Auftreten von fremden Stoffen im Harne, auch in qualitativer Hinsicht liefern können. Der Harn muß ferner durch die chemischen und morphologischen Bestandteile, welche er aus Nieren, Harnleitern, Blase und der Harnröhre aufnehmen kann, in mehreren Fällen uns gestatten, den Zustand dieser Organe zu beurteilen. Endlich gibt uns die Harnanalyse auch ein ausgezeichnetes Mittel in die Hände, die Frage zu entscheiden, inwieweit gewisse Heilmittel oder andere in den Organismus eingeführte fremde Substanzen resorbiert und innerhalb desselben chemisch umgewandelt worden sind. Besonders von dem letztgenannten Gesichtspunkte aus hat die Harnanalyse sehr wichtige Aufschlüsse über die Natur der chemischen Prozesse innerhalb des Organismus geliefert, und die Harnanalyse ist deshalb auch nicht nur für den Arzt ein wichtiges diagnostisches Hilfsmittel, sondern sie ist auch für den Toxikologen und den physiologischen Chemiker von der allergrößten Bedeutung. *Bedeutung der Harnanalyse.*

Bei dem Studium der Se- und Exkrete sucht man gern die Beziehungen zwischen dem chemischen Bau des absondernden Organes und der chemischen Zusammensetzung des von ihm abgesonderten Produktes zu erforschen. Mit Rücksicht auf die Nieren und den Harn hat die Forschung jedoch bis jetzt in dieser Hinsicht nur äußerst wenig geleistet. Ebenso fleißig wie die anatomischen Verhältnisse der Nieren studiert worden sind, ebensowenig ist ihre chemische Zusammensetzung Gegenstand mehr eingehender chemischer Untersuchungen gewesen. In den Fällen, in welchen eine chemische Untersuchung der Nieren unternommen wurde, hat sie sich auch im allgemeinen mit dem Organe als solchem und nicht mit dessen anatomisch verschiedenartigen Teilen beschäftigt. Eine Aufzählung der bisher gefundenen chemischen Bestandteile kann also nur einen untergeordneten Wert haben. *Nieren.*

In den Nieren finden sich Eiweißkörper verschiedener Art. Nach HALLI-BURTON enthält die Niere kein Albumin, sondern nur bei $+ 52^0$ C gerinnendes Globulin und ein Nukleoproteid mit 0,37 p. c. Phosphor. Nach L. LIEBER-MANN enthält die Niere Lezithalbumin, dem er eine besondere Bedeutung für die Absonderung des sauren Harnes zuschreibt, und nach LÖNNBERG einen in physikalischer Hinsicht muzinähnlichen Stoff. Dieser letztere, welcher beim Sieden mit Säure keine reduzierende Substanz gibt, gehört *Chemische Bestandteile der Niere.*

hauptsächlich dem Papillarteile an und ist nach LÖNNBERG ein Nukleoalbumin.
Die Kortikalsubstanz ist reicher an einem anderen, nicht muzinähnlichen
Nukleoalbumin (Nukleoproteid?). In welcher Beziehung das letztere zu dem
Nukleoproteide HALLIBURTONS steht, ist noch nicht ermittelt worden. Chondroitinschwefelsäure kommt nach K. MÖRNER in Spuren vor. In welcher
Nieren. Beziehung sie zu der von MANDEL und NEUBERG[1]) in den Nieren nachgewiesenen Glukothionsäure, von ihnen Renoschwefelsäure genannt, steht.
ist ebenfalls eine offene Frage. In der Renoschwefelsäure, welche allem
Anscheine nach keine einheitliche Substanz ist, aber einen Schwefelsäureester
und einen der Glukuronsäure verwandten Komponenten enthalten soll, fanden
sie 2,63 p. S., 4,53 p. N. und 1,34 p. c. P.

Glykogen kommt wie in anderen Organen auch in der Niere vor. Fett
ist nur in geringer Menge vorhanden, und dieses Fett soll, wie das Organfett
im allgemeinen, verhältnismäßig reich an ungesättigten Fettsäuren sein. Die
Phosphatide scheinen verschiedener Art zu sein, die Angaben über ihre
Natur differieren aber wesentlich. FRÄNKEL und NOGUEIRA[2]) fanden eine
kephalinähnliche Substanz ein Triaminodiphosphatid und ein Diaminomonophosphatid. DUNHAM und JACOBSEN[3]) fanden in der Ochsenniere eine in
Alkohol lösliche, in Äther unlösliche, von ihnen Karnaubon genannte Substanz, welche ein Triaminomonophosphatid von der Formel $C_{74}H_{150}N_3PO_{13}$
sein sollte. Das Karnaubon sollte kein Glyzerin aber einen Aminozucker, zwei
Cholingruppen und je 1 Molekül von den drei Säuren, Stearin-, Palmitin- und
Phos- Karnaubinsäure ($C_{24}H_{47}O_2$) enthalten. HUGH MACLEAN[4]) fand in den Nieren
phatide. Lezithin, Cuorin (die nach ihm jedoch ein Gemenge sein soll) und ein
Diamino- aber kein Triaminophosphatid. Nach O. ROSENHEIM und MACLEAN[5])
ist ferner die Karnaubinsäure identisch mit der Lignozerinsäure. Als
Spaltungsprodukte des sog. Karnaubons fanden sie außerdem Phrenosinsäure, Cholin und Sphingosin, weshalb sie auch das Karnaubon als ein
Gemenge betrachteten. Die beiden Basen und die Lignozerinsäure dürften
vielleicht von dem Sphingomyelin herrühren, welches nach LEVENE[6]) in
den Nieren vorkommt, und man hat jedenfalls keine genügenden Gründe,
das Karnaubon als einheitliche Substanz anzusehen.

Unter den Extraktivstoffen hat man Purinbasen, Betain, Harnstoff und Harnsäure (spurenweise), Leuzin, Inosit, Taurin und Zystin
(in der Ochsenniere) gefunden. Die bisher ausgeführten quantitativen Analysen
der Nieren haben nur untergeordnetes Interesse. In der Niere eines gesunden
Selbstmörders fand MAGNUS-LEVY[7]) in 1000 Teilen frischer Substanz 756
Wasser, 244 feste Stoffe, 52,7 Fett, 2,08 Cl, 0,192 Ca, 0,207 Mg und
0,158 Fe.

Die unter pathologischen Verhältnissen, bei der Hydronephrose, sich ansammelnde
Flüssigkeit ist dünnflüssig, von schwankendem, aber im allgemeinen niedrigem spez.
Gewicht. Sie ist gewöhnlich strohgelb oder blasser, bisweilen fast farblos. Am häufigsten
Flüssigkeit ist sie klar oder nur schwach trübe von weißen Blutkörperchen und Epithelzellen; in
bei Hydro- einzelnen Fällen ist sie aber so reich an Formelementen, daß sie dem Eiter ähnlich wird.
nephrose. Eiweiß kommt meistens in nur geringer Menge vor. Bisweilen fehlt es ganz; in einzelnen,
selteneren Fällen aber ist seine Menge fast ebenso groß wie im Blutserum. Harnstoff
kommt, wenn das Parenchym der Niere nur zum Teil atrophisch geworden ist, bisweilen
in bedeutender Menge vor; bei vollständiger Atrophie kann er gänzlich fehlen.

---

[1]) HALLIBURTON, Journ. of Physiol. 18, Supplbd. u. 18; LIEBERMANN, PFLÜGERS
Arch. 50 u. 54; LÖNNBERG, vgl. MALYS Jahresb. 20; MÖRNER, Skand. Arch. f. Physiol. 6:
MANDEL u. NEUBERG, Bioch. Zeitschr. 13. [2]) Bioch. Zeitschr. 16. [3]) Zeitschr. f. physiol. Chem. 64. [4]) Bioch. Journ. 6. [5]) Ebenda 9. [6]) Journ. of biol. Chem. 24. s. auch
15 u. 18. [7]) Bioch. Zeitschr. 24.

I. Physikalische Eigenschaften des Harnes.

Konsistenz, Durchsichtigkeit, Geruch und **Geschmack** des Harnes. Der Harn ist unter physiologischen Verhältnissen dünnflüssig und gibt, wenn er nicht zu stark mit Luft geschüttelt wird, einen ziemlich bald verschwindenden Schaum. Der Harn des Menschen und der Fleischfresser, welcher regelmäßig sauer reagiert, erscheint, unmittelbar nachdem er gelassen ist, klar und durchsichtig, oft schwach fluoreszierend. Wenn er einige Zeit gestanden hat, enthält der Menschenharn ein leichtes Wölkchen (Nubecula), welches aus sogenanntem „Schleim" besteht und meistens auch einzelne Epithelzellen, Schleimkörperchen und Uratkörnchen enthält. Bei Gegenwart von größeren Mengen Uraten (harnsauren Salzen) kann der Harn — wegen der größeren Schwerlöslichkeit der letzteren bei Zimmer- als bei Körpertemperatur — beim Erkalten sich trüben und einen lehmgelben, gelbgrauen, rosafarbigen oder oft ziegelroten Niederschlag (Sedimentum lateritium) absetzen. Diese Trübung verschwindet wieder bei gelindem Erwärmem. Bei neugeborenen Kindern ist der Harn in den ersten 4—5 Tagen regelmäßig von Epithelien, Schleimkörperchen, Harnsäure oder harnsauren Salzen getrübt. Der Harn der Pflanzenfresser ist, wenn er, was regelmäßig vorkommt, eine neutrale oder alkalische Reaktion hat, von Karbonaten der alkalischen Erden stark getrübt. Auch der Harn des Menschen kann bisweilen unter physiologischen Verhältnissen alkalisch sein. In diesem Falle ist er auch von Erdphosphaten trübe, und diese Trübung verschwindet, zum Unterschiede von dem Sedimentum lateritium, nicht beim Erwärmen. Der Harn hat einen durch Chlornatrium und Harnstoff bedingten salzigen und schwach bitterlichen Geschmack. Der Geruch des Harnes ist eigentümlich aromatisch; die Stoffe. welche denselben bedingen, sind aber unbekannt. Klarheit u. Durchsichtigkeit oder Trübung des Harnes.

Die **Farbe** des Harnes ist normalerweise bei einem spez. Gewicht von 1,020 hellgelb. Sie hängt sonst von der Konzentration des Harnes ab und schwankt von blaß strohgelb, bei geringem Gehalte an festen Stoffen, zu dunkel rotgelb oder rotbraun bei sehr starker Konzentration. Von der Regel, daß die Intensität der Farbe mit der Konzentration parallel läuft, kommen unter pathologischen Verhältnissen Ausnahmen vor, und eine solche Ausnahme bildet der diabetische Harn, welcher bei großem Gehalte an festen Stoffen und hohem spez. Gewicht oft eine blaßgelbe Farbe hat. Farbe und Konzentration.

Die **Reaktion** des Harnes hängt wesentlich von der Beschaffenheit der Nahrung ab. Die Fleischfresser sondern in der Regel einen gegen Lackmus sauren, die Pflanzenfresser einen neutralen oder alkalischen Harn ab. Setzt man einen Fleischfresser auf Pflanzenkost, so kann sein Harn weniger sauer oder neutral werden, während umgekehrt der Pflanzenfresser beim Hungern, wenn er also auf Kosten seiner eigenen Fleischmasse lebt, einen sauer reagierenden Harn absondern kann. Reaktion des Harnes.

Der Harn des gesunden Menschen hat bei gemischter Kost eine gegen Lackmus saure Reaktion, und die Summe der Säureäquivalente überwiegt also in ihm die Summe der Basenäquivalente. Dies rührt daher, daß bei der physiologischen Verbrennung innerhalb des Organismus aus neutralen Substanzen (Eiweiß u. a.) Säuren, vor allem Schwefelsäure aber auch Phosphorsäure und organische Säuren wie Hippursäure, Harnsäure, Oxalsäure, aromatische Oxysäuren, Oxyproteinsäuren u. a. entstehen. Hieraus folgt dann weiter, daß die saure Reaktion nicht von einer Säure allein herrühren kann. An der sauren Reaktion sind die verschiedenen Säuren nach Maßgabe ihrer Dissoziation beteiligt, indem nämlich die saure Reaktion eines Gemenges Reaktion des Harnes beim Menschen.

durch die Menge der darin vorhandenen Wasserstoffionen bedingt ist. Dementsprechend ist auch die Annahme, daß die saure Reaktion nur von zweifach saurem Phosphat herrührt, nicht berechtigt, wenn auch dieses Salz einen so wesentlichen Anteil an der sauren Reaktion hat, daß oft seine Menge als Maß des Säuregrades betrachtet wurde[1]).

Umstände, welche den Säuregrad beeinflussen. Die Beschaffenheit der Nahrung ist indessen nicht das einzige Moment, welches beim Menschen auf den Säuregrad des Harnes einwirkt. So kann z. B. nach der Aufnahme von Nahrung im Beginn der Magenverdauung, da eine größere Menge von salzsäurehaltigem Magensaft abgesondert wird, der Harn bisweilen neutral oder sogar vorübergehend alkalisch werden. Über den Zeitpunkt, wo die Maxima und Minima der sauren Reaktion auftreten, gehen die Angaben der verschiedenen Forscher ziemlich auseinander, was wohl auch zum Teil von verschiedener Individualität und verschiedenen Lebensverhältnissen der untersuchten Individuen herrühren dürfte. Bei ganz gesunden Personen beobachtet man nicht selten, daß in den Vormittagsstunden ein neutraler oder sogar alkalischer, von Erdphosphaten trüber Harn abgesondert wird. Die Wirkung der Muskelarbeit auf den Säuregrad des Harnes ist ebenfalls nicht ganz sicher festgestellt worden. Nach den meisten Forschern soll die Muskelarbeit den Säuregrad erhöhen, nach ADUCCO[2]) dagegen erniedrigen. Starke Schweißabsonderung soll den Säuregrad herabsetzen.

Säurewirkung. Beim Menschen und namentlich bei den Fleischfressern scheint der Säuregrad des Harnes nicht über eine bestimmte obere Grenze hinaus gesteigert werden zu können, selbst dann nicht, wenn Mineralsäuren oder schwerverbrennliche organische Säuren in größerer Menge aufgenommen werden. Unter solchen Verhältnissen hatte man aber wiederholt ein ungleiches Verhalten der Fleisch- und Pflanzenfresser beobachten können. Bei den ersteren (und auch beim Menschen) fand man, daß die Säuren zwar z. T. von den Alkalien und Erdalkalien im Körper neutralisiert werden, daß aber der Säureüberschuß von dem aus dem Eiweiß oder dessen Zersetzungsprodukten abgespaltenen Ammoniak gebunden und als Ammoniumsalz durch den Harn ausgeschieden wurde. Bei den Pflanzenfressern sollte dagegen eine derartige Bindung des Säureüberschusses an Ammoniak nicht oder wenigstens nicht in demselben Umfange stattfinden, und dies sollte der Grund sein, warum die Pflanzenfresser durch Alkalientziehung bald zugrunde gehen. Dies galt wenigstens für das Kaninchen, während nach BAER die Fähigkeit einer derartigen vermehrten Ammoniakausscheidung auch bei Ziegen, Affen und Schweinen besteht und in dieser Hinsicht also kein bestimmter qualitativer Unterschied zwischen Pflanzen- und Fleischfressern sich vorfindet[3]). Die Unterschiede, welche man beobachtet hatte, sind ferner nach EPPINGER nicht prinzipieller Art und sie können nach Säurewirkung. ihm ihren Grund in dem verschiedenen Gehalte der Nahrung an Eiweiß, welches das Ammoniak liefert, haben. So sollen Hunde bei eiweißarmer Kost wie Kaninchen sich verhalten, während nach EPPINGER umgekehrt bei Pflanzenfressern (Kaninchen) eine Entgiftung der Säure durch Ammoniak nach reichlicher Zufuhr von Eiweiß wie auch von dessen Abbauprodukten stattfinden soll. Die Richtigkeit dieser Behauptung ist jedoch geleugnet (POHL) oder nur in untergeordnetem Grade bestätigt worden (J. F. LYMAN und B. RAYMUND)[4]). Die Sache ist also strittig und man darf übrigens nicht übersehen, daß, wie A. LOEWY[5]) gefunden hat, die Empfindlichkeit gegen die Säurewirkung bei verschiedenen Individuen eine sehr verschiedene sein kann.

---

[1]) Über die Harnazidität vgl. man besonders die Arbeiten von HENDERSON, Bioch. Zeitschr. 24; Journ. of biol. Chem. 7; mit PALMER ebenda 17 und das „Werk von C. NEUBERG", Der Harn sowie die übrigen Ausscheidungen usw., Berlin 1911. [2]) MALYs Jahresbericht 17. [3]) Vgl. WINTERBERG, Zeitschr. f. physiol. Chem. 25 und J. BAER, Arch. f. exp. Path. u. Pharm. 54. [4]) H. EPPINGER, Zeitschr. f. exp. Path. u. Ther. 3, mit FR. TEDESKO, Bioch. Zeitschrift 16; POHL ebenda 18; LYMAN u. RAYMUND, Journ. of biol. Chem. 39, wo man die Literatur findet. [5]) Zentralbl. f. Physiol. 20, 337.

Wenn man den Säuregrad des Harnes nicht durch Säurezufuhr über eine gewisse Grenze hinaus steigern kann, so kann man ihn dagegen leicht herabsetzen, so daß die Reaktion neutral oder alkalisch wird. Dies findet nach Aufnahme von Karbonaten der fixen Alkalien oder von solchen pflanzensauren Alkalien — zitronensauren und äpfelsauren Alkalien — welche in dem Organismus leicht zu Karbonaten verbrannt werden, statt. Unter pathologischen Verhältnissen, wie bei der Resorption alkalischer Transsudate oder bei alkalischer Gärung innerhalb der Blase, kann der Harn alkalisch werden. *Alkalizufuhr.*

Ein Harn, dessen alkalische Reaktion durch fixe Alkalien bedingt ist, hat in diagnostischer Hinsicht eine andere Bedeutung als ein Harn, dessen alkalische Reaktion von der Gegenwart von Ammoniumkarbonat herrührt. Im letzteren Falle handelt es sich nämlich um eine durch Mikroorganismen bewirkte Zersetzung des Harnstoffes im Harne.

Will man entscheiden, ob die alkalische Reaktion eines Harnes von Ammoniak oder fixen Alkalien herrührt, so taucht man ein rotes Lackmuspapier in den Harn ein und läßt es dann direkt an der Luft oder in gelinder Wärme eintrocknen. Rührte die alkalische Reaktion von Ammoniak her, so wird das Papier wieder rot; rührte sie dagegen von fixen Alkalien her, so bleibt es blau. *Prüfung des Harnes auf Alkali oder Ammoniak.*

Bestimmung des Säuregrades. Da die Menge der als zweifach saures Salz vorhandenen Phosphorsäure nicht als exaktes Maß der Azidität gelten kann, sind die früher zur Bestimmung dieses Teiles der Phosphorsäure vorgeschlagenen Methoden, abgesehen von den ihnen anhaftenden Fehlern, zur genauen Aziditätsbestimmung nicht geeignet.

Die Bestimmung der Titrationsazidität ist nicht exakt ausführbar, indem nämlich kein Indikator einen ganz scharfen Ausschlag gibt und indem ferner gewisse Harnbestandteile, wie Phosphate, Ammoniumsalze und Harnfarbstoffe störend einwirken. Für praktische Zwecke brauchbare und miteinander vergleichbare Resultate erhält man indessen nach dem folgenden Verfahren von FOLIN [1]. | *Aziditätsbestimmung.*

Die Ausführung ist folgende. 25 ccm Harn werden in einen ERLENMEYER-schen Kolben (von etwa 200 ccm Raumumfang) übergeführt, mit 1—2 Tropfen halbprozentiger Phenolphthaleïnlösung versetzt, mit 15—20 g gepulvertem Kalium-oxalat geschüttelt und unmittelbar darauf mit $\frac{n}{10}$ Natronlauge unter Umschütteln versetzt, bis eine schwach aber deutlich blaßrote Farbe auftritt. *Ausführung der Bestimmung.*

Die Größe der durch Titration bestimmten Azidität wechselt unter physiologischen Verhältnissen bedeutend, beträgt aber, als Chlorwasserstoffsäure berechnet, beim Menschen pro 24 Stunden 1,5—2,3 g.

Durch die Titration erfährt man die Menge des im Harne vorhandenen, durch Metall substituierbaren Wasserstoffes, also die Azidität im gewöhnlichen älteren Sinne, nicht aber die wahre Azidität, die Ionenazidität, welche die Konzentration der Wasserstoffionen im Harne angibt. Aus ähnlichen Gründen, die oben (S. 58) angeführt wurden, läßt sich die wahre Azidität nicht durch Titration ermitteln, wogegen sie nach dem Prinzipe der elektrometrischen Gaskettenmethode oder nach dem kolorimetrischen Verfahren von FRIEDENTHAL-SALM und von SÖRENSEN [2] sich bestimmen läßt. Über die Ionenazidität liegen Untersuchungen von vielen Forschern, wie RHORER, HÖBER, HENDERSON und PALMER u. a. vor. Diese Untersuchungen haben gezeigt, daß die Ionenazidität bei verschiedenen Personen innerhalb ziemlich weiter Grenzen schwankt aber meistens um etwa $p_H = 6 - 5,3$ sich bewegt. Als Mittel von 222 Fällen *Ionenazidität des Harnes.*

---

[1] Amer. Journ. of Physiol. 9. [2] Ergebnisse d. Physiol. 12 (Literatur); vgl. auch H. HÖST, Zeitschr. f. klin. Med. 81.

fanden HENDERSON und PALMER [1]) $p_H = 5,98$ oder rund $6 \pm 0,1$. Aus den vergleichenden Bestimmungen von Titrations- und Ionenazidität folgt ferner, daß keine konstante Beziehung zwischen ihnen besteht und daß diese zwei Aziditäten voneinander unabhängige Größen sein können. Im großen und ganzen hat jedoch nach HENDERSON die titrierbare Azidität als eine Funktion der Ionenazidität sich erwiesen, und nach ihm nimmt die Titrierungsazidität mit zunehmender Größe von p_H ab.

Zur Bestimmung der organischen Säuren im Harne, nach Entfernung der Karbonate und Phosphate mit Kalziumhydroxyd, haben D. v. SLYKE und W. PALMER (Journ. of biol. Chem. 41) ein titrimetrisches Verfahren ausgearbeitet, auf welches hier hingewiesen wird.

Osmoti-
scher
Druck.

Der **osmotische Druck** des Harnes wechselt selbst unter physiologischen Verhältnissen sehr bedeutend. Als Grenzwerte für die Gefrierpunkts-depression kann man Δ 1,3⁰—2,3⁰ annehmen. Nach reichlicher Wasserzufuhr kann sie bedeutend niedriger und umgekehrt bei mangelnder Wasserzufuhr bedeutend höher werden.

Bezüglich der weiteren physikalisch chemischen Untersuchung des Harnes und derjenigen Schlüsse, welche man aus einer Kombination der chemischen und der physikalisch-chemischen Untersuchung des Harnes gezogen hat, muß auf größere Werke, wie z. B. CARL NEUBERG: „Der Harn sowie die übrigen Ausscheidungen und Körperflüssigkeiten von Mensch und Tier", Teil 2, Berlin 1911, hingewiesen werden.

Spezifisches
Gewicht des
Harnes.

Das spezifische Gewicht des Harnes, welches von dem Verhalten der abgesonderten Wassermenge zu der Menge der festen Harnbestandteile, vor allem des Harnstoffes und Kochsalzes, bedingt ist, kann sehr bedeutend schwanken, ist aber gewöhnlich 1,017—1,020. Nach reichlichem Wassertrinken kann es auf 1,002 herabsinken, während es nach reichlicher Schweißabsonderung oder nach Aufnahme von nur sehr wenig Wasser auf 1,035 bis 1,040 ansteigen kann. Bei Neugeborenen ist das spez. Gewicht niedrig, 1,007 bis 1,005. Die Bestimmung des spez. Gewichtes hat große Bedeutung als Mittel, die Menge der festen Stoffe, welche mit dem Harne den Organismus verlassen, kennen zu lernen, und aus diesem Grunde wird diese Bestimmung auch erst dann von vollem Wert, wenn man gleichzeitig die während einer bestimmten Zeit abgesonderte Harnmenge genau bestimmt. Man soll also die zu verschiedenen Zeiten im Laufe von 24 Stunden gelassenen Harnportionen aufsammeln, zusammenmischen, die gesamte Tagesmenge messen und dann das spez. Gewicht bestimmen.

Die Bestimmung des spez. Gewichtes geschieht am genauesten mittels des Pyknometers. Für gewöhnliche Fälle kann das spez. Gewicht jedoch mit hinreichender Genauigkeit mittels des Aräometers bestimmt werden. Oft sind die

Urometer.

im Handel vorkommenden Aräometer, Urometer, von 1,000—1,040 gradiert; bei genaueren Arbeiten ist es jedoch besser, zwei Urometer zu benutzen, von denen das eine von 1,000—1,020 und das andere von 1,020—1,040 gradiert ist.

Bestim-
mung d. sp.
Gewichtes.

Bei der Ausführung einer Bestimmung gießt man den klaren, nötigenfalls filtrierten Harn, welcher, wenn er ein Uratsediment enthält, erst zur Lösung des Sedimentes gelinde erwärmt wird, in einen trockenen Glaszylinder mit der Vorsicht jedoch, daß kein Schaum sich bildet. Luftblasen und Schaum müssen, wenn sie vorhanden sind, mit einem Glasstabe oder Fließpapier entfernt werden. Der Zylinder, welcher zu etwa ⁴/₅ mit Harn gefüllt wird, soll so weit sein, daß das Urometer frei in der Flüssigkeit schwimmt und an keiner Stelle die Wand berührt. Zylinder und Aräometer sollen beide trocken oder vorher mit dem Harne aus- bzw. abgespült worden sein. Bei dem Ablesen bringt man das Auge in eine Ebene mit dem unteren Flüssigkeitsrande — was erreicht ist, sobald man den hinteren Rand der Flüssigkeitsoberfläche gerade nicht mehr sieht — und liest dann die

---

[1]) Journ. of biol. Chem. **17**.

Stelle ab, wo diese Ebene die Skala schneidet. Bei nicht richtiger Ablesung, sobald das Auge zu tief oder zu hoch liegt, erscheint die Oberfläche in der Flüssigkeit in der Form einer Ellipse. Vor dem Ablesen drückt man das Urometer mit dem Finger um einige Teilstriche tiefer in den Harn herab, läßt es wieder aufsteigen und wartet mit dem Ablesen bis es ruhig steht.

Jedes Urometer ist bei einer bestimmten Temperatur gradiert, welche auf dem Instrumente, wenigstens auf besseren Instrumenten, angegeben ist. Kann man nun mit der Ausführung der Bestimmung nicht warten, bis der Harn diese Temperatur angenommen hat, so muß man folgende Korrektion für die abweichende Temperatur machen. Für je drei Temperaturgrade über der Normaltemperatur muß man dem abgelesenen Werte einen Aräometergrad zuzählen, und für je drei Temperaturgrade unter derselben muß man von dem abgelesenen Werte einen Aräometergrad abziehen. Wenn beispielsweise ein für + 15° C gradiertes Urometer in einem Harne von + 24° C ein spez. Gewicht von 1,017 anzeigt, ist also das spez. Gewicht bei + 15° C = 1,017 + 0,003 = 1,020. Das spez. Gewicht kann auch mittels der WESTPHALschen hydrostatischen Wage bestimmt werden. *Bestimmung d. sp. Gewichtes.*

II. Organische, physiologische Harnbestandteile.

Der **Harnstoff**, $\overset{+}{\mathrm{Ur}}$, CON_2H_4, $= CO\begin{cases} NH_2 \\ NH_2 \end{cases}$, welcher auf verschiedene Weise, unter anderem, wie WÖHLER 1828 zeigte, durch metamere Umsetzung des Ammoniumisozyanates: $CO \cdot N \cdot NH_4 = CO(NH_2)_2$ synthetisch dargestellt werden kann, kommt als hauptsächlichstes stickstoffhaltiges Endprodukt des Stoffwechsels bei Menschen, Säugetieren, eigentlichen Amphibien und Fischen vor. Im Harne von Vögeln und Reptilien fehlt er oder ist nur in geringer Menge vorhanden. Im Schweiße kommt Harnstoff in wechselnder, meistens nur kleiner und im Blute und den meisten tierischen Säften nur in geringer Menge vor. Blut, Leber, Muskeln und Galle von Haifischen enthalten jedoch sehr reichliche Mengen davon. Er findet sich ferner bei den Säugetieren in den verschiedenen Organen und Geweben, unter normalen Verhältnissen in nur geringer, in pathologischen Zuständen, wie bei gehemmter Exkretion, dagegen in vermehrter Menge. Auch im Pflanzenreiche hat man wiederholt Harnstoff gefunden. *Harnstoff.*

Die Menge Harnstoff, welche bei gewöhnlicher, gemischter, verhältnismäßig eiweißreicher Kost p. 24 Stunden abgesondert wird, beträgt für erwachsene Männer gegen 30 g, für Frauen etwas weniger. Kindern sondern absolut weniger aber relativ, auf das Körpergewicht berechnet, mehr Harnstoff als Erwachsene aus. Die physiologische Bedeutung des Harnstoffes liegt darin, daß er bei Menschen und Fleischfressern in quantitativer Hinsicht das wichtigste stickstoffhaltige Endprodukt der Umsetzung der Proteinstoffe darstellt. Aus diesem Grunde schwankt auch die Größe der Harnstoffausscheidung in hohem Grade mit der Größe des Eiweißumsatzes und in erster Linie mit der Menge des mit der Nahrung aufgenommenen, resorbierten Eiweißes. Die Harnstoffausscheidung ist am größten nach einseitiger Fleischnahrung und am geringsten, sogar kleiner als beim Hungern, nach einseitiger Zufuhr von stickstofffreien Stoffen, weil diese den Umsatz des Körpereiweißes herabsetzen. Ihrer eiweißärmeren Nahrung entsprechend sondern auch die Pflanzenfresser weniger Harnstoff als die Fleischfresser aus. Beim Hunde kann der Harnstoffstickstoff bei reichlicher Eiweißnahrung nach SCHÖNDORFF[1] sogar 97—98 p. c. von dem Gesamtstickstoff betragen. Beim Menschen berechnet man den entsprechenden Wert bei gemischter, eiweißreicher Kost zu 85 bis *Größe der Harnstoffausscheidung.*

---

[1] PFLÜGERs Arch. 117.

88 p. c. und bei eiweißarmer Nahrung zu etwa 66—70 p. c. von dem Gesamtstickstoffe. Von dem übrigen Harnstickstoff, in Prozenten von dem Gesamtstickstoff berechnet, kommen 1—2 p. c. auf Harnsäure, 2,5—6,9 auf Kreatinin,
2,5—5,8 auf Ammoniak und 3—8 p. c. auf den sog. Reststickstoff. Bei neugeborenen Kindern in dem Alter von 1—7 Tagen und bei Erwachsenen fand
SJÖQVIST[1]) folgende Stickstoffverteilung, A für Erwachsene und B für neugeborene Kinder. Von dem Gesamtstickstoffe kamen, in Prozenten, auf:

Stickstoff-
verteilung.

	A	B
Harnstoff	84—91	73—76
Ammoniak	2—5	7,8— 9,6
Harnsäure	1—3	3,0— 8,5
Übr. N-haltige Subst.	7—12	7,3—14,7

Auffallend ist die wesentlich verschiedene Relation zwischen Harnsäure-,
Ammoniak- und Harnstoffstickstoff bei Kindern und Erwachsenen, indem
nämlich der Harn jener bedeutend reicher an Harnsäure und Ammoniak und
bedeutend ärmer an Harnstoff als der Harn dieser ist. Für die Kenntnis der
Verteilung des Stickstoffes im Kinderharn ist jedoch eine viel größere Anzahl
von Analysen notwendig.

Fällt das Eiweiß des Körpers einem gesteigerten Verbrauche anheim,
so wird die Stickstoffausscheidung regelmäßig vermehrt. Dies ist zum Beispiel
der Fall bei Fieber, Konsumptionskrankheiten, Vergiftungen mit Arsen,
Antimon, Phosphor und anderen Protoplasmagiften, bei verminderter Sauerstoffzufuhr — wie bei starker und anhaltender Dyspnoe, Blutungen, Vergiftungen mit Kohlenoxyd usw. Hier muß man jedoch genau zwischen der
Vermehrte Menge des Harnstoffstickstoffes und der des Gesamtstickstoffes unterscheiden,
Stickstoff- denn die Relation zwischen den verschiedenen Stickstoffsubstanzen des Harnes
ausschei- kann, was besonders in Krankheiten der Fall ist, wesentlich verändert werden.
dung. So hat man z. B. in gewissen Leberkrankheiten eine starke Verminderung des
Harnstoffes und Vermehrung des Ammoniaks beobachtet, Verhältnisse, auf
die bei Besprechung der Harnstoffbildung in der Leber weiter eingegangen
werden soll. Daß die Harnstoffbildung bei herabgesetzter Eiweißzufuhr oder
herabgesetztem Eiweißverbrauch vermindert sein muß, liegt auf der Hand.
Bei Nierenkrankheiten, welche die Integrität der Epithelien der gewundenen
Harnkanälchen stören oder vernichten, kann die Harnstoffausscheidung [be-
deutend herabgesetzt sein.

Die Entstehung des Harnstoffes im Organismus. Die alte An-
gabe von BÉCHAMP, daß bei der Oxydation des Eiweißes Harnstoff direkt
entstehen kann, haben allerdings mehrere Forscher bestritten, nach neueren
Untersuchungen von R. FOSSE[2]) ist sie aber richtig (vgl. weiter unten). Bei
Harnstoff der Hydrolyse der Eiweißstoffe erhält man, wie oben angegeben, außer anderen
durch Aminosäuren regelmäßig Arginin, welches ebenfalls bei der Trypsinverdauung
Hydrolyse. entsteht, und es könnte also auf diesem Wege ein kleiner, je nach der Art der
Eiweißstoffe wechselnder Teil des Harnstoffes entstehen. Die Größe dieses
Teils hat DRECHSEL zu etwa 10 p. c. des Harnstoffes geschätzt.

Die Möglichkeit einer Harnstoffbildung aus Arginin hat bedeutend an
Interesse gewonnen, seitdem von KOSSEL und DAKIN[3]) die Anwesenheit eines
das Arginin unter Harnstoffbildung spaltenden Enzymes, der Arginase,
in Leber und anderen Organen entdeckt worden ist. Einen direkten Beweis
für die Harnstoffbildung aus Arginin hat später THOMPSON[4]) geliefert. Einführung von Arginin in den Hundekörper, per os oder subkutan, hatte nämlich

---

[1]) Nord. Med. Ark. Jahrg. 1894, Nr. 10.   [2]) Compt. Rend. **154**.   [3]) Zeitschr. f.
physiol. Chem. **41**.   [4]) Journ. of Physiol. **32** u. **33**.

in seinen Versuchen eine vermehrte Harnstoffausscheidung zur Folge. Während aber außerhalb des Körpers nur die Hälfte des Argininstickstoffes als Harnstoff und die andere Hälfte als Ornithin abgespalten wird, entsprach in seinen Versuchen die Harnstoffvermehrung in mehreren Fällen dem allergrößten Teile oder fast dem gesamten eingeführten Argininstickstoff. Diese vermehrte Harnstoffbildung macht es wahrscheinlich, daß auch das Ornithin unter Desamidierung Ammoniak liefert, aus welchem Harnstoff gebildet worden ist. Harnstoff-
bildung aus
Arginin.

Durch Alkalieinwirkung kann, wie oben (Kapitel 11) erwähnt wurde, aus dem Kreatin Harnstoff entstehen, für einen solchen Ursprung des Harnstoffes im Tierkörper sind jedoch bisher keine Beweise oder schwerwiegende Gründe angeführt worden.

Als Muttersubstanzen des Harnstoffes hat man zunächst die Aminosäuren anzusehen. Durch zahlreiche, meistens ältere Versuche mit solchen Säuren ist es nämlich bewiesen worden, daß Aminosäuren im Tierkörper zum Teil in Harnstoff übergehen können. Wie die Aminosäuren können, wie die Untersuchungen von ABDERHALDEN und seinen Mitarbeitern[1] gelehrt haben, auch Polypeptide im Tierkörper zu Harnstoff abgebaut werden; und in allen diesen Fällen hat man in letzter Hand als Ausgangsmaterial der Harnstoffbildung an dem aus den Aminosäuren abgespalteten Ammoniak zu denken. Harnstoff
aus Amino
säuren.

Die Annahme einer Abspaltung von Ammoniak aus Aminosäuren steht auch in der besten Übereinstimmung mit der Erfahrung, daß Desamidierungen von Aminosäuren im Tierkörper stattfinden können. Den Vorgang dieser Desamidierung kann man sich allerdings in verschiedener Weise vorstellen, aber immer findet hierbei eine Abspaltung von Ammoniak statt, und aus diesem Ammoniak und der in Blut und Geweben vorhandenen Kohlensäure wird Ammoniumkarbonat gebildet, aus welchem Harnstoff entstehen kann. Desamidie
rung.

Eine große Anzahl von meistens älteren Untersuchungen über das Verhalten der Ammoniumsalze im Tierkörper haben nun gezeigt, daß nicht nur das Ammoniumkarbonat, sondern auch solche Ammoniumsalze, die im Organismus zu Karbonat verbrannt werden, sowohl beim Fleisch- wie beim Pflanzenfresser in Harnstoff sich umsetzen. Den direkten Beweis einer solchen Harnstoffbildung hat v. SCHRÖDER[2] als erster durch Versuche an überlebenden Hundelebern, durch welche er mit Ammoniumkarbonat oder Ammoniumformiat versetztes Blut hindurchleitete, geliefert. Die Harnstoffbildung aus Ammoniak wird auch allgemein als eine sichergestellte Tatsache betrachtet. Ammoniak
und
Harnstoff
bildung.

In welcher Weise die Harnstoffbildung aus Ammoniak zustande kommt, ist dagegen nicht sicher ermittelt und es gibt hier mehrere Möglichkeiten. Nach den Untersuchungen von NOLF[3] wie von MACLEOD und HASKINS[4] über das Gleichgewicht von Karbonat- und Karbamatlösungen und die Bedingungen für die Bildung beider Salze kann man an der Bildung von Ammoniumkarbamat $H_2N . CO . O . NH_4$ als Zwischenstufe denken. Für diese, schon vor längerer Zeit von SCHULTZEN und NENCKI[5] ausgesprochene Ansicht sprechen auch mehrere Beobachtungen. So hat DRECHSEL gezeigt, daß Aminosäuren bei ihrer Oxydation in alkalischer Flüssigkeit außerhalb des Organismus Karbaminsäure liefern, und aus dem Ammoniumkarbamate hat er durch abwechselnde Oxydation und Reduktion Harnstoff darstellen können. Man hat ferner Karbamat sowohl im Blute (DRECHSEL) wie im Harne nachgewiesen (DRECHSEL, ABEL und MUIRHEAD)[6]), und es haben weiter NENCKI und HAHN

[1] ABDERHALDEN mit TERRUUCHI und mit BABKIN, Zeitschr. f. physiol. Chem. 47, mit SCHITTENHELM ebenda 51.   [2] Arch. f. exp. Path. u. Pharm. 15.   [3] Zeitschr. f. physiol. Chem. 23.   [4] Journ. of biol. Chem. 1.   [5] Zeitschr. f. Biol. 8.   [6] DRECHSEL, Ber. d. sächs. Gesellsch. d. Wiss. 1875 und Journ. f. prakt. Chem. (N. F.) 12, 16 u. 22; ABEL, Arch. f. (Anat. u.) Physiol. 1891; ABEL u. MUIRHEAD, Arch. f. exp. Path. u. Pharm. 31.

an Hunden mit ECKschen Fisteln Beobachtungen gemacht, welche für die obige Ansicht sprechen. Bei solchen, mit Fleisch gefütterten Fistelhunden beobachteten sie nämlich heftige Vergiftungssymptome, die denselben sehr ähnlich waren, die nach Einführung von Karbamat in das Blut zum Vorschein kamen. Dieselben Symptome traten auch nach Einführung von Karbamat in die Mägen der Fisteltiere auf, während das in die Mägen normaler Hunde eingeführte Karbamat wirkungslos blieb[1]). Da die Verfasser ferner die Harne der operierten Hunde reicher an Karbamat als die der normalen fanden, leiteten sie die beobachteten Symptome von der Nichtumwandlung des Ammoniumkarbamates in Harnstoff in der Leber her. Infolge neuerer Untersuchungen über die ECKsche Fistel kann man jedoch diese Versuche nicht als beweisend betrachten.

Neben der obigen Ansicht von einer Harnstoffbildung aus Ammoniumkarbonat und Karbamat, welche man als die Anhydridtheorie bezeichnet, steht aber die Oxydationstheorie von HOFMEISTER.

F. HOFMEISTER[2]) hat gefunden, daß bei der Oxydation verschiedener Körper der Fettreihe, unter anderen auch Aminosäuren und Eiweißstoffe, bei Gegenwart von Ammoniak Harnstoff gebildet wird, und er nimmt deshalb auch die Möglichkeit einer Harnstoffbildung durch Oxydationssynthese an. Nach ihm würde bei der Oxydation stickstoffhaltiger Substanzen ein amidhaltiger Rest $CONH_2$ in dem Bildungsaugenblicke mit dem bei der Oxydation des Ammoniaks zurückbleibenden Reste NH_2 zu Harnstoff zusammentreten.

Die Annahme einer Harnstoffbildung durch Oxydation hat durch die Untersuchungen von FOSSE[3]) eine wichtige Stütze erhalten. Durch Oxydation von Eiweiß oder Aminosäuren mit Kaliumpermanganat hat er kleine Mengen Harnstoff erhalten, und diese Mengen wurden durch Erhitzen mit Ammoniumchlorid bedeutend vermehrt. Ebenso findet eine Harnstoffbildung statt bei der Oxydation von Glyzerin, Glukose und anderen Kohlehydraten bei Gegenwart von Ammoniak, und auch in diesen Fällen wird die Menge vermehrt durch Erhitzen mit Ammoniumchlorid. Nach FOSSE entsteht hierbei als Zwischenstufe Zyansäure, die mit dem Ammoniak beim Erhitzen Harnstoff bildet. Besonders reichlich ist die Harnstoffbildung bei der Oxydation von Formaldehyd bei Anwesenheit von Ammoniak; und diese Harnstoffbildung, die auch bei gewöhnlicher Temperatur stattfindet, wird von FOSSE besonders für die Harnstoffbildung im Pflanzenreiche als wichtig erachtet.

Daß eine Harnstoffbildung aus Aminosäuren in der Leber vor sich geht, ist schon durch die Untersuchungen von SALASKIN[4]) höchst wahrscheinlich geworden, indem er nämlich gezeigt hat, daß die überlebende, mit arteriellem Blut gespeiste Hundeleber die Aminosäuren Glykokoll, Leuzin und Asparaginsäure in Harnstoff oder wenigstens in eine nahestehende Substanz umzuwandeln vermag. In neuerer Zeit haben allerdings einige Forscher, wie O. FOLIN, C. FISKE mit H. T. KARSNER und J. B. SUMNER der Leber eine besondere Fähigkeit, Harnstoff aus Aminosäuren zu bilden, absprechen wollen; nach den Untersuchungen von JANSEN[5]) in Perfusionsversuchen mit Aminosäuren und Lebern von Hund und Katze ist aber kaum daran zu zweifeln, daß die Leber eine solche Fähigkeit in nicht unbedeutendem Grade hat.

Eine andere Frage ist aber die, in welchem Umfange eine Harnstoffbildung in der Leber im Vergleiche zu der in anderen Organen stattfindet.

Marginalia (left margin):
Karbamat und Harnstoffbildung.

Hofmeisters Beobachtungen.

Harnstoffbildung nach Fosse.

Harnstoffbildung in der Leber.

---

[1]) M. HAHN, V. MASSEN, M. NENCKI et J. PAWLOW, Arch. des scienc. biol. de St. Petersbourg 1. [2]) Arch. f. exp. Path. u. Pharm. 37. [3]) Compt. Rend. 154 u. 168; Compt. rend. soc. biol. 82 und Bull. soc. chim. biologique 2, Nr. 1. [4]) Zeitschr. f. physiol. Chem. 25. [5]) B. C. P. JANSEN, Journ. of biol. Chem. 21, wo auch die Arbeiten von FOLIN, FISKE und Mitarbeitern, ebenda 16 u. 18, zitiert sind.

Wenn die Leber das einzige Organ der Harnstoffbildung wäre, hätte man nach der Veröbung oder Ausschaltung dieses Organes eine aufgehobene oder, nach mehr kurzdauernden Versuchen, jedenfalls stark herabgesetzte Harnstoffausscheidung zu erwarten. Da ferner wenigstens ein Teil des Harnstoffes in der Leber aus Ammoniakverbindungen entsteht, müßte gleichzeitig eine vermehrte Ammoniakausscheidung zu erwarten sein. Die Leber und die Harnstoff-bildung.

Die an Tieren nach verschiedenen Methoden angestellten Ausschaltungs- oder Veröbungsversuche haben gelehrt, daß zwar bisweilen eine stark vermehrte Ammoniak- bzw. verminderte Harnstoffausscheidung als Folge der Operation auftritt, daß es aber auch Fälle gibt, in welchen trotz ausgedehnter Leberveröbung noch eine ehr oder weniger reichliche Harnstoffbildung statt- findet und bisweilen sogar keine oder wenigstens keine namhafte Änderung in dem Verhältnisse des Ammoniaks zum Gesamtstickstoff und Harnstoff zum Vorschein kommt. Nach Ausschaltung der Organe der hinteren Körper- hälfte, besonders Leber und Nieren, aus dem Kreislaufe fand KAUFMANN[1]) ferner eine zum Teil nicht unerhebliche Zunahme des Harnstoffes im Blute, und es zeigen diese verschiedenen Beobachtungen wie auch die obengenannten von FISKE und Mitarbeitern, daß bei den untersuchten Tierarten die Leber nicht das einzige Organ der Harnstoffbildung ist. Ort der Harnstoff-bildung.

Zu einem ähnlichen Schlusse führen die zahlreichen an Menschen bei Leberzirrhose, akuter gelber Leberatrophie und Phosphorvergiftung gemachten Erfahrungen. Es geht nämlich aus ihnen hervor, daß in einzelnen Fällen die Mischung der Stickstoffsubstanzen derart verändert wird, daß der Harnstoff nur 50—60 p. c. des Gesamtstickstoffes beträgt, während in anderen Fällen dagegen selbst bei sehr umfangreicher Veröbung der Leberzellen eine nicht herabgesetzte Harnstoffbildung mit nicht wesentlich veränderter Relation zwischen Gesamtstickstoff, Harnstoff und Ammoniak fortbestehen kann. Und selbst in den Fällen, in welchen die Harnstoffbildung relativ herabgesetzt und die Ammoniakausscheidung bedeutend vermehrt ist, darf man nicht ohne weiteres eine herabgesetzte harnstoffbildende Fähigkeit des Organismus an- nehmen. Die vermehrte Ammoniakausscheidung kann nämlich, wie besonders E. MÜNZER[2]) für die akute Phosphorvergiftung dargetan hat, auch daher rühren, daß infolge des abnorm verlaufenden Stoffwechsels Säuren in abnorm großer Menge gebildet werden, die dann zu ihrer Neutralisation eine größere Ammoniakmenge in Anspruch nehmen. Daß es nach Ausschaltung der Leber zu einer abnormen Säurebildung kommt, ist auch besonders von SALASKIN und ZALESKI[3]) gezeigt worden. Harnstoff-bildung und Leberkrank-heiten.

Man ist also gegenwärtig nicht zu der Annahme berechtigt, daß die Leber das einzige Organ der Harnstoffbildung sei, und über den Umfang und die Bedeutung der Harnstoffbildung aus Ammoniakverbindungen in der Leber müssen fortgesetzte Untersuchungen weitere Aufschlüsse geben. Leber und Harnstoff-bildung.

Eigenschaften und Reaktionen des Harnstoffes. Der Harn- stoff kristallisiert in Nadeln oder in langen, farblosen, vierseitigen, oft innen hohlen, wasserfreien, rhombischen Prismen von neutraler Reaktion und kühlen- dem, salpeterartigem Geschmack. Er schmilzt bei 132° C. Bei gewöhnlicher Temperatur löst er sich in der gleichen Gewichtsmenge Wasser und in fünf Teilen Alkohol. Von siedendem Alkohol erfordert er einen Teil zur Lösung; in wasser- und alkoholfreiem Äther ist er unlöslich, ebenso in Chloroform. Erhitzt man Harnstoff in Substanz in einem Reagenzrohre, so schmilzt er, zersetzt sich, gibt Ammoniak ab und hinterläßt zuletzt einen undurchsichtigen, Eigen-schaften u. Reaktionen des Harn-stoffes.

[1]) Compt. rend. soc. biol. 46 und Arch. de Physiol. (5) 6.   [2]) Deutsch. Arch. f. klin. Med. 52.   [3]) Zeitschr. f. physiol. Chem. 29.

weißen Rückstand, welcher unter anderem auch Zyanursäure und Biuret enthält und welcher, in Wasser gelöst, mit Kupfersulfat und Alkali eine schön rotviolette Flüssigkeit gibt (Biuretreaktion). Beim Erhitzen mit Barytwasser oder Alkalilauge wie auch bei der durch Mikroorganismen vermittelten sog. alkalischen Gärung des Harnes und bei Einwirkung von gewissen Enzymen, wie der Urease aus Sojabohnen, spaltet sich der Harnstoff unter Wasseraufnahme in Kohlensäure und Ammoniak. Dieselben Zersetzungsprodukte entstehen auch, wenn der Harnstoff mit konzentrierter Schwefelsäure erhitzt wird. Eine alkalische Lösung von Natriumhypobromit zersetzt den Harnstoff in Stickstoff, Kohlensäure und Wasser nach dem Schema: $CON_2H_4 + 3NaOBr = 3NaBr + CO_2 + 2H_2O + N_2$.

Mit konzentrierter Furfurollösung und Salzsäure gibt der Harnstoff in Substanz eine von Gelb durch Grün in Blau und Violett übergehende Färbung, die nach wenigen Minuten prachtvoll purpurviolett wird (SCHIFFS Reaktion).

Schiffs Reaktion. Nach HUPPERT[1]) verfährt man am besten so, daß man zu 2 ccm einer konzentrierten Furfurollösung 4—6 Tropfen konzentrierte Salzsäure hinzufügt und in dieses Gemenge, welches sich nicht rot färben darf, einen kleinen Harnstoffkristall einträgt. In wenigen Minuten tritt dann die tiefviolette Färbung auf. Das Allantoin gibt eine ähnliche Reaktion.

Durch Zusatz von Xanthydrol, $O\!\!<\!\!{}^{C_6H_4}_{C_6H_4}\!\!>\!\!CHOH$, in alkoholischer

Reaktion von Fosse. Lösung zu einer von Essigsäure sauren Harnstofflösung kann der Harnstoff selbst aus sehr stark verdünnter Lösung, als kristallisierender Dixanthylharnstoff, $O\!\!<\!\!{}^{C_6H_4}_{C_6H_4}\!\!>\!\!CH.NH.CO.NH.CH\!\!<\!\!{}^{C_6H_4}_{C_6H_4}\!\!>\!\!O$, ausgefällt werden. Reaktion von FOSSE[2]).

Der Harnstoff geht mit mehreren Säuren kristallisierende Verbindungen ein. Unter diesen sind die mit Salpetersäure und Oxalsäure die wichtigsten.

Salpetersaurer Harnstoff, $CO(NH_2)_2 . HNO_3$. Diese Verbindung kristallisiert bei schneller Ausscheidung in dünnen rhombischen oder sechsseitigen, einander oft dachziegelförmig deckenden, farblosen Tafeln, deren spitze Winkeln 82^0 betragen. Bei langsamer Kristallisation erhält man größere **Salpetersaurer Harnstoff.** und dickere rhombische Säulen oder Tafeln. Die Verbindung ist in reinem Wasser ziemlich leicht, in salpetersäurehaltigem Wasser dagegen bedeutend schwerer löslich, und man erhält sie, wenn eine konzentrierte Lösung von Harnstoff mit einem Überschuß von starker, von salpetriger Säure freier Salpetersäure versetzt wird. Beim Erhitzen verflüchtet sich die Verbindung ohne Rückstand.

Diese Verbindung kann auch mit Vorteil zum Nachweis von kleinen Mengen Harnstoff dienen. Man bringt einen Tropfen der konzentrierten Lösung auf ein Objektglas, legt das Deckgläschen auf und läßt von der Seite einen Tropfen Salpetersäure unter dem Deckgläschen hinzutreten. Die Kristallausscheidung beginnt dann an der Stelle, an welcher die Lösung und die Säure ineinander fließen. Salpetersaure Alkalien können bei Verunreinigung mit anderen Stoffen dem salpetersauren Harnstoff sehr ähnlich kristallisieren, und wenn man auf Harnstoff prüft, muß man deshalb auch stets teils durch Erhitzen der Probe, teils in anderer Weise von der Identität der Kristalle mit salpetersaurem Harnstoff sich überzeugen.

Oxalsaurer Harnstoff. **Oxalsaurer Harnstoff**, $2 . CO(NH_2)_2 . H_2C_2O_4$. Diese Verbindung ist schwerlöslicher in Wasser als die Salpetersäureverbindung. Man erhält sie in

---

[1]) HUPPERT-NEUBAUER, Analyse des Harns, 10. Aufl., S. 296. [2]) Compt. Rend. **157** u. **158**.

rhombischen oder sechsseitigen Prismen oder Tafeln durch Zusatz von gesättigter Oxalsäurelösung zu einer konzentrierten Lösung von Harnstoff.

Der Harnstoff geht auch Verbindungen mit Merkurinitrat in wechselnden Verhältnissen ein. Setzt man zu einer etwa zweiprozentigen Lösung von Harnstoff eine nur sehr schwach saure Merkurinitratlösung und neutralisiert das Gemenge annähernd, so erhält man eine Verbindung von konstanter Zusammensetzung, welche auf je 10 Teile Harnstoff 72 Gewichtsteile Quecksilberoxyd enthält. Diese Verbindung liegt der alten LIEBIGschen Titriermethode zugrunde. Der Harnstoff verbindet sich auch mit Salzen zu meistens kristallisierenden Verbindungen, so mit Chlornatrium, den Chloriden schwerer Metalle usw. Von Quecksilberchlorid wird eine alkalische, nicht aber eine neutrale Harnstofflösung gefällt. *Verbindungen mit Salzen.*

Wird Harnstoff in verdünnter Salzsäure gelöst und darauf Formaldehyd im Überschuß hinzugegeben, so scheidet sich ein dicker, weißer, körniger, sehr schwer löslicher Niederschlag, über dessen Zusammensetzung die Ansichten etwas divergieren [1]), aus. Mit Phenylhydrazin gibt der Harnstoff in stark essigsaurer Lösung eine in kaltem Wasser schwerlösliche, kristallisierende, farblose, bei 172° C schmelzende Verbindung von Phenylsemikarbazid, $C_6H_5NH . NH : CONH_2$ (JAFFÉ) [2]). *Verbindungen mit Formaldehyd und Phenylhydrazin.*

Die Methode zur Darstellung des Harnstoffes aus dem Harne ist in den Hauptzügen folgende. Man konzentriert den, nötigenfalls sehr schwach mit Schwefelsäure angesäuerten Harn bei niedriger Temperatur, setzt dann Salpetersäure im Überschuß unter Abkühlen zu, preßt den Niederschlag stark aus, zerlegt ihn in Wasser mit eben gefälltem Baryumkarbonat, trocknet im Wasserbade ein, extrahiert den Rückstand mit starkem Alkohol, entfärbt, wenn nötig, mit Tierkohle und filtriert warm. Der beim Erkalten auskristallisierende Harnstoff kann durch Umkristallisieren aus warmem Alkohol gereinigt werden. Von verunreinigenden Mineralstoffen reinigt man den Harnstoff durch Auflösung in Alkohol-Äther. Handelt es sich nur um den Nachweis des Harnstoffes im Harne, so ist es genügend, eine kleine Menge Harn auf einem Uhrgläschen zu konzentrieren und nach dem Erkalten mit überschüssiger Salpetersäure zu versetzen. Man erhält dann einen Kristallbrei von salpetersaurem Harnstoff. *Darstellung des Harnstoffes.*

Quantitative Bestimmung des Gesamtstickstoffes und Harnstoffes im Harne.

Die Bestimmung des Gesamtstickstoffes geschieht wohl nunmehr allgemein nach der KJELDAHL-Methode. Das Prinzip der Methode besteht darin, daß man durch Erhitzen mit konzentrierter Schwefelsäure sämtlichen Stickstoff der organischen Substanzen in Ammoniak überführt, das Ammoniak nach Übersättigen mit Alkali überdestilliert und in titrierte Schwefelsäure auffängt. Es sind hierzu folgende Reagenzien erforderlich. *Methode von Kjeldahl.*

1. Konzentrierte, ammoniakfreie Schwefelsäure. 2. Salpetersäurefreie Kalilauge von 30—40 p. c. KOH. Man bestimmt die zur Neutralisation von 10 ccm der Schwefelsäure erforderliche Menge dieser Lauge. 3. Pulverisiertes Kupfersulfat oder metallisches Kupfer (z. B. Drahtnetz), welches als Katalysator wirkt und die Zerstörung der organischen Substanz erleichtert. 4. $\frac{1}{5}$- oder $\frac{1}{10}$-Normalschwefelsäure und eine $\frac{1}{5} - \frac{1}{10}$-Normalnatronlauge. 5. Einen passenden Indikator, wie Lackmus oder eine alkoholische Lösung von Lackmoid oder Methylrot. *Reagenzien.*

Bei der Ausführung der Bestimmung gibt man genau abgemessene 2—5 ccm des filtrierten Harnes in einen langhalsigen Kolben, am besten in denselben, der zu der Destillation benutzt werden soll, schüttet dann eine Messerspitze von pulverisiertem Kupfersulfat oder ein kleines Stück Kupferdrahtnetz hinein und

---

[1]) Vgl. TOLLENS u. seine Schüler, Ber. d. d. chem. Gesellsch. **29**, 2751; GOLDSCHMIDT ebenda **29** und Chem. Zentralbl. 1897, **1**, 33; THOMS ebenda **2**, 144 u. 737.
[2]) Zeitschr. f. physiol. Chem. **22**.

setzt darauf 10—15 ccm Schwefelsäure hinzu. Man erhitzt darauf den Inhalt des schief gestellten Kolbens sehr vorsichtig bis zu höchstens sehr schwachem Sieden und fährt dann mit dem Erhitzen noch etwa eine Stunde, nachdem das Gemenge farblos oder grün geworden ist, fort. Nach dem Erkalten führt man, wenn man nicht denselben Kolben benutzen kann, alles durch sorgfältiges Nachspülen mit Wasser in einen geräumigen Destillierkolben über, neutralisiert den größten Teil der Säure mit Kalilauge, gibt dann einige Porzellanscherbchen (zur Vermeidung zu starken Stoßens bei der folgenden Destillation) hinein, setzt darauf überschüssige Kalilauge hinzu, verbindet möglichst rasch mit dem Destillationsrohr und destilliert bis alles Ammoniak in die Titriersäure übergegangen ist. Hierbei ist es am sichersten, vor allem im Anfange der Destillation, die Spitze des Abflußrohres etwas in die Säure hineintauchen zu lassen, wobei man durch eine kugelige Erweiterung dieses Rohres ein Zurücksteigen von Säure leicht verhindert. Nach beendeter Destillation titriert man mit der Normallauge auf die Säure zurück. Jedes Kubikzentimeter der Säure entspricht (je nach der Stärke derselben) 2,8 resp. 1,4 mg Stickstoff. Der Kontrolle halber macht man immer, um die Reinheit der Reagenzien zu kontrollieren und den durch einen zufälligen Ammoniakgehalt der Luft etwa verursachten Fehler zu eliminieren, einen blinden Versuch mit den Reagenzien allein.

Ausführung der Bestimmung.

FOLIN und CH. FARMER[1]) haben eine Methode angegeben, welche die Bestimmung des Gesamtstickstoffes in sehr kleinen Harnmengen, 1 ccm verdünntem Harn, gestattet. Nach der Hydrolyse mit Säure wird hier das gebildete Ammoniak kolorimetrisch mit NESSLERS Reagens bestimmt.

Unter den zahlreichen zur Bestimmung des Harnstoffes vorgeschlagenen und zu allgemeiner Anwendung gekommenen Methoden können nur die von HENRIQUES und GAMMELTOFT[2]) und die von MARSHALL[3]) hier Erwähnung finden. Das Prinzip der erstgenannten Methode besteht darin, daß man mit Phosphorwolframsäure die anderen stickstoffhaltigen Harnbestandteile (so weit möglich auch das Ammoniak) entfernt, dann in dem Filtrate durch Erhitzen mit Säure auf 150° den Harnstoff zersetzt und die Menge des hierbei gebildeten Ammoniaks bestimmt. Das Prinzip der Methode von E. MARSHALL jr. basiert auf der Fähigkeit der Urease den Harnstoff zu zerlegen, wonach die Menge des Ammoniaks ebenfalls bestimmt wird.

Harnstoff-bestim-mungs-methoden.

Verfahren von HENRIQUES und GAMMELTOFT. In 5 ccm Harn wird zuerst bestimmt, wieviel einer 10prozentigen Phosphorwolframsäurelösung (in $n/_2H_2SO_4$) nötig ist, um gerade eine vollständige Fällung hervorzurufen. Sodann mißt man in einem 100 ccm-Kolben 10 ccm Harn ab, setzt die vorher bestimmte Menge der Phosphorwolframsäurelösung hinzu und füllt den Kolben bis zur Marke mit $n/_2H_2SO_4$. Die Flüssigkeit bleibt nun — nach Mischung — so lange stehen, bis der Bodensatz sich gerade gesetzt hat, und wird dann filtriert. Von dem Filtrate bringt man 2 Portionen von je 10 ccm in Reagenzgläser aus Jenaglas, welche sodann — mit Zinnfolie bedeckt — $1^1/_2$ Stunden bei 150° C autoklaviert werden. Der Inhalt der Gläser wird nun in Kolben gebracht und das Ammoniak entweder durch Durchlüftung (nach Zusatz von Natriumkarbonat) oder durch Destillation im Vakuum (nach Zusatz von Baryumhydroxyd, in Methylalkohol gelöst) bestimmt (s. weiter unten: Ammoniakbestimmung). Auch für die Harnstoffbestimmung haben FOLIN und PETTIBONE[4]) eine Methode ausgearbeitet, nach welcher das Ammoniak kolorimetrisch mit NESSLERS Reagens bestimmt wird.

Harnstoff-bestim-mung.

Verfahren von MARSHALL, D. v. SLYKE und G. E. CULLEN[5]). Nach einem, von den 2 letztgenannten Forschern angegebenen Verfahren kann man ein Trockenpräparat von Urease aus Sojabohnen bereiten, und von diesem Präparate bereitet man eine 10prozentige wässerige Lösung, deren Wirksamkeit mit einer Harnstofflösung kontrolliert wird. In ein für die folgende Ammoniakbestimmung geeignetes

---

[1]) Journ. of biol. Chem. 11; vgl. auch J. C. BOCK u. S. R. BENEDICT ebenda 20 und FOLIN ebenda 21. [2]) Skand. Arch. f. Physiol. 25. [3]) Journ. of biol. Chem. 14. [4]) Journ. of biol. Chem. 11. [5]) Ebenda 19 u. 24.

Gefäß wird 1 ccm Harn eingeführt, mit 10 ccm 0,6prozentiger Lösung von KH_2PO_4, 2 ccm Ureaselösung und einigen Tropfen Kaprylalkohol (um das Schäumen bei der Luftdurchleitung zu vermeiden) versetzt und bei 20° C etwa 15—20 Minuten stehen gelassen. Dann wird das Ammoniak mittels Durchsaugens von einem Luftstrom unter Zusatz von Na_2CO_3 in die Titriersäure übergeführt und durch Zurücktitrieren bestimmt. Harne, die mehr als 3 p. c. Harnstoff enthalten, müssen vor der Bestimmung verdünnt werden. Die Methode wird als leicht ausführbar und zuverlässig allgemein empfohlen. Da bei diesem Verfahren auch das im Harne präformierte Ammoniak mit bestimmt wird, muß man, um den wahren Harnstoffwert zu erhalten, eine besondere Ammoniakbestimmung in demselben Harne ausführen. Ein Verfahren zur kolorimetrischen Ammoniakbestimmung (NESSLERisation) bei Anwendung von dieser Methode haben FOLIN und DENIS [1]) ausgearbeitet. Harnstoffbestimmung mittels Urease.

Die KNOP-HÜFNERsche Methode gründet sich darauf, daß der Harnstoff durch Einwirkung von Bromlauge (Natriumhypobromit) in Wasser, Kohlensäure (welche von der Lauge absorbiert wird) und Stickstoff, dessen Volumen gemessen wird, sich spaltet (vgl. oben S. 544). Diese Methode ist weniger genau als die vorigen. Infolge der Leichtigkeit und Geschwindigkeit, mit welcher sie sich ausführen läßt, ist sie dagegen für den Arzt, wenn es nicht auf sehr genaue Resultate ankommt, von nicht zu unterschätzendem Wert. Für praktische Zwecke ist auch eine Menge von verschiedenen Apparaten, welche die Anwendung dieser Methode erleichtern, konstruiert worden. Gravimetrisch kann man den Harnstoff mit Xanthydrol nach FOSSE [2]) bestimmen. Methode von Knop-Hüfner.

Betreffend die vielen anderen Methoden, die man zur quantitativen Bestimmung des Harnstoffes im Harne vorgeschlagen und angewendet hat, wird auf größere Werke hingewiesen. Dasselbe gilt von dem Nachweise und der quantitativen Bestimmung des Harnstoffes in anderen tierischen Flüssigkeiten und in Organen.

Als Urein hat OVID MOOR ein Produkt bezeichnet, welches man durch Extraktion des zum Sirup verdampften Harnes mit absolutem Alkohol und Abscheidung des Harnstoffes mit oxalsäurehaltigem Alkohol oder durch Abkühlen und Alkoholbehandlung in näher angegebener Weise erhält. Das Urein ist ein goldgelbes Öl, welches giftig ist, Permanganat in der Kälte reduziert und die F... tmasse der stickstoffhaltigen Extraktivstoffe des Harnes ausmacht. Daß das Urein... n Gemenge ist, unterliegt wohl keinem Zweifel. Nach MOOR [3]) soll ferner der Gehalt des Harnes an Harnstoff nur etwa halb so groß, wie man gewöhnlich angibt, sein, und er hat eine neue Methode zur Bestimmung des wahren Harnstoffgehaltes ausgearbeitet. Die Möglichkeit, daß in dem Harne neben dem Harnstoff auch andere Stoffe vorhanden sein können, welche zusammen mit dem Harnstoffe bestimmt und als Harnstoff berechnet werden, ist allerdings à priori nicht in Abrede zu stellen. Durch die bisher mitgeteilten Nachprüfungen können aber die Behauptungen MOORs nicht als hinreichend begründet, sondern eher als widerlegt angesehen werden [4]). Urein.

Karbaminsäure, $CH_3NO_2 = CO < {NH_2 \atop OH}$. Diese Säure ist nicht in freiem Zustande, sondern nur als Salze bekannt. Das Ammoniumkarbamat entsteht bei Einwirkung von trockenem Ammoniak auf trockene Kohlensäure, aber auch nach Zusatz von $NaCO_3$ zu einer Lösung, welche ein Ammoniumsalz enthält. Bei der Einwirkung von Kaliumpermanganat auf Eiweiß und mehrere andere stickstoffhaltige organische Körper entsteht ebenfalls Karbaminsäure.

Über das Vorkommen von Karbaminsäure im Menschen- und Tierharn ist schon oben bei der Besprechung der Harnstoffbildung berichtet worden. Für die Erkennung der Säure ist am wichtigsten das in Wasser und Ammoniak lösliche, in Alkohol unlösliche Kalksalz. Die Lösung desselben in Wasser trübt sich beim Stehen, weit rascher aber beim Kochen, und es scheidet sich hierbei Kalziumkarbonat aus. Karbaminsäure.

Karbaminsäureäthylester (Urethan) kann, wie JAFFÉ [5]) gezeigt hat, bei der Verarbeitung größerer Harnmengen durch die gegenseitige Einwirkung von Alkohol und Harnstoff in die alkoholischen Extrakte übergehen.

In jedem menschlichen Harn kommt nach FOLIN [6]) ein Stoff vor, welcher wahrscheinlich Methylharnstoff ist.

---

[1]) Journ. of biol. Chem. **26**. [2]) Compt. Rend. **158**. [3]) O. MOOR, Bull. Acad. d. St. Petersbourg **14** (auch MALYs Jahresb. **31**, 415) und Zeitschr. f. Biol. **44** u. **45** und Zeitschr. f. phys. Chem. **40** u. **48**. [4]) Die hierauf sich beziehenden Arbeiten findet man bei F. LIPPICH, Zeitschr. f. physiol. Chem. **48** u. **52**. [5]) Zeitschr. f. physiol. Chem. **14**. [6]) Journ. of biol. Chem. **3**.

Da eine Harnstoffbestimmung in gewissen Fällen mit einer Ammoniak-bestimmung kombiniert werden muß, und da ferner, wie aus dem Obigen zu ersehen ist, bestimmte Beziehungen zwischen der Menge des Harnstoffes und des Ammoniaks im Harne bestehen, dürfte es zweckmäßig sein, im nächsten Anschluß an den Harnstoff und das Karbamat das Harnammoniak zu be-sprechen.

Ammoniak. In dem Harne des Menschen und der Fleischfresser findet sich regelmäßig etwas Ammoniak. Die Menge desselben im Menschenharn beträgt bei gemischter Kost als Mittel 0,7 g mit Schwankungen zwischen 0,3 und 1,2 g. Der Stickstoff des Ammoniaks, in Proz. von dem Gesamtstickstoff, ist bei gemischter Kost 2,5—5,8 p. c.

Das Ammoniak des Harnes dürfte nach dem oben (S. 541) von der Harn-stoffbildung aus Ammoniak Gesagten wohl einen Ammoniakrest repräsen-tieren, welcher wegen des Überschusses der bei der Verbrennung entstandenen Säuren, den fixen Alkalien gegenüber, von solchen Säuren gebunden und demnach von der Synthese zu Harnstoff ausgeschlossen worden ist. Mit dieser Anschauung stimmt auch die Beobachtung, daß die Ammoniakausscheidung bei vegetabilischer Kost kleiner und bei reichlicher Fleischkost größer als bei gemischter Kost ist. Nach reichlicher Fleischnahrung fand z. B. BOUCHEZ 1,35—1,67 g NH_3 pro 24 Stunden. Mit der Beziehung der Ammoniakaus-scheidung zur Säurebildung im Tierkörper stimmt auch die unzweifelhafte Beziehung zwischen Salzsäuregehalt des Magensaftes und Ammoniakaus-scheidung. So fand SCHITTENHELM, daß mit höherem Salzsäuregehalt auch der prozentische Ammoniakgehalt des Harnes höher wird, und umgekehrt, und ferner haben LOEB und GAMMELTOFT[1]) ein Sinken der Ammoniakaus-scheidung einige Stunden nach der Mahlzeit beobachtet, wenn auch eine ganz befriedigende Erklärung dieses Verhaltens noch nicht vorliegt. Das Ammoniak spielt die Rolle eines Neutralisationmittels der im Körper gebildeten oder ihm zugeführten Säuren, und dies ist durch verschiedene Beobachtungen gezeigt worden.

Bei Menschen und einigen Tieren wird nämlich die Ammoniakaus-scheidung durch Zufuhr von Mineralsäuren vermehrt, und in derselben Weise wirken auch solche organische Säuren, die, wie die Benzoesäure, im Körper nicht verbrannt werden. Das bei der Eiweißzersetzung freigewordene Ammoniak wird also zum Teil zur Neutralisation der eingeführten Säuren verwendet, und hierdurch wird ein schädliches Entziehen der fixen Alkalien verhütet.

Wie die von außen eingeführten wirken nun auch die im Tierkörper bei dem Eiweißzerfalle entstandenen Säuren auf die Ammoniakausscheidung. Aus diesem Grunde wird beim Menschen der Ammoniakgehalt des Harnes ver-mehrt unter solchen Umständen und bei solchen Krankheiten, in welchen durch gesteigerten Eiweißumsatz eine vermehrte Säurebildung stattfindet. Dies ist z. B. bei Sauerstoffmangel, im anhaltenden Fieber und bei Diabetes der Fall. In dieser letzteren Krankheit kommt aber besonders in Betracht, daß bei ihr organische Säuren, β-Oxybuttersäure und Azetessigsäure entstehen, welche an Ammoniak gebunden in den Harn übergehen.

Aus dem der Leber mit dem Blute zugeführten Ammoniak wird, wie man allgemein annimmt, in diesem Organe Harnstoff gebildet, und man könnte deshalb erwarten, daß bei gewissen Leberkrankheiten oder bei Insuffi-zienz der Leberfunktion eine verminderte Harnstoffbildung mit vermehrter

Marginalia: Ammoniak. — Ammoniak und Säure-bildung. — Säuren und Ammoniak-ausschei-dung. — Ammoniak-ausschei-dung in Krank-heiten.

---

[1]) BOUCHEZ, Journ. de Physiol. et de Path. **14**; SCHITTENHELM, Deutsch. Arch. f. klin. Med. **77**; ADAM LOEB, Zeitschr. f. klin. Med. **56** und Zeitschr. f. Biol. **55**; GAMMEL-TOFT, Zeitschr. f. physiol. Chem. **75**.

Ammoniakausscheidung vorkommen würde. Diese Verhältnisse sind schon oben (S. 543) erwähnt worden und sie können verschiedener Art sein. So können in gewissen Leberkrankheiten, wie z. B. bei interstitieller Hepatitis, die vermehrte Ammoniakausscheidung mit einer Insuffizienz der Harnstoffbildung verbunden sein, während in anderen Fällen, wie z. B. bei der Phosphorvergiftung die starke Ammoniakausscheidung unzweifelhaft auch durch eine starke Säurebildung bedingt ist.

Ammoniak und Harnstoffbildung.

In naher Beziehung zu dem nun Gesagten steht die Frage, ob sämtliches unter normalen Verhältnissen im Harne vorkommende Ammoniak als Neutralisationsammoniak anzusehen sei. Wenn dem so wäre, würde man wahrscheinlich durch Zufuhr von größeren Mengen Alkalien das Ammoniak aus dem Harne zum Verschwinden bringen können. In den Versuchen von STADELMANN und BECKMANN gelang dies nicht; in neueren Versuchen von JANNEY [1]) gelang es jedoch durch Zufuhr von großen Mengen von Natriumzitrat, welches im Körper zu Karbonat verbrennt, die Ammoniakausscheidung bis auf sehr geringfügige Mengen herabzudrücken.

Ammoniak und Alkalizufuhr.

Der Nachweis und die quantitative Bestimmung des Ammoniaks geschah früher am häufigsten nach der Methode von SCHLÖSING. Das Prinzip dieser Methode besteht darin, daß man aus einer abgemessenen Menge Harn das Ammoniak mit Kalkwasser in einem abgeschlossenen Raum frei macht und das frei gewordene Ammoniak von einer abgemessenen Menge $\frac{n}{10}$ Schwefelsäure absorbieren läßt. Nach beendeter Absorption des Ammoniaks erfährt man die Menge desselben durch Titration der rückständigen, freien Schwefelsäure mit einer $\frac{n}{10}$ Lauge. Diese Methode gibt jedoch unsichere Resultate.

Bestimmung des Ammoniaks.

Die neueren Methoden zur Bestimmung des Ammoniaks gehen alle darauf hinaus, das Ammoniak nach Zusatz von Kalk, Magnesia oder Alkalikarbonat bei niedriger Temperatur entweder mit Hilfe des Vakuums abzudestillieren oder mit einem Luftstrom auszutreiben und in eine titrierte Säure aufzufangen.

Neuere Methoden.

Nach der Methode von KRÜGER, REICH und SCHITTENHELM [2]) werden 25 bis 50 ccm Harn im Destillationskolben mit ca. 10 g Chlornatrium und 1 g Natriumkarbonat versetzt und bei Gegenwart von Alkohol, um das Schäumen zu verhindern, bei + 43° C und einem Drucke von 30—40 m. m Hg mit Hilfe der Luftpumpe destilliert. Das Ammoniak wird in eine mit $\frac{n}{10}$-Säure beschickte PÉLIGOTsche Röhre, die mit Eiswasser abgekühlt wird, eingeleitet und zuletzt unter Anwendung von Rosolsäure titriert. Bezüglich der näheren Angaben wird auf die Originalabhandlungen hingewiesen. Man kann auch statt Alkalikarbonat eine halbnormale Lösung von Baryumhydroxyd in Methylalkohol verwenden. Nach der Methode von FOLIN [3]) versetzt man 25—50 ccm Harn in einer Waschflasche mit 1—2 g Soda und 8—16 g Chlornatrium und etwas Petroleum, um das Schäumen zu verhindern, und leitet dann einen Luftstrom durch, welcher darauf eine zweite Waschflasche mit $\frac{n}{10}$- Säure passiert. Man kann auch (MALFATTI u. a.) das Ammoniak durch Formoltitrierung bestimmen. Die Methode basiert darauf, daß ein Ammoniumsalz mit Formaldehyd Hexamethylentetramin und freie Säure nach dem Schema $4NH_4Cl + 6HCOH = N_4(CH_2)_6 + 6H_2O + 4HCl$ gibt. Die Säure wird nach dem Formolzusatze alkalimetrisch bestimmt. Die Formoltitrierung ist besonders von Bedeutung bei der quantitativen Bestimmung der Aminosäuren im Harne.

Ammoniakbestimmung.

---

[1]) N. JANNEY, Zeitschr. f. physiol. Chem. 76, wo man auch die Literatur findet.
[2]) Zeitschr. f. physiol. Chem. 39; s. ferner SHAFFER, Amer. Journ. of Physiol. 8, wo man die Literatur findet. Man vgl. auch HENRIQUES u. SÖRENSEN, Zeitschr. f. physiol. Chem. 64, 137. [3]) O. FOLIN, Zeitschr. f. physiol. Chem. 37 und Journ. of biol. Chem. 8; A. STEEL ebenda 8.

$$\text{Kreatinin, } C_4H_7N_3O == NH : C\begin{cases} NH\!\!-\!\!-\!\!CO \\ N(CH_3)\,.\,CH_2 \end{cases}, \text{ und Kreatin, } C_4H_9N_3O_2$$

$$= NH : C\begin{cases} NH_2 \\ N(CH_3)\,.\,CH_2\,.\,COOH \end{cases}. \text{ Über das Vorkommen dieser Stoffe anders-}$$

Kreatinin und Kreatin. wo als im Harne ist schon in einem früheren Kapitel (11) berichtet worden. Das Kreatinin ist ein regelmäßiger Bestandteil des Harnes von Menschen und der untersuchten Säugetiere. Das Kreatin, welches im Vogelharne die Stelle des Kreatinins vertritt, kommt dagegen nur unter mehr besonderen Verhältnissen im Menschenharne vor.

Die Menge des Kreatinins im Menschenharne ist allerdings bei verschiedenen Individuen eine etwas verschiedene, kann aber für Erwachsene und 24 Stunden bei Männern zu 1,5—2 und für Frauen zu 0,8—1 g angeschlagen werden. Die Menge ist nach Folin[1]) bei fleischfreier Diät eine zwar für verschiedene Individuen etwas wechselnde, für dieselbe Person aber konstante Quantität, deren Tagesmenge er nie unter 1 g, oft aber zwischen 1,3—1,7 g fand. Säuglinge sondern ebenfalls Kreatinin, wenn auch nur in geringer Menge, ab. Die Menge des Kreatininstickstoffes, in Prozenten von dem Gesamtstickstoffe, schwankt unter verschiedenen Verhältnissen, beträgt aber nach den Bestimmungen mehrerer Forscher etwa 2,5—6,9 p. c.

Betreffend den Ursprung des Kreatinins war man lange der Ansicht, daß das Harnkreatinin aus dem Kreatin der Muskeln und anderer Organe entsteht. Über diese Frage ist man aber leider nicht einig. Folin fand in seinen Untersuchungen, daß von dem eingenommenen Kreatinin etwa 80 p. c. wieder ausgeschieden werden können, während das eingenommene Kreatin dagegen nicht als Kreatinin in den Harn übergeht, sondern zum Teil im Körper zurückgehalten und zum Teil als solches ausgeschieden wird. Ein intravitaler Übergang von Kreatin in Kreatinin wird ebenfalls von v. Klercker, Mellanby und Lefmann geleugnet, während er dagegen von anderen, wie von Gottlieb und Stangassinger, v. Hoogenhuyze und Verploegh angenommen wird. **Übergang von Kreatin in Kreatinin.** Die Untersuchungen von Pekelharing[2]) und v. Hoogenhuyze über das Verhalten des bei Kaninchen und Hunden parenteral eingeführten Kreatins stellen es wohl auch außer Zweifel, daß ein Teil des Kreatins wirklich bei diesen Tieren in Kreatinin umgesetzt wird. Auch mehrere amerikanische Forscher, namentlich Myers und Fine[3]) haben eine etwas vermehrte Kreatininausscheidung nach Einführung von Kreatin beobachtet, wenn auch diese Vermehrung selbst nach großen Gaben recht gering zu sein scheint.

Die Angaben über das Verhalten der Kreatininausscheidung zu der Arbeit sind sehr streitig. Nach van Hoogenhuyze und Verploegh, welche nach einer mehr zuverlässigen quantitativen Bestimmungsmethode als ihre Vorgänger arbeiteten, verursacht die Muskelarbeit im allgemeinen keine vermehrte Kreatininausscheidung, und eine solche findet beim Menschen unter **Kreatinin und Arbeit.** dem Einflusse der Arbeit erst dann statt, wenn der Körper gezwungen wird, nur auf Kosten der eigenen Gewebe zu leben. Auch andere Forscher konnten keine vermehrte Kreatininausscheidung als Folge der Arbeit konstatieren; dagegen findet eine solche Steigerung, wie Pekelharing und Harkink[4]) zeigten, als Folge des Muskeltonus statt.

---

[1]) Amer. Journ. of Physiol. 13; vgl. auch v. Klercker, Hofmeisters Beiträge 8.
[2]) Zeitschr. f. physiol. Chem. 69, wo auch die Arbeiten der obengenannten Forscher zitiert sind. [3]) Journ. of biol. Chem. 14, 16, 21; Towles u. Voegtlin ebenda 10; J. F. Lyman u. J. C. Trimby ebenda 29; W. C. Rose u. F. W. Dimmitt ebenda 26. [4]) Zeitschrift f. physiol. Chem. 75.

Über das Verhalten des Kreatinins in Krankheiten weiß man nur wenig, und die Angaben hierüber sind auch strittig. Bei Anämie und Kachexie soll die Kreatininausscheidung herabgesetzt und bei gesteigertem Stoffwechsel gesteigert sein. Daß das letztere wenigstens beim Fieber der Fall ist, scheint aus mehreren übereinstimmenden Beobachtungen hervorzugehen. Bei Leberkrankheiten kann eine verminderte Kreatininausscheidung vorkommen.

Das Kreatin kommt besonders im Vogelharne und angeblich im Harne nicht nur von Säuglingen, sondern auch von etwas älteren Kindern vor (ROSE, FOLIN und DENIS). Ebenso hat man es gefunden im Harne von Schwangeren (KRAUSE und CRAMER), aber sonst nur im Hunger, bei Diabetes, Leberkrankheiten, Fieber und in Krankheiten mit Einschmelzen des Körpereiweißes, namentlich des Muskeleiweißes. Zwischen Kreatin- und Kreatininausscheidung besteht übrigens, wie es scheint wenigstens für gewisse Fälle, das Verhalten, daß mit abnehmender Menge des ausgeschiedenen Kreatinins die Menge des Kreatins im Harne zunimmt (LEVENE und KRISTELLER)[1]. So hat man im Hunger gleichzeitig mit einer vermehrten Ausscheidung des Kreatins eine Abnahme der Kreatininmenge beobachtet (v. HOOGENHUYZE und VERPLOEGH, CATHCART, BENEDICT und MYERS), und in Fällen von Leberkarzinom hat man neben einer Abnahme des Kreatinins viel Kreatin im Harne gefunden (HOOGENHUYZE und VERPLOEGH, MELLANBY)[2]. Die Rolle der Leber in dem Kreatin-Kreatininstoffwechsel ist jedoch noch nicht klargelegt.

Das Auftreten von Kreatin im Harne scheint in naher Beziehung zu dem Kohlehydratstoffwechsel und dem Auftreten von Azidosis zu stehen. Die Untersuchungen über diesen Gegenstand, die besonders von amerikanischen Forschern[3] ausgeführt worden sind, haben allerdings noch nicht zu endgültigen Resultaten geführt; aber es ist unzweifelhaft, daß unter gewissen Verhältnissen, wie im Hunger, bei Mangel an Kohlehydraten und bei säurebildender Nahrung (beim Kaninchen) eine Azidosis von Kreatinurie begleitet sein kann, die nach Zufuhr von Alkali aufhört. Auf der anderen Seite ist es auch sicher, daß eine Kreatinurie ohne Azidosis bei gestörtem Kohlehydratstoffwechsel, wie bei der nach Hydrazinvergiftung auftretenden Hypoglykämie, vorkommen kann. Beim Phlorhizindiabetes mit Azidosis verschwindet das Kreatin jedoch nicht aus dem Harne, wenn die Azidosis durch Alkali aufgehoben wird, und die Verhältnisse sind also noch nicht ganz vollständig aufgeklärt.

Als Muttersubstanz der beiden Stoffe hat man, wie im Kapitel 11 erwähnt wurde, in letzter Hand das Eiweiß und die Guanidingruppen desselben anzusehen. Wenn aber das Kreatinin (Kreatin) von dem Eiweiße stammt, so muß man jedoch, wie es scheint, zwischen Nahrungseiweiß und Körpereiweiß unterscheiden. Die Menge des Kreatinins ist nämlich zwar insoferne von der Nahrung abhängig, als sie von Fleischkost vermehrt wird; aber sonst ist sie, wie FOLIN gefunden und auch andere in der Hauptsache bestätigt haben, von der Nahrung ziemlich unabhängig. Seine Ausscheidung geht also nicht der des Harnstoffes und des Gesamtstickstoffes parallel und ist dementsprechend im allgemeinen nicht wesentlich größer bei eiweißreicher als bei eiweißarmer

Marginal notes:
Kreatin im Harne.

Kreatin, Azidosis und Kohlehydrate.

Einfluß der Nahrung.

[1] ROSE, Journ. of biol. Chem. 10; FOLIN u. DENIS ebenda 11; KRAUSE u. CRAMER, Journ. of Physiol. 40 (Proc. physiol. Soc. Juli 1910 LXI.); LEVENE u. KRISTELLER ebenda 24. [2] HOOGENHUYZE u. VERPLOEGH, Zeitschr. f. physiol. Chem. 57; CATHCART, Bioch. Zeitschr. 6; BENEDICT u. MYERS, Amer. Journ. of Physiol. 18; J. MELLANBY, Journ. of Physiol. 36. [3] Vgl. die Arbeiten von UNDERHILL u. Mitarbeitern, Journ. of biol. Chem. 27; W. C. ROSE u. Mitarbeitern ebenda 10 u. 26; ÖSTERBERG u. WOLF, Bioch. Zeitschr. 35; WOLF, Journ. of biol. Chem. 10; A. STEENBOCK u. E. G. GROSS ebenda 36; W. MAC ADAM, Bioch. Journ. 9.

Nahrung. Dagegen ist ihre Größe, wie andere Verhältnisse zeigen, abhängig von der Intensität des Stoffwechsels in den Zellen, namentlich des Muskelgewebes, und das Kreatinin ist nach FOLIN ein Produkt des endogenen Eiweißstoffwechsels. Über die Einwirkung einer proteinreichen, kreatinfreien Nahrung auf die Kreatinausscheidung sind die Angaben etwas strittig[1]).

Eigenschaften und Reaktionen. Das Kreatinin kristallisiert mit 2 Mol. Kristallwasser in farblosen, stark glänzenden, monoklinoedrischen Prismen und wasserfrei in Blättchen, welche zum Unterschied von den Kreatinkristallen

Kreatinin. bei 100^0 C nicht durch Wasserverlust weiß werden. Es löst sich in etwa 11 Teilen kalten Wassers, leichter in warmem. In kaltem Alkohol ist es schwer löslich, in warmem Alkohol löst es sich leichter. In Äther ist es fast ganz unlöslich. In alkalischer Lösung wird das Kreatinin, besonders leicht in der Wärme, in Kreatin übergeführt.

Mit Chlorwasserstoffsäure gibt das Kreatinin eine leichtlösliche, kristallisierende Verbindung. Mit Mineralsäure angesäuerte Kreatininlösungen geben mit Phosphormolybdän- oder Phosphorwolframsäure kristallinische Niederschläge, welche selbst bei starker Verdünnung (1:10000) auftreten (KERNER, HOFMEISTER)[2]). Von Merkurinitratlösung wird das Kreatinin wie der Harnstoff gefällt. Quecksilberchlorid fällt es ebenfalls. Unter den Verbindungen des Kreatinins ist diejenige mit Chlorzink, das Kreatininchlorzink,

Kreatinin-chlorzink. $(C_4H_7N_3O)_2ZnCl_2$, besonders zu erwähnen. Diese Verbindung erhält man, wenn man eine genügend konzentrierte Lösung von Kreatinin in Alkohol mit einer konzentrierten, möglichst schwach sauren Lösung von Chlorzink versetzt. Freie Mineralsäure, welche die Verbindung löst, darf nicht zugegen sein; ist dies der Fall, so setzt man Natriumazetat zu. Die Verbindung, welche in Wasser schwerlöslich ist, kann durch Umkristallisieren rein erhalten werden und eignet sich dann gut zur Darstellung von Standardkreatininlösungen für die kolorimetrische Bestimmung (s. unten).

Das Kreatinin wirkt reduzierend. Quecksilberoxyd wird zu metallischem Quecksilber reduziert, und es entstehen dabei Oxalsäure und Methylguanidin (Methyluramin). Das Kreatinin reduziert auch Kupferoxydhydrat in alkalischer Lösung zu einer farblosen, löslichen Verbindung, und erst bei anhalten-

Redu- dem Kochen mit überschüssigem Kupfersalz soll freies Oxydul entstehen.
zierende Das Kreatinin stört also die TROMMERsche Zuckerprobe, teils weil es redu-
Wirkung zierend wirkt, und teils weil es das Kupferoxydul in Lösung halten kann.
des Die Verbindung mit Kupferoxydul ist in gesättigter Sodalösung nicht löslich,
Kreatinins. und wenn man in einer kalt gesättigten Sodalösung ein wenig Kreatinin löst und darauf einige Tropfen FEHLINGscher Lösung zusetzt, scheidet sich deshalb nach dem Erwärmen auf $50-60^0$ C beim Erkalten die weiße Verbindung flockig aus (Reaktion von MASCHKE)[3]). Eine alkalische Wismutlösung (vgl. die Zuckerproben weiter unten) wird dagegen von dem Kreatinin nicht reduziert.

Eine wässerige Lösung des Kreatinins wird von Pikrinsäure gefällt. Der Niederschlag besteht, nach dem Umkristallisieren aus heißem Wasser, aus dünnen, seideglänzenden hellgelben Nadeln (JAFFÉ). Setzt man zu dem Harne Pikrinsäure (für je 100 ccm Harn 20 ccm einer 5prozentigen Lösung

Kreatinin- von Pikrinsäure in Alkohol), so fällt das Kreatinin als ein Doppelpikrat von
reaktionen. Kreatinin und Kalium aus (JAFFÉ). Versetzt man eine Kreatininlösung (oder auch Harn) mit etwas wässeriger Pikrinsäurelösung und verdünnter Natron-

---

[1]) Vgl. W. DENIS u. Mitarbeiter, Journ. of biol. Chem. **30** u. **37**; W. C. ROSE u. Mitarbeiter ebenda **34**. [2]) KERNER, PFLÜGERS Arch. **2**; HOFMEISTER, Zeitschr. f. physiol. Chem. **5**. [3]) Zeitschr. f. anal. Chem. **17**.

lauge, so tritt sogleich schon bei Zimmertemperatur eine, mehrere Stunden anhaltende rote Färbung auf, welche durch Säurezusatz in Gelb übergeht (Reaktion von JAFFÉ)[1]). Azeton gibt unter ähnlichen Umständen eine mehr rotgelbe Farbe. Traubenzucker gibt mit dem Reagenze erst in der Wärme eine rote Färbung. Setzt man einer verdünnten Kreatininlösung (oder auch dem Harne) einige Tropfen einer frisch bereiteten, stark verdünnten Nitroprussidnatriumlösung (spez. Gewicht 1,003) und dann einige Tropfen Natronlauge zu, so wird die Flüssigkeit rubinrot, aber binnen kurzem wieder gelb (Reaktion von WEYL)[2]). Versetzt man die gelb gewordene Lösung mit überschüssiger Essigsäure und erhitzt, so färbt sie sich erst grünlich und dann blau (SALKOWSKI)[3]). Zuletzt entsteht ein Niederschlag von Berlinerblau.

Eine, der nun beschriebenen ähnelnde Reaktion, welche, wenn nicht ausschließlich (ARNOLD) jedenfalls besonders nach Einnahme von Eiweißnahrung oder Fleischsuppe auftritt und welche von einem noch unbekannten Stoffe, der nach H. YANAGAWA schwefelhaltig und wahrscheinlich ein Thioamidverbindung ist, herrühren soll, ist die ARNOLDsche Reaktion[4]). Man versetzt 10—20 cm Harn mit einem Tropfen einer 4prozentigen Nitroprussidnatriumlösung und darauf mit 5—10 ccm einer 5prozentigen Natron- oder Kalilauge. Es tritt zuerst ein kräftiges und reines Violett, mit einem Absorptionsstreifen zwischen D und E auf, welches dann in Purpurrot und darauf durch Braunrot in Gelb übergeht. Auf Zusatz von Essigsäure geht die violette resp. purpurrote Farbe in Blau über, welches bald verblaßt und zuletzt in Blaßgelb übergeht. Von der Kreatininreaktion unterscheidet sie sich durch Farbe und Absorptionsband, wie auch dadurch, daß die erstere für ihr Zustandekommen mehr Nitroprussidnatrium erfordert.

Das Prinzip der Darstellung des Kreatinins ist nach FOLIN[5]) folgendes. Das Kreatinin wird zuerst mit Pikrinsäure als das Doppelpikrat von Kreatinin und Kalium nach JAFFÉ ausgefällt und dann der Niederschlag noch feucht mit $KHCO_3$ und Wasser zerlegt. Die Lösung, welche das Kreatinin neben Kaliumkarbonat und kleinen Mengen Verunreinigungen enthält, wird mit Eisessig angesäuert und mit alkoholischer Zinkchloridlösung gefällt. Die Zinkchloridverbindung wird in heißem Wasser mit Bleihydroxyd zerlegt und das Blei aus dem Filtrate mit Schwefelwasserstoff entfernt. Die Lösung enthält ein Gemenge von Kreatinin und Kreatin, welch letzteres durch hinreichend langdauerndes Erwärmen mit verdünnter Schwefelsäure in Kreatinin übergeführt werden kann. Nach genauer Neutralisation mit Barythydratlösung wird zur Kristallisation konzentriert. Man kann auch nach FOLIN die beiden Stoffe mit Alkohol trennen.

Die quantitative Bestimmung geschieht wohl nunmehr allgemein nach dem von FOLIN angegebenen Prinzipe.

Die Methode von FOLIN[5]) ist ein kolorimetrisches Verfahren, welches auf der JAFFÉschen Pikrinsäurereaktion basiert. 10 ccm Harn werden in einen Meßkolben von 500 ccm Raumumfang abgemessen und mit 15 ccm 1,2prozentiger Pikrinsäurelösung und 5 ccm 10prozentiger Natronlauge versetzt. Nach Umschütteln und ruhigem Stehen während 5 Minuten wird mit Wasser bis zu 500 ccm aufgefüllt und gemischt. Diese Lösung wird nun im DUBOSCQschen Kolorimeter mit einer $^1/_2$ Normallösung von Kaliumbichromat (24,54 g in 1 l) verglichen. Die letztgenannte Lösung hat in einer Dicke von 8 mm genau dieselbe Intensität der Farbe, wie eine 8,1 mm dicke Schicht einer Lösung von 10 mgm Kreatinin, welche nach Zusatz von 15 ccm Pikrinsäurelösung und 5 ccm Natronlauge bis auf 500 ccm verdünnt worden ist. Die Berechnung ist einfach. Wenn z. B. in einem Falle die Harnprobe in einer 7,2 mm dicken Schicht dieselbe Farbe wie die Chromatlösung in einer 8 mm dicken Schicht gibt, ist der Kreatiningehalt in 10 ccm Harn = $\frac{8,1}{7,2} \times 10$ oder 11,25 mgm. Diese Methode ist von vielen anderen geprüft worden und hat als zuverlässig sich bewährt. Wenn Azeton und Azetessigsäure vorhanden sind, müssen sie zuerst durch Destillation nach Zusatz von Essigsäure aus dem

Marginal notes: Kreatinin. — Reaktion von Arnold. — Darstellung. — Kreatininbestimmung nach Folin.

---

[1]) Zeitschr. f. physiol. Chem. **10**. [2]) Ber. d. d. chem. Gesellsch. **11**. [3]) Zeitschr. f. physiol. Chem. **4**. [4]) V. ARNOLD ebenda **49** u. **83** und H. YANAGAWA, Bioch. Zeitschr. **61**. [5]) Zeitschr. f. physiol. Chem. **41** und Journ. of biol. Chem. **17**.

Harne entfernt werden. Statt einer Bichromatlösung hat FOLIN [1]) später eine haltbare Standardlösung von 1,6106 gm Kreatininzinkchlorid in 1 l Wasser (= 1 mgm Kreatinin in 1 ccm) empfohlen. Diese Lösung mit Pikrinsäure und Alkali wird als Vergleichsflüssigkeit verwendet.

Die kolorimetrische Methode dient auch zur Bestimmung des Kreatins, welches zu dem Ende durch Erwärmen mit verdünnter Mineralsäure erst in Kreatinin übergeführt wird. Die Kreatinmenge ergibt sich als Differenz zwischen den vor und nach der Säurebehandlung erhaltenen Kreatininwerten. Nähere Vor-

Kreatinbe-
stimmung. schriften findet man in den in dem Vorigen zitierten Arbeiten von FOLIN, v. HOOGEN-HUYZE und VERPLOEGH, GOTTLIEB und STANGASSINGER.

Xanthokreatinin, $C_5H_{10}N_4O$. Diesen, zuerst von GAUTIER aus Fleischextrakt dargestellten Stoff hat MONARI im Hundeharn nach Injektion von Kreatinin in die Leibes-

Xantho-
kreatinin. höhle und ebenso im Harne von Menschen nach mehrere Stunden anhaltenden, anstrengenden Märschen gefunden. Nach COLASANTI kommt es in verhältnismäßig reichlicher Menge im Löwenharne vor. STADTHAGEN [2]) hält das aus Menschenharn nach Muskelanstrengung isolierte Xanthokreatinin für unreines Kreatinin.

Das Xanthokreatinin stellt schwefelgelbe, cholesterinähnliche, dünne Blättchen von bitterem Geschmack dar. Es löst sich in kaltem Wasser und in Alkohol, liefert eine kristallisierende Verbindung mit Salzsäure und gibt Doppelverbindungen mit Gold- und Platinchlorid. Mit Chlorzink gibt es eine in feinen Nadeln kristallisierende Verbindung. Es wirkt giftig.

Methyl-
guanidin. **Methylguanidin** ist nach ACHELIS, KUTSCHER und LOHMANN ein in kleiner Menge vorkommender, regelmäßiger Bestandteil des Harnes von Mensch, Pferd und Hund. Von ENGELAND [3]) wurde es neben Dimethylguanidin im Harne gefunden.

Harnsäure, Ur, $C_5H_4N_4O_3$; 2, 6, 8-Trioxypurin, welche teils als Laktam-

$$
\begin{array}{lll}
\text{HN—CO} & & \text{N = C.OH}\\
& & \ | \quad \ |\\
\text{OC} \quad \text{C—NH} & \text{und teils als Laktimform} \quad \text{OH.C} \quad \text{C—NH} & \text{vor-}\\
& \diagdown\text{CO} & \| \quad \ | \quad \diagup\\
\text{HN—C—NH} & & \text{N—C—N}\diagup\text{C.OH}\\
\end{array}
$$

Harnsäure. kommen kann [4]), ist in verschiedener Weise synthetisch dargestellt worden. Unter diesen Synthesen sind in biologischer Hinsicht von besonderem Interesse die beiden von J. HORBACZEWSKI [5]) ausgeführten, nämlich einerseits durch Zusammenschmelzen von Harnstoff und Glykokoll und andererseits durch Erhitzen von Trichlormilchsäureamid mit überschüssigem Harnstoff.

In naher Beziehung zu der erstgenannten Synthese steht die Zersetzung der Harnsäure in Glykokoll, Kohlensäure und Ammoniak beim Erhitzen mit konzentrierter Chlorwasserstoffsäure im zugeschmolzenen Rohre auf 170° C, wie auch die Zersetzung bei starkem Erhitzen der Harnsäure allein unter Bildung von Harnstoff, Zyanwasserstoff, Zyanursäure und Ammoniak. Bei Einwirkung oxydierender Agenzien findet eine Spaltung und Oxydation statt, und es entstehen dabei entweder Mono- oder Diureide. Bei der Oxydation mit Bleihyperoxyd entstehen Kohlensäure, Oxalsäure, Harnstoff und Allantoin, welch letzteres Glyoxyldiureid ist (vgl. unten). Bei der Oxydation mit Salpetersäure entstehen zunächst in der Kälte Harn-

Zer-
setzungs-
und
Oxydations-
produkte. stoff und ein Monoureid, der Mesoxalylharnstoff oder das Alloxan: $C_5H_4N_4O_3$ + O + H_2O = $C_4H_2N_2O_4$ + $(NH_2)_2CO$. Beim Erwärmen mit Salpetersäure liefert das Alloxan Kohlensäure und Oxalylharnstoff oder Parabansäure, $C_3H_2N_2O_3$. Durch Aufnahme von Wasser geht die Parabansäure in die in dem Harne spurenweise vorkommende Oxalursäure, $C_3H_4N_2O_4$, über, welche

---

[1]) l. c. Journ. biol. Chem. **17**.   [2]) GAUTIER, Bull. de l'acad. d. med. (2) **15** und Bull. soc. chim. (2) **48**; MONARI, MALYS Jahresb. **17**; COLASANTI, Arch. ital. de Biol. **15**, Fasc. 3; STADTHAGEN, Zeitschr. f. klin. Med. **15**.   [3]) ACHELIS, Zentralbl. f. Physiol. **20**, 455 und Zeitschr. f. physiol. Chem. **50**; KUTSCHER u. LOHMANN ebenda **49**; R. ENGELAND ebenda **57**.   [4]) EMIL FISCHER, Ber. d. d. chem. Gesellsch. **32**.   [5]) Monatsh. f. Chem. 6 u. 8.

ihrerseits leicht in Oxalsäure und Harnstoff sich spaltet. In alkalischer Lösung kann durch Oxydation der Harnsäure, am besten unter Anwendung von $KMnO_4$ (BILTZ und Mitarbeiter), Uroxansäure, $C_5H_8N_4O_6$, Oxonsäure, $C_4H_3N_3O_4$, und Allantoin entstehen[1]). Bei Oxydation von Harnsäure mit Hydroperoxyd in alkalischer Lösung erhielten SCHITTENHELM und WIENER[2]) neben anderen Produkten Harnstoff mit Karbonyldiharnstoff als Zwischenstufe. Die Harnsäure kann auch, wie zuerst von F. und L. SESTINI sowie von GERARD gezeigt wurde, einer bakteriellen Gärung unter Harnstoffbildung unterliegen. Nach ULPIANI und CINGOLANI[3]) soll die Harnsäure hierbei quantitativ in Harnstoff und Kohlensäure nach der Gleichung: $C_5H_4N_4O_3$ + $2H_2O + 3O = 3CO_2 + 2CO(NH_2)_2$ zerfallen. $\qquad$ Harnsäure.

Die Harnsäure kommt am reichlichsten in dem Harne der Vögel und der beschuppten Amphibien vor, bei welchen Tieren die Hauptmasse des Stickstoffes in dieser Form im Harne erscheint. Im Harne der fleischfressenden Säugetiere kommt die Harnsäure häufig vor, fehlt aber bisweilen fast vollständig. Im Harne der Pflanzenfresser kommt sie regelmäßig, obwohl nur spurenweise, in dem Harne des Menschen dagegen in zwar größerer, aber jedenfalls nur geringer und schwankender Menge vor. Die Harnsäure ist auch spurenweise in mehreren Organen, Geweben und Flüssigkeiten, wie Milz, Lungen, Herz, Pankreas, Leber (besonders bei Vögeln), Gehirn, Blut, Transsudaten und Milch gefunden worden. Unter pathologischen Verhältnissen hat man sie im Blute von Menschen bei Pneumonie und Nephritis, besonders aber bei Leukämie und bei der Gicht in vermehrter Menge gefunden. Harnsäure kommt übrigens in reichlicher Menge in Gichtknoten, gewissen Harnkonkrementen und im Guano vor. Im Harne der Insekten und einiger Schnecken, wie auch in den Flügeln einiger Schmetterlinge, deren weiße Farbe sie bedingt, ist sie auch nachgewiesen worden. $\qquad$ Vorkommen der Harnsäure.

Die Menge der mit dem Harne ausgeschiedenen Harnsäure ist beim Menschen bedeutenden Schwankungen unterworfen, beträgt aber bei gemischter Kost im Mittel 0,7 g pro 24 Stunden. Das Verhältnis der Harnsäure zum Harnstoff bei gemischter Kost schwankt ebenfalls sehr bedeutend, wird aber gewöhnlich als Mittel gleich 1:50 bis 1:70 gesetzt. Bei Neugeborenen und in den ersten Lebenstagen ist die Harnsäureausscheidung relativ reichlicher, und die Relation Harnsäure: Harnstoff hat man gleich 1:6,42 bis 17,1 gefunden. Im Verhältnis zu dem Gesamtstickstoffe ist die Menge des Harnsäurestickstoffes bei Erwachsenen etwa 1—2 p. c. $\qquad$ Größe der Ausscheidung.

Während man längere Zeit der Eiweißnahrung eine die Harnsäureausscheidung steigernde Wirkung zuschrieb, ist es später durch zahlreiche Untersuchungen festgestellt worden, daß eine eiweißreiche Nahrung hauptsächlich in dem Maße, wie sie Nukleine oder Purinkörper enthält, die Harnsäureausscheidung erhöht. Hierdurch erklärt sich auch die recht allgemeine Angabe, daß die Menge der ausgeschiedenen Harnsäure bei vegetabilischer Nahrung kleiner als bei Fleischnahrung ist. $\qquad$ Einfluß der Nahrung.

Ganz ohne Einfluß auf die Harnsäureausscheidung ist jedoch auch die purinfreie, eiweißreiche Nahrung nicht, indem nämlich bei purinfreier Kost die Menge der ausgeschiedenen Harnsäure etwas größer als im Hunger ist und durch Eiweißzufuhr gesteigert werden kann. Die Wirkung des Nahrungseiweißes ist jedoch hierbei wahrscheinlich eine mehr indirekte, darin bestehend, $\qquad$ Harnsäureausscheidung.

---

[1]) Vgl. SUNDWIK, Zeitschr. f. physiol. Chem. 20 u. 41; BEHREND, Annal. d. Chem. u. Pharm. 333; H. BILTZ mit F. MAX u. R. ROBL, Ber. d. d. chem. Gesellsch. 53. [2]) Zeitschrift f. physiol. Chem. 62. [3]) Vgl. Chem. Zentralbl. 1903, 2, wo auch die anderen Forscher zitiert sind, und Zentralbl. f. Physiol. 19.

daß entweder das Eiweiß die Arbeit der Verdauungsdrüsen und den Stoffwechsel in ihren Zellen steigert oder auch durch die gebildeten Aminosäuren anregend auf den Gesamtstoffwechsel wirkt, und damit die endogene Harnsäurebildung (s. unten) etwas steigert[1]). Die Wirkung von Arbeit und Ruhe kann unter verschiedenen Verhältnissen etwas verschiedenartig sich gestalten; nach den übereinstimmenden Angaben von SIVÉN und LEATHES[2]) scheint aber die Ausscheidung in der Nacht geringer als in den Vormittagsstunden zu sein.

Wirkung verschiedener Umstände auf die Harnsäureausscheidung. Über den Einfluß von anderen Umständen wie auch von verschiedenen Stoffen auf die Harnsäureausscheidung sind die Angaben ziemlich widersprechend, was teils daher rührt, daß die älteren Untersuchungen nach einer ungenauen Methode ausgeführt wurden, und teils daher, daß die Größe der Harnsäureausscheidung sehr von individuellen Verschiedenheiten abhängig ist. So gehen z. B. die Angaben über die Wirkung des Wassertrinkens[3]) und die Wirkung der Alkalien[4]) sehr auseinander. Gewisse Arzneimittel, wie Chinin und Atropin, vermindern, andere dagegen, wie das Pilokarpin und, wie es scheint, auch die Salizylsäure vermehren die Harnsäureausscheidung.

Harnsäure in Krankheiten. Über das Verhalten der Harnsäureausscheidung in Krankheiten sind die Angaben ebenfalls recht strittig[5]). Sicher ist es jedenfalls, daß sie nach einem reichlichen Zerfalle von kernhaltigen Zellen wie in der Pneumonie nach der Krise und bei der Leukämie vermehrt ist. In der Leukämie ist in den meisten Fällen die Ausscheidung sowohl absolut wie m Verhältnis zu der des Harnstoffes gesteigert, und das Verhältnis zwischen Harnsäure und Harnstoff (Gesamtstickstoff in Harnstoff umgerechnet) kann in der lienalen Leukämie sogar auf 1:9 heraufgehen, während es im normalen Zustande nach den Angaben verschiedener Forscher gleich 1:50—70—100 ist. Auch bezüglich des Verhaltens der Harnsäure in der Gicht differieren die Angaben recht bedeutend. Daß das Blut bei der Gicht verhältnismäßig viel Harnsäure enthalten kann, ist jedoch von mehreren Beobachtern gezeigt worden.

Harnsäure aus Nukleinen. Die Entstehung der Harnsäure im Organismus. Nachdem HORBACZEWSKI als erster gezeigt hatte, daß aus nukleinreicher Milzpulpa und aus Nukleinen Harnsäure durch Oxydation außerhalb des Organismus entstehen kann, zeigte er ferner, daß auch das Nuklein nach Einverleibung in den Tierkörper eine vermehrte Harnsäureausscheidung bewirkt. Diese Beobachtungen sind dann durch die Arbeiten einer großen Anzahl von Forschern bestätigt und erweitert worden, und es steht nunmehr fest, daß Harnsäure sowohl außerhalb wie innerhalb des Tierkörpers aus Purinbasen entstehen kann, und ferner, daß nukleinreiche Nahrung (wie die Thymusdrüse) die Ausscheidung der Harnsäure erhöht. Es ist allerdings wahr, daß einzelne Forscher sogar nach Einführung von reinen Purinbasen in den Organismus keine wesentliche Vermehrung der Harnsäure oder deren Umsatzprodukte beobachtet haben; aber demgegenüber steht eine große Menge Untersuchungen, welche ganz sicher zeigen, daß sowohl Nukleinsäure wie Purinbasen, in den Tierkörper

---

[1]) Man vgl. hierüber HIRSCHSTEIN, Arch. f. exp. Path. u. Pharm. **57**; SMÉTANKA, PFLÜGERS Arch. **138** u. **149**; MAREŠ ebenda **134** u. **149**; BRUGSCH u. SCHITTENHELM, Zeitschr. f. exp. Path. u. Ther. **4**; SIVÉN, PFLÜGERS Arch. **146**; H. B. LEWIS u. Mitarbeiter, Journ. of biol. Chem. **36**; MENDEL u. R. STEHLE ebenda **22**. [2]) SIVÉN, Skand. Arch. f. Physiol. **11**; LEATHES, Amer. Journ. of Physiol. **35**; vgl. auch KENNAWAY, Journ. of Physiol. **38**. [3]) Vgl. SCHÖNDORFF, PFLÜGERS Arch. **46**, wo man die einschlägige Literatur findet. [4]) Vgl. CLAR, Zentralbl. f. d. med. Wiss. 1888; HAIG, Journ. of Physiol. **8** und A. HERRMANN, Deutsch. Arch. f. klin. Med. **43**. [5]) Bezüglich der umfangreichen Literatur über die Harnsäureausscheidung in Krankheiten, namentlich der Gicht, muß auf größere Werke über innere Krankheiten hingewiesen werden.

eingeführt, innerhalb desselben in reichlicher Menge in Harnsäure übergehen [1]). Nunmehr betrachtet man auch allgemein die Harnsäurebildung aus den Purinbasen der Nukleinsubstanzen als eine sichergestellte Tatsache.

Den Ursprung der Harnsäure, insoferne als es um ihre Entstehung aus Nukleinbasen sich handelt, hat man bei Menschen und Säugetieren teils in den Nukleinen der zerfallenen Körperzellen und teils in den mit der Nahrung eingeführten Nukleinen oder freien Purinbasen zu suchen. Man kann also mit BURIAN und SCHUR [2]) für die Harnsäure wie für die Harnpurine überhaupt (sämtliche Purinstoffe im Harne, die Harnsäure mit inbegriffen) zwischen einem endogenen und exogenen Ursprunge unterscheiden. Die Menge der endogen entstandenen Harnpurine suchten BURIAN und SCHUR durch eine sonst völlig hinreichende, aber möglichst purinfreie Nahrung beim Menschen festzustellen, und sie fanden, daß dieser Wert für jedes Individuum eine konstante Größe darstellt, während er dagegen für verschiedene Individuen ein wechselnder ist. Zu ähnlichen Schlußfolgerungen führen auch die Beobachtungen von vielen anderen, und man ist nun wohl darüber einig, daß die aus Nukleinen stammende Harnsäure teils einen endogenen und teils einen exogenen Ursprung hat und daß die Menge der endogen gebildeten Harnsäure nur wenig von dem Eiweißgehalte der Nahrung abhängig ist.

Endogene und exogene Harnpurine.

Die Harnsäurebildung aus dem Nuklein bzw. den Purinbasen scheint wenigstens zu großem Teil enzymatischer Natur zu sein. Nachdem die Fähigkeit gewisser Organe, wie Leber und Milz, die Oxypurine bei Gegenwart von Sauerstoff in Harnsäure umzuwandeln, schon von HORBACZEWSKI, SPITZER und WIENER [3]) gezeigt worden war, haben später namentlich SCHITTENHELM, BURIAN, JONES und Mitarbeiter [4]) durch eingehende Untersuchungen gezeigt, daß hierbei verschiedenartige Enzyme zusammenwirken. Durch die zwei Amidasen (Desamidierungsenzyme) „Adenase" und „Guanase" werden hierbei das Adenin und Guanin in Hypoxanthin bzw. Xanthin übergeführt. Das Hypoxanthin wird zu Xanthin oxydiert und aus dem letzteren entsteht durch ein Oxydationsenzym, von BURIAN „Xanthinoxydase" genannt, die Harnsäure. Bei der Entstehung der letzteren aus den Nukleoproteiden hat man also einen stufenweisen Abbau dieser Stoffe durch verschiedene Enzyme, Proteasen, Nukleasen und Desamidasen vor der schließlichen Oxydation anzunehmen. Die Desamidasen scheinen in den meisten Organen vorhanden zu sein und über ihre Verbreitung liegen zahlreiche Untersuchungen, besonders von JONES und SCHITTENHELM und ihren Mitarbeitern vor. Die Verbreitung ist indessen nicht bei allen Tieren dieselbe, und die Angaben der verschiedenen Forscher hierüber sind leider nicht einstimmig (SCHITTENHELM, JONES und MILLER). Übrigens darf man aus dem Vorkommen derartiger Enzyme und aus den mit Organextrakten ausgeführten Versuchen nur mit gewisser Vorsicht Schlüsse ziehen, denn es scheint, als ob bei der Harnsäurebildung auch andere, noch unbekannte Momente in Betracht kommen. So hat JONES, zum Teil zusammen mit A. ROHDE gezeigt, daß bei Ratten die Organe keine Xanthinoxydase enthalten und daß trotzdem der Harn dieser Tiere Harnsäure enthält. Auf der anderen Seite kommen bei den Affen zwar Desamidasen (und Xanthin-

Harnsäurebildung aus Purinbasen.

Enzymatische Harnsäurebildung.

---

[1]) Da der Umfang dieses Buches eine Wiedergabe der zahlreichen Arbeiten über diesen Gegenstand nicht gestattet, wird hier, insoferne nicht besondere Arbeiten zitiert sind, auf die Arbeit von WIENER über die Harnsäure, Ergebn. d. Physiol. 1, Abt. 1, 1902, hingewiesen. [2]) PFLÜGERS Arch. 80, 87, 94. [3]) Vgl. Fußnote 1. [4]) SCHITTENHELM, Zeitschrift f. physiol. Chem. 42, 43, 45, 46, 57, 63, 66, mit J. SCHMID ebenda 50 und Zeitschr. f. exp. Path. u. Ther. 4; BURIAN, Zeitschr. f. physiol. Chem. 43; JONES u. PARTRIDGE ebenda 42; JONES mit WINTERNITZ ebenda 44 u. 60; JONES ebenda 45 u. 65, mit AUSTRIAN ebenda 48, mit MILLER ebenda 61; JONES, Journ. of biol. Chem. 9, mit A. ROHDE ebenda 7.

oxydase in der Leber) in den Organen vor, aber der Harn enthält keine Harnsäure und nur eine Spur Allantoin (WELLS)[1]. Die Möglichkeit einer Harnsäurebildung bei Menschen und Säugetieren auch in anderer Weise als durch eine enzymatische Umsetzung der Purine kann man auch aus mehreren Gründen nicht ganz leugnen.

Harnsäure bei Vögeln. Bei den Vögeln liegen die Verhältnisse jedenfalls anders als bei Säugetieren. Daß bei Vögeln ebenfalls ein Teil der Harnsäure aus Purinbasen entstehen kann, hat v. MACH[2]) als erster gezeigt. Die Hauptmasse der Harnsäure wird aber bei ihnen anscheinend durch eine Synthese gebildet.

Harnsäurebildung bei Vögeln. Durch die Zufuhr von Ammoniumsalzen wird die Harnsäurebildung bei Vögeln vermehrt (v. SCHRÖDER), und in derselben Weise wirkt bei ihnen auch der Harnstoff (MEYER und JAFFÉ). Nach Exstirpation der Leber bei Gänsen beobachtete MINKOWSKI eine sehr bedeutende Abnahme der Harnsäureausscheidung, während die Ausscheidung des Ammoniaks in entsprechendem Grade vermehrt war, was für eine Beteiligung des Ammoniaks an der Harnsäurebildung bei Vögeln spricht. MINKOWSKI hat ferner nach der Leberexstirpation auch reichliche Mengen Milchsäure im Harne der Tiere gefunden, und es wird hierdurch wahrscheinlich, daß bei den Vögeln die Harnsäure in der Leber aus Ammoniak und Milchsäure gebildet wird, wenn auch, wie SALASKIN und ZALESKI und LANG gezeigt haben, das nach der Leberexstirpation Primäre eine vermehrte Milchsäurebildung ist, die ihrerseits zu einer vermehrten Ausscheidung von Ammoniak (als Neutralisationsammoniak) führt. Den direkten Beweis für eine Harnsäurebildung aus Ammoniak und Milchsäure in der Vogel-

Harnsäurebildung bei Vögeln. leber haben KOWALEWSKY und SALASKIN[3]) mittels Durchblutungsversuche an der überlebenden Gänseleber geliefert. Sie beobachteten nämlich eine verhältnismäßig reichliche Harnsäurebildung nach Zufuhr von Ammoniumlaktat und in noch höherem Grade nach Argininzufuhr. Als das Material, aus welchem die Harnsäure durch Synthese in der Leber entstehen kann, bezeichnen sie auch nicht nur das Ammoniumlaktat, sondern auch die Aminosäuren. Daß die letzteren, wie z. B. Leuzin, Glykokoll und Asparaginsäure, die Harnsäureausscheidung bei Vögeln vermehren können, hat schon vor längerer Zeit v. KNIERIEM[4]) gezeigt.

Harnsäuresynthesen. Die Möglichkeit einer Harnsäurebildung mittels der Milchsäure hat in anderer Weise WIENER[5]) bewiesen, nämlich durch Fütterungsversuche an Vögeln mit Harnstoff und Milchsäure und verschiedenen anderen stickstofffreien Substanzen, Oxy-, Keton- und zweibasischen Säuren der aliphatischen Reihe. Am wirksamsten als Harnsäurebildner erwiesen sich zweibasische Säuren mit einer Kette von 3 Kohlenstoffatomen oder deren Ureide, und WIENER ist daher der Ansicht, daß die wirksamen Substanzen erst in zweibasische Säuren übergeführt werden müssen. Durch Anlagerung eines Harnstoffrestes entsteht dann nach ihm das entsprechende Ureid, aus welchem darauf durch Anlagerung eines zweiten Harnstoffrestes die Harnsäure hervorgeht.

Unter den geprüften Substanzen zeigten sich indessen bei Versuchen mit isolierten Organen nur die Tartronsäure und deren Ureid, die Dialursäure, als wirksam, und WIENER nimmt deshalb ferner an, daß die anderen Säuren erst durch Oxydation oder Reduktion in Tartronsäure übergehen müssen. Aus der Milchsäure, $CH_3 . CH(OH) . COOH$, entsteht

---

[1]) WELLS, Journ. of biol. Chem. 7. [2]) Arch. f. exp. Path. u. Pharm. 24. [3]) v. SCHROEDER, Zeitschr. f. physiol. Chem. 2; MEYER u. JAFFÉ, Ber. d. d. chem. Gesellsch. 10; MINKOWSKI, Arch. f. exp. Path. u. Pharm. 21 u. 31; SALASKIN u. ZALESKI, Zeitschr. f. physiol. Chem. 29; LANG ebenda 32; KOWALEWSKY u. SALASKIN ebenda 33. [4]) Zeitschr. f. Biol. 13. [5]) HOFMEISTERS Beiträge 2; vgl. auch Arch. f. exp. Path. u. Pharm. 42 und Ergebn. d Physiol. 1, Abt. 1, 1902.

also zuerst Tartronsäure, COOH . CH(OH) . COOH. Durch Anlagerung eines Harnstoffrestes würde dann Dialursäure $CO\big\langle{\substack{NH - CO \\ NH - CO}}\big\rangle CHOH$ und aus der letzteren durch Anlagerung noch eines zweiten Harnstoffrestes Harnsäure hervorgehen.

Neuerdings hat IZAR[1]) gezeigt, daß bei Durchleitung durch die Hundeleber von mit Harnstoff und Dialursäure versetztem Blut, unter Sättigung mit Kohlensäure, reichlich Harnsäure gebildet wird und daß hierbei wahrscheinlich ein Zusammenwirken von einem im Blute vorkommenden Enzym mit einem alkohollöslichen, in Leber und Milz vorkommenden Co-Enzym stattfindet. Er hat außerdem auch weitere Beweise für eine Harnsäurebildung in der Vogelleber aus Harnstoff und Ammoniumkarbonat geliefert. *Harnsäurebildung in der Leber.*

Inwieweit eine Harnsäuresynthese auch bei Menschen und Säugetieren vorkommt, läßt sich noch nicht sicher sagen. WIENER hat teils Versuche mitgeteilt, welche eine synthetische Harnsäurebildung in der isolierten Säugetierleber wahrscheinlich machen sollen, und teils hat er an Menschen nach Verfütterung von Milchsäure und Dialursäure eine (allerdings nur geringfügige) Steigerung der Harnsäureausscheidung erzielt. Demgegenüber konnte W. PFEIFFER[2]) nach Verfütterung von Malon- und Tartronamid an Affen wie von Tartronsäure und Pseudoharnsäure an Affen und Menschen keine vermehrte Harnsäureausscheidung beobachten, und er findet eine Harnsäuresynthese bei Säugetieren und Menschen sehr zweifelhaft. Auch BURIAN[3]) hatte Einwände gegen die Harnsäuresynthese in der Säugetierleber erhoben; nach den obigen Untersuchungen von IZAR kann man aber die Möglichkeit einer synthetischen Harnsäurebildung auch bei Säugetieren und Menschen nicht in Abrede stellen, wenn man auch nicht weiß, inwieweit eine solche tatsächlich vorkommt. *Harnsäuresynthese bei Menschen und Säugetieren.*

Das Organ der synthetischen Harnsäurebildung bei Vögeln scheint die Leber zu sein; und der Umstand, daß es MINKOWSKI gelungen ist, durch Leberexstirpation die Harnsäurebildung aufzuheben, spricht dafür, daß die Leber das einzige bei dieser Synthese beteiligte Organ ist. Falls eine Harnsäuresynthese auch bei Menschen und Säugetieren vorkommt, hat man auf Grund der Untersuchungen von WIENER und IZAR die Leber wenigstens als eines der hierbei beteiligten Organe zu betrachten. Als Organ der oxydativen Harnsäurebildung aus Nukleinen und Purinbasen hat man in erster Linie die Leber betrachtet. Daß aber dieses Organ, wenigstens beim Hunde, nicht das einzige oder das wichtigste sein kann, geht mit großer Wahrscheinlichkeit aus den von ABDERHALDEN, LONDON und SCHITTENHELM[4]) an Hunden mit der ECKschen Fistel ausgeführten Untersuchungen hervor. Sie fanden nämlich, daß nach der so bewirkten teilweisen Ausschaltung der Leber die Umsetzung der verfütterten Nukleinsäure, die Desamidierung der Purinbasen und die Oxydation derselben zu Harnsäure und Allantoin ungestört verliefen. Es müssen also beim Hunde wahrscheinlich auch andere Organe hier in Betracht kommen. Wie in dieser Hinsicht andere Tiere sich verhalten, ist nicht bekannt. *Organe der Harnsäurebildung.*

In den Säugetierorganismus eingeführte Harnsäure wird, wie WÖHLER und FRERICHS[5]) zuerst für den Hund zeigten und mehrere Forscher später auch für andere Tiere gefunden haben, zu mehr oder weniger großem Teil zersetzt oder weiter umgewandelt. Daß hierbei, wie schon WÖHLER und FRERICHS für Hunde und spätere Untersucher auch für Katzen, Kaninchen und einige andere Tiere gezeigt haben, das Allantoin ein wesentliches oder *Allantoin aus Harnsäure.*

---

[1]) Zeitschr. f. physiol. Chem. **73**; s. auch ebenda **65**. [2]) HOFMEISTERS Beiträge **10**. [3]) Zeitschr. f. physiol. Chem. **43**. [4]) Zeitschr. f. physiol. Chem. **61**. [5]) WÖHLER u. FRERICHS, Annal. d. Chem. u. Pharm. **65**; vgl. auch WIENER, Ergebn. d. Physiol. **1**, Abt. 1.

sogar das hauptsächlichste Umwandlungsprodukt ist, kann man nunmehr als
sichergestellt betrachten. Beim Menschen sind die Verhältnisse dagegen andere.
Bei ihm kommt wahrscheinlich, wie WIECHOWSKI[1]) annimmt, ebenfalls eine
Allontoinbildung aus Harnsäure vor; aber sie ist von so geringem Umfange,
daß sie ganz belanglos ist, während beim Hunde z. B. etwa 96 p. c. des Purinbasenstickstoffes im Harne als Allantoin erscheinen können. Nach den Untersuchungen von FRANK und SCHITTENHELM[2]) soll beim Menschen dagegen die
Harnsäure zum Teil in Harnstoff umgewandelt werden.

Allantoin-bildung. bezeichnet die linke Randnotiz zu diesem Absatz.

Dieses ungleiche Verhalten der Harnsäure im Stoffwechsel bei Menschen
und Tieren leitet man nunmehr allgemein daher, daß, wie zahlreiche Untersuchungen gezeigt haben, bei den Tieren in der Leber und auch in anderen
Organen ein urikolytisches Enzym vorkommt, welches die Harnsäure unter
Aufnahme von Sauerstoff und Abspaltung von Kohlensäure in Allantoin überführt. Dieses Enzym, welches man teils Urikolase und teils Urikase genannt hat, und dessen Vorkommen in den Organen verschiedener Tiere ein
verschiedenes ist, soll in den Organen des Menschen fehlen. Auch bezüglich
dieser enzymatischen Umsetzung der Harnsäure müssen jedoch die in Versuchen mit Organextrakten erhaltenen Versuchsergebnisse mit großer Vorsicht beurteilt werden. So soll nach den Angaben von WIECHOWSKI, BATTELLI
und STERN und SCHITTENHELM[3]) beim Hunde die Leber das einzige Organ
sein, mit welchem man im Reagenzglase eine ganz sichere Urikolyse nachweisen kann; aber trotzdem findet bei Hunden mit fast ausgeschalteten Lebern
(ECKschen Fisteln) eine so reichliche Allantoinbildung aus Harnsäure statt,
daß nur 10—20 p. c. der letzteren dieser Umwandlung entgehen. Nach ANDR.
HUNTER, M. GIVENS und C. M. GUION[4]) sollen bei Fleischfressern und Nagern
die Urikolyse fast vollständig verlaufen und das Allantoin das Hauptend-
produkt sein. Die Huftiere haben eine geringere urikolytische Fähigkeit,
während Menschen, anthropoide Affen und Opossum die einzigen Tiere sein
sollen, welche Allantoin in geringerer Menge als Harnsäure ausscheiden. Bemerkenswert ist ferner, daß Hunde von Dalmatinerrasse zum Unterschied von
anderen Hunden neben Allantoin auch verhältnismäßig viel Harnsäure ausscheiden (BENEDICT, WELLS)[5]).

Urikase und Urikolyse. bezeichnet die linke Randnotiz zu diesem Absatz.

Aus der Fähigkeit verschiedener Organe, die Harnsäure zu zerstören,
folgt, daß die Menge der ausgeschiedenen Harnsäure kein sicheres Maß für
die gebildete Säure sein kann. Die Annahme liegt nämlich nahe zur Hand,
daß die im Körper gebildete Harnsäure ebenso wie die von außen eingeführte
zum Teil zerstört wird. BURIAN und SCHUR[6]) haben sogar einen Faktor, den
sog. „Integrativfaktor", angegeben, mit dem man die in 24 Stunden ausgeschiedene Harnsäuremenge multiplizieren muß, um die Menge der in derselben Zeit gebildeten Harnsäure finden zu können. Solche Berechnungen
entbehren jedoch der sicheren Grundlage und sind vorläufig unbrauchbar.

Maß der Harnsäure-zerstörung. bezeichnet die linke Randnotiz zu diesem Absatz.

Eigenschaften und Reaktionen der Harnsäure. Die reine Harnsäure ist ein weißes, geruch- und geschmackloses, aus sehr kleinen rhombischen
Prismen oder Täfelchen bestehendes Pulver. Die unreine Säure erhält man
leicht in etwas größeren, gefärbten Kristallen.

Bei rascher Kristallisation entstehen kleine, nur mit dem Mikroskope
sichtbare, anscheinend ungefärbte, dünne, vierseitige, rhombische Tafeln,
welche durch Abrundung der stumpfen Winkel oft spulförmig erscheinen.

---

[1]) Bioch. Zeitschr. **25**. [2]) Zeitschr. f. physiol. Chem. **63**. [3]) Die Literatur über
Urikolyse findet man zum großen Teil bei WIECHOWSKI u. WIENER, HOFMEISTERS Bei-
träge **9** und bei SCHITTENHELM, Zeitschrift f. physiol. Chem. **63**. [4]) Journ. of biol.
Chem. **18**. [5]) Vgl. H. G. WELLS, Journ. of biol. Chem. **35**. [6]) PFLÜGERS Arch. **87**.

Bisweilen sind die Täfelchen sechsseitig, unregelmäßig ausgezogen; in anderen Fällen sind sie rektangulär, mit teils geraden, teils gezackten Seiten und in anderen Fällen wiederum zeigen sie noch mehr unregelmäßige Formen, sog. Dumbbells usw. Bei langsam stattfindender Kristallisation, wie z. B. wenn der Harn ein Sediment absetzt oder mit einer Säure versetzt worden ist, scheiden sich größere, stets gefärbte Kristalle aus. Mit dem Mikroskope betrachtet, erscheinen diese Kristalle stets gelb oder gelbbraun gefärbt. Die gewöhnlichste Form ist die Wetzsteinform, entstanden durch Abrundung der stumpfen Winkel der rhombischen Tafel. Die Wetzsteine sind vielfach, zu zweien oder mehreren sich kreuzend, miteinander verwachsen. Außerdem kommen auch Rosetten von prismatischen Kristallen, unregelmäßige Kreuze, braungefärbte, rauhe, in Nadeln oder Prismen zerfallende Kristallmassen nebst verschiedenen anderen Formen vor. Harnsäure-
kristalle.

Die Harnsäure ist unlöslich in Alkohol und Äther, ziemlich leichtlöslich in siedendem Glyzerin, sehr schwerlöslich in kaltem Wasser, in 39480 Teilen bei 18° C nach His und Paul und in 15505 Teilen bei 37° C nach Gudzent. Bei derselben Temperatur sind nach den ersteren in der gesättigten Lösung 9,5 p. c. der Harnsäure dissoziiert. Infolge der Zurückdrängung der Dissoziation durch Zusatz einer starken Säure ist die Harnsäure schwerlöslicher bei Gegenwart von Mineralsäuren. Von einer heißen Lösung von Natriumdiphosphat wird die Harnsäure gelöst, und bei Gegenwart von überschüssiger Harnsäure entstehen dabei Monophosphat und saures Urat. Das Natriumdiphosphat soll nach der gewöhnlichen Ansicht auch ein Lösungsmittel für die Harnsäure im Harne sein, während diese nach Gudzent nicht von dem Monophosphate gelöst wird. Ein wichtiges Lösungsmittel ist nach Rüdel[1]) der Harnstoff, eine Angabe, die indessen mit den Beobachtungen von His und Paul nicht im Einklange ist. Die Harnsäure wird nicht nur von Alkalien und Alkalikarbonaten, sondern auch von mehreren organischen Basen, wie Äthyl- und Propylamin, Urotropin, Piperidin und Piperazin gelöst. Mit Alkalien kann die Harnsäure übersättigte Lösungen bilden, über deren Natur man etwas gestritten hat[2]). Von konzentrierter Schwefelsäure wird sie ohne Zersetzung gelöst. Von Pikrinsäure wird sie nach Jaffé[3]) sehr vollständig aus dem Harne gefällt, und mit Phosphorwolframsäure gibt sie bei Gegenwart von Salzsäure einen schokoladebraunen Niederschlag. Löslich-
keit.

Die Harnsäure ist zweibasisch und bildet dementsprechend zwei Reihen von Salzen, neutrale und saure. Von den Alkaliuraten lösen sich die Lithiumsalze am leichtesten, das saure Ammonsalz am schwersten. Die primären, sauren Alkaliurate sind sehr schwerlöslich und scheiden sich aus konzentrierten Harnen beim Erkalten als Sediment (Sedimentum lateritium) aus. 1 Liter Wasser löst nach Gudzent bei 18° C (von den primären Salzen) 1,5313 Kalium-, 0,8328 Natrium- und 0,4141 Ammoniumsalz; bei 37° resp. 2,7002, 1,5043 und 0,7413 g Salz. Die Salze der Erdalkalien sind sehr schwerlöslich. Die obigen Löslichkeitsverhältnisse gelten indessen nach Gudzent[4]) nur für frisch bereitete Lösungen, indem nämlich die Löslichkeit durch intramolekulare Umlagerung (Übergang der Harnsäure aus der Laktam- in die Laktimform) allmählich bis zu einer gewissen Grenze abnimmt. Salze.

Außer den Mono- und Dimetalluraten hat man auch „Quadriurate" beschrieben, welche in den Exkrementen von Schlangen und Vögeln und in dem Sedimentum lateritium

---

[1]) His jr. u. Paul, Zeitschr. f. physiol. Chem. 31; Smale, Zentralbl. f. Physiol. 9; Rüdel, Arch. f. exp. Path. u. Pharm. 30; Gudzent, Zeitschr. f. physiol. Chem. 60 u. 63. [2]) Die Literatur über diese Streitfrage findet man bei F. Gudzent, Zeitschr. f. phyisol. Chem. 89. [3]) Ebenda 10. [4]) Ebenda 56 u. 60.

Quadri-
urate. vorkommen. Ob diese Quadriurate, die in neuerer Zeit besonders von RINGER, KOHLER und SCHMUTZER [1]) studiert worden sind, chemische Verbindungen, die auf 2 Moleküle Harnsäure 1 Atom K oder Na enthalten, oder Gemenge bzw. feste Lösungen von Harnsäure in Monourat sind, ist eine strittige Frage.

Wird ein wenig Harnsäure in Substanz in einer Porzellanschale mit ein paar Tropfen Salpetersäure versetzt, so löst sich die Harnsäure unter starker Gasentwicklung beim Erwärmen, und nach dem vollständigen Eintrocknen auf dem Wasserbade erhält man einen schön roten Rückstand, welcher Allo-
Murexid-
probe. xantin enthält, welches bei Zusatz von ein wenig Ammoniak eine (aus purpur-
saurem Ammon oder Murexid herrührende) schön purpurrote Farbe annimmt. Setzt man statt des Ammoniaks ein wenig Natronlauge (nach dem Erkalten) zu, so wird die Farbe mehr blau oder blauviolett. Die Farbe verschwindet rasch beim Erwärmen (Unterschied von gewissen Purinstoffen). Die nun beschriebene Reaktion nennt man die Murexidprobe.

Reaktion
von Folin
und Denis. Mit einer nach bestimmter Vorschrift bereiteten Lösung von Phosphor-
wolframsäure gibt eine Lösung von Harnsäure nach Zusatz von überschüssigem Natriumkarbonat eine schön blaue Flüssigkeit. Diese sehr empfindliche Reaktion (1:500000) rührt von FOLIN und DENIS [2]) her.

Reduzieren-
de Eigen-
schaften. Die Harnsäure reduziert nicht eine alkalische Wismutlösung, reduziert dagegen eine alkalische Kupferoxydhydratlösung. Bei Gegenwart von nur wenig Kupfersalz erhält man dabei einen aus harnsaurem Kupferoxydul bestehenden weißen Niederschlag. Bei Gegenwart von mehr Kupfersalz scheidet sich rotes Oxydul aus. Die Verbindung der Harnsäure mit Kupferoxydul entsteht ebenfalls, wenn man Kupfersalz in alkalischer Lösung bei Gegenwart von einer hinreichenden Menge Urat mit Glukose oder Bisulfit reduziert.

Schiffs-
Reaktion. Versetzt man eine Lösung von Harnsäure in alkalikarbonathaltigem Wasser mit Magnesiamixtur und setzt darauf Silbernitratlösung hinzu, so ent-
steht ein gelatinöser Niederschlag von Silbermagnesiumurat. Bringt man auf Filtrierpapier, welches man vorher mit Silbernitratlösung benetzt hat, einen Tropfen einer Lösung von Harnsäure in kohlensaurem Natron, so entsteht durch Reduktion des Silberoxydes ein braunschwarzer oder, bei Anwesenheit von nur 0,002 mg Harnsäure, ein gelber Fleck (SCHIFFS Reaktion).

Ganassinis
Reaktion. Versetzt man eine schwach alkalische Harnsäurelösung in Wasser mit einem löslichen Zinksalz, so entsteht ein weißer Niederschlag, welcher auf dem Filtrum bei Gegenwart von Alkali durch den Luftsauerstoff eine Oxydation erfährt, die durch eine, namentlich im Sonnenlicht auftretende himmelblaue Färbung zum Ausdruck kommt. Kaliumpersulfat ruft die blaue Färbung sofort hervor (GANASSINIS Reaktion) [3]).

Verbin-
ungen mit
Nuklein-
säure. Die Ausfällung von freier Harnsäure aus ihren Alkalisalzen durch Säuren kann nach GOTO durch Gegenwart von Thyminsäure oder Nukleinsäure mehr oder weniger verhindert werden. Nach SEO handelt es sich hier um Verbindungen, die auf 1 Mol. Nukleinsäure je 2 Mol. Harnsäure enthalten und welche die Harnsäure gegen die Zerstörung bzw. Überführung in Allantoin innerhalb des Körpers schützen sollen. Diese Ansicht ist jedoch nach SCHITTENHELM und SEISSER [4]) nicht richtig. Es gibt nach ihnen keine konstanten Verbindungen zwischen Nukleinsäure und Harnsäure und die erstere schützt nicht (bei Kaninchen) die Harnsäure gegen ihre Überführung in Allantoin.

Darstellung
der
Harnsäure. Darstellung der Harnsäure aus dem Harne. Normalen, filtrierten Harn versetzt man mit Salzsäure, 20—30 ccm Salzsäure von 25 p. c. auf 1 l Harn. Nach 48 Stunden sammelt man die Kristalle und reinigt sie durch Auflösung in verdünntem Alkali, Entfärbung mit Tierkohle und Ausfällung mit Salzsäure. Größere Mengen Harnsäure erhält man leicht aus Schlangenexkrementen durch Kochen derselben mit verdünnter Kalilauge von 5 p. c. bis kein Ammoniak mehr

---

[1]) RINGER, Zeitschr. f. physiol. Chem. **67** (Literatur) u. **75**; R. KOHLER ebenda **70** u. **72**; RINGER u. SCHMUTZER ebenda **82**. [2]) Journ. of biol. Chem. **12**. [3]) Zit. nach Bioch. Zentralbl. **8**, 250. [4]) GOTO, Zeitschr. f. physiol. Chem. **30**; SEO, Arch. f. exp. Path. u. Pharm. **58**; SCHITTENHELM u. SEISSER, Zeitschr. f. exp. Path. u. Ther. **7**.

entweicht. In das Filtrat leitet man Kohlensäure bis es kaum noch alkalisch reagiert, löst das ausgeschiedene und gewaschene saure Kaliumurat in Kalilauge und fällt die Harnsäure durch Eingießen des Filtrates in überschüssige Salzsäure.

Quantitative Bestimmung der Harnsäure im Harne. Die ältere, von HEINTZ herrührende Methode gibt selbst nach der neueren Modifikation derselben ungenaue Resultate und wird deshalb hier nicht weiter besprochen.

Die Methode von SALKOWSKI und LUDWIG [1]) besteht in den Hauptzügen darin, daß man die Harnsäure mit Silbernitratlösung aus dem mit Magnesia- mixtur versetzten Harne fällt und die aus der Silberfällung freigemachte Harn- säure wägt. Bei Harnsäurebestimmungen nach dieser Methode arbeitet man oft nach folgendem, von E. LUDWIG herrührendem Verfahren, welches folgende Lösungen erfordert. Methode
von Sal-
kowski und
Ludwig.

1. Eine ammoniakalische Silbernitratlösung, welche im Liter 26 g Silber- nitrat und eine, zur vollständigen Wiederauflösung des bei Ammoniakzusatz zuerst ent- standenen Niederschlages erforderliche Menge Ammoniak enthält. 2. Magnesiamixtur. Man löst 100 g kristallisiertes Chlormagnesium in Wasser, setzt erst so viel Ammoniak hinzu, daß die Flüssigkeit stark danach riecht, und dann eine zur Auflösung des Nieder- schlages erforderliche Menge Chlorammonium und füllt zuletzt zum Liter auf. 3. Eine Lösung von Schwefelnatrium. Man löst 10 g Ätznatron, welches frei von Salpeter- säure und salpetriger Säure ist, in 1 Liter Wasser. Von dieser Lösung wird die Hälfte mit Schwefelwasserstoff vollständig gesättigt und dann mit der anderen Hälfte wieder vereinigt. Erforder-
liche Lö-
sungen.

Die Konzentration der drei Lösungen ist so gewählt, daß je 10 ccm der- selben für 100 ccm Harn vollständig ausreichen.

Von dem filtrierten, eiweißfreien — bzw. durch Aufkochen nach Zusatz einiger Tropfen Essigsäure von Eiweiß befreiten — Harne gießt man in ein Becher- glas, je nach der Konzentration des Harnes, 100—200 ccm. In einem anderen Gefäße mischt man dann 10 bzw. 20 ccm Silberlösung mit 10 bzw. 20 ccm Magnesia- mixtur und setzt Ammoniak, wenn nötig auch etwas Chlorammonium, bis das Gemenge wieder klar geworden ist, zu. Diese Lösung mischt man nun unter Um- rühren mit dem Harne und läßt das Gemenge eine halbe bis eine Stunde ruhig stehen. Nachdem man sich davon überzeugt hat, daß die Lösung Silbersalz im Überschuß enthält, sammelt man den Niederschlag auf einem Saugfiltrum, wäscht mit ammoniakhaltigem Wasser aus und bringt ihn dann mit Hilfe eines Glas- stabes und der Spritzflasche, ohne das Filtrum zu beschädigen, in dasselbe Becher- glas zurück. Nun erhitzt man 10 bzw. 20 ccm der Schwefelalkalilösung, welche vorher mit ebensoviel Wasser verdünnt worden, zum Sieden, läßt diese Lösung durch das oben erwähnte Filtrum in das Becherglas, welches die Silberfällung enthält, einfließen, wäscht mit heißem Wasser nach und erwärmt, unter Um- rühren des Inhaltes, das Becherglas einige Zeit in dem Wasserbade. Nach dem Erkalten filtriert man in eine Porzellanschale, wäscht mit heißem Wasser nach, säuert das Filtrat mit etwas Salzsäure an, dampft auf etwa 15 ccm ein, setzt noch einige Tropfen Salzsäure zu und läßt 24 Stunden stehen. Die nach dieser Zeit aus- kristallisierte, auf einem kleinen, gewogenen Filtrum gesammelte Harnsäure wäscht man mit Wasser, Alkohol, Äther, Schwefelkohlenstoff und wiederum Äther aus, trocknet bei 100—110° C und wägt. Für je 10 ccm des wäßrigen Filtrates muß man der direkt gefundenen Harnsäuremenge 0,00048 g zuzählen. Statt des ge- wogenen Papierfilters ist es besser, eines von LUDWIG konstruierten, mit Glaswolle beschickten, in ausführlicheren Handbüchern beschriebenen Glasrohres sich zu bedienen. Zu starkes oder zu langandauerndes Erwärmen mit dem Schwefelalkali ist zu vermeiden, weil sonst ein Teil der Harnsäure zersetzt wird. Aus-
führung.

Methode
von Sal-
kowski und
Ludwig.

SALKOWSKI weicht von diesem Verfahren darin ab, daß er den Harn erst mit Magnesiamixtur (50 ccm auf 200 ccm Harn) fällt, mit Wasser auf 300 ccm auffüllt, sofort rasch filtriert und vom Filtrate 200 ccm mit 10—15 ccm einer 3 prozentigen Lösung von Silbernitrat fällt. Den Silberniederschlag schlemmt er Verfahren
nach
Salkowski.

---

[1]) SALKOWSKI, VIRCHOWS Arch. 52; PFLÜGERS Arch. 5 und Praktikum der physiol. u. pathol. Chem., Berlin 1893; LUDWIG, Wien. med. Jahrb. 1884 und Zeitschr. f. anal. Chem. 24.

in 200—300 ccm mit einigen Tropfen Salzsäure angesäuerten Wassers auf, zersetzt ihn mit Schwefelwasserstoff, erhitzt zum Sieden, kocht das Schwefelsilber mit Wasser aus, filtriert, konzentriert bis auf wenige Kubikzentimeter, setzt 5—8 Tropfen Salzsäure hinzu und läßt bis zum nächsten Tage stehen.

Diese Methode ist sehr gut und zuverlässig. Da sie indessen umständlich und zeitraubend ist, benützt man nunmehr oft die Methode von HOPKINS oder, namentlich wenn es um die Bestimmung sehr kleiner Mengen Harnsäure sich handelt, so z. B. im Blute, die kolorimetrische Methode von FOLIN.

Methode von Hopkins. Die Methode von HOPKINS basiert] auf der vollständigen Fällbarkeit der Harnsäure als Ammoniumurat. Die Harnsäure kann entweder, nachdem man sie aus dem Urate mit Salzsäure frei gemacht hat, gewogen werden, oder man kann sie in verschiedener Weise, durch Titration mit Kaliumpermanganat oder nach dem KJELDAHL-Verfahren bestimmen. Es sind mehrere Modifikationen dieser Methode von FOLIN, FOLIN und SHAFFER, WÖRNER und JOLLES [1]) ausgearbeitet worden. Hier soll nur die Methode von FOLIN-SHAFFER beschrieben werden.

Verfahren von Folin-Shaffer. Verfahren von FOLIN und SHAFFER. Zu 300 ccm Harn setzt man 75 ccm einer Lösung, die im Liter 500 g Ammoniumsulfat, 5 g Uranazetat und 60 ccm 10prozentiger Essigsäure enthält, und filtriert nach 5 Minuten. Durch diesen Zusatz entfernt man einen anderen, unbekannten Harnbestandteil (eine Proteinsubstanz?), der sonst die Harnsäure verunreinigt. Von dem Filtrate werden 125 ccm (= 100 ccm Harn) mit 5 ccm konzentriertem Ammoniak versetzt. Nach 24 Stunden wird der Niederschlag abfiltriert und auf dem Filtrum mittels Ammoniumsulfat chlorfrei gewaschen. Man spült dann den Niederschlag mit Wasser (insgesamt 100 ccm) in einen Kolben hinab, setzt 15 ccm konzentrierte Schwefelsäure hinzu und titriert bei 60—63°C mit $\frac{n}{20}$ Kaliumpermanganatlösung. 1 ccm dieser Lösung entspricht 3,75 mg Harnsäure. Wegen der merkbaren Löslichkeit des Ammoniumurates ist für je 100 ccm Harn eine Korrektur von 3 mg Harnsäure hinzuzufügen.

Kolorimetrische Bestimmung. Die kolorimetrische Methode von FOLIN [2]). Zu der Bestimmung benutzt man eine Phosphorwolframsäure, die aus 100 g Natriumwolframat, 80 ccm 85prozentiger Phosphorsäure und 700 ccm Wasser durch mindestens 2stündiges Kochen bereitet wird. Nach dem Erkalten wird die Lösung mit Wasser auf 1 l ergänzt. Die Standardlösung von Harnsäure soll 0,01 p. c. Harnsäure, mit Lithiumkarbonat gelöst, und, um die Lösung haltbar zu machen, 10 p. c. Natriumsulfit enthalten.

Ausführung. Bei der Ausführung (nach FOLIN und WU) werden 1—3 ccm Harn in ein Zentrifugerohr eingeführt, mit Wasser bis zu etwa 6 ccm verdünnt, erst mit 5 ccm einer Lösung, die 5 p. c. Silberlaktat und 5 p. c. Milchsäure enthält, gefällt und dann, der Sicherheit wegen, noch mit 2 ccm derselben Lösung versetzt. Die abzentrifugierte, von der Flüssigkeit befreite Fällung wird in 4 ccm einer 5prozentigen Lösung von Natriumzyanid gelöst, unter Nachspülen mit Wasser in eine 100 ccm fassende Flasche übergeführt, mit 5 ccm 10prozentiger Natriumsulfitlösung versetzt und auf etwa 50 ccm aufgefüllt. Die Vergleichsflüssigkeit enthält in etwa 50 ccm 5 ccm von der Standard-Harnsäuresulfitlösung (= 0,5 mgm Ūr) und 4 ccm der Natriumzyanidlösung. Nach Zusatz von 20 ccm gesättigter Natriumkarbonatlösung und 2 ccm von dem Harnsäurereagenze zu jeder Flasche wird mit Wasser zu 100 aufgefüllt und kolorimetrisch bestimmt.

Purinbasen (Alloxurbasen). Die im Menschenharne gefundenen Purinbasen sind Xanthin, Guanin, Hypoxanthin, Adenin, Paraxanthin, Heteroxanthin, Episarkin, Epiguanin und 1-Methylxanthin. Die Menge dieser sämtlichen Stoffe im Harne ist äußerst gering und bei verschiedenen

---

[1]) HOPKINS, Journ. of Path. a. Bacter. 1893 und Proc. Roy. Soc. **52**; FOLIN, Zeitschr. f. physiol. Chem. **24**; FOLIN u. SHAFFER ebenda **32**; WÖRNER ebenda **29**; JOLLES ebenda **29** und Wien. med. Wochenschr. 1903. [2]) Vgl. FOLIN mit A. MACALLUM jr. und DENIS, Journ. biol. Chem. **13** u. **14** und besonders mit H. WU ebenda **38**; S. BENEDICT u. E. H. HITCHCOCK ebenda **20**.

Individuen schwankend. FLATOW und REITZENSTEIN [1]) fanden in der Tagesmenge Harn 15,6—45,1 mg. Vermehrt kann die Menge der Alloxurbasen im
Harne nach Verfütterung von Kernnukleinen oder nukleinreicher Nahrung
und nach einem reichlichen Zerfall von Leukozyten sein. Besonders vermehrt
ist ihre Menge oft bei der Leukämie. Über die Menge dieser Stoffe in verschiedenen Krankheiten liegen eine Menge von Beobachtungen vor, die indessen infolge der oft unzuverlässigen Bestimmungsmethoden noch nicht
sicher verwertbar sind. Übrigens ist zu bemerken, daß die drei Purinbasen,
Heteroxanthin, Paraxanthin und 1-Methylxanthin, welche die Hauptmasse
der Harnpurinbasen darstellen, aus den in unseren Genußmitteln vorkommenden Stoffen Theobromin, Koffein und Theophyllin im Körper entstehen. Man
muß also auch bezüglich der Purinbasen zwischen einem endo- und exogenen
Ursprunge derselben unterscheiden [2]), und auch hier gilt ähnliches wie für die
Harnsäure, daß nämlich die endogene Purinbildung einen Wert repräsentiert,
welcher bei verschiedenen Individuen allerdings etwas wechselt, bei demselben
Individuum dagegen verhältnismäßig konstant ist. Nach SIVÉN [3]) ist auch
für die Purine, bei purinfreier Kost, die Ausscheidung am geringsten in der
Nacht und am größten in den Vormittagsstunden. Ruhe oder Arbeit bewirkt
keinen sicheren Unterschied.

*Purin-
basen.*

*Purin-
basen im
Harne.*

Da die vier eigentlichen Nukleinbasen schon in dem vorigen Kapitel (2)
abgehandelt worden sind, bleibt es hier nur übrig, die besonderen Harnpurin-
stoffe zu besprechen.

$$\text{Heteroxanthin, } C_6H_6N_4O_2 = 7\text{-Monomethylxanthin} = \begin{matrix} HN-CO \\ | \quad | \\ OC \quad C.N.CH_3 \\ | \quad || \\ HN-C.N \end{matrix} CH \text{, ist zu-}$$

erst von SALOMON im Harne nachgewiesen worden. Das Heteroxanthin ist identisch mit
demjenigen Monomethylxanthin, welches nach Verfütterung von Theobromin oder Koffein
in den Harn übergeht. In dem Harne eines ausschließlich mit Fleisch gefütterten Hundes
fanden SALOMON und NEUBERG [4]) Heteroxanthin, welches also wahrscheinlich durch
Methylierung im Körper entstanden sein dürfte.

Das Heteroxanthin kristallisiert in glänzenden Nadeln und löst sich schwer in
kaltem Wasser (1592 T. bei 18° C). Es ist leicht löslich in Ammoniak und Alkalien. Das
kristallisierende Natriumsalz ist in starker Lauge (33 p. c.) unlöslich und löst sich schwer
in Wasser. Das Chlorid kristallisiert schön, ist verhältnismäßig schwerlöslich und wird
von Wasser leicht in die freie Base und Salzsäure zerlegt. Das Heteroxanthin wird gefällt
von Kupfersulfat und Bisulfit, Quecksilberchlorid, Bleiessig und Ammoniak und von
Silbernitrat. Die Silberverbindung löst sich verhältnismäßig leicht in verdünnter, warmer
Salpetersäure und kristallisiert dann in kleinen rhombischen Blättchen oder Prismen,
oft zu zweien verwachsen und so recht charakteristische, kreuzförmige Figuren bildend.
Das Heteroxanthin gibt nicht die Xanthinreaktion, wohl aber die WEIDELsche Reaktion
besonders nach FISCHERS Verfahren (vgl. Kapitel 2).

*Hetero-
xanthin.*

$$\text{1-Methylxanthin, } C_6H_6N_4O_2 = \begin{matrix} CH_3.N-CO \\ | \quad | \\ CO \quad C.NH \\ | \quad || \\ HN-C.N \end{matrix} CH \text{, ist zuerst von KRÜGER und dann von}$$

KRÜGER und SALOMON [5]) aus dem Harne isoliert und näher untersucht worden. Es ist
in kaltem Wasser schwer, in Ammoniak und Natronlauge leicht löslich und gibt keine
schwer lösliche Natriumverbindung. In verdünnten Säuren ist es leicht löslich; aus essigsaurer Lösung kristallisiert es in dünnen, meistens sechsseitigen Blättchen. Das Chlorid
wird von Wasser in die Base und Salzsäure zerlegt. Das 1-Methylxanthin gibt kristallisierende Platin- und Golddoppelsalze. Es wird nicht von Bleiessig und in reinem Zustande
auch nicht von ammoniakalischem Bleiessig gefällt. Mit Ammoniak und Silbernitrat

*1-Methyl-
xanthin.*

---

[1]) Deutsch. med. Wochenschr. 1897.   [2]) Vgl. BURIAN u. SCHUR, Fußnote 2, S. 557
und KAUFMANN u. MOHR, Deutsch. Arch. f. klin. Med. 74.   [3]) Skand. Arch. f. Physiol. 18.
[4]) SALKOWSKI-Festschrift, Berlin 1904.   [5]) KRÜGER, Arch. f. (Anat. u.) Physiol. 1894,
mit SALOMON, Zeitschr. f. physiol. Chem. 24.

gibt es eine gelatinöse Fällung. Die aus Salpetersäure kristallisierende Silbernitratverbindung stellt zu Rosetten vereinigte Nädelchen dar. Bei der Xanthinprobe mit Salpetersäure gibt es nach Zusatz von Natronlauge Orangefärbung. Gibt die WEIDELsche Reaktion (nach FISCHERS Verfahren) schön.

$$CH_3 . N - CO$$
$$| \qquad |$$

Paraxanthin, $C_7H_8N_4O_2 = 1,7\text{-Dimethylxanthin} = CO \quad C . N . CH_3,$ Urotheobro-

$$| \qquad || \qquad >CH$$
$$HN - C . N$$

Paraxanthin. min (THUDICHUM) ist zuerst von THUDICHUM und SALOMON [1]) aus dem Harne isoliert worden. Es kristallisiert schön in sechsseitigen Tafeln oder in Nadeln. Die Natriumverbindung kristallisiert in rechtwinkligen Tafeln und Prismen und ist wie die Heteroxanthinverbindung in Lauge von 33 p. c. unlöslich. Aus der in Wasser gelösten Natriumverbindung scheidet sich das Paraxanthin bei der Neutralisation kristallinisch aus. Das Chlorid ist leicht löslich und wird von Wasser nicht zersetzt. Das Chloroplatinat kristallisiert sehr schön. Quecksilberchlorid fällt erst im Überschuß und nach längerer Zeit. Die Silbernitratverbindung scheidet sich aus heißer Salpetersäure beim Erkalten als weiße, seidenglänzende Kristallbüschel aus. Das Paraxanthin gibt die WEIDELsche Reaktion, nicht aber die Xanthinprobe mit Salpetersäure und Alkali.

Episarkin nennt BALKE einen Purinkörper, welcher im Menschenharn vorkommt. *Episarkin.* Denselben Stoff hat SALOMON [2]) im Schweine- und Hundeharn wie auch im Harne bei Leukämie beobachtet. Als wahrscheinliche Formel für das Episarkin gibt BALKE $C_4H_6N_3O$ an. Das Episarkin ist fast vollständig unlöslich in kaltem Wasser, löst sich schwer in heißem, kann aber aus ihm in langen feinen Nadeln gewonnen werden. Es gibt weder die Xanthinreaktion mit Salpetersäure noch die WEIDELsche Reaktion. Mit Salzsäure und Kaliumchlorat gibt es einen weißen Rückstand, der von Ammoniakdampf violett wird. Gibt keine schwerlösliche Natriumverbindung. Die Silberverbindung ist schwerlöslich in Salpetersäure.

$$HN - CO$$
$$| \qquad |$$

Epiguanin, $C_6H_7N_5O = 7\text{-Methylguanin} = H_2N . C \quad C . N . CH_3$ wurde zuerst von

$$|| \qquad || \qquad >CH$$
$$N - C . N$$

Epiguanin. KRÜGER [3]) aus dem Harne dargestellt. Es kristallisiert, ist schwerlöslich in heißem Wasser oder in Ammoniak. Aus der heißen Lösung in 33 p. c. Natronlauge kristallisieren in der Kälte breite, glänzende Nadeln. Es löst sich leicht in Salzsäure oder Schwefelsäure. Gibt ein charakteristisches, in sechsseitigen Prismen kristallisierendes Chloroplatinat. Es wird weder von Bleiessig noch von Bleiessig und Ammoniak gefällt. Silbernitrat und Ammoniak geben eine gelatinöse Fällung. Gibt die Xanthinprobe mit Salpetersäure und Alkali schwach. Zu der WEIDELschen Probe (nach FISCHER) verhält es sich wie das Episarkin.

Darstellung der Purinbasen aus dem Harne. Zur Darstellung der Alloxurbasen aus dem Harne übersättigt man den letzteren mit Ammoniak und fällt das Filtrat mit Silbersalzlösung. Der Niederschlag wird dann mit Schwefelwasserstoff zersetzt. Die siedend heiß abfiltrierte Flüssigkeit wird zur Trockne verdunstet und der eingetrocknete Rückstand mit Schwefelsäure von 3 p. c. behandelt. Es werden dabei die Purinbasen gelöst, während die Harnsäure ungelöst zurückbleibt. Das neue Filtrat übersättigt man mit Ammoniak und fällt mit Silbernitratlösung. Will man, statt mit Silberlösung, nach KRÜGER und WULFF mit Kupferoxydul fällen, so erhitzt man den Harn zum Sieden und setzt unmittelbar nacheinander auf je 1 Liter Harn 100 ccm einer 50prozentigen Natriumbisulfitlösung und 100 ccm einer 12prozentigen Kupfersulfatlösung hinzu. Den vollständig ausgewaschenen Niederschlag zerlegt man mit Salzsäure und Schwefelwasserstoff. Die Harnsäure bleibt größtenteils auf dem Filtrum. Nähere Angaben über die weitere Verarbeitung der Lösung der Salzsäureverbindungen findet man bei KRÜGER und SALOMON (Zeitschr. f. physiol. Chem. **26**) und bei HOPPE-SEYLER-THIERFELDER, 8. Aufl., S. 188.

Quantitative Bestimmung der Purinbasen nach SALKOWSKI [4]). 400 bis 600 ccm des eiweißfreien Harnes werden, wie oben S. 563 bei der Beschreibung der Harnsäurebestimmung nach SALKOWSKI angegeben wurde, erst mit Magnesiamischung und dann mit einer Silbernitratlösung von 3 p. c. vollständig gefällt.

---

[1]) THUDICHUM, Grundzüge der anal. u. klin. Chem., Berlin 1886; SALOMON, Arch. f. (Anat. u.) Physiol. 1882 und Ber. d. d. chem. Gesellsch. **16** u. **18**.   [2]) BALKE, Zur Kenntnis der Xanthinkörper, Inaug.-Diss., Leipzig 1893; SALOMON, Zeitschr. f. physiol. Chem. **18**. [3]) Arch. f. (Anat. u.) Physiol. 1894; KRÜGER u. SALOMON, Zeitschr. f. physiol. Chem. **24** u. **26**.   [4]) PFLÜGERS Arch. **69**.

Der vollständig ausgewaschene Silberniederschlag wird in etwa 600—800 ccm Wasser unter Zusatz von einigen Tropfen Salzsäure mit Schwefelwasserstoff zersetzt, zum Sieden erhitzt, heiß filtriert und dann zuletzt auf dem Wasserbade völlig zur Trockne verdunstet. Den Rückstand zieht man mit 25—30 ccm heißer Schwefelsäure von 3 p. c. aus, läßt 24 Stunden stehen, filtriert von der Harnsäure ab, wäscht aus, macht das Filtrat ammoniakalisch, fällt die Purinstoffe wieder mit Silbernitrat aus, sammelt den Niederschlag auf ein kleines, chlorfreies Filtrum, wäscht sorgfältig aus, trocknet, äschert vorsichtig ein, löst die Asche in Salpetersäure und titriert mit Rhodanammonium nach VOLHARD. Die Rhodanammoniumlösung soll im Liter 1,2—1,4 g enthalten und ihr Titer wird mit einer Silbernitratlösung gestellt. Ein Teil Silber entspricht 0,277 g Purinbasenstickstoff resp. 0,7381 g Purinbasen. Nach dieser Methode kann man die Harnsäure und die Purinbasen gleichzeitig in derselben Harnportion bestimmen. *Methode von Salkowski.*

Nach dem Verfahren von KRÜGER und SCHMID [1]) werden die Harnsäure und die Purinbasen mit Kupfersulfatlösung und Natriumbisulfit gemeinsam als Kupferoxydulverbindungen ausgefällt. Der Niederschlag wird in hinreichend viel Wasser mit Schwefelnatrium zersetzt; aus dem mit Salzsäure versetzten, stark konzentrierten Filtrate wird die Harnsäure ausgefällt und aus dem neuen Filtrate werden die Purinbasen wieder als Kupferoxydul- oder Silberverbindungen abgeschieden. Zuletzt wird der Stickstoff teils der Harnsäure und teils des Purinbasengemenges bestimmt. *Verfahren von Krüger und Schmid.*

Oxalursäure, $C_3H_4N_2O_4 = (CON_2H_3) . CO . COOH$. Diese Säure, deren Beziehung zu der Harnsäure und dem Harnstoffe schon oben besprochen worden ist, kommt nicht immer und jedenfalls nur spurenweise als Ammoniumsalz im Harne vor. Dieses Salz wird von $CaCl_2$ und NH_3 nicht direkt, wohl aber nach dem Sieden, wobei es in Harnstoff und Oxalat sich zerlegt, gefällt. *Oxalursäure.*

Zur Darstellung der Oxalursäure aus dem Harne wird dieser letztere durch Tierkohle filtriert. Das von der Tierkohle zurückgehaltene Oxalurat kann mit siedendem Alkohol ausgezogen werden.

Oxalsäure, $C_2H_2O_4 = \begin{matrix} COOH \\ | \\ COOH \end{matrix}$; kommt als physiologischer Bestandteil im Harne in sehr geringer Menge, bis zu 0,020 g in 24 Stunden (FÜRBRINGER) [2]), vor. Nach einer gewöhnlichen Angabe findet sie sich im Harne als Kalziumoxalat, welches von dem sauren Phosphate des Harnes in Lösung gehalten werden soll. Oxalsaurer Kalk ist ein häufiger Bestandteil von Harnsedimenten und kommt auch in gewissen Harnsteinen vor. *Oxalsäure.*

Die Abstammung der Oxalsäure des Harnes ist nicht ganz vollständig bekannt. Die von außen aufgenommene Säure wird, wie es scheint, wenigstens zum Teil mit dem Harne wieder unverändert ausgeschieden [3]); und da mehrere vegetabilische Nahrungs- oder Genußmittel, wie Kohlarten, Spinat, Spargel, Sauerampfer, Äpfel, Trauben usw. Oxalsäure enthalten, nimmt man gewöhnlich an, daß die Oxalsäure im Harne wenigstens zum Teil von der Nahrung direkt stammt. Daß die Oxalsäure im Tierkörper auch als Stoffwechselprodukt entstehen kann, geht daraus hervor, daß sie nach MILLS und LÜTHJE u. a. beim Hunde bei ausschließlicher Ernährung mit Fleisch und Fett wie auch beim Hungern noch mit dem Harne ausgeschieden wird. Von einem stärkeren Eiweißzerfalle ist man auch geneigt zum Teil die Oxalsäure herzuleiten, welche, wie REALE und BOERI und auch TERRAY gefunden haben, bei verminderter Sauerstoffzufuhr und gesteigertem Eiweißzerfall in vermehrter Menge ausgeschieden wird. Das reine Eiweiß vermehrt indessen nach SALKOWSKI und WEGRZYNOWSKI [4]) nicht die Menge der ausgeschiedenen Oxalsäure, welche *Abstammung der Oxalsäure.*

---

[1]) Zeitschr. f. physiol. Chem. **45** und HOPPE-SEYLER-THIERFELDERS Handb., 8. Aufl. [2]) Deutsch. Arch. f. klin. Med. 18; vgl. auch DUNLOP, Zentralbl. f. Physiol. **10.** [3]) Über das Verhalten der Oxalsäure im Tierkörper vgl. man auch Abschnitt 5 dieses Kapitels. [4]) REALE u. BOERI, Wien. med. Wochenschr. 1895; TERRAY, PFLÜGERS Arch. **65**; SALKOWSKI, Berl. klin. Wochenschr. 1900; L. WEGRZYNOWSKI, Zeitschr. f. physiol. Chem. **83,** wo man die Literatur findet.

Abstammung der Oxalsäure.

dagegen nach Fleischgenuß, zum Teil infolge eines Gehaltes des Fleisches an Oxalsäure (SALKOWSKI), ansteigt. Leim und leimgebende Gewebe scheinen ebenfalls die Oxalsäureausscheidung zu vermehren, und dasselbe gilt von dem Fette oder wenigstens von dem Glyzerin (WEGRZYNOWSKI). Nach Verfütterung von Nukleinen hat man keine konstante Vermehrung der Oxalsäureausscheidung beobachtet. Über die Wirkung der Kohlehydrate sind die Angaben strittig; man hat aber auch eine Entstehung der Oxalsäure durch unvollständige Verbrennung der Kohlehydrate angenommen, was nach den Arbeiten von HILDEBRANDT und P. MAYER vielleicht für abnorme Verhältnisse Geltung haben kann. Nach DAKIN[1]) findet beim Kaninchen eine vermehrte Oxalsäureausscheidung nach Einfuhr von Glykol- oder Glyoxylsäure statt, und die Oxalsäure scheint nach ihm ein in vielen Fällen gebildetes intermediäres Stoffwechselprodukt zu sein, welches jedoch größtenteils weiter verbrannt wird. Eine Oxalsäurebildung aus Harnsäure und Purinstoffen im Tierkörper hat man auch angenommen, aber die Angaben sind nicht immer ganz einwandfrei[2]). Für die Oxalsäure hat man, wie es scheint, jedenfalls sowohl einen endogenen wie einen exogenen Ursprung anzunehmen.

Der Nachweis und die quantitative Bestimmung geschieht am besten nach dem von SALKOWSKI eingeführten Verfahren: Ausschütteln mit Äther aus dem genügend eingedampften, angesäuerten Harne. Detaillierte Angaben hierüber findet man bei WEGRZYNOWSKI (l. c.).

Allantoin (Glyoxyldiureid), $C_4H_6N_4O_3 = OC \begin{cases} NH.CH.HN.CO.NH_2 \\ NH.CO \end{cases}$

Allantoin.

kommt sowohl nach älteren Untersuchungen wie nach den neueren von WIECHOWSKI spurenweise im Harne von Erwachsenen vor. Dagegen vermißte der letztgenannte Forscher es sowohl im Säuglingsharn wie im Fruchtwasser, wo es nach älteren Angaben vorkommen sollte. Das Allantoin ist in dem Harne säugender Kälber, im Rinderharn und im Harne mehrerer anderer Tiere gefunden worden. WIECHOWSKI hat es in verhältnismäßig recht bedeutenden Mengen im Harne von Hund, Katze, Kaninchen und einer Affe gefunden und betrachtet es bei diesen Tieren als ein terminales Produkt des Stoffwechsels.

Vorkommen und Abstammung.

Es findet sich ferner, wie zuerst VAUQUELIN und LASSAIGNE[3]) zeigten, in der Allantoisflüssigkeit der Kühe (woher der Name). Daß das Allantoin bei den Säugetieren aus der Harnsäure entsteht, ist wohl sicher; und die Untersuchungen, welche eine solche Ansicht stützen, sind schon in dem Vorigen, bei Besprechung der Harnsäurezersetzung, erwähnt worden. Das Allantoin stammt also in letzter Hand ebenfalls aus den Purinstoffen. Es ist bei Hunden und auch anderen Tieren das eigentliche Endprodukt des Purinstoffwechsels[4]) und dementsprechend wird seine Ausscheidung durch Verfütterung von Thymus und Pankreas bedeutend gesteigert. Es wird beim Hunde nach Vergiftung mit Hydrazin (BORISSOW), Hydroxylamin, Semikarbazid und Amidoguanidin (POHL) reichlich ausgeschieden, und auch diese vermehrte Ausscheidung dürfte in Beziehung zu dem Nukleinstoffwechsel stehen[5]). Einige

Allantoin und Nukleinstoffwechsel.

Nahrungsmittel wie Milch, Weizenbrot, Erbsen und Bohnen enthalten nach ACKROYD kleine Mengen Allantoin, welche dem Körper zugeführt werden. Wie diese Allantoinspuren sich verhalten, ist jedoch unbekannt. Das in den

---

[1]) Journ. of biol. Chem. **3**, 57. [2]) Vgl. WIENER, Ergebn. d. Physiol. **1**, Abt. 1; TOMASZEWSKI, Zeitschr. f. exp. Path. u. Ther. **7**; POHL ebenda 8; JASTROWITZ, Bioch. Zeitschr. **28**; L. PINCUSSOHN, Bioch. Zeitschr. **99**. [3]) LASSAIGNE, Annal. de Chem. et Physiol. **17**; WIECHOWSKI, HOFMEISTERS Beiträge **11**; Arch. f. exp. Path. u. Pharm. **60** und Bioch. Zeitschr. **19** u. **25**. [4]) Vgl. Fußnote 4, S. 560. [5]) BORISSOW, Zeitschr. f. physiol. Chem. **19**; POHL, Arch. f. exp. Path. u. Pharm. **46**; PODUSCHKA ebenda **44**.

Tierkörper eingeführte Allantoin erscheint nach PODUSCHKA und MINKOWSKI [1]) bei Hunden fast vollständig, beim Menschen nur zu geringem Teil im Harne wieder und soll bei dem letzteren größtenteils verbrannt werden.

Das Allantoin ist eine in farblosen, oft zu sternförmigen Drusen vereinigten Prismen kristallisierende, in kaltem Wasser schwer, in siedendem leicht und auch in heißem Alkohol, kaum aber in kaltem oder in Äther, lösliche Substanz. Eine wässerige Allantoinlösung gibt mit Silbernitrat allein keinen Niederschlag; bei vorsichtigem Zusatz von Ammoniak entsteht dagegen ein in überschüssigem Ammoniak löslicher, weißer, flockiger Niederschlag, $C_4H_5AgN_4O_3$, welcher nach einiger Zeit aus sehr kleinen, durchsichtigen mikroskopischen Tröpfchen besteht. Der Gehalt des getrockneten Niederschlages an Silber ist 40,75 p. c. Eine wässerige Allantoinlösung wird von Merkurinitrat gefällt. Bei anhaltendem Kochen reduziert das Allantoin die FEHLINGsche Lösung. Es gibt die SCHIFFsche Furfurolreaktion weniger schnell und weniger intensiv als der Harnstoff. Die Murexidprobe gibt es nicht. *Eigenschaften und Reaktionen.*

Das Allantoin stellt man am einfachsten aus Harnsäure durch Oxydation derselben mit Bleihyperoxyd oder Kaliumpermanganat dar. Zur Darstellung des Allantoins aus Harn muß man, je nachdem es um den verhältnismäßig ziemlich allantoinreichen Tierharn oder um den sehr allantoinarmen Menschenharn sich handelt, in verschiedener Weise verfahren, und dasselbe gilt von der quantitativen Allantoinbestimmung. Da das Verfahren in beiden Fällen umständlich ist und gewisse Vorsichtsmaßnahmen erfordert, kann hier nicht näher auf dasselbe eingegangen werden, sondern es wird auf die Arbeiten von LOEWI und WIECHOWSKI [2]) und auf die großen Handbücher hingewiesen. Zur Ausfällung des Allantoins aus dem Harne kann teils Merkurinitrat- und teils Merkuriazetatlösung (bei Gegenwart von Natriumazetat) benutzt werden. *Darstellung und Bestimmung.*

Glyoxylsäure, $C_2H_4O_4 = \dfrac{CH(OH)_2}{COOH}$, entsteht beim Kochen von sowohl Allantoin wie Harnsäure mit Alkalien und ferner bei der Oxydation mehrerer Stoffe, darunter Kreatin und Kreatinin. Sie ist ferner von Interesse dadurch, daß aus ihr und Harnstoff Allantoin synthetisch dargestellt werden kann, wie auch dadurch, daß sie, in den Körper eingeführt, Oxalsäure liefert. Über ihr Auftreten in dem Harne sind die Angaben etwas strittig [3]); da sie aber leicht im Körper zerstört wird, ist ihr Übergang in den Harn wenig wahrscheinlich oder jedenfalls etwas Selteneres. *Glyoxylsäure.*

Hippursäure (Benzoylaminoessigsäure),

$$C_9H_9NO_3 = (C_6H_5 . CO)HN . CH_2 . COOH.$$

Beim Sieden mit Mineralsäuren oder Alkalien wie auch bei der Fäulnis des Harnes zerfällt diese Säure in Benzoesäure und Glykokoll. Umgekehrt wird sie aus diesen zwei Komponenten beim Erhitzen im zugeschmolzenen Rohre unter Austritt von Wasser nach folgendem Schema gebildet: $C_6H_5 . COOH + NH_2 . CH_2 . COOH = C_6H_5 . CO . NH . CH_2 . COOH + H_2O$. Die Säure kann auch synthetisch aus Benzamid und Monochloressigsäure: $C_6H_5 . CO . NH_2 + CH_2Cl . COOH = C_6H_5 . CO . NH . CH_2 . COOH + HCl$, wie auch in anderer Weise, am einfachsten aus Glykokoll und Benzoylchlorid bei Gegenwart von Alkali, dargestellt werden. *Hippursäuresynthesen.*

Die Hippursäure kommt in größter Menge in dem Harne der Pflanzenfresser, aber nur in geringer Menge in demjenigen der Fleischfresser vor. Die Menge der mit dem Harne des Menschen ausgeschiedenen Hippursäure ist bei gemischter Kost gewöhnlich kleiner als 1 g pro 24 Stunden; im Mittel *Vorkommen der Hippursäure.*

---

[1]) H. ACKROYD, Bioch. Journ. **5**; PODUSCHKA, Arch. f. exp. Path. u. Pharm. **44**; MINKOWSKI ebenda **41**. [2]) LOEWI, Arch. f. exp. Path. u. Pharm. **44**; WIECHOWSKI, vgl. Fußnote 3, S. 568; vgl. auch H. HANDOVSKY, Zeitschr. f. physiol. Chem. **90**. [3]) Die Literatur über Vorkommen und Nachweis von Glyoxylsäure im Harne findet man bei GRANSTRÖM, HOFMEISTERS Beiträge **11**.

beträgt sie 0,7 g. Nach reichlichem Genuß von Gemüse, namentlich von Obst, Pflaumen u. dgl., kann ihre Menge mehr als 2 g betragen. Sie kommt auch im Harne von Säuglingen vor. Außer im Harne soll die Hippursäure angeblich auch im Schweiße, in Blut, Nebennieren der Rinder und in den Ichthyosis- schuppen gefunden sein. Über die Menge der Hippursäure im Harne in Krank- heiten ist kaum etwas Sicheres bekannt.

Entstehung der Hippursäure im Tierkörper. Die Entstehung der Hippursäure im Organismus. Die Benzoesäure bzw. die substituierten Benzoesäuren setzen sich im Körper in Hippursäure bzw. substituierte Hippursäuren um. Ebenso gehen solche Stoffe in Hippur- säure über, welche durch Oxydation (Toluol, Zimtsäure, Hydrozimtsäure) oder Reduktion (Chinasäure) in Benzoesäure verwandelt werden. Die Frage von dem Ursprunge der Hippursäure fällt daher auch in der Hauptsache mit der Frage von dem Ursprunge der Benzoesäure zusammen; denn die Ent- stehung des zweiten Komponenten, des Glykokolls, aus den Proteinsubstanzen im Tierkörper ist unzweifelhaft.

Entstehung bei der Ei- weiß- fäulnis. Die Hippursäure findet sich im Harne hungernder Hunde (SALKOWSKI) wie auch im Hundeharne bei ausschließlicher Fleischkost (MEISSNER und SHEPARD, SALKOWSKI u. a.)[1]. Daß die Benzoesäure in diesen Fällen von dem Eiweiße stammt, ist offenbar, und sie rührt, wie man allgemein annimmt, von der Eiweißfäulnis im Darme her. Unter den Produkten der Eiweißfäulnis außerhalb des Körpers hat nämlich SALKOWSKI die Phenylpropionsäure $C_6H_5 . CH_2 . CH_2 . COOH$, gefunden, welche im Körper zu Benzoesäure oxydiert und, mit Glykokoll gepaart, als Hippursäure ausgeschieden wird. Die Phenyl- propionsäure geht ihrerseits aus dem Phenylalanin hervor. Die Vermutung, daß die Phenylpropionsäure bei der Darmfäulnis aus dem Tyrosin entstehe, scheint dagegen nach BAUMANN, SCHOTTEN und BAAS[2] wenigstens in der Regel nicht zutreffend zu sein. Die Bedeutung der Darmfäulnis für die Ent- stehung der Hippursäure geht übrigens daraus hervor, daß nach kräftiger Desinfektion des Darmes mit Kalomel bei Hunden die Hippursäure aus dem Harne verschwinden kann (BAUMANN)[3].

Entstehung bei Pflanzen- fressern. Das reichlichere Auftreten der Hippursäure im Harne der Pflanzenfresser ist man geneigt gewesen, von einer mehr lebhaften Eiweißfäulnis im Darme herzuleiten. Nach VASILIU[4] kann dies indessen kaum richtig sein, weil dies, wie er durch Fütterungsversuche mit Kasein an Hammeln gefunden hat, eine gar zu intensive Eiweißfäulnis (sogar 40 p. c. des Eiweißes) voraussetzen würde. Der wesentlichste Grund liegt nach ihm teils darin, daß beim Pflanzenfresser ein geringerer Teil des Fenylalanins verbrannt und ein größerer zur Hippur- säurebildung verwertet wird als beim Menschen und dem Fleischfresser, und teils darin, daß in der Nahrung der Pflanzenfresser in reichlicher Menge eine stickstofffreie Muttersubstanz der Benzoesäure vorkommt. Daß die Hippur- säure auch im Harne des Menschen bei gemischter Kost und besonders nach dem Genusse von Gemüse, Obst u. dgl. zum Teil aus besonderen, Benzoesäure bildenden aromatischen Substanzen, namentlich Chinasäure, hervorgeht, dürfte wohl kaum zu bezweifeln sein.

Hippur- säure und Harnsäure. Die von WEISS und anderen vertretene Ansicht, daß zwischen Hippursäure- und Harnsäureausscheidung ein Parallelismus derart besteht, daß eine Steigerung der ersteren eine Verminderung der letzteren herbeiführt und daß beispielsweise die Chinasäure eine der vermehrten Hippursäurebildung entsprechende Verminderung der Harnsäureaus-

---

[1] SALKOWSKI, Ber. d. d. chem. Gesellsch. 11; MEISSNER u. SHEPARD, Unters. über das Entstehen der Hippurs. im tier. Org., Hannover 1866. [2] E. u. H. SALKOWSKI, Ber. d. d. chem. Gesellsch. 12; BAUMANN, Zeitschr. f. physiol. Chem. 7; SCHOTTEN ebenda 8; BAAS ebenda 11. [3] Ebenda 10, 131. [4] H. VASILIU, Mitt. d. landwirt. Inst. Breslau 4, 1907.

scheidung bewirken soll (WEISS, LEWIN), kann nicht als hinreichend begründet angesehen werden [1]) (HUPFER).

Wie die eingehenden Untersuchungen von WIECHOWSKI lehren, steht die Hippursäuresynthese in keinem direkten Abhängigkeitsverhältnis zu der Größe des Eiweißstoffwechsels; sie schwankt dagegen mit der Zeitdauer der Benzoesäurerezirkulation und der Menge des im Körper vorhandenen Glykokolls. Die Menge des letzteren im intermediären Stoffwechsel kann so bedeutend werden, daß bei Kaninchen nach Eingabe von Benzoesäure sogar mehr als die Hälfte des gesamten Harnstickstoffes als Hippursäure vorhanden sein kann. MAGNUS-LEVY [2]) fand bei Kaninchen und Hammeln bis zu 27,8 p. c. des Gesamtstickstoffes als Hippursäurestickstoff, und beide Forscher haben also so viel Hippursäurestickstoff gefunden, daß er nicht durch das im Eiweiß vorgebildete Glykokoll, welches etwa 4—5 p. c. von dem Gesamtstickstoffe des Nahrungs- und Körpereiweißes beträgt, gedeckt werden konnte.

Glykokoll.

Beim Fleischfresser (Hund) und beim Menschen soll nach BRUGSCH und R. HIRSCH, P. FEIGIN und BRUGSCH das Verhalten ein ánderes sein, indem hier nicht mehr Glykokoll zur Hippursäurebildung verfügbar sein soll als die Menge, welche durch Hydrolyse des Eiweißes abspaltbar ist. Nach den Untersuchungen von J. LEWINSKI scheint dies jedoch, wenigstens für den Menschen, nicht richtig zu sein. Nach reichlicher Zufuhr von Benzoesäure beim Menschen soll nämlich nach LEWINSKI [3]) etwa 34 p. c. des Gesamtstickstoffes als Hippursäure ausgeschieden werden können, und in einer neuen Untersuchung konnte er aus dem Tagesharne eines Menschen nach Verfütterung von Natriumbenzoat 50,5 g reine kristallisierte Hippursäure gewinnen.

Glykokoll und Hippursäure.

Die reichliche Produktion von Hippursäure beim Pflanzenfresser veranlaßte ABDERHALDEN, GIGON und STRAUSS zu einer vergleichenden Untersuchung über den Vorrat an einigen Aminosäuren bei Fleisch- und Pflanzenfressern, und sie fanden, daß bei Katzen, Kaninchen und beim Huhn die prozentische Menge des aus dem gesamten Organismus (mit Ausschluß von Darminhalt und Fett bzw. Gefieder) durch Hydrolyse abspaltbaren Glykokolls, dieselbe, und zwar 2,33—3,34 p. c. des Eiweißes, war. Zur Erklärung der großen, den Glykokollvorrat weit überragenden Glykokollmengen, welche als Hippursäure ausgeschieden werden können, muß man also eine Neubildung von Glykokoll annehmen. Daß eine solche bei den mit Benzoesäure verfütterten Tieren stattfindet, haben auch in neuerer Zeit ABDERHALDEN und HIRSCH durch noch mehr schlagende Versuche bewiesen. Die Vermutung könnte darum nahe zur Hand liegen, daß die Benzoesäure mit höheren Aminosäuren sich paart, aus welchen Verbindungen dann die Hippursäure hervorgeht. Die zur Prüfung dieser Annahme von MAGNUS-LEVY mit benzoyllerten höheren Aminosäuren ausgeführten Untersuchungen lieferten zwar keine Stütze für dieselbe; EPSTEIN und BOOKMAN [4]) fanden aber in Versuchen an Kaninchen nach Verfütterung von Benzoylleuzin eine so große Hippursäure-

Glykokoll-vorrat und Glykokoll-bildung.

---

[1]) WEISS, Zeitschr. f. physiol. Chem. **25, 27, 38**; LEWIN, Zeitschr. f. klin. Med. **42**; HUPFER, Zeitschr. f. physiol. Chem. **37**. Vgl. auch WIENER, Harnsäure, in Ergebn. d. Physiol. **1**, Abt. 1. [2]) WIECHOWSKI, HOFMEISTERS Beiträge **7** (Literatur); A. MAGNUS-LEVY, Münch. med. Wochenschr. 1905; RINGER, Journ. of biol. Chem. **10**; A. EPSTEIN u. S. BOOKMAN ebenda **10**. [3]) BRUGSCH u. HIRSCH, Zeitschr. f. exp. Path. u. Ther. **3**; BRUGSCH, MALYS Jahresb. **37**, 621 und Bioch. Zentralbl. 8, 336; P. FEIGIN, MALYS Jahresb. **36**, 631; J. LEWINSKI, Arch. f. exp. Path. u. Pharm. **58** u. **61**. [4]) ABDERHALDEN, GIGON u. STRAUSS, Zeitschr. f. physiol. Chem. **51**; ABDERHALDEN u. HIRSCH ebenda **78**; MAGNUS-LEVY, Bioch. Zeitschr. **6**; EPSTEIN u. BOOKMANN, Journ. of biol. Chem. **13**. Über die Möglichkeiten einer Glykokollbildung im Tierkörper vgl. man auch F. KNOOP, Zeitschr. f. physiol. Chem. **89**.

ausscheidung, daß sie eine Glykokollbildung aus diesem Leuzin annehmen. Das freie Leuzin vermehrte dagegen nicht die Hippursäureausscheidung.

Als besonderes **Organ** der Hippursäuresynthese kann bei Hunden nach SCHMIEDEBERG und BUNGE[1]) die Niere, nach E. LACKNER, A. LEVINSON und W. MORSE[2]) wahrscheinlich auch die Leber betrachtet werden. Bei anderen
Ort der Hippur- säure- synthese. Tieren, wie beim Kaninchen, scheint die Hippursäurebildung in mehreren Organen, auch in Leber und Muskeln, vonstatten zu gehen. Die Hippursäure- synthese ist also nicht ausschließlich, wenn auch vielleicht bei einer bestimmten Tierart überwiegend, an ein bestimmtes Organ gebunden.

Eigenschaften und Reaktionen der Hippursäure. Die Säure kri- stallisiert in halbdurchsichtigen, milchweißen, langen, vierseitigen rhombischen Prismen oder Säulen oder, bei rascher Ausscheidung, in Nadeln. Sie löst sich
Kristall- form und Löslichkeit. in 600 Teilen kaltem Wasser, bedeutend leichter in heißem. Von Alkohol wird sie leicht, von Äther schwerer gelöst. Von Essigäther wird sie leicht, etwa 12mal leichter als von Äthyläther gelöst. In Petroleumäther löst sie sich dagegen nicht.

Beim Erhitzen schmilzt die Hippursäure zuerst bei 187,5° zu einer öligen Flüssigkeit, die beim Erkalten kristallinisch erstarrt. Bei fortgesetztem Er- hitzen zersetzt sie sich, die Masse wird rötlich, gibt ein Sublimat von Benzoe- säure und entwickelt anfangs einen eigentümlichen, angenehmen Heugeruch und später einen Geruch nach Blausäure. Durch dieses Verhalten wie auch durch die Kristallform und die Unlöslichkeit in Petroleumäther unterscheidet
Eigen- schaften und Reaktionen. sich die Hippursäure leicht von der Benzoesäure. Mit dieser Säure hat sie dagegen die Reaktion von LÜCKE gemeinsam; d. h. nach Eindampfen mit starker Salpetersäure zur Trockne und Erhitzen des mit Sand verriebenen Rückstandes in einem Glasröhrchen entwickelt sie einen intensiven, bitter- mandelähnlichen Geruch von Nitrobenzol. Die Hippursäure gibt mit Basen in den meisten Fällen kristallisierende Salze. Die Verbindungen mit Alkalien und alkalischen Erden sind in Wasser und Alkohol löslich. Die Silber-, Kupfer- und Bleisalze sind in Wasser schwer löslich, das Eisenoxydsalz ist unlöslich.

Die **Darstellung** der Hippursäure geschieht am besten aus frischem Pferde- oder Kuhharn. Man kocht den Harn einige Minuten mit überschüssiger Kalk- milch. Aus der warm filtrierten, konzentrierten und dann abgekühlten Flüssig-
Darstellung der Hippur- säure. keit fällt man die Hippursäure durch Zusatz von überschüssiger Salzsäure. Die stark gepreßten Kristalle löst man in Kalkmilch unter Aufkochen, verfährt dann wie oben und fällt die Hippursäure zum zweiten Male aus dem stark konzentrierten Filtrate mit Salzsäure. Die Kristalle werden durch Umkristallisieren und (wenn nötig) Entfärben mit Tierkohle gereinigt.

Die **quantitative Bestimmung** der Hippursäure im Harne kann nach BUNGE und SCHMIEDEBERG, nach Ansäuern von dem in Wasser gelösten Rück- stande des alkoholischen Harnextraktes und Extraktion der Hippursäure durch
Quanti- tative Be- stimmung. Ausschütteln mit Essigäther, durch Wägung der weiter gereinigten, kristallisierten Säure geschehen. Nach HENRIQUES und SÖRENSEN kann man den angesäuerten Harn direkt mit Essigäther ausschütteln, den Rückstand nach dem Verdunsten des Essigäthers mit Salzsäure kochen, um die Hippursäure in Benzoesäure und Glykokoll zu spalten, und dann die Stickstoffmenge des letzteren durch Formol- titrierung bestimmen. Andere, neuere Methoden sind von FOLIN und FLANDERS, von STEENBOCK und von HRYNTSCHAK[3]) ausgearbeitet worden.

Phenazetursäure, $C_{10}H_{11}NO_3 = C_6H_5 . CH_2 . CO . HN . CH_2 . COOH$. Diese Säure, welche im Tierkörper durch eine Paarung der bei der Eiweißfäulnis entstehenden Phenyl-

---

[1]) Arch. f. exp. Path. u. Pharm. **6.** [2]) Bioch. Journ. **12.** [3]) BUNGE u. SCHMIEDE- BERG, Arch. f. exp. Path. u. Pharm. **6**; HENRIQUES u. SÖRENSEN, Zeitschr. f. physiol. Chem. **64**; FOLIN u. FR. FLANDERS, Journ. of biol. Chem. **11**; H. STEENBOCK ebenda **11**; TH. HRYNTSCHAK, Bioch. Zeitschr. **43.**

ᴇssigsäure, $C_6H_5 . CH_2 . COOH$, mit Glykokoll entsteht, ist von Salkowski [1] aus Pferde- Phenazetur-
säure.
harn dargestellt worden, kommt aber wahrscheinlich auch im Menschenharne vor. Nach
H. Vasiliu [2]) ist sie ein fast ebenso wichtiger Bestandteil des Pflanzenfresserharnes wie
die Hippursäure.

       Benzoesäure, $C_7H_6O_2 = C_6H_5 . COOH$, ist im Kaninchen- und zuweilen auch in
geringer Menge im Hundeharne (Weyl und v. Anrep) beobachtet worden. Von Jaarsveld
und Stokvis und von Kronecker wurde sie auch im Menschenharne bei Nierenleiden
gefunden. Das Vorkommen der Benzoesäure im Harne scheint von einer fermentativen Benzoe-
säure.
Zersetzung der Hippursäure herzuleiten sein. Bei gewissen Tieren — Schwein und Hund —
sollen die Organe (die Nieren) nach Schmiedeberg und Minkowski [3] ein besonderes
Enzym, das Histozym Schmiedebergs, enthalten, welches die Hippursäure unter
Abscheidung von Benzoesäure spalten soll.

Ätherschwefelsäuren.

Bei der Eiweißfäulnis im Darme entstehen Phenole,
als deren Muttersubstanz das Tyrosin zu betrachten ist, und ferner auch Indol
und Skatol. Diese Stoffe, die zwei letztgenannten nachdem sie zu Indoxyl- Äther-
schwefel-
säuren.
bzw. Skatoxyl oxydiert worden, gehen nach einer Paarung mit Schwefelsäure
als Ätherschwefelsäuren in den Harn über. Die wichtigsten dieser Äthersäuren sind **Phenol-** und **Kresolschwefelsäure** — früher auch phenol-
bildende Substanz genannt — **Indoxyl-** und **Skatoxylschwefelsäure.**
Zu derselben Gruppe gehören auch: die im Menschenharne nur in sehr geringer
Menge vorkommende **Brenzkatechinschwefelsäure,** die nach Vergiftung
mit Phenol auftretende **Hydrochinonschwefelsäure** und wahrscheinlich
auch andere, im Harne physiologisch vorkommende, noch nicht isolierte Äthersäuren. Die Ätherschwefelsäuren des Harnes sind von Baumann [4] entdeckt
und besonders studiert worden. Die Menge dieser Säuren im Menschenharne
ist gering, Kuh- und Pferdeharn enthalten dagegen reichlichere Mengen davon.
Nach den Bestimmungen von v. d. Velden schwankt die Menge der gepaarten
Schwefelsäure im Menschenharne pro 24 Stunden zwischen 0,094 und 0,620 g.
C. Tollens fand als Mittel 0,18 g. Das Verhältnis der Menge der Sulfatschwefelsäure A zu der Menge der gepaarten Schwefelsäure B bei Gesunden nimmt
man gewöhnlich durchschnittlich gleich 10:1 an. Es zeigt aber, wie schon
Baumann und Herter [5] und nach ihnen viele andere Forscher gefunden Ausschei-
dungs-
größe der
Äther-
schwefel-
säuren.
haben, so große Schwankungen, daß es kaum erlaubt ist, eine Mittelzahl als
die normale anzunehmen. Nach Einnahme von Phenolen und gewissen anderen
aromatischen Substanzen, wie auch bei reichlicher Fäulnis innerhalb des
Organismus, nimmt die Ausscheidung der Ätherschwefelsäuren stark zu.
Umgekehrt wird sie herabgesetzt durch alles, was die Eiweißfäulnis im Darme
hemmt oder herabdrückt. Aus diesem Grunde kann sie durch Kohlehydrate
und einseitige Milchnahrung [6] stark herabgedrückt werden. Auch durch
gewisse Arzneimittel, die eine antiseptische Wirkung haben, ist es in einzelnen
Fällen gelungen, die Darmfäulnis und die Ätherschwefelsäureausscheidung
herabzudrücken, doch sind die Angaben hierüber nicht einstimmig [7].

       Für das Studium der Intensität der Darmfäulnis unter verschiedenen Verhältnissen
hat man im allgemeinen großes Gewicht auf die Relation zwischen Gesamtschwefelsäure
und gepaarter Schwefelsäure oder zwischen der letzteren und der Sulfatschwefelsäure Mengen-
ver-
hältnisse.
gelegt. Mit Recht haben indessen mehrere Forscher scharf hervorgehoben, daß diese
Relation von untergeordnetem Werte ist und daß man vielmehr die absoluten Werte
zu beachten hat. Hierzu ist indessen zu bemerken, daß auch die absoluten Werte für

---

      [1] Zeitschr. f. physiol. Chem. **9.**   [2] Mitteil. d. landw. Inst. Breslau 4.   [3] Weyl
u. v. Anrep, Zeitschr. f. physiol. Chem. **4;** Jaarsveld u. Stokvis, Arch. f. exp. Path.
u. Pharm. **10;** Kronecker ebenda 16; Schmiedeberg ebenda 14, 379; Minkowski
ebenda 17.   [4] Pflügers Arch. 12 u. 13.   [5] v. d. Velden, Virchows Arch. 70;
Tollens, Zeitschr. f. physiol. Chem. 67; Herter ebenda 1.   [6] Die einschlägige Literatur
findet man bei K. Schmitz, Zeitschr. f. physiol. Chem. **19.** Vgl. auch F. P. Underhill
und G. E. Simpson, Journ. of biol. Chem. 44.   [7] Literatur bei M. Mosse, Zeitschr. f.
physiol. Chem. **23.**

die gepaarte Schwefelsäure so stark schwanken, daß wir gegenwärtig keine, sei es obere oder untere Grenze für die normalen Werte sicher angeben können. Ein viel besseres Maß für die Intensität der Darmfäulnis liefert die Bestimmung der Phenole und des Indikans.

Phenol- und p-Kresolschwefelsäure, $C_6H_5 . O . SO_2 . OH$ und

$C_6H_4 \diagdown \begin{matrix} O . SO_2 . OH \\ CH_3 \end{matrix}$. Diese Säuren finden sich als Alkalisalze im Harne des

Menschen, in welchem auch Orthokresol nachgewiesen worden ist. Die Menge der Kresolschwefelsäure ist etwas größer als die der Phenolschwefelsäure. Bei quantitativen Bestimmungen wurden früher allgemein die zwei aus den Äthersäuren frei gemachten Phenole nicht gesondert, sondern gemeinschaftlich als Tribromphenol bestimmt. Die Menge Phenole, welche unter solchen Verhältnissen aus den Ätherschwefelsäuren des Harnes sich abscheiden läßt, beträgt nach MUNK pro 24 Stunden 17—51 mg. In neun von ihnen untersuchten Fällen fanden SIEGFRIED und ZIMMERMANN[1]) in dem Harne gesunder Studenten pro 1500 ccm Harn als Mittel 44,6 mg Phenole, darunter 26 mg Kresol und 18,6 mg Phenol. Nach Einnahme von Phenol, welches zum Teil innerhalb des Organismus durch eine Synthese in Phenolätherschwefelsäure, daneben aber in Brenzkatechin- und Hydrochinonschwefelsäure wie auch in Phenolglukuronsäure übergeht, wird die Menge der Ätherschwefelsäuren im Harne auf Kosten der Sulfatschwefelsäure bedeutend vermehrt. Dasselbe gilt, wie oben erwähnt, auch für die Ausscheidung anderer Phenole. Das Kresol geht dabei bei Hunden nach SIEGFRIED und ZIMMERMANN[2]) zu großem Teil in Phenol über.

Phenol- und Kresolschwefelsäure.

Nach FOLIN und DENIS[3]) soll indessen die Gesamtmenge der Phenole bedeutend größer sein, nämlich 0,3—0,5 g in 24 Stunden, und von dieser Menge soll der größte Teil 50—90 p. c. nicht als Ätherschwefelsäure, sondern als freie Phenole vorhanden sein. Ähnliches gilt auch für Kinder und Tiere. Auch nach Zufuhr von Benzol wird der größte Teil als freies Phenol ausgeschieden und nur ein kleinerer Teil wird als Ätherschwefelsäure gebunden. H. DUBIN[4]), welcher die Menge der Phenole nach der kolorimetrischen Methode von FOLIN bestimmte, fand ebenfalls (beim Hunde) den größten Teil der Phenole in nicht gebundenem Zustand. Nach F. TISDALL, welcher durch Ätherextraktion die Phenole im Harne bestimmte, sind die Werte viel niedriger als die von FOLIN und DENIS erhaltenen, und die nach ihrer Methode erhaltenen hohen Werte sollen von anderen, noch unbekannten Stoffen, die mit dem Phenolreagenze reagieren, herrühren.

Freies und gebundenes Phenol.

Eine vermehrte Ausscheidung der Phenolätherschwefelsäuren kommt bei lebhafterer Darmfäulnis bei Stauungen des Darminhaltes, wie bei Ileus, diffuser Peritonitis mit Atonie des Darmes oder tuberkulöser Enteritis, nicht aber nach den meisten Angaben bei einfacher Obstruktion vor. Ebenso ist die Ausscheidung bei der Resorption von Fäulnisprodukten aus eitrigen Geschwüren oder Abszessen anderswo im Körper vermehrt. Bei verschiedenen anderen Krankheitszuständen hat man auch in einzelnen Fällen hohe Werte für die Phenolausscheidung gefunden.

Phenolausscheidung in Krankheiten.

Die Alkalisalze der Phenol- und Kresolschwefelsäuren kristallisieren in weißen, perlmutterglänzenden Blättchen, welche in Wasser ziemlich leicht löslich sind. Sie werden von siedendem, nur wenig aber von kaltem Alkohol

Salze der Äther-schwefel-säuren.

---

[1]) MUNK, PFLÜGERs Arch. 12; M. SIEGFRIED u. R. ZIMMERMANN, Bioch. Zeitschrift 84. [2]) Ebenda 46. [3]) Journ. of biol. Chem. 22. [4]) Ebenda 26; F. TISDALL ebenda 44.

gelöst. Beim Sieden mit verdünnten Mineralsäuren werden sie in Schwefelsäure und die entsprechenden Phenole zerlegt.

Die Phenolschwefelsäuren sind von BAUMANN synthetisch aus Kaliumpyrosulfat und Phenol- bzw. p-Kresolkalium dargestellt worden. Bezüglich ihrer Darstellung aus dem Harne, welche nach einer ziemlich komplizierten Methode geschieht, kann, wie auch bezüglich der allgemein bekannten Phenolreaktionen, auf ausführlichere Handbücher verwiesen werden. Die quantitative Bestimmung der Phenole aus diesen Ätherschwefelsäuren führt man nunmehr gewöhnlich nach der folgenden Methode aus. *Quantitative Bestimmung.*

Methode von KOSSLER und PENNY mit der Modifikation von NEUBERG [1]. Das dieser Methode zugrunde liegende Prinzip ist folgendes. Man setzt zu der phenolhaltigen Flüssigkeit erst $\frac{n}{10}$ Natronlauge bis zu ziemlich stark alkalischer Reaktion hinzu, erwärmt die Flüssigkeit in einer mit einem Glasstöpsel verschließbaren Flasche im Wasserbade und läßt dann $\frac{n}{10}$ Jodlösung in überschüssiger, genau abgemessener Menge zufließen. Es entsteht hierbei zuerst Jodnatrium und Natriumhypojodit, welch letzteres dann mit dem Phenol nach folgendem Schema Trijodphenol bzw. Trijodkresol gibt: $C_6H_5OH + 3NaOJ = C_6H_2J_3 \cdot OH + 3NaOH$. Nach dem Erkalten wird mit Schwefelsäure angesäuert, und man bestimmt darauf das überschüssige, nicht verbrauchte Jod durch Titration mit $\frac{n}{10}$ Natriumthiosulfatlösung. Dieses Verfahren eignet sich ebensogut zur Bestimmung des Parakresols. Von der verbrauchten $\frac{n}{10}$ Jodlösung zeigt 1 ccm 1,5670 mg Phenol oder 1,8018 mg Kresol an. Da die Bestimmung keinen Einblick in die wechselseitigen Mengenverhältnisse der zwei Phenole gewährt, muß natürlich die verbrauchte Jodmenge auf eines der beiden Phenole berechnet werden. Behufs der Ausführung der obenerwähnten Bestimmung muß indessen der genügend konzentrierte, mit Schwefelsäure angesäuerte Harn vorerst destilliert und die Destillate einer umständlichen Reinigung durch Bleifällung und wiederholte Destillation (nach NEUBERG) unterworfen werden. Bezüglich der Ausführung wird auf größere Handbücher hingewiesen. *Methode von Koßler, Penny und Neuberg.*

Zur getrennten Bestimmung von Phenol und Parakresol im Harne haben SIEGFRIED und ZIMMERMANN [2] ein besonderes Verfahren ausgearbeitet. Das Prinzip desselben besteht in der Ausführung der zwei folgenden Bestimmungen. 1. Man bestimmt die Menge Brom, welche zur Überführung des Phenols und Kresols in Tribromphenol und Tribromkresol nötig ist. 2. Man bestimmt die Menge Brom, welche unter genau einzuhaltenden Bedingungen zur Überführung des Phenols in Tribromphenol und des Kresols in Dibromkresol notwendig war, und aus den so gefundenen Gewichtsmengen Brom (B_1 und B_2) kann man dann die Gewichtsmengen Phenol und Kresol berechnen. Hierüber wie auch über die erforderlichen Lösungen und die Ausführung vgl. man das Original. *Phenol- und Kresolbestimmung.*

Die kolorimetrische Bestimmung nach FOLIN und DENIS [3] basiert darauf, daß die Phenole mit einer Lösung von Phosphorwolfram-Phosphormolybdänsäure bei Gegenwart von einer hinreichenden Menge Natriumkarbonat eine blaue Lösung geben. Die Harnsäure muß vorher mit Silberlaktat und Milchsäure und Spuren von Eiweiß mit kolloidaler Eisenlösung entfernt werden. Die freien Phenole und die Gesamtphenole (nach Sieden mit Chlorwasserstoffsäure) werden gesondert bestimmt und die gebundenen als Differenz berechnet. *Methode von Folin und Denis.*

Die Methoden zur gesonderten Bestimmung der gepaarten Schwefelsäure und der Sulfatschwefelsäure sollen später, bei Besprechung der Methoden zur Bestimmung der Schwefelsäure des Harnes, abgehandelt werden.

---

[1] KOSSLER u. PENNY, Zeitschr. f. physiol. Chem. 17; C. NEUBERG ebenda 27.
[2] Bioch. Zeitschr. 29, 34, 38 u. 70.   [3] l. c.

Brenzkatechinschwefelsäure (und **Brenzkatechin**). Von BAUMANN ist diese Säure im Pferdeharne in ziemlich reichlicher Menge gefunden worden. Im Menschenharne kommt sie nur in äußerst geringer Menge und vielleicht nicht konstant vor; in reichlicherer Menge findet sie sich im Harne nach Einnahme von Phenol, Brenzkatechin oder Protokatechusäure.

Brenz-katechin-schwefel-säure.

Bei ausschließlicher Fleischkost kommt diese Säure nicht im Harne vor und sie dürfte deshalb aus dem Pflanzenreiche stammen. Wahrscheinlich rührt sie von der Protokatechusäure her, welche nach PREUSSE zum Teil als Brenzkatechinschwefelsäure in den Harn übergeht. Zum Teil kann die Säure auch vielleicht von innerhalb des Organismus oxydiertem Phenol herrühren (BAUMANN und PREUSSE) [1].

Brenzkatechin oder o-Dioxybenzol, $C_6H_4(OH)_2$, wurde zum ersten Male von EBSTEIN und MÜLLER in dem Harne eines Kindes beobachtet. Der zuerst von BÖDEKER [2] im Menschenharne gefundene, reduzierende Stoff Alkapton, welcher lange Zeit als mit dem Brenzkatechin identisch betrachtet wurde, dürfte wohl immer Homogentisinsäure gewesen sein (vgl. unten).

Brenz-katechin.

Das Brenzkatechin kristallisiert in Prismen, die in Alkohol, Äther und Wasser löslich sind. Es schmilzt bei 102—104° C und sublimiert in glänzenden Blättchen. Die wässerige Lösung nimmt bei Gegenwart von Alkali Sauerstoff aus der Luft auf, wird grün, braun und schließlich schwarz. Versetzt man eine sehr verdünnte Eisenchloridlösung mit Weinsäure, macht sie darauf mit Ammoniak alkalisch und setzt dann dieses Reagens zu einer wässerigen Brenzkatechinlösung, so erhält man eine violette oder kirschrote Flüssigkeit, die beim Übersättigen mit Essigsäure grün wird. Das Brenzkatechin wird von Bleiazetat gefällt. Es reduziert eine ammoniakalische Silberlösung bei Zimmertemperatur und reduziert alkalische Kupferoxydlösung in der Wärme, dagegen nicht Wismutoxyd.

Nachweis des Brenz-katechins.

Ein brenzkatechinhaltiger Harn wird an der Luft, besonders bei alkalischer Reaktion, bald dunkel und reduziert alkalische Kupferoxydlösung in der Wärme. Zum Nachweis des Brenzkatechins konzentriert man den Harn, wenn nötig, filtriert, kocht nach Zusatz von Schwefelsäure zur Entfernung des Phenols und schüttelt nach dem Erkalten wiederholt mit Äther aus. Von den vereinigten Ätherauszügen wird der Äther abdestilliert. Den Rückstand neutralisiert man mit Baryumkarbonat und schüttelt wiederum mit Äther. Das nach dem Verdunsten des Äthers zurückbleibende Brenzkatechin kann durch Kristallisation aus Benzol gereinigt werden.

Hydrochinon oder p-Dioxybenzol, $C_6H_4(OH)_2$, kommt oft nach Gebrauch von Phenol im Harne vor (BAUMANN und PREUSSE). Durch seine Zersetzungsprodukte, bedingt es hauptsächlich die dunkle Farbe, welche solcher Harn, sog. „Karbolharn", an der Luft annimmt. Als normaler Harnbestandteil kommt das Hydrochinon nicht, wohl aber nach Verabreichung von Hydrochinon, vor; nach LEWIN soll es als Ätherschwefelsäure in den Harn des Kaninchens, als Zersetzungsprodukt des Arbutins, übergehen können. Es kann auch nach BASS [3] als Hydrochinonglukuronsäure in den Harn übergehen.

Hydro-chinon.

Das Hydrochinon bildet rhombische Kristalle, die in heißem Wasser, in Alkohol und Äther leicht löslich sind. Es schmilzt bei 169° C. Es reduziert wie das Brenzkatechin leicht Metalloxyde. Gegen Alkalien verhält es sich wie dieses, wird aber nicht von Bleiazetat gefällt. Durch Eisenchlorid und andere Oxydationsmittel wird es zu Chinon oxydiert, welch letzteres an seinem eigentümlichen Geruche erkannt wird. Der Nachweis der Hydrochinonschwefelsäure im Harne geschieht nach demselben Prinzipe wie derjenige der Brenzkatechinschwefelsäure.

$$C.O.SO_2.OH$$

Indoxylschwefelsäure, $C_8H_7NSO_4 = C_6H_4 \diamondsuit CH$, auch **Harnindikan**,

$$NH$$

früher **Uroxanthin** (HELLER) genannt, kommt in dem Harne, wie neuerdings G. HOPPE-SEYLER [4] durch Darstellung des Salzes aus Menschenharn gezeigt hat, als Alkalisalz vor. Diese Säure ist die Muttersubstanz des größten Teils des Harnindigos. Als Maß der im Harne vorkommenden Menge Indoxylschwefelsäure (und Indoxylglukuronsäure) betrachtet man die Menge Indigo, welche aus dem Harne abgeschieden werden kann. Diese Menge beträgt nach

Indigo-bildende Substanzen.

---

[1] BAUMANN u. HERTER, Zeitschr. f. physiol. Chem. 1; PREUSSE ebenda 2; BAUMANN ebenda 3. [2] EBSTEIN u. JULIUS MÜLLER, VIRCHOWS Arch. 62; C. BÖDEKER, Zeitschr. f. rat. Med. (3) 7. [3] LEWIN, VIRCHOWS Arch. 92; BASS, Zeitschr. f. exp. Path. u. Ther. 10. [4] Zeitschrift f. physiol. Chem. 97.

JAFFÉ für den Menschen 5—20 mg und nach MAILLARD[1] 0,9—37,6 mg pro 24 Stunden. Der Pferdeharn enthält etwa 25 mal so viel indigobildende Substanz wie der Menschenharn.

Die Indoxylschwefelsäure stammt aus dem Indol, welches im Körper erst zu Indoxyl oxydiert wird und dann mit der Schwefelsäure sich paart, aber auch Indoxylglukuronsäure liefert. Nach subkutaner Injektion von Indol wird die Indikanausscheidung sehr bedeutend gesteigert (JAFFÉ, BAUMANN und BRIEGER u. a.). Ebenso wird sie bei Tieren durch Einführung von Orthonitrophenylpropiolsäure vermehrt (G. HOPPE-SEYLER). C. NEUBERG und E. SCHWENK[2] haben aus dem Harne eines Hundes nach Verfütterung von Indol die Indoxylglukuronsäure als Baryumdoppelsalz isoliert. Das Indol wird bei der Eiweißfäulnis gebildet, und aus der Fäulnis der eiweißreichen Sekrete im Darme erklärt sich auch das Vorkommen des Indikans im Harne beim Hungern. Von Leim wird dagegen die Indikanausscheidung nicht vermehrt. Abstammung des Harnindikans.

Eine abnorm vermehrte Indikanausscheidung kommt bei solchen Krankheitsprozessen vor, welche mit Unwegsamkeit des Dünndarmes und einer infolge der lebhafteren Darmfäulnis reichlicheren Indolbildung im Darme einhergehen. Eine solche vermehrte Indikanausscheidung kommt, wie zuerst JAFFÉ zeigte, bei Unterbindung des Dünndarmes, nicht aber des Dickdarmes, bei Hunden vor, eine Beobachtung, welche später durch die Versuche von ELLINGER und PRUTZ mit „Gegenschaltung" von Darmschlingen noch weiter bestätigt wurde. ELLINGER und PRUTZ[3] trennten bei Hunden eine Darmschlinge Indikan und Darmfäulnis. aus der Kontinuität, vereinigten ihr unteres Ende mit dem zuführenden, ihr oberes mit dem abführenden Darmlumen und erzeugten also durch die Antiperistaltik des gegengeschalteten Darmstückes eine Störung in der Fortbewegung des Darminhaltes. Es zeigte sich hierbei, daß Hindernisse im Dünndarme hohe Indikanausscheidung zur Folge hatten, während dagegen Hindernisse im Dickdarme keine solche Wirkung zeigten.

Wie die im Darme kann auch die in anderen Organen und Geweben des Körpers verlaufende Eiweißfäulnis eine Vermehrung des Harnindikans herbeiführen. Einige Forscher, BLUMENTHAL, ROSENFELD und LEWIN, glaubten zeigen zu können, daß vermehrte Indikanausscheidung auch ohne Fäulnis durch einen vermehrten Gewebezerfall im Hunger und nach Phlorhizinvergiftung auftreten kann, eine Ansicht, die indessen von anderen Forschern, P. MAYER, SCHOLZ und ELLINGER lebhaft bekämpft wurde[4]). Das Indol entsteht, wie es scheint, nicht beim Abbau des Eiweißes im Tierkörper aus Indikan und Eiweißzerfall. dem Tryptophan als Zwischenstufe, wohl aber durch Fäulnis des letzteren im Darme. GENTZEN[5] hat auch gezeigt, daß das Tryptophan, subkutan oder per os in den Körper eingeführt, nicht zu Indikanurie führt, wohl aber, wenn es im Dickdarme der bakteriellen Zersetzung anheimfällt. Auch die Angaben über Indikanausscheidung nach Oxalsäurevergiftung divergieren wesentlich. Nach Vergiftung mit Oxalsäure fanden HARNACK und v. LEYEN eine vermehrte Indikanausscheidung, und MORACZEWSKI glaubte bei Diabetes einen bestimmten Parallelismus zwischen Indikan- und Oxalsäuremenge konstatieren zu können. SCHOLZ dagegen erhielt, im Gegensatz zu HARNACK, durch Oxal-

---

[1] JAFFÉ, PFLÜGERS Arch. 3; MAILLARD, Journ. de Physiol. et de Pathol. 12. [2] JAFFÉ, Zentralbl. f. d. med. Wiss. 1872; BAUMANN u. BRIEGER, Zeitschr. f. physiol. Chem. 3; G. HOPPE-SEYLER ebenda 7 u. 8. Vgl. auch PORCHER u. HERVIEUX, Journ. de Physiol. 7; NEUBERG u. SCHWENK, Bioch. Zeitschr. 79. [3] JAFFÉ, VIRCHOWS Arch. 70; ELLINGER u. PRUTZ, Zeitschr. f. physiol. Chem. 38. [4] Literatur bei H. SCHOLZ, Zeitschr. f. physiol. Chem. 38. [5] M. GENTZEN, Über die Vorstufen des Indols bei der Eiweißfäulnis im Tierkörper, Inaug.-Dissert., Königsberg 1904.

säure keine Erhöhung der Indikanmenge. Nach MORACZEWSKI[1]) soll man überall, wo große Indikanmengen vorkommen — bei Leber- und Blutkrankheiten, Nierenleiden und Kachexien — auch eine gesteigerte Harnsäureausscheidung finden und bei Gesunden soll das Fett regelmäßig sowohl die Harnsäure- wie die Oxalsäure- und Indikanausscheidung steigern. Bei vermehrter Indikanausscheidung ist auch die Phenolausscheidung fast regelmäßig vermehrt. Ein phenolreicher Harn ist dagegen nicht immer reich an Indikan.

Verhalten
der Indol-
derivate.

Die Indikanausscheidung wird, wie oben erwähnt, durch Einführung von Indol, aber auch von Indoxyl oder Indoxylkarbonsäure vermehrt. Die Indolkarbonsäure liefert dagegen nach PORCHER und HERVIEUX[2]) auffallenderweise nicht Indikan, sondern ein anderes Chromogen. BENEDICENTI hat ferner gezeigt, daß Indigblau oder damit analoge blaue oder grüne Farbstoffe nur aus solchen Indolabkömmlingen entstehen, in welchen,

wie in N-Methylindol (C_6H_4<CH / CH>N.CH_3), α-Naphtindol ($C_{10}H_6$<CH / CH>NH) oder N-Methylindolin

C_6H_4<CH_2 / CH_2>N.CH_3 die Wasserstoffatome der beiden Methingruppen nicht alkylsubstituiert

sind. Aus solchen Derivaten, in welchen ein oder zwei Wasserstoffatome alkylsubstituiert

sind, wie z. B. Skatol und α-Methylindol, Dimethylindol (C_6H_4<$C.CH_3$ / $C.CH_3$>NH) und Bz. 3,

P. 2-Dimethylindol ($CH_3.C_6H_3$<CH / $C.CH_3$>NH) entstehen dagegen rote Farbstoffe, ein Verhalten, welches auch PORCHER und HERVIEUX[2]) für mehrere alkylsubstituierte Indole beobachtet haben.

Indoxyl-
schwefel-
saures
Kali.

Das Kalisalz der Indoxylschwefelsäure, welches zuerst von BAUMANN und BRIEGER aus dem Harne mit Indol gefütterter Hunde rein dargestellt wurde, ist später von BAUMANN und THESEN[3]) in der Weise synthetisch dargestellt worden, daß sie erst durch Schmelzen von Phenylglyzin-Orthokarbonsäure mit Alkali das Indoxylalkali und dann aus diesem mit Kaliumpyrosulfat das indoxylschwefelsaure Salz darstellten. Es kristallisiert in farblosen glänzenden Tafeln oder Blättchen, welche in Wasser leicht, in Alkohol weniger leicht löslich sind. Von Mineralsäuren wird es in Schwefelsäure und Indoxyl gespalten, welch letzteres bei Luftabschluß in einen roten Körper, bei gleichzeitiger Anwesenheit von Oxydationsmitteln dagegen in Indigblau übergeht:

$$2C_8H_7NO + 2O = C_{16}H_{10}N_2O_2 + 2H_2O.$$

Auf diesem letzteren Verhalten gründet sich der Nachweis des Indikans.

Bezüglich der ziemlich umständlichen Darstellung der Indoxylschwefelsäure als Kalisalz aus dem Harne muß auf ausführlichere Handbücher verwiesen werden. Zum Nachweis des Harnindikans dienen die folgenden Methoden von JAFFÉ-OBERMAYER und von Jolles, welche auch eine approximative Schätzung der Indikanmenge gestatten.

Indikan-
probe.

Indikanprobe nach JAFFÉ - OBERMAYER. Als Oxydationsmittel hat JAFFÉ Chlorkalk benutzt, während OBERMAYER Eisenchlorid verwendet[4]) und von

---

[1]) HARNACK, Zeitschr. f. physiol. Chem. 29; SCHOLZ l. c.; MORACZEWSKI, Zentralbl. f. inn. Med. 1903 und Zeitschr. f. klin. Med. 79.   [2]) Die Arbeiten von PORCHER u. HERVIEUX findet man in Compt. Rend. 145, Compt. rend. soc. biol. 62 und Bull. soc. chim. (4) 1; BENEDICENTI, Zeitschr. f. physiol. Chem. 53 und Arch. f. exp. Path. u. Pharm. 1908, Supplbd. (SCHMIEDEBERG-Festschr.).   [3]) BAUMANN mit BRIEGER, Zeitschr. f. physiol. Chem. 3, mit THESEN ebenda 23.   [4]) JAFFÉ, PFLÜGERS Arch. 3; OBERMAYER, Wien. klin. Wochenschr. 1890.

anderen Kupfersulfat, Kaliumpermanganat, Kaliumbichromat, Alkalichlorat und Hydroperoxyd vorgeschlagen und verwendet worden sind. Mit dem OBERMAYER-schen Reagenze wird die Probe in folgender Weise ausgeführt.

Der sauer reagierende, widrigenfalls mit Essigsäure schwach angesäuerte Harn wird mit Bleiessig, 1 ccm auf je 10 ccm Harn, gefällt. 20 ccm des Filtrates werden in einem Reagenzglase nach Zusatz von 2—3 ccm Chloroform mit dem gleichen Volumen einer reinen, konzentrierten Salzsäure (spez. Gewicht 1,19), welche im Liter 2—4 g Eisenchlorid enthält, gemischt und unmittelbar darauf ~~Obermayers~~ stark durchgeschüttelt. Das Chloroform färbt sich dabei, je nach dem Indikan-~~Indikan-~~ gehalte, allmählich schwächer oder stärker blau von gelöstem Indigblau. Neben ~~probe.~~ Indigblau wird leicht etwas Indigrot gebildet, dessen Entstehung man in verschiedener Weise erklärt hat. Die Menge davon wird größer, wenn die Oxydation langsam verläuft, und namentlich, wenn die Zersetzung in der Wärme geschieht (man vgl. hierüber die Arbeiten von ROSIN, BOUMA, WANG, MAILLARD, ELLINGER und HERVIEUX) [1]).

Nach ELLINGER kann eine der Quellen der Indigorotbildung die sein, daß bei der Einwirkung des Reagenzes durch Überoxydation des Indoxyls etwas Isatin entsteht, welches mit Indoxyl in der salzsauren Lösung Indigrot bildet. MAILLARD dagegen ist der ~~Bildung~~ Ansicht, daß die blaue Substanz, welche aus dem mit Salzsäure vermischten Harne von ~~von~~ Chloroform aufgenommen wird, nicht Indigotin (Indigblau), sondern eine andere, von ~~Indirubin.~~ ihm „Hemiindigotin" genannte Substanz ist, die in alkalischem Mittel fast sogleich zu Indigotin polymerisiert wird, bei saurer Reaktion dagegen in Indirubin (Indigorot) übergeht.

Die Chloroformlösung des Indigos kann auch zur quantitativen Bestimmung teils kolorimetrisch nach KRAUSS und ADRIAN, durch Vergleich mit einer Chloro-forminidgolösung von bekanntem Gehalt, und teils durch Titration des Indigos als Indigosulfosäure mit Kaliumpermanganat nach WANG u. a. benutzt werden. ~~Quanti-~~ Über die sicherste und zuverlässigste Bestimmungsmethode und namentlich über ~~tative Be-~~ die Frage, ob und wie der Indigorückstand auszuwaschen ist (vgl. WANG, BOUMA, ~~stimmung.~~ ELLINGER und SALKOWSKI) [2]), hat man sich jedoch nicht einigen können, und aus dem Grunde wird hier nur auf die Arbeiten der oben zitierten Forscher hingewiesen.

Auf Grund der Schwierigkeiten, welche aus der Bildung von Indirubin neben dem Indigotin entstehen, hat BOUMA empfohlen, sämtliches Indoxyl durch Kochen des Harnes mit isatinhaltiger Salzsäure in Indirubin umzuwandeln. Das ~~Bestim-~~ Indirubin kann dann in Chloroform aufgenommen und, nach Reinigung des ~~mung.~~ Chloroformrückstandes, durch Titration mit Kaliumpermanganat und Schwefel-säure bestimmt werden. OERUM [3]) hat auch eine, auf dem Verfahren von BOUMA gegründete kolorimetrische Bestimmungsmethode ausgearbeitet. Mit dem Verfahren von BOUMA konnte JOLLES keine befriedigenden Resultate erhalten.

Die Reaktion von JOLLES [4]) beruht darauf, daß bei Gegenwart von Thymol und eisenchloridhaltiger Chlorwasserstoffsäure durch Oxydation 4-Zymol-2-Indol-indolignon gebildet wird, dessen Verbindung mit Chlorwasserstoffsäure in Chloro-form mit schön violetter Farbe löslich ist. Man versetzt 10 ccm Harn mit 1 ccm ~~Jolles Indi-~~ einer 5prozentigen alkoholischen Thymollösung und schüttelt um. Hierauf fügt ~~kanprobe.~~ man etwa 10 ccm einer rauchenden Salzsäure, die 5 g Eisenchlorid pro 1 Liter enthält, hinzu, schüttelt sorgfältig und läßt 15 Minuten stehen. Dann fügt man ungefähr 4 ccm Chloroform hinzu und extrahiert durch wiederholtes sanftes Schütteln, wobei das Chloroform sich intensiv violett färbt. Diese Probe, welche weit empfindlicher als alle frühere ist, gestattet den Nachweis von 0,0032 mg Indikan in 10 ccm Harn. Das Verfahren kann auch zu kolorimetrischer Indikan-bestimmung benutzt werden, wobei jedoch nicht die Chlorwasserstoffverbindung, sondern das Indolignon mit einer Standardlösung von 0,01 g 4-Zymol-2-Indolin-dolignon in 100 ccm Chloroform verglichen wird (s. das Original). Statt des Thymols

---

[1]) Die Literatur findet man bei MAILLARD, Zeitschr. f physiol. Chem. **41**. [2]) KRAUSS, Zeitschr. f. physiol. Chem. **18**; ADRIAN ebenda **19**; WANG ebenda **25**; ELLINGER ebenda **38** u. **41**; SALKOWSKI ebenda **42**. [3]) BOUMA, Zeitschr. f. physiol. Chem. **32**; OERUM ebenda **45**. [4]) Ebenda **94** u. **95**.

kann man auch α-Naphthol anwenden, wobei das Chloroform intensiv blaugefärbt wird.

Freies Indigo, und zwar sowohl Indirubin wie Indigotin, kommen in seltenen Fällen in dem unzersetzten Harne vor. Solche Fälle sind in neuerer Zeit von GRÖBER und WANG beobachtet worden. Nach STEENSMA [1]) sollen auch fast immer Spuren von freiem Indol im Harne vorkommen.

$$\text{Skatoxylschwefelsäure, } C_9H_9NSO_4 = C_8H_4 \overset{C\,.\,CH_3}{\underset{NH}{\diamondsuit}} C\,.\,O\,.\,SO_2\,.\,OH, \text{ ist nicht}$$

Skatoxyl-
schwefel-
säure.
mit Sicherheit als Bestandteil des normalen Harnes dargestellt worden, wogegen die Darstellung ihres Alkalisalzes aus diabetischem Harne einmal OTTO gelungen sein soll. Vielleicht kommt das Skatoxyl in normalem Harne als eine gepaarte Glukuronsäure vor (MAYER und NEUBERG) [2]), und jedenfalls nimmt man in dem Harne das Vorkommen von Skatolchromogenen an, aus welchen bei der Zersetzung mit starker Säure und einem Oxydationsmittel rote oder rotviolette Farbstoffe entstehen.

Abstam-
mung der
Skatoxyl-
schwefel-
säure.
Die Skatoxylschwefelsäure stammt, wenn sie überhaupt im Harne vorkommt, aus bei der Fäulnis im Darme gebildetem Skatol, welches nach der Oxydation zu Skatoxyl mit Schwefelsäure sich paart. Daß in den Körper eingeführtes Skatol wenigstens zum Teil in den Harn als eine Ätherschwefelsäure übergeht, ist von BRIEGER gezeigt worden. Das Indol und das Skatol zeigen jedoch insoferne ein verschiedenes Verhalten, als, wenigstens beim Hunde, das Indol reichliche Mengen Ätherschwefelsäure, das Skatol dagegen nur unbedeutende Mengen davon gibt (MESTER) [3]). Die Angaben hierüber sind indessen etwas strittig.

Indol und
Skatol im
Darme.
Die Bedingungen für die Entstehung des Indols und des Skatols bei der Eiweißfäulnis im Darme sind nach HERTER grundverschieden, indem Skatol durch andere Fäulnisbakterien als das Indol erzeugt wird. So bildet beispielsweise Bacillus coli communis zwar Indol, aber nur Spuren von Skatol, während das letztere durch gewisse anaerobe Fäulnisbakterien gebildet wird. Eine wichtige Zwischenstufe bei der Skatolbildung soll die Indolessigsäure (Skatolkarbonsäure nach SALKOWSKI) sein, welche auch in den Harn übergehen kann und nach HERTER das Chromogen des Uroroseins ist (vgl. unten).

Skatol-
chromogen.
Das Kaliumsalz der Skatoxylschwefelsäure kristallisiert, es löst sich in Wasser, schwerer in Alkohol. Von Eisenchlorid wird die wäßrige Lösung stark violett gefärbt. Von konzentrierter Salzsäure wird die Lösung rot und dann scheidet sich ein roter Niederschlag ab. Dieser Niederschlag (von Skatolrot) ist nach dem Waschen mit Wasser unlöslich in Äther, löst sich aber in Amylalkohol. Bei Destillation mit Zinkstaub entwickelt der rote Farbstoff einen starken Geruch nach Skatol.

Skatol-
reaktionen.
Bei der JAFFÉSCHEN Indikanprobe färben sich „skatoxylhaltige" Harne schon bei Zusatz von Salzsäure dunkelrot bis violett; mit Salpetersäure färben sie sich kirschrot, mit Eisenchlorid und Salzsäure beim Erwärmen rot. Eine Rotfärbung des Harnes kann auch durch das Auftreten von Indigorot (Indirubin) bedingt sein, und eine Verwechslung mit diesem Farbstoffe kann also stattfinden. ROSIN [4]) hat sogar die Ansicht ausgesprochen, daß beim Menschen keine Skatolchromogene im Harne überhaupt vorkommen und daß die hierher gehörenden Angaben auf Verwechslung von sog. Skatolrot mit Indigorot oder Urorosein beruhen. Daß Skatolderivate im Menschenharne bisweilen vorkommen, kann man jedoch nicht leugnen, und um Verwechslung mit Indigo-

---

[1]) GRÖBER, Münch. med. Wochenschr. 1904; WANG, SALKOWSKI-Festschr. 1904; STEENSMA, MALYS Jahresb. 40, 314.   [2]) OTTO, PFLÜGERS Arch. 33; MAYER u. NEUBERG, Zeitschr. f. physiol. Chem. 29.   [3]) BRIEGER, Ber. d. d. chem. Gesellsch. 12 und Zeitschr. f. physiol. Chem. 4, 414; MESTER ebenda 12.   [4]) ROSIN, VIRCHOWS Arch. 123.

rot zu vermeiden, hat man sich zu erinnern, daß das Indigorot sowohl in Chloroform wie in Äther löslich, das Skatolrot dagegen in beiden unlöslich ist. Das letztere löst sich dagegen in Amylalkohol und diese Lösung zeigt einen Absorptionsstreifen nahe an der Linie D, zwischen ihr und E, entsprechend $\lambda = 577 - 550$ (PORCHER und HERVIEUX)[1]).

Bezüglich einer möglichen Verwechslung von Skatolrot mit Urorosein ist daran zu erinnern, daß die Frage, ob Urorosein und Skatolrot denselben Farbstoff repräsentieren oder verschiedene Farbstoffe sind, noch eine offene ist. Das Chromogen des Uroroseins ist nach HERTER[2]) Indolessigsäure und das Urorosein soll nicht mit Skatolrot identisch sein. Nach ANNIE HOMER[3]) haben Skatolrot und Urorosein allerdings dasselbe Spektrum, aber sie sind nicht identisch, und das Skatolrot ist ein Gemenge von zwei Farbstoffen. Das Chromogen des Uroroseins ist nach ihr Indolazetursäure, die von Indolessigsäure im Darme stammt. Nach anderen Forschern, STAAL, GROSSER, PORCHER und HERVIEUX[4]) sollen Urorosein und Skatolrot identisch sein.

Skatolrot
und
Urorosein.

$$C . CH_2 . COOH$$

Indolessigsäure (Skatolkarbonsäure) $C_{10}H_9NO_2 = C_6H_4 \diamondsuit CH$. Diese Säure, deren

$$NH$$

Vorkommen im normalen Harne schon SALKOWSKI wahrscheinlich machte, tritt — wenn sie wirklich das Chromogen des sog. Uroroseins wäre und wenn also die über das Vorkommen des letzteren gewonnenen Erfahrungen auf sie übertragbar sind — bei besonderen Fäulnisvorgängen im Darme (HERTER) und bei verschiedenen Krankheiten, besonders bei kachektischen Zuständen, im Harne auf. Nach WECHSELMANN[5]) kommt sie (richtiger das Urorosein) in Spuren im normalen Harne, reichlicher im Pferde- und besonders reichlich im Kuhharne vor. In den Tierkörper eingeführt, geht sie unverändert in den Harn über.

Indolessig-
säure.

Die Säure kristallisiert in Blättchen, die bei 165° C schmelzen und bei stärkerem Erhitzen unter Kohlensäureabspaltung Skatol liefern. Die mit Salzsäure angesäuerte und mit ein wenig Eisenchlorid versetzte Lösung der Säure wird beim Sieden kirschrot. Mit etwas Säure und ein wenig Nitrit, ebenso wie mit Salzsäure und Chlorkalk, wird die Lösung rot, trübt sich und scheidet einen roten Farbstoff ab, welcher in Amylalkohol löslich ist und den oben erwähnten Streifen zwischen D und E gibt. Dieser rote Farbstoff soll Urorosein sein.

Urorosein hat NENCKI[6]) einen roten Farbstoff genannt, welcher unter den bei Besprechung der Indolessigsäure genannten Verhältnissen im Harne auftritt. Der Farbstoff ist nicht im Harne präformiert, sondern entsteht aus einem Chromogen (Indolessigsäure, Indolazetursäure), wenn man den Harn mit konzentrierter Salzsäure ohne anderen Zusatz versetzt. Der Harn wird hierbei rotgefärbt. Von dem Indirubin unterscheidet sich das Urorosein wesentlich durch dieselben Eigenschaften wie das Skatolrot, mit dem es nach einigen identisch sein soll (vgl. oben).

Urorosein.

Nephrorosein hat V. ARNOLD[7]) einen, dem Urorosein sehr nahestehenden Farbstoff genannt, welcher wie dieses aus einem Chromogen entsteht, wenn man den Harn mit Salpetersäure oder mit konz. Salzsäure und ein wenig Natriumnitritlösung versetzt. Das Nephrorosein löst sich in Amylalkohol und zeigt im Spektrum einen Streifen zwischen b und F, von b bis ein wenig über die Mitte zwischen b und F sich erstreckend. Unter der Einwirkung des Lichtes wird es verändert und gibt zuletzt ein Band zwischen D und E, neben E. Der so erhaltene neue Farbstoff wird β-Urorosein genannt, zum Unterschiede von dem gewöhnlichen Urorosein, α-Urorosein. Das Nephrorosein ist nicht in normalem Harne, sondern nur in gewissen pathologischen Fällen beobachtet worden.

Nephro-
rosein.

Ein von DE JAGER bei Fällung des Harnes mit Chlorwasserstoffsäure und Formol erhaltener Farbstoff scheint dem Urorosein und Nephrorosein nahe verwandt zu sein. Nach ELLINGER und FLAMAND[8]) gehört wahrscheinlich sowohl das Urorosein wie das Skatolrot zu der von ihnen dargestellten Gruppe der Triindylmethanfarbstoffe, welche

Triindyl-
methan-
farbstoffe.

---

[1]) Zeitschr. f. physiol. Chem. **45.**   [2]) Journ. of biol. Chem. 4.   [3]) Ebenda **22.**
[4]) STAAL, Zeitschr. f. physiol. Chem. **46**; GROSSER ebenda **44**; PORCHER u. HERVIEUX ebenda **45**; Compt. Rend. **138** und Journ. de Physiol. **7.**   [5]) SALKOWSKI, Zeitschr. f. physiol. Chem. **9**; WECHSELMANN, zit. nach Bioch. Zentralbl. **5,** 784.   [6]) NENCKI u. SIEBER, Journ. f. prakt. Chem. (N. F.) **26.**   [7]) Zeitschr. f. physiol. Chem. **61** u. **71.**
[8]) L. DE JAGER, Zeitschr. f. physiol. Chem. **61**; A. ELLINGER u. CL. FLAMAND ebenda **62.**

sie aus β-Indolaldehyd durch Sieden in saurer Lösung erhielten. Hierbei entstand, wahrscheinlich durch Kondensation, die Leukobase $HC : (C_8H_6N)_3$, welche den roten Farbstoff, $HO . C : (C_8H_6N)_3$, gibt.

Aromatische Oxysäuren. Bei der Eiweißfäulnis im Darme entstehen, aus dem Tyrosin als Zwischenstufe, die **Paraoxyphenylessigsäure** und die **Paraoxyphenylpropionsäure**, welche beide zum allergrößten Teil unverändert in den Harn übergehen. Die Menge dieser Säuren ist gewöhnlich sehr klein. Sie wird aber unter denselben Verhältnissen wie die der Phenole vermehrt, und namentlich bei der akuten Phosphorvergiftung soll sie bedeutend vermehrt sein. Ein geringer Teil dieser Oxysäuren ist auch an Schwefelsäure gebunden.

Außer diesen beiden im Menschenharne regelmäßig vorkommenden Oxysäuren kommen im Harne bisweilen auch andere Oxysäuren vor. Hierher gehören die **Homogentisinsäure** bei Alkaptonurie, die im Kaninchenharn nach Verfütterung von Tyrosin von BLENDERMANN gefundene **Oxyhydroparakumarsäure**, die nach BAUMANN[1]) zuweilen im Pferdeharn auftretende **Gallussäure** und die bisher nur im Hundeharne gefundene **Kynurensäure** (Oxychinolinkarbonsäure). Wenn auch nicht alle diese Säuren zu den physiologischen Harnbestandteilen gehören, so werden sie jedoch hier in einem Zusammenhange abgehandelt.

Die **Paraoxyphenylessigsäure** $C_8H_8O_3 = HO . C_6H_4 . CH_2 . COOH$ und die **p-Oxyphenylpropionsäure** (Hydroparakumarsäure) $C_9H_{10}O_3 = HO . C_6H_4 . CH_2 . CH_2 . COOH$ kristallisieren und sind beide in Wasser und in Äther löslich. Jene schmilzt bei 148°, diese bei 125° C. Beim Erwärmen mit dem MILLONschen Reagenze geben beide eine schön rote Farbe.

Zum Nachweis dieser zwei Oxysäuren verfährt man nach BAUMANN in folgender Weise. Man erwärmt zur Vertreibung der flüchtigen Phenole den Harn nach Zusatz von Salzsäure einige Zeit im Wasserbade. Nach dem Erkalten schüttelt man dreimal mit Äther aus und schüttelt darauf den Ätherauszug mit schwacher Sodalösung, welche die Oxysäuren aufnimmt, während der Rest der Phenole im Äther gelöst zurückbleibt. Die alkalische Lösung der Oxysäuren säuert man darauf schwach mit Schwefelsäure an, schüttelt abermals mit Äther aus, hebt den Äther ab, läßt ihn verdunsten, löst den Rückstand in wenig Wasser und prüft diese Lösung mit dem MILLONschen Reagenze. Die zwei Oxysäuren lassen sich am sichersten durch ihren verschiedenen Schmelzpunkt unterscheiden. Bezüglich des zur Isolierung und Trennung der zwei Oxysäuren voneinander dienenden Verfahrens wie auch betreffend die kolorimetrische Bestimmung wird auf ausführlichere Handbücher verwiesen.

Homogentisinsäure (Dioxyphenylessigsäure) $C_8H_8O_4 =$

$$C_6H_3 \begin{cases} OH(1) \\ OH(4) \\ CH_2 . COOH \end{cases}$$

Diese, zuerst von MARSHALL[2]) entdeckte und von ihm vorläufig „glycosuric acid" genannte Säure ist von WOLKOW und BAUMANN in einem Falle von Alkaptonurie in größerer Menge isoliert und eingehend studiert worden. Sie nannten die Säure, welche der Gentisinsäure homolog ist, Homogentisinsäure und sie zeigten, daß die Eigentümlichkeiten des sog. Alkaptonharnes in diesem Falle von dieser Säure herrührten. Dieselbe Säure ist später von vielen anderen als die für Alkaptonurie charakteristische Säure gefunden worden[3]).

Die Menge der ausgeschiedenen Säure, welche in den meisten Fällen zwischen 3—7 g pro 24 Stunden schwankt und nur in Ausnahmefällen höhere Werte, 14—16 g, erreicht hat, wird durch eiweißreiche Nahrung vermehrt. Eingabe von Tyrosin vermehrt, wie zuerst WOLKOW und BAUMANN und

---

[1]) BLENDERMANN, Zeitschr. f. physiol. Chem. **6**, 257; BAUMANN ebenda **6**, 193. [2]) The Medical News of Philadelphia 1887, January 8. [3]) WOLKOW u. BAUMANN, Zeitschr. f. physiol. Chem. **15**. Die Literatur findet man im übrigen bei K. FROMHERZ, Über Alkaptonurie. Inaug.-Diss. Freiburg 1908.

EMBDEN fanden und spätere Forscher bestätigt haben, bei Personen mit Alkaptonurie die Menge der Homogentisinsäure im Harne. Nachdem LANGSTEIN und E. MEYER in einem Falle von Alkaptonurie gezeigt hatten, daß der Gehalt des Eiweißes an Tyrosin, selbst wenn man denselben maximal berechnet, zur Deckung der Homogentisinsäuremenge nicht ausreichen kann und daß man folglich auch eine andere Quelle (das Phenylalanin) für das Alkapton annehmen muß, lieferten dann FALTA und LANGSTEIN [1]) den direkten Beweis, daß die Homogentisinsäure auch aus Phenylalanin entsteht. Die Ausscheidung der Säure wird auch, wie ABDERHALDEN, BLOCH und RONA [2]) gezeigt haben, beim Alkaptonuriker durch Zufuhr von Tyrosin oder Phenylalanin in der Form von Polypeptiden, sowohl Di- wie Tripeptiden, vermehrt. Das p-Tyrosin und das Phenylalanin gehen bei Alkaptonurie sogar quantitativ in Homogentisinsäure über (FALTA). Das m- und o-Tyrosin gehen dagegen nach BLUM [3]) bei Alkaptonurikern nicht in Homogentisinsäure über, und das Dibromtyrosin liefert ebenso wenig wie bromierte oder jodierte Eiweißkörper Homogentisinsäure (FALTA). Nach den Untersuchungen von LANGSTEIN und MEYER und besonders von FALTA liefern beim Alkaptonuriker verschiedene Eiweißkörper verschiedene Mengen · Homogentisinsäure, und zwar größere Mengen in dem Maße, wie die Eiweißstoffe reicher an Tyrosin und Phenylalanin sind.

Eine Folge hiervon ist die, daß der Quotient Hom. (= Homogentisinsäure): N (Stickstoff) nach Einfuhr von verschiedenen Eiweißkörpern ein verschiedener wird. So hat man z. B. für das Kasein Hom.:N als Mittel viel höher als für das Eiereiweiß gefunden. In den meisten untersuchten Fällen von Alkaptonurie fand man Hom.:N gleich 40 à 50:100 und bei einem und demselben Alkaptonuriker ist er, wenn keine wesentliche Änderung der Ernährung stattfindet, verhältnismäßig konstant.

WOLKOW und BAUMANN suchten die Entstehung der Homogentisinsäure aus Tyrosin durch abnorme Gärungsvorgänge in den oberen Teilen des Darmes zu erklären, aber diese Ansicht hat man nunmehr allgemein verlassen. Gegen dieselbe und für eine Homogentisinsäurebildung in den Geweben spricht entschieden die Beobachtung von ABDERHALDEN, BLOCH und RONA [4]), daß das Glyzyl-l-Tyrosin auch nach subkutaner Zufuhr die Homogentisinsäurebildung vermehrt. Die Homogentisinsäure wird ferner vom gesunden Organismus, wenn man nicht zu große Mengen der Säure auf einmal einführt, verbrannt, und man ist auch allgemein der Ansicht, daß die Alkaptonurie eine Anomalie des Eiweißstoffwechsels ist.

Um die Art dieser Anomalie und den Ursprung der Homogentisinsäure zu verstehen, hat man sich zunächst daran zu erinnern, daß nach den Untersuchungen von O. NEUBAUER und FALTA, LANGSTEIN u. a. [5]) nur solche aromatische Säuren im Körper in Homogentisinsäure übergehen, welche eine dreigliedrige Seitenkette haben, die in α-Stellung, nicht aber in β-Stellung zu der Karboxylgruppe durch NH_2, OH oder O substituiert ist. Solche Säuren sind also p-Tyrosin, Phenylalanin, Phenyl-α-Milchsäure und Phenylbrenztraubensäure.

Nach FALTA könnte man sich vorstellen, daß das Phenylalanin durch Desamidierung in Phenyl-α-Milchsäure, $C_6H_5 . CH_2 . CHOH . COOH$, überginge, aus welcher dann durch Aufnahme von zwei Hydroxylgruppen erst Dioxyphenyl-α-Milchsäure (Uroleuzin-

Marginal notes:
Ursprung der Säure.

Quotient Hom.: N.

Entstehung der Säure.

Entstehung der Homogentisinsäure.

---

[1]) LANGSTEIN u. MEYER, Deutsch. Arch. f. klin. Med. 78; FALTA u. LANGSTEIN, Zeitschr. f. physiol. Chem. 37; FALTA, Der Eiweißstoffwechsel bei der Alkaptonurie. Habilitationsschr. Naumburg a. S. 1904. [2]) Zeitschr. f. physiol. Chem. 52. [3]) Arch. f. exp. Path. u. Pharm. 59. [4]) Zeitschr. f. physiol. Chem. 52. [5]) Zeitschr. f. physiol. Chem. 42; vgl. ferner FROMHERZ l. c.

säure), $(HO)_2C_6H_3 . CH_2 . CHOH . COOH$, und darauf aus der letzteren durch Oxydation Dioxyphenylessigsäure (Homogentisinsäure) $(HO)_2C_6H_3 . CH_2 . COOH$ entstände. Eine analoge Umwandlung wie das Phenylalanin könnte auch das Tyrosin durchmachen, wobei eine Verschiebung der OH-Gruppe aus der Parastellung jedoch angenommen worden muß.

Entstehung der Säure. Nach dem, wie es scheint sehr allgemein akzeptierten Schema von NEU-BAUER [1]) soll bei der Homogentisinsäurebildung das Tyrosin, wie andere Aminosäuren, erst in die entsprechende Ketosäure, p-Oxyphenylbrenztraubensäure, übergehen, die zu dem entsprechenden Chinol (unter Umlagerung) oxydiert und in Hydrochinonbrenztraubensäure umgesetzt wird, aus welcher dann unter oxydativer Kohlensäureabspaltung die Homogentisinsäure hervorgehen würde. Das Phenylalanin würde über Tyrosin in p-Oxyphenylbrenztraubensäure übergehen und dann wie oben abgebaut werden.

Das Schema dieser Umsetzungen ist also das folgende:

$$HO . C \langle \rangle C . CH_2 . CO . COOH \rightarrow O:C \langle \rangle C \langle {}^{CH_2 . CO . COOH}_{OH} \rightarrow$$

(p-Oxyphenylbrenztraubensäure)   (Chinol)

$$C . CH_2 . CO . COOH \qquad\qquad C . CH_2COOH$$
$$\rightarrow HO . C \langle \rangle C . OH \rightarrow HO . C \langle \rangle C . OH$$

(Hydrochinonbrenztraubensäure)   (Homogentisinsäure).

Die Schwierigkeit, welche früher der Annahme einer Umwandlung des Tyrosins in Homogentisinsäure im Wege stand und welche in der verschiedenen Stellung des Hydroxyls zu der Seitenkette in den beiden Stoffen lag — wie durch das Schema $HO \langle \rangle OH$

$$CH_2COOH$$

Ver-schiebung von Mole-külen. (Homogentisinsäure) und $\langle \rangle$ (Tyrosin) veranschaulicht wird —

$$\begin{array}{c} OH \\ CH_2 . CHNH_2 . COOH \end{array}$$

besteht nicht länger, seitdem man andere analoge Vorgänge kennen gelernt hat. Ein solches Beispiel liefert die von T. KUMAGAI und R. WOLFFENSTEIN [2]) ausgeführte Oxydation von Parakresol, $H_3C \langle \rangle OH$, mit Kaliumpersulfat in saurer Lösung. Hierbei entstand

nämlich nicht das erwartete 3,4-Dioxytoluol $H_3C \langle \rangle {}^{OH}_{OH}$, sondern das Homohydrochinon,

$HO \langle \rangle OH$, und es fand also eine Verschiebung der Alkylgruppe statt.
CH_3

Homogen-tisinsäure-bildung bei Gesunden. Daß auch beim gesunden Menschen das Tyrosin Veranlassung zu einer Homogentisinsäureausscheidung geben kann, hat ABDERHALDEN [3]) gezeigt, indem er in dem Harne eines Mannes, welcher 50 g l-Tyrosin (davon 44 g resorbiert) per os eingenommen hatte, eine geringe Menge Homogentisinsäure sicher nachweisen konnte. In dem Harne eines anderen Mannes konnte indessen nach Aufnahme von sogar 150 g l-Tyrosin (davon 141 g resorbiert) weder Homogentisinsäure noch irgend ein anderes Zwischenprodukt des Tyrosinabbaues aufgefunden werden.

Wesen der Alkapton-urie. Nach den nun erwähnten Hypothesen würde der Abbau des Tyrosins und Phenylalanins über die Homogentisinsäure geschehen, und die Stoffwechselanomalie bei der Alkaptonurie würde also darin bestehen, daß der Abbau an diesem Punkte stehen bleibt und daß die Fähigkeit, den Benzolring zu spalten, dem Organismus des Alkaptonurikers abgeht. Dies ist nun allerdings nicht richtig, denn der Alkaptonuriker kann, wie K. FROMHERZ und

---

[1]) Zit. nach Zentralbl. f. Physiol. **23**, 76.   [2]) Ber. d. d. chem. Gesellsch. **41**. [3]) Zeitschr. f. physiol. Chem. **77**.

L. Hermanns[1]) gezeigt haben, bedeutende Mengen von eingeführter p-Oxyphenylbrenztraubensäure vollständig verbrennen.

Gegen die Ansicht, daß der Abbau des Tyrosins und Phenylalanins
regelmäßig über die Homogentisinsäure geht und daß das Wesen der Alkaptonurie in einer Unfähigkeit des Körpers dieses Zwischenprodukt. des Stoffwechsels zu verbrennen bestehen würde, hat Dakin[2]) Einwände erhoben.
Er hat nämlich unter anderem gefunden, daß von dem p-Methylphenylalanin
und dem p-Methoxyphenylalanin, welche keine p-Chinonderivate bilden
können, der größte Teil im Tierkörper verbrannt wird. Diese Stoffe können
auch von dem Alkaptonuriker z. T. verbrannt werden. Fromherz und Hermanns, welche die Angaben Dakins über p-Methylphenylalanin bestätigten,
fanden in Versuchen mit sowohl p- wie m-Methylphenylalanin an einem
Alkaptonuriker, daß diese beiden Säuren keine Homogentisinsäure lieferten,
sondern größtenteils verbrannt wurden. Auch das m-Methyltyrosin gab beim
Alkaptonuriker nur eine kleine Vermehrung der Alkaptonsäuren (Methyl-
homogentisinsäure) und wurde zum größten Teil verbrannt. Ihre Versuche
haben gezeigt, daß ein Abbau dieser aromatischen Stoffe beim Alkaptonuriker
sowohl ohne primäre p-Oxydation wie ohne Bildung von einem Hydrochinon-
derivat zum größten Teil verbrannt werden können, und es muß also auch
andere Wege für den Abbau der aromatischen Aminosäuren als über die Homogentisinsäure geben. Als einen solchen Weg bezeichnen sie die Oxydation
des Tyrosins und der p-Oxyphenylbrenztraubensäure zu einem Brenzkatechin-
derivat. Das Wesen der Alkaptonurie kann nach ihnen jedenfalls nicht in
einem totalen Unvermögen, die aromatischen Aminosäuren zu verbrennen,
bestehen. Es scheint nur der Abbauweg über Homogentisinsäure dem Alkaptonuriker verschlossen zu sein.

(Randnotiz: Verbren-nung von aromati-schen Amino-säuren.)

Garrod[3]), welcher mehrere Fälle von Alkaptonurie beobachtete, hat
Zusammenstellungen der bis dahin veröffentlichten Fälle gemacht und er
konnte hierdurch zeigen, daß diese Anomalie des Eiweißstoffwechsels öfters
bei Männern als bei Weibern vorkommt, und ferner, daß Blutsverwandtschaft
der Eltern (Geschwisterkinder) zur Alkaptonurie prädisponiert.

Die Homogentisinsäure gibt beim Schmelzen mit Kali Gentisinsäure
(Hydrochinonkarbonsäure) und Hydrochinon. In den Darmkanal des Hundes
eingeführt, geht sie zum Teil in Toluhydrochinon über, welches in Form der
Ätherschwefelsäure ausgeschieden wird. Die Homogentisinsäure ist auch von
Baumann und Fränkel aus Gentisinaldehyd als Ausgangsmaterial und von
O. Neubauer und Flatow[4]) aus o-Oxyphenylglyoxylsäure, über die Hydro-
chinonglyoxylsäure und die Hydrochinonglykolsäure als Zwischenstufen,
synthetisch dargestellt worden.

(Randnotiz: Homogen-tisinsäure.)

Die Säure kristallisiert mit 1 Mol. Wasser in großen, durchsichtigen
prismatischen Kristallen, die bei gewöhnlicher Temperatur unter Abgabe des
Kristallwassers undurchsichtig werden. Sie schmilzt bei 146,5—147° C. Sie
ist leicht löslich in Wasser, Alkohol und Äther aber fast unlöslich in Chloroform und Benzol. Sie ist optisch inaktiv und gärungsunfähig. Ihre wäßrige
Lösung zeigt das Verhalten des sog. Alkaptonharnes. Sie wird also nach Zusatz
von sehr wenig Natronlauge öder Ammoniak unter Aufnahme von Sauerstoff
von der Oberfläche aus grünlich-braun verfärbt und nach Umschütteln wird
sie rasch dunkelbraun bis schwarz.

(Randnotiz: Eigen-schaften.)

---

[1]) Zeitschr. f. physiol. Chem. **91**; s. ferner **89** und mit L. Böhm **91**.   [2]) Journ. of
biol. Chem. **8** u. **9**; mit A. J. Wakemann ebenda **9**.   [3]) Med. chirurg. Transact. 1899,
Vol. **82** (wo alle damals bekannten Fälle zusammengestellt sind), ferner The Lancet 1901
u. 1902; Garrod u. Hele, Journ. of Physiol. **33**.   [4]) Baumann u. Fränkel, Zeitschr.
f. physiol. Chem. **20**; Neubauer u. Flatow ebenda **52**.

Wird Alkaptonharn oder Homogentisinsäurelösung mit 10—40 p. c. gewöhnlicher Sol. ammoniaci versetzt, so entsteht, wie C. Mörner [1]) gezeigt hat, bei Luftzutritt eine prachtvolle, intensive, rotviolette Färbung des Gemisches, und es werden hierbei zwei schöne Farbstoffe, α- und β-Alkaptochrom gebildet. Von diesen kristallisiert das erstgenannte, das α-Alkaptochrom, und besitzt in alkalischer Lösung eine schön violette Farbe ohne Flourenz. Das β-Alkaptochrom kristallisiert nicht und seine alkalische Lösung hat eine mehr rote Farbe mit starker Fluoreszenz in Gelbrot.

Alkapto-chrome.

Die Homogentisinsäure reduziert alkalische Kupferlösung schon bei schwachem Erwärmen und ammoniakalische Silberlösung sofort in der Kälte. Dagegen reduziert sie nicht alkalische Wismutlösung. Mit dem Millonschen Reagenz gibt sie einen zitronengelben Niederschlag, der beim Erwärmen hell ziegelrot wird. Eisenchlorid gibt eine rasch vorübergehende Blaufärbung der Lösung. Beim Sieden mit konzentrierter Eisenchloridlösung tritt Geruch nach Chinon auf. Mit Benzoylchlorid und Natronlauge gibt sie bei Gegenwart von Ammoniak das bei 204⁰ C schmelzende Amid der Dibenzoylhomogentisin-säure, welches auch zur Isolierung der Säure aus dem Harne und Erkennung derselben benutzt werden kann (Orton und Garrod). Unter den Salzen ist zu nennen das kristallwasserhaltige Bleisalz mit 34,79 p. c. Pb. Dieses Salz schmilzt bei 214—215⁰ C.

Eigen-schaften und Reak-tionen.

Um die Säure aus dem Harne darzustellen, erhitzt man den Harn zum Sieden, setzt zu je 100 ccm 5—6 g festes Bleiazetat hinzu, filtriert, sobald das Salz sich gelöst hat und läßt das Filtrat an einem kühlen Orte 24 Stunden zur Kristallisation stehen (Garrod). Das getrocknete, fein gepulverte Bleisalz wird in Äther aufgeschwemmt und durch einen Schwefelwasserstoffstrom vollständig zersetzt. Nach dem spontanen Verdunsten des Äthers erhält man die Säure in fast farblosen Kristallen (Orton und Garrod) [2]).

Dar-stellung.

Behufs der quantitativen Bestimmung hat Baumann ein Verfahren angegeben, nach welchem man die Säure durch Titration mit $\frac{n}{10}$ Silberlösung bestimmt. Hinsichtlich dieses Verfahrens wird auf die Arbeiten von Baumann, C. Mörner, Mittelbach, Garrod und Hurtley hingewiesen. Ein anderes Verfahren rührt von Denigès [3]) her.

Uroleuzinsäure, $C_9H_{10}O_5$, nach Huppert wahrscheinlich eine Dioxyphenylmilch-säure, $C_6H_3(OH)_2 . CH_2 . CH(OH) . COOH$, hat Kirk eine von ihm aus dem Harne von Kindern mit Alkaptonurie, wo sich auch Homogentisinsäure vorfand, dargestellte Säure genannt. Langstein und Meyer [4]) glaubten auch kleine Mengen davon in einem von ihnen studierten Falle von Alkaptonurie gefunden zu haben. Die Säure hatte den Schmelz-punkt 130—133⁰ C. In ihrem Verhalten zu Alkalien bei Luftzutritt, zu alkalischer Kupfer-lösung und ammoniakalischer Silberlösung wie auch zu Millons Reagens ähnelt sie der Homogentisinsäure sehr.

Uroleuzin-säure.

Neubauer und Flatow, welche die Dioxyphenyl-α-Milchsäure synthetisch dar-stellten, fanden, daß diese Säure ganz andere Eigenschaften als die sog. Uroleuzinsäure hat. Garrod und Hurtley [5]) haben ferner gezeigt, daß man leicht eine unreine Homogen-tisinsäure von niedrigerem Schmelzpunkt erhält, und sie machen es wahrscheinlich, daß die älteren Angaben über eine Uroleuzinsäure auf Irrungen beruhen.

Kynurensäure, (γ-Oxy-α-Chinolinkarbonsäure) [6]) $C_{10}H_7NO_3 =$

$$\begin{array}{c} CH\ COH \\ CH\ \overset{|}{C}\ CH \\ CH\ \overset{|}{C}\ C . COOH \\ CH\ N \end{array}$$

---

[1]) Zeitschr. f. physiol. Chem. **69**. [2]) Orton u. Garrod, Journ. of Physiol. **27**; Garrod ebenda **23**. [3]) Mittelbach, Deutsch. Arch. f. klin. Med. **71** (wo man die Ar-beiten von Baumann u. Mörner findet); Garrod u. Hurtley, Journ. of Physiol. **33**; Denigès, Chem. Zentralbl. 1897, I, S. 338. [4]) Huppert, Zeitschr. f. physiol. Chem. **23**; Kirk, Brit. med. Journ. 1886 u. 1888; Langstein u. Meyer l. c. [5]) Journ. of Physiol. **36**. [6]) Annie Homer, Journ. of biol. Chem. **17** u. **22**; Journ. of Physiol. **48**; Ellinger, Ber. d. d. chem. Gesellsch. **37**, 1804 und Zeitschr. f. physiol. Chem. **43**, mit Matsuoka ebenda **109**. Die ältere Literatur über Kynurensäure findet man bei Josephsohn, Bei-träge zur Kenntnis der Kynurensäureausscheidung beim Hunde, Inaug.-Diss. Königs-berg 1898.

ist eine im Hundeharne oft, aber nicht immer vorkommende Säure, deren Menge durch Fleischnahrung vermehrt wird. Im Katzenharne kommt sie nicht vor. Es ist ELLINGER gelungen, den sicheren Beweis dafür zu liefern, daß die Muttersubstanz der Säure das Tryptophan ist. Durch Einführung von Tryptophan in den Organismus hat er nämlich nicht nur bei Hunden, sondern auch bei Kaninchen eine Kynurensäurebildung erzeugen können, wobei nach ihm und Z. MATSUOKA Indolbrenztraubensäure wahrscheinlich eine Zwischenstufe darstellt. Nach HOMER soll indessen die Menge der ausgeschiedenen Kynurensäure nicht in direktem Verhältnis zu dem verfütterten Tryptophan stehen.

Kynuren-säure.

Die Säure kristallisiert, löst sich nicht in kaltem Wasser, ziemlich gut in heißem Alkohol und gibt ein in dreieckigen farblosen Blättchen kristallisierendes Baryumsalz. Beim Erhitzen schmilzt die Säure und zerfällt in Kohlensäure und Kynurin. Beim Abdampfen auf dem Wasserbade mit Salzsäure und Kaliumchlorat zur Trockne entsteht ein rötlicher Rückstand, der mit Ammoniak erst braungrün und dann smaragdgrün sich färbt (JAFFÉS Reaktion) [1].

Harnfarbstoffe und Chromogene. Die gelbe Farbe des normalen Harnes rührt vielleicht von mehreren Farbstoffen, nach der gewöhnlichen Ansicht aber zum allergrößten Teil von dem Urochrom her. Daneben scheint der Harn als regelmäßigen Bestandteil eine sehr kleine Menge Hämatoporphyrin zu enthalten. Uroerythrin kommt ebenfalls oft, wenn auch nicht immer, im normalen Harne vor. Endlich enthält der gelassene Harn, wenn er der Einwirkung des Lichtes ausgesetzt gewesen ist, regelmäßig einen gelben Farbstoff, das Urobilin, welches unter der Einwirkung von Licht (SAILLET) und Luft (JAFFÉ, DISQUÉ)[2] u. a.) aus einem Chromogen, dem Urobilinogen, hervorgeht.

Farbstoffe und Chromo-gene.

Außer diesen Farbstoffen und deren Chromogenen enthält der Harn jedoch auch verschiedene andere Stoffe, aus welchen durch Einwirkung von chemischen Agenzien Farbstoffe entstehen können. So können durch Einwirkung von Säuren Huminsubstanzen, zum Teil aus den Kohlehydraten des Harnes, entstehen (v. UDRÁNSZKY) [3]. Zu diesen, durch Säurewirkung unter Luftzutritt aus normalem Harne erhaltenen Huminkörpern sind zu rechnen: das Urophäin von HELLER, das von verschiedenen Forschern beschriebenen Uromelanine u. a. Aus der gepaarten Indoxyl- und Skatoxylverbindungen lassen sich Indigblau (Uroglauzin von HELLER, Urozyanin, Zyanurin und andere Farbstoffe älterer Forscher) wie auch rote Farbstoffe abspalten. Solchen Ursprunges sind wahrscheinlich das Urrhodin (HELLER), das Urorubin (PLÓSZ) und das Urohämatin HARLEY) [4].

Farbstoffe und Chromo-gene.

Auf die verschiedenen, als Zersetzungsprodukte aus normalem Harne erhaltenen Farbstoffe kann hier nicht des Näheren eingegangen werden. Das Hämatoporphyrin ist schon in einem vorigen Kapitel (5. Blut) abgehandelt worden und wird übrigens am besten im Zusammenhange mit den pathologischen Harnfarbstoffen besprochen. Es bleiben hier also nur das Urochrom, das Urobilin und das Uroerythrin der Besprechung übrig.

Urochrom nennt GARROD [5] den gelben Farbstoff des Harnes. Denselben Namen hatte schon früher THUDICHUM einem von ihm isolierten, weniger reinen Harnfarbstoffe gegeben. Die Angaben über die Zusammensetzung und Eigenschaften des Urochroms divergieren übrigens so bedeutend, daß es mindestens sehr fraglich ist, ob jemand diesen Farbstoff bisher rein in den Händen gehabt hat. Das Urochrom ist eisenfrei aber stickstoffhaltig. DOMBROWSKI fand den Stickstoffgehalt gleich 11,15, HOHLWEG gleich 9,89 und KLEMPERER gleich 4,2 p. c. Das Urochrom enthält nach DOMBROWSKI etwa 5 p. c. Schwefel, während andere, wie HOHLWEG, SALOMONSEN und MANCINI es schwefelfrei fanden [6]). Nach WEISS [7]) soll das aus (Urochromogen und)

Urochrom.

---

[1]) Zeitschr. f. physiol. Chem. 7. [2]) JAFFÉ, Zentralbl. f. d. med. Wiss. 1868 u. 1869 und VIRCHOWS Arch. 47; DISQUÉ, Zeitschr. f. physiol. Chem. 2; SAILLET, Revue de méd. 17, 1897. [3]) v. UDRÁNSZKY, Zeitschr. f. physiol. Chem. 11, 12 u. 13. [4]) Vgl. HUPPERT-NEUBAUER, 10. Aufl., S. 161, 593 u. 597. [5]) GARROD, Proc. Roy. Soc. 55. [6]) DOMBROWSKI, Zeitschr. f. physiol. Chem. 54 u. 62; HOHLWEG, Bioch. Zeitschr. 13; SALOMONSEN ebenda 13; MANCINI ebenda 13; KLEMPERER, Berl. klin. Wochenschr. 40. [7]) Bioch. Zeitschr. 112, wo auch, wie im Bd. 102, die zahlreichen Arbeiten von WEISS zitiert sind.

Urochrom gebildete Uromelanin schwefelhaltig sein, was für einen Schwefelgehalt des Urochroms spricht.

Nach GARROD steht das Urochrom in naher Beziehung zu dem Urobilin und es soll nach ihm durch „aktiven" Azetaldehyd in Urobilin umgewandelt werden können, während umgekehrt das letztere nach RIVA [1]) durch Oxydation mit Permanganat einen urochromähnlichen Stoff liefern soll. Diese Beziehungen der zwei Farbstoffe zueinander werden von DOMBROWSKI geleugnet. Dagegen scheint man darüber einig zu sein, daß das Urochrom unter geeigneten Verhältnissen Pyrrolreaktionen geben kann. Gewisse Forscher, wie BONDZYNSKI und DOMBROWSKI, betrachten das Urochrom als ein Glied der Oxyproteinsäuregruppe (vgl. weiter unten), eine Ansicht, die indessen nicht hinreichend begründet zu sein scheint und auch von anderen, wie WEISS [2]), bestritten wird. Der letztgenannte Forscher ist jedoch auch der Ansicht, daß das Urochrom ein intermediäres, dem Gewebszerfall entstammendes Stoffwechselprodukt ist. Die oben angeführten strittigen Angaben über die Abwesenheit bzw. Anwesenheit von Schwefel in dem Urochrom wie über den Stickstoffgehalt desselben, machen es höchst wahrscheinlich, daß die Reindarstellung des Urochroms noch nicht gelungen ist.

Das Urochrom, wie man es bisher gewonnen hat, ist amorph, braun, sehr leicht löslich mit gelber Farbe in Wasser und Weingeist, sehr schwer löslich in absolutem Alkohol. Es löst sich nur sehr wenig in Essigäther, Amylalkohol und Azeton; in Äther, Chloroform und Benzol ist es unlöslich. Es wird gefällt von Kupfer- oder Bleiazetat, Silbernitrat, Merkuriazetat, Phosphorwolfram- und Phosphormolybdänsäure. Beim Sättigen des Harnes mit Ammoniumsulfat bleibt ein großer Teil des Urochroms in Lösung. Das Urochrom zeigt keinen Absorptionsstreifen im Spektrum und es fluoresziert nicht nach Zusatz von Ammoniak und Chlorzink. Von Säuren wie auch im Lichte bei Gegenwart von Sauerstoff wird es unter Bildung von braunen Substanzen, Uromelaninen, zersetzt. Nach WEISS entsteht es aus dem Urochromogen (s. unten) durch Oxydation desselben. Mit dem EHRLICHschen Reagenze gibt es keine echte Diazoreaktion, sondern nur eine rote Lösung mit weißlichem Schaum.

Die Darstellung des Urochroms kann nach einer ziemlich umständlichen Methode geschehen, die in erster Linie darauf basiert, daß das Urochrom beim Sättigen des Harnes mit Ammoniumsulfat zum größten Teil in Lösung bleibt. Setzt man dem Filtrate eine passende Menge Alkohol hinzu, so sammelt sich auf der Salzlösung eine klare, gelbe, alkoholische Schicht, welche das Urochrom enthält und zu weiterer Verarbeitung verwendet wird (GARROD, O. BOCCHI) [3]). KLEMPERER dagegen nimmt den Farbstoff aus dem Harne mit Tierkohle auf, wäscht mit Wasser, um Indikan und andere Stoffe zu entfernen, trocknet, extrahiert mit Alkohol und verwendet dann die alkoholische Lösung zur weiteren Reinigung nach GARROD. HOHLWEG, SALOMONSEN und MANCINI nehmen ebenfalls den Farbstoff aus dem (vorher mit Kalzium- oder Baryumsalzen gefällten) Harne mit Tierkohle auf. DOMBROWSKI wendet dagegen ein ganz anderes Verfahren an, welches auf der Fällbarkeit des Urochroms durch Kupferazetat basiert. WEISS bedient sich einer fraktionierten Fällung mit Bleiazetat und benutzt ebenfalls zur Reinigung das Ausfällen anderer Stoffe mit Ammoniumsulfat. Bezüglich der näheren Details dieser verschiedenen Methoden vergleiche man die Originalarbeiten.

Zur quantitativen Bestimmung des Urochroms haben DOMBROWSKI, BROWINSKI und DOMBROWSKI [4]) Methoden ausgearbeitet, deren Wert jedoch erst nach weiterer Untersuchungen über die Reinheit und Zusammensetzung ihres Urochroms sich beurteilen läßt. Die von ihnen gefundenen Werte werden aus dem Grunde hier nicht mitgeteilt. Die

Marginalien: Urochrom. Eigenschaften. Darstellung. Quantiative Betimmung.

---

[1]) GARROD, Journ. of Physiol. 21 u. 29; RIVA, zit. nach HUPPERT-NEUBAUER, Analyse des Harns, 10. Aufl., S. 524. [2]) Bioch. Zeitschr. 30; ST. DOMBROWSKI l. c.; ST. BONDZYNSKI, Chem. Zentralbl. 1910, Bd. II. [3]) GARROD l. c.; BOCCHI, HOFMEISTERS Beiträge 11. [4]) DOMBROWSKI, Zeitschr. f. physiol. Chem. 54, mit J. BROWINSKI, Bull. Acad. d. scienc. Cracovie 1908; KLEMPERER l. c.

quantitative Bestimmung wird nach KLEMPERER u. a. kolorimetrisch mit Hilfe einer Lösung von Echtgelb G ausgeführt. Nach der Erfahrung von WEISS scheint aber der Wert auch dieser Methode etwas zweifelhaft zu sein.

｜**Urochromogen** hat M. WEISS[1]) eine Substanz genannt, die nicht in normalem, sondern nur in pathologischem Harn vorkommt, aber trotzdem eine Muttersubstanz des Urochroms sein soll. Bei der Oxydation mit Kaliumpermanganat geht es nämlich in Urochrom über. Man muß also annehmen, daß unter normalen Verhältnissen als intermediäres Stoffwechselprodukt Urochrom, bei gestörtem Stoffwechsel dagegen Urochromogen gebildet wird. *Uro-chromogen.*

Das Urochromogen ist nach WEISS eine Säure, welche die Xanthoproteinsäurereaktion und die Phenazetaldehydprobe, nicht aber die MILLONsche Reaktion gibt und als ein Phenylalaninderivat betrachtet wird. Es wird sehr leicht oxydiert und liefert dabei erst Urochrom, welches dann in Uromelanin übergeht. Seine neutrale Lösung in Wasser ist gelbgrün, die Farbe ist aber sehr veränderlich. Zusatz von ein wenig Säure führt zum Abblassen, Zusatz von Alkali dagegen zu bedeutender Verstärkung der Färbung. Das Urochromogen löst sich auch in Alkohol, ist aber unlöslich in Äther; die Metallsalze sind unlöslich in Wasser. Von Ammoniumsulfat wird es nicht ausgesalzen. *Eigen-schaften.*

Das Urochromogen gibt die in gewissen pathologischen Harnen auftretende EHRLICHsche Diazoreaktion, d. h. Rotfärbung und roten Schaum beim Vermischen und Schütteln des Harnes mit dem gleichen Volumen der Reagenzlösung und Zusatz von überschüssigem Ammoniak. Dies gilt jedenfalls nach WEISS zunächst für das Urochromogen β, welches die Reaktion direkt gibt, während ein anderes Urochromogen α nicht an sich, sondern erst nach dem Stehen im Brutschrank die Diazoreaktion gibt. (Das Reagens ist eine 0,5prozentige Lösung von Sulfanilsäure in verdünnter Chlorwasserstoffsäure, von welcher Lösung vor dem Gebrauche 50 ccm mit 1 ccm einer 0,5prozentigen Natriumnitritlösung versetzt werden.) *Diazo-reaktion.*

Eine noch wichtigere Reaktion basiert auf der Eigenschaft des Urochromogens von Kaliumpermanganat zu Urochrom oxydiert zu werden. Ein urochromogenhaltiger Harn wird nämlich nach Zusatz von $\frac{n}{100}$ Kaliumpermanganatlösung mehr oder weniger stark gelb gefärbt, was namentlich beim Vergleiche mit einem gleich stark gefärbten, normalen Harn deutlich zu sehen ist. Auf dieser Reaktion hat WEISS, und dann auch andere, Methoden zur quantitativen Urochromogenbestimmung gegründet. *Perman-ganat-reaktion.*

Die Darstellung des Urochromogens geschieht nach WEISS nach demselben Prinzipe wie die des Urochroms.

Über die diagnostische Bedeutung der Urochromogenreaktion liegt schon eine sehr umfangreiche Literatur vor, und es scheint, als würde diese Reaktion mit bestimmten Formen von Gewebszerfall, wie Tuberkulose in fortgeschrittenem Stadium und Typhus im Zusammenhange stehen. Die Reaktion soll jedenfalls, wie oben gesagt, nicht in normalen, sondern nur in pathologischen Harnen auftreten. *Uro-chromogen.*

Eine Reaktion, die man mit der obengenannten EHRLICHschen Diazoreaktion nicht verwechseln darf, ist die Diazoreaktion von PAULY, nämlich Rotfärbung des Harnes mit dem Reagenze (Diazobenzolsulfosäure) und Natriumkarbonat, bzw. Orangefärbung in saurer Lösung. Diese Reaktion erhält man auch mit normalem Harn, und sie rührt jedenfalls hauptsächlich von einer Substanz her, die der Oxyproteinsäurefraktion (s. unten) angehört und in naher Beziehung zu dem Histidin steht (WEISS, FÜRTH u. a.). Sie ist *Paulys Diazo-reaktion.*

---

[1]) Vgl. Bioch. Zeitschr. **30**, 81 und besonders **112**.

in der Tat eine Histidinreaktion (vgl. Kapitel 2, S. 121), und sie eignet sich auch zu kolorimetrischer Bestimmung des Diazowertes eines Harnes nach WEISS und SSOBOLEW, wie FÜRTH näher gezeigt hat. Die Substanz, welche diese Reaktion gibt, scheint nach MASSLOW und FÜRTH[1]) einen endogenen Ursprung durch Zerfall des Zellmateriales im Körper zu haben.

Urobilin und Urobilinogen. Den Namen Urobilin hat JAFFÉ[2]) einem zuerst von ihm aus dem Harne isolierten Farbstoffe, welcher wesentlich durch seine starke Fluoreszenz und sein Absorptionsspektrum charakterisiert ist, gegeben. Es haben darauf andere Forscher nach verschiedenen Methoden aus dem Harne derartige Farbstoffe isoliert, die zwar untereinander kleine Differenzen zeigen, die aber im wesentlichen wie das JAFFÉsche Urobilin sich

Urobilin u. Uro-bilinoide.

verhalten. Man hat deshalb auch von verschiedenen Urobilinen, wie von normalem, febrilem, physiologischem und pathologischem Urobilin gesprochen. Die Möglichkeit, daß im Harne verschiedene Urobiline vorkommen können, ist auch nicht in Abrede zu stellen. Man hat nämlich sowohl durch Reduktion wie durch Oxydation aus Gallenfarbstoff, Hämatin und Hämatoporphyrin Stoffe erhalten, welche dem Urobilin darin ähneln, daß sie dieselbe Fluoreszenz und dasselbe Absorptionsspektrum wie dieses zeigen und die man deshalb Urobilinoide genannt hat. Als Urobilinoide verhalten sich ferner eine Anzahl von Pyrrolen oder in Zersetzung begriffenen Pyrrolen (H. FISCHER und MEYER-BETZ)[3]), und die Frage von der Natur des unter verschiedenen Verhältnissen im Harne auftretenden sog. Urobilins ist deshalb noch eine offene.

Uro-bilinogen.

In dem ganz frischen Harne gesunder Menschen kommt, wie SAILLET[4]) als erster behauptet hat, regelmäßig kein Urobilin, sondern nur das Chromogen desselben, das Urobilinogen, vor, und aus dem letzteren wird unter Einwirkung von Licht und von schwachen Oxydationsmitteln das Urobilin leicht gebildet. In pathologischen Harnen hat man dagegen präformiertes Urobilin gefunden.

Urobilin und Hydro-bilirubin.

Das Urobilin hatte man lange als mit dem Hydrobilirubin von MALY (vgl. S. 342) identisch betrachtet. Gegen diese Ansicht sprach indessen, daß die beiden Stoffe, abgesehen von anderen kleineren Differenzen, eine wesentlich verschiedene Zusammensetzung hatten. Während nämlich das Hydrobilirubin 9,22 p. c. Stickstoff nach MALY enthält, sollte nämlich das Urobilin nach HOPKINS und GARROD nur 4,09 und nach FROMHOLDT 5,93 p. c. Stickstoff enthalten. In dem Urobilin aus den Fäzes, dem Sterkobilin, welches mit dem Urobilin identisch sein soll, fanden HOPKINS und GARROD ebenfalls rund 4 p. c. Stickstoff. Nun hat aber H. FISCHER[5]) gefunden, daß das Sterkobilin seinen niedrigen Stickstoffgehalt einer Verunreinigung mit Cholesterin oder Gallensäure zu verdanken hat, und auch das Harnurobilin ist keine reine Substanz.

Mesobiliru-inogen und Uro-bilinogen.

Der in Urobilin und Hydrobilirubin gefundene verschiedene Stickstoffgehalt schließt also nicht die Identität der beiden Stoffe aus; das Hydrobilirubin ist aber ein Gemenge, dessen Hauptbestandteil, das Mesobilirubinogen (Hemibilirubin), wie H. FISCHER und MEYER-BETZ gezeigt haben, mit dem Urobilinogen des Menschenharnes identisch ist (vgl. S. 342). Hiermit haben sie auch den chemischen Beweis für die Abstammung des Urobilins von dem Gallenfarbstoffe geliefert.

---

[1]) HERM. PAULY, Zeitschr. f. physiol. Chem. 42; WEISS l. c., mit N. SSOBOLEW, Bioch. Zeitschr. 58; O. FÜRTH ebenda 96; M. MASSLOW ebenda 70. [2]) Zentralbl. f. d. med. Wiss. 1868 u. 1869 und VIRCHOWS Arch. 47. [3]) HANS FISCHER, Zeitschr. f. physiol. Chem. 73; mit FR. MEYER-BETZ ebenda 75. [4]) Rev. d. Médec. 17 (1897). [5]) HOPKINS u. GARROD, Journ. of Physiol. 22; FROMHOLDT, Zeitschr. f. exp. Path. u. Ther. 7; H. FISCHER, Zeitschr. f. physiol. Chem. 73.

Den biologischen Beweis für eine Umwandlung des Gallenfarbstoffes in Urobilin (Sterkobilin) durch Fäulnisvorgänge im Darme hat Fr. Müller als erster geliefert, und für diese Entstehungsart des Urobilins sprechen mehrere sowohl physiologische wie klinische Beobachtungen[1]). Hierher gehören: das regelmäßige Vorkommen im Darmkanale von aus Gallenfarbstoff unzweifelhaft entstandenem Sterkobilin; die Abwesenheit von Urobilin im Harne von Neugeborenen wie auch bei vollständig gehindertem Zufluß von Galle zum Darme und umgekehrt die vermehrte Urobilinausscheidung bei stärkerer Darmfäulnis. Ein enterogener Ursprung des Harnurobilins ist auch allgemein anerkannt; in Anbetracht des Vorkommens von Urobilin im Harne unter verschiedenen Verhältnissen kann man aber fragen, ob nicht das Urobilin auch einen anderen Ursprung haben kann. Ursprung des Urobilins.

Die Menge des Urobilins im Harne ist vermehrt bei Blutergüssen; in solchen Krankheiten, die mit einer Zerstörung von Blutkörperchen verbunden sind, wie auch nach Einwirkung von einigen Blutgiften, wie Antifebrin und Antipyrin. Sie ist ferner vermehrt gefunden bei Fieber, Herzfehlern, Bleikolik, atrophischer Leberzirrhose und überhaupt bei ungenügender Leberfunktion. Gestützt auf zahlreichen klinischen Erfahrungen hat man deshalb auch eine Urobilinbildung direkt aus dem Blutfarbstoffe oder dem Hämatoidin ohne Mitwirkung der Leber in den blutigen Infarkten angenommen, und nach einigen soll das Bilirubin in den Geweben oder in den Nieren in Urobilin umgewandelt werden. Da, wie oben genannt, verschiedene Stoffe die Urobilinreaktionen geben können, und da es nicht klar ist, inwieweit in verschiedenen Fällen verschiedene Urobiline oder Urobilinoide vorkommen, ist es noch nicht möglich, zu diesen Fragen Stellung zu nehmen. Ursprung des Urobilins.

Das Urobilin (bzw. Urobilinogen) soll angeblich nicht im Harne aller Tiere vorkommen, und nach Fromholdt soll es beim Kaninchen im Harne fehlen. Die Richtigkeit dieser Angabe ist indessen von Gautier und Russo[2]) bestritten worden. Vorkommen.

Die Menge des Urobilins im Harne ist unter physiologischen Verhältnissen eine sehr wechselnde. Saillet fand 30—130 mg und G. Hoppe-Seyler[3]) 80—140 mg in der 24stündigen Harnmenge.

Die Eigenschaften des Urobilins können je nach der Darstellungsweise und der Beschaffenheit des verwendeten Harnes etwas abweichend sein, und es können deshalb hier nur die wesentlichsten Eigenschaften erwähnt werden. Das Urobilin ist amorph, je nach der Darstellungsmethode braun, rötlich-braun, rot oder rotgelb. Es löst sich leicht in Alkohol, Amylalkohol und Chloroform, weniger leicht in Äther und in Essigäther. In Wasser ist es wenig löslich, die Löslichkeit wird jedoch durch die Gegenwart von Neutralsalzen erhöht. Durch vollständige Sättigung mit Ammoniumsulfat kann es, besonders nach Zusatz von Schwefelsäure, vollständig aus dem Harne gefällt werden (Méhy)[4]). Von Alkalien wird es gelöst und durch Säurezusatz aus der alkalischen Lösung wieder gefällt. Aus der sauren (wäßrig-alkoholischen) Lösung wird es von Chloroform teilweise aufgenommen; Alkalilösungen entziehen aber dem Chloroform das Urobilin. Die neutralen oder schwach alkalischen Lösungen werden von einigen Metallsalzen (Zink und Blei) gefällt, von anderen, wie Quecksilberoxydsulfat, dagegen nicht. Von Phosphorwolframsäure wird es aus dem Harne gefällt. Das Urobilin gibt nicht die Gmelinsche Gallenfarbstoffprobe. Eigenschaften des Urobilins.

---

[1]) Vgl. hierüber: Fr. Müller, Schles. Gesellsch. f. vaterl. Kultur 1892; D. Gerhardt, Über Hydrobilirubin und seine Bez. zum Ikterus, Inaug.-Diss., Berlin 1889. [2]) Fromholdt, Zeitschr. f. physiol. Chem. 53; Cl. Gautier u. Ph. Russo, Compt. rend. soc. biol. 64. [3]) Virchows Arch. 124. [4]) Journ. de Pharm. et Chim. 1878, zit. nach Malys Jahresb. 8.

Dagegen gibt es mit Kupfersulfat und Alkali eine der Biuretprobe zum Verwechseln ähnliche Reaktion [1]).

Die neutralen alkoholischen Urobilinlösungen sind bei größerer Konzentration braungelb, bei größerer Verdünnung gelb oder rosafarbig. Sie zeigen eine starke grüne Fluoreszenz. Die säurehaltigen Lösungen sind je nach der Konzentration braun, rotgelb oder rosarot. Sie fluoreszieren nicht, zeigen aber einen Absorptionsstreifen γ zwischen b und F, an F angrenzend. Das Absorptionsmaximum liegt nach LEWIN und STENGER [2]) bei $\lambda = 494 - 497$. Die alkalischen Lösungen sind je nach der Konzentration braungelb, gelb oder (die ammoniakalischen) gelblich grün. Sie zeigen einen dunklen Streifen δ, welcher etwas mehr nach dem roten Ende des Spektrums verschoben ist und zwischen E und F liegt. Das Absorptionsmaximum liegt nach den letztgenannten Forschern bei $\lambda = 506 - 510$. Setzt man der ammoniakalischen Lösung etwas Chlorzinklösung zu, so wird sie rot und zeigt eine prachtvolle grüne Fluoreszenz und denselben Streifen. Säuert man eine hinreichend konzentrierte Lösung von Urobilinalkali sehr vorsichtig mit Schwefelsäure an, so trübt sie sich und zeigt gerade auf E einen zweiten Streifen, der durch einen Schatten mit γ verbunden ist (GARROD und HOPKINS, SAILLET) [3]).

Optisches Verhalten des Urobilins.

Das **Urobilinogen** ist farblos oder nur schwach gefärbt, und das mit Mesobilirubinogen identische Urobilinogen kann man durch Lösen in heißem Essigäther, Versetzen mit Ligroin und Eindampfen in farblosen Prismen erhalten. Dieses Urobilinogen ist löslich in Äther, Essigäther, Amylalkohol und in Chloroform und kann aus dem mit Natriumbikarbonatlösung versetzten Harne mit Chloroform zum Teil ausgeschüttelt werden (FISCHER und MEYER-BETZ). Aus dem Harne direkt oder aus dem angesäuerten Harne kann man es ebenfalls, obwohl weniger rein, mit Chloroform oder Äther ausschütteln. Aus einer Chloroformlösung von Urobilin und Urobilinogen wird nach GRIMBERT [4]) von einer Natriumdiphosphatlösung, welche von Phenolphthalein nicht rot gefärbt wird, nur das Urobilin und nicht das Urobilinogen aufgenommen. Wie das Urobilin wird es beim Sättigen des Harnes mit Ammoniumsulfat gefällt. Es gibt, wenn urobilinfrei, keinen Absorptionsstreifen und keine Fluoreszenz mit Ammoniak und Zinksalz. Zur Erkennung und zum Nachweis des Urobilinogens benutzt man das EHRLICHsche Reagens (p-Dimethylaminobenzaldehyd). Das Reagens besteht aus 2 g p-Dimethylaminobenzaldehyd in 50 ccm konzentrierter, rauchender Salzsäure, die mit Wasser zu 100 ccm verdünnt wird. Zu 10 ccm Harn setzt man 1 ccm der Reagenzlösung und schüttelt gut durch. Je nach der Menge des Urobilinogens nimmt die Lösung eine rosa bis intensiv rote Farbe an, und im Spektrum sieht man ein Band zwischen D und E. Der rote Farbstoff kann in Amylalkohol aufgenommen werden. Diese Farbenreaktion, welche eine Pyrrolreaktion ist, kann indessen nicht als für das Urobilinogen charakteristisch angesehen werden. Inwieweit im Harne verschiedene Urobilinogene vorkommen können, steht übrigens noch dahin. Das Harnurobilinogen soll sehr leicht und rasch an der Luft und bei Einwirkung von Licht in Urobilin übergehen. Das mit Mesobilirubinogen identische Harnurobilinogen verhält sich aber anders. Es kann zwar ebenfalls in Urobilin übergehen, der Vorgang muß dabei aber etwas komplizierter sein, denn bei Oxydation geht es nicht in Urobilin, sondern in Mesobilirubin über.

Urobilinogen.

Urobilinogene.

Die Darstellung des Urobilins aus dem Harne kann nach dem ursprünglichen Verfahren von JAFFÉ oder nach dem von MÉHY angegebenen, von GARROD

[1]) Vgl. SALKOWSKI, Berl. klin. Wochenschr. 1897 und STOKVIS, Zeitschr. f. Biol. **34**.
[2]) PFLÜGERS Arch. **144**. [3]) GARROD u. HOPKINS, Journ. of Physiol. **20**; SAILLET l. c.
[4]) FISCHER u. MEYER-BETZ l. c.; L. GRIMBERT, Compt. rend. soc. biol. **70**.

und HOPKINS [1]) etwas abgeänderten Verfahren geschehen. Das Prinzip der letztgenannten Methode besteht darin, daß man das Urobilin durch Sättigung des
angesäuerten Harnes mit Ammoniumsulfat ausfällt, den nötigenfalls durch Lösung
und Umfällung gereinigten Niederschlag nach dem Trocknen mit angesäuertem Darstellung
Alkohol oder Alkoholäther extrahiert, das gelöste Urobilin durch Mischung mit
Chloroform und Zusatz von Wasser in Chloroformlösung überführt und dann
weiter reinigt. Dieses Verfahren, durch welches auch das Urobilinogen ausgefällt
wird, hat man in verschiedener Weise modifiziert.

Nach CHARNAS [2]) geschieht die Darstellung am besten über das Urobilinogen,
und wenn der Harn Urobilin enthält läßt man ihn deshalb erst in ammoniakalische
Gärung übergehen, wobei das Urobilin in Urobilinogen übergeführt wird. Man
säuert dann mit Weinsäure an und extrahiert mit Äther. Aus der Ätherlösung Methode
von
Charnas.
werden mit Petroläther fremde Farbstoffe ausgefällt; die mit Wasser gewaschene
Ätherlösung wird eingedunstet und der Rückstand mit Wasser einige Stunden
bei 38⁰ stehen gelassen, wobei das Urobilinogen in Urobilin übergeht. Man kann
dann das Urobilin mit Ammoniumsulfat aussalzen und die getrocknete Fällung
mit absolutem Alkohol extrahieren. Dieses Urobilin hat ein etwa dreimal so starkes
Extinktionsvermögen wie das MALYsche Urobilin (Hydrobilirubin). Auch mehrere
andere Darstellungsmethoden sind vorgeschlagen worden.

Die Darstellung des Urobilinogens geschieht durch Ausschütteln des
Harnes (direkt) oder des mit Natriumbikarbonat versetzten Harnes mit Chloroform
(H. FISCHER und MEYER-BETZ). Bezüglich der näheren Details wird auf die oft
zitierte Arbeit der zwei letztgenannten Forscher hingewiesen.

Der Nachweis des Urobilins kann bisweilen direkt in dem Harne geschehen.
Sonst kann man den Harn mit Äther, Amylalkohol oder Chloroform ausschütteln
und diese Lösungen prüfen. Man kann auch nach SCHLESINGER [3]) den Harn mit
dem gleichen Volumen einer gesättigten Lösung von Zinkazetat in Alkohol fällen
und das Filtrat direkt auf Fluoreszenz und Absorption prüfen. Nach F. A. STEENSMA [4]) Nachweis
von
Urobilin
und Uro-
bilinogen.
kann die Reaktion durch Zusatz von ein wenig Jodtinktur schärfer und mehr
zuverlässig werden. Zum Nachweis des Urobilins dienen übrigens immer die Farbe
der sauren bzw. alkalischen Lösungen, die Absorptionsspektra und die schöne
Fluoreszenz der zinkchloridhaltigen, ammoniakalischen Lösung. Zum Nachweis
des Urobilinogens dient die EHRLICHsche Reaktion und die Eigenschaft der farblosen Lösung an der Luft und im Lichte in Urobilin überzugehen.

Zur quantitativen Bestimmung des Urobilins verfährt G. HOPPE-SEYLER [5])
in folgender Weise. 100 ccm Harn werden mit Schwefelsäure angesäuert und
mit Ammoniumsulfat gesättigt. Der, erst nach längerer Zeit abfiltrierte Niederschlag wird auf dem Filtrum mit gesättigter Ammoniumsulfatlösung gewaschen
und, nach dem Abpressen, mit gleichen Teilen Alkohol und Chloroform wiederholt
extrahiert. Die filtrierte Lösung wird im Scheidetrichter mit Wasser versetzt, Quanti-
tative Be-
stimmung
bis das Chloroform sich gut abscheidet und ganz klar wird. Die Chloroformlösung
wird dann in einem gewogenen Becherglase auf dem Wasserbade verdunstet,
der Rückstand bei 100⁰ C getrocknet und darauf mit Äther extrahiert. Das Ätherextrakt wird abfiltriert, der Rückstand auf dem Filtrum in Alkohol gelöst, wieder
in das Becherglas gebracht und eingedampft, worauf getrocknet und gewogen
wird. Nach dieser Methode fand er im Tagesharn Gesunder 0,08—0,14, im Mittel
0,123 g Urobilin.

Man kann auch in der Hauptsache nach der von CHARNAS zur Darstellung
des Urobilins angegebenen Methode verfahren und endlich kann man auch das
Urobilin spektrophotometrisch nach dem von SAILLET angegebenen Verfahren
bestimmen. Nähere Angaben findet man in den Originalaufsätzen und in größeren
Handbüchern.

Die quantitative Bestimmung des Urobilinogens kann mittels des EHRLICH-
schen Reagenzes spektrophotometrisch nach der Methode von CHARNAS geschehen.

---

[1]) JAFFÉ l. c.; MÉHY l. c.; GARROD u. HOPKINS, Journ. of Physiol. **20.** [2]) D. CHAR-
NAS, Bioch. Zeitschr. **20.** [3]) Deutsch. med. Wochenschr. 1903. [4]) Vgl. MALYS Jahresb.
43 u. **44.** [5]) VIRCHOWS Arch. **124.**

Uroerythrin hat man denjenigen Farbstoff genannt, welcher die oft schön rote Farbe des Harnsedimentes (Sedimentum lateritium) bedingt. Es kommt auch oft, wenngleich in nur sehr kleiner Menge, in normalen Harnen gelöst vor. Seine Menge ist vermehrt nach starker Muskeltätigkeit, nach starkem Schwitzen, Unmäßigkeit im Essen und im Genusse alkoholischer Getränke wie auch nach Verdauungsstörungen, bei Fieber, Zirkulationsstörungen in der Leber und bei mehreren anderen pathologischen Zuständen.

Das Uroerythrin, welches besonders von Zoja, Riva und Garrod[1]) studiert worden ist, hat eine rosa Farbe, ist amorph und wird von dem Lichte, besonders wenn es gelöst ist, sehr schnell zerstört. Das beste Lösungsmittel ist Amylalkohol, weniger gut ist Essigäther und dann folgen Alkohol, Chloroform und Wasser. Die sehr verdünnten Lösungen zeigen rosa Farbe; die mehr konzentrierten sind rötlich orange oder feuerrot. Sie fluoreszieren weder direkt noch nach Zusatz von ammoniakalischer Chlorzinklösung, zeigen aber eine starke Absorption des Spektrums, die in der Mitte zwischen **D** und **E** anfängt, etwa bis zum **F** sich erstreckt und aus zwei breiten Streifen besteht, die durch einen Schatten zwischen **E** und **b** verbunden sind. Konzentrierte Schwefelsäure färbt eine Lösung von Uroerythrin schön karminrot; Salzsäure gibt eine rosa Farbe. Von Alkalien wird es grasgrün und dabei findet oft zuerst ein Farbenwechsel von rosa zu Purpur und Blau statt. Das Uroerythrin soll nach Porcher und Hervieux[2]) ein Skatolfarbstoff sein.

Zur Darstellung des Uroerythrins löst man nach Garrod das Sediment in Wasser in gelinder Wärme und sättigt mit Salmiak, wobei der Farbstoff mit dem Ammoniumurate gefällt wird. Man reinigt durch wiederholtes Lösen in Wasser und Fällen mit Salmiak, bis alles Urobilin entfernt worden ist. Man extrahiert zuletzt den Niederschlag auf dem Filtrum mit warmem Alkohol im Dunklen, filtriert, verdünnt mit Wasser, entfernt rückständiges Hämatoporphyrin durch Schütteln mit Chloroform, säuert dann sehr schwach mit Essigsäure an und schüttelt mit Chloroform, welches das Uroerythrin aufnimmt. Das Chloroform wird im Dunklen bei gelinder Wärme verdunstet.

Flüchtige Fettsäuren, wie Ameisensäure, Essigsäure und, wie es scheint, auch Buttersäure, kommen unter normalen Verhältnissen in dem Harne des Menschen wie auch in dem des Hundes und der Pflanzenfresser vor. Die an Kohlenstoff ärmeren Säuren, die Ameisensäure und die Essigsäure, sollen im Körper mehr beständig als die kohlenstoffreicheren sein und deshalb auch zu verhältnismäßig großem Teil unverändert in den Harn übergehen.

Die Menge der flüchtigen Fettsäuren scheint eine bei verschiedenen Individuen so stark wechselnde zu sein, daß man keine brauchbaren Zahlen anführen kann. So findet man z. B. für die Ameisensäure Werte pro 24 Stunden, die bei Gesunden zwischen 3,5—280 mg wechseln. Auch bezüglich der Einwirkung verschiedener Nahrung sind die Angaben strittig, indem nach einigen die Menge durch kohlehydratreiche Nahrung vermehrt wird, was nach anderen dagegen nicht der Fall sein soll[3]).

Paramilchsäure soll im Harne Gesunder nach sehr anstrengenden Märschen vorkommen (Colasanti und Moscatelli). In größerer Menge ist sie im Harne bei akuter Phosphorvergiftung und akuter gelber Leberatrophie (Schultzen und Riess), bei Schwangeren (Underhill) und besonders reichlich bei Eklampsie (Zweifel u. a.) gefunden worden. Nach den Untersuchungen von Hoppe-Seyler und Araki und v. Terray geht Milchsäure in den Harn über, sobald Sauerstoffmangel im Tierkörper entsteht, und daher rührt wahrscheinlich auch das Auftreten der Milchsäure im Harne nach epileptischen Anfällen (Inouye und Saiki) her[4]). Nach Exstirpation der Leber bei Vögeln geht sie, wie Minkowski als erster gezeigt hat, in den Harn reichlich über.

Marginal notes: Uroerythrin. — Eigenschaften. — Darstellung. — Fettsäuren. — Milchsäure.

---

[1]) Zoja, Arch. ital. di clinica med. 1893 und Zentralbl. f. d. med. Wiss. 1892; Riva, Gaz. med. di Torino Anno 43, zit. nach Malys Jahresb. 24; Garrod, Journ. of Phys. 17 u. 21. [2]) Journ. de Physiol. 7. [3]) Hinsichtlich der Menge der Ameisensäure vgl. man z. B. Dakin mit N. W. Janney u. A. J. Wakemann, Journ. of biol. Chem. 14; R. Strisower, Bioch. Zeitschr. 54 und W. Autenrieth, Münch. med. Wochenschr. 66. [4]) Colasanti u. Moscatelli, Moleschotts Unters. 14. Die Literatur findet man sonst bei C. Neuberg, Harn usw., I, S. 246.

Die Glyzerinphosphorsäure kommt höchstens spurenweise in dem Harne vor und sie dürfte wohl ein Zersetzungsprodukt des Lezithins sein. Das Vorkommen von Bernsteinsäure und von Glyzerin im normalen Harne ist Gegenstand streitiger Angaben gewesen.

Kohlehydrate und reduzierende Substanzen im Harne. Das spurenweise Vorkommen von Traubenzucker im Harne wurde durch die Untersuchungen von Brücke, Abeles und Udránszky, welch letzterer das regelmäßige Vorkommen von Kohlehydraten im Harne gezeigt hat, im höchsten Grade wahrscheinlich gemacht und ist durch die Untersuchungen von Baumann und ·Wedenski, vor allem aber von Baisch, wohl endgültig bewiesen worden. Außer der Glukose enthält der normale Harn nach Baisch eine andere, nicht näher bekannte Zuckerart, nach Lemaire wahrscheinlich Isomaltose, und außerdem enthält er, wie namentlich Landwehr, Wedenski und Baisch gezeigt haben, ein dextrinartiges Kohlehydrat (tierisches Gummi). Die, nach dem wohl kaum hinreichend zuverlässigen Benzoylierungsverfahren bestimmte Tagesmenge der unter normalen Verhältnissen ausgeschiedenen Kohlehydrate schwankt bedeutend, zwischen 1,5—5,09 g[1]).

Kohle-hydrate.

In dem mit Alkohol aus konzentrierten Harnen erhaltenen Niederschlage, dessen Stickstoff („kolloidaler Stickstoff" nach Salkowski) in normalen Harnen 2,34—4,08 p. c., in pathologischen 8—9 p. c. und in einem Falle von akuter gelber Leberatrophie 21,8 p. c. von dem Gesamtstickstoffe betrug, fand Salkowski[2]) ein stickstoffhaltiges Kohlehydrat, welches nach vorheriger Spaltung mit Salzsäure alkalische Kupferlösung stark reduzierte.

Außer Spuren von Zucker und den oben besprochenen reduzierenden Stoffen, Harnsäure und Kreatinin, enthält der Harn jedoch auch andere reduzierende Substanzen. Diese letzteren sind zum Teil gepaarte Verbindungen mit der dem Zucker nahestehenden Glukuronsäure $C_6H_{10}O_7$. Die Reduktionsfähigkeit des normalen Harnes entspricht nach den Bestimmungen verschiedener Forscher 1,5—5,96 p. m. Traubenzucker. Der dem Traubenzucker allein zukommende Anteil der Reduktion ist gleich 0,1—0,6 p. m. gefunden worden. Nach Laveson[3]) rühren von der Gesamtreduktion 17,8 p. c. vom Zucker, 26,3 p. c. vom Kreatinin, 7,8 p. c. von der Harnsäure und der Rest, nahe 50 p. c., von meistens unbekannten Substanzen her.

Redu-zierende Sub-stanzen.

Gepaarte Glukuronsäuren kommen, wie schon Flückiger wahrscheinlich gemacht hatte aber erst Mayer und Neuberg in exakter Weise gezeigt haben, in sehr kleinen Mengen im normalen Harne vor. Es handelt sich hierbei hauptsächlich um Phenol- und nur um sehr kleine Mengen von Indoxyl- bzw. Skatoxylglukuronsäure. Die Menge der aus solchen gepaarten Glukuronsäuren im normalen Harn gewonnenen Glukuronsäure ist von Mayer und Neuberg auf 0,04 p. m., von C. Tollens und Fr. Stern[4]) dagegen auf 2,5 p. m. oder 0,37 g pro Tag geschätzt worden. Außer diesen gepaarten Glukuronsäuren kommt vielleicht bisweilen im Harne die von Neuberg und Neimann[5]) synthetisch dargestellte Harnstoffglukuronsäure, die Ureidoglukuronsäure, vor.

Gepaarte Glukuron-säuren.

In viel reichlicheren Mengen können gepaarte Glukuronsäuren in den Harn übergehen nach Verabreichung von verschiedenen Arzneimitteln, wie Chloralhydrat, Kampfer, Naphthol,. Borneol, Terpentin, Morphin und vielen anderen Substanzen.. Ebenso kann die Glukuronsäureausscheidung bedeutend vermehrt sein bei schweren Respirationsstörungen, starker Dyspnoe, beim

---

[1]) Lemaire, Zeitschr. f. physiol. Chem. 21; Baisch ebenda 18, 19 u. 20. Hier wie auch in dem Aufsatze von Treupel, ebenda 16, sind ·die Arbeiten anderer Forscher referiert worden.   [2]) Berl. klin. Wochenschr. 1905.   [3]) Vgl. Flückiger, Zeitschr. f. physiol. Chem. 9; Laveson, Bioch. Zeitschr. 4.   [4]) Flückiger l. c.; Mayer u. Neuberg, Zeitschr. f. physiol. Chem. 29; Tollens u. Stern, Zeitschr. f. physiol. Chem. 67. [5]) Ebenda 44.

Diabetes mellitus und bei direkter Zufuhr von größeren Traubenzuckermengen.
Nach P. MAYER soll die Oxydation der Glukose zum Teil ihren Weg über
Glukuronsäure nehmen, und der Ursprung der Glukuronsäure wäre also zum
Teil in der Glukose zu suchen. Da nun eine Paarung der Glukuronsäure mit
anderen, namentlich aromatischen Atomkomplexen diese Säure vor der Verbrennung im Tierkörper schützt, könnte man erwarten, daß nach Einführung
eines solchen Atomkomplexes in den Körper bei gleichzeitiger Glykosurie eine
der vermehrten Ausscheidung von gepaarter Glukuronsäure entsprechende
Abnahme der Glukoseausscheidung stattfinden würde. Die zur Prüfung dieser
Möglichkeit von O. LOEWI[1]) an Hunden ausgeführten Versuche mit Verabreichung von Kampfer bei gleichzeitigem Phlorhizindiabetes entsprachen indessen nicht einer solchen Erwartung. Trotz reichlicher Ausscheidung von
Kamphoglukuronsäure wurde nämlich die Zuckerausscheidung nur wenig, und
gar nicht im Verhältnis zur Menge der gepaarten Glukuronsäure, herabgesetzt.
Diesem negativen Resultate gegenüber stehen aber die positiven Resultate
von PAUL MAYER[2]). Kaninchen führen normalerweise fast allen eingeführten
Kampfer in gepaarte Glukuronsäure über. Ließ nun MAYER solche Tiere
mehrere Tage hungern, so konnte er sie so arm an glukuronsäureliefernden
Muttersubstanzen (Glykogen) machen, daß sie nach Zufuhr von Kampfer nur
eine kleine Menge Glukuronsäure ausschieden. Bei gleichzeitiger Zufuhr von
Kampfer und Traubenzucker, bei fortdauernder Nahrungsentziehung, stieg
nun aber die Glukuronsäureausscheidung wieder auf dieselbe Höhe wie vor
der Hungerperiode, was also zeigen würde, daß der Zucker hier mit Kampfer
zu Glukuronsäure sich gepaart hatte. Auch HILDEBRANDT[3]) hat Versuche
ausgeführt, welche eine Glukuronsäurebildung aus Zucker sehr wahrscheinlich
machen. Die Beobachtungen von MAYER stimmen allerdings nicht mit späteren
Untersuchungen von FENYVESSY[4]) überein, aber unabhängig von diesen etwas
stritigen Versuchsresultaten kann kein Zweifel darüber bestehen, daß die
Muttersubstanz der Glukuronsäure die Glukose ist.

Die gepaarten Glukuronsäuren entstehen, wie man auf Grund der Untersuchungen von SUNDWIK, FISCHER und PILOTY u. a.[5]) allgemein annimmt,
in der Weise, daß zunächst eine Bindung des Paarlings an Glukose geschieht
unter Festlegung der Aldehydgruppe und daß dann die endständige Alkoholgruppe CH_2OH zu $COOH$ oxydiert wird. Die gepaarten Glukuronsäuren
scheinen in den meisten Fällen nach dem Glykosidtypus gebaut zu sein, eine
Anschauung, welche durch die Synthesen der Phenolglukuronsäure und der
Euxanthonglukuronsäure durch NEUBERG und NEIMANN[6]) noch weiter begründet worden ist. Auf Grund ihrer Spaltbarkeit (so weit dieselbe bisher
untersucht worden ist) durch Kefirlaktase und Emulsin, nicht aber durch
Hefelaktase (NEUBERG und WOHLGEMUTH[7]), dürften die gepaarten Glukuronsäuren zu der β-Reihe der Glykoside zu rechnen sein. Man kennt aber auch
einige gepaarte Glukuronsäuren, die nach dem Estertypus gebaut sind, nämlich
die von JAFFÉ[8]) entdeckte Dimethylaminobenzoeglukuronsäure und die nach
Verfütterung von Benzoesäure reichlich auftretende Benzoeglukuronsäure
(MAGNUS-LEVY).

Je nach der Natur des zweiten Paarlings zeigen die verschiedenen gepaarten Glukuronsäuren ein verschiedenes Verhalten. Unter Aufnahme von

---

[1]) Arch. f. exp. Path. u. Pharm. 47. [2]) Zeitschr. f. klin. Med. 47. [3]) Arch. f.
exp. Path. u. Pharm. 44. [4]) Vgl. MALYS Jahresb. 34. [5]) E. SUNDWIK, Akad. Abhandl.
Helsingfors 1886, s. auch MALYS Jahresb. 16, 76; FISCHER u. PILOTY, Ber. d. d. chem.
Gesellsch. 24; J. HÄMÄLÄINEN, Skand. Arch. f. Physiol. 30. [6]) Zeitschr. f. physiol.
Chem. 44. [7]) Vgl. NEUBERG, Ergebn. d. Physiol. 3, Abt. 1, S. 444. [8]) JAFFÉ, Zeitschr.
f. physiol. Chem. 43; MAGNUS-LEVY, Bioch. Zeitschr. 6.

Wasser können sie in Glukuronsäure und die zugehörigen Paarlinge gespaltet werden, was meistens durch Kochen mit verdünnter Mineralsäure geschieht. Sie werden von Bleiessig oder von Bleiessig und Ammoniak gefällt. Die meisten gepaarten Glykuronsäuren wirken allerdings nicht direkt, sondern erst nach der Hydrolyse reduzierend. Einige, und hierher gehören besonders die Säuren der Esterklasse, reduzieren aber Kupferoxyd und gewisse andere Metalloxyde in alkalischer Lösung direkt und können infolge hiervon bei Untersuchung des Harnes auf Zucker zu Verwechslungen Veranlassung geben. Die gepaarten Säuren der Glykosidgruppe drehen die Ebene des polarisierten Lichtes nach links, während die Glukuronsäure selbst rechtsdrehend ist. Die gepaarten Säuren von dem Estertypus, welche übrigens weniger beständig sind, drehen nach rechts. Da der Nachweis der gepaarten Glukuronsäuren in erster Linie bei der Prüfung des Harnes auf Zucker in Betracht kommt, soll dieser Nachweis im Zusammenhange mit den Zuckerproben im Harne abgehandelt werden.

Eigenschaften.

Schwefelhaltige organische Verbindungen, zum Teil unbekannter Art, welche beim Menschen wenigstens zum Teil aus Rhodanalkali, 0,04 (Gscheidlen) — 0,11 p. m. (J. Munk)[1]), Zystin oder dem Zystin verwandten Substanzen, Taurinderivaten, Chondroitinschwefelsäure, Proteinstoffen, zum großen Teil aber aus sog. Proteinsäuren, Antoxyproteinsäure, Oxyproteinsäure, Alloxyproteinsäure und Uroferrinsäure, bestehen, finden sich sowohl in Menschen- wie in Tierharnen. Der Schwefel dieser zum Teil unbekannten Verbindungen ist von Salkowski[2]) als „neutraler" zum Unterschiede von dem „sauren" Schwefel der Sulfate und Ätherschwefelsäuren bezeichnet worden. Den neutralen Schwefel im normalen Harne hat man zu 13—24 p. c. des Gesamtschwefels bestimmt[3]). Bei Anämien, kachektischen Zuständen, Lungentuberkulose und namentlich bei Karzinom ist die Menge stark vermehrt (Weiss). Im allgemeinen kann man sagen, daß die Menge bei gesteigertem Zerfall von Körpereiweiß vermehrt ist, und deshalb hat man eine Steigerung des neutralen Schwefels beim Hungern (Fr. Müller), bei Sauerstoffmangel (Reale und Boeri, Harnack und Kleine) und nach der Chloroformnarkose (Kast und Mester) gefunden. Nach Einführung von freiem Schwefel wird nach Presch und Yvon und nach Maillard[4]) (bei Kaninchen) die Menge des neutralen Schwefels vermehrt. Die Menge des letzteren wechselt übrigens nach Benedict innerhalb ziemlich enger Grenzen und ist, besonders nach Folin, in viel geringerem Grade als die Sulfatausscheidung von der Größe des allgemeinen Eiweißstoffwechsels abhängig. Die Relation zwischen neutralem und saurem Schwefel hängt in erster Linie von der Größe der Schwefelsäureausscheidung ab. Nach Harnack und Kleine[5]) soll das Verhältnis des oxydierten Schwefels zum Gesamtschwefel stets in gleichem Sinne wie das des Harnstoffes zum Gesamtstickstoff im Harne sich verändern. Je mehr unoxydierter Schwefel ausgeschieden wird, um so reichlicher erscheinen also im Harne auch Stickstoffverbindungen, die nicht Harnstoff sind, eine Angabe, die mit den neueren Beobachtungen im Einklange ist, denen zufolge der neutrale Schwefel zum großen Teil von den obengenannten verschiedenen Proteinsäuren und der Uroferrinsäure stammt.

Neutraler und saure Schwefel.

---

[1]) Gscheidlen, Pflügers Arch. 14; Munk, Virchows Arch. 69. [2]) Virchows Arch. 58 und Zeitschr. f. physiol. Chem. 9. [3]) Salkowski l. c.; Stadthagen, Virchows Arch. 100; Harnack u. Kleine, Zeitschr. f. Biol. 37. [4]) Mor. Weiss, Bioch. Zeitschr. 27; Fr. Müller, Berl. klin. Wochenschr. 1887; Reale u. Boeri, Malys Jahresb. 24; Harnack u. Kleine l. c.; Kast u. Mester, Zeitschr. f. klin. Med. 18; Presch, Virchows Arch. 119; Yvon, Arch. de Physiol. (5) 10; Maillard, Compt. Rend. 152. [5]) Benedict, Zeitschr. f. klin. Med. 36; Harnack u. Kleine l. c.; Folin, Amer. Journ. of Physiol. 13.

Nach Lépine ist ein Teil des neutralen Schwefels leichter (d. h. direkt mit Chlor oder Brom) zu Schwefelsäure oxydierbar als der andere, welcher erst nach dem Schmelzen mit Kali und Salpeter in Schwefelsäure übergeht. Nach W. Smith [1]) ist es wahrscheinlich, daß der am schwersten oxydierbare Teil des neutralen Schwefels als Sulfosäure vorkommt. Eine vermehrte Ausscheidung des neutralen Schwefels ist, abgesehen von dem schon oben Gesagten, bei verschiedenen Krankheiten, wie bei Pneumonie, Zystinurie und namentlich bei gehindertem Abfluß der Galle in den Darm beobachtet worden.

Die Gesamtmenge des Schwefels im Harne bestimmt man durch Schmelzen des festen Harnrückstandes mit Salpeter und Ätzkali bzw. Natriumsuperoxyd, oder durch Oxydation mit Salpetersäure. Die Menge des neutralen Schwefels dagegen bestimmt man als Differenz zwischen dem Gesamtschwefel einerseits und dem Schwefel der Sulfat- und Ätherschwefelsäuren andererseits. Den leichter oxydierbaren Anteil des neutralen Schwefels bestimmt man durch Oxydation mit Brom oder Kaliumchlorat und Salzsäure (Lépine, Jerome) [2]).

Schwefelwasserstoff kommt im Harne nur unter abnormen Verhältnissen oder als Zersetzungsprodukt vor. Der Schwefelwasserstoff kann durch Einwirkung bestimmter Bakterien aus den schwefelhaltigen organischen Substanzen des Harnes (aus dem neutralen Schwefel) entstehen (Fr. Müller, Salkowski) [3]). Als die Quelle des Schwefelwasserstoffes hat man jedoch auch die unterschwefligsauren Salze bezeichnet. Das Vorkommen von Hyposulfiten im normalen Menschenharne, welches von Heffter behauptet wurde, wird indessen von Salkowski und Presch bestritten. Im Harne von Katzen kommen dagegen Hyposulfite konstant, in dem der Hunde in der Regel und in dem von Kaninchen nach Fütterung mit Weißkohl regelmäßig vor (Salkowski) [4]).

Antoxyproteinsäure ist eine stickstoffreiche, schwefelhaltige Säure, welche Bondzynski, Dombrowski und Panek [5]) aus Menschenharn isoliert haben. Die Zusammensetzung der Säure war: C 43,21, H 4,91, N 24,4, S 0,61 und O 26,33 p. c. Ein Teil des Schwefels kann durch Alkali abgespalten werden. Die Säure ist löslich in Wasser, rechtsdrehend und wird nur aus konzentrierter Lösung durch Phosphorwolframsäure gefällt. Sie gibt keine der Farbenreaktionen des Eiweißes, gibt aber die Ehrlichsche Diazoreaktion. Die Salze mit Alkalien, Baryum, Kalzium und Silber sind in Wasser löslich; von diesen Salzen ist das Baryum- und in noch höherem Grade das Silbersalz schwer löslich in Alkohol. Die freie Säure und ihre Salze werden von Quecksilbernitrat und -azetat gefällt, mit dem letztgenannten Reagenze sogar aus stark mit Essigsäure angesäuerten Lösungen. Bleiessig fällt die reine Säure nicht.

Oxyproteinsäure haben Bondzynski und Gottlieb [6]) eine, später von Bondzynski, Dombrowski und Panek weiter studierte, stickstoff- und schwefelhaftige Säure im Menschenharne genannt. Die Säure enthält C 39,62, H 5,64, N 18,08, S 1,12 und O 35,54 p. c. und sie enthält auch abspaltbaren Schwefel. Sie liefert bei ihrer Spaltung kein Tyrosin. Sie gibt nicht die Ehrlichsche Diazoreaktion und weder die Xanthoprotein- noch die Biuretreaktion. Sie gibt die Paulysche Diazoreaktion, eine schwach angedeutete Millonsche Reaktion und wird von Phosphorwolframsäure nicht gefällt. Die in Wasser lösliche Säure wird von Quecksilbernitrat und -azetat bei neutraler oder sodaalkalischer Reaktion, nicht aber von Bleiessig gefällt. Die Salze sind in Wasser leicht löslich und weniger schwerlöslich in Alkohol als die entsprechenden Salze der Antoxyproteinsäure. Nach Glagolew [7]) enthält sie eine große Menge NH$_2$-Gruppen.

Die Säure, welche namentlich im Harne von mit Phosphor vergifteten Hunden in größerer Menge gefunden wurde (Bondzynski und Gottlieb), betrachtet man ebenso wie die vorige als ein intermediäres Oxydationsprodukt

---

[1]) Lépine, Compt. Rend. 91, 97; Smith, Zeitschr. f. physiol. Chem. 17. [2]) Jerome, Pflügers Arch. 60. [3]) Fr. Müller, Berl. klin. Wochenschr. 1887; Salkowski ebenda 1888. [4]) Heffter, Pflügers Arch. 38; Salkowski ebenda 39; Zeitschr. f. physiol. Chem. 89 u. 92 und Bioch. Zeitschr. 79; Presch, Virchows Arch. 119. [5]) Zeitschr. f. physiol. Chem. 46. [6]) Zentralbl. f. d. med. Wiss. 1897, Nr. 33. [7]) Zeitschrift f. physiol. Chem. 89.

des Eiweißes, und die Oxyproteinsäure scheint ein höheres Stadium der Oxydation oder des Eiweißabbaues als die Antoxyproteinsäure zu repräsentieren.

Alloxyproteinsäure ist eine dritte, den vorigen nahestehende Säure, die zuerst von BONDZYNSKI und PANEK[1]) aus dem Harne isoliert und dann von ihnen gemeinsam mit DOMBROWSKI eingehender studiert wurde. Die Zusammensetzung ist auf Grund der neuesten Untersuchungen C 41,33, H 5,70, N 13,55, S 2,19 und O 37,23 p. c. Die freie Säure ist löslich in Wasser. Sie gibt die PAULYsche Diazoreaktion, aber weder die Biuretreaktion noch die EHRLICHsche Reaktion und wird von Phosphorwolframsäure nicht gefällt. Zum Unterschied von der vorigen Säure wird sie von Bleiessig gefällt und ihre Salze sind auch weniger löslich in Alkohol. Nach H. LIEBERMANN[2]) ist diese Säure keine einheitliche Substanz, sie enthält einen Teil ihres Schwefels als Ätherschwefelsäure und sie enthält auch Uroferrinsäure. *Alloxyproteinsäure.*

BROWINSKI und DOMBROWSKI[3]) haben Untersuchungen über den formoltitrierbaren Stickstoff der Oxyproteinsäuren vor und nach der Säurehydrolyse ausgeführt. Sie fanden, daß die Antoxy- und die Oxyproteinsäure vor der Hydrolyse keinen mit MgO als NH_3 abspaltbaren Stickstoff enthielt, während die Alloxyproteinsäure gegen 3 p. c. des Totalstickstoffes in dieser Form enthielt. Nach der Säurehydrolyse lieferten alle ziemlich viel Ammoniak. Die zwei erstgenannten Säuren, namentlich die Oxyproteinsäure, waren vor der Hydrolyse bedeutend reicher an formoltitrierbaren Aminogruppen als die dritte. Dies deutet darauf hin, daß diese zwei Säuren ihre Entstehung einer tieferen Spaltung des Eiweißes als die Alloxyproteinsäure zu verdanken haben. Bemerkenswert ist jedenfalls die große Menge von freien Aminogruppen, welche namentlich in der Oxyproteinsäure vorkommt und welche 38,8 p. c. ihres Gesamtstickstoffes betrug. *Stickstoff der Oxyproteinsäuren.*

Die Darstellung der drei erstgenannten Säuren basiert zum Teil darauf, daß nur die Alloxyproteinsäure von Bleiessig gefällt wird und daß die zwei anderen Säuren aus dem Filtrate mit Quecksilberazetat gefällt werden können, die Antoxyproteinsäure bei essigsaurer, die Oxyproteinsäure dagegen bei neutraler Reaktion. Die Darstellung ist jedoch eine sehr mühsame und umständliche, und es muß deshalb bezüglich derselben auf die Originalarbeit[4]) hingewiesen werden.

Uroferrinsäure ist eine von THIELE[5]), nach der SIEGFRIEDschen Methode zur Reindarstellung der Peptone, aus dem Harne isolierte Säure, welche ebenfalls Schwefel — 3,46 p. c. — enthält, und deren Formel $C_{35}H_{56}N_8SO_{19}$ sein soll. Die Säure stellt ein weißes Pulver dar, welches in Wasser, gesättigter Ammoniumsulfatlösung und Methylalkohol leicht löslich ist. Sie ist schwerlöslich in absolutem Alkohol, unlöslich in Benzol, Chloroform, Äther und Essigäther. Etwa die Hälfte des Schwefels kann durch Sieden mit Chlorwasserstoffsäure als Schwefelsäure abgespaltet werden. Die Säure gibt weder die Biuretreaktion noch die Reaktionen von MILLON oder ADAMKIEWICZ. Von Quecksilbernitrat und -sulfat und ebenso von Phosphorwolframsäure wird sie reichlich gefällt. Die Säure ist sechsbasisch, ihre spez. Drehung bei $+ 18^0$ C war $(a) D = - 32,5^0$. Als Spaltungsprodukte wurden Melaninsubstanzen, Schwefelsäure und Asparaginsäure aber keine Hexonbasen erhalten. Die Existenz dieser Säure ist von BONDZYNSKI, DOMBROWSKI und PANEK in Zweifel gezogen worden. Die Untersuchungen von GINSBERG sprechen ebenfalls insoferne nicht zugunsten des Vorkommens einer solchen Säure als er bei Hydrolyse des Oxyproteinsäuregemenges keine Schwefelsäure abspalten konnte. *Uroferrinsäure.*

Methoden zur quantitativen Bestimmung der gesamten Oxyproteinsäuren sind von GINSBERG und von GAWINSKI[6]) ausgearbeitet worden. Nach ihren Bestimmungen beträgt beim Menschen bei gemischter Kost der Oxyproteinsäurestickstoff 3—6,8 p. c. von dem Gesamtstickstoffe und bei Milchdiät sinkt er auf etwa die Hälfte herab (GAWINSKI). Beim Hunde beträgt er 2 p. c. von dem Gesamtstickstoffe (GINSBERG). In Krankheiten kann er steigen und in Fällen von Typhus stieg er auf 14,69 p. c. (GAWINSKI). Bei der Phosphorvergiftung ist auch nach mehreren einstimmigen Beobachtungen diese Stick- *Menge der Oxyproteinsäuren.*

---

[1]) Ber. d. d. chem. Gesellsch. **35**. [2]) Zeitschr. f. physiol. Chem. **52**. [3]) Zeitschr. f. physiol. Chem. **77**. [4]) Zeitschr. f. physiol. Chem. **46, 83**. [5]) Ebenda **37**. [6]) GAWINSKI, Zeitschr. f. physiol. Chem. **58**; GINSBERG, HOFMEISTERs Beiträge **10**; R. SASSA, Bioch. Zeitschr. **64**.

stofffraktion wesentlich erhöht. Die Oxyproteinsäuren betrachtet man, wie oben bemerkt, als intermediäre Produkte des Eiweißstoffwechsels, und nach GAWINSKI geht die Ausscheidung ihres Stickstoffes der Ausscheidung des neutralen Schwefels derart parallel, daß dieser Schwefel als annäherndes Maß ihrer Ausscheidungsgröße dienen kann.

Polypeptide. ABDERHALDEN und PREGL [1]) haben gezeigt, daß im Menschenharne normalerweise Verbindungen vorkommen, welche vielleicht zu den Polypeptiden in naher Beziehung stehen und welche bei der Hydrolyse durch Säuren wenigstens einen Teil der im Eiweißmoleküle vorhandenen Bausteine — in dem untersuchten Falle reichlich Glykokoll, ferner Leuzin, Alanin, Glutaminsäure, Phenylalanin und wahrscheinlich auch Asparaginsäure — liefern. In welcher Beziehung diese polypeptidähnlichen Stoffe zu den oben genannten Proteinsäuren und der Uroferrinsäure stehen, ist noch nicht untersucht worden; die Proteinsäuren sollen jedoch nach P. GLAGOLEW polypeptidartige Stoffe sein.

Formoltitrierbarer Stickstoff. HENRIQUES und SÖRENSEN [2]) haben weitere Beweise für das Vorkommen von Stickstoff in Peptidbindung im Harne geliefert. Durch Formoltitrierung haben sie gezeigt, daß im normalen Harne Aminosäurestickstoff vorkommt, wobei indessen zu beachten ist, daß sie als Aminosäurestickstoff nicht nur den in etwa vorhandenen Aminosäuren vorkommenden Stickstoff, sondern auch den direkt formoltitrierbaren Harnstickstoff überhaupt, also auch den titrierbaren Aminostickstoff in Oxyproteinsäuren, Polypeptiden oder mehr komplizierten Eiweißabkömmlingen bezeichnen. Sie haben weiter gezeigt, daß nach Sieden mit Säure die Menge des formoltitrierbaren Stickstoffes vermehrt ist, und dieses Plus, welches beim Menschen 8,9—28,3 p. c. von dem gesamten Aminosäurestickstoff betragen kann, bezeichnen sie als peptidgebundenen Stickstoff. Über die Art und Weise, wie die Formoltitrierung im Harne unter Berücksichtigung des vorhandenen Ammoniaks ausgeführt wird, liegt eine reichliche Literatur vor [3]).

Aminosäuren. Aminosäuren können, wenn sie in größeren Mengen in den Körper eingeführt werden, auch zum Teil in den Harn übergehen, was zuerst für das r-Alanin von R. HIRSCH für den Hund, von PLAUT und REESE für Hund und Mensch, von ABDERHALDEN und SAMUELY [4]) für das razemische Leuzin beim Kaninchen und dann auch von anderen für verschiedene Aminosäuren nachgewiesen worden ist. EMBDEN und REESE, FORSSNER, ABDERHALDEN und SCHITTENHELM, SAMUELY, EMBDEN und MARX [5]) konnten mittels der Naphthalinsulfochloridmethode Glykokoll im normalen Menschenharne nachweisen. Im normalen Menschenharne sind sonst, abgesehen von dem Glykokoll, trotz zahlreicher Untersuchungen Aminosäuren nicht oder höchstens nur spurenweise direkt nachgewiesen worden, während man dagegen unter pathologischen Verhältnissen solche mehrmals gefunden hat. Die quantitative Bestimmung der Aminosäuren geschieht durch Formoltitrierung nach HENRIQUES und SÖRENSEN (vgl. Fußnote 3).

Adialysable Stoffe. In dem Harne kommen auch schwer oder nicht dialysierende Substanzen, die sog. adialysablen Stoffe, vor. Zum Teil bestehen sie aus Chondroitinschwefelsäure, deren Tagesmenge nach PONS 0,08—0,09 g betragen soll, und ferner aus Nukleinsäure, ein wenig Harnsäure, tierischem Gummi, Mukoid, den kolloidalen stickstoffhaltigen Stoffen (nach SALKOWSKI, vgl. S. 595) und aus unbekannten Stoffen. SASAKI fand im normalen Harne 0,218—0,68 g solche Stoffe pro 1 Liter; EBBECKE fand 1,44 g bei Männern. Bei schwangeren Frauen fand SAVARÈ etwas höhere Werte (0,6 g im Liter) als bei Nichtschwangeren (0,4 g). Die Menge ist gesteigert im Fieber, bei Pneumonie, Diabetes, Karzinom, bei Nephritis und besonders bei Epilepsie und Eklampsie, wo SAVARÈ [6]) in einem Falle sogar 13,84 g pro Liter fand. Die bei Epilepsie und Eklampsie auftretenden adialysablen Stoffe sollen giftig wirken.

Phosphorhaltige Substanzen. Phosphorhaltige organische Verbindungen, wie Glyzerinphosphorsäure, Phosphorfleischsäure (?) u. a., welche beim Schmelzen mit Salpeter und Alkali Phosphorsäure geben, finden sich auch im Harne (LÉPINE und EYMONNET, OERTEL). Bei einer Ausscheidung von täglich ungefähr 2,0 g Gesamt-P_2O_5 werden nach OERTEL im Mittel etwa 0,05 g P_2O_5 als organisch gebundener Phosphor ausgeschieden. Nach KONDO wird die Menge der fraglichen phosphorhaltigen Verbindungen durch Aufnahme von Phosphatiden und Nukleinen vermehrt, aber nicht in so hohem Grade wie die Menge der

---

[1]) Zeitschr. f. physiol. Chem. **46.** [2]) HENRIQUES, Zeitschrift f. physiol. Chem. **60**; HENRIQUES u. SÖRENSEN ebenda **63** u. **64.** [3]) Vgl. HENRIQUES u. SÖRENSEN l. c.; MALFATTI, Zeitschr. f. physiol. Chem. **61** u. **66**; DE JAGER ebenda **62** u. **65**; W. FREY u. GIGON, Bioch. Zeitschr. **22.** [4]) RAHEL HIRSCH, Zeitschr f. exp. Path. u. Ther. **1**; PLAUT u. REESE, HOFMEISTERS Beiträge **7**; ABDERHALDEN u. SAMUELY, Zeitschr. f. physiol. Chem. **47.** [5]) Literatur bei SAMUELY l. c. und A. MARX, HOFMEISTERS Beiträge **11.** [6]) CH. PONS, HOFMEISTERS Beiträge **9**; K. SASAKI ebenda **9**; M. SAVARÈ ebenda **9** u. **11**; U. EBBECKE, Bioch. Zeitschrift **13.**

Phosphorsäure. Nach SYMMERS[1]) kann in vielen pathologischen Zuständen der organisch gebundene Phosphor (als Säure) 25—50 p. c. der gesamten Phosphorsäure betragen. Bei lymphatischer Leukämie und ganz besonders bei degenerativen Krankheiten des Nervensystemes steigt ihre Menge.

Enzyme verschiedener Art hat man aus dem Harne isoliert. Als solche werden allgemein Pepsin, diastatisches Enzym und Lipase angegeben. Über das Vorkommen von Trypsin sind die Angaben etwas abweichend; aber meistens hat man negative Resultate erhalten. HEDIN und Mitarbeiter[2]) haben im normalen Menschenharn eine wie Erepsin wirkende, sekundäre und daneben bisweilen Spuren von einer mehr trypsinähnlichen, primären Protease gefunden. Die letztere kam dagegen in ziemlicher Menge in eiweißhaltigem Harne vor. Enzyme.

Muzin. Die Nubecula besteht, wie K. MÖRNER[3]) gezeigt hat, aus einem Mukoid, welches 12,74 p. c. N und 2,3 p. c. S enthält. Dieses Mukoid, welches anscheinend von den Harnwegen stammt, kann auch in sehr geringer Menge in den Harn in Lösung übergehen. Über die Natur des im Harne sonst angeblich vorkommenden Muzins und Nukleoalbumins vgl. man unten (pathol. Harnbestandteile). Muzin.

Harngifte oder mehr oder weniger giftig wirkende Substanzen, teilweise unbekannter Art, welche oft als alkaloidähnliche Substanzen bezeichnet werden, kommen, wie schon aus älteren Untersuchungen (POUCHET, BOUCHARD, ADUCCO u. a.) hervorging, wie aber namentlich spätere Untersuchungen von KUTSCHER, LOHMANN und ENGELAND gezeigt haben, im normalen Harne vor. Zu dieser Gruppe gehören das von DE FILIPPI und später von K. BAUER nachgewiesene Trimethylamin, welches von den Phosphatiden stammt; ferner die von KUTSCHER, wie von KUTSCHER und LOHMANN gefundenen Basen Methylguanidin (auch von ACHELIS gefunden), Dimethylguanidin, Novain (schon von DOMBROWSKI gefunden), Reduktonovain $C_7H_{17}NO_2$; Gynesin, $C_{10}H_{23}N_2O_3$ (aus Frauenharn), Mingin $C_{13}H_{18}N_2O_2$, Vitiatin (Kapitel 11) und das Methylpyridinchlorid, welches wahrscheinlich von den Phenolen im Kaffeetrinken herrührt; ferner die von KUTSCHER und ENGELAND gefundenen Imidazolderivate Histidin und Imidazolaminoessigsäure, und endlich auch das Urohypertensin und Urohypotensin von ABELOUS und E. BARDIER[4]). Harngifte
und andere
Stoffe.

Unter pathologischen Verhältnissen kann, wie man annimmt, die Menge solcher Harnbestandteile vermehrt sein und auch andere Stoffe entstehen (BOUCHARD, LÉPINE und GUERIN, VILLIERS, GRIFFITHS, ALBU u. a.). Unter anderen hat besonders BOUCHARD die giftigen Eigenschaften des Harnes zum Gegenstand mehr eingehender Untersuchungen gemacht. Er hat dabei gefunden, daß der Nachtharn weniger giftig als der Tagesharn ist und daß die giftigen Bestandteile im Tages- und Nachtharne nicht dieselben Wirkungen haben. Um die Giftigkeit des Harnes unter verschiedenen Verhältnissen vergleichen zu können, bestimmt BOUCHARD den urotoxischen Koeffizienten und als solchen bezeichnet er das Gewicht der Kaninchen in Kilo, welches durch die vom Kilo Körpergewicht des Versuchsindividuums in 24 Stunden entleerte Harnmenge getötet wird.

Diejenigen Stoffe, welche den Geruch des normalen Harnes bedingen, sind nicht näher bekannt. Als das Geruchsprinzip des Harnes bezeichnen W. M. DEHN und F. A. HARTMAN[5]) ein nach Zusatz von Schwefelsäure und Destillation erhaltenes hellgelbes, in Wasser unlösliches Öl, welches sie Urinod nennen und die Formel C_8H_8O haben soll. In irgend einer Beziehung zu dem Urinod steht vielleicht das von W. MOOSER[6]) als Urogon bezeichnete Öl STÄDELERS, welches das Kresol des Rinderharnes begleitet und zum Unterschied von den Phenolen in Alkalien nicht löslich sein soll. Die Formel des Urogons ist nach MOOSER C_7H_8O. Das Urogon, welches auch in geringer Menge im Menschenharn, in größter Menge im Harne von Herbivoren und in kleinster Menge in dem der Karnivoren vorkommt, ist nach E. FRICKE[7]) und auch nach R. J. ANDERSON[8]) von der Art der Ernährung abhängig. Nach ANDERSON besteht es größtenteils aus Parakresol, enthält aber daneben ein phenolartige, ölartige Substanz, die beim Menschen die Zusammensetzung $C_7H_{12}O$ hat und von der Nahrung stammt. Urinod und
Urogon.

In Tierharnen hat man mehrere, in Menschenharnen nicht gefundene Stoffe beobachtet. Zu diesen gehören: die schon oben besprochene Kynurensäure, die im Hundeharne ebenfalls gefundene Urokaninsäure, welche nach A. HUNTER Imidazolakryl-

---

[1]) OERTEL, Zeitschr. f. physiol. Chem. **26**, wo auch die Arbeiten anderer zitiert sind; K. KONDO, Bioch. Zeitschr. **28**; SYMMERS, Bioch. Zentralbl. **3**, 617. [2]) Über Trypsin im Harne vgl. man F. JOHANSSON, Zeitschr. f. physiol. Chem. **85**, wo man die Literatur findet; HEDIN mit Y. MASAI ebenda **100**; vgl. ferner HEDIN ebenda **104** und Arch. Neerl. d. Physiol., PEKELHARING-Festschr. 1918. [3]) Skand. Arch. f. Physiol. **6**. [4]) Ausführlicheres über Harngifte findet man bei HUPPERT-NEUBAUER, Harnanalyse und bei C. NEUBERG, Der Harn usw., Berlin 1911, wo man auch reichliche Literaturangaben findet. [5]) Journ. of Amer. Chem. Soc. **36**. [6]) Zeitschr. f. physiol. Chem. **63**. [7]) PFLÜGERS Arch. **156**. [8]) Journ. of biol. Chem. **26**.

Tierharne. säure sein soll, die aus Kuhharn bei der Destillation erhaltenen Säuren, Damalur- und Damolsäure — nach SCHOTTEN [1]) wahrscheinlich ein Gemenge von Benzoesäure mit flüchtigen Fettsäuren — und die in Harnkonkrementen gewisser Tiere gefundene Lithursäure.

III. Anorganische Bestandteile des Harnes.

Chloride. Das im Harne vorkommende Chlor ist zweifelsohne auf sämtliche in diesem Exkrete enthaltene Basen verteilt; die Hauptmasse desselben
Chloride. betrachtet man jedoch als an Natrium gebunden. In Übereinstimmung hiermit drückt man auch allgemein die Menge des Chlors im Harne in NaCl aus.

Die Frage, ob ein Teil des im Harne enthaltenen Chlors in organischer Bindung vorkommt, wie BERLIOZ und LEPINOIS behaupteten, ist noch streitig [2]).

Der Gehalt des Harnes an Chlorverbindungen unterliegt bedeutenden Schwankungen. Im allgemeinen berechnet man jedoch denselben für einen gesunden, erwachsenen Mann bei gemischter Kost zu 10—15 g NaCl pro 24 Stunden. Auf die Menge des Kochsalzes im Harne wirkt vor allem der
Menge des Salzgehalt der Nahrung ein, mit welchem die Chlorausscheidung zu- und
Chlor-natriums abnimmt. Reichliches Wassertrinken steigert auch die Chlorausscheidung,
m Harne. welche angeblich während der Arbeit größer als in der Ruhe (während der Nacht) sein soll. Gewisse organische Chlorverbindungen, wie z. B. Chloroform, können die Ausscheidung von anorganischen Chloriden durch den Harn steigern.

Bei Diarrhöen, bei schneller Bildung von größeren Transsudaten und Exsudaten wie auch bei akuten fieberhaften Krankheiten zur Zeit der Krise (Pneumonie) und bei Nephritis mit Neigung zu Ödembildung und Chlor-
Ausschei-dung in retention kann die Kochsalzausscheidung bedeutend herabgesetzt sein. In
Krank-heiten. Krankheiten im übrigen kann die Chlorausscheidung bedeutende Abweichungen von dem normalen Verhalten zeigen; hier wie im physiologischen Zustande übt jedoch die Kochsalzaufnahme mit der Nahrung den größten Einfluß auf die NaCl-Ausscheidung aus.

Die quantitative Bestimmung des Chlors im Harne geschieht am einfachsten durch Titration mit Silbernitratlösung, wobei der Harn jedoch weder Eiweiß (welches, wenn es vorkommt, durch Koagulation entfernt werden muß), noch Jod- bzw. Bromverbindungen enthalten darf.

Bei Gegenwart von Bromiden oder Jodiden verdunstet man eine abgemessene Menge Harn zur Trockne, verbrennt den Rückstand mit Salpeter und Soda, löst die
Bromide Schmelze in Wasser und entfernt das Jod oder Brom durch Zusatz von verdünnter
nd Jodide Schwefelsäure und etwas Nitrit und vollständiges Ausschütteln mit Schwefelkohlenstoff.
m Harne. In der so behandelten Flüssigkeit kann man dann nach der VOLHARDschen Methode mit Silbernitrat die Chloride titrieren. Die Menge der Bromide oder Jodide berechnet man als Differenz aus der Menge Silbernitratlösung, welche zur Titration dieser Lösung der Schmelze einerseits und des entsprechenden Volumens des ursprünglichen Harnes andererseits verbraucht worden ist.

Die sonst ausgezeichnete Titriermethode von Mohr, nach welcher mit Silbernitrat in neutraler Flüssigkeit mit neutralem Kaliumchromat als Indikator titriert wird, kann bei genauen Arbeiten im Harne direkt zur Anwendung
Mohrsche kommen. Es werden nämlich von dem Silbersalze auch organische Harnbestand-
Titrier-methode. teile ausgefällt, und die Zahlen für das Chlor fallen infolge hiervon etwas zu hoch aus. Will man nach dieser Methode arbeiten, so müssen deshalb auch die organischen Harnbestandteile zuerst durch Einäschern unter Zusatz von chlorfreiem Salpeter unschädlich gemacht werden.

---

[1]) A. HUNTER, Journ. of biol. Chem. 11; SCHOTTEN, Zeitschr. f. physiol. Chem. 7.
[2]) BERLIOZ u. LEPINOIS, vgl. Chem. Zentralbl. 1894; vgl. unter neueren Arbeiten O. BAUM-GARTEN, Zeitschr. f. exp. Path. u. Ther. 5 und A. T. CAMERON u. M. S. HOLLENBERG, Journ. of biol. Chem. 44.

Nach Bang und Larsson [1]) kann man die störenden, mit $AgNO_3$ reagierenden Substanzen durch Schütteln des Harnes mit Blutkohle entfernen. Der Wert dieses Verfahrens wird aber dadurch wesentlich vermindert, daß nicht jedes Blutkohlenpräparat brauchbar ist, und daß man infolgedessen erst eine besondere Untersuchung der Blutkohle ausführen muß.

Die Silbernitratlösung kann eine $\frac{n}{10}$-Lösung sein. Oft gibt man ihr aber eine solche Stärke, daß je 1 ccm 0,006 g Cl bzw. 0,010 g NaCl entspricht. In diesem letztgenannten Falle enthält die Lösung 29,075 g $AgNO_3$ im Liter.

Modifikationen der Mohrschen Methode sind von Freund und Toepfer wie auch von Bödtker [2]) angegeben worden.

Die Methode von Volhard. Statt der vorhergehenden benutzt man allgemein die Volhardsche Methode, welche im Harne direkt zur Verwendung kommen kann. Das Prinzip dieser Methode ist folgendes. Aus dem mit Salpetersäure angesäuerten Harne fällt man alles Chlor mit überschüssigem Silbernitrat aus, filtriert ab und bestimmt in einem abgemessenen Teil des Filtrates mit Rhodanalkalilösung die Menge des überschüssig zugesetzten Silbersalzes. Dieses letztere wird von der Rhodanlösung vollkommen gefällt, und als Indikator benutzt man dabei eine Lösung von Ferrisalz, welches bekanntlich mit der kleinsten Menge Rhodan eine von Eisenrhodanid rotgefärbte Flüssigkeit gibt. Volhardsche Titriermethode.

Zu dieser Titrierung sind erforderlich: 1. Eine Silbernitratlösung, welche 29,075 g $AgNO_3$ im Liter enthält und von welcher also 1 ccm 0,010 g NaCl oder 0,00607 g Cl entspricht; 2. eine bei Zimmertemperatur gesättigte Lösung von chlorfreiem Eisenalaun oder Ferrisulfat; 3. chlorfreie Salpetersäure von dem spez. Gewichte 1,2 und 4. eine Rhodankaliumlösung, welche 8,3 g KCNS im Liter enthält und von welcher 2 ccm also 1 ccm der Silbersalzlösung entsprechen. Erforderliche Lösungen.

Man löst etwa 9 g Rhodankalium in Wasser und verdünnt zum Liter. Den Gehalt dieser Lösung an KCNS bestimmt man darauf mit der Silbernitratlösung in folgender Weise. Von der Silbersalzlösung mißt man 10 ccm ab, setzt dann 5 ccm Salpetersäure und 1—2 ccm Ferrisalzlösung zu und verdünnt mit Wasser zu etwa 100 ccm. Hierauf läßt man unter stetigem Umrühren die Rhodanlösung aus der Bürette zufließen, bis eine nach Umrühren nicht verschwindende schwache Rotfärbung der Flüssigkeit eintritt. Dem in dieser Weise gefundenen Gehalte an Rhodanalkali entsprechend wird die Rhodanlösung darauf mit Wasser verdünnt. Man titriert noch einmal mit 10 ccm $AgNO_3$-Lösung und korrigiert die Rhodanlösung durch vorsichtigen Wasserzusatz, bis 20 ccm derselben genau 10 ccm der Silberlösung entsprechen. Bereitung und Prüfung der Rhodanlösung.

Bei Chlorbestimmungen im Harne nach dieser Methode verfährt man auf folgende Weise. In einem mit eingeschliffenem Glasstöpsel versehenen Kolben, welcher bis zu einer bestimmten Marke am Halse 100 ccm faßt, läßt man erst genau 10 ccm Harn einfließen, fügt dann 5 ccm Salpetersäure hinzu, verdünnt mit etwa 50 ccm Wasser und läßt dann genau 20 ccm der Silbernitratlösung hinzufließen. Man schließt nun den Kolben mit dem Stöpsel, schüttelt stark um, spritzt den Stöpsel mit destilliertem Wasser über den Kolben ab und füllt diesen letzteren mit destilliertem Wasser bis zur Marke. Man verschließt nun wieder mit dem Stöpsel, mischt sorgfältig durch Schütteln und filtriert durch ein trockenes Filtrum. Von dem Filtrate mißt man mit einer trockenen Pipette 50 ccm ab, setzt 3 ccm der Ferrisalzlösung zu und läßt dann die Rhodanlösung vorsichtig zufließen, bis die über dem Niederschlage stehende Flüssigkeit eine bleibende rötliche Farbe angenommen hat. Die Berechnung ist sehr einfach. Wenn z. B. zur Erzeugung der Endreaktion 4,6 ccm Rhodanlösung verbraucht wurden, so sind also für 100 ccm Filtrat (= 10 ccm Harn) 9,2 ccm der derselben Lösung nötig. 9,2 ccm Rhodanlösung entsprechen aber 4,6 ccm Silberlösung, und es waren also zur vollständigen Ausfällung der Chloride in 10 ccm Harn 20—4,6 = 15,4 ccm Silberlösung erforderlich = 0,154 g NaCl. Der Gehalt des fraglichen Harnes an Chlornatrium war also 1,54 p. c. oder 15,4 p. m. Wenn man zu der Bestimmung stets 10 ccm Harn nimmt, immer 20 ccm $AgNO_3$-Lösung zusetzt und zu 100 ccm mit Wasser verdünnt, so Ausführung. Titrierung im Harne nac Volhards Methode.

[1]) Bioch. Zeitschr. 49. [2]) Freund u. Toepfer, Malys Jahresb. 22; Bödtker, Zeitschr. f. physiol. Chem. 20.

findet man, wenn man die auf 50 ccm Filtrat verbrauchten Kubikzentimeter Rhodanlösung (R) von 20 abzieht, direkt den Gehalt des Harnes an NaCl in 1000 Teilen. Der Gehalt an NaCl in p. m. ist also unter diesen ·Bedingungen

$$= 20 - R,\ \text{und der Prozentgehalt NaCl also}\ \frac{(20 - R)}{10}.$$

Wenn man es nötig findet, die organischen Harnbestandteile vor der Titrierung zu zerstören, kann man dies nach DEHN[1]) am einfachsten in der Weise erreichen, daß man den Harn (10 ccm) nach Zusatz von einem kleinen Löffel voll Natriumperoxyd auf dem Wasserbade zur Trockne verdampft, darauf mit Salpetersäure sehr schwach ansäuert und nach VOLHARD titriert. Die Verbrennung ist hierbei überflüssig.

Bestim-
nung nach
Ekehorn.

Zur approximativen Bestimmung der Menge der Chloride im Harne hat EKEHORN die VOLHARDsche Titriermethode benutzt, indem er zu der Bestimmung ein in halben ccm geteiltes, am einen Ende geschlossenes Rohr, von ihm Chlorometer genannt, verwendet. Die Reagenzlösungen sind flogende: a) Ein Gemenge von 20 ccm Silbernitratlösung (nach VOLHARD), 5 ccm Salpetersäure und Wasser bis zu 100 ccm und b) 40 ccm Rhodankalium-lösung (nach VOLHARD) und 60 ccm einer bei Zimmertemperatur gesättigten Lösung von chlorfreiem Eisenalaun. Die Silbernitratlösung, von der also je 1 ccm 0,002 gm NaCl entspricht, ist der Eisenrhodanidlösung äquivalent. In das gradierte Rohr kommen erst 2 ccm Harn und dann 0,5 ccm Rhodanidlösung, und darauf setzt man von der Silber-nitratlösung allmählich zu (unter Mischung in dem mit einem Kautschukstöpsel zu schließenden Rohre), bis zu eben verschwindender Färbung des Rhodanides. Für die 0,5 ccm Rhodanidlösung werden von der Silberlösung 0,5 ccm abgezogen; das Rohr ist aber in der Weise gradiert, daß der Gehalt des Harnes an NaCl in p. m. direkt am Rohre abgelesen wird. Der Unterschied von den bei Titrierung nach VOLHARD erhaltenen Zahlen beträgt nach C. TH. MÖRNER[2]) 0,25 bis höchstens 0,5 p. m.

Approxi-
mative
Schätzung
der Menge
der
Chloride.

Zur approximativen Schätzung der Menge der Chloride im Harne (welcher frei von Eiweiß sein muß) macht man sonst den letzteren stark sauer mit Salpetersäure und läßt dann in ihn einen Tropfen einer konzentrierten Silbernitratlösung (1 : 8) hineinfallen. Bei normalem Chlorgehalte sinkt der Tropfen als ein ziemlich kompaktes käsiges Klümpchen zum Boden. Je geringer der Chlorgehalt ist, um so weniger fest und kohärent wird die Fällung, und bei Gegenwart von nur sehr wenig Chlor erhält man einen weißen, fein-körnigen Niederschlag oder auch nur eine Trübung bzw. Opalisierung.

Phosphate. Die Phosphorsäure kommt, wie man allgemein annimmt, im sauren Harne teils als zweifach saures (primäres), MH_2PO_4, und teils als einfach saures (sekundäres), M_2HPO_4, Phosphat vor, welche beide Phosphate jedoch gleichzeitig im sauren Harne sich vorfinden können. Das Verhältnis der beiden Salze zueinander kann recht bedeutend wechseln; in dem sauren Harne kommt jedoch regelmäßig überwiegend das zweifach saure Salz vor und in vielen Fällen scheint der Harn fast nur zweifach saures Phosphat zu enthalten.

Phosphate.

Die totale Phosphorsäuremenge ist sehr schwankend und sie hängt von der Art und Menge der Nahrung ab. Im Mittel wird sie zu rund 2,5 à 3,5 g P_2O_5, mit Schwankungen von 1—5 g pro 24 Stunden angeschlagen. Gewöhnlichen-falls rührt die Phosphorsäure des Harnes nur zum kleinen Teil von innerhalb des Organismus verbrannten organischen Verbindungen, Nuklein und Phos-phatiden, her. Bei einseitiger Zufuhr von nukleinreichen oder pseudonuklein-reichen Substanzen kann dagegen ihre Menge wesentlich vermehrt werden; doch bleibt es noch unentschieden, in welchem Grade die Phosphorsäureaus-scheidung als Maß für die Resorption und Zersetzung solcher Stoffe dienen kann[3]). Die Hauptmasse der ausgeschiedenen Phosphorsäure stammt jeden-falls von den Phosphaten der Nahrung her, und die Menge der ausgeschiedenen Phosphorsäure ist am größten, wenn die Nahrung reich an Alkaliphosphaten im Verhältnis zu der Menge des Kalkes und der Magnesia ist. Enthält die Nahrung viel Kalk und Magnesia, so können reichliche Mengen von Erdphos-

---

[1]) Zeitschr. f. physiol. Chem. 44. [2]) EKEHORN, Hygiea, Stockholm 1906; MÖRNER, Upsala Läkaref Förh. (N. F.) 11. [3]) Vgl. hierüber u. a. GUMLICH, Zeitschr. f. physiol. Chem. 18; ROOS ebenda 21; WEINTRAUD, Arch. f. (Anat. u.) Physiol. 1895; MILROY u. MALCOLM, Journ. of Physiol. 23; RÖHMANN u. STEINITZ, PFLÜGERS Arch. 72; LOEWI, Arch. f. exp. Path. u. Pharm. 44 u. 45.

phaten mit den Exkrementen ausgeschieden werden, und trotz einer nicht unbedeutenden Menge Phosphorsäure in der Nahrung wird in diesem Falle der Phosphorsäuregehalt des Harnes gering. Dies gilt jedenfalls in erster Linie für den Fleischfresser, bei welchem die Niere das Hauptorgan für die Ausscheidung der Alkaliphosphate ist. Beim Menschen scheint nach EHRSTRÖM der Kalkgehalt der Nahrung keine so bedeutende Rolle zu spielen, indem nämlich in seinen Versuchen etwa die Hälfte der als $CaHPO_4$ eingenommenen Phosphorsäure zur Resorption kam; doch hängt auch beim Menschen die Größe der Phosphorsäureausscheidung durch den Harn nicht nur von der Totalmenge der Phosphorsäure in der Nahrung, sondern auch von dem relativen Mengenverhältnis der alkalischen Erden und der Alkalisalze in der Nahrung ab. Bei Pflanzenfressern, bei welchen auch das subkutan injizierte Phosphat durch den Darm ausgeschieden wird (BERGMANN), ist der Harn regelmäßig arm an Phosphaten [1]).

(Randnotiz:) Ausscheidung von Phosphaten durch den Harn.

Da die Größe der Phosphorsäureausscheidung am meisten von der Beschaffenheit der Nahrung und der Resorption der Phosphate aus dem Darme abhängt, ist es zu erwarten, daß die Phosphorsäure- und Stickstoffausscheidung im allgemeinen nicht parallel gehen sollen. Dem ist auch so, wie die Erfahrungen vieler Forscher zeigen, und nach EHRSTRÖM hat der Organismus die Fähigkeit während verhältnismäßig langer Zeit große Phosphormengen aufzustapeln, unabhängig von dem Verhalten der Stickstoffbilanz. Bei einer bestimmten gleichmäßigen Ernährung kann jedoch die Relation zwischen Stickstoff- und Phosphorsäure im Harne annähernd konstant sein. Dies ist z. B. der Fall bei ausschließlicher Fütterung mit Fleisch, wobei, wie VOIT [2]) an Hunden beobachtet hat, wenn der Stickstoff und die Phosphorsäure (P_2O_5) der Nahrung genau im Harn und Kot wiedererscheinen, die obige Relation gleich 8,1:1 ist. Beim Hungern können, wie die Zusammenstellungen von K. TIGERSTEDT [3]) zeigen, die phosphorhaltigen Bestandteile des Körpers in größerer Menge als bei Zufuhr einer sehr phosphorarmen Nahrung zugrunde gehen. Beim Hungern wird übrigens die Relation $N:P_2O_5$ derart verändert, daß relativ mehr P_2O_5 als bei ausschließlicher Fleischfütterung ausgeschieden wird, was darauf hindeutet, daß hierbei außer Fleisch und verwandten Geweben auch ein anderes phosphorsäurereiches Gewebe reichlich zerfällt. Dieses Gewebe ist, wie die Hungerversuche lehrten, das Knochengewebe. Angestrengte Muskelarbeit soll nach PREYSZ, OLSAVSZKY, KLUG, J. MUNK und MAILLARD [4]) die Phosphorsäureausscheidung bedeutend vermehren können.

(Randnotiz:) Ausscheidung von Phosphaten und Stickstoff.

Da die Phosphorsäure zum Teil von den Nukleinen stammt, hätte man in Krankheiten, in welchen die Ausscheidung der Purinkörper vermehrt ist, auch eine vermehrte Phosphorsäureausscheidung zu erwarten. Dies ist indessen wenigstens nicht immer der Fall, und man hat sogar Fälle von gesteigerter Purinkörperausfuhr mit verminderter Phosphorsäureausscheidung beobachtet. Es sind ebenfalls Fälle von Leukämie beobachtet worden, in welchen trotz bedeutender Vermehrung der Leukozyten die Phosphorsäureausscheidung herabgesetzt war. In solchen Fällen kann es um eine verspätete Ausscheidung der Phosphorsäure oder eine Retention derselben sich handeln. Das letztere soll übrigens auch in fieberhaften Krankheiten und bei Nierenleiden vorkommen können. Der Harn hat bisweilen auch die Neigung, spontan oder beim Erwärmen einen Niederschlag von Erdphosphaten abzusetzen, was man als

(Randnotiz:) Phosphorsäure und Krankheiten.

[1]) EHRSTRÖM, Skand. Arch. f. Physiol. 14; BERGMANN, Arch. f. exp. Path. u. Pharm. 47. [2]) Physiologie des allgemeinen Stoffwechsels und der Ernährung in L. HERMANNS Handb. 6, Teil 1, S. 79. [3]) Skand. Arch. f. Physiol. 16. [4]) PREYSZ, vgl. MALYS Jahresb. 21; OLSAVSZKY u. KLUG, PFLÜGERS Arch. 54; MUNK, Arch. f. (Anat. u.) Physiol. 1895; MAILLARD, Journ. de Physiol. et de Path. 10 u. 11.

Phosphaturie bezeichnet hat. Es handelt sich hierbei um eine verminderte Azidität und, wie es scheint, um eine verminderte Ausscheidung von Phosphorsäure und eine vermehrte Kalkausscheidung oder jedenfalls um eine von der gewöhnlichen wesentlich abweichende Relation zwischen Phosphorsäure und alkalischen Erden im Harne.

Quantitative Bestimmung der Gesamtphosphorsäure im Harne. Diese Bestimmung geschieht am einfachsten durch Titrierung mit einer Lösung von essigsaurem Uranoxyd. Das Prinzip dieser Titrierung ist folgendes. Eine warme, freie Essigsäure enthaltende Lösung eines phosphorsauren Salzes gibt mit einer Lösung eines Uranoxydsalzes einen weißgelben oder grünlich-gelben Niederschlag von phosphorsaurem Uranoxyd. Dieser Niederschlag ist unlöslich in Essig-

Prinzip der Titrierung. säure, wird aber von Mineralsäuren gelöst, und aus diesem Grunde setzt man bei der Titrierung immer Natriumazetatlösung in bestimmter Menge zu. Als Indikator benutzt man gelbes Blutlaugensalz, welches nicht auf den Uranphosphatniederschlag einwirkt, mit der geringsten Menge eines löslichen Uranoxydsalzes dagegen eine rotbraune Fällung oder Färbung gibt. Die zu der fraglichen Titrierung erforderlichen Lösungen sind also: 1. eine Lösung eines Uranoxydsalzes, von welcher Lösung je 1 ccm 0,005 g P_2O_5 entspricht, und welche also 20,3 g Uranoxyd im Liter enthalten muß. 20 ccm dieser Lösung entsprechen also 0,100 g P_2O_5; 2. eine Lösung von Natriumazetat und 3. eine frisch bereitete Lösung von Ferrozyankalium.

Bereitung der Uranlösung. Die Uranlösung bereitet man sich aus Urannitrat oder Uranazetat. Man löst etwa 35 g essigsaures Uranoxyd in Wasser, setzt etwas Essigsäure zu, um vollständige Lösung zu erzielen, und verdünnt zum Liter. Den Gehalt der Lösung ermittelt man durch Titration mittels einer Natriumphosphatlösung von genau bekanntem Gehalte (10,085 g kristallisiertes Salz im Liter, was einem Gehalte von 0,100 g P_2O_5 in 50 ccm gleich ist). Man verfährt hierbei in derselben Weise wie bei der Titrierung im Harne (vgl. unten) und korrigiert die Lösung durch Verdünnung mit Wasser und neues Titrieren, bis 20 ccm der Uranlösung genau 50 ccm der obigen Phosphatlösung entsprechen.

Die Natriumazetatlösung soll in 100 ccm 10 g Natriumazetat und 10 g Acidum aceticum concentratum enthalten. Zu jeder Titrierung nimmt man von dieser Lösung 5 ccm auf je 50 ccm Harn.

Ausführung der Titrierung. Bei der Ausführung der Titration mißt man in ein Becherglas 50 ccm des filtrierten Harnes ab, setzt 5 ccm der Natriumazetatlösung zu, bedeckt das Becherglas mit einem Uhrgläschen und erwärmt im Wasserbade. Hierauf läßt man die Uranlösung aus der Bürette zufließen, und wenn der Niederschlag nicht mehr sich merkbar vermehrt, läßt man einen herausgenommenen Tropfen auf einer Porzellanplatte mit einem Tropfen Blutlaugensalzlösung zusammenfließen. So lange noch zu wenig Uranlösung zugesetzt worden ist, bleibt die Farbe hierbei nur blaßgelb, und man muß mehr Uranlösung zusetzen; sobald man aber den geringsten Überschuß von Uranlösung zugesetzt hat, wird die Farbe schwach rötlich braun. Hat man diesen Punkt erreicht, so erwärmt man von neuem und wiederholt die Prüfung mit einem neuen Tropfen. Erhält man auch diesmal eine Färbung von derselben Stärke wie die Endreaktion bei der Titerstellung, so ist die Titration beendigt. Widrigenfalls setzt man die Uranlösung tropfenweise zu, bis eine nach erneuertem Erwärmen bleibende Färbung hervortritt, und wiederholt dann den Versuch mit neuen 50 ccm des Harnes. Die Berechnung ist so einfach, daß es überflüssig ist, dieselbe durch ein Beispiel zu beleuchten.

Einfacher wird die Titrierung, wenn man als Indikator Cochenilletinktur (25—30 p. c. Alkohol) verwendet, deren rote Farbe durch den geringsten Überschuß von Uransalz in Grün umschlägt. Man versetzt das Harnnatriumazetatgemenge mit 0,5 ccm Cochenilletinktur und titriert wie oben bis die Flüssigkeit schwach aber bleibend grüngefärbt wird.

Auf die nun angegebene Weise bestimmt man die Gesamtmenge der Phosphorsäure im Harne. Will man dagegen die an alkalischen Erden und die an Alkalien gebundene Phosphorsäure gesondert kennen lernen, so bestimmt man erst die gesamte Phosphorsäure in einer Harnportion und scheidet dann in einer anderen

Portion die Erdphosphate mit Ammoniak aus. Den Niederschlag sammelt man auf einem Filtrum, wäscht ihn aus, spült ihn mit Wasser in ein Becherglas hinab, setzt Essigsäure zu und löst ihn durch Erwärmen. Diese Lösung verdünnt man darauf mit Wasser zu 50 ccm, setzt 5 ccm Natriumazetatlösung hinzu und titriert wie oben mit Uranlösung. Die Differenz der in beiden Bestimmungen gefundenen Phosphorsäuremengen gibt die Menge der an Alkalien gebundenen Phosphorsäure an. Die Resultate fallen indessen nicht ganz genau aus, weil bei der Ausfällung mit Ammoniak eine teilweise Umsetzung der Monophosphate der Erdalkalien und auch des Kalziumdiphosphates zu Triphosphaten der Erdalkalien und Ammoniumphosphat geschieht, wodurch das Verhältnis zugunsten der an Alkalien gebundenen, in Lösung bleibenden Phosphorsäure etwas verändert wird.

Gesonderte Bestimmung der an Alkalien und Erden gebundener Phosphorsäure.

Sulfate. Die Schwefelsäure des Harnes rührt nur zum ganz kleinen Teil von Sulfaten der Nahrung her. Zum unverhältnismäßig größten Teil entsteht sie bei der Verbrennung des schwefelhaltigen Eiweißes im Körper, und es ist hauptsächlich diese Schwefelsäurebildung aus dem Eiweiße, welche den oben besprochenen Überschuß von Säure, den Basen gegenüber, im Harne bedingt. Die Menge der durch den Harn ausgeschiedenen Schwefelsäure kann zu etwa 2,5 g H_2SO_4 pro 24 Stunden angeschlagen werden. Da die Schwefelsäure hauptsächlich aus dem Eiweiße stammt, geht auch die Schwefelsäureausscheidung der Stickstoffausscheidung ziemlich parallel, und das Verhältnis $N : H_2SO_4$ ist auch ziemlich regelmäßig $= 5 : 1$. Ein vollständiger Parallelismus ist nicht zu erwarten, weil einerseits ein Teil des Schwefels stets als neutraler Schwefel ausgeschieden wird und andererseits der (niedrige) Gehalt der verschiedenen Proteinstoffe an Schwefel relativ weit größere Abweichungen als der (hohe) Gehalt an Stickstoff zeigt. Im großen und ganzen gehen indessen sowohl unter normalen wie unter krankhaften Verhältnissen die Stickstoff- und Schwefelsäureausscheidung einander ziemlich parallel. Die Schwefelsäure kommt im Harne teils präformiert (als Sulfatschwefelsäure) und teils als Ätherschwefelsäure vor. Man bezeichnet allgemein jene als A- und diese als B-Schwefelsäure.

Sulfate im Harne.

Die Menge der Gesamtschwefelsäure bestimmt man, unter Beobachtung der in ausführlicheren Handbüchern gegebenen Vorschriften, in der Weise, daß man 100 ccm des filtrierten Harnes nach Zusatz von 5 ccm konzentrierter Salzsäure 15 Minuten kocht, im Sieden mit 2 ccm gesättigter $BaCl_2$-Lösung fällt und dann noch einige Zeit erwärmt, bis das Baryumsulfat sich vollständig abgesetzt hat. Der Niederschlag muß nach dem Auswaschen mit Wasser auch mit Alkohol und Äther (zur Entfernung harzartiger Substanzen) gewaschen werden, bevor er nach den allgemein bekannten Vorschriften behandelt wird.

Bestimmung der Gesamt-schwefel-säure.

Zur getrennten Bestimmung der Sulfatschwefelsäure und der Ätherschwefelsäure kann folgendes, von SALKOWSKI [1] herrührendes Verfahren dienen: 200 ccm Harn fällt man mit dem gleichen Volumen einer Barytlösung, welche aus 2 Vol. Barythydrat- und 1 Vol. Chlorbaryumlösung, beide bei Zimmertemperatur gesättigt, besteht. Man filtriert durch ein trockenes Filtrum, mißt von dem Filtrate, welches nur die Ätherschwefelsäuren enthält, 100 ccm ab, setzt 10 ccm Salzsäure von dem spez. Gewicht 1,12 zu, kocht 15 Minuten und erwärmt dann auf dem Wasserbade, bis der Niederschlag sich vollständig abgesetzt hat und die darüberstehende Flüssigkeit vollständig klar geworden ist. Dann filtriert man, wäscht mit warmem Wasser, mit Alkohol und Äther und verfährt im übrigen nach den üblichen Vorschriften. Aus der Differenz zwischen der so gefundenen Ätherschwefelsäure und der in einer besonderen Harnportion bestimmten Gesamtschwefelsäure berechnet sich die Menge der Sulfatschwefelsäure.

Gesonderte Bestimmung der Sulfat- und der Äther-schwefel-säure.

Die Schwefelsäure kann auch nach dem Benzidinverfahren von O. ROSENHEIM und J. C. DRUMMOND [2] bestimmt werden, indem man sie mit Benzidin

---

[1] VIRCHOWS Arch. **79.** [2] Bioch. Journ. **8.**

ausfällt und dann auf die Fällung mit $\frac{n}{10}$ Lauge titriert. Es gibt auch mehrere andere, von dem gewöhnlichen Verfahren mehr oder weniger abweichende Vorschriften oder Methoden, wie das Verfahren von Folin[1]) und die mikrovolumetrische Bestimmungsmethode von HAMBURGER[2]), auf die hier hingewiesen wird.

Nitrate.
Nitrate kommen in geringer Menge im Menschenharne vor (SCHÖNBEIN) und sie stammen wahrscheinlich von dem Trinkwasser und der Nahrung her. Nach WEYL und CITRON ist ihre Menge am kleinsten bei Fleischkost und am größten bei vegetabilischer Nahrung; die Menge soll als Mittel etwa 42,5 mg im Liter sein. Die Untersuchungen von MITCHELL und Mitarbeitern[3]) ergaben innerhalb weiter Grenzen schwankende, in einzelnen Fällen bedeutend höhere Werte (145 mg in 750 ccm Harn), und nach ihnen kann die mit dem Harne ausgeschiedene Menge größer als die mit Nahrung und Getränken eingenommene sein.

Kalium und
Natrium.
Kalium und Natrium. Die von einem gesunden Erwachsenen bei gemischter Kost pro 24 Stunden mit dem Harne ausgeschiedene Menge dieser Stoffe ist nach SALKOWSKI[4]) 3—4 g K_2O und 5—8 g Na_2O, dürfte aber als Mittel auf etwa 2—3 bzw. 4—6 g geschätzt werden können. Das Verhältnis K:Na ist gewöhnlich wie 3:5. Die Menge hängt vor allem von der Nahrung ab. Beim Hungern kann der Harn nach und nach reicher an Kalium als an Natrium werden, was von dem Aufhören der Kochsalzzufuhr und dem Umsatze der kalireichen Gewebe herrührt. Im Fieber kann ebenfalls die Menge des Kaliums relativ bedeutend größer werden, während nach der Krise das Umgekehrte der Fall ist.

Die quantitative Bestimmung dieser Stoffe geschieht nach den in größeren Handbüchern angegebenen gewichtsanalytischen Methoden. Für die Bestimmung der Gesamtmenge der Alkalien haben PRIBRAM und GREGOR und für die des Kaliums allein AUTENRIETH und BERNHEIM[5]) neuere Methoden ausgearbeitet. Eine mikrovolumetrische Bestimmung des Kaliums rührt von HAMBURGER her[6]).

Bezüglich des Ammoniaks und seiner Bestimmung wird auf S. 549 hingewiesen.

Kalzium
und
Magnesium.
Kalzium und Magnesium kommen, wie man allgemein annimmt, zum unverhältnismäßig größten Teil als Phosphate im Harne vor. Die Menge der täglich ausgeschiedenen Erdphosphate beträgt etwas mehr als 1 g und von dieser Menge kommen nach älteren Angaben annähernd $2/_3$ auf das Magnesium- und $1/_3$ auf das Kalziumphosphat. Diese Angaben sind indessen, wie RENWALL und GROSS fanden, nicht richtig oder wenigstens nicht allgemein gültig, denn diese Forscher fanden im Harne mehr Kalzium als Magnesium. Ähnliches fanden auch LONG und GEPHART, und nach NELSON und BURNS[7]) wird bald das Kalzium und bald das Magnesium im Überschuß ausgeschieden. Im sauren Harne können sowohl einfach wie zweifach saure Erdphosphate sich vorfinden und die Löslichkeit der ersteren, unter denen das Kalziumsalz $CaHPO_4$ besonders schwerlöslich ist, soll durch die Gegenwart von zweifach saurem Alkaliphosphat und Chlornatrium im Harne wesentlich erhöht werden (A. OTT)[8]). Die Menge der alkalischen Erden im Harne ist wesentlich von der Menge und Beschaffenheit der Nahrung abhängig. Die resorbierten Kalksalze werden zum großen Teil wieder in den Darm ausgeschieden und die Menge der Kalksalze im Harne ist deshalb auch kein Maß für die Resorption derselben.

---

[1]) Journ. of biol. Chem. 1 und Amer. Journ. of Physiol. 13, Nr. 1. [2]) Zeitschr. f. physiol. Chem. 100. [3]) H. MITCHELL, H. SHONLE u. H. GRINDLEY, Journ. of biol. Chem. 24, wo man die Literatur findet. [4]) VIRCHOWS Arch. 53. [5]) PRIBRAM u. GREGOR, Zeitschr. f. anal. Chem. 38; AUTENRIETH u. BERNHEIM, Zeitschr. f. physiol. Chem. 37. [6]) Bioch. Zeitschr. 71, 74. [7]) RENWALL, Skand. Arch. f. Physiol. 16; GROSS, Bioch. Zentralbl. 4, 189; LONG u. GEPHARD, Journ. of Amer. Chem. Soc. 34; C. F. NELSON u. W. E. BURNS, Journ. of biol. Chem. 28. [8]) Zeitschr. f. physiol. Chem. 10.

Zufuhr von leicht löslichen Kalksalzen oder Zusatz von Salzsäure zu der Nahrung soll auch den Kalkgehalt des Harnes vermehren können, während derselbe umgekehrt durch Alkalizufuhr herabgesetzt werden kann. Wie Säurezufuhr wirkt nach GRANSTRÖM[1]) (beim Kaninchen) Hunger oder solche Nahrung, welche eine saure Asche liefert und einen sauren Harn erzeugt. Über konstante und regelmäßige Veränderungen der Ausscheidung von Kalk- und Magnesiasalzen in Krankheiten ist wenig Sicheres bekannt, und auch hier dürfte die Ausscheidung hauptsächlich von der Nahrungs- und Flüssigkeitsaufnahme, der Säurebildung und der Säurezufuhr abhängig sein.

Die quantitative Bestimmung des Kalziums und des Magnesiums wird nach allgemein bekannten Regeln ausgeführt.

Eisen kommt im Harne in geringer Menge, aber nicht als Eisensalz, sondern in organischen Verbindungen kolloider Natur vor. Die Menge scheint eine wechselnde zu sein, und man hat in älteren Untersuchungen 1—11 mg im Liter Harn gefunden. HOFFMANN, NEUMANN und MAYER erhielten niedrigere Werte, als Mittel 1,09 und 0,983, und nach späteren Bestimmungen von WOLTER und von REICH[2]) soll die Menge etwa 1 mg sein. Die Menge der Kieselsäure beträgt nach den gewöhnlichen Angaben etwa 0,3 p. m. H. SCHULZ fand bei gemischter Kost 0,1046—0,2594 g pro Tag, und nach M. GONNERMANN[3]) soll die Menge durch Trinken von kieselsäurereichem Wasser vermehrt werden. Arsen ist ein spurenweise vorkommender physiologischer Harnbestandteil, dessen Menge nach BANG[4]) von der Nahrung abhängig ist und nach Fischdiät sogar 1 mg und darüber pro Tag betragen kann. Spuren von Hydroperoxyd kommen auch im Harne vor.

Eisen im Harne.

Die Gase des Harnes sind Kohlensäure, Stickstoff und Spuren von Sauerstoff. Die Menge des Stickstoffes ist nicht ganz 1 Vol.-Prozent. Die der Kohlensäure schwankt bedeutend. Im sauren Harne ist sie kaum halb so groß wie in neutralem oder alkalischem Harn.

IV. Menge und quantitative Zusammensetzung des Harnes.

Die Menge und Zusammensetzung des Harnes sind großen Schwankungen unterworfen. Diejenigen Umstände, welche unter physiologischen Verhältnissen auf dieselben den größten Einfluß ausüben, sind jedoch folgende: Der Blutdruck und die Geschwindigkeit des Blutstromes in den Glomerulis; der Gehalt des Blutes an Harnbestandteilen, besonders an Wasser, und endlich auch der Zustand der sezernierenden Drüsenelemente selbst. Vor allem hängen selbstverständlich die Menge und die Konzentration des Harnes von der Größe der Wassermenge ab, welche dem Blute zugeführt wird, bzw. den Körper auf anderen Wegen verläßt. Es wird also die Harnabsonderung durch reichliches Wassertrinken oder verminderte Wasserabfuhr auf anderen Wegen vermehrt und umgekehrt bei verminderter Wasserzufuhr, bzw. größerem Wasserverluste auf anderen Wegen vermindert. Gewöhnlich wird beim Menschen durch die Nieren ebensoviel Wasser wie durch Haut, Lungen und Darm zusammen ausgeschieden. Bei niedriger Temperatur und feuchter Luft, unter welchen Verhältnissen die Wasserausscheidung durch die Haut herabgesetzt ist, kann die Harnabsonderung dagegen bedeutend zunehmen. Verminderte Wasserzufuhr oder vermehrte Ausscheidung von Wasser auf anderen Wegen — wie bei heftigen Diarrhöen, heftigem Erbrechen oder reichlicher Schweißabsonde-

Auf die Menge un Zusammen setzung de Harnes ein wirkende Umstände

---

[1]) Zeitschr. f. physiol. Chem. **58**. [2]) HOFFMANN, Zeitschr. f. anal. Chem. **40**; NEUMANN u. MAYER, Zeitschr. f. physiol. Chem. **37**; O. WOLTER, Bioch. Zeitschr. **24**; M. REICH ebenda **36**. [3]) H. SCHULZ, PFLÜGERS Arch. **144**; GONNERMANN, Bioch. Zeitschr. **94**. [4]) Vgl. MALYS Jahresb. **47**.

Die Menge
es Harnes
unter ver-
schiedenen
Umständen. rung — vermindern dagegen die Harnabsonderung stark. So kann z. B. bei starker Sommerhitze die tägliche Harnmenge auf 500—400 ccm herabsinken, während man nach reichlichem Wassertrinken eine Harnausscheidung von 3000 ccm beobachtet hat. Die im Verlaufe von 24 Stunden entleerte Harnmenge muß also bedeutend schwanken können, gewöhnlich wird sie jedoch beim gesunden erwachsenen Manne durchschnittlich zu 1500 ccm und beim Weibe zu 1200 ccm berechnet. Das Minimum der Absonderung fällt in die Nacht, etwa zwischen 2—4 Uhr. Maxima fallen in die ersten Stunden nach dem Erwachen und in die Zeiträume von 1—2 Stunden nach den Mahlzeiten.

Berechnung
der festen
Stoffe aus
dem spez.
wichte. Die Menge der im Verlaufe von 24 Stunden abgesonderten festen Stoffe ist, selbst bei schwankender Harnmenge, ziemlich konstant und zwar um so mehr, je gleichmäßiger die Lebensweise ist. Dagegen verhält sich selbstverständlich der Prozentgehalt des Harnes an festen Stoffen im allgemeinen umgekehrt wie die Harnmenge. Die Menge der festen Stoffe pro 24 Stunden wird gewöhnlich durchschnittlich zu 60 g berechnet. Die Menge derselben kann man bisweilen mit annähernder Genauigkeit aus dem spez. Gewichte in der Weise berechnen, daß man die zweite und dritte Dezimalstelle der das spez. Gewicht bei 15° angebenden Zahl mit dem HÄSERschen Koeffizienten 2,33 multipliziert. Das Produkt gibt die Menge der festen Stoffe in 1000 ccm Harn an, und wenn die Menge des in 24 Stunden abgesonderten Harnes gemessen wird, läßt sich also die Menge der in demselben Zeitraume abgesonderten festen Stoffe leicht berechnen. Werden z. B. im Laufe von 24 Stunden 1050 ccm Harn von dem spez. Gewichte 1,021 abgesondert, so ist also

die Menge der festen Stoffe: $21 \times 2,33 = 48,9$ p. m. $\dfrac{48,9 \times 1050}{1000} = 51,35$ g. Der Harn enthielt also in diesem Falle 48,9 p. m. feste Stoffe, und die Tagesmenge der letzteren war 51,35 g.

Fehler-
uellen bei
er obigen
Berech-
nung. Diejenigen Stoffe, welche unter physiologischen Verhältnissen auf die Dichte des Harnes besonders einwirken, sind das Kochsalz und der Harnstoff. Da das spez. Gewicht des ersteren 2,15, das des letzteren dagegen nur 1,32 beträgt, so ist es einleuchtend, daß, wenn das relative Mengenverhältnis dieser zwei Stoffe wesentliche Abweichungen von dem Normalen zeigt, die obige, auf dem spez. Gewichte gegründete Berechnung weniger genau werden muß. Dasselbe muß auch der Fall sein, wenn ein an normalen Bestandteilen ärmerer Harn reichlichere Mengen von fremden Stoffen, Eiweiß oder Zucker, enthält.

Die Unzuverlässigkeit der obigen Berechnungsweise hat auch G. J : son BLOHM[1]) gezeigt. Die mit dem HÄSERschen Koeffizienten erhaltenen Werte weichen von den direkt gefundenen in vielen Fällen höchst erheblich, einige Male um bis zu 25 p. c. ab. Viel bessere Werte erhält man durch Anwendung des von BLOHM ermittelten Refraktometerkoeffizienten, 2,43, indem hier der Fehler in den erechnung
er festen
Stoffe aus
der Re-
frakto-
meterzahl. meisten Fällen etwa 1,5, einige Male bis zu 3—4 p. c. beträgt. Die mit dem PULFRICHschen Eintauchrefraktometer im Harne gefundene Zahl, mit Abzug für die Refraktometerzahl des destillierten Wassers = 15, mit dem Koeffizienten 2,43 multipliziert, gibt den Gehalt des Harnes an festen Stoffen in 1 Liter an. Wenn also in einem Falle die Refraktometerzahl gleich 31,4 gefunden wurde, erhält man durch Multiplikation von (31,4 — 15) 16,4 mit 2,43 die Menge der festen Stoffe gleich 39,8. (Es wurden in diesem Falle direkt 39,2 und mit dem HÄSERschen Koeffizienten 49 p. m. gefunden. Der Prozentfehler war also nach der Refraktometermethode 1,5 nach der HÄSERschen 16,8.)

enge und
Konzen-
ation des
Harnes
unter ab-
normen
Verhält-
nissen. Wie oben erwähnt, nimmt im allgemeinen der Prozentgehalt des Harnes an festen Stoffen mit einer größeren abgesonderten Harnmenge ab, und bei einer reichlichen Harnabsonderung (einer Polyurie) hat deshalb auch in der Regel der abgesonderte Harn ein niedriges spez. Gewicht. Eine wichtige Ausnahme hiervon macht jedoch die Zuckerharnruhr (Diabetes mellitus), bei welcher in sehr reichlicher Menge ein Harn abgesondert wird, dessen spez.

---

[1]) Upsala Läkareförenings Förhandl. (N. F.) 23 (1918).

Gewicht, des hohen Zuckergehaltes wegen, sehr hoch sein kann. Bei Absonderung von nur wenig Harn (Oligurie), wie bei starkem Schwitzen, bei Diarrhöen und beim Fieber, ist das spez. Gewicht in der Regel sehr hoch, der Prozentgehalt an festen Stoffen groß und die Farbe dunkel. Zuweilen, wie z. B. in gewissen Fällen von Albuminurie, kann jedoch umgekehrt der Harn trotz der Oligurie ein niedriges spez. Gewicht haben, blaß gefärbt und arm an festen Stoffen sein.

Für gewisse Fälle ist es auch von Interesse, die Relation zwischen Kohlenstoff und Stickstoff oder den Quotienten $\frac{C}{N}$ zu kennen. Dieser Quotient schwankt bei gesunden Menschen zwischen 0,6—1 und wird oft als Mittel zu 0,87 berechnet. Nach einigen Forschern ist er von der Natur der Nahrung abhängig und soll größer nach kohlehydratreicher als nach fettreicher Nahrung sein (PREGL, TANGL, LANGSTEIN und STEINITZ). Nach MAGNUS-ALSLEBEN wächst er nach körperlichen Anstrengungen, soll aber bei gesunden Menschen unabhängig von der Art der Ernährung wechseln. Auch in den Harnanalysen von BOUCHEZ[1]) findet man Schwankungen zwischen 0,62 und 0,90, die keine regelmäßigen Beziehungen zu der Nahrung zeigen. Kohlen-
stoff-
Stickstoff-
Quotient.

Wegen der großen Schwankungen, welche die Zusammensetzung des Harnes zeigen kann, ist es schwierig und von wenig Interesse, eine tabellarische Übersicht über die Zusammensetzung desselben zu liefern. Die folgende tabellarische Zusammenstellung enthält auch nur ungefähre Werte, die, was man nicht übersehen darf, nicht auf 1000 Teile Harn sich beziehen, sondern nur annähernd diejenigen Mengen der wichtigsten Hauptbestandteile angeben, welche im Laufe von 24 Stunden bei einer durchschnittlichen Harnmenge von 1500 ccm abgesondert werden. Diese Zahlen gelten übrigens nur bei einer Nahrung, welche den von VOIT herrührenden Standardzahlen, 118 g Eiweiß, 56 g Fett und 500 g Kohlehydrate pro Tag bei mittlerem Körpergewicht, einigermaßen entspricht. Tagesmenge
der ver-
schiedenen
Harn-
bestand-
teile.

Tagesmenge der festen Stoffe = 55—70 g.

Organische Bestandteile = 35—45 g.		Anorganische Bestandteile = 20—25 g.	
Harnstoff	25—35,0 g	Chlornatrium (NaCl)	10—15,0 g
Harnsäure	0,7 „	Schwefelsäure (H$_2$SO$_4$)	2,5 „
Kreatinin	1,5 „	Phosphorsäure (P$_2$O$_5$)	2,5 „
Hippursäure	0,7 „	Kali (K$_2$O)	3,3 „
		Ammoniak (NH$_3$)	0,7 „
		Magnesia (MgO) ⎫	
		Kalk (CaO) ⎭	0,8 „

Der Gehalt des Harnes an festen Stoffen ist durchschnittlich 40 p. m. Die Menge des Harnstoffes ist oft etwa 20 und die des Kochsalzes etwa 10 p. m.

In noch höherem Grade als bei der Analyse anderer tierischen Flüssigkeiten sind die physikalisch-chemischen Methoden in der Harnanalyse zur Anwendung gekommen. Namentlich hat man in sehr großer Menge kryoskopische Bestimmungen aber auch Bestimmungen der Leitfähigkeit ausgeführt. Man hat ferner nach konstanten Beziehungen zwischen den nach physikalisch-chemischen und den nach analytischen Methoden gefundenen Größen, wie z. B. zwischen Gefrierpunktserniedrigung und spez. Gewicht oder Kochsalzgehalt u. a. gesucht, oder man hat auf Grundlage der nach verschiedenen Methoden erhaltenen Werte bestimmte Gesetzmäßigkeiten in der Zusammensetzung des Harnes überhaupt zu finden sich bemüht, um daraus Aufklärung über den Mechanismus der Harnabsonderung oder diagnostische Anhaltspunkte zu gewinnen. Die erhaltenen Physi-
kalisch-
chemische
Analyse.

---

[1]) PREGL, PFLÜGERS Arch. **75**, wo man auch die älteren Arbeiten findet; TANGL, Arch. f. (Anat. u.) Physiol. 1899, Supplbd.; LANGSTEIN u. STEINITZ, Zentralbl. f. Physiol. **19**; E. MAGNUS-ALSLEBEN, Zeitschr. f. klin. Med. **68**; BOUCHEZ, Journ. de Physiol. et de Path. **14**.

Werte sind aber, wie zu erwarten war, so außerordentlich stark schwankend und von so
vielen, schwer kontrollierbaren Verhältnissen abhängig, daß aus ihnen bestimmte Schlüsse
nur mit großer Vorsicht zu ziehen sind. Über den Wert und die Brauchbarkeit der verschiedenen Konstanten und Relationen, welche man den theoretischen Erwägungen
zugrunde legt, sind auch leider die Ansichten noch etwas divergierend, und ähnliches
gilt von der AMBARDschen Konstante [1]), durch die gesetzmäßige Beziehungen zwischen
Harnstoff- bzw. NaCl-Ausscheidung im Harn und dem gleichzeitigen Gehalte des Blutplasmas an dem betreffenden Bestandteil ausgedrückt werden sollen. Bezüglich sämtlicher
diesen Verhältnisse wird deshalb auf größere Werke über Harn- und Nierenkrankheiten
hingewiesen.

V. Zufällige Harnbestandteile.

Das Auftreten zufälliger, von Arzneimitteln oder von in den Körper eingeführter fremden Stoffen herrührender Harnbestandteile kann aus praktischen
Rücksichten von Bedeutung werden, weil derartige Bestandteile einerseits bei
gewissen Harnuntersuchungen störend wirken und andererseits ein gutes Mittel
zur Entscheidung, ob gewisse Stoffe eingenommen worden sind oder nicht,
abgeben können. Von diesem Gesichtspunkte aus sollen auch einige solche
Zufällige Stoffe in einem folgenden Abschnitte (über die pathologischen Harnbestand-
Harnbe- teile) besprochen werden. Von einem besonders großen, physiologisch-chemi-
standteile. schen Interesse ist jedoch das Auftreten zufälliger oder fremder Stoffe im Harne
in den Fällen, in welchen sie die Art der chemischen Umsetzungen gewisser
Substanzen innerhalb des Körpers zu beleuchten geeignet sind. Da die anorganischen Stoffe, welche zum großen Teil den Körper unverändert verlassen [2]),
von diesem Gesichtspunkte aus von geringerem Interesse sind, muß die Hauptaufgabe hier die sein, die Umsetzungen gewisser, in den Tierkörper eingeführten
organischen Substanzen zu besprechen, insoferne als diese Umsetzungen durch
Untersuchung des Harnes der Forschung zugänglich gewesen sind.

Die der **aliphatischen** Reihe angehörenden Stoffe fallen, wenn sie nicht
durch Paarung mit anderen Stoffen vor der Verbrennung geschützt werden,
in der Regel einer zu den Endprodukten des Stoffwechsels führenden Verbrennung anheim, wobei jedoch oft ein kleinerer oder größerer Teil des fraglichen Stoffes der Oxydation sich entzieht und in dem Harne unverändert
erscheint. In dieser Weise verhält sich unter anderem ein Teil der dieser Reihe
angehörenden Säuren, welche sonst im allgemeinen zu Wasser und Karbonaten
Verbren- verbrennen und den Harn alkalisch machen. Die an Kohlenstoff ärmeren
nung von flüchtigen Fettsäuren werden weniger leicht als die kohlenstoffreicheren
organischen verbrannt und sie gehen auch in etwas größerer Menge — dies gilt besonders
Säuren. von der Ameisensäure und der Essigsäure — unverändert in den Harn über
(SCHOTTEN, GRÉHANT und QUINQUAUD) [3]). Die Oxalsäure soll bei Vögeln
nicht oxydiert werden (GAGLIO und GIUNTI). Über ihr Verhalten bei Säugetieren und Menschen gehen die Ansichten etwas auseinander; die Untersuchungen
von SALKOWSKI wie von HILDEBRANDT und DAKIN [4]) sprechen jedoch dafür,
daß die Oxalsäure — in mäßigen Mengen eingeführt — zum Teil im Tierkörper
oxydiert wird. Andere zweibasische Säuren wie Malonsäure, Bernsteinsäure, Glutarsäure und Äpfelsäure scheinen, wie die dreibasische

---

[1]) L. AMBARD u. A. WEILL, Journ. de Physiol. et de Path. gén. 14 (1912).
[2]) Bezüglich des Verhaltens einiger solchen Stoffe vgl. man: HEFFTER, Die Ausscheidung
körperfremder Substanzen im Harn; Ergebn. d. Physiol. 2, Abt. 1. [3]) SCHOTTEN, Zeitschr. f. physiol. Chem. 7; GRÉHANT u. QUINQUAUD, Compt. Rend. 104. [4]) Vgl. GAGLIO,
Arch. f. exp. Path. u. Pharm. 22; GIUNTI, Chem. Zentralbl. 1897, 2; POHL, Arch. f. exp.
Path. u. Pharm. 37; SALKOWSKI, Berl. klin. Wochenschr. 1900; HILDEBRANDT, Zeitschr.
f. physiol. Chem. 35, 141; DAKIN, Journ. of biol. Chem. 3, 78. Vgl. auch E. SIEBURG
u. K. VIETENSE (Literatur), Zeitschr. f. physiol. Chem. 108, 214.

Zitronensäure, vollständig oder fast ganz abgebaut zu werden. Die Traubensäure, d,l-Weinsäure, geht (beim Hunde) zum Teil in den Harn über, und dieser
unverbrannte Teil ist nach Neuberg und Saneyoshi optisch inaktiv. Die
Angabe von Brion[1]), daß die l-Weinsäure viel leichter als die d-Weinsäure
verbrannt wird, dürfte wohl also kaum richtig sein.

Das oben von der vollständigen Verbrennung der Stoffe der aliphatischen
Reihe Gesagte bedeutet übrigens natürlich nicht, daß diese Stoffe direkt zu
den Endprodukten Wasser und Kohlensäure abgebaut werden. Der Abbau
ist im Gegenteil ein stufenweiser, und die verschiedenen Zwischenstufen sind
meistens nur wenig bekannt.

Der Abbau der normalen gesättigten Fettsäuren mit mehrgliedriger
Kette geschieht, wie man wesentlich auf Grund der Arbeiten von F. Knoop
und Dakin[2]) annimmt, in erster Linie durch Oxydation in der β-Stellung,
d. h. in der Gruppe, welche in β-Stellung zu der endständigen Karboxylgruppe
steht. Der Abbau zu der um zwei Kohlenstoffatome ärmeren Säure geschieht
infolge dieser Annahme nach dem Schema $R . CH_2 . CH_2 . COOH \rightarrow R .$
$CH(OH) . CH_2 . COOH \leftrightarrows R . CO . CH_2 . COOH \rightarrow R . COOH$. Der Tierkörper
hat indessen die Fähigkeit sowohl die Oxysäure (Alkoholsäure) durch Oxy- Abbau der
gesättigten
Fettsäuren
dation in die Ketosäure wie umgekehrt die letztere in die Oxysäure umzu-
wandeln, und dieses Verhalten, welches in dem obigen Schema angedeutet ist,
macht es in gewissen Fällen schwer, zu sagen, welches Produkt das primäre
und welches das sekundäre ist. So kann, um ein Beispiel eines solchen reversiblen Vorganges anzuführen, die β-Oxybuttersäure $CH_3 . CH(OH) . CH_2 . COOH$
durch Oxydation in die Ketosäure, die Azetessigsäure $CH_3 . CO . CH_2 . COOH$,
und diese letztere umgekehrt durch Reduktion in die β-Oxybuttersäure übergehen. Beide Prozesse können in der Leber vonstatten gehen, und da diese
zwei sog. Azetonkörper beim Diabetiker eine große Bedeutung haben, können
sie auch als Beispiele von dem ersten Stadium einer β-Oxydation (von n-Buttersäure) dienen. Daß die Oxydation in β-Stellung — mag dabei die Ketosäure-
oder die Oxysäurebildung das Primäre sein — einen Weg zum Abbau der
gesättigten Fettsäuren anzeigt, ist nicht zu bezweifeln. Dies schließt aber
nicht aus, daß auch andere Wege eingeschlagen werden können, was namentlich aus den Untersuchungen über den Abbau der aromatischen Fettsäuren
hervorgeht. Zu dieser Frage werden wir später zurückkommen.

Über den Abbau von Fettsäuren mit verzweigter Kohlenstoffkette liegen
ebenfalls Untersuchungen vor; und hier kann ein Abbau in der Weise geschehen,
daß eine Methylgruppe durch eine Hydroxylgruppe ersetzt wird, wie bei dem
von J. Baer und Leon Blum[3]) beobachteten Übergange von Isobuttersäure,
$\begin{array}{c} CH_3 \\ \diagdown \\ \diagup \\ CH_3 \end{array}$ CH . COOH, in Milchsäure, $CH_3 . CHOH . COOH$. Daß auch hier andere
Wege eingeschlagen werden können, ist wohl unzweifelhaft.

Für den Abbau der ungesättigten Fettsäuren können ebenfalls mehrere
Möglichkeiten in Betracht kommen, und eine solche hat Friedmann[4]) in
Perfusionsversuchen mit Krotonsäure durch die überlebende Leber angezeigt. Abbau un-
gesättigter
Fettsäuren
Aus dieser Säure erhielt er nämlich Azetessigsäure, die wohl durch den Über-
gang der ungesättigten Säure unter Wasseraufnahme in die gesättigte β-Oxy-
säure, die β-Oxybuttersäure, zu erklären ist: $CH_3 . CH : CH . COOH + H_2O \rightarrow$
$CH_3 . CH(OH) . CH_2 . COOH \rightarrow CH_3 . CO . CH_2 . COOH$.

---

[1]) Brion, Zeitschr. f. physiol. Chem. 25; Neuberg u. S. Saneyoshi, Bioch. Zeitschrift 36. [2]) F. Knoop, Hofmeisters Beiträge 6 und Habilit.-Schrift, Freiburg 1904;
Dakin, Journ. of biol. Chem. 4, 5, 6 u. 9. [3]) Arch. f. exp. Path. u. Pharm. 55 u. 56.
[4]) Hofmeisters Beiträge 11.

Die Aminosäuren werden, in größeren Mengen in den Tierkörper eingeführt, zum Teil unverändert ausgeschieden, und selbst unter physiologischen Verhältnissen können von den im Tierkörper gebildeten Aminosäuren Spuren in den Exkreten — Glykokoll in den Harn und Serin in den Schweiß — übergehen. Sonst werden sie in der Regel abgebaut, es findet eine Desamidierung statt, und das abgespaltete Ammoniak dient als Material der Harnstoffbildung. Die zwei Komponenten einer razemischen α-Aminosäure verhalten sich indessen hierbei insoferne verschieden, als im Tierkörper die körperfremde Komponente schwerer und weniger vollständig, die im Körpereiweiß vorkommende Komponente dagegen leichter und vollständiger verbrannt wird.

Der Abbau der α-Aminosäuren soll regelmäßig über die Stufe der um ein Kohlenstoffatom ärmeren Fettsäuren gehen; den näheren Modus dieses Abbaues hat man aber in verschiedener Weise sich gedacht.

Nach einer lange herrschenden Ansicht nahm man eine hydrolytische Abspaltung der NH_2-Gruppe unter Bildung der entsprechenden Oxysäure (Alkoholsäure), nach dem Schema $R . CH(NH_2) . COOH + H_2O = R . CH(OH) . COOH + NH_3$, und einen darauffolgenden weiteren Abbau zu $R . COOH$ an. Ein Beispiel einer solchen Desamidierung ist das Auftreten von Milchsäure im Harne nach Verfütterung von Alanin (bei Kaninchen). Hier ist jedoch die Möglichkeit nicht ausgeschlossen, daß in erster Linie aus dem Alanin die Ketosäure, die Brenztraubensäure, $CH_3 . CO . COOH$, gebildet wird, aus der die Milchsäure, $CH_3 . CH(OH) . COOH$, als sekundäres Reduktionsprodukt hervorgeht.

Man betrachtet nämlich nunmehr allgemein, in Übereinstimmung mit der Ansicht von O. NEUBAUER[1]), nicht die hydrolytische, sondern die oxydative Desamidierung unter Bildung von einer Ketosäure $R . CH(NH_2) . COOH + O = R . CO . COOH + NH_3$ als den wesentlichen, wenn nicht den einzigen Weg des α-Aminosäureabbaues. Die Beweise für die Richtigkeit dieser Ansicht hat man wesentlich durch Versuche mit aromatischen Aminosäuren erhalten, und es sollen deshalb weiter unten Beispiele solcher Desamidierungen geliefert und auch andere Möglichkeiten für den Abbau der Aminosäuren besprochen werden.

Der nach Desamidierung zurückgebliebene Rest der Aminosäuren kann nach dem für die Fettsäuren überhaupt geltenden Gesetze weiter verbrannt werden, und in gewissen Fällen geht diese Verbrennung unter Bildung von Azetonkörpern von statten (vgl. unten die Azetonkörper). Der Fettsäurerest kann aber auch in verschiedener Weise zu Synthesen, unter anderem auch zu Kohlehydratbildung, verwendet werden.

Ein besonderes Verhalten zeigt unter den Aminosäuren das Zystin oder näher bestimmt das Zystein, $CH_2(SH) . CH(NH_2) . COOH$, welches unter Oxydation in der SH-Gruppe und CO_2-Abspaltung (vgl. S. 107) in eine neue Aminosäure, das Taurin $(H_2N)CH_2 . CH_2(SO_2OH)$ übergeht. Das Taurin, welches mit Cholalsäure gepaart als Taurocholsäure in der Galle vorkommt und regelmäßig im Darme oder anderswo im Tierkörper zersetzt wird, kann, wenn man es als solches in den Körper des Menschen einführt, in den Harn zu großem Teile unverändert und zum Teil auch vielleicht als Taurokarbaminsäure $H_2N . CO . NH . C_2H_4 . SO_2OH$ übergehen (SALKOWSKI)[2]). Die letztgenannte Angabe wird jedoch von SCHMIDT und Mitarbeitern[3]) geleugnet. Sonst hat man als Endprodukte des Abbaues von Zystin und Taurin eine vermehrte Ausscheidung von Harnschwefel, Schwefelsäure und Thiosulfat

---

[1]) Deutsch. Arch. f. klin. Med. **95** und Habilit.-Schrift, Leipzig 1908. Vgl. auch (weiter unten) die Literatur über Abbau von aromatischen Aminosäuren. [2]) Ber. d. d. chem. Gesellsch. **6** und VIRCHOWS Arch. **58**. [3]) CARL L. A. SCHMIDT und Mitarbeiter, Journ. of biol. Chem. **33** u. **42**.

beobachtet (BLUM, ABDERHALDEN und SAMUELY[1]). Die Sulfhydrylgruppe des Zysteins könnte auch möglicherweise zur Bildung des Rhodans dienen, indem dieses nach LANG aus in den Tierkörper eingeführten Nitrilen (mit Einschluß der Blausäure) entstehen soll. Der locker gebundene Schwefel der Eiweißstoffe soll auch nach PASCHELES bei alkalischer Reaktion und Körpertemperatur leicht das Zyanalkali in Rhodanalkali überführen. Die Entstehungsweise des Rhodans, welches jedenfalls zum Teil exogenen Ursprungs sein kann, ist indessen dunkel, und nach DEZANI[2]) kann der Abbau der Nitrile nur zum geringsten Teile über das Rhodan geschehen. Entstehung des Rhodans.

Durch Substitution von einem Wasserstoffatom in der NH_2-Gruppe der normalen α-Aminosäuren durch einen Alkylrest (Methyl) wird die Verbrennung der Säure für die Glieder C_2 bis C_4 erheblich erschwert und für die Glieder C_5 und C_6 fast aufgehoben (FRIEDMANN)[3]). Ein Beispiel dieser Art ist das Sarkosin (Methylglykokoll) $(CH_3)NH.CH_2.COOH$, welches als schwerverbrennlich zum großen Teil unverändert in den Harn übergeht, zum kleinen Teil aber auch vielleicht in die entsprechende Uraminosäure, die Methylhydantoinsäure, $NH_2.CO.N(CH_3).CH_2.COOH$, übergehen dürfte(SCHULTZEN)[4]) Substitution beider Wasserstoffatome der Aminogruppe durch Methylgruppen scheint den Abbau der Aminosäuren nicht weiter zu erschweren (FRIEDMANN). Das gewöhnliche Betain (Trimethylglykokoll) geht nach A. KOHLRAUCH[5]) sowohl bei Fleisch- wie bei Pflanzenfressern zum Teil unverbrannt in den Harn über. Substituierte Aminosäuren.

Die Verbrennlichkeit der aliphatischen Stoffe kann auch durch Substitution anderer Art und durch ihre Vereinigung mit anderen Stoffen herabgesetzt oder aufgehoben werden.

Durch Substitution mit Halogenen können sonst leicht oxydable Stoffe schwer oxydierbar werden. Während also die Aldehyde ebenso wie die primären und sekundären Alkohole der Fettreihe leicht und größtenteils verbrannt werden, sind dagegen die halogensubstituierten Aldehyde und Alkohole schwerer oxydabel. Die halogensubstituierten Methane (Chloroform, Jodoform und Bromoform) werden jedoch zum Teil verbrannt, und es gehen die entsprechenden Alkaliverbindungen der Halogene in den Harn über[6]). Halogensubstituierte Stoffe.

Durch Bindung an Schwefelsäure können die sonst leicht oxydablen Alkohole gegen die Verbrennung geschützt werden, und dementsprechend wird auch das Alkalisalz der Äthylschwefelsäure im Körper nicht verbrannt (SALKOWSKI)[7]). Äthylschwefelsäure.

Paarung mit einer anderen Substanz kann die Verbrennung eines Stoffes verhindern, wie die Paarung von Glykokoll mit Benzoesäure zu Hippursäure zeigt. Eine Paarung kann auch zu einem gegenseitigen Schutz zweier Stoffe gegen die Verbrennung werden, was mit der Glukuronsäure und gewissen Stoffen der Fall ist.

Paarung mit Glukuronsäure kommt nach den Untersuchungen von SUNDVIK und namentlich von O. NEUBAUER bei vielen sowohl substituierten wie nichtsubstituierten Alkoholen, Aldehyden und Ketonen vor. Es geht also das Chloralhydrat, $CCl_3.CH(OH)_2$, nachdem es zuerst durch eine Reduktion in Trichloräthylalkohol übergeführt worden ist, in eine linksdrehende, Paarungen.

---

[1]) BLUM, HOFMEISTERS Beiträge 5; ABDERHALDEN u. SAMUELY, Zeitschr. f. physiol. Chem. 46.   [2]) LANG, Arch. f. exp. Pathol. u. Pharm. 34; PASCHELES ebenda; S. DEZANI, MALYS Jahresb. 47 u. 48.   [3]) HOFMEISTERS Beiträge 11.   [4]) Ber. d. d. chem. Gesellsch. 5. Vgl. aber hierüber auch BAUMANN u. v. MERING ebenda 8, 584 und E. SALKOWSKI, Zeitschrift f. physiol. Chem. 4, 107.   [5]) Zeitschr. f. Biol. 57.   [6]) Vgl. HARNACK u. GRÜNDLER, Berl. klin. Wochenschr. 1883; ZELLER, Zeitschr. f. physiol. Chem. 8; KAST ebenda 11; BINZ, Arch. f. exp. Path. u. Pharm. 28.   [7]) PFLÜGERS Arch. 4.

reduzierende Säure, die Urochloralsäure oder Trichloräthylglukuronsäure, $CCl_3 \cdot CH_2 \cdot C_6H_9O_7$, über (Musculus und v. Mering). Unter den von Neubauer[1]) (an Kaninchen und Hunden) untersuchten primären Alkoholen gab der Methylalkohol keine gepaarte Glukuronsäure und der Äthylalkohol nur eine geringe Menge solcher. Relativ große Mengen lieferten Isobutylalkohol und aktiver Amylalkohol. Sekundäre Alkohole wurden ebenfalls und zwar in größerem Umfange als die primären, namentlich in reichlicherer Menge bei Kaninchen, mit Glukuronsäure gepaart. Die Ketone unterliegen im Organismus teilweise einer Reduktion zu sekundären Alkoholen und werden dann zum Teil mit Glukuronsäure gepaart ausgeschieden. Auch für das Azeton gelang dieser Nachweis beim Kaninchen, nicht aber beim Hunde.

Die **homo-** und **heterozyklischen Verbindungen** gehen, soweit die bisherigen Erfahrungen reichen — in der Regel nach vorausgegangener teilweiser Oxydation oder nach einer Synthese mit anderen Stoffen — zu größerem oder kleinerem Teil als sog. aromatische Verbindungen in den Harn über. Dies gilt wenigstens nach Einführung von körperfremden Stoffen.

Das Benzol kann außerhalb des Organismus zu Kohlensäure, Oxalsäure und flüchtigen Fettsäuren oxydiert werden. Ebenso wie hierbei zuerst eine Sprengung des Benzolringes stattfindet, so muß auch, wie man annimmt, wenn eine Verbrennung der aromatischen Substanzen im Tierkörper zustande kommen soll, dabei zuerst eine Sprengung des Benzolringes unter Bildung von Fettkörpern stattfinden. Geschieht dies nicht, so wird der Benzolkern als eine aromatische Verbindung der einen oder der anderen Art mit dem Harne eliminiert. Nach welchem Modus der Benzolring hierbei geöffnet wird, ist nicht bekannt. Jaffé[2]) hat jedoch in dem Harne von Hunden und Kaninchen, welche längere Zeit mit Benzol gefüttert wurden, Mukonsäure nachgewiesen und damit einen Weg für die Aufspaltung des Benzols im Tierkörper

angegeben.

Die Menge des über Mukonsäure abgebauten Benzols dürfte jedoch nach den Untersuchungen von D. Fuchs und A. v. Soós[3]) wie von Y. Mori[4]) nur eine sehr unbedeutende sein. Daß der Abbau des Benzolkernes in gewissen Fällen, wie in dem Tyrosin und Phenylalanin, über die Homogentisinsäure aber auch auf anderen Wegen gehen kann, ist in dem Vorigen (S. 585) erwähnt worden. Das schlagendste Beispiel einer vollständigen Verbrennung des Benzolkernes liefert auch gerade das Tyrosin, welches, wie dort ebenfalls erwähnt wurde, selbst in gewaltigen Mengen resorbiert und umgesetzt werden kann, ohne daß unter normalen Verhältnissen beim Menschen irgendwelche Abbauprodukte desselben im Harne nachweisbar sind. Andere Beispiele solcher, leicht und wenigstens zum größten Teil verbrennbaren, aromatischen Stoffe sind Phenyl-α-Milchsäure, p-Oxyphenylbrenztraubensäure und α-Aminozimtsäure. Auch die Phthalsäure soll nach Juvalta und Porcher im Tierkörper verbrannt werden. Der letztgenannte fand, daß die

---

[1]) Sundvik, Malys Jahresb. **16**; Musculus u. v. Mering, Ber. d. d. Chem. Gesellsch. **8**; ferner v. Mering ebenda **15** und Zeitschr. f. physiol. Chem. **6**; Külz, Pflügers Arch. **28** u. **33**; O. Neubauer, Arch. f. exp. Path. u. Pharm. **46**; S. Saneyoshi, Bioch. Zeitschr. **36**. [2]) Zeitschr. f. physiol. Chem. **62**. [3]) Zeitschr. f. physiol. Chem. **98**. [4]) Journ. of biol. Chem. **35**.

drei Phthalsäuren verschieden sich verhalten, indem die o-Säure fast voll- Verbren-
nung des ständig vom Hunde verbrannt wird, während von den m- und p-Säuren etwa Benzol- 75 p. c. unverbrannt ausgeschieden werden. Die Richtigkeit der Angaben kernes. von JUVALTA und PORCHER sind jedoch leider von PRIBRAM und POHL[1]) geleugnet worden.

Eine Oxydation aromatischer Verbindungen findet oft in einer Seiten- kette statt, kann jedoch auch in dem Kerne selbst geschehen. So wird z. B. das Benzol erst zu Oxybenzol und dieses dann weiter zum Teil zu Dioxy- benzolen oxydiert. Das Naphthalin geht in Oxynaphthalin und wahr- Oxydation scheinlich zum Teil auch in Dioxynaphthalin über. Auch die Kohlenwasser- in dem stoffe mit einer Amino- oder Iminogruppe können durch Substitution von Benzol- Wasserstoff durch Hydroxyl oxydiert werden, namentlich wenn die Ent- kerne. stehung eines Derivates mit Parastellung möglich ist (KLINGENBERG). So geht beispielsweise das Anilin, $C_6H_5 . NH_2$, in Paramidophenol über, welches dann als Ätherschwefelsäure, $H_2N . C_6H_4 . O . SO_2OH$, in den Harn übergeht, und das Karbazol kann in Oxykarbazol übergehen (KLINGENBERG)[2]).

Hat der Benzolkern eine Seitenkette, so kann eine Oxydation der Seitenkette unter Bildung von Karboxyl stattfinden, und es werden in dieser Weise beispielsweise Toluol, $C_6H_5 . CH_3$, Äthylbenzol, $C_6H_5 . C_2H_5$, Oxydation und Propylbenzol, $C_6H_5 . C_3H_7$, wie auch viele andere Stoffe zu Benzoe- in der säure oxydiert. In derselben Weise werden Zymol zu Kuminsäure und Xylol Seiten- zu Toluylsäure oxydiert usw. kette.

Sind am Benzolkern mehrere Seitenketten vorhanden, so wird stets nur eine derselben zu Karboxyl oxydiert. Es werden also z. B. Xylol, Substanzen $C_6H_4(CH_3)_2$, zu Toluylsäure, $C_6H_4(CH_3) . COOH$, Mesitylen, $C_6H_3(CH_3)_3$, mit zu Mesitylensäure, $C_6H_3(CH_3)_2 . COOH$, Zymol, $(CH_3)_2CH . C_6H_4 . CH_3$, mehreren zu Kuminsäure, $(CH_3)_2CH . C_6H_4 . COOH$, oxydiert. Seiten- ketten.

Hat die Seitenkette mehrere Glieder, so können die Verhältnisse etwas verschieden sich gestalten, und es kommt hierbei vor allem der Abbau von aromatischen Aminosäuren und Fettsäuren in Betracht.

Die aromatischen Aminosäuren werden, wie die Aminosäuren über- haupt, über die Stufe der um ein Atom Kohlenstoff ärmeren Fettsäuren ab- gebaut. So geht z. B. die Phenylaminoessigsäure zum Teil in Benzoe- säure über (O. NEUBAUER); o- und m-Tyrosin liefern o- resp. m-Oxy- Abbau phenylessigsäure (BLUM, FLATOW); p-Chlorphenylalanin geht nach aromati- FRIEDMANN und MAASE in p-Chlorphenylessigsäure über und die scher Phenyl-α-aminobuttersäure wird, wie KNOOP[3]) gezeigt hat, über die Amino- Phenylpropionsäure abgebaut. Als Zwischenstufe bei diesem Abbau säuren. kann, wie bei den anderen Aminosäuren, teils die hydrolytische Abspaltung der NH_2-Gruppe und teils der Abbau über die entsprechende Ketosäure in Betracht kommen.

Als Beispiel eines Abbaues der ersten Art hat man lange die von SCHOTTEN nach Verfütterung von Phenylaminoessigsäure, $C_6H_5 . CH(NH_2) . COOH$ im Harne gefundene Mandelsäure (Phenylglykolsäure), $C_6H_5 . CH(OH) . COOH$ betrachtet. Nach O. NEUBAUER[4]) ist der Vorgang indessen anderer Art, indem nämlich die Mandelsäure erst sekundär durch Reduktion der intermediär

---

[1]) JUVALTA, Zeitschr. f. physiol. Chem. 13; E. PRIBRAM, Arch. f. exp. Path. u. Pharm. 51; PORCHER, Bioch. Zeitschr. 14; POHL ebenda 16. [2]) KLINGENBERG, Studien über die Oxydation aromatischer Substanzen usw., Inaug.-Dissert., Rostock 1891 (Literatur). [3]) O. NEUBAUER, Deutsch. Arch. f. klin. Med. 95; L. BLUM, Arch. f. exp. Path. u. Pharm. 59; L. FLATOW, Zeitschr. f. physiol. Chem. 64; FR. KNOOP ebenda 67; FRIEDMANN u. C. MAASE, Bioch. Zeitschr. 27. [4]) SCHOTTEN, Zeitschr. f. physiol. Chem. 8; O. NEUBAUER l. c.

gebildeten Ketosäure, der Phenylglyoxylsäure, $C_6H_5 . CO . COOH$, entstehen soll. Als Beispiel einer hydrolytischen Desamidierung kann dagegen die zuerst von BLENDERMANN beobachtete Entstehung von p-Oxyphenylmilchsäure, $HO . C_6H_4 . CH_2 . CH(OH) . COOH$ aus dem Tyrosin (beim Kaninchen) dienen. Dieselbe Säure ist auch von SCHULTZEN und RIESS bei akuter gelber Leberatrophie und von BAUMANN bei Phosphorvergiftung im Harne gefunden worden, obwohl die älteren Forscher irrtümlich die Säure als Oxymandelsäure betrachteten. Daß die von ihnen als Oxymandelsäure angesehene Säure l-p-Oxyphenylmilchsäure ist, haben ELLINGER und KOTAKE und FROMHERZ[1]) bewiesen.

(Randnotiz: Hydrolytische Desamidierung.)

Der Abbau der aromatischen Aminosäuren geht sonst, wie besonders die Untersuchungen von O. NEUBAUER gezeigt haben, regelmäßig über die entsprechenden Ketosäuren. So soll, wie oben bei Besprechung der Homogentisinsäurebildung gesagt wurde (vgl. S. 584), der Abbau des Tyrosins nach NEUBAUER über die p-Oxyphenylbrenztraubensäure, $HO . C_6H_4 . CH_2 . CO . COOH$, gehen. Nach ihm liefert ferner die Phenylaminoessigsäure, außer anderen Produkten, Phenylglyoxylsäure; das m-Tyrosin geht nach FLATOW[2]) zum Teil als m-Oxyphenylbrenztraubensäure in den Harn über usw. Die Ketosäuren geben auch dieselben Endprodukte wie die entsprechenden Aminosäuren. So liefern z. B. sowohl o-Tyrosin wie o-Oxyphenylbrenztraubensäure als Endprodukt o-Oxyphenylessigsäure (FLATOW); das p-Chlorphenylalanin und die p-Chlorphenylbrenztraubensäure gehen in p-Chlorphenylessigsäure über, was dagegen nicht mit der Oxysäure, der p-Chlorphenylmilchsäure, der Fall ist (FRIEDMANN und MAASE)[3]). Dieser letzterwähnte Fall ist ein Beispiel von der leichteren Verbrennbarkeit der Ketosäuren gegenüber den Oxysäuren. Ein anderes solches Beispiel liefert die p-Oxyphenylbrenztraubensäure, welche zum großen Teil verbrennt, während die p-Oxyphenylmilchsäure fast nicht verbrannt wird (KOTAKE, SUWA). Ein entsprechend abweichendes Verhalten zeigen auch die zwei Säuren in Durchblutungsversuchen mit der ausgeschnittenen Hundeleber. Die Oxyphenylbrenztraubensäure erwies sich dabei, ebenso wie das Tyrosin, als ein Azetonbildner, die Oxyphenylmilchsäure dagegen nicht (NEUBAUER und GROSS, E. SCHMITZ)[4]). Die leichtere Verbrennlichkeit der Ketosäuren spricht dafür, daß diese Säuren und nicht die Oxysäuren in erster Linie intermediäre Abbauprodukte sind.

(Randnotiz: Abbau über Ketosäuren.)

Aber selbst die Oxydation zu einer Ketosäure dürfte nicht immer das Primäre sein, denn es gibt Fälle, wo eine Oxydation im Kerne in erster Linie, vielleicht mit gleichzeitiger oxydativer Desamidierung, stattzufinden scheint. Ein solches Beispiel liefert das Phenylalanin, dessen Abbau sonst angeblich über die Phenylbrenztraubensäure gehen soll. In der künstlich durchbluteten Leber ist aber die Phenylbrenztraubensäure nach EMBDEN und BALDES[5]) kein Azetonbildner, während dagegen sowohl Phenylalanin wie Oxyphenylbrenztraubensäure und Tyrosin starke Azetonbildner sind. Nach den genannten Forschern geht deshalb der Abbau des Phenylalanins auf dem Hauptwege nicht über die Phenylbrenztraubensäure, sondern er beginnt mit einer Oxydation im Kerne, die entweder direkt zu Tyrosin oder unter gleichzeitiger

(Randnotiz: Abbau des Phenylalanins.)

---

[1]) BLENDERMANN, Zeitschr. f. physiol. Chem. 6; SCHULTZEN u. RIESS, Chem. Zentralbl. 1869; BAUMANN, Zeitschr. f. physiol. Chem. 6; ELLINGER u. KOTAKE ebenda 65 und KOTAKE, Journ. of biol. Chem. 35; K. FROMHERZ, Zeitschr. f. physiol. Chem. 70.
[2]) O. NEUBAUER, Deutsch. Arch. f. klin. Med. 95; FLATOW, Zeitschr. f. physiol. Chem. 64.
[3]) FLATOW l. c.; FRIEDMANN u. MAASE, Bioch. Zeitschr. 27. [4]) Y. KOTAKE, Zeitschr. f. physiol. Chem. 69; A. SUWA ebenda 72; O. NEUBAUER u. W. GROSS ebenda 67; E. SCHMITZ, Bioch. Zeitschr. 28. [5]) Ebenda 55.

Desamidierung zu Oxyphenylbrenztraubensäure führt. In Durchblutungsversuchen mit Phenylalanin durch die Leber erhielten sie in der Tat auch
l-Tyrosin.

DAKIN und H. DUDLEY[1]) haben durch Versuche in Vitro gefunden,
daß unter geeigneten Verhältnissen Ketoaldehyde aus α-Aminosäuren, wie
auch aus Oxysäuren und Zucker abgespalten werden können. So erhielten sie
z. B. aus Alanin Methylglyoxal, $CH_3 . CO . CHO$, der durch die Glyoxylase
leicht in Milchsäure übergeführt wird und im Tierkörper sowohl Alanin wie Ketoalde-
Glukose bilden kann. Sie finden es wahrscheinlich, daß die Ketoaldehyde hyde als
das erste Stadium bei dem Abbau der α-Aminosäuren repräsentieren, und die primäre
Reaktion ist reversibel. Hierbei ist es jedoch wahrscheinlich, daß der Verlauf Abbau-
nicht dem einfachen Schema $R . CH . NH_2 . COOH \rightleftarrows R . CO . CHO + NH_3$ produkte.
entspricht, sondern mehr kompliziert ist. In Perfusionsversuchen mit Blut
und Hundelebern erhielten sie aus Isobutylglyoxal l-Leuzin und d-Leuzinsäure
und aus Benzylglyoxal d-Phenylmilchsäure und wahrscheinlich etwas l-Phenylalanin. Eine Synthese von d-Alanin aus Methylglyoxal unter diesen Verhältnissen konnten sie nicht durchführen.

Die Desamidierung unter Bildung von Ketosäuren hat ein besonderes
Interesse dadurch, daß man auch den umgekehrten Vorgang, nämlich die
Synthese von Aminosäuren aus Ketosäuren (z. T. auch aus Oxysäuren) und Synthesen
Ammoniak in Vivo, nämlich in Durchblutungsversuchen an Hundelebern, von Amino-
hat durchführen können (KNOOP, EMBDEN und SCHMITZ, KONDO)[2]). Unter säuren.
solchen Synthesen mag an dieser Stelle an die Synthesen von Alanin, Phenylalanin und Tyrosin aus bzw. Brenztraubensäure (auch Milchsäure), Phenylbrenztraubensäure und p-Oxyphenylbrenztraubensäure, oder von α-Amino-
n-Buttersäure aus α-Ketobuttersäure erinnert werden.

Außer durch Oxydation mit Desamidierung und Bildung von Ketosäuren, Oxysäuren oder Ketoaldehyden kann ein Abbau der Aminosäuren Abbau zu
unter Bildung von Aminen im Tierkörper geschehen. Diese Aminbildung Aminen.
unter Abspaltung von Kohlensäure nach dem Schema $R . CH . NH_2 . COOH \rightarrow$
$R . CH_2 . NH_2 + CO_2$ ist schon in dem Kapitel 2 erwähnt worden, und es kann
als Beispiel an die Entstehung von p-Oxyphenyläthylamin (Tyramin),
$OH . C_6H_4 . CH_2 . CH_2 . NH_2$, aus Tyrosin erinnert werden. Diese Amine
können nun weiter einer Oxydation unterliegen, und so würde z. B. aus dem
Tyramin die im Harne vorkommende p-Oxyphenylessigsäure, $HO . C_6H_4 .$
$CH_2 . COOH$, entstehen können.

Bezüglich des Abbaues von aromatischen Fettsäuren hat KNOOP[3])
gefunden, daß die Säuren mit gerader Kohlenstoffkette, wie Phenylbuttersäure und Phenylkapronsäure, zu Phenylessigsäure, welche dann mit
Glykokoll zu Phenazetursäure sich paart, abgebaut werden, während die
Säuren mit ungerader Kohlenstoffseitenkette, wie Phenylpropion- und Abbau aro-
Phenylvaleriansäure, Benzoesäure liefern, die dann als Hippursäure ausge- matischer
schieden wird. Dieses Verhalten steht in gutem Einklang zu der allgemein Fettsäuren
angenommenen Oxydation der Fettsäuren in der β-Gruppe, für welche zahl-
reiche Belege vorliegen. Nach den Untersuchungen von DAKIN und von
FRIEDMANN[4]) sind indessen die Verhältnisse recht kompliziert. So fand z. B.
DAKIN, daß nach Verfütterung von Phenylpropionsäure im Tierkörper (Katzen)
Phenyl-β-oxypropionsäure, Benzoylessigsäure und Azetophenon,

---

[1]) Journ. of biol. Chem. 14, 15, 18.   [2]) F. KNOOP, Zeitschr. f. physiol. Chem.
67 u. 71; G. EMBDEN u. E. SCHMITZ, Bioch. Zeitschr. 29 u. 38; K. KONDO ebenda 38.
[3]) HOFMEISTERs Beiträge 6 und Habilit.-Schrift, Freiburg 1904.   [4]) DAKIN, Journ. of
biol. Chem. 4, 5, 6, 8 u. 9; E. FRIEDMANN, vgl. Mediz. Klinik Nr. 28, 1911 und Bioch.
Zeitschr. 35.

welch letzteres in Benzoesäure bzw. Hippursäure übergehen kann, gebildet werden. Einige Vorgänge sind außerdem reversibel; es kommen sowohl Oxydationen wie Reduktionen vor, und als intermediäre Produkte können auch α-, β-ungesättigte Säuren entstehen. So haben sowohl DAKIN wie FRIEDMANN beim Abbau der Phenylpropionsäure als Zwischenprodukt Zimtsäure erhalten, welche wahrscheinlich durch Wasseraustritt aus der Phenyl-β-Oxypropionsäure entsteht: $C_6H_5 . CH(OH) . CH_2 . COOH - H_2O = C_6H_5 . CH : CH . COOH$. FRIEDMANN hat ferner (teils zusammen mit SASAKI[1]) den Abbau der Furfurpropionsäure studiert und gefunden, daß hierbei Pyroschleimsäure mit Furfurakrylsäure als Zwischenstufe gebildet wird: $C_4H_3O . CH_2 . CH_2 . COOH \rightarrow C_4H_3O . CH : CH . COOH \rightarrow C_4H_3O . COOH$. Die obengenannten Forscher sind deshalb der Ansicht, daß der Abbau teils über α-, β-ungesättigte Säuren und teils über β-Ketosäuren, bzw. β-Alkoholsäuren geschehen kann.

(margin: bbau aromatischer Fettsäuren.)

Nach den von DAKIN und FRIEDMANN ausgeführten Untersuchungen und gelieferten schematischen Darstellungen könnte man sich den Abbau der Phenylpropionsäure in folgender Weise vorstellen.

(margin: bbau der Phenylpropionsäure.)

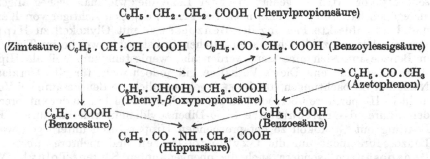

Die Frage, ob der Abbau der intermediär gebildeten β-Ketosäuren durch Keton- oder Säurespaltung, bzw. nach dem Schema $R . CO . CH_2 . COOH \rightarrow R . CO . CH_3 + CO_2$ oder $R . CO . CH_2 . COOH \rightarrow R . COOH + CH_3 . COOH$ geschieht, hat L. HERMANNS[2]) in Versuchen mit aromatischen Fettsäureestern und Ketonen mit verschieden langen Kohlenstoffketten geprüft. Er fand, daß eine Ketonbildung allerdings stattfindet, daß sie aber mehr eine Nebenreaktion bezeichnet, und daß bei dem Abbau der Fettsäuren eine paarige Absprengung von Kohlenstoffatomen mit reichlicher intermediärer Essigsäurebildung das Wesentliche ist. Die Frage von der Essigsäurebildung beim Abbau der Fettsäuren ist jedoch nicht ganz klar. Nach AD. LOEB[3]) und E. FRIEDMANN[4]) kann eine Bildung von Azetessigsäure aus Essigsäure in der Leber stattfinden, und die Essigsäure ist also ein Azetonbildner. Unter solchen Verhältnissen ist es, wie FRIEDMANN hervorhebt, etwas schwer zu verstehen, warum nicht alle Fettsäuren, sondern nur die mit einer geraden Anzahl von Kohlenstoffatomen Azetessigsäurebildner sind, wenn der Abbau stets unter Oxydation mit Bildung von β-Ketosäuren und Essigsäureabspaltung stattfände. Nach LOEB und EMBDEN[5]) kann dies jedoch dadurch erklärt werden, daß beim Abbau der Fettsäuren mit ungerader C-Atomzahl Propionsäure gebildet wird, welche die Azetessigsäurebildung aus Essigsäure in der Leber hemmt.

(margin: bbau und ssigsäurebildung.)

[1]) F. SASAKI, Bioch. Zeitschr. 25; E. FRIEDMANN ebenda 35. [2]) Zeitschr. f. physiol. Chem 85. [3]) Bioch. Zeitschr. 47. [4]) Ebenda 55, s. auch HOFMEISTERS Beiträge 11. [5]) Zeitschr. f. physiol. Chem. 88.

Reduktionen kommen unzweifelhaft oft und bisweilen, wie bei der Fettbildung aus Kohlehydraten, in großem Umfange vor. Die mehr speziell studierten Fälle von Reduktionsprozessen sind indessen nicht zahlreich und betreffen meistens die Reduktion von Ketosäuren zu Alkoholsäuren und den Übergang von Nitrobenzol, $C_6H_5 . NO_2$, oder Nitrophenol, $HO . C_6H_4 . NO_2$, in Amidophenol, $HO . C_6H_4 . NH_2$ (ERICH MEYER)[1]). Andere Beispiele haben F. KNOOP und R. OESER[2]) geliefert. Sie fanden nämlich, daß die δ-Benzyllävulinsäure, $C_6H_5 . CH_2 . CH_2 . CO . CH_2 . CH_2 . COOH$, im Tierkörper keine Hippursäure, sondern Phenazetursäure liefert, was so gedeutet werden kann, daß unter Reduktion von CO zu CH_2 Phenylkapronsäure, $C_6H_5 . CH_2 . (CH_2)_4 . COOH$ entsteht, die durch β-Oxydation über Phenylbuttersäure, die in kleiner Menge als Phenyl-α-Oxybuttersäure in den Harn überging, zuletzt Phenylessigsäure bzw. Phenazetursäure lieferte. Benzallävulinsäure, $C_6H_5 . CH : CH . CO . CH_2 . CH_2 . COOH$, lieferte ebenfalls Phenazetursäure, und in diesem Falle hat man also sowohl eine Reduktion von CO zu CH_2 wie eine Hydrierung der Doppelbindung anzunehmen.

Reduktions-prozesse.

Synthesen aromatischer Substanzen mit anderen Atomgruppen kommen sehr oft vor. Hierher gehört in erster Linie die, wie man bisher allgemein angegeben hat, von WÖHLER, nach HEFFTER[3]) dagegen richtiger von KELLER und URE entdeckte Paarung der Benzoesäure mit Glykokoll zu Hippursäure. Alle die zahlreichen aromatischen Substanzen, welche im Tierkörper in Benzoesäure sich umsetzen, werden also wenigstens zum Teil als Hippursäure ausgeschieden. Dieses Verhalten gilt jedoch nicht für alle Tierklassen. Nach den Beobachtungen von JAFFÉ[4]) geht nämlich die Benzoesäure bei Vögeln nicht in Hippursäure über, sondern paart sich mit Ornithin zu der entsprechenden Säure, d-Ornithursäure (α, δ-Dibenzoyldiaminovaleriansäure). Einer Paarung mit Glykokoll zu entsprechenden Hippursäuren unterliegen wie die Benzoesäure nicht nur die Oxybenzoesäuren und mehrere substituierte Benzoesäuren, sondern auch die obengenannten Säuren, Toluyl-, Mesitylen- und Kuminsäure. Diese Säuren werden als bzw. Tolur-, Mesitylenur- und Kuminursäure ausgeschieden.

Paarung mit Glykokoll.

Hinsichtlich der Oxybenzoesäuren ist indessen zu bemerken, daß eine Paarung mit Glykokoll nur für die Salizylsäure und p-Oxybenzoesäure sicher bewiesen ist (BERTAGNINI u. a.), während sie für die m-Oxybenzoesäure von BAUMANN und HERTER[5]) nur sehr wahrscheinlich gemacht wurde. Nach BALDONI[6]) geht übrigens beim Hunde, zum Unterschied von dem Menschen, die Salizylsäure nicht in Salizylursäure über, und er fand statt der letzteren zwei Säuren, von ihm als Ursalizylsäure $C_{15}H_{14}O_8$, und Uraminsalizylsäure, $C_{16}H_{16}NO_8$, bezeichnet. Die Oxybenzoesäuren werden auch zum Teil als gepaarte Schwefelsäuren ausgeschieden, was besonders von der m-Oxybenzoesäure gilt. Die drei Aminobenzoesäuren gingen in den Versuchen von HILDEBRANDT an Kaninchen wenigstens zum Teil unverändert in den Harn über. Wie SALKOWSKI fand und R. COHN[7]) später bestätigte, kann beim Kaninchen die m-Aminobenzoesäure zum Teil in Uraminobenzoesäure, $H_2N . CO . NH . C_6H_4 . COOH$, übergehen. Zum Teil wird sie auch als Aminohippursäure ausgeschieden.

Oxy- und Amino-benzoe-säuren.

Die halogensubstituierten Toluole verhalten sich nach HILDEBRANDTs Untersuchungen bei verschiedenen Tieren etwas verschieden. Beim Hunde werden sie in die entsprechenden substituierten Hippursäuren übergeführt. Beim Kaninchen geht das o-Bromtoluol vollständig, das m- oder p-Bromtoluol dagegen nur teilweise in die Hippursäuren über; die drei Chlortoluole gehen beim Kaninchen in die entsprechenden Benzoesäuren über und werden als solche, nicht aber als Hippursäuren, ausgeschieden.

Halogen-substi-tuierte Toluole.

---

[1]) Zeitschr. f. physiol. Chem. 46. [2]) Ebenda 89. [3]) Die Ausscheidung körperfremder Substanzen im Harn. Ergebn. d. Physiol. 4, 252. [4]) Ber. d. d. chem. Gesellsch. 10 u. 11. [5]) Zeitschr. f. physiol. Chem. 1, wo auch die Arbeit von BERTAGNINI zitiert ist. Vgl. ferner DAUTZENBERG in MALYS Jahresb. 11, 231. [6]) Arch. f. exp. Path. u. Pharm. 1908, Suppl.-Bd. (SCHMIEDEBERG-Festschr.). [7]) SALKOWSKI, Zeitschr. f. physiol. Chem. 7; COHN ebenda 17; HILDEBRANDT, HOFMEISTERS Beiträge 3.

Auch die Nitrobenzaldehyde scheinen bei verschiedenen Tieren ein verschiedenes Verhalten zu zeigen. Nach R. COHN [1]) geht beim Kaninchen der o-Nitrobenzaldehyd nur zu einem sehr geringfügigen Teil in Nitrobenzoesäure über und die Hauptmasse, ca. 90 p. c., wird im Körper zerstört. Der m-Nitrobenzaldehyd geht bei Hunden nach SIEBER und SMIRNOW [2]) in m-Nitrohippursäure, nach COHN in m-nitrohippursauren Harnstoff über. Beim Kaninchen ist das Verhalten nach COHN dagegen ein ganz anderes. Es findet hier nicht nur eine Oxydation des Aldehydes zu Benzoesäure statt, sondern es wird auch die Nitrogruppe zu einer Aminogruppe reduziert, und endlich lagert sich unter Austritt von Wasser Essigsäure an die Aminogruppe an, so daß als Endprodukt m-Azetylaminobenzoesäure, $(CH_3CO) . NH . C_6H_4 . COOH$, entsteht. Der p-Nitrobenzaldehyd verhält sich beim Kaninchen zum Teil wie der m-Aldehyd und geht also zum Teil in p-Azetylaminobenzoesäure über. Ein anderer Teil setzt sich in p-Nitrobenzoesäure um, und der Harn enthält eine chemische Verbindung gleicher Teile dieser zwei Säuren. Bei Hunden gibt nach SIEBER und SMIRNOW der p-Nitrobenzaldehyd nur p-nitrohippursauren Harnstoff.

Verhalten der Nitrobenzaldehyde.

Ein wichtiges Beispiel von dem verschiedenen Verhalten einer aromatischen Substanz bei Menschen und Tieren liefert die Phenylessigsäure, welche bei Tieren, wie Pferd, Hund, Kaninchen, Affe u. a., mit Glykokoll zu Phenazetursäure sich paart, während sie, wie THIERFELDER und C. P. SHERWIN [3]) gezeigt haben, beim Menschen mit Glutamin gepaart, in den Harn als Phenylazetylglutamin und zum Teil auch als dessen Harnstoffverbindung übergeht.

Paarung der Phenylessigsäure.

Zu denjenigen Substanzen, welche eine Paarung mit Glykokoll eingehen, gehört auch das Furfurol, der Aldehyd der Pyroschleimsäure, $C_4H_3O.CHO$, welcher, wie zuerst JAFFÉ und COHN [4]) in Versuchen an Hunden und Kaninchen fanden und wie dann noch weiter SASAKI und FRIEDMANN gezeigt haben, in zweifacher Form aus dem Körper ausgeschieden wird. Das Furfurol kann nämlich durch eine der PERKINschen Reaktion ähnliche Synthese in die ungesättigte Säure Furfurakrylsäure, $C_4H_3O . CH : CH . COOH$, und ferner auch in Pyroschleimsäure, $C_4H_3O . COOH$ übergehen. Diese zwei Säuren gehen, mit Glykokoll gepaart, in den Harn als Furfurakrylur- und Pyromukursäure über. Bei den Vögeln wird die Pyroschleimsäure dagegen, mit Ornithin gepaart, als Pyromuzinornithursäure ausgeschieden.

Verhalten des Furfurols.

Wie das Thiophen, C_4H_4S, im Tierkörper sich verhält, ist noch nicht festgestellt worden. Von dem Methylthiophen (Thiotolen), $C_4H_3S . CH_3$, werden nach LEVY sehr kleine Mengen zu Thiophensäure, $C_4H_3S . COOH$, oxydiert. Diese Säure wird, wie JAFFÉ und LEVY [5]) gezeigt haben, mit Glykokoll gepaart (beim Kaninchen) als Thiophenursäure ausgeschieden.

Thiophen.

Eine andere, sehr wichtige Synthese der aromatischen Substanzen ist diejenige der Ätherschwefelsäuren. Als solche werden, wie BAUMANN und HERTER u. a. gezeigt haben, Phenole und überhaupt die hydroxylierten aromatischen Kohlenwasserstoffe und deren Derivate ausgeschieden [6]).

Ätherschwefelsäuren.

Eine Paarung aromatischer Säuren mit Schwefelsäure kommt weniger oft vor. In dieser Form werden indessen die oben erwähnten zwei aromatischen Oxysäuren, die p-Oxyphenylessigsäure und p-Oxyphenylpropionsäure zum Teil ausgeschieden. Die Gentisinsäure (Hydrochinonkarbonsäure) vermehrt nach LIKHATSCHEFF [7]) ebenfalls die Menge der Ätherschwefelsäuren im Harne und dasselbe soll, älteren Angaben entgegen, nach ROST

Oxysäuren.

---

[1]) Zeitschr. f. physiol. Chem. 17. [2]) Monatsh. f. Chem. 8. [3]) Ber. d. d. chem. Gesellsch. 47 und Zeitschr. f. physiol. Chem. 94. Hinsichtlich der umfangreichen Literatur über Glykokollpaarungen kann auf den Aufsatz von O. KÜHLING, Über Stoffwechselprodukte aromatischer Körper, Inaug.-Diss., Berlin 1887, hingewiesen werden. [4]) Ber. d. d. chem. Gesellsch. 20 u. 21; SASAKI u. FRIEDMANN, Fußnote 1, S. 620. [5]) LEVY, Über das Verhalten einiger Thiophenderivate usw., Inaug.-Diss. Königsberg 1889; JAFFÉ u. LEVY, Ber. d. d. chem. Gesellsch. 21. [6]) Hinsichtlich der Literatur vgl. man O. KÜHLING l. c. [7]) Zeitschr. f. physiol. Chem. 21.

auch mit der Gallussäure (Trioxybenzoesäure) und der Gerbsäure der Fall sein [1]).

Während das Azetophenon (Phenylmethylketon), C_6H_5 . CO . CH_3, zu Benzoesäure oxydiert und als Hippursäure ausgeschieden wird, gehen nach Nencki und Rekowski [2]) aromatische Oxyketone mit Hydroxylgruppen, wie das Resazetophenon, 2,4 Dioxyazetophenon $(HO)_2$. C_6H_3 . CO . CH_3, als Ätherschwefelsäuren, zum Teil auch als gepaarte Glukuronsäuren in den Harn über. Das Euxanthon, welches ebenfalls ein aromatisches Keton, nämlich

Dioxyxanthon, $HO . C_6H_3 \diagdown \begin{smallmatrix} CO \\ O \end{smallmatrix} \diagup C_6H_3$. OH, ist, geht in den Harn als die

schon vorher erwähnte gepaarte Glukuronsäure, die Euxanthinsäure über.

Aromatische Ketone.

Eine Paarung aromatischer Substanzen mit Glukuronsäure, welch letztere dadurch vor der Verbrennung geschützt wird, kommt übrigens recht oft vor. Die Phenole gehen, wie oben (S. 574) angegeben, zum Teil als gepaarte Glukuronsäuren in den Harn über. Dasselbe gilt von den Homologen der Phenole, von einigen substituierten Phenolen und von vielen aromatischen Substanzen, auch Kohlenwasserstoffen, nach vorausgegangener Oxydation oder Hydratation. So haben Hildebrandt und Fromm und Clemens [3]) gezeigt, daß Terpene und Kampfer durch Oxydation oder Hydratation, in gewissen Fällen durch beides, in Hydroxylderivate, wenn der fragliche Stoff nicht vorher hydroxyliert ist, übergehen und daß diese Hydroxylverbindungen als gepaarte Glukuronsäuren ausgeschieden werden. Gepaarte Glukuronsäuren sind also nach Einführung in den Organismus von verschiedenen Substanzen, auch Arzneimitteln, wie von Terpenen, Borneol, Menthol, Kampfer (die Kamphoglukuronsäure zuerst von Schmiedeberg beobachtet), Naphtalin, Terpentinöl, Oxychinolinen, Antipyrin und vielen anderen Stoffen [4]), im Harne nachgewiesen worden. Das o-Nitrotoluol geht beim Hunde nach Jaffé [5]) in o-Nitrobenzylalkohol und dann in eine gepaarte Glukuronsäure, die Uronitrotoluolsäure, über. Die aus dieser gepaarten Säure abgespaltete Glukuronsäure soll linksdrehend und also nicht mit der gewöhnlichen Glukuronsäure identisch, sondern isomer sein. Der Dimethylaminobenzaldehyd geht nach Jaffé beim Kaninchen zum Teil in Dimethylaminobenzoeglukuronsäure über. Dieselbe gepaarte Glukuronsäure entsteht nach Hildebrandt [6]) auch aus p-Dimethyltoluidin, welches zuvor in p-Dimethylaminobenzoesäure übergeführt wird. Indol und Skatol scheinen, wie oben erwähnt (S. 577, 580), auch zum Teil als gepaarte Glukuronsäuren mit dem Harne ausgeschieden zu werden. Zu denjenigen Stoffen, welche mit Glukuronsäure sich paaren, gehören auch die unten zu besprechenden Merkaptursäuren, welche mit Glukuronsäure gepaart in den Harn übergehen.

Paarung mit Glukuronsäure.

Paarung mit Glukuronsäure.

---

[1]) Über das Verhalten der Gerbsäure und Gallussäure im Tierkörper vgl. man: C. Mörner, Zeitschr. f. physiol. Chem. **16**, wo man die ältere Literatur findet, ferner Harnack ebenda **24** und Rost, Arch. f. exp. Path. u. Pharm. **38** und Sitz.-Ber. d. Gesellsch. zur Beförd. d. ges. Naturw. zu Marburg 1898. [2]) Arch. des scienc. biol. de St. Petersbourg **3** und Ber. d. d. chem. Gesellsch. **27**. [3]) Hildebrandt, Arch. f. exp. Path. u. Pharm. **45**, **46** und Zeitschr. f. physiol. Chem. **36**, mit Fromm ebenda **33** und mit Clemens ebenda **37**; Fromm u. Clemens ebenda **34**. Umfassende Untersuchungen über das Verhalten der alizyklischen Verbindungen bei der Glukuronsäurepaarung im Organismus hat J. Hämäläinen ausgeführt; Skand. Arch. f. Physiol. **27**. [4]) Vgl. O. Kühling l. c., wo man auch die ältere Literatur findet, und Bonanni, Hofmeisters Beiträge **1** (Literatur). [5]) Zeitschr. f. physiol. Chem. **2**. [6]) Jaffé, Zeitschr. f. physiol. Chem. **43**; Hildebrandt, Hofmeisters Beiträge **7**.

Eine Paarung von Aminosäuren zu Uraminosäuren nach dem Schema $R.CH.NH_2.COOH + H_2N.CO.NH_2 = R.CH.NH.(CONH_2)COOH + NH_3$ oder zu deren Anhydriden, den Hydantoinen, hat man auch in mehreren Fällen, wie nach Einführung von Sarkosin, Aminobenzoesäure, Phenylalanin, Taurin, Tyrosin beobachtet. Hierbei ist indessen zu beachten, daß nach LIPPICH und DAKIN[1]) die Uraminosäuren leicht als Kunstprodukte aus dem Harnstoffe bei der Konzentration des Harnes in der Wärme entstehen können.

Beispiele von Azetylierungen sind schon beim Besprechen des Verhaltens der Nitrobenzaldehyde erwähnt worden. Andere Beispiele sind: die Überführung (beim Hunde) von γ-Phenyl-α-Aminobuttersäure in γ-Phenyl-α-Azetylaminobuttersäure (F. KNOOP und E. KERTESS), die Bildung von Phenylazetylaminoessigsäure aus Phenylaminoessigsäure in Durchblutungsversuchen mit Hundelebern (O. NEUBAUER und O. WARBURG) und die Azetylierung von p-Aminobenzaldehyd oder p-Aminobenzoesäure zu p-Azetylaminobenzoesäure bei Kaninchen (A. ELLINGER und M. HENSEL[2]). Zu den Synthesen mit Eintritt von einem Azetylreste in die Aminogruppe gehört auch die Bildung von Merkaptursäuren. Diese Säuren, welche nach Einführung von Brom- oder Chlorbenzol in den Hundeorganismus entstehen (BAUMANN und PREUSSE, JAFFÉ, FRIEDMANN)[3]), sind azetylierte Derivate des Eiweißzysteins, und das azetylierte Bromphenylzystein ist also $CH_2 . S(C_6H_4Br) . CH . NH(COCH_3) . COOH$. Von besonders großem Interesse ist die zuerst von KNOOP und KERTESS beobachtete Synthese von Aminosäuren unter gleichzeitiger Azetylierung. Nach Einführung von γ-Phenyl-α-Ketobuttersäure in den Hundeorganismus konnten sie nämlich die Bildung der entsprechenden azetylierten Aminosäure, $C_6H_5 . CH_2 . CH_2 . CHNH(COCH_3) . COOH$, beobachten. Ganz anderer Art als die nun erwähnten Azetylierungen ist die schon oben erwähnte, unter Beteiligung von Essigsäure beim Hunde und Kaninchen stattfindende Synthese von Furfurakrylsäure aus verfüttertem Furfurol.

Methylierungen kommen auch oft vor, und ein Beispiel dieser Art liefert das Pyridin, C_5H_5N, welches, wie HIS zuerst zeigte, bei Hunden in Methylpyridin übergeht und dann als Methylpyridylammoniumhydroxyd in den Harn übergeht. Ähnlich verhält sich das Pyridin bei Hühnern (HOSHIAI), Schweinen und Ziegen (TOTANI und HOSHIAI), während es nach ABDERHALDEN[4]) und Mitarbeitern beim Kaninchen unverändert in den Harn übergeht. Weitere Beispiele von Methylierungen, die allerdings nicht den aromatischen Stoffen gelten, sind der Übergang von Guanidinessigsäure in Kreatin (JAFFÉ) und das von TAKEDA[5]) beobachtete Auftreten von Aminobutyrobetain in dem Harne von mit Phosphor vergifteten Hunden.

Mehrere Alkaloide, wie Chinin, Morphin und Strychnin, können in den Harn übergehen. Nach Einnahme von Terpentinöl, Kopaivabalsam und Harzen können Harzsäuren in dem Harne auftreten. In den Harn gehen auch Farbstoffe verschiedener Art wie der Krappfarbstoff, die Chrysophansäure nach Gebrauch von Rheum oder Senna; der Farbstoff der Heidelbeeren usw. über. Nach Einnahme von Rheum, Senna oder Santonin nimmt der Harn eine gelbe oder grünlich gelbe Farbe an, welche

---

[1]) F. LIPPICH, Ber. d. d. chem. Gesellsch. 41; DAKIN, Journ. of biol. Chem. 8; W. WEILAND, Bioch. Zeitschr. 38. [2]) ELLINGER u. HENSEL, Zeitschr. f. physiol. Chem. 91, wo die anderen Arbeiten zitiert sind, und HENSEL ebenda 93. [3]) BAUMANN u. PREUSSE, Zeitschr. f. physiol. Chem. 5; JAFFÉ, Ber. d. d. chem. Gesellschaft 12; FRIEDMANN, HOFMEISTERs Beiträge 4. [4]) HIS, Arch. f. exp. Path. u. Pharm. 22; COHN, Zeitschr. f. physiol. Chem. 18; Z. HOSHIAI ebenda 62, mit G. TOTANI ebenda 68; ABDERHALDEN und Mitarbeiter ebenda 59 u. 62. [5]) JAFFÉ, Zeitschr. f. physiol. Chem. 48; K. TAKEDA, PFLÜGERS Arch. 133.

durch Alkalizusatz in eine schöne rote Farbe übergeht. Das Phenol kann, wie schon oben erwähnt, dem Harne eine dunkelbraune oder schwarzgrüne Farbe erteilen, welche größtenteils von Zersetzungsprodukten des Hydrochinons, aber auch von Huminsubstanzen herrühren dürfte. Nach Naphthalin-Gebrauch wird der Harn ebenfalls dunkel gefärbt, und es können auch mehrere andere Arzneistoffe dem Harne eine besondere Färbung geben. So wird er z. B. von Antipyrin gelb bis blutrot. Nach Einnahme von Kopaivabalsam wird der Harn, wenn man ihn mit Salzsäure stark ansäuert, allmählich rosa- und purpurrot. Nach dem Gebrauche von Naphthalin oder Naphthol gibt er mit konzentrierter Schwefelsäure (1 ccm konzentrierte Säure und einige Tropfen Harn) eine schöne smaragdgrüne Farbe, welche wahrscheinlich von der Naphtholglukuronsäure herrührt. Riechende Stoffe gehen auch in den Harn über. Nach dem Genusse von Spargeln erhält der Harn einen ekelhaft widrigen Geruch, der vielleicht von Methylmerkaptan herrührt. Nach Einnahme von Terpentinöl kann der Harn einen eigentümlichen, veilchenähnlichen Geruch annehmen.

Fremde
Farbstoffe
im Harne.

VI. Pathologische Harnbestandteile.

Eiweiß. Das Auftreten geringer Spuren von Eiweiß im normalen Harne ist von vielen Forschern wiederholt beobachtet worden. Nach K. Mörner[1] kommt Eiweiß regelmäßig als normaler Harnbestandteil, und zwar in Mengen von 22—78 mg im Liter vor. Sehr gewöhnlich ist es, in dem Harne Spuren einer mit dem Muzin leicht zu verwechselnden, nukleoalbuminähnlichen Substanz zu finden, deren Natur weiter unten näher besprochen werden soll. In krankhaften Zuständen kommt Eiweiß im Harne in den verschiedensten Fällen vor, und diejenigen Eiweißstoffe, welche dabei besonders oft vorkommen, sollen angeblich Serumglobulin und Serumalbumin sein. Zuweilen kommen auch Albumosen (oder Peptone) vor. Der Gehalt des Harnes an Eiweiß ist in den meisten Fällen kleiner als 5 p. m.; verhältnismäßig selten ist er 10 p. m. und nur sehr selten beträgt er gegen 50 p. m. oder darüber.

Eiweiß.

Unter den vielen, zum Nachweis von Eiweiß im Harne vorgeschlagenen Reaktionen mögen folgende hier Erwähnung finden.

Die Kochprobe. Man filtriert den Harn und prüft dann die Reaktion desselben. Ein saurer Harn kann in der Regel ohne weiteres gekocht werden, und nur bei besonders stark saurer Reaktion ist es nötig, dieselbe erst mit Alkali ein wenig abzustumpfen. Einen alkalischen Harn macht man vor dem Erhitzen neutral oder nur äußerst schwach sauer. Ist der Harn arm an Salzen, so setzt man ihm vor dem Aufkochen $^1/_{10}$ Vol. gesättigter Kochsalzlösung zu. Darauf erhitzt man zum Sieden, und wenn dabei keine Fällung, Trübung oder Opaleszenz erscheint, so enthält der fragliche Harn kein koagulables Eiweiß, kann aber Albumosen oder Peptone enthalten. Entsteht dagegen beim Sieden ein Niederschlag, so kann dieser aus Eiweiß oder aus Erdphosphaten[2] oder aus beiden bestehen. Um einerseits eine Verwechslung mit den Erdphosphaten zu verhindern und andererseits um eine bessere, mehr flockige Ausscheidung des Eiweißes zu erzielen, soll man stets der Harnprobe eine passende Menge Säure zusetzen. Verwendet man hierzu Essigsäure, so setzt man auf je 10 ccm Harn 1, 2—3 Tropfen einer 25prozentigen Säure zu und kocht nach Zusatz von jedem Tropfen wieder auf. Bei Anwendung von Salpetersäure muß man von einer 25prozentigen Säure, je nach dem Eiweißgehalte, 1—2 Tropfen auf je 1 ccm des siedend heißen Harnes zusetzen.

Die Koch-
probe.

Bei Anwendung von Essigsäure kann, wenn der Gehalt an Eiweiß sehr gering ist, das letztere, besonders wenn der Harn ursprünglich alkalisch war, bei Zusatz von der obigen Essigsäuremenge bisweilen in Lösung bleiben. Setzt man dagegen weniger Essigsäure zu, so läuft man Gefahr, daß ein in dem amphoter oder nur sehr schwach sauer reagierenden Harne entstandener, aus Kalziumphos-

---

[1] Skand. Arch. f. Physiol. **6** (Literaturangaben). [2] Über die Ursache der Phosphatausscheidung beim Kochen des Harnes vgl. man H. Malfatti, Hofmeisters Beiträge 8.

phat bestehender Niederschlag nicht vollständig sich löst und zur Verwechslung mit einem Eiweißniederschlage Veranlassung geben kann. Verwendet man zu der Kochprobe Salpetersäure, so darf man nie übersehen, daß nach Zusatz von nur wenig Säure eine beim Sieden lösliche Verbindung zwischen ihr und dem Eiweiße entsteht, welche erst von überschüssiger Säure gefällt wird. Aus diesem Grunde muß die obige größere Menge Salpetersäure zugesetzt werden, aber hierbei läuft man nun wiederum die Gefahr, daß kleine Eiweißmengen von der überschüssigen Säure gelöst werden können. Wenn man, was unbedingt notwendig ist, die Säure erst nach vorausgegangenem Aufkochen zusetzt, so ist die Gefahr zwar nicht sehr groß, allein sie ist jedoch vorhanden. Schon aus diesen Gründen ist also die Kochprobe, welche zwar in der Hand des Geübten sehr gute Dienste leistet, nie dem Arzte als alleinige Eiweißprobe zu empfehlen.

Nach BANG[1]) ist die empfindlichste und gleichzeitig auch die zuverlässigste Form für die Ausführung der Kochprobe mit Essigsäure die folgende. 10 ccm Harn und 1 ccm einer Lösung, die im Liter 56,5 ccm Eisessig und 118 g Natriumazetat enthält, werden in einem Probierröhrchen über freier Flamme erhitzt und etwa ½ Minute gekocht. Wenn der Harn mehr als Spuren Eiweiß enthält, tritt eine typische, feinflockige Koagulation auf und die Phosphate bleiben gelöst.

Eine Verwechslung mit Muzin, wenn solches vielleicht im Harne vorkommt, würde bei der Kochprobe mit Essigsäure leicht dadurch zu vermeiden sein, daß man eine andere Probe bei Zimmertemperatur mit Essigsäure ansäuert. Es scheiden sich hierbei Muzin und muzinähnliche Nukleoalbuminsubstanzen aus. Entsteht bei Ausführung der Kochprobe mit Salpetersäure der Niederschlag erst beim Erkalten oder wird er dabei merkbar vermehrt, so deutet dies auf die Gegenwart von Albumose in dem Harne, entweder allein oder mit koagulablem Eiweiß gemengt. In diesem Falle ist eine weitere Untersuchung nötig (vgl. unten). In einem uratreichen Harne scheidet sich nach dem Erkalten ein aus Harnsäure bestehender Niederschlag aus. Dieser Niederschlag ist jedoch gefärbt, körnigsandig und kaum mit einer Albumose- oder Eiweißfällung zu verwechseln.

Die HELLERsche Probe führt man in der Weise aus, daß man in einem Reagenzglase die Salpetersäure sehr vorsichtig mit dem zu prüfenden Harn überschichtet, oder auch so, daß man erst den Harn in ein Reagenzglas eingießt und dann die Säure durch einen sehr spitz ausgezogenen, bis zum Boden reichenden Trichter sehr langsam zufließen läßt. Bei Gegenwart von Eiweiß tritt dabei eine weiße Scheibe oder, wie man gewöhnlich sagt, ein weißer Ring oder jedenfalls eine scharf begrenzte Trübung an der Berührungsstelle beider Flüssigkeiten auf. Bei der Ausführung dieser Probe erhält man regelmäßig auch im normalen Harne einen von den Indigofarbstoffen herrührenden, roten oder rotvioletten, durchsichtigen Ring, welcher mit dem weißen oder weißlichen Eiweißringe kaum verwechselt werden kann. In einem uratreichen Harne kann dagegen eine Verwechslung mit einem von ausgefällter Harnsäure herrührenden Ringe geschehen. Der Harnsäurering liegt jedoch nicht wie der Eiweißring immer an der Berührungsstelle beider Flüssigkeiten, sondern oft etwas höher. Aus diesem Grunde kann man auch in einem uratreichen und nicht zu viel Eiweiß enthaltenden Harne gleichzeitig zwei Ringe sehen. Die Verwechslung mit Harnsäure vermeidet man am einfachsten durch Verdünnung des Harnes, vor der Ausführung der Probe, mit 1—2 Vol. Wasser. Die Harnsäure bleibt nun in Lösung und die Empfindlichkeit der HELLERschen Eiweißprobe ist eine so große, daß nur bei Gegenwart von bedeutungslosen Eiweißspuren die Probe nach einer solchen Verdünnung negativ ausfällt. In einem an Harnstoff sehr reichen Harne kann auch eine ringförmige Ausscheidung von salpetersaurem Harnstoff auftreten. Dieser Ring besteht jedoch aus glitzernden Kriställchen und er tritt in dem vorher mit Wasser verdünnten Harne nicht auf. Eine Verwechslung mit Harzsäuren, welche bei dieser Probe ebenfalls einen weißlichen Ring geben, ist leicht zu vermeiden, denn die Harzsäuren

_Die Koch-
probe._

_Verfahren
von Bang._

_Die Koch-
probe._

_Die Heller-
sche Probe._

---

[1]) J. BANG, Lehrbuch der Harnanalyse, Wiesbaden 1918.

sind in Äther löslich. Man rührt um, fügt Äther hinzu und schüttelt in einem
Probierröhrchen leise um. Bestand die Trübung aus Harzsäuren, so klärt sich
der Harn allmählich und der Äther hinterläßt beim Verdunsten einen aus Harzsäuren bestehenden, klebrigen Rückstand. Eine Flüssigkeit, welche echtes Muzin
enthält, gibt bei der HELLERschen Probe keine Fällung, sondern einen mehr oder
weniger stark opalisierenden Ring, welcher beim Umrühren verschwindet. Die
Flüssigkeit enthält nach dem Umrühren keine Fällung, sondern ist höchstens Die Heller
opalisierend. Erhält man bei der HELLERschen Probe in dem unverdünnten Harne sche Probe
erst nach einiger Zeit eine schwache, nicht ganz typische Reaktion, während der
mit Wasser verdünnte Harn fast sogleich eine deutliche Reaktion gibt, so deutet
dies auf die Gegenwart der früher als Muzin oder Nukleoalbumin bezeichneten
Substanz hin. In diesem Falle verfährt man wie unten, behufs des Nachweises
von Nukleoalbumin, angegeben wird.

Erinnert man sich der nun besprochenen möglichen Verwechslungen und
der Art und Weise, wie sie vermieden werden können, so wird die leicht ausführbare HELLERsche Probe sehr zuverlässig und hinreichend empfindlich. Mit ihr
können nämlich noch 0,002 p. c. Eiweiß ohne Schwierigkeit nachgewiesen werden.
Indessen sollte man nie mit dieser Probe allein sich begnügen, sondern immer
mindestens noch eine andere, wie z. B. die Kochprobe, ausführen. Bei der Ausführung der HELLERschen Probe werden auch die (primären) Albumosen gefällt.

Die Reaktion mit Metaphosphorsäure ist sehr bequem und leicht auszu- Metaphos-
führen. Sie ist aber nicht ganz so empfindlich und zuverlässig wie die HELLERsche Probe. phorsäure-
Von dem Reagenze werden auch Albumosen gefällt. probe.

Die Reaktion mit Essigsäure und Ferrozyankalium. Man versetzt
den Harn mit Essigsäure bis zu etwa 2 p. c. und setzt dann tropfenweise eine
Ferrozyankaliumlösung (1:20) mit Vermeidung eines Überschusses zu. Diese Die Probe
Probe ist sehr gut und in der Hand des geübten Chemikers sogar empfindlicher mit Essig
als die HELLERsche. Bei Gegenwart von sehr kleinen Eiweißmengen erfordert säure und
sie jedoch mehr Übung und Geschicklichkeit als diese, weil das relative Mengen- Ferrozyan
verhältnis des Reagenzes, des Eiweißes und der Essigsäure auf das Resultat ein- kalium.
wirkt. Auch der Salzgehalt des Harnes scheint nicht ohne Einfluß zu sein. Das
Reagens fällt auch die Albumosen.

Es gibt auch andere Eiweißreaktionen, die noch empfindlicher sind,
da aber jeder normale Harn Spuren von Eiweiß enthält, ist es offenbar, daß
Reagenzien von sehr großer Empfindlichkeit nur mit Vorsicht gebraucht
werden können. Für gewöhnliche Fälle dürfte auch die HELLERsche Probe Eiweiß-
genügend empfindlich sein. Wenn man nämlich mit dieser Probe innerhalb nachweis.
2½—3 Minuten keine Reaktion erhält, so enthält der untersuchte Harn jedenfalls weniger als 0,003 p. c. Eiweiß und ist also in gewöhnlichem Sinne als
eiweißfrei zu betrachten.

Die Anwendung der Fällungsreagenzien setzt voraus, daß der zu unter-
suchende Harn, besonders bei Gegenwart von nur sehr wenig Eiweiß, ganz klar
ist. Man muß also den Harn zuerst filtrieren. Dies gelingt nicht ohne weiteres
mit bakterienhaltigem Harn; man kommt aber in solchen Fällen zum Ziele, wenn
man nach dem Vorschlage von A. JOLLES den Harn zuvor mit Kieselgur schüttelt.
Daß hierbei ein wenig Eiweiß zurückgehalten wird und verloren geht, scheint
ohne Belang zu sein (GRÜTZNER, SCHWEISSINGER) [1].

Bei der Untersuchung eines Harnes auf Eiweiß darf man übrigens nie mit
einer Reaktion allein sich begnügen, sondern man muß wenigstens die Kochprobe
einerseits und die HELLERsche Probe oder die Ferrozyankaliumprobe andererseits
ausführen. Bei Anwendung der Kochprobe allein kann man nämlich leicht Albumosen übersehen, welche dagegen mit der HELLERschen Probe oder der Ferrozyankaliumprobe entdeckt werden. Begnügt man sich dagegen mit einer dieser
letzteren Proben allein, so findet man keine genügende Andeutung von der Art

---

[1] JOLLES, Zeitschr. f. anal. Chem. **29**; GRÜTZNER, Chem. Zentralbl. 1901, I; SCHWEIS-
SINGER ebenda.

des vorhandenen Eiweißes, ob es aus Albumosen oder koagulablem Eiweiß oder aus beiden besteht.

Hat man durch die obigen Reagenzien von der Gegenwart von Eiweiß sich überzeugen können, so handelt es sich zunächst darum, zu zeigen, welcher Art das im Harn enthaltene Eiweiß ist.

Der Nachweis von Globulin und Albumin. Zum Nachweis von Harn-globulin neutralisiert man den Harn genau, filtriert und setzt Magnesiumsulfat in Substanz, bis zur vollständigen Sättigung bei Zimmertemperatur, oder auch das gleiche Volumen einer gesättigten, neutral reagierenden Lösung von Am-moniumsulfat zu. In beiden Fällen entsteht bei Gegenwart von Globulin ein weißer, flockiger Niederschlag. Bei Anwendung von Ammoniumsulfatlösung kann in einem uratreichen Harn ein aus Ammoniumurat bestehender Niederschlag sich ausscheiden. Dieser Niederschlag kommt jedoch nicht sogleich, sondern erst nach einiger Zeit zum Vorschein, und er dürfte wohl kaum mit einem Globulinnieder-schlage verwechselt werden können. Zum Nachweis des Harnalbumins erhitzt man das vom Globulinniederschlage getrennte Filtrat zum Sieden oder setzt ihm bei Zimmertemperatur gegen 1 p. c. Essigsäure zu.

Nachweis
von Globu-
lin und
Albumin.

Albumosen und Peptone sind angeblich wiederholt im Harne bei ver-schiedenen Krankheiten gefunden worden. Über das Auftreten von Albumosen liegen unzweifelhaft ganz sichere Beobachtungen vor. Die Angaben über das Auftreten von Peptonen stammen dagegen zum Teil von einer Zeit her, wo man noch die Begriffe Albumosen und Peptone anders als gegenwärtig auffaßte, und teils basieren sie auf nach unzureichenden Methoden ausgeführten Untersuchungen. Was man bisher als Harnpepton bezeichnet hat, dürfte wohl im allgemeinen in der Hauptsache Deuteroalbumose gewesen sein.

Albumosen
und
Peptone.

Zum Nachweis der Albumosen kann man den eiweißfreien, bzw. durch Sieden unter Essigsäurezusatz enteiweßten Harn mit Ammoniumsulfat sättigen, wobei die Albumosen gefällt werden. Infolge der hierbei vorkommenden Fehlerquellen, unter anderen von Seite des Urobilins, welches eine biuretähnliche Reaktion gibt (SALKOWSKI, STOKVIS) [1], ver-fährt man mit Vorteil nach folgendem, von BANG modifiziertem Verfahren von DEVOTO [2]. Der Harn wird mit Ammoniumsulfat, 8 Teile auf je 10 Teile Harn, zum Sieden erhitzt und einige Sekunden gekocht. Die noch heiße Flüssigkeit wird $\frac{1}{2}$—1 Minute zentrifugiert und von dem Bodensatze getrennt. Aus dem letzteren wird das Urobilin durch Extraktion mit Alkohol entfernt. Den Rückstand schlemmt man in wenig Wasser auf, erhitzt zum Sieden, filtriert, wobei das koagulierte Eiweiß zurückbleibt, und entfernt aus dem Filtrate noch etwa vorhandenes Urobilin durch Schütteln mit Chloroform. Die wässerige Lösung wird nach dem Abpipettieren des Chloroforms zu der Biuretprobe verwendet. Für klinische Zwecke ist dieses Verfahren sehr brauchbar.

Nachweis
der
Albumosen
nach Devoto
und Bang.

Man kann auch nach SALKOWSKI den mit 10 p. c. Salzsäure versetzten Harn mit Phosphorwolframsäure fällen, dann erwärmen, von dem harzigen Bodensatze abgießen, mit Wasser abspülen, darauf mit ein wenig Wasser und etwas Natronlauge lösen, wieder erwärmen, bis die blaue Farbe verschwunden ist, abkühlen und endlich mit Kupfersulfat prüfen. Dieses Verfahren ist später von v. ALDOR und von ČERNY [3] ein wenig abgeändert worden. Bezüglich anderer, mehr umständlichen Methoden wird auf das Werk von HUPPERT-NEUBAUER hingewiesen.

Verfahren
von
Salkowski.

Hat man aus einer größeren Harnportion die Albumosen mit Ammoniumsulfat niedergeschlagen, so wird der Niederschlag nach den in Kapitel 2 angegebenen Gründen auf die Gegenwart verschiedener Albumosen untersucht. Zur vorläufigen Orientierung über die Art der im Harne vorhandenen Albumosen diene folgendes. Wenn der Harn nur Deuteroalbumose enthält, so wird er beim Sieden nicht getrübt, gibt nicht die HELLER-sche Probe, wird beim Sättigen mit NaCl nicht bei neutraler Reaktion, wohl aber nach darauffolgendem Zusatz von salzgesättigter Essigsäure getrübt. Bei Gegenwart von nur Protalbumose gibt der Harn die HELLERsche Probe, wird beim Sättigen mit NaCl schon bei neutraler Reaktion gefällt, gerinnt aber beim Sieden nicht. Bei Anwesenheit von Heteroalbumose verhält sich der Harn dem NaCl und der Salpetersäure gegenüber in derselben Weise, zeigt aber beim Erhitzen ein abweichendes Verhalten. Er trübt sich

Prüfung auf
Albumosen.

[1] SALKOWSKI, Berl. klin. Wochenschr. 1897; STOKVIS, Zeitschr. f. Biol. 34.
[2] DEVOTO, Zeitschr. f. physiol. Chem. 15; BANG, Deutsch. med. Wochenschr. 1898.
[3] SALKOWSKI, Zentralbl. f. d. med. Wiss. 1894; v. ALDOR, Berl. klin. Wochenschrift
36; ČERNY, Zeitschr. f. anal. Chem. 40.

nämlich beim Erwärmen und scheidet bei etwa 60⁰ einen an der Wand des Glases klebenden Niederschlag ab, welcher bei saurer Reaktion des Harnes in der Siedehitze sich löst und beim Erkalten wieder auftritt.

In naher Beziehung zu den Albumosen steht der sog. BENCE-JONESsche Eiweißkörper, welcher bisweilen, namentlich bei Kranken mit Osteosarkomen und multiplen Myelomen im Harne auftritt. Er gibt beim Erwärmen auf 45—50 bis 60⁰ C eine Fällung, die beim Erhitzen zum Sieden je nach der Reaktion und dem Salzgehalte mehr oder weniger vollständig sich wieder auflöst. In ganz salzfreier Lösung wird jedoch der Niederschlag nicht im Sieden gelöst, wenigstens nicht immer. Der fragliche Eiweißstoff scheidet sich bei der Dialyse nicht aus, kann aber aus dem Harne mit dem doppelten Volumen gesättigter Ammoniumsulfatlösung oder mit Alkohol gefällt werden. Er ist auch in Kristallen erhalten worden (GRUTTERINK und DE GRAAFF, MAGNUS-LEVY)[1]. Dieser Körper hat übrigens in den verschiedenen Fällen ein etwas abweichendes Verhalten gezeigt, und seine Natur ist noch nicht aufgeklärt worden. Aus den Untersuchungen der obengenannten und anderer Forscher (MOITESSIER, ABDERHALDEN und ROSTOSKI) kann man jedoch den Schluß ziehen, daß dieser Eiweißkörper zwar den Albumosen in mehreren Reaktionen ähnelt, aber trotzdem den genuinen Eiweißstoffen näher steht. Er gibt auch bei der Pepsinverdauung sowohl primäre wie sekundäre Albumosen (GRUTTERINK und DE GRAAFF) und er liefert dieselben hydrolytischen Spaltungsprodukte wie anderes Eiweiß (ABDERHALDEN und ROSTOSKI).

(Randnotiz: Bence-Jonesscher Eiweißkörper.)

Quantitative Bestimmung des Eiweißes im Harne. Unter allen bisher vorgeschlagenen Methoden gibt die Koagulationsmethode (Sieden unter Essigsäurezusatz), wenn sie mit genügender Sorgfalt ausgeführt wird, die besten Resultate. Der durchschnittliche Fehler braucht nicht mehr als 0,01 p. c. zu betragen und er ist regelmäßig kleiner. Bei Anwendung dieser Methode verfährt man am besten so, daß man erst in kleineren, abgemessenen Harnportionen die Menge Essigsäure bestimmt, welche dem vorher im Wasserbade erhitzten Harne zugesetzt werden muß, damit die Ausscheidung des Eiweißes so vollständig werde, daß das Filtrat mit der HELLERschen Probe keine Eiweißreaktion gibt. Darauf koaguliert man 20—50—100 ccm Harn in einem Becherglase im Wasserbade, setzt dann allmählich und unter Umrühren die berechnete Menge Essigsäure zu und erhitzt noch einige Zeit. Dann filtriert man warm, wäscht erst mit Wasser, darauf mit Alkohol und Äther aus, trocknet, wägt, äschert ein und wägt von neuem. Bei richtigem Arbeiten darf das Filtrat keine Reaktion mit der HELLERschen Probe geben. Nach BANG ist es auch hier besser, nach dem von ihm zum Eiweißnachweis (S. 626) angegebenen Verfahren zu arbeiten.

(Randnotiz: Quantitative Bestimmung des Gesamteiweißes.)

Zur getrennten Bestimmung des Globulins und Albumins neutralisiert man den Harn genau und fällt ihn mit MgSO₄ zur Sättigung oder, mit dem gleichen Volumen gesättigter, neutral reagierender Ammoniumsulfatlösung. Den aus Globulin bestehenden Niederschlag wäscht man vollständig mit gesättigter Magnesiumsulfat- bzw. halbgesättigter Ammoniumsulfatlösung aus, trocknet ihn anhaltend bei 110⁰ C, kocht ihn mit Wasser aus, extrahiert mit Alkohol und Äther, trocknet, wägt, äschert ein und wägt nochmals. Die Menge des Albumins berechnet man aus der Differenz zwischen der Menge des Globulins und des Gesamteiweißes.

Approximative Bestimmung des Eiweißes im Harne. Unter den zu diesem Zwecke vorgeschlagenen Methoden hat besonders die Methode ESBACHS große Verwendung gefunden.

Die Methode von ESBACH[2] besteht darin, daß man in ein besonders gradiertes Reagenzrohr den sauer reagierenden bzw. mit Essigsäure angesäuerten Harn bis zu einer bestimmten Marke gießt, dann bis zu einer zweiten Marke die Reagenzlösung (eine Lösung von 2 p. c. Zitronensäure und 1 p. c. Pikrinsäure in Wasser) zusetzt, das Rohr mit einem Kautschukstopfen schließt und den Inhalt vorsichtig ohne Schaumbildung umschüttelt. Man läßt nun das Rohr 24 Stunden beiseite stehen und liest nach dieser Zeit die Höhe

(Randnotiz: Esbachs Methode.)

---

[1] MAGNUS-LEVY, Zeitschr. f. physiol. Chem. **30** (Literatur); GRUTTERINK und DE GRAAFF ebenda **34** u. 46; MOITESSIER, Compt. rend. soc. biol. **57**; J. VILLE u. E. DERRIEN ebenda **62**; ABDERHALDEN u. ROSTOSKI, Zeitschr. f. physiol. Chem. **46**; vgl. auch HOPKINS u. H. SAVORY, Journ. of Physiol. **42** u. A. KOIJSMAN, MALYS Jahresb. **48**. [2] Hinsichtlich der Literatur über diese Methode und der zahlreichen Untersuchungen über den Wert derselben vgl. man HUPPERT-NEUBAUER, 10. Aufl.

des Niederschlages in dem gradierten Rohre ab. Die abgelesene Zahl gibt direkt die Eiweißmenge in 1000 Teilen Harn an. Eiweißreicher Harn muß erst mit Wasser verdünnt werden. Die nach dieser Methode erhaltenen Zahlen sind jedoch von der Temperatur abhängig, und eine Temperaturdifferenz von 5—6,5° C kann bei einem mittleren Eiweißgehalte einen Fehler von 0,2—0,3 p. c. Eiweiß zu wenig oder zu viel im Harne bedingen. Ein Verfahren, welches unter Anwendung der Zentrifuge bessere Resultate der ESBACHschen Methode gibt, rührt von C. STRZYZOWSKI [1]) her.

Eine andere Methode ist die von ROBERTS und STOLNIKOW angegebene, von BRANDBERG weiter ausgearbeitete Methode mit der HELLERschen Probe, welche Methode von MITTELBACH für praktische Zwecke noch weiter vereinfacht worden ist, und die densimetrische Methode von LANG, HUPPERT und ZAHOR. Hinsichtlich dieser und anderer Methoden wird auf das Werk von HUPPERT-NEUBAUER hingewiesen.

Eine ganz zuverlässige Methode zur quantitativen Bestimmung der Albumosen und Peptone im Harne gibt es gegenwärtig nicht.

Nukleo-albumin u. Muzin.

Nukleoalbumin und Muzin. Nach K. MÖRNER kann von dem Harnmukoide Spuren in den Harn in Lösung übergehen, aber sonst enthält der normale Harn kein Muzin. Daß es Fälle gibt, wo wahres Muzin in dem Harne auftreten kann, ist kaum zu bezweifeln; in den meisten Fällen hat man wohl aber Muzin und sog. Nukleoalbumin verwechselt. Das Vorkommen unter besonderen Umständen von Nukleoproteiden oder wahrem Nukleoalbumin im Harne läßt sich ebenfalls nicht in Abrede stellen, um so weniger als in den Nieren und Harnwegen solche Substanzen vorkommen; in den meisten Fällen dürfte wohl aber das sog. Nukleoalbumin, wie K. MÖRNER [2]) gezeigt hat, ganz anderer Art sein.

Eiweißfällende Substanzen im Harne.

Nach MÖRNER enthält jeder Harn ein wenig Eiweiß und daneben auch eiweißfällende Substanzen. Wenn man den durch Dialyse von Salzen befreiten Harn nach Zusatz von 1—2 p. m. Essigsäure mit Chloroform schüttelt, so erhält man einen Niederschlag, der wie ein Nukleoalbumin sich verhält. Wird das saure Filtrat mit Serumeiweiß versetzt, so kann man wegen der Anwesenheit eines Restes von eiweißfällenden Substanzen einen neuen, ähnlichen Niederschlag erhalten. Die wichtigste unter den eiweißfällenden Substanzen ist die Chondroitinschwefelsäure; in viel geringerer Menge kommt Nukleinsäure vor. Taurocholsäure kann auch in einzelnen Fällen, wie im ikterischen Harne, in den Niederschlag übergehen. Die von verschiedenen Forschern durch Essigsäurezusatz aus dem Harne isolierten, als „aufgelöstes Muzin“ oder „Nukleoalbumin“ bezeichneten Substanzen sind also nach MÖRNER als Verbindungen von Eiweiß mit hauptsächlich Chondroitinschwefelsäure, in viel geringerem Grade mit Nukleinsäure und bisweilen vielleicht auch mit Taurocholsäure anzusehen. Dies schließt natürlich nicht aus, daß, wie oben hervorgehoben wurde, bisweilen im Harne auch andere, durch Essigsäure fällbare Eiweißstoffe vorkommen können. In der neueren Literatur findet man auch oft derartige Angaben, die indessen nicht zu ganz sicheren Schlüssen berechtigen.

Nukleo-albumin.

Da der normale Harn regelmäßig einen Überschuß an eiweißfällender Substanz enthält, ist es offenbar, daß eine vermehrte Ausscheidung von sog. Nukleoalbumin einfach durch eine vermehrte Eiweißausscheidung zustande kommen kann. In noch höherem Grade muß dies aber der Fall sein, wenn sowohl das Eiweiß wie die eiweißfällenden Substanzen in vermehrter Menge ausgeschieden werden.

Nachweis des sog. Nukleoalbumins. Wenn ein Harn nach Zusatz von Essigsäure opalisierend, trübe oder sogar gefällt wird, wie auch wenn er nach dem Verdünnen mit Wasser eine mehr typische HELLERsche Eiweißreaktion als der unverdünnte Harn gibt, hat man Veranlassung, eine Untersuchung auf Muzin und Nukleoalbumin zu machen. Da die Salze des Harnes die Ausfällung der frag-

---

[1]) Zeitschr. f. physiol. Chem. 88. [2]) Skand. Arch. f. Physiol. 6.

lichen Substanzen durch Essigsäurezusatz sehr erschweren, muß man sie durch Dialyse zuerst entfernen. Man unterwirft deshalb eine möglichst große Menge Harn der Dialyse (unter Zusatz von Chloroform), bis die Salze entfernt worden sind. Darauf setzt man Essigsäure bis zu etwa 2 p. m. hinzu und läßt stehen. Der Niederschlag wird in Wasser mit möglichst wenig Alkali gelöst und von neuem mit Säure gefällt. Zur Prüfung auf Chondroitinschwefelsäure wird ein Teil längere Zeit im Wasserbade mit etwa 5 p. c. Salzsäure erwärmt. Erhält man dabei positives Resultat bei Prüfung auf Schwefelsäure und reduzierende Substanz, so war Chondroproteid vorhanden. Kann man eine reduzierende Substanz aber keine Schwefelsäure nachweisen, so liegt wahrscheinlich Muzin vor. Erhält man weder Schwefelsäure noch reduzierende Substanz, so wird ein Teil des Niederschlages der Pepsinverdauung unterworfen und ein anderer Teil zur Bestimmung etwa organisch gebundenen Phosphors verwendet. Fallen diese Proben positiv aus, so muß man zur Unterscheidung zwischen Nukleoalbumin und Nukleoproteid eine besondere Untersuchung auf Nukleinbasen machen. Dies ist der schematische Gang der Untersuchung. Ein sicherer Entscheid kann aber nur durch Verarbeitung von sehr großen Harnmengen erreicht werden. Das Filtrat von dem Nukleoalbumin kann man in üblicher Weise auf Eiweiß prüfen. Nachweis des sog. Nukleoalbumins.

Nukleohiston. In einem Falle von Pseudoleukämie fand A. Jolles eine phosphorhaltige Proteinsubstanz, die er als mit dem Nukleohiston identisch betrachtet. Histon soll auch angeblich in einigen Fällen von Krehl und Matthes und von Kolisch und Burian [1] gefunden worden sein. Nukleohiston.

Der, in den durch Alkohol fällbaren Substanzen enthaltene Stickstoff — der „kolloidale Stickstoff" nach Salkowski — dessen Menge bei Karzinom gegenüber der normalen verdoppelt ist, und welcher wohl zum großen Teil von Oxyproteinsäuren herrührt, kann man nach Salkowski und Kojo [2] durch Ausfällung mit basischem Bleiazetat der Stickstoffbestimmung zugänglich machen.

Blut und Blutfarbstoff. Durch Blutungen in den Nieren oder irgendwo in den Harnwegen kann der Harn bluthaltig werden (Hämaturie). In diesen Fällen ist der Harn, wenn die Blutmenge nicht sehr gering ist, mehr oder weniger stark getrübt, von rötlicher, gelbroter, schmutzig roter, braunroter oder schwarzbrauner Farbe. Bei frischen Blutungen, bei welchen das Blut sich noch nicht zersetzt hat, ist die Farbe mehr blutrot. In dem Sedimente findet man Blutkörperchen, bisweilen auch Blutzylinder und kleinere oder größere Blutgerinnsel.

In gewissen Fällen enthält der Harn keine Blutkörperchen, sondern nur gelösten Blutfarbstoff, Hämoglobin, oder, und zwar sehr häufig, Methämoglobin (Hämoglobinurie). Auch Hämatin kommt ziemlich oft vor (vgl. Kapitel 5, S. 231). Blutfarbstoff kommt unter den verschiedensten Verhältnissen, wie bei Blutdissolution, bei Vergiftungen mit Arsenwasserstoff, Chloraten u. a., nach schweren Verbrennungen, nach Bluttransfusionen wie auch bei periodischer, mit Fieber auftretender Hämoglobinurie im Harne vor. Bei Tieren kann man Hämoglobinurie durch eine Menge von Eingriffen hervorrufen, durch welche freies Hämoglobin in das Plasma übertritt. Hämoglobinurie.

Zur Erkennung des Blutes im Harne bedient man sich des Mikroskopes, des Spektroskopes, der Guajakprobe und der Hellerschen oder Heller-Teichmannschen Probe.

Mikroskopische Untersuchung. Im sauren Harne können die Blutkörperchen lange ungelöst bleiben; im alkalischen werden sie dagegen leicht verändert und gelöst. In dem Sedimente findet man sie oft scheinbar ganz unverändert, in anderen Fällen dagegen gequollen und in anderen wiederum von unregelmäßiger, gezackter und gekerbter oder stechapfelähnlicher Form. Mikroskopische Untersuchung.

---

[1] Jolles, Ber. d. d. chem. Gesellsch. **30**; Krehl u. Matthes, Deutsch. Arch. f. klin. Med. **54**; Kolisch u. Burian, Zeitschr. f. klin. Med. **29**. [2] Salkowski, Berl. klin. Wochenschr. 1905 u. 1910; K. Kojo, Zeitschr. f. physiol. Chem. **73**.

Bei Nierenblutungen findet man zuweilen in dem Sedimente zylinderförmige
Gerinnsel, welche mit zahlreichen roten Blutkörperchen besetzte Abgüsse der
Harnkanälchen darstellen. Diese Gebilde nennt man Blutzylinder.

Die spektroskopische Untersuchung ist selbstverständlich von
sehr hohem Werte, und wenn es sich darum handelt, nicht nur Blutfarbstoff
überhaupt nachzuweisen, sondern auch die Art des vorhandenen Farbstoffes
zu ermitteln, so ist sie nicht zu entbehren. Bezüglich des optischen Verhaltens
der verschiedenen Blutfarbstoffe wird auf das Kapitel 5 verwiesen.

Die Guajakprobe. In einem Reagenzrohre mischt man gleiche Volumina
Guajaktinktur und alten Terpentinöles, welches an der Luft unter dem Einflusse
des Lichtes stark ozonhaltig, wie man früher sagte, oder, was richtiger ist, an
einem organischen Peroxyde (LIEBERMANN) reich geworden ist. Zu diesem Gemenge, welches keine Blaufärbung zeigen darf, setzt man dann den zu untersuchenden Harn. Bei Gegenwart von Blut oder Blutfarbstoff tritt nun an der
Berührungsstelle der Flüssigkeiten erst ein blaugrüner und dann ein schön blauer
Ring auf. Beim Umschütteln wird das Gemenge mehr oder weniger schön blau.
Normaler und auch eiweißreicher Harn gibt diese Reaktion nicht. Die Reaktion
kommt nach LIEBERMANN [1] in der Weise zustande, daß der Blutfarbstoff als
Katalysator auf das in dem Terpentinöle vorhandene, organische Peroxyd einwirkt, die Zersetzung desselben beschleunigt und den aktiven Sauerstoff auf die
Guajakonsäure überträgt, welche dadurch zu Guajakblau (Guajakonsäureozonid)
oxydiert wird. Bei Gegenwart von Eiter kann der Harn, auch wenn kein Blut
zugegen ist, mit dem Reagenze eine blaue Farbe geben; in diesem Falle wird aber
die Guajaktinktur allein, ohne Terpentinöl, von dem Harne blau gefärbt (VITALI) [2].
Dies gilt wenigstens für eine Tinktur, welche einige Zeit der Einwirkung der Luft
und des Tageslichtes ausgesetzt gewesen ist. Die bläuende Wirkung des Eiters
geht übrigens, zum Unterschied von derjenigen des Blutfarbstoffes, verloren,
wenn man den Harn zum Sieden erhitzt. Einen in Zersetzung begriffenen, alkalischen Harn muß man vor Ausführung der Reaktion schwach ansäuern. Das
Terpentinöl soll im Tageslichte, die Guajaktinktur dagegen in einer Flasche von
dunklem Glase aufbewahrt werden. Die Brauchbarkeit der Reagenzien muß
übrigens mit einer bluthaltigen Flüssigkeit kontrolliert werden. Diese Probe ist
zwar bei positivem Erfolge nicht absolut entscheidend, weil auch andere Stoffe
eine Blaufärbung erzeugen können; dagegen ist sie bei richtigem Arbeiten so
außerordentlich empfindlich, daß, wenn sie negativ ausfällt, weitere Untersuchung
auf Blut überflüssig wird [3].

Da die Empfindlichkeit der oben angeführten Proben eine für gewöhnliche
Zwecke völlig genügende ist, dürfte es nicht nötig sein, auf die in letzterer Zeit
vorgeschlagenen neuen Blutproben hier einzugehen.

. Die HELLER-TEICHMANNsche Probe. Erhitzt man einen bluthaltigen, neutralen
oder schwach sauren Harn zum Sieden, so erhält man stets einen aus Eiweiß und Hämatin
bestehenden, mißfarbigen Niederschlag. Setzt man nun der siedend heißen Probe Natronlauge zu, so klärt sich die Flüssigkeit, wird in dünner Schicht grün (von Hämatinalkali)
und setzt einen neuen, roten, bei auffallendem Licht in Grün spielenden Niederschlag
ab, welcher aus Erdphosphaten und Hämatin besteht. Diese Reaktion nennt man die
HELLERsche Blutprobe. Sammelt man nach einiger Zeit den Niederschlag auf einem
kleinen Filtrum, so kann man ihn zu der Häminprobe verwenden (vgl. S. 231). Sollte
der Niederschlag neben größeren Mengen Erdphosphaten nur wenig Blutfarbstoff enthalten,
so wäscht man ihn mit verdünnter Essigsäure aus, von welcher die Erdphosphate gelöst
werden, und verwendet das Ungelöste zur Darstellung der TEICHMANNschen Häminkristalle. Sollte umgekehrt die Menge der Phosphate sehr klein sein, so setzt man erst
dem Harne ein wenig $MgCl_2$-Lösung zu, erhitzt zum Sieden und fügt gleichzeitig mit
der Natronlauge etwas Natriumphosphatlösung hinzu. Bei Gegenwart von nur sehr
kleinen Blutmengen macht man erst den Harn durch Ammoniakzusatz sehr schwach

---

[1] PFLÜGERs Arch. **104.**   [2] Vgl. MALYs Jahresb. **18.**   [3] Nähere Angaben über die
Bereitung der Reagenzien und die Ausführung der Reaktion findet man bei O. SCHUMM,
Zeitschr. f. physiol. Chem. **50.**

alkalisch, setzt Gerbsäure hinzu, säuert mit Essigsäure an und verwendet den Niederschlag zur Darstellung von Häminkristallen (Struve) [1]).

Als besonders empfindliche Reagenzien auf Blut empfehlen O. und R. Adler [2]) Leukomalachitgrün oder Benzidin bei gleichzeitiger Gegenwart von Hydroperoxyd und Essigsäure. *Adlersche Proben.*

Porphyrine. Nachdem das Auftreten von Hämatoporphyrin oder jedenfalls von einem Porphyrin, welches man als Hämatoporphyrin angesehen hat, im Harne bei verschiedenen Krankheiten sehr wahrscheinlich gemacht worden war, wurde das Vorkommen dieses Farbstoffes im Harne nach Sulfonalintoxikation von Salkowski ganz sicher dargetan. In kristallisiertem Zustande wurde er zuerst von Hammarsten [3]) aus den Harnen geisteskranker Frauen (nach anhaltendem Gebrauche von Sulfonal) isoliert. Über die Natur des hierbei auftretenden Porphyrins war man indessen nicht im klaren, und erst dank der äußerst wichtigen Arbeiten von Hans Fischer, welcher in einem Falle von angeborener Porphyrinurie die beiden Porphyrine Uro- und Koproporphyrin entdeckte, und dessen Untersuchungen dann auch von anderen verfolgt worden sind, weiß man, daß es regelmäßig um Uro- oder auch Koproporphyrin sich handelt. Die Eigenschaften dieser Stoffe sind im Kapitel 5, S. 235, angegeben worden. *Porphyrin.*

Der porphyrinhaltige Harn ist bisweilen nur wenig, aber meistens stark, gefärbt, was von der Gegenwart anderer Farbstoffe herrührt. Die Isolierung und Reindarstellung der Porphyrine aus dem Harne ist eine schwierige und umständliche Arbeit, die man nach den im Kapitel 5 zitierten Arbeiten ausführen muß. Wenn es sich aber nur darum handelt, das Vorkommen von Porphyrin überhaupt im Harne zu zeigen, kann man in folgender Weise verfahren. *Porphyrine.*

Zum Nachweis von kleinen Porphyrinmengen verfährt man am besten nach Garrod [4]). Man fällt den Harn mit NaOH-Lösung von 10 p. c. (20 ccm auf je 100 ccm Harn). Der farbstoffhaltige Phosphatniederschlag wird in salzsäurehaltigem Alkohol gelöst (15—20 ccm) und die Lösung mit dem Spektroskope untersucht. Behufs genauerer Untersuchung macht man alkalisch mit Ammoniak, setzt darauf Essigsäure bis zur Lösung des Phosphatniederschlages hinzu, schüttelt darauf mit Chloroform, welches den Farbstoff aufnimmt, und prüft wiederum mit dem Spektroskope. *Nachweis.*

Bei Gegenwart von größeren Porphyrinmengen kann man erst den Harn nach Salkowski mit alkalischer Chlorbaryumlösung (einem Gemische von gleichen Volumina kaltgesättigter Barythydratlösung und 10prozentiger Chlorbaryumlösung) oder nach Hammarsten [5]) mit Baryumazetatlösung fällen. Den gewaschenen Niederschlag, welcher das Porphyrin enthält, läßt man einige Zeit bei Zimmertemperatur mit salzsäure- oder schwefelsäurehaltigem Alkohol stehen und filtriert dann. Das Filtrat zeigt das charakteristische Spektrum der Porphyrine in saurer Lösung und gibt nach Übersättigen mit Ammoniak das Spektrum des alkalischen Porphyrins. Mischt man den alkoholischen Auszug mit Chloroform, fügt eine größere Menge Wasser hinzu und schüttelt leise, so erhält man eine untere Chloroformschicht, die bisweilen sehr reines Porphyrin enthält, während die obenstehende alkoholisch-wässerige Schicht die anderen Farbstoffe neben etwas Porphyrin enthält. *Nachweis des Porphyrins*

Andere Methoden, die indessen keinen Vorzug vor den obengenannten haben, sind von Riva und Zoja sowie von Saillet [6]) angegeben worden.

In einem Falle von Lepra fand Baumstark [7]) im Harne zwei wohlcharakterisierte Farbstoffe, das „Urorubrohämatin" und das „Urofuscohämatin", welche, wie die Namen anzeigen, in naher Beziehung zu dem Blutfarbstoffe zu stehen scheinen. Das eisenhaltige

---

[1]) Zeitschr. f. anal. Chem. **11.**   [2]) Zeitschr. f. physiol. Chem. **41.**   [3]) Salkowski, Zeitschr. f. physiol. Chemie **15**; Hammarsten, Skand. Arch. f. Physiol. **3.**   [4]) Journ. of Physiol. **13** (gute Literaturübersicht) u. **17.**   [5]) Salkowski l. c.; Hammarsten l. c. [6]) Riva u. Zoja, Malys Jahresb. **24**; Saillet, Revue de médec. **16.**   [7]) Pflügers Arch. **9.**

Urorubrohämatin u. Urofuscohämatin.
Urorubrohämatin, $C_{68}H_{94}N_3Fe_2O_{26}$, zeigt, in saurer Lösung einen Absorptionsstreifen vor D und einen breiteren hinter D. In alkalischer Lösung zeigt es vier Streifen, hinter D, bei E, hinter F und hinter G. Es ist weder in Wasser noch in Alkohol, Äther oder Chloroform löslich. Mit Alkalien gibt es eine schöne braunrote, nicht dichroitische Flüssigkeit. Das eisenfreie Urofuscohämatin, $C_{68}H_{106}N_8O_{26}$, zeigt kein charakteristisches Spektrum; es löst sich in Alkalien mit brauner Farbe. Ob diese zwei Farbstoffe in irgend welcher Beziehung zu den (unreinen) Harnporphyrinen stehen, muß dahingestellt sein.

Melanin im Harne.
Melanin. Bei Gegenwart von melanotischen Geschwülsten werden bisweilen dunkle Farbstoffe mit dem Harne ausgeschieden. Aus solchem Harne hat K. MÖRNER zwei Farbstoffe isoliert, von denen der eine in warmer Essigsäure von 50—75 p. c. löslich, der andere dagegen unlöslich war. Der eine Farbstoff scheint Phymatorhusin gewesen zu sein (vgl. Kapitel 16). Gewöhnlicher ist es vielleicht, daß der Harn kein fertiges Melanin, sondern ein Chromogen desselben, ein Melanogen, enthält. In solchen Fällen gibt der Harn die EISELTsche Reaktion, d. h. er wird von Oxydationsmitteln, wie konzentrierter Salpetersäure, Kaliumbichromat und Schwefelsäure sowie von freier Schwefelsäure dunkel gefärbt. Er gibt auch die Reaktion von THORMÄHLEN, eine schöne Blaufärbung mit Nitroprussidnatrium nach Zusatz von Essigsäure. Melanin- oder melanogenhaltiger Harn färbt sich mit Eisenchlorid schwarz (v. JAKSCH) [1].

Melanogen.
Aus dem Harne in einem Falle von Melanosarkom hat H. EPPINGER [2] ein in Äther unlösliches, kristallisierendes Melanogen von der Zusammensetzung $C_6H_{12}N_2SO_4$ isoliert. Es gab die gewöhnlichen Melanogenreaktionen und ist nach ihm wahrscheinlich eine amidierte Ätherschwefelsäure von Methylpyrrolidinoxykarbonsäure, welche von dem Tryptophan herzuleiten ist. FEIGL, der aus dem Harne bei Melanure mehrere zu den Melaninen in Beziehung stehende Fraktionen erhielt, fand unter ihnen auch das Melanogen EPPINGERS.

Eiter im Harne.
Eiter kommt im Harne bei verschiedenen entzündlichen Affektionen, besonders aber beim Katarrh der Harnblase und bei Entzündungen des Nierenbeckens oder der Harnröhre vor.

Die Donnésche Eiterprobe.
Der Nachweis des Eiters geschieht am einfachsten mit dem Mikroskope. Im alkalischen Harne werden jedoch die Eiterzellen ziemlich leicht zerstört. Zum Nachweis des Eiters bedient man sich auch der DONNÉschen Eiterprobe, welche auf folgende Weise ausgeführt wird. Man gießt den Harn möglichst vollständig von dem Sedimente ab, legt in letzteres ein Stückchen Ätzkali ein und rührt um. Wenn die Eiterkörperchen nicht schon vorher wesentlich verändert worden sind, verwandelt sich das Sediment dabei in eine stark schleimige, zähe Masse.

Nachweis des Eiters.
Im alkalischen Harne quellen die Eiterkörperchen stark, lösen sich auf oder werden jedenfalls so verändert, daß sie nicht mit dem Mikroskope zu erkennen sind. Der Harn ist in diesen Fällen mehr oder weniger schleimig, fadenziehend und er wird von Essigsäure grobflockig gefällt, so daß eine Verwechslung mit Muzin möglich wird. Die nähere Untersuchung des mit Essigsäure erhaltenen Niederschlages und besonders das Auftreten resp. Nichtauftreten einer reduzierenden Substanz oder Purinbasen nach dem Sieden desselben mit einer Mineralsäure geben Aufschluß über die Natur der fällbaren Substanz. Eiterhaltiger Harn ist stets eiweißhaltig.

Gallensäuren.
Gallensäuren. Die Angaben über das Vorkommen von Gallensäuren im Harne unter physiologischen Verhältnissen sind streitig. Nach DRAGENDORFF und HÖNE wie nach G. MEILLÈRE sollen Spuren von solchen im normalen Harne vorkommen; nach MACKAY und UDRÁNSZKY und K. MÖRNER [3] dagegen nicht. Pathologisch kommen sie im Harne bei hepatogenem Ikterus, obwohl nicht immer, vor.

Nachweis der Gallensäuren im Harne. Die entscheidende Reaktion ist immer die PETTENKOFERsche Probe; da aber auch andere Stoffe eine ähnliche Farbenreaktion geben, muß man, wenn nötig, auch die spektroskopische Untersuchung zu Hilfe nehmen. Den Harn direkt auf die Gegenwart von Gallensäuren zu prüfen, gelingt zwar leicht nach absichtlichem Zusatz von selbst Spuren von Galle zum normalen Harne. In gefärbtem ikterischem Harne ist dagegen ein solcher direkter Nachweis eine sehr mißliche Aufgabe,

---

[1] J. THORMÄHLEN, VIRCHOWS Arch. **108**; R. v. JAKSCH, Zeitschr. f. physiol. Chem. **13**.   [2] Bioch. Zeitschr. **28**; FEIGL u. E. QUERNER, Deutsch. Arch. f. klin. Med. **123**.   [3] MEILLIÈRE, Compt. rend. soc. biol. **74**; die übrigen zitiert nach NEUBAUER-HUPPERT, 10. Aufl.

und man muß deshalb auch immer die Gallensäuren aus dem Harne zu isolieren versuchen. Dies kann nach der folgenden, hier nur unwesentlich geänderten Methode von HOPPE-SEYLER geschehen.

Die Methode HOPPE-SEYLERS. Man konzentriert den Harn stark und extrahiert den Rückstand mit starkem Alkohol. Das Filtrat wird durch Verdunsten von dem Alkohol befreit und die wässerige Lösung darauf mit Bleiessig und Ammoniak gefällt. Den ausgewaschenen Niederschlag behandelt man mit siedendem Alkohol, filtriert heiß, setzt dem Filtrate einige Tropfen Sodalösung zu und verdunstet zur Trockne. Den trockenen Rückstand extrahiert man mit absolutem Alkohol, filtriert und setzt Äther im Überschuß hinzu. Mit dem aus gallensauren Alkalien bestehenden, amorphen oder nach längerer Zeit kristallinischen Niederschlage stellt man zuletzt die PETTENKOFERsche Probe an. Nachweis der Gallensäuren.

Rascher kommt man zum Ziele nach dem Verfahren von BANG [1]). 20—50 ccm Harn werden mit 2—3 Tropfen Blutserum versetzt, mit Magnesiumsulfat gesättigt, mit 1—2 Tropfen Chlorwasserstoffsäure angesäuert und zum Sieden erhitzt. Die abfiltrierte Fällung, welche die Gallensäuren enthält, kocht man mit Alkohol aus, den man dann mit Baryumhydroxid in Substanz im Sieden entfärbt. Das eingetrocknete Filtrat wird auf Gallensäuren geprüft. Verfahren von Bang.

MEILLIÈRE fällt mit Ammoniumsulfat in essigsaurer Lösung, löst die gefällten Gallensäuren in Alkohol, entfärbt mit Tierkohle und verwendet den Rückstand der alkoholischen Lösung zur Prüfung auf Gallensäuren.

Gallenfarbstoffe kommen im Harne bei den verschiedenen Formen von Ikterus vor. Ein gallenfarbstoffhaltiger Harn ist regelmäßig abnorm gefärbt, gelb, gelbbraun, gesättigt braun, rotbraun, grünlich-gelb, grünlich-braun oder fast rein grün. Beim Schütteln schäumt er und die Blasen sind deutlich gelb oder gelblich-grün gefärbt. In der Regel ist der ikterische Harn etwas trübe, und das Sediment ist häufig, besonders wenn es Epithelzellen enthält, von Gallenfarbstoffen ziemlich stark gefärbt. Gallenfarbstoffe.

Nachweis der Gallenfarbstoffe im Harne. Zum Nachweis der Gallenfarbstoffe sind mehrere Proben vorgeschlagen worden. Gewöhnlich kommt man jedoch mit einer der folgenden drei Proben zum Ziele.

Die GMELINsche Probe kann mit dem Harne direkt angestellt werden; besser ist es jedoch, die ROSENBACHsche Modifikation derselben anzuwenden. Man filtriert den Harn durch ein sehr kleines Filtrum, welches von den zurückgehaltenen Epithelzellen u. dgl. dabei stark gefärbt wird. Nach dem vollständigen Abtropfen aller Flüssigkeit betupft man die Innenseite des Filtrums mit einem Tropfen Salpetersäure, welche nur sehr wenig salpetrige Säure enthält. Es entsteht dabei ein blaßgelber Fleck, welcher von farbigen Ringen umgeben wird, welche von innen nach außen gelbrot, violett, blau und grün erscheinen. Diese Modifikation ist sehr empfindlich und eine Verwechslung mit Indikan oder anderen Farbstoffen ist kaum möglich. Mehrere andere Modifikationen der Gmelinschen Probe in dem Harne direkt, wie mit konzentrierter Schwefelsäure und Nitrat u. a., sind zwar vorgeschlagen worden, sind aber weder einfacher noch zuverlässiger als die ROSENBACHsche Modifikation. Gmelin-Rosenbach sche Probe

Die HUPPERTsche Reaktion. In einem dunkelgefärbten oder indikanreichen Harne kommt man nicht immer zu guten Resultaten mit der Gmelinschen Probe. In solchen Fällen, wie auch wenn der Harn gleichzeitig Blutfarbstoff enthält, setzt man dem Harne Kalkwasser oder erst etwas Chlorkalziumlösung und dann eine Lösung von Soda oder Ammoniumkarbonat zu. Den Niederschlag, welcher die Gallenfarbstoffe enthält, filtriert man ab, wäscht aus, löst in Alkohol, welcher in 100 ccm 5 ccm konzentrierte Salzsäure enthält (J. MUNK), und erhitzt zum Sieden, wobei die Lösung grün oder blaugrün wird. Empfindlichkeit dieselbe wie bei der folgenden Reaktion. Nach NAKAYAMA [2]) ist die Empfindlichkeit bei Anwendung von einem eisenchloridhaltigen Säurealkoholgemenge noch größer. Die Huppert sche Probe

---

[1]) Lehrbuch der Harnanalyse, Wiesbaden 1918. [2]) MUNK, Arch. f. (Anat. u.) Physiol. 1898; NAKAYAMA, Zeitschr. f. physiol. Chem. **36**.

BOUMA [1]) hat ebenfalls einen eisenchlorid- und salzsäurehaltigen Alkohol empfohlen. Er hat auch eine Methode zur kolorimetrischen, quantitativen Bilirubinbestimmung im Harne mittels desselben Reagenzes ausgearbeitet.

Die Reaktion von HAMMARSTEN. Für gewöhnliche Fälle ist es genügend, zu etwa 2—3 ccm des Reagenzes (vgl. S. 344) einige Tropfen des Harnes zu gießen, wobei das Gemenge fast sogleich nach dem Umschütteln eine schön grüne oder blaugrüne, tagelang bleibende Farbe annimmt. Bei Gegenwart von nur sehr kleinen Mengen von Gallenfarbstoff, besonders bei gleichzeitiger Gegenwart von Blutfarbstoff oder anderen Farbstoffen, gießt man etwa 10 ccm des sauer oder fast neutral (nicht alkalisch) reagierenden Harnes in das Rohr einer kleinen Handzentrifuge hinein, setzt $BaCl_2$-Lösung hinzu und zentrifugiert etwa eine Minute.

Reaktion von Hammarsten. Die Flüssigkeit gießt man von dem Bodensatze ab, rührt den letzteren in etwa 1 ccm des Reagenzes auf und zentrifugiert von neuem. Man erhält eine schöne grüne Lösung, die durch Zusatz von steigenden Mengen des Säuregemenges durch Blau in Violett, Rot und Rotgelb übergeführt werden kann. Die grüne Farbe erhält man noch bei Gegenwart von 1 Teil Gallenfarbstoff in 500 000—1 000 000 Teilen Harn. Bei Gegenwart von reichlichen Mengen anderer Farbstoffe ist Chlorkalzium besser als Chlorbaryum.

Außer diesen Proben gibt es, wie oben angedeutet, noch viele andere; für gewöhnliche Fälle sind aber die nun beschriebenen Proben von hinreichender Empfindlichkeit. Nach der Ansicht des Verfassers ist es auch hier, wie *Gallenfarbstoffproben.* bei dem Nachweis von Eiweiß, Zucker usw., im allgemeinen nicht vorteilhaft, die Empfindlichkeit einer Probe derart zu erhöhen, daß sie auch die im normalen Harne vorkommenden Spuren der fraglichen Substanz anzeigt. Will man indessen in bestimmten Fällen eine noch größere Empfindlichkeit als die mit den obigen Proben mögliche erreichen, so dürfte für solche Fälle die Jodsalzschichtprobe von OBERMAYER und POPPER [2]) zu empfehlen sein.

Medikamentöse Farbstoffe. Medikamentöse Farbstoffe, von Santonin, Rheum, Senna u. a. herrührend, können dem Harne eine abnorme Färbung erteilen, welche zur Verwechslung mit Gallenfarbstoffen oder, in alkalischem Harne, vielleicht mit Blutfarbstoff Veranlassung geben könnte. Setzt man einem solchen Harne Salzsäure zu, so wird er gelb oder blaßgelb, während er umgekehrt nach Zusatz von überschüssigem Alkali mehr oder weniger schön rot wird.

Zucker im Harne.

Das Vorkommen von Spuren von Traubenzucker im normalen Harne ist, wie oben S. 595 erwähnt wurde, nunmehr ganz unzweifelhaft bewiesen. *Zucker im Harne.* Tritt Zucker dagegen mehr anhaltend und besonders in größerer Menge im Harne auf, so muß er als ein abnormer Bestandteil angesehen werden. In einigen der vorigen Kapitel sind auch mehrere der wichtigsten Umstände, welche bei Menschen und Tieren Glykosurie erzeugen, besprochen worden, und bezüglich des Auftretens von Zucker im Harne kann im wesentlichen auf das dort (Kapitel 8 u. 9) Gesagte hingewiesen werden.

Beim Menschen ist das Auftreten von Glukose im Harne bei zahlreichen verschiedenartigen pathologischen Zuständen, wie Läsionen des Gehirnes und besonders des verlängerten Markes, Zirkulationsanomalien im Unterleibe, Herz- und Lungenkrankheiten, Lebererkrankungen, Cholera und vielen anderen Krankheitszuständen, auch Vergiftungen beobachtet worden. Ein anhaltendes Auftreten von Zucker im Harne des Menschen, bisweilen in sehr bedeutender *Der Harn ei Diabetes mellitus.* Menge, kommt bei der Zuckerharnruhr (Diabetes mellitus) vor. In dieser Krankheit kann angeblich bis zu einem Kilogramm Traubenzucker pro 24 Stunden mit dem Harne ausgeschieden werden. Im Anfange der Krankheit, wenn der Gehalt an Zucker noch sehr klein ist, bietet der Harn oft sonst

---

[1]) Deutsch. med. Wochenschr. 1902 u. 1904.   [2]) Wien. klin. Wochenschr. 21.

nichts Abweichendes dar. In den ausgebildeten, mehr typischen Fällen ist
die Harnmenge dagegen bedeutend, bis zu 3—6—10 Liter pro 24 Stunden,
vermehrt. Der prozentische Gehalt des Harnes an physiologischen Bestandteilen ist in der Regel sehr niedrig, während die absolute Tagesmenge derselben
vermehrt sein kann. Der Harn ist blaß, aber von hohem spez. Gewicht, 1,030
bis 1,040 oder sogar darüber. Das hohe spez. Gewicht rührt von dem Zuckergehalte her, welcher in verschiedenen Fällen zwar sehr verschieden ist, aber
sogar 10 p. c. betragen kann. Der Harn ist also in den typischen Fällen der
Zuckerharnruhr dadurch charakterisiert, daß er in sehr reichlicher Menge
abgesondert wird, von blasser Farbe und hohem spez. Gewicht ist und Zucker
enthält.

 Daß der Harn nach der Einnahme von gewissen Arzneimitteln oder
Giften reduzierende Stoffe, wie gepaarte Glukuronsäuren, enthält, welche zu
einer Verwechslung mit Zucker Veranlassung geben können, ist in dem Vorigen
erwähnt worden.   *Redu-
zierende
Stoffe.*

 Glukose im Harne. Die Eigenschaften und Reaktionen dieses Zuckers
sind schon in einem vorigen Kapitel abgehandelt worden, und es bleibt also
hier nur übrig, den Nachweis und die quantitative Bestimmung der Glukose
im Harne zu besprechen.

 Der Nachweis der Glukose im Harne ist gewöhnlich, bei Gegenwart von nicht sehr wenig Zucker, eine sehr einfache Aufgabe. Bei Gegenwart
von nur sehr kleinen Mengen kann dagegen der Nachweis des Zuckers bisweilen recht umständlich und schwierig sein. Aus einem eiweißhaltigen Harne   *Glukose.*
muß immer das Eiweiß durch Koagulation mit Essigsäurezusatz entfernt
werden, bevor man auf Zucker prüft.

 Diejenigen Zuckerproben, welche bei Harnuntersuchungen am häufigsten
verwendet werden oder besonders empfohlen worden sind, dürften die folgenden sein.

 Die TROMMERsche Probe. In einem typischen, diabetischen Harne oder
überhaupt in einem zuckerreichen Harne gelingt diese Probe leicht und sie
kann in der oben (S. 165) angegebenen Weise ausgeführt werden. In einem
an Zucker armen Harne, besonders wenn dieser gleichzeitig einen normalen
oder etwas vermehrten Gehalt an physiologischen Harnbestandteilen hat,
kann diese Probe dagegen zu groben Fehlern Veranlassung geben, und für den
Arzt oder den weniger Geübten dürfte sie deshalb für solche Fälle nicht zu
empfehlen sein. Jeder normale Harn enthält nämlich reduzierende Substanzen (Harnsäure, Kreatinin u. a.), und es findet deshalb auch in jedem
Harne bei Anwendung dieser Probe eine Reduktion statt. Es kommt allerdings
gewöhnlich nicht zu einer Ausscheidung von Kupferoxydul; bei Zusatz von   *Die Trom-*
viel Alkali und zu viel Kupfersulfat kann aber dies sich ereignen, und bei   *mersche*
unvorsichtigem Arbeiten kann deshalb der weniger Geübte bisweilen in einem   *Probe.*
normalen Harne ein scheinbar positives Resultat erhalten. Andererseits enthält jeder Harn Stoffe, nämlich das Kreatinin und das aus dem Harnstoffe
entstandene Ammoniak, welche bei Gegenwart von nur wenig Zucker das
Kupferoxydul in Lösung halten können, und aus diesem Grunde kann auch
der weniger Geübte in anderen Fällen leicht eine kleine Zuckermenge im
Harne übersehen.

 Die Empfindlichkeit der TROMMERschen Probe kann allerdings durch ein von
WORM MÜLLER[1]) ausgearbeitetes Verfahren erhöht werden. Da man aber nach diesem,
recht umständlichen und zeitraubenden Verfahren in hochgestellten Harnen kleine Zucker-

---

[1]) Über die Ausführung und Brauchbarkeit dieser Probe vgl. man E. PFLÜGER in
seinem Arch. **105** u. **116**; HAMMARSTEN ebenda **116** und Zeitschr. f. physiol. Chem. **50**.

mengen bisweilen nicht nachweisen kann, da es ferner in solchen Harnen gesunder Personen leicht zweideutige Resultate gibt und da es endlich, wie SCHÖNDORFF gezeigt hat, infolge seiner großen Empfindlichkeit in zahlreichen Fällen den physiologischen Zuckergehalt des Harnes ganz gesunder Personen angibt, ist es nach der Ansicht des Verfassers nicht dem Arzte zu empfehlen. BANG und BOHMANSSON [1] haben ebenfalls die Unzuverlässigkeit dieser Probe gezeigt. In neuerer Zeit ist sie aber von GEELMUYDEN und, mit gewissen Abänderungen, von H. RUOSS empfohlen worden.

Die ALMÉNsche Wismutprobe, welche allgemein, aber weniger richtig, die NYLANDERsche Probe genannt wird, führt man mit der oben S. 165 angegebenen alkalischen Wismutlösung aus. Zu dieser Probe nimmt man 10 ccm Harn, setzt 1 ccm Wismutlösung zu und kocht 2—3 oder höchstens 5 Minuten. Bei Gegenwart von nicht sehr kleinen Zuckermengen wird der Harn dabei erst dunkler gelb oder gelbbraun. Dann wird er immer dunkler, trübt sich, wird schwarzbraun oder fast schwarz und undurchsichtig. Nach kürzerer oder längerer Zeit setzt er einen schwarzen Bodensatz ab, die obenstehende Flüssigkeit klärt sich allmählich, bleibt aber gelb oder gelbbraun gefärbt. Bei Gegenwart von nur sehr wenig Zucker wird die Harnprobe nicht schwarz oder schwarzbraun, sondern nur dunkler gefärbt, und bisweilen sieht man erst nach längerer Zeit am oberen Rande des Phosphatniederschlages einen dunklen oder schwarzen, feinen Saum (von Wismut?). Bei Gegenwart von viel Zucker kann man ohne Schaden eine größere Menge des Reagenzes zusetzen. In einem zuckerarmen Harne muß dagegen von der obigen Reagenzlösung auf je 10 ccm Harn nur 1 ccm zugesetzt werden.

Kleine Eiweißmengen können das Auftreten der Reaktion verzögern und die Empfindlichkeit der Probe herabsetzen. Größere Eiweißmengen können durch die Entstehung von Schwefelwismut eine Täuschung veranlassen, und das Eiweiß, wenn solches vorhanden ist, muß also immer vorerst entfernt werden. Die Angabe von BECHHOLD, daß Quecksilberverbindungen im Harne die Probe stören sollen, hat ZEIDLITZ bei richtiger Ausführung der Probe nicht bestätigen können, und zu demselben Resultate sind in neuerer Zeit REHFUSS und HAWK [2] ebenfalls gelangt. Diejenigen Fehlerquellen, welche bei der TROMMERschen Probe durch die Gegenwart von Harnsäure und Kreatinin bedingt werden, fallen bei Anwendung dieser Probe weg. Die Wismutprobe ist außerdem leichter auszuführen und ist aus diesen Gründen dem Arzte zu empfehlen.

Das lästige Stoßen und Herausschleudern von Flüssigkeit vermeidet man leicht, wenn man, sobald die Probe ins Sieden gekommen ist, das Kochen oberhalb einer sehr kleinen Flamme fortsetzt und das schief gehaltene, nicht zu enge Reagenzglas leise schüttelt. Das von einigen Seiten empfohlene Erhitzen im Wasserbade längere Zeit, 15 Minuten oder mehr, ist entschieden zu verwerfen, weil die Empfindlichkeit der Probe dadurch so sehr gesteigert wird, daß sie schon einen physiologischen Zuckergehalt von 0,02 p. c. angibt.

Wenn der Gehalt des Harnes an Zucker nicht kleiner als 0,1 p. c. ist, erhält man regelmäßig eine unzweideutige Reaktion, wenn man die Probe erst 2—3 Minuten kocht und dann 5 Minuten ruhig stehen läßt. Die Phosphatfällung ist dann schwarz oder fast schwarz. Zum Nachweis von kleineren Zuckermengen, bis zu 0,05 p. c., muß man in der Regel etwas länger, gegen 5 Minuten, kochen.

Der Wert dieser Probe liegt darin, daß man mit ihr kleine Zuckermengen, bis zu 0,1 p. c. oder etwas darunter, nicht übersieht und daß man also, wenn die Reaktion negativ ausfällt, den Harn als in klinischem Sinne zuckerfrei

---

[1] SCHÖNDORFF, PFLÜGERS Arch. **121**; BOHMANSSON, Bioch. Zeitschr. **19**; GEELMUYDEN, MALYs Jahresb. **45**; RUOSS, Zeitschr. f. physiol. Chem. **101**. [2] BECHHOLD, Zeitschr. f. physiol. Chem. **46**; ZEIDLITZ, Upsala Läkaref. Förh. (N. F.) **11** (HAMMARSTEN-Festschr.); M. REHFUSS u. P. HAWK, Journ. of biol. Chem. **7**.

betrachten kann. Dagegen hat auch diese Probe mit der TROMMERschen Probe gemeinsam, daß sie eine Reduktionsprobe ist und daß sie folglich außer dem Zucker auch gewisse andere reduzierende Stoffe anzeigen kann. Solche Stoffe sind z. B. gewisse gepaarte Glukuronsäuren, welche im Harne erscheinen können. Nach dem Gebrauche von vielen Arzneimitteln, wie Rheum, Senna, Antipyrin, Salol, Terpentinöl u. a., hat man ebenfalls mit der Wismutprobe positive Ausschläge erhalten. Hieraus folgt, daß man, besonders wenn die Reduktion nicht sehr stark ist, mit dieser Probe nie ohne weiteres sich begnügen darf. *Die Wismutprobe. Beweiskraft derselben.*

Nach BOHMANSSON und BANG soll aber diese Probe völlig zuverlässig werden, wenn man 20 ccm Harn mit 5 ccm 25prozentiger HCl versetzt, 2 g Blutkohle (einen gestrichenen Teelöffel) zufügt, einige Male während 5 Minuten schüttelt und danach filtriert. Das Filtrat wird nach dem Neutralisieren mit Natronlauge zu der ALMÉNschen Probe verwendet. Von der Tierkohle sollen die störenden, reduzierenden Substanzen, nicht aber der Zucker aufgenommen werden.

Bei quantitativen Zuckerbestimmungen soll nach ANDERSEN[1]) dieses Verfahren nicht recht brauchbar sein, indem nach ihm ein Teil des Zuckers bei Anwendung von Salzsäure von der Blutkohle zurückgehalten wird. Man kann nach ihm die Farbstoffe und die störenden, reduzierenden Substanzen durch Ausfällung mit Merkurinitrat entfernen. Man kann aber noch einfacher 40 ccm Harn mit 10 ccm Essigsäure von 50 p. c. und 4 g Blutkohle versetzen, wie oben schütteln und filtrieren. Bei Gegenwart von Essigsäure soll nämlich kein Zucker von der Kohle aufgenommen werden, und da dieses einfache Verfahren für quantitative Bestimmungen brauchbar sein soll, dürfte man sich wohl desselben auch bei der qualitativen Zuckerprobe bedienen können. Die Vorschläge, bei den Zuckerproben Tierkohle zu verwenden, scheinen jedoch einer mehr eingehenden Prüfung bedürftig zu sein. *Störende Substanzen*

Die Gärungsprobe. Bei Anwendung dieser Probe kann man auf verschiedene Weise verfahren, je nachdem die Wismutprobe einen schwachen oder starken Ausschlag gegeben hat. War die Reduktion ziemlich stark, so kann man den Harn mit Hefe versetzen und aus der entwickelten Kohlensäure auf die Anwesenheit von Zucker schließen. In diesem Falle versetzt man den sauren, widrigenfalls mit ein wenig Weinsäure schwach angesäuerten Harn mit Preßhefe oder mit Hefe, welche vorher durch Dekantation mit Wasser gewaschen worden ist, und führt dann den mit Hefe versetzten Harn (etwa $\frac{1}{2}$ g Hefe auf je 10 ccm Harn) in eine SCHRÖTTERsche Gaseprovette oder in einen LOHNSTEINschen Saccharimeter (vgl. unten) über. In dem Maße wie die Gärung fortschreitet, sammelt sich Kohlensäure oben in der Röhre an, während eine entsprechende Menge Flüssigkeit verdrängt wird. Der Kontrolle halber muß man jedoch in diesem Falle zwei andere, ganz ähnliche Proben anordnen, die eine mit normalem Harn und Hefe, um die Größe der dabei regelmäßig stattfindenden Gasentwicklung kennen zu lernen, und die andere mit Zuckerlösung und Hefe, um die Wirksamkeit der Hefe zu konstatieren. Bei einer Temperatur von 34—36° C ist die Gärung nach VICTOROW[2]) in 6 Stunden vollständig abgeschlossen. *Die Gärungsprobe.*

Hat man dagegen mit der Wismutprobe nur eine schwache Reduktion erhalten, so kann man aus dem Ausbleiben einer Kohlensäureentwicklung, bzw. aus dem Auftreten einer sehr unbedeutenden Gasentwicklung keine ganz sicheren Schlüsse ziehen. Der Harn absorbiert nämlich bedeutende Mengen

---

[1]) BOHMANSSON u. J. BANG, Bioch. Zeitschr. **19** und Zeitschr. f. physiol. Chem. **63**; ANDERSEN, Bioch. Zeitschr. **37**. [2]) PFLÜGERS Arch. **118**.

Gärungs-
probe.

Kohlensäure, und bei Gegenwart von nur geringfügigen Mengen Zucker kann deshalb auch die Gärungsprobe in der oben angegebenen Form, wenigstens für den weniger Geübten, etwas unsicher ausfallen. Man kann für solche Fälle auf folgende Weise verfahren. Man versetzt den sauren, bzw. mit ein wenig Weinsäure angesäuerten Harn mit Hefe, deren Wirksamkeit man durch eine besondere Probe mit Zuckerlösung kontrolliert, und läßt ihn dann bei 34 bis 36° C mindestens 6, aber noch sicherer 12 Stunden stehen. Nach dieser Zeit prüft man wiederum mit der Wismutprobe, und falls die Reaktion nun negativ ausfällt, ist die Gegenwart von Zucker mit Wahrscheinlichkeit, aber nicht ganz sicher, anzunehmen. Fällt die Reaktion dagegen fortwährend positiv aus, so ist damit — wenn die Hefe kräftig wirkend war — die Gegenwart von anderen reduzierenden, gärungsunfähigen Stoffen anzunehmen.

Gärungs-
probe.

Bei Anstellung der Gärungsprobe hat man immer darauf zu achten, daß der Harn sowohl vor wie nach der Gärung sauer reagiert. Ist die Reaktion während der Gärung alkalisch geworden (alkalische Gärung), so ist der Versuch als mißlungen zu verwerfen. Die Gefäße soll man also genau reinigen und vor der Verwendung stark erhitzen. Der Sicherheit halber kann man auch den Harn vor der Gärung aufkochen[1]).

Wenn man über ein vorzügliches Polariskop verfügt, darf man nie unterlassen, das Resultat der Gärung durch Bestimmung der Rotation vor und nach der Gärung zu kontrollieren. Auch die Phenylhydrazinprobe leistet in vielen, sonst zweifelhaften Fällen gute Dienste bei der Prüfung des Harnes auf Zucker.

Phenyl-
hydrazin-
probe.

Die Phenylhydrazinprobe kann man in folgender Weise ausführen. 20—25 ccm Harn werden in einem Reagenzrohr oder in einem mit Uhrglas zu bedeckenden Becherglase mit etwa 1 g salzsaurem Phenylhydrazin und 2 g Natriumazetat versetzt und, nach der Auflösung der Salze, im Wasserbade etwa 3/4 Stunden erwärmt. Bei Gegenwart von Zucker entsteht schon während des Erwärmens eine Fällung oder, bei Gegenwart von nur wenig Zucker, jedenfalls nach dem allmählichen Erkalten ein gelber, kristallinischer Niederschlag. Ist der Niederschlag sehr gering, kann man ihn vorteilhaft mittels der Zentrifuge aufsammeln und mit Hilfe des Mikroskopes näher untersuchen. Man findet dann in dem Sedimente wenigstens einige Phenylglukosazonkristalle, während das Vorkommen von kleineren oder größeren gelben Plättchen oder stark lichtbrechenden, braunen Kügelchen für Zucker nicht beweisend ist. Bei größerem Zuckergehalt des Harnes erhält man natürlich reichlichere Mengen von den gelb gefärbten Nadeln des Phenylglukosazons, bzw. einen Brei von solchen.

Phenyl-
hydrazin-
probe.

Diese Reaktion ist meistens sehr verläßlich und man soll mit ihr noch einen Zuckergehalt von 0,03 p. c. nachweisen können (ROSENFELD, GEYER)[2]). In zweifelhaften Fällen ist es indessen notwendig, die Natur des Niederschlages näher zu untersuchen. Zu dem Ende löst man eine größere Menge davon in heißem Alkohol, filtriert, setzt dem Filtrate Wasser zu und kocht den Alkohol weg. Noch besser ist es, nach NEUBERG, den Niederschlag in etwas Pyridin zu lösen und durch Zusatz eines weniger guten Lösungsmittels, wie Benzol, Ligroin oder Äther, in Kristallen wieder auszufällen. Erhält man nun die gelben Kristallnadeln von dem Schmelzpunkte 204—205° C, so ist die Probe für die Gegenwart von Glukose entscheidend. Man darf jedoch nicht übersehen, daß die Fruktose dasselbe Osazon wie die Glukose gibt und daß also eine weitere Untersuchung in gewissen Fällen

notwendig werden kann. Es ist auch nicht zu vergessen, daß die unreinen Phenylglukosazonkristalle einen viel niedrigeren Schmelzpunkt als die reinen haben.

Einfach, praktisch und zugleich von hinreichender Empfindlichkeit soll die folgende
Modifikation der Phenylhydrazinprobe nach A. NEUMANN sein. 5 ccm Harn versetzt man
mit 2 ccm einer mit Natriumazetat gesättigten Essigsäure von 30 p. c., fügt 2 Tropfen
reines Phenylhydrazin hinzu und kocht in dem Reagenzglase auf 3 ccm ein. Nach raschem
Abkühlen erwärmt man noch einmal und läßt nun langsam erkalten. Nach 5—10 Minuten
erhält man schön ausgebildete Kristalle, selbst bei Gegenwart vor nur 0,02 p. c. Zucker.
Nach der Erfahrung des Verf. gibt indessen diese Modifikation selbst bei Gegenwart
von 0,1 p. c. Zucker in hochgestellten Harnen nicht immer eine sichere Reaktion. Ein
anderes, ebenfalls einfaches Verfahren rührt von SALKOWSKI[1]) her.

Modi-
fikation vor
Neumann.

Über den Wert der Phenylhydrazinprobe ist übrigens ziemlich viel gestritten
worden, und man hat gegen dieselbe namentlich die Einwendung gemacht, daß
auch die Glukuronsäuren ähnliche Niederschläge geben könnten. Nach HIRSCHL
ist eine Verwechslung mit Glukuronsäure nicht zu befürchten, wenn man nicht
zu kurze Zeit (eine Stunde) im Wasserbade erwärmt. KISTERMANN findet indessen
diese Vorschrift ungenügend, und nach Roos gibt die Phenylhydrazinprobe im
Menschenharn immer ein positives Resultat, was mit der Erfahrung von E. HOLM-
GREN[2]) und Verf. gut übereinstimmt. Man kann nämlich aus jedem, nicht zu
verdünnten, Menschenharn allerdings nur sehr kleine Mengen von Osazonkristallen
erhalten, und beweisend für einen nicht physiologischen Zuckergehalt ist die Probe
nur, wenn aus nur wenigen ccm (etwa 5—10 ccm) Harn eine ziemlich reichliche
Kristallisation erhalten wird. Eine zu große Verschärfung der Empfindlichkeit
ist nicht zu empfehlen.

Die Probe von RUBNER führt man in folgender Weise aus. Der Harn wird mit
konzentrierter Bleizuckerlösung im Überschuß gefällt und das Filtrat vorsichtig mit
nur so viel Ammoniak versetzt, daß ein flockiger Niederschlag entsteht. Darauf erhitzt
man zum Sieden, wobei der Niederschlag bei Gegenwart von Zucker fleischfarben oder
rosa wird.

Probe von
Rubner.

Die Polarisationsprobe ist von hohem Werte, namentlich weil sie in
vielen Fällen rasch den Unterschied zwischen Traubenzucker und anderen reduzierenden, bisweilen, wie die gepaarten Glukuronsäuren, linksdrehenden Substanzen gestattet. Bei Gegenwart von nur sehr wenig Zucker hängt jedoch der
Wert dieser Untersuchungsmethode wesentlich von der Empfindlichkeit des Instru-
mentes und der Übung des Beobachters ab. Da infolge des regelmäßigen Vorkommens von linksdrehenden Substanzen ein Harn, welcher die Rotation Null
zeigt oder sogar schwach linksdrehend ist, 0,2 p. c. Glukose oder sogar noch mehr
enthalten kann, muß die Probe, wenn es um den Nachweis von sehr kleinen Zuckermengen sich handelt, mit der Gärungsprobe kombiniert werden. Nur wenn man
über ein vorzügliches Instrument verfügt, kann man in solchen Fällen den Zucker
nachweisen. Für den Arzt ist also diese Methode bei Gegenwart von nur sehr
wenig Zucker nicht recht brauchbar. Will man den Harn durch Fällung mit Bleizucker klären und teilweise entfärben, so muß dies bei durch Essigsäurezusatz
deutlich saurer Reaktion geschehen[3]).

Polari-
sations-
probe.

Behufs Isolierung des Zuckers und der Kohlehydrate des Harnes überhaupt kann
man die Benzoesäureester derselben nach BAUMANN darstellen. Man macht den Harn
mit Natronlauge alkalisch, um die Erdphosphate auszufällen, versetzt das Filtrat auf
je 100 ccm mit 10 ccm Benzoylchlorid und 120 ccm Natronlauge von 10 p. c. (REINBOLD)[4])
und schüttelt, bis der Geruch nach Benzoylchlorid verschwunden ist. Nach hinreichend
langem Stehen sammelt man die Ester, zerreibt sie fein, verseift sie mit einer alkoholischen
Natriumäthylatlösung in der Kälte nach der Vorschrift von BAISCH[5]) und verfährt zur
Trennung der verschiedenen Kohlehydrate nach den von ihm gegebenen Angaben.

Benzoy-
lierung.

Zur Isolierung kleiner Mengen Zuckers aus dem Harne fällt man erst mit Bleizucker,
filtriert und fällt mit ammoniakalischem Bleiessig. Durch Zersetzung mit Schwefelwasser-

Isolierung
des
Zuckers.

---

[1]) NEUMANN, Arch. f. (Anat. u.) Physiol. 1899, Supplbd.; vgl. auch MARGULIES,
Berl. klin. Wochenschr. 1900; SALKOWSKI, Arbeiten aus dem pathol. Inst. Berlin 1906.
Sep. [2]) HIRSCHL, Zeitschr. f. physiol. Chem. 14; KISTERMANN, Deutsch. Arch. f. klin.
Med. 50; Roos l. c.; HOLMGREN, MALYS Jahresb. 27. [3]) Vgl. H. GROSSMANN, Bioch.
Zeitschr. 1. [4]) PFLÜGERS Arch. 91. [5]) Zeitschr. f. physiol. Chem. 19.

stoff kann man den Zucker in wässeriger Lösung erhalten und weiter nachweisen. Für den Nachweis und die Bestimmung sehr kleiner Zuckermengen hat SCHÖNDORFF [1]) ein auf dem Prinzipe von PATEIN und DUFAU gegründetes Verfahren — Ausfällung der Stickstoffsubstanzen durch Merkurinitrat — ausgearbeitet.

Außer den in dem Vorigen beschriebenen gibt es eine große, mit jedem Jahre wachsende Anzahl von neuen Zuckerproben oder Modifikationen von älteren, auf die hier nicht eingegangen werden kann.

Für den Arzt, welcher selbstverständlich besonders einfache und rasch auszuführende Proben wünscht, dürfte zum Nachweis von Zucker im Harne in erster Linie die Wismutprobe zu empfehlen sein. Wenn diese Probe negativ ausfällt, kann der Harn als in klinischem Sinne zuckerfrei betrachtet werden. Bei positivem Ausfall muß die Gegenwart von Zucker durch andere Proben, besonders durch die Gärungsprobe, kontrolliert werden.

Quantitative Bestimmung des Zuckers im Harne. Eine solche Bestimmung kann durch Titration, durch Vergärung des Zuckers, durch Polarisation und auch in anderer Weise geschehen.

Titrations-
methoden.

Die Titrationsmethoden basieren auf der Eigenschaft des Zuckers Metalloxyde in alkalischer Flüssigkeit zu reduzieren. Da aber die Titrationsflüssigkeiten — Kupferoxydlösung in den Methoden von FEHLING-SOXHLET, PAVY, BANG, BERTRAND und Quecksilberzyanidlösung in dem Verfahren von KNAPP — auch von anderen Harnbestandteilen reduziert werden, geben diese Reduktionsmethoden immer etwas zu hohe Werte. Bei größerem Zuckergehalte, wie im typischen, diabetischen Harne, welcher regelmäßig einen geringen Prozentgehalt an normalen, reduzierenden Bestandteilen hat, ist dies nun zwar ohne wesentlichen Belang; bei geringem Zuckergehalte eines im übrigen normalen Harnes kann der Fehler dagegen, da die Reduktionsfähigkeit des normalen Harnes reichlich 5 p. m. Traubenzucker entsprechen kann (vgl. S. 595), bedeutend werden. In solchen Fällen muß die Titrierung in später anzugebender Weise mit der Gärungsmethode kombiniert werden.

Unter den Titrationsmethoden mit Kupfersalzlösung werden hier nur die Methoden von BERTRAND und BANG ausführlicher beschrieben, während bezüglich der Titration mit FEHLINGS Lösung nach SOXHLET [2]) und der Titration nach PAVY und KUMAGAWA-SUTO [3]) auf die Originalarbeiten und das Handbuch von HOPPE-SEYLER-THIERFELDER, 8. Aufl., 1909, hingewiesen wird.

Methode
von
Bertrand.

Die Methode von G. BERTRAND [4]) besteht darin, daß die Zuckerlösung (der Zuckerharn) mit überschüssiger FEHLINGscher Lösung gekocht wird. Das Kupferoxydul wird in einer Lösung von Ferrisulfat in Schwefelsäure gelöst und das dabei gebildete Ferrosulfat wird mit Kaliumpermanganatlösung titrimetrisch bestimmt. Die Reaktionsgleichungen sind folgende: a) $Cu_2O + Fe_2(SO_4)_3 + H_2SO_4 = 2CuSO_4 + 2FeSO_4 + H_2O$ und b) $10FeSO_4 + 2KMnO_4 + 8H_2SO_4 = 5Fe_2(SO_4)_3 + 2MnSO_4 + K_2SO_4 + 8H_2O$. 2Cu sind also äquivalent mit 2Fe, und da diese mit 1 Mol. Oxalsäure äquivalent sind, kann aus der Menge der auf Oxalsäure eingestellten Kaliumpermanganatlösung die Menge des als Oxydul ausgeschiedenen Kupfers leicht berechnet werden. Die entsprechende Menge Zucker findet man in einer besonderen Tabelle.

Lösungen.

Zu der Titrierung sind erforderlich: 1. eine Kupferlösung, die in 1 Liter 40 g Kupfersulfat ($CuSO_4 + 5H_2O$) enthält, 2. eine Seignettesalzlösung mit 200 g von solchem Salz und 100 g Natron in 1 Liter, 3. eine Lösung, die 50 g Ferrisulfat und 200 ccm konz. Schwefelsäure auf 1 Liter enthält, und 4. eine Kaliumpermanganatlösung, von der 1 ccm 10,08 mg Cu entspricht.

---

[1]) PFLÜGERS Arch. **121**, wo auch die Arbeiten von PATEIN und DUFAU zitiert sind. [2]) Journ. f. prakt. Chem. (N. F.) **21**. [3]) PAVY, The Physiology of the Carbohydrates, London 1894; KUMAGAWA u. SUTO, SALKOWSKI-Festschrift 1904; SAHLI, Deutsch. med. Wochenschr. 1905. [4]) Bulletin de la Soc. chim. (3) **35**, 1906.

Die Permanganatlösung wird auf Ammoniumoxalat eingestellt. 0,250 g Ammoniumoxalat werden in einem Becherglas in 100 ccm Wasser mit 2 ccm konz. Schwefelsäure gelöst und auf 60° C erwärmt. Darauf titriert man mit der Kaliumpermanganatlösung bis zu bleibender schwacher Rotfärbung. Wenn der Titer richtig ist, sollen hierzu 22 ccm der Permanganatlösung erforderlich sein, und 1 ccm dieser Lösung entspricht nun 10,08 mg Cu.

Ausführung der Titrierung. Von dem Harne, welcher frei von Eiweiß sein soll, werden 20 ccm, die höchstens 100 mg Zucker enthalten dürfen, in einen Kolben von 125—150 ccm Inhalt gegossen, mit 20 ccm der Kupferlösung und 20 ccm der Seignettesalzlösung versetzt, zum Sieden auf dem Drahtnetze erhitzt und 3 Minuten nicht zu stark gekocht. Nach dem Abkühlen filtriert man durch ein Asbestfilter unter Beachtung, daß sowohl jetzt wie bei dem folgenden Auswaschen der Fällung im Kolben mit lauwarmem Wasser so wenig wie möglich von dem Niederschlage auf das Filter kommt. Zu der Kupferoxydulfällung im Kolben setzt man dann allmählich unter Erwärmen 20 ccm der Ferrisulfatlösung, wobei man eine grüne Lösung erhält, die man auf das Asbestfilter gießt, um die geringe, darauf zurückgebliebene Oxydulmenge zu lösen. Nach dem Absaugen und raschen Nachwaschen des Kolbens und des Filters wird im Filtrate auf Ferrosulfat mit der Permanganatlösung titriert. Je 1 ccm der Lösung entspricht 10,08 mg Cu, und die entsprechenden Zuckermengen findet man in der nachstehenden Tabelle.

Glukose mg	Cu mg	Glukose mg	Cu mg	Glukose mg	Cu mg	Glukose mg	Cu mg
10	20,4	33	64,4	56	105,8	79	144,5
11	22,4	34	66,5	57	107,6	80	146,1
12	24,3	35	68,3	58	109,3	81	147,7
13	26,3	36	70,1	59	111,1	82	149,3
14	28,3	37	72,0	60	112,8	83	150,9
15	30,2	38	73,8	61	114,5	84	152,5
16	32,2	39	75,7	62	116,2	85	154,0
17	34,2	40	77,5	63	117,9	86	155,6
18	36,2	41	79,3	64	119,7	87	157,2
19	38,1	42	81,1	65	121,3	88	158,8
20	40,1	43	82,9	66	123,0	89	160,4
21	42,0	44	84,7	67	124,7	90	162,0
22	43,9	45	86,4	68	126,4	91	163,6
23	45,8	46	88,2	69	128,1	92	165,2
24	47,7	47	90,0	70	129,8	93	166,7
25	49,6	48	91,8	71	131,4	94	168,3
26	51,5	49	93,6	72	133,1	95	169,8
27	53,4	50	95,4	73	134,7	96	171,4
28	55,3	51	97,1	74	136,3	97	173,1
29	57,2	52	98,9	75	137,9	98	174,6
30	59,1	53	100,6	76	139,6	99	176,2
31	60,9	54	102,3	77	141,2	100	177,8
32	62,8	55	104,1	78	142,8		

Die Methode ist sehr gut; man muß aber nach dem Zusatze der Ferrisalzlösung rasch arbeiten, denn das Ferrosulfat wird an der Luft rasch oxydiert. Das Kochen bietet auch eine gewisse Schwierigkeit dar, indem man bei zu starkem Kochen etwas zu hohe Werte bekommt und umgekehrt.

Die Methode von J. Bang[1] besteht darin, daß man das gebildete Kupferoxydul durch eine größere Menge Kaliumchlorid in Lösung hält und die Menge des Oxyduls durch Titration mit einer $\frac{n}{25}$-Jodlösung nach dem Schema $CuCl + KCl + J = CuCl_2 + KJ$ bestimmt. Außer der Jodlösung ist eine alkalische Kupfersalzlösung, die KCl enthält, erforderlich.

Die Kupferlösung enthält 2,65 g Kupfersulfat $(CuSO_4 + 5H_2O)$ und 100 g $KHCO_3$. Diese Salze werden zuerst in einem 2-Literkolben mit Hilfe von 1 Liter Wasser gelöst.

[1] Lehrbuch der Harnanalyse, Wiesbaden 1918.

41*

Dann kommen 60 g K_2CO_3 und 450 g KCl hinzu, und nach Auflösung der Salze füllt man mit Wasser bis zur Marke.

Ausführung der Titrierung. Man bringt 55 ccm der alkalischen Kupfer-salz-Kaliumchloridlösung in einen 100 ccm Jenaerkolben mit abgesprengtem Rande, damit ein ca. 5 cm langer Gummischlauch über denselben gezogen werden kann, setzt dann 2 ccm Harn, der nicht über 1 p. c. Zucker enthalten darf, hinzu und erwärmt über dem Drahtnetz bis zum Sieden. Hierzu sollen etwa $3\frac{1}{2}$ Minuten nötig sein. Sobald die Flüssigkeit beinahe 3 Minuten gekocht hat, greift man mit einer eigens dazu konstruierten Klemmzange über den Kolbenhals und den Gummi-schlauch, kneift nach genau 3 Minuten zu und kühlt sofort unter dem Wasserhahn ab. Statt der Klemmzange kann man ein Bunsenventil verwenden. Nach der Abkühlung des Kolbens wird der Gummischlauch entfernt, 8—10 Tropfen Stärke-lösung und dann von der $\frac{n}{25}$·Jodlösung so viel zugesetzt bis die Farbe in tief Ultra-marinblau umschlägt. Ein Schütteln der Flüssigkeit darf nicht stattfinden, sondern nur ein leises Umrühren. Zur Berechnung der Zuckermenge bedient man sich folgender Tabelle:

mg Zucker	ccm $\frac{n}{25}$ Jodlösung	mg Zucker	ccm $\frac{n}{25}$ Jodlösung
1	0,73	6	4,15
2	1,45	7	4,85
3	2,20	8	5,50
4	2,95	9	6,20
5	3,65	10	6,93

Ein dunkelgefärbter Harn muß unbedingt entfärbt werden; und da man nach diesem Verfahren selbst minimale Zuckermengen ebenso genau, ja sogar noch genauer, wie größere bestimmen können soll, ist es geboten, den diabetischen Harn immer vorher mit 10 Volumina Wasser zu verdünnen.

Zur genauen Bestimmung des Zuckers eignet sich übrigens besonders das gewichtsanalytische Verfahren von ALLIHN, namentlich in der von PFLÜGER[1] angegebenen Modifikation.

Die Titrierung nach KNAPP beruht darauf, daß Quecksilberzyanid in alkalischer Lösung von dem Traubenzucker zu metallischem Quecksilber reduziert wird. Die Titrier-flüssigkeit soll im Liter 10 g chemisch reines, trockenes Quecksilberzyanid und 100 ccm Natronlauge von dem spez. Gewicht 1,145 enthalten. Von dieser Lösung sollen, wenn man die Titrierung in der unten anzugebenden Weise ausführt (nach WORM-MÜLLER und OTTO), 20 ccm gerade 0,050 g Traubenzucker entsprechen. Verfährt man in anderer Weise, so ist der Wirkungswert der Lösung ein anderer.

Bei dieser Titrierung soll der Zuckergehalt des Harnes nicht höher als zwischen $\frac{1}{2}$ und 1 p. c. liegen, und man hat also, wenn nötig, durch einen Vorversuch den erforder-lichen Verdünnungsgrad festzustellen. Etwa vorhandenes Eiweiß muß man vorerst durch Koagulation unter Essigsäurezusatz entfernen. Zur Feststellung der Endreaktion wird in der unten anzuführenden Weise auf überschüssiges Quecksilber mit Schwefelwasser-stoff geprüft.

Zur Ausführung der Titrierung läßt man in eine Kochflasche 20 ccm der KNAPP-schen Flüssigkeit einfließen und verdünnt darauf mit 80 ccm Wasser oder, wenn man Ursache hat, weniger als 0,5 p. c. Zucker im Harne zu vermuten, mit nur 40—60 ccm. Darauf erhitzt man zum Sieden und läßt dann zu der heißen Lösung den verdünnten Harn allmählich zufließen, anfangs von 2 zu 2, nachher von 1 zu 1, von 0,5 zu 0,5, von 0,2 zu 0,2 und zuletzt von 0,1 zu 0,1 ccm. Nach jedem Zusatze läßt man wieder $\frac{1}{2}$ Minute kochen. Wenn man der Endreaktion sich nähert, so fängt die Flüssigkeit an, sich zu klären, und das Quecksilber scheidet sich mit den Phosphaten ab. Die Endreaktion führt man in der Weise aus, daß man mit einem Kapillarröhrchen einen Tropfen der obersten Flüssigkeitsschicht aufsaugt und dann durch Aufblasen auf rein weißes, schwedisches Filtrierpapier fallen läßt. Den feuchten Flecken hält man darauf erst über eine Flasche mit rauchender Salzsäure und dann über eine andere mit starkem Schwefelwasserstoff-wasser. Bei Gegenwart von nur minimalen Mengen Quecksilbersalz in der Flüssigkeit wird der Flecken gelblich, was am sichersten zu sehen ist, wenn man ihn mit einem zweiten

---

[1] PFLÜGERS Arch. **66.**

Flecken vergleicht, welcher dem Schwefelwasserstoff nicht ausgesetzt gewesen ist. Die Endreaktion wird noch stärker, wenn man einen kleinen Teil der Flüssigkeit abfiltriert, mit Essigsäure ansäuert und mit Schwefelwasserstoff prüft (OTTO) [1]. Da die zugesetzte Harnmenge 0,050 g Zucker enthielt, ist die Berechnung des Prozentgehaltes an Zucker unter Berücksichtigung des Verdünnungsgrades ohne weiteres leicht verständlich.

Diese Titrierung kann sowohl bei Tageslicht wie bei künstlicher Beleuchtung ausgeführt werden. Sie ist brauchbar, selbst wenn der Zuckergehalt des Harnes sehr klein und der Gehalt an übrigen Harnbestandteilen normal ist. Sie ist leicht auszuführen, und die Titrierflüssigkeit soll ohne Zersetzung lange Zeit aufbewahrt werden können. Die Ansichten der verschiedenen Forscher über den Wert dieser Titriermethode sind trotzdem etwas streitig. *Wert der Methode.*

Bestimmung der Zuckermenge durch Gärung. Diese Bestimmung kann auf verschiedene Weise geschehen; in einfacher und zugleich in einer für den Arzt hinreichend genauen Weise kann man sie nach der Methode von ROBERTS ausführen. Diese Methode besteht darin, daß man das spez. Gewicht vor und nach der Gärung bestimmt. Bei der Gärung entstehen aus dem Zucker als Hauptprodukte Kohlensäure und Alkohol, und teils durch das Verschwinden des Zuckers, teils durch die Entstehung des Alkohols fällt das spez. Gewicht. ROBERTS hat nun gefunden, was später mehrere andere Forscher bestätigt haben (WORM-MÜLLER u. a.), daß ein Herabsinken des spez. Gewichtes um 0,001 einem Zuckergehalte von 0,230 p. c. entspricht. Hatte also beispielsweise ein Harn vor der Gärung das spez. Gewicht 1,030 und nach derselben 1,008, so war also der Zuckergehalt $22 \times 0,230 = 5,06$ p. c. *Die Robertsche Gärmethode.*

Bei der Ausführung dieser Probe muß das spez. Gewicht bei derselben Temperatur des Harnes vor und nach der Gärung bestimmt werden. Der Harn muß schwach sauer sein und wird deshalb nötigenfalls mit etwas Weinsäure schwach angesäuert. Die Wirksamkeit der Hefe muß, wenn nötig, durch eine besondere Probe kontrolliert werden. In einen Kolben, welcher zur Hälfte von dem Harne gefüllt wird, gießt man etwa 200 ccm Harn, setzt etwa 10 g in einer Portion des Harnes fein zerteilte Preßhefe zu, durchmischt das Ganze, verschließt den Kolben durch einen mit einem fein ausgezogenen, offenen Glasrohre versehenen Stopfen und läßt die Probe bei Zimmertemperatur oder noch besser bei 20—30 à 36° C stehen. Je nach der Temperatur ist die Gärung in 10—24 Stunden beendet, wovon man sich übrigens durch die Wismutprobe überzeugen muß. Nach beendeter Gärung filtriert man durch ein trockenes Filtrum, bringt das Filtrat auf die erwünschte Temperatur und bestimmt das spez. Gewicht von neuem. *Ausführung der Gärungsprobe.*

Wenn man das spez. Gewicht mit einem guten, mit Thermometer und Steigrohr versehenen Pyknometer bestimmt, soll diese Methode, wenn der Gehalt an Zucker nicht weniger als 0,4—0,5 p. c. beträgt, nach WORM-MÜLLER ganz exakt sein, was dagegen von BUDDE [2] bestritten wird. Für den Arzt ist aber die Methode in dieser Form nicht recht brauchbar. Bestimmt man dagegen das spez. Gewicht mit einem empfindlichen Aräometer, welches die Dichte bis auf die vierte Dezimalstelle abzulösen gestattet, so erhält man zwar, wegen der prinzipiellen Fehler der Methode (BUDDE), nicht ganz exakte Werte; aber die Fehler sind regelmäßig so klein, daß die Methode praktisch brauchbar wird. *Gärungsmethode.*

Wenn der Gehalt des Harnes an Zucker kleiner als 0,5 p. c. ist, so kann man jedoch diese Methode nicht gebrauchen. Bei einem so niedrigen Zuckergehalte geben übrigens, wie oben hervorgehoben wurde, die Titrationsmethoden leicht fehlerhafte Resultate infolge der Reduktionsfähigkeit des normalen Harnes. Um den wahren Zuckergehalt des Harnes kennen zu lernen, ist es deshalb bei niedrigem Zuckergehalt notwendig, die Reduktionsfähigkeit des Harnes vor und nach der Vergärung mit Hefe durch Titration zu bestimmen. Die bei zwei solchen Titrierungen gefundene Differenz, als Zucker berechnet, gibt den wahren Zuckergehalt an. *Nachweis kleiner Zuckermengen.*

Die Bestimmung des Zuckers durch Gärung kann auch so ausgeführt werden, daß man entweder die Kohlensäure als Gewichtsverlust bestimmt oder auch das

---

[1] Journ. f. prakt. Chem. (N. F.) **26**.   [2] ROBERTS, The Lancet 1862; WORM-MÜLLER, PFLÜGERS Arch. **33** u. **37**; BUDDE ebenda **40** und Zeitschr. f. physiol. Chem. **13**; vgl. auch LOHNSTEIN, PFLÜGERS Arch. **62**.

Gärproben. Volumen oder den Druck der letzteren mißt. Zu dem letztgenannten Zwecke sind besonders von LOHNSTEIN [1]) „Gärungssaccharometer" konstruiert worden, unter denen besonders ein „Präzisions-Gärungssaccharometer" empfohlen worden ist. Auf dem Prinzipe LOHNSTEINS basiert auch ein von WAGNER [2]) konstruierter „Gärungs-Saccharo-Manometer", welches gewisse Vorzüge vor dem LOHNSTEIN-schen Apparate hat.

Bestim-
mung mit
em Polari-
skope.
Bestimmung der Zuckermenge durch Polarisation. Diese Methode setzt voraus, daß der Harn klar, nicht zu stark gefärbt ist und vor allem neben der Glukose keine anderen, optisch wirkenden Substanzen enthält. Der Harn kann nämlich mehrere linksdrehende Substanzen, wie Eiweiß, β-Oxybuttersäure, gepaarte Glukuronsäuren, den sog. LEOschen Zucker und in seltenen Fällen Zystin, welche alle gärungsunfähig sind, enthalten. Das Eiweiß entfernt man durch Koagulation und die übrigen entdeckt man mit dem Polariskope, eventuell nach beendeter Gärung. Die gärungsfähige Fruktose wird in besonderer Weise nachgewiesen (vgl. unten), und der rechtsdrehende Milchzucker unterscheidet sich von der Glukose durch Mangel an Gärfähigkeit. Bei Anwendung von einem sehr vorzüglichen Instrumente und bei genügender Übung können mit dieser Methode sehr genaue Resultate erhalten werden. Der Wert dieser Methode liegt in praktischer Hinsicht wesentlich in der Schnelligkeit, mit welcher die Bestimmung ausgeführt werden kann. Bei Anwendung der für klinische Zwecke bestimmten Apparate ist aber die Genauigkeit nicht so groß wie bei der ohne kostspielige Apparate leicht ausführbaren Gärungsprobe. Unter solchen Umständen und da die Bestimmung durch Polarisation bei Gegenwart von nur wenig Zucker mit Vorteil nur von besonders geschulten Chemikern ausgeführt werden kann, dürfte bezüglich dieser Methode und der zu ihrer Anwendung erforderlichen Apparate auf ausführlichere Handbücher verwiesen werden können.

Fruktose.
Fruktose (Lävulose). Linksdrehende, zuckerhaltige Harne sind von mehreren Forschern beobachtet worden, ohne daß man in früherer Zeit über die Natur des hierbei auftretenden Zuckers ganz im klaren war. In den letzten Jahren hat man indessen mehrere Fälle von „Lävulosurie" beschrieben, und man hat ferner gefunden, daß Fruktose auch in Fällen von Diabetes im Harne neben der Glukose vorkommen kann.

Nachweis
der
Fruktose.
Zum Nachweis der Fruktose diene folgendes. Der Harn ist linksdrehend und die linksdrehende Substanz vergärt mit Hefe. Der Harn gibt die gewöhnlichen Reduktionsproben und das gewöhnliche Phenylglukosazon. Er gibt mit Methylphenylhydrazin das charakteristische Fruktosemethylphenylosazon und er gibt auch die jedoch nicht ganz charakteristische SELIWANOFFsche Reaktion beim Erhitzen nach Zusatz von dem gleichen Volumen Salzsäure von 25 p. c. und ein wenig Resorzin (vgl. S. 168). Hierbei ist zu beachten, daß man nur rasch aufkocht und nicht weiter erhitzt, weil sonst auch andere Kohlehydrate die Reaktion geben können. Bei Gegenwart von Fruktose tritt Rotfärbung auf; man kühlt dann rasch ab, macht mit Soda in Substanz alkalisch und schüttelt mit Amylalkohol (ROSIN) oder mit Essigäther (BORCHARDT) aus. Der Amylalkohol nimmt einen roten Farbstoff auf, welcher einen Streifen im Spektrum zwischen E und b, bei stärkerer Konzentration auch einen Streifen in Blau bei F gibt. Der Essigäther wird bei Gegenwart von Fruktose gelb, und dieses Verfahren soll nach BORCHARDT zuverlässiger als dasjenige von ROSIN, welches an gewissen Fehlerquellen leidet, sein. Gleichzeitige Gegenwart von Nitrit und Indikan stört die Probe, und in ersterem Falle entfernt man vorerst die salpetrige Säure durch kurzdauerndes Kochen des mit Essigsäure angesäuerten oder mit Salzsäure vermischten Harnes. Ein Mittel, andere, die Reaktion störende Farbstoffe zu entfernen, ist nach MALFATTI Oxydation des Harnes mit ein wenig Salzsäure und Kaliumpermanganat. Von JOLLES [3]) ist ein Verfahren zum Nachweis von Fruktose neben Glukose mittels Diphenylaminlösung angegeben worden.

---

[1]) Berl. klin. Wochenschr. **35** und Allg. med. Zentral-Ztg. 1899; F. GOLDMANN, Chem. Zentralbl. 1907, I, S. 1149. [2]) Münch. med. Wochenschr. 1905. [3]) ROSIN, Zeitschr. f. physiol. Chem. **38**; BORCHARDT ebenda **55** u. **60**; MALFATTI ebenda **58**; JOLLES u. J. MAUTHNER, Chem. Zentralbl. 1910, I, S. 483.

Maltose soll nach LÉPINE und BOULUD bisweilen im Harne vorkommen. Nach
GEELMUYDEN [1]), welcher früher derselben Ansicht war, kommt jedoch Maltose im Harne *Maltose.*
nicht vor.

Laiose hat HUPPERT eine von LEO [2]) in diabetischen Harnen in einigen Fällen
gefundene Substanz genannt, die LEO als einen Zucker betrachtet. Die Substanz ist linksdrehend, amorph und schmeckt nicht süß, sondern scharf und salzartig; sie wirkt redu- *Laiose.*
zierend auf Metalloxyde, gärt nicht und gibt mit Phenylhydrazin ein nicht kristallisierendes,
gelbbraunes Öl. Irgendwelche Beweise dafür, daß diese Substanz eine Zuckerart ist,
liegen bis jetzt nicht vor.

Milchzucker. Das Auftreten von Milchzucker im Harne bei Wöchnerinnen ist zuerst durch die Untersuchungen von DE SINETY und F. HOF-
MEISTER bekannt und dann von anderen Forschern bestätigt worden. Nach *Milch-*
dem Genusse von größeren Mengen Milchzucker kann, wie oben (Kapitel 9 *zucker*
über die Resorption) angegeben wurde, derselbe zum Teil in den Harn über- *im Harne.*
gehen. LANGSTEIN und STEINITZ haben auch den Übergang von Milchzucker
wie von Galaktose [3]) in den Harn von magendarmkranken Säuglingen beobachtet. Den Übergang von Milchzucker in den Harn nennt man „Laktosurie".

Der sichere Nachweis des Milchzuckers im Harne ist schwierig, indem nämlich dieser Zucker wie die Glukose rechtsdrehend ist und die gewöhnlichen Reduktionsproben gibt. Enthält der Harn einen rechtsdrehenden, die Wismutlösung
reduzierenden, nicht gärenden Zucker, so ist dieser sehr wahrscheinlich Milchzucker. Hierbei ist zu beachten, daß die Gärungsprobe auf Milchzucker nach
der Erfahrung von LUSK und VOIT [4]) am sichersten mit rein gezüchteter Hefe
(Saccharomyces apiculatus) ausgeführt wird. Von dem letztgenannten Hefepilze *Nachweis*
wird nämlich nur die Glukose, nicht aber der Milchzucker zersetzt. Führt man *des Milch-*
die Zuckerprobe von RUBNER nach VOIT in der Weise aus, daß man nicht zum *zuckers.*
Sieden, sondern nur bis zu 80° C erhitzt, so wird die Farbe bei Gegenwart von
Milchzucker nicht rot, sondern nur gelb bis braun. Ganz gesichert wird jedoch
der Nachweis des Milchzuckers erst durch Isolierung desselben aus dem Harne.
Dies geschieht nach einem von F. Hofmeister angegebenen Verfahren, bezüglich
welches auf die Originalarbeit [3]) hingewiesen wird.

R. BAUER [5]) weist sowohl Galaktose wie Milchzucker im Harne nach durch Oxydation mit konzentrierter Salpetersäure, wobei Schleimsäure entsteht.

Die Reaktion von CAMMIDGE, welche in erster Linie zur Diagnose von Pankreas-
krankheiten empfohlen worden ist, besteht darin, daß gewisse Harne keine Phenyl- *Reaktion*
hydrazinreaktion direkt, sondern erst nach dem Sieden mit einer Säure geben. Die Ur- *von*
sache dieses Verhaltens war lange nicht bekannt, und man hatte die Reaktion teils von *Cammidge.*
Rohrzucker, teils von Pentosen oder Glukuronsäuren und teils von Gemengen herleiten
wollen. Nach PEKELHARING und v. HOOGENHUYZE [6]) rührt sie von Harndextrin her.

Pentosen. SALKOWSKI und JASTROWITZ [7]) haben zuerst in dem Harne
eines Morphinisten eine Zuckerart gefunden, die eine Pentose war und ein
Osazon mit dem Schmelzpunkte 159° C lieferte. Seitdem sind mehrere andere
Fälle von Pentosurie bekannt geworden; die Harnpentose kann aber offenbar *Pentosen.*
verschiedener Art sein. NEUBERG und auch H. ARON haben im Harne
d,l-Arabinose, LUZZATTO und KLERCKER l-Arabinose gefunden, und es sind
auch Fälle von Pentosurie bekannt, in welchen es wahrscheinlich um eine
Xyloketose sich gehandelt hat (LEVENE und LA FORGE, E. ZERNER und
R. WALTUCH, A. HILLER) [8]). Das Auftreten von Pentosen im Harne nach

---

[1]) LÉPINE u. BOULUD, Compt. Rend. **132**; GEELMUYDEN, Zeitschr. f. klin. Med.
70. [2]) VIRCHOWS Arch. **107**. [3]) HOFMEISTER, Zeitschr. f. physiol. Chem. **1** (Literaturangaben). Vgl. ferner LEMAIRE ebenda **21**; LANGSTEIN u. STEINITZ, HOFMEISTERS Beiträge **7**. [4]) CARL VOIT, Über die Glykogenbildung nach Aufnahme verschiedener Zuckerarten, Zeitschr. f. Biol. **28**. [5]) Zeitschr. f. physiol. Chem. **51**. [6]) Ebenda **91**. [7]) Zentralbl.
f. d. med. Wiss. 1892 u. SALKOWSKI, Berlin. klin. Wochenschr. 1895. [8]) NEUBERG,
Ber. d. d. chem. Gesellsch. **33**; ARON, Monatsschr. f. Kinderheilk. **12**; LUZZATTO, HOF-
MEISTERS Beiträge **6**; O. AF KLERCKER, Deutsch. Arch. f. klin. Med. **108**; LEVENE u.
LA FORGE, Journ. of biol. Chem. **15** u. **18**; ZERNER u. WALTUCH, Bioch. Zeitschr. **58**;
HILLER, Journ. of biol. Chem. **30**.

dem Genusse von Früchten und Fruchtsäften ist wiederholt von BLUMENTHAL und auch von v. JAKSCH[1]) beobachtet worden.

Ein pentosehaltiger Harn wirkt reduzierend auf sowohl die Wismut- wie die Kupferlösung, wenn auch im letzteren Falle die Reduktion nicht so rasch, sondern mehr zögernd auftritt. Wenn nur Pentose vorhanden ist, gärt der Harn nicht; bei gleichzeitiger Gegenwart von Glukose können da-gegen kleine Pentosemengen auch vergären. Zum Nachweis der Pentosen dient das Osazon, welches, wie man es aus dem Harne erhält, gewöhnlich bei 156—160° C schmilzt, und ferner die Phloroglucin- bzw. Orzin-Probe (vgl. S. 161). Von diesen beiden ist die letztere unbedingt vorzuziehen, nament-lich weil sie sicherer eine Verwechslung mit gepaarten Glukuronsäuren aus-schließt.

Pentose-haltiger Harn.

Man kann die Orzinprobe in folgender Weise ausführen. 5 ccm Harn mischt man mit reichlich dem gleichen Volumen Salzsäure vom spez. Gewicht 1,19, setzt eine kleine Messerspitze Orzin hinzu und erhitzt zum Sieden. Sobald eine grünliche Trübung auftritt, kühlt man zur Lauwärme ab und schüttelt leise mit Amyl-alkohol. Die amylalkoholische Lösung wird zur spektroskopischen Untersuchung verwendet. Die Ausscheidung eines blaugrünen Farbstoffes kann übrigens schon fast an und für sich beweisend sein.

Orzinprobe

BIAL[2]) verwendet als Reagens eine Salzsäure von 30 p. c., welche in 500 ccm 1 g Orzin und 25 Tropfen Liquor ferri sesquichlorati enthält. 4—5 ccm des Reagenzes werden zum Sieden erhitzt und darauf setzt man zu der heißen, jedoch nicht siedenden Flüssig-keit einige Tropfen, höchstens 1 ccm, des Harnes hinzu. Bei Gegenwart von Pentose wird die Flüssigkeit schön grün. Normaler oder diabetischer Harn gibt diese Reaktion nicht, ebensowenig Harn mit gepaarten Glukuronsäuren. Über die Brauchbarkeit des BIALschen Reagenzes ist man jedoch nicht einig. Die Empfindlichkeit ist fast zu groß und die Gefahr einer Verwechslung mit anderen Kohlehydraten ist nicht ganz ausge-schlossen. Hinsichtlich der zahlreichen Modifikationen der Orzinprobe vgl. man Kapitel 3, S. 161. Dasselbe gilt auch bezüglich der quantitativen Bestimmung der Pentosen. Als eine besonders zuverlässige Probe betrachtet JOLLES[3]) die Darstellung des Osazons, die Destillation der Fällung mit Salzsäure und Prüfung des Destillates mit dem BIALschen Reagenze.

als Modi-fikation.

F. ROSENBERGER[4]) glaubt in einem Falle von Diabetes Heptose in dem Harne nachgewiesen zu haben. Sowohl nach ihm wie nach GEELMUYDEN[5]) sollen wahrschein-lich verschiedene, noch nicht näher bekannte Zuckerarten in dem Harne von Diabetikern vorkommen können.

Heptose.

Gepaarte Glukuronsäuren. Einige gepaarte Glukuronsäuren, wie die Menthol- und Terpentinglukuronsäure, können im Harne spontan sich zersetzen, in welchem Falle eine Verwechslung mit Pentose leicht geschehen kann. Der Harn soll deshalb auch immer möglichst frisch untersucht werden.

Eine Verwechslung derjenigen gepaarten Glukuronsäuren, welche Kupfer- oder Wismutoxyd reduzieren, mit Glukose und Lävulose ist durch die Gärungs-probe leicht zu vermeiden. Zum Unterschied von der Glukose dient auch das optische Verhalten, indem nämlich die gepaarten Glukuronsäuren regelmäßig linksdrehend sind. Durch das Sieden mit einer Säure, wobei rechtsdrehende Glukuronsäure entsteht, geht die Linksdrehung in Rechtsdrehung über.

Gepaarte Glukuron-säuren.

Wie die Pentosen können auch die gepaarten Glukuronsäuren die Phloro-gluzinsalzsäureprobe geben. Dagegen erhält man die Orzinprobe in der Regel nicht direkt, sondern erst nach geschehener Spaltung unter Freiwerden von Glukuronsäure. Auch bei Anwendung des obengenannten BIALschen Reagenzes soll angeblich keine Gefahr einer Verwechslung von Pentosen mit gepaarten Glu-

---

[1]) BLUMENTHAL, Deutsch. Klinik 1902; v. JAKSCH, Zentralbl. f. inn. Med. 1906. [2]) Deutsch. med. Wochenschr. 1903; s. im übrigen Fußnote 4 u. 5, S. 161. [3]) JOLLES, Bioch. Zeitschr. 2; Zentralbl. f. inn. Med. 1907 u. 1912 und Zeitschr. f. anal. Chem. 46. [4]) Zeitschr. f. physiol. Chem. 49. [5]) ROSENBERGER, Zentralbl. f. inn. Med. 28; GEEL-MUYDEN, Zeitschr. f. klin. Med. 58, 63 u. 70.

kuronsäuren vorliegen, welche Angabe jedoch einer weiteren Prüfung bedürftig ist. Die Pentose kann ferner als Osazon isoliert und erkannt werden. Hierbei können jedoch auch einige leicht zerfallende Glukuronsäuren Phenylhydrazinverbindungen geben. Um die Glukuronsäure in dem Osazonniederschlage nachweisen zu können, nimmt man nach NEUBERG und SANEYOSHI [1]) eine Messerspitze (etwa 8 mg) desselben, löst in 4 ccm rauchender Salzsäure, verdünnt mit 4 ccm Wasser, erhitzt zum Sieden, setzt mindestens 0,1 g Naphthoresorzin hinzu, wärmt noch ¹/₂ Minute, läßt langsam auf 50⁰ abkühlen und schüttelt mit Benzol. Bei Gegenwart von Glukuronsäure ist die Benzollösung violettrot mit einem Absorptionsstreifen in Gelbgrün.

Gepaarte
Glukuron-
säuren.
Nachweis.

Das Vorkommen von gepaarten Glukuronsäuren im Harne ist ferner anzunehmen, wenn der Harn nicht direkt, wohl aber nach dem Sieden mit einer Säure die Orzinsalzsäurereaktion gibt. Man kann dann mit der Naphthoresorzinreaktion von B. TOLLENS prüfen. Zu 5 ccm Harn fügt man 0,5 ccm einer 1prozentigen alkoholischen Naphthoresorzinlösung und 5 ccm Salzsäure (spez. Gewicht 1,19), kocht 1 Minute, läßt 4 Minuten stehen, kühlt ab und schüttelt mit Äther. Bei Gegenwart von Glukuronsäure wird der Äther violett oder blau und zeigt den oben S. 171 beschriebenen Spektralstreifen. Nach NEUBERG soll man diese Probe, welche übrigens nicht für Glukuronsäure spezifisch ist, besser mit Naphthoresorzin in Substanz ausführen. Am zuverlässigsten ist diese Probe nach NEUBERG und O. SCHEWKET [2]), wenn man zu derselben den Rückstand eines ätherischen Auszuges des angesäuerten Harnes verwendet.

Nachweis
der Gluku-
ronsäuren.

Zum Nachweis von Glukuronsäure verfährt man aber nach MAYER und NEUBERG am sichersten, wenn man den Harn mit Bleiessig fällt, den Niederschlag mit Schwefelwasserstoff zersetzt, durch Sieden mit verdünnter Schwefelsäure die gepaarte Säure zerlegt und nach der Neutralisation mit Soda mit p-Bromphenylhydrazinchlorhydrat und Natriumazetat die charakteristische Bromphenylhydrazinverbindung der Glukuronsäure (vgl. S. 171) darstellt. Von HERVIEUX [3]) ist dieses Verfahren etwas abgeändert worden. Hinsichtlich der quantitativen Bestimmung wird auf die Arbeit von C. TOLLENS (Zeitschr. f. physiol. Chem. 61) hingewiesen.

Nach Maye..
und
Neuberg.

Inosit scheint ein normaler, wenn auch nur in sehr kleiner Menge vorkommender Harnbestandteil zu sein (HOPPE-SEYLER, STARKENSTEIN) [4]). Bei Diabetes insipidus wie nach reichlichem Wassertrinken kommt er infolge einer reichlicheren Ausschwemmung aus den Geweben in reichlicheren Mengen im Harne vor.

Inosit.

Zum Nachweis des Inosits dient in den Hauptzügen die im Kapitel 11, S. 456 angegebene Methode mit den Abänderungen von MEILLÈRE und STARKENSTEIN [4]).

Azetonkörper (Azeton, Azetessigsäure, β-Oxybuttersäure). Diese Stoffe, über deren Auftreten im Harne und Entstehung im Organismus zahlreiche Untersuchungen vorliegen, kommen im Harne besonders bei Diabetes mellitus aber auch bei vielen anderen Krankheitszuständen vor. Das Azeton ist nach v. JAKSCH und anderen ein normaler, wenn auch nur in sehr kleiner Menge (etwa 0,01 g pro Tag) vorkommender Harnbestandteil [5]). Nach E. PITTARELLI [6]) enthält dagegen normaler Harn niemals freies Azeton, sondern eine Azetonverbindung, die bei der Destillation des Harnes Azeton liefert.

Azeton-
körper.

Hinsichtlich des Ursprunges dieser Stoffe betrachtete man es einige Zeit als ziemlich sicher, daß derselbe wesentlich in einem vermehrten Eiweißzerfalle

---

[1]) Bioch. Zeitschr. **36**. [2]) B. TOLLENS, Ber. d. d. chem. Gesellsch. **41**, 1788 und C. TOLLENS, Zeitschr. f. physiol. Chem. **56**; NEUBERG, Bioch. Zeitschr. **24**; NEUBERG u. O. SCHEWKET ebenda **44** und SCHEWKET ebenda **55**. [3]) MAYER u. NEUBERG, Zeitschr. f. physiol. Chem. **29**; HERVIEUX, Compt. rend. soc. biol. **63**. [4]) STARKENSTEIN, Zeitschr. f. exp. Path. u. Ther. **5**, wo man die Literatur findet. [5]) Bezüglich der umfangreichen älteren Literatur über Azetonkörper wird auf v. NOORDEN, Lehrb. d. Pathol. d. Stoffwechsels, Berlin 1893, MAGNUS-LEVY, Die Azetonkörper, Ergebn. d. inn. Med. u. Kinderheilk. I, und besonders auf ALBR. THIELE in ABDERHALDENS Bioch. Handlexikon, Bd. I, 2 (1911), S. 783—794, hingewiesen. [6]) Chem. Zentralbl. 1921, I, S. 111.

zu suchen sei. Als einen der verschiedenen Gründe hierfür betrachtete man das starke Ansteigen der Azeton- und Azetessigsäureausscheidung während der Inanition (v. JAKSCH, FR. MÜLLER). Im guten Einklange mit dieser Anschauung stand auch das Vorkommen einer reichlich vermehrten Ausscheidung von Azeton und Azetessigsäure besonders in solchen Krankheiten wie Fieber. Digestionsstörungen, Geisteskrankheiten mit Abstinenz und Kachexien, in welchen man eine reichlichere Einschmelzung des Körpereiweißes anzunehmen hatte. Für eine Entstehung der Azetonkörper aus Eiweiß könnte ferner der Umstand ins Feld geführt werden, daß man tatsächlich Azeton als Oxydationsprodukt aus Leim und Eiweiß erhalten hat (BLUMENTHAL und NEUBERG, ORGLER). Viel mehr beweisend waren indessen die Untersuchungen von EMBDEN und seinen Mitarbeitern. Nachdem schon EMBDEN und KALBERLAH gezeigt hatten, daß die Leber ein Organ der Azetonbildung ist, haben EMBDEN, SALOMON und SCHMIDT in Durchblutungsversuchen mit Lebern gezeigt, daß Buttersäure, Oxybuttersäure und Leuzin, aber auch Tyrosin und überhaupt solche aromatische Stoffe, welche (wie Tyrosin, Phenylalanin, Phenyl-α-Milchsäure und Homogentisinsäure) einen im Körper verbrennlichen Benzolkern enthalten, in der Leber in Azeton umgewandelt werden können. Nach diesen Untersuchungen, welche von EMBDEN und seinen Mitarbeitern weiter verfolgt und von anderen, wie BAER und BLUM, BORCHARDT und LANGE, O. NEUBAUER und GROSS, E. SCHMITZ und FR. SACHS bestätigt und erweitert worden sind[1]), kann kein Zweifel darüber bestehen, daß gewisse Aminosäuren, wie z. B. α-Aminovaleriansäure und besonders das Leuzin, Azetonbildner sind und daß dementsprechend Azeton aus Eiweiß entstehen kann. Protamine und Histone sollen auch die Azetonausscheidung steigern können (BORCHARDT) oder, wie man sagt, „ketoplastisch" wirken, und man hat deshalb auch eine Azetonbildung aus Arginin über die α-Aminovaleriansäure als möglich angesehen (BORCHARDT und LANGE).

Wenn man also eine Azetonbildung aus Eiweiß als bewiesen erachtet, gibt es auf der anderen Seite Beobachtungen, welche zeigen, daß das Eiweiß weder die alleinige noch die wichtigste Quelle der Azetonkörperbildung sein kann. So gibt es z. B. keinen Parallelismus zwischen Stickstoff- und Azetonkörperausscheidung beim Diabetiker, und beim Menschen besteht überhaupt keine bestimmte Beziehung zwischen Azetonausscheidung auf der einen und Stickstoff- und Schwefelausscheidung auf der anderen Seite. Die Azetonausscheidung wächst ferner beim Menschen nicht stetig mit steigenden Eiweißmengen, und die Erhöhung der letzteren über ein mittleres Maß hinaus setzt sogar die Azetonausscheidung herab (ROSENFELD, HIRSCHFELD, FR. VOIT)[2]).

Als Material der Azetonkörperbildung können ferner nicht die Kohlehydrate in Betracht kommen. Man ist nämlich darüber einig, daß beim Menschen gerade der Ausschluß der Kohlehydrate aus der Kost oder unzureichender Zufuhr bzw. Ausnutzung derselben zu Azetonkörperausscheidung in höherem oder geringerem Grade führen kann. Ähnliche Verhältnisse kommen auch sowohl bei Diabetes wie beim Hungern und in den obengenannten Krankheitszuständen zur Geltung. Die gesteigerte Azetonausscheidung bei Kohlehydratmangel tritt auch bei Gesunden, bei einseitig fettreicher Kost und sonst genügender Kalorienzufuhr auf (alimentäre Azetonurie). Umgekehrt kann reichliche Zufuhr von Kohlehydraten die Ausscheidung von Azetonkörpern stark herabsetzen oder sogar zum Verschwinden bringen. Die Kohlehydrate

Azetonbildung aus Eiweiß.

Azetonbildung.

Kohlehydrate und antiketoplastische Stoffe.

---

[1]) Vgl. Fußnote 5, S. 649. [2]) HIRSCHFELD, Zeitschr. f. klin. Med. 28; GEELMUYDEN, vgl. MALYs Jahresb. 26 und Zeitschr. f. physiol. Chem. 23 u. 26; ROSENFELD, Zentralbl. f. inn. Med. 16; VOIT, Deutsch. Arch. f. klin. Med. 66.

wirken also antiketoplastisch, und eine ähnlich hemmende Wirkung haben auch einige andere Stoffe, wie Glyzerin (HIRSCHFELD), Milchsäure, Glutarsäure (BAER und BLUM), Alanin und Asparagin (FORSSNER, BORCHARDT und LANGE)[1] also auch einige Stoffe (Glyzerin, Milchsäure, Alanin, Asparagin), welche eine Zuckerbildung oder vermehrte Zuckerausscheidung bewirken können.

Man darf jedoch nicht übersehen, daß die Verhältnisse etwas anders beim Menschen als beim Fleischfresser liegen (GEELMUYDEN, FR. VOIT). Beim Hunde nimmt nämlich die Azetonausscheidung im Hunger nicht zu, sondern ab; sie wird mit steigenden Fleischmengen vermehrt, geht der Stickstoffausscheidung parallel und wird durch Kohlehydratzufuhr nicht vermindert (FR. VOIT)[2]. Trotz dieser abweichenden Verhältnisse besteht aber auch beim Hunde eine unverkennbare Beziehung zwischen Azetonkörperausscheidung und Kohlehydratstoffwechsel, indem nämlich bei ihm beim Phlorhizindiabetes die „Azidose" erst nach eingetretenem Glykogenverbrauch (MARUM)[3] auftritt.

Ursprung der Azetonkörper.

Da also die Kohlehydrate nicht Azetonbildner sein können, bleibt als zweite Quelle der Azetonkörper nur das Fett übrig. Zugunsten der Annahme eines solchen Ursprunges dieser Stoffe sprechen auch gewisse Fälle von Diabetes mit starker Azetonkörperausscheidung (β-Oxybuttersäure), wo, unter der Annahme einer Entstehung von Azetonkörpern aus Eiweiß, die umgesetzte Eiweißmenge zu klein war, um die Menge der Azetonkörper zu decken (MAGNUS-LEVY). Die reichliche Azetonausscheidung beim Hungern könnte auch daher rühren, daß hierbei größtenteils das Körperfett verbraucht wird, und man hat auch in mehreren Fällen eine enge Beziehung zwischen Fettverbrauch und Azetonkörperausscheidung gefunden. Mehrere Forscher, wie GEELMUYDEN, SCHWARZ, WALDVOGEL haben eine Vermehrung der Azetonurie durch Aufnahme von Nahrungsfett beobachtet, und FORSSNER[4] hat sogar eine bestimmte Parallelität zwischen der Azetonausscheidung und der Fettaufnahme konstatieren können. Gegenwärtig wird auch allgemein das Fett als die wichtigste Quelle der Azetonkörper betrachtet.

Fette und Azetonbildung.

Die drei im Harne auftretenden Azetonkörper sind, wie oben erwähnt, Azeton, Azetessigsäure und β-Oxybuttersäure, und es liegt nahe zur Hand die letztgenannte als Muttersubstanz der zwei anderen zu betrachten. Wird nämlich die β-Oxybuttersäure, $CH_3 . CH(OH) . CH_2 . COOH$, in den Tierkörper eingeführt, so wird sie, wenn man sie in nicht zu großer Menge einführt, verbrannt, während ein Überschuß in den Harn als Azetessigsäure, $CH_3 . CO . CH_2 . COOH$, übergeht. Diese letztere Säure kann auch verbrannt werden, geht aber bei reichlicherer Zufuhr zum Teil in den Harn über und sie zerfällt leicht in Azeton, $CH_3 . CO . CH_3$, und CO_2. Das Azeton wird auch zum Teil im Tierkörper verbrannt, zum Teil wird es aber durch Nieren und besonders durch die Lungen ausgeschieden. Man könnte deshalb zu der Annahme geneigt sein, daß die β-Oxybuttersäure ein physiologisches Stoffwechselprodukt sei, welches normalerweise vollständig abgebaut wird, und daß beim Diabetes und überhaupt bei Mangel an Kohlehydraten ihre Bildung abnorm gesteigert oder ihre Verbrennung erschwert sei, so daß als Folge hiervon in erster Linie Azeton und Azetessigsäure und in schwereren Fällen auch β-Oxybuttersäure in den Harn übergehen (Azidose). Hierbei ist jedoch zu beachten,

Verhalten der Azetonkörper im tierischen Organismus

[1] BORCHARDT und LANGE, HOFMEISTERS Beiträge 9, wo auch andere Arbeiten zitiert sind; BAER u. BLUM ebenda 10; G. FORSSNER, Skand. Arch. f. Physiol. 25. [2] Vgl. Fußnote 2. S. 650. [3] HOFMEISTERS Beiträge 10. [4] MAGNUS-LEVY, Arch. f. exp. Path. u. Pharm. 42; GEELMUYDEN l. c. und Norsk Magazin for Laegevidenskaben 1900; vgl. auch Zeitschr. f. physiol. Chem. 41; SCHWARZ, Deutsch. Arch. f. klin. Med. 1903; WALDVOGEL, Zentralbl. f. inn. Med. 20; FORSSNER, Skand. Arch. f. Physiol. 22 u. 23.

daß infolge der oben (S. 613) erwähnten Reversibilität des Vorganges der Verlauf auch der umgekehrte sein könnte, indem nämlich Azetessigsäure im Tierkörper auch in β-Oxybuttersäure übergehen kann. Es gibt aber auch eine andere, zuerst von MINKOWSKI ausgesprochene Ansicht, für welche besonders GEELMUYDEN [1]) eingetreten ist und welche darin besteht, daß Azetessigsäure und Oxybuttersäure Zwischenstufen bei der Zuckerbildung aus Fett sind, und daß dementsprechend die Ketonurie der Ausdruck einer mißlungenen oder unvollständigen Zuckersynthese sei.

Hinsichtlich der Azetonkörperbildung aus Fett ist zu bemerken, daß das Glyzerin antiketoplastisch wirkt und daß man also nur mit den Fettsäuren zu rechnen hat. Bezüglich des Verhaltens der letzteren zu der Azetonbildung haben EMBDEN und MARX [2]) gefunden, daß nur solche Normalfettsäuren, welche eine gerade Anzahl Kohlenstoffatome enthalten, Azetonbildner sind, während die mit ungerader Kohlenstoffzahl in dieser Hinsicht unwirksam sind.

Azeton-
bildung aus
Fettsäuren. Dies gilt wenigstens für die Säuren von der n-Dekansäure bis zu der n-Buttersäure, welch letztere ein kräftiger Azetonbildner ist. Da nun beim Diabetiker eine größere Anzahl Oxybuttersäuremoleküle als die, welche der Anzahl der zersetzten Fettsäuremoleküle entspricht, ausgeschieden werden kann, scheint aus einem Moleküle Fettsäure mehr als ein Molekül β-Oxybuttersäure hervorzugehen. Man hat also kaum einen einfachen Abbau der Fettsäuren bis auf Buttersäure (unter wiederholter Einsetzung des Oxydationsangriffes in β-Stellung), sondern eher einen Zerfall des Fettsäuremoleküls in mehrere Glieder, die an der Bildung der β-Oxybuttersäure beteiligt sind, anzunehmen.

Azeton-
körper aus
Amino-
säuren. Betreffs der Bildung von Azetonkörpern aus Eiweiß oder näher bestimmt aus α-Aminosäuren hat man sich zu erinnern (s. S. 614), daß der Abbau der letzteren über die um ein Kohlenstoffatom ärmeren Fettsäuren geht. So kann man z. B. den Übergang von α-Aminovaleriansäure in Azetonkörper über Buttersäure als Zwischenstufe in folgender Weise sich vorstellen:

$$CH_3 . CH_2 . CH_2 . CH(NH_2) . COOH \rightarrow CH_3 . CH_2 . CH_2 . COOH \rightarrow$$
$$CH_3 . CH(OH) . CH_2 . COOH \rightarrow CH_3 . CO . CH_2 . COOH \rightarrow CH_3 . CO . CH_3.$$

Azeton-
körper-
synthese. Eine synthetische Bildung der β-Oxybuttersäure ist auch von GEELMUYDEN u. a., namentlich aber von MAGNUS-LEVY als möglich angenommen worden, und zwar nach einer Hypothese von SPIRO mit dem Azetaldehyde als Ausgangsmaterial. Es ist deshalb auch von Interesse, daß FRIEDMANN [3]) in Perfusionsversuchen an Lebern gezeigt hat, daß Aldehydammoniak und in noch höherem Grade Aldol Azetonbildner sind. Man hätte also anzunehmen, daß erst eine Kondensation des Aldehydes zu Aldol stattfände, $CH_3 . COH + CH_3 . COH = CH_3 . CH(OH) . CH_2 . COH$, und daß aus dem letzteren dann durch Oxydation β-Oxybuttersäure, $CH_3 . CH(OH) . CH_2 . COOH$, und dann Azetessigsäure gebildet wurde. Es haben ferner ADAM LOEB und E. FRIEDMANN [4]) gezeigt, daß in der mit Blut perfundierten, glykogenarmen Leber eine Azetessigsäurebildung aus Essigsäure (als Azetat) stattfinden kann. FRIEDMANN denkt sich diese Synthese in der Weise, daß durch Kondensation von intermediär gebildetem Azetaldehyd mit Essigsäure, Krotonsäure, die ein kräftiger Azetonbildner ist, gbildet wird; $CH_3 . COH + CH_3 . COOH$ $= CH_3 . CH : CH . COOH$ (Krotonsäure) $\rightarrow CH_3 . CH(OH) . CH_2 . COOH \rightarrow CH_3 .$ $CO . CH_2 . .COOH.$

Als Organ der Azetonkörperbildung hat man auf Grund der oben erwähnten Perfusionsversuche wenigstens in erster Linie die Leber anzunehmen.

---

[1]) Zeitschr. f. physiol. Chem. **73**, wo auch MINKOWSKI zitiert ist, und Skand. Arch. f. Physiol. **40**. [2]) HOFMEISTERS Beiträge **11**. [3]) GEELMUYDEN, Zeitschr. f. physiol. Chem. **23** u. **26**; MAGNUS-LEVY, Arch. f. exp. Path. u. Pharm. **42**; FRIEDMANN, HOFMEISTERS Beiträge **11**. [4]) LOEB, Bioch. Zeitschrift **46**; FRIEDMANN ebenda **55**.

EMBDEN und LATTES [1]) haben auch gefunden, daß die azetonbildende Fähigkeit der Leber bei Hunden mit Pankreas- oder Phlorhizindiabetes viel größer als bei normalen Tieren ist. In Versuchen an Tieren mit ECKschen Fisteln und umgekehrten ECKschen Fisteln (wobei das gesamte Cavablut in die Pfortader übergeleitet wird) hat H. Kossow [2]) gefunden, daß bei ECKscher Fistel eine geringere und bei umgekehrten ECKschen Fisteln eine größere Menge Azetonkörper als bei normalen Tieren ausgeschieden wird. E. KERTESS [3]) fand auch nach intravenöser Injektion von d,l-Leuzin bei phlorhizinvergifteten Hunden bei der umgekehrten Fistel eine deutlich vermehrte Azetonkörperbildung, während das Leuzin bei gewöhnlichen ECKschen Fisteln ohne Wirkung war. Ein anderes Organ für die Azetonkörperbildung als die Leber ist jedenfalls nicht sicher bekannt.

Leber und Azetonkörperbildung.

Azeton, C_3H_6O, Dimethylketon $= CH_3 . CO . CH_3$ ist eine dünnflüssige, wasserhelle, bei 56,5° siedende, angenehm obstähnlich riechende Flüssigkeit, welche im Diabetes sowohl dem Harne wie der Exspirationsluft einen Geruch nach Äpfeln oder Obst erteilen kann. Das Azeton ist leichter als Wasser, mit welchem, wie auch mit Alkohol und Äther, es in allen Verhältnissen sich mischt. Die wichtigsten Azetonreaktionen sind folgende.

Azeton

Die Jodoformprobe nach LIEBEN. Wenn man eine wässerige Lösung von Azeton mit Alkali und darauf mit etwas Jod-Jodkaliumlösung versetzt und gelinde erwärmt, so entsteht ein gelber Niederschlag von Jodoform, welcher an dem Geruche und dem Aussehen der Kriställchen (sechsseitige Täfelchen oder Sternchen) bei der mikroskopischen Untersuchung zu erkennen ist. Diese Reaktion ist zwar sehr empfindlich, aber für das Azeton nicht charakteristisch. Die GUNNINGsche Modifikation der Jodoformprobe besteht darin, daß man statt der Jod-Jodkaliumlösung und des Alkalihydrates eine alkoholische Jodlösung und Ammoniak verwendet. Es tritt in diesem Falle neben Jodoform ein schwarzer Niederschlag von Jodstickstoff auf, welcher jedoch beim Stehen der Probe allmählich verschwindet, wobei das Jodoform sichtbar wird. Diese Modifikation hat den Vorzug, daß sie mit Alkohol oder Aldehyd kein Jodoform liefert. Dagegen ist sie etwas weniger empfindlich, zeigt jedoch noch 0,01 mg Azeton in 1 ccm an.

Die Jodoformprobe.

Die Reaktion von FROMMER. Das Reagens ist eine 10prozentige alkoholische Lösung von Salizylaldehyd. Von dieser Lösung setzt man 1—2 ccm zu 10 ccm der Lösung (Harn) und legt nach der Mischung 1 g Kalihydrat in Substanz darin, wobei eine karmosinrote Farbe auftritt. Wenn nötig erwärmt man auf etwa 70° C. Ebenso empfindlich wie die vorige Reaktion. Nach N. O. ENGFELDT [4]) wird die Reaktion viel empfindlicher, wenn man eine größere Menge Kalihydrat, 5 g auf 10 ccm Destillat, zusetzt.

Reaktion von Frommer.

Die Quecksilberoxydprobe nach REYNOLDS gründet sich auf der Fähigkeit des Azetons, frisch gefälltes HgO zu lösen. Man fällt eine Quecksilberchloridlösung mit alkoholischer Kalilauge, setzt die auf Azeton zu prüfende Flüssigkeit zu, schüttelt tüchtig und filtriert. Bei Gegenwart von Azeton enthält das Filtrat Quecksilber, welches mit Schwefelammonium nachgewiesen werden kann. Diese Probe hat etwa dieselbe Empfindlichkeit wie die GUNNINGsche Probe; Aldehyd löst aber ebenfalls beträchtliche Mengen Quecksilberoxyd. Eine andere Quecksilberprobe von DENIGÈS [5]) beruht darauf, daß das Azeton mit Merkurisulfat eine weiße Verbindung, die ausfällt, eingeht. Das Reagens enthält 5 g gelbes Quecksilberoxyd, in 20 ccm konzentrierter

Reaktione mit Quecksilberverbindungen

---

[1]) EMBDEN u. LATTES, HOFMEISTERS Beiträge 11. [2]) Deutsch. Arch. f. klin. Med. 112. [3]) Zeitschr. f. physiol. Chem. 106. [4]) V. FROMMER, Berl. klin. Wochenschr. 42; ENGFELDT ebenda 52. [5]) Compt. Rend. 126, 127.

Schwefelsäure mit 100 ccm Wasser gelöst. 3 ccm Harn werden erst mit einer kleineren Menge des Reagenzes (tropfenweise) gefällt (um andere Stoffe zu entfernen), die klare Flüssigkeit darauf mit etwa 2 ccm Reagenzlösung und 3—4 ccm 30prozentiger Schwefelsäure versetzt und ein paar Minuten gekocht. Bei Gegenwart von Azeton, 2:100000, kommt die Trübung nach 3—4 Minuten zum Vorschein.

Die Nitroprussidnatriumprobe nach LEGAL. Versetzt man eine Azetonlösung mit einigen Tropfen frisch bereiteter Nitroprussidnatriumlösung und darauf mit Kali- oder Natronlauge, so färbt sich die Flüssigkeit rubinrot. Das Kreatinin gibt dieselbe Farbe; wenn man aber mit Essigsäure übersättigt, so wird die Farbe bei Gegenwart von Azeton karminrot oder purpurrot, bei Gegenwart von Kreatinin dagegen zunächst gelb und dann allmählich grün und blau. Parakresol gibt bei dieser Probe eine rotgelbe Farbe, die beim Ansäuern mit Essigsäure hellrosa wird und also nicht mit Azeton verwechselt werden kann. ROTHERA[1]) hat ein empfindliches Verfahren zur Ausführung der Probe mit Ammoniumsalz und mit Ammoniak angegeben.

ie Nitro-prussid-natrium-probe.

Die Indigoprobe nach PENZOLDT beruht darauf, daß Orthonitrobenzaldehyd in alkalischer Lösung mit dem Azeton Indigo gibt. Eine warm gesättigte und darauf erkaltete Lösung von dem Aldehyde versetzt man mit der auf Azeton zu prüfenden Flüssigkeit und darauf mit Natronlauge. Die Flüssigkeit wird bei Gegenwart von Azeton erst gelb, dann grün und scheidet endlich Indigo ab, welcher beim Schütteln der Probe mit Chloroform von diesem mit blauer Farbe gelöst wird. Mittels dieser Probe können 1,6 mg Azeton nachgewiesen werden.

Indigo-probe.

Azetessigsäure, $C_4H_6O_3$, Azetylessigsäure, Diazetsäure = $(CH_3 . CO) .$ $CH_2 . COOH$, ist eine farblose, stark saure Flüssigkeit, welche sich mit Wasser, Alkohol und Äther in allen Verhältnissen mischt. Beim Erhitzen, wie beim Sieden mit Wasser und besonders mit Säuren, zerfällt sie in Kohlensäure und Azeton und gibt deshalb die obengenannten Azetonreaktionen. Von dem Azeton unterscheidet sie sich dadurch, daß sie mit verdünnter Eisenchlorid-lösung eine violettrote oder braunrote Farbe annimmt. Zum Nachweis der Säure dienen folgende Reaktionen, welche direkt mit dem Harne ausgeführt werden können.

Azetessig-säure.

Die Reaktion von GERHARDT. Man versetzt 10—15 ccm Harn mit Eisenchloridlösung so lange, als er noch einen Niederschlag gibt, filtriert vom Eisenphosphatniederschlage ab und fügt noch etwas Eisenchlorid zu. Bei Gegenwart der Säure wird die Farbe bordeauxrot. Die Farbe verblaßt jedoch bei Zimmertemperatur innerhalb 24 Stunden, schneller beim Sieden (Unter-schied von Salizylsäure, Phenol, Rhodanwasserstoff). Wird eine andere Portion des Harnes bei schwachsaurer Reaktion stark gekocht, wobei die Azetessigsäure zersetzt wird, so gibt diese Portion nach dem Erkalten nicht die Reaktion.

Gerhardts Reaktion.

Reaktion von ARNOLD und LIPLIAWSKY. 6 ccm einer Lösung, welche in 100 ccm 1 g p-Amidoazetophenon und 2 ccm konzentrierte Salzsäure ent-hält, werden mit 3 ccm einer 1prozentigen Kaliumnitritlösung gemischt und zu dem gleichen Volumen Harn gesetzt. Man fügt nun einen Tropfen kon-zentrierten Ammoniaks hinzu und schüttelt stark. Es entsteht eine braunrote Färbung. Von diesem Gemenge nimmt man darauf 10 Tropfen bis 2 ccm (je nach dem Gehalte des Harnes an Azetessigsäure), setzt 15—20 ccm Salz-säure vom spez. Gewicht 1,19, 3 ccm Chloroform und 2—4 Tropfen Eisen-chloridlösung hinzu und mischt langsam ohne Schütteln. Das Chloroform wird bei Anwesenheit von Azetessigsäure violett bis blau gefärbt (sonst nur gelblich oder schwach rötlich). Diese Reaktion ist viel empfindlicher als die vorige und zeigt noch 0,04 p. m. Azetessigsäure an. Größere Mengen Azeton

Reaktion on Arnold-.ipliawsky.

---

[1]) Journ. of Physiol. 37.

(nicht aber die im Harne in Betracht kommenden) sollen nach ALLARD[1]) diese Reaktion geben.

Eine Kombination der Reaktionen von K. MÖRNER und E. RIEGLER, welche beide auf der Bildung von Jodazeton basiert sind, ist die folgende Reaktion von BONDI und O. SCHWARZ[2]). 5 ccm Harn setzt man Jod-Jodkaliumlösung tropfenweise hinzu, bis die Farbe orangerot geworden ist. Darauf erwärmt man gelinde und setzt, wenn die orangerote Farbe verschwindet, wieder Jodlösung zu, bis die Farbe beim Erwärmen bestehen bleibt. Dann kocht man auf, wobei der stechende Geruch von dem die Augen heftig angreifenden Jodazeton auftritt. Azeton gibt die Reaktion nicht.

Reaktion von Bondi und Schwarz.

Nachweis von Azeton und Azetessigsäure im Harne. Wenn man gesondert auf Azeton und Azetessigsäure prüfen will, muß der Prüfung auf Azeton eine Prüfung auf Azetessigsäure vorangehen, und da diese Säure allmählich beim Stehen des Harnes zersetzt wird, muß der Harn möglichst frisch untersucht werden. Bei Gegenwart von Azetessigsäure gibt der Harn die obengenannten Reaktionen. Zur Prüfung auf Azeton bei Gegenwart von Azetessigsäure macht man den Harn erst schwach alkalisch und schüttelt ihn dann behutsam in einem Scheidetrichter mit alkohol- und azetonfreiem Äther. Den abgehobenen Äther schüttelt man danach mit etwas Wasser, welches das Azeton aufnimmt, und prüft dann das Wasser. Da die Menge des Azetons im Verhältnis zu den übrigen Azetonkörpern meistens nur klein ist, hat eine gesonderte Prüfung auf Azeton meistens nur wenig Interesse.

Nachweis im Harne.

Bei Abwesenheit von Azetessigsäure kann man direkt auf Azeton prüfen. Dies kann im Harne direkt mit der Probe von FROMMER, LEGAL oder DENIGÈS geschehen. Diese Untersuchung dient jedoch eigentlich nur zur vorläufigen Orientierung und behufs eines sicheren Nachweises ist es am besten, den Harn zu destillieren und das Destillat zu prüfen. Hierbei ist jedoch zu beachten, daß bei Destillation eines mit Säure versetzten Harnes nicht nur aus Zucker, sondern auch aus anderen Stoffen Substanzen gebildet werden können, die gewisse Azetonreaktionen geben. Der Harn soll deshalb höchstens sehr schwach angesäuert werden. (Vgl. im übrigen größere Handbücher.)

Nachweis.

Zur quantitativen Bestimmung des Azetons, wobei man in Harnanalysen oft das präformierte und das aus Azetessigsäure entstehende Azeton als Gesamtazeton zusammen bestimmt, hat man eine Menge sowohl makro- wie mikrochemische Methoden ausgearbeitet. Unter diesen sind zu nennen die jodometrische Bestimmung, die Fällung mit Quecksilbersulfat nach DENIGÈS, die Bestimmung als p-Nitrophenylhydrazon nach v. EKENSTEIN und J. BLANKSMA und die, namentlich zur Bestimmung von sehr kleinen Azetonmengen geeigneten nephelometrischen Methoden von W. K. MARRIOT und FOLIN und DENIS. Von diesen Methoden dürfte die jodometrische Bestimmung, die auch zu mikrochemischen Arbeiten brauchbar ist, die am meisten verwendete sein, weshalb auch die Hauptzüge derselben hier mitgeteilt werden, während bezüglich der übrigen auf größere Werke hingewiesen wird.

Quantitative Bestimmung.

Die jodometrische Methode von MESSINGER beruht auf demselben Prinzipe wie die LIEBENSCHE Reaktion, daß nämlich das Azeton durch eine alkalische Jodlösung in Jodoform übergeführt wird nach dem Schema: $6KOH + 6J = 3KOJ + 3KJ + 3H_2O$ und $3KOJ + CH_3 . CO . CH_3 = CH_3 . CO . CJ_3 + 3KOH$ und

$$CH_3 . CO . CJ_3 + 3KOH = CHJ_3 + CH_3COOK + 2KOH. \text{ Die } \frac{n}{10} \text{-Jodlösung wird}$$

in Überschuß zugesetzt und auf das nicht verbrauchte Jod wird mit $\frac{n}{10}$-Thiosulfatlösung zurücktitriert. 1 ccm der Jodlösung entspricht 0,967 mg Azeton. Bei der Bestimmung wird sowohl das präformierte wie das infolge der Erhitzung aus der Azetessigsäure gebildete Azeton bestimmt.

---

[1]) ARNOLD, Wien. klin. Wochenschr. 1899 und Zentralbl. f. inn. Med. 1900; LIPLIAWSKY, Deutsch. med. Wochenschr. 1901; ALLARD, Berl. klin. Wochenschr. 1901. [2]) Wien. klin. Wochenschr. 1906; K. MÖRNER, Skand. Arch. f. Physiol. 5; E. RIEGLER, Wien. med. Blätter 25.

20—50 ccm Harn oder mehr je nach dem größeren oder kleineren wahrscheinlichen Azetongehalte werden in einem Kolben mit destilliertem Wasser zu
100—200 ccm verdünnt und mit 2—3 g Weinsäure versetzt. Es wird dann während
20—30 Minuten nach eingetretenem Sieden unter starkem Abkühlen destilliert
und das Destillat in einem mit 100 ccm eiskaltem Wasser beschickten Kolben
aufgesammelt. Zur Verhütung einer zu starken Konzentration der Flüssigkeit
während der Destillation kann man aus einem in den Stopfen eingesetzten Hahn-
trichter Wasser zutropfen lassen. Unmittelbar nach beendeter Destillation wird
das Destillat oder ein abgemessener Teil desselben mit nitritfreier Alkalilauge
von 25 p. c. alkalisch gemacht und mit überschüssiger $\frac{n}{10}$-Jodlösung versetzt.
Nach 10 Minuten wird mit verdünnter Schwefelsäure von 25 p. c. angesäuert und
dann mit Thiosulfatlösung, zuletzt unter Zusatz von löslicher Stärke, zurücktitriert. Bei sehr genauer Arbeit kann es nötig sein, das erste Destillat nach Zusatz
von Kalziumkarbonat noch einmal zu destillieren.

Die β-**Oxybuttersäure**, $C_4H_8O_3 = CH_3 \cdot CH(OH) \cdot CH_2 \cdot COOH$ stellt gewöhnlich einen geruchlosen Sirup dar, kann aber auch in Kristallen erhalten
werden. Sie ist leicht löslich in Wasser, Alkohol und Äther. Sie ist linksdrehend, $(\alpha) D = -24,12^0$ für Lösungen von $1-11$ p. c., und sie wirkt also
auf die Bestimmung des Zuckers durch Polarisation störend ein. Die Säure
wird weder von Bleiessig noch von ammoniakalischem Bleiessig gefällt und

sie vergärt nicht. Beim Sieden mit Wasser, besonders bei Gegenwart von
einer Mineralsäure, zersetzt sich die Säure in die bei $71-72^0$ C schmelzende
α-Krotonsäure und Wasser: $CH_3 \cdot CH(OH) \cdot CH_2 \cdot COOH = H_2O + CH_3 \cdot CH : CH \cdot COOH$. Bei der Oxydation mit Chromsäuremischung liefert sie
Azeton.

Nachweis der β-Oxybuttersäure im Harne. Ist ein mit Hefe ver-
gorener Harn noch lävogyr, so ist das Vorkommen von Oxybuttersäure wahrscheinlich. Zur weiteren Prüfung kann man nach Külz den vergorenen Harn
zum Sirup verdunsten und nach Zusatz von dem gleichen Volumen konzentrierter
Schwefelsäure direkt ohne Kühlung destillieren. Es wird hierbei α-Krotonsäure
gebildet, welche überdestilliert und, nach starkem Abkühlen des in einem Reagenzrohre aufgefangenen Destillates, in Kristallen (nach der Reinigung von dem
Schmelzpunkte $+72^0$ C) sich absetzen kann. Erhält man keine Kristalle, so
schüttelt man das Destillat wiederholt mit Äther aus und überläßt den Äther
der freiwilligen Verdunstung. Die sich ausscheidenden Kristalle kann man nach
EMBDEN und SCHMITZ am besten durch Auflösung in Äther, Verdunstung der
Hauptmasse des Äthers und Fällung mit Petroläther, wobei flüchtige Fettsäuren
und Benzoesäure entfernt werden, reinigen.

Die **quantitative Bestimmung** kann durch vollständige Extraktion
der β-Oxybuttersäure mit Äther und Bestimmung der spez. Drehung geschehen.
Die Extraktion kann nach MAGNUS-LEVY (vgl. HOPPE-SEYLER-THIERFELDERS
Handbuch 8. Aufl. S. 619 und GEELMUYDEN, in HAMMARSTEN-Festschrift 1906)
oder nach BERGELL [1]) geschehen. Man kann auch die β-Oxybuttersäure nach
SHAFFER als Azeton durch Oxydation mit Schwefelsäure-Chromatmischung bestimmen. Bezüglich der Bestimmung nach dieser Methode wird auf die Arbeiten
von ENGFELDT (Zeitschr. f. physiol. Chem. **99** und Acta medica scandin. Vol. LII)
verwiesen.

Die Diazoreaktion von EHRLICH wie auch seine Reaktion mit p-Dimethylaminobenzaldehyd sind schon in dem Vorigen besprochen worden.

Die sog. ROSENBACHsche Harnprobe, bei welcher der Harn beim Sieden unter
Zusatz Tropfen um Tropfen von Salpetersäure burgunderrot wird und beim Schütteln
einen blauroten Schaum zeigt, beruht auf der Entstehung von Indigosubstanzen, besonders
Indigorot [2]).

---

[1]) Zeitschr. f. physiol. Chem. **33**. [2]) Vgl. ROSIN in VIRCHOWS Arch. **123**.

Fett im Harne. Chylurie nennt man die Absonderung eines Harnes, welcher durch sein Aussehen und seinen Fettreichtum dem Chylus ähnlich ist. Er enthält außerdem regelmäßig Eiweiß, oft auch Fibrin. Die Chylurie kommt am häufigsten in den Tropenländern vor. Lipurie, d. h. die Ausscheidung von Fett mit dem Harne, kann teils mit teils ohne Albuminurie bei anscheinend gesunden Personen, bei Schwangeren und ferner in gewissen Krankheiten, wie bei Diabetes, Phosphorvergiftung und Fettentartung der Nieren vorkommen. Chylurie und Lipurie.

Das Fett erkennt man gewöhnlich leicht mit dem Mikroskope. Man kann es auch mit Äther ausschütteln, und unter allen Umständen kann man es durch Eindampfen des Harnes zur Trockne und Extraktion des Rückstandes mit Äther nachweisen.

Cholesterin ist auch mitunter bei Chylurie und in einigen anderen Fällen im Harne gefunden worden.

Aminosäuren scheinen in jedem normalen Harne vorzukommen, und man berechnet die Menge des Aminosäurestickstoffes zu 0,5—2 p. c. von dem Gesamtstickstoffe des Harnes. Unter normalen Verhältnissen hat man indessen aus dem Harne nur Glykokoll darstellen können. In Leberkrankheiten, wie bei Phosphor- und Arsenvergiftung und akuter gelber Leberatrophie, hat man reichlichere Mengen von Leuzin und Tyrosin, in einem Falle auch Alanin gefunden. Die quantitative Bestimmung geschieht am besten nach dem Verfahren von HENRIQUES und SÖRENSEN und sie basiert auf der Verwendung von der SÖRENSENschen Formoltitration (man vergleiche: C. NEUBERG, Der Harn, I, 1911, S. 578). Von besonderem Interesse ist das Vorkommen von der Aminosäure Zystin. Aminosäuren.

Zystin. Im normalen Harne soll nach BAUMANN und GOLDMANN[1]) eine dem Zystin ähnliche Substanz in sehr kleiner Menge sich vorfinden. In größeren Mengen kommt diese Substanz im Hundeharn nach Vergiftung mit Phosphor vor. Das Zystin selbst ist dagegen mit Sicherheit nur, und zwar ziemlich selten, in Harnkonkrementen und im pathologischen Harne, aus welchem es als Sediment sich ausscheiden kann, gefunden worden. Die Zystinurie kommt öfter bei Männern als bei Weibern vor. In dem Harne bei Zystinurie haben BAUMANN und UDRÁNSZKY die zwei Diamine, das Kadaverin (Pentamethylendiamin) und das Putreszin (Tetramethylendiamin), welche bei der Eiweißfäulnis entstehen, gefunden. Die Zystinurie kann jedoch sowohl ohne wie mit Diaminen im Harne auftreten, und nur selten werden Diamine sowohl im Harne wie in den Fäzes gefunden, was vielleicht daher rührt, daß die Diamine, wie in einem Falle von CAMMIDGE und GARROD[2]), nur zeitweise in den Fäzes vorkommen. Die Zystinurie ist, wie man allgemein annimmt, eine Anomalie des Eiweißstoffwechsels, bei welcher das Zystin aus unbekannten Gründen nicht wie gewöhnlich abgebaut wird. Auffallend ist es aber hierbei, daß das Zystin des Nahrungs- oder Körpereiweißes durch den Harn ausgeschieden wird, während dagegen der Zystinuriker, wenigstens in gewissen Fällen, das als solches eingeführte Zystin quantitativ umsetzen kann[3]). Gewisse Beobachtungen, wie der Befund von Lysin, Leuzin und Tyrosin im Harne von Zystinurikern machen es wahrscheinlich, daß der Abbau auch anderer Aminosäuren bei der Zystinurie herabgesetzt sein kann. Zystinurie.

Die Eigenschaften und Reaktionen des Zystins sind schon in einem vorigen Kapitel (S. 107, 108) abgehandelt worden.

Aus Zystinsteinen stellt man das Zystin leicht durch Lösung in Alkalikarbonat, Ausfällung mit Essigsäure und Wiederauflösung in Ammoniak dar. Bei der spontanen Verdunstung des Ammoniaks scheidet sich das Zystin kristallinisch aus. Das im Harne gelöste Zystin weist man bei Abwesenheit von Eiweiß

---

[1]) BAUMANN, Zeitschr. f. physiol. Chem. 8; mit GOLDMANN ebenda 12; B. u. UDRÁNSZKY ebenda 13. [2]) CAMMIDGE u. GARROD, Journ. of Pathol. u. Bacter. 1900. [3]) Vgl. WOLF u. SHAFFER, Journ. of biol. Chem. 4; T. S. HELE, Journ. of Physiol. 39.

und Schwefelwasserstoff durch Sieden mit Alkali und Prüfung mit Bleisalz oder Nitroprussidnatrium nach. Zur Isolierung des im Harne gelösten Zystins säuert man den Harn mit Essigsäure stark an. Den nach 24 Stunden gesammelten, zystinhaltigen Niederschlag digeriert man mit Salzsäure, von welcher Zystin und Kalziumoxalat, nicht aber die Harnsäure, gelöst werden. Man filtriert, übersättigt das Filtrat mit Ammoniumkarbonat und behandelt den Niederschlag mit Ammoniak, welches das Zystin löst, das Kalziumoxalat dagegen ungelöst hinterläßt. Man filtriert wiederum und fällt mit Essigsäure. Das gefällte Zystin erkennt man mit dem Mikroskope und an den obengenannten Reaktionen. Als Sediment erkennt man das Zystin mit dem Mikroskope. Man muß es jedoch durch Auflösung in Ammoniak und Ausfällung mit Essigsäure reinigen und näher untersuchen. Spuren von gelöstem Zystin kann man durch Darstellung von Benzoylzystin nach BAUMANN und GOLDMANN isolieren. Zum Nachweis und zur Bestimmung des Zystins kann man, wie es scheint mit Vorteil, das Verfahren von Gaskell[1]) benutzen, welches darin besteht, daß man den mit Ammoniak und Chlorkalzium von Oxalat und Phosphaten befreiten Harn mit dem gleichen Volumen Azeton versetzt und mit Essigsäure ansäuert. Die ausgefällten, in Wasser mit Ammoniak gelösten Kristalle werden durch Auflösung und neue Fällung in derselben Weise gereinigt.

VII. Harnsedimente und Harnkonkremente.

Als Harnsediment bezeichnet man den mehr oder weniger reichlichen Bodensatz, welchen der gelassene Harn nach und nach absetzt. Dieser Bodensatz kann teils organisierte und teils nichtorganisierte Bestandteile enthalten. Die ersteren, welche Zellen verschiedener Art, Hefepilze, Bakterien, Spermatozoen, Harnzylinder u. dgl. sind, müssen Gegenstand der mikroskopischen Untersuchung werden, und die folgende Darstellung kann also nur auf die nicht organisierten Sedimente sich beziehen.

Wie schon oben (S. 535) erwähnt, kann der Harn gesunder Individuen zuweilen schon beim Harnlassen von Phosphaten trübe sein oder nach einiger Zeit durch ausgeschiedene Urate (Sedimentum lateritium) trübe werden. In der Regel ist der eben gelassene Harn klar und nach dem Erkalten zeigt er nur ein leichtes Wölkchen (Nubecula), welches aus Harnmukoid, einzelnen Epithelzellen, Schleimkörperchen und Uratkörnchen besteht. Läßt man den sauren Harn stehen, so kann er jedoch nach und nach verändert werden; er wird dunkler und setzt ein aus Harnsäure oder harnsauren Salzen und bisweilen auch aus Kalziumoxalatkristallen bestehendes Sediment ab, in welchem auch Hefepilze und Bakterien zuweilen zu sehen sind. Als Ursache dieser Veränderung, welche von früheren Forschern „saure Harngärung" genannt wurde, betrachtet man allgemein eine Umsetzung des zweifach sauren Alkaliphosphates mit den Uraten des Harnes. Hierbei entsteht einfach saures Phosphat und je nach Umständen stärker saure Urate, Quadriurate oder freie Harnsäure oder ein Gemenge von beiden[2]).

Früher oder später, bisweilen erst nach mehreren Wochen, verändert sich jedoch die Reaktion des ursprünglich sauren Harnes; sie wird neutral oder alkalisch. Der Harn ist nun in die „alkalische Gärung" übergegangen, welche darin besteht, daß der Harnstoff durch niedere Organismen, den Micrococcus ureae, das Bacterium ureae und auch andere Bakterien in Kohlensäure und Ammoniak zersetzt wird. Aus dem Micrococcus ureae hat MUSCULUS[3]) ein in Wasser lösliches, Harnstoff spaltendes Enzym, Urease, isolieren können. Während der alkalischen Gärung können auch flüchtige Fettsäuren, besonders

Marginalia left column:

Darstellung und Nachweis des Zystins.

Harnsedimente.

Saure Harngärung.

Alkalische Gärung.

[1]) J. F. GASKELL, Journ. of Physiol. 36. [2]) Vgl. HUPPERT-NEUBAUER, 10. Aufl. und A. RITTER, Zeitschr. f. Biol. 35. [3]) MUSCULUS, PFLÜGERS Arch. 12.

Essigsäure, hauptsächlich durch eine Gärung der Kohlehydrate des Harnes entstehen (SALKOWSKI)[1]). Eine Gärung, durch welche Salpetersäure zu salpetriger Säure reduziert wird, und eine andere, bei welcher Schwefelwasserstoff entsteht, kommen auch bisweilen vor.

Ist die alkalische Gärung nur so weit vorgeschritten, daß die Reaktion neutral geworden ist, so findet man in dem Sedimente oft Reste von Harnsäurekristallen, bisweilen mit prismatischen Kristallen von Alkaliurat besetzt, dunkelgefärbte Kügelchen von Ammoniumurat, oft auch Kalziumoxalatkristalle und zuweilen auch kristallisiertes Kalziumphosphat. Besonders charakteristisch für die alkalische Gärung sind Kristalle von Ammoniummagnesiumphosphat (Trippelphosphat) und die Ammoniumuratkügelchen. Bei der alkalischen Gärung wird der Harn blasser und oft mit einer dünnen Haut überzogen, welche amorphes Kalziumphosphat mit glitzernden Trippelphosphatkristallen und zahllose Mikroorganismen enthält. *Die alkalische Harngärung.*

Nicht organisierte Sedimente.

Harnsäure. Die Harnsäure kommt im sauren Harne als gefärbte Kristalle vor, welche teils an ihrer Form und teils an ihrer Eigenschaft, die Murexidprobe zu geben, erkenntlich sind. Beim Erwärmen des Harnes werden sie nicht gelöst. Bei Zusatz von Alkalilauge zu dem Sedimente lösen sich die Kristalle dagegen, und wenn man einen Tropfen dieser Lösung auf dem Objektglase mit Salzsäure versetzt, so erhält man die mit dem Mikroskope leicht zu erkennenden kleinen Harnsäurekristalle. *Harnsäure.*

Saure Urate. Dieses, nur im sauren oder neutralen Harne vorkommende Sediment ist amorph, lehmgelb, ziegelrot, rosafarbig oder braunrot. Von anderen Sedimenten unterscheidet es sich dadurch, daß es beim Erwärmen des Harnes sich löst. Es gibt die Murexidprobe und scheidet nach Zusatz von Salzsäure mikroskopisch kleine Harnsäurekristalle ab. Kristallisiertes Alkaliurat kommt selten im Harne vor und in der Regel nur in solchem, welcher infolge der alkalischen Gärung neutral, aber noch nicht alkalisch geworden ist. Die Kristalle sind denen des neutralen Kalziumphosphates ziemlich ähnlich, werden aber von Essigsäure nicht gelöst, sondern geben damit eine Trübung von kleinen Harnsäurekristallen. *Urate.*

Ammoniumurat kann zwar bei neutraler Reaktion, bei der alkalischen Gärung eines vorher stark sauren Harnes, in dem Sedimente vorkommen, ist aber eigentlich nur für den ammoniakalisch reagierenden Harn charakteristisch. Das Sediment besteht aus gelb- oder braungefärbten, runden, häufig mit stachelförmigen Prismen besetzten und infolge hiervon stechapfelähnlichen, ziemlich großen Kugeln. Es gibt die Murexidprobe. Von Alkalien wird es unter Ammoniakentwicklung gelöst und nach Zusatz von Salzsäure scheiden sich aus der Lösung Harnsäurekristalle ab. *Ammoniumurat.*

Kalziumoxalat kommt als Sediment am häufigsten als kleine, glänzende, stark lichtbrechende Quadratoktaeder vor, welche bei mikroskopischer Besichtigung an die Form eines Briefkuverts erinnern. Die Kristalle können wohl nur mit kleinen, nicht völlig ausgebildeten Kristallen von Ammoniummagnesiumphosphat verwechselt werden. Von diesen unterscheiden sie sich jedoch leicht durch Unlöslichkeit in Essigsäure. Das Oxalat kann auch als platte, ovale oder fast kreisrunde Scheiben mit zentraler Grube vorkommen, welche, von der Seite gesehen, sanduhrförmig sind. Oxalsaurer Kalk kann als

---

[1]) SALKOWSKI, Zeitschr. f. physiol. Chem. 13.

Sediment in saurem sowohl wie in neutralem oder alkalischem Harne vorkommen. Die Menge des im Harne als Sediment sich ausscheidenden Kalziumoxalates hängt nicht nur von dem Gehalte des Harnes an diesem Salz, sondern auch von dem Säuregrade desselben ab. Das Lösungsmittel des Oxalates im Harne scheint das zweifach saure Alkaliphosphat zu sein, und mit einem größeren Gehalte an solchem Salz kann auch mehr Oxalat in Lösung gehalten werden. Wenn, wie oben (S. 658) erwähnt, beim Stehen des Harnes aus dem zweifach sauren einfach saures Phosphat gebildet wird, kann demnach ein entsprechender Teil des Oxalates als Sediment sich ausscheiden.

Kalziumkarbonat kann in reichlicher Menge als Sediment im Harne der Pflanzenfresser auftreten. Im Harne des Menschen kommt es als Sediment nur in geringer Menge vor, und zwar nur im alkalisch reagierenden Harne. Es hat entweder fast dasselbe Aussehen wie das amorphe Kalziumoxalat oder es kommt in etwas größeren, konzentrisch gestreiften Kugeln vor. Es löst sich, zum Unterschied von dem oxalsauren Kalk, in Essigsäure unter Gasentwicklung. Es ist nicht gelb- oder braungefärbt wie das Ammoniumurat und gibt nicht die Murexidprobe.

Kalziumsulfat kommt 'sehr selten als Sediment in stark saurem Harne vor. Es tritt in langen, dünnen, farblosen Nadeln oder meist zu Drusen vereinigten, schief abgeschnittenen Tafeln auf.

Kalziumphosphat. Das nur im alkalischen Harne sich vorfindende Kalziumtriphosphat, $Ca_3(PO_4)_2$, ist stets amorph und kommt teils als ein farbloses, sehr feines Pulver und teils als eine aus sehr feinen Körnchen bestehende Haut vor. Von amorphen Uraten unterscheidet es sich dadurch, daß es ungefärbt ist, in Essigsäure sich löst, beim Erwärmen des Harnes aber ungelöst bleibt. Das Kalziumdiphosphat, $CaHPO_4 + 2H_2O$, kommt in neutralem oder nur sehr schwach saurem Harne vor[1]). Man findet es teils in der den Harn überziehenden, dünnen Haut und teils in dem Sedimente. Es kristallisiert in einzelnen oder sich kreuzenden oder zu Drusen angeordneten, farblosen, keilförmigen, an dem breiten Ende schief abgeschnittenen Kristallen. Von kristallisiertem Alkaliurat unterscheiden sich diese Kristalle am leichtesten dadurch, daß sie in verdünnten Säuren ohne Rückstand löslich sind und die Murexidprobe nicht geben.

Ammoniummagnesiumphosphat. Trippelphosphat, phosphorsaure Ammon-Magnesia, kann zwar in amphoter reagierendem Harne bei Gegenwart einer genügenden Menge Ammonsalze sich ausscheiden, ist aber sonst für den durch alkalische Gärung ammoniakalisch gewordenen Harn charakteristisch. Die Kristalle sind so groß, daß sie mit unbewaffnetem Auge als farblose, glitzernde Punkte in dem Sedimente, an der Wand des Gefäßes und in der Haut an der Oberfläche des Harnes leicht gesehen werden können. Das Salz stellt große, prismatische Kristalle des rhombischen Systemes (Sargdeckel) dar, welche in Essigsäure löslich sind. Amorphes Magnesiumphosphat, $Mg_3(PO_4)_2$, kommt neben Kalziumtriphosphat in einem durch fixe Alkalien alkalischen Harne vor. In selteneren Fällen hat man auch kristallisiertes Magnesiumphosphat, $Mg_3(PO_4)_2 + 22H_2O$, als stark lichtbrechende, längliche, rhombische Tafeln im Menschenharne (auch im Pferdeharne) beobachtet.

Als seltenere Sedimente sind zu bezeichnen: Zystin, Tyrosin, Hippursäure, Xanthin, Hämatoidin. In alkalischem Harne können auch durch eine Zersetzung der Indoxylglukuronsäure blaue Kriställchen von Indigo auftreten.

Marginal notes (left column):

Kalzium-oxalat.

Kalzium-karbonat.

Kalzium-phosphate.

Trippel-phosphat und Magnesium-phosphat.

Seltenere Harn-sedimente.

---

[1]) Über die Bedingungen für das Auftreten dieses Sedimentes im Harne vgl. man: C. TH. MÖRNER, Zeitschr. f. physiol. Chem. 58.

Harnkonkremente.

Außer gewissen pathologischen Harnbestandteilen können an der Entstehung der Harnkonkremente sämtliche diejenigen Harnbestandteile sich beteiligen, welche überhaupt als Sedimente im Harne vorkommen können. Als einen wesentlichen Unterschied zwischen einem amorphen oder kristallinischen Harnsedimente einerseits und Harngrieß oder größeren Konkrementen andererseits gibt jedoch EBSTEIN[1]), das Vorkommen eines organischen Gerüstes in diesen letzteren an. Wie die in einem normalen, sauren, und die in einem gärenden, alkalischen Harne auftretenden Sedimente verschiedenartig sind, so sind auch die unter entsprechenden Verhältnissen auftretenden Harnkonkremente ebenfalls verschiedenartig. Harngrieß
und Harn-
konkre-
mente.

Findet die Entstehung eines Konkrementes und der weitere Zuwachs desselben in einem unzersetzten Harne statt, so nennt man dieses primäre Steinbildung. Wenn der Harn dagegen in alkalische Gärung übergeht und das dabei gebildete Ammoniak durch Ausfällung von Ammoniumurat, Trippelphosphat und Erdphosphaten zu einer Steinbildung Veranlassung gibt, so nennt man dies sekundäre Steinbildung. Eine solche findet z. B. statt, wenn ein Fremdkörper in der Blase zu Katarrh mit alkalischer Gärung des Harnes führt. Primäre und
sekundäre
Stein-
bildung.

Man unterscheidet zwischen dem Kerne oder den Kernen, wenn solche zu sehen sind, und den verschiedenen Schichten eines Konkrementes. Die Kerne können in verschiedenen Fällen wesentlich verschiedenartig sein, nicht sehr selten bestehen sie aber aus in die Blase hinein gelangten fremden Körpern. Die Steine können ein- oder mehrkernig sein. In einer von ULTZMANN gemachten Zusammenstellung von 545 Fällen von Blasensteinen bestand der Kern in 80,9 p. c. sämtlicher Fälle aus Harnsäure (und Uraten), in 5,6 p. c. aus Kalziumoxalat, in 8,6 p. c. aus Erdphosphaten, in 1,4 p. c. aus Zystin und in 3,5 p. c. aus einem fremden Körper. Kerne der
Harnsteine

Während des Zuwachses eines Konkrementes ereignet es sich oft, daß durch irgend eine Ursache statt der ursprünglich steinbildenden Substanz eine andere als eine neue Schicht sich ablagert. Außerhalb dieser kann dann eine neue Schicht der früheren Substanz sich ablagern und so weiter. Auf diese Weise können aus einem ursprünglich einfachen Steine Konkremente mit abwechselnden Schichten verschiedenartiger Substanz, sog. zusammengesetzte Steine, entstehen. Solche Konkremente entstehen immer, wenn eine primäre Steinbildung in eine sekundäre umschlägt. Durch anhaltende Einwirkung eines alkalischen, eiterhaltigen Harnes können in einem ursprünglich primären Harnsteine die primären Bestandteile zum Teil ausgelöst und durch Phosphate ersetzt werden. Auf diese Weise entstehen sog. metamorphosierte Harnsteine. Einfache,
zusammen-
gesetzte und
metamor-
phosierte
Harnsteine

Harnsäurekonkremente sind sehr häufig. Sie haben eine sehr wechselnde Größe und Form. Die Größe der Blasensteine schwankt von der einer Erbse oder Bohne zu der eines Gänseeies. Die Harnsäuresteine sind stets gefärbt, am häufigsten sind sie graugelb, gelbbraun oder blaß rotbraun. Die Oberfläche ist zuweilen ganz eben und glatt, zuweilen dagegen rauh oder kleinhöckerig. Nach den Oxalatsteinen sind die Harnsäuresteine die härtesten. Die Bruchfläche zeigt regelmäßig konzentrische, ungleich stark gefärbte Schichte, welche oft schalenartig sich ablösen. Diese Steine entstehen primär. Schichte von Harnsäure wechseln bisweilen mit anderen Schichten primärer Steinbildung, am häufigsten mit Schichten von Kalziumoxalat, ab. Die nicht Harnsäure-
konkre-
mente.

---

[1]) EBSTEIN, Die Natur und Behandlung der Harnsteine, Wiesbaden 1884.

zusammengesetzten Harnsäuresteine hinterlassen beim Verbrennen auf dem Platinbleche fast keinen Rückstand. Sie geben die Murexidprobe, zeigen aber bei Einwirkung von kalter Natronlauge keine nennenswerte Ammoniakentwicklung.

Ammoniumuratsteine sollen als primäre Steine bei neugeborenen oder säugenden Kindern, selten bei Erwachsenen, vorkommen. Als sekundäre Ablagerung kommt das Ammoniumurat weit häufiger vor. Die primären Steine sind klein mit einer blaßgelben oder mehr dunkelgelben Oberfläche. Feucht sind sie fast teigig weich; in trockenem Zustande sind sie erdig, leicht zu einem blassen Pulver zerfallend. Sie geben die Murexidprobe und entwickeln mit Natronlauge viel Ammoniak.

Ammoiumuratsteine.

Kalziumoxalatkonkremente sind nächst den Harnsäurekonkrementen die häufigsten. Sie sind entweder glatt und klein (Hanfsamensteine) oder größer, bis zur Größe eines Hühnereies, mit rauher, höckeriger oder selbst mit Zacken besetzter Oberfläche (Maulbeersteine). Diese Konkremente rufen leicht Blutungen hervor, und aus diesem Grunde haben sie oft eine aus zersetztem Blutfarbstoff dunkelbraun gefärbte Oberfläche. Unter den beim Menschen vorkommenden Konkrementen sind diese die härtesten. Sie werden von Salzsäure, ohne Gasentwicklung, nicht aber von Essigsäure gelöst. Nach mäßigem Erhitzen des Pulvers löst es sich dagegen in Essigsäure unter Aufbrausen. Nach hinreichend starkem Glühen reagiert das Pulver von gebildetem Ätzkalk alkalisch.

Kalziumoxalatsteine.

Phosphatsteine. Diese, welche meist aus einem Gemenge von Triphosphaten der alkalischen Erden mit Trippelphosphat bestehen, können sehr groß werden. Sie sind in der Regel sekundär und enthalten außerdem auch etwas Ammoniumurat und Kalziumoxalat. Aus einem Gemenge dieser drei Bestandteile, Erdphosphate, Trippelphosphat und Ammoniumurat, bestehen gewöhnlich die um einen Fremdkörper als Kern entstandenen Konkremente. Die Farbe ist wechselnd, weiß, schmutzig weiß, blaßgelb, bisweilen violett oder lilafarbig (aus Indigorot). Die Oberfläche ist stets rauh. Steine aus Trippelphosphat allein sind selten. Sie sind gewöhnlich klein mit körniger oder strahlig kristallinischer Bruchfläche. Steine aus einfach saurem Kalziumphosphat sind selten. Sie sind weiß und besitzen ein schön kristallinisches Gefüge. Die Phosphatsteine sind nicht verbrennlich, das Pulver löst sich in Säuren ohne Aufbrausen, und die Lösung gibt die Reaktionen der Phosphorsäure und der alkalischen Erden. Die trippelphosphathaltigen Konkremente entwickeln nach Alkalizusatz Ammoniak.

Phosphatsteine.

Konkremente aus kohlensaurem Kalk kommen hauptsächlich bei Pflanzenfressern vor. Beim Menschen sind sie selten. Sie besitzen zumeist eine kreideartige Beschaffenheit und sind gewöhnlich weißlich gefärbt. Von Säuren werden sie unter Aufbrausen fast vollständig oder jedenfalls zum größten Teil gelöst.

Die Zystinsteine sind selten. Sie entstehen primär, sind von wechselnder Größe, können aber die Größe eines Hühnereies erreichen. Sie haben eine glatte oder höckerige Oberfläche, sind weiß oder mattgelb, auf dem Bruche kristallinisch. Sie sind wenig hart, verbrennen auf einem Platinbleche fast vollständig mit bläulicher Flamme und geben die obengenannten Zystinreaktionen.

Die Xanthinsteine sind sehr selten. Sie sind ebenfalls primär, von der Größe einer Erbse bis zu der eines Hühnereies. Sie sind mattweiß, gelbbraun oder zimtbraun, mäßig hart, auf dem Bruche amorph und nehmen beim Reiben Wachsglanz an. Auf dem Platinbleche verbrennen sie vollständig. Sie geben die (mit der Murexidprobe nicht zu verwechselnde) Xanthinprobe mit Salpetersäure und Alkali.

Die Urostealithe sind nur wenige Male beobachtet worden. In feuchtem Zustande sind sie bei Körpertemperatur weich, elastisch; getrocknet sind sie dagegen spröde, mit amorpher Bruchfläche und Wachsglanz. Auf dem Platinbleche verbrennen sie mit leuchtender Flamme und entwickeln dabei einen Geruch nach Harz, Schellack oder der-

Zystinsteine.

Xanthinsteine.

gleichen. Ein solches, von KRUKENBERG [1]) untersuchtes Konkrement bestand aus Paraffin, von einer, von dem Patienten zum Sondieren benutzten Paraffinbougie herrührend. Vielleicht sind auch in anderen Fällen beobachtete Urostealithe eines ähnlichen Ursprunges gewesen, obwohl diejenige Substanz, aus welcher sie bestanden, nicht näher untersucht worden ist. Von HORBACZEWSKI [2]) sind indessen in einem Falle Urostealithe analysiert

Urostealithe.

Beim Erhitzen auf dem Platinbleche ist das Pulver									
Nicht verbrennlich				Verbrennlich					
Das Pulver, mit Salzsäure behandelt,				Mit Flamme				Ohne Flamme	
braust nicht — Das mäßig verglimmte Pulver, mit Salzsäure behandelt — Das native Pulver gibt mit wenig Kalilauge befeuchtet		braust	braust					Das Pulver gibt die Murexidprobe — Das native Pulver gibt kalt mit wenig Kalilauge versetzt	
Reichlich Ammoniak. Das Pulver löst sich in Essigsäure oder Salzsäure. Die Lösung wird von Ammoniak kristallinisch gefällt	Kein, höchstens Spuren Ammoniak. Das Pulver löst sich in Essigsäure oder Salzsäure. Die Lösung wird durch Ammoniak amorph gefällt			Die Flamme gelb, anhaltend. Geruch nach verbrannten Federn. In Äther und Alkohol unlöslich. In Kalilauge durch Hitze löslich. Daraus durch Essigsäure weiß fällbar unter Schwefelwasserstoffentwicklung	Die Flamme gelb, hell, anhaltend. Geruch nach Harz oder Schellack beim Verbrennen. Das Pulver in Alkohol und Äther löslich	Die Flamme bläulich matt, kurz brennend. Geruch eigentümlich, scharf. Das Pulver löst sich in Ammoniak und scheidet sich nach dem freiwilligen Verdunsten als sechsseitige Tafeln aus	Gibt die Murexidprobe nicht. Das Pulver löst sich in Salpetersäure ohne Aufbrausen. Der eingetrocknete gelbe Rückstand wird von Alkalien orange, beim Erwärmen schön rot	starke Ammoniakreaktion	keine nennenswerte Ammoniakreaktion
Trippelphosphat (gemengt mit unbestimmten Mengen Erdphosphate)	Knochenerde (phosphorsaurer Kalk und Magnesia)	Oxalsaurer Kalk	Kohlensaurer Kalk	Fibrin	Urostealith	Zystin	Xanthin	Harnsaures Ammoniak	Harnsäure

---

[1]) Chem. Unters. z. wissensch. Med. 2, zit. nach MALYs Jahresb. 19, 422. [2]) Zeitschr. f. physiol. Chem. 18.

worden, die allem Anscheine nach in der Blase selbst gebildet waren. Die Steine enthielten 25 p. m. Wasser, 8 p. m. anorganische Stoffe, 117 p. m. in Äther unlösliche und 850 p. m. in Äther lösliche organische Stoffe, darunter 515 p. m. freie Fettsäuren, 335 p. m. Fett und Spuren von Cholesterin. Die Fettsäuren bestanden aus einem Gemische von Stearinsäure, Palmitinsäure und wahrscheinlich Myristinsäure.

HORBACZEWSKI [1]) hat ferner auch einen Blasenstein analysiert, welcher 958,7 p. m. Cholesterin enthielt.

Fibrinkonkremente.
Fibrinkonkremente kommen zuweilen vor. Sie bestehen aus mehr oder weniger veränderten Fibrinkoageln. Bei dem Verbrennen entwickeln sie einen Geruch nach verbranntem Horn.

Die chemische Untersuchung der Harnsteine ist von großer praktischer Bedeutung. Damit eine solche Untersuchung wirklich belehrend werde, ist es jedoch notwendig, die verschiedenen Schichten, welche ein Harnkonkrement zusammensetzen, gesondert zu untersuchen. Zu dem Zwecke sägt man das mit Papier umwickelte Konkrement mit einer feinen Säge so durch, daß auch der Kern durchgesägt und zugänglich wird. Darauf schält man die verschiedenen Schichten ab oder man schabt — wenn der Stein aufbewahrt werden soll — von jeder Schicht eine für die Untersuchung genügende Menge

Chemische Untersuchung der Harnsteine.
Pulver ab. Dieses Pulver prüft man darauf durch Erhitzen auf dem Platinbleche, wobei man jedoch nicht übersehen darf, daß einerseits wohl nie ein Konkrement ganz vollständig verbrennlich und andererseits ein Konkrement wohl nie dermaßen frei von organischer Substanz ist, daß es beim Erhitzen gar nicht verkohlt. Man legt also kein zu großes Gewicht auf einen sehr unbedeutenden, unverbrennlichen Rückstand oder einen sehr unbedeutenden Gehalt an organischer Substanz, sondern man sieht das Konkrement im ersteren Falle als vollständig verbrennlich, im letzteren als unverbrennlich an.

Chemische Untersuchung der Harnsteine.
Wenn das Pulver zum großen Teil verbrennlich ist, dabei aber einen nicht unbedeutenden, unverbrennlichen Rückstand hinterläßt, so enthält das fragliche Pulver in der Regel harnsaure Salze mit anorganischen Stoffen gemengt. In einem solchen Falle zieht man die Urate mit kochendem Wasser aus und untersucht darauf das Filtrat auf Harnsäure und die zu erwartenden Basen. Den Rückstand prüft man nach dem obigen Schema (S. 663) von HELLER, welches überhaupt, wenigstens zur orientierenden Untersuchung von Harnsteinen, sehr zweckmäßig ist. Bezüglich der mehr detaillierten Untersuchung wird auf ausführlichere Handbücher hingewiesen.

---

[1]) Zeitschr. f. physiol. Chem. 18.

Sechzehntes Kapitel.

Die Haut und ihre Ausscheidungen.

In dem Bau der Haut des Menschen und der Wirbeltiere gehen mehrere verschiedenartige, schon in dem Vorhergehenden abgehandelten Gewebe und Gewebsbestandteile, wie die Epidermisbildungen, das Binde- und Fettgewebe, die Nerven, Muskeln usw. ein. Von besonderem Interesse sind unter diesen die verschiedenen Horngebilde, Haare, Nägel usw., deren Hauptbestandteil, das Keratin, schon in einem vorigen Kapitel (Kapitel 2) besprochen worden ist.

Haut.

Die Zellen der Horngebilde zeigen je nach dem Alter derselben eine verschiedene Resistenz gegen chemische Reagenzien, besonders fixe Alkalien. Je jünger die Hornzellen sind, um so weniger widerstehen sie der Einwirkung der letzteren; mit zunehmendem Alter werden sie dagegen resistenter, und die Zellmembranen vieler Hornbildungen sind in Alkalilauge fast unlöslich. Das Keratin (bzw. die Keratine) kommt in den Horngebilden mit anderen Stoffen, von denen man es schwer oder nicht befreien kann, vor. Dies wird besonders durch die mikrochemischen Untersuchungen bewiesen, und nach UNNA[1]) kann man in den Horngebilden drei verschiedene Substanzen, von ihm als A-, B- und C-Keratin bezeichnet, unterscheiden.

Horn-gebilde.

Das Keratin A, welches die Hülle der Horn- und Nagelzellen und das Oberhäutchen der Haare bildet, soll das reinste Keratin sein. Es wird nicht von rauchender Salpetersäure bei Zimmertemperatur gelöst, gibt aber auch nicht die Xanthoproteinsäurereaktion, und seine Keratinnatur ist also zweifelhaft. Das Keratin B, welches als Inhalt der Nagelzellen vorkommt, gibt, wie das in den Haaren vorkommende Keratin C, die Xanthoproteinsäurereaktion, unterscheidet sich aber von dem in rauchender Salpetersäure unlöslichen Keratin C dadurch, daß es in solcher Säure löslich ist.

Keratine.

UNNA hat auch mehrere andere Untersuchungen über die chemische Struktur und die Bestandteile der Haut ausgeführt, deren Resultate jedoch von chemischen Gesichtspunkten aus noch nicht sicher zu beurteilen sind.

Außer den obengenannten, als Keratinen bezeichneten Substanzen kommen in den Horngebilden auch andere, zum Unterschied von ihnen in Pepsinchlorwasserstoffsäure lösliche Proteinstoffe vor. Hierzu kommen ferner Kernreste und in den Haaren das sog. Trichohyalin, welches eine sehr schwerlösliche Substanz unbekannter Art sein soll. Aus diesen Angaben kann man jedenfalls ersehen, daß es hier um ein Gemenge verschiedener Substanzen sich handelt, und bei dieser Sachlage dürfte es wenig Sinn haben, die älteren Elementaranalsyen verschiedener Epidermoidalgebilde hier anzuführen.

Horn-gebilde.

Von einem gewissen Interesse bleibt immerhin der Gehalt solcher Gebilde an Schwefel und an Mineralstoffen. Einige Angaben über den Schwefel- und Zystingehalt solcher Gebilde findet man in dem Vorigen (S. 86 u. 87) und zu dem dort Erwähnten ist in diesem Zusammenhange nur hinzuzufügen,

---

[1]) Monatsh. f. prakt. Dermat. **44**; vgl. ferner: Biochemie der Haut, Jena 1913; Berl. klin. Wochenschr. **51**, mit L. GOLODETZ, Dermat. Wochenschr. **56** u. **64**.

daß nach den Untersuchungen von A. RUTHERFORD und HAWK[1]) der Schwefelgehalt der Menschenhaare wenigstens bei der kaukasischen Rasse höher bei
Männern als bei Frauen ist, und ferner, daß die roten Haare unabhängig von
Rasse und Geschlecht den höchsten Schwefelgehalt haben. Die Haare hinterlassen bei ihrer Verbrennung ziemlich viel Asche, deren Menge in Menschenhaaren zwischen 2,6 und 16 p. m. schwankt, in Tierhaaren aber viel größer,
bis zu 71 p. m. (Rehhaare), sein kann. Die Asche besteht aus reichlichen
Mengen Alkali- und Kalziumsulfat, dessen Schwefel wohl hauptsächlich von
der organischen Substanz herrührt, aus welchem Grunde auch die Angaben
über die Zusammensetzung der Haarasche wenig zuverlässig werden. Kalzium
kommt jedenfalls in großer Menge vor, sowohl als Phosphat wie als Karbonat,
und zwar am reichlichsten in den weißen Haaren. Die Menge des Eisenoxydes
in den Menschenhaaren in 1000 g Asche schwankte zwischen 42,2 in blonden
und 108,7 in braunen, und die der Kieselsäure zwischen 66,1 in schwarzen
und 424,6 g in roten Haaren (BAUDRIMONT).

Nach den Bestimmungen von M. GONNERMANN war der Gehalt der
Haare an Kieselsäure ein recht wechselnder, nämlich (auf 1000 g Asche berechnet) in goldblonden weiblichen Haaren 26,1, in rotblonden Mädchen-
haaren 44,4, in kastanienbraunen weiblichen 74,4 und in braunroten, resp.
hell- und hochroten Haaren von Männern und Knaben 208—230,8 g. Die
Asche von Schafwolle enthält 310 p. m. Kieselsäure. Die Federn sind reich
an Kieselsäure, besonders die Federn der körnerfressenden Vögel. Der Gehalt
an Kieselsäure betrug nach v. GORUP-BESANEZ[2]) bei Körnerfressern 400 und
bei Fleisch-, Beeren- oder Insektenfressern nur 270 p. m. von der Gesamt-
asche. Die größte Menge fand GONNERMANN bei der Ringeltaube, nämlich
in der Asche von den Kielen 600 und in der von den Fahnen der großen Schwung-
federn rund 773 p. m. Die Kieselsäure kommt nach DRECHSEL in den Federn
wenigstens zum Teil in organischer Bindung als Ester eines zweiwertigen
Alkohols, $C_{34}H_{60}O_2$, vor, während sie dagegen nach C. CERNÝ[3]) nur als eine
zufällige Verunreinigung anzusehen ist. Diese letztgenannte Annahme scheint
jedoch unhaltbar zu sein. Tonerde kommt nach GONNERMANN[2]) ebenfalls
in Vogelfedern vor.

Die Haut und die Hautgebilde enthalten ferner Fluor. A. GAUTIER und
P. CLAUSMANN[4]) fanden pro 1000 g frischen Hautgewebes bei Erwachsenen
16—19 und beim neugeborenen Kind 6,66 mg. In der Epidermis eines
74jährigen Mannes fanden sie 146, in schwarzen Menschenhaaren 150, in
blonden 113, in grauen 53,2 und in Nägeln 80 mg.

Nach GAUTIER und BERTRAND[5]) kommt auch Arsen in den Epidermisbildungen vor. Das Arsen ist nach GAUTIER von Bedeutung für die Bildung
und das Wachstum derselben, und andererseits sollen die Epidermisbildungen,
Haare, Nägel, Hörner und Epidermiszellen nach ihm für die Ausscheidung
des Arsens von großer Bedeutung sein.

Bemerkenswert ist die von WAHLGREN und von PADTBERG[6]) erwiesene
Fähigkeit der Haut Chloride aufzunehmen. Nach ihnen stellt die Haut (beim
Hunde) das wichtigste Chlordepot dar, welches bei vermehrter Zufuhr von
Chloriden diese zu speichern und im Bedarfsfalle wieder abzugeben vermag.

---

[1]) Journ. of biol. Chem. 3.   [2]) Lehrb. d. physiol. Chem. 4. Aufl., S. 660 u. 661;
BAUDRIMONT ebenda; GONNERMANN, Zeitschr. f. physiol. Chem. 99 u. 102. [3]) E. DRECHSEL,
Zentralbl. f. Physiol. 11, 361; C. CERNÝ, Zeitschr. f. physiol. Chem. 62. [4]) Compt. Rend. 156.
[5]) GAUTIER, Compt. Rend. 129, 130, 131; BERTRAND ebenda 134. [6]) WAHLGREN, Arch.
f. exp. Path. u. Pharm. 61; PADTBERG ebenda 63.

Haare.

halt an
selsäure.

Fluor.

usschei-
ng des
rsens.

Die Hautgebilde der Evertebraten sind in einzelnen Fällen Gegenstand chemischer Untersuchungen gewesen, und auch bei diesen Tieren hat man mehrere Substanzen gefunden, welche einer, wenn auch weniger eingehenden Besprechung wert sein dürften. Unter diesen Stoffen sind besonders das im Mantel der Tunikaten gefundene Tunizin und das in den Kutikulargebilden der rückgratlosen Tiere sehr verbreitete Chitin hervorzuheben.

Tunizin. Nach den Untersuchungen von AMBRONN scheint die Zellulose in dem Tierreiche bei Arthropoden und Mollusken ziemlich verbreitet vorzukommen. Als Bestandteil der Mäntel der Tunikaten ist sie schon lange bekannt, und diese animalische Zellulose wurde von BERTHELOT Tunizin genannt. Nach den Untersuchungen von WINTERSTEIN scheint kein bestimmter Unterschied zwischen Tunizin und vegetabilischer Zellulose zu bestehen. Beim Sieden mit verdünnter Säure liefert das Tunizin, wie FRANCHIMONT und WINTERSTEIN gezeigt haben, Glukose. Durch Einwirkung von Essigsäureanhydrid und Schwefelsäure auf Tunikatenzellulose erhielten ABDERHALDEN und ZEMPLÉN [1]) Oktoazetylzellobiose, was wiederum auf die Verwandtschaft mit Pflanzenzellulose hinweist.

Tunizin.

Chitin ist bei Wirbeltieren nicht gefunden worden. Bei den Evertebraten soll es in mehreren Tierklassen vorkommen; hauptsächlich kommt es jedoch bei Kephalopoden (Sepienschulpen) und vor allem bei den Arthropoden, bei welchen es den organischen Hauptbestandteil der Schalen usw. darstellt, vor.

Chitin.

Im Pflanzenreiche hat man (GILSON, WINTERSTEIN) [2]) es in Pilzen gefunden. Ob es zwei oder mehrere Chitine oder nur ein solches gibt, ist eine umstrittene Frage (KRAWKOW, ZANDER, WESTER) [3]). Ebenso ist man über die Formel desselben nicht einig (SUNDWIK, ARAKI, BRACH) [4]).

Das Chitin ist nach der allgemeinen Ansicht Azetylglukosamin, und die strittigen Angaben gelten wesentlich der Anzahl der Azetyl- und Glukosamingruppen. Nach SCHMIEDEBERG rühren diese strittigen Angaben daher, daß infolge der verschieden starken Eingriffe bei der Darstellung eine verschiedene Anzahl von Azetylgruppen sich abspalten kann. Durch Zusammenstellung der zuverlässigsten Analysen verschiedener Forscher konnte er zeigen, daß man Chitine dargestellt hat, die auf je 4 Glukosamingruppen resp. 6, 5, 4 oder 3 Azetylmoleküle enthielten, die aber alle wegen ihrer Schwerlöslichkeit in Wasser, verdünnten Säuren oder Alkalien und ihrer Färbungen mit Jod als Chitine aufzufassen sind. Von diesen ist nach SCHMIEDEBERG nur das Hexazetylglukosamin von der Formel $C_{36}H_{60}N_4O_{24}$ das genuine, tierische Chitin.

Chitine.

Als Azetylglukosamin liefert das Chitin, wie LEDDERHOSE zuerst gezeigt hat, bei Kochen mit Mineralsäuren zuletzt Glukosamin und Essigsäure. Hierbei können Zwischenstufen entstehen, und als Spaltungsprodukte erhielten S. FRÄNKEL und A. KELLY und auch OFFER Azetylglukosamin $(C_6H_{12}NO_5)COCH_3$ und Azetyldiglukosamin $(C_{12}H_{23}N_2O_9)COCH_3$, und sie betrachteten das Chitin als ein polymeres Monoazetyldiglukosamin.

Spaltungsprodukte.

Beim Erhitzen mit Alkali und ein wenig Wasser auf 180° gibt das Chitin, wie HOPPE-SEYLER und ARAKI fanden, unter Abspaltung von Essigsäure Chitosan, eine dem Chitin ähnelnde, aber in verdünnten Säuren lösliche Substanz, welche ebenfalls Azetylgruppen und Glukosamin enthält. Das Chitosan, welches v. FÜRTH und RUSSO als kristallisierende Chlorwasserstoffsäureverbindung und E. LOEWY als kristallisierendes Sulfat erhielten, ist nach dem letzteren ein polymeres Monoazetyldiglukosamin mit mindestens

Chitosan.

---

[1]) AMBRONN, MALYs Jahresb. 20; BERTHELOT, Annal. de Chim. et Phys. 56; Compt. Rend. 47; FRANCHIMONT, Ber. d. d. chem. Gesellsch. 12; WINTERSTEIN, Zeitschr. f. physiol. Chem. 18; ABDERHALDEN u. ZEMPLÉN ebenda 72. [2]) GILSON, Compt. Rend. 120; WINTERSTEIN, Ber. d. d. chem. Gesellsch. 27 u. 28. [3]) KRAWKOW, Zeitschr. f. Biol. 29; ZANDER, PFLÜGERs Arch. 66; WESTER, Chem. Zentralbl. 1909, II. [4]) SUNDWIK, Zeitschr. f. physiol. Chem. 5; ARAKI ebenda 20; BRACH, Biochem. Zeitschr. 38.

zwei Monoazetyldiglukosamingruppen. Nach v. Fürth und Russo[1]) liefert
es durch Säurespaltung 25 p. c. Essigsäure und 60 p. c. Glukosamin. Nach
sowohl den letztgenannten Forschern wie H. Brach soll das Chitosan mindestens
4 Glukosamingruppen enthalten.

Die gewöhnliche Ansicht, daß das Chitin Azetylglukosamin sei, soll nach S. Mergulis[2]) unrichtig sein und von Fehlern in der Darstellungsmethode herrühren. Nach
ihm ist es kein Azetylglukosamin, sondern besteht aus Glukosamin, Glukose und einem
stickstoffhaltigen Stoffe unbekannter Art.

Aus einem Pilze (einer Lycoperdonart) haben Y. Kotake und Y. Sera[3]), einen,
dem Chitin verwandten Stoff, von ihnen Lyko'perdin (α und β) genannt, isoliert,
welcher die Biuretreaktion gibt und bei der Hydrolyse 90 p. c. Glukosamin und ca.
14 p. c. Ameisensäure lieferte.

In trockenem Zustande ist das Chitin eine weiße, spröde Masse von
der Form der ursprünglichen Gewebsbestandteile. In siedendem Wasser, in
Alkohol, Äther, Essigsäure, verdünnten Mineralsäuren und verdünnten Alkalien
ist es unlöslich. Von konzentrierten Säuren wird es gelöst. Von kalter konzentrierter Salzsäure wird es ohne Zersetzung gelöst, von siedender Salzsäure wird
es zersetzt. Zu Jod oder zu Jod und Schwefelsäure verhalten sich die Chitine
etwas verschieden, indem einige von ihnen rotbraun, bzw blau oder violett,
andere dagegen nicht gefärbt werden (Krawkow).

Das Chitin kann aus Insektenflügeln oder aus Hummer- und Krebspanzern, aus
den letzteren nach vorgängiger Extraktion der Kalksalze mit einer Säure, leicht hergestellt werden. Man kocht die Flügel oder Schalen mit Alkalilauge, bis sie weiß geworden
sind, wäscht dann mit Wasser, darauf mit verdünnter Säure und Wasser aus. Die letzten
Reste von Farbstoffen können mit Permanganat zerstört werden. Den Überschuß des
letzteren entfernt man mit verdünnter Bisulfitlösung, wäscht darauf mit Wasser und
extrahiert mit Alkohol und Äther.

Hyalin nennt man den organischen Hauptbestandteil der Wand der Echinokokkus-
zystensäcke. In den älteren, mehr durchsichtigen Blasen ist es ziemlich frei von Mineralstoffen, in jüngeren Blasen soll es dagegen eine größere Menge (16 p. c.) Kalksalze (Karbonate, Phosphate und Sulfate) enthalten.

Die Zusammensetzung ist nach Lücke[4])

	C	H	N	O
Für ältere Blasen . . .	45,3	6,5	5,2	43,0
Für jüngere Blasen . .	44,1	6,7	4,5	44,7

Die Wand der Echinokokkenzysten enthält Proteine und als Hauptbestandteil daneben das Hyaloidin, welches von Schmiedeberg[5]) als erstem
aus ihr isoliert wurde. Das Hyaloidin steht dem Chitin nahe und liefert als
Hydrolyseprodukte Glukosamin, Glukose und Essigsäure (s. S. 127).

Die Farbstoffe der Haut und der Horngebilde sind verschiedener
Art, aber nur wenig studiert. Die in dem Malpighischen Schleimnetz, be-
sonders bei Negern, und in den Haaren vorkommenden schwarzen oder braunen
Pigmente gehören zu der Gruppe von Farbstoffen, welchen man den Namen
Melanine gegeben hat.

Melanine. Mit diesem Namen hat man mehrere verschiedenartige, in
Haut, Haaren, Chorioidea, Sepia, gewissen pathologischen Neubildungen, Blut
und Harn bei Krankheiten vorkommende, amorphe, schwarze oder braune
Pigmente bezeichnet, welche in Wasser, Alkohol, Äther, Chloroform und gewöhnlich auch in verdünnten Säuren unlöslich sind. Von den eigentlichen
nativen Melaninen hat man zu unterscheiden die beim Sieden der Eiweißstoffe mit Mineralsäuren entstehenden, humusähnlichen Produkte, welche
man Melanoidine oder Melanoidinsäuren (Schmiedeberg) genannt hat,
und deren Beziehungen zu den echten Melaninen noch unbekannt sind.

---

[1]) Fränkel u. Kelley, Monatsh. f. Chem. 23. Die übrige Literatur findet man
bei Schmiedeberg, Arch. f. exp. Path. u. Pharm. 87. [2]) Amer. Journ. of Physiol. 43.
[3]) Zeitschr. f. physiol. Chem. 88. [4]) Virchows Arch. 19. [5]) Festschr. f. O. Madelung,
zit. nach Malys Jahresb. 46.

Die Melanoidine sind in verdünntem Alkali ziemlich leicht löslich, während die Melanine in dieser Hinsicht ein verschiedenes Verhalten zeigen. Von den Melaninen sind nämlich einige, wie das Sarkomelanin Schmiedebergs, das Pigment der Negerhaare und der schwarzen Federn (Gortner), wie auch das der melanotischen Geschwülste von Pferden, das Hippomelanin, in Alkalien schwer oder nicht löslich. Andere dagegen, wie das Melanin der schwarzen Schafswolle und der Farbstoff gewisser pathologischen Geschwülste beim Menschen, das Phymatorhusin, sind in Alkalien leicht löslich. Die Melanine sind, wie oben gesagt, im allgemeinen unlöslich in verdünnten Mineralsäuren; aus schwarzer Schafswolle isolierte jedoch Gortner[1]) ein Melanin, welches in Essigsäure und verdünnter Mineralsäure löslich war (vgl. weiter unten). *Melanine.*

Unter den Melaninen sind einige, wie das Chorioidealpigment, schwefelfrei (Landolt u. a.); andere dagegen, wie das Sarkomelanin und das Pigment der Haare (Sieber), sind ziemlich reich an Schwefel (2—4 p. c.), während das in gewissen Geschwülsten und im Harne (Nencki und Berdez, K. Mörner) gefundene Phymatorhusin sehr reich an Schwefel (8—10 p..c.) ist. Ob das in mehreren Melaninen, besonders in dem Phymatorhusin, gefundene Eisen dem Melaninmoleküle angehört oder nur als Beimengung vorkommt, ist eine, mit Rücksicht auf die Frage, ob diese Pigmente aus dem Blutfarbstoffe entstehen, viel diskutierte aber noch streitige Frage. *Schwefel- und Eisengehalt.*

Nach Nencki und Berdez ist das aus melanotischen Geschwülsten von ihnen isolierte Pigment, das Phymatorhusin, nicht eisenhaltig und es soll nach ihnen nicht ein Derivat von dem Hämoglobin sein. K. Mörner und später auch Brandl und L. Pfeiffer fanden dagegen das fragliche Pigment eisenhaltig und betrachteten es als ein Derivat des Blutfarbstoffes. Das von Schmiedeberg analysierte Sarkomelanin (aus einer sarkomatösen Leber) enthielt 2,7 p. c. Eisen, welches wenigstens zum Teil fest organisch gebunden war und durch verdünnte Salzsäure nicht vollständig entzogen werden konnte. Auch die durch Alkalieinwirkung aus diesem Melanin von Schmiedeberg dargestellte Sarkomelaninsäure enthielt 1,07 p. c. Eisen. Das von Zdarek und v. Zeynek untersuchte Sarkomelanin war ebenfalls eisenhaltig, mit 0,4 p. c. Eisen. Wolff stellte aus einer melanotischen Leber zwei Pigmente dar, von denen indessen das eine offenbar denaturiert war. Das andere, welches in Sodalösung löslich war, enthielt 2,51 p. c. Schwefel und 2,63 p. c. Eisen, welches durch 20prozentige Salzsäure größtenteils abgespalten werden konnte. Aus einer anderen Leber erhielt er dagegen ein eisenfreies Melanin mit 1,67 p. c. Schwefel. Aus diesem Melanin erhielt er durch Brombehandlung einen hydroaromatischen Körper, der dem Xyliton (einem Kondensationsprodukte des Azetons) verwandt war. Ein ähnliches Produkt hat man aber weder aus Haarpigment (Spiegler) noch aus Hippomelanin (v. Fürth und Jerusalem) erhalten[2]). Aus dem Hippomelanin haben O. Riesser und P. Rona[3]) durch Behandlung mit H_2O_2 Guanidin darstellen können, was dagegen J. Adler-Herzmark[4]) nicht gelang. *Eisen in den Melaninen.*

Die Schwierigkeiten, welche einer Isolierung und Reindarstellung der Melanine im Wege stehen, hat man in einigen Fällen nicht überwinden können, während es in anderen Fällen fraglich ist, ob nicht das zuletzt erhaltene Endprodukt infolge der tiefgreifenden chemischen Reinigungsprozeduren von anderer Zusammensetzung als der ursprüngliche Farbstoff gewesen sei. Die Elementaranalysen haben auch sehr schwankende Werte für verschiedene Melanine ergeben, nämlich 48—60 p. c. Kohlenstoff und 8—14 p. c. Stickstoff. Unter solchen Umständen und da es offenbar eine große Anzahl von Melaninen verschiedener Zusammensetzung gibt, kann eine Zusammenstellung der bisher ausgeführten Analysen verschiedener Melaninpräparate hier nicht Platz finden. *Verschiedene Melanine.*

---

[1]) Journ. of biol. Chem. 8; Bioch. Bulletin 1, 1911 und Journ. of Amer. Chem. Soc. 35. [2]) Die Literatur über Melanine findet man bei Schmiedeberg, Elementarformeln einiger Eiweißkörper usw., Arch. f. exp. Path. u. Pharm. 39; ferner bei Kobert, Wiener Klinik 27 (1901), Spiegler, Hofmeisters Beiträge 4; besonders aber bei O. v. Fürth, Zentralbl. f. allg. Path. u. path. Anat. 15, 1904, S. 617; vgl. auch v. Fürth u. E. Jerusalem, Hofmeisters Beiträge 10. [3]) Zeitschr. f. physiol. Chem. 57, 61 u. 109. [4]) Bioch. Zeitschr. 49.

GORTNER unterscheidet zwei verschiedene Gruppen von Melaninen. Die eine, zu welcher das von ihm isolierte Melanin der Schafswolle gehört, ist löslich in sehr verdünnter Säure, ist von Proteinnatur und wird von ihm **Melanoproteine** genannt. Bei der Einwirkung von starkem Alkali wird der Gehalt an Stickstoff und Wasserstoff stark vermindert und der Gehalt an Kohlenstoff vermehrt. Das Melanin ist nun unlöslich in verdünnter Säure, wie die zweite Gruppe der Melanine. Ebenso liefert das Melanoprotein bei der Hydrolyse mit Salzsäure neben Aminosäuren ein in Säuren unlösliches, kohlenstoffreicheres, schwarzes Pigment. Das von PIETTRE[1]) isolierte Melanin aus sarkomartigen Tumoren vom Pferde lieferte bei der Alkalihydrolyse Aminosäuren und ein viel kohlenstoffreicheres und stickstoffärmeres Melanin, ein **Melaïnin**. Ähnlich verhielt sich das Sepienmelanin und auch mittels Tyrosinase künstlich dargestelltes Melanin. Das Melanin ist deshalb nach ihm zusammengesetzt aus einer Eiweißgruppe und einem Farbstoffrest, der in Säuren unlöslich ist.

Melanine.

Die Abbauprodukte der Melanine oder Melanoidine sind noch gar zu wenig bekannt, um sichere Schlüsse bezüglich des Ursprunges dieser Stoffe zu erlauben. Da es unzweifelhaft mehrere verschiedenartige Melanine gibt, kann dieser Ursprung auch ein verschiedener sein. Für die eisenhaltigen Melanine kann eine Abstammung aus dem Blutfarbstoffe nicht ohne weiteres in Abrede gestellt werden. Für andere scheint dagegen ein solcher Ursprung fast sicher ausgeschlossen zu sein, und dies gilt z. B. von den eisenfreien Haar- und Chorioidealpigmenten, welche nach SPIEGLER kein Hämopyrrol liefern. Mehrere Melanine, und dies gilt auch für die bei der Eiweißhydrolyse mit Säuren entstehenden Melanoidine (SAMUELY), liefern in der Kalischmelze Indol oder Skatol und eine Pyrrolsubstanz, während das Hippomelanin nach v. FÜRTH und JERUSALEM hierbei allerdings einen fäkalen Geruch abgibt, aber kein Indol oder Skatol liefert. Charakteristischer als diese zwei letztgenannten Stoffe ist übrigens nach v. FÜRTH eine phenolartige Substanz, die in kleiner Menge auftritt und mit Eisenchlorid eine blauschwarze Färbung gibt.

Abbau-produkte.

Als die Muttersubstanzen der Melanine oder der Farbstoffkerne derselben betrachtet man wohl nunmehr allgemein die zyklischen Komplexe verschiedener Art in den Eiweißstoffen (SAMUELY, v. FÜRTH u. a.), und eine solche Annahme hat namentlich in dem Verhalten des Tyrosins zu Oxydasen eine Stütze erhalten. Man hat nämlich gefunden, daß bei der Einwirkung von einer pflanzlichen Oxydase, der BERTRANDschen Tyrosinase, auf Tyrosin farbige Produkte und zuletzt melaninähnliche Substanzen gebildet werden. Daß auch im Tierreiche, bei Insekten und Sepien, in melanotischen Tumoren und in pigmentierter Haut ähnlich wirkende Tyrosinasen vorkommen, haben dann v. FÜRTH mit SCHNEIDER und H. PRIBRAM, GESSARD, NEUBERG, DEWITZ u. a.[2]) gezeigt; und in weiterer Verfolgung dieser Verhältnisse haben v. FÜRTH und JERUSALEM aus Tyrosin künstliches Melanin dargestellt, welches sehr große Übereinstimmung mit dem Hippomelanin zeigte. Endlich haben NEUBERG und JÄGER[3]) aus melanotischen Geschwülsten Extrakte dargestellt, welche aus Adrenalin einen schwarzbraunen Farbstoff bildeten. Wie oben Kapitel 7 (S. 301) erwähnt wurde, soll jedoch nach BR. BLOCH in der Epidermis der höheren Tiere in den Teilen, welche Melanin bilden, nicht Tyrosinase, sondern ein anderes, melaninbildendes Oxydationsenzym, die sog. **Dopaoxydase**, vorhanden sein.

Melanin-bildung mittels Oxydasen.

---

[1]) GORTNER l. c. und Bull. Soc. chim. de France (4) **11**; PIETTRE, Compt. Rend. **153** und Congrès internat. de Path. Comparée, Paris 1912. [2]) G. BERTRAND, Compt. Rend. **122**. Die übrige Literatur findet man bei v. FÜRTH u. JERUSALEM, HOFMEISTERS Beiträge **10**. [3]) NEUBERG, VIRCHOWS Arch. **192**; JÄGER ebenda **198**.

Im Anschlusse an die Farbstoffe der Menschenhaut mögen auch einige, in Haut oder Epidermisbildungen von Tieren gefundene oder durch besondere Drüsen abgesonderte Pigmente hier abgehandelt werden.

Die prachtvolle Farbe der Federn mehrerer Vögel rührt in gewissen Fällen von rein physikalischen Verhältnissen (Interferenzphänomenen), in anderen dagegen von Farbstoffen verschiedener Art her. Ein solcher, amorpher, rotvioletter Farbstoff ist das 7 p. c. Kupfer enthaltende Turazin, dessen Spektrum an dasjenige des Oxyhämoglobins erinnert. Bemerkenswert ist es, daß man nach LAIDLAW [1]) das Turazin oder jedenfalls ein Pigment mit dessen Eigenschaften durch Sieden von Hämatoporphyrin in verdünntem Ammoniak mit ammoniakalischer Kupferlösung erhält. In den Vogelfedern hat KRUKEN-BERG [2]) eine große Anzahl von Farbstoffen, wie Zoonerythrin, Zoofulvin, Turako-verdin, Zoorubin, Psittakofulvin und andere, die hier nicht alle aufgezählt werden können, gefunden. Farbstoffe der Federn.

Tetronerythrin hat WURM den roten, amorphen, in Alkohol und Äther löslichen Farbstoff genannt, welcher in dem roten warzigen Flecke über dem Auge des Auerhahns und Birkhahns vorkommt und welcher auch bei den Evertebraten sehr verbreitet sein soll (HALLIBURTON, DE MEREJKOWSKI, MAC MUNN). In den Schalen von Krebsen und Hummern findet sich außer dem Tetronerythrin (MAC MUNN) ein blauer Farbstoff, das Zyanokristallin, welches von Säuren wie auch von siedendem Wasser rot wird. Hämatoporphyrin soll auch nach MAC MUNN in den Integumenten gewisser niederer Tiere vorkommen. Der in den Flossen von dem Fische Crenilabrus pavo vorkommende blaue Farbstoff ist nach v. ZEYNEK [3]) ein Chromoproteid. Tetronery-thrin.

Bei gewissen Schmetterlingen (den Pieriden) besteht, wie HOPKINS [4]) gezeigt hat, das weiße Pigment der Flügel aus Harnsäure und das gelbe aus einem Harnsäurederivate, der Lepidotsäure, welche beim Erwärmen mit verdünnter Schwefelsäure eine purpur-farbene Substanz, das Lepidoporphyrin, liefert. Die gelben und roten Farbstoffe der Vanessen sind dagegen nach v. LINDEN [5]) ganz anderer Art. Hier handelt es sich nämlich um eine dem Hämoglobin vergleichbare Verbindung zwischen Eiweiß und einem Farbstoffe, welcher dem Bilirubin und Urobilin nahe steht. Farbstoffe der Schmetter-linge.

Im Anschluß an die nun genannten Farbstoffe mögen auch einige andere, bei gewissen Tieren (wenn auch nicht in den Hautbildungen) gefundene Farbstoffe hier be-sprochen werden.

Die Karminsäure oder der rote Farbstoff der Kochenille gibt nach LIEBERMANN und VOSWINCKEL [6]) bei der Oxydation Kochenillesäure, $C_{10}H_8O_7$, und Kokzinsäure, $C_6H_8O_5$, die erstere Tri-, die letztere Dikarbonsäure des m-Kresols. Die prachtvoll purpur-farbige Lösung des karminsauren Ammoniaks hat wie das Oxyhämoglobin zwei Ab-sorptionsstreifen zwischen D und E. Diese Streifen liegen jedoch näher an E und näher aneinander und sie sind weniger scharf begrenzt. Purpur nennt man das eingetrocknete, durch die Einwirkung des Sonnenlichtes purpurviolett gefärbte Sekret der sog. „Purpur-drüse" in der Mantelwand einiger Murex- und Purpuraarten. Nach P. FRIEDLÄNDER [7]) ist der Farbstoff ein Bromderivat des Indigo, und zwar Dibromindigo. Karmin-säure und Purpur.

Unter den übrigen bei Evertebraten gefundenen Farbstoffen sind hier zu nennen: Blaues Stentorin, Aktiniochrom, Bonellin, Polyperythrin, Pentakrinin, Antedonin, Krustaceorubin, Janthinin und Chlorophyll.

Der Hauttalg ist, frisch abgesondert, eine ölige, halbflüssige Masse, welche ·auf der Hautoberfläche zu einem schmierigen Talg erstarrt. Der von RÖHMANN und LINSER untersuchte Hauttalg war ein Gemenge von dem Sekrete der Talg-drüsen und von Bestandteilen der Oberhaut. HOPPE-SEYLER hat in dem Hauttalge einen kaseinähnlichen Stoff nebst Albumin und Fett gefunden. Wirkliches Fett kommt jedoch nach RÖHMANN und LINSER nur in geringer Menge vor. Bei der Saponifikation gibt der Hauttalg ein Öl, Dermoolein, welches reichlich Jod bindet, und einen anderen Stoff, das Dermozerin, welches bei 64—65° C schmilzt, in reichlicher Menge in Dermoidzysten sich vorfindet und dessen Identität mit dem von v. ZEYNEK als Zetylalkohol bezeichneten Bestandteil dieser Zysten wahrscheinlich erschien. Nach AME- Hauttalg.

---

[1]) Journ. of Physiol. 31. [2]) Vgl. Physiologische Studien, Abt. 5 und (2. Reihe). Abt. 1, S. 151, Abt. 2, S. 1 und Abt. 3, S. 128. [3]) WURM, zit. nach MALYS Jahresb. 1; HALLIBURTON, Journ. of Physiol. 6; MEREJKOWSKI, Compt. Rend. 93; MAC MUNN, Proc. Roy. Soc. 1883 und Journ. of Physiol. 7; v. ZEYNEK, Zeitschr. f. physiol. Chem. 34 u. 36; Wien. Sitz.-Ber. 121, 1912 und Monatsh. f. Chem. 34. [4]) Phil. trans. London 186. [5]) PFLÜGERS Arch. 98. [6]) Ber. d. d. chem. Gesellsch. 30. [7]) Ebenda 42.

SEDER ist indessen das Dermozerin keine reine Substanz, und der aus Dermoidzystenfett erhaltene, als Zetylalkohol bezeichnete Stoff ist nach ihm ein der
Hautfette. Arachinsäure entsprechender Eikosylalkohol, $C_{20}H_{42}O$. In der Vernix
caseosa kommt Cholesterin reichlich vor. RUPPEL[1]), welcher in der Vernix
caseosa im Durchschnitt 348,52 p. m. Wasser und 138,72 p. m. Ätherextrakt
fand, hat auch das Vorkommen von Isocholesterin in ihr angegeben. Diese
Angabe wird indessen von UNNA[2]) bekämpft. Nach ihm kommt Isocholesterin
weder in dem Vernixfette noch überhaupt in irgend einem Hautfette des
Menschen vor, dagegen enthalten alle Arten von Hautfett Cholesterin.

Nach UNNA und L. GOLODETZ[3]) sind die Sekretfette (der Haut) wie
Fußknäuelfett und Hauttalg reich an Oxycholesterin, während die Zellenfette
der Oberhaut kein Oxycholesterin enthalten. Eine Ausnahme bildet der Nagel,
welcher ziemlich viel Oxycholesterin enthält.

Daran erinnernd, daß nach einer allgemein verbreiteten Ansicht das der
Pflanzenepidermis zugehörige Wachs als Schutzmittel für die inneren Teile der
Früchte und Pflanzen diene, hat LIEBREICH[4]) die Vermutung ausgesprochen,
daß gerade die Verbindung der fetten Säuren mit einatomigen Alkoholen als
Grund der größeren Resistenzfähigkeit des Wachses gegenüber derjenigen der
Cholesterin- Glyzerinfette anzusehen sei. In ähnlicher Weise glaubt er, daß die Cholesterin-
fette in der
Haut. fette im Tierreiche die Rolle eines Schutzfettes übernehmen, und er behauptet
auch, in der menschlichen Haut und den Haaren, in Vernix caseosa, Fischbein,
Schildplatt, Kuhhorn, Federn und Schnäbeln mehrerer Vögel, Stacheln vom
Igel und Stachelschwein, Huf und Kastanien der Pferde usw. Cholesterinfett
nachgewiesen zu haben. Er zieht hieraus den Schluß, daß die Cholesterinfette
stets in Verbindung mit der keratinösen Substanz auftreten und daß das
Cholesterinfett, wie das Wachs bei den Pflanzen, zum Schutz der tierischen
Oberfläche dient. Unter den von UNNA untersuchten Hautfetten enthielten
alle, bis auf das Epidermisfett, neben Cholesterin mehr oder weniger große
Mengen Cholesterinester. Das Epidermisfett dagegen war fast frei von Estern
und enthielt hauptsächlich nur freies Cholesterin.

Psylla-   In der von Psylla Alni sezernierten fettartigen Schutzsubstanz hat SUNDWIK[5])
alkohol. den Psyllaalkohol, $C_{33}H_{68}O$, gefunden, welcher dort als Ester in Verbindung mit der
Psyllasäure, $C_{32}H_{65}COOH$, sich vorfindet. Dieser Alkohol soll nicht identisch mit
dem von ihm im Wachse der Hummeln gefundenen sein.

Das Cerumen ist ein Gemenge des Sekretes der im knorpeligen Teile
des äußeren Gehörganges vorkommenden Talg- und Schweißdrüsen. Es ent-
Cerumen. hält Seifen und Fett, Fettsäuren, Cholesterin und Eiweiß und enthält außerdem einen roten, in Alkohol löslichen, bitterschmeckenden Stoff[6]).

Das Präputialsekret, Smegma praeputii, enthält überwiegend Fett,
ferner Cholesterin und angeblich auch Ammoniakseifen, die vielleicht von
Präputial-   zersetztem Harne herrühren. Desselben Ursprunges sind vielleicht auch die
sekret. im Smegma des Pferdes gefundenen Stoffe: Hippursäure, Benzoesäure und
Kalziumoxalat.

Zu dem Präputialsekrete kann auch das aus zwei eigentümlichen Drüsensäckchen
in das Präputium des Bibers ausgeschiedene Bibergeil, Castoreum, gerechnet werden.
Dieses ist ein Gemisch von Eiweiß, Fett, Harzen, Spuren von Phenol (flüchtigem Öl)
Bibergeil. und einem stickstofffreien, seiner Zusammensetzung nach nicht näher bekannten, aus
Alkohol in vierseitigen Nadeln kristallisierenden, in kaltem Wasser unlöslichen, in sieden-
dem dagegen etwas löslichen Stoff, dem Kastorin.

---

[1]) HOPPE-SEYLER, Physiol. Chem., S. 760; LINSER bei RÖHMANN, Zentralbl. f.
Physiol. 19, 317; s. auch LINSER, Ref. ebenda 18, 473 aus Deutsch. Arch. f. klin. Med.
1904; RUPPEL, Zeitschr. f. phys. Chem. 21; FR. AMESEDER ebenda 52; L. v. ZUMBUSCH
ebenda 59. [2]) P. G. UNNA, Monatsh. f. prakt. Dermat. 45. [3]) Bioch. Zeitschr. 20.
[4]) VIRCHOWS Arch. 121. [5]) Zeitschr. f. physiol. Chem. 17, 25, 32, 53, 54 u. 72. [6]) Vgl.
LAMOIS (LANNOIS?) u. MARTZ, MALYS Jahresb. 27, 40.

In dem Sekrete aus den Analdrüsen der Stinktiere hat man Butylmerkaptan und Alkylsulfide gefunden (ALDRICH, E. BECKMANN)[1].

Das Wollfett oder der sog. Fettschweiß der Schafe ist ein Gemenge der Sekrete der Talg- und Schweißdrüsen. In dem Wasserextrakte findet sich eine reichliche Menge von Kalium, welches an organische Säuren, flüchtige und nicht flüchtige Fettsäuren, Benzoesäure, Phenolschwefelsäure, Milchsäure, Äpfelsäure, Bernsteinsäure u. a. gebunden ist. Das Fett enthält unter anderen Stoffen bisweilen, aber nicht immer, auch reichliche Mengen Ätherarten von Fettsäuren mit Cholesterin und Isocholesterin. DARM- STÄDTER und LIFSCHÜTZ haben im Wollfette auch andere Alkohole, darunter Cerylalkohol und Karnaubylalkohol, und neben Myristinsäure auch zwei Oxyfettsäuren, die Lanozerin- säure, $C_{30}H_{60}O_4$, und die Lanopalmitinsäure, $C_{16}H_{32}O_3$, gefunden. Für das Wollfett besonders charakteristische Stoffe sind angeblich, außer den zwei letztgenannten Säuren, Iso- cholesterin, Oxycholesterine und Karnaubylalkohol, $C_{24}H_{49}OH$. Nach RÖHMANN enthält das Wollfett einen, von ihm Lanozerin genannten Stoff, welcher das Anhydrid der obigen Lanozerinsäure sein soll. Nach neueren Untersuchungen von RÖHMANN[2] ist indessen das Vorhandensein von Karnaubylalkohol nicht erwiesen und die Existenz von Isocholesterin zu bezweifeln. Eine Lanozerinsäure konnte er nicht finden, und die Karnaubasäure betrachtet er als ein Gemisch von Cerotinsäure mit C-ärmeren Fettsäuren. *Wollfett.*

Das Sekret der Bürzeldrüse der Enten und Gänse enthält einen kaseinähnlichen Stoff, ferner Albumin, Nuklein, Lezithin und Fett, aber keinen Zucker (DE JONGE). Der Hauptbestandteil ist nach RÖHMANN Oktadezylalkohol, $C_{18}H_{38}O$, welcher 40—45 p. c. des Ätherextraktes ausmacht. Die Fettsäuren sind Ölsäure, kleine Mengen Kaprylsäure, Palmitin- und Stearinsäure und optische Isomeren der Laurin- und Myristinsäure. Die Fettsäuren sind größtenteils an den Oktadezylalkohol gebunden, und dieser entsteht wahrscheinlich durch Reduktion von Stearinsäure oder Ölsäure. Das Sekret enthält auch eine dem Lanozerin nahestehende Substanz, von RÖHMANN Pennazerin genannt. In dem Hautsekrete von Salamandern und Kröten hat man giftige Stoffe bzw. Samandarin (ZALESKY, FAUST), Bufidin (JORNARA und CASALI), Bufotalin und die umstrittenen Stoffe Bufonin und Bufotenin (FAUST, BERTRAND und PHISALIX) gefunden. Das Bufotalin ist nach H. WIELAND und F. J. WEIL[3] ein kristallisierendes Dioxylakton von der Formel $C_{16}H_{24}O_4$ mit drei Ringbindungen. Es gibt die LIEBERMANNsche Cholestol- reaktion. Die wirksamen Bestandteile in dem Gifte der Klapperschlange und der Brillen- schlange, bzw. das Crotalotoxin und das Ophiotoxin sind von FAUST[4] isoliert und studiert worden. Sie sind stickstofffrei, haben eine sehr ähnliche Zusammensetzung, bzw. $C_{34}H_{54}O_{21}$ und $C_{34}H_{52}O_{20}$, und werden von FAUST in die pharmakologische Gruppe der Sapotoxine eingereiht. Thalassin hat RICHET[5] einen von ihm entdeckten, kristallisierenden, sehr giftigen Bestandteil der Fühlfäden der Seenessel genannt. *Sekret der Bürzeldrüse und giftige Sekrete.*

Der Schweiß. Der unverhältnismäßig größte Teil der durch die Haut ausgeschiedenen Stoffe, deren Menge als Mittel etwa $^1/_{64}$ des Körpergewichtes beträgt, besteht aus Wasser. Nächst den Nieren ist auch die Haut der für die Ausscheidung des Wassers beim Menschen wichtigste Apparat. Da die Drüsen der Haut und die Nieren bezüglich ihrer Funktionen in gewisser Hinsicht einander nahe stehen, können sie auch bis zu einem gewissen Grade Stellvertreter füreinander sein. *Der Schweiß.*

Die Umstände, welche auf die Schweißabsonderung einwirken, sind sehr zahlreich, namentlich sind Temperatur, Ruhe oder Arbeit von großer Bedeutung, und die Menge des abgesonderten Schweißes muß dementsprechend sehr bedeutend wechseln können. Auch an den verschiedenen Stellen der Haut ist die Schweißabsonderung ungleich stark, und man hat angegeben, daß sie an den Wangen, der Innenseite der Hand und dem Unterarme wie 100:90:45 sich verhalten soll. Aus der ungleichen Stärke der Sekretion an verschiedenen Körperstellen folgt auch, daß man aus der von einem kleineren Teile der Körperoberfläche in einem bestimmten Zeitraume abgesonderten Schweißmenge keine Schlüsse auf die Größe der Sekretion der ganzen Körperoberfläche ziehen kann. Bei den *Die Schweiß- absonde- rung.*

---

[1] ALDRICH, Journ. of exper. Medic. 1; BECKMANN, MALYS Jahresb. 26, 566. [2] DARMSTÄDTER u. LIFSCHÜTZ, Ber. d. d. chem. Gesellsch. 29 u. 31; RÖHMANN, HOF- MEISTERS Beiträge 5; Zentralbl. f. Physiol. 19, 317 und Bioch. Zeitschr. 77. Vgl. ferner UNNA l. c. 45, 18 und LIFSCHÜTZ bei UNNA ebenda S. 234. [3] DE JONGE, Zeitschr. f. physiol. Chem. 3; RÖHMANN l. c.; ZALESKI, HOPPE-SEYLER, Med.-chem. Unters., S. 85; FAUST, Arch. f. exp. Path. u. Pharm. 41; JORNARA u. CASALI, MALYS Jahresb. 3; FAUST, Arch. f. exp. Path. u. Pharm. 47 u. 49; BERTRAND, Compt. Rend. 135; BERTRAND u. PHISALIX ebenda; WIELAND u. WEIL, Ber. d. d. chem. Gesellsch. 46. [4] Arch. f. exp. Path. u. Pharm. 56 u. 64. [5] PFLÜGERS Arch. 108.

Versuchen, die Größe der Schweißabsonderung zu bestimmen, sucht man außerdem im allgemeinen eine starke Sekretion hervorzurufen, und da die Drüsen wohl schwerlich längere Zeit mit derselben Energie arbeiten können, dürfte es wohl kaum berechtigt sein, aus den während einer kurzdauernden, stärkeren Sekretion abgesonderten Mengen die Menge des Sekretes pro 24 Stunden zu berechnen.

Der Schweiß, wie man ihn zur Untersuchung erhält, ist nie ganz rein, sondern enthält abgestoßene Epidermiszellen wie auch Zellen und Fettkügelchen aus den Talgdrüsen. Der filtrierte Schweiß ist eine klare, ungefärbte Flüssigkeit von salzigem Geschmack und einem an verschiedenen Hautpartien verschiedenen Geruch. Die physiologische Reaktion soll nach den meisten Angaben sauer sein. Unter gewissen Verhältnissen kann jedoch auch ein alkalisch

Eigenschaften des Schweißes. reagierender Schweiß abgesondert werden (TRÜMPY und LUCHSINGER, HEUSS). Eine alkalische Reaktion kann auch von einer Zersetzung unter Ammoniakbildung herrühren. Nach einigen Forschern soll die physiologische Reaktion die alkalische sein, und eine saure Reaktion leiten diese Forscher von einer Beimengung von fetten Säuren aus der Hautsalbe her. CAMERER fand die Reaktion des menschlichen Schweißes in einigen Fällen sauer, in anderen alkalisch. MORIGGIA fand den Schweiß der Pflanzenfresser gewöhnlich alkalisch, den der Fleischfresser dagegen meistens sauer. Der Pferdeschweiß reagiert nach SMITH[1]) stark alkalisch.

Das spez. Gewicht des Schweißes schwankt beim Menschen zwischen 1,001 und 1,010. Der Gehalt an Wasser ist 977,4—995,6 p. m., im Mittel etwa 982 p. m. Die Menge der festen Stoffe ist 4,4—22,6 p. m. Die molekulare Konzentration ist ebenfalls sehr schwankend, und die Gefrierpunktserniedrigung hängt wesentlich von dem NaCl-Gehalte ab. ARDIN-DELTEIL fand $\Delta = -0{,}08-0{,}46^0$, als Mittel $0{,}237^0$. BRIEGER und DIESSELHORST fanden bei einem Gehalte des Schweißes von bzw. 2,9, 7,07 und 13,5 p. m. NaCl, Δ gleich, bzw. $0{,}322^0$, $0{,}608^0$ und $1{,}002^0$. TARUGI und TOMASINELLI[2]) fanden Δ im Durchschnitt gleich $0{,}52^0$. Die organischen Stoffe sind Neutralfette,

Bestandteile und Zusammensetzung. Cholesterin, flüchtige Fettsäuren, Spuren von Eiweiß — beim Pferde regelmäßig nach LECLERC und SMITH; beim Menschen regelmäßig nach GAUBE; nach LEUBE[3]) bisweilen nach heißen Bädern, bei Morbus Brightii und nach Pilokarpingebrauch — ferner Kreatinin (CAPRANICA), aromatische Oxysäuren, Ätherschwefelsäuren von Phenol und Skatoxyl (KAST)[4]), bisweilen auch von Indoxyl, und endlich Serin (vgl. S. 106), Harnstoff und Harnsäure. Die Menge des Harnstoffes ist von ARGUTINSKY näher bestimmt worden. In zwei Dampfbadversuchen, in welchen im Laufe von ½ resp. ¾ Stunden eine Menge von 225 bzw. 330 ccm Schweiß abgesondert wurden, fand er bzw. 1,61 und 1,24 p. m. Harnstoff. Auf den Harnstoff kamen in den zwei Versuchen von dem Gesamtstickstoffe des Schweißes bzw. 68,5 und 74,9 p. c. Aus den Versuchen von ARGUTINSKY, wie auch aus denen von CRAMER[5]), geht übrigens hervor, daß mit dem Schweiße ein gar nicht zu vernachlässigender Anteil des Gesamtstickstoffes zur Ausscheidung gelangen

Bestandteile des Schweißes. kann. Dieser Anteil betrug in einem Versuche von CRAMER bei hoher Temperatur und kräftiger Arbeitsleistung sogar 12 p. c., und in den Untersuchungen

---

[1]) TRÜMPY u. LUCHSINGER, PFLÜGERS Arch. 18; HEUSS, MALYS Jahresb. 22; CAMERER, Zeitschr. f. Biol. 41; MORIGGIA, MOLESCHOTT, Unters. zur Naturlehre 11; SMITH, Journ. of Physiol. 11. Hinsichtlich der älteren Literatur über den Schweiß vgl. man HERMANNS Handb. 5, Teil 1, S. 421 u. 543. [2]) ARDIN-DELTEIL, MALYS Jahresb. 30; BRIEGER u. DIESSELHORST, Deutsch. med. Wochenschr. 29; B. TARUGI u. G. TOMASINELLI, zit. nach Physiol. Zentralbl. 22, 748. [3]) LECLERC, Compt. Rend. 107; GAUBE, MALYS Jahresb. 22; LEUBE, VIRCHOWS Arch. 48 u. 50 und Arch. f. klin. Med. 7. [4]) CAPRANICA, MALYS Jahresb. 12; KAST, Zeitschr. f. physiol. Chem. 11. [5]) ARGUTINSKY, PFLÜGERS Arch. 46; CRAMER, Arch. f. Hyg. 10.

von ZUNTZ und Mitarbeitern über die Wirkungen des Höhenklimas sogar über 13 p. c. CRAMER fand auch Ammoniak in dem Schweiße. Bei Urämie und bei Anurie in der Cholera kann Harnstoff durch die Schweißdrüsen in solcher Menge abgesondert werden, daß Kristalle davon auf der Haut sich absetzen. Die Mineralstoffe bestehen hauptsächlich aus Chlornatrium mit etwas Chlorkalium, Alkalisulfat und Phosphat. Das relative Mengenverhältnis derselben ist in dem Schweiße ein ganz anderes als in dem Harne (FAVRE)[1]) KAST). Das Verhältnis ist nämlich nach KAST folgendes: *(margin: Ätherschwefelsäure und Sulfatschwefelsäure.)*

	Chlor	:	Phosphate	:	Sulfate
im Schweiße	1	:	0,0015	:	0,009
im Harne	1	:	0,1320	:	0,397

In dem Schweiße fand KAST das Verhältnis der Ätherschwefelsäure zu der Sulfatschwefelsäure = 1 : 12. Nach Einführung von aromatischen Substanzen nimmt die Menge der Ätherschwefelsäuren in dem Schweiße nicht in demselben Grade wie in dem Harne (vgl. Kapitel 15) zu. Die Menge der Mineralstoffe beträgt durchschnittlich 7 p. m. Der Hauptbestandteil ist Natriumchlorid, dessen Menge mit der Absonderungsgeschwindigkeit und der Konzentration des Schweißes infolge der Arbeit steigt.

Zucker kann bei Diabetes in den Schweiß übergehen; der Übergang von Gallenfarbstoffen in dieses Sekret ist dagegen nicht sicher bewiesen. Benzoesäure, Bernsteinsäure, Weinsäure, Jod, Arsen, Quecksilberchlorid und Chinin gehen in den Schweiß über. In dem Schweiße hat man ferner Zystin bei Zystinurie gefunden. *(margin: Fremde Stoffe.)*

Chromhidrose hat man die Absonderung von gefärbtem Schweiße genannt. *(margin: Farbiger Schweiß.)* Bisweilen hat man den Schweiß von Indigo (BIZIO), von Pyozyanin oder von Ferrophosphat (COLLMANN)[2]) blaugefärbt gesehen. Wahres Blutschwitzen, bei welchem Blutkörperchen durch die Drüsenmündungen austreten, ist angeblich auch beobachtet worden.

Der Gaswechsel durch die Haut ist allerdings bei den unbeschuppten Amphibien von sehr großer Bedeutung; bei Säugetieren, Vögeln und Menschen ist er dagegen dem Gaswechsel in den Lungen gegenüber von sehr untergeordnetem Umfange. Die Sauerstoffaufnahme durch die Haut, zuerst von REGNAULT und REISET bewiesen, ist äußerst gering, und nach ZUELZER beträgt sie beim Menschen im günstigsten Falle $1/_{100}$ von der Sauerstoffaufnahme durch die Lungen. Die Menge der durch die Haut ausgeschiedenen Kohlensäure wächst mit zunehmender Temperatur (AUBERT, RÖHRIG, FUBINI und RONCHI, BARRATT, nach WILLEBRAND jedoch erst von 33⁰ C ab[3]). Sie steigt überhaupt bei Hyperämien der Haut und besonders nach Muskelarbeit. Sie soll ferner im Lichte größer als im Dunkel sein. Während der Verdauung ist sie größer als im nüchternen Zustande und nach vegetabilischer Nahrung größer als nach animalischer (FUBINI und RONCHI). Die von verschiedenen älteren Forschern *(margin: Gaswechsel durch die Haut.)* für die ganze Hautoberfläche pro 24 Stunden berechneten Mengen schwanken zwischen 2,23 und 32,8 g. Nach SCHIERBECK und WILLEBRAND[4]) ist die Menge als Mittel 7,5—9 g, und sie wird gewöhnlich auf etwa 1,5 p. c. der durch die Lungen ausgeschiedenen Menge geschätzt. Bei einem Pferde fand ZUNTZ mit LEHMANN und HAGEMANN[5]) für 24 Stunden eine Kohlensäureausscheidung durch Haut und Darm, die nahe 3 p. c. der Gesamtatmung entsprach. Von dieser Kohlensäuremenge kamen etwas weniger als $4/_5$ auf die Hautatmung. Nach denselben Forschern macht die Hautatmung etwa 2½ p. c. der gleichzeitigen Lungenatmung aus.

---

[1]) Compt. Rend. **35** und Arch. génér. de Med. (5) **2**; KAST l. c. [2]) BIZIO, Wien. Sitz.-Ber. **39**; COLLMANN, zit. nach v. GORUP-BESANEZ, Lehrb. d. physiol. Chem., 4. Aufl., S. 555. [3]) ZUELZER, Zeitschr. f. klin. Med. **53**; AUBERT, PFLÜGERS Arch. **6**; RÖHRIG, Deutsch. Klin. 1872, S. 209; FUBINI u. RONCHI MOLESCHOTT, Unters. z. Naturlehre **12**; BARRATT, Journ. of Physiol. **21**; WILLEBRAND, Skand. Arch. f. Physiol. **13**. [4]) Vgl. HOPPE-SEYLER, Physiol. Chem., S. 580; SCHIERBECK, Arch. f. (Anat. u.) Physiol. 1892; WILLEBRAND l. c. [5]) Arch. f. (Anat. u.) Physiol. 1894 und MALYS Jahresb. **24**.

Siebzehntes Kapitel.

Atmung und Oxydation.

Die
Respiration.Während des Lebens findet ein stetiger Austausch von Gasen zwischen dem Tierkörper und dem umgebenden Medium statt. Sauerstoff wird aufgenommen und Kohlensäure abgegeben. Dieser Austausch von Gasen, welchen man als Respiration bezeichnet, wird beim Menschen und den Wirbeltieren von den im Körper zirkulierenden Nahrungssäften, Blut und Lymphe vermittelt, indem nämlich diese in stetigem Verkehr mit dem äußeren Medium einerseits und den Gewebselementen andererseits sich befinden. Ein derartiger Austausch von gasförmigen Bestandteilen kann überall da stattfinden, wo die anatomischen Verhältnisse kein Hindernis dafür abgeben, und sie kann beim Menschen im Darmkanale, durch die Haut und in den Lungen vonstatten gehen. Dem Gaswechsel in den Lungen gegenüber ist jedoch der schon in dem Vorigen besprochene Gaswechsel im Darmkanale und durch die Haut sehr geringfügig. Aus diesem Grunde wird in diesem Kapitel nur der Gaswechsel zwischen Blut und Lungenluft einerseits und Blut, bzw. Lymphe und Geweben andererseits besprochen. Jenen bezeichnet man oft als äußere, diesen als innere Respiration. Außerdem werden auch die auf die innere Respiration folgenden Oxydationsprozesse etwas besprochen.

1. Die Gase des Blutes.

Blutgase.Während noch JOHANNES MÜLLER die Gegenwart freier Gase im Blute gänzlich leugnen konnte, ist ihre Existenz seit den bahnbrechenden Untersuchungen von MAGNUS in den 1830er und 1840er Jahren und von LOTHAR MEYER in den 1850er Jahren sichergestellt und diese Gase sind nachher Gegenstand sorgfältiger Untersuchungen hervorragender Forscher gewesen, unter denen vor allem LUDWIG, PFLÜGER, BOHR, ZUNTZ, LOEWY, HALDANE, KROGH, BARCROFT und VAN SLYKE zu nennen sind. Durch diese Untersuchungen ist nicht nur die Wissenschaft mit einer Fülle von Tatsachen bereichert worden, sondern es haben auch die Methoden selbst eine größere Vervollkommnung und Zuverlässigkeit erlangt. Bezüglich dieser Methoden, wie auch bezüglich der Gesetze für die Absorption der Gase von Flüssigkeiten, der Dissoziation und anderer hierher gehörigen Fragen muß jedoch, da es sich hier nur um eine kurzgefaßte Darstellung der wichtigsten Tatsachen handeln kann, auf ausführliche Lehrbücher der Physiologie, der Physik und der gasanalytischen Methoden hingewiesen werden.

Die im Blute unter physiologischen Verhältnissen vorkommenden Gase ind Sauerstoff, Kohlensäure und Stickstoff nebst Spuren von Argon (und anderen Edelgasen) und vielleicht auch Kohlenoxyd. Spuren von Wasserstoff und Sumpfgas kommen auch bisweilen vor. Der Stickstoff kommt in nur sehr kleiner Menge, im Mittel zu 1,2 Vol. Prozent (in dem Folgenden nur p. c. geschrieben), die Menge wie überall in dem Folgenden bei 0° C und 760 mm Hg-Druck berechnet, vor. Der Stickstoff scheint im Blute wenigstens zum unverhältnismäßig größten Teil einfach absorbiert zu sein. Er scheint, ebenso wie das Argon, dessen Menge etwa 0,04 p. c. beträgt, keine direkte Rolle in den Lebensvorgängen zu spielen, und seine Menge scheint in dem Blute verschiedener Gefäßbezirke annähernd dieselbe zu sein. *Menge des Stickstoffes*

Anders verhält es sich mit dem Sauerstoffe und der Kohlensäure, deren Mengen bedeutenden Schwankungen unterliegen, nicht nur in dem aus verschiedenen Gefäßbezirken stammenden Blute, sondern auch infolge mehrerer Verhältnisse, wie einer verschiedenen Zirkulationsgeschwindigkeit und Lungenventilation, einer verschiedenen Temperatur, Reaktion des Blutes, Ruhe und Arbeit usw. Der am meisten hervortretende Unterschied im Gasgehalte betrifft das arterielle und das venöse Blut.

Die Menge des Sauerstoffes im Menschenblut wird jetzt für klinische Zwecke nach Punktion der betreffenden Gefäße, sowohl der Venen wie der Arterien (HÜRTER, STADIE)[1]) bestimmt, wobei die modernen Mikromethoden zur Anwendung kommen (BARCROFT, VAN SLYKE)[2]).

Der Sauerstoffgehalt des arteriellen Blutes hängt vor allem von dem Hämoglobingehalt des Blutes ab, da 1 g Hämoglobin höchstens 1,34 ccm Sauerstoff binden kann. Hierzu kommt die physikalisch gelöste, recht geringfügige Menge, etwa 0,29 p. c. bei einem Sauerstoffpartiardruck von 100 mm Hg. Unter normalen Verhältnissen kann das Blut bei dem in den Lungen herrschenden Sauerstoffdruck zwischen 17,5 und 21,4 p. c. Sauerstoff aufnehmen (LUNDSGAARD)[3]). Die prozentuelle Sättigung des normalen arteriellen Menschenblutes ist etwa 95,5 (HARROP)[4]), mit Wechslungen zwischen 85 und 98 (STADIE). Das schon vor längerer Zeit von LOEWY[5]) angegebene Mittel von 18 p. c. für den Sauerstoffgehalt des arteriellen Menschenblutes hat sich also gut bewährt. Durch Einatmen sauerstoffreicherer Luftgemische kann die prozentuelle Sättigung des arteriellen Blutes bis zu 99—100 gesteigert werden (MEAKINS)[6]). *Menge des Sauerstoffes im arteriellen Blut.*

Von STADIE und MEAKINS (a. a. O.) ist gezeigt worden, daß bei verschiedenen pathologischen Zuständen, z. B. Pneumonie, das prozentuelle Sättigungsdefizit des arteriellen Blutes häufig gesteigert wird, was leicht zu einer ungenügenden Versorgung der Gewebe mit Sauerstoff (Anoxämie) führt. Durch Sauerstoffatmung kann dabei häufig der normale Sauerstoffgehalt des arteriellen Blutes wieder hergestellt werden.

Als Durchschnittswert für den Sauerstoffgehalt des venösen Menschenblutes wurde von LUNDSGAARD an normalen Menschen 13,7 p. c. gefunden, mit Wechslungen zwischen 9,55 und 16,84. *Menge des Sauerstoffes im venösen Blut.*

Die in den Gewebs- und Lungenkapillaren vorsichgehende Dissoziation und Regeneration des Oxyhämoglobins, eine Reaktion, welche mit der Formel $Hb + O_2 \rightleftarrows HbO_2$ bezeichnet werden kann, wird in den Dienst des Organismus zur Deckung des Sauerstoffbedürfnisses der Gewebe durch verschiedene *Die Abhängigkeit der Sauerstoffbindung vom Sauerstoffdruck.*

---

[1]) HÜRTER, Deutsch. Arch. f. klin. Med. 108; STADIE, Proc. Soc. Exp. Biol. and Med. 1919 und Journ. Exp. Med. 1919. [2]) BARCROFT, The Resp. Function of the Blood, Cambridge 1914; VAN SLYKE, Journ. of biol. Chem. 30. [3]) Journ. Exp. Med. 27. [4]) Journ. Exp. Med. 30. [5]) Arch. f. Anat. u. Physiol. Physiol. Abt. 1904. [6]) Journ. of Path. a. Bact. 34.

Momente gestellt, von welchen das wichtigste ihre Abhängigkeit von dem
Sauerstoffdruck ist. Der höhere Sauerstoffdruck in den Lungenkapillaren
regeneriert das Oxyhämoglobin, das später in den Gewebskapillaren bei dem
da herrschenden niedrigeren Sauerstoffdruck mehr oder weniger Sauerstoff
abgibt, wodurch er zur Verfügung der Zellen gestellt wird.

In ihren Grundzügen wurde diese Abhängigkeit der Sauerstoffsättigung
des Hämoglobins von dem Sauerstoffpartiardruck recht früh festgestellt.
Es war leicht festzustellen, daß die pronzentuelle Sättigung des Hämoglobins
bei gesteigertem Sauerstoffdruck erst schnell und dann immer langsamer
zunimmt. Schon bei 10 mm Hg übersteigt die prozentuelle Sättigung einer
Hämoglobinlösung bei Körpertemperatur 50, und bei einem Sauerstoffdruck
von 30 mm Hg beträgt der Prozentgehalt mehr als 75. Wenn eine Lösung
von Oxyhämoglobin bei Körpertemperatur allmählich vermindertem Sauerstoffdruck unterworfen wird, gibt sie in Übereinstimmung hiermit recht wenig
Sauerstoff ab, ehe der Druck bis auf etwa 30 mm Hg erniedrigt worden ist.
Dann fängt die Sauerstoffabgabe an lebhaft zu werden, bis endlich aller Sauerstoff bei dem Druck 0 abgegeben ist. Wenn umgekehrt eine Lösung von
Hämoglobin allmählich gesteigertem Sauerstoffdruck ausgesetzt wird, findet
die größte Absorption von Sauerstoff zwischen 0 und 30 mm Hg statt.

Der Sättigungsgrad des Hämoglobins ist indessen nicht nur allein von
dem Sauerstoffdruck abhängig. In der Tat wird die Relation zwischen Sauerstoffdruck und Sättigungsprozent durch mehrere Faktoren beeinflußt. Die
sorgfältigen und wichtigen Untersuchungen, welche HÜFNER[1]) an reinen
Hämoglobinlösungen ausgeführt hat, sind dieses Verhältnisses wegen nicht
für das Blut gültig. wo neue auf die Form der Bindungskurve einwirkende
Faktoren hinzukommen. wie BOHR[2]) und seine Schüler und ZUNTZ und
LOEWY[3]) gefunden haben.

So haben BOHR, HASSELBALCH und KROGH[4]) gefunden, daß Wechslungen in dem Kohlensäuregehalt des Blutes die Sauerstoffbindungskurve
beeinflussen. was später von mehreren Forschern bestätigt worden ist. Diese
Abhängigkeit äußert sich in der Weise, daß das Blut bei einem konstanten
Sauerstoffdruck weniger Sauerstoff absorbiert, wenn der Kohlensäuregehalt
Abhängig-
keit der
auerstoff-
bindung
vom
Kohlen-
säure-
druck. größer ist. Man hat darin eine nützliche Regulation sehen wollen. Der in
den Gewebskapillaren gesteigerte Kohlensäuregehalt soll den Sauerstoff aus-
zutreiben behilflich sein. Und umgekehrt soll das Entweichen der Kohlen-
säure in den Lungen das Bindungsvermögen des Blutes für Sauerstoff steigern.
Andererseits soll nach HALDANE[5]) unter gewissen Verhältnissen das gesteigerte
Bindungsvermögen des Hämoglobins für Sauerstoff bei Erniedrigung des
Kohlensäuregehalts bisweilen ungünstig wirken können, indem die Abgabe
des Sauerstoffs an den Geweben in dieser Weise verhindert werden kann.
Sauerstoffhunger der Gewebe (Anoxämie) soll in dieser Weise entstehen können.
Dies ist der Fall, wenn durch kräftige Atmung viel Kohlensäure ausgetrieben
wird und die Blutreaktion dadurch in alkalischer Richtung verändert worden
ist (,,Alkalosis").

Es scheint sogar ein so intimer Zusammenhang zwischen der Dissoziationskurve des Hämoglobins im Blute und der daselbst herrschenden
Reaktion oder genauer ausgedrückt Wasserstoffionenkonzentration (Wasserstoffzahl, MICHAELIS) vorhanden zu sein, daß diese letztere eben durch eine
Untersuchung der Dissoziationskurve indirekt festgestellt werden kann (siehe
jedoch HASSELBALCH)[6]).

---

[1]) Arch. f. (Anat. u.) Physiol. 1890 u. 1894.   [2]) Vgl. NAGELS Handb. und KROGH,
Skand. Arch. f. Physiol. 16.   [3]) Arch. f. (Anat. u.) Physiol. 1904.   [4]) Zentralbl. f. Physiol. 17
und Skand. Arch. f. Physiol. 16.   [5]) Brit. Med. Journ. 1919.   [6]) Bioch. Zeitschr. 82.

Einen wichtigen Einfluß auf die Form der Dissoziationskurve des Oxy-hämoglobins üben die Konzentration und die Natur der gleichzeitig vor-handenen Salze aus, wie besonders BARCROFT[1]) und seine Mitarbeiter, welchen wir sehr genaue Untersuchungen über die Dissoziationskurve verdanken, bewiesen haben. So werden die Unterschiede zwischen den Dissoziations-kurven des Blutes und reiner Hämoglobinlösung und verschiedener Blut-arten häufig durch Unterschiede in dem Salzgehalte erklärt. Von diesem Verhältnis ausgehend, kann man einer Lösung von Menschenhämoglobin dieselbe Dissoziationskurve wie Hundeblut geben, wenn man die Salzkonzen-tration in den beiden Lösungen ähnlich macht. Der Einfluß der Salze beruht wahrscheinlich auf einer Veränderung des kolloidalen Zustandes des Hämo-globins. Vielleicht bilden sich auch unter Einwirkung der Salze Aggregate von zwei oder mehreren Hämoglobinmolekülen, welche in anderer Weise reagieren als die isolierten Moleküle.

Man hat endlich versucht, den Sättigungsprozent des Hämoglobins beim Menschen mathematisch zu formulieren. A. V. HILL[2]) gibt die folgende Formel an: $y = 100 \dfrac{kx^n}{1 - kx}$, wo y die prozentuelle Sättigung des Hämo-globins mit O_2, x die Tension des Sauerstoffs, k die Gleichgewichtskonstante und n eine andere Konstante bedeutet.

Zur näheren Beleuchtung der tatsächlichen Dissoziationsverhältnisse einer bestimmten Blutsorte möge eine an Pferdeblut bei 38[0] und konstanter Kohlensäurespannung von KROGH[3]) ausgeführte Reihe von Bestimmungen hier unten angeführt werden. Bei Berechnung der Zahlen in Kolonne 4 ist die bei 150 mm O-Druck chemisch gebundene Sauerstoffmenge gleich 100 gesetzt worden.

Spannung des Sauerstoffes in mm	in 100 ccm Blut		Sauerstoff aufgenommen	
	chemisch gebun-dener Sauerstoff	im Plasma ge-löster Sauerstoff	Prozent chem. gebunden	in 100 ccm Plasma gelöst
10	6,0	0,020	30,0	0,030
20	12,9	0,041	64,7	0,061
30	16,3	0,061	81,6	0,091
40	18,1	0,081	90,4	0,121
50	19,1	0,101	95,4	0,152
60	19,5	0,121	97,6	0,182
70	19,8	0,141	98,8	0,212
80	19,9	0,162	99,5	0,243
90	19,95	0,182	99,8	0,273
150	20,0	0,303	100,0	0,455

Aus der Tabelle ersieht man, daß selbst bei Sauerstoffspannungen, welche nur die Hälfte des Sauerstoffdruckes in der Luft betragen, das Hämoglobin zum allergrößten Teile mit Sauerstoff gesättigt ist. Die Dissoziation ist also bei 70—80 mm Druck nur wenig stärker als bei einem Drucke von 150 mm und sogar bei so niedrigem Druck wie 40—30 mm sind von der ganzen bei 150 mm chemisch aufnehmbaren Sauerstoffmenge noch 90—80 p. c. von dem Hämoglobin gebunden.

Als Durchschnittswert für den Kohlensäuregehalt des Menschenblutes hat man früher häufig 40 p. c. für das arterielle und 48 p. c. für das venöse Blut angegeben. Neuere Analysen an unmittelbar vorher durch Punktion gewonnenem Blute haben im allgemeinen höhere Werte ergeben. So fand HARROP[4]) bei 10 normalen Personen im arteriellen Blut 44,6—54,7 p. c. und

Abhängig-keit der Dissozia-tionskurve von den Salzen

Sauerstoff-bindung

Menge der Kohlen-säure.

---

[1]) BARCROFT, The Respiratory Function of the Blood. Cambridge 1914. [2]) Bioch. Journ. 7. [3]) Skand. Arch. f. Physiol. 16. [4]) Journ. Exp. Med. 30.

in venösem Blut 48,3—60,4 p. c. Als Durchschnittswert hat neulich v. SLYKE[1]) 50 p. c. für das arterielle und 55—60 p. c. für das venöse verwendet.

Von dem totalen Kohlensäuregehalt des venösen Blutes wird also nur etwa ein Fünftel in den Lungen eliminiert, was indessen nicht als ein Zeichen der Unvollkommenheit zu deuten ist. Die Kohlensäure ist nämlich nicht als ein ganz wertloses Stoffwechselprodukt zu betrachten. Sie spielt eine wichtige Rolle bei der Regulierung der für die chemischen Vorgänge im Organismus so wichtigen Wasserstoffionenkonzentration. Die Menge und die Existenzformen der arteriellen Kohlensäure sind dieser Aufgabe angepaßt und die Atmung ist so reguliert, daß unter normalen Verhältnissen der arterielle Kohlensäuregehalt konstant gehalten wird. Wenn dieser Gehalt durch willkürlich forcierte Atmung vermindert wird, wird die Atmung durch eine automatische Regulation nachher schwächer, bis der normale arterielle Kohlensäuregehalt wieder hergestellt ist. Man kann mit Rücksicht hierauf zwischen der Rest- oder Regulierungskohlensäure und der Exkretkohlensäure unterscheiden. Die Exkretkohlensäure tritt wie eine Welle auf, welche in den Gewebskapillaren entsteht und sich von da über den normalen Kohlensäurespiegel des Blutes bis zu den Lungenkapillaren bewegt, wo sie erlischt. Diese Welle ist indessen im Verhältnis zu der Tiefe des normalen Kohlensäurespiegels als relativ seicht anzusehen. Wenn man von dieser Betrachtung ausgeht, werden die Ausdrücke Spiegelfraktion und Wellenfraktion der Blutkohlensäure leicht begreiflich.

Verteilung er Kohlen- äure auf lutkörper- hen und Plasma. Schon durch ZUNTZ[2]), ALEXANDER SCHMIDT[3]) und FREDERICQ[4]) ist gezeigt worden, daß das Plasma (Serum) mehr Kohlensäure als die Blutkörperchen enthält. Durch JOFFE und POULTON[5]) wurde die Verteilung der Kohlensäure zwischen Blutkörperchen und Plasma im Menschenblut unter variierenden Bedingungen studiert. Menschliches Blut wurde bei 38° mit CO_2-haltigen Gasmischungen geschüttelt und die CO_2 einerseits im Gesamtblute, andererseits in dem nachher durch Zentrifugieren gewonnenen Plasma bestimmt. Einige Bestimmungen geschahen auch im Körperchenbrei. Das Blut enthielt 51 p. c. Blutkörperchen und 49 p. c. Plasma. Trotz dieses Übergewichtes der Blutkörperchen zeigte das Plasma bei allen vital vorkommenden Kohlensäure- und Sauerstoffspannungen mehr Kohlensäure als die Blutkörperchen.

Bei 40 mm Kohlensäuredruck fanden diese Autoren in einem Falle in 100 ccm arteriellem Blut 45 p. c. CO_2, wobei auf das Serum 25,9 und auf die Blutkörperchen 19,1 ccm kamen, also etwa 7 ccm mehr für das Serum. Wenn das Oxyhämoglobin in Hämoglobin verwandelt war, enthielt dasselbe Blut bei demselben Kohlensäuredruck 50,4 ccm CO_2, wovon 28,0 ccm auf das Serum und 22,4 auf die Blutkörperchen kamen. Die Reduktion des Oxyhämoglobins bewirkte also eine gewisse Änderung zugunsten der Blutkörperchen. Das Serum war jedoch immer 5,6 ccm reicher an Kohlensäure.

Es ist einleuchtend, daß Variationen in dem relativen Mengenverhältnis zwischen Blutkörperchen und Plasma die absoluten Verteilungswerte ändern müssen.

Bei Behandlung der Frage, in welchen Formen die Kohlensäure im Blut vorkommt, ist es angezeigt, zwischen den Verhältnissen einerseits für die Spiegelfraktion, andererseits für die Wellenfraktion zu unterscheiden.

Für beide Fraktionen gilt es freilich, daß die Kohlensäure in streng genommen vier Formen vorhanden sein muß, und zwar als Anhydrid (CO_2), als Hydrat (H_2CO_3), als Bikarbonat ($BHCO_3$) und als Karbonat (B_2CO_3),

---

[1]) Physiological Reviews 1921. [2]) Zentralbl. f. d. med. Wissensch. 1867. [3]) Ber. d. sächs. Gesellsch. d. Wiss. Math.-physikal. Kl. 1867. [4]) Recherches sur la constitution du plasma sanguin 1878. [5]) Journ. of Physiol. 54.

wobei B als Bezeichnung für ein monovalentes Alkalimetall, z. B. Na oder K, verwendet wird. Indessen dürfte die Karbonatform nur in winzigen Mengen vorhanden sein, wie z. B. aus BOHRS[1]) Untersuchungen hervorgeht und besonders von L. HENDERSON[2]) hervorgehoben worden ist. Das tatsächliche Vorhandensein von Kohlensäure im Blut, welche einen gar nicht unbedeutenden Druck ausübt, schließt die Gegenwart von Karbonat in größeren Konzentrationen aus. Schon bei einer CO_2-Spannung von 0,1 mm Hg werden 46,7 p. c. des in einer Lösung vorhandenen kohlensauren Natrons in Bikarbonat verwandelt. Bei einer Kohlensäurespannung von 12,5 mm Hg ist die entsprechende Prozentzahl 98, wenn man von einer etwa 0,15prozentigen Lösung von Na_2CO_3 ausgeht, also einer Lösung, welche der für Kohlensäurebindung im Blut vorhandenen Alkalimenge ungefähr äquivalent ist. Verschiedene Form der Blutkohlensäure.

Die Menge der Anhydridform (CO_2) der Kohlensäure im Blut ist nicht bekannt. Im Verhältnis zu der Menge der Hydratform (H_2CO_3) dürfte sie klein sein. Theoretische Gründe zwingen weiter zu der Annahme, daß ein aus dem Gleichgewicht $CO_2 + H_2O \rightleftarrows H_2CO_3$ bedingtes konstantes Verhältnis zwischen diesen beiden Kohlensäureformen besteht, was es bei der Behandlung der Bindungsverhältnisse der Kohlensäure im Blut berechtigt erscheinen läßt, die Totalmenge der freien Kohlensäure als in der Form von H_2CO_3 vorhanden anzusehen.

Als die beiden Hauptformen der Kohlensäure im Blut werden also mit Recht H_2CO_3 und $BHCO_3$ angesehen.

Obgleich sowohl die Spiegelfraktion wie die Wellenfraktion der Blutkohlensäure teils als freie Kohlensäure, teils als Bikarbonatkohlensäure vorhanden sind, ist es doch angezeigt zwischen ihnen zu unterscheiden, weil die mit ihnen zusammenhängenden Probleme nicht dieselben sind. Das Vorhandensein eines Teils der Spiegelfraktion als Bikarbonatkohlensäure ist z. B. nur ein anderer Ausdruck dafür, daß eine gewisse Menge Bikarbonat als ein normaler Blutbestandteil anzusehen ist. Daß auch ein Teil der Wellenfraktion in Bikarbonatform auftritt, veranlaßt dagegen die neuen Fragen, woher das Alkali stammt, das zur Neutralisierung dieser Kohlensäure dient und was sein Schicksal ist, wenn die Wellenkohlensäure in den Lungen abgegeben wird. Ohne jede Bedeutung für die Behandlung der Spiegelfraktion sind indessen diese Fragen nicht. Bei den unter gewissen Bedingungen eintretenden Veränderungen der Menge dieser Fraktion tauchen sie auch für sie auf. Spiegelfraktion und Wellenfraktion der Kohlensäure.

Die etwa 50 p. c. Kohlensäure, welche auf die Spiegelfraktion nach dem oben Mitgeteilten kommen, verteilen sich in der Weise zwischen dem H_2CO_3-Anteil und dem $BHCO_3$-Anteil, daß der erste nur $^1/_{18}$ des letzteren beträgt.

Der H_2CO_3-Anteil repräsentiert die physikalisch gelöste Kohlensäure und seine Menge wird teils von dem Kohlensäuredruck, teils von dem Absorptionskoeffizienten bestimmt, wobei mit BUNSEN unter dieser Bezeichnung das auf 0° und 760 mm Hg reduzierte Gasvolumen gemeint wird, das von der Volumeinheit Flüssigkeit bei einem Quecksilberdruck von 760 mm gelöst wird. Nach BOHR[3]) ist der Absorptionskoeffizient für Kohlensäure bei 38° 0,511 für das Blut, 0,450 für Blutkörperchen und 0,541 für das Plasma. Die Menge der im Blut gelösten Kohlensäure wird durch die folgende Formel angegeben, Relation zwischen freier und Bikarbonatkohlensäure.

$$s = \frac{100 \times p \times a}{760}$$

---

[1]) Skand. Arch. f. Physiol. **3.**   [2]) Ergebn. d. Physiol. **8.**   [3]) Skand. Arch. f. Physiol. **17.**

worin a den eben genannten Absorptionskoeffizienten für Blut bezeichnet,
also den numerischen Wert 0,511 hat, und worin p den im Blut herrschenden
Kohlensäuredruck angibt. Wenn man von einem Durchschnittswert von
40 mm Hg für die arterielle Kohlensäurespannung ausgeht, bekommt man
als Wert für die physikalisch gelöste Kohlensäure 2,7 p. c. Unter der Annahme, daß das Plasma und die Blutkörperchen je eine Hälfte des Blutes
ausmachen, kommt wegen des etwas größeren Absorptionskoeffizienten des
Plasmas etwas mehr als die halbe Menge der physikalisch gelösten Kohlensäure
auf das Plasma.

Der Rest, also etwa 47 p. c., repräsentiert die Bikarbonatkohlensäure.
Im allgemeinen wird dieser letzte Anteil in der Weise berechnet, daß man
die totale Kohlensäuremenge des Blutes bestimmt und nachher die wie oben
berechnete gelöste Menge abzieht. Solche Bestimmungen sind im großen
Umfang ausgeführt worden, nachdem HASSELBALCH[1]) gezeigt hat, daß die
einfachste Weise die Reaktion des Blutes, also seine Wasserstoffionenkonzentration zu bestimmen eben darin liegt, daß man teils die Menge der freien,
teils die Menge der bikarbonatgebundenen Kohlensäure bestimmt. Durch
die Relationszahl dieser beiden Anteile der Kohlensäure ist die Reaktion
eindeutig bestimmt. Es ist indessen nicht ganz entschieden, ob man von
einer einheitlichen Wasserstoffionenkonzentration des Blutes sprechen kann.
Vielleicht ist sie für das Plasma nicht ganz dieselbe wie für die Blutkörperchen
(CAMPBELL und POULTON)[2]).

*(marginal note: ie Bestim-
nung der
Wasser-
toffionen-
onzentra-
tion.)*

Daß die Hauptmenge der Kohlensäure nicht als physikalisch absorbiert
betrachtet werden kann, hat man schon lange erkannt. Eine Lösung von
50 Volumenprozent Kohlensäure in Wasser würde einen viel größeren Kohlensäuredruck (bei 38° 682 mm Hg) als den tatsächlichen Druck der Blutkohlensäure von etwa 40 mm für ihr Bestehen erfordern. Das Vorhandensein
der Hauptmenge der Kohlensäure als Bikarbonat erklärt diesen niedrigen
Druck ohne Schwierigkeit.

Von einer einfachen Wasserlösung von Bikarbonat und freier Kohlensäure unterscheidet sich indessen das Blut dadurch, daß das Blut die ganze
Kohlensäuremenge im Vakuum abgibt, eine Erscheinung, die PFLÜGER[3])
schon früh gefunden und ADOLPH[4]) neulich bestätigt hat. Eine Bikarbonatlösung gibt nämlich im Vakuum nur etwa die Hälfte ihrer Kohlensäure ab.

Daß wir es hier jedoch mit einer Bikarbonatlösung zu tun haben, ist
sicher und daß sie dessen ungeachtet ihre ganze gebundene Menge Kohlensäure
abgibt, hängt mit Verhältnissen zusammen, welche besser in Zusammenhang
mit der Wellenfraktion der Kohlensäure dargestellt werden können.

Wenn das Blut die Gewebskapillaren passiert, nimmt es etwa 5—10 p. c.
Kohlensäure auf. Diese Steigerung des Kohlensäuregehaltes geht vor sich,
ohne daß die Wasserstoffionenkonzentration dadurch nennenswert verändert
wird, was der Fall sein müßte, wenn diese Wellenfraktion der Kohlensäure
ausschließlich in physikalisch gelöster Form zu den Lungen geführt würde.

Wie FRIEDENTHAL vorgeschlagen hat, wird die Reaktion einer Flüssigkeit am besten durch Angabe ihrer Wasserstoffionenkonzentration angegeben,
auch wenn sie alkalisch ist und also mehr Hydroxylionen als Wasserstoffionen
besitzt. Die Größe der Wasserstoffionenkonzentration läßt sich zahlenmäßig
durch den auf die Wasserstoffionen bezogenen Normalitätsfaktor der betreffenden Lösung angeben, und dieser Faktor kann praktisch und einfach
in Form einer negativen Potenz von 10 geschrieben werden. SÖRENSEN[5])

---

[1]) Bioch. Zeitschr. 78.   [2]) Journ. of Physiol. 54.   [3]) Über die Kohlensäure des
Blutes. Bonn 1864.   [4]) Journ. of Physiol. 54.   [5]) Ergebn. d. Physiol. 12.

hat vorgeschlagen, als Maß für die Größe der Wasserstoffionenkonzentration einfach den numerischen Wert des Exponenten der oben erwähnten Potenz von 10 zu benutzen und für diesen Exponenten den Namen „Wasserstoffionen- exponent" und die Bezeichnung pH anzuwenden. Unter Anwendung dieser Bezeichnung erhält man als Normalwert für die Reaktion des Blutes (siehe JARLÖV)[1]) 7,32—7,33.

Der Wasser-
stoffionen-
exponent
des Blutes.

Bei dem Durchgang des Blutes durch die Kapillaren wird dieser Exponent nach PARSONS[2]) nur mit 0,02 verändert und PETERS und BARR[3]) sind zu noch niedrigeren Werten. 0,01−0,00. für die Exponentveränderung gekommen.

Da, wie oben erwähnt. der Wasserstoffionenexponent ein Ausdruck für die Relation zwischen der freien und der bikarbonatgebundenen Kohlensäure ist, kann die in den Kapillaren aufgenommene „Wellenfraktion" diese Relation kaum verändert haben. Die durch den höheren Kohlensäuredruck in den Kapillaren gesteigerte Menge der physikalisch gelösten Kohlensäure muß offenbar durch eine Steigerung auch des bikarbonatgebundenen Teiles recht genau kompensiert werden. Es entsteht nun die Frage, woher das hierfür benötigte Alkali kommt.

Nach der am meisten gebräuchlichen Anschauung findet sich dieses in den Puffersubstanzen im Blute, Alkaliverbindungen schwacher Säuren, mit denen die Kohlensäure um das Alkali wetteifert. Bei dem größeren Partiardruck der Kohlensäure. wie er in den Geweben existiert, geben diese schwachen Säuren etwas von ihrem Alkali an die Kohlensäure ab, wobei Alkalibikarbonat sich bildet, während bei dem in den Lungen herrschenden niedrigeren Partiardrucke desselben Gases die Alkaliverbindungen der betreffenden schwachen Säuren unter Freiwerden und Entweichen der Kohlensäure rückgebildet werden.

Die Be-
deutung der
Puffersub-
stanzen.

Eine mathematische Behandlung der hierbei entstehenden Fragen rührt von PARSONS[4]) her. Er hat auch die Totalmenge des für diese Verteilung verfügbaren Alkalis bestimmt und den Wert $4,5 \times 10^{-2}$ normal-gefunden.

Wegen der Bedeutung dieser Alkalisalze schwacher Säuren kann man sie als indirekte Kohlensäureträger bezeichnen und man versteht also unter diesem Namen Substanzen, welche das Vermögen des Blutes steigern innerhalb des Reaktionsunterschieds zwischen arteriellem und venösem Blut Kohlensäure zu binden. Jeder Kohlensäureträger addiert also eine gewisse Menge Kohlensäure zu der Menge, welche schon durch physikalische Lösung innerhalb der tatsächlichen Reaktionsverschiebung des Blutes aufgenommen werden kann.

Die schwachen Säuren, mit welchen die Kohlensäure um das Alkali in Wettbewerb tritt, sind die Proteine in dem Plasma und die Phosphate und Proteine in den Blutkörperchen. Sowohl im Plasma wie in den Blutkörperchen haben wir auch in dem schon vorhandenen Bikarbonat der Spiegelfraktion eine Substanz, welche der Reaktionsverschiebung durch die Kohlensäure entgegenwirkt. Unter den Blutkörperproteinen scheint das Hämoglobin eine besonders große Rolle bei der Pufferwirkung zu spielen, was damit im Zusammenhang steht, daß dieser Stoff, wenn er von seiner oxydierten Form in die reduzierte Form übergeht, gleichzeitig von einer relativ kräftigen Säure zu einer relativ schwachen verändert wird. wodurch er einen Teil seines Alkalis an die Kohlensäure abgibt.

Die Puffer-
substanzen
des Blutes.

Wie die Alkalilieferung sich auf die verschiedenen Puffersubstanzen verteilt, ist wenig studiert worden. Die Bikarbonate spielen dabei eine recht

[1]) JARLÖV, Dissert. Kopenhagen 1919.   [2]) Journ. of Physiol. 51.   [3]) Journ. of biol. Chem. 45.   [4]) Journ. of Physiol. 53.

unbedeutende Rolle, was mit dem Überwiegen der Bikarbonate in dem numerischen Verhältnis $(BHCO_3):(H_2CO_3)$ in Zusammenhang steht. Der größte Widerstand gegen eine Reaktionsverschiebung wird nämlich von einem Gemisch, welches aus einer schwachen Säure und ihrem Alkalisalz zusammengesetzt ist, ausgeübt, wenn das oben bezeichnete Verhältnis gleich 1 ist. Und im Blut ist es 18:1. Eine etwas größere Rolle spielen die Phosphate, welche ja besonders in den Blutkörperchen zu finden sind. Bei einem Wasserstoffionenexponent von 7,35 ist die Relation $(Na_2HPO_4):(NaH_2PO_4)$ 3,55. Die Eiweißstoffe des Plasmas sollen nach BAYLISS[1]) ihr Alkali mit solcher Kraft festhalten, daß wenig davon zur Verfügung der Wellenfraktion der Kohlensäure steht. Wenn man mit einer in den Gewebskapillaren neu hinzugekommenen Menge Kohlensäure von 8—10 p. c. rechnet, scheinen nach einigen Berechnungen von VAN SLYKE[2]) etwa 0,5 p. c. auf die Bikarbonate, 1 p. c. auf die Eiweißstoffe und 2 p. c. auf die Zellenphosphate zu kommen, wenn man auch ihr Bindungsvermögen recht hoch schätzt. Der weitaus größere Teil, wenigstens 60 p. c. der ganzen Menge und wahrscheinlich mehr als 90 p. c. fallen auf das Hämoglobin.

Wenn sich auch dabei das Hämoglobin chemisch ganz anders verhält, so soll es nach dieser Anschauung bei der Bindung der Wellenfraktion der Kohlensäure doch eine quantitativ beinahe ebenso bedeutende Rolle spielen, als in seiner Eigenschaft als Sauerstoffträger.

Daß die Blutkörperchen eine wichtige Rolle bei dem Kohlensäuretransport spielen, wurde schon von ZUNTZ 1868 gezeigt. Er fand, daß das Totalblut häufig ein dreimal größeres Vermögen besaß, einen Kohlensäureüberschuß zu binden, als ein ebenso großes Volumen Serum. Von neueren Untersuchungen über dieses Verhältnis mögen die von JOFFE und POULTON[3]) angeführt werden. Sie sättigten teils Blut, teils Serum mit Kohlensäure unter verschiedenen Drucken und bestimmten nachher die unter den verschiedenen Drucken absorbierten Mengen Kohlensäure teils in dem Totalblut, teils in Serum, welches erst nach der Sättigung des Blutes mit Kohlensäure durch Zentrifugieren erhalten worden war, teils in Serum, das erst nach dem Trennen von den Blutkörperchen ins Gleichgewicht mit der Kohlensäure gelangt war. Sie beobachteten, daß das in Berührung mit den Blutkörperchen stehende Serum ein größeres Vermögen, Kohlensäure zu absorbieren hat, als das vor der Kohlensäurebehandlung abgetrennte Serum („homogenes Serum"). Die Steigerung des Bindungsvermögens des Plasmas gegenüber der Kohlensäure, wenn es in Berührung mit den Blutkörperchen steht, sucht man in der Weise zu erklären, daß die Blutkörperchen die Salzsäure aufnehmen und binden, die immer in winzigen Konzentrationen in dem Plasma unter der Einwirkung der Kohlensäure gebildet wird. Das von dem Chlor früher gebundene Alkali wird in dieser Weise der Bindung von Kohlensäure unter Bikarbonatbildung zugänglich.

Für eine solche Erklärung kann eine große Serie von Beobachtungen angeführt werden, welche von den grundlegenden Versuchen von ZUNTZ ausgehen und von HAMBURGER, GÜRBER, STRAUB und MEIER, HAGGARD und YANDELL, HENDERSON, VAN SLYKE und CULLEN, FRIDERICIA[4]) u. a. weitergeführt worden sind, und durch welche es jetzt als ziemlich sichergestellt

Die Bedeutung der Blutkörperchen für die Kohlensäurebindung.

---

[1]) Journ. of Physiol. 53. Siehe auch CAMPBELL u. POULTON, Journ. of Physiol. 54. [2]) Physiological Reviews 1921. [3]) Journ. of Physiol. 54. [4]) ZUNTZ, Zentralbl. f. d. med. Wissensch. 1867; GÜRBER, Sitzungsber. d. physik.-medizin. Gesellsch. Würzburg 28; STRAUB u. MEIER, Bioch. Zeitschr. 98; HAGGARD u. YANDELL HENDERSON, Journ. of biol. Chem. 45; VAN SLYKE u. CULLEN, Journ. of biol. Chem. 30; FRIDERICIA, Journ. of biol. Chem. 42.

angesehen werden kann, daß bei biologisch vorkommenden Änderungen in
dem Kohlensäuredruck, welche keine schädliche Wirkung auf die Blutkörperchen ausüben, der Chloridgehalt des Plasmas durch Steigerung des Kohlensäuredrucks vermindert wird und umgekehrt. FRIDERICIA fand z. B., daß
durch eine Steigerung dieses Druckes von 12,2 zu 43,1 mm Hg der Chloridgehalt, als NaCl berechnet, von 0,551 p. c. auf 0,526 p. c. sank.

In welcher Form das Chlor das Plasma verläßt, ist nicht entschieden,
ob als undissoziierte HCl- oder. als Cl-Ionen. Daß die Blutkörperchen für
Säuren durchlässig sind, ist festgestellt. Die Annahme, daß das Chlor in
Form von Chlorionen in die Körperchen eintritt, ist dagegen mit der Tatsache
nicht gut verträglich, daß die Anionen in den Körperchen von den Anionen
des Plasmas verschieden seien. Um die Steigerung des Vermögens Kohlensäure
zu neutralisieren, welche man in dem Plasma beobachtet, zu erklären, muß
man entweder einen Export von Wasserstoffionen nach den Blutkörperchen
oder einen Import von Hydroxylionen von da nach dem Plasma annehmen,
wobei diese reaktionsbedingenden Ionen entweder in aktueller oder potentieller
Form ihre Wanderung ausführen können. Der Chlorionentransport dürfte
nur als eine diesen Transport der reaktionsbedingenden Ionen begleitende
Erscheinung zu deuten sein, welche indessen die Entdeckung des diesbezüglichen Mechanismus erleichtert hat.

Die durch den Kontakt mit den Blutkörperchen bedingte Steigerung
des Kohlensäurebindungsvermögens des Plasmas dürfte eine große Rolle spielen.
Nach VAN SLYKE und CULLEN hat der Cl-Austauschmechanismus 72 p. c.
der Kohlensäurebindung bedingt, wenn sie die Kohlensäurekonzentration des
Blutes von 0,0013 zu 0,0024 M, also innerhalb biologisch möglicher Grenzen
steigerten.

Experimente, welche FRITHIOF HOLMGREN unter LUDWIGS Leitung
schon in den 1860er Jahren ausführte, führten zu der Annahme, daß der Übergang des Hämoglobins in Oxyhämoglobin in irgend welcher Weise das Austreiben der Kohlensäure aus Blut erleichtere, was umgekehrt auch zu der
Annahme Anlaß gibt, daß die Reduktion des Oxyhämoglobins zu Hämoglobin
die Kohlensäurebindung des Blutes unterstütze. Lange bezweifelt, wurde dieser
Gedanke von HASSELBALCH[2]) wieder in die Diskussion eingeführt und wird
jetzt nach den Untersuchungen von CHRISTIANSEN, DOUGLAS und HALDANE[3]) Die Rolle
recht allgemein akzeptiert. Diese Autoren fanden, daß Blut bei 38⁰ und bei des Hämo
allen vital möglichen Kohlensäuredrucken (30—70 mm Hg) 5—6 p. c. mehr globins be
Kohlensäure absorbierte, wenn das Gasgemisch, mit welchem das Blut ins der Kohlen
Gleichgewicht versetzt wurde, aus $H_2 + CO_2$ bestand, als wenn es aus Luft säure
und CO_2 zusammengesetzt war. Als die einzig mögliche Wirkung des Wasser- bindung.
stoffs wird die Reduktion des Oxyhämoglobins zu Hämoglobin angesehen
und das Bindungsvermögen des Blutes muß also hierdurch gesteigert werden.
Hierdurch wird es dem Blute ermöglicht, bei der etwa 5—6 mm betragenden
Steigerung des Kohlensäuredrucks in den Gewebekapillaren die Wellenfraktion
der Kohlensäure aufzunehmen, was ohne Änderung des Blutfarbstoffes eine
Drucksteigerung von 15—16 mm gefordert hätte.

Dieses Verhältnis scheint dadurch bedingt zu sein, daß das Oxyhämoglobin eine stärkere Säure als das Hämoglobin ist. Ein Teil des Alkali, das
von dem Oxyhämoglobin festgehalten wird, wird bei der Umwandlung dieses
Stoffes in Hämoglobin für die Bindung der Kohlensäure verfügbar, und umgekehrt wird das bei der Kohlensäureabgabe in den Lungen freigemachte
Alkali von dem Oxyhämoglobin in Anspruch genommen. Ausgehend von

---

[1]) Journ. of biol. Chem. **30.**   [2]) Bioch. Zeitschr. **38.**   [3]) Journ. of Physiol. **48.**

Werten, welche von L. J. HENDERSON, CAMPBELL und POULTON herrühren, berechnet VAN SLYKE[1]), daß die Dissoziationskonstante des Oxyhämoglobins $6{,}9 \times 10^{-8}$ ist, während der entsprechende Wert für Hämoglobin nur $4{,}9 \times 10^{-8}$ beträgt. Das Totalalkali des Oxyhämoglobins in 100 ccm Blut scheint mit 99 ccm CO_2 äquivalent zu sein. Von diesem Betrag wird, wenn alles Oxyhämoglobin in Hämoglobin verwandelt ist, so viel verfügbar, daß damit 8,5 ccm Kohlensäure gebunden werden können. Da indessen gewöhnlich nur ein Drittel des Oxyhämoglobins in den Gewebskapillaren zu Hämoglobin verwandelt wird, so kann auch nur ein Drittel so viel Kohlensäure, also 2,83 ccm, von dem dabei freigemachten Alkali gebunden werden.

    Oben wurde hervorgehoben, daß die ganze Spiegelfraktion der Kohlensäure durch Vakuum weggetrieben werden kann, obgleich sie größtenteils aus Bikarbonat besteht, das ja sonst im Vakuum nur die Hälfte des totalen Kohlensäuregehalts abgibt. Die Erklärung liegt darin, daß wenn der Kohlensäuredruck erniedrigt wird, nehmen die anderen schwachen Säuren des Blutes in dem Wettstreite um das Alkali immer neue Mengen Alkali auf. Der Prozeß kommt unter solchen Umständen nicht unter Bildung von Karbonaten zum Stillstand, sondern geht weiter bis alle Kohlensäure ausgetrieben worden ist. Auch hierbei spielen die Blutkörperchen eine Rolle. Nur wenn die Blutkörperchen anwesend sind, wird alle Kohlensäure im Vakuum abgegeben.

    Der Theorie, daß alle gebundene Kohlensäure bikarbonatgebunden sei, steht eine andere Theorie gegenüber, nach welcher das alkalifreie Hämoglobin in ähnlicher Weise wie es Sauerstoff bindet, auch Kohlensäure dissoziabel binden soll. Als Urheber der Theorie dürfte SETSCHENOV[2]) angesehen werden können. Auf eigenen Untersuchungen gestützt, akzeptierte auch BOHR diese Bindungsweise für eine nicht unbeträchtliche Menge der Kohlensäure. Eine Zeit recht allgemein verlassen, hat diese Hypothese in den letzten Jahren mehr Aufmerksamkeit gefunden (BUCKMASTER)[3]). Verwandt damit ist die Auffassung, daß die Proteine des Plasmas in ähnlicher Weise Kohlensäure direkt binden sollen, wofür MELLANBY und THOMAS[4]) eingetreten sind. Im allgemeinen scheint man indessen zur Annahme zu neigen, daß das Vermögen des Hämoglobins und anderer Eiweißstoffe Kohlensäure zu binden erst bei Reaktionen und Kohlensäuredrucken, welche im Organismus nicht existieren, sich entwickelt. Die diesbezüglichen Fragen sind indessen noch nicht spruchreif.

(Randnotiz: ommt eine direkte Bindung er Kohlenäure durch Hämoobin oder Proteine vor?)

    Die normale Verteilung der Basen auf die verschiedenen Säuren im Blut, wie sie aus der obigen Darstellung hervorgeht, wird gestört, wenn unter abnormen und speziell pathologischen Verhältnissen neue Säuremengen in das Blut gelangen. Wenn es sich dabei, wie dies z. B. bei Diabetes der Fall ist, um starke Säuren (Azetessigsäure, β-Oxybuttersäure) handelt, muß dies schon aus allgemein chemischen Ursachen dazu führen, daß ein Teil des Alkali, der früher von der Kohlensäure gebunden war, von diesen Säuren unter Austreibung von Kohlensäure in Anspruch genommen wird. Dies bedingt eine Erniedrigung des Bikarbonatgehaltes des Blutes und würde also zu einer Verschiebung des Gleichgewichtes zwischen Bikarbonat und Kohlensäure und damit zu einer Reaktionsverschiebung führen, wenn nicht eine wichtige und empfindliche physiologische Regulation jetzt in Wirksamkeit trete. Durch gesteigerte Atmung wird das relative Übermaß an Kohlensäure schnell ausgetrieben. In der Tat ist diese, durch die Empfindlichkeit des Atmungszentrums für Wasserstoffionen (WINTERSTEIN, HASSELBALCH) bedingte Regulation so genau, daß das für die Blutreaktion maßgebende Gleichgewicht zwischen Kohlensäure und Bikarbonat während des Lebens kaum geändert

---

[1]) Physiological Reviews 1921. [2]) Mem. Acad. St. Petersburg **26** (1879). [3]) Journ. of Physiol. **51**. [4]) MELLANBY u. THOMAS, Journ. of Physiol. **54**.

wird. Dagegen wird bei solch abnormer Säuregefahr der Kohlensäuregehalt der im Gleichgewicht mit dem Blute stehenden Alveolarluft wesentlich vermindert. So fanden BEDDARD, PEMBREY und SPRIGGS[1]) bei Diabetes bisweilen nur 2 p. c. Kohlensäure in der Alveolarluft. In der Tat kann der betreffende Kohlensäuregehalt als ein Maß für eine abnorme Säurezufuhr zu dem Blute dienen.

Auch durch Ammoniakbildung und durch Exkretion eines sauren Harnes hilft sich der Organismus, die Säuren unschädlich zu machen.

Ein solcher Zustand von Anhäufung abnormer Säuren oder abnormer Säuremengen im Organismus wird Azidosis genannt. Im allgemeinen ist sie als spontan-pathologischer Zustand durch abnorme Säurebildung, seltener durch eine verzögerte Elimination oder verzögerte Neutralisation auch physiologisch gebildeter Säuremengen verursacht. Beinahe immer ist die Azidose „kompensiert" in der Meinung, daß keine Änderung der Wasserstoffzahl des Blutes damit verbunden ist. Durch Bestimmung der tatsächlichen Wasserstoffzahl des Blutes oder der „regulierten Wasserstoffzahl", wie sie von HASSEL-BALCH[2]) genannt worden ist, weil sie das Endresultat der diesbezüglichen regulierenden Kräfte des Organismus repräsentiert, kann man daher eine bestehende Azidosis nicht entdecken. Dagegen gibt wenigstens im allgemeinen die „reduzierte Wasserstoffzahl" darüber Auskunft. Unter diesem Namen versteht HASSELBALCH die Wasserstoffzahl, welche erhalten wird, nachdem das Blut ins Gleichgewicht mit einer Atmosphäre von 40 mm Kohlensäurespannung gebracht worden ist; also einer Kohlensäurespannung, welche für normale Individuen charakteristisch ist. Wenn es sich um Blut handelt, das durch Austreiben von Kohlensäure und Senkung der Kohlensäurespannung seine Wasserstoffzahl beibehalten hat, muß es jetzt bei dieser höheren Kohlensäurespannung in vitro eine Reaktionsverschiebung zeigen und die dabei auftretende Wasserstoffzahl wird also ein Maß für die Menge der anwesenden abnormen Säuren bilden.

Regulierte und reduzierte Wasserstoffzahl des Blutes.

Die Gase der Lymphe und der Sekrete.

Die Frage nach dem Gasgehalt und der Gasspannung der Lymphe und der Sekrete wurde während der letzten 40 Jahren recht wenig behandelt. Aus den älteren Untersuchungen (HAMMARSTEN[3]), DAENHARDT und HENSEN[4]), betreffend die Lymphe, PFLÜGER[5]) und KÜLZ[6]) betreffend die Sekrete und Exkrete, EWALD[7]) betreffend die Transsudate und Exsudate) scheint, was den Sauerstoffgehalt dieser Flüssigkeiten betrifft, hervorzugehen, daß sie höchstens Spuren von Sauerstoff enthalten. Spätere Untersuchungen von FREDERICQ[8]) ergaben, daß die Exkrete eine sehr niedrige Sauerstoffspannung, gewöhnlich unter 1 p. c. einer Atmosphäre zeigen. Nur für den Speichel haben PFLÜGER und KÜLZ einen beträchtlicheren Sauerstoffgehalt, 0,6—1 p. c. (?) gefunden.

Sauerstoffgehalt der Lymphe und der Sekrete.

Da die diesbezüglichen Flüssigkeiten keinen respiratorischen Farbstoff besitzen, ist es selbstverständlich, daß sie den Sauerstoff nur in physikalischer Lösung enthalten können, was den überhaupt möglichen Sauerstoffgehalt recht niedrig macht. Auch wenn sie bei dem alveolaren Sauerstoffdruck mit Sauerstoff gesättigt wären, würde dies, wenn wir von dem Absorptionsvermögen des Wassers ausgehen, bei 38° nur einen Sauerstoffgehalt von etwa 0,3 p. c. bedeuten. Die für den Sauerstoffgehalt und die Sauerstofftension dieser Flüssigkeiten vor allem maßgebende Sauerstofftension in den Geweben

[1]) Journ. of Physiol. 44—46. [2]) Bioch. Zeitschr. 74. [3]) Ber. d. k. sächs. Gesellschaft d. Wissensch., math.-phys. Kl. 23. [4]) VIRCHOSW Arch. 37. [5]) PFLÜGERs Arch. 1 u. 2. [6]) Zeitschr. f. Biol. 23. [7]) Arch. f. (Anat. u.) Physiol. 1873 u. 1876. [8]) Arch. internat. d. Physiol. 8.

dürfte nach neueren Anschauungen in den meisten Geweben etwas niedriger als die kapillare Sauerstofftension sein. Diese Sauerstofftension ist also jedenfalls deutlich positiv und man neigt daher jetzt zu der Auffassung, daß die bisherigen Angaben, daß der Sauerstoffdruck dieser Flüssigkeiten beinahe Null ist, nicht richtig sind. KROGH[1]) hat auch in einem Fall gefunden, daß frisch gelassener Harn einen Sauerstoffdruck von 20 mm Hg zeigte. In sehr verdünntem Harn hat er einen Druck von 35 mm Hg beobachtet und betrachtet diesen Wert als mit der aktuellen Tension in der Niere übereinstimmend. Die bisher gefundenen, wahrscheinlich zu niedrigen Werte ist KROGH geneigt durch einen Sauerstoffverbrauch in den Flüssigkeiten, ehe sie analysiert worden sind, zu deuten. Er hat selbst einen solchen Verbrauch im Harn gefunden.

Kohlen-
säuregehalt
er Lymphe
und der
Sekrete.

Viel höher ist der Kohlensäuregehalt der betreffenden Flüssigkeiten. HAMMARSTEN fand für die Hundelymphe 37,4—53,1 p. c., PFLÜGER fand in einer stark alkalischen Galle 19 p. c. auspumpbare und 54,9 p. c. festgebundene, in einer neutralen Galle nur 6,6 p. c. auspumpbare und 0,8 p. c. festgebundene Kohlensäure.

Der alkalische Speichel ist ebenfalls sehr reich an Kohlensäure. Als Mittel aus zwei von PFLÜGER ausgeführten Analysen ergab sich für den Submaxillarisspeichel des Hundes ein Gehalt von 27,5 p. c. auspumpbarer und 47,4 p. c. chemisch gebundener oder im ganzen von 74,9 p. c. Kohlensäure. In dem Parotisspeichel des Menschen fand KÜLZ[2]) in maximo 65,78 p. c. Kohlensäure, von denen 3,31 p. c. auspumpbar und 62,47 p. c. fest chemisch gebunden waren. Aus diesen und anderen Angaben über die Mengen der auspumpbaren und der chemisch gebundenen Kohlensäure in den alkalischen Sekreten folgt, daß in ihnen wenigstens nicht in merkbarer Menge irgend welche, den Eiweißkörpern des Blutserums analog, d. h. als schwache Säuren, wirkende Stoffe vorkommen.

Die sauren oder jedenfalls im allgemeinen nicht alkalischen Sekrete, Harn und Milch, enthalten dagegen bedeutend weniger Kohlensäure, die fast ihrer ganzen Menge nach auspumpbar ist und die zum Teil von dem Natriumphosphate locker gebunden zu sein scheint. Die von PFLÜGER in Milch und Harn für die Gesamtkohlensäure gefundenen Zahlen waren bzw. 10 und 18,1 bis 19,7 p. c. Nach L. VAN SLYKE[3]) beträgt indessen der Kohlensäuregehalt der frischen Kuhmilch nur 4—4,5 p. c. Die Spannung der Kohlensäure im Sekrete und Exkrete wurde von FREDERICQ[4]) untersucht. Er fand für Menschenharn 10 p. c., für Hundeharn 11 p. c., für die Galle von Hund, Ochs und Schwein 9 p. c., für Hundespeichel 10 p. c. und für den Hundepankreassaft 14 p. c., wobei alle Werte Prozente einer Atmosphäre bedeuten.

Wie der Gasgehalt und die Gasspannung der Sekrete und Exkrete von verschiedenen Variabeln abhängt, ist wenig bekannt. Was den Harn betrifft, dürfte der Kohlensäuregehalt großen Variationen unterworfen sein. Durch Fütterung mit Bikarbonat, wie es z. B. bei der SELLARDschen[5]) Retentionsprobe geschieht, kann die Menge der gebundenen Kohlensäure so hoch steigen, daß der Harn beim Zusatz von Säuren Kohlensäure in Blasenform entwickelt.

Gasgehalt
er Trans-
sudate.

Über den Gasgehalt pathologischer Transsudate liegen besondere Untersuchungen von EWALD[6]) vor. Er fand in diesen Flüssigkeiten von Sauerstoff nur Spuren oder jedenfalls nur sehr geringfügige Mengen, von dem Stickstoffe aber etwa dieselben Mengen wie im Blute. Der Gehalt an Kohlensäure

---

[1]) KROGH, The Respiratory Exchange of Animals and Man. London 1916. S. 77. [2]) KÜLZ, Zeitschr. f. Biol. 23. Es scheint, als wären die Zahlen von KÜLZ nicht bei 760 mm Hg, sondern bei 1 m berechnet worden. [3]) Journ. of biol. Chem. 42. [4]) Arch. internat. d. Physiol. 10. [5]) Bull. JOHNS Hopkins Hosp. 23. [6]) C. A. EWALD, Arch. f. (Anat. u.) Physiol. 1873 u. 1876.

war größer als in der Lymphe (von Hunden) und in einigen Fällen sogar größer als in dem Erstickungsblute (Hundeblut). Die Spannung der Kohlensäure war größer als im venösen Blute. In den Exsudaten nimmt der Gehalt an Kohlensäure, namentlich an festgebundener, mit dem Alter der Flüssigkeit zu, wogegen umgekehrt die Gesamtmenge Kohlensäure und besonders die Menge der fest gebundenen mit dem Gehalte an Eiterkörperchen abnimmt.

II. Der Gasaustausch zwischen dem Blute einerseits und der Lungenluft und den Geweben andererseits.

Besonders seit den Untersuchungen von PFLÜGER und seinen Schülern weiß man, daß die Oxydationen im Tierkörper nicht in den Flüssigkeiten und Säften verlaufen, sondern an die Formelemente und Gewebe gebunden sind. Es ist allerdings wahr, daß im Blute selbst Oxydationen verlaufen; aber diese Oxydationen rühren, wie es scheint, wesentlich von den Formelementen her und dürften nach MORAWITZ[1]) Untersuchungen nicht dem obigen Satz widersprechen, daß die Oxydationen fast ausschließlich in den Zellen verlaufen.

Ort der Oxydationen.

Der Gaswechsel in den Geweben, den man auch als „innere Atmung" bezeichnet hat, besteht hauptsächlich darin, daß aus dem Blute in den Kapillaren Sauerstoff in die Gewebe hinein wandert, während umgekehrt die Blutkohlensäure aus den Geweben in das Blut der Kapillaren übergeht. Der Gaswechsel in den Lungen, den man als „äußere Atmung" bezeichnet hat, muß umgekehrt, wie ein Vergleich der ein- und ausgeatmeten Luft lehrt, darin bestehen, daß das Blut aus der Lungenluft Sauerstoff aufnimmt und an dieselbe Kohlensäure abgibt. Dies schließt natürlich nicht aus, daß in den Lungen wie in jedem anderen Gewebe eine innere Atmung, also eine Aufnahme von Sauerstoff und Abgabe von Kohlensäure seitens der Gewebe stattfindet. Dieser Anteil der Lungen in der inneren Atmung wurde einst von BOHR und HENRIQUES[2]) recht hoch geschätzt. HENRIQUES[3]) hat später selbst gefunden, daß diese Anschauung sich nicht aufrecht halten läßt, was auch mit den Untersuchungen von EVANS und STARLING[4]) übereinstimmt.

Äußere und innere Atmung.

Welcher Art sind nun die bei diesem doppelten Gaswechsel sich abspielenden Prozesse? Ist der Gasaustausch einfach die Folge der ungleichen Spannung der Gase im Blute einerseits und Lungenluft bzw. Geweben andererseits? Gehen die Gase also, den Gesetzen der Diffusion entsprechend, von dem Orte des höheren Druckes zu dem des niedrigeren über oder sind hierbei auch andere Kräfte und Prozesse wirksam?

Triebkräfte des Gaswechsels.

Diese Fragen fallen der Hauptsache nach mit einer anderen, nämlich mit der nach der Spannung des Sauerstoffes und der Kohlensäure im Blute, bzw. in Lungenluft und Geweben zusammen.

Die ersten Versuche, die Gastensionen in der Lunge und im Blut zu bestimmen, wurden schon 1855 von BECHER[5]) in Zürich ausgeführt. Spätere Versuche von HOLMGREN (1865) im LUDWIGS Laboratorium machten es wahrscheinlich, daß die Kohlensäurespannung in der Lungenluft und in dem venösen Blut etwa dieselbe sei, wozu LUDWIG bemerkte, daß dies für eine ganz passive Rolle der Lunge bei dem Gasaustausch zu sprechen scheine. Neue Versuche von J. J. MÜLLER wurden indessen von LUDWIG[6]) als ein Beweis für eine aktive Sekretion der Kohlensäure durch die Lunge gedeutet, eine Auffassung, welche indessen von PFLÜGER und seinen Eleven STRASSBURG und WOLFF-

---

[1]) Arch. f. klin. Med. **103.** [2]) Zentralbl. f. Physiol. **6.** [3]) Bioch. Zeitschr. **71.** [4]) Journ. of Physiol. **46.** [5]) Siehe WOLFFBERG, PFLÜGERS Arch. **4.** [6]) Arbeiten aus d. physiol. Anst. zu Leipzig 1870.

Geschicht-
liches über
die Diffu-
sions- und
Sekretions-
theorie des
Lungengas-
wechsels. BERG [1]) auch unter Rücksichtnahme auf die Spannungsverhältnisse des Sauerstoffes einer Experimentalkritik unterworfen wurde, und durch welche die Diffusionstheorie des Gasaustausches eine Stütze erhielt. Im Jahre 1890 veröffentlichte BOHR [2]) eine Reihe von Untersuchungen mit gleichzeitiger Bestimmung der betreffenden Gastensionen im Blut und Lungenfeld und kam dabei zu der Auffassung, daß die Tension des Sauerstoffs im Blut bisweilen höher als in der Lungenluft ist, und daß umgekehrt die Kohlensäure in der Lungenluft bisweilen eine höhere Tension als im Blute zeigt, was ihm entschieden für die Sekretionstheorie zu sprechen schien. Vor allem durch FREDERICQ [3]) wurden die Versuche BOHRS einer scharfen Kritik unterworfen; andererseits fanden sie eine Stütze, wenigstens was die Sauerstoffaufnahme betrifft, in den seit 1897 veröffentlichten Versuchen von HALDANE [4]) und Mitarbeitern. Eine entscheidende Wendung nahm dieser Streit durch die mit verfeinerter Methodik ausgeführten Untersuchungen von A. und M. KROGH [5]) (1910). HALDANE änderte nun seine Ansicht dahin, daß eine aktive Sekretion des Sauerstoffs in das Blut hinein nur dann stattfindet, wenn der Spannungsunterschied zur Deckung des Sauerstoffbedürfnisses des Organismus nicht genügend ist. Dies soll bei anstrengender Arbeit und bei niedrigem äußeren Sauerstoffdruck der Fall sein. Neue Versuche von A. und M. KROGH [6]) scheinen auch diesem Standpunkt den Boden unter den Füßen entzogen zu haben. Zur Zeit dürfte die Diffusionstheorie allgemein akzeptiert sein. In diesem Streit hat auch die ZUNTZsche Schule, besonders LOEWY wichtige Gründe für die Diffusionstheorie geliefert [7]).

Zusammen-
setzung
er Respira-
tionsluft. Über die Zusammensetzung sowohl der atmosphärischen Luft wie auch der Exspirationsluft liegen zahlreiche Untersuchungen vor. Die atmosphärische Luft ist, wenn man von den Änderungen des Wasserdampfes absieht, sehr konstant zusammengesetzt, während die Exspirationsluft große Variationen darbietet. Von dem Gehalt an Wasserdampf abgesehen, ist die Zusammensetzung dieser Luftarten in Volumprozent:

	Sauerstoff	Stickstoff und Argon	Kohlensäure
Atmosphärische Luft . . .	20,95	79,02	0,03
Exspirationsluft, Mittelwert .	16,00	79,60	4,40

Die Steigerung des Stickstoffgehaltes in Exspirationsluft ist nur eine Konsequenz davon, daß das Totalvolumen der Luft durch die Respiration im allgemeinen vermindert wird, weil die Menge des absorbierten Sauerstoffes größer ist als die Menge der abgegebenen Kohlensäure. Bei einem mittleren Barometerstande von 760 mm entspricht der Partiardruck des Sauerstoffes in der atmosphärischen Luft einem Druck von rund 150 mm Hg.

Die Alveo-
larluft. Die Exspirationsluft ist indessen bekanntlich ein Gemenge von Alveolarluft mit den in den Luftwegen zurückgebliebenen Resten von inspirierter Luft, und für den Gasaustausch in den Lungen kommt also in erster Linie die Zusammensetzung der Alveolarluft in Betracht. Über die Zusammensetzung der letzteren beim Menschen liegen von verschiedenen Autoren ausgeführte Berechnungen vor. Aus dem von VIERORDT bei normaler Respiration gefundenen mittleren Kohlensäuregehalte der Exspirationsluft, 4,63 p. c., hat schon ZUNTZ [8]) den wahrscheinlichen Wert des Kohlensäuregehaltes in der Alveolarluft gleich 5,44 p. c. berechnet. Wollte man, von diesem Werte ausgehend, unter der Voraussetzung, daß der Stickstoffgehalt der Alveolarluft nicht wesentlich von dem der Exspirationsluft abweicht, den Mindergehalt der Alveolarluft an Sauerstoff, der Inspirationsluft gegenüber, gleich 6 p. c. annehmen, so würde also die Alveolarluft rund 15 p. c. Sauerstoff enthalten. Da der Totaldruck der Lungenluft, nach Abzug der Wasserdampftension von etwa 50 mm, zu rund 710 mm berechnet werden kann, würde also beim Menschen der Partiardruck des Sauerstoffes auf etwa 106 mm und derjenige der Kohlen-

---

[1]) PFLÜGERS Arch. 4 u. 6. [2]) Skand. Arch. f. Physiol. 2. [3]) Zentralbl. d. Physiol. 7. [4]) Journ. of Physiol. 20, 22, 44. [5]) Skand. Arch. f. Physiol. 23. [6]) Journ. of Physiol. 49. [7]) Siehe LOEWY in OPPENHEIMERS Handbuch 4, 1. [8]) Vgl. ZUNTZ, HERMANNS Handb. 4, 2, 105 u. 106.

säure auf etwa 45 mm anzusetzen sein. Später hat BOHR[1]) die folgende Formel für die Berechnung der Zusammensetzung der Alveolarluft gegeben:

$$x = \frac{AE - aI}{A - a}.$$

in welcher die prozentische Zusammensetzung eines Gases in der Aus- und Einatmungsluft mit resp. E und I bezeichnet wird und A das Volumen eines einzelnen Atemzuges und a das Volumen des schädlichen Raumes bedeutet.

Auf Grund mehrerer, an verschiedenen Personen ausgeführten Respirationsversuche hat darnach LOEWY[2]) Werte ausgerechnet, die für die alveolare Sauerstoffspannung meistens zwischen 101 und 105 mm Hg und für die alveolare Kohlensäurespannung zwischen 32 und 42 mm Hg sich bewegten.

Viel benutzt ist die direkte Methode zur Bestimmung der Alveolarluft, welche von HALDANE und PRIESTLEY[3]) angegeben worden ist. Teils nach einer Exspiration, teils nach einer Inspiration führt man eine tiefe und schnelle Exspiration durch eine mit einem Mundstück ausgerüstete lange Röhre aus. Sobald diese Exspiration beendigt worden ist, wird das Mundstück mit der Zunge geschlossen und dann wird eine Probe der Luft, welche sich in der Röhre unmittelbar vor dem Mundstück befindet, zur Analyse entnommen. Durch die tiefe Exspiration ist der schädliche Raum ausgewaschen worden und die am Ende der Exspiration ausgeatmete Luft, welche sich proximal in der Röhre befindet, kann als reine Alveolarluft angesehen werden. Die Werte wechseln, je nachdem man einen solchen Versuch nach einer Inspiration oder einer Exspiration macht. Man nimmt einen Mittelwert zwischen den so erhaltenen Werten. Für seine eigene Alveolarluft erhielt HALDANE einen Wert von 5,6 p. c. Kohlensäure, was einem Druck von 42,6 mm Hg entspricht. *(Randnotiz: Die Haldane-Priestley-Methode für Untersuchung der Alveolarluft.)*

Die Zusammensetzung der Alveolarluft wechselt indessen unter verschiedenen Bedingungen. Hierbei scheint der Kohlensäuregehalt oder noch exakter der Kohlensäuredruck in der Weise zu variieren, wie es für die Konstanz der Blutreaktion am besten ist. So fand DODDS[4]), daß schon die mit einer Mahlzeit verbundene Salzsäuresekretion eine solche Regulation der Atmung zustande bringt, daß der Kohlensäuredruck in den Alveolen gesteigert wird, was zur Kompensation der Alkalianhäufung im Blut dient. Umgekehrt wird der alveolare Kohlensäuredruck niedriger, wenn die Absonderung der alkalischen Digestionssäfte beginnt. *(Randnotiz: Wechslungen in der Zusammensetzung der Alveolarluft.)*

Indessen spielt auch die Reizbarkeit des Atemzentrums ein und die Größe der alveolaren Kohlensäurespannung kann daher nicht als allein abhängig von der H-Ionenkonzentration des Blutes angesehen werden (HASSELBALCH)[5]).

Einen großen Einfluß auf den Partiardruck des Sauerstoffs in der Alveolarluft übt eine Erniedrigung des äußeren Luftdruckes aus. In einem gewissen Grade kann jedoch die alveoläre Sauerstoffspannung durch Änderung der Atemgröße derart reguliert werden, daß bei stark herabgesetztem Sauerstoffgehalt der Inspirationsluft, die Alveolarluft, infolge Steigerung der Atemgröße, trotzdem denselben Sauerstoffgehalt wie bei höherem Sauerstoffpartiardruck der Inspirationsluft zeigen kann (LOEWY)[6]). So fand z. B. LOEWY denselben Sauerstoffgehalt, 6,1 p. c., in der Alveolarluft bei einem Sauerstoffgehalte der Inspirationsluft von 16 und von 10,15 p. c., weil die Atemgröße *(Randnotiz: Luftdruck und Atemgröße.)*

---

[1]) Skand. Arch. f. Physiol. 2.   [2]) OPPENHEIMERS Handb. 4, 1.   [3]) Journ. of Physiol. 32.   Siehe auch L. LOEB, Zeitschr. f. d. ges. exp. Med. 11.   [4]) Journ. of Physiol. 54. [5]) Bioch. Zeitschr. 46.   [6]) A. LOEWY, Unters. über die Respiration und Zirkulation usw. Berlin (Hirschwald) 1895; ferner Zentralbl. f. Phsyiol. 13, 449 und Arch. f. (Anat. u.) Physiol. 1900.

in letzterem Falle pro Minute 8,5 Liter gegenüber nur 4,9 im ersteren betrug.

Als unterste Grenze des Sauerstoffdruckes in der Alveolarluft, bei welcher der Stoffumsatz qualitativ und quantitativ normal ablaufen kann, hat A. LOEWY[1]) einen Druck gleich 30 mm Hg gefunden.

Mit den Gasspannungen, wie sie in der Alveolarluft gegeben sind, müssen nun die im Blute verglichen werden, wenn in den Mechanismus des Gasaustausches Einsicht gewonnen werden soll.

Für die Bestimmung der Gasspannungen im Blute verwendet man für diesen Zweck konstruierte Apparate.

Nach der aerotonometrischen Methode PFLÜGERS[2]) läßt man das Blut direkt aus der Arterie oder Vene durch ein Glasrohr fließen, welches ein Gasgemenge von bekannter Zusammensetzung enthält. Ist die Spannung z. B. der Kohlensäure in dem Blute größer als in dem Gasgemenge, so gibt das Blut an letzteres Kohlensäure ab, während es in entgegengesetztem Falle Kohlensäure aus dem Gasgemenge aufnimmt. Durch Analyse des Gasgemenges nach beendeter Blutdurchleitung läßt sich also feststellen, ob die Spannung der Kohlensäure im Blute größer, resp. kleiner als in dem Gasgemenge gewesen ist. Durch eine hinreichend große Anzahl von Bestimmungen, besonders wenn der Kohlensäuregehalt des Gasgemenges von Anfang an der wahrscheinlichen Tension dieses Gases im Blute möglichst genau entsprechend gewählt wird, kann auch auf diese Weise die Spannung der Kohlensäure im Blute ermittelt werden. Nach derselben Methode ist auch die Sauerstoffspannung bestimmt worden.

Mit einem solchen Hämataerometer hat BOHR[3]) Versuche über die Gasspannungen im zirkulierenden arteriellen Blut angestellt. Er ließ das Blut, dessen Gerinnung durch Injektion von Peptonlösung oder Blutegelinfus verhindert wurde, durch diesen Apparat aus der einen durchschnittenen Karotis in die andere zurück oder aus der Arteria cruralis in die entsprechende Vena cruralis zurückfließen. Während seiner Strömung durch den Apparat stand das Blut im Diffusionsaustausch mit da eingeschlossenen Gasgemengen, welche nachher analysiert wurden. HÜFNER[4]) und FREDERICQ[5]) haben indessen gezeigt, daß in diesen BOHRschen Versuchen vollständiges Gleichgewicht zwischen dem Gas in dem Apparate und den Gasen im Blut wahrscheinlich nicht eingetreten sei.

Endlich hat KROGH[6]) in seinem Mikrotonometer einen Apparat angegeben, der den höchsten Anforderungen entspricht. Ein Luftbläschen von wenigen Kubikmillimetern Rauminhalt wird in das strömende Blut gebracht, wo es in einigen Minuten eben wegen seines kleinen Volumens seine Gasspannung mit der des Blutes ausgleicht. Nachher wird das Luftbläschen in einer Meßkapillare analysiert.

Die aero-
tono-
metrischen
Methoden.

Schon aus den älteren Spannungsversuchen ging hervor, daß die Spannung des Sauerstoffes in dem arteriellen Blut eine verhältnismäßig hohe ist. So fand HERTER[7]) als Mittelwert für die Sauerstofftension im arteriellen Hundeblut 78,7 mm Hg und FREDERICQ[8]) fand einen Wert von 91—99m m., Werte, welche indessen gut mit einer Diffusionstheorie verträglich sind, da die alveolare Sauerstoffspannung unter gewöhnlichen Verhältnissen 100 mm Hg und mehr sein dürfte.

Sauerstoff-
spannung
im arte-
riellen Blut.

Endlich haben KROGHS[9]) Versuche ausnahmslos ergeben, daß die Sauerstoffspannung des arteriellen Blutes stets um 7,5—15 und in gewissen Fällen auch 20—25 mm Hg niedriger ist, wie die gleichzeitig bestimmte der Alveolenluft, die Kohlensäurespannung im Blute dagegen etwas, aber recht wenig höher, als in letzterer ist.

Wenn also die Tension des Sauerstoffes im Blut immer niedriger als diejenige in der Alveolarluft ist und wenn wenigstens die theoretische Möglichkeit da ist, daß die Sauerstoffaufnahme nur durch Diffusion zustande kommt, bleibt jedoch die Frage noch zu beantworten, ob die Diffusion auch quantitativ genügend ist, um die Sauerstoffaufnahme auch unter schwierigen

---

[1]) OPPENHEIMERS Handb. d. Biochemie IV. 1. S. 224. [2]) Siehe WOLFFBERG, STRASSBURG u. NUSSBAUM, PFLÜGERS Arch. 6 u. 7. [3]) Skand. Arch. f. Physiol. 2. [4]) Arch. f. (Anat. u.) Physiol. 1890. [5]) Zentralbl. f. Physiol. 7. [6]) Skand. Arch. 20 u. 23. [7]) Zeitschr. f. physiol. Chem. 3. [8]) Zentralbl. f. Physiol. 7 und Travaux du lab. de l'inst. de physiol. de Liège 5 (1896). [9]) Skand. Arch. f. Physiol. 23.

Verhältnissen, z. B. bei Muskelarbeit bei niedrigem Sauerstoffdruck, zu erklären. Und dieselbe quantitative Frage muß auch für die Kohlensäureabgabe beantwortet werden.

Die Gasmenge, die in einer bestimmten Zeit durch eine Membran diffundiert, ist von der Flächengröße und der Dicke der Membran, von dem Absorptionskoeffizienten für das betreffende Gas und von dem Spannungsunterschied an den beiden Seiten der Membran abhängig. Mehrere von diesen Faktoren sind, was die Lungen betrifft, schwierig zu bestimmen. Schon der am häufigsten angewendete Wert für die Ausdehnung der Atmungsfläche der Lungen, 90 qvm (ZUNTZ)[1], ist recht unsicher und wie ZUNTZ bemerkt, ein Minimalwert, da bei seiner Ausrechnung keine Rücksicht auf die Erscheinung genommen worden ist, daß die Kapillaren die Membran gegen den Alveolenraum vorwulsten. HÜFNER[2]) schätzt denselben Wert zu 140 qvm und die individuellen Variationen dürften so groß sein, daß man für individuelle Experimente nicht ohne weiteres einen Durchschnittswert anwenden kann. Auch der nicht selten angegebene Wert von 0,004 mm (HÜFNER) für den Diffusionsweg, also die Dicke der Alveolenwand und der Gefäßwand ist unsicher.

Die Diffusion der Gase durch die Membranen der Lungen.

LOEWY und ZUNTZ[3]) haben jedenfalls die Schnelligkeit der Diffusion von Kohlensäure und Stickoxydul durch die Froschlunge bestimmt und haben daraus die Schnelligkeit berechnet, mit welcher Sauerstoff durch die Respirationsmembran der Menschenlunge diffundieren muß. Sie schätzen, daß bei einer Druckdifferenz von 35 mm Hg 6,76 cmm Sauerstoff durch jeden qvcm der Alveolarwand passieren muß. Für die ganze Lungenfläche würde dies eine Absorption von 6083 ccm Sauerstoff bedeuten. Da die von einem ruhenden Menschen per Minute absorbierte Menge Sauerstoff nur etwa 300 ccm beträgt, sind nach ihnen offenbar die Diffusionsverhältnisse der Lungen so günstig, daß auch bei gesteigertem Sauerstoffbedürfnis und vermindertem Tensionsunterschied genügend Sauerstoff eindiffundieren kann. Für die Kohlensäure stellen sich die Verhältnisse noch günstiger. Dies Gas diffundiert durch eine feuchte Membran etwa 25mal schneller als Sauerstoff, so daß in der Tat eine Tensionsdifferenz von nur 0,03 mm Hg genügt, um 250 ccm Kohlensäure per Minute durch die Respirationsmembran zu treiben.

Von A. und M. KROGH wurde dieselbe Frage in der Weise in Angriff genommen, daß sie für das Kohlenoxyd bestimmten, wieviel von diesem Gase bei einem gewissen niedrigen CO-Druck in Alveolarluft von den Lungen aufgenommen wird. Die Bindungsweise des Kohlenoxyds berechtigt zu der Annahme, daß die Spannung dieses Gases im Blute als verschwindend klein, als Null angesehen werden kann. Die Spannung des Gases in den Alveolen repräsentiert also zur selben Zeit auch den Spannungsunterschied. In dieser Weise fanden sie, was sie die Lungendiffusionskonstante nennen, also die Menge eines bestimmten Gases, in ccm gemessen, welche per Minute und per mm Spannungsdifferenz von den Alveolen ins Blut hereindiffundieren kann. Da die Diffusion verschiedener Gase für eine Flüssigkeit ihrem Absorptionskoeffizienten proportional ist, läßt sich aus der Diffusionskonstante des Kohlenoxyds auch diejenige für Sauerstoff und Kohlensäure berechnen. Für den Sauerstoff betrug die Lungendiffusionskonstante bei normalen, gewachsenen Individuen 23,7—43,3 während der Ruhe und 37,0—56,1 während der Arbeit[4]). Die Berechnungen von A. und M. KROGH zeigen, daß die Diffusion unter solchen Verhältnissen genügt, um die höchste beobachtete Sauerstoffaufnahme,

Die Lungendiffusionskonstante nach A. und M. Krogh.

---

[1]) HERMANNS Handb. IV, 2, S. 90.   [2]) Arch. f. (Anat. u.) Physiol. 21.   [3]) Arch. f. (Anat. u.) Physiol. 1904.   [4]) Journ. of Physiol. 39.

pro Minute etwa 4 Liter, ebenso wie die Sauerstoffaufnahme bei Arbeit in verdünnter Luft zu erklären, z. B. die berechnete Sauerstoffaufnahme der Teilnehmer einer Expedition am Himalaya bei nur 312 mm Luftdruck.

Wenn z. B. die Tension des Sauerstoffes und der Kohlensäure in der Alveolarluft 107 bzw. 40 mm Hg ist und die entsprechenden Werte für das Venenblut 37 bzw. 46 mm sind, ist die größte Spannungsdifferenz 70 bzw. 6 mm. Während des Ausgleiches der Spannungsdifferenzen werden sie immer kleiner und man muß bei der Berechnung der Gasmengen, welche durch die

Die Zuläng-
ichkeit der
Diffusions-
theorie auch
für schwie-
rige Ver-
hältnisse. vorhandenen Spannungsdifferenzen durch die Lungen getrieben werden, Mittelwerte anwenden, welche der Berechnung zugänglich sind. Wenn ein Mittelwert von 55 mm vorliegt, können bei der oben angegebenen Größe der Lungendiffusionskonstante 1300—2380 ccm Sauerstoff per Minute absorbiert werden, und auch wenn die mittlere Spannungsdifferenz nur 15 mm ist, kann 355—650 ccm aufgenommen werden, was mehr ist, als der normale Stoffwechsel benötigt. Die Berechnung zeigt, daß der Körper auch dann, wenn die alveolare Sauerstoffspannung auf 40 mm fällt, durch Diffusion die nötige Sauerstoffmenge bekommen kann.

Zu ähnlichem Resultat kam auch BARCROFT mit Mitarbeitern[1]). Eine Versuchsperson verweilte 6 Tage lang in einem geschlossenen Zimmer, dessen Luft zum Schluß eine Sauerstoffspannung von nur 84 mm Hg aufwies. Eine am Ende des 6. Tages entnommene Probe des Blutes der Radialarterie zeigte einen Sauerstoffdruck, der kleiner als der alveolare war.

Auch für die Sauerstoff- und Kohlensäurespannung in venösem Blute, das vom rechten Ventrikel durch die Pulmonalarterie in die Lungen strömt, disponieren wir über an Menschen gewonnenen Werten. Unter Anwendung des Prinzipes, das zuerst von PFLÜGER und seinen Schülern WOLFFBERG und NUSSBAUM für Tierversuche eingeführt wurde, haben LOEWY und

Die Gas-
spannungen
im venösen
Blut. v. SCHROETTER[2]) 1905 einen Katheter in einen Bronchienast durch die Trachea eingeführt, wonach der Bronchienast durch einen aufblähbaren Tampon, der um den Katheter oberhalb seiner Mündung angebracht war, geschlossen wurde. Dadurch war die Luft in einem größeren Lungenabschnitt abgesperrt. Nachdem Spannungsgleichgewicht zwischen der abgesperrten Lungenluft und dem zu den Lungen strömenden Blut, also dem Pulmonalarterienblut eingetreten war, wurden durch eine Analyse der Luft die Spannungsverhältnisse der Gase im Pulmonalarterienblut bestimmt.

Im Jahre 1909 wurde von PLESCH[3]) eine andere, nachher viel benutzte Methode eingeführt. Er wendete sozusagen die Lungen in ihrer Gesamtheit als Tonometer an, indem er die Versuchspersonen in einen geschlossenen Gummisack hin und zurück atmen ließ, wobei jedoch der Versuch kürzere Zeit als ein normaler Kreislauf dauern mußte. Die von dem gewöhnlichen Ausgleich in den Lungen durch den Versuch gehinderte Blutmasse würde ja, wenn sie die Gewebskapillaren nochmals passiert hätte, mit abnormer Zusammensetzung zu den Lungen zurückkehren, wodurch man nicht die normalen Spannungswerte, sondern durch den Versuch veränderte Werte erhalten würde. Weitere Untersuchungen stammen von PORGES, LEIMDÖRFER und MARCOVICI[4]), von CHRISTIANSEN, DOUGLAS und HALDANE[5]), ebenso wie von FRIDERICIA[6]).

Die Durchschnittswerte für die Sauerstoffspannung wechselte bei drei von FRIDERICIA untersuchten Personen zwischen 35,1 und 44,9 und für die Kohlensäurespannung zwischen 45,2 und 46,6. Während einer genau ge-

---

[1]) BARCROFT, COOKE etc. Journ. of Physiol. 53. [2]) Zeitschr. f. exp. Path. u. Ther. 1. [3]) Zeitschr. f. exp. Path. u. Ther. 6. [4]) Zeitschr. f. klin. Med. 73 u. 77. [5]) Journ. of Physiol. 48. [6]) Bioch. Zeitschr. 85.

messenen Muskelarbeit von ca. 200 kgm pro Minute wurde die Sauerstoffspannung niedriger (35,2 gegen 44,5) und die Kohlensäurespannung höher
(52,2 gegen 46,3) gefunden.

Als Stütze der jetzt verlassenen Sekretionstheorie für den Gasaustausch in den
Lungen hat man einst die Zusammensetzung und das Verhalten der Gase in der Schwimmblase der Fische angeführt. Diese Gase bestehen aus Sauerstoff und Stickstoff mit
höchstens nur kleinen Mengen Kohlensäure. Bei Fischen, die in geringen Tiefen leben,
ist der Sauerstoffgehalt zwar gewöhnlich nicht höher als in der Atmosphäre; bei Fischen,
die in größeren Tiefen leben, kann er dagegen nach BIOT u. a. sehr beträchtlich werden
und sogar über 80 p. c. betragen. MOREAU hat ferner gefunden, daß nach Entleerung der
Schwimmblase mittels Troikart nach einiger Zeit in ihr neue Luft sich ansammelt, die
viel reicher an Sauerstoff als die atmosphärische ist und deren Gehalt daran sogar auf
85 p. c. ansteigen kann. BOHR, der diese Angaben weiter geprüft und bestätigt hat, fand
ferner, daß diese Gasansammlung unter dem Einflusse des Nervensystems steht, indem
sie nämlich nach Durchtrennung gewisser Zweige des Nervus vagus ausbleibt. Daß es
hier um eine Sekretion und nicht um eine Diffusion von Sauerstoff sich handelt, ist offenbar. In neuerer Zeit haben auch JAEGER [1], BAGLIONI und WOODLAND über die sekretorisch 'Tätigkeit der Schwimmblase weitere Aufklärungen geliefert.

Gase in der
Schwimm-
blase der
Fische.

Nach dem oben S. 689 von der inneren Atmung Gesagten muß diese
hauptsächlich darin bestehen, daß in den Kapillaren Sauerstoff aus dem
Blute in die Gewebe hinein überwandert, während umgekehrt Kohlensäure
aus den Geweben in das Blut übergeht.

Die Behauptung von ESTOR und SAINT PIERRE, daß der Sauerstoffgehalt des Blutes in den Arterien mit der Entfernung vom Herzen abnehme,
ist von PFLÜGER [2] als irrtümlich erwiesen worden, und die Sauerstoffspannung
im Blute bei dessen Eintritt in die Kapillaren muß also eine hohe sein. Für
die Abgabe von Sauerstoff an die Gewebe ist die Sauerstoffspannung des
Plasmas entscheidend, denn die Blutkörperchen enthalten nur einen Vorrat
an Sauerstoff, welcher in dem Maße, wie die Gewebe dem Plasma Sauerstoff
entziehen, wieder an das Plasma abgegeben wird. Diejenige Sauerstoffmenge,
welche im Plasma gelöst den Geweben zu Gebote steht, ist also von der Sauerstoffspannung im Blute und nur indirekt durch diese von der totalen Sauerstoffmenge des Blutes abhängig.

Innere
Atmung.

Besonders nachdem man gefunden hat, daß der Gastransport durch
die Lungen ein Diffusionsphänomen ist, liegt es am nächsten, den Gasaustausch zwischen dem Blut und den Gewebezellen auch als durch Diffusion
bedingt anzusehen. Diese ist auch die zur Zeit herrschende Anschauung.
Indessen liegen nur wenige Untersuchungen über die hierbei maßgebenden
quantitativen Verhältnisse vor.

Für die Größe der in der Zeiteinheit von dem Blute in den Zellen aus-
diffundierenden Menge Sauerstoff muß unter anderen Faktoren die Sauerstofftension in den Zellen eine wichtige Rolle spielen. Lange hat man nun allgemein angenommen, daß diese Tension in den Zellen sehr niedrig, praktisch
genommen gleich Null ist. Es scheint indessen nach neueren Untersuchungen,
daß nichts Allgemeines über dieses Verhältnis ausgesprochen werden kann.
In gewissen Zellen ist offenbar die Sauerstofftension recht hoch, wie z. B.
aus den Versuchen von GUSTAWA ADLER [3] und VERZÁR [4] hervorgeht. ADLER
fand durch Analyse einer Gasblase, welche durch Injektion in die Gewebe
verschiedener Insekten eingeführt wurde, daß sie, nachdem Gleichgewicht
mit den Gasen der Gewebe eingetreten war, eine recht hohe Sauerstoffspannung zeigte, bei einigen Raupen z. B. 12,8—18,8 p. c. einer Atmosphäre.

Und für die Glandula submaxillaris hat VERZÁR gefunden, daß ihre
Sauerstoffkonsumtion innerhalb weiter Grenzen von Änderungen des Sauer-

Die
Sauerstoff-
spannung
in den
Geweben.

[1] BIOT, vgl. HERMANNS Handb. d. Physiol. 4, Teil 2, S. 151; MOREAU, Compt.
Rend. 57; BOHR, Journ. of Physiol. 15; vgl. auch HÜFNER, Arch. f. (Anat. u.) Physiol.
1892; JAEGER, PFLÜGERS Arch. 94; BAGLIONI, Zeitschr. f. allg. Physiol. 8; WOODLAND,
Rep. Brit. Assoc. 1911; TOWER, Bull. of the United Stat. Fish Comm. 21.   [2] ESTOR
u. SAINT PIERRE bei PFLÜGER in seinem Arch. 1.   [3] Skand. Arch. f. Physiol. 35.
[4] Journ. of Physiol. 45.

stoffdruckes im Blute unabhängig ist. Wenn die Zellen unter normalen Verhältnissen allen ihnen zuströmenden Sauerstoff verbrauchen würden, was der Fall sein müßte, um die Sauerstofftension praktisch gleich Null zu halten würde sich als notwendige Konsequenz hiervon ergeben, daß eine Erschwerung der Diffusion eine Erniedrigung des Sauerstoffverbrauches mit sich bringen müßte. Dies war indessen nicht der Fall. Die Glandula submaxillaris muß daher einen beträchtlichen Sauerstoffdruck besitzen, der nur wenig unter dem venösen Sauerstoffdruck von etwa 44 mm Hg liegen kann.

In anderen Zellen dürfte der Sauerstoffdruck recht niedrig sein. So fand VERZAR, daß die Sauerstoffkonsumtion des Muskels mit sinkender Sauerstoffspannung des Blutes und mit der damit zusammenhängenden Erschwerung der Diffusion abnimmt. Und nach Untersuchungen von GAARDER[1]) muß der Sauerstoffdruck wenigstens eines Teiles der Karpfengewebe gleich Null sein, weil nur in dieser Weise der mit einem wachsenden Sauerstoffdrucke steigende Sauerstoffverbrauch zu erklären ist.

Wie KROGH[2]) hervorgehoben hat, führt die Annahme, daß die Sauerstoffspannung in der Muskulatur normal gleich Null ist, zu gewissen Schwierigkeiten, die bei Muskelarbeit vielleicht zehnmal gesteigerte Sauerstoffkonsumtion der Muskulatur zu erklären. Wie LINDHARD und KROGH gezeigt haben, ist während der Ruhe das venöse Blut zu etwa 65 p. c. mit Sauerstoff gesättigt, aber während der Arbeit kann wegen der so gesteigerten Sauerstoffkonsumtion die Sättigung bis auf 16 p. c. sinken. Die entsprechenden Sauerstoffdrucke sind 35 und 12 mm Hg. Während der Arbeit ist also trotz der Steigerung der Konsumtion der für die Diffusion in erster Linie verantwortliche Druckunterschied kleiner. Dieses paradoxe Verhältnis findet indessen seine Erklärung in der von KROGH entdeckten Regulation der Anzahl der für den Blutstrom zugänglichen Kapillaren. Bei Muskelarbeit wird eine große Anzahl vorher geschlossener Kapillaren aktiv geöffnet und der Diffusionsweg des Sauerstoffes wird in dieser Weise so viel kleiner, daß trotz der gesteigerten Konsumtion der Sauerstoffdruck in dem arbeitenden Muskel nahe demjenigen des Blutes liegt.

Bei der Sauerstoffversorgung der Gewebe spielt das Diffusionsvermögen des Sauerstoffes eine wichtige Rolle. Hierüber hat KROGH[3]) direkte Versuche angestellt. Als Maß dieses Vermögens verwendet er die Diffusionskonstante und versteht darunter die Anzahl ccm eines Gases bei 0° und 760 mm Hg, welche durch eine Membrane von 0,001 mm Dicke und 1 ccm Fläche in 1 Minute und einer Druckdifferenz von 1 Atm. diffundiert. Die absolute Diffusionskonstante für Sauerstoff beträgt bei 20° für Wasser 0,34, für Muskelsubstanz 0,14.

Die Diffusionskonstanten bei Diffusion in den Geweben.

Wenn man die Diffusionskonstante für Sauerstoff mit 1 bezeichnet, ist dieselbe für Kohlensäure nach verschiedenen Untersuchern 23—35,7 (siehe KROGH). Dies bedeutet, daß die in den Geweben gebildete Kohlensäure ohne jede Schwierigkeit ihren Weg zum Blut finden kann. Irgend eine größere Anhäufung von freier Kohlensäure dürfte daher nicht vorkommen.

Für das Studium der quantitativen Verhältnisse des respiratorischen Gaswechsels sind mehrere Methoden ersonnen worden. Hinsichtlich der näheren Details derselben muß auf ausführlichere Handbücher hingewiesen werden[4]), und es können hier nur einige der wichtigsten Methoden in den Hauptzügen eine kurze Erwähnung finden.

---

[1]) Bioch. Zeitschr. 89.   [2]) Journ. of Physiol. 52.   [3]) Journ. of Physiol. 52.   [4]) Siehe besonders ROBERT TIGERSTEDT, Respirationsapparate, in TIGERSTEDT, Handb. d. physiol. Methodik 1, 3; E. GRAFE, Die Technik der Untersuchung des respiratorischen Gaswechsels beim gesunden und kranken Menschen; ABDERHALDENS Handb. d. bioch. Arbeitsmeth. 7.

Methode von REGNAULT und REISET. Nach dieser Methode läßt man das Tier oder die Versuchsperson in einem geschlossenen Raum atmen. Die Kohlensäure entzieht man in dem Maße, wie sie gebildet wird, der Luft mittels starker Lauge, wodurch ihre Menge auch bestimmt werden kann, während der zu ersetzende Sauerstoff in genau gemessenen Mengen kontinuierlich zugeführt wird. Diese Methode, welche also eine direkte Bestimmung sowohl des verbrauchten Sauerstoffes wie der produzierten Kohlensäure ermöglicht, ist später von anderen Forschern, wie PFLÜGER und seinen Schülern, SEEGEN und NOWAK, HOPPE-SEYLER, ROSENTHAL, ZUNTZ und OPPENHEIMER und besonders von ATWATER und BENEDICT[1]) modifiziert und verbessert worden. Methode von Regnault und Reiset.

Methode von PETTENKOFER. Nach dieser Methode läßt man das Versuchsindividuum in einem Zimmer atmen, durch welches ein Strom atmosphärischer Luft geleitet wird. Die Menge der durchgeleiteten Luft wird genau gemessen. Da es nicht möglich ist, die ganze durchgeleitete Luft zu analysieren, so wird während des ganzen Versuches durch eine Nebenleitung ein kleiner Bruchteil dieser Luft abgeleitet, genau gemessen und bezüglich des Gehaltes an Kohlensäure und Wasser analysiert. Aus der Zusammensetzung dieser Luftportion wird der Gehalt der großen durchgeleiteten Luftmenge an Wasser und Kohlensäure berechnet. Der Sauerstoffverbrauch kann dagegen nach dieser Methode nicht direkt, sondern nur indirekt als Differenz berechnet werden, was ein Mangel dieser Methode ist. Auf demselben Prinzipe basiert der große Respirationsapparat von SONDÉN und TIGERSTEDT wie auch der von ATWATER und ROSA[2]). Methode von Pettenkofer

Methode von SPECK[3]). Für mehr kurzdauernde Versuche an Menschen hat SPECK folgendes Verfahren angewendet. Er atmet bei durch eine Klemme geschlossener Nase durch ein Mundrohr mit zwei Darmventilen in zwei Spirometerglocken, die ein sehr genaues Ablesen der Gasvolumina gestatten. Durch das eine Ventil wird aus dem einen Spirometer Luft eingeatmet und durch das andere geht die Exspirationsluft in das andere Spirometer hinein. Durch einen von dem Ausatmungsrohre abgezweigten Gummischlauch kann ein genau gemessener Teil der Ausatmungsluft in ein Absorptionsrohr übergeleitet und analysiert werden. Methode von Speck

Methode von ZUNTZ und GEPPERT[4]). Diese von ZUNTZ und seinen Schülern im Laufe der Zeit immer mehr vervollkommnete Methode besteht in folgendem. Das Versuchsindividuum inspiriert durch eine ins Freie führende, sehr weite Zuleitung frische atmosphärische Luft, wobei die in- und exspirierte Luft durch zwei Darmventile getrennt wird (Menschen atmen bei verschlossener Nase mittels eines aus weichem Gummi gefertigten Mundstückes, Tiere durch eine luftdicht schließende Trachealkanüle). Das Volumen der exspirierten Luft wird durch eine Gasuhr gemessen, ein aliquoter Teil dieser Luft wird aufgefangen und deren Gehalt an Kohlensäure und Sauerstoff bestimmt. Da die Zusammensetzung der atmosphärischen Luft innerhalb der hier in Betracht kommenden Grenzen als konstant anzusehen ist, so läßt sich sowohl die Kohlensäureproduktion wie der Sauerstoffverbrauch leicht berechnen (vgl. hierüber die Arbeiten von ZUNTZ und seinen Schülern). Methode von Zuntz und Geppert.

Die *Methode* von HANRIOT und RICHET[5]) zeichnet sich durch ihre Einfachheit aus. Diese Forscher lassen die gesamte Atemluft nacheinander durch drei Gasuhren gehen. Die erste mißt die Menge der inspirierten Luft, deren Zusammensetzung als bekannt und konstant angenommen wird. Die zweite Gasuhr mißt die Menge der exspirierten Luft und die dritte die Menge derselben Luft, nachdem sie durch einen geeigneten Apparat ihres Kohlensäuregehaltes beraubt worden ist. Die Menge der produzierten Kohlensäure und des verbrauchten Sauerstoffes lassen sich also leicht berechnen. Methode von Hanriot und Richet.

Besonders geeignet für eine klinische Messung des respiratorischen Gasaustausches scheint ein von BENEDICT angegebener, vereinfachter, tragbarer Atmungsapparat zu sein, welcher jedoch nur eine Bestimmung des verbrauchten Sauerstoffes beabsichtigt. Der Patient atmet wie in der Methode

---

[1]) Vgl. ZUNTZ in HERMANNS Handb. 4, Teil 2; HOPPE-SEYLER in Zeitschr. f. physiol. Chem. **19**; ROSENTHAL, Arch. f. (Anat. u.) Physiol. 1902; ZUNTZ u. OPPENHEIMER, Arch. f. (Anat. u.) Physiol. 1905 und Bioch. Zeitschr. **14**; ATWATER u. BENEDICT, zit. nach LOEWY in OPPENHEIMERS Handb. **4**, 142. Man vgl. auch KROGH, Wien. Sitz.-Ber. **115**, III und Skand. Arch. f. Physiol. **18** u. **30**; LILJESTRAND u. STENSTRÖM, Skand. Arch. f. Physiol. **39**. [2]) PETTENKOFERS Methode; vgl. ZUNTZ l. c., Fußnote 3, S. 817; SONDÉN u. TIGERSTEDT, Skand. Arch. f. Physiol. **6**; ATWATER u. ROSA, Bull. of Dep. of Agric. U.-St. Washington Nr. **63**. [3]) SPECK, Physiologie des menschlichen Atmens. Leipzig 1892. [4]) PFLÜGERS Arch. **42**. Vgl. auch MAGNUS-LEVY, in PFLÜGERS Arch. **55**, 10, wo die Arbeiten von ZUNTZ und seinen Schülern zitiert sind. Siehe auch FRANZ MÜLLER, ABDERHALDENS Handb. d. biol. Arbeitsmeth. **4**, 10 (1920). [5]) Compt. Rend. **104**; BENEDICT u. COLLINS, Boston M. a. S. Journ. **183**, 449 (1920).

von REGNAULT und REISET gegen einen geschlossenen Gasraum. Die Kohlensäure wird absorbiert und der verbrauchte Sauerstoff wird durch die Volumverminderung direkt gefunden, da ja die Stickstoffmenge keiner Änderung unterworfen ist. Besonders seit man gefunden hat, daß eine Hyperfunktion der Schilddrüse sich vielleicht am besten durch die Feststellung einer Steigerung in dem Grundumsatz bestimmen läßt, haben solche Bestimmungen großes klinisches Interesse bekommen. .

Anhang. Die Lungen und der Auswurf. Außer Eiweißstoffen und den Albumoiden der Bindesubstanzgruppe hat man in den Lungen Lezithin, Taurin (besonders in der Ochsenlunge), Harnsäure und Inosit gefunden. POULET[1]) glaubt eine besondere, von ihm „Pulmoweinsäure" genannte Säure

Bestand-teile. in dem Lungengewebe gefunden zu haben. Glykogen kommt in der Lunge des Embryo reichlich vor, fehlt wohl auch kaum in der Lunge Erwachsener. Zu den physiologischen Bestandteilen gehören auch die proteolytischen Enzyme, welche bei der Autolyse der Lunge (JACOBY) und nach FR. MÜLLER[2]) auch bei der Lösung der pneumonischen Infiltrationen wirksam sind.

Lunge. Nach N. SIEBER hat die Lunge die Fähigkeit, Neutralfette zu zerlegen, wogegen sie nach M. RIEHL[3]) nicht die Fähigkeit haben soll, Milchzucker zu invertieren.

Pigmente. Das schwarze oder schwarzbraune Pigment in den Lungen von Menschen und Haustieren besteht vorzugsweise aus Kohle, die aus rußhaltiger Luft stammt. Das Pigment kann aber auch zum Teil aus Melanin bestehen. Außer der Kohle können auch andere eingeatmete staubförmige Stoffe, wie Eisenoxyd, Kieselsäure und Tonerde in den Lungen sich ablagern.

Unter den in den Lungen bei pathologischen Zuständen gefundenen Stoffen sind besonders zu nennen: Albumosen (und Peptone?) bei der Pneumonie und bei Eiterung, Glykogen, ein von POUCHET bei Phthisikern gefundenes, von dem Glykogen verschiedenes, schwach rechtsdrehendes Kohlehydrat und endlich auch Zellulose, die nach FREUND[4]) in Lungen, Blut und Eiter von Tuberkulösen vorkommen soll.

Mineral-stoffe. In 1000 g Mineralstoffen der normalen Menschenlunge fand C. SCHMIDT NaCl 130, K_2O 13, Na_2O 195, CaO 19, MgO 19, Fe_2O_3 32, P_2O_5 485, SO_3 8 und Sand 134 g. Die Lungen eines 14 Tage alten Kindes enthielten nach OIDTMANN[5]): Wasser 796,05, organische Stoffe 198,19 und anorganische Stoffe 5,76 p. m.

Der Auswurf. Der Auswurf ist ein Gemenge von den schleimigen Sekreten der Respirationswege, dem Speichel und dem Mundschleime. Infolge hiervon ist seine Zusammensetzung eine sehr verschiedene, namentlich unter pathologischen Verhältnissen, wo verschiedenartige Produkte sich ihm beimengen. Die chemischen Bestandteile sind, außer etwa 95 p. c. Wasser, Mineralstoffe, Muzin und ein wenig Eiweiß und Nukleinsubstanz. Unter pathologischen Verhältnissen hat man Albumosen (und Peptone?), welche wohl meistens durch Bakterieneinwirkung oder Autolyse entstehen (WANNER, SIMON)[6]), flüchtige Fettsäuren, Glykogen, CHARCOT sche Kristalle und ferner Kristalle von Cholesterin, Hämatoidin, Tyrosin, Fett und Fettsäuren, Trippelphosphat u. a. gefunden.

Die Formbestandteile sind unter physiologischen Verhältnissen Epithelzellen verschiedener Art, Leukozyten, bisweilen auch rote Blutkörperchen

---

[1]) Zit. nach MALYS Jahresb. 18, 248. [2]) JACOBY, Zeitschr. f. physiol. Chem. 33; MÜLLER, Verhandl. d. Kongr. f. inn. Med. 1902. [3]) N. SIEBER, Zeitschr. f. physiol. Chem. 55; M. RIEHL, Zeitschr. f. Biol. 48. [4]) POUCHET, Compt. Rend. 96; FREUND, zit. nach MALYS Jahresb. 16, 471. [5]) SCHMIDT, zit. nach v. GORUP-BESANEZ, Lehrb., 4. Aufl., S. 727; OIDTMANN, ebenda 732. [6]) WANNER, Deutsch. Arch. f. klin. Med. 75; SIMON, Arch. f. exp. Path. u. Pharm. 49.

und verschiedene Arten von Pilzen. Bei pathologischen Zuständen können Formbe-
elastische Fasern, spiralige, aus einer muzinähnlichen Substanz bestehende ständteile.
Bildungen Fibringerinnsel, Eiter, pathogene Mikrobien verschiedener Art
und die oben genannten Kristalle vorkommen.

Die in dem Sputum anwesende organische Substanz kann in Fällen
von Tuberkulose oder Bronchiektasie 5—7 p. c. des totalen Kalorienumsatzes
repräsentieren.

Über das Sputum liegen schon große zusammenfassende Darstellungen vor[1]).

Die Lungensteine enthalten als anorganische Bestandteile hauptsächlich Kalzium Lungen-
und Phosphorsäure. Kieselsäure, welche nach ZICKGRAF ein wesentlicher und konstanter steine.
Bestandteil sein soll, kommt nach GERHARTZ und STRIGEL [2]) jedenfalls nicht konstant vor.

III. Wie kommen die physiologischen Oxydationsprozesse zustande?

Nachdem der Sauerstoff aus dem Blute in die Gewebe übergetreten ist,
werden hier sehr umfassende Oxydationen ausgeführt, welche in Verbindung
mit Spaltungsprozessen als schließliche Produkte Kohlensäure, Wasser, Harnstoff und andere Stoffe liefern. Von der Weise, auf welche der Organismus
so tiefgehende Oxydationen ausführt, weiß man sehr wenig. Schon lange
ist man aber bemüht gewesen, den Mechanismus der Oxydationsprozesse
aufzuklären. Man hat dabei besonders zu erklären, warum die Nährstoffe,
welche vom molekularen Sauerstoff bei niedriger Temperatur nicht angegriffen werden, im Organismus mit der größten Leichtigkeit bis zu den letzten
Endprodukten verbrannt werden.

Lange hat man die Ursache in einem besonderen Verhalten des Sauerstoffes innerhalb des Organismus gesucht.

So nahm SCHÖNBEIN (1846) die Gegenwart im Organismus von Sauerstoff
in einer für die Oxydation besonders geeigneten „ozonartigen" Form an [3]).

Diese „Ozontheorie" SCHÖNBEINS wurde bald verlassen. Niemals wurde Schönbeins
innerhalb des Organismus Sauerstoff in dieser Form angetroffen und man Ozon-
hat übrigens schwer zu verstehen, wie die sehr gut regulierten physiologischen theorie.
Oxydationserscheinungen durch ein so energisches Agenz wie Ozon zustande
kommen könnten.

Eine andere Erklärung, welche auf die Eigenschaften von Sauerstoff-
atomen in Statu nascendi beruht, wurde von HOPPE-SEYLER [3]) gegeben. Um
das Auftreten solcher Sauerstoffatome zu erklären, hat er auf die tatsächliche Hoppe-
Bildung von reduzierenden, leicht oxydierbaren Stoffen innerhalb des Or- Seylers
ganismus hingewiesen. Er nimmt weiter an, daß solche Stoffe den Sauerstoff Theorie.
in Atome zersprengen, wobei sie nur das eine aufnehmen. Das andere soll
im Augenblicke seines Entstehens für das Zustandebringen von Oxydationen
besonders befähigt sein.

Wie HOPPE-SEYLER griff auch TRAUBE [4]) zu der Annahme von leicht
oxydablen („autoxydablen") Substanzen, um die Oxydation der schwer
angreifbaren („dysoxydablen") Substanzen, wie es die Nährstoffe sind, zu
erklären. Er stellt sich indessen vor, daß nur ganze Sauerstoffmoleküle bei
der Autoxydation aufgenommen werden. Ein integrierender Teil seiner Traubes
Autoxydationstheorie ist auch die Annahme, daß das Wasser in den Verlauf Theorie.
einspielt, in der Weise, daß dabei eine Bildung von Wasserstoffsuperoxyd

[1]) FALK, Ergebn. d. Physiol. 9; v. |HOESSLIN, Das Sputum. Berlin 1921. [2]) H.
GERHARTZ u. A. STRIGEL, Beitr. z. Klin. d. Tuberkulose 10, wo auch ZICKGRAF zitiert
ist. [3]) Basler Verh. 1, 339 (1863); Sitz.-Ber. d. bayer. Akad. d. Wiss. 1, 274 (1863).
[3]) Zeitschr. f. physiol. Chem. 2, I (1878). [4]) Ber. d. d. chem. Gesellsch. 15—26 (1882—1893).

zustande kommt. Man kann den Reaktionsverlauf durch die folgende Gleichung veranschaulichen:

$$Ao + \begin{matrix} OHH \\ OHH \end{matrix} + \begin{matrix} O \\ \| \\ O \end{matrix} = A{<}\begin{matrix} OH \\ OH \end{matrix} + \begin{matrix} H-O \\ | \\ H-O \end{matrix}$$

wobei die autoxydable Substanz mit A bezeichnet worden ist. Das in dieser Weise gebildete Wasserstoffsuperoxyd kann nachher auch zur Oxydation dysoxydabler Substanzen verwendet werden. Von TRAUBE rührt auch der Gedanke her, den er schon 1858 ausgesprochen hat und 1877 näher ausführte, daß bei den physiologischen Verbrennungen Fermente („Oxydationsfermente") einspielen. Und in der folgenden Zeit hat man nach Oxydationsfermenten gesucht. Im Jahre 1891 hat so JAQUET[1]) gezeigt, daß die Oxydation von Benzylalkohol und Salizylaldehyd im Organismus durch wasserlösliche Fermente zustande kommt. Zwar ist eben für diesen Oxydationsprozeß später gezeigt worden, daß zwei Fermente, die Alkoholoxydase und die Aldehydase, einspielen, von welchen jedoch die Aldehydase vielleicht nicht als Oxydase von allen anerkannt wird. Mit den im Jahre 1894 begonnenen Untersuchungen

Die Oxy-dations-fermente Oxydasen). BERTRANDS[2]) wurde das Vorhandensein von spezifischen Oxydationsfermenten (von BERTRAND eben „Oxydasen" bezeichnet) sichergestellt. BERTRAND hat unter anderen die Tyrosinase entdeckt, das erste Oxydationsferment, für welches eine ausgeprägte Spezifizität gefunden wurde. Die Zahl der spezifischen Oxydasen hat in der Folge stark zugenommen. Hier mögen die Xanthinoxydasen, die Urikoxydasen, die Alkoholoxydasen und die Polyphenoloxydasen erwähnt werden.

In der Mitte der 1890er Jahre haben nun zur selben Zeit und voneinander unabhängig ENGLER und BACH[3]) eine neue Theorie für die Wirkungsweise des Sauerstoffes bei den physiologischen und überhaupt langsamen Verbrennungen entwickelt, welche mit den oben erwähnten Anschauungen TRAUBES verwandt ist und welche eine Zeitlang im Vordergrunde des Interesses

Engler-Bachs Theorie. gestanden ist. Nach dieser wirkt der Sauerstoff nicht in atomistischer Form, sondern in molekularer Form auf die autoxydablen Stoffe ein, und zwar als ungesättigter Komplex $\begin{matrix} -O \\ | \\ -O \end{matrix}$, wobei Additionsprodukte vom Typus $A{<}\begin{matrix} O \\ | \\ O \end{matrix}$

oder vom Typus $\begin{matrix} A-O \\ | \\ A-O \end{matrix}$ entstehen.

Als ein spezieller Fall einer solchen Peroxydbildung kann das Auftreten von Wasserstoffsuperoxyd gemäß TRAUBES Vorstellung gelten. Wenn in dieser Weise ein Superoxyd AO_2 gebildet worden ist, kann nun eine zweite, an sich nicht autoxydable Substanz B von AO_2 im Sinne $AO + BO$ oxydiert werden.

Ein solcher Vorgang scheint z. B. vorzuliegen, wenn das von molekularem Sauerstoff nicht angreifbare Indigo in Gegenwart von Benzaldehyd oxydiert wird. Der Benzaldehyd geht namentlich durch Einwirkung des Luftsauerstoffes in Benzoylwasserstoffsuperoxyd über, welcher nun seinerseits (unter Bildung von Benzoesäure) auf Indigo oxydierend einwirkt.

ENGLER denkt sich auch die Möglichkeit, daß auch der Rest AO des

---

[1]) Arch. f. exp. Path. u. Pharm. **29**.   [2]) Compt. rend. Acad. Scienc. **118**.   [3]) Siehe ENGLER u. WEISSBERG, Kritische Studien über die Vorgänge der Autoxydation. Braunschweig 1904 und A. BACH, Die langsame Verbrennung und die Oxydationsfermente. Fortschr. d. naturwissenschaftl. Forsch. **1** (1910).

früheren Superoxyds AO_2 vielleicht auf ein weiteres Molekül einer dysoxydablen Substanz oxydierend einwirken kann, derart also, daß der „Autoxydator" regeneriert wird.

Diese Theorie wird von BACH und CHODAT in der folgenden Weise auf die physiologischen Oxydationserscheinungen angewendet.

Gewisse in den Zellen vorhandene Stoffe, wahrscheinlich von Eiweißnatur, haben das Vermögen, auf direktem oder indirektem Wege in Peroxydform überzugehen. Sie werden Oxygenasen genannt, eine Bezeichnung, welche indessen nicht so zu fassen ist, daß diese Substanzen Fermentcharakter haben. Von diesen Stoffen kann indessen der Superoxydsauerstoff durch besondere Enzyme, die Peroxydasen, auf andere Stoffe transportiert werden, wodurch also eine Oxydation stattfindet.

Oxygenasen und Peroxydasen.

In gewissem Zusammenhang zu der konstant in den Zellen vor sich gehenden Peroxydbildung soll das Vorkommen der Katalasen stehen, Enzyme, welche die Peroxyde unter Bildung von molekularem Sauerstoff (O_2) zu zerlegen vermögen. Ein Überschuß an Peroxyd soll in dieser Weise unschädlich gemacht werden.

Diese Superoxydtheorie von BACH fordert also für das Zustandekommen einer Oxydation zwei verschiedene, zusammenwirkende Agenzien, während die ältere Oxydaseauffassung mit einem einzigen auskommen konnte. Wenigstens für die Phenolase hat indessen BACH gefunden, daß sie nicht ein einheitliches Ferment ist, sondern eben aus Peroxydase und Oxygenase besteht.

Zur Stütze dieser Superoxydtheorie der physiologischen Verbrennungen kann man die allgemeine Verbreitung von Substanzen im Pflanzenreich anführen, welche das Vermögen besitzen, nach Zusatz gewisser isoliert nicht wirksamer Superoxyde Oxydationsprozesse auszulösen, Substanzen, welche auch die allgemeinen Eigenschaften von Enzymen besitzen. Auch im Tierreiche ist es gelungen, solche Substanzen zu finden. So haben v. FÜRTH und v. CZYHLARZ[1]) unter Anwendung der früher von BACH und CHODAT vielfach verwendeten Jodreaktion (Jodabspaltung aus angesäuerter Jodkaliumlösung bei Gegenwart von Wasserstoffsuperoxyd und Nachweis des freigemachten Jodes durch Stärkekleister) die Gegenwart von Peroxydasen in Leukozyten und lymphoiden Geweben sichergestellt. Und BATELLI und STERN[2]) haben unter Anwendung von Äthylhydroperoxyd, welches von der Katalase der Gewebe nicht angegriffen wird, was mit Wasserstoffsuperoxyd der Fall ist, gefunden, daß fast alle animalen Gewebe Peroxydasereaktion geben, indem freies Jod aus Jodwasserstoffsäure abgeschieden wird. BATELLI und STERN haben auch in verschiedenen Geweben Substanzen gefunden, welche in Gegenwart von H_2O_2 Ameisensäure unter Entwicklung von Kohlensäure abspalten.

Die Peroxydtheorie der physiologischen Oxydationserscheinungen arbeitet indessen mit großen Schwierigkeiten. Sie fordert auch das Vorhandensein von Stoffen von Peroxydnatur in den Geweben, den sog. Oxygenasen. Im allgemeinen ist es indessen nicht gelungen solche Peroxyde nachzuweisen, was ja freilich durch die außerordentlich labile Natur dieser Stoffe erklärt werden kann.

Aber auch die Enzymnatur der Peroxydasen ist strittig. Sicher ist, daß sowohl innerhalb des Organismus als außerhalb desselben andere Stoffe als Enzyme dieselben Wirkungen wie die mit dem Peroxydasenamen bezeichneten supponierten Enzyme ausüben können. Ein solcher Stoff ist das Hämoglobin und da das Vorhandensein dieses Stoffes gar nicht auf das Blut beschränkt ist, ist es nicht immer leicht gewesen, die Wirkungen der wirk-

---

[1]) HOFMEISTERS Beiträge 10.   [2]) Bioch. Zeitschr. 13.

lichen Peroxydasen von denjenigen dieser „Pseudoperoxydase" (v. Fürth)[1]) zu unterscheiden.

Metall-
verbin-
dungen. Die Rolle der supponierten Peroxydasen kann auch durch gewisse Metallverbindungen übernommen werden (Bach[2]). Dies ist der Fall bei der Oxydation gewisser Phenolsubstanzen. Bei der für Blutuntersuchungen häufig angewendeten Guajakreaktion, in welcher die Guajakonsäure im Guajakharz durch Oxydation blau gefärbt wird, und wobei das Terpentinöl das Peroxyd repräsentiert, in welcher Wirkung es durch Wasserstoffsuperoxyd ersetzt werden kann, wirkt der Blutfarbstoff durch seinen Gehalt an Eisen und kann durch viele andere Verbindungen des Eisens und anderer Metalle ersetzt werden[3]).

Nach einer von Bertrand[4]) geäußerten Ansicht liegt auch die Wirkung der pflanzlichen Oxydationsenzyme an deren Gehalt an Mangan. Von dieser Bertrandschen Ansicht ausgehend, stellte Trillat Lösungen aus Mangansalz, Alkali und kolloiden Stoffen her, welche wie Oxydationsenzyme wirkten[5]). Ähnliche „künstliche Oxydasen" stellte Dony-Hénault aus einer schwach Künstliche
Oxydasen. alkalischen, mit Gummilösung versetzten Auflösung eines Mangansalzes her[6]). Nach Euler und Bolin besitzen die Salze gewisser organischer Säuren das Vermögen, die Oxydationsfähigkeit von Mangansalzen auszulösen[7]). Ähnliche Beobachtungen wurden von Wolff gemacht[8]). Auch die Oxydation autoxydabler Substanzen kann durch die Gegenwart winziger Mengen Eisensalz begünstigt werden, z. B. die des Lezithins (Thunberg, Warburg und Meyerhof[9]), sowie die Oxydation gewisser Thioverbindungen[10]). Daß diese Ergebnisse nicht ohne weiteres zur Erklärung der Wirkungen der pflanzlichen Oxydationsenzyme verwendet werden können geht daraus hervor, daß es Bach gelungen ist, aus Pflanzen Enzyme herzustellen, welche von sowohl Mangan- wie Eisensalzen völlig frei waren.

Aber auch wenn man von dem Enzymcharakter der Peroxydasen ausgeht und auch das Vorhandensein gewisser Peroxyde innerhalb der Zellen nicht als ausgeschlossen ansieht, ist damit doch wenig für die Erklärung der wichtigsten physiologischen Oxydationserscheinungen gewonnen. Die Leistungen der bisher behandelten Enzyme erstrecken sich nicht auf die einfachen Nahrungsstoffe, besonders nicht auf die Aminosäuren, einfachen Kohlenhydrate, Fettsäuren und ihre nächsten Spaltungsprodukte.

In der letzten Zeit hat Wieland[11]) eine Oxydationstheorie aufgestellt, die die Ursache des Zustandekommens der Reaktion zwischen dem organischen Stoff und dem Sauerstoff nicht in einer Aktivierung des Sauerstoffes sucht, sondern in einer katalytischen Beeinflussung des zu oxydierenden Stoffes, durch welche Beeinflussung sein Wasserstoff aktiviert wird, so daß er mit gewöhnlichem Sauerstoff reagieren kann. Der Sauerstoff dient also dabei als Wasserstoffakzeptor, der jedoch um als solcher dienen zu können, eine kata- Wielands
Oxydations-
theorie. lytische Aktivierung des Wasserstoffes erfordert. Wenn diese Auffassung richtig ist, muß derselbe Katalysator, der eine in dieser Weise verlaufende Oxydation zustande bringt, auch andere Reaktionen bewirken können, welche für aktivierten Wasserstoff charakteristisch sind, wobei zur selben Zeit eine Dehydrogenisierung des Stoffes vor sich gehen muß, welche den aktiven Wasserstoff zur Verfügung stellt. In der Tat ist es Wieland gelungen nach-

---

[1]) v. Fürth, Probleme d. physiol. u. pathol. Chemie. II, S. 532. [2]) Ber.'d. d. chem. Gesellsch. 43, 366 (1910). [3]) C. E. Carlson, Zeitschr. f. physiol. Chem. 48, 69 (1906); P. Richter, Arch. d. Pharm. 244, 90 (1906). [4]) Compt. Rend. 124, 1032, 1355 (1897). [5]) Compt. Rend. 138, 274 (1904). [6]) Bull. acad. roy. de Belgique 1908, S. 105. [7]) Zeitschr. f. physiol. Chem. 57, 80 (1908). [8]) Ann. inst. Past. 24 (1910). [9]) Skand. Arch. f. Physiol. 24, 90 (1911); Zeitschr. f. physiol. Chem. 85, 412 (1913). Thunberg, Skand. Arch. f. Physiol. 30. [10]) Ber. d. d. chem. Gesellsch. 43, 364 (1910). [11]) Ber. d. d. chem. Gesellsch. 46. 3327. 1913.

zuweisen, daß auch ohne Gegenwart von Sauerstoff eine ganze Reihe sog. Oxydationen zustandegebracht werden können, wenn nämlich ein geeigneter Katalysator und ein geeigneter Wasserstoffakzeptor anwesend sind. Bei vollständiger Abwesenheit von freiem ·Sauerstoff ist es ihm z. B. durch Palladium, welcher Stoff sowohl als Katalysator wie auch als Wasserstoffakzeptor dient, gelungen, weitgehende Verbrennungen von organischen Stoffen zu bewirken. In anderen Fällen hat er Farbstoffe mit der Neigung, Wasserstoff aufzunehmen, als Wasserstoffakzeptoren benutzt. So ist es ihm bei niedriger Temperatur in Anwesenheit von Methylenblau gelungen, weitgehend Traubenzucker zu verbrennen, ohne daß freier Sauerstoff anwesend gewesen ist.

Diese Theorie von WIELAND hat THUNBERG angewendet, um einige von ihm entdeckten, nachher besonders von BATELLI und STERN und auch EINBECK studierten Oxydationserscheinungen zu erklären. Nachdem THUNBERG[1]) mit einem von ihm konstruierten Apparate zur Messung des respiratorischen Gasaustausches kleiner Organe und Organismen (Mikrorespirometer) gefunden hatte, daß die neutralen Salze gewisser ·organischer Säuren (Bernsteinsäure, Zitronensäure, Apfelsäure, Fumarsäure) die Sauerstoffaufnahme überlebender Froschmuskulatur mehr oder weniger fördern, haben BATELLI und STERN die Enzymnatur der dabei wirksamen Stoffe festgestellt und ihnen den Namen Oxydone gegeben[2]). EINBECK[3]) hat später gezeigt, daß wenn Muskelsubstanz auf Bernsteinsäure in Gegenwart von Sauerstoff einwirkt, Fumarsäure gebildet wird. Eben diese Reaktion, also die Fumarsäurebildung aus Bernsteinsäure unter Einwirkung von Sauerstoff ist chemisch schwer begreiflich, wenn man von den älteren Oxydationstheorien ausgeht. Die Fumarsäure ist zwei Wasserstoffatome ärmer als die Bernsteinsäure, aber es ist nicht bekannt, daß die Bernsteinsäure durch irgend ein Oxydationsmittel oder durch aktivierten Sauerstoff in Fumarsäure übergeführt werden könne. Unter solchen Umständen hat THUNBERG versucht, ob diese Umwandlung der Bernsteinsäure in Fumarsäure durch die WIELANDsche Theorie zu erklären wäre. Wenn dieser gemäß das dabei wirksame Ferment wasserstoffaktivierend wirkt, muß es auch bei Abwesenheit von Sauerstoff mit Bernsteinsäure andere Reaktionen des aktivierten Wasserstoffes geben. Dies ist in der Tat der Fall. Das Muskelferment bewirkt im sauerstofffreien Medium bei Gegenwart von Bernsteinsäure eine Entfärbung von Methylenblau, indem dieser Farbstoff unter Wasserstoffaddition in seine Leukoverbindung verwandelt wird. Daß hierbei nicht eine „hydroklastische" Oxydation vorliegt, also eine Oxydation auf Kosten von Sauerstoff aus vorher gespaltenen Wassermolekülen, hat THUNBERG zu zeigen versucht.

Das Enzym, das die Wasserstoffatome der Bernsteinsäure auf den Sauerstoff überführt, wird von THUNBERG eine „Hydrogenotransportase" genannt. Die in diesem Falle wirksame Hydrogenotransportase ist sehr spezifisch und kann ihren Wasserstoff kaum von irgend einem anderen Stoff als Bernsteinsäure beziehen. Das Enzym hat also den Charakter einer „Succinodehydrogenase".

Später hat THUNBERG eine Reihe solcher Enzyme entdeckt, welche auf andere organische Säuren oder Aminosäuren eingestellt sind. So kann durch solche Enzyme die indirekte Oxydation von Milchsäure, Oxybuttersäure, Apfelsäure, Zitronensäure und Glutaminsäure stattfinden, wobei aktivierter Wasserstoff unter Entfärbung von Methylenblau im sauerstofffreien Medium gebildet wird.

THUNBERG entwickelt im Anschluß hierzu die folgende allgemeine Auffassung des oxydativen Abbaues der einfachen Nahrungsstoffe.

---

[1]) Skand. Arch. 17, 23, 24, 25, 35, 40.　[2]) Siehe die zusammenfassende Darstellung von LINA STERN, Über den Mechanismus der Oxydationsvorgänge, Jena 1914. [3]) Zeitschr. f. physiol. Chem. 87 u. 90.

Die einfachen Nahrungsstoffe, wie Traubenzucker, Fette, Aminosäuren, welche den Zellen dargeboten werden, passieren eine ganze Reihe von Zwischen-

Die Theorie der Hydrogenotransportasen. stufen, ehe sie das Endstadium des Abbaues erreichen. Wenn man von hydrolytischen Spaltungen und intramolekularen Umlagerungen absieht und nur auf den oxydativen Abbau denkt, wird ein früheres Glied dieser Reaktionskette in ein späteres durch indirekte Oxydation, durch „Dehydrogenisierung" verwandelt. In gewissen Fällen mit Wasseraufnahme kombiniert, bewirkt die Dehydrogenisierung die Bildung wasserstoffärmerer bzw. sauerstoffreicherer Produkte. In Kombination mit einer Kohlensäureabspaltung bewirkt sie eine Verkürzung der Kohlenstoffkette.

Die WIELANDsche Oxydationstheorie erklärt das schon früh beobachtete Vermögen der Zellen Reduktionsprozesse zu bewirken und die Erscheinung, daß diese Reduktionen oft Hand in Hand mit Oxydationen gehen.

Zur Erklärung solcher Reduktionen hat man häufig besondere reduzierende Enzyme, sog. Reduktasen oder Hydrogenasen angenommen. Zu

Reduktasen. den letzteren wird von einigen das sog. „Philotion"[1] (DE REY-PAILHADE) gerechnet, eine besonders in Hefezellen vorkommende Substanz, welche bei Gegenwart von Schwefel und Wasser Schwefelwasserstoff entwickelt. Gewisse Reduktionen brauchen indessen für ihre Erklärung nicht die Annahme von Enzymen. Wie HEFFTER[2] gezeigt hat, gibt es in den Zellen Wasserstoffverbindungen, welche durch ihren sehr labilen Wasserstoff die Reduktion anderer Substanzen zustande bringen können. So reagiert das Zystein mit Schwefel unter Bildung von H_2S. Ähnlich wirkende Stoffe hat er in verschiedenen Organen und Organextrakten nachweisen können. Im Verhältnis zu den enzymatischen Reduktionen dürfte diese Reduktionsform durch Sulfhydrylwasserstoff eine kleinere Rolle spielen. Man hat jedoch mit der Möglichkeit zu rechnen, daß die reduzierenden Enzyme eben ihren labilen Wasserstoff in Sulfhydrylbindung halten.

Wie oben hervorgehoben wurde, hat schon HOPPE-SEYLER einen intimen Zusammenhang zwischen den in den Zellen vorsichgehenden Oxydations- und Reduktionsprozessen gefunden, obgleich er dabei nicht an eine Enzymwirkung gedacht hat. Für die Existenz von Enzymen, welche zur selben Zeit Oxydationen und Reduktionen bewirken können, sind besonders ABELOUS

Oxydoreduktionen. und ALOY[3] eingetreten, nachdem sie sowohl im Tierkörper wie bei den Pflanzen Enzyme gefunden haben, welche nach ihnen bei Gegenwart von gewissen sauerstoffhaltigen Substanzen (z. B. Nitraten oder Chloraten) den aus diesen freigemachten Sauerstoff auf Salizylaldehyd übertragen, wodurch Salizylsäure gebildet wird. Durch die gleichzeitigen Arbeiten von BATTELLI und STERN[4] und PARNAS[5] scheint hier eine sog. CANNIZZAROsche Umlagerung des betreffenden Aldehyds in Säure und Alkohol vorzuliegen $(2C_6H_4OH . COH + H_2O = C_6H_4OH . CH_2OH + C_6H_4OH . COOH)$.

Als eine andere „Oxydoreduktion" faßt man die „SCHARDINGERsche"[6] Reaktion" auf. SCHARDINGER beobachtete, daß ein Gemisch von Methylen-

[1] DE REY-PAILHADE, Recherches expér. sur le Philothion etc. Paris (G. Masson) 1891 und Nouvelles recherches sur le Philothion, Paris (Masson) 1892; Bull. soc. chim. (4) 1; POZZI-ESCOT, Bull. soc. chim. (3) 27 und Chem. Zentralbl. 1904, I, S. 1645; CHODAT u. BACH, Ber. d. chem. Gesellsch. 36; ABELOUS u. RIBAUT, Compt. Rend. 137 und Bull. soc. chim. (3) 31. E. RÖSING, Unters. über die Oxydation von Eiweiß in Gegenwart von Schwefel, Inaug.-Dissert., Rostock 1891. [2] Med.-naturw. Arch. 1, 81—104, Marburg; zit. nach Chem. Zentralbl. 2, 822 (1907); THUNBERG, Ergebn. d. Physiol. 11. [3] Compt. Rend. 138, 382 (1904); vgl. auch POZZI-ESCOT ebenda 138, 511. [4] BATTELLI u. STERN, Bioch. Zeitschr. 29 (1910). [5] PARNAS, Bioch. Zeitschr. 28 (1910). [6] SCHARDINGER, Zeitschr. f. Unters. d. Nahrungs- u. Genußm. 5, 22 (1902); TROMMSDORFF, Zentralbl. f. Bakt. 49, 291 (1909); BACH, Ber. d. d. chem. Gesellsch. 42, 4463 (1909); Bioch. Zeitschr. 31, 443, 33, 282, 38, 154 (1911).

blau und Formaldehyd in wäßriger Lösung bei 70° durch frische Milch in wenigen Minuten entfärbt wird. Besonders durch TROMMSDORFF ist festgestellt worden, daß hier eine enzymatische Reaktion vorliegt. Man faßt die Reaktion gewöhnlich als eine gekoppelte Reaktion auf, bei der Wasser zerlegt wird, in der Weise, daß der H an einen Akzeptor geht, der also reduziert wird, und der O an einen anderen Körper geht, der oxydiert wird. Für Oxydationen dieses Typus hat OPPENHEIMER[1]) den adäquaten Ausdruck „hydroklastische Oxydationen" geschaffen.

(Randnotiz: Schardingerreaktion.)

Wenn man von der Theorie WIELANDS ausgeht, ist es in den meisten Fällen unnötig, wenigstens eine primäre Spaltung eines Wassermoleküls anzunehmen, um das gleichzeitige Auftreten von Oxydation und Reduktion zu erklären. Dagegen dürfte für diese Theorie die Annahme einer mehr oder weniger festen Wasseraddition an den später Wasserstoff abgebenden Körper häufig nötig sein, um die Reaktionen zu erklären. So erklärt WIELAND den Übergang von Aldehyd in Säure durch Wasserstoffsubtraktion in der Weise, daß der Aldehyd in der Reaktion als Aldehydhydrat auftritt.

Gegen die WIELANDsche Oxydationstheorie sind unter anderen BACH[2]) und BATTELLI und STERN[3]) aufgetreten. BATTELLI und STERN sprechen sich in ihrer letzten Mitteilung für eine hydroklastische Reaktionsweise bei den gekoppelten Oxydoreduktionen aus.

Eine andere Oxydationstheorie rührt von WARBURG[4]) her. Nach ihm sind es zwei Mittel, deren sich die Zelle bedient, um die physiologische Oxydationserscheinungen zustande zu bringen, der Adsorption und der Schwermetalle. Die Zellatmung ist nach seiner Auffassung ein kapillarmechanischer Vorgang, der an den eisenhaltigen Oberflächen der festen Zellbestandteile abläuft. Er hat Modellversuche ausgeführt und dabei gefunden, daß wenn man Aminosäuren in Wasserlösung mit Blutkohle und Sauerstoff schüttelt, sie an der Kohlenoberfläche zu denselben Endprodukten wie in den lebenden Zellen verbrennen. Blutkohle enthält indessen stets kleine Mengen Eisen und so scheint es auch mit den Zellen der Fall zu sein. Die atmungshemmende Einwirkung der Blausäure soll dadurch zu erklären sein, daß sie das Eisen entionisiert. Überhaupt besteht eine intime Analogie zwischen der Adsorptionsverbrennung und der Zellatmung z. B. gegen Narkotika. Die durch sie bedingte Verminderung der Oxydationsschnelligkeit soll durch die von ihnen bewirkte Bedeckung der wirksamen Oberflächen zu erklären sein. — Endlich hat NATHANSOHN[5]), von der Auffassung ausgehend, daß die physiologische Verbrennung an der Mikrostruktur gebunden ist, für die Erklärung dieser Verbrennung die mit der Struktur zusammenhängenden elektrischen Spannungsunterschiede in Anspruch genommen. Durch diese soll nach ihm Wasser in HO- und H-Ionen gespalten werden, welche Ionen nachher oxydierend bzw. reduzierend wirken. Weil das Protoplasma die Spaltungsprodukte fortwährend verbraucht, ist nur eine minimale Spannung für die Wasserspaltung nötig. — Wie die Theorien WARBURGS und NATHANSOHNS mit der ausgeprägten, charakteristischen und bedeutungsvollen Spezifizität der physiologischen Oxydationserscheinungen in Übereinstimmung zu bringen sind, steht dahin.

(Randnotiz: Warburgs Theorie.)

(Randnotiz: Nathansohns Theorie.)

---

[1]) OPPENHEIMER, Die Fermente und ihre Wirkungen. 4. Aufl., S. 759. [2]) BACH, Ber. d. d. chem. Gesellschaft 42. [3]) BATTELLI u. STERN, Compt. rend. Soc. Biol. 1920. [4]) Z. f. Physiol. Chem. 69, 70, 76, 92. WARBURG u. NEGELEIN, Biochem. Zeitschr. 113. WARBURG, Arch. f. d. ges. Physiol. 154, 158. Ergebn. d. Physiol. 14. Festschr. d. Kaiser Wilhelm Gesellschaft 1921. [5]) Kolloidchem. Beihefte XI.

Achtzehntes Kapitel.

Der Stoffwechsel bei verschiedener Nahrung und der Bedarf des Menschen an Nahrungsstoffen.

I. Allgemeines und Methodisches über Stoff- und Kraftwechsel.

Der Umsatz chemischer Energie in Wärme und mechanische Arbeit, welcher das Tierleben charakterisiert, führt zu der Entstehung von verhältnismäßig einfachen Verbindungen, Kohlensäure, Harnstoff u. a., welche den Organismus verlassen und welche übrigens sehr arm an Energie sind und aus diesem Grunde von keinem oder nur untergeordnetem Werte für den Körper *Notwendig-* sein können. Für das Bestehen des Lebens und des normalen Verlaufes der *keit der* Funktionen ist es deshalb auch unumgänglich notwendig, daß zum Ersatz *Nahrungs-* *aufnahme.* dessen, was verbraucht wird, neues Material dem Organismus und seinen verschiedenen Geweben zugeführt wird. Dies geschieht durch die Aufnahme von Nahrungsstoffen. Als Nahrungsstoff bezeichnet man nämlich jeden Stoff, welcher, ohne auf den Organismus eine schädliche Einwirkung auszuüben, dem Körper als Kraftquelle dient oder die infolge des Stoffwechsels verbrauchten Körperbestandteile ersetzen, bzw. ihren Verbrauch verhindern oder vermindern kann oder überhaupt zur Erhaltung des Lebens notwendig ist.

Unter den zahlreichen, verschiedenartigen Stoffen, welche der Mensch und die Tiere mit den Nahrungsmitteln aufnehmen, können nicht alle gleich notwendig sein oder denselben Wert haben. Einige können vielleicht ent-*Nahrungs-* behrlich sein, andere wiederum sind unentbehrlich. Durch direkte Beobach-*stoffe.* tungen und eine reiche Erfahrung weiß man nun, daß, außer dem für die Oxydation notwendigen Sauerstoffe, die für Tiere im allgemeinen und den Menschen insbesondere notwendigen eigentlichen Nahrungsstoffe Wasser, Mineralstoffe, Proteinstoffe, Kohlehydrate und Fette sind.

Es liegt jedoch auf der Hand, daß auch die verschiedenen Hauptgruppen der notwendigen Nährstoffe für die Gewebe und Organe eine verschiedene Bedeutung haben müssen, daß also beispielsweise das Wasser und die Mineralstoffe eine andere Aufgabe als die organischen Nährstoffe haben und diese wiederum untereinander eine verschiedene Bedeutung haben müssen. Für die Frage von dem Bedarfe des Körpers an Nahrung unter verschiedenen Verhältnissen wie auch für viele andere, die Ernährung des gesunden und kranken Menschen betreffende Fragen muß deshalb auch die Kenntnis der Wirkung der verschiedenen Nahrungsstoffe auf den Stoffwechsel in qualitativer wie in quantitativer Hinsicht von fundamentaler Bedeutung sein.

Zu einer solchen Kenntnis führen nur systematisch durchgeführte Be- Aufgabe der obachtungsreihen, in welchen, unter Beobachtung von dem Verhalten des Unter-Körpergewichtes, die Menge der in einem bestimmten Zeitraume aufgenomme- suchungen. nen und resorbierten Nahrungsstoffe mit der Menge derjenigen Endprodukte des Stoffwechsels, welche in derselben Zeit den Organismus verlassen, verglichen wird. Untersuchungen dieser Art sind von zahlreichen Forschern, in erster Linie von BISCHOFF und VOIT, von PETTENKOFER und VOIT, von VOIT und seinen Schülern, von RUBNER, ZUNTZ, ATWATER ausgeführt worden.

Es ist also bei Untersuchungen über den Stoffwechsel unbedingt notwendig, die Ausgaben des Organismus aufsammeln, analysieren und quantitativ bestimmen zu können, um damit die Menge und Zusammensetzung der aufgenommenen Nahrungsmittel zu vergleichen und den Energieumsatz zu berechnen. In erster Linie muß man also wissen, welche die regelmäßigen Ausgaben des Organismus sind und auf welchen Wegen die fraglichen Stoffe den Organismus verlassen. Man muß ferner auch zuverlässige Methoden zur quantitativen Bestimmung derselben haben.

Der Organismus kann unter physiologischen Verhältnissen zufälligen oder periodischen Verlusten von wertvollem Material ausgesetzt sein. Solche Zufällige Verluste, welche nur bei gewissen Individuen oder bei demselben Individuum oder nur zu bestimmten Zeiten auftreten, können durch die Milchabsonderung, periodische die Produktion von Eiern, die Ausleerung des Samens oder durch Menstrual- Ausgaben. blutungen bedingt sein. Es liegt auf der Hand, daß solche Verluste nur in besonderen, speziellen Fällen Gegenstand der Untersuchung und Bestimmung werden können.

Von der allergrößten Bedeutung für die Lehre von dem Stoffwechsel sind dagegen die regelmäßigen und beständigen Ausgaben des Organismus. Zu diesen gehören in erster Linie die eigentlichen Endprodukte des Stoff- Regel-wechsels — Kohlensäure, Harnstoff (Harnsäure, Hippursäure, Kreatinin mäßige und und andere Harnbestandteile) und ein Teil des Wassers. Es gehören zu den beständige bestimmten Ausgaben ferner der Rest des Wassers, die Mineralstoffe und Ausgaben. diejenigen Sekrete oder Gewebsbestandteile — Schleim, Verdauungs-säfte, Hauttalg, Schweiß und Epidermisbildungen —, welche entweder in den Darmkanal sich ergießen oder auch von der Körperoberfläche abgesondert oder abgestoßen werden und demnach für den Körper verloren gehen.

Zu den Ausgaben des Organismus gehören auch die, mit einer wechselnden Beschaffenheit der Nahrung ihrer Menge und Zusammensetzung nach wechselnden, teils unverdaulichen, teils verdaulichen, aber unverdauten, in den Darmausleerungen enthaltenen Reste der Nahrungsmittel. Wenn auch diese Reste, welche nie resorbiert worden und Nahrung im folglich nie Bestandteile der tierischen Säfte oder Gewebe gewesen sind, nicht zu den Darme. Ausgaben des Organismus im eigentlichen Sinne gerechnet werden können, so ist jedoch ihre quantitative Bestimmung bei Stoffwechselversuchen für gewisse Fälle unumgänglich notwendig.

Die Bestimmung der beständigen Verluste ist zum Teil mit großen Schwierigkeiten verbunden. Die durch abgestoßene Epidermisbildungen, durch die Absonderung des Sekretes der Talgdrüsen usw. bedingten Ausgaben lassen sich schwerlich quantitativ genau bestimmen und sie müssen deshalb auch — was in Anbetracht ihrer geringen Menge ohne nennenswerten Schaden geschehen kann — bei quantitativen Stoffwechselversuchen Schwierig-außer acht gelassen werden. Ebensowenig können die im Darminhalte vorkommenden, keiten bei mit den Exkrementen den Körper verlassenden Bestandteile des Schleimes, der Galle, der Bestim des Pankreas- und Darmsaftes usw. von dem übrigen Darminhalte getrennt und gesondert mung der quantitativ bestimmt werden. Die Unsicherheit, welche, der nun angedeuteten Schwierig- beständiger keiten wegen, den bei Stoffwechselversuchen gefundenen Zahlen anhaftet, ist jedoch Ausgaben. denjenigen Schwankungen gegenüber, welche durch verschiedene Individualität, verschiedene Lebensweise, verschiedene Nahrung usw. bedingt werden, sehr gering. Für die Größe der beständigen Ausgaben des Menschen können deshalb auch keine allgemein gültigen, sondern nur ungefähre Werte angegeben werden.

Durch Zusammenstellung der von verschiedenen Forschern gefundenen Zahlen kann man für einen erwachsenen Mann von 60—70 Kilo Körpergewicht bei gemischter Kost pro 24 Stunden etwa folgende Ausgaben berechnen:

Größe der Ausgaben beim Menschen.	Wasser . . . . 2500—3500 g
	Salze (mit dem Harne) . . . . 20— 30 „
	Kohlensäure . . . . 750— 900 „
	Harnstoff . . . . 20— 40 „
	Sonstige stickstoffhaltige Harnbestandteile . 2— 5 „
	Feste Stoffe in den Exkrementen . . . . . . 20— 50 „

Verteilung der Gesamtausgaben auf verschiedene Organe.
Diese Gesamtausgaben verteilen sich auf die verschiedenen Exkretionswege in folgender ungefährer Weise, wobei jedoch nicht zu übersehen ist, daß diese Verteilung unter verschiedenen äußeren Verhältnissen in hohem Grade wechseln kann. Durch die Atmung werden etwa 32 p. c., durch die Hautausdünstung 17 p. c., mit dem Harne 46—47 p. c. und mit den Exkrementen 5—9 p. c. ausgeschieden. Die Ausscheidung durch Haut und Lungen, die man unter dem Namen „Perspiratio insensibilis" bisweilen von den sichtbaren Ausscheidungen durch Nieren und Darm unterscheidet, würde also im Mittel etwa 50 p. c. der gesamten Ausscheidungen betragen. Diese, nun angeführten relativen Mengenverhältnisse können jedoch infolge des bei verschiedenen Gelegenheiten sehr wechselnden Wasserverlustes durch Haut und Nieren sehr bedeutend schwanken.

Harnstickstoff.
Die stickstoffhaltigen Exkretbestandteile bestehen hauptsächlich aus Harnstoff bzw. Harnsäure bei gewissen Tieren, und den übrigen stickstoffhaltigen Harnbestandteilen. Der Stickstoff verläßt also zum unverhältnismäßig größten Teil den Körper durch den Harn; und da die stickstoffhaltigen Harnbestandteile Endprodukte der Eiweißumsetzung im Organismus sind, so läßt sich, wenn man den mittleren Gehalt des Eiweißes an Stickstoff zu rund 16 p. c. annimmt, durch Multiplikation des Harnstickstoffes mit dem Koeffizienten 6,25 ($^{100}/_{16} = 6,25$) die entsprechende Eiweißmenge annähernd berechnen.

Eine andere Frage ist jedoch die, ob der Stickstoff den Körper nur mit dem Harne oder auch auf anderen Wegen verläßt. Dieses letztere ist regelmäßig der Fall. Die Darmausleerungen enthalten stets etwas Stickstoff, welcher zwar zum Teil von nicht resorbierten Resten der Nahrung, größtenteils aber und bisweilen fast ausschließlich von Epithel- und Sekretbestandteilen herrührt. Unter solchen Umständen ist es offenbar, daß der von dem Verdauungskanale und den Verdauungssäften stammende Teil des Stickstoffes in den Exkrementen nicht durch eine, ein für allemal gültige, exakte Zahl angegeben werden kann. Er muß vielmehr nicht nur bei verschiedenen Individuen, sondern auch bei demselben Individuum je nach der mehr oder weniger lebhaften Sekretion und Resorption wechseln können. Man hat indessen diesen **Von dem Verdauungskanale und den Verdauungssäften herrührender Stickstoff.** Teil des Exkrementstickstoffes zu bestimmen versucht, und man hat dabei gefunden, daß er bei stickstofffreier oder fast stickstofffreier Nahrung beim Menschen pro 24 Stunden in abgerundeter Zahl etwas weniger als 1 g beträgt (RIEDER, RUBNER). Selbst bei solcher Nahrung nimmt indessen die absolute Stickstoffausscheidung im Kote mit der Menge der Nahrung infolge der lebhafteren Verdauungsarbeit zu (TSUBOI)[1] und ist größer als beim Hungern. Bei Beobachtungen an dem Hungerkünstler CETTI fand MÜLLER[2] pro 24 Stunden nur 0,2 g aus dem Darmkanale stammenden Stickstoff.

Die Menge Stickstoff, welche unter normalen Verhältnissen durch Haare und Nägel, mit der abgeschuppten Haut und mit dem Schweiße den Körper

---

[1] RIEDER, Zeitschr. f. Biol. **20**; RUBNER ebenda **15**; TSUBOI ebenda **35**. [2] Bericht über die Ergebnisse des an Cetti ausgeführten Hungerversuches. Berl. klin. Wochenschr. 1887.

verläßt, kann man nicht genau bestimmen. Sie ist aber meistens so geringfügig, daß sie außer acht gelassen werden kann. Beim starken Schwitzen muß
dagegen die Stickstoffausscheidung auf diesem Wege unbedingt mit berücksichtigt werden.

Man ist in früherer Zeit der Ansicht gewesen, daß bei Menschen und
Fleischfressern eine Ausscheidung von gasförmigem Stickstoff durch Haut und
Lungen stattfinde und daß infolge hiervon bei einem Vergleiche des Stickstoffes der Nahrung mit dem des Harnes und des Kotes ein Stickstoff- Stickstoff-
defizit.
defizit in den sichtbaren Ausscheidungen sich vorfinden würde.

Diese Frage ist Gegenstand streitiger Ansichten und zahlreicher Untersuchungen, in neuerer Zeit von KROGH und OPPENHEIMER, gewesen[1]). Durch
diese Untersuchungen hat die obige Annahme als nicht hinreichend begründet
sich erwiesen, und es haben zahlreiche Forscher in Übereinstimmung mit
PETTENKOFER und VOIT und GRUBER[2]) durch Beobachtungen an Menschen
und Tieren gezeigt, daß man durch passende Menge und Beschaffenheit der Stickstoff-
defizit exi
stiert nicht
Nahrung den Körper in Stickstoffgleichgewicht, d. h. in den Zustand
versetzen kann, in welchem die Menge des im Harn und Kot erscheinenden
Stickstoffes der Menge des Stickstoffes in der Nahrung gleich oder fast gleich
ist. Nunmehr nimmt man auch allgemein an, daß ein Stickstoffdefizit nicht
existiert oder richtiger so geringfügig ist, daß man es bei Stoffwechseluntersuchungen außer acht lassen kann. Bei Untersuchungen über den Eiweiß- Stickstoff-
ausschei-
dung.
umsatz im Körper hat man also gewöhnlich nur nötig, den Stickstoff im Harn
und Kot zu berücksichtigen, wobei zu beachten ist, daß der Harnstickstoff
ein Maß der Größe der Eiweißverbrennung im Körper ist, während der Kotstickstoff (nach Abzug von etwa 1 g bei gemischter Kost) als Maß des nicht
resorbierten Anteiles des Nahrungsstickstoffes betrachtet wird. Der Stickstoff
sowohl der Nahrung wie der Exkrete wird gewöhnlich nach dem KJELDAHL-
schen Verfahren bestimmt.

Bei der Oxydation des Eiweißes im Organismus wird der Schwefel der
Proteinsubstanzen größtenteils zu Schwefelsäure oxydiert, und daher rührt es,
daß die beim Menschen nur in geringem Grade von den Sulfaten der Nahrung
herrührende Schwefelsäureausscheidung durch den Harn der Stickstoffausscheidung ziemlich gleichen Schritt hält. Berechnet man den Gehalt des
Eiweißes an Stickstoff und Schwefel zu rund 16, bzw. 1 p. c., so wird das
Verhältnis zwischen dem Stickstoffe des Eiweißes und der bei der Verbrennung
des letzteren entstehenden Schwefelsäure, H_2SO_4, $= 5,2 : 1$ oder etwa das- Schwefel-
säureaus-
scheidung
selbe wie im Harne (vgl. S. 607). Die Bestimmung der durch den Harn aus- infolge de
Eiweiß-
geschiedenen Menge Schwefelsäure liefert also ein wichtiges Mittel, die Größe
der Eiweißverbrennung zu kontrollieren. Eine solche Kontrolle ist auch zersetzung
besonders wichtig in den Fällen, in welchen man z. B. die Einwirkung anderer
stickstoffhaltigen, nicht eiweißartigen Stoffe auf die Eiweißverbrennung
studieren oder die Frage, ob es um eine wahre Eiweißverbrennung und nicht
allein um eine Ausspülung stickstoffhaltiger Umsatzprodukte aus den Geweben
sich handelt, entscheiden will. Eine Bestimmung des Stickstoffes allein kann
nämlich in solchen Fällen selbstverständlich nicht genügend sein. Ein sicheres
Maß der Größe der Eiweißverbrennung kann jedoch die Harnschwefelsäure
nicht werden, weil einerseits die verschiedenen Proteinsubstanzen einen ziem-

---

[1]) Vgl. hierüber REGNAULT u. REISET, Annal. d. Chim. et Phys. (3) **26** und Annal.
d. Chem. u. Pharm. **73**; SEEGEN u. NOWAK, Wien. Sitz.-Ber. **71** und PFLÜGERS Arch. **25**;
PETTENKOFER u. VOIT, Zeitschr. f. Biol. **16**; LEO, PFLÜGERS Arch. **26**; KROGH, Skand.
Arch. f. Physiol. **18** und Wien. Sitz.-Ber. **115** III.; OPPENHEIMER, Bioch. Zeitschr. **4**.
[2]) PETTENKOFER u. VOIT in HERMANNS Handb. **6**, Tl. 1; GRUBER, Zeitschr. f. Biol. **16**
u. **19**.

lich ungleichen Schwefelgehalt haben und andererseits auch ein wechselnder Teil des Schwefels in den Harn als sog. neutraler Schwefel übergeht.

Bei Stoffwechseluntersuchungen muß also der gesamte Schwefel sowohl im Harne wie in den Fäzes bestimmt werden, und es kann oft auch wichtig sein, die Relation zwischen dem Schwefelsäureschwefel und dem sog. neutralen

Ausschei-
dung von
Schwefel
und Stick-
stoff. Schwefel in dem Harne zu bestimmen. Die Ausscheidung des dem Eiweiße entstammenden Schwefels geht jedoch nach v. WENDT, HÄMÄLÄINEN und HELME und CH. WOLF[1]) nicht immer derjenigen des Eiweißstickstoffes parallel, und für das Hühnereiweiß können die Maxima der beiden Ausscheidungskurven sogar durch einen Zeitraum von 24 Stunden voneinander getrennt sein (WOLF). Der Schwefel wird schneller als der Stickstoff ausgeschieden und das Verhalten des Schwefels gibt deshalb in gewissen Fällen ein mehr zuverlässiges Bild der zeitlichen Eiweißverbrennung als das des Stickstoffes. Dies ist um so mehr zu beachten, als die Ausscheidung des einer bestimmten Eiweißmenge entsprechenden Stickstoffes mehrere Tage dauern kann. FALTA hat außerdem beobachtet, daß die Hauptmenge des Stickstoffes beim Menschen nach Aufnahme von verschiedenen Eiweißkörpern verschieden rasch ausgesondert wird; aber ähnlich verhalten sich nach HÄMÄLÄINEN und HELME auch verschiedene Proteine hinsichtlich der Schwefelausscheidung, indem in ihren Versuchen die Schwefelausscheidung des Eierklars etwa 6 Tage, die des Kaseins dagegen nur 2 Tage erforderte. Auch diese Verhältnisse sind bei Stoffwechseluntersuchungen zu berücksichtigen.

Stoff-
wechsel des
Phosphors. Außer Lezithinen und anderen Phosphatiden nimmt der Körper mit der Nahrung sowohl Pseudonukleine wie echte Nukleine auf, und diese können mehr oder weniger vollständig aus dem Darmkanale resorbiert und dann assimiliert werden. Auf der anderen Seite werden auch phosphorhaltige Proteinsubstanzen, Lezithine und Phosphatide innerhalb des Körpers zersetzt, und deren Phosphor wird dabei hauptsächlich als Phosphorsäure, zum Teil auch als organisch gebundener Phosphor ausgeschieden (vgl. Kap. 15, S. 600 u. 604). Aus diesen Gründen sind auch für viele Fälle Untersuchungen über den Stoffwechsel des Phosphors von großer Wichtigkeit.

Findet man bei einem Vergleiche zwischen dem Stickstoffe der Nahrung einerseits und dem des Harnes und Kotes andererseits einen Überschuß auf der Seite des ersteren, so deutet man dies dahin, daß der Körper seinen Vorrat an stickstoffhaltiger Substanz vermehrt hat. Enthalten dagegen Harn und Kot eine größere Menge Stickstoff als die in derselben Zeit aufgenommene Nahrung, so bedeutet dies, daß der Körper einen Teil seines Stickstoffes abgegeben, oder, wie man sagt, einen Teil seines eigenen Eiweißes zersetzt hat.

Der Stick-
stoff als
Maß der
Eiweiß-
zersetzung. Aus der Menge des Stickstoffes kann man, wie oben angegeben, durch Multiplikation mit 6,25 die entsprechende Menge Eiweiß berechnen[2]). Gebräuchlich ist es auch, nach dem Vorschlage VOITS, den Harnstickstoff nicht in zersetztes Eiweiß, sondern in zersetzte Muskelsubstanz, in Fleisch, umzurechnen. Man berechnete hierbei früher den Gehalt des mageren Fleisches an Stickstoff zu im Mittel 3,4 p. c., in welchem Falle je 1 g Harnstickstoff in abgerundeter Zahl etwa 30 g Fleisch entsprechen würde. Die Annahme von 3,4 p. c. Stickstoff im mageren Fleische ist indessen eine willkürliche, und die Relation N:C im Eiweiß des trockenen Fleisches, welche für gewisse Stoffwechselversuche von großer Bedeutung ist, wird von verschiedenen Forschern verschieden, gleich 1 : 3,22 bis 1 : 3,68, angegeben. ARGUTINSKY fand in dem vollständig entfetteten Ochsenfleische nach Abzug des Glykogens die Relation gleich 1 : 3,24 (vgl. Kap. 11).

---

[1]) v. WENDT, Skand. Arch. f. Physiol. 17; J. HÄMÄLÄINEN u. W. HELME ebenda 19; FALTA, Deutsch. Arch. f. klin. Med. 86; CH. G. WOLF, Bioch. Zeitschr. 40. [2]) Bei Berechnung des Eiweißumsatzes aus dem Stickstoffgehalte des Harnes darf man jedoch nicht übersehen, daß in der Nahrung oft stickstoffhaltige Extraktivstoffe vorkommen, deren Stickstoff nicht in Eiweiß umgerechnet werden darf und für den man also, wenn nötig, eine entsprechende Korrektion machen muß.

Der Kohlenstoff verläßt zum unverhältnismäßig größten Teil den Körper als Kohlensäure, welche hauptsächlich durch Lungen und Haut entweicht. Der Rest des Kohlenstoffes wird in organischen, kohlenstoffhaltigen Verbindungen durch Harn und Kot ausgeschieden, in welchen die Menge des Kohlenstoffes elementaranalytisch bestimmt werden kann. Oft hat man sich hierbei der Bequemlichkeit halber damit begnügt, den Kohlenstoffgehalt des Harnes aus der Quote $\frac{C}{N} = 0{,}67$ à $0{,}72$ zu berechnen. Dies scheint aber nicht ohne weiteres zulässig zu sein, denn diese Relation wechselt und hängt nach TANGL, PFLÜGER, LANGSTEIN und STEINITZ[1]) von der Art der Ernährung ab. TANGL hat gezeigt, daß je kohlehydratreicher die Nahrung ist, um so mehr Kohlenstoff und damit auch Verbrennungswärme pro 1 g N im Harne enthalten sind. So fand er pro 1 g Stickstoff im Harne: bei fettreicher Kost 0,747 g Kohlenstoff und 9,22 Kalorien, bei kohlehydratreicher Kost fand er 0,963 g C und 11,67 Kal. Die Kohlenstoffmenge im Kote kann man unter Umständen aus dem Stickstoffgehalte desselben unter Zugrundelegung der Quote $\frac{C}{N} = 9{,}2$ (Mittel bei gemischter Kost nach ATWATER, BENEDICT)[2]) berechnen.

Kohlenstoff im Harne.

Die Größe des Gaswechsels bestimmt man nach irgend einer der im vorigen Kapitel (17) erwähnten Methoden. Durch Multiplikation der gefundenen Menge Kohlensäure mit 0,273 kann man daraus die Menge des als CO_2 ausgeschiedenen Kohlenstoffes berechnen. Vergleicht man die Gesamtmenge des auf verschiedenen Wegen ausgeschiedenen Kohlenstoffes mit dem Kohlenstoffgehalte der Nahrung, so gewinnt man einen Einblick in den Umsatz der kohlenstoffhaltigen Verbindungen. Ist die Menge des Kohlenstoffes größer in der Nahrung als in den Exkreten, so ist der entsprechende Kohlenstoffbetrag zum Ansatz gekommen, während die Differenz, wenn sie in entgegengesetzter Richtung ausfällt, einen entsprechenden Verlust an Körpersubstanz anzeigt.

Kohlensäure.

Zur Ermittelung der Natur der hierbei zum Ansatz gekommenen, resp. verloren gegangenen Substanz, ob sie aus Eiweiß, Fett oder Kohlehydraten besteht, geht man immer in erster Linie von der Gesamtstickstoffmenge der Ausscheidungen aus. Aus dieser Stickstoffmenge läßt sich die entsprechende Menge Eiweiß berechnen, und da der mittlere Kohlenstoffgehalt des Eiweißes ebenfalls bekannt ist, so kann die ungefähre Kohlenstoffmenge, welche dem zersetzten Eiweiße entspricht, ermittelt werden. Ist die so gefundene Menge Kohlenstoff kleiner als die Menge des Gesamtkohlenstoffes in den Exkreten, so ist es offenbar, daß außer dem Eiweiß auch irgend eine stickstofffreie Substanz verbraucht worden ist. Wird der Gehalt des Eiweißes an Kohlenstoff zu 52,5 bis 53 p. c. angeschlagen, so ist also die Relation zwischen Kohlenstoff (52,5 à 53) und Stickstoff (16) im Eiweiß gleich rund 3,3 : 1. Man multipliziert also die Menge des Gesamtstickstoffes der Ausscheidungen mit 3,3, und der Überschuß an Kohlenstoff in den Ausscheidungen, welcher mehr als das gefundene Produkt vorhanden ist, repräsentiert den Kohlenstoff der zerfallenen stickstofffreien Verbindungen. Wenn also in einem Falle eine Versuchsperson im Laufe von 24 Stunden 10 g Stickstoff und 200 g Kohlenstoff ausgeschieden hätte, so würde dies 62,5 g Eiweiß mit 33 g Kohlenstoff entsprechen; und die Differenz 200— $(3{,}3 \times 10) = 167$ würde also die Menge Kohlenstoff in den zerfallenen stickstofffreien Verbindungen angeben. Geht man ferner von dem einfachsten Falle, dem Hungerzustande, aus, wobei der Körper auf Kosten seiner eigenen Körpermasse lebt, so dürfte man, da die Menge der Kohlehydrate im Körper derjenigen des Fettes gegenüber gering ist und jedenfalls nach einigen Hungertagen kaum mehr in Betracht kommt, in einem solchen Falle ohne großen Fehler die Annahme machen können, daß die Versuchsperson hauptsächlich Fett neben Eiweiß verbraucht habe. Da das tierische Fett im Mittel 76,5 p. c. Kohlenstoff enthält, so kann man also die Menge des umgesetzten Fettes durch Multiplikation des Kohlenstoffes mit $\frac{100}{76{,}5} = 1{,}3$ berechnen. In dem als Beispiel gewählten Falle

Berechnung des Umsatzes.

Berechnung der Größe des Umsatzes.

---

[1]) TANGL, Arch. f. (Anat. u.) Physiol. 1899, Supplbd.; PFLÜGER in seinem Arch. 79; LANGSTEIN u. STEINITZ, vgl. Zentralbl. f. Physiol. 19. [2]) Bull. of Dep. of Agric, U.-St. Washington Nr. 136.

würde also das Versuchsindividuum im Laufe von 24 Stunden von seiner eigenen Körpermasse, wenn man von den kleinen Kohlehydratmengen des Körpers absieht, 62,5 g Eiweiß und 167 × 1,3 = 217 g Fett verbraucht haben.

Berechnung der Bilanz. Von der Stickstoffbilanz ausgehend, kann man auf dieselbe Weise berechnen, ob ein Überschuß an Kohlenstoff in der Nahrung im Vergleich zu der Menge Kohlenstoff in den Exkreten als Eiweiß oder stickstofffreie Stoffe oder als beides im Körper zurückgehalten wird. Ebenso kann man umgekehrt bei einem Überschuß an Kohlenstoff in den Exkreten berechnen, inwieweit der Verlust an Körpersubstanz von einem Verbrauch von Eiweiß auf der einen Seite und von stickstofffreien Stoffen auf der anderen herrührt. Wie man den Anteil des Fettes und der Kohlehydrate gesondert berechnen kann, wird unten im Zusammenhange mit der Berechnung des Kraftwechsels erörtert werden.

Die Menge des mit Harn und Exkrementen ausgeschiedenen Wassers und der ausgeschiedenen Mineralstoffe läßt sich leicht bestimmen, und das durch Haut und Lungen ausgeschiedene Wasser kann in den großen Respirationsapparaten direkt bestimmt werden.

Stoff- und Kraftwechsel. Die organischen Körperbestandteile wie auch die eingeführten Nährstoffe repräsentieren eine Summe von chemischer Energie, welche den Körper zu Kraftleistungen befähigt. Der Stoffwechsel ist also auch Kraftwechsel, und der erstere steht in so nahem kausalem Zusammenhange mit dem letzteren, daß das Studium des einen nicht von dem des anderen getrennt werden kann. Die energetische Anschauungsweise hat auch, in erster Linie durch die bahnbrechenden Arbeiten RUBNERS, einen außerordentlich befruchtenden Einfluß auf die ganze Lehre von dem Stoffwechsel und der Ernährung ausgeübt.

Kalorien. Der Energieinhalt der verschiedenen Nährstoffe kann bekanntlich durch die Wärmemenge ausgedrückt werden, die bei ihrer Verbrennung frei wird. Diese Wärmemenge drückt man in Kalorien aus, und man bezeichnet als die kleine Kalorie diejenige Wärmemenge, welche zum Erwärmen von 1 g Wasser von 0⁰ auf 1⁰ C erforderlich ist. Die große Kalorie ist die zum Erwärmen von 1 kg Wasser um 1⁰ C erforderliche Wärmemenge. Hier und in dem Folgenden wird stets mit großen Kalorien gerechnet. Über den Kalorienwert der verschiedenen Nährstoffe liegen zahlreiche Untersuchungen von FRANKLAND, DANILEWSKI, RUBNER, BERTHELOT, STOHMANN, BENEDICT und OSBORNE u. a. vor. Die folgenden Zahlen, welche den Kalorienwert einiger Nahrungsstoffe bei vollständiger Verbrennung außerhalb des Körpers bis zu den höchsten Oxydationsprodukten repräsentieren, sind der Bestimmung von STOHMANN[1]) entnommen.

Kalorienwert einiger Nahrungsstoffe.

Kasein	5,86	Kal.
Eieralbumin	5,74	„
Konglutin	5,48	„
Eiweißstoffe (Mittelzahl)	5,71	„
Tierisches Gewebefett	9,50	„
Butterfett	9,23	„
Rohrzucker	3,96	„
Milchzucker	3,95	„
Glukose	3,74	„
Stärkemehl	4,19	„

Fette und Kohlehydrate werden im Körper vollständig verbrannt, und man kann darum auch im großen und ganzen deren Verbrennungswert als ein Maß der von ihnen innerhalb des Organismus entwickelten lebendigen Kraft betrachten. Als Mittelzahlen für den physiologischen Wärmewert der Fette und der Kohlehydrate bezeichnet man auch allgemein die Werte 9,3 bzw. 4,1 Kalorien für je 1 g Substanz.

---

[1]) Vgl. RUBNER, Zeitschr. f. Biol. **21**, wo auch die Arbeiten von FRANKLAND u. DANILEWSKI zitiert sind; ferner BERTHELOT, Compt. Rend. **102, 104, 110**; STOHMANN, Zeitschr. f. Biol. **31**; F. G. BENEDICT u. TH. OSBORNE (vegetabilisches Eiweiß), Journ. of biol. Chem. **3**.

Anders als die Fette und Kohlehydrate verhält sich das Eiweiß. Es wird nur unvollständig verbrannt und es liefert gewisse, mit den Exkreten den Körper verlassende Zersetzungsprodukte, welche eine bestimmte Menge Energie, die für den Körper verloren geht, noch repräsentieren. Die Verbrennungswärme des Eiweißes ist also innerhalb des Organismus kleiner als außerhalb desselben und sie muß demnach besonders bestimmt werden. Zu dem Zwecke hat RUBNER[1]) Hunde mit ausgewaschenem Fleisch gefüttert und er zog dann von der Verbrennungswärme des letzteren die Verbrennungswärme des Harnes und der Exkremente, welche der aufgenommenen Nahrung entsprachen, plus der zur Quellung der Eiweißstoffe und zur Lösung des Harnstoffes erforderlichen Wärmemenge ab. Ebenso hat RUBNER die Verbrennungswärme des im Körper des Kaninchens beim Hungern zersetzten Eiweißes (Muskeleiweiß) zu bestimmen versucht. Nach diesen Untersuchungen ist die physiologische Verbrennungswärme in Kalorien für je 1 g Substanz folgende.

Verbrennungswärme des Eiweißes.

1 g Trockensubstanz	Kalorien
Eiweiß aus Fleisch	4,4
Muskel	4,0
Eiweiß beim Hungern	3,8
Fett (Mittelzahl für verschiedene Fette) .	9,3
Kohlehydrate (berechneter Mittelwert) .	4,1

Die physiologische Verbrennungswärme der verschiedenen, zu derselben Gruppe gehörenden Nährstoffe ist nicht ganz dieselbe. So ist sie beispielsweise für einen vegetabilischen Eiweißkörper, das Konglutin, 3,97 und für einen animalischen, das Syntonin, 4,42 Kalorien. Als Normalzahl kann man nach RUBNER die Verbrennungswärme, pro 1 g für animalisches Eiweiß zu 4,23 und für vegetabilisches Eiweiß zu 3,96 Kalorien berechnen. Wenn der Mensch bei gemischter Kost etwa 60 p. c. des Eiweißes aus animalischen und etwa 40 p. c. aus vegetabilischen Nahrungsmitteln aufnimmt, so kann man den Nutzeffekt von 1 g Eiweiß der Nahrung zu rund etwa 4,1 Kalorien berechnen. Der physiologische Nutzeffekt einer jeden der drei Hauptgruppen organischer Nährsubstanz bei deren Zersetzung im Körper wird also in abgerundeten Zahlen:

Physiologische Verbrennungswärme der Nährstoffe.

	Kalorien
1 g Eiweiß	= 4,1
1 g Fett	= 9,3
1 g Kohlehydrat	= 4,1
1 g Alkohol	= 7,1

Diese Zahlen werden auch regelmäßig den Berechnungen des Energieinhaltes der verschiedenen Nahrungsstoffe und Kostsätze zugrunde gelegt.

Für die Berechnung der Größe des Kraftwechsels und die Verteilung desselben auf Eiweiß, Fett und Kohlehydrate ist, außer der Größe der Stickstoffausscheidung, auch die Größe des Gaswechsels und des sog. respiratorischen Quotienten von Wichtigkeit.

Ein Vergleich der ein- und ausgeatmeten Luft lehrt, daß, wenn beide Luftvolumina trocken bei derselben Temperatur und demselben Drucke gemessen werden, das Volumen der exspirierten Luft kleiner als das der inspirierten ist. Dies rührt daher, daß nicht aller Sauerstoff als Kohlensäure in der Exspirationsluft wieder erscheint, indem er nämlich nicht allein zur Oxydation des Kohlenstoffes, sondern zum Teil auch zur Bildung von Wasser, Schwefelsäure und anderen Stoffen verwendet wird. Das Volumen der exspirierten Kohlensäure ist also regelmäßig kleiner als dasjenige des inspirierten Sauerstoffes und die Relation $\dfrac{CO_2}{O}$, die man den respiratorischen Quotienten nennt, erreicht also regelmäßig nicht die Größe 1.

Respiratorischer Quotient.

---

[1]) Zeitschr. f. Biol. 21.

Die Größe des respiratorischen Quotienten hängt von der Art der im Körper zerfallenden Stoffe ab. Bei der Verbrennung von reinem Kohlenstoff liefert ein Volumen Sauerstoff ein Volumen Kohlensäure, und der Quotient ist in diesem Falle gleich 1. Dasselbe muß auch bei Verbrennung von Kohlehydraten der Fall sein, und bei vorwiegender Kohlehydratzersetzung im Tierkörper muß also der respiratorische Quotient der Größe 1 sich nähern. Bei vorwiegendem Eiweißumsatz nähert er sich der Zahl 0,80 und bei vorwiegender Fettzersetzung der Größe 0,7. Im Hungerzustande, da die Tiere vom eigenen Fleisch und Fett zehren, muß er sich folglich dem letzteren Werte nähern. Der respiratorische Quotient, dessen Größe bei ausschließlicher Verbrennung von Kohlehydrat, Fett oder Eiweiß zu resp. 1, 0,707 und 0,818 berechnet wird und für Alkohol 0,667 ist, gibt also wichtige Aufschlüsse über die Qualität des im Körper zersetzten Materiales, natürlich unter der Voraussetzung, daß nicht durch besondere Einflüsse, wie durch Änderung der Atemmechanik, die Kohlensäureausscheidung unabhängig von der Kohlensäurebildung beeinflußt wird. Eine andere Voraussetzung ist natürlich, daß keine unvollständig oxydierten Zwischenstufen der Verbrennung ausgeschieden werden.

Der respiratorische Quotient kann auch durch intermediäre Prozesse im Tierkörper wie durch Glykogenbildung aus Eiweiß, eventuell aus Fett, oder durch Fettbildung aus Kohlehydraten stark beeinflußt werden. Im ersteren Falle kann er niedriger als 0,7, im letzteren höher als 1 werden.

Für die Berechnung des Kraftwechsels aus der Größe des Gaswechsels ist namentlich die Kenntnis der Größe der Sauerstoffaufnahme von Bedeutung, und man kann sogar unter Umständen aus dem Kalorienwerte des Sauerstoffes allein — unter Berücksichtigung des respiratorischen Quotienten — den Energieumsatz annähernd berechnen (ZUNTZ und Mitarbeiter). Der Kalorienwert des Sauerstoffes muß aber für einen jeden der drei genannten Nährstoffe ein verschiedener sein, indem sie zu ihrer Verbrennung verschiedene Mengen Sauerstoff erfordern. Für Kohlehydrate und Fett kann dieser Kalorienwert ohne weiteres leicht berechnet werden, da diese Stoffe vollständig zu Kohlensäure und Wasser verbrennen. 1 g Stärke verbraucht zu ihrer Verbrennung 828,8 ccm Sauerstoff unter Bildung von 828,8 ccm Kohlensäure und einer Wärmeentwicklung von 4,183 Kal. Auf 1 Liter (= 1,43 g) Sauerstoff kommen also 5,047 Kal. und ebenso kommt auf je 1 Liter (= 1,966 g) gebildete Kohlensäure dieselbe Kalorienzahl, 5,047 Kal. In analoger Weise kann man für das Fett einen durchschnittlichen Kalorienwert von für 1 Liter Sauerstoff 4,686 und für 1 Liter Kohlensäure 6,629 Kal. berechnen.

Diese Zahlen, welche die physiologischen Verbrennungswerte pro 1 g Nahrungsstoff, auf die Kohlensäureabgabe bzw. Sauerstoffaufnahme in (Gramm oder) Litern bezogen, also die Quoten $\dfrac{\text{Kal.}}{\text{L}\cdot\text{CO}_2}$ oder $\dfrac{\text{Kal.}}{\text{L}\cdot\text{O}_2}$ angeben, nennt man die kalorischen Koeffizienten.

Für das Eiweiß werden, infolge der etwas ungleichen Zusammensetzung verschiedener Eiweißstoffe, die Zahlen mehr unsicher und schwankend. Zudem haben verschiedene Verfasser abweichende Berechnungsweisen angewendet. Wie JOHANSSON[1] hervorgehoben hat, ist es prinzipiell am richtigsten, die stickstoffhaltigen Produkte im Kote ganz aus der Rechnung zu lassen. Dieselben können nicht als Endprodukte der Eiweißverbrennung betrachtet werden. In der Versuchspraxis wird auch der Stickstoffverlust mit dem Kote besonders bestimmt und von der Zufuhr abgezogen. Kennt man also die elementare Zusammensetzung des zugeführten Eiweißes und diejenige der

Seitentext (Marginalien):
Größe des respiratorischen Quotienten.

Kalorienwert des Sauerstoffes.

Kalorienwerte.

---

[1] J. E. JOHANSSON: Methodik des Energiestoffwechsels in ABDERHALDENS Handb. d. biochem. Arbeitsmethoden III S. 1128.

-organischen Substanz im entsprechenden Harne, läßt sich der sog. stick-stofffreie Rest des Eiweißes berechnen, d. h. derjenige Anteil des Eiweiß-moleküls, der nach Verbrennung im Körper als Kohlensäure und Wasser ausgeschieden wird. Daraus ergibt sich der Betrag des Sauerstoffverbrauches bzw. der Kohlensäureproduktion, pro Gramm im Körper verbranntes Eiweiß oder pro Gramm Stickstoff im Harne berechnet. Aus den Bestimmungen der Verbrennungswärme des betreffenden Eiweißes bzw. der organischen Substanz im entsprechenden Harne erhält man den physiologischen Verbren-nungswert des Eiweißes pro Gramm Stickstoff bzw. pro Gramm Substanz. Der letztere Wert dividiert mit dem Betrag des Sauerstoffverbrauches bzw. der Kohlensäureproduktion gibt die kalorischen Koeffizienten für den be-treffenden Eiweißkörper. Wenn man Bestimmungen von RUBNER[1]), FRENTZEL und SCHREUER[2]), ATWATER und BENEDICT[3]) zugrunde legt, erhält man folgende Mittel: Sauerstoffverbrauch 5,81 Liter, Kohlensäureproduktion 4,75 Liter, physiologischer Verbrennungswert 26,6 Kalorien, alles pro Gramm Stickstoff im Harne berechnet. Die entsprechenden kalorischen Koeffizienten

sind $\dfrac{\text{Kal.}}{\text{L}.\,O_2} = 4{,}58$ und $\dfrac{\text{Kal.}}{\text{L}.\,CO_2} = 5{,}60$.

Für die drei Nährstoffe erhält man also folgende kalorische Koeffizienten.

	$\dfrac{\text{Kal.}}{\text{L}.\,O_2}$	Relative Werte	$\dfrac{\text{Kal.}}{\text{L}.\,CO_2}$	Relative Werte	
Eiweiß	4,58	100	5,60	111	Kalorien-werte.
Fett	4,69	102	6,63	131	
Kohlehydrate .	5,05	110	5,05	100	

Die Zahlen für den Sauerstoff weichen, wie man sieht, weniger als die für Kohlensäure voneinander ab, und dies ist ein Grund, warum die Sauerstoff-werte besser als die Kohlensäurewerte zur Berechnung der Energieproduktion aus der Größe des Gaswechsels sich eignen.

Geht man von dem Stickstoffgehalte des Harnes aus, so kann man nach dem Obigen daraus die Größe des Eiweißumsatzes, die entsprechende Energieentwicklung und die entsprechende Sauerstoffaufnahme, bzw. Kohlen-säurebildung berechnen. Zieht man diese letzteren Werte von denjenigen des gesamten, direkt bestimmten Gaswechsels ab, so entspricht der Rest den ver-brauchten Fetten und Kohlehydraten. Aus diesem Reste kann man nun unter Berücksichtigung des respiratorischen Quotienten sowohl den Wärmewert des verbrauchten Sauerstoffes wie die Verteilung der Zersetzung auf Kohlehydrate und Fett nach ZUNTZ berechnen. Zu dem Zwecke haben ZUNTZ und SCHUM-BURG eine Tabelle ausgearbeitet, aus welcher hier ein der Arbeit von MAGNUS-LEVY[4]) entlehnter Auszug mitgeteilt wird.

(Marginalie: Berechnung der Größe des Stoff-wechsels.)

R.-Q.	Kal. Wert pr. 1 L . O₂	Verteil. in p. c. auf	
		Kohlehydr.	Fett
1,000	5,047	100	0
0,950	4,986	83	17
0,900	4,924	66	34
0,850	4,863	49	51
0,800	4,801	32	68
0,750	4,740	15	85
0,707	4,686	0	100

---

[1]) RUBNER, Zeitschr. f. Biol. 21 S. 250 (1885). [2]) FRENTZEL u. SCHREUER, Arch. f. (Anat. u.) Physiol. Jg. 1902 S. 319. [3]) ATWATER u. BENEDICT, Bull. Nr. 126, 169, 222 (1903). [4]) A. MAGNUS-LEVY in v. NOORDENS Handb. d. Pathol. des Stoffwechsels 1 (1906), wo man die Literatur findet.

Wie Johansson[1]) gezeigt bat. kann man mit Hilfe gewisser Koeffizienten, welche sich aus den oben angeführten kalorischen Koeffizienten herleiten lassen, jene Berechnung viel bequemer ausführen. Hat man also für eine Periode die Stickstoffmenge im Harne [N] Gramm, den Sauerstoffverbrauch [O_2] Liter und die Kohlensäureabgabe [CO_2] Liter gefunden, so berechnet man den entsprechenden Energieumsatz 3,82 [O_2] + 1,23 [CO_2] − 1,39 [N] Kalorien.

Ab-
nutzungs-
quote und
Energieum-
satz. Die organischen Nährstoffe sollen teils als Ersatz der unumgänglich notwendigen Verluste der Organe und teils als Energiequellen dienen. Einen unter allen Umständen notwendigen Ersatz erfordern die eiweißartigen Organbestandteile. Dieser Ersatz ist nach Rubner durch die von ihm sog. Abnutzungsquote (vgl. weiter unten), welche etwa 4—6 p. c. von dem gesamten Energieumsatze ausmacht, repräsentiert, und er kann nur durch Eiweißstoffe gedeckt werden. Zur Deckung des übrigen Umsatzes, welcher nach Rubner als Energiequelle dient, können alle drei Gruppen von organischen Nährstoffen dienen, und von ihm ausgeführte Untersuchungen haben gelehrt, daß diese Nährstoffe als Energiequellen im Tierkörper einander in Verhältnissen vertreten können, welche den respektiven Zahlen ihrer Verbrennungswärme entsprechen. Dies ist auch aus der folgenden Zusammenstellung ersichtlich. In dieser findet man nämlich diejenigen Gewichtsmengen der verschiedenen Nährstoffe, welche mit 100 g Fett gleichwertig sind, und zwar teils wie sie bei Versuchen an Tieren gefunden worden und teils wie sie aus den Zahlen der Verbrennungswärme sich berechnen lassen.

100 g Fett sind gleichwertig oder isodynam mit:

	Nach Tierversuchen	Nach der Verbrennungswärme	Differenz (p. c.)
Syntonin	225	213	+5,6
Muskelfleisch (trocken)	243	235	+4,3
Stärke	232	229	+1,3
Rohrzucker	234	235	− 0
Traubenzucker. . . .	256	255	− 0

Isodyname
Werte der
Nährstoffe.

Aus den hier mitgeteilten isodynamen Werten der verschiedenen Nährstoffe ergibt sich also, daß diese Stoffe im Körper einander fast genau nach Maßgabe ihres Inhaltes an Energie vertreten. Es sind also, als Kraftquellen für den Tierkörper, im Mittel 227 g Eiweiß oder Kohlehydrate und 100 g Fett gleichwertig oder isodynam, denn bei ihrer Verbrennung im Körper liefert jede dieser Größen 930 Kalorien.

sodynamie. Durch spätere, sehr wichtige kalorimetrische Untersuchungen hat Rubner[2]) ferner gezeigt, daß die von einem Tiere in verschiedenen, über 45 Tage sich erstreckenden Versuchsreihen produzierte Wärme bis auf nur 0,47 p. c. der aus den zersetzten Körper- und Nahrungsstoffen berechneten physiologischen Verbrennungswärme vollkommen entsprach. Von Atwater und seinen Mitarbeitern[3]) liegen ebenfalls derartige an Menschen ausgeführte, sehr umfassende Untersuchungen vor. Zu ihren Versuchen diente ein großes Respirationskalorimeter, welches nicht nur eine äußerst genaue Bestimmung der Exkretbestandteile, sondern auch eine kalorimetrische Messung der von der Versuchsperson nach außen abgegebenen Wärme, resp. der von ihr geleisteten Arbeit gestattete. Auch in diesen Versuchsreihen wurde eine fast absolut vollständige Übereinstimmung zwischen dem direkt gefundenen und dem berechneten Kalorienumsatz beobachtet.

Das Gesetz der Isodynamie ist von fundamentaler Bedeutung für die Lehre von dem Stoffwechsel und der Ernährung gewesen. Der Energieinhalt

---

[1]) a. a. O. S. 1178. [2]) Zeitschr. f. Biol. 30. [3]) Bull. of Dep. of Agric., U.-St. Washington, Nr. 44, 63, 69 u. 109 und Ergebn. d. Physiol. 3.

der umgesetzten Nahrungsstoffe, bzw. Körperbestandteile hat man als Maß Gesetz der Isodynamie. für den Gesamtenergieverbrauch benutzt, und die Kenntnis von dem Energieinhalte der Nährstoffe stellt allgemein die Grundlage für die Berechnung des Kostmaßes des Menschen unter verschiedenen Verhältnissen dar.

Die Lehre von der Isodynamie ist allerdings von der großen Mehrzahl der Forscher, aber nicht von allen akzeptiert worden. Einige, namentlich französische Forscher nehmen statt der Isodynamie eine Isoglukosie an. Isoglukosie. Nach dieser letztgenannten Theorie kann der Organismus für seine physiologische Tätigkeit nur die Glukose verwerten und da man eine Glukosebildung sowohl aus Eiweiß wie aus Fett annimmt, sind diejenigen Mengen der Nährstoffe, welche gleiche Mengen Glukose liefern, als gleichwertig anzusehen.

Der Wärmewert einer Nahrung läßt sich direkt durch Verbrennung im Kalorimeter bestimmen, kann aber auch aus ihrer Zusammensetzung berechnet werden. Zieht man von dem in der einen oder anderen Weise erhaltenen Brutto-Wärmewerte der Nahrung die Verbrennungswärme der Fäzes und des Harnes bei der fraglichen Kost ab, so erhält man den Reinkalorienwert der letzteren. Dieser Wert, in Prozenten von dem totalen Energieinhalte der Nahrung berechnet, wird von RUBNER[1]) als physiologischer Nutzeffekt Physiologischer Nutzeffekt. bezeichnet. Um dies zu beleuchten, folgen hier einige von RUBNER gefundene Werte. Sowohl die Verluste an Kalorien wie der physiologische Nutzeffekt sind in Prozenten von dem gesamten Energieinhalte der Nahrung berechnet worden.

Nahrung	Verlust in % im Harne	in den Fäzes	Totalverlust in %	Nutzeffekt in %
Kuhmilch	5,13	5,07	10,20	89,8
Gemischte Kost (fettreich)	3,87	5,73	9,60	90,4
„ „ e(fettarm)	4,70	6,00	10,70	89,3
Kartoffeln	2,0	5,6	7,60	92,4
Kleienbrot	2,4	15,5	17,9	82,1
Roggenbrot	2,2	24,3	26,5	73,5
Fleisch	16,3	6,9	23,2	76,8

Zur leichteren Berechnung des Energieumsatzes hat man, außer den oben genannten Standardzahlen für den physiologischen Kalorienwert der organischen Nährstoffgruppen wie auch der Kohlensäure und des Sauerstoffes, auch andere Standardzahlen festzustellen Standardzahlen. sich bemüht. So hat man für 1 g fett- und extraktfreies Fleisch (Trockensubstanz) 5,44 bis 5,77 Kal. berechnet. KÖHLER[2]) fand für 1 g der asche- und fettfreien Fleischtrockensubstanz von Rind 5,678 und von Pferd 5,599 Kal. Für 1 g Stickstoff im fett- und aschefreien Fleischtrockenkote (Hund) kann man nach FRENTZEL und SCHREUER[3]) 45,4 Kal. berechnen, während man für 1 g Stickstoff im Fleischharne 6,97 bis 7,45 Kal. berechnet hat. Der kalorische Harnquotient $\frac{Kal.}{N}$ ist jedoch wenigstens nicht für Menschenharn konstant, sondern von der Art der Nahrung abhängig.

II. Der Stoffwechsel beim Hungern und bei unzureichender Nahrung.

Beim Hungern finden die Zersetzungen im Körper ununterbrochen statt; da sie aber auf Kosten der Körpersubstanz geschehen, können sie nur eine begrenzte Zeit fortfahren. Wenn das Tier einen bestimmten Bruchteil seiner Körpermasse verloren hat, tritt der Tod ein. Dieser Bruchteil schwankt mit dem Zustande des Körpers am Anfange der Hungerperiode. Fette Tiere erliegen erst, wenn das Körpergewicht auf etwa ½ des Anfangsgewichtes ge-

---

[1]) Zeitschr. f. Biol. 42. [2]) Zeitschr. f. physiol. Chem. 31. [3]) Die Arbeiten von FRENTZEL u. SCHREUER findet man in Arch. f. (Anat. u.) Physiol. 1901, 1902, 1903.

sunken ist. Sonst sterben Tiere nach CHOSSAT[1]) im allgemeinen, wenn das Körpergewicht auf $2/5$ des ursprünglichen Gewichtes gesunken ist. Der Zeit-

punkt, bei welchem der Hungertod eintritt, schwankt nicht nur nach dem verschiedenen Ernährungszustande am Anfange der Hungerperiode, sondern auch nach dem mehr oder weniger lebhaften Stoffwechsel. Dieser ist bei kleinen und jüngeren Tieren regerer als bei größeren und älteren, aber auch bei verschiedenen Tierklassen zeigt er eine ungleiche Lebhaftigkeit. Kinder sollen angeblich schon nach 3—5 Tagen, nachdem sie etwa $1/4$ ihrer Körpermasse eingebüßt haben, dem Hungertode erliegen. Erwachsene können, wie die Beobachtungen an SUCCI[2]) und anderen Hungerkünstlern gelehrt haben, ohne nachhaltige Schädigung 20 bis 30 Tage hungern, und es liegen sogar Angaben über ein 40—50tägiges Hungern vor. Hunde können nach mehreren Angaben 30—60 Tage hungern. HAWK[3]) und Mitarbeiter haben aber einen Fall beschrieben, wo ein Hund mehr als 117 Tage hungern konnte und dabei rund 63 p. c. von dem ursprünglichen Gewichte verloren hatte. Schlangen und Frösche sollen mehr als ein halbes oder ganzes Jahr hungern können.

Beim Hungern nimmt das Körpergewicht ab. Der Gewichtsverlust ist am größten in den ersten Tagen und nimmt dann ziemlich gleichmäßig ab.

Bei kleinen Tieren ist der absolute Gewichtsverlust pro Tag selbstverständlich kleiner als bei großen Tieren. Der relative Gewichtsverlust — d. h. der Gewichtsverlust auf die Einheit des Körpergewichtes, 1 kg, bezogen — ist dagegen größer bei kleinen als bei großen Tieren. Der Grund hierzu liegt darin, daß die kleinen Tiere eine im Verhältnis zu ihrer Körpermasse größere Körper-oberfläche als die größeren Tiere haben und den hierdurch bedingten größeren Wärmeverlust durch einen regeren Stoffverbrauch ersetzen müssen.

Aus der Abnahme des Körpergewichtes folgt, daß die absolute Größe des Umsatzes beim Hungern abnehmen muß. Bezieht man dagegen die Größe des Umsatzes auf die Einheit des Körpergewichtes, d. h. auf 1 kg, so findet man sie während des Hungerns fast unverändert. Die Untersuchungen von

ZUNTZ, LEHMANN u. a. [4]) an dem Hungerkünstler CETTI ergaben also z. B. am 3.—6. Tage des Hungerns einen Sauerstoffverbrauch pro Kilogramm und Minute von durchschnittlich 4,65 ccm und am 9.—11. Tage von durchschnittlich 4,73 ccm. Der Kalorienumsatz, als Maß des Stoffwechsels, fiel vom 1. bis 5. Hungertage von 1850 auf 1600 Kal. oder pro Kilogramm von 32,4 auf 30, und er war also, auf die Einheit des Körpergewichtes bezogen, nur wenig verändert [5]). Beim Menschen kann man auch den durchschnittlichen, täglichen Energieverbrauch beim Hungern zu 30—32 Kal. pro Kilogramm anschlagen.

Die Größe des Eiweißumsatzes und als Maß desselben die Stick-stoffausscheidung durch den Harn nimmt mit abnehmendem Körpergewicht

während des Hungerns ab. Diese Abnahme ist indessen keine während der ganzen Hungerperiode regelmäßige oder gleichförmige, und ihre Größe hängt, wie namentlich die an Fleischfressern ausgeführten Versuche gezeigt haben, von mehreren Umständen ab. Während der ersten Hungertage ist die Stick-stoffausscheidung regelmäßig am größten, und je reicher an Eiweiß der Körper durch die vorher aufgenommene Nahrung geworden ist, um so größer ist nach VOIT am ersten Hungertage der Eiweißumsatz, resp. die Stickstoffausscheidung. Die letztere nimmt auch rascher ab, d. h. die Kurve ihrer Abnahme ist steiler

in dem Maße, wie die vor dem Hungern aufgenommene Nahrung reicher an Eiweiß gewesen ist. Diese Verhältnisse sind aus der folgenden tabellarischen

---

[1]) Zit. nach VOIT in HERMANNs Handb. 6, Tl. 1. S. 100. [2]) Vgl. LUCIANI, Das Hungern. Hamburg und Leipzig 1890. [3]) P. B. HAWK, P. E. HOWE u. H. A. MATTILL. Fasting studies VI, Journ. of biol. Chem. 11. [4]) Berl. klin. Wochenschr. 1887. [5]) Man vgl. ferner TIGERSTEDT und Mitarbeiter in Skand. Arch. f. Physiol. 7.

Zusammenstellung ersichtlich. Die Tabelle enthält drei verschiedene, von Voit[1]) an demselben Hunde ausgeführte Hungerversuche. Der Versuchshund hatte vor der Versuchsreihe I täglich 2500 g Fleisch, vor der Reihe II täglich 1500 g Fleisch und vor der Reihe III eine gemischte, verhältnismäßig stickstoffarme Nahrung erhalten:

Harnstoffausscheidung in g in 24 St.

Hungertag	Ser. I	Ser. II	Ser. III
1.	60,1	26,5	13,8
2.	24,9	18,6	11,5
3.	19,1	15,7	10,2
4, ...	17,3	14,9	12,2
5.	12,3	14,8	· 12,1
6.	13,3	12,8	12,6
7.	12,5	12,9	11,3
8.	10,1	12,1	10,7

Bei Menschen und auch bei Tieren beobachtet man zuweilen ein Ansteigen der Stickstoffausscheidung etwa am zweiten und dritten Hungertage, welches dann erst von einer regelmäßigen Abnahme gefolgt ist. Dieses Ansteigen erklärt man (Prausnitz, Tigerstedt, Landergren)[2]) durch die folgende Annahme. Im Beginn des Hungerns wird der Eiweißzerfall durch das noch im Körper vorhandene Glykogen eingeschränkt. Nach dem Verbrauche des Glykogens, was schon am ersten Hungertage größtenteils geschieht, nimmt mit dem Wegfalle dieser Glykogenwirkung der Eiweißzerfall zu, um dann, wenn der Körper infolge hiervon ärmer an disponiblem Eiweiß geworden ist, wieder abzunehmen. Ansteigen der Stick-
stoffaus-
scheidung

Auf die Größe des Eiweißumsatzes im Hunger üben auch andere Umstände, insbesondere ein verschiedener Fettgehalt des Körpers, einen Einfluß aus, was namentlich für den weiteren Verlauf der Stickstoffausscheidung von Bedeutung ist. Nach dem Verlaufe der ersten Hungertage wird die Stickstoffausscheidung jedoch gleichmäßiger. Sie kann nun bis zum Tode des Tieres allmählich und regelmäßig abnehmen, oder es findet in den letzten Tagen eine Zunahme, ein sog. „prämortales" Ansteigen derselben statt. Inwieweit das eine oder das andere geschieht, hängt von der Relation zwischen Eiweiß- und Fettbestand im Körper ab. Stickstoff-
aus-
scheidung

Wie der Eiweißzerfall geht nämlich während des Hungerns die Fettzersetzung ununterbrochen fort, und der größte Teil des Kalorienbedarfes wird auch im Hunger durch das Fett gedeckt. Nach Rubner und E. Voit ist beim hungernden Tiere bei Ruhe und mittlerer Temperatur die Eiweißzersetzung ein nur wenig schwankender, fast konstanter Bruchteil des Gesamtenergieumsatzes und von den Gesamtkalorien fallen beim Hunde 10—16 p. c. auf den Eiweißumsatz und 84—90 p. c. auf den Fettumsatz. Dies gilt wenigstens für Hungertiere mit genügend großem ursprünglichem Fettgehalt. Wenn aber infolge des Hungerns das Tier relativ ärmer an Fett geworden ist und der Fettbestand des Körpers unter eine gewisse Grenze gesunken ist, muß zur Deckung des Kalorienbedarfes eine größere Eiweißmenge der Zersetzung anheimfallen, und die prämortale Steigerung tritt nun ein (E. Voit). Die Ursachen des prämortalen Ansteigens der Eiweißzersetzung sind jedoch noch nicht vollständig bekannt (Schulz und Mitarbeiter)[3]). Fettumsa[tz]

Da der Eiweißzerfall durch das Fett beschränkt wird, muß, dem oben Gesagten entsprechend, die Stickstoffausscheidung im Hunger kleiner bei

---

[1]) Vgl. Hermanns Handb. 6, Tl. 1, S. 89.   [2]) Prausnitz, Zeitschr. f. Biol. 29: Tigerstedt und Mitarbeiter l. c.; Landergren, Undersökningar öfver menniskans ägghviteomsättning, Inaug.-Diss., Stockholm 1902.   [3]) Voit, Zeitschr. f. Biol. 41, S. 167 u. 502. Vgl. auch Kaufmann, ebenda; N. Schulz, ebenda und Pflügers Arch. 76, mit E. Mangold, H. Stübel und E. Hempel, ebenda 114.

fetten als bei mageren Individuen sein. Während man also beispielsweise bei
gutgenährten und fetten Geisteskranken für die spätere Zeit des Hungerns
eine Harnstoffausscheidung von nur 9 g pro 24 Stunden beobachtet hat, fand
J. MUNK bei dem schlecht genährten Hungerkünstler CETTI[1]) eine tägliche
Harnstoffausscheidung von 20—29 g.

Die Untersuchungen über den Gaswechsel beim Hungern haben, wie
schon oben erwähnt wurde, gelehrt, daß die absolute Größe desselben dabei
zwar abnimmt, daß aber, wenn Sauerstoffverbrauch und Kohlensäureausscheidung auf die Einheit des Körpergewichtes — 1 kg — berechnet werden, diese
Größe zwar rasch auf ein Minimum herabsinkt, dann aber fast unverändert
bleibt oder im weiteren Verlaufe des Hungerns sogar eher ansteigt. Es ist
auch eine allgemein bekannte Tatsache, daß die Körpertemperatur hungernder
Tiere während des allergrößten Teiles der Hungerperiode sich ziemlich konstant
erhalten kann, ohne eine nennenswerte Abnahme zu zeigen. Erst wenige
Tage vor dem Tode sieht man die Eigenwärme der Tiere absinken, und bei
etwa 33—30⁰ C tritt der Hungertod ein.

Aus dem in dem Vorigen von dem respiratorischen Quotienten Gesagten
folgt, daß er beim Hungern etwa derselbe wie bei ausschließlicher Fett- und
Fleischnahrung werden und also um die Größe 0,7 sich bewegen muß. Dem
ist auch oft so; aber er kann auch, wie in den Beobachtungsreihen an CETTI
und SUCCI, sogar niedriger, 0,65—0,50, werden. Dies kann durch die Ausscheidung von Azetonkörpern mit dem Harne erklärt werden; zum Teil kann
aber auch die Ursache vielleicht in einer Bildung von Glykogen (aus Eiweiß)
und Aufspeicherung desselben liegen.

Wasser wird beim Hungern ununterbrochen von dem Körper abgegeben,
selbst wenn kein Wasser ihm zugeführt wird. Wird der Gehalt der eiweißreichen Gewebe an Wasser zu 70—80 p. c. und der Gehalt derselben an Eiweiß
zu rund 20 p. c. angenommen, so müssen also für je 1 g zerfallenes Eiweiß
etwa 4 g Wasser frei werden. Dieses, beim Abschmelzen der Gewebe frei
werdende Wasser ist im allgemeinen hinreichend, um den Wasserverlust zu
decken, und der Hunger ist deshalb gewöhnlichenfalls nicht mit Durst verbunden.

Der Wasserverlust, in Prozenten vom Gesamtorganismus ausgedrückt, muß natürlich sehr wesentlich von dem ursprünglichen Gehalte des Körpers an Fettgewebe abhängig sein. Man hat auch in gewissen Fällen den hungernden Tierkörper wasserreicher
gefunden; wenn man aber dem ursprünglichen Fettgehalte gebührende Rechnung trägt,
scheint nach BÖHTLINGK[2]) (der an weißen Mäusen experimentierte) der Tierkörper während
der Inanition ärmer an Wasser zu werden. Der Körper kann also mehr Wasser, als durch
die Zerstörung der Gewebe in Freiheit gesetzt wird, verlieren.

Die Mineralstoffe verlassen ebenfalls bis zum Tode ununterbrochen
den Körper beim Hungern, und bei ihrer Ausscheidung kann der Einfluß der
zerfallenden Gewebe deutlich sich erkennbar machen. Wegen des Zerfalles der
kalireichen Gewebe kann nämlich beim Hungern die Relation zwischen Kalium
und Natrium in dem Harne derart sich ändern, daß, dem normalen Verhalten
entgegen, das Kalium in verhältnismäßig größerer Menge ausgeschieden wird.

Im Gegensatz zu dem oben Gesagten fand BÖHTLINGK bei hungernden weißen
Mäusen und KATSUYAMA[3]) bei hungernden Kaninchen keine reichlichere Elimination
von Kalium als von Natrium.

MUNK beobachtete an CETTI eine im Verhältnis zu der N-Ausscheidung
vermehrte Ausscheidung von Phosphorsäure, was einen gesteigerten Umsatz von
Knochensubstanz vermuten ließ, und diese Vermutung wurde durch die gleich-

---

[1]) Berl. klin. Wochenschr. 1887. [2]) Arch. des scienc. biol. de St. Petersbourg 5.
[3]) BÖHTLINGK l. c.; KATSUYAMA, Zeitschr. f. physiol. Chem. 26.

zeitig vermehrte Ausscheidung von Kalk und Magnesia als richtig erwiesen. In neueren Versuchen an Kaninchen hat dann WELLMANN[1]) gefunden, daß die im Hunger vermehrte Ausscheidung von Phosphor, Kalzium und Magnesium den Verlusten der Knochen an diesen Bestandteilen annähernd entspricht.

Von Interesse ist auch die Frage nach der Beteiligung der verschiedenen Organe an dem Gewichtsverluste des Körpers während des Hungerns. Um diese Frage zu beleuchten, werden hier die Resultate der von CHOSSAT[2]) an Tauben und von VOIT[2]) an einem Kater ausgeführten Untersuchungen über den Gewichtsverlust der verschiedenen Organe mitgeteilt. Die Zahlen geben den Gewichtsverlust in Prozenten von dem ursprünglichen Organgewichte an.

	Tauben (CHOSSAT)	Kater (VOIT)
Fett	93 p. c.	97 p. c.
Milz	71 ,,	67 ,,
Pankreas	64 ,,	17 ,,
Leber	52 ,,	54 ,,
Herz	45 ,,	3 ,,
Gedärme	42 ,,	18 ,,
Muskeln	42 ,,	31 ,,
Hoden	— ,,	40 ,,
Haut	33 ,,	21 ,,
Nieren	32 ,,	26 ,,
Lungen	22 ,,	18 ,,
Knochen	17 ,,	14 ,,
Nervensystem . . .	2 ,,	3 ,,

Die Gesamtmenge des Blutes wie auch die Menge seiner festen Bestand- teile nimmt, wie PANUM und andere[3]) gezeigt haben, in demselben Verhältnisse wie das Körpergewicht ab. Hinsichtlich des Verlustes der verschiedenen Organe an Wasser sind die Angaben etwas streitig; nach LUKJANOW[4]) scheinen jedoch in dieser Hinsicht die verchiedenen Organe sich etwas verschieden zu verhalten.

Die oben mitgeteilten Zahlen können nicht als Maß des Stoffwechsels der verschiedenen Organe im Hungerzustande dienen. Wenn also beispiels- weise das Nervensystem, den anderen Organen gegenüber, nur eine geringe Gewichtsabnahme zeigt, so darf dies nicht so gedeutet werden, als würde der Stoffwechsel in diesem Organsysteme am wenigsten lebhaft sein. Das Verhalten kann ein ganz anderes sein; das eine Organ kann nämlich während des Hungerns seine Nahrung von dem anderen beziehen und auf Kosten desselben leben. Der Gewichtsverlust der Organe beim Hungern kann also keine sicheren Auf- schlüsse über die Lebhaftigkeit des Stoffwechsels in jedem einzelnen Organe geben. Der Hungertod ist auch nicht die Folge eines Absterbens sämtlicher Körperorgane, sondern er rührt eher von Ernährungsstörungen in einigen wenigen lebenswichtigen Organen her (E. VOIT[5]).

Bei Berechnung oder Bestimmung des Gewichtsverlustes der Organe im Hungern kommt auch der ursprüngliche Fettgehalt derselben in Betracht. Unter Berücksichtigung des in besonderer Weise zu bestimmenden oder berechnenden Fettgehaltes der Organe zu Beginn der Hungerperiode und am Ende derselben fand E. VOIT[6]) folgende Gewichtsverluste der fettfrei gedachten Organe beim Hungern, nämlich Muskeln 41, Eingeweide 42, Haut 28 und Skelett 5 p. c.

Der Eiweißzersetzung entsprechend sinkt die Menge des Harnstickstoffes im Hunger, aber in verschiedenem Grade bei verschiedenen Individuen. Der niedrigste, bisher am Menschen beobachtete Wert, 2,82 g pro Tag, haben

[1] MUNK, Berlin. klin. Wochenschr. 1887; WELLMANN, PFLÜGERS Arch. 121. [2]) Zit. nach VOIT in HERMANNS Handb. 6, Tl. 1. S. 96 u. 97. [3]) PANUM, VIRCHOWS Arch. 29; LONDON, Arch. des scienc. biol. de St. Pétersbourg 4. [4]) Zeitschr. f. physiol. Chem. 13. [5]) Zeitschr. f. Biol. 41. [6]) Ebenda 46.

E. und O. Freund an dem Hungerkünstler Succi am 21. Hungertage beobachtet. Auf 1 kg Körpergewicht berechnet, zeigt der Harnstickstoff, wie zu erwarten war, recht erhebliche Abweichungen bei verschiedenen Personen; bei Cetti und Succi war er in den 5—10 Hungertagen 0,150—0,200 g.

Harnstick-stoff im Hunger. Die Verteilung des Stickstoffes im Harne ist auch im Hunger eine andere als unter normalen Verhältnissen. Der relative Gehalt an Harnstoff nimmt, wie E. und O. Freund, Brugsch und Cathcart[1]) fanden, ab, so daß er, statt wie unter normalen Verhältnissen etwa 85 p. c. des Gesamtstickstoffes zu betragen, sogar auf 54 p. c. sinken kann (Brugsch). Gleichzeitig nimmt aber infolge der reichlichen Bildung von Azetonkörpern (Hungerazidose) der Gehalt an Ammoniak bedeutend zu (Brugsch, Cathcart). Eine relative Vermehrung des neutralen Schwefels im Harne findet ebenfalls statt (Benedict[2]), Cathcart). Kreatin tritt im Hunger im Harne auf und nach Hawk und Mitarbeitern[3]) wird einige Tage vor der prämortalen N-Ausscheidung das Kreatin in reichlicherer Menge als das Kreatinin ausgeschieden.

Grund-msatz und Leistungs-zuwachs. Von dem eigentlichen Hungerstoffwechsel hat man zu unterscheiden den Stoffwechsel im nüchternen Zustande, den Grundumsatz (Magnus-Levy) oder den Erhaltungswert (Loewy)[4]). Hierunter versteht man den Stoffweschel bei gleichförmiger, mittlerer Temperatur, absoluter körperlicher Ruhe und Untätigkeit des Darmkanales. Als Maß desselben bestimmt man die Größe des Gaswechsels bei vorsätzlicher, möglichst vollständiger Muskelruhe an liegenden oder schlafenden Personen, morgens und mindestens 12 Stunden nach einer letzten, an Kohlehydraten nicht reichen Mahlzeit. Dieser Grundumsatz ist das Maß desjenigen Energieaufwandes, welcher zur Leistung aller in der Ruhe fortdauernden, zur Erhaltung des Lebens nötigen Funktionen erforderlich ist; und jede Arbeit über diese Mindesttätigkeit wird von Magnus-Levy als Leistungszuwachs bezeichnet. Der Grundumsatz ist bei demselben Individuum annähernd konstant und dient als Ausgangspunkt beim **Grund-umsatz.** Studium der Einwirkung verschiedener Einflüsse, wie Arbeit, Nahrungsaufnahme, krankhafte Zustände usw. auf den Stoffwechsel. Die Größe des Grundumsatzes, wie sie durch Messung des Gaswechsels namentlich nach dem Zuntz-Geppertschen Verfahren[5]) und von Johansson und Mitarbeitern festgestellt wurde, beträgt für Männer von 60—70 kg Körpergewicht ungefähr 220—250 ccm Sauerstoff und 160—200 ccm Kohlensäure in der Minute = 20 bis 24 g Kohlensäure in 1 Stunde. Johansson fand bei vorsätzlicher vollständiger Muskelruhe pro 1 Stunde 20,7 g, bei gewöhnlicher oder Bettruhe 24,8 g Kohlensäure. Gigon[6]) fand für den Grundumsatz rund 23,4 g Kohlensäure und 21 g Sauerstoff. Den Tagesumsatz kann man nach Magnus-Levy für den Grundumsatz zu 1625 Kal oder, mit Einberechnung der Steigerung durch Nahrungsaufnahme, zu 1800 Kal. berechnen. Nach den Zusammenstellungen von Gigon besteht der Grundumsatz aus 15,22 p. c. Eiweiß, 15—35,2 p. c. Kohlehydraten und 44,5—70 p. c. Fett.

Un-ureichende und un-ollständige Nahrung. Die Nahrung kann quantitativ unzureichend sein, und der höchste Grad hiervon ist die absolute Inanition. Die Nahrung kann jedoch auch in dem Sinne unvollständig oder unzureichend sein, daß irgend einer der notwendigen Nährstoffe in der Nahrung fehlt, während die übrigen in sonst genügender oder vielleicht sogar überschüssiger Menge darin vorkommen.

---

[1]) O. u. E. Freund, Wien. klin. Rundschau 1901 Nr. 5 u. 6; Th. Brugsch, Zeitschr. f. exp. Path. u. Therap. 1 u. 3; Cathcart, Biochem. Zeitschr. 6. [2]) Zeitschr. f. klin. Med. 36; Cathcart l. c. [3]) Vgl. Fußnote 3, S. 718. [4]) Magnus-Levy in v. Noordens Handb. und Loewy in Oppenheimers Handb. der Bioch. Bd. 4. [5]) Die Literatur findet man in den zitierten Arbeiten von Magnus-Levy und Loewy. [6]) Johansson, Skand. Arch. f. Physiol. 7, 8, 21 und Nord. Med. Arch. Festb. 1897; vgl. auch bei Magnus-Levy; A. Gigon, Pflügers Arch. 140.

Mangel an Wasser in der Nahrung. Die Menge des Wassers im Organismus ist am größten während des Fötallebens und nimmt dann mit zunehmendem Alter ab. Sie ist selbstverständlich auch in verschiedenen Organen wesentlich verschieden. Das wasserärmste Gewebe des Körpers ist der Zahnschmelz, welcher fast wasserfrei (2 p. m. Wasser) ist. Arm an Wasser sind ferner: das Zahnbein mit gegen 100 p. m. und das Fettgewebe mit 60—120 p. m. Wasser. Reicher an Wasser sind die Knochen mit 140—440 und das Knorpelgewebe mit 540—740 p. m. Noch wasserreicher sind Muskeln, Blut und Drüsen mit 730 bis mehr als 800 p. m. In den tierischen Säften ist der Wassergehalt (vgl. die vorigen Kapitel) noch größer und der erwachsene Körper als Ganzes enthält rund 630 p. m. Wasser[1]). Aus der schon in dem vorigen betonten, außerordentlich großen Bedeutung des Wassers für die Lebensvorgänge folgt darum auch ohne weiteres, daß der Organismus, wenn der Wasserverlust nicht durch Zufuhr von Wasser ersetzt wird, früher oder später zugrunde gehen muß. Der Tod kann bei Wasserentziehung sogar früher als bei vollständiger Inanition auftreten (LANDAUER, NOTHWANG). Menge des Wassers in den Geweben.

Entziehung des Wassers während einiger Zeit übt, wie LANDAUER und namentlich W. STRAUB gezeigt haben, einen beschleunigenden Einfluß auf die Eiweißzersetzung aus. Dieser gesteigerte Stoffumsatz hat nach LANDAUER den Zweck, einen Teil des entzogenen Wassers durch das (infolge des gesteigerten Stoffwechsels) in erhöhtem Maße produzierte Wasser zu ersetzen. Kurzdauernde Wasserentziehung soll dagegen nach SPIEGLER[2]), besonders beim Menschen, den Eiweißumsatz durch verminderte Eiweißresorption etwas herabsetzen können. Wasserentziehung.

Mangel an Mineralstoffen in der Nahrung. In den vorigen Kapiteln ist bei mehreren Gelegenheiten die Aufmerksamkeit auf die Bedeutung der Mineralstoffe gelenkt worden, und es wurde dort auch des Vorkommens von bestimmten Mineralstoffen in bestimmten Mengen in den verschiedenen Organen Erwähnung getan. Der Gehalt an Mineralstoffen in den Geweben und Flüssigkeiten ist jedoch im allgemeinen nicht groß. Mit Ausnahme von dem Skelett, welches als Mittel gegen 220 p. m. Mineralstoffe enthält (VOLKMANN)[3]), sind nämlich die tierischen Flüssigkeiten oder Gewebe arm an anorganischen Bestandteilen und ihr Gehalt an solchen beträgt im allgemeinen nur etwa 10 p. m. Von der Gesamtmenge der Mineralstoffe im Organismus kommt der allergrößte Teil, 830 p. m., auf das Skelett und demnächst die größte Menge, etwa 100 p. m., auf die Muskeln (VOLKMANN). Mengen der Mineralstoffe.

Die Mineralstoffe scheinen zum Teil in den Säften gelöst und zum Teil an die organische Substanz gebunden zu sein, womit natürlich über die Art dieser Bindung, inwieweit sie in stöchiometrischen Verhältnissen geschieht oder eine Adsorption ist, nichts Bestimmtes ausgesagt sein soll. In Übereinstimmung mit dieser Annahme einer Bindung steht auch das Verhalten, daß der Organismus bei Salzmangel der Nahrung hartnäckig einen Teil der Mineralstoffe zurückhält, auch solche, welche wie die Chloride dem Anscheine nach größtenteils einfach gelöst sind. Bei der Verbrennung der organischen Substanz werden die an die letztere gebundenen Mineralstoffe frei und können eliminiert werden. Man hat jedoch auch angenommen, daß sie zum Teil von salzarmen oder fast salzfreien, aus dem Darmkanale resorbierten organischen Nahrungsstoffen in Beschlag genommen und dadurch zurückgehalten werden können (VOIT, FORSTER)[4]). Verhalten der Mineralstoffe.

---

[1]) Vgl. VOIT in HERMANNS Handb. 6, Tl. 1, S. 345. [2]) LANDAUER, MALYS Jahresb. 24; NOTHWANG, Arch. f. Hyg. 1892; STRAUB, Zeitschr. f. Biol. 37 u. 38; SPIEGLER, ebenda 41. [3]) Vgl. HERMANNS Handb. 6, Tl. 1. S. 353. [4]) FORSTER, Zeitschr. f. Biol. 9; vgl. auch VOIT in HERMANNS Handb., S. 354. Bezüglich des Vorkommens, der Bedeutung und des Verhaltens der verschiedenen Mineralstoffe im Tierkörper vgl. man die Arbeit von ALBU und NEUBERG: Physiologie und Pathologie des Mineralstoffwechsels, Berlin 1906.

Wenn diese Annahmen richtig sind, so läßt es sich denken, daß eine

stetige Zufuhr von Mineralstoffen mit der Nahrung zwar notwendig ist, daß aber die Menge anorganischer Stoffe, welche zugeführt werden muß, nur eine sehr geringfügige zu sein braucht. Wie es hiermit sich verhält, ist besonders für den Menschen noch nicht genügend erforscht worden; im allgemeinen betrachtet man aber den Bedarf des Menschen an Mineralstoffen als sehr gering. Sicher dürfte es jedenfalls sein, daß der gesunde Mensch gewöhnlich mit der Nahrung reichlich seinen Bedarf an Mineralstoffen und sogar einen Überschuß an solchen aufnimmt.

Über die Wirkung einer ungenügenden Zufuhr von Mineralstoffen mit der Nahrung sind von mehreren Forschern, in mehr eingehender Weise zuerst von FORSTER, Untersuchungen an Tieren ausgeführt worden. Bei Versuchen

an Hunden und Tauben mit einer an Mineralstoffen möglichst armen Nahrung beobachtete FORSTER sehr bedenkliche Störungen der Funktionen der Organe, besonders der Muskeln und des Nervensystemes, und er sah dabei den Tod nach einiger Zeit, sogar noch früher als bei vollständigem Hungern, eintreten. In einem Selbstversuche mit weniger als 0,1 gm Salzen pro Tag beobachtete TAYLOR[1]) ebenfalls hauptsächlich Störungen von seiten des Muskelsystemes.

Gegen die obengenannten Beobachtungen FORSTERS hat BUNGE die Einwendung gemacht, daß das frühe Eintreten des Todes in diesen Fällen nicht durch den Mangel an Mineralstoffen im allgemeinen hervorgerufen wurde, sondern vielmehr durch den Mangel an denjenigen Basen, die zur Neutralisation der bei der Verbrennung des Eiweißes im Organismus entstandenen Schwefelsäure erforderlich sind und welche also den Geweben entnommen werden

Wirkung
les Mangels
n Mineral-
stoffen in
der
Nahrung.
mußten. Dieser Ansicht gemäß fanden auch BUNGE und LUNIN[2]) bei Versuchen an Mäusen, daß Tiere, welche eine im übrigen fast aschefreie Nahrung mit Zusatz von Natriumkarbonat erhielten, doppelt so lange am Leben erhalten werden konnten wie Tiere, welche dieselbe Nahrung ohne Zusatz von Natriumkarbonat erhalten hatten. Besondere Experimente zeigten ferner, daß das Karbonat nicht durch eine äquivalente Menge Kochsalz ersetzt werden konnte und daß jenes allem Anscheine nach durch Neutralisation der im Körper gebildeten Säuren gewirkt hatte. Zusatz von Alkalikarbonat zu dem sonst fast salzfreien Futter konnte jedoch zwar den Eintritt des Todes verzögern, ihn aber nicht verhindern, und selbst bei Gegenwart von der erforderlichen Menge Basen trat also der Tod bei Mangel an Mineralstoffen in der Nahrung ein.

Bei ungenügender Zufuhr von Chloriden mit der Nahrung nimmt die Chlorausscheidung durch den Harn stetig ab und zuletzt kann sie fast ganz aufhören, während die Gewebe noch hartnäckig Chloride zurückhalten. Wie bei solchem Chloridhunger unter anderen Funktionen namentlich die Absonde-

rung von Magensaft Not leidet, ist oben (Kap. 9) erwähnt worden. Bei relativem Mangel an Natrium, dem Kalium gegenüber, namentlich bei einem Überschuß von Kaliumverbindungen in anderer Form als KCl in der Nahrung, setzen sich diese Kaliumverbindungen innerhalb des Organismus mit NaCl derart um, daß neue Kalium- und Natriumverbindungen entstehen, welche mit dem Harne ausgeschieden werden. Der Organismus kann also ärmer an NaCl werden, welches infolge hiervon in vermehrter Menge von außen aufgenommen werden muß (BUNGE). Diese Verhältnisse finden regelmäßig bei Pflanzenfressern und beim Menschen bei kalireicher Pflanzennahrung statt. Für den Menschen und besonders für die ärmeren Volksklassen, welche hauptsächlich von Kartoffeln und anderen kalireichen Nahrungsmitteln leben, wird

---

[1]) University of Californ. Public. Part 1. [2]) BUNGE, Lehrb. d. physiol. Chem., 4. Aufl. S. 97; LUNIN, Zeitschr. f. physiol. Chem. 5.

das Kochsalz also unter diesen Verhältnissen nicht ein Genußmittel allein, sondern ein notwendiger Zusatz zu der Nahrung (BUNGE)[1]). Über das Verhalten der Chloride, namentlich des Chlornatriums, im Tierkörper wie über die Ausscheidung, bzw. Retention des letzteren Salzes in Krankheiten liegt eine Fülle von Untersuchungen vor, bezüglich deren auf das Werk von ALBU und NEUBERG über Mineralstoffwechsel[2]) hingewiesen wird. *Chloralkalien.*

Mangel an Alkalikarbonaten oder Basen in der Nahrung. Die chemischen Vorgänge im Organismus sind an die Gegenwart von Geweben und Gewebssäften von bestimmter Reaktion gebunden, und diese Reaktion, welche regelmäßig fast neutral, aber gegen Lackmus alkalisch, gegen Phenolphthalein neutral ist, wird hauptsächlich durch Alkalikarbonate und Kohlensäure, zu einem kleinen Teil auch von Alkaliphosphaten und Proteinalkaliverbindungen bedingt. Die Alkalikarbonate sind überdies von großer Bedeutung nicht nur als Lösungsmittel gewisser Eiweißstoffe und als Bestandteile gewisser Sekrete, wie des Pankreas- und des Darmsaftes, sondern auch als Transportmittel der Kohlensäure im Blute. Es ist also leicht verständlich, daß ein Herabsinken der Menge der Alkalikarbonate unter eine gewisse Grenze für das Leben gefahrdrohend werden muß. Ein solches Herabsinken geschieht nicht nur bei Mangel an Basen in der Nahrung, wobei die relativ zu große Säureproduktion bei der Verbrennung des Eiweißes das Eintreten der verschiedenen Störungen und des Todes bedingen kann, sondern es tritt auch ein, wenn man einem Tiere während einiger Zeit verdünnte Mineralsäuren gibt. Die Bedeutung des Ammoniaks als Neutralisationsmittel der gebildeten oder eingeführten Säure, wie auch die ungleiche Widerstandsfähigkeit des Menschen und einiger Tiere gegen diese Säurewirkung sind schon in dem Vorigen (Kap. 15) besprochen worden. *Bedeutung und Verhalten der Alkalikarbonate.*

Mangel an Phosphaten und Erden. Abgesehen von der Bedeutung, welche die alkalischen Erden als Karbonate und vor allem als Phosphate für die physikalische Beschaffenheit gewisser Gewebe, wie des Knochen- und Zahngewebes haben, ist über ihre physiologische Bedeutung nur wenig Sicheres bekannt. Die Notwendigkeit des Kalziums für einige enzymatische Prozesse und ebenso die große Bedeutung der Kalziumionen für die Funktionen der Muskeln und für das Zellenleben überhaupt geben jedoch wenigstens eine Andeutung von der großen Bedeutung der alkalischen Erden für den tierischen Organismus. Über den Bedarf der Erwachsenen an diesen Erden wissen wir ebenfalls nur wenig, und es lassen sich allgemein gültige Zahlen hierfür nicht anführen. Nach KOCHMANN und PETZSCH[3]) kann es von einem bestimmten Kalkminimum (beim Hunde) nicht die Rede sein, indem der Ca-Bedarf mit verschiedener Nahrung wechselt. Bei Gleichgewicht des Ca-Stoffwechsels kann man durch Vermehrung der Menge des Eiweißes, des Fettes oder der Kohlehydrate in der Nahrung eine vermehrte Kalkausscheidung bewirken, welche wahrscheinlich von einer Kalziumphosphatabgabe des Skelettes herrührt. Ebensowenig kann man bestimmte Zahlen angeben für den Bedarf an Phosphorsäure oder Phosphaten, deren große Bedeutung nicht nur für den Aufbau der Knochen, sondern auch für die Funktionen der Muskeln, des Nervensystemes, der Drüsen, der Geschlechtsorgane usw. außer Zweifel steht. Über die Größe des Bedarfes ist es um so schwieriger, etwas Bestimmtes auszusagen, als der Körper ein starkes Bestreben zeigt, bei gesteigerter Phosphatzufuhr diesen Stoff weit über den Bedarf zurückzuhalten. Der Bedarf an Phosphaten, welcher nach EHRSTRÖM[4]) für den Erwachsenen als Minimum 1 bis 2 g Phosphor entspricht, ist übrigens relativ kleiner bei erwachsenen *Phosphate und Erden.* *Bedarf an Phosphaten*

[1]) Zeitschr. f. Biol. 9. [2]) Vgl. Fußnote 4, S. 723. [3]) M. KOCHMANN, Bioch. Zeitschr. 31, mit E. PETZSCH, ebenda 32. [4]) Skand. Arch. f. Physiol. 14.

als bei jungen, wachsenden Tieren. Bei den letzteren knüpft sich auch ein
besonderes Interesse an die Frage von der Wirkung einer ungenügenden Zufuhr
von Erdphosphaten und alkalischen Erden auf das Knochengewebe an. Bezüglich dieser Frage wird auf das Kapitel 10 und auf die Arbeit von ALBU-
NEUBERG hingewiesen.

Eine andere, wichtige Frage ist die, inwieweit die Phosphate bei dem
Aufbau organischer phosphorhaltiger Körperbestandteile beteiligt, bzw. für
denselben notwendig sind. Die älteren über diese Frage von RÖHMANN und
seinen Schülern[1] u. a. mit phosphorhaltigen (Kasein, Vitellin) oder phosphorfreien Eiweißstoffen (Edestin) und Phosphaten ausgeführten Versuche sprechen
dafür, daß bei Zufuhr von Kasein und Vitellin ein Stickstoff- und Phosphor-
ansatz stattfinden kann, während dies bei Zufuhr von phosphorfreiem Eiweiß
Phosphate
und Zell-
aufbau. und Phosphaten nicht der Fall zu sein scheint. Der Körper würde also nach
diesen Versuchen kaum die Fähigkeit besitzen, die für das Zelleben nötigen
phosphorhaltigen Zellbestandteile aus phosphorfreiem Eiweiß und Phosphaten
aufzubauen, wogegen nach den Beobachtungen mehrerer Forscher das Lezithin
einem solchen Zwecke dienen sollte. Die seit MIESCHERS Untersuchungen
bekannte Entwickelung der an Nukleinsubstanzen und Phosphatiden sehr
reichen Geschlechtsorgane des Lachses auf Kosten der an organisch gebundenem
Phosphor verhältnismäßig armen Muskulatur sprechen jedoch zugunsten
einer Synthese von phosphorhaltiger organischer Substanz auf Kosten der
Phosphate. Für eine solche sprechen auch Untersuchungen von HART, MC
COLLUM und FULLER[2]), welche fanden, daß Schweine bei einer phosphorarmen Nahrung ebenso gut mit anorganischen Phosphaten wie mit organischen
Phosphorverbindungen sich entwickelten. Nach neueren Untersuchungen
von MC COLLUM[3]) an Ratten sollen diese Tiere ihren ganzen Bedarf an Phosphor
sowohl für das Skelett wie für die Neubildung von Nukleinen und Phosphatiden
in der Form von anorganischem Phosphor aufnehmen können. Auch die
Untersuchungen von v. WENDT und HOLSTI[4]) machen eine Synthese von
organischen phosphorhaltigen Substanzen aus Phosphaten wahrscheinlich.
Einen besonders schwerwiegenden Beweis für die Fähigkeit des Tierkörpers,
Phosphatide und Nukleine mit Hilfe von nur anorganischem Phosphor aufzubauen, liefern die bald zu erwähnenden, von OSBORNE und Mitarbeitern
ausgeführten, über lange Zeiträume sich erstreckenden Fütterungsversuche
mit phosphorfreiem Eiweiß, Fett, Kohlehydraten und Mineralstoffen.

Mangel an Eisen. Als integrierender Bestandteil des für die Sauerstoff-
zufuhr unentbehrlichen Hämoglobins muß das Eisen auch ein unentbehrlicher
Bestandteil der Nahrung sein. Das Eisen ist aber auch ein nie fehlender Be-
standteil der Nukleine und Nukleoproteide, und hierin liegt noch ein weiterer
Grund für die Notwendigkeit einer Eisenzufuhr. Auch für die Wirkung einiger
Enzyme, der Oxydasen, hat man dem Eisen eine große Bedeutung zuerkannt.
Eisen in der
Nahrung. Bei Eisenhunger wird Eisen fortwährend, wenn auch in etwas verminderter
Menge, ausgeschieden, und bei unzureichender Zufuhr von Eisen mit der
Nahrung nimmt die Hämoglobinbildung ab. Umgekehrt wird die Hämoglobin-
bildung durch Zufuhr nicht nur von organisch gebundenem Eisen, sondern,

---

[1]) Literaturangaben über Fütterungsversuche mit phosphorfreier und phosphorhaltiger Nahrung findet man bei MC COLLUM, Amer. Journ. of Physiol. 25. [2]) E. B. HART,
E. V. MC COLLUM u. J. G. FULLER, Amer. Journ. of Physiol. 23. Man vgl. auch A. LIP-
SCHÜTZ, PFLÜGERS Arch. 143. Die Literatur über Phosphorstoffwechsel findet man
übrigens bei ALBU und NEUBERG, Physiologie und Pathologie des Mineralstoffwechsels,
Berlin 1906. [3]) Amer. Journ. f. Physiol. 25. [4]) G. v. WENDT, Skand. Arch. f. Pysiol.
17; Ö. HOLSTI, ebenda 23. Vgl. auch J. P. GREGERSEN, Zeitschr. f. physiol. Chem. 71.

nach einer allgemein geltenden Ansicht, auch durch Zufuhr von anorganischen Eisenpräparaten begünstigt.

Bei Abwesenheit von Proteinstoffen in der Nahrung muß der Organismus von seinen eigenen Proteinsubstanzen zehren und bei einer solchen Ernährung muß er deshalb auch früher oder später·zugrunde gehen. Durch die einseitige Zufuhr von Fett und Kohlehydraten wird jedoch in diesem Falle der Eiweißverbrauch sehr bedeutend herabgesetzt. Während man einige Zeit in Übereinstimmung mit der Ansicht von C. und E. Voit[1]) der Meinung war, daß bei einer stickstofffreien Nahrung der Eiweißumsatz nie bis zu einem so kleinen Werte wie beim Hungern herabgehen konnte, weiß man nunmehr, dank der Untersuchungen von HIRSCHFELD, KUMAGAWA, KLEMPERER, SIVÉN, LANDERGREN und in neuerer Zeit THOMAS[2]), daß der Eiweißumsatz bei einer solchen Nahrung kleiner als beim vollständigen Hungern werden kann. Bei ausschließlicher Zuckerzufuhr kann nach THOMAS die Stickstoffausscheidung in einigen Tagen auf die Abnutzungsquote herabgesetzt werden, und er beobachtete eine Ausscheidung von nur 30 mgm Stickstoff pro Tag und Kilo Körpergewicht. *(Randnotiz: Mangel an Proteinstoffen.)*

Bei Abwesenheit von Fetten und Kohlehydraten in der Nahrung verhalten sich Pflanzen- und Fleischfresser etwas verschieden. Ob ein Fleischfresser mit einer ganz- fett und kohlehydratfreien Nahrung dauernd am Leben erhalten werden könne, ist nicht bekannt[3]), wogegen es sicher dargetan ist, daß er bei ausschließlicher Fütterung mit einem möglichst fettarmen Fleisch lange Zeit bei voller Leistungsfähigkeit am Leben erhalten werden kann (PFLÜGER)[4]). Dagegen scheint weder der Mensch noch der Pflanzenfresser längere Zeit von einer solchen Nahrung leben zu können. Einerseits fehlt ihnen nämlich die Fähigkeit, die erforderlichen großen Fleischmassen zu verdauen und zu resorbieren, und andererseits tritt bei ihnen bald Widerwillen gegen die übergroßen Mengen Fleisch oder Eiweiß ein. Von Interesse ist die Ausscheidung von Azetonkörpern bei Ausschluß der Kohlehydrate aus der Nahrung des Menschen (vgl. Kap. 15). *(Randnotiz: Abwesenheit von Fett und Kohlehydraten in der Nahrung.)*

Eine Frage von großem Interesse ist die, ob es möglich ist, Tiere mit einem Gemenge von einfachen organischen und anorganischen Nährstoffen dauernd am Leben zu erhalten. Von LUNIN[5]) wurde vor etwa 40 Jahren die Beobachtung mitgeteilt, daß Mäuse, welche mit Milch allein mehrere Monate hindurch gut ernährt werden können, innerhalb eines Monats zugrunde gehen, wenn sie ein ausschließlich aus den bekannten Bestandteilen der Milch zusammengesetztes Futter erhalten. Er nahm daher an, daß in der Milch andere für die Nahrung unentbehrliche Stoffe vorhanden sind, außer Kasein, Fett, Laktose und Salze. Die Unzulänglichkeit eines „künstlich" zusammengesetzten Futters wurde auch von anderen Forschern beobachtet. Man führte aber meistens als Erklärung die Einförmigkeit der betreffenden Kost an, ohne diejenige Tatsache zu berücksichtigen, daß eine einförmige Kost bei den meisten Tieren die Regel ist. Eine gewisse Aufmerksamkeit erweckte die Mitteilung von RÖHMANN[6]), daß es ihm gelungen war, durch Verfütterung eines Gemenges von mehreren Eiweißstoffen mit Fett, Stärke, Glukose und Salzen Mäuse längere Zeit am Leben zu erhalten und junge Mäuse von der Geburt an bei künstlicher Ernährung — zuerst der Mutter und dann der *(Randnotiz: Fütterung mit Gemengen von Nährstoffen)*

---

[1]) Zeitschr. f. Biol. 32. [2]) HIRSCHFELD, VIRCHOWS Arch. 114; KUMAGAWA, ebenda 116; KLEMPERER, Zeitschr. f. klin. Med. 16; SIVÉN, Skand. Arch. f. Physiol. 10 u. 11; LANDERGREN l. c., Fußnote 2, S. 719 und MALYS Jahresb. 32; KARL THOMAS, Arch. f. (Anat. u.) Physiol. 1909 u. 1910, Supplbd. [3]) Vgl. HORBACZEWSKI, MALYS Jahresb. 31, S. 715. [4]) PFLÜGERS Arch. 50. [5]) Zeitschr. f. physiol. Chem. 5, S. 31 (1881). [6]) F. RÖHMANN, Klin. therap. Wochenschr. Nr. 40, 1902 und Allg. med. Zentral-Zeitg. 1908 Nr. 9.

kleinen Tiere selbst — aufzuziehen. RÖHMANN schloß aus seinen Versuchen, daß zur dauernden Erhaltung, bzw. zur Aufzucht der Tiere ein Gemenge von verschiedenen Eiweißstoffen erforderlich sei.

Daß man aber mit einem einzigen Eiweißstoffe auskommen kann, wurde besonders durch die umfassenden Untersuchungen von OSBORNE und MENDEL (und E. FERRY)[1]) dargelegt und später auch von RÖHMANN[2]) selbst bestätigt.

Fütterung mit Gemengen von Nährstoffen. In Versuchen an weißen Mäusen fanden nämlich jene Forscher, daß bei Verfütterung von einem Gemenge von nur einem Eiweißkörper mit Rohrzucker, Stärke, Fett, Agar-Agar und Mineralstoffen erwachsene Mäuse 169 bis 259 Tage bei unverändertem Körpergewicht erhalten werden konnten. Ein Wachstum der jungen Mäuse fand jedoch hierbei nicht statt. Der Grund, warum die Erhaltung erwachsener Mäuse nicht noch längere Zeit gelang und ein Wachstum der jungen Mäuse ausblieb, war das Fehlen gewisser Stoffe unbekannter Art in der Nahrung. Solche Stoffe kommen in der Milch vor, und dementsprechend konnte sowohl Erhaltung während längerer Zeit, 500 bis 600 Tage, wie auch normales Wachstum ermöglicht werden bei Zulage zu dem Futter von Milch, aus welcher die Eiweißstoffe entfernt worden waren, trotzdem die Nahrung nur einen einzigen Eiweißstoff enthielt. Solche Eiweißstoffe waren u. a. Kasein, Laktalbumin, Ovalbumin, Hanfedestin, Weizenglutenin und Exzelsin, während dagegen z. B. Erbsenlegumin, Zein, Gliadin und Hordein nicht imstande waren, mit den übrigen Nahrungsstoffen und proteinfreier Milch ein hinreichendes Wachstum zu erzeugen. Dagegen ergaben die Versuche, daß mit Gliadin als alleinigem Eiweißstoff verfütterte Tiere normale Fähigkeit zur Erzeugung von Nachkommenschaft und zur Produktion der zu ihrer Ernährung erforderlichen Milch hatten.

Die Bedeutung der fraglichen Stoffe in der Milch war aber nicht so leicht festzustellen. In anderen Versuchsreihen zeigte es sich, daß die proteinfreie Milch durch eine passende Salzmischung ersetzt werden konnte und daß die organischen Bestandteile solcher Milch also nicht notwendig waren. Bei Verfütterung von Fett, Kohlehydraten, Kasein und einem solchen Salzgemenge konnte in Versuchsreihen von mehr als 80 oder 100 Tagen normaler Zuwachs erreicht werden. Auch bei Abwesenheit von ätherlöslichen Stoffen (Lipoiden) in der Nahrung war es möglich, Wachstum der Tiere zu erzeugen. Dies war um so mehr auffallend, als die Lipoide infolge der Beobachtungen und Versuche von STEPP zur normalen Ernährung notwendig sein sollte.

Bedeutung der Lipoide. Nach STEPP[3]) sollte man nämlich eine für Mäuse hinreichende, aber doch nicht vollwertige Nahrung völlig vollwertig für die Tiere machen können durch Zufügung von gewissen alkoholätherlöslichen Stoffen aus Milch, Eigelb, Gehirn usw. Diese Stoffe, welche weder Fett noch Cholesterin sind und die er als Lipoide bezeichnete, sind wenigstens zum Teil hitzelabil und verlieren dementsprechend ihre Wirkung durch anhaltendes Sieden mit Alkohol oder durch langdauerndes Kochen der natürlichen Nahrungsmittel mit Alkohol oder Wasser. Eine für Mäuse ausreichende Nahrung konnte durch andauerndes Kochen mit Alkohol so verändert werden, daß alle damit ernährten Tiere starben, während umgekehrt die so hervorgerufenen Veränderungen der Nahrung durch Zusatz von den, unter Vermeidung der tiefgreifenden Wärmewirkung gewonnenen Lipoiden sich ausgleichen ließen. Zusatz von reinem Lezithin, Kephalin oder Zerebron erwies sich aber erfolglos. Unter Hinweisung

---

[1]) TH. B. OSBORNE und L. B. MENDEL, Science N. S. **34** mit Hinweis auf die ausführlichere Arbeit „Feading Experiments with isolated Foodsubstances" The Carnegie Institution of Washington Parts 1 und 2, 1911; mit EDNA FERRY, Journ. of biol. Chem. **12** u. **13** u. Zeitschr. f. physiol. Chem. **80**. [2]) RÖHMANN, Bioch. Zeitschr. **39**. [3]) Bioch. Zeitschr. **22** (1909) u. Zeitschr. f. Biol. **57** (1911) u. **59** (1912).

auf die Fähigkeit der Lipoide, auf die Löslichkeit anderer Stoffe einzuwirken, äußerte STEPP: So wäre es nicht undenkbar, daß gemeinschaftlich mit den Lipoiden irgendwelche unbekannte lebenswichtige Stoffe in Lösung gehen und daß so die Lipoide gewissermaßen zu Trägern für diese Stoffe würden.

Daß es außer den Nahrungsstoffen im eigentlichen Sinne auch andere Bestandteile unserer Nahrung gibt, welche für das Leben außerordentlich wichtig sind, ist in den letzten zwei Jahrzehnten immer mehr offenbar geworden. Man hat nämlich gefunden, daß gewisse seit alters her bekannte Krankheiten, wie Beriberi, Skorbut, Rachitis, durch eine gewisse qualitative Insuffizienz der Nahrung hervorgerufen werden können — eine Insuffizienz, die nicht auf Mangel an bekannten Nahrungsstoffen bezogen werden kann. Die erste Mitteilung wurde 1897 von EIJKMANN[1]) gemacht. Er hatte bei Hühnern eine Krankheit (Polyneuritis gallinarum) beobachtet, die in bezug auf Symptome und Verlauf mit der menschlichen Beriberi übereinstimmte und die mit einer einseitigen Fütterung der Tiere mit geschältem Reis in Zusammenhang stand. Durch Zufuhr von Reiskleie konnten die kranken Tiere geheilt werden, bzw. der Ausbruch der Krankheit verhütet werden. Die Beobachtung EIJKMANNS wurde in den nächsten Jahren von GRIJNS[2]), HOLST[3]), FRASER und STANTON[4]) u. a. bestätigt. Daß auch die Beriberi bei Menschen in ähnlicher Weise mit der Reisnahrung in Zusammenhang steht, wurde durch umfassende statistische und klinische Untersuchungen allmählich festgestellt[5]).

Aus seinen Beobachtungen folgerte EIJKMANN, daß die Reiskleie, also die äußersten Teile des Reiskornes, welche beim Schälen entfernt werden, eine gewisse wirksame Substanz enthält, die er als ein Antitoxin auffaßt. Er konnte sich nämlich nicht von der geläufigen Meinung frei machen, daß die Beriberi eine durch die Reisnahrung veranlaßte Intoxikationskrankheit sei. Daß die Krankheitsursache ein Mangel an einem noch völlig unbekannten Stoffe ist, wurde zuerst von GRIJNS ausgesprochen. Dieser Stoff, welchen man zur Zeit als Schutzstoff gegen Beriberi bezeichnete, ist, wie EIJKMANN und GRIJNS fanden, löslich in Wasser und in Alkohol und wird durch Erhitzen auf 100⁰ zerstört. Auch andere Naturprodukte, wie frisches Fleisch, Eidotter, eine Bohnenart Katjang-idjoe[6]) (Phaseolus radiatus) und Hefe[7]) wurden wirksam gefunden.

Ein sehr wichtiger Fortschritt wurde 1907 von A. HOLST und FRÖHLICH[8]) gemacht, indem sie zeigten, daß auch Skorbut in ähnlicher Weise wie Beriberi bei Tieren hervorgerufen werden kann. Besonders empfindlich erwiesen sich die Meerschweinchen. Die betreffenden Symptome entwickeln sich bei einseitiger Fütterung mit Getreide. Ob diese geschält oder ungeschält verabreicht wird, ist gleichgültig. Das Entscheidende ist die Abwesenheit des frischen Grünfutters.

Versuche, die wirksame Substanz aus den betreffenden Naturprodukten zu isolieren, sind von C. FUNK[9]) u. a. gemacht worden. Aus Reiskleie stellte

---

[1]) VIRCHOWS Arch. 148, S. 523; 149, S. 187 (1897). [2]) Geneesk. Tijdschr. v. Ned. Ind. 1901. [3]) Journ. of Hyg. 7, S. 619, 634 (1907). [4]) Stud. from the Inst. for Med. Research., Fed. Malay States Nr. 10 (1909), Nr. 12 (1911). [5]) EIJKMAN und VORDERMAN, a. a. O.: HULSHOF POL, Arch. f. Schiffs- u. Tropenhyg. 14, Beih. 3 (1910); BRADDON, The Cause and Prevention of Beriberi. London 1907; FLETCHER, Lancet 1907, II, S. 1776. — FRASER, Lancet 1909, I, S. 451. — ELLIS, Brit. med. Journ. 1909, II, S. 935. — HEISER. Philippine Journ. of Science 6 (1911). — STRONG und CROWELL, Ibid 7 (1912). [6]) GRIJNS; HULSHOF POL. a. a. O. [7]) SCHAUMANN, Arch. f. Schiffs- u. Tropenhyg. 14, Beih. 8 (1910). [8]) Journ. of Hyg. 7, S. 619, 634 (1907); Zeitschr. f. Hyg. u. Infektionskrankh. 72 (1912). [9]) Journ. of Physiol. 43, S. 395 (1911); 45, S. 75 (1912). — SCHAUMANN, Arch. f. Schiffs- u. Tropenhyg. 16 (1912). — SUZUKI, SHIMAMURA, ODAKE, Bioch. Zeitschr. 43, S. 89 (1912). — ABDERHALDEN u. SCHAUMANN, PFLÜGERS Arch. 172 (1918).

Funk eine kristallinische der Pyrimidinreihe angehörige Substanz $C_{17}H_{20}N_2O_7$ dar, die sich bei Tauben sehr kräftig antiberiberisch wirksam erwies und die er Beriberivitamin nannte. Später erhielt er auch aus Hefe eine derartige Substanz. Es erwies sich aber sehr fraglich, ob jene Substanz den physiologisch wirksamen Faktor darstellt. Die antineuritische Kraft der betreffenden Präparate nimmt meistens bei den Reinigungsprozessen ab, und nunmehr wird die Schutzwirkung der Präparate etwaigen Verunreinigungen derselben zugeschrieben. Gegen die Benennung „Vitamin" hat man daher Einwendungen gemacht. Da die Amin-Natur der fraglichen Stoffe nicht festgestellt ist, hat man andere Bezeichnungen, die nichts präjudizieren, vorgeschlagen, wie „akzessorische Faktoren der Nahrung" (Hopkins), „akzessorische Nährstoffe" (Hofmeister), „Ergänzungsstoffe" (Schaumann)[1]). Das Wort „Vitamin" hat aber den Vorteil, kurz zu sein und hat sich jetzt eingebürgert. In Übereinstimmung hiermit werden Krankheiten, von denen man annehmen kann, daß sie mit mangelnder Zufuhr von Vitaminen in Zusammenhang stehen, als „Avitaminosen" bezeichnet (C. Funk).

Hopkins (1912) hatte dieselbe Beobachtung wie Osborne und Mendel gemacht, daß junge weiße Ratten, auf eine aus isolierten chemischen Substanzen bestehende Kost gesetzt, zu wachsen aufhören und schließlich zugrunde gehen. Er fand aber weiter, daß, wenn man möglichst genau gereinigte Substanzen anwendet, die Unzulänglichkeit der Kost in einer verhältnismäßig kurzen Zeit sich zu erkennen gibt. Um diese Kost „suffizient" zu machen, ist ein sehr geringfügiger Zusatz von Milch erforderlich. Die in der Milch vorhandenen „akzessorischen Faktoren" sind möglicherweise als ein für gewisse Prozesse notwendiges Material zu betrachten, das im Körper selbst nicht synthetisiert werden kann. In Betracht der äußerst minimalen Mengen, in welchen diese Substanzen wirksam sind, war Hopkins geneigt, dieselben als eine Art Katalysatoren, Wachstumshormone, aufzufassen. Er hebt hervor, daß das Aussetzen der Milch aus der Versuchskost bei den betreffenden Tieren keine Verminderung der Nahrungsaufnahme herbeiführt. Das Aufhören des Wachstums scheint also einen Wegfall der Fähigkeit, das zugeführte Material zu verwerten, anzudeuten. Wie man auch die fraglichen „akzessorischen Faktoren der Nahrung" auffassen mag, als Hormone oder als „Bausteine", eines steht nunmehr fest: Sie können in hinreichenden Mengen in den aus den Naturprodukten isolierten Substanzen als Verunreinigungen vorhanden sein, wenn man nicht diese Substanzen sorgfältig reinigt. Aus diesem Umstande werden die einander lange widersprechenden Resultate der verschiedenen Forscher erklärlich.

Mc Collum und Davis[2]) fanden (1913), daß eine aus isolierten Substanzen zusammengesetzte Kost (Basalkost) für junge weiße Ratten „suffizient" wird, wenn man Ätherextrakt von Butter oder von Eidotter zusetzt, daß aber andere Fettarten, wie Schweineschmalz und Olivenöl, in dieser Beziehung wirkungslos sind. Dieser Befund wurde von Osborne und Mendel[3]) bestätigt und erweitert, indem sie zeigten, daß auch Dorschlebertran und Rindstalg wirksam sind, Mandelöl dagegen nicht. Es stellte sich aber heraus, daß die betreffende „fettlösliche" Substanz in der Tat nicht hinreichend ist, um das Wachstum junger Ratten zu sichern[4]), ein Umstand, der den Beobachtern vorher entgangen war, weil die in der Basalkost„" eingehenden Substanzen

---

[1]) Hopkins, Journ. of Physiol. 44, S. 425 (1912). — Hofmeister, Ergebn. d. Physiol. Jahrg. 16, S. 510 (1918). — Schaumann, a. a. O. [2]) Journ. of Biol. Chem. 15, S. 167 (1913). [3]) Journ. of Biol. Chem. 15, S. 311 (1913); 16, S. 423; 17, S. 401 (1914); 20, S. 379 (1915). [4]) Mc Collum u. Davis, Journ. of Biol. Chem. 23, S. 181 (1915). — Funk u. Maccallum, Ibid. 23, S. 413 (1915).

nicht genügend gereinigt waren. Mc Collum und Davis könnten also 1915 zeigen, daß für das Wachstum zwei „akzessorische Faktoren der Nahrung" notwendig sind, von denen der eine — den sie „fettlöslich A" nannten — zusammen mit gewissen Fettarten vorkommt, der andere — wasserlöslich B — in Hefe, im Keim und in der Kleie verschiedener Getreidearten und auch in der Milch vorhanden ist — also überhaupt in Naturprodukten, welche sich als „antineuritisch" wirksam erwiesen hatten.

Wir müssen also mindestens drei verschiedene Vitamine annehmen: fettlösliches, wasserlösliches (auch antineuritisches Vitamin genannt) und antiskorbutisches Vitamin. Drummond hat die Bezeichnungen Vitamin A, B und C vorgeschlagen. Das Vorkommen dieser wichtigen Substanzen in den verschiedenen Nahrungsmitteln ist Gegenstand umfassender Untersuchungen geworden[1]). Die wichtigsten Ergebnisse sind vom Committee upon Accessory Food Factors (Vitamines)[2]) zusammengestellt und werden in Tab. IV (S. 766 u. 767) mitgeteilt.

Das fettlösliche Vitamin, Vitamin A, ist bis jetzt nur in Verbindung mit Fett oder Lipoiden bekannt, ist aber mit keinem solchen Körper identisch. Es läßt sich nicht mit Wasser extrahieren, wohl aber mit Äther und anderen fettlösenden Mitteln, aus Pflanzenzellen doch erst nach Spaltung einer Verbindung mit irgend einer Zellsubstanz[3]). Nach Osborne und Mendel[4]) wird das Vitamin A bei Erhitzen bis 100° C nicht zerstört, eine Angabe, die später mehrfach bestritten worden ist. Hopkins hat die Hitzebeständigkeit bestätigt, macht aber auf die große Empfindlichkeit gegen Sauerstoff schon bei Zimmertemperatur aufmerksam. In gehärteten Fetten wird es vermißt.

Das Vitamin A wird in Pflanzen gebildet. Es kommt sowohl in den grünen Teilen vor wie im Keime der Frucht, dagegen nur spärlich in Obst und in Wurzelgewächsen[5]). Daß es in Olivenöl, Leinöl und anderen vegetabilischen Fettarten vermißt wird, hängt wahrscheinlich damit zusammen, daß es in einer Verbindung vorkommt, die bei der Herstellung dieser Produkte nicht gespalten wird. Im Tierkörper kann das Vitamin A offenbar nicht gebildet werden. Es wird aus der Nahrung aufgenommen und in den Geweben zusammen mit Fett abgelagert. Warum es in Schweineschmalz vermißt wird, ist noch nicht aufgeklärt. Im Gekröse- und Nierenfett der Rinden ist es zugegen[6]). Ältere Tiere können sich längere Zeit erhalten ohne Zufuhr von dem betreffenden Vitamin mit der Nahrung als wachsende Tiere. Für stillende Tiere ist eine solche Zufuhr notwendig, um den Bedarf der Jungen zu erfüllen[7]). Sowohl für das Wachstum als für ein längeres Erhalten des Körpergewichts ist die Zufuhr dieses Vitamins unerläßlich. Als ein charakteristisches Zeichen mangelnder Zufuhr hat man eine Augenkrankheit Xeropthalmie bei Ratten und bei Kaninchen beobachtet[8]). Wird fettlösliches Vitamin in irgend einer Form zugeführt, tritt Heilung in wenigen Tagen ein. Eine ähnliche Augenkrankheit ist auch bei Kindern beschrieben, die sich besserten bei Behandlung

---

[1]) Außer den vorher genannten sind u. a. anzuführen: Cooper, Journ. of Hyg. 12 (1913); 14 (1914) und Chick u. Hume, Proc. Roy. Soc., B. 90, S. 60 (1917). [2]) Report on the present state of knowledge concerning accessory food factors (vitamines), Medical Research Committee. Spec. Rep. Ser., Nr. 38 (1919). [3]) Mc Collum, Simmonds, Pitz, Amer. J. Physiol. 41, S. 361 (1916). [4]) J. Biol. Chem. 20, S. 379 (1915). — Steenbook, Boutwell, Kent, Ibid. 35, S. 577 (1918). — Halliburton, Paton, Drummond, J. Physiol. 52, S. 325 (1919). — Hopkins, Bioch. J. 14, S. 725 (1920). [5]) Mc Collum u. Davis, J. Biol. Chem. 21, S. 179 (1915). — Mc Collum u. Kennedy, Ibid. 24, S. 491 (1916). — Osborne u. Mendel, J. Biol. Chem. 37, S. 187 (1919); 41, S. 549; 42, S. 465 (1920). [6]) Osborne u. Mendel, J. Biol. Chem. 20, S. 379 (1914). [7]) Mc Collum, Simmonds u. Pitz, J. Biol. Chem. 27, S. 33 (1916). [8]) Osborne u. Mendel, J. Biol. Chem. 16, S. 431 (1914); 20, S. 379 (1915). — Mc Collum u. Davis, Ibid. 21, S. 179 (1915). — Nelson u. Lamb, Am. J. Physiol. 51, S. 530 (1920).

mit Lebertran [1]). E. MELLANBY [2]) (1919) hat bei Hündchen deutliche rachitische Veränderungen erhalten, welche während 3 Monate mit Weißbrot, 200 ccm abgerahmter Milch, 5 g Hefe, 10 ccm Leinöl, 3 ccm Orangesaft und 10 g Fleisch täglich gefüttert wurden. Tiere, die anstatt Leinöl Lebertran, aber übrigens dieselbe Kost erhielten, entwickelten sich normal. Die Ergebnisse seiner Versuche machen es sehr wahrscheinlich, daß das fettlösliche Vitamin ein antirachitisches Vitamin ist und somit wäre auch Rachitis unter den „Avitaminosen" zu rechnen.

Zwischen dem Gehalt der Nahrungsmittel an Vitamin A und sog. Lipochromen besteht ein gewisser Zusammenhang [3]). Die beiden Stoffe sind aber nicht identisch. Nach späteren Untersuchungen ist das Zusammentreffen von reichem Gehalt an Vitamin A und Lipochrom als ein zufälliges zu betrachten.

Das wasserlösliche Vitamin, Vitamin B, ist dialysierbar und auch löslich in Alkohol, dagegen nicht in Äther und anderen fettlösenden Mitteln. Es wird sehr leicht adsorbiert [4]), was die oben angeführten Schwierigkeiten bei der Darstellung vitaminfreier Präparate verursacht hat. Die Substanzen, welche man bei Isolierversuchen erhalten hat, verdanken sehr wahrscheinlich der Adsorbierbarkeit des gesuchten Vitamins ihre Wirksamkeit. Bei Erhitzung wird das Vitamin zerstört, langsam bei 100^0 C, sehr schnell aber bei 120^0 C (CHICK und HUME). Wie das Vitamin A ist auch dieses von vegetabilischem Ursprung. In den Körnern der verschiedenen Getreidearten ist das Vitamin vor allem im Keime gesammelt, nicht wie man ursprünglich annahm, in den Schalen (Kleie). Bei Weizen ist der Keim 5mal und beim Reis 10mal wirksamer als die Kleie zur Verhütung der Polyneuritis bei Tauben [5]). Es kommt weiter in Bohnen, Blattgemüse, Kartoffel und Wurzelgemüse, Obst und besonders reichlich in Hefe vor [6]). Unter den animalischen Nahrungsmitteln sind als Träger des fraglichen Vitamins vor allem Eidotter anzuführen. Es kommt weiter in Eingeweiden, wie Leber, Pankreas, Niere, Herz und Gehirn vor, weniger reichlich in Milch und Fleisch und fast gar nicht in Fisch [7]). Das wasserlösliche Vitamin wird in den tierischen Geweben nicht in größeren Mengen aufgespeichert, wenn wir vom Ei absehen. Bei mangelnder Zufuhr treten demzufolge in verhältnismäßig kurzer Zeit die betreffenden Symptome auf: Koordinationsstörungen und Lähmungen, besonders in den hinteren Extremitäten, bei jungen Tieren schon vorher Wachstumsstillstand. Die antineuritischen Wirkungen der verschiedenen Naturprodukte hat man bis jetzt hauptsächlich an Hühnern und Tauben die wachstumsbefördernden an jungen weißen Ratten studiert. Um die Identität derjenigen Faktoren, auf welche diese Wirkungen zu beziehen sind, darzulegen, hat man darauf hingewiesen, daß die beiden Wirkungen bei den verschiedenen Stoffen parallel gehen und in derselben Weise bei Erhitzung, Lösung, Adsorption und Dialyse beeinflußt werden.

Bis jetzt haben die Versuche, die Vitamine aus den verschiedenen Naturprodukten zu isolieren, keinen Erfolg gehabt. Man kann dieselben nur extrahieren und anreichen. Um den relativen Gehalt an Vitamin zu bestimmen,

---

[1]) KNAPP, Zeitschr. f. exp. Pathol. u. Ther. 5, S. 147 (1909). — BLOCH, Ugeskr. f. Laeger 79, S. 309 (1917), Rigshospitalets Börneafdelnings Meddelelser (1918). [2]) Lancet I. S, 856 (1920). [3]) ROSENHEIM u. DRUMMOND, Lancet I, S. 862 (1920). — DRUMMOND u. COWARD, Bioch. J. 14, S. 668 (1920). [4]) CHAMBERLAIN u. VEDDER, Philippine J. Sc. (B) 6, S. 395 (1911); HARDEN u. ZILVA, Bioch. J. 12, S. 93 (1918). [5]) CHICK u. HUME, Proc. Roy. Soc. B.; 90, S. 44, 60 (1917). [6]) Mc COLLUM u. Mitarbeiter, J. Biol. Chem. 23, S. 181 (1915); 24, S. 491 (1916); 28, S. 153, 211 (1916); 29, S. 341, 521 (1917); 30, S. 13 (1917); Amer. Med. Assoc. 68, S. 1379 (1917); OSBORNE u. MENDEL, J. Biol. Chem. 37, S. 187 (1919); 39, S. 29 (1919); 41, S. 451 (1920); 42, S. 465 (1920); WHIPPLE, Ibid. 44, S. 175 (1920). [7]) EDDY, J. Biol. Chem. 27, S. 113 (1916); OSBORNE u. MENDEL, Ibid. 32, S. 309 (1917); 34, S. 17, 537 (1918).

ist man auf das oben angeführte biologische Verfahren hingewiesen. Man bestimmt die Menge des betreffenden Stoffes, die erforderlich ist, um Insuffizienzsymptomen vorzubeugen bzw. dieselben zu heilen. Betreffend das Vitamin B hat man ein Verfahren versucht, das den Forderungen einer quantitativen Bestimmung besser entspricht[1]). WILLIAMS hat eine Methode vorgeschlagen, die sich auf die Beobachtung gründet, daß das betreffende Vitamin das Wachstum der Hefe befördert. Aus dem zu prüfenden Material wird das Vitamin möglichst vollständig extrahiert. Von dieser Lösung wird eine gewisse Menge zu einer mit Hefesuspension versetzter Nährlösung zugesetzt. Nach Bebrütung 18 Stunden bei 30⁰ C wird die Hefemenge bestimmt. In derselben Weise wird eine Probe ohne Vitaminzusatz behandelt. Der Mehrbetrag an Hefe soll innerhalb gewisser Grenzen der zugeführten Vitaminmenge proportional sein. Der gefundene Mehrbetrag an Hefe, auf 1 g des Ausgangsmaterials berechnet, stellt die „Vitaminzahl" des Materials dar. Anfangs wurden die betreffenden Hefemengen durch Wägung bestimmt. EMMET und MABEL STOCKHOLM zählen die Hefezellen vor und nach der Bebrütung in hängenden Tropfen. Sie fanden aber, daß der Stoff, welcher das Wachstum der Hefe befördert, weder mit dem antineuritischen Vitamin, das die Taube braucht, identisch ist, noch mit dem wasserlöslichen, für das Wachstum junger Ratten notwendigen Vitamin. Auch SOUZA und MC COLLUM haben die Methode zur Bestimmung des Vitamins B unbrauchbar gefunden. H. v. EULER[2]) hat neulich eine Methode angegeben, die gärungsbeschleunigende Wirkung verschiedener tierischen und pflanzlichen Flüssigkeiten in vorläufigen Einheiten auszudrücken und sucht in dieser Weise die tägliche Bilanz der betreffenden „Biokataliysatoren" festzustellen.

Das antiskorbutische Vitamin[3]), Vitamin C, ist löslich in Wasser und Alkohol (HARDEN und ZILVA, HESS und UNGER) und auch dialysierbar (HOLST und FRÖHLICH). Im Gegensatz zum Vitamin B wird es nicht adsorbiert (HARDEN und ZILVA). Es zeichnet sich weiter dadurch aus, daß es gegen Erwärmung und gegen Eintrocknen sehr empfindlich ist. Bei 60⁰ C verliert Kohl in 1 Stunde etwa 80% von seiner ursprünglichen antiskorbutischen Kraft. Bei 100⁰ C erreicht der Verlust denselben Betrag in 20 Minuten (DELF und SKELTON). Der Temperaturkoeffizient ist also ziemlich niedrig. Nach HOLST soll die Gegenwart von Zitronensäure das Vitamin widerstandsfähiger gegen Erwärmung machen. Diese Angabe hat sich aber nicht bestätigt. FÜRST[4]) machte die interessante und von anderen Forschern bestätigte Beobachtung, daß Getreide und Bohnen, welche im gewöhnlichen getrockneten Zustand keine antiskorbutische Wirkung haben, eine solche erhalten, wenn man dieselben in Wasser aufweicht und dann keimen läßt. Das betreffende Vitamin steht also im nächsten Zusammenhang mit den Prozessen in den lebenden Geweben. Es ist in frischen Pflanzenteilen zugegen, aber in sehr verschiedenen Mengen. In Kohlblättern und Rüben hat man es sehr reichlich gefunden. Seit Alters sind die Kruziferen als Antiskorbutika betrachtet worden. In Kartoffeln und Möhren kommt es spärlicher vor. Getrocknete Gemüse haben sich wirkungslos gegen Skorbut erwiesen. Unter Früchten zeichnen sich Orangen und Zitronen als sehr wirksam aus. Das aus westindischen Zitronen bereitete Präparat „Lime juice" ist indessen ziemlich wirkungslos befunden. Milch und Fleisch sind als Antiskorbutika sehr schwach.

---

[1]) WILLIAMS, J. Biol. Chem. **42**, S. 259 (1920); EMMET u. MABEL STOCKHOLM, Ibid. **43**, S. 287 (1920); EDDY u. STEVENSON, Ibid. **43**, S. 295 (1920); MC COLLUM u. SOUZA, Ibid. **44**, S. 113 (1920). [2]) Zeitschr. f. physiol. Chem. 114, 115 (1921). [3]) HOLST u. FRÖHLICH, Zeitschr. f. Hyg. u. Infektionskrankh. 72, S. 1 (1912); HARDEN u. ZILVA, Bioch. Journ. 12, S. 93 (1918); HESS u. UNGER, J. Biol. Chem. **35**, S. 487 (1918); DELF u. SKELTON, Bioch. Journ. 12, S. 448 (1918). [4]) Zeitschr. f. Hyg. u. Infektionskrankh. 72, S. 121 (1912).

Eier und Hefe spielen als Träger des fraglichen Vitamins keine Rolle. Sehr interessant ist die Beobachtung, daß die antiskorbutische Wirkung der Milch von der Fütterung der Kühe abhängig ist[1]). Bei Trockenfütterung wird eine Milch erhalten, die Meerschweinchen gegen Skorbut zu schützen nicht vermag. Werden die Kühe auf die Weide gebracht, liefern sie eine an Vitamin C genügend reiche Milch. Die betreffenden Versuche lassen auch den Schluß zu, daß das aus dem Futter aufgenommene Vitamin nicht im Körper gespeichert wird, sondern sofort in der Milch ausgeschieden wird.

Bemerkenswert ist die ungleiche Empfindlichkeit gegen Mangel an Vitamin C, welche verschiedene Tierarten zeigen. Schon HOLST und FRÖHLICH (1907) fanden, daß Meerschweinchen infolge Skorbut zugrunde gehen, auf eine Kost gesetzt, die bei Tauben Polyneuritis verursacht. Mensch, Affe und Meerschweinchen sind in bezug auf Skorbut besonders empfindlich. Zur Prüfung des Gehalts eines Materials an Vitamin C werden daher fast ausschließlich Meerschweinchen benutzt. MC COLLUM[2]) fand junge weiße Ratten normal wachsen mit einer Fütterung, die bei Meerschweinchen Skorbut verursachte. Bei Ratten läßt sich überhaupt Skorbut kaum hervorrufen.

Zu den Avitaminosen ist auch Pellagra gerechnet worden (FUNK). Seit lange hat man diese Krankheit in Zusammenhang mit einer überwiegenden Maismenge in der Kost gesetzt. Nach Untersuchungen von MC COLLUM, GOLDBERGER u. a.[3]) zeichnet sich die übliche Kost in den Pellagragegenden durch Minderwertigkeit des Eiweißes (Mangel an gewissen Aminosäuren), Mangel an Vitamin A und an Natrium, Kalzium und Chlor aus. Mit einer solchen Kost ist es GOLDBERGER[4]) sogar gelungen, die Krankheit bei Menschen experimentell hervorzurufen. Daß Pellagra eine Insuffizienzkrankheit ist, dürfte damit festgestellt sein, aber welcher von den genannten Faktoren der schuldige ist, bleibt noch eine offene Frage.

II. Der Stoffwechsel bei verschiedener Nahrung.

Für den Fleischfresser kann, wie oben erwähnt, ein möglichst fettarmes Fleisch eine vollständige und völlig hinreichende Nahrung sein. Da das Eiweiß außerdem durch seinen Stickstoffgehalt eine ganz besondere Stellung unter den organischen Nahrungsstoffen einnimmt, dürfte es am passendsten sein, hier zuerst den Stoffwechsel bei ausschließlicher Fleischfütterung zu besprechen.

Eiweiß-reiche Nahrung. **Der Stoffwechsel bei eiweißreicher Nahrung,** d. h. bei ausschließlicher Fütterung mit möglichst fettarmem Fleisch.

Mit steigender Eiweißzufuhr werden der Eiweißzerfall und die Stick-stoffausscheidung gesteigert, und zwar der Eiweißzufuhr ziemlich proportional.

Hat man einem Fleischfresser täglich als Nahrung eine bestimmte Menge Fleisch gegeben und vermehrt man nun plötzlich die Fleischration, so hat dies in erster Linie einen gesteigerten Eiweißzerfall, resp. eine vermehrte Stickstoff-ausscheidung zur Folge. Füttert man ihn nun einige Zeit mit derselben täg-lichen größeren Fleischmenge, so findet man, daß ein Teil von dem Stickstoffe des verfütterten Eiweißes zwar im Körper verbleibt, daß aber dieser Teil fast von Tag zu Tag abnimmt, während die Stickstoffausscheidung eine ent-*Stickstoff-aus-scheidung.* sprechende tägliche Steigerung erfährt. Auf diese Weise bringt man es zuletzt dahin, daß Stickstoffgleichgewicht eintritt, daß also die Gesamtmenge des

---

[1]) HESS u. Mitarbeiter, J. Biol. Chem. **45**, S. 229 (1920); DUTCHER u. Mitarbeiter, Ibid. **45**, S. 119 (1920). [2]) MC COLLUM u. PITZ, Biol. Chem. **31**, S. 229 (1917). [3]) MC COLLUM u. GRIMMOND, J. Biol. Chem. **32**, S. 29, 181, 347 (1917); **33**, S. 55, 303 (1918); GOLDBERGER u. Mitarbeiter, J. Am. Med. Assoc. **71**, S. 944 (1918). [4]) Arch. of internat. med. **25**, S. 451 (1920).

ausgeschiedenen Stickstoffes der Stickstoffmenge des resorbierten Eiweißes oder Fleisches gleich ist. Wenn man umgekehrt einem, in Stickstoffgleichgewicht befindlichen, mit größeren Fleischmengen gefütterten Tiere plötzlich eine kleinere Fleischmenge pro Tag gibt, so muß das Tier eine von Tag zu Tag abnehmende Menge seines eigenen Körpereiweißes abgeben. Stickstoffausscheidung und Eiweißzerfall nehmen stetig ab, und auch hier kann das Tier in Stickstoffgleichgewicht übergehen oder diesem Zustande sich nähern. Diese Verhältnisse werden durch folgende Zahlen (von VOIT)[1] beleuchtet.

Fleisch der Nahrung in g pro Tag		Fleischumsatz im Körper in g pro Tag						
Vor dem Versuche	Während des Versuches	1.	2.	3.	4.	5.	6.	7.
1. 500	1500	1222.	1310.	1390.	1410.	1440.	1450.	1500.
2. 1500	1000	1153.	1086.	1088.	1080.	1027.		

Im ersten Falle (1) war der Fleischumsatz vor dem Anfange der eigentlichen Versuchsreihe, bei Verfütterung von 500 g Fleisch, 447 g und er nahm also schon am ersten Versuchstage, nach Verfütterung von 1500 g Fleisch, höchst bedeutend zu. In dem zweiten (2) dagegen, in welchem das Tier vorher mit 1500 g Fleisch in Stickstoffgleichgewicht war, nahm umgekehrt der Fleischumsatz am ersten Versuchstage, mit nur 1000 g Fleisch, bedeutend ab und am fünften Tage war Stickstoffgleichgewicht nahezu eingetreten. Während dieser Zeit gab das Tier von seiner eigenen Fleischmasse täglich Eiweiß ab. Von einer unteren Grenze an, unterhalb welcher das Tier von seinem eigenen Körpereiweiß verliert, und bis zu einem Maximum, welches von der Verdauungs- und Resorptionsfähigkeit des Darmkanales abhängig zu sein scheint, kann auch ein Fleischfresser mit den verschiedensten Eiweißmengen der Nahrung in Stickstoffgleichgewicht sich versetzen. *Stickstoffausscheidung.*

Auf die Größe des Eiweißzerfalles wirkt außer der Größe der Eiweißzufuhr auch der Eiweißbestand des Körpers ein. Ein durch vorausgegangene, reichliche Fleischnahrung eiweißreich gewordener Körper muß, um einen Eiweißverlust zu verhüten, mit der Nahrung mehr Eiweiß als ein eiweißarmer Körper aufnehmen.

Hinsichtlich der Geschwindigkeit, mit welcher die Eiweißzersetzung erfolgt, hat FALTA[2] gefunden, daß beim Menschen, nicht aber oder jedenfalls nicht in demselben Grade beim Hunde, recht große Unterschiede zwischen verschiedenen Eiweißstoffen bestehen. So wird nach Verfütterung von reinen Eiweißstoffen die Hauptmenge des Stickstoffes viel rascher nach Verfütterung von Kasein als von genuinem Ovalbumin ausgeschieden. Das letztere wird jedoch nach erfolgter Denaturation durch Koagulation wesentlich leichter als in nativem Zustande abgebaut, was wohl zum Teil von dem Gehalte des nativen Albumins an Antienzymen herrührt, aber auch dafür spricht, daß *Geschwindigkeit der Eiweißzersetzung.* eine ungleiche Resistenz der verschiedenen Eiweißstoffe gegen die Verdauungssäfte hierbei eine Rolle spielt. Zu ähnlichen Resultaten sind auch HÄMÄLÄINEN und HELME[3] gelangt. Selbst bei Verfütterung von leicht zersetzlichen Eiweißkörpern dauert es aber immer mehrere Tage, bis der gesamte, entsprechende Stickstoff wieder ausgeschieden wird, was nach FALTA wahrscheinlich von einem stufenweisen Abbau des Eiweißes herrührt. Aus der ungleichen Geschwindigkeit, mit welcher verschiedene Eiweißstoffe zersetzt werden, folgt auch, daß beim Übergang von einer eiweißarmen zu einer eiweißreicheren Nahrung die Zeit, innerhalb welcher Stickstoffgleichgewicht eintritt, auch von der Art des in der Nahrung vorwiegend enthaltenen Eiweißes abhängig ist.

Über den Fettumsatz bei einseitiger Eiweißnahrung sind besonders von PETTENKOFER und VOIT Untersuchungen ausgeführt worden. Diese

---

[1] HERMANNs Handbuch **6**, Tl. 1, S. 110. [2] Deutsch. Arch. f. klin. Med. **86**.
[3] l. c. Fußnote 1, S. 710.

Fett-
umsatz.
Untersuchungen haben gezeigt, daß mit steigenden Mengen Eiweiß in der Nahrung der tägliche Fettumsatz abnehmen kann, und die Verff. zogen aus ihren Untersuchungen den Schluß, daß sogar eine Neubildung von Fett aus Eiweiß unter Umständen geschieht. Die, namentlich von PFLÜGER gegen diese Versuche gemachten Einwendungen, wie auch die Beweise für eine Fettbildung aus Eiweiß überhaupt, sind in dem Kapitel 9 angeführt worden.

Fettspa-
rung durch
Eiweiß.
Nach der Lehre PFLÜGERS kann das Eiweiß nur in indirekter Weise die Fettbildung beeinflussen, nämlich dadurch, daß es statt der stickstofffreien Stoffe verbrannt wird und hierdurch Fett und fettbildende Kohlehydrate erspart. Wird so viel Eiweiß in der Nahrung zugeführt, als zur Befriedigung des gesamten Nahrungsbedürfnisses notwendig ist, so hört die Fettzersetzung auf; und wenn nebenbei auch stickstofffreie Nährstoffe aufgenommen werden, so werden diese nicht verbrannt, sondern im Tierkörper aufgespeichert — das Fett als solches und die Kohlehydrate wenigstens zum allergrößten Teil als Fett.

Nahrungs-
bedürfnis
und
Eiweiß-
zerfall.
Als „Nahrungsbedürfnis" bezeichnet PFLÜGER hierbei die kleinste Menge magersten Fleisches, welche Stickstoffgleichgewicht erzeugt, ohne daß nebenbei Fett oder Kohlehydrate zur Zersetzung gelangen. In Ruhe und bei mittlerer Temperatur wurden für Hunde gefunden pro 1 g Fleischgewicht (nicht Körpergewicht, weil das Fett, welches oft einen bedeutenden Bruchteil des Körpergewichtes ausmachen kann, nach ihm als gleichsam tote Masse nichts verbraucht) 2,073 bis 2,099 g Stickstoff[1] (im gefütterten Fleisch). Selbst wenn die Eiweißzufuhr dieses Nahrungsbedürfnis überschreitet, steigt noch der Eiweißzerfall, wie PFLÜGER gefunden hat, mit steigender Zufuhr bis zur Grenze des Verdauungsvermögens, welche Grenze bei einem Hunde von 30 kg ungefähr bei 2600 g Fleisch liegt. Hierbei wurde in den Versuchen PFLÜGERS nicht sämtliches in Überschuß zugeführte Eiweiß vollständig zersetzt, sondern es wurde ein Teil davon im Körper zurückgehalten. PFLÜGER vertritt deshalb auch den Satz, „daß auch ohne Fett oder Kohlehydrat ausschließliche Eiweißzufuhr eine Eiweißmästung nicht ausschließe."

Eiweiß-
zersetzung.
Aus dem oben von der Eiweißzersetzung beim Hungern und bei einseitiger Eiweißnahrung Gesagten folgt, daß die Eiweißzersetzung im Tierkörper nie aufhört, daß ihre Größe in erster Linie von der Größe der Eiweißzufuhr abhängt und daß der Tierkörper die Fähigkeit hat, innerhalb weiter Grenzen die Eiweißzersetzung der Eiweißzufuhr anzupassen.

Organ-
eiweiß und
irkulieren-
es Eiweiß.
Diese und einige andere Eigentümlichkeiten der Eiweißzersetzung haben VOIT zu der Ansicht geführt, daß nicht alles Eiweiß im Körper gleich leicht zersetzt werde. VOIT unterscheidet das in den Gewebselementen fixierte und sozusagen organisierte Eiweiß, das Organeiweiß, von demjenigen Eiweiß, welches mit dem Säftestrome im Körper und dessen Geweben zirkuliert und von den lebenden Gewebszellen aus der sie umspülenden interstitiellen Flüssigkeit aufgenommen und zum Zerfall gebracht wird. Dieses zirkulierende Eiweiß oder Vorratseiweiß soll ferner nach VOIT leichter und schneller als das Organeiweiß zerfallen. Wenn also bei einem hungernden Tiere, welches vorher mit Fleisch gefüttert worden ist, in den ersten Hungertagen ein reichlicher, rasch abnehmender Eiweißzerfall vorkommt, während im weiteren Verlaufe der Hungerperiode der Eiweißzerfall kleiner und mehr gleichmäßig ist, so soll dies daher rühren, daß in den ersten Hungertagen hauptsächlich der Vorrat an zirkulierendem Eiweiß und in den späteren hauptsächlich Organeiweiß unter die Bedingungen des Zerfalles gerät.

Die Gewebselemente sollen Apparate verhältnismäßig stabiler Natur sein, welche die Fähigkeit haben, Eiweiß aus der umspülenden Gewebsflüssigkeit aufzunehmen und zu verarbeiten, während von ihrem eigenen Eiweiß, dem Organeiweiß, gewöhnlich nur eine kleine Menge, nach VOIT täglich 1 p. c., der Zerstörung anheimfallen soll. Mit gesteigerter Eiweißzufuhr wird auch, wenigstens zu einem gewissen Grade, die Lebenstätigkeit der Zellen und ihre Fähigkeit, Nahrungseiweiß zu zersetzen, gesteigert. Wenn nach gesteigerter Eiweißzufuhr Stickstoffgleichgewicht erreicht worden ist, würde

---

[1] Vgl. hierüber SCHÖNDORFF, PFLÜGERS Arch. 71.

dies also bedeuten, daß die eiweißzersetzende Fähigkeit der Zellen dahin ge- Organ-
eiweiß und
steigert worden, daß durch sie gerade ebensoviel Eiweiß umgesetzt als mit zirkulieren-
der Nahrung dem Körper zugeführt wird. Wird durch gleichzeitige Zufuhr des Eiweiß.
von anderen, stickstofffreien Nahrungsmitteln (vgl. unten) der Eiweißzerfall
herabgesetzt, so kann ein Teil des zirkulierenden Eiweißes gewissermaßen
Zeit finden, von den Geweben fixiert und organisiert zu werden, und die
Fleischmasse des Körpers nimmt in diesem Falle zu. Während des Hungerns
oder beim Mangel an Eiweiß in der Nahrung würde umgekehrt ein Teil des
Organeiweißes in zirkulierendes Eiweiß übergehen und umgesetzt werden,
und in diesem Falle würde also die Fleischmasse des Körpers abnehmen.

Die Berechtigung dieser Anschauung Voits ist von mehreren Forschern,
namentlich von Pflüger, angegriffen worden. Pflüger spricht — dabei
zum Teil auf einer Untersuchung von seinem Schüler Schöndorff[1]) sich
stützend — die Ansicht aus, daß die Größe des Eiweißzerfalles nicht von
der Menge des zirkulierenden Eiweißes, sondern von dem jeweiligen Ernährungszustande der Zellen abhängt, eine Ansicht, die indessen mit der Lehre
Voits, wenn der Verf. dieselbe nicht mißverstanden hat, wohl kaum in scharfem
Widerspruche stehen dürfte. Voit[2]) hat bekanntlich schon längst den Satz
ausgesprochen, daß die Bedingungen des Zerfalles der Stoffe im Körper in
den Zellen sich vorfinden, und auch das zirkulierende Eiweiß wird wohl also
nach Voit erst dann dem Zerfalle anheimfallen, wenn es vorher von den Zellen Organ-
aus der sie umspülenden Flüssigkeit aufgenommen worden ist. Außerdem eiweiß und
sprechen gewisse Untersuchungen entschieden dafür, daß die Größe des Eiweiß- zirkulieren-
zerfalles von der Konzentration des zersetzbaren Eiweißes an den Orten, wo des Eiweiß
die Zersetzung stattfindet, abhängig ist. So haben, in Übereinstimmung mit
älteren Untersuchungen von v. Gebhardt und Krummacher, in neuerer
Zeit Thomas, v. Hoesslin und Lesser[3]) gezeigt, daß bei Verfütterung von
einer bestimmten Menge Eiweiß weniger Eiweiß zersetzt wird, wenn das
Eiweiß fraktioniert, d. h. in mehreren kleinen Portionen im Laufe des Tages,
als wenn es auf einmal zugeführt wird. Daß die Eigentümlichkeiten der Stickstoffausscheidung im Hunger und nach reichlicher Eiweißzufuhr wesentlich
von der Konzentration des zersetzbaren Eiweißes (oder richtiger der zersetzbaren stickstoffhaltigen Stoffe) herrühren, dürfte wohl auch recht allgemein
angenommen sein[4]).

Neuere Untersuchungen, namentlich die von Folin[5]), welche zeigen,
daß die Menge einiger stickstoffhaltigen Harnbestandteile, wie des Kreatinins,
der Harnsäure und derjenigen Verbindungen, welche neutralen Schwefel
enthalten, von der Menge des aufgenommenen Nahrungseiweißes fast unabhängig ist, während die Menge des Harnstoffes von der Eiweißzufuhr bestimmt
wird, sprechen unzweifelhaft zugunsten der Ansicht von Voit, daß man zwischen
der Zersetzung des eigentlichen Zelleiweißes und des Nahrungseiweißes unterscheiden muß. Dies hat auch Folin Veranlassung gegeben, zwischen endogenem
und exogenem Eiweißstoffwechsel zu unterscheiden. Der Kernpunkt der
Voitschen Lehre, daß nicht alles Eiweiß im Körper gleich sich verhält und Nahrungs-
daß das organisierte Eiweiß, welches von den Zellen fixiert und in den Bau eiweiß und
derselben eingefügt worden ist, weniger leicht als das in der Nährflüssigkeit Zelleiweiß.
vorkommende oder aus ihr vorübergehend aufgenommene Eiweiß zerfällt,
kann man auch nicht als widerlegt ansehen. Rubner[6]) unterscheidet auch

---

[1]) Pflüger in seinem Arch. 54; Schöndorff, ebenda 54. [2]) Vgl. Zeitschr. f. Biol. 11.
[3]) K. Thomas, Arch. f. (Anat. u.) Physiol. 1909; H. v. Hoesslin u. E. J. Lesser, Zeitschr.
f. physiol. Chem. 73, wo auch die Arbeiten von F. v. Gebhardt und O. Krummacher
zitiert sind. [4]) Man vgl. auch E. Voit u. A. Korkunoff, Zeitschr. f. Biol. 32 u.
O. Frank u. R. Trommsdorff, ebenda 43. [5]) O. Folin, Amer. Journ. of Physiol. 13.
[6]) Arch. f. (Anat. u.) Physiol. 1911.

zwischen dem im Körper angesetztem Eiweiße (Wachstumseiweiß und bei der Tätigkeit der Zellen angesetztem Meliorationseiweiß) auf der einen Seite und dem nur vorübergehend mit dem Körper einverleibten Eiweiße (Vorratseiweiß und bei Übergang zu eiweißärmerer Kost umgesetztem Übergangseiweiß) auf der anderen.

In naher Beziehung zu der nun diskutierten Frage steht eine andere, nämlich die, ob das von außen aufgenommene Nahrungseiweiß als solches zerfällt oder vorerst organisiert, d. h. in das spezifische Zelleneiweiß übergeführt wird. Die von PANUM, FALCK, ASHER und HAAS u. a.[1]) an Hunden gemachten Beobachtungen, daß die Stickstoffausscheidung schon kurze Zeit nach einer Mahlzeit ansteigt und in der fünften oder sechsten Stunde nach derselben, wo nach SCHMIDT-MÜLHEIM[2]) etwa 59 p. c. des verzehrten Eiweißes resorbiert worden sind, ihr Maximum erreicht, sprechen nicht zugunsten einer Umwandlung des Nahrungseiweißes in organisiertes Eiweiß vor dessen Zersetzung. Durch die neueren Untersuchungen über die tiefgehende Spaltung der Eiweißstoffe bei der Verdauung und die allgemein angenommene Eiweißsynthese aus Aminosäuren hat die obige Frage übrigens wesentlich an Interesse verloren.

Eiweiß-resorption und Stick-stoff-Aus-scheidung.

Infolge des oben von der Wirkung der Konzentration des zersetzbaren stickstoffhaltigen Materiales auf die Eiweißzersetzung oder Stickstoffausscheidung Gesagten gelingt es nicht, die beim Hunger zersetzte Eiweißmenge bei ausschließlicher Eiweißzufuhr durch einmalige Zufuhr von der entsprechenden Menge Nahrungseiweiß zu decken. Es ist hierzu regelmäßig die mehrfache Menge Eiweiß erforderlich. Aber selbst bei fraktionierter Zufuhr von arteigenem Eiweiß gelingt es nach v. HOESSLIN und LESSER nicht, Stickstoffgleichgewicht mit der Hungereiweißmenge zu erzielen; die Stickstoffausscheidung wird immer hierbei etwas gesteigert. Bei fraktionierter Zufuhr von Eiweiß konnte jedoch THOMAS[3]) (beim Hunde) Stickstoffgleichgewicht ohne wesentliche Steigerung des Eiweißumsatzes (im Vergleiche mit dem Hungerwerte) herstellen. In Selbstversuchen gelang dies jedoch nicht.

Ersatz des Eiweißum-satzes im Hunger.

Der Eiweißzerfall kann durch andere Nahrungsstoffe herabgesetzt werden, und in dieser Weise wirkt der Leim. Der Leim und die Leimbildner scheinen im Körper nicht in Eiweiß übergehen zu können, und das letztere kann in der Nahrung nicht ganz durch Leim ersetzt werden. Füttert man z. B. einen Hund mit Leim und Fett, so verliert er an Körpereiweiß, selbst wenn die Menge des Leimes so groß ist, daß das Tier mit ebenso viel Fett und einer Fleischmenge, welche gerade ebenso viel Stickstoff wie die fragliche Menge Leim enthält, in Stickstoffgleichgewicht verharren können würde. Dagegen hat der Leim, wie zuerst VOIT und PANUM und OERUM[4]) gezeigt haben, einen großen Wert als Eiweiß ersparendes Nahrungsmittel, und er kann sogar unter Umständen in noch höherem Grade als Fett und Kohlehydrate die Eiweißzersetzung herabsetzen. Dies ist aus folgendem tabellarischen Auszug aus den Versuchen VOITS an einem Hunde ersichtlich.

Nährwert des Leimes.

Nahrung pro Tag				Fleisch	
Fleisch	Leim	Fett	Zucker	zersetzt	am Körper
400	0	200	0	450	− 50
400	0	0	250	439	− 39
400	200	0	0	356	+ 44

Zu ähnlichen Ergebnissen ist später J. MUNK[5]) durch noch mehr entscheidende Versuche gelangt, und über die Größe der durch Leim zu er-

---

[1]) PANUM, Nord. Med. Arkiv. 6; FALCK, vgl. HERMANNS Handb. 6, Tl. 1, S. 107; ASHER u. HAAS, Bioch. Zeitschr. 12. Nähere Angaben über die Kurve der Stickstoffausscheidung beim Menschen findet man bei TSCHENLOFF, korresp. Blatt Schweiz. Ärzte 1896; ROSEMANN, PFLÜGERS Arch. 65; VERAGUTH, Journ. of Physiol. 21 und SLOSSE, MALYS Jahresb. 31. [2]) Arch. f. (Anat. u.) Physiol. 1879. [3]) v. HOESSLIN u. LESSER l. c.; THOMAS, Arch. f. (Anat. u.) Physiol. Supplbd. 1910. [4]) VOIT l. c., S. 123; PANUM u. OERUM, Nord. Med. Arkiv. 11. [5]) PFLÜGERS Arch. 58.

reichenden Eiweißersparung liegen weitere Untersuchungen von KRUMMACHER und KIRCHMANN[1]) vor. Die Größe der Eiweißzersetzung während der Leim- *Sparwert des Leimes.* fütterung wurde hier auf die Größe derselben im Hunger bezogen, und es ergab sich, daß von der im Hunger zersetzten Eiweißmenge 35—37,5 p. c. durch Leim erspart werden konnten. Den physiologischen Nutzeffekt des Leimes fand KRUMMACHER gleich 3,88 Kal. für 1 g, was etwa 72,4 p. c. von dem Energieinhalte des Leimes entspricht.

Der Wert des Leimes ist übrigens, wie MURLIN[2]) fand, in hohem Grade abhängig von dem Eiweißbestande des Körpers, dem Kalorienwerte der Nahrung und dem Gehalte der letzteren an Kohlehydraten. Wenn bei einem 70 kg schweren Manne 51 Kal. pro Kilogramm zugeführt wurden, die ver- *Nährwert des Leimes* abreichte Stickstoffmenge 10 p. c. mehr betrug, als dem Hungerwerte entsprach, und wenn ferner reichlich $^2/_3$ der gesamten Kalorienzufuhr auf Kohlehydrate kamen, konnten 63 p. c. des gesamten Stickstoffes durch Gelatinestickstoff ersetzt werden.

Die Ursache, warum der Leim das Eiweiß nicht ganz ersetzen kann, hat man darin gesucht, daß der Leim nicht sämtliche Aminosäuren des Eiweißes (wie Tyrosin und Tryptophan) oder nicht hinreichende Mengen von einzelnen solchen enthält. Die Richtigkeit dieser Erklärung hatte schon KAUFMANN wahrscheinlich gemacht, indem er in einem Selbstversuche den Leim durch *Ursache der Minderwer-* Zugabe von Tyrosin, Tryptophan und Zystin dem Eiweiße nahezu gleich- *tigkeit des Leimes.* wertig gemacht hatte. Den endgültigen Beweis hat ABDERHALDEN[3]) später geliefert, indem er den vollständig abgebauten Leim durch Zusatz eines Gemenges von Aminosäuren, unter ihnen auch Tyrosin und Tryptophan, dem Eiweiße ganz gleichwertig machen konnte.

Da es nunmehr gelungen ist, das Eiweiß in der Nahrung durch dessen Abbauprodukte oder ein Gemenge von Aminosäuren zu ersetzen[4]), so ist es leicht verständlich, daß auch Albumosen oder Peptone das Eiweiß ersetzen oder zum Teil vertreten können. Inwieweit sie hierzu geeignet sind, hängt wesentlich von ihrer Zusammensetzung, d. h. von ihrem Gehalt an den *Nährwert der Albu-* verschiedenen Aminosäuren ab. Da die Albumosen und Peptone durch *mosen und Peptone.* Spaltungen entstehen, und da infolgedessen in der einen Albumose gewisse Atomkomplexe und in anderen wiederum andere solche fehlen oder nur spärlich vertreten sein können, ist es erklärlich, daß verschiedene Forscher[5]) mit verschiedenen Albumosen oder Peptonen abweichende Resultate erhalten haben.

Bezüglich der Einwirkung der Amide auf den Stoffwechsel liegen zahlreiche Untersuchungen, welche meistens das Asparagin betreffen, vor. Diese Untersuchungen haben zum Teil zu widersprechenden Resultaten geführt; sie deuten aber darauf hin, daß Fleisch- und Pflanzenfresser etwas verschieden sich verhalten, daß das Resultat von der Geschwindigkeit, mit *Nährwert* welcher das Asparagin resorbiert wird, und ebenso von Bakterienwirkungen *von Aspara-* *gin und* im Darme abhängig ist, daß aber, besonders bei Pflanzenfressern, eine eiweiß- *Amiden.*

---

[1]) KRUMMACHER, Zeitschr. f. Biol. 42; KIRCHMANN, ebenda 40. [2]) J. R. MURLIN, Amer. Journ. of Physiol. 19. [3]) MARTIN KAUFMANN, PFLÜGERS Arch. 109; ABDERHALDEN, Zeitschr. f. physiol. Chem. 77. [4]) Vgl. ABDERHALDEN und Mitarbeiter, Kap. 9; ferner ABDERHALDEN, Zeitschr. f. physiol. Chem. 77 und besonders 83. [5]) Bezüglich der Literatur über den Nährwert der Albumosen und Peptone vgl. man: MALY, PFLÜGERS Arch. 9; PLÓSZ u. GYERGYAY, ebenda 10; ADAMKIEWICZ, Die Natur und der Nährwert des Peptons, Berlin 1877; POLLITZER, PFLÜGERS Arch. 37, S. 301; ZUNTZ ebenda S. 313; MUNK, Zentralbl. f. d. med. Wiss. 1889, S. 20 und Deutsch. med. Wochenschr. 1889; ELLINGER, Zeitschr. f. Biol. 33 (Literaturangaben); BLUM, Zeitschr. f. physiol. Chem. 30; HENRIQUES u. HANSEN, ebenda 48.

ersparende Wirkung des Asparagins zustande kommen kann[1]). Wenn, wie man allgemein annimmt, die Aminosäuren zum Wiederaufbau des Eiweißes dienen können, ist wohl auch nicht daran zu zweifeln, daß deren Amide auch vom Tierkörper verwertet werden können.

Nährwert des Ammoniaks. In der letzten Zeit sind namentlich von GRAFE, ABDERHALDEN[2]) und ihren Mitarbeitern Untersuchungen über den Wert des Ammoniaks und des Harnstoffes als Eiweißsparer oder Eiweißbildner ausgeführt worden. Diese Untersuchungen haben gezeigt, daß Ammoniak oder Harnstoff unter geeigneten Versuchsbedingungen allerdings eine Stickstoffretention bewirken können, daß aber noch keine hinreichenden Gründe für die Annahme einer Eiweißsynthese mittels des Ammoniaks vorliegen.

Der Stoffwechsel bei einer aus Eiweiß mit Fett oder Kohlehydraten bestehenden Nahrung. Da die verschiedenen Nahrungsstoffe als Energiequellen einander in der Nahrung vertreten können, folgt schon hieraus, daß die stickstofffreien Nährstoffe statt des Eiweißes eintreten und dessen Umsatz herabsetzen können. So kann das Fett allerdings den Eiweißzerfall nicht ganz aufheben oder verhindern, es kann ihn aber herabsetzen und dementsprechend eiweißersparend wirken. Dies wird aus den folgenden Zahlen von VOIT[3]) ersichtlich. A gibt die Mittelzahlen für drei und B für sechs Tage an.

Eiweißersparende Wirkung des Fettes.

	Nahrung		Fleisch	
	Fleisch	Fett	Umgesetzt	am Körper
A	1500	0	1512	— 12
B	1500	150	1474	+ 26

Wie das Fett der Nahrung wirkt nach VOIT auch das Körperfett, und die eiweißersparende Wirkung des letzteren kann derjenigen des Nahrungsfettes sich zuaddieren, so daß ein fettreicherer Körper nicht nur in Stickstoffgleichgewicht verbleiben, sondern sogar seinen Vorrat an Körpereiweiß vermehren kann bei denselben Eiweiß- und Fettmengen der Nahrung, bei welchen in einem mageren Körper ein Verlust an Eiweiß stattfindet. In einem fettreichen Körper wird also durch eine bestimmte Fettmenge eine größere Menge Eiweiß vor dem Zerfalle geschützt als in einem mageren.

Eiweißersparende Wirkung der Kohlehydrate. Wie die Fette haben auch die Kohlehydrate eine eiweißersparende Wirkung und bei Zusatz von Kohlehydraten zu der Nahrung kann beim Fleischfresser dieselbe Fleischmenge, welche an und für sich unzureichend ist und ohne Kohlehydrate zu einem Verluste von Körpereiweiß führt, bei gleichzeitiger Aufnahme von Kohlehydraten einen Ansatz von Eiweiß erzeugen. Die Verhältnisse sind aus der folgenden Zusammenstellung ersichtlich[4]).

	Nahrung			Fleisch	
Fleisch	Fett	Zucker	Stärke	Umgesetzt	am Körper
500	250	—	—	558	— 58
500	—	300	—	466	+ 34
500	—	200	—	505	— 5
800	—	—	250	745	+ 55
800	200	—	—	773	+ 27
2000	—	—	200—300	1792	+ 208
2000	250	—	—	1883	+ 117

[1]) Vgl. WEISKE, Zeitschr. f. Biol. 15 u. 17 und Zentralbl. f. d. med. Wiss. 1890, S. 945; MUNK, VIRCHOWS Arch. 94 u. 98; POLITIS, Zeitschr. f. Biol. 28; vgl. auch MAUTHNER, ebenda 28; GABRIEL, ebenda 29 u. VOIT, ebenda 29, S. 125; KELLNER, MALYS Jahresb. 27, Zeitschr. f. Biol. 39 u. PFLÜGERS Arch. 113; KELLNER u. KÖHLER, Chem. Zentralbl. I, 1906; VÖLTZ, PFLÜGERS Arch. 107, 117, mit YAKUWA ebenda 121; v. STRUSIEWICZ, Zeitschr. f. Biol. 47; F. ROSENFELD u. C. LEHMANN, PFLÜGERS Arch. 112; LEHMANN, ebenda 115; M. MÜLLER, ebenda 117; HENRIQUES u. HANSEN, Zeitschr. f. physiol. Chem. 54. [2]) E. GRAFE, Zeitschr. f. physiol. Chem. 78, 82, 84, mit V. SCHLÄPFER, ebenda 77, mit K. TURBAN, ebenda 83; W. VÖLTZ, ebenda 74; ABDER-HALDEN mit PAUL HIRSCH oder A. LAMPÉ, ebenda 80, 82—84; E. PESCHEK, Bioch. Zeitschr. 45. [3]) VOIT in HERMANNS Handb. 6, S. 130. [4]) VOIT, ebenda S. 143.

Die Ersparung von Eiweiß durch Kohlehydrate ist, wie die Zahlen zeigen, etwas größer als durch die Fette. Nach VOIT betrug jene als Mittel 9 p. c. und diese 7 p. c. des vorher ohne Zulage von stickstofffreien Stoffen gegebenen Eiweißes. Steigende Mengen Kohlehydrate in der Nahrung setzen auch nach VOIT mehr regelmäßig und konstant als steigende Fettmengen den Eiweißumsatz herab. Auch ATWATER und BENEDICT[1]) fanden, daß die Kohlehydrate als Eiweißsparer dem Fette etwas überlegen sind.

Wegen der größeren eiweißersparenden Wirkung der Kohlehydrate setzen die Pflanzenfresser, die im allgemeinen reichliche Mengen Kohlehydrate aufnehmen, leicht Eiweiß an (VOIT).

Die größere eiweißersparende Wirkung der Kohlehydrate im Verhältnis zu derjenigen der Fette kommt, wie LANDERGREN[2]) gezeigt hat, in noch höherem Grade zur Geltung bei stickstoffarmer Nahrung oder bei Stickstoffhunger, in welchem Falle die Kohlehydrate doppelt so stark eiweißersparend wie eine isodyname Fettmenge wirken können. Dieses verschiedene Verhalten des Fettes und der Kohlehydrate findet auch darin seinen Ausdruck, daß, wie RUBNER und THOMAS[3]) gezeigt haben, bei ausschließlicher Zuckerzufuhr die Stickstoffausscheidung auf die Abnutzungsquote herabgesetzt werden kann, während bei ausschließlicher Fettzufuhr der Stickstoffbedarf etwa zwei- bis dreimal so groß wie die Abnutzungsquote ist.

Die eiweißersparende Wirkung der Kohlehydrate und der Fette ist im allgemeinen bei einseitiger Zufuhr der einen oder anderen dieser zwei Gruppen von Nährstoffen studiert worden. Man könnte deshalb fragen, ob der zwischen Fetten und Kohlehydraten bei solcher Versuchsordnung beobachtete Unterschied auch bei gleichzeitiger Zufuhr von Kohlehydraten und Fett in wechselnden Verhältnissen zum Vorschein kommt. Es liegt hierüber eine Versuchsreihe von TALLQUIST[4]) vor. In der einen Periode war die Zufuhr 16,27 g N, 44 g Fett und 466 g Kohlehydrate, in der zweiten 16,08 g N, 140 g Fett und 250 g Kohlehydrate bei fast derselben Kalorienzufuhr 2867, resp. 2873 Kal. In beiden Fällen wurde fast vollständiges Stickstoffgleichgewicht erreicht und die Kohlehydrate ersparten nicht erheblich mehr Eiweiß als das Fett. Es ist deshalb wohl möglich, daß das Fett etwa dieselbe eiweißersparende Wirkung wie eine isodyname Menge von Kohlehydraten hat, wenn nur der Kohlehydratgehalt der Nahrung nicht unter ein bisher nicht bekanntes Minimum herabsinkt.

Diese Verhältnisse, wie überhaupt die größere eiweißersparende Wirkung der Kohlehydrate soll nach LANDERGREN in naher Beziehung zu der Zuckerbildung im Tierkörper stehen. Der Tierkörper bedarf immer des Zuckers, und bei Mangel an Kohlehydraten in der Nahrung wird ein Teil des Eiweißes zur Zuckerbildung verbraucht. Dieser Teil kann durch Kohlehydrate, nicht aber durch Fett, aus welchem nach LANDERGREN Kohlehydrate nicht entstehen können, erspart werden. Hierin liegt nun auch nach ihm der wahrscheinliche Grund, warum die Fette bei alleiniger Zufuhr von solchen, nicht aber bei gleichzeitiger hinreichender Zufuhr von Kohlehydraten, eine bedeutend geringere eiweißersparende Wirkung als die letzteren entfalten. Die Fette können nämlich nicht den behufs einer Zuckerbildung bei Kohlehydratmangel notwendigen Eiweißzerfall verhüten.

Das Gesetz von dem Ansteigen des Eiweißzerfalles mit steigender Eiweißzufuhr kommt auch bei einer aus Eiweiß mit Fett und Kohlehydraten be-

Marginal notes: Eiweißsparer. Eiweißsparer. Fette und Kohlehydrate als Eiweißsparer. Fette und Kohlehydrate als Eiweißsparer.

---

[1]) Vgl. Ergebn. d. Physiol. 3. [2]) l. c., Inaug.-Diss. u. Skand. Arch. f. Physiol. 14. Für die stark eiweißersparende Wirkung der Kohlehydrate bei Stickstoffhunger hat M. WIMMER weitere Belege geliefert (Zeitschr. f. Biol. 57). [3]) Vgl. THOMAS, Arch. f. (Anat. u.) Physiol., Supplbd. 1910. [4]) Finska Läkaresällskapets handl. 1901; vgl. auch Arch. f. Hyg. 41.

stehenden Nahrung zur Geltung. Auch in diesem Falle ist der Körper bestrebt, seine Eiweißzersetzung der Zufuhr anzuschmiegen, und wenn der tägliche Kalorienbedarf durch die Nahrung vollständig gedeckt wird, kann der Organismus innerhalb weiter Grenzen mit verschiedenen Eiweißmengen in Stickstoffgleichgewicht sich setzen.

Grenzen des
Eiweiß-
bedarfes. Die oberste Grenze der möglichen Eiweißzersetzung pro Kilogramm und Tag ist nur für den Fleischfresser ermittelt worden. Für den Menschen ist sie noch unbekannt, und ihre Bestimmung ist auch in praktischer Hinsicht von untergeordneter Bedeutung. Um so wichtiger ist es dagegen, die untere Grenze kennen zu lernen, und hierüber liegen mehrere, schon etwas ältere Untersuchungsreihen sowohl an Menschen wie an Hunden vor (HIRSCHFELD, KUMAGAWA, KLEMPERER, MUNK, ROSENHEIM[1]) u. a.). Aus diesen Untersuchungen ergab sich, daß die untere Grenze des Eiweißbedürfnisses beim Menschen für einen Zeitraum von einer Woche oder darunter bei mittlerem Körpergewicht bei etwa 30—40 g Eiweiß oder bei 0,4—0,6 g, pro Kilogramm, berechnet, liegt. Als untere Grenze (Schwellenwert des Eiweißbedürfnisses) bezeichnete auch v. NOORDEN[2]) 0,6 g Eiweiß (resorbiertes Eiweiß) pro Kilogramm und Tag. Die obengenannten Zahlen gelten zwar nur für kürzere Versuchsreihen; aber es liegt auch eine Beobachtungsreihe von E. VOIT und Untere
Grenze des
Eiweiß-
bedarfes. CONSTANTINIDI[3]) über die Kost eines Vegetariers vor, in der auch längere Zeit der Eiweißbestand mit etwa 0,6 g Eiweiß pro Kilogramm annähernd, aber nicht ganz vollständig, aufrecht erhalten werden konnte. CASPARI[4]) hat ebenfalls Untersuchungen an einem Vegetarier angestellt und in einer 14 Tage dauernden Versuchsreihe bei Zufuhr von im Mittel 0,1 g Stickstoff (in Eiweiß umgerechnet gleich 0,62 g) pro Kilogramm als durchschnittliches Resultat fast vollständiges Stickstoffgleichgewicht beobachtet.

Kalorien-
bedarf bei
eiweiß-
armer
Nahrung. Nach den unten zu besprechenden Normalzahlen VOITS für den Nahrungsbedarf des Menschen beträgt derselbe für einen mäßig arbeitenden Mann von etwa 70 kg Körpergewicht bei gemischter Kost rund 40 Kalorien pro Kilogramm (Reinkalorien oder Nettokalorien). In den obigen Versuchen mit sehr eiweißarmer Nahrung war indessen der Kalorienbedarf bedeutend größer, indem er in einigen Fällen 51 (KUMAGAWA) oder sogar 78,5 Kalorien (KLEMPERER) betrug. Es könnte also scheinen, als würde die obige, sehr niedrige Eiweißzufuhr erst bei großer Verschwendung von stickstofffreien Nährstoffen möglich sein; aber dem gegenüber ist daran zu erinnern, daß bei dem von VOIT und CONSTANTINIDI untersuchten Vegetarier, der seit Jahren an eine sehr eiweißarme und kohlehydratreiche Nahrung gewöhnt war, der Kalorienumsatz pro Kilogramm nur 43,7 betrug. In dem von CASPARI studierten Falle war eine Kalorienzufuhr von 41 pro Kilogramm völlig genügend.

Grenzwert
es Eiweiß-
bedarfes. SIVÉN hat dann in Selbstversuchen gezeigt, daß der erwachsene menschliche Organismus, wenigstens kürzere Zeit, ohne Vermehrung der Kalorienzufuhr in der Nahrung über die Norm hinaus, mit einer wesentlich niedrigeren Stickstoffzufuhr in Stickstoffgleichgewicht sich erhalten kann. Bei einer Kalorienzufuhr von 41—43 pro Kilogramm konnte er nämlich während 4 Tage bei einer Stickstoffzufuhr von 0,08 g pro Kilogramm im Stickstoffgleichgewicht bleiben. Von dem zugeführten Stickstoff war indessen ein Teil von nicht eiweißartiger Natur, und die Menge des wahren Eiweißstickstoffes war nur 0,045 g, entsprechend gegen 0,3 g Eiweiß pro Kilogramm Körpergewicht. Daß indessen dieser niedrige Wert, welcher übrigens nur für kürzere Zeit

---

[1]) Vgl. Fußnote 2, S. 727; ferner MUNK, Arch. f. (Anat. u.) Physiol. 1891 u. 1896; ROSENHEIM, ebenda 1891, PFLÜGERS Arch. 54. [2]) Grundriß einer Methodik der Stoffwechseluntersuchungen, Berlin 1892, S. 8. [3]) Zeitschr. f. Biol. 25. [4]) Physiologische Studien über Vegetarismus, Bonn 1905.

gilt, keine Allgemeingültigkeit haben kann, geht aus anderen Beobachtungen hervor. So hat CASPARI[1]), ebenfalls in einem Selbstversuche, bei viel größerer Stickstoffzufuhr nicht ganz vollständiges Stickstoffgleichgewicht erreichen können. Das Eiweißminimum scheint also bei verschiedenen Individuen ein verschiedenes zu sein.

Das Eiweißminimum kann aber auch aus anderen Gründen ein verschiedenes sein. Es wechselt nämlich, wie RUBNER besonders betont hat, nicht nur mit der Art der Nahrungsmittel, sondern auch mit dem Nahrungszustande des Körpers. Der Bedarf der Zelle an Eiweiß wechselt nämlich je nach dem letzteren. Dort, wo das Eiweiß begierig verlangt wird, ist mit weniger Eiweiß in der Zufuhr auszukommen und dort, wo die Anziehung gering ist, wird mehr geboten werden müssen (RUBNER). Je mehr herabgekommen der Körper ist, um so niedriger wird nach RUBNER[2]) das Eiweißminimum. *Eiweiß-minimum.*

Der Körper erleidet, wie in der Einleitung dieses Kapitels erwähnt wurde, immer gewisse Verluste an Stickstoff durch Ausfallen von Haaren und anderen Epidermisbildungen, durch Sekrete usw.; aber hierzu kommt noch, daß jede Zelle infolge ihrer Tätigkeit immer etwas stickstoffhaltige Substanz verliert. Die Summe dieser unvermeidbaren Stickstoffverluste hat RUBNER als die in dem vorigen mehrmals erwähnte Abnutzungsquote bezeichnet, und diese *Ab-nutzungs-quote.* Abnutzungsquote, welche der Stickstoffausscheidung bei ausschließlich stickstofffreier Kost entspricht und also ein Eiweißminimum ist, kann nach RUBNER auf 4—6 p. c. des gesamten Kalorienbedarfes herabgehen. Die energetischen Aufgaben der Nahrung werden unter diesen Verhältnissen ausschließlich von den stickstofffreien Nahrungsstoffen übernommen, und wenn diese Quote eben durch Eiweiß gedeckt wird, befindet sich der Körper im Zustande des niedrigsten Stickstoffgleichgewichtes.

Zur Deckung dieses Eiweißminimums sind indessen nicht alle Eiweißstoffe gleichwertig. MICHAUD[3]) hat in Versuchen an Hunden das Eiweißminimum bei ausschließlicher Verfütterung von stickstofffreien Nährstoffen bestimmt, und er fand, daß dieses Minimum durch Zufuhr von der entsprechenden Menge arteigenen Eiweißes, nicht aber durch artfremdes Eiweiß, wie Gliadin und Edestin in derselben Menge gedeckt werden konnte. HOESSLIN und LESSER dagegen fanden in Versuchen an Hunden eine nur unwesentliche Überlegenheit des arteigenen Eiweißes gegenüber Pferdefleischeiweiß, und E. VOIT und ZISTERER fanden für die drei Eiweißarten Rindermuskel, Aleuronat und Kasein die Relation 100 : 106 : 121. THOMAS[4]) hat Versuche an Menschen mit verschiedenen Nahrungsmitteln ausgeführt und dabei gefunden, daß der *Deckung* Stickstoff verschiedenartiger Proteine einen ungleichen Wert zur Deckung der *des Eiweiß minimums* Abnutzungsquote hat. Mit dem Ausdrucke „biologische Wertigkeit" der stickstoffhaltigen Nährstoffe bezeichnet er, wieviel Teile Körperstickstoff durch 100 Teile Nahrungsstickstoff vertreten werden können, und er fand diese Wertigkeit für Rindfleisch = 104,7, Milch = 99,7, Kasein = 70,14, Weizenmehl = 39,6, Kartoffeln = 78,9, Erbsen = 55,7 und Mais = 29,5. Auch mit Berücksichtigung des verschiedenen Gehaltes an stickstoffhaltigen Extraktivstoffen in der Nahrung zeigen alo diese Zahlen, daß verschiedene Eiweißstoffe einen wesentlich ungleichen Wert für die Deckung des Stickstoffminimums haben.

[1]) SIVÉN, Skand. Arch. f. Physiol. 10 u. 11; CASPARI, Arch. f. (Anat. u.) Physiol. 1901. [2]) RUBNER, Theorie d. Ernährung nach Vollendung des Wachstums, Arch. f. Hyg. 66, S. 1—80 und Ernährungsvorgänge beim Wachstum des Kindes ebenda 66, S. 81—126. [3]) L. MICHAUD, Zeitschr. f. physiol. Chem. 59. [4]) v. HOESSLIN u. LESSER l. c.; E. VOIT u. J. ZISTERER, Zeitschr. f. Biol. 53; THOMAS, Arch. f. (Anat. u.) Physiol. 1909.

Die Aufgaben des Eiweißes als Nahrungsstoff sind nach RUBNER: 1. Ersatz für die Abnutzungsquote, 2. Verbesserung des Zellbestandes und 3. die dynamogene Aufgabe. Bei der Erfüllung dieser dritten Aufgabe spaltet sich das Eiweiß nach der Ansicht von RUBNER in einen stickstoffhaltigen und einen stickstofffreien Teil. Die bei der Verbrennung des stickstoffhaltigen Teiles sofort als Wärme freiwerdende potentielle Energie, welche innerhalb des Gebietes der chemischen Wärmeregulation quantitativ ausgenutzt wird, sonst aber als überflüssig zu Verlust geht, hat RUBNER[1]) als spezifisch-dynamische Wirkung bezeichnet. Der Energierest dagegen, welcher durch den stickstofffreien Teil des Eiweißes repräsentiert ist, dient, ebenso wie alle anderen Nährstoffe, zur Befriedigung der Energiebedürfnisse der Zelle. Nach RUBNER kommen also für energetische Zwecke fast nur, wenn nicht überhaupt nur, stickstofffreie Gruppen (des Eiweißes, Fett und Kohlehydrate) in Betracht.

In naher Beziehung zu der zweiten Aufgabe des Eiweißes, Verbesserung des Zellbestandes, steht die Frage nach den Bedingungen für das Zustandekommen von Fleischmast im Körper, an welche Frage die nach den Bedingungen für eine Mästung überhaupt nahe sich anschließt. In dieser Hinsicht ist in erster Linie daran zu erinnern, daß alle Mast eine Überernährung voraussetzt, d. h. eine Zufuhr von Nährstoffen, die größer als die in derselben Zeit stattfindende Zersetzung ist.

Beim Fleischfresser kann bei ausschließlicher Fleischfütterung eine Fleischmast stattfinden, dieselbe ist aber im Verhältnis zu der zersetzten Eiweißmenge im allgemeinen nicht groß. Beim Menschen und bei Pflanzenfressern, welche ihren Kalorienbedarf nicht durch Eiweiß allein decken können, ist dies dagegen nicht möglich, und es handelt sich also vor allem um die Bedingungen der Fleischmast bei gemischter Nahrung.

Diese Bedingungen sind nun auch am Fleischfresser studiert worden, und hierbei ist, wie VOIT gezeigt hat, die Relation zwischen Eiweiß und Fett (bzw. Kohlehydraten) von großer Bedeutung. Wird im Verhältnis zum Eiweiß der Nahrung viel Fett gegeben, wie bei mittleren Fleischmengen mit reichlichem Fettzusatz, so wird Stickstoffgleichgewicht nur langsam erreicht, und der pro Tag zwar nicht sehr große, aber ziemlich konstante Fleischansatz kann im Laufe der Zeit zu einem bedeutenden Gesamtfleischansatz führen. Wird dagegen viel Fleisch neben verhältnismäßig wenig Fett gegeben, so wird der Ansatz von Eiweiß unter Steigerung der Zerstörung von Tag zu Tag geringer, und in wenigen Tagen ist das Stickstoffgleichgewicht erreicht. Trotz dem pro Tag etwas größeren Ansatze kann in diesem Falle der Gesamtfleischansatz weniger bedeutend werden. Als Beispiel mögen folgende Versuche von VOIT dienen.

Nahrung

Anzahl Versuchstage	Fleisch g	Fett g	Totalfleischansatz	Fleischansatz pro Tag	Stickstoffgleichgewicht
32	500	250	1792	56	nicht erreicht
7	1800	250	854	122	erreicht

Der absolut größte Fleischansatz im Körper wurde in diesem Falle mit nur 500 g Fleisch und 250 g Fett erreicht, und selbst nach 32 Tagen war Stickstoffgleichgewicht noch nicht eingetreten. Bei Fütterung mit 1800 g Fleisch und 250 g Fett trat Stickstoffgleichgewicht dagegen schon nach sieben Tagen ein, und wenn dabei auch der Fleischansatz pro Tag größer war, so wurde jedoch der absolute Fleischansatz nicht halb so groß, wie in dem vorigen Falle.

Für die Möglichkeit einer Eiweißmast bei Menschen und Tieren (Hunden, Hammeln) liegen mehrere beweisende Versuchsreihen von KRUG, BORNSTEIN,

(Marginalien: spez. dynamische Wirkung. — Mästung. — Fleischmast. — Fleischmast beim Fleischfresser. — Fleischmast.)

---

[1]) RUBNER l. c. u. Gesetze d. Energieverbrauches, S. 70.

SCHREUER, HENNEBERG, PFEIFFER und KALB[1]) u. a. vor, und es ist nicht daran zu zweifeln, daß eine solche Mast möglich ist. Daß es hierbei nicht um eine Vermehrung der Anzahl von Zellen, sondern eher um eine Vergrößerung, eine Volumenzunahme derselben, sich handelt, dürfte wohl eine allgemein verbreitete Ansicht sein. Über die Natur dieser Eiweißmästung gehen jedoch die Ansichten auseinander, indem man zwischen Fleischmast, oder wirklicher Organbildung, und Eiweißmast, oder Ablagerung von totem Eiweißeinschluß, unterscheidet und dabei bezüglich der Frage, inwieweit das eine oder andere vorkommt, verschiedener Meinung ist. Durch Bestimmung der Relation zwischen P_2O_5 und N in Muskeln, Nieren und Lebern bei Hunden und Hühnern im Hunger und bei Mästung hat GRUND[2]) diese Möglichkeiten experimentell geprüft. Wenn es sich um toten Eiweißeinschluß handelt, muß die obige Relation zugunsten des Stickstoffes sich ändern; GRUND fand aber nur eine sehr geringfügige Änderung dieser Art, die nicht beweisend war, und nach ihm haben dementsprechend die verschiedenen Organe eine bestimmte Tendenz sowohl im Hunger wie bei Mast die Relation zwischen Phosphor und Stickstoff unverändert zu bewahren.

Eiweiß-
mast und
Fleisch-
mast.

Beim erwachsenen Menschen scheint ausgiebige Fleischmast auf die Dauer schwer durch Überernährung allein zu erreichen sein. Sie ist überhaupt in viel höherem Grade eine Funktion der spezifischen Wachstumsenergie der Zellen und der Zellenarbeit als des Nahrungsüberschusses. Darum sieht man auch nach v. NOORDEN „ausgiebige Fleischmast

1. bei jedem wachsenden Körper,

2. bei dem nicht mehr wachsenden, aber an erhöhte Arbeit sich gewöhnenden Körper,

Fleisch-
mast.

3. jedesmal, wenn durch vorausgegangene ungenügende Ernährung oder Krankheit der Fleischbestand des Körpers sich vermindert hatte und nunmehr reichlichere Nahrung den Ersatz ermöglicht." Der Fleischansatz ist in diesem Falle ein Ausdruck der Regenerationsenergie der Zellen[3]).

Auch die Erfahrungen der Viehzüchter lauten dahin, daß bei den Schlachttieren eine Fleischmast durch Überernährung nicht gut gelingt und jedenfalls nur unbedeutend wird. Für die Fleischmast sind die Individualität und die Rasse der Tiere von großer Bedeutung.

Anders als bei Erwachsenen liegen die Verhältnisse bei jungen wachsenden Individuen. Hier ist das Eiweiß zum Aufbau der wachsenden Gewebe notwendig, und bei ihnen kommt also eine reichlichere wahre Fleischmast vor. Für diese Fleischmast kommt jedoch nicht in erster Linie die Größe der Zufuhr, sondern die Wachstumsenergie in Betracht.

Fleisch-
mast.

Infolge des oben (Kap. 10) von der Fettbildung im Tierkörper Gesagten muß das wesentlichste Bedingnis für eine Fettmast Überernährung mit stickstofffreien Nährstoffen sein. Die Größe der Fettmästung wird hierbei durch den Überschuß der Kalorienzufuhr über den Verbrauch bestimmt, und da das Fett, den Kohlehydraten gegenüber, ein teureres Nahrungsmittel ist, so wird besonders die Zufuhr von größeren Mengen Kohlehydraten von Bedeutung für die Fettmast. In der Ruhe wird ferner im Körper weniger Stoff zersetzt als während der Arbeit. Körperruhe nebst einer passenden Kombination der drei Hauptgruppen organischer Nährstoffe ist deshalb auch ein wesentliches Bedingnis für eine reichliche Fettmästung.

Fettmast.

---

[1]) KRUG, Zit. nach v. NOORDEN, Lehrb. der Path. des Stoffwechsels, 1. Aufl. S. 120; BORNSTEIN, Berl. klin. Wochenschr. 1898 und PFLÜGERS Arch. 83 u. 106; BORNSTEIN u. SCHREUER, PFLÜGERS Arch. 110; W. HENNEBERG u. TH. PFEIFFER, vgl. MALYS Jahresb. 20; PFEIFFER u. KALB, ebenda 22. [2]) G. GRUND, Zeitschr. f. Biol. 54. [3]) Vgl. hierüber auch SVENSON, Zeitschr. f. klin. Med. 43.

E. GRAFE und D. GRAHAM[1]) haben einen Versuch an einem Hunde mitgeteilt, in welchem bei einer Überernährung mit etwa 210 p. c. des Minimalkalorienbedarfes und bei einer an stickstofffreien Nährstoffen sehr reichen Nahrung das Körpergewicht gegen zwei Monate fast konstant blieb. Es trat in diesem Falle keine Fettmast auf, die Kalorienproduktion war bedeutend gesteigert, und die Verff. betrachten diesen Fall

Luxuskon-
sumption. als eine Anpassung an die Nahrung und eine Luxuskonsumption der stickstofffreien Nährstoffe.

Wirkung einiger anderer Stoffe auf den Stoffwechsel. Wasser. Führt man dem Organismus eine, das Bedürfnis übersteigende Menge Wasser zu, so wird der Überschuß rasch und hauptsächlich mit dem Harne eliminiert. Die hierdurch vermehrte Harnausscheidung hat bei hungernden Tieren (VOIT, FORSTER), nicht aber in nennenswertem Grade bei Tieren, welche Nahrung aufnehmen (SEEGEN, SALKOWSKI und MUNK, MAYER, DUBELIR)[2]), eine vermehrte Stickstoffausscheidung zur Folge. Als Ursache dieser vermehrten Stickstoffausscheidung hat man eine, durch die reichlichere Wasseraufnahme

Wirkung
es Wassers
auf den
Eiweiß-
umsatz. bedingte vollständigere Ausspülung des Harnstoffes aus den Geweben angenommen. Eine andere, von VOIT vertretene Ansicht ist jedoch die, daß infolge der lebhafteren Säfteströmung nach der Aufnahme von größeren Mengen Wasser eine Steigerung des Eiweißumsatzes stattfinden soll. Diese Erklärung betrachtete VOIT als die richtigere, obwohl er nicht leugnete, daß bei reichlicherer Wasserzufuhr eine vollständigere Ausspülung des Harnstoffes aus den Geweben stattfinden kann. Die Ansichten hierüber sind fortwährend etwas strittig und in neuerer Zeit ist namentlich HEILNER für die VOITsche Ansicht eingetreten. Neuere Untersuchungen von ABDERHALDEN[3]) sprechen für eine Ausspülung von retiniertem Stickstoff durch Wasserzufuhr.

Über die Wirkung des Wassertrinkens auf die Verdauung und Resorption der Nährstoffe wie auf die Fäulnisvorgänge im Darme und die Ausscheidung von Allantoin und Purinstoffen mit dem Harne liegen umfassende Untersuchungen von HAWK[4]) und Mitarbeitern vor.

Wasserentziehung ist (bei Tieren), wenn der Körper eine gewisse Wassermenge verloren hat, von einer Steigerung des Eiweißzerfalles begleitet (LANDAUER, STRAUB)[5]). Bezüglich der Wirkung des Wassers auf Fettbildung und

Wasser. Fettumsatz scheint die Ansicht ziemlich allgemein verbreitet zu sein, daß reichliches Wassertrinken den Fettansatz im Körper begünstigt, während umgekehrt Aufnahme von nur wenig Wasser der Fettbildung entgegenwirken soll. Überzeugende Beweise für die Berechtigung dieser Ansicht gibt es jedoch zur Zeit nicht.

Salze. Über die Wirkung der Salze, wie z. B. des Kochsalzes und der

Salze. Neutralsalze überhaupt, gehen die Angaben etwas auseinander, was wenigstens zum Teil daher rührt, daß man mit verschieden großen Salzmengen gearbeitet hat. Eingehendere Untersuchungen von STRAUB und ROST[6]) haben nämlich gezeigt, daß die Wirkung der Salze in naher Beziehung zu ihrer wasserentziehenden Wirkung steht. Kleine Salzmengen, welche keine Diurese herbeiführen, wirken nicht auf den Stoffumsatz ein. Größere Salzmengen dagegen, welche eine Diurese herbeiführen, welche durch Wasserzufuhr nicht kom-

---

[1]) Zeitschr. f. physiol. Chem. **73**. [2]) VOIT, Unters. über den Einfluß des Kochsalzes etc., München 1860; FORSTER, zitiert nach VOIT in HERMANNS Handb., S. 153; SEEGEN, Wien. Sitz.-Ber. **63**; SALKOWSKI u. MUNK, VIRCHOWS Arch. 71; MAYER, Zeitschr. f. klin. Med. 2; DUBELIR, Zeitschr. f. Biol. 28. [3]) Vgl. R. NEUMANN, Arch. f. Hyg. 36; HEILNER, Zeitschr. f. Biol. 47 u. 49; HAWK, Bioch. Zentralbl. 3; ABDERHALDEN, Zeitschr. f. physiol. Chem. 59. [4]) Vgl. Journ. of biol. Chem. 10 u. 11, Arch. of internat. Medic. 1911, Journ. of Amer. Chem. Soc. 33 u. 34. [5]) LANDAUER, MALYS Jahresb. 24; STRAUB, Zeitschr. f. Biol. 37. [6]) W. STRAUB, Zeitschr. f. Biol. 37 u. 38; ROST, Arbeiten aus d. kais. Gesundheitsamte 18 (Literatur). Vgl. auch GRUBER, MALYS Jahresb. **30**, S. 612.

pensiert wird, haben einen gesteigerten Eiweißumsatz zur Folge. Wird aber die Diurese durch- Wasserzufuhr kompensiert, so wird der Eiweißumsatz durch Salzzufuhr nicht gesteigert, sondern eher ein wenig herabgesetzt. Eine durch Salzzufuhr bewirkte, gesteigerte Stickstoffausscheidung kann aber durch darauffolgende Zufuhr von Wasser und vermehrte Diurese noch etwas vermehrt werden, und die Salzwirkung scheint also in naher Beziehung zu dem Wassermangel und der Wasserzufuhr zu stehen.

Alkohol. Die Frage, inwieweit der aus dem Darmkanale resorbierte Alkohol im Körper verbrannt wird oder denselben auf verschiedenen Wegen unverändert verläßt, ist Gegenstand streitiger Ansichten gewesen. Allem Anscheine nach wird jedoch die Hauptmasse des eingeführten Alkohols (95 p. c. und darüber) im Körper verbrannt (SUBBOTIN, THUDICHUM, BODLÄNDER, BENEDICENTI)[1]). Da der Alkohol einen hohen Verbrennungswert (1 g = 7,1 Kal.) hat, so fragt es sich demnächst, ob er für andere Stoffe sparend eintreten könne und ob er also als ein Nährstoff zu betrachten sei. Die zur Entscheidung dieser Frage angestellten älteren Untersuchungen hatten zu keinen eindeutigen und entscheidenden Resultaten geführt. Durch eingehendere Untersuchungen neuerer Forscher, unter denen in erster Linie ATWATER und BENEDICT, ZUNTZ und GEPPERT, BJERRE, CLOPATT, NEUMANN, OFFER, ROSEMANN[2]) zu nennen sind, scheint es jedoch sichergestellt zu sein, daß der Alkohol seinem kalorischen Werte entsprechend für andere Nährstoffe eintreten kann, und daß er nicht nur den Verbrauch von Fett und Kohlehydraten, sondern auch von Eiweiß herabsetzt, wenn er auch anfangs, infolge seiner giftigen Eigenschaften, die Eiweißumsetzung auf kurze Zeit steigert. Der Nährwert des Alkohols kann jedoch nur in gewissen Fällen von wesentlicher Bedeutung werden, indem nämlich größere Mengen Alkohol auf einmal genommen oder kleinere bei mehr anhaltendem Gebrauche auf den Organismus schädlich wirken. Der Alkohol kann also eigentlich nur in Ausnahmefällen einen Wert als Nährstoff beanspruchen und er ist sonst bekanntlich nur ein Genußmittel.

Der Kaffee und der Tee üben keine sicher konstatierten Wirkungen auf den Stoffwechsel, und ihre Bedeutung liegt hauptsächlich in der Wirkung, welche sie auf das Nervensystem ausüben. Auf die Wirkung verschiedener Arzneimittel auf den Stoffwechsel kann hier nicht eingegangen werden.

IV. Die Abhängigkeit des Stoffwechsels von anderen Verhältnissen.

Als Ausgangspunkt für das Studium des Stoffwechsels unter verschiedenen äußeren Bedingungen dient zweckmäßig der schon oben besprochene sog. Grundumsatz, d. h. die Größe des Stoffwechsels bei absolut körperlicher Ruhe und Untätigkeit des Darmkanales. Die unter diesen Bedingungen stattfindende Zersetzung führt in erster Linie zur Erzeugung von Wärme und sie ist nur in geringerem Grade durch die Arbeit des Zirkulations- und Respirationsapparates und die Tätigkeit der Drüsen bedingt. Nach einer Berech-

---

[1]) Arch. f. (Anat. u.) Physiol. 1896, wo man die Literatur findet, [2]) Bezüglich der hierher gehörenden Literatur kann auf die Arbeiten von O. NEUMANN, Arch. f. Hyg. 36 u. 41 und ROSEMANN, PFLÜGERS Arch. 86 u. 94 hingewiesen werden. Eine Zusammenstellung der damals bekannten Literatur über Alkohol findet man in dem Werke von ABDERHALDEN: Bibliographie der gesamten wissenschaftlichen Literatur über den Alkohol und den Alkoholismus. Berlin und Wien 1904. Man vgl. auch ROSEMANN in OPPENHEIMERS Handb. d. Bioch. Bd. 4, 1.

nung von Zuntz [1]) kommen von der ganzen Kaloriensumme des Grundumsatzes nur 10 bis 20 p. c. auf die Zirkulations- und Respirationsarbeit zusammen.

Die Größe des Grundumsatzes hängt also in erster Linie von der zur Deckung der Wärmeverluste nötigen Wärmeproduktion ab, und diese letztere ist ihrerseits abhängig von dem Verhältnisse zwischen Körpergewicht und Körperoberfläche.

Körpergewicht und Alter. Je größer die Körpermasse ist, um so größer ist auch, ceteris paribus, der absolute Stoffverbrauch, während dagegen ein kleineres Individuum derselben Tierart zwar absolut weniger, aber relativ, d. h. auf die Einheit des Körpergewichtes bezogen, mehr Stoff zersetzt. Mit Zunahme des Körpergewichtes nimmt also der Grundumsatz pro Kilogramm

Bedeutung es Körper-gewichtes.

Tier ab, was allerdings in erster Linie für Individuen derselben Tierart gilt, aber auch bei einem Vergleich verschiedener Tierarten im allgemeinen eine gewisse Gültigkeit zu haben scheint. Hierbei ist aber natürlich die Relation zwischen Fett und Eiweiß im Körper von einer gewissen Bedeutung. Die Größe des Umsatzes richtet sich nämlich wesentlich nach der Menge der tätigen Zellen, in erster Linie nach der Muskelmasse, und ein-fettreiches Individuum zersetzt pro Kilogramm weniger Stoff als ein mageres von demselben Körpergewichte. Nach Rubner [2]) hat man indessen die Bedeutung der Größe der Fleisch- oder Zellenmasse im Körper etwas überschätzt, indem man die Qualität oder verschiedene Tätigkeit derselben zu wenig berücksichtigt hat. Bei seiner Untersuchung von zwei Knaben, von denen der eine fettsüchtig und der andere normal entwickelt war, und bei einem Vergleiche mit dem von Camerer für Knaben desselben Gewichtes gefundenen Nahrungsbedarfe, kam Rubner zu dem Resultate, daß der Kraftwechsel des fettsüchtigen Knaben mit dem eines nicht fettsüchtigen von gleichem Gewichte fast völlig übereinstimmte.

Bedeutung der Fleisch-masse.

Durch annähernde Schätzung der Fettmenge im Körper konnte Rubner ferner den aus dem Eiweißbestande zu berechnenden Energieumsatz mit dem tatsächlich gefundenen vergleichen. Der Kalorienumsatz pro Kilogramm war bei dem Mageren 52 und bei dem Fetten 43,6 Kal., während man, wenn der Eiweißbestand allein maßgebend wäre, für den Fetten einen Kalorienumsatz von nur 35 Kal. zu erwarten hätte. Man darf also nach Rubner keine geringere, sondern eher eine regere Wirksamkeit der Zellmasse bei den Fetten annehmen. Nach ihm ist es auch nicht die Fleischmasse (Eiweißmasse) an sich, sondern ihre wechselnden, funktionellen Änderungen, welche die Zersetzungsgröße bestimmen. Bei Weibern, welche meistens ein kleineres Körpergewicht und einen relativ größeren Fettgehalt als die Männer haben, ist der Stoffumsatz im allgemeinen kleiner und er wird gewöhnlich zu etwa $^4/_5$ von dem bei Männern berechnet.

Der wesentlichste Grund, warum kleinere Tiere relativ, d. h. auf Körperkilo berechnet, mehr Stoff zersetzen als größere, ist der, daß die kleineren Tiere im Verhältnis zu ihrer Körpermasse eine größere Körperoberfläche haben. Infolge hiervon sind bei ihnen die Wärmeverluste größer, was wiederum zu

Einfluß ler Körper-oberfläche.

einer reichlicheren Wärmeproduktion, d. h. zu einem lebhafteren Stoffwechsel führt. Dies ist auch der wesentlichste Grund, warum jüngere Individuen derselben Art eine relativ größere Zersetzung als ältere zeigen. Berechnet man Wärmeproduktion und Kohlensäureausscheidung auf die Einheit der Körperoberfläche, so findet man, wie namentlich die Untersuchungen von Rubner, Richet u. a. [3]) gelehrt haben, daß sie auch bei verschieden schweren Individuen nur wenig um einen bestimmten Mittelwert schwanken.

---

[1]) Zit. nach v. Noorden, Lehrb. 1. Aufl., S. 97. [2]) Beiträge zur Ernährung im Knabenalter etc., Berlin (Hirschwald) 1902. [3]) Rubner, Zeitschr. f. Biol. **19** u. **21**; Richet, Arch. de Physiol. (5) **2**.

Nach dem RUBNERschen Gesetze von dem Einflusse der Oberfläche, wie dieses Gesetz in neuerer Zeit von E. VOIT formuliert worden ist, richtet sich der Energiebedarf bei homoiothermen Tieren nach ihrer Oberflächenentwicklung, wenn Körperruhe, mittlere Umgebungstemperatur und relativ gleicher Eiweißbestand gegeben sind. Dieses Gesetz gilt nicht nur für erwachsene Menschen, sondern auch für Kinder und wachsende Individuen (RUBNER, OPPENHEIMER, SCHLOSSMANN und MURSCHHAUSER). Auch für solche ist nämlich die Oberfläche der wesentlich maßgebende Faktor für die Größe des Energieumsatzes. Um dies zu beleuchten, mögen hier folgende, einer Arbeit von RUBNER[1]) entlehnte Zahlen für die pro 1 qm Oberfläche und 24 Stunden in Kalorien ausgedrückten Wärmemengen mitgeteilt werden. Ober-
flächen-
gesetz.

Erwachsene, mittl. Kost, Ruhe . . . . 1189 Kal.
     ,,   ,,   ,, mittlere Arbeit . . . . 1399 ,,
Säugling, Muttermilch . . . . 1221 ,,
Kind, mittl. Kost . . . . 1447 ,,
Greise, Männer und Weiber . . . . 1099 ,,
Weiber. . . . . 1004 ,,

Die von vielen Forschern gefundenen, bisweilen nicht sehr kleinen Schwankungen in den Kalorienwerten[2]) sprechen allerdings dafür, daß das Oberflächengesetz nicht allein maßgebend für den Stoffumsatz bei ruhenden Tieren ist. Daß es aber das wichtigste, den Stoffwechsel bestimmende Moment ist, wird wohl allgemein angenommen.

Der lebhaftere Stoffwechsel bei jüngeren Individuen kommt bei Messung sowohl des Gaswechsels wie der Stickstoffausscheidung zum Ausdruck. Als Beispiel von dem Verhalten der Harnstoffausscheidung bei Kindern mögen folgende Zahlen von CAMERER[3]) dienen.

Alter	Körpergewicht in kg	Harnstoff in g pro Tag	pro kg	
1½ Jahre	10,80	12,10	1,35	
3 ,,	13,30	11,10	0,90	
5 ,,	16,20	12,37	0,76	
7 ,,	18,80	14,05	0,75	Einfluß der Alters auf die Harnstoffaus- scheidung.
9 ,,	25,10	17,27	0,69	
12½ ,,	32,60	17,79	0,54	
15 ,,	35,70	17,78	0,50	

Bei Erwachsenen von etwa 70 kg Gewicht werden pro Tag etwa 30 bis 35 und pro Kilogramm gegen 0,5 g Harnstoff ausgeschieden. Erst gegen 15 Jahre ist also der Eiweißzerfall pro Kilogramm etwa derselbe wie bei Erwachsenen. Die Ursache des relativ größeren Eiweißumsatzes bei jüngeren Individuen ist teils darin zu suchen, daß der Stoffumsatz im allgemeinen bei jüngeren Tieren lebhafter ist, und teils darin, daß die jüngeren Tiere im allgemeinen ärmer an Fett als die älteren sind.

Daß jüngere Individuen einen lebhafteren Stoffwechsel als Erwachsene zeigen, liegt wohl, wie oben gesagt, in erster Linie daran, daß sie im Verhältnis zu den letzteren eine relativ größere Körperoberfläche haben. Nach TIGERSTEDT und SONDÉN soll indessen der regere Stoffwechsel bei jüngeren Individuen auch zum Teil daher rühren, daß bei ihnen die Zersetzung an und für sich lebhafter als bei älteren Individuen ist. Namentlich soll die Zeit des Wachstums einen bedeutenden Einfluß auf die Größe des Stoffwechsels (beim Menschen) ausüben, und zwar so, daß der letztere, selbst wenn er auf die Ein-

---

[1]) RUBNER, Ernährung im Knabenalter, S. 45; E. VOIT, Zeitschr. f. Biol. 41; OPPENHEIMER, ebenda 42; A. SCHLOSSMANN und H. MURSCHHAUSER, Bioch. Zeitschr. 18 u. 26. [2]) Vgl. MAGNUS-LEVY, PFLÜGERS Arch. 55; SLOWTZOFF (u. ZUNTZ), ebenda 95. [3]) Zeitschr. f. Biol. 16 u. 20.

Stoff-
wechsel und
Wachstum. heit der Körperoberfläche berechnet wird, bei jugendlichen Individuen größer als bei älteren ist. Diese Ansicht ist von Rubner lebhaft bestritten worden. Er leugnet allerdings nicht, daß zwischen jüngeren Individuen und Erwachsenen Unterschiede vorkommen, die als Abweichungen von dem obigen Gesetze gedeutet werden könnten; diese Unterschiede lassen sich aber nach Rubner von Verschiedenheiten der Arbeitsleistung, der Ernährung und des Ernährungszustandes herleiten. Magnus-Levy und Falk[1]) haben indessen auch Untersuchungen ausgeführt, welche zugunsten der Ansicht von Sondén und Tigerstedt sprechen.

Stoff-
wechsel bei
Säuglingen. Säuglinge zeigen ein von älteren Kindern abweichendes Verhalten, indem bei ihnen während der ersten Lebensmonate und besonders während der ersten 3 Tage der Stoffwechsel, pro Oberflächeneinheit berechnet, auffallend niedrig und niedriger als bei Erwachsenen ist. Erst nach etwa 2 Wochen hat er ungefähr dieselbe Höhe wie bei Erwachsenen erreicht (Scherer, Forster[2]).

Stoff-
wechsel im
Greisen-
alter. Im Greisenalter ist der Stoffwechsel sehr herabgesetzt, und selbst wenn man ihn pro Quadratmeter Körperoberfläche berechnet, ist er niedriger als bei einem Individuum mittleren Lebensalters.

Inwieweit das Geschlecht an und für sich einen besonderen Einfluß auf den Stoffwechsel ausübt, bleibt noch näher zu untersuchen. Tigerstedt und Sondén fanden im jugendlichen Alter die Kohlensäureabgabe sowohl pro Kilo Körpergewicht wie pro Quadratmeter Körperoberfläche beträchtlich Einfluß
des Ge-
schlechtes. größer bei männlichen als bei weiblichen Individuen etwa desselben Alters und desselben Körpergewichtes. Dieser Unterschied zwischen den beiden Geschlechtern soll allmählich sich verwischen, um endlich bei herannahendem Greisenalter ganz zu verschwinden. Gegenüber diesen Beobachtungen stehen indessen andere Untersuchungen von Magnus-Levy und Falk. Sie untersuchten nach der Zuntz-Geppertschen Methode sowohl Kinder wie Erwachsene und alte Leute beider Geschlechter, konnten aber keinen bestimmten Einfluß des Geschlechtes beobachten[3]).

Da der Stoffwechsel seinen untersten Stand bei absoluter Körperruhe und Untätigkeit des Darmkanales inne hält, so ist es offenbar, daß sowohl die Arbeit wie auch die Aufnahme von Nahrung auf die Größe des Stoffwechsels mächtig einwirkende Faktoren sein müssen.

Ruhe und
Arbeit. Ruhe und Arbeit. Bei der Arbeit wird eine größere Menge von chemischer Energie in kinetische Energie umgesetzt, d. h. der Stoffwechsel wird infolge der Arbeit mehr oder weniger stark gesteigert.

Eiweiß-
umsatz bei
der Arbeit. Auf die Stickstoffausscheidung übt die Arbeit, wie schon in einem vorigen Kapitel (11) näher auseinandergesetzt wurde, nach der gegenwärtig allgemein herrschenden Ansicht an und für sich keinen nennenswerten Einfluß aus. Es ist allerdings wahr, daß man in mehreren Fällen eine gesteigerte Stickstoffausscheidung beobachtet hat; diese Steigerung scheint aber nicht in direkter Beziehung zu der Arbeit zu stehen, sondern in Nebenumständen ihren Grund zu haben. Man hat auch diese Beobachtungen in anderer Weise erklären zu können geglaubt. So kann z. B. die Arbeit, wenn sie mit heftiger Körper-

---

[1]) Tigerstedt u. Sondén, Skand. Arch. f. Phys. 6; Rubner, Ernährung im Knabenalter u. Arch. f. Hyg. 66; Magnus-Levy, Arch. f. (Anat. u.) Physiol. 1899, Supplbd. [2]) Zit. nach A. Loewy in Oppenheimers Handb. Bd. 4, S. 189. [3]) Tigerstedt u. Sondén. Skand. Arch. f. Physiol. 6; Magnus-Levy u. Falk, Arch. f. (Anat. u.) Physiol. 1899, Supplbd. Über den Stoffwechsel in seinen Beziehungen zu den Phasen des sexuellen Lebens und insbesondere unter dem Einflusse von Menstruation und Schwangerschaft liegen Untersuchungen von A. Ver Eecke vor (Bull. acad. roy. de méd. de Belgique 1897 u. 1901 und Malys Jahresb. 30 u. 31). Vgl. auch Magnus-Levy in v. Noordens Handb. d. Pathol. d. Stoffwechsels.

bewegung verbunden ist, leicht zur Dyspnoe führen, und diese letztere kann, wie FRÄNKEL[1]) gezeigt hat, wie jede Verringerung der Sauerstoffzufuhr eine Steigerung des Eiweißzerfalles und dadurch eine vermehrte Stickstoffausscheidung zur Folge haben. In anderen Versuchsreihen ist wiederum die Menge der Kohlehydrate und des Fettes in der Nahrung nicht völlig hinreichend gewesen; der Fettvorrat des Körpers hat infolge hiervon abgenommen und dementsprechend ist auch der Eiweißzerfall gesteigert worden. Endlich können auch andere Verhältnisse, wie die Außentemperatur und die Witterung[2]), Durst und Wassertrinken, die Stickstoffausscheidung beeinflussen; an sich soll aber nach der gewöhnlichen Ansicht die Muskeltätigkeit kaum einen Einfluß auf den Eiweißumsatz ausüben.

Dagegen übt die Arbeit einen sehr bedeutenden Einfluß auf die Kohlensäureausscheidung und den Sauerstoffverbrauch aus. Diese Wirkung, welche zuerst von LAVOISIER beobachtet wurde, ist später von einer Menge von Forschern bestätigt worden. So sind, um ein Beispiel aus der älteren Literatur zu wählen, von PETTENKOFER und VOIT[3]) an einem erwachsenen Manne Untersuchungen über den Umsatz sowohl der stickstoffhaltigen wie der stickstofffreien Stoffe in der Ruhe und während der Arbeit, teils beim Hungern und teils bei gemischter Kost ausgeführt worden. Die Resultate sind in folgender Zusammenstellung enthalten. Umsatz bei Arbeit.

		Verbrauch von				
		Eiweiß	Fett	Kohlehydraten	CO$_2$ ausgeschieden	O aufgenommen
Beim	Ruhe	79	209	—	716	761
Hungern.	Arbeit	75	380	—	1187	1071
Gemischte	Ruhe	137	72	352	912	831
Kost.	Arbeit	137	173	352	1209	980

Auf den Eiweißzerfall übte also in diesem Falle die Arbeit keinen Einfluß aus, während der Gaswechsel bedeutend gesteigert war.

Von ZUNTZ, seinen Schülern und Mitarbeitern[4]) sind sehr wichtige Untersuchungen über die Größe des Gaswechsels als Maß der Zersetzungen während und infolge der Arbeit ausgeführt worden. Diese Untersuchungen konstatieren nicht nur den mächtigen Einfluß der Muskelarbeit auf die Stoffzersetzung, sondern sie zeigen auch in sehr lehrreicher Weise die Beziehungen Gaswechsel und Arbeit. zwischen Größe der Stoffzersetzung und nutzbarer Arbeit verschiedener Art und unter verschiedenen Bedingungen. Auf diese wichtigen Untersuchungen, die vorwiegend physiologisches Interesse haben, kann indessen hier nur hingewiesen werden.

Die Wirkung der Muskelarbeit auf den Gaswechsel kommt nicht bei starker Arbeit allein zum Vorschein. Durch die Untersuchungen von SPECK u. a. weiß man nämlich, daß sogar sehr kleine, anscheinend ganz unwesentliche Bewegungen die Kohlensäureproduktion derart steigern können, daß bei Nichtbeachtung derselben, wie in zahlreichen älteren Versuchen, sehr bedeutende Fehler sich einschleichen können. JOHANSSON[5]) hat ferner in Selbstversuchen gefunden, daß durch Herstellen einer möglichst vollständigen Muskelruhe der

[1]) VIRCHOWS Arch. 67 u. 71. Bezüglich strittiger Ansichten vgl. man: C. VOIT, Zeitschr. f. Biol. 49 und A. FRÄNKEL, ebenda 50. [2]) Vgl. ZUNTZ u. SCHUMBURG, Arch. f. (Anat. u.) Physiol. 1895. [3]) Zeitschr. f. Biol. 2. [4]) Man vgl. die Arbeiten von ZUNTZ u. LEHMANN, MALYS Jahresb. 19; KATZENSTEIN, PFLÜGERS Arch. 49; LOEWY, ebenda; ZUNTZ, ebenda 68; ZUNTZ u. SLOWTZOFF, ebenda 95; ZUNTZ, ebenda und besonders die großen Arbeiten: Untersuchungen über den Stoffwechsel des Pferdes bei Ruhe und Arbeit von ZUNTZ und HAGEMANN, Berlin 1898. Höhenklima und Bergwanderungen von ZUNTZ, LOEWY, MÜLLER und CASPARI, in welchen Arbeiten man auch Literaturverzeichnisse findet. [5]) Nord. Med. Arkiv. Festb. 1897; auch MALYS Jahresb. 27; SPECK, Physiol. des menschl. Atmens, Leipzig 1892.

gewöhnliche Betrag der Kohlensäure (bei Ruhe in gewöhnlichem Sinne = 31,2 g
pro Stunde) um beinahe ein Drittel, d. h. auf rund 22 g pro 1 Stunde, herabgesetzt werden kann.

Die während einer Arbeitsperiode ausgeschiedene Kohlensäuremenge hat
man wiederholt stärker vermehrt als die gleichzeitig aufgenommene Menge
Sauerstoff gefunden, und dementsprechend hat man auch allgemein früher ein
Ansteigen des respiratorischen Quotienten infolge der Arbeit beobachtet.
Dieses Ansteigen ist jedoch nicht in einer besonderen Art der bei Muskelarbeit
verlaufenden chemischen Prozesse begründet, denn es liegen mehrere Versuchsreihen von ZUNTZ und seinen Mitarbeitern, LEHMANN, KATZENSTEIN und
Gaswechsel HAGEMANN [1]) vor, in denen der respiratorische Quotient trotz der Arbeit fast
und Arbeit. unverändert blieb. Nach LOEWY [2]) verlaufen die Verbrennungsprozesse im
Tierkörper in derselben Weise bei Arbeit wie in der Ruhe, und ein Ansteigen
des respiratorischen Quotienten findet (abgesehen von vorübergehenden
Änderungen der Atemmechanik) nach ihm nur bei ungenügender Sauerstoffzufuhr zu den Muskeln, wie bei anhaltender ermüdender oder kurzdauernder
übermäßiger Arbeit wie auch bei lokalem Sauerstoffmangel infolge übermäßiger
Arbeit gewisser Muskelgruppen, statt. Das wechselnde Verhalten des respiratorischen Quotienten sucht KATZENSTEIN in der Weise zu erklären, daß bei
der Arbeit zwei Arten von chemischen Prozessen nebeneinander verlaufen.
Die einen bedingen die Arbeit, die mit Kohlensäureproduktion auch bei Abwesenheit von freiem Sauerstoff verbunden ist, die anderen vermitteln die unter
Respi- Sauerstoffaufnahme stattfindende Regeneration. Wenn diese zwei Hauptarten
rations- von chemischen Prozessen gleichen Schritt halten, kann der respiratorische
quotient Quotient während der Arbeit unverändert bleiben. Wird durch starke Arbeit
und Arbeit. die Zersetzung der Regeneration gegenüber vermehrt, so findet ein Ansteigen
des respiratorischen Quotienten statt. Wird dagegen eine mäßige Arbeit
so lange fortgesetzt und in der Weise ausgeführt, daß Unregelmäßigkeiten und
Zufälligkeiten in der Zirkulation und Respiration ausgeschlossen sind oder
ohne Bedeutung werden, so kann dementsprechend auch der respiratorische
Quotient während der Arbeit derselbe wie in der Ruhe verbleiben. Seine
Größe wird dabei in erster Linie von dem zur Verfügung stehenden Nähr-
materiale bestimmt (ZUNTZ und seine Schüler).

Die Ansicht von LOEWY und ZUNTZ, daß ein Ansteigen des respiratorischen
Quotienten während der Arbeit durch ungenügende Sauerstoffzufuhr zu den Muskeln
Respi- zu erklären sei, ist von LAULANIÉ [3]) als unrichtig bezeichnet worden. Er glaubt nämlich
rations- umgekehrt ein Absinken des Quotienten während anhaltender angestrengter Arbeit
quotient beobachtet zu haben, was mit der obigen Ansicht schwer zu vereinbaren ist. Nach
und Arbeit. LAULANIÉ, welcher den Zucker als Quelle der Muskelkraft betrachtet, rührt ein Ansteigen des Quotienten von einer gesteigerten Verbrennung des Zuckers her. Das
Absinken desselben erklärt er durch eine gleichzeitig stattfindende, mit einer gesteigerten Sauerstoffaufnahme verbundene Neubildung von Zucker aus Fett.

Beim Schlafe nimmt der Stoffumsatz dem Wachen gegenüber bedeutend ab, und der Grund hierzu ist die Muskelruhe während des Schlafes.
Wirkung Die Untersuchungen von RUBNER an einem Hunde und von JOHANSSON [4])
des am Menschen lehren nämlich, daß, wenn nur die Muskelarbeit ausgeschlossen
Schlafes. wird, die Zersetzung im Wachen nicht größer als im Schlafe ist.

Die Einwirkung des Lichtes steht auch in naher Beziehung zu der Frage
von der Wirkung der Muskelarbeit. Daß der Stoffwechsel unter dem Einflusse
des Lichtes gesteigert wird, scheint sicher zu sein. Die meisten Forscher leiten,

---

[1]) Vgl. Fußnote 4, S. 751. [2]) PFLÜGERS Arch. 49. [3]) Arch. de Physiol. (5) 8, S. 572.
[4]) RUBNER, LUDWIG-Festschr. 1887; LOEWY, Berlin. klin. Wochenschr. 1891, S. 434;
JOHANSSON, Skand. Arch. f. Physiol. 8.

wie Speck, Loeb und Ewald [1]), diese Steigerung von durch das Licht be- Einwirkung
dingten Bewegungen oder einem gesteigerten Muskeltonus her, und beim des Lichtes.
Menschen ist jedenfalls eine Steigerung des Stoffwechsels unter dem Einflusse
des Lichtes bei vollständiger Ruhe nicht erwiesen. Bei Tieren hat man
wechselnde und widersprechende Resultate erhalten, und die Verhältnisse
sind bei ihnen noch nicht hinreichend aufgeklärt [2]).

Geistige Arbeit scheint keinen, durch unsere jetzigen Hilfsmittel
sicher zu konstatierenden, besonderen Einfluß auf den Stoffwechsel auszuüben.

Die Wirkung der Außentemperatur steht auch in naher Beziehung
zu dem Stoffwechsel, nämlich zur Frage, inwieweit es eine von Muskelbewegungen unabhängige Wärmeregulation gibt. Die Wärmeregulation kann
bekanntlich zweierlei Art sein, nämlich einerseits die chemische Wärmeregulation, welche in einer Änderung des Stoffwechsels besteht und durch Wärme-
eine infolge des gesteigerten Stoffwechsels bei niedriger Temperatur erhöhte regulation.
Wärmeproduktion sich kund gibt, und die zumeist bei erhöhter Temperatur
stattfindende physikalische Wärmeregulation, bei welcher durch Änderungen in den Bedingungen der Wärmeabgabe das thermische Gleichgewicht
erhalten wird.

Hinsichtlich der chemischen Wärmeregulation, welche hier allein besprochen wird, hat man zuerst zwischen Kalt- und Warmblütern zu unterscheiden. Bei jenen nimmt der Stoffwechsel mit der Umgebungstemperatur
zu resp. ab, während bei diesen die Verhältnisse anders liegen. Beim Menschen
kann, wie namentlich die Untersuchungen von Speck, Loewy und Johansson [3]) gezeigt haben, Erniedrigung der Außentemperatur ohne Einfluß auf
die Größe des Stoffwechsels (durch den Gaswechsel gemessen) bleiben, wenn
nur alle willkürliche und nicht freiwillige Muskelbewegungen ausgeschlossen Wärme-
werden; widrigenfalls steigt der Stoffwechsel. Eine chemische Wärmeregulation, regulation
beim
d. h. eine Steigerung des Stoffwechsels ohne wahrnehmbare Muskelbewegungen, Menschen.
ist nach ihnen beim Menschen nicht anzunehmen oder jedenfalls nicht erwiesen, und die bei erniedrigter Temperatur stattfindende Wärmeregulation
würde also beim Menschen nur durch die willkürlich oder reflektorisch erzeugten Muskelbewegungen bewirkt sein. Eine chemische Wärmeregulation
in dem umgekehrten Sinne — ein Sinken des Stoffumsatzes bei Erhöhung
der Außentemperatur — ist beim Menschen nicht beobachtet worden. Die
Untersuchungen von Eykman [4]) an Tropenbewohnern sprechen ebenfalls
dafür, daß beim Menschen keine in Betracht kommende chemische Wärmeregulation stattfindet.

Bei Tieren liegen die Verhältnisse insofern anders, als eine chemische
Wärmeregulation im eigentlichen Sinne bei ihnen wohl sicher bewiesen ist.
Die Untersuchungen von Rubner [5]) an verschiedenen Tieren haben nämlich
gezeigt, daß bei Erniedrigung der Außentemperatur bei ihnen eine bedeutende
chemische Wärmeregulation durch Steigerung des Stoffwechsels ohne irgendwelche Frost- oder Zitterbewegungen stattfinden kann. Bei hinreichend
starker Abkühlung kann indessen, trotz des gesteigerten Stoffwechsels, die
Körpertemperatur sinken, und von einer bestimmten Grenze der letzteren
ab wird der Stoffumsatz mit abnehmender Temperatur immer niedriger. Nach Wärme-
Rubner können jedoch viele Tiere selbst Kältegrade bis 0° tagelang in absoluter regulation
bei Tieren.
Ruhe ertragen. Wird die willkürliche Muskeltätigkeit durch Kurarevergiftung

---

[1]) Speck l. c. (Literaturangaben); Loeb, Pflügers Arch. **42**; Ewald, Journ.
of Physiol. **13**. [2]) Man vgl. hierüber wie bezüglich der Literatur größere Handbücher.
[3]) Speck l. c.; Loewy, Pflügers Arch. **46**; Johansson, Skand. Arch. f. Physiol. **7**.
[4]) Virchows Arch. **133** u. Pflügers Arch. **64**. [5]) Arch. f. Hyg. **38** u. Handbuch d.
Hyg. Bd. **I**, Leipzig 1911.

oder Rückenmarksdurchschneidung eliminiert, so verhält sich, wie PFLÜGER und seine Schüler[1]) gezeigt haben, der Warmblüter wie ein Kaltblüter und der Stoffwechsel nimmt dementsprechend bei sinkender Körpertemperatur ab. Bei normalen Tieren kann, dem oben Gesagten zufolge, bei erniedrigter Temperatur die Körpertemperatur durch gesteigerten Stoffumsatz konstant erhalten werden; es kann aber auch bei solchen Tieren infolge einer Erhöhung der Außentemperatur über eine gewisse Grenze eine Erhöhung des Stoffwechsels stattfinden.

Eine interessante und wichtige Frage ist die nach der Einwirkung des **Höhenklimas** auf die Oxydationsprozesse, den Wärmehaushalt, den Eiweißumsatz und den Stoffwechsel überhaupt. Die Resultate der mühevollen und wichtigen, hierüber ausgeführten Untersuchungen findet man in dem großen Werke von N. ZUNTZ, A. LOEWY, F. MÜLLER und W. CASPARI: „Höhenklima und Bergwanderungen in ihrer Wirkung auf den Menschen" (Berlin 1906), auf welches hier hingewiesen wird.

Höhenklima.

Daß die **Nahrungsaufnahme** den Stoffwechsel erhöht, ist eine schon ziemlich altbekannte Tatsache, deren Wesen und Ursachen namentlich von ZUNTZ, v. MERING, MAGNUS-LEVY, VOIT, RUBNER, JOHANSSON und Mitarbeitern, von HEILNER und von GIGON[2]) studiert worden sind. Soweit man aus diesen Arbeiten ersehen kann, hat diese Steigerung des Stoffwechsels, welche beim Menschen bei hinreichender Nahrungszufuhr eine Erhöhung des **Stoffwechsel und Nahrungsaufnahme.** Grundumsatzes um 10—15 p. c. beträgt und bei reichlicherer Nahrungszufuhr noch größer wird (35 p. c. in Versuchen von JOHANSSON, TIGERSTEDT und Mitarbeitern), eine doppelte Ursache, nämlich teils eine Verdauungsarbeit (ZUNTZ) und teils eine daneben stattfindende chemische Umsetzung (spezifisch dynamische Wirkung nach RUBNER).

Die Summe aller derjenigen Leistungen, welche sowohl für die chemische Umwandlung der Nahrungsmittel wie auch für die mechanische Zerteilung und Fortbewegung derselben im Darmkanale notwendig sind, nennt ZUNTZ die „Verdauungsarbeit". Daß eine solche Arbeit existiert, hat ZUNTZ mit v. MERING durch vergleichende Prüfung der verschiedenen Einwirkung auf **Verdauungsarbeit.** den Stoffwechsel von per os und intravenös eingeführten Nährstoffen bewiesen, und später hat auch COHNHEIM[3]) gezeigt, daß bei der Scheinfütterung ein gesteigerter Umsatz von stickstofffreien Körperbestandteilen stattfindet. Der Einfluß einer Verdauungsarbeit im Sinne ZUNTZs kommt besonders deutlich bei Pflanzenfressern zum Vorschein, bei welchen diese Arbeit nach ZUNTZ und Mitarbeitern einen Verbrauch von mehr als 50 p. c. des Gesamtenergieinhaltes des Rauhfutters bedingen kann.

Nach Einfuhr von großen Nahrungsmengen, namentlich Eiweiß bei Fleischfressern, reicht indessen die Verdauungsarbeit in obigem Sinne nicht hin, um die Steigerung des Stoffwechsels zu erklären, und für diese Fälle muß man daneben, womit auch die ZUNTZsche Schule einverstanden ist, eine durch die Nahrungsstoffe bewirkte, ihrer Art nach unbekannte Steigerung der chemischen Umsatzprozesse im Tierkörper annehmen (spezifisch**Spezifischdynamische Wirkung.** dynamische Wirkung der Nährstoffe nach RUBNER). Die einzige, wesentliche Meinungsdifferenz zwischen den verschiedenen Autoren besteht, soweit der Verfasser ersehen kann, darin, daß es bei normaler hinreichender Nahrungs-

---

[1]) Vgl. Fußnote 2, S. 463. [2]) ZUNTZ u. v. MERING, PFLÜGERS Arch. **15**; ZUNTZ, Naturw. Rundschau **21** (1906), mit HAGEMANN l. c., mit MAGNUS-LEVY. PFLÜGERS Arch. **49**; MAGNUS-LEVY, ebenda **55** und v. NOORDENS Handb.; VOIT, HERMANNS Handb. **6**; RUBNER, Zeitschr. f. Biol. **19** u. **21** und Arch. f. Hyg. **66**; JOHANSSON, Skand. Arch. f. Physiol. **21**, mit KORAEN, ebenda **13**; HEILNER, Zeitschr. f. Biol. **48** u. **50**; A. GIGON, PFLÜGERS Arch. **140**. [3]) Arch. f. Hyg. **57**.

zufuhr nach der ZUNTZschen Schule die Verdauungsarbeit in obigem Sinne, nach der VOIT-RUBNERschen Anschauung, an welche sich HEILNER anschließt, dagegen die spezifisch dynamische Wirkung ist, welche hauptsächlich die nach Nahrungsaufnahme stattfindende Steigerung des Stoffwechsels bedingt.

Daß das Eiweiß oder dessen Abbauprodukte, abgesehen von der Verdauungsarbeit, eine Steigerung des Stoffwechsels bedingt, scheint wohl allgemein anerkannt zu sein. Diese Steigerung ist nach GIGON nicht der Eiweißzufuhr proportional, indem nach Zufuhr von den Eiweißmengen 1 : 2 : 3 : 4 die Sauerstoffaufnahme in den Verhältnissen 1 : 3 : 6 : 9 und die Kohlensäureabgabe in den Verhältnissen 1 : 4 : 8 : 12 geschah. Nach Zufuhr von Glukose fand GIGON, wie früher JOHANSSON [1]), eine der Kohlehydratzufuhr proportionale Steigerung der Kohlensäureausscheidung bis zu einem Maximum bei Zufuhr von 150 g. Die Verhältnisse bei Fettzufuhr sind schwerer zu beurteilen, GIGON fand aber nach Zufuhr von Öl keine Steigerung des Stoffwechsels. *(Marginalie: Stoffwechsel nach Nahrungsaufnahme.)*

Die nach Eiweiß und Zuckerzufuhr auftretende Steigerung des Gaswechsels addiert sich nach GIGON in ganzer Größe zu dem Grundumsatze. Eine Vertretung der im Grundumsatze umgesetzten Körperbestandteile durch die aufgenommene Nahrung findet nach ihm nicht statt, und so wird beispielsweise das Eiweiß nicht durch den eingeführten Zucker aus dem Umsatze verdrängt. Für den in den ersten Stunden nach der Nahrungsaufnahme verlaufenden Stoffwechsel gilt also, wie schon JOHANSSON und HELLGREN gefunden hatten, nicht das Gesetz der Isodynamie, und GIGON [2]) ist der Ansicht, daß die Nahrungsstoffe in erster Linie in die verschiedenen Depots des Körpers übergehen, um erst später den energetischen Zwecken zu dienen. Das Eiweiß dient nur in geringem Grade zum Ersatz des zersetzten Körpereiweißes, der Rest wird teils als Glykogen und teils als Fett aufgespeichert. Das Fett wird als solches und die Kohlehydrate werden als Glykogen und Fett abgelagert. *(Marginalie: Stoffwechsel nach Nahrungsaufnahme.)*

Da die drei Nahrungsstoffe in sehr verschiedener Weise den Stoffwechsel beeinflussen, kann man nach GIGON allerdings von einer spezifischen Wirkung der Nahrungsstoffe sprechen. Diese Wirkung ist aber nach ihm eher von stofflicher als von dynamischer Art, und der Ausdruck „spezifisch dynamische Wirkung" kann deshalb zu irrtümlichen Vorstellungen führen.

V. Der Bedarf des Menschen an Nahrung unter verschiedenen Verhältnissen.

Die Größe des täglichen Bedarfes des Menschen an organischen Nahrungsmitteln hat man auf verschiedene Weise zu bestimmen versucht. Einige Forscher haben für eine große Anzahl gleichmäßig ernährter Individuen, Soldaten, Schiffsvolk, Arbeiter u. a. den täglichen Verbrauch von Nahrungsmitteln berechnet und daraus das Mittel der pro Kopf entfallenden Nährstoffmengen gezogen. Andere haben aus der Menge des Kohlenstoffs und des Stickstoffs in den Exkreten oder aus dem Kraftwechsel der Versuchsperson den täglichen Bedarf an Nahrungsmitteln berechnet. Andere wiederum haben die Menge der Nährstoffe in einem Kostmaß berechnet, mit welchem für einen oder für mehrere Tage die fraglichen Individuen im Gleichgewicht zwischen Aufnahme und Ausgabe des Kohlenstoffs und Stickstoffs sich befanden. Endlich haben andere die von Personen verschiedener Gewerbe und Beschäftigungen täglich nach Belieben verzehrten Speisemengen, bei welchen *(Marginalie: Methoden zur Bestimmung des täglichen Nahrungsbedürfnisses.)*

---

[1]) Skand. Arch. f. Physiol. **21**. [2]) J. JOHANSSON mit W. HELLGREN, HAMMARSTEN-Festschr. 1909; GIGON l. c.

sie sich wohl befanden und vollkommen arbeitstüchtig waren, während einiger Zeit festgestellt und deren Gehalt an organischen Nährstoffen bestimmt.

Unter diesen Methoden sind einige nicht ganz vorwurfsfrei und andere noch nicht in genügend großem Maßstabe zur Anwendung gekommen. Trotzdem bieten die bisher gesammelten Erfahrungen, teils wegen der großen Anzahl derselben und teils weil die Methoden zum Teil einander kontrollieren und komplettieren, in vielen Fällen, wenn es um die Feststellung der Kostration verschiedener Klassen von Menschen und dergleichen Fragen sich handelt, gute Anhaltspunkte dar.

Wert der Methoden.

Rechnet man die Menge der täglich aufgenommenen Nährstoffe in die Anzahl Kalorien um, welche sie bei der physiologischen Verbrennung liefern, so erhält man einen Einblick in die Summe von chemischer Energie, welche unter verschiedenen Verhältnissen dem Körper zugeführt wird. Hierbei darf man jedoch nicht übersehen, daß die Nahrung nie ganz vollständig resorbiert wird und daß stets unverdaute oder nicht resorbierte Reste derselben mit den Darmausleerungen den Körper verlassen. Die Bruttozahlen der aus der aufgenommenen Nahrung zu berechnenden Kalorien müssen deshalb nach RUBNER um mindestens etwa 8% vermindert werden. Diese Zahl gilt wenigstens, wenn der Mensch, was gewöhnlich zutrifft, bei gemischter Kost etwa 60 p. c. des Eiweißes aus animalischen und etwa 40 p. c. aus vegetabilischen Nahrungsmitteln aufnimmt. Bei mehr einseitig vegetabilischer Nahrung, namentlich wenn diese reich an schwerverdaulicher Zellulose ist, muß man eine wesentlich größere Menge in Abzug bringen.

Kalorienwert der Nahrung.

Unvollständige Resorption der Nährstoffe.

Die folgende tabellarische Zusammenstellung enthält einige Beispiele von den Nahrungsmengen, welche von Menschen aus verschiedenen Volksklassen wie unter verschiedenen Verhältnissen aufgenommen werden. In der letzten Kolonne findet man auch die mit oben angedeuteter Korrektion in Kalorien berechnete Energie, welche den fraglichen Nahrungsmengen entspricht. Die Kalorien sind also Nettozahlen, während die Zahlen für die Nährstoffe Bruttozahlen sind.

Kostmaß verschiedener Menschen.

	Eiweiß	Fett	Kohlehydrate	Kalorien	
Soldat im Frieden	119	40	529	2784	(PLAYFAIR)[1]).
„ , leichter Dienst . .	117	35	447	2424	(HILDESHEIM).
„ , im Felde	146	46	504	2852	„
Arbeiter	130	40	550	2903	(MOLESCHOTT).
„ , in Ruhe	137	72	352	2458	(PETTENKOFER und VOIT.)
Schreiner (40 J.)	131	68	494	2835	(FORSTER)[2]).
Junger Arzt	127	89	362	2602	„
„ „	134	102	292	2476	„
Arbeiter, Dienstmann (36 J.)	133	95	422	2902	„
Englischer Schmied . . .	176	71	666	3780	(PLAYFAIR).
„ Preisfechter . .	288	88	93	2189	„
Bayerischer Waldarbeiter .	135	208	876	5589	(LIEBIG).
Arbeiter in Schlesien . . .	80	16	552	2518	(MEINERT)[3]).
Näherinnen in London . .	54	29	292	1688	(PLAYFAIR).
Schwedische Arbeiter . .	134	79	485	3019	(HULTGREN und LANDERGREN)[4]).
Studenten (Japan)	83	14	622	2779	(EIJKMANN)[5]).
Ladendiener (Japan) . . .	55	6	394	1744	(TAWARA)[5]).

Über die Kostmaße verschiedener Berufsklassen in Amerika liegen sehr zahlreiche und umfassende Untersuchungen vor, die indessen hier nicht Platz

---

[1]) Hinsichtlich der in dieser Tabelle zitierten älteren Arbeiten kann auf VOIT in HERMANNS Handb., S. 519, hingewiesen werden. [2]) Ebenda und Zeitschr. f. Biol. 9. [3]) Armee- und Volksernährung, Berlin 1880. [4]) Untersuchung über die Ernährung schwedischer Arbeiter bei frei gewählter Kost, Stockholm 1891. [5]) Zit. nach KELLNER u. MORI in Zeitschr. f. Biol. 25.

finden können und bezüglich deren auf die Zusammenstellung von ATWATER[1]) hingewiesen wird.

Es ist einleuchtend, daß Personen von wesentlich verschiedenem Körpergewicht, welche unter ungleichen äußeren Verhältnissen leben, einen wesentlich verschiedenen Bedarf an Nahrungsmitteln haben müssen. Es ist also zu erwarten, was auch durch die Tabelle bestätigt wird, daß nicht nur die absolute Menge der aufgenommenen Nahrungsmittel, sondern auch das relative Mengenverhältnis der verschiedenen organischen Nährstoffe bei verschiedenen Menschen recht bedeutende Schwankungen zeigen werden. Allgemein gültige Zahlen für das tägliche Nahrungsbedürfnis des Menschen lassen sich also nicht angeben. Für bestimmte Kategorien von Menschen, wie für Arbeiter, Soldaten usw., lassen sich dagegen Zahlen aufstellen, welche für die Berechnung der täglichen Kostrationen sich einigermaßen verwerten lassen. *Nahrungsbedürfnis.*

Auf Grundlage seiner Untersuchungen und einer sehr reichen Erfahrung hat VOIT mittlere Zahlenwerte für das tägliche Kostmaß des Erwachsenen aufgestellt. Als solches berechnet er

	Eiweiß	Fett	Kohlehydrate	Kalorien
für Männer	118 g	56 g	500 g	2810

Nahrungsbedürfnis.

wozu jedoch zu bemerken ist, daß diese Angaben auf einen Mann von 70 bis 75 kg Körpergewicht, welcher 10 Stunden täglich mit nicht zu anstrengender Arbeit beschäftigt ist, sich beziehen.

Das Nahrungsbedürfnis mäßig arbeitender Frauen dürfte auf etwa $^4/_5$ von dem des arbeitenden Mannes zu veranschlagen sein, und den obigen Zahlen entsprechend könnte man also als tägliches Kostmaß bei mäßiger Arbeit fordern

	Eiweiß	Fett	Kohlehydrate	Kalorien
für Frauen	94 g	45 g	400 g	2240

Das Verhältnis des Fettes zu den Kohlehydraten ist hier wie 1 : 8—9. Ein solches Verhältnis kommt auch oft in der Nahrung der ärmeren Volksklassen, welche hauptsächlich von den wohlfeilen aber voluminösen vegetabilischen Nahrungsmitteln leben, vor, während das Verhältnis in der Nahrung der Wohlhabenderen meistens 1 : 3—4 sein dürfte. Es wäre gewiß auch wünschenswert, wenn in den obigen Kostrationen die Menge des Fettes auf Kosten der Kohlehydrate vermehrt werden könnte; eine solche Abänderung läßt sich aber infolge des hohen Preises des Fettes leider nicht immer durchführen. *Nahrungsbedürfnis.*

Bei Beurteilung der obigen Zahlen des täglichen Kostmaßes darf man übrigens nicht übersehen, daß die Zahlen für die verschiedenen Nährstoffe Bruttozahlen sind. Sie repräsentieren folglich die Menge von Nährstoffen, welche aufgenommen werden muß, und nicht diejenige, welche tatsächlich zur Resorption gelangt. Die Zahlen für die Kalorien sind dagegen Nettozahlen.

Die verschiedenen Nahrungsmittel werden bekanntlich nicht gleich vollständig verdaut und resorbiert, und in vielen Fällen wird die vegetabilische Nahrung weniger vollständig ausgenutzt als die animalische. Dies gilt besonders von dem Eiweiß. Wenn also VOIT, wie oben erwähnt, den täglichen Eiweißbedarf eines Arbeiters zu 118 g berechnet, so geht er dabei von der Voraussetzung aus, daß die Kost eine gemischte, animalische und vegetabilische ist, und ferner, daß von den obigen 118 g Eiweiß etwa 105 g tatsächlich resorbiert werden. Mit dieser letztgenannten Zahl stimmen auch — wenn das *Menge der resorbierten Eiweißes*

[1]) Report of the Storrs agric. exp. Station Conn 1891—95 u. 96 und U. S. Depart of Agric. Bull. **53**, 1898.

ungleiche Körpergewicht der verschiedenen Versuchspersonen genügend berücksichtigt wird — die Zahlen gut überein, welche PFLÜGER und seine Schüler BOHLAND und BLEIBTREU[1]) für die Größe des Eiweißumsatzes bei Männern bei hinreichender, frei gewählter Kost fanden.

In dem Maße, wie man eine mehr einseitig vegetabilische Nahrung aufnimmt, wird auch regelmäßig der Gehalt derselben an Eiweiß kleiner. Die einseitig vegetabilische Kost einiger Völker — wie der Japaner — und der sog. Vegetarier ist deshalb auch schon an sich ein Beweis dafür, daß der Mensch, wenn er überhaupt eine genügende Menge Nahrung erhält, unter Umständen mit bedeutend kleineren Eiweißmengen als den von VOIT vor- geschlagenen auskommen kann. Daß man bei genügend reichlicher Zufuhr von stickstofffreien Nährstoffen fast vollständiges oder sogar vollständiges Stickstoffgleichgewicht mit verhältnismäßig sehr kleinen Eiweißmengen erreichen kann, geht außerdem aus den oben besprochenen Untersuchungen von HIRSCHFELD, KUMAGAWA und KLEMPERER, SIVÉN u. a. (vgl. S. 727 und 742) hervor.

Wechseln-
 der Eiweiß-
bedarf.

Wenn man sich vergegenwärtigt, daß die Nahrung verschiedener Völker eine sehr verschiedenartige ist und daß der Mensch also, den äußeren Lebensbedingungen und dem Einflusse des Klimas gemäß, in verschiedenen Ländern eine wesentlich verschiedene Nahrung aufnimmt, so ist es wohl eigentlich nicht auffallend, wenn der an gemischte Kost gewöhnte Mensch einige Zeit mit einer eiweißarmen Kost auskommen kann. An der Fähigkeit des Menschen, einer verschiedenartig zusammengesetzten Nahrung sich anzupassen, wenn die letztere nur nicht zu schwer verdaulich und überhaupt zureichend ist, hat wohl niemand gezweifelt, und man kann nicht bestreiten, daß ein Mensch auch während längerer Zeit mit einer kleineren Eiweißmenge als der von VOIT geforderten, 118 g, auskommen kann. So hat O. NEUMANN[2]) in Selbstversuchen während 746 Tage in 3 Versuchsreihen sein Kostmaß zu 74,2 g Eiweiß, 117 g Fett und 213 g Kohlehydrate (= 2367 Bruttokalorien, auf 70 kg bei gewöhnlicher Laboratoriumsarbeit berechnet) festgestellt. Diese Zahlen können jedoch selbstverständlich nicht auf den 70 kg schweren Arbeiter VOITS, welcher eine Arbeit, die schwerer als die eines Schneiders und leichter als die eines Schmiedes ist, also z. B. die Arbeit eines Maurers, Zimmermanns oder Tischlers ausführt, übergetragen werden; es liegen aber aus neuerer Zeit sehr umfassende Untersuchungen von CHITTENDEN[3]) vor, welche für die Beurteilung der Größe des Eiweißbedarfes von großem Interesse sind. Diese Untersuchungen beziehen sich auf insgesamt 26 Personen, welche während 5—20 Monate bezüglich Lebensweise, Nahrungsaufnahme, Stickstoffausscheidung und Leistungsfähigkeit genau untersucht und beobachtet wurden. Sämtliche Personen waren auf drei Gruppen verteilt. Die erste bestand aus 5 geistig tätigen Universitätsmännern (4 Dozenten und einem Berufsmann). Die zweite umfaßte 13 Soldaten (aus dem Sanitätskorps der Vereinigten Staaten), welche außer ihrer gewöhnlichen Arbeit während 6 Monate täglich gymnastische Übungen hatten. Die dritte bestand aus 8 Athleten, Studenten, welche in verschiedenen Arten von Sport stark trainiert waren.

Eiweiß-
bedarf.

Bei allen Versuchspersonen wurde der ursprüngliche N-Gehalt der Nahrung, welcher dem VOITschen Werte entsprach oder zum Teil höher war, allmählich mehr oder weniger stark reduziert. Die Gesamtkalorienzufuhr wurde dabei nicht über das frühere Maß gesteigert, sondern vielmehr in mäßigem Umfange vermindert. Sowohl die körperliche wie die geistige Leistungsfähigkeit wurde wiederholt geprüft. Da es nicht möglich ist, die

---

[1]) BOHLAND, PFLÜGERS Arch. **36**; BLEIBTREU, ebenda **38**. [2]) Arch. f. Hyg. **45**.
[3]) R. H. CHITTENDEN, Physiological Economy in Nutrition New York 1904.

Einzelheiten der Versuche hier anzuführen, mag nur folgendes hervorgehoben Chittendens
Unter-
suchungen.
werden. Bei einer den VOITschen Zahlen entsprechenden Diät beträgt die
Menge des Harnstickstoffes pro Tag rund 16 g, entsprechend einem Gesamt-
eiweißumsatze im Körper von 100 g oder pro Kilogramm 1,43 g. Die entsprechenden Zahlen für die drei obigen Gruppen findet man in der folgenden
tabellarischen Zusammenstellung, in die ich des Vergleiches halber auch die
Zahlen bei dem VOITschen Kostmaße aufgenommen habe.

	Harnstickstoff Minim.	Max.	Umgesetztes Eiweiß Minim.	Max.	Eiweiß pro kg Minim.	Max.
Gruppe 1	5,69	8,99	35,6	56,19	0,61	0,86
„ 2	7,03	8,39	43,9	52,44	0,74	0,87
„ 3	7,47	11,06	46,7	69,10	0,75	0,92
VOITs Zahlen	16		100		1,43	

Als Hauptresultat ging aus diesen Untersuchungen hervor, daß bei
Zufuhr einer Eiweißmenge, welche bedeutend kleiner als die nach den VOIT-
schen Zahlen geforderte war, ohne Vermehrung der ursprünglichen Kalorien- Größe des
Eiweiß-
bedarfes.
zufuhr und sogar bei Verminderung derselben die untersuchten Versuchs-
personen nicht nur in Stickstoffgleichgewicht verharren, sondern auch bei
nicht verminderter, sondern regelmäßig vermehrter Leistungsfähigkeit in
voller Gesundheit verbleiben konnten.

Nach diesen Untersuchungen, welche über lange Zeiträume sich erstrecken
und mit besonderer Sorgfalt ausgeführt sind, kann man nicht länger bestreiten,
daß Menschen auf die Dauer mit viel kleineren Eiweißmengen als den nach
den VOITschen Zahlen geforderten auskommen können, was übrigens schon
durch die an Vegetariern und überwiegend vegetarisch lebenden Völkern Größe des
Eiweiß-
bedarfes.
gewonnenen Erfahrungen bewiesen ist. Auf der anderen Seite darf man aber
nicht vergessen, daß die VOITschen Zahlen ein durchschnittlicher Ausdruck
sind, nicht so sehr für die theoretisch geforderte als für die tatsächlich bestehende Ernährungsweise, wie sie infolge von Gewohnheiten, Sitten, Lebensverhältnissen und Klima bei hinreichender Ernährung und freier Wahl derselben
seit Jahrhunderten in Mittel- und Nordeuropa sich ausgebildet hat. Eine wissen-
schaftlich begründete, rationelle Änderung dieser Ernährungsweise dürfte
ebenso schwer theoretisch festzustellen wie praktisch durchzuführen sein.
Bestimmte, allgemeingültige Standardzahlen für das Nahrungsbedürfnis
kann man überhaupt nicht aufstellen, schon aus dem Grunde nicht, weil die
Verhältnisse in verschiedenen Ländern verschieden sind und sein müssen.
So haben die zahlreichen Zusammenstellungen (von ATWATER u. a.[1]) von
Kostsätzen verschiedener Familien in Amerika die Zahlen 97—113 g Eiweiß
für einen Mann ergeben; und es haben ferner die sehr sorgfältigen Unter- Ver-
schiedene
Kostsätze.
suchungen von HULTGREN und LANDERGREN gezeigt, daß die Arbeiter
Schwedens bei mäßiger Arbeit und einem mittleren Körpergewicht von 70,3 kg
bei frei gewählter Kost täglich rund 134 g Eiweiß, 79 g Fett und 522 g Kohlehydrate aufnehmen. Die hier, bei frei gewählter Kost aufgenommene Eiweißmenge ist also höher als die von VOIT geforderte. Auf der anderen Seite hat
LAPICQUE[2]) für die Abyssinier 67 und für die Malaien 81 g Eiweiß (pro 70 kg
Körpergewicht), also wesentlich niedrigere Werte, gefunden.

Vergleicht man die Zahlen der Zusammenstellung (S. 756) mit den
von VOIT für das tägliche Kostmaß Arbeitender vorgeschlagenen Normal-
mittelzahlen, wenn man diese als maßgebend betrachten will, so hat es wohl

---

[1]) ATWATER, Report of the Storrs agric. exp. Station Conn. 1891—1895 und 1896;
ferner: Nutritions investig. at the University of Tennesse 1896 u. 97, U. S. Depart of
Agric. Bull. 53, 1898. Vgl. ferner ATWATER and BRYANT, ebenda Bull. 75; JAFFA,
ebenda 84; GRINDLEY, SAMMIS u. a., ebenda 91. [2]) HULTGREN u. LANDERGREN l. c.;
LAPICQUE, Arch. de Physiol. (5) 6.

in erster Hand den Anschein, als würde die aufgenommene Nahrung in gewissen Fällen den täglichen Bedarf bedeutend übersteigen, während sie in anderen Fällen dagegen, wie z. B. für die Näherinnen in London, ganz unzureichend sein würde. Einen bestimmten sicheren Schluß in dieser Richtung kann man indessen nicht ziehen, wenn man nicht sowohl das Körpergewicht, wie die von den fraglichen Personen geforderten Leistungen und die übrigen Lebensverhältnisse kennt. Es ist freilich wahr, daß das Nahrungsbedürfnis dem Körpergewicht nicht direkt proportional ist, denn ein kleinerer Körper setzt relativ mehr Substanz als ein größerer um, und es kann auch ein ver- *Körpergewicht und Nahrungsbedürfnis.* schiedener Fettgehalt Verschiedenheiten bedingen; aber es setzt jedoch ein größerer Körper, welcher eine größere Masse zu unterhalten hat, eine absolut größere Stoffmenge als ein kleinerer um, und bei Beurteilung des Nahrungsbedürfnisses muß man deshalb auch stets der Größe des Körpergewichtes Rechnung tragen. Nach dem von VOIT für einen Arbeiter vorgeschlagenen Kostmaße kommen bei einem Körpergewicht von 70 kg auf je 1 kg rund 40 Kalorien. EKHOLM[1]) berechnete auf Grund seiner Untersuchungen für einen mit Lesen und Schreiben beschäftigten Mann von 70 kg Gewicht 2450 Netto- und 2700 Bruttokalorien, also bzw. 35 und 38,6 Kalorien. Bei einem in gewöhnlichem Sinne ruhenden Menschen wird auch im allgemeinen der Nahrungsbedarf zu rund 30 Kalorien auf je 1 kg berechnet. Als Minimalwerte für den Stoffwechsel im Schlafe und bei möglichst vollständiger Ruhe haben SONDÉN, TIGERSTEDT und JOHANSSON[2]) 24—25 Kalorien gefunden.

Wie oben mehrfach erwähnt wurde, muß das Nahrungsbedürfnis bei verschiedenen Körperzuständen ein verschiedenes sein. Von solchen Zuständen sind es besonders zwei, welche von größerer praktischer Bedeutung sind, nämlich Ruhe und Arbeit.

Ruhe und Arbeit. In einem vorigen Kapitel, in welchem die Muskelarbeit besprochen wurde, haben wir gesehen, daß alle Nährstoffe annähernd gleich befähigt sind dem Muskel als Arbeitsmaterial zu dienen, und daß der Muskel, wie es scheint, denjenigen Nährstoff bevorzugt, welcher ihm in größter Menge zur Verfügung steht. Als eine natürliche Folgerung hieraus ist zu erwarten, daß die Muskelarbeit zwar eine vermehrte Zufuhr von Nährstoffen überhaupt, aber keine wesentliche Änderung in der Relation derselben, der Ruhe gegenüber, erfordern wird.

Einer solchen Voraussetzung widerspricht anscheinend die allgemein bekannte Tatsache, daß angestrengt arbeitende Individuen — Menschen wie Tiere — eine größere Menge Eiweiß mit der Nahrung als weniger stark arbeitende aufnehmen. Dieser Widerspruch ist indessen nur scheinbar und er *Eiweißbedarf Arbeitender.* rührt, wie VOIT gezeigt hat, daher, daß angestrengt arbeitende Individuen regelmäßig eine stärker entwickelte Muskulatur, eine größere Fleischmasse, zu unterhalten haben. Aus diesem Grunde muß ein kräftiger Körperarbeiter mit der Nahrung eine größere Eiweißmenge als eine weniger angestrengt arbeitende Person aufnehmen. Hierzu kommt noch, daß die eiweißreiche Kost oft eine konzentrierte, wenig voluminöse ist, und ferner, daß es in vielen Fällen von Trainierung auch darauf ankommt, eine möglichst wenig fettbildende Kost zu wählen.

Vergleicht man den Nahrungsbedarf in Arbeit und Ruhe, wie er aus anderen, leichter zu kontrollierenden Erfahrungen hervorgeht, so findet man auch im allgemeinen die obige Folgerung bestätigt. Ein Beispiel hierfür liefert die Verpflegung der Soldaten im Frieden und im Felde. Um dieselbe zu be-

---

[1]) Skand. Arch. f. Physiol. **11**.   [2]) SONDÉN und TIGRESTEDT, Skand. Arch. f. Physiol. **6**; JOHANSSON, ebenda 7; TIGERSTEDT, Nord. med. Arkiv. Festb. 1897.

leuchten, werden hier folgende, aus den Detailangaben für mehrere Länder[1]) berechnete Mittelzahlen angeführt.

	A. Friedensportion.			B. Kriegsportion.			Kostmaß der Soldaten.
	Eiweiß	Fett	Kohleh.	Eiweiß	Fett	Kohleh.	
Minimum	108	22	504	126	38	484	
Maximum	165	97	731	197	95	688	
Mittel	130	40	551	146	59	557	

Aus den obigen Mittelzahlen erhält man also folgende Zahlen für die tägliche Kostration

	Eiweiß	Fett	Kohlehydrate	Kalorien
im Frieden . .	130	40	551	2900
„ Kriege. . .	146	59	557	3250

Rechnet man das Fett in die äquivalente Menge Stärke um, so wird die Relation des Eiweißes zu den stickstofffreien Nährstoffen.

Im Frieden = 1 : 4,97
„ Kriege = 1 : 4,79

Kostmaß der Soldaten.

Die Relation ist also in beiden Fällen fast dieselbe. Zu einem ähnlichen Resultate kommt man, wenn man von den Zahlen VOITS für die Soldaten bei *a* Manöver (starke Arbeit) und *b* im Kriege (angestrengte Arbeit) ausgeht:

	Eiweiß	Fett	Kohlehydrate	Kalorien
a	135	80	500	3013
b	145	100	500	3218

Die Relation ist hier, wenn das Fett in Stärke umgerechnet wird, in beiden Fällen dieselbe oder gleich 1 : 5.

Berechnet man den Bruchteil der ganzen Kalorienzufuhr, welcher auf jede Gruppe der Nährstoffe fällt, so findet man, daß davon auf das Eiweiß sowohl in der Ruhe wie bei mäßiger und angestrengter Arbeit 16—19 p. c. kommen. Für das Fett und die Kohlehydrate sind die Schwankungen größer; die Hauptmenge der Kalorien kommt aber regelmäßig auf die Kohlehydrate. Von den Gesamtkalorien kommen nämlich 16—30 p. c. auf das Fett und 50—60 p. c. auf die Kohlehydrate.

Verteilung der Kalorien.

Wie bedeutend der Nahrungsbedarf für Arbeitende werden kann, geht schon aus den in der Tabelle S. 756 mitgeteilten Zahlen für Waldarbeiter in Bayern hervor. Ein Bedarf von mehr als 4000 Kal. kommt nicht selten vor, und bei sehr angestrengter Arbeit kann der Bedarf sogar auf 7000 Kal. steigen (ATWATER und BRYANT, JAFFA)[2]).

Wie eine größere Arbeit eine Vermehrung der absoluten Nahrungsmenge erfordert, so muß umgekehrt die Menge der Nahrung, wenn man auf die Leistungsfähigkeit geringere Ansprüche stellt, herabgesetzt werden können. Die Frage, inwieweit dies geschehen kann, ist mit besonderer Rücksicht auf die Kostsätze in Gefängnissen und in Altersversorgungsanstalten von Bedeutung. Als Beispiele solcher Kostsätze werden hier folgende Zahlen mitgeteilt:

	Eiweiß	Fett	Kohlehydrate	Kalorien		Kostsätze in Gefängnissen und Versorgungsanstalten.
Gefangene (nicht arbeitende)	87	22	305	1667	(SCHUSTER)[3])	
„ „ „	85	30	300	1709	(VOIT)	
Pfründner	92	45	332	1985	(FORSTER)[4])	
Pfründnerinnen	80	49	266	1724	„	

---

[1]) Deutschland, Österreich, Schweiz, Frankreich, Italien, Rußland und die Vereinigten Staaten Nordamerikas. Ob diese Zahlen durch in der letzten Zeit eingeführte Veränderungen in den verschiedenen Ländern vielleicht etwas abgeändert werden müssen, hat Verf. sich nicht bekannt. [2]) Vgl. Fußnote 1, S. 759. [3]) Vgl. VOIT, Untersuchung der Kost, München 1877, S. 142. Vgl. ferner HIRSCHFELD, MALYS Jahresb. 30. [4]) Bei VOIT, Untersuchung der Kost, S. 186.

Die in der Tabelle angeführten Zahlen von Voit sind von ihm als niederste Sätze für nicht arbeitende Gefangene gefordert worden. Als unterste Kostsätze für alte, nicht arbeitende Leute fordert er:

	Eiweiß	Fett	Kohlehydrate	Kalorien
Für Männer	90	40	350	2000
„ Frauen	80	35	300	1723

Ver-
schiedene
Nahrung.

Bei Berechnung der täglichen Kostsätze gilt es in den meisten Fällen zu ermitteln, wieviel von den verschiedenen Nährstoffen dem Körper täglich zugeführt werden muß, damit er auf seinem stofflichen Bestande für die Dauer erhalten werde und die von ihm geforderte Arbeit leisten könne. In anderen Fällen kann es sich darum handeln, den Ernährungszustand des Körpers durch eine passend gewählte Nahrung zu verbessern; aber es gibt auch Fälle, in welchen man umgekehrt durch unzureichende Nahrung eine Abnahme der Körpermasse und des Körpergewichts erzielen will. Dies ist besonders bei Bekämpfung der Fettsucht der Fall. Sämtliche zu diesem Zwecke vorgeschlagenen Diätkuren sind tatsächlich auch Hungerkuren, wie man bei einer Prüfung der solchen Diätkuren zugrunde gelegten Kostmaße leicht finden wird.

Tab. I. Nahrungsmittel[1]).

1. Animalische Nahrungs-mittel	1000 Teile enthalten						Verhältnis von 1 : 2 : 3		
	1 Eiweiß und Extraktivstoffe	2 Fett	3 Kohlehydrate	4 Asche	5 Wasser	6 Abfälle	1	: 2	: 3
a) Fleisch ohne Knochen:									
Fettes Rindfleisch[2])	183	166		11	640		100	90	0
Mittelfettes Rindfleisch	196	98		18	688		100	50	0
Rindfleisch (Beaf)[2])	190	120		18	672		100	63	0
Mittelfettes, gesalzenesRindfleisch	218	115		117	550		100	53	0
Kalbfleisch	190	80		13	717		100	42	0
Pferdefleisch, gesalzen und geräuchert	318	65		125	492		100	20	0
Geräucherter Schinken	255	365		100	280		100	143	0
Schweinefleisch, gesalzen und geräuchert[3])	100	660		40	130		100	660	0
Fleisch von Hasen	233	11		12	744		100	5	0
„ „ fetten Haushühnern	195	93		11	701		100	48	0
„ „ Rebhühnern	253	14		14	719		100	6	0
„ „ Wildenten	246	31		12	711		100	13	0
b) Fleisch mit Knochen:									
Fettes Rindfleisch[2])	156	141		9	544	150	100	90	0
Mittelfettes Rindfleisch[2])	167	83		15	585	150	100	49	0
Schwach gesalzenes Rindfleisch	175	93		85	480	167	100	53	0
Stark gesalzenes Rindfleisch	190	100		100	430	180	100	53	0
Hammelfleisch, sehr fett	135	332		8	437	88	100	246	0
„ mittelfett	160	160		10	520	150	100	100	0
Schweinefleisch, frisch, fett	100	460		5	365	70	100	460	0
„ gesalzen, fett	120	540		60	200	80	100	450	0
Geräucherter Schinken	200	300		70	340	90	100	150	0
c) Fische:									
Flußaal, frisch (ganze Fische)	89	220		6	352	333	100	246	0
Lachs, „ „ „	121	67		10	469	333	100	56	0
Strömling, „ „ „	128	39		11	489	333	100	31	0
Scholle, „ „ „	145	14		11	580	250	100	9	0
Flußbarsch „ „ „	100	2		8	440	450	100	2	0

[1]) Die in dieser Tabelle aufgeführten Zahlen sind der Hauptsache nach teils den Zusammenstellungen von ALMÉN und teils den von KÖNIG entlehnt. Als „Abfälle" werden hier diejenigen Teile der Nahrungsmittel bezeichnet, welche bei der Zubereitung der Speisen verloren gehen oder überhaupt vom Körper nicht ausgenutzt werden. Als solche sind also z. B. Knochen, Haut, Eierschalen und bei den vegetabilischen Nahrungsmitteln die Zellulose zu nennen. [2]) Fleisch, wie es in Schweden gewöhnlich auf dem Markte gekauft wird. [3]) Schweinefleisch, hauptsächlich von Brust- und Bauchteilen, wie es in der „Trockenportion" der Soldaten in Schweden vorkommt.

	1000 Teile enthalten						Verhältnis von 1 : 2 : 3		
	1	2	3	4	5	6	1	: 2	: 3
Dorsch, frisch (ganze Fische)	86	1		8	455	450	100	1	0
Hecht „ „ „ .	82	1		6	461	450	100	1	0
Hering, gesalzener „ „ .	140	140		100	280	340	100	100	0
Strömling, gesalzener „ „ .	116	43		107	334	400	100	37	0
Lachs (Seitenstücke), gesalzen .	200	108		132	460	100	100	54	0
Kabeljau (gesalzener Schellfisch)	246	4		178	472	100	100	1	0
Stockfisch (getrockneter Leng) .	532	5		106	257	100	100	1	0
„ (getrockneter Dorsch)	665	10		59	116	150	100	1	0
Fischmehl aus Gadusarten . . .	736	7		87	170		100	1	0
d) Innere Organe (frisch).									
Gehirn	116	103		11	770		100	89	6
Leber von Rindern	196	56	11	17	720		100	28	0
Herz von Rindern	184	92		10	714		100	50	0
Herz und Lungen von Hammeln	163	106		10	721		100	65	0
Niere von Kälbern	221	38		13	728		100	17	0
Zunge von Ochsen (frisch) . . .	150	170		10	670		100	113	0
Blut verschiedener Tiere (Mittel-zahlen)	182	2		9	807		100	1	0
e) Andere animalische Nahrungsmittel.									
Mettwurst (sog. Soldatenmett-wurst)	190	150		50	610		100	79	0
Mettwurst (zum Braten)	220	160		55	565		100	73	0
Butter	7	850	7	15	119		100	12100	100
Schweineschmalz	3	990			7		100	33000	0
Fleischextrakt	304			175	217				
Kuhmilch (volle Milch)	35	35	50	7	873		100	100	143
„ (abgerahmte Milch) .	35	7	50	7	901		100	20	143
Buttermilch	41	9	38	7	905		100	22	93
Rahm	37	257	35	6	665		100	695	95
Käse (Fettkäse)	230	270	40	60	400		100	117	17
„ (Magerkäse)	334	66	50	50	500		100	19	15
Molkenkäse (Mysost) mager . .	89	70	456	56	329		100	79	512
Hühnereier (ganze Eier) . . .	106	93	4	8	654	135	100	88	4
„ (ohne Schalen) . . .	122	107	5	10	756		100	88	4
Eidotter	160	307		13	520		100	192	0
Eierweiß	103	7	7	8	875		100	7	7
2. Vegetabilische Nahrungsmittel.									
Weizen (Samen)	123	17	676	18	140	26	100	14	549
Weizenmehl (fein)	110	10	740	8	120	12	100	11	654
„ (sehr fein)	92	11	768	3	120	6	100	12	835
Weizenkleie	150	39	439	50	130	192	100	26	292
Weizenbrot (frisch)	88	10	550	17	330	5	100	11	625
Nudeln	90	3	768	8	131		100	3	853
Roggen (Samen)	115	17	688	18	140	22	100	15	600
Roggenmehl	115	15	720	20	110	20	100	13	626
Roggenbrot (trocken)	114	20	725	15	110	16	100	18	634
„ (frisch, gröberes) . .	77	10	480	16	400	17	100	14	623
„ (frisch, feineres) . .	80	14	514	11	370	11	100	18	634
Gerste (Samen)	111	21	654	26	140	48	100	19	589

	1000 Teile enthalten						Verhältnis von 1 : 2 : 3		
	1	2	3	4	5	6	1	: 2	: 3
Gerstengraupen	110	10	720	7	146	7	100	9	654
Hafer (Samen)	117	60	563	30	130	100	100	51	481
Hafergraupen	140	60	660	20	100	20	100	43	471
Mais	101	58	656	17	140	28	100	57	662
Reis (entschälter Kochreis) . .	70	7	770	2	146	5	100	19	1100
Schminkbohnen	232	21	537	36	137	37	100	9	231
Erbsen (gelbe oder grüne, trocken)	220	15	530	25	150	60	100	7	240
Erbsenmehl (fein)	270	15	520	25	125	45	100	6	192
Kartoffeln	20	2	200	10	760	8	100	10	1030
Kohlrüben	14	2	74	7	893	10	100	14	529
Möhren (gelbe Rüben)	10	2	90	10	873	15	100	20	900
Blumenkohl	25	4	50	8	904	9	100	16	200
Weißkraut	19	2	49	12	900	18	100	11	258
Schnittbohnen	27	1	66	6	888	12	100	4	244
Spinat	31	5	33	19	908	8	100	16	106
Kopfsalat	14	3	22	10	944	7	100	21	157
Gurken	10	1	23	4	956	6	100 ·	10	230
Radieschen	12	1	38	7	934	8	100	8	317
Eßbare Pilze, frisch (Mittelzahlen)	32	4	60	9	877	18	100	12	188
Eßbare Pilze, lufttrocken (Mittelzahlen)	219	25	412	61	160	123	100	12	188
Äpfel und Birnen	4		130	3	832	31	100		3250
Verschiedene Beeren (Mittelzahlen)	5		90	6	849	50	100		1800
Mandeln	242	537	72	29	54	66	100	222	30
Kakao	140	480	180	50	55	95	100	243	129

Tab. II. Malzgetränke.

1000 Gewichtsteile enthalten	Wasser	Kohlensäure	Alkohol	Extrakt	Eiweiß	Zucker	Dextrin	Säure	Glyzerin	Asche
Porter	871	2	54	76	7	13	—	3	—	4
Bier (Schwedisches „Sötöl") . .	887		28	—	15	65		—	—	5
Bier (Schwedisches Exportbier)	885		32	—	7	73		—	—	3
Schenkbier	911	2	35	55	8	10	31	2	2	2
Lagerbier	903	2	40	58	4	7	47	1,5	2	2
Bockbier	881	2	47	72	6	13	—	1,7	—	3
Weißbier	916	3	25	59	5	—	—	4	—	2
Schwedisches „Svagdricka" . .	945	—	22	—	7	23		—	—	3

Tab. III. Weine und andere alkoholische Getränke.

1000 Gewichtsteile enthalten	Wasser	Alkohol Vol. p. m.	Extrakt	Zucker	Säure und Weinstein	Glyzerin	Asche	Kohlen- säure Vol. p. m.
Bordeauxweine	883	94	23	6	5,9		2,0	
Rheingauweißweine	863	115	23	4	5,0		2,0	
Champagner	776	90	134	115	6,0	1,0	1,0	
Rheinwein, moussierend	801	94	105	87	6,0	1,0	2,0	} 60—70
Tokayer	808	120	72	51	7,0	9,0	3,0	
Sherry	795	170	35	15	5,0	6,0	5,0	
Portwein	774	164	62	40	4,0	2,0	3,0	
Madeira	791	156	53	33	5,0	3,0	3,0	
Marsala	790	164	46	35	5,0	4,0	4,0	
Schwedischer Punsch	479	263		332				
Branntwein		460						
Französischer Kognak		550						
Liköre		442—590		260—475				

Tab. IV. Die gewöhnlichen Nahrungsmittel als Träger der Vitamine. (Nach Medical Research Committee.)

	Fettlösliches oder anti- rochitisches Vitamin	Wasserlösl. oder anti- neuritisches Vitamin	Anti- skorbutisches Vitamin
Fette:			
Butter	+++	0	
Rahm	++	0	
Leberthran	+++	0	
Schaffett	++		
Rindstalg	++		
Erdnußöl	+		
Schweineschmalz	0		
Olivenöl	0		
Baumwollesamenöl	0		
Kokosöl	0		
Kokosbutter	0		
Leinöl	0		
Fischöl, Walöl, Heringöl	++		
Gehärtetes Fett	0		
Nußbutter	+		
Fleisch, Fisch:			
Rind, Schaf	+	+	+
Leber	++	++	+
Niere	++	+	
Herz	++	+	
Gehirn	+	++	
Kalbbröschen	+	++	
Fisch, mager	0	kaum	
„ fett (Lachs, Hering)	++	„	
„ Laich	+	++	
Büchsenfleisch	?	kaum	0

	Fettlösliches oder anti-rochitisches Vitamin	Wasserlösl. oder anti-neuritisches Vitamin	Anti-skorbutisches Vitamin
Milch, Käse:			
Vollmilch, frisch	++	+	+
„ getrocknet	+	+	wenig
„ gekocht		+	„
„ kondensiert, mit Zucker	+	+	„
„ abgerahmt	0	+	+
Käse, fett	+		
„ mager	0		
Eier:			
Eier, frisch oder getrocknet	++	+++	0
Getreide, Hülsenfrüchte:			
Weizen, Mais, Reis, ungeschält	+	+	0
do. Keim	++	+++	0
do. Kleie	0	++	0
Weißes Mehl, polierter Reis	0	0	0
Custard powder (Eierersatz)	0	0	0
Leinsamen, Hirse	++	++	0
Erbsen, getrocknet		++	0
Erbsenmehl		0	0
Sojabohnen	+	++	0
Gekeimtes Getreide und Erbsen . . . , . .	+	++	++
Gemüse:			
Kohl, frisch	++	+	+++
„ „ gekocht		+	+
„ getrocknet	+	+	kaum
Rübensaft			+++
Lattich	++	+	
Spinat, getrocknet	++	+	0
Möhren, frisch	+	+	+
„ getrocknet	wenig		
Kartoffel	+	+	+
Schnittbohnen			++
Zwiebel, gekocht			+
Zitronensaft, frisch			+++
„ konserviert			wenig
Orangensaft			+++
Himbeer			++
Apfel	kaum	+	+
Bananen	+	+	wenig
Tomaten, konserviert			++
Nüsse	+	++	
Verschiedenes:			
Hefe, trocken		+++	
„ autolysiert	?	+++	0
Fleischextrakt	0	0	0
Malzextrakt		+	
Bier		0	0

Nachträge und Berichtigungen[1]).

Ad S. 61 und 62. Die Ansicht von v. SLYKE, daß die freien Aminogruppen im unzersetzten Eiweiß genau halb soviel Stickstoff enthalten wie das im Eiweiß vorhandene Lysin, trifft nach KOSSEL und K. FELIX (Zeitschr. f. physiol. Chem. 110) nicht allgemein zu. In Arachin, Glyzinin und Gelatine fanden sie nämlich den (nach v. SLYKE bestimmten) Stickstoff der freien Aminogruppen bedeutend größer. In den Histonen übertrifft der freie Aminostickstoff den Lysinstickstoff so sehr, daß in ihnen außer den beiden Aminogruppen des Lysins noch andere freie Aminogruppen vorhanden zu sein scheinen.

Ad S. 64. F. BLUM und E. STRAUSS haben in Untersuchungen über die Jodbindungsfähigkeit der Proteine (Zeitschr. f. physiol. Chem. 112) gefunden, daß viele Proteine außer an Ringkohlenstoff fest sich bindendem Jod (C-Jod) auch solches aufnimmt, welches das Wasserstoffatom einer (Ring-) Imidgruppe, wahrscheinlich in dem Imidazolring des Histidins, ersetzt (N-Jod). Das N-Jod steht in einem konstanten, in verschiedenen Proteinen aber verschiedenen, Verhältnisse zu dem C-Jod. So kommen auf je 1 N-Jod: in Globulin und Ovalbumin je 2, in dem Serumalbumin je 3, in Serumglobulin und Thyreoglobulin je 4 C-Jodgruppen. Das jodierte Kasein enthält dagegen kein N-Jod, was darauf hindeutet, daß die Imidgruppe des Histidins in dem Kasein nicht substituierbar ist. Die Jodsubstitution findet im Tyrosin und Histidin statt, wogegen man keine Anhaltspunkte für eine Jodsubstitution in dem Tryptophan hat. Neben der Substitution finden bei der Jodierung auch Oxydationen statt, durch welche eine Biuretgruppe abiuret wird. Der Eintritt von Jod in das Molekül eines Proteins macht es unzugänglich für die peptische Verdauung.

Ad S. 65. Zeile 8 von unten steht Hyalodin; soll Hyaloidin sein.

Ad S. 73. Durch anhaltende Dialyse unter zeitweiligem Zusatz von ein wenig Ammoniak hat SÖRENSEN (Zeitschr. f. physiol. Chem. 103) Lösungen von kristallisiertem Ovalbumin erhalten, die zwar eine sehr kleine Menge Ammoniumsulfat enthielten, aber sonst ganz frei von Mineralstoffen waren.

Ad S. 75. In einer Arbeit über den osmotischen Druck des kristallisierten Ovalbumins (Zeitschr. f. physiol. Chem. 106) hat SÖRENSEN das Molekulargewicht desselben zu etwa 34 000 berechnet.

Ad S. 91 und 95. Als Hydrolyseprodukte des Leimes fand DAKIN (Journ. of biol. Chem. 44): Glykokoll 25,5, Alanin 8,7, Serin 0,4, Leuzin 7,1, Phenylalanin 1,4, Tyrosin 0,01, Prolin 9,5, Oxyprolin 14,1 (vielleicht etwas zu hoch

---

[1]) Diese Nachträge enthalten einen kurzen Bericht einiger Arbeiten, die erst nach der Ablieferung der Manuskripte der einzelnen Kapitel den Verfassern (vor dem 1. Juni d. J.) zugänglich oder bekannt geworden sind, und welche zur Vervollständigung oder Berichtigung der entsprechenden Stellen im Texte dienen sollen.

berechnet), Asparaginsäure 3,4, Glutaminsäure nur 5,8, Histidin 0,9, Arginin 8,2, Lysin 5,9 und Ammoniak 0,4 p. c. Daneben erhielt er auch ein zyklisches Tripeptid, ein Oxyprolylprolinanhydrid.

Ad S. 104. Durch alkalische Hydrolyse des Kaseins haben S. Fränkel und E. Nassau (Biochem. Zeitschr. 110) als Baryumsalz ein Tripeptid isoliert, welches 2 Mol. Tryptophan und 1 Mol. α-Aminosäure (Alanin) enthielt.

Ad S. 119. Die Voisenetsche Eiweißreaktion (Violettfärbung bei Einwirkung von sehr schwach nitrithaltiger, konzentrierter Chlorwasserstoffsäure und einer Spur Formaldehyd) haben O. Fürth, E. Nobel und F. Lieben (Biochem. Zeitschr. 109) zu einer quantitativen Bestimmung des Tryptophans in Proteinen benutzt. Nach ihrem Verfahren fanden sie: in Fibrin und daraus dargestelltem Wittepepton 5,3, in Serumglobulin 4,0, Serumalbumin 1,3, Frauenmilcheiweiß 6,3, Kuhkasein 2 und in Eialbumin 2,5 p. c. Tryptophan.

Ad S. 121. In einer Reihe von Aufsätzen über proteinogene Amine (Journ. of biol. Chem. 39 und 43) haben Koessler und Hanke unter anderem auch eine Methode zu kolorimetrischer, quantitativer Bestimmung des Histamins angegeben, und mittels dieser Methode fanden sie, daß das Histamin in der ganz frischen Schafshypophyse nicht vorkommt. Sie haben auch genaue Angaben bezüglich der Darstellung des Histidins aus roten Blutkörperchen mitgeteilt, wodurch die Ausbeute viermal größer als gewöhnlich werden kann.

Ad S. 123. Zeile 5 von unten steht Protamin; soll Prolamin sein.

Ad S. 136. In Übereinstimmung mit Feulgen sind Steudel und Peiser (Zeitschr. f. physiol. Chem. 111) der Ansicht, daß die Thyminsäure sowohl Thymin wie Zytosin im Molekülverband enthält, und sie nennen die Säure Thymosinsäure. Schon Levene und Jakobs (Journ. of biol. Chem. 12) hatten indessen bei milder Hydrolyse von tierischer Nukleinsäure mit 2 prozentiger Schwefelsäure keine derartige Säure sondern 2 Pyrimidinnukleotide, nämlich Hexozytidin- und Hexothymidindiphosphorsäure, erhalten. Ähnliche Resultate erhielten auch Thannhauser und Berta Ottenstein (Zeitschr. f. physiol. Chem. 114), indem sie nach milder Hydrolyse mit heißgesättigter Pikrinsäurelösung die Bruzinsalze sowohl einer Thyminhexosephosphorsäure und Zystosinhexosephosphorsäure wie der entsprechenden Diphosphorsäuren isolieren konnten. Zu einem einheitlichen Körper von der Art einer Thyminsäure führte die Hydrolyse nicht.

Ad S. 137. Bei einer noch mehr milden Hydrolyse als die von Thannhauser und Dorfmüller benützte erhält man nach Levene (Journ. of biol. Chem. 43) kein Trinukleotid, sondern ein Gemenge von Mononukleotiden. Thannhauser und P. Sachs erhielten dagegen durch Desamidierung sowohl des Bruzinsalzes der Triphosphonukleinsäure wie des bei der ammoniakalischen Hydrolyse erhaltenen Säuregemenges dieselbe Substanz, weshalb sie auch fortwährend die Triphosphonukleinsäure als eine einheitliche Substanz betrachten (Zeitschr. f. physiol. Chem. 112).

Ad S. 157. Unabhängig von Neuberg haben W. Connstein und K. Lüdecke gefunden, daß bei der alkoholischen Gärung in der Gegenwart von Sulfit Glyzerin besonders bei alkalischer Reaktion gebildet wird. Azetaldehyd wurde zur selben Zeit erhalten, wurde aber als Verunreinigung betrachtet (Ber. d. d. chem. Gesellsch. 57, 1385 (1919)).

Ad S. 178. F. Wille fand auch beim Rind und Schwein Hemizellulosen verdauende Enzyme, welche in den diastatischen Enzymbildungsstätten entstehen sollen (Landw. Jahrb. 52, 411).

Ad S. 185. Zeile 15 von oben steht: enthält 2. das Myrizin; soll sein: enthält Zerolein, welches wahrscheinlich ein Gemenge ist. 2. Das Myrizin.

Ad S. 188. Die schematischen Formeln für Lezithin und Kephalin gelten natürlich nur unter der Voraussetzung, daß die Angaben über die Natur der Fettsäuren richtig sind. Nach neueren Angaben von Levene und J. Rolf (Journ. of biol. Chem. 46) soll indessen das Lezithin aus Eigelb eine ungesättigte Fettsäure, nämlich Ölsäure, und zwei gesättigte Säuren, nämlich Palmitin- und Stearinsäure, enthalten. Gesättigte und ungesättigte Fettsäuren sollen in äquimolekularen Verhältnissen vorkommen, was darauf hindeutet, daß das Eigelb mehr als ein Lezithin enthält. Das Gehirnlezithin soll dieselbe Zusammensetzung wie das Eilezithin haben. Nach Levene und T. Ingvaldsen (Journ. of biol. Chem. 43) enthält die Leber sowohl Lezithin wie Kephalin. Sie lassen es aber unentschieden, ob die ungesättigte Fettsäure in dem Lezithin Leinölsäure oder eine höhere Homologe derselben ist.

Ad S. 190. Ebenso wie nach R. Magnus ist nach J. W. le Heux (Pflügers Arch. 173) das Cholin ein Hormon der Darmbewegung.

Ad S. 196. Für die Existenz eines Metacholesterins hat J. Lifschütz neue, wichtige Gründe angeführt, und außer der verschiedenen Kristallform hebt er als Unterschied von gewöhnlichem Cholesterin besonders die stark wasserbindende Fähigkeit des Metacholesterins hervor (Zeitschr. f. physiol. Chemie 114). Durch diese Eigenschaft ist das Metacholesterin jedenfalls der Hauptträger der hohen Wassergier des Wollfettes; und der Gehalt verschiedener Fette an Metacholesterin bedingt auch die ungleiche Hydrophilie derselben. Das Eigelbcholesterin ist fast durchweg gewöhnliches, rhombisches Cholesterin, das Blutcholesterin fast nur Meta- und das Gehirncholesterin fast zu gleichen Teilen Meta- und rhombisches Cholesterin. Dementsprechend nahmen diese drei Cholesterine, zu 2 p. c. mit Vaselin verschmolzen, resp. 30, 500 und 250 bis 300 p. c. Wasser auf.

Ad S. 258. Gegenüber der Annahme, daß die Nichtgerinnung des „Peptonblutes" durch einen, von der Leber abgegebenen Überschuß an Alkali im Blute bedingt ist, hat M. L. Menten (Journ. of biol. Chem. 43) unter Leitung von Mathews gefunden, daß nach intravenöser Peptoninjektion die Azidität des Blutes und Plasmas steigt. Der Wert p_H sank z. B. in einem Falle von 7,44 zu 7,22 und in einem anderen von 7,31 zu 6,94. Bei der durch Hirudin oder Kobragift bewirkten Inkoagulabilität des Blutes fand eine Zunahme der Azidität nicht statt.

Ad S. 267, 268. Als Mittelwerte aus einer größeren Anzahl von Bestimmungen fand F. S. Hammett in 1000 Teilen Menschenblut folgende Verteilung des gesamten Nichtproteinstickstoffes (= 356 mgm), nämlich Harnstoff 171, Kreatin 13, Kreatinin 4,7, Harnsäure 7,8 und Aminosäuren 49 mgm Stickstoff (Journ. of biol. Chem. 41).

Ad S. 299. A. T. Cameron und J. Carmichael (Journ. of biol. Chem. 46) haben in Versuchen an wachsenden Ratten gefunden, daß das Thyroxin bezüglich des Zuwachses, der Hypertrophie von Herz, Leber, Nieren und Nebennieren qualitativ dieselbe Wirkung wie getrocknete Thyreoiden hat, im Verhältnis zu dem Jodgehalte dagegen quantitativ schwächer wirkt. Die Verff. sind geneigt, diesen Unterschied durch bakterielle Zersetzung zu erklären.

Ad S. 303. Betreffend das Vorkommen von Histamin in der Hypophyse vgl. man Nachtrag zu S. 121.

Ad S. 320. Nach N. Paulesco ist nach totaler Pankreasexstirpation die Fähigkeit der Leber und der Muskeln Glykogen zu bilden und aufzustapeln zwar herabgesetzt aber nicht aufgehoben. Nach ihm und C. Michailesco ist dagegen beim Phlorhizindiabetes diese Fähigkeit nicht vermindert (Compt. rend. soc. biol. 83).

Ad S. 331. Zeile 8 von oben steht Chlorhydrat; soll Chloralhydrat sein.

Ad S. 336. Zeile 10 von unten steht WEILAND; soll WIELAND sein.

Ad S. 369. J. NORTHORP fand, daß das p_H-Optimum der Pepsinwirkung je nach dem Substrate verschieden ist, aber nicht von der Quellung, sondern von dem isoelektrischen Punkt des Substrates abhängt (Journ. of gener. Physiol. 4, 211 (1920)).

Ad S. 428. Zeile 20 von oben steht KENDO; soll KONDO sein.

Ad S. 451. In Versuchen an verschiedenen Tieren hat G. M. WISHART (Journ. of Physiol. 53) gefunden, daß Guanidinsalze (Sulfat und Karbonat), intravenös oder subkutan eingeführt, den Gehalt der Muskeln an Kreatin erhöht.

Ad S. 457, 458 und 465. In einer größeren Anzahl (17) von Aufsätzen in der Zeitschr. f. physiol. Chem. 113 haben EMBDEN und Mitarbeiter weitere wichtige Beiträge zur Kenntnis des Laktazidogens, seiner Menge unter verschiedenen Verhältnissen und seiner Bedeutung geliefert. Das Vorkommen von einer Hexosediphosphorsäure in dem Laktazidogen scheint nunmehr sichergestellt zu sein; und durch Bestimmung von teils der im ganz frischen Muskelbrei ursprünglich vorhandenen und teils der nach enzymatischer Zersetzung des Laktazidogens durch 2-stündige Digestion bei 40° im Brei vorkommenden anorganischen Phosphorsäure, konnte die Menge der Laktazidogenphosphorsäure als Differenz ermittelt werden. In dieser Weise wurden in Muskeln ruhender Kaninchen 0,22—0,35 p. c. und in denen ruhender Hunde etwas weniger, nämlich 0,14—0,21 p. c., Laktazidogenphosphorsäure — auf die frische Substanz berechnet — gefunden. Die im Muskel vorhandene, lösliche Nichtlaktazidogenphosphorsäure wurde zusammen mit der nicht löslichen organischen Phosphorsäure der Muskelsubstanz als „organische Restphosphorsäure" bezeichnet.

Bei starker Muskelarbeit fand sowohl beim Kaninchen wie beim Hunde (Strychnintetanus) ein Verbrauch von Laktazidogen unter Abspaltung von Phosphorsäure und Milchsäure statt; während der Muskelerholung wird Laktazidogen regeneriert und also Hexosephosphorsäure gebildet. Anknüpfend an dieses Verhalten wurde auch durch besondere Versuche an Menschen gezeigt, daß Phosphate die Fähigkeit haben, die Leistungsfähigkeit der Muskeln zu steigern.

Verschiedene Muskeln haben einen verschiedenen Gehalt an Laktazidogen und Restphosphorsäure, was in naher Beziehung zu ihrer verschiedenen Arbeitsweise steht. Untersuchungen an roten und weißen Muskeln von Kaninchen, wie auch Bestimmungen des Laktazidogen- und Restphosphorsäuregehaltes in Muskeln von Hühnern, Tauben und Kröten führten nämlich zu dem Ergebnis, daß die rasch arbeitenden aber auch schnell ermüdenden Muskeln einen höheren Gehalt an Laktazidogen und einen niedrigeren an Restphosphorsäure als die langsam sich kontrahierenden aber zu einer mehr andauernden Arbeit befähigten haben. Umgekehrt haben die letzteren einen niedrigeren Gehalt an Laktazidogen und einen höheren an Restphosphorsäure. Diesen Befunden entsprechend, kann man auch wahrscheinlich das Laktazidogen als die unmittelbare Betriebsubstanz für den Kontraktionsvorgang, die organische Restphosphorsäure dagegen als eine Reservesubstanz für den Phosphorsäureanteil des Laktazidogens betrachten. Diese Anschauungsweise findet auch eine Stütze in mehreren anderen der mitgeteilten Beobachtungen, unter denen besonders die an Sommer- und Winterfröschen gemachten zu erwähnen sind.

Bei Fröschen ist nämlich der Laktazidogengehalt von der Außentemperatur und der dadurch bedingten ungleichen Lebhaftigkeit der Tiere abhängig. So gelingt es, den niederen Laktazidogengehalt der trägen Winterfrösche durch Verbringen von denselben in hohe Außentemperatur zum starken Anstieg zu bringen, und dieser Anstieg ist mit einer Abnahme der organischen „Restphosphorsäure" verbunden. Umgekehrt gelingt es, bei Spätsommerfröschen mit hohem Laktazidogengehalt durch Herabminderung der Außentemperatur ein starkes Absinken des Laktazidogengehaltes zu bewirken.

Auf den obigen Seiten steht es an einigen Stellen Laqueur, was Laquer sein soll.

Ad S. 605. Im Anschluß an die obigen Untersuchungen über das Laktazidogen und die Steigerung der Leistungsfähigkeit der Muskeln durch Phosphatzufuhr haben EMBDEN und E. GRAFE (Zeitschr. f. physiol. Chem. 113) in Versuchen an zwei jungen Männern gefunden, daß angestrengte Muskelarbeit eine sehr erhebliche Steigerung der Phosphorsäureausscheidung durch den Harn hervorrufen kann. Diese Steigerung war nicht von einer Änderung der Stickstoff- aber von einer Verminderung der Chlorausscheidung begleitet.

Ad S. 673. Nach J. LIFSCHÜTZ (Zeitschr. f. physiol. Chem. 114) enthält das Wollfett Metacholesterin, welches der Hauptträger der Wassergier dieses Fettes sein soll.

Sachregister.

Aal; Fleisch 470; Serum 198, 257.

Abietinsäure 195.

Abiurete Verdauungsprodukte 101, 396, 400, 410.

Abnutzungsquote 467, 716, 727, 743, 744.

Absorption 22.

Absorptionskoeffizient für Gase 681, 693.

Absorptionsverhältnis der Blutfarbstoffe 239, 240.

Abwehrfermente 42.

Acholie, pigmentäre 350.

Achillessehne; Zusammensetzung 426.

Achroodextrin 176.

ADAMKIEWICZ-HOPKINS Reaktion 77, 118.

Adaptation oder Anpassung der Drüsen 41, 356, 360, der Koaguline 255.

ADDISONsche Krankheit 300, 301.

Adenase 38, 143, 290, 294, 557.

Adenin 142, 143, 146; im Harne 564.

Adeninhexose 136.

Adenosin 136.

Adenosindesamidase 138.

Aderlässe oder Blutentziehung 262, 266, 269.

Adialysable Harnbestandteile 600.

Adipocire 438.

Adrenalin 190, **300**, 301; Beziehung zur Glykosurie 301, 319, 320, zur Melaninbildung 301, 670.

Adsorption 9, 10, 22—24, 75; Verhalten zu Enzymen 38, 49, zu Toxin-Antitoxinreaktion 54.

Aegagropilae 408.

Äpfelsäure 537, 612, 703.

Aerotonometrie 692.

Äthal 185.

Äther; Wirkung auf Blut 6, 216, auf Muskeln 461, auf Sekretionen 363, 383.

Ätherschwefelsäuren; in der Galle 346, 348; im Harne 401, 573—581, 607, 622; im Schweiße 674, 675; Synthese in der Leber 305.

Äthioporphyrin 233, 236.

Äthylalkohol; im Darme 400; Entstehung durch Gärung 32, 36, **155**—157; Übergang in die Milch 532; Verhalten im Tierkörper 516, 747; Wirkung auf Eiweiß 74, 76, auf Muskeln 461, auf Pepsinverdauung 369, 377, auf Sekretionen 362, 363, 377, auf den Stoffwechsel 747; Kalorienwert 713, 747; Nährwert 747.

Äthylbenzol; Verhalten im Tierkörper 617.

Äthylenglykol; Glykogenbildung 314; Verhalten zu Blutkörperchen 6.

Äthylenhämoglobin 227.

Äthylidenmilchsäure 158; s. sonst die Milchsäuren.

Äthylschwefelsäure; Verhalten im Tierkörper 615.

Äthylsulfid 66.

Agglutination und Agglutinine 54.

Agmatin 122.

Akrit 163.

Akrolein 181.

Akromegalie 302.

Akrosen 163.

Aktiniokrom 671.

Aktivatoren 40.

Alanin 66, **105**, 106; Beziehung zur Azetonkörperbildung 651, zur Milchsäurebildung 106, 327, 457, 614, zur Zuckerbildung 327; Mengen in Proteinen 82, 88, 95; Verhalten im Tierkörper 327, 614.

Alanylalanylglyzin 69.

Alanylglyzin 67, 69, 70.

Alanylglyzyltyrosin 67, 70.

Alanylleuzin 68.

Albumin 71, 79; im Harne 625, 628, 629; s. im übrigen die verschiedenen Albumine.

Albuminate 71, 96, 97; in der Milz 290.

Albuminoide; s. Albumoide.

Albuminose 491.

Albuminurie 625—631; alimentäre 410.

Albumoide 71, 86—95, 426, 429, 487, 488.

Albumosen 63, 70, 71, 97—105, 369; im Blute 209, 211, 411; im Magen 378; Beziehung zur Blutgerinnung 198, 257, 258; Nährwert 739; Resorption 410 bis 419; Übergang in den Harn 625, 628.

Aldehydasen 700.

Aldehyde; Verhalten im Tierkörper 615, 622 bis 624.

Aldol und Azetonbildung 652.

Aldosen 150.

Aleuronkristalle 496.

Alexine 54.

Alkaleszenzbestimmung 58, 59, 245.

Alkalialbuminat **96**, 97; Resorption 409.

Alkalialbumose 97.

Alkalikarbonate; Bedeutung für den Gaswechsel 681—684; Einwirkung auf

Magensaftabsonderung 362, auf Pankreassaftabsonderung 389; s. sonst die ver-
schiedenen Flüssigkeiten und Gewebe.
Alkaliphosphate; im Harne 604—607; s.
sonst die verschiedenen Flüssigkeiten
und Gewebe.
Alkalische Erden; Ausscheidung durch den
Darm 608; im Harne 605, 608; in den
Knochen 431—435; unzureichende Zu-
fuhr 434, 725.
Alkalische Harngärung 537, 544, 658.
Alkaliurate 535, **561**; in Konkrementen
661—663; in Sedimenten 535, 561, 659,
660.
Alkaloide; Einwirkung auf Muskeln 461;
Übergang in den Harn 624; Zurückhal-
tung in der Leber 304.
Alkaptochrome 586.
Alkapton und Alkaptonurie 430, 576, **582**
bis 586.
Alkohol; s. Äthylalkohol.
Alkoholgärung; s. Äthylalkohol.
Alkoholoxydase 700.
Alkylsulfide; bei Stinktieren 673.
Allantoin 554, 560, **568**, 569; Entstehung
aus Harnsäure 554, 559, 560, 568.
Alloxan 554.
Alloxantin 562.
Alloxurbasen; s. Purinbasen.
Alloxyproteinsäure 597, 599.
ALMÉN-BÖTTGER-NYLANDERsche Zucker-
probe 165, 638.
Alter; Einfluß auf Stoffwechsel 748, 749.
Alveolarluft 690, 691.
AMBARDsche Konstante 612.
Ambozeptoren 54.
Ambra 409.
Ambrain 409.
Ameisensäure 113; Übergang in den Harn
594, 612.
Amidasen 557; s. Desamidierungen.
Amidoguanidin 568.
Amidomyelin 479.
Amidophenol 621.
Amidulin 175.
Amikronen 16.
Amine, proteinogene 126, 769.
Aminoäthylalkohol 186, 188, **191**.
Aminobenzaldehyd 624.
Aminobenzoesäuren; Verhalten im Tier-
körper 621.
Aminobuttersäure 65, 109; Synthese in der
Leber 619.
Aminobutyrobetain 624.
Aminohippursäure 621.
Aminoindex 125.
Aminokapronsäure; s. Leuzin.
Aminolaurylalanin 68.
Aminolaurylleuzin 68.
Aminopyrimidin 147.
Aminorhodanpropionsäure 108.
Aminosäureamide 68.
Aminosäuren 60—62, 66—71, 105—126;
Abbau 126, 614—615, 617—619; Be-
ziehung zur Harnsäurebildung 558, zur
Harnstoffbildung 541—542, zum Kohle-

hydratstoffwechsel 327, zur Zuckerbil-
dung 327; Desamidierungen 61, 305, 327,
412, 541, 614, 618; Mengen in Proteinen
82, 88, 95, 124; Synthesen 305, 413, 619;
Verhalten bei Alkoholgärung 157; Ver-
kettungen 67—70; Vorkommen im Blute
211, 268, im Darme 400, 410—414, im
Harne 600, 657, im Magen 378.
Aminothiomilchsäure; s. Zystein.
Aminoisovaleriansäure; s. Valin.
Amino-n-valeriansäure 110, 652.
Aminozimtsäure; Verhalten im Tierkörper
616.
Aminozucker 169; s. im übrigen Glukosamin.
Ammoniak; Bestimmung 549; im Blute
211, 268.
Ammoniakausscheidung; nach Eingabe von
Mineralsäuren 536, 548; in Krankheiten
540, 543; nach Leberexstirpation oder
Leberverödung 543, 548; nach Nahrungs-
aufnahme 548.
Ammoniaksalze; Beziehung zur Glykogen-
bildung 314, zur Harnsäurebildung 558,
559, zur Harnstoffbildung 541—543;
Nährwert 740; Menge im Blute 268;
Vorkommen im Harne 540, 543, 548, 549.
Ammoniummagnesiumphosphat; in Darm-
konkrementen 408; in Harnkonkremen-
ten 662, 663; in Harnsedimenten 659, 660.
Ammoniumsulfat; Trennungsmittel für
Proteine 73, 79, 99, 100, 103, für Kohle-
hydrate 176, 312.
Ammoniumurat; in Harnkonkrementen
662, 663; in Sedimenten 659.
Amniosflüssigkeit 507.
Ampholyte 24, 55, 71.
Amphopepton 99.
Amygdalase 37.
Amygdalin 46, 154.
Amylalkohol 112, 157, 616.
Amylamin 111.
Amylase 37.
Amylodextrin 175, 176.
Amyloid **130**, 131; vegetabilisches 177.
Amyloidprotein 131.
Amylolytische Enzyme 37; s. im übrigen
die Gewebe und Sekrete.
Amylopektin 175, 176.
Amylose 174, 176.
Amylsalizylat 40.
Amylum; s. Stärke.
Anaerober Stoffwechsel 457, 464.
Anämie 262; perniziöse 259, 262.
Anaphylaxie 55.
Anasarkaflüssigkeit 285.
Anilin; Verhalten im Organismus 617.
Anisotrope Substanz 442.
Anoxämie 677, 678.
Anoxybiotische Prozesse 464.
Antedonin 671.
Anthozoenskelett 94.
Antialbumid 102.
Antienzyme 50; s. im übrigen die verschie-
denen Enzyme, Organe und Säfte.
Antigene und Antikörper 52—55.
Antigruppe in Proteinen 99, 102.

Antilab 50.
Antimon; Übergang in die Milch 532; Wirkung auf Stickstoffausscheidung 540.
Antinevritisches Vitamin 730—732.
Antipathideen 94.
Antipepsin 50, 365.
Antipepton 99, 101, 103.
Antiprothrombin 254.
Antipyretika 314.
Antipyrin; Glykogenbildung 314; Wirkung auf Harn 623, 625.
Antirachitin 434, 732.
Antiskorbutin 733.
Antithrombin 254—256, 258, 272.
Antitoxine; s. Antigene und Antikörper.
Antoxyproteinsäure 597, 598, 599.
Aortaamyloid 131.
Aortaelastin 89, 90.
Apatit; in Knochenerde 431.
Aporrhegmen 126.
Arabinose 151, 152, 155, 162; im Harne 162, 647.
Arabinosimin 153.
Arabit 151.
Arachinsäure 179, 495, 510, 672.
Arachnoidealflüssigkeit 278.
Arbacin 83.
Arbeit; Einwirkung auf Chlorausscheidung 602, Kreatininausscheidung 466, 550, Nahrungsbedürfnis 756, 760, 761, Schwefelausscheidung 467, Stickstoffausscheidung 466—467, 750, 751, Stoffwechsel 463—467, 750—752.
Arbeiter; Kostmaß 756.
Arbutin; Verhalten im Tierkörper 576.
Arginase 37, 71, 122, 294, 451, 540.
Arginin 60, 61, 66, 83, 84, 85, 122; Beziehung zur Azetonkörperbildung 650, zur Harnsäurebildung 558, zur Harnstoffbildung 122, 540, 541, zur Kreatinbildung 451; Mengen in Proteinen 82, 85, 88, 95, 124.
Argininhistidinpepton 103.
Argon; im Blute 677.
ARNOLDsche Eiweißreaktion 77; Harnreaktion 553.
ARNOLD-LIPLIAWSKYS Azetessigsäurereaktion 654.
Aromatische Verbindungen; Verhalten im Tierkörper 616—624.
Arsen; im Harne 609; im Tierkörper 56, 212, 268, 294, 295, 666; Wirkung auf Stickstoffausscheidung 540.
Arsenwasserstoff; Vergiftung damit 231, 347, 631.
Arterin 218.
Askariden 311.
Asparagin 62, 113; Beziehung zur Azetonkörperbildung 651, zur Glykogenbildung 314; Nährwert 739.
Asparaginsäure 66, 113; Beziehung zur Harnsäurebildung 558, zur Harnstoffbildung 542, zur Zuckerbildung 327; Mengen in Proteinen 82, 88, 95.
Assimilationsgrenze 318, 416.

Asymmetrische Spaltungen und Synthesen 28, 46.
Aszitesflüssigkeiten 281—283.
Atherombälge 111, 194.
Atmidalbumin 99.
Atmidalbumose 99.
Atmidkeratin 87.
Atmidkeratose 87.
Atmung; äußere 676, 689—695; innere 676, 689, 695, 696; s. im übrigen den Gaswechsel.
Atropin; Wirkung auf Harnsäureausscheidung 556, auf Speichelabsonderung 359.
Auge 485—488.
Ausgaben des Organismus 707, 708.
Ausnützung der Nahrungsmittel 414, 417, 717.
Austern 311, 454.
Auswurf 698.
Autodigestion; s. Autolyse.
Autolyse 33—36; s. im übrigen die verschiedenen Organe.
Autoxydable Substanzen 699.
Autoxydation 697, 700.
Avitaminosen 730—734.
AVOGADROS Gesetz 2.
Azetaldehyd; bei Alkoholgärung 156; als Azetonbildner 652.
Azetessigsäure 654; Entstehung 613, 650 bis 653; im Harne 649, 652, 654.
Azeton 649, 653; im Harne 649, 650—654; Paarung mit Glukuronsäure 616.
Azetonkörperbildung 613, 618, 650—652.
Azetonuri; alimentäre 650.
Azetophenon; Verhalten im Tierkörper 619, 620, 623.
Azetylaminobenzoesäuren 622, 624.
Azetylbromphenylzystein 624.
Azetylcholin 190.
Azetyldiglukosamin 667.
Azetylenhämoglobin 227.
Azetylglukosamin 667.
Azetylierungen im Tierkörper 622, 624.
Azetylphenylaminoessigsäure 624.
Azetylzahl 184.
Azidalbuminate 96, 97; bei der Pepsinverdauung 101, 369; Resorption 409.
Azidhämoglobin 225.
Aziditätsbestimmungen 58, 59; im Harne 537, 538.
Azidose 551, 651, 687.

Bakteriolysine 54.
BANGS Titriermethoden 643—644.
Barscheier 81, 128, 497, 502.
Baryum; im Tierkörper 56.
BASEDOWsche Krankheit 299.
Batrachiolin 497.
Bauchspeichel, s. Pankreassaft.
Bebrütung des Eies 503, 504.
Befruchtung; künstliche 505, 506.
Belegzellen 360, 372.
BENCE-JONESscher Eiweißkörper 629.
Benzallävulinsäure 621.
Benzoeglukuronsäure 596.

Benzoesäure 569, 573; Verhalten im Tierkörper 570, 571, 619, 621; Vorkommen im Harne 569. 571. Substituierte Benzoesäuren; Verhalten im Tierkörper 570, 621.

Benzol; Verhalten im Tierkörper 574, 616, 617.

Benzoylessigsäure 619, 620.

Benzoylierung von Kohlehydraten 166, 595, 641.

Benzoylleuzin; Verhalten im Tierkörper 571.

Benzoylzystin 108.

Benzylalkohol 700.

Benzylglyoxal 619.

Benzyllävulinsäure 621.

Beri Beri 729, 730.

Bernsteinsäure; bei Milchgärung 509; im Darme 400; in Organen 290, 294, 295, 458; in der Phosphorfleischsäure 454; in Transsudaten 280, 283, 285; Oxydation 703; Übergang in den Harn 595, 612, in den Schweiß 675.

BERTRANDsche Zuckertitrierung 642.

Betain 126, 190, 448, 454; Verhalten im Tierkörper 615.

Betaindiglyzylglyzin 68.

Bezoarsteine 408.

BIALsches Reagens 161, 648.

Bibergeil 672.

Bienenwachs 185.

Bikarbonat im Blute 681—684.

Biliansäure 337.

Bilifulvin 341.

Bilifuszin 341, 346.

Bilihumin 341, 346.

Bilinigrin 342.

Bilinsäure 342.

Biliphäin 341.

Biliprasin 341, 346.

Bilipurpurin 346.

Bilirubin 341—345; Beziehung zu dem Blutfarbstoffe 341, 342, 351; Vorkommen im Serum 212.

Bilirubinsäure 342.

Biliverdin 341, 345; in Eierschalen 502; in Exkrementen 407; in der Plazenta 506.

Bilizyanin 341, 345.

Biloidansäure 337.

Bindegewebe 425—426.

Biologische Eiweißreaktionen 52, 410.

Biologische Wertigkeit der Nährstoffe 743.

Biuret 78, 514.

Biuretbase 67.

Biuretreaktion 77, 544, 592.

Blasensteine 661—664.

Blaues Stentorin 671.

Blei; im Blute 268; in der Leber 310; Übergang in die Milch 532.

Blinddarm 423.

Blut 198—270; Allgemeines Verhalten 198, 245—248; Analysen und quantitative Zusammensetzung 258—268; arterielles und venöses 218, 248, 677, 679; Erstickungsblut 218; Enzyme und Antienzyme 203, 204, 211; Menge im Körper

269; Nachweis 239, im Harne 631, 632; Reaktion 245, 246, 682, 683; Verhalten beim Hungern 213, 261, 269, 721, nach Nahrungsaufnahme 263, 266; Wirbellosen, Blut 255; Zusammensetzung unter verschiedenen Verhältnissen 261—268.

Blutegelinfus 199, 248, 275.

Blutfarbstoffe 217—240; im Harne 631, 632.

Blutgase 676—687.

Blutgerinnung 198, 199, 248—258, intravaskuläre 257, 258, 770.

Blutkörperchen; farblose s. Leukozyten. Rote 214—217, 241, 242; Anzahl 215, 261, 262; Beziehung zum Höhenklima 261; Permeabilität 5, 7, 246, 264, 685; Verhalten bei Osmose 7; Volumenänderung 6, 216, 247; Zusammensetzung 241, 242.

Blutplättchen 244, 253; Beziehung zur Blutgerinnung 250, 253.

Blutplasma 199—209; Zusammensetzung 213.

Blutserum 199, 209—214.

Bluttransfusion 269, 275.

Blutverteilung der Organe 270.

Blutzylinder 631, 632.

BOAS' Reaktionen auf Milchsäure und Chlorwasserstoffsäure 381.

BOETTCHERsche Spermakristalle 490.

BÖTTGER - ALMÉN - NYLANDERsche Zuckerprobe 165, 638.

Bombizesterin 192, 197.

Bonellin 671.

Borneol; Verhalten im Tierkörper 595, 623.

BOYLE-MARIOTTEsches Gesetz 2.

Brenzkatechin 576; in Transsudaten 280.

Brenzkatechinschwefelsäure 573, 576.

Brenzschleimsäure; s. Pyroschleimsäure.

Brenztraubensäure 109; Gärung derselben 156, intermediäres Stoffwechselprodukt 413, 614, 619.

Brom; in Proteinen 64, 94; im Tierkörper 56.

Brombenzol; Verhalten im Tierkörper 624.

Bromgorgosäure 94.

Bromhämin 229, 230.

Bromide; Beziehung zur Magensaftbildung 373; Übergang in den Speichel 359.

Bromoform; Verhalten im Tierkörper 615.

Bromphenylzystein 624.

Bromthymin 148.

Bromtoluole; Verhalten im Tierkörper 621.

BROWNsche Molekularbewegung 17.

BRUNNERsche Drüsen 382.

Bürzeldrüse 673.

Bufidin 673.

Bufonin 673.

Bufotalin 673.

Bufotenin 673.

Bursae mucosae; Inhalt 285.

Butterfett 511; Kalorienwert 712; Resorption 419; Vitamingehalt 730.

Buttersäure; im Harne 594; in Milchfett 511, 523; Oxydation derselben 613.

Buttersäuregärung 165; im Darme 398.

Butylmerkaptan 673.
Butyrinase; im Blute 211.
Byssus 71, 94.

Calliphora; Fettbildung 440.
CAMMIDGES Reaktion 647.
Carboxylase 156.
Carniferrin 454.
Castoreum 672.
Cerumen 672.
Cerylalkohol 673.
Chalazae 499.
CHARCOTsche Kristalle 490, 698.
Chemotaxis 243.
Chenotaurocholsäure 336.
Chinasäure; Verhalten im Tierkörper 570.
Chinin; Übergang in Harn 624, in Schweiß
    675; Wirkung auf Harnsäureausschei-
    dung 556, auf die Milz 292.
Chitaminsäure 169.
Chitarsäure 169.
Chitin 93, 169, 396, 667, 668.
Chitosamin 169.
Chitosan 667.
Chitose 169.
Chlor; im Organismus 56; in Proteinen 94;
    s. im übrigen Chloride.
Chloralhydrat; Verhalten im Tierkörper
    595, 615; Wirkung auf Sekretionen 331,
    383.
Chloralsekretin 331, 383.
Chlorbenzol; Verhalten im Tierkörper 624.
Chloride; Aufspeicherung in der Haut 666;
    Ausscheidung durch Harn 602—604,
    724, durch Schweiß 674, 675; ungenü-
    gende Zufuhr 372, 724; s. im übrigen
    die verschiedenen Gewebe und Flüssig-
    keiten.
Chlornatrium; Ausscheidung durch Harn
    602, durch Schweiß 675; Bestimmung,
    quantitative 602, 604; Einfluß auf
    Magensaftabsonderung 362, 372, auf
    Darmsaftabsonderung 383, auf Eiweiß-
    umsatz 746; Verhalten bei kalireicher
    Nahrung 724, bei unzureichender Zufuhr
    372, 724; Wirkung auf Pepsinverdauung
    369, auf Trypsinverdauung 395; Chlor-
    natriumlösung, physiologische 57, 216.
Chlorochrome 306.
Chloroform; Verhalten im Tierkörper 602,
    615. Wirkung auf Chlorausscheidung
    602, auf Glykosurie 320, auf Muskeln
    461.
Chlorokruorin 241.
Chlorometer 604.
Chlorophan 486.
Chlorophyll 218, 236, 671; Beziehung zu
    dem Blutfarbstoffe 218, 236.
Chlorophyllin 236.
Chlorose 262.
Chlorphenylalanin; Verhalten im Tier-
    körper 617, 618.
Chlorphenylbrenztraubensäure; Verhalten
    im Tierkörper 618.
Chlorphenylessigsäure 617.

Chlorphenylmilchsäure; Verhalten im Tier-
    körper 618.
Chlorrhodinsäure 288.
Chlortoluole; Verhalten im Tierkörper 621.
Chlorwasserstoffsäure; Absonderung im
    Magen 364, 372; antifermentative Wir-
    kung 379, 405; Nachweis im Mageninhalt
    381, 382; Wirkung auf Absonderungen
    331, 383, 389, auf Ptyalin 358, auf
    Pylorus 375.
Choladienkarbonsäure 337.
Cholagoga 330.
Cholalsäuren 332, 336—341.
Cholan 336, 338.
Cholankarbonsäure 192, 193, 338.
Cholansäure 337, 338.
Cholatrienkarbonsäure 337.
Choleinsäure 334, 339.
Cholekampfersäure 337.
Cholensäure 338.
Choleprasin 341, 346.
Cholepyrrhin 341.
Cholera; Blut 267; Schweiß 675.
Cholestan 193.
Cholestanol 192, 193, 197.
Cholesten 193.
Cholestenon 192, 193.
Cholesterilene 193.
Cholesteriline 193.
Cholesterin 192—197, 338; im Blut 193,
    196, 210, 241, 263; in Fäzes 406, 407;
    in Galle 348—350; in Gallensteinen 196,
    352; im Gehirne 196, 475, 483, 484;
    im Harne 657; in Hautsekreten 672,
    673; Verhalten zu Saponin 193.
Cholesterinester 193, 194, 210, 300, 672.
Cholesterinfette als Schutzmittel 672.
Cholesterinoxyde 196.
Cholesterinsteine 352.
Cholesterone 193.
Choletelin 341, 345.
Cholezyanin 345.
Cholin 186, 189, 190, 284, 300, 448, 454,
    477, 770.
Cholohämatin 346.
Choloidansäure 337.
Choloidinsäure 340.
Cholsäure 336—338.
Chondrigen 90, 427.
Chondrin 92.
Chondrinballen 429.
Chondroalbumoid 427, 429.
Chondroitin 428.
Chondroitinschwefelsäure 127, 128, 130,
    427, 534; eiweißfällende Wirkung 76,
    428, 630; Vorkommen im Harne 597,
    600, 630.
Chondromukoid 128, 130, 427, 431.
Chondroproteide 127, 130, 427.
Chondrosamin 65, 127, 170, 428.
Chondrosaminsäure 170.
Chondrosin; in Gallertschwämmen 130;
    aus Chondroitinschwefelsäure 428.
Chordaspeichel 354.
Chorioidea 488; Pigment 486, 668, 669.
Chromaffines Gewebe 300.

Chromhidrose 675.
Chromoproteide 72, 127.
Chrysophansäure; Wirkung auf Harn 624.
Chylurie 657.
Chylus 271—272.
Chymosin und Labenzym 38, 370—372, 513—515; Hemmung der Wirkung 49 bis 51.
Chymus 374—380; Wirkung im Darme 375, 383.
Ciliansäure 337.
Cocosit 456.
Co-Enzyme 40, 337.
Conchiolin 93, 94.
Corpora lutea 239, 492.
Corpus callosum 484.
Corpuscula amylacea 482.
Crangitin 454.
Crangonin 454.
Crotalotoxin 673.
Cruor 199.
Crusta inflammatoria 248.
Cuorin 189, 190, 459, 534.
Curarevergiftung 275, 320, 753.

Damalursäure 602.
Damolsäure 602.
Darm; Fäulnis 401—405, 570, 573, 574, 577; Fistel 383; Reaktion des Inhaltes 405; Resorption 409—424; Verdauung 397—405.
Darmkonkremente 408.
Darmsaft 383—386.
Deckfarbe 247.
Dehydrobilinsäure 342.
Dehydrobromidhämin 230.
Dehydrochloridhämin 230.
Dehydrocholeinsäure 337.
Dehydrocholon 332.
Dehydrocholsäure 336.
Dehydrodesoxycholsäure 336.
Dehydrolithocholsäure 337.
Dehydrooxybilirubin 342.
Dehydrosphingosin 481.
DENIGÈS Azetonreaktion 653.
DENIGÈS-MÖRNERsche Tyrosinprobe 116.
Dentin 432, 435, 436.
Dermoidzysten 185, 495, 671.
Dermolein 671.
Dermozerin 671.
Desamidasen 38, 61, 70, 138, 143, 290, 294.
Desamidierungen 38, 61, 70, 138, 305, 327, 412, 541, 557, 614, 618.
Desamidoalbuminsäure 97.
Desaminoproteine 61.
Desaminoprotsäuren 65.
DESCEMETsche Haut 130, 430, 487.
Desoxybiliansäure 337, 338.
Desoxycholsäure 336—339.
Desoxydable Substanzen 699.
Deuteroalbumosen 99, 100; im Harne 628.
Deuteroelastose 89.
Deuterogelatose 92.
Deuteromyosinose 100.
Deuterosponginose 94.

Deuterovitellose 100.
Dextrine 175, 176, 357; im Magen 375; im Pfortaderblute 266, 415.
Dextrose s. Glukose.
Diabetes mellitus 320, 322—325, 328; Harn dabei 610, 636.
Dialursäure; Beziehung zur Harnsäurebildung 558, 559.
Dialyse 12.
Diaminoessigsäure 66, 123.
Diaminopropionsäure; Verhalten im Tierkörper 327.
Diaminosäuren 66, 122—124.
Diaminotrioxydodekansäure 66, 125.
Diaminovaleriansäure; s. Ornithin.
Diarginide 85.
Diastasen 37; s. im übrigen die verschiedenen Organe und Flüssigkeiten.
Diazetonalkohol 28.
Diazipiperazin 112.
Diazoreaktion von EHRLICH 589; von PAULY 121, 589.
Dibenzoylornithin; s. Ornithursäure.
Dibromindigo 671.
Dibromtyrosin 94.
Dickdarm 386; Exstirpation 422.
Diffusion 1; in Gele 25; von Enzymen 39; von Gasen 693.
Diffusionskonstante 693.
Digitonincholesterid 193.
Diglukosamin 186, 478.
Diglyzylglyzin 67.
Dihydrocholesterin 192, 193.
Dijodtyrosin 94.
Dileuzylglyzylglyzin 67.
Dilignozeryldiglukosaminphosphorsäureester 475, 478.
Dimethylaminobenzaldehyd; Reagens 77, 592; Verhalten im Tierkörper 623.
Dimethylaminobenzoeglukuronsäure 596, 623.
Dimethylaminobenzoesäuren 623.
Dimethylguanidin 554, 601.
Dimethylindol 578.
Dimethylleuzylglyzin 68.
Dimethylsphingosin 481.
Dimethyltoluidin 623.
Dioxyazeton 156, 158, 163; als Zuckerbildner 325.
Dioxybenzole 617.
Dioxydiaminokorksäure 125.
Dioxymethylenkreatinin 452.
Dioxynaphthalin 617.
Dioxyphenylalanin 301.
Dioxystearinsäure 183, 511.
Dioxyphenylessigsäure; s. Homogentisinsäure.
Dioxyphenylmilchsäure 583, 586.
Dipalmitoolein 179.
Dipeptide; s. Peptide.
Disaccharide 150, 172—174; Beziehung zur Glykogenbildung 315.
Disdiaklasten 442.
Dispersionsmittel u. disperse Phase 13.
Dissoziationsgrad 42; des Serums 214.
Distearoolein 179.

Distearopalmitin 179.
Distearyllezithin 188.
Dithiopiperazin 68.
Dixanthylharnstoff 544.
Döglingsäure 181.
DONNÉsche Eiterprobe 634.
Dopa 301.
Dopamelanin 302.
Dopaoxydase 302, 670.
Dorschlebertran 180; Vitamingehalt 730, 732.
Dotter des Hühnereies 496—499. Vitamine darin 730—733.
Dotterplättchen 72, 496, 502.
Drehung, spezifische 152.
Dulzit 151; Beziehung zur Glykogenbildung 314.
Dysalbumose 99.
Dyslysine 340.
Dyspnoe; Wirkung auf Stoffwechsel 320, 540, 751.

Eber; Sperma 491.
ECKsche Fistel 316, 413, 417, 542, 559, 560, 653.
Echinochrom 241.
Echinokokkuszysten; Inhalt 285; Zystenwand 130, 668.
Edestan 83, 368.
Edestin 66, 80, 82, 368; als Nährstoff 726, 728, 743; Resorption 409.
EHRLICHsche Diazoreaktion 588; Bilirubinreaktion 343; Harnproben 589, 592; Reaktion auf Glukosamin 169, auf Urobilinogen 592.
Ei 492, 496; Hühnerei 496—504; Ausnutzung im Darme 414; Bebrütung und Entwickelung verschiedener Eier 503 bis 506.
Eialbumin; s. Ovalbumin.
Eierklar 499—502; Umsatz im Stoffwechsel 710.
Eierstöcke 492.
Eiglobulin; s. Ovoglobulin.
Eihäute und Schalen 86, 88, 502.
Eikosylalkohol 672.
Eisbärengalle 340, 350.
Eisen; bei Neugeborenen 291, 309, 528; Ausscheidung des Eisens 292, 347, 609; Eisen und Blutbildung 291, 503, und Gallenfarbstoffbereitung 347; Eisen und Milz 290, 291; s. im übrigen die Organe und Flüssigkeiten.
Eisenhunger 726.
Eiter 244, 286—288; im Harne 632, 634.
Eiweiß; Approximative Bestimmung im Harne 629; Einwirkung auf Azetonbildung 650, auf Glykogenbildung 314; Kalorienwert 712—716; Material der Zuckerbildung 326, 327; Nachweis und quantitative Bestimmung 75—78, im Harne 625—630; Organeiweiß und zirkulierendes 736, 737; Resorption 409 bis 415; Synthese 67—70, 412—413;

Verdauung 63, 97—105, 366—369, 375 bis 379, 394—396, 399, 400.
Eiweißkristalle 72, 208, 500.
Eiweißmästung 744—745.
Eiweißminimum 742, 743.
Eiweißstoffe, eigentliche; Allgemeines 72. bis 75; Reaktionen 75—78; Übersicht der Hauptgruppen 71, 79—82; s. im übrigen die Eiweißstoffe der verschiedenen Gewebe und Flüssigkeiten.
Eiweißstoffwechsel, endo- und exogener 737; bei Arbeit und Ruhe 466—468, 750, 751; beim Hungern 718—720; in verschiedenen Altern 749; bei verschiedener Nahrung 734, 740, 744; prämortale Steigerung 719.
Eiweißzufuhr, fraktionierte 738.
Elaidin 183.
Elaidinsäure 183.
Elainsäure 182.
Elastin 71, 89, 90, 95; Verhalten zu Magensaft 370, zu Trypsin 396, zur Verdauung im Darme 400, 411.
Elastinalbumosen 89; Resorption 209, 411.
Elastinpepton 89.
Elastosen 99.
Elefant; Knochen 432; Milch 522; Zähne 436.
Elektrolyte 4, amphotere 71, 73.
Ellagsäure 408.
Emulgierung der Fette 181, 398.
Emulsin 37, 46.
Emydin 502.
Enddarmsekret 386.
Endoenzyme 41.
Endokrine Drüsen 289, 292—303.
Endolymphe 488.
Endothel; Beziehung zur Bildung von Lymphe und Transsudaten 275, 278, zur Blutgerinnung 256, 258.
Enkephalin 477, 480.
Enteiweißungsmethoden 78.
Enterokinase 384, 387, 388.
Entwickelungsarbeit 504.
Enzymablenkung 51.
Enzyme 30—51; Bildung und Absonderung 41, 42; Eigenschaften 38—41; Einteilung 37; extra- und intrazelluläre 41; Hemmung der Enzymwirkungen 49—51; enzymatische Prozesse 32—37; Reversibilität derselben und Synthesen 45 bis 48; Spezifität der Wirkung 48; Wirkungsweise 42—45; s. im übrigen die verschiedenen Enzyme der Gewebe und Säfte.
Epidermis 86, 665—668.
Epiguanin 142, 564, 566.
Epinephrin; s. Adrenalin.
Episarkin 142, 564, 566.
Epitoxoide 53.
Erbsen; Ausnützung im Darme 417.
Erbsenlegumin 82; als Nährstoff 728.
Erdphosphate; Ausscheidung durch den Harn 605, 608, 721; Resorption 605, 608; Vorkommen in Knochenerde 431, 432; s. im übrigen Organe und Flüssigkeiten.

Erepsin 37, 365, 384, 385, 394; Wirkung auf Nukleinsäuren 137, 385, auf Polypeptide 49.

Ereptasen 393.

Ergänzungsstoffe 730.

Erhaltungswert 722.

Erukasäure 180; Resorption 419.

Erythrit; Beziehung zur Glykogenbildung 314.

Erythrodextrin 176.

Erythropsin; s. Sehpurpur.

Erythrozyten; s. rote Blutkörperchen.

Eselinnenmilch 522.

Esozin 84.

Essigsäure; intermediäres Produkt 620; Azetonbildner 620, 652; im Harne 594, 612, 659.

Ester 37; Synthesen 47, 48.

Esterasen 37, 210.

Euglobulin 206, 207.

Euxanthinsäure 171, 623.

Euxanthon 172, 623.

Exkremente 406, 707, 708; bei Gallenfisteln 404.

Exkretin 407.

Exkretolinsäure 407.

Exspirationsluft 690.

Exsudate 271, 277—282.

Extinktionskoeffizient 240.

Extraglukose 327.

Exzelsin 83, 122; als Nährstoff 728.

Fäulnisvorgänge 33, 36, 64; im Darme 399—405, 570, 573, 574, 577.

Farbstoffe des Auges 485, 486; des Blutes 217—241; des Blutserums 212; der Corpora lutea 239, 498; der Eierschalen 502; der Galle 341—347; des Harnes 587 bis 594; der Hautbildungen 668—671; der Hummerschalen 502, 671; der Leber 306; niederer Tiere 241, 499, 671; medikamentöse Farbstoffe im Harne 624, 636.

Faserstoff; s. Fibrin.

Faserstoffgerinnung 203—205, 248—258.

Federn 666; Farbstoffe derselben 671.

FEHLINGsche Lösung 165.

Fellinsäure 340.

Ferratin 306.

Ferrine 306.

Fermente; s. Enzyme.

Fettbildung; aus Eiweiß 438—440, 736; aus Kohlehydraten 440.

Fette 179—185; Abstammung 437—440; Beziehung zur Arbeit 467—469, zur Azetonbildung 651, 652, zur Glykogenbildung 313, zu den Vitaminen 734, zur Zuckerbildung 328, 329; Emulgierung 181, 392, 398, 417—419; gehärtete Fette 184; jodierte Fette 438, 530; Kalorienwert 712—715; Nährwert 715, 716, 740, 741, 744; Resorption 417 bis 421; Synthese 47, 181, 440, 530; Verdauung 370, 372, 377, 392; Verseifung 37, 181, 392, 418; Wirkung auf

Absonderung von Galle 330, von Magensaft 362, 376, Pankreassaft 389, 390.

Fettdegeneration 306, 438.

Fetteinwanderung 306, 438.

Fettgewebe 436, 437, 723; Verhalten zu Magensaft 370, 436, zu Trypsin 396.

Fettmast 745.

Fettsäuren 181—185; Resorption 417, 418. Flüchtige Fettsäuren 179; im Harne 594, 612; im Schweiße 674. Abbau von Fettsäuren 613, 619, 652.

Fettschweiß 673.

Fettumsatz; bei Arbeit und Ruhe 467, 469; beim Hungern 719; bei verschiedener Nahrung 736, 740, 741.

Fibrin 66, 82, 199, 201, 209; HENLES Fibrin 489.

Fibrinbildung; s. Faserstoffgerinnung.

Fibrinferment (Thrombin) 38, 201, 203 bis 205, 272.

Fibringlobulin 201, 205, 209.

Fibrinkonkremente 408, 664.

Fibrinogen 66, 200—205, 209, 251, 256, 272.

Fibrinolyse 202, 258.

Fibrinoplastische Substanz; s. Serumglobulin und zymoplastische Substanzen.

Fibroin 71, 93.

Fieber; Ausscheidung von Ammoniak 548, von Harnstoff 540, von Kalisalzen 608, Kreatinin 551; Eiweißumsatz 540.

Filtration; von Enzymen 40, von Kolloiden 15; Beziehung zur Lymphbildung 276, zur Resorption 423, zur Transsudation 277.

Fische; Eier 72, 81, 502, 503; Knochen 433; Schuppen 93, 144; Schwimmblase 144, 695; Sperma 84—86, 491.

FISCHER-WEIDELsche Reaktion 144.

Fleisch; Kalorienwert 471, 713, 717; Resorption 414; Zusammensetzung 469 bis 471, 710.

Fleischextrakt 448—454; Wirkung auf Magensaftabsonderung 361, 362.

Fleischmast 744, 745.

Fleischmilchsäure (oder Paramilchsäure) 158, 159; Beziehung zur Harnsäurebildung 558—559; Bildung 158, 457, 458, 614; Vorkommen in Knochen 434; bei Muskelarbeit 464, 465 und Starre 461 bis 463; Übergang in den Harn 465, 594.

Fleischsäure 453.

Fleischquotient 471, 710.

Fliegenmaden; Fettbildung 438.

FLORENCEsche Spermareaktion 490.

Fluor und Fluoride 56; Blutgerinnung, Wirkung 199, 248; in Knochen und Zähnen 431, 433, 436; in der Haut 666.

FOLINS Kreatininbestimmungsmethode 553.

FOLIN-DENISsche Harnsäureprobe 301, 562; Tyrosinprobe 116.

Forellenei 440; Entwickelung 504.

Formaldehyd 30, 164; Beziehung zur Harnstoffbildung 542.

Formoltitrierung; Prinzip derselben 125; im Harne 549, 600.

Frauenmilch; s. Menschenmilch.
FROMMERS Azetonreaktion 653.
Froscheier 128, 502.
Fruktose und Lävulose 151, 152, 154, 155, 163, 168, 210; bei Diabetes 323, 646; im Harne 646; in Transsudaten 168, 279, 507.
Fumarsäure 458, 703.
Fundulusversuche 57, 58.
Fundusdrüsen 360.
Furfurakrylsäure 620, 622.
Furfurakrylursäure 622.
Furfuran 161.
Furfurol; aus Glukuronsäuren 161, aus Pentosen 161; Verhalten im Tierkörper 622.
Furfurpropionsäure; Verhalten im Tierkörper 620.
Fuselöl 157.
Fuszin 486.

Gadoleinsäure 180.
Gadushiston 83.
Gänsefett; Resorption 419.
Gärungen 32, 33, 155; im Darme 400—406; im Harne 544; im Mageninhalte 379; s. im übrigen Äthylalkohol und die verschiedenen Gärungen.
Gärungsmilchsäure 158, 159; im Magen 364, 379; Nachweis 381; bei Milchgerinnung 509, 510.
Gärungsprobe im Harne 639, 640, 645.
Gärungssaccharometer 646.
Galaktonsäure 167.
Galaktosamin 132, 170.
Galaktase 517.
Galaktose 151, 155, 163, 167, 170; Beziehung zur Glykogenbildung 315; Vorkommen, im Harne 647, in Zerebrosiden 479—481.
Galaktoside 154, 479.
Galaktosidoglucese 531.
Galle 329—351; Absonderung 329, 331; antiseptische Wirkung 404—405; Einwirkung auf Eiweißverdauung 395—399, auf Gallenabsonderung 330, auf Fettresorption 398, 418—420; Menge 329; Vorkommen, im Harne 634, 636, im Mageninhalte 376, 399; Zersetzung im Darme 402, 422.
Gallenblase; Sekret 331, 350.
Gallenfarbstoffe 331, 341—346; Reaktionen 343, 344; Übergang in den Harn 635; Ursprung 341, 342, 347.
Gallenfisteln 329, 404.
Gallenkonkremente 351.
Gallensäuren 332—341; im Harne 634; Nachweis 332, 634; Resorption 330, 422.
Gallenschleim 331.
Gallertgewebe 426, 486.
GALLOIS' Inositprobe 456.
Gallussäure 582; Verhalten im Tierkörper 623.
Gase; des Blutes 676—687; des Darminhaltes 402; der Galle 350, 688; des

Harnes 609, 688; des Hühnereies 502, 503; der Lymphe 272, 687; des Mageninhaltes 379; der Milch 521, 526, 688; der Muskeln 460, 464, 696; des Speichels 354, 355, 688; der Transsudate 279, 688.
Gasgesetze und Osmotischer Druck 2, 3.
Gaswechsel; in verschiedenen Altern 749; durch die Haut 675; beim Hungern 720; bei dem Grundumsatze 722; bei Ruhe und Arbeit 461, 464, 751, 752.
Gefäßwand; Beziehung zur Blutgerinnung 249, 256, 258, zur Transsudation 278.
Gefangene; Kostsätze 756.
Gefrierpunktserniedrigung 3, 4.
Gehirn 474—485.
Gelatine; s. Leim.
Gelatosen 92, 369.
Geldrollenbildung 215.
Gele 24, 25.
Gentisinsäure 582, 585; Verhalten im Tierkörper 622.
Gerbsäure; Verhalten im Tierkörper 623.
GERHARDTsche Azetessigsäurereaktion 654.
Geschlecht; Einfluß auf Stoffwechsel 750.
Geschwindigkeitskoeffizient (— konstante) 27, 43, 44.
Gewebefibrinogene 244, 293.
Gicht 268, 555, 556.
Glaskörper 426, 486.
Glatte Muskeln 471—473.
Gleichgewichtskonstante 26, 28, 47.
Gliadin 82, 413; als Nährstoff 728, 743.
Globan 80.
Globin 83, 120, 218, 227.
Globuline 71, 79; im Harne 625, 628, 629; im Hunger 213; s. im übrigen die verschiedenen Globuline.
Globulosen 99.
Glukal 135, 136.
Glukoalbumose 100.
Glukofruktokinase 531.
Glukoheptose 153.
Glukononose 155.
Glukonsäure 150, 164; Verhalten bei Diabetes 322.
Glukosamin 65, 127, 128, 153, 169, 428, 494, 499—501, 667; Beziehung zur Glykogenbildung 315; Verhalten bei Diabetes 422.
Glukosaminsäure 153, 169.
Glukosan 164.
Glukose 151, 152—157, 164—169; Abbau 325, 457; im Blute 210, 264—267; im Diabetes 320—328, 637; im Harne 595, 637—646; in Lymphe 272; in Transsudaten 279, 284; Kalorienwert 712; Nachweis 637—642; quantitative Bestimmung 642—646; Resorption 415 bis 417.
Glukosoxim 153.
Glukothionsäure 154, 244, 290, 508, 534.
Glukozyanhydrin 152.
Glukuron 171.
Glukuronsäure 161, 170—172; Beziehung zur Glykogenbildung 314; gepaarte Glukuronsäuren 170, 595—597, 615, 623;

im Blute 217, 265; in der Galle 346; im Harne 595—597, 648, 649; Synthese 615, 623.
Glutaminpeptide 68.
Glutaminsäure 66, 114; Mengen in Proteinen 82, 88, 95, 114, 290.
Glutarsäure; Beziehung zur Azetonbildung 651; im Harne 612.
Gluteine 91.
Glutenkasein 124.
Glutenproteine 124; s. sonst die Prolamine.
Glutin; s. Leim.
Glutokyrin 104.
Glykocholeinsäure 334.
Glykocholsäure 332, 333; bei verschiedenen Tieren 349; Resorption 422.
Glykodesoxycholsäure 334.
Glykogen und Glykogenbildung 244, 287, 311—316, 429, 456; 506; Beziehung zur Muskelarbeit 464, 465; zur Muskelstarre 463; Verhalten im Hunger 311, 456, 719.
Glykokoll 66, 105; im Blute 211; im Harne 600, 614, 657; Entstehen im Organismus 571; Mengen in Proteinen 82, 88, 95; Synthesen mit Glykokoll 31, 333, 569, 570, 620, 622.
Glykolaldehyd 30, 315; als Zuckerbildner 326.
Glykolaldehydkarbonsäure 315.
Glykolsäure; Verhalten im Tierkörper 568.
Glykolyse 266, 324, 457.
Glykoproteide 72, 127—132.
Glykoside 37, 154.
Glykosidspaltende Enzyme 37.
Glykosurie 266, 317—324, 636; alimentäre 318, 416.
Glykozyamin 451.
Glyoxylase 158, 619.
Gyoxylsäure 568, 569; als Reagens 77; Verhalten im Tierkörper 568.
Glyzerin 181, 210; Beziehung zur Alkoholgärung 156, 769; zur Azetonbildung 651, zur Glykogenbildung 313, 315.
Glyzerinaldehyd und Milchsäurebildung 158, 325, und Zuckerbildung 325.
Glyzerinphosphorsäure 185, 188, 191; im Harne 595, 600.
Glyzerinsäure 106, 315, 327.
Glyzerosen 163.
Glyzin; s. Glykokoll.
Glyzinanhydrid 69.
Glyzylalanin 69, 70.
Glyzylasparaginylleuzin 68.
Glyzylglutamyldiglyzin 67.
Glyzylglyzin 69.
Glyzylglyzinamid 68.
Glyzyltyrosin 51, 67, 70; Beziehung zur Homogentisinsäurebildung 583.
GMELINsche Gallenfarbstoffreaktion 344; im Harne 635.
Goldzahl 19.
Gorgonin 94.
GRAAFscher Follikel 492.
Grundumsatz 722, 747.
Guajakonsäure 632.

Guajakreaktion 222, 632, 702.
Guanase 38, 143, 290, 294, 557.
Guanidin 60, 61, 66, 70, 448, 451, 551, 771; Beziehung zur Tetanie 298.
Guanidinbuttersäure 451.
Guanidinessigsäure; s. Glykozyamin.
Guanin 142—144, 145; im Harne 564.
Guaningicht 144.
Guaninhexosid 135.
Guaninpentosid; s. Vernin.
Guano 143, 144, 555.
Guanosin 136.
Guanosindesamidase 138.
Guanogallensäure 335.
Guanovulit 503.
Guanylnukleinsäure 135.
Guanylsäure 135, 136, 139, 387.
GULDBERG-WAAGEsches Gesetz 26.
GÜNZBURGS Salzsäurereagens 381.
Gulonsäurelakton 170.
Gulose 163.
Gummi 174, 175, 177; tierisches 595, 600.
GUNNING-LIEBENs Azetonreaktion 653.
Gynesin 601.

Haarballen 408.
Haare 86—88, 665, 666; Farbstoffe 668, 670.
Hämagglutination 217.
Hämataerometer 692.
Hämatin 228, 229, 231, 237, 238; im Harne 231, 631; neutrales 227.
Hämatindimethylester 231.
Hämatinsäuren 237, 342.
Hämatogen 497, 503.
Hämatoidin 239; Beziehungen zu Bilirubin 239, 341, 351; im Harne 660.
Hämatokrit 259.
Hämatoporphyrin 232, 233, 234; im Harne 233, 587, 633; bei niederen Tieren 671; Beziehung zu Chlorophyll 236, zu Urobilin 234, 590.
Hämatoskop 240.
Hämaturie 233, 631.
Hämerythrin 241.
Hämin 229—231, 238, 632.
Hämochrom 218.
Hämochromogen 218, 228, 238.
Hämoglobin 218, 223, 239, 240; gasbindende Fähigkeit 220, 684—688; Menge im Blute 218, 262; s. im übrigen Oxyhämoglobin.
Hämoglobinurie 223, 631.
Hämolyse und Hämolysine 54, 193, 194, 216.
Hämometer 240.
Hämophilie 258.
Hämoporphyrin 233, 235.
Hämopyrrole 237, 238.
Hämopyrrolkarbonsäuren 238.
Hämorhodin 227.
Hämoverdin 227.
Hämozyanin 241.
HAESERscher Koeffizient 610.
Haftdruck 9.

Haifische; Galle 332; Harnstoff bei ihnen 267, 346, 539.
Halogenierte Proteine 64, 94, 768.
HAMMARSTENs Gallenfarbstoffreaktion 344, 636.
Hammelfett; Fütterung damit 437; Resorption 419, 420.
Haptogenmembran 510.
Harn **533**—664; Azidität 535—538; Bestandteile: anorganische 602—609, organische, pathologische 625—658, physiologische 539—602, zufällige 612—625; Gärung, alkalische 537, 658, 659, saure 658; Menge und feste Stoffe 609—612; physikalische Eigenschaften 535—539.
Harndextrin 647.
Harnfarbstoffe 587—594; medikamentöse 624, 636.
Harngifte 601.
Harngries 661.
Harnindikan 576, 577.
Harnkonkremente 661—663.
Harnpurinbasen **564**—567.
Harnsäure 141—143, 145, 448, 540, **554** bis 564; im Blute 211, 268, 556; Eigenschaften und Reaktionen 560—562; Entstehung und Verhalten im Tierkörper 292, 556—560; quantitative Bestimmung 563, 564; Vorkommen, in Konkrementen 555, im Schweiße 674, in Sedimenten 561, 659.
Harnsäuresteine 661—663.
Harnsedimente 535, 561, 658—660.
Harnstoff 539—547; Eigenschaften und Reaktionen 543—545; Entstehung und Ursprung 540—543; quantitative Bestimmung 546—547; Vorkommen, im Blute 211, 267, 539, in der Galle 331, 346, in Muskeln 448, in Lymphe und Transsudaten 272, 279, 284, 507, im Schweiße 674; Wirkung auf Stoffwechsel 740.
Harnstoffglukuronsäure 595.
Harnzucker; s. Glukose.
Harzsäuren; im Harne 624, 626.
Hauptzellen 360, 373.
Haut 665—675; Ausscheidungen durch dieselbe 671, 673—675, 708; Chlordepot 666.
Hautblasenflüssigkeit 284.
Hauttalg 671.
Hecht; Fleisch 470, 471; Labenzym 370.
Hefenukleinsäure 137, **140**.
Hefezellen **33**, 311; Bez. zu Vitaminen 729 bis 733.
Heidelbeeren; Farbstoff im Harne 624.
Helikoproteid 132.
HELLERsche Eiweißprobe 76, 78; im Harne 626.
HELLER-TEICHMANNsche Blutprobe 632.
Hemibilirubin 342, 590.
Hemikollin 92.
Hemielastin 89, 209, 411.
Hemigruppe in Proteinen 99.
Hemiindigotin 579.
Hemipepton 99.
Hemizellulosen 178, 398, 769.

Hemmung von Enzymwirkungen 49—51.
HENRYsches Absorptionsgesetz 9, 22.
Heparin 254, 307.
Heparphosphatid 307, 308.
Hepatopankreas 386.
Heptapeptide 67, 69.
Heptose 150; im Harne 648.
Hering; Sperma 84, 140; Fett 180.
Herzmuskel 456, 459, 470; formoltitrierbarer Stickstoff 449; Glykogen 456; Phosphatide 189, 459.
Heteroalbumosen 83, 99, 100—102.
Heterogene und homogene Systeme 29.
Heterolyse 36.
Heterosponginose 94.
Heterosyntonose 124.
Heteroxanthin 142, 564, **565**.
Hexapeptide 67.
Hexazetylglukosamin 667.
Hexenmilch 527.
Hexonbasen 121—124; Mengen in Proteinen 82, 85, 88, 95, 124.
Hexosen 150, **163**—169.
Hexosphosphorsäureester 156, 457, 458.
Hippokoprosterin 197.
Hippomelanin 669, 670.
Hippursäure 31, **569**—572, 619, 621, 660.
Hirudin 199, 254, 257.
Histamin 120, **121**, 303, 769.
Histidin 66, 85, **120**; im Harne 601; Mengen in Proteinen 82, 85, 88, 95, 120.
Histone 61, 71, 83—84, 124, 293; im Harne 631.
Histopepton 84, 290.
Histozym 38, 573.
Hoden 489, 491.
Höhenklima; Wirkung auf Blut 261, auf Stoffwechsel 675, 754.
VAN'T HOFFsche Theorie 2.
HOFMANNsche Tyrosinprobe 116.
Holothurien; Muzin 130.
Holozym 252.
Homogentisinsäure 576, **582**—586, 618, 650.
Homohydrochinon 584.
Homozerebrin 477, 480.
HOPPE-SEYLERs Kohlenoxydprobe 226.
Hordein 88; als Nährstoff 728.
Hormone 289, 323, 730.
Horn 86—88, 665.
Hornschwämme 94.
Hühnerei 496—504; Bebrütung 503—504.
Hühnereiweiß 499—501; Verdauung 400; Zersetzung im Tierkörper 710, 735.
Humor aqueus 487.
Hund; Asche des neugeborenen 528; Milch 522, 528.
Hunger; Einwirkung auf Blut 213, 261, 267, 269, 721, auf Galle 329, auf Harn 402, 539, 551, 555, 597, 605, 608, auf Stoffwechsel 650, 718—721.
Hungerglykosurie 319.
HUPPERTsche Gallenfarbstoffreaktion 344, 635.
Hyaline 130, 668.
Hyalogene 127, 130.
Hyaloidin 65, **127**, 130, 668.

Hyalomukoid 487.
Hydantoine 108, 112, 624.
Hydramnion 507.
Hydrazinvergiftung 568.
Hydrazone 154, 155.
Hydrobilirubin 342, 590.
Hydrochinon 576.
Hydrochinonbrenztraubensäure 584.
Hydrochinonglukuronsäure 576.
Hydrochinonschwefelsäure 573, 576.
Hydrogel und Hydrosol 12. ˙
Hydrogenasen 704.
Hydrogenotransportasen 703.
Hydroklastische Oxydation 703, 705.
Hydrolezithin 189.
Hydrolyse; Allgemeines 32; s. im übrigen die verschiedenen Spaltungsprozesse.
Hydronephroseflüssigkeit 534.
Hydroparakumarsäure; s. p. Oxyphenylpropionsäure.
Hydroxyglutaminsäure 66, 114.
Hydroxyhämin 230.
Hydroxylaminvergiftung 568.
Hydroxypyrrolidonkarbonsäure 115.
Hydrozelefiüssigkeiten 283.
Hydrozimtsäure; Verhalten im Tierkörper 570.
Hyoglykocholsäure 335.
Hyperglykämie 317 u. folg.
Hyper- und Hypotonie 5, 216.
Hypnotica und Glykogenbildung 314.
Hypophyse 302, 303. Beziehung zur Glykosurie 325.
Hypophysin 303.
Hyposulfite; im Harne 598.
Hypoxanthin 139, 142, 143, 145; im Harne 564.

Ichthidin 497, 502.
Ichthin 502.
Ichthulin 72, 132, 497, 502.
Ichthylepidin 93.
Ichthyosisschuppen 111, 570.
Ignotin 452, 454.
Ikterus 329, 341, 351; Harn dabei 635.
Imidazol 141, 153.
Imidazoläthylamin 64, 120, 448.
Imidazolakrylsäure 601, 602.
Imidazolaminoessigsäure 601.
Imidazolderivate; im Harn 601.
Imidazolglyoxylsäure 65.
Imidazolylpropionsäure 64, 120.
Immunisierung 50, 52, 54, 55.
Indigoblau, Indigotin 577—580; Oxydation 700.
Indigorot, Indirubin 579, 580.
Indikan, Harnindikan; s. Indoxylschwefelsäure.
Indikanproben 578, 579.
Indikatoren 59.
Indol 64, 119, 401, 573, 577, 580.
Indolaminopropionsäure; s. Tryptophan.
Indolazetursäure 581.
Idolessigsäure 64, 119, 580, 581.
Indolkarbonsäure 578.

Indolpropionsäure 64, 119.
Indoxyl; s. unter Indol.
Indoxylglukuronsäure 170, 577, 595.
Indoxylkarbonsäure 578.
Indoxylschwefelsäure 573, 576—579.
Inkrete 289.
Inosin 136, 139, 453.
Inosinsäure 135, 136, 138, 448.
Inosit; Beziehung zur Glykogenbildung 314; im Harne 454, 649.
Inositogen 455.
Integrativfaktor 560.
Inulin 168; Beziehung zur Glykogenbildung 313.
Invertase und Invertierung 27, 37, 172, 173; im Magen 370; im Darm 398, 415.
Invertzucker 172.
Ionen; Theorien 4; Wirkungen 55—58, 460.
Isatin 579.
Isoamylalkohol 157.
Isoamylamin 111.
Isobiliansäure 337.
Isobuttersäure 613.
Isobutylalkohol 157; Verhalten im Tierkörper 616.
Isobutylamin 110.
Isobutylglyoxal 619.
Isocholansäure 337.
Isocholesterin 192, 197, 672, 673.
Isocholsäure 340.
Isodesoxybiliansäure 337, 338.
Isodynamie 716, 717.
Isoelektrischer Punkt 17.
Isoglukosie 717.
Isohämopyrrole 237.
Isokapronsäure 111.
Isokasein 513.
Isoleuzin 66, 112; bei Gärung 112, 157.
Isolinolsäure 180.
Isomaltose 173, 176, 357, 391; im Harne 595.
Isophonopyrrolkarbonsäure 238, 342.
Isosaccharin; Beziehung zur Glykogenbildung 314.
Isoserin 107.
Isosmotische Lösungen 6.
Isotonie 5, 216.
Isotrope Substanz 442.
Isovaleriansäure 110;
Isozytosin 147.

JAFFÉ-OBERMAYERsche Indikanprobe 578.
Janthinin 671.
Japaner; Ernährung 742, 756, 758.
Jekoleinsäure 181.
Jekorin 290, 307, 475.
Jod 56; im Blute 212, 268; in Drüsen 294, 296; in Proteinen 64, 94, 296, 768; in Schweiß 675.
Jodazeton 655.
Jodfette 438, 530.
Jodgorgosäure 94.
Jodide und Magensaft 373.
Jodoform; Verhalten im Tierkörper 615.
Jodospongin 94.

Jodothyrin 294—296, 299.
Jodthyreoglobulin 295, 296, 299.
Jodverbindungen; Übergang in Milch 532, in Speichel 359.
Jodzahl 183, 184.
Jolles' Indikanprobe 579.

Kadaverin 36, 64, 124, 657.
Kaffee und Stoffwechsel 747.
Kaffein oder Koffein 142; Wirkung auf Muskeln 461.
Kaliumsalze 56, 57; Ausscheidung 359, 608, 720; s. im übrigen die verschiedenen Organe und Flüssigkeiten.
Kalksalze; Ausscheidung 605, 608, 720, 725; Bedeutung für enzymatische Prozesse 203, 251—254, 388, 513, 514, für Tetanie 298; Mangel in der Nahrung 434, 436, 725; s. im übrigen die verschiedenen Organe und Flüssigkeiten.
Kalorienwert; der Nährstoffe 712, 713, 716; der Kohlensäure 714, 715; des Sauerstoffes 714, 715; verschiedener Kostsätze 756, 757, 761, 762.
Kalorische Koeffizienten 714, 715.
Kalziumkarbonat in Konkrementen 662, 663, in Sedimenten 660.
Kalziumoxalat; im Harne 567; in Sedimenten 658, 659; in Steinen 662, 663.
Kalziumphosphat; in Harnsedimenten 659, 660; in Harnsteinen 661—663.
Kalziumsulfat; in Harnsedimenten 660.
Kampfer; Verhalten im Tierkörper 595, 623.
Kamphoglukuronsäure 171, 596, 623.
Kanirin 454.
Kaolin 23; Enteiweißungsmittel 75.
Kaprinsäure 178, 511, 523.
Kapronsäure 113, 179, 511, 523.
Kaprylsäure 179, 511.
Karamel 164, 173.
Karbaminoessigsäure 126.
Karbaminoreaktion 126.
Karbaminosalze 126.
Karbaminsäure 547; im Blute 211, 541; im Harne 541, 547; Beziehung zur Harnstoffbildung 541; Paarung mit Aminosäuren 614, 624.
Karbaminsäureäthylester 547.
Karbazol; Verhalten im Tierkörper 617.
Karbohämoglobine 226.
Karbolharn 576.
Karbolsäure; Beziehung zur Ochronose 430; s. sonst Phenole.
Karminsäure 671.
Karnaubasäure 673.
Karnaubinsäure 534.
Karnaubon 186, 534.
Karnaubylalkohol 673.
Karnin 448; 453; in Muskeln 453.
Karnitin 448, 453, 469.
Karnomuskarin 454.
Karnosin 448, 452, 469, 472.
Karotin 212, 352, 492, 498.

Karpfen; Eier 132, 497; Muskeln 458; Sperma 85, 146.
Kartoffeln; Ausnutzung im Darme 417; Nährwert 717.
Karyogen 491.
Kaseansäure 66, 125.
Kaseid 513.
Kasein 71, 80, 82, 511; aus Frauenmilch 522, 523, 524; aus Kuhmilch 511—516; Abstammung 529; Kalorienwert 712; Verhalten zu Lab 513—515, 522, 523, zu Magensaft 377, 515, 522—524.
Kaseinokyrin 104.
Kaseinsäure 66, 125.
Kaseonphosphorsäure 516.
Kaseosen 99.
Kastorin 672.
Katalasen 701; s. die Flüssigkeiten und Gewebe.
Katalysatoren und Katalyse 26—29; s. auch Enzyme.
Kataphorese 17; von Enzymen 39.
Kaulquappen 299.
Kathämoglobin 227.
Katzenmilch 522.
Kefir 518, 521.
Kephalin 188, 475, 484 u. Blutgerinnung 252—254.
Kephalinsäure 188.
Kephalopoden; Fleisch 90, 448, 473; Leber 310.
Kerasin 477, 481.
Kerasinsäure 481, 482.
Keratine 71, 86—89, 370, 665.
Ketoaldehyde 619.
Ketobuttersäure 619.
Ketonaldehydmutase 158.
Ketone; Verhalten im Tierkörper 616, 620, 623.
Ketosäuren; intermediäre Stoffwechselprodukte 613, 614, 618, 619.
Ketosen 150.
Kiefersameneiweiß 124.
Kieselsäure; Vorkommen im Bindegewebe 426, in Federn und Haaren 666, im Harne 609, im Hühnerei 499, 502, in der Schilddrüse 296.
Kinasen 40; s. auch Blutgerinnung und Pankreassaft.
Kindspech; s. Mekonium.
Kjeldahlsche Stickstoffbestimmungsmethode 545.
Klupanodonsäure 180.
Klupein 84, 85.
Klupeovin 502.
Knappsche Zuckerbestimmungsmethode 644.
Knochen und Knochengewebe 430—435, 720, 723; Umsatz im Hunger 605, 720, 721; Verdauung 369.
Knochenerde 431, 432.
Knochenmark 179, 200, 432.
Knorpel 427—430, 723; Verdauung 369, 396.
Knorpelleim 429.
Koagulierende Enzyme 38; s. im übrigen Labenzym und Thrombin.

Koaguline 255.
Koagulosen 46, 102.
Koalbumosen 103.
Koapeptide 103.
Kobragift 53; bei Blutgerinnung 248, 256.
Kochenille 671.
Kochenillesäure 671.
Kochsalz; s. Chlornatrium.
Koeffizient; HÄSERscher 610; kalorischer
714, 715; lipämischer 263; lipolytischer
194; urotoxischer 601.
Kohlblätter u. Vitamine 733.
Kohlehydrate 149—178; im Harne 595,
636—648; in Milch 511, 518, 519; in
Proteinen 65, 66, 127, 132, 207, 208, 500;
Bedeutung für Azetonbildung 650, für
Fettbildung 440, für Glykogenbildung
313—315, für Muskelarbeit 321, 463,
466, 468; Einwirkung auf Eiweißumsatz
727, 740, 741, auf Darmfäulnis 403, 573;
Kalorienwert 712—715; Resorption 415
bis 417; Synthese, enzymatische 45; unzureichende Zufuhr 727, 741; Verhalten
im Darme 398, 401, im Magen 360, 375,
377; s. im übrigen die verschiedenen
Kohlehydrate.
Kohlehydratphosphatide 187.
Kohlenoxydblutproben 226.
Kohlenoxydhämochromogen 228.
Kohlenoxydhämoglobin 221, 225, 240.
Kohlenoxydmethämoglobin 226.
Kohlenoxydvergiftung 225, 320, 540.
Kohlensäure; Assimilation 30; im Blute
246, 247, 677—687; Tension 682, 689,
690, 692—694; im Darme 402; in Lungen
689, 690, 691, 694; in der Lymphe 272,
688; im Magen 379; in Muskeln 460,
462, 464; Kalorienwert 714, 715; Wir-
kung auf Magensaftabsonderung 363.
Kohlensäureausscheidung; bei Arbeit und
Ruhe 464, 465, 751, 752; Abhängigkeit
von der Nahrung 440, 675, 755, von
Temperatur 675; Ausscheidung durch die
Haut 675.
Kohlensäurehämoglobin 226; Dissoziation
686.
Kohlensäureträger, indirekte 683.
Koilin 71, 88, 95.
Kokzinsäure 671.
Kolamin 186, 191.
Kollagen 71, 90—92, 94, 425, 429; Ver-
dauung 369, 396.
Kolloid 130, 295, 302, 492, 493.
Kolloide 11—25; Ausfällung 17—21, Theo-
retisches darüber 21—24; Diffusion 15;
Filtrierbarkeit 15; hydrophile und Sus-
pensions-Kolloide 13; innere Reibung 15;
optische Eigenschaften 16; osmotischer
Druck 13.
Kolloidzysten 492.
Kolostrum 519, 521, 526.
Komplementablenkung 55.
Komplemente 54.
Konalbumin 500, 501.
Konglutin; Kalorienwert 712, 713.
Kopaivabalsam und Harn 624, 625.

Koproporphyrin 233, 235, 633.
Koprosterin 192, 197.
Kornea 430.
Korneamukoid 430, 431.
Kornein 71, 93, 94.
Kornikristallin 94.
Kostmasse verschiedener Volksklassen 756
bis 762.
Krabbenextrakt 454.
Kraftwechsel 712—717; s. im übrigen Kap.
18, Stoffwechsel.
Krappfarbstoff 624.
Kreatin 448, 449—452, 472, 624; Beziehung
zur Arbeit 466, 550, zur Harnstoffbil-
dung 449, 541; Vorkommen im Blute
211, 268, im Harne 449, 550, 551,
722.
Kreatinin 448, 449—452, 472, 550—554;
Beziehung zur Arbeit 466, 550; im Blute
211, 268; im Schweiße 674.
Kreatosin 454.
Krenilabrin 84, 85.
Kresol; s. Parakresol.
Kresolschwefelsäure 573, 574—575.
Kristalline 488.
Kristallinse 487, 488.
Kristalloide 11, 12.
Kröpfe 295, 296.
Krotonsäure 613, 656; als Azetonbildner
652.
Krustaceorubin 671.
Kryptopyrrol 237, 342.
Kryptopyrrolkarbonsäure 238, 342.
Kuhmilch 509—521; allgemeines Verhalten
509, 510; Analysemethoden 519—520;
Gerinnung mit Lab 510; physiol. Nutz-
effekt 717; Zusammensetzung 520, 522.
Kuminsäure 617; Verhalten im Tierkörper
621.
Kuminursäure 621.
Kumys 518, 521.
Kupfer; Vorkommen im Blute 212, 268; in
der Galle 331, 347; in der Leber 310; in
Nukleoproteiden 133; in Oxyhämozyanin
241 und anderen Farbstoffen 671.
Kynurensäure 582, 586.
Kynurin 587.
Kyrine 104.
Kyroprotsäuren 65.
Kystome 492—495.

Labenzyme; s. Chymosin.
Labdrüsen 360.
Labzymogene 370, 388.
Lachs; Fleisch 448, 470; Sperma 84, 140,
491.
Lackfarbe des Blutes 248.
Lävulinsäure 163.
Lävulose; siehe Fruktose.
Lävulosurie 646.
Laiose 647.
Laktalbumin 82, 515.
Laktase 37, 384, 415, 518.
Laktazidogen 457, 458, 463, 465, 771.
Laktoglobulin 515.

Laktokrit 520.
Laktoprotein 516.
Laktose; s. Milchzucker.
Laktosurie 647.
LANGERHANSsche Inseln 324, 386.
Lanolin 197.
Lanopalmitinsäure 673.
Lanozerin 673.
Lanozerinsäure 673.
Laurinsäure 179, 180, 511.
Laurylalanylglyzin 68.
Leber 304—310; Beziehung zur Azetonbil-
    dung 650, 652, 653, zur Blutgerinnung
    257, 258, zur Fibrinogenbildung 200,
    zur Harnsäurebildung 558—560, zur
    Harnstoffbildung 541, 543, zur Kreatin-
    bildung 452, 551, zur Lymphbildung 276;
    Eiweißvorrat 304; Enzyme 308; Fett
    306, 307; Zuckerbildung 316—328.
Leberatrophie; akute gelbe 308; Wirkung
    auf Blut 267, auf Harn 308, 543, 595,
    618, 657.
Leberexstirpation; Ausscheidung von Am-
    moniak 543, 558, von Harnsäure 558,
    559, von Harnstoff 543, von Milchsäure
    558, 594.
Leberzirrhose; Aszitesflüssigkeit 282; Wir-
    kung auf Harn 543.
LEGALsche Azetonreaktion 654.
Legumin s. Erbsenlegumin.
Leichenalkaloide 36.
Leichenwachs 438.
Leim 61, 90, 91, 92, 95, 768; Fäulnis 401;
    Nährwert 413, 738, 739; Verdauung 369,
    394, 396.
Leimgebendes Gewebe; s. Kollagen.
Leimpeptone 92, 103, 104.
Leimsäure 91.
Leinöl; Verfütterung davon 530.
Leinölsäure 180.
Leistungszuwachs 722.
LEOS Zucker 646, 647.
Lepidoporphyrin 671.
Lepidotsäure 671.
Lethal 184.
Leukämie; Blut 142, 242, 268, 555; Harn
    555, 556, 565, 605; Milz 291.
Leukonuklein 293.
Leukopoliin 479.
Leukozyten 242—244; Anzahl 242; Bezie-
    hung zur Blutgerinnung 243, 250, zur
    Fibrinogenbildung 200, zur Resorption
    412.
Leuzin 66, 110—112; Beziehung zur Azeton-
    bildung 650, 653, zur Harnsäurebildung
    558, zur Harnstoffbildung 542; Mengen
    in Proteinen 82, 84, 88, 111; Verhalten bei
    Gärung 157; Vorkommen im Harne 600,
    657.
Leuzinimid 112.
Leuzinsäuren 111.
Leuzylalanin 68.
Leuzyldiglyzylglyzin 69.
Leuzylglyzin 67.
Leuzylhistidin 67.
Leuzylleuzin 69.

Leuzylpentaglyzylglyzin 67, 69.
Leuzyltetraglyzylglyzin 67.
Leuzyltriglyzylglyzin 67.
Leuzyltryptophylglutaminsäure 67.
Leuzylzystin 67.
Lezithalbumine 80, 81, 533.
Lezithine 185, 188, 189, 770; Beziehung
    zur Protoplasmagrenzschicht 8, zur Syn-
    these organischer Körperbestandteile 726;
    Oxydation 702; s. im übrigen die ver-
    schiedenen Gewebe und Säfte.
Lezithinzucker 187, 307.
LIEBENsche Azetonreaktion 653.
LIEBERKÜHNs Alkalialbuminat 96; Drüsen
    383.
LIEBERMANN-BURCHARDs Cholesterinreak-
    tion 195.
Lienasen 290.
LIFSCHÜTZs Cholesterinreaktion 195, 197.
Ligamentum Nuchae 90, 426.
Lignin 177.
Lignozerinsäure 478, 481, 482, 534.
Linolensäurereihe 180.
Linolsäurereihe 180.
Linsenfasern 487.
Linsenkapsel 130, 487.
Lipanin; Resorption 419.
Lipasen 37, 181; im Blute 210, 244; im
    Darme 384; im Fettgewebe 441; im
    Magen 365, 372; in der Milch 517; im
    Pankreassaft 390, 392.
Lipochrome 212; Beziehung zu Vitaminen
    732.
Lipoidase 244.
Lipoide 8, 186; Beziehung zur Proto-
    plasmagrenzschicht 8; als Nährstoffe
    728, 731.
Lipoidschwefel 475, 483.
Lipoproteide 68.
Lipurie 657.
Lithium 56, 268.
Lithiumurat 561.
Lithobilinsäure 408.
Lithocholsäure 336—339.
Lithofellinsäure 340, 408.
Lithursäure 602.
Livetin 497.
Lotahiston 83.
Lungen 698.
Lungenkatheter 694.
Lungensteine 699.
Luteine 212, 239; im Blutserum 212; in
    Corp. lu.ta 239, 492; im Eidotter 498.
Luxuskonsumption 746.
Lykoperdin 668.
Lymphagoga 275.
Lymphdrüsen 200, 276.
Lymphe 271—276.
Lymphozyten 242; Zusammensetzung 294.
Lysalbinsäure 97.
Lysin 61, 66, 82, 84, 123, 124; im Harne
    657; Mengen in Proteinen 82, 84, 85, 88,
    95, 124.
Lysinpepton 103.
Lysursäure 124.
d-Lyxose 170.

Mästung 744—746.
Magen; Bedeutung für die Verdauung 377
    bis 379; Beziehung zur Darmfäulnis 405;
    Selbstverdauung 380; Verdauung im
    Magen 374—380.
Magendrüsen 360.
Magenfistel 361.
Magenlipase 372.
Magensaft 361—373; Absonderung 361 bis
    363, 372, 373; Bestimmung des Säure-
    grades 382; Menge 365; Wirkung 366
    bis 379; Zusammensetzung 363, 364.
Magenschleimhaut 360.
Magnesiumsalze; Vorkommen im Harne
    604, 608, 660, 661, in Knochen 431, 432,
    435, in Konkrementen 408, 661—663, in
    Muskeln 459, 470; s. im übrigen die ver-
    schiedenen Säfte und Gewebe.
Makrele; Fleisch 470; Sperma 83, 84.
Malonamid u. Harnsäurebildung 559.
Malonsäure; Übergang in Harn 612.
Maltase 37, 173, 357, 358, 384, 391.
Maltodextrin 176.
Maltose 37, 154, 173, 315, 357, 391; Resorp-
    tion 415, 416; Vorkommen im Harne 647.
Mandelsäure 617.
Mandelsäureester 48.
Mandelsäurenitril 46.
Mangan 56, 212, 268, 352; Bedeutung für
    Oxydationen 702.
Mannit 151, 163, 167, 314.
Mannononose 155.
Mannonsäure 164.
Mannose 48, 153, 155, 163, 167; Beziehung
    zur Glykogenbildung 315; Verhalten im
    Tierkörper 153, 155.
Marcitin 36.
Margarin und Margarinsäure 182.
MASCHKES Kreatininreaktion 552.
Massenwirkungsgesetz 26.
Mastix 23, 75, 101.
Maulbeersteine 662.
Mekonium 407.
Melainin 670.
Melanine 301, 668—670; im Auge 486; im
    Harne 634.
Melanogen 634.
Melanoidine 61, 668, 669, 670.
Melanoidinsäure 668.
Melanoproteine 670.
Melanotische Geschwülste 634, 669.
Melanurie 634.
Meliorationseiweiß 738.
Melissylalkohol 185.
Membrane, semipermeable 1, 2, 4.
Membranine 130, 430, 487.
Menschenfett 180, 437.
Menschenmilch 522—527; Asche 526; Zu-
    sammensetzung 524, 525.
Menstrualblut 212, 268.
Menthol; Verhalten im Tierkörper 623.
Mentholglukuronsäure 648.
Merkaptan 62, 401, 402.
Merkaptursäuren 624.
Mesitylen; Verhalten im Tierkörper 617.
Mesitylensäure 617, 621.

Mesitylenursäure 621.
Mesobilirubin 342.
Mesobilirubinogen 342, 590, 592.
Mesohämin 232.
Mesoinosit 455.
Mesoporphyrin 232—234, 342.
Mesoporphyrinogen 235, 342.
Metacholesterin 193, 196, 770.
Metakaseinreaktion 515.
Metalbumin 493.
Metaphosphorsäure; Eiweißreagens 76, 627.
Metazym 254.
Methämoglobin 223, 224, 240; im Harne
    631.
Methal 184.
Methan u. Sumpfgas 64, 398, 401, 402,
    677.
Methose 163.
Methoxyphenylalanin 585.
Methyläthylmaleinimid 237, 342.
Methyläthylmaleinsäureanhydrid 237.
Methyläthylpyrrole 238.
Methylalkohol; Verhalten im Tierkörper
    616.
Methyldiglyzylglyzin 68.
Methylenblau; Reduktion 517, 703.
Methylenitan 163.
Methylglykokoll; s. Sarkosin.
Methylglykoside 48.
Methylglyoxal 153, 154; Beziehung zur
    Milchsäurebildung und Zuckerabbau 158,
    325, 619, zur Zuckerbildung 326.
Methylguanidin 448, 452, 454, 552; im
    Harne 554, 601.
Methylguanidinessigsäure; s. Kreatin.
Methylhämine 229, 230.
Methylharnstoff 547.
Methylhydantoinsäure 615.
Methylierungen im Tierkörper 624; von
    Proteinen 64, 85; von Aminosäuren 126.
Methylimidazol 153.
Methylindol 578; s. sonst Skatol.
Methylindolin 578.
Methylmerkaptan 64, 108, 401, 402.
Methyloxyfurfurol 166, 333.
Methylpentosane 160.
Methylpentosen 149, 160.
Methylphenylalanin 585.
Methylpyridin; Verhalten im Tierkörper
    624; Vorkommen im Harne 601.
Methylpyridylammoniumhydroxyd 624.
Methylsulfosäure 62, 87.
Methylthiophen 622.
Methyluramin; s. Methylguanidin.
Methylxanthin 142, 564, 565.
METTsche Probe 367, 394.
Mikrorespirometer 703.
Mikrotonometer 692.
Milch 508; Ausnutzung im Darme 414, 421;
    Verhalten im Magen 375, 377, 523.
    Wertigkeit 717, 728—734, 743; s. im
    übrigen die verschiedenen Milchsorten.
Milchdrüsen 508.
Milchfett 511, 523; Abstammung 529, 530.
Milchkügelchen 510, 511, 523.
Milchsäuregärung 157, 158; im Darme 400,

415; bei Glykolyse 157, 158, 266; im Magen 379; in der Milch 509.

Milchsäuren 106, 158, 159, 456—458; Bez. zur Azetonbildung 651; s. im übrigen die verschiedenen Milchsäuren.

Milchzucker 172, 174, 517; als Glykogenbildner 315; Kalorienwert 712; Resorption 415, 416; Übergang in den Harn 315, 647; Ursprung 531.

MILLONs Reaktion 76.

Milz 289—292; Beziehung zu Eisenstoffwechsel 292, zur Fibrinogenbildung 200, zu Gallenfarbstoffbildung 351, zur Harnsäurebildung 292, zum Nahrungsbedarfe 292, zur Verdauung 292; Milznukleoproteid 114, 290.

Mineralsäuren; alkalientziehende Wirkung und Wirkung auf Ammoniakausscheidung 536, 548, 725.

Mineralstoffe; Ausscheidung im Hunger 605, 608, 720; unzureichende Zufuhr 723 bis 726; s. im übrigen die verschiedenen Gewebe und Säfte.

Mingin 601.

MÖRNERsche Tyrosinprobe; s. DENIGÈS Probe.

Molekularbewegung 17.

MOLISCHsche Naphtholzuckerprobe 166.

Molken 510, 521.

Molkeneiweiß 514.

Monoaminosäuren; s. Aminosäuren.

Mononukleotide 135, 137, 138.

Monosaccharide 150—169.

Monoxystearinsäure 180, 183.

MOOREsche Zuckerprobe 165.

Morphin; im Harne 595, 624; in der Milch 532.

Mukoide 127, 129, 425—427, 431; in Transsudaten 279, 281, 282; s. im übrigen die verschiedene Gewebe.

Mukoidkystome 492—495.

Mukoitin 428.

Mukoitinschwefelsäure 127, 426, 427, 428.

Mukonsäure 616.

Mukosin 428.

Multirotation und Mutarotation 152.

Mundschleim 355.

Murexidprobe 562.

Muskarin 190.

Muskelarbeit; chemische Prozesse 464 bis 469, 752; Wirkung auf Stoffwechsel 466 bis 469, 750—752.

Muskelfarbstoffe 448.

Muskelfasern 442, 443; Permeabilität 7, 460.

Muskelkraft; Ursprung 467—469.

Muskeln; glatte 471; quergestreifte 442 bis 471; Blut derselben 464; Extraktivstoffe 448—456; Kalorienwert 713; Zusammensetzung 469—471.

Muskelplasma 443, 444, 446, 447.

Muskelserum 443.

Muskelstarre 461—463.

Muskelstroma 447.

Muskelsyntonin 96, 447.

Muskelzucker 456.

Muskulin 444, 446, 462.

Mutterkorn 121, 123.

Muzin 72, 127—129; im Harne 601, 625, 626, 630; Verdauung 369, 396.

Muzinähnliche Substanzen; in Galle 331, 350; im Harne 601, 630; in Nieren 533.

Muzinogen 128, 502.

Muzinoide; s. Mukoide.

Myelin 187, 475, 479.

Myelinformen 187, 475.

Myoalbumin 445, 446.

Myogen 444, 446.

Myogenfibrin 444, 446, 462.

Myoglobulin 445, 446.

Myohämatin 448.

Myokynin 454.

Myoproteid 447.

Myoprotein 444, 472.

Myosin 243, 444, 445; Resorption 409.

Myosinferment 445, 446.

Myosinfibrin 444, 447.

Myosinogen 444, 446.

Myosinosen 99.

Myristinsäure 179, 180, 511, 523.

Myrizin 185, 769.

Myrizylalkohol 185.

Mytilit 456.

Mytolin 447.

Myxödem 298, 426.

Nabelstrang 128, 129, 426.

Nägel 86, 665, 666.

Nager; Gallensäuren 335.

Nahrung; Einwirkung auf Stoffwechsel 727, 728, 734—745, 754, 756; künstliche Nahrung 727—731; unvollständige 727 bis 734; unzureichende s. Hunger.

Nahrungsbedürfnis 736, 755—762.

Nahrungsstoffe; akzessorische 730; notwendige 707; Verbrennungswärme 712 bis 716.

Naphthalin; Einwirkung auf Harn 625; Verhalten im Tierkörper 623.

Naphthindol 578.

Naphthol; Reagens auf Zucker 166; Verhalten im Tierkörper 595.

Naphtholglukuronsäure 595, 625.

Naphthoresorzinreaktion. 171, 649.

Narkotika; Beziehung zur Glykogenbildung 314.

Natriumsalizylat; als Cholagogum 330.

Natriumverbindungen; Ausscheidung durch den Harn 608, 720; Verteilung auf Formelemente und Säfte 56; s. im übrigen die verschiedenen Säfte und Gewebe.

Nebennieren 299—302; Beziehung zum Diabetes 320, 325.

Nebenschilddrüsen 297.

Neosin 454.

Neossin 130.

Neottin 498.

Neozym 254.

Nepenthesenzym 365.

Nephrorosein 581.

Nerven 474, 475, 484.

NEBAUER-ROHDES Eiweißreaktion 77.
NEUBERG-RAUSCHWERGERS Cholesterin-
reaktion 195.
Neugeborene; Asche 526, 528; Blut 262;
Eisen 309, 526, 528; Fett 437; Harn
535, 540, 555, 591; Leber 309; Phos-
phatide 186.
Neuridin 475, 482, 496.
Neurin 190, 448, 454.
Neurochitin 485.
Neurokeratin 86, 475, 484, 485.
Neurosäure 482.
Neurostearinsäure 482.
Neutralfette; s. Fette.
Nieren 533; Beziehung zur Bildung der
Hippursäure 572, zur Glykosurie 317,
318.
Nilpferdgalle 340.
Ninhydrinreaktion 77.
Nitrate; im Harne 608.
Nitrile; Verhalten im Tierkörper 615.
Nitrobenzaldehyd; Verhalten im Tier-
körper 622.
Nitrobenzoesäure 65, 622.
Nitrobenzol; Verhalten im Tierkörper 621.
Nitrohippursäure 622.
Nitroimidazolkarbonsäure 65.
Nitrophenol; Verhalten im Tierkörper 621.
Nitrophenylpropiolsäure; Verhalten im
Tierkörper 577.
Nitrosoindolnitrat 119.
Nitrotoluole; Verhalten im Tierkörper 621,
623.
Nitrotyrosin 65.
Nitrozellulosen 177.
Norisozuckersäure 169.
Norleuzin 66, 113.
Novain 453, 454; im Harne 601.
Nubecula 535, 601.
Nukleasen 38, 138, 290, 384, 385, 396, 557.
Nukleinasen 138.
Nukleinbasen; s. Purinbasen.
Nukleine 133, 134; Beziehung zur Harn-
säurebildung 556, 557; Verhalten zu
Magensaft 133, 370, zu Pankreassaft
396.
Nukleinplättchen 245.
Nukleinsäuren 132, 135—141; im Harne
630; in der Thymus 293; eiweißfällende
Wirkung 76, 630; Verdauung 385, 396,
401.
Nukleinsäurehiston 293, 491.
Nnkleoalbumine 71, 80, 132; in Galle 331,
350; im Harne 630; in Nieren 534; in der
Thymus 293; in Transsudaten 278; Ver-
halten zur Pepsinverdauung 80, 132, 369.
Nukleohiston 83, 244, 277, 293; im Harne
631.
Nukleon 454, 472; in Milch 517, 525; in
Sperma 489.
Nukleoprotamin 132, 491.
Nukleoproteide 72, 127, 132—134; s: im
übrigen die verschiedenen Organe.
Nukleosidasen 138.
Nukleoside 136, 138.
Nukleosin 148.

Nukleotidasen 138.
Nukleotide 135, 137, 138.
Nutzeffekt, physiologischer 717.
NYLANDERS Reagens; s. ALMÉN-BÖTT-
GERsche Zuckerprobe.

Oberflächengesetz 749.
Oberflächenspannung 9, 16.
OBERMAYERS Indikanprobe 578.
OBERMÜLLERS Cholesterinreaktion 196.
Oblitin 454.
Ochronose 430.
Ölsäure 180, 182, 183.
Ohr; Flüssigkeiten 488.
Oktadezylalkohol 673.
Oktoazetylzellobiose 667.
Olein u. Oleinsäure 180, 182, 183.
Oligurie 611.
Olivenöl, Resorption 419; Wirkung auf
Gallenabsonderung 330.
Onuphin 130.
Oorodein 502.
Oozyan 502.
Opalisin 517, 524.
Ophiotoxin 673.
Opium; Übergang in die Milch 532.
Optogramme 486.
Orangen u. Vitamine 733.
Organe; Gewichtsverlust beim Hungern
721.
Organeiweiß 736, 737.
Ornithin 66, 70, 122, 123, 541, 621.
Ornithursäure 123, 622.
Orthokresol 574.
Orthonitrophenylpropiolsäure; s. Nitro-
phenylpropiolsäure.
Orotsäure 511, 517.
Orylsäure 517.
Orzinprobe 161, 171, 648.
Osamine der Zuckerarten 153.
Osazone 154, 155.
Osimine 153.
Osmometer 14.
Osmose 4; osmotische Versuche 4—6.
Osmotischer Druck 1—11, von Kolloiden
14; s. im übrigen die verschiedenen
tierischen Flüssigkeiten.
Osone 155.
Ossein 430.
Osseoalbumoid 431.
Osseomukoid 128, 431.
Osteomalazie 434, 435.
Osteoporose 434.
Otholithen 488.
Ovalbumin 65, 66, 82, 500, 501, 728, 735,
768.
Ovarialzysten 492—495.
Ovin 498.
Ovoglobulin 499, 500.
Ovokeratin 87.
Ovomukoid 128, 130, 500, 501.
Ovovitellin 81, 496, 497.
Oxalat und Blutgerinnung 199, 201.
Oxalatsteine 662.
Oxalsäure; Abstammung 567, 568; im

Harne 567, 612; Verhalten im Tierkörper 567, 612.
Oxalsaurer Kalk; s. Kalziumoxalat.
Oxalursäure 554, 567.
Oxime der Zuckerarten 153.
Oxonsäure 555.
Oxyaminobernsteinsäure 66, 115.
Oxyaminokorksäurenn 66, 115, 306.
Oxyaminosäuren 66, 114, 115.
Oxybenzoesäure; Verhalten im Tierkörper 621.
Oxybenzole 617.
Oxybuttersäure, 65, 110, 656; Entstehung 613, 650—653; Nachweis und Bestimmung 656.
Oxychinoline 623.
Oxychinolinkarbonsäure; s. Kynurensäure.
Oxycholesterin 192, 193, 196, 475, 672, 673.
Oxydasen 700—702; s. im übrigen die Gewebe und Säfte.
Oxydationen 31, 464, 613, 614, 616, 617, 699—705; im Diabetes 322.
Oxydationsfermente 700—704.
Oxydiaminokorksäure 66.
Oxydiaminosebazinsäure 66, 125, 306.
Oxydone 703.
Oxydoreduktion 704, 705.
Oxyfettsäuren; in Tierfett 180—184.
Oxygenasen 701.
Oxyglutaminsäure 66, 114.
Oxyhämatin; s. Hämatin.
Oxyhämoglobin 218, 219—223, 240; Dissoziation 220, 677—679, 686; Menge im Blute 218, 262, 263; Übergang in den Harn 631; Verdauung 231, 370, 396.
Oxyhämozyanin 241.
Oxyhydroparakumarsäure 582.
Oxykarbazol 617.
Oxyketone; Verhalten im Tierkörper 623.
Oxymandelsäure 618.
Oxymethylfurfurol 163, 166, 333.
Oxynaphthalin 617.
Oxyphenylaminopropionsäure; s. Tyrosin.
Oxyphenyläthylamin 64, 100, 115, 117, 619.
Oxyphenylbrenztraubensäure; intermediäres Stoffwechselprodukt 584, 616, 618; Tyrosinsynthese 619.
Oxyphenylessigsäure 115, 582; Verhalten im Tierkörper 617, 618, 622.
Oxyphenylmilchsäure 618.
Oxyphenylpropionsäure 115, 582, 622.
Oxyprolin 66, 117; Mengen in Proteinen 82, 95.
Oxyprolylprolinanhydrid 769.
Oxyproteine 65.
Oxyproteinsäuren 211, 280, 597, 598 bis 600.
Oxyprotsulfonsäure 65.
Oxypyrimidin 147.
Oxypyrrolidinkarbonsäure; s. Oxyprolin.
Oxysäuren, aromatische; Übergang in den Harn 582, 622, in Schweiß 674.
Oxyzellulosen 177.
Ozontheorie 699.
Ozonüberträger 222.

Palmitin 182.
Palmitinsäure 179, 180, 182.
Pancreatic Casein 397.
Pankreas 386, 387; Beziehung zur Diabetes 320—322, zur Glykolyse 324, zur Resorption 415, 417, 420, 421, zur Thyreoidea und Nebennieren 325.
Pankreasdiabetes 320—322, 770.
Pankreasdiastase 390, 391.
Pankreaslab 390, 397.
Pankreaslipase 181, 390, 392.
Pankreasproteide 387.
Pankreassaft 387—397; Absonderung 387 bis 390; Wirkung auf Nährstoffe 391 bis 397, auf Polypeptide 396.
Pankreassteine 397.
Papayotinwirkung 102.
Parabansäure 554.
Paraglobulin; s. Serumglobulin.
Paraglykocholsäure 334.
Parahämoglobin 221.
Parakasein 514, 515.
Parakresol; Entstehung bei Fäulnis 64, 115, 401, 573, 574.
Paralbumin 493, 494.
Paramethoxyphenylalanin 585.
Paramethylphenylalanin 585.
Paramidophenol 617.
Paramilchsäure; s. Fleischmilchsäure.
Paramuzin 494.
Paramyelin 479.
Paramyosinogen 444, 446.
Paranuklein; s. Pseudonukleine.
Paranukleinsäure 515.
Paraoxyphenylessigsäure und -propionsäure; s. die Oxysäuren.
Paraoxyphenylmilchsäure 618.
Parathyreoidea 297, 451.
Paraxanthin 142, 566; im Harne 565.
Parenteral eingeführte Nährstoffe 41, 42, 409.
Parotis 353.
Parotisspeichel 355, 688.
Parovarialzysten 495.
Pektinstoffe 175, 177.
Pellagra 734.
Pemphigus chronicus 284.
Pennatulin 94.
Pennazerin 673.
Pentakrinin 671.
Pentamethylendiamin; s. Kadaverin.
Pentosane 160; Verdauung 423.
Pentosen 150, 160—163; Beziehung zur Glykogenbildung 313; im Harne 160, 647—649; in Milch 519; in Nukleinsäuren 136, 137, 139, 140; Resorption 416.
Pentoside 136.
Pentosurie 647; alimentäre 648.
PENZOLTDs Azetonreakion 654.
Pepsin 37, 365—370, 771; im Harne 601.
Pepsinchlorwasserstoffsäure 369.
Pepsindrüsen 360.
Pepsinglutinpepton 103.
Pepsinogen 373.
Pepsinproben 367—368.

Pepsinverdauung 366—370; Produkte derselben 98, 99, 101, 103, 369.
Peptasen 393.
Peptidasen 37.
Peptide oder Polypeptide 67—70, 103; Beziehung zur Alkaptonurie 583; im Harne 600; Verhalten zu Enzymen 70, 396.
Peptone 63, 70, 72, 97—105; Nährwert 739; Resorption 410—412; Vorkommen im Harne 625, 628, im Magen 378.
Peptonplasma 198.
Perikardialflüssigkeit 278, 280.
Perilymphe 488.
Peritonealflüssigkeit 278, 281—283.
Perkaglobulin 503.
Permeabilität 6, 7; der Blutkörperchen 6, 7, 264; der Gefäßwand 278; der Muskeln 7, 460.
Peroxydasen 701, 702.
Peroxyde; Beziehung zur Oxydation 701, 702.
Peroxyprotsäure 65.
Perspiratio insensibilis 708.
Perzin 84.
PETTENKOFERsche Gallensäureprobe 332.
Pferdemilch 522; Kasein 522.
Pflanzen; chemische Vorgänge 30, 31; Proteine 61, 81.
Pflanzengummi 175, 177.
Pflanzenschleim 175, 177.
Pfortaderblut 415.
Pfründner; Kostsätze 761.
Phagozytose 243.
Phasen 13.
Phenazetursäure 572, 619, 621, 622.
Phenazetylglutamin 622.
Phenole; Ausscheidung durch Harn 401, 573—575; Entstehung bei Fäulnis 64, 115, 401, 573—575; Verhalten im Tierkörper 401, 573—575.
Phenolglukuronsäure 574, 595.
Phenolschwefelsäure 573—575; im Schweiße 674.
Phenoloxydasen 700.
Phenyläthylamin 64, 115.
Phenylalanin 66, 91, 115; Mengen in Proteinen 82, 88, 95; Verhalten zu Alkaptonurie 583—585, im Tierkörper 570, 618, 619, 650.
Phenylaminobuttersäure; Verhalten im Tierkörper 617, 624.
Phenylaminoessigsäure; Verhalten im Tierkörper 617, 618, 624.
Phenylaminopropionsäure; s. Phenylalanin.
Phenylazetylaminobuttersäure 624.
Phenylazetylaminoessigsäure 624.
Phenylbrenztraubensäure 618, 619; bei Alkaptonurie 583.
Phenylbuttersäure; Abbau 619, 621.
Phenylessigsäure 65; bei Fäulnis 115, 401; Verhalten im Tierkörper 572, 619, 622.
Phenylglykolsäure 617.
Phenylglyoxylsäure 617, 618.
Phenylglukosazon 154, 166.

Phenylhydrazinprobe 166; im Harne 640, 641.
Phenylkapronsäure 619, 621.
Phenylketobuttersäure; Verhalten im Tierkörper 624.
Phenylmilchsäure 583, 616, 650.
Phenyloxybuttersäure 621.
Phenyloxypropionsäure 619.
Phenylpropionsäure; Entstehung bei Fäulnis 115, 401, 570; Verhalten im Tierkörper 570, 617, 619.
Phenylsemikarbazid 545.
Phenylvaleriansäure 619.
Philothion 704.
Phlebin 218.
Phlorhizindiabetes 317, 318, 327, 770.
Phlorhizinvergiftung 306, 312; s. auch Phlorhizindiabetes.
Phlorogluzin; als Reagens 161, 171, 381, 648.
Phocaecholalsäuren 340.
Phonopyrrolkarbonsäure 238.
Phosphate; im Blute 683, 684; im Harne 604—607, 772; Bedarf an solchen 725; Beziehung zur Synthese organischer Zellbestandteile 726; s. im übrigen die verschiedenen Phosphate.
Phosphatide 185—191; s. im übrigen die Gewebe und Organe.
Phosphatsteine 662.
Phosphaturie 606.
Phosphoglykoproteide 127, 132.
Phosphoproteine 71, 80.
Phosphorfleischsäure 453; Beziehung zur Muskelarbeit 454, 465; im Harne 600; s. auch Nukleon.
Phosphorhaltige Harnbestandteile 600.
Phosphorsäure; s. Phosphate.
Phosphorsäureester 154, 156.
Phosphorstoffwechsel 710.
Phosphorvergiftung; Einwirkung auf Ammoniakausscheidung 543, 549, auf Blut 200, 202, auf Harnstoffausscheidung 540, 543, auf Milchsäureausscheidung 594; Fettdegeneration als Folge davon 438; Leber dabei 306, 308; Veränderungen des Harnes 308, 540, 543, 582, 598, 618, 657.
Photomethämoglobin 225.
Phrenosin 480.
Phrenosinsäure 534.
Phtalsäure; Verhalten im Tierkörper 616, 617.
Phylloerythrin 346.
Phylline 236.
Phylloporphyrin 233, 236.
Phyllopyrrol 237, 238, 342.
Phyllopyrrolkarbonsäure 238, 342.
Phymatorhusin 669; im Harne 634.
Physetölsäure 181.
Phytase 455.
Phytin 455.
Phytol 236.
Phytosterine 192.
Pilokarpin; Wirkung auf Absonderung von Darmsaft 383, Pankreassaft 388, Speichel

359, auf Ausscheidung von Harnsäure 556, von Kohlensäure im Magen 380.
Piperidinglykosurie 320.
Piqûre 319.
PIRIAS Tyrosinprobe 116.
Pituglandol 303.
Pituitrin 303.
Plasma; s. Blutplasma.
Plasminsäure 141.
Plasmolyse 4, 5.
Plasmoschise 250.
Plasmozym 252.
Plastein 46, 102.
Plasteinogen 103.
Plazenta 506.
Pleuraflüssigkeit 278, 281.
Pneumonisches Infiltrat; Lösung desselben 35, 287, 698.
Polarisationsprobe; im Harne 641, 646.
Polyneuritis gallinarum 729.
Polynukleotide 135.
Polypeptide; s. Peptide.
Polypeptidphosphorsäure 515.
Polyperythrin 671.
Polysaccharide 150, 174—178.
Polyurie 610.
Polyzythämie 269.
Porphyrine 233—236; im Harne 633.
Porphyrinurie 235, 633.
Präglobulin 244, 250, 294.
Präputialsekret 672.
Präzipitine 52, 410.
Proenzyme 40; s. Enzyme.
Prolamine 61, 81.
Prolin 66, 117; Mengen in Proteinen 82, 88, 95, 117.
Prolylphenylalanin 67, 70.
Propepsin 373.
Propeptone 97.
Propylalkohol 157.
Propylbenzol; Verhalten im Tierkörper 617.
Propylenglykol; Beziehung zur Glykogenbildung 314.
Prosekretin 362, 384, 390.
Proserozym 252.
Prostatakonkremente 130, 491.
Prostatasekret 490.
Prosthetische Gruppe 132.
Protagon 475, 476—478.
Protalbinsäure 97.
Protalbumosen 99, 100—102.
Protamine 61, 71, 83, 84—86, 124, 491.
Proteide 127—135; s. im übrigen die verschiedenen Proteidgruppen.
Proteine; Allgemeines 60—72; s. im übrigen Kap. 2 und die verschiedenen Proteine.
Proteinochrom 118.
Proteinsäuren; im Harne 597—600.
Proteosen 97.
Prothrombine 201, 203, 204, 250—256.
Protoelastose 89.
Protogelatose 92.
Protogen 97.
Protokatechusäure; Verhalten im Tierkörper 576.
Protokyrine 104.

Protone 85.
Protosyntonose 124.
Prototoxide 53.
Protsäure 454.
Prunase 46, 47.
Pseudocholansäure 337.
Pseudocholestan 193, 338.
Pseudochylöse Ergüsse 282.
Pseudoglobulin 206.
Pseudoglykogenbildner 315.
Pseudoharnsäure 559.
Pseudomuzin 129, 130, 493.
Pseudonukleine 80, 134, 515.
Pseudonukleinsäure; s. Paranukleinsäure.
Pseudopepsin 365.
Pseudoperoxydase 702.
Pseudozerebrin 480.
Psittakofulvin 671.
Psyllaalkohol 672.
Psyllasäure 672.
Ptomaine 36.
Ptyalin 357, 358, 397.
Pulmoweinsäure 698.
Purin 141.
Purinbasen 135, 141—146; Beziehung zur Muskelarbeit 466; im Harne 564—567.
Purinoxydasen 290, 557.
Purinpentoside 136, 138, 139.
Purpur 671.
Putreszin 36, 64, 123, 657.
Putrin 36.
Pyin 281, 286, 288.
Pyinsäure 288.
Pylorusreflex 375.
Pylorussekret 373.
Pyogenin 287.
Pyosin 287.
Pyoxanthose 288.
Pyozyanin 288.
Pyridin; Verhalten im Tierkörper 624.
Pyrimidin 141, 147.
Pyrimidinbasen 135, 137, 147.
Pyromukursäure 622.
Pyromuzinornithursäure 622.
Pyroschleimsäure 620, 622.
Pyrrolderivate 237, 238.
Pyrrolidinkarbonsäure; s. α-Prolin.
Pyrrolidonkarbonsäure 87, 114.
Pyrrolreaktion 118.

Quadriurate 561, 658.
Quappe; Sperma 140.
Quecksilbersalze; Giftwirkung 56.
Quellung 25, 461—463.
Querzinit 456.
Querzit; Beziehung zur Glykogenbildung 314.
Quotient; Harnkohlenstoff: Stickstoff 611. 711; Stickstoff: Homogentisinsäure 583; Stickstoff: Zucker 327—328; Respirationsquotient 321, 328, 440, 713, 714, 720, 752; Harnquotient, kalorischer 717.

Rachitis 434, 435, 729, 732.
Radioaktivität 57.

Rahm 521.
Ranzigwerden der Fette 181.
Reaktion; Ordnung derselben 26; Reaktion einer Lösung; Bestimmung 58, 59.
Reaktionsgeschwindigkeit 26, 27, 47.
Reduktasen 704.
Reduktionsprozesse 30, 31, 32, 620, 621, 704, 705; s. im übrigen die verschiedenen Kapitel.
Reduktodehydrocholsäure 337.
Reduktonovain 601.
Refraktometerkoeffizient 610.
REICHERT-MEISSELs Zahl 184.
Reis u. Reiskleie als Nahrung 729.
Renntiermilch 522.
Renoschwefelsäure 534.
Resazetophenon; Verhalten im Tierkörper 623.
Resorption 409—424.
Resorzinprobe 168, 646.
Respiration; des Hühnereies 503; s. im übrigen Kap. 17.
Respirationsquotient; s. oben Quotient.
Restreduktion; im Blute 210, 265.
Reststickstoff; im Blut 211, 267, 770; in Milch 519—521, 525.
Retikulin 71, 92, 425.
Retina 485, 486.
Retrogradation 175.
Reversible Reaktionen und Reversion 26, 28, 45—48, 173.
REYNOLDsche Azetonreaktion 653.
Rhamnose 160.
Rheum; Wirkung auf Harn 624, 636, 639.
Rhodan; im Harne 597, 615; im Magensaft 364; in Speichel 355—357.
Rhodizonsäure 455.
Rhodophan 486.
Rhodoporphyrin 236.
Rhodopsin 485.
Ribose 135, 151, 162.
Ringkot 406.
Rizinuslipase 181.
ROBERTs Zuckerbestimmungsmethode 645.
Röstgummi 175.
Roggenbrot; Ausnutzung 414, 417, 717.
Rohfaser; Verdauung 423.
Rohrzucker; Inversion 27, 37, 172, 315, 370, 415; Kalorienwert 712, 716; Resorption 416; Übergang in Harn 315, 647.
Rohseide 93, 95.
ROSENBACHs Gallenfarbstoffprobe 635; Harnprobe 656.
ROSENHEIMs Oxycholesterinreaktion 197.
ROVIDAs Hyaline Substanz 217, 243, 287.
RUBNERs Zuckerreaktion 166, 641, 647.
Rüböl; Fütterung damit 437.
Rückenmark 484.
Ruhe; Stoffwechsel 463—467, 722, 750.

Saccharase 37, 384.
Saccharin; als Glykogenbildner 314.
Saccharose; s. Rohrzucker.
Säureglykosurie 319.
Säuren; s. Mineralsäuren und organische Säuren.

Säurezahl 184.
Sahidin 479.
Salizylaldehyd 700, 704.
Salizylsäure; Verhalten im Tierkörper 621; Wirkung auf Gallenabsonderung 330, auf Harnsäureabsonderung 556.
Salizylursäure 621.
SALKOWSKIs Cholesterinreaktion 195.
Salmin 84, 85.
Salmonukleinsäure 140.
Salze; Wirkung 55—58; antagonistische 57; auf Stoffwechsel 746, 747; Resorption 422; s. im übrigen die verschiedenen Salze.
Salzglykosurie 318.
Salzsäure; s. Chlorwasserstoffsäure.
Samandarin 673.
Samen 489—491.
Santonin; Wirkung auf Harn 624, 636.
Saponifikation 181, 392, 418, 419.
Saponine 193, 216.
Sapotoxine 673.
Sarkin; s. Hypoxanthin.
Sarkolemma 442, 460.
Sarkomelanin 669.
Sarkomelaninsäure 669.
Sarkosin 449; Verhalten im Tierkörper 615, 624.
Sauerstoff; Kalorienwert 714, 715; Mengen im Blute 677, 679; Tension in der Alveolarluft 690—692, 694, im Blute 679, 690 bis 692; s. im übrigen die verschiedenen Organe und Säfte.
Sauerstoffmangel; Wirkung auf Eiweißzerfall 299, 457, 540, 567, 597, 751, auf Milchsäureausscheidung 457, 594, auf Thyreoidea 299, auf Zuckerausscheidung 320.
Schaf; Milch 522; Wolle 86—88, 673.
Schalenhaut; der Hühnereier 86—88, 502.
SCHARDINGERsche Reaktion 517, 705.
SCHERERsche Inositprobe 455.
Schilddrüse 295—299, 698.
Schildpatt 86, 88, 672.
Schlaf; Stoffwechsel 752.
Schlangengift; Wirkung auf Blutgerinnung 204, 248, 257.
Schleim und Schleimstoff; s. Muzin und die verschiedenen Organe.
Schleimgewebe 426.
Schleimsäure 167, 314, 322, 518, 647.
Schmetterlinge; Farbstoffe 671.
SCHÜTZsche Regel 45, 204.
Schutzkolloide 19, 75, 101.
Schwalbennester, eßbare 130.
Schwangerschaft 306, 318, 551, 594, 600.
Schwefel; in Proteinen 62, 63; s. auch die verschiedenen Proteine; im Harne 597, 598, 607, 709, 722; Verhalten im Tierkörper 597.
Schwefelmethämoglobin 226.
Schwefelsäure; Ätherschwefelsäure und Sulfatschwefelsäure 573, 576, 607, 709; im Schweiße 674, 675.
Schwefelwasserstoff; im Harne 598.
Schwein; Fleisch 144, 469, 470; Milch 522.

Schweinefett; Resorption 419, 420; Vitamine 731.
Schweiß 673—675.
SCHWEIZERs Reagens 177.
Schwimmblase der Fische; Gase 695; Guanin 144.
Scyllit 290, 456.
Scymnol 332.
Scymnolschwefelsäure 332.
Sebazinsäure 183.
Sedimente; s. Harnsedimente.
Sedimentum lateritium 535, 561, 594, 658.
Seehunde; Fett 180; Galle 340.
Seeigel; Eier, Entwickelung 505, 506; Sperma 83.
Seesternen; Eier, Befruchtung 505, 506.
Sehnenmukoid 427, 431.
Sehnenmuzin 128, 129, 427, 431.
Sehnenscheidenflüssigkeit 285.
Sehpurpur und Sehrot 485, 486.
Seidenleim 94, 95.
Seifen 181; Bedeutung für Absonderungen 362, 383, 389, 390, für Emulgierung der Fette 181, 392, für deren Resorption 418.
Seitenkettentheorie 52.
Sekretine 362, 383, 388, 389, 390.
Selachier; Blut 267; Leber 311.
Selbstverdauung; des Magens 380.
SELIVANOFFs Fruktosereaktion 168, 646.
Semiglutin 92.
Semikarbazid; Vergiftung damit 568.
Seminose 167.
Senna; Einwirkung auf Harn 624, 636, 639.
Sensibilatoren 54.
Sensibilisation; photobiologische 234.
Sepien 667, 668, 670.
Sepsin 36.
Serin 66, 85, 106; Mengen in Proteinen 82, 85, 88, 95, 106; Übergang in den Schweiß 106, 614, 674.
Serinanhydrid 106.
Serizin 71, 93, 94, 95.
Seromukoid 207, 209.
Serosamuzin 278, 279.
Serozym 252.
Serum; s. Blutserum.
Serumalbumin 71, 82, 207—209; im Harne 625, 628, 629; Resorption 409.
Serumglobuline 71, 82, 205—207, 209; im Harne 625, 628, 629.
Serumkasein; s. Serumglobulin.
Siedepunktserhöhung und osmotischer Druck 3.
Silber 268.
Sinistrin 132.
Skatol 64, 119, 401, 580; Verhalten im Tierkörper 401, 573, 580.
Skatolfarbstoffe 580, 581.
Skatolkarbonsäure 580, 581.
Skatolrot 580, 581.
Skatosin 120.
Skatoxyl 119, 573, 580.
Skatoxylglukuronsäure 170, 580, 595.
Skatoxylschwefelsäure 573, 590; im Schweiße 674.
Skeletine 93—95.

Skelett 433, 723.
Sklerotika 488.
Skombrin 84, 85, 104.
Skombron 83.
Skorbut 729, 733, 734.
Smegma Präputii 672.
Soldaten; Verpflegung 671.
Sorbit 151, aus Glyzerinaldehyd 325.
Sorbose 155, 163, 169.
Spargeln; Wirkung auf Harn 625.
Speckhaut 248.
Speichel 353—360; Verhalten im Magen 360, 375, im Darme 397.
Speicheldrüsen 353.
Speichelkonkremente 360.
Spektrophotometrie 239, 240.
Sperlingseier; Entwickelung 504.
Sperma; s. Samen.
Spermakristalle 490.
Spermatin 491.
Spermatozeleflüssigkeit 283.
Spermatozoen 83, 490.
Spermin 490.
Spezifisch dynamische Wirkung 744, 754, 755.
Sphingin 481.
Sphingol 478.
Sphingomyelin 185, 475, 477, 478.
Sphingosin 478, 480, 481.
Sphygmogenin; s. Adrenalin.
Spinacen 180.
Spinnenseide 95.
Spirographin 130.
Spongin 71, 93.
Sponginosen 94.
Spongosterin 192, 197.
Squalen 180.
Stachyose 174.
Stärke 174—175; Hydrolyse 176, 357, 391; Kalorienwert 712; Resorption 416, 417; Verdauung 358, 391.
Stearin 182; Resorption 419.
Stearinsäure 180, 182, 188.
Stellasterin 192, 197.
Stentorin, blaues 671.
Sterine 192—197.
Sterkobilin 407, 590, 591.
Sterkorin 197.
Stethal 184.
Stickoxydhämoglobin 225, 227.
Stickstoff, freier; Menge im Blute 677; s. im übrigen die Gase der verschiedenen Flüssigkeiten; kolloidaler Stickstoff im Harne 595, 600, 601; Kalorienwert 717; Methoden der Stickstoffbestimmung 545.
Stickstoffausscheidung; bei Arbeit und Ruhe 466—468, 750, 751; beim Hungern 718, 719, 722; bei verschiedener Nahrung 734—745; durch Harn 539, 540, 597, 600, 605, 709, 711, 722; durch Horngebilde 708, durch Schweiß 674, 675; zeitlicher Verlauf 710, 738.
Stickstoffdefizit 709.
Stickstoffgleichgewicht 709, 734, 735, 742, 743; s. im übrigen Kap. 18.
Stickstoff-Methylzahl 64.

Stickstoffminimum 742, 743.
Stier; Spermatozoen 491.
Stör; Sperma 84, 140.
Stoffwechsel; Abhängigkeit von Außen-
temperatur 753, 754, vom Alter 748 bis
750, von Arbeit und Ruhe 464—469,
750—752, vom Geschlecht 750; beim
Hungern 717—722; bei verschiedener
Nahrung 734—745; im Schlafe und im
Wachen 752; Berechnung der Größe des
Stoffwechsels 710—712.
STOKESsche Reduktionsflüssigkeit 223.
Stroma; der Blutkörperchen 215; 216, 217;
der Milchkügelchen 510; des Muskels 447.
Stromafibrin 217.
Strongylozentrotus 505.
Struma 295.
Strychnin und Glykosurie 320; Übergang
in Harn 624.
Sturin 84, 85, 124.
Stutenmilch 522.
Sublingualis-Drüse 353, -Speichel 354.
Submaxillaris-Drüse 353; -Speichel 354.
Submikronen 16.
Succinodehydrogenase 703.
Sucre immediat et virtuel 265.
Sulfatid 479.
Sulfhämoglobin 226.
Sulfhydrylverbindungen und Reduktionen
704.
Sulfonalintoxikation; Harn 235, 633.
Sumpfgas; s. Methan.
Suprarenin; s. Adrenalin.
Sympathikusspeichel 354.
Synalbumose 100.
Synovia 285.
Synoviamuzin 128, 279, 285.
Synovin 285.
Synthesen 28, 31; enzymatische 45—48;
s. sonst die verschiedenen Organe und
Substanzen.
Syntonin 96, 124, 447; Kalorienwert 716.
Syntoxoide 53.

Talose 163.
Tartronsäure 558, 559.
Tataeiweiß 499.
Taurin 107, 109, 332, 448; Verhalten im
Tierkörper 614.
Taurocholsäure 332, 335, 349; eiweiß-
fällende Wirkung 76, 630.
Taurocholeinsäure 335.
Taurodesoxycholsäure 335.
Taurokarbaminsäure 614.
Tee; Wirkung auf Stoffwechsel 747.
TEICHMANNsche Kristalle 229, 632.
Tendomukoid 427, 431.
Terephthalsäure 65.
Terpene; Verhalten im Tierkörper 623.
Terpentinglukuronsäure 648.
Terpentinöl; Verhalten im Tierkörper 595,
623; Wirkung auf Gallenabsonderung
330, auf Harn 595, 623, 625.
Tetanie u. Schilddrüse 297, 298.
Tethelin 303.

Tetraglyzylglyzin 67.
Tetramethylendiamin s. Putreszin.
Tetranukleotide 135, 137, 138.
Tetronerythrin 241, 671.
Tetrosen 150.
Thalassin 673.
Theobromin 142; Verhalten im Tierkörper
565.
Theophyllin 142; Verhalten im Tierkörper
565.
Therapinsäure 180.
Thioglykolsäure 87.
Thioglyzylglyzinthioamid 68.
Thiomilchsäure 62, 66, 87, 109.
Tiophen; Verhalten im Tierkörper 622.
Thiophensäure 622.
Thiophenursäure 622.
Thiopeptide 63, 68.
Thiosulfat im Harne 614.
Thiotolen 622.
Thrombine 38, 202, 203—205, 250, 251 bis
258.
Thrombogen 252, 255.
Thrombokinase 252, 256.
Thromboplastische Substanzen 250, 252
bis 255.
Thrombozym 255.
Thymin 136, 138, 148.
Thyminsäure 136, 769.
Thymosinsäure 769.
Thymus 292—296.
Thymonukleinsäuren 138, 140.
Thyreoidea 295—299; Beziehung zur Gly-
kosurie 325.
Thyreoglobulin 295, 296.
Thyroxin 295, 296, 297, 299, 770.
TOLLENS-RORIVES Reaktion 168, 171, 649.
Toluhydrochinon 585.
Toluol; Verhalten im Tierkörper 570, 617;
halogenierte Toluole 621.
Tolursäure 621.
Toluylendiaminvergiftung 351.
Toluylsäure 617.
Tonometer 694.
Tonus, chemischer 463.
Totenstarre des Muskels 461—463.
Toxine 36, 52, 304.
Toxoide 53.
Toxone 53.
Tränen 488.
Transsudate 271, 277—285.
Traubenmolen 506.
Traubensäure; Verhalten im Tierkörper 613.
Traubenzucker; s. Glukose.
Trichloräthylglukuronsäure; s. Urochloral-
säure.
Trichohyalin 665.
Triglyzylglyzinäthylester; s. Biuretbase.
Triindylmethanfarbstoffe 581.
Trimethylamin 190, 482; im Harne 601.
Trinitrophenol 65.
Trinukleotide 137.
Triolein 179, 183.
Trionalvergiftung 235.
Triosen 150, 163.
Trioxyglutarsäure 162.

Tripalmitin 179, 182.
Triphosphonukleinsäure 137, 769.
Trippelphosphat; s. Ammoniummagnesiumphosphat.
Trisaccharide 150.
Tristearin 179, 182.
Tritikonukleinsäure 140.
TROMMERsche Zuckerprobe 165, 552, 637.
Tropenbewohner; Stoffwechsel 753.
Trypsin 37, 390, 393—396; Einwirkung auf Proteine 99, 101, 103, 394—396, auf Polypeptide 48, 396; im Harne 601.
Trypsinpeptone 99, 101—103.
Trypsinogen 387—389.
Tryptophan 66, 77, 118, 119, 769; Mengen in Proteinen 82, 99, 101, 103, 516, 769.
Tryptophol 119, 157.
Tuboovarialzysten 495.
Tunizin 667.
Turakoverdin 671.
Turazin 671.
TYNDALL-Phänomen 16.
Tyramin 117, 619.
Tyrosin 64, 66, 115, 116; im Harne 657, 660; Mengen in Proteinen 82, 88, 95, 115; Melaninbildung 301, 670; Verhalten, bei Alkaptonurie 583—585, im Tierkörper 582—585, 616, 617, 650.
Tyrosinasen 116, 301, 670, 700.
Tyrosinschwefelsäure 116.
Tyrosol 116, 157.

Übergangseiweiß 738.
UFFELMANNs Milchsäurereagens 381.
Ultramikroskop 16.
UMIKOFFs Reaktion 526.
Unterschweflige Säure; im Harne 598, 614.
Uraminobenzoesäuren 621.
Uraminosäuren 614, 615, 621, 624.
Uraminsalizylsäure 621.
Urate 561; in Sedimenten 561, 658, 659.
Urazil 135, 136—138, 147.
Urease 38, 544, 546, 658.
Ureidoglukuronsäure 595.
Urein 547.
Urethan 547.
Uridin 137.
Urikase und Urikolase 560.
Urikolyse 560.
Urinod 601.
Urobilin 341, 342, 590—593; Beziehung zu Gallenfarbstoff 342, 402, 590, 591.
Urobilinogen 342, 587, 590, 592, 593.
Urobilinoide 590, 591.
Urochloralsäure 171, 616.
Urochrom 587, 588.
Urochromogen 588, 589.
Uroerythrin 587, 594.
Uroferrinsäure 597, 599.
Urofuscohämatin 633.
Urogen 601.
Uroglauzin 587.
Urohämatin 587.
Urohypertensin 601.
Urohypotensin 601.
Urokaninsäure 121, 601.

Uroleuzinsäure 583, 584, 586.
Uromelanine 587, 588.
Urometer 538.
Uronitrotoluolsäure 623.
Urophäin 587.
Uroporphyrin 233, 235, 633.
Urorosein 580, 581.
Urorubin 587.
Urorubrohämatin 633, 634.
Urostealithe 662.
Urotheobromin; s. Paraxanthin.
Urotoxischer Koeffizient 601.
Uroxansäure 555.
Uroxanthin 576.
Urozyanin 587.
Urrhodin 587.
Ursalizylsäure 621.
Ursocholeinsäure 340.
Uterinmilch 506.
Uteruskolloid 495.

Valeriansäure 113.
VALIN 66, 110; Mengen in Proteinen 82, 88, 95, 110.
Vanadium; in Blutkörperchen 241.
Vegetarier; Ernährung 742, 758; Exkremente 406.
Verdauung; s. Kap. 9.
Verdauungsarbeit und Stoffwechsel 754.
Vernin 136.
Vernix caseosa 672.
Verseifung; s. Saponifikation.
Verseifungszahl 184.
Vesikatorblasen 284.
Vesikulase 490.
Viridinin 36.
Viskosität 15; des Blutes 243, 247.
VITALIsche Eiterprobe 632.
Vitamine 527, 730—734.
Vitaminzahl 733.
Vitellin; s. Ovovitellin.
Vitellosen 99.
Vitellolutein 499.
Vitellorubin 499.
Vitiatin 454, 601.
Vorratseiweiß 736, 738.

Wachs 185; bei Pflanzen 672.
Wachstum und Hormone 295, 298, 299, 302 und Vitamine 728, 730—732.
Wachstumseiweiß 738.
Wärmeregulation 744, 753, 754.
WALDENsche Umkehrung 69.
Walfische; Fett 180; Milch 522.
Walrat 184.
Walratöl 184, 185.
Walroßgalle 336.
Wasser; Ausscheidung durch Harn 609 bis 612, 707, 708, durch Haut 673, 674, 708; im Hunger 720; Bedeutung für das Zellenleben 56; Dissoziationskonstante 58; Menge in Organen 723; Wirkung auf Stoffwechsel 723, 746.
Wasserentziehung; Wirkung auf Stoffwechsel 723.

Wasserstoffionenexponent 59, 683.
Wasserstoffionenkonzentration; im Blute 678, 682, 683.
Wasserstoffsuperoxyd 700.
Wasserstoffzahl 678, 687.
WEIDELsche Xanthinreaktion 144.
Weinsäure; Beziehung zur Glykogenbildung 314; Verhalten im Tierkörper 613.
WEISS; Urochromogenreaktion 589.
Weizenbrot; Resorption 417.
Weizenglutenin; als Nährstoff 728.
Weizenkeime u. Vitamine 731, 732.
Weizenkleie u. Vitamine 731, 732.
WEYLsche Kreatininreaktion 553.
WHARTONsche Sulze 426.
Wismut; Übergang in Milch 532.
Wollfett 673, 772.
Wundsekret 284.

Xanthin 142, 143; im Harne 564; in Harnsedimenten 660 und -steinen 662, 663.
Xanthinoxydase 290, 557.
Xanthobilirubinsäure 342.
Xanthokreatinin 554.
Xanthophan 486.
Xanthophyll 212, 498.
Xanthoprotein 64.
Xanthoproteinsäurereaktion 77.
Xanthopyrrolkarbonsäure 238.
Xanthosin 136.
Xanthydrolreaktion 544.
Xerophthalmie 731.
Xiphidin 86.
Xyliton 669.
Xyloketose; im Harne 647.
Xylol; Verhalten im Tierkörper 617.
Xylonsäure 162.
Xylose 151, 162, 170.

Yoghurt 518, 521.

Zähne 435, 436.
Zahnkaries 436.
Zahnschmelz 435.
Zahnstein 360.
Zein 82; als Nährstoff 413, 728.
Zellen; Aufnahmefähigkeit 8—10; s. im übrigen die verschiedenen Organe.
Zellfibrinogen 293.
Zellobiose 177.
Zellose 177.
Zellulose 177, 667; Gärung derselben 398, 402; Verdauung 398, 402, 423.
Zement 435.
Zerebrin 477, 480; im Eiter 287.
Zerebron 475, 480.
Zerebronsäure 480, 482.
Zerebroside 167, 475, 477, 479—482.
Zerebrospinalflüssigkeit 283, 484.
Zerolein 769.
Zerotinsäure 185, 673.
Zetin 184.
Zetylalkohol 185, 495, 671, 672.
Ziegenmilch 522.

Zimtsäure; Verhalten im Tierkörper 570, 620.
Zink; in Blut 212, 268; in der Galle 347; in der Leber 310; Übergang in die Milch 532.
Zitronen u. Vitamine 733.
Zitronensäure; in der Milch 511, 521, 526; Verhalten im Tierkörper 613; Verh. zu Vitamin 733.
Zoofulvin 671.
Zoomarinsäure 180.
Zoonerythrin 671.
Zoorubin 671.
Zoosterine 192.
Zucker; im Blute 210, 264—267; im Harne 636—648; Entstehung aus Eiweiß 326 bis 328; aus Fett 328, 329; Kalorienwert 712; Verhalten nach subkutaner Einverleibung 315; vitale Zuckerbildung 316, 317; s. im übrigen die verschiedenen Zuckerarten.
Zuckerharnruhr; s. Diabetes.
Zuckersäure 150, 170; Beziehung zur Glykogenbildung 314; Verhalten bei Diabetikern 322.
Zuckerstich 319.
Zyanhämoglobin 225.
Zyanhydrine der Zuckerarten 152.
Zyanmethämoglobin 225.
Zyanokristallin 502, 671.
Zyanurin 557.
Zyanursäure 554.
Zyanwasserstoffsäure; Einwirkung auf Blutfarbstoff 225; Verhalten im Tierkörper 615.
Zykloalaninglyzin 68.
Zykloglyzylglyzin 69.
Zyklopterin 84, 85.
Zymase 33.
Zymogene; s. Proenzyme u. Enzyme.
Zymol; Verhalten im Tierkörper 617.
Zymolindolindolignon 579.
Zymoplastische Substanzen 250, 252—255; s. auch thromboplastische Substanzen.
Zyprinine 84, 85, 123, 124.
Zystein 62, 66, 107, 108; Verhalten im Tierkörper 614; bei Reduktionen 704.
Zysteinsäure 107.
Zysten; Echinokokkuszysten 285, 668; Zysten der Ovarien 492—495, der Schilddrüse 295.
Zystin 62, 66, 87, 107, 657, 658; im Harne 597, 657; in Harnkonkrementen 657, 662, 663 und -Sedimenten 657, 660; im Schweiße 675; Mengen in Proteinen 82, 87, 88, 95; Verhalten im Tierkörper 614.
Zystinurie 107, 657.
Zytidin 137.
Zytin 294.
Zytoglobin 244, 250, 294.
Zytolyse 505.
Zytosin 135, 137, 147.
Zytotoxine 54.
Zytozym 252.

Autorenregister.

Abderhalden, E., Enzyme 39, 41, 42, 48, 51; Proteinhydrolyse 65, 70, 84, 88, 94, 95, 101, 111, 113, 114, 117, 227, 395, 475, 501; Polypeptide 67—70, 396, 397, 600; Eiweißreaktion 77; Ichtylepidin 93; Albumosen 98, 209; Aminosäuren 107, 118, 119, 120, 121, 125, 211, 600; Blut 211, 213, 214, 217, 219, 241, 242, 261 bis 263; Adrenalin 300, 301; Cholesterin 192, 197; Schilddrüse 299; Mageninhalt 376; Verdauung 378, 400; Duodenalsekret 382, 383; Assimilation 409; Resorption und Eiweißsynthese 412, 413; Fett 437; Milch 511, 522, 524, 528; Hornstoff 541; Nukleinstoffwechsel 559; Glykokoll 571; Alkaptonurie 583, 584; Harnschwefel 615; Pyridin 624; BenceJones-Eiweiß 629; Tunizin 667; Leim 739; Ammoniak 740; Stoffwechsel 746; Vitamine 729.

Abel, J., 300, 303, 490, 541.
Abeles, M., 595.
Abelin, J., 299.
Abelmann, M., 415, 420, 421.
Abelous, J., 601, 704.
Abelsdorf, G., 486.
Achalme, 244.
Achelis, W., 554, 601.
Ackermann, D., Fäulnisbasen 36; Histidin 121; Aporrhegmen 126; Blutkörperchen 217; Fleischextraktbasen 454.
Ackroyd, H., 568, 569.
Adam, H., 247.
Adamkiewicz, A., 77, 739.
Adamson, 14.
Aders, 91.
Adler, G., 695.
Adler, O., 161, 168, 265, 430.
Adler, R., 102, 161, 168.
Adler-Herzmark, J., 669.
Adolph, 682.
Adrian, C., 579.
Adriance, J., 524, 527.
Adriance, V., 524, 527.
Aducco, V., 536, 601.
Agulhon, 39.
Albertoni, P., 329, 393, 416.
Albrecht, E., 215.
Albu, A., 601, 723.
v. Aldor, L., 625.

Aldrich, J. B., 673.
Allard, E., 328, 655.
Allers, R. A., 118, 301.
Allihn, F., 264, 644.
Almagia, M., 327, 457.
Almén, A., Xanthin 144; Zuckerprobe 165, 166, 638; Fleisch 470, 471; Nahrungsmittel 763.
Aloy, J., 704.
Ambard, L., 612.
Amberg, S., 56, 507.
Ambronn, H., 667.
Amerman, G., 369.
Ameseder, Fr., 185, 495, 671, 672.
Amiradzibi, S., 452.
Amthor, K., 180, 437.
Andersen, A. C., 62, 639.
Anderson, R. J., 601.
Andersson, N., 266.
v. Anrep, 226, 573.
Anselm, R., 347.
Ansiaux, G., 200.
Anthon, 164.
Appleyard, J. R., 22.
Araki, T., Blutfarbstoffe 224—226; Nukleinsäuren 396; Milchsäure 159, 594; Chitin 667.
Ardin-Delteil, P., 674.
Argiris, A., 86, 88, 476.
Argutinsky, P., 471, 674, 710.
Armstrong, E. F., Enzyme 44, 45, 46, 51; Glykoside 152; Osone 155.
Armstrong, H. E., 46, 51.
Arnheim, J., 324.
Arnold, J., 300.
Arnold, V., Eiweißreaktion 77; Zystein 109; Harnreaktion 553; Nephrorosein 581; Azetessigsäure 654.
Arnold, W., 227.
Arnschink, L., 419.
Aron, H., 431, 434, 647.
Arrhenius, S., Dissoziationstheorie 4; Katalyse 27, 28; Enzyme 41; Schützsche Regel 45; Toxin-Antitoxinverbindung 53.
Arronet, H., 261.
Arthus, M., Blutgerinnung 198, 199, 202, 249, 250, 251, 257, 258; Glykolyse 266; Kasein 512, 513.
Artmann, P., 19.

Ascher, E., 107.
Ascherson, 510.
Ascoli, A., Nukleinsäuren 141; Urazil 147;
    Trypsin 394;. Resorption 410; Plazenta
    506.
Asher, L., Blutzucker 210; Lymphe 271,
    275, 276; Milz 292; Schilddrüse 299;
    Resorption 411; Stickstoffausscheidung
    738.
Ask, F., 487.
Aso, K., 74.
Athanasiu, J., 438.
v. Atkinson, H., 440.
Atwater, W. O., Stoffwechsel 467, 468,
    707, 716, 741; Respirationsapparat 697;
    Harnquotient C : N 711; Alkohol 747;
    Kostsätze 757, 759, 761.
Aubert, H., 675.
Auché, A., 212, 343.
Auer, 704.
Austrian, C. R., 557.
Autenrieth, W., 594, 608.
Ayres, W. C., 485.
Akerman, J., 373.

Baas, H., 392, 570.
Babcock, 517.
Babkin, B., 390, 541.
Bach, A., Oxygenasen, Peroxyde und Per-
    oxydasen 700, 701, 702; Philothion 704;
    Wielands Theorie 705.
Baer, J., Autolyse 34; Zystin 107; Thio-
    milchsäure 109; Glykogen 315; Zucker-
    bildung 326; Ammoniak 536; Milchsäure
    613; Azetonkörper 650, 651.
v. Baeyer, A., 30, 164.
Baginsky, A., 349, 434.
Baglioni, S., 267, 695.
Baille, A., 309.
Bainbridge, F. A., 41, 276.
Baisch, C., 595, 641.
Baker, J. C., 516.
Baker, J. L., 174.
Baker, W., 263, 267, 268.
Balch, A., 329.
Baldes, K., 326, 618.
Baldi, D., 307.
Baldoni, A., 397, 621.
Balean, H., 238, 239.
Balke, P., Purinbasen 143, 566; Phosphor-
    fleischsäure 454.
Bang, J., Histone 83; Guanylsäure 139;
    Nukleohiston 244, 293; Blut und Blut-
    zucker 261—264, 267; Lymphdrüsen und
    Thymus 276, 277, 293, 294; Labenzyme
    370; Harnanalyse 603, 625, 628, 629,
    635, 638, 639; Arsen im Harne 609;
    Zuckerbildung 642, 643.
Barbéra, A. G., 271, 275, 276, 330.
Barbieri, J., 115, 197.
Barbieri, N. A., 485, 498.
Barcroft, J., Hämoglobin 219, 220, 679;
    Blutgase 676, 677, 694.
Bardier, E., 601.
Bardoux, L., 228.

Barendrecht, H. P., 51.
Barger, G., 452.
Barker, B., 244.
Barr, 683.
Barral, 266.
Barratt, W., 204, 254, 675.
Barrenscheen, H., 315, 321, 326.
Barszczewski, C., 162.
Bartholomäus, E., 235, 238.
Basch, K., 529.
Baserin, O., 347.
Baskoff, A., 307.
Bass, R., 268, 576.
Bassow, 361.
Bastianelli, G., 384.
Batelli, F., Urikolyse 560; Oxydations-
    prozesse 701, 703, 704; Wielands Theo-
    rie 705.
Baudrimont, 666.
Bauer, H., 510.
Bauer, J., 409, 438.
Bauer, K., 601.
Bauer, M., 121.
Bauer, R., 87, 647.
Baum, Fr., 120, 138, 139.
Baumann, E., Diamine 36; Zystin und
    Zystinurie 108, 657, 658; Thiomilchsäure
    109; Kohlehydrate 166; Jodothyrin 296;
    Desamidierung 327; Darmfäulnis 401,
    570; Ätherschwefelsäuren 573, 575—578,
    622; Hippursäure 570; Oxysäuren 582;
    Homogentisinsäure 583, 585, 586; Kohle-
    hydrate im Harne 595, 641; Sarkosin 615;
    Verhalten aromatischer Stoffe 618, 621;
    Merkaptursäuren 624.
Baumann, L., 118, 227, 378, 400, 452.
Baumgarten, O., 322, 602.
Baumstark, F., Gehirnbestandteile 475,
    483; Harnfarbstoffe 633.
Baumstark, Rob., 399, 409.
Bayer, H., 103.
Bayer, R., 292.
Bayliß, W. M., Enzyme 42; Enterokinase
    385; Sekretin 389; Trypsinogen und Tryp-
    sin 387—389, 393—395; Alkali im Blute
    684.
Bayne, J., 253.
Beatty, W. A., 70.
Beaumont, W., 376.
Beccari, L., 347.
Bechamp, A., 500, 519, 540.
Becher, 689.
Bechhold, H., Kolloide 15, 20, 24, 25,
    40; Zuckernachweis 638.
Becht, F. C., 274.
Beck, C., 467.
Beckmann, E., 3.
Beckmann, Ernst, 673.
Beckmann, W., 549.
Becquerel, A., 527.
Beddard, 687.
Behrend, R., 555.
v. Behring, E., 52.
Beijerinck, M. W., 175.
Beitler, C., 118.
Bell, B., 302.

Bellamy, H., 468.
Belloni, E., 517.
van Bemmelen, J. M., 23, 25.
Bence, J., 247.
Bence-Jones, H., 629.
Bendix, E., 160, 161.
Benedicenti, A., 97, 578, 747.
Benedict, F. G., Stoffwechsel 467, 468; Respiration 697; Kalorimetrie 711, 712; Eiweißersparung 741; Alkohol 747.
Benedict, H., 597, 722.
Benedict, S. R., 546, 551, 560, 564.
Benedikt, R., 261.
Benedikt, St., 165.
Benrath, A., 373.
Berard, E., 500.
Berdez, J., 669.
Berenstein, M., 406.
Bergell, P., Kohlehydrate in Proteinen 65, 208; Taurin 109; Polypeptide 397; Plazenta 506; Kasein 524; Oxybuttersäure 656.
Berg, W., 304.
Berger, W. M., 357.
v. d. Bergh, 344, 346, 351.
Bergh, E., 89.
Bergholz, R., 397.
Bergin, T. J., 405.
Bergmann, P., 365, 423.
Bergmann, Wolfg., 605.
Beker, J. C., 449.
Berlioz, A., 602.
Berlinerblau, M., 267.
Bernard, Claude, Blutzucker 266; Glykolyse 311; Glykogen 316; Pankreas 387, 392, 393; Fettresorption 419.
Bernert, R., 180, 282.
Bernheim, A., 281, 282.
Bernheim, R., 608.
Bernstein, J., 471.
Bernstein, N. O., 387.
Bert, P., 508, 531.
Bertagnini, C., 621.
Bertarelli, E., 50.
Berthelot, M. P. E., Verteilungsgesetz 21; Fettspaltung 392; Tunizin 667; Kalorimetrie 712.
Bertin-Sans, H., 224, 225, 226.
Bertrand, G., Arsen 56, 295, 666; Xylonsäure 162; Zuckerbestimmung 264, 642; Tyrosinase 670; Krötengifte 673; Oxydationsenzyme 700, 702.
Bertz, F., 436.
Berzelius, J. J., katalytische Reaktionen 27; Speichel 359.
Best, Fr., 376.
Beumer, H., 263, 299, 433.
Biach, P. 194.
Bial, M., Pentosen 160, 161, 648; Glukuronsäuren 171; Diastase 272; Glykogen 315, 316.
Bialocour, F., 379.
v. Bibra, E., 310.
Bickel, A., 363, 364.
Bidder, F., Mundschleim 355; Speichel

358; Magensaft 364; Pankreassaft 390; Galle 404; Fettresorption 420.
Bie, W., 261.
Biedert, Ph., 523.
Biedl, A., 324.
Biehler, A., 95.
Biel, J., 522.
Bielfeld, P., 309.
Bienstock, B., 405, 406.
Biernacki, E., 259, 403, 405.
Bierry, H., Kataphorese 39; Filtration 40; Enzyme 41, 55, 178, 391.
Biffi, U., 212.
Biltz, H., 555.
Biltz, W., Glykogen 16; Kolloide 17; Adsorption 22, 23, 54; Dextrin 177.
Binet, P., 422.
Bing, H. J., 187, 307.
Bingel, A., 211.
Binz, C., 615.
Biondi, C., 34.
Biot, J. B., 695.
Birchard, Fr., 61, 102, 112.
Biscaro, G., 517.
Bischoff, Th., 707.
Bisgaard, A., 283.
Bizio, G., 675.
Bizio, J., 311.
Bizzozero, J., 244.
Bjerre, P., 747.
Blankenhorn, E., 476.
Blanksma, J., Galaktose 170; Oxymethylfurfurol 163, 166, 168; Azeton 655.
Blatherwick, N. R., 530.
Bleibtreu, L., 259, 758.
Bleibtreu, M., 259, 440, 503.
Bleile, A. M., 266.
Blendermann, H., 327, 582, 618.
Bliß, C. L., 97.
Blix, M. G., 259.
Bloch, Br., 301, 302, 583, 670, 732.
Blondlot, N., 404.
Bloor, 261, 263, 530.
Blum, F., Protagon 97; Halogeneiweiß 296; Millons Reaktion 76; Adrenalinglykosurie 301; Jodierte Proteine 768.
Blum, L., Alkaptonurie 583; Zystin 615; Milchsäure 613; Tyrosinabbau 617; Azetonkörper 650, 651; Nährwert von Albumosen 739.
Blumenthal, F., Indol und Skatol 120; Pentosen 160, 648; Nukleoproteide 306; Assimilationsgrenze 416; Harnindikan 577; Azeton 650.
Bocarius, N., 490.
Bocchi, O., 588.
Bock, C., 316, 318.
Bock, J., 225, 226, 267.
Bock, J. C., 546.
Bode, A., 521.
Bodländer, G., 747.
Bodon, K., 280.
Bodong, A., 257.
Boedeker, C., 576.
Bödtker, E., 603.
Boehm, P., 304.

Boehm, R., 196, 456, 463.
Boehtlingk, R., 720.
de Boer, S., 247.
Boeri, G., 567, 597.
Boersch, E., 337, 341.
Boettger, 165.
Bogdanow, E., 459, 467.
Bogdanow-Beresowski, 356.
Bogen, H., 363.
Bohland, K., 758.
Bohmansson, G., 638, 639.
Bohr, Chr., Blutfarbstoffe 218, 219, 220, 226, 227; Ei, Bebrütung 503; Blutgase 676, 678, 690, 692; Stoffwechsel in der Lunge 689; Alveolarluft 691; Schwimmblase 695.
Du Bois-Reymond, E., 464, 471.
Bokorny, T., 164.
Bolaffio, C., 498.
Boldyreff, W., Magenverdauung 376, 399; Darmsaft 383, 384, 385.
Bolin, J., 702.
Boll, F., 585.
Bonanni, A., 348, 623.
Bondi, J., 507.
Bondi, S., Lipoproteide 68; Serizin 93, 94; Gallensäuren 333—336, 338; Azetessigsäure 655.
Bondzynski, St., Koprosterine 197; Ovalbumin 500; Urochrom 588; Oxyproteinsäuren im Harne 598, 599.
Bonnema, A., 510.
Bonnevie-Svendsen, J. A., 180.
Bookman, S., 571.
Boos, P., 355.
Borchardt, L., Elastinalbumose 209, 411; Fruktoseurie 646; Azeton 650, 651.
Borberg, N. C., 284, 300.
Bordet, J., Antienzyme 50; Sensibilisatoren 54; Blutgerinnung 201, 249, 252, 253.
Borissow, P., 362, 568.
Bornstein, K., 467, 744, 745.
Borsche, W., 337.
Boruttau, H., 456.
Boßhard, E., 136.
Bosworth, A. W., 512, 514, 516, 521, 524, 526.
Bottazzi, Ph., Gefrierpunktserniedrigung des Blutes 11; Blutkörperchen 242; Glykogen 306, 311, 312; Muskeln 444—447, 472; Plazenta 506.
Bouchard, Ch., 313, 601.
Bouchez, 548, 611.
Boulud, Glukuronsäuren 171; Pentosen 210; Zucker im Blute 264—267; Maltose im Harn 647.
Bouma, J., 579.
Bourcet, P., 212.
Bourquelot, E., 315.
Boutwell, 731.
Bouveault, L., 113.
Brach, H., 667, 668.
Braddon, 729.
Bradley, H. C., 391.
Brahm, C., 437.

Brahn, B., 138, 139, 162.
Brand, J., 329, 348.
Brandberg, J., 630.
Brandl, J., 669.
Brasch, W., 113, 416.
Brat, H., 161.
Brauer, L., 350.
Braun, K., 50.
Braunstein, A., 324.
Brautlecht, C. A., 62.
Bredig, G., kolloide Metalle 12; Oberflächenspannung 21, Katalyse 27—29; asymmetrische Synthese 47.
Bretschneider, A., 265.
Brewster, J. F., 117.
Brieger, L., Fäulnisprodukte 36; Neurin 190; Darmfäulnis 401, 407; Neuridin 475, 482, 496; Harnindikan 577, 578; Skatoxylschwefelsäure 580; Schweiß 674.
Briggs, C. E., 320.
Brigl, P., 139, 482.
Brinkman, R., 194, 264, 317.
Brion, A., 613.
Brodie, T. G., 317, 318, 397.
Brodley, H. C., 56.
Brook, F. W., 78.
Brooks, Cl., 317.
Browinski, J., 211, 588, 599.
Brown, A. J., 43, 51.
Brown, H. T., 174, 176, 384.
Brown, R., 17.
Brown, T. Graham, 466.
Brubacher, H., 433, 435.
v. Brücke, E., Blutgerinnung 249, 251; Glykogen 313; Pepsin 365, 366, 367; Fettemulgierung 398; Eiweißresorption 409; Kohlehydrate im Harne 595.
Brugsch, Th., Pankreas 415; Harnsäure 556; Hippursäure 571; Harn im Hunger 722.
Brunner, E., 29.
Brunner, Th., 527.
Bruno, G., 392, 395, 398.
de Bruyn, Lobry, 16, 153.
Bryant, A. P., 759, 761.
Bubanović, F., 453.
Buchanan, A., 203.
Buchner, E., Alkoholgärung 33, 156; Milchsäuregärung 158; Zuckerprobe 165.
Buchtala, H., 87, 88, 107, 340.
Buckman, T. E., 449.
Buckmaster, G. A., 223, 227, 686.
Budde, V., 645.
Bülow, K., 73, 175.
Bürger, L., 426.
Bürger, M., 263, 433.
Bugarszky, St., 214, 259.
Buglia, G., 398, 448, 449, 472.
Bull, H., 180, 181.
v. Bunge, G., Blut 214, 241, 242, 261; Leber 309; Knorpel 430; Hämatogen 497, 503; Milch 520, 526—529; Hippursäure 572, 573; Mineralbedürfnis 724, 725.
Buoma, 636.
Burchard, H., 195.
Burckhardt, A. E., 213.

Burdel, A., 241.
Burdenko, N., 316.
Burian, R., Purinbasen und deren Enzyme 290, 292, 448, 466, 565; Harnsäurebildung 557, 559, 560; Histon im Harne 631.
Burn, J. W., 221.
Burns, D., 298.
Burns, W. E., 608.
Burow, R., 290, 525.
Busch, P. W., 275, 276.
Butlerow, A., 163.
Butterfield, E., 219, 240.
Bywaters, H. W., 79, 207, 209, 219.

Cabella, M., 449.
Cade, A., 363.
Cahn, A., 372, 485.
Cahn-Bronner, C., 304.
Camerer, W., Milch 519, 524—528; Stoffwechsel 748, 749.
Camerer, W. jr., 674.
Cameron, A. T., 61, 602, 770.
Camis, M., 220.
Cammidge, P. J., 647, 657.
Campbell, G., 496, 497, 500, 682, 686.
Campbell, J. F., 345, 346.
Campbell, W. R., 268.
Camus, L., 387, 388, 490.
Cannon, W. B., Adrenalin 301; Magen 374 bis 377, 380, 381; Peristaltik 409.
Cappelli, J., 242, 472.
Cappezzuoli, C., 290, 435.
Capranica, St., 145, 674.
Carbone, D., 484.
Carlier, E. W., 272.
Carlini, C., 304.
Carlson, A. J., Lymphe 274; Speichel 356; Magensaft 364, 365; Hungergefühl 380, 381.
Carlson, C. E., 702.
Carmichael, J., 770.
Carnot, Ad., 432, 436.
Carvallo, J., 378, 379.
Cary, C. A., 529, 530.
Casali, A., 673,
Caspari, W., Höhenklima 262, 751, 754; Eiweißstoffwechsel 467, 742, 743; Milchfett 530.
Cathcart, E. P., Autolyse 35; Glykogen 315; Magen 374, 376; Eiweißresorption 411; Kreatin und Kreatinin 466, 551; Milchzucker 531; Hungerharn 722.
Cavazzani, E., Zerebrospinalflüssigkeit 284; Glykogenabbau 317; Resorption 417; Phosphorfleischsäure 454; Samen 489.
Černý, C., 666.
Černy, T., 628.
Chabrié, C., 435.
Chamberlain, 732.
Chapman, A. C., 180.
Charbas, 487.
Charnas, D., 593.

Chauveau, A., Zuckerbildung 328, 468; Fettbildung 439, 440.
Cherry, Th., 54.
Chick, H., 206, 731, 732.
Chigin, P., 361.
Chittenden, R. H., Keratin 86; Elastin 89; Leim 90, 92; Albumosen und Peptone 98, 99, 102, 104; Speichel 356, 357; Pepsin 369; Sehnenmukoid 425, 431; Myosin 445; Neurokeratin 484; Nahrungsbedarf 758.
Chodat, R., 701, 704.
Chossat, Th., 718, 721.
Christiansen, E., 268, 685, 694.
Christiansen, J., 369, 381.
Ciamician, G., 120.
Cingolani, M., 555.
Citron, H., 608.
Clapp, S. H., 70.
Clar, C., 556.
Clarke, T. W., 226.
Claus, R., 324.
Clausmann, P., 433, 436, 666.
Clemens, Paul, 623.
Clemm, C. G., 527.
Cleve, P. T., 337.
Cloëtta, M., 229.
Clogné, R., 244.
Clopatt, A., 747.
Closson, O. E., 318.
Cobliner, 266.
Cohn, Felix, 379.
Cohn, M., 458.
Cohn, Max, 391.
Cohn, Michael, 356.
Cohn, R., Leuzinimid 112; Kohlehydratbildung 327; Verhalten aromatischer Stoffe im Tierkörper 621, 622; Furfurol 622.
Cohn, Th., 490.
Cohnheim, J., 357.
Cohnheim, O., Lipoidwirkung 8; Proteine 60, 73, 95; Blut 262; Glykolyse 324; Magen 364, 376, 378; Resorption 412, 423; Erepsin 384, 385; Pankreas 388, 389; Bindegewebe 399; Peristaltik 409; Verdauungsarbeit 754.
Cohnstein, J., 262.
Cohnstein, W., 246.
Colasanti, G., 463, 465, 554, 594.
Cole, S. W., 77, 118, 119.
Collins, 697.
Collmann, 675.
Comaille, A., 517.
Comesatti, G., 301.
Connstein, W., 769.
Conradi, H., 406.
Constantinidi, A., 417, 742.
Contejean, Ch., 364, 372, 373.
Cooke, 694.
Coope, R., 306.
Cooper, 731.
Cordua, H., 239.
Corin, G., 200, 500.
Coronedi, G., 438.
Corper, H. J., 196, 291.

Corvisart, L., 393.
Costantino, A., 448, 449, 459, 472.
Courant, G., 509, 513, 522, 523.
Couvreur, E., 313.
Coward, 732.
Cramer, E., 93, 674, 675.
Cramer, Tr., 414.
Cramer, W., Schilddrüse 299; Resorption 409, 412; Protagon 476—478; Plazenta 506; Kreatin 551; Blutgerinnung 201.
v. Cramm, E., 62, 68.
Cremer, M., Glykogen 46, 311, 313, 315; Pentosen 160; Fettbildung 439.
de Crinis, 42.
Crittenden, A. L., 356.
Croft-Hill, A., 45, 174.
Croner, W., 418, 419.
Crowell, 729.
Croockewitt, J. H., 93.
Cruickshank, 321.
Csókás, J., 512, 522.
v. Csonka, F., 520.
Cullen, G. E., 284, 546, 684, 685.
Cummis, G. W., 445.
Cunningham, R. H., 421.
Curtius, Th., 67.
Cutter, W. D., 128, 425.
Cybulski, N., 300.
Czernecki, W., 211, 280.
Czerny, V., 378, 379, 409.
v. Czyhlarz, E., 359, 701.

Daddi, L., 317, 631.
Daenhardt, C., 687.
Dakin, H. D., Autolyse 35; Mandelsäureester 48; Arginase 71, 122, 451, 540; Razemisieren von Proteinen 97, 512; Aminosäuren 106, 110, 114, 117, 118, 123, 124; Milchsäure 158; Methylglyoxal 325, 619; Zuckerbildung 327; Oxalsäure 568, 612; Alkaptonurie 585; Ameisensäure 594; Abbau verschiedener Stoffe 613, 619, 620; Uraminosäuren 624; Hydrolyse von Leim 760.
Daland, J., 259.
van Dam, E., 194, 264.
van Dam, W., 514.
Danilewski, A., Plasteine 46, 102; hemmende Stoffe 380, 384; Muskeleiweiß 443, 445; Milchkügelchen 510.
Danilewsky, B., 713.
Danilewsky, W., 186.
Dareste, C., 488, 496.
Darmstädter, J., 673.
Dastre, A., Fibrinogen 200; Fibrinolyse 202; Glykogen 272, 315; Blutgerinnung 250; Leber 306, 309; Glykogen 317; Galle 329, 346, 347, 399; Enterokinase 388, 389; Fettresorption 419.
Dautzenberg, P. J. W., 621.
Dauwe, F., 38.
Davidoff, W., 59.
Davidsohn, H., Magen 364, 372; Pankreaslipase 392; Trypsin 395; Milch 509, 523.

Davis, 730, 731.
Day, H., 373.
Dean, A. L., 412.
Dehn, W. M., 601, 604.
Deihle, P., 233.
Dekhuysen, C., 11.
Delange, L., 201, 252, 253.
Delezenne, C., Enzymhemmung 51; Blutgerinnung 198, 248, 249, 252, 257, 258, 276; Darmsaft 383; Enterokinase und Pankreassaft 385, 387—389, 397; Sekretin 390.
Delfino, A., 506.
Delf, E. M., 733.
Demant, B., 383.
Demoor, J., 354.
Denigès, G., Tyrosin 116; Indol- und Skatolreaktionen 119, 120; Inosit 456; Homogentisinsäure 586; Azeton 653, 655.
Denis, P. S., 204.
Denis, W., Tyrosin 116; Blut 261, 267; Kreatin 268, 450, 551, 552; Adrenalin 301; Milch 519, 520, 525; Harnstoff 547; Harnsäure 562; Phenolausscheidung 574, 575; Azeton 655.
Dennemark, L., 522.
Denny, G. P., 258.
Derrien, E., Glukose 166; Blutfarbstoffe 222, Oxymethylfurfurol 333; Bence-Jones-Eiweiß 629.
Desgrez, A., 313.
Deucher, P., 415, 420, 421.
Devillard, P., 283.
Devoto, L., 628.
Dewitz, J., 670.
Dezani, S., 615.
Dhéré, Ch., 228, 241.
Diakonow, C., 188.
Diamare, V., 386.
Diels, O., 192, 193, 197.
Diesselhorst, G., 674.
Dietrich, M., 515.
Dietz, W., 44, 47.
Dillner, H., 500.
Dimitz, L., 191, 484.
Dimmitt, F. W., 550.
Disqué, L., 587.
Ditthorn, Fr., 132, 170.
Dittrich, P., 224, 225.
Dixon, W. E., 284.
Dodds, 691.
Dörpinghaus, Th., 65, 87, 110, 111, 208.
Dohrn, M., 323.
Dombrowsky, St., 587, 588, 598, 599.
de Domenicis, A., 226.
de Dominicis, N., 320.
Donné, A., 634.
Dony-Hénault, O., 702.
Dorée, Ch., 197.
Dorfmüller, G., 135, 137.
Dorner, G., 449, 451.
Douglas, C. G., 225.
Douglas, Gordon C., 685, 694.
Doyon, M., Fibrinogen 200; Blutgerinnung 251, 257, 258; Glykolyse 266; Galle 330, 346, 350.

Dragendorff, D., 633.
Drechsel, E., Proteine 60, 62, 72, 87, 94; Diaminoessigsäure 123; Lysin 123, 124; Purinbasen 143; Jecorin 307; Harnstoffbildung 540, 541; Karbaminsäure 541; Kieselsäureester 666.
Dreser, H., 11, 56.
Dreyfus, G. L., 364.
Drinker, C., 253.
Drinker, K., 253.
Droop-Richmond, H., 510.
Drummond, J. C., 607, 731, 732.
Dubelir, D., 746.
Dubin, H., 574.
Ducceschi, V., 372, 447.
Ducleau, E., 43, 511.
Dudley, H. W., 97, 158, 325, 512, 619.
Düring, Fr., 433.
Dufau, E., 642.
Dufourt, 330, 350.
Dull, G., 176.
Dunham, E., 136, 534.
Dunlop, J. C., 467, 567.
Dutcher, 734.

Ebbeke, U., 600.
Ebnöther, G., 292.
Ebstein, E., 160, 161.
Ebstein, W., 576, 661.
Eckhard, C., 354.
Eckles, C. H., 212.
Eddy, 732, 733.
Edelstein, E., 34.
Edelstein, F., 520, 524.
Edie, E., 320.
Edkins, J. S., 362, 373, 397.
Edlbacher, S., 64, 84, 85, 197.
Ver Eecke, A., 750.
Ege, R., 264—266.
Ehrenfeld, R., 111, 116.
Ehrenreich, M., 38.
Ehrenthal, W., 406.
Ehrlich, F., Aminosäuren 111, 112, 116, 119; Fuselöl 157.
Ehrlich, P., Seitenkettentheorie 52, 53; Ambozeptoren 54; Dimethylaminobenzaldehyd 120, 169, 656; Bilirubin 343.
Ehrström, R., 83, 605, 725.
Eichholz, A., 207, 500.
Eichhorst, H., 409.
Einbeck, 458, 703.
Einhorn, M., 120.
Ekehorn, G., 604.
van Ekenstein, A., Zuckerarten 153; Galaktose 170; Oxymethylfurfurol 163, 166, 168; Azeton 655.
Ekholm, K., 760.
Elias, H., 479.
Ellenberger, W., 374, 375, 522.
Ellinger, A., Isoserin 107; Tryptophan 118; Ornithin 123; Uroporphyrin 235; Blutgerinnung 257; Pankreassekret 391; Harnindikan 577, 579; Triindylmethanfarbstoffe 581; Kynurensäure 586, 587; Oxyphenylmilchsäure 618; Azetylierung 624; Nährwert von Albumosen 739.

Ellis, A. W., 284, 729.
Ellmer, A., 180, 181.
Ely, J., 356.
Embden, G., Zystin und Zystein 62, 107; Serin 106; Milchsäure 157, 158, 457; Glykolyse 266, 324; Zuckerbildung 325, 327; Leberdurchblutung 326, 413, 619; Glykokoll 600; Azetonkörper 618, 620, 650, 652, 653, 656; Laktazidogen 771; Phosphorsäureausscheidung 772.
Embden, H., 583.
Emerson, R. L., 396.
Emich, Fr., 404.
Emmerling, A., 87.
Emmerling, O., 45, 46, 174.
Engel, H., 45, 457.
Engel, St., 521, 522, 524.
Engeland, R., Agmatin 123; Aporrhegmen 126; Karnitin 453; Methylguanidin 554; Harnbasen 601.
Engelmann, G. J., 467.
Engfeldt, N. O., 511, 653, 656.
Engler, C., 700, 701.
Eppinger, H., 292, 325, 536, 633.
Eppinger, P., 231, 278.
Epstein, A., 571.
Erben, Fr., 180, 244, 272.
Erdélyi, A., 377.
Eriksson, A., 38, 49.
Erlandsen, A., 189, 317, 318, 459.
Erlanger, J., 422, 423.
Erlenmeyer, E., 111, 115.
Erlenmeyer, E. (jr.), 106, 108, 115.
Ernst, Z., 299.
d'Errico, G., 312.
Esbach, G., 629.
Escher, Heinr. H., 498.
Estor, A., 695.
Etti, C., 506.
v. Euler, H., Enzyme 44; Phosphorsäureester 156; Erepsin 465; Oxydatinsoprozesse 702.
Evans, C. L., 321, 689.
Ewald, Aug., Proteine 86, 91; Hämatoidin 239; Verdauung 396; Sehpurpur 485; Corpora lutea 492.
Ewald, C. A., 687, 688, 753.
Ewins, A., J. 301.
Eykman, C., 259, 729, 753, 756.
Eymonnet, 600.

Fabian, E., 315.
Fahr, G., 459.
Fajans, K., 28.
Falck, 738.
Falk, Edm., 506.
Falk, Ernst, 750.
Falk, Fr., 484.
Falloise, A., 331, 385.
Falta, W., Blutkörperchen 9; Blutzucker 264; Schilddrüse 299; Diabetes 325, 327, 328; Alkaptonurie 583; Stoffwechsel 710, 735.
Fano, G., 198.
Farkas, K., 504.

Farwik, B., 470.
Fasal, H., 119, 516.
Faust, E., 36, 90, 673.
Favre, P. A., 675.
Fåhreus, R., 215.
Federozzoni, U., 279.
Fehling, H., 165, 642.
Fehrsen, A., 263.
Feigin, P., 571.
Feigl, J., 231, 263, 264, 267, 268, 634.
Feinschmidt, J., 324.
v. Fejér, A., 322.
Felix, K., 768.
Fenger, Fr., 202.
v. Fenyvessy, Bela, 596.
Fermi, Cl., 202, 380, 394.
Ferry, E., 728.
Feulgen, R., 135—137, 139—141, 387.
Fick, A., 467.
Fiessinger, N., 244, 287.
Filehne, W., 350.
de Filippi, F., 417, 601.
Findley, L., 298.
Fine, M. S., 268, 449, 550.
Fischer, E., Enzyme 46, 48, 51; Amino-
    säuren 67, 91, 106—108, 111, 117, 123,
    125; Polypeptide 68—70, 103, 396, 397;
    Proteinhydrolyse 87, 94, 95, 101, 105,
    106, 110, 111, 116, 395; Leuzinimid 112;
    Purinbasen 141—146; Pyrimidinbasen
    147, 148; Kohlehydrate 150—155, 162,
    163, 166, 167; Glukosamin 153, 170;
    Glukuronsäure 170, 596; Isomaltose 173;
    Harnsäure 554.
Fischer, Hans, Koprosterin 197; Blut-
    farbstoffderivate 232, 235—238; Gallen-
    säuren 336, 339, 340; Phylloerythrin 346;
    Bilirubin, Urobilinogen und Urobilin 341,
    342, 590, 592, 593; Urobilinoide 590;
    Porphyrine 633.
Fischer, H. W., 459.
Fischer, Martin, 318.
Fischer, Max, 229, 231, 233, 235, 236.
Fischer, M. H., 461.
Fischler, M., 346.
Fiske, P. S., 29, 47, 542, 543.
Fitzgerald, 372.
Flamand, Cl., 118, 581.
Flanders, Fr., 572.
Flatow, L., 585, 586, 617, 618.
Flatow, R., 565.
Fleicher, M. S., 255.
Fleckseder, R., 356.
Fleig, C., 331, 389.
Fleischer, R., 320.
Fleischl, E., 240.
Fletcher, W. M., 359, 464, 465.
Fletcher, 729.
Flint, A., 197, 466, 467.
Floresco, N., 306, 309, 346.
Flückiger, M., 595.
Foà, C., 356, 523.
Folin, O., Tyrosin 116; Blut 261, 267;
    Adrenalin 301; Harnstoff 542, 546, 547;
    Stickstoffbestimmung 546; Phenolaus-
    scheidung 574, 575; Kreatin und Krea-
    tinin 268, 449, 450, 550—554; Harnsäure
    562, 564; Hippursäure 572; Harnschwefel
    597; Ammoniak 549, 608; Azeton 655;
    Stoffwechsel 737.
Folkmar, E. O., 42.
de la Fontaine Schluiter, 346.
Fordos, M., 288.
Foreman, F. W., 109, 114.
La Forge, F., Nukleinsäuren 136, 140, 141;
    Arabinose 162; Phenylosazone 166, 167;
    Chondroitinschwefelsäure 428; Harnpen-
    tose 647.
Forrest, J. R., 432, 433.
Forschbach, J., 315, 321, 324.
Forßner, G., 600, 651.
Forster, J., Mineralstoffwechsel 57, 723,
    724; Transfusion 269; Wasser und Stoff-
    wechsel 746; Stoffwechsel der Säuglinge
    750; Kostsätze 756, 761.
Fosse, R., 540, 544, 547.
Foster, M. G., 330.
Foster, M. L., 120.
Fränckel, P., 364.
Fränkel, Sigm., Proteine 62; Thiomilch-
    säure 109; Histidin 121; Phosphorsäure-
    ester 186, 475, 478; Kephalin 191; Adre-
    nalin 301; Glykogen 315; Magensaft 372;
    Chondrosin 428; Gehirnphosphatide 479;
    Gehirnanalysen 483, 484; Neottin 498;
    Nierenphosphatide 534; Homogentisin-
    säure 585; Chitin 667, 668; Eiweißzerfall
    751; Tryptophanproteid 769.
Framm, F., 92, 165.
Franchimont, A. P., 667.
Frank, E., 264, 265, 266.
Frank, Fr., 560.
Frank, O., 418, 737.
Frankel, E. M., 327.
Frankland, E., 712.
Franz, Fr., 199.
Fraser, 729.
Frauenberger, Fr., 427.
Frazer, J. C. W., 2.
Frédéricq, L., Serumglobulin 206; Hämo-
    zyanin 241; Blutgerinnung 249; Blutgase
    687, 688, 690, 692.
Frehn, A., 525.
Freid, J., 514.
Frémy, E., 473, 502.
Frenkel-Heiden, 284.
Frentzel, J., Glykogen 312, 313; Arbeit
    und Fettumsatz 467, 468; Fleisch 471;
    Kalorien und Stickstoff 715, 717.
Frerichs, F. Th., Synovia 285; Menschen-
    galle 347, 348; Speichel 359; Harnsäure-
    abbau 559.
Freudberg, A., 246.
Freund, E., Serumglobuline 206; Albu-
    mosen im Blute 209; Blutgerinnung 249;
    Glykogen 315; Verdauungsblut 414;
    Chlorbestimmung 603; Lungen 698;
    Hungerstoffwechsel 722.
Freund, O., 722.
Freundlich, H., 18, 22, 23.

Frey, W., 600.
Freytag, Fr., 287, 476, 477, 480.
Fricke, E., 601.
Fridericia, L. S., 468, 684, 685, 694.
Friedemann, U., 243.
Friedenthal, H., 409, 682.
Friedenthal-Salm, 537.
Friedjung, J. K., 526.
Friedländer, G., 409.
Friedländer, P., 671.
Friedmann, E., Proteinschwefel 62; Thio-
    milchsäure 87, 109; Albumosen 102; Iso-
    leuzin 113; Zystin, Zysteinsäure und
    Taurin 107, 109; Adrenalin 300; Abbau
    der Fettsäuren 613, 615, 617, von ver-
    schiedenen Stoffen 618, 619, 620, 624;
    Furfurol 622; Azetonbildner 652.
Friend, W. M., 216, 280.
Fries, H., 465.
Fritsch, G., 241.
Fröhlich, 729, 733, 734.
Fromherz, K., 582—585, 618.
Fromholdt, G., 590, 591.
Fromm, E., 623.
Fromme, A., 45.
Frommer, V., 653, 655.
Frouin, A., Schilddrüse 297; Magensaft
    362, 363; Darmsaft 383, 384; Pankreas-
    saft 387.
Fubini, S., 675.
Fuchs, A., 349.
Fuchs, D., 88, 116, 616.
Fühner, H., 303.
Fürbringer, P., 567.
Fürst, 733.
v. Fürth, O., Peroxyprotsäuren 65; Cholin
    190; Jodothyrin 296; Suprarenin 300;
    Galle 349, 398; Sekretin 390; Muskeln
    443—449, 461, 462, 469, 471, 472; Kar-
    nosin 453; Molkeneiweiß 524; Diazo-
    reaktion 589, 590; Chitosan 667, 668;
    Melanine 669, 670; Peroxydase 701, 702;
    Tryptophan 769.
Fuld, E., Labwirkung 45, 370, 371, 513,
    514; Fibrinbildung 204, 252, 254, 257;
    Pepsin 368; Frauenmilch 524.
Fuller, J. G., 726.
Funk, C., 68, 69, 729, 730, 734.
v. Funke, 466, 467.

Gaarder, 696.
Gabriel, S., Zystin 108; Knochen 431;
    Zähne 436; Ovalbumin 500; Nährwert
    von Asparagin 740.
Gaglio, G., 612.
Galdi, F., 278.
Galli, P., 212.
Gallois, 456.
Gamgee, A., Nukleoproteide 133; Blut-
    farbstoffe 221, 222; Darmsaft 383;
    Protagon 476; Pseudozerebrin 480.
Gammeltoft, S. A., 546, 548.
Ganassini, D., 357, 562.
Gansser, E., 219.
Gardner, J. A., 197.

Gasser, H., 254.
Garrod, A. E., Porphyrine 234, 633; Homo-
    gentisinsäure 585, 586; Harnfarbstoffe
    587, 588, 590, 592—594; Zystinurie
    657.
Gaskell, J. F., 658.
Gaßmann, Th., 435.
Gatin-Gruževska, Z., 16, 17, 207, 311,
    312.
Gaube, T., 674.
Gaunt, 33.
Gautier, A., Ptomaine 36; Arsen 56, 212,
    294, 295, 666; Fettbildung 439, 440;
    Hühnereiweiß 500, 501; Xanthokreatinin
    554; Fluor 433, 436, 666.
Gautier, Cl., 200, 518, 591.
Gawinski, W., 599, 600.
v. Gebhardt, F., 737.
Geelmuyden, H. C., Diabetes 322; Harn-
    zucker 638, 647, 648; Azetonkörper 650,
    651, 652, 656.
Geiger, W., 106.
Generali, F., 297.
Gengou, O., 50, 249.
v. Genser, 627.
Gentzen, M., 577.
Geoghegan, E. G., 480.
Gephart, F., 608.
Geppert, J., 246, 697, 747.
Gerard, E., 195, 555.
Gerhardt, C., 654.
Gerhardt, D., 591.
Gerhartz, H., 699.
Gerngroß, O., 148.
Gessard, C., 670.
Gettler, A. O., 263, 267, 268.
Geyer, J., 640.
Giacosa, P., 128, 502.
Giaja, J., 55, 178.
Giblin, L., 524.
Gibson, R., 79.
Giertz, H., 80, 134.
Gies, W. J., Elastin 89, 90; Muzinsub-
    stanzen 128, 129, 370, 425, 431; Lymphe
    275, 276; Pankreasflüssigkeit 391; Liga-
    mente und Sehnen 426; Knochen 430,
    431; Protagon 476, 478; Phrenosin
    480.
Gigon, A., Polypeptide 51; Glykokoll 571;
    Aminosäuren im Harne 600; Grundum-
    satz 722; Stoffwechsel 754, 755.
Gilson, E., 667.
Ginsberg, S., 417.
Ginsberg, W., 599.
Githens, Th. St., 213.
Giunti, L., 612.
Givens, M., 560.
Gizelt, A., 390.
Gjaldbäk, I. K., 46, 103, 125.
Glagolew, P., 103, 598, 600.
Glaeßner, K., Pseudopepsin 365, 382;
    Erepsin 385; Pankreassaft 391, 397.
Gleiß, W., 464.
Glendinning, T. A., 43.
Gley, E., Jod im Blute 212; Blutgerinnung
    257; Lymphagoga 276; Thyroidea 297;

Pankreasdiabetes 325; Pankreassaft 387, 390; Herzmuskel 470; Vesikulase 490.
Glikin, W., Fett 180, 182, 189; Phosphatide 186; Leberstickstoff 308; Milch 525.
Gluud, W., 68.
Gmelin, L., 344, 359.
Gmelin, W., 364.
Gogitidse, S., 530.
Goldberger, J., 465, 734.
Goldmann, E., 108, 296, 657, 658.
Goldmann, F., 646.
Goldschmidt, C., 545.
Goldschmidt, F., 101.
Goldschmidt, H., 29, 357.
Golodetz, L., 665, 672.
Gompel, M., 51.
Gonnermann, M., 396, 609, 666.
Goodbody, W., 401.
Gorchkoff, M., 267.
Gorodecki, 341.
Gortner, R. A., 669, 670.
v. Gorup-Besanez, E. F., 280, 347, 348, 666.
Goßmann, H., 387, 431.
Goto, M., 562.
Gottlieb, R., Galle 347; Kreatin und Kreatinin 450, 550; Oxyproteinsäure 598.
Gouban, F., 293.
Gourlay, F., 295.
de Graaf, C. J. H., 629.
Gratia, A., 249.
Graebe, C., 408.
Graffenberger, L., 433.
Grafe, E., 696, 740, 746, 772.
Graham, D., 746.
Graham, Th., Kolloide 11, 12, 15, 25, 74.
Granström, E., 569, 609.
Green, E. H., 93.
Green, J. R., 202, 251.
Greenwald, J., 264.
Greer, James Richard, 274.
Gregersen, J. P., 726.
Gregor, G., 608.
Gréhant, N., 612.
Griesbach, W., 158, 457, 458.
Griffiths, A. B., 485, 601.
Grigorieff, M., 267.
Grimaux, E., 67, 257.
Grimbert, L., 592.
Grimmer, W., 376, 383.
Grimmond, 734.
Grindley, H. S., 608, 759.
Gröber, A., 580.
Grohé, B., 379.
Grosjean, A., 257.
Groß, A., 282, 496, 497.
Groß, E. G., 450, 551.
Groß, O., Pepsinbestimmung 368; Trypsinbestimmung 395; Erdalkalien im Harne 608.
Groß, W., 618, 650.
Großenbacher, H., 292.
Großer, P., 581.
Großmann, H., 641.
Grouven, H., 470.
Grube, K., 315.

Gruber, D., 176.
Gruber, M., 709, 746.
Grübler, G., 72.
Grünbaum, D., 507.
Gründler, J., 615.
Grünhagen, A., 487.
Grützner, B., 627.
Grützner, P., Pepsinbestimmung 367; Mageninhalt 374, 375; Brunnersche Drüsen 382, 383, 391, 392.
Grützner, R., 296.
Grund, G., 160, 161, 304, 745.
Grutterink, A., 629.
Gryns, G., 6, 729.
Gscheidlen, R., 357, 597.
Gubler, A., 273.
Gudzent, F., 561.
Günther, G., 491.
Gürber, A., Permeabilität 7, 246, 684; Serumalbumin 207; Serum 212; Galle 350; Amniosflüssigkeit 507.
Guggenheim, M., 39, 126, 190, 301.
Guillemonat, A., 291, 309.
Guinochet, E., 282.
Guion, C. M., 560.
Guldberg, C. M., 26.
Gulewitsch, W., Arginin 122; Thymin 148; Cholin 191; Trypsin 396; Fleischextraktbasen 452–454.
Gullbring, A., 247, 335, 336.
Gumilewski, 384.
Gumlich, E., 604.
Gundernatsch, J. F., 299.
Gyergyai, A., 739.
Gyorgy, P., 246, 253, 267.

de Haan, J., 242, 243.
Haas, E., 412, 738.
Haas, G., 268.
Haberlandt, L., 210.
Habermann, J., 111, 116.
Hämäläinen, J., Glukuronsäurepaarungen 596, 623; Schwefelausscheidung 710; Eiweißumsatz 735.
Haen, H., 40.
Händel, M., 429.
Hänsel, E., 380, 525.
Häser, 610.
Hagedorn, H. C., 10.
Hagemann, H., 458.
Hagemann, O., Hautatmung 675; Stoffwechsel 751, 752, 754.
Haggard, 684.
Hahn, A., 232.
Hahn, M., 541, 542.
Haig, A., 556.
Haiser, F., Inosinsäure 135, 136, 138, 139; Karnin 453.
Haldane, J., Blut 225, 269, 676, 678, 685, 690, 694; Alveolarluft 691.
Hall, K., 419.
Hall, W., 406, 448.
Hallauer, B., 350.
Halle, W. L., 77.
Halliburton, W. D., Dextrine 176; Cholin

190; Blut 208, 213, 216, 257; Tetron-erythrin 241, 671; Leukozyten 243; Zere-brospinalflüssigkeit 283, 284; Leber 305; Glykogen 312; Pankreaslab 397; Myx-ödem 426; Knochenmark 433; Muskeln 443—447; Gehirnproteine 474; Krank-heiten des Nervensystems 484; Nieren 533, 534; Vitamine 731.

Halpern, H., 284.

Halsey, J. T., 115.

Ham, C. E., 238, 239.

Hamburger, E. W., 347.

Hamburger, H. J., Blut 5—7, 212, 214, 215, 242, 246, 247, 684; Phagozytose 243; Lymphbildung 275, 276; Aszites 283; Glukose 317; Maltase 367; Darmsaft 383, 384, 388; Harn 608.

Hammarsten, E., 117, 135, 387.

Hammarsten, O., Labwirkung 42, 49, 370, 371; Nukleoalbumin 81; Muzinsub-stanzen 128, 129, 493, 494; Helicoproteid 132; Nukleoproteide 306, 387; Blutgerin-nung 201, 204, 209, 251; Serumproteine 205—209; Blutplasma und Serum 212, 213; Hämatoporphyrin 234, 633; Gase der Lymphe 272, 687, 688; Transsudate 279, 280, 281, 283; Synovia 285; Galle und deren Bestandteile 332, 334—336, 338, 340, 344, 346—349, 636; Phospha-tide 350; Pepsin 365, 366; Trypsin 393; Barscheier 497, 502; Kasein 513—515; Laktoprotein 517; Zucker im Harne 637, 641.

Hammerbacher, F., 359.

Hammerl, H., 407.

Hammerschlag, A., 245, 504.

Hammett, F. S., 770.

Hambik, A., 231.

Handovsky, H., 16, 569.

Hanke, M., 121, 769.

Hannema, L. S., 212.

Hanriot, M., Lipasen 47; Respirations-quotient 440; Respiration 697.

Hansen, C., Eiweißsynthese 412; Fett-gewebe 437; Dotterfett 498; Milchfett 530; Nährwert, Albumosen 739, Aspara-gin 740.

Hanßen, O., 130, 131, 427.

Harden, A., Co-Enzyme 40, 155; Phos-phorsäureester 48; Dioxyazeton 156; Vi-tamine 732, 733.

Hardy, W. B., 17, 18, 21, 24, 501.

Hari, P., 240, 299.

Harkink, I., 466, 550.

Harley, V., Darmfäulnis 401; Pankreas 415, 420, 421; Dickdarm 522; Harnfarb-stoffe 587.

Harms, H., 432.

Harnack, E., aschefreies Eiweiß 73; Jodo-spongin 94; Blutfarbstoffe 225, 226; Hydramnion 507; Oxalsäurevergiftung 577, 578; Harnschwefel 597; Abbau halogensubstituierter Methane 615; Gal-lus- und Gerbsäure 623.

Harris, J. F., 140.

Harrop, 677, 679.

Hart, A. S., 89, 102.

Hart, E., 124.

Hart, E. B., 726.

Hartley, P., 307.

Hartman, F. A., 601.

Hartogh, 328.

Hartridge, H., 221.

Hartung, C., 502.

Hartwell, J. A., 99.

Hasebroek, K., Lezithin 402; Perikardial-flüssigkeit 281; Verdauungsprodukte 369.

Haskins, H. D., 541.

Haslam, H. C., 73, 104, 206, 207.

Hasselbalch, K. A., Reaktion des Blutes 59, 246; Methämoglobin 224, 225; Ei, Bebrütung 503; Blutgase 678, 682, 685, 686, 691.

Hausmann, W., Stickstoff in Proteinen 91; Hämatoporphyrin 234; Cholesterin 193; Koprosterin 197.

Hawk, P. B., Keratin 86, 87; Knochen 430, 431; Zuckernachweis 638; Haare 666; Stoffwechsel 718, 722, 746.

Hay, M., 282.

Haycraft, J. B., Blutgerinnung 199; Diabetes 323; Biliverdin 345.

Hayem, G., 244.

Hebting, J., 428.

Heckel, F., 110.

Hecks, M., 381.

Hedenius, J., 88.

Hedin, S. G., Blutkörperchen 6, 7; Auto-lyse 34, 35; Adsorption 38; Enzyme, all-gemeines 43—45; Hemmung der Enzym-wirkung 49—51; Lab und Antilab 54, 370, 371; Elastin 89; Histidin 120; Ar-ginin 122; Serumproteasen 211, 385; Blut 259; Hämatokrit 259; Lienasen 290, 291; Fibrinproteolyse 395; Muskelprotease448; Harnproteasen 601.

Hedon, E., Pankreasdiabetes 323, 324; Resorption 416, 420, 421.

Heffter, A., Leber 307; Muskel 442, 461; Hyposulfite im Harne 598; körperfremde Stoffe im Harne 612; Hippursäuresyn-these 621; Reduktionen 704.

Heger, P., 304.

Heidenhain, M., 78.

Heidenhain, R., Lymphagoga und Lym-phe 10, 271, 274—276; Transsudate 278; Galle 329, 330; Speichel 355, 359; Magen 361, 372, 373; Pankreas und dessen Sekret 386—388, 393; Resorption 412, 416; glatte Muskeln 471.

Heilner, E., Eiweißassimilation 409; Stoff-wechsel 746, 754; spezifisch-dynamische Wirkung 755.

Heim, R., 253.

Heinemann, H. N., 468.

Heinsius, 345, 346.

Heintz, W., 182, 457, 563.

Heiser, 729.

Heiß, E., 434.

Heitzmann, C., 434.

Hekma, E., Fibrin 202, 255, 256; Blut-
  körperchen 242, 243; Darmsaft 383—385;
  Enterokinase 388.
Hele, T. Sh., 585, 657.
Heller, Fl., Eiweißprobe 626; Uroxanthin
  576; Harnfarbstoffe 587; Blutprobe 632.
Hellgren, W., 755.
Hellwig, 471.
Helme, W., 710, 735.
Hemmeter, J. C., 363, 405.
Hempel, E., 719.
Henderson, L. J., 245, 536—538, 686.
Henderson, Y., 320, 412, 684.
Henderson, P. S., 451.
Henkel, Th., 511.
Henneberg, W., 398, 745.
Henninger, A., 104.
Hénogque, A., 240.
Henri, V., Kataphorese 39; Enzyme 44,
  55; Eierklar 51.
Henriques, V., Plastein 46, 103; Formol-
  titrierung 125, 657; verschiedene Stoffe
  im Blute 266, 268; Eiweißsynthese 412;
  Fettgewebe und verschiedene Fettarten
  437, 498, 530; Harnstoff und Harnstick-
  stoff 546. 549; Hippursäure 572; Am-
  moniak 549; Stoffwechsel in der Lunge
  689; Albumosen 739; Asparagin 740.
Hensel, Marie, 624.
Hensen, V., 274, 687.
Henze, M., Gorgonin und Jodgorgosäure
  94; Asparaginsäure 113; Oktopodenpro-
  teid 133; Hämozyanin 241; Leber 310;
  Spongosterin 197; Muskeln 473.
Heptner, F. K., 349.
Herlitzka, A., 356.
Hermann, E., 56.
Hermann, L., Kotbildung 406; Muskel-
  arbeit 464; Alkaptonurie 585.
Heron, J., 176, 384.
Hermanns, L., 620.
Herring, P. F., 302, 325.
Herrmann, A., 556.
Herry, A., 258.
Herter, C. A., 120, 580, 581.
Herter, E., Speichel 359; Ätherschwefel-
  säuren 573, 622; Oxybenzoesäuren 621;
  Sauerstoffspannung 692.
Herth, R., 104.
Hervieux, Ch., Indol und Indikan 577
  bis 579; Skatolrot und Urorosein 581;
  Uroerythrin 594; Glukuronsäuren 649.
v. Herwerden, M., 514.
Herzen, A., 362.
Herzfeld, A., 155.
Herzfeld, E., 74, 75, 77, 119, 212, 345.
Herzog, R. O., 33, 121, 159.
Heß, L., 34.
Heß, 733, 734.
Heß-Thaysen, Th., 263.
Heubner, O., 205, 242, 447.
Heuß, E., 674.
le Heux, J., W. 770.
Hewlett, A. W., 422, 423.
Hewson, W., 5, 249.
Heyl, F. W., 140.

Heyler, C., 279.
Heymann, F., 494.
Heynsius, A., 98, 345, 346.
Hiestand, O., 187.
Hildebrandt, H., Oxalsäure 568, 612;
  Aminobenzoesäuren 621; Glukuronsäure-
  paarungen 623.
Hildebrandt, P., Antiemulsin 50; Milch-
  drüse 508, 529; Glukuronsäurepaarung
  596.
Hildebrandt, W., 212.
Hildesheim, 755.
Hilger, 130.
Hilger, A., 454.
Hill, A. V., 219, 464, 679.
Hiller, A., 647.
Hiller, E., 433.
Hirsch, Rahel, Glykolyse 324; Hippur-
  säure 571; Aminosäuren im Harne 600.
Hirsch, Paul, 740.
Hirschfeld, E., 379.
Hirschfeld, F., Arbeit und Stickstoffaus-
  scheidung 466; Azetonkörper 650, 657;
  Eiweißumsatz 727, 742; Nahrungsbedarf
  758, 761.
Hirschl, J. A., 641.
Hirschler, A., 403—405.
Hirschstein, L., 556.
His, W., 430.
His, W. (jr.), 561, 624.
Hitchcock, E. H., 564.
Höber, R., Alkaleszenz des Blutes 246;
  Viskosität des Blutes 247; Resorption 424;
  Permeabilität 460; Harnazidität 537.
Höne, J., 634.
Höst, H., 537.
v. Hoeßlin, H., 737, 738, 743.
Höyrup, M., 122.
Hofbauer, L., 357.
van't Hoff, J., Osmotischer Druck 2;
  Katalyse 27, 28; Glykosiden 47; Stereo-
  isomerien 151.
Hoffmann, F. A., Transsudate 279, 281,
  285; Blutzucker 316; Glykosurie 318.
Hoffmann, P., 609.
Hofmann, 116.
Hofmann, Fr., 437, 438.
v. Hofmann, Karl, 489.
Hofmann, K. B., 88, 95.
Hofmeister, F., Leim 24; Zellenzyme 35;
  Aminosäuren, Verkupplung 67; Kollagen
  und Leim 90, 92; Albumosen und Pep-
  tone 100, 103; Serumglobuline 206, 207;
  Eiter 287; Magenbewegungen 374, 375;
  Eiweißresorption 411, 412; Assimilations-
  grenze 416; Blutserum und Erdphosphate
  435; Ovalbumin und Eiweißkristallisation
  500, 501; Harnstoffbildung 542; Kreati-
  nin 552; Milchzucker im Harne 647;
  akzessorische Nährstoffe 730.
Hofmeister, V., 398.
Hohlweg, H., 587, 588.
Hollenberg, M. S., 602.
Holmgren, E. S., 641.
Holmgren, Fr., 685, 689.
Holmgren, I., 382, 443, 447.

Holst, A., 729, 733, 734.
v. Holst, G., 128, 279, 285.
Holsti, Ö., 726.
Homer, Annie, 77, 581, 586, 587.
Honoré, Ch., 410.
v. Hoogenhuyze, C. J., Kreatin und Kreatinin 450, 466, 550, 551, 554; Harndextrin 647.
Hooker, D., 276.
Hooper, C. W., 330, 349.
Hopkins, F. G., Eiweißreaktion 77; Tryptophan 118, 119; Eiweißkristallisation 209, 500, 501; Milchsäurebildung 465; Harnsäure 564; Urobilin 590, 592, 593; Bence-Jones Eiweiß 629; Schmetterlinge 671; akzessorische Faktoren der Nahrung 730, 731.
Hoppe-Seyler, F., Ovovitellin 81; Kollagen 90; Proteide 127; Nuklein 133; Xanthin 144; Lezithin 188; Blutplasma 213; Blutkörperchen 217, 241; Blutfarbstoffe 217—219, 222, 225, 226, 228, 229, 233, 238, 239; Glykogen 244, 311; Blutanalyse 261; Chylus 272; Perikardialflüssigkeit 280; Eiter 286, 287; Struma cystica 295; Galle 347, 350; Exkretin 407; Knorpel 429, 430; Knochen und Zähne 432, 436; Milchsäuren 159, 457, 594; Retina 485; Ovovitellin 496; Milch 511, 519, 527; Gallensäuren im Harne 635; Inosit 649; Chitin 667; Hauttalg 671, 672; Respirationsapparat 697; Oxydation 699, 704.
Hoppe-Seyler, G., 310, 576, 577, 591, 598.
Hopwood, A., 68.
Horbaczewski, J., Keratin 86, 87; Elastin 89; Purinbasen 144; Harnsäure 292, 554, 556, 557; Urostealith 663, 664; Stoffwechsel 727.
Hornborg, A. J., 363, 364.
Horne, R. M., 199.
Horodynski, W., 268.
Horowitz, L. M., 405, 406.
Horton, E., 46.
Hoshiai, Z., 624.
Hougardy, A., 208.
Howe, P. E., 718.
Howell, W. H., Blutgerinnung 202—204, 252, 254, 256, 258; Lymphe 272.
Hryntschak, Th., 448, 453, 572.
Huber, A., 198, 202.
Hudson, C. S., 44, 152.
v. Hübl, 184.
Huebner, R., 120.
Hueck, W., 194.
Hüfner, G., Leuzin 111; Blutfarbstoffe 219, 220, 223, 224, 225, 228; Spektrophotometrie 240; Galle 334; Vogelei, Gase 502; Harnstoffbestimmung 547; Gasspannung 678, 692; Respiration 693; Schwimmblase 695.
Hürter, 677.
Hugounenq, L., Biliverdin 346; Hämatogen 497; Klupeovin 502; Asche von Milch und Kind 528.
Huiskamp, W., 201, 205, 293.
Hull, M., 372.

Hulshof, 729.
Hultgren, E. O., Ausnutzung von Nährstoffen 414, 417, 423; Kostsätze 756, 759.
Hume, 731, 732.
Hummelberger, F., 97.
Humnicki, V., 197.
Hundeshagen, F., 94.
Hunter, A., 101, 268, 560, 601, 602.
Hupfer, Fr., 571.
Huppert, H., Schützsche Regel 45, 368; Verdauungsprodukte 101; Glykogen 312; Gallenfarbstoffreaktion 344; Fleisch 471; Harnstoff 543; Uroleuzinsäure 586; Harneiweiß 630; Laiose 647.
Hurtley, W. H., 226, 586.
Hurwitz, S. H., 200.
Hustin, A., 390.
Hutchinson, Rob., 433.
Hymans, A., 344, 346, 351.

Ibrahim, J., 389.
Ide, 454.
Inagaki, C., Serumalbumin 208; Serumglobulin 213; Blutkörperchen 262; Eiweißassimilation 412; Muskelstarre 462.
Ingvaldsen, Th., 452, 770.
Inoko, Y., 219.
Inouye, K., 121, 451, 594.
Irisawa, T., 267.
Isaac, S., 323.
Issajew, 44.
Iversen, A., 490, 491.
Iwanoff, L., 138, 156, 396.
Izar, G., 558.
Izrailsky, L., 454.

Jaarsweld, G. J., 573.
Jablonsky, J., 390.
Jacobs, W. A., Serin 106; Nukleinsäuren 135, 136, 139; Ribose 162, 163; Glukothionsäure 290; Sphingosin 481.
Jacobson, C. A., 534.
Jacobsen, O., 348.
Jacoby, M., Autolyse 35, 698; Phosphorvergiftung, Blut 200, 202; Pepsinbestimmung 368; Trypsinbestimmung 395; Befruchtung 506.
Jacubowitsch, 359.
Jaeckle, H., 180, 437.
Jäderholm, A., 224, 225, 228.
Jaeger, A., 670, 695.
Jaffa, M. E., 759, 761.
Jaffé, M., Ornithin und Ornithursäure 123; Gallenfarbstoffe 345; Kreatin und Kreatinin 451, 452, 553; Phenylsemikarbazid 545; Urethan 547; Harnsäure 558, 561; Harnindikan 577, 578, 580; Kynurensäure 587; Urobilin 407, 587, 590, 592; gepaarte Glukuronsäuren 596, 623; Verhalten aromatischer Substanzen 616, 621, 624; Furfurol 622; Thiophen 622; Guanidinessigsäure 624.
de Jager, L., 581, 600.
Jahnson-Blohm, G., 49, 610.

Jakowsky, M., 400.
v. Jaksch, R., Harnstoff 267; Gehirn 475; Melanin 634; Pentosurie 648; Azeton 649, 650.
Jalowetz, E., 174.
Jamieson, G. S., 94.
Janney, N., 549, 594.
Jansen, B. C. P., 384, 455, 542.
Jappelli, G., 354.
Jaquet, A., 219, 700.
Jarlöv, 683.
Jarno, L., 381.
Jastrowitz, H., 367, 568.
Jastrowitz, M., 160, 647.
Jensen, C. O., 299.
Jensen, P., 456, 459.
Jerome, W. Smith, 598.
Jerusalem, E., 669, 670.
Jesner, S., 487.
Jeß, A., 488.
Jessen-Hansen, H., 125.
Jewett, R. M., 213.
Joachim, Jul., 206, 278, 279, 281, 282.
Jobling, J. W., 50.
Jochmann, G., 244.
Jodlbauer, A., 39, 432.
Joffe, 684.
Johansson, F., 601.
Johansson, J. E., Stoff- und Gaswechsel 714, 716, 722, 751, 752—755, 760.
Johnson, T. B., Proteinschwefel 63, 68; Thiopolypeptide 65; Nukleinsäure 140, 141; Zytosin 147; Urazil 148.
Jolin, S., 296, 335.
Jolles, A., Pentosen 161, 162, 648; Gallenfarbstoff 344; Milch 526; Harnsäure 564; Indikan 578, 579; Eiweiß im Harne 627; Nukleohiston 631; Fruktosenachweis 646.
Jonas, L., 327.
Jones, W., Autolyse 35; Nukleoproteide 133; Nukleinsäuren 135, 137, 139; Thymin 148; Nebennieren 299; Purinstoffe und deren Enzyme 138, 290, 292, 294, 557.
de Jonge, D., 673.
Jornara, D., 673.
Josephsohn, A., 586.
Josue, O., 247.
Jünger, E., 340.
Jürgensen, E., 78.
Jungfleisch, E., 21, 159.
Junkersdorf, P., 314, 328.
Justus, J., 56.
Juvalta, N., 616, 617.

Kaas, K., 501.
Kafka, F., 186, 475, 478.
Kahn, R., 319, 320.
Kalb, G., 745.
Kalberlah, Fr., 457, 650.
Kalmus, E., 228.
Kaplan, S. F., 423.
Kapfberger, G., 41.
Kareff, N., 200.
Karsner, H. T., 542.
Kast, A., Darmfäulnis 405; Harnschwefel

597; halogensubstituierte Methane 615. Schweiß 674, 675.
Kastle, J. H., 44, 47.
Kato, Kan, 503.
Katsuyama, K., 122, 267, 720.
Katz, J., 469, 470.
Katzenstein, A., 751, 752.
Kauder, G., 207, 208.
Kauffmann, M. (Frankfurt), 191, 565.
Kaufmann, M., Glykogen 316; Zuckerbildung 328; Fettbildung 439, 440; Milchzucker 531; Harnstoffbildung 543; Stoffwechseluntersuchungen 719.
Kaufmann, Martin, 739.
Kaup, J., 467.
Kausch, W., 315.
Kautzsch, K., Polypeptide 68; Prolin 117; Adrenalin 300; Verdauung 378, 400.
Kaznelson, H., 363.
Keeton, R. W., 372.
Keller, Fr., 409.
Keller, W., 621.
Kellner, O., 466, 467, 740.
Kelly, A., 667, 668.
Kempe, M., 119.
Kendall, A. J., 406.
Kennaway, E. L., 556.
Kenndall, E. C., 297.
Kennedy, 731.
Kent, 731.
Kermauner, F., 407.
Kerner, G., 552.
Kerteß, E., 624, 653.
Kiermayer, 163.
Kikkoji, T., 506.
Kiliani, H., 150.
Kirk, R., 586.
Kirschbaum, P., 483.
Kistermann, C., 641, 739.
Kitagawa, F., 480, 481, 577.
Kjeldahl, J., Stickstoffbestimmungsmethode 545.
Klages, A., 340.
v. Klaveren, H. K. L., 227.
Klecki, K., 406.
Kleine, F., 597.
Kleiner, I. S., 318.
Klemensiewicz, R., 372, 373.
Klemperer, G., Urochrom 587—589; Eiweißstoffwechsel 727, 742, 758.
af Klercker, O., 550, 647.
Klingemann, W., 378.
Klingenberg, K., 617.
Klinger, R., 74, 75.
Klug, F., Tryptophan 118; Pepsin 365, 369; Trypsin 393; Phosphorsäureausscheidung 605.
v. Knaffl-Lenz, E., 95, 311.
Knapp, K., Zuckerprobe 166, 264; Zuckerbestimmung 642, 644.
Knapp, 732.
v. Knieriem, W., 398, 558.
Knöpfelmacher, W., 180, 437.
Knoop, F., Histidin 121; Methylimidazol 153; Abbau von Fettsäuren 613; Synthese von Aminosäuren 571, 619; Re-

duktionen 621; Abbau aromatischer Stoffe 617, 619; Azetylierung 624.
Knop, W., 547.
Knorr, L., 191.
Knudsen, A., 263.
Kobert, H. U., 218.
Kobert, R., Zyanmethämoglobin 225; Harneisen 725; Melanine 669.
Kobrak, E., 524.
Koch, W., Lezithine 186; Kephalin 475; Gehirnanalysen 477, 483, 484; Sulfatid 479; Milch 525·
Koch, M. L., 484.
Kochmann, M., 725.
Köhler, A., 471, 717, 740.
Koelichen, K., 28.
Koelker, A. H., 356.
König, J., 470, 522, 763.
Koenigs, 68.
Köppe, H., Blutkörperchen 6, 7, 215, 242, 259; Magensalzsäure 373.
v. Körösy, K., Verdauung 378, 400; parenterale Eiweißzufuhr 409; Verdauungsblut 411, 414.
Koeßler, K., 121, 769.
Köster, H., 514.
Koettgen, E., 486.
Kohler, R., 562.
Kohlrauch, A., 615.
Koijsman, A., 629.
Kojo, K., 631.
Kolb, L., 319.
Kolisch, R., 630.
Komatsu, S., 190.
Kondo, K., Indol und Skatol 120; Milchsäure 266, 457; Chondroitinschwefelsäure 428, 429; Harnphosphor 600, 601; Synthese von Aminosäuren 619.
Koraen, G., 754.
Korányi, A., 11, 247.
Korkunoff, A., 737.
Korn, A., 367.
Korowin, 391.
Kossel, A., Eiweißstickstoff 61, 64; Nitrierung von Protaminen 65; Arginase 71, 451, 540; Histone 83, 84, 116; Protamine 84, 85, 86; Proteinhydrolyse 94, 106, 109; Histidin 120, 121; Hexonbasen 121, 124; Arginin 122; Agmatin 123; Ornithin 123; Lysin 123; Nukleoproteide 132; Nukleinsäuren 136, 140, 141; Purinbasen 141, 142, 145, 146, 294, 308, 387; Pyrimidinbasen 147, 148; Stellasterin 197; Hämoglobin 219; Nukleohiston 244, 293; Blutplättchen 245; Eiter 287; Protagon 476, 477; Zerebroside 480; Ichthulin 497; Stickstoff in Proteinen 768.
Koßler, A., 575.
Kossow, H., 653.
Kotake, Y., 313, 618, 668.
Koutourska, A., 267.
Kowalewski, K., 100, 558.
Kraft, F., 15.
Kranenburg, W. R. H., 372.
Kraske, B., 266.
Krasnosselsky, T., 290.

Kratter, Jul., 438.
Kraus, Fr., 327, 457.
Krause, R. A., 299, 551.
Krauß, E., 579.
Krawkow, N. P., Amyloid 130, 131; Chitin 667, 668.
Kreglinger, G., 262.
Krehl, L., 631.
Kresteff, S., 373.
Kreuzhage, C., 466.
Krieger, H., 208, 209.
Krimberg, R., 453, 454.
Kristeller, L., 551.
Kröber, E., 161.
Krönig, B., 56.
Krogh, A., Stoffwechsel 469, 709; Blutgase 676, 678, 679, 692; Gasspannung 688, 690, 696; Mikrotonometer 692; Diffusion in den Lungen 693.
Krogh, M., 690, 693.
Krok, G., 265.
Kronecker, F., 573.
Krüger, A., 92.
Krüger, Fr., Eiweißdenaturierung 74; Milz 291; Leber 309, 310; Milch 518.
Krüger, M., Purinbasen 141, 143, in Fäzes 406, im Harn 565—567; Ammoniak 549.
Krüger, Th. R., 454.
Krug, B., 744, 745.
Krukenberg, F. C. W., Keratinalbumosen 87; Skeletine 93; Kornein 94; Kornikristallin 94; Hyalogene 130; Hämoerythrin 241; Muskelextraktivstoffe 448, 453; Vogelei 502; Urostealith 663; Vogelfedern 671.
Krumbholz, C. J., 418.
Krummacher, O., Arbeit 467; Eiweißumsatz 737; Nährwert von Leim 739.
Kubota, S., 303.
Kudo, T., 365, 372, 373, 395.
Kühling, O., 622, 623.
Kühne, W., Enzyme 32; Neurokeratin 86, 87, 475, 484; Leim 91; Albumosen und Peptone 98—102, 104; Paraglobulin 205; Hämatoidin 239; Glykogen 311; Magenverdauung 369; Pankreas und dessen Enzyme 390, 391, 393, 396, 397; Fettemulsion 418; Muskeln 443—445, 461; glatte Muskeln 471, 472; Augenpigmente 485, 486; Corpora lutea 492.
Külz, E., Zystin 107; Pentosen 160; Isomaltose 174; Glykogen 311, 312; Diabetes 323; Speichel 355, 357; Magensaft 373; Pankreasdiastase 391; Milchgase 526; gepaarte Glukuronsäuren 616; Oxybuttersäure 656.
Külz, R., 224, 687, 688.
Kueny, L., 166.
Küster, F. W., 22.
Küster, W., Blutfarbstoffe 224, 228—233; Gallenfarbstoffe 237, 238, 341—346.
Kuhn, 487.
Kuliabko, A., 386.
Kullberg, S., 156.
Kumagai, T., 584.

Kumagawa, M., Fettbildung 439; Zucker-
bestimmung 642; Eiweißumsatz 727, 742,
758.
Kunkel, A. J., 56, 226, 347.
Kurajeff, D., 46, 102, 118.
Kurbatoff, D., 180.
Kurpjuweit, O., 406.
Kusmine, K., 276.
Kutscher, Fr., Proteolyse 94; Histone 83;
Verdauungsprodukte 101; Histidin 120,
451; Arginin 122; Agmatin 123; Hexon-
basen 124; Aporrhegmen 126; Zytosin
147; Thymin 294; Erepsin 385; Guanidin
396; Cholin 396; Darmverdauung 400;
Resorption 411; Basen aus Fleischextrakt
452—454; Methylguanidin 554; Harn-
basen 601.
Kuwschinski, P., 390.

Lackner, E., 572.
Ladenburg, A., 490.
Laidlaw, P. P., 238, 671.
Lamb, 731.
Lampé, A., 740.
Lampel, H., 97.
Lanceraux, 323.
Landau, A., 284.
Landau, M., 194.
Landauer, A., 404, 723, 746.
Landergren, E., Ausnutzung von Nähr-
stoffen 414, 417; Stoffwechsel 719, 727,
741; Kostsätze 756, 759.
Landois, L., 217.
Landolt, H., 669.
Landsteiner, K., 54.
Landwehr, H., 595.
Lane-Clayton, J. E., 34.
Lang, G., 378, 630.
Lang, J., 109, 274.
Lang, S., 558, 615.
de Lange, C., 526, 528.
Lange, C., 42.
Lange, F., 650, 651.
Langgaard, A., 523.
Langhans, A., 177, 239.
Langley, J. N., 359, 373.
Langstein, L., Kohlehydrate in Proteinen
65, 127, 208; Verdauungsprodukte 100;
Skatosin 120; Fibrin und Leukozyten
200; Blutglobulin 207; Serumproteine
214; Desamidierung 328; Ovoglobulin
500; Ovalbumin 500; Ovomukoid 501;
Kasein 524; Alkaptonurie 583, 586;
C : N-Quotient 611, 711; Milchzucker im
Harne 647.
Lankester, E. R., 241.
Lannois, E., 415, 672.
Lapicque, L., 291, 309, 310, 759.
Lappe, J., 384.
Laptschinsky, M., 488.
Laquer, F., 457, 458, 465.
Laqueur, E., 34, 512—514.
Larsson, K. O., 603.
Lassaigne, J. L., 568.
Lassar, O., 246.

Lassar-Cohn, 337, 340, 346.
Latarjet, A., 363.
Latschenberger, J., 409.
Latschinoff, P., 336, 337, 339.
Lattes, L., 653.
Laulanié, F., 440, 468, 752.
de Laval, G., 520.
Laves, E., 523.
Laves, M., 323.
Laveson, H., 595.
Lavoisier, M., 751.
Lawrow, D., Koagulose 46, 102, 103;
Histone 83; Verdauungsprodukte 100;
Blutfarbstoffe 227.
Lawrow, M., 102.
Laxa, O., 513.
Lazarus-Barlow, W. S., 276.
Lea, Sh., 51.
Leathes, J. B., Lymphe 11; Autolyse 35;
Leberfett 307; Eiweißresorption 411;
Ovarialflüssigkeit 494; Harnsäure 551.
Leavenworth, Ch., 62, 516.
Lebedeff, A., 306, 437, 438.
v. Lebedew, A., 156, 457.
Leclerc, A., 674.
Leconte, P., 362.
Ledderhose, G., 169, 667.
Ledoux, A., 257.
Leers, O., 225.
van Leersum, E. C., 161, 171.
Lefèvre, K. U., 171.
Lefmann, G., 550.
Legal, E., 654, 655.
Lehnerdt, Fr., 434.
Lehmann, C., Stoffwechsel bei Hunger
718, bei Arbeit 751, 752; Asparagin,
Nährwert 740.
Lehmann, C. G., 359, 499.
Lehmann, Fr., 675.
Lehmann, K. B., 227, 438.
Leichtenstern, O., 262, 263.
Leick, 437.
Leimdörfer, 694.
Lemaire, F., 595, 647.
Lenk, E., 461, 462.
Leo, H., 306, 438, 647, 709.
Lepage, L., 389.
Lépine, R., Glukuronsäuren 171; Pen-
tosen 210; Zucker im Blute 264—267;
Glykolyse 272; Glykogen 314; Phlor-
rhizindiabetes 318, 324; Resorption 415;
Harnschwefel 598; Harnphosphor 600;
Harngifte 601; Harnmaltose 647.
Lepinois, E., 602.
Lerch, 488.
Lesem, W., 476.
Lesser, E. J., 737, 738, 743.
Lesser, K. A., 275.
Letsche, E., 224, 240, 333, 337.
Leube, W., 674.
Leuchs, H., 106, 117, 153.
Levene, P. A., Autolyse 35; Polypeptide
70, 91; Albuminhydrolyse 102, 110, 112,
114, 396, 489; Chondrosamin 127, 170;
Sehnenmuzin 128, 425; Nukleinsäuren
135, 136, 138—141, 508; Pyrimidinbasen

137, 145, 148; Guanin 145; Milchsäure
157, 158; Arabinosen 162; Ribose 162,
163; Phenylglukosazon 166; Galaktose
167; Glukuronsäure 170; Phosphatide
187, 188—191, 770; Glukothionsäuren
244, 290, 309, 508; Milz 290; Leber 307;
Glykolyse 324; Trypsin 393; Chondroitin-
schwefelsäure 425, 428, 429; Mukoitin-
schwefelsäure 426, 428; Gehirnproteid
474; Zerebroside 479, 480; Sphingomyelin
478, 534; Sulfatid 479; Sphingosin 481;
Zerebronsäure 482; Ichtulin 497; Kreatin
und Kreatinin 551; Harnpentose 647.
Levinson, A., 572.
Levison, L., 368.
Levites, S., 401.
Levy, H., 622.
Levy, Ludw., 448.
Levy, M., 435.
Lewandowski, M., 409.
Lewin, Karl, 571, 576, 577.
Lewin, L., Blutfarbstoffe 222, 224, 228;
Urobilin 592.
Lewinsky, J., 213, 571.
Lewis, D. H., 41, 356.
Lewis, H. B., 556.
Lewis, Th., 472.
Lewy, B., 490.
v. d. Leyen, E., 577.
Lichtenstein, St., 312.
Lichtwitz, L., 52.
Lieben, A., 239, 492, 653, 655.
Lieben, F., 769.
Liebermann, C., 195, 671.
Liebermann, H., 599.
Liebermann, L., Eiweißreaktion 77; Le-
zitalbumine 81; Nukleine 133, 134;
Hühnerei 496—499, 502—504; Nieren
533, 534; Guajakprobe 632.
Liebermeister, G., 205.
v. Liebig, J., Mineralstoffe 45; Inosinsäure
138; Fettbildung 440; Arbeit und Stoff-
wechsel 466, 467; Harnstoff 545; Kost-
sätze 756.
Lieblein, V., 284.
Liebreich, O., 476, 672.
Liepmann, W., 506.
van Lier, E. H. B., 425, 426.
van Lier, G. A., 7, 247.
Lifschütz, J., Ölsäure 183; Sterine 193,
195—197, 308, 770; Wollfett 673, 772.
Likhatscheff, A., 622.
Lilienfeld, L., Nukleohiston 83, 244, 293;
Blutplättchen 245; Thymus 294.
Liljestrand, G., 697.
Lillie, R. S., Kolloide 14, 25; Salzwir-
kung 58.
v. Limbeck, R., 246.
Limpricht, H., 454.
Lindberger, W., 404.
Lindemann, L., 160.
v. Linden, M., 671.
Linder, S. E., 19.
Lindhard, J., 469, 696.
Lindvall, V., 86, 87.
Ling, A. R., 174.

Linn, K., 193.
Linnert, K., 482, 483.
Linser, P., 671, 672.
Lintner, C. J., 176.
Linzenmeier, G., 215.
Lipliawsky, A., 654, 655.
Lipp, A., 115.
Lippich, Fr., Leuzin 112; Exkremente
406; Urein 547; Uraminosäuren 624.
v. Lippmann, E. O., 116.
Lipschütz, A., 726.
Lister, J., 249.
Ljubarsky, E., 181.
Lloyd-Jones, E., 245.
Lochhead, J., 506.
Loche, F. S., 57.
Lockemann, G., 244.
Locquin, R., 113.
Loeb, A., 158, 330, 548, 620, 652.
Loeb, J., Muskeln 7; Theorie von Overton
8; antagonistische Salzwirkung 57, 58;
künstliche Befruchtung 505, 506; Stoff-
wechsel 753.
Loeb, L., 254, 255.
Loeb, W., 30, 468.
Loebisch, Wilh., 508, 529.
Loebisch, W. F., 346, 425.
Löffler, W., 190, 235, 301.
Löhlein, W., 368, 395.
Löning, H., 480.
Lönnberg, J., 429, 533, 534.
Lönnqvist, B., 362.
Lörcher, G., 370.
Loeschcke, K., 313.
Lötsch, E., 378.
Loevenhart, A. S., 44, 47, 56, 392, 441.
Loew, O., 74, 97, 163.
Löwe, S., 9.
Löwenstein, E., 77.
Löwenthal, S., 34.
Loewenthal, W., 398.
Loewi, O., Zuckerbildung 328; Eiweiß-
synthese 412; Allantoin 569; gepaarte
Glukuronsäuren 596; Phosphorstoffwech-
sel 604.
Loewit, M., 250.
Loewy, A., Diamine 123, 124; Blut-
alkaleszenz 246; Höhenklima 262; Leber-
stickstoff 306; Arbeit und Stoffwechsel
467; Säurewirkung 536; Blutgase 676 bis
678, 690; Alveolarluft 691, 692, 693, 694;
Stoffwechsel 751—753; Erhaltungswert
722.
Loewy, E., 667.
Lohmann, A., Cholin 190, 300, 396;
Methylguanidin 554; Harnbasen 601.
Lohnstein, Th., 645, 646.
Lohrisch, H., 398.
Lombroso, U., 415, 417, 418, 421.
London, E. S., Enzyme 41; Nukleinsäuren
370; Verdauung 376—379, 400, 401;
Pankreassaft 389; Ecksche Fistel 413;
Dünndarm 423; Nukleinstoffwechsel 559;
Hungerblut 721.
Long, J. H., 512, 513, 608.

Longcope, W. T., 34.
López-Suárez, J., 127, 372, 425, 426, 428.
Losev, G., 23.
Lossen, F., 65.
Lossen, J., 258.
Lottermoser, A., 19.
Luchsinger, B., 674.
Luciani, L., 718.
Luckhardt, A. B., 274.
Ludwig, C., Magenverdauung 379; Pankreassaft 387; Resorption von Eiweiß 410, 411, von Zucker 416; Blutgase 676, 685, 689.
Ludwig, E., 185, 495, 563.
Lücke, A., Hyalin 130, 668; Eiter 288; Benzoesäurereaktion 572.
Lüdecke, K., 191, 769.
Lüdecke, T., 188.
Lüders, H., 196.
Lüthje, H., 326, 413, 567.
Lukjánow, S., 329, 721.
Lukomnik, I., 103.
Lundsgaard, Chr., 59, 246, 677.
Lunin, N., 724, 727.
Lusk, Gr., Phlorhizindiabetes 317, 318, 327, 328; Milchzucker im Darme 415, im Harn 647; Fettbildung 440.
Luzzatto, A., 647.
Lyman, I. F., 536, 550.
Lyon, E. P., 58.
Lyttkens, H., 264, 265.

Maas, O., 97.
Maase, C., 617, 618.
Mac Adam, W., 551.
Maccadam, J., 467.
Macallum, A. B., 214, 459.
Macallum, A. (jr.), 564.
Mac Callum, J. B., 383, 730.
Mc Clendon, J. F., 58, 440, 497.
Mac Collum, E. V., 726, 730—734.
Mc Crudden, F. H., 435.
Mc Dougall, 461.
Macfadyen, A., 399.
Mc Guigan, 317.
v. Mach, W., 558.
Macht, D., 300.
Mackay, J. C. H., 634.
Mackie, W. C., 450, 452.
Mac Lean, H., 187, 189, 190, 252, 534.
Macleod, J., Glykosurie 320, 321; Knochenmark 433; Phosphorfleischsäure 454; Karbaminsäure 541.
Mac Munn, Ch. A., Hämatoporphyrin 233; Echinochrom 241; Cholohämatin 346; Myohämatin 448; Tetronerythrin 671.
Mc Nee, J. W., 194.
Madsen, Th., 39, 45, 193.
Magnanini, G., 120.
Magne, H., 531.
Magnus-Alsleben, E., 611.
Magnus, G., 676.
Magnus, R., 40, 190, 409.
Magnus Levy, A., Milz 291; Schilddrüse 295; Leber 305, 310; Diabetes 328;

Speicheldrüsen 353; Pankreas 387; Analyse, von Muskeln 470, 471, von Gehirnsubstanz 485; Nieren 534; Hippursäure 571; Benzoeglukuronsäure 596; Bence-Jones Eiweiß 629; Azetonkörper 649, 651, 652, 656; Stoffwechsel 715, 749, 750, 754; Grundumsatz 722.
Maignon, F., 456.
Maillard, L. C., Dipeptide 69; Indoxylschwefelsäure 577, 579; Harnschwefel 597; Harnphosphor 605.
Maillard, M. L., 56.
Mair, W., 483.
Majert, W., 490.
Makriş, C., 523.
Malcolm, J., 604.
Malengreau, F., 293.
Malfatti, H., Aminosäuren 600; Ammoniak 549; Phosphatausscheidung 625; Fruktosenachweis 646.
Mall, F., 92.
Mallèvre, A., 398.
Maly, R., Oxyprotsäuren 65; Gallenfarbstoffe 342, 344, 345, 590; Speichel 354; Salzsäuresekretion 373; Fäulnis 404; Luteine 499.
Manasse, P., 307.
Manchot, W., 220.
Mancini, St., 160, 587, 588.
Mandel, J. A., Glutaminsäure 114; Adenin Hexoseverbindung 136; Guanylsäure 139; Glukuronsäure 172; Glukothionsäuren 244, 309, 508, 534; Milz 290; Milchdrüse 508, 529.
Mandelstamm, E., 330.
Mangold, E., 311, 719.
Mann, S., 483, 484.
Manning, T. D., 384.
Mansfeld, G., 299.
Maquenne, L., Stärke 174—176; Zellose 177; Inosit 454.
Marcet, 143, 407.
Marchetti, G., 438.
Marchlewski, L., Blatt- und Blutfarbstoffe 218, 236; Cholohämatin und Bilipurpurin 346.
Marcovici, 694.
Marcus, E., 205.
Mareš, F., 556.
Margulies, 641.
Marie, P. L., 244, 287.
Marino-Zuco, 190.
Marquardsen, E., 405.
Marriot, W. K., 655.
Marshall, E. jr., 546.
Marshall, J., 582.
Martin, C. J., Fibrinferment 45, 204; Toxin-Antitoxinverbindung 54; Blutgerinnung 257.
Martin, S. H., 398.
Martz, 672.
Marum, A., 651.
Marx, A., 600, 652.
Marxer, A., 323.
Masai, Y., 395, 601.
Maschke, O., 72, 552.

Masing, 264.
Masius, J. B., 407.
Massen, V., 542.
Maßlow, M., 590.
Masuyama, M., 496.
Mathews, A., 83, 200.
Matsuoka, Z., 586, 587.
Matthes, M., 405, 631.
Mattill, H. A., 718.
Mauthner, J., 108, 192, 646, 740.
Mawas, I., 200.
Max, F., 555.
Maximowitsch, S., 207, 208.
May, R., 160.
Mayeda, M., 130, 131, 362.
Mayer, André, 194.
Mayer, Arthur, 609.
Mayer, A., 319.
Mayer, E. W., 197.
Mayer, J., 746.
Mayer, L., 415, 421.
Mayer, Mart., 200, 214.
Mayer, P., Isoserin 107; Zystin 108; Mannosen 153, 155; Glukuronsäuren 170; gepaarte Glukuronsäuren 171, 596, 649; Desamidierung 326; Inosit 454; Oxalsäure 568; Indikan 577; Skatoxylglukuronsäure 580, 595.
Mayo-Robson, A. W., 329.
Mays, K., 393, 394, 486.
Mazurkiewicz, W., 390.
Meakins, 677.
M'Call, R., 299.
Medigreceanu, Fl., 138, 219, 376.
Meek, W. I., 200.
Méhu, C., 281, 591—593.
Meier, 684.
Meigs, E. B., 461, 462, 472, 530.
Meillère, G., 455, 456, 634, 635, 649.
Meinert, C. A., 414, 756.
Meisenheimer, J., 33, 156, 158, 165.
Meißl, Th., 507.
Meißner, F., 570.
Mellanby, E., 450, 451, 452, 732.
Mellanby, J., Prothrombin 204, 254, 258; Enterokinase 388; Kreatin und Kreatinin 550, 551; Kohlensäure im Blute 686.
Mendel, Lafayette B., Enzyme 41; Lymphbildung 276; Speichel 355; Eiweißresorption 409; Harnsäure 556; künstliche Ernährung 413, 728, 730, 731, 732.
Menozzi, A., 197.
Menschutkins, 28.
Menten, M. L., 364, 770.
Menzies, J. A., 224, 225, 239.
de Merejkowski, C., 671.
Mergulis, S., 668.
v. Mering, J., Urochloralsäure 171, 616; Blutzucker 210, 415; Phlorhizindiabetes 317; Pankreasdiabetes 320; Amylolyse 357, 391; Assimilation 409; Resorption 416; Sarkosin 615; Stoffwechsel 754.
Mesernitzki, 496.
Messinger, J., 655.
Meßner, E., 412.
Mester, Br., 405, 580, 597.

Mett, S., 367.
Meyer-Betz, Fr., Hämatoporphyrin 234; Bilirubin 342; Urobilinoide 590; Urobilinogen 592, 593.
Meyer, C., 309.
v. Meyer, E., 19.
Meyer, E., 350.
Meyer, Erich, 583, 586, 621.
Meyer, G., 414.
Meyer, G. M., Glukose 324; Milchsäure 157, 158, 267.
Meyer, H., 170, 558.
de Meyer, J., 324.
Meyer, K., 50.
Meyer, Kurt, 25, 315, 395.
Meyer, Lothar, 676.
Meyer, P., 342.
Meyer, R., 458.
Meyer-Wedell, L., 307.
Meyerhof, O., 465, 702.
Michaelis, L., Kataphorese 17, 24, 39; Kolloidumhüllung 20; Adsorption 24, 38, 75; Enzyme 55; Wasserstoffzahl des Blutes 59, 678; Albumosen 101; Blutzucker 210, 264; Magensaft 364, 381; Pepsin 368; Trypsin 395; Eiweißresorption 409; Milch 520.
Michailesco, C., 770.
Michaud, L., 743.
Michel, A., 207, 208, 209.
Micheli, F., 127.
Micko, K., 407.
v. Middendorff, M., 315.
Mieg, W., 498.
Miescher, F., Protamine 84; Nuklein 133; Eiter 287, 288; Sperma 491; Lachs, Stoffwechsel 726.
Miethe, A., 222, 224, 226, 228.
Migay, Th., 376.
Miller, I. R., 557.
Millon, M. E., 516. 76
Mills, W., 567.
Milroy, T. H., 133, 134, 228, 233, 604.
Minami, D., 392.
Minkowski, O., Blutalkaleszenz 246; Aszites 282; Glykogen 316; Phlorhizindiabetes 317, 318; Pankreasdiabetes 320, 323; Gallenfarbstoff 347; Pankreas und Resorption 415; Fettresorption 418, 420, 421; Milchsäure 594; Harnsäure 558; 559; Allantoin 569; Histozym 573; Azetonkörper 652.
Minot, A. S., 519, 520, 525.
Minot, G. R., 258.
Mitchell, P. H., 608.
Mitjukoff, K., 494.
Mittelbach, F., 201, 586, 630.
v. Mituch, A., 503.
Miura, K., 210, 313, 384.
Moeller, J., 407.
Möller, Paul, 261.
Möller, S., 777.
Möllerström, J., 395.
Mörner, C. Th., Albumoid 88, 429; Schwefel in Proteinen 62, 87; Nitrierung und Oxydation von Proteinen 65; Bromgorgo-

säure 94; Leim 90, 92, 429; Ichthylepidin 93; Gorgonin und Pennatulin 94; Kornikristallin 94; Anthozoenproteine 94; α-Aminobuttersäure 109; Tyrosinprobe116; Membranine 130, 430; Fruktose 168; Glaskörper 486; Knorpelgewebe 427 bis 430; Kornea 430; Mukoide 426, 431; Knochen 431; Kristallinse 487; Zucker im Eierklar 499; Ovomukoid 501; Perkaglobulin 503; Homogentisinsäure 586; Chlorbestimmung 504; Gallus- und Gerbsäure 623; Kalziumdiphosphat als Harnsediment 660.

Mörner, K. A. H., Schwefel der Proteine 62; Zystin und Zystein 87, 107, 108; Thiomilchsäure 109; Brenztraubensäure 109; Serumeiweißstoffe 206, 207, 208; Hämin 229—231; Brandblasenflüssigkeit 284; Salzsäurebestimmung 382; Chondroitinschwefelsäure 427, 534, 630; Muskeln 447, 448; Proteinstoffe im Harne 601, 625, 630; Melanine 634, 669; Gallensäuren im Harne 634; Azetessigsäure 655.

Mohr, Fr., 381, 602.
Mohr, L., 325, 328, 565.
Mohr, P., 87.
Moitessier, J., 226, 629.
Moleschott, J., 756.
Molisch, H., 166.
Moll, L., 79.
Monari, A., 466, 554.
Mondschein, J., 458, 465.
Monod, O., 518.
Moor, Ovid, 547.
Moore, J., 165, 398.
Moore, B., Theorie von Overton 8; Adsorbate 10, 23; Kolloide 14; Glykosurie 320; Darminhalt 405; Fettsynthese 418.
Moorhouse, V., 322.
Mooser, W., 601.
Moraczewski, W., Exkremente 406; Herzmuskel 470; Harnindikan 577, 578.
Morat, J., 557.
Morawitz, P., Fibrin und Leukozyten 200; Serumproteine 213; Blutgerinnung 250, 252—258; Oxydationen 689.
Moreau, A., 695.
Moreau, J., 176.
Morel, A., Fibrinogen 200; Blutgerinnung 257; Glykolyse 266; Hämatogen 497; Milch 518.
Morel, L., 392.
Moreschi, A., 197.
Morgenroth, J., 50, 54.
Mori, Y., 414, 616.
Moriggia, A., 674.
Morishima, K., 305.
Moritz, 374.
Moritz, F., 278.
Morochowetz, L., 427.
Morris, G. H., 174, 176.
Morse, H. N., 2.
Morse, W., 572.
Moscatelli, R., Allantoin 280, 283; Milchsäure 465, 594.

Moscati, G., Stärkeassimilation 415; Glykogen 456, 463; Plazenta 506.
Mosse, M., Pseudochylöse Ergüsse 282; Salzsäure im Magen 372; Ätherschwefelsäuren 573.
Mott, F. W., Cholin im Blut 190, in Zerebrospinalflüssigkeit 284; Krankheiten des Nervensystems 484.
Mottram, W. H., 77, 306, 307.
Müller, A., 12, 19.
Müller, Alb., 382.
Müller, Eduard, 244.
Müller, Erich, 398.
Müller, Ernst, 333—336, 338.
Müller, Fr., 287, 299.
Müller, Franz, Blut 262; Adrenalin 300; Höhenklima 751, 754.
Müller, Friedrich, Autolyse von Pneumonischen Infiltrationen 35, 698; Glukosamin aus Proteinen 65, 127, 128, 129, 494; Hunger (Indikan) 402; Fettresorption 420; Urobilin 591; Harnschwefel 597, 598; Azetonkörper 650; Kotstickstoff 708.
Müller, Joh., 456, 496, 676.
Müller, Jul., 576.
Müller, J. J., 689.
Müller, Max, 471, 740.
Müller, Martin, 454.
Müller, Paul, 407, 433.
Müller, Paul Th., 200, 214.
Müller, P., 344.
Müller, W., 480.
Müntz, A., 531.
Münzer, E., 543.
Müther, A., 162.
Muirhead, A., 541.
Mulder, G. J., 86, 87.
Munk, I., Chylus und Lymphe 272—274; Rhodan 356, 357, 597; Darminhalt 405; Resorption von Eiweiß 409, 410, von Zucker 416, von Fett 419, 420; Fettsynthese und Fettbildung 437, 438; Arbeit und Stoffumsatz 466; glatte Muskeln 471, 472; Milch 519; Phenolausscheidung 574; Phosphorsäureausscheidung 605; Gallenfarbstoffreaktion 635; Hungerstoffwechsel 720, 721; Nährwert von Leim 738; von Albumosen 739, von Apsaragin 740; Eiweißbedarf 742; Wasser und Stoffwechsel 746.
Murlin, J. R., 319, 739.
Murray, Fr. W., 391.
Murschhauser, H., 749.
Musculus, F., Amylolyse 176, 357, 391; Urochloralsäure 616; Urease 658.
Myers, C., 449.
Myers, V., 148, 268, 550, 551.
Mylius, F., 333, 338, 339.

v. Nägeli, C., 211.
Nägeli, K., 4, 5.
Nagano, J., 415, 416.
Nakaseko, R., 313.
Nakayama, M., 137, 138, 385, 635.
van Name, W. G., 90, 92.

Nassau, E., 769.
Nasse, H., Muskelversuche 7; Blut 315, 316; Lymphe 275; Milz 291.
Nasse, O., Proteine 76; Glutin 92; Dextrine 176; Glykogen 311, 312, 463; Muskulin 444, 445.
Nathansohn, 705.
Nawratzki, 283.
Nebelthau, E., 313.
Nef, J. U., 165.
Negelein, E., 705.
Neilson, C. H., 30, 41, 355.
Neimann, W., Glukuronsäuren 171, 172, 595, 596.
Nelson, C. F., 508.
Nelson, L., 84, 731.
Nencki, L., 734.
v. Nencki, M., Proteinschwefel 62; Tryptophan 118; Indol 119; Blutfarbstoffe 218, 221, 229—232; Blutfarbstoffderivate 233, 234, 237; Diabetes 322; Magensaft 364, 373, 379; Magenenzyme 372; Esterspaltung 392; Darmverdauung 398; Darmfäulnis 401; Reaktion im Darme 399, 405; Ammoniak 412; Harnstoff 541, 542; Karbaminsäure 542; Urorosein 581; Abbau aromatischer Substanzen 623; Melanine 669.
Neppi, B., 394.
Nerking, J., Lezithin 186, 189; Glykogen 313; Knochenmark 432, 433; Milch 525.
Nernst, W., Membranpermeabilität 8; Verteilungsgesetz 21; Diffusion 29; Toxin-Antitoxinreaktion 54; Gasketten 58.
Nersessoff, N., 701.
Neubauer, C., 452.
Neubauer, O., Eiweißreaktion 77; Alkaptonsäuren 583—586; Abbau von Aminosäuren 617, 618, 624; Glukuronsäurepaarungen 615, 616; Azetonbildung 650.
Neuberg, C., Autolyse 34; Ninhydrinreaktion 42, 77; künstliche Phosphoproteine 81; Isoleuzin 107, 113; Oxyaminobernsteinsäure 115; Zystin 108; Prolin 117; Tryptophan 118; 119, Diaminbildung 123, 124; Amyloid 130, 131; Nukleinsäuren 138, 139; Zuckerabbau 153, 155; Pentosen 160—163, 647; Gärung 156; Glukose 166; Galaktose 167; Lävulose 168, 279; Glukosamin 169; Glukuronsäuren 170—172, 595, 596, 649; Glukothionsäure 290; Lebererweichung 308; Glykogen 313; Desamidierung 327; Cholesterin 195; Chondrosin 428; Inosit 454; Milchsäure 158; Milchzucker 518; Renoschwefelsäure 534; Harn 536; Heteroxanthin 565; Phenolbestimmung 574; Glukuronsäure 577, 580; Weinsäure 613; Phenylhydrazinprobe 640; Azeton 650; Tyrosinase 670; Mineralstoffwechsel 723. 725.
Neukirchen, K., 193, 338.
Neumann, Alb., Nukleinsäuren 136, 140; Pyrimidinbasen 147, 148; Orzinprobe 161; Harneisen 609; Phenylhydrazinprobe 641.

Neumann, O., 747, 758.
Neumann, R., 746.
Neumann, Walt., 103.
Neumeister, R., Keratine 86; Albumosen und Peptone 98, 99; Tryptophan 118; Dextrine 176; Glykogen 312; Eiweißassimilation 409; Ovomukoid 501.
Nicklés, J., 502.
Nicloux, M., 44, 210.
Niemann, A., 415, 421.
Nierenstein, E., 367.
Nilson, L. F., 521.
Nobel, E., 769.
Noel-Paton, D., Lymphe 274; Schilddrüse 298; Leber 306, 307; Glykogen, Zuckerbildung 317; Galle 329, 349, 450, 452; Eiweißumsatz 467; Milchzucker 531.
Noguchi, H., 193.
Nogueira, A., 534.
Nolam, O. L., 516.
Nolf, P., Osm. Druck 11; Fibrinogen 200; Fibrinolyse 202; Albumosen im Blute 209; Blutgerinnung 255, 257, 258; Speichel 354; Resorption 410; Karbaminsäure 541.
Noll, A., 418, 484.
v. Noorden, C., Diabetes 328; Azetonkörper 649; Stoffwechsel 742, 745.
v. Noorden, K., 266.
Northorp, J., 771.
Nothwang, Fr., 723.
Novi, J., 347, 359.
Novy, F., 97.
Nowak, J., 471, 697, 709.
Nürenberg, A., 296.
Nürnberg, A., 46.
Nußbaum, M., 692, 694.
Nuttal, G., 403.
Nylander, E., 166.

Obermayer, Fr., Globuline 79, 206; Aminoindex 125; Gallenfarbstoffe 636; Indikannachweis 578.
Obermüller, K., 196.
Odake, S., 729.
Oddi, R., 399.
Odenius, R., 508.
Oehme, H., 188.
Oertel, H., 600, 601.
Oerum, H. P. (sr.), 495, 738.
Oerum, H. P. T. (jr.), 269, 348, 579.
Oeser, R., 621.
Oesterberg, E., 551.
Offer, Th. R., Glykogen 315; Chitin 667; Alkohol 747.
Ofner, R., 168, 169.
Ogata, M., 379.
Oidtmann, H., 277, 294, 698.
Okada, 331.
Oker-Blom, M., 7.
Okunew, W., 102.
Olinger, J., 412.
Oliver, G., 300.
Ollendorff, G., 155.
Olsavszky, V., 605.

Omeliansky, V., 398.
Omi, K., 384.
Opie, E. L., 244.
Oppenheim, Alf., 313.
Oppenheimer, C., Serumalbumin 208;
  Zuckerumsatz 326; parenterale Eiweiß-
  assimilation 409; Respiration 697; Stick-
  stoffausscheidung 709; Oxydationen 705;
  Oberflächengesetz 749.
Oppler, B., 400.
Orbán, R., 384.
Orgler, A., 428, 650.
Orndorff, W. R., 343.
Orton, K., 586.
Osborne, Th. B., Eiweißstoffe 62, 66, 80,
  83; Polypeptide 70; Nukleinsäuren 140;
  Ovovitellin 496, 497; Proteine des Eier-
  klars 500; Milch 516, 517; Kalorimetrie
  712; Phosphorstoffwechsel 726; künst-
  liche Ernährung 413, 728, 730—732.
Osborne, W. A., 456, 487.
Ost, 174.
Osterberg, A. E., 297.
Ostertag, 522.
Ostwald, Wilh., 22, 27, 28.
Ostwald, Wo., 25.
Oswald, A., 295, 296, 396.
Otori, J., 128, 396, 494.
Ott, A., 608.
Otte, P., 380.
Otto, J. G., Blutzucker 265; Blutfarbstoffe
  219, 224; Blut 261, 262, 415; Skatoxyl-
  schwefelsäure 580; Zuckerbestimmung
  644, 645.
Overton, E., Plasmolyse 5, 7, 8; Muskel-
  versuche 7, 460, 461; Theorie der Auf-
  nahmefähigkeit 8, 9.
Owen-Rees, 272.

Paal, C., 97, 188.
Pacchioni, D., 304.
Pachon, V., 257, 378, 379.
Padtberg, J. H., 666.
Pagès, C., 199, 251, 513, 528.
Paijkull, L., Exsudate 278, 279, 281, 282;
  Galle 331.
Paine, H. S., 44.
Painter, H. M., 99.
Palitsch, S., 395.
Palladin, 451.
Palmer, L. S., 212.
Palmer, W., 536—538.
Panek, K., 598, 599.
Panella, A., 472.
Panormoff, A., 456, 500, 502.
Panum, P., Serumkasein 205; Blutmenge
  269; Hungerblut 721; Stickstoffausschei-
  dung 738; Nährwert von Leim 738.
Panzer, Th., 493, 494.
Pappenhusen, Th., 378.
Paraschtschuk, S., 530.
Parcus, E., 480, 481.
Parke, J. L., 499.
Parker, W. H., 418.
Parmentier, E., 523.

Parnas, J., 315, 326, 457, 463, 704.
Parsons, 683.
Partridge, C. L., 290, 557.
Parturier, M., 247.
Paschutin, V., 275, 384.
Pascucci, O., 215, 216.
Pascheles, W., 615.
Pasteur, L., 32, 33, 403.
Patein, G., 281, 642.
Paton, 731.
Patten, A. J., 62, 108, 121.
Patterson, S., 321, 322.
Paul, Th., 56, 561.
Paulesco, N., 770.
Pauli, W., Kolloide 14, 16, 17, 20, 24,
  25; Proteine 73; Leim 91.
Pauly, H., 70, 121, 300, 589.
Pautz, W., 384, 487.
Pavy, F. W., Kohlehydratgruppen in Pro-
  teinen 65, 315; Isomaltose 210; Glykogen
  316, 319; Blutzucker und Diabetes 317,
  318; Selbstverdauung des Magens 380;
  Arbeit und Stoffwechsel 467; Zucker-
  bestimmung 642.
Pawlow, J. P., Absonderung von Enzymen
  41; Schützsche Regel 45; Gallenfistel
  329; Speichel 355, 360; Magen und Magen-
  saft 361—364, 366, 371; Pylorusreflex
  375; Darmsaft 383; Pankreassaft und
  Pankreasenzyme 387—390, 392, 397; Ver-
  dauung im Darme 400; Ecksche Fistel
  542.
Pearce, R. G., 317, 321.
Pearson, A. L., 477.
Pechstein, H., 358.
Peiper, A., 42.
Peiper, G., 246.
Peirce, G., 56.
Peiser, E., 769.
Pekelharing, C. A., Kataphorese 39;
  Fibrinferment und Blutgerinnung 203,
  204, 251, 253; Nukleoproteide 205, 447;
  Magenenzyme 365, 366, 372; Kreatin und
  Kreatinin 466, 550; Harndextrin 647.
Pembrey, 687.
Penny, E., 574.
Penzoldt, F., 320, 654.
Pernou, M., 291.
Perrin, J., 13, 17.
Peschek, E., 725, 740.
Peters, 683.
Petersen, P., 470.
Petersen, W. F., 50.
Petrowa, M., 330.
Petry, E., 514.
v. Pettenkofer, M., Gallensäureprobe 332;
  Fettbildung 438, 439; Arbeit und Stoff-
  wechsel 466—468; Respirationsapparat
  697; Stoffwechseluntersuchungen 707,
  709, 735, 751, 755.
Pettibone, C., 546.
Pfaff, F., 329.
Pfannenstiel, J., 236, 493.
Pfaundler, M., 100, 101.
Pfeffer, W., 2, 3.
Pfeiffer, E., 524, 527.

Pfeiffer, L., 669.
Pfeiffer, P., 73, 106, 126.
Pfeiffer, Th., 745.
Pfeiffer, Wilh., 559.
Pflüger, E., Oxydationen 36; Kohlensäure der Lymphe 272; Glykogen 311—314, 429; Diabetes und Zuckerbildung 326, 327; Speichelgase 354, 687; Galle und Fettsäuren 398, 418, 419; Fettbildung 438, 439; Muskelstoffwechsel 463, 467, 468; Milchgase 521; Zuckerproben 637, 640; Zuckerbestimmung 644, Blutgase und Resipration 676, 682, 688, 689, 692, 694, 695, 697; N : C- Quotient im Harne 711; Eiweißstoffwechsel 727, 736, 737; Außentemperatur und Stoffwechsel 754; Eiweißbedarf 758.
Phisalix, C., 673.
Picard, J., 487.
Piocolo, G., 239, 492.
Pick, E. P., Albumosen und Peptone 100 bis 102, 104; Serumglobuline 206.
Pick, F., 317.
Pickardt, M., 279, 429, 430.
Pickering, J. W., 67, 257.
Picton, H., 19.
Piettre, M., Blutkörperchenstromata 217; Blutfarbstoff 222; Hyoglycholsäure 335; Melanin 670.
Pigeand, J., 279.
Pighini, G., 484.
Piloty, O., Glukuronsäuren 170, 596; Blut und Blutfarbstoffe 231, 237, 238; Gallenfarbstoffe 342.
Pilzecker, A., 350.
Pimenow, P., 362.
Pincussohn, L., 20, 568.
Pinkus, S. N., 73, 209, 500, 501.
Piontkowski, L. F., 362.
Piria, 116.
Pittarelli, E., 649.
Pitz, 731, 734.
Planer, J., 379.
Plattner, E., 332.
Plaut, M., 600.
Playfair, 756.
Plesch, 694.
Pletnew, D., 385, 415.
Plimmer, R. H. Aders, Enzyme 41; Nukleoproteide 133; Livetin 496; Ichthulin 497; Bebrütung des Eies 504.
Plósz, P., Blutkörperchen 217; Leber 305, 306; Harnfarbstoffe 587; Albumosen, Nährwert 739.
Poda, H., 407.
Poduschka, P., 568, 569.
Poehl, A., 403, 490.
Pohl, J., Dextrin 176, 207; Leber 305; Säurevergiftung 536; Allantoin 568; Oxalsäure 612; Phthalsäure 617.
Poleck, 499, 502.
Policard, A., 257.
Polimanti, O., 438.
Politis, G., 740.
Pollitzer, S., 739.
Polowzowa, W., 376, 401.

Ponomarew, 382, 383.
Pons, Ch., 287, 428, 600.
Popielska, Helene, 362.
Popielski, L., Enzyme 41; Speichel 356; Pankreassaft 387, 389, 390.
Popowsky, N., 119.
Popper, H., Glykogen 315; Gallenfarbstoffe 636; Pankreassaft 391, 397.
Porcher, Ch., Milchzucker 531; Harnindikan 577, 578; Skatolrot und Urorosein 581; Uroerythrin 594; Phthalsäure 616, 617.
Porges, O., 206, 694.
Porteret, E., 314.
Portier, P., 415.
Posner, C., 490.
Posner, E. R., 129, 369, 476.
Posselt, L., 93.
Posternak, S., 455.
Pottevin, H., 47, 174.
Pouchet, A. G., Karnin 453; Harngifte 601; Lungen 698.
Poulet, V., 698.
Poulsen, W., 430.
Poulton, 682, 684, 686.
Pozerski, E., 51, 390.
Pozzi-Escot, E., 704.
Prausnitz, W., 407, 719.
Pregl, Fr., Keratine 86, 87, 88; Fermente 42; Koilin 88, 95; Kohlenoxydhämoglobin 228; Dehydrocholon 332; Gallensäuren 336, 337, 340; Darmsaft 383, 384; Kolloid 494; Ovalbumin 500; Polypeptide im Harne 600; C: N-Quotient 611.
Presch, W., 597, 598.
Preti, L., 50, 55.
Preuße, C., 576, 624.
Prevost, J. L., 422.
Preyer, W., 227, 506.
Preysz, K., 605.
Pribram, E., 617.
Pribram, H., 670.
Pribram, R., 608.
Priestley, 691.
Pringle, H., Histopepton 84; Protamine 85; Resorption 409, 412, 414.
Pringsheim, H., 177, 312, 398.
Pristley, J. H., 30.
Prochownik, L., 507.
Pröscher, F., 343, 344, 522, 528.
Profitlich, W., 310.
Prutz, W., 577.
Przibram, E., 77.
Przibram, H., 447.
Puglièse, A., 373.
Pulvermacher, G., 164.
Pyman, F. L., 120.

Quagliariello, G., 444, 472.
Querner, E., 634.
Quevenne, Th., 273.
Quincke, G., 20, 510.
Quincke, H., 239.
Quinquaud, A., 325.
Quinquaud, Ch., 612.
Quinton, R., 11.

Baaschou, C. A., 139.
Rabinowitsch, A. G., 378.
Rachford, B. K., 391, 392, 398.
Radenhausen, P., 510.
Radziejewski, S., 437.
Radzikowski, C., 362.
Raehlmann, E., 487.
Raistrick, H., 121.
Raineri, G., 506.
Rakoczy, A., 365, 372.
Ramsden, W., 23, 74.
Ranc, A., 212.
Ranke, J., 270.
Ransom, H., 193.
Raper, H. S., 103.
Raske, K., 106, 107.
Rauchwerger, D., 195.
Raudnitz, R. W., 509, 514.
Raymund, B., 536.
Reach, F., 304, 365, 468.
Read, B. E., 137.
Reale, E., 567, 597.
Reemlin, E. B., 400.
Reese, H., 600.
Regnault, H. V., 675, 697, 698, 709.
Reh, A., 277, 515.
Rehfuß, M., 638.
Rehn, E., 200.
Reich, M., 609.
Reich, O., 549.
Reich-Herzberge, F., 396.
Reid, E. W., 14.
Reihling, K., 346.
v. Reinbold, B., 224, 240, 395, 641.
Reinecke, 436.
Reiset, J., 675, 697, 698, 709.
Reitzenstein, A., 565.
Rekowski, L., 623.
Rennie, J., 386.
Renvall, G., 608.
Rettger, I., 203.
Reuß, A., 279, 281.
Rewald, B., 162.
Reye, W., 201.
Reynolds, J. E., 653.
de Rey-Pailhade, J., 704.
Rhodin, N. J., 34.
v. Rhorer, L., 537.
Ribaut, H., 704.
Rich, A. R., 254.
Richards, A. N., Albumoide 89, 90;
  Speichel 356, 357.
Richards, A. E., 137.
Richaud, A., 470.
Richet, Ch., Magensaft 361, 364; Fett-
  bildung 440; Thalassin 673; Respiration
  697; Oberflächengesetz 748; Milz 292.
Richter, Max, 490.
Richter, P., 702.
Richter, P. F., 308.
Richter-Quittner, M., 9, 264.
Rieder, H., 708.
Riegel, 363.
Riegler, E., 229, 655.
Riehl, M., 698.
Rieß, L., 594, 618.

Rießer, O., 122, 235, 481, 669.
Rinaldi, U., 448.
Ringer, A. I., 571.
Ringer, A. J., 327.
Ringer, L., 251.
Ringer, S., 57.
Ringer, W. E., isoelektrischer Punkt 39,
  55; Ptyalin 358; Pepsin 368; Harnsäure
  562.
Ritter, A., 418, 658.
Ritter, E., 196.
Ritter, F., 349, 352.
Ritthausen, H., 72, 112, 519.
Riva, A., 588, 594, 633.
Rivalta, F., 278, 279.
Roaf, H. E., Lipoidtheorie 8; Adsorbate
  10, 23; osmotischer Druck von Eiweiß
  14, 17; Glykosurie 320.
Roberts, F., 220.
Roberts, W., 397, 630, 645.
Robertson, T. B., Lipoidtheorie 8; Ei-
  weißsalze 73; Globuline 209, 213; Tethe-
  lin 303; Kasein 512, 513.
Robl, R., 555.
Rockwood, D., 398, 405.
Rockwood, E. W., 409, 418.
Rödén, H., 49.
Roed, F., 62.
Roeder, G., 147, 148.
Röhmann, F., Enzyme 41, 42; Amylolyse
  und Diastase 174, 272, 357; Glykogen
  314; Darmsaft 383, 384; Galle und Fäul-
  nis 404; Resorption 415—417, 420; Mus-
  keln 442, 461; Milchzucker 508, 531;
  Phosphorstoffwechsel 604, 726; Hauttalg
  671; Wollfett 673; Bürzeldrüsensekret
  673; künstliche Ernährung 727, 728.
Röhrig, A., 463, 675.
Röse, C., 436.
Röse, Heinrich, 235, 242.
Rösing, E., 704.
Roger, G. H., 304.
Rogozinski, F., 103.
Rohde, A., 77, 557.
Rolf, J., 188, 191, 770.
Rona, P., Kataphorese 17; Enzyme 44;
  Adsorption 24, 75; Thymushiston 84;
  Leim 91; Albumosen 101; Blutkörperchen
  242; Blutzucker 210, 264; Serum 212,
  246; Duodenalsekret 382, 383; Erepsin
  386; Resorption 409; Eiweißsynthese 412;
  Milch 520; Alkaptonurie 583; Hippo-
  melanin 669.
Ronchi, J., 675.
Roos, E., 296, 604, 641.
Rorive, F., 168.
Rosa, E. B., 697.
Rose, W. C., 550, 551.
Rosemann, R., Magensaft 364, 365; Stick-
  stoffausscheidung 738; Alkohol 747.
Rosenbach, O., 635, 656.
Rosenbaum, A., 324.
Rosenberg, Br., 330.
Rosenberg, S., Pankreassaft 388, 389;
  Fäulnis 404; Pankreas und Resorption
  415, 417, 420.

Rosenberger, F., 455, 648.
Rosenfeld, B., 378.
Rosenfeld, F., 577, 740.
Rosenfeld, G., Fett und Fettbildung 306, 438; Phenylhydrazinprobe 640; Azetonkörper 650.
Rosenfeld, R., 210.
Rosenheim, M. Ch., 195, 197, 475, 483.
Rosenheim, O., Tryptophanreaktion 118; Pankreaslipase 392; Protagon 476—478; Zerebrosiden 481, 483; Lignozerinsäure 534; Schwefelsäurebestimmung 607.
Rosenheim, Th., 732, 742.
Rosenkrantz, E., 337.
Rosenqvist, E., 328.
Rosenstein, A., Chylus und Lymphe 273, 274; Resorption 410, 416, 419.
Rosenstein, W., 320.
Rosenthal, J., 697.
Rosenthaler, L., 46, 51.
Rosin, H., Fruktose 168, 646; Indikan 579; Skatolfarbstoffe 580; RosenbachsHarnprobe 656.
Rost, E., 622, 746.
Rostoski, O, 629.
Roth, O., 212.
Rothera, C. H., 107, 654.
Rothmann, A., 450.
Rotmann, F., 279.
Rotschild, M. A., 194.
Rotschy, A., 234.
Roux, E., 174, 175.
Rovida, C. L., Hyaline Substanz 217, 287.
Rovighi, A., 403.
Rowland, S., 34, 291, 448.
Rowntree, L. G., 139, 507.
Rozenblat, H., 362.
Rubbrecht, R., 213.
Rubner, M., Adsorption 10; Proteinschwefel 62; Zuckerprobe 166, 641, 647; Ausnutzung von Nährstoffen 414, 417, 419; Fettbildung 439; Stoffwechseluntersuchungen 467, 707, 708, 712, 713, 715, 717, 719, 748, 752—754; Abnutzungsquote 716, 741, 743; Eiweißumsatz 737; spezifische dynamische Wirkung 744, 754; Oberflächengesetz 748, 749, 750.
Rubow, W., 459.
Rudinger, C., 299, 325.
Rüdel, G., 561.
Ruff, O., 153, 155.
Rulot, H., 202.
Rumpf, Fr., 253.
Rumpf, Th., 328.
Runeberg, J. W., 281.
Ruoß, H., 638.
Ruppel, W. G., 476, 523, 672.
Russel, 517.
Russo, M., 667, 668.
Russo, Ph., 591.
Rutherford, A., 666.
Rutherford, Th. A., 86, 87.
Ryan, L. A., 472.
Rywosch, D., 215.

Sacharjin, 261.
Sachs, Fritz, Pentosen 161, 162; Nuklease 138, 385, 396; Salzsäuresekretion 373; Azetonbildner 650.
Sachs, H., 50.
Sachs, P., 769.
Sachsse, R., 166.
Sackur, O., 512, 513.
Sadikoff, W., 91.
Sagelmann, A., 376.
Sahli, H., 241, 258.
Saiki, T., 472, 594.
Saillet, 587, 590—593, 633.
Sainsbury, 251.
Saint Pierre, C., 695.
Saito, S., 267.
Sakaki, C., 506.
Salaskin, S., Verdauungsprodukte 100; Plastein 102; Leuzinimid 112; Ammoniak 268, 412; Erepsin 385; Harnstoff 542; Leber- und Säurebildung 543; Harnsäurebildung 558.
Salkowski, E., Autolyse 34; Denaturierung von Eiweiß 74; Pseudonuklein 80; Albumosen im Harne 628; Fäulnisprodukte 110; Skatolkarbonsäure 580, 581; Indol 119; Pentosen 160, 161, 647; Glukuronsäure 170; Zerebrospinalflüssigkeit 283, 284; Synovin 285; Leberproteide 306; Glykogen 313; Cholesterin 195; Speichel 359; Trypsin 394; Fäulnis 401, 403; Fleisch 471; Dermoidzyste 495; Dextrose im Eierklar 499; Ovomukoid 501; Kasein 515; Kreatinin 553; Harnsäure 563; Purinbasen 566; Oxalsäure 567, 568, 612; Hippursäure 570, 573; Indikan 579; Urobilin 592, 628; Harn, Fettsäuren 659; Kohlehydrate 595; Schwefelverbindungen 597, 598; adialysable Harnbestandteile 600, 630; Harnschwefelsäuren 607, 615; Alkalien 608; Abbau verschiedener Substanzen 614,615, 621; Hämatoporphyrin 633; Zuckerproben 640, 641; Wasser und Stoffwechsel 746.
Salkowski, H., 110, 401, 570.
Salomon, Georg, Purinbasen 142, 565, 566; Glykogen 244.
Salomon, H., 327, 650.
Salomonsen, K. E., 587, 588.
Salvioli, 411.
Samec, M., 110.
Sammis, J. L., 759.
Samuely, F., 600, 615, 670.
Sandgren, J., 264, 265.
Sandmeyer, W., 415, 420, 422.
Sandström, J., 297.
Saneyoshi, S., 613, 616, 649.
Sans, 226.
Sasaki, K., 600.
Sasaki, T., 114, 120, 620, 622.
Sassa, R., 599.
Sato, T., 290.
Sauer, K., 320.
Sauerbeck, E., 386.
Savarè, M., 506, 600.

Savory, H., 629.
Sawitsch, W., 362, 388, 390.
Sawjalow, W., 46, 102, 103.
Saxl, P., 34, 309, 447.
Scaffidi, V., Ferratin 306; Lebereisen 309; Purinbasen in Muskeln 448, 466, 472.
Schäfer, E., 300.
Schaeffer, 39, 40, 321.
Schaeffer, George, 194.
Schaffer, F., 62.
Schaffer, Ph., 565, 657.
Schalfejeff, M., 229, 230,.
Schardinger, F., 158, 176, 177, 312, 517, 705.
Schaumann, 729, 730.
Scheele, M. H., 356.
Scheibe, A., 522.
Schemiakine, A. J., 373, 374.
Schenck, Fr., 316.
Schenck, M., 337.
Schepowalnikoff, N. P., 387.
Scherer, Fr., 750.
v. Scherer, J., Lymphe 273; Inosit 454, 455; Meta- und Paraalbumin 493, 494.
Scheuer, M., 363.
Scheunert, A., Magenverdauung 374, 376; Duodenalsekret 383; Pankreassteine 397; Zellulose 398.
Schewket, O., 649.
Schierbeck, N. P., Magengase 379, 380; Exkremente 406; Hautatmung 675.
Schiff, A., 367.
Schiff, H.. Eiweiß 78; Cholesterin 196; Harnstoff 543; Harnsäure 562.
Schiff, M., Leber 304; Galle 330, 422; Ladungstheorie 373.
Schilling, K., 253.
Schimmelbuch, C., 202.
Schindler, S., 294.
Schittenhelm, A., Nukleinsäure 38, 400; Blutgerinnung 257; Desamidierungsenzyme 138, 290, 292; Purinbasen 406; Harnstoffbildung 541; Harnsäure und deren Bildung 555—557, 559, 560, 562; Aminosäuren im Harne 600; Ammoniak 548, 549.
Schläpfer, V., 740.
Schlatter, K., 379.
Schlesinger, W., 593.
Schlösing, Th., 549.
Schloessing, C., 19.
Schloßmann, A., 520, 522, 525, 749.
Schmey, M., 470.
Schmid, Jul., 557, 567.
Schmidt, Ad., 400, 407.
Schmidt, Albr., 490.
Schmid Alex., Blutgerinnung 203, 204, 250—204, 257; fibrinoplastische Substanz 205; Froschblutkörperchen 217; Leukozyten 243, 244; Zelleiweiß 294.
Schmidt, C., Serum 214; Blut 261; Lymphe 273; Transsudate 287; Speichel 358; Mundschleim 355; Magensaft 364; Pankreassaft 390, 391; Galle 404; Fettresorption 420; Osteomalazie 434.
Schmidt, Carl L. A., 614.

Schmidt, C. W. 698.
Schmidt, Fr., 650.
Schmidt, Hub., 77.
Schmidt-Mühlheim, A., 198, 410, 738.
Schmidt-Nielsen, Signe, 39.
Schmidt-Nielsen, Sigval, Lab 39; Alkohole im Fett 180; Kasein 513—515.
Schmiedeberg, O., Muzin mit Hyalodin 65, 127, 128, 130, 668; Eiweißkristalle 72; Protamin 84; Alkalialbuminat 97; Onuphin 130; Nukleinsäuren 135, 140; Nukleosin 148; Glukuronsäuren 171, 623; Ferratin 306; Chondroitinschwefelsäure 428, 429; Hippursäure 572; Chitin 667; Melaninsubstanzen 668, 669.
Schmitz, E., 325, 457, 618, 619, 650, 656.
Schmitz, H., 103.
Schmitz, K., 403, 405, 573.
Schmutzer, I., 562.
Schneider, A., 228, 261.
Schneider, E., 356.
Schneider, H., 670.
Schöffer, A., 111.
Schönbein, C. F., 608, 699.
Schöndorff, B., Harnstoff 267, 539; Glykogen 311; Milch 525; Harnsäure 556; Harnzucker 637, 642; Eiweißstoffwechsel 736, 737.
Schönfeld, A., 243.
Scholz, H., 577, 578.
Schottelius, M., 403.
Schotten, C., Fellinsäure 340; Darmfäulnis 570; Fettsäuren im Harne 612; Damalur- und Damolsäure 602; Verhalten aromatischer Substanzen im Tierkörper 612, 617.
Schoubenko, G., 62.
Schoumow-Simanowski, E. O., 373, 379.
Schreiner, Ph., 490.
Schreuer, M., Fleischstickstoff 471; Kalorienwert des Stickstoffes 715, 717; Eiweißmästung 745.
Schrodt, M., 433.
v. Schröder, W., Harnstoff 11, 267, 541; Harnsäure 558.
Schröter, F., 138.
Schryver, S. B., 34.
Schüle, 363.
Schüle, A., 357.
Schütz, E., Schützsche Regel 45, 368; Verdauungsprodukte 101; Magenbewegung 374.
Schütz, J., Pepsin, Bestimmung 368; Salzsäure 382; Galle und Fettspaltung 398.
Schütze, A., 50.
Schützenberger, P., 67, 99.
Schultze, F. E., 56.
Schultzen, O., Diabetes 322; Harnstoff 541; Milchsäure im Harne 594; Sarkosin 615; Verhalten aromatischer Substanzen im Tierkörper 618.
Schulz, Fr. N., Eiweiß 62, 65, 73, 75; Histone 83; Galaktosamin 132, 170; Serumalbumin 208; Globin 227; prämortaler Eiweißumsatz 719.

Schulz, H., 296, 426, 427, 609.
Schulze, O., 191.
Schulze, E., Hydrolyseprodukte der Proteine 110, 116; Phenylalanin 115; Histidin 120; Arginin 122; Lysin 123; Hexonbasen 124; Vernin 135, 136; Hemizellulosen 178; Phosphatide 187; Isocholesterin 197.
Schulze, H., 12, 18, 19.
Schumburg, W., 370, 715, 751.
Schumm, O., Blutfarbstoff und dessen Derivate 222, 231, 234—236, 632; Chylusfett 273; Restreduktion 265; Transsudate 279; Zuckerbildung 328; Pankreaszyste 391.
Schunck, C. A., 218, 236, 498.
Schur, H., Harnsäure 557, 560; Harnpurine 565.
Schurig, 309.
Schuster, A., 414, 761.
Schwalbe, E., 438.
Schwann, Th., 329, 404.
Schwarz, Carl, Cholin 190; Jodothyrin 296; Glykosurie 319; Verdauung 377; Sekretin 389, 390.
Schwarz, H., 167.
Schwarz, Hugo, 89, 90.
Schwarz, Karl, 448, 449, 453.
Schwarz, L., 97, 373, 651.
Schwarz, O., 380, 655.
Schwarzschild, M., 393, 396.
Schweissinger, O., 627.
Schwenk, E., 577.
Schwiening, 34.
Schwinge, W., 262, 263.
Schwyzer, Fr., 215.
Scili, A., 523.
Scofield, H., 345.
Scott, F. H., 133, 497, 504.
Scott, L., 94.
Sebauer, R., 434.
Sebelien, J., Milch 509, 516; Kohlehydrate in der Milch 519.
Seegen, J., Blutzucker 210, 468; Zuckerbildung 316; Respiration 697; Stickstoffdefizit 709; Wasser und Stoffwechsel 746.
Seelig, P., 403.
Seemann, J., Erepsin 385; Darminhalt 400; Resorption 411; Kreatin und Kreatinin 450; Ovomukoid 501.
Segale, M., 56.
Seisser, Ph., 562.
Seitz, W., 304.
Seliwanoff, Th., 168.
Selmi, 36.
Semmer, G., 217.
Senter, G., 44.
Seo, 562.
Sera, Y., 313, 668.
Sestini, F. und L., 555.
Setschenow, J., 686.
Shackell, L. F., 58.
Shaffer, Ph., 449, 549, 656.
Sharpe, J. S., 298.
Shaw-Mackenzie, J. A., 392.
Shepard, C. U., 570.

Sherwin, C. P, 511, 520, 622.
Shibata, N., 438.
Shimamura, T., 729.
Shonle, H., 608.
Siau, R. L., 210, 317, 318.
Siebeck, R., 268.
Sieber, N., Proteinschwefel 62; Blutfarbstoffe 221, 229; Hämatoporphyrin 233; Diabetes 322; Magensaft 379; Magenenzyme 372; Darmverdauung 399; Urorosein 581; Milch 525; Nitrobenzaldehyd 622; Melanine 669; Lungen 698.
Sieburg, E., 612.
Siedentopf, H., 16.
Siegert, F., 437.
Siegfried, M., Proteine 64; Peptonsubstanzen und Kyrine 92, 101, 103, 104; Retikulin 92, 93, 425; Glutaminsäure 114; Karbaminoreaktion 126; Phosphorfleischsäure 453, 454, 465; Milchnukleon 517, 525; Phenolausscheidung 574, 575.
Sikes, A. W., 525.
Silbermann, M., 106, 115.
Silberstein, F., 326.
Simmonds, 731.
Simon, G., 519, 520.
Simon, O., 35, 287, 698.
Simpson, G. E. 573.
de Sinety, L., 647.
Sittig, O., 279.
Sivén, V. O., Harnsäure 556; Harnpurine 565; Eiweißumsatz 727, 742, 743, 758.
Sivré, A., 376.
Sjöqvist, J., Enzyme 44; Galle 350; Salzsäurebestimmung 382; Darmkonkrement, 408; Harnstickstoff 539.
Skelton, R. J., 733.
Skita, A., 106.
Skraup, Zd., Proteinhydrolyse 91, 95, 114, 115; Alkalialbuminate 97; Oxyaminosäuren 125; Kohlehydrate 166.
Skworzow, W., 453.
Slansky, P., 159.
Slavu, 300.
Slosse, A., 266, 738.
Slowtzoff, B., Pentosane 160; Leber 310; Samen 489; Milchgerinnung 514; Stoffwechsel 749, 751.
v. Slyke, D. D., Desamidierung 61, 70; Albuminhydrolyse 102, 110, 112; Kasein 512, 513; Säuren im Harne 538; Harnstoff 546; Blutgase 676, 677, 680, 684 bis 686.
van Slyke, L. L., Kasein 512—514, 516, 521; Milch, Zitrate 526, Kohlensäure 688.
Smale, Fr., 561.
Smétanka, F., 556.
Smirnow, A., 622.
Smith, F., 674.
Smith, Herbert, 430.
Smith, J. L., 483.
Smith, Lorrain, 269.
Smith, W. J., 598.
Smorodinzew, J., 449, 453.
Snapper, J., 351.
Socin, C. A., 315.

Söldner, F., Milch 511, 513, 519—521, 524—528.

Sörensen, S. P. L., Osmotischer Druck 14; Eiweiß 24, 768; Reaktionsbestimmung 58, 59, 537, 682; Hitzekoagulation von Eiweiß 78; Glykokoll 105; Prolin 117; Arginin 122; Ornithin 123; Formoltitrierung 125, 657; Hippursäure 572; Harnstickstoff 600; Ammoniak 549.

Solera, L., 357.

Solley, Fr., 90, 92.

Sollmann, T., Chylus 272; Galle 350; Muskeln 444, 447; Uterusfibrom 495.

Sommerfeld, 349, 364.

Sondén, K., Respirationsapparat 697; Stoffwechsel 742, 750, 760.

v. Soos, A., 616.

Sorby, H. C., 502.

Sorge, H., 334, 337, 339, 340.

Soret, J., 222.

Souza, 733.

Sourdat, 527.

Soxhlet, Glukose 167; Galaktose 167; Maltose 173; Milch 511, 513, 530; Zuckertitrierung 642.

Spack, Wl., 95.

Spangaro, S., 198.

Spanjer-Herford, R., 356.

Speck, C., 697, 751, 753.

Spiegler, E., 669, 670, 723.

Spinner, H., 70.

Spiro, K., Kolloide, Ausfällung 20, 78; Quellung 25; Leim 91; Serumglobuline 206; Blutgerinnung 252, 257; Labwirkung 513, 514; Oxybuttersäurebildung 652.

Spiro, P., 465.

Spitzer, W., 306, 557.

Spriggs, E. J., 368, 687.

Spring, 12.

Ssobelew, N., 121, 590.

Staal, J. Ph., 591.

Stade, W., 45.

Stadelmann, E., Tryptophan 118; Ikterus 239, 330, 341; Galle 329, 349, 351, 422; Darmfäulnis 405; Ammoniak 549.

Stadie, 677.

Stadthagen, M., Diamine 36; Adenin 146; Xanthokreatinin 554; Harnschwefel 597.

Städeler, G., 346, 601.

Staehelin, R., 278.

Stanek, V., 191.

Stanford, R. V., 284.

Stangassinger, R., 450, 550, 554.

Stanton, 729.

Starke, K., 208.

Starkenstein, E., 319, 455, 456, 649.

Starling, E. H., Kolloide 14; Enzyme 42; Lymphbildung 276; Hormone 289; Enterokinase 385; Sekretin 389; Pankreasdiabetes 321; Pankreaserepsin 394; Trypsinogen und Trypsin 387—389; Lungenstoffwechsel 689.

Stassano, H., 388, 389.

Stassow, B. D., 422, 423.

Stauber, A., 385.

Steel, M., 549.

Steenbock, H., 450, 551, 572, 731.

Steensma, F. A., 119, 381, 580, 593.

Stehle, R., 556.

Steiger, E., 122.

Steil, H., 470.

Stein, G., 192.

Steinach, E., 491, 492, 495.

Steinitz, Fr., Phosphorstoffwechsel 604; C: N-Quotient 611, 711; Milchzucker im Harne 647.

Stender, H., 334, 336.

Stenger, E., Blutfarbstoffe 224, 226, 228; Harnsäure 268; Urobilin 592.

Stenström, Th., 325, 697.

Stepanek, J. O., 496.

Stephenson, A. M., 322.

Stepp, W., 728.

Stern, E., 28.

Stern, Fr., 595.

Stern, Heinrich, 490.

Stern, L., Urikolyse 560; Oxydationsprozesse 701, 703, 704, 705.

Stern, M., 498.

Stern, R., 350.

Steudel, H., Arginin 122; Muzin 128; Nukleinsäuren 135, 138, 139, 140, 769; Pyrimidinbasen 147, 148; Glukosamin 169; Nukleohiston 293; Kreatin 452.

Stevenson, 733.

Stewart, G. N., 259, 444, 447.

Steyrer, A., 447.

Sticker, G., 356, 357.

Stiles, P. G., 317.

Stockholm, E., 733.

Stockholm, M., 733.

Stockmann, R., 467.

Stöltzner, H., 434.

Stoeltzner, W., 434.

Stohmann, F., 712.

Stokes, 223, 228.

Stoklasa, J., Lezithin 186; Glykolyse 324; Gärungsenzym in der Milch 517.

Stokvis, B. J., Gallenfarbstoffe 345; Benzoesäure 573; Urobilin 592, 628.

Stoll, A., 237.

Stolnikow, J., 630.

Stolte, K., 315.

Stolz, Fr., 300.

Stone, W., 160.

Stookey, L. B., 103.

Stoop, F., 106, 108.

Storch, V., 510, 511.

Strada, Fr., 287.

Strashesko, N. D., 362.

Straßburg, G., Lymphgase 272; Spannung der Blutgase 689, 692.

Straßburger, J., 407.

Straub, W., 320, 684, 723, 746.

Strauch, F. W., 95.

Strauß, Edw., 94, 768.

Strauß, H., Fruktose 168, 210; Transsudate 279, 282; Galle 348; Milchsäuregärung 379; Glykokoll 571.

Strecker, A., 332.

Strenger, E., 222.

Strigel, A., 699.

Strisover, R., 594.
Strohmann, 398.
Stromberg, H., 204.
Strong, 729.
Strusiewicz, B., 740.
Struve, H., 633.
Strzyzowski, C., 630.
Stuber, B., 253.
Stübel, H., 202, 719.
Subbotin, V., 263, 747.
Sugg, E., 517.
Suida, W., 192.
Suleima, Th., 400.
O'Sullivan, C., 42, 43, 44.
Summer, J. B., 542.
Sundberg, C., 365, 366.
Sunde, E., 519.
Sundvik, E., Purinbasen 143, 145; Glu-kosamin 169; Harnsäure 555; gepaarte Glukuronsäuren 596, 615, 616; Chitin 667; Psyllaalkohol 672.
Suter, F., 62, 87, 109.
Suto, K., 642.
Suwa, A., 448, 618.
Suzuki, U., Zystin 107; Muskeln 448; Krabbenfleisch 454; Phytase 455; Beri-beri 729.
Svedberg, The, 12, 17.
Svenson, N., 745.
Swain, R. E., 120.
Symmers, D., 601.
Syniewski, V., 175, 176.
v. Szontagh, F., 517, 522, 524.
Szydlowski, Z., 370.
Szymonowicz, L., 300.

Tachau, H., 106.
Takahashi, D., 212, 264.
Takaishi, M., 455.
Takamine, J., 300.
Takeda, K., 624.
Talbot, F., 525.
Tallqvist, T. W., 741.
Tammann, G., 48, 51.
Tanaka, T., 291.
Tangl, Fr., Blutserum 210, 214; Blut-analyse 259; Fett 377; Ei, Entwicklung 503, 504; Kaseine 512, 522; C:N-Quotient 611, 711.
Tanret, C., 152.
v. Tappeiner, H., Enzyme 39; Zellulose 398, 402; Gallensäuren 337, 422.
v. Tarchanoff, J., 499.
Tarugi, B., 674.
Tawara, 756.
Taylor, A. E., Enzyme 43, 44; Fettbildung 438; Mineralstoffmangel 724.
Tebb, Chr., Retikulin 93; Glykogen 312; Amylolyse 357; Saccharase 384; Maltase 391; Protagon 476—478; Cholesterin im Gehirne 483.
Tedesko, Fr., 536.
Teeple, J., 343.
Teichmann, L., 229.
Tengström, B. St., 332.

v. Terray, P., Galle und Fäulnis 404, 405; Oxalsäure 567; Milchsäure im Harne 594.
Terroine, E. F., 194, 263, 391, 392.
Terry, O. P., 355.
Teruuchi, Y., 541.
Tezner, E., 356, 357.
Thannhauser, S. J., 135, 137, 139, 141, 342, 769.
Theissier, 190.
Thesen, J., 578.
Thévenot, 190.
Thiele, O., 599.
Thierfelder, H., Baryum 56; Polypeptide 62, 68; Galaktose 167; Glukuronsäure 171; Aminoäthylalkohol 191; Verdauung und Mikroorganismen 403; Protagon 476, 477; Zerebron und Zerebroside 479—481; Sphingosin 481; Zerebronsäure 482; Dotterphosphatide 498; Milchdrüse 508, 531; Phenylessigsäure 622.
Thies, Fr., 300.
Thiroloix, J., 323.
Thiry, L., 383, 384.
Thörner, W., 509.
Thomas, 686.
Thomas, K., 467, 481, 737, 738, 741, 743.
Thomas, Karl, 727.
Thomas, P., 384.
Thompson, W. H., 451, 540.
Thormählen, J., 634.
Thudichum, L. W., Phosphatide 185, 186, 188; Bilirubin 344; Gehirnphosphatide 475, 476—479, 481; Zerebroside 479, 480; Sphingosin 481; Luteine 498; Paraxan-thin 566; Harnfarbstoffe 587; Alkohol im Tierkörper 747.
Thunberg, T., Autoxytable Substanzen 702; Mikrospirometer 703; Sukzinode-hydrogenase 703; Theorie der Oxydations-prozesse 704; Reduktionsprozesse 704.
Tichmeneff, N., 304.
Tichomirow, N. P., 366.
Tidemann, F., 359.
Tiemann, H., 516.
Tigerstedt, K., 605.
Tigerstedt, R., Respirationsapparat 697; Stoffwechsel 719, 749, 750, 754, 760.
Tisdal, F., 574.
Tissot, J., 464.
Tobler, L., 262, 378.
Toepfer, G., 414, 603.
Tollens, B., Kohlehydrate 160, 161, 162, 167, 168; Glukuronsäuren 171, 172; Harnstoff 545; Naphthoresorzinreaktion 649.
Tollens, C., 573, 595, 649.
Tolmatscheff, 519.
Tomasinelli, G., 674.
Tomaszewski, Zd., 568.
Tompson, E., 42, 43, 44.
Torup, S., 226, 227.
Totani, G., 121, 122, 624.
Tower, R. W., 93, 695.
Towles, C., 550.
Toyonaga, M., 310.

Traube, J., Aufnahmefähigkeit 9, 16; Resorption 423; Oxydation 699, 700.
Traube, M., 1, 7.
Treupel, G., 595.
Trier, G., 135, 136, 191.
v. Trigt, H., 358.
Trillat, A., 702.
Trimby, J. C., 550.
Troller, J., 363.
Trommer, C., 165.
Trommsdorff, R., 705, 737.
Trümpy, D., 674.
Trunkel, H., 91, 92.
Truthe, W., 177.
Tschenloff, B., 738.
Tschernoruzki, M., 244.
Tschirjew, S., 269.
Tsuboi, J., 263, 708.
Tsujimoto, M., 180.
Tuczek, F., 358.
Türk, W., 114.
Turban, K., 740.
Turby, H., 384.
Tutin, Fr., 452.

v. Udránszky, L., Diamine 36; Gallensäuren 333, 634; Harnfarbstoffe und Huminsubstanzen 587; Kohlehydrate im Harne 595; Zystin 657.
Uffelmann, J., 381.
Uhlik, M., 223.
Ulrich, Chr., 174.
Ultzmann, R., 661.
Umber, F., Nuklein 133; Transsudate 278, 279; Magensaft 363, 364; Pankreasproteid 387.
Umeda, N., 40.
Underhill, F. P., Glykosurie 318, 320; Speichel 355; Kreatin 551; Ätherschwefelsäuren 573; Milchsäure im Harne 594.
Unger, 733.
Unna, P. G., 665, 672, 673.
Ulpiani, C., 555.
Urano, F., 449, 450, 459.
Ure, A., 621.
Usher, Fr., 30.
Ussow, 395.
Ustjanzew, W., 423.

Vahlen, E., 324, 338.
Valenciennes, A., 473, 502.
Valenti, A., 525.
de Vamossy, Z., 304.
Vandegrift, G. W., 426.
Vandevelde, A. J. J., 517.
Vanlair, C., 407.
Vasiliu, H., 570, 573.
Vassale, G., 297.
Vaubel, W., 76.
Vauquelin, L. N., 568.
Vay, Fr., 306.
Vedder, 732.
v. d. Velden, R., 573.
Velichi, J., 471, 472.
Vella, L., 383.
Veraguth, O., 738.

Verhaegen, A., 364.
Verneuil, 361.
Vernois, M., 527.
Vernon, H. M.; Erepsin 45, 385, 394; Eierklar 51; Pankreasenzyme 388, 391, 392, 393, 397; Muskelstarre 462.
Verploegh, H., 450, 550, 551, 554.
Verzar, Fr., 321, 322, 323, 464, 695, 696.
Viault, P., 261.
Victorow, C., 639.
Vierordt, K., 690.
Vietense, K., 612.
Vigno, L., 410.
Vignon, L., 93.
Vila, A., Blutkörperchen 217; Blutfarbstoffe 222.
Villaret, M., 279.
Ville, J., Oxymethylfurfurol 166, 333; Blutfarbstoffe 222; Fettresorption 420, 421; Bence-Jones-Eiweiß 629.
Villiers, A., 601.
Vincent, Sw., 299, 300, 472.
Vines, S. H., 385, 393.
Virchow, R., 130, 239.
Vitali, A., 242, 632.
Voegtlin, C., 395, 511, 520, 550.
Völtz, W., 510, 511, 740.
Vogel, H., 292.
Vogel, J., Pentosen 160; Isomaltose 174; Laktase 384; Amylolyse 357, 391.
Vogelius, 312.
Vohl, H., 454.
Voisenet, E., 77.
Voit, C., Glykogen 311, 313, 314, 416; Galle und Fäulnis 404; Resorption 409, 419, 420; Fettbildung 438, 439; Arbeit und Stoffwechsel 466—468; Stickstoff im Fleisch 471; Phosphorsäureausscheidung 605; Standardzahlen 742; Milchzuckernachweis 647; Stoffwechseluntersuchungen 707, 709, 710, 736, 737, 741, 745, 751, 754; Hungerstoffwechsel 718, 719; Mineralstoffwechsel 723; Eiweißumsatz 727, 740, 741; Nährwert von Leim 738; Kostsätze 756—761.
Voit, E., Glykogen 314; Knochen 433, 434; Fettbildung 439; Hungerstoffwechsel 719, 721; Eiweißminimum 727, 742, 743; Oberflächengesetz 749.
Voit, Fr., Glykogenbildung 315; Zuckerausscheidung 416; Kotbildung 406; Milchzucker 415; Azetonkörper 650, 651.
Voitinovici, A., 88, 93.
Volhard, F., 372, 395.
Volhard, J., 368, 603.
Volkmann, A. W., 723.
v. Voornveld, J. A., 262.
Vorderman, 729.
Vorländer, D., 191.
Voswinckel, H., 671.
de Vries, H., 2, 4—6.
Vulpian, A., 300.

Waage, P., 26.
Wachsmann, M., 391.
Wachsmuth, L., 280.

Wacker, L., 194, 461, 462, 464.
Wälchli, G., 89.
de Waele, H., 517.
Wagner, B., 646.
Wagner, H., 448, 453, 463.
Wagner, R., 299, 347.
Wahlgren, V., 331, 334, 335, 350, 666.
Wait, Ch., 467.
Wakemann, A. J., Leber 308; Milch 516, 517; Alkaptonurie 585; Ameisensäure 594.
Walbum, L. E., 39, 395.
Waldvogel, R., 651.
Walker, J., 22.
Wallace, G. B., 70.
Wallenburger, 451.
Walter, G., 132, 497.
v. Walther, P., 418.
Walton, J. H., 28.
Waltuch, R., 647.
Wanach, R., 242.
Wang, E., 579, 580.
Wanner, Fr., 698.
Warburg, O., Leuzin 111; Befruchtung 506; Phenylaminoessigsäure 624; Oxydationsprozesse 702, 705.
Warfield, L. M., 356.
Wasbutzki, M., 405.
Wassiliew, W., 390.
Waymouth Reid, E., 416.
Weber, 502.
Weber, O. H., 262, 434.
Weber, S., 466.
Wechselmann, Ad., 581.
Wechsler, E., 89.
Wedenski, N., 595.
Wegrzynowski, L., 567, 568.
Weidel, H., 144, 453.
Weigert, Fr., 123.
Weil, Arth., 113, 121, 475, 485.
Weil, F. J., 337, 673.
Weill, A., 612.
Weill, J., 194.
Weiland, W., 624.
Weinland, E., Laktase 41, 384, 415; Glykogen 311, 315; hemmende Stoffe 365, 380, 384; Fettbildung 440.
Weintraud, W., 323, 604.
Weis, Fr., 395.
Weisbach, 482.
Weiser, St., 210, 434.
Weiske, H., Zellulose 398; Knochen 434; Asparagin, Nährwert 740.
Weiß, F., 61, 84, 85, 123.
Weiß, H. R., 394, 395.
Weiß, J., 570, 571.
Weiß, Mor., 121, 122, 587—590, 597.
Weißburg, 700.
Weizmann, Ch., 68.
Weller, J., 237.
Wellmann, O., 721.
Wells, H. G., Keratin 88; Leberstickstoff 308; Harnsäure 558, 560.
Weltmann, O., 194.
Wendel, A., 111.
v. Wendt, G., 710, 726.

Wenz, R., 98.
Wenzel, F., 135, 136, 453.
Werenskjold, F., 522.
Werigo, B., 73.
Werner, A., 431.
Wertheimer, E., 350, 389.
Werther, M., 359, 463, 465.
West, 307.
West, C. J., 481, 482.
Wester, D. H., 667.
Westphalen, Th., 196.
Wetzel, G., 93, 94.
Weyl, Th., Eiweißkristalle 72; Kohlenoxydmethämoglobin 226; Amniosflüssigkeit 507; Kreatinin 553; Benzoesäure 573; Nitrate 608.
Weyland, P., 336, 339, 340.
Weymouth, F. W., 254.
Wheeler, H. L., Jodgorosäure 94; Urazil 148; Nukleinsäure 140, 141; Zytosin 147.
Whipple, G. H., 200, 349, 732.
Whipple, G. W., 299.
Whipple, S. H., 330.
Whitney, J. L., 325.
Wichmann, A., 208, 516.
Widdicombe, J. H., 384.
Wiechowski, W., Denaturieren 75; Harnsäure und Allantoin 560, 568, 569, 571.
Wieland, H., Gallensäuren und deren Derivate 334, 336—341; Inosit 454; Bufotalin 673; Oxydationstheorie 702 bis 705.
Wiener, H., Desamidasen 138; Serumglobuline 207; Leber 305; Nukleinsäure 400; Harnsäure 555, 557—559, 571; Oxalsäure 568.
Wijs, 184.
Wilhelmy, 27.
Willcock, Ed., 501.
Willdenow, C., 124.
Wille, F., 769.
v. Willebrand, E. A., 675.
Willheim, R., 79, 125, 206.
Williams, D., 398.
Williams, H. B., 733.
Willstätter, R., Prolin 117; Zellulose 177; Lezithin 188; Glyzerinphosphorsäure 191; Chlorophyll- und Blutfarbstoff 218, 229, 231, 233, 235—238; Cholesterin 197; Karotin, Dotterlutein, Xanthophyll 498.
Wilson, R. A., 476—478.
Wimmer, M., 741.
Windaus, A., Methylimidazol 153; Cholesterin 192, 193, 196, 338.
Windrath, H., 412.
Winkler, 437.
Winter, J., 523.
Winter, O. B., 512.
Winterberg, A., 536.
Winternitz, Hugo, Blutfarbstoffbestimmung 262; Galle 350; Fäulnis 403; Jodfett 438, 530.
Winternitz, M. C., 290, 557.

Winterstein, 686.
Winterstein, E., Aminosäuren 110, 116; Arginin 122; Lysin 123; Hexonbasen 124; Phosphatide 187; Phytin 455; Tunizin 667; Chitin 667.
Winterstein, H., 462.
Wishart, G. M., 298, 771.
Wishart, R. S., 454.
Wislicenus, J., 467.
Wittenberg, M., 325.
Wittka, Fr., 106.
Wittmaack, K., 525.
Woeber, A., 97.
Wöhler, Fr., Hippursäuresynthese 31, 621; Harnstoff 539; Harnsäureabbau 559.
Wörner, E., 476, 480, 564.
Wohl, A., 153.
Wohlgemuth, J., Autolyse 34; Enzyme 41, 56; Oxyaminokorksäure 115; Oxydiaminosebazinsäure 125; Pentosen 155, 160; Ferratin 306; Glykogen 313; Magensaft 372, 373; Pankreassaft 391; Pankreasdiastase 392; Pankreaslab 397; Eidotterenzyme 496; Frauenmilch 524; gepaarte Glukuronsäuren 596.
Wolf, C. G., Kreatinin 551; Zystinurie 657; Harnschwefel 710.
Wolfenstein, R., 584.
v. Wolff, E., 467.
Wolff, H., 169, 282, 669.
Wolff, J., 702.
Wolff, L. W., 16.
Wolffberg, S., 689, 692, 694.
Wolkow, M., 582, 583.
Woll, F. W., 510.
Wolley, V. J., 388.
Wolter, O., 609.
Woltering, H., 306.
Woodland, 695.
Woodman, H. E., 512.
Wooldridge, L. C., Blutkörperchenstroma 216; Gewebsfibrinogen 244; Blutgerinnung 250, 252, 257.
Worm-Müller, J., Blut 269; Zucker im Harne 637, 644, 645.
Woronzow, W. N., 304.
Wright, A., 249, 253, 257.
Wróblewski, A., Pseudonuklein 80; Stärke 175; Pepsin 365; Enzymwirkungen 397; Milch 524.
Wu, H., 261, 564.
Wulff, C., 144, 566.
Wurm, W. A., 671.
Wurtz, A., 272, 493.

Yagi, S., 193.
Yakuwa, G., 740.
Yamada, M., 253.
Yanagawa, H., 553.
Yoshimura, K., 455.
Young, P. A., 347.
Young, R. A., 176, 312.
Young, W. J., Co-Enzyme 40, 155; Kohlehydratphosphorsäureester 48, 156.
Yvon, 597.

Zachmeister, L., 177.
Zängerle, M., 494.
Zahór, H., 630.
Zaitschek, A., 517, 522, 524.
Zak, E., 252.
Zaleski, J., Blatt- und Blutfarbstoffe 218; Blutfarbstoffe 229—234; Ammoniak 268, 312; Leber und Säurebildung 543, 558.
Zaleski, St., Lebereisen 306, 309, 310; Milch 528; Reaktion des Darminhaltes 405.
Zalesky, N., 432, 673.
Zander, E., 667.
Zanetti, C. U., Seromukoid 207, 209; Galle 332; Ovomukoid 501.
Zangermeister, W., 507.
Zaribnicky, Fr., 273.
Zdarek, E., 669.
v. Zebrowski, E., 356.
Zeidlitz, P. V., 638.
Zeller, A., 615.
Zeller, H., 130.
Zemplén, G., 667.
Zellony, G., 362.
Zerner, E., 647.
v. Zeynek, R., Dermoidzystenfett 185, 495, 671; Blutfarbstoffe 224, 225, 228, 229, 231, 240; Leber 310; Galle 348; Sarkomelanin 669; Chromoproteid 671.
Zickgraf, G., 699.
Ziegler, J., 25.
Zilva, S. S., 732, 733.
de Zilwa, L., 391.
Zimmermann, R., 292, 574, 575.
Zimnitzki, S., 403.
Zink, J., 180, 437.
Zinnowsky, O., 219.
Zisterer, J., 743.
Zobel, S., 456.
Zoja, L., Elastin 89; Ovalbumin 500; Uroerythrin 594; Porphyrin 633.
Zsigmondy, R., Kolloide 16, 18, 19.
Zuelzer, G., 323, 675.
v. Zumbusch, L., 346, 672.
Zuntz, N., Blut 246, 262; Aminosäurestickstoff 267; Glykogen 312; Thymus 294; Schilddrüse 295, 296; Phlorhizindiabetes 317, 318; Verdauung 395, 423; Eiweißassimilation 409; Muskelfett 459; Muskelstoffwechsel 463, 467 bis 469; Schweinemilch 522; Höhenklima 754; Blutgase 676, 678, 684; Alveolarluft 690; Respiration 693, 697; Stoffwechsel 707, 714, 715, 718, 748, 751, 752, 754, 755; Nährwert von Albumosen 739; Alkohol 747; Verdauungsarbeit 754.
Zunz, E., Verdauungsprodukte 100, 101, 104; Magendigestion 376, 378; Resorption 410, 415, 421; Trypsinogen und dessen Aktivierung 387, 388; Darmverdauung 400; Muskeln 448.
Zwaardemaker, H., 57.
Zweifel, P., 357, 391, 594.

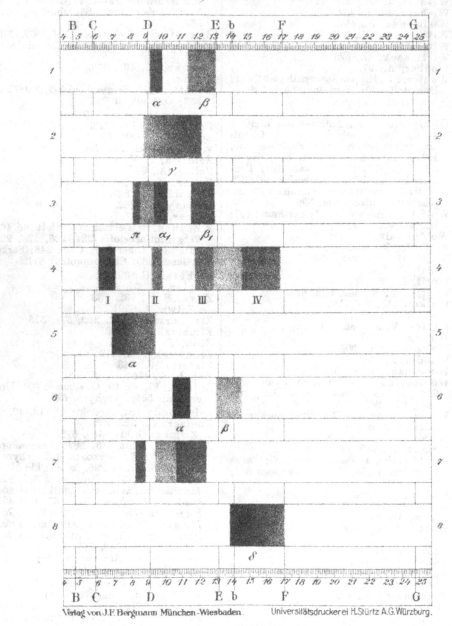

Verlag von J.F. Bergmann München-Wiesbaden.   Universitätsdruckerei H.Stürtz A.G.Würzburg.

Erklärung der Spektraltafel.

Fig. 1. Absorptionsspektrum einer Lösung von Oxyhämoglobin.
" 2. " einer Lösung von Hämoglobin, durch Einwirkung einer ammoniakalischen Ferrotartratlösung auf eine Oxyhämoglobinlösung erhalten.
" 3. " einer schwach alkalischen Lösung von Methämoglobin.
" 4. " einer Lösung von Hämatin in oxalsäurehaltigem Äther.
" 5. " einer alkalischen Lösung von Hämatin.
" 6. " einer alkalischen Lösung von Hämochromogen, durch Einwirkung einer ammoniakalischen Ferrotartratlösung auf eine alkalische Hämatinlösung erhalten.
" 7. " einer sauren Lösung von Hämatoporphyrin.
" 8. " einer ammoniakalischen Lösung von Urobilin nach Zusatz von Chlorzinklösung.

Analyse des Harns.

Zum Gebrauch für

Mediziner, Chemiker und Pharmazeuten

zugleich

Elfte Auflage von Neubauer-Hupperts Lehrbuch.

Bearbeitet von

A. Ellinger-Frankfurt a. M., F. Falk-Wien, L. Henderson-Boston, F. N. Schultz-Jena, K. Spiro-Basel und W. Wiechowski-Wien.

Komplett in 2 Bänden.

Preis Mk. 42.—, gebunden Mk. 47.—.

Der alte, vielerprobte und vielbenutzte „Neubauer-Huppert" in neuem Gewande! .... Der Inhalt des Buches ist zu reichhaltig, um auf Einzelheiten einzugehen, läßt aber nirgends Vollständigkeit und Übersichtlichkeit vermissen. Die Autoren dürfen ihr Werk der Öffentlichkeit übergeben in dem Bewußtsein, einem dringenden Bedürfnis entsprochen und Mustergültiges geleistet zu haben. *Zentralblatt f. innere Medizin.*

.... Aus der Menge der Eintagserscheinungen in der medizinischen Fachliteratur hebt sich die Neubearbeitung des Huppert als ein Standardwerk von bleibendem Werte ab. *Münchener medizinische Wochenschrift.*

.... So wird auch die Neuauflage allen Medizinern, Chemikern und Pharmazeuten, die ernstes Interesse an der Harnanalyse nehmen, ein unentbehrlicher Ratgeber sein, und in keinem Laboratorium, wo Harnanalyse getrieben wird, fehlen. *Lassar-Cohn in „Chemiker Zeitung".*

Grundzüge.

der

Physikalischen Chemie

in ihrer

Beziehung zur Biologie.

Von

S. G. Hedin,

Professor der medizinischen und physiologischen Chemie an der Universität Upsala.

Inhalt:

I. Osmotischer Druck. II. Kolloide. III. Aus der chemischen Reaktionslehre. IV. Die Enzyme. Antigene u. Antikörper. V. Ionen- u. Salzwirkung.

1915. Preis Mk. 6.—, geb. Mk. 7.—.

Aus Besprechungen:

Vor ähnlichen Werken zeichnet sich das vorliegende durch die beabsichtigte Beschränkung aus. Der Autor hat mit sicherem Verständnis diejenigen Gebiete der physikalischen Chemie berücksichtigt, die einen greifbaren Zusammenhang mit biochemischen Prozessen haben erkennen lassen. Es ist selbstverständlich, daß ein Forscher vom Range Hedins, der diesen Wissenszweig selbst in hervorragender Weise gefördert hat, den gebotenen Stoff meistert! Das Werk, das alle schwierigen mathematischen Erörterungen vermeidet, kann angelegentlich zur Einführung in das Gebiet wie auch zur Weiterbildung empfohlen werden, da es auch auf die einschlägige Literatur sehr vollständig verweist. *Berliner klinische Wochenschrift.*

Hierzu Teuerungszuschlag.

Printed in the United States
By Bookmasters